분자생물학 제2판

Molecular Biology

분자생물학 제2판
Molecular Biology

역 자 | 안정선, 안태인, 김호방, 이동희,
이병재, 정학성, 허윤강,

David P. Clark, Nanette J. Pazdernik

ISBN : 9780123785947
Translated Edition ISBN : 9788958812395
Publication Date in Korea : 30 Nov 2014

Translated by World Science Co., LTD.
Printed in Korea

분자생물학 제2판

저 자 David P. Clark, Nanette J. Pazdernik
역 자 안정선, 안태인, 김호방, 이동희, 이병재, 정학성, 허윤강

인 쇄 2014년 11월 21일
발 행 2014년 11월 30일
발행인 박선진
발행처 (주) 월드사이언스

등록번호 제16-1601호
등록일자 1988년 2월 12일

주 소 서울특별시 서초구 방배동 864-31 월드빌딩 1층
전 화 02) 581-5811~3
FAX 02) 521-6418
E-mail worldscience@hanmail.net
URL http://www.worldscience.co.kr

정 가 45,000원
ISBN 978-89-5881-239-5

이 도서의 국립중앙도서관 출판시도서목록(CIP)은 서지정보유통지원시스템 홈페이지(http://seoji.nl.go.kr)와 국가자료공동목록시스템(http://www.nl.go.kr/kolisnet)에서 이용하실 수 있습니다.
(CIP제어번호 : CIP2014033057)

Dedication

This book is dedicated to Lonnie Russell who was to have been my coauthor on the first edition. A few months after we started this project together, in early July 2001, Lonnie drowned in the Atlantic Ocean off the coast of Brazil in a tragic accident.

DPC

To my family, especially my husband and my three children. They have given me the gift of time, courage, and strength. Time to actually write, courage to continue even when I was tired, and the strength to do my very best work no matter the circumstances.

NJP

서론

20세기의 마지막 사분기에 유전학과 컴퓨터 기술에서 중대한 과학적 혁명을 목격했다. 실제로 오늘날 생성되는 거대한 양의 유전정보를 다루는 것은 발전된 컴퓨터 기술에 의존하고 있다. 이 교재는 유전학의 분자적 기초를 이해하는 데 있어서 이 엄청난 량의 정보를 반영하고 있다. 오늘날 우리는 유전자가 한 세기 전에 멘델이 제안한 추상적 존재 이상임을 알고 있다. 유전자는 암호화된 정보를 수송하는 DNA 분자의 절편이다. 실제로 오늘날 유전자는 시험관에서 더욱 더 복잡한 방법으로 조작되는 화학 시약이 되었다. 다음 반세기에 걸쳐 분자수준에서 생물체의 기능 방식과 더불어 그 기에 인간이 개입하는 방법을 이해한다면 이제 막 인지하기 시작한 개입 방식을 확대시켜 줄 것이다.

생물이 어떻게 기능하는지에 대한 이해는 세포가 분자 수준에서 작동하는 대한 이해를 포함한다. 이는 우리 모두에게 극도로 중요한데 많은 건강 문제와 질병에 분자적 요소가 바탕이 되는 것이 더욱 더 분명해지기 때문이다. 암은 유전적 기반이 밝혀졌을 때 비로소 이해될 수 있는 전형적 질환이지만, 어떻든 암만 유일한 것이 아니다. 오늘날 의학의 분자적 측면은 빨리 확대되고 있으며 개별 환자의 유전적 조성을 고려한 개별적인 임상 치료를 재단하는 개별 유전체학이라는 것이 가능하게 되었다.

이 책은 다양한 생물학 분야의 상급반 학생들을 위한 개관-지향적 교재로 작성되었다. 특히, 4학년 학부생과 대학원 신입생을 대상으로 한다. 이 책은 교과서이기도 하지만, 범위에서 모든 것을 다루려하지 않았다. 이 계열에 현대 유전학의 보다 실질적인 응용을 강조한 "BIOTECHNOLOGY"라는 제목의 두 번째 책이 있다. 우리는 두 책이 함께 현대 분자유전학의 기초와 응용을 효과적으로 개관하기를 기대한다.

이 책을 사용하는 일부 학생은 유전학, 생화학 및 세포생물학 과정을 이수하여 현대 분자생물학의 기초를 잘 알 것이다. 그러나 다른 학생은 그렇게 잘 준비되지 않았을 것인데, 부분적인 이유는 분자적 방향으로 지향되지 않은 생물학 프로그램으로부터 분자생물학으로 지속적으로 유입되는 학생 때문이다. 그들을 위해, 우리는 깊이 들어가기 전에 초기의 장들이 기초를 다루는 책을 만들려고 노력했다. 첫 단원(Unit)의 5장은 세포 구조와 유전학의 기초를 다룬다. 이어서 DNA, RNA 및 단백질에 대한 개관과 세포에 유전 정보를 제공하기 위해 그들이 상호작용하는 방식이 뒤따른다.

분자생물학을 계속 확대되는 주제들에 응용하려는 지속적인 흥미 때문에, 폭을 넓히는 것을 선호하여 세부 내용(깊이)을 지나치게 다루지 않도록 노력했다. 분자생물학은 인간의 의학과 건강뿐 아니라 다른 분야에도 응용된다. 유전 혁명은 농업, 수의학, 동물 행동, 진화 및 미생물 같은 다른 중요한 분야에도 큰 영향을 미쳤다. 이 분야 및 관련된 분야의 학생들은 분자생물학을 보다 더 잘 이해하는 것이 도움이 될 것이다.

2판의 변화

"Molecular Biology" 2판은 1판에 비해 상당한 변화를 포함하고 있다.

새로운 서열 정보의 홍수로 이 책의 많은 부분, 특히 유전체학과 시스템생물학(9장), 단백질체학(15장), 세균 유전학(25장) 및 분자 진화(26장)에서 개정이 불가피하게 되었다. 아마도 현재 분자생물학에서 가장 빨리 변하는 분야는 계속 확장되는 RNA의 역할일 것이다. 분산된 항목들이 책 전체를 통해 나타나지만, 특히 4단위에서, CRISPR과 긴 비번역 RNA 같은 중요한 새로운 RNA 주제의 대부분을 18장 RNA 수준에서의 조절에 함께 모았다.

2판에서 일부 장을 보다 논리적 순서로 재배열했다. 특히 책 뒤쪽에 있던 DNA 기술과 유전체에 대한 장들을 앞쪽으로 이동했다. 이는 지난 2-3년 동안 서열분석과 유전체가 담당해온 더 큰 역할을 반영한다.

우리는 또한 이 책을 관련된 여러 장의 단위로 나누었다. 첫 단원에 위에 언급한 이유로 경험 있는 학생은 뛰어넘거나 빨리 지나갈 수 있는 서론 자료를 포함한다. 장 안의 절은 교차 참조를 위해 번호를 부여하였다. 복습 문제와 개념 문제는 각 장의 끝에 두었다.

새로운 책의 요소인 "관련 연구에 대한 초점"이 이 책의 전체에 걸쳐 나타난다. 이것은 Cell Press에서 출판된 관련 분야의 최신 논문에 대한 논의를 특색으로 한다. 내용은 학생을 과학 세계에 대비시키려는 희망에서 학생이 일차문헌을 읽고 이해하는 방법을 배우도록 돕는데 중점을 둔다. 전체 논문은 또한 학생과 강사가 쉽게 참고하도록 연계된 웹사이트에 제공하였다.

웹사이트는 또한 "관련 연구에 대한 초점 사례 연구"에 접속을 포함한다. 이는 한편으로는 학생이 교재에 적절하게 연결하도록 허용하면서 일차문헌의 기초를 이해하도록 돕기 위해 각 장의 주요 주제를 논의하고 내용에 대한 사례 연구를 구축한다.

교재를 보충하기 위한 다른 온라인 자료는 플래시카드, 애니메이션, 시험 준비를 위한 퀴즈, 노트 작성을 위한 영상이 있는 PowerPoint® 슬라이드를 포함한다. 학생은 또한 참고문헌이 PubMed® 혹은 ScienceDirect® 같은 인터넷 데이터베이스에 직접 연결될 수 있기 때문에 온라인 참고문헌에 접속을 할 수 있다.

강사는 또한 교재와 교재에 근거한 시험 은행 및 연계된 학술지 논문의 영상에 접속할 수 있다.

우리는 가르치거나 혹은 공부하기 위해 이 책을 사용한 여러분들의 경험을 듣기를 원한다. 여러분의 지적, 비평 및 충고를 MolecularBiologyAC2@elsevier.com으로 보내주기 바란다. 감사합니다.

David Clark and Nan Pazdernik
Carbondale, Illinois, April 2011

차 례

Acknowledgements

We would like to thank the following individuals for their help in providing information, suggestions for improvement and encouragement: Malikah Abdullah-Israel, Laurie Achenbach, Steven Ackerman, Rubina Ahsan, Kasirajan Ayyanathan, Marilyn Baguinon, Joan Betz, Blake Bextine, Gail Breen, Douglas Burks, Mehmet Candas, Jung-ren Chen, Helen Cronenberger, Phil Cunningham, Dennis Deluca, Linda DeVeaux, Elizabeth De Stasio, Justin DiAngelo, Susan DiBartolomeis, Brian Downes, Ioannis Eleftherianos, Robert Farrell, Elizabeth Blinstrup Good, Joyce Hardy, David L. Herrin, Walter M. Holmes, Karen Jackson, Mark Kainz, Nemat Keyhani, Rebecca Landsberg, Richard LeBaron, Richard Londraville, Larry Lowe, Charles Mallery, Boriana Marintcheva, Stu Maxwell, Michelle McGehee, Ana Medrano, Thomas Mennella, Donna Mueller, Khalil Nezhad , Dan Nickrent, Monica Oblinger, Rekha Patel, Marianna Patrauchan, Neena Philips, Wanda Reygaert, Veronica Riha, Phillip Ryals, Donald Seto, Dan Simmons, Joan Slonczewski, Malgosia Wilk-Blaszczak, Hongzhuan Wu and Ding Xue.

역자 소개

안정선	서울대	생명과학부 명예교수
안태인	서울대	생명과학부 명예교수
김호방	(주)바이오메딕	생명과학연구소 소장
이동희	이화여대	생명과학부 교수
이병재	서울대	생명과학부 교수
정학성	서울대	생명과학부 명예교수
허윤강	충남대	생물과학과 교수

화학 및 생물학적 기본 원리

Unit 1

Chapter 1

세포와 생물

분자 수준에서 생물학의 복잡한 세부 내용과 씨름하기 전에 우리는 연구의 대상인 생물에 익숙해질 필요가 있다. 먼저, 살아있다는 것의 의미를 고찰한 후 분자생물학자들이 종종 연구하는 생물과 세포를 살펴 볼 것이다. 생명은 정확하게 정의하기가 불가능하지만, 이곳에서는 일반적인 생각이면 충분하다. 생물은 세포로 구성된다 — 일부는 단세포로, 다른 생물은 수백만 세포들의 모임으로 형성된다.

상황에 관계없이, 생물은 성장하고 분열하며, 자손에게 그 특성을 전달하여야만 한다. 분자생물학은 성장과 분열의 세부 사항에 초점을 맞춘다. 특히, 분열이 각각의 후손이 양친의 특성을 물려받도록 어떻게 조정되는지에 흥미를 갖는다.

과학자들은 일부 선호하는 생물의 연구에 많은 노력을 바쳤다. 어떤 경우는 단지 편리성 때문인데, 세균이나 효모 혹은 다른 단세포 세포들은 상대적으로 연구하기 쉽다. 다른 경우는 이기심 때문이다. 쥐와 다른 동물들은 인간에 대해 많은 것을 밝혀주고 식물은 우리에게 음식을 제공하고, 바이러스는 우리를 병들게 한다.

1. 생명은 무엇인가?

모든 사람에게 적합한 생명에 대한 정의는 없지만 우리는 살아있다는 것이 무엇을 의미하는 지를 알고 있다. 어떤 것이 존재하는 동안 적어도 어떤 시기에 성장(growth)하고 생식(reproduction)할 수 있다면 일반적으로 그것은 살아있다고 본다. 따라서 더 이상 성장하지 않는 성체와 생식기를 지난 개체들도 살아 있다고 한다. 또한 당나귀나 일벌처럼 불임인 개체도 생식 능력이 없음에도 불구하고 살아 있다고 본다. 생명을 정의하는 어려움은 부분적으로 다세포 생물에 의한 복잡성 때문이다. 다세포 생물 전체로는 성장이나 생식을 멈추었어도 일부 세포는 이들 능력을 가지고 있을 수 있다.

생명에 대한 만족할 만한 서술적 정의는 존재하지 않는다. 그럼에도 생명이 무엇을 수반하는 지를 우리는 이해한다. 특히 생명은 복제와 변화 사이의 동적 균형을 포함한다.

생명을 유지하기 위해 필요한 기본 요소는 다음과 같다.

- ***유전정보*** 생물학적 정보는 **핵산**인 **디옥시리보핵산**과 **리보핵산**에 의해 수송된다. 유전정보의 단위는 **유전자**이며 물리적으로 핵산 분자의 절편으로 구성된다. DNA는 많은 양의 유전정보를 장기적으로 저장하기 위해 이용된다(일부 바이러스는 제외 — 21장 참조). 유전정보가 실제로 이용될 때면 유전자의 작업 사본이 RNA로 수송된다. 생물체가 가진 전체 유전정보가 **유전체**이다. DNA 게놈은 DNA의 한 사본이 만들어지고 나서 딸 세포에게 전달되는 과정인 **복제**에 의해 유지된다.
- ***에너지 생산 기전*** 정보 자체로는 쓸모가 없다. 유전정보를 이용하기 위해서는 에너지가 필요하다. 모든 생물은 성장과 생식을 위한 에너지를 획득해야만 한다. **물질대사**는 에너지를 획득하고, 방출하고 세포 성분의 생합성에 이용하는 일련의 과정이다. 생물체는 성장과 생식을 위해 환경으로부터 재료 물질을 이용한다.
- ***더 많은 생물 분자를 만들 수 있는 장치*** 새로운 세포 구성물을 생산하기 위해 화학 장치가 필요하다. 특히 모든 생물 조직의 주 성분인 **고분자**로 단백질을 만들기 위해 **리보솜**이 필요하다. 이 작은 준세포 기계는 생물이 성장하고 자신을 유지할 수 있게 한다.
- ***특징적인 물리적 외부 형태*** 생명체는 모두 각자의 생활 형태에 특징적인 물질적 몸체를 갖는다. 이 구조는 에너지 생산과 새로운 생체 분자를 만들기 위한 모든 물질대사와 생합성 장치 및 유전체를 수송하는 DNA 분자를 포함한다. 그 형태는 단세포로부터 다세포 생물의 조직, 기관 및 기관계의 조직화 단계를 갖는다.
- ***자기 혹은 정체성*** 모든 생물은 자기라고 부를 수 있는 정체성을 가지고 있다. 자가-복제라는 용어는 생물이 마구잡이로 유기물질을 조립만하는 것이 아니고 자신의 사본을 만드는 방법을 알고 있음을 의미한다. 이 자기와 비자기의 개념은 질병에 대해 고등동물을 보호하는 면역계에서 가장 분명하다. 그러나 원시적인 생명체조차도 자신의 존재를 보존하려고 시도한다.
- ***생식 능력*** 생물은 자신을 만들기 위해 에너지와 재료 물질을 사용한다. 그리고 나

디옥시리보핵산(deoxyribonucleic acid, DNA) 유전자의 구성성분인 핵산 중합체
유전자(gene) 유전정보의 단위
유전체(genome) 개체의 전체 유전정보
고분자(macromolecule) 큰 중합체 분자; 생물 세포에서 특히 DNA, RNA, 단백질 및 다당류
물질대사(metabolism) 영양 분자가 수송되고 세포 내에서 에너지를 방출하고 새로운 세포 물질을 공급하기 위해 변형되는 과정
핵산(nucleic acid) 유전정보를 수송하는 뉴클레오티드로 구성된 중합체
복제(replication) 세포 분열 전에 DNA의 복제
리보핵산(ribonucleic acid, RNA) 디옥시리보오스 대신 리보오스를 갖고 티민 대신 우라실을 갖는 면에서 DNA와 다른 핵산
리보솜(ribosome) 단백질을 만드는 세포의 기계

서 같은 물질을 자손을 만들기 위해 사용한다. 일부 생물은 단지 무성생식(배우자 형성 없이 자손을 만듦)으로 다른 생물은 유성생식(새 생물을 만들기 위해 두 배우자가 융합함)으로 생식한다.

- ***적응*** 생명체의 가장 중요한 특성은 현재의 환경에 적응하는 능력이다. 이 개념은 또한 진화 혹은 세대를 따라 전달되는 적응을 포함한다.

2. 생물은 세포로 구성된다

물질은 원자로 나뉘고 유전정보는 유전자로 나뉘고 생물은 세포로 나뉜다.

지구 상에 존재하는 생물들을 둘러보면 오징어, 갈매기, 상어, 뱀, 세쿼이아, 나무늘보, 거미, 딸기, 콩, 효모 등의 생물의 엄청난 다양성에 먼저 놀라게 된다. 우리 눈에는 무척 다양하게 보이지만 생물 다양성은 실제로는 어느 정도 외형적이다. 생명에 대한 가장 매력적인 점은 외형적 다양성이 아니고 기본적인 통일성(*fundamental unity*)이다. 눈에 보이기에는 너무 작은 현미경적 생물을 비롯해서 모든 생물은 구조적 단위 혹은 거의 동일한 구성요소를 갖는 구획인 **세포**로 구성된다.

살아있는 세포가 생명의 구조적 단위라는 생각은 1830년대에 슈라이덴(Schleiden)과 슈반(Schwann)에 의해 제안되었다. 세포는 형태가 다양한 현미경적 구조이다. 많은 세포는 구형, 원통형 또는 거의 입방체이지만 신경세포처럼 길고 가지가 있는 실 같은 다른 형태도 있다. 현미경적 생물은 대부분 단세포로 구성되며 눈에 보일 정도로 큰 생물은 대개 10억 이상의 세포로 구성된다. 세포는 **단백질**과 **인지질**로 구성된 세포막으로 둘러싸이며 적어도 초기에는 완전한 유전체 사본을 갖고 있다. 살아있는 세포는 물질대사 반응과 에너지 생산을 위한 장치를 갖고 있고 대개는 성장과 분열 능력이 있다. 더욱이 세포는 이미 존재했던 세포의 분열에서 유래하지 구성성분으로부터 조립되지 않는다. 이는 생물도 이미 존재하는 생물로부터 생성됨을 의미한다. 파스퇴르(Louis Pasteur)는 1860년대에 생물이 유기물로부터 자연발생적으로 생성되지 않음을 실험적으로 증명했다. 멸균된 영양 배양액체는 공기 중의 미생물에 의해 노출되지 않는 한 오염되지 않았다.

대부분의 다세포 생물에서 세포는 다양한 방식으로 특성화된다(그림 1.01). 특정 세포 혹은 전체 조직에 의한 특수한 역할의 발달을 **분화**라고 한다. 예를 들어, 포유류의 적혈구는 발생 동안 핵과 DNA를 잃는다. 이들은 완전히 분화되면 더 이상 성장과 분열을 하지 못하고 산소 운반체로서의 특수한 역할만 수행한다. 일부 특화된 세포는 개체가 생존하는 동안 작용하지만 일부는 수일 혹은 수 시간 지속하여 제한되게 생존한다. 다세포 생물이 성장하고 생식하기 위해서는 일부 세포가 완전한 유전체 사본을 유지하고 다른 생물체로 되는 능력을 간직하는 것이 분명히 필요하다. 다른 분화된 세포는 기능을 수행하지만 완전히 새로운 생물을 만들기 위한 능력을 간직하지는 않는다. **세균**이나 원생생물 같은 단세포 생물에서는 각각의 세포가 완전한 유전체와 성장과 생식 능력을 가지고 있으므로 모든 세포는 기본적으로 동일하다.

세균(bacteria) 원시적이고 다소 단순한 핵이 없는 단세포 생물
세포(cell) 생면의 기본 단위. 각 세포는 막으로 둘러싸이며 세포 작용에 필요한 유전정보를 제공하는 전체 유전자 한 벌을 가지고 있다.
분화(differentiation) 개체의 세포 구조와 유전자 발현의 점진적인 변화로 다양한 세포 형을 만든다.
인지질(phospholipid) 글리세롤 인산에 부착된 두 지방산과 수용성 머리기로 구성되고 세포막의 성분으로 발견되는 소수성 분자
단백질(protein) 아미노산으로 구성되고 세포 내에서 대부분의 일을 한다.

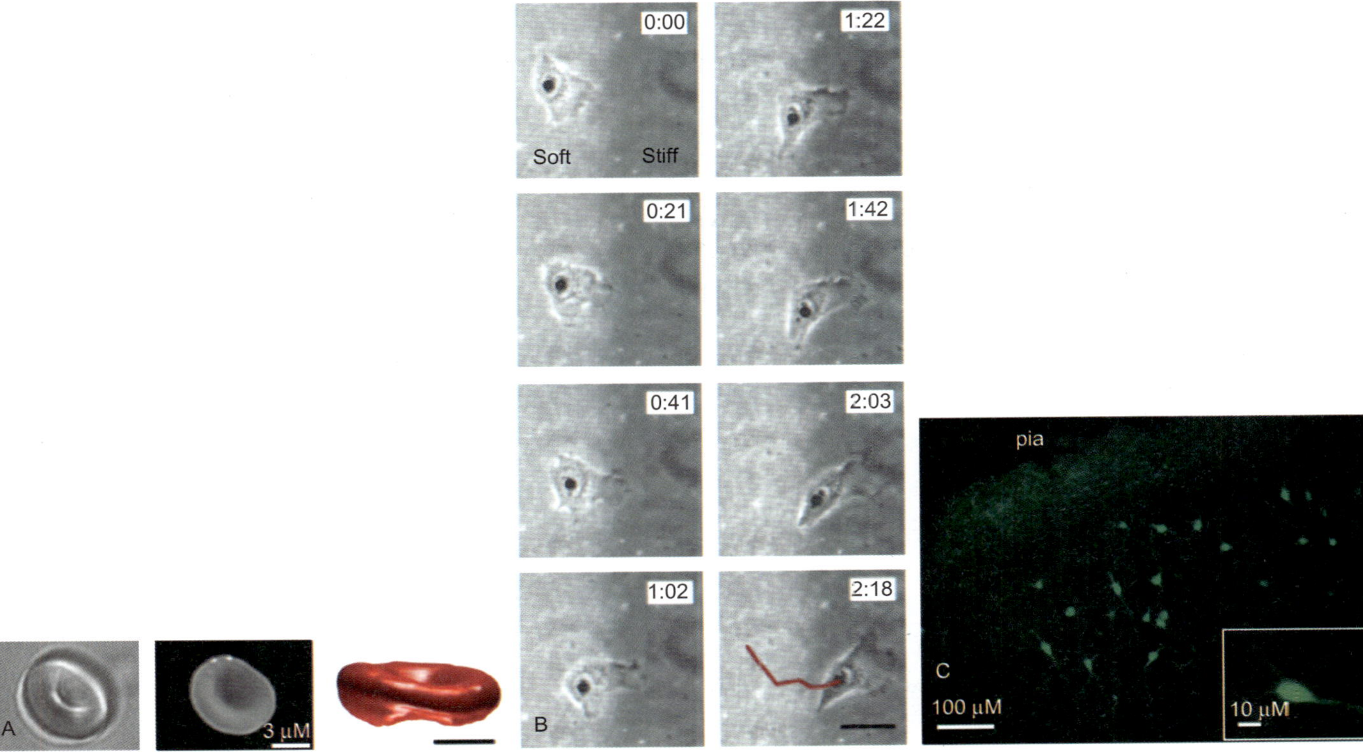

그림 1.01

일부 세포는 분화한다

다세포 생물에서 특화된 기능을 제공하기 위해 세포는 아주 다양한 모양과 크기로 분화한다. 이 그림에서 적혈구 세포(A)는 사람의 조직에서 이산화탄소와 산소를 교환하도록 특화되었다. 섬유아세포(B)는 여러 기관에 지지를 제공하고 뉴런(C)은 반응을 유발하기 위해 환경으로부터 신호를 뇌에 전송한다. *(출처: A) Esposito, et al. (2010) Biophysical J 99(3): 953–960. B) Dokukina and Gracheva (2010) Biophysical J 98(12): 2794–2803. C) Fino and Yuste (2011) Newron 69(6): 1188–1203.)*

2.1. 살아있는 세포의 필수적인 성질

적어도 단세포 생물의 경우는 각각의 세포는 위에서 논의한 생명의 특성을 가지고 있어야 한다. 각 세포는 자신의 에너지를 생산해야 하고 자신만의 고분자를 합성해야 한다. 세포는 또한 DNA 분자에 수송된 유전자의 한 벌인 유전체를 가지고 있어야 한다. (부분적인 예외는 다세포 생물의 경우인데, 특화된 일부 세포들이 책임을 지고 다른 세포는 유전체를 완전히 상실할 수 있다.)

세포는 또한 세포 내부인 **세포질**을 외부로부터 분리하는 **막**으로 싸여있어야 한다. 세포막 혹은 세포막은 인지질 이중층과 단백질로 구성된다(그림 1.02). 인지질 분자는 인산을 비롯해 막의 표면에서 발견되는 수용성 머리기와 막의 본체를 이루는 두 소수성 사슬로 구성된 지방 부분으로 구성된다(그림 1.03). 인지질은 수용성 분자의 출입을 크게 제한하는 소수성 막을 형성한다. 세포가 자라기 위해서는 양분을 흡수해야 한다. 이를 위해 막 전체를 관통하는 수송 단백질이 필요하다. 에너지를 방출하기 위해 영양분을 분해하는 데 관여하는 많은 물질대사 반응은 세포질에 위치한 수용성 효소에 의해 촉매된다. 호흡 사슬이나 광합성계 같은 다른 에너지 생산 반응들은 막에 위치한다. 단백질은 막 안에 있거나 혹은 막 표면에 부착한다.

세포질 막은 물리적으로 약하고 유동적이다. 따라서 많은 세포는 세포막 바깥에 단단한 구조층인 세포벽을 가지고 있다. 동물 세포는 세포벽이 없지만 대부분의 세균과 식물세포는 단단한 세포벽을 갖는다. 따라서 세포벽은 생물 세포의 필수 요소가 아니다.

막은 살아 있는 조직을 살아 있지 않은 외부로부터 분리만하는 것이 아니다. 많은 생합성과 에너지 생성 반응들이 막에서 일어난다.

세포질(cytoplasm) 세포막의 안쪽이지만 핵 바깥인 세포의 부분
막(membrane) 모든 생물 세포를 싸고 있는 단백질과 인지질로 구성된 얇은 유동성 구조 층

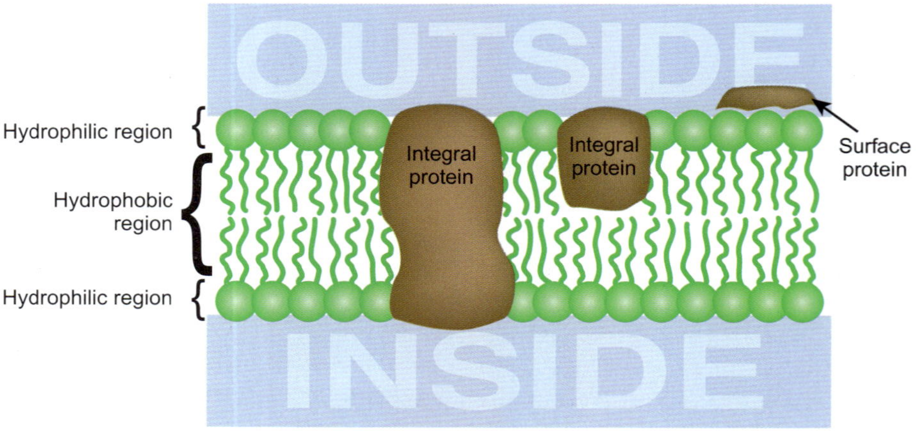

그림 1.02
생체막

생체막은 인지질과 단백질로 구성된다. 인지질 층은 소수성 꼬리가 안쪽으로 친수성 머리가 바깥으로 향하도록 배열된다. 단백질은 막 안쪽(내재 단백질) 혹은 막 표면에 놓여 있다.

짚신벌레 같은 일부 단세포 원생생물은 한 세포 안에 다수의 핵을 가진다. 더욱이 다세포 생물의 일부 조직에서 여러 핵이 세포질을 공유하고 단지 하나의 세포질 막에 의해 둘러싸인다. 이러한 배열은 다중 융합 세포로부터 유래한 경우 다핵체로 알려졌다.

구획화의 차이에 근거하여 세포는 보다 단순한 **원핵세포**와 보다 복잡한 **진핵세포**로 크게 구분된다. 정의에 의해 원핵생물은 **핵**과 세포질이 막에 의해 구분되지 않는 생물이다. 모든 원핵생물의 구성성분은 같은 구획에 위치한다. 이에 비해 보다 크고 복잡한 고등생물의 세포는 여러 구획으로 나뉘어져 있으며 진핵세포라고 부른다. 그림 1.04은 원핵세포와 진핵세포의 설계를 비교하고 있다.

생물 세포의 또 다른 특성은 세포질에 위치하는 수용성 효소이다. 그들은 단백질과 핵산의 저분자 전구물질의 생합성을 촉매한다. 단백질의 합성은 특수한 세포소기관인 리보솜을 필요로 한다. 리보솜은 여러 RNA 분자와 약 50개의 단백질로 구성된 세포 내 기구이며, **전령 RNA**로 알려진 특수 RNA 분자에 의해 유전체로부터 세포질로 수송된 정보를 이용한다. 리보솜은 전령 RNA에 핵산으로 암호화된 정보를 단백질을 만들기 위해 해독한다.

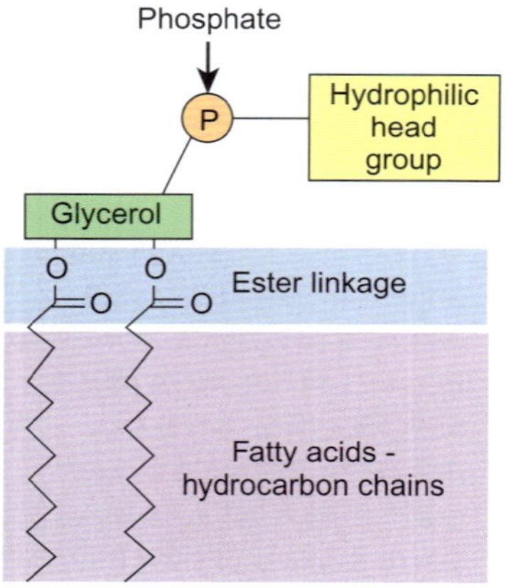

그림 1.03
인지질 분자

막에서 발견되는 인지질 분자는 인산기를 통해 글리세롤에 부착된 친수성 머리기를 갖는다. 두 지방산도 에스테르 결합으로 글리세롤에 붙어있다.

2.2. 원핵세포는 핵이 없다

세균은 가장 단순한 생물이며 원핵생물로 분류된다. 세균 세포는(그림 1.05) 항상 막(세포막 혹은 세포막)으로 싸여 있으며 일반적으로 세포벽도 갖고 있다. 다른 세포와 마찬가지로 세균도 생명에 필수적인 화학적 및 구조적 요소를 모두 갖고 있다. 전형적으로 세균은 생명체로 작동하기 위해 필요한 유전정보를 제공하는 유전자 1벌을 지니고 있는 단일 **염색체**를 갖고 있다. 일부 세균은 500개의 유전자를 갖지만 전형적으로 세균은 3,000-4,000개의 유전자를 갖는다.

세포의 생존을 위한 최소한의 유전자 수는 확실하지 않다. *Mycoplasma genitalium*은 배양된 세균 중에서 가장 작은 유전체를 갖는다. 총 485개의 유전자는 체계적으로 단절되었고 약 100개는 필요하지 않다. 이 사실은 단지 385개의 유전자만이 필요하다고 제안하지만 일부는 기능적으로 복제되었다. 더욱이 *M. genitalium*은 생존하기 위해 숙주에 의존하므로 일부 필수적인 성분을 만드는 유전자가 결여되었다. 이 세균의 전체 유전체가 최근에 성공적으로 합성되었고 이 분석을 계속하기 위해 세포에 다시 도입되었다.

염색체(chromosome) 세포의 유전자를 지니고 있는 구조이며, 단일 DNA 분자로 구성된다.
진핵생물(eukaryote) 핵이라는 구획 안에 1개 이상의 염색체를 갖는 진보된 세포로 구성된 고등생물
전령 RNA(messenger RNA) 유전자로부터 세포의 다른 곳으로 유전정보를 수송하는 RNA 분자의 한 종류
핵(nucleus) 핵막으로 둘러싸이고 염색체를 갖고 있는 내부 구획. 고등생물의 세포만 핵을 갖는다.
원핵생물(prokaryote) 세균처럼 염색체가 하나이고 핵이 없는 원시적 세포인 하등생물

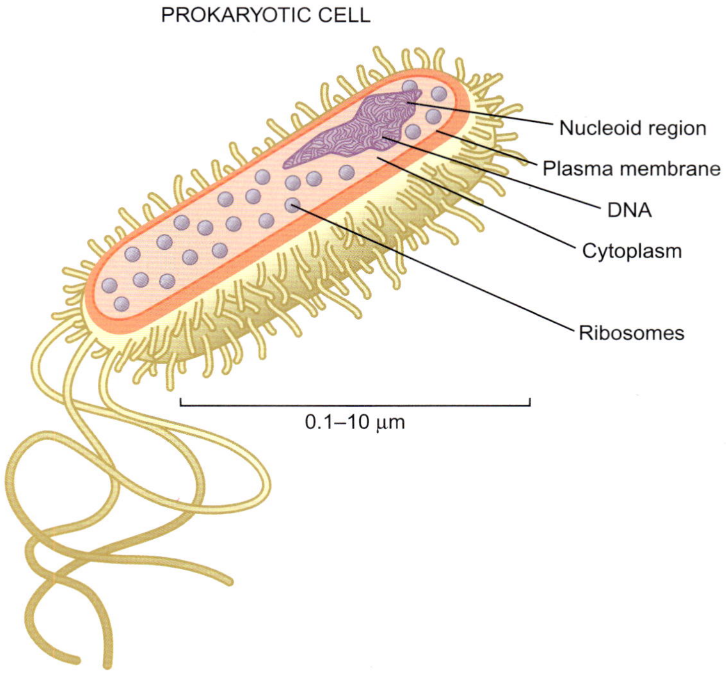

PROKARYOTIC CELL
Nucleoid region
Plasma membrane
DNA
Cytoplasm
Ribosomes
0.1–10 μm

그림 1.04
전형적인 원핵세포

전형적인 원핵생물인 세균은 성분이 표시되었다. 핵이 없고 DNA가 세포질에 있고 핵양체로 응축된다.

EUKARYOTIC CELL
Plasma membrane
DNA
Cytoplasm
Nucleus
Ribosomes
10–100 μm

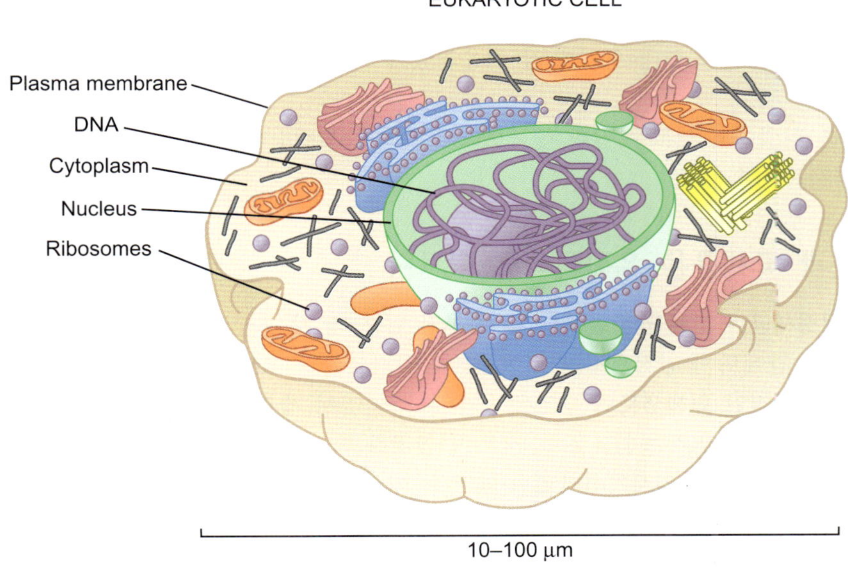

그림 1.05
전형적인 진핵세포

DNA를 포함하는 핵이라는 분리된 구획을 보여주는 전형적인 진핵세포

대장균(***Escherichia coli***) 같은 전형적인 세균은 간상이고 길이가 약 2–3 μm이며 폭은 1 μm이다. 간상 외에도 구형, 선형 혹은 나선형으로 꼬인 세균도 있다(그림 1.06). 간혹 열대어에 서식하고 눈으로도 볼 수 있는 거대한 50–500 μm 크기의 *Epulopiscium*

대장균(*Escherichia coli*) 분자생물학에서 자주 사용되는 세균

그림 1.06
***Bacillus subtilis* 세포의 주사전자현미경 사진**

*B. subtilis*의 주사전자현미경 사진은 이들 사이에 관 모양의 연결을 보여준다. *(출처: Dubey, et al. (2011) Cell 144(4): 590-600.)*

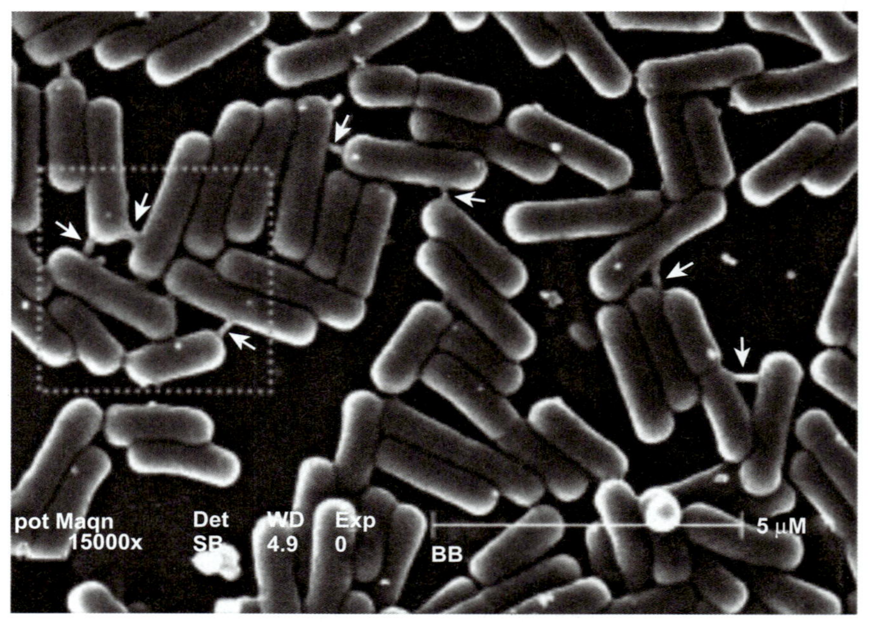

미크론으로도 알려진 μm는 1미터의 백만분의 일(10^{-6})이다.

세포는 막에 의해 환경으로부터 분리된다. 보다 복잡한 진핵세포의 경우 유전체는 또 다른 막에 의해 세포의 다른 부분으로부터 분리된다.

만약 지구 상에서 고등생물이 사라지면 원핵생물은 생존하고 진화하게 될 것이다. 우리는 원핵생물을 필요로 하지만 그들은 우리를 필요로 하지 않는다.

fishelsoni 같은 거대 세균도 나타난다. 전형적인 진핵세포는 직경이 10–100 μm이다.

보다 작은 세포는 표면 대 부피 비율이 높다. 작은 세포는 큰 세포에 비해 세포질 질량(즉 세포 내용물) 당 양분을 보다 빨리 수송하므로 보다 빨리 성장할 수 있다. 세균이 동물이나 식물에 비해 구조적으로 덜 복잡하므로 세균을 하등생물이라 부른다. 그러나 현재의 세균은 동물과 식물만큼 현대 조건에 잘 적응되었으며 소위 고등생물만큼 고도로 진화되었다.

세균은 많은 환경에서 크고 복잡한 생물보다 효과적으로 성장하게 특화되어서 세균은 여러 면에서 원시적이지 않다.

3. 진정세균과 고세균은 유전적으로 다르다

원핵생물에는 **진정세균**과 **고세균**의 분명한 두 종류가 있는 데 각각이 진핵생물과 관련되지 않은 것처럼 서로 간에도 유전적으로 관련이 없다. 진정세균과 고세균 모두는 핵과 다른 내부 막이 없는 전형적인 원핵생물의 구조를 보여준다. 따라서 세포 구조는 이들을 구분하는데 소용이 없다, 진정세균은 병원균을 비롯해 잘 알려진 대부분 세균을 포함한다. 고세균은 처음 발견 당시 이상하고 원시적이라고 여겨졌다. 왜냐하면 대부분이 극한 환경에서 발견되었고(그림 1.07) 흔치 않은 물질대사 경로를 가지고 있었기 때문이다. 일부는 매우 높은 온도에서, 다른 것은 강한 산성 조건 혹은 매우 높은 염도에서 성장한다. 정상조건에서 자라는 주요 고세균은 메탄세균인데 이들은 매우 이상한 물질대사를 갖는다. 이들은 다른 어떤 생물에서도 볼 수 없는 경로에 의해 메탄을 형성하는 독특한 효소와 조효소를 가지고

고세균(Archaebacteria or Archaea) 유전적으로 분명한 생명의 도메인을 형성하는 세균 형. 극한 환경에서 자라는 많은 세균이 포함된다.
진정세균(Eubacteria) 유전적으로 분명한 고세균과 반대되는 정상 종류의 세균

그림 1.07
에티오피아의 온천

온천은 고세균을 발견하기 좋은 장소이다. 이 온천은 해수면 120m 아래인 Danakil 요지의 Dallal 지역에 있다. 이 요지는 동아프리카의 Rift 계곡의 일부이다. 더운 물은 지하에서 흘러나와 이 풀을 형성한다. 물은 화산활동으로 데워지고 압력이 높아 바위의 무기물을 물에 녹게 한다. 물이 표면에서 식으면서 무기물은 침전되고 그림에서 보는 퇴적물을 형성한다. *(출처: Bernard Edmaier, Science Photo Library.)*

있다. 그럼에도 불구하고 고세균의 **전사**와 **번역** 기구는 진핵생물의 기구와 유사하다. 더 많은 연구를 통해 이들이 기본적으로 이상하거나 정말로 원시적이 아님이 밝혀졌다.

기본적인 수준에서 진정세균, 고세균 및 진핵생물로의 생명의 3 도메인이 오래된 동물과 식물로의 구분을 대체했다.

진정세균과 고세균 사이에는 생화학적으로 중요한 차이가 있다. 모든 세포에서 세포막은 인지질로 구성되지만 지질 부분의 특성과 연결은 고세균과 진정세균에서 매우 다르다(그림 1.08). 진정세균의 세포벽은 항상 이 집단에 독특한 분자인 **펩티도글리칸**으로 구성된다. 고세균도 간혹 세포벽을 가지는 데 이들은 **종**에 따라 다양한 물질로 구성되며 펩티도글리칸은 존재하지 않는다. 따라서 원핵생물이 유일하게 소유하는 진정한 세포 구조인 세포막과 세포벽은 실제로는 두 종류의 원핵생물에서 화학적으로 다르다. 유전적 차이는 분자 진화를 다룰 때 논의될 것이다(26장 참조).

4. 진핵세포는 구획으로 나누어져 있다

진핵세포는 유전체를 핵이라는 별개의 내부 구획에 갖고 있다. 실제로 진핵세포는 막으로 싸인 세포 내부 구획을 여러 개 가지고 있다. 핵 자체는 이중막인 **핵막**으로 싸여있는데, 핵

핵막(nuclear envelope) 진핵세포의 핵을 둘러싸는 2개의 동심원적 막으로 구성된 피막
펩티도글리칸(peptidoglycan) 세균 세포벽의 구조 층을 구성하는 탄수화물과 아미노산의 혼합 중합체
종(species) 비교적 최근까지 공통 조상을 가지는 밀접하게 관련된 생물들의 무리. 동물에서 종은 자신끼리만 교배하고 다른 개체군의 개체들과는 교배하지 않는 개체군이다. 세균과 유성생식을 하지 않는 다른 생물에 대해서는 만족할 만한 정의가 없다.
전사(transcription) DNA의 정보가 상응하는 RNA로 전환되는 과정
번역(translation) 전령 RNA에 의해 제공되는 정보를 사용해 단백질 만들기

그림 1.08

고세균의 지방

진정세균과 진핵생물에서 인지질의 지방산은 글리세롤에 에스테르 결합한다. 고세균에서는 지방 부분은 분지된 이소프레노이드 탄화수소 사슬로 구성되며 이는 에테르 결합을 통해 글리세롤에 결합된다. 이런 지방은 극도의 pH, 온도 및 이온 조성에 더욱 저항성이 있다.

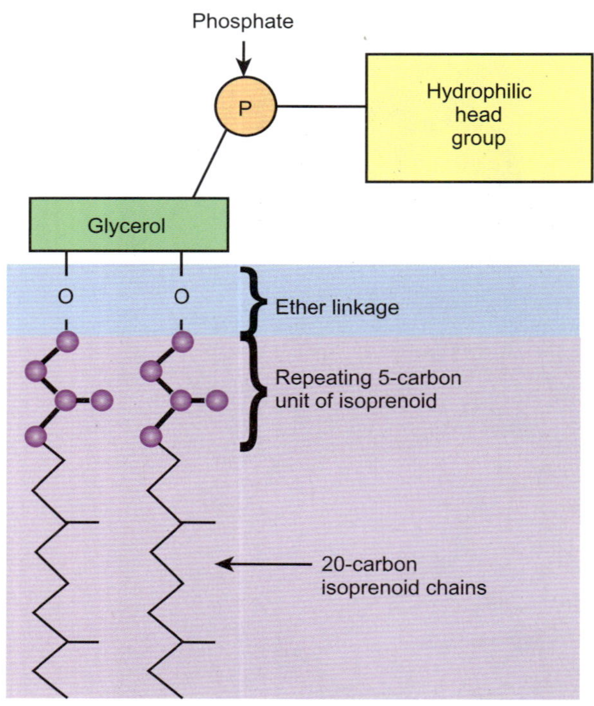

그림 1.09

진핵생물은 여러 구획을 가지고 있다

골수 형질세포의 채색된 투과전자현미경. 핵을 비롯한 막에 싸인 여러 구획이 진핵세포 안에 있다. 형질세포의 특징은 핵 내막에 붙어 있는 이질염색질(주홍색)의 배열이다. 또한 세포질 안의 조면소포체(노란 점선)의 그물망도 전형적이다. 세포질 내의 난형 혹은 구형 보라색 구조는 미토콘드리아다. 4,500배. *(출처: Dr. Gopal Murti, Science Photo Library.)*

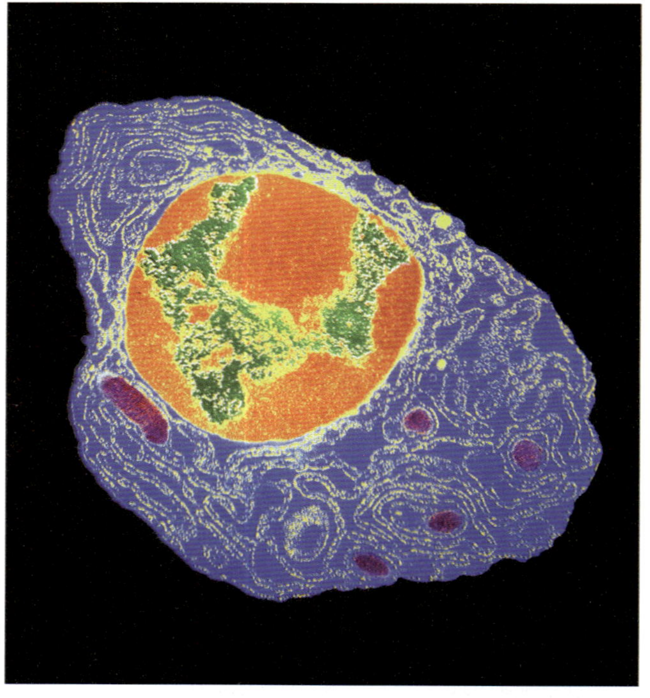

막은 핵을 세포질로부터 분리하지만 **핵공**을 통해 세포질과의 교류를 허용한다(그림 1.09). 진핵생물의 유전체는 여러 염색체에 있는 10,000–50,000개의 유전자로 구성된다. 진핵생물의 염색체는 세균의 원형 염색체와 달리 선형이다. 대부분의 진핵생물은 각 염색체의 사본을 2개 갖는 2배체이다. 따라서 그들은 적어도 각 유전자를 두 사본 가지고 있다. 실제로 진핵세포는 유전자 중복의 결과 어떤 유전자는 여러 사본을 갖는다.

핵공(nuclear pore) 핵이 세포질과 교류하는 핵막의 통로

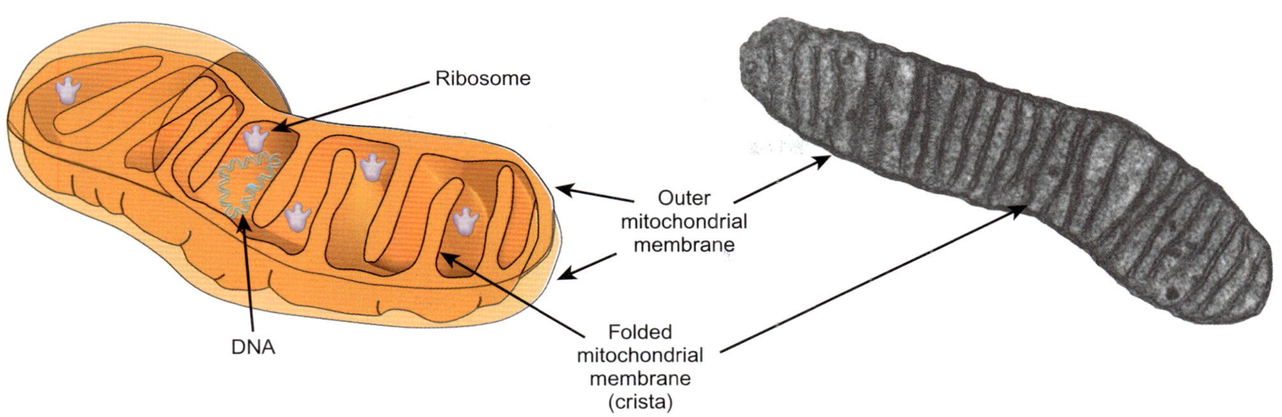

그림 1.10
미토콘드리아

미토콘드리아는 2개의 동심원적 막으로 싸여 있다. 내막은 **크리스타**를 형성하기 위해 안쪽으로 접혀 있다. 이곳이 세포의 에너지를 생산하는 호흡 사슬의 장소이다.

진핵생물은 다양한 다른 막과 **세포소기관**을 갖는다. 세포소기관은 특수한 기능을 수행하는 준세포적 구조이다. 일부는 막에 의해 세포의 나머지 부분과 분리되고(**막결합성 세포소기관**), 리보솜 같은 것은 둘러싸는 막이 없다. **소포체**는 핵막과 연결되고 세포질을 순환하는 막계이다. **골지장치**는 단백질이나 다른 물질을 세포 밖으로 분비하는 데 관여하는 납작한 막 주머니 층과 연관된 소낭이다. **리소좀**은 소화효소를 포함하고 있는 소화를 위한 막으로 싸인 특수 구조이다.

아주 일부를 제외하고 모든 진핵세포는 **미토콘드리아**를 갖는다(그림 1.10). 미토콘드리아는 일반적으로 이중 막으로 싸인 간상의 세포소기관이며 전반적인 크기와 모양이 세균과 비슷하다. 세균처럼 미토콘드리아는 원형 DNA 분자를 갖고 있다. 4장에서 자세히 다루겠지만 미토콘드리아는 실제로 진핵세포의 원시 조상 안에 자리 잡은 세균에서부터 진화된 것으로 생각된다. 미토콘드리아의 유전체는 세균의 유전체와 유사하나 훨씬 작다. 미토콘드리아 DNA에는 미토콘드리아의 기능을 위한 유전자 일부가 있다.

미토콘드리아는 호흡에 의한 에너지 생산을 위해 특화되었으며 모든 진핵생물에서 발견된다. (일부 진핵생물은 호흡을 할 수 없는데도 미토콘드리아의 흔적이 남아 있다-아래 참조). 진핵생물에서 호흡 효소는 미토콘드리아 내막에 위치하는데, 내막은 막 면적을 넓히기 위해 많이 주름 잡혀있다. 이는 미토콘드리아가 없고 호흡 사슬이 세포질 막에 위치하는 세균의 경우와 비교된다.

엽록체는 광합성을 위해 특화된 막으로 싸인 세포소기관이며(그림 1.11), 식물과 일부 단세포 진핵생물에서만 발견된다. 엽록체는 난형에서 간상이며 빛을 흡수하는 녹색 색소인 **엽록소**와 빛 에너지를 포획하는 데 필요한 다른 성분을 포함하고 있는 복잡한 내막 층을 갖는다. 미토콘드리아처럼 엽록체도 원형 DNA 분자를 갖으며 광합성 세균으로부터 진화되었다고 생각된다.

진핵세포는 세포 내 골격 모양을 유지하고 물질과 세포소기관을 세포 내에서 이동시

엽록소(chlorophyll) 광합성동안 빛을 흡수하는 녹색 색소
크리스타(crista) 미토콘드리아의 호흡 막의 주름
소포체(endoplasmic reticulum) 진핵세포에서 발견되는 내부 막계
골지장치(Golgi apparatus) 진핵세포 밖으로 물질을 수송하는데 관여하는 막으로 싸인 세포소기관
리소좀(lysosome) 분해 효소를 포함하고 있는 막으로 싸인 진핵세포의 세포소기관
막결합성 세포소기관(membrane-bound organelle) 막에 의해 나머지 세포질과 분리된 세포소기관
미토콘드리아(mitochondria) 호흡에 의해 에너지를 생산하는 막으로 싸인 진핵세포의 세포소기관
세포소기관(organelle) 특수한 기능을 수행하는 준세포성 구조. 막에 싸인 세포소기관은 막에 의해 나머지 세포질과 분리되지만 리보솜 같은 세포소기관은 둘러싸는 막이 없다.

그림 1.11
엽록체

엽록체는 이중 막으로 싸여 있고 광합성을 위해 특화된 주름 잡힌 막 층을 포함한다. 엽록체는 또한 리보솜과 DNA를 포함한다.

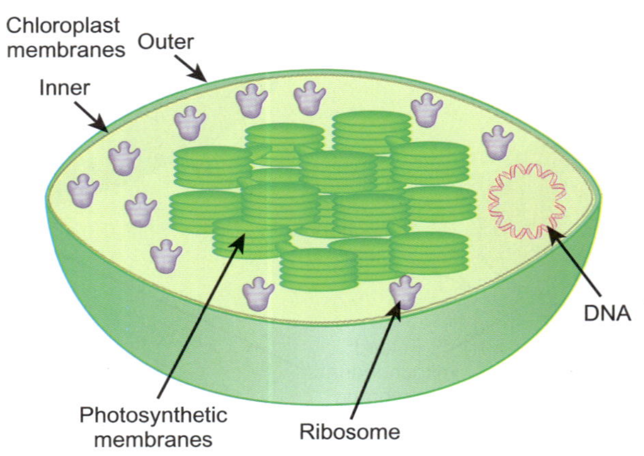

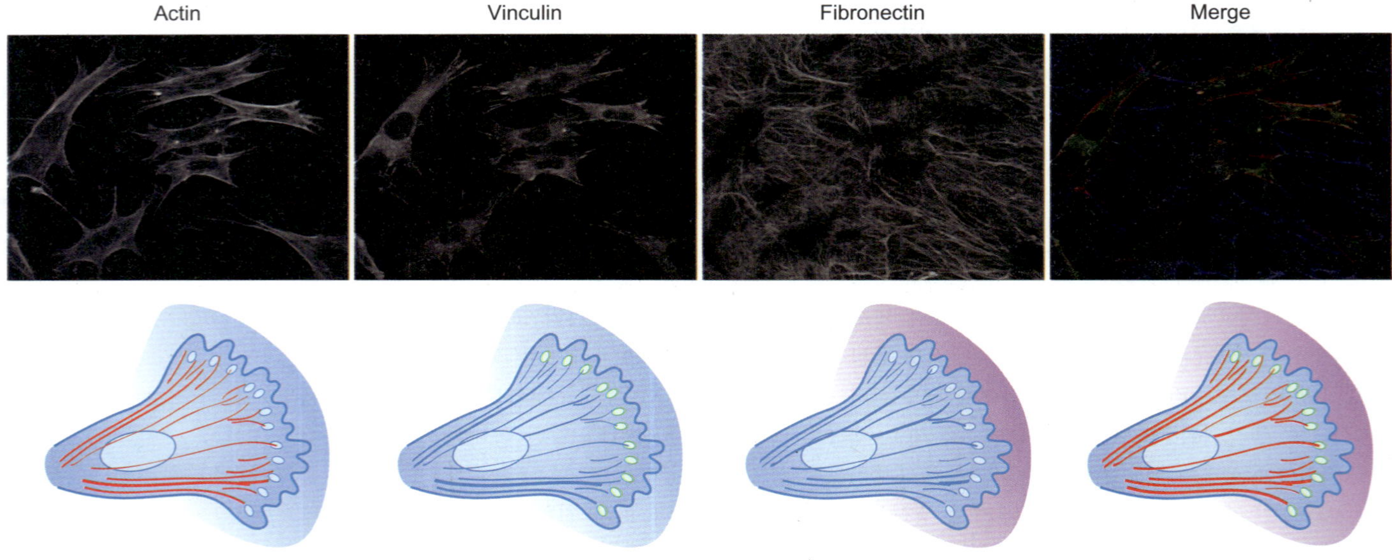

그림 1.12
세포골격

액틴, 빈큐린 및 피브로넥틴은 이 세포의 가장자리를 평평하게 하는 3 세포골격 단백질이다. 이 주변은 시험관에서 세포를 배양접시에 연결하는 부착점을 가지지만 그러나 다세포 생물의 기관 내에서는 다른 세포에 세포를 부착시키는 기능을 한다.*(출처: Byron, et al. (2010) Curr Biol 20(24): R1063–R1067)*

생명은 조직화되어 있다. 복잡한 생물은 기관으로 세분되고 크고 복잡한 세포는 세포소기관으로 나눠진다.

진핵생물은 호흡(미토콘드리아), 효소 분해(리소좀), 단백질 처리 및 분비(골지체 및 소포체) 같은 기능을 수행하기 위해 많은 막으로 싸인 세포소기관을 가진다.

진핵세포는 세포골격이라고 부르는 내부 구조 요소를 가진다.

키기 위한 방대한 **세포골격**을 갖는다. 세포골격은 **액틴**, 빈큐린, 피브로넥틴 같은 단백질로 만들어진 섬유 복잡한 망이다(그림 1.12). 세포 모양을 유지하는 외에도 세포골격은 세포 수송에도 중요하다. 예를 들어, 세포골격 섬유는 뉴런의 긴 축삭으로 퍼지며, 신경전달물질로 채워진다. 소낭은 핵과 신경 섬유 사이의 의사소통을 촉진시키기 위해 축삭의 위 아래로 이동한다. 세포골격은 또한 세포 이동을 시작하게 한다. 세포 한 면의 섬유 길이를 증가시키고 다른 면의 길이를 감소시킴으로써 세포는 물리적으로 이동할 수 있다. 이는 특히 진핵생물 및 다세포 생물 발생동안의 이동에서 그렇다. 마지막으로, 이 세포골격 이동은 세포 분열 같은 과정에 중요한데 동일한 섬유가 방추를 구성하기 때문이다.

액틴(actin) 세포골격의 한 성분인 작은 소단위의 긴 섬유
세포골격(cytoskeleton) 진핵세포의 내부 구조 요소로 세포 모양을 유지하고 세포 내 물질과 세포소기관을 한 장소에서 다른 곳으로 이동시키기 위한 구조를 제공한다.

5. 진핵생물의 다양성

진정세균과 고세균의 분명한 두 유전적 계열로 나누어지는 원핵생물과 달리 모든 진핵생물은 궁극적으로 동일 조상에서 유래했다는 면에서 유전적으로 연관되어 있다. 아마도 모든 진핵생물은 원핵생물에 없는 여러 진보된 특성을 공유하므로 놀랄 일이 아니다. 모든 진핵생물이 유전적으로 연관되었다고 말할 때는 진핵생물 핵의 유전체 부분을 의미하며 현대 진핵세포의 일부가 된 미토콘드리아나 엽록체의 DNA를 의미하지 않는다.

상자 1.01 혐기성 진핵생물

일부 단세포 진핵생물은 진정한 호흡성 미토콘드리아를 상실하고 발효에 의해 살아가야만 한다. 예를 들어, ***Entamoeba** histolytica*는 침투하여 내장 조직을 파괴하여 아메바성 설사를 일으킨다(그림 1.13). 간에 퍼지면 농양을 유발할 수 있다. 음식과 물의 오염이나 파리를 통해 감염된다.

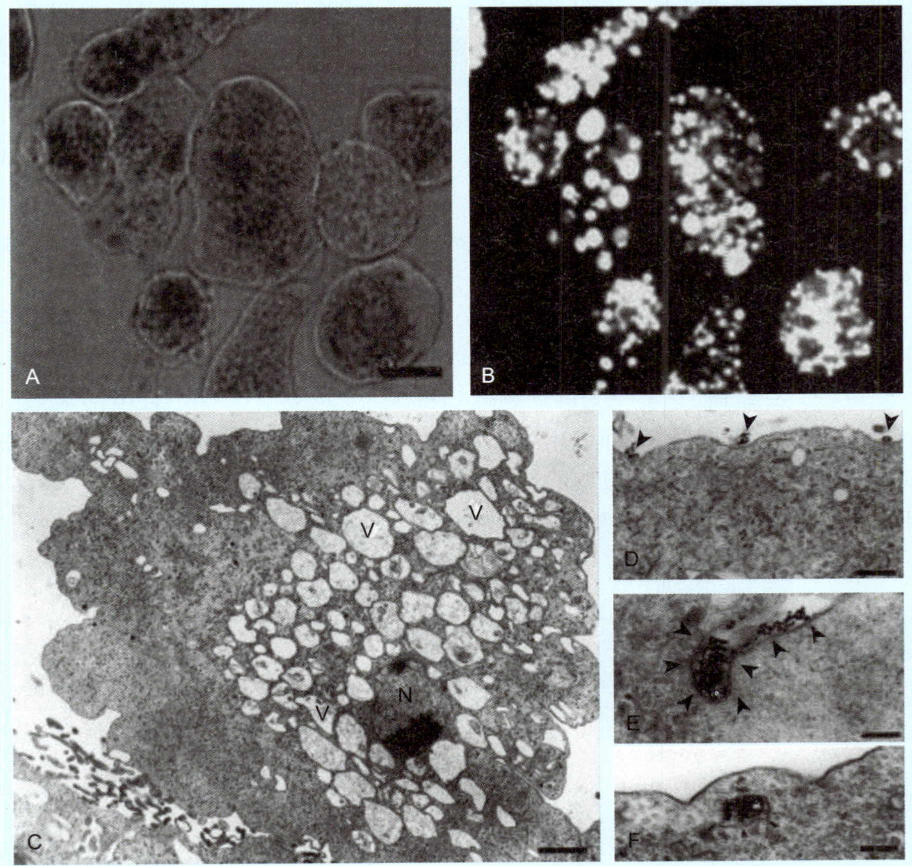

그림 1.13
***Entamoeba*: 혐기성 진핵생물**

Entamoeba histolytica의 세포 내 섭취(*endocytosis*)—위상차(a) 및 아크리딘 오렌지 형광(b) 영상은 세포질에서 많은 산성 소낭과 소포를 보여준다. 영양체의 초박편(c)은 세포질이 소포(v)로 차 있음을 확인하였다; 금-표지 락토페린은 기생충의 표면(d의 화살촉), 측면 튜브의 안쪽(e의 화살촉) 및 소낭(e의 화살촉)에 결합되어 발견될 수 있다. 막대: 17 μm (a, b); 1.6 μm (c); 400 nm (d); 500 nm (e); 170 nm (f). *(출처: de Souza, et al. (2009) Progress in Histochem Cytochem 44(2): 67–124.)*

Entamoeba 미토콘드리아가 없는 원시 단세포 진핵생물

다양한 진핵생물이 현미경적 단세포이다. 그러나 대개의 진핵생물은 눈으로 볼 수 있는 큰 다세포 생물이다. 전통적으로 이 고등생물들은 식물계, 진균계 및 동물계로 구분되어 왔다. 이 분류는 단세포 진핵생물을 설명할 수 있는 여러 새로운 그룹을 포함하도록 수정되어야 한다. 일부 단세포 진핵생물은 식물, 곰팡이 혹은 동물로 볼 수 있다. 다른 것은 중간적이고 혼합적인 특성을 가지며 자신들만의 작은 계(kingdom)를 필요로 한다.

6. 반수체, 2배체 및 진핵생물 세포주기

대부분의 세균은 각 유전자의 한 사본만을 가진 **반수체**이다. 정상적인 경우 진핵생물은 상동염색체 쌍에 유전자의 사본 2개를 지니는 **2배체**이다. 이는 대부분의 다세포 동물과 많은 단세포 진핵생물에서 사실이지만 상당한 예외가 있다. 많은 식물, 특히 꽃을 갖는 현화식물이 **다배수체**이다. 현존하는 현화식물의 약 반이 다배수체 특히 4배체나 6배체로 생각된다. 예를 들어 커피(조상 반수체는 11개)는 22, 44, 66 및 88(즉 2n, 4n, 6n 및 8n)개의 염색체를 갖는 변종이 존재한다. 다배수체 식물은 큰 세포를 갖고 간혹 식물 자체도 크다. 다배수체는 수확이 많고 큰 식물체를 만들므로 특히 순화시킨 작물들 중에서 선택되어 왔다(표 1.01).

다배수체는 곤충이나 파충류에서 간혹 발견되지만 동물에서는 흔하지 않다. 1999년에 4배체인 것으로 밝혀진 아르헨티나의 집쥐가 현재까지 알려진 유일한 다배수체 포유류이다. 이 쥐는 실제로는 4n=112의 원래 4배체에서 여러 염색체를 상실하여 102개의 염색체만을 갖고 있다. 4배체 집쥐는 2배체 친척보다 큰 세포를 갖고 있다. 유일하게 알려진 반수체 동물은 절지동물로 2001년에 발견된 치즈 벌레인 *Brevipalpus phoenicis*이다. 이 벌레가 공생 세균에 의해 감염되면 수컷이 암컷화가 된다. 유전적 암컷은 처녀생식(미수정 난자가 새로운 개체로 발달)으로 생식한다.

대개의 동물에서 난자와 정자 세포인 배우자만이 반수체다. 교배 후 두 반수체 배우자가 융합하여 2배체 접합자가 되고 이것이 새로운 동물로 발생한다. 그러나 식물과 곰팡이에서는 반수체 세포는 실제 배우자를 형성하기 전에 여러 세대 성장하고 분열한다. 진핵생물 조상에서는 반수체기와 2배체기가 교대했던 것 같다. 효모에서는 반수체와 2배체 세포가 발견되며 모두가 거의 동일한 방법으로 성장하고 분열한다(위 참조). 이끼나 우산이끼 같은 하등 식물에서는 반수체기인 **배우체**가 구별되는 다세포성 식물체를 형성하기까지 한다.

표 1.01 작물에서의 다배수체

식물	조상 반수체 수	염색체 수	배수성 수준
밀	7	42	6n
재배 귀리	7	42	6n
땅콩	10	40	4n
사탕수수	10	80	8n
감자	12	48	4n
담배	12	48	4n
목화	13	52	4n

2배체(diploid) 각 유전자를 두 사본을 가지고 있음
배우체(gametophyte) 특히 이끼나 우산이끼 같은 하등식물에서의 반수체 시기로 분명한 다세포의 몸체를 이룬다.
반수체(haploid) 각 유전자를 한 사본만 가지고 있음
다배수체(polyploid) 각 유전자를 3사본 이상을 가지고 있음

동물의 발생 초기에 **생식계열 세포**와 **체세포**가 분리된다. 생식계열 세포만이 배우자를 만들고 다음 세대의 동물에 공헌할 수 있다. 체세포는 장기적인 미래가 없고 동물 개체가 살아 있는 한 성장하고 분열한다. 따라서 체세포에서 일어난 유전적 결함은 배우자를 통해 다음 세대의 동물에 전달될 수 없다. 그러나 이 결함은 다른 체세포에 전달될 수 있다. 이런 체성유전은 암의 발생기작을 제공하기 때문에 매우 중요하다. 식물과 곰팡이에서는 생식계열 세포와 체세포의 구별이 뚜렷하지 않다. 많은 고등식물의 세포는 **개체형성능**이 있다. 다시 말하면, 모든 부위의 식물세포는 생식조직을 발생하고 배우자를 생산할 수 있는 완전히 새로운 식물로 발생할 잠재력을 갖는다. 정상적인 경우 동물 세포에서 이 능력은 불가능하다. [돌리 양 같은 실험적 동물 복제는 이 법칙의 인위적 예외이다.]

많은 진핵생물은 반수체기와 2배체기를 교대한다. 그러나 두 기의 의미와 상대적 중요성은 생물에 따라 크게 변한다.

생식계열 세포 대 체세포의 개념은 동물에 적용되고 다른 고등생물에게는 적용되지 않는다.

7. 생물은 분류된다

생물은 *Escherichia coli*나 *Sacchromyces cervisiae*처럼 이탤릭체인 2개의 이름을 갖는다. 첫 번째 이름은 속으로 밀접하게 연관된 종의 무리다. **속** 이름은 논문에서 첫 번째로 쓰인 다음부터는 *E. coli*처럼 한 글자로 단축된다. 다음으로 개별적인 종의 이름이 온다. 속과 종은 생물분류 체계에서 가장 작은 세부 단위이다. 생물의 분류는 그들의 기원과 구조와 기능의 관계를 이해하는 것을 도와준다. 생물을 분류하기 위해서는 먼저 생물을 진정세균, 고세균 및 진핵생물인 생물 도메인 중 하나에 배당한다. 다음으로 **도메인**은 **계**로 나뉜다. 진핵생물 도메인에는 4계가 있다.

- *원생생물계(Protista)* — 다른 3계에 속하지 않는 원생생물로도 알려진 원시적이고 주로 단세포인 진핵생물의 무리. 일부 과학자가 작은 계로 승격시킬 정도로 아주 분명한 여러 그룹이 있다.
- *식물계(Plants)* — 미토콘드리아와 엽록체를 모두 가지고 있고 광합성을 한다. 전형적으로 이동성이 없고 섬유소로 구성된 견고한 세포벽을 갖는다.
- *진균계(Fungi)* — 미토콘드리아는 있지만 엽록체는 없다. 한때는 엽록체를 상실한 식물로 간주되었으나 이제는 엽록체를 가진 적이 전혀 없었다고 생각된다. 이들은 썩어가는 생물체로부터 영양을 얻는다. 균류는 이동성이 없지단 섬유소가 없고 세포벽은 키틴으로 구성된다. 이들은 아마도 식물보다는 동물에 보다 관련되었을 것이다.
- *동물계(Animals)* — 엽록체는 없고 미토콘드리아는 갖고 있다. 견고한 세포벽이 없는 면에서 균류나 식물과 다르다. 전형적으로 이동성이다.

생물이 한 계에 분류된 다음에는 각 계는 **문**으로 나뉜다. 예를 들어, 동물계는 편형동물문(편형동물류), 절지동물문(곤충류), 환형동물문(회충) 및 연체동물문(달팽이, 오징어 등)을 포함하는 20–30개의 문으로 나뉜다. 이 나뉨은 더욱 좁혀진다.

(생명의) 도메인(domain) 가장 근본적인 유전적 성질에 근거한 가장 상위의 생물 분류군
속(genus) 밀접하게 연관된 종의 무리
생식계열 세포(germline cell) 다음 세대 형성에 참여하는 난자 혹은 정자를 만드는 생식 세포
계(kingdom) 진핵생물의 주요 분류군, 특히 식물계, 진균계 및 동물계
문(phylum, 복수형 phyla) 동물의 주요 분류군, 대체로 식물과 세균의 문에 해당된다.
체세포(somatic cell) 몸체를 만들지만 생식계열이 아닌 세포
개체형성능(totipotent) 완전한 다세포 생물을 만들 수 있는 능력

문은 포유강 같은 강으로 나뉜다.
강은 영장목 같은 목으로 나뉜다.
목은 사람과 같은 과로 나뉜다.
과는 사람속 같은 속으로 나뉜다.
속은 사람 같은 종으로 나뉜다.

생물학적 분류는 연속적인 진화적 분기에 의해 연관된 생물들에게 편리한 정리 체계를 부여하고자 한다. 오늘날의 계통수를 http://www.tolweb.org에서 조사할 수 있다.

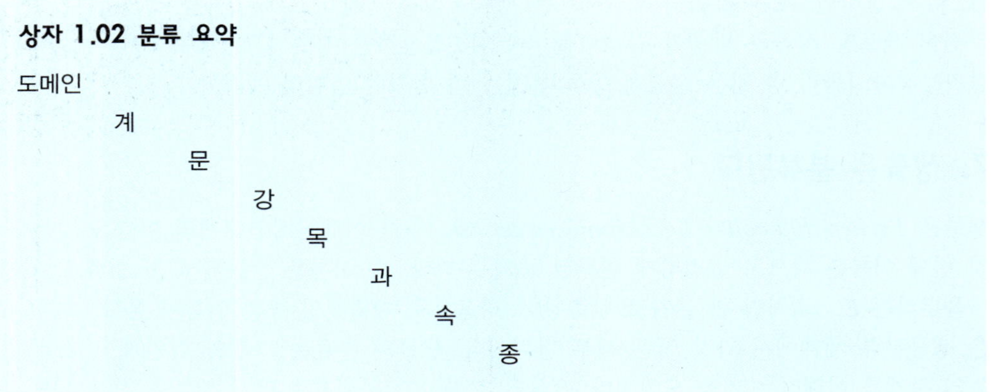

8. 널리 연구된 생물이 모델로 사용된다

생물 다양성이 매우 크므로 생물학자는 항상 연구하기 편리하거나 혹은 실제적 중요성 때문에 어떤 생물에 관심을 집중시켜왔고, 그들을 모델 생물이라고 한다. 과학자는 모델 생물이 모든 세균, 인간 혹은 식물의 대표라고 생각하고 싶지만 그들은 어떤 면에서 전형적이지 않다. 예를 들면, 대장균처럼 빨리 자라는 세균이나 생쥐처럼 빨리 교배하는 포유류는 흔치 않다. 그럼에도 모델 생물에서 발견된 정보는 관련된 생물에게도 적용되는 것으로 간주된다. 실제로 이 가정은 적어도 대체적으로는 사실로 증명된다. 모델 생물은 생물학의 기본 원리를 발견하는 데 중요하다. 그들은 과학자가 의학과 농업을 발전시키는 지식을 얻도록 돕는다. 그러나 모델 생물도 한계가 있으므로 궁극적으로는 사람 세포와 농업적으로 유용한 동물과 식물 자체를 연구해야만 한다.

8.1. 세균은 세포 기능의 기본적 연구에 사용되었다

현대 분자생물학의 기초를 제공한 실험의 대부분은 비교적 분석하기가 간단하기 때문에 대장균(다음 참조) 같은 세균을 대상으로 수행되었다. 세포 기능을 연구하는 데 세균을 이용하는 장점은 다음과 같다.

1. 세균은 단세포 미생물이다. 더욱이 세포분열 동안 유성생식이 없기 때문에 배양세균은 동일한 많은 세포로 구성된다. 이에 비해 다세포 생물의 경우 개별 조직이나 기관은 많은 다른 세포 형을 포함한다. 배양세균의 모든 세포는 거의 유사한 방식으로 반응하지만 고등생물의 경우 다양한 반응을 보여 분석을 더욱 어렵게 한다.
2. 흔히 사용되는 세균은 약 4,000개의 유전자를 갖지만 고등생물의 경우 50,000개의 유전자를 갖는다. 더욱이 다세포 생물은 세포 형에 따라 다른 유전자들이 발현된다.
3. 세균은 대부분의 유전자를 한 사본만 갖는 반수체이나 고등생물은 각 유전자를 적어도 두 사본 갖는 2배체이다. 한 사본으로 존재하는 유전자들을 분석하는 것이 동시에 두 대립유전자가 존재하는 유전자를 분석하는 것보다 훨씬 용이하다.

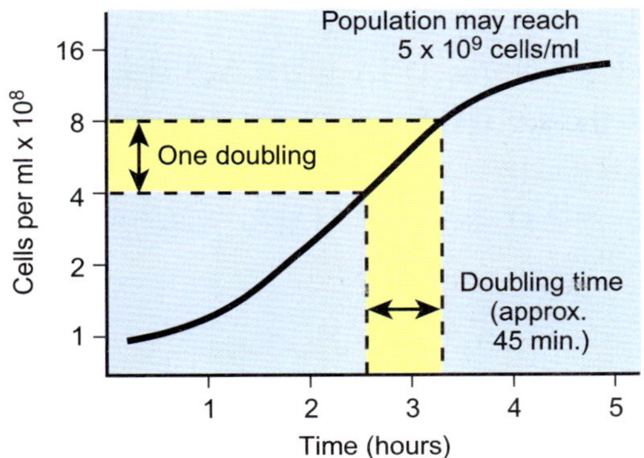

그림 1.14

배양세균의 지수적 성장 그래프

이 배양의 세균 수는 약 45분마다 배가된다. 이는 실험실 연구에서 널리 사용되는 대장균처럼 빨리 성장하는 세균에서 전형적이다. 세균 집단은 이상적인 조건에서 단지 몇 시간 안에 ml 당 5×10^9 세포에 도달한다.

4. 주 염색체에 더하여 일부 세균은 **플라스미드**라고 부르는 별도의 유전자를 지닌 작은 원형 DNA를 가지고 있다. 플라스미드는 과학자에 의해 다른 생물로부터 다른 유전자를 운반하는 **벡터**로 광범위하게 사용되었다. 세균에서 재조합 DNA의 분석은 유전자가 유래한 생물을 사용하지 않고 유전자의 기능을 확인하기 위해 분자생물학자들이 사용하는 필수적인 기술 중의 하나이다.
5. 세균은 철저히 조절된 조건에서 성장할 수 있고 포도당 같은 단순한 유기 영분과 무기 염류를 포함하는 화학적으로 규정된 배지에서 성장한다.
6. 세균은 빨리 자라고 20분 만에 분열할 수 있지만 고등생물은 한 세대에 수일 혹은 수년이 걸린다(그림 1.14).
7. 세균 배양은 ml 당 10^9 세포를 포함한다. 따라서 많은 유전자들을 분석할 필요가 있는 유전 실험이 용이하다.
8. 세균은 냉장고에서 수 주까지의 단기간 혹은 −70℃의 저온 냉동고에서 20년까지의 장기간 보관이 용이하다. 해동하면 세균은 다시 성장한다. 따라서 단지 살아있게 하기 위해서 수백 개의 세균 돌연변이체를 항상 키울 필요가 없다.

실제로 세균은 대개 시험관, 플라스크 혹은 병 안의 액체에서 현탁배양한다. 또한 페트리접시라는 평판접시의 한천 층에서 군체(가시적인 세포의 덩어리)로 자라기도 한다. 한천은 젤라틴처럼 굳는 해초에서 추출한 탄수화물 중합체이다.

위에서 언급한 이점은 일반적으로 실험실에서 자라는 세균에게 적용된다는 것을 알아야만 한다. 자연에서 발견되는 다른 많은 세균은 실험실에서 배양하기 어렵거나 현재 기술로는 배양이 불가능하다. 많은 다른 종류는 특수한 조건을 요구하며 대부분은 실험자가 애용하는 세균에서 관찰되는 밀도까지 자라지 못한다.

생물학자는 항상 두 방향으로 끌려왔다. 단순한 생물에 대한 연구는 기본 원리를 보다 쉽게 조사할 수 있게 했다. 그러나 우리 자신에 대해서도 알고 싶어 한다.

세균의 생물 다양성은 지구상의 전체 세균 수는 믿기 어려운 5×10^{30}으로 여겨지므로 엄청나다. 90% 이상이 토양이나 대양의 표면층에 있다. 세균의 총 탄소 양은 5×10^{17}g으로 식물의 총 탄소 양과 거의 유사하다. 아마도 지구상 생물량의 반 이상이 미생물의 것이지만, 아직도 이들 종의 대부분을 동정할 수 없다. 열구의 끓는 물, 사해 같은 고염도 바다, 매년 단기간만 녹는 남극 호수 같은 극한 환경에 사는 세균은 DNA 복제, 유전자 전사 및 단백질 번역을 구동하는 기본 단백질에 매우 독특한 적응을 하였다. 이들 세균에 대한 연

플라스미드(plasmid) 진핵세포와 원핵세포 모두에서 간혹 발견되는 자기 복제하는 유전 요소로 염색체도 아니며 숙주 세포의 영구적인 유전체의 일부도 아니다. 대개의 플라스미드는 이중 가닥 DNA의 원형 분자이지만 드물게 선형 혹은 RNA 플라스미드도 있다.

벡터(vector) (a) 분자생물학에서 벡터는 복제할 수 있고 클론된 유전자나 DNA 절편을 수송하는데 이용되는 DNA 분자이다. (b) 일반생물학에서 벡터는 황열병이나 말라리아와 같은 질병을 일으키는 미생물을 수송하고 퍼트리는 모기와 같은 생물이다.

구는 생물이 형성되고, 존재하고 지속된 방법에 대한 풍부한 정보를 제공할 것이다. 예를 들어, 온천에서 사는 *Thermus aquaticus*로부터 분리한 *Taq* DNA 중합효소는 극도로 열에 안정하다. 이 효소의 특성은 과학자에 의해 **중합효소연쇄반응**으로 인공적으로 DNA를 복제시키는 데 이용되었는데, 이 반응은 이중나선을 외가닥으로 변성시키기 위해 DNA를 94°C에 노출시킨다(6장 참조). 기본적으로 세균의 유전적 다양성은 거의 연구되지 않았다.

상자 1.03 세균은 분신을 갖는다

대장균은 간혹 악성 균주가 나타나기는 하지만 일반적으로 해가 없다. 이들 **병원성** 대장균 균주도 대개는 콜레라나 이질균에서 보이는 것과 관련된 약한 독성을 분비하여 설사를 일으킨다. 그러나 악명 높은 대장균 O157:H7 균주는 2개의 독성을 별도로 가지고 있으며 특히 유아나 노인에게 치명적일 수 있는 지독한 설사를 유발한다. 이 대장균이 창궐하면 세균은 전형적으로 햄버거를 만드는 갈은 고기를 오염시킨다. 1990년대 후반에 이 균주를 가지고 있는 냉동 육류에 대한 대대적인 회수가 수차례 있었다. 예를 들면 1997년에 Nebraska주의 Columbus에 있는 Hudson 음식공장이 폐쇄되었고 2,500만 파운드의 갈은 소고기가 회수되었다.

상자 1.04 항생제는 세균을 죽인다

일반적으로 세균 감염을 방지하기 위해 환자에게 **항생제**를 투여한다. 항생제는 사람에게는 상대적으로 해가 없으나 특정 생화학 과정을 억제하여 대부분의 세균을 죽일 수 있는 화학물질이다. 가장 흔히 사용되는 항생제인 페니실린과 세파로스포린은 사상균으로 알려진 곰팡이에 의해 합성된다(그림 1.15). 그러나 많은 항생제는 다른 세균을 죽이기 위해 세균에 의해 만들어진다. 토양 세균들인 *Streptomyces*는 스트렙토마이신, 카나마이신 및 네오마이신 같은 다양한 항생제를 생산한다. 클로람페니콜 같은 항생제는 원래 곰팡이에 의해 만들어졌지만 오늘날에는 화학적으로 합성된다. 설폰아마이드 같은 항생제는 완전히 인공적이며 화학회사에 의해서만 생산된다.

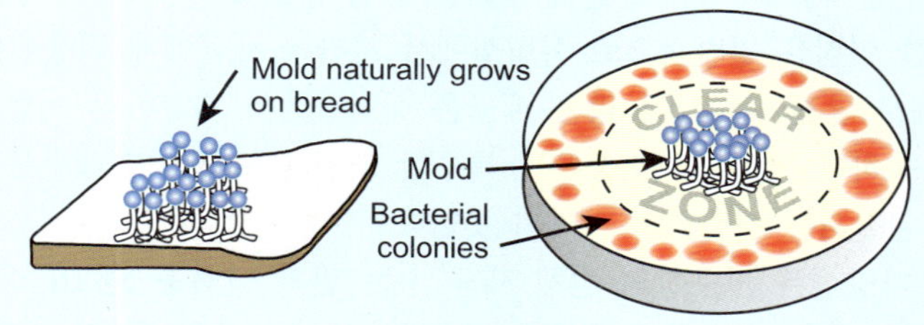

그림 1.15
세균의 성장은 빵곰팡이에 의해 억제된다

빵에서 자주 자라는 푸른곰팡이는 **페니실린**을 만든다. 페트리접시의 한천에서 자라는 곰팡이가 페니실린을 만들면, 이는 바깥으로 확산되어 주변 원 안에 있는 세균의 성장을 억제한다.

항생제(antibiotics) 특수한 생화학 과정을 저해하여 환자는 죽이지 않고 선택적으로 세균 성장을 중지시키는 화학물질
병원성(pathogenic) 병을 일으키는
페니실린(penicillin) 빵에서 자라 푸른곰팡이 층을 만드는 *Penicillium*이라는 곰팡이가 만드는 항생제
중합효소연쇄반응(PCR) 가닥 분리와 복제의 순환을 반복하여 DNA 서열을 증폭시킴

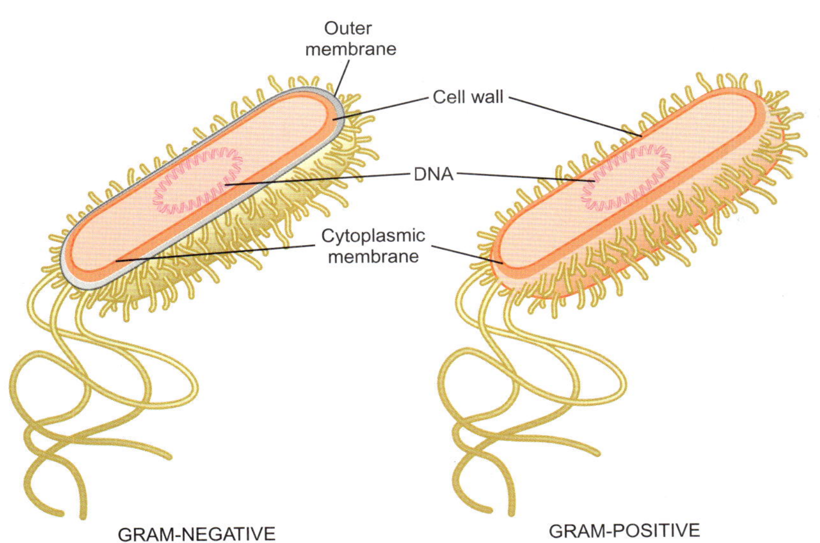

그림 1.16
그람음성 및 그람양성 세균

그람음성 세균은 세포벽을 둘러싸는 별도의 막을 갖는다.

8.2. 대장균은 모델 세균이다

실험실 연구에서 다양한 세균이 이용되고 있지만, 분자생물학 연구에서 가장 흔히 사용되는 세균은 대장균이다. 대장균은 간상이며 1–2.5 μm 크기이다. 자연에서 서식처는 사람을 포함한 포유류 대장의 아랫부분인 결장이다. 대장균의 조사로 얻은 지식은 다른 생물의 유전 작용을 해결하는 데 사용되었다. 추가로 바이러스와 플라스미드와 함께 세균은 고등생물의 유전 분석에 사용되어 왔다.

대장균이 **그람음성 세균**인 것은 대장균이 두 막을 가지고 있음을 의미한다. 이들은 모든 세포가 가진 세포막 바깥으로 세포벽과 두 번째 막을 가진다(그림 1.16). (그람음성 세균이 두 구획을 갖지만 그들은 진정한 원핵생물인데 염색체가 리보솜이나 다른 물질대사 기구와 같은 구획에 있기 때문이다. 그들은 진핵생물의 주요 특징인 핵을 갖지 않는다). 바깥쪽 막의 존재는 세균에게 여분의 보호층을 제공한다. 그러나 대장균에 클론된 유전자로부터 유전적으로 조작된 단백질을 만들려고 하는 생명공학자에게는 불편할 수 있다. 외막은 단백질 분비를 방해한다. 따라서 최근에는 바실루스(Bacillus) 같은 외막이 없는 **그람양성 세균**에 대한 관심이 최근에 고조되었다.

상자 1.05 세균은 성을 가질 수 있다

유명한 실험실 균주인 대장균 K-12는 균주의 생식력 때문에 연구 도구로 선별되었다. 1946년 레더버그(Joshua Lederberg)는 세균에서 유전 교배를 수행하려고 하였다. 그때까지 세균에서 유전자 전달에 대한 기작은 알려지지 않았고 따라서 유전 교배는 고등생물에 제한된 것으로 여겨졌다. 대부분의 대장균 균주를 비롯해서 대부분의 세균 균주는 교배하지 않으므로 그는 운이 좋았다. 그러나 그가 시험한 균주 중 하나는 긍정적 결과를 준 K-12 균주였다. 이 균주에서의 교배는 실제로는 세균의 염색체와 분리된 여분의 원형 DNA 분자인 플라스미드 때문이다. 이 플라스미드는 생식을 위한 유전자를 가지고 있으므로 **F-플라스미드**라고 명명되었다.

F-플라스미드(F-plasmid) 숙주인 대장균에게 교배할 능력을 부여하는 특정 플라스미드
그람음성 세균(gram-negative bacterium) 안쪽(세포질)막과 세포벽 바깥에 위치한 바깥쪽 막을 모두 갖는 세균
그람양성 세균(gram-positive bacterium) 바깥쪽 막은 없고 안쪽(세포질)막만 있는 세균

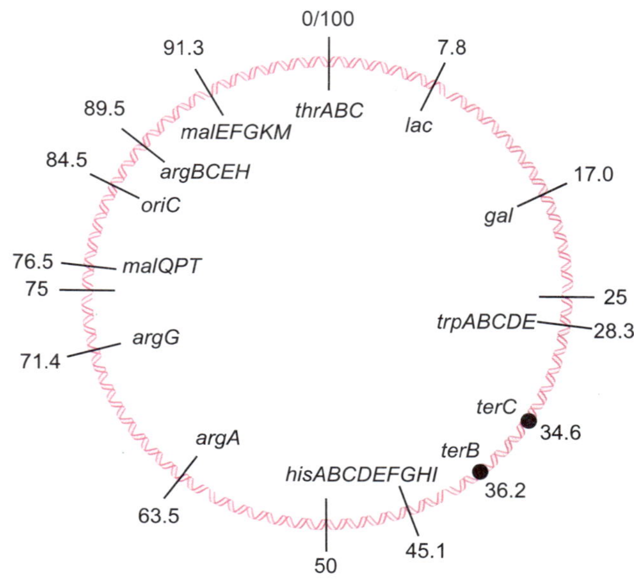

그림 1.17
대장균 염색체

원형 대장균 염색체가 100 지도단위로 나뉘었다. 단위는 *thrABC* 에서 0으로 시작해서 시계방향으로 100까지 수를 매긴다. 여러 유전자가 지도의 위치에 해당하는 수와 함께 표시되었다. 복제기점(*oriC*)과 종점(*ter*)도 표시되었다. 염색체 복제가 지도단위 0에서 시작하지 않음에 주의하자. 0 위치는 임의적으로 선택되었다.

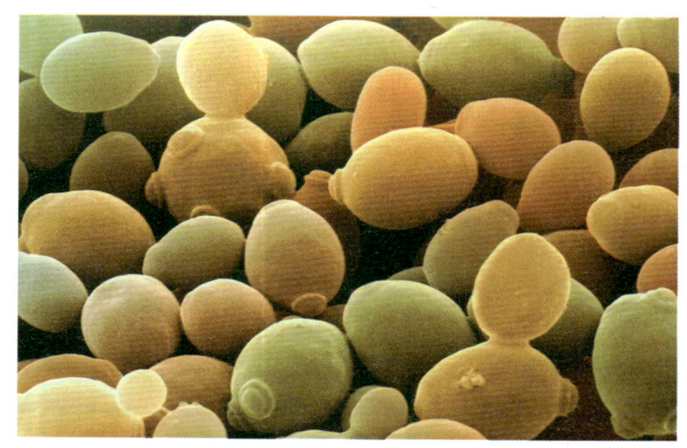

그림 1.18
효모 세포

출아하는 효모의 채색 주사전자현미경 사진. 큰 모세포는 작은 딸 세포를 출아하고 있다. 4,000배. *(출처: Andrew Syred, Science Photo Library)*

오페론(25장 참조)을 발견한 모노(Jaques Monod)에 의하면 대장균에 적용되는 것은 코끼리에게도 적용된다.

대장균의 염색체는 DNA 염기서열결정 출현 이전에 접합실험에 의해 지도가 작성되었다(25장 참조). 염색체는 *thrABC* 유전자가 임으로 0 위치에 배정된 지도 단위로 나뉘어진다.

8.3 효모는 널리 연구된 단세포 진핵생물이다

효모는 세균과 대부분 같은 이유로 분자생물학에 널리 사용된다. 진핵생물 가운데 가장 많이 밝혀진 것은 효모이며 1996년에 유전체의 서열이 결정되었다. 효모는 진균계에 속하며 식물보다는 동물에 약간 더 연관되어 있다. 자연에서 다양한 효모들이 발견되나 실험실에서 주로 사용되는 것은 양조효모인 *Saccharomyces cerevisiae*이다(그림 1.18). 이 효모는 배양하기 쉬운 단세포 진핵생물이다. 분자생물학 시대 이전에서부터 효모는 생화학적 분석 재료로 널리 사용되었었다. 최초의 효소 반응이 효모 추출물로부터 연구되었고 효소라는 단어는 그리스어 "효모에서" 말에서 유래하였다.

효모는 진핵생물이지만 세균을 연구하기 쉽게 만드는 유용한 특성들을 꽤 많이 갖고 있다. 더욱이 효모는 다른 많은 진핵생물보다 유전적으로 덜 복잡하다. 가장 유용한 일부 특성들은 다음을 포함한다.

1. 효모는 단세포 미생물이다. 세균처럼 배양 효모는 많은 동일한 세포로 구성된다. 세균보다 크지만 고등동물 세포의 1/10 크기이다.

2. 4,000개의 유전자를 갖는 대장균과 25,000개의 유전자를 갖는 사람에 비해 효모의 반수체 유전체는 약 6,000개의 유전자를 가지는 12 Mb DNA이다.
3. 효모의 자연 생활환은 반수체기와 2배체기를 교대한다. 따라서 세균처럼 각 유전자의 한 사본만 갖는 반수체 효모를 배양하는 것이 가능하고, 이는 연구결과의 해석을 용이하게 한다.
4. 많은 진핵생물과 달리 효모는 약 5%만이 개재서열인 인트론을 갖고 있다.
5. 효모는 화학적으로 지정된 배지에서 조절된 조건하에 배양할 수 있고 한천에서 세균처럼 군체를 형성한다.
6. 효모는 세균처럼은 아니지만 빨리 성장한다. 생활환은 빨리 성장하는 세균의 20분에 비해 약 90분이 걸린다.
7. 효모 배양은 세균처럼 배양액 ml 당 약 10^9의 세포를 포함한다.
8. 효모는 냉장고에서 쉽게 보관된다.
9. 재조합을 이용한 유전 분석은 고등 진핵생물에서 보다 효모에서 훨씬 효율적이다. 더욱이 한 유전자가 상실된 효모주의 집단을 이용할 수 있다.

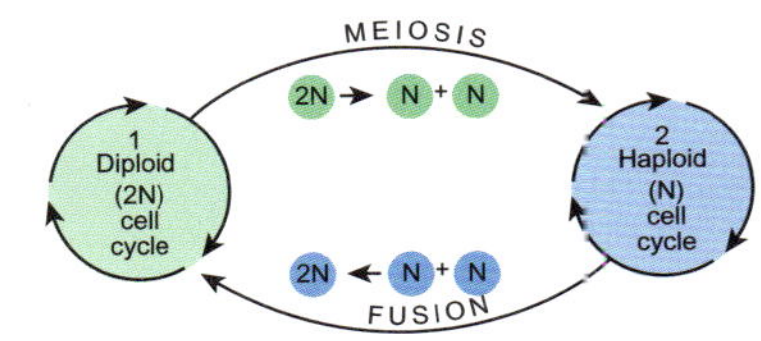

그림 1.19
효모 생활환

효모 세포는 반수체기와 2배체기를 교대하며 모든 시기에서 성장과 세포분열을 할 수 있다.

효모는 2배체나 반수체 세포로 자랄 수 있다(그림 1.19). 반수체와 2배체 효모 세포 모두 대칭적인 세포분열보다는 **출아**에 의해 성장한다. 출아에서 싹을 말하는 돌출은 모세포의 측면에서 형성된다. 돌출은 커지고 핵분열 결과물인 핵 하나가 싹으로 이동한다. 마지막으로 격벽이 발달하고 새 세포는 모세포로부터 출아된다. 특별히 영양부족 조건에서 2배체 효모 세포는 감수분열로 서로 다른 유전 조성을 갖는 반수체 세포를 형성하기 위해 분열할 수 있다. 이 과정은 고등 진핵생물에서 난자와 정자 세포의 형성과 유사하다. 그러나 효모에서는 반수체 세포는 동일하게 보여서 성을 구별할 수 없으므로 교배형이라고 한다. 동물과 식물의 반수체 배우자와는 달리 효모 반수체 세포는 배양에서 무한정 성장하고 분열할 수 있다. 상반되는 교배형의 두 반수체 세포는 융합하여 접합자를 형성할 수 있다.

효모는 반수체기에서 16개의 염색체와 대장균의 거의 3배가 되는 DNA를 가지고 있다. 그럼에도 효모의 유전자 수는 대장균의 1.5배이다. 돌연변이를 분리하고 그 효과를 분석하기 위해서는 반수체기의 효모를 사용하는 것이 더 쉽다. 그러나 한 세포에서 두 대립유전자가 상호 작용하는 방식을 연구하는 데는 2배체기가 유용하다. 따라서 효모는 많은 유전 분석을 위한 반수체기의 장점을 이용하면서 2배체기를 연구하는 모델로 사용될 수 있다.

생명공학은 새로운 단어지만 새로운 직업은 아니다. 양조와 제빵 모두는 역사를 통털어 유전적으로 변형되고 우수한 맛 때문에 선택된 효모를 이용한다.

효모는 고등생물의 유전적 특성을 단순화된 방법으로 보여 준다.

관련 연구에 대한 초점

Selker, E (2011) **Neurospora** Curr. Biol. 21(4): R139–140.

이 장에 소개된 모델 생물 목록은 세계적으로 실험실에서 실제로 사용되는 모델 생물의 일부분이다. 유전연구에서 사용되는 다른 진핵 모델 생물은 섬유상 곰팡이 무리인 *붉은빵곰팡이*(*Neurospora*)이다. 연관된 논문은 붉은빵곰팡이를 훌륭한 모델 생물로 만든 특성을 기술하였다. 다른 무엇보다도 더, 붉은빵곰팡이는 실험실에서 쉽고 빠르게 자란다. 이 곰팡이는 반수체 시기와 잘 정의된 성 주기를 갖는다. 유전체는 서열이 결정되었고 수천의 돌연변이체가 분리되었거나 돌연변이 유발로 만들어졌다. 이를 흥미로운 모델 생물로 만든 가장 놀라운 특성은 감수분열 후에 실제로 세포를 볼 수 있다는 것이다. 자낭포자는 그들이 분열한 순서대로 머물며, 따라서 감수분열 동안 유전자가 어떻게 분리되었는지를 쉽게 추적할 수 있다.

출아(budding) 새 세포가 모세포에서 돌출로 나타나고 커져서 결국 분리되는 효모에서 나타나는 세포분열 방식

8.4 환형동물과 파리는 다세포성 모델 동물이다

"우주에서 선충류를 제외한 모든 물질이 사라진다고 해도 우리 세계는 희미하게 인식될 수 있을 것이다"

– N.A. Cobb, 1914

궁극적으로 다세포 생물을 연구해야만 한다. 널리 사용되는 것 중 가장 원시적인 것이 환형동물인 예쁜꼬마선충(*Caenorhabditis elegans*)이다(그림 1.20). 선충류 혹은 환형동물은 식물과 동물 모두의 기생자로 가장 잘 알려졌다. 작물의 뿌리를 공격하는 선충인 초선충과 연관이 있지만 예쁜꼬마선충은 자유 생활을 하고 세균을 먹고 사는 해가 없는 토양 서식자이다. 1에이커의 경작지 토양은 수십 종에 속하는 30억의 선충류를 포함한다.

예쁜꼬마선충의 반수체 유전체는 6개의 염색체에 수용된 97 Mb의 DNA로 구성된다. 이는 전형적인 효모 유전체의 약 7배에 달한다. 예쁜꼬마선충은 약 20,000개의 유전자를 가지며 효모 같은 하등 진핵생물보다 비번역 DNA의 비율이 훨씬 더 높다. 이들 유전자는 평균 4개의 개재서열을 포함한다.

성체 예쁜꼬마선충은 1 mm 길이로 959개의 세포를 가지고 있으며 각 세포의 계통이 수정난(접합자)에서부터 완전히 추적되었다. 따라서 이 선충은 동물 발생 연구의 유용한 모델이다. 특히 계획된 세포사멸인 **세포자살**이 예쁜꼬마선충에서 처음으로 발견되었고 그 후부터 유전적으로 분석되어 왔다. 예쁜꼬마선충이라는 특별한 경우에서는 매우 편리하지만 고정된 세포 수는 다세포 동물의 성체에서는 극히 드물다. 2-3주 동안 사는 이 선충은 수명과 노화 과정을 연구하는 데도 사용된다. 이중 가닥 RNA에 의존하는 유전자 침묵 기술인 RNA 방해가 1998년에 예쁜꼬마선충에서 발견되었으며 현재 벌레와 다른 고등생물의 발생동안 유전자의 기능을 연구하기 위해 사용되고 있다. RNA 방해는 18장에서 다룰 것이다.

대양의 진흙 혹은 내륙 토양에 있는 선충류는 모두 동일하게 보일 수 있다. 그러나 이들은 거대한 유전적 다양성을 내포한다.

초파리(*Drosophila melanogaster*)는 20세기 초반에 유전 분석을 위해 선택되었다. 초파리는 썩은 과일을 먹고 살며 2주인 생활환 동안 암컷은 수백 개의 알을 낳는다. 성체는 약 3 mm 크기이고 알은 약 0.5 mm이다. 분자생물학이 성행하자 이미 존재하는 풍부한

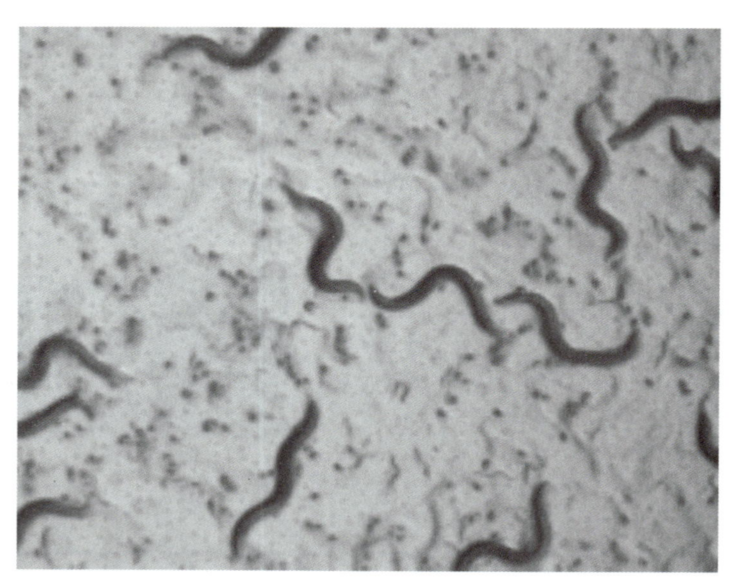

그림 1.20
예쁜꼬마선충

토양에 사는 선충류인 예쁜꼬마선충의 저배율 위상차 현미경 사진. 예쁜꼬마선충은 자웅동체, 즉, 정자와 난자를 만든다. 난자를 만들기 때문에 유전 분석에 용이하다. 성숙하는 데 3일만 걸리며 수천 개체를 한 평판 배양에 보관할 수 있다. *(출처: Jill Bettinger, Virginia Commonwealth University, Richmond, VA.)*

세포자살(apoptosis) 필요 없는 세포의 계획된 자살

그림 1.21
Drosophila melanogaster, 초파리

성체 수컷 초파리의 사진. *(출처: André Karwath, Creative Commons Attribution-Share Alike 2.5 Generic License, Wikipedia)*

그림 1.22
***Danio rerio*, 제브라피시**

제브라피시는 최근에 고등동물의 배 발생의 유전적 연구에 모델로 사용되고 있다. *(출처: James King-Holmes, SPL, Photo Researchers, Inc.)*

유전 정보를 이용하기 위해 초파리를 분자생물학 수준에서 연구할 가치가 있었다. 반수체 유전체는 4개의 염색체에 수용된 180 Mb의 DNA를 갖는다. 흔히 초파리가 원시적인 환형동물보다 더 진보된 것으로 생각하지만 초파리는 예쁜꼬마선충보다 5,000개 적은 14,000개의 유전자를 갖는다. 초파리에 대한 연구는 세포분화, 발생, 신호전달 및 행동에 집중되어 왔다.

8.5. 제브라피시와 제노프스는 척추동물 발생 연구에 이용된다

제브라피시(*Danio rerio*)는 척추동물의 발생에서 유전적 영향을 연구하기 위한 모델로 점차적으로 많이 사용되고 있다. 제브라피시의 원산지는 갠지스강을 포함해서 동부 인도와 미얀마의 볏논과 느린 담수이다. 이들은 작고 튼튼한 물고기이며 1인치 길이로 어류 애호가에 의해 약 5년 동안 생존하는 가정 수조에서 많은 세월동안 교배되었다. 표준 야생형은 몸체를 가로지르는 검은 줄이 있는 밝은색이다(그림 1.22). 알은 1배에 약 200개를 낳는다. 이들은 투명하고 모체의 바깥에서 발생한다. 그래서 현미경 아래서 제브라피시의 알이 새로운 물고기로 성장하는 것을 관찰할 수 있다. 알에서 성체까지 발생은 약 세 달 걸린다. 제브라피시는 거의 투명해서 내부 기관의 발달을 관찰할 수 있다는 면에서 특별하다.

그림 1.23
***Xenopus laevis*, 아프리카 발톱개구리**

성체 발톱개구리의 사진 *(출처: Michael Linnenback; Wikipedia Commons.)*

제브라피시는 25개의 염색체에 약 1,700 Mb DNA를 가지고 있고 대부분 유전자가 사람의 유전자와 유사하다. 유전체는 완전히 서열이 결정되어서 과학자에게 이 생물을 연구할 다른 핵심 요소를 제공했다. 유전적 표식은 비교적 용이하고 DNA의 난자 미세주입은 일관되게 달성된다. 따라서 제브라피시는 배 발생의 분자유전학 연구에서 선호하는 모델 생물이 되었다. 덧붙여서, 제브라피시는 심장, 신경조직, 망막, 청각조직 및 지느러미를 재생할 수 있어서, 사람에서 또한 이들 조직의 성장을 조절하는 유전자에 대한 일견을 제공한다.

분자생물학에서 이들의 이용은 증대하고 있다. 이들은 현재 새로운 약품의 초기 검사에 이용된다. 물고기와 배는 물로부터 작은 분자를 흡수하므로, 약품의 독성을 검사하기는 매우 쉽다. 어떤 검사에서는 물고기가 새로운 약품에 노출될 때 배를 눈에 보이도록 로봇 현미경을 이용한다. 이 현미경은 수천 개의 새 약품에 노출된 여러 배들을 추적 관찰할 수 있다. 긍정적 결과를 보인 물질은 생쥐모델에 사용되고 마지막으로 사람에게 이용된다. 제브라피시는 또한 사람의 암을 키울 수 있다. 암세포는 물고기에 이식되고 암 형성의 각 단계를 투명한 물고기 덕분에 눈으로 볼 수 있다.

Xenopus laevis 혹은 아프리카 발톱개구리는 척추동물의 발생을 이해하기 위한 다른 핵심 모델 생물이다(그림 1.23). 이 개구리는 어떤 종류의 물에서도 살며 실험실에서 키우기가 매우 쉽다. 제브라피시처럼 발톱개구리 올챙이는 모체 밖에서 발생하며 전체 발생 과정에 걸쳐 쉽게 눈으로 볼 수 있다. 난자의 크기는 연구자가 다른 유전자나 물질을 직접 난자에 주입할 수 있게 한다. 난자가 올챙이로 발생하면서 변경의 효과가 시각적으로 결정된다.

상자 1.06 Brainbow Fish

2003년 후기에 제브라피시는 상업적으로 쓸모 있는 최초의 유전자 조작된 애완동물이 되었다. 붉은 형광 제브라피시가 Yorktown Technologies에 의해 GloFish™으로 미국에서 판매되고 있다. 이들은 바다산호에서 얻은 붉은 형광단백질 유전자가 있기 때문에 흰 빛 혹은 검은 빛(자외선 근처)을 주면 붉은 형광을 낸다. 원리는 널리 쓰이는 해파리에서 얻은 녹색 형광단백질과 같다(유전 분석에서 GFP의 사용은 19장 참조). 이 물고기는 정상 제브라피시의 약 5배인 5달러이다. 이 물고기는 궁극적으로 오염을 감시하기 위해 국립싱가포르대학의 Zhiyuan Gong에 의해 개발되었다. 보다 특화된 2세대 붉은 형광 제브라피시는 환경의 오염물질이나 독성물질에 반응하여 형광을 낼 것이다.

(계속)

상자 1.06 계속

이 물고기를 채색하는 능력은 현재 진전되었다. Lichtman과 Smith는 2008년 각각의 세포를 다른 형광색으로 표지할 수 있었다. 뇌의 세포는 90개 이상의 형광색으로 처리되었고, 각 뉴런은 다른 색이고, 과학자들이 "brainbow"라고 부르는 것을 창조하였다(그림 1.24). 표지는 연구자에게 각각의 뉴런을 세포체로부터 마지막 분지까지 볼 수 있는 능력을 제공하였다. 다른 채색은 발생의 우여곡절 동안 뉴런의 긴 액손을 추적하는데 필수적이다. 채색기술을 이용해서 과학자는 제브라피시의 발생 동안 모든 세포를 추적할 수 있고 예쁜꼬마선충에서 이미 확립된 것과 유사한 혈통지도를 만들 수 있을 것이다.

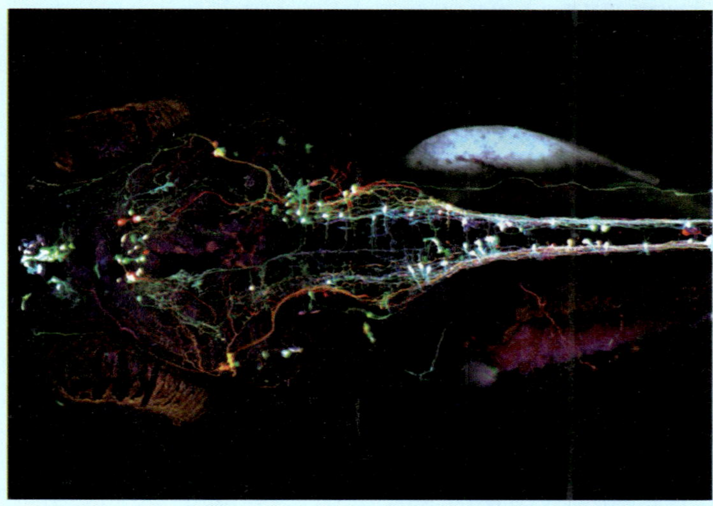

그림 1.24
5일된 제브라피시 유충의 brainbow 영상

5일된 제브라피시 유충의 이름다운 뇌 영상은 하버드대학교의 Albert Pan에 의해 만들어졌고, 2008년 Olympus BioScapes Digital Imaging 경쟁에서 4위를 했다.

8.6. 생쥐와 사람

분자의학의 궁극적 목표는 인간생리를 분자 수준에서 이해하고 이 지식을 질병치료에 적용하는 것이다. 오늘날 인간 유전체의 완전한 서열이 알려졌지만 대부분 유전자의 산물이 실제로 무엇을 하는지를 잘 모른다. 직접 사람을 대상으로 한 실험은 크게 제한되므로 동물 모델이 필요하다. 다양한 주제를 연구하기 위해 여러 동물이 사용되었지만 집쥐와 생쥐가 가장 보편적인 실험동물이다. 집쥐는 물질대사 반응이 조사되던 생화학의 초기에 많이 사용되었다. 생쥐는 집쥐보다 작고 빨리 교배하고 보다 용이하게 유전적으로 변형된다. 따라서 생쥐가 분자생물학과 유전학에 관련된 실험에 보다 자주 사용된다. 생쥐는 1년에서 3년까지 살고 4주 후면 생식적으로 성숙하게 된다. 임신은 약 3주 동안 지속되고 10마리까지의 자손을 낳는다.

사람은 23쌍의 염색체에 분산된 약 20,000–25,000개 유전자의 두 사본을 가진다. 유사하게 생쥐도 20쌍의 염색체에 간직된 2,600 Mb DNA의 유전체를 가지고 있다. 생쥐 유전체의 1% 미만이 사람 유전체에 동류의 유전자가 없다. 생쥐(또는 사람)의 평균 유전자는 대부분이 비번역 개재서열(유전자 당 약 7개)로 구성되어 있으며, 40 Kb DNA에 이른다. 오늘날 하나 또는 그 이상의 특정 유전자가 변하거나 파괴된 여러 생쥐 들연변이 계통이 있다. 이들은 유전자 기능을 조사하기 위해 사용된다(그림 1.25).

그림 1.25
형질전환 생쥐

큰 생쥐는 성장에 차이를 일으키는 사람 유전자를 인공적으로 도입하여 갖고 있다. 인간 성장호르몬 유전자를 가진 생쥐는 정상 생쥐에 비해 크게 자랐다. *(출처: Palmiter, et al. Nature 300: 611-615.)*

온전한 사람은 윤리적 문제로 인해 통상적 실험에 사용될 수 없다. 그러나 사람과 다른 포유동물로부터 세포를 배양하는 것은 가능하다. 현재 많은 사람과 원숭이의 세포주가 있다. 이들 세포는 단세포 생물보다 배양하기가 훨씬 어렵다. 다세포 생물의 세포배양은 유전체와 다른 세포 성분에 대한 연구를 가능하게 한다. 역사적으로 헬라세포 같은 가장 널리 사용되는 세포주는 실제로는 암세포이다. 정상적인 세포 조절을 간직하는 세포와 달리 암세포는 세대가 정해진 숫자로 제한되지 않아 "영구화되었다". 덧붙여 암세포주는 정상적인 세포의 분열에 필요한 성장요소가 없는 배양액에서도 분열할 수 있다.

소수의 동물만이 심도 깊게 연구되었다. 다른 동물은 세부 사항을 제외하고는 비슷한 것으로 간주된다.

상자 1.07 첫번째 세포주

Henrietta Lacks의 짧은 생애에 대한 최근의 설명(*The Immortal Life of Henrietta Lacks* by Rebecca Skloot)이 얼마전 출판되었다. 이 책은 자궁경부 암 진단을 받고 사망한 그녀의 생활과 시대를 추적했다. 그녀의 죽음 전에 의사는 그녀 암의 일부를 떼어내 배양해서 성장시키려 했다. 배양한 다른 인간 세포와 달리 이 세포들은 24시간 이상 생존하였다. 오늘날 실제로, 이 세포들의 후손이 연구목적으로 자라고 있고 HeLa라는 암호명이 주어졌다.

그림 1.26
애기장대, 생쥐-귀 갓

분자생물학 연구에서 가장 많이 사용되는 식물은 겨자과인 애기장대이다. 통속명은 생쥐-귀 갓, 탈러 갓, 겨자초 등이다. *(출처: Dr. Jeremy Burgess, Science Photo Library)*

8.7. 애기장대는 식물을 위한 모델이다

역사적으로 식물 분자생물은 다른 생물 군에 비해 뒤처져있었다. 역설적으로 현재 유전자가 가장 많은 기록은 식물이 갖고 있다(벼 40,000~50,000 유전자, 사람보다 20,000~25,000여 개 많다). 만일 우월성의 근거가 유전자 수라면 진화의 정점을 대표하는 것은 포유류가 아니라 식물이다. 왜 식물은 그렇게 많은 유전자를 가지고 있는가? 식물은 고착성이어서 이동에 의해 위험을 피할 수 없기 때문이라는 제안이 있다. 대신 식물은 남자처럼 혹은 보다 채소처럼 서서 대처해야만 한다. 이는 식물이 변화하는 환경조건에 적응하기 위한 유전자는 물론이고 포식자와 해충에 대한 방어에 관련된 많은 유전자를 축적해왔음을 의미한다. 현재 생명공학에서 가장 활발한 분야의 하나가 작물의 유전적 증진이다. 식물의 유전적 조작은 동물이나 사람에 대한 연구에 적용되는 윤리적 관점에 의해 방해받지 않는다. 더욱이 작물농업은 큰 사업이다.

생쥐 귀 모양의 잎을 가진 갓인, 애기장대(*Arabidopsis thaliana*)는 고등식물의 분자유전학 모델이 되었다. 애기장대는 구조적으로 단순하고 현화식물 중 가장 적은, 효모 DNA의 10배에 불과한 125 Mb DNA의 유전체를 단지 5쌍의 염색체에 지니고 있다. 유전자당 평균 4개의 개재서열을 갖고 있는 25,000개의 유전자를 가진 것으로 계산된다. 이 식물은 실내에서 키울 수 있고 한 개체에서 수천 개의 자손을 생산하는데 6-10주 걸린다. 이는 세균의 기준에 의하면 느리지만 새로운 완두, 옥수수, 콩을 위해 1년을 기다리는 것보다 훨씬 빠르다.

애기장대는 유전 분석을 훨씬 수월하게 하는 반수체로 자라는 능력을 효모와 공유한다. 화분은 식물의 웅성 생식계열 세포이며 따라서 반수체이다. 애기장대를 포함한 식물에서 화분을 조직배양으로 키우면 반수체 세포는 성장하고 분열하여 정상으로 보이는 식물로 발생한다. 이들은 반수체이고 따라서 불임이다. 2배체 식물은 두 반수체 세포주를 융합하여 재구성할 수 있을 것이다. 2배체는 다른 방법으로는 유사분열을 방해하여 염색체수를 배가 시키는 콜히친 같은 물질로 인위적으로 유도할 수도 있다. 후자의 경우에 새로운 2배체는 모든 유전자가 동형접합성일 것이다.

현화식물은 동물보다 많은 유전자를 갖는다. 대부분 유전자의 기능은 아직도 모른다.

표 1.02 무엇이 생물을 분자생물학 연구에 적합하게 하나?

계통수에서의 위치: 많은 계통이 연구에 잘 대표되지 않았다. 따라서 새로운 모델 생물은 계통수에서 특성분석이 되지 않은 부위에 있어야 한다.

DNA 클로닝 혹은 서열결정으로 후보 유전자를 확보할 수 있는 능력

서열이 결정된 유전체 또한 다수의 유전자에 의해 조절되는 양적형질의 연구를 촉진한다.

여러 발생 단계에서 유전자 발현 양상을 결정하는 능력

많은 생물을 실험실 혹은 야외에서 키우거나 확보할 수 있는 능력

성장, 발달 혹은 물질대사에서 유전자가 담당하는 역할을 확인하기 위해 유전자를 기능적으로 불활성화 혹은 파괴시키는 능력. 덧붙여서, 유전적 변화가 여러 형질에 미치는 영향을 결정하기 위한 세포 내 혹은 시험관 내 분석

한 단백질이 너무 많이 발현될 때 생기는 일을 확인하기 위해 관심 유전자를 과발현시키는 능력

모델 생물보다 유전적으로 다른 가까운 친척의 활용성은 형질 진화 연구를 허용한다.

유전자 라이브러리에 유전자의 종합적인 수집

유전자의 위치와 표현형을 연구하기 위한 유전체의 유전자 지도

후보 유전자의 유전을 연구하기 위해 유전적으로 교배할 수 있는 능력

9. 모델 생물의 기본적 특성

Abzhanov 등(2008)은 최근의 논문에서 생물을 실험실 분석을 위한 좋은 후보로 만드는 데 필요한 특성을 동정하였다. 이들이 표 1.02에 요약되어 있었다.

10. 모델 생물로부터 DNA 정제하기

거의 모든 분자생물학자에게 가장 중요한 기술의 하나는 그들이 연구하는 모델 생물로부터 DNA를 정제하는 것이다. 이 기술은 모델 생물들의 약간 다른 세포 구조 때문에 생물에 따라 약간 다르다. 모든 모델 생물에서 DNA 정제의 첫 단계는 세포를 파괴하여 여는 것, 진핵생물인 경우는 핵도 포함한다. 세균의 경우, **리소자임** 효소가 세포벽의 펩티도글리칸 층을 분해하는 데 사용되고 **계면활성제**는 세포막의 지질을 용해하는 데 사용된다. **EDTA**와 같은 킬레이트제는 그람음성 세균에서 외막 구성성분과 결합한 금속이온을 제거하기 위하여 이용된다. 효모는 매우 강한 세포벽을 가지고 있고, 이는 부서야만 한다. 종종 작은 유리 구슬을 효모 세포와 섞은 다음 높은 속도로 소용돌이치게 한다. 유리 구슬이 효모 안으로 충돌하고 강한 세포벽을 부수고 연다. 예쁜꼬마선충은 강한 외막을 가지지 않지만 얼고/녹임 과정 후에 DNA는 가장 잘 분리된다. 얼림은 세포 안에 얼음 결정이 생기게 하고, 이는 막에 구멍을 내고, 선충을 녹였을 때 DNA가 핵으로부터 방출된다. 초파리는 막자사발과 막자로 미세한 가루로 가장 잘 갈리거나 혹은 액체 질소에 얼린 후 초파리를 작은 조각으로 간다. 사람 혹은 설치류로부터 DNA 추출은 단지 소량의 혈액, 볼 세포, 모낭 혹은 조직의 작은 조각이 필요하다. 설치류의 경우 꼬리의 끝이 DNA 정제에 사용될 수 있다. 작은 꼬리 조각은 먼저 단백질을 분해하는 효소와 세포막과 핵막을 용해하기 위한 계면활성제와 함께 반응시킨다. 식물의 강한 섬유소 세포벽 또한 특별한 처리가 필요하다. 세포벽은 막자와 막자사발로 갈거나 재료를 분쇄기에서 균질화하여 파괴한다.

현대 기술은 분석을 위한 DNA의 양을 지속적으로 감소시켰다.

세포로부터 DNA를 방출시키기 위해서 세포벽과 세포막이 파괴되어야 한다.

계면활성제(detergent) 한쪽은 소수성이고 다른 쪽은 매우 친수성인 분자로 지질이나 기름을 용해하는 데 사용된다.
이디티에이(EDTA) Ca^{2+} 혹은 Mg^{2+} 같은 2가 양이온과 결합하는 널리 사용되는 킬레이트 시약
리소자임(lysozyme) 세균 세포벽의 펩티도글리칸을 분해하는 많은 체액에서 발견되는 효소

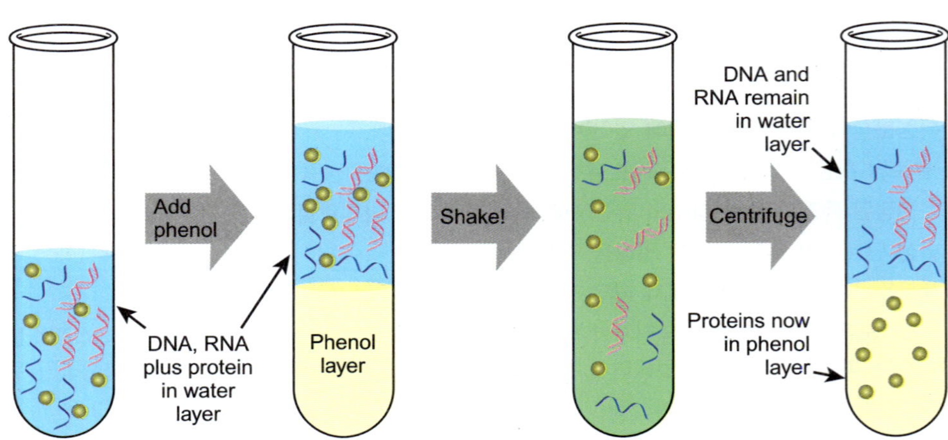

그림 1.27
페놀 추출은 핵산으로부터 단백질을 제거한다

단백질은 DNA와 RNA의 용액으로부터 동량의 페놀을 첨가함으로써 제거될 수 있다. 페놀이 밀도가 크므로 시험관 바닥에 별도의 층을 형성한다. 두 용액을 혼합하면 단백질은 페놀에 용해된다. 잠깐의 원심분리로 두 층은 분리된다. DNA와 RNA 만을 포함하는 상층을 분리할 수 있다.

세포의 파괴 방법과 상관없이, 나머지 DNA 분리의 단계는 유사하다. 세포막은 일반적으로 계면활성제 첨가에 의해 용해된다. 단백질은 단백질 분해효소 K 같은 비특이적 효소, 혹은 육류 유연제에서 발견되는 파파인을 첨가하여 분해한다. DNA와 단백질을 다른 분획으로 분리하기 위하여 **페놀 추출**은 시료로부터 단백질을 용해시킨다. 석탄산으로도 알려진 페놀은 부식성이 크고 극도로 위험하다. 왜냐하면 모든 생물체의 60–70%를 구성하는 단백질을 녹이고 변성시키기 때문이다. 결과적으로 페놀은 DNA 시료로부터 모든 단백질을 녹이고 제거하는 데 이용된다. 페놀을 물에 첨가하면, 두 용액은 하나의 용액으로 섞이지 않는다: 대신에 밀도가 높은 페놀은 물 아래에 분리된 층을 형성한다. 흔들어 주면, 두 층은 일시적으로 혼합되고 단백질은 페놀에 녹게 된다. 흔드는 것을 중지하면, DNA를 포함하는 물층이 단백질을 함유한 페놀층 위에 있게 된다(그림 1.27). DNA에 포획된 페놀이 없도록 하기 위하여 시료를 간단히 원심분리한다. 그리고 DNA와 RNA를 함유한 물층을 수집하여 보관한다. 일반적으로 몇 번의 연속적인 페놀 추출을 수행하여 DNA로부터 단백질을 완전히 제거한다.

페놀은 단백질을 용해시켜 DNA로부터 분리한다.

여러 가지 새로운 기술이 페놀 추출법을 피하기 위하여 개발되어 왔다. 대부분의 경우 DNA는 결합하나 다른 세포 구성성분은 결합하지 않는 수지를 함유한 칼럼에 시료를 통과시켜 DNA를 정제하는 것이다. 주로 사용되는 두 가지는 규소 수지와 음이온교환 수지이다. 규소 수지는 낮은 pH와 고염도에서 핵산과 신속히 결합한다. 핵산은 높은 pH와 낮은 염농도에서 방출된다. 디에칠아미노에칠-셀룰로오스(diethylaminoethyl-cellulose)와 같은 음이온교환 수지는 양으로 하전되어 DNA의 음으로 하전된 인산기를 통하여 DNA와 결합한다. 이 경우 결합은 낮은 염 농도에서 일어나고, 핵산은 이온결합을 깨는 고농도의 염에 의해서 용출된다.

핵산은 DNA와 RNA에 결합하는 수지를 포함하는 칼럼에서 정제될 수 있다.

다음으로, **RNA 가수분해효소**라 부르는 효소를 사용하여 원하지 않는 RNA를 제거하는데, 이 효소는 RNA를 짧은 올리고뉴클레오티드로 분해하나 DNA는 그대로 둔다. 일단 RNA가 분해되면 다음, 큰 DNA 절편은 동량의 에탄올을 첨가하여 분리한다. DNA는 용액 밖으로 침전되지만 작은 RNA 절편은 녹아있는 상태로 남는다. 용액이 고속도로 원심분리 되면, DNA가 튜브의 바닥에 침전되고 RNA는 용액에 남는다. RNA 절편을 함유한 상징액은 버려진다(그림 1.28). 시험관의 바닥에 남은 아주 작은 DNA 침전물은 잘 보이지 않는다. 그럼에도 불구하고, 그 침전물은 대부분 연구에 충분한 수십억 DNA 분자를 함유하고 있다. 이 DNA는 완충용액에 용해되고 이제는 이용할 수 있다.

원하지 않는 RNA는 종종 효소로 분해하여 제거한다.

DNA 같은 고분자는 **원심분리**에 의해 작은 분자로부터 분리할 수 있다.

원심분리(centrifugation) 시료를 고속으로 돌려 원심력이 크거나 무거운 성분을 바닥으로 침전시키는 기술
페놀 추출(phenol extraction) 단백질을 페놀에 용해시켜 핵산으로부터 단백질을 제거하는 기술
RNA 분해효소(ribonuclease) RNA를 분해하는 효소

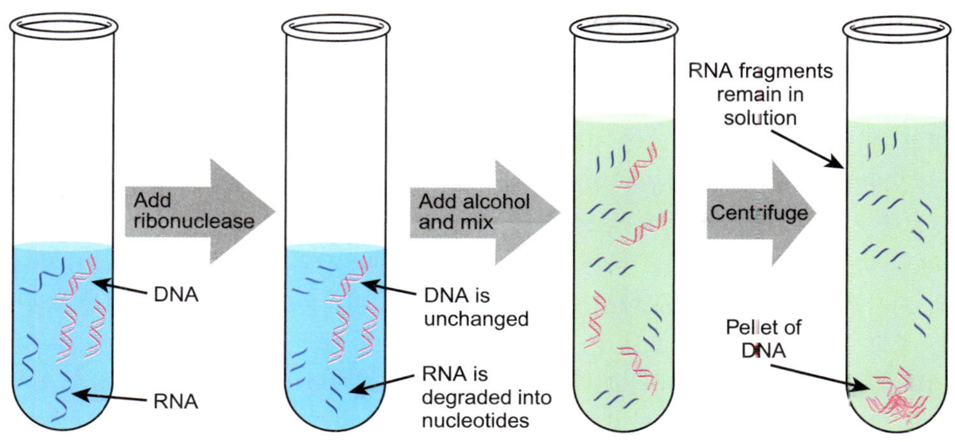

그림 1.28
리보핵산분해효소에 의한 RNA 제거

DNA와 RNA의 혼합액은 모든 RNA를 작은 조각으로 분해하고 DNA를 변화시키지 않는 리보핵산분해효소와 함께 배양된다. 동량의 알코올이 첨가되고 더 큰 DNA 절편디 용액 밖으로 침전된다. 용액은 원심분리되고 불용성의 큰 DNA 절편은 시험관 바닥에 작은 알갱이를 이룬다. RNA 조각은 용액에 머무른다.

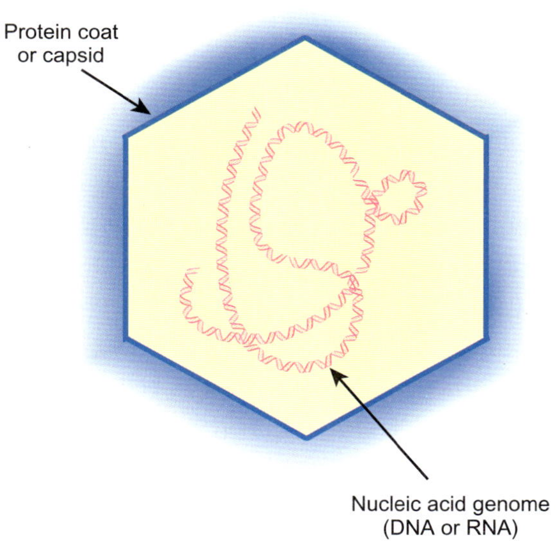

그림 1.29
바이러스의 구조 성분

바이러스는 단백질 껍질과 핵산으로 구성된다. 리보솜과 인지질막이 없고 한 종류의 핵산만 있음을 유의하자.

11. 바이러스는 살아있는 세포가 아니다

생명의 특성들이 이 장의 초반에 대략 설명되었다. 살아있는 세포에 대한 일반적이며 기술적인 정의는 다음과 같다: 생물 세포는 DNA와 RNA를 갖고 있으며 자신이 생성한 에너지를 이용하여 이들에 암호화된 유전정보를 단백질 합성에 사용할 수 있다. 이 정의는 세포의 작용 방식을 설명하기 위해서라기보다 오히려 바이러스를 생물 세포의 영역에서 제외시키기 위해 설계되었다. **바이러스**의 필수적 특성이 그림 1.29에 나타나 있다. 바이러스는 단백질 외투 안에 있는 유전자들의 꾸러미이며 세균보다 훨씬 작다. 바이러스는 자신을 복제하기 위해 숙주 세포를 감염해야만 하는 절대 **기생자**이다. 바이러스가 살아 있는지 아닌지는 견해에 따라 다르지만 분명히 바이러스는 살아 있는 세포가 아니다. 바이러스 입자인 **비리온**은 DNA나 RNA형태로 유전정보를 포함하지만 자체적으로 성장하고 분열할 수 없

기생자(parasite) 다른 생물을 희생하여 복제하는 생물이나 유전물질
비리온(virion) 바이러스 입자
바이러스(virus) 에너지와 단백질 합성을 의지하는 숙주 세포 안에서 복제하며 DNA 혹은 RNA로 구성된 유전자를 갖는 준세포성 기생자. 세포 밖에서는 바이러스 유전자가 보호 외투 안에 있는 형태이다.

다. 바이러스 유전체는 DNA나 RNA로 구성되지만 모든 비리온에는 한 종류의 핵산만 존재한다.

바이러스에는 단백질 합성과 자신의 에너지 생성을 위한 기구가 없다. 숙주 세포를 침입한 후 바이러스는 세포처럼 성장하거나 분열하지 않는다. 비리온은 해체되고 바이러스 유전자가 숙주 세포의 기구를 이용해 발현된다. 특히 바이러스 단백질이 바이러스의 유전정보를 사용해 숙주 세포의 리보솜에서 만들어진다. 많은 경우 바이러스의 DNA 혹은 RNA만 숙주 세포로 들어가고 다른 성분은 밖에 남는다. 감염 후 바이러스 성분이 바이러스의 지시를 받아 감염된 세포에서 만들어지고 새로운 비리온으로 조립된다. 보통 숙주 세포는 죽고 분해된다. 전형적으로 한 감염 세포에서 수백 개의 바이러스가 방출될 수 있다. 그러면 바이러스는 세포를 버리고 다른 숙주를 찾는다. [어떤 바이러스는 바이러스 입자가 서서히 만들어지고 한꺼번에 터지기 보다는 간헐적으로 방출되는 "만성적" 혹은 "지속적" 감염을 일으킨다. 이 경우 숙주 세포는 감염에도 불구하고 오래 살아남을 수 있다. 덧붙여 많은 바이러스는 잠복성 혹은 비복제성 상태로 숙주 세포 안에 오래 머물 수 있고 특정 조건에서만 복제형으로 바뀐다. 21장 참조.]

일부 과학자는 바이러스가 유전정보를 가지므로 살아있다고 간주한다. 그러나 대부분은 바이러스가 에너지를 생산하고 단백질을 합성할 수 없으므로 바이러스가 살아있다는 것을 수용하지 않는다. 따라서 바이러스는 생물과 무생물의 경계에 있다. 바이러스 입자는 세포를 감염하고 자신을 복제하기 위해 진짜 살아있는 세포가 나타나기를 기다리는 가사상태에 있다. 그럼에도 바이러스에 의해 생명과정이 파괴된 숙주 세포는 바이러스의 유전정보를 복제하고 많은 바이러스 입자를 생산한다. 따라서 바이러스는 생물의 특성을 일부 가지고 있다. 바이러스는 실제적 관점에서 매우 중요하다. 먼저 많은 위험한 질병이 바이러스 감염에 의해 야기된다. 또한 현재 유전공학에서 사용되는 많은 조작이 바이러스를 이용해 수행된다.

단지 기생자라고 해서 생물이 아닌 것은 아니다. 예를 들어 **리케차**는 티프스 열병과 관련된 병을 일으키는 퇴화된 세균이다. 이들은 적절한 숙주 세포를 감염하지 않는 한 성장과 분열을 할 수 없다. 하지만 이들은 침입한 동물 세포로부터 충분한 복합영양을 얻을 수 있으면 에너지를 생산하고 단백질을 합성할 수 있다. 더욱이 이들은 세균처럼 성장하고 분열하여 생식한다. 바이러스는 준세포성 기생자로 에너지, 물질 및 자신의 구성성분을 생산하기 위한 기구까지 다른 생물에 완전히 의존한다.

바이러스는 유전자의 꾸러미로 자체로는 살아있지 않으며 다른 살아 있는 세포를 점령한다. 일단 지배하면 바이러스는 더 많은 바이러스를 만들기 위해 세포의 자원을 사용한다.

12. 세균 바이러스는 세균을 감염시킨다

세균도 주로 바이러스 감염에 의한 병에 걸린다. 세균 바이러스는 간혹 **박테리오파지** 혹은 줄여서 파지라고 불린다. 파지는 '먹다'를 뜻하는 그리스어에서 유래했다. 세균이 바이러스에 걸리면 사람이 통상적으로 감기에 걸리는 것처럼 약한 감염에 그치지 않는다. 세균들은 살해된다. 박테리오파지는 세균을 점령하고 그림 1.30에 나타난 것처럼 많은 파지를 제작하여 세균을 가득 채운다. 그러면 세균 세포는 터지고 새로운 박테리오파지를 방출하여 더 많은 세균을 감염시킨다. 이 과정은 한 시간 정도 걸린다. 박테리오파지 전염병은 지구상의 인구보다 몇 배 더 많은 수의 배양세균을 수 시간 내로 쓸어버릴 수 있다.

세균 바이러스는 세균만 감염시킨다. 일부는 숙주 범위가 상대적으로 넓고 일부는 한 종 혹은 특정 균주만 감염시킨다. 일반적으로, 세균 혹은 바이러스에 의해 유발되는 특정 질병은 밀접하게 연관된 생물들에게만 감염된다.

박테리오파지(bacteriophage) 세균을 감염하는 바이러스
리케차(rickettsias) 절대 기생자로 다른 고등생물을 감염하는 퇴화된 세균

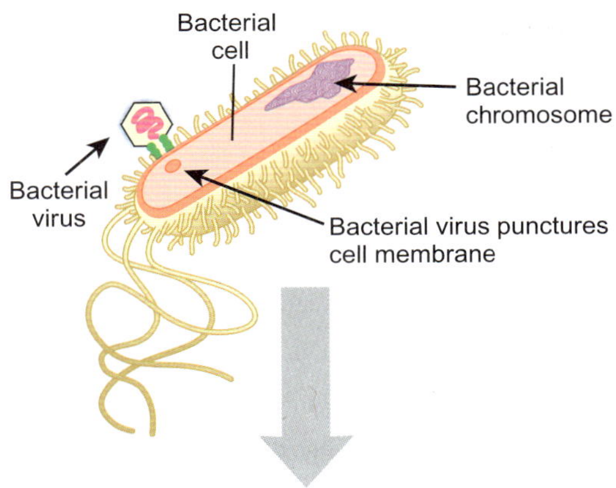

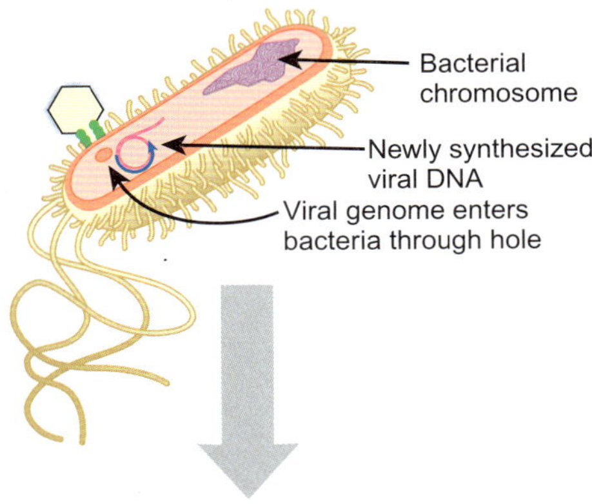

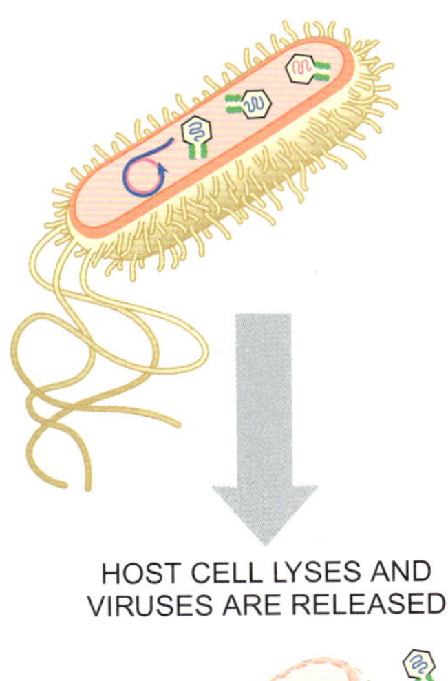

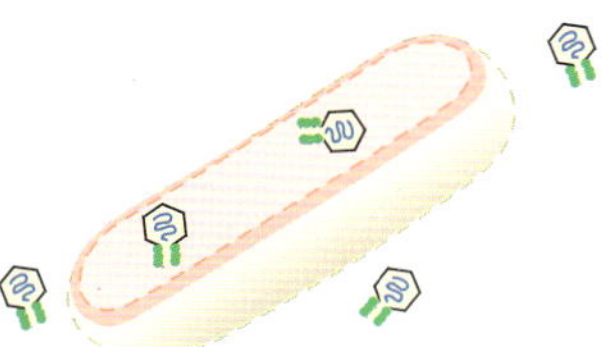

그림 1.30

바이러스의 세포 침입

새로운 바이러스의 구성성분은 바이러스 DNA의 지시에 따라 그러나 숙주 세포의 합성 기구를 이용해 합성된다. 먼저 바이러스는 숙주 세포에 결합하고 다음어 자신의 DNA를 숙주 세포 안으로 삽입한다. 그러면 숙주 세포의 합성 기구가 바이러스 DNA에 포함된 유전정보에 따라 바이러스 단백질과 핵산을 만든다. 마지막으로 바이러스는 세포를 터지게 하여 새로 합성된 바이러스를 방출하고 이들은 새로운 숙주를 찾는다. 숙주 세포는 바이러스 감염의 결과로 죽는다.

13. 인간 바이러스성 질병은 흔하다

홍역, 이하선염, 수두 같은 일반 유아 질병과 감기와 독감 같은 질병이 바이러스에 의해 일어난다. 보다 위험한 바이러스성 질병에는 소아마비, 천연두, 헤르페스, 라사열, 에볼라 및 에이즈가 있다. 바이러스가 유용한 일도 하는가? 그렇다; 약한 바이러스에 의한 감염은 연관된 보다 위험한 바이러스에 대한 저항성을 부여할 수 있다(21장 참조). 바이러스는 형질도입이라는 과정을 통해서 한 생물에서 다른 생물로 유전자를 수송할 수 있어 분자 진화에서 주요 역할을 담당한다(26장 참조). 또한 생물 사이에 유전자를 수송하는 바이러스의 능력은 정상 유전자를 유전병이 있는 사람에게 전달하기를 희망하는 유전공학자에 의해 사용된다. 자연계에서 바이러스의 역할을 가장 잘 나타내는 것은 대부분은 피해를 주지 않고 단지 아주 일부만이 감염성이 매우 높은 질병을 일으킨다는 것이다.

바이러스 질병은 일단 걸리면 일반적으로 치료할 수 없다. 항바이러스 약물이 환자가 싸우는 데 도움을 줄 수 있지만 환자의 몸이 감염을 퇴치하거나 그렇지 않으면 병에 걸린다. 그러나 바이러스성 질병은 잠재적인 환자가 바이러스에 감염되기 전에 **예방접종**을 하게 되면 **면역**에 의해 방지될 수 있다. 이 경우 침입한 바이러스는 백신에 의해 활성화된 면역계에 의해 살해되어 병이 일어나지 않는다.

엄청나게 다양한 바이러스가 있다(21장 참조). 바이러스는 세균에서부터 사람을 포함한 진핵생물까지 모든 생물군을 감염시킨다.

항생제는 세균만 죽이므로 바이러스에게는 소용이 없다. 그렇다면 왜 의사들이 흔히 감기나 독감 환자에게 항생제를 처방할까? 두 가지 주된 이유가 있다. 타당한 이유는 항생제 처방이 특히 바이러스에 감염된 건강이 허약한 환자에서 세균에 의한 2차 혹은 기회감염의 퇴치를 도울 수 있다는 것이다. 그러나 진실에 직면하다면 많은 환자들이 화를 낼 것이기 때문에 항생제의 남용이 대규모로 발생한다. 환자들은 치료법이 없다는 사실에 직면하기 보다는 소용이 없더라도 약을 받기를 원한다. 이 오용은 많은 감염성 세균 사이에 항생제 내성을 퍼트리는 데 공헌하게 되어(20장 참조) 심각한 건강 문제를 만든다.

14. 다양한 준세포성 유전물질이 있다

유전정보를 갖고 있으나 생명의 기구가 없고 기생할 숙주 세포가 없이는 존재할 수 없는 다양한 범위의 물질이 존재한다(그림 1.31). 바이러스는 이들 준세포성 물질 중 가장 복잡하다. 이 교재에서는 유전정보를 갖지만 자신의 세포 구조나 물질대사가 없음을 강조하기 위해 이들 요소를 통 털어서 간혹 '유전자 생물'이라고 부를 것이다. 생물 세포가 자신들의 큰 규모의 환경 안에서 서식하는 것처럼 유전자 생물을 세포 서식자라고 생각할 수도 있다. 유전자 생물이라는 용어는 이들을 단지 진짜 세포의 부속물이거나 기생자로 여기는 전통적인 견해에 대비해서 이 유전요소들의 특성을 강조하기 위함이다. 이들 요소에 대해서는 나중에 다룰 것이며 여기서는 보다 전통적인 생명체와 생물권을 공유하는 유전자 생물의 범위를 보여주기 위해 이들을 소개하고자 한다(그림 1.32).

1. 바이러스는 단백질 보호 껍질 안에 유전물질을 가지고 있다. **DNA 바이러스**는 유전물질이 DNA이며, **RNA 바이러스**는 RNA 유전자를 가지고 있다. **레트로바이러스**는 바이러스 입자 안에 유전자의 RNA 사본을 가지지만 숙주 세포 안에서는 유전체의 DNA 사본을 만든다(21장 참조).

DNA 바이러스(DNA virus) DNA로 구성된 유전체를 갖는 바이러스
면역(immunization) 약하거나 죽은 감염성 매체를 환자에게 처리하여 차후 감염에 대비한 면역계를 준비하는 과정
레트로바이러스(retrovirus) 바이러스입자 안에서는 RNA 유전자를 갖지만 숙주 세포 안에서는 역전사효소를 사용해 DNA 유전자 사본으로 전환하는 종류의 바이러스
RNA 바이러스(RNA virus) RNA로 구성된 유전체를 갖는 바이러스
예방접종(vaccination) 외부 단백질이나 다른 항원 주입에 의한 면역 반응의 인위적 유도

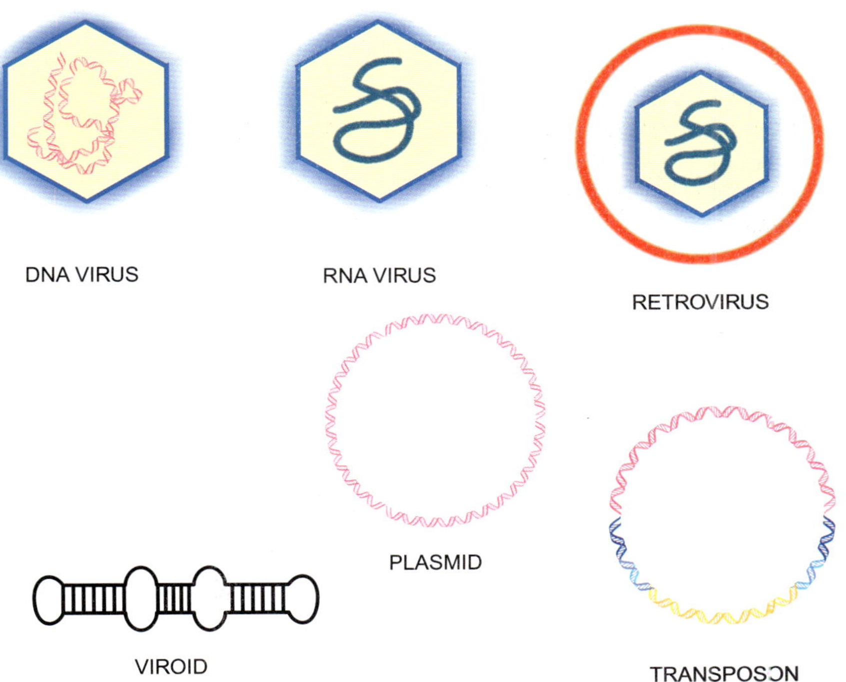

그림 1.31

다양한 준세포성 유전 요소– "유전자 생물"

이들은 생명의 특징 중 일부를 갖는다. 그러나 이들은 복제를 위해 숙주의 기구를 이용한다. 플라스미드와 비로이드는 단백질 껍질이 없다. 트랜스포존은 단지 다른 DNA 분자에 삽입된 특수한 말단(청색)을 갖는 DNA 절편(황색)이다.

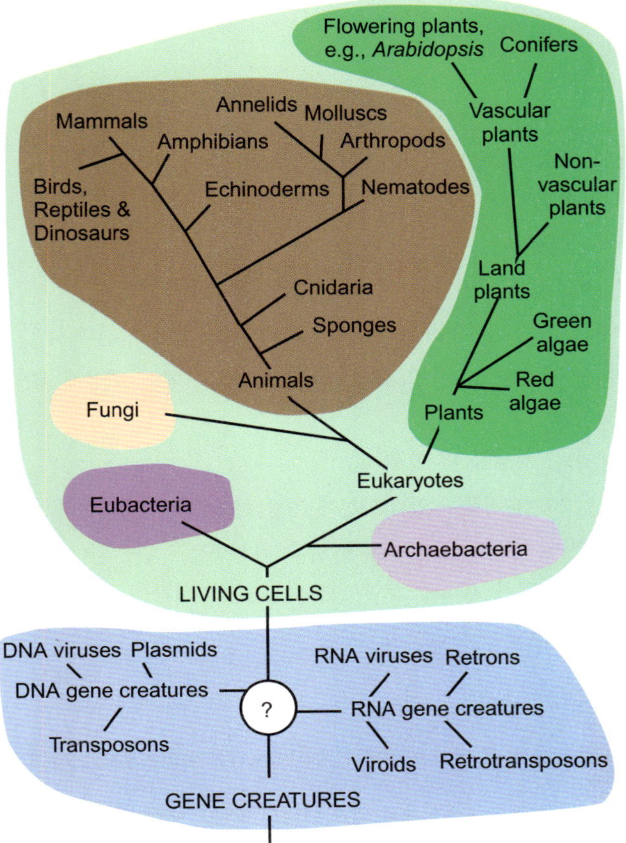

그림 1.32

분자생물학자의 계통수

이 계통수는 식물과 동물 같은 전통적인 생물과 유전적으로 분명한 원핵세포의 두 형(진정세균과 고세균)을 모두 포함한다. 밑에는 유연관계가 아직도 확실하지 않은 다양한 유전자 생물이 나타나 있다.

2. **비로이드**와 플라스미드는 바이러스의 특징인 단백질 외피가 없는 자가 복제하는 핵산 분자이다. 비로이드는 식물에 감염하는 노출된 RNA 분자로 감염된 세포로 하여금 보다 많은 비로이드를 생산하도록 한다(21장 참조). 바이러스처럼 이들도 환경에 방출되고 새로 감염할 세포를 찾아야 한다. 바이러스와는 달리 이들은 세포 밖에서는 단백질 보호 껍질이 없다.

3. 플라스미드는 숙주 세포 안에서 영원히 사는 자기복제하는 DNA 분자이다(20장 참조). 일부 플라스미드는 한 세포에서 다른 세포로 이동될 수 있지만 세포 밖 생활이 없으므로 바이러스와 비로이드와는 달리 숙주 세포를 파괴하지 않는다. 플라스미드는 유전공학의 여러 과정에서 유전자를 수송하기 위해 널리 사용된다.

4. **전이인자** 혹은 **트랜스포존**은 더욱 단순하다. 이들은 대개 DNA 분자인 핵산이며 자기복제 능력이 없다. 이들이 복제되기 위해서는 자기복제 능력이 있는 DNA 분자에 자신을 삽입시켜야만 한다. 따라서 전이인자는 세포의 염색체, 바이러스 유전체 혹은 플라스미드 같은 숙주 DNA를 필요로 한다. 전이라 함은 전이인자들의 생존과 살포에 필수적인 성질인 한 숙주 DNA에서 다른 숙주 DNA로 도약할 능력이 있음을 의미한다.

5. **프리온**은 궁극적인 기생자인 감염성 단백질 분자이다. 이들에게는 핵산이 없고 유전자 산물이라는 의미에서만 유전정보를 갖는다. 프리온은 동물의 신경세포에 감염하여 병을 일으키는 데 가장 잘 알려진 것은 광우병으로 더 잘 알려진 소의 해면양 뇌병증이다. 프리온 단백질은 실제로는 특히 뇌의 신경세포에서 발견되는 정상 단백질이 잘못 접힌 단백질이다. 프리온이 신경세포를 감염하면 상응되는 정상 단백질의 잘못 접힘을 촉진하여 세포를 죽게 한다. 프리온 단백질은 실제로 프리온이 감염하는 숙주 동물이 가진 유전자에 의해 암호화된다.

생물권에는 놀랄 만큼 다양한 준-독립적 유전 요소들이 흔하다. 생물의 주요 병을 일으키는 종류에서부터 정교한 분자생물학적 분석 없이는 존재를 거의 알 수 없는 종류까지 있다.

핵심 개념

- 생명은 정의하기 어렵지만 6개의 핵심 요소가 있다: 유전정보(DNA 혹은 RNA); 에너지 생산 기전; 더 많은 생물 분자를 만드는 장치; 물리적 외향적 형태; 생식 능력; 적응 능력
- 생물은 세포라는 분명한 소단위로 구성된다.
- 세포는 환경으로부터 내부 부분, 세포질을 분리하는 막 층을 가진다.
- 세포는 전령 RNA를 단백질과 다른 효소로 번역하는 수용성 효소를 세포질에 가진다.
- 원핵세포는 세포벽, 세포막, 수용성 세포질 효소 및 단일 염색체를 갖고 있는 핵양체 부위를 가진다.
- 생명에는 3도메인이 있다: 진핵생물, 진정세균 및 고세균
- 진정세균은 구성원이 인간 질병을 일으키는 경향이 있기 때문에 가장 친숙한 원핵생물이다.
- 고세균과 진정세균은 염색체를 둘러싸는 핵이 없기 때문에 모두 원핵생물로 간주된다. 세포벽, 단백질을 생산하는 효소 및 물질대사 효소를 포함하는 다른 세포 성분은 진정세균과 매우 다르고 어떤 경우는 진핵생물과 유사하다.

프리온(prion) 뇌의 정상 단백질의 뒤틀린 병원성 형태로 감염을 전파할 수 있다.
전이인자(transposable element) 혹은 트랜스포존(transposon) 한 곳에서 다른 곳으로 이동할 수 있지만 언제나 다른 DNA 분자의 일부로 남아 있는 DNA의 절편
비로이드(viroid) 고도의 염기쌍을 이룬 안정된 간상 구조를 형성하고 감염된 세포 안에서 복제되는 노출된 외가닥 원형 RNA. 비로이드는 단백질을 암호화하지 않지만 자체-절단 RNA 효소(ribozyme) 활성을 갖는다.

- 진핵생물은 염색체를 둘러싸는 핵막, 세포 모양을 부여하는 세포골격 및 소포체, 골지 장치, 리소솜, 미토콘드리아 및 엽록체 같은 세포소기관을 가진다.
- 진핵생물은 계, 문, 강, 목, 과, 속, 종으로 분류되는 아주 다양한 종을 포함한다. 생물의 학명은 *Genus species*의 형식에 따라 책에 인쇄된다.
- 모델 생물은 생물의 발생, 존재 및 생식 방법을 연구하기 위해 사용된다. 일부 모델 생물은 세균, 효모, 예쁜꼬마선충, 초파리, 제브라피시, 발톱개구리 및 생쥐를 포함한다. 식물 세계에서는 애기장대가 주 모델 생물로 이용된다.
- 모델 생물은 기르기 쉽고 빨리 생식하고, 유전체가 완전히 서열이 결정되고, 각 발생 단계마다 연구될 수 있고 유전적 조작이 쉬워야 한다.
- DNA 분리는 분자생물학에서 사용되는 핵심 기술이다. 이 방법은 세포의 단백질과 RNA를 제거하고 DNA만 남기는 것이 포함된다.
- 모델 생물 외에도 다양한 유전자 생물이 분자생물학에서 연구된다. 이들은 바이러스, 박테리오파아지, 비로이드, 플라스미드, 전이인자 및 프리온이 포함된다. 그들은 유전물질을 가지고 있지만, 자신의 단백질을 만드는 능력 혹은 숙주 생물 없이 존재하는 능력이 없다.

복습 문제

1. "생명은 무엇인가"라는 질문을 둘러싼 논쟁을 기술하라. 생명을 유지하는 데 필요한 기본적인 요소를 기술하라.
2. 세포는 무엇인가? 특화된 세포의 발생을 기술하는 용어는 무엇인가?
3. 세포막의 기능은 무엇인가? 이 막의 구조는 무엇인가? 세포막에서 어떤 반응이 수행되나?
4. 어떤 세포소기관이 전령 RNA를 단백질로 번역하는가? 이 세포소기관은 어느 곳에 있나?
5. 원핵생물과 진핵생물의 구조를 대조하여 비교하라.
6. 원핵생물의 두 아군을 대조하여 비교하라.
7. 세포의 기능을 연구하는 데 세균을 사용하는 잇점은 무엇인가? 모델 세균의 이름은 무엇이고 자연에서 어느 곳에서 발견되나?
8. 진핵세포에서 무엇이 핵을 둘러싸나? 무엇이 핵과 세포질 사이의 소통을 하게 하나?
9. 세포소기관은 무엇인가? 소포체, 골지장치, 리소좀, 미토콘드리아 및 엽록체의 기능은 무엇인가? 각각은 어느 곳에 있나?
10. 현대 인간의 전체 분류는 무엇인가? 도메인으로 시작해서 종으로 끝내다.
11. 효모는 무엇이고 왜 유용한가? 반수체와 2배체 시기가 어떻게 유용한가?
12. 다세포 동물을 연구하기 위해 사용되는 모델 생물은?
13. 제브라피시는 무슨 연구에 유용한가?
14. 유전학 측면에서, 생쥐의 어떤 특성이 분자의학연구에 이 생물을 사용하는 것이 이롭도록 하였나?
15. 식물이 사람보다 많은 유전자를 가진 이유를 설명하는 데 이용되는 학설은 무엇인가?
16. 식물 유전학 연구를 위한 모델 생물은 무엇인가?
17. 체세포의 유전적 결함이 다음 세대로 전달될 수 있는가? 답에 대한 이유는?
18. 전형성능은 무엇인가? 자연환경에서 동물과 식물 중 어느 생물이 이 능력을 갖는가? 이 법칙에 예외를 제시하라.
19. 바이러스는 살아있는 세포인가? 답에 대한 이유는?
20. 박테리오파아지는 무엇인가?
21. 바이러스 병은 어떻게 방지될 수 있나? 이 방지에 숨은 원칙은 무엇인가?
22. 비로이드와 플라스미드가 바이러스와 어떻게 다른지 비교하라.

23. 전이인자 혹은 트랜스포존은 플라스미드와 어떻게 다른지 비교하라.
24. 프리온은 무엇이며 어떻게 작용하나?

개념 문제

1. 음식을 밖에 오래둠으로써 최근에 아주 새로운 단세포 생물이 발견되었다. 과학자들은 전자 현미경을 사용하여 다음 특성을 확인하였다. 생물 내부에 검게 염색되는 물질 조각을 둘러싸는 난형의 구조가 있다. 검게 염색된 물질은 가시적인 구조가 없다. 세포의 다른 부분에는 가시적인 구조가 있고, 이들은 막을 가지고 있는 것 같다. 더욱이, 이 생물의 바깥 가장자리는 다른 층 혹은 벽으로 둘러싸인 세포막을 가진다. 이 생물의 구조에 대한 지식에 근거하여 이 생물을 원핵생물, 진핵생물 혹은 고세균으로 분류하라.
2. 연구자가 예쁜꼬마선충에게 먹이를 주기 위해 두 가지 대장균 배양을 하고 있었다. 대장균은 정상적으로 영양소가 있는 일반 배지에서 키운다. 연구자는 영양액이 담긴 플라스크 각각에 작은 대장균 군체를 첨가하고 37℃에서 하룻밤 동안 배양하였다. 아침에 한 플라스크는 세균 때문에 뿌옇지만, 다른 플라스크는 세균이 적었고 거의 투명하였다. 연구자는 각 배양으로부터 대장균을 분리하여 현미경으로 관찰하였다. 뿌연 배양은 편모 덕에 돌아다니는 많은 간상의 대장균을 가졌다. 그러나 맑은 배양은 대장균이 아주 적었지만 특정 물질이 매우 많았다. 대장균이 적은 배양에 무슨 일이 일어날 수 있었을까?
3. 분자생물학에서 많은 모델 생물이 사용된다. 모델 생물을 연구에 유용하게 하는 특성을 나열하라. 특히 초파리, 예쁜꼬마선충, 제브라피시가 분자생물학에 유용함을 설명하라.
4. 한 눈은 청색이고 다른 눈은 갈색인 남성이 있다. 현존하는 친척 중 아무도 이 형질을 가지고 있지 않다. 그는 갈색 눈의 여성과 결혼했다. 그의 자식이 두 색깔의 눈을 가질 것으로 예측하나?, 그 이유는?
5. 다음의 세균성장 자료를 이용하여 도표(시간을 X-축, 세포의 수를 Y-축)를 그리고 각 성장 조건에 따른 대략적 배가시간을 결정하라.

세균 세포 성장 ($n \times 10^8$ cells/ml)			
시간 (분)	**최소 배지**	**정상 배지**	**영양 배지**
10	1	1.3	1.3
20	1.3	1.7	2
30	1.6	2.5	3
40	1.8	3.7	4.4
50	2.4	4.5	7.8
60	3	6	12
70	3.9	8	18
80	4.8	12	19
90	6	15.8	19.1
100	7.7	17.2	19.4
110	9.5	17.4	19.5
120	12	17.5	19.3
130	13.6	17.5	19.1
140	14.3	17.6	18.8
150	14.5	17.4	18.9
160	15	17.3	18.9

기초 유전학

Chapter 2

유전학은 생물의 유전에 대한 연구이다. 유전정보의 화학적 성질을 자세히 고려하기 이전에 유전학의 기본을 복습할 필요가 있다. 현대 유전학은 한 유전자에 의한 모호하지 않고 분명한 성질에 초점을 맞추어서 유전의 기본 법칙을 발견한 그레고어 멘델에 의해 확립되었다. 오늘날 우리는 유전이 대부분 단백질을 암호화하는 유전자에 기인함을 알고 있다. 따라서 관찰되는 많은 유전 특성에서의 차이는 생화학 경로를 구성하는 혹은 세포 구조를 형성하는 단백질들 각각의 변화에 기인한다. 연구하기가 보다 어려운 다른 특성은 다수 유전자 효과의 결과이다. 유전자는 염색체로 알려진 긴 DNA 분자에 있고, 따라서 이웃하는 유전자는 함께 유전될 수 있다. 생물은 수백에서 수천 다른 유전자를 하나 혹은 그 이상의 염색체에 가지고 있다.

1. 그레고어 멘델, 고전 유전학의 아버지

아주 오래 전부터 사람들은 유전의 기본적 전제를 희미하게 인식하여 왔다. 아이는 부모를 닮고 동물과 식물의 자손이 조상을 많이 닮는다고 항상 추정해 왔다. 19세기 동안 후손이 부모와 얼마나 많이 닮는지에 대해 많은 관심이 있었다. 일부 초기 연구자는 키, 몸무게, 작물 생산량 같은 정량적인 형질을 측정했고 자료를 통계적으로 분석했다. 그러나 유전에 대한 어떤 분명한 가설도 제시하지 못했다. 고등생물의 키, 피부색 같은 성질은 여러 유전자의 결합된 활동에 기인함을 오늘날 알고 있다. 따라서 그런 성질에는 등급화 혹은 양적 변이가 있다. 이런 다유전자 형질은 초기 유전학자에게 많은 혼란을 일으켰고 특히 둘 혹은 셋 이상의 유전자가 관련되면 아직도 분석하기 어렵다.

현대 유전학의 탄생은 모라비아(현재 체코공화국의 일부)의 브르노에서 고등학생에게 자연과학을 가르쳤던 아우구스트 수도승인 **그레고어 멘델**(1823-1884)의 덕택이다. 멘델의 위대한 통찰력은 키나 몸무게 같은 연속적으로 변하는 성질을 측정하는 대신 별개의 분명한 형질에 초점을 맞춘 것이다. 멘델은 완두를 사용해서 둥글거나 주름진 종자, 붉거나 흰 꽃, 황색이나 노란 색의 꼬투리 같은 형질을 연구했다. 특정 개체가 이들 형질을 부모로부터 물려받았는지를 질문했을 때 멘델은 "아마도" 혹은 "부분적"으로 대신 "예" 혹은 "아니오"로 단순하게 답할 수 있었다. 이런 별개의 분명한 형질을 **멘델 형질**이라고 한다(그림 2.01).

오늘날 과학자는 멘델에 의해 조사된 각 형질을 한 **유전자**의 탓으로 돌린다. 유전자는 유전정보의 단위이며 각 유전자는 생물의 어떤 성질에 대한 지침을 제공한다. 생물의 형질에 어느 정도 직접 영향을 미치는 유전자에 덧붙여 조절 유전자 또한 많다. 이들은 다른 유전자를 조절하므로 이들의 영향은 덜 직접적이고 더욱 복잡하다. 각 유전자는 **대립유전자**로 알려진 다른 형태로 존재할 수 있는데, 이들은 특정 유전 형질의 다른 형(붉은 꽃 대 흰 꽃 같은)을 암호화한다. 동일한 유전자의 다른 대립유전자는 밀접하게 연관되어 있지만 아주 다른 결과를 만들 수 있는 사소한 화학적 변화를 DNA에 갖는다. 암호화 여부와 관계없이 DNA의 절편을 **유전자자리**, 염색체(혹은 다른 DNA 분자)에서의 위치라고 부른다. 어떤 DNA 서열이든 대체형이 존재할 수 있으므로 대립유전자라는 용어는 비번역 DNA에도 사용된다.

DNA 이중나선이 발견되기 1세기 전에 멘델은 유전이 우리가 유전자라고 부르는 별개의 단위로 정량화됨을 인식하였다.

생물의 전반적인 성질은 특정 환경에서 발현되는 모든 유전자의 효과의 합에 의해 결정된다. 생물의 유전적 조성 전체를 **유전체**라고 한다. 세균 같은 하등생물에서 유전체는 약 2,000에서 6,000개의 유전자로 구성되고 식물과 동물 같은 고등생물에는 50,000개까지의 유전자가 있다.

상자 2.01 어원적 메모

멘델은 유전자라는 단어를 사용하지 않았다. 이 용어는 1911년에 영어로 들어왔고 독어 "Pangen"의 축어인 "Gen"에서 부터 왔다. 이는 다시 불어와 라틴어를 거쳐서 탄생을 뜻하는 고대 그리스 원어 "genos"로 부터 왔다. "Gene"은 현대 단어 genus, origin, generate 및 genesis와 관련이 있다. 로마시대에 "genius"는 개인의 타고난 힘을 대표하는 정신이었다.

대립유전자(allele) 유전자의 특정 형
유전자(gene) 유전정보의 단위
유전체(genome) 한 생물의 전체 유전정보
그레고어 멘델(Gregor Mendel) 완두 교배로 유전학의 법칙을 발견하였다.
유전자자리(locus) 염색체의 장소 혹은 위치; 진정한 유전자이거나 RFLP나 VNTR처럼 검출될 수 있는 DNA 서열에 변이가 있는 위치
멘델 형질(Mendelian character) 분명한 별개의 성질이며 한 범주 아니면 다른 범주로 분명하게 배정될 수 있다.

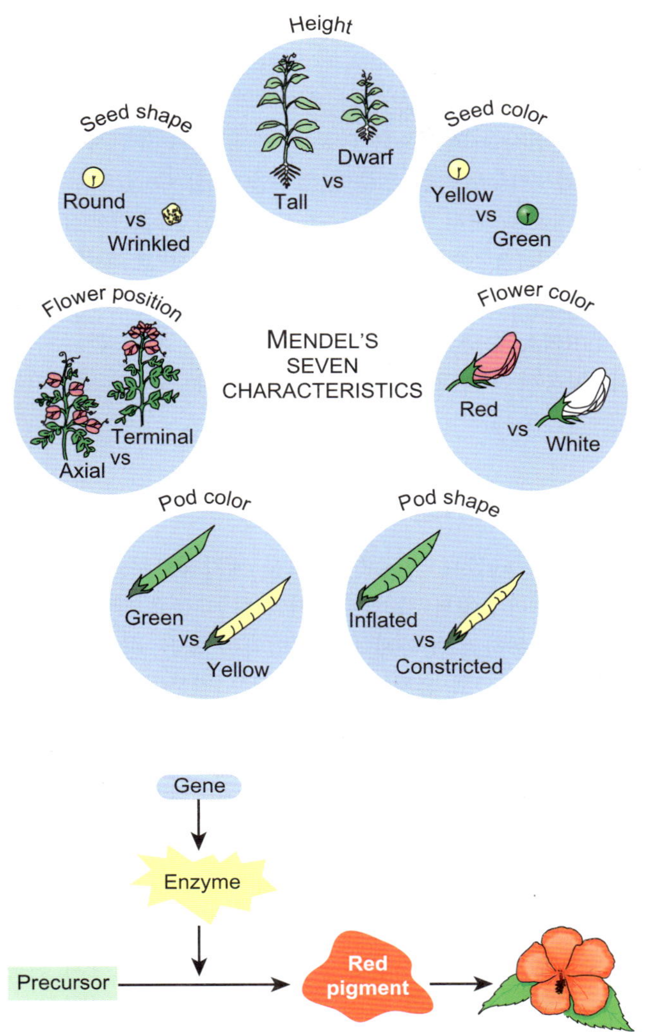

그림 2.01
완두의 멘델 형질

멘델은 그림에서 보인 것 같은 특별한 형질을 선택했다.

그림 2.02
1유전자–1효소

한 유전자가 한 효소의 존재를 결정하고, 효소는 붉은 꽃 같은 생물적 특성을 결정한다.

2. 유전자는 생화학 경로의 매 단계를 결정한다

멘델 유전학은 유전자의 본질과 작용방식을 아무도 몰랐으므로 다소 추상적인 주제였다. 생화학자가 생화학 경로의 각 단계가 한 유전자에 의해 결정된다는 것을 보여줌으로써 진전을 위한 첫 도약이 이루어졌다. 매 생화학 반응은 **효소**라는 특정 **단백질**에 의해 수행된다. 각 효소는 특정 화학반응을 매개할 능력이 있으므로 유전학의 *1유전자-1효소*(*one gene-one enzyme*)(그림 2.02) 모형이 비들(G.W. Beadle)과 타튬(E.L. Tatum)에 의해 제안되었고, 이들은 이 제안으로 1958년에 노벨상을 수상하였다. 그 후 이 단순한 개요에 대한 다양한 예외가 발견되었다. 예를 들어 복잡한 효소는 다수의 소단위로 구성되고, 각각은 별도의 유전자를 요구한다.

꽃이 붉거나 흰 것을 결정하는 유전자는 붉은 색소를 생합성하는 경로의 한 단계를 책임질 것이다. 만일 이 유전자에 결함이 있으면 붉은 색소는 만들어지지 않을 것이고 꽃은 무색 즉 흰색이 될 것이다. 꽃, 콩깍지 혹은 종자의 색 같은 특성을 색소로 만드는 생합성 경로의 견지에서 보여주는 것은 쉬운 일이다. 그러나 큰 식물 대 난쟁이 식물 혹은 둥근

효소(enzyme) 화학반응을 수행하는 단백질
단백질(protein) 아미노산으로 구성된 중합체로 세포의 구조 대부분을 형성하고 대부분의 일을 담당한다.

종자 대 주름진 종자는 어떤가? 이 경우는 한 경로 혹은 한 유전자 산물의 견지에서 설명하기 어렵다. 실제로 이 성질들은 여러 단백질의 활동에 의해 영향을 받는다. 그러나 뒤에 자세히 논의하겠지만 어떤 단백질은 효소로 활동하기보다는 유전자의 발현을 조절한다. 이 **조절단백질**의 일부는 하나 내지 소수 유전자를 조절하고 다른 것은 다수의 유전자를 조절한다. 따라서 결손 조절단백질은 다수의 다른 단백질 수준에 영향을 미칠 수 있다. 최근의 분석은 일부 왜소증이 성장에 영향을 미치는 여러 유전자를 조절하는 한 조절단백질의 결함에 기인함을 보여주었다. 만일 "1유전자-1효소" 개념이 "1유전자-1단백질"로 확대된다면 이 개념은 아직도 대부분의 경우에 적용된다. [물론 예외가 있다. 아마도 가장 중요한 것은 고등생물에서 다수의 관련 단백질이 RNA 수준의 선택적 이어 맞추기에 의해 한 유전자로부터 만들어질 수 있다는 것이다. 더욱이, 비번역 RNA는 12장에서 논의처럼 번역되지 않는다.]

비들과 타툼은 각 효소마다 한 유전자가 있다고 제안함으로써 유전자를 생화학에 연결시켰다.

3. 돌연변이체는 유전자의 변화에서 기인한다

붉은 색소가 전구물질로부터 한 단계로 만들어지는 단순한 경로를 생각해보자. 모든 것이 잘 작용하면 그림 2.02의 꽃은 붉게 되고 야생에서 자라는 수천의 다른 붉은 꽃과 대등할 것이다. 만일 꽃 색 유전자가 적절하게 작용하지 못하게 변화되었다면 꽃은 흰색이 될 것이다. 이런 유전적 변화를 **돌연변이**라 한다. 꽃 색 유전자의 흰색 형은 결함이 있고 돌연변이 대립유전자이다. 이 유전자의 적절하게 작용하는 붉은 형을 야생형 대립유전자라 한다(그림 2.03). 이름이 암시하듯이 **야생형**은 사육이나 돌연변이가 자연의 아름다움을 변화시키기 전의 야생에서 발견된 원래의 형을 의미한다. 실제로는 자연 개체군에서 유전적 변이체가 빈번하므로 어떤 유전자형을 진짜 야생형으로 보아야 하는지가 항상 분명한 것은 아니다. 일반적으로 야생형은 흔하고 환경에 적응을 보이는 형이다.

유전학자는 종종 붉은 대립유전자를 "R"로 흰 대립유전자를 "r"로 표시한다. 이것이 흰색을 표시하는 이상한 방법인 것 같지만 r-대립유전자가 단지 붉은 색소 유전자의 결손

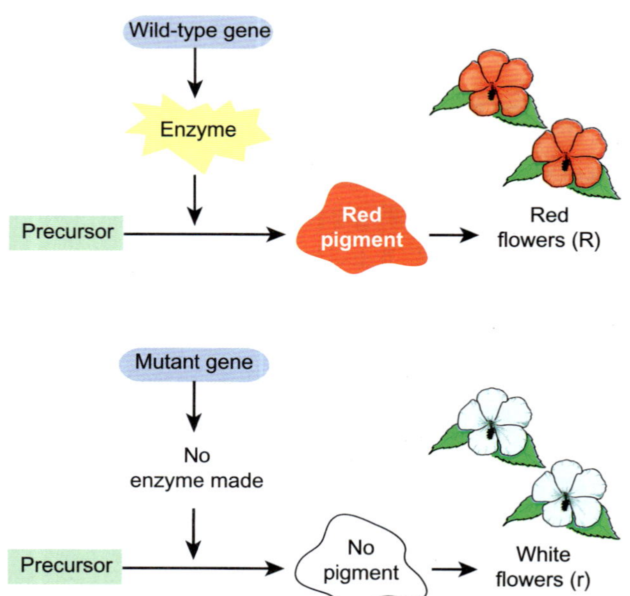

그림 2.03
야생형과 돌연변이 유전자

만일 붉은 꽃이 야생에서 정상적으로 발견된다면 유전자의 붉은 형을 야생형 대립유전자라고 부른다. 야생형 유전자의 돌연변이가 효소의 활성을 변화시켜 궁극적으로 눈에 보이는 특성에 영향을 줄 수 있다. 여기서 색소는 만들어지지 않고 꽃은 더 이상 붉지 않다.

돌연변이(mutation) 유전자가 지닌 유전정보의 변화
조절단백질(regulatory protein) 유전자의 발현 혹은 다른 단백질의 활성을 조절하는 단백질
야생형(wild-type) 유전자 혹은 생물의 원래 형 혹은 자연 형

형임을 보여주는 것이다. r-대립유전자는 흰색을 만드는 별도의 유전자가 아니다. 가설적 예에서 흰색을 만드는 효소는 없고 단지 붉은 색소를 만들지 못할 뿐이다. 원래 각 효소는 있거나 아니면 없는 것으로, 즉 멘델의 "예"와 "아니오" 상황에 대응하는 2개의 대립유전자가 있었다라고 생각되었다. 실제 상황은 보다 복잡하다. 후에 논의되겠지만 효소는 부분적인 활성, 과잉활성, 변형된 활성을 가질 수 있고 유전자는 실제로 수십 개의 대립유전자를 가질 수 있다. 단백질이 전혀 없게 되는 돌연변이를 **비대립유전자**라고 한다. [더 엄격히 비대립유전자는 유전자 산물이 전혀 없는 경우이다. 이는 RNA가 마지막 산물인 유전자의 경우(리보솜 RNA, 운반 RNA 등-3장 참조) RNA(단백질 보다)가 없음을 의미한다].

야생형 유전자를 결정하는 것은 특정 개체군 내의 출현에 근거해야 하므로 임의적이다.

4. 표현형과 유전자형

실제 생활에서 대개의 생화학 경로는 하나가 아닌 여러 단계를 갖는다. 이를 보여주기 위해 붉은 색소를 만드는 경로가 A, B, C의 세 효소와 유전자를 갖도록 확대하자. 세 유전자 중 하나라도 결함이 있으면 상응하는 효소는 없게 되고 붉은 색소는 만들어지지 않고 꽃은 희게 될 것이다. 따라서 어느 유전자의 돌연변이도 꽃의 외형에 동일한 효과를 가질 것이다. 세 유전자 모두가 완전할 때만 이 경로는 마지막 산물을 만들 수 있을 것이다(그림 2.04).

꽃 색 같은 외적 특성을 **표현형**이라고 하며 유전적 조성을 **유전자형**이라 한다. 분명히 "흰 꽃" 표현형은 A, B, C 유전자, 혹은 여기서 언급되지 않은 전구물질 P를 생산하는 유전자의 결함을 포함해서 여러 가능한 유전자형에서 기인할 수 있다. 간일 흰 꽃이 보였다면 더 많은 분석만이 결함이 있는 유전자(들)를 보여줄 것이다. 이 분석에는 생화학 반응, 경로의 중간산물(P나 Q) 축적 혹은 유전적 결함을 특정 유전자에 위치시키기 위한 유전자 지도 작성 등이 포함된다.

만일 유전자 A에 결함이 있다면 유전자 B 혹은 C가 기능이 있든 없든 문제가 되지 않는다(적어도 붉은 색소 생산에 관해서는; 이 분석에서 고려하지 않은 가능성이지단 일부 유전자는 여러 경로에 영향을 미친다). 경로의 시작 부근에서의 결함은 나중의 반응을 무관하게 만든다. 이를 유전 용어로 **상위**라 한다. 유전자 A는 유전자 B, C보다 상위이다. 즉 이들 유전자의 효과를 가린다. 유사하게 유전자 B는 유전자 C의 상위이다. 실제적 관점에서 이미 유전자 A에 결함이 있으면 연구자는 유전자 B 혹은 C에 결함이 있는지를 알 수 없음을 의미한다.

표현형은 물리적 형질을 나타내고 유전자형은 그 형질을 부여하는 유전자를 나타냄을 기억하자.

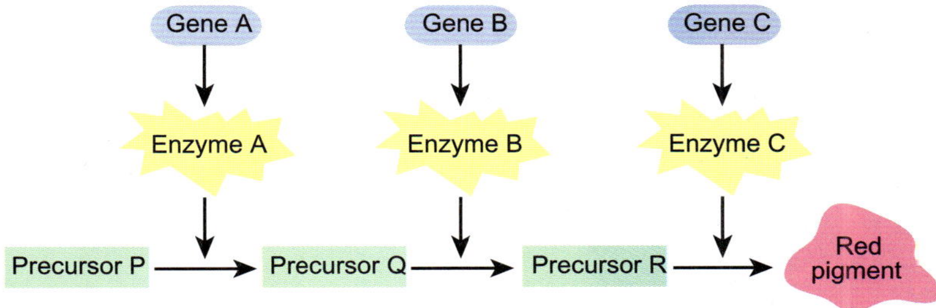

그림 2.04
3단계 생화학 경로

이 경로에서 붉은 꽃을 만드는 데 필요한 붉은 색소를 만들기 위해 유전자 A, B, C 모두가 필요하다. 만일 유전자 결함에 의해 어떤 전구물질이 없어진다면 붉은 색소는 만들어지지 않고 꽃은 흰색이 될 것이다.

상위(epistasis) 한 유전자의 돌연변이가 다른 유전자에서의 변형 효과를 가린다.
유전자형(genotype) 생물의 유전적 조성
비대립유전자(null allele) 모든 활성이 완전히 결여된 유전자의 돌연변이 형
표현형(phenotype) 유전자형의 눈에 보이는 혹은 측정할 수 있는 효과

5. 염색체는 유전자를 가지고 있는 길고 얇은 분자이다

유전자는 **염색체**라는 매우 길고 실 같은 분자를 따라 나열되어 있다(그림 2.05). **세균** 같은 생물은 일반적으로 모든 유전자를 하나의 원형 염색체에 지니지만(그림 2.06) 고등 진핵생물은 훨씬 많은 수의 유전자를 수용하는 여러 개의 염색체를 가지고 있다. 유전자는 종종 그림 2.05에서처럼 염색체를 나타내는 막대 위에 표시된다.

한 염색체의 전체 가닥은 디옥시리보핵산인 DNA(3장 참조) 분자로 구성된다. 생물 세포의 유전자는 DNA로 구성되고 염색체의 유전자 사이의 부위도 DNA로 구성된다. 세균에서 유전자는 조밀하게 뭉쳐있지만 식물과 동물 같은 고등생물에서는 유전자 사이의 DNA가 염색체의 96%까지 차지하며 4-5%만이 기능성 유전자이다. [바이러스 역시 유

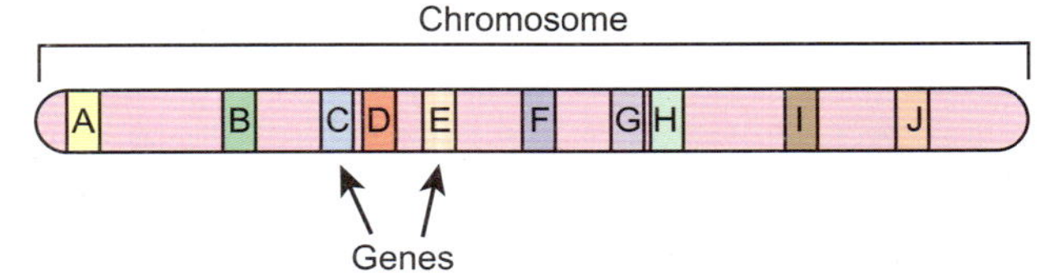

그림 2.05
염색체에 배열된 유전자

염색체는 복잡한 3차 구조이지만 염색체의 유전자는 선형으로 배열되어 있고 그림에서처럼 막대의 분절로 표시될 수 있다. 유전 도표에서 유전자는 종종 알파벳으로 표시된다.

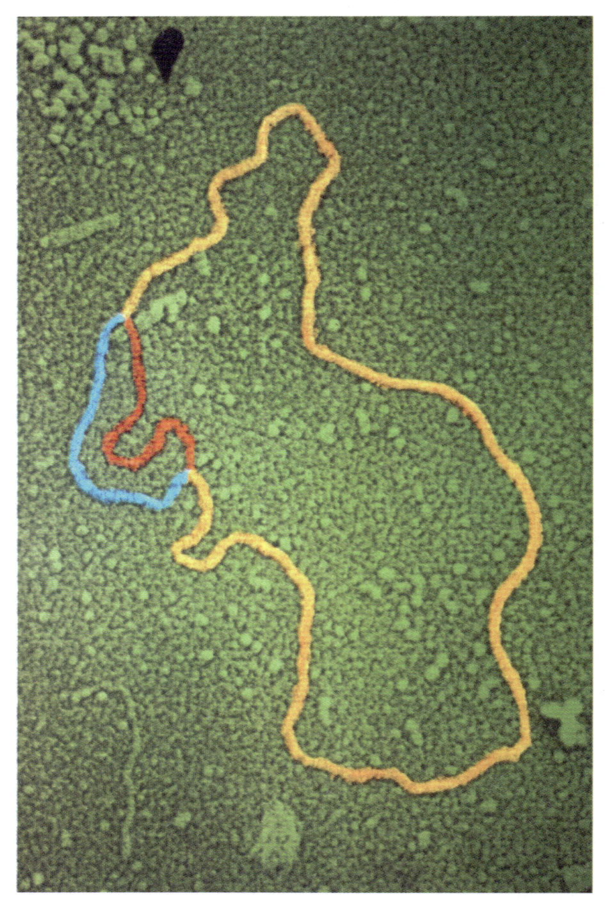

그림 2.06
세균의 원형 DNA

색을 입힌 원형 세균 DNA의 투과전자현미경 사진. 이 그림은 실제로 완전한 크기의 염색체보다는 작은 플라스미드를 보여준다. 이중 가닥 DNA는 노란색이다. 각 유전자의 RNA 사본을 이용하여 유전자 지도를 작성하였다. RNA는 한 가닥의 DNA와 염기쌍을 형성하여 DNA/RNA 혼성체(붉은색)를 형성한다. 다른 가닥의 DNA는 "R-loop"(청색)로 알려진 외가닥 고리를 형성한다. 28,600배. *(출처: P.A. McTurk and David Parker, Science Photo Library.).*

세균(bacteria) 핵이 없고 유전자를 1사본만 갖는 원시적인 단세포 생물
염색체(chromosome) DNA 한 분자로 구성되고 세포의 유전자를 포함하고 있는 구조

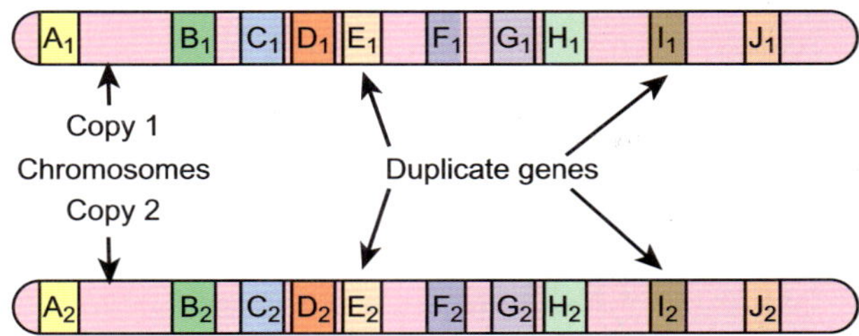

그림 2.07

유전자는 각 상동염색체 쌍에서 대등하다

고등생물은 상동염색체 쌍에 배열된 각 유전자를 2사본씩 가지고 있다. 쌍을 이룬 염색체의 유전자는 염색체에 걸쳐 대등하다. 상응하는 유전자가 대등하지만 유전자 쌍의 구성원 사이에는 분자적 변이가 있을 수 있다.

전정보를 포함하며 일부는 DNA로 구성된다. 다른 바이러스는 관련된 분자인 **리보핵산**(**RNA**)으로 구성된다.].

염색체는 유전물질 자체인 DNA 외에도 DNA에 결합된 다양한 단백질을 지닌다. 이는 특히 히스톤이 염색체 구조를 유지하는 데 중요한 고등생물의 큰 염색체에서 그렇다(4장 참조). [세균 또한 히스톤-유사 단백질을 갖는다. 그러나 이들은 고등생물의 진짜 히스톤과 구조와 기능 모두에서 많이 다르다.]

유전자는 추상적인 것만이 아니다. 유전자는 암호화된 정보를 지니는 DNA 분자의 분절이다.

5.1. 생물체마다 염색체 수가 다를 수 있다

고등생물의 세포는 보통 염색체를 2사본씩 가지고 있다. 동일한 염색체의 한 쌍은 동일한 순서로 배열된 동일한 유전자 사본을 갖는다. 그림 2.07에서 동일한 대문자는 같은 유전자의 대립유전자가 염색체 쌍에서 위치하는 장소를 나타낸다. 실제로 같은 염색체는 진정으로 같은 것이 아닌데 쌍의 두 구성원은 종종 같은 유전자의 서로 다른 대립유전자를 지니고 있기 때문이다. **상동염색체**라는 용어는 동일한 순서의 동일한 유전자를 갖고 있는 염색체들을 의미하는데, 그들은 반드시 같은 대립유전자를 갖지 않을 수 있다.

각 염색체의 상동성 사본을 2개 갖고 있는 세포 혹은 생물은 **2배체**(혹은 2n. "n"은 완전한 1조의 염색체 수를 의미한다)라고 한다. 각 염색체의 1사본만을 갖는 것은 반수체(혹은 n)이다. 따라서 사람은 2×23(n = 23, 2n = 46)개의 염색체를 갖는다. 동물의 성염색체인 X와 Y는 쌍을 이루지만 이들은 실제로는 동일하지 않다(아래 참조). 따라서 엄격하게 말하면 수컷 포유동물은 완전한 2배체가 아니다. 2배체 생물에서 조차도 배우자로 알려진 생식세포는 각 염색체의 1사본만을 가지므로 반수체이다. 보통 2배체인 생물에서 각 유전자의 1사본만을 지니는 염색체들의 한 조를 **반수체 유전체**라고 한다.

세균은 염색체 1사본만을 가지므로 **반수체**이다. (실제로 대개의 세균은 한 염색체의 1사본만을 가지므로 n = 1이다). 만일 반수체 생물의 유전자 하나가 결함이 있다면 손상된 유전자가 세포가 필요로 하는 수정된 정보를 더 이상 갖지 않으므로 생물은 심각하게 위험해질 수 있다. 고등생물은 2배체이고 각 염색체(유전자)의 복제된 사본을 가지고 있으므로 일반적으로 이 같은 예측을 피한다. 만일 유전자의 1사본에 결함이 생기면 다른 사본이 세포가 필요로 하는 올바른 산물을 만들 수 있다. 2배체의 다른 이점은 동일 유전자의 2사본 사이에 재조합을 허용한다는 것이다(24장 참조). 재조합은 진화를 위한 유전적 변이를 촉진하는 데 중요하다.

2배체(diploid) 모든 유전자를 2사본 갖는
반수체(haploid) 모든 유전자를 1사본 갖는
반수체 유전체(haploid genome) 모든 유전자를 1사본을 포함하는 완전한 조(일반적으로 유전자 조가 둘 이상인 생물에서 사용)
상동염색체(homologous chromosome) 동일한 유전자 서열을 동일한 순서로 가지고 있는 두 염색체
리보핵산(ribonucleic acid, RNA) 디옥시리보오스 대신 리보오스를 갖고 티민 대신 우라실을 갖는 면에서 DNA와 다른 핵산

그림 2.08
2배체, 4배체 및 6배체 밀

현대 6배체 빵밀의 기원을 보여준다. 아인콘밀이 염소풀과 잡종화되어 4배체 밀을 만들었다. 이것이 다시 *Triticum tauschii* 잡초와 잡종화되어 6배체 빵밀을 만들었다. 수확량이 분명히 증가했다. *(출처: Dr. Wolfgang Schuchert Max-Planck Institute for Plant Breeding Research, Köln, Germany.)*

반수체 세포가 어떤 유전자를 1사본 이상 가질 수 있음에 유의하자. 예를 들어, 대장균의 단일 염색체는 신장인자 EF-Tu 유전자를 2사본, 리보솜 RNA 유전자를 7사본 갖는다. 효모의 반수체 세포에서 40%까지의 유전자가 복제된 사본이다. 엄격하게 말해서 유전자의 복제된 사본은 **상동염색체**에서 동일한 위치에 있을 때만 진정한 대립유전자로 간주된다. 따라서 다른 복제된 사본은 진정한 대립유전자로 취급하지 않는다.

간혹 각 염색체를 2사본 이상 갖는 생물 세포가 발견된다. **3배체**는 3사본을, **4배체**는 4사본을 가짐을 의미한다. 동물과 식물 유전학자는 생물의 **배수**라고 말하며 세균 유전학자는 **사본 수**라는 용어를 선호한다. 많은 현대 작물은 다배수체로 흔히 다수 조상 사이의 잡종화로부터 유래되었다. 그런 다배수체는 종종 더 크고 수확량이 많다. 밀의 조상 품종은 원래 고대 중앙아시아에서 자랐고 2배체였다. 이는 그 후 4배체에 의해 대체되었고, 이는 다시 6배체(6n=42)인 현대 빵밀(*Triticum aestivum*)에게 자리를 내주었다(그림 2.08). 6배체 현대 빵밀은 실제로 에머(emmer) 밀로부터 4조와 야생 잡초인 *Triticum tauschii*(=*Aegilops squarrosa*)로부터 2조의 유전자를 갖는 잡종이다. 에머밀은 4배체(4n=28)로 두 2배체 조상-아인콘밀(*Triticum monococcum*)과 현대 염소풀(*Triticum speltoides = Aegilops speltoides*)과 유사한 잡초-에서 유래되었다. 적은 양의 4배체 밀(*Triticum turgidum*과 친척)이 아직도 파스타 제조와 같은 특수한 용도로 재배되고 있다.

생물마다 유전자의 수, 유전자의 사본수 및 DNA에서 유전자의 배열이 다르다.

한 염색체가 적거나 많은 경우가 알려졌다. 불규칙적인 염색체 수를 갖는 세포를 **이수체**라고 한다. 어떤 이수체 세포는 어떤 조건에서는 배양에서 생존하지만 고등동물에서 이수체는 종종 생물체에 치명적이다. 동물에서 이수체는 치명적이지만 식물에서는 크게 묵인된다. 어쨌든 이수체 동물은 드물지만 생존한다. 따라서 부분 3배체는 사람에서 다운증후군을 일으키는데, 이 경우 염색체 21번을 추가로 갖는다. 특정 염색체를 3사본 갖는 것을 **3염색체성**이라고 한다.

이수체(aneuploid) 불규칙적인 염색체 수를 갖는
사본 수(copy number) 존재하는 유전자의 사본 수
상동성(homologous) 공통 유전 조상을 의미할 정도로 연관된 서열
배수(ploidy) 생물이 가지고 있는 염색체 조의 수
4배체(tetraploid) 모든 유전자를 4사본 가지고 있는
3배체(triploid) 모든 유전자를 4사본 가지고 있는
3염색체성(trisomy) 특정 염색체를 3사본 가지고 있는

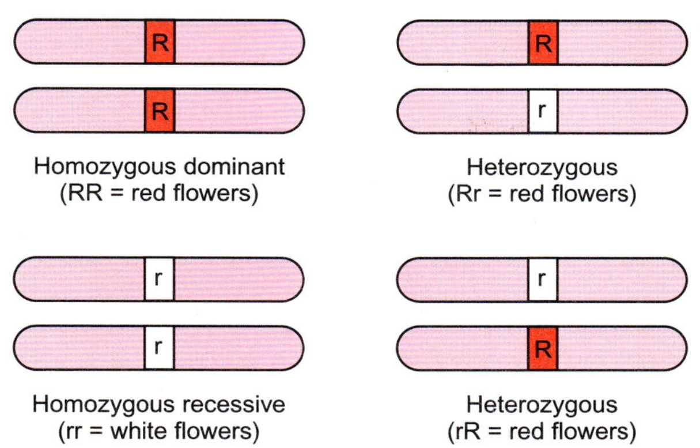

그림 2.09
다른 두 대립유전자는 네 가지 유전자형을 만든다

유전자형 R과 r은 네 가지 방법으로 조합을 이룰 수 있다.

6. 우성 대립유전자와 열성 대립유전자

꽃의 붉은 색소를 만드는 데 관여하는 유전자를 2사본을 갖는 2배체 식물에 대해 생각해 보자. 유전적 관점에서 네 가지 가능한 식물 개체, 즉 RR, Rr, rR, rr의 네 가지 가능한 유전자형이 있다. 유전자형 Rr과 rR은 염색체 쌍 중 어느 쪽에 r 혹은 R이 있느냐에 따라서 다르다(그림 1.09). 동일한 대립유전자가 있을 때 생물은 그 유전자에 대해 **동형접합성**이며(RR 혹은 rr), 만일 다른 두 대립유전자가 있을 때는 **이형접합성**이다(Rr 혹은 rR). 드문 예외가 있지만 rR과 Rr 개체 사이에는 표현형의 차이가 없는데, 대개는 상동염색체의 어느 쪽에 r 혹은 R 대립유전자가 있든지 문제가 되지 않기 때문이다.

만일 유전자의 2사본이 야생형 R-대립유전자이면(유전자형 RR) 꽃은 붉게 된다. 만일 2사본이 돌연변이 r-대립유전자이면(유전자형 rr) 꽃은 희게 된다. 그러나 만일 꽃이 1사본은 붉고 다른 사본은 흰 이형접합성이면(유전자형 Rr 혹은 rR) 어떻게 될까? 위에 제시된 효소 모형은 1사본은 효소를 만들고 다른 것은 만들지 못한다고 예측한다. 전체적으로 효소의 양은 반이 되지만 꽃은 붉게 될 것이다. 대개의 경우 이는 사실인데 많은 효소가 최소 요구량을 넘는 수준으로 존재하기 때문이다. [더욱이 많은 유전자는 복잡한 되먹임 기전으로 조절된다. 이 기전으로 유전자 발현이 증가 혹은 감소되므로 기능성 대립유전자가 1개 있든 2개 있든 결과적으로는 같은 수준의 효소가 만들어진다.]

따라서 Rr 꽃은 외견상으로 RR형처럼 붉게 보인다. 서로 다른 대립유전자가 있을 때 하나가 상황을 지배할 수 있고 그것이 **우성 대립유전자**이다. 성질이 가려지거나 낮은 수준으로 작용하는 다른 것은 **열성 대립유전자**이다. 이 경우 R 대립유전자는 우성이고 r 대립유전자는 열성이다. 전체적으로 RR(동형접합성 우성), Rr(이형접합성), rR(이형접합성)의 세 유전자형은 같은 표현형을 공유하며 꽃이 붉고, rr(동형접합성 열성) 식물만 흰 꽃을 갖는다.

유전자 및 대립유전자는 다양한 방식으로 서로 상호작용한다. 어떤 경우는 유전자의 1사본이 지배할 수 있고 다른 경우는 2사븐이 영향을 공유한다.

6.1. 부분우성, 공동우성, 침투도 및 변경유전자

지금까지의 가정은 꽃 색 유전자의 야생형 대립유전자 하나가 붉은 꽃을 만들기에 충분한 붉은 색소를 생산한다는, 즉 R-대립유전자가 우성이라는 것이다. 대개는 유전자의 한 좋은 사본으로 충분하지만 항상 그런 것은 아니다. 예를 들어 붉은 색소를 위한 기능성 사본 하

우성 대립유전자(dominant allele) 1사본 혹은 2사본으로 있어도 성질이 표현형이 나타나는 대립유전자
이형접합성(heterozygous) 한 유전자의 다른 대립유전자를 갖는
동형접합성(homozygous) 한 유전자의 동일한 대립유전자를 갖는
열성 대립유전자(recessive allele) 우성 대립유전자에 의해 가려지므로 성질이 관찰되지 않는 대립유전자

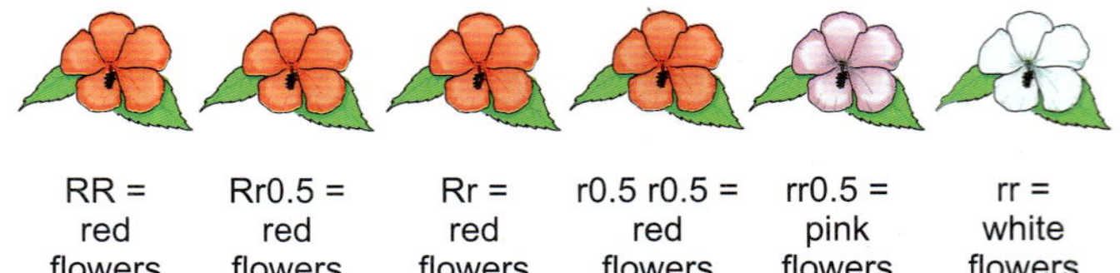

그림 2.10
3종류의 대립유전자로부터 가능한 표현형

3대립유전자의 6조합이 가능하다. 여기서 r0.5는 정상 색소 수준의 50%를 만드는 부분적 기능성 대립유전자이다. R은 야생형이고 r은 비대립유전자이다. RR, Rr0.5, Rr, r0.5 r0.5 조합 모두는 야생형 붉은 꽃 수준의 100% 혹은 그 이상을 만들어서 붉다. rr0.5 조합은 50% 만큼의 색소를 만들어서 분홍 꽃을 갖는다. rr 조합은 색소를 만들지 못해서 흰 꽃을 갖는다.

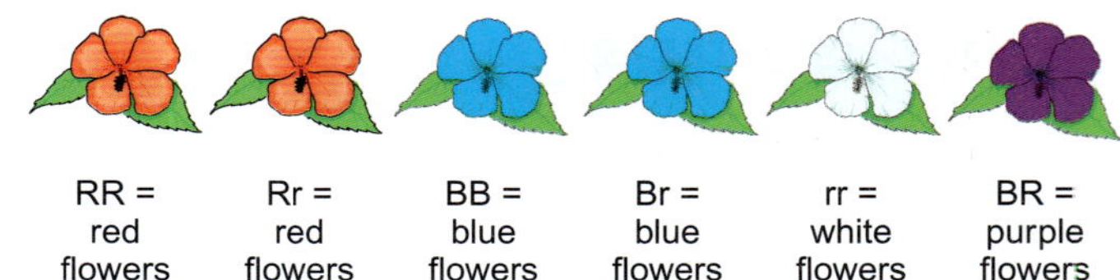

그림 2.11
공동우성에 의한 표현형

B 대립유전자는 변형청색 색소를 만든다. R이 야생형이고 r은 비대립유전이 된다. RR과 Rr 조합은 붉은 색소를 만든다. Br 조합은 청색 색소를 만들고 RB 조합은 적색과 청색 색소를 모두 만들어 보라색 꽃을 갖는다.

나만을 가지면 정상 색소양의 반만 생산할 수 있다. 그 결과는 약한 적색 혹은 분홍색 꽃이 될 것이다. 그러면 Rr의 표현형은 RR에서 나타난 것과는 같지 않다. 유전자의 좋은 사본 하나가 인식할 수는 있지만 좋은 2사본의 경우와는 다른 결과를 나타내는 이런 상황을 **부분우성**이라고 한다.

위에서 언급한 것처럼 둘 이상의 대립유전자가 있을 수 있다. 야생형과 비대립유전자 외에도 부분적 기능을 갖는 대립유전자가 있을 수 있다. 한 유전자 용량의 효소가 붉은 꽃을 위해 충분한 붉은 색소를 만든다고 가정하자. 대립유전자가 50% 기능 즉 "r0.5"라고 가정하자. 100%(유전자 1용량) 혹은 그 이상을 만드는 어떤 대립유전자의 조합도 붉은 꽃을 만들게 된다. 만일 R = 야생형, r = 비유전자 및 r0.5 = 50% 활성의 세 대립유전자가 있다면 다음의 유전자형과 표현형이 가능하다(그림 2.10). 그런 각본에서 6개 대립유전자의 조합으로 3개의 다른 표현형이 있게 된다.

또 다른 가능성은 변화된 기능을 갖는 대립유전자이다. 예를 들어, 색소를 만들기는 하지만 변형된 생화학 반응을 수행하는 돌연변이 대립유전자가 있을 수 있다. 변형된 단백질은 붉은 색소 대신 변형된 화학구조 때문에 예를 들어, 청색 같은 다른 색을 생산할 수 있다. 이 대립유전자를 B라고 하자. R과 B는 모두 색소를 만들 수 있고 따라서 모두 r(색소가 없는)에 대해 우성이다. R과 B의 조합은 적색과 청색 모두를 한 꽃에서 만들어서 꽃은 보라색이며 이들은 **공동우성**이다. 그림 2.11에서처럼 6종류의 유전자형이 가능하고 4종류의 꽃 표현형(이 경우는 색)이 가능하다.

공동우성(co-dominant) 두 다른 대립유전자가 관찰된 성질에 모두 공헌 할 때
부분우성(partial dominance) 기능성 대립유전자가 결함 대립유전자를 부분적으로 가릴 때

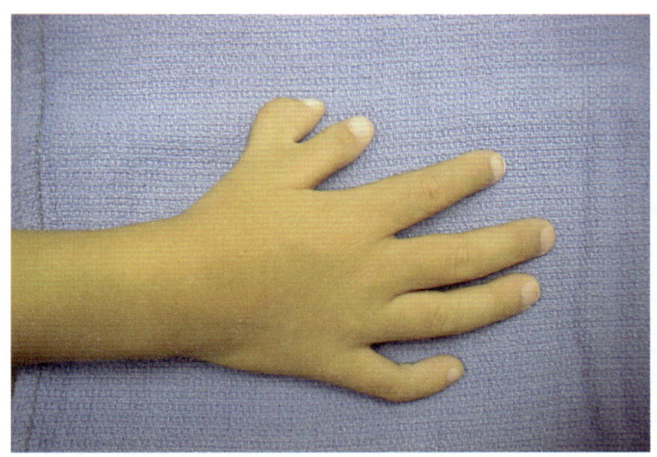
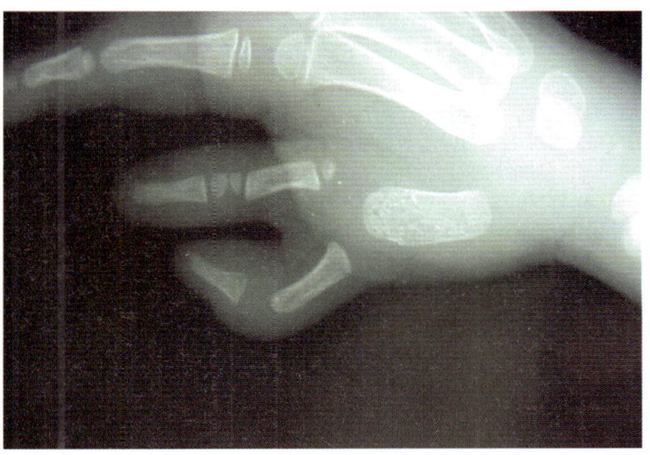

그림 2.12
다지증

우성 돌연변이는 별도의 손가락/발가락을 나타나게 할 수 있다. *(출처: Charles Eaton, MD. Used by permission.)*

위의 예에서 보듯이 돌연변이 대립유전자는 열성일 필요가 없다. 야생형이 우성 돌연변이에 대해 열성인 경우도 있다. 또한 한 생물에서 우성 대립유전자에 의한 형질이 다른 생물에서는 열성 대립유전자에 의해 나타날 수도 있음에 유의하자. 예를 들어, 검은 털을 위한 대립유전자는 기니피그에서는 우성이나 양에서는 열성이다. 우성 대립유전자이면 그것이 야생형 대립유전자가 아니고 돌연변이라도 대문자로 쓰는 것에 유의하자. 간혹 '+'가 야생형 대립유전자가 우성이든 열성이든 상관없이 야생형 대립유전자를 나타내기 위해 사용된다. "–"는 결함 혹은 돌연변이 대립유전자를 나타내기 위해 흔히 사용된다.

특정 대립유전자가 그것을 갖는 개체에서 항상 같은 방식으로 행동할까? 일반적으로 그렇지만 항상 그런 것은 아니다. 어떤 대립유전자는 일부 사람에서는 중요한 효과를 보이지만 다른 사람에서는 적은 효과 혹은 효과가 없다. **침투도**는 대립유전자가 특정 개체에서 표현형에 영향을 주는 상대적인 정도를 나타내는 용어이다. 종종 침투도 효과는 연구 집단에서 다른 유전자에 일어난 변이에서 기인한다.

사람에서 손과 발에서 별도의 손가락과 발가락이 나타나는 증상인 다지증을 일으키는 우성 돌연변이(대립유전자는 P)가 있다(그림 2.12). 성경에 양손과 양발에 6개의 손가락과 발가락을 갖는 팔레스타인 무사가 언급되었으므로(사무엘 II, 21장 20절) 다지증은 아마도 가장 오래된 인간 유전 질병일 것이다. 오늘날에는 별도의 손가락과 발가락은 대개 수술로 제거되고 흔적을 거의 남기지 않지만 미국 신생아 500명 중 한 명이 이 증상을 보인다. 상세한 연구는 이 우성 대립유전자를 갖는 이형접합체(Pp 혹은 P+)가 항상 이 증상을 보이지는 않음을 보여 주었다. 더욱이 별도의 가락은 완전히 형성되거나 혹은 부분적으로 발생할 수도 있다. 따라서 P 대립유전자는 가변적 침투도를 갖는다고 말한다.

한 유전자의 발현에서 이런 변이는 종종 다른 유전자와의 상호작용에서 기인한다. 예를 들어, 생쥐 외투의 흰점은 열성 돌연변이에 기인하고, 이 경우 열성 대립유전자 둘을 갖는 동형접합자가 흰점을 나타낼 것으로 기대된다. 그러나 점의 크기는 여러 다른 유전자의 상태에 따라서 크게 변한다. 따라서 이들을 **변경유전자**라고 한다. 여러 다른 개체에서 변경유전자의 변이는 특정 형질을 위한 중요 유전자의 발현에 변이를 초래한다. 환경적 효과 또한 침투도에 영향을 미친다. 초파리에서 온도의 변화는 많은 대립유전자의 침투도를 변화시킬수 있다. 15°C에서 자란 초파리의 복눈은 30°C 같은 따뜻한 온도에서 낳고 키워진 초파리의 경우보다 더 많은 측면을 가진다.

복잡하고 거의 풀리지 않는 주제는 어떤 유전자의 같은 대립유전자가 다른 개체에서 다르게 행동할 수 있다는 것이다. 일부 변이는 환경 혹은 다른 유전자의 영향 때문이다.

변경유전자(modifier gene) 다른 유전자의 발현을 변경하는 유전자
침투도(penetrance) 대립유전자의 표현형적 발현에서의 변이

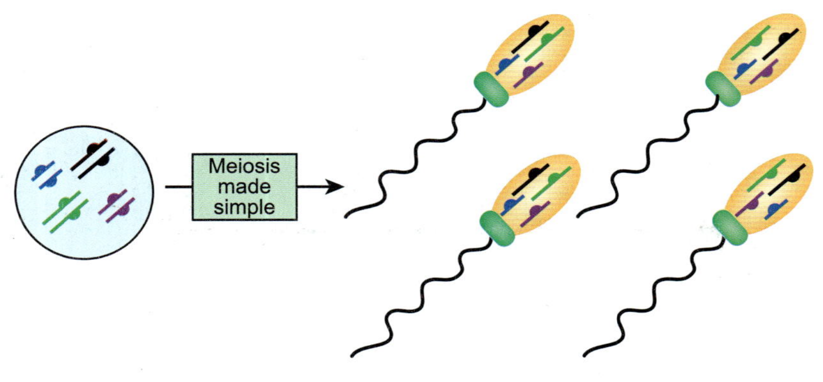

그림 2.13
감수분열의 원리

2배체 생물은 감수분열 과정을 통해 염색체를 배우자들에게 분배한다. 염색체 감소는 형성된 배우자가 2배체 양친 세포의 유전물질을 반만 가짐을 의미한다(즉 배우자는 유전자의 반수체 조를 갖는다). 쌍을 이룬 각 염색체가 어느 한 배우자에 나타날 확률은 50%로 이 현상을 무작위 분리라 한다. 정자만 나타냈지만 난자 형성 동안에도 같은 과정이 일어난다.

7. 양친의 유전자는 유성생식에 의해 섞인다

대립유전자는 교배 시 어떻게 분포되나? 만일 양친 유전자의 모든 사본이 후손에게 전달된다면 자손은 각 유전자의 2사본은 모친으로부터 2사본은 부친으로부터 모두 2사본을 갖게 될 것이다. 다음 세대는 8사본을 갖게 되고 계속 그렇게 될 것이다. 분명히 세대가 지나면서 각 유전자의 사본이 안정하게 유지되도록 하는 기작이 필요하다.

자연은 어떻게 정확한 유전자 사본이 전달되도록 보장할까? 동물이나 식물 같은 2배체 생물이 유성생식으로 생식할 때 양친은 **생식세포** 즉 **배우자**를 만든다. 이들은 몸체를 구성하는 **체세포**와는 반대로 다음 세대의 생물에게 유전정보를 전달하는 특화된 세포이다. 암 배우자는 난자이며 수 배우자는 정자이다. 수정 시 수 배우자가 암 배우자와 결합하면 새 개체의 첫 세포인 **접합자**를 형성한다(그림 2.13). 체세포는 2배체이지만 난자와 정자는 유전자의 1사본만을 가지므로 반수체이다. 배우자를 만드는 동안 염색체의 2배체 조는 염색체 한조를 만들기 위해 반이 되어야 한다. 염색체 수의 감소는 **감수분열**이라는 과정을 통해 달성된다. 그림 2.13에서는 감수분열의 기술적 세부 내용은 생략하고 유전학적 결과만을 보여준다. 염색체의 수를 한 종류씩 감소시키는 외에 감수분열은 각 쌍의 구성원을 마구잡이로 배분한다. 따라서 같은 어버이의 다른 배우자들은 다른 유전자의 조합을 가지게 된다.

난자와 정자가 염색체의 1사본만을 가지므로 부모 각각은 특정 자손에게 유전자의 한 대립유전자만을 물려준다. 원래 대립유전자 쌍 중 어느 것이 특정 자손에게 전달되는 가는 순전히 우연의 문제이다. 예를 들어 RR 어버이가 rr 어버이와 교배할 때 각 자손은 첫째 어버이로부터 R 대립유전자 하나와 두 번째 어버이로부터 r 대립유전자 하나를 받는다. 따라서 자손은 모두 Rr이 될 것이다(그림 2.14). 따라서 붉은 꽃을 갖는 어버이 식물과 흰 꽃을 갖는 어버이 식물이 교배하면 자손은 모두 붉은 꽃을 갖는다. 자손은 표현형이 동일하지만 어느 양친과도 유전적으로 동일하지 않은 이형접합체임을 유의하자. 양친은 0세대이고 자손은 1세대인 F_1으로 간주된다. 연속적인 자손 세대는 F_2, F_3, F_4 등으로 표시하고, F는 **잡종후대**를 나타낸다.

잡종후대(filial generation) 한 유전 교배에서 나타난 자손들의 연속적인 세대로 추적하기 위하여 F1, F2, F3 등으로 표시한다.
배우자(gametes) 한 세트의 유전자를 갖는 반수체이며 생식을 위해 특수화된 세포
생식세포(germ cell) 다음 세대의 생물에 유전정보를 전달하도록 특화된 세포; 체세포 참조
감수분열(meiosis) 2배체 부모 세포로부터 반수체 배우자 형성
체세포(somatic cell) 생식세포 계열이 아닌 몸체를 구성하는 세포
접합자(zygote) 정자와 난자의 결합으로 형성된 세포로 새로운 개체로 발달된다.

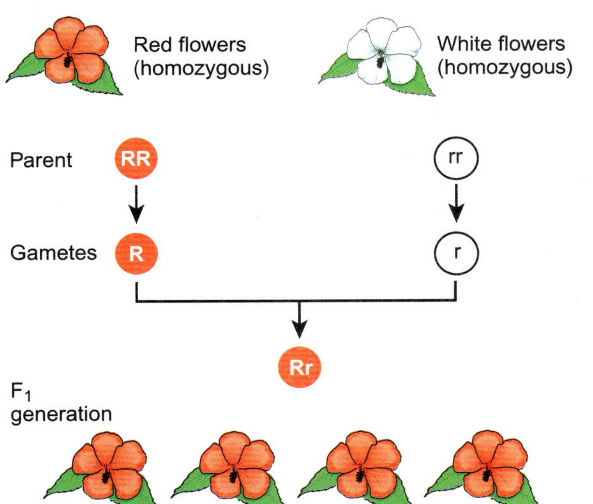

그림 2.14

붉은 꽃 색에 대해 동형접합성인 우성과 열성의 교배

유전자형 RR과 rr의 개체가 고배하면 F1 세대로 알려진 모든 자손은 붉다.

위에 제시된 생각을 확대하여 그림 2.16은 두 Rr 식물 사이의 교배 결과를 보여준다. 어버이 각각은 유전자의 1사본, R 혹은 r 대립유전자를 마구잡이로 배우자에게 물려준다. 유성생식은 자손이 각 어버이로부터 1사본씩을 가지게 한다. 그림 2.16에 나타났듯이 각 형질을 갖는 자손의 상대적인 비를 종종 **멘델 비율**이라고 한다. F2 세대에서 멘델 비율은 3 붉다 : 1 희다이다. 흰 꽃은 세대를 거른 후 다시 나타남을 유의하자. 이는 양친이 모두 열성인 r 대립유전자가 이형접합성이고 R 대립유전자에 의해 가려지기 때문이다.

유사한 상황이 사람의 눈 색에도 존재한다. 이 경우 푸른 눈을 위한 대립유전자(b)는 갈색(B)에 대해 열성이다. 이는 갈색 눈을 갖는 두 이형 접합성 양친(Bb)이 푸른 눈(bb, 동형접합성 열성)을 갖는 아이를 어떻게 낳을 수 있는지를 설명한다. 같은 각븐으로 유전병이 가족 전체에 만연되지 않고 종종 세대를 지나치는 이유를 설명한다.

유전학자에게 성은 단지 진화를 촉진하기 위해 유전자를 다시 섞는 기전이다. 유전자의 관점에서 생물은 유전자의 사본을 더 많이 만들기 위한 기계에 지나지 않는다.

상자 2.02 장기판 도표 혹은 푸네트 정방형

First-generation or F_1 mating

Gametes	R	R
r	Rr	Rr
r	Rr	Rr

4 Rr = 4 red
F_1 offspring

Second-generation mating

Gametes	R	r
R	RR	Rr
r	Rr	rr

1 RR = red
2 Rr = red
1 rr = white

3 red: 1 white
F_2 offspring

그림 2.15

유전자형 비율 결정을 위한 장기판

장기판 도표(푸네트 정방형으로도 알려짐)는 둘 혹은 그 이상의 대립유전자를 갖는 유전 교배에서 가능한 유전자형과 그 비율을 결정하는 데 종종 사용된다 이를 작성하기 위해 한 어버이로부터의 가능한 대립유전자를 수평 줄에 두고 다른 어버이에서의 대립유전자를 수직 줄에 둔다. 수직 줄과 수평 줄의 교차로 결정된 조합으로 칸을 채운다. 그리고 다양한 표현형을 작성하고 유사한 표현형을 합한다. 유사한 표현형을 합할 때 Rr과 rR은 유전적으로 다르지만 표현형적으로는 동일하다.

멘델 비율(Mendelian ratio) 유전 교배 결과 나타난 유전 형질의 정수 비율

그림 2.16

***Rr* × *Rr* 교배: 표현형의 장기판 결정**

이 경우의 양친은 그림 2.15의 교배로부터 생긴 F1 세대이다. 그림 위에 각 어버이로부터 가능한 배우자가 나타나 있다. 화살표는 F2 세대에서 붉은 꽃 : 흰 꽃이 3:1이 되게 유전자가 분배된 방식을 보여준다. 그림 밑에는 F2 교배가 같은 3:1 비율을 내기 위해 장기판에 의해 분석되었다. 이 두 번째 교배의 양친에서는 흰 꽃이 없었지만 F2의 자손에서는 발견됨에 유의하자.

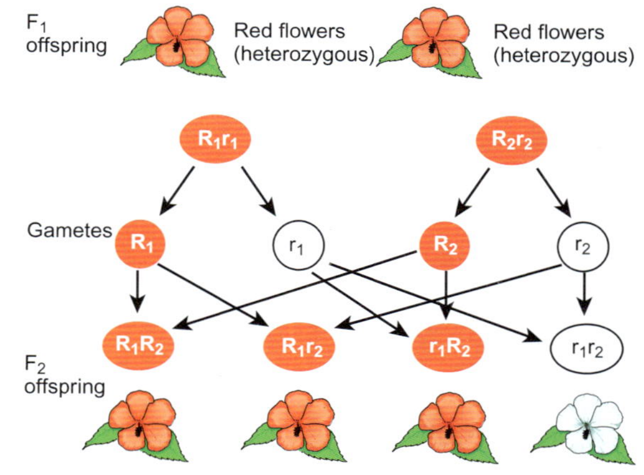

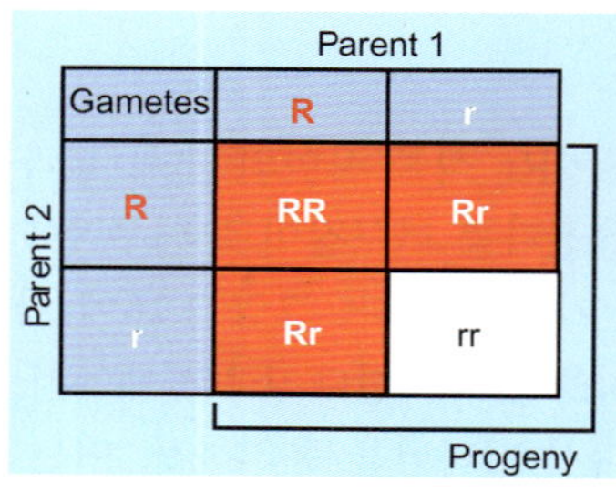

그림 2.17

성 결정을 위한 장기판 도표

남성 어버이는 X염색체와 Y염색체에 공헌한다. 여성 어버이는 2개의 X 염색체에 공헌한다. 이 배우자들이 융합하면 매 세대에서 남성과 여성이 동등한 비율로 나타난다.

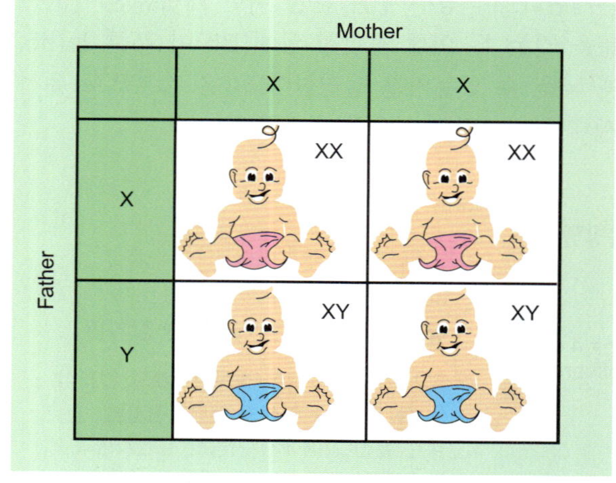

7.1. 성 결정과 성-연관 특성

포유류와 곤충을 포함한 많은 2배체 생물의 성 유전은 그들이 갖는 성염색체에 의해 결정된다. 포유류에서는 **X염색체**를 2개 가지면 유전적으로 여성이, X염색체 하나와 **Y염색체** 하나를 가지면 유전적으로 남성이 된다. ("유전적" 여성 혹은 남성이란 용어는 여러 복잡한 이유로 표현형적 성이 유전적 성과 일치하지 않는 개체가 간혹 존재하기 때문에 사용된다.) 성 결정에 대한 장기판 도표가 그림 2.17에 나타나 있다.

성염색체에는 성과 무관한 유전자도 있다. 개체가 이 유전자의 어떤 대립유전자를 받

X염색체(X-chromosome) 여성 성염색체; 포유류에서 X염색체 2개를 가지면 여성이 된다.
Y염색체(Y-chromosome) 남성 성염색체; 포유류에서 X염색체 1개에 더해서 Y염색체 하나를 가지면 남성이 된다.

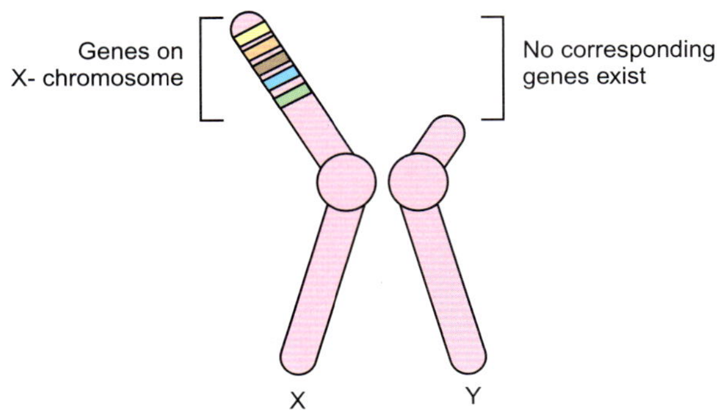

그림 2.18

X염색체와 Y염색체의 길이는 다르다

X염색체와 Y염색체의 길이는 다르다. Y염색체에는 X염색체에 있는 유전자에 상응하는 여러 유전자가 없다. 따라서 남성은 이들 유전자의 1사본만 가지고 있다.

는지는 개체의 성과 관련이 있으므로 이들은 **반성유전자**이다. 대개의 반성유전자는 여성에서 2사본으로 남성에서 1사본으로 존재한다. 이는 X염색체와 Y염색체가 쌍을 이루지만 Y염색체가 훨씬 짧기 때문이다. 따라서 X염색체의 많은 유전자는 Y염색체에 상응하는 짝이 없다(그림 2.18). 반대로 대부분 남성의 생식력에 관여하는 몇몇 유전자는 Y염색체에 존재하지만 X염색체에는 없다.

만일 남성에 존재하는 반성유전자 1사본에 결함이 있으면 받혀줄 사본이 없으므로 심각한 유전적 결과가 초래될 수 있다. 반대로 1사본만 결함이 있는 여성의 경우는 대개 유전자의 정상 사본이 있으므로 일반적으로 문제가 없다. 그러나 그들은 보인자이며 남성 자손의 반이 유전 결과로 고생하게 될 것이다. 결과적으로 가족의 남성은 종종 병을 물려받지만 여성은 보인자로 병 증상이 나타나지 않는 유전양상이 나타난다. 그림 2.20은 X-연관된 열성 질병이 수차례 나타나는 가계도를 보여준다. 남성은 X염색체를 하나만 가지며 Y염색체에는 상응하는 유전자의 사본이 없다(–로 표시). 그래서 결함이 있는 대립유전자(a)를 1사본 가진 남성은 병에 걸리게 된다.

잘 알려진 반성유전의 예는 사람의 적색-녹색 색맹이다. 남성의 약 8%가 색맹이지만 여성의 1% 이내가 결함을 보인다. 색 구별을 위한 적색, 녹색 및 청색에 민감한 세 색소를 합성하는 데 많은 유전자가 관여한다. 약 75%의 색맹이 녹색-민감 색소를 위한 유전자에 반성 열성 돌연변이를 지니는데, 이 유전자는 X염색체에 있고 Y염색체에는 없다. 다양

성 결정은 많은 동물에서 다양한 형질의 유전을 복잡하게 한다. 포유류에서는 남성이 유전적 결함을 입을 가능성이 더 높다.

상자 2.03 가계도의 표준 기호

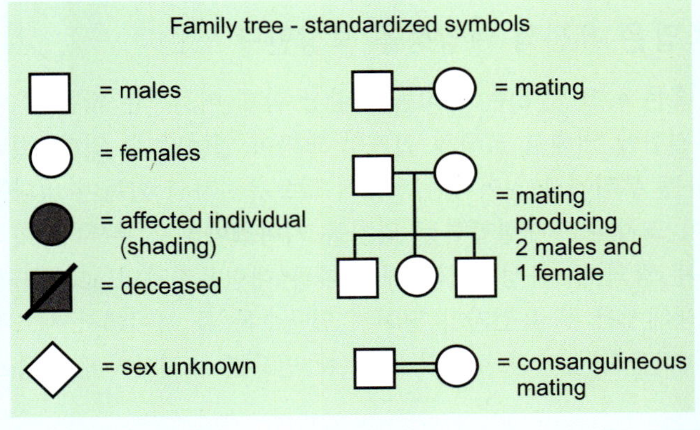

그림 2.19

가계도 분석에 사용되는 표준 기호

가계 연구에서 구성원의 성, 다른 사람들 간의 교배, 특정 질병에 걸린 사람 등을 나타내기 위해 이 기호들이 사용된다. 가계분석은 질병이 특정 성염색체에 있는지, 질병이 우성 혹은 열성 대립유전자로 유전되는지를 결정하기 위해 널리 사용된다.

반성유전자(sex-linked genes) 성염색체에 유전자가 있을 때 반성유전자이다.

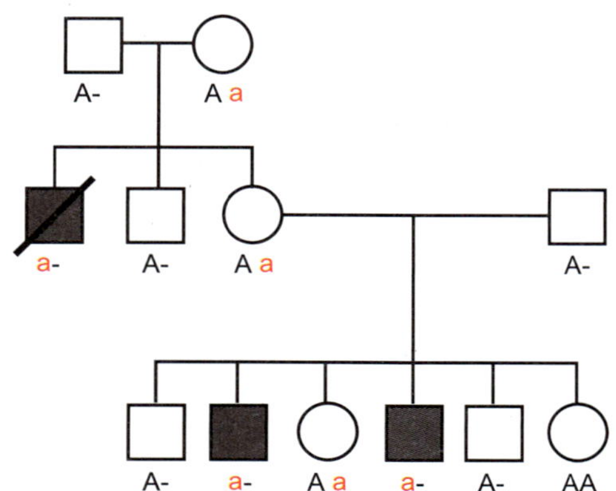

그림 2.20

반성유전자의 유전

이 가계도는 X염색체에 있는 유전자의 야생형("A")과 유해한 ("a") 대립유전자의 유전을 보여준다. 남성은 1개의 X염색체만을 가지므로 이 유전자의 1사본만을 갖는다. 기호 "-"는 이 유전자가 없음을 나타낸다. 결함 대립유전자("a")가 남성에게 전달되면 유해한 효과를 입게 된다.

한 다른 질병이 반성이며 이들의 유해한 효과는 여성보다 남성에서 더 자주 관찰된다.

8. DNA가 재조합되지 않는다면, 이웃 유전자는 유전 동안 연관된다

유성생식 동안 DNA 가닥(염색체)이 마구잡이로 분배되지만 대립유전자가 항상 마구잡이로 분배되지는 않는다. 이 점을 보여주기 위해 대개의 고등생물은 수 만개의 유전자를 다수의 상동염색체 쌍에 지니고 있음을 기억해야만 한다. a, b, c, d, e 등의 상응하는 돌연변이 대립유전자를 갖고 있는 A, B, C, D, E 등의 몇몇 유전자만을 고려하자. 이들 유전자는 같은 혹은 다른 염색체에 있을 수 있다. A, B 및 C 유전자가 같은 상동염색체 쌍에 있고 D와 E 유전자가 다른 쌍에 있다고 가정하자. 이들 유전자가 모두 이형접합성인 개체는 Aa, Bb, Cc, Dd 및 Ee 유전자형을 가질 것이다. 결과적으로 A, B 및 C는 상동염색체 쌍의 한쪽에, a, b 및 c는 같은 쌍의 다른 쪽에 있게 될 것이다. 유사한 경우가 D와 E 및 d와 e에 적용된다. 다른 염색체에 있는 대립유전자는 교배의 자손에서 마구잡이로 분배된다. 예를 들어, 유전동안 대립유전자 d와 대립유전자 D가 대립유전자 A와 동행할 기회는 서로 유사하다. 이 분리가 독립적으로 일어나므로 교배 후 두 대립유전자가 같은 후손에서 나타날 확률은 50% 혹은 0.5이다. 반대로 유전자가 같은 염색체에 있을 때는 그들의 대립유전자는 자손에서 마구잡이로 분배되지 않는다. 예를 들어 A, B 및 C 세 대립유전자는 같은 염색체에, 즉 같은 DNA 분자에 있기 때문에 이들은 함께 머물게 될 것이다. 같은 원칙이 a, b 및 c에도 적용된다. 그런 유전자는 연관되었다고 하고 이 현상을 **연관**이라고 한다.

유전자가 같은 염색체에 있으면 그들은 서로 연관된다.

8.1. 감수분열 동안의 재조합은 유전적 다양성을 보장한다

그러나 대립유전자 A, B 및 C(혹은 a, b 및 c)는 생식동안 항상 함께 머물지는 않는다. 이웃하는 DNA 가닥의 절단과 재결합에 의해서 염색체 절편의 교환이 일어날 수 있다. 절단과 재결합이 두 염색체의 상응하는 부위에서 일어나며 전체적으로 유전자의 획득이 없다는 점에 유의하자. 두 DNA 가닥이 교차하고 재결합하는 위치를 **키아스마**라고 부른다. 이러한 **교차**의 유전적 결과인, 염색체 쌍의 두 구성원 사이에서 다른 대립유전자의 교환을 **재조합**이라고 한다(그림 2.21). 염색체에서 두 유전자가 떨어져 있을수록 둘 사이에서 재조합의 가능성은 많아지고 재조합의 비율도 높아질 것이다. 재조합 빈도는 유전학자에게 중요

교차(crossing over) 다른 DNA 두 가닥이 절단되고 서로 결합됨
키아스마(chiasma, 복수형 chiasmata) 두 상동염색체가 절단되고 상대 가닥과 재결합되는 지점
연관(linkage) 우연에 의한 것보다 더 자주 함께 유전되는 두 대립유전자로 이들이 같은 DNA 분자(즉 같은 염색체)에 있기 때문이다.
재조합(recombination) 교차의 결과로 두 염색체의 유전정보가 섞임

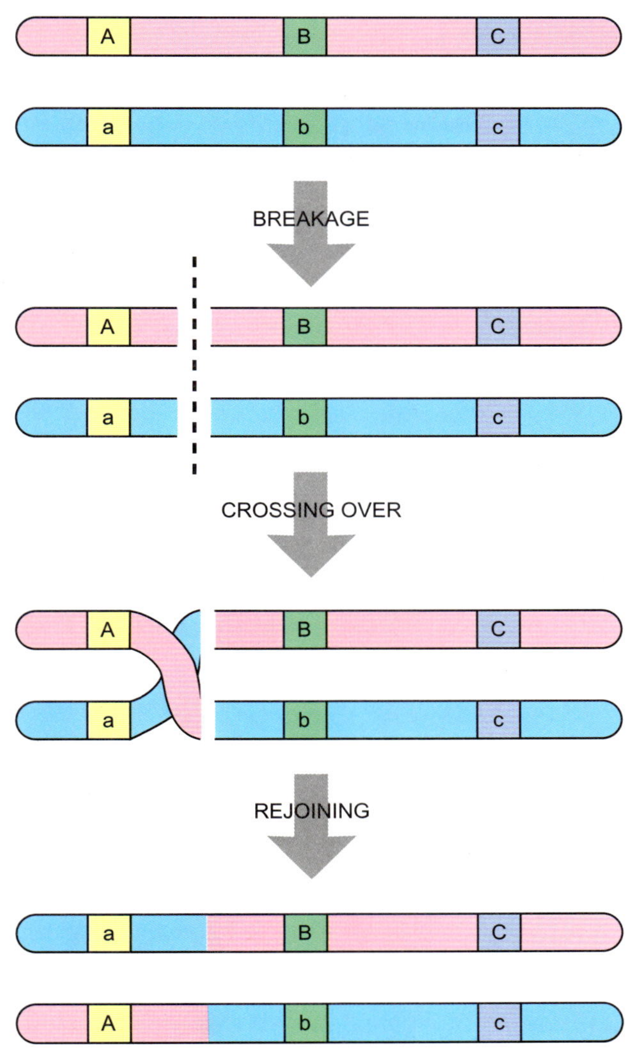

그림 2.21

감수분열 시 유전자의 연관과 재조합

맨 위에 각각 다른 대립유전자를 지니는 염색체 쌍의 구성원이 보인다. A, B 및 C의 3 대립유전자가 같은 DNA 분자에 있으므로 이들은 함께 머물게 될 것이다. 그래서 자손이 대립유전자 A를 한 어버이로부터 물려받으면 대개는 b와 c 보다는 B와 C 대립유전자를 가지게 된다. 만일 감수분열 동안 재조합이 일어나면, DNA는 절단되고 한 염색체 부분이 상동염색체의 부분과 교환되는 방식으로 염색체는 다시 연결된다. 이제 자손은 대립유전자 A를 b와 c와 함께 한 어버이로부터 물려받을 수 있다.

한 가치인데 0% 혹은 0에서 50% 혹은 0.5까지이다. 0%는 두 유전자가 너무 가까워서 교배 후 항상 같은 후손에서 발견됨을 의미하고, 50%는 두 유전자가 다른 염색체에 나타날 정도로 멀리 있음을 의미한다.

이러한 유형의 재조합이 유전체를 2배체에서 반수체로 감소시키는 과정인 감수분열동안 일어난다. 감수분열은 감수분열 I과 감수분열 II의 두 부분으로 나뉜다(그림 2.22). 표 2.01은 감수분열의 매 단계에서 일어나는 사건을 기술한다. 전형적인 2배체 생물에서 정상세포 안에 각 염색체의 두 상동체가 있다. 감수분열의 1차 복제 후, 각 염색체의 4사본이 있다, 상동체 1의 2사본과 상동체 2의 2사본, 이들은 동원체에 부착되어 있고 **4분염색체**를 형성한다.

감수분열 I의 하위단계에서 각 염색체의 4사본에 있는 유전정보는 전체 염색체를 따라 유전자와 유전자를 맞추면서 완벽하게 정렬된다. 염색체가 이 상태에 있으면, 유전정보가 다른 사본과 교환되어 새로운 유전 조합을 형성한다. **시냅시스**라고 부르는 정렬시기는 염색체를 연결시키는 보존된 일련의 단백질들에 의해 일어난다. 이 단백질들은 상동염색체 쌍의 각 DNA가 가로놓인 섬유에 의해 연결된 측면 요소와 중앙 요소로 구성된 지퍼같은

시냅시스(synapsis) 모계와 부계의 상동염색체가 각 유전자가 같은 위치에 있도록 정렬하는 과정
4분염색체(tetrad) 감수분열 전기I에서 발견되는 구조로 복제된 두 자매 염색분체가 정렬하여 4개의 상동염색체를 만든다.

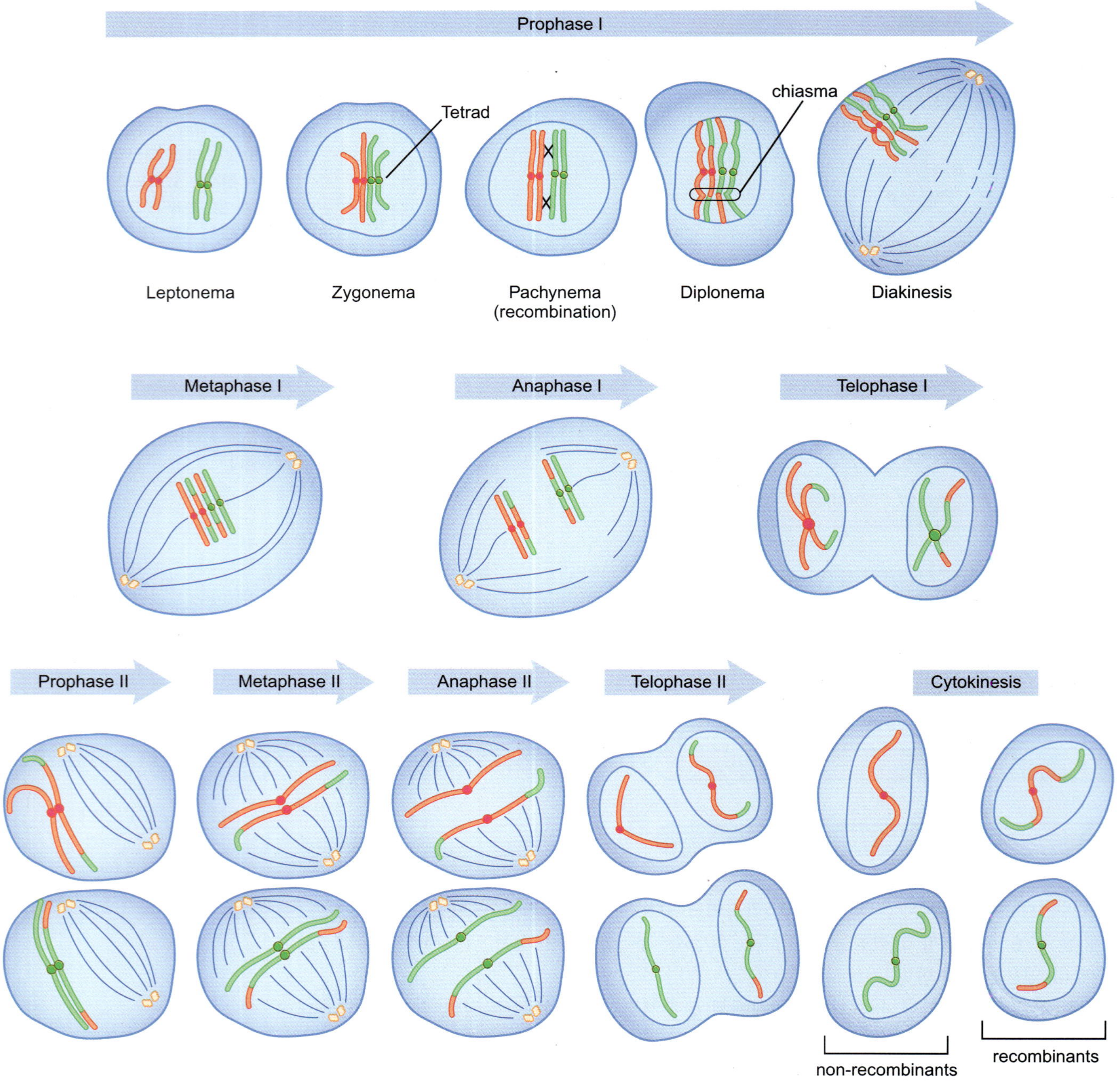

그림 2.22

감수분열은 반수체 유전체를 형성한다

이 그림은 감수분열이라고 부르는 특별한 세포분열 동안 어떻게 2배체 세포가 4개의 반수체 배우자를 형성하는지를 보여준다. 분명하게 하기위해 단지 한 상동염색체(적색과 녹색)만 나타냈지만, 이들은 각 상동체의 2사본을 만들기 위한 DNA 복제를 거쳤다.

구조에 함께 연결된 구조를 형성한다(그림 2.23).

분자적 관점에서 유전적 연관은 같은 DNA 분자에 있는 대립유전자가 같이 유전되려는 경향으로 종종 정의된다. 그러나 두 유전자가 매우 긴 DNA 분자에서 아주 멀리 있으면 실제로 연관은 관찰되지 않는다. 예를 들어, A, B, C, D 및 E 유전자를 지니는 긴 염색체를 생각해 보자. 교배 실험에서 A가 B와 C에 연관되고 C와 D가 E에 연관된 것을 관찰 할 수 있지만 A와 E 사이의 연관은 관찰되지 않는다(그림 2.24). A가 B와 같은 DNA 분자에 있고 B가 C와 같은 분자에 있고 C, D, E도 같은 관계라면 A, B, C, D 및

표 2.01 감수분열

구분	감수분열의 단계	전기 I의 하위단계	염색체 구조
감수분열 I	전기 I	세사기	4분염색체가 응축 시작
		접합기	상동염색체가 쌍형성 시작
		태사기	상동염색체가 완전히 쌍을 이룸: 재조합 일어남
		복사기	상동염색체 분리(동원체 제외) ㅋ 아스마가 보임
		이동기	쌍을 이룬 염색체가 더욱 응축되고 방추사에 결합함
	중기 I		쌍을 이룬 4분염색체가 세포 중앙에 정렬함
	후기 I		2사본이 각각 세포의 반으로 이동하도록 상동염색체가 분리됨
	말기 I		각각 2 자매염색분체 한 조를 가지는 새로운 핵이 2개 형성됨
감수분열 II	전기 II		염색체가 다시 응축하고 방추사에 부착을 시작함
	중기 II		염색체가 새 세포의 중앙에 정렬함
	후기 II		자매염색분체가 분리되고 각각 새 세포로 이동함
	말기 II		염색체가 풀리고 새로운 2핵이 형성됨
	세포질 분열		두 세포가 각각 분리되고, 완전하게 새로운 4개의 세포를 형성하는데, 각각은 염색체의 1사본(반수체 유전체)을 가짐

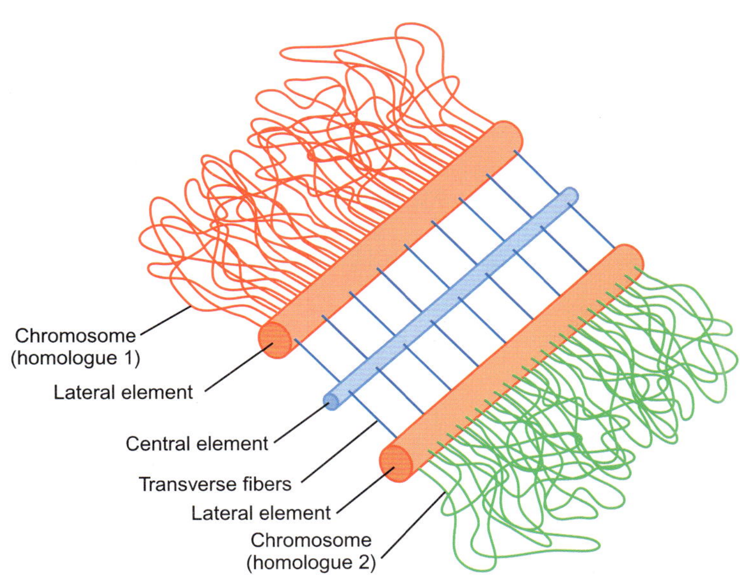

그림 2.23
시냅시스복합체

시냅시스복합체는 감수분열 I의 접합기 동안 두 상동염색체를 연결하는 일련의 단백질이다. 분명하게 하기 위해 단지 한 염색체 쌍만 나타냈다. 적색 및 녹색 염색체는 상동 쌍을 형성한다.

상동염색체 사이의 대립유전자 교환과 후기에서 염색체의 독립적 배분은 각 개인을 고유하게 하는 새로운 유전자의 모든 조합을 제공한다.

E가 틀림없이 모두 한 염색체에 있다고 추론할 수 있다. 유전 용어로는 A, B, C, D 및 E가 모두 같은 **연관군**이라 한다. 연관군의 가장 먼 구성원들은 서로 간의 연관을 직접 보여주지는 않지만 이들의 관계는 중간에 있는 유전자와 이들의 연관으로부터 추론할 수 있다.

연관군(linkage group) 같은 DNA 분자(같은 염색체)에 있는 대립유전자 무리

그림 2.24
연관군

이 염색체 예에서, 재조합 빈도가 이들이 연관되지 않았다고 제안함에도 불구하고 유전자 A와 E는 연관되었다. 이 부모가 교배한 후 표시된 유전자 사이의 재조합을 가질 백분율이 염색체 위에 나타나 있다. A와 C 대립유전자 모두를 가지는 자손을 분석하면 단지 30%이다. C, E 대립유전자를 모두 가진 자손을 분석하면 약 25%이다. A가 C에 연관되고, C가 E에 연관되므로, A와 E는 같은 연관군이라고 추론할 수 있다.

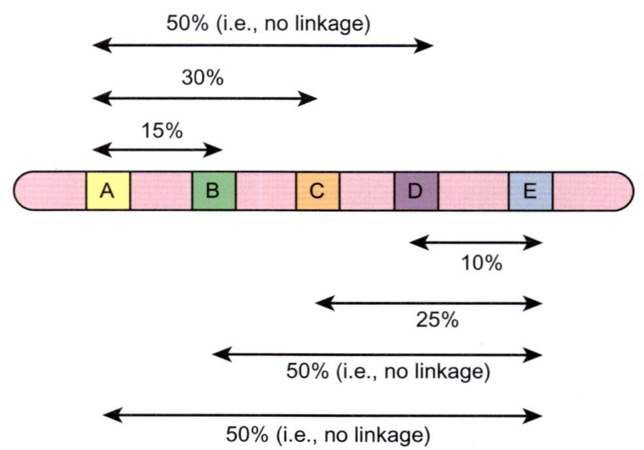

Hochwagen A, Marais GAB (2010) Meiosis: A PRDM9 guide to the hotspots of recombination. Curr Biol 20(6): R271-R274.

관련 연구에 대한 초점

감수분열은 두 가지 다른 방법으로 새로운 유전 조합을 만들어내는 고유한 과정이다. 첫째, 중기 I과 중기 II에서 염색체들은 중기판을 따라 무작위적으로 정렬된다. 따라서 다음 세포는 일부는 부계에서 일부는 모계에서 온 다른 염색체의 조합을 가진다. 둘째, 전기 I 동안 재조합은 한 염색체 내에서 새로운 유전 조합을 만들어낸다. 교차는 이론적으로 염색체의 어떤 위치에서도 일어날 수 있지만 실제로는 염색체의 어떤 부위가 재조합을 가질 가능성이 높고, 이 부위를 **돌연변이 다발점**이라고 부른다. 감수분열에 대한 연구의 한 분야는 어떤 단백질 및/혹은 DNA 구조가 재조합 위치를 결정하는지에 초점을 맞추고 있다.

재조합 돌연변이 다발점에 대한 잠재적 표지는 히스톤 H3의 번역후 수정이다. 진핵생물 유전체는 핵 안에 맞추기 위해 고도로 조밀하게 포장되며, 히스톤이라 부르는 일련의 단백질이 DNA 가닥을 압축하는 데 도움을 준다. 8개의 히스톤 단백질이 단단한 구를 형성하고 DNA 가닥이 그 주위를 2번 감싼다. 히스톤 H3가 3개의 메칠($-CH_3$)기를 가지면, 이 기는 아미노산 리신에 첨가된다. 이러한 히스톤 주위를 감은 DNA는 더 잘 재조합된다. 그러나 이 변화가 재조합하지 않는 부위에서 발견되므로 다른 재조합 요인이 틀림없이 존재한다. 이 논문은 PRDM9이 재조합 돌연변이 다발점 위치의 잠재적인 결정요인이라는 증거를 검토한다. 더욱이, 논문은 종에 따른 PRDM9의 변화와 유전적 다양성에 대한 그 영향을 논의한다.

상자 2.04 여성 인간에서 감수분열

여성 인간에서 감수분열은 오랜 정지된 발생에 의해 분리된 세 단계에서 일어난다. 태아 발생 동안, 여성 난자의 감수분열은 임신 11–12주에 시작한다. 이 기간 동안, 난자는 전기로 들어가고 접합을 거치고 마지막에 재조합을 거친다. 그리고 세포는 복사기에서 멈추고 휴지기라는 정지 혹은 동면 상태에 들어간다. 이 첫 번째 정지 동안, 궁극적으로 난자에게 보호와 적절한 환경을 제공할 원시여포가 발달하기 시작한다. 출생 시 이들 원시여포는 완전히 형성되고 사춘기에 여성이 성적으로 성숙할 때까지 조용히 머문다.

일단 뇌의 뇌하수체에서 적절한 호르몬들이 분비되면 원시여포는 한 난자를 둘러싸는 성숙한 여포로 발생하기 시작한다. 이 성장과 발달은 약 85일이 걸린다. 난자는 월경주기의 중간에 치솟는 황체형성호르몬을 받으면 감수분열은 재개되어 중기 II까지 계속된다. 감수분열 I 동안

(계속)

상자 2.04 계속

염색체 수는 각 염색체의 4사본에서 2사본으로 감소하였다. 염색체의 다른 반은 다른 난자를 형성하기 보다는 극체로 방출된다. 이 시기에 난자는 수정 혹은 퇴화를 위해서 난소로부터 방출된다. 만일 수정이 일어나면 정자는 난자에서 감수분열의 마지막 단계를 촉발한다. 전처럼, 이 마지막 세포분열 다음에, 상동염색체의 2사본은 하나의 반수체 유전체로 감소되고 나머지 다른 반은 2차 극체로 방출된다. 감수분열 II가 완전히 끝나면 난자의 반수체 유전체는 핵에 포장되고 정자의 전핵과 융합하여 접합자를 형성하고 결국에는 새 사람을 만든다. 수정이 일어나지 않으면, 중기 II에 멈춘 난자는 난소로부터 방출된 약 2주 후에 월경액과 함께 버려진다.

9. 인간의 질병을 일으키는 유전자 동정하기

연관은 인간의 유전병과 연관된 유전자를 동정하기 위해 사용되는 1차 기술이다. 특정 병을 일으키는 유전자를 동정하기 위해서 병을 알고 있는 가족 모든 사람의 염색체에 유전자 표지가 존재하는지 검사한다. 유전자 표지는 특정 염기서열 혹은 특정 유전자 혹은 양쪽 모두의 조합일 수 있다. 인간의 유전체가 매우 크고, 재조합이 특정 돌연변이 다발점에서만 일어나는 경향이 있으므로 어떤 유전자 표지들의 조합은 감수분열 동안 항상 함께 머무르고, 이를 **반수체형**(단상형)이라고 부른다. 반수체형은 가계도를 통해 함께 머무르려고 한다. 유전 연구자들은 연구하는 질병이 이들 반수체형에 연관되었는지를 동정하려고 한다. 병을 일으키는 잠정적인 유전자의 위치를 보다 잘 찾기 위해 연구자는 이들 반수체형 사이에 재조합이 있었는지 결정하고자 한다. 만일 재조합이 발견되면 재조합이 병에 걸린 사람에서만 발견되는지 결정하기 위해 가계도를 분석한다. 이것이 사실이면 재조합 주변이 연구하는 병을 일으킨 돌연변이를 포함할 수 있다.

반수체형의 연관은 유전자의 연관과 비슷한 방법으로 측정된다(그림 2.24 참조). 기본적으로 반수체형이 질병에 연관된 횟수의 백분율을 계산한다. 그림 2.22에서 태사기동안 녹색과 붉은 부위 간에 두 곳에서 재조합이 있었다. 혼성형 염색체를 가진 두 배우체를 **재조합체**라고 부른다. 붉은 염색체의 대립유전자 혹은/모두 반수체형의 정상 순서가 녹색 염색체 절편의 존재로 파괴되었다. 총 자손과 비교한 재조합 자손의 수를 재조합 빈도 혹은 재조합율이라고 부른다. 반수체형과 질병이 연관되면 재조합 빈도는 낮다. 만일 둘이 연관되지 않으면, 감수분열 동안 각 염색분체가 독립적으로 분배되므로 자조합 빈도는 50%이다. 재조합 빈도 혹은 재조합율은 다음 식으로 계산된다.

$$\text{재조합 빈도}(\theta) = \frac{\text{재조합체 수}}{\text{분석한 총 자손 수}}$$

염색체가 재조합 돌연변이 다발점과 다중 키아스마를 가지는 경향은 재조합 빈도 값을 왜곡한다. 따라서 재조합 빈도는 그 값이 10% 이하일 때만 정확하다.

반수체형(haplotype) 감수분열 동안 한 단위로 유전되는 대립유전자 혹은 유전적 표지의 조합
재조합체(recombinant) 유전적 재조합이 일어난 배우자

인간 가계도에서 재조합을 조사하는 것은 진정한 재조합 빈도를 측정하기에는 가족의 수가 너무 적기 때문에 어렵다. 단순히 재조합체와 비재조합체가 너무 적다. 따라서 **LOD 값(로그분석)(Z)**라고 부르는 연관을 조사하는 통계적인 방법이 사용된다. 이 값은 두 반수체형이 연관될 가능성과 연관되지 않을 가능성을 비교한다. 따라서 이 값을 계산하기 위해서는 두 반수체형이 가족의 출생 순서를 통해 연관될 가능성과 연관되지 않을 가능성을 계산한다. 실제 LOD 값은 이 두 값의 로그 값이다. 그러나 실제 재조합 빈도를 모르므로 LOD 값은 0과 0.5 사이의 각각의 재조합 빈도에 대해, 0은 완전 연관이고 0.5는 완전 무연관이다. 다음 식을 이용하여 계산된다.

$$Z(\theta) = \log_{10} \frac{\text{연관의 가능성}}{\text{무연관의 가능성}}$$

θ는 선택된 재조합 빈도이고 Z는 LOD 값이다. 인간 유전학 분야에 입문하는 학생에게 수학적 계산이 중요하지만, 이 책에서는 마지막 값의 해석이 충분한 지식이다. LOD 값이 3 이상이면 가능성은 연관을 선호하고 우연에 의한 가능성은 1000대 1이다. 이것이 연관에 대한 인간 유전 분석의 임의적인 절단 값으로 생각된다. 모든 값들은 컴퓨터에 의해 계산되므로, 이 과정은 인간 유전체에서 발견되는 많은 수의 반수체형을 수용할 수 있다.

질병을 일으키는 유전자의 동정은 복잡한 과정이며 특정 유전적 지표가 질병에 연관되는 확률의 통계적 분석에 의존한다.

핵심 개념

- 어떤 형질은 복잡하고 다양한 유전자들에 의해 조절되며, 다른 형질은 한 유전자의 발현 때문이다. 식물의 키나 주름진 종자 같은 어떤 형질은 많은 유전자의 발현을 조절하는 기능을 가지는 단일 유전자에 의해 조절된다.
- 유전자는 유전자 산물(RNA 혹은 단백질)의 기능에 영향을 주는 돌연변이 혹은 여러 변화를 가질 수 있다. 유전자의 다른 형태를 대립유전자라고 부른다. 비대립유전자는 감지할 만한 유전자 산물을 생산하지 않는다.
- 유전자와 대립유전자의 전체 조합을 유전자형이라고 부른다. 외형적인 물리적 모습을 표현형이라고 한다.
- 다수의 유전자가 한 생화학 경로를 조절할 때, 경로의 시작에서의 결함은 다른 단계를 조절하는 유전자가 결함이 있거나 혹은 야생형인지에 상관없이 원래 표현형은 변한다. 이 효과를 상위라고 한다.
- 유전자는 염색체에 있는 DNA의 절편이다. 대부분 포유류는 2배체이다; 그들은 상동염색체 2조를 가지며, 세균은 단지 1조를 가진다. 이에 비해, 식물은 다배수체라 부르는 다수의 조를 가지는 경향이 있다.
- 포유류는 각 유전자를 2사본 가지고 있으므로 다른 두 대립유전자를 가질 수 있다. 한 대립유전자가 생화학적 기능을 수행하는 정상 단백질을 발현하면 우성이며 열성이라 부르는 다른 대립유전자의 존재를 막거나 가릴 수 있다.
- 어떤 유전적 돌연변이는 완전한 우성 혹은 열성이 아니다. 일부 돌연변이는 효소 기능을 부분적으로만 영향을 미치므로 따라서 부분우성이다. 다른 돌연변이는 열성 대립유전

LOD 값(logarithm of the odds, Z) 두 유전자자리가 염색체를 따라 서로 가까이에서 발견되는 지에 대한 통계적 추정

자에 대해 우성인 새로운 효소 기능을 만들 수 있지만, 야생형 대립유전자와 공동우성이다. 다른 돌연변이는 야생형 대립유전자에 대해 완전우성을 보인다. 다른 경우는 어떤 돌연변이들은 다른 침투도를 가진다; 즉, 돌연변이는 다른 개체 혹은 환경에서 다르게 표현된다.

- 감수분열 동안 부모 각각의 2배체 유전체는 유전자의 단 1사본만 존재하도록, 즉 반수체 유전체를 갖도록 생식세포(정자 혹은 난자)로 나누어진다. 배우자의 융합 후 새 생물은 2배체 상태로 돌아가도록 유전체의 1사본을 난자로부터 다른 사본은 정자로부터 받게 될 것이다.
- 감수분열 동안 상동염색체는 시냅스라는 과정에서 각 유전자가 다른 사본의 유전자와 나란하도록 정렬한다. 염색체의 어느 부위가 절단되고 상동체와 위치를 교환하면 재조합이 일어난다. 이는 유성생식 생물에서 유전적 다양성을 일으키는 핵심 과정이다.
- 재조합 과정 동안 유전자들이 멀리 떨어져 있으면, 그들은 같은 염색체에서 시작했더라도 종종 다른 상동염색체에 있게 된다. 반대로 재조합 과정에서 너무 가까운 유전자들은 함께 머물게 될 것이다. 인간의 감수분열에서 어떤 유전자 표지는 함께 머물려고 하고, 이를 반수체형이라고 부른다.
- 감수분열 후 두 유전자 혹은 반수체형이 함께 머무는 백분율이 둘 사이의 상대적 거리를 결정하는 데 이용된다. 인간의 질병 연구에서 과학자는 알려진 반수체형과의 여러 재조합이 다른 가족에게는 나타나지 않고 병에 걸린 사람에게만 나타나는지를 결정한다.

복습 문제

1. 유전자는 무엇인가? 조절 유전자와 대립유전자가 유전적 형질의 주제를 어떻게 복잡하게 하였나?
2. "멘델 형질"이라는 용어는 무엇을 의미하나?
3. 단백질과 효소의 차이는 무엇인가? 모든 단백질은 효소인가?
4. 조절단백질은 무엇인가? 조절단백질의 결함이 생물에 어떻게 영향을 미치나?
5. 야생형은 무엇인가?
6. 흰 꽃과 붉은 꽃에 관해서, 왜 흰 꽃에 대한 지정이 붉은 꽃의 "R"에 비해서 "r"인가? 무엇이 야생형인가?
7. 표현형과 유전자형 사이의 차이는 무엇인가? 특정 표현형에 대해 유전자형을 쉽게 결정할 수 있는가? 답에 대한 이유는?
8. 반수체와 2배체 사이의 차이는 무엇인가? 반수체에 대한 2배체의 이점은 무엇인가?
9. 왜 남성 포유류를 부분 2배체로 간주할 수 있나? 2배체 생물의 배우자에게 2배체, 반수체 중 어떤 용어가 적용되나?
10. 반수체 염색체의 복제된 유전자를 진정한 대립유전자로 간주하지 않는가?
11. "배수성" "사본"을 정의하라. 둘 사이에 차이가 있는가?
12. 이수성은 무엇인가?
13. 인간에서 3염색체성을 일으키는 조건은 무엇인가?
14. rr 혹은 RR 유전자형을 가지는 2배체 생물을 기술하는 용어는 무엇인가? rR 혹은 Rr에 대한 용어는?
15. "우성"과 "열성" 용어의 의미는 무엇인가?
16. R과 r에 대하여, 2배체 생물의 우성 동형접합체, 이형접합체, 열성 동형접합체를 써라.
17. 만일 R이 붉은 꽃을 위한 유전자라면, Rr 혹은 rR 식물의 꽃 색은 무엇일까? 부분 우성이 이들 유전자형의 표현형을 어떻게 변화시킬까?

18. 만일 B가 푸른 꽃을 위한 우성 유전자이고 R이 붉은 꽃을 위한 우성 유전자라면, 이 대립유전자들의 공동우성에서(BR같은) 만들어지는 꽃은 무슨 색일까?
19. 한 생물에서 우성 대립유전자가 다른 생물에서 열성 대립유전자인 예를 제시하라.
20. 침투도는 무엇을 의미하나? 사람에서 침투도의 예를 들어라. 어떤 다른 요인이 침투도에 영향을 미치나?
21. 변경유전자는 무엇이며 어떻게 생물의 표현형에 영향을 미치나?
22. 유성생식의 목표는 무엇인가?
23. 배우자와 체세포 사이의 차이는 무엇인가? 각각은 몇 조의 염색체를 가지는가? 어느 과정이 배우자가 갖는 염색체 조를 만드는가?
24. 접합체는 무엇이며 어떻게 형성되나?
25. 잡종세대는 무엇이며 어떻게 표시되나?
26. 붉은 꽃에 대한 우성 동형접합성 개체와 열성 동형접합성 개체 사이의 교배를 위한 푸네트 정방형 혹은 장기판을 그려라. 이 교배에서 가능한 후손은 무엇인가? 부분 우성이 없다고 가정하면 후손의 표현형은 무엇이 될가?
27. 성염색체의 기능은 무엇인가? XX 혹은 XY 생물의 유전적 성은 각각 무엇인가? YY 생물은 가능한가? 답에 대한 이유는?
28. 성염색체에 있으나 생물의 성과는 무관한 유전자를 무엇이라 부르나?
29. 왜 남성이 유전적 결함을 가질 가능성이 더 많은가? 여성이 유전적 결함의 보인자가 되도록 하는 경우를 기술하라. 색맹을 성연관 유전자로 설명하라.
30. 두 유전자가 단지 우연에 의하기보다 더 자주 함께 유전되는 경우를 기술하는 용어는 무엇인가?
31. 교차는 무엇인가? 이는 생물에게 어떻게 이로운가?
32. 무엇이 유전자의 재조합 빈도를 높이게 할까?

개념 문제

1. a. 우성 붉은 꽃(RR)과 보라 줄기(PP)의 모계와 열성 흰 꽃(rr)과 녹색 줄기(pp)의 부계 사이의 자손의 잠정적 표현형을 결정하라. b. 푸네트 정방형 혹은 장기판을 사용하여 F1의 자가수정에 의한 F2의 가능한 모든 유전자형을 결정하라.
2. 사람의 적녹 색맹은 X염색체의 열성 유전자에 의해 일어난다. 다음 가계는 미국의 한 가정에 대해 결정되었다. 딸(III-1)이 보인자일 확률은 얼마인가? III-2 및 III-3의 색맹일 확률은 얼마인가?

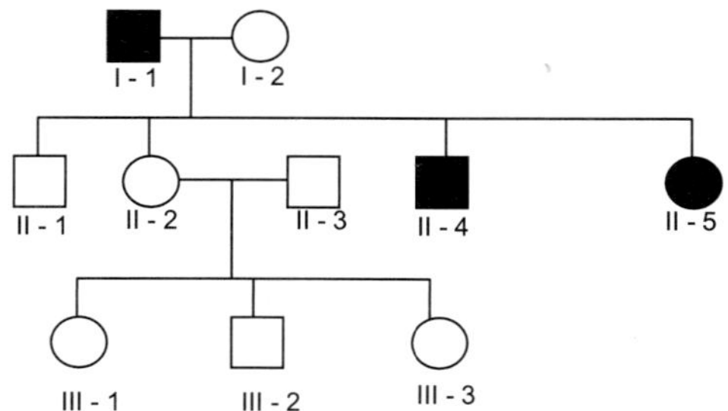

3 한 필수 비타민의 세 전구물질(X, Y, Z)이 야생형과 다른 세 돌연변이 대장균을 위한 기본성장 배지에 첨가되었다. 야생형 대장균은 이 비타민과 세 전구물질을 합성할 수 있지만, 전구물질에 대한 생합성 효소의 돌연변이는 치명적인 비타민 결핍을 일으킨다. 성장을 분석하여 다음 표로 작성하였다(+는 성장을, −는 성장 없음을 의미한다). 어느 균주가 야생형인가?

E. coli strain	Min. Media (no vitamin) (MM)	MM + X	MM + Y	MM + Z
HB101	−	−	+	+
BL21	+	+	+	+
EB898	−	−	+	−
CJ765	−	+	+	+

4. 애기장대에서, 4번 염색체에 3개의 다른 유전자가 있다: CPK27(ck), PUX(px) 및 IMMUTANS (im). 염색체에 따른 유전자의 순서를 결정하기 위해 다음 양친들이 교배되었고 다음의 후손을 얻었다:

ck^+ px im/ck px^+ im^+ × ck px im/ck px im

ck^+	px	im	207
ck	px^+	im^+	215
ck^+	px	im^+	167
ck	px^+	im	188
ck^+	px^+	im	71
ck	px	im^+	73
ck^+	px^+	im^+	35
ck	px	im	44

세 유전자의 순서는? 그들 사이의 재조합 빈도는 얼마인가? 어떤 유전자가 염색체에서 서로 가까이 있는가?

5. 연구자는 절대음감, 기준 음의 도움 없이 정확한 음의 높이를 동정하는 능력에 대한 유전자를 찾으려고 한다. 많은 사람은 절대음감이 유전적 형질이 아니라고 생각하고 대신 실제로 학습 기술이라고 믿는다. 적어도 두 사람 이상이 절대음감을 가진 73 가족의 DNA가 수집되었다. 여러 가족에 대한 연관 분석이 이루어졌고 특정 반수체형이 절대음감과 연관되는지를 결정하기위해 LOD 값이 분석되었다. 8번 염색체의 한 반수체형이 3.231의 값을 가짐이 밝혀졌다. 이 연관 분석이 절대음감이 유전 형질이라는 가설을 지지하는가? 답에 대한 이유는?

Chapter 3

DNA, RNA 및 단백질

초기 유전학자들은 부모로부터 자손으로의 형질 유전을 연구했지만 근원적인 화학적 기전은 몰랐다. 여러 면에서 분자생물학은 생화학과 유전학의 결합이다. 유전자는 DNA로 만들어졌다. 다시 말해 생물정보가 핵산인 DNA와 RNA에 의해 운반된다는 발견은 생물학을 변형시켰다. DNA의 근원적인 화학적 성질에 대한 이해는 유전뿐단 아니라 세포의 성장과 분열에서 암까지 다양한 다른 현상에 대한 기계론적 기초를 제공하였다. 이 장에서 우리는 DNA가 어떻게 유전물질로 밝혀졌는지를 논의할 것이다. 그 다음에, DNA와 RNA의 화학적 성질을 복습하고 어떻게 이들 분자가 성장하는 세포 안에서 생물정보의 저장, 분배, 및 한 세대에서 다음 세대로 전달을 위한 물리적 기전을 제공하는지를 설명할 것이다. 마지막으로, 유전자에 의해 암호화 되고 세포에서 대부분의 일상적인 작용을 수행하는 분자인 단백질을 소개할 것이다.

1. 유전물질로서 DNA의 역사

19세기 초반까지는 생물은 무생물과 완전히 달라서 정상적인 화학법칙을 따르지 않는다고 믿었다. 다시 말해 생물은 생물에만 고유한 화학물질로 만들어졌다고 생각했다. 더욱이 생물을 신비스럽게 활성화시키는 특수한 활력이 있다고 믿었다. 그런데 1928년 오흐러(Friedrich Wohler)는 시험관에서 실험실 화학물질인 시안산 암모늄이 동물에 의해서도 만들어지는 "살아있는" 분자인 요소로 전환됨을 보여주었다. 이것이 생물의 화학에 마술이 없다는 것을 최초로 보여준 것이다.

생물은 그 복잡성에도 불구하고 화학 법칙을 따른다.

더욱이 많은 실험은 생물에서 발견되는 분자가 종종 매우 크고 복잡함을 보여주었다. 따라서 이들에 대한 완전한 화학분석은 시간을 요구하며 실제로 오늘날까지 계속되고 있다. 생물화학의 탈신비화는 1930년대에 러시아의 생화학자 오파린(Alexander Oparin)이 생명의 화학적 기원에 대한 제안을 설명한 책을 저술하면서 정점에 달했다. 유전물질의 본체가 아직 알려지지 않았지만 오파린은 복잡한 분자 구성을 갖는 생물이 원시 바다에서 정상적인 물리화학적 힘의 결과로 작은 분자로부터 진화했다는 생각을 제시했다(26장 참조).

2차세계대전 때까지 *유전되는 유전정보*의 화학적 성질은 매우 모호하고 알 수 없었다. 실제로 **DNA**는 1869년 감염된 상처의 고름으로부터 DNA를 추출한 미셔(Fredrich Miescher)에 의해 발견되었다. 그러나 에이버리(Oswald Avery)에 의해 DNA의 진정한 의미가 밝혀지기까지는 거의 한 세기가 지나갔다. 1944년 그는 폐렴을 일으키는 일부 세균 균주의 독성 성질이 화학 추출물에 의해 연관된 무해한 균주로 전달될 수 있음을 발견했다. 에이버리는 근본적인 물질을 정제했고 그것이 DNA임을 보여주었는데, 그 구조가 그때까지는 밝혀지지 않았기 때문에 DNA라는 이름을 사용하지는 않았다. 독성 균주의 DNA를 무해한 균주에 첨가했을 때 일부는 DNA를 받아들여 독성 균주로 "형질전환"되었다. 그는 유전자가 DNA로 구성되고 유전정보가 어떻게든 DNA 분자에 암호화되어 있다고 결론지었다.

에이버리는 정제된 DNA가 한 세균에서 다른 세균으로 유전정보를 수송할 수 있음을 발견했다. 이는 DNA가 유전물질임을 밝힌 것이다.

2. 핵산 분자는 유전정보를 운반한다

2장에서는 멘델이 유전정보가 오늘날 유전자라고 부르는 분명한 기본 단위로 구성된다는 것을 발견했을 때 어떻게 현대 유전학의 기초가 확립되었는지를 논의했다. 유전자는 유전되는 하나의 생물 형질 혹은 특성을 책임진다. 유전자가 DNA 분자로 구성됨을 밝힌 것은 생명을 더욱 깊게 이해하게 하고 유전공학에 의해 인위적으로 생명을 변화시키는 길을 모두 열었다.

유전정보는 원래 진핵생물의 핵에서 분리되었으므로 **핵산**이라고 명명된 분자에 암호화되어 있다. 핵산에는 **디옥시리보핵산(DNA)**과 **리보핵산(RNA)**의 두 관련된 종류가 있다. 세포 유전체의 모 사본은 긴 DNA 분자에 저장되어 있고, 이 분자는 수천 개의 유전자를 포함할 수 있다. 따라서 유전자는 긴 DNA 분자의 선형 단편이다. 이에 비해 RNA 분자는 훨씬 짧고 유전정보를 세포 기구로 전달하는 데 사용되며 하나 혹은 몇 개의 유전자만을 지닌다. [어떤 바이러스는 유전정보를 세포 기구에 전달하는 데 뿐만 아니라 유전체를 암호화 하는데도 RNA를 사용한다. 이 RNA 바이러스는 세포의 DNA 유전체에 포함된 수백 혹은 수천 개의 유전자에 비해 십여 개 유전자를 넘지 않는 짧은 유전체를 가진다.]

유전정보는 긴 선형 중합체인 핵산에 의해 운반된다. DNA와 RNA 두 종류의 핵산이 유전정보의 저장과 활용의 책임을 분담한다.

3. 핵산의 화학적 구조

DNA와 RNA는 **뉴클레오티드**로 알려진 소단위로 구성된 선형 중합체다. 유전자의 정보는 이 문장의 정보가 알파벳의 가능한 26 글자의 순서에 의해 결정되는 것과 똑같이 뉴클레오티드들의 순서에 의해 결정된다. 각각의 핵산에는 네 종류의 뉴클레오티드가 있고 이들의 순서가 유전정보를 결정한다(그림 3.01).

디옥시리보핵산(deoxyribonucleic acid, DNA) 유전자를 만드는 핵산 중합체
DNA 디옥시리보핵산, 유전자를 만드는 핵산 중합체
핵산(nucleic acid) 유전정보를 수송하는 뉴클레오티드로 구성된 중합체 분자
뉴클레오티드(nucleotide) 5탄당과 인산기와 염기로 구성된 핵산의 소단위 혹은 단위체
리보핵산(ribonucleic acid, RNA) 디옥시리보오스 대신 리보오스를 갖는 면에서 DNA와 다른 핵산

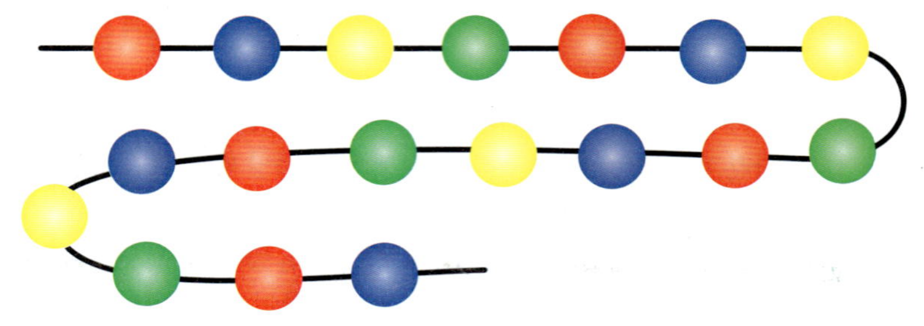

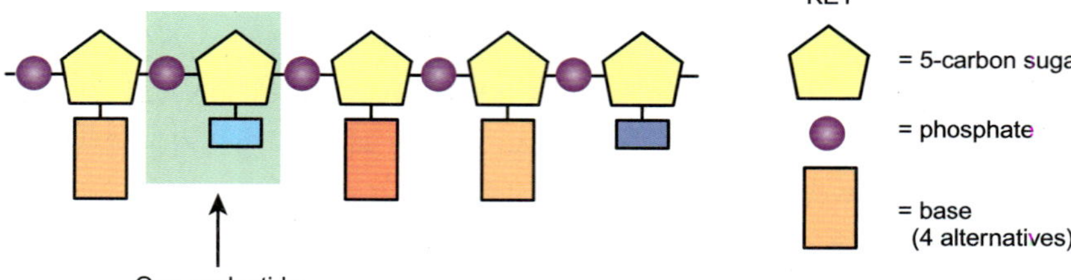

그림 3.01
뉴클레오티드의 순서가 유전정보를 암호화한다

뉴클레오티드는 DNA나 RNA 사슬을 따라 배열된다. 핵산에 있는 정보의 성질을 결정하는 것은 뉴클레오티드들의 순서이다.

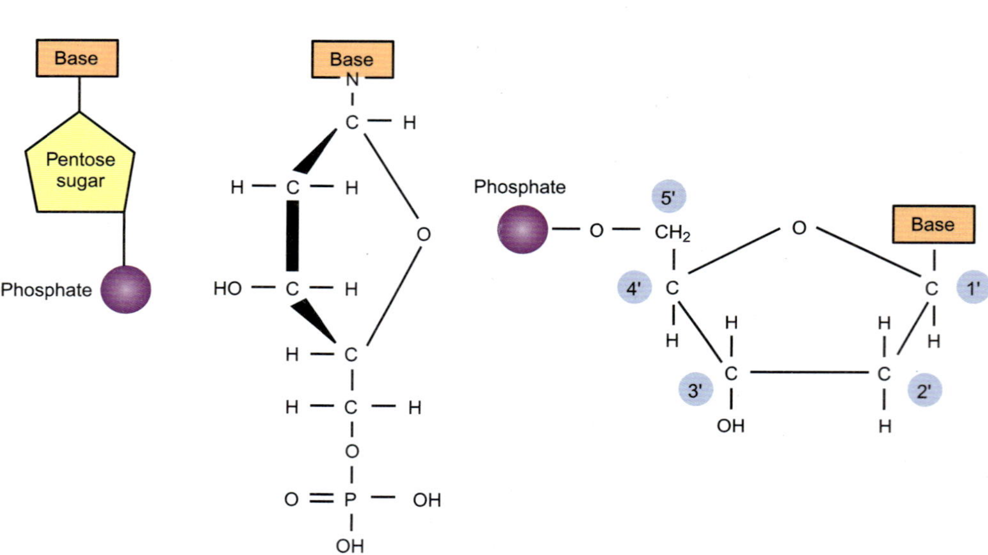

그림 3.02
뉴클레오티드의 세 모양

뉴클레오티드의 세 구성성분이 왼편에 보인다. 오른편의 구조는 인산과 염기에 연결된 5탄당(디옥시리보오스)을 보여준다.

뉴클레오티드는 **인산기**, 탄소가 5개인 당 및 질소를 포함하는 **염기**의 세 성분을 가진다(그림 3.02). 인산기와 당은 DNA와 RNA 가닥의 골격을 형성한다. 염기는 당과 결합하고 옆쪽으로 튀어 나온다.

당은 DNA에서 항상 **디옥시리보오스**이고 RNA에서는 **리보오스**다. 두 당은 **5탄당** 혹은 탄소가 다섯인 당이다. 디옥시리보오스는 리보오스보다 산소가 하나 적다(그림 3.03). 이 화학적 차이가 디옥시리보핵산과 리보핵산의 명칭을 만들었다. 두 당은 탄소 원자 4개와 산소로 구성된 구성원이 다섯인 고리를 갖는다. 다섯 번째 탄소는 고리의 곁사슬을 형성한다. 당의 다섯 탄소 원자는 그림 3.02에서 보인 것처럼 1′, 2′, 3′, 4′, 5′로 번호를 매긴다. 핵산에서는 규정에 따라 ′가 있는 숫자는 당을, ′가 없는 숫자는 염기 고리 주변의 위치를 나타낸다.

염기(base) 알칼리성 화합물, 분자생물학에서는 특별히 DNA와 RNA에서 발견되는 고리형 질소 물질
디옥시리보오스(deoxyribose) DNA에 있는 탄소 5개의 당
5탄당(pentose) 리보오스나 디옥시리보오스 같은 탄소 5개인 당
인산기(phosphate group) DNA와 RNA의 골격에서 발견되는 중앙의 인 원자와 이를 둘러싸는 4개의 산소 원자들
리보오스(ribose) RNA에 있는 탄소 5개의 당

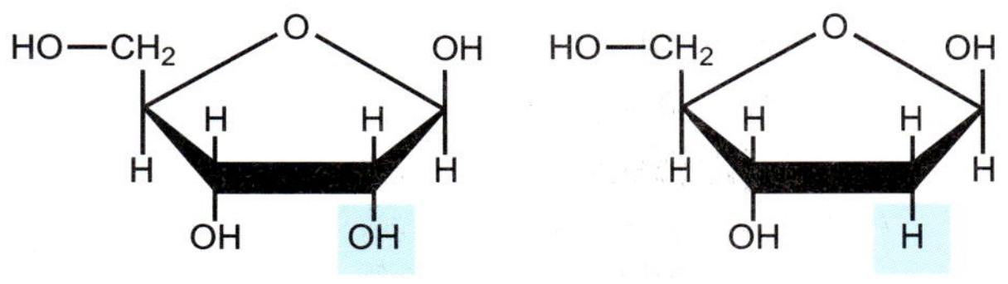

HO—CH2 O OH H H H H OH OH RIBOSE
HO—CH2 O OH H H H H OH H DEOXYRIBOSE

그림 3.03
RNA와 DNA를 구성하는 당

리보오스는 RNA에서 발견되는 탄소가 다섯인 당(5탄당)이다. 디옥시리보오스는 DNA의 5탄당으로 리보오스보다 산소가 하나 적은데 5탄당 고리의 2′ 위치에 수산기 대신 수소를 가지기 때문이다.

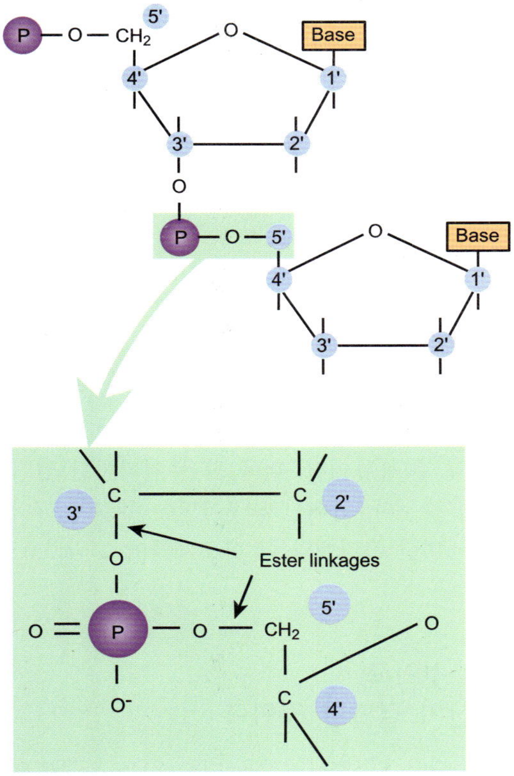

P — O — CH2 5' O Base 4' 1' 3' 2' O P — O — 5' O Base 4' 1' 3' 2'
C 3' C 2' O Ester linkages O = P — O — CH2 5' O O- C 4'

그림 3.04
뉴클레오티드들은 인산디에스테르결합으로 연결된다.

DNA와 RNA의 골격을 형성하는 뉴클레오티드들은 인산기가 관여하는 결합에 의해 연결된다. 한 뉴클레오티드는 5′ 탄소를 통해 인산기의 산소와 결합하고 다른 뉴클레오티드는 3′ 탄소를 통해 중앙에 있는 인산의 다른 편에 결합한다. 이 결합들이 인산디에스테르결합이다.

뉴클레오티드들은 그림 3.04에서 보인 것처럼 한 뉴클레오티드의 (디옥시)리보오스의 5′ 탄소에 있는 인산을 다음 당의 3′ 위치에 연결함으로써 결합된다. 인산기는 양 쪽에서 에스테르결합으로 당에 연결되므로 전체 구조는 따라서 **인산디에스테르** 결합이다. 당을 연결하는 인산기는 음전하를 갖는다.

두 뉴클레오티드는 한 뉴클레오티드의 5′ 탄소와 다음 뉴클레오티드의 3′ 수산기 사이의 인산디에스테르결합을 통해 연결된다.

3.1. DNA와 RNA는 4 종류의 염기를 가진다

핵산과 관련된 질소함유 염기에는 5 종류가 있다. DNA는 **아데닌**, **구아닌**, **시토신** 및 **티민**을 포함한다. 종종 이들은 각각 A, G, C, T의 약어로 표시된다. RNA는 A, G, C와 T대신 **우라실**을 포함한다. 유전정보의 관점에서 DNA의 T는 RNA의 U와 동등하다.

아데닌(adenine, A) 티민과 결합하는 푸린 염기로 DNA 혹은 RNA에서 발견된다.
시토신(cytosine, C) 구아닌과 결합하는 피리미딘 염기로 DNA 혹은 RNA에서 발견된다.
구아닌(guanine, G) 시토신과 결합하는 푸린 염기로 DNA 혹은 RNA에서 발견된다.
인산디에스테르(phosphodiester) 핵산에서 뉴클레오티드 사이의 결합으로 양쪽에서 당의 히드록시기에 에스테르화된 중앙의 인산기로 구성된다.
티민(thymine, T) 아데닌과 결합하는 피리미딘 염기로 DNA에서 발견된다.
우라실(uracil, U) 아데닌과 결합하는 피리미딘 염기로 RNA에서 발견된다.

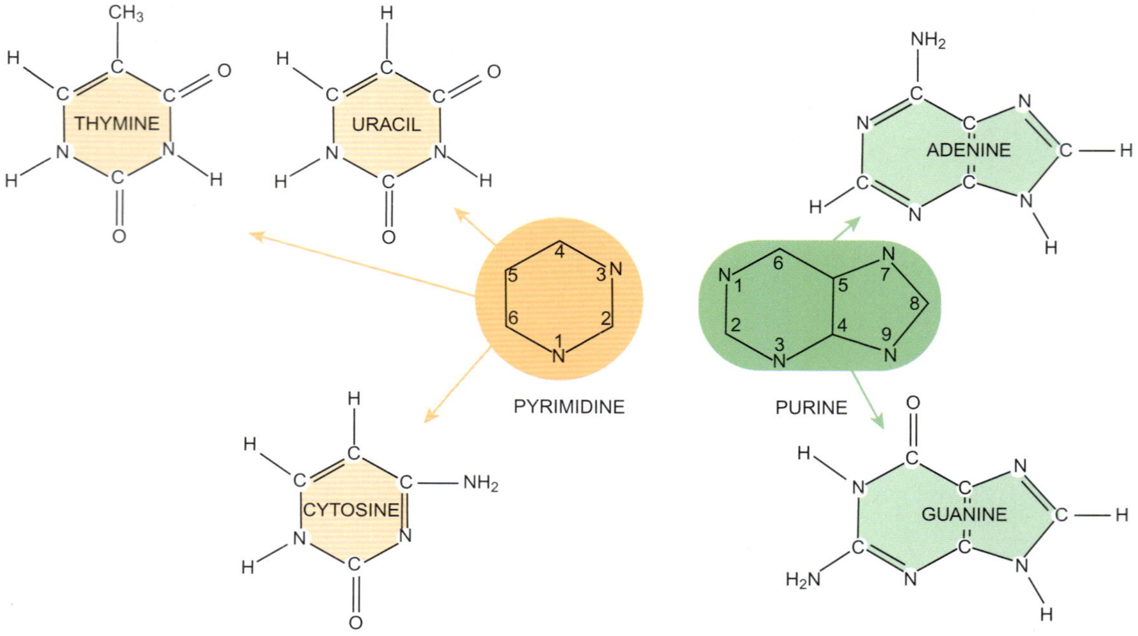

그림 3.05
핵산의 염기

DNA의 4 염기는 아데닌, 구아닌, 시토신 및 티민이다. RNA에서는 우라실이 티민을 대체한다. 피리미딘 염기는 고리가 하나인 구조를, 푸린 염기는 고리가 2개인 구조를 포함한다.

푸린은 고리가 2개이고, 피리미딘은 고리가 하나이다.

핵산에서 보이는 염기들은 **푸린**과 **피리미딘**의 두 종류이다. 더욱 작은 피리미딘 염기는 고리를 하나 갖지만 푸린은 융합된 이중고리를 갖는다. 아데닌과 구아닌은 푸린이고 티민, 우라실 및 시토신은 피리미딘이다. 푸린과 피리미딘 고리계와 그 유도체들이 그림 3.05에 나타나 있다.

3.2. 뉴클레오시드는 염기에 당이 결합한 것이고, 뉴클레오티드는 뉴클레오시드에 인산이 결합한 것이다

염기에 당을 더한 것이 **뉴클레오시드**이다. 염기에 당을 더하고 인산을 더한 것은 뉴클레오티드이다. 만일 필요하면 당이 디옥시리보오스인 경우 **디옥시뉴클레오시드** 혹은 **디옥시뉴클레오티드**로 리보오스일 경우 **리보뉴클레오시드** 혹은 **리보뉴클레오티드**로 구별할 수 있다. 뉴클레오시드의 이름은 상응하는 염기의 이름과 유사하다(표 3.01 참조). 뉴클레오티드는 자신만의 이름이 없고 상응하는 뉴클레오시드의 인산 유도체로 부른다. 예를 들어 아데닌의 뉴클레오티드는 **아데노신 1인산** 혹은 **AMP**이다.

뉴클레오티드는 인산과 질소 염기에 결합한 당을 가진다. 뉴클레오시드에는 인산기가 없다.

ade, gua 등 같이 염기에 대한 3 글자 약어가 핵산 물질대사에 관련된 생화학 경로나 유전자의 명칭을 나타내기 위해 종종 사용된다. 핵산의 서열을 쓸 때는 외자 약어가 사용된다(DNA에서 A, T, G, C, RNA에서 A, U, G, C). N은 종종 확정되지 않은 염기를 나타낸다.

아데노신 1인산(adenosine monophosphate, AMP) 아데닌과 (디옥시)리보오스 및 인산을 포함하는 뉴클레오티드
디옥시뉴클레오시드(deoxynucleoside) 당으로 디옥시리보오스를 포함하는 뉴클레오시드
디옥시뉴클레오티드(deoxynucleotide) 당으로 디옥시리보오스를 포함하는 뉴클레오티드
뉴클레오시드(nucleoside) 푸린 혹은 피리미딘 염기와 5탄당의 결합
푸린(purine) DNA와 RNA에서 발견되는 고리가 둘인 질소함유 염기 종류
피리미딘(pyrimidine) DNA와 RNA에서 발견되는 고리가 하나인 질소함유 염기 종류
리보뉴클레오시드(ribonucleoside) 당으로 리보오스를 포함하는 뉴클레오시드
리보뉴클레오티드(ribonucleotide) 당으로 리보오스를 포함하는 뉴클레오티드

4. 이중 가닥 DNA는 이중나선을 형성한다

핵산의 한 가닥은 연결을 나타내기 위해 완전한 방식 혹은 축약된 방식으로 다양하게 나타낼 수 있다(그림 3.06). 위에서 언급한 대로 뉴클레오티드들은 한 뉴클레오티드의 5′ 인산

표 3.01 염기, 뉴클레오시드 및 뉴클레오티드의 명명

염기	약어	뉴클레이시드	뉴클레오티드
아데닌	ade A	아데노신	아데노신 1인산(AMP)
구아닌	gua G	구아노신	구아노신 1인산(GMP)
시토신	cyt C	시티딘	시티딘 1인산(CMP)
티민	thy T	티미딘	티미딘 1인산(TMP)
우라실	ura U	우리딘	우리딘 1인산(UMP)

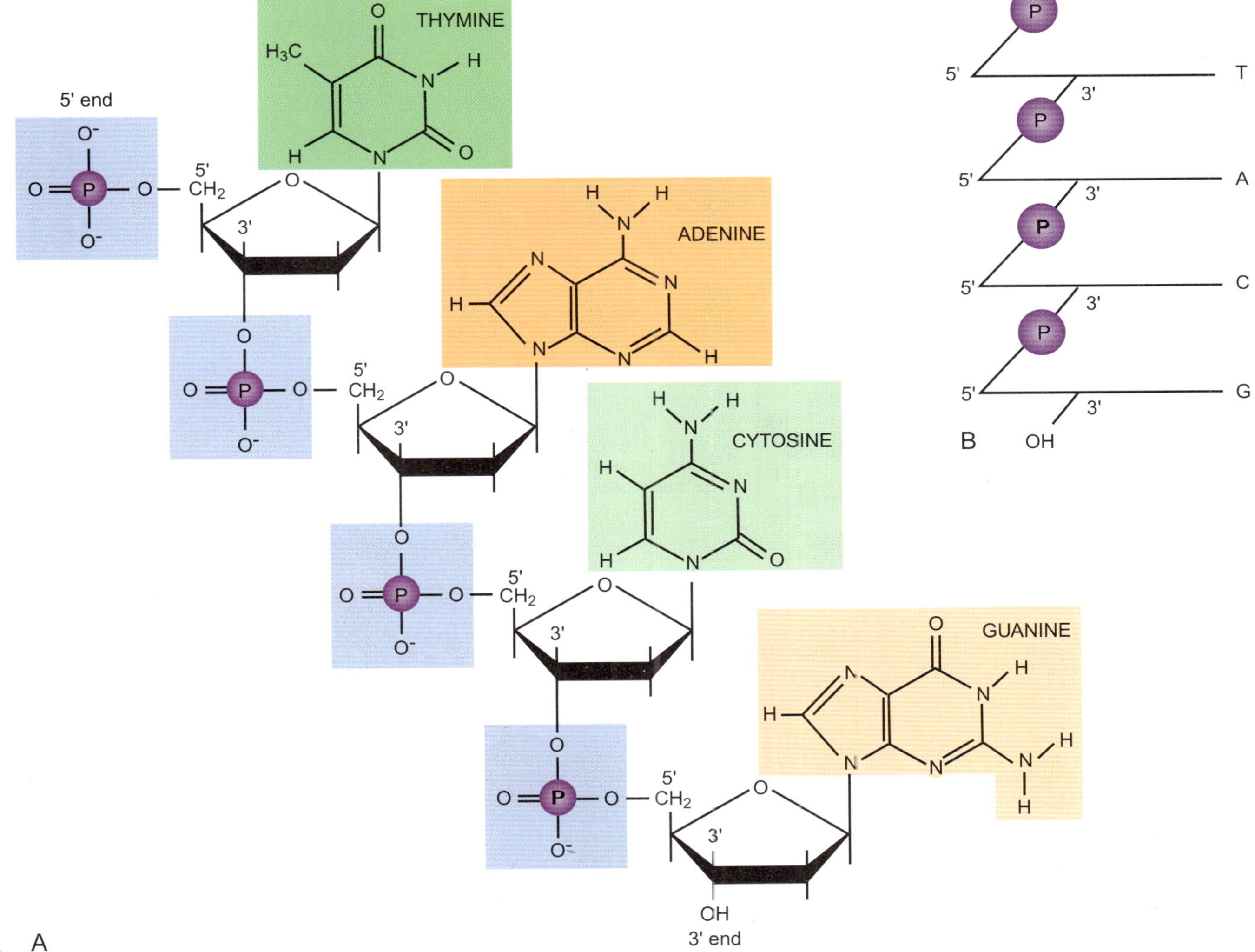

그림 3.06
핵산을 나타내는 여러 방법

A) 5탄당, 인산기 및 염기를 포함하는 핵산 구성성분의 화학 구조를 보여주는 보다 정교한 그림. B) 단순한 선 그림은 5′와 3′의 인산디에스테르결합에 의한 당의 연결을 요약하는 데 사용될 수 있다. 여기서 튀어나온 염기는 한 글자로 요약되었다.

을 다른 뉴클레오티드의 3′ 수산기에 결합시킴으로써 연결된다. 전형적으로 사슬의 5′ 말단에는 자유 인산기가 있고 3′ 말단에는 자유 수산기가 있다. 따라서 핵산 사슬은 극성을 가지며 극성은 염기가 읽히는 방향에 관계된다. 5′ 말단이 DNA나 RNA의 사슬의 시작으로 간주되는데, 유전정보는 5′ 말단에서 시작하여 읽히기 때문이다. [더욱이 9장에서 논의될 것처럼 유전자가 복제될 때 핵산은 5′ 말단에서부터 합성된다.]

보통 RNA는 외가닥 분자로 발견되며 DNA는 이중 가닥이다. DNA의 두 가닥은 반대 방향을 향하므로 **역평행**임을 유의하자. 이는 한 가닥의 5′ 말단은 다른 가닥의 3′ 말단과 마주침을 의미한다(그림 3.07). DNA는 이중 가닥이며 또한 각 가닥은 나선 배열로 서로 감고 있다. 이것이 1953년에 왓슨(James Watson)과 크릭(Francis Crick)이 처음 제안한 유명한 **이중나선**이다(그림 3.08). DNA 이중나선은 염기 간의 결합과 염기의 방향족 고리가 나선의 중앙에서 중첩됨에 의해서 안정화된다.

이중나선의 DNA 구조는 10장에서 더 자세히 기술된 것처럼 유전자의 복제에 결정적이다.

인산, 당 및 염기의 분자 배열을 결정하기 위하여, 왓슨과 크릭은 X선 회절 자료를 해석하였다. 1950년 윌킨스와 그의 조교인 고슬링(Raymond Gosling)은 X선 회절을 사용하여 최초로 DNA 영상을 얻었다. 고슬링의 연구는 다음 해에 윌킨스 연구팀에 합류한 프랭클린에 의해 계속되었다. 왓슨과 크릭은 1952년에 프랭클린과 고슬링이 찍은 X선 회절 사진을 그들의 구조모형의 기초로 이용했다. 프랭클린은 1958년 37세에 아마도 X선의 영향 때문에 암으로 사망했다. 유전의 화학적 기초를 밝힌 왓슨, 크릭 및 윌킨스는 "핵산의 분자 구조와 생물의 정보전달에서의 의미"에 관한 발견으로 1962년에 노벨 생리/의학상을 수상했다(그림 3.09).

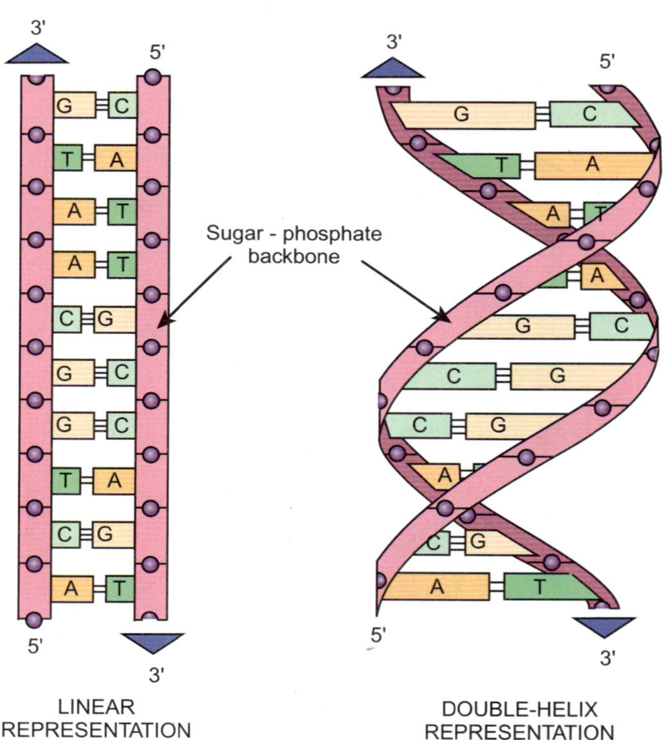

그림 3.07
이중 가닥 DNA의 표현

왼편에서 DNA는 상보성 가닥으로 구성된 2개의 선으로 표현되었다. 실제로 DNA는 오른쪽에 보이는 것처럼 이중나선을 형성한다.

역평행(antiparallel) 반대 방향으로 달리는 평행
이중나선(double helix) 서로를 나선형으로 꼬는 DNA 두 가닥에 의해 형성된 구조

NATURE

No. 4356 April 25, 1953

MOLECULAR STRUCTURE OF NUCLEIC ACIDS

A structure for Deoxyribose Nucleic Acid

We wish to suggest a structure for the salt of deoxyribose nucleic acid (D.N.A.). This structure has novel features which are of considerable biological interest.

A structure for nucleic acid has already been proposed by Pauling and Corey[1]. They kindly made their manuscript available to us in advance of publication. Their model consists of three intertwined chains, with the phosphates near the fibre axis, and the bases on the outside. In our opinion, this structure is unsatisfactory for two reasons: (1) We believe that the material which gives the X-ray diagrams is the salt, not the free acid. Without the acidic hydrogen atoms it is not clear what forces would hold the structure together, especially as the negatively charged phosphates near the axis will repel each other. (2) Some of the van der Waals distances appear to be too small.

Another three-chain structure has also been suggested by Fraser (in the press). In his model the phosphates are on the outside and the bases on the inside, linked together by hydrogen bonds. This structure as described is rather ill-defined, and for this reason we shall not comment on it.

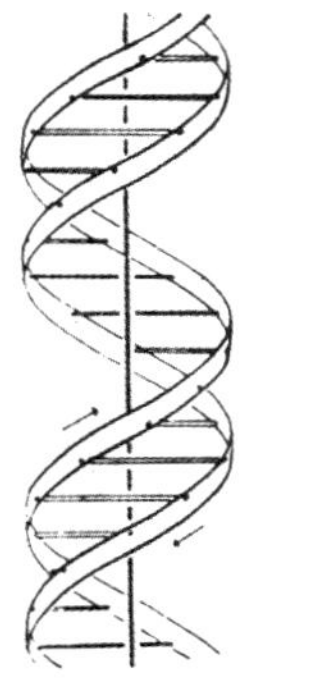

We wish to put forward a radically different structure for the salt of deoxyribose nucleic acid. This structure has two helical chains each coiled round the same axis (see diagram). We have made the usual chemical assumptions, namely, that each chain consists of phosphate diester groups joining β-D-deoxyribofuranose residues with 3', 5' linkages. The two chains (but not their bases) are related by a dyad perpendicular to the fibre axis. Both chains follow right-handed gelices, but owing to the dyad the sequences of the atoms in the two chains run in opposite directions. Each chain loosely resembles Furberg's[2] model No. 1; that is the bases are on the inside of the helix and the phosphates on the outside. The configuration of the sugar and the atoms near it is close to Furberg's 'standard configuration', the sugar being roughly perpendicular to the attached base. There is a residue on each chain every 3·4. A. in the z-direction. We have assumed an angle of 36° between adjacent residues in the same chain, so that the structure repeats after 10 residues on each chain, that is, after 34 A. The distance of a phosphorus atom from the fibre axis is 10 A. As the phosphates are on the outside, cations have easy access to them.

This figure is purely diagrammatic. The two ribbons symbolize the two phosphate—sugar chains, and the horizontal rods the pairs of bases holding the chains together. The vertical line marks the fibre axis

The structure is an open one, and its water content is rather high. At lower water contents we would expect the bases to tilt so that the structure could become more compact.

The novel feature of the structure is the manner in which the two chains are held together by the purine and pyrimidine bases. The planes of the bases are perpendicular to the fibre axis. They are joined together in pairs, a single base from one chain being hydrogen-bonded to a single base from the other chain, so that the two lie side by side with identical z-co-ordinates. One of the pair must be a purine and the other a pyrimidine for bonding to occur. The hydrogen bonds are made as follows: purine position 1 to pyrimidine position 1; purine position 6 to pyrmidine position 6.

If it is assumed that the bases only occur in the structure in the most plausible tautomeric forms (that is, with the keto rather than the enol configurations) it is found that only specific pairs of bases can bond together. These pairs are: adenine (purine) with thymine (pyrimidine), and guanine (purine) with cytosine (pyrimidine).

In other words, if an adenine forms one member of a pair, on either chain, then on these assumptions the other member must be thymine; similarly for guanine and cytosine. The sequence of bases on a single chain does not appear to be restricted in any way. However, if only specific pairs of bases can be formed, it follows that if the sequence of bases on one chain is given, then the sequence on the other chain is automatically determined.

It has been found experimentally[3,4] that the ratio of the amounts of adenine to thymine, and the ratio of guanine to cytosine, are always very close to unity for deoxyribose nucleic acid.

It is probably impossible to build this structure with a ribose sugar in place of the deoxyribose, as the extra oxygen atom would make too close a van der Waals contact.

The previously published X-ray data[5,6] on deoxyribose nucleic acid are insufficient for a rigorous test of our structure. So far as we can tell. It is roughly compatible with the experimental data, but it must be regarded as unproved until it has been checked against more exact results. Some of these are given in the following communications. We were not aware of the details of the results presented there when we devised our structure, which rests mainly though not entirely on published experimental data and stereochemical arguments.

It has not escaped our notice that the specific pairing we have postulated immediately suggests a possible copying mechanism for the genetic material.

Full details of the structure, including the conditions assumed in building it, together with a set of co-ordinates for the atoms, will be published elsewhere.

We are much indebted to Dr. Jerry Donohue for constant advice and criticism, especially on inter-atomic distances. We have also been stimulated by a knowledge of the general nature of the unpublished experimental results and ideas of Dr. M. H. F. Wilkins, Dr. R. E. Franklin and their co-workers at King's College, London. One of us (J. D. W.) has been aided by a fellowship from the National Foundation for Infantile Paralysis.

J. D. Watson
F. H. C. Crick

Medical Research Council Unit for the Study of the Molecular Structure of Biological Systems,
Cavendish Laboratory, Cambridge.
April 2.

[1] Pauling, L., and Corey, R. B., *Nature*, 171, 346 (1953); *Proc. U.S. Nat. Acad. Sci.*, 39, 84 (1953).
[2] Furberg, S., *Acta Chem. Scand.*, 6, 634 (1952).
[3] Chargaff, E., for references see Zamenhof, S., Brawerman, G., and Chargaff, E., *Biochim. et Biophys. Acta*, 9, 402 (1952).
[4] Wyatt, G. R., *J. Gen. Physiol.*, 36, 201 (1952).
[5] Astbury, W. T., Symp. Soc. Exp. Biol. 1, Nucleic Acid, 66 (Camb. Univ. Press, 1947).
[6] Wilkins, M. H. F., and Randall, J. T., *Biochim. et Biophys. Acta*, 10, 192 (1953).

그림 3.08
DNA는 이중나선이다

*Nature*에 발표된 이 한쪽 논문이 지금은 유명한 이중나선을 기술했다.
J.D. Watson & F.H.C. Crick (1953) Molecular Structure of Nucleic Acids, A Structure for Deoxyribose Nucleic Acid. *Nature* 171: 737.

그림 3.09
1950년대의 왓슨과 크릭

1953년에 DNA 분자 모형의 일부와 함께 있는 왼편의 제임스 왓슨(James Watson, 1928년 생)과 프란시스 크릭(Francis Crik, 1916년 생). *(출처: A. Barrington Brown, Science Photo Library)*

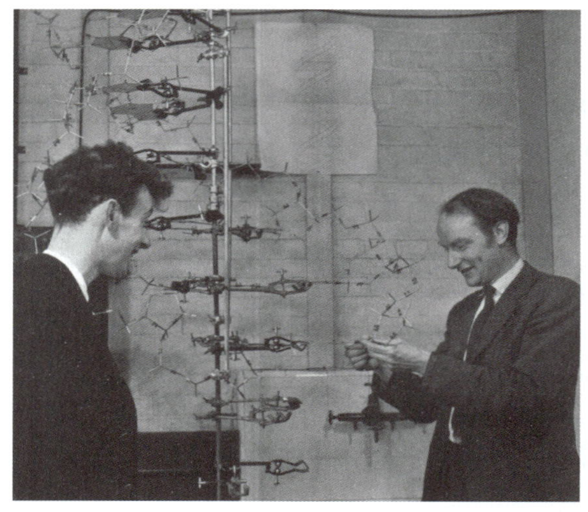

X-선 회절은 DNA의 두 가닥이 이중나선을 형성하면서 서로 꼬여 있음을 보여주었다.

DNA는 **우회전 이중나선**을 형성한다. 우회전 나선과 좌회전 나선을 구별하기 위해서는 양 방향에서 나선 축을 내려다 보아야 한다. 우회전 나선에서는 각 사슬이 관찰자로부터 멀어지면서 시계 방향으로 회전한다(좌회전 나선에서는 시계 반대방향으로 회전한다).

상자 3.01 1968년 Atheneum, New York에서 발행된 제임스 왓슨의 *The Double Helix*

이 책은 왓슨과 크릭에 의해 20세기의 가장 위대한 생물학적 진전인 DNA 이중나선 구조의 발견에 대한 개인적 견해를 보여준다. DNA의 염기처럼 왓슨과 크릭은 상보적인 짝을 이루었다. 성가신 웃음의 물리학자인 크릭은 단백질의 X선 결정학으로 박사학위를 위해 연구하고 있었다. 왓슨은 박사후연구원으로 할 일을 찾아 유럽을 떠도는 정처 없는 미국 생물학자였다.

대개의 시간을 흥청거리며 소비한 용맹스러운 영웅들인 크릭과 왓슨은 연장자들을 결승선에서 물리쳤다. 왓슨은 미국의 위대한 화학자 폴링(Linus Pauling)이 어떻게 DNA의 인산골격을 가운데에 두어서 구조를 해결하는 데 실패했는지를 흥미롭게 기술했다. 인산골격이 이중나선의 바깥에 있음을 증명하는 자료는 런던대학의 X선 결정학자인 프랭클린으로부터 나왔다.

캠브리지의 카벤디시 연구소의 소장은 X선 결정학의 존엄한 창시자인 브래그(William Bragg) 경이었다. 큰 목소리의 불복종 때문에 거의 크릭을 내쫓을 뻔한 시대에 뒤진 고집쟁이로 묘사에도 불구하고 브래그는 책의 서문에 "결국 지도하고 있는 젊은 과학자가 세기적으로 가장 위대한 발견을 했다면 원한을 가질 때가 아니다."고 썼다.

위대한 과학자들의 전기는 보통 극도로 지루하다. 누가 다윈이 아침으로 무엇을 좋아했는지 멘델이 어떤 크기의 신발을 신었는지 상관하나? 매력적인 것은 그들의 발견이고 세계를 변화시킨 방법이다. '이중나선'은 다르다. 전기 작가는 일반적으로 작은 인물로 주요 성취자에 대한 비판을 당연히 주저한다. 자신이 거장인 왓슨은 이런 면을 기꺼이 버리고 다른 정상의 과학자에 대한 혹평을 즐겼다. 독자의 주의를 사로잡는 것은 DNA 이중나선을 밝히는 데 관여된 사람들의 환상과 실책에 대한 솔직한 묘사이다.

만일 자신들의 발견이 병든 아이를 도울 것이라는 희망에서 이른 아침부터 일을 시작하는 자상한 연구자들에 대한 전설을 당신이 더 이상 견디지 못한다면 이 책은 당신을 위한 것이다. 대개의 솔직한 과학자처럼 왓슨과 크릭은 인류의 복지를 위해서가 아니라 즐거움을 위해 연구했다.

우회전 나선(right-handed helix) 우회전 나선에서는 양 방향에서 나선 축을 내려다보면 각 사슬이 관찰자로부터 멀어지면서 시계 방향으로 회전한다.

상자 3.02 DNA 구조 결정 50주년

2003년에 이중나선은 50주년을 경축했다. 영국에서는 왕립 우정국이 비교 유전체학과 유전공학 같은 뒤따른 기술적 진보와 함께 이중나선을 나타내는 5개의 기념우표 한 조를 발행했다. 또 왕립 조폐국은 DNA 이중나선 자체를 보여주는 2 파운드짜리 동전을 발행했다(그림 3.10).

그림 3.10
이중나선-50주년 기념 동전

이중나선의 발견을 기념하는 2파운드짜리 동전이 2003년 영국에서 발행되었다.

4.1. 염기쌍은 수소결합에 의해 붙어있다

이중 가닥 DNA에서 각 사슬의 염기는 **수소결합**에 의해 다른 가닥의 염기와 쌍을 형성하는 이중나선의 중앙으로 돌출되어 있다. 한 가닥의 아데닌(A)은 다른 가닥의 티민(T)과, 구아닌(G)은 시토신(C)과 항상 쌍을 형성한다(그림 3.11). 결과적으로 DNA의 아데닌의 수는 티민의 수와 동일하며 유사하게 구아닌의 수는 시토신의 수와 동일하다. 이를 DNA의 A와 T, G와 C는 각각 같은 몰의 양임을 결정한 샤가프(Edwin Chargeff)의 이름을 따라 **샤가프 법칙**이라고 부른다. 핵산 염기는 아미노 혹은 고리에 연결된 산소 결기를 가지고 있음에 유의하자. 고리 자체의 구성원인 질소 원자와 함께 이 화학 그룹이 수소결합을 형성하게 한다. DNA **염기쌍**의 수소결합은 산소 혹은 질소가 수소를 수송하는 원자로 관여하여 O-H-O, N-H-N 및 O-H-N의 세 가지 다른 배열을 만든다.

각 염기쌍은 작은 피리미딘 염기 하나와 짝을 이룬 큰 푸린 염기 하나로 구성된다. 그래서 염기 자체는 크기가 다르지만 허용된 모든 염기쌍은 폭이 같아 나선의 폭을 일정하게 한다. 그림 3.11에서처럼 A-T 염기쌍은 수소결합을 2개 갖고 G-C 염기쌍은 3개의 수소결합에 의해 짝을 이룬다. 수소결합이 형성되기 전에는 공유된 수소 원자는 두 염기의 한쪽 혹은 다른 쪽에 붙어있다(그림 3.11의 실선). 염기쌍형성 동안 이 수소는 다른 염기의 원자에도 결합한다(점선으로 나타남).

구아닌은 항상 시토신과 짝을 이루고, 아데닌은 DNA의 티민, RNA의 우라실과 짝을 형성한다. DNA에서 G와 C, A와 T는 항상 각각 1:1 비율이다.

염기쌍(base pair) 수소결합에 의해 결합된 두 상보적 염기(A와 T, 혹은 G와 C)의 쌍
샤가프 법칙(Chargaff's rule) 각각의 DNA 가닥에서에서 A와 T가, G와 C가 항상 짝을 형성하므르 푸린과 피리미딘의 비율은 1:1이다.
수소결합(hydrogen bond) 양성 수소 원자가 음전하를 갖는 다른 두 원자 모두에 끌리는 힘에 의해 나타나는 결합

그림 3.11

수소결합 형성에 의한 염기쌍 형성

푸린(아데닌과 구아닌)은 피리미딘(티민과 시토신)과 수소결합(색 부분)에 의해 짝을 이룬다. 푸린과 피리미딘이 처음 만나면 점선으로 표시된 결합을 형성한다.

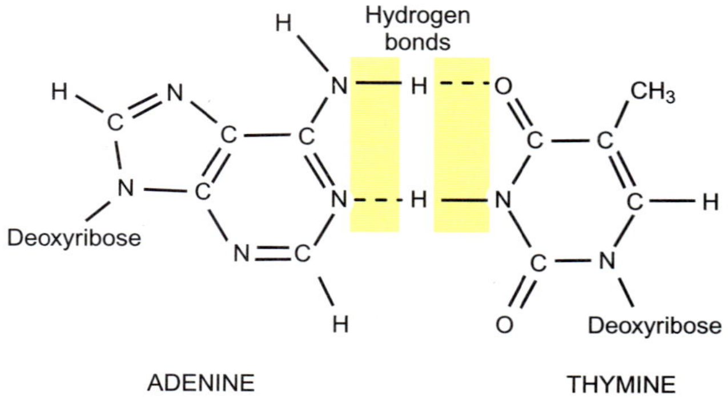

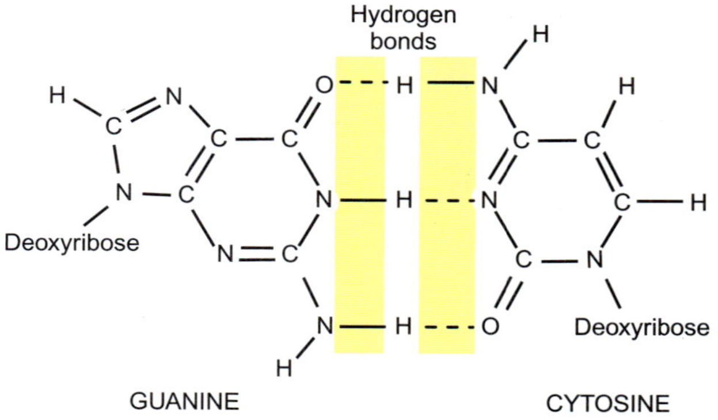

RNA는 일반적으로 외가닥이지만 많은 RNA 분자는 접혀서 이중 가닥 부위를 만든다. 더욱이 어떤 경우는 RNA 한 가닥이 DNA 한 가닥과 쌍을 이룰 수 있다. 나아가 어떤 바이러스의 유전체는 이중 가닥 RNA로 구성된다(21장 참조). 이 모든 경우 RNA의 우라실은 아데닌과 짝을 이룬다. 따라서 RNA에서 우라실의 염기쌍형성 성질은 DNA에서 티민의 성질과 동일하다.

4.2. 상보성 가닥은 유전의 비밀을 보여준다

이중 가닥 DNA의 염기쌍에서 한 염기를 알면 다른 염기는 추론할 수 있다. 한 가닥이 A를 가지면 다른 것은 T를 가지게 되며 역으로도 성립한다. 유사하게 G는 항상 C와 짝을 이룬다. 이를 상보성 염기쌍 형성이라 한다. 이 사실은 DNA 분자의 한 가닥의 염기서열을 알면 다른 가닥의 염기서열은 추론될 수 있음을 의미한다. 이런 상호 추론될 수 있는 서열을 **상보성 서열**이라고 한다. 유전정보가 유전되게 하는 것이 바로 이 DNA 이중나선의 상보성 성질이다. 세포분열에서 각 딸 세포는 어버이 유전체의 한 사본을 받아야 한다. 이는 DNA의 정확한 복제 혹은 복사를 요구한다(그림 3.12). 이 요구는 DNA의 두 가닥을 분리하고 원래 가닥의 새로운 상대 가닥을 만들기 위한 상보성 염기쌍 형성을 이용하여 달성된다(세부 내용은 10장 참조).

DNA 한 가닥의 서열은 상대편의 서열이 알려지면 염기쌍 형성의 원칙에 따라 추론될 수 있다.

4.3. 녹음은 DNA 가닥을 분리하고 식힘은 그들을 결합시킨다

수소결합은 다소 약하지만 한 DNA 분자는 보통 수백만 염기쌍을 포함하므로 수백만 약

상보성 서열(complementary sequence) 한 서열의 A, T, G, C가 다른 서열의 T, A, C, G에 상응하기 때문에 서로 쌍을 이루는 핵산의 두 서열

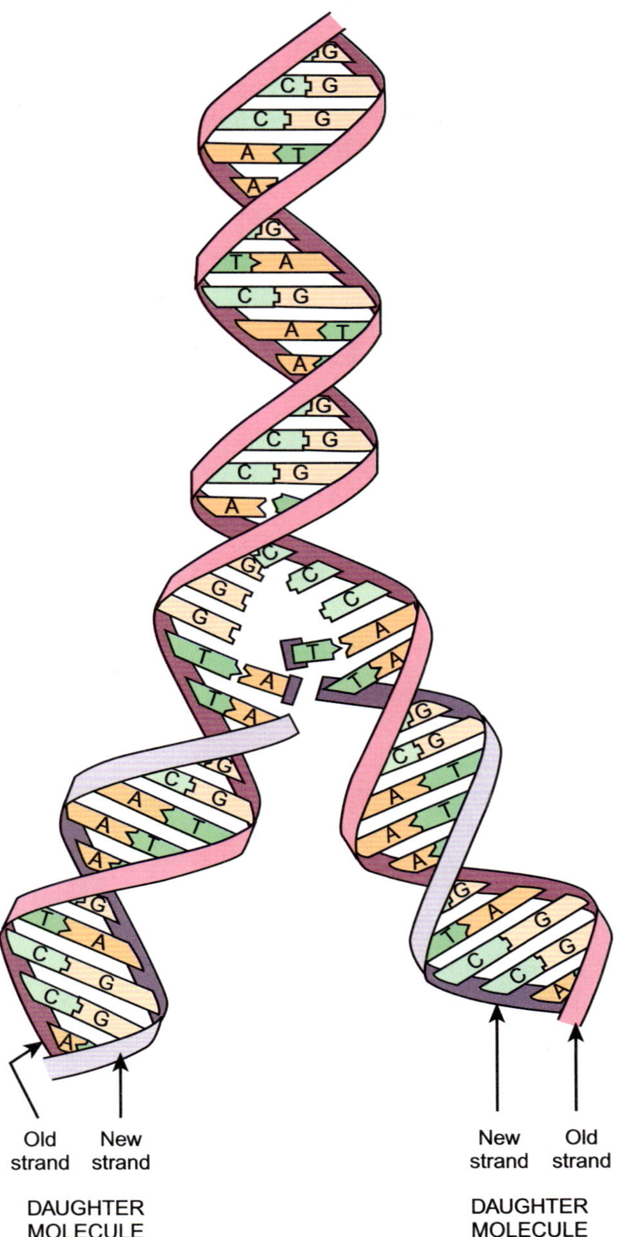

그림 3.12

상보성 가닥들은 복제하게 한다

DNA 가닥들이 상보적이므로 이중 가닥 DNA는 원래 분자를 다시 만들기에 충분한 정보를 갖는 외가닥 사슬들로 분리될 수 있다. 상보성 염기쌍 형성은 새로운 두 가닥을 합성하여 이중 가닥 DNA를 회복하도록 한다.

한 결합의 추가적인 효과는 두 가닥을 함께 묶을 만큼 강하다(그림 3.13). DNA가 가열되면, 수소결합은 파괴되기 시작하고 온도가 충분히 높으면 두 가닥은 결국 분리된다. 이것을 **녹음** 혹은 **변성**이라 하고 각각의 DNA 분자는 염기 조성에 의존하는 **녹는 온도(T_m)**를 가진다. DNA의 이 온도는 녹음 곡선의 중간점에 해당하는 온도로 엄격하게 정의되는데, 정확히 녹음이 완료되는 시기를 추측하는 것보다 정확하기 때문에 이용된다.

가열은 수소결합을 파괴하고 결국은 DNA 이중나선의 두 가닥을 분리시키고 DNA는 "녹는다"

녹는 온도는 용액의 pH와 염 농도에 의해 영향을 받으므로 만일 비교하려면 이들이 표준화되어야 한다. 극도의 pH는 수소결합을 파괴한다. 높은 알칼리성 pH는 염기에서 양성자를 제거하고, 이는 염기들의 수소결합 능력을 파괴한다. pH 11.3에서 DNA는 완전히

변성(denaturation) DNA에 관해서는 이중 가닥 DNA가 두 외가닥으로 분열됨. 단백질에 관해서는, 정확한 3차원 구조의 상실을 말함.
녹음(melting) DNA에서는, 가열에 의한 두 가닥으로 분리를 말함
녹는 온도(melting temperature, T_m) DNA 분자에서 두 가닥으로 분리되는 온도

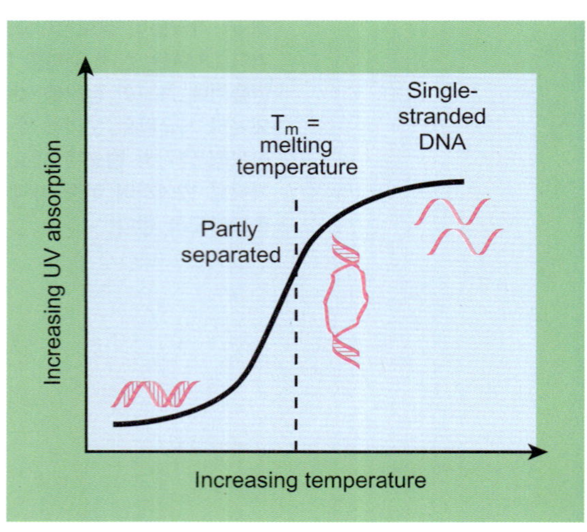

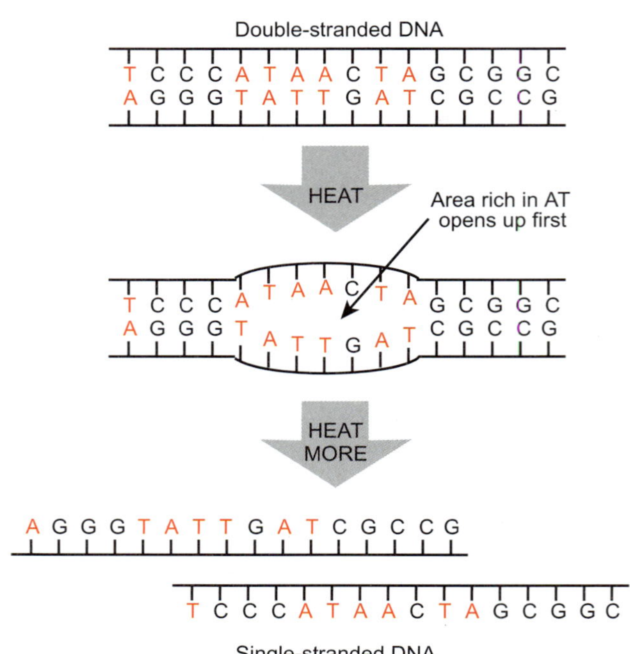

그림 3.13
DNA의 녹음

온도가 증가하면 DNA 가닥이 분리 혹은 "녹는다". 이 곡선은 자외선 흡수로 DNA 분리를 측정한 것을 보여준다. 온도가 증가하면서 각 사슬에 의한 자외선 흡수가 증가한다. 녹는 온도 혹은 T_m은 이중 가닥 DNA의 반이 분리된 온도이다. 녹는 과정에서 A/T 쌍이 풍부한 부위가 먼저 녹는데, 이 쌍이 단지 2개의 수소결합을 갖기 때문이다.

녹은 DNA는 이중나선 DNA보다 많은 자외선을 흡수한다.

GC 염기쌍(3개의 수소결합을 갖는)이 많을수록 DNA의 녹는 온도는 높아진다.

변성된다. 반대로 낮은 pH는 과도한 양성자 첨가를 일으키고 이는 또한 수소결합 형성을 방해한다. DNA를 pH에 의해 의도적으로 변성시킬 때는 알칼리 처리가 이용되는데, 이는 산과 달리 염기와 디옥시리보오스 사이의 결합에 영향을 미치지 않기 때문이다. DNA는 높은 이온 농도에서 상대적으로 보다 안정하다. 이는 이온이 음전하를 갖는 골격의 인산기 사이의 정전기적 반발을 억제하고 따라서 안정화 효과를 행사하기 때문이다. 순수한 물에서 DNA는 실온에서도 녹을 것이다.

분광광도계는 빛이 DNA 용액을 통과할 때 흡수된 양을 측정한다. 이는 DNA 자체에 의해 흡수된 양을 결정하기 위해 DNA가 없는 용액에 의해 흡수된 빛의 양과 비교한다. 녹음은 260 nm의 파장(최대 흡수 파장)에서 자외선(UV)의 흡수를 측정함으로써 추적되는데, 무질서한 DNA가 이중나선보다 더 많은 자외선을 흡수하기 때문이다.

전체적으로, GC 염기쌍의 비율이 높을수록 DNA 분자의 녹는 온도는 높아진다. 이는 A/T 쌍이 수소결합이 2개뿐이므로 수소결합이 3개인 G/C 쌍에 비해 약하기 때문이다. 더욱이 G/C 염기쌍의 이웃 염기쌍과의 중첩이 A/T 쌍보다 더 우호적이기 때문이다. 초기 분자생물학 시기에 녹는 온도는 DNA 시료의 G/C 대 A/T 백분율을 계산하기 위해 이용되었다. DNA의 염기 조성은 종종 **G/C 비율**로 나타낸다. G/C 함량(% G + C)는 염기 조성의 분수로부터 다음과 같이 계산된다.

$$\%GC = \frac{(G + C)}{(A + T + G + C)} \times 100$$

GC 비율(GC ratio) G와 C의 양을 시료 DNA의 4염기 전체로 나눈 값. 이 비율은 일반적으로 백분율로 나타낸다.

여러 세균 종들의 DNA에 대한 G/C 함량은 20%에서 80%까지 변하는 데 대장균은 50%이다. 그러나 G/C 함량과 최적 성장 온도는 무관하다. 아마도 세균의 유전체가 자유 말단이 없는 원형 분자이고, 이것이 높은 온도에서 풀림을 크게 방해하기 때문일 것이다. 실제로 플라스미드 같은 작은 원형 DNA 분자는 110-120℃까지 염기쌍을 이룰 수 있다. 이에 비해서 동물에 대한 G/C 함량의 범위는 35-45%로 매우 좁고 사람은 40.3%이다.

DNA 분자가 녹을 때, 국지적으로 A/T 쌍의 높은 부위가 먼저 녹을 것이고 G/C 쌍이 풍부한 부위는 더 오래 이중 가닥으로 남을 것이다. DNA가 복제될 때, 복제기점으로 알려진 부위에서 두 가닥이 먼저 분리되어야 한다(9장 참조). DNA 이중나선은 또한 유전자가 mRNA 분자를 만들기 위해 전사될 때 열려야만 한다. 두 경우 모두에서 DNA 이중나선이 보다 쉽게 열리게 될 장소인 AT-풍부 지역이 발견된다.

만일 녹은 DNA 분자의 외가닥들을 식히면, 외가닥 DNA는 염기쌍 형성에 의해 그들의 파트너를 인식하고 이중 가닥 DNA가 다시 형성될 것이다. 이것을 **복원** 혹은 **두가닥 복원**이라고 한다. 알맞은 복원을 위해, DNA는 외가닥이 정확한 파트너를 찾을 수 있는 시간을 갖도록 천천히 식혀야 한다. 더욱이 온도는 하나 혹은 몇 개의 염기 부위에서의 무작위적 수소결합 형성을 파괴하기 위하여 약간 높게 유지되어야 한다. 녹는 온도 보다 20-25℃ 낮은 온도가 적절하다. 만일 서로 다르지만 연관된 2개 원천의 DNA를 녹이고 다시 복원시켰다면 **혼성 DNA** 분자가 얻어 질 것이다(그림 3.14).

식히면 DNA의 분리된 가닥의 염기는 다시 쌍을 이룰 수 있고 이중나선이 다시 형성될 수 있다.

직접적인 DNA 서열결정이 일상화되기 전에는 DNA와 또는 DNA와 RNA의 **혼성화**는 원래 두 생물의 관련성, 특히 DNA 양이 상대적으로 적은 세균에서, 관련성을 측정하기 위하여 사용되었다. 혼성화의 다른 사용은 특정 유전자 서열의 탐지와 유전자 클로닝을 포함한다. 생물체, 세균 혹은 세포 안에서 여러 분자의 위치를 결정하는 제자리 혼성화를 포함하여 분자생물학에서 사용되는 몇몇 극도로 유용한 기술은 혼성화에 의존한다.

혼성 DNA 분자가 두 다른 그러나 관련된 DNA 분자들을 가열하고 식힘으로써 형성될 수 있다.

5. 염색체의 구성성분

유전자는 **염색체**로 알려진 큰 DNA 분자의 단편이다(그림 3.15). 각 염색체는 따라서 엄청나게 긴 DNA 단일 분자이다. 염색체는 유전자 자체를 포함하는 DNA 외에도 약간의 부속 단백질을 갖는데, 단백질은 염색체의 구조를 유지하도록 돕는다. **염색질**이란 용어는 특히 진핵생물의 핵에서 현미경으로 관찰되는 DNA와 단백질의 혼합체를 말한다. 유전자는 선형 순서로 배열된다. 각 유전자의 앞에는 유전자를 켜고 끄는 데 관여하는 DNA의 **조절부위**가 있다. 원핵생물에서는 유전자 무리가 **유전자간 부위** 없이 함께 밀집될 수 있다. 이런 무리를 **오페론**이라 부르며 각 오페론은 하나의 조절부위에 의해 조정된다. 오페론은 여러 유전자를 포함하는 한 mRNA 분자로 전사된다.

유전정보는 유전자 자체와 유전자 발현 조절에 관여하는 DNA 부위를 모두 포함한다.

세균의 염색체는 이중 가닥 DNA의 원형 분자이다. 세균은 통상 약 3,000-4,000개의 유전자를 가지며 유전자간 부위가 매우 짧기 때문에 한 염색체가 모든 유전자를 수용하기에 충분하다. 세균이 분열할 때 염색체는 복제기점에서 열리고 복제는 원을 따라 양 방향

두가닥복원(annealing) DNA의 분리된 외가닥들이 이중나선을 형성하기 위해 다시 쌍을 형성
염색질(chromatin) 진핵생물 염색체를 구성하는 DNA와 단백질의 복합체
염색체(chromosome) 유전자를 포함하고 DNA 한 분자로 구성된 세포의 구조
혼성 DNA(hybrid DNA) 두 다른 원천에서 온 외가닥들의 쌍형성에 의해 만들어진 인공적인 이중 가닥 DNA
혼성화(hybridization) 두 다른 (그러나 연관된) 원천에서 온 외가닥 DNA 혹은 RNA의 혼성 이중나선을 만들기 위한 쌍형성
유전자간 부위(intergenic region) 유전자 사이의 DNA 서열
오페론(operon) 함께 전사되어 한 전령 RNA를 만드는 원핵생물 유전자의 무리
조절부위(regulatory region) 단백질을 암호화하기 보다는 조절을 위해 사용되는 유전자 앞의 DNA 서열
복원(renaturation) 외가닥 DNA의 두가닥복원 혹은 원래의 자연스러운 3차원 구조를 주기 위한 변성된 단백질의 다시 접힘

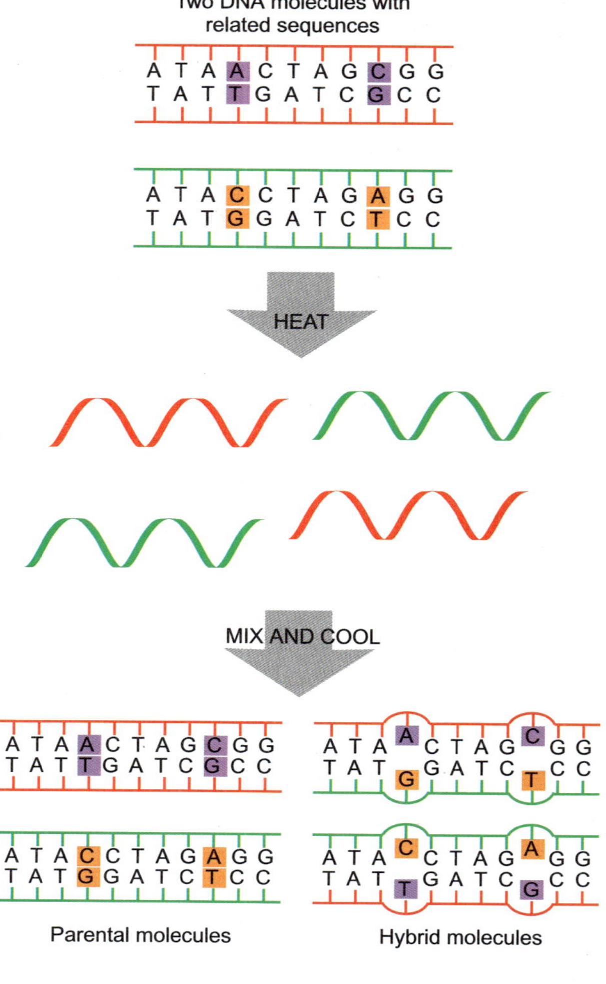

그림 3.14
DNA의 복원

순수한 DNA를 가열하고 식히면, 두 가닥은 다시 쌍을 이룬다(복원된다). 관련된 원천의 두 DNA가 가열되고 다시 복원되면 혼성가닥이 형성될 수 있다. 혼성화의 가능성은 두 관련된 DNA 사이의 같은 서열의 백분율에 의존한다.

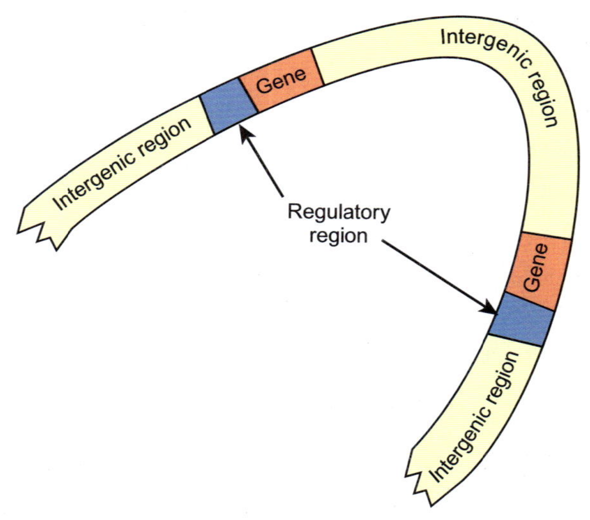

그림 3.15
염색체에서 정보의 일반적인 양상

조절에 관여된 DNA 부위가 보통 유전자 앞에 있다. 유전자 사이에는 유용한 유전정보를 수송하지 않는 것으로 보이는 DNA 부위가 있다. 이를 유전자간 부위라 하는데 그 크기가 매우 다르다.

으로 진행된다(그림 3.16).

동물과 식물 같은 고등생물의 염색체는 이중 가닥 DNA의 선형 분자이다. 이들은 보통 중간쯤에 위치하는 **동원체**와 두 말단에 **말단소체**라는 구조를 갖는다(그림 3.17). 이들

동원체(centromere) 진핵생물 염색체의 중간쯤 부위로 감수분열과 유사분열 동안 미세소관이 부착한다.
말단소체(telomere) 진핵생물의 선형 염색체의 양 말단에서 발견되는 특정 DNA 서열

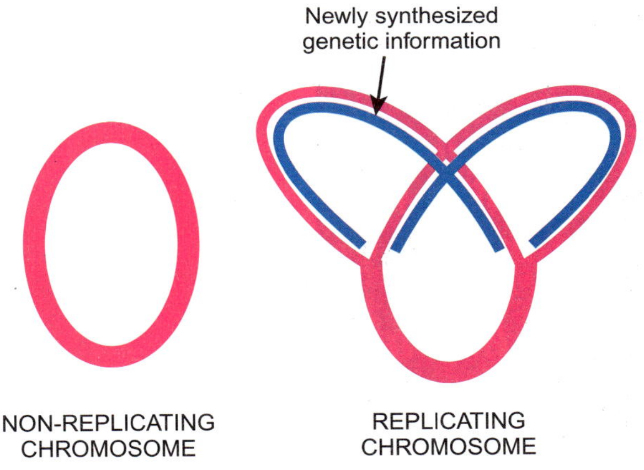

그림 3.16

원형 세균 염색체와 복제

세균 염색체는 선형이 아니고 원형이다. 이중 가닥 DNA가 복제될 때 염색체는 열리고 DNA의 두 가닥을 복제하는 고리를 형성한다.

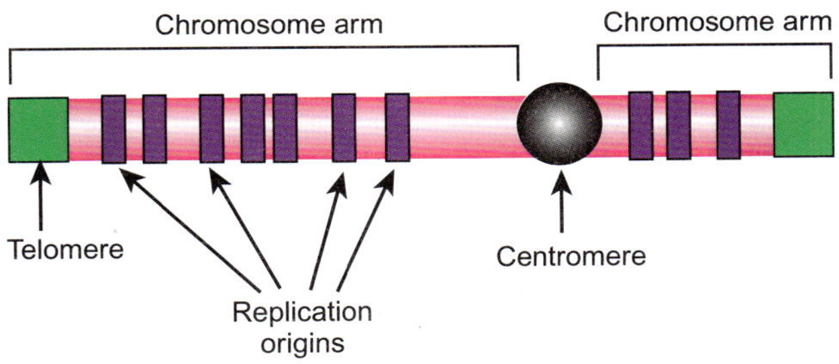

그림 3.17

진핵생물 염색체의 구조 성분

진핵생물의 염색체는 각 말단에 말단소체라는 특수한 DNA 서열을 갖는 선형 분자이다. 중간쯤에 염색체 분열에 관련된 동원체라는 조직화된 부위가 있다. 염색체를 따라서 복제가 시작되는 여러 부위가 있다.

모두는 특정 단백질이 인식할 수 있는 특정 반복서열을 포함한다. [이 법칙의 예외는 효모인데 그 동원체에는 반복서열이 없다. 그러나 이는 곰팡이에 일반적으로 적용되지는 않는데 다른 곰팡이는 동원체에 반복서열을 가지기 때문이다.] 동원체는 염색체가 복제되는 세포분열시 사용된다. 새로이 분열된 딸 염색체들은 **방추사부착점**이라는 단백질 구조를 통해 동원체에 부착된 방추사(혹은 미세소관)에 끌려서 분리된다.

말단소체는 염색체의 안정성을 위해 결정적으로 중요하다. RNA 프라이머에 의한 DNA 복제 개시의 기전(10장 참조) 때문에 선형 DNA 분자의 맨 끝은 매 복제마다 몇 염기씩 짧아진다. 계속 성장하고 분열하는 세포에서 말단서열은 **말단소체복원효소**에 의해 수선된다. 만일 말단소체가 너무 짧아지면 세포는 세포 분화, 암 및 노화에서의 문제를 방지하기 위하여 자살을 한다.

진핵염색체는 보통 세포분열 동안만 광학현미경으로 볼 수 있고 완전한 염색체 세트를 볼 수 있는 것도 이때이다(그림 3.18). 특정 개체 세포에서 염색체의 완전한 한 세트를 **핵형**이라 한다. 염색체와 염색체의 특정 부위는 **비암호화 DNA**로 알려진 유전자가 없는 부위를 강조하는 특수 염료를 사용한 후의 염색 양상으로 동정할 수 있다. 이 **염색체분염법**은 주요 염색체 이상을 동정하는 데 사용된다(그림 3.19).

대부분 세균의 원형 염색체와 진핵생물의 선형 염색체에서 복제의 기전과 구조의 세부사항은 서로 다르다.

사람은 46개의 선형 염색체를 구성하는 방대한 양의 DNA를 갖는다. 그러나 4장에서 논의될 것처럼 이중 대부분은 비암호화 DNA이다.

염색체분염법(chromosome banding technique) 유전자가 없는 부위를 강조하는 특수 염색을 사용하여 염색체의 띠를 보임
핵형(karyotype) 특정 개체의 세포에서 발견되는 염색체의 완전한 세트
방추사부착점(kinetochore) 세포분열 동안 동원체의 DNA에 부착하는 단백질 구조로 미세소관과도 결합한다.
비암호화 DNA(non-coding DNA) 단백질이나 기능성 RNA 분자를 암호화하지 않는 DNA 서열
말단소체복원효소(telomerase) 염색체의 DNA 말단 혹은 말단소체에 DNA를 추가하는 효소

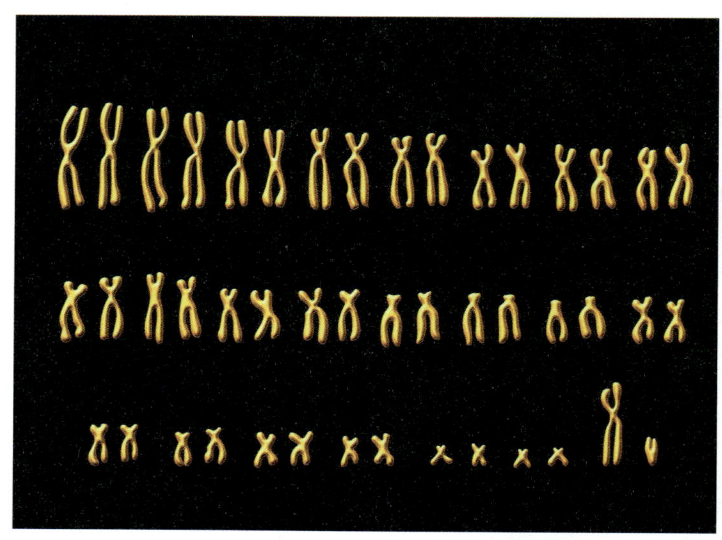

그림 3.18
사람 염색체 한 조

사람 핵형은 남성이면 22쌍의 염색체와 X, Y 염색체(오른편 하단)를 하나씩 포함하는 완전한 염색체 한 조다. 여성은 2X 염색체를 갖는다. *(출처: Alfred Pasieka, Science Photo Library.)*

6. 중심원리는 유전정보의 흐름을 요약한다

정상적인 경우 유전정보는 DNA에서 RNA를 거쳐 단백질로 흐른다. 그래서 단백질을 종종 "유전자 산물"이라고 부른다. 일부 RNA 분자도 또한 "유전자 산물"인데 이들은 단백질로 번역되지 않고 활동하기 때문이다.

세포 성장 동안 유전정보는 DNA로부터 RNA를 거쳐 단백질로 흐른다. 덧붙여 모든 생물 세포는 분열할 때 DNA를 복제해야만 한다. 분자생물학의 **중심원리**는 생물 세포의 성장과 분열 모두에서 유전정보의 흐름을 보여주는 개요이다(그림 3.20). 세포분열 동안 딸 세포는 어버이 세포의 유전체를 한 사본 받는다. 유전체가 DNA의 형태로 존재하므로 세포분열은 이 DNA의 복제를 포함한다. **복제**는 원래 DNA 분자에서 동일한 두 사본이 만들어지는 과정이다. 복제는 세포분열 전에 일어난다. 중요한 점은 정보는 단백질에서 RNA나 DNA로 흐르지 않는다는 것이다. 그러나 정보는 어떤 특수한 경우 역전사효소의 작용 덕분에 RNA로부터 DNA로 거꾸로 흐른다. 덧붙여 RNA의 복제는 RNA 유전체를 갖는 바이러스에서 일어난다(이런 복잡성을 그림 3.20에는 나타내지 않았다).

DNA로 저장된 유전정보는 단백질을 만들기 위해 직접 사용되지 않는다. 세포 성장과 물질대사 동안 **전령 RNA(mRNA)**로 알려진 유전자의 임시적 작업용 사본이 사용된다. 이는 DNA에 의해 저장된 유전정보의 RNA 사본이며 **전사**라는 과정에 의해 만들어진다. 전령 RNA 분자는 정보를 유전체로부터 세포질로 수송하고, 세포질에서 정보는 **단백질** 합성을 위해 **리보솜**에 의해 사용된다. 진핵생물에서 mRNA는 직접 만들어지지 않는다. 대신 12장에서 자세히 다루게 될 것처럼 전사는 실제 mRNA를 생산하기 위해 먼저 가공되어야 하는 전구체 RNA(pre-mRNA) 분자를 만든다.

유전자의 1차 사본을 가지고 있는 DNA는 수백에서 수천의 유전자를 지니는 거대한 분자로 존재한다. 이에 반해 각 전령 RNA 분자는 하나 혹은 몇 개 유전자의 유용한 정보만을 수송한다. 따라서 실제로는 DNA의 여러 짧은 단편이 많은 다른 전령 RNA 분자를 만들기 위해 동시에 전사된다. 진핵생물에서 각 전령 RNA는 보통 한 유전자만을 수송하지만 원핵생물에서는 하나에서 십여 개의 유전자가 보통 관련된 기능을 갖는 여러 유전자를 수송하는 전령 RNA 한 분자로 함께 전사될 수 있다(그림 3.21).

중심원리(central dogma) 유전자(DNA), 정보전달(RNA) 및 단백질을 관련시킨 생물 세포에서 유전정보의 흐름에 대한 기본 개요
전령 RNA(mRNA) 유전정보를 유전자로부터 세포의 나머지 부분에 수송하는 분자
단백질(protein) 아미노산으로 구성된 중합체; 여러 폴리펩티드 사슬로 구성될 수 있다.
리보솜(ribosome) 단백질을 만드는 세포의 기구
복제(replication) 세포분열 전의 DNA 복사
전사(transcription) DNA로부터 상응하는 RNA로의 정보 전환

그림 3.19

사람 염색체의 띠무늬 양상

감수분열 동안 중기 염색체에서 나타난 대표적인 띠무늬 양상. 띠는 근본적으로 염료에 의해 나타나게 된다. 이들 띠 사이의 상대적인 거리는 개체의 한 염색체에서는 동일하므로 특정 염색체를 동정하는 데 유용한 방법이다. (*출처 : Dept. of Clinical Cytogenetics, Addenbrookes Hospital, Cambridge, UK, Science Photo Library.*)

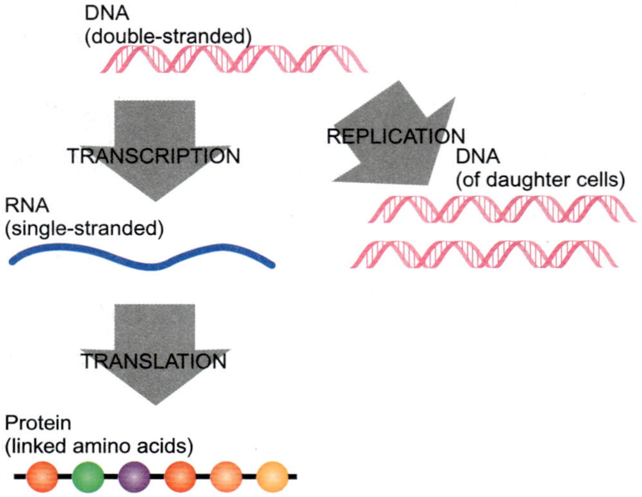

그림 3.20
중심원리(축약본)

세포에서 정보의 흐름은 DNA에서 시작하는데, 복제되어 DNA의 사본을 만들거나 혹은 전사되어 RNA를 만든다. RNA는 단백질이 만들어지면서 번역된다.

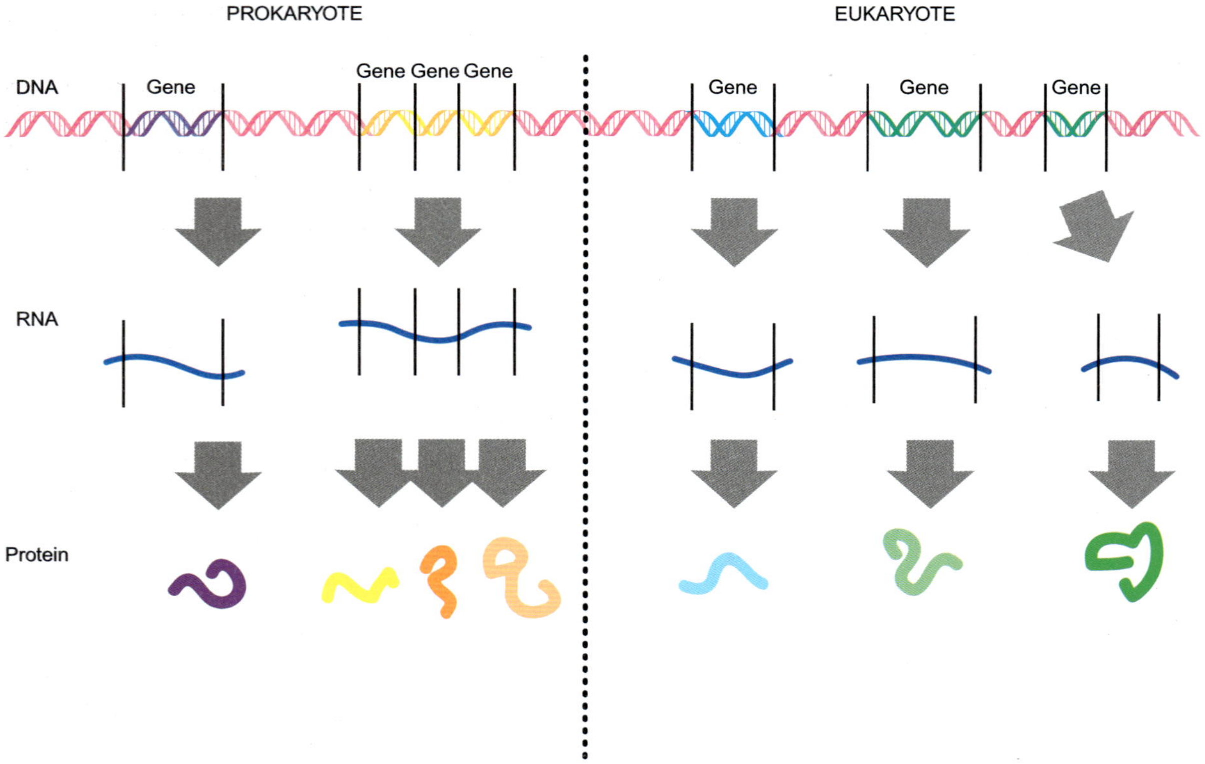

그림 3.21
다른 양상의 전사

진핵생물에서 각 유전자는 한 단백질만 암호화하는 별도의 mRNA로 전사된다. 원핵생물에서 mRNA 분자는 한 유전자 혹은 염색체에서 서로 가까이 있는 여러 유전자의 정보를 수송할 수 있다.

번역은 전령 RNA에 수송된 유전정보를 사용하여 단백질을 합성하는 것이다. 단백질은 하나 혹은 그 이상의 **폴리펩티드**라는 중합체 사슬로 구성된다. 이는 **아미노산**이라는 소단위로 만들어진다. 따라서 번역에는 핵산으로부터 전혀 다른 형태의 고분자로의 유전정보 전달이 관여한다. 이 암호해독 과정은 리보솜에 의해 수행된다. 이 초현미경적 기구는 전령 RNA를 읽고 정보를 폴리펩티드 사슬을 만들기 위해 사용한다. 전형적인 세포에서 유기물의 약 2/3를 차지하는 단백질은 물질대사에서 대부분의 과정을 책임진다. 단백질은 세포의

아미노산(amino acid) 단백질의 폴리펩티드 사슬을 만드는 단위체
폴리펩티드 사슬(polypeptide chain) 아미노산으로 구성된 중합체
번역(translation) 전령 RNA에 의해 제공된 정보를 사용해 단백질을 만듦

대부분 효소 반응과 수송기능을 수행한다. 또한 단백질은 다음에 기술한 것처럼 많은 구조적 성분을 제공하고 일부는 조절 분자로 행동한다.

7. 리보솜은 유전 암호를 읽는다

이 서론 부분에서는 세균에서의 단백질 합성을 요약할 것이다. 비록 전반적인 과정은 유사하지만 세균과 고등생물에서 단백질 합성의 세부사항은 다르다(13장 참조). 세균의 리보솜은 작고(30S) 큰(50S) 두 소단위로 구성된다. **S값**은 입자가 초원심분리 시 침강하는 속도를 나타낸다. 이 값은 대략 크기를 나타내지만 분자량과 비례적으로 관련되지는 않는다. 30S와 50S의 소단위를 갖는 완전한 리보솜은 70S(80S가 아닌)의 값을 갖는다.

무게로는 리보좀 자신은 2/3의 **리보솜 RNA**와 1/3의 단백질로 구성된다. 세균에서 큰 소단위는 5S rRNA와 23S rRNA의 두 rRNA 분자를 갖고, 작은 소단위는 16S rRNA 한 분자를 갖는다. rRNA 외에도 큰 소단위에 31개, 작은 소단위에 21개 도합 52개의 단백질이 있다(그림 3.22). rRNA 분자는 단백질로 번역되지 않고 대신 mRNA를 번역하는 리보솜 기구의 부분을 형성한다.

단백질은 준세포성 기구인 리보솜에 의해 만들어지며, 리보솜은 핵산에 암호화된 정보를 읽기 위해 유전 암호를 사용한다.

7.1. 유전 암호는 단백질의 아미노산 서열을 지시한다

단백질에는 20종류의 아미노산이 있지만 전령 RNA에는 4종류의 염기만 있다. 따라서 자연은 단백질을 만들 때 단순히 한 아미노산에 대해 핵산의 한 염기를 사용할 수 없다. 번역시 전령 RNA의 염기는 3개의 무리로 읽히는 데 이를 **코돈**이라 한다. 각 코돈은 특정 아미노산을 대표한다. 4종류의 염기가 있기 때문에 64종류의 세 염기 무리가 가능하게 되

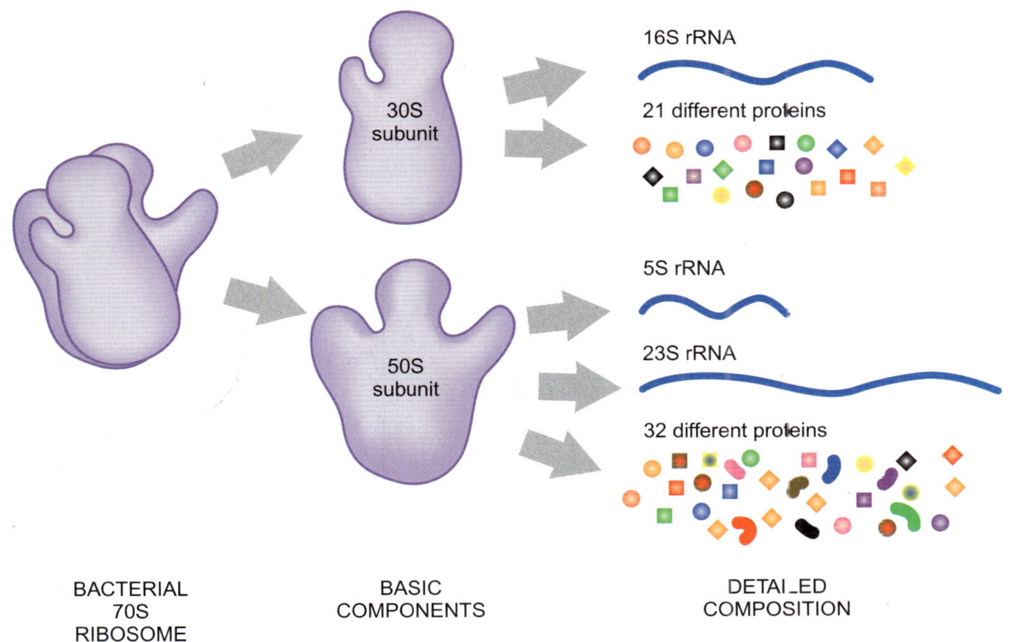

그림 3.22
리보솜의 구조 성분
세균 리보솜은 2개의 작은 소단위로 분리되고 결국에는 RNA 분자와 단백질로 나누어질 수 있다.

코돈(codon) 한 아미노산을 암호화하는 RNA 혹은 DNA의 세 염기 무리
리보솜 RNA(rRNA) 리보솜 구조의 일부를 형성하는 RNA 분자의 종류
S값(S-value) 침강계수는 침강속도를 원심력으로 나눈 것이다. 질량에 의존하고 스베드베리 단위로 측정된다.

어 **유전 암호**에는 64종류의 코돈이 있게 된다. 그러나 20종류의 아미노산만이 단백질을 구성하므로 어떤 아미노산은 하나 이상의 코돈에 의해 암호화된다. 덧붙여 3코돈이 아미노산 사슬의 성장을 중지시키는 구두점으로 사용된다(그림 3.23). 또한 메티오닌을 암호화하는 AUG 코돈은 개시 코돈으로 작용한다. 따라서 새로 만들어지는 폴리펩티드는 아미노산 메티오닌으로 시작한다. [간혹 발린을 암호화하는 GUG가 또한 개시 코돈으로 작용한다. 그러나 개시 코돈이 GUG라도 새로 만들어지는 단백질의 처음 아미노산은 발린이 아니고 메티오닌이다.]

DNA와 RNA의 염기들은 3개의 무리로 해독된다.

코돈을 읽기 위해서는 연결 분자의 세트가 필요하다. **운반 RNA(tRNA)**로 알려진 이들 분자는 한쪽 끝에서 전령 RNA의 코돈을 인식하고 다른 끝에는 상응하는 아미노산을 수송한다(그림 3.24). 이 운반자는 세 번째의 RNA 종류이며 전령 RNA의 코돈을 인식하는 외에도 아미노산을 리보솜으로 수송하기 때문에 운반 RNA라고 명명되었다. 많은 코돈이 있으므로 많은 종류의 tRNA가 있다. [실제로는 어떤 tRNA 분자는 다수의 코돈을 읽기 때문에 tRNA의 종류는 코돈의 종류보다 적다. 13장 참조.] tRNA는 한쪽 끝에 전령 RNA에 있는 코돈의 세 염기에 상보적인 세 염기로 구성된 **역코돈**을 갖는다. 코돈과 역코돈은 염기쌍 형성에 의해 서로를 인식하고 수소결합에 의해 결합된다. 각 tRNA의 다른 끝에는 인식된 코돈에 상응하는 아미노산을 수송한다.

작은(30S) 소단위는 전령 RNA와 결합하고 큰(50S) 소단위는 새로운 폴리펩티드 사슬을 만든다. 그림 3.25는 mRNA와 tRNA와의 관계를 도식적으로 보여준다. 실제로는 주어진 시간에서 두 tRNA 분자만이 전령 RNA와 염기쌍을 형성한다. mRNA에 결합한 후 리보솜은 mRNA를 따라 이동하면서 코돈을 읽을 때마다 새로운 아미노산을 폴리펩티드 사슬에 첨가한다(그림 3.26).

8. 다양한 종류의 RNA는 다른 기능을 가진다

원래 유전자는 유전의 단위로 간주되었고 대립유전자는 유전자의 변형된 형으로 정의되었다. 그러나 이 개념은 유전체 구조에 대한 지식이 증가되면서 확대되었다. 분자적 통찰

그림 3.23
유전 암호

세 염기쌍으로 구성되는 코돈은 길어지는 폴리펩티드 사슬에 첨가될 아미노산을 결정한다. 코돈표는 RNA 언어로 표시된 64 종류의 코돈과 그들이 암호화하는 아미노산을 보여준다. 3코돈은 정지 신호로 작용한다. AUG(메티오닌)와 GUG(발린) 코돈은 개시 코돈으로 작용한다.

1st base	2nd (middle) base: U	C	A	G	3rd base
U	UUU Phe UUC Phe UUA Leu UUG Leu	UCU Ser UCC Ser UCA Ser UCG Ser	UAU Tyr UAC Tyr UAA stop UAG stop	UGU Cys UGC Cys UGA stop UGG Trp	U C A G
C	CUU Leu CUC Leu CUA Leu CUG Leu	CCU Pro CCC Pro CCA Pro CCG Pro	CAU His CAC His CAA Gln CAG Gln	CGU Arg CGC Arg CGA Arg CGG Arg	U C A G
A	AUU Ile AUC Ile AUA Ile AUG Met	ACU Thr ACC Thr ACA Thr ACG Thr	AAU Asn AAC Asn AAA Lys AAG Lys	AGU Ser AGC Ser AGA Arg AGG Arg	U C A G
G	GUU Val GUC Val GUA Val GUG Val	GCU Ala GCC Ala GCA Ala GCG Ala	GAU Asp GAC Asp GAA Glu GAG Glu	GGU Gly GGC Gly GGA Gly GGG Gly	U C A G

역코돈(anticodon) mRNA의 코돈을 인식하고 결합하는 tRNA의 상보적인 세 염기 무리
유전 암호(genetic code) 핵산의 염기서열을 3개씩 읽어 폴리펩티드 사슬의 서열로 전환시키기 위한 암호
운반 RNA(transfer RNA, tRNA) 리보솜으로 아미노산을 수송하는 RNA 분자

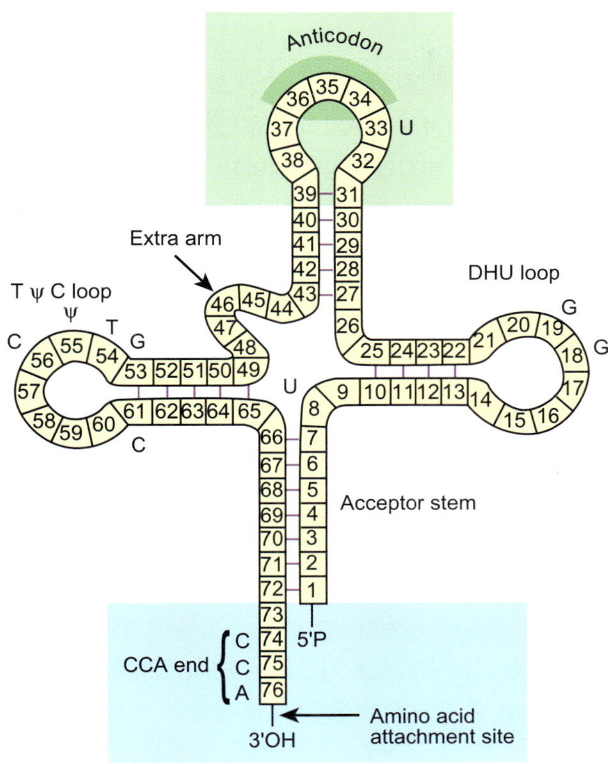

그림 3.24

운반 RNA는 역코돈을 포함한다

각 운반 RNA는 전령 RNA에 의해 수송되는 코돈에 상보적인 역코돈을 갖는다. 코돈과 역코돈은 염기쌍에 의해 결합한다. 운반 RNA의 먼 말단에는 CCA로 끝나는 수용체 줄기가 있다. 이곳에 운반 RNA의 코돈에 상응하는 아미노산이 부착한다.

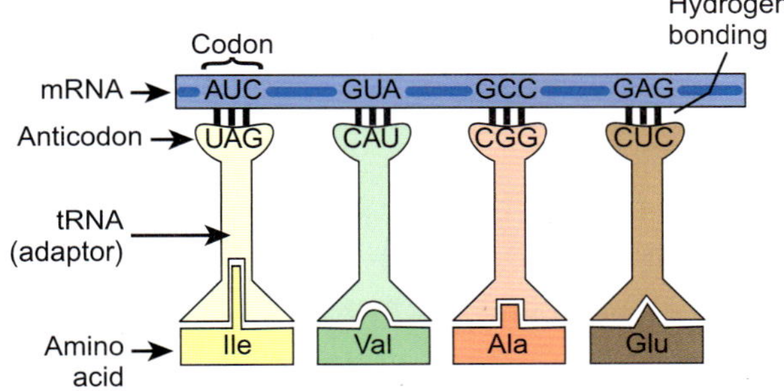

그림 3.25

아미노산결합 tRNA의 mRNA와의 관계 도식

이 그림은 tRNA와 mRNA 사이의 관계를 도식적으로 보여준다. 단백질 번역에서, 한 mRNA에 최대 2 tRNA가 결합한다. 이들은 리보솜의 30S 소단위(여기에는 나타내지 않음)와 함께 결합한다.

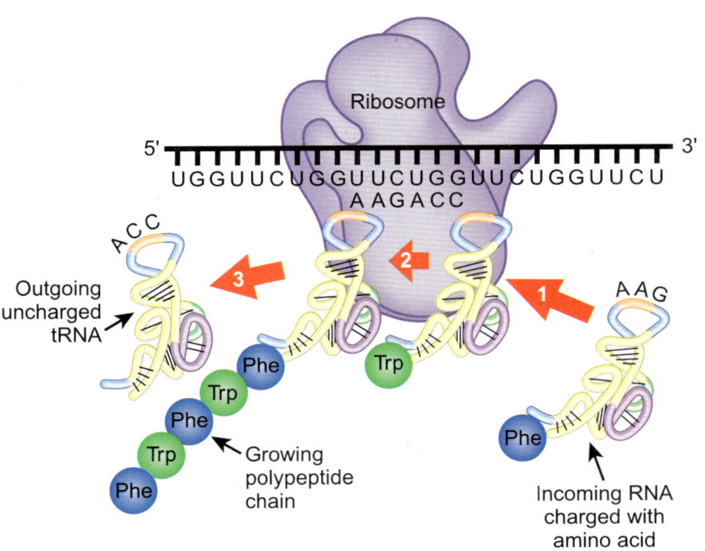

그림 3.26

폴리펩티드 사슬을 신장시키는 리보솜

부착된 아미노산을 가지고 오는 새로운 tRNA가 리보솜에 도착할 때마다 새 아미노산이 폴리펩티드 사슬에 첨가된다. tRNA의 역코돈은 mRNA에 결합한다. 큰 소단위가 들어오는 아미노산을 길어지는 사슬에 연결시키면 들어오는 tRNA가 자라는 폴리펩티드 사슬을 갖게 된다. 그러면 리보솜의 30S 소단위는 mRNA를 따라 한 단계 이동한다. 그 결과 왼편의 tRNA가 방출되고 mRNA는 다음에 들어오는 tRNA를 수용하게 된다. 폴리펩티드 사슬은 종결코돈을 만날 때까지 계속 성장한다.

표 3.02	주요 비번역 RNA 종류
리보솜 RNA(rRNA)	리보솜의 주요 부분을 차지하며 폴리펩티드 사슬의 합성에 관여함
운반 RNA(tRNA)	아미노산을 리보솜으로 수송하며 mRNA의 코돈을 인식함
소형 핵 RNA(snRNA)	진핵세포의 핵에서 전령 RNA 분자의 가공에 관여함
미소 RNA(miRNA)	유전체에 의해 암호화되고 유전자 발현 조절에 사용되는 작은 RNA
짧은간섭 RNA(siRNA)	큰 이중 가닥 RNA의 효소 절단에 의해 만들어 지고 바이러스에 대한 방어에 사용되는 짧은 RNA
안내 RNA	일부 생물에서 RNA 혹은 DNA의 가공에 관여함
조절 RNA	단백질 혹은 DNA 혹은 다른 RNA 분자에 결합하여 유전자 발현을 조절함
안티센스 RNA	mRNA에 수소결합하여 유전자 발현을 조절함
인식 RNA	일부 효소(예, 말단소체복원효소)의 부분으로 효소가 어떤 짧은 DNA 서열을 인식하게 함
RNA 효소	효소 활성이 있는 RNA 분자

RNA는 전혀 단순하지 않다. 단백질 합성을 위한 정보를 수송하는 것 외에 다양한 역할을 수행하는 여러 종류의 RNA가 있다. 조절에서 RNA의 역할에 대한 새로운 통찰에 대해서는 특히 18장을 참조하라.

은 먼저 단백질을 암호화하는 DNA 단편으로서의 유전자 즉 비들과 타툼의 1유전자-1효소 모델에 이르게 했다. 이 경우 전령 RNA는 유전정보를 저장하는 데 사용되는 DNA와 세포를 운영하는 데 기능하는 단백질 사이의 중개자로 활동한다. 유전자의 개념은 그 후 단백질로 번역되지 않지만 RNA로 기능하는 RNA 분자를 암호화하는 DNA 단편을 포함하게 확대되었다. 가장 흔한 예는 단백질 합성에 관여하는 리보솜 RNA와 운반 RNA이다. "유전자 산물"이라는 용어는 따라서 단백질뿐 아니라 이런 비번역 RNA 분자도 의미한다. 편의를 도모하기 위해 주요 비번역 RNA 종류가 표 3.02에 요약되었다.

위에 논의된 화학적 차이(디옥시리보오스 대신 리보오스와 티민 대신 우라실) 외에도 RNA는 DNA와 여러 면에서 다르다. 대개 RNA 분자가 접혀서 이중 가닥 부위를 형성하지만 RNA 분자는 보통은 외가닥이다. RNA 분자는 보통 DNA 분자보다 훨씬 짧고 하나 혹은 몇 개의 유전자에 대한 정보만을 수송한다. 더욱이 RNA는 보통 유전체의 장기 보관에 사용되는 DNA보다 수명이 훨씬 짧다. 특히 tRNA 같은 일부 RNA 종류는 DNA에서 전혀 발견되지 않는 비정상적인 화학적으로 변형된 염기를 포함한다(12장 참조).

이런 RNA와 DNA의 기능적 차이는 세포에 적용된다. 그러나 어떤 바이러스는 외가닥 혹은 이중 가닥 RNA의 유전체를 지닌다. 그런 경우 이 RNA 유전체에는 분명 다수의 유전자가 존재한다. 더욱이 이중 가닥 바이러스 RNA는 구조가 DNA의 경우와 같지는 않지만 유사한 이중나선을 형성할 수 있다. 바이러스의 성질과 그 유전체의 새로운 면은 21장에 더 자세히 논의되어 있다.

9. 단백질은 많은 세포 기능을 수행한다

전형적으로 세포 유기물의 약 60%가 단백질이다. 세포 활성의 대부분과 많은 세포 구조는 단백질에 의존한다.

단백질은 아미노산으로 알려진 단위체의 선형 사슬로 만들어지며 다양한 3차원적 모양으로 접힌다. 아미노산의 사슬을 **폴리펩티드 사슬**이라 부른다. 20 종류의 아미노산이 단백질을 만드는 데 사용된다. 모든 아미노산은 수소 원자, 아미노기(NH_2), 카르복실기(COOH) 및 다양한 곁사슬인 **R기**로 둘러싸인 중앙의 탄소 원자인 **알파(α-) 탄소**를 갖는다(그림

알파 탄소(alpha carbon) 아미노기, 카르복실기 및 R기가 부착되는 아미노산의 중앙 탄소 원자
폴리펩티드 사슬(polypeptide chain) 아미노산으로 구성된 중합체
R기(R-group) 아미노산의 곁사슬을 형성하는 화학기

3.27). 아미노산은 **펩티드결합**에 의해 서로 연결된다(그림 3.28). 사슬의 첫 아미노산은 자유 아미노기를 간직하며 이 말단을 종종 폴리펩티드 사슬의 **아미노-** 혹은 **N-말단**이라 한다. 마지막으로 첨가된 아미노산은 자유 카르복실기로 갖게 되고 이 말단을 종종 **카르복시-** 혹은 **C-말단**이라고 한다.

어떤 단백질은 한 폴리펩티드 사슬로 구성되고 다른 단백질은 하나 이상을 포함한다. 많은 단백질은 적절하게 작용하기 위해 아미노산으로 만들어지지 않은 **보조인자** 혹은 **보결분자단**을 필요로 한다. 많은 단백질은 금속원자를 보조인자로, 다른 것은 보다 복잡한 유기 분자를 필요로 한다.

H
O
H
N
C
C
OH
H
R
Carbon atom
NH_2 (amino) group
Hydrogen atom
COOH (carboxyl) group
Variable group

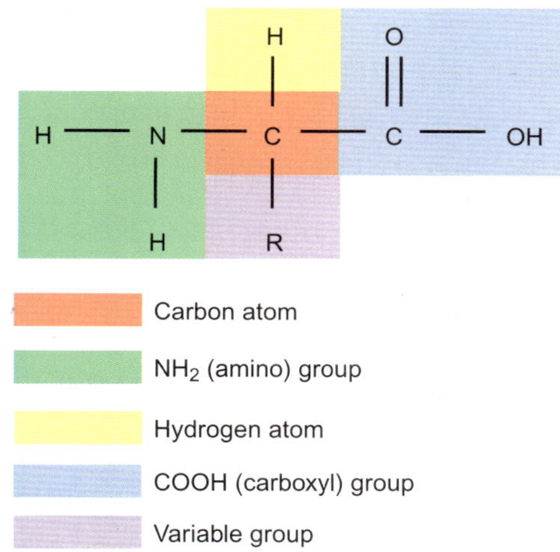

그림 3.27

아미노산의 일반 특성

단백질에서 발견되는 거의 모든 아미노산은 중앙 탄소를 둘러싸는 아미노기, 수소 원자, 카르복실기를 갖는다. 덧붙여서 중앙 탄소는 아미노산마다 다른 R기를 가진다. 가장 간단한 아미노산인 글리신에서 R기는 수소 원자 하나이다. 프롤린에서 R기는 그림의 질소원자에 결합하는 고리 구조로 구성된다. 따라서 이 질소에 부착된 수소는 하나뿐이므로 이미노기(—NH—)가 된다.

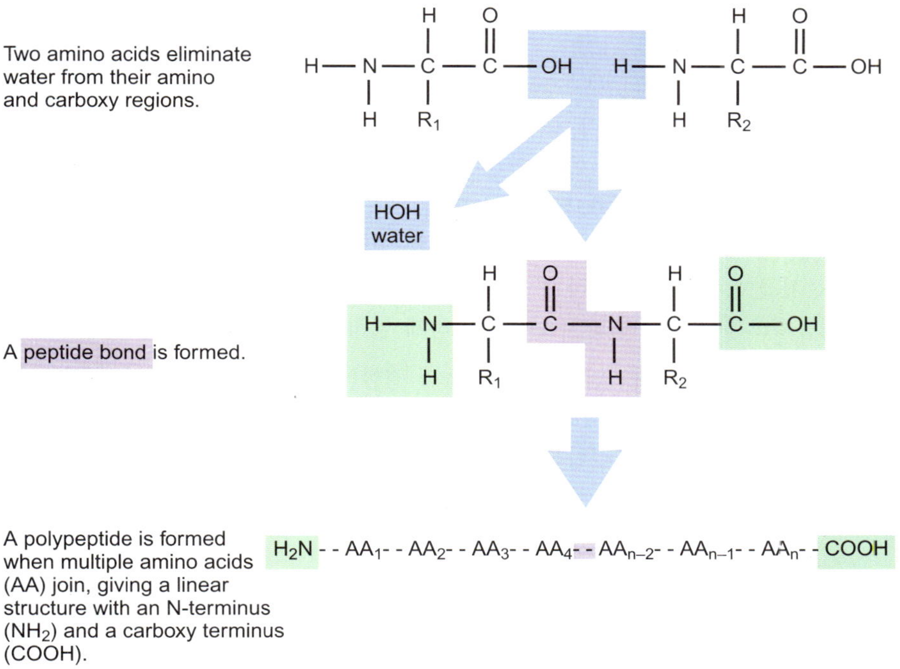

Two amino acids eliminate water from their amino and carboxy regions.
HOH
water
A peptide bond is formed.
A polypeptide is formed when multiple amino acids (AA) join, giving a linear structure with an N-terminus (NH_2) and a carboxy terminus (COOH).
H_2N - - AA_1 - - AA_2 - - AA_3 - - AA_4 - - AA_{n-2} - - AA_{n-1} - - AA_n - - COOH

그림 3.28

폴리펩티드 사슬의 형성

두 인접한 아미노산의 아미느기와 카르복실기가 결합하고 물을 방출하면서 폴리펩티드 사슬이 형성된다. 형성된 결합을 펩티드결합이라 한다. 더해지는 아미노산의 수와 상관없이 자라는 사슬은 항상 N- 혹은 아미노 말단과 C- 혹은 카르복시 말단을 갖는다.

아미노(amino) 혹은 N-말단(N-terminus) 처음 만들어지고 자유 아미노기를 갖는 폴리펩티드 사슬의 말단
카르복시(carboxy) 혹은 C-말단(C-terminus) 마지막으로 만들어지고 자유 카르복실기를 갖는 폴리펩티드 사슬의 말단
보조인자(cofactor) 폴리펩티드 사슬의 일부는 아니고 비공유결합에 의해 단백질에 부착된 화학기
펩티드결합(peptide bond) 단백질 분자에서 아미노산들을 결합시키는 화학결합
보결분자단(prosthetic group) 폴리펩티드 사슬의 일부는 아니고 공유결합에 의해 단백질에 부착된 화학기

9.1. 단백질의 구조는 네 조직단계를 갖는다

단백질이 기능을 갖기 위해서는 폴리펩티드 사슬은 정확한 3차 구조로 접혀져야만 한다. 단백질과 핵산 같은 생물중합체의 구조는 종종 여러 조직단계로 나뉜다(그림 3.29). 첫 단계 혹은 **1차 구조**는 단위체의 선형 순서로 단백질인 경우 아미노산의 서열이다. **2차 구조**는 수소결합에 의한 원래 중합체 사슬의 접힘 혹은 나선화이다. 단백질에서는 펩티드기 사이의 수소결합으로 나선형과 주름진 병풍 같은 여러 구조가 나타날 수 있다(세부사항은 14장 참조).

다음 단계는 **3차 구조**이다. 먼저 형성된 2차 구조 부위를 갖는 폴리펩티드 사슬은 최종 삼차원적 구조를 만들기 위해 접힌다. 이 단계의 접힘은 아미노산들의 곁사슬에 의존한다. 어떤 경우 보호자단백질로 알려진 단백질은 다른 단백질이 정확하게 접히도록 돕는다. 20종의 아미노산이 있기 때문에 매우 다양한 삼차원적 최종 형태가 가능하다. 그럼에도 불구하고 많은 단백질은 거의 구형이다. 끝으로 **4차 구조**는 마지막 구조를 만들기 위한 여러 폴리펩티드 사슬의 조립이다. 모든 단백질이 둘 이상의 폴리펩티드 사슬로 구성되지는 않는다. 일부는 하나로만 구성되므로 이 경우 4차 구조는 없다.

단백질은 아미노산의 1차 서열로부터 여러 폴리펩티드 사슬의 조립까지 네 가지 구조 수준을 가진다.

9.2. 단백질의 생물학적 역할은 다양하다

단백질은 기능적으로 4개의 주요 범주로 나뉠 수 있다; **구조단백질**, **효소**, **조절단백질** 및 **수송 단백질**.

1. 구조단백질은 많은 준세포성 구조를 만든다. 세균이 수영하는 데 이용하는 편모, 고등생물 세포 안에서 교통의 흐름 조절하는 데 사용되는 미세소관, 근육세포의 수축에 관련된 섬유 및 바이러스의 외투는 단백질을 사용하여 만들어진 구조의 일부 예이다.
2. 효소는 화학반응을 촉진시키는 단백질이다. 효소는 먼저 **기질**이라는 다른 분자에 결합하고 화학작용을 수행한다. 어떤 효소는 기질 한 분자와만 결합하고 다른 것은 2개 이상의 분자와 결합하고 마지막 산물을 만들기 위해 그들을 결합시킨다. 어느 경우든 효소는 기질이 결합하고 반응이 일어나는 단백질의 패임 혹은 갈라진 틈인 활성부위를 필요로 한다. 단백질의 **활성부위**는 선형 사슬에서 멀리 떨어져 있던 아미노산 잔기들이 이제는 인접하게 되고 효소 반응을 촉진하기 위해서 기질과 결합할 때 협동하도록 폴리펩티드 사슬이 정확하게 접혀서 만들어진다(그림 3.30).
3. 조절단백질은 효소는 아니지만 다른 분자들과 결합하므로 이들을 수용하기 위해 활성부위를 필요로 한다. 조절단백질의 다양성은 엄청나다. 많은 조절단백질은 작은 신호 분자와 DNA에 모두 결합한다. 신호 분자의 유무에 따라 유전자의 발현 여부가 결정된다(그림 3.31).

활성부위(active site) 기질이 결합하고 효소 반응이 일어나는 단백질의 특수 부위나 패임
효소(enzyme) 화학반응을 촉매하는 RNA 혹은 단백질
1차 구조(primary structure) 중합체에서 단위체가 배열된 선형 순서
4차 구조(quaternary structure) 마지막 구조에서 둘 이상의 폴리펩티드 사슬의 집합
조절단백질(regulatory protein) 유전자의 발현이나 다른 단백질의 활성을 조절하는 단백질
2차 구조(secondary structure) 수소결합에 의한 중합체의 1차적 접힘
구조단백질(structural protein) 세포 구조의 일부를 형성하는 단백질
기질(substrate) 효소의 활동으로 변화되는 분자
수송 단백질(transport protein) 막을 가로질러서 혹은 몸 전체로 다른 분자를 수송하는 단백질
3차 구조(tertiary structure) 중합체 사슬의 마지막 3차원적 접힘

(a) Primary structure

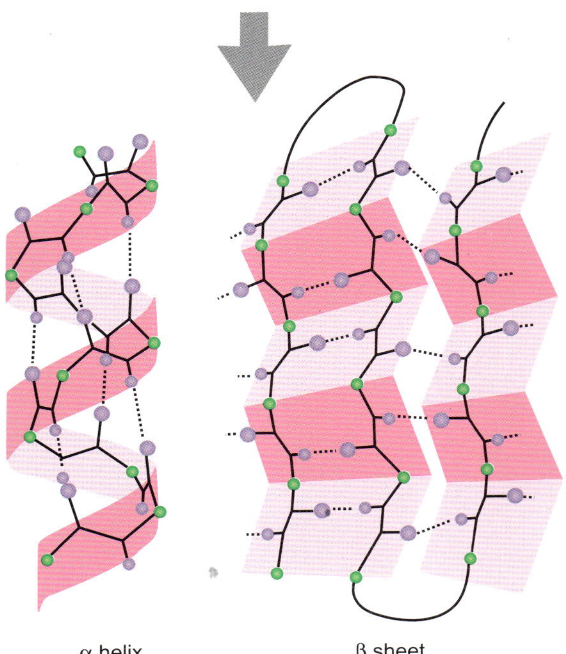

(b) Secondary structures

(c) Tertiary structure

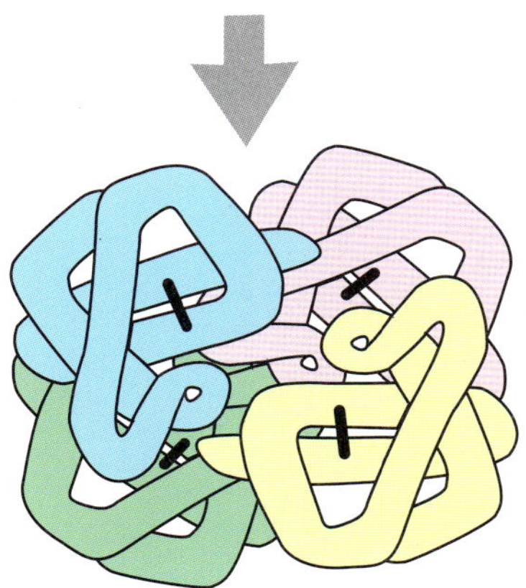

(d) Quaternary structure

그림 3.29

단백질의 4단계 구조

단백질의 최종 구조는 단순함에서 복잡함으로 접혀지는 과정을 따름으로써 가장 잘 이해할 수 있다. 1차 구조는 아미노산의 특정 순서이다(a). 2차 구조는 수소결합에 의한 규칙적 접힘이다(b). 3차 구조는 아미노산 곁사슬들 사이의 상호작용에 의한 더 많은 접힘으로 형성된다(c). 마지막으로 4차 구조는 여러 폴리펩티드 사슬의 조립이다(d).

그림 3.30

폴리펩티드는 접힘 후에 활성부위를 형성한다

단백질의 접힘은 생물학적 역할을 수행하는 데 필요한 폴리펩티드의 여러 부위를 인접하게 한다. 활성부위는 기질이 결합하기 위한 패임을 형성한다. 활성부위의 어떤 아미노산은 기질과의 화학반응에 관여한다.

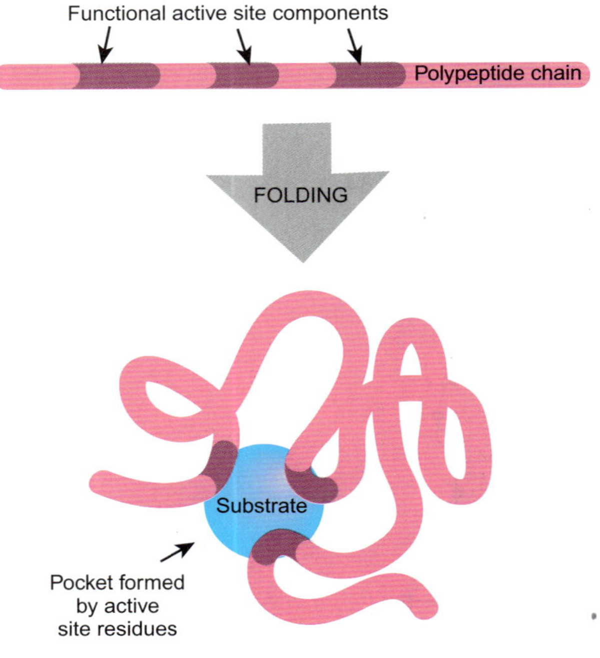

그림 3.31

조절단백질

조절단백질은 보통 두 형태로 존재한다. 신호를 받으면 모양이 변한다. 그러면 조절단백질은 DNA에 결합하고 유전자의 발현을 조절할 수 있다.

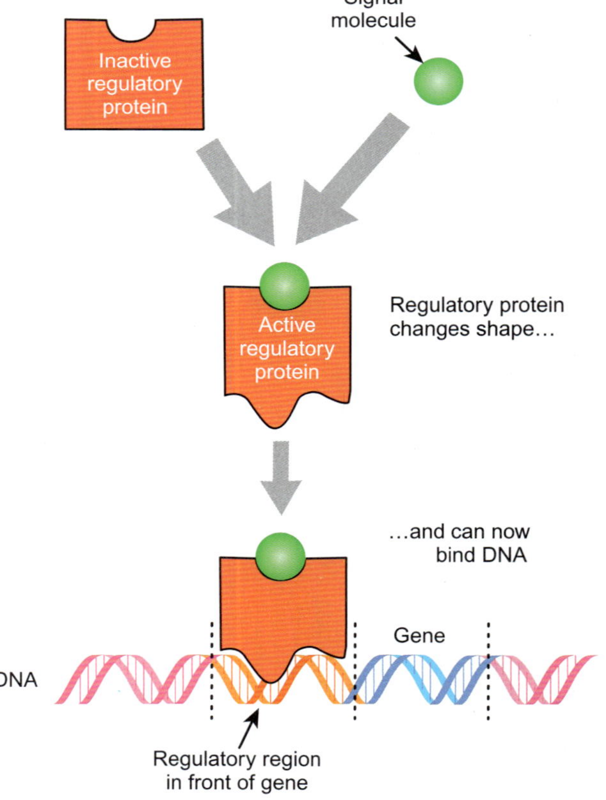

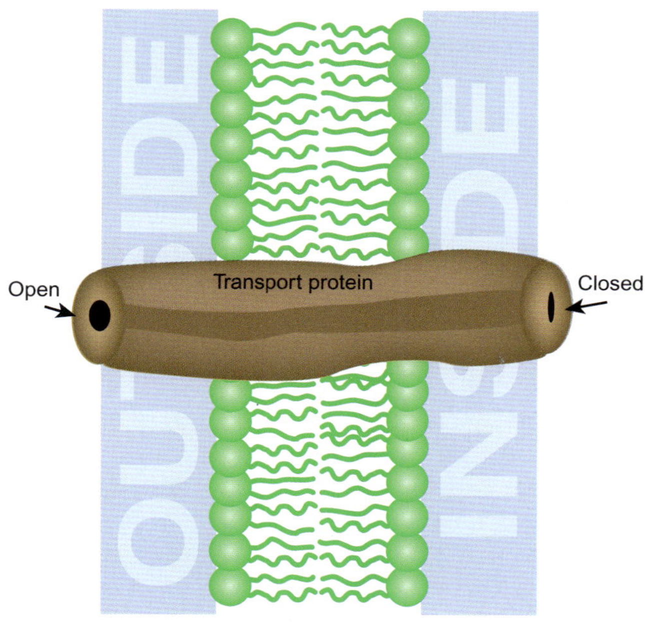

그림 3.32
수송 단백질

수송 단백질은 이들이 양분의 도입이나 노폐물의 방출을 담당하는 세포막에서 종종 발견된다.

4. 그림 3.32에서 보인 것처럼 수송 단백질은 대개 생물 막에서 발견되며, 그곳에서 물질을 한편에서 다른 편으로 수송한다. 당과 같은 양분은 생물 세포 안으로 수송되어야 하고 노폐물은 내보내야 한다. 다세포 생물도 물질을 몸 전체로 수송하기 위한 수송 단백질을 갖는다. 한 예는 혈액에서 산소를 운반하는 헤모글로빈이다.

단백질은 세포 안에 아주 많아서 구조 제공, 다른 단백질 혹은 유전자 조절, 반응 촉매 및 다양한 용질 혹은 분자의 우입과 방출을 포함하는 많은 역할을 담당한다.

9.3. 단백질 구조는 X-선 결정학으로 밝혀졌다

단백질의 정확한 3차원 구조를 밝히는 것은 그 기능과 효소의 경우 그 반응의 전이 상태에 대한 아주 많은 이해를 제공한다. 많은 단백질의 구조가 DNA의 구조를 밝히는 데 사용된 것과 같은 기술인 X-선 결정학으로 밝혀졌다. 첫 단계이고 가장 도전적인 과정은 순수한 단백질을 규칙적으로 배열된 결정으로 굳히는 것이다. 좋은 단백질 결정을 만드는 핵심은 단백질 용액으로부터 물을 제거하여 단백질을 천천히 응결시키는 것이다. 현적(懸適) 방법에서, 저농도 단백질 용액의 방울을 유리 혹은 아크릴 커버글라스에 놓는다(그림 3.33). 이를 고농도의 같은 단백질을 포함하는 우물 위로 뒤집는다. 수증기가 우물의 용액과의 평형을 향해 움직일 때 방울은 더 농축되게 된다. 방울이 더 농축됨에 따라 단백질은 결정으로 배열되기 시작한다. 좌적(坐適) 방법 혹은 미소투석법 같은 다른 방법 또한 결정을 만들기 위해 사용될 수 있지만, 각각은 현적 방법의 원리를 따른다.

단백질의 구조를 결정하기 위해 수용성 단백질은 먼저 규칙적인 결정으로 농축되어야 하고, 그 뒤에 X-선이 결정을 통과한다. X-선 회절의 양상은 해석되고 실제 단백질 구조를 위한 모형을 만드는 데 이용된다.

X-선 결정학의 두 번째 단계는 단백질 결정에 X-선을 통과시키는 것이다. X-선은 단백질의 원자를 통과하면서 규칙적인 반복 양상으로 산란된다. 산란된 X-선 양상은 컴퓨터 프로그램에 의해 분석되고 단백질 내의 아미노산들의 위치와 방향을 기술하는 일련의 자료로 해석된다(그림 3.34).

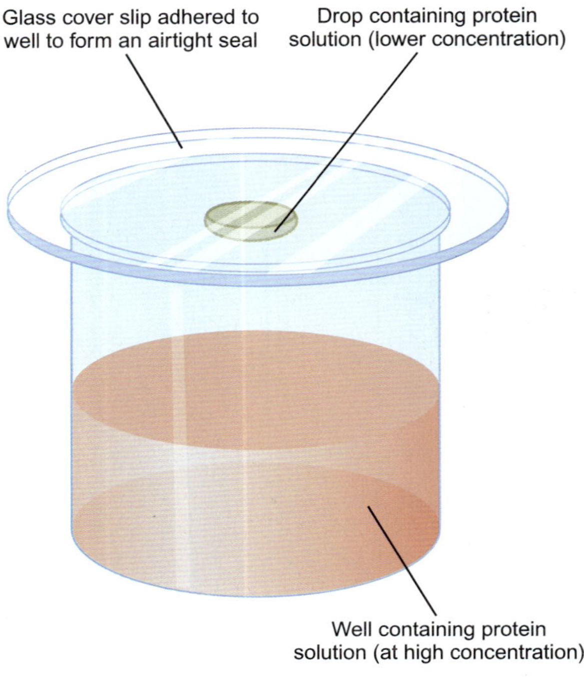

그림 3.33
현적법

더 농축된 단백질 용액이 용기의 바닥에 있고 방울은 낮은 단백질 용액을 포함한다. 물 분자가 평형상태로 이동하면서 방울의 단백질이 점점 농축된다. 농축됨에 따라 단백질은 규칙적으로 반복되는 결정으로 배열된다.

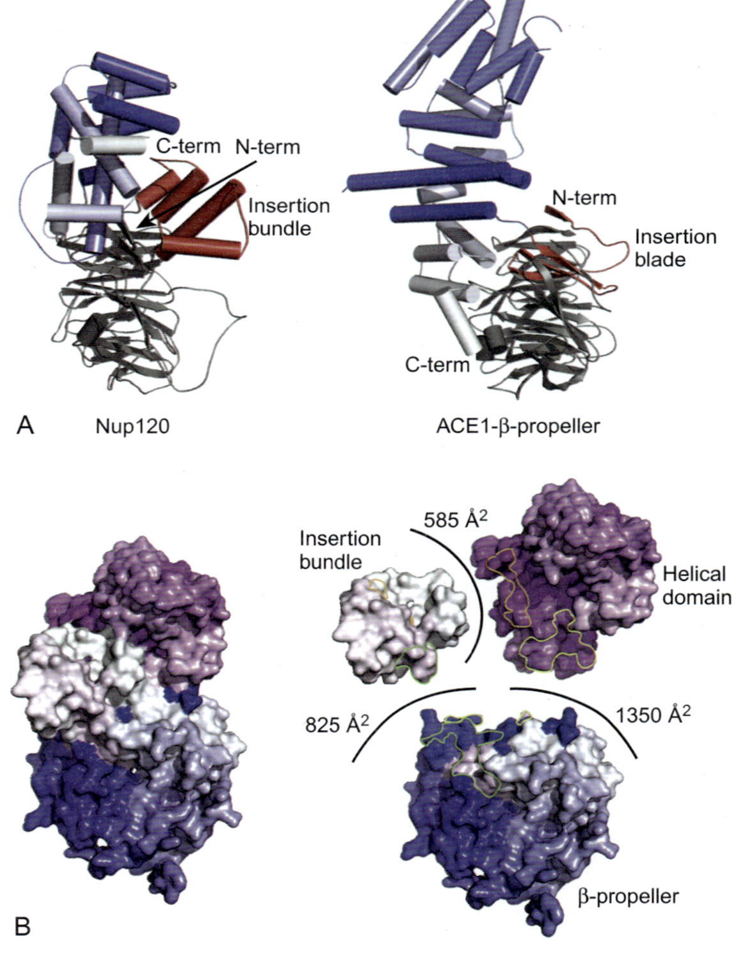

그림 3.34
NUP120과 ACE1의 X-선 결정 구조

이 그림은 효모의 핵공 복합체를 형성하는 두 단백질의 구조를 보여준다. 이들은 구멍의 구조를 제공하고 지질층 주변에 놓여있다. A. 전반적 구조. B. 소단위가 합쳐지거나 분리된 표면 모형 *(출처 : Leksa, et al. (2009) Structure 17(8): 1082–1091.*

관련 연구에 대한 초점

Rodnina MV, Wintermeyer W. (2010) The ribosome goes Nobel. Trends Biochem Sci 35(1): 1–5.

위에서 정의한 것처럼, 분자생물학의 중심원리는 DNA에 저장된 정보를 세포의 기능 대부분을 수행하는 단백질로 전환하는 핵심 세포 과정을 기술한다. 중심원리의 핵심 분자 중 하나는 리보솜이다. 리보솜의 실제 구조는 그것이 단백질과 RNA의 큰 복합체라는 단순한 이유로 오랫동안 파악하기 어려웠다. 그런 큰 복합체는 X-선 회절을 위해 규칙적인 양상으로 결정화하기가 너무 어려웠다. 매우 어려운 과제지만 50S와 30S 소단위의 구조가 같은 해에 세 독립적 그룹에 의해 결정되었다. 이 발견은 세 책임 연구자, Thomas A. Steiz, Ada E. Yonath 및 Venkatraman Ramakrishnan가 노벨 화학상을 수상할 정도로 장대하였다. 이 연관된 논문은 리보솜 구조의 발견이 리보솜의 촉매 활동과 구조가 적절한 단백질 생산을 위해 어떻게 밀접하게 연결되었는지에 대한 우리의 이해가 진전된 과정을 기술하고 있다.

핵심 개념

- 유전물질은 분자의 화학 구조에 따라 DNA 혹은 RNA로 분류할 수 있다. DNA와 RNA 모두 인산기, 5탄당 및 질소-함유 염기로 구성된 뉴클레오티드로 구성된 긴 중합체이다.
- DNA 뉴클레오티드는 인산기와 질소성 염기(구아닌, 시토신, 아데닌, 티민)에 결합된 디옥시리보오스를 가진다. RNA 뉴클레오티드는 디옥시리보오스 대신 2′ 탄소에 여분의 수산기를 가진 리보오스를 가진다. 뉴클레오티드는 인산디에스테르결합으로 연결된다. 뉴클레오티드 중합체의 염기는 아데닌은 항상 티민(혹은 RNA의 우라실)과 쌍을 이루고 구아닌은 항상 시토신과 짝을 이루어 역평행 이중 가닥 DNA 혹은 RNA를 형성하도록 수소결합을 연결할 수 있다.
- 상보적 염기를 갖는 DNA의 두 가닥은 보통은 역평행 방향으로 연결된다, 즉 한 가닥의 5′-인산은 다른 가닥의 3′-수산기와 마주한다. 이중 가닥은 자발적으로 나선으로 꼬인다.
- DNA의 상보적 성질은 유전의 기초이다.
- DNA의 두 가닥은 열에 의해 녹거나 혹은 변성될 수 있고 식힘에 의해 복원될 수 있다. 녹음 곡선의 중간의 온도를 T_m 혹은 녹는 온도라고 부른다. 두 관련된 DNA 가닥의 복원은 혼성화라고 부른다.
- 긴 DNA 가닥은 생물에 따라 다른 구조를 갖는 염색체를 형성한다. 대부분 세균은 원형 염색체를 가지나 사람은 동원체와 말단소체를 갖는 선형 염색체를 가진다.
- 분자생물학의 중심원리는 생물 세포의 성장과 분열 동안 유전물질의 흐름을 보여준다. 한 DNA 분자가 사본이 만들어지면 복제가 일어나고 그것은 세포분열 후 딸 세포에게 전달된다. 전사는 유전자의 임시적인 사본을 mRNA라고 불리는 형태로 만든다. 번역은 mRNA 서열을 리보솜과 tRNA를 통해 아미노산 사슬로 해독함으로써 핵심적인 세포 기능을 수행하는 데 사용되는 단백질을 만든다.
- 리보솜은 단백질과 RNA(리보솜 RNA-rRNA) 모두로 구성된 분자 기계이다. 흥미롭게도 RNA 성분이 촉매 활성을 책임진다. 다른 형태의 RNA 또한 세포 기능에 중요한데, 운반 RNA(tRNA), 미소 RNA(miRNA), 짧은간섭 RNA(siRNA), **안티센스 RNA** 및 **RNA 효소**가 포함된다.

안티센스 RNA(antisense RNA) 서열이 전령 RNA와 상보적인 RNA로 전령 RNA와 염기쌍을 형성하고 번역을 방해한다.
RNA 효소(ribozyme) 효소로 작용하는 RNA 분자

- DNA와 RNA의 유전 암호는 코돈으로 함께 읽히는 3염기들에 기초한다.
- 단백질은 많은 세포 기능을 수행한다. 구조단백질은 구조를 제공하고 효소는 화학반응을 촉매하고 조절단백질은 다른 분자를 조절하고 수송 단백질은 세포 안팎으로 단백질과 다른 물질을 수송한다.
- 단백질 구조는 아미노산 곁사슬 끼리 혹은 곁사슬과 환경과의 상호작용에 의해 조절된다. 단백질은 아미노산의 선형 순서인 1차 구조, 수소결합에 의한 아미노산의 접힘 혹은 나선인 2차 구조, 나선 혹은 병풍이 삼차원 구조로 접히는 3차 구조, 어떤 단백질은 여러 폴리펩티드사슬이 한 복합체를 형성하는 4차 구조를 가진다. 단백질 구조는 X-선 회절 양상을 통해 밝혀질 수 있다.

복습 문제

1. 핵산은 무엇인가? 두 종류의 핵산은 무엇인가?
2. 뉴클레오티드의 세 구성성분은 무엇인가?
3. 뉴클레오티드를 연결하는 결합은 무엇인가?
4. DNA와 RNA 각각의 4염기는 무엇인가?
5. 푸린과 피리미딘, 뉴클레오티드와 뉴클레오시드의 차이는 각각 무엇인가?
6. DNA 혹은 RNA 분자의 시작과 말단에는 무엇이 있나?
7. DNA의 이중나선을 결합하는 결합은 무엇인가?
8. DNA 분자의 왓슨-크릭 모형을 기술하라.
9. A/T쌍과 G/C쌍 사이의 차이는 무엇인가?
10. 염색체는 무엇인가? 원핵생물과 진핵생물에서 염색체의 차이는 무엇인가?
11. 유전자는 염색체에 배열되어 있나?
12. DNA 가닥은 어떻게 복제되나? 이 과정을 무엇이라고 부르는가?
13. 동원체는 무엇이며 그 기능은 무엇인가?
14. 말단소체는 무엇이며 그 기능은 무엇인가? 말단소체의 중요성은 무엇인가?
15. 핵형은 무엇인가? 예를 들어라. 그것은 언제 볼 수 있나?
16. 염색체 이상을 동정하는 데 사용되는 기술을 설명하라.
17. 분자생물학의 중심원리는 무엇인가?
18. 복제, 전사 및 번역을 정의하라.
19. 원핵생물과 진핵생물에서 mRNA의 차이는 무엇인가?
20. 세균 리보솜의 구조 성분은 무엇인가?
21. 리보솜 RNA의 역할은 무엇인가?
22. 코돈은 무엇인가? 유전 암호에서 몇 개의 코돈이 가능한가?
23. 개시 코돈의 기능은 무엇인가? 새로 합성된 단백질에서 첫째 아미노산은 무엇인가?
24. tRNA는 무엇이며 그 기능은 무엇인가?
25. 단백질 형성에 관여하는 3종류 RNA는 무엇인가?
26. DNA와 RNA 사이의 주요 차이는 무엇인가?
27. 아미노산의 일반 구조는 무엇인가? 단백질을 만드는데 몇 종류의 아미노산이 사용되나?
28. 단백질은 무엇이며 어떻게 형성되나?
29. 단백질의 N-말단과 C-말단은 무엇인가?
30. 단백질을 활성화하는 4단계의 접힘은 무엇인가?
31. 단백질의 네 가지 주요 기능을 나열하라.

개념 문제

1. a. 다음 외가닥 DNA에 대한 상보적 서열을 써라:

```
5' CTATCGATTCAACGAAATTCGCAAGGCATT 3'
```

   b. 질문의 이중 가닥 DNA를 위 가닥을 주형으로 사용하여 외가닥 mRNA로 전사하라.
   c. 코돈표를 이용하여 1 b의 mRNA를 번역하라.
2. 분자생물학의 중심원리를 설명하라.
3. 리보솜이 들어있는 용액을 받은 과학자는 이 혼합체로부터 여러 단위체를 분리하려고 한다. 리보솜 단위체를 분리하는 실험 기술을 제시하라.
4. 생쥐의 곱슬 털에 대한 유전자를 연구하는 연구자가 곧은 털 쥐와 곱슬 털 쥐에서 털 모양에 대한 유전자 사이에 한 염기가 다르다는 것을 발견했다. 이 돌연변이는 이 위치에 다른 아미노산이 삽입되도록 유전자를 변형시켰다. 단백질 기능에 대한 지식에 근거하여 이 연구의 결과를 설명하라.
5. 다음 생물들에 대해 4염기 각각에 대한 백분율 함량을 계산하라. 주어진 자료에 근거하여 추론하라.

생물	구아닌 (G)	시토신 (C)	티민 (T)	아데닌 (A)
Streptomyces coelicolor		38%		
Saccharomyces cerevisiae			19%	
Arabidopsis thaliana	18%			
Plasmodium falciparum				30%

Chapter 4 유전체와 DNA

유전체라는 용어는 한 생물체(살아있는 세포 혹은 바이러스)가 갖는 전체 유전 정보를 의미한다. 유전체에 있는 유전자의 수는 어떤 바이러스의 단지 몇 개에서부터 복잡한 고등 생물의 수천에 이른다. 당연하게, 생명의 본질적 요소를 제공하기 위해 다른 생물에 의존하는 기생생물은 종종 상응하는 자유생활 생물에 비해 상대적으로 적은 유전체를 가진다. 유전자는 염색체로 알려진 DNA 분자로 운반된다. 염색체의 수, 구조 및 배열은 다양한 생물에 따라 상당히 다르다. 세균은 일반적으로 하나의 원형 염색체를 가지지만 진핵생물은 다수의 선형 염색체를 가진다. 염색체는 그것을 가지고 있는 세포보다 길기 때문에 가능한 공간에 차도록 다양한 방법으로 압축된다. 유전자 자체에 덧붙여서, 염색체는 많은 다른 DNA 부분을 포함한다. 어떤 이들 절편은 사실상 조절성이지만 다른 것은 분명한 기능이 없는 것 같다. 특히 고등생물에서 많은 반복 서열이 극단의 경우 DNA의 대부분을 구성할 수 있다.

1. 유전체 조직

유전체는 생물에 따라 변하며, 이 절에서는 바이러스, 원핵생물, 세포소기관 및 진핵생물의 기본적인 양상을 소개한다. 유전체 분야가 발전하면서, DNA의 뉴클레오티드의 순서가 어떻게 유전자의 기능적 산물과 연관되는지가 더욱 더 분명해질 것이다. 현재로서는 유전체의 구조적 조직에 대한 연구는 간기 DNA의 구조와 이것이 어떻게 유전자의 발현과 상호작용에 연관되는 지에서 흥미진진한 돌파구를 제공한 아직도 급증하는 연구 분야이다.

1.1. 바이러스와 세균의 유전체 조직

오늘날 분자생물학은 드디어 유전체의 시대에 들어왔으며, 1,000종 이상의 세균 유전체 서열이 결정되었다. 일부 세균이 둘 혹은 그 이상의 염색체를 가지지만, 세균은 보통 모든 유전자를 하나의 원형 염색체에 운반한다. 라임병을 일으키는 *Borrelia burgdorferi* 같은 일부 세균은 선형 염색체를 갖기도 한다. 원형 유전체는 유전자 사이의 공간이 거의 없이 포장된다. 더욱이 많은 유전자는 일련의 프로모터 요소가 다수 유전자의 발현을 조절할 수

표 4.01 유전체 크기

생물	유전자 수	DNA 양(bp)	염색체 수
바이러스			
박테리오파지 MS2	4	3,600	1 (ssRNA)*
담배모자이크바이러스	4	6,400	1 (ssRNA)*
ΦX174 박테리오파지	11	5,387	1 (ssDNA)
인플루엔자	12	13,500	8 (ssRNA)
T4 박테리오파지	200	165,000	1
폭스바이러스	300	187,000	1
박테리오파지 G	680	498,000	1
원핵생물			
미토콘드리아(사람)	37	16,569	1
미토콘드리아(애기장대)	57	366,923	1
엽록체(애기장대)	128	154,478	1
Nanoarchaeum equitans	550	490,000	1
Mycoplasma genitalium	480	580,000	1
Methanococcus	1,500	1.7 Mbp	1
Escherichia coli	4,000	4.6 Mbp	1
Myxococcus	9,000	9.5 Mbp	1
진핵생물(반수체 유전체)			
Encephalitozoon	2,000	2.5 Mbp	11
Saccharomyces	5,700	12.5 Mbp	16
Caenorhabaditis	19,000	97 Mbp	6
Drosophila	12,000	180 Mbp	5
Mus musculus	25,000	2,600 Mbp	20
Homo sapiens	25,000	3,300 Mbp	23
Arabidopsis	25,000	115 Mbp	5
Oryza sativa (Rice)	45,000	430 Mbp	12

*ssRNA = single-stranded RNA; ssDNA = single-stranded DNA; all other genomes consist of double-stranded DNA.

있도록 기능에 따라 무리지어 진다. 이 구조를 **오페론**이라고 부른다.

더욱 극단적인 경우, 대부분 바이러스의 유전체는 세균보다 더 조밀하다. 어떤 바이러스에서 유전자의 수는 박테리오파아지 MS2의 4개 정도로 적을 수 있다. 바이러스는 거의 모든 기능을 숙주 세포에 의존하기 때문에 적은 유전자로도 생존할 수 있다. 바이러스 유전체는 숙주가 더 많은 바이러스 유전체와 바이러스 외투를 만들도록 숙주를 속이는 데만 필요하다(표 4.01). 그럼에도 불구하고 가장 큰 바이러스는 대부분의 기능은 알려지지 않은 약 1,000개 유전자를 가진다.

상자 4.01 가장 작은 원핵생물 유전체

최소의 원핵생물 유전체는 특정한 생합성 경로를 포기할 수 있는 공생 세균에 속한다. 이 세균은 영양소, 대사산물, 복제/전사/번역 기구를 자신이 만들지 않고 이들을 단지 숙주의 공급에 의존할 수 있다. 2006년에 미국과 일본의 과학자들은 *Carsonella ruddii*라는 공생 세균이 길이가 159,662 염기쌍이고 단지 182 유전자를 가짐을 발견했다. 이 세균은 여러 식물의 즙을 먹는 프실리드라는 작은 곤충(그림 4.01) 안에 있다. 이 곤충의 음식은 당은 풍부하나 아미노산이 결여되어서 원래는 이 세균이 결여된 아미노산을 공급하는 것으로 생각되었다. 세균 유전체를 세균에게 필수적인 기능을 제공하기 위한 유전자와 숙주에게 필수 아미노산을 제공하는데 필요한 유전자를 알아보기 위해 분석하였다. 유전체는 복제와 단백질 합성을 위한 주요 유전자가 결여되어서 숙주에게 이 기능을 의존해야만 한다. 더욱이 유전체는 히스티딘, 페닐알라닌 및 트립토판을 만들기 위한 유전자가 결여되었다. 이들은 이 곤충에게 필수 아미노산이므로 곤충은 이들을 다른 원천인 아마도 다른 공생자인 *Wolbachia*로 부터 얻어야 한다. – 많은 곤충은 다수의 공생자를 갖는다. *C. ruddii*는 지금은 숙주를 위해 단지 일부 기능만 제공하는 원시 공생자로 여겨진다.

가장 작은 유전체 크기는 공생세균과 바이러스에서 발견된다.

그림 4.01
Psyllid

팽나무 잎자루 혹 psyllid, *Pachypsylla venusta*는 알려진 가장 작은 세포 유전체를 갖는 세포 내 공생 세균 *Carsonella ruddii*을 포함한다. *(출처: Jerry F. Butler, University of Florida)*

오페론(operon) 한 프로모터 혹은 조절부위에 의해 조절되는 유전자 무리

1.2. 세포소기관의 유전체 조직

진핵생물에서 미토콘드리아와 염색체는 자신들의 유전체를 가지며, 원핵생물처럼 그들은 작은 원형 DNA 분자이다. 이 원형 유전체는 매우 조밀하고 원핵생물의 유전체보다 훨씬 작지만 조직과 내용에서 유사해 보인다. 중요한 차이는 이 세포소기관들이 종종 유전체의 여러 사본을 포함한다는 것이다. 이 유전체는 호흡(미토콘드리아), 광합성(엽록체) 및 자신의 리보솜 건축(두 세포소기관 모두)을 위한 유전자들을 포함한다. 이 모든 유전자는 원핵생물과 더 유사해 보인다. 세포소기관 유전체는 세포소기관이 세포 밖에서 생존하기에 충분한 유전자를 포함하지 않으므로, 세포소기관은 그들의 기능에 필요한 모든 구성성분을 제공하기 위해 핵 유전자에 암호화된 단백질과 효소에 의존한다.

세포소기관의 DNA 양이나 유전자 수는 생물의 복잡성과 무관하다. 사람의 미토콘드리아 유전체는 16,569 염기쌍 DNA에 37 유전자를 암호화하고 있고, 효모의 미토콘드라아는 87,779 염기쌍 DNA와 43 유전자를 갖는다.

이들 유전체와 암호화하는 유전자가 세균과 매우 유사하므로 이들 세포소기관이 **공생**에 의해서 생겼다는 것이 지배적인 학설이다. **공생이론**은 복잡한 진핵생물이 다른 계통의 생물이 합쳐지는 일련의 공생 사건을 거쳐 생겼다고 제안한다. 시간이 지나면서, 공생자는 독립적으로 생존하는 능력을 상실하고 숙주를 위한 한 가지 특수한 기능을 제공하도록 특화되었다. 따라서 고등 생물의 세포소기관은 원시 세균의 잔해이다(그림 4.02). 진핵세

미토콘드리아는 호흡으로 특화된 원시 세균에서 파생되었고, 엽록체는 원시 광합성 세균에서 유래했다.

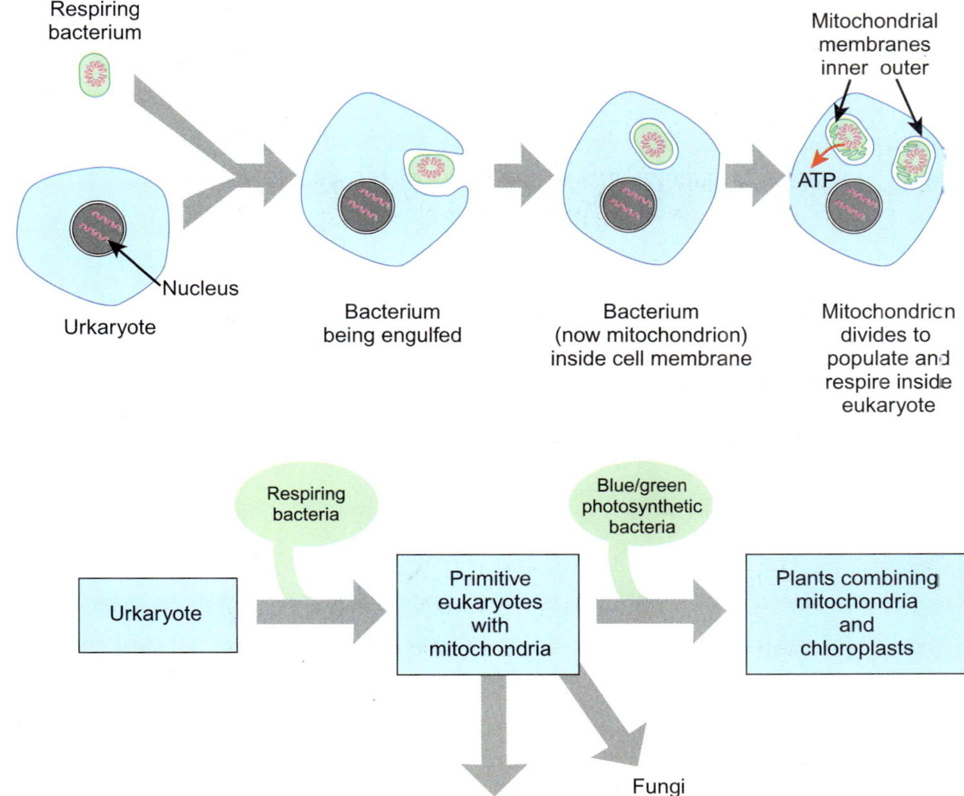

그림 4.02

호흡 세균과의 공생으로 원시 진핵생물이 나타났다

진핵생물의 원조 혹은 "원시진핵생물"은 세포막의 접힘으로 세균을 둘러싸서 호흡 세균을 삼킨다. 결과적으로 새로운 막을 갖게 된 세균 주위에는 이제 이중막이 있다. 이제 미토콘드리아로 불리는 공생자는 세균처럼 분열에 의해 나뉘고 원시 진핵세포에 에너지를 공급한다. 미토콘드리아는 에너지 생산 능력을 증진시키기 위해 내막이 주름 잡힌다.

공생(symbiosis) 상호작용하는 두 생물의 연합
공생이론(symbiotic theory) 진핵세포의 세포소기관이 공생 원핵생물에서 기원했다는 이론

포의 핵 유전자는 종종 핵생물로부터 파생되었다고 한다. **원시진핵생물**은 오늘날의 진핵생물 핵 내에 있는 유전정보를 마련한 가상적인 조상이다.

공생이론에 따르면 미토콘드리아는 오래전에 현대 진핵세포의 조상 내에 포착된 세균의 자손이다. 이들 세균은 서식처와 양분을 얻었고, 대신 호흡에 의해 에너지를 생산하는데 전념했다. 이들은 포착된 이래 에너지 생산만 전담한 결과 스스로 생존할 수 있는 능력을 상실하고 미토콘드리아로 진화하였다. **세포내공생**이라는 용어는 지금 설명한 경우처럼 한 상대방이 다른 상대방의 내부(endo는 그리스어로 내부라는 의미)에 물리적으로 함께 있는 공생연합을 의미한다. 공생 세균 *Carsonella ruddii*는 그런 공생자의 현대적 예이다. 이 세균은 세포소기관으로 진화하고 있을 정도로 많은 유전자를 상실하였다.

식물 세포는 엽록소 같은 광수집 색소로 광합성을 수행하는 엽록체를 가지고 있다. 엽록체의 rRNA는 식물 세포 핵의 rRNA 보다 광합성 세균의 rRNA와 일치한다. 따라서 엽록체는 아마도 현대 식물의 조상에 의해 포착된 광합성 세균으로부터 유래했다. 일부 식물은 광합성 능력을 상실하였지만 여전히 결함이 있는 엽록체를 가지고 있다. **색소체**라는 용어는 기능과는 상관없이 유전적으로 엽록체와 동등한 세포소기관에 사용되는 말이다. 균류는 식물의 녹색광 흡수 색소인 엽록소가 없으므로 진화과정에서 광합성 능력이 퇴화된 식물이라고 생각된 적이 있다. 그러나 균류에는 색소체 유전체의 흔적이 없고 rRNA 분석은 조상 균류가 광합성을 한 적이 없으며 엽록체가 포착되기 이전에 조상 생물이나 녹색식물로부터 분리되었음을 시사하고 있다. 또한 rRNA 서열결정은 균류가 식물보다는 동물에 더욱 가깝다는 사실을 보여주고 있다.

상자 4.02 세포소기관의 기원에 대한 공생설

*Entamoeba*나 *Giardia* 같은 원시 단세포 진핵생물은 호흡 능력이 없고 대신 발효로 살아간다. 한때는 이들이 미토콘드리아가 없고 원시 진핵생물이 미토콘드리아로 진화될 세균을 잡기 전에 원시세포로부터 분지되었다고 믿었다. 최근에는 이들의 조상은 미토콘드리아를 소유했으나 진화하는 동안 2차적으로 미토콘드리아를 잃었다고 제안되었다. 그러나 최근의 연구는 *Entamoeba*나 *Giardia*도 미토콘드리아에 상응하는 작은 흔적 세포소기관인 "미토솜"을 가지고 있음을 보여주었다. 흔적 세포소기관은 호흡능력은 완전히 상실되었지만 여러 필수 단백질에서 발견되는 철-유황기를 조립하는 작용을 한다.

1.3. 진핵생물의 유전체 조직

세균, 바이러스 및 세포소기관에서 보는 간소화고 조밀한 유전체와 달리 진핵생물 핵 유전체는 매우 크다. 사람의 모든 핵에 60억 염기쌍의 DNA가 있다. 현화식물 *Fritillaria* 유전체는 사람 유전체 보다 20배 큰 1200억 염기쌍 크기이다. 아주 많은 양의 DNA를 가진 것에 덧붙여 진핵생물은 유전체가 종종 다양한 수의 염색체로 나뉜다. 염색체의 수는 생물의 복잡성과 무관한데 효모는 16, 사람은 23, 일부 고사리는 수백 염색체를 가지고 있기 때문이다.

세포내공생(endosymbiosis) 한 생물이 다른 생물의 안에 사는 공생 형태
색소체(plastid) 광합성 기능과는 무관한 유전적으로 엽록체와 동등한 세포소기관
원시진핵생물(urkaryote) 진핵생물 핵의 유전정보를 제공한 가설적인 조상

유전체 구조에 대한 가장 흥미로운 관찰 중의 하나는 DNA 양과 유전자의 수가 연관되지 않는다는 것이다. 이 현상은 C값 역설이라고 부르는 데 이름은 생물의 복잡성이 그 유전체의 DNA 양과 관련되지 않기 때문에 1970년대 초기에 만들어졌다. 이 경향은 진핵생물의 **비암호화 DNA** 때문이다. 이는 이름이 나타내듯이 전혀 기능이 없을 수 있는 비암호화 부위로 구성된 염기 서열의 DNA이다.

비암호화 DNA는 대부분 고등 동물과 식물에서 DNA의 대부분을 차지한다.

세균은 상대적으로 적은 비암호화 DNA를 가지지만 진핵생물은 상당한 양을 갖는다. 효모 같은 상대적으로 원시적인 진핵생물조차도 거의 50%의 비암호화 DNA를 갖는다. 예를 들어, 효모는 대장균에 비해 약 3배의 DNA를 갖지만 유전자 수는 1.5배이다. 고등 진핵생물은 비암호화 DNA의 비율이 더 높다. 생쥐와 사람 같은 포유루는 약 300 **Mbp** DNA에 수용된 20,000-30,000개의 유전자를 갖는다. 이는 95% 이상이 비암호화 DNA임을 의미한다. 그러나 포유류와 거의 같은 유전자를 갖는 것으로 알려진 현화식물은 100배 많은 DNA를 가지고 있다. 개구리와 영원 같은 일부 양서류 거의 같은 DNA 양을 갖고 있다.

진핵생물에서 발견된 많은 양의 비암호화 DNA는 위치와 서열에 따라 분류할 수 있다. 원핵생물에서 거의 모든 비암호화 DNA는 유전자 사이에서 **유전자간 DNA**로 발견된다. 사람의 유전체에서 유전자간 DNA의 양은 매우 다양하다. 사람 유전체의 어떤 지역에서는 큰 유전자간 DNA가 발견되고 다른 지역에서는 유전자들이 서로 보다 가깝다. 사람 유전체와 달리 초파리나 예쁜꼬마선충 같은 종은 유전자의 간격이 유전체에 걸쳐 균등하다.

비암호화 DNA가 진핵생물 염색체에 걸쳐 유전자 사이에 퍼져있을 뿐 아니라 실제 유전자 자신도 종종 비암호화 DNA에 의해 단절된다. 이 **개재서열**이 **인트론**이며, 암호정보를 포함하는 DNA 부위는 **엑손**이다. 대개의 진핵생물 유전자는 인트론과 교대되는 엑손으로 구성된다(그림 4.03). 효모 같은 하등 단세포 진핵생물에서 인트론은 비교적 흔하지 않으며 매우 짧다. 이에 비해 고등 진핵생물에서는 대부분 유전자가 인트론을 가지며 이들은 종종 엑손보다 길다. 어떤 유전자에서는 인트론이 DNA의 90% 이상을 차지할 수 있다. 예를 들어, CFTR 유전자는, 돌연변이가 낭포성섬유증을 일으키는, 250,000 염기쌍 크기에 1,480 아미노산으로 구성된 단백질을 암호화하는 24개의 엑손을 갖는 것으로 알려졌다. 1,480개의 아미노산을 암호화하는 데는 4,440 염기쌍만이 필요하므로, 이는 이 유전자의 2%만이 실질적인 암호성 DNA임을 의미한다. 나머지는 23개의 인트론인 개재서열로 구성된다.

드물기는 하지만, 진핵생물 유전자는 함께 무리를 이룰 수 있고, 일부 진핵생물 유전자가 실제로 오페론으로 전사된다는 증거가 있다. 일반적으로 트리파노소마라고 부르는 작은 단세포 진핵생물인 *Leishmania major*의 유전체는 크기가 다른 유전자들의 무리를 가진다. 각 무리는 한 단위로 전사된다. 예쁜꼬마선충에서는 약 15%의 유전자가 오페론

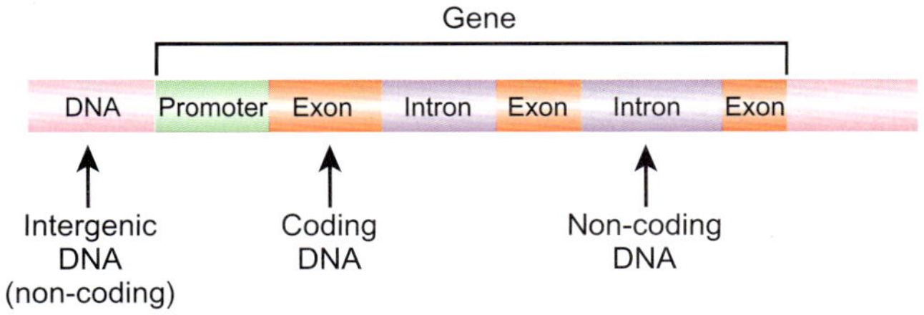

그림 4.03

개재서열은 진핵생물 유전자를 단절시킨다

유전자 사이의 비암호화 DNA 부위를 유전자간 DNA라고 한다. 유전자의 번역부위를 단절시키는 비암호화 부위를 인트론이라고 한다.

엑손(exon) 가공이 끝난 후에 전령 RNA에 남아있는 단백질을 암호화하는 유전자의 단편
유전자간 DNA(intergenic DNA) 유전자 사이에 있는 비암호화 DNA
개재서열(intervening sequence) 인트론의 또 다른 이름
인트론(intron) 전사되고 1차 전사체의 부분을 형성하지만 단백질을 암호화하지 않는 유전자의 단편
메가염기쌍(Mbp) 백만 염기쌍의 약어
비암호화 DNA(non-coding DNA) 단백질이나 기능성 RNA를 암호화하지 않는 DNA

으로 존재한다. 이 오페론은 기능적으로 관련된 유전자를 포함하지 않지만 유전자들은 같은 요소에 의해 조절될 수 있다. 애기장대 같은 다른 진핵생물에서 일부의 작은 비암호화 RNA 유전자가 폴리시스트론이라는 증거가 있다. 사람에서 미소RNA(18장 참조) 유전자는 무리지어 발견되고 발생동안 유사한 경로에서 작용한다. 그러나 현재로는 그들이 한 메시지로 전사된다는 증거는 없다.

2. 반복 서열은 고등생물 DNA의 특성이다

반복 서열은 흔히 고등생물의 DNA에서 발견된다.

공통서열은 전사요소 결합위치, RNA 중합효소 결합위치, 증폭자 요소, 유전자억제 요소 등을 포함하는 여러 DNA 모티프를 기술하는 데 사용된다. 공통서열은 또한 보존된 단백질의 영역을 기술하는 데도 사용될 수 있으나, 단백질 공통서열은 뉴클레오티드 대신 각 위치에서 가장 흔한 아미노산으로 기술된다.

리보솜 RNA 유전자는 보통 다수 사본으로 발견된다. 고등생물에는 수천 사본이 있을 수 있다.

일반적으로 유일서열은 단백질을 암호화하며 유전체에 한 사본만 있는 서열을 말한다. 유일서열은 세균 DNA의 거의 전부를 차지한다. 그러나 진핵생물에서는 유일서열이 전체 DNA의 20%만 차지할 수 있다. 예를 들어, 사람은 전체 유전체의 2%만이 실제로 단백질을 암호화한다. 사람 유전체의 약 50%는 이런 저런 **반복 서열**(혹은 **반복된 서열**)이다. 이름이 제시하듯이 반복 서열은 유전체에 걸쳐 여러 번 반복되는 DNA 서열이다. 어떤 경우는 반복 서열이 서로 직접 연속되고(직렬반복, 아래 참조), 다른 경우는 유전체에 걸쳐 분산되어 퍼져있다(산재서열). 일부 반복 서열은 진정한 유전자이지만 대부분은 비암호화 DNA로 구성된다.

반복 서열군의 구성원은 모든 염기가 동일하지는 않다. 그럼에도 불구하고 작은 변화에 의해 모두가 유래된 이상적인 소위 **공통서열**을 상정할 수 있다(그림 4.04). 실제로는 이런 공통서열은 연관된 많은 서열을 조사하고 각 위치에서 가장 자주 발견되는 염기들을 포함시킴으로써 추론된다. 다시 말해 공통서열은 많은 서열을 비교하고 평균을 취함으로써 발견된다.

위유전자라고 부르는 반복의 한 작은 범주가 진핵세포에서 발견된다. 이들의 일부는 진정한 유전자의 결함이 있는 복제 사본이며 결함으로 인해 발현되지 않는다. 다른 위유전자는 발현되지만 그 mRNA는 단백질을 암호하기보다는 다른 유전자의 발현을 조절한다. 위유전자는 한 두 사본으로 존재하고 기능이 있는 원래 유전자에 인접하거나 혹은 다른 염색체까지 멀리 떨어져 있을 수 있다. 양적인 면에서 위유전자는 DNA의 극히 일부를 차지한다. 그러나 이들은 분자 진화에서 새로운 유전자의 전구체로서 매우 중요하다고 믿어진

그림 4.04

공통서열의 추론

염기 출현의 빈도는 연관된 일련의 서열들을 가장 잘 대표하는 공통서열을 도출하기 위해 사용된다.

Actual sequence observed:

(bases that differ from consensus are shown in lower case)

A	t	C	C	G	T	A	T	G	T
A	G	C	a	t	T	A	T	G	T
A	G	g	C	G	T	t	T	G	T
c	G	C	C	G	c	A	T	G	a
A	a	t	C	G	T	A	T	c	T
A	G	C	g	a	g	A	T	G	T
A	G	C	C	G	T	A	T	G	T
g	G	C	C	a	T	A	g	t	T
A	G	a	C	G	c	A	a	G	T
A	G	t	C	G	T	A	T	a	T

Number of times most common base appears at each position: 8 8 6 8 7 7 9 8 7 9

Derived *consensus sequence:* A G C C G T A T G T

공통서열(consensus sequence) 각 위치에서 가장 자주 발견되는 염기로 구성된 이상화된 염기 서열
위유전자(pseudogene) 진정한 유전자의 결함이 있는 사본
반복 서열(repeated sequence 혹은 repetitive sequence) 다수 사본으로 존재하는 DNA 서열

다(26장 참조). 어떤 경우는 복제된 두 사본 모두가 기능을 갖고 반복되는 복제가 연관된 유전자군을 만들 수 있다. 다수의 사본은 유사하지만 연관된 역할을 수행하도록 적응하면서 더 많이 혹은 더 적게 점진적으로 분기한다. 따라서 유전자군 형성에 의한 반복 서열은 밀접하게 연관되지만 완벽하게 동일하지는 않다. 이러한 예는 발생동안 체형을 확립시키는 전사인자를 암호화하는 HOX 유전자군이다. 이 유전자들은 첫째 유전자가 발생에서 가장 먼저 발현되고 유전자군의 마지막 유전자가 마지막으로 발현되도록 조직되어 있다.

수백 혹은 수천 사본이 있는 서열을 **중반복 서열**이라고 하며, 사람 DNA의 약 25%가 이 범주에 속한다. 이 범주에는 여러 번 반복되는 기능이 없는 DNA 서열뿐만 아니라 rRNA처럼 고도로 사용되는 다수의 사본이 포함된다. 원핵생물 세포는 10,000개 정도의 리보솜을 포함하므로 DNA가 보통 예닐곱 사본의 rRNA와 tRNA 유전자를 갖는다는 것은 놀라운 일이 아니다. 기대한 것처럼, 훨씬 큰 진핵생물 세포는 rRNA와 tRNA 유전자를 수백 혹은 수천 사본 갖는다. 오늘날까지 연구된 모든 생명체에서 rRNA 유전자는 유전체에서 선형 무리로 배열된다. 이들은 폴리시스트론 RNA로 발현되고 나서 별개의 rRNA로 가공된다.

많은 중반복 비암호화 DNA는 **긴고반복 서열**인 **LINE**를 형성한다. 이들은 레트로바이러스와 유사한 조상에서 유래되었다고 생각된다(레트로바이러스에 대한 정보는 21장 참조). 포유류 유전체에는 LINE-1(L1)족이 20,000-50,000 사본이 있다(그림 4.05). 완전한 L1 요소는 약 7,000 **bp**이며 두 암호서열을 포함한다. 그러나 대부분의 L1 요소는 보다 짧으며 암호서열을 파괴하여 기능을 상실하게 만드는 서열 재배열을 포함할 수 있다.

덧붙여서, 사람 DNA의 10%는 수십만에서 수백만의 사본으로 존재하는 서열로 구성된다. 이 **고반복 DNA**의 대부분은 **짧은고반복 서열**인 **SINE**를 구성한다. 이들은 거의 모두 기능이 없는 것으로 알려졌다. 가장 잘 아려진 SINE이 300 염기쌍인 **알루서열**이다. 이는 제한효소 *Alu* I을 따라 명명되었고, 이 효소는 알루서열을 앞에서부터 170 bp 위치에서 한번 절단한다(제한효소에 대해서는 5장 참조). 반수체 유전체 당 300,000에서 500,000개의 알루서열 사본이 사람 DNA에 걸쳐 산재한다. 이들은 사람 유전정보의 6-8%를 차지하며, 최근 연구는 이들이 유전자 전사를 방해하기 위해 RNA 중합효소 II에 결합함을

사람 DNA의 약 7%는 300 bp의 알루서열의 반복으로 구성된다.

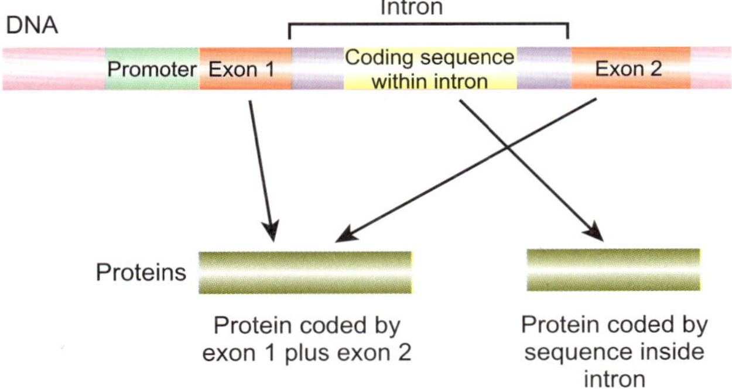

그림 4.05
LINE-1 서열의 구조

LINE-1 혹은 L1서열의 예가 나타나 있다. L1은 레트로바이러스의 *pol*과 LTR 서열들과 상동성인 DNA 구획과 자신의 복제에 관련된 두 암호서열 혹은 개방해독틀(ORF1과 ORF2)을 포함한다.

알루서열(Alu element) 짧은고반복 서열의 예로 사람과 다른 영장류의 염색체에서 다수 사본으로 발견되는 특정 짧은 DNA 서열
염기쌍(bp) 염기쌍의 약어
고반복 DNA(highly repetitive DNA) 수십만의 사본으로 존재하는 DNA 서열
긴고반복 서열(LINE 혹은 Long INterspersed Element) 포유류의 중반복 DNA의 대부분을 구성하는 다수 사본으로 발견되는 긴 서열
중반복 서열(moderately repeated sequence) 수천에서 수십만 이하로 존재하는 DNA 서열
짧은고반복 서열(SINE 혹은 Short INterspersed Element) 포유류의 중반복 DNA 혹은 고반복 DNA의 대부분을 구성하는 다수 사본으로 발견되는 짧은 서열

제시했다.

대부분 포유류는 알루서열과 지형학적으로 연관된 짧은고반복 서열을 포함한다. 그러나 생쥐와 햄스터 등에서 발견된 원래 서열은 단지 130 bp 길이다. 예를 들어, 집쥐는 알루와 연관된 **B1 서열**을 50,000 사본 가지고 있다. 사람의 알루서열은 직렬로 반복된 130 bp의 이 조상 B1 서열과 기원이 불분명한 여분의 31 bp를 가지고 있다. 집쥐는 B1 서열 사본을 100,000개보다 적게 가지므로 B1 서열은 중반복 DNA로 분류될 수 있고, 사람은 연관된 알루서열의 사본을 100,000개 이상 가지므로 알루서열은 고반복 DNA로 분류된다. 분명히 고반복 DNA와 중반복 DNA의 구분은 어느 정도 임의적이다.

상자 4.03 염화세슘 밀도구배를 이용한 DNA 순수분리

매우 많은 수의 직렬반복으로 구성된 DNA는 유전체 전체와는 다른 염기조성을 가질 수 있다. 만일 그렇다면 부수체 DNA는 나머지 DNA와는 다른 부유 밀도를 갖게 되는데, 이 성질이 염기조성에 의존하기 때문이다. DNA는 CsCl 중금속 염의 구배에서 초원심분리에 의해 밀도에 따라 분획될 것이다. CsCl과 DNA의 용액을 포함하는 작은 시험관을 고속도(450,000 x **g**)로 하룻밤 동안 원심분리 한다. 원심력이 Cs^+ 이온과 DNA 분자를 밀게 되면 DNA는 자신의 밀도가 Cs^+ 이온의 밀도와 같은 곳—**중립부력**이라고 부르는—에서 띠를 형성한다. 만일 GC%가 5% 이상 변하면 분리된 띠를 얻는다. 집쥐 DNA를 CsCl 밀도구배에서 돌리면 DNA 띠가 두개 보인다(그림 4.06). 하나는 92%의 DNA를 포함하고 밀도가 1.701 gm/cm^{3}이며 작은 부수체 띠는 8%의 DNA를 포함하며 밀도가 1.690 gm/cm^{3}이다. 부수체 DNA는 원래 이 밀도 분리에 의해 정의되었다. 그러나 평균 부수체 DNA의 염기조성이 유전체 전체의 염기조성과 가까운 경우 부수체 DNA는 밀도구배를 사용하여 물리적으로 분리될 수 없다.

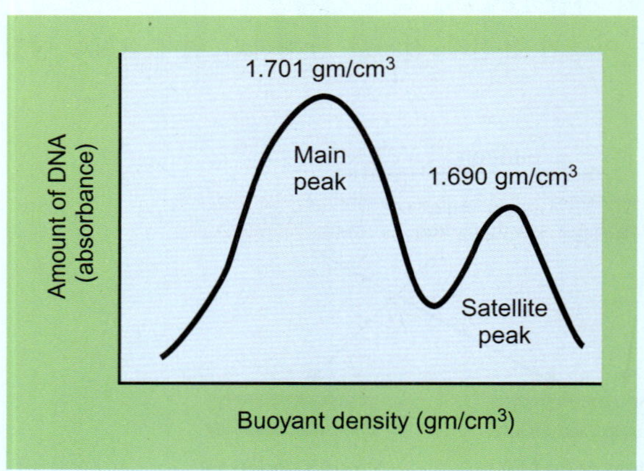

그림 4.06
밀도구배 원심분리와 부수체 띠

CsCl 밀도구배는 DNA 절편들이 밀도에서 차이가 있다면 2개(혹은 그 이상) 띠를 나타낼 것이다. 이 경우 가벼운 DNA는 주로 부수체 DNA 서열을 포함한다.

B1 서열(B1 element) 생쥐에서 발견되는 짧은고반복 서열의 예로 사람 알루서열 진화의 전구 서열
중립부력(neutral buoyancy) 물질의 밀도가 그 물질이 떠 있는 용액의 밀도와 같은 지점

2.1. 부수체 DNA는 직렬반복 형태의 비암호화 DNA이다

정의에 의해 유전체 전반에 퍼져 있는 긴고반복 서열이나 짧은고반복 서열과 달리 진핵생물의 고반복 DNA의 상당 부분은 **직렬반복**의 긴 집단으로 발견된다. 이들을 또한 **부수체 DNA**라고 하는데, 유전체 DNA를 염화세슘 밀도구배 원심분리로 분리하면 반복 DNA는 가벼운 띠를 형성하기 때문이다(상자 4.03 참조). 직렬은 반복 서열들이 서로 사이에 틈이 없이 인접함을 의미한다. 부수체 DNA의 양은 변화가 매우 심하다. 집쥐 같은 포유류에서 부수체 DNA는 DNA의 8%를 초파리에서는 거의 50%를 차지한다.

직렬반복은 함께 무리지어 불활성 부수체 DNA 부위를 형성한다.

일련의 긴 직렬반복은 감수분열시 염색체쌍이 재조합을 위해 배열될 때 잘못된 정렬을 일으키는 경향이 있다. 그러면 **부등교차**로 하나는 짧고 하나는 긴 반복 DNA를 만들 것이다(그림 4.07). 따라서 정확한 직렬반복의 수는 같은 집단에서 개체에 따라 변한다(교차에 대한 정보는 24장 참조).

곤충에서 부수체 DNA의 반복 서열은 매우 짧고 하나 혹은 몇 개의 다른 서열로 구성된다. 따라서 *Drosophila virilis*에서 공통서열이 ACAAACT인 7 bp 반복이 부수체 DNA의 거의 대부분을 차지한다. 반복의 거의 반이 공통서열이고 나머지는 하나 드물게는 두 염기가 다르다. 부수체 서열은 생물에 따라 매우 많이 변한다. 보다 자주 사용되는 *Drosophila melanogaster*에서는 방금 기술한 7 bp 외에도 5, 10, 12 bp 반복을 포함하는 보다 복잡한 부수체 DNA를 갖는다. 포유류에서 부수체 서열은 비교적 복잡하다. 집쥐에서는 전체적으로 9 bp 공통서열이 있지만 반복 서열 간에는 더 많은 변이가 있다(그림 4.08).

이질염색질의 반대를 진정염색질이라 부르는데, 진핵생물의 보다 느슨하고 접근하기 쉬운 DNA 형태이다.

부수체 DNA는 활성이 없고 **이질염색질**로 영구적으로 심하게 꼬여 있다. 많은 부분의 부수체 DNA, 즉 이질염색질은 사람 염색체의 **동원체** 주위에 위치하여 그 구조적 역할을 암시한다. 이 반복을 **알파 DNA**라 부르며, 사람에서 동원체 지역에 걸쳐 머리-꼬리 양상으

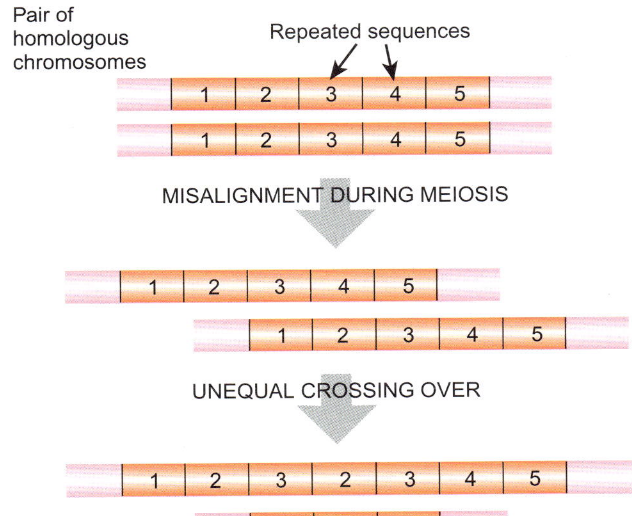

그림 4.07
오정렬에 의한 부등 교차

상동염색체 쌍이 반복 요소를 포함한다. 감수분열 동안 반복 요소는 쉽게 오정렬되므로 각 염색체에서 상응하지 않는 부위에서 종종 교차가 일어난다. 결과적으로 하나는 짧고 하나는 긴 DNA 단편을 갖게 된다.

알파 DNA(alpha DNA) 사람 DNA에서 동원체 근처에서 발견되는 DNA 직렬반복
동원체(centromere) 염색체의 구조로 체세포분열 동안 미세소관의 조립 및 조직에 사용된다.
이질염색질(heterochromatin) 유전적으로 활성이 없는 고도로 농축된 염색질의 형
부수체 DNA(satellite DNA) 직렬반복의 긴 집단으로 발견되고 영구적으로 이색염색질로 심하게 꼬인 진핵생물 세포의 고도로 반복된 DNA
직렬반복(tandem repeat) 서로 인접하게 놓인 DNA 혹은 RNA의 반복 서열
부등교차(unequal crossing over) 교차하는 두 단편의 길이가 다른 교차로 DNA 가닥들이 쌍형성 동안 잘못된 정열에 기인한다.

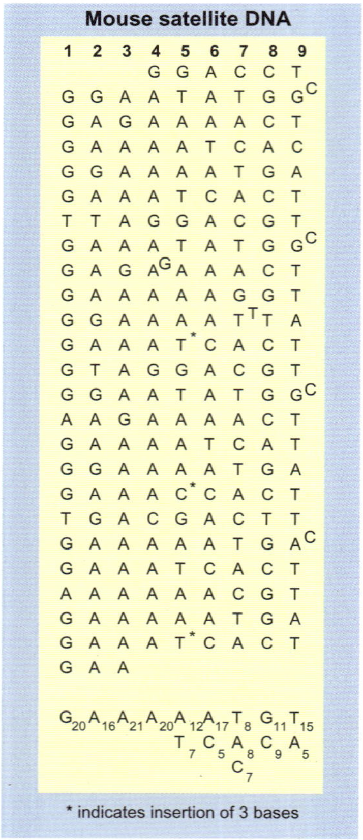

Mouse satellite DNA

1 2 3 4 5 6 7 8 9
G G A C C T
G G A A T A T G G^{C}
G A G A A A A C T
G A A A A T C A C
G G A A A A T G A
G A A A T C A C T
T T A G G A C G T
G A A A T A T G G^{C}
G A G A^{G}A A A C T
G A A A A A G G T
G G A A A A T^{T}T A
G A A A T* C A C T
G T A G G A C G T
G G A A T A T G G^{C}
A A G A A A A C T
G A A A A T C A T
G G A A A A T G A
G A A A C* C A C T
T G A C G A C T T
G A A A A A T G A^{C}
G A A A T C A C T
A A A A A A C G T
G A A A A A T G A
G A A A T* C A C T
G A A

$G_{20}A_{16}A_{21}A_{20}A_{12}A_{17}T_{8}G_{11}T_{15}$
$T_{7}C_{5}A_{8}C_{9}A_{5}$
C_{7}

* indicates insertion of 3 bases

그림 4.08
생쥐 부수체 DNA의 반복 모티프

9 bp의 공통서열 GAAAAATGT의 변이가 나타나 있다.

사람 사이의 짧은직렬반복 전체 길이의 변이는 개인을 동정하게 해주며 법의학 분석에 이용된다.

조절 단백질은 종종 역반복 서열에서 DNA와 결합한다.

표 4.02 사람의 64 bp 직렬반복변수의 분포

집단의 %	반복 수
7	18
11	16
43	14
36	13
4	10

표 4.03 진핵생물 유전체의 구성성분*

유일서열	
상류의 조절부위, 엑손과 인트론을 포함하는 단백질 암호화 유전자	
비암호화 RNA(snRNA, snoRNA, 7SL RNA, 말단소체복원효소 RNA, Xist RNA, 다양한 작은 조절 RNA)를 암호화하는 유전자	
유전자 내 비반복 비암호화 DNA	
산재반복 DNA	
위유전자	
짧은 고반복 서열(SINEs)	
알루서열(300 bp)	~1,000,000 사본
MIR 가족(평균 ~130 bp)	~400,000 사본
(포유류에 광범위한 산재반복)	
긴고반복 서열(LINEs)	
LINE-1 가족(평균 ~800 bp)	~200,000 - 500,000 사본
LINE-2 가족(평균 ~250 bp)	~270,000 사본
레트로바이러스 유사 서열(500 - 1300 bp)	~250,000 사본
DNA 전이인자(가변성; 평균 ~250 bp)	~200,000 copies
직렬반복 DNA	
리보솜 RNA 유전자	다른 5 염색체에 있는 5 무리의 약 50 직렬반복
운반 RNA 유전자	다수 사본에 더해서 서너 개의 위유전자
말단소체서열	수 kb의 6 bp 직렬반복
꼬마부수체(=VNTR)	0.1-20 kbp 구간의 짧은 직렬반복(5-50 bp), 대개 말단 소립 가까이에 위치
동원체 서열(α-satellite DNA)	171 bp 반복, 동원체 단백질에 결합
부수체 DNA	100 kbp 이상 구간의 20-200 bp 직렬반복, 대개 동원체 부군에 위치
거대부수체 DNA	100 kbp 이상 구간의 1-5 kbp 직렬반복, 다양한 위치

*주어진 사본의 수는 사람 유전체의 것임.

로 위치한 171 bp 반복이 있다. 그러나 이 부수체 DNA 서열은 세포분열 동안 방추사의 부착에 필요한 **동원체 서열**과 매우 다름을 유의하자.

2.2. 꼬마부수체 및 VNTR(직렬반복변수)

짧은 직렬반복이 부수체 DNA보다 훨씬 적은 사본으로 구성된 DNA 단편을 **직렬반복변수**(VNTR)라고 부른다. 이 반복은 반복의 크기가 25bp 정도면 **꼬마부수체** DNA 혹은 13 뉴클레오티드 이하면 **미소부수체**로 분류되기도 한다. 포유류에서 직렬반복변수는 일반적이며 유전체에 퍼져 있다. 가장 일반적인 꼬마부수체는 진핵생물 말단소체에 있는 반복이다.

부등교차에 의해 주어진 직렬반복변수의 반복수는 개체에 따라 변한다. 직렬반복변수가 비암호화 DNA이며 진정한 유전자가 아니지만 여러 형을 **대립유전자**라고 한다. 예를 들어, 표 4.02는 사람 집단에서 64 bp 직렬반복변수의 분포를 보여준다.

어떤 고도로 변이가 심한 직렬반복변수는 1,000 대립유전자를 가질 수 있고 거의 모든 사람에서 고유한 양상을 만든다. 이 양적 변이는 **DNA지문**에 의해 개인을 동정하는 데 사용될 수 있다.

Mirror-like palindrome

AGACCAGA
TCTGGTCT

Inverted repeat

GGATATCC
CCTATAGG

그림 4.09

회문구조와 역반복

거울상 회문구조와 역반복이 나타나 있다. 같은 색은 회문구조 혹은 역반복 서열을 나타낸다.

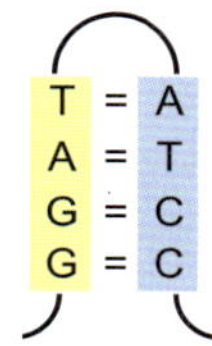

그림 4.10

머리핀

역반복을 포함하는 외가닥 DNA가 자체적으로 접히면 염기쌍 형성이 일어나고 머리핀 구조가 형성된다.

3. 회문구조, 역반복, 머리핀 구조

회문구조는 앞에서부터 읽거나 뒤로부터 읽거나 동일한 단어 혹은 문장이다. 이중 가닥인 DNA의 경우 두 종류의 회문구조가 이론적으로 가능하다. **거울상 회문구조**는 일반 문장과 유사하지만 DNA에서는 두 가닥이 관여된다. 그러나 실제에서는 **역반복** 유형의 회문구조가 훨씬 일반적이며 주된 생물학적 의미를 갖는다. 역반복에서 한 가닥에서 앞으로 읽은 서열은 상보적인 가닥에서 뒤로부터 읽은 서열과 같다(그림 4.09).

역반복은 다양한 단백질의 결합을 위한 DNA의 인식부위로 엄청나게 중요하다. 많은 조절 단백질은 대부분의 제한효소와 변형효소처럼(5장 참조) 역반복을 인식한다. 그런 경우 역반복은 보통 정상적인 이중나선 DNA 상태이며 초나선에 의해 뒤틀릴 필요가 없다. 직접반복이라는 용어는 반복 서열들이 같은 방향을 가리키며 같은 가닥에 있는 상황을 나타낸다.

역반복 서열의 외가닥만을 고려하자. 왼쪽 외가닥과 오른쪽 외가닥의 절반 서열은 틀림없이 서로 상보적임을 주목하자. 따라서 GGATATCC 같은 서열은 두 반쪽이 염기쌍에 의해 결합되는 **머리핀**으로 접힐 수 있다(그림 4.10). 머리핀의 꼭대기에서 U-회전이 가능하지만 에너지 면에서 바람직하지 않다. 실제로는 염기쌍을 이룬 줄기의 정상에 고리(소위 말하는 **줄기-고리** 구조)를 형성하는 쌍을 이루지 않은 염기(도표에서 N은 아무 염기)들이 보통 발견된다. 이런 줄기-고리는 중앙에 별도의 염기들을 갖는 역반복 서열의 외가닥으로부터 형성될 수 있다(그림 4.11).

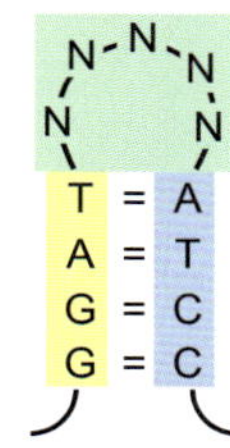

그림 4.11

줄기-고리 구조

만일 역반복이 몇 염기들에 의해 분리되면 줄기-고리 구조가 형성된다. 고리는 짝을 이루지 않은 염기들(NNN)을 포함한다.

대립유전자(allele) 유전자의 특정 형, 보다 넓게는 DNA 분자에서 한 유전자자리의 특정 형
동원체 서열(centromere sequence) 동원체에서 발견되고 방추사의 부착에 필요한 인식 서열
DNA지문(DNA fingerprinting) 제한효소를 사용하고 전기영동으로 분리하고 서던 흡입으로 가시화된 다수 DNA 띠의 개체마다 고유한 양상
머리핀(hairpin) 외가닥 DNA 혹은 RNA가 자체적으로 접혀 형성된 이중 가닥 염기쌍 구조
역반복(inverted repeat) 상보적인 가닥에서 앞에서부터 읽거나 뒤에서부터 읽거나 같이 읽히는 DNA 서열. 회문구조의 한 유형
미소부수체(microsatellite) 반복 단위가 약 13 염기쌍인 직렬반복변수의 또 다른 이름
꼬마부수체(mini-satellite) 반복 단위가 약 25 염기쌍인 직렬반복변수의 또 다른 이름
거울상 회문구조(mirror-like palindrome) 한 가닥에서 앞에서부터 읽거나 뒤에서부터 읽거나 같이 읽히는 DNA 서열. 회문구조의 한 유형
회문구조(palindrome) 앞에서부터 읽거나 뒤에서부터 읽거나 같이 읽히는 서열
줄기-고리(stem and loop) 역반복 서열의 접힘에 의해 형성된 구조
직렬반복변수(VNTR, Variable Number of Tandem Repeat) DNA에서 직렬로 반복된 서열의 집단으로 반복된 수는 개체마다 다르다.

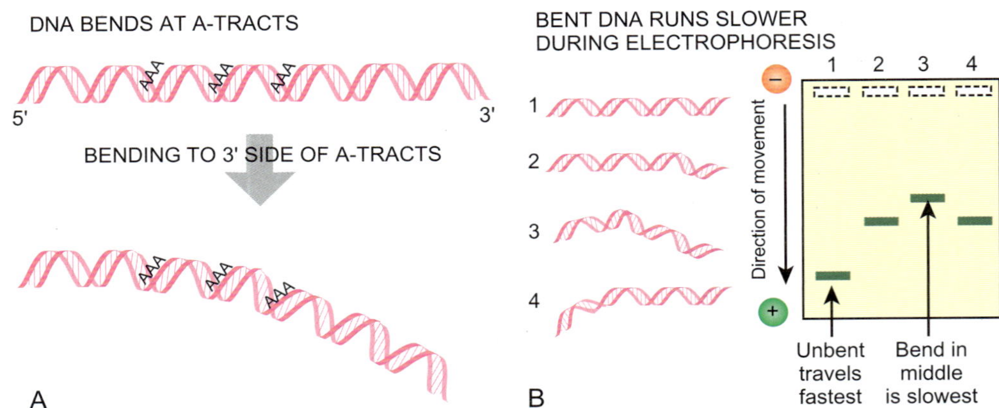

그림 4.12
다중 A-궤적에 의한 DNA의 굽힘

A) DNA의 굽힘은 A-궤적들의 3′ 쪽에서 일어난다. B) 굽힘은 전기영동 시 DNA의 이동성을 감소시킨다. 실제로 주어진 길이의 DNA 분자의 이동성은 분자에서 굽힘의 위치에 의존한다. 중간의 굽힘은 양 말단 쪽의 굽힘보다 더 많은 효과를 갖는다.

4. 다중 A-궤적은 DNA를 굽게 한다

3-5개의 아데닌(A) 잔기가 10 bp 떨어져서 여러 번 있는 DNA 서열은 나선에서 굽힘을 형성한다. A-궤적의 간격은 이중나선의 한 회전에 해당됨을 유의하자. 굽힘은 아데닌의 3′ 말단에서 일어난다(그림 4.12). **굽은 DNA**는 전기영동시 같은 길이의 휘지 않은 DNA보다 더 서서히 움직이는데, 아가로스 구슬이 이 구조를 잡아서 멀리 이동하는 것을 방해하기 때문이다(전기영동에 대해서는 이 장의 6절 참조).

굽은 DNA는 일부 바이러스와 효모 염색체의 복제기원에서 발견되는데, DNA 복제를 시작하는 단백질의 결합을 도와주는 것으로 생각된다(10장 참조). 자연적으로 굽은 DNA 외에도 일부 조절 단백질 또한 전사를 활성화시킬 때 DNA를 U-회전으로 굽힌다(11장 참조).

5. 초나선꼬임은 세균 DNA를 포장하기 위해 필요하다

세균 DNA는 자신을 포함하는 세포보다 1,000배 길다. DNA 분자는 세포에 들어맞기 위해 **초나선**으로 꼬여야 한다. 4,000 정도의 세균 세포 유전자를 수송하기 위한 DNA 한 분자의 길이는 약 1.5 mm이며, 이는 0.2 um^3 안에 들어차야 한다. 따라서, 펼쳐진 세균 염색체는 세균 세포보다 1,000배 길다. 초나선을 형성하기 위해, 이미 이중나선인 DNA가 그림 4.13에서처럼 다시 꼬인다. 원래 이중나선은 우회전 꼬임인데 초나선은 반대방향인 좌회전 혹은 **음성 초나선**이다. 전형적인 세균 DNA에는 200 뉴클레오티드 당 하나의 초나선이 있다. 양성보다는 음성 초나선꼬임이 복제와 전사동안 필요한 풀림과 가닥 분리를 촉진하는데 도움이 된다. 세균 염색체와 플라스미드는 이중 가닥 원형 DNA 분자로 종종 **공유결합폐환형 DNA** 혹은 **cccDNA**라고 한다. 만일 이 분자의 한 가닥에 틈이 생기면 초나선꼬임은 풀릴 수 있고, 그런 분자를 **열린고리**라고 한다.

DNA 자이라제는 세균 염색체에 음성 초나선을 도입한다.

초나선꼬임이 DNA의 크기를 줄이지만 염색체는 아직 세균 세포에 들어맞지 않을 것이다. 두 번째 수준의 조밀화는 약 50개의 거대한 초나선 고리가 단백질 스캐폴드 주위로 배열될 때 일어난다. 그림 4.14에서, DNA 결합 단백질이 세균 염색체를 따라 규칙적 간격

굽은 DNA(bent DNA) 여러 A-궤적으로 인해 굽은 이중나선 DNA
공유결합폐환형 DNA(covalently closed circular DNA, cccDNA) 두 가닥 모두에 틈이 없는 원형 DNA
음성 초나선꼬임(negative supercoiling) 좌회전 혹은 시계 반대방향의 초나선꼬임
열린고리(open circle) 한 가닥에 틈이 생겨 초나선이 없는 원형 DNA
초나선꼬임(supercoiling) 이미 이중나선인 DNA의 상위단계 꼬임

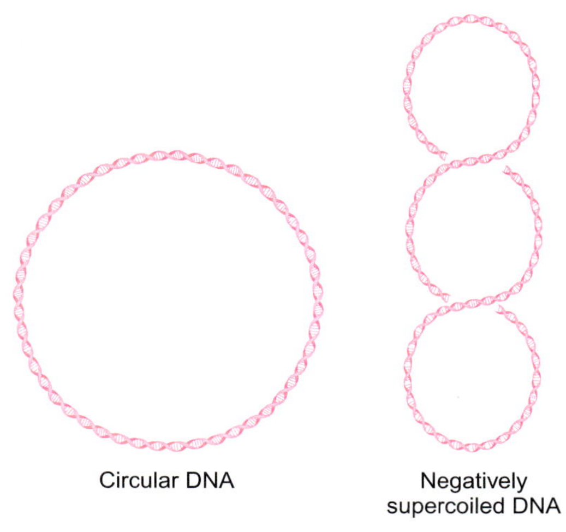

그림 4.13
DNA의 초나선꼬임

세균 DNA는 이중나선에 의한 꼬임 외에도 음성 초나선으로 꼬였다.

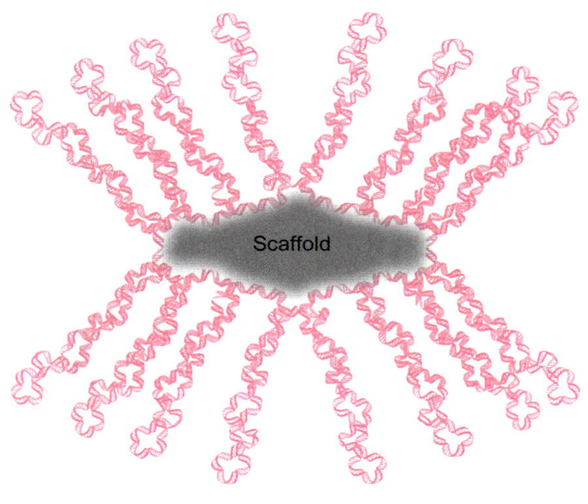

그림 4.14
세균 염색체는 단백질 스캐폴드로부터 고리를 만든다

세균 DNA의 초나선꼬임은 중앙의 스캐폴드로부터 퍼진 초나선 DNA의 거대한 고리를 만든다.

으로 결합할 때 단백질 스캐폴드가 형성된다. 그 후 단백질들은 한 덩어리로 뭉치고 결합하지 않은 DNA는 단백질들로부터 소외된다.

이 2단계의 조밀화는 필수적이고 실제로 세균 DNA를 **핵양체**라 부르는 작은 지역에 들어차게 한다. 이 구조는 염색체와 연관된 단백질을 포함한다. 전자현미경으로 가시화하면, 핵양체는 나머지 세포질과는 상쇄되는 진하게 염색되는 부위인데 막으로 구획되지는 않는다. 여러 다른 단백질이 DNA의 핵양체로의 조밀화를 책임진다. 이에는 DNA를 조밀하게 하는 단백질인 HU와 IHF; 두 다른 DNA 이중체와 섬유를 형성하는 단백질인 H-NS; DNA 결합 및 굽힘 단백질인 Fis가 포함된다.

세균 염색체는 약 50개의 거대한 초나선 DNA의 고리로 구성된다.

핵양체가 무작위적으로 생성되는 것 같지만, 염색체는 고도로 조직화되어 있다. 원에서 유전자의 위치는 핵양체 지역의 특정 위치와 연관된다. 최근 연구는 세균에서 염색체 조직화를 돕는 단백질을 동정하였다. 조직화는 DNA가 복제에 의해 사본이 형성된 후 일어난다. 세균 염색체는 복제기점에서 이중나선을 열어서 복제 과정을 시작한다. 그 후 DNA 중합효소가 원 주위를 지나면서 새로운 상보적 뉴클레오티드를 첨가한다. 시간 절약을 위해, 두 DNA 중합효소 복합체가 반대 방향으로 이동하고 기점 반대에서 만난다.

핵양체(nucleoid) 염색체가 보통 발견되는 세균세포 안의 지역, 막에 의해 둘러싸이지 않음 새로 합성된 DNA의 응축은 복제 효소가 합성을 마친 후 바로 복제 기점에서 시작한다. 핵양체 내에서 염색체의 적절한 위치결정의 첫 단계는 각각의 새 사본을 적절한 세포의 반쪽에 두는 것이다. 이 과정을 **분배하기**라고 부르며, ParA, ParB 및 parS라고 부르는 복제점 부근의 특정 DNA 서열의 복합체에 의해 매개된다. 먼저, DNA 결합 단백질인 ParB가 *parS* 위치에 결합하고 주변 뉴클레오티드를 덮기 위해 DNA를 따라 퍼진다. 이 퍼짐은 어느 정도 진핵생물 동원체와 같이 행동하는 핵단백질 섬유를 만든다. 이 구조는 새로운 염색체를 세포의 반에 분배하는 것을 돕는 긴 중합체를 만드는 ATPase인 ParA와 결합한다.

ParB은 또한 SMC(염색체의 구조 유지)라 부르는 단백질을 기점으로 끌어들인다. SMC는 독특한 모양이다. 아미노산의 긴 또꼬인나선에 ATPase 영역이 붙어있다. 이 두 구조가 ATPase 영역의 반대 끝에서 서로 결합하여 경첩이 있는 V-모양의 단백질을 이룬다. V는 ATPase 영역을 통해서 같은 분자 혹은 다른 SMC에 연결할 수 있다. 따라서 이 단백질은 DNA 가닥을 결합시키기 위한 한 쌍의 젓가락 혹은 마름모꼴 새장 같은, 밧줄처럼 작용할 수 있다. 그리고 나서 SMC는 DNA를 따라 확산되고 여러 영역이 핵양체 내에서 정확한 위치에 있게 한다. 이들 단백질의 기능에 대한 그림이 명확해지기는 하지만 많은 것이 아직 알려지지 않았다. 그러나 이들이 적절히 작용하지 않으면 세균은 유전자를 적절히 발현하지 못하고 죽어서, 조직화가 세균의 생존에 필수적임을 암시한다.

5.1. DNA 회전효소와 DNA 자이라제

DNA 분자에 있는 꼬임의 전체 수를 **고리수(L)**라 한다. 이 수는 이중나선과 초나선꼬임에 의한 수의 합이다. [이중나선 회전에 의한 수를 종종 **꼬임수(T)**라 하고 초나선 회전에 의한 수를 **초나선수(W)**라 한다. 이 용어에서 고리수는 꼬임수와 초나선수의 합이다 (L=T+W).]

같은 원형 DNA 분자가 다른 초나선수를 가질 수 있다. 이 형을 위상학적 이성질체 혹은 **위상이성질체**라 한다. 초나선을 도입하거나 제거하는 효소를 따라서 **DNA 회전효소**라고 한다. **I형 DNA 회전효소**는 DNA 한 가닥만 절단하여 고리수를 단계별로 하나씩 변화시킨다. 이에 비해 **DNA 자이라제**를 포함하는 **II형 DNA 회전효소**는 DNA 두 가닥을 절단하고 이중나선의 다른 부위를 틈을 통해 통과시킨다. 이는 고리수를 단계별로 둘씩 변화시킨다(그림 4.15).

DNA 회전효소로 알려진 효소는 초나선꼬임의 수준을 변화시킨다.

시프로플록사신은 DNA 자이라제를 억제하여 세균을 죽인다. 동물은 DNA 조밀화에 DNA 자이라제를 사용하지 않으므로 해가 없다.

II형 DNA 회전효소인 DNA 자이라제는 플라스미드나 세균 염색체 같은 폐쇄환 DNA 분자에 음성 초나선을 도입한다. 자이라제는 DNA의 두 가닥 모두를 자르고, 두 가닥을 비틀고, DNA 가닥을 다시 결합시킴으로써 작용한다. 이 효소는 분당 1,000 초나선을 생성할 수 있다. 초나선이 도입될 때마다 자이라제는 불활성형으로 형태를 바꾼다. 재활성화는 ATP 분해에 의한 에너지를 요구한다. 이 효소는 또한 ATP 사용 없이 음성

DNA 자이라제(DNA gyrase) DNA에 음성 초나선을 도입하는 효소로 II형 DNA 회전효소의 일종이다.
고리수(linking number, L) 초나선 회전(W)과 이중나선 회전(T)을 합한 수
분배하기(partitioning) 세포분열 동안, 복제된 염색체 사본들의 딸 세포로의 이동
DNA 회전효소(topoisomerase) 초나선꼬임이나 연쇄화의 정도를 변화시키는 효소(위상학적 형태를 바꿈)
위상이성질체(topoisomer) 초나선꼬임이나 연쇄화의 정도 같은 위상이 다른 이성질체
꼬임수(twist, T) DNA(혹은 이중 가닥 RNA) 분자에서 이중나선의 회전 수
I형 DNA 회전효소(type I topoisomerase) 외가닥을 절단하는 DNA 회전효소로 고리수를 하나씩 변화시킨다.
II형 DNA 회전효소(type II topoisomerase) 두 가닥을 절단하는 DNA 회전효소로 고리수를 둘씩 변화시킨다.
초나선수(writhing number, W) DNA(혹은 이중 가닥 RNA) 분자에서 초나선의 수
초나선(writhe) 초나선수 W와 같음

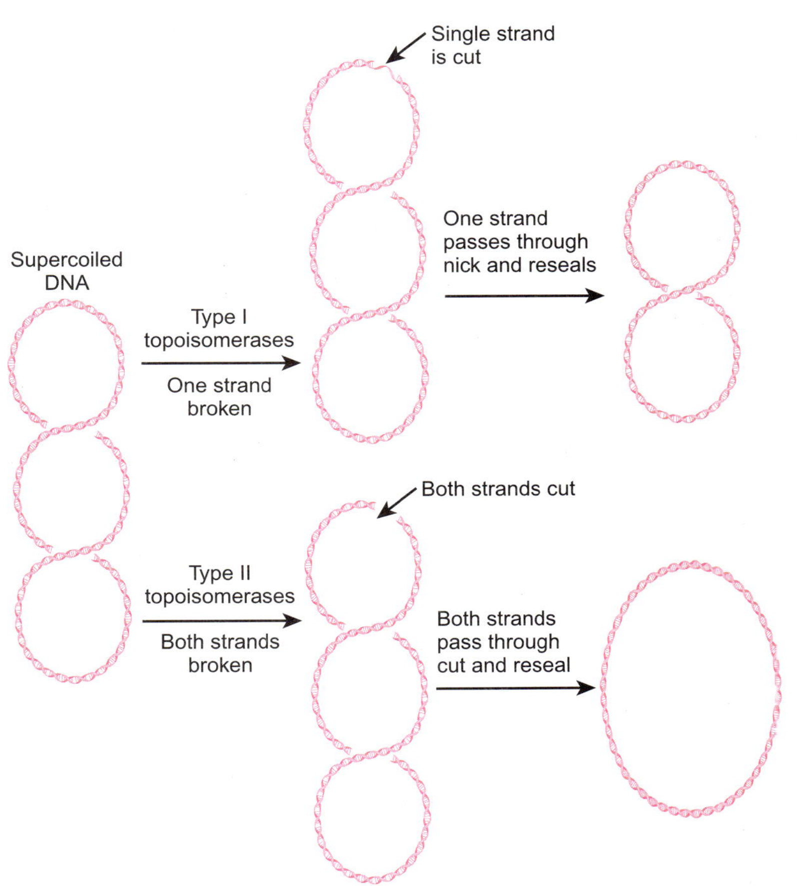

그림 4.15

I형과 II형 DNA 회전효소의 기전

I형과 II형 DNA 회전효소 사이의 활성 차이는 가닥 절단에 있다. I형 DNA 회전효소는 한 가닥만을 II형 DNA 회전효소는 두 가닥 모두를 자른다. 외가닥이 절단될 때는 다른 가닥은 초나선 하나를 제거하기 위해 절단을 통과한다. 두 가닥이 절단될 때는 이중 가닥 DNA가 절단을 통과하고 초나선은 둘씩 감소된다. 나선이 풀린 후 절단은 재결합된다.

(양성은 아님) 초나선을 제거할 수 있지만 이 반응은 10배 느리게 일어난다. 대장균에서 정상상태 수준의 초나선꼬임은 과도한 초나선을 제거하기 위해 DNA 회전효소 I과 함께 작용하는 DNA 회전효소 IV과 반대로 작용하는 DNA 자이라제 사이의 균형에 의해 유지된다. DNA 회전효소 I과 DNA 회전효소 IV가 없으면 DNA는 음성적 초나선으로 과도하게 꼬인다.

DNA 자이라제는 다른 두 소단위의 4합체이다. GyrA 소단위는 DNA를 절단하고 재결합하며, GyrB 소단위는 ATP 분해에 의한 에너지 공급을 담당한다. 이 효소는 GyrA 소단위에 결합하는 **날리디식산**과 그 불소 유도체인 **노르플록사신**과 **시프로플록사신** 같은 **퀴놀론 항생제**에 의해 저해된다. GyrA 단백질이 DNA 이중나선에 삽입되고 절단된 두 DNA 가닥의 5′ 말단에 공유결합으로 부착된 불활성 복합체가 형성된다. **노보비오신**도 GyrB 단백질에 결합하여 ATP와의 결합을 방해함으로써 자이라제를 억제한다.

5.2. 연쇄형과 매듭형 DNA는 수정되어야 한다

원형 DNA 분자는 복제나 재조합 동안 서로 엉킬 수 있다. 이런 구조를 **연쇄체**라고 한다. 환들은 대장균의 DNA 회전효소 IV(그림 4.16)와 연관된 효소 같은 II형 DNA 회전효소

연쇄체(catenane) 2개 이상의 원형 DNA가 서로 엉켜있는 구조
시프로플록사신(ciprofloxacin) DNA 자이라제를 억제하는 불소퀴놀론 항생제
노르플록사신(norfloxacin) DNA 자이라제를 억제하는 불소퀴놀론 항생제
날리디식산(nalidixic acid) DNA 자이라제를 억제하는 퀴놀론 항생제
노보비오신(novobiocin) B 소단위에 결합하여 II형 DNA 회전효소, 특히 DNA 자이라제를 억제하는 항생제
퀴놀론 항생제(quinolone antibiotics) A 소단위에 결합하여 DNA 자이라제와 다른 II형 DNA 회전효소를 억제하는 날리디식산, 노르플록사신 및 시프로플록사신을 포함하는 항생제

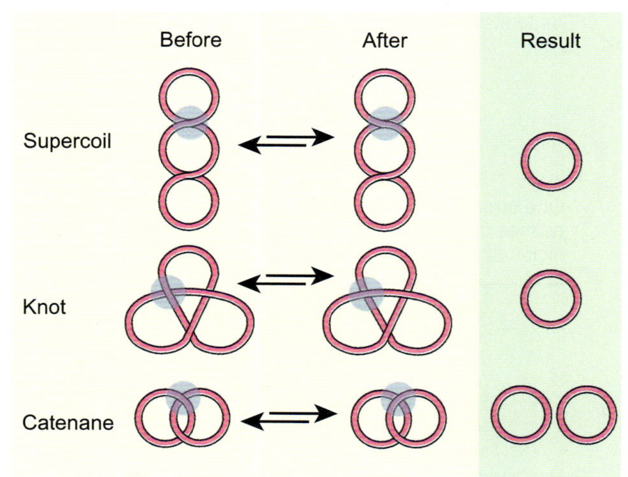

그림 4.16

DNA 회전효소에 의한 연쇄체의 풀림

DNA 회전효소는 DNA의 나선, 매듭, 연쇄를 만들 수 있을 뿐만 아니라 이들을 해체할 수도 있다. DNA 회전효소는 한 부위에서 두 DNA 가닥을 자르고 틈을 통해 다른 DNA 부위를 이동시킴으로써 작용한다(청색으로 표시된 위치).

에 의해 방출될 수 있다. 원형 DNA 분자는 또한 매듭을 형성할 수 있다. II형 DNA 회전효소는 매듭을 형성할 수도 풀 수도 있다. DNA 자이라제처럼 이 효소는 다른 두 소단위의 4합체로 한 소단위는 DNA를 절단하고 다른 것은 에너지를 연결한다. 자이라제처럼 DNA 회전효소 IV는 퀴놀론 항생제에 의해 저해된다.

5.3. 국부적 초나선꼬임

원핵생물이나 진핵생물에 무관하게, DNA가 복제되거나 유전자가 발현될 때 이중나선은 먼저 풀려야 한다. 이 풀림은 염색체의 음성 초나선꼬임에 의해 도움을 받는다. 그러나 복제기구가 이중나선 DNA를 따라 전진하면서 기구 앞쪽에 양성 초나선꼬임을 생성한다. 유사하게 RNA 중합효소가 DNA 분자를 따라 전진하는 전사 동안에도 효소 앞쪽에 양성 초나선꼬임을 생성한다. 복제와 전사가 단거리 이상으로 전진하기 위해서는 DNA 자이라제가 양성 초나선을 상쇄하기 위해 음성 초나선을 도입해야 한다. 이동하는 복제나 전사기구 뒤로는 상응하는 음성 초나선의 파도가 생성된다. 과도한 음성 초나선은 DNA 회전효소 I에 의해 제거된다.

결과적으로 주어진 시간에 염색체의 특정 부위에서 초나선 정도는 매우 심하게 변한다. 초나선 꼬임이 유전자 발현을 조절할 것이라 제안되었다. 그러나 드문 경우만 알려졌고, 대장균의 DNA 자이라제 유전자의 전사가 초나선꼬임에 의해 조절된다. 대부분의 경우는 반대 경우이다. 국부적인 초나선꼬임은 자이라제와 DNA 회전효소에 의한 정상 초나선꼬임 회복과 전사 사이의 균형에 크게 의존한다.

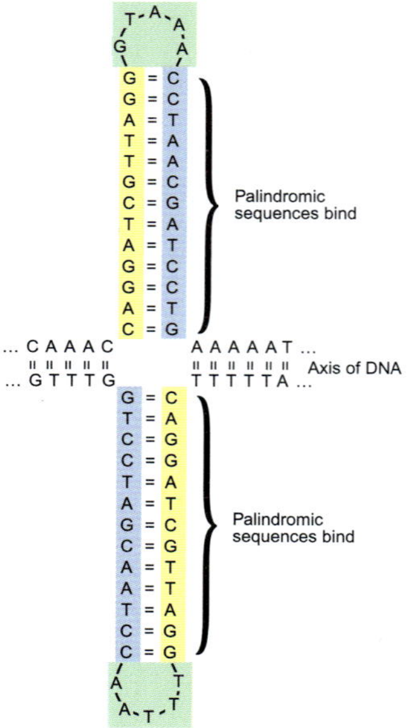

그림 4.17

역반복으로부터 십자형 구조의 형성

DNA가 회문구조이므로 가닥들은 분리되고 자체적으로 염기결합하여 수직적 십자형 확장을 형성할 수 있다.

5.4. 초나선꼬임은 DNA 구조에 영향을 미친다

초나선꼬임은 DNA를 물리적 긴장에 놓이게 한다. 이는 긴장을 해소하도록 하는 DNA 구조상의 변화를 나타나게 할 수 있다. 대체 형의 세 종류는 **십자형 구조**, 좌회전 이중나선인 **Z-DNA** 및 삼중나선인 **H-DNA**이다. 세 구조 모두는 초나선꼬임 긴장뿐만 아니라 DNA 서열의 특정 성격에 의존한다.

십자형 구조(cruciform structure) 역반복으로부터 형성된 이중 가닥 DNA(혹은 RNA)의 십자형 구조
H-DNA 삼중나선으로 구성된 DNA 형. 산성 조건과 연속적인 푸린 염기에 의해 촉진된다.
Z-DNA 이중 가닥 나선 DNA의 대체 형으로 회전 당 12 염기쌍을 갖고 좌회전한다.

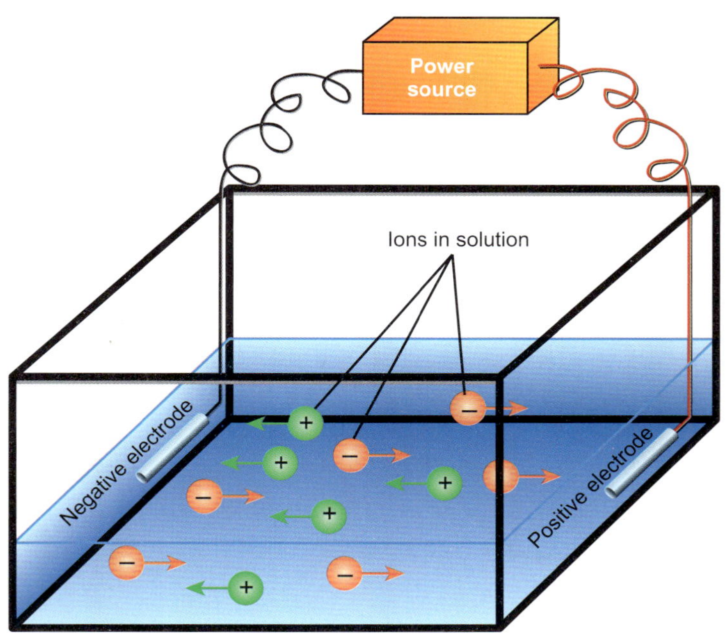

그림 4.18
전기영동의 원리

양과 음으로 하전된 이온들의 용액에 전기장을 만들면 다른 전하를 가진 이온들을 분리할 수 있다. DNA는 인산 골격 때문에 음전하를 가지고 있으므로, 전기영동은 음으로 하전된 DNA를 다른 구성 요소로부터 분리한다.

십자형 구조는 이중 가닥 DNA 회문구조가 분리되었을 때 형성되고 반대 방향으로 2개의 줄기-고리 구조를 형성한다(그림 4.17). 십자형 구조 형성의 확률은 음성 초나선 꼬임의 수준과 역반복의 길이에 따라 증가한다. 실제로는 대부분의 조절 단백질과 제한효소에 의해 인식되는 4-8 염기 서열은 안정된 십자형 구조를 만들기에는 너무 짧다. 15-20 염기쌍의 회문구조가 십자형 구조를 형성할 것이다. 이 구조는 외가닥 특이적 핵산가수분해효소가 이중나선을 절단하도록 허용하기 때문에 그 존재를 보여줄 수 있다(핵산가수분해효소는 핵산 가닥을 절단하는 효소이다). 절단은 각 머리핀 정상의 작은 외가닥 고리 안에서 일어난다.

6. 전기영동에 의한 DNA 절편의 분리

모든 분자생물학에서 아마도 가장 널리 이용되는 물리적인 방법은 **겔 전기영동**이다. 이 기술은 단백질은 물론 DNA와 RNA 절편을 분리하고 정제한다. **전기영동**의 기본 아이디어는 그들의 내재된 전하에 따라 분자를 분리하는 것이다. 전기적으로 양전하는 음전하를 끌어당기고 다른 양전하를 밀어낸다. 역으로 음전하는 양전하를 끌어당기고 다른 음전하를 밀어낸다. 하나는 양극 그리고 다른 하나는 음극인 두 전극이 고압원으로 연결된다. 양으로 하전 된 분자는 음극으로 이동하고, 음으로 하전 된 분자는 양극을 향하여 이동한다(그림 4.18).

전기영동은 전하에 근거하여 DNA와 RNA를 분리한다.

DNA는 골격을 구성하는 많은 인산기의 각각이 음전하를 가지고 있기 때문에, 전기영동 시 양극을 향하여 이동할 것이다. 분자가 클수록 이동하는 데 더 많은 힘을 요구한다. 그러나 긴 DNA 분자일수록 더 많은 음전하를 가지고 있다. 실제적으로 이 두 가지 요인은 상쇄된다. 왜냐하면 모든 DNA 절편은 단위 길이 당 같은 수의 전하를 가지고 있기 때문이다. 결과적으로 용액 속에 자유롭게 있는 DNA 분자는 분자량과 관계없이 같은 속도

전기영동(electrophoresis) 전기장 때문에 하전 분자의 이동. 핵산과 단백질을 분리하고 정제하기 의해 사용된다.
겔 전기영동(gel electrophoresis) 크기에 따라 구분하기 위해 겔 그물망을 통한 하전 분자의 전기영동

그림 4.19
DNA의 아가로오스 겔 전기영동

아가로오스 겔 전기영동은 크기에 따라 DNA 절편을 분리한다. 음으로 하전된 DNA 분자는 양극 쪽으로 이끌린다. DNA가 이동함에 따라, DNA 절편은 교차결합된 아가로오스 망에 의해 방해를 받는다. 더 작은 DNA 조각이 지체될 가능성이 더 적을 것이다. 따라서 더 작은 DNA 절편이 더 빨리 이동한다.

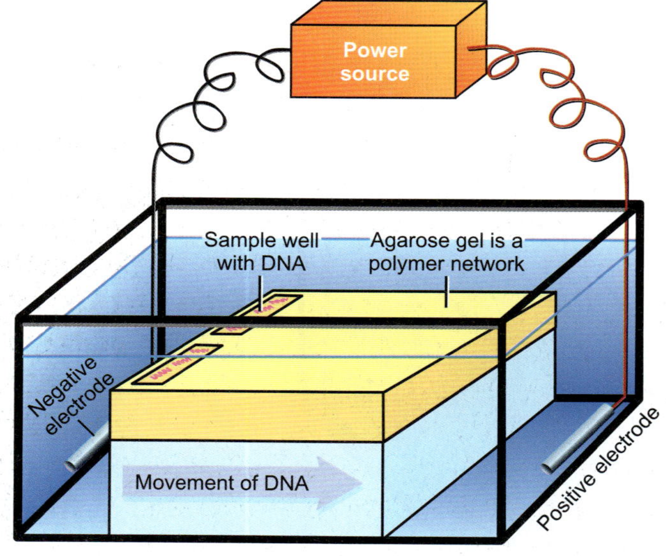

로 양극을 향하여 이동할 것이다.

크기에 따라 DNA 조각을 분리하기 위해, 조각들은 자유 용액보다는 체의 활성을 갖는 지역을 통과해야만 한다. 예를 들어, 박테리아는 염색체 이외에 종종 작은 원형 DNA인 플라스미드를 함유하고 있다.

전기영동은 2개의 다른 크기의 DNA 분자를 분리할 것이다. 자유 용액에서는 이들은 동시에 양극에 도달할 것이지만, 중합체 사슬이 교차 연결된 기질을 통과할 때는 큰 DNA 분자가 작은 플라스미드보다 느리게 이동한다. 쉽게 그물망을 꿈틀거리며 움직이는 작은 조각에 비해 큰 분자는 틈을 통해 빠져나가기가 더 어렵다. 그 결과는 크기에 따른 DNA 절편의 분리이다(그림 4.19). 이 예에서, 플라스미드가 염색체보다 겔에서 많이 이동할 것이다.

겔 전기영동은 분자량에 따라 핵산 분자를 분리한다.

DNA는 브롬화 에티듐, 메틸렌블루 혹은 SYBR® 그린 같은 염료로 염색하여 검출할 수 있다.

대부분 DNA는 **아가로오스 겔 전기영동**을 이용하여 분리된다. **아가로오스**는 해초로부터 추출한 다당류이다. 아가로오스와 물을 섞고 끓이면 아가로오스는 균일한 용액으로 녹는다. 그 용액을 식히면 겔화되어 물로 채워진 작은 구멍 혹은 틈을 지닌 망을 형성한다. 식힌 겔은 매우 농축된 색이나 향이 없는 젤라틴의 혼합물과 같아 보인다. 아가로오스의 구멍 크기는 수백 뉴클레오티드 또는 그 이상으로 된 핵산 중합체를 분리하는 데 적합하다. 짧은 DNA 절편은 일반적으로 **폴리아크릴아미드**로 만든 겔로 분리한다. 이 중합체에 의해 형성된 망은 아가로오스 중합체보다 작은 구멍을 갖는다. 모든 겔 기질에서, DNA 시료는 음극에 가까운 겔의 말단에 있는 홈, 또는 시료홈에 넣는다. DNA 분자는 음극으로부터 겔을 통하여 들어와 양극을 향해서 이동한다.

아가로오스 겔은 다수의 시료를 나란히 이동하도록 일반적으로 4각형 평판이다. DNA는 자연적으로 무색이기 때문에 겔 실험 후 DNA를 보이게 하는 몇 가지 방법이 요구된다. 겔은 DNA나 RNA에 견고하고 특이하게 결합하는 **브롬화 에티듐**으로 염색할 수 있다. 브롬화 에티듐은 DNA와 RNA의 염기쌍 사이에 끼어들어감으로, DNA가 RNA와 보다 많은 브롬화 에티듐 분자와 결합한다. 겔은 자외선 하에서 관찰하며, DNA와 결합한 브롬화 에티듐은 밝은 오렌지색을 발한다. RNA 또한 자외선 하에서 형광을 발하여 겔에

아가로오스(agarose) 해초에서 얻은 다당류로 전기영동에 의한 핵산의 분리를 위한 겔을 형성하는 데 사용된다.
아가로오스 겔 전기연동(agarose gel electrophoresis) 아가로오스로 만들어진 겔을 통해 전기장을 통과시켜 핵산 분자를 분리하는 기술
브롬화 에티듐(ethidium bromide) DNA 혹은 RNA에 특이적으로 결합하는 염료로 자외선 하에서 보면 오렌지색으로 나타난다.
폴리아크릴아미드(polyacryamide) 단백질이나 아주 작은 핵산 분자를 겔 전기연동에 의해 분리하는 데 사용되는 중합체

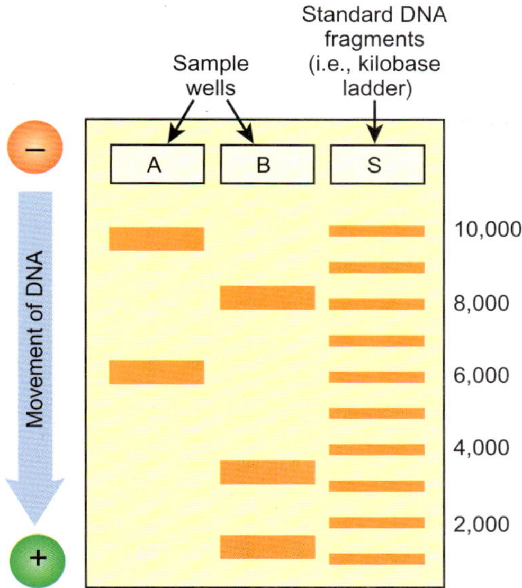

그림 4.20

DNA의 아가로오스 겔 분리: 염색과 표준

DNA를 보이게 하기 위해, 분리된 DNA 절편을 포함하는 아가로오스 겔을 DNA의 염기쌍 사이에 삽입되는 브롬화 에티듐 용액에 담근다. 과량의 브롬화 에티듐을 물로 씻어 제거하고 겔은 자외선 아래 놓이게 된다. 자외선은 브롬화 에티듐을 자극하여 오렌지 형광을 발하게 한다. 시료 A에는 크기가 다른 두 DNA 절편이 있고 각각은 겔 상에서 분리된 띠를 만든다. 절편의 크기를 결정하기 위하여, 크기가 알려진 절편의 표준 세트를 분석하고자 하는 시료 옆에 나란히 달리게 한다.

서 볼 수 있으나, 강도는 약하다. 브롬화 에티듐이 DNA 돌연변이유발원이므로, 독성이 덜한 DNA 염료가 종종 이용되는 데 메틸렌블루와 녹색 SYBR®이 가장 일반적이다. 이 염료는 덜 민감하지만 아가로오스 안에 담긴 DNA 분자를 염색한다.

아가로오스 겔 전기영동은 유전공학에 이용할 DNA를 정제하기 위하여 이용되거나, 여러 다른 절편의 크기를 측정하는 데 이용된다. 모르는 DNA 조각이나 단백질의 크기를 알아보기 위하여, 알려진 크기의 표준 세트를 같은 겔에서 나란히 옆에 달리게 한다(그림 4.20). DNA 절편에는, **천단위염기 사닥다리**라고 부르는 정확히 1,000 염기쌍의 배수인 DNA 절편의 세트가 종종 이용된다.

위에서 설명한데로, 이런 겔에서 DNA 분자의 이동성은 분자량에 의존하지만, DNA의 형태 또한 DNA가 아가로오스를 통과하는 난이도에서 큰 요인이다. 따라서, 초나선 cccDNA는 선형 DNA 보다 멀리 이동하고, 선형 DNA 열린고리형 DNA보다 멀리 이동한다. 작은 원형 DNA 분자의 경우, 초나선꼬임의 수가 다른 위상이성체를 분리하는 것도 가능하다. 초나선 감김이 많을수록 전기영동에서 더 빨리 이동한다(그림 4.21). 십자 구조는 부분적으로 펴진 초나선 DNA이고 따라서 이 분자는 조밀하게 접히지 않아서 겔 전기영동 동안 천천히 이동한다.

7. 다양한 DNA 나선 구조가 있다

B-DNA로 알려진 보통 형어 덧붙여 다양한 DNA 나선 구조가 종종 발견된다.

실제로 이중나선 DNA는 여러 구조가 가능하다. 왓슨과 크릭(Nature(1953) 171:737)은 이 중 가장 안정하고 흔한 구조를 기술했다. 이 구조는 나선 한 회전 당 10 염기쌍이 있는 우회전 나선이다. 나선을 따라 나타나는 만은 깊이가 다르고 주홈과 부홈으로 부른다. 왓슨과 크릭의 표준 이중나선은 다른 나선형인 **A-DNA** 및 Z-DNA와 구별하기 위해서 **B형** 혹은 **B-DNA**라고 한다(그림 4.22). 이들 구조의 대부분은 이중 가닥 DNA뿐만 아니라 RNA가 이중 가닥일 때도 적용된다.

A형 나선은 dsRNA 혹은 DNA/RNA 혼성체에서 발견된다. A형은 회전 당 B-DNA보다 하나 많은 11 염기쌍을 가진다.

A−DNA 이중 가닥 나선 DNA의 드문 대체 형
A형(A-form) 이중 가닥 나선 DNA의 드문 대체 형으로 회전당 11 염기쌍을 갖고 이중 가닥 RNA어서 자주 발견되나 DNA에서는 드물게 발견된다.
B형(B-form) 혹은 B-DNA 원래 왓슨과 크릭에 의해 기술된 이중 가닥 나선 DNA의 정상 형
천단위염기 사닥다리(kilobase ladder) 겔 전기영동에서 크기를 모르는 DNA 절편과 비교하기 위해 사용되는 크기가 알려진 DNA 절편의 표준 세트

그림 4.21

전기영동에 의한 초나선 DNA의 분리

A) 서열이 동일한 초나선 DNA 분자들이 다수의 띠를 나타내기 위해 전기영동되었는데, 각각은 띠 옆에 표시된 것처럼 초나선의 수가 다르다. 0은 느슨한 혹은 개방된 원형 DNA를 나타낸다. B) 순수한 DNA 회전효소 I으로 배양된 4 농도(A: 6.1 nM; B: 9.2 nM; C: 12.2 nM; D:18.3 nM)의 음성 초나선 대장균 플라스미드 DNA(pXXZ06)의 전기영동 겔을 브롬화 에티듐으로 염색한 실제 사진. 각 패널에서 레인 1-7은 37°C에서 0.5, 1, 2, 5 및 15분 배양한 DNA 시료를 포함한다. 기호; R=느슨한 혹은 개방된 원형; S=초나선형 *(출처: Xu, X. and Leng, F. (2011) A rapid procedure to purify Escherichia coli DNA topoisomerase I. Prot. Exp. Purification 77: 214-219.)*

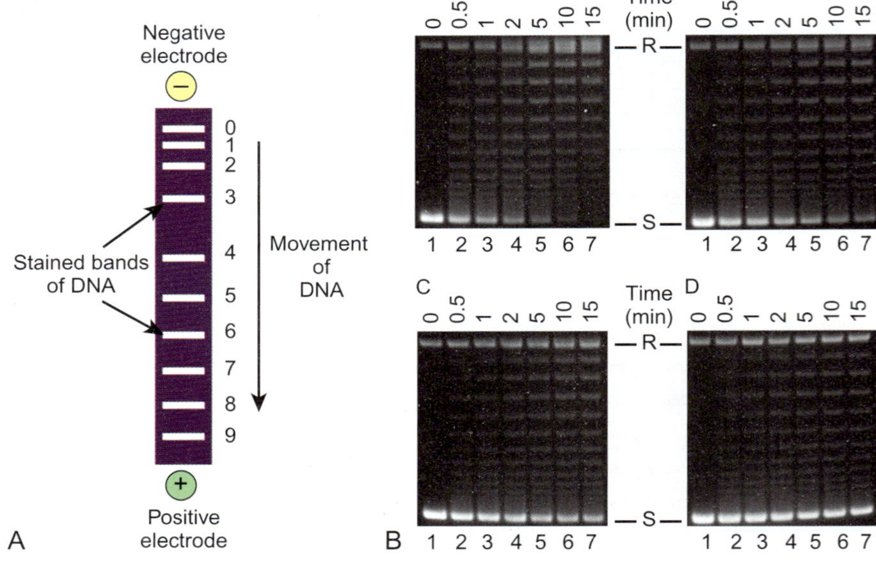

그림 4.22

B-DNA, A-DNA 및 Z-DNA의 비교

구조적으로 다른 여러 형의 이중나선이 있다. 정상적인 왓슨-크릭 이중나선인 B형(중앙), 드문 A형(왼편)과 Z형(오른편)이 보인다. *(출처: Photo courtesy of Richard Wheeler; Wikicommons.)*

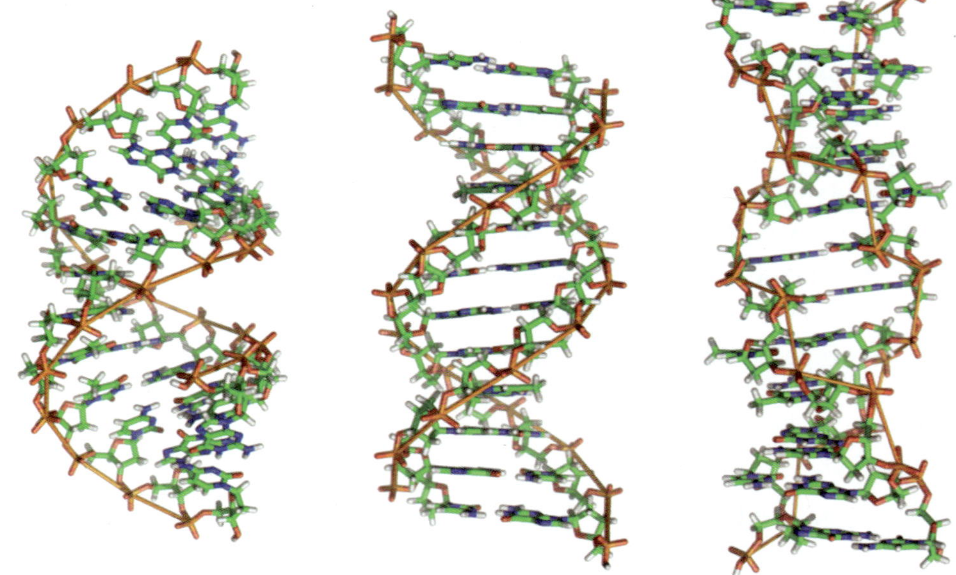

A형 이중나선은 B형 보다 짧고 뚱뚱하고 나선 한 회전 당 11 염기쌍을 갖는다. A형에서 염기는 축에서 기울어져 있고 부홈은 더 넓어지고 얕아지며, 주홈은 더 좁아지고 깊어진다. 이중 가닥 RNA와 RNA와 DNA의 혼성분자는 보통 A나선을 형성하는데, 리보스의 2′ 위치에 있는 여분의 수산기로 인해 이중 가닥 RNA는 B나선을 형성할 수 없기 때문이다. 이중 가닥 DNA는 고염도에서나 탈수되었을 때만 A나선을 형성한다. A나선을 형성하는 경향은 염기 서열에도 의존한다. A-DNA의 생리적 의미는 모호하다. 그러나 RNA의 이중 가닥 부위는 생체 내에서 이 A형으로 존재한다.

Z-DNA는 회전 당 12 염기쌍을 갖는 좌회전 이중나선이다. 이 구조는 따라서 B-DNA보다 길고 가늘며 당-인산 골격은 부드러운 나선 곡선 보다는 Z형의 선을 형성한다(그림 4.23). 고염도는 DNA 골격의 음전하를 갖는 인산 사이의 반발을 감소시키므

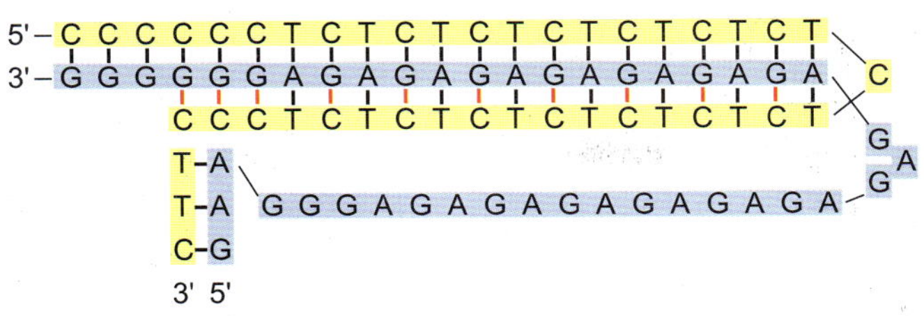

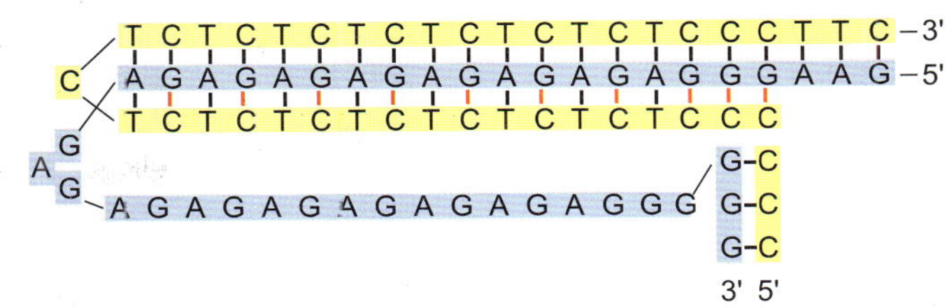

그림 4.23
H-DNA의 구조

삼중나선은 플라스미드의 GA와 TC가 풍부한 지역에서 형성되며 삼중 염기로 구성된다.

로 Z-DNA를 선호한다. Z-DNA는 아래와 같이 GC 혹은 GT 염기쌍이 많이 교대되는 DNA 부위에서 형성된다.

GCGCGCGCGCGCGC 혹은 GTGTGTGTGTGTGT
CGCGCGCGCGCGCG 혹은 CACACACACACACA

이런 궤적은 (GC)n(GC)n 혹은 (GT)n(AC)n으로 줄여서 나타낼 수 있다. 각 가닥의 서열은 5′에서 3′ 방향으로 쓰였음에 유의하자. Z-DNA가 C나 T로 교대되는 G(A가 아님)에 특별하게 의존함은 AT 염기쌍이 많이 반복되는 DNA는 Z-DNA가 아닌 십자형 구조를 형성하는 사실로부터 알 수 있다.

Z-DNA가 좌회전 나선이므로 DNA 분자의 일부에서 이 구조가 나타나면 초나선꼬임에 의한 긴장을 제거하도록 돕는다. 음성 초나선꼬임이 증가할수록 GC 혹은 GT가 풍부한 DNA 궤적이 **Z형**을 취할 경향은 증가한다. Z형의 존재는 전기영동 운동성을 변화시켜 작은 플라스미드에서 증명할 수 있다. 외가닥 특이적 핵산가수분해효소는 Z-DNA 절편과 정상 B-DNA 사이 접점에서 DNA를 자를 수 있다.

반복되는 GC 단위로만 구성된 이중나선 DNA의 짧은 단편은 염 농도가 높다면 초나선꼬임이 없이도 Z형을 취한다(이것이 Z-DNA가 처음 발견된 과정이다). Z-DNA에 대한 항체는 선형 (GC)n 절편으로 동물을 예방접종하면 만들어 질 수 있다. 자연의 DNA가 고도의 초나선이라면 항체는 DNA에 Z형 나선 부위가 있음을 보여주기 위해 사용될 수 있다.

Z-DNA는 회전 당 12 염기쌍을 갖는 좌회전 이중나선이다.

Z나선 부위가 어떤 효소에 의해 특이적으로 인식될 것이라는 제안이 있어왔다. 한 예가 dsRNA에서 염기를 변형시키는 RNA 편집효소인 ADR1이다(RNA 가공의 세부 내용은 12장 참조). ADR1은 아데노신 탈아미노효소 I형을 나타내며 아데노신의 아미노기를 제거하여 **이노신**으로 전환시킨다. 이 효소는 진핵세포 핵에서 인트론이 인접한 엑손에 접힘으로써 형성되는 이중 가닥 RNA를 기질로 요구한다. 이 효소는 DNA와 dsRNA를 위한 별도의 결합 모티프를 갖는다. 인트론과 엑손의 절단과 이어 맞추기 전에 염기 변화가 일어나야 하므로 DNA 결합 구역은 Z-DNA를 인식한다고 제안되었다. RNA 중합효소가 DNA를 RNA로 전사하면서 이동할 때 앞으로는 양성 초나선을 뒤로는 음성 초나선을 만든다. 음성 초나선꼬임은 특히 GC 혹은 GT 부위에 Z-DNA를 유도한다. 따라서 RNA 중합효소 바로 뒤에 Z-DNA 지역이 발견될 것이다. ADR1이 Z-DNA에 결합함으로써 새로 합성된 RNA에서 작용하게 될 것이다.

H-DNA는 이중이 아닌 삼중나선으로 더욱 특이하다. 이 구조는 아래와 같이 한 가닥의 긴 푸린 궤적과 당연히 다른 가닥의 긴 피리미딘에 의존한다.

GGGGGGGGGGGGGG 혹은 GAGAGAGAGAGAGA
CCCCCCCCCCCCCC 혹은 CTCTCTCTCTCTCT

이런 두 단편이 필요하고 DNA가 고도로 초나선일 때 서로 작용하여 H-DNA를 형

이노신(inosine) 비정상적 염기인 하이포크산틴을 포함하는 전령 RNA에서 가장 자주 발견되는 푸린 뉴클레오티드
Z형(Z-form) 회전 당 12 염기쌍을 갖고 좌회전하는 이중나선 DNA의 다른 형. DNA나 dsRNA 도두 Z형일 수 있다.

그림 4.24
염색질 영역

각기 다른 색은 분리된 염색질 영역에 위치한 닭의 다른 염색체를 나타낸다. 닭은 2배체이므로 각 염색체마다 2개의 염색질 영역이 있다. 이 논문에 의해 제안된 모형은 염색질 영역은 염색질간 공간에 의해 다른 영역과 분리된다고 제시한다. 이 조직은 일부 진핵생물 유전자가 발현되나 다른 유전자는 발현되지 않는 이유를 부분적으로 설명할 수 있을 것이다. *(출처: Fig. 2 in Cremer, T and Cremer C., 2001. Chromosome territories, nuclear architecture and gene regulation in mammalian cells. Nature Rev Genetics 2: 292-301.)*

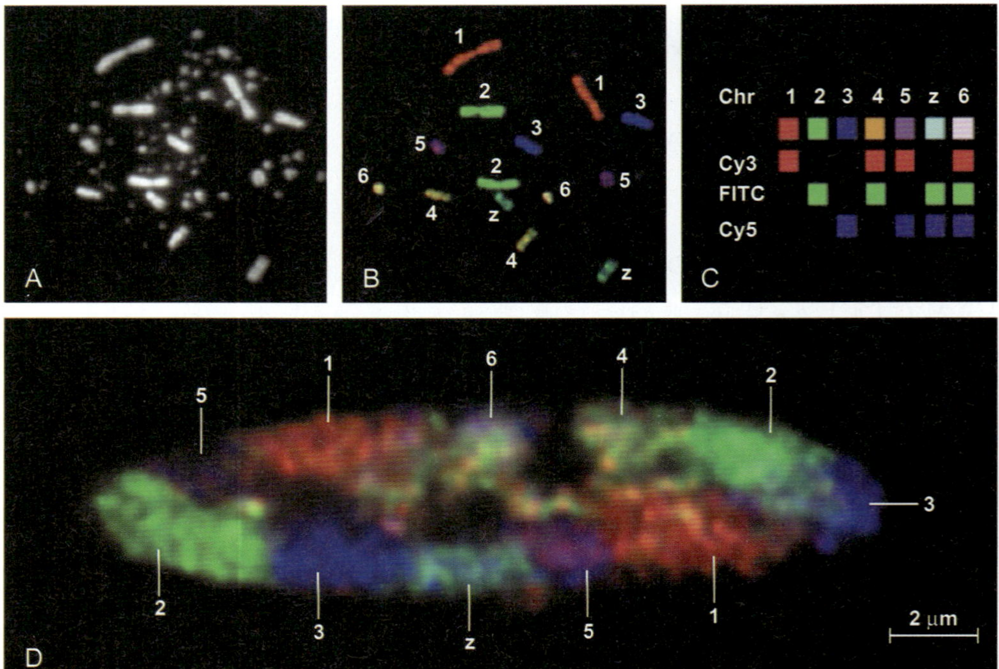

성한다(그림 4.23). 덧붙여 전체적 부위가 거울상 회문구조이어야 한다. H-DNA는 푸린이 풍부한 한 가닥과 피리미딘이 풍부한 두 가닥으로 구성된 삼중나선을 포함한다. 푸린이 풍부한 다른 가닥은 치환되고 쌍을 이루지 않는다.

H-DNA는 삼중나선을 형성하기 위해 이상한 "옆으로 기울은" 염기쌍 형성을 포함한다.

H-DNA에서 아데닌은 두 티민과 쌍을, 구아닌은 두 시토신과 쌍을 이룬다. 매 경우 한 쌍은 정상이고 다른 쌍은 옆으로 기운다(소위 말하는 **후그스틴 염기쌍**, 고로 H-DNA 라고 명명). 더욱이 C=G=C 삼각형을 형성하기 위해서는 여분의 양성자(H^+)가 수소결합 하나를 위해 필요하다. 따라서 H-DNA의 형성은 산성 조건에서 촉진된다. 높은 산성도는 또한 DNA 골격의 인산기에 양성자를 추가하는 경향이 있으므로 음전하를 감소시킨다. 이는 세 가닥 사이의 반발을 감소시키고 삼중나선 형성을 돕는다.

이 복잡한 서열 요구에도 불구하고 자연 DNA에 대한 컴퓨터 조사는 삼중 H-DNA를 형성할 잠재적 서열이 마구잡이에 근거한 예상보다 훨씬 많음을 보여주었다. 이들을 **잠재적 가닥간 삼중체(PIT)** 요소라 한다. 예를 들어, 대장균 유전체는 37 bp의 PIT 요소를 25 사본 갖는다. 분리된 PIT 요소 DNA는 중성 pH에서도 안정한 삼중체를 형성한다. 당연히 인공적 삼중체의 존재는 전사를 차단함을 보였다. 이는 H-DNA가 어떤 실제 생물학적 기능을 가짐을 암시하지만 기능에 대해서는 알 수 없다.

8. 진핵생물 핵에서 DNA의 포장

진핵생물 핵의 구조에 대한 이해는 분자생물학 연구에서 매우 열띤 주제가 되었다. 간기 핵의 구조는 원래 무형의 염색질 덩어리로 생각되었다. 제자리형광혼성화(FISH, 5장 참조)의 출현으로, 오늘날 어떤 생물은 여러 염색체를 간기 핵 안의 특정 구역에 보관함이 알려졌다(그림 4.24).

세포주기의 간기 DNA는 가장 느슨한 형태를 갖지만 염색체는 여전히 매우 치밀하다. 진핵생물 염색체는 길이가 1cm에 달하고 직경이 5 μm인 세포 핵에 들어맞기 위해 접혀야

후그스틴 염기쌍(Hoogsteen base pairs) 피리미딘이 푸린에 옆으로 붙어 있는 삼중나선 DNA에서 발견되는 비정상적 염기쌍
잠재적 가닥간 삼중체(potential intra-strand triplex, PIT) 염기 서열로부터 H형 삼중체 DNA를 형성할 것으로 예상되는 DNA 부위

만 한다. 접힘은 DNA의 2,000배 조밀화가 필요하다. 그러나 진핵생물 염색체는 원형이 아니므로 포장의 기전은 DNA 자이라제를 이용한 초나선꼬임 대신 여러 수준의 꼬임과 단백질 상호작용이 관여한다.

조밀화의 1차 수준에서, DNA가 **히스톤**이라는 특수 단백질 주위로 감긴다. 8개의 히스톤이 핵심 단위를 구성한다: H2A, H2B, H3 및 H4 2개씩. DNA가 핵심 단위를 두 번 감으며, 이 구조를 **뉴클레오솜**이라 부른다(그림 4.25). 뉴클레오솜의 전체 길이를 **염색질**이라고 부르며 그 모양 때문에 "구슬 끈"이라고도 부른다(그림 4.26). 뉴클레오솜들 사이에는 9번째 히스톤인 H1에 의해 부분적으로 보호된 짧은 자유 DNA 구간이 있다. 느출된 DNA는 이중 가닥 절단을 만드는 dsDNA에 특이적인 핵산가수분해효소에 의해 절단될 수 있다. 실험실에서 마이크로코칼 핵산가수분해효소가 이 작업을 수행하기 위해 종종 사용된다. 이 효소는 연결 DNA를 세 단계로 자른다. 먼저 200 bp를 갖는 단일 뉴클레오솜이 방출되고 다음으로 연결부위가 절단되어 약 165 bp의 DNA를 남긴다. 마지막으로 핵심입자를 감고 있는 DNA 말단이 조금씩 잘려나가서 효소 분해로부터 핵심 입자에 의해 완전히 보호되는 약 146 bp의 DNA를 남긴다.

핵심 히스톤인 H2A, H2B, H3 및 H4는 102에서 135 아미노산을 갖는 작고 거의 구형인 단백질이다. 그러나 연결 히스톤인 H1은 약 220 아미노산을 갖는 긴 단백질이다. H1은 중앙의 구형 부위에서 뻗어 나온 2개의 팔을 갖는다. H1의 중앙 부분은 자체의 뉴클레오솜에 결합하고 두 팔은 다른 쪽의 뉴클레오솜에 결합한다(그림 4.27). 핵심 히스톤은 약 80 아미노산의 몸체와 20 아미노산의 꼬리를 N 말단에 갖는다. 꼬리는 아세틸기가 추가되거나 제거되는 리신을 여럿 포함한다(그림 4.28). 이 과정은 DNA의 포장 상태와 유전자 발현을 부분적으로 조절한다고 생각된다. 따라서 활동적인 염색질에서 핵심 히스톤은 고도로 아세틸화되어 있다(더 많은 논의는 17장 참조). 히스톤 변형에 덧붙여, 이질염색질단백질1(HP1), 폴리콤그룹(PcG)단백질과 같은 단백질 및 염색질리모델링 복합체가 뉴클레오솜 포장의 수준을 조절한다. 복제와 전사동안 모두에서 히스톤과 염색질리모델링 효소는 DNA의 짧은 부위에서 대체된다. 합성효소가 지나간 다음 핵심 히스톤이 DNA에 다시 조

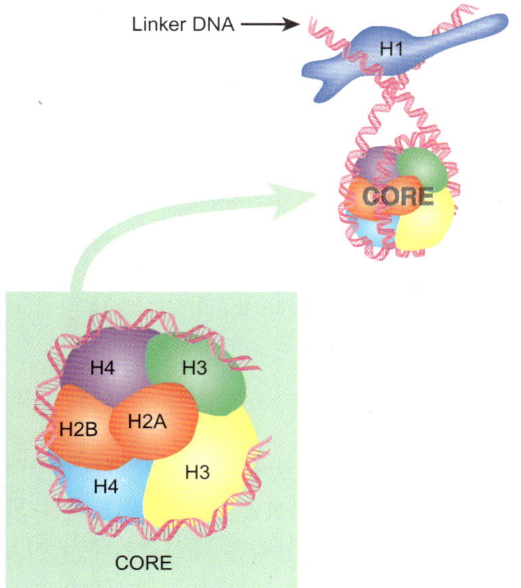

그림 4.25
뉴클레오솜과 히스톤

진핵생물 염색체의 접힘에서 기본단위는 그림에서 보는 뉴클레오솜이다. 뉴클레오솜은 핵심을 구성하는 8개의 히스톤과 감긴 DNA가 분기하는 위치에 있는 별도의 히스톤 H1로 구성된다. 확대된 부위는 핵심에서 히스톤의 포장을 보여준다. H3-H4 4합체는 핵심의 모양을 결정한다. H2A와 H2B는 2합체 중 하나만 보인다. 다른 것은 반대쪽에 숨어 있다.

염색질(chromatin) 진핵생물 염색체를 구성하는 DNA와 단백질의 복합체
히스톤(histone) DNA에 결합하고 진핵생물의 염색체 구조 유지를 돕는 양전하를 띠는 특수 단백질
뉴클레오솜(nucleosome) 진핵생물 염색체의 소단위로 히스톤 단백질 주위로 감긴 DNA로 구성된다.

표 4.04 염색체 접힘의 요약

접힘 수준	구성 성분	회전 당 염기쌍
DNA 이중나선	뉴클레오티드	10
뉴클레오솜	200 염기쌍	100
30 나노미터 섬유	회전 당 6 뉴클레오솜	1,200
고리	고리 당 50 나선회전	60,000
염색분체	2,000 고리	

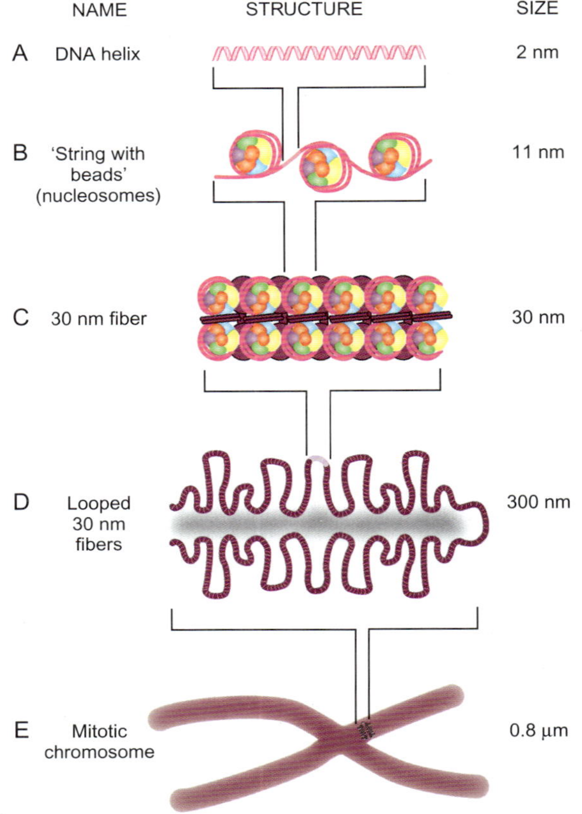

그림 4.26

진핵생물 염색체에서 DNA 접힘의 요약

DNA 나선(A)은 8개 히스톤(핵심) 주위를 감는다(B). 연결 DNA 부위는 "구슬 끈"을 만들도록 뉴클레오솜을 결합시킨다. 이는 다시 30 나노미터 섬유를 형성하기 위해 나선형으로 감긴다(C)(분명하게 나타나지 않음). 30 나노미터 섬유는 고리를 형성하고 단백질 스캐폴더에 부착함으로써 더 접힌다. 마지막으로 DNA는 유사분열 동안 매우 두터운 염색체를 만들기 위해 다시 접힌다.

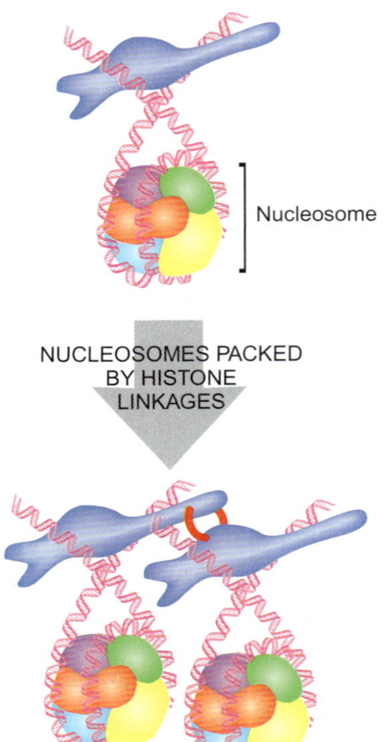

그림 4.27

히스톤 H1은 뉴클레오솜을 연결한다

핵심입자 주위를 감싸는 DNA의 위쪽에 위치한 H1(청색)은 선형의 뉴클레오솜 사슬을 따라 다른 H1과 결합하게 된다. 이 결합은 뉴클레오솜의 더 조밀한 포장을 돕는다.

립된다.

조밀화의 2차 수준에서, 뉴클레오솜 사슬은 **30 나노미터 섬유**로 알려진 회전 당 6개의 뉴클레오솜을 갖는 거대한 나선으로 감긴다(그림 4.26). 뉴클레오솜은 관상 원통코일 모양 혹은 앞 뒤로 구불구불할 수 있다. 이 두 대체 형을 구별하는 능력은 제한적인데, DNA의 이온 조건이 간기 핵 안에 존재하는 실제 구조를 바꿀 수 있기 때문이다. 조밀화의 3차 수준에서, 이 섬유는 앞뒤로 다시 고리를 만든다. 고리의 크기는 변하지만 평균적으로 고리

30 나노미터 섬유(30 nanometer fiber) 직경이 약 30 nm인 나선으로 배열된 뉴클레오솜의 사슬

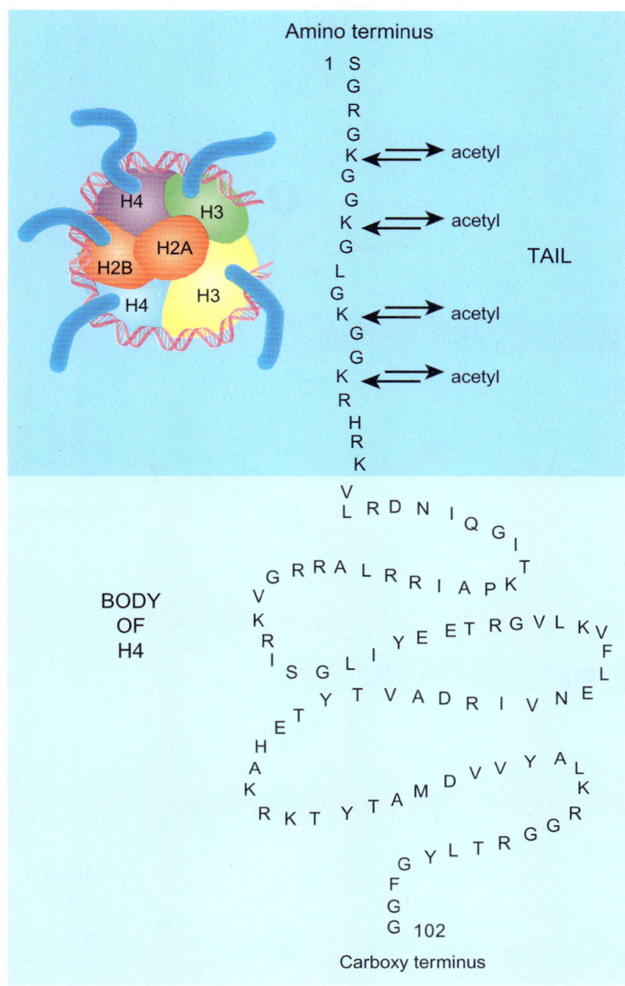

그림 4.28

히스톤 꼬리는 아세틸화될 수 있다

어떤 히스톤 단백질의 N 말단은 "아세틸"이라고 표시된 것처럼 자유롭게 아세틸화된다. 아미노산은 한 글자 상징으로 나타내었다.

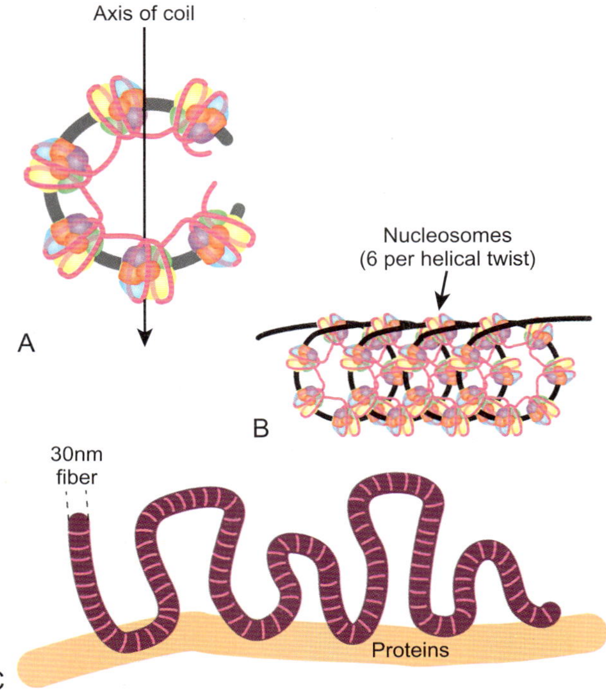

그림 4.29

염색체 축에서 30 나노미터 섬유의 고리형성

A) 뉴클레오솜 사슬이 회전 당 6 뉴클레오솜을 갖도록 꼬인다. B) 꼬인 뉴클레오솜은 30 나노미터 섬유로 알려진 나선을 형성한다. C) 30 나노미터 섬유는 주기적으로 단백질 스캐폴더에 부착되는 고리를 형성한다.

그림 4.30

간기와 중기의 염색체

세포분열 주기 사이에 염색체는 하나의 염색분체로 구성되고 간기 염색체라 부른다. 다음 세포분열 전에 각 염색체는 동원체에서 연결된 두 DNA 분자 혹은 두 염색분체로 구성된다. 유사분열 바로 전에 응축이 일어나 염색체(염색분체)를 볼 수 있게 된다. 염색체는 유사분열의 중간 부분인 중기동안 퍼져 있을 때 가장 잘 보인다. 각 딸 세포는 염색분체 중 하나를 갖게 되고 분열 과정은 새롭게 시작된다.

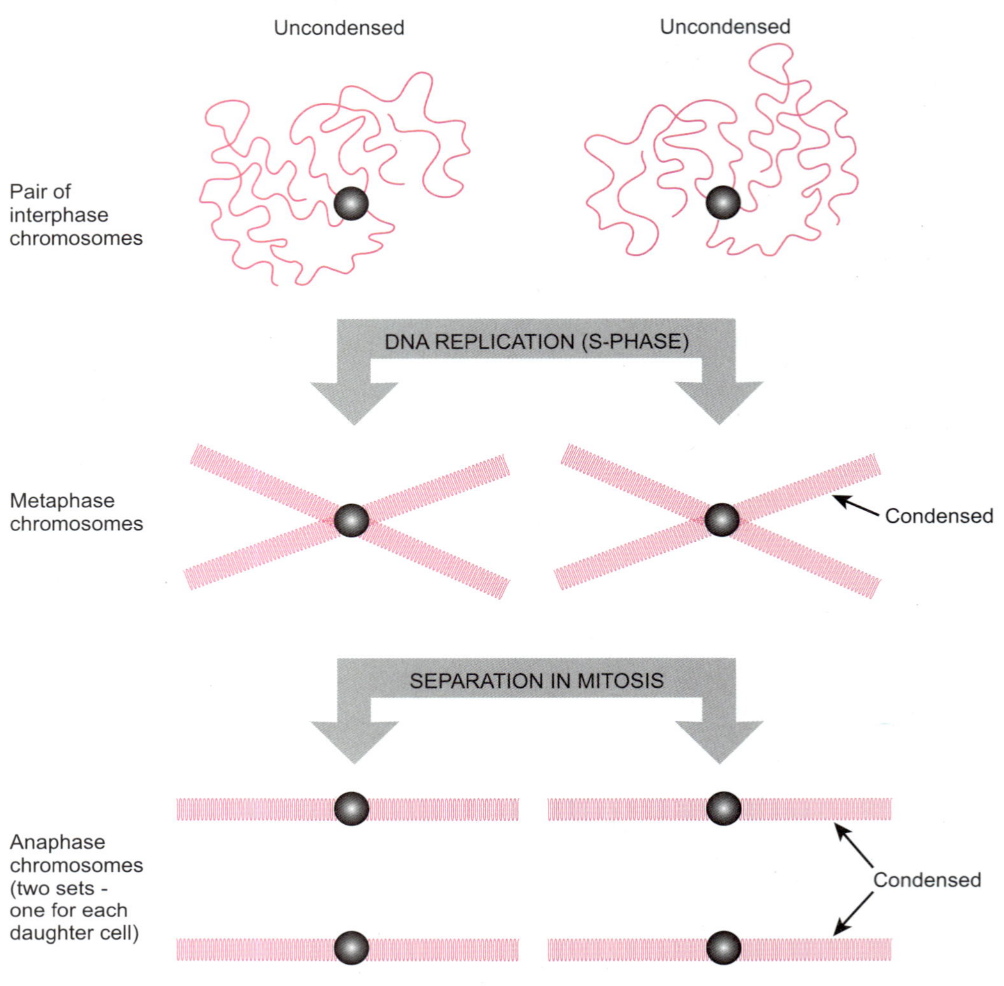

당 50 나선 회전(즉 약 300 뉴클레오솜)이다. 고리의 말단은 염색체 축 혹은 스캐폴더 단백질에 부착된다. 이들 고리가 고도로 응축하면 **이질염색질**이 형성된다(그림 4.29). 나머지 염색질인 **진정염색질**은 그림 4.26의 B와 C에서 "구슬 끈"으로 나타낸 보다 펼쳐진 형태이다. 이 진정염색질의 약 10%는 보다 덜 응축되었고 전사되고 있거나 가까운 장래에 전사될 수 있다(세부사항은 17장 참조). 이것이 "활성 염색질"이다.

진핵생물은 히스톤이라는 특수 단백질 주위로 DNA를 감음으로써 DNA를 포장한다.

뉴클레오솜은 8개의 히스톤 단백질 구슬 주위에 감긴 200 bp의 DNA를 포함한다.

진핵생물 DNA는 핵 안에 맞추기 위해 여러 연속적인 단계의 접힘이 필요할 정도로 길다.

세포분열을 준비하면서 염색체는 더 접힌다. 이 과정의 정확한 성질은 확실하지 않지만 응축된 유사분열 염색체는 완전히 펼친 DNA보다 50,000배 짧다. 세포분열 직전에 DNA는 위에 기술한데로 응축되고 접힌다. 대부분의 그림에 나타난 전형적인 중기 염색체는 그림 4.30에서 보인 것처럼 얼마 전에 DNA를 복제했고 두 딸염색체로 분열되려고 한다. 따라서 이 염색체는 동원체에 함께 붙어 있는 동일한 두 이중나선 DNA 분자로 구성된다. 이들을 **염색분체**라고 한다. 세포분열 사이와 분열하지 않는 세포에서 염색체는 한 염색분체만으로 구성된다는 것을 유의하자. 대개는 염색분체라는 용어는 분열과정에서 염색체를 기술할 때의 모호함을 피하기 위해서만 필요하다. 덧붙여 같은 염색분체를 다수 갖는 거대 염색체가 일부 생물(초파리의 침샘 같은)에서 발견되는 이상한 경우도 있다.

염색분체(chromatid) 염색체 전체 혹은 절반을 이루는 이중나선 DNA 한 분자이며, 또한 히스톤과 다른 DNA 연관 단백질을 포함한다.
진정염색질(euchromatin) 이질염색질에 반해 정상적인 염색질
이질염색질(heterochromatin) 고도로 응축된 염색질 형으로 RNA 중합효소가 이용할 수 없으므로 전사될 수 없다.

관련 연구에 대한 초점

Khochbin S (2011) In the heart of a dynamic chromatin. Chem & Biol 18: 410-412.

이 관련된 시사 논문은 새로운 두 탐침이 히스톤 H4의 리신5(K5), 리신8(K8) 및 리신12(K12)가 아세틸화되었는지를 확인하는 데 어떻게 사용되었는지를 논의한다. Minoru Yoshida 그룹은 유동성을 위해 연결부위에 결합된 브로모도메인 유전자, Brdt와 히스톤 H4 유전자의 유전적 융합을 만들었다. 발현되면, 히스톤의 아미노 말단은 브로모도메인이라고 부르는 4개의 알파나선이 함께 묶인 확장을 갖는다. 이 구조는 아세틸화된 히스톤 꼬리에 결합하는 단백질에서 전형적으로 발견된다. 이 융합은 융합단백질 양쪽에 두 형광단백질(비너스 및 시안-형광단백질(CFP)을 연결하였다. 융합단백질의 모양이 변하면 두 형광단백질은 FRET(혹은 형광공명에너지전이)을 거친다. 그래서 예를 들면, 만일 브로모도메인이 아세틸화된 K5와 K8에 결합하기 위해 뒤집히면 형광신호는 변하고 방출 빛의 변화에 의해 기록될 수 있다.

저자들은 이 기본 구조에 브로모도메인의 구조가 다른 두 탐침을 기술한다. 제1 탐침, Histac은 K5와 K8 이중 아세틸화를 인식하는 브로모도메인 단백질을 사용하고, 제2 탐침, Histac-K12는 K12 아세틸화를 인식하는 브로모도메인 단백질을 가지고 있다. 이들 탐침은 과학자들이 다양한 환경아래서 살아 있는 세포를 영상화하여 히스톤 H4 단백질의 아세틸화 정도를 감시할 수 있게 하였다. 이 탐침들은 아세틸화가 염색체가 염색질로 조길화되는 데 미치는 영향과 그 영향이 세포분열를 통해 어떻게 변하는지를 확인하기 위한 유용한 도구이다. 탐침은 또한 DNA의 아세틸화 혹은 탈아세틸화를 변화시키는 새로운 약품의 효율성을 밝혔다. 이러한 탐침의 계속적인 개발과 사용은 유전체의 모든 부분에서 히스톤 변형의 풍경을 결정하는 데 유용할 것이고, 그런 분자적 변화가 DNA 조밀도와 유전자 발현에 어떻게 영향을 미치는 데 대한 더 많은 이해로 이끌 것을 희망한다.

상자 4.04 히스톤은 고도로 보존되고 고세균에서 유래되었다

알려진 모든 단백질에서 진핵생물 핵심 히스톤, 특히 H3와 H4는 진화동안 가장 고도로 보존되었다. 예를 들어, 소와 완두의 H4 서열 사이에 102개 아미노산 중 단지 2개만 다르다. 이에 비해 연결 히스톤 H1은 많이 변한다.

전형적인 세균(진정세균)은 히스톤을 갖지 않는다. (세균 염색체에 결합된 많은 수의 히스톤-유사 단백질이 발견된다. 그 이름에도 불구하고, 진짜 히스톤과는 서열상 동질성이 없으며 DNA 포장을 위한 뉴클레오솜도 형성하지 않는다). 그러나 유전적으로 분명한 고세균 계통(메탄세균)의 일부 구성원은 히스톤을 가지고 있다. 원시 히스톤은 서로 크게 다르다. 이들은 65–70 아미노산 크기이며 진핵생물 히스톤의 특징인 꼬리가 없다. 원시 뉴클레오솜은 약 80 bp DNA를 수용하고 원시 히스톤 4합체를 포함한다. 이들은 아마 진핵생물 뉴클레오솜의 핵심에서 발견되는 $(H3-H4)_2$와 상동성이다.

핵심 개념

- 세균 유전체는 대개 조밀하게 포장된 유전자를 갖는 원형이고 일부 유전자는 오페론으로 집단화 된다(즉, 다수의 유전자가 한 프로모터에 의해 조절된다).
- 바이러스 유전체는 대부분 세균의 유전체 보다 작으며 종종 생존을 위한 핵심 유전자가 없는데 이 유전자 산물의 공급을 숙주에 의존할 수 있기 때문이다.
- 세포소기관 유전체는 원형이고, 세포 내 기능에 필요한 일부 유전자만 가진다. 종종, 효과적으로 작용하기 위해 숙주가 암호화한 단백질을 자신의 단백질과 함께 사용된다. 많은 세포소기관 유전자가 세균 유전자와 유사하므로 세포소기관은 퇴화된 공생 세균이라고 생각된다.

- 진핵생물 유전체는 크며 세균, 바이러스 및 세포소기관 유전체에 비해 훨씬 많은 개재 혹은 비암호화 DNA를 포함한다. 개재 혹은 인트론 DNA는 대부분 진핵생물 유전자의 암호 부위를 방해한다.
- 공통서열은 일련의 관련된 서열들을 비교하고 특정 위치에 어떤 뉴클레오티드 혹은 아미노산이 가장 일반적인지를 정함으로써 결정된다.
- 진핵생물 DNA는 또한 단지 여러 번 번복되는 위유전자로부터 고도로 사용되는 유전자 혹은 긴고반복 서열의 다중 사본인 중반복 DNA 혹은 짧은고반복 서열을 포함하는 고반복 DNA까지 다양한 반복 요소를 포함한다. 직렬반복변수는 반복수가 다양한 직렬반복이다. 부수체 DNA는 나머지 유전체와 다른 밀도를 가지며 감수분열 시 부등교차를 유도할 수 있다. 사람의 동원체는 알파 DNA라고 부르는 171 bp 반복으로 구성된다.
- DNA 나선의 구조는 뉴클레오티드의 순서에 의해 영향을 받는다. 뉴클레오티드의 역반복은 줄기-고리 구조를 만들 수 있다. 초나선 DNA에서 두 긴 역반복이 발견되면 그 부위는 십자 구조를 형성할 수 있다. 3-5 뉴클레오티드 아데닌의 반복은 DNA 나선을 굽힌다.
- 전기영동은 크기로 DNA 절편을 분리하지만, 실제 DNA 구조 또한 겔을 통한 이동에 영향을 미친다. 다수 A 궤적은 다수의 아데닌이 없는 선형 DNA 보다 느리게 움직이게 한다. 초나선꼬임은 보다 조밀하므로 DNA를 열린 고리 혹은 선형보다 더 빨리 이동하게 한다.
- 세균 DNA는 초나선꼬임과 DNA 스캐폴드에 결합함으로써 조밀화된다. 조밀화된 DNA는 특정 유전자가 특정 위치에서 발견되는 핵양체 지역에 머문다. 세균의 세포분열 동안, 특수 단백질(DNA 회전효소와 DNA 자이라제)는 DNA가 복제되도록 초나선을 풀고 다시 감는다. 복제 개시 바로 다음에, ParA와 ParB는 기원 부근의 parS 위치를 인식하고 두 염색체를 각각의 딸 세포로 이동시키는 섬유를 조립한다.
- DNA 나선은 왓슨과 크릭의 표준 B형, A형, Z형 및 H-DNA라고 부르는 삼중나선으로 존재할 수 있다.
- 진핵생물 DNA는 히스톤이라고 부르는 단백질 핵심 주위를 둘러쌈으로써 "구슬 끈"으로 조밀화된다. 구슬 혹은 뉴클레오솜은 다시 관상 원통코일 혹은 구불구불하게 되어 30 나노미터 섬유로 조밀화된다. 이 섬유는 스캐폴드 단백질로부터 고리를 형성하고 체세포분열 동안 더욱 더 응축된다.
- 히스톤의 아미노 말단은 핵심으로부터 튀어나왔고 아세틸기, 메틸기 혹은 인산기의 첨가로 변형될 수 있다. 이 변화가 DNA 구조와 특정 유전자의 발현 여부에 영향을 미친다.

복습 문제

1. 왓슨과 크릭의 DNA 모형에 대한 증거는 무엇인가?
2. 기생 세균은 매우 작은 유전체로도 생존할 수 있는가?
3. 비암호화 DNA는 무엇인가? 진핵생물에서 비암호화 DNA 두 종류에 대해 서술하라.
4. 유전자간 DNA와 인트론의 차이는 무엇인가?
5. 엑손은 무엇인가?
6. 반복 서열은 무엇이고 보통 어디서 발견되나?
7. 원핵세포에서 보통 다수 사본으로 발견되는 두 유전자는 무엇인가?
8. 포유동물에서 주요 반복 서열의 두 유형은 무엇인가? 그들은 어떻게 형성되나?

9. 짧은고반복 서열(SINE)과 직렬반복의 차이는 무엇인가?
10. 직렬반복변수(VNTR)의 중요성은 무엇인가?
11. DNA에서 발견되는 두 유형의 회문구조는 무엇인가?
12. DNA에서 역반복은 무엇이며 그 중요성은 무엇인가?
13. 굽은 DNA는 어떻게 형성되나? 그들은 굽지 않은 DNA와 어떻게 구별되나?
14. 초나선꼬임의 중요성은 무엇인가?
15. 음성 초나선꼬임이 양성 초나선꼬임보다 선호되는 이유는 무엇인가?
16. 세균 염색체를 음성 초나선으로 만드는 효소는 무엇인가?
17. 고리수(L)는 무엇인가?
18. DNA 회전효소는 무엇인가? I형과 II형 DNA 회전효소의 차이는 무엇인가?
19. DNA 자이라제에 영향을 주어 세균을 죽이는 항생제 두 가지는 무엇인가? 그들의 작용 방식을 기술하라.
20. 연쇄체는 무엇이고 어떻게 연결되나?
21. 언제 양성 초나선이 형성되며 어떻게 제거되나?
22. 초나선 DNA와 열린고리 DNA 중 어느 것이 전기영동 시 빨리 이동하나? 이유는?
23. 초나선꼬임에 의한 압박 때문에 형성된 대체 구조는 무엇이며 그들은 어떻게 다른가?
24. DNA 이중나선의 가장 안정되고 흔한 형태는 무엇인가?
25. DNA 이중나선의 흔하지 않은 두 대체형은 무엇이고 그들의 형성 조건은 무엇인가?
26. H-DNA는 무엇이고 후그스틴 염기쌍은 무엇인가?
27. 진핵생물에서 DNA 분자가 어떻게 포장되나?
28. 염색질과 뉴클레오솜을 정의하라.
29. 핵심 히스톤과 연결 히스톤을 열거하고 그들이 어떻게 뉴클레오솜에서 배열되는지 설명하라.
30. 두 유형의 염색질은 무엇이고 서로 어떻게 다른가?
31. 원핵생물에서 히스톤이 발견되나? 그렇다면 어디서 발견되나?
32. 진핵생물 염색체에서 DNA 접힘을 기술하라.
33. 30 나노미터 섬유는 무엇인가?
34. 염색분체는 무엇인가?

개념 문제

1. 연구자는 자주천인국 *Echinacea purpurea*의 꽃잎을 두 배로 증가시키는 ICOSAPETALS라는 유전자를 동정했다. 연구자는 다른 꽃에서 서열이 유사한 다른 유전자를 동정하고자 한다. BLAST 서열정렬 프로그램을 사용하여, 연구자는 서열이 결정된 단지 5종의 다른 꽃 유전자와 유사한 ICOSAPETALS 유전자의 다음 부위를 동정했다. 이 부위의 공통서열을 결정하라.

```
ICOSAPETALS    5'AGGCGCCCATTACTGATCCAAATTTGACTCTGG3'
MUMPTLA        5'AGGCACCCTAATGAGATCCAAATTTGACTGACC3'
DAISY556DA     5'AGGCGCAATAATGTCTTCCAAATTTGACTGTCC3'
PETUNPETL      5'AGGCGCAATATCGTGTTCCAAATTTGACTGTGG3'
VINCANOPE      5'AGGCCCTTAAACGTGTTCCAAATTTGACTGTGG3'
SHASTAPET      5'AGGCGCCCTTACGTCTTCCAAATTTGACTCTGG3'
```

2. 전체 ICOSAPETALS 유전자가 클로닝되고 서열이 결정되었다. 다른 유전자와 유사한 부위가 액손 내로 결정되었다. 유전자 구조에 대한 당신의 지식을 사용하여 ICOSAPETALS의 이 부위가 다른 유전자와 유사한 이유에 대한 설명을 제안하라.
3. ICOSAPETALS 유전자의 상류는 직렬반복 부위이다. 자주천인국이 20개 이상의 꽃잎을 가지면 이 상류에 50 이상의 직렬반복이 있다. 이 식물이 10개 이하의 꽃잎을 가지면 30 이하의 직렬반복이 있다. 식물에 따라 이 유전자 상류의 직렬반복 수가 다른 이유를 설명하라. ICOSAPETALS가 꽃잎의 수를 조절하는 기전을 제안하라.

4. 실험실에서 아주 새로운 단세포 진핵생물을 다량으로 키울 수 있게 되었다. 연구자는 이것이 다른 단세포 진핵생물과 유사한지 결정하기 위해 유전체의 서열결정에 관심이 있다. 연구자는 유전체 DNA를 분리하여 밀도구배 원심분리를 이용하여 크기 분획을 수행하였다. 염화세슘 각 분획의 DNA를 분석하여 다음 결과를 얻었다. 두 피크를 기술하고 각각에서 어떤 종류의 DNA가 발견되는지 설명하라.

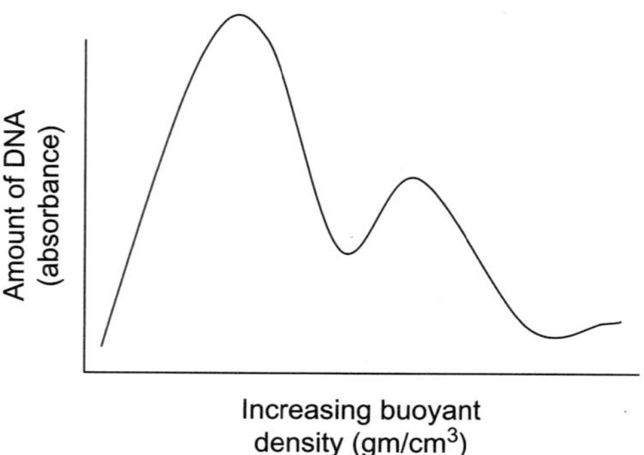

핵산의 조작

Chapter 5

이 장에서는 분자생물학과 생명공학에서 DNA와 RNA를 조작하는 데 이용되는 기본적인 몇 가지 기술을 알아본다. DNA의 분자 클로닝을 가능하게 하여 현대 DNA 기술 영역의 문을 연 기술 중 하나는 DNA를 작은 절편으로 절단하는 제한효소의 이용이다. 작은 절편은 분리되고, 분석되고, 다양한 구성으로 재연결된다. 다른 방법으로는 자외선의 흡광도에 의한 DNA와 RNA의 양을 측정하는 것과 핵산의 존재를 모니터링하기 위해 방사성 표지의 이용 또는 보다 최근에는 형광 표지의 이용을 포함한다. 또 다른 기술적 돌파구는 DNA와 RNA의 인공적인 절편의 합성이다. 이러한 발견은 인간 게놈의 염기서열분석, DNA 지문분석을 통한 DNA 기원의 파악 및 중합효소 연쇄반응(PCR)을 통한 빠르고 저렴하게 여러 가지 감염균을 진단하는 기술에 필수적이다. 여기서 우리는 자연적 핵산합성 방법과 몇 가지 인위적인 화학합성 유도체를 합성하는 방법을 설명한다. 끝으로 현대 분자생물학 기술을 보다 잘 이해하기 위하여 다양한 상황에서의 핵산 혼성화 이용을 소개한다.

1. DNA 조작

모델 생물에 대한 기본 연구는 우리 몸의 기능에 대한 새로운 통찰을 제공하고, 우리와 다른 생물이 환경에 살아가도록 어떻게 적응해왔는가 하는 통찰력을 마련하고, 우리 경제에 필수적인 많은 새로운 기술들을 탄생하게 한다. 한 생물체로부터 DNA를 분리하는 능력과 그 DNA를 작은 절편으로 자르는 일은 새로운 유전자를 찾는 데 필수적인데, 특히 전체 게놈 염기서열분석 이전에 필수적이다. 특별히, 오직 특정 핵산 서열을 인식하는 제한효소의 발견은 다른 절편들을 참고로 하여 여러 절편의 위치를 지도화하는 데 필수적이다. DNA 절편의 순서를 정하는 것이 인간 게놈 염기서열 분석에 필수적인 발견이며, 아직 전체 염기서열 분석이 끝나지 않은 생물들에 대해서도 이용된다.

1.1. DNA의 제한과 변형

핵산가수분해효소는 핵산을 분해하는 효소이다. 이 효소에는 **RNA**를 공격하는 **리보핵산가수분해효소**와 DNA를 공격하는 **데옥시리보핵산가수분해효소**가 있다. 대부분 핵산가수분해효소는 그 정도 다양하지만 독특하다. 어떤 핵산가수분해효소는 오직 외가닥 핵산만 공격하고 다른 효소는 두 가닥 핵산만 공격하며, 적은 수의 효소는 둘 중 하나를 공격한다. **핵산말단가수분해효소**는 핵산 분자의 말단을 공격하여 일반적으로 하나의 뉴클레오티드를 제거하거나 때때로 짧은 외가닥 DNA를 제거한다. 핵산말단가수분해효소는 3′ 말단이나 5′ 말단 중 하나만 공격하고 둘 모두는 공격하지 못한다. **핵산내부가수분해효소**는 핵산 가닥의 중간을 절단한다. 일부 핵산내부가수분해효소는 특이적이지 않으나, 제한효소와 같이 다른 효소는 극도로 특이적이어서 특정 인식 서열에 결합한 후에만 DNA를 절단한다.

핵산내부가수분해효소와 핵산말단가수분해효소는 DNA 또는 RNA를 각각 중간에서 자르거나 말단으로부터 하나의 뉴클레오티드를 제거한다.

자연에서 박테리아로 들어가는 외부 DNA는 대부분 바이러스 감염에 의한 것이고, 자연적인 방어시스템이 감염을 방지하기 위하여 진화되어왔다. 바이러스가 박테리아를 공격할 때 바이러스 피막은 밖에 남고 오직 바이러스 DNA만 표적 세포로 들어간다(1장 참조). 바이러스 DNA는 희생물의 세포 내 기구를 차지하여 박테리아가 억제하지 않는 한 보다 많은 바이러스 입자를 만들어 낸다. 박테리아는 **제한효소**를 만들어 외부 DNA를 파괴한다. 이 제한효소들은 외부 DNA의 특정 4-8서열을 인식하여 양쪽의 인산 골격을 절단하여 하나를 둘로 만든다. DNA 상의 이러한 염기서열을 **인식부위**라 부른다.

제한효소는 특정뉴클레오티드 서열에서 DNA를 절단하는 핵산내부가수분해효소이다.

제한효소는 박테리아 DNA를 인식해야만 한다. 왜냐하면, 성공적인 방어의 열쇠는 박테리아 세포의 자신의 DNA를 위태롭게 하지 않는 한 외부 DNA를 분해해야 하기 때문이다. 결과적으로 박테리아는 자신의 DNA와 외부 DNA를 구분하는 메커니즘을 필요로 한다. 자신의 DNA를 보호하기 위하여, **변형효소**가 같은 인식부위를 인식하고 DNA에 메틸기를 전이해야 한다. 변형효소는 일반적으로 인지부위 내에 있는 아데닌 또는 시토신 염기에 메틸기를 더해주고, 이 메틸기가 해당 제한효소로부터 인식부위를 보호한다(그림 5.01). 그러므로 박테리아 DNA는 염색체든 플라스미드든 자신의 제한효소에 대한 면역을 가진다. 대조적으로 들어오는 변형이 안 된 DNA는 제한효소에 의해 분해될 것이다.

변형효소는 인식부위에 메틸기를 첨가함으로써 상응하는 제한효소로부터 DNA를 보호한다.

데옥시리보핵산가수분해효소(deoxyribonucleases, DNases) DNA를 절단하거나 분해하는 효소
핵산내부가수분해효소(endonucleases) 핵산 분자를 중간에서 절단하는 효소
핵산말단가수분해효소(exonucleases) 핵산 분자를 말단에서 분해하는 효소로 일반적으로 1개의 뉴클레오티만 제거함
변형효소(modification enzyme) 상응하는 제한효소와 같은 인식부위의 DNA에 결합하여 DNA를 메틸화시키는 효소
핵산가수분해효소(nucleases) 핵산을 절단하거나 분해하는 효소
인식부위(recognition site) 제한효소와 같은 특정 단백질에 의해 인식되는 DNA 위의 염기서열
제한효소(restriction enzyme) 인식부위라는 특정 염기서열에서 두 가닥 DNA를 절단하는 핵산내부가수분해효소
리보핵산가수분해효소(ribonucleases, RNases) RNA를 절단하거나 분해하는 효소

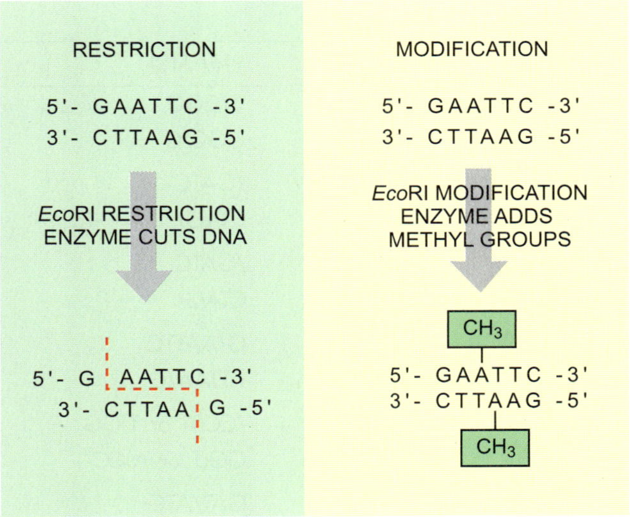

그림 5.01

제한 시스템과 변형 시스템

제한효소는 메틸화되지 않은 두 가닥 DNA를 인식하여 특정 인식부위를 절단한다. 예를 들어, *Eco*RI은 5′-GAATTC-3′ 서열을 인식하여 G 다음 염기를 절단한다. 이 인식 서열은 역반복이기 때문에 효소는 다른 가닥의 상응하는 G 다음을 절단하여 지그재그 절단을 한다. 변형효소는 제한효소와 쌍을 이루며 같은 서열을 인식한다. 변형효소는 인식 서열을 메틸화하여 제한효소가 절단하는 것을 방지한다.

1.2. 제한효소에 의한 DNA의 인식

DNA 내 특정 서열을 인식할 수 있는 능력 때문에 제한효소는 유전공학에서 가장 널리 이용되는 도구 중 하나가 되었다. 제한효소 인식부위는 일반적으로 4, 6 또는 8염기쌍 길이이고 서열은 역반복되어 있다. 이렇게해서, DNA의 위 가닥 서열은 역방향으로 읽은 아래가닥의 서열과 같다(위 그림 5.01에 보여주는 바와 같음).

제한효소의 대부분 인식부위는 4, 6 또는 8염기쌍의 역반복 서열이다.

수백 개의 다른 제한효소가 알려졌으며 각각은 자신의 특정 인식부위를 갖는다. 일부 인식부위는 각각의 위치에 특정 염기를 필요로 한다. 다른 인식부위는 덜 특이적이어서 특정 부위에 오직 푸린이나 피리미딘만을 요구한다. 일부 예가 표 5.01에 보여진다.

4개 염기의 무작위 연속은 아주 흔히 발견되기 때문에 4염기쌍을 인식하는 효소는 DNA를 많은 작은 절편으로 절단한다. 대조적으로 어떤 특정 8염기 서열은 덜 흔하기 때문에 8염기 인식 효소는 DNA를 긴 간격으로 절단하여 소수의 큰 절편을 만들어낸다. 6염기 인식 효소는 중간 결과를 주기 때문에 실제로 가장 편리하다.

1.3. 제한효소 명명

제한효소는 그들이 나온 박테리아의 첫 글자로부터 유래된 이름을 갖는다. 속명의 첫 글자를 대문자로 쓰고 종명의 첫 두 글자가 이어진다(결과적으로 이 세 글자는 이탤릭체이다). 계통명이 종종 대변된다(즉, *Eco*RI에서 R은 *E. coli* 계통 RY13를 의미한다). 로마 숫자는 같은 종에서 발견된 제한효소의 수를 나타낸다. 예를 들어, *Moraxella bovis*는 *Mbo*I과 *Mbo*II라 부르는 2개의 다른 제한효소를 갖는다. 일부 예가 표 5.01에 나타나있다.

만약 다른 종으로부터 2개의 제한효소가 같은 인식 서열을 공유하고 있다면 그들은 **동일전달제한효소**이다. 동일전달제한효소는 그들이 같은 서열에 결합하더라도 항상 같은 장소를 절단하는 것은 아니다. 예를 들어, 염기서열 GGCGCC는 4개의 효소에 의해 인식되지만 각각은 다른 위치를 절단한다: *Nar*I(GG/CGCC), *Bbe*I(GGCGC/C), *Ehe*I(GGC/GCC), 그리고 *Kas*I(G/GCGCC).

동일전달제한효소는 그들이 정확히 같은 장소를 절단하지는 않더라도 같은 인식 서열을 공유하는 두 가지 제한효소이다.

동일전달제한효소(isoschizomers) 같은 인식 서열을 공유하는 다른 종으로부터 온 제한효소

표 5.01 제한효소의 예

효소	출처 생물	인식 서열
*Hpa*II	*Haemophilus parainfluenzae*	C/CGG GGC/C
*Mbo*I	*Moraxella bovis*	/GATC CTAG/
*Nde*II	*Neisseria denitrificans*	/GATC CTAG/
*Eco*RI	*Escherichia coli* RY13	G/AATTC CTTAA/G
*Eco*RII	*Escherichia coli* RY13	/CC(A or T)GG GG(T or A)CC/
*Eco*RV	*Escherichia coli* J62/pGL74	GAT/ATC CTA/TAG
*Bam*HI	*Bacillus amyloliquefaciens*	G/GATCC CCTAG/G
*Sau*I	*Staphylococcus aureus*	CC/TNAGG GGANT/CC
*Bgl*I	*Bacillus globigii*	GCCNNNN/NGGC CGGN/NNNNCCG
*Not*I	*Nocardia otitidis–caviarum*	GC/GGCCGC CGCCGG/CG
*Dra*II	*Deinococcus radiophilus*	RG/GNCCY YCCNG/GR

/= 효소가 절단하는 위치, N = 어떤 염기든 무관함, R = 푸린 염기, Y = 피리미딘 염기

1.4. 제한효소에 의한 DNA 절단

제한효소가 결합한 인식부위에서 DNA가 절단되는 것이 논리적이다. 이는 사실이나 항상 그렇지는 않다. 인식부위와 관련해 DNA를 절단하는 부위가 다른 두 가지 주요 제한효소 유형이 있다.

I형 제한효소는 인식 서열로부터 1,000염기쌍 이상 떨어진 DNA를 절단한다.

I형 제한효소는 인식부위로부터 수천 염기쌍이 떨어진 DNA를 절단한다. 이것은 DNA가 고리를 형성하여 효소가 인식부위와 절단 부위 모두에 결합함으로써 이루어진다(그림 5.02). I형 제한효소는 3개의 다른 소단위를 지닌 단일 단백질로 되어 있다. 한 소단위는 DNA를 인식하고, 다른 소단위는 인식부위를 메틸화하고, 세 번째 소단위는 인식부위로부터 떨어진 DNA를 절단한다. 고리의 정확한 길이가 항상 일정하지 않고, 절단 부위 서열이 고정되어 있지 않기 때문에 이 효소는 분자생물학자들에게 드물게 이용된다. 보다 기이한 점은 이 효소가 자살한다는 것이다. 대부분 효소가 표적 분자의 존재하에 같은 반응을 연속해서 수행한다. 대조적으로 I형 제한효소의 각 분자는 오직 한번 DNA를 절단하고 불활성화된다.

II형 제한효소는 인식 서열 내부의 DNA를 절단한다. 일부는 비점착 말단을 만들고 다른 것은 점착 성 말단을 만든다.

II형 제한효소은 인식부위의 중앙에 있는 DNA를 절단한다. 절단하는 정확한 위치가

I형 제한효소(type I restriction enzyme) 인식부위로부터 1,000염기쌍 또는 그 이상 떨어진 DNA를 절단하는 제한효소의 유형
II형 제한효소(type II restriction enzyme) 인식부위의 중간에 있는 DNA을 절단하는 제한효소의 유형

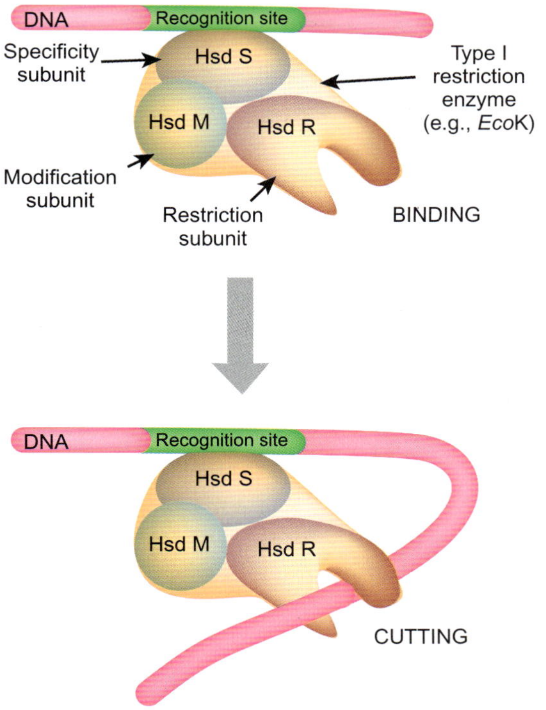

그림 5.02
I형 제한효소

I형 제한효소는 3개의 다른 소단위를 가진다. 특이성 소단위는 DNA 분자의 특정 서열을 인식한다. 변형 소단위는 그 부위에 메틸기를 첨가한다. 만약 DNA가 메틸화되지 않으면 제한 소단위는 DNA를 절단하나, 보통 1,000염기쌍 이상 떨어진 DNA 부위를 절단한다. *Eco*K 제한효소의 소단위는 HsdS, HsdM 및 HsdR이다.

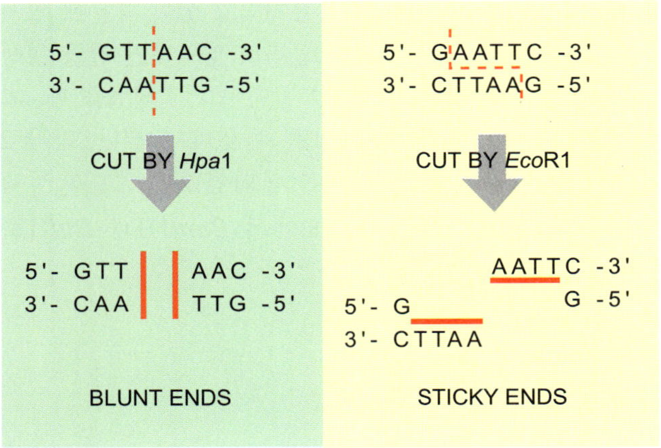

그림 5.03
II형 제한효소– 비점착성 말단 대 점착성 말단

*Hpa*I은 비점착성 말단 제한효소이다. 즉, 이 효소는 DNA의 두 가닥을 똑같은 위치에서 절단한다. *Eco*RI은 점착성 말단 제한효소이다. 이 효소는 두 가닥의 G와 A 사이를 절단하여 DNA의 말단에 4염기쌍 돌출을 가져온다. 이 돌출부 염기는 모든 상보적 서열과 염기쌍 형성을 하기 때문에 점착성이라 한다.

알려졌기 때문에 이 제한효소가 유전공학에 정상적으로 이용된다. 인식부위를 들로 절단하는 두 가지 다른 방법이 있다. 한 방법은 두 가닥 DNA의 두 가닥을 같은 위치에서 절단하는 것이다. 이 방법은 그림 5.03처럼 **비점착성 말단**을 남긴다. 대체 방법은 두 가닥을 다른 장소에서 절단하여 돌출 말단을 형성하는 것이다. 그와 같이 지그재그로 절단하여 생긴 말단은 서로 염기쌍을 형성할 수 있으며 **점착성 말단**이라 알려졌다. II형 제한효소 시스템에서 제한효소는 다중 효소 기능을 갖은 I형 제한효소와 달리 오직 DNA만을 절단한다. 상응하는 변형효소는 완전히 별개이다.

점착성 말단을 만드는 효소는 아주 유용하다. 만약 2개의 다른 DNA 조각이 같은 제

점착성 말단은 DNA 연결효소를 이용하여 DNA 단편을 서로 연결할 때 비점착성 말단 보다 편리하다.

비점착성 말단(blunt end) 완전히 염기쌍이 형성되어 염기쌍이 형성되지 않은 한 가닥 돌출부도 없는 두 가닥 DNA 분자의 말단
점착성 말단(sticky end) 지그재그 절단에 의해 형성된 염기쌍이 형성되지 않은 외가닥 돌출부를 가진 두 가닥 DNA 분자의 말단

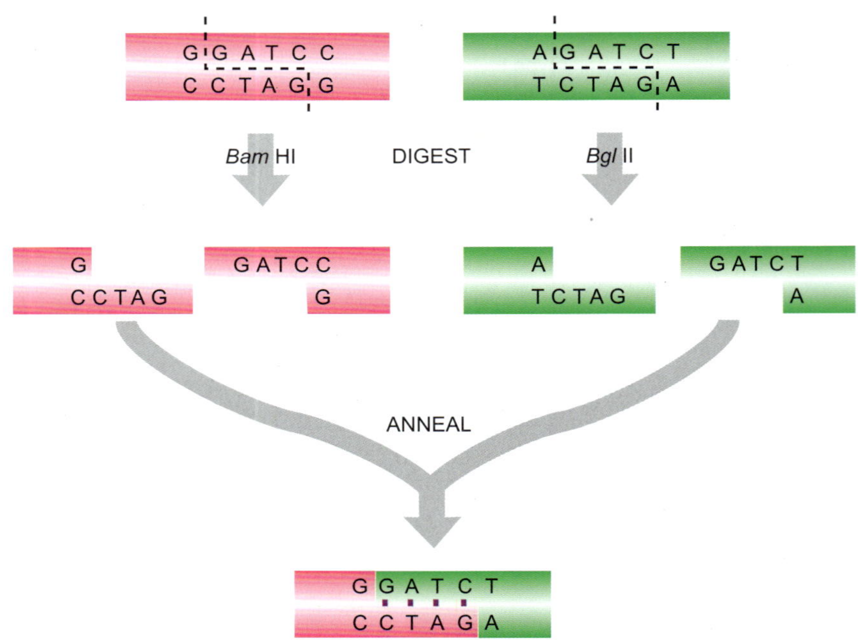

그림 5.04
호환성 점착성 말단의 맞춤

*Bam*HI과 *Bgl*II은 같은 돌출 또는 점착성 말단을 야기한다. *Bam*HI은 5′-GGATCC-3′ 서열을 인식하여 첫 번째 5′-G 다음을 절단하여 아래 가닥에 3′-CTAG-5′ 돌출을 가져온다. *Bgl*II는 5′-AGATCT-3′ 서열을 인식하여 첫 번째 5′-A 다음을 절단하여 위 가닥에 5′-GATC-3′ 돌출을 만든다. 만약 이 두 단편을 원형 회복이 되도록 한다면, 상보적인 서열이 서로 수소결합을 하여 잘린 자리가 DNA 연결효소에 의해 쉽게 봉합될 수 있게 한다.

한효소로 절단되었거나 심지어 같은 돌출부를 만드는 다른 효소로 절단되었으면, 동일한 점착성 말단이 형성된다. 이는 2개의 다른 출처 DNA로부터 온 DNA 절편들이 점착성 말단이 일치함으로써 결합할 수 있게 해준다. 이러한 염기쌍 형성은 DNA 조각이 염기쌍사이에 영구적인 공유결합이 아니라 오직 수소결합에 의해 서로 유지되고 있기 때문에 일시적이다. 그렇다 하더라도, 이는 DNA 연결효소에 의한 당-인산골격의 영구적인 결합 형성을 도와준다(아래 참조). 같은 효소에 의해 만들어진 두 점착성 말단이 연결되었을 때, 그 연결 지점은 후에 다시 같은 효소의 사용에 의해 절단되어 분리될 수 있다. 그러나, 만약 2개의 다른 제한효소에 의해 만들어진 두 점착성 말단이 연결되었다면, 그 혼성체는 둘 중 어느 효소에 의해서도 절단되지 않는다(그림 5.04에서 *Bam*HI과 *Bgl*II로 절단한 것처럼).

상자 5.01 제한효소의 스타 활성

제한효소는 특정 뉴클레오티드 서열을 인식하고 절단한다. 어떤 상태에서는 제한효소가 **스타 활성**을 나타내는데, 이는 제한효소가 정확한 인식부위가 아닌 뉴클레오티드 서열에서 DNA를 절단하는 것을 의미한다. 게다가, 제한효소는 하나의 뉴클레오티드 치환을 만들거나 한 DNA 가닥의 인산 골격을 무작위로 절단한다. 스타 활성을 야기하는 조건은 반응에 너무 많은 양의 글리세롤이 있거나 부정확한 이온 농도 및 유기 용매 등과 같은 오염물질을 포함한다. 그 이외에 스타 활성은 단순히 DNA양에 비해 너무 많은 효소를 넣거나 처리 시간을 너무 길게 하였을 경우 나타난다. 이러한 스타 활성이 바이러스에 대항하여 그들을 방어하는 박테리아에서는 일어나지 않지만 달라진 활성이 실험실에서는 일어난다. 대부분 제한효소는 효소에 최적 조건을 제공하는 반응에 포함되는 완충용액과 함께 판매된다. 이 완충용액을 충분한 양의 DNA와 이용하는 한 스타 활성은 실험실에서 피할 수 있다.

스타 활성(star activity) 오직 특수한 반응조건에서 일어나는 제한효소에 의한 DNA의 부정확하거나 무작위 절단

관련 연구에 대한 초점

Pingoud A and Wende W (2007) A sliding restriction enzyme pauses. Structure 15: 391–393.

제한효소의 표적 부위 인식과 골격 절단의 반응 메커니즘은 효소/DNA 복합체의 실제 구조에 달려있다. 만약 제한효소가 단순히 표적 DNA로 확산되고, 인식부위에 정확히 맞는 서열을 검정하고 그 서열이 맞지 않았을 때 DNA를 방출한다면, 표적 DNA가 실제적으로 절단되기까지 오랜 시간이 걸릴 것이다. 이 반응 메커니즘은 너무 느려 침입한 바이러스 DNA는 효소가 박테리아를 보호하기 전에 전사와 해독을 시작할 것이다. 제한효소는 보다 빠르게 그리고 보다 효과적으로 작용을 해야만 한다. 인식부위를 찾는 속도를 가속하는 한 가지 방법은 촉진확산으로, 이는 효소가 먼저 표적 DNA를 수용하고 그때 인식 서열을 찾는 것이다. 제한효소는 세 가지 다른 방법 중 하나로 이를 가능하게 한다. 제한효소는 흩어지지 않은 상태로 DNA 가닥을 따라 미끄러지듯 움직일 수 있다. 효소는 두 위치가 서로 가까이 있는 한 하나의 DNA 서열에서 다른 서열로 뛰거나 점프를 할 수 있다. 결국, 효소는 2개 또는 그 이상의 DNA 결합도메인을 가질 수 있어 동시에 하나 이상의 DNA 서열을 검정할 수 있다.

1980년대와 1990년에 수행된 선행연구는 제한효소 *Eco*RI이 첫 번째 메커니즘을 이용함을 확인하였다. 그 효소는 DNA를 따라 미끄러지듯 움직이며, 인식부위와 아주 유사한 서열을 찾았을 때마다 멈추었다. 만약 그 위치가 정확히 맞으면 효소는 DNA를 꽉 죄고 두 가닥의 골격을 절단한다. DNA와 헐겁게 연관된 상태에서 단단히 연관된 상태로 전환하는 동안 효소 단백질의 3차 구조와 DNA 모양에 상당한 변화가 있었다. 이러한 입체구조의 변화는 효소와 DNA로부터 물 분자를 방출하였다. 대조적으로 어떻게 효소가 인식부위와 비슷한 서열에서 멈추는지는 아직 알려져 있지 않다. 우세한 이론은 인식부위와 똑같은 뉴클레오티드 염기는 효소와 접촉하나 부정확한 염기는 맞지 않는 다는 것이다. 이 경우 정지를 일으키나 정확히 맞지 않아 효소는 방출되고 이동한다. 이 종설은 이 이론을 지지하는 최근의 연구 결과를 요약한다. 논문은 정확한 인식 서열과 오직 한 뉴클레오티드가 다른 인식부위를 가진 DNA와 제한효소 *Bst*YI을 결정화하였다. *Bst*YI는 DNA를 인식하는 동형2합체로 나선을 따라 주사하고 5′-RGATCY-3′ 서열을 절단하는데, R은 푸린기고 Y는 피리디딘기이다. 이 결정체 구조는 인식 서열의 반이 완전히 맞으면 *Bst*YI 동형2합체는 견고히 결합하고, DNA의 반이 맞지 않으면 제한효소와 느슨하게 결합한다는 것을 증명하였다.

그 구조는 전체 인식부위가 제한효소와 완전히 맞기 위해 필요하고 이는 DNA를 견고히 붙게 한다는 것을 지지한다. DNA가 정확히 맞지 않았을 때 제한효소는 3차 구조가 알맞게 변하지 않고 DNA를 절단하지 못한다.

1.5. DNA 단편은 DNA 연결효소에 의해 연결된다

점착성 말단이 2개의 절단된 조각을 함께 묶을 수 있더라도 그 결합은 일시적이다. 그 조각들을 함께 유지하기 위하여 **DNA 연결효소**가 이용된다. DNA 연결효소는 지체가닥의 단편을 연결해야 하는 DNA 복제 과정에서 작용한다(10장). 만약 DNA 연결효소가 말단과 말단이 접촉하고 있는 2개의 DNA 단편을 찾으면, 이 효소는 그들을 서로 연결한다(그림 5.05). 실제로는, 서로 맞는 점착성 말단을 지닌 DNA 단편은 많은 시간동안 서로 접촉한 상태로 있는 경향이 있어 DNA 연결효소는 그들을 보다 효과적으로 연결한다. 비점착성 말단을 지닌 DNA 단편은 서로 결합할 수 있는 방법이 없기 때문에 대부분 시간 서로 떨어져서 표류한다. 비점착성 말단의 결합은 매우 느리고, 고농도의 DNA는 물론 고농도의 DNA 연결효소가 필요하다. 사실상, 박테리아 연결효소는 결국 비점착성 말단을 연결하지 못한다. 실제로는, 필요한 경우에 **T4 연결효소**가 비점착성 말단을 연결할 수 있어 유전공학에서 보통은 이용된다. T4 연결효소는 원래 T4박테리오파지로부터 기원한다. 그러나 오늘날에는 그 효소를 암호화하는 유전자를 대장균에서 발현시켜 만들고 있다.

1.6. 제한지도 만들기

DNA 단편 위에 제한효소의 절단 위치를 보여주는 도형을 **제한지도**라 한다. 그러한 지도를 만드는 첫 단계는 한 번에 일련의 제한효소로 DNA를 자르는 것이다. 잘라진 DNA는

제한지도는 DNA 위에 다양한 제한효소의 절단위치를 보여주는 그림이다.

DNA 연결효소(DNA ligase) DNA 절편의 말단과 말단을 공유결합으로 연결하는 효소
제한지도(restriction map) DNA 단편 위에 제한효소의 절단 위치를 보여주는 도형
T4 연결효소(T4 ligase) 박테리오파지 T4로부터 분리하고 비점착성 말단을 연결할 수 있는 DNA 연결효소의 형태

그림 5.05

DNA 연결효소는 DNA 절편들을 연결한다

T4 DNA 연결효소는 두 조각 DNA의 당-인산 골격을 연결한다. 예를 들어, 중복된 점착성 말단은 DNA의 두 가닥 조각을 연결하나, 각 가닥의 골격은 연결이 되지 않는다. T4 DNA 연결효소는 이러한 틈 또는 골격의 끊김을 인식하여, ATP의 가수분해결과 만들어진 에너지를 연결반응을 하는 데 이용한다.

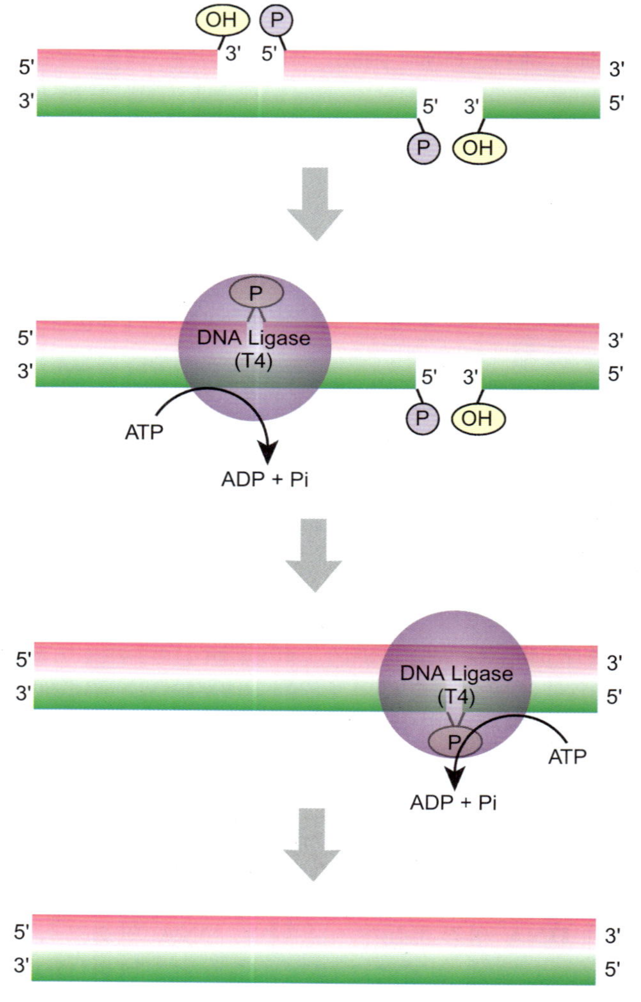

아가로오스 겔 전기영동에 의해 분리된다(4장에서 기술된 것과 같이). 알맞은 표준과의 비교는 분리된 단편 크기의 추정을 가능하게 한다. 이것은 각 효소가 얼마나 많은 인식부위를 DNA 내에 가지고 있는가와 그 부위는 얼마나 떨어졌는가를 나타낸다. 아직 알 수 없는 것은 단편들의 상대적인 순서이다.

제한지도는 정선된 제한효소를 단독으로 그리고 쌍으로 표적 DNA를 절단하므로써 추론된다.

예를 들어, 우리가 제한효소 *Bam*HI에 의해 두 번 잘려 3,000 bp, 1,500 bp 및 500 bp 크기의 3개 단편이 되는 5,000 bp의 DNA를 가지고 있다고 가정하자. 3개 단편에 대한 세 가지 다른 배열이 있을 수 있다(그림 5.06A). 여섯 가지의 가능한 배열이 있을 것이라고 생각할 수 있으나, 다른 세 가지 이론적인 배열은 앞뒤가 바뀌었을 뿐 처음 3개와 같은 것이며, 물리적으로 진짜 다른 분자는 아니다. 그림 5.06A는 3번 단편의 역방향 배열만 보여주고 있다.

이 세 가지 가능성이 있는 배열 중 어느 것이 옳은 것인지를 결정하기 위하여, 2개의 제한효소를 이용하여 이중 절단을 한다. DNA는 각각의 효소 단독으로 절단되고 그리고 두 가지로 동시에 절단한다(그림 5.06B). 2개의 단일 절단과 이중 절단물을 전기영동한 결과가 나타나있다. 그림 5.06A의 DNA 절편을 *Eco*RI 제한효소 하나만으로 절단하였을 때 오직 한번 절단하여 4,000 bp와 1,000 bp의 두 단편을 가져온다. 이렇게, *Eco*RI 하나에 대해서는 오직 한 가지 가능한 배열이 있다. 이중 절단에서, *Bam*HI에서 나타났던 가장 긴 단편이 사라졌다. 이것은 3,000 bp *Bam*HI 단편 내에 *Eco*RI 절단 부위가 존재한다는 것을 의미한다. 예를 들어, 오직 1개의 *Eco*RI 절단 부위가 존재하기 때문에, 오직 1개

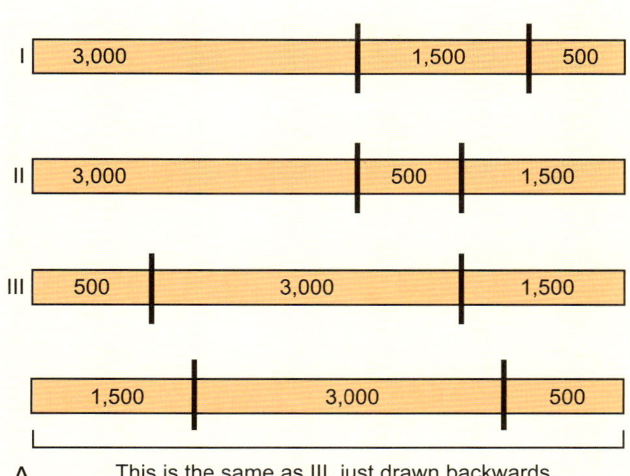

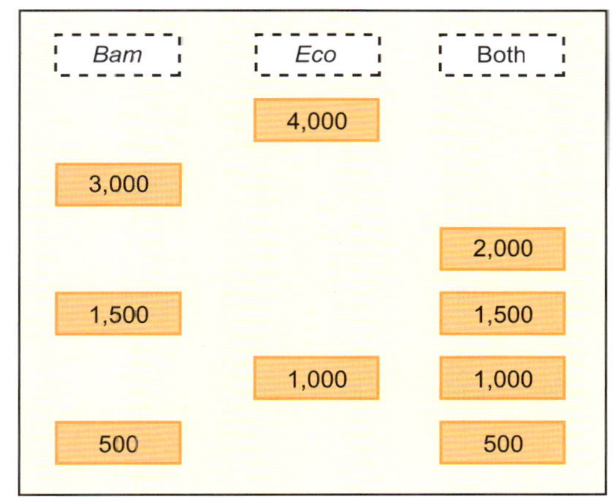

그림 5.06
제한지도 작성

A) 제한효소 부위의 위치와 수를 결정하기 위해서, DNA 단편을 하나의 제한효소로 절단한다. 이 예에서, DNA 단편은 5,000 염기쌍 길이이다. *Bam*HI으로 절단하여 3개의 단편이 생겼다: 3,000 bp, 1,500 bp 및 500 bp. 이 그림은 이러한 3개 단편의 가능한 세 가지 배열을 보여준다. 4번째 배열은 실제적으로 다른 것이 아니고, 역방향으로 그려진 세 번째 가능한 배열이다. B) 이중 절단은 제한지도를 편집하는 다음 단계이다. *Eco*RI 단독으로 DNA를 절단하면 4,000 bp와 1,000 bp의 2개의 단편이 생긴다. DNA를 *Eco*RI과 *Bam*HI으로 동시에 절단하면, 4개의 단편이 겔 전기영동에 의해 나타난다. 이들 중 2개는 *Bam*HI 단독 절단으로부터 나온 1,500 bp 및 500 bp와 동일하다. 그러므로, 이 2개의 단편에는 *Eco*RI 부위가 존재하지 않는다. 나머지 2개의 단편인 2,000 bp와 1,000 bp를 더하면 3,000 bp *Bam*HI 단편과 같다. 그러므로, 하나의 *Eco*RI 부위가 3,000 bp *Bam*HI 단편 내에 존재해야만 한다. A에서 보여준 세 가지 가능한 배열 중에, 세 번째 배열은 제외된다(만약 *Eco*RI 단독으로 절단한다면, 이 배열에서는 4,000 bp와 1,000 bp의 2개 단편을 만들 수 없다).

의 *Bam*HI 단편만이 이중 절단에서 사라진다. 이것은 그림 5.06B에서 보여주는 제한지도로 가능성을 줄여준다.

제한효소 지도를 개선하기 위하여 같은 DNA을 세 번째 효소로 절단해야 한다. *Bam*HI과 효소III으로 이중 절단과 *Eco*RI과 효소III으로 이중 절단물을 위에서 같이 분

상자 5.02 계획된 삽입돌연변이에 의한 유전자 파괴

다양한 기술이 유전공학 기술을 활용하는 돌연변이체를 작성하는데 이용되어 왔다. 이러한 기술은 일반적으로 위치지정 돌연변이(site-directed mutagenesis)라 알려졌다(6장 참조). 특별히, 유전자를 완전히 불활성화시키는 돌연변이는 유전적 분석에 유용하다. 그래서, 유전자가 외부 DNA의 삽입에 의해 고의적으로 깨진다. 이러한 일을 수행하기 위하서, 먼저 박테리아 플라스미드와 같은 편리한 벡터로 유전자를 클로닝하는 것이 필요하다(아래 참조). 유전자를 깨기 위해서, 인위적으로 고안된 DNA 단편을 이용한다. **유전자 카세트**라 알려진 것은 일반적

(계속)

유전자 카세트(gene cassette) 편리한 제한효소 위치가 인접하여 존재하는 잘 고안된 DNA 단편으로, 일반적으로 항생제에 대한 저항성 유전자 혹은 다른 쉽게 관찰될 수 있는 형질의 유전자를 운반한다.

상자 5.02 계속

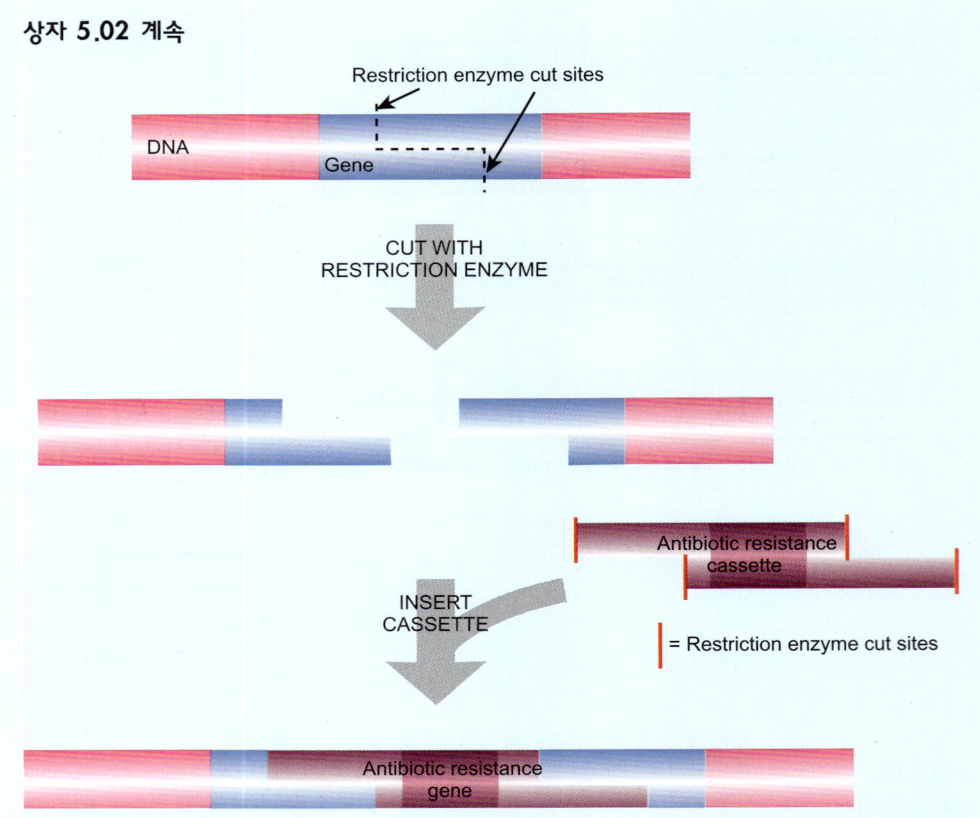

그림 5.07
카세트를 이용한 유전자 분쇄

부수고자 하는 유전자를 하나의 제한효소로 절단한다. 항생제에 대한 저항성을 주는 인위적으로 만들어진 카세트를 절단 부위로 삽입하고 유전자와 연결한다. 새로운 DNA 구조는 항생제에 대한 내성을 갖기 때문에 쉽게 탐지될 수 있다.

으로 클로람페니콜 또는 카나마이신과 같은 일부 항생제에 대한 내성 유전자를 운반한다. 이러한 방법으로 삽입된 DNA 카세트는 쉽게 탐지가 될 수 있다. 왜냐하면, 그것을 운반하는 세포는 항생제에 내성을 갖게 되기 때문이다. 카세트는 양 끝에 몇 가지 편리한 제한효소 부위를 갖는다. 표적 유전자를 이들 제한효소 중 하나로 잘라서 열고, 카세트도 같은 효소로 원래의 위치로부터 잘라낸다. 잘라진 카세트는 표적 유전자의 중간으로 연결된다(그림 5.07). 그때 깨어진 유전자를 유전자가 유래한 원래의 생명체로 다시 집어넣는다.

석해야 한다. 궁극적으로 이러한 접근은 DNA 단편에 대한 완전한 제한지도의 작성을 가능하게 한다. 그때 이 지도는 앞으로 조작을 위한 가이드로 이용될 것이다.

1.7. 제한효소 단편길이 다양성(RFLPs)

만약 2개의 관련된 DNA 분자가 제한효소 인식부위의 서열이 다르다면, 제한효소 절단 후에 다른 크기의 절편이 생길 것이다.

2개의 가까운 생명체로부터 동일 유전자의 다른 버전과 같이 관련된 DNA 분자는 보통 매우 비슷한 서열을 갖는다. 결과적으로 그들은 비슷한 제한지도를 가질 것이다. 그러나, 염기서열에 있어서 이따금씩의 차이는 제한위치에 상응하는 상이함을 초래한다. 각각의 제한효소는 특정 서열(일반적으로 4, 6 또는 8염기)을 인식한다. 만약 이러한 인식부위 내에 1개의 염기가 변했다면, 효소는 더 이상 그 DNA를 절단하지 못할 것이다(그림 5.08). 결과적으로 한 버전의 서열에 있는 제한효소 부위가 그의 가까운 친족에서는 사라진 것이다.

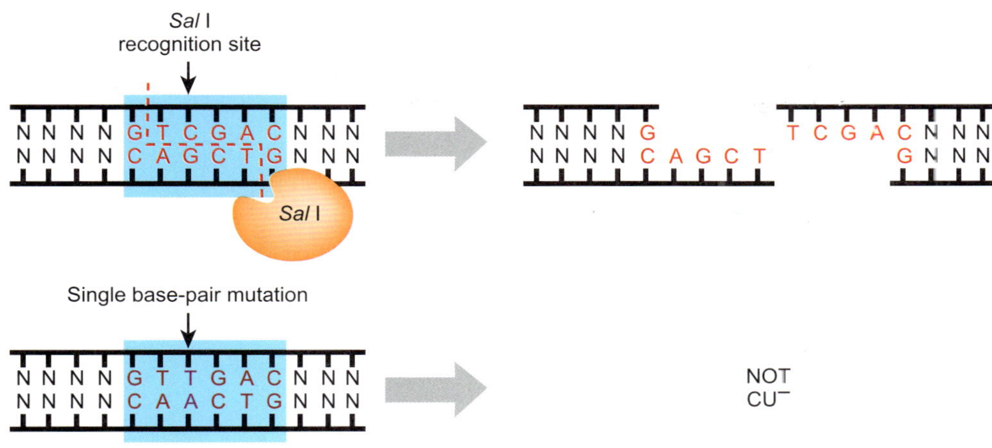

그림 5.08

1개의 염기변경은 제한효소에 의한 절단을 막는다

특정 제한효소의 인식 서열은 매우 특이적이다. 단 1개의 염기 변경은 인식과 절단을 방해한다. 보여주는 예는 인식 서열이 GTCGAC인 *Sal*I의 경우다.

만약 2개의 관련은 있으나 다른 DNA 분자를 같은 제한효소로 절단한다면, 다른 길이의 단편이 만들어질 것이다. 결과적으로, 제한부위에 영향을 주는 두 DNA 서열사이의 차이점을 **제한효소 단편길이 다형성**이라고 한다. 이들을 겔에 전개하면, 다른 크기의 밴드가 나타난다(그림 5.09). RFLPs는 생물체를 동정하거나, 바뀐 유전자의 기능을 우리가 모른다 하더라도 그들의 관계를 분석하는데 이용된다. 사실, 우리는 DNA를 직접 조사하기 때문에, 변이는 비암호성 DNA 내이거나 개재서열 내에 있을 수 있다. 꼭 유전자의 암호성 부위일 필요는 없다. RFLPs는 법의학에서 널리 이용된다.

2. DNA의 화학합성

자연 유래 DNA를 분리하는 하나의 대안은 인위적으로 DNA를 합성하는 것이다. 분자생물학자들은 다양한 목적으로 인위적으로 만든 일정 길이의 DNA를 일상적으로 이용한다. 짧은 길이의 외가닥 DNA가 혼성화를 위한 탐침(아래 참조), PCR에서 프라이머(6장 참조) 및 DNA 염기서열 분석을 위한 프라이머(8장 참조)로 이용된다. 짧은 길이의 두 가닥 DNA도 2개의 상보적인 외가닥의 합성과 그들의 두 가닥 복원에 의해 만들어진다. 그러한 DNA는 유전공학에 있어서 어댑터나 연결자로 이용된다(7장 참조). 비록 복잡하기는 하지만 전체 유전자의 합성도 가능하다(아래 참조).

짧거나 중간 길이의 화학합성에 의해 일상적으로 만들어진다.

DNA 합성의 첫 단계는 첫 뉴클레오티드를 고체 지지체에 고정하는 것이다. 균일한 공극을 지닌 **제어된 공극유리** 구슬이 대부분 통상적으로 이용된다. 이 구슬을 칼럼에 채우고 시약을 잇달아 통과시킨다. 뉴클레오티드가 차례로 첨가되고, 성장하는 DNA 가닥은 합성이 완료될 때까지 유리 구슬에 붙어있게 된다(그림 5.10). DNA의 화학합성은 자동화기계에 의해 수행된다(그림 5.11). 기계에 화학물질을 채운 후, 필요한 서열을 제어 패널에서 입력한다. 유전자 합성기계는 각각의 뉴클레오티드를 첨가하는데 몇 분을 필요로 하고 100뉴클레오티드 또는 그 이상의 DNA를 만들 수 있다. 현대화된 DNA 합성기기는 DNA 표지와 탐지에 이용되는 형광 염료, 비오틴 및 다른 작용기를 일반적으로 붙일 수 있다(아래 참조).

DNA의 화학합성은 뉴클레오시드를 고체 지지체에 하나하나 붙이는 것이다.

DNA가 오직 화학 시약에 의해 만들어지기 때문에, 이 과정을 생물학적 효소가 DNA를 만든다면 불필요한 일부 특정한 변형을 필요로 한다. 첫 번째 문제는 각각의 디옥시뉴클레오티드는 2개의 수산기를 가지고 있어, 하나는 핵산 사슬에서 앞선 뉴클레오티드와 결

제어된 공극유리(controlled pore glass, CPG) 인위적인 DNA 합성과 같은 화학반응을 위한 고체 지지체로 이용되는 균일한 공극 크기를 지닌 유리
제한효소 단편길이 다형성(restriction fragment length polymerphism, RFLP) 2개의 연관된 DNA 분자 사이에 제한 효소의 위치가 상이함으로 인해 다른 크기의 제한단편이 초래되는 현상

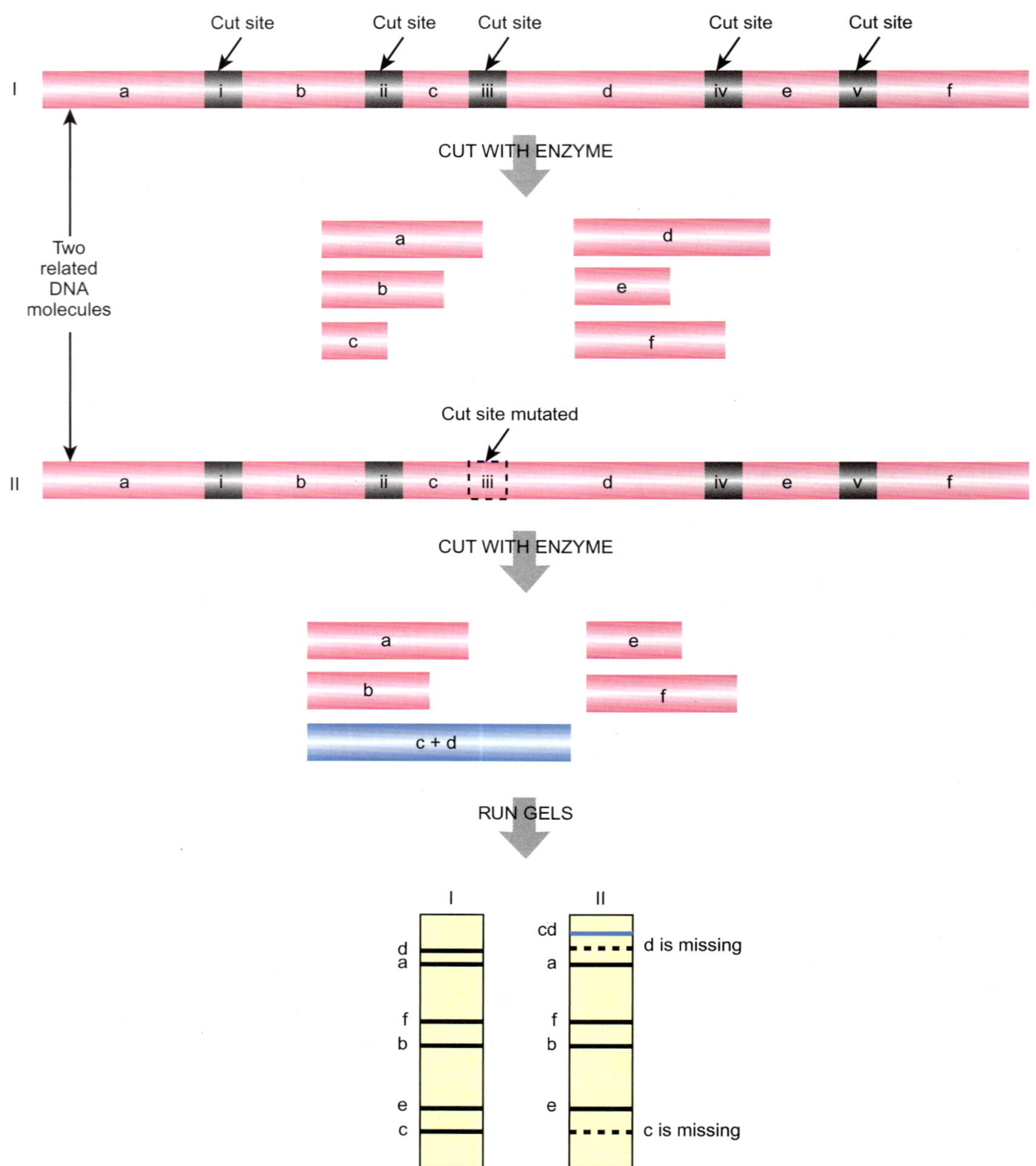

그림 5.09
제한효소 단편길이 다형성(RFLP)

가까운 생물체의 DNA는 서열에 있어서 아주 작은 차이를 보여 제한지도 패턴에 변화를 초래한다. 보여주는 예에서, 첫 번째 생물체 DNA 단편의 절단은 6개의 다른 크기의 단편을 만든다(겔 상에 a-f로 표시). 만약 가까운 생물체의 상응하는 DNA 부위를 같은 효소로 절단한다면, 우리는 비슷한 패턴을 기대할 것이다. 여기에, 제한효소 부위의 하나를 제거하는 하나의 뉴클레오티드 차이가 존재한다. 결과적으로, 이 DNA의 절단은 5개 단편을 만든다. 왜냐하면, iii 부위가 돌연변이되어 원래의 단편인 c와 d는 더 이상 분리되지 않기 때문이다. 대신에 새로운 단편인 c 플러스 d 크기가 보인다.

합에 이용하고, 다른 하나는 뒤에 오는 뉴클레오티드와 결합한다. 화학 시약은 이 두 수산기를 구분하지 못한다. 그러므로, 한 번에 하나의 뉴클레오티드를 가해주고, 수산기 중 하나는 화학적으로 차단하고 다른 하나는 활성화해야만 한다. DNA의 인위적 화학합성을 위한 표준 **포스포라미디트법**은 3′-5′ 방향으로 진행된다. 결과적으로 사슬에 어떤 새로운 뉴

포스포라미디트법(phosphoramidite method) 뉴클레오티드 사이의 결합을 위하여 반응성의 포스포라미디트기를 이용하는 인위적 DNA 합성 방법

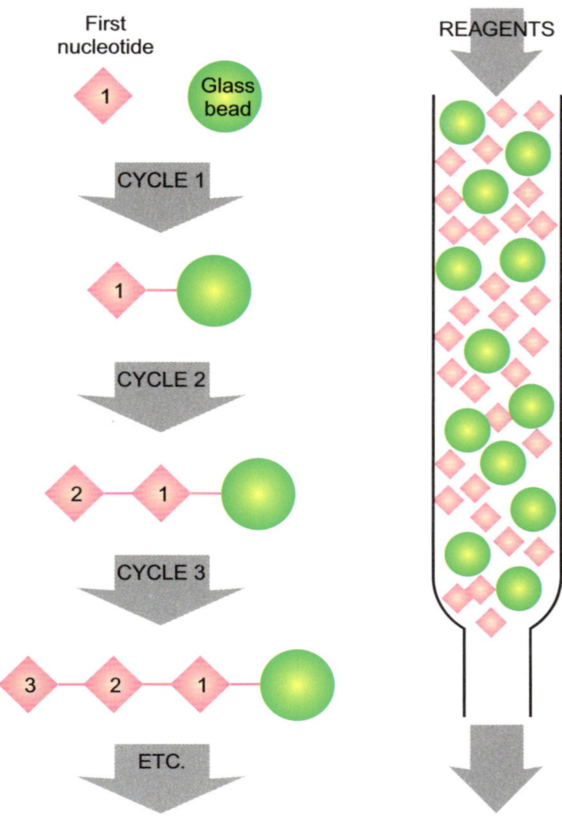

그림 5.10

유리 구슬 위에서 DNA 화학합성–원리

DNA는 칼럼 속에 있는 다공의 유리 구슬에 부착되어 합성된다. 화학적 시약이 교대로 칼럼을 통과한다. 첫 번째 뉴클레오시드는 구슬에 연결되고, 각각의 연이은 뉴클레오시드는 이전의 것에 연결된다. 완전한 서열이 조립된 후, DNA는 구슬로부터 화학적으로 분리되고 칼럼으로부터 추출된다.

그림 5.11

DNA 합성기기

생물학자는 연구목적으로 특정 올리고뉴클레오티드를 만들기 위해 자동화된 DNA 합성기계를 프로그램하고 있다. *(출처: Hank Morgan, Photo Researchers, Inc.)*

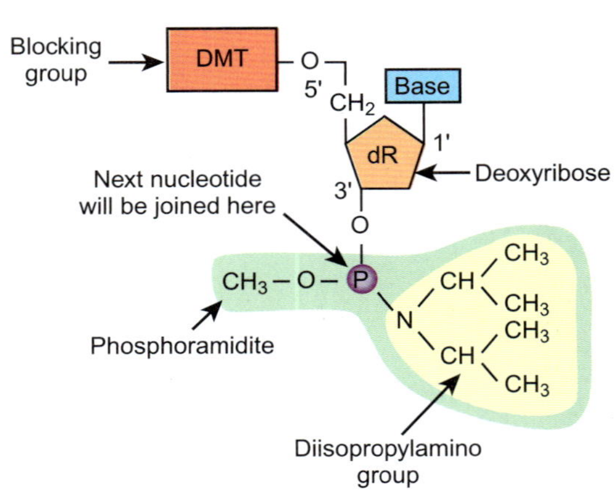

그림 5.12

포스포라미디트 뉴클레오시드는 DNA의 화학합성에 이용된다

DNA의 화학합성 동안에, 정확한 기가 다음 화학 시약과 반응하도록 각 뉴클레오시드에 변형이 첨가되어야 한다. 각각의 뉴클레오시드는 5′-수산기에 부착된 차단용 DMT기를 가지고 있다. 3′-수산기는 포스포라미디트기를 붙임에 의해 활성화된다.

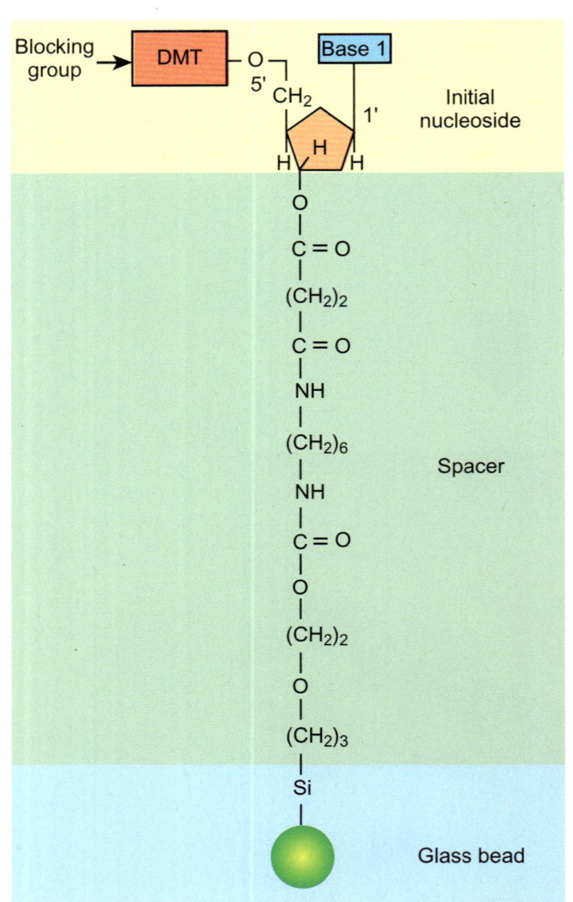

그림 5.13

유리 구슬에 스페이서 분자와 첫 염기의 첨가

첫 번째 뉴클레오시드는 3′-수산기에 붙어있는 스페이서 분자를 매개로하여 유리 구슬에 연결되어 있다.

DNA를 만드는 가장 일반적인 방법은 포스포라미디트기가 뉴클레오시드를 결합하는 데 반응하는 것이다.

차단물이 다음 뉴클레오시드와 반응하는 잘못된 기를 방지하기 위하여 전 과정을 통하여 이용된다.

클레오티드를 가하기 전에, 이전 뉴클레오티드의 5′-수산기는 **디메토시트리틸기**로 차단되고 3′-수산기는 포스포라미디트로 활성화된다. 화학합성을 위한 시약이 생합성에서와 같이 뉴클레오티드 3인산이 아니고, 포스포라미디트 뉴클레오티드(하나의 인산을 가진)임을 주목하라(그림 5.12). 또한 화학합성은 3′에서 5′방향으로 일어나, 항상 5′에서 3′으로 조립되는 생물학적 DNA 합성과는 반대이다.

첫 번째 염기는 3′-수산기를 통해 유리 구슬에 고정된다. 첫 염기는 실제적으로 인산기 없이도 뉴클레오시드로서 첨가될 수 있다. 그것은 스페이서 분자를 매개로하여 유리 구슬과 결합한다(그림 5.13). 스페이서는 성장하는 뉴클레오티드 사슬에 있는 염기를 유리 구슬 표면과 반응하는 것을 방지해 준다.

디메토시트리틸기[dimethoxytrity(DMT) group] 인위적인 DNA 합성과정에서 뉴클레오티드의 5′−수산기를 차단하는 데 사용되는 기

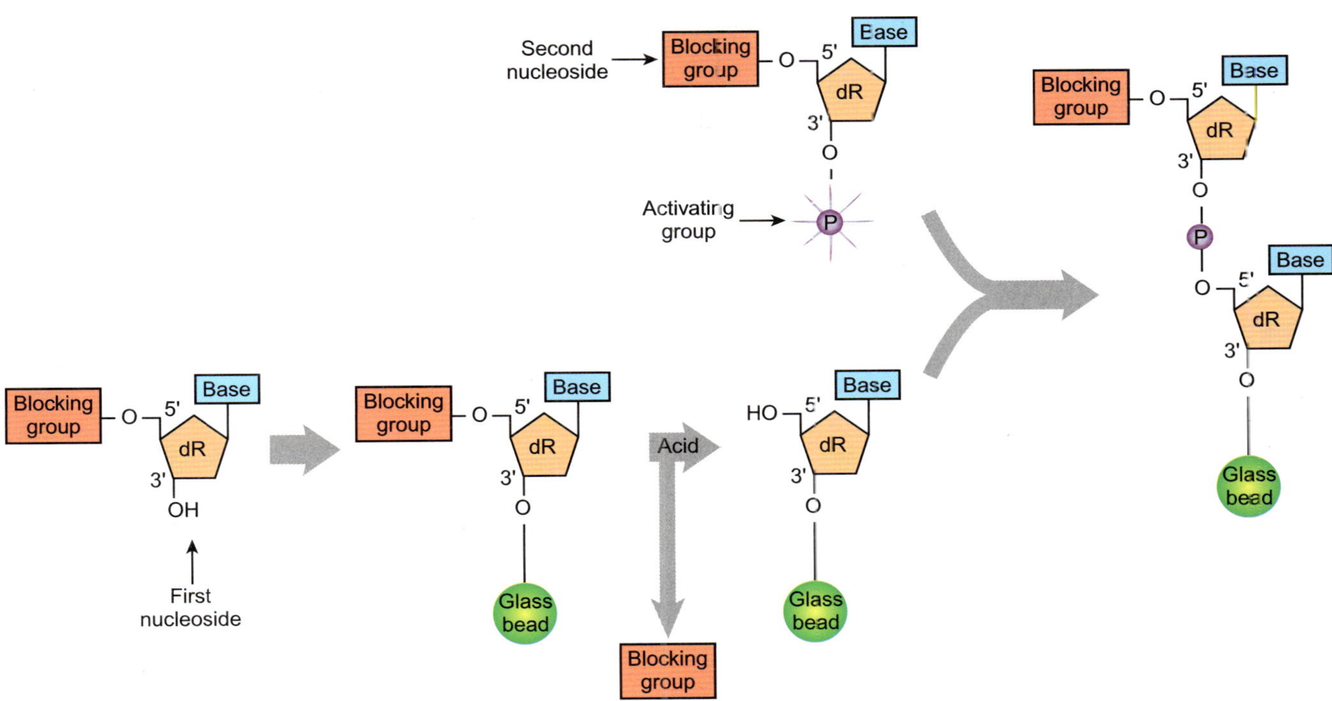

그림 5.14
DNA의 화학합성–뉴클레오시드 첨가

DNA의 화학합성 동안에 DNA는 3′에서 5′ 방향으로 첨가된다. 정확하게 연속적인 염기를 첨가하기 위하여, 들어오는 염기의 3′-수산기는 포스포라미디트(자주색)에 의해 활성화되어야 하나 5′-수산기는 2메소시트릴(DMT)기에 의해 차단되어야 한다. 첫 번째 뉴클레오시드가 유리 구슬에 고정된 후, DMT 차단기는 산에 의하여 제거되어야 한다. 다음 뉴클레오시드는 그때 인산결합에 의해 노출된 5′-수산기에 연결된다. 두 번째 뉴클레오시드는 아직 DMT로 5′-수산기가 차단되어 있음을 주목하라. 과정은 두 번째 뉴클레오시드로부터 산을 이용하여 DMT를 제거하고, 세 번째 뉴클레오시드가 첨가됨으로 계속된다(여기서는 보여주지 않음).

다음은 산(종종 3염소아세트산: TCA)을 칼럼에 가하여 DMT-차단기를 제거하여 첫 뉴클레오시드의 5′-수산기가 노출되게 한다. 그 때, 두 번째 포스포라미디트 뉴클레오시드가 칼럼에 첨가된다. 이 뉴클레오시드는 포스포라미디트 잔기에 있는 하나의 인산을 통하여 첫 번째 뉴클레오시드와 연결된다(그림 5.14). 각 반응 후, 칼럼은 반응하지 않은 시약을 제거하기 위하여 아세토니트릴로 세척하고, 그때 잔여 아세토니트릴을 제거하기 위하여 아르곤으로 씻어낸다. 주기는 완전한 서열이 만들어질 때까지 계속된다.

들어오는 뉴클레오티드상 활성기는 포스포라미디트이고 자체로 안정적이다. 그래서, 이 활성기가 올리고뉴클레오티드 사슬에 부착하기 위해서는 테트라졸이 포스포라미디트기를 활성화하기 위해 첨가된다. 그때, 포스포라미디트는 이전의 뉴클레오시드의 5′-수산기와 결합을 형성한다(그림 5.15). 이러한 결합반응은 100%의 효율이 아니기 때문에, 나머지 반응하지 않은 5′-수산기는 다음 뉴클레오티드를 첨가하기 전에 아세틸화에 의해 차단되어야 한다. 이것은 무수초산과 디메틸아미노피리딘을 이용하여 이루어진다. 이 단계 없이는 이용되지 않고 차단되지 않은 5′-수산기가 다음 합성기에 반응을 하여 부정확한 DNA 서열을 초래한다. 짝지움 후, 뉴클레오티드는 비교적 불완전한 아인산염트리에스터에 의해 결합된다(그림 5.15). 이것은 요오드에 의해 산화되어 인산염트리에스터 또는 인산트리에스터가 된다. 인산트리에스터의 3번째 위치를 차지한 메틸기는 오직 전체 DNA가 합성된 후 제거되어 인산디에스터 결합을 만든다. 아인산염 산화 단계 후, 칼럼을 세척하고 방금 첨가한 뉴클레오티드의 5′-수산기를 노출시키기 위하여 산을 처리한다. 그때 또다른 뉴클레오티드를 위한 준비가 완료된 것이다.

염기의 아미노기는 활성적이기 때문에, 그들은 전체 반응이 진행되는 동안 보호되어야 한다. 보통 아네닌과 시토신의 아미노기를 보호하기 위하여 벤조기가 첨가되는 반면, 구아닌은 아부틸기에 의해 보호된다(티민은 유리 아미노기가 없기 때문에 보호가 필요하지 않음). 이러한 기는 그림 5.12부터 5.15에 나타나지 않으며, 오직 전체 DNA 합성 후 제거된다. 모든 뉴클레오티드가 첨가되었을 때, 여러 가지 보호기는 제거되고, DNA의 5′ 말단은 화학적으로나 ATP + 폴리뉴클레오티드 인산화효소로 인산화된다. 칼럼으로부터 분리한 후, 마지막 산물은 불완전한 결합에 기인하여 만들어진 잘못된 짧은 DNA로부터 분리하기

그림 5.15
DNA의 화학합성–짝지음

포스포라미디트 뉴클레오시드와 성장하는 DNA 사슬을 결합하기 위하여 포스포라미디트 잔기는 활성화되어야만 한다. 테트라졸은 하나의 양성자를 첨가하여 디이소프로필아미노기의 N을 활성화한다. 디이소프로필아미노기는 그때 수용체 뉴클레오티드의 노출된 5′-수산기에 의해 대체된다. 결합 반응는 아인산염트리에스터에 의해 연결된 2개의 뉴클레오시드를 생산한다. 이를 요오드로 산화시켜 인산트리에스터가 되게 하고, 인산트리에스터는 가수분해되어 세 번째 위치에 있는 메틸기가 제거되어 인산디에스터 결합이 형성된다.

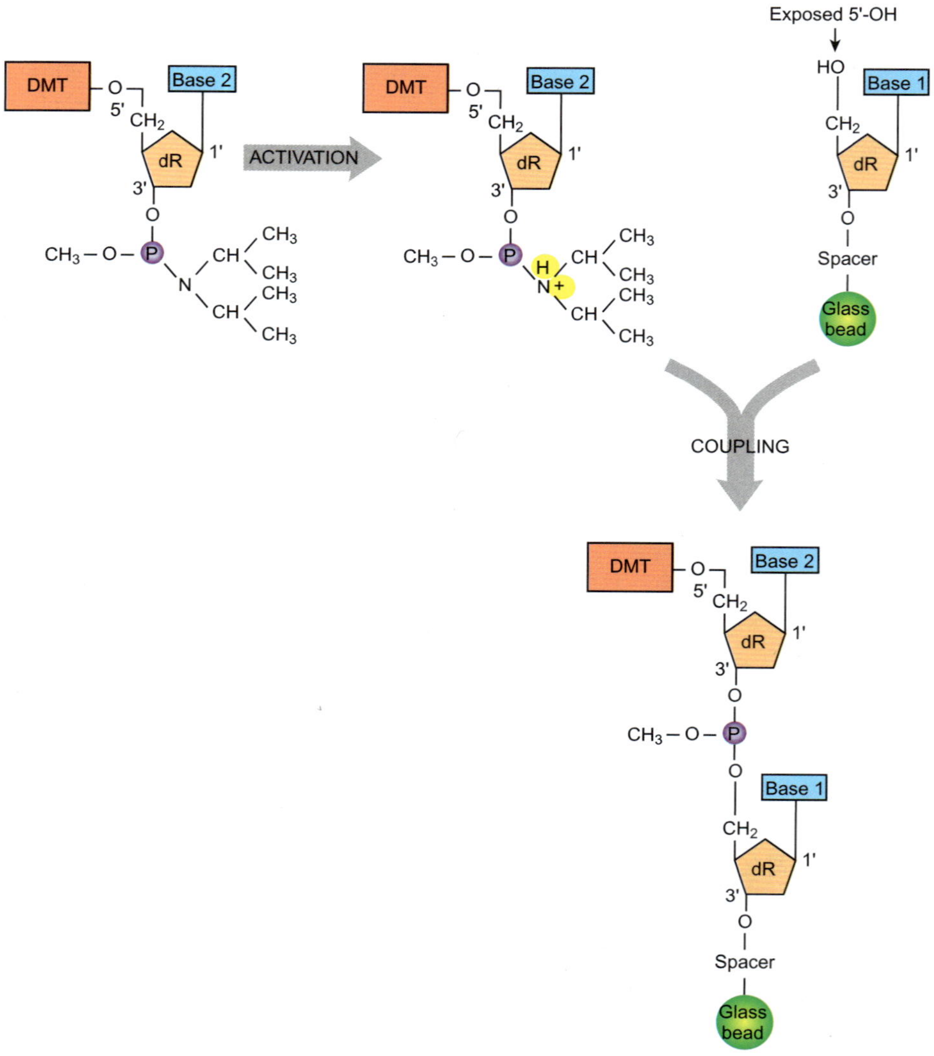

위하여 HPLC나 전기영동에 의해 정제된다.

2.1. 완전한 유전자의 화학합성

온전한 유전자는 작은 절편의 합성과 조립에 의해 만들어진다.

짝지음 효율은 화학적으로 합성할 수 있는 DNA의 길이를 제한한다. 예를 들어, 98%의 짝지음 효율은 40개의 올리고뉴클레오티드에 대해서는 약 50%의 수득율을, 100개의 올리고뉴클레오티드에 대해서는 10%의 수득율을 나타낸다. 그러므로 80 또는 100뉴클레오티드의 서열을 지닌 매우 짧은 완전한 유전자는 DNA의 외가닥으로 합성이 될 수 있다. 긴 서열은 절편으로 만든 다음 조립해야 한다.

완전한 유전자를 화학적으로 합성하기 위해서, 유전자로 조립할 양쪽 가닥에 해당하는 일련의 중복 절편을 만들어야 한다. 이들을 정제하여 그림 5.16에서 보는 바와 같이 두 가닥으로 복원한다. 두 가지 대안이 가능하다. 첫 번째 경우, 조립될 절편사이에 틈만 남기고 전체 유전자를 함유하는 것이다. DNA 연결효소가 그때 절편사이의 틈을 봉합하는데 이용된다. 두 번째 경우는, 오직 각 가닥의 일부를 만들어 복원하면, 큰 외가닥 간격이 절편의 복원 후에 남는다. 이 경우, DNA중합효소 I이 그 간격을 채우고, 연결효소로 절편을 연결한다. 어떤 경우에는, 조절 서열이 유전자의 암호화 서열 전방에 포함될 것이다. 또한, 인위적인 제한효소 자리가 인공적인 유전자 인접 부위에 종종 첨가되어 클로닝 벡터로 삽입할

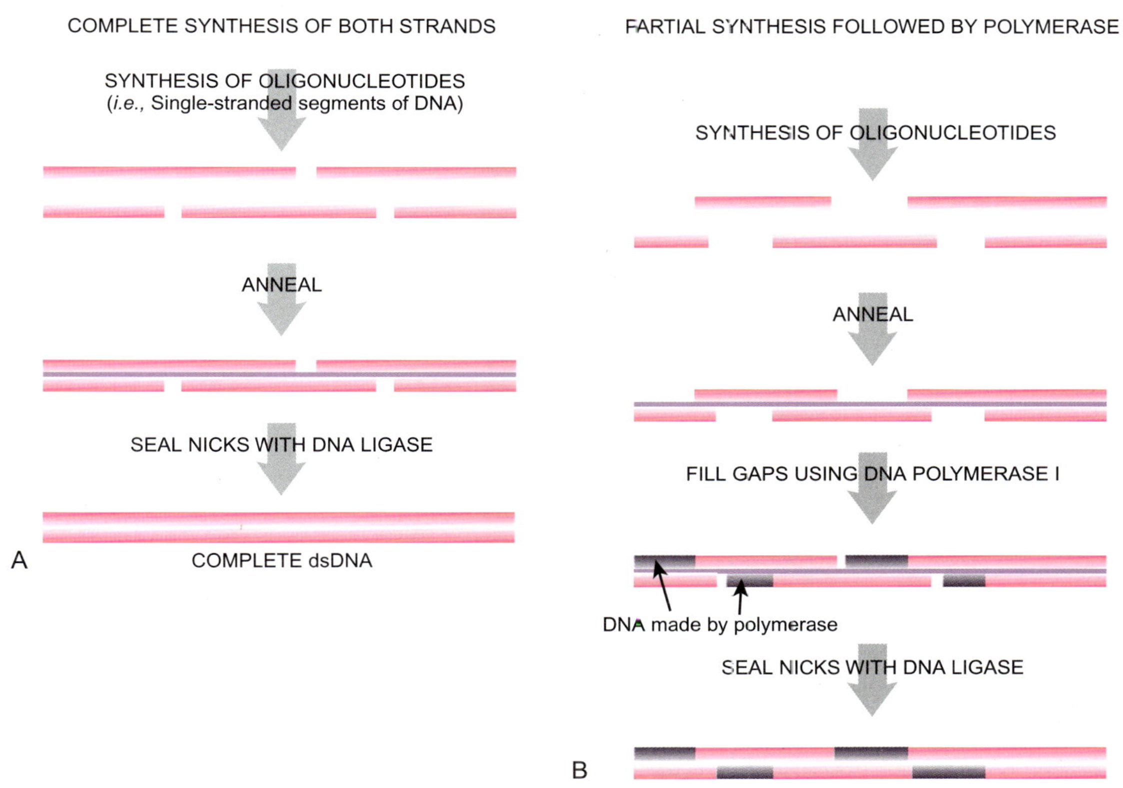

그림 5.16
유전자의 합성과 조립

A) 양 가닥의 완전한 합성. 작은 유전자는 중복되는 올리고뉴클레오티드를 만듦에 의해 화학적으로 합성할 수 있다. 암호화가닥과 비암호화가닥을 지닌 유전자의 완전한 서열은 서로 두 가닥 복원 후 일정 간격으로 틈을 지닌 두 가닥 DNA를 형성하는 작은 올리고뉴클레오티드로부터 만든다. 그 틈은 그때 DNA 연결효소를 이용하여 봉합한다. B) 중합효소 작용이 뒤따르는 부분합성. 비교적 긴 DNA를 만들기 위하여, 올리고뉴클레오티드는 각 올리고뉴클레오티드의 일부가 서로 중복되도록 합성한다. 전체 서열이 만들어지나, 간격이 암호화 가닥과 비암호화 가닥 모두에 존재한다. 이러한 간격은 DNA중합효소 I을 이용해 채우고, 남아있는 틈은 DNA 연결효소로 봉합한다.

때 이용될 수 있다.

2.2. 펩티드 핵산

펩티드 핵산은 유전공학에서 DNA 유사체로 이용하는 완전히 인공적인 분자이다. PNA는 이름이 지적하듯이 측쇄로써 부착된 핵산을 지닌 폴리펩티드 골격으로 구성되어 있다. PNA의 폴리펩티드 골격은 자연적인 단백질의 골격과 동일하지 않음을 주목하라(그림 5.17). PNA는 본래 핵산에서 발견되는 것과 똑 같은 거리를 유지하도록 간격을 설계하였다. 이것은 PNA 가닥이 상보적인 DNA 또는 RNA 가닥과 염기쌍을 형성할 수 있도록 한다.

펩티드 핵산은 핵산가수분해효소나 단백질가수분해효소가 이 핵산의 색다른 구조를 인식하지 못하나 DNA와 결합할 수 있기 때문에 유용하다.

PNA는 전하를 띠지 않는 골격을 지니도록 설계되었다. 목적은 상보적인 PNA 외가닥이 DNA의 이중가닥과 결합하여 삼중나선을 형성하도록 하는 것이다. 실제적으로 무엇이 일어나는가 하면, DNA 가닥의 하나가 제거되고 2개의 PNA 외가닥에 DNA의 한 가닥을 더하여 삼중나선이 형성된다는 것이다(그림 5.18). PNA에는 골격에 있는 인산기

펩티드 핵산(peptide nucleic acid, PNA) 폴리펩티드 골격을 지닌 인공적인 핵산 유사체

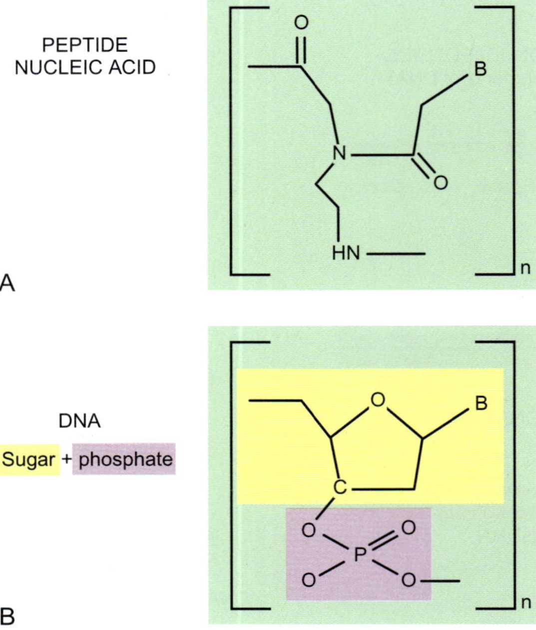

그림 5.17
DNA와 비교한 펩티드 핵산의 구조

A) PNA 폴리펩티드 골격 B) 정상적인 DNA의 당과 인산 골격. B = 핵산의 염기. "n"을 지닌 괄호는 그 중합체가 다수의 반복을 가짐을 의미한다.

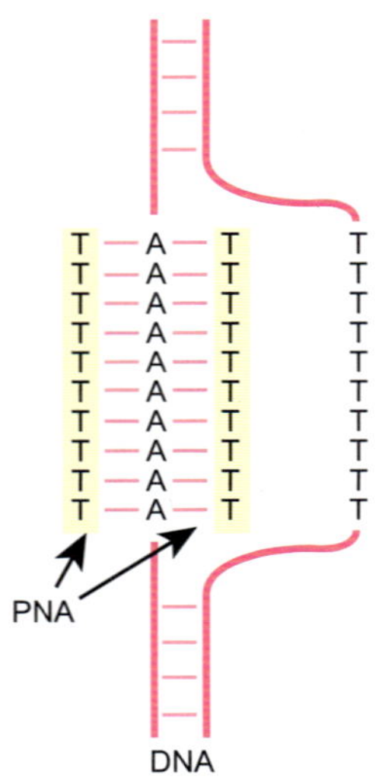

그림 5.18
펩티드 핵산과 DNA의 삼중나선

PNA는 DNA 이중나선 가닥의 하나를 대체한다. PNA의 두 가닥은 DNA의 아데닌이 풍부한 가닥과 염기쌍을 형성하여 삼중나선을 만든다. PNA가 결합한 DNA 부분은 전사될 수 없다.

에 의한 반발력이 없을 뿐만 아니라, PNA 펩티드 골격의 N 원자와 외가닥 DNA의 인산사이에 여분의 수소결합이 형성된다. 만약 2개의 동일한 PNA 가닥이 유연한 연결자("**PNA 클램프**")에 의해 연결된다면, 이것은 표적 DNA와 보다 잘 결합하여 궁극적으로 비가역적으로 안정된 삼중나선을 형성할 것이다.

PNA 골격은 아주 안정적이고 어떠한 핵산가수분해효소나 단백질가수분해효소에 의해서도 분해되지 않는다. PNA는 푸린이 많은 지역에 있는 DNA의 표적 서열과 결합하여 봉쇄하므로 DNA가 mRNA로 전사되는 것을 방해하는데 이용된다. 이것은 또한 RNA와도 결합하여 mRNA가 단백질로 해독되는 것을 방해한다. PNA는 실험에 유용하게 응용할 수 있으며 가까운 장래에는 임상적으로도 이용할 수 있을 것이다. 예를 들어, HIV-1의 *gag-pol* mRNA의 번역을 억제하는 안티센스 PNA는 조직배양에서 바이러스 증식을 99%까지 억제하여 왔다. 유사하게, 안티센스 PNA는 *Ha-ras*와 *bcl-2* mRNA(둘다 암세포로부터)의 시험관 내 번역을 중지할 수 있었다. *bcl-2*의 경우, PNA는 푸린이 풍부한 지역에 있는 DNA에 결합하여 유전자의 발현을 억제하였다.

임상적 이용의 중요한 문제점은 PNA가 세포를 잘 통과하지 못한다는 것이다 - 자연핵산보다 상당히 통과율이 나쁘다. 최근의 발전은 만약 PNA가 쉽게 흡수될 수 있는 다른 분자와 짝지워지거나 양(+)으로 하전된 리포솜에 의해 운반된다면, 효과적으로 세포로 들어갈 수 있음을 보여준다.

2.3. 다른 핵산 모사물

펩티드 핵산 이외에 몇 가지 다른 핵산 모사물들이 현재 이용되고 있다. 보다 유용한 두 가지는 짜맞춘 핵산(LNA)과 모폴리노 핵산이다. PNA와 같이 그들은 2동형접합과 3동형접합 모두를 형성하며 자연적인 핵산보다 크게 안정성을 지닌다. LNA는 메틸렌기를 가지

PNA 클램프(PNA clamp) 유연한 연결자에 의해 결합된 2개의 동일한 PNA 가닥으로 상보적인 DNA 또는 RNA 가닥과 삼중나선 형성이 가능함

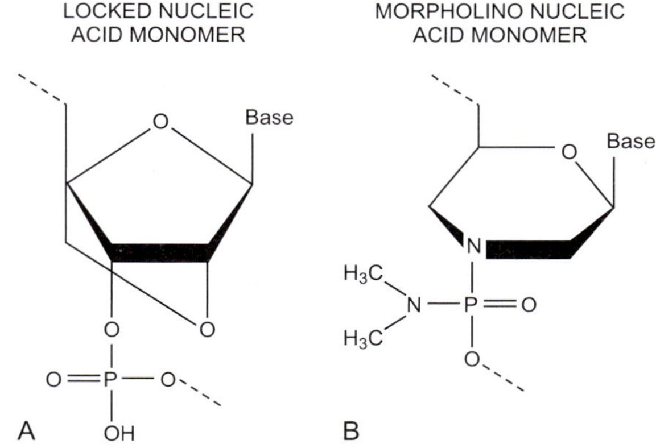

그림 5.19
다른 핵산 모사물

짜맞춘 핵산과 모폴리노는 DNA의 구조를 모방하나 외부 DNA를 분해하는 세포 내 효소에 저항성이 있다.

고 있어 리보오스 환의 2′-산소와 4′-탄소원자를 함께 짜맞춘다. LNA는 표적과 탐침사이에 높은 특이성이 필요한 혼성화 분석에 이용하기를 추천한다. 모폴리노 핵산은 모폴리노 환이 데옥시리보오스를 대신하는 것이다(그림 5.19). 그들은 자연적인 핵산보다 저렴하게 만들어진다. 그들은 핵산가수분해효소 분해에 극도로 저항성을 지니며 고도의 용해도를 지닌다. 그들은 비교적 오랜 기간 동안 생체내 연구에 특히 유용하다.

3. 자외선을 이용한 DNA와 RNA의 농도 측정

DNA와 RNA에서 발견되는 염기의 방향족 환은 260 nm에서 흡수 최대치를 가지고 자외선을 흡수한다. 만약 자외선이 핵산을 함유한 용액을 통하여 비추어지면, UV의 흡수되는 정도는 DNA 또는 RNA의 양에 좌우된다. 이러한 접근은 DNA 또는 RNA의 농도를 측정하는 데 널리 이용된다. 일련의 표준 DNA 농도에 의해 흡수된 자외선의 양을 측정하여 이 방법을 표준화한다. 미지의 DNA에 의해 흡수된 자외선 양으로 그때 측정된 DNA 농도를 표준곡선 위의 좌표에서 찾아낼 수 있다.

DNA 또는 RNA의 농도는 길반적으로 자외선의 흡수에 의해 측정된다.

단백질은 280 nm에서 UV를 흡수하는데, 주로 트립토판의 방향족 환이 UV를 흡수한다. 준비한 DNA의 상대적인 순수도는 260과 280 nm 모두에서 흡광도를 측정하고 그 비를 계산하므로써 평가한다. 순수한 DNA는 A260/A280의 비가 1.8이다. 만약 단백질이 존재한다면, 그 비는 1.8보다 작을 것이고, RNA가 존재한다면 그 비는 1.8보다 클 것이다. 순수한 RNA는 A260/A280의 비가 약 2.0이다.

결합되지 않은 용액 속의 뉴클레티드 염기는 보다 흩어져 있어 보다 많은 자외선을 흡수한다. DNA 이중나선에서, 염기는 서로 상단에 쌓여있어 상대적으로 적은 양의 UV를 흡수한다(그림 5.20). 외가닥 RNA(또는 외가닥 DNA)에서는 그 상황이 중간이다. 자외선은 푸린과 피리미딘 환에 의해서 선택적으로 흡수되고, 핵산의 당 또는 인산 구성요소에 의해서는 흡수되지 않는다. DNA 이중나선에 있는 염기들의 쌓임은 용액 속에 있는 유리된 뉴클레오티드와 비교해서 UV로부터 뉴클레오티드를 차폐하는 경향이 있다. 외가닥 핵산에서는(DNA 또는 RNA 상관없이) 염기들이 오직 부분적으로 차폐를 하고 있어 중간 정도의 UV양을 흡수한다. [핵산에 의한 UV 흡수는 염기의 방향족환의 위치 변화된 전자의 에너지 전이에 기인한다. 염기가 쌓여있다면, 이들 전자는 서로 상호작용하고 더 이상 쉽게 UV를 흡수할 수 없다. 그러므로 차폐 효과라 함.] 동량의 핵산을 가정했을 때, dsDNA가 ssRNA보다 적게 흡수하고, ssRNA는 유리된 뉴클레오티드보다 적게 흡수한다.

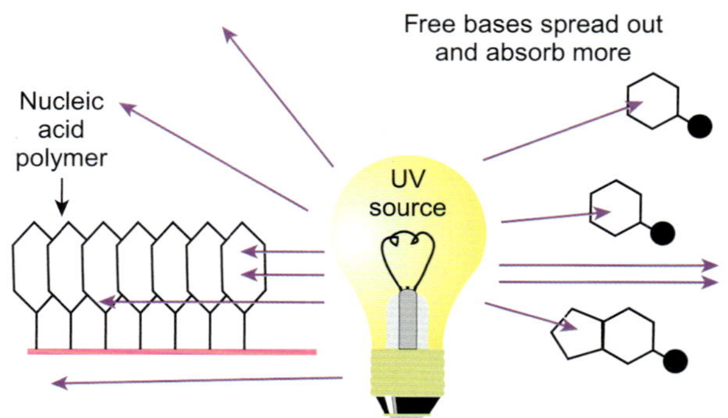

그림 5.20
핵산에 의한 자외선의 흡수

모든 핵산은 염기의 방향족 환에 의해 자외선을 흡수한다. 인산 골격(핑크 선 또는 검은 점)은 자외선 흡수와 관계가 없다. 핵산의 구조는 방향족 환이 빛을 얼마만큼 흡수할 것인가를 결정한다. 전구의 오른쪽에, 유리된 뉴클레오티드는 퍼져있어 각각의 환은 자외선을 흡수할 수 있다. 전체적으로 유리된 뉴클레오티드는 보다 많은 UV를 흡수한다. 대조적으로, 왼쪽에 보이는 것처럼, 방향족 환은 핵산 중합체의 인산 골격을 따라 차곡차곡 쌓여있다. 이러한 배치에서, 환은 서로 차폐하여 자외선을 적게 흡수한다.

황이나 인의 방사성 동위원소는 DNA 또는 RNA를 표지하는데 이용된다.

4. 핵산의 방사성 표지

한 출처의 DNA에 특정 표지를 첨가함으로써 다양한 출처의 DNA를 구별할 수 있다. 예를 들어, 바이러스가 박테리아를 공격할 때, 바이러스 DNA가 박테리아로 들어간다. 이 과정을 공부하던 과학자는 둘 중에 하나를 표지하여 박테리아 DNA와 바이러스 DNA를 구분해야만 했다. 원래 **방사성 동위원소**를 바이러스나 박테리아의 DNA에 넣어 둘을 구별하였다. 예를 들어, 방사성 뉴클레오티드가 박테리아에 공급되면, 그 다음 DNA 합성시 일부 방사성 분자가 박테리아 염색체로 삽입될 것이다. 박테리아 DNA는 "**핫**" 또는 방사성이 되고, 바이러스 DNA는 "**콜드**" 또는 비방사성이 된다.

방사성 동위원소는 방사성 형태의 원소이다. 분자생물학에서, 두 가지가 특별히 중요하다: 인의 방사성 동위원소, ^{32}P와 황의 방사성 동위원소, ^{35}S이다. 핵산은 인산기에 의해 서로 연결된 뉴클레오티드로 구성되어 있고, 각 인산기는 중앙의 인 원자를 함유하고 있다. 만약 ^{32}P가 이 위치에 삽입되면, 우리는 방사성 DNA 또는 RNA를 가질 수 있다(그림 5.21). ^{32}P의 반감기는 14일이며, 이는 이 기간 동안에 방사성 인 원자의 반이 빠져나가는 셈이 되므로 ^{32}P를 이용한 실험은 빨리 수행되야 된다는 것을 의미한다.

황 동위원소인 ^{35}S도 또한 널리 이용된다. 황은 DNA나 RNA의 정상적인 구성요소가 아니기 때문에, 뉴클레오티의 **포스포로티오에이트** 유도체를 이용한다. 정상적인 인산기는 중앙 인을 둘러싼 4개의 산소 원자를 가지고 있다. 포스포로티오에이트에서는 이들중 하나가 황으로 대체된 것이다(그림 5.21). ^{35}S를 DNA나 RNA로 도입하기 위해서, 방사성 황 원자를 함유한 포스포로티오에이트기가 함께 뉴클레오티드를 연결하도록 이용된다. 이러한 복잡성에도 불구하고, ^{35}S는 대부분 분자생물학적 적용에서 ^{32}P보다 종종 선호되고 있다. 거기에는 두 가지 이유가 있다: 첫째, ^{35}S의 반감기는 88일로 빨리 사라지지 않는다. 둘째, ^{35}S에 의해 방출되는 방사성은 ^{32}P의 것보다 낮은 에너지이다. 그러므로 방사성은 멀리 가지 못하고, 방사성 밴드는 보다 정확하게 위치하고 퍼지지 않는다. 간단히 말해서, ^{35}S가 보다 정확하다.

4.1. 방사성 표지된 DNA의 탐지

방사능을 측정하기 위해서 분자생물학에서 가장 널리 이용된 두 가지 방법은 **섬광계수법**과 **방사선 자동사진법**이다. 만약 시료가 액체이거나 한 줄의 여과지라면, 방사능의 양은 섬광

방사선 자동사진법(autoradiography) 방사성 DNA의 정확한 위치를 동정하기 위하여 겔 위에 사진용 필름을 놓는 것
"콜드"("cold") 비방사성에 대한 속어
"핫"("hot") 방사성에 대한 속어
포스포로티오에이트(phosphorothioate) 가운데 인산을 둘러싼 4개의 산소 원자 중 1개가 황으로 대체된 인산기
방사성 동위원소(radioisotope) 원소의 방사성 형태
섬광계수법(scintillation counting) 각각 빛의 현미경적 펄스의 탐지와 계산

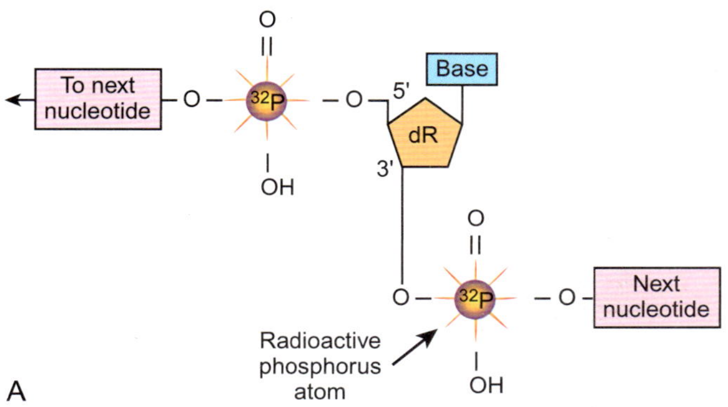

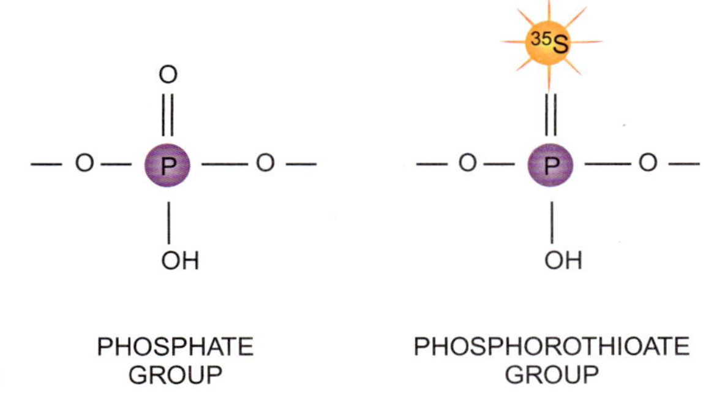

그림 5.21

핵산을 표지하기 위하여 ^{32}P와 ^{35}S의 이용

A) DNA의 ^{32}P의 위치. 방사성 DNA를 만들기 위해서, 인산 골격에 있는 인 원자는 그것의 방사성 동위원소인 ^{32}P로 대체되어야 한다. B) 인산기 대 포스포로티오에이트. 인산기의 인 원자를 대체하는 대신에, 산소 원자 중 1개가 방사성 동위원소 황인 ^{35}S로 대체하여 포스포로티오에이트가 된다.

계수법을 이용하여 측정될 수 있다. 만약 시료가 아가로오스 겔과 같이 편평하다면, 과학자는 방사성 밴드나 점의 위치를 정확히 나타내기 위하여 방사선 자동사진법을 이용한다.

섬광계수법은 **섬광체**라는 특수한 화학물질에 의하여 이루어진다. 섬광체는 베타 입자로 알려진 고에너지 전자가 DNA에 있는 방사성 동위원소에 의해 방출될 때 섬광을 방출한다. 섬광체로부터의 광 펄스는 광전지에 의해 탐지된다(그림 5.22). **섬광계수기**는 약한 광 펄스를 기록하기에 매우 민감한 장치이다. 섬광계수기를 이용하기 위해서, 측정할 방사성 시료를 섬광체 용액을 함유한 유리병에 넣고 섬광계수기에 장전한다. 계수기는 주어진 시간에 탐지한 섬광의 수를 인쇄한다. 연구자는 그때 시료에 있는 방사성 DNA의 상대적인 양을 결정하기 위해서 일련의 표준시료와 섬광수를 비교한다.

섬광계수기는 액체 시료에 있는 방사능을 측정하는 반면에, 방사선 자동사진법은 겔이나 막위의 방사성 분자의 위치를 결정하는 데 이용된다.

섬광계수기는 또한 화학반응에 의해 발생한 빛을 측정하는데도 이용된다. 이 경우에 빛은 직접 방출되기 때문에 섬광체 용액이 필요하지 않으며 발광시료를 직접 넣어도 된다. (유전적 분석에서 발광효소와 루미포스(lumi-phos)에 의해 방출된 빛의 탐지에 대해서는 19장에서 기술한다.)

방사선 자동사진법은 방사성으로 표지한 DNA 또는 RNA를 전기영동에 의해 분리한 후 겔에서 탐지하기 위해 이용된다. DNA나 RNA을 함유한 전기영동 겔은 방사선 자동사진법 동안에 보다 편리하게 다룰 수 있도록 흡입법에 의해 막으로 옮겨지거나 겔을 여과지 위에서 건조한다. 그 이외에, 방사선 자동사진법은 혼성화실험 동안에 여과지에 결합된 방사성 DNA를 탐지할 수도 있다. 방사성 DNA가 겔에 있든, 막에 있든 또는 여과지에 있

섬광체(scintillant) 방사능입자에 의해 타격되었을 때 빛의 펄스를 방출하는 분자
섬광계수기(scintillation counter) 광 펄스를 탐지하고 계산하는 기계

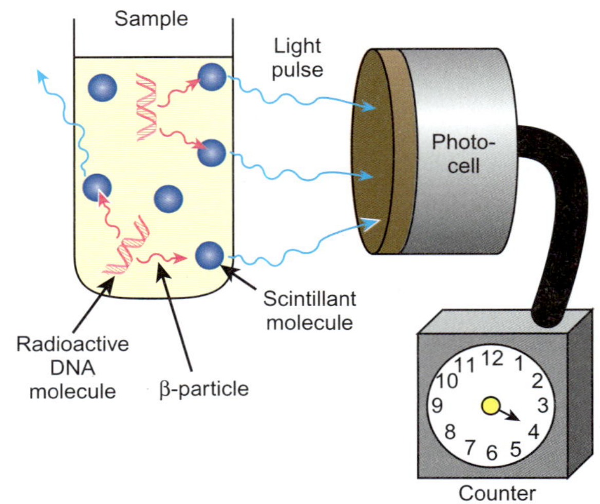

그림 5.22

섬광계수기는 방사능을 측정하기 위해서 이용된다

방사성 DNA는 액체 섬광체와 혼합된다. 섬광체 분자는 DNA에 있는 ^{32}P에 의해 방출된 베타 입자를 흡수하여, 섬광을 방출한다. 광전지는 특정 시간동안의 광펄스의 수를 계산한다.

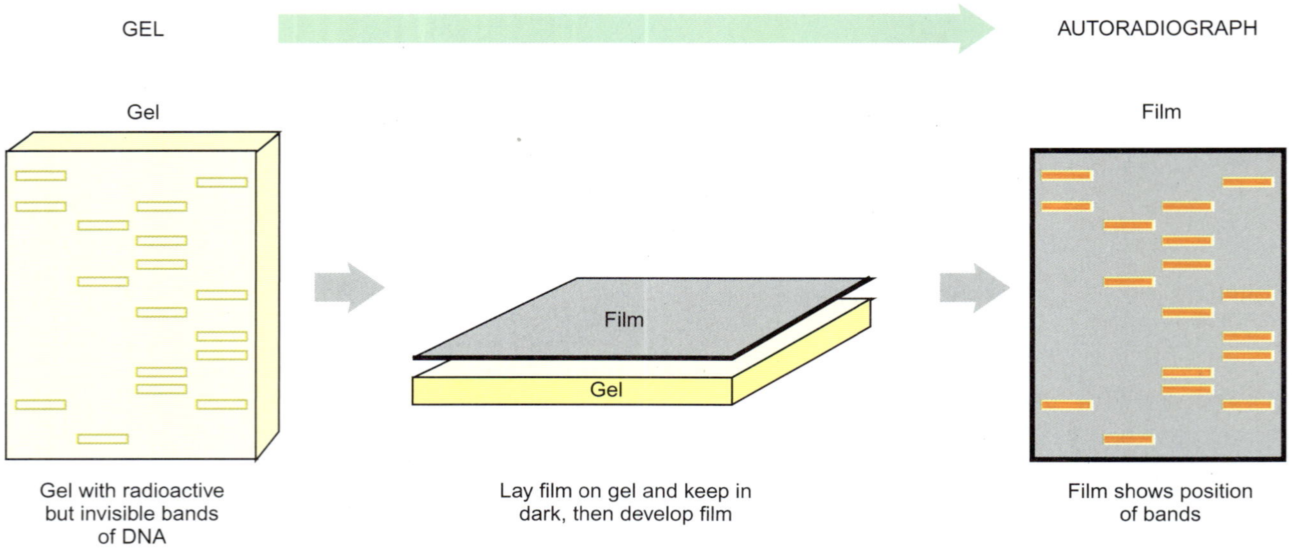

그림 5.23

방사성 표지된 DNA 또는 RNA를 탐지하기 위한 방사선 자동사진법

방사성 DNA나 RNA를 함유한 겔을 말리고, 사진용 필름을 그 위에 놓는다. 이들은 빛이 들어가는 것을 방지하기 위해서 카세트에 넣는다. 시간이 지난 후(몇 시간에서 몇 일), 필름을 현상한다. 방사성 DNA가 존재하는 곳은 검은색 선으로 보인다.

든 방사성 동위원소는 베타 입자를 방출한다. 이 입자는 사진용 필름을 검은색으로 바꾸는데, 이는 빛이 사진용 필름을 검은색으로 바꾸는 것과 똑 같은 방법이다. 방사성으로 표지된 DNA의 위치를 알기 위해서, 사진용 필름을 겔이나 여과지 위에 놓고 몇 시간 또는 때때로 며칠을 둔다. 방사성 DNA 밴드나 점이 발견되는 곳의 필름은 검게 된다(그림 5.23). 필름에 노출시킬 때는 가시광선을 피하기 위해서 암실에서 수행해야 한다.

5. DNA와 RNA의 탐지에 있어서 형광

생화학과 분자생물학의 대부분 고전적 연구는 방사성 추적자와 탐침을 가지고 수행되었다. 실험실 분석에서 이용되는 낮은 수준의 방사능이 실제로 그리 위험하지 않다고 하더라도, 폐기물의 저장과 처리에 대한 부담은 비교적 값이 싸고 빠른 다른 탐지 방법을 만들게 하였다. 일부 새로운 DNA 탐지 방법은 **형광**을 화학적 표지와 혼성화에 이용하는 것이다.

DNA나 RNA는 형광 염료로 표지할 수 있다.

형광은 한 분자가 한 파장의 빛을 흡수하고 더 긴 파장에서 낮은 에너지의 빛을 방출할 때 나타난다(그림 5.24). 형광의 탐지에는 염료를 자극하기 위한 광선과 형광 방출을 탐

형광(fluorescence) 분자가 한 파장의 빛을 흡수하여 다른 파장, 즉 길고 낮은 에너지 파장의 빛을 방출하는 과정

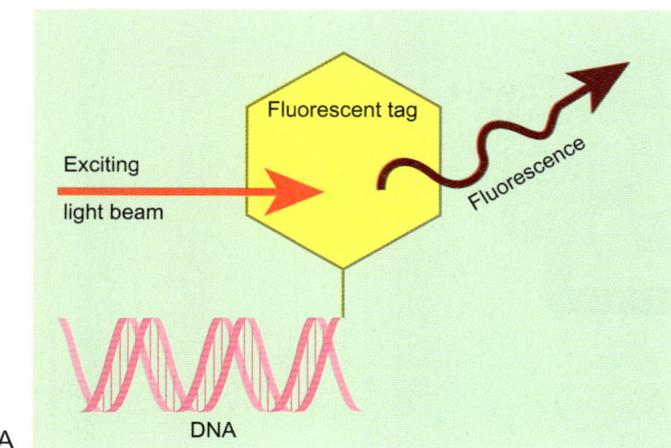

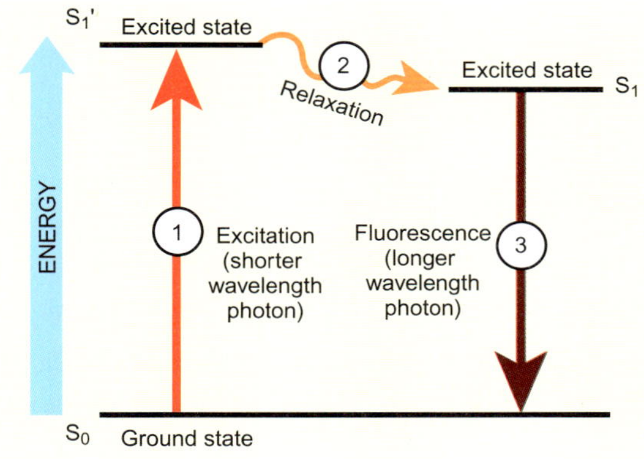

그림 5.24
형광 탐지

A) DNA의 형광 표지. DNA 합성시 형광이 표지된 뉴클레오티드가 DNA의 3′ 말단에 삽입된다. 광선이 형광 표지를 흥분시키면 보다 긴 파장의 빛(형광)이 방출된다.
B) 형광의 에너지 수준. DNA에 붙어있는 형광분자는 S_0, S_1' 및 S_1의 3개의 다른 에너지 수준을 갖는다. S_0 또는 기저상태(또는 바닥상태)는 빛에 노출되기 전 상태이다. 형광 분자가 충분히 짧은 파장의 광자에 노출될 때, 형광 표지는 에너지를 흡수하여 첫 번째 흥분된 상태인 S_1'으로 들어간다. S_1'과 S_1 사이에, 형광 표지는 약간 완화되나 빛을 내지는 않는다. 결국 고에너지 상태는 긴 파장의 광자를 방출하므로써 과량의 에너지를 방출한다. 이러한 형광의 방출은 분자를 기저상태로 되돌아가게 한다.

지하기 위한 광탐지기가 필요하다. 다양한 형광 염료가 DNA 분자에 붙여질 수 있고, 각각은 약간 다른 흡수 파장과 방출 파장을 지닌다. 탐지기는 다른 표지를 쉽게 구분하고 기록할 수 있어 하나의 시료에 다수의 형광 표지가 가능하도록 한다.

형광을 이용하는 또 다른 기기는 **형광활성세포분류기** 또는 **FACS**이다. 이 기기의 원래 기능은 표지되지 않은 것으로부터 형광이 표지된 세포를 분류하는 것이었다. 보다 민감한 새로운 세대의 FACS 기계는 형광 표지된 DNA 탐침과 혼성화하므로써 표지된 염색체를 분류할 수 있다(그림 5.25). FACS 기계의 또 다른 새로운 이용은 유전적 분석에 널리 이용되는 선충 *C. elegans*와 같은 작은 생물체를 분류하는 것이다. 유전자 발현은 녹색형광단백질과 유전자를 융합하여 추적할 수 있다. 이 선충은 투명하기 때문에 어떤 종류의 형광 표지도 쉽게 탐지기에 의해 확인될 수 있다.

또 다른 최근 많이 이용되고 있는 FACS 기술은 형광 구슬 분류에 있다. 현대적인 고효율 검색을 해야하는 많은 반응에는 하나 또는 그 이상의 시약을 현미경적 폴리스티렌 구슬에 고착시킨다. 일부 반응 설계에 있어서, 형광으로 표지된 분자가 사전에 구슬에 부착된 DNA 또는 단백질과 같이 색깔이 없는 반응물과 결합한다. 다른 경우에, 구슬은 반응이 일어나기 전에 형광 염료에 의해 코드화되어 색을 갖는다. 어느 경우든 구슬은 반응 후 선별된다. 현대의 장비는 밝기에 따라 비표지된 것으로부터 형광 표지된 구슬을 분류하는 정도가 아니라, 다른 색깔의 형광 염료를 지닌 구슬도 구분할 수 있다.

형광활성세포분류기(fluorescence activated cell sorter, FACS) 형광 표지를 기본으로 세포(또는 염색체)를 분류하는 기계

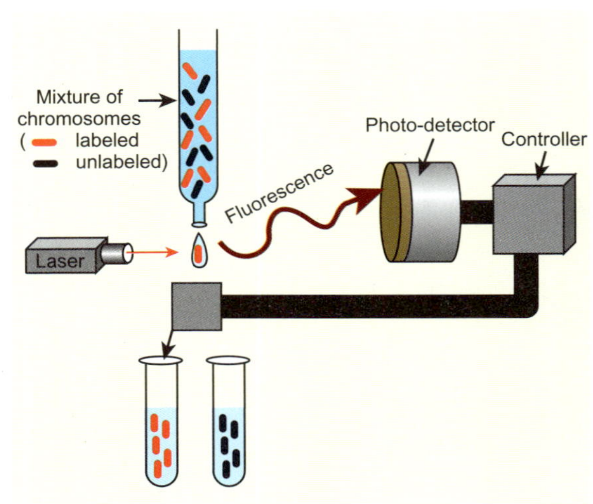

그림 5.25
FACS 기계는 염색체를 분류할 수 있다

FACS 기계는 표지되지 않은 것으로부터 형광이 표지된 염색체를 분류할 수 있다. 표지된 염색체와 비표지된 염색체를 함유한 혼합액에 레이저를 통과시키면 레이저는 형광 표지를 흥분시킨다. 광탐지기가 형광을 탐지하면, 조절모듈이 왼쪽에 있는 시험관으로 떨어지도록 지시한다. 만약 형광이 방출되지 않으면, 조절모듈은 오른쪽에 있는 시험관으로 떨어지도록 지시한다. 이러한 분류과정은 비표지된 입자로부터 형광 표지된 입자의 분류를 가능하게 한다.

5.1. 비오틴과 디곡시제닌을 이용한 화학 표지

비오틴화된 DNA는 알칼리성 인산가수분해효소와 접합한 아비딘에 의해 인식된다.

디곡시제닌이 표지된 DNA는 디곡시제닌 항체에 의해 인식된다.

비오틴(일종의 비타민)과 **디곡시제닌**(디기탈리스 식물의 스테로이드)은 DNA를 표지하기 위해서 널리 이용되는 2개의 분자 표지이다. 비오틴과 디곡시제닌 모두는 RNA의 정상적인 구성요소인 우라실에 연결되어 있다. 비오틴이나 디곡시제닌으로 DNA를 표지하기 위해서는 우라실 뉴클레오티드가 우리딘3인산(UTP)으로부터 디옥시우리딘3인산(디옥시UTP)로 변형되어야 한다. 만약 비오틴 또는 디곡시제닌을 지닌 디옥시UTP가 DNA 합성반응에 첨가된다면, DNA중합효소는 정상적으로 티민이 삽입되어야 하는 곳에 표지된 우리딘을 삽입할 것이다. 비오틴 또는 디곡시제닌 표지는 구조에 변화를 주지않고 DNA로부터 밖으로 튀어나온다(그림 5.26).

비오틴과 디곡시제닌은 색채를 띄거나 혹은 형광 분자가 아니므로, 그들은 두 단계 과정으로 탐지될 수 있다. 첫 단계는 비오틴이나 디곡시제닌의 위치가 탐지될 수 있는 분자와 결합하는 것이다. 비오틴은 동물과 많은 박테리아에 필요한 비타민이다. 과학자들은 비오틴과 결합하는 분자를 찾기 위하여 이 비타민의 생물학을 공부하였다. 닭은 침입하는 박테리아의 천국이 될 수 있는 고영양 계란을 낳는다. 박테리아 공격으로부터 계란을 보호하는 방어 메커니즘의 하나는 **아비딘**으로 알려진 단백질이다. 계란 흰자에서 발견되는 이 단백질은 비오틴과 너무 강하게 결합하므로 침입하는 박테리아는 비타민 결핍이 된다. 분자생물학자는 아비딘을 비오틴 표지와 결합하도록 이용한다. 디곡시제닌 또한 두 번째 탐지 분자를 필요로 한다. 이 경우, 디곡시제닌을 인식하고 결합할 수 있는 항체가 이용된다. (항체는 면역계에 의해서 만들어지며, 특이하게 외부 분자를 인식한다- 15장 참조)

항체나 아비딘 분자는 다양한 다른 방법에 의해 쉽게 탐지된다. 첫 번째 선택은 아비딘 또는 항체에 색채 산물을 발생시키는 효소를 부착하는 것이다. 예를 들어, 아비딘은 다양한 분자로부터 인산기를 잘라내는 효소인 **알칼리성 인산가수분해효소**에 접합될 수 있다.

알칼리성 인산가수분해효소(alkaline phosphatase) 다양한 분자로부터 인산기를 분해하는 효소
아비딘(avidin) 비오틴과 매우 강하게 결합하는 달걀 흰자로부터 분리한 단백질
비오틴(biotin) DNA 분자의 화학적 표지를 위해 널리 이용되는 비타민 B 중 하나
디곡시제닌(digoxigenin) DNA 분자의 화학적 표지를 위해 널리 이용되는 디기탈리스 식물로부터 분리한 스테로이드

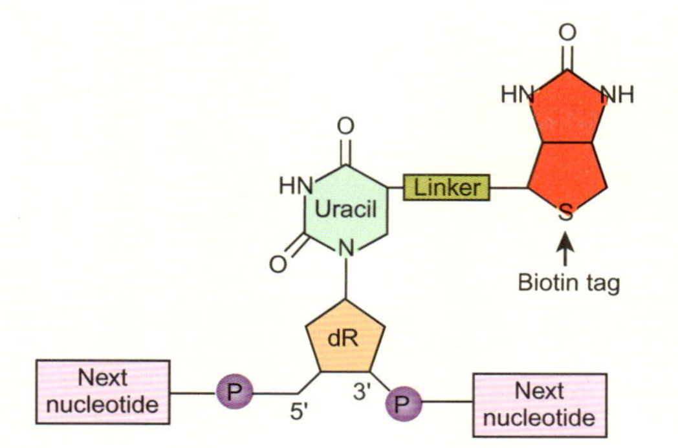

그림 5.26
비오틴으로 DNA의 표지

우라실은 뉴클레오티드가 디옥시 당을 가지고 있다면 DNA의 가닥으로 삽입될 수 있다. 삽입전에 우라실은 연결자를 통하여 부착된 비오틴 분자로 표지된다. 이러한 부착 방법은 DNA 구조에 변화를 주지않고 비오틴이 DNA 나선 밖으로 튀어 나올 수 있도록 한다.

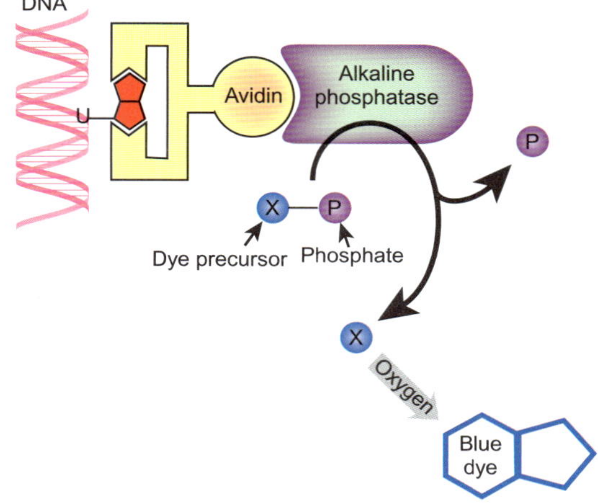

그림 5.27
비오틴 탐지 시스템

우라실에 비오틴이 부착된 DNA는 두 단계 과정으로 탐지될 수 있다. 첫째로, 아비딘이 비오틴과 결합한다. 아비딘은 여러 기질로부터 인산기를 분해하는 알칼리성 인산가수분해효소에 접합되어 있다. 둘째로, X-포스(그림에 있음) 또는 루미-포스(그림에 없음)와 같은 기질이 첨가된다. X-포스의 경우에, 분해 결과 산소와 반응하여 푸른 염료를 형성하는 전구체를 방출한다. 만약 기질이 루미-도스라면, 분해 결과는 불안정한 발광기가 빛을 방출하도록 한다.

알칼리성 인산가수분해효소의 한 기질이며, **"X-포스"**로 알려진 인공적인 **색소생성 기질**은 분해되면 푸른 염료를 만든다. X-포스는 인산기에 결합된 염료 전구처로 구성되어 있고, 알칼리성 인산가수분해효소가 인산기를 잘라내면 염료 전구체는 공기 중의 산소에 의해 푸른 염료로 전환된다(그림 5.27).

비오틴/아비딘 또는 디곡시제닌/항체 복합체를 탐지하기 위한 또다른 선택은 **화학발광**을 이용하는 것이다. 이 방법에서 화학반응에 의해 빛을 만드는 효소가 표지된 DNA를 동정하기 위해 이용된다. 알칼리성 인산가수분해효소가 아직 아비딘 또는 항체에 접합되어 있으나, **"루미-포스"**라 불리는 다른 기질이 첨가된다. 루미-포스는 인산기에 결합된 발광기로 구성되어 있다. 알칼리성 인산가수분해효소가 인산을 잘라내면, 불안정한 발광기는 빛을 방출한다. 빛의 탐지와 기록은 만약 DNA가 필터 위나 겔에 있다면 사진용 필름을 이용하여 수행하고, DNA가 용액 속에 있다면 빛의 방출을 탐지할 수 있는 기기에 의해 스캔닝한다.

색채나 발광 산물은 알칼리성 인산가수분해효소가 각각 X-포스나 루미-포스로부터 인산기를 제거할 때 방출된다.

6. 전자현미경

일상의 광학현미경으로는 크기가 미크론(미터의 백만분의 1)에 해당하는 물체를 볼 수 있다. 전형적인 박테리아는 1 또는 2 미크론 길이에 폭이 0.5 미크론이다. 박테리아를 광학현미경 하에서 볼 수 있더라도, 그들의 내부를 자세히 보기에는 너무 작다. 현미경의 해상

박테리아는 광학현미경으로 간신히 볼 수 있다.

화학발광(chemiluminescence) 화학반응에 의한 빛의 생성
색소생성 기질(chromogenic substrate) 효소에 의한 반응으로 색채 산물을 생기게 하는 기질
루미-포스(lumi-phos) 분해되어 빛을 방출하는 알칼리성 인산가수분해효소의 기질
X-포스(X-phos) 분해되어 푸른염료를 방출하는 알칼리성 인산가수분해효소의 기질

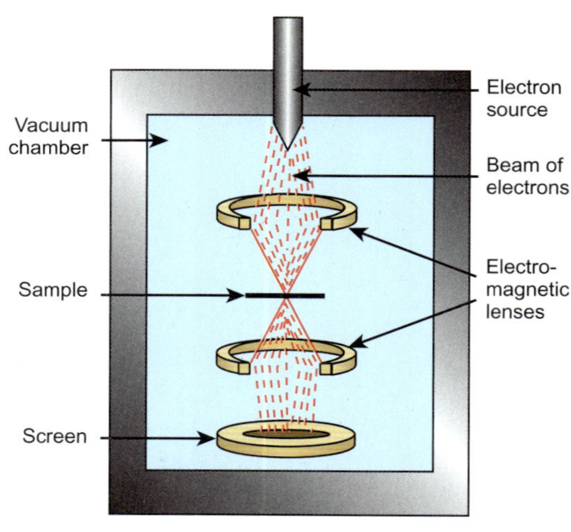

그림 5.28
전자현미경의 원리

전자현미경은 동물 세포의 준 구조, 바이러스 및 세균을 볼 수 있게 한다. 전자광선은 광원으로부터 방출되어 전자기 렌즈에 의해 시료에 초점이 맞추어 진다. 전자가 시료를 가격하면, 세포벽, 세포막 등과 같은 구성요소는 전자를 흡수하여 검게 나타난다. 이 상은 스크린에 보여지거나 영구적인 기록을 위해서 필름으로 옮겨질 수 있다. 공기 분자 역시 전자를 흡수할 수 있기 때문에, 전 과정은 진공에서 수행되어야 한다.

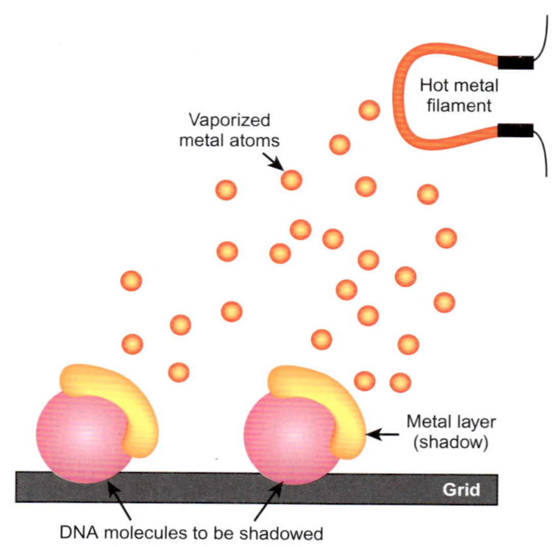

그림 5.29
금속 투영된 DNA 분자는 전자현미경하에서 보인다

뜨거운 금속 필라멘트는 DNA 시료를 함유한 챔버로 기체화된 금속 원자를 방출한다. 시료는 필라멘트 주위를 회전하고 금속 이온은 노출된 DNA 표면에 부착한다. 일단 DNA가 금속 원자의 피막을 가지면, 이는 전자현미경 하에서 관찰될 수 있다.

력은 빛의 파장에 달려있다. 광학현미경에서 만약 두 점이 파장의 반보다 적게 떨어져 있다면, 그들을 구별할 수 없다. 가시광선은 0.3(푸른색)에서 1.0(적색) 미크론 범위의 파장을 갖는다. 따라서 박테리아는 볼 수 있는 한계에 있으며 바이러스는 볼 수 없다.

전자광선은 가시광선보다 훨씬 작은 파장을 가지므로 빛의 해상력 한계를 넘어 자세한 구별이 가능하다. 전자광선은 가시광선과 같이 초점이 맞추어진다. 다른 점은 전자광선을 위해 이용되는 렌즈는 물리적(유리는 전자를 흡수한다)이 아니고 전자가 이동하는 방향을 바꾸는 전자기장이다. 전자현미경을 이용하여 박테리아 세포벽의 층을 볼 수 있고, 검은 바탕위의 밝은 조각처럼 보이는 접힌 박테리아 염색체를 볼 수 있다. 전자광선을 시료를 통하여 발사할때, 보다 효과적으로 전자를 흡수하는 물질은 검게 나타난다. 전자는 심지어 공기 중에서도 쉽게 흡수되기 때문에 전자광선은 진공실 내부에서 이용되어야 하고, 시료는 아주 얇은 조각이 되어야만 한다(그림 5.28).

전자현미경은 바이러스, 세포 내 구성성분과 심지어 하나의 거대분자를 볼 수 있게 한다. 명암을 증진시키기 위해서, 세포 구성성분은 일반적으로 우라늄, 오스뮴 또는 납과 같은 중금속 화합물로 염색된다. 이 모든 중금속은 전자를 강력하게 흡수한다. 개개의 풀려있는 DNA 분자는 만약 전자 흡수를 증가시키기 위해서 금속 원자로 투영한다면 관찰될 수 있다(그림 5.29). 투영법은 그리드 위에 DNA를 퍼뜨리고, 뜨거운 금속 필라멘트 앞에서 회전시킴으로써 이루어진다. 금속 원자는 증발하여 DNA를 덮는다. 금, 백금 또는 텅스텐이 일반적으로 투영을 만드는 데 이용된다. 이는 진핵세포 유전자가 실제의 암호화 서열을 단절하는 인트론을 가지고 있다는 것을 증명하는 데 이용된 방법이다.

관련 연구에 대한 초점

Peckys DB, Mazur P, Gould KL, de Jonge, N (2011) Fully hydrated yeast cells imaged with electron microscopy. Biophys J. 100: 2522–2529.

전자현미경 기술은 세포 내 소기관의 구조, 핵의 구조 및 세포벽의 구조를 이해하는 데 사용되는 핵심기술이다. 각각의 전자현미경 사진은 매우 유용한 정보를 제공하여, 각각의 세포는 세포 내 구조의 전자 밀도를 증가시키는 금속 원자와 같은 물질을 가하여 가능한 세포 내 구조를 보존하도록 먼저 과정을 거치고 그때 초박편 절편을 위해 에폭시 수지로 시료를 포매한다. 이 과정이 살아있는 세포로부터 실제 구조를 어떻게 바꾸는지는 알려져 있지 않다. 이 논문에서는 주사투과전자현미경 기술(STEM)을 위해 물로 수화된 살아있는 분열효모 세포(*Schizosaccaromyces pombe*)를 보기위한 하나의 방법을 개발하였다. 이름이 의미하듯이 STEM는 교재에서 기술하는 것과 같이 단순히 투과전자현미경 기술이나, 전자선이 시료를 가로질러 주사하여 보다 좋은 영상의 그림을 만든다. 세포를 살아있는 채로 유지하기 위하여, 뒤틀림없이 전자가 통과하도록 두 겹의 SiN 막을 이용하여 만든 미소유체 챔버에 효모 세포를 넣는다. 그 다음 염료가 유체에 가해져 효모 액포로 흡수되었을 때 형광을 내도록 한다. 오직 살아있는 효모 세포만 세포 내에서 적색 형광을 나타낸다. 어느 세포가 살아있는지 확인한 후, 효모는 전자선으로 영상화된다. 최종 영상은 지질방울, 액포, 페옥시소옴과 세포벽 격막과 같은 효모 세포 내 많은 구조를 보여준다. 그 결과는 광학현미경 기술보다 고해상도를 지니며, 살아있는 세포 내 과정을 연구하는 유용한 방법이 될 것이다.

7. DNA와 RNA의 혼성화

3장에서 논의한 바와 같이, DNA의 상보적 성질은 온도를 높이면 두 가닥이 한 가닥으로 녹아서 분리되고, 온도를 천천히 정상으로 낮추면 두 가닥은 복원되어 모든 아데닌은 티민과 모든 구아닌은 시토신과 결합한다. 2개의 밀접하게 관련된 DNA 분자가 이용되었다고 가정하자. 염기서열이 완전히 일치하지는 않더라도, 충분히 일치한다면 일부 염기쌍 형성이 일어난다. 그 결과 **혼성 DNA** 분자가 형성된다.

DNA 이중나선의 가열은 DNA를 외가닥으로 용해한다. 외가닥은 천천이 온도를 낮추면 염기쌍 형성에 의해 이중나선을 다시 만든다.

혼성 DNA 분자의 형성은 다양하게 이용된다. 두 DNA 분자의 관련성을 분석할 수 있다. 그림 5.30에서와 같이, 첫 번째 DNA 분자는 가열하여 외가닥 DNA로 녹인다. 그때 외가닥 DNA는 필터에 부착된다. 다음에 그 필터는 DNA가 결합할 수 있는 부분을 차단하기 위하여 화학적으로 처리한다. 그때 두 번째 외가닥 DNA 시료를 필터 위에 붓는다. 만약 두 번째 DNA가 관련된 서열을 가지고 있다면 혼성이 막위에 형성될 것이다(위에서 논의한 바와 같이, 두 번째 DNA는 방사성, 형광 또는 다른 방법으로 표지되어 탐지가 가능해야 한다).

혼성 이중나선은 서열이 유사한 외가닥들을 복원함에 의해 형성될 것이다.

두 분자가 보다 밀접하게 관련이 있다면 보다 많은 혼성 분자가 형성될 것이고 필터에 결합된 표지된 DNA의 비가 높을 것이다. 예를 들어, 만약 헤모글로빈과 같은 인간 유전자의 DNA를 완전히 녹여 필터에 붙였다면, 그때 같은 유전자이나 다른 동물로부터 유래한 DNA를 시험할 수 있다. 고릴라 DNA는 강하게 결합하고, 개구리 DNA는 약하게 결합하고, 생쥐 DNA는 중간 정도로 결합할 것이라는 것을 기대할 수 있다.

혼성화의 또 다른 이용은 클로닝을 위한 유전자의 분리이다. 우리가 이미 인간의 헤모글로빈 유전자를 가지고 있고 상응하는 고릴라 유전자를 분리하고자 한다고 가정하자. 먼

혼성화(hybridization) 다른 2개의 기원으로부터 유래한 두 외가닥의 복원에 의해 이중가닥 DNA의 형성
혼성 DNA(hybrid DNA) 다른 2개의 기원으로부터 유래한 두 외가닥에 의해 만들어진 인위적인 이중가닥 DNA 분자

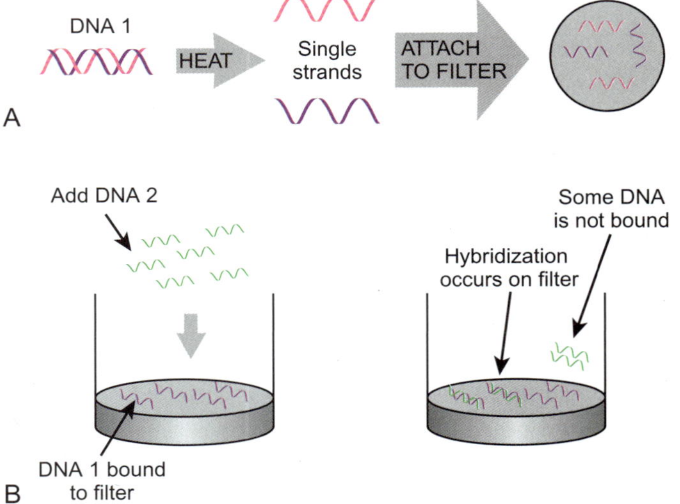

그림 5.30
필터 혼성화에 의한 DNA의 관련성

A) 1번 DNA를 변성하여 필터에 붙인다. B) 2번 DNA를 필터에 첨가했을 때, DNA 가닥의 일부가 혼성화되면 서열은 충분히 비슷하다는 것이다. 만약 서열이 동일하다면 외가닥으로된 DNA 1의 모두가 DNA 2(녹색) 가닥과 혼성화될 것이다. 만약 서열이 매우 다르다면, DNA2의 아주 조금이 DNA1과 혼성화하거나 전혀 혼성화하지 않는다.

저, 인간 DNA를 앞에서와 같이 필터에 붙인다. 그때 고릴라 DNA를 적당한 제한효소로 절단하여 짧은 조각으로 만든다. 그 고릴라 DNA에 열을 가하여 외가닥으로 녹이고 필터에 붓는다. 헤모글로빈에 해당되는 고릴라 유전자를 포함하는 DNA 절편은 인간 헤모글로빈 유전자와 결합하여 필터에 붙어있게 된다. 헤모글로빈과 관계없는 유전자는 혼성화되지 않을 것이다. 이 접근 방법은 관련된 유전자의 혼성화에 의해 새로운 유전자의 분리를 가능하게 한다.

탐침은 상보적 서열을 탐지하기 위해서 혼성화에 이용되는 DNA (또는 RNA)의 표지된 분자이다.

혼성화에 기반을 둔 다양한 방법이 분자생물학의 분석에 이용된다. 각 경우에 기본 아이디어는 알려진 DNA 서열이 "**탐침**"으로 작용한다는 것이다. 일반적으로 **탐침 분자**는 탐지를 쉽게 하기 위해서 방사능이나 형광에 의해 표지되어야 한다. 탐침은 표적 분자의 실험 시료에 있는 동일하거나 비슷한 서열을 찾는 데 이용된다. 탐침과 표적 DNA 모두는 외가닥 상태의 DNA 분자로 만들어, 염기쌍 형성에 의해 서로 혼성화 될 수 있다. 앞선 예에서 탐침 DNA는 인간의 헤모글로빈 DNA가 된다. 왜냐 하면, 그 서열이 이미 알려져 있기 때문이다. 고릴라 DNA는 표적 분자의 시료가 된다.

7.1. 서던흡입법, 노던흡입법 및 단백질흡입법

관련 종으로부터 새로운 유전자의 분리는 과학자에게 풍부한 정보를 제공한다. 많은 경우, 인간 유전자를 연구하는 과학자들은 효모 또는 초파리같은 다른 생물체에 있는 유사한 유전자를 찾기를 원한다. 많은 과학자들은 다른 생물체에 있는 유전자를 동정하기 위하여 **서던흡입법**을 이용한다. 서던흡입법은 한 DNA 시료가 또 다른 DNA 시료와 혼성화되는 기술이다. 우리가 효모 염색체와 같이 거대한 DNA 분자를 가지고 있고 흥미를 갖는 인간 유전자와 비슷한 서열을 갖는 특별한 유전자의 위치를 알고 싶다고 가정하자. 먼저 표적 또는 효모 DNA는 제한효소로 절단하고, 그 절편은 겔 전기영동에 의해 분리한다. 이중가닥 절편은 수산화나트륨과 같은 알칼리성 변성 용액에 겔을 적심으로써 외가닥 절편으로 녹인다. 그때 DNA 절편은 나일론 막으로 옮긴다. 마지막으로, 그 막을 표지된 DNA 분자의 용액에 담근다. 표지된 탐침은 방사선으로 표지된 인간 유전자의 절편이다(그림 5.31). 탐침은 오직 비슷한 서열을 지닌 DNA 서열과 혼성화한다. 탐침이 상응하

탐침 분자(probe molecule) 어떤 방법(일반적으로 방사성이나 형광)으로 표지된 분자로 또 다른 분자와 결합하여 탐지하기 위해서 이용됨
탐침(probe) 탐침 분자의 짧은 표현
서던흡입법(Southern blotting) DNA와 결합할 수 있는 탐침을 이용하여 나일론 막에 옮겨진 외가닥 DNA를 탐지하는 방법

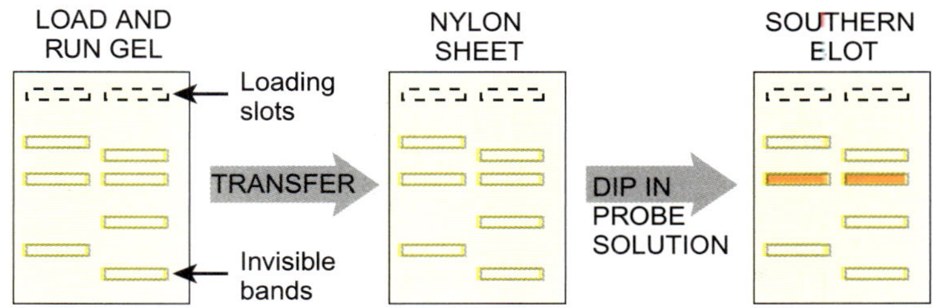

그림 5.31
서던흡입법: DNA:DNA 혼성화

서던흡입법은 표적 DNA를 작은 절편으로 절단하고 아가로오스 겔에 전개하는 것을 필요로한다. 그 절편은 외가닥이 되도록 화학적으로 변성시키고, 나일론 막에 옮긴다. DNA는 겔에서나 막에서나 볼 수 없음을 주목하라. 방사성 탐침(또한 외가닥)이 막 위를 통과한다. 탐침 DNA가 관련된 서열을 발견하면, 혼성 분자를 형성한다. 결합하지 않은 여분의 탐침은 세척하여 버린다. 사진용 필름을 막 위에 놓는다. 방사성 혼성분자의 위치가 필름 위에 검은색 밴드로 보인다.

표 5.02 흡입법의 다른 형태

흡입법 유형	막에 붙인 분자	탐침 분자
서던블러팅(서던흡입법)	DNA	DNA
노던블러팅(노던흡입법)	RNA	DNA
웨스턴블러팅(단백질흡입법)	단백질	항체
사우스웨스턴흡입법	단백질	두 가닥 DNA

는 DNA와 혼성화할 때, 필터는 핫("hot") 또는 그 지역에 방사성이 존재하게 되며, 만약 사진용 필름을 필터 위에 놓으면 혼성분자에 해당하는 검은 점이 나타날 것이다. 서던흡입법은 오직 DNA와 DNA의 혼성화를 일컫는다.

> 탐침을 이용한 DNA 서열 탐지를 위한 혼성화는 막 위에서 수행될 수 있고, 그것을 "흡입법"이라 한다.

서던흡입법이 발견자의 이름인 Edward Southern을 따서 실제적으로 이름이 붙여졌다고 하더라도, 다른 형태의 혼성화 기술의 이름은 이를 기준으로 하여 방향을 나타내는 이름이 사용되었다(표 5.02). **노던흡입법**은 표적 분자로 RNA와 탐침으로서 DNA를 이용하는 혼성화를 일컫는다. 예를 들어, DNA 탐침은 같은 유전자에 상응하는 mRNA 분자의 위치를 찾는 데 이용될 것이다. RNA 혼합액을 겔에 전기영동한 다음 필터에 옮긴다. 필터는 그때 위에서와 같이 탐침으로 검색된다.

단백질흡입법은 핵산의 혼성화를 포함하지 않는다. 단백질을 겔에서 전기영동하고, 막에 옮긴 후 항체로 탐지한다. 단백질흡입법은 단백질에 적용하기 때문에 단백질체학(Proteomics)을 설명하는 15장에서 자세히 기술할 것이다.

7.2. 보존 DNA 찾기

보존 DNA 찾기는 별개의 방법이 아니고 서던흡입법을 이용하는 산뜻한 책략이다. 인간 유전자를 클로닝할 때 직면하는 문제는 고등동물의 대부분 DNA는 비암호성 DNA라는 것이며, 아직도 대부분 과학자들은 암호화 부분을 클로닝하기를 원한다는 것이다. 문제는

노던흡입법(Northern blotting) DNA 탐침이 RNA 표적 분자와 결합하는 혼성화 기술
단백질흡입법(Western blotting) 일반적으로 항체인 탐침이 단백질 표적 분자와 결합하게 하는 탐지기술
보존 DNA 찾기(Zoo blotting) 탐침 DNA가 암호화부위로부터 왔는지 여부를 시험하기 위하여 여러 동물로부터 기원한 DNA 표적 분자를 이용하는 비교서던흡입법

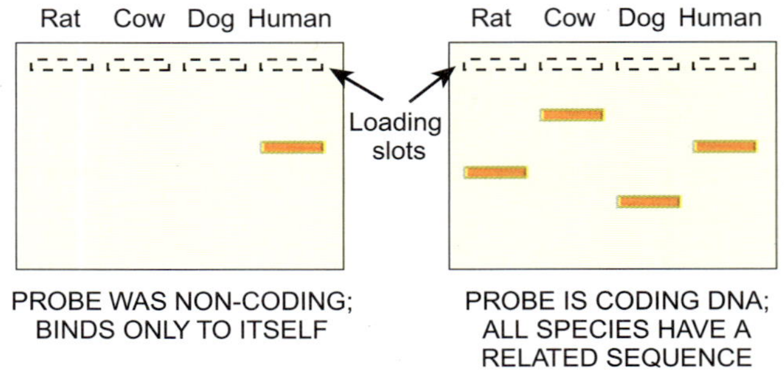

그림 5.32
보존 DNA 찾기는 암호화 DNA를 보여준다

보존 DNA 찾기라 불리는 서던흡입법의 특별한 형태는 비암호성 부위로부터 암호화 DNA를 구분하는 데 이용된다. 표적 DNA는 여러 동물로부터 온 여러 게놈 DNA 시료를 포함하므로, "동물원"이란 이름이 붙었다. 탐침은 암호성 부위로부터 왔거나 혹은 그렇지 않은 인간 DNA 절편이다. 흡입법은 통상적으로 수행된다. 왼쪽에는 인간 DNA만이 탐침과 혼성을 보인다. 그러므로, 관련된 서열은 다른 종에서는 발견되지 않고 탐침은 아마도 비암호성 DNA일 것이다. 오른쪽의 예에서는 탐침이 다른 동물의 관련된 서열과 결합하였다. 그러므로, 이 DNA 절편은 아마도 암호 부위로부터 온 것일 것이다.

어떻게 많은 양의 비암호성 DNA로부터 암호화 부분을 동정하는가이다. 진화과정에서, 비암호성 DNA의 염기서열은 돌연변이가 빨리 일어나고 변했으나, 암호화 서열은 비교적 천천히 변해서 두 종사이의 분기가 일어난지 수백만년 후에도 필수적인 유전자에서는 아직 인식될 수 있다(26장 참조).

그러므로, DNA를 인간, 원숭이, 생쥐, 햄스터, 소 등과 같은 일련의 연관된 동물로부터 추출한다. 이 DNA "동물원"("zoo")에 있는 시료를 각각 적당한 제한효소로 절단하고, 그 절편을 겔에 전개하고 나일론 막에 옮긴다. 그들에게 인간의 암호화 DNA로 간주되는 DNA를 이용하여 탐침을 붙인다. 만약 DNA 시료가 정말로 암호화 부분을 포함하고 있다면, 대부분 근연 동물로부터 유래한 DNA 절편의 일부가 혼성화될 것이다(그림 5.32). 만약 DNA가 비암호성 DNA라면, 오직 인간 DNA만 혼성화 될 것이다.

7.3. 형광제자리잡종화: FISH

DNA 또는 RNA 서열은 형광 탐침과 혼성화하여 세포 내 위치를 탐지할 수 있다.

전에 기술한 모든 기술은 과학자가 세포로부터 DNA, RNA 혹은 단백질을 분리하는데 필요하다. 대조적으로, **FISH**로 보다 더 잘 알려진 **형광제자리잡종화**는 실제 세포 내에 유전자의 존재 또는 상응하는 mRNA의 존재를 탐지하는데 이용된다(그림 5.33). 대상이 되는 유전자의 DNA 서열이 탐침으로 사용되기 위해 먼저 준비된다. 이것은 유전자의 클로닝에 의해 얻어지거나 또는 보다 최근에는 PCR(자세한 것은 6장 참조)에 의해 증폭된다. 실제로는 아주 비슷한 유전자 사이의 구별이 필수적이지 아니한 경우 탐침으로써 전체 유전자 서열을 이용할 필요가 없다. 이름이 암시하듯이, DNA 탐침은 형광 염료로 표지되어 그 위치가 형광현미경하에서 관찰될 수 있다. 조직, 세포 또한 염색체 DNA가 변성되도록 처리되지만, 이것은 핵내에 DNA가 남아있도록 실제 조직 절편상에서 이루어진다.

생쥐와 같은 특정 동물의 얇은 조직 절편을 알려진 생쥐 유전자를 위한 DNA 탐침으로 처리할 수 있다. 이 경우, 생쥐 탐침은 모든 세포의 핵에 있는 생쥐 DNA와 혼성화할 것이다. 이것은 이미 우리가 알고 있듯이 유전자는 핵내에 있다고 알려 줄 것이다. 몇가지 보다 중요한 적용은 다음과 같다:

FISH Fluorescence in situ hybridization 참조
형광제자리잡종화(Fluorescence *in Situ* Hybridization, FISH) 자연의 위치에서 DNA 또는 RNA 분자를 보이게 하기 위하여 형광 탐침을 이용하는 것

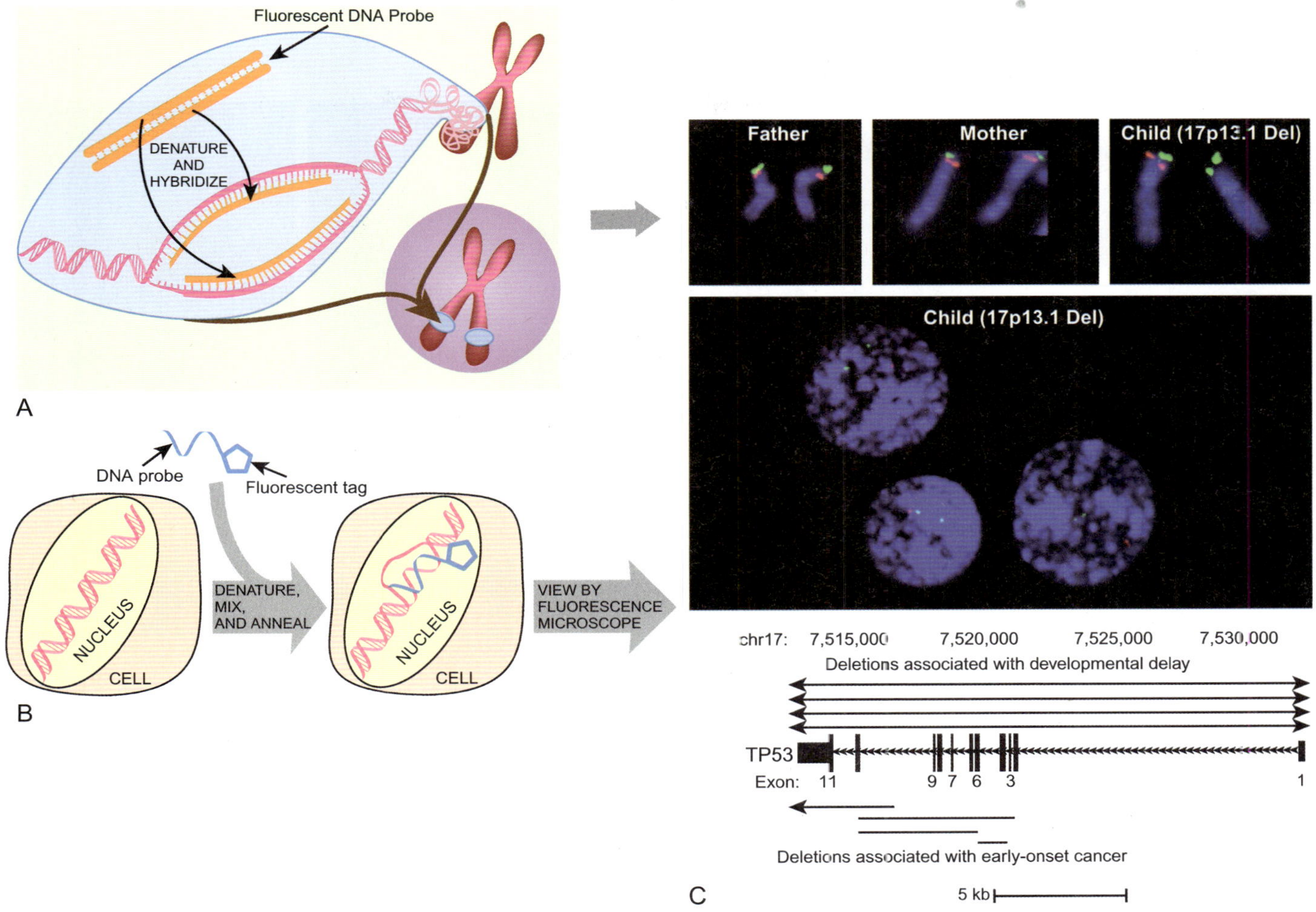

그림 5.33
형광제자리잡종화

A) FISH는 유전자의 염색체 상의 특정 위치를 알려준다. 첫째로 중기 염색체를 분리하여 현미 경 슬라이드에 붙인다. 염색체 DNA는 변성하여 외가닥으로 만들고 슬라이드에 붙은 상태를 유지하게 한다. 형광 탐침을 상응하는 우전자와 혼성화한다. 슬라이드를 조명하면, 혼성 분자는 형광을 내어 관심있는 유전자의 위치를 보여준다. B) 핵내에 완전한 DNA를 지닌 세포를 처리하여 외가닥 부위를 형성하도록 DNA를 변성시킨다. 형광 표지된 DNA가 첨가되고, 외가닥 탐침은 핵내의 상응하는 서열과 결합한다. 혼성 분자는 형광현미경으로부터 나온 빛이 탐침의 표지를 흥분시킬때 형광을 발한다. 이 기술은 핵의 여러 지역에 흥미 유전자의 위치를 보여준다. C) TP53(적색)과 17ptel(녹색) 탐침의 복제수 변이(CNV)를 자식에서 볼 수 있다. 중기 핵(위)과 간기 핵(아래) 모두에서 볼 수 있는 자식에서 TP53의 반접합성 결실이 존재한다. 아버지와 어머니에는 4개의 녹색 점과 4개의 적색 점이 존재하는 반면에, 자식에는 4개의 녹색 점과 2개의 적색 점이 존재함을 주목하라. *(출처: Shlien, et al. A common molecular mechanism underlies two phenotypically distinct 17p13.1 microdeletion syndromes. Am J Hum Gen 87: 631–642)*

1. 탐침으로 바이러스 유전자를 이용하면 어떤 세포가 바이러스 유전자를 함유하고 있는지 그리고 바이러스 유전자가 세포질에 있는지 혹은 핵으로 침투했는지를 알 수 있다.
2. 핵안의 DNA 이외에, 중기 염색체의 어느 부분에 특정 유전자가 있는가를 확인하는데 FISH가 이용된다. 먼저, 염색체 도포를 현미경 슬라이드 위에 만들고, 그때 형광 표지된 관심있는 유전자를 붙인다. 탐침이 결합한 곳이 탐침에 상응하는 유전자를 운반하는 염색체를 나타낸다. 충분히 정교한 기기를 이용하면, 유전자가 염색체상 특정 지역에 위치함을 알 수 있다(그림 5.33).
3. 변성된 DNA의 두 가닥 중 한 가닥은 RNA와 결합할 수 있기 때문에 DNA 탐침

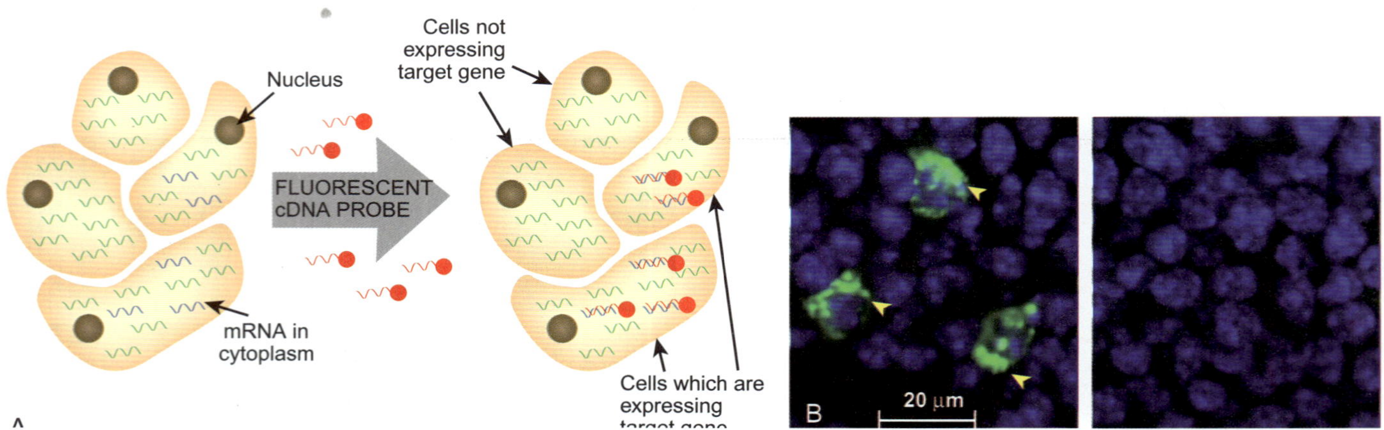

그림 5.34
mRNA 수준을 탐지하고 측정하기 위한 FISH

A) 여러 종류의 mRNA가 하나의 조직 내에서 일정 시간에 발현된다. 모든 세포가 동일 유전자를 발현시키지 않거나 같은 수준으로 발현시키지 않는다. 만약 표적 세포를 형광 표지된 DNA(적색)로 탐침화하면, 이들은 상응하는 mRNA(푸른색)에 결합할 것이다. 이 과정에서 염색체 DNA를 변성하도록 세포를 처리하지 않았기 때문에, 탐침 DNA는 핵의 DNA와 결합하지 않음을 주목하라. 이 예에서 표적 유전자는 오직 2개의 세포에서만 발현되었다. B) 소리 자극 후 생쥐 뇌의 주름진 뇌회전에서 *Arc* mRNA 발현을 보여주는 실제 형광현미경사진 (왼쪽의 노랑 화살촉 표시). 탐침은 *Arc* cDNA의 안티센스 카피였고, 오른쪽에는 mRNA의 센스 탐침을 이용한 동일과정을 보여준다. *(출처: Ivanova, et al. (2011) Arc/Arg3.1 mRNA expression reveals a subcellular trace of prior sound exposure in adult primary auditory cortex. Neuroscience 181: 117–126.)*

은 표적 조직 내의 mRNA를 탐지하는 데 이용될 수 있다. mRNA는 이미 외가닥이기 때문에, 세포는 고온이나 화학적 변성을 필요로 하지 않는다. 대상이 되는 유전자를 활발히 전사하는 세포는 많은 양의 상응하는 mRNA를 가지며, 이들은 탐침과 결합하여 빛을 낼 것이다(그림 5.34). 유전자 발현이 클수록 세포는 보다 밝은 형광을 낼 것이다. 특정 mRNA의 양을 동정하는 것은 조직을 비교할 때 실제로 유용할 것이다. 예를 들어, 심장세포와 간세포에서의 특정 유전자의 mRNA 양을 비교하면 대상 유전자의 기능을 결정하는 데 도움이 될 것이다. 많은 mRNA 분자는 그 발현양이 낮아 FISH에 의해 너무 약한 신호를 나타낸다. 실제에서, 그러한 mRNA는 종종 탐지 전에 RT-PCR에 의해 증폭된다(6장 참조). 긴 탐침이 형광 신호를 증가시키기 위해 이용된다. 대안으로, 유전자 미세배열과 실시간 RT-PCR과 같은 기술이 mRNA 탐지에 이용될 수 있다(19장 참조).

Paré A, Lemons D, Kosman D, Beaver W, Freund Y, McGinnis W (2009) Visualization of individual *Scr* mRNAs during *Drosophila* embryogenesis yields evidence for transcriptional bursting. Curr. Biol. 2037–2042.

형광 표지된 세포의 현미경 관찰은 일반적인 기술이며, 최근에 영상의 해상력이 진보해왔다. 게다가, 현미경 관찰은 영상을 광학적으로 얇은 절편으로 나누고 그 각각의 절편을 독립적으로 분석한 후 영상을 3D 그림으로 다시 재구성을 할 수 있도록 하였다. 현미경 관찰의 진보 이외에, FISH 탐침의 질이 크게 개선되었다. 궁극적으로 현재는 FISH를 이용하여 하나의 세포에서 하나의 mRNA 전사체를 탐지할 수 있다. 이 논문 이전에는 대부분 하나의 세포에서 FISH 분석이 정상적으로 서로의 세포가 떨어져 있는 하나의 효모 세포나 플레이트 상에 단분자막으로 유지된 포유류 세포에서 수행되었다. 관련된 논문은 이 연구를 전체 초파리 배의 세포 내에 있는 mRNA를 동정하기 위해 확대하였다. 이러한 세포들은 다른 세포들에 의해 둘러싸여 있고, 3D로 세포 내 mRNA의 위치 분석은 어떠한 실험실 조작없이 mRNA의 진정한 위치를 추정하는 가장 좋은 것이다.

이 논문은 초파리 발생 중에 후부구기와 첫 번째 가슴마디(T1)를 만드는 유전자들을 발현하게 하는 전사인자인 *Sex combs reduced* (*Scr*) 유전자의 mRNA의 위치를 동정하기 위해 단세포 FISH를 이용하였다. 이 유전자는 진화적으로 잘 보전된 체제발달의 조절자인 HOX 유전자군의 일원이다. 초파리에서 HOX 구성원은 배 길이를 따라서 발현되어, 머리를 조절하는 HOX 구성원은 가장 앞쪽에서 발현되고 복부 체절을 조절하는 구성원은 가장 뒤쪽에서 발견된다(그림 5.35). *Scr* mRNA의 발현은 부체절 2(PS2)에서 안정적으로 발현되고, 배발생(머리부분)의 후반기인 10단계와 11단계 동안에 PS3에서 일시적으로 발현된다.

이 논문의 전반부는 FISH 신호가 진정으로 하나의 mRNA 전사체로부터

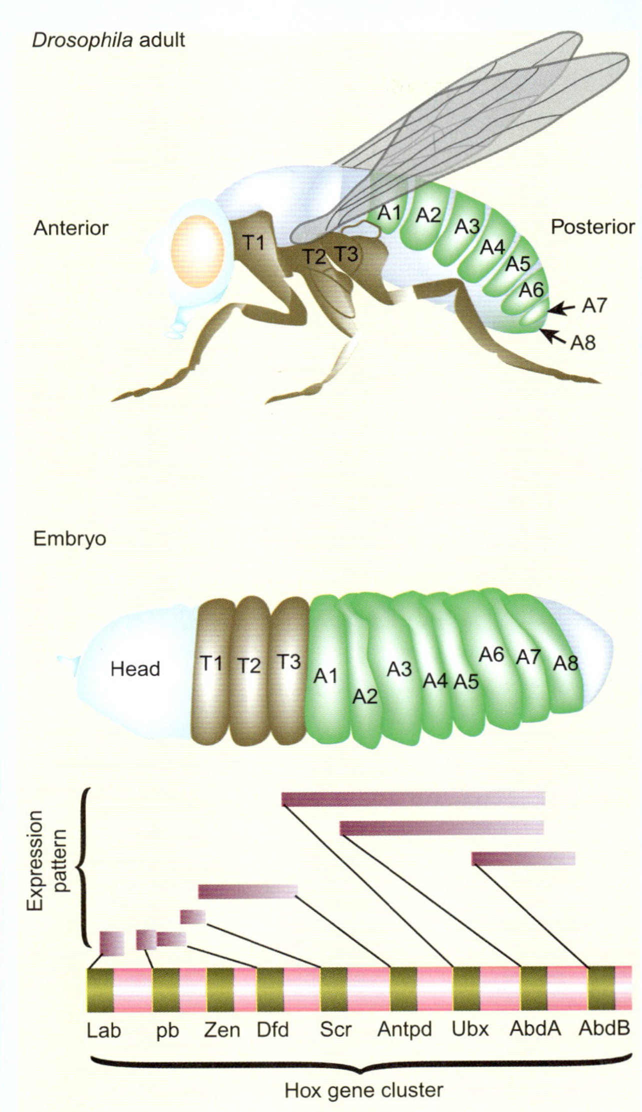

그림 5.35
초파리에서 Hox 유전자군

다른 *Hox* 유전자가 초파리배의 각 체절의 발생을 조절한다. 예를 들어, 배 체절 T1, T2 및 T3는 Hox군 전사인자를 암호화하는 *안테나페디아* 유전자를 발현한다. 이 단백질은 T1, T2 및 T3 배 체절로부터 성체 다리의 발달을 조절한다. 안테나페디아 전사인자는 이 세 체절에서 농도 구배로 발현되어 T1에서 가장 높은 농도를 지닌다. 만약 이 단백질이 배의 다른 체절에서 발현된다면, 잘못된 장소에 다리가 자랄 것이다. 이 전사인자가 머리 부분에서 발현된다면, 초파리 안테나는 가외의 다리로 자란다.

왔다는 것을 증명하기 위해 다른 탐침들을 이용하였다. 3개의 다른 방법이 FISH 신호가 하나의 mRNA로부터 기원한다는 것을 보장하였다. 첫째, 동일 전사체로부터 2개의 다른 탐침이 mRNA의 위치 확인을 위해 이용되었다. 만약 한 탐침이 mRNA의 시작 단계로부터 왔고, 다른 탐침이 mRNA의 말단으로부터 왔다면, 이 두 탐침의 FISH 신호는 이동될 것이고 이 이동은 FISH 분석에서 모든 다른 점으로 나타날 것이다. 이 논문에서 저자들은 암호화 지역에 대한 탐침이 mRNA의 3′-UTR 탐침과 비교했을 때 공간적으로 옮겨짐을 발견하였다. 둘째로, 일련의 올리고뉴클레오티드 탐침을 이용할 때, 각각의 탐침은 동일 점에 결합해야 하고 그 결합은 반복성이 있어야 한다. 그러한 FISH 신호의 고해상도를 위해서 탐침은 배경 형광보다 보다 밝게 형광을 내야만 한다. 올리고뉴클레오티드는 너무 짧아 밝은 형광을 낼 수 없으므로 이 기술은 기술적으로 실현 불가능하다. 대신에 저자들은 하나의 mRNA을 대변하는 각 형광점을 나타내는 세 번째 방법을 이용하였다. 이 방법에서 저자들은 mRNA의 동일 서열에 결합하는 2개의 탐침을 이용하였다. 각각의 탐침은 다른 태그로 표지되어 현미경으로 동정될 수 있었다. 이 실험은 2개의 탐침이 거의 같은 위치에서 발견되지 않았다(10% 미만)는 것을 증명하였으며, 이는 각 형광점은 오직 동시에 한 탐침과 결합한다는 것을 의미하였다. 만약 한 개 이상의 mRNA가 형광점에 존재한다면, 그때 상당히 중복된 신호를 볼 수 있으나, 두 탐침이 동일 점에 거의 결합하지 않았기 때문에 저자들은 각각의 점은 하나의 mRNA를 나타낸다고 결론을 내렸다.

관련 연구에 대한 초점

각각의 FISH 신호가 하나의 *Scr* mRNA를 나타내기 때문에 저자들은 각각의 세포에 있는 전사체의 수를 밝혔다. 그들의 연구는 *Scr* mRNA가 인접한 세포들에 다른 수로 존재한다는 즉, 한 세포에는 200개 이상의 전사체가 존재하고 이웃세포에는 100개 미만이 존재하는 것을 제안하였다. 특히 PS2 세포에서는 분석한 발단 단계 전과정을 통하여 안정적으로 *Scr*이 발현한다는 것을 밝혔다. 오직 핵 속에 있는 mRNA에 있는 인트론에 대한 탐침을 이용하고 이어맞추기 후 전사체의 중간에 대한 탐침과 비교하여, 저자들은 PS2 세포의 핵과 세포질에 있는 mRNA의 수를 비교하였다. 이러한 결과는 핵내에 있는 mRNA의 수가 세포질에 있는 전자체와 일치하지 않기 때문에 매우 흥미롭다. 사실, 하나의 세포에서 핵속의 *Scr* 전사체는 낮으나 세포질의 전사체는 높거나 반대가 될 수 있다. 결국, 저자들은 전사는 폭발적으로 일어나고 그리고 정지한다고 결론을 내렸다. 전사가 정지한 후, 그때 mRNA는 가공되고 세포질로 전해진다. 이러한 전사 양상 이외에 저자들은 핵과 세포질 *Scr* mRNA의 양은 배의 PS3 지역과 연관성이 있다는 것을 밝혔다. 만약 많은 양의 핵내 mRNA가 있다면, 많은 양의 세포질 mRNA가 있다. 이 부분은 PS2 지역에서 보여준 전사 폭팔을 나타내지 않는 것 같다. 전체 배내의 세포들의 고해상도 단세포 FISH 분석은 새로운 기술이고, 이 기술의 발전은 단세포 수준에서 mRNA 전사를 분석하는 데 유용할 것이다.

핵심 개념

- 핵산가수분해효소는 핵산을 분해하는 효소이다. 리보핵산가수분해효소는 RNA를 분해하고, 디옥시리보핵산가수분해효소는 DNA를 분해한다. 핵산말단가수분해효소는 말단에서 시작하여 DNA를 분해하고, 핵산내부가수분해효소는 중간에서 시작하여 DNA를 분해한다.
- 제한효소는 핵산내부가수분해효소로 인식부위라 불리는 특정 DNA 서열에 결합한다. I형 제한효소는 인식부위로부터 1000 또는 그 이상 떨어진 염기를 절단하여 분자생물학에서 자주 이용되지 않는다. II형 제한효소는 인식부위 내부를 절단하여 분자생물학에서 널리 이용된다.
- DNA 연결효소는 DNA 절편의 인산 골격을 공유결합적으로 연결한다. 만약 두 절편이 비점착성 말단을 갖지 않고 서로 상보적인 외가닥 돌출부 또는 점착성 말단을 지니면 연결효소에 의한 연결이 보다 쉽다.
- 제한효소는 DNA 절편의 지도를 작성하는데 이용되며, 제한효소 단편길이 다형성(RFLPs)을 이용하여 유사한 개체로부터 유래한 두 DNA 절편을 분석하는 데 활용된다.
- DNA의 작은 절편은 화학적으로 합성될 수 있으며, 염기서열 분석, PCR 및 혼성화 실험과 같은 다양한 분자생물학 기술에 이용된다.
- DNA의 화학합성은 3′에서 5′ 방향으로 일어나며, 이는 세포의 DNA 합성과 반대이다. 화학물들은 어느 기가 다음 뉴클레오티드의 첨가로 정확한 것인지를 구분하지 못하기 때문에, 이 반응기는 필요에 따라 보호되고, 보호에서 해방되어야 한다.
- DNA의 화학합성은 전체 유전자를 합성하는데 이용되거나 세포 내 분해에 노출되지 않는 DNA 유사체를 이용하기 위하여 변형된다.
- DNA와 RNA는 260 nm의 자외선에 노출하여 측정하고 가시화할 수 있다.
- DNA와 RNA는 화학합성 또는 DNA 중합효소에 의한 합성과정에서 ^{32}P 또는 ^{35}S와 같은 동위원소를 DNA에 삽입함으로 또한 표지할 수 있다. 방사성으로 표지된 DNA는 섬광계수법 또는 방사선 자동사진법에 의해 가시화 된다.
- DNA는 또한 형광 표지나 비오틴 또는 디곡시제닌과 같은 화학 표지로 표지될 수 있고 다른 방법에 의해 탐지된다.
- 전자현미경법은 세포 내 구조를 보기 위하여 생물학적 시료의 초박편을 통하여 전자회절을 이용한다.
- DNA 혼성화는 서던흡입법, 노던흡입법 및 형광제자리잡종화(FISH)에 이용되는 평범한 기술이다.

복습 문제

1. 핵산말단가수분해효소와 핵산내부가수분해효소의 차이점을 기술하라.
2. 변형하는 동안 어떤 DNA 염기가 가장 흔히 변형되는가?
3. 무엇이 전형적인 제한효소 자리인가?
4. 같은 인식부위를 공유하는 다른 종으로부터 유래한 2개의 제한효소를 설명하는 데 이용되는 용어는 무엇인가?
5. 제한효소는 인식 서열에서 DNA를 절단하는가? 두 부류의 중요한 제한효소를 기술하라.
6. 어떤 부류의 제한효소가 유전공학에 가장 유용한가? 왜?
7. 제한효소가 만드는 두 가지 말단 유형은 무엇인가? 그들 사이에 차이점은 무엇인가?
8. DNA 연결효소는 무슨 일을 하는가? 박테리아 DNA 연결효소가 하지 못하나 T4 DNA 연결효소가 할 수 있는 것은 무엇인가?
9. 제한효소 지도란 무엇이고 어떻게 만드는가?
10. RFLP는 무엇의 약자이고 무엇을 뜻하는가?
11. RFLPs의 실제 이용의 예는 무엇인가. RFLP를 함유한 유전자의 기능은 반드시 알고 있어야 하는가?

12. 어떻게 DNA 분자가 화학적으로 합성되는가? 화학적으로 합성된 DNA를 이용하는 두 가지를 들어라.
13. 어떻게 전체 유전자를 화학적으로 합성할 수 있는가?
14. 완전한 유전자의 화학적 합성에 이용되는 효소 두 가지의 이름은?
15. 펩티드 핵산(PNA)는 무엇인가?. 어떻게 작용하는가?
16. 모폴리노 핵산은 무엇인가? 무엇을 위하여 이용되는가?
17. 어떻게 자외선이 핵산의 농도를 측정하는가?
18. 핵산 표지에 가장 흔히 이용되는 방사성 동위원소 두 가지를 들어라. 어떻게 방사능이 삽입되는가?
19. 핵산을 표지하는데 주로 이용되는 동위원소의 이름은? 왜?
20. 방사성이 표지된 핵산을 탐지하는 두 가지 방법을 기술하라. 그들은 어떻게 다른가?
21. 형광은 무엇인가? 형광이 어떻게 자동 DNA 염기서열 분석에 이용되는가?
22. 형광활성세포분류기(FACS)는 무엇에 이용되는가?
23. 화학적 표지는 무엇인가? DNA를 표지하는데 사용되는 두 가지 분자 표지를 들어라.
24. 무슨 단백질이 박테리아의 공격으로부터 계란을 방어하는데 작용하는가? 어떻게 이 단백질은 작용하는가?
25. 비오틴으로 DNA는 어떻게 표지되는가?
26. 화학적 표지는 어떻게 탐지되는가?
27. 전자현미경의 원리를 기술하라.
28. DNA 변성, 녹임 온도와 원형회복을 정의하라.
29. 탐침 분자란 무엇인가? 분자생물학에서 어떻게 이용되는가?
30. 왜 DNA의 변성은 자외선 흡수를 증가시키는가?
31. 어떻게 혼성 DNA 분자가 형성되는가?
32. 다른 유형의 혼성화 또는 흡입법은 무엇인가? 그들은 서로 어떻게 다른가?
33. FISH 기술의 원리는 무엇인가? 두 가지 이용의 예를 들어라.

개념 문제

1. 분자를 표지하고 그때 그들의 위치를 보여주는 많은 방법들이 제시되었다. 이러한 각각의 표지 방법을 이해하기 위하여 다음 표를 채워라.

표지	표지되는 분자	결합하는 장소	어떻게 표지를 보여주는가?
브롬화 에티듐			
방사성			
형광			
비오틴			
디곡시제닌			

2. 다음 보존 DNA 찾기를 설명하시오. 각 겔에서 확인된 DNA 탐침은 DNA의 비암호화 부분에 속하는가 또는 암호화 부분에 속하는가?

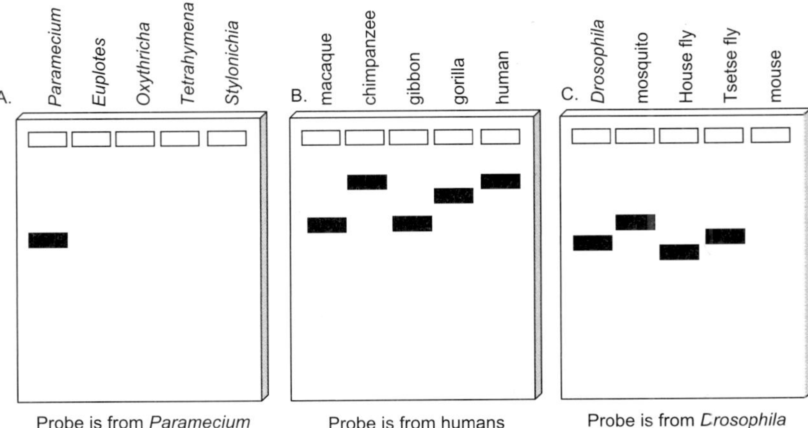

3. 다음의 어머니는 그의 남편이 두 아이의 실제적인 그의 유전적 자녀라는 것을 확인하고자 한다. 어머니는 친부 테스트를 하기로 결심하였다. 테스트는 먼저 자녀, 어머니 그리고 의문의 아버지의 볼 세포 시료를 수집하므로 수행되었다. 연구자는 DNA를 분리하고 2개의 다른 탐침을 이용하여 RFLP를 수행하였다. RFLP 결과는 아래와 같다. 아버지가 자녀들의 유전적 아버지인가?

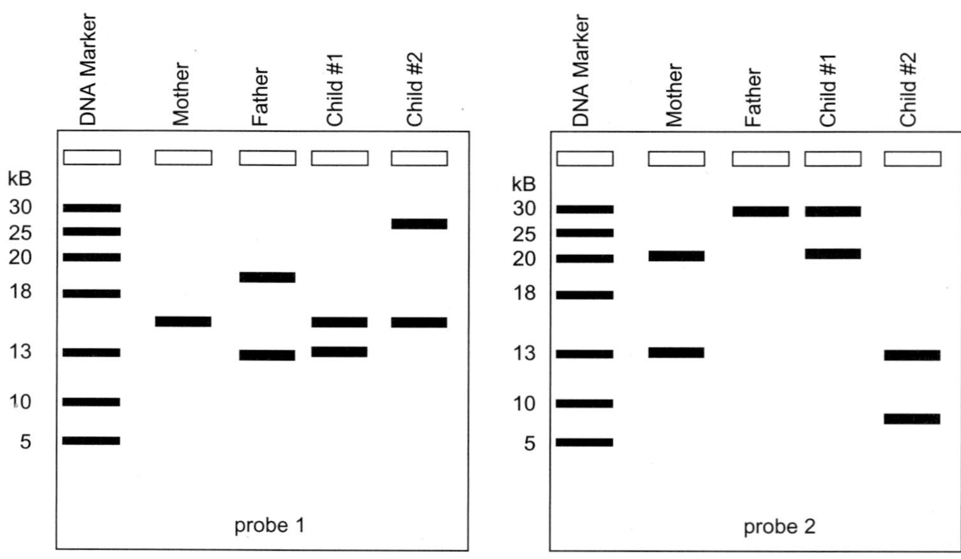

4. *Eco*RI과 *Bam*HI으로 이중 절단한 후 얻은 DNA 절편의 크기를 예측하라. 각각의 제한효소 자리의 뉴클레오티드 위치는 상단에 그리고 각 제한효소의 이름은 하단에 있다.

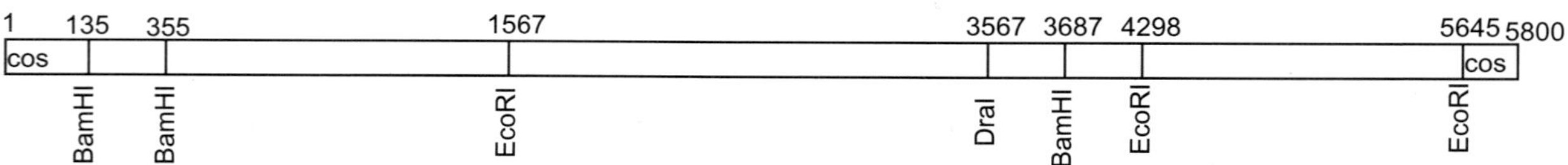

A. 만약 DNA 절편이 *cos* 위치에서 원형화 되었다면 *Eco*RI과 *Bam*HI으로 이중 절단한 후 얻은 DNA 절편의 크기를 예측하라.

B. 제한효소 절단 DNA를 아가로오스 겔에 전기영동하였다면, 기대되는 패턴을 다음 그림에 스케치하라.

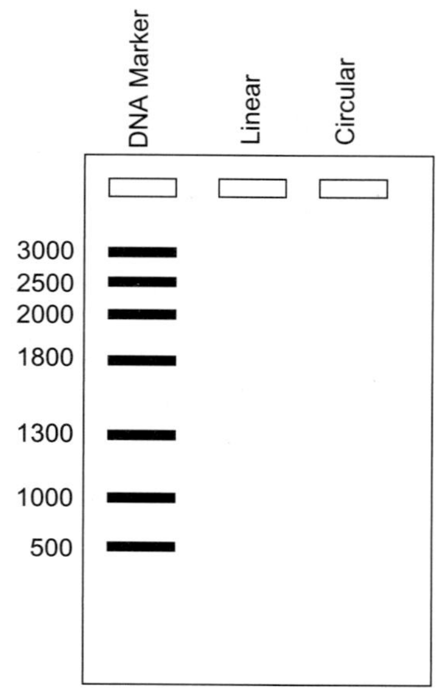

5. 이 플라스미드에 대한 제한효소 지도를 제작하여 다음 데이터를 해석하라. 첫 번째 *Pst*I 위치는 플라스미드 지도의 위치 1에 있고, 두 번째 *Pst*I 위치는 1,676에 있다 첫 번째 *Sac*I 위치는 1,117에 있다.

제한 효소	염기쌍으로 나타낸 절편 크기
*Pst*I	1676, 1456, 1245, 664
*Sac*I	2567, 1578, 896
*Pst*I and *Sac*I	1245, 1117, 1019, 559, 459, 437, 205

Unit 2 유전체

중합효소연쇄반응

Chapter

6

현대 분자생물학의 모든 기술적 발전 중에서 **중합효소연쇄반응(PCR)**은 가장 유용한 기술 중 하나이다. PCR은 믿을 수 없을 정도로 아주 적은 양의 DNA로 시작하여 DNA 서열을 증폭시키는 수단으로 사용될 수 있다. 이때 순수분리된 DNA 중합효소가 시험관에서 DNA를 연속해서 복제한다. 이렇게 만들어진 DNA의 양은 서열결정이나 클로닝과 같은 각종 분석을 할 수 있을 만큼 충분하다. 실제로 PCR은 하나의 세포에서 추출한 DNA를 사용하여 클로닝이나 서열결정을 할 수 있을 정도로 매우 민감하다. 비록 PCR은 증폭하고자 하는 표적 서열의 양쪽 끝의 서열 정보에 대한 사전 지식이 요구되지만, 여러 가지 다양한 방법들이 개발되어 이러한 제한요소를 극복하게 되었다. 당연히 PCR은 분자생물학과 생물공학 그리고 기초과학과 응용과학에 이르기까지 다양한 분야에 사용되어 왔다. 이러한 분야들은 DNA 클로닝과 조작, 형질전환 동식물, 법과학, 의학적 진단, 유전자 치료 그리고 환경 분석을 포함한다. 최근의 기술적인 발전은 형광 탐침을 사용하며 PCR 분석을 실시간으로 할 수 있게 한다(즉 PCR 산물의 분석에 전기영동을 하지 않는다).

중합효소연쇄반응(PCR) 반복적인 DNA 가닥의 분리와 복제를 통한 DNA 서열의 증폭

1. 중합효소연쇄반응의 기초

PCR은 아주 적은 양의 DNA 서열을 증폭시켜서 클로닝, 서열분석 혹은 다른 분석을 할 수 있게 한다.

PCR은 DNA 재조합 기술의 모든 분야를 획기적으로 발전시켰다. 이전에는, 클로닝된 DNA를 가진 세균을 배지에 기른 후 DNA를 추출하는 방법으로 얻었다. 많은 시간이 드는 이러한 방법은 DNA 조각을 플라스미드에 클로닝하고 이를 박테리아에 형질전환시킨 뒤 박테리아를 증식시키고 다시 DNA를 추출하는 과정을 거친다. 이에 비해 PCR은 클로닝과 형질전환을 거치지 않고 보다 정제하기 쉽게 특정 DNA 서열을 대량으로 생산할 수 있게 한다. 이름에서 나타나듯, DNA 중합효소는 이미 존재하는 DNA 분자를 주형으로 하여 DNA를 만든다. 각각의 새로 합성된 DNA 분자는 더 많은 DNA를 합성하기 위한 주형으로 사용되며, 따라서 연쇄반응이 일어난다. PCR은 사실상 원래의 주형 DNA 전체가 아니라 선택된 일부분(**표적 서열**)만 증폭한다(그림 6.01).

중합효소연쇄반응에 관여하는 구성요소는 다음과 같다:

1. 복제될 원래 DNA 분자는 주형이라 불리며 그 중에서 실제로 증폭될 부분을 표적 서열이라 부른다. 극소량의 DNA 주형만 있어도 충분하다.
2. DNA 합성을 위해서는 2개의 **PCR 프라이머**가 필요하다. 이것은 짧은 조각의 외가닥 DNA로 표적 DNA의 양 끝 서열 중 하나에 상보적이다. PCR 프라이머는 5장에서 설명된 방법으로 DNA를 합성하여 만든다.
3. DNA를 만들기 위해 DNA 중합효소가 필요하다. PCR 과정에는 여러 고온 단계들이 포함되어 있기 때문에 열에 견디는 DNA 중합효소가 필요하다. 이것은 90°C

그림 6.01
중합효소연쇄반응(PCR)

PCR이 일어나는 동안 두 프라이머는 외가닥으로 풀어진 표적 서열 DNA의 양 끝 중 한 쪽에 상보적으로 각각 정렬된다. DNA 중합효소는 DNA를 합성하고, 프라이머를 신장시켜 새로운 두 가닥의 DNA를 만들어 결국 원래 표적 DNA 서열을 두 배로 복제한다. 이후의 여러 주기를 통해 새로 만들어진 DNA는 외가닥으로 분리되고 같은 과정을 통해 원래의 표적 서열이 여러 개로 복제된다.

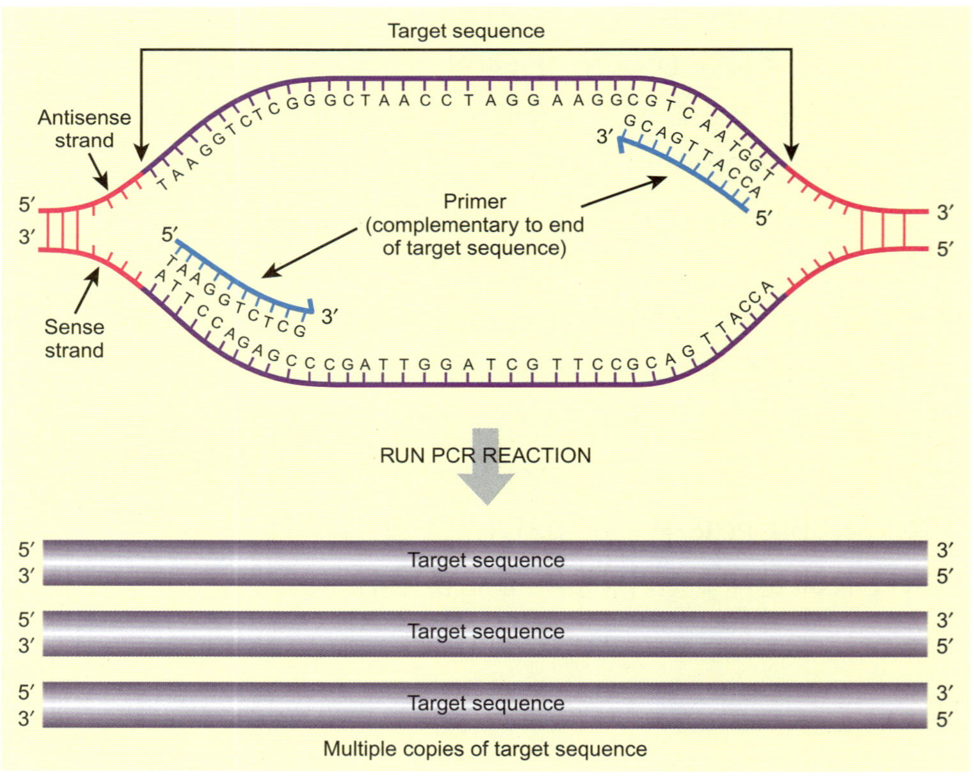

PCR 프라이머(PCR primer) 짧은 외가닥의 DNA 조각으로 표적 DNA의 양끝 서열 중 하나에 상보적이며 PCR 과정에서 DNA 합성을 개시하는 데 필요하다.
표적 서열(target sequence) PCR 반응에서 증폭될 원래 DNA 주형 내에 있는 서열

의 온천에서도 사는 고온에 견디는 세균으로부터 유래하였다. ***Thermus aquaticus*** 로부터 얻은 ***Taq* 중합효소**가 가장 널리 쓰인다.

4. 새로운 DNA를 만들기 위해 뉴클레오티드가 필요하다. 이것은 뉴클레오티드 3인산의 형태로 공급된다.
5. 마지막으로, 온도를 계속해서 바꾸어주기 위해 **PCR 기계**가 필요하다(그림 6.02). PCR 과정은 여러 다른 온도 사이를 반복해서 순환하는 것을 필요로 한다. 이 때문에 PCR 기계는 때로 **열순환기**라고 불리기도 한다.

PCR은 주형 DNA, 프라이머, *Taq* 중합효소, 뉴클레오티드, 그리고 반응의 온도를 바꾸어 주는 열순환기를 필요로 한다.

PCR은 DNA 합성을 개시할 때 프라이머를 필요로 하며 이것은 우리가 관심있는 지역 혹은 이어 가까운 지역의 DNA 서열을 알아야 된다는 것은 의미한다.

프라이머가 필요하다는 것은 DNA 주형의 서열에 대한 정보가 필요함을 의미한다. 현재는 인간 유전체뿐 아니라 여러 박테리아와 다른 동물의 유전체 서열이 완전히 결정되었기 때문에 이런 정보는 쉽게 얻을 수 있다. 알려지지 않은 서열은 여러 방법으로 처리된다(여러 구체적 방법들에 대해서는 아래 설명을 참조하도록 한다). 그러나 프라이더의 결합이 완벽할 필요는 없으므로, 특히 긴 프라이머가 사용될 때, 유사한 서열을 사용할 수 있다.

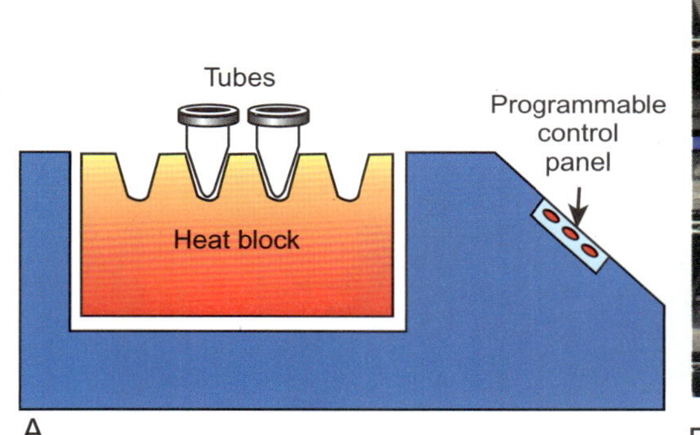

그림 6.02
PCR 기계 혹은 열순환기

A) 열순환기 혹은 PCR 기계는 온도를 빠르게 바꿀 수 있도록 프로그램 될 수 있다. 가열 블록은 90°C(변성시)와 같은 높은 온도로부터 50°C (프라이머 두 가닥 복원시), 그리고 70°C(DNA 신장시)로 분 단위로 빠르게 온도를 변화시킨다. 그리고 이런 주기를 반복할 수 있다. B) GeneAmp PCR 기계들을 늘어놓은 것으로 Joint Genome Institute 에서 사람의 DNA를 복제하고 있는 광경이다. Joint Genome Institute 는 캘리포니아의 Walnut Creek 에 있으며 미국 에너지성 소속의 3개의 국립연구소들이 공동연구를 하는 곳이다. *(출처: David Parker, Science Photo Library.)*

상자 6.01: Kary Mullis는 한 가지 환상을 보아 PCR을 발명했다.

과학은, 인간이 추구하는 다른 어떤 분야와는 비교할 수 없을 정도로, 잡초처럼 매년 자란다. 예술은 임의적 양식의 대상이고, 종교는 내부로 초점이 맞추어져 그 자신을 만족시키기 위해 존재하며, 법은 우리를 자유롭게 하는 것과 구속하는 것 사이를 왕복한다.–Kary Mullis.

Kary Mullis는 중합효소연쇄반응(PCR)을 발명한 공로로 1993년 노벨 화학상을 수상하였다. PCR은 현대 생물학의 기술 중 가장 유용한 기술이며 분자생물학과 생명공학의 거의 모든 분야에서 사용되어 왔다. Kary Mullis는 과학분야에서 범상치 않은 사람 중 하나이다. 분자생물학 외에도 그는 과학의 다른 분야에도 공헌하였다. 그는 박사과정 동안 세균에서 철 운반에 대해 연구하였으며, 그는 우주 질량의 반 정도는 시간의 역으로 흐른다는 생각을 "The Cosmological Significance of Time Reversal" (*Nature 218*:663(1968))이라는 제목의 논문으로 발표하였다.

PCR 기계(PCR machine) 열순환기 참조
***Taq* 중합효소(*Taq* polymerase)** *Thermus aquaticus*로부터 유래된 열에 안정한 DNA 중합효소로 PCR에 사용된다.
열순환기(thermocycler) PCR용으로 미리 설정된 순서로 시료를 여러 온도 사이를 빠르게 이동하는 데 사용되는 기계
Thermus aquaticus 온천에서 발견되는 호열성 세균으로 열 안정성 DNA 중합효소의 원료로 사용된다.

Kary Mullis는 Cetus Corporation에서 연구원으로 일하는 동안 PCR을 발명하였다. 그는 1993년 4월 혼다 Civic을 타고 샌프란시스코에서 맨도시노로 향하는 128번 고속도로를 달리는 동안 이 아이디어를 얻었다. Mullis는 그의 머릿속에서 짙은 분홍색과 파란색으로 된 중합효소연쇄반응을 마치 칠판에 쓰여진 것처럼 선명하게 보았다고 회상한다. 그는 차를 세우고 급하게 메모하기 시작했다. PCR의 한 가지 기본적인 원리는 Mullis가 당시 개발 중에 있던 컴퓨터 프로그램과 같은 계속적인 반복을 통해 DNA를 증폭하는 것이다. Kary Mullis는 처음에 이 발견의 중요성을 깨닫지 못한 Cetus로부터 10,000달러의 보너스를 받았다. 나중에 그들은 이 기술을 Roche에게 300,000,000달러에 팔았다.

1999년에 Kary Mullis는 컴퓨터와 DNA의 관련성에 대해 다시 언급하였다. 생화학이 컴퓨터의 발달과 함께 발전했다는 것은 흥미로운 일이다. 만약 컴퓨터가 DNA의 구조가 발견되었을 때에 개발되지 않았다면 생화학은 존재하지 않았을 것이다. 우리는 그 정보를 처리하는데 항상 컴퓨터가 필요하다. 컴퓨터가 없었다면 방마다 DNA 서열을 적고 있는 사람들로 가득차 있었다.

그림 6.03
Kary Mullis가 환상 속에서 PCR을 본다.

1.1. PCR을 통한 순환과정

PCR의 각 주기는 DNA 가닥 분리, 프라이머의 두 가닥 복원, 그리고 새 가닥 합성으로 이루어진 세 단계를 반복해서 수행하는 과정이다.

PCR의 각 순환주기는 세 가지의 기본적인 단계로 이루어진다. PCR의 첫 단계는 주형 DNA를 약 90°C로 1-2분 동안 가열하여 외가닥으로 분리하는 것이다. 프라이머는 처음부터 존재하지만 90°C에서는 주형 가닥과 결합하지 못한다. 그러므로 온도를 50-60°C로 낮추어 프라이머가 주형 가닥의 상보적인 가닥에 결합할 수 있도록 한다(그림 6.04). 그림에서는 10염기 프라이머를 보여주고 있지만 실제로는 15-20염기 정도로 더 길 수도 있다. 더 긴 프라이머는 표적 서열에 더 정확한 결합을 할 수 있다. 세 번째 단계에서는 온도를 70°C에서 1-2분 간 유지하여 내열성 중합효소가 프라이머에서 시작하여 새로운 상보적인 DNA 가닥을 만들 수 있도록 한다(그림 6.05). 양 가닥에서 일어나는 새로운 DNA 합성은 모두 5′에서 3′ 방향으로 일어난다는 것에 주목해야 한다. 이것은 부분적으로 두 가닥인

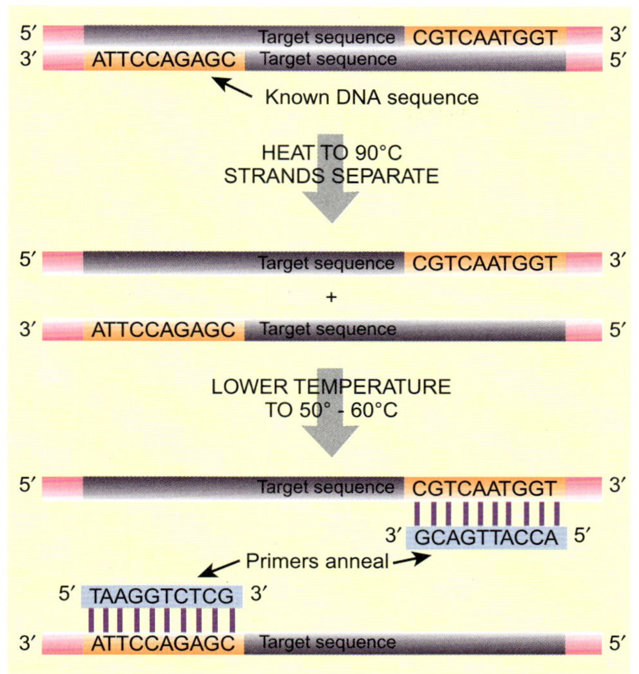

그림 6.04

주형의 변성과 프라이머 결합하기

PCR의 과정 중에서 아주 작은 양의 주형 DNA를 90℃로 가열하여 이중나선을 2개의 외가닥으로 분리한다. 온도를 50-60℃로 낮추면 프라이머는 표적 서열의 끝부분에 두 가닥 복원을 한다. 프라이머는 과량으로 존재하기 때문에 모든 주형 가닥은 다른 주형 가닥 대신 프라이머와 결합할 것이다.

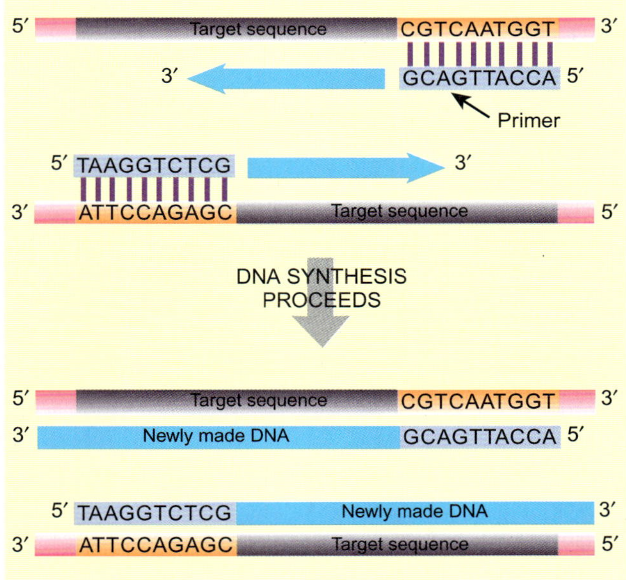

그림 6.05

Taq 중합효소에 의한 새로운 가닥의 신장

프라이머가 주형에 두 가닥 복원을 하면 온도를 70℃로 올린다. 이것은 내열성 *Taq* 중합효소가 DNA를 합성하는 최적 온도이다. 중합효소는 프라이머의 3′ 끝을 시작점으로 하여 새로운 DNA 가닥을 합성한다. 이 과정이 진행되기 위해서는 네 가지의 뉴클레오티드 전구체도 필요하다.

2개의 DNA 조각을 만든다. 2개의 새로운 가닥은 원래의 주형 가닥보다 길지 않다는 것을 이해해야 한다. 이들은 각각 합성이 시작된 부분 바깥의 서열을 잃은 것이다. 그러나 필요한 표적 서열은 두 가닥으로 만들어 진다. 이런 세 단계의 순환 과정이 여러 번 반복된다.

이와 동일한 세 단계가 반복된 후에 두 번째 순환과정에서 4개의 부분적으로 이중 가닥으로 된 DNA 조각이 만들어 진다(그림 6.06). 이들은 길이가 다르지만 모두 표적 서열이 이중가닥으로 되어 있다는 것을 또한 주목해야 한다. 순환과정이 계속되면서 표적 서열만 포함하는 DNA 분자의 수가 빠르게 증가하고 따라서 남는 외가닥 부분은 두시된다. 세 번째 순환 과정 동안(그림 6.07), 표적 서열만을 포함하는 두 조각의 이중가닥 DNA가 처음으로 만들어진다. 이들은 표적 서열 밖의 외가닥 DNA 부분을 포함하고 있지 않다. 처음 2개, 혹은 3개의 순환과정이 일단 지나면 대부분의 생산물은 표적 서열만을 포함하는

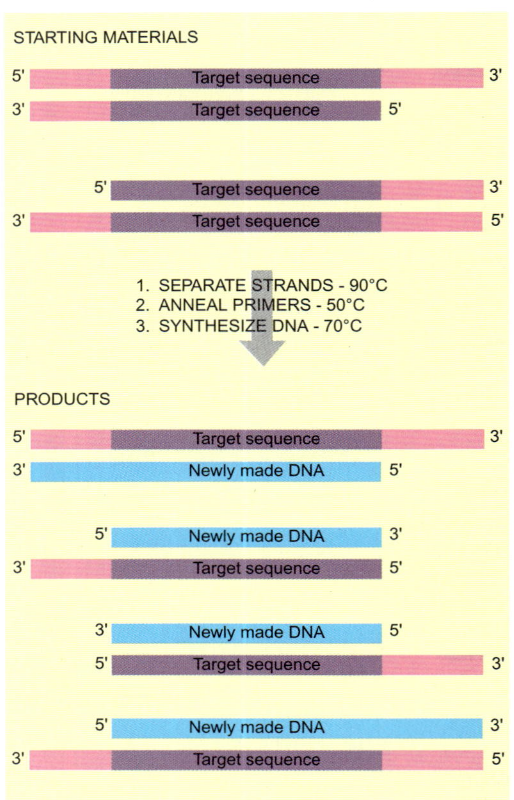

그림 6.06
PCR의 두 번째 순환과정

첫 순환과정에서 만들어진 2개의 DNA 조각으로 시작하여 전체 순환과정이 반복된다. 2개의 이중가닥 DNA 조각은 90℃에서 4개의 외가닥 DNA로 분리된다. 프라이머를 두 가닥 복원하기 위해 온도를 50℃로 낮춘다. 마지막으로 중합효소는 70℃에서 DNA를 신장시켜서 4개의 외가닥 주형을 이중가닥 DNA로 바꾼다.

이중 가닥 DNA이다. 마지막으로, 만들어진 DNA를 아가로스 겔에 전기영동하여 PCR 조각의 크기를 알아본다.

Kary Mullis가 1987년에 PCR을 처음 발명했을 때, 그는 보통의 DNA 중합효소를 사용했다. DNA를 외가닥으로 분리하기 위해서 가열하면 이 효소가 파괴되기 때문에 그는 새로운 주기를 시작할 때, 새로운 양의 중합효소를 첨가하여야 했다. 1-2년 뒤에 운 좋게도 열에 잘 견디는 DNA 중합효소가 *Thermus aquaticus*로부터 분리되었다. *Taq* 중합효소는 반응 시작 시에 반응액에 넣어주면 모든 가열 단계에서 살아남는다. 이 효소는 실제로 새로운 DNA를 합성하기 위해서 높은 온도를 필요로 한다.

1.2. PCR 프라이머

PCR은 놀라운 기술이지만 만약 프라이머들이 정확하게 설계되지 않는 다면 실패할 것이다. PCR 프라이머들은 특정 표적 DNA에 결합할 수 있을 만큼 충분히 길어야 하며 이들은 자신들 보다 표적 DNA에 더 잘 결합하여야 한다. 다른 말로 프라이머들은 서로 상보적인 서열을 가져서 머리핀 구조나 클로버잎 구조를 이루면 안 된다. PCR 프라이머를 디자인하는 것을 돕는 컴퓨터 프로그램들이 개발되어 있으며 이들은 인터넷으로 이용 가능하다.

PCR의 다른 주요 문제점은 분명하다. PCR 프라이머를 만들기 위해서는, 적어도 표적 서열의 양끝에 대한 어느 정도의 서열 정보가 필요하다. **축퇴성 프라이머**는 완벽한 서열 정보는 없지만 부분적인 서열 정보가 주어졌을 때 사용된다. 예를 들어, 한 생물체에서 얻은 유전자에 상응하는 유전자를 다른 생물체에서 찾고자 할 때 이런 종류의 프라이

축퇴성 프라이머(degenerate primer) 어떤 위치에 서너 개의 다른 염기를 가진 프라이머

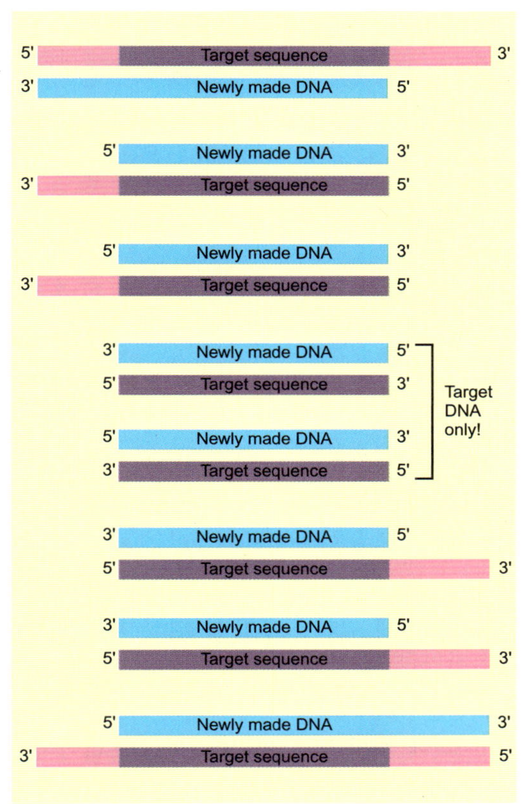

그림 6.07

PCR의 세 번째 순환과정

두 번째 순환과정의 생산물은 이전의 과정을 다시 반복한다. 4개의 이중가닥 조각은 8개의 외가닥 조각으로 분리된다. 프라이머들이 결합하고 DNA 중합효소는 상보적 가닥을 만든다. 이 순환과정이 끝나면 표적 DNA만 포함하는 서열의 수가 기하급수적으로 증가하며 이 그림에서 보여주는 다른 서열들의 수보다 훨씬 많아진다.

머가 이용된다. 만약 두 생물체가 관련되어 있다면, 특정 유전자에 대한 그들의 DNA 서열은, 일치하는 경우는 매우 드물지만, 비슷할 것이다. 따라서 축퇴성 혹은 중복성 DNA 프라이머들은 특정 위치에 존재하는 모든 가능한 서열 조합을 가진 혼합체들로 이루어진다. 비록 뉴클레오티드의 혼합체를 반응액에 넣었을 지라도, 개개의 프라이머들은 네 가지의 뉴클레오티드 중 하나만 가지게 되고 따라서 축퇴성 프라이머란 개개의 서로 다른 프라이머들의 집합을 의미한다. 아마도 이 프라이머 혼합체 중에서 관심있는 유전자를 인식하는 것이 하나는 있을 것이다. 더욱이, 유전 암호는 축퇴성이 있어서 여러 개의 코돈이 하나의 아미노산을 암호화할 수 있다(8장 참조). 구체적으로, 많은 경우에 하나의 아미노산을 암호화하는 코돈들은 첫 2개의 염기를 공유하고 마지막 세 번째 염기에서만 다양성을 나타낸다. 기능에 있어서 중요한 것은 DNA 서열이 아니라 단백질의 서열이므로 대부분의 가까운 관계의 유전자들은 다양성이 코돈의 세 번째 위치에서 나타난다. 게다가 완벽한 결합이 필요하지도 않다. 만약, 20개의 염기 중 18개가 주형과 일치한다면 그 프라이머는 꽤 잘 작용할 것이다. 많은 DNA 조각들이 유사성이 높은 생물체의 서열 정보를 이용한 PCR을 통해 성공적으로 증폭되어왔다.

축퇴성 DNA 프라이머는 단백질 서열만이 알려졌을 때에도 이용될 수 있다. 이 경우, 단백질 서열은 그에 상응하는 DNA 서열로 역번역된다(그림 6.08). 유전 암호의 축퇴성으로 인해 특정 폴리펩티드 서열에 대응하는 DNA 서열은 여러 개 존재할 것이다. 대부분의 다의성 즉 아미노산이 하나 이상의 코돈 트리플렛으로 암호화되는 것은 세 번째 코돈 위치에 의해서 나타난다. 이 다의성 서열은 축퇴성 프라이머를 만드는 데 이용될 수 있다. 비록 현재 단백질의 전체 서열이 밝혀진 경우는 드물지만, N-말단의 서열은 꽤 알려져 있다. 단백질을 분리한 후, 자동화된 N-말단 서열결정을 통해 첫 12개 혹은 그 이상의 아미노산 서열을 얻을 수 있다. 이것은 때로 유전자 라이브러리의 혼성화를 통해 검색할 때 축퇴성 탐침으로(7장 참조), 또는 PCR의 축퇴성 프라이머로 사용하기에 충분하다.

그림 6.08
축퇴성 DNA 프라이머 디자인

축퇴성 프라이머는 DNA의 서열 정보가 부분적으로만 존재할 때 사용된다. 때로, 이 경우처럼, 단백질로부터 짧은 아미노산 서열이 알려져 있다. 많은 아미노산들이 여러 개의 다른 DNA 코돈에 의해 결정되기 때문에 축퇴된 DNA 암호 서열은 다의성을 가진다. 예를 들어, 아미노산 티로신은 TAC 또는 TAT에 의해 암호화된다. 그러므로 세 번째 염기가 다의성을 가지며, 이 위치에 C와 T가 50:50으로 혼합된 프라이머 혼합물을 합성하여 사용할 수 있다. 이 다의성은 빨간색으로 나타난 모든 염기에서 일어나며, 이것은 서로 다르지만 연관된 서열을 가진 프라이머의 집합을 만든다. 아마도 이 프라이머 중 하나는 증폭하고자 하는 표적 서열에 결합할 정도의 상보적 염기서열을 가지고 있을 것이다.

Partial sequence of polypeptide:

```
Met---Tyr---Cys---Asn---Thr---Arg---Pro---Gly
```

Possible codons in DNA:

```
ATG   TAC   TGT   AAT   ACT   AGA   GCT   GGT
      TAT   TGC   AAC   ACC   AGG   GCC   GGC
                        ACA         GCA   GGA
                        ACG         GCG   GGG
```

Corresponding redundant primer:

```
ATG   TAC   TGT   AAT   ACT   AGA   GCT   GGT
        T     C     C     C     G     C     C
                          A           A     A
                          G           G     G
```

Bases in the third codon position are shown in red. The redundant primer consists of a mixture of primers with these bases varied as shown.

인위적인 제한효소의 인식부위들이 흔히 클로닝을 도와주기 위해서 PCR 생산물의 끝부분에 첨가되며, 최종 PCR 생산물은 바로 벡터에 클로닝될 수 있다.

1.3. 인위적인 제한효소 인식부위 첨가

일단 PCR에 의해 증폭된 DNA 조각은 서열을 결정하거나 클로닝하는데 사용될 수 있다(7장과 8장 참조). 클로닝을 할 때, PCR 산물에 점착성 말단을 만들기 위해 제한효소를 사용하는 것이 때로 편리하다. 그러나 제한효소의 인식부위가 항상 표적 서열의 양 끝에 바로 위치해 있는 것은 아니다. PCR 조각의 양 끝을 제한효소를 이용해 절단하게 하는 편리한 한 가지 방법은 제한효소 인식부위를 프라이머에 끼워 넣는 것이다. 이런 프라이머를 만들 때, 인위적인 제한효소 인식부위가 프라이머의 맨 끝에 첨가된다(그림 6.09). 프라이머가 표적 서열에 상보적인 서열을 충분히 갖고 있는 한, 몇 개의 염기를 끝에 더하는 것은 PCR 반응에 영향을 주지 않을 것이다. 제한효소 인식부위를 이루는 염기는 복제되어 새로 만들어진 DNA의 양 끝에 나타날 것이다. PCR 반응이 일어난 후, PCR 조각은 선택된 제한효소에 의해 잘려나가 점착성 말단을 만든다. 이렇게 잘린 조각은 편리한 플라스미드로 클로닝되거나 서열결정에 사용된다.

1.4. 대체 중합효소와 PCR 변형

Taq 중합효소가 소개된 이후에 다양한 열 안정성 중합효소들이 다른 호열성 박테리아로부터 분리되어 PCR에 사용되어 왔다. *Pyrococcus furiosus*에서 분리된 *Pfu* 중합효소는 *Taq* 중합효소와는 달리 교정 기능이 있어서 높은 정확도가 요구될 때 사용된다. *Thermococcus litoralis*에서 분리된 *Tli* 중합효소(Vent™ DNA 중합효소)가 또한 3′ → 5′ 핵산말단가수분해효소 활성이 있어서 정확한 복사본을 만든다.

PCR은 여러 가지 다른 상황에 맞게 조절되어 왔다. **긴 PCR** 혹은 **긴 범위 PCR**은 보다 긴 DNA 조각이 증폭되도록 수정한 것이다. 정상 PCR에서는 증폭될 수 있는 표적 서열의 길이가 제한되기 때문에 5 Kb보다도 긴 표적 서열은 종종 PCR 산물을 만들지 못한다. 긴 표적 서열을 증폭하기 위하여 한 두 가지의 수정된 방법들이 사용된다. 첫째, 중합효소에 의한 신장 시간 즉 각 주기의 세 번째 단계를 수 분에서 10-20분으로 늘린다. 이 방법은 중합효소가 DNA를 합성하는 시간을 더 주는 것이다. 둘째, 두 가지의 서로 다른 중합효소 혼합물을 사용한다. 일반적으로 사용되는 *Taq* 중합효소는 염기의 삽입이 제대로 되었건 그렇지 않건 간에 교정 기능이 없다. 짧은 표적 서열에서는 이것이 문제가 되지 않

긴 PCR(long PCR) 보통의 PCR보다 긴 표적 서열을 증폭하는 PCR 반응을 특별히 지칭하는 용어
긴 범위PCR(long range PCR) 긴 PCR을 참조

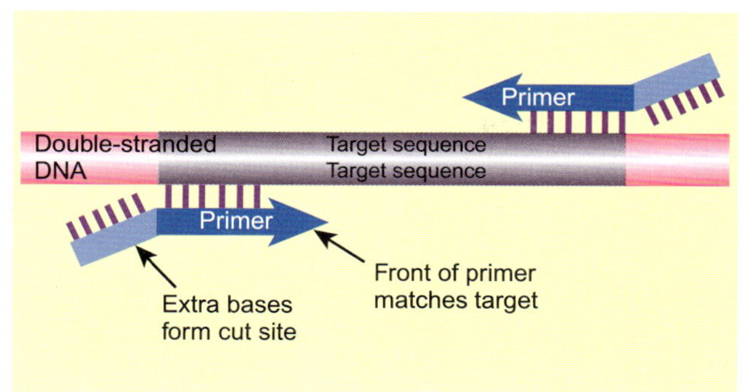

그림 6.09
인위적인 제한효소 인식부위 첨가

PCR을 하기 위한 프라이머는 5′ 말단에 특정 제한효소 인식부위를 가지며 상보적이지 않은 부분을 가지도록 만들이 질 수 있다. PCR 후에, 증폭된 생산물은 양끝에 제한효소 인식부위를 가진다. PCR 생성물이 제한 효소에 의해 잘리면 선택된 벡터와 결합할 수 있는 점착성 말단을 가진다.

으나 긴 서열에서는 실수가 축적되는 결과를 가져온다. 그러나 다른 열 안정성 중합효소(예를 들어, *Pfu*나 *Tli*중합효소) 들은 교정 기능을 가지는 것으로 알려져 왔다. 만약 적은 양의 *Pfu*나 *Tli*를 첨가해 준다면, 이들이 *Taq* 중합효소에 의해 만들어진 실수를 교정하여 잘못 삽입된 뉴클레오티드들을 올바른 것으로 바꾸어 준다. 셋째, 긴 표적 서열들은 종종 열에 의해 손상되며 변성 단계에서 탈푸린현상이 일어난다. 따라서 긴 PCR에서는 변성시간을 1분에서 2-10초로 줄임으로써 푸린염기를 보호한다. 넷째, 대체 중합효소들이 잘 작용하도록 완충용액의 pH나 이온 농도를 최적의 것으로 바꾸어 준다.

고온개시 PCR은 PCR 주기의 저온단계 특히 처음 준비단계에서 비특이적인 증폭이 일어나는 것을 줄이기 위한 변형 방법이다. 핵심적인 아이디어는 준비 단계와 첫 번째 프라이머 단계의 저온 상태에서 *Taq* 중합효소 활성을 억제하는 것이다. 특이성을 높이기 위하여 서너 가지 다른 방법이 사용되어 왔다. 물리적 방법은 단순히 열에 의해 활성화 될 때까지 시약들을 분리하는 것이다. 다른 방법은 항체를 사용하거나 억제하는 단백질을 사용하여 DNA 중합효소를 불활성화 시켰다가 고온에서 이들을 떼어내는 방법이다. 마지막으로 고온에서 파괴되는 열불안정한 프라이머나 dNTP를 첨가하여 미완성의 DNA복제를 방지하는 방법으로 사용된다.

열안정성 대체 DNA 중합효소를 사용하는 것은 PCR 증폭 시 정확도를 높이는 데 유용하다.

2. 역 PCR

불완전한 서열 정보를 이용하여 표적 유전자를 증폭하는 또 다른 접근 방법은 **역 PCR**이다. 이 경우, 예를 들어 염색체와 같은 긴 DNA 분자의 서열 중 일부분이 알려져 있을 때, DNA를 따라 모르는 부분까지 신장시켜 분석하고자 한다고 가정하자. PCR을 위한 프라이머를 제작하기 위해서는 알려지지 않은 표적 서열은 알려진 두 서열 사이에 놓여 져야 한다. 그러나 현재 상황은 이것의 반대이다. 이 문제를 해결하기 위해서 표적 DNA 분자를 원형으로 바꾼다. 원을 돌면 출발지점으로 돌아가게 된다. 단지 한곳의 작은 부분의 서열만 알아도 원형 DNA는 표적 서열의 양쪽 부분을 가질 수 있도록 한다.

원형의 DNA 주형에 대한 PCR을 함으로써 서열을 알지 못하는 주변 부위를 증폭할 수 있다.

일반적으로 6개의 염기를 인식하는 제한효소가 이런 원을 만드는 데 이용된다. 이 효소는 알려진 서열 중간을 자르면 안 되며, 알려진 부분의 위쪽과 아래쪽을 잘라야 한다. 그 결과 나타나는 조각은 알려지지 않은 서열이 처음에 나타나고, 알려진 서열이 가운데에 나타나며, 그 뒤에 모르는 서열이 이어진다. 이 조각의 양끝은 쉽게 결합하여 원형을 만들 수 있는 상보적인 점착성 말단을 가진다(그림 6.10). 알려진 서열에 결합하여 원의 바깥쪽으로 향하는 2개의 프라이머가 PCR에 사용된다. 새로운 DNA의 합성은 한 프라이머에 의해 시계 방향으로, 다른 프라이머에 의해 시계 반대 방향으로 진행된다. 결국, 역 PCR은 원래

고온개시 PCR(hot start PCR) 항체나 다른 저해 단백질을 이용하여 *Taq* 중합효소가 DNA가 충분히 변성될 때까지 남아있는 다른 물질과 접촉하는 것을 방지하는 PCR 방법
역 PCR(inverse PCR) 주형 분자를 원형으로 만들어서 알지 못하는 서열을 증폭하기 위해 사용하는 PCR 방법

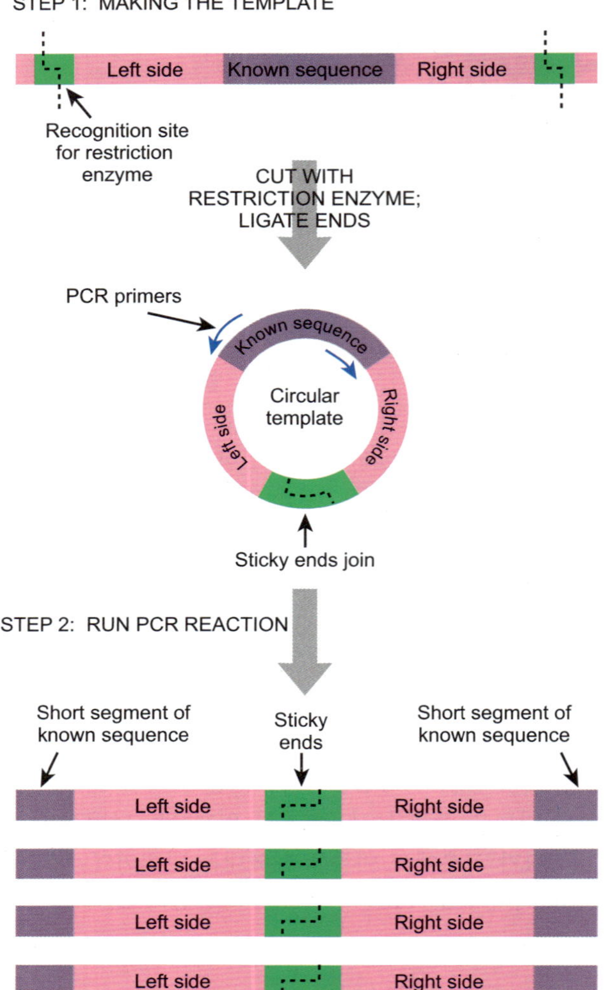

그림 6.10
역 PCR

역 PCR은 알려지지 않은 서열이 그들의 옆에 위치한 알려진 서열을 이용한 PCR에 의해 증폭되는 것을 가능하게 한다. DNA는 1단계에 나타난 것처럼 알려진 서열은 자르지 않는 제한효소에 의해 잘린다. 이것은 알려진 부분이 두 부분의 알려지지 않은 서열 사이에 끼어 든 DNA 조각을 형성한다. 이 조각은 2개의 점착성 끝을 가지고 있으므로 DNA 연결효소에 의해 쉽게 원형으로 만들어질 수 있을 것이다. 마지막으로 원형 DNA 조각에 PCR이 수행된다 (2단계). 2개의 프라이머가 알려진 DNA 서열의 바깥쪽으로 향하게 사용된다. PCR 증폭은 왼쪽과 오른쪽에 알려지지 않은 DNA를 포함하는 외가닥의 직선 생성물을 만든다. (이 PCR 생산물은 이제 복제되거나 서열이 결정될 수 있다.)

알려진 서열의 왼쪽과 오른쪽에 알려지지 않은 서열의 DNA를 포함하는 여러 개의 DNA를 만든다.

3. 무작위 증폭 다형성 DNA (RAPD)

무작위 증폭 다형성 DNA 또는 **RAPD**는 흔히 복수의 형태 즉, RAPDs로 사용되며 이것은 어떤 생물체에서 연구하고자 하는 유전자에 관한 많은 정보를 빠른 시간에 얻을 수 있는 방법이기도 하기 때문에 "rapids(래피즈)"라고 읽는다. RAPDs의 목적은 두 생물체가 얼마나 가까운 유연관계를 가지고 있는지 알아보는 것이다. 실제로, 알려지지 않은 생물체의 DNA 시료를 이미 알려진 생물체의 DNA와 비교된다. 예를 들어, 범죄 현장에서 채취된 극미량의 혈액을 가능한 용의자들의 혈액과 비교할 수 있으며, 질병을 일으키고 있는 미생물을 알려진 병원균과 비교하여 전염병을 추적할 수 있다.

RAPDs의 원리는 통계적 바탕을 가진다. 주어진 임의의 5개의 염기 서열, 예를 들어 ACCGA가 임의의 길이의 DNA에 얼마나 자주 나타날까? 네 종류의 다른 염기에서 고

무작위 증폭 다형성 DNA(randomly amplified polymorphic DNA) PCR을 사용하여 임의적으로 선택된 서열을 증폭함으로써 유전적인 연관성을 조사하는 방법

를 수 있으므로, 4^5($4 \times 4 \times 4 \times 4 \times 4 = 1,024$)개의 염기마다 평균적으로 다섯 염기로 이루어진 하나의 특정 서열이 나타날 것이다. 임의적으로 선택한 11 염기로 된 서열은 약 4백만 염기마다 한 번 나타날 것이다. 이것은 대략 세균 세포 하나에 들어있는 DNA의 양이다. 다시 말하면 어느 특정한 11개의 염기서열은 전체 세균 유전체에서 우연하게 한 번 나타날 것이라 예상할 수 있다. 세포 당 더 많은 DNA를 가지고 있는 고등생물에서 이처럼 한 번 나타나기 위해서는 더 긴 서열이 필요하다.

PCR은 임의적인 프라이머를 사용하여 수행될 수 있다. 2개의 DNA 시료로부터의 결과를 비교하면 이들의 유연관계를 알 수 있다.

RAPDs의 경우, 임의적으로 선택된 서열은 드물지만 여러 번 나타나야 한다. PCR 프라이머는 선택된 서열을 이용하여 만들고, PCR 반응은 생물체의 유전체 전체를 주형으로 이용한다. 프라이머는 우연히 주형에서 맞는 짝을 찾을 것이다(그림 6.11). PCR 증폭이 일어나기 위해서는 이런 곳이 DNA의 반대 가닥에서 서로 마주보고 두 군데 있어야 한다. 반응이 잘 일어나기 위해서는 이러한 부분이 몇 천 염기 이상 떨어져 있어서는 안 된다. 이런 배열로 맞는 짝이 나타날 확률은 아주 낮다.

실제로, 프라이머의 길이는 5개에서 10개의 PCR 생성물을 만들 정도로 제작한다. 고등생물에서는 일반적으로 10개의 염기로 이루어진 프라이머를 사용한다. PCR로부터 생성된 밴드는 크기를 측정하기 위해 전기영동을 통해 분리된다(4장 참조). 이 과정은 다른 서열의 프라이머를 이용하여 여러 번 반복된다. 그 결과 나타난 밴드의 배열은 다양하여 두 생물체가 얼마나 가까운 관계에 있느냐를 판가름할 수 있게 한다. PCR 밴드가 어느 특정 유전자로부터 유래되었는지는 알 수 없지만 이 방법은 생물체 사이의 유연관계를 알아보는 데 유용하다. 이런 분석은 표적 생물체에서 특정 크기의 밴드를 나타내도록 하고 다른 생물체(가까운 유연관계에 있더라도)에서는 다른 크기의 밴드를 나타내도록 하는 프라이머(또는 프라이머의 집합)가 있는지를 보는 것이다. 이러한 프라이머를 이용한 RAPDs

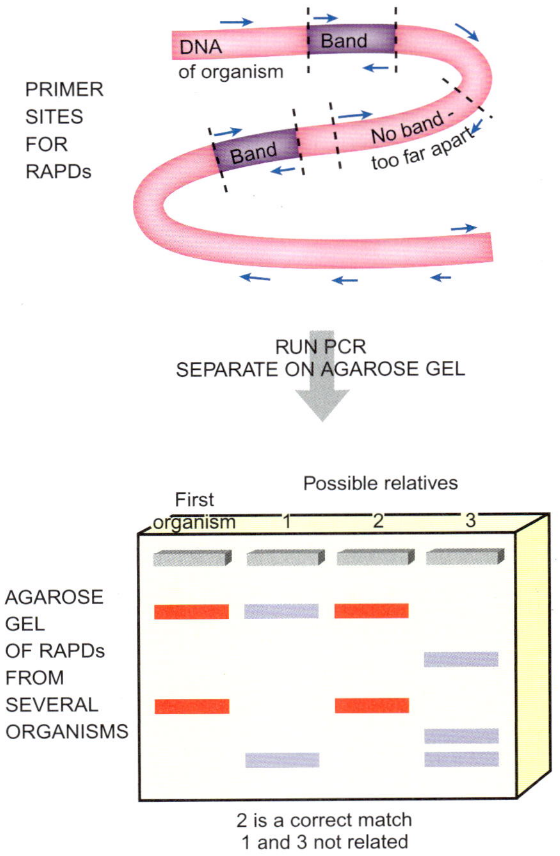

그림 6.11
무작위 증폭 다형성 DNA

RAPD 분석의 첫 단계는 유전체 DNA와 너무 멀리 떨어지지도, 가깝지도 않은 임의의 위치에 결합할 수 있는 프라이머를 제작하는 것이다. 이 예에서 프라이머들은 유전체 DNA의 12 군데에 결합하기에 적당한 길이다. PCR이 성공적으로 일어나기 위해서는 2개의 프라이머는 서로 다른 가닥에서 서로를 마주보는 방향으로 결합해야 한다. 더욱이 이렇게 짝지어진 프라이머들은 PCR 조각을 생성할 수 있을 만큼의 거리로 가깝게 위치해야 한다. 이 예에서는 세 개의 쌍이 존재하지만 이 중 두 쌍만이 PCR 반응이 일어나기에 알맞은 거리에 있다. 결과적으로, 이 프라이머 디자인은 첫 번째 레인에 있는 것처럼 2개의 PCR 생성물을 만들 것이다 ["첫 번째 생물체(First organism)"라고 표시되어 있음]. 그 다음에, 연관되었다고 생각되는 다른 생물체들에서 유전체 DNA를 증폭시키기 위해 같은 프라이머가 사용되었다. 이 예에서는 용의자 #2가 첫 번째 생물체와 같은 양상을 보이므로 이들이 연관되었다고 생각할 수 있다. 다른 두 용의자는 첫 번째 생물체와 일치하지 않으므로 연관되지 않았다.

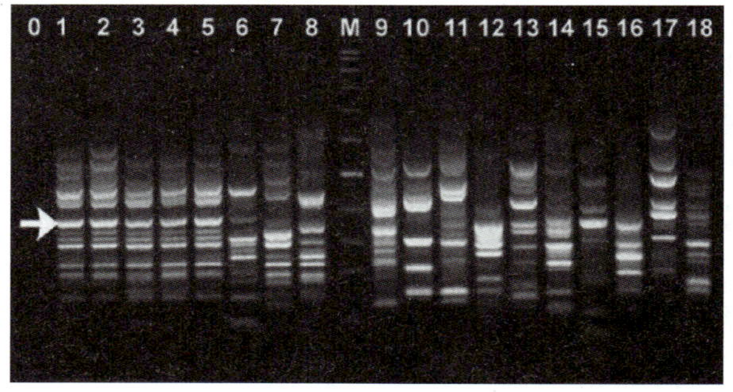

그림 6.12
RAPD에 의한 진균류 병원체의 동정

병원체 *Botrytis cineria*와 가까운 유연관계의 균주(레인 1-5), *Botrytis*와 같은 속의 다른 균주(레인 6, 7, 8) 그리고 관련이 적은 무해한 균류인 *Alternaria*(9), *Aspergillus*(10), *Cladosporium*(11), *Epicoccum*(12), *Fusarium*(13), *Hainesia*(14), *Penicilliun*(15), *Rhizoctonia*(16 & 17), 그리고 숙주인 딸기(18)의 유전체 DNA를 AACGCGAAC의 10 염기 프라이머를 이용하여 만든 RAPD 밴드 양상. 레인 0: 음성 대조군(DNA 없음). 레인 M: 분자 질량 표지. *(출처: Rigotti et al., FEMS Microbiology Letters (2002) 209:169-174.)*

의 결과는 그림 6.12에 나타나있다. *Botrytis cinera*에 의한 회색 곰팡이(grey mold)는 딸기나 다른 식물에 있어서 가장 골치 아픈 감염 중 하나이다. 고전적 진단법은 영양배지에 곰팡이를 배양하는 것이다. 이 방법은 느리고 어렵다. 왜냐하면 식물에는 배지에서 더 빠르게 성장하는 다른 종류의 해로운 곰팡이도 있기 때문이다. 앞서 본 바와 같이 RAPD 분석법은 *Botrytis* 속에 속하는 병원체를 명확하게 다른 연관된 곰팡이로 부터 구별해 준다.

4. 역전사효소 PCR

대부분 진핵생물의 암호서열은 개재서열 혹은 인트론에 의해 끊어져 있다(12장의 인트론과 RNA 가공 참조). 결과적으로, 진핵생물의 원본 DNA는 매우 크고 다루기 어려우며, 다른 종류의 생물체에서 발현시키는 것이 불가능하다. mRNA가 인트론을 자연적으로 제거하므로 이는 가공과 발현이 용이한 방해 받지 않은 암호 서열을 만드는 데 이용될 수 있다. 이것은 RNA를 **역전사효소**를 이용하여 다시 **상보적 DNA(cDNA)**로 바꾸는 과정을 포함한다. 그러므로 cDNA형태로 사용하면 인트론이 제거되기 때문에 진핵생물의 유전자를 증폭하고자 할 때, cDNA가 염색체의 유전자 서열을 사용하는 것 보다 더 자주 사용된다.

역전사 후에 PCR을 하면 mRNA로부터 시작하여 유전자를 클로닝할 수 있으며, 따라서 진핵생물의 유전자에서 엑손의 발현을 확인할 수 있다.

역전사효소는 레트로바이러스에서 발견되는 효소로 레트로바이러스 분자 안에 있는 RNA 유전체를 이중가닥의 DNA로 바꾸어 주는 역할을 한다. 역전사효소는 먼저 상보적인 가닥의 DNA를 전사하여 RNA:DNA 혼성체를 만든다. 다음으로 역전사효소 혹은 RNase H가 이 혼성체의 RNA 가닥을 분해한다. 이때 만들어진 외가닥의 DNA가 이중가닥의 cDNA를 합성하는 주형으로 사용된다. 일단 cDNA가 만들어지면, PCR을 사용하여 그 cDNA를 증폭하여 여러 사본을 만들 수 있다(그림 6.13). 이 복합적인 과정은 **역전사효소 PCR(RT-PCR)**이라 불리며 mRNA로부터 인트론이 없는 DNA를 증폭하여 클로닝할 수 있도록 한다.

RT-PCR은 어떤 생물체를 서로 다른 성장조건에서 자라게 하였을 때, 언제 어떤 유전자가 발현되었는지(예를 들면, 언제 이 유전자에 해당되는 mRNA가 존재하는지) 그리고 어떤 환경이 이 유전자의 발현을 유도하는지를 알 수 있게 한다. 두 가지의 다른 조건을 비교하기 위하여, 양 쪽 조건에서 자라는 세포로부터 mRNA를 추출한다. 그런 다음 두 mRNA 샘플에 대하여 관심 있는 유전자에 맞는 프라이머를 사용하여 RT-PCR을 수행한다. 만약 원하는 유전자가 특정한 환경에서 발현된다면, PCR 생성물이 만들어질 것이고, 반면 만약에 유전자가 발현되지 않는다면 그 특정 mRNA는 발현되지 않아 아무런 밴드도 나타나지 않을 것이다(그림 6.14).

상보적 DNA(complementary DNA, cDNA) 인트론을 가지지 않으며 역전사효소를 이용하여 mRNA로부터 만들어지는 유전자의 형태
역전사효소(reverse transcriptase) RNA로부터 시작해서 유전정보를 가지는 DNA를 만드는 효소
역전사효소 PCR(reverse transcriptase PCR, RT-PCR) PCR의 한 방법으로 mRNA로부터 시작하여 역전사효소를 사용하여 유전자를 증폭시켜서 인트론이 없는 DNA로 클로닝하게 한다.

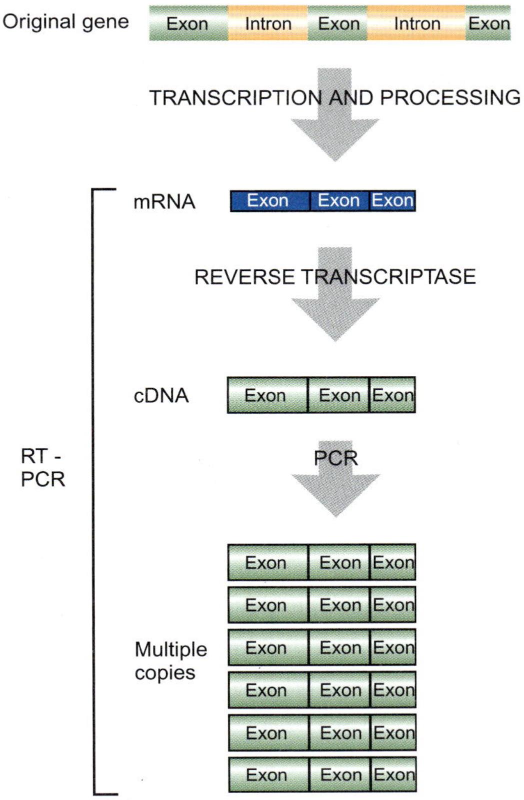

Original gene
Exon
Intron
Exon
Intron
Exon
TRANSCRIPTION AND PROCESSING
mRNA
Exon
Exon
Exon
REVERSE TRANSCRIPTASE
cDNA
Exon
Exon
Exon
PCR
RT - PCR
Multiple copies
Exon
Exon
Exon

그림 6.13
역전사효소 PCR

RT-PCR은 mRNA로부터 cDNA 사본을 만들고 이 cDNA를 증폭시키기 위해 PCR를 하는 두 단계 과정이다. 첫 번째로, 인트론이 없는 mRNA 샘플을 분리한다. 역전사효소는 이 mRNA로부터 cDNA 사본을 만드는 데 이용된다. 이 cDNA 샘플은 PCR에 의해 증폭된다. 이것은 여러 사본의 인트론이 없는 cDNA를 만들게 한다.

CONDITION 1
CONDITION 2
Gene
Gene
GENE EXPRESSED
GENE NOT EXPRESSED
mRNA
NO mRNA
RT - PCR
DNA copies
NO RT-PCR PRODUCT

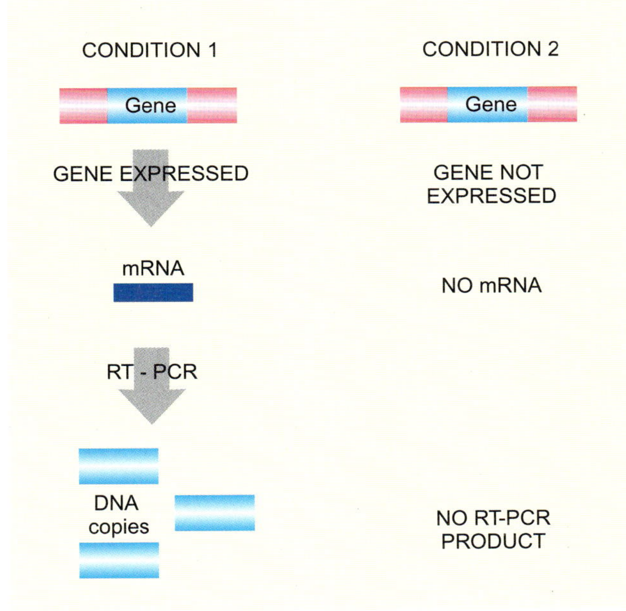

그림 6.14
유전자 발현을 알아보기 위한 RT-PCR

RT-PCR은 특정 유전자의 mRNA가 발현되는지 여부를 알아보는 데 이용될 수 있다. 다시 말하면, 유전자 발현이 두 가지의 다른 조건에서 어떻게 일어나는지 조사해 볼 수 있다. 이 예에서는 관심 있는 유전자가 조건 1에서 발현되었지만 조건 2에서는 발현되지 않았다. 그러므로 조건 1에서는 관심 있는 유전자로부터 발현된 mRNA가 존재하여 역전사효소가 cDNA를 만들고 PCR을 통해 이 cDNA가 증폭된다. 조건 2에서는 mRNA가 존재하지 않기 때문에 RT-PCR 과정이 대응되는 DNA를 생성하지 못한다.

5. 차등표출 PCR

차등표출 PCR은 진핵세포의 mRNA를 특이적으로 증폭하고자 할 때 이용된다. 이 기술은 연구자가 많은 종류의 서로 다른 mRNA 분자들의 발현을 동시에 분석할 수 있기 때문에 유용하다. 이 기술은 RAPD(앞 내용 참조)와 RT-PCR을 혼합한 것이며 oligo(dT)

세포에서 만들어진 mRNA 혼합체는 PCR-기반으로 한 접근법으로 분석할 수 있다.

차등표출 PCR(differential display PCR) RT–PCR의 변형된 형태로 진핵생물 세포로부터 oligo(dT)를 사용하여 mRNA를 특이적으로 증폭한다.

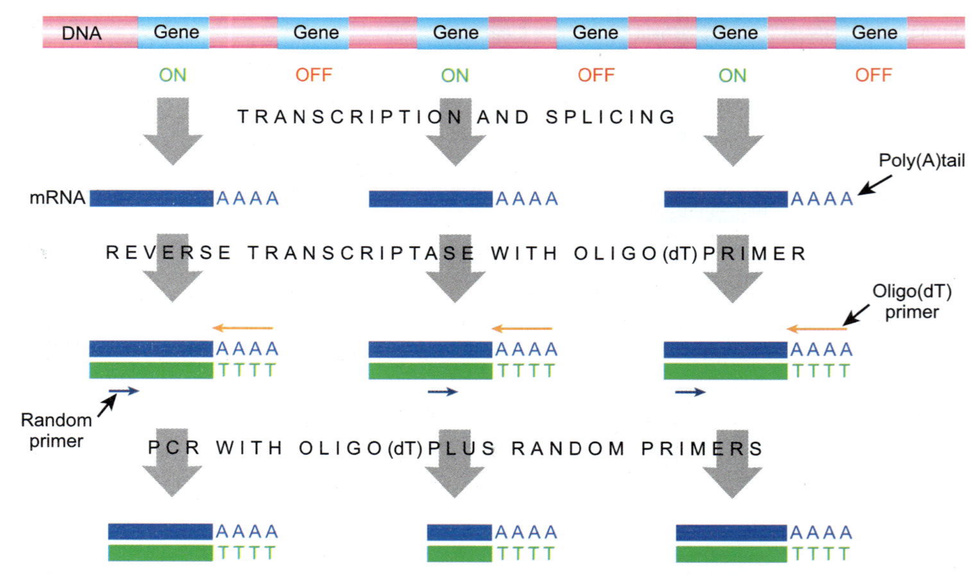

그림 6.15
차등표출 PCR

차등표출 PCR은 한꺼번에 많은 종류의 mRNA 분자의 발현을 측정할 수 있도록 한다. 이 예는 주어진 조건에서 3개의 유전자가 발현되고, 다른 3개의 유전자가 발현되지 않음을 보여준다. 발현된 mRNA는 oligo(dT) 프라이머를 이용하여 역전사효소에 의해 cDNA로 바뀌고, PCR에 의해 증폭된다. 첫 PCR 프라이머는 oligo(dT)이며, poly(A) 서열에 결합한다. 두 번째 프라이머는 cDNA 당 약 한 번 결합하도록 계산된 임의의 서열 혼합물이다. 이 프라이머들은 하나가 아니라, 많은 종류의 서로 다른 cDNA 분자들이 증폭되도록 한다. 이 예에서는 원래의 유전자들에 대응하는 3개의 PCR 생성물이 만들어졌다.

프라이머를 사용하는 그 자체로 또 한 가지의 현명한 변형이다. 거의 대부분의 진핵생물 mRNA는 3′ 말단에 poly(A)꼬리를 가지고 있기 때문에 dT로만 이루어진 인공 프라이머는 이 꼬리에 결합할 것이다. 이런 방식의 PCR은 연구자가 여러 유전자에 대해 RT-PCR처럼 하나의 유전자만을 분석하는 것이 아니라 많은 다른 유전자를 2개의 다른 성장 환경에서 비교하는 데 이용될 수 있다.

RT-PCR에서 처럼 세포에서 RNA가 추출되고 역전사효소와 poly(A)를 인식하는 프라이머를 사용하여 mRNA에 대응하는 cDNA가 만들어진다. 그 후, 2개의 프라이머를 이용하여 PCR 반응이 진행된다(그림 6.15):

1. 각 cDNA 3′ 말단에 결합하는 oligo(dT) 프라이머
2. 많은 cDNA에 결합하는 적정한 길이의 (RAPDs에서 사용한 것과 비슷한) 임의적인 프라이머 혼합물

이 두 가지의 프라이머는 증폭된 조각이 너무 많거나 너무 적지 않도록 해 준다. 평소처럼 서로 다른 구성물을 분리하기 위해 겔 전기영동이 이용된다. 이것은 분석하고자 하는 세포에서 만들어진 각 mRNA에 해당하는 일련의 밴드들을 보여준다. 이 양상은 특정 시간과 성장 조건에서 존재하는 RNA에 대하여 특이성을 띨 것이므로, 차등표출은 특정 조건에서만 발현되는 새로운 유전자들을 동정하는 데 사용될 수 있다. 많은 경우에 여러 개의 밴드가 나타나거나 없어질 것이다. 그러므로 관심 있는 한 가지 유전자를 분석하는 RT-PCR과는 달리, 이 방법으로는 여러 개의 임의의 유전자를 분석할 수 있다. 이런 형태의 분석은 발생과정과 열충격과 같은 스트레스의 영향 그리고 정상 세포 대 암세포 등에서 유전자의 발현을 비교하는 데 사용될 수 있다.

6. 고속 cDNA말단 증폭(RACE)

클로닝된 유전자의 "상실된" 말단의 복원은 복잡한 PCR과정(RACE)으로 할 수 있다. 사용된 프라이머의 5′ 말단은 다음 반응을 위한 닻 서열(anchor sequence)을 첨가함으로써 변형시킬 수 있다.

역전사효소만을 가지고 cDNA 전체를 만드는 것은 어려울 수 있다. 특히, mRNA가 매우 적은 양으로 존재하거나 특이하게 긴 경우에는 더욱 그렇다. 역전사효소는 RNA의 2차 구조 때문에 긴 RNA 주형의 끝까지 가는 것에 실패하기도 한다. 그러므로 5′ 말단은 때로 불완전하다. 따라서, 완전한 cDNA를 복구하는 방법이 필요하다. **RACE** 기술은 한 유전

RACE 고속 cDNA말단 증폭을 참조

자를 반으로 나누어 증폭한 뒤, 이를 이용하여 cDNA를 완성한다; 그러므로 그 이름이 **고속 cDNA말단 증폭**이다. 내부 프라이머를 제작하기 위해서는 mRNA/cDNA의 내부 서열을 알아야 한다. 그러므로 이 기술은 일반적으로 불완전한 cDNA가 라이브러리 검사(7장 참조) 등의 방법으로 분리되었을 때 사용된다. RACE 과정은 RT-PCR의 변형이나, **닻서열**이라 불리는 유일한 서열이 cDNA의 한쪽 끝에 첨가되어 PCR 반응 때 사용되도록 한다(그림 6.16).

RACE는 사용하는 프라이머에 따라 한 유전자의 3′ 말단이나 5′ 말단을 증폭할 수 있다. RACE-PCR에서 3′-반응은 역전사효소가 mRNA의 poly(A) 꼬리에서부터 유일한 닻서열이 있는 oligo(dT) 프라이머를 이용하여 DNA를 합성하도록 한다. 내부 서열이 알려져 있기 때문에, poly(A) 꼬리로부터 유전자의 중간까지 증폭하는 PCR이 진행되도록 하는 내부 프라이머가 제작된다. 5′-반응에서는 내부 프라이머가 역전사효소를 이용하여 DNA 합성을 개시하기 위해 사용된다. 그 다음, 인공적인 poly(A) 꼬리가 말단전이효소와 dATP에 의해 DNA의 3′ 말단에 더해진다. 말단전이효소의 대안으로 3′ 말단에 또 다른 닻서열 프라이머를 연결하고 추가적인 PCR에 이 서열에 상보적인 PCR 프라이머를 이용할 수 있다. 3′-반응을 시작하는 데 사용된 것과 같은 oligo(dT)/닻프라이머가 PCR 증폭의 5′-반응을 일으키는 데 사용된다. 닻서열 프라이머와 내부 프라이머는 일반적으로 편리한 제한효소 인식부위를 포함하도록 제작되어 이후의 클로닝이나 서열결정이 쉽게 되도록 디자인한다.

관련 연구에 대한 초점

Collins RWJ, Littink KW, Klevering BJ, van den Born LI, Koenekoop RK, Zonneveld MN, Blokland EAW, Strom TM, Hoyng CB, den Hollander AI, Cremers FPM (2008) Identification of a 2 Mb human ortholog of *Drosophila eyes shut/spacemaker* that is mutated in patients with retinitis pigmentosa. Am J Hum Genetics, 83: 594–603.

이 장의 주안점은 이 책의 독자들이 널리 사용되는 기술인 PCR에 좀 더 친숙해 지도록 하는 것이다. 이 논문은 색소성 망막염(retinitis pigmentosa, RP)이라는 사람의 유전병과 관련된 유전자의 총 전사체를 분리하기 위하여 다양한 PCR 방법을 사용한 것에 관한 것이다. 이 질병은 파이탄산(phytanic acid)의 축적에 의해 망막 손상이 일어나는 상염색체 열성 유전병이다. 이 질병의 초기 단계는 야간시력 저하나 말초시력 저하의 증세를 나타낸다. 질병이 진행됨에 따라 중추시력도 상실된다. 사람의 유전체에서 비록 다른 돌연변이들이 색소성 망막염의 원인이 될 수도 있지만, RP25 자리가 몇몇 형태의 색소성 망막염과 관련이 있다고 알려져 왔다. RP25 지역은 여러 유전자를 포함하지만 어떤 돌연변이가 색소성 망막염을 일으키게 하는지는 아직 정확히 모른다. 색소성 망막염을 일으키게 하는 돌연변이를 찾기 위하여, 이 논문의 저자들은 많은 사람들 특히 이 질병을 가지고 있는 가계에서 RP25 내에서 동형접합성을 띠는 지역을 찾는 동형접합성 지도작성법을 사용하였다. 색소성 망막염은 상염색체 열성질병이기 때문에 질병의 형질을 띠기 위해서는 두 대립인자 모두에서 동일한 돌연변이를 가지고 있어야 한다. 이와 동시에 발병이 되지 않은 형제자매들은 돌연변이 표지를 가지지 않거나 이 대립인자에 대하여 이형접합체이어야 한다. 색소성 망막염을 가지고 있는 가계에서 RP25 지역의 서열을 비교한 결과 이 질병을 가지고 있는 두 자녀에서 동형접합을 나타내는 한 지역(6q12–q11.1)을 찾아낼 수 있었다. 따라서 이곳이 결함이 있는 유전자가 존재하는 후보 지역이라 할 수 있다. 이전의 분석에 의하면, 이 지역에는 5개의 유전자가 있으나 눈에서 발현되는 것은 하나이다. RT–PCR에 의하여 이 유전자, *EGFL11*가 사람의 홍체에서 발현된다는 것이 증명되었다.

저자들은 다음에 이 유전자의 모든 엑손을 동정하였다. 숙성된 mRNA를 홍체 세포로부터 분리하여 RT–PCR을 수행하였다. cDNA의 길이가 매우 길어 PCR 산물에서 5′ 말단과 3′ 말단의 서열을 구할 수 없었기 때문에 저자들은 5′과 3′ RACE를 수행하여 전장의 전사체를 얻을 수 있었다. 그들은 이 mRNA가 44개의 엑손으로 이르어져 있으며 유전체 DNA에서는 그 길이가 약 2 Mb라는 것을 발견하였다. 몇몇 엑손은 컴퓨터 분석으로도 예측되지 않았던 것으로, 이는 컴퓨터에 의한 예측은 반드시 실험적인 검증이 필수적이라는 것을 증명해 준 예라고 할 수 있다. 전체의 cDNA/mRNA의 길이가 10,475 뉴클레오티드라는 것을 밝혔다.

저자들은 다음에 이 서열을 다른 생물체의 유전자와 비교하였다. 이와 가장 가까운 것은 초파리의 *eyes shut* 혹은 *spacemaker* 유전자였다. 이 유전자는 곤충의 눈에서 광수용체 발생에 필수적이다. 따라서 저자들은 사람의 유전자를 *eyes shut homolog(EYS)*라고 명명하였다. 다음으로 *EYS* mRNA의 조직분포를 사람의 여러 조직에서 RT–PCR 분석으로 조사하였다. *EYS* 유전자는 주로 홍채에서 발현되며 이것은 이 유전자가 색소성 망막염의 원인 유전자라는 것을 증명한 셈이다. 이 병을 앓는 몇몇 환자에서 *EYS* 유전자에 단백질 생합성과정에서 미숙성종결을 일으키는 돌연변이가 일어나서 그 결과 야생형의 단백질보다 10개의 아미노산이 짧은 단백질이 합성되었다. 동일한 돌연변이가 전혀 관련이 없는 가계에서도 일어났다. 그러나 다른 환자에서는 동일한 유전자에 돌연변이가 일어났으나 그 위치가 달랐다. 종합하면, 이 증거들은 사람에서 EYS 유전자의 결함이 색소성 망막염을 일으키는 한 가지 원인이 될 수 있다는 것을 제시한다.

닻서열(anchor sequence) 프라이머나 탐침에 첨가된 서열로 지지물에 결합시키는 데 사용하거나 편리한 제한효소 절단부위를 삽입하거나 나중에 조작을 위한 프라이머 결합부위 혹은 다음의 PCR 반응을 위한 프라이머 결합부위로 사용될 수 있다.

고속 cDNA말단 증폭(rapid amplication of cDNA ends, RACE) RT–PCR에 기반한 기술로서 부분적인 서열로부터 시작하여 cDNA의 완전한 5′ 혹은 3′말단을 만드는 기술을 말한다.

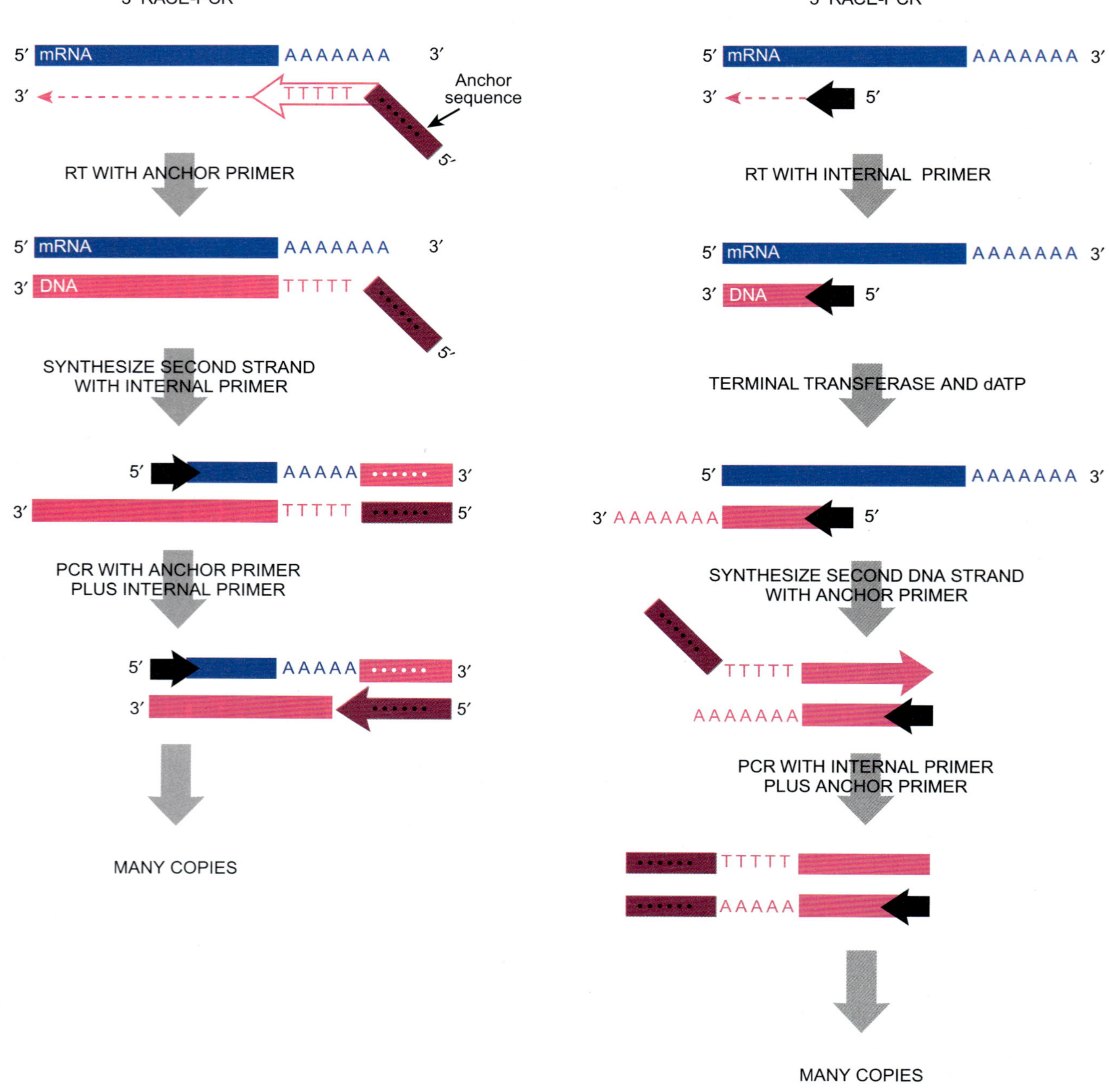

그림 6.16

고속 cDNA말단 증폭 (RACE)

RACE는 불완전한 cDNA의 5′ 또는/그리고 3′ 말단을 분리하는 데 이용될 수 있다. cDNA의 3′ 말단을 증폭하는 방법은 그림의 왼쪽에 나타나있다. 이 과정에서는 5′ 말단에 닻서열이 있는 oligo(dT) 프라이머가 필요하다. 이 프라이머는 역전사효소가 mRNA:DNA 혼성 분자를 만드는 데 쓰인다. 이것의 mRNA 부분은 제거되고 두 번째 가닥의 DNA가 합성된다. 두 번째 가닥에서 끝부분에 프라이머를 사용하는 대신, 유전자의 3′에 가까운 내부 프라이머를 사용한다. 그 후, 동일한 내부 프라이머와 닻서열 프라이머를 사용하여 일반적인 PCR 방법으로 cDNA의 3′ 말단 부분을 증폭한다. 그림의 오른쪽에서는 cDNA의 5′ RACE를 보여준다. 내부 프라이머가 역전사효소에 의한 합성을 시작할 수 있도록 하여 mRNA:DNA 혼성물을 만든다. 혼성 분자 위쪽에 프라이머 결합 부위를 넣기 위해, 말단전이효소가 dATP와 함께 첨가된다. 이 효소는 혼성의 3′ 끝 부분에 아데닌들을 길게 첨가한다. 혼성 분자의 mRNA 부분은 제거되고, 그 자리는 닻서열이 있는 oligo(dT) 프라이머를 이용하여 DNA로 교체된다. oligo(dT)는 DNA의 새로 합성된 poly(A) 지역에 결합하고, 중합효소가 cDNA를 합성하도록 한다. 이어서, 내부 프라이머와 닻서열 프라이머를 이용하는 PCR을 통해 cDNA의 5′ 말단만 증폭한다.

7. 유전공학에서 PCR

기본적인 PCR 방법으로부터 많은 변형이 만들어졌다. 이 중 어떤 것은 유전자를 분석하는 것이 아니라 바꾸는 데 이용된다. 이러한 변형을 크게 두 종류로 나눌 수 있다: a) 긴 가닥의 DNA를 재배열하는 것과 b) DNA 서열에서 한 두 개의 염기를 바꾸는 것이다. 후자는 아래의 "유도 돌연변이"에서 논의된다.

이미 설명하였듯이, 끝 부분에 맞는 프라이머가 있다면 제공된 DNA의 어느 부분도 증폭할 수 있다. 이런 DNA 조각은 다양한 방법으로 연결되거나 재배열된다. 잡종 유전자를 만들기 위해서는, 2개의 다른 유전자의 조각들이 PCR에 의해 증폭된 후에 연결되어야 한다. 세세한 부분에 있어서 여러 다른 방법이 있다. 그러나 중요한 점은 두 유전자에 모두 결합하는 **중복 프라이머**를 사용하는 것이다(그림 6.17).

중복 프라이머들은 정상적으로 이웃하지 않는 두 DNA 조각을 연결한다.

2개의 프라이머를 사용하는 대신에, 첫 번째 유전자의 앞쪽 끝에 결합하는 프라이머, 두 번째 유전자의 뒤쪽에 해당하는 프라이머, 그리고 겹치는 프라이머를 사용하여 중복 PCR 반응을 일으킨다. PCR 증폭이 끝난 후에서 첫 번째 유전자의 앞쪽 끝과 두 번째 유전자가 연결된다. 이런 "**분자바느질**"은 2개의 반쪽을 따로 만든 후, 나중에 이들을 섞고 연결한다; 이 기술의 다른 변형은 3개의 프라이머를 섞고 여기에 2개의 주형을 함께 넣어 하나의 긴 반응을 일으킨다.

다양한 출처의 구성물을 이용하여 잡종 유전자를 만듦으로써, 어떤 유전자나 단백질의 어느 부분이 어떤 기능을 하는지 자세하게 규명할 수 있도록 한다. 이 접근법은 생명공학에서 여러 출처의 유전적인 모듈을 조합한 인공적인 유전자를 만드는 데에도 이용된다.

8. 유도 돌연변이

유도 돌연변이라는 용어는 시험관 내에서 인위적으로 유전자의 서열을 바꾸는 다양한 기술을 가리킨다. 이 기술 중 하나가 PCR을 이용하는 것이다. DNA 조각에서 한 두 개의 염기를 바꾸는 가장 명확한 방법은 필요한 변형을 거친 PCR 프라이머를 이용하는 것이다. AAG CCG GAG GCG CCA라는 서열을 생각해 보자. 가운데에 있는 A를 T로 바꾸고 싶다고 가정한다. 그러면 PCR 프라이머를 원하는 염기 변형을 포함하도록 만든다; 즉, AAG CCG GTG GCG CCA. 이 돌연변이 프라이머는 PCR을 통해 야생형 DNA를 주형으로 하여 원하는 DNA 조각을 증폭시키는 데 이용한다. PCR 생성물은 한쪽 끝에서 가까운 곳에

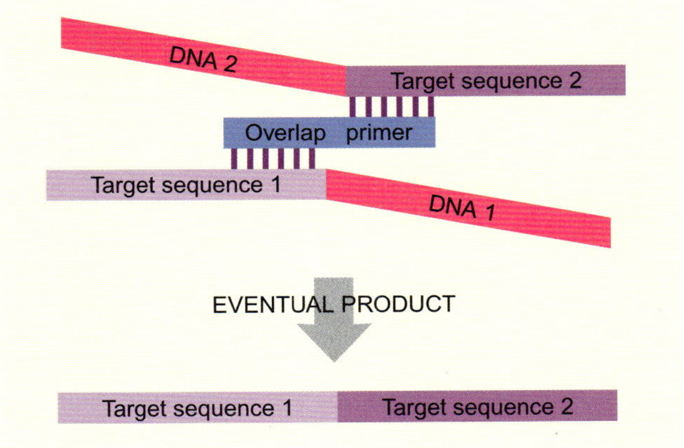

그림 6.17
중복 프라이머를 이용한 잡종 유전자의 합성
중복 프라이머는 2개의 다른 유전자 조각을 연결하는 데 이용될 수 있다. 이 방법에서는 중복 프라이머가 한 끝에는 표적 서열 1과 상보적인 서열이, 다른 쪽 끝에는 표적 서열 2와 유사한 서열을 가진다. PCR 반응을 통해 이 두 유전자가 연결된 새로운 생성물이 나올 것이다.

유도 돌연변이(directed mutagenesis) 다양한 인위적인 기술 중의 하나를 사용한 의도적인 유전자 서열의 변경
분자바느질(molecular sewing) PCR을 사용하여 여러 출처로부터 유래된 조각들을 이어줌으로써 잡종 유전자를 만드는 것
중복 프라이머(overlap primer) 2개의 다른 유전자 조각의 작은 지역과 일치하는 PCR 프라이머이며 다른 출처로부터 유래된 DNA 조각을 이어주는 데 사용된다.

원하는 돌연변이를 포함하고 있을 것이다. 이 프라이머가 끝 부분의 정확한 위치에 결합할 수 있을 정도로 길기만 하다면, DNA 생성물은 프라이머에 만들어진 변화를 포함할 것이다. 그 후, 돌연변이 PCR 생성물을 원래 유전자의 정확한 위치에 재삽입한다.

또 다른 방법으로 만약 표적유전자가 플라스미드 상에 있다면, 돌연변이 프라이머를 이와 반대 가닥의 바로 윗부분에 이어맞추기할 수 있는 프라이머와 같이 사용할 수 있다. PCR 산물은 한쪽 끝에 돌연변이를 가지며 전체 유전자와 플라스미드를 아우르게 될 것이다(그림 6.18). 돌연변이 유전자는 이 PCR 산물을 연결함으로써 재결합시킬 수 있다.

이 두 가지 방법 모두 대부분이 돌연변이를 가지며 단지 몇 개만 돌연변이가 일어나지 않은 원래의 DNA와 동일한 즉 야생형의 PCR 산물을 가진다. 이런 야생형을 제거하는 방법 중 한 가지는 메틸화 민감 제한효소로 이 DNA를 절단하는 것이다. 원래의 돌연변이가 일어나지 않은 DNA는 살아있는 세포로부터 추출한 것이기 때문에 메틸화되어 있다. 반대로, 시험관에서 만든 PCR 산물은 메틸화되어 있지 않다. 만약 PCR 반응 산물에 메틸화된 인식부위에만 작용하는 제한효소를 처리한다면 돌연변이가 일어나지 않은 것은 절단되나 돌연변이가 일어난 것을 변화가 없을 것이다.

PCR 프라이머에 몇 개의 염기를 바꿈으로써 DNA에 돌연변이를 인위적으로 삽입시킬 수 있다.

PCR 생성물에 돌연변이를 유도하는 덜 조절되는 다른 방법은 망간을 이용하는 것이다. *Taq* 중합효소는 제대로 된 기능을 수행하기 위해서는 마그네슘 이온을 필요로 한다. 마그네슘 대신 망간을 이용하면 이 효소는 훨씬 정확성이 떨어지는 DNA 합성을 한다. 이 접근법은 무작위적인 염기 변화를 일으켜서 하나의 PCR 반응으로부터 여러 돌연변이의 혼합물을 만들 수 있다. 오류가 나타나는 정도는 망간의 농도에 따라 결정되기 때문에 원하는 대로 하나 또는 여러 돌연변이를 일으킬 수 있다.

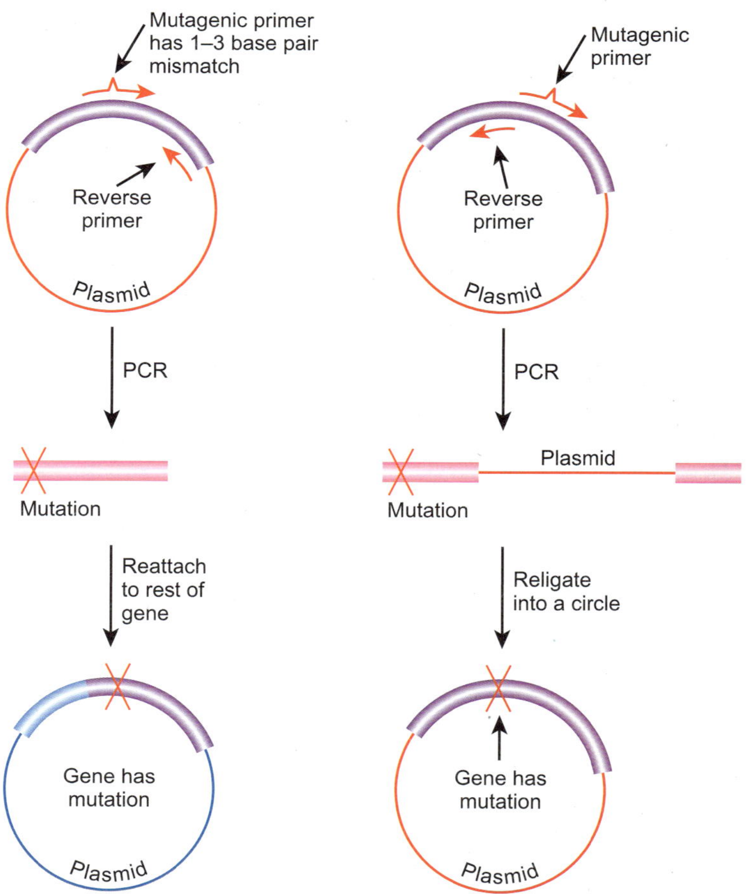

그림 6.18
유도 돌연변이

왼쪽에는 돌연변이 프라이머가 유전자의 끝에 있는 역 프라이머와 짝을 이루고 있다. PCR 산물은 돌연변이를 가지고 있는 유전자의 일부분을 가지고 있으나 이 조각은 유전자의 나머지 조각과 재결합되어야 한다. 오른쪽에는 돌연변이 프라이머와 역 프라이머가 유전자에서 서로 이웃한 서열을 인식한다. PCR 후에 전체 플라스미드는 돌연변이가 일어난 곳으로부터 유전자의 다른 쪽 끝까지 증폭된다. 유전자는 PCR 산물을 결합함으로써 다시 만들어진다.

9. PCR을 이용한 결손 및 삽입돌연변이의 제작

PCR 프라이머들은 외부 DNA를 염색체나 다른 DNA 분자에 정확하게 삽입시키기 위하여 사용될 수 있다.

PCR은 상동염색체 재조합에 의해 염색체에 끼어 들어갈 DNA 카세트를 만드는 데 널리 이용된다(24장 참조). 이 카세트들은 일반적으로 항생제 저항성 유전자로 된 편리한 표지 유전자를 가지고 있으며 이것의 양 쪽 끝에는 선택된 삽입 부위의 서열과 동일한 서열을 가진 DNA를 붙인다. 카세트들은 저항성 유전자와 중복되는 PCR 프라이머와 표적 위치의 서열과 상보적인 40-50 염기쌍과 겹치는 프라이머를 이용하여 만든다(그림 6.19). 카세트는 숙주 생물체로 형질전환되고 상동성 재조합에 의해 염색체에 삽입된다. 그 다음에 카세트를 얻게 된 생물체를 골라내기 위해 항생제 저항성이 이용된다. 만약 항생제 저항성 유전자 옆에 위치한 카세트 DNA가 숙주 유전체에 존재하는 서열과 동일하게 인식된다면, 카세트는 염색체로 삽입된다. 만약 카세트 DNA가 서로 떨어져서 염색체 서열, 예컨대 표적 유전자와 동질성을 이룬다면 카세트는 원래의 DNA를 대체하게 되어 원래의 염색체 조각은 상실하게 된다.

모든 알려진 유전자에서 결손이 일어난 효모의 돌연변이 균주가 이런 방법으로 만들

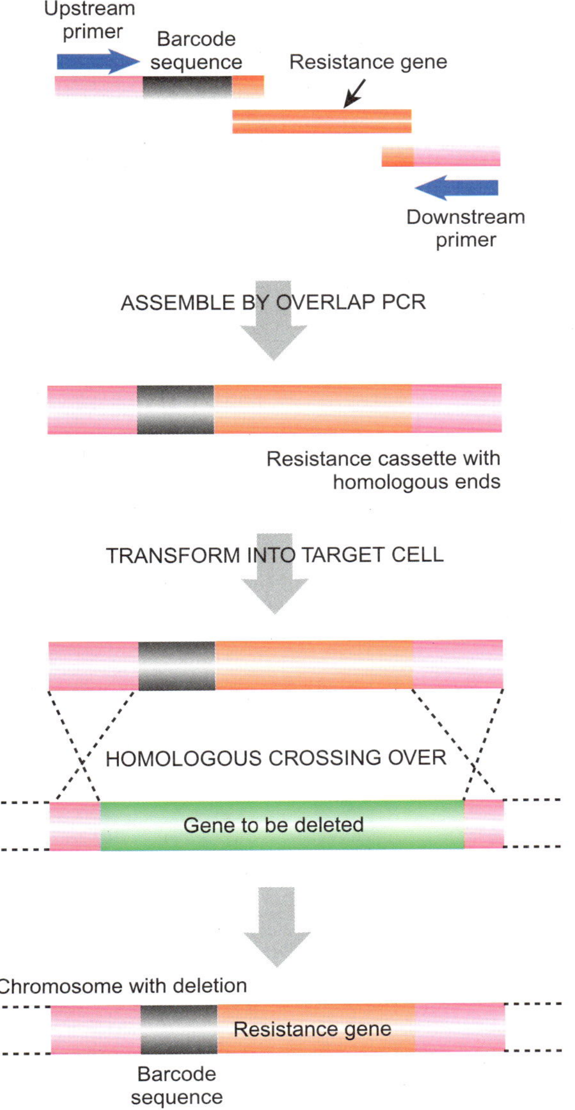

그림 6.19
PCR을 이용한 삽입 또는 제거

첫 단계에서는 특이적인 표적 카세트가 PCR을 통해 만들어진다. 이것은 적절한 표지 유전자와 제거하려는 염색체 유전자의 위쪽, 아래쪽 서열과 상보적인 서열을 포함한다. 이렇게 만들어진 카세트는 숙주 세포에 형질전환 되고 상동성 교차가 일어난다. 재조합 된 상은 카세트에 포함된 항생제 저항성에 의해 선택된다.

어졌다. 각각의 균주는 *npt* 유전자와 **바코드** 혹은 **우편번호 서열**을 포함하는 카세트에 의해 대체된 하나의 암호화 서열을 가지고 있다. *npt* 유전자는 네오마이신 인산전이효소(phosphotransferase)를 암호화하는 유전자로 세균에 네오마이신과 카나마이신 저항성을 부여하고 효모와 같은 진핵생물이 이와 관련된 항생 물질에 대한 저항성을 가지게 한다. 바코드 서열은 분자 표지를 위해 포함된 20 bp 정도 길이의 고유한 서열이다. 각각의 삽입체는 유일한 바코드 서열을 가지고 있어서 그 서열을 찾고 동정할 수 있도록 한다. 바코드 또는 우편번호 서열은 많은 비슷한 서열을 추적해야 하는 다량의 DNA 서열을 결정하는 과정에 점점 더 많이 쓰이고 있다(그림 6.20).

분명히, 위의 과정은 카세트 속에 유전자가 들어있다면 그 유전자의 삽입을 일으킬 수 있다. 그러므로 이 방법을 이용하여 어떤 외부 유전자라도 삽입될 수 있다. 만약 목표가 새로운 유전자를 삽입하는 것이라면 원래 있던 유전자를 제거할 필요가 없다. 들어오는 유전자가 숙주 염색체의 어느 부분에 상보적인 적당한 길이의 DNA를 양끝에 가지고 있기만 하면 된다.

10. 실시간 형광 PCR

PCR은 이중가닥 DNA가 축적되었는지를 탐지하기 위하여 형광 색소를 사용하여 고속 진단을 할 수 있도록 개선되어 왔다.

최근에 PCR 반응 시 형광 탐침의 발광 증가를 실시간으로 관찰하고 이에 따라 PCR 반응이 진행될 수 있도록 하는 방법이 개발되었다(5장 참조). PCR과 형광 탐지를 결합한 기술들은 유리 모세관에서 PCR 반응을 수행한다. 유리는 빛을 통과시켜 형광단(fluorophore)을 활성화시키고 PCR 반응이 진행됨에 따라 나타나는 형광을 관찰하는 것을 가능하게 한다. **다중 PCR 법**에서, 열순환기가 동시에 서너 가지 서로 다른 형광색소를 탐지하기 때문에 서너 가지 다른 반응을 같은 시험관에서 일어날 수 있도록 한다.

DNA에 결합하면 형광이 증가하는 DNA-결합 형광 탐침은 PCR 반응 혼합물에 포함되어 있다. 새로 합성된 표적 DNA가 증가할수록 표적 DNA에 결합한 탐침의 수와 형광 발광이 증가한다. 가장 간단한 DNA-결합 형광 탐침은 서열이 특이적이지 않다.

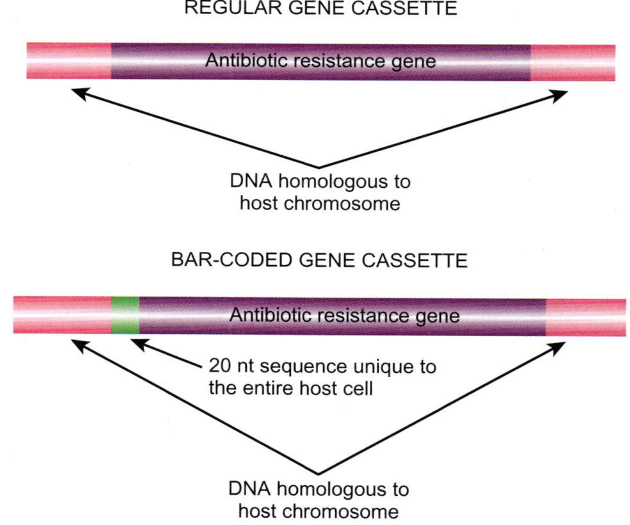

그림 6.20
바코드 혹은 우편번호 서열

바코드는 유일하여 숙주 유전체의 어느 곳에서도 발견되지 않는 서열을 가진 작은 DNA 조각이다.

바코드 서열(barcode sequence) 다음 분석을 위하여 사용되는 표지자로 어떤 유전자를 표시하기 위하여 카세트에 첨가되는 20 염기쌍의 유일한 서열
다중 PCR(multiplex PCR) 하나 이상의 표적 서열의 증폭 양을 조사하기 위하여 정량 혹은 실시간 PCR에서 서로 다른 탐침에 서로 다른 형광 색소를 붙인 것을 사용하는 방법
우편번호 서열(zipcode sequence) 바코드 서열 참조. 다음 분석을 위하여 사용되는 표지자로 어떤 유전자를 표시하기 위하여 카세트에 첨가되는 20 염기쌍의 유일한 서열

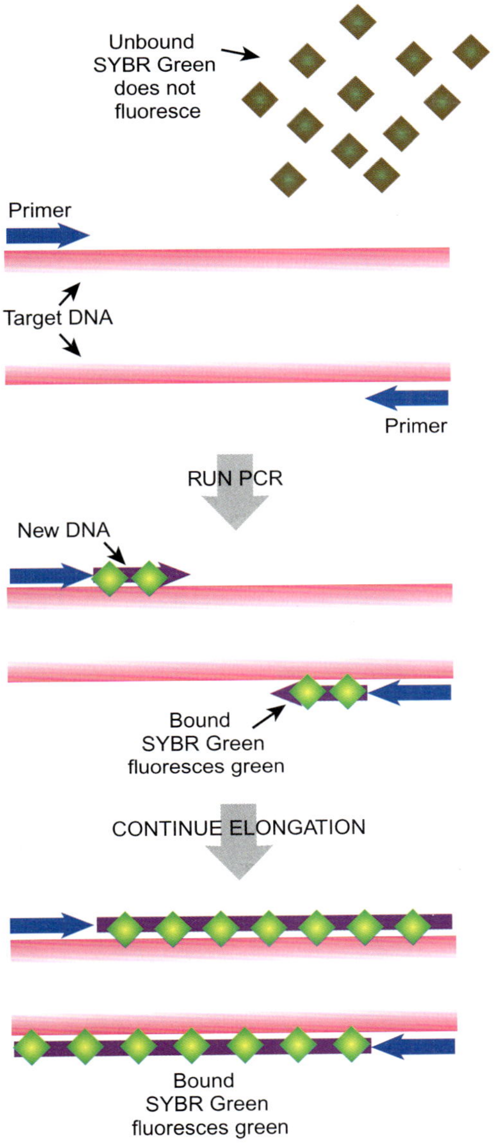

그림 6.21

SYBR Green을 이용한 실시간 형광 PCR

형광 탐침인 SYBR Green이 PCR 반응 동안 존재한다면 그것은 이중가닥의 PCR 생성물에 결합하여 520 nm의 빛을 발한다. SYBR Green 색소는 DNA에 결합했을 때에만 형광을 나타낸다. 그러므로 형광의 정도는 만들어진 PCR 생성물의 양과 관련이 있다. PCR 생성물의 축적은 형광의 양을 조사함으로써 탐지할 수 있다.

한 예로 520 nm의 형광을 발하는 색소인 **SYBR Green I**(Molecular Probes, Eugene, OR)을 들 수 있다. 이것은 이중가닥 DNA에만 결합하고 결합하였을 때만 형광을 나타낸다(그림 6.21).

SYBR Green은 이중가닥 DNA의 전체 양을 알아낼 수 있지만 다른 서열들 간의 차이는 구별할 수 없다. 정확하게 표적 서열이 증폭되는지 알아보기 위해서는 서열 특이적인 형광 탐침이 필요하다. 한 예로 **TaqMan® 탐침**(Applied Biosystems, Foster City, CA)를 들 수 있다. TaqMan® 탐침은 표적 DNA의 중간에 결합할 DNA 서열에 의해 연결되는 2개의 형광단으로 구성된다. **형광 공명에너지 전달기**는 에너지를 한쪽 끝에 있는 짧은 파장의 형광단에서 다른 쪽 끝에 있는 긴 파장의 형광단으로 전달해준다. 이것은 단파 방출을 억제시킨다(그림 6.22).

형광 공명에너지 전달기(fluorescence resonance energy transfer; FRET) 짧은 파장의 형광단으로부터 에너지를 긴파장의 형광단으로 전달하여 짧은 파장의 방출을 억제하는 것

SYBR Green I 두 가닥의 DNA에만 결합하여 결합했을 때만 형광을 띠는 DNA-결합 형광 색소

TaqMan 탐침(TaqMan probe) 2개의 형광단이 하나의 DNA 탐침에 의해 연결되어 있는 형광 탐침. 형광은 오직 연결 DNA가 분해되어 형광단이 분리될 때에만 증가된다.

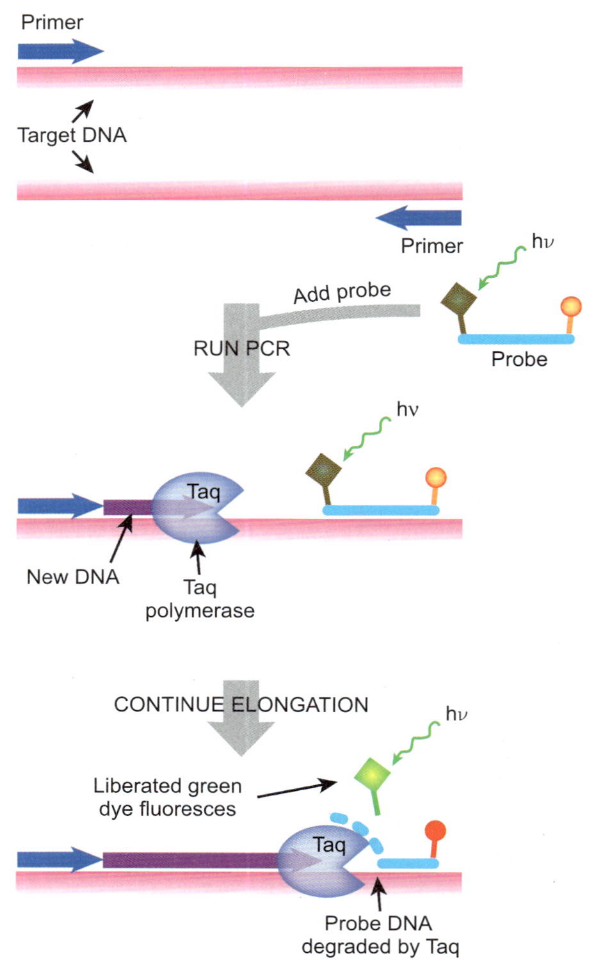

그림 6.22

TaqMan 탐침을 이용한 실시간 형광 PCR

TaqMan 탐침은 세 가지 구성물로 이루어진다: 한쪽 끝에 짧은 파장의 형광단(마름모), 표적 DNA에 특이적인 서열(파란색), 그리고 반대쪽 끝에 긴 파장의 형광단(원). 2개의 형광단은 너무 가까워서 형광이 소멸되고 녹색 빛이 나타나지 않는다. 이 탐침은 표적 DNA의 중간에 결합하도록 제작되었다. *Taq* 중합효소가 PCR 중 두 번째 가닥을 신장시킬 때, 이 효소의 핵산분해 작용에 의해 탐침을 핵산 단위로 자른다. 이것은 2개의 형광단을 분리하여 빛의 소멸을 막는다. 짧은 파장의 형광단은 이제 형광을 나타내며 합성된 서열의 양에 비례하여 신호가 나타날 것이다. (hν = 빛)

PCR이 일어나는 동안 TaqMan 탐침은 2개의 DNA 가닥을 분리하는 단계에서 표적 서열에 결합한다. *Taq* 중합효소가 다음 PCR 과정 동안 프라이머를 신장시키므로 결과적으로 TaqMan 탐침에 부딪힐 것이다. *Taq* 중합효소는 앞쪽에 있는 가닥을 제거하는 것 외에도 5′-핵산분해 활성을 가지고 있어 탐침의 DNA 가닥을 분해한다. 이것은 2개의 형광단 사이의 결합을 끊고 FRET을 방해한다. 짧은 파장의 형광단은 이제 소멸로부터 자유로워지고 형광이 증가한다. 이 경우 형광의 증가는 증폭된 특정한 표적 서열의 양과 직접적으로 관련이 있다.

특이적인 탐침을 형광 PCR에 넣어 줌으로써 특이적인 표적 DNA 서열이 형광을 나타내도록 할 수 있다.

11. 분자 신호등과 전갈 프라이머

분자 신호등은 특정 표적 서열과 결합하였을 때만 형광을 내도록 고안된 형광 탐침 분자다. 탐침은 20-30 염기의 길이의 DNA 서열의 양쪽 끝에 형광그룹과 **형광단** 및 **소광자**(消光子) **그룹**을 포함한다. 탐침의 중간지역은 표적 서열에 상보적이다. 탐침의 양쪽 끝 6개의

형광단(fluorophore) 형광을 띤 그룹
분자 신호등(molecular beacon) 형광단 그룹과 소광자 그룹을 동시에 가지고 있으며 이것이 특정 표적 DNA에 결합하였을 때에만 형광을 나타내는 형광 탐침 분자
소광자 그룹(quenching group) 형광단에 결합하여 이것의 활성화 에너지를 흡수함으로써 형광을 억제하는 분자

염기서열은 서로 상보적이어서 그림 6.23에서 보여주듯이 짧은 이중가닥을 형성한다. 줄기와 고리(stem and loop) 구조를 가지고 있을 때는 소광자가 형광단과 이웃하기 때문에 형광을 내는 것을 억제한다. 분자 신호등이 표적 서열에 결합하였을 때, 이것은 선형으로 된다. 이런 구조는 소광자와 형광단을 떼어 놓게 하여서 쉽게 형광을 방출한다. 짧은 줄기구조가 망가지지 않도록 주의해야 한다. 예를 들어, 고온은 염기쌍의 풀림을 가져와 거짓 양성 반응 신호를 줄 수 있다.

분자 신호등은 고도의 특이적인 증폭과 탐지 시스템을 만들기 위해 PCR 프라이머와 함께 사용될 수 있다. **전갈 프라이머**는 불활성화된 연결 분자(예, hexethylene glycol)에 의해 외가닥의 DNA 프라이머와 일종의 분자 신호등이 결합된 것으로 이루어진다. 신호등이 머리핀 구조로 되어있을 경우 소광자(예, methyl red)는 형광단(예, fluorescein)에 결합하여 형광을 막는다. 줄기와 고리 구조에서 고리 부분은 표적 DNA와 상보적인 서열을 가지고 있으며 탐침 부분을 구성한다. 탐침 서열이 표적 DNA에 결합하면 머리핀 구조는 변형되고 소광자와 형광단은 분리되어 형광이 나타난다.

형광 탐침들은 표적 서열에 결합하였을 때만 형광을 나타내도록 디자인할 수 있다.

PCR이 일어나는 동안 전갈 프라이머는 표적 DNA에 결합하여 *Taq* 중합효소에 의해 신장된다. 이 두 가닥은 다음 변성 단계에서 분리된다. 그 후, 전갈 탐침 서열은 표적 서열의 중간에 있는 외가닥 DNA에 혼성화 된다. 이것은 형광단을 소광자로부터 분리시켜 형광이 일어나도록 한다(그림 6.24).

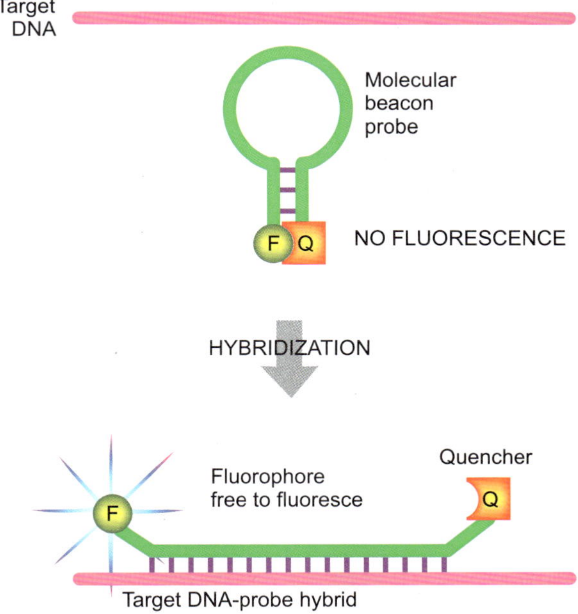

그림 6.23
분자 신호등

분자 신호등은 탐침 서열 양 끝에 2개의 가공된 지역을 가지는 일종의 탐침이다. 5′쪽에는 형광 표지자(F)가 첨가되며, 3′쪽에는 소광자 그룹(Q)이 첨가된다. 2개의 표지자 바로 안쪽은 줄기와 고리 구조를 형성하는 6개의 염기서열로 이루어진다. 이런 형태에서, 탐침은 형광을 띠지 못한다. 탐침이 표적 서열에 결합하였을 때에는 줄기-고리 구조가 상실된다. 소광자가 더 이상 형광 표지자에 이웃하지 않기 때문에 탐침은 이제 형광을 띤다.

전갈 프라이머(scorpion primer) 분자 신호등이 불활성 연결자에 의해 결합된 DNA 프라이머. 탐침 서열이 표적 DNA에 결합했을 때, 소광자와 형광단이 분리되어 형광이 나타난다.

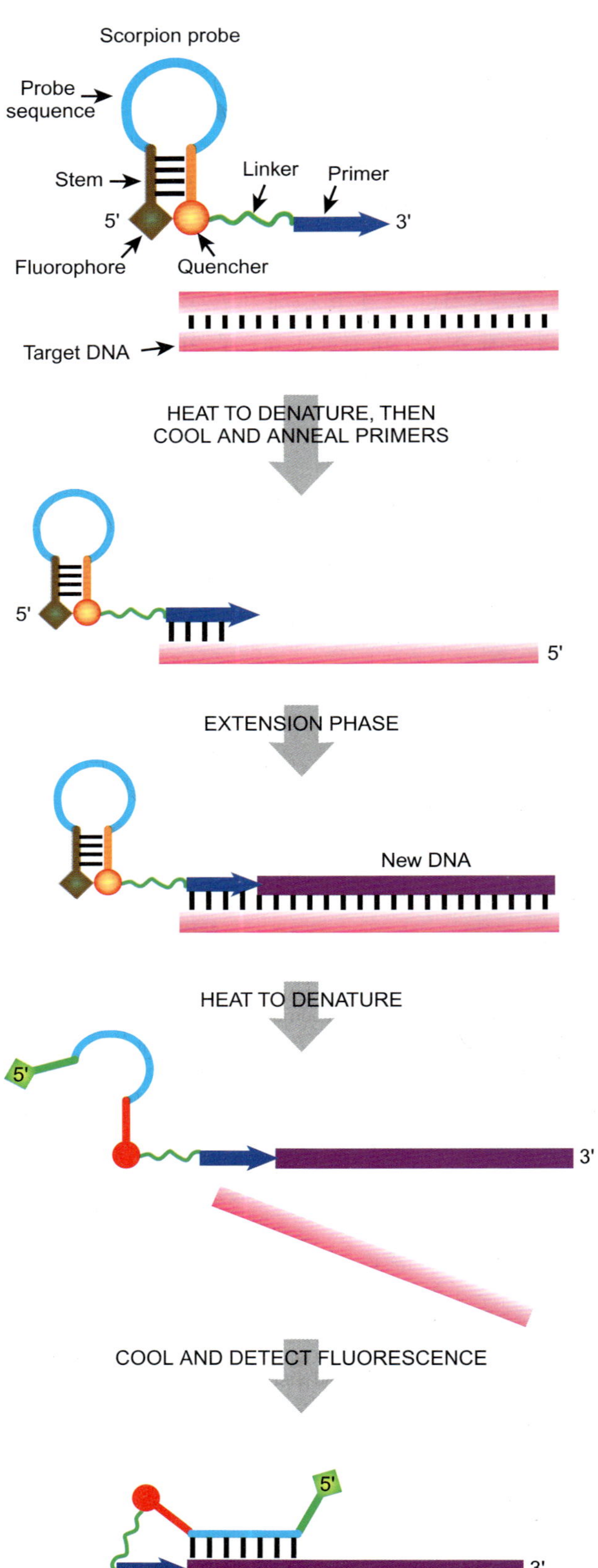

그림 6.24

형광 탐침과 연결된 전갈 프라이머

전갈 프라이머는 형광을 이용하여 PCR 생성물을 확인하는 또 다른 방법을 제공한다. 전갈 탐침은 형광단 분자(마름모)가 소광기(원)에 가까이 위치하도록 하는 줄기 고리 구조를 가지고 있다. 고리는 표적 DNA에 상보적인 서열을 가지고 있다. 줄기/고리는 표적 서열을 증폭시키기 위한 일반적인 PCR 프라이머와 연결되어있다. PCR의 신장 단계에서 탐침의 프라이머 부분이 표적에 결합하고 *Taq* 중합효소가 새로운 DNA를 만든다. 다음 분리 과정에서 탐침 전체와 새로운 DNA 서열은 외가닥이 된다. 고리(파란색)는 이제 외가닥의 표적 DNA에 결합할 수 있고 소광자에서 형광단을 분리한다. 형광이 방출된 정도를 통해 PCR 산물의 양을 직접 측정할 수 있다.

상자 6.02: 실시간 PCR을 이용한 식물 질병의 현장 진단

실시간 PCR의 발달은 감염성 미생물의 DNA의 발견에 드는 시간을 대폭 줄이는 결과를 가져왔다. 고전적 방법은 미생물을 분리하는 데 3–4일 정도가 걸리고, 병원균이 배양 가능하다고 가정할 때 그것을 동정하는 데에는 일주일 정도가 더 걸렸다. 표준 PCR 방법은 필요한 시간을 2–3일로 줄여줄 뿐만 아니라 조직 샘플을 직접 시험할 수 있기 때문에 배양할 필요가 없어졌다. 비록 실험실에서 수행될 수 있는 형광 탐지 실시간 PCR은 비교적 비싸지만 진단에 필요한 시간을 많이 단축시켰다. 그러나 최근에 몇 시간 안에 DNA 동정이 가능한 휴대 가능한 실시간 PCR 기계들이 발달하였다. 한 예로, Sunnyvale, California의 Cepheid 사가 만든 Smart Cycler®를 들 수 있다(그림 6.25).

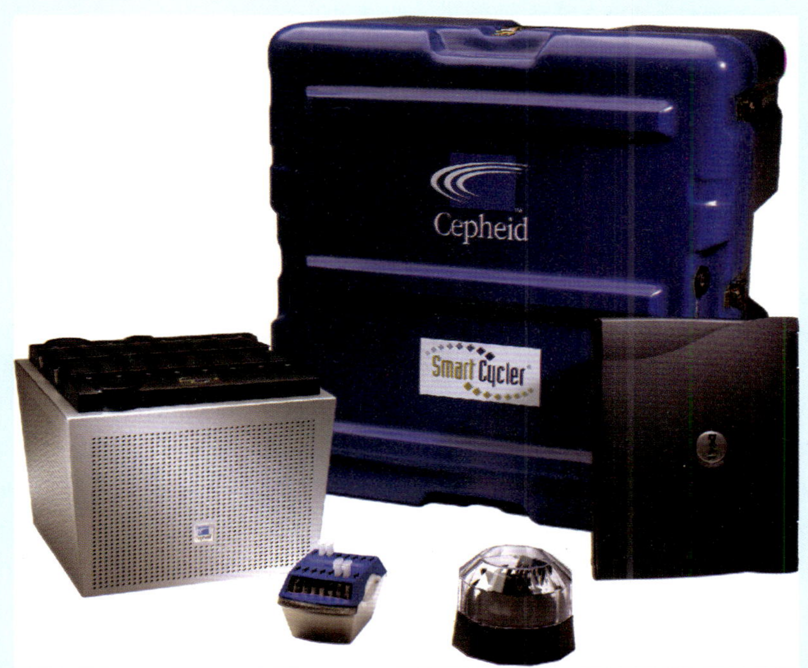

그림 6.25
휴대 가능한 실시간 PCR

Cepheid사의 Smart Cycler® 시스템은 식물 질병의 빠른 현장 진단에 이용된다.
(사진출처: Cepheid Corporation.)

Smart Cycler®는 작물이 자라는 장소에서 식물의 질병을 진단하는 데 이용되었다. 예를 들어, 수박 과일 반점은 세계적으로 수박 생산에 커다란 경제적 손실을 일으키는 세균성 질병이다. 이 원인균인 *Acidovorax avenae* subsp. *citrulli*는 고전적 방법으로 진단을 내리기 위해 10–14일이 필요하다. 휴대 가능한 실시간 PCR은 감염이 의심되는 식물에서 표본을 추출하여 한 시간 내에 그 장소에서 동정이 가능하도록 한다. 이처럼 빠른 진단은 작물의 질병을 치료와, 다른 지역의 작물을 위협하는 전염성 식물 질병일 경우, 격리시킬 것인지를 결정하는 데 커다란 가치가 있다.

12. 의학적 진단에서의 PCR 사용

소량의 DNA는 PCR에 의해 증폭될 수 있으며 진단이나 법의학용으로 사용될 수 있다.

PCR은 모르는 혈액, 조직, 또는 머리카락 샘플을 동정하는 데 이용될 수 있다. 사람과 사람 그리고 한 생물체와 다른 생물체에서 차이가 나는 유전체 상의 한 지역을 증폭하기 위하여 2개의 프라이머가 고안된다. PCR 프라이머 중 하나는 사람과 생물체에서 나타나는 서열 다형성을 인식하도록 고안된다. 만약 미지의 DNA가 그 사람이나 개인으로부터 분리된 것이라면 PCR 프라이머들은 다형성 지역에 결합을 할 것이고 PCR이 진행될 것이다(예, 그림 6.26; 미지의 샘플 2번). 만약 조사할 DNA가 동일한 사람이나 생물체의 것이 아니라면, 프라이머는 DNA와 일치하지 않을 것이며 아무런 조각도 만들어지지 않을 것이다(예, 그림 6.26; 미지의 샘플 1번). 이 실험에서 중요한 것은 프라이머이며, 이들이 표적 서열에 얼마나 잘 결합하는가이다. 프라이머들은 가깝게 연관된 서열에 결합하기도 하지만 PCR을 통해 만들어진 DNA의 서열을 밝혀서 결합이 일어났는지 알아낼 수 있다. 프라이머가 표적에 결합하는 온도를 올리는 것으로도 이 반응의 엄중성(stringency)을 증가시킬 수 있다.

분명히 PCR은 다양한 진단 검사에 이용될 수 있다. 예를 들어, 눈에 보이는 AIDS의 증상들은 감염된 후 오랜 기간, 때로는 몇 년이 지나야 나타난다. 그러나 HIV 유전체에서만 나타나는 서열에 특이적인 프라이머를 이용하면, 과학자들은 증상이 나타나지 않더라도 혈액 시료에 HIV DNA가 있는지 알아낼 수 있다. 또 다른 예로는 결핵이 있다. 다른 많은 세균들과는 달리 이 질병을 일으키는 *Mycobacterium*은 매우 느리게 성장한다. 원래 결핵을 진단하기 위해서 세균들을 영양 배지에 배양한다. 그러나 이 방법은 거의 한 달이 걸린다. 반면에 PCR은 하루 안에 *Mycobacterium*의 DNA를 동정할 수 있도록 한다. 신속한 의학적 진단은 이런 질병들의 전염과 진행을 막는 데 있어 필수적이다.

PCR은 적은 양의 DNA를 증폭시킬 수 있는 강력한 도구이다. 인간 혈액 1/100 밀리리터에서 추출한 DNA에는 약 100,000개의 염색체 사본이 들어있다. 만약 PCR의 표적 서열이 500 염기쌍이라면, 무게로 십 분의 일 피코그램(10^{-12} 그램)만큼의 표적 서열이 들어있을 것이다. PCR 반응이 잘 일어난다면 표적 서열은 마이크로그램(10^{-6}) 또는 그 이상으로 증폭될 수 있다. 1 마이크로그램은 서열을 결정하거나 클로닝을 하기 위해 충분치 않은 양일지 모른다. 하지만 아주 적은 양의 DNA를 포함하는 물질을 이용하여 한 생물체를 확실하게 동정할 수 있다. 사실, 하나의 세포로부터 추출한 DNA만으로도 특정 표적 서열을 증폭시키기에 충분하다. 이 기술은 아주 적은 양의 시료로도 매우 정확하게 개인을 식별할 수 있도록 하여 범죄 재판 체계에 혁신을 가져왔다.

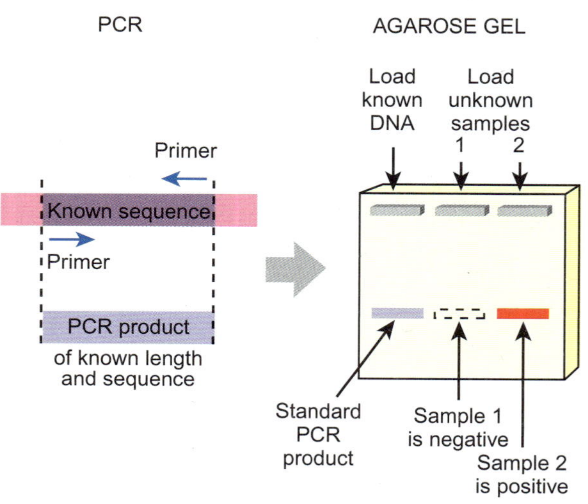

그림 6.26

PCR을 이용한 유전적 연관관계 진단

알려지지 않은 DNA 샘플을 분리하고 PCR을 이용하여 증폭하였다. 이 DNA 샘플들을 조사하기 위한 프라이머는 알려진 서열에 특이적이다(분홍색). 샘플 1에서는 프라이머가 결합하지 못하고 PCR 생성물이 만들어지지 않았다. 그러므로 이 샘플은 알려진 서열(분홍색)을 하나도 포함하고 있지 않다. 샘플 2는 예상한 크기의 PCR 생성물이 나타났으므로 프라이머가 결합하여 이 서열을 증폭시켰다.

Niemz A, Ferguson TM, Boyle DS (2011) Point-of-care nucleic acid testing for infectious diseases. Trends Biotech. 29(5): 240–250.

이 논문은 PCR과 같은 핵산 검사법을 이용하여 감염성 질환을 탐지하는 최신 연구기법을 소개한다. 대부분의 경우, 감염성 질환의 유무를 진단하기 위하여 환자로부터 시료나 샘플을 채취하여 이를 중앙 실험실로 보내서 이에 존재하는 미생물을 배양하여 질병 원인균의 유무를 분석하고 그 결과를 최종적으로 환자에게 보내는 과정을 거친다. 대게 이 과정을 마치기까지는 수일 혹은 *Mycobacterium tuberculosis*와 같이 느리게 자라는 미생물인 경우는 이보다 더 긴 시간이 걸린다. PCR과 같은 기술을 사용하는 것은 감염성 질환의 진단과정에 방법론적 혁신을 가져왔으며 미래에는 아마도 현장에서 감염성 미생물의 유전체의 일부를 조사함으로써 보다 빠르고 정확하고 저렴하게 분석을 할 수 있을 것이다. 교재에 기술했듯이 Cepheid사의 휴대용 실시간 PCR 기계가 식물의 분석에 사용되어 왔다. 그리고 Cepheid사는 GeneXpert라고 불리는 새로운 모델을 시장에 내 놓았다. 2010년에 세계보건기구는 약물 저항성 폐결핵의 진단에 Cepheid사의 GeneXpert의 사용을 허가했다. 그러나 비용은 아직 작은 시골지방에서 사용하기에는 부담이 된다. 미국에서는 Cepheid 시스템만 현장 검사용 장비로 허가되었다.

이 논문은 감염성 생물체로부터 추출한 핵산을 검사하는 다양한 방법을 소개한다. PCR에 기반을 둔 기술이 여전히 그 방법을 선도하지만 추가적으로 등온 핵산 증폭기술(isothermic nucleic acid amplification technology)도 소개되고 있다. 이 기술들은 플라스미드나 원형 바이러스 유전체에서 볼 수 있는 회전환원복제(rolling circle replication; 20장과 21장 참조)에 기반을 두는 것으로 이는 중합효소가 외가닥의 주형을 따라 한 바퀴 돌며 복제를 할 때마다 새로운 가닥의 DNA로 대체한다는 것을 의미한다. 온도는 일정하게 유지되므로 덜 정교한 장치가 요구되며 따라서 비용도 절감된다.

이에 외에도, 이 논문은 핵산 증폭 단계의 결과를 탐지하는 방법에 대하여도 논의를 한다. 전통적으로 PCR 산물을 탐지하는 방법으로 아가로즈 겔 전기영동이나 실시간 형광 탐지법을 사용해 왔다. 이 새로운 방법은 핵산 측면 유동법(nucleic acid lateral flow; NALF)이라고 불린다. 이 방법에서는 감염원의 DNA가 색깔을 띤 입자와 결합된 항체에 의해 탐지된다. 이 복합체는 측면 유동성 조각을 따라 존재하는 특이적인 점들에 결합된 DNA에 상보적인 가닥과 혼성화(5장 참조)됨으로써 탐지된다. 좀 더 복잡한 방법에서는 상보적인 DNA가 조각에 직접적으로 결합하지 않는다. 더신에 상보적인 DNA의 끝을 인식하는 항체가 그 조각에 결합한다. 이 두 방법 모두 혼성화 되는 두 DNA가 양성 결과를 나타내는 지역에서 색깔을 띠는 입자들이 응축되도록 한다.

관련 연구에 대한 초점

마지막으로 이 논문은 새로운 기술들 몇 가지에 대하여 요약하였다. 결핵은 박테리아의 세포벽을 깨는 데 강력한 방법이 요구되기 때문에 진단이 매우 어렵다. Cepheid GeneXpert는 박테리아의 세포벽을 깨기 위하여 음파를 사용하는 초음파 파쇄 단계를 사용한다. 다른 분야에서는 PCR-기반 기술이 HIV 감염을 진단하는 데 매우 유용하게 사용된다. 바이러스의 양, 즉 환자에 존재하는 바이러스의 양은 PCR법으로 쉽게 결정될 수 있다. 또한 영아에서의 HIV의 감염도 NALF를 사용하면 훨씬 쉽게 알아낼 수 있다. 따라서 영아에서 바이러스 감염을 빠르고 쉽게 검사하는 방법들이 많이 개발되었다. 이런 기술들은 빠르게 발전되고 곧 개인에 대해 그런 질병들을 진단하기 위한 더욱 빠르고 쉬운 기술들이 곧 개발 될 것이다.

13. PCR을 이용한 환경 분석

토양이나 물 등 환경으로부터 채취한 시료들로부터 이들에 포함된 살아있는 생물체를 분리하여 배양하지 않고도 직접 DNA를 추출할 수 있다. 이런 환경 시료 DNA는 PCR을 이용하여 증폭될 수 있다. PCR은 매우 민감하기 때문에, 매우 적은 양으로 존재하여 다른 방법으로는 발견하기 어려운 미생물의 DNA를 증폭시키고 서열을 결정할 수 있다. 더 나아가, 미생물 세포의 배양이 불가능하거나 심지어는 살아있지 않아도 된다. 만약 특이적인 PCR 프라이머가 사용된다면 환경 시료 속에 있을 수 있는 몇 백만 개의 세균 중어서 단 하나의 세균으로부터 유전자를 증폭시킬 수 있다. 26장에서 설명하였듯이, 분자적 차원에서의 생물체 분류는 기본적으로 rRNA의 서열에 기초한다. 결과적으로 PCR을 이용하여 환경 시료를 분석하기 위해서는 16S rRNA 유전자에 대한 프라이머가 이용된다. PCR을 이용한 환경 분석 중 하나의 흥미로운 결과는 다른 방법으로는 배양되지도 동정되지도 않은 새로운 미생물을 많이 발견한 것이다. 이런 미생물은 오직 새로운 rRNA 서열로만 알려져 있고 비록 실험실에서 배양되지 않더라도 환경 속에는 이에 대응하는 생물체가 있을 것으로 추정된다.

PCR을 함으로써 환경에서 채취한 시료로부터 DNA를 증폭시킬 수 있다.

어떤 선택된 유전자에 대해 특이적인 프라이머를 이용함으로써 PCR은 시료를 얻은 환경에 특정 유전자가 있는지 없는지 알아볼 수 있도록 한다. 예를 들어, 어떤 호수에서 광합성을 하는 미생물이 있는지 알아보고자 한다고 하자. 호수 물의 시료를 빛을 모으는 데 필수적인 유전자의 프라이머를 이용한 PCR을 통해 분석한다. [특정 대사과정에 관여하는 유전자에 대한 프라이머를 대사 프라이머라고 한다. 만약 긍정적인 결과를 얻는다면 이 호수에는 광합성을 하는 생물이 있다고 결론지을 수 있다. 그러나 이 접근법은 생물체가 실제로 성장하거나 살아있는지는 알아낼 수는 없다. 더 진보된 분석 방법은 환경으로부터 RNA를 추출하여 RT-PCR을 수행하는 것이다. 이 방법은 환경에 있는 어느 mRNA든지 그에 대응하는 cDNA로 바꾸고 이를 증폭한다. 엄밀히 말하면 비록 효소나 단백질이 존재하는지 밝힐 수는 없지만, 이 방법을 통해서 특정 유전자가 전사되는지 여부를 알아볼 수 있다.

RT-PCR은 환경 샘플로부터 RNA 검출을 가능하게 하며 따라서 표적 유전자가 살아있는 생물체에 의해 전사되었는지를 나타내 준다.

PCR을 통한 **군집 프로파일링**은 어떤 환경에 존재하는 박테리아의 양과 다양성에 대한 평가를 포함한다. 가장 간단한 접근법은 환경 시료에서 전체 유전체 DNA를 먼저 분리하는 것이다. 모든 세균의 16S rRNA 유전자는 PCR을 통해 증폭되고 클로닝되며 서열이 밝혀진다. 이 서열들은 그 환경에 존재하는 세균을 동정하기 위해 분석된다. 특정 대사경로에 관여하는 유전자에 대해 특이적인 프라이머를 사용하여 대사과정에 대한 연구할 수도 있다. 다양한 생물체의 상대적인 풍부함은 각 생물체에 존재하는 rRNA 서열의 개수를 조사함으로써 밝혀질 수 있다.

유용한 유전자를 환경 PCR을 통해 직접 분리하는 것도 가능하다 - 이는 때로 **환경-낚시**라 불리기도 한다. 환경으로부터 직접 분리된 DNA는 PCR을 통해 증폭되고 PCR된 조각들은 적당한 플라스미드에 클로닝되어 추출된 어느 유전자든 발현이 가능하도록 한다. 이 플라스미드는 적당한 세균 숙주에 삽입되고 발현된다. PCR 프라이머는 일반적으로 관심이 있는 유전자에 대응하는 것으로 선택한다. 이 결과 환경에서 추출한 시료에서 다양한 차원의 그 특정 유전자를 얻을 수 있다. 예를 들어, 중합효소의 끝에 대응하는 프라이머는 온천에서 추출한 물의 시료로부터 얻은 DNA에 이용될 수 있다. 원하는 결과는 높은 온도에서도 작용하는 새로운 DNA 중합효소를 암호화하는 유전자일 것이다. 이 접근법은 새로운, 또는 극한 환경에서 작용하는 알려진 효소의 변형을 찾는 데 매우 적합하다.

유용한 단백질을 암호화하는 유전자들은 환경 샘플로부터 이들이 어떤 생물체로부터 왔는지는 몰라도 클로닝될 수 있다.

14. PCR을 이용한 멸종 생물로부터의 DNA 복원

어떤 작은 양의 DNA도 PCR을 통해 증폭되고 클로닝되거나 또는 서열이 결정될 수 있기 때문에 몇몇 과학자들은 화석에 DNA가 존재하는지를 조사하였다. 값진 정보를 얻을 수 있을 정도로 긴 DNA 조각은 이집트의 미라와 같은 박물관의 표본이나 다양한 시대의 화석으로부터 추출될 수 있다. 게다가 맘모스나 시베리아의 영구 동토층에 남아있는 식물의 잔존물에서도 DNA가 추출되기도 한다. 이 결과들은 분자적 진화를 연구하는 데 도움을 주었으며 26장에서 더 자세히 다룬다.

공상과학 영화인 "쥬라기 공원"에서 DNA는 화석화된 공룡 뼈에서 직접 얻은 것이 아니다. 대신 그것은 호박 속에 갇힌 선사 시대의 곤충에서 추출되었다(그림 6.27). 흡혈 곤충의 위에는 그들의 마지막 희생자의 완전한 DNA를 포함하는 혈구가 들어있을 것이고, 호박 속에서 잘 보존된다면 이것은 추출되어 PCR에 이용될 수 있을 것이다. DNA는 물론 호박 속에 보존된 곤충 화석 속에서 추출될 수 있다. 그러나 화석이 오래될수록 DNA는 더욱 분해될 것이다. 정상적인 부패 속도는 DNA 이중나선을 약 5,000년 동안 1,000염기 쌍 보다 짧게 분해시킨다. 그러므로 유전자 조각을 멸종된 생물체에서 얻을 수 있는 것에는 의심의 여지가 없지만, 그로부터 멸종된 동물이 그대로 부활할 수 있는 것은 아니다.

DNA는 화석으로부터 증폭되어 동정에 사용될 수 있다.

군집 프로파일링(community profiling) PCR을 이용하여 어떤 환경에 존재하는 박테리아의 양과 다양성을 조사하는 것
환경-낚시(eco-trawling) PCR에 의해 환경으로부터 유용한 유전자를 분리하는 것

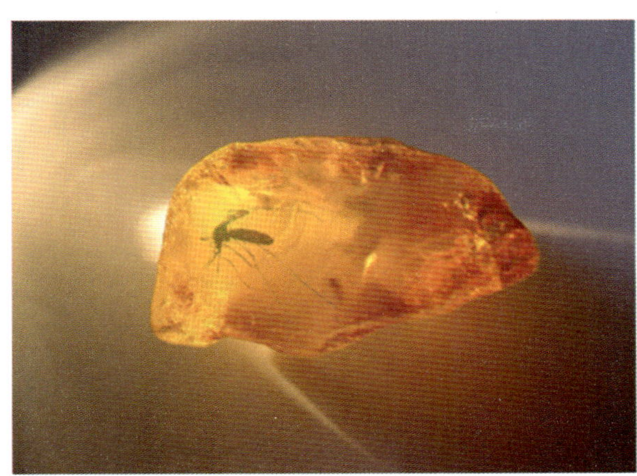

그림 6.27
호박 속에 보존된 모기

(사진출처: Karen Fiorino.)

핵심 개념

- PCR에는 적은 양의 주형 DNA, 표적 서열 양 끝에 해당되는 2개의 프라이머, 뉴클레오티드와 DNA의 특정 지역을 증폭하기 위한 열안정성 DNA 중합효소가 사용되며 아주 적은 양의 샘플로부터 많은 양의 DNA를 만들어 낸다.
- PCR 주기는 3개의 단계를 포함한다: 약 90°C에서 주형 DNA를 변성시켜 외가닥들로 분리하기, 프라이머를 표적 서열에 결합하기 위한 낮은 온도(대략 50–60°C), 그리고 DNA 중합효소가 표적 서열에 상보적인 두 번째 가닥을 합성하는 신장 단계이다.
- PCR의 세 번째 주기 동안, 생산물은 오직 표적 서열만으로 이루어진 DNA 조각을 포함한다.
- PCR 프라이머는 전체 DNA 샘플로부터 특정 표적 서열을 증폭하는데 핵심적 요소이다. PCR 프라이머를 만들기 위해서는 일정양의 서열 정보를 아는 것이 필요하다.
- 축퇴성 프라이머를 특정 지역에 대하여 여러 염기서열의 혼합체를 만듦으로써 제조할 수 있다. 프라이머의 축퇴성 위치는 대개 각 코돈 서열의 세 번째 위치의 뉴클레오티드에 해당된다.
- PCR 프라이머는 5′ 말단에서 반드시 표적 서열과 일치할 필요는 없으며 경우에 따라 다음 단계의 PCR 반응을 위하여 5′ 말단에 제한효소 인식부위나 닻서열을 첨가하기도 한다.
- 신장 시간을 변화시키거나 다른 종류의 DNA 중합효소를 사용함으로써 좀 더 긴 표적 서열을 증폭시킬 수 있다.
- 역PCR을 하면 서열을 알지 못하는 조각을 원형화 된 주형을 만듦으로써 증폭시킬 수 있다.
- 무작위적으로 증폭된 다형성 DNA 즉 RAPD을 제조하기 위해서는 무작위 프라이머를 사용하여 서로 다른 사람이나 생물체로부터 추출된 유전체 DNA를 증폭한다. PCR 생산물은 두 프라이머가 알맞게 가까이 그리고 사로 다른 가닥에서 반대편 방향으로 결합하였을 때 만들어 진다. 만약 구 생물체 간에 서열이 다르다면 PCR 생산물의 양상이 달라질 것이다.
- 역전사 PCR(RT-PCR)은 가공된 mRNA를 일차로 역전사효소를 사용하여 상보적 DNA를 제조하고 이 만들어진 cDNA를 주형으로 사용하여 일반적 PCR법으르 증폭시키는 방법이다. 이 방법은 유전자의 어느 부위가 엑손이고 어느 부위가 인트론인지를 식별하게 한다.

- 차등표출 PCR은 서로 다른 생물체나 동일한 생물체의 서로 다른 조건에서의 유전자 발현 양상을 비교할 수 있게 한다. mRNA가 oligo(dT) 프라이머와 무작위 프라이머 혼합물을 사용하여 증폭될 수 있다.
- 고속 cDNA말단 증폭법은 mRNA 분자의 5′과 3′ 말단을 변형된 PCR 방법으로 증폭하는 기술이다.
- PCR은 또한 유전자를 조작하기 위하여 사용되기도 한다. 예를 들어 PCR은 서로 다른 DNA 조각을 중복되는 프라이머를 사용하여 이어 붙이게 한다; PCR은 불일치 프라이머(mismatched primer)를 사용하여 돌연변이를 일으키게 한다; 그리고 PCR은 표적 유전자에 결손과 삽입이 일어나게도 한다.
- 바코드 혹은 우편번호 서열은 특정 PCR 산물을 세포나 DNA 샘플로부터 구별할 수 있도록 해주는 유일한 서열을 말한다.
- 실시간 혹은 정량 PCR(qPCR)은 PCR 산물이 만들어질 때 마다 그 양을 측정하게 하는 방법이다. 산물의 양을 확실하게 측정하는 방법은 이중가닥의 DNA에 결합하는 비특이적 색소(예, SYBR green I)를 사용하는 것이다. PCR 산물이 더 만들어 질수록 형광이 더 많이 나온다. 다른 방법은 형광공명 에너지전이(FRET)법으로 표적 서열의 가운데 부분에 결합할 수 있는 탐침의 양 끝에 형광단을 붙여서 이들이 형광 공명 에너지를 전이시키는 방법이다. DNA 중합효소가 DNA를 합성하는 동안 각 뉴클레오티드들을 치환시킬 때 2개의 형광단들은 떨어져 나오게 되고 형광이 나타난다.
- 분자 신호등과 전갈 프라이머는 FRET 기술을 사용하는 것으로 생성된 형광의 양을 측정함으로써 PCR 산물의 양을 좀 더 정확히 측정하게 하는 방법이다.
- 실시간 PCR 혹은 qPCR법은 농업, 의학, 그리고 환경 연구에서 사용되며 잎이나 뿌리조직, 혈액, 공기 혹은 많은 다른 형태의 샘플에 존재하는 감염원의 존재 유무를 탐지하는 데 사용된다.
- 환경 PCR은 특정 환경에 서식하는 미생물들의 종류를 실험실에서 그 미생물을 배양하기 않고 동정하는 데 사용될 수 있다.

복습 문제

1. PCR이란 무엇인가? 누가 발명했는가?
2. PCR의 원리가 무엇인가?
3. PCR에 요구되는 재료들의 이름을 기술하라.
4. PCR에 사용되는 효소는 무엇인가? 이 효소가 왜 반응에 사용되는지 설명하라.
5. PCR 반응의 한 주기를 이루는 각 단계들은 무엇인가?
6. 축퇴성 프라이머란 무엇인가? 축퇴성 프라이머가 사용되는 두 가지 예를 들어보라.
7. 긴 범위의 PCR을 수행하기 위해서는 표준적인 PCR법에 어떤 변형이 가해져야 하는가?
8. 고온개시 PCR에 대해 서술하라.
9. 역 PCR이 어떻게 일어날 수 있는가?
10. RAPD의 목적은 무엇인가? 원리는 무엇인가?
11. 역전사효소란 무엇인가?
12. cDNA란 무엇인가? 이들이 어떻게 만들어지는가?
13. RT-PCR법이 어떤 곳에 사용되는가?
14. 차등표출 PCR과 다른 PCR과의 차이점은 무엇인가?
15. 분자바느질이란 무엇인가?
16. 역전사효소를 이용하였을 때 왜 전장의 cDNA를 보통 얻을 수 없는가? 어떻게 cDNA의 말단

을 구할 수 있는가?

17. PCR법에 의해 DNA의 염기서열 변화를 가져오는 두 가지 방법은 무엇인가?
18. PCR법에 의해 DNA에 삽입과 결손을 일으키는 방법은 무엇인가?
19. 다중 PCR이란 무엇인가? 그 과정이 어떻게 일어나는가?
20. 의학적 진단에 사용되는 PCR 방법 두 가지의 이름을 말하라.
21. 환경 PCR 분석법의 장점과 단점은 무엇인가?
22. 군집 프로파일링이란 무엇인가?
23. 실시간 PCR법의 원리는 무엇인가?
24. 전갈 프라이머의 두 가지 부분은 무엇인가? 이들이 어떻게 쓰이는가?
25. 생태낚시란 무엇인가?

개념 문제

1. RAPD 분석법과 RFLP 분석법의 유사성과 차이점을 설명하라.
2. 당신의 지도교수가 *C. elegans*의 유전체 DNA를 당신에게 주었다. 교수는 당신이 트란스포세이즈(transposase)유전자를 증폭하기를 원한다. 아래는 유전자의 모식도이다. 주어진 서열 정보를 사용하여 이 유전자를 증폭하기 위한 2개의 18 뉴클레오티드로 이루어진 프라이머를 설계하라. 이 서열들은 DNA의 비암호 가닥을 보여준 것이다.

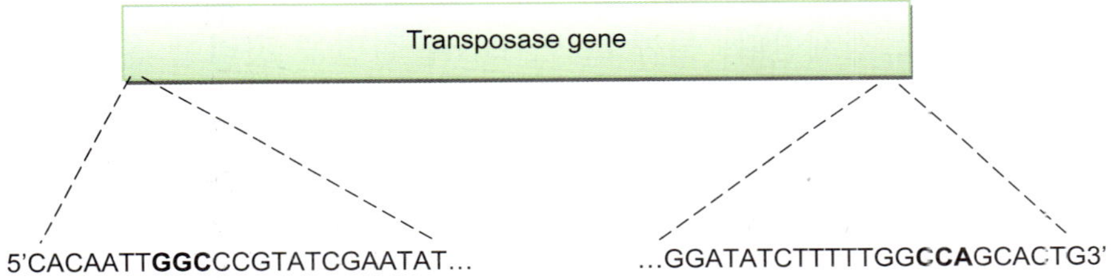

3. PCR 방법을 이용한 돌연변이 유도에 대한 당신의 지식을 이용하여 역반복(inverted repeats)지역에 존재하는 핵심 뉴클레오티드(굵은 글씨)를 돌연변이 시킴으로써 위의 트란스포존을 불활성화시키기 위한 프라이머들을 설계하라.
4. 아래의 한글자 아미노산 약자로 표시된 서열로 이루어진 단백질에 해당되는 유전자를 증폭하기 위한 9 뉴클레오티드로 이루어진 프라이머를 설계하라.

```
mikdtsvepe ganfiaeffg fvfeldpdtd asprplaphl eirvnvdtli
dlalrespra algpsgpvat ftdkvearml rfwpktrrrr sttpggqrgl fda
```

5. 당신이 이제 막 유전자 상담을 시작하였고 아이를 갖기 원하는 부부가 찾아왔다. 그러나 남편은 프리드라이히 운동실조증(Fridreich's ataxia)을 앓고 있는 형을 두고 있다. 이 질병은 상염색체 열성 유전병으로써 프라탁신(frataxin) 단백질을 암호화 하는 유전자인 *FXN* 유전자의 첫 번째 인트론 내에 3염기(GAA) 확장에 의해 발병된다. 이 인트론은 길이가 GAA 반복을 제외하고 500 염기쌍이다. 이 반복의 확장은 인트론의 이어붙이기를 방해하게 되고 따라서 프라탁신을 비활성화시킨다. 정상의 사람은 5에서 35 GAA 염기쌍을 가지며, 선돌연변이(premutation)인 사람은 34에서 65 반복을 그리고 환자군에서는 66에서 1,700개의 연속된 GAA 반복을 가진다. 정상 대립인자가 우성이기 때문에 어떤 증상도 나타내지 않는 보인자가 나타날 수 있다. 만약 그 부부가 보인자인지를 결정하기 위한 PCR 실험에 사용될 프라이머를 어떻게 설계할지 설명하라. 양쪽 부모가 모두 보인자라면 아이가 이 질병에 걸릴 확률은 얼마인가?2013

Chapter 7

분석할 유전자 클로닝

분자 클로닝은 개개의 유전자나 DNA 절편을 분리하고 클로닝하는 것을 일컫는다. 분자 클로닝은 두 가지 일반적인 단계를 포함한다: 먼저 관심의 DNA 부분을 찾아 분리하고 정제한다; 둘째로, 이 DNA 절편을 편리한 운반체 또는 **클로닝 벡터**(또는 줄여서 **벡터**)에 삽입하여 원하는 곳으로 이동시킨다. **키메라**는 벡터 플러스 클론 유전자와 같이 DNA의 혼성 분자이며, 이것은 2개의 다른 DNA 공급원으로부터 만들어진 것이다. 다양한 DNA 분자가 벡터로 사용될 수 있다. 그러나, 단연코 많이 사용되는 분자는 플라스미드와 작은 바이러스 게놈이다. 가장 현대화된 벡터는 사용이 편리하도록 변형된 플라스미드나 바이러스로 되어있다. 특히, 가장 두드러진 변형은 클론 DNA를 쉽게 삽입하고, 클론 DNA가 성공적으로 삽입된 것을 탐지하는 메카니즘이 쉽도록 한 것이다. 전문화된 벡터는 여러 생물체사이에 유전자를 이동시키거나 클론 유전자의 효과적인 고발현을 가능하게 한다. 다른 전문화된 접근방법들이 고등생물이 지닌 거대한 DNA

키메라(chimera) 하나 이상의 기원 또는 생물체로부터 유래한 DNA을 가진 DNA의 혼성 분자

클로닝 벡터(cloning vector) 세포 내에서 스스로 복제할 수 있는 DNA 분자로 클론 유전자 또는 DNA 절편을 운반하는 데 이용된다. 일반적으로 다중 사본 플라스미드나 변형된 바이러스이다.

벡터(vector) (a) 분자생물학에서 벡터는 복제가 가능하고 클론 유전자나 DNA 절편을 옮기는 데 사용되는 DNA 분자이다. (b) 생물학에서 벡터는 질병(황열 또는 말라리아와 같은)을 일으키는 미생물을 운반하고 분산시키는 생물(모기와 같은)이다.

양을 포괄하고, 많은 진핵생물에서 발견되는 삽입부위 또는 인트론을 다루기 위해 필요하다.

1. 클로닝 벡터의 성질

원론적으로 세포 내에서 스스로 복제가 가능한 DNA 분자는 클로닝 벅터로 작용이 가능하다. 조작의 편의를 위해서 다음 요소들이 고려되어야 한다:

1. 벡터는 상당히 작고 다루기 쉬운 DNA 분자여야 한다.
2. 세포로부터 세포로 벡터의 이동이 비교적 쉬워야 한다.
3. 많은 양의 벡터 DNA를 생성하고 정제하는 것이 간단해야 한다

이 기본 요건 이외에 대부분 벡터는 다음을 수행하는 편리한 수단을 제공하도록 디자인 되어 있다:

1. 벡터의 존재를 탐지
2. 벡터를 가지고 있는 세포를 직접적으로 선택
3. 벡터로 유전자의 삽입
4. 벡터 내에 삽입 유전자의 존재를 탐지

실제적으로 박테리아 플라스미드들이 이러한 요건을 가지고 있어 대부분 널리 벡터로 이용된다. 많은 바이러스도 벡터로 이용되는데, 특히 고등생물의 겐지니어링에 이용된다. 아주 큰 DNA 절편을 클로닝하기 위해서 전체 염색체가 벡터로 종종 이용된다.

"벡터"란 클론 유전자(또는 클론 DNA의 절편)를 운반하는 더 사용되는 자가복제 DNA 분자를 일컫는다.

1.1. 다중 사본 플라스미드 벡터

박테리아의 작은 다중 사본(또는 멀티카피) 플라스미드 유래 벡터(20장 참조)가 처음 사용되었으며 아직까지도 널리 이용되고 있다. 대장균의 **ColE1 플라스미드**는 작은 환형의 DNA 분자로 분자생물학에서 널리 이용되는 많은 벡터의 골격을 형성한다. 이 플라스미드는 세포당 40 사본까지 존재하여 많은 양의 플라스미드 DNA를 얻는 것이 비교적 쉽고 25장에서 기술하는 형질전환에 의해 세포로부터 세포로 이동이 가능하다.

다중 사본 플라스미드는 벡터로 편리하다. 왜냐하면 그들은 많은 양의 플라스미드 DNA를 만들 수 있고 클론 유전자를 고수준으로 발현할 수 있기 때문이다.

본래의 ColE1 플라스미드가 한때 널리 이용되었다 하더라도, 대부분 현대의 ColE1을 토대로 하는 벡터는 여러 인위적인 개량이 이루어졌다. 먼저, 박테리아를 죽이기 위한 독성 단백질(20장 참조)인 콜리신 E1 유전자가 필요가 없기 때문에 제거되었다. 다음에, 항생제 저항성 유전자가 첨가되었다. 이러한 목적으로 가장 좋은 항생제가 **암피실린**으로 가장 널리 이용되는 페니실린 유도체이다(그림 7.01). 암피실린 저항성 유전자는 **베타-락타마아제**를 일컫는 ***amp*** 또는 ***bla***로 알려졌다. 이 효소는 페니실린 및 이 계통의 항생제를 분해한다.

항생제 저항성 유전자를 가지고 있는 벡터는 박테리아에서 발현되었을 때 쉽게 선별될 수 있다.

벡터가 박테리아 세포로 형질전환되었을 때 플라스미드 암피실린 저항성 유전자는 박테리아로 하여금 암피실린을 포함한 배지에서 성장할 수 있게 한다. 플라스미드를 얻지 못

암피실린(ampicillin) 널리 사용되는 페니실린 계통 항생제
***amp* 유전자(*amp* gene)** 암피실린 및 암피실린 계통 항생제에 저항성을 주는 유전자로 베타-락타마아제를 암호화한다. *bla* 유전자 참조
베타-락타마아제(beta-lactamase, β-lactamase) 페니실린과 세팔로스포린을 포함한 베타-락탐 항성제를 분해하는 효소
***bla* 유전자(*bla* gene)** 암피실린 및 암피실린 계통 항생제에 저항성을 주는 유전자로 베타-락타마아제를 암호화한다. *amp* 유전자 참조
ColE1 플라스미드(ColE1 plasmid) 대장균의 작은 다중 사본 플라스미드로 분자생물학에서 널리 이용되는 많은 클로닝 벡터의 골격을 형성한다.

그림 7.01
항생제 저항성 클로닝 플라스미드

대장균의 ColEI 플라스미드가 클로닝 벡터로 사용되기 위해서 변형되어 왔다. 원래의 콜리신 유전자가 제거되어 이 플라스미드를 운반하는 박테리아는 더 이상 이 항박테리아 독성물질을 생산하지 않는다. 게다가, 항생제 저항성 유전자가 첨가되었다. 이것은 변형된 플라스미드를 운반하는 박테리아에 대한 표현형을 쉽게 동정할 수 있도록 한다.

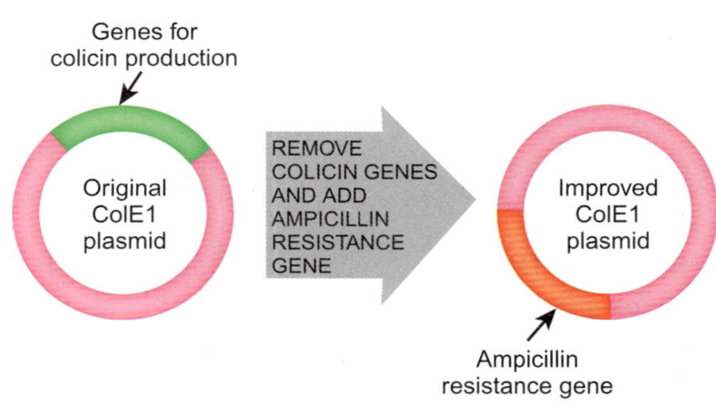

그림 7.02
클로닝 벡터로 DNA의 삽입

관심의 유전자를 벡터로 삽입하기 위하여, 벡터와 관심의 유전자 모두는 호환성 점착성 말단을 가져야 한다. 이를 달성하기 위하여 유전자와 벡터 모두는 같은 제한효소로 절단되어야 한다. 두 단편을 DNA 연결효소와 함께 섞으면 말단이 연결되어 관심의 유전자를 운반하는 닫힌 두 가닥 환형의 플라스미드가 만들어진다.

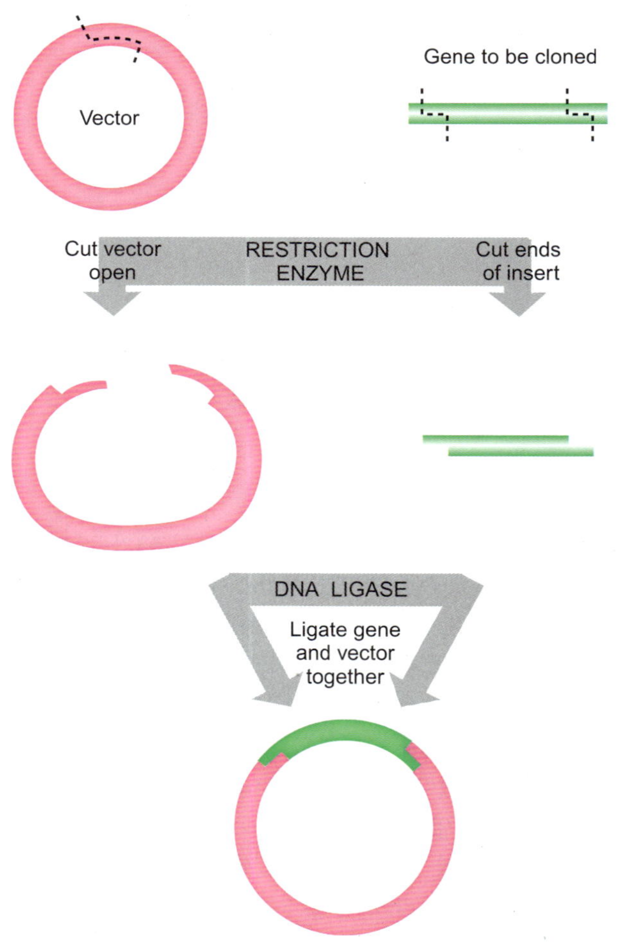

한 박테리아는 항생제에 의해 죽는다.

1.2 벡터에 유전자의 삽입

벡터는 다중 연결자 또는 다중 클로닝 부위라 불리는 많은 수의 편리한 제한효소 절단 부위를 갖도록 종종 제작된다.

벡터와 표적 DNA을 같은 제한효소로 절단했을 때, 양끝은 클로닝에 호환적이 된다. 만약 점착성 말단을 만드는 제한효소가 이용되었다면, 벡터와 삽입체가 서로 맞는 돌출부를 가질 것이다. 2개의 혼합물을 DNA 연결효소로 처리하면 DNA 가닥이 서로 연결된다. 그 결과 그림 7.02와 같이 표적 DNA 단편이 벡터에 연결된다. 만약 비점착성 말단을 만드는

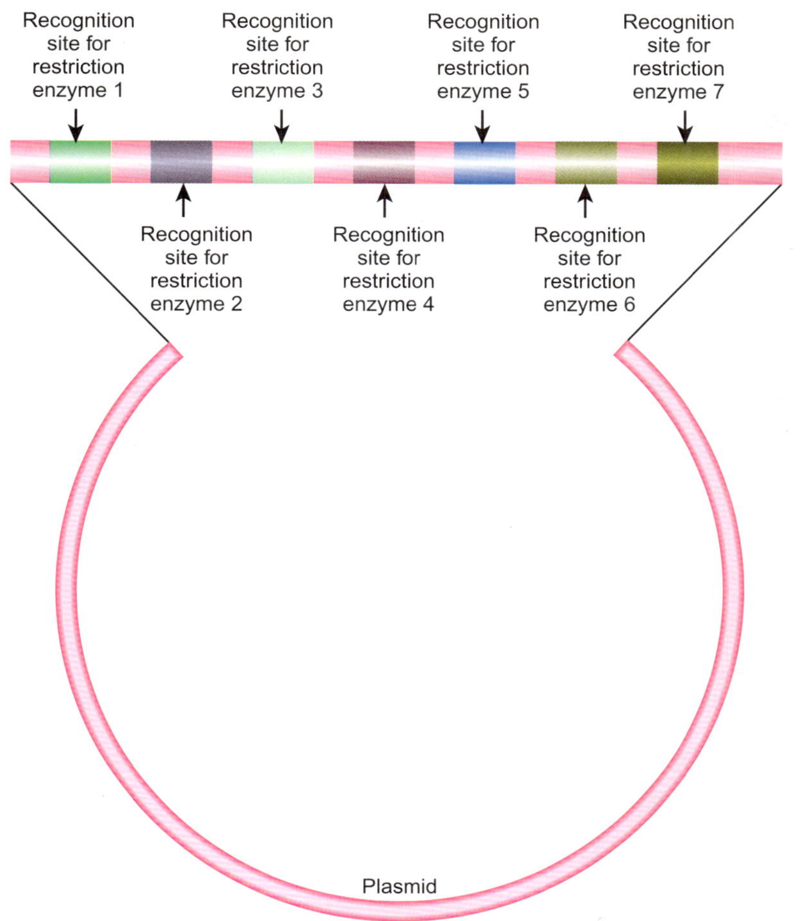

그림 7.03
다중 연결자 또는 다중 클로닝 부위

많은 플라스미드 벡터는 많은 다른 종류의 제한효소 위치를 갖는 인공적인 DNA 부분을 함유한다. 그러한 다중 연결자 또는 다중 클로닝 부위는 모든 제한효소 위치가 다중 연결자 내에 유일하도록 고안되었으며, 상응하는 효소는 플라스미드를 오직 한번 절단한다.

제한효소가 이용되었다면, 연결은 보다 어렵고, 비점착성 말단을 연결할 수 있는 (박테리아 연결효소와 달리) T4 DNA 연결효소를 사용해야 한다.

이러한 과정은 벡터가 선택한 제한효소에 대하여 오직 1개의 부위를 가지고 있음에 달려있다. 만약 벡터에 1개 이상의 제한효소 절단부위가 있다면, 제한효소는 벡터를 여러 단편으로 절단할 것이다. 더욱이, 우리는 세포 내에서 자신의 복제와 생존을 위하여 플라스미드에 필요한 어떤 유전자에도 클론 유전자가 삽입되는 것을 피해야만 한다. 많은 다른 종류의 제한효소가 있기 때문에, 벡터에 광범위한 제한효소 인지부위를 갖도록 하는 것은 편리하다. 이 문제는 클로닝 벡터에 **다중 연결자** 또는 **다중 클로닝 부위**를 삽입하므로써 해결된다. 이것은 인위적으로 합성된 DNA로 약 50염기쌍 길이이고, 7-8개의 널리 이용되는 제한효소 절단부위를 포함한다. 이것은 제한효소의 광범위한 선택을 가능하게 할 뿐만 아니라, 삽입체가 플라스미드에 해를 주지 않게 하며, 삽입체가 매번 같은 방향으로 들어가게 한다.

플라스미드의 나머지 부분은 다중 연결자에 있는 어느 제한효소로도 절단되는 부위를 가지고 있으면 안된다. 이를 위한 한 가지 방법은 원래 플라스미드에 인지부위가 없는 효소만을 선택하는 것이다. 대안으로, 그림 7.04에서 보여주는 접근방법에 의해 원치

다중 클로닝 부위(multiple cloning site, MCS) 7 또는 8개의 널리 이용되는 제한효소 절단부위를 지닌 인위적으로 합성한 DNA 부위. 다중 연결자 같음
다중 연결자(polylinker) 7 또는 8개의 널리 이용되는 제한효소 절단부위를 지닌 인위적으로 합성한 DNA 부위. 다중 클로닝 부위와 같음

그림 7.04

원치 않는 제한효소 자리의 제거

파랑색은 원치 않는 제한효소 자리이다. 정상적인 DNA 복제 중에 종종 돌연변이가 일어난다. 결과적으로 아주 낮은 퍼센트의 플라스미드가 특정 제한효소 서열이 바뀐 무작위 돌연변이(적색)를 지니게 된다. 플라스미드 시료를 박테리아 배양으로부터 분리한다. 플라스미드를 적당한 제한효소로 처리한다. 대부분 플라스미드가 절단되나, 돌연변이 제한효소 자리를 가진 플라스미드는 제외된다. 절단되어 선형화된 플라스미드을 박테리아는 분해한다. 오직 환형을 유지한 돌연변이 플라스미드만이 생존한다.

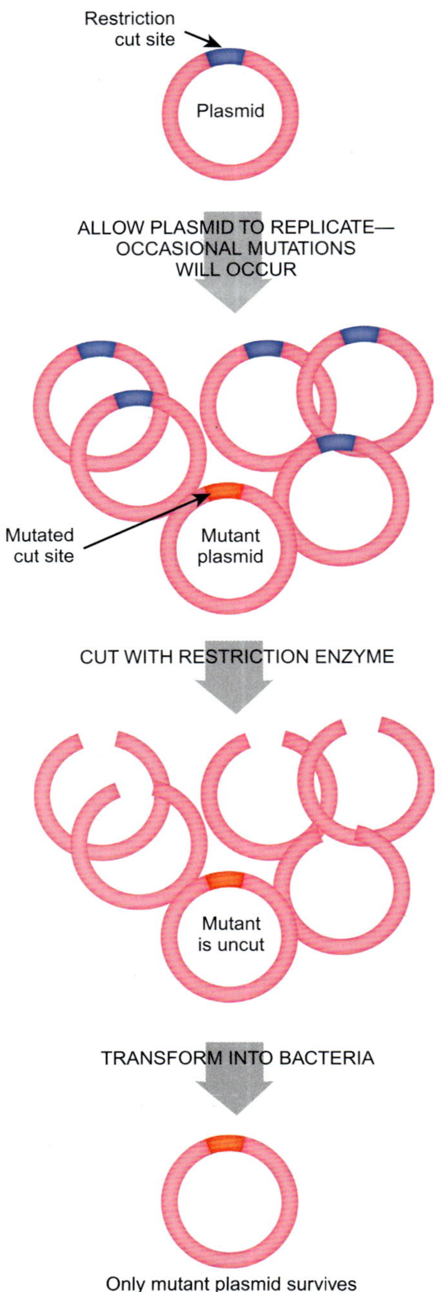

않는 절단부위를 제거하는 것이다. 자연적인 돌연변이에 기인하여(돌연변이에 대한 23장 참조), 종종 플라스미드는 제거될 필요성이 있는 절단부위 내에 염기변경을 경험하게 된다. 이것은 제한효소 인식부위를 철폐하게 된다. 문제는 어떻게 드문 돌연변이 플라스미드를 찾아내는가이다. 첫째로, 플라스미드 DNA를 준비하고 문제가 되는 제한효소를 처리한다. 플라스미드 DNA는 절단부위를 재연결하지 않은 상태로 새로운 박테리아 세포로 형질전환된다. 야생형 박테리아는 들어온 선형 DNA를 신속히 분해한다; 그러므로 대부분 플라스미드는 이 과정에 의하여 파괴될 것이다. 돌연변이에 의해 절단부위가 소실된 일부만이 환형인 상태가 되고 생존할 것이다.

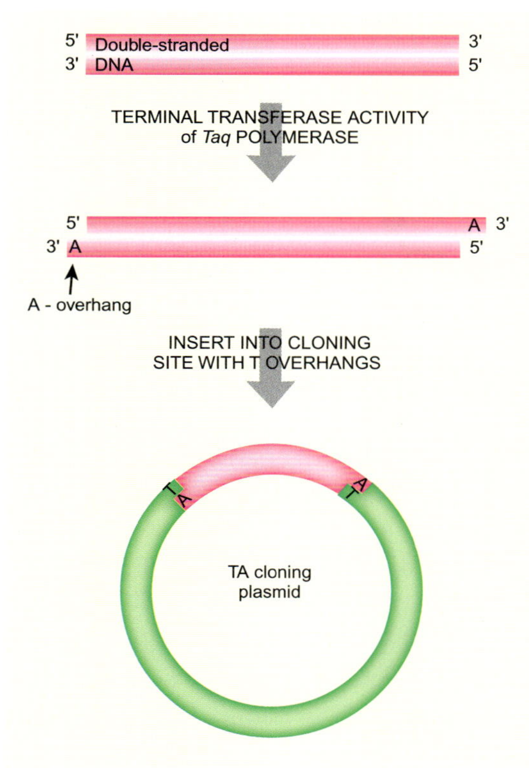

그림 7.05
TA 클로닝

Taq 중합효소가 PCR과정에서 DNA 절편을 증폭할 때, *Taq* 중합효소의 말단전달효소 활성은 PCR 산물의 3′-말단에 추가로 아데닌을 첨가한다. TA 클로닝 벡터는 선형화되었을 때 양 끝에 하나의 5′-T 돌출부를 갖도록 디자인되어 있다. PCR 산물은 특별한 제한효소 자리의 도움없이 이 벡터에 연결될 수 있다.

1.3 PCR 산물의 TA 클로닝

클로닝과 관련된 한 방법은 *Taq* 중합효소에 의해 형성된 PCR 산물에 적용하는 것이다(6장 참조). 이 중합효소는 말단전달효소 활성을 가지고 있어 두 가닥 DNA의 3′ 말단에 하나의 아데닌을 첨가한다. 이 반응은 주형이나 프라이머 서열과는 관계가 없다. **TA 클로닝** 과정은 *Taq* 중합효소와 몇 개의 다른 호열성 DNA 중합효소가 공유하고 있는 말단전달효소 활성을 이용하는 것이다. 이렇게, *Taq* 중합효소에 의해 증폭된 DNA 분자의 대부분은 하나의 3′-A 돌출부를 가지고 있다(그림 7.05). 결과적으로 이 DNA는 양 끝에 하나의 5′-T를 가진 벡터로 직접 클로닝될 수 있다. 같은 **TA 클로닝 벡터**가 어떠한 증폭된 DNA 절편을 클로닝하는 데 이용될 수 있다. 그 점에 대해서, 다른 출처의 DNA들도 *Taq* 중합효소의 이용을 통하여 말단에 3′-A 돌출부를 가질 수 있고 같은 메카니즘으로 클로닝될 수 있다. 이 과정은 편리한 제한효소 자리가 없을 경우 특히 유용하다.

Taq 중합효소는 말단전달효소 활성으로 인해 3′-A 돌출부를 만든다. 이는 PCR 산물을 TA 클로닝 벡터로 클로닝하는 데 이용될 수 있다.

2. 벡터에 있는 삽입체 탐지

한번 유전자나 다른 DNA 단편을 플라스미드 벡터로 클로닝하고 박테리아 세포로 형질전환하면, 우리는 그들의 존재를 탐지해야 하는 문제에 직면한다. 플라스미드 자체는 숙주 세포에 항생제 저항성 부여에 의해 탐지될 수 있으나, 추정한 삽입체가 실제로 존재하는지에 대한 질문은 남는다. 만약 클론 유전자 자체가 탐지가 쉬운 산물을 암호화한다면 문제는

TA 클로닝(TA cloning) *Taq* 중합효소가 만든 DNA 절편의 각 말단 3′–A 돌출부를 5′–T 돌출을 지닌 벡터에 클로닝하는 과정
TA 클로닝 벡터(TA cloning vector) *Taq* 중합효소에 의해 만들어진 3′–A 돌출부를 지닌 DNA 절편을 클로닝하는데 이용되는 5′–T 돌출부 (선형의 형태로)를 가진 벡터

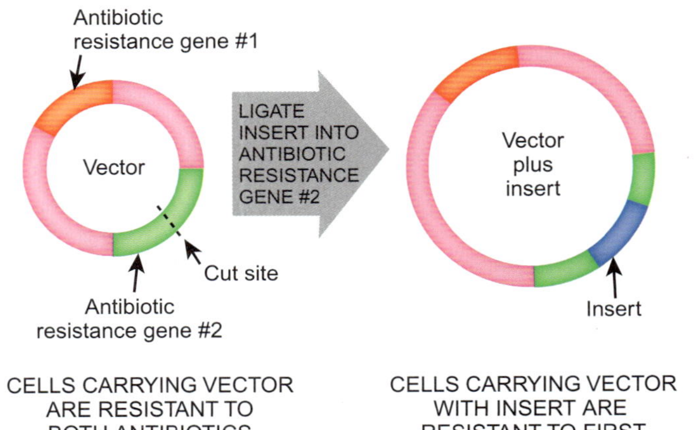

그림 7.06

항생제 저항성의 파괴에 의한 삽입체 검색

항생제 저항성 유전자 내에 유일한 제한효소 위치를 지닌 플라스미드는 클론 유전자가 성공적으로 삽입된 플라스미드를 동정하는 데 이용될 수 있다. 만약 관심의 유전자가 이 제한효소 위치로 연결되었다면, 항생제 저항성 유전자는 더 이상 활성을 가지지 못한다. 삽입체를 지닌 플라스미드를 가진 박테리아는 이 특정 항생제에 더 이상 저항성을 갖지 못한다.

없다. 그러나 대부분 경우에 삽입된 DNA 자체의 존재를 직접적으로 추적해야 한다.

벡터에 있는 삽입체는 DNA를 분리하고, 제한효소로 절단하고, 얼마나 많은 단편이 만들어지는가를 보는 일에 의해 체크될 수 있다.

덜 세련되고 가장 지루한 방법은 삽입된 DNA에 대한 많은 수의 용의자를 검색하는 것이다. 이 방법에서, 플라스미드 벡터를 받은 많은 독립된 박테리아 콜로니를 독립된 바이알에서 기른다. 플라스미드 DNA를 배양한 박테리아 각각으로부터 추출하고, 원래 클로닝 실험에서 이용하였던 제한효소로 절단한다. 만약 플라스미드에 삽입체가 없다면, 플라스미드는 단지 환형에서 선형의 DNA 분자로 전환될 것이다. 만약 벡터가 삽입된 DNA를 함유하고 있다면, DNA의 두 단편이 만들어지며 하나는 원래 플라스미드이고 다른 것은 삽입된 DNA 단편이다. 얼마나 많은 DNA 단편이 존재하는가를 보기 위하여, 절단한 DNA를 아가로오스 겔 전기영동에 의해 분리한다. 만약 충분한 형질전환된 콜로니를 테스트한다면, 곧 삽입된 DNA 단편을 지닌 플라스미드를 운반하는 콜로니를 찾을 수 있다. 이러한 접근 방법은 유전공학의 초기에 필연적으로 이용되었다. 오늘날, 변형된 벡터들이 이용되고 있어 다양한 접근방법에 의해 검색을 쉽게 해 준다.

삽입체는 벡터에 있는 유전자를 방해하기 때문에 생기는 성장 특성의 변화에 의해 때때로 선별된다.

다소 덜 힘든 것은 2개의 항생제 저항성 유전자를 지닌 플라스미드를 이용하는 것이다. 하나의 항생제 저항성 유전자는 플라스미드 벡터 자체를 받은 세포를 선별하기 위해서 이용된다. 두 번째 유전자는 삽입과 클론 DNA의 탐지에 이용된다(그림 7.06). 이용된 제한효소의 절단부위는 두 번째 항생제 저항성 유전자 내에 있어야만 한다. 클로닝한 DNA의 단편이 삽입되면, 이 항생제 저항성 유전자는 깨어진다. 이것을 **삽입 불활성화**라 한다. 결과적으로, 삽입체가 없는 플라스미드를 받은 세포는 두 항생제에 대해 저항성을 갖을 것이다. 삽입체를 지닌 플라스미드를 받은 세포는 오직 첫 번째 항생제에만 저항성을 갖을 것이다.

2.1. 보고 유전자

유전자의 산물이 분석에 편리한 유전자가 "보고 유전자"로 이용된다.

유전자의 산물이 탐지에 쉽기 때문에 유전적 분석에 이용되는 유전자를 **보고 유전자(reporter gene)**라 부른다. 비록 그들이 단백질의 위치 탐색 또는 여기서와 같이 클로닝 벡터에 특정 DNA의 존재를 탐지하기 위하여 다른 목적으로도 이용된다고 할지라도, 그들은 유전자 발현을 보고하기 위하여 이용된다(19장 참조).

삽입 불활성화(insertional inactivation) 암호화 서열의 중간으로 외부 DNA 단편을 삽입함에 의한 유전자의 불활성
보고 유전자(reporter gene) 유전자의 산물이 분석하기 편리하거나 탐지가 쉬워 유전적 분석에 이용되는 유전자

하나의 일반적인 보고 유전자는 **베타 갈락토오스가수분해효소(β-glactosidase)**를 암호화하는 ***lacZ* 유전자**이다. 이 효소는 우유에 존재하는 복합당인 젖당을 포도당과 갈락토오스로 분해한다. 그러나, 베타 갈락토오스가수분해효소는 또한 다양한 자연적 및 인위적 갈락토오스 화합물(즉 **갈락토시드**)를 분해할 수 있다(그림 7.07). 2개의 통상적으로 이용되는 인위적인 갈락토시드는 ONPG와 X-갈이다. **ONPG(*o*-니트로페닐 갈락토시드)**은 *o*-니트로페놀과 갈락토오스로 분해된다. *o*-니트로페놀은 노란색이고 잘 녹아 용액에서 정량적으로 측정될 수 있다. **X-갈(X-gal, 5-bromo-4-chloro-3-indolyl β-D-glactoside)**은 갈락토오스 플러스 인디고 유형 염료의 전구체로 분해된다. 공기 중에 있는 산소는 이 전구체를 불용성 청색 염료로 전환하여 *lacZ* 유전자가 있는 장소에 침전된다. 결과적으로 X-갈은 아가 배지 위의 박테리아 콜로니에서 발현되는 베타 갈락토오스가수분해효소를 탐지하는 데 이용된다.

베타 갈락토오스가수분해효소는 X-갈을 분해하여 청색 염료를 만들고, ONPG의 분해는 노란색 산물을 만든다. 이러한 색채 산물은 박테리아 세포에서 만들어지는 β 갈락토오스가수분해효소의 양과 비례한다.

2.2. 청색/흰색 검색

클로닝 벡터에 삽입체를 검색하기 위해 가장 편리하고 널리 이용되는 방법은 색깔 검색법을 이용하는 것이다. 대부분 통상적인 과정은 삽입체가 벡터에 존재할 때 색이 변하는 박테리아 콜로니를 만드는 β 갈락토오스가수분해효소와 X-갈을 이용하는 것이다. **청색/흰색 선별**이라 불리는 그 과정은 *lacZ* 유전자의 5′-말단을 가지고 있는 벡터를 이용한다. 이 잘린 유전자는 N-말단 부위 또는 처음 146 아미노산으로 구성된 β 갈락토오스가수분해효소의 **알파 단편**을 암호화한다. 분화된 박테리아 숙주는 염색체에 앞부분이 결여되었으나 β 갈락토오스가수분해효소의 나머지를 암호화하는 *lacZ* 유전자를 가지고 있도록 해야 한다. 만약 플라스미드와 염색체 유전자 단편이 활성적이면, 그들은 두 단백질 단편을 연합하여 활성이 있는 효소가 된다. 이것을 **알파 상보성**이라 한다(그림 7.08). 분리되어 만들어진 단편으로부터 활성이 있는 단백질로 조립되는 것은 정상적으로 불가능함을 주목하라. 다행히, β 갈락토오스가수분해효소는 이러한 관점에서 예외적이다. 플라스미드와 숙주사이에 *lacZ*를 분할하는 이유는 *lacZ* 유전자가 유별나게 크고(약 3,000 bp-거의 작은 플라스미드만큼 큼), 만약 클로닝 플라스미드가 작다면 크게 도움이 되기 때문이다.

클로닝을 위하여 이러한 독특한 단백질을 이용하기 위하여, 다중 연결자를 유전자의 앞과 매우 가까운 플라스미드의 *lacZ*α 암호화 서열에 삽입한다. 운 좋게, β 갈락토오스가수분해효소 단백질의 아주 앞부분은 효소 활성에 필요하지 않다. 다중 연결자가 해독틀을 방해하지 않고 삽입되어 있는 한, 작은 첨가는 효소에 영향을 주지 않는다. 그러나 만약 외부 DNA 단편이 이 다중 연결자로 삽입되면, β 갈락토오스가수분허효소의 알파 단편이 방해되어 활성이 있는 효소가 형성될 수 없다(그림 7.09). β 갈락토오스가수분해효소의 활성인 형태는 X-갈을 분해하여 청색을 만든다. DNA 삽입체가 없는 플라스미드는 β 갈락토오스가수분해효소를 만들어, 그 플라스미드를 지닌 박테리아 세포는 청색이 된다. 삽입체를 지닌 플라스미드는 β 갈락토오스가수분해효소를 만들 수 없어, 박테리아 세포는 흰색으로 그대로 있을 것이다.

삽입체는 청색과 흰색 선별에 의해 종종 탐지된다. 삽입체가 플라스미드의 다중 연결자 내로 삽입되면, 베타 갈락토오스 가수분해효소의 알파 절편의 생성을 방해한다. 활성인 베타 갈락토오스가수분해효소가 없다면, 보고 유전자 기질인 X-갈과 자란 박테리아는 흰색 콜로니(청색 콜로니보다는)를 만든다.

알파 단편(alpha fragment) β 갈락토오스가수분해효소의 N-말단 단편
알파 상보성(alpha complementation) 단백질의 N-말단 알파단편 플러스 나머지로부터 기능을 하는 β 갈락토오스가수분해효소의 조립
베타 갈락토오스가수분해효소(beta-galactosidase, β-galactosidase) 락토오스나 다른 β 갈락토시드를 분해하여 갈락토오스를 방출하는 효소
청색/백색 선별(blue/white screening) 베타 갈락토오스가수분해효소 유전자의 삽입 불활성화를 기반으로 한 검색과정
갈락토시드(galactoside) 락토오스, ONPG 및 X-갈과 같은 갈락토오스 화합물
lacZ 유전자(*lacZ* gene) β 갈락토오스가수분해효소를 암호화하는 유전자로 보고 유전자로 널리 사용됨
o-니트로페닐 갈락토시드(*o*-nitrophenyl galactoside, ONPG) β 갈락토오스가수분해효소에 의해 분해되어 노란색 *o*-니트로페놀을 방출하는 인위적인 기질
X-갈(X-gal, 5-bromo-4-chloro-3-indolyl β-D-galactoside) β 갈락토오스가수분해효소에 의해 분해되어 청색 염료를 방출하는 인위적인 기질

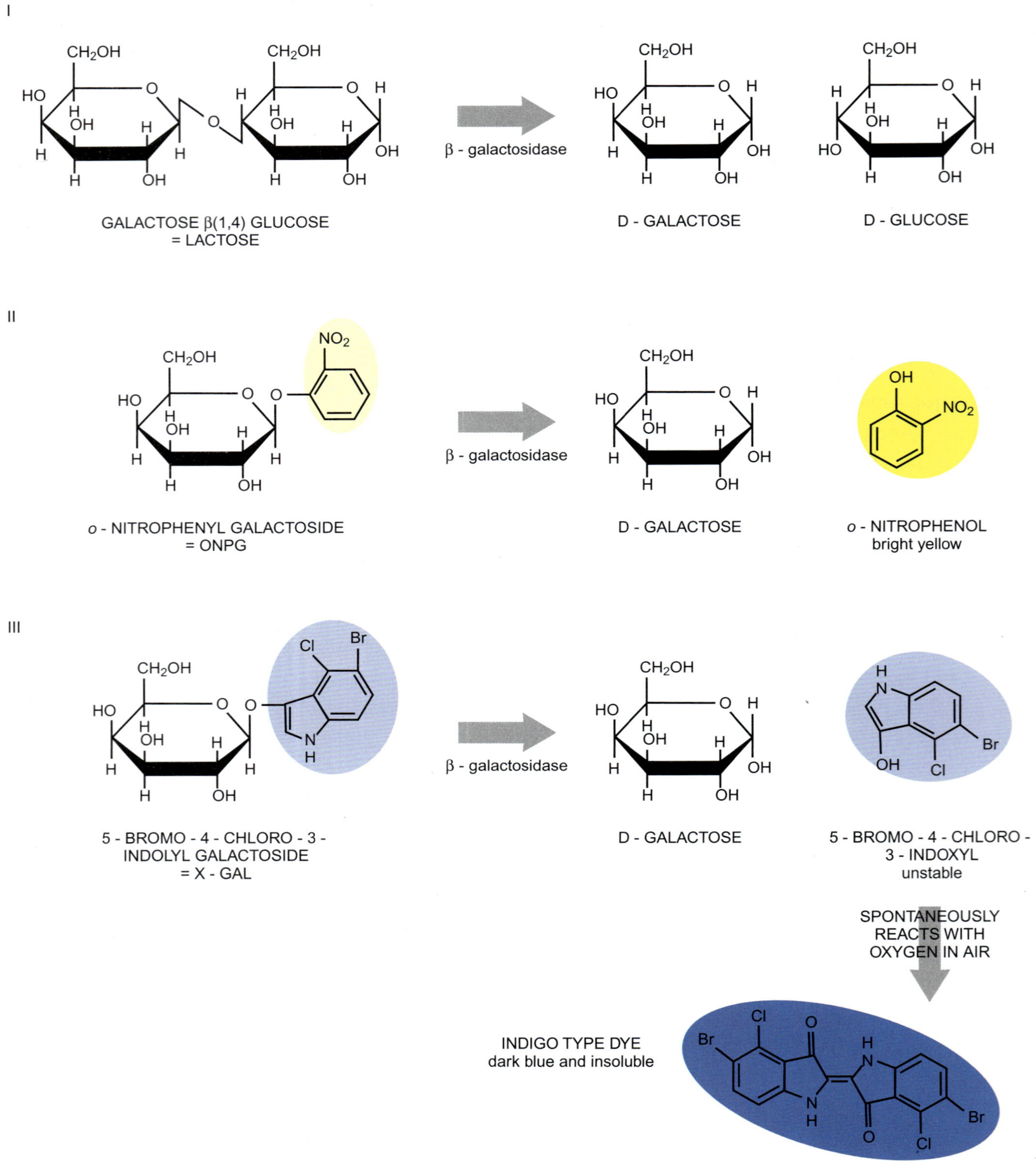

I

GALACTOSE β(1,4) GLUCOSE
= LACTOSE

β - galactosidase

D - GALACTOSE

D - GLUCOSE

II

o - NITROPHENYL GALACTOSIDE
= ONPG

β - galactosidase

D - GALACTOSE

o - NITROPHENOL
bright yellow

III

5 - BROMO - 4 - CHLORO - 3 -
INDOLYL GALACTOSIDE
= X - GAL

β - galactosidase

D - GALACTOSE

5 - BROMO - 4 - CHLORO -
3 - INDOXYL
unstable

SPONTANEOUSLY
REACTS WITH
OXYGEN IN AIR

INDIGO TYPE DYE
dark blue and insoluble

그림 7.07

β 갈락토오스분해효소에 의해 이용되는 기질

β 갈락토오스분해효소는 정상적으로 락토오스를 2개의 단당류인 포도당과 갈락토오스로 분해한다. β 갈락토오스분해효소는 또한 2개의 인위적인 기질인 ONPG와 X-갈을 분해하여 육안으로 구분할 수 있는 염료를 만드는 기를 방출한다. ONPG는 o-니트로페놀이란 밝은 노란색 물질을 방출하는 반면, X-갈은 산소와 결합하였을 경우 청색 인디고 염료를 형성하는 불안정한 기를 방출한다.

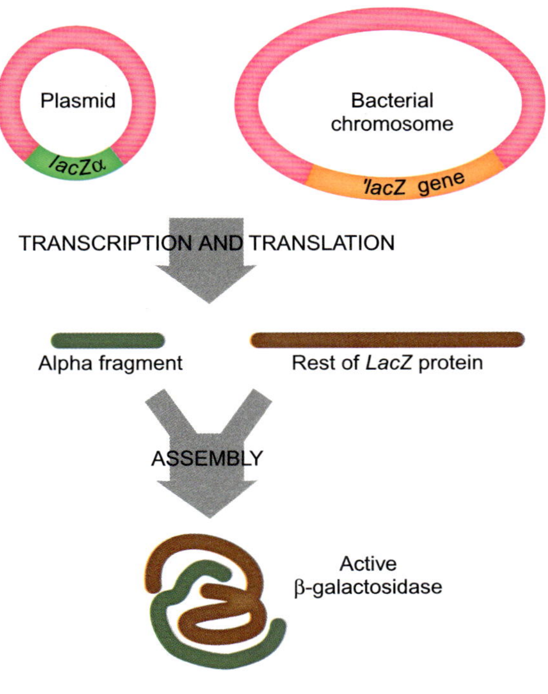

그림 7.08

알파 상보성

β 갈락토오스가수분해효소 단백질은 독특하다. 왜냐하면 함께 조립되어 기능을 가진 단백질을 만드는 두 조각으로 발현될 수 있기 때문이다. 두 단백질 단편은 박테리아 세포 내에서 2개의 다른 DNA 분자로부터 암호화될 수 있다. 알파 단편은 플라스미드에서 발현되고 β 갈락토오스가수분해효소의 나머지 부분은 염색체로부터 발현될 수 있다.

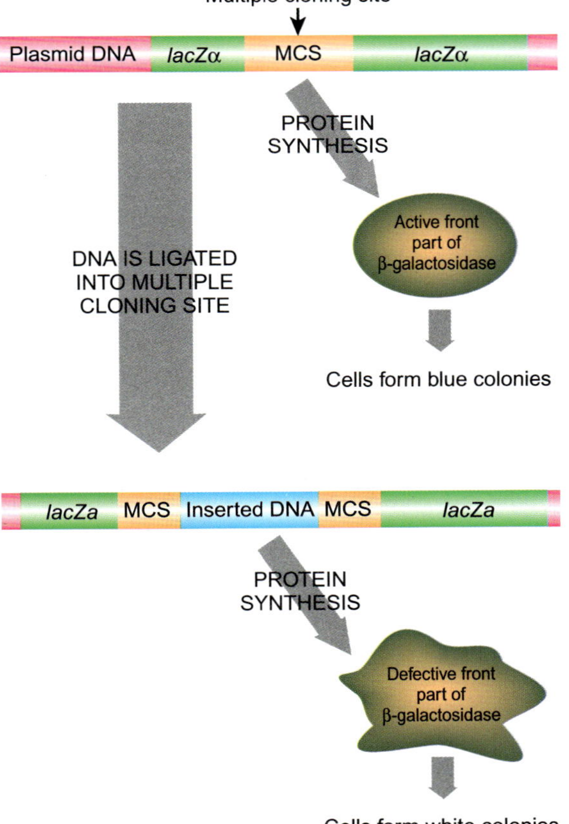

그림 7.09

베타 갈락토오스가수분해 효소를 위한 청색/흰색 검색

lacZα 유전자를 지닌 플라스미드의 삽입체를 검색하기 위하여, 작은 다중 연결자 또는 다중 클로닝 부위가 *lacZα*의 N-말단 끝단 부분에 삽입되어야 한다. 이 작은 삽입은 인프레임(in-frame)으로 클로닝되었으므로, 알파 단편은 염색체 유전자로부터 발현된 β 갈락토오스가수분해효소의 나머지 부분과 복합체를 형성하면 여전히 활성을 가진다. 이 구조를 지닌 박테리아는 X-갈 존재하에서 청색으로 변한다. 그러나, 만약 클론 유전자와 같이 거대한 DNA 단편이 다중 클로닝 부위로 삽입되면, 알파 단편이 만들어지지 않아 베타 갈락토오스가수분해효소는 더 이상 활성을 가지지 않는다. 이 플라스미드를 가진 박테리아는 X-갈을 분해하지 못하므로, 흰색으로 남아있게 된다.

그림 7.10

효모를 위한 왕복수송 벡터

왕복수송 벡터가 효모와 대장균 모두에서 성장하기 위해서, 벡터는 몇 가지 필수요소를 가져야한다: 2개의 복제기점, 하나는 대장균을 위한 복제기점이고 다른 하나는 효모를 위한 것; 효모 복제 과정에서 딸세포로 분할하도록 하기 위한 효모의 동원체 서열; 효모와 대장균 모두를 위한 선별 표지; 관심의 유전자를 삽입하기 위한 다중 클로닝 부위

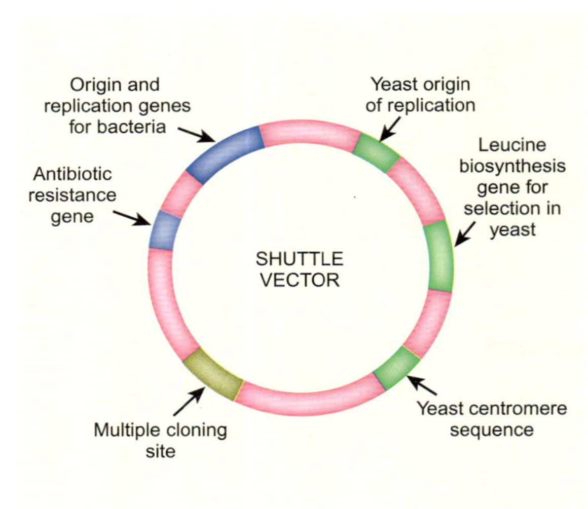

3. 생명체사이의 유전자 이동: 왕복수송 벡터

왕복수송 벡터는 하나 이상의 생물체에서 복제될 수 있다. 이것은 같은 유전자가 다른 숙주에서 발현되도록 한다.

지금까지 논의한 플라스미드 벡터는 박테리아에서 작용하도록 고안된 것이다. 동물 또는 식물의 유전자를 연구할 때 조차도 정상적으로 먼저 박테리아 플라스미드로 클로닝한다. 그러나 결국 클론 유전자는 종종 한 생물체에서 다른 생물체로 이동되어야 한다. 이것은 **왕복수송 벡터**를 이용하여 수행될 수 있다. 이름이 의미하듯이, 이 벡터는 한 종류 이상의 숙주 세포에서 살아남을 수 있다. 분명히 벡터가 되기 위한 상세한 요구조건은 숙주 생물체에 따라 다르나, 개략적인 아이디어는 같다.

초기의 왕복수송 벡터는 대장균과 같은 박테리아와 단순한 진핵세포인 효모 사이를 왕복수송하도록 고안되었다(그림 7.10). 박테리아 플라스미드 벡터로 시작하여, 몇 가지 추가적인 구성요소가 왕복수송 벡터를 만들기 위해 필요하다:

1. 효모에서 작용하는 **복제기점**. 복제기점은 DNA 복제를 시작하는 위치이다. 복제기점은 다른 생물 그룹에 특이한 몇 가지 단백질의 인식서열을 포함하고 있다. 원핵세포 복제기점은 진핵세포에서 작용하지 못하고, 반대 상황도 마찬가지다. 왜냐하면, 요구되는 DNA 서열이 크게 다르기 때문이다. 그러나, 복제기점의 서열은 오히려 다른 진핵생물에서는 유사하여, 효모 복제기점은 많은 다른 고등생물에서 적어도 어느 정도는 작용할 것이다.
2. 효모에서 플라스미드의 정확한 분할을 허용하는 **동원체 서열**. 효모 세포가 분열할 때, 배가된 염색체는 동원체에 부착된 미세소관에 의해 떼어 분리되어, 각각의 딸세포는 완전한 세트를 얻게 된다. 왕복수송 벡터도 세포분열 시 또한 정확히 분리되어야 한다. 이 일을 수행하기 위하여, 왕복수송 벡터는 효모 염색체의 동원체의 DNA 단편인 Cen 서열을 함유해야만 한다. 이것은 새로운 염색체를 끌어 당기는 미세소관에 의해 인식된다.
3. 효모에서 플라스미드를 선별하기 위한 유전자. 여기서 문제는 효모가 박테리아를 죽이는 대부분의 항생제에 영향을 받지 않는다는 것이다. 실제로, 덜 만족스러운

왕복수송 벡터는 각각의 숙주를 위한 별도의 복제기점과 선별 메카니즘을 가져야 한다.

동원체 서열(Cen 서열)[centromere (Cen) sequence] 세포분열 동안에 염색체의 정확한 분리를 위해 필요한 진핵세포 염색체의 동원체에 있는 서열
복제기점(origin of replication) DNA 복제가 시작되는 염색체 상 위치
Cen 서열(Cen sequence) 동원체 서열 참조
왕복수송 벡터(shuttle vector) 한 종류 이상의 숙주 세포에서 살아남고 숙주사이를 이동할 수 있는 벡터

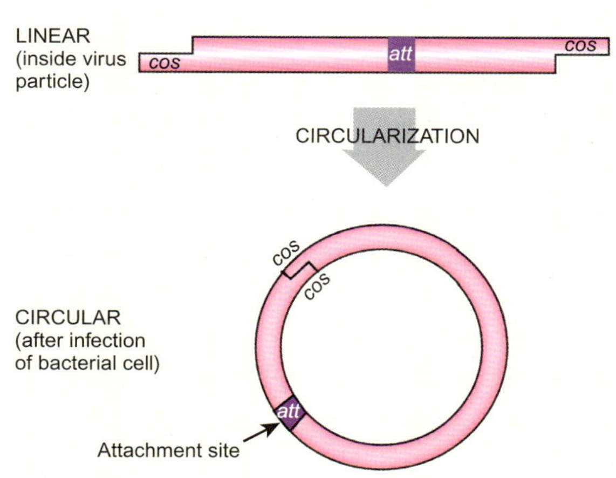

그림 7.11
람다-선형과 환형의 게놈

람다 파지 입자에서, 게놈은 각각의 말단에 두 *cos* 서열을 지닌 선형의 DNA 분자이다. 파지가 그들의 DNA를 박테리아 숙주로 주입한 후 DNA는 환형이 된다. 두 점착성 말단은 염기쌍을 형성하고, 박테리아 효소에 의해 서로 연결되어 하나의 원을 형성한다.

선별기술이 이용된다. 아미노산(예로서 루이신) 합성을 위한 유전자가 결여된 효모 숙주 계통이 이용된다. 상응하는 생합성 유전자는 벡터에 존재한다. 류신이 부재하면 효모는 굶어죽는다. 만약 효모가 leu^+ 유전자를 운반하는 플라스미드를 얻으면, 효모는 살 수 있다.

4. 박테리오파지 람다 벡터

대장균에 감염하는 박테리아 바이러스인 **박테리오파지 람다**는 클로닝 벡터로 널리 이용되어 왔다. 21장에서 설명한 바와 같이, 람다는 생활사에 용균과 용원이라는 양자택일의 회로를 모두 가진 잘 알려진 바이러스이다. 람다 DNA가 복제와 대장균 염색체로의 삽입을 위해 환형이 되지만, 파지 입자 내에서의 DNA는 선형이다(그림 7.11). 각 말단에는 ***cos* 서열**로 알려진 상보적인 12 bp 길이의 돌출이 있다. 일단 대장균 숙주 세포 안에서, 그 서열은 염기쌍을 형성하고 점착성 말단은 숙주 효소에 의해 서로 연결되어 환형의 람다 게놈을 형성한다.

특히 바이러스가 그들의 숙주 세포에서 보조를 맞추어 복제하는 용원상태 또는 잠복상태를 채택할 수 있다면 가능하다. 바이러스는 벡터로 이용될 수 있다.

37-52 kb 사이의 DNA 분자만이 람다입자의 머리로 안정되게 포장될 수 있다. 여분의 작은 DNA 단편은 포장에 방해되지 않고, 람다 게놈으로 삽입될 수 있다. 그러나, 긴 삽입체를 수용하도록 하기 위해서는 람다 게놈의 일부를 제거할 필요가 있다. 왼쪽 부위는 구조단백질을 위해 필수적인 유전자를 가지고 있고, 오른쪽 부위는 복제와 용균을 위한 유전자를 가지고 있다. 람다 게놈의 중간 부분(~15 kb)은 꼭 필요한 부분이 아니므로 약 23 kb의 외부 DNA로 대체될 수 있다(그림 7.12). 람다의 중간 부위는 통합과 재조합을 위한 유전자를 가지고 있기 때문에, 그러한 람다 대체벡터는 숙주 염색체로 통합될 수 없고 그들 스스로 용원(lysogene)을 형성할 수 없다. 용원을 만들기 위해서 통합과 재조합 기능을 제공하는 도움 파지를 이용할 필요가 있다.

만약 필수 유전자가 바이러스 벡터로부터 제거된다면, 복제를 가능하게 하기위해 도움 바이러스가 필요하다.

만약 외부 DNA가 람다의 중간으로 삽입된다면, 그 결과 2개의 점착성 말단을 지닌 선형 DNA 분자가 만들어진다. 대장균 숙주 세포로 도입할 그러한 구조를 얻기 위해서 **시험관 내 포장**이 요구된다(그림 7.13). 이 기술에서, 람다 단백질의 혼합액을 시험관 내에서

박테리오파지 람다(bacteriophage lambda) 생활사에 용균과 용원이라는 양자택일의 회로를 모두 가진 대장균 바이러스로 클로닝 벡터로 널리 이용됨
***cos* 서열: 람다 점착성 말단(*cos* sequences; lambda cohesive ends)** 람다 게놈의 선형의 각 말단에서 볼 수 있는 상보적인 12 bp 길이의 돌출부
시험관 내 포장(*in vitro* packaging) 감염 가능한 바이러스 입자를 조립하기 위하여 시험관 내에서 바이러스 단백질들과 DNA를 혼합하는 과정. 종종, 재조합 DNA를 박테리아파지 람다로 포장하는 데 이용됨

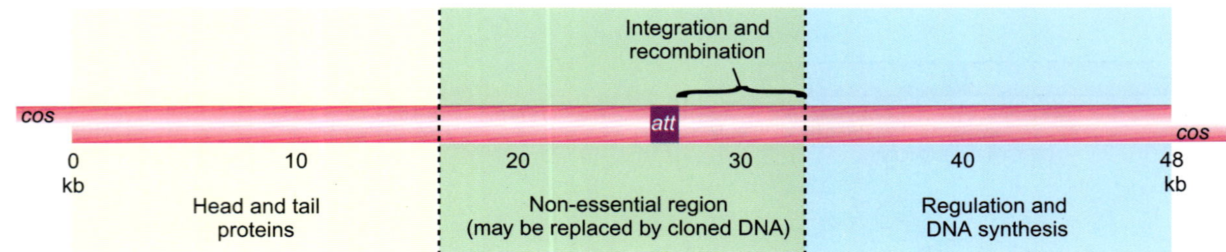

그림 7.12
람다 대체벡터

람다 파지는 성장과 다루기가 쉽기 때문에, 그 게놈이 외부 DNA 삽입체를 수용하도록 변형되어 왔다. 게놈의 녹색 부위는 람다의 성장과 포장에 필요하지 않은 유전자를 가지고 있다. 이 지역은 거대한 외부 DNA 삽입체(약 23 kb까지)로 대체될 수 있다. 도움 파지가 이용되었을 때, 그렇게 변형된 람다는 유용한 클로닝 벡터가 된다.

그림 7.13
람다 대체벡터의 시험관 내 포장

클론 DNA를 함유한 람다 클로닝 벡터는 대장균에 감염시키기 전에 파지머리로 포장되어야 한다. DNA를 포장하기 전에, 파지머리 단백질을 분리해야 한다. 이를 위해서, 대장균 배양을 E라 불리는 하나의 머리 단백질 유전자가 결여된 람다 돌연변이체로 감염시킨다. 또 다른 대장균 배양은 파지 머리 단백질 D가 결여된 또 다른 람다 돌연변이체로 감염시킨다. 두 대장균 배양은 돌연변이체 람다를 가지고 성장하고, 바이러스는 용균회로를 유도한다. 대장균이 파지에 의해 분해된다 하더라도, 파지는 완전한 머리를 만들 수 없다. 대신에 파지 단백질의 녹는 혼합액을 분리할 수 있다. 각각의 용해물은 D나 E를 제외하고는 파지꼬리, 조립단백질 및 머리 구성성분을 함유한다. 이러한 두 용해물을 클론 DNA를 함유한 람다 벡터와 혼합한다. 혼합이 시험관에서 이루어진다 하더라도, 구성성분은 대장균에 감염할 수 있는 기능성 파지로 자가조립될 수 있다.

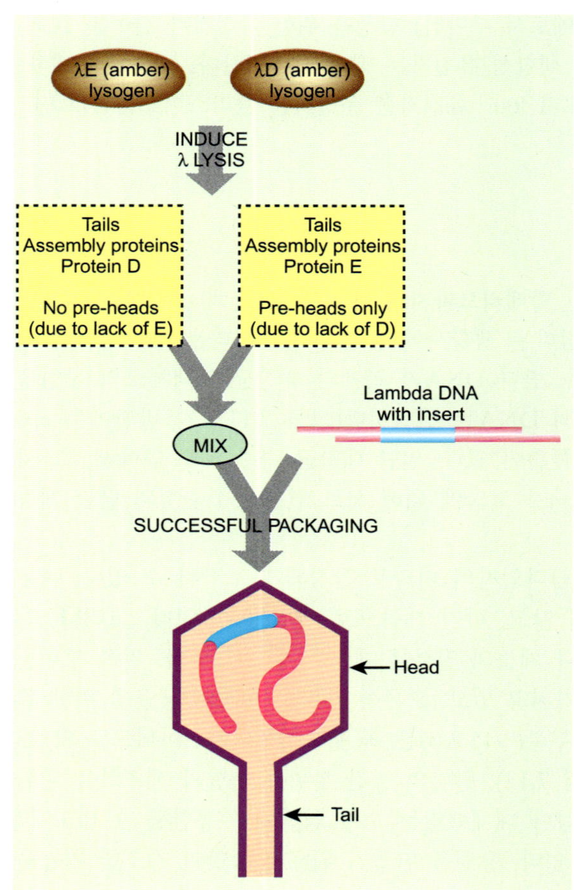

재조합 람다 DNA와 섞어 파지 입자를 만든다. 두 가지 별도의 대장균 배양에 2개의 다른 결손 람다 돌연변이체를 감염시켜 필요한 람다 단백질을 만든다. 두 돌연변이체 각각은 필수적인 머리 단백질이 결여되어 있어 그들 자신의 DNA를 함유한 입자를 만들 수 없다. 두 용해물의 혼합은 완전한 람다 단백질 세트를 공급하여, 람다 DNA와 혼합했을 때 감염 가능한 파지 입자를 만들 수 있다.

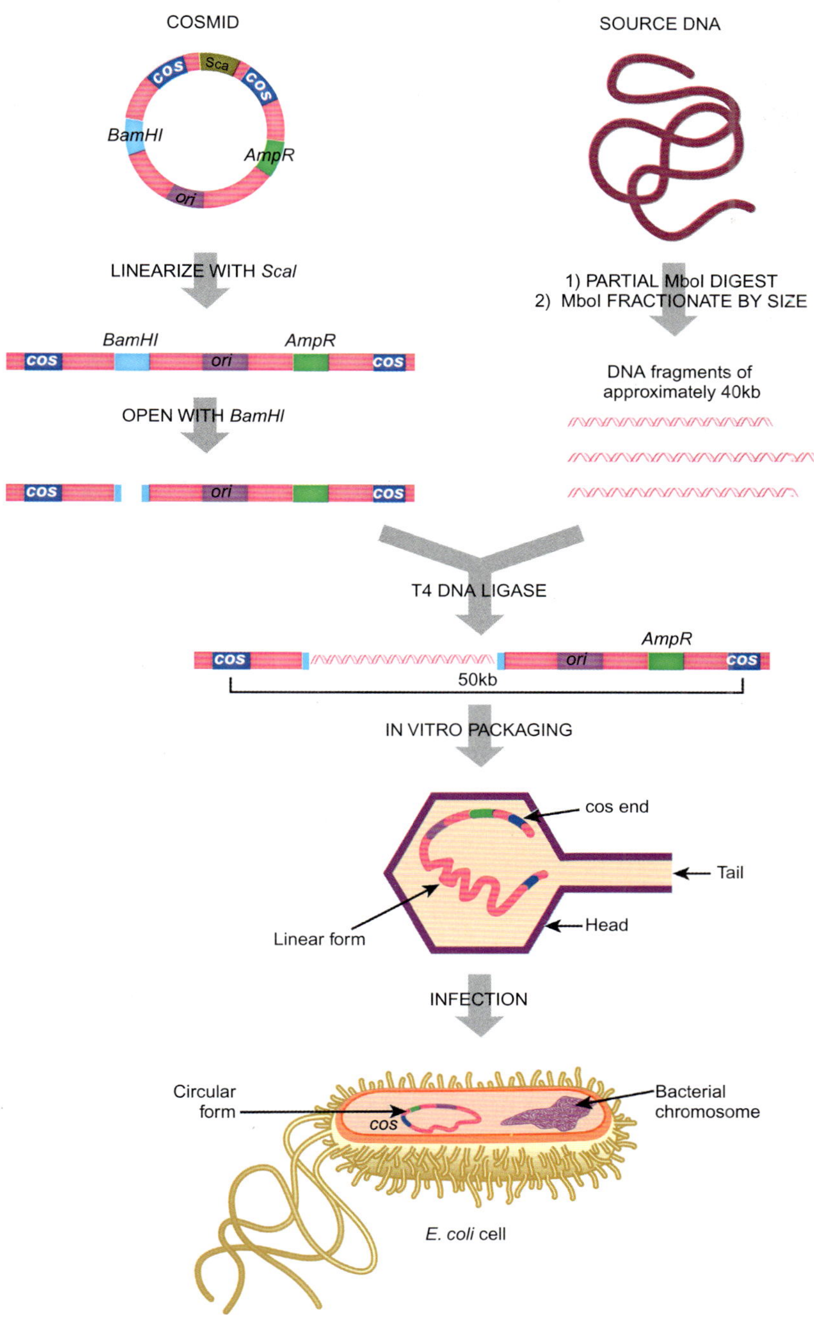

그림 7.14

코스미드 벡터

DNA의 거대 단편을 코스미드 벡터로 클로닝하기 위하여, 둘은 상보적인 점착성 말단을 가져야만 한다. 코스미드 벡터를 먼저 각 말단이 *cos* 위치를 갖도록 선형화한다. 그때, 선형화된 코스미드를 *Bam*HI로 절단하여, 돌출서열이 GATC인 점착성 말단을 만든다. 관심의 공급원으로부터 얻은 게놈 DNA도 또한 절단한다. *Bam*HI 대신에 이 게놈 DNA를 *Mbo*I으로 부분 절단하여 또한 GATC 돌출을 만든다. 부분적 절단은 일부 위치를 잘리지 않은 상태로 두어, 거대한 게놈 단편을 분리할 수 있게 한다. 이들 단편을 둘로 절단한 코스미드와 혼합하고 연결효소를 이용하여 연결한다. 최종산물은 시험관에서 람다 입자로 포장되고 대장균에게 감염시키기 위하여 이용된다.

5. 코스미드 벡터

람다 용해물을 이용한 시험관 내 포장은 강력한 기술이다. 람다 머리로의 DNA 포장은 람다 유전자를 필요로하지 않아, **코스미드** 벡터를 이용하여 클론 DNA로 람다 입자의 거의 전체를 채울 수 있다. 코스미드 자체는 *cos* 위치를 지닌 작은 다중 사본 플라스미드이다(그림 7.14). 코스미드는 각 말단이 *cos* 서열을 갖도록 먼저 선형화된다. 관심의 유전자를 코스미드로 클로닝하기 위해서, 유전자와 코스미드 모두를 같은 효소나 동일한 점착성 말단을 만드는 두 가지 효소(예, 그림 7.14에서와 같이 *Bam*HI과 *Mbo*I)로 절단한다. 표적 DNA는 종종 부분적으로만 절단된다(즉, 일부 위치가 절단되지 않은 상태이다). 첫째, 이

코스미드(cosmid) 람다의 *cos* 위치를 가지고 있고 약 45 kb의 클론 DNA를 운반할 수 있는 작은 다중 사본 플라스미드

표 7.01 삽입체 크기와 클로닝 벡터

벡터	최대 삽입 크기
다중 사본 플라스미드	10 kb
람다 대체벡터	20 kb
코스미드	45 kb
P1 플라스미드 벡터	100 kb
PAC(P1 인공 염색체)	150 kb
BAC(박테리아 인공 염색체)	300 kb
YAC(효모 인공 염색체)	2,000 kb

것은 거대한 게놈 단편을 분리할 수 있게 한다. 둘째, 절단 부위가 관심의 유전자 안에 존재한다면, 일부 단편은 아직도 온전한 유전자를 가질 수 있다. 표적 DNA의 양쪽에 두 코스미드 조각의 연결은 각각의 말단에 *cos* 위치를 지닌 DNA를 만든다. 이 구조는 시험관 내에서 람다 입자로 포장될 수 있고, 그때 대장균에 감염시키기 위하여 이용될 수 있다. 작은 코스미드 이를 테면, 4 kb를 이용하여 약 45 kb까지의 삽입체를 클로닝할 수 있다.

6. 효모 인공 염색체

인공 염색체는 거대한 DNA 양을 운반하도록 고안된 벡터이다. 효모 인공 염색체는 2000 kb에 가까운 DNA를 운반할 수 있다.

고등 생명체의 게놈 분석은 박테리아를 위한 것보다 훨씬 거대한 단편의 클로닝을 요구한다. 진핵세포 유전자는 인트론을 가지고 있기 때문에, 유전자의 길이가 수백 kb가 될 것이다. 그러한 거대한 DNA 단편은 특수한 벡터를 필요로 한다. 박테리오파지로부터 유래된 벡터의 가장 큰 수용력은 거의 100 kb(표 7.01)이다. 결과적으로, "인공 염색체"가 진핵세포의 거대한 DNA를 운반하기 위하여 개발되어 왔다.

약 2,000 kb 또는 2백만 염기쌍까지의 거대한 DNA 절편은 **효모 인공 염색체** 또는 **YACs**으로 운반될 수 있다(그림 7.15). 플라스미드이든 염색체든 어떠한 복제단위가 효모에서 생존하기 위해서, 벡터는 효모 특이 복제기점과 동원체 인식서열(Cen 서열)을 가져야만 한다. YAC는 이 두 가지 요소를 다 가지고 있다. 게다가, 모든 진핵세포 염색체에 의해 요구되는 말단소체 서열이 양 말단에 존재한다. 효모 세포는 인공적이지만 염색체처럼 이 구조를 대할 것이다. 물론, 실전에서는 선별표지와 적절한 다중 클로닝 부위가 또한 포함된다.

클론 DNA의 거대한 양이 YAC로 삽입될 수 있고 효모 세포 안에서 복제될 수 있다. 복제기점을 위한 인식서열과 동원체 및 말단소체는 고등 생물체사이에 아주 비슷하기 때문에, YAC는 생쥐에서도 생존이 가능하고 심지어 양친으로부터 자손으로 전해질 수 있는 추가적 보너스도 있다. 모든 어린 생쥐가 YAC를 물려받지는 못할지라도, YAC는 고등 동물 엔지니어링과 게놈을 서열화하기 위해 필요한 거대한 DNA 서열을 클로닝하는 길을 열어 주었다.

7. 박테리아 인공 염색체와 P1 인공 염색체

ColE1 유래 플라스미드와 같이 다중 사본 벡터는 한 사본 벡터보다 높은 DNA 생산을 보장하기 때문에 가치가 있다. 그러나, 그들은 또한 단점도 가지고 있다. 특히, 삽입체가 만약

효모 인공 염색체(yeast artiticial chromosome, YAC) 매우 긴 DNA 삽입체를 운반할 수 있는 효모 염색체를 기본으로 하는 한 사본 벡터. 인간 유전체 프로젝트에 널리 이용되었음.

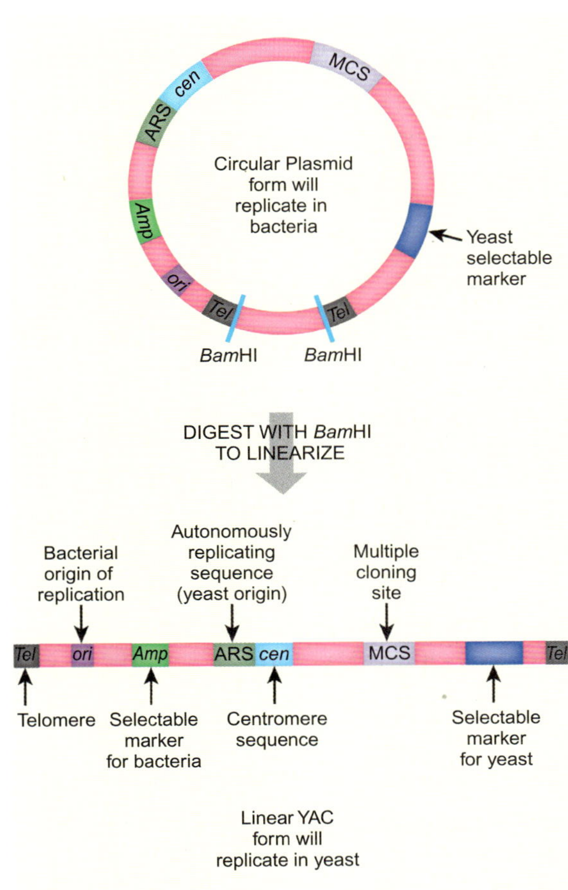

그림 7.15
효모 인공 염색체 (YAC)

YAC은 박테리아에서 성장하기 위한 환형과 효모에서 성장하기 위한 선형의 두 가지 형태를 가진다. 환형은 박테리아 복제기점과 항생제 저항성 유전자를 가지고 있기 때문에 박테리아에서 다른 플라스미드와 같이 다루어지고 성장할 수 있다. 효모에서 이용하기 위해서, 환형을 분리하여 효모의 말단소체 서열이 양 끝에 있도록 선형화해야 한다. 이 형태는 클론 DNA의 2,000 kb 까지를 다중 클로닝부위(MCS)로 삽입할 수 있도록 한다.

매우 길거나 반복서열을 함유하고 있다면 특히 불안정하다. 대부분의 경우, 불안정한 삽입체는 재조합에 의해 플라스미드로부터 제거된다. 진핵세포 DNA는 플라스미드 안에서 특히 불안정하다. 그러므로, 박테리아로 진핵세포 DNA의 거대 단편을 클로닝하는 것은 **박테리아 인공 염색체**를 이용하여 수행된다. 이것은 대장균의 F-플라스미드를 기본으로 하는 한 사본 벡터이다. 그들은 300 kb 또는 그 이상의 삽입체를 수용한다. 전기천공법이 이 거대한 구조를 대장균 숙주 세포로 형질전환하기 위해 필요하며, DNA 수득율은 낮다. 그럼에도 불구하고, 박테리아 인공 염색체는 인간 게놈 프로젝트와 다른 진핵세포 게놈 염기서열결정 프로젝트에 널리 이용되어 왔다.

거대한 진핵세포 DNA 단편을 위해 이용되는 또 다른 클로닝 벡터가 **P1 인공 염색체**이다. 이 클로닝 벡터는 박테리오파지 P1으로부터 유래되었으며, 150 kb까지의 삽입체를 운반하는 데 이용되어 왔다. 람다 유래 벡터와 똑같이(위 참조), 이 PAC은 시험관 내 포장을 필요로 한다.

8. 리컴바이니어링은 유전자 클로닝의 속도를 증가시킨다

동형 재조합동안 두 DNA 분자는 상동 부위를 이용하여 정확한 방법으로 절편을 교환한다(보다 자세한 내용은 24장 참조). 상동 재조합을 통한 DNA 엔지니어링을 **리컴바이니어링**이라 한다. 대부분 이용되는 재조합 시스템은 람다 파아지이다. 람다는 용원상태(잠복성)

P1 인공 염색체(P1 artificial chromosome, PAC) 매우 긴 DNA 삽입체를 운반할 수 있는 대장균의 P1-파지/플라스미드를 기본으로 하는 한 사본 벡터
리컴바이니어링(recombineering) DNA 절편을 벡터에 삽입하기 위하여 동형 재조합을 이용하는 기술

로 들어갈 수 있는 박테리아 바이러스이다. 람다는 그의 게놈을 대장균과 같은 숙주 박테리아 게놈으로 삽입하기 위하여 RED 시스템을 통한 재조합을 이용한다. 람다를 통합하는 단백질은 일시적으로 발현되어 어떤 선형 DNA도 삽입할 수 있다. 그 단백질은 이제 새로운 벡터 조합을 만들기 위해 이용된다. 람다 파아지 RED 시스템은 제한효소 절단, 단편 분리 및 연결이라는 전통적인 방법보다 유전자 클로닝에 많은 장점을 가지고 있다. 이 장점들은 다음을 포함한다:

1. RED 단백질은 짧은 시간동안 발현되는 한 자연적인 돌연변이를 야기하지 않는다.
2. 이 단백질은 외부 DNA를 박테리아 염색체 또는 BACs에 삽입하기 위해서 짧은 상동 부위(45 bp)만 필요로 한다.
3. 실험 과정이 빠르고 쉽다.
4. 그 시스템은 재조합을 시작하기 위하여 짧은 외가닥 올리고뉴클레오티드를 인식한다. 그러므로, BAC이나 유전자의 게놈 사본에 작은 결실, 삽입 또는 하나의 염기를 바꾸는 데 이용될 수 있다.

리컴바이니어닝을 수행하기 위하여, 첫 번째 단계는 관심의 유전자 또는 DNA를 PCR로 증폭하는 것이다. 표적 DNA를 인식하는 서열 이외에, PCR 프라이머는 BAC에 있는 상동 부위에 상보적인 약 50 bp 서열을 포함하고 있어야 한다(그림 7.16). 이 PCR

관련 연구에 대한 초점

Song H, Chung S-K, and Xu Y (2010) Modeling disease in human ESCs using an efficient BAC-based homologous recombination system. Cell Stem Cell 6: 80–89.

이 관련된 논문에서 저자들은 2개의 다른 유전자인 *ATM*과 *p53*를 파괴하기 위하여 리컴바이니어링을 이용해서 이들 돌연변이가 세포 내 기능에 어떤 영향을 주는지를 밝힐 수 있었다. 생쥐 모델로 연구하기 보다, 미분화되어 많은 다른 세포를 만들 수 있는 잠재력을 지닌 인간 배아줄기세포(ESCs)를 선택하였다. 저자들은 이 세포는 *ATM*과 *p53*를 연구하는 좋은 모델 시스템이고 사람에서 관찰할 수 있는 유사한 표현형을 볼 수 있을 것이라는 가설을 설정하였다. 사람에서 *ATM*의 돌연변이는 투박한 행동, 작은 확장성 모세혈관(모세혈관확장증), 약화된 면역시스템 및 암 체질을 야기하는 성장억제와 신경퇴보가 질병의 특징인 모세혈관확장성운동실조증(Ataxia–telangiectasia)을 초래한다. *ATM* 유전자는 DNA 손상을 수선하는 데 도움을 주어, 이 유전자가 결핍되면 사람들은 체세포에 돌연변이가 축적되어 암과 신경 결함이 나타나는 경향이 있다. *p53* 유전자의 돌연변이가 인간 암에서 통상적으로 발견된다. p53 유전자는 세포주기의 진행을 조절하는 단백질을 암호화하여, 이 유전자가 결핍되면 세포는 분열을 멈출 수 없어 비조절적으로 성장하고 궁극적으로 종양이 된다.

배아줄기세포에서 *ATM* 유전자를 파괴하기 위하여 연구자들은 대장균에서 리컴바이니어링에 의해 하나의 BAC-기본 벡터를 제작하였다. *ATM* 유전자는 40개 이상의 엑손으로 된 매우 큰 유전자이다. 이 유전자를 망가뜨리기 위해 연구자들은 각각 *ATM* 대립인자에 대한 2개의 다른 표적 벡터를 만들었다. 그들은 먼저 *ATM* 유전자의 39번 엑손과 45번 엑손을 지닌 12.5 kb *NcoI* 절편을 배아줄기세포로부터 분리하였다. 이 단편을 BAC에 넣고 그때 *ATM* 대립인자인 표적 벡터를 만들기 위해 리컴바이니어링을 이용하였다. 첫 번째 표적 벡터는 네오마이신 프로모터로 이어맞추기 부위가 삽입된 네오마이신 저항성 유전자를 가지고 있었다. 이렇게 리컴바이니어링된 절편을 배아줄기세포의 *ATM* 유전자에 삽입하면, 그 어어맞추기 부위는 *ATM* RNA 전사체에 인트론의 일부가 포함되게 해준다. 두 번째 표적 벡터는 네오마이신 대신에 퓨로마이신 저항성 유전자를 지닌 것을 제외하고는 똑같은 잘못을 유도하였다. 바뀐 mRNA는 더 이상 정확한 단백질을 발현할 수 없다.

ATM 유전자가 제거된 배아줄기세포를 만들기 위해, 첫 번째 표적 벡터와 배아줄기세포가 함께 배양하고, 그때 **전기천공법**이라 불리는 과정인 전하가 가해졌다. 배아줄기세포의 세포질막과 핵막을 열어 표적벡터가 핵으로 들어가게 한다. 일단 핵에서는 *ATM* 유전자에 상동인 지역은 재조합되어 표적 벡터는 *ATM* 유전자의 사본 하나를 대체한다(재조합에 대한 보다 자세한 내용은 24장 참조). 이 세포는 네오마이신 저항성에 의해 선별된다. 다음에, 이형접합 세포는 두 번째 표적 벡터로 전기천공되고, 네오마이신과 퓨로마이신 저항성에 의해 선별된다. 이 세포는 파괴된 두 *ATM* 사본을 지닌다. 유전자 및 단백질의 부재는 PCR, 서던흡입법 및 웨스턴 흡입법에 의해 확인되었다. 동일한 방법이 *p53* 유전자를 망가뜨리기 위해 이용되었다.

이 논문의 나머지 부분에서는 *ATM*과 *p53* 유전자가 제거된 세포의 표현형을 신경 결함과 관련해서 분석하였다. 저자들은 *ATM*이 제거된 세포는 쥐에서 종양으로 자랄 때 보이는 신경 결함을 보인다는 것을 발견하였다. *p53*이 제거된 배아줄기세포는 그들이 게놈에서 해를 입었을 때 인간 암에서 보이는 것과 같이 분열을 중지하지 못하였다. 질병이 유도된 세포주를 만드는 이 방법은 다른 방법들보다 훨씬 효과적이서 관련된 질병을 치료하는 방법을 개발하는 데 도움을 줄 것이다.

전기천공법(electroporation) 전기장으로 세포막에 작은 구멍 또는 입구를 유도하는 것: 박테리아, 포유동물 세포, 효모와 다른 작은 생물체에 이용됨.

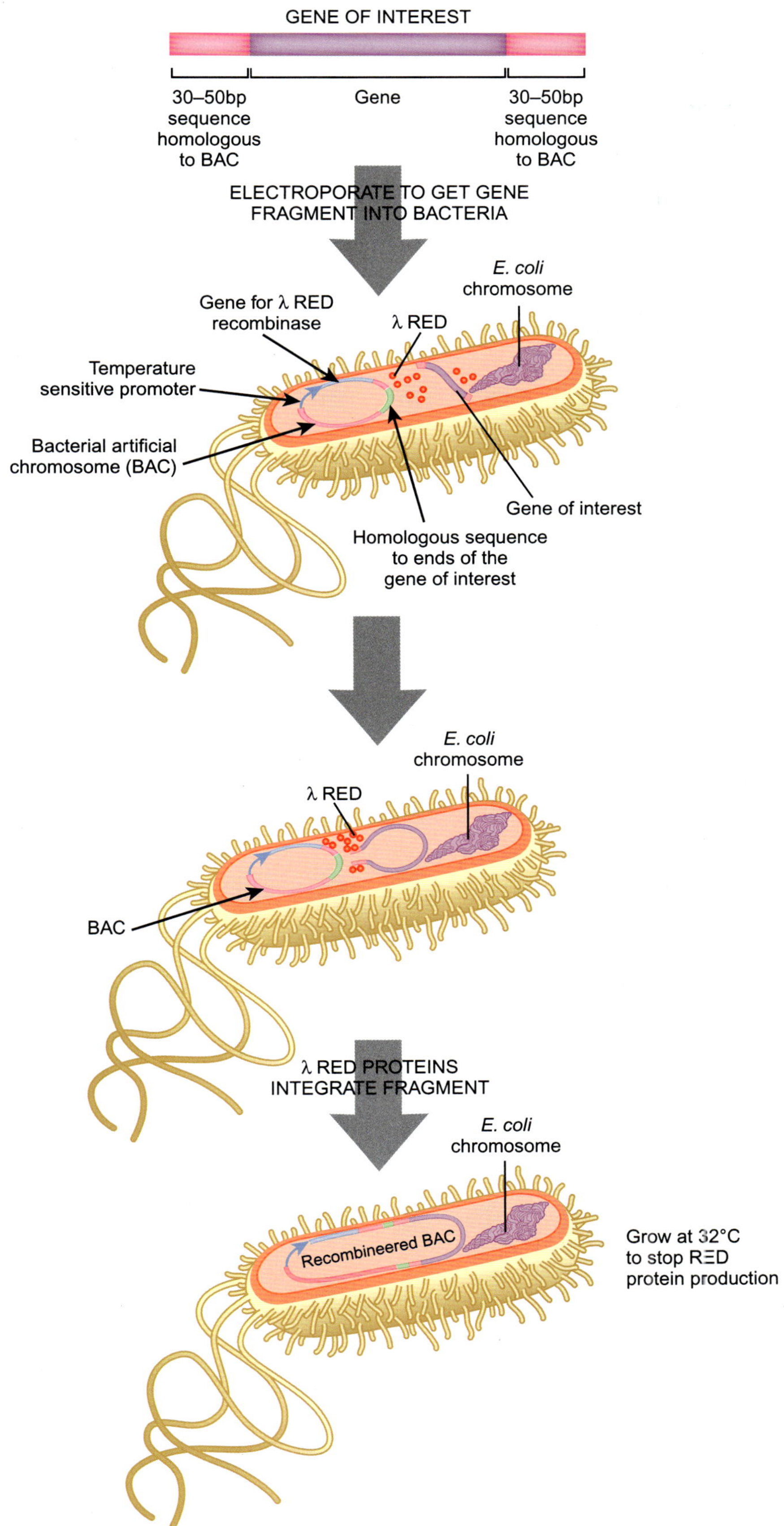

그림 7.16

리컴바이니어링

PCR로 박테리아 인공 염색체(BAC) 람다 통합 부위에 상동인 말단을 갖도록 선형의 DNA 절편을 만든다. RED 단백질 유전자를 지닌 박테리아를 RED 단백질을 만들도록 고온에서 몇 시간동안 기른다. 거대 단편을 박테리아로 삽입한다. RED 단백질이 선형 DNA의 말단을 인식하여 상동 부위에서 BAC와 단편의 상동 재조합을 시작한다. 최종 박테리아는 더 이상의 RED 단백질이 발현되지 않도록 32°C에서 기른다.

산물은 정제되고 염색체에는 람다 파아지 인테그레이즈를 가지고 있고 세포질에는 BAC를 가진 박테리아에 첨가된다. 인테그레이즈는 온도 민감 프로모터에 의해 조절되어, 32°C에서는 효소가 만들어지지 않으나 42°C도로 바꾸면 만들어진다. 람다 효소는 선형 PCR 단편 말단을 인식하여, BAC에 있는 상동 부위로 삽입한다. 이 기술은 PCR 프라이머에 첨가된 상동 부위의 변화에 의한 BAC을 만들기 보다는 박테리아 염색체로 PCR 산물을 삽입하는 데 맞추어졌다.

9. DNA 라이브러리는 한 생물체로부터 유래한 유전자의 수집물이다

벡터에 운반된 클론 유전자의 수집물을 라이브러리라 부른다. DNA 라이브러리는 한 생물체로부터의 모든 유전자를 가지고 있는 반면에 메타게놈 라이브러리는 특정 환경에 살고 있는 다수의 생물체로부터 유래한 유전자를 갖는다.

유전자 라이브러리 또는 **DNA 라이브러리**는 특정 생물체로부터 각 유전자의 적어도 한 사본을 함유하기 충분히 큰 클론 유전자의 수집물이다. 유전자의 크기와 라이브러리가 증식될 생물체는 삽입체를 유지하기 위하여 어떤 벡터를 사용할 것인지를 알려준다. 원핵세포의 유전자는 각각이 1,000 bp로 비교적 짧다. 대조적으로, 진핵세포 유전자는 주로 인트론의 존재로 인하여 훨씬 길다. 그러므로 아래에서 기술하는 것과 같이 원핵세포와 진핵세포 유전자 라이브러리를 만들기 위해서 여러 가지 책략이 뒤를 이어야 한다. 유전자 라이브러리는 또한 환경 DNA시료로부터 만들어질 수 있다. **메타게놈 라이브러리**는 특정 환경에서 발견되는 다수의 생물체로부터 유래한 유전자를 포함한다.

원핵세포 유전자 라이브러리를 만들기 위해서, 완전한 박테리아 염색체 DNA을 하나의 제한효소로 절단하고 그 단편들을 일반적으로 단순한 ColE1-유래 플라스미드와 같은 벡터에 삽입한다(그림 7.17). 이러한 클론 단편의 혼합물을 알맞은 박테리아 숙주로 형질전환하여, 벡터 플러스 삽입체를 함유한 거대한 수의 콜로니를 유지한다. 이것은 그때 관심의 유전자를 찾기 위해 검색될 수 있다. 만약 유전자가 관찰 가능한 표현형을 가진다면, 표현형을 이용한다. 그렇지 않으면, 혼성화 또는 면역학적 검색 등과 같은 보다 일반적인 방법이 필요하다.

유전자 라이브러리는 게놈 DNA를 절단하기 위하여 4-bp 특이 제한효소를 이용하여 종종 만들어진다. 이 효소는 DNA를 평균 256 염기마다 절단한다. 이것은 평균 유전자보다 짧기 때문에, DNA를 절단하기 위하여 제한효소를 짧은 시간동안만 작용하게 하여 DNA는 부분적으로 절단된다. 이것은 여러 가지 길이의 단편 혼합물을 만들고, 이들 중 상당 부분은 아직도 사용한 제한효소 위치를 가지고 있다. 사용한 제한효소에 의해 절단된다 하더라도, 매 유전자의 온전한 카피가 적어도 일부 DNA 절편에 존재할 것이다(그림 7.17). 그러나, 제한위치가 무작위로 분포하지 않기 때문에, 어떤 단편은 너무 커서 클로닝할 수 없고, 어떤 유전자는 밀집된 다수의 제한위치를 가지고 있어 심지어 부분 절단에도 파괴될 것이다. 전체를 포함하기 위하여, 또 다른 제한효소를 가지고 다른 라이브러리가 만들어져야 한다.

9.1. 혼성화에 의한 라이브러리 선별

한 생명체에 있는 가능한 유전자 모두를 라이브러리로 클로닝한 후, 다음 단계는 관심의 유전자를 동정하는 것이다. 라이브러리는 종종 DNA 탐침을 이용한 DNA/DNA 혼성화에 의해 검색된다. 탐침 그 자체는 일반적으로 두 가지 근원으로부터 유래한다. 관련된 생물체

DNA 라이브러리(DNA library) 적어도 특정 생물체로부터의 모든 유전자의 1개 사본을 함유하기에 충분한 클론 DNA 단편의 수집물. 유전자 라이브러리와 같음
유전자 라이브러리(gene library) 적어도 특정 생물체로부터의 모든 유전자의 1개 사본을 함유하기에 충분한 클론 DNA 단편의 수집물. DNA 라이브러리와 같음
메타게놈 라이브러리(metagenomic library) 특정 환경에서 발견되는 다수 생물로부터 유래한 클론 DNA 단편의 수집물

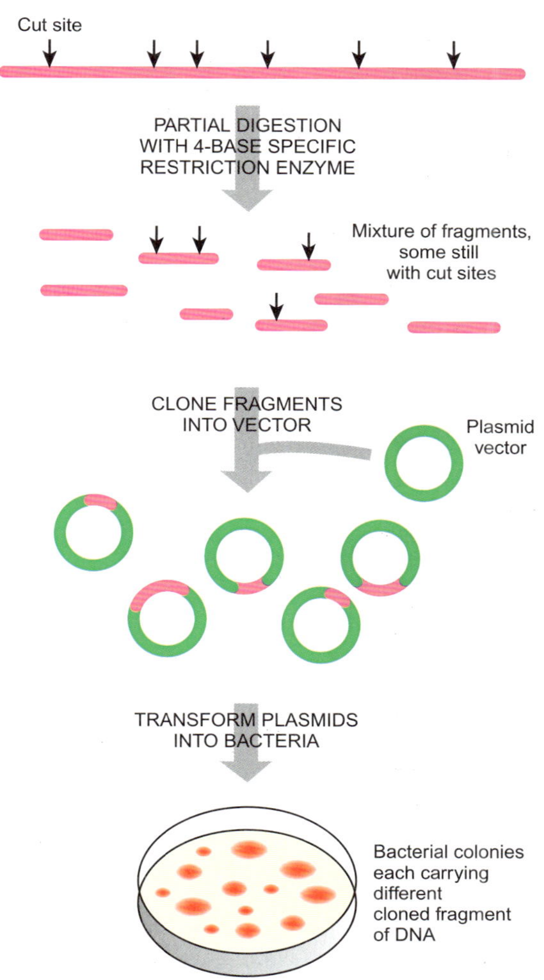

그림 7.17
DNA 라이브러리 만들기

DNA 라이브러리는 관심의 생물체로부터 분리한 가능한 많은 유전자를 함유한다. 관심의 생물체로부터 게놈 DNA를 분리하고 하나의 제한효소로 절단한다. 일반적으로 사용하는 제한효소는 4-염기쌍 인식서열을 가지고 있으므로, DNA는 평균 유전자의 길이보다 훨씬 짧은 단편으로 절단된다. 그러므로 절단을 짧은 시간동안 수행하여 많은 제한효소 위치가 절단되지 않은 채로 남게 한다. 필요한 삽입체 크기를 고려해 알맞은 벡터를 선택하고, 호환성 점착성 말단이 만들어지도록 제한효소로 절단한다. 절단한 게놈 DNA와 벡터를 서로 연결하고 박테리아 숙주 세포로 형질전환한다. 많은 수의 형질전환된 박테리아 콜로니가 분리되고, 관심의 게놈에 존재하는 가능한 모든 유전자를 대표하도록 유지된다.

로부터 클로닝한 DNA가 종종 라이브러리를 검색하기 위하여 이용된다. 혼성화 조건의 강도는 두 생명체가 얼마나 가깝게 관련있는가에 의존하여 다소간의 짝짝이(mismatch)가 존재하도록 조정된다. 또 다른 가능성은 상응하는 단백질의 아미노산 서열로부터 유추한 염기쌍을 이용하여 인위적인 탐침을 합성하는 것이다. 이것은 단백질이 순수 분리되어 N-말단 부위의 부분적 아미노산 서열의 이용이 가능하다는 것을 전제로 한다. DNA 탐침은 5장에서 설명한 바와 같이 방사선 자동사진법, 형광 또는 화학적 표지에 의한 탐지를 위해 표지된다. 탐침은 짧은 탐침이 간혹 이용된다 하더라도 일반적으로 100에서 1,000 염기 정도의 길이이다. 적어도 50 염기 길이에서 80%가 짝을 이루어야 혼성화와 동정이 가능하다.

특정 유전자에 대한 DNA 탐침은 탐침에 상보적인 DNA 삽입체를 함유한 박테리아를 동정하는데 이용된다.

표적 DNA(즉, 탐침으로 찾아질 라이브러리로부터의 DNA)는 변성되고, 니트로셀룰로스 막 또는 나일론 막에 결합된다. 막은 그때 표지된 탐침과 배양된다. 과도의 탐침을 세척한 후, 막은 선택한 탐지 시스템(예, 그림 7.18에서 설명하는 자동방사선 표지법)에 의해 검색된다.

9.2. 면역학적 방법에 의한 라이브러리 선별

라이브러리로부터 관심의 유전자를 동정하기 위하여 DNA/DNA 혼성(하이브리드)을 찾는 대신에, 단백질 자체가 **면역학적 선별**에 의해 동정될 수 있다. 이 방법은 관심의 유전자

면역학적 선별(immunological screening) 표적 단백질에 항체의 특이적 결합에 의존하는 선별과정
표적 DNA(target DNA) 혼성화 과정에서 탐침에 의한 결합의 표적이 되거나 또는 PCR에 의한 증폭을 위한 표적이 되는 DNA

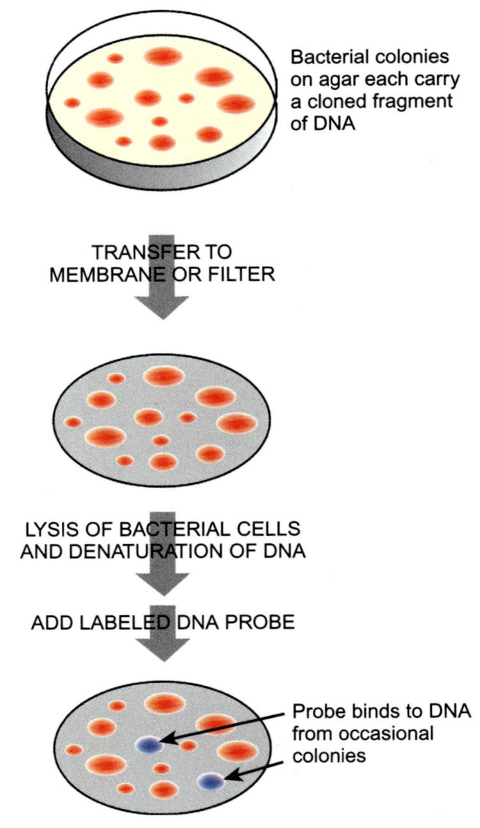

그림 7.18

탐침 이용에 의한 DNA 라이브러리 선별

DNA 라이브러리를 검색하는 첫 단계는 아가 배지에서 라이브러리 삽입체를 함유한 박테리아 콜로니를 기르는 것이다. 많은 수의 다른 형질전환된 박테리아가 자라고 있어서, 라이브러리에 있는 모든 유전자가 존재할 가능성이 있다. 다음에, 박테리아 콜로니를 막이나 필터로 전이한다. 필터를 박테리아 콜로니의 표면에 붙이고 그리고 조심스럽게 뗀다. 각 박테리아 콜로니의 일부가 필터에 붙고 콜로니의 나머지는 아가 플레이트에 남아있게 된다. 일단 필터 위에 있는 박테리아를 용해하고 DNA를 변성한다. 외가닥 DNA는 필터에 결합되어 남아있게 되고, 박테리아 구성성분의 대부분은 세척된다. 그 라이브러리 필터를 방사성으로 표지된 외가닥 DNA 탐침의 용액으로 덮고, 혼성화가 일어나도록 한 후 과량의 탐침을 세척한다. 필터위에 한 장의 사진용 필름을 놓아 혼성 분자를 확인한다. 탐침이 라이브러리 삽입체와 혼성화되면, 검은 점이 사진용 필름에 나타난다. 원래 박테리아 콜로니를 사진용 필름과 정열하여, 상응하는 라이브러리 삽입체를 박테리아로부터 분리할 수 있다.

에 의해 암호화되는 단백질의 생산에 의존함으로, 클론 유전자가 실험 조건 하에서 효과적으로 발현된다는 것을 가정해야 한다. 즉, 라이브러리 삽입체의 각각은 정지 서열은 물론 전사와 해독의 시작 서열을 가지고 있어야 한다. 일반적으로, 라이브러리 벡터가 이들 서열을 제공한다. 왜냐하면, 프로모터는 그들이 조절하는 유전자에 붙어있지만 게놈 DNA로부터 프로모터가 항상 클로닝되는 것은 아니기 때문이다(아래 참조). 단백질이 발현되었을 때, 단백질은 **항체**와 결합에 의해 탐지된다. 이것은 암호화되는 단백질(또는 다른 생물체로부터의 매우 가깝게 관련된 단백질)에 대한 항체가 있어야 한다는 것을 의미한다.

유전자 라이브러리는 단백질로 발현될 수 있고 이 단백질은 항체와 탐지 시스템에 연결된 2차 항체를 이용하여 검색될 수 있다.

발현 라이브러리를 검색하기 위하여, 라이브러리 삽입체를 발현하는 박테리아를 마스터 플레이트에 기르고, 각각의 박테리아 콜로니 시료를 알맞은 막에 전이한다. 세포를

항체(antibody) 면역계에 의해 만들어진 단백질로 외부 단백질 또는 다른 고분자를 인식하고 결합함

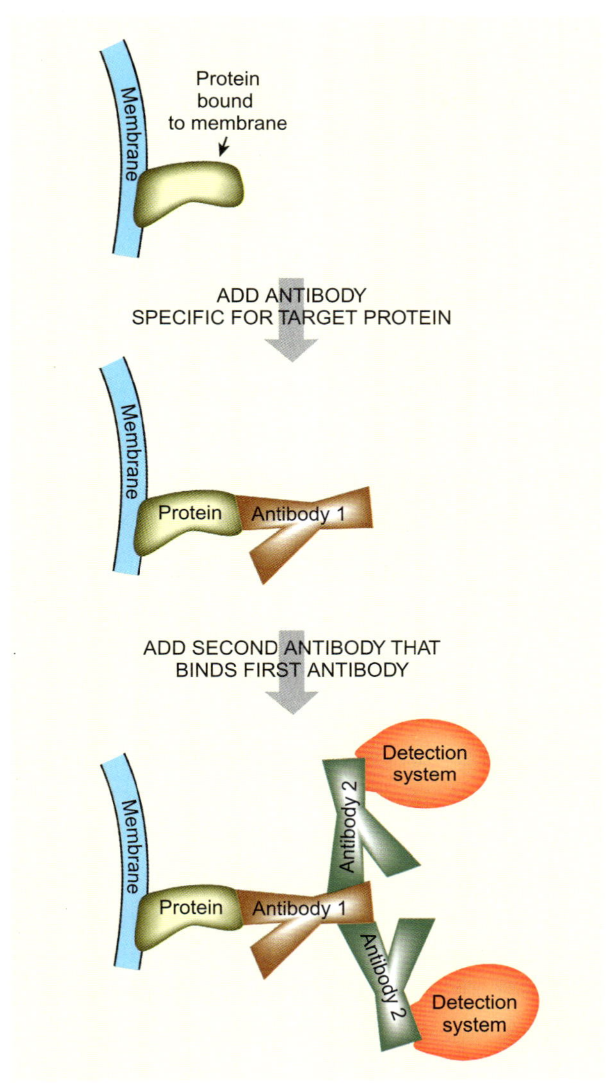

그림 7.19

DNA 라이브러리의 면역학적 선별

라이브러리를 운반하는 박테리아를 아가에서 기르고, 막으로 전이하고 용해한다. 방출된 단백질은 막에 결합된다. 이 그림은 오직 1개의 붙어있는 단백질을 보여주나, 실제로는 많은 수의 다른 단백질이 존재한다. 이들 단백질은 많은 박테리아 단백질은 물론 라이브러리로부터 만들어진 것 모두를 포함한다. 막을 오직 관심의 단백질과 결합하는 1차 항체와 반응시킨다. 비특이적으로 결합된 단백질은 세척해 낸다. 마지막으로 1차 항체와 결합하고 또한 탐지 시스템을 운반하는 2차 항체를 첨가한다.

용해하고 방출된 단백질을 막에 붙인다. 그다음 막을 알맞은 항체 용액으로 처리한다. 과량의 1차 항체를 세척한 후, 1차 항체에 특이적인 2차 항체를 첨가한다. 2차 항체는 만나는 어떤 1차 항체와도 결합할 수 있다(그림 7.19). 이 2차 항체는 X-포스와 같이 무색 기질을 유색 산물로 전환할 수 있는 알칼리성 인산가수분해효소와 같은 탐지 시스템을 가지고 있다(19장 참조). 만약 X-포스가 이용되었다면, 2차 항체가 결합한 막의 부분은 청색으로 변할 것이다. 청색 점을 원래의 박테리아 콜로니와 정렬한다. 그때 관심의 단백질을 암호화하는 삽입체를 함유한 박테리아로부터 DNA를 분리할 수 있다.

2개의 다른 항체를 이용하는 이유는 융통성을 부여하고 신호를 증폭하기 위함이다. 관심의 단백질에 대한 항체는 단백질을 토끼에 주입하고 토끼 혈액 시토로부터 모든 항체를 분리함으로써 만들어진다. 항체를 만드는 것은 비용이 많이 들고 오랜 과정을 요구하므로, 항체를 탐지 시스템에 직접적으로 결합시키는 대신에 2차 항체를 염소와 같은 또 다른 동물에서 생산한다. 2차 항체는 모든 토끼 항체를 인식한다; 그러므로 2차 항체는 토끼에서 만들어진 어떠한 1차 항체에도 이용될 수 있다. 2차 항체는 회사로부터 구입할 수 있고 가격도 비교적 저렴하다. 2차 항체는 또한 신호를 증폭한다. 왜냐하면, 2개의 2차 항체 분자가 하나의 1차 항체에 결합하기 때문이다. 배가된 색도가 두 항체 시스템을 이용하여 만들어진다.

그림 7.20
올리고(dT)에 의한 mRNA 정제

진핵생물 조직 시료로부터 오직 mRNA만을 분리하기 위하여, mRNA 분자의 독특한 양상이 이용된다. 오직 mRNA만이 암호화 서열 다음에 긴 아데닌의 연장인 폴리(A) 꼬리를 가지고 있다. mRNA의 폴리(A) 꼬리는 디옥시티민 잔기의 긴 연장인 올리고(dT)로 구성된 올리고뉴클레오티드와 염기쌍 형성에 의해 결합할 수 있다. 올리고(dT)는 유리 구슬이나 자석 구슬에 부착되어 있고, 이는 결과적으로 mRNA와 특이하게 결합한다. 다른 RNA는 구슬과 결합하지 않아 컬럼으로부터 세척될 수 있다.

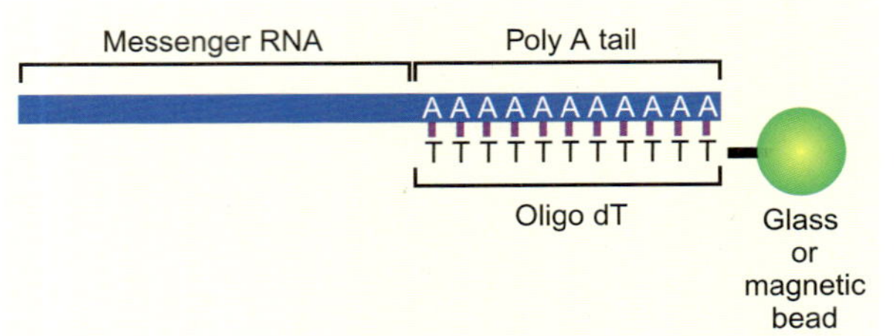

역전사효소는 mRNA의 cDNA 사본을 만든다. 이 사본들은 인트론을 가지고 있지 않기 때문에 진핵생물로부터 라이브러리를 만드는 데 유용하다.

10. 상보적 DNA 클로닝은 인트론을 회피한다

대부분 진핵세포의 유전자는 암호화 서열의 단편(엑손)사이에 비암호화 DNA의 개재서열(인트론)를 가지고 있다. 고등한 진핵생물에서 인트론은 엑손보다 종종 길어서 유전자의 전체 길이는 암호화 서열보다 훨씬 크다. 이것은 두 가지 문제를 만든다. 첫째로, 커다란 DNA 절편의 클로닝이 기술적으로 어렵다; 거대한 삽입체를 지닌 플라스미드는 종종 불안정하고 형질전환이 빈약하다. 둘째로, 박테리아는 인트론을 제거하기 위하여 RNA를 가공할 수 없어, 인트론을 함유한 진핵세포의 유전자는 박테리아 세포에서 발현될 수 없다. **상보적 DNA** 또는 **cDNA**로 알려진 mRNA의 DNA 사본을 이용하여 두 가지 문제를 해결할 수 있다. 왜냐하면 mRNA는 모든 인트론이 제거되도록 이미 가공되었기 때문이다.

cDNA 라이브러리를 만들기 위해서, mRNA가 분리되어 주형으로 이용되어야만 한다. 그러므로 만들어진 라이브러리는 선택한 조건 하에 특정 조직에서 발현되는 유전자만을 반영한다. 첫째로 전체 RNA를 특정 세포배양, 조직 또는 특정 배발생 단계로부터 추출한다. 진핵세포의 mRNA는 폴리(A) 꼬리의 장점을 취함에 의해 전체 RNA로부터 정상적으로 분리될 수 있다. 아데닌은 티민 또는 우라실과 염기쌍을 형성하기 때문에, 고체 기질에 결합된 **올리고(U)** 또는 **올리고(dT)**를 함유한 칼럼이 mRNA가 폴리(A) 꼬리에 의해 결합하도록 이용된다. mRNA는 컬럼에 유지되고 다른 RNA는 세척된다. 그때 mRNA는 폴리(A) 꼬리와 올리고(dT)의 수소결합을 끊는 높은 이온 강도를 지닌 완충액으로 용출함으로써 방출된다(그림 7.20). 이 방법의 변형에는 부착된 올리고(dT)를 지닌 자석 구슬을 이용하는 것이다. mRNA가 결합한 후 그 구슬은 자석으로 분리된다.

cDNA를 만들기 위해 원래 레트로바이러스에서 발견된(21장 참조) 역전사효소가 mRNA에 첨가된다. 이 효소는 주형으로 mRNA를 이용하여 상보적 DNA(cDNA)를 만들 것이다. 원래 mRNA의 두 가닥 cDNA 사본을 만들기 위해서 몇 가지 방법이 더 필요하다(그림 7.21). RNA/DNA 혼성 분자에서 오직 RNA만을 인식하는 리보핵산가수분해효소 H가 mRNA/cDNA 혼성 분자의 mRNA 가닥을 제거하여 외가닥 cDNA를 남기도록 하기 위해서 이용된다. 그때 DNA 중합효소 I이 두 번째 DNA 가닥을 합성하도록 이용된다. 대안으로 일부 역전사효소가 다기능을 하여 mRNA를 제거하고 DNA의 상보적 가닥을 합성할 수 있다. 남아있는 외가닥 말단은 DNA의 외가닥 부위에 특이적인 핵산말단가수분해효소인 S1 핵산가수분해효소에 의해 잘라진다. [그러한 외가닥 말단은 대부분 올리고(dT) 프라이머가 mRNA의 폴리(A) 꼬리의 중간에 결합한 결과 만들어진다.] 그 결과 만들어진 두 가닥 cDNA 분자를 분리하고 적당한 벡터에 클로닝하여 **cDNA 라이브러리**가 만들어진다. 각각의 mRNA는 다른 서열을 가지고 있기 때문에, 편리한 제한효소 위치가 일반적으로 각 말단에 첨가된다. 이것은 연결자를 붙임으로 가능하다. 연결자는 벡터의

상보적 DNA(complementary DNA; cDNA) 인트론이 결여된 유전자의 DNA 사본. 그러므로 오직 암호화 서열로만 구성되어 있다. mRNA의 역전사효소에 의해 만들어짐
cDNA 라이브러리(cDNA library) 인트론이 결여된 cDNA 형태의 유전자 수집물
올리고(dT)(oligo [dT]) 오직 dT 또는 디옥시티미딘 잔기로 구성된 외가닥 DNA의 확장
올리고(U)(oligo [U]) 오직 U 또는 우리딘 잔기로 구성된 외가닥 RNA의 확장

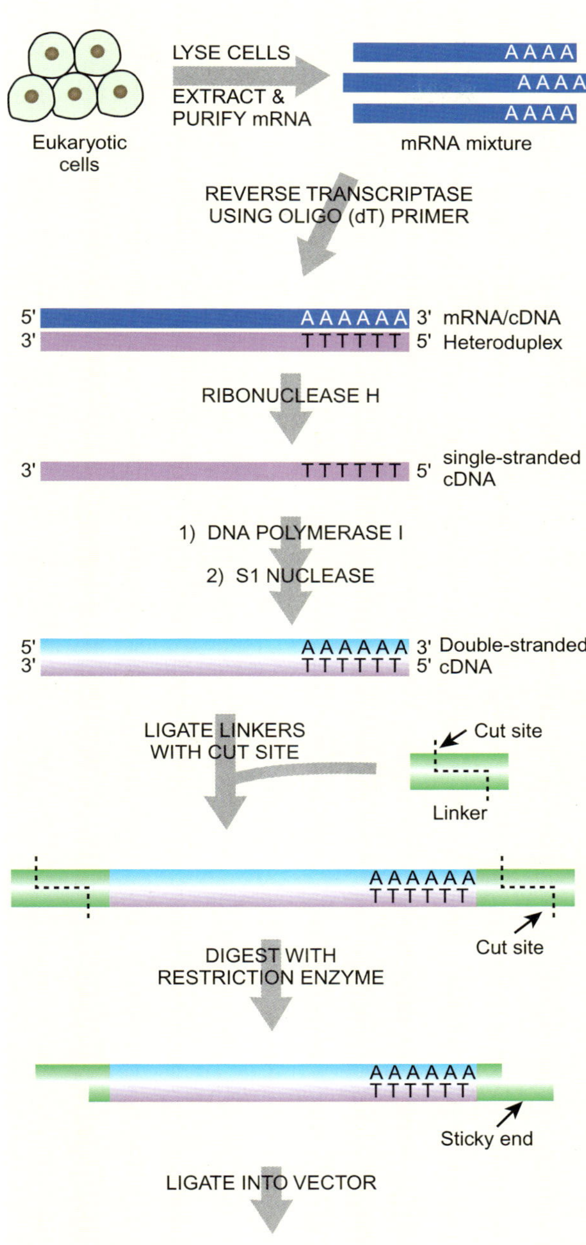

그림 7.21

mRNA로부터 cDNA 라이브러리 작성

먼저, 진핵세포를 용해하여 mRNA를 분리한다. 다음에, 역전사효소 플러스 올리고(dT)를 함유한 프라이머를 첨가한다. 올리고(dT)는 mRNA 폴리(A) 꼬리에 있는 아데닌과 혼성화하여 역전사효소를 위한 프라이머로 작용한다. 이 역전사효소는 상보적인 DNA 가닥을 만들어 mRNA/cDNA 혼성 분자를 형성한다. mRNA 가닥은 리보핵산가수분해효소 H 에 의해 분해되고 DNA 중합효소 I 이 첨가되어 맞은편 DNA 가닥을 합성하여 두 가닥 cDNA를 만든다. S1 핵산가수분해효소가 외가닥 말단을 잘라낸다. 각각의 mRNA 는 다른 염기서열을 가지고 있기 때문에, 클로닝 벡터로 편리한 삽입이 가능하도록 연결자를 cDNA의 말단에 연결한다. 첨가한 후 연결자를 알맞은 제한효소로 절단하고, cDNA 는 벡터에 연결한다. 결과적으로 만들어진 혼성 DNA 분자는 그때 박테리아로 형질전환되어, 최종 cDNA 라이브러리가 된다.

다중 클로닝 부위와 호환성이 있는 제한효소 자리를 갖는 짧은 DNA 단편이다. 클론 유전자는 원래의 진핵세포 유전자보다 훨씬 짧기 때문에 cDNA는 다루기 쉬울 뿐만 아니라, 진핵세포 유전자의 cDNA 버전은 종종 박테리아에서 성공적으로 발현될 수 있다.

11. 더듬기식 염색체탐색법

유전적 탐구의 결과, 우리는 특정 유전자의 대체적인 염색체상 위치를 알고 있다. 유전자를 클로닝하기 위해 이러한 정보를 이용하는 것을 위치추적 클로닝이라 한다. 이러한 클로닝의 가장 간단한 버전 중 하나가 **더듬기식 염색체탐색법**이며, 혼성화를 기본으로 하는 방법이다. 이 접근방법은 DNA의 한 단편이 이미 클로닝되었고 인접한 유전자가 관심의 대상

더듬기식 염색체탐색법(chromosome walking) 중복 탐침을 이용하여 연속적인 혼성화의 주기에 의해 염색체의 인접부위를 클로닝하는 방법

그림 7.22

더듬기식 염색체탐색법

더듬기식 염색체탐색법은 원래의 DNA 단편으로부터 상류와 하류에 있는 유전자를 분리하기 위하여 특정 염색체의 중복 단편을 이용한다. 첫 번째 단계는 탐침이 혼성화되는 염색체의 부위를 동정하는 것이다. 이 예에서, 탐침 #1은 염색체의 자주색 부위와 혼성화한다. 염색체를 제한효소 #1으로 절단하였을 때, 단편 1A는 한 끝에서 탐침 #1과 혼성화할 것이다. 이것은 단편 1A를 분리하고 염기서열분석을 할 수 있게 하며 그 하류 서열은 탐침 #2를 만드는데 이용된다. 염색체의 다음 단편을 찾기 위해서, 다른 제한효소가 DNA를 절단하는데 이용된다(2단계). 이때 탐침 #2는 단편 2B와 혼성화할 것이다. 일단 다시, 이 탐침은 이 단편의 처음 반쪽만을 인식한다. 그때 단편 2B의 하류 서열이 결정될 수 있고, 이러한 정보는 탐침 #3을 만들기 위해 이용될 수 있다. 3단계에서, 염색체는 제한효소 #1로 다시 절단된다. 이제 탐침 #3이 단편 1B와 혼성화할 것이고, 그의 하류 서열이 결정될 수 있고 탐침 4로 불리는 또 다른 탐침이 만들어 질수 있다. 이 과정은 원하는 만큼 계속될 것이고 양쪽으로 작동할 것이다.

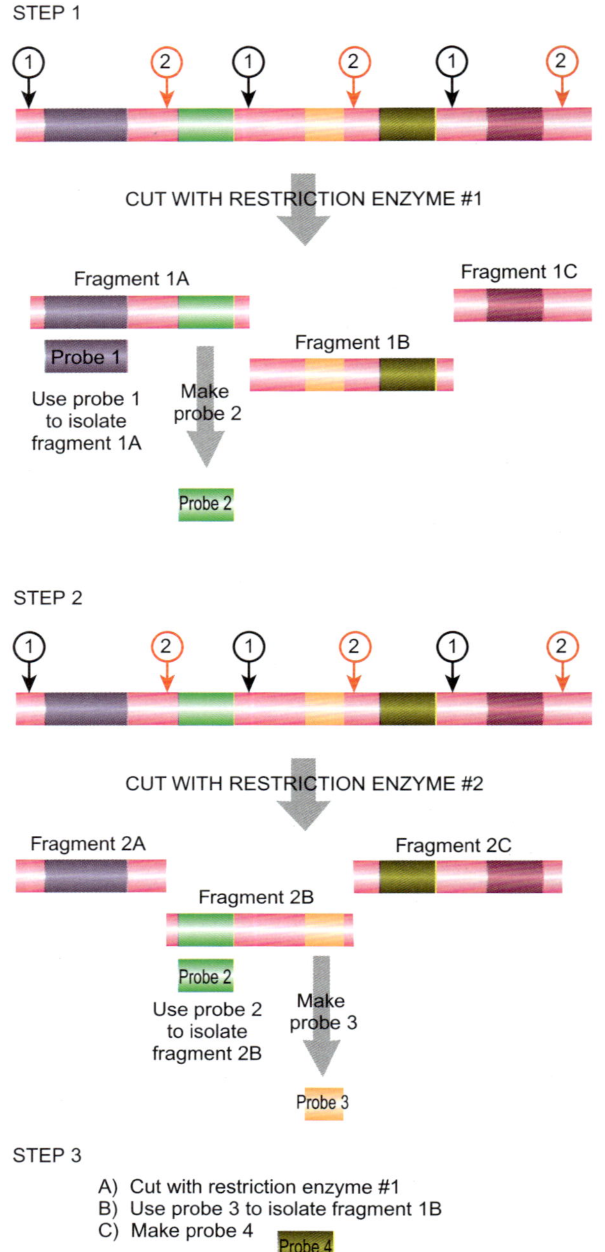

일단 염색체의 한 부분이 클로닝되었다면, 인접한 부위는 라이브러리를 혼성화하기 위한 중복 탐침을 이용하여 획득할 수 있다.

일 때 이용된다.

표적 유전자를 가진 염색체는 형광제자리 잡종화(FISH)와 뒤이은 5장에서 기술한 것과 같은 형광활성화된 분류에 의해 동정되고 분리된다. 그때 관심의 염색체는 적절한 제한효소로 다루기 쉬운 단편으로 절단된다. 원래의 DNA 클론 단편이 첫 번째 탐침으로 이용된다. 각 단편은 이미 클로닝된 단편으로부터 만들어진 초기 탐침과 혼성화를 위하여 테스트된다. 분명히 이것은 적어도 1개 또는 2개의 인접 단편과 중복될 것이다. 그때 이러한 중복 단편들은 클로닝되어 2차의 혼성화 주기에서 탐침으로 사용된다. 이러한 과정은 계속된다. 단순화하기 위하여, 그림 7.22에서는 오직 한 방향으로의 더듬기를 보여주었다. 그러나 실제에서는 분명히 원래의 출발점으로부터 양방향으로 염색체를 따라 더듬기를 한다.

혼성화의 각 주기는 먼저 분리된 단편이며, 탐침으로 이용된 단편과 중복되는 DNA

단편을 동정한다. 단계적으로 출발 지점으로부터 밖으로 이동함으로 인하여, 전체 염색체 지도는 작성되고 클로닝된다(느리게!).

12. 삭감 혼성화에 의한 클로닝

삭감 혼성화는 특정 DNA 시료에는 없는 DNA 단편을 분리하는데 이용된다. 분명히 관심의 단편을 포함한 두 번째 DNA 시료가 필요하다. 유전적 결함이 특정 유전자를 위한 DNA의 결손 때문이라고 가정하자. 병으로 고생하는 개인의 염색체로부터 얻은 DNA 시료는 이 특정 DNA 단편이 결여되어 있을 것이다. 사라진 DNA를 찾기 위하여 건강한 (야생형) 개인으로부터 상응하는 염색체를 분리해야 한다. 예를 들어, 듀켄씨근이영양증(Duchenne muscular dystrophy)에 대한 ***dmd* 유전자**는 X-염색체의 단암 또는 p-암의 중간에 가까운 Xp21에 위치한다. 염색체의 밴드 패턴을 분석하기 위하여 광학현미경을 이용하면, 환자는 Xp21 밴드가 소실되기에 충분한 결손을 가진 것을 발견할 수 있다. 돌연변이 염색체와 정상적인 염색체의 삭감 혼성화는 *dmd* 유전자를 클로닝할 수 있도록 한다.

클론 유전자는 때때로 부정적인 방법에 의해 발견된다. 혼성화는 두 생물체에 의해 공유되는 유전자를 제거하기 위하여 이용되어, 오직 유일한 것들만 뒤에 남긴다.

삭감 혼성화를 수행하기 위하여, 돌연변이형과 야생형 DNA 시료 모두를 제한효소를 이용하여 편리한 크기의 단편으로 절단한다. 그때 2개의 단편 세트를 서로 혼성화한다. 이것은 오직 야생형 염색체에만 존재하는 결손 부위를 제외하고는 DNA의 모든 지역에 대한 혼성 분자를 만든다. 만약 돌연변이 DNA의 과량을 이용한다면, 야생형 염색체의 모든 단편은 돌연변이체 DNA와 혼성화될 것이다. 다만 결손에 해당되는 부위는 남게 된다. 이러한 짝이 없는 단편의 외가닥은 서로 쌍을 이룰 수 있을 것이다. 이렇게 해서, 우리는 원치않는 DNA 단편 모두를 삭감할 수 있다.

실제로는, 남아있는 "결손 단편"을 얻기 위한 몇 가지 수단이 필요하다. 한 접근 방법은 DNA의 두 그룹을 다른 효소로 절단하는 것이다. 만약 정상적인 DNA가 제한효소 1로 절단되고 돌연변이체 DNA는 제한효소 2로 절단된다면, 혼성 분자는 맞지않는 말단을 가질 것이다. 만약 돌연변이체 DNA가 스스로 혼성화된다면, 그 말단은 맞게되고 제한효소 2로 절단될 것이다. 만약 정상적인 DNA의 관심 유전자가 스스로 혼성화된다면, 이것은 제한효소 1과 호환성이 있는 말단을 가질 것이다. 그때 이 단편은 제한효소 1을 이용하여 벡터로 클로닝될 수 있다. 과정을 쉽게 하기 위하여, 제한효소 2는 절단 후 비점착성 말단을 남기게 한다. 비점착성 말단은 연결하기가 어렵기 때문에, 제한효소 1의 점착성 말단에 인접한 스스로 혼성화된 분자만이 벡터로 클로닝될 것이다. 오직 야생형 DNA의 스스로 쌍을 이룬 단편만이 제한효소 1의 점착성 말단을 갖는다(그림 7.23).

삭감 혼성화는 특정 조건 하에서 발현되는 유전자의 세트를 분리하기 위하여 또한 이용된다. 세포의 두 무리를 하나는 표준 조건 하에서 다른 하나는 탐구하고자 하는 조건 하에서 기른다. 예를 들어, 생쥐 세포의 한 무리는 모든 필수 영양분을 가지고 기르고, 또 다른 생쥐 세포의 세트는 오직 제한된 영양분을 가지고 기른다. 전체 RNA를 두 시료로부터 분리하고, 위에서 언급한 올리고(dT)와 혼성화에 의해 mRNA를 순수정제한다. 표준 시료는 정상적인 영양분 조건 하에서 발현되는 유전자로부터의 mRNA를 함유할 것이다. 실험 시료는 영양분이 제한될 때만 발현되는 유전자의 mRNA를 함유할 것이다. 제한된 영양공급은 세포로 하여금 그들 자신의 영양분을 만들도록 촉진하여, 일부 mRNA는 다른 시료보다 크게 풍부하게 만들어 질 것이다.

삭감 혼성화는 또한 다른 조건 하에서 자란 같은 생물체로부터의 두 가지 mRNA 시료를 가지고 수행할 수 있다.

***Dmd* 유전자(*Dmd* gene)** 듀켄씨근이영양증의 원인이 되는 유전자
듀켄씨근이영양증(Duchenne muscular dystrophy) 근육 기능에 영향을 주는 몇 가지 유전병 중 하나
삭감 혼성화(subtractive hybridization) 혼성화에 의해 원치않는 DNA나 RNA를 제거하기 위해 이용되는 기술로 관심의 DNA 또는 RNA 분자가 뒤에 남는다.

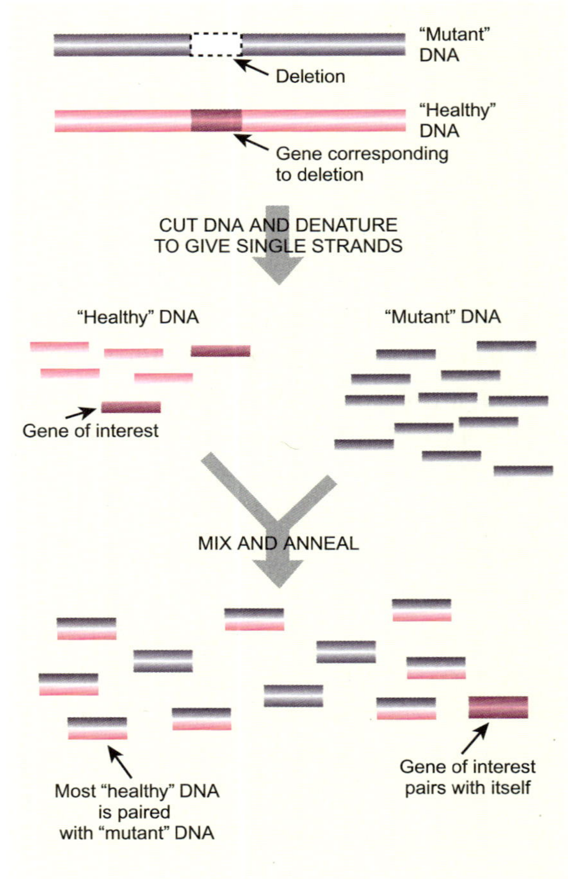

그림 7.23

삭감 혼성화에 의한 클로닝

삭감 혼성화의 열쇠는 모든 야생형 또는 "건강한" DNA 단편(분홍색)이 과잉의 돌연변이체 DNA(자주색)와 혼성화되는 것이다. 이 예에서, 돌연변이체 DNA는 제한효소 2로 절단되고, 야생형 DNA는 제한효소 1로 절단된다. 두 시료는 열로 가닥을 분리하여 외가닥 단편의 풀을 형성한다. 모든 야생형 DNA가 스스로가 아니고 돌연변이체 DNA와 혼성화하도록 하기 위하여, 극도로 과잉의 돌연변이체 DNA를 적은 양의 야생형 DNA와 혼합한다. DNA는 복원되어 두 가닥 DNA가 만들어지도록 한다. 두 가닥 DNA는 돌연변이체:돌연변이체, 돌연변이체:야생형, 그리고 드물게 야생형:야생형 분자의 혼합물로 구성된다. 야생형 DNA와 돌연변이체 DNA의 비율이 너무 낮기 때문에, 이론적으로 오직 2개의 야생형 가닥을 지닌 분자는 돌연변이체 시료에 결여된 단편이다. 2개의 다른 제한효소가 다른 DNA 시료를 절단하기 위하여 이용되었기 때문에, 이들 원하는 DNA 분자는 제한효소 1에 의해 절단될 수 있는 바로 그 분자들이다. 이것은 그들을 제한효소 1로 절단한 벡터로 클로닝하여 확보가 가능하게 한다.

기본 아이디어는 표준 mRNA가 실험 시료로부터 상응하는 mRNA 분자를 빼어내기 위해 이용된다는 것이다. 그러나, 같은 서열의 두 mRNA 분자가 분명히 직접적으로 서로 혼성화 될 수 없다는 것이다. 그러므로, 표준 mRNA는 먼저 역전사효소에 의해 상응하는 두 가닥 cDNA로 전환되어야 한다. 그 cDNA는 필터에 결합되고, 실험의 mRNA 시료가 함께 배양된다(그림 7.24). cDNA에 있는 유전자에 상응하는 mRNA는 혼성화에 의해 남아있게 된다. 오직 관심의 특정 조건 하에서 발현되는 유전자의 mRNA만이 결합되지 않은 상태로 남는다. 이것은 이제 cDNA로 전화되어 선택한 특정 조건 하에서 발현되는 유전자들의 시료가 된다.

13. 발현벡터

벡터는 클론 유전자의 발현을 중재하기 위하여 프로모터와 리보솜 결합부위를 휴대할 수 있다.

일단 유전자가 벡터로 클로닝되었으면, 그 유전자는 발현될 수도 있고 발현되지 않을 수도 있다. 만약 구조유전자와 프로모터가 DNA의 같은 단편으로 클로닝되었다면, 유전자는 아마도 잘 발현될 것이다. 반면에, 만약 구조유전자만 클로닝되었다면, 그때 발현은 프로모터가 플라스미드에 의해 제공되는가 여부에 달려있다. 청색/흰색 선별(위 참조)에 이용되는 벡터는 클론 유전자를 다중 클로닝 부위의 상류에 있는 *lac* 프로모터의 조절하에 둔다.

종종, 유전자를 클로닝하는 목적이 암호화된 단백질을 많이 분리하는 것이 된다. 단백질의 순수정제는 오랜 기간 동안 까다로운 것이 되어왔다. 왜냐하면, 각각의 단백질은 개별적 방법으로 접혀서 결과적으로 각기 달리 행동하기 때문이다. 이러한 문제를 해결하기 위해서, 표적 단백질은 종종 탐지와(또는) 정제가 쉽도록 또 다른 펩티드로 꼬리표를 달다. 이것은 같은 절차에 의해 많은 다른 단백질의 정제와 조작을 가능하게 한다. 꼬리표는 일

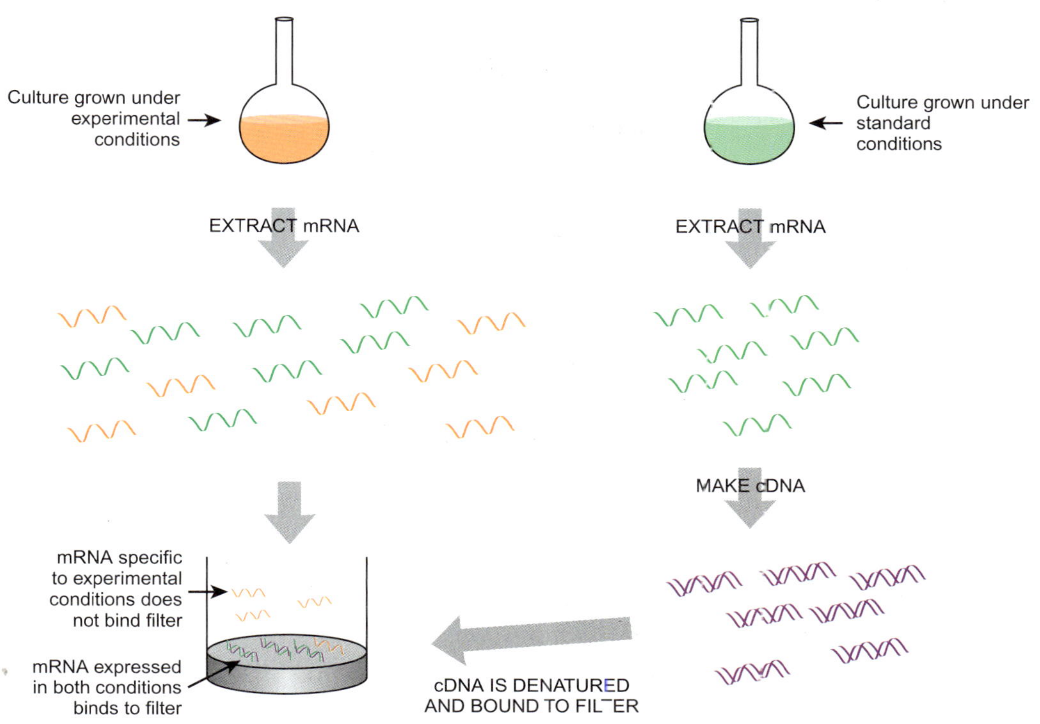

그림 7.24

삭감 혼성화는 특정 조건 하에서 발현되는 mRNA를 획득한다

2개의 다른 배양을 하나는 표준조건(녹색)에서 다른 하나는 실험조건(오렌지색)하에서 기른다. 각각의 배양으로부터 mRNA를 분리한다. 혼성화가 되도록, 한 mRNA 세트는 역전사효소에 의해 두 가닥 DNA로 전환된다. 그때 두 가닥 cDNA는 변성되고 필터에 결합된다. 이 예에서, 표준 mRNA (녹색)에 해당하는 cDNA가 필터에 결합된다. 실험조건 mRNA(오렌지색)을 필터와 배양하면, 그들은 표준조건으로부터의 상보적 외가닥 DNA와 결합한다. 만약 하나의 유전자가 실험조건에서는 고도로 발현되나 표준조건에서는 발현되지 않는다면(또는 오직 낮은 양으로 존재한다면), 그 유전자의 mRNA는 상응하는 cDNA가 필터에 없기 때문에 결합되지 못하고 필터 위에 남게된다. 실제로는, 혼성화되지 않은 mRNA를 모아서, 표준조건으로부터 만든 cDNA와 재혼성화한다. 이 단계의 반복은 모든 분리된 mRNA는 진정으로 실험조건 특이적이라는 것을 확실하게 해 줄 것이다.

반적으로 유전적 수준에서 수행된다. 즉, 꼬리표를 암호화하는 DNA의 여분 단편이 표적 단백질을 암호화하는 DNA 다음에 삽입된다. (이 토픽은 15장 단백질체학에서 자세히 기술할 것이다.) 우리는 이제 "클론 유전자"는 종종 꼬리표를 지정하거나 또는 후의 분석을 쉽게하기 위한 조절을 변화시키는 별도의 서열을 포함하고 있음을 기억해야 한다.

클론 유전자의 발현을 신중히 조절하거나 증진시키는 것은 종종 유용하다. 특히 만약 암호화된 단백질의 고수준이 필요로 할 경우 더욱 그러하다. **발현벡터**는 클론 유전자를 플라스미드 유래 프로모터의 조절하에 두도록 특별히 고안되었다. 실제로, 연구 중에 있는 유전자는 정상적으로 먼저 일반 클로닝 벡터로 클로닝되고, 그리고 그때 발현벡터로 전이된다.

다른 프로모터를 가진 다양한 발현벡터가 있다. 두 가지 기본적인 대안은 매우 강력한 프로모터와 엄격히 조절되는 프로모터가 된다. 강력한 프로모터는 고수준의 유전자 산물이 필요할 때 이용된다. 엄격하게 조절되는 프로모터는 유전자 발현의 영향을 여러 조건하에서 테스트하여야 하는 생리학적 실험에서 유용하다.

강력한 프로모터는 클론 유전자로부터 단백질의 높은 수준을 발현하도록 하기 위해서 이용된다.

일부 프로모터는 강력하면서 엄격히 조절된다. 이것은 박테리아 세포에서 많은 양의 외부 단백질을 발현시키고자 할 때 유용하다. 심지어 외부 단백질이 실제적으로 독성이 없더라도, 생산된 많은 양의 단백질은 박테리아 성장을 방해한다. 결과적으로, 박테리아는 유

발현벡터(expression vector) 플라스미드 유래 프로모터의 조절하에 클론 유전자를 위치하도록 특별히 고안된 벡터

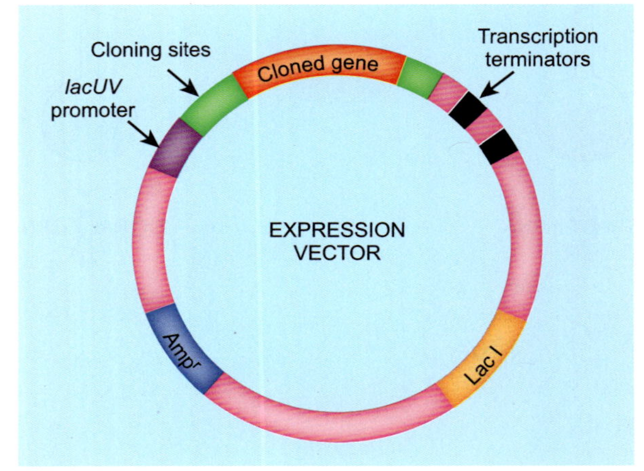

그림 7.25
발현벡터는 엄격히 조절되는 프로모터를 가져야 한다

발현벡터는 클론 유전자의 전사와 해독을 조절하는 서열을 클론 유전자의 상류에 가지고 있다. 보여주는 발현벡터는 강력하나 유도가 가능한 *lacUV* 프로모터를 이용하고 있다. 전사를 촉진하기 위하여, IPTG라 불리는 인공적인 유도체가 첨가된다. IPTG는 LacI 억제인자 단백질과 결합하여 그 단백질을 DNA로부터 분리한다. 이것은 RNA 중합효소가 결합하도록 한다. 배양에 IPTG를 첨가하기 이전에, LacI 억제인자는 클론 유전자가 발현되는 것을 억제하고 있다.

도원의 첨가에 의해 외부 유전자가 작동하기 이전에 성장하도록 해야 한다. 그때 박테리아는 외부 단백질의 생산에 그들 스스로를 희생하게 된다.

대장균의 *lac* 프로모터는 유도가 가능하고 *lacUV* 프로모터와 같이 어떤 돌연변이형은 극도로 강력한 프로모터이다. IPTG는 *lac* 프로모터를 작동하게 하는 인공적인 유도체이다(19장 참조). 그러나 lac 억제인자인 LacI에 의한 억제는 불완전하다. 다중 사본 클로닝 벡터에 *lacI* 유전자를 포함시키는 것은 고수준의 억제인자를 만들게하여, 클론 유전자를 보다 효과적으로 발현 억제할 수 있다(그림 7.25).

람다 또는 T7 프로모터와 같은 강력한 바이러스 프로모터는 클론 유전자의 발현을 조절하는 데 유용하다.

***tet* 오페론**은 항생제 테트라싸이클린에 저항성을 준다. *tet* 시스템은 *lac* 시스템과 비슷한 방법으로 조절된다. TetR 억제단백질은 작동유전자 부위와 결합하여 테트라싸이클린 저항성 유전자의 발현을 억제한다. 테트라싸이클린이 존재하면 TetR 단백질과 결합하여 DNA로부터 방출한다. 결과적으로 *tet* 오페론은 테트라싸이클린에 의해 유도된다. *tet* 시스템은 *lac* 시스템과 같이 고등생물에 이용된다. 만약 클론 유전자가 프로모터 내로 삽입된 *tetO* 작동유전자를 가지고 있다면, 이것은 그때 테트라싸이클린에 의해 유도된다.

또 다른 엄격히 조절되는 프로모터는 **람다 좌측 프로모터**인 p_L이다. **람다 억제인자** 또는 **cI 단백질**은 이 프로모터를 억제한다. 만약 숙주 세포가 *cI857*과 같이 ***cI* 유전자**의 온도 민감 변형을 가지고 있다면, 온도 상승은 억제를 완화시킬 수 있다. 30°C에서 억제인자는 기능을 발휘하지만, 42°C에서는 억제인자가 불활성화 된다.

세 번째 널리 알려진 방법은 **박테리오파지 T7** 유래의 강력한 프로모터에 의한 조절하에 유전자를 두는 것이다. 그러한 프로모터는 박테리아 RNA 중합효소에 의해 인지되지 않고, 오직 T7 RNA 중합효소에 의해 인지된다. 전사는 오직 T7 RNA 중합효소를 위한 유전자를 함유한 특수화된 숙주 세포에서만 일어난다. *lac* 프로모터와 같은 또 다른 조절 가능한 프로모터가 차례로 T7 RNA 중합효소의 발현을 조절한다. *lac* 프로모터의 유도는 T7 RNA 중합효소의 합성을 유도하고, 이는 차례로 클론 유전자를 전사한다(그림 7.26). 이것은 엄격하고 고수준 발현 모두를 제공한다.

박테리오파지 T7(bacteriophage T7) 프로모터가 오직 자신의 RNA 중합효소에 의해 인식되는 대장균에 감염하는 박테리오파지
***cI* 유전자(*cI* gene)** 람다 억제인자 또는 cI 단백질을 암호화하는 유전자
cI 단백질(cI protein) 박테리오파지 람다를 용원상태로 유지하도록 하는 람다 억제인자 단백질
람다 좌측 프로모터(lamda left promoter, p_L) 람다 억제인자 또는 cI 단백질의 결합에 의해 억제되는 프로모터의 하나
람다 억제인자: cI 단백질(lamda repressor, cI protein) 박테리오파지 람다를 용원상태로 유지하도록 하는 람다 억제인자 단백질
***tet* 오페론(*tet* operon)** 항생제 테트라싸이클린에 저항성을 주는 단백질을 만드는 박테리아 유전자

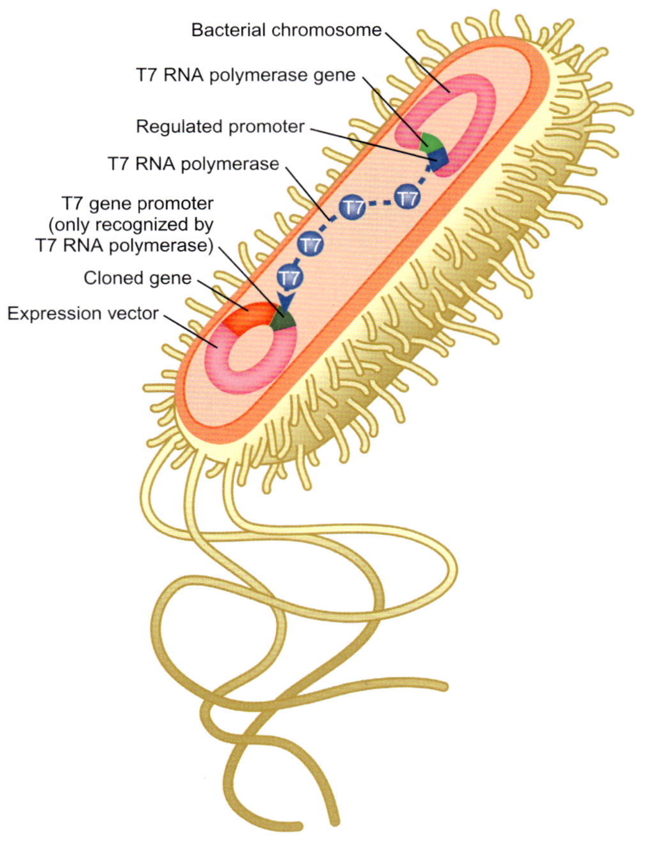

그림 7.26
T7 RNA 중합효소 시스템

특수화된 프로모터가 클론 유전자의 발현을 조절하기 위하여 이용될 수 있다. T7 RNA 중합효소 시스템에서, 클론 유전자는 박테리아 세포가 T7 RNA 중합효소를 만들지 않는 한 발현될 수 없다. 그 중합효소는 중합효소를 암호화하는 유전자를 염색체로 삽입한 유전적으로 조작된 박테리아에 의해서 만들어진다. T7 RNA 중합효소 유전자의 발현은 앞의 그림에서 기술한 *lac* 프로모터의 조절하에 있다.

핵심 개념

- 한 생물로부터 유전자를 얻어 다른 생물에 발현을 시키는 것은 비교적 작은 DNA 원형인 클로닝 벡터의 이용을 필요로 한다.
- 대장균의 ColE1은 가장 일반적이고 널리 이용되는 벡터이다. 원래 플라스미드는 콜리신 생산 유전자를 가지고 있었으나 제거되고 항생제 저항성 유전자로 대체되어 이 플라스미드를 갖은 박테리아는 그 항생제에 저항성을 갖는다. 이러한 표현형은 플라스미드를 갖은 박테리아와 플라스미드가 없는 것을 구분한다.
- DNA는 DNA 절편과 벡터를 동일한 제한효소로 절단과 둘을 연결함으로 벡터로 삽입될 수 있다. 벡터에 있는 다중 연결자 또는 다중 클로닝 부위는 이용될 수 있는 일련의 유일한 제한효소 부위를 가지고 있다. 대안으로, PCR로 증폭된 DNA 삽입체는 각 가닥의 3′ 말단에 하나의 아데닌 돌출을 가지고 있어 하나의 티민 돌출을 가지고 있는 TA 벡터로 클로닝될 수 있다.
- 삽입 불활성화는 벡터에 삽입체의 존재를 탐지하는 방법으로 DNA 삽입체가 클로닝되면 항생제 저항성 유전자는 파괴된다. 삽입체를 지닌 벡터를 함유한 박테리아는 그 항생제에 더 이상 저항성이 없어, 삽입체가 없는 벡터를 함유한 박테리아로부터 식별된다.
- β-갈락토오스가수분해효소는 벡터에 삽입체의 존재를 탐지하기 위해 이용되는 일반적인 보고 유전자이다. 벡터가 삽입체를 가지고 있지 않을 때, 베타-갈락토오스가수분해효소의 알파 절편이 만들어지고, 효소의 다른 반과 결합한다. 활성을 지닌 효소는 그때 X-갈을 산소와 결합하여 청색 염료를 만드는 전구체로 전환시킨다. 삽입체가 *lacZ* 유전자를 당가뜨리면, 알파 절편이 만들어지지 않아 박테리아 콜로니는 X-갈 플레이트에 흰색으로 남

는다.

- 왕복수송벡터는 2개의 다른 생물에서 생존할 수 있고 2개의 복제기점(각 생물당 1개)과 2개의 선별 유전자(각 생물당 1개)를 지닌다.
- 람다 바이러스의 게놈은 대장균으로 삽입되고 재조합하는 데 필요한 유전자를 지닌 게놈의 중간 부분을 제거함으로써 거대 DNA 삽입체(약 23 kb)를 위한 벡터로 전환되었다. 거대 DNA 삽입체가 이 부분을 대체하고 시험관 내 포장을 이용하여 대장균으로 삽입될 수 있다. 코스미드 벡터는 람다 게놈의 *cos* 말단에 의해 인접된 약 45 kb DNA이다. 이것도 또한 시험관 내 포장을 이용하여 대장균으로 삽입될 수 있다.
- 효모, 박테리아 또는 P1 박테리오파지 유래 인공 염색체는 더욱 거대한 DNA 삽입체(150 kb까지)를 위해 이용된다.
- 리컴바이니어링은 상동 재조합에 의해 특정 DNA 조각을 벡터나 인공 염색체로 넣는 것이다. 박테리오파지 람다 유래 RED시스템은 벡터의 삽입 부위와 정확히 상동인 삽입체의 말단을 인식하고, 두 조각 삽입체를 만들기 위해 DNA 삽입체와 벡터를 재조합한다.
- DNA 라이브러리는 관심의 게놈을 거대 단편으로 만들기 위해 제한효소로 부분 절단하고, 각 절편을 벡터에 삽입하고, 그때 벡터를 박테리아 세포로 넣음으로 작성된다. 라이브러리에 있는 각각의 박테리움은 게놈의 다른 부분을 갖는다.
- DNA 라이브러리는 표지된 탐침을 라이브러리 DNA와 혼성화하여 검색될 수 있다. 탐침과 라이브러리 DNA 모두는 혼성화가 일어나도록 외가닥이어야 한다. DNA 서열에 대한 검색보다, 항체는 라이브러리 DNA가 단백질로 발현되는 라이브러리를 검색하는데 이용될 수 있다.
- 진핵생물로부터 게놈 DNA는 유전자가 인트론을 가지고 있기 때문에 직접 발현 라이브러리로 만들 수 없다. cDNA를 이용하는 것이 이 문제를 피하는 것이다.
- 하나의 라이브러리 클론으로 다른 것의 혼성화는 DNA의 중복 지역을 찾을 수 있어, 관심 부분으로부터 상류와 하류 서열을 동정하는 데 이용된다. 이것을 더듬기식 염색체탐색법이라 한다.
- 삭감 혼성화에 있어 2개의 다른 mRNA 또는 DNA 시료가 분리되고 혼성화된다. 두 시료에서 발견되는 어떤 mRNA 또는 DNA도 혼성화되나, 유일한 서열은 혼성화되지 않는다. 그때 혼성화되지 않은 mRNA 또는 DNA는 순수정제되고 분석을 위해 벡터에 클로닝된다.
- 발현벡터는 DNA 삽입체를 위한 유도가능한 프로모터를 가지고 있다; 즉, 클론 유전자는 오직 어떤 조건 하에서 어떤 중합효소로 발현될 수 있다.

복습 문제

1. 클로닝을 위해 유용한 벡터를 만드는 세 가지 고유 특성을 들라. 각각을 설명하라.
2. 왜 다중 사본 플라스미드가 벡터로서 이용하는 데 바람직한가? 다중 사본 플라스미드의 한 예를 들라.
3. 세포 집단에서 벡터의 존재를 선택하는 데 가장 쉬운 방법은 무엇인가? 어떻게 이 선택과정은 작용하는가?
4. 다중 연결자 또는 “MSC”란 무엇인가? 그것은 왜 유용한가?
5. 만약 클로닝 벡터가 특정 제한효소에 대한 인식부위를 하나 이상 가지고 있다면 어떤 일이 일어나겠는가? 어떻게 이를 극복할 수 있는가?
6. 어떻게 삽입 불활성화를 클론 DNA를 운반하는 벡터를 탐지하는 데 이용할 수 있는가?
7. 클로닝에서 청색/흰색 검색을 설명하라. 어떻게 이것은 작용하는가?

8. 알파 상보성을 설명하라. 무엇이 필수 요소이고 어디에 유전자가 위치하는가?
9. 벡터 위에 있는 클론 DNA를 한 생물에서 다른 생물로 전이가 가능하도록 하기 위한 왕복수송벡터의 필수적인 특징은 무엇인가?
10. 언제 왕복수송벡터에서 동원체 서열이 필요한가? 이 서열이 박테리아 종A로부터 박테리아 종B로 유전자를 전이하는 데 필요한가? 왜? 혹은 왜 아닌가?
11. 박테리오파지 람다 DNA를 벡터로 이용하기 전에 무엇을 변형해야 하는가? 이 변형된 서열은 람다 파아지에서 무슨 특성을 지녔는가?
12. 점착성 말단 혹은 *cos* 서열의 목적은 무엇인가?
13. 시험관 내 포장은 무엇이고 왜 필요한가?
14. 박테리오파지 람다를 벡터로 이용할 때 왜 보조 파지가 필요한가?
15. 람다 파지보다 코스미드를 이용하는 장점은 무엇인가?
16. YACs와 BACs는 무엇인가? 그들 사이에 차이점은 무엇인가?
17. 각 벡터가 수용할 수 있는 대략의 DNA 양을 증가하는 순서로 적어라.
18. 람다 RED 단백질은 무엇인가? 어떻게 DNA를 벡터로 클로닝하는 데 유용한가?
19. 원핵생물의 유전자 라이브러리는 어떻게 만들어지는가? 이 라이브러리를 검색하는 두 가지 방법을 기술하라.
20. 유전자 라이브러리의 가장 유용한 것은 무엇인가?
21. cDNA의 이용에 의해 극복될 수 있는 진핵생물의 유전자 클로닝의 주 문제점은 무엇인가?
22. 어떻게 cDNA는 만들어지는가? 왜 원핵생물에서는 cDNA를 만들 필요가 없는가?
23. 왜 올리고(U)나 올리고(dT) 컬럼을 이용하여 원핵생물로부터 mRNA를 분리할 수 없는가?
24. 더듬기식 염색체탐색법은 무엇이 유용한가?
25. 삭감 혼성화와 이용을 기술하라.
26. 클로닝 벡터와 발현벡터 사이의 차이점은 무엇인가?
27. 발현벡터로 클로닝한 유전자의 발현을 조절하기 위하여 이용되는 일부 프로모터는 무엇인가? 어떻게 이들은 작용하는가?
28. 왜 때때로 클론 유전자의 발현을 조절할 필요가 있는가?
29. 왜 T7프로모터 시스템은 숙주 특이적인가?

개념 문제

1. 당신은 실험실에서 테크니션으로 일하고 있고 당신의 지도교수는 옥수수 게놈 DNA시료로부터 초당옥수수 유전자(*ssc1*)를 클로닝하도록 부탁하였다. 그녀는 다음 지도를 주었고, 또한 *ssc1* 유전자 특이적 방사성으로 표지된 탐침도 주었다. 게놈 DNA로부터 유전자를 분리하기 위한 실험적 방법을 디자인하라. 무슨 효소를 DNA를 절단하기 위해 이용하겠는가? 다른 모든 게놈 절편으로부터 특정 절편을 어떻게 분리할 것인가?

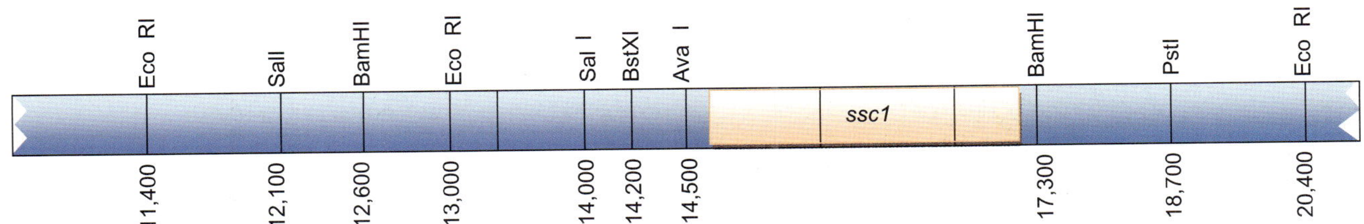

ssc1 유전자 주변의 게놈 DNA(바는 제한효소 위치를 나타내고 숫자는 제한효소 위치 지도에 의해 결정된 염색체 상 위치이다.)

2. 질문1에 대한 실험을 완료하기 전에 다행히 전체 옥수수 게놈 서열이 밝혀졌다. 그래서 당신은 *ssc1* 유전자에 대한 유전자 지도와 전체 서열을 알게되었다. 당신의 지도교수는 아직도 벡터로 *ssc1* 유전자를 클로닝하기를 원한다. PCR을 이용한 이 유전자의 클로닝하기 위한 다른 실험을 고안하라.

3. 당신 실험실 아래층 동료가 리컴바이니어링 기술에 대하여 알려줬다. 질문1에서 제시한 유전자를 어떻게 리컴바이어니링을 이용하여 벡터로 클로닝하겠는가?
4. 식물 육종학자가 당도가 다른 2개의 다른 옥수수 품종을 동정하였다. 두 품종에 대한 광범위한 게놈 분석은 초당옥수수 유전자 *ssc1* 부위에 있고, 당신의 지도교수는 당을 보다 많이 생산하는 옥수수는 보다 많은 *ssc1* mRNA을 만든다는 가설을 설정하였다. 그 가설을 증명하거나 반박하는 실험을 고안하라. 당이 많은 품종이 과잉의 *ssc1* mRNA를 가지고 있다는 것을 어떻게 조사할 것인가와 mRNA의 혼합물에서 이 mRNA를 특이적으로 동정할 것인가를 명확히 하라.
5. 제한효소 *Eco*RI 부위에 *araH* 유전자를 지닌 재조합 플라스미드를 만들기 위해 다음 용액을 이용하라. 당신은 아래의 지도를 가지고 있고, 작은 양의 순수 플라스미드 DNA 시료와 대장균으로부터 아라비노 수송체 유전자 *araH*를 가지고 있다. 실험을 디자인하고 이 일을 하는데 필요한 각 단계를 설명하라.

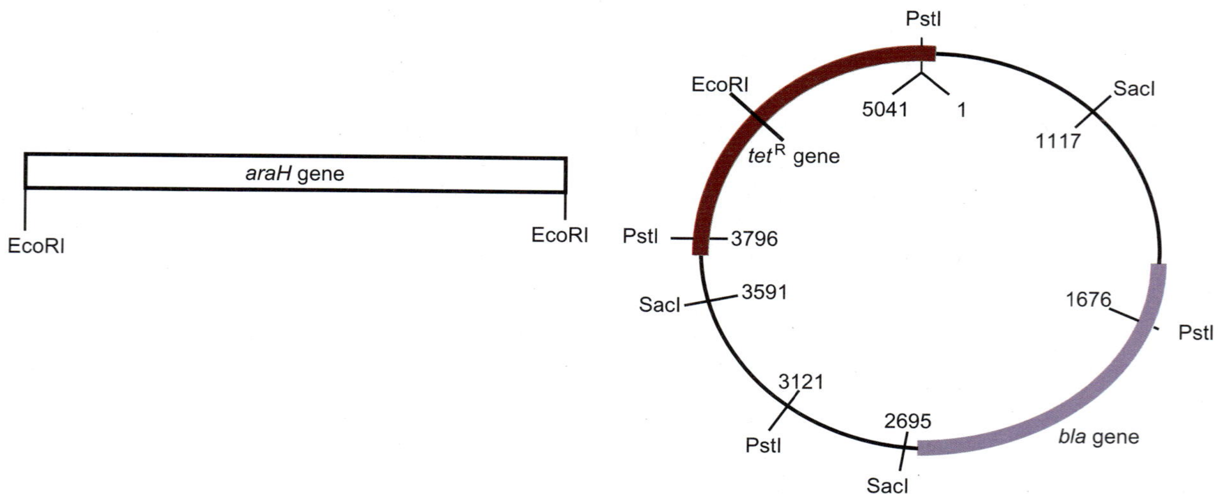

DNA 염기서열 분석

Chapter

8

개개의 유전자보다는 전체 유전체를 다루는 연구방법론들은 **유전체학**이라는 새로운 연구 영역을 탄생케 하였다. 명백히 유전체학은 기본적으로 개체의 전체 DNA 서열을 연구대상으로 한다. 우리는 현재 폭발적인 DNA 서열 정보 시대의 한가운데 있다. 수백 가지의 전체 박테리아 유전체와 수많은 진핵생물 유전체 서열이 완전히 결정되었다. 현재 네안데르탈인과 같은 멸종된 종족을 비롯하여 수많은 그리고 점점 늘어나는 사람의 유전체가 이용 가능하다. 이 장에서 우리는 DNA 서열분석에 사용된 방법들에 대하여 살펴보고 다음 장에서는 전체 유전체 서열의 집합에 대하여 생각하고자 한다. DNA 서열분석 기술은 매우 빠르게 발전해서 교과서가 따라가기가 불가능하다. 비록 극소수만이 널리 사용되지만 새로운 기술이 6개월마다 나타난다. 아마도 이런 현상을 가장 잘 대변해 주는 것이 비용의 절감일 것이다. 2001년 7월부터 2011년 1월 사이에 백만 개의 DNA 염기쌍의 서열을 결정하는 데 드는 비용이 5,000달러에서 50센트로 감소되었다!

유전체학(genomics) 한 번에 하나의 유전자 보다는 유전체 전체를 연구하는 학문

그림 8.01
염기서열 분석-모든 가능한 길이의 조각들

Original 8 fragments	These are grouped as follows: Ending in A	Ending in G	Ending in T	Ending in C
ACGATTAG		ACGATTAG		
ACGATTA	ACGATTA			
ACGATT			ACGATT	
ACGAT			ACGAT	
ACGA	ACGA			
ACG		ACG		
AC				AC
A	A			

1. DNA 염기서열 분석-사슬 종결법의 기본 원리

유전자를 검색하거나 서로 다른 DNA 서열을 비교하기 전에, DNA의 염기서열이 먼저 결정되어야 한다. 대략적인 접근방법은 우선 적당한 크기의 주형 DNA 조각을 클로닝이나 PCR법으로 제작하는 것으로 시작한다. 실제 서열분석은 이 주형으로부터 모든 가능한 길이의 하위조각(sub-fragment)을 제조하는 것을 포함한다. 이 하위조각들은 DNA 중합효소를 이용하여 원래 조각의 한쪽 끝으로부터 1개의 염기쌍만큼 다른 길이로 제조된다. 따라서 만약 주형 DNA의 길이가 200 염기쌍이라면 한 염기쌍의 길이만큼 차이가 나는 200 종류의 하위조각이 만들어 질 것이다. 다음에 이들은 한 쪽 끝에 첨가된 염기의 종류에 따라 4개의 그룹으로 나누고 이들을 각각 크기에 따라 전기영동으로 분리한다. ACGATTAG로 된 8개의 염기서열을 예로 들어 설명해 보자(그림 8.01). DNA 중합효소는 맨 끝의 1개의 염기로 된 조각을 포함하여 8개의 염기 조각까지 8가지의 하위조각만을 만들어 낼 것이다.

사슬 종결 DNA 염기서열 분석법은 실제로 모든 가능한 길이의 DNA의 하위조각을 합성하고 이를 겔에서 분리하는 것을 포함한다.

이 4개 그룹의 조각들을 나란히 같은 겔 상의 4개의 레인에 넣어서 전기영동을 수행하여 분리한다. A로 끝나는 조각들은 제일 왼쪽에, G로 끝나는 조각들은 그다음에, C와 T로 끝나는 것들도 차례로 그 다음 레인에서 내려가도록 한다. 각 조각들은 그들의 크기에 따라 분리되며 우리는 각 조각들의 분리된 밴드를 읽게 된다(그림 8.02). 겔의 바닥으로부터 시작하여 위로 읽게 되면 서열을 직접 다 읽을 수가 있게 된다.

1.1. DNA 서열분석을 위한 사슬 종결법

어떻게 그러한 조각들이 실제로 만들어지는가, 특히 어떻게 끝의 염기의 종류에 따라 4개의 그룹으로 나누는가? 오늘날 보편적으로 사용되는 방법은 **사슬 종결 서열분석법** 혹은 **2디옥시 순서분석법**이라고 한다. 이 두 용어가 모두 DNA 중합효소에 의해 뉴클레오티드 사슬이 늘어날 때, 2디옥시뉴클레오티드로 된 유도체에 의해 사슬의 성장이 종결된다는 것을 의미한다. **2디옥시뉴클레오티드**(ddATP, ddTTP, ddCTP, 그리고 ddGTP) 각각에 대하여 네 가지의 반응이 분리되어 일어나도록 한다.

서열분석 반응은 여러 종류의 요소들을 필요로 한다. 서열분석 반응은 DNA를 합성하기 위하여 DNA 중합효소를 사용하며(자세한 사항은 10장을 참조), 따라서 반응은 또한 주형이라고 불리는 외가닥의 DNA를 요구한다. DNA 중합효소가 이중나선을 풀어주

사슬 종결 서열분석법(chain termination sequencing) 2디옥시뉴클레오티드를 사용하여 DNA 사슬의 합성을 종결함으로써 DNA 서열을 결정하는 방법. 2디옥시서열분석법과 동일한 용어임.
2디옥시 순서분석법(dideoxy sequencing) 2디옥시뉴클레오티드를 사용하여 DNA 사슬의 합성을 종결함으로써 DNA 서열을 결정하는 방법. 사슬종결서열분석법과 동일한 용어임.
2디옥시뉴클레오티드(dideoxynucleotide) 당이 리보오스나 디옥시리보오스 대신에 2디옥시리보오스로 된 뉴클레오티드

Samples loaded here
FRAGMENT ENDING IN:
A G T C
Largest and Slowest
Direction of movement
G A T T A G C A
ACGATTAG
ACGATTA
ACGATT
ACGAT
ACGA
ACG
AC
A
Smallest and Fastest

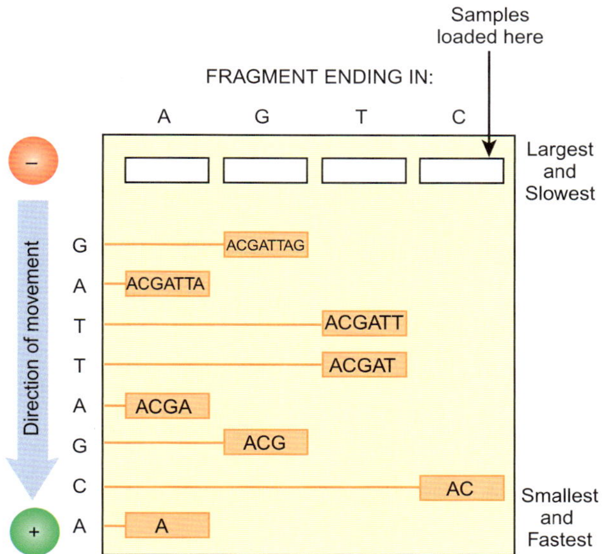

그림 8.02

염기서열 분석의 원리

DNA 조각의 서열은 그림 8.01에서 보여준 것과 같이 원래의 서열로부터 하위조각들을 제작함으로써 결정될 수 있다. 하위조각들은 4개의 분리된 반응 즉, 4종류의 염기에 대하여 각각 하나씩 반응함으로써 제작된다. 각 반응 혼합물은 그 다음에 겔 전기영동을 사용하여 길이에 의해 분리된다. 서열은 겔의 바닥으로부터 시작하여 위로 읽어 가면 된다.

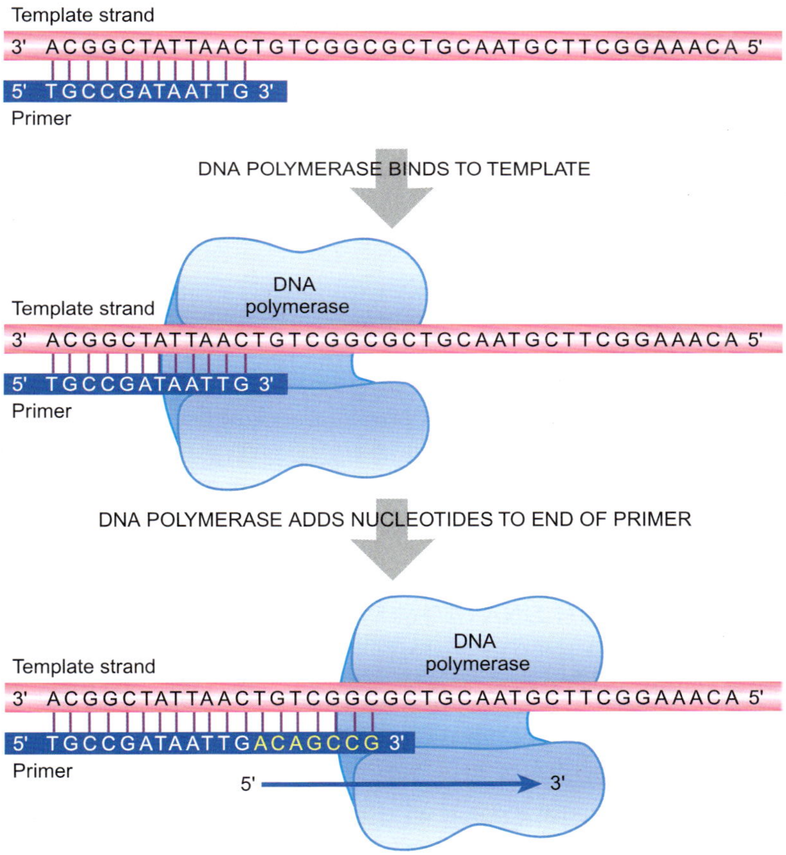

Template strand
3' ACGGCTATTAACTGTCGGCGCTGCAATGCTTCGGAAACA 5'
5' TGCCGATAATTG 3'
Primer
DNA POLYMERASE BINDS TO TEMPLATE
DNA polymerase
Template strand
3' ACGGCTATTAACTGTCGGCGCTGCAATGCTTCGGAAACA 5'
5' TGCCGATAATTG 3'
Primer
DNA POLYMERASE ADDS NUCLEOTIDES TO END OF PRIMER
DNA polymerase
Template strand
3' ACGGCTATTAACTGTCGGCGCTGCAATGCTTCGGAAACA 5'
5' TGCCGATAATTGACAGCCG 3'
Primer
5' 3'

그림 8.03

DNA 합성–프라이밍과 신장

정상적인 DNA 합성 동안에는 DNA 중합효소가 주형가닥을 읽으면서 새로운 상보적인 DNA를 합성한다. DNA 합성이 시작되기 위하여 짧은 올리고 뉴클레오티드 프라이머가 주형의 3′ 말단에 상보적으로 결합하여야 한다. DNA 중합효소는 프라이머의 3′ 말단을 인식하여 이곳에 뉴클레오티드를 첨가한다. 따라서 합성은 5′에서 3′ 방향으로 일어난다.

는 기능이 없기 때문에, 이 주형가닥은 외가닥으로 되어 있어야 한다. 세 번째, DNA 중합효소가 미리 존재하는 자유 3′-OH기가 없는 경우에는 DNA 합성을 시작할 수 없기 때문에 이 반응은 뉴클레오티드가 첨가되기 위한 프라이머를 요구한다. DNA 중합효소는 프라이머를 신장시킴으로써 주형 DNA 가닥과 상보적인 새로운 DNA 가닥을 합성한다(그림 8.03). 2디옥시뉴클레오티드와 더불어 정상적인 디옥시뉴클레오티드가 DNA는 4개의 염기 즉, 아데닌, 구아닌, 시토신, 티민을 가지고 있기 때문에 DNA 중합효소에 4개의 디옥시뉴클레오티드 즉, dATP, dGTP, dCTP 그리고 dTTP를 넣어줘야 한다. 이들은 뉴클

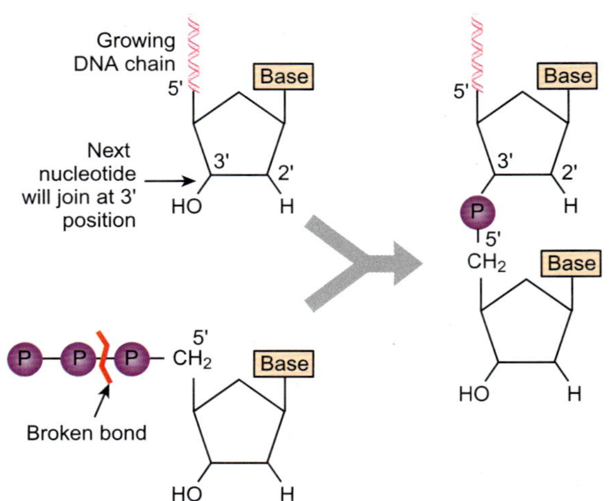

그림 8.04

DNA 합성–인산디에스테르 결합

DNA 중합효소는 뉴클레오티드들을 인산디에스테르 결합을 통해 연결한다. 다른 뉴클레오티드를 첨가할 때, DNA 중합효소는 그 뉴클레오티드의 첫 번째와 두 번째 인산결합을 끊는다. 새로 들어오는 뉴클레오티드는 신장되는 DNA 가닥의 3′ 수산기에 결합된다.

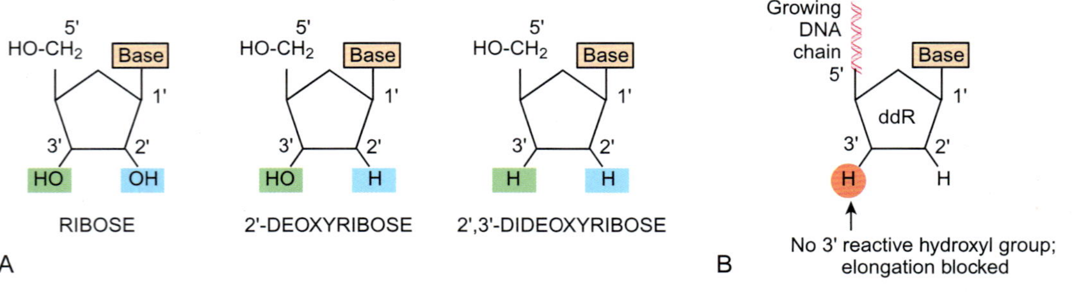

그림 8.05

2디옥시리보오스, 디옥시리보오스 그리고 리보오스

A) 리보오스, 디옥시리보오스, 그리고 2디옥시리보오스의 구조는 2′와 3′ 탄소에 결합한 수산기의 수와 위치가 각각 다르다. B) DNA 중합효소는 2디옥시뉴클레오티드가 있는 사슬 끝에 3′ 탄소에 수산기를 가지고 있지 않기 때문에 다른 뉴클레오티드를 첨가할 수가 없다.

레오시드 3인산의 형태(NTP; 염기에 당과 3인산기가 붙어있는 형태)로 공급된다. 바깥에 있는 2개의 인산기는 각 뉴클레오티드가 신장되는 DNA 가닥의 끝에 첨가될 때 상실된다(그림 8.04). 뉴클레오티드들이 결합되어 핵산을 합성할 때는 새로 들어오는 뉴클레오티드의 당의 5′-탄소 원자에 붙어있는 인산기는 DNA 사슬의 마지막 뉴클레오티드에 속한 당의 3′-수산기에 연결된다. 간단히 말해서 DNA 합성은 5′에서 3′ 방향으로 일어난다.

2디옥시 염기 유도체들은 DNA 사슬 성장의 종결에 사용된다.

2디옥시뉴클레오티드와 디옥시뉴클레오티드 사이의 구조적인 차이가 사슬 종결 서열분석법을 이해하는 데 핵심이다. DNA나 RNA의 당은 2′ 당에 수산기가 있느냐에 따라 구별된다. 그럼에도 불구하고 이 둘은 3′-수산기를 디옥시리보오스나 리보오스에 가지고 있다. 그러나 2디옥시뉴클레오티드들은 그것의 당의 2′과 3′ 모두의 위치에 수산기를 가지고 있지 않다(그림 8.05). 만약 **2디옥시리보오스**를 가지고 있는 뉴클레오티드들이 자라는 핵산의 사슬에 첨가된다면, 더 이상의 신장에 사용될 3′-수산기가 없다. 즉 DNA 중합효소가 더 이상 뉴클레오티드들이 첨가할 수 없다. 핵심적으로 이 당이 수산기를 가지고 있지 않기 때문에 DNA 합성을 종결시킨다. 서열분석 반응 동안 DNA 중합효소는 주형을 따라 가면서 C를 감지했을 때, ddGTP와 dGTP 중 하나를 선택한다. 만약 dGTP, 대신에 ddGTP를 사용하였다면, 비록 주형의 서열이 많이 남아있어도 다른 어떤 뉴클레오티드들도 첨가될 수 없다(그림 8.06). dG에 대한 ddG의 상대적인 양은 주형 DNA에 있는 모

2디옥시 유도체들은 당의 2′과 3′ 탄소 모두에서 수산기가 없다.

2디옥시리보오스(dideoxyribose) 2′과 3′ 수산기에서 산소가 결핍된 리보오스의 유도체

RANDOM TERMINATION AT "G" POSITIONS

Original sequence:
T C G G A C C G C T G G T A G C A

Mixture of chains terminated at G
using mixtures of dGTP and ddGTP:

1. T C G
2. T C G G
3. T C G G A C C G
4. T C G G A C C G C T G
5. T C G G A C C G C T G G
6. T C G G A C C G C T G G T A G

A

RUN ON SEQUENCING GEL

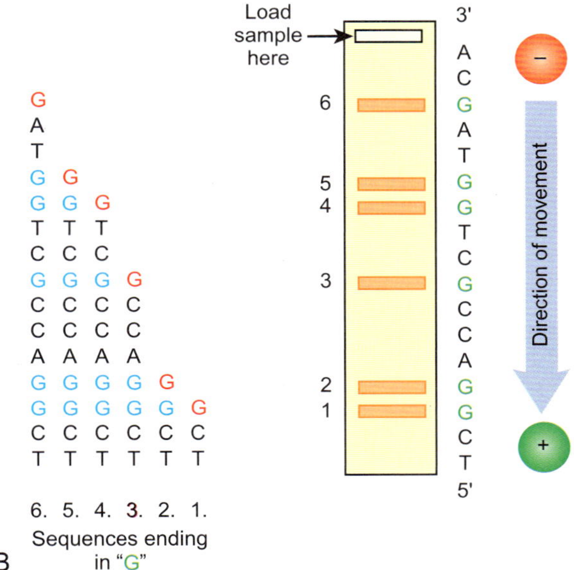

그림 8.06

2디옥시뉴클레오티드에 의한 사슬 종결

A) 서열분석 반응 시, DNA 중합효소는 원래의 서열에 대하여 다수의 복사본을 만든다. 서열분석 반응 복합물은 사슬 종결을 일으키는 인공적으로 만든 2 디옥시뉴클오티드를 포함한다 여기서는 G 반응을 예로 보여준다. 이 반응에는 디옥시구아닌 3인산(dG)과 2디옥시구아닌 3인산(ddG)이 포함되어 있다. ddG가 삽입되었을 때는(빨간색으로 표시되었음), 언제나 신장되는 사슬의 종결을 일으킨다. 만약 dG(청색)가 삽입되었을 때는 사슬의 성장이 계속된다. B) ddG를 포함한 서열분석 반응액을 폴리아크릴아마이드 겔에 걸었을 때, 조각들이 길이별로 분리된다. 각 밴드는 원래의 서열에서 바로 구아닌이 있음을 표시한다.

든 C에서 ddGTP에 의해 종결이 되는 사슬의 혼합체를 만들 수 있을 정도로 맞춰준다.

다른 세 가지의 서열분석 반응들도 이와 유사한 방법으로 실시한다. 실제로 주형, 프라이머, 네 가지의 모든 염기에 대하여 방사성 동위원소로 표지된 dNTP들 그리고 DNA 중합효소를 혼합하여 혼합액을 만든다. 그 다음에 이 혼합액은 4개의 튜브로 나누고 이것에 위에서 만든 각각 다른 2디옥시뉴클레오티드액을 넣어준다.

DNA 조각들은 폴리아크릴아마이드 겔에서 오직 하나의 뉴클레오티드의 길이만큼 다른 각 조각들을 길이에 따라 분리된다.

네 가지의 서열분석 반응액 각각을 겔 전기영동으로 길이별로 분리한다(그림 8.07A). 염기서열 분석 과정에서 만들어진 가장 긴 DNA 하위조각의 길이도 보통 200-300염기쌍 정도 밖에 되지 않기 때문에 아가로스와 같은 구멍이 큰 것으로 이들 조각을 분리할 수가 없으며 폴리아크릴아마이드 겔이 사용된다. 이 짧은 조각들은 DNA 중합효소가 프라이머에서 합성을 시작한 직후에 ddNTP 중 하나를 삽입시킴으로써 만들어 진다. 각 밴드들은 특정 길이에 해당되는 DNA 조각들을 나타낸다. 네 가지 샘플 모두 겔에 나란히 넣어서 각 염기를 나타내는 4종류의 사다리 형태의 밴드를 만든다(그림 8.07A).

DNA 조각들은 원래 방사성 동위원소로 표지된 뉴클레오티드의 삽입여부에 의해 탐지되며 자기방사선사진에 의해 각 밴드들의 위치들이 결정된다.

DNA 밴드를 탐지하기 위한 여러 가지 방법이 필요하다. 한 가지 방법으로는 방사성 동위원소로 표지된 뉴클레오티드 전구체들이나 방사성 동위원소로 표지된 프라이머들을 중합효소에 의해서 만들어진 하위조각에 삽입시킨다. 실제로 서열분석 반응액에 동위원소로 표지된 하나의 뉴클레오티드(보통 ^{32}P-dATP)와 네 가지의 일반적인 디옥시뉴클레오티드 그리고 네 가지의 2디옥시뉴클레오티드들을 넣는다. 전기영동을 이용해 하위조각들

그림 8.07

DNA 서열분석 시 겔에서 조각의 분리와 탐지

A) 4개의 분리된 반응의 산물들을 폴리아크릴아마이드 겔에 나란히 걸어서 조각들을 길이별로 분리한다. B) 조각들을 탐지할 때, 겔이 찢어지지 않게 하기 위해 종이에 붙이고 폴리아크릴아마이드가 필름에 붙지 않도록 건조시킨다. 겔이 완전히 건조된 다음에 X-선 사진 필름을 겔 위에 올려놓는다. 방사성 동위원소로 표지된 DNA 조각들의 위치는 필름 상에서 검은 밴드로 나타난다.

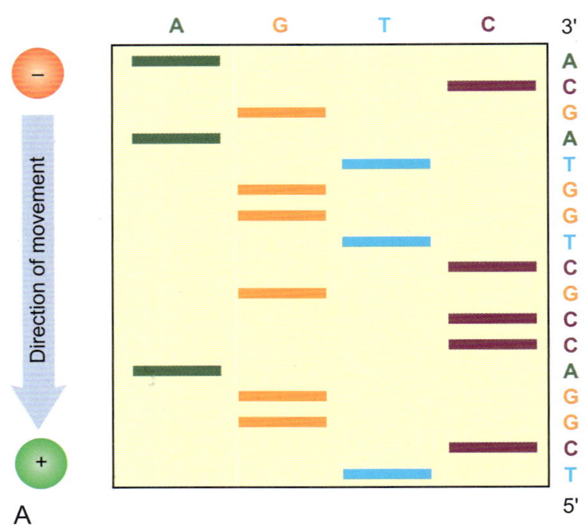

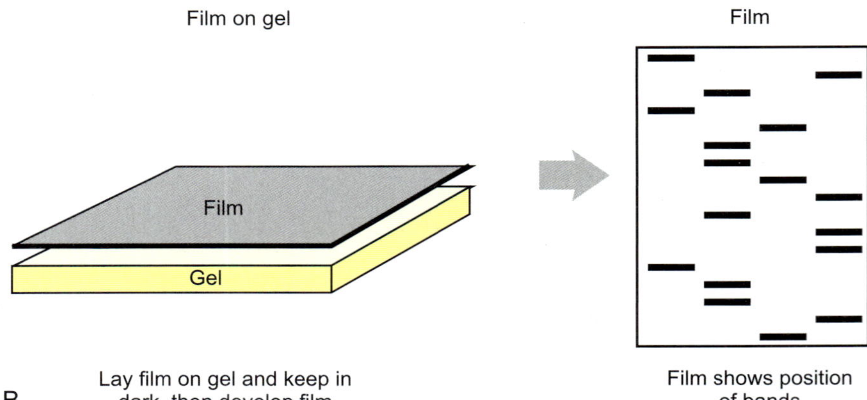

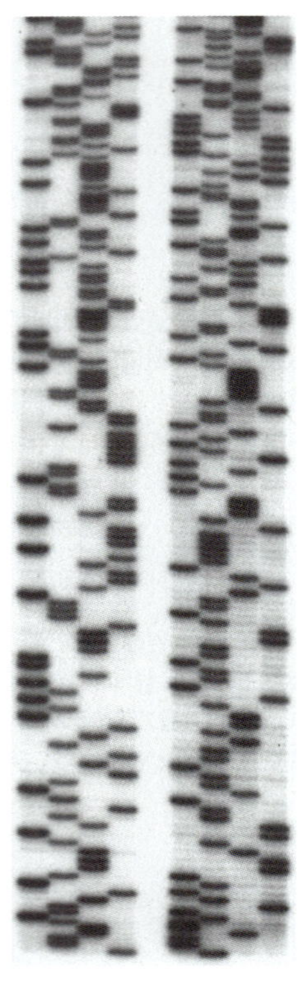

그림 8.08

실제 서열분석 겔의 자기방사성 사진

을 분리한 후에 폴리아크릴아마이드 겔을 여과지에 붙인 뒤 건조시킨다. 그 후에 X-선 필름을 겔의 위에 놓는다. 방사성을 띤 밴드들이 필름에 까맣게 나타나고 연구자들은 원래의 밴드의 위치를 시각화할 수 있다(그림 8.07B). 전과 마찬가지로 각 밴드의 위치는 특정 길이의 DNA 사슬에 해당되고 하나의 염기의 위치를 나타낸다. 서열은 바닥에서부터 위로 읽는 데, 이는 이들이 가장 작고 프라이머 결합 위치로부터 가장 가깝기 때문이다. 완전한 서열은 각각의 염기에서 얻은 결과를 결합함으로써 얻게 된다. 하나의 겔로부터 수백 개의 염기의 서열을 얻을 수 있다. 실제 서열분석 겔의 일부가 그림 8.08에 나와 있다. 방사성 동위원소를 사용하는 대신에 요즘에는 DNA 서열분석 시 형광물질로 표지된 뉴클레오티드의 전구체나 프라이머를 탐지하는 수단으로 사용한다(아래 참조).

1.2. DNA 서열분석을 위한 DNA 중합효소

모든 DNA 중합효소는 외가닥으로 된 DNA 주형에 결합된 프라이머를 신장시킬 수 있다. 그러나 서열분석에 요구되는 특징들은 좀 더 까다롭다. 첫째로, 중합효소는 높은 이동성(processivity)을 가지고 있어야 한다. 즉 이것이 DNA 주형을 따라 떨어지지 않고 이동할 수 있어야 한다. 조기 분리는 2디옥시뉴클레오티드가 삽입되기 전에 무작위적으로 합성이 종결된 사슬들을 만들어내게 된다. 아울러 많은 DNA 중합효소들은 외부핵산가수분해효소

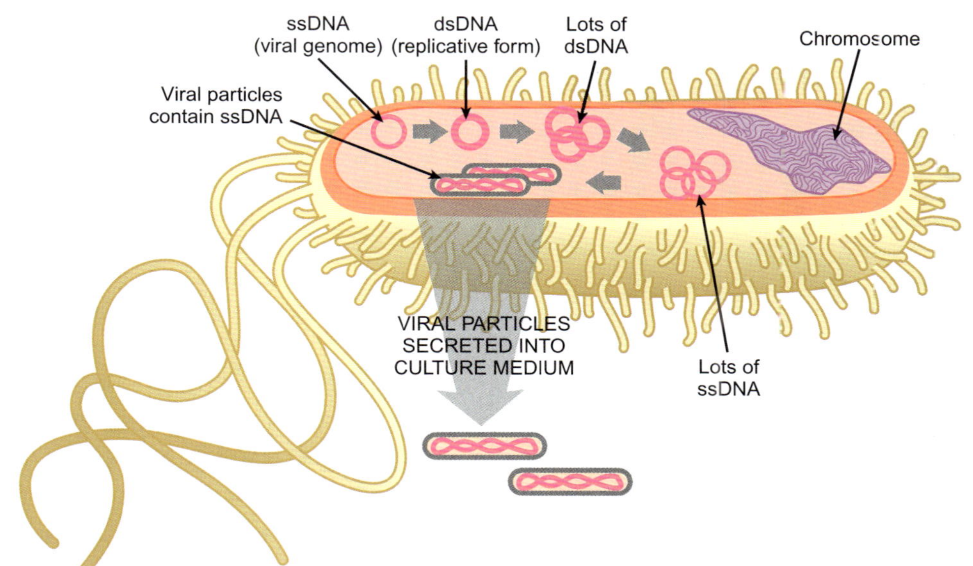

그림 8.09

박테리오파지 M13으로부터 외가닥 DNA 생산

M13을 *E. coli*에 감염시키면, 외가닥의 바이러스 DNA가 이중 가닥의 복제형(RF)으로 전환된다. 이 RF는 이후 수많은 이중 가닥 DNA 복사본을 만든다. 이중 가닥 형태가 충분히 만들어 진 후, 외가닥 복사본도 많이 만들어지고 이것이 궁극적으로 바이러스 입자 속으로 들어가게 되고 나중에 배양액으로 분비된다.

(exonuclease) 활성을 가지고 있어 서열분석의 정확도를 떨어뜨린다. 5′→3′ 외부핵산가수분해효소 활성은 DNA 복제 위치 앞에서 DNA 가닥을 제거할 수도 있다. 반대로 3′→5′ 외부핵산가수분해효소 활성은 교정(proofreading)에 사용되어지기도 한다. 이러한 활성들은 이미 합성된 사슬들의 길이를 짧게 한다.

실제로, 어떤 천연 중합효소도 서열분석에 적합한 것은 없다. 첫 번째 사용된 중합효소는 **Klenow 중합효소**이다. 이것은 대장균(*E. coli*)에서 유래된 DNA 중합효소 I로서 5′→3′ 외부핵산가수분해효소 활성 도메인이 없다. Klenow 중합효소는 원래 DNA 중합효소 I을 단백질 가수분해효소로 절단하여서 제조하였으나 나중에는 유전자를 변형시켜서 대장균에서 발현시켜 제조하였다. Klenow 중합효소는 낮은 이동성을 가지고 있기 때문에 한 반응 당 250염기 정도의 서열만을 결정할 수 있다. 다른 널리 사용되는 효소는 유전공학적으로 수정된 박테리오파지 T7 DNA 중합효소이다. 이것은 "**Sequenase**"라는 상표로 팔리고 있다. Sequenase는 이동성이 매우 좋고, 반응속도가 빠르며, 외부핵산가수분해효소 활성이 거의 없으며, 많은 변형된 뉴클레오티드를 기질로 사용할 수 있는 능력을 가지고 있기 때문에 서열분석 반응이 완벽하게 일어나게 한다.

유전공학적으로 가공된 DNA 중합효소는 높은 이동성을 가지며 외부핵산가수분해효소 활성이 적어서 DNA 서열분석에 현재 많이 사용된다.

1.3. 서열분석을 위한 주형 DNA의 제조

양질의 DNA 서열분석을 하기 위해서는 프라이머가 결합할 수 있는 외가닥의 DNA가 요구된다. 초기에는 **M13** 박테리오파지 벡터에 서열분석을 할 주형 DNA를 클로닝하여 분리한 다음 이것을 주형 DNA로 사용했다(그림 8.09). M13 바이러스는 막대 모양을 하고 있으며 원형의 외가닥 DNA(ssDNA)를 가지고 있다. 이것을 *E. coli*에 감염시키면 외가닥의 바이러스 DNA가 이중 가닥의 형태 즉, **복제형(RF)**으로 전환된다. 일정 기간 복제한 후, RF는 외가닥으로 변환되고 이것은 새로 생성되는 바이러스 입자들에 들어가게 된다.

Klenow 중합효소(Klenow polymerase) *E. coli*에서 유래된 DNA 중합효소 I로부터 5′ → 3′ 외부핵산가수분해효소 도메인을 제거한 것
M13 *E. coli*에 감염하는 막대 모양의 박테리오파지로서 원형의 외가닥 DNA를 가지고 있으며 서열분석을 위하여 DNA를 조작할 때 사용된다.
복제형(replicative form; RF) 외가닥 DNA(혹은 RNA)바이러스의 이중가닥 형태. RF는 우선 자신을 복제하고 나중에 바이러스 입자에 넣기 위하여 ssDNA(혹은 ssRNA)를 생산하는 데 사용된다.
Sequenase® 박테리오파지 T7에서 유래된 것으로 서열분석을 위하여 유전적으로 수정된 DNA 중합효소

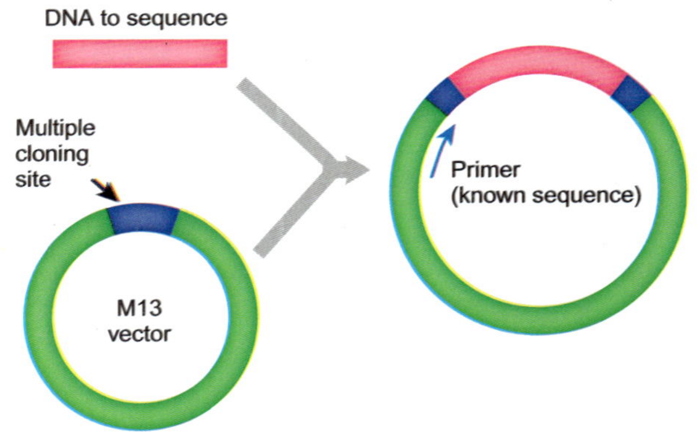

그림 8.10
M13 기반의 벡터를 이용한 서열분석

M13 벡터를 사용하여 외가닥의 주형 DNA를 쉽게 생산할 수 있다. 서열분석을 할 DNA는 M13 벡터에 존재하는 다중 클로닝 부위(MCS)에 삽입된다. MCS는 *lacZ* 유전자의 알파 조각에 존재한다. 삽입 DNA가 없을 때는 기능을 가진 β-갈락토오스가수분해효소가 만들어지며 따라서 이를 가지고 있는 *E. coli*는 X-갈의 존재 하에 푸른색을 띠게 된다. 삽입 DNA가 *lacZ* 유전자를 파괴하였을 때는 기능을 가진 β-갈락토오스가수분해효소가 만들어지지 않으며 세포는 흰색으로 남게 된다. 이 방법은 삽입 DNA를 가지고 있는 M13 벡터들을 쉽게 구분할 수 있게 한다. 서열분석은 클로닝된 DNA와 연결된 부분의 M13 서열과 상보적인 서열을 프라이머로 사용하여 이루어진다.

M13 바이러스는 이중 가닥으로 된 복제형의 DNA를 외가닥의 유전체를 만드는 데 사용한다. 이들은 바이러스 캡시드로 포장되고 박테리아를 죽이지 않고 배지로 분비된다.

서열분석을 할 주형 DNA를 M13 벡터에 삽입하는 것은 수많은 주형 DNA를 외가닥 형태로 만드는 편리한 방법을 제공한다.

M13의 복제기점은 일반적인 플라스미드를 많은 양의 외가닥 형태의 DNA로 바꾸어 준다.

PCR 산물들은 클로닝하지 않고 서열분석에 사용될 수 있다.

M13은 외가닥의 DNA를 생성할 뿐 아니라 이를 분리하게도 한다. 대부분 바이러스들과는 달리 M13은 박테리아 세포를 파괴하지 않는다. 대신에 세포들은 계속해서 외가닥의 DNA를 가진 바이러스 입자를 배지로 분비해낸다. 더욱이 바이러스 DNA는 박테리아 염색체 속으로 삽입이 되지 않기 때문에 오직 바이러스 DNA만 입자 속으로 들어가게 된다. 바이러스 입자는 분비되기 때문에 이들은 박테리아 세포로부터 쉽게 분리되며 따라서 바이러스 속의 DNA는 쉽게 추출될 수 있다.

M13을 포함한 외가닥의 주형을 만들기 위하여, 서열분석을 할 DNA를 먼저 이중 가닥의 복제형의 M13 DNA에 클로닝한다. 보통 M13 벡터는 다른 DNA를 삽입할 수 있는 다중 제한효소 절단부위를 이미 가지고 있는 것을 사용한다(그림 8.10). 이 다중 클로닝 부위(multiple cloning site)는 *E. coli*의 *lacZ* 유전자의 N-말단 조각 내에 존재한다. 따라서 주형 DNA가 M13 벡터로 삽입이 되었는지 여부를 청색/백색 검사로 확인할 수가 있다(자세한 것은 7장 참조). 더욱이 DNA가 삽입된 부위의 서열은 이미 알고 있기 때문에 이를 시작점으로 사용할 수 있다. 이것은 매우 중요한 사항이다. 왜냐하면 서열분석용 프라이머가 올바른 위치에서 혼성화되기 위해서는 이미 서열을 알고 있는 주형 DNA 사슬에 상보적이어야 하기 때문이다. 이 조작된 바이러스를 *E. coli*에 감염시키면 외가닥을 가진 바이러스 입자들이 대량으로 만들어진다. 오늘날에는 M13 복제기점을 가지고 있는 박테리아 플라스미드들이 사용되고 있다. 전장(全長)의 바이러스가 사용되지 않으면서 DNA의 생산량을 좀 더 쉽게 향상시킬 수 있다.

다양한 기술적 개선으로 DNA 서열분석은 덜 지루하게 이루어지고 있다. 이중 가닥의 DNA(dsDNA)를 서열분석에 바로 사용함으로써 외가닥의 DNA를 제조하여 사용하는 것보다 더 편리하게 되었다. 실제로 "이중 가닥" DNA를 사용하기 위해서는 전 단계, 즉 dsDNA를 변성시키기 위한 열이나 알칼리를 처리하는 단계가 요구된다. 따라서 실제 서열분석 반응은 위에서 언급한 것과 같이 외가닥의 DNA를 사용한다.

사실, 요즘은 DNA를 M13이나 플라스미드 벡터 등에 클로닝하지 않고 PCR로 DNA 조각을 제조함으로써 바로 서열분석에 사용할 수 있다(6장 참조). PCR 산물은 일정한 길이의 직선의 DNA 조각이며 이들은 외가닥으로 분리된 다음에 바로 서열분석에 사용될 수 있다.

2. DNA 가닥을 따라가는 프라이머 보행

초기에는 어느 정도 긴 DNA 조각의 서열을 결정할 때, 그 DNA를 제한효소로 절단하여서 작은 조각으로 만든 다음에 M13이나 플라스미드 벡터에 클로닝하고 각 조각에 대하여 서열분석을 수행하였다. **프라이머 보행**은 긴 DNA의 서열을 좀 더 빠르고 쉽게 결정하는 방

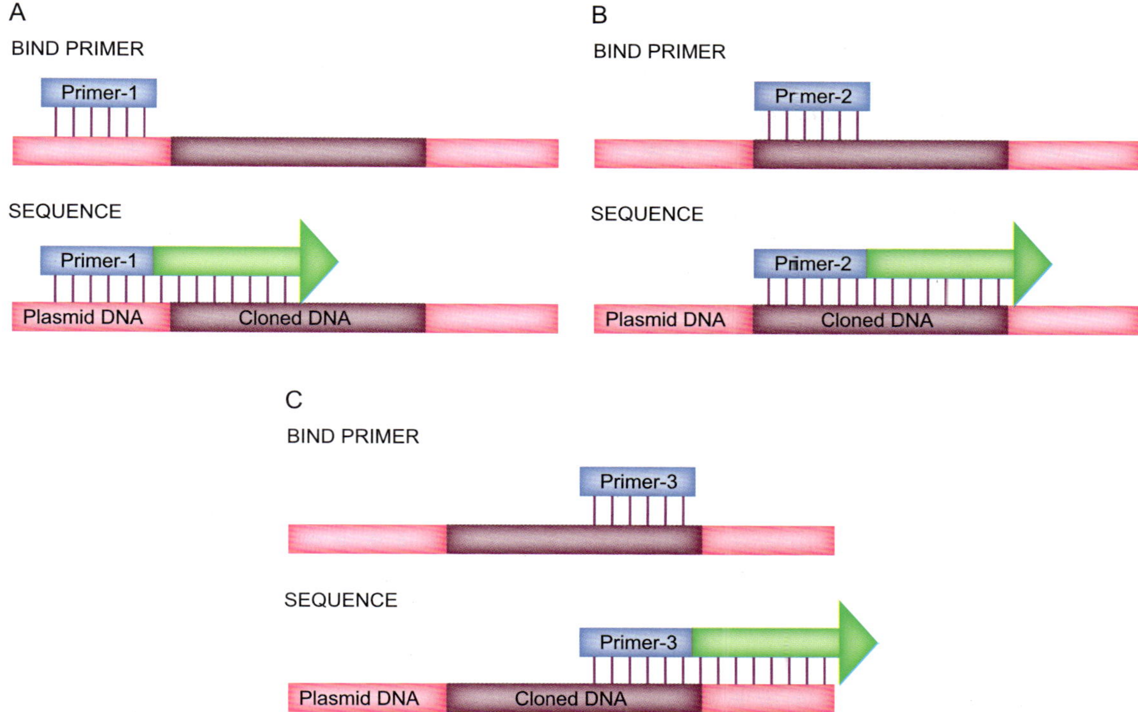

그림 8.11
DNA 분자를 따른 프라이머 보행

서열을 결정할 DNA의 길이가 한 번에 할 만큼보다 길 경우에, 프라이머 보행이 사용된다. (A) 우선 벡터 내에 있는 한쪽 프라이머를 사용하여 클로닝된 DNA의 서열을 가능한 한 길게 결정한다. 얻어진 서열 끝부분의 서열을 이용하여 계속해서 같은 방향으로 서열분석을 진행할 새로운 프라이머를 제작한다. 이 프라이머를 이용한 두 번째 서열분석 반응으로 서열을 더 길게 읽을 수 있다(B). 삽입된 DNA의 끝까지 이르도록 많은 수의 프라이머를 사용하여 이런 과정을 반복한다. 궁극적으로, 벡터의 서열에 이르기까지 수행한다(C). 이로써 실험자들은 서열분석이 완성되었음을 알 수 있다.

법이다(그림 8.11). 이 방법은 먼저 클로닝된 DNA 서열을 M13이나 플라스미드 벡터에 속한 프라이머를 사용하여 가능한 한 길게 결정하는 것으로 시작한다. 다음으로 이미 얻어진 서열 정보를 이용하여 새로운 프라이머를 디자인 한다. 이를 이용하여 가능한 한 길게 서열을 결정하고 이와 같은 방법을 계속 사용하여 끝에 이를 때까지 서열을 결정한다.

3. 자동화된 서열분석

오늘날에는 대부분 서열분석은 자동화 기법으로 수행된다. 이 방법의 주요 수정 사항은 DNA를 표지할 때 방사성 동위원소를 사용하지 않고 형광 색소를 사용한다는 점이다. 반응은 위에서 언급한 것과 동일하게 이루어진다. 각 염기(G, A, T와 C)는 서로 다른 색에 의해 나타낸다. 표지를 하는 방법은 두 가지이다:

1. 프라이머의 5′ 말단에 형광 색소를 결합시킨 형광 프라이머 서열분석법. 각 염기에 하나씩 하여 4개의 분리된 반응이 이루어진다. 서로 다른 색을 내는 형광 색소가 네 가지의 염기 특이적 반응을 위한 프라이머에 부착된다. (프라이머가 표지되었기 때문에 형광 2디옥시뉴클레오티드들은 사용되지 않는다.) 네 가지의 반응들이 그들의 염기에 따라 각각 다른 색으로 표시되어 있기 때문에, 그림 8.12에서 볼 수 있듯이, 네 가지의 반응이 끝난 반응액을 모아서 서열분석 겔의 하나의 트랙에서 전

프라이머 보행(primer walking) 긴 DNA 클론의 염기서열을 결정할 때 접근하는 방법으로 긴 분자를 따라 단계적으로 위치하는 연속적인 프라이머를 사용하는 방법

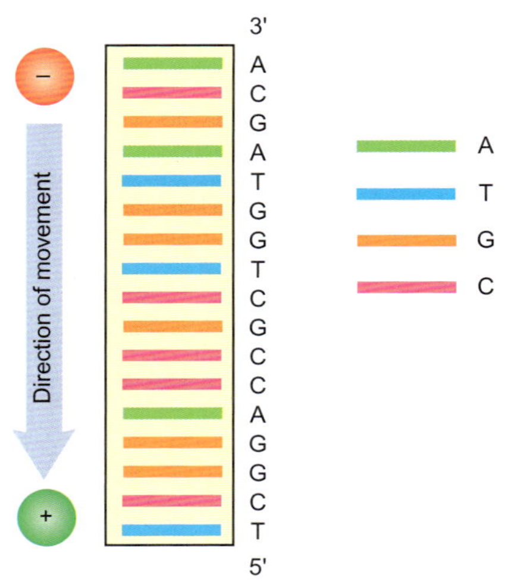

그림 8.12
자동화된 형광 DNA 서열분석법

자동화된 서열분석은 4개의 염기들에 대하여 각각 다른 색을 띠도록 4개의 다른 형광 색소를 사용한다. 4개의 염기들이 각각 다른 색을 띠기 때문에 4개의 반응액을 모아서 겔의 하나의 레인에 건다.

자동화된 서열분석에서는 각 염기에 하나씩 4개의 서로 다른 색을 내는 형광 색소를 사용한다. 이것은 모든 조각들을 겔의 하나의 레인에 걸어서 레이저에 의하여 스캔할 수 있도록 한다.

기영동한다.

2. 네 가지의 서로 다른 형광 색소가 네 가지의 서로 다른 2디옥시뉴클레오시드 3인산에 부착된 것을 사용하는 색소 종결 서열 결정법. 이 경우에 하나의 반응액이 사용된다. 전과 마찬가지로, 이것을 하나의 트랙에서 전기영동한다. 이것이 더 간단하기 때문에, 이 방법이 주로 사용된다.

자동화 서열분석법은 겔을 특정 시간만큼 걸고 정지시켜서 밴드를 조사하는 대신에 거는 동안에 밴드를 감지할 수 있다. 밴드들이 계속해서 겔을 따라 내려감에 따라 레이저 탐지기를 통과하게 된다. 레이저빔이 밴드를 읽어가면서 각 하위 조각의 끝에 붙어있는 염기의 종류를 형광의 색에 의해 식별한다. 컴퓨터가 각 밴드의 색을 기록한 후, 수집한 자료를 실제 서열로 변환해 준다. 이미 읽혀진 초기 밴드들은 나중의 밴드들이 아직 레이저를 통과하고 있는 동안에 겔을 통과하여 밑으로 빠져나가게 된다. 연속해서 빠져 나가게 하는 방법을 사용함으로써 결과적으로 한 번의 반응으로부터 많은 염기 서열을 결정할 수 있다. 자동화된 서열분석기들은 모세관 분리법을 사용하는 방식으로 개선되었다. 이것은 서열분석의 속도를 개선하였는 데 무엇보다 중요한 점은 96개의 반응을 동시에 걸 수 있도록 조립하였다는 것이다.

4. 주기 서열분석법

자동화된 서열분석에 사용되는 대부분의 서열분석 반응은 PCR과 일반적인 서열분석법의 조합으로 이루어진다. 자동화된 서열분석에서와 마찬가지로, 이중 가닥 DNA 주형, 프라이머 그리고 디옥시뉴클레오티드(dNTPs)들이 첨가된다. 이와 더불어 형광 표지된 ddNTP들을 반응 튜브에서 섞어준다. Sequenase나 Klenow를 사용하는 대신에 변형된 *Taq* 중합효소와 같은 열에 저항성을 지닌 중합효소를 사용한다. PCR에서와 마찬가지로, 첫 번째 단계는 주형 DNA를 고온(90°C)에서 변성시키는 것이다. 다음 단계는 프라이머를 낮은 온도(50-60°C)에서 결합시키는 것이고, 마지막으로는 온도를 *Taq* 중합효소의 적정 온도(70°C)로 올리는 것이다. 이 세 단계들을 계속해서 반복함으로써 자동화 서열 분석을 위한 많은 조각을 만들어 낸다. 전과 마찬가지로 이 조각들 각각은 2디옥시뉴클레오티드의 무작위적 삽입으로 하나의 염기만큼 길이가 차이가 난다. 최종 서열분석 산물은 길이에 따라 분리되고 (위에서 언급한) 자동화 서열 분석법에서와 마찬가지로 형광 색소를 기록한다.

5. DNA칩 기술의 출현

초기의 DNA 기술은 주로 전기영동에 기반을 둔 것으로서, 이 기술은 자동화하기 어려울 뿐 아니라 노동 집약적이다. **DNA칩**은 여러 개의 DNA 서열을 자동화하여 나란히 분석하도록 개발되었다. 실제로 수천 개의 DNA 서열분석을 동시에 하는 것이 가능해 졌다. 첫 번째 칩이 1990년대 초반에 미국 캘리포니아에 있는 애피메트릭스(Affymetrix)라는 회사에 의해 소개되었다. 그 이후로 DNA 칩은 서열분석, 돌연변이 및 유전자 발현 탐지 등 다양한 용도로 사용되어 왔다. 칩에 부착되어 있는 외가닥의 DNA와 용액 상태로 있는 DNA 혹은 RNA를 혼성화시키는 것이 DNA칩의 기본 기술이다. 수많은 서로 다른 서열의 DNA들이 칩이라고 불리는 단단한 지지대에 점들의 배열로 형성된 하나의 칩에 부착되어 있다. 분석하려고 하는 DNA 혹은 RNA는 통상적으로 형광 색소로 표지되어야 한다. 각 점들에서의 혼성화 정도가 스캔되고 각 신호들은 적절한 프로그램을 사용하여 분석되어서 색깔로 표시된 데이터 배열을 생성한다. DNA 칩에는 크게 두 가지 종류가 있다. 초기에는 대부분 짧은 올리고뉴클레오티드들이 사용되었다. 그러나 전장의 cDNA을 부착시키는 방법이 개발되었다. 따라서 미리 만들어진 cDNA나 올리고뉴클레오티드들을 칩에 부착시키는 것이 첫 번째 방법이다. 다른 방법으로는 올리고뉴클레오티드들을 5장에서 언급된 것과 같이 포스포아미디트(phosphoamidite) 방법을 이용하여 칩에서 직접 합성하는 것이다. 최근에 만들어진 배열들은 100,000개 혹은 그 이상의 올리고뉴클레오티드를 하나의 칩 위에 올릴 수 있다.

DNA 배열들은 서열분석을 포함한 다양한 용도로 사용될 수 있다. 많은 수의 탐침들이 칩에 격자 형태로 결합되고 표지된 표적 DNA와의 혼성화가 칩 상에서 일어난다.

5.1. 올리고뉴클레오티드 배열 탐지기

올리고뉴클레오티드 배열 탐지기는 수많은 짧은 DNA(즉 올리고뉴클레오티드)를 동시에 탐지하고 동정하게 한다. 이것은 진단 목적 뿐 아니라 대량의 DNA 서열분석에도 사용된다. 핵심 원리는 DNA-RNA 혼성화이다(3장 참조).

DNA 배열은 여러 개의 작은 조각으로 된 DNA 서열의 존재를 탐지하게 한다. 그러면 컴퓨터는 전체 서열을 이어서 붙인다.

알지 못하는 서열을 가진 DNA 조각을 생각해 보자. 이것을 외가닥으로 변성시키고 이미 서열을 아는 올리고뉴클레오티드, 예를 들면 8개의 염기로 된 것(옥타뉴클레오티드; 예를들어, CGCGCCCG)과 혼성화가 되는지 여부를 조사해 본다. 만약 서열을 알지 못하는 DNA가 이 탐침과 결합한다면, 이는 탐침의 서열에 대한 상보적인 서열이 이 미지(未知)의 DNA에 어디엔가 존재한다는 것을 의미한다. 이 미지의 DNA를 사용했던 올리고뉴클레오티드서열과 겹치는 가능한 서열을 가진 일련의 올리고뉴클레오티드들과 혼성화를 동시에 수행하여 어느 것들이 반응하는지를 조사한다.

실제로는 혼성화가 단 한 번에 이루어진다. 실제 8염기 서열로 가능한 조합은 65,536개이다. 탐침으로 사용될 8-염기 서열로 된 시료들을 사각형의 배열로 배열하고 유리칩의 표면에 붙인다. 유리칩을 표적 DNA가 있는 용액에 담그면, 이 DNA는 이와 상보적인 서열을 가진 모든 탐침과 혼성화를 한다. 뉴클레오티드 배열 탐지기 대신에 배열을 단순하게 **DNA칩**이라고 부르기도 한다. 이 기술은 매우 정교해서 1 제곱센티미터의 크기에 1백만 개까지의 뉴클레오티드 탐침을 올릴 수 있다.

예를 들면, 만약 미지의 DNA의 서열이 TCCAACGATTAGTCG라면 이것과 상보적인 가닥의 서열은 AGGTTGCTAATCAGC이다. 결과적으로 65,536개의 가능한 8-염기 서열 중에 다음의 올리고만이 원래의 서열과 혼성화 될 수 있다:

DNA칩(DNA chip) DNA-DNA 혼성화에 의해 수많은 짧은 DNA 조각을 동시에 탐지하고 동정하기 위해 사용되는 칩, DNA 정렬 또는 올리고뉴클레오티드정렬 검출기로도 알려져 있음.

올리고뉴클레오티드 배열 탐지기(oligonucleotide array detector) 수많은 짧은 DNA 조각을 DNA-DNA혼성화를 통해 동시에 탐지하고 동정하는 데 사용되는 칩

그림 8.13
올리고뉴클레오티드의 중복에 의한 DNA 서열의 유추

서열을 알지 못하는 DNA에 혼성화되는 모든 8-염기의 탐침들의 서열을 정렬시킴으로써 컴퓨터가 그 DNA의 서열을 결정하게 한다.

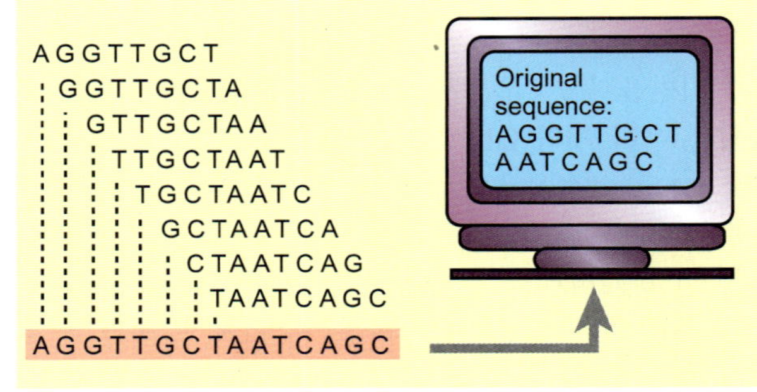

그림 8.14
올리고뉴클레오티드 배열에 의한 서열분석

이 예는 가능한 4 염기쌍의 조합으로 이루어진 올리고뉴클레오티드 배열을 보여준다. 미지의 DNA 조각은 형광으로 표지되었으며 칩 상의 모든 가능한 뉴클레오티드와 혼성화할 수 있도록 하였다. 미지의 DNA와 혼성화한 첫 번째 점은 ACTG의 서열을 가지고 있다. 두 번째는 CTGG를 그리고 세 번째는 TGGC를 가지고 있다. 컴퓨터가 이 서열들을 나열하여 정확한 중복순서를 정한다. 이 정보를 기초로 서열이 결정된다.

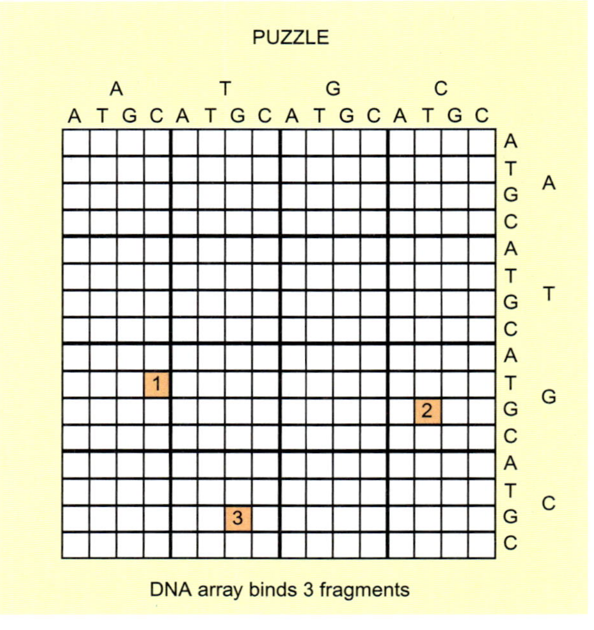

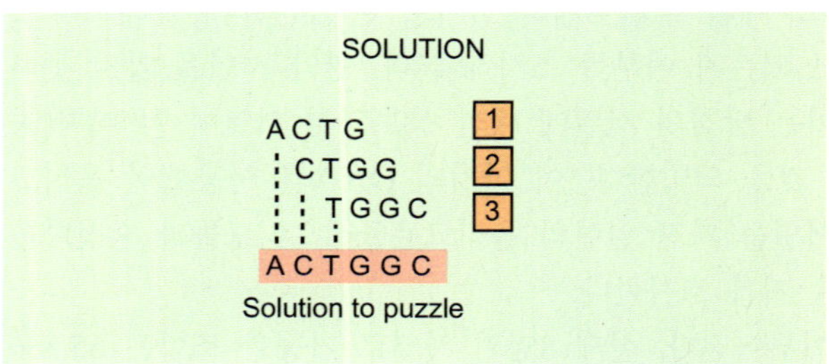

AGGTTGCT TAATCAGC TGCTAATC GCTAATCA
GTTGCTAA GGTTGCTA TTGCTAAT CTAATCAG

이 정보가 주어졌을 때, 컴퓨터 프로그램은 8-염기들의 가능한 중복된 조합을 조사해서 그림 8.13에서 보여준 것과 같은 답을 내 놓는다.

긴 조각의 DNA의 서열을 결정하기 위해서는, 이것을 우선 짧은 조각으로 절단하고 형광 색소로 표지하는 것이 필요하다. 미지의 DNA는 올리고뉴클레오티드 배열에 있는 8-염기 탐침들 중에서 단지 몇 개와만 결합할 것이다. 칩은 레이저를 사용하여 스캔되고 형광으로 표지된 DNA의 위치가 확인된다. 이것이 결합된 위치가 기록된다. 그러면 컴퓨터는 미지의 DNA의 완전한 서열을 계산하여 준다. 간단히 설명하기 위해, 올리고뉴클레오티드 배열을 그림 8.14에서와 같이 디자인하여 가능한 4-염기 서열을 탐지하고자 한다고 가정 하자. "미지"의 서열, ACTGGC은 다음의 3개의 중복된 4-염기 서열을 포함하게 된

배열들은 반복 염기서열들에는 사용될 수 없지만 돌연변이의 조사에는 매우 좋다.

다: ACTG(1번), CTGG(2번) 그리고 TGGC(3번). 이들의 위치들은 배열에 표시된다.

올리고뉴클레오티드 배열은 만약 표적 DNA가 반복 서열을 가지고 있는 경우 분석이 어렵다. 따라서 전적으로 새로운 DNA 서열을 분석할 때는 전통적인 서열분석법을 사용한다. 그러나 유전 질환(즉 알려진 유전자들에 일어난 돌연변이)을 검사할 때 진단 목적으로 그리고 법의학적 용도로는 올리고뉴클레오티드 배열이 훨씬 간단하고 빠르다. 최초로 **GeneChip® array**가 애피메트릭스사에 의해 개발되어서 AIDS 바이러스의 역전사효소의 돌연변이를 탐지하기 위해 사용되었다. 다양한 종류의 칩이 유전체의 분석 뿐 아니라 *p53*이나 *BRCA1*와 같은 암유전자의 돌연변이를 조사하는 것과 같은 진단 목적으로 개발되었다. DNA 배열들은 19장에 설명한 것과 같이 유전자의 발현을 전체 유전체 수준에서 조사하기 위해서 사용되기도 한다.

6. 파이로시퀀싱

파이로시퀀싱은 자동화 될 수 있는 "미니-서열분석법"이다. 실제로 이 방법은 단지 짧은 DNA 조각의 서열만을 분석한다. 이 방법에서는 보통 때와 같이 프라이머에 뉴클레오티드가 첨가되지만, 신장되는 사슬에 어떤 뉴클레오티드가 첨가될 때 이것이 바로 탐지된다. 탐지되는 방법은 하나의 염기가 삽입될 때 마다 이와 결합된 반응에 의해 광펄스가 발생하도록 하는 것이다(그림 8.15). 이것은 4개의 뉴클레오시드 3인산(dNTPs)을 각 반응에서 차례로 하나씩 넣어 줘야함을 의미한다. 만약 광펄스가 발생하면 첨가된 염기가 삽입된 것이다(그리고 따라서 분석하고자 하는 서열은 그 지점에서 첨가한 염기와 상보적인 것이 된다). 결합반응은 뉴클레오티드들이 삽입되어 2인산(pyrophosphate)이 방출될 때 마다 빛을 발생한다. ATP 설프릴라아제가 2인산과 첨가된 아데노신 포스포술페이트(APS)를 ATP로 전환시킨다. ATP는 반딧불 루시페라아제로 하여금 루시페린을 산화시킬 에너지를 공급하게 되고 이 반응이 광펄스를 방출하게 한다. 사용되지 않은 dNTP와 ATP는 다음 dNTP가 첨가되기 전에 아피라아제(apyrase)에 의해 분해된다. ATP와 dATP가 모두 루시페라아제에 의해 사용될 수 있기 때문에 dATP는 뉴클레오티드의 삽입 시 사용될 수 없다. 대신에 루시페라아제에 의해 사용되지 않는 유도체가 사용된다. 일반적으로 α-thio-dATP(첫번째 인산기가 황산염으로 치환된 것)가 사용된다.

파이로시퀀싱은 루시페라아제에 의해 루시페린을 빛으로 변환시키는 두 단계의 반응에서 빛이 방출되는 것을 탐지함으로써 짧은 DNA 지역을 분석하는 데 유용하다.

파이로시퀀싱은 어떤 DNA의 서열을 알거나 이들에서 한개 혹은 몇 개의 염기서열의 변이를 비교하고자 할 때 특히 유용하다. 이런 경우에 이미 알려진 서열에 해당되는 염기들을 광신호가 나오지 않을 때까지 넣어 준다. 광신호가 나오지 않는다는 것은 이 지점에서 서열이 바뀌었다는 것을 의미한다. 그 후에 다른 3개의 염기들을 하나가 반응할 때까지 계속 시도해서 특정 샘플이나 개인에게서 바뀌어 진 서열을 규명한다.

7. 2세대 서열분석법

최근에 DNA 서열분석의 속도를 높이고 가격을 낮추기 위한 일련의 방법들이 개발되었다. 이들은 현재까지 2세대와 3세대 서열분석법으로 분류되었다. 새로운 서열분석법이 평균 6개월 주기로 개발되는 것으로 추정된다. 이런 빠른 변화의 관점에서 우리는 이들 방법에 대하여 너무 자세하게 언급하는 것은 피하고자 한다. 왜냐하면 여러분이 이 책을 읽는 동안에 그 방법은 이미 구식이 될 것이기 때문이다.

2세대 서열 분석법은 수많은 반응을 병렬로 처리하는 방법으로 수천 혹은 심지어는 수백만 개의 반응이 동시에 일어난다.

2세대 서열분석법의 핵심적인 특징은 수많은 반응을 병렬로 처리하는 방법을 사용하

GeneChip® array 애피메트릭스사에 의해 만들어진 최초의 DNA 칩 이름
루시페라아제(luciferase) 루시페린이라는 기질이 존재할 때, 빛을 방출하는 효소
파이로시퀀싱(pyrosequencing) 어떤 염기가 DNA 중합효소에 의해 자라는 사슬에 첨가되었을 때 광펄스가 생성되는 것에 기초 한 서열분석법

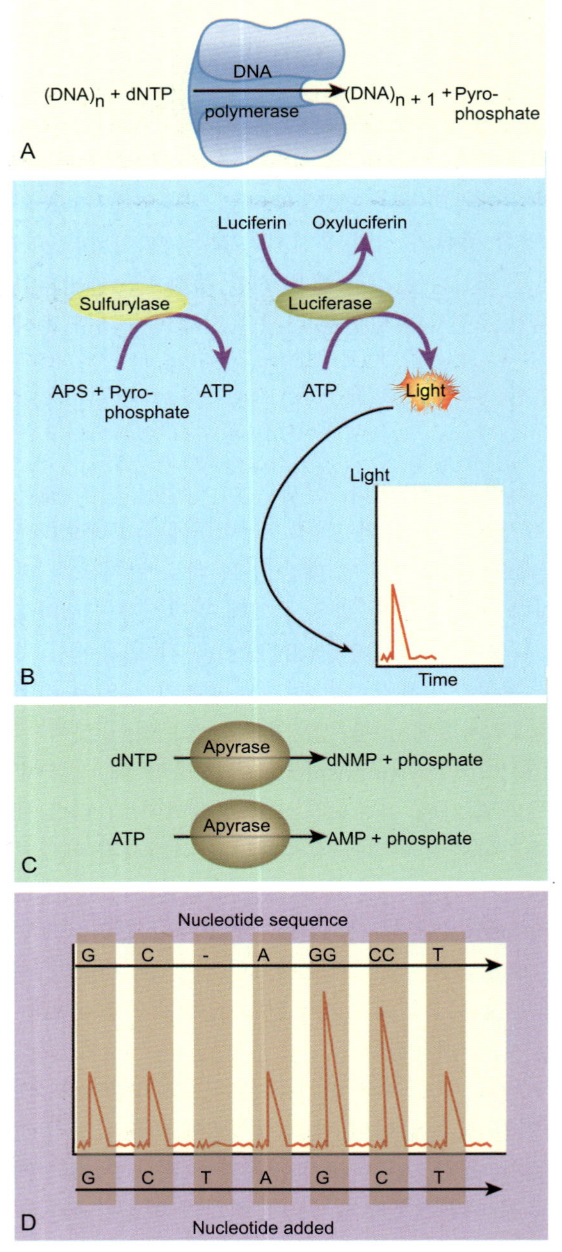

그림 8.15
파이로시퀀싱의 원리

A) 각 서열분석 반응 시, DNA는 하나의 뉴클레오티드에 의해 신장되며 2인산이 방출된다. B) 2인산은 아데노신포스포술페이트(APS)와 함께 ATP 설프릴라아제에 의해 ATP생성에 사용된다. 루시페라아제는 ATP와 루시페린을 사용하여 빛을 방출한다. C) Apyrase는 사용되지 않은 3인산들을 파괴시킨다. D) 파이로시퀀싱에 의해 만들어진 짧은 서열의 예. (출처: *Modified after material kindly provided by Pyrosequencing AB, Uppsala, Sweden*)

2세대 서열분석법을 위한 주형 DNA는 내부가수분해효소나 초음파로 유전체 DNA를 작은 조각으로 만들어서 사용한다.

는 것이다. 간단히 말해서 이것은 많은 수의 샘플에 대하여 동일한 기계에서 나란히 서열분석 반응이 이루어진다는 것을 의미한다. 실제로는 이것을 아주 소형화하는 것이 필요하다.

2세대 서열분석법에서 주형 DNA는 유전체 DNA로부터 준비된다. 벡터에 클로닝된 긴 조각의 DNA를 사용하는 대신에, 이 방법들은 순수한 유전체 DNA를 바로 사용한다. 염색체들은 PCR로 증폭되기 전에 단순히 작은 조각으로 절단된다. 염색체 DNA를 절단하는 두 가지의 주요 방법 중 하나는 비특이적으로 절단하는 내부핵산가수분해효소(endonuclease)를 사용하여 작은 조각들을 무작위로 만들어 내는 것이다. 두 번째 방법은 DNA를 초음파로 자르는 것으로 이것은 음파를 사용하여 DNA를 잘라서 조각내는 방법이다. DNA 조각들이 서로 다른 서열을 가지고 있기 때문에, 프라이머가 두 가닥 복원을를 할 수 있도록 알려진 서열을 각 잘려진 조각의 끝에 붙인다. 가장 흔히 사용되는 방법은 특정 서열을 가진 링커 DNA를 사용하는 것이다.

초기에 가장 널리 사용되었던 2세대 방법은 ***454* 서열분석법**으로 DNA 사슬 신장 시 첨가되는 다음 염기를 결정하기 위하여 파이로시퀀싱(위를 참조)을 사용한다. 그 방법의 이름은 이 방법을 개발하고 그 뒤 로슈 다이아그노스틱스사(Roche Diagnostics)에 합병된 회사인 454 라이프 사이언스(Life Sciences)사를 따른 것이다. 다른 모든 2세대 방법과 같이 이것은 매우 작은 반응 부피(피코 리터 단위)를 사용한다. DNA가 현미경으로 볼 수 있는 정도의 오일에 둘러싸인 물방울 내에서 PCR법에 의해 증폭된다; 각 물방울은 하나의 DNA 주형을 가지고 있다. 대규모 평행 장치가 많은 서열분석 홈을 가지고 있으며 이 홈에서 각각의 서열분석 반응이 일어난다. 작은 서열 조각들을 컴퓨터를 사용하여 특정 개체에서 이미 알려진 서열과 비교하여 연결함으로써 하나의 긴 서열로 만든다. 이미 알려진 유전체 서열이 없다면 실제로 생성된 서열 데이터의 작은 조각들만으로는 연결이 불가능하다. *454* 방법의 두 가지 가장 주목할 만한 업적은 네안데르탈인의 수백만 염기쌍의 서열을 결정하였다는 것과 왓슨(James Watson)의 모든 유전체 서열을 백만 달러 이내의 비용으로 결정했다는 점이다. 이들 서열은 인간 유전체 서열 데이터베이스에 수록되어 있다.

454 서열분석법은 자라나는 DNA 사슬에 첨가되는 뉴클레오티드를 동정하기 위해 파이로시퀀싱 방법을 사용한다.

두 가지의 다른 2세대 방법은 **일루미나/솔렉사 서열분석법(Illumina/Solexa sequencing)**과 솔리드/어플라이드 바이오시스템즈(SoLiD/Applied Biosystems) 방법이다. 두 가지 다 *454* 파이로시퀀싱 보다 짧은 서열을 만들어 내며 따라서 조각을 맞추기 위하여 컴퓨터에 과중하게 의존한다. 일루미나/솔렉사 방법은 DNA 합성과 가역적 색소 종결자에 의존한다. 네 가지 뉴클레오티드의 각각은 서로 다른 형광 표지를 가지고 있으며 이들은 또한 중요한 3′-OH를 막아주는 블로커 역할을 한다. 이것은 한 반응 주기마다 하나의 염기만 첨가되도록 한다. 컴퓨터는 형광 신호를 분석하여 신장되고 있는 DNA에 첨가된 뉴클레오티드가 어떤 것인지를 알아낸다. 블로킹 그룹/형광 표지는 이제 제거되고 새로운 주

일루미나/솔렉사 서열분석법은 중합효소가 뉴클레오티드를 첨가하는 것을 정지시키는 가역적 색소 종결자를 사용하며 각 뉴클레오티드를 G, A, T, 혹은 C로 기록한다. 색소 종결은 가역적이며 제거된 후에는 DNA 중합효소가 새로운 뉴클레오티드를 첨가할 수 있다.

Johnston JJ, Teer JK, Cherukuri PF, Hansen NF, Loftus SK. NIH Intramural Sequencing Center, Chong K, Mullikin JC, Biesecker LG. (2010) Massively parallel sequencing of exons on the X chromosome identifies *RBM10* as the gene that causes a syndromic form of cleft palate. Am J Hum Gen 86: 743–748.

2세대 서열 분석은 사람의 유전병에 대한 분자적 접근을 하는 데 혁신을 가져왔다. 이 논문은 TARP증을 일으키는 유전자를 동정하기 위하여 일루미나 서열분석법을 사용하였다. 이 질병은 다형질 질환으로써 내반족(talipes equinovarus), 심방중격결손증, 로빈서열 (낮은 귀, 구개파열, 작은 턱), 그리고 대정맥결손증의 증세를 보인다. 한 가계에 대한 표준 단상형(haplotype) 분석을 한 결과 추정되는 돌연변이의 위치를 Xp11.23–Xq13.3으로 좁힐 수 있었다. 불행하게도 이 지역에는 200개 이상의 유전자가 존재하며 이 질병의 발병률 또한 낮다. 따라서 정확한 유전자의 위치를 결정하는 것은 매우 어려웠다.

200개의 후보 유전자 모두에 대하여 조사하는 대신에, 저자들은 환자와 보인자 어머니 사이에 X 염색체의 이 지역에서의 모든 서열의 차이를 조사하기 위해 엑손들에 대한 일루미나 서열분석을 실시하였다. 돌연변이가 일어났을 것으로 의심되는 지역에 대한 서열분석을 110–115번 이상 하였다. 이형접합자 여성 보인자로부터 얻은 DNA에서 이 지역에 존재하는 것으로 추정되는 모든 엑손 서열을 사람의 표준 유전체와 비교하였다. 컴퓨터 분석으로 이 돌연변이가 침묵돌연변이, 과오돌연변이, 정지돌연변이, 이어붙이기지역 돌연변이, 혹은 틀이동 돌연변이가 일어났는지를 예측하였다. 이와 더불어 서열들이 결손되었는지 삽입되었는지도 조사하였다.

침묵돌연변이는 정상인(건강한) 사람의 SNP 데이터베이스(9장 참조)에 있는 모든 알려진 변이들과 다찬가지로 질병을 일으키지 못하기 때문에 제외시켰다. 또한 일반적인 돌연변이를 제외시키기 위하여 서열들을 친척들의 것과 비교하였다. 최종적으로 이형성 위치만 남겨졌는데, 이는 이 서열이 여성 보인자의 것이기 때문이다(후보 유전자의 대립인자가 다르기 때문에). 이렇게 하였을 때, 오직 한 개의 후보 돌연변이가 남겨졌다. 서로 다른 가족에 속한 두 여성 보인자 모두 *RBM10* 유전자에 돌연변이를 가지고 있었다. 이 유전자는 RNA 결합 모티프를 가진 단백질을 암호화한다.

관련 연구에 대한 초점

저자들은 다음으로 생쥐 배아를 사용하여 *RBM10*의 생쥐 동족체(homolog)가 사람의 질병 증세가 나타나는 조직과 똑 같은 조직에서 발현되는지를 조사하였다. 이 결과는 *RBM10* 유전자가 적절한 사람–그리고 생쥐–의 적절한 발생에 핵심적인 역할을 한다는 것을 제시한다.

***454* 서열분석법(*454* sequencing)** 2세대 서열분석법의 일종으로 DNA 중합효소에 의해 어떤 뉴클레오티드가 삽입되었는지 결정하기 위해 파이로시퀀싱법을 사용한다.

일루미나/솔렉사 서열분석법(Illumina/Solexa sequencing) DNA 중합효소에 의해 첨가되는 뉴클레오티드를 동정하기 위해 가역적 색소 종결자를 사용하는 2세대 서열분석법이다.

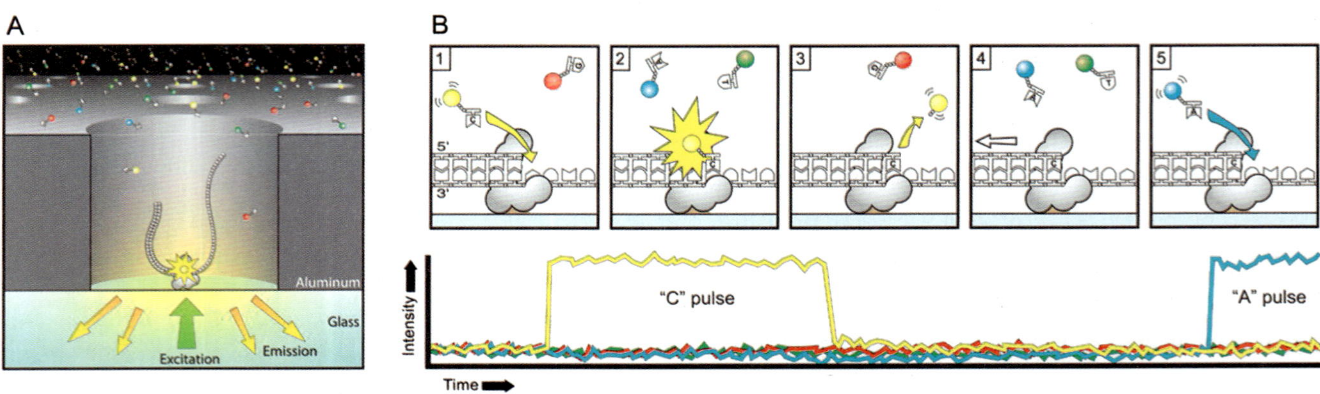

그림 8.16
제로 모드 웨이브가이드 서열분석법의 원리

A) 단일 분자 실시간(single-molecule real-time; SMRT) 서열분석이 제로 모드 웨이브가이드라는 작은 홈에서 일어난다. 이 홈들은 한 분자의 DNA 중합효소에 의해 하나의 자라나는 사슬에 첨가되는 뉴클레오티드를 감지하기에 충분한 형광 플래시를 탐지하기 위한 것이다. B) DNA 중합효소는 제로 모드 웨이브가이드 내에 흩어져 있는 형광 표지 뉴클레오티드들을 첨가한다. 각 뉴클레오티드들은 서로 다른 형광으로 표지되어 있다. 뉴클레오티드들이 자라는 사슬에 첨가될 때에 빛 플래시를 제로 모드 웨이브가이드 바닥으로부터 탐지한다. C) 형광 탐지기는 네 가지의 서로 다른 파장의 형광 표지를 동시에 탐지한다. DNA 중합효소가 특정 뉴클레오티드를 첨가할 때, 그 홈에서의 형광의 세기가 증가할 것이다. 예를 들어, 이 데이터는 C와 A의 정점들을 보여준다. 컴퓨터는 정보들을 종합하여 서열 데이터를 완성한다. *(출처: Eid, J., et al. (2009). Real-Time DNA Sequencing from Single Polymerase Molecules. Science, 323, 133.)*

기의 DNA 신장과정이 시작된다. 전과 마찬가지로 대규모 평행 방법이 여러 DNA 사슬의 서열분석을 가능하게 한다.

어플라이드 바이오시스템즈사의 솔리드 방법은 다른 2세대 방법과는 다른데, 이는 사슬 신장을 이용하는 것이 아니라 사슬 연결(ligation)을 사용한다. 각 서열분석 단계에서 하나의 염기로 된 하나의 뉴클레오티드가 첨가되는 대신에 8-염기 올리고뉴클레오티드가 연결되는 새로운 방법이다. 8 뉴클레오티드 길이의 올리고뉴클레오티드(8mer)들의 세트 중의 오직 하나만 상보적이어서 노출된 프라이머와 혼성화 한다. 결합하는 8mer는 서열 의존적이다. 연결효소(ligase)는 둘을 연결한다. 8mer에 형광 표지가 존재하여 특정 염기를 알아볼 수 있게 한다. 8mer가 5번과 6번 사이에서 절단되어 형광 표지를 제거하고 새로운 주기가 시작된다. 해독서열(read)의 길이는 비교적 짧지만, 엄청난 수의 해독서열이 값싸고 동시에 얻어질 수 있다.

8. 3세대 서열분석법

3세대 서열분석법의 핵심적 특징은 DNA 한 분자를 가지고 서열분석을 한다는 것이다. 현재는 (2011년 초반) 세 가지의 주요 시도가 있다:

A. 나노공 서열분석법이 최근 얼마동안 연구되어 오고 있지만 아직 상업화되지 못했다. 이것은 나노기술의 발전의 장점을 이용한 것이다-아래 참조.

B. 헬리코스 바이오사이언스사(Helicos Bioscience)는 Heliscope Single Molecule Sequencer를 개발하였다. 32 염기 정도의 길이로 된 외가닥 DNA 조각을 유리슬라이드에 붙인다. 상보적인 가닥이 합성될 때, 새로 들어오는 뉴클레오티드에 있는 형광 표지를 현미경으로 감지한다. 이 기계는 수십억 개의 DNA 조각을 동시에 탐지할 수 있다. 컴퓨터는 이 조각들을 결합하여 하나의 완전한 서열로 만든다.

C. Pacific Bioscience의 **SMRT(single-molecule real-time) 서열분석법**(그림 8.16)은 **제로 모드 웨이브가이드**를 사용하는 것으로 아마도 현재의 기술 중 가장 뛰어난 것이다. 다른 기술적 장점을 제외하고 이것의 이름이 매우 인상적이다. 몇 가지의 다른 서열분석법에서와 같이 DNA 중합효소가 자라나는 사슬에 서로 다른 형광 표지가 붙어있는 뉴클레오티드를 첨가함으로써 DNA를 신장시킨다. 들어오는 뉴클레오티드들은 이들이 제대로 붙었을 때 순간적인 빛을 낸다. 형광 색소는 씻기고 다음 주기가 시작된다. 색의 순서가 염기의 순서를 나타낸다.

두 가지의 특징이 매우 중요하다. 반응이 나노용기 안에서 일어난다. 이 나노용기는 직경이 20 nm 되는 금속성 원통홈의 안쪽 부분을 말한다. 이것이 제로 모드 웨이브가이드이다. 이것은 크기가 작아 배경광을 줄여서 하나의 반응 뉴클레오티드에 의해서 나오는 빛을 충분히 탐지할 수 있도록 한다. 하나의 칩에 수천 개의 제로 모드 웨이브가이드를 조립한다. 미래에는 하나의 칩에 수백만 개를 넣을 예정이다. 만약 성공적으로 된다면 이 방법은 인간 유전체를 30분 안에 1,000달러 미만의 가격으로 서열분석할 수 있도록 할 것이다.

SMRT 염기서열법은 하나의 DNA 중합효소가 자라나는 DNA에 뉴클레오티드를 첨가할 때 마다 이를 탐지하게 하는 나노용기를 사용한다. 인산분자들이 형광꼬리표로 표지되어서 이것이 DNA로부터 떨어져 나올 때 빛을 방출하게 돈다.

두 번째 혁신은 형광 표지를 붙이는 기술이다. 이것을 자라는 사슬에 첨가되는 뉴클레오티드의 한쪽에 붙이는 대신에, 버려지는 2인산에 붙인다. 따라서 DNA는 표지를 축적시키지 않는다. 대신에 각 신장 반응은 짧은 동안 색이 나타나도록 한다.

상자 8.01 수소이온 서열분석

비록 새롭기는 하지만 이온 홍수 DNA 서열분석법(Ion Torrent DNA Sequencing)은 단일 분자의 서열분석을 사용하지 않는다. 따라서 이것이 2세대법인지 3세대법인지에 대하여 논쟁이 있다. 이온 홍수법은 DNA 서열분석 화학에 있어서 새로운 접근법을 차지한다. 표지된 뉴클레오티드를 사용하는 대신에 이것은 자라는 DNA에 뉴클레오티드가 첨가될 떠에 수소이온이 유리된다는 사실을 이용한다. 실리콘 칩이 수소이온을 탐지한다. 서열분석은 빠르나 매번 칩을 바꿔줘야 하기 때문에(2011년 초반 현재) 가격이 매우 비싸다. 만약 이 문제가 해결된다면 이 방법은 매우 강력한 도전자가 될 것이다.

9. 나노공 DNA 탐지기

나노기술은 단일분자 수준에서 작동되는 미세기기를 사용하는 것이다. DNA **나노공 탐지기**는 한 번에 하나의 외가닥 DNA가 통과할 수 있는 극히 좁은 구멍을 가지고 있으며 DNA 분자가 구멍을 통과할 때, 탐지기가 이것의 존재와 화학적 특성을(원하기는 염기서열에 대한 충분한 정보를) 기록한다. 나노공 기술의 장점은 속도가 매우 빠르다는 것과 긴 DNA 분자를 다룰 수 있다는 점이다. 이와 더불어 많은 나느공들을 하나의 작은 지역에 모을 수 있으며 많은 긴 DNA 조각의 서열을 동시에 결정할 수 있다.

나노공 탐지기는 1개의 DNA 가닥이 작은 구멍을 통과하도록 하며 이것이 통과할 때 서열을 결정한다.

실제의 나노공 탐지기는 2개의 액체 구획을 분리하는 통로가 있는 막으로 구성되어 있다. 막 양쪽으로 전압을 걸어 주면, 이온이 열려진 통로를 통하여 이동한다. DNA는 음전하를 띠고 있기 때문에 이것은 나노공을 통하여 양전하를 띤 쪽으로 당겨진다. DNA 분

나노공 탐지기(nanopore detector) 하나의 외가닥 DNA를 분자 구멍으로 지나가게 하고 이것이 지나갈 때, 이것의 특징을 기록하는 탐지기
SMRT 서열분석법(SMRT sequencing) DNA 중합효소에 의해 자라는 DNA 가닥에 첨가되는 염기를 형광으로 표지된 2인산을 이용하여 동정함으로써 서열분석을 하는 (단분자 실시간의) 3세대 서열분석법
제로 모드 웨이브가이드(zero-mode waveguides) 작은 금속성 원통 홈으로 배경 파장을 줄여서 원통의 아주 작은 부분에서 형광 빛이 나올 때 이를 탐지할 수 있도록 한 장치

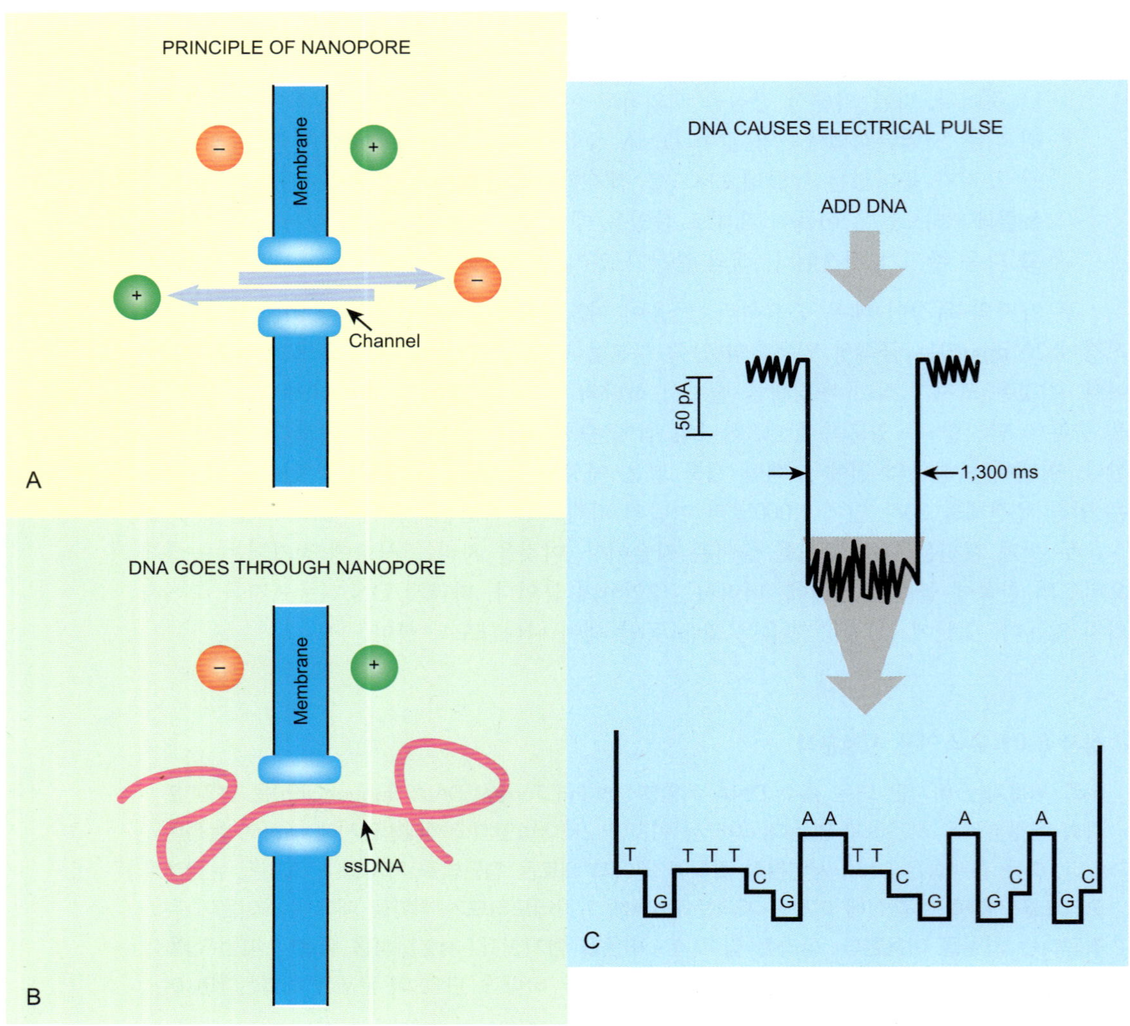

그림 8.17
나노공 탐지기의 원리

A) 나노공들은 막에 존재하는 작은 구멍들로서 이를 통하여 한 번에 하나의 분자만 통과할 수 있도록 한다. 나노공 막은 서로 다른 전하를 가진 2개의 구획을 분리해 준다. B) 2개의 구획사이에는 전하가 다르기 때문에 DNA와 같이 음전하를 띤 분자들은 늘어뜨려진 형태로 구멍을 통과한다. C) 탐지기는 정상적인 이온의 통과에 의해서 생기는 전류에 비해 DNA가 구멍을 통과할 때에 얼마나 감소했는지를 측정한다. 각 염기들은 전류의 변화량을 다르게 하기 때문에 탐지기는 DNA가 구멍을 통과할 때 서열을 결정할 수 있다.

자들이 구멍으로 들어가게 되고 늘어진 형태로 한 번에 하나씩 당겨진다(그림 8.17). 통로가 DNA로 채워져 있는 동안에는 정상적인 이온의 흐름이 감소된다. 감소의 정도는 염기서열에 따라 달라진다(G 〉 C 〉 T 〉 A). 따라서 컴퓨터가 전류를 측정하여 그 차이를 계산하여 서열을 매긴다.

초기에는 *Staphylococcus*에서 추출한 알파-용혈소(alpha-hemolysin)를 통로로, 그리고 지질이중막을 막으로 사용했다. 알파-용혈소의 입구의 지름은 약 2.5 nm이며 이는 대략 10 원자반경(atomic diameter)에 해당된다. 이중 가닥 DNA는 구멍의 입구로 들어갈 수 있으나 가운데는 통로가 2 nm 이하로 좁아지기 때문에 dsDNA가 더 앞으로 갈 수가 없다. dsDNA는 사슬이 분리될 때까지 끼여 있게 되고, ssDNA는 구멍을 따라 지나갈 수 있게 된다.

현재는 나노공 탐지기들이 20 염기쌍의 길이의 DNA 가닥에서 하나의 염기의 차이를 구별할 수 있다. DNA가 구멍을 통과하는 데는 단지 백만분의 1초밖에 걸리지 않는다. 비록 1,000 염기의 길이를 가지고 있는 외가닥의 DNA가 나노공을 성공적으로 통과하더라도 매우 빨리 통과하기 때문에 개개의 염기를 탐지하는 것은 어렵다. 이후의 기술적 진보로 인하여 측정의 속도를 한번에 500개의 구멍을 가진 칩으로 1초에 1,000 염기를 읽을 수 있게 하였다. 이것은 이론적으로 박테리아의 유전체를 1분정도 만에 그리고 인간 유전체(3×10^9염기) 전체를 1시간에 읽을 수 있다는 것을 의미한다.

핵심 개념

- 사슬 종결 서열분석은 원래의 주형 DNA가 복제되어 하나의 뉴클레오티드 길이 만큼 길이차가 나는 복사본들이 다양하게 만들어지는 것을 필요로 한다.
- 2디옥시뉴클레오티드들은 3′-OH기가 없기 때문에 DNA 중합효소가 비록 주형 서열이 남아있더라도 새로운 뉴클레오티드를 DNA 가닥에 첨가할 수 없다.
- 사슬 종결 서열분석을 하기 위해서는 외가닥의 주형 DNA, 표지된 디옥시뉴클레오티드, 2디옥시뉴클레오티드, 그리고 DNA 중합효소를 섞어줘야 한다. 만들어진 조각들은 폴리아크릴아마이드 겔 전기영동으로 분리된다.
- 서열분석 반응에서 조각들을 표지하기 위한 한 가지 방법은 DNA 합성동안 삽입될 디옥시뉴클레오티드들을 방사성 동위원소로 표지하여 반응에 넣는 것이다. 모든 조각들이 동일한 표지를 가지고 있기 때문에, 각 디옥시뉴클레오티드들을 서로 다른 튜브에 넣어서 서열분석 반응을 수행해야 한다.
- DNA 중합효소들은 유전적으로 변형되어 높은 이동성을 가지며 외부핵산가수분해효소 활성이 감소되도록 하였다. 이리하여 좀 더 길고 정확한 조각들을 제공할 수 있게 되었다.
- 외가닥 주형 DNA를 만드는 것은 주형을 M13 박테리오파지의 이중 가닥 복제형(RF)에 클로닝하여 발현시킴으로써 가능하다. 바이러스의 유전체는 파지의 외투에 의해 외가닥의 DNA로 포장되어 숙주 박테리아를 용해시키지 않고 유리된다.
- 프라이머 보행은 클로닝된 DNA의 전체 서열을 어느 한쪽에서 시작하여 서열분석을 하고 여기서 얻어진 서열을 이용하여 새로운 프라이머를 제작하여 서열분석을 하는 방식으로 전체 서열을 결정하는 방법을 말한다. 각 새로운 서열들은 이전의 서열 데이터와 전체 서열 결정이 끝날 때까지 중복된다.
- 자동화된 서열분석법도 여전히 서열분석 시 사슬 종결법을 사용한다. 그러나 2디옥시뉴클레오티드들이 각각 다른 형광으로 표지된다. 이들이 각각 다른 형광으로 표지되었기 때문에 네 가지의 2디옥시뉴클레오티드들을 모두 한 튜브에 넣어서 반응하고 전기영동 시 한 레인에 넣어서 분리한다. 각 색소는 형광 탐지 시스템을 갖춘 서열분석기에 의해 기록되고 컴퓨터를 사용하여 완성된 서열로 조립한다.
- 주기 서열분석법은 자동화된 서열분석법을 사용한다는 점과 하위조각 세트들이 열안정 중합효소에 의해 만들어지고 PCR에 의해 증폭된다는 점 외에는 같다.
- DNA 칩은 유리슬라이드 위에 올리고뉴클레오티드들을 일렬로 붙인 것이다. 서열 정보는 표지된 주형 DNA를 칩에 혼성화 시킴으로써 결정된다. 표지된 DNA가 특정 서열을 가진 올리고뉴클레오티드와 결합한다는 것은 이 특정 올리고뉴클레오티드의 서열이 이 DNA에 존재한다는 것을 의미한다. 컴퓨터가 올리고뉴클레오티드의 서열을 중첩시키고 조립시켜서 하나의 긴 서열로 만든다.
- 파이로시퀀싱은 짧은 DNA 서열을 분석하거나 돌연변이를 탐지하는 데 사용된다. 반응 동안 DNA 중합효소에 의해 올바른 뉴클레오티드가 신장되는 DNA에 첨가되었을 때 광펄스가 방출된다. 광펄스의 방출은 두 단계로 이루어진다. 즉 유리된 2인산은 ATP 설프릴라아제 및 포스포술페이트와 반응하여 ATP를 생성하고 ATP와 루시페라아제는 루시페린을 산화시켜 빛을 방출한다.
- 2세대 서열분석법에서는 소형화된 칩과 피코리터 단위의 시약을 사용하여 얻은 수많은 서열들을 결합한다. 2세대 서열분석에 사용되는 주형 DNA는 핵산가수분해효소나 초음파 분쇄기를 이용하여 긴 유전체 DNA를 조각을 내서 사용한다. *454* 서열분석 기술은 오일에 둘러싸인 작은 물방울에서 파이로시퀀싱을 하는 것이다. 일루미나 서열분석법은 처음 삽입되는 뉴클레오티드를 식별하기 위해서 가역적인 색소 종결자를 사용하며 이것은 다

음 뉴클레오티드가 첨가되기 위해서 제거된다. 솔리드 방법은 서열을 동정하기 위해서 올리고뉴클레오티드 혼성화를 사용하며 혼성화 후에 형광 표지가 제거되고 다음 올리고뉴클레오티드 서열이 연결된다.

- 3세대 서열분석법은 단일 DNA 분자의 분석에 초점을 맞춘다. 현재까지 가장 앞선 기술은 제로 모드 웨이브가이드를 배경 빛을 최소화시키기 위해 사용하는 것이다. 다음 뉴클레오티드가 DNA 중합효소에 의해 첨가될 때, 형광으로 표지된 2인산이 그 뉴클레오티드를 G, A, T, C 중 하나로 구별할 수 있도록 순간 빛을 낸다. 컴퓨터가 이 빛을 기록하고 데이터를 결합하여 하나의 서열로 만든다.
- 또 다른 3세대 서열분석법은 은 나노공을 합성하거나 생물학적인 나노공을 사용하는 것으로 이 나노공의 크기는 하나의 외가닥 DNA가 겨우 통과할 수 있는 정도이다. 각 개별 뉴클레오티드들은 막 사이의 전압을 서로 다른 정도로 감소시키기 때문에 실제 서열은 막사이의 전류를 측정함으로써 결정된다.

복습 문제

1. 전통적인 DNA 서열분석법의 기본 원리는 무엇인가?
2. DNA 서열분석을 위한 생어(Sanger)법은 무엇인가? 또 이것이 어떻게 작동되는가?
3. 2디옥시뉴클레오티드가 어떻게 자라는 DNA 사슬의 성장을 종결시키는가?
4. 전통적인 사슬 종결 서열분석법 후에 어떻게 DNA 조각들이 분리되며 탐지되는가?
5. 시퀴네이즈가 DNA 중합효소나 Klenow 중합효소와 비교하였을 때 가지는 장점은 무엇인가?
6. 서열분석을 위하여 외가닥의 주형을 만드는 방법들은 어떤 것이 있는가?
7. 어떻게 긴 DNA 가닥의 서열을 결정할 수 있는가?
8. 어떻게 자동화된 서열 분석법이 작동되는가?
9. 자동화된 서열 분석기에서 모세관 분리의 장점은 무엇인가?
10. DNA 칩 기술의 장점은 무엇인가?
11. DNA 칩 기술의 주요 용도는 무엇인가?
12. 2세대 서열분석법에 사용되는 주형 DNA는 어떻게 만들어지는가?
13. *454* 서열분석기가 G, A, T, C 중 어느 것이 들어갔는지를 어떻게 탐지하는가?
14. 자동화된 서열분석과 일루미나 서열분석법이 어떻게 다른가? 이들이 어떻게 같은가?
15. 3세대 서열분석 기술인 단일분자 실시간 서열분석(SMRT)이 가지는 두 가지 새로운 점은 무엇인가?
16. 파이로시퀀싱의 원리는 무엇인가?
17. 언제 파이로시퀀싱이 사용되는가?
18. 피코리터란 무엇인가?
19. 3세대 서열분석법은 무엇을 의미하는가?
20. 제로 모드 웨이브가이드란 무엇인가?
21. 나노공 기술의 기본 원리는 무엇인가?
22. 나노공 탐지기가 어떻게 DNA 서열을 결정하는가? 나노공 기술의 장점은 무엇인가?

개념 문제

1. 사슬 종결 서열분석에 의한 자기방사선사진으로부터 얻은 서열분석 겔을 읽어보라. 서열을 5′에서 3′ 방향으로 적어라. 서열을 분석하였을 때 B의 서열에서 어떤 DNA 특성이나 양상이 나타나는가?

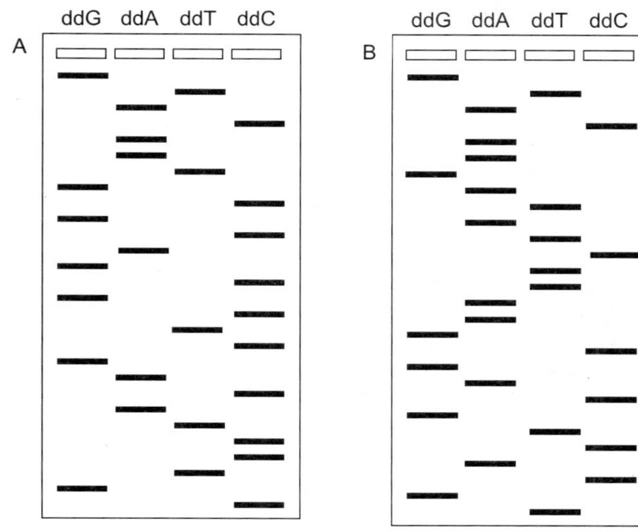

2. 서열분석의 위하여 DNA를 준비하는 데 M13 박테리오파지를 사용하면 어떤 장점이 있는지 설명하라.
3. 어떤 대학원생이 자신이 연구하고 있는 바이러스의 유전체 서열을 결정하기 위하여 서열분석 칩을 설계하고자 한다. 올리고뉴클레오티드 배열에 대한 지식을 바탕으로 그 대학원생이 9뉴클레오티드 길이의 올리고뉴클레오티드 배열을 설계하는 가장 좋은 방법을 결정하는 것을 도와줘 보시오. 어떻게 여러 다른 올리고뉴클레오티드들을 만들 수 있는가? 어떻게 그 학생이 이 새로운 배열을 바이러스의 유전체 서열을 결정하는 데 사용할 수 있는가?
4. 서열분석과 PCR을 포함하여 여러 기술들이 올리고뉴클레오티드 프라이머의 사용을 필요로 한다. 왜 프라이머가 이들 실험에서 필요한지를 설명하라. 이들 각 실험에서 어떤 다른 물질이나 시약이 더 요구되는가?
5. 다음은 주기 서열 결정법을 사용한 연구에 의해 얻어진 크로마토그램이다. 정점을 읽음으로써 서열을 결정하라. 녹색은 A, 청색은 C, 검은색은 G 그리고 붉은색은 T이다.

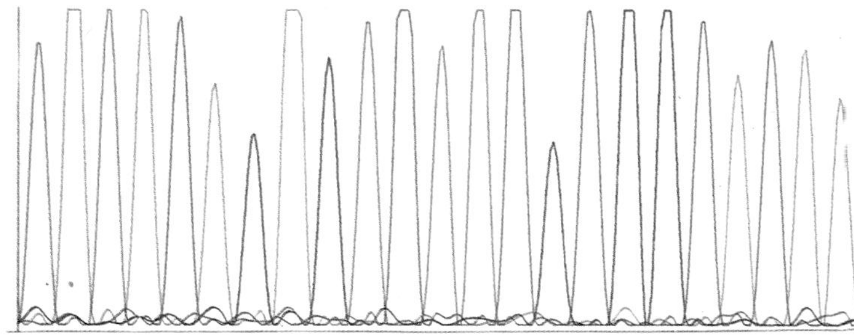

Chapter 9 유전체학과 시스템 생물학

현재 많은 양의 DNA 서열 데이터가 이용 가능하다. 이 장에서는 어떤 유용한 데이터를 이들로부터, 특히 전체 유전체의 서열이 결정된 경우, 추출할 수 있는지에 대하여 고찰해 보고자 한다. **유전체학**이란 개개의 유전자들에 반대되는 개념인 전체 유전체를 실험에 의한 것이든 아니면 데이터 분석에 의한 것이든 분석하는 것을 말한다. 인간 유전체는 20,000개에서 25,000개의 유전자를 포함하고 있다. 식물의 몇 가지 종이나 심지어 적은 수의 원생동물의 유전체도 25,000개 이상의 유전자를 가지고 있다. 따라서 인간(그리고 사람과 비슷한 수의 유전자를 가진 다른 포유동물)은 가장 큰 유전체를 가지고 있지 않다. 비록 전형적인 박테리아가 오직 수천 개의 유전자(예를 들어, 모델 박테리아인 *Escherichia coli*는 4,000여 개)를 가지고 있지만, 어떤 박테리아는 10,000여 개의—사람의 거의 반에 해당하는— 유전자를 가지고 있다. 실험적으로 얻어진 서열 데이터들로부터 어떻게 완전히 유전체 서열이 조립되는지를 논의한 후에, 우리는 인간 유전체에 대하여 조사할 것이다. 단백질을 암호화하는 유전자를 명확히 동정하는 것은 최종 산물이 단백질이 아니라 RNA인 경우를 포함하여 여러 이유로 생각했던 것보

유전체학(genomics) 개별 유전자보다 유전체 전체에 대한 연구

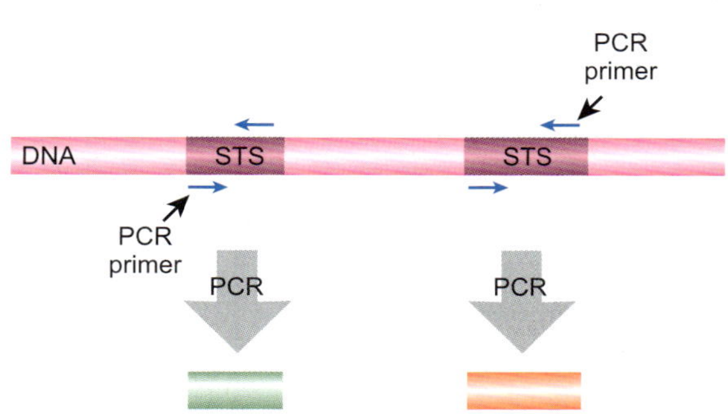

그림 9.01

PCR에 의한 서열 꼬리표 부위의 탐지

큰 유전체에 대한 지도작성을 하기 위해서는 많은 유전적 표지들이 필요하다. 유일서열들에 단지 1개만 존재하는 것들을 서열 꼬리표 부위(STS)라 한다. 이들 유일 서열들은 PCR에 의해 증폭될 수 있으며 각각에 대해 지도를 작성할 수 있다. 실제로 각 STS들은 특정 길이의 DNA 조각을 만들어 낼 수 있는 2개의 PCR 프라이머 조각들로 정의된다.

1. 서열 꼬리표를 이용한 대량 지도작성

궁극적으로 유전체 내의 모든 DNA 서열 조각은 유전자들의 위치를 나타내는 유전자 지도와 관련이 있다. 그러나 고등생물에서는 유전자들이 DNA의 작은 부분을 차지하고 있다. 따라서 유전자 자체보다는 일련의 유전적 표지를 확보할 필요가 있다. 우리는 이미 RFLP(5장)와 VNTR이나 미소부수체(4장 참조)와 같은 모티프에 대하여 설명하였다. 그러나 이 모티프들을 잘 조합하더라도 큰 유전체의 지도를 작성하기에 충분히 특이적이지 못하다. 따라서 인간 유전체는 주로 **발현 서열 꼬리표(EST)**를 포함하여 **서열 꼬리표 부위(STS)**를 이용하여 지도작성을 하였다.

서열 꼬리표는 단순히 어떤 알려진 위치의 짧은 지역을 말한다. 이들은 유전체들이 많은 양의 비암호화된 DNA를 가지고 있을 때 필요하다.

서열 꼬리표 부위(STS)는 100-500 염기쌍의 유일한 서열로써 서열 특이적 프라이머를 사용하여 중합효소연쇄반응(PCR)으로 증폭될 수 있는 것을 말한다(PCR에 대하여는 6장을 참조하라). STS들은 유전체의 비반복서열 지역에 존재하며 특정 길이를 가지고 있다(그림 9.01).

발현 서열 꼬리표(EST)는 DNA의 전사된 지역으로부터 만들어진다.

발현 서열 꼬리표(EST)는 STS의 특정 형태로 발현이 되는 즉, mRNA로 전사되는 지역으로부터 유래된 것이다. 전과 마찬가지로 EST들은 특이적인 프라이머를 사용하여 PCR에 의해 증폭된다. 그러나 유전체 DNA를 증폭하는 대신에 EST는 cDNA로부터 증폭된다. EST는 단지 어떤 유전자의 작은 부분이기 때문에 같은 유전자 일지라도 여러 개의 EST를 가질 수 있다. 이런 중복을 피하기 위해서 EST들은 역전사 단계에서 사용되는 oligo(dT) 프라이머가 사용되기 때문에 주로 mRNA의 3′-비번역 지역(untranslated region)에서 만들어진다.

1.1. 서열 꼬리표 부위의 지도작성

인간 유전체의 서열결정을 하기 위해서 STS나 EST의 상대적인 위치가 지도작성법에 의해 결정되었다. 유전자 지도작성과 마찬가지로 각 STS나 EST의 지도작성도 두 가지의 서로 다른 STS들이 얼마나 높은 빈도로 염색체에서 동시에 발견되는지를 조사함으로써 이루어진다(그림 9.02). 조각들은 하나의 염색체 혹은 전체 유전체로부터 유래된다. 어떤 2개의 STS가 동일한 조각에 존재할 확률은 원래의 유전체 상에서 얼마나 가까이 있느냐에 달려있다. 이웃한 STS들은 여러 조각들에서 동시에 발견될 것이나 멀리 떨어진 것들은 낮은 빈도로 같은 조각에서 발견될 것이다. 이러한 형태의 데이터들이 STS들에 대한 연관지도를 작성하는 데 사용된다.

서열 꼬리표들은 이들이 같은 염색체 조각에서 얼마나 자주 발견되는지를 분석함으로써 지도를 작성할 수 있다.

조사하고자 하는 염색체 조각들을 처음에는 긴 DNA 조각들로 만들어 효모 인공 염색체(YAC)같이 긴 조각의 DNA를 운반할 수 있는 벡터에 클로닝하였다. 불행히도 YAC

발현 서열 꼬리표(expressed sequence tag, EST) STS의 특정 형태로 발현이 되는 즉 mRNA로 전사되는 지역으로부터 유래된 것이다.
서열 꼬리표 부위(sequence tagged site, STS) 단순히 짧은 서열이며(대게 100-500 염기쌍) 이들은 유전체 내에서 단 하나 존재하며 PCR에 의해 쉽게 탐지될 수 있다.

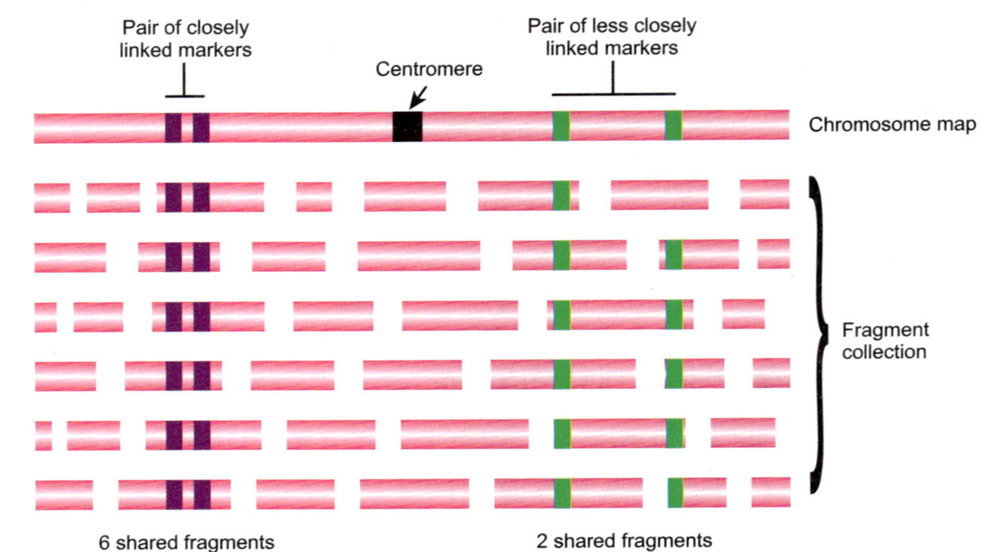

그림 9.02

서열 꼬리표 부위의 지도작성

이것은 하나의 염색체에 4개의 STS 부위에 대하여 지도작성하는 것을 보여준다. 염색체를 여러가지 크기의 조각으로 만들기 위하여 다양한 제한효소에 의한 절단이 수행된다. 두 개의 STS서열이 하나의 조각에서 동시에 나타나는 빈도는 두 표지가 얼마나 가까이 위치하는지를 보여준다. 이 예에서는, 2개의 보라색의 STS가 같은 조각에서 6번 나타나며 따라서 이 두 조각은 매우 가까이 존재한다. 두 개의 녹색 STS는 동일 조각에서 오직 두 번밖에 나타나지 않으므로 이들은 좀 더 떨어져 있다. 보라색 표지와 녹색 표지는 동일한 조각에서 전혀나타나지 않았으므로 이들은 서로서로 아주 멀리 떨어져 있다고 할 수 있다.

방사선 잡종세포주들은 서로 다른 진핵세포의 염색체 조각들을 가지고 있는 세포주들이다.

벡터에 만들어진 클론들은 종종 원래 다른 위치에 있는 2개 혹은 그 이상의 DNA 조각을 가지는 경우가 있었다. 실제로 STS나 EST의 위치를 결정하기 위해서 방사선 잡종 지도작성법을 가장 많이 사용한다(그림 9.03). **방사선 잡종**이란 다른 종으로부터 유래된 염색체 조각을 가지고 있는 세포(주로 설치류 세포)를 말한다.

방사선 세포주를 만들기 위해서 배양된 사람의 세포에 X-ray나 γ-ray 등을 치사량 만큼 쬐어 준다. 이렇게 하면 염색체가 조각으로 잘린다. 죽어가는 사람의 세포를 햄스터 세포와 융합한다. 세포 융합은 폴리에틸렌글리콜(polyethylene glycol)이나 센다이 바이러스(Sendai virus)를 처리함으로써 촉진된다. 이 결과로 만들어진 융합 세포는 무작위적으로 선택된 사람 염색체 조각을 포함한다. 전형적인 조각들은 5-10 Mbp의 길이를 가지며 각 햄스터 염색체 당 15-35%의 인간 유전체를 가진다. 융합 세포주들에 대하여 어떤 STS나 EST를 동시에 가지고 있는지 조사한다. 즉 이들이 동일한 사람 염색체 조각을 가지고 있는지를 조사한다. 조각을 내기 전에 동일한 염색체의 가까이에 있던 STS들은 같은 융합 세포주에서 좀 더 빈번히 나타날 것이다. 1990년대 후반까지, 인간 유전체에서 3,000개 이상의 STS에 대하여 지도작성을 하였다. 이것은 대략 DNA 100 Kb당 1개의 STS의 밀도에 해당된다.

2. 산탄식 순서결정법에 의한 작은 유전체의 조립

8장에서 언급하였듯이, 개개의 2디옥시 서열분석 반응으로 수백 염기쌍의 길이에 대하여 서열을 결정할 수 있다. 전체 유전체는 엄청나게 많은 수의 그러한 짧은 길이의 서열을 조립해야 알 수 있다. 전체 유전체로 조립하는 데는 세 가지 접근 방법이 있다: 산탄식 서열결정, 클로닝된 콘틱의 서열결정, 그리고 이 두 방법을 혼합한 방향성 산탄식 서열결정.

산탄식 순서결정법에서는 유전체를 무작위로 서열결정하기에 편리할 정도의 짧은 조각(1-2 kbp)으로 절단한다. 조각들은 적절한 벡터에 클로닝하여 부분적으로 서열을 결정한다. 매 반응 시 약 400-500 염기쌍의 서열이 각 조각으로부터 얻어진다. 어떤 경우에는 조각의 양쪽 끝의 서열이 결정되기도 한다. 컴퓨터를 이용한 서열들의 중복성 조사로 서열

방사선 잡종(radiation hybrid) 일종의 세포주(보통 설치류의 세포)를 말하며 이와 다른 종의 염색체에 방사선을 쬐어서 만들어진 염색체 조각들을 가지고 있다.
산탄식 순서결정법(shotgun sequencing) 서열을 결정하기 위하여 유전체를 작은 조각으로 자르는 접근방법. 전체 유전체 서열은 개개의 서열들을 컴퓨터를 이용하여 중복 서열 부분을 탐색하여 조립함으로써 완성된다.

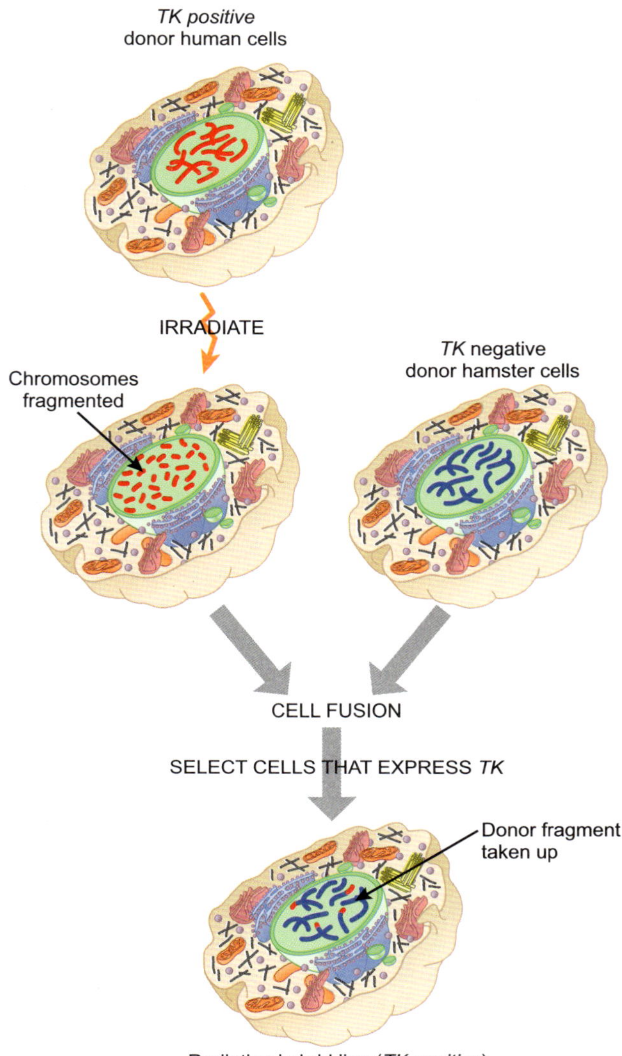

그림 9.03
방사선 잡종지도작성

STS와 EST들이 얼마나 가까이 있는지를 결정하기 위해서는 많은 염색체 조각들이 분석되어야 한다. 방사선 잡종지도작성을 하기 위해 사람의 긴 DNA 조각을 햄스터 세포에 넣는다. 첫째, thymidine kinase (TK^+)유전자를 가지고 있는 사람의 염색체를 방사선을 쬐어 줌으로써 조각을 낸다. 사람세포들을 TK^-인 햄스터 세포와 융합시킨다. 만약 사람세포와 햄스터 세포가 성공적으로 융합되면, 융합 세포주는 TK를 발현하고 선택배지에서 선별할 수 있게 된다. 이 과정에서 사람염색체 조각들이 무작위적으로 없어지게 된다. 결과적으로 각 방사선 잡종세포주들은 다른 조합의 사람염색체 조각을 가지게 되어 STS나 EST의 존재를 검사할 수 있게 된다.

들을 서로 연결하여 완전한 서열을 얻을 수 있다. 중복 서열들을 조립하여 **콘틱**을 만든다(그림 9.04). 콘틱이란 공백이 없이 연속적으로 된 알려진 DNA 서열을 의미한다.

조각들이 무작위적으로 클로닝되기 때문에 서열이 중복되어 결정되는 경우가 많다. 유전체의 전 범위 서열을 얻기 위해서는 얻어진 모든 서열의 양이 원래 유전체의 양보다 중복을 허용하여 몇 배는 더 많아야 한다. 예를 들어, 99.8% 범위를 얻기 위해서는 얻어진 서열의 총량이 전체 유전체의 것보다 6–8배 더 많아야 한다. 원칙적으로 어떤 유전체 서열을 조립하기 위해서 작은 서열 조각을 잇는 데는, 그것이 아무리 길더라도, 성능이 충분한 컴퓨터만 있으면 된다. 어떤 유전자지도나 선행적인 정보도 생물체의 유전체 서열을 결정하는 데 필요하지 않다. 산탄식 서열결정법의 한계는 엄청난 양의 데이터를 취급해야 한다는 것이다. 고속 컴퓨터의 개발은 이런 문제점을 극복할 수 있게 하였다.

매우 많은 수의 작은 조각들에 대한 서열결정은 전체 유전체의 서열결정을 완성하는 데 충분한 정보를 제공한다 - 만약 여러분의 컴퓨터의 성능이 충분하다면.

첫 번째 서열이 결정된 박테리아인 *Haemophillus influenza*의 유전체도 25,000번에 약간 못 미치는 서열결정 반응으로 얻어졌으며 각 반응의 평균 서열의 길이는 480 염기쌍이었다. 이는 거의 1,200만 염기쌍의 서열에 해당되며 유전체 길이의 6배에 해당된다. 컴퓨터를 이용하여 중복 서열을 조립하였을 때, 140개의 연결된 지역 즉 140개의 콘틱을 얻을 수 있었다.

콘틱(contig) 간격이 없이 연결되어 있는 알려진 서열 전체

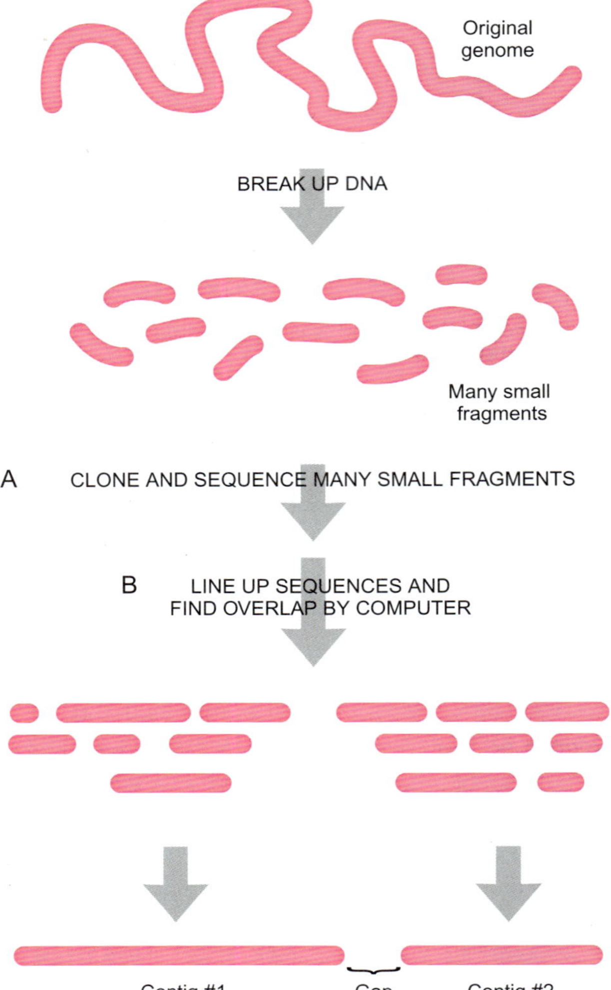

그림 9.04
산탄식 서열결정법

전체 유전체에 대한 산탄식 서열결정법의 첫 번째 단계는 유전체를 서열결정이 용이한 여러 개의 작은 조각으로 자르는 것이다. 모든 작은 조각들은 클로닝되고 서열이 결정된다. 컴퓨터가 서열 데이터를 분석하여 중복되는 부분을 찾아내어 조립함으로써 긴 콘틱을 만들어 낸다. 클로닝했을 때 유전체상의 어떤 지역은 불안정하기 때문에 이러한 과정을 반복하더라도 간격이 그대로 남게 된다.

Haemophilus 박테리아가 전체 서열이 최초로 결정되는 영예를 안았다.

콘틱 사이의 간격은 좀 더 개별적인 과정을 통하여 메울 수 있다. 가장 쉬운 방법은 간격의 양쪽 끝을 탐침으로 하여 원래 클론 세트를 다시 검사하는 것이다. 각 탐침에 혼성화 되는 클론들은 각 간격을 연결하는 다리 역할을 하는 DNA를 가지고 있다. 그런 클론들에 대하여 콘틱 사이의 간격을 메우기 위하여 클론의 전체서열을 결정한다. 그러나 콘틱 사이의 많은 간격들은 클로닝했을 때 특히 대량 복제 벡터를 사용한 경우, 불안정한 DNA를 가지고 있는 지역에 해당된다. 따라서 산탄식 방법의 후반부에서는 주로 단일 복사본을 가지는 람다(lambda)벡터와 같은 다른 벡터를 사용한 2차 라이브러리를 만들어서 검사에 사용한다. 각 콘틱의 끝부분에 해당되는 서열을 증폭할 수 있는 프라이머 쌍을 사용하여 새로운 라이브러리를 검사함으로써 두 콘틱 사이의 간격을 잇는다(그림 9.05A). 세 번째 접근방법은 클로닝을 하지 않고 2개의 콘틱의 끝부분에 해당하는 프라이머들을 섞어 넣어서 PCR한 후 바로 서열을 결정하는 것이다. PCR 산물은 오직 2개의 콘틱 사이의 간격이 수천 염기쌍 이내에 있을 때에만 만들어진다(그림 9.05B).

3. 인간 유전체에 대한 경주

위에서 언급했듯이 생명체 중에서 첫 번째로 유전체 서열이 완전히 해독된 것은 수백만 염기쌍으로 이루어진 유전체를 가진 박테리아에서이다. 대부분 고등동물이나 식물들의 유전체는 이보다 수천 배의 DNA를 가지고 있으며, 따라서 이에 대한 서열결정은 많은 문제점

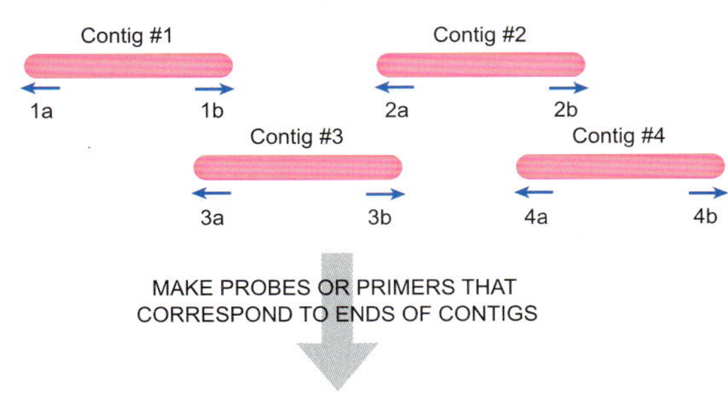

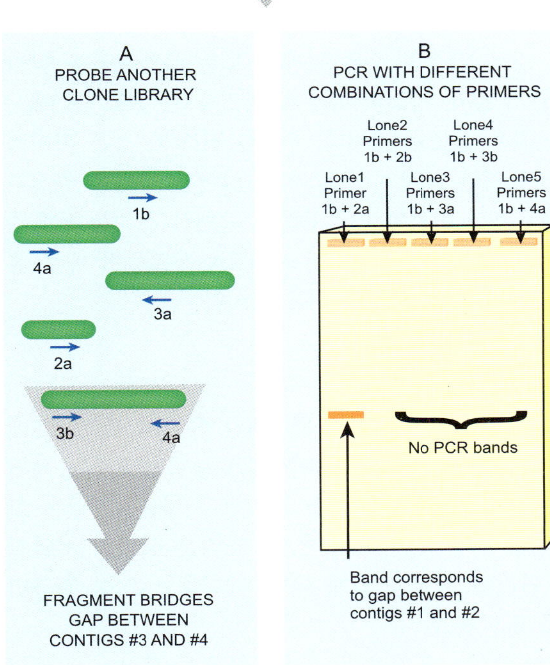

그림 9.05

콘틱 사이의 간격 메우기

콘틱 사이의 간격을 메우기 우하여 각 콘틱의 양쪽 끝에 해당하는 프라이머나 탐침(분홍색)을 제조한다. A) 새로운 라이브러리(녹색)의 클론을 콘틱 말단 탐침으로 검사한다. 간격의 양쪽 말단에 해당하는 탐침과 혼성화되는 클론들이 분리된다. 이 예에서는 콘틱 #3(3b)의 끝과 콘틱 #4(4a)의 시작에 대한 탐침들을 혼성화하는 것을 보여준다. 따라서 이 클론의 서열은 3번과 4번 콘틱의 간격을 메우게 된다. B) 두 번째 접근법은 PCR을 사용하는 것이다. 콘틱의 끝에 해당되는 PCR 프라이머들을 무작위적으로 조합하여 염색체 DNA를 증폭시키는 데 사용한다. 만약 프라이머 쌍이 수천 염기쌍 이내의 거리에 존재한다면 PCR 산물이 만들어질 것이고 서열이 될 수 있을 것이다.

을 가진다. **인간 유전체 프로젝트**의 원래의 목표는 전체 인간 유전체를 이루는 DNA의 서열을 결정하는 것이었다. 1990년에 이 프로젝트가 시작되었을 때에는, 2005년에 공식적으로 끝나는 것으로 계획되었다. 1990년에는 한 염기의 서열을 결정하는 데 10 달러가 들었으나 이후 기술적 진보에 의하여 1990년대 후반에는 가격이 염기 당 50 센트까지 줄어들었다. 따라서 인간 유전체 프로젝트를 수행하는 데 약 15억 달러 정도가 소요될 예정이었다.

최초의 인간 유전체 서열 초안은 2001년 초에 발표되었다.

그러나 1998년에 벤터(Craig Venter)에 의해 갑자기 출현한 벤처 회사인 셀레라 지노믹스(Celera Genomics)가 인간 유전체 프로젝트를 끝내는 데 2001년까지 2,000만 달러면 된다고 선언하였다. 이것이 가능하다는 것을 확실하게 증명하기 위하여 셀레라 지노믹스사는 초파리인 *Drosophila*의 전체 유전체 서열을 1999년 5월에서 12월 사이에 결정해 버렸다. 3백만 개의 무작위 서열을 연결하여 180 Mb의 유전체를 완성하였다. 2000년 6월에 민간과 공공 인간 유전체 프로젝트 팀이 합동으로 최초의 인간 유전체 서열 초안을 발표하였다. 사실 셀레라사의 서열은 99% 완성한 것인 데 비해, 공공 프로젝트 팀의 것은 오직 85% 완성한 것이었다. 2001년 2월에 실질적인 초안이 발표되었다.

공공의 인간 유전체 프로젝트는 사람의 DNA를 큰 조각으로 잘라서 대부분이 효모 인공 염색체(YAC)나 세균 인공 염색체(BAC)같은 벡터에 클로닝하고 이들을 인간 염색체에 위치를 결정하는 과정을 거쳤다. 그러고 난 후에 클로닝된 긴 조각은 산탄식 서열결정법을 적용하기 위하여 작은 조각으로 절단되었다. 비록 이것이 연결을 쉽게 하지만 클로닝하는 데 많은 시간과 돈이 소비된다. 반면에 셀레라사는 아래에 기술한데로 바로 산탄식

인간 유전체 프로젝트(human genome project) 인간 유전체를 이루는 DNA의 모든 서열을 결정하는 프로그램

서열결정법을 사용하였다. 자동화된 서열결정기는 엄청나게 많은 작은 조각의 서열을 결정하였다. 최종적으로 컴퓨터가 모든 무작위적 서열 조각들 사이에 중복되는 부분이 있는지를 탐색한 뒤 연결하여서 콘틱들을 만든 다음 궁극적으로 전체 염색체 서열로 완성해냈다. STS 지도의 도움을 받더라도 수백만 개의 서열들을 분석하기 위해서는 엄청난 양의 컴퓨터 용량이 필요하다. 그러한 컴퓨터들이 최근까지 만들어지지 않았으며 셀레라사의 성공은 주로 최근 몇 년간에 컴퓨터 용량을 급격히 늘렸기 때문에 가능했다. 그런 컴퓨터들은 1990년까지는 사용되지 않았으며 셀레라 방법의 성공은 주로 컴퓨터 성능의 빠른 향상 덕택이다.

인간 유전체 서열이 결정된 현재, 그 다음 단계의 주된 과제는 모든 유전자들을 찾아내고 이들의 기능을 규명하는 것이다. 우리가 우리 자신의 유전체 서열을 알아냈다고 해서 인간의 모든 질병을 이해한다고 주장하는 것은 잘못된 것이다. 우리는 HIV와 같은 바이러스들의 유전체 서열을 이미 수년전에 규명했지만 아직 이들에 의해 일어난 질병을 완전히 치료하지는 못하고 있다. 단지 DNA 서열로부터 이것이 암호화하는 단백질의 기능을 유추해 보았자 기껏 알 수 있는 것은 이것이 해롭다는 것뿐이다. 비록 DNA 서열들이 매우 유용하지만, 많은 실험들이 이루어져야 유전 질환을 이해할 수 있을 것이다.

3.1. 길게 클로닝된 콘틱으로부터 유전체의 조립

매우 긴 유전체들은 긴 조각으로 절단하여 YAC이나 BAC 벡터에 클로닝한 뒤 산탄식 서열결정법으로 서열을 결정한다.

클로닝된 긴 콘틱들을 사용하는 것이 공식 정부에 의해 지원되는 인간 유전체 프로젝트에 의해 채택된 접근방법이다. 유전체를 먼저 긴 조각으로 절단하여 클로닝함으로써 중복된 조각으로 이루어진 라이브러리를 제조한다. 이 조각들을 수십만 염기쌍을 넣을 수 있는 고용량 벡터인 YAC이나 BAC에 클로닝한다(7장 참조). 그다음에 각 조각은 산탄식 서열결정법에 의해 따로 따로 분석되어 완전히 연결된 서열을 얻게 된다. 대략적으로 이 접근법은 효율적으로 긴 "클로닝된 콘틱" 세트를 만들게 한다.

개개의 클로닝된 조각의 서열을 결정한 후에, 그 다음의 과제는 클론들 중에서 중복되는 지역을 찾아내는 일이다. 위에서 산탄식 서열결정 후에 만들어진 간격을 메우는 방법에서 설명했듯이 혼성화와 PCR방법이 중복된 조각들을 찾기 위해 사용되기도 한다. 다른 방법은 각 클로닝된 콘틱들에 대하여 제한효소 프로파일이나 반복서열의 유사성을 조사하는 것이다.

그러나 그런 방법으로 매우 긴 유전체에 대하여 분석할 때 매우 많은 수의 클론을 비교하는 것은 아주 느리고 지루하다. 인간 유전체는 3×10^9 염기쌍으로 이루어져 있기 때문에, 전 범위를 확실하게 정하기 위해서 필요한 6-8배의 잉여분을 고려하지 않더라도, 300,000 bp(BAC이나 YAC의 최대 삽입 크기)으로 된 클론 조각 10,000개를 만들어 낼 것이다. 대략 각 반응마다 500 염기쌍의 서열을 규명할 수 있다고 가정했을 때, 이들 긴 클론들의 서열을 결정하기 위해서는 대략 600번의 반응이 수행되어야 한다. 만약 80,000개의 클론들이 만들어졌다면, 전체 유전체로 조립되기 위해서 약 4천8백만 개의 서열들이 분석되어야 할 것이다.

3.2. 방향성 산탄식 서열결정법에 의한 유전체의 조립

인간 유전체의 무작위적 산탄식 서열결정을 위해서는 500염기쌍으로 된 7천만 개의 작은 절편들의 서열이 결정되어야 한다. 이렇게 함으로써 3×10^9 염기쌍에 대하여 99.9%의 범위로 결정하기에 충분한 중복성을 부여할 것이다. 매일 1,000 염기쌍의 서열을 분석해 주는 100대의 자동화 서열결정기를 가지고 700일, 즉 대략 2년 만에 끝마칠 수 있을 것이다.

핵심적인 문제는 이들 서열들을 콘틱으로 연결하여 궁극적으로 전체 염색체로 만드는 것이다. 엄청난 양의 컴퓨터 사용 시간과 아울러 반복서열에 의해서 제기되는 불확실성이

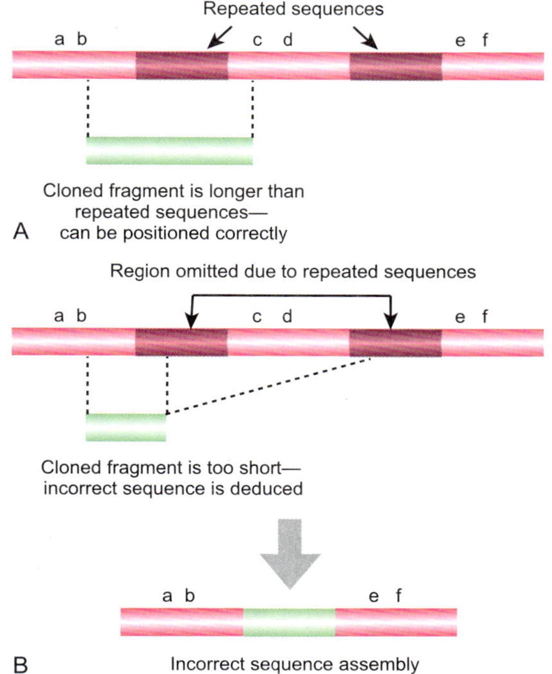

그림 9.06

반복서열사이의 부정확한 중복을 피하기

A) 만약 어떤 클론이 반복서열들 전체를 포함하기에 충분히 길다면, 반복서열의 바깥쪽의 특이적 서열이 유전체 내에서 그 클론의 위치를 정할 수 있게 해 준다. B) 만약 클르닝된 조각이 반복서열보다 짧다면, 실수가 일어날 수 있다. 여기서 녹색의 클로닝된 조각의 끝이 첫 번째 혹은 두 번째 반복서열과 정렬될 수 있다; 따라서 c-d로 표시된 서열들은 생략될 수 있다. 반복서열의 길이와 수를 결정하는 것은 짧은 조각을 가지고는 불가능하다.

이러한 접근방법에 대한 방해 요소가 된다. 그러나 만약 STS 지도가 뼈대로 사용된다면 연결이 가능해질 것이다. 사실 이것이 셀레라사의 벤터가 인간 유전체 서열을 예정보다 빨리 완성하는 데 성공적으로 사용한 접근방법이다.

서열 꼬리표 부위(STS)의 이용은 유전체 서열을 산탄식 서열결정법으로 연결하는 데 필요한 컴퓨터 작업을 수월하게 한다.

평균 2 Kb의 삽입 조각을 다중복제(多重複製) 벡터에 넣은 라이브러리로부터 6천만 개의 서열들을 얻었다. 그리고 이 보다 긴(10 Kb) 조각이 또 다른 벡터에 들어있는 라이브러리로부터 천만 개의 서열들이 결정되었다. 10 Kb 라이브러리는 반복서열들을 다루는 데 있어 매우 중요하다. 왜냐하면 대부분 반복서열들은 길이가 5 Kb 이내(혹은 이보다 작음)이며 10 Kb 이내에 완전히 포함될 수 있기 때문이다. 2 Kb 라이브러리는 반복서열 전체를 포함할 수 없으며 따라서 이런 서열을 가지고 있는 지역에 있는 클론들을 정확히 정렬할 수 없다. 10 Kb 클론의 말단 서열을 사용하면 서로 다른 지역에 있는 2개의 동일한 반복서열 사이의 부정확한 중복을 방지할 수 있다(그림 9.06).

4. 인간 유전체의 개요

인간 유전체의 서열은 아직도 몇 개의 간격을 가지고 있다. 이들은 대부분 고반복 그리고 고응축된 이질염색체로 이루어져 있으며 암호화 서열을 거의 가지지 않는다(4장 참조). 전체 유전체의 추정 크기는 32억(3.2×10^9) 염기쌍의 DNA 즉 3.2 **기가염기쌍**(Gbp; 1Gbp = 10^9염기쌍)으로서 이중 정염색질은 2.95 Gb이다. 전형적인 문서의 한 페이지는 약 3,000자를 포함한다. 따라서 인간 유전체는 약 백만 페이지를 차지할 것이다. 진핵생물에서 유래된 대부분의 DNA는 유전자 사이 지역, 반복서열 등과 같은 비암호화 DNA로 이루어져 있다. 사람 DNA의 약 28%가 RNA로 전사된다. 그러나 일차 전사체가 인트론을 포함하고 있기 때문에 단지 1.25%의 서열만이 단백질을 실제로 암호화한다(표 9.01). 평균적으로 사람 DNA의 인트론들은 지금까지 서열이 결정된 어떤 종의 것보

기가염기쌍(Gbp) 10^9 염기쌍

표 9.01 퍼센트로 나타낸 인간 유전체

DNA의 형태	전체 퍼센트
단백질 암호화 유전자	1.5
인트론	25.9
LINEs	20.4
SINEs	13.1
DNA 트란스포존	2.9
긴말단반복 레트로트란스포존	8.3
지역복제	5
단순서열반복	3
유일서열	11.6
이형염색질	8

포유동물 유전체는 약 30억 염기쌍을 가지고 있으나 단지 1.5% 정도만이 단백질을 암호화한다.

반복서열은 인간 유전체의 절반에 해당된다.

다 더 길다. 인간 유전체에는 A/T-풍부 지역뿐 아니라 G/C-풍부 지역이 있다. 신기하게도 G/C-풍부 지역에 유전자의 밀도가 높고 인트론도 더 짧다. 이것의 의미는 아직도 모른다.

인간 유전체의 반 이상이 반복서열로 되어있다(이들에 대하여는 4장에서 설명되었다). 45% 정도는 SINE-13%, LINE-20%; 불활성 레트로바이러스-8% 그리고 DNA성 트란스포존-3%로 이루어져 있다. 몇 개의 염기로만 된 반복서열(미소부수체, VNTR 등)은 3% 정도이며 긴 유전체 조각이 복제(duplication)된 것은 5%이다. 유전체의 대부분이 레트로-인자(retro-element)의 폐기장 같으며, 인간의 쓸모 있는 정보가 드문드문 흩어져 있다. 정크 DNA는 염색체의 끝부분이나 동원체 가까이에서 축적되는 경향이 있다.

인간 유전체가 얼마나 많은 유전자를 포함하고 있는가는 간단한 질문인 것처럼 보인다. 그러나 유전자를 동정하는 컴퓨터 알고리즘은 아직 한참 불완전하다. 특히 대부분이 비암호화 지역을 탐색할 때는 더욱 그렇다. 현재 인간 유전체에는 20,000에서 25,000개의 유전자가 있다고 여러 학자들이 동의를 한다. 많은 예측된 유전자들이 비활동성의 위유전자(peudogene)이거나 역으로 많은 유전자들이 긴 인트론들 사이에 짧은 엑손으로 되어 있는 경우, 유전자가 없는 것으로 간과될 수 있다. 더욱이 다른 컴퓨터 분석에서는 특정 엑손을 다른 유전자로 지정할 수가 있다. 비록 모든 단백질을 암호화하는 유전자들이 전사되지만, 불행히도 그 반대는 그렇지 못하다. 비유전자(non-gene)서열들도 비교적 자주 전사되며 따라서 전사체가 만들어 진다해서 반드시 순수한 유전자의 존재를 증명했다고 할 수 없다. 사람의 유전자의 정확한 수를 결정하기 위해서는 실험과 컴퓨터 사용을 조합한 정교한 분석이 요구된다.

유전자들을 명확하게 동정하는 것은 비암호화 DNA가 많은 유전체에서는 특히 어렵다.

사람은 실제로 다른 생물체보다 더 복잡한가? 사람이 원래 예측했던 100,000개의 유전자보다 훨씬 적은 수인 25,000개의 유전자를 가지고 있다고 규명한 것은 많은 사람을 놀라게 하였다. (사실 사람에서의 100,000개의 유전자 추정치는 인류 자신의 중요성을 강조하기 위하여 과장된 것이다.) 하등의 선충류인 *Caenorhabditis elegans*는 18,000여개의 유전자를 가지고 있으며 이는 사람의 약 2/3에 가까운 유전정보에 해당한다. 생쥐를 포함하여 우리와 같은 대부분의 포유류들은 사람과 본질적으로 같은 수의 유전자를 가지고 있다. 인류의 우월성이 인간의 유전정보가 다른 생물체에 비해 많다는 데 기인한다고 느끼는 사람들은 사람이 다른 생물보다 더 많은 유전자 산물을 가지고 있다는 주장을 펼친다. 이 주장은 선택적 이어맞추기에 의해 하나의 유전자로부터 여러 개의 단백질이 생산된다는 것과 이런 현상이 고등동물에서 더 많이 일어난다는 사실을 관찰한데서 기인한다(12장 참조). 그렇다 할지라도, 대부분의 유전자에서는 선택적 이어맞추기가 일어나지 않으며 사람에서

표 9.02 예측된 사람의 단백질의 동질성

	%
무 동질성	1
오직 원핵생물	<1
진핵생물과 원핵생물	21
진핵생물(동물을 포함하여)	32
동물(척추동물을 포함하여)	24
오직 척추동물	22

다른 동물—특히 사람과 98.5%의 서열 동질성을 가진 침팬지-보다 더 많은 선택적 이어맞추기가 일어난다는 근거가 없다. 어떤 동물이 가장 많은 유전자를 가지고 있다고 얼버무리는 것은 여하튼 논란의 소지가 있다. 서열결정으로 벼가 40,000개의 유전자를 가지는 것으로 밝혀졌다—이는 사람보다 15,000개의 유전자가 더 많다. 따라서 사람이 아니고 현화식물이 진화과정의 정점에 있는가? 더 참담한 예는 단세포 원생동물이 매우 많은 수의 유전자를 가지고 있다는 것이다. 현재 가장 많은 유전자를 가진 기록보유자는 사람에게 감염하는 편모원생동물인 *Trichomonas vaginalis*로서 약 60,000개의 유전자를 가지고 있다.

가장 많은 수의 유전자가 동물이 아니고 현화식물에서 발견된다.

20,000-25,000개의 사람 유전자의 서열을 다른 생물들의 것과 비교하면 매우 놀라운 사실을 발견할 것이다(표 9.02). 사람 단백질에서 척추동물에 특이적인 단백질은 10% 미만 이다. 사람의 단백질을 이루고 있는 동정할 수 있는 도메인의 90% 이상이 선충류 및 초파리와 연관되어 있다. 대부분의 신규 유전자들은 이미 만들어진 도메인들을 가지고 있으며 따라서 고래(古來)의 모듈들의 재조합 결과물이다.

인간 유전체의 서열을 다른 유전체와 비교함으로써 200여 개보다 조금 넘는 수의 사람 유전자들이 최근의 진화과정에서 박테리아로부터 유래되었다고 추정되었다. 그런 유전자 동족체(homolog)들은 선충류, 초파리 그리고 효모에서는 발견되지 않으나 박테리아나 다른 척추동물에서는 발견된다. 몇몇의 독립적인 수평적 전달이 일어났을 것이라고 제안되었다. 그러나 좀 더 면밀한 계통 발생학적인 분석을 한 결과 이들의 대부분이 고생대의 진핵생물에서 실제로 존재했을 것이라고 제안되었다. 특히 이들 유전자들의 많은 동족체들이 점균류(slime mold)인 *Dictyostelium*과 같은 당시에 유전체의 전체 서열이 밝혀지지 않은 하등 진핵생물의 EST 데이터베이스로부터 발견되었다.

사람이 후각이 발달되어 있지 못하다는 것은 오랫동안 알려져 왔다. 유전체 서열은 왜 우리의 많은 후각 센서에 결함이 있는지를 알려 주었다.

유전자균(gene family)들의 비교는 행동에 대한 통찰력을 얻는 시발점이다. 유인원과 원숭이들은 다른 대부분의 포유류에 비해 후각이 발달되지 못하며 사람은 가장 못하다. 대부분의 포유류들은 천여 개의 밀접하게 연관되어 있는 후각 수용체 유전자들을 가지고 있다. 이들은 코 안에서 냄새를 내는 분자와 결합해서 감지하는 탐지 단백질들이다. 생쥐에는 100%의 후각 수용체 유전자가 온전하게 기능을 가지고 있으며 침팬지나 고릴라에는 50%가 그리고 사람에게는 단지 30%가 기능을 가진다.

모든 유전자들이 다 단백질을 암호화하지는 못한다. 수천 개의 사람의 유전자들은 비암호화 RNA(rRNA, tRNA, snRNA, snoRNA 등-12장 참조)를 만든다. 그러한 비암호화 RNA 유전자들은 열린번역구조(open reading frame)를 가지고 있지 않으며 종종 길이가 짧다. 따라서 그러한 유전자들은 컴퓨터 탐색으로 찾아내기 어렵다(물론 비암호화 RNA의 서열이나 다른 생물체에서의 서열 동질성이 알려지지 않다면). 아울러 비암호화 RNA들은 mRNA의 특징인 poly(A) 꼬리가 없으며 따라서 cDNA나 EST가 만들어지지 않는다. 사람에는 약 500개의 tRNA 유전자가 있으며 이것은 선충류인 *C. elegcns* 보다도 적은 수이다! 사람의 18S, 28S, 그리고 5.8S rRNA를 만드는 rRNA 유전자는 함께 전사되는 단위로 존재한다. 이들은 직렬반복으로 13, 14, 15, 21, 그리고 22번 염색체의 짧은 팔(단완)에서 번역되지 않는 RNA에 대한 유전자들은 단지 컴퓨터 검색으로는 찾기가 어렵다.

발견되며 약 200여 개의 rRNA 유전자 복사본을 형성한다. 5S rRNA 유전자는 분리되어서 발견되나, 직렬반복으로 존재하며 가장 긴 다발은 1번 염색체의 긴 팔의 끝부분의 말단소체(telomere) 근처에 존재한다. 수백 개의 5S rRNA 유전자가 있으나 이중 기능이 있는 것은 몇 개 안 된다.

연관된 서열과 위유전자를 실제 유전자와 구분해서 말하는 것과 이들 유전자들의 위치를 결정하는 것은 비암호화 RNA들에 있어서는 매우 어렵다. 현재는 비암호화 RNA들이 다수 빠져 있으며 동시에 많은 기능이 불확실한 관련된 서열들의 위치가 밝혀지고 있다.

4.1. 서열 다형성: SSLP와 SNP

비록 많은 유전체의 서열이 결정되었지만, 같은 종 내의 다른 개체 유전체들의 분석은 다양한 발견을 가져올 수 있다. **다형성**은 간단히 말해 2개의 연관된 생물체간에, 예를 들어, 두 개인 간의 DNA 서열의 차이이다. 다형성은 염기서열의 차이와 상응하는 지역의 DNA 길이의 차이 두 가지로 나눌 수 있다. 다형성은 사람들이 왜 다른 외모를 가지는지, 질병에 대한 민감도가 다른지 그리고 심지어는 다른 성격적 특징을 가지는지에 대하여 설명할 수 있을 것이다.

SNP(snip이라고 읽음) 혹은 **단일뉴클레오티드 다형성**은 두 개체 간의 단일염기의 차이를 의미하는 유전체학적인 용어이다. 인간 유전체의 유전자 내에서 수십만 개의 SNP가 발견되며 비암호화 DNA에서 암호화 지역보다 훨씬 더 많이 발견된다. SNP들은 일반적으로 DNA 칩을 이용한 혼성화 방법으로 탐지할 수 있다(8장 참조). 만약 SNP들이 제한효소 인식부위 내에 존재한다면 이것은 RFLP(restriction fragment length polymorphism; 5장 참조)에 의해 동정할 수 있다. 그러나 대부분의 SNP들은 제한효소 절단부위에 존재하지 않기 때문에 RFLP가 되지 못한다.

많은 단일 염기서열 차이들이 같은 종에 속한 개체의 유전체 사이에서 발견된다.

SSLP는 **단순서열길이 다형성**을 의미한다. 이것은 어떤 반복서열이 특정 DNA 지역에서 그 반복수에 있어서 개인 간에 차이가 나타날 때 사용되는 일반적인 용어이다. 이것은 VNTR, 미소부수체, 그리고 4장에서 이미 설명한 다른 직렬 반복서열을 포함한다.

개인들 사이에 대략 매 1,000-2,000 염기마다 하나의 염기서열이 다르다. 이것은 전체 유전체로 계산했을 때, 약 2백50만개의 SNP가 있다는 것을 의미한다. 약 60,000개의 알려진 SNP들은 유전자의 엑손에 존재한다. 그러므로 인간 집단에서의 유전적 다양성은 예상했던 것 보다 훨씬 적다. 집단의 크기가 작음에도 불구하고, 침팬지는 사람보다 훨씬 더 많은 다양성을 보인다. 가장 그럴듯한 설명은 약 5백만 년 전에 인류가 침팬지로부터 떨어져 나온 후에 유전적 병목으로 진입했다는 것이다. 현대 인류는 아마도 100,000년 전에 작은 초기 집단으로부터 출현했을 것이다(아프리카 이브를 보시오, 26장 8.2절); 따라서 초기의 유전적 다형성은 매우 낮을 것이다.

SNP 분석은 유전체 상의 여러 다른 지역에서의 염기 변화를 찾는 것이다.

SNP 분석은 있을지 모르는 유전적 결함을 탐색하거나 약품에 대한 반응에 영향을 주는 유전자들에서 개인 간의 다양성을 조사하는 데 점점 더 많이 사용되고 있다. SNP를 조사하는 데는 다양한 방법이 사용된다. 이중 한 가지가 PCR을 사용하여 여러 사람들로부터 다형성이 나타나는 부분을 증폭하는 것이다. 그 이후 서열이 결정된다 -그러나 한 지역에서 단 하나의 차이나는 염기를 찾기 위해서. 따라서 전체 PCR 조각의 서열을 다 결정할

다형성(polymorphism) 연관된 두 개체사이에서의 DNA 서열의 차이
단일뉴클레오티드 다형성(single nucleotide polymorphism, SNP) 2개인 사이에서 나타나는 단일 염기서열의 차이
단순서열길이 다형성(simple sequence length polymorphism, SSLP) 개인 간에 반복수의 차이가 나타나는 직렬 반복서열을 가지고 있는 DNA의 지역을 말하며, VNTR, 미소부수체 그리고 다른 직렬 반복서열을 포함

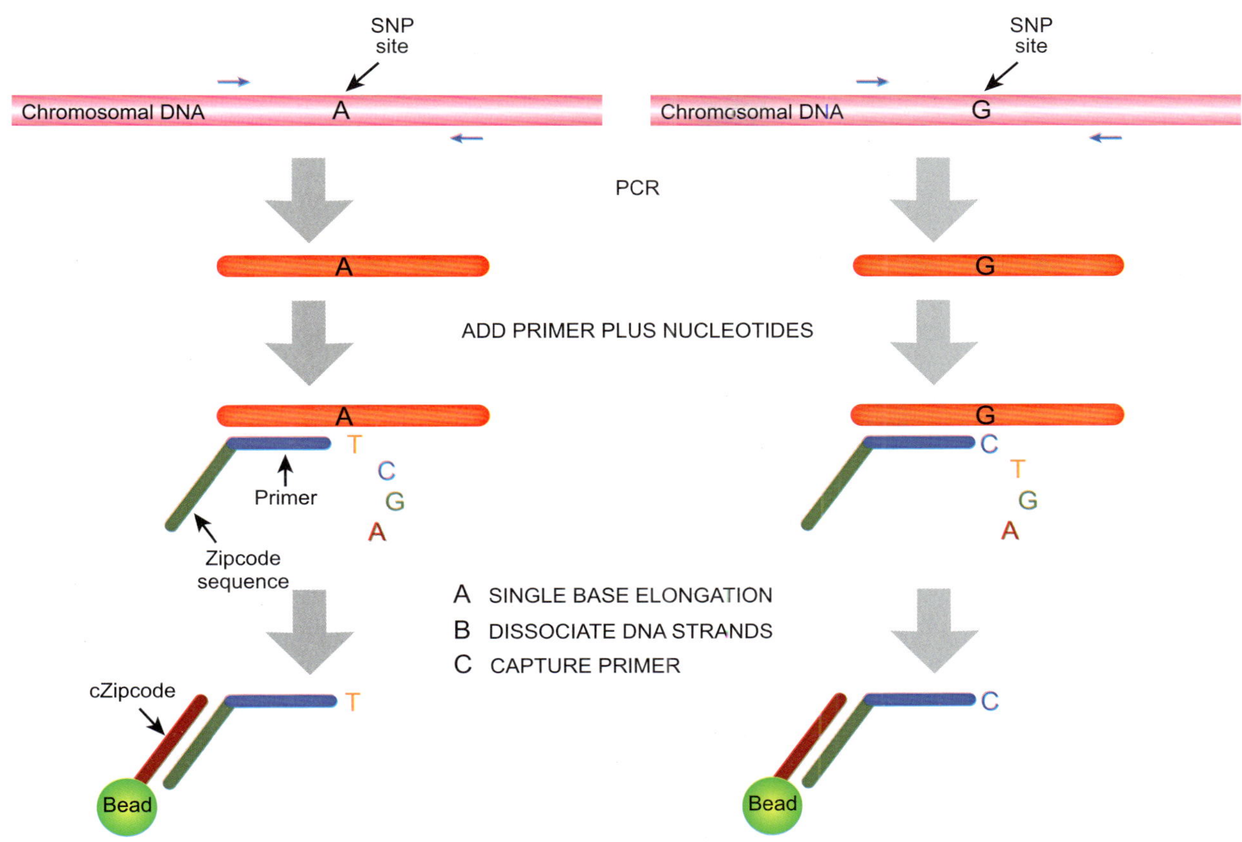

그림 9.07

단일염기 신장에 의한 우편번호 SNP 분석법

SNP 부위를 포함하는 DNA 조각을 PCR을 이용하여 증폭한다(여기서는 간단히 설명하기 위하여 단일 DNA 가닥을 보여준다). SNP가 있는 염기보다 1개 앞에 있는 염기에 결합하는 프라이머를 사용하여 단일염기 신장을 수행한다. 사람1은 SNP 부위에 A를 가지고 있으며 따라서 T가 삽입된다; 사람2에서는 G가 C를 삽입하도록 한다. 삽입된 염기들은 다른 색의 형광 색소로 표지된다. 신장된 프라이머는 다음에 우편번호에 상보적인 서열을 가진 cZipcode 서열과 결합함으로써 분리된다. 이때 cZipcode는 비드나 다른 단단한 지지물에 붙여져 있다. 각 개인들에서 어떤 염기가 존재하는지를 알아내기 위하여 형광 표지의 색을 결정한다.

필요는 없다. 대신에 다형성을 나타내는 부위의 바로 앞에 결합하는 프라이머와 특이적으로 표지된 2디옥시뉴클레오티드를 사용하여 단일염기 신장(single base extension) 반응이 수행된다. 따라서 A, T, C 그리고 G가 각각 다른 색의 형광 색소로 표지될 수 있다. 2디옥시뉴클레오티드를 사용하면 프라이머에서 오직 한염기만 신장될 수 있다. 즉 다형성 부위에서 그 염기에 상보적인 염기만 신장된다. 신장된 프라이머는 이제 형광으로 표지되고 그 색은 SNP에 어떤 염기가 존재하는지 알려준다(그림 9.07). 신장된 프라이머는 형광으로 표지되어 각 개인들에서 어느 염기가 존재하는지 알려준다.

실제로 많은 SNP 분석들이 흔히 병렬로 수행된다. 이들을 분류하는 방법 중의 하나가 프라이머에 붙여진 소위 우편번호 서열법이다(6장 참조). 각 SNP에 다른 우편번호 서열을 붙여줌으로써 이에 상보적인 즉 cZipcode에 특이적으로 결합하도록 한다. cZipcode 서열은 단단한 지지물이나 폴리스티렌 비드에 결합되어 있다. 다른 cZipcode들을 다른 색으로 표시된 비드에 결합함으로써 나중에 FACS(fluorescence activated cell sorter-5장 참조)를 사용하여 분리하거나 배열을 형성하는 단단한 표면에 부착시킬 수 있다.

인위적인 우편번호 서열들은 많은 수의 다른 SNP들을 추적하기 위하여 사용된다.

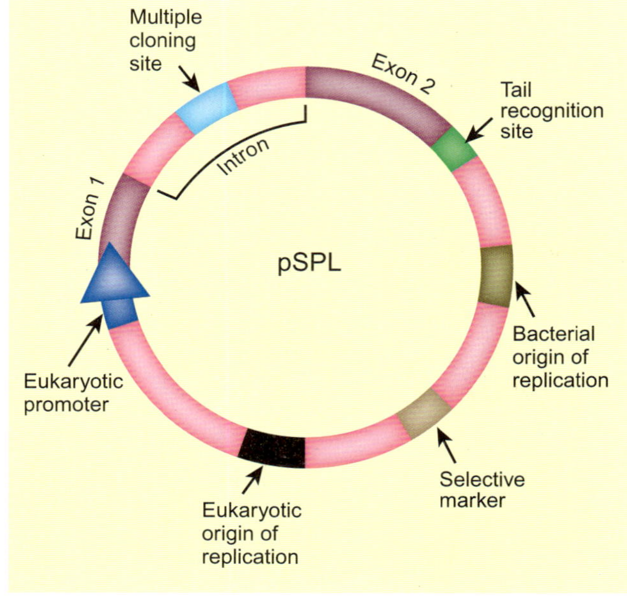

그림 9.08

엑손 트래핑 벡터

pSPL 벡터는 의심되는 암호화 DNA 지역 내에 존재하는 엑손들을 동정하기 위하여 사용된다. 이 벡터는 박테리아와 진핵생물의 복제기점을 가지고 있어서 *E. coli*에서 뿐 아니라 동물세포에서도 자라게 된다. 다중클로닝부위는 엑손 옆에 있는 인트론 내에 있다. 벡터의 이 지역은 진핵세포 프로모터와 poly(A) 꼬리 서열을 가지고 있기 때문에 RNA로 전사될 수 있다.

4.2. 엑손 트래핑에 의한 유전자 동정

진핵생물에서 실제의 유전자 암호화 서열은 DNA의 극히 적은 일부에 지나지 않는다. 긴 DNA 서열이 주어졌을 때, 유전자들을 어떻게 발견할 수 있을까? 비록 서열을 분석하는 컴퓨터 알고리즘이 있지만, **엑손 트래핑**이라 불리는 방법은 실험적으로 유전자를 암호화하는 서열을 분리해낼 수 있게 한다. 이 방법은 RNA 가공과정에서 인트론을 이어맞추기를 통해서 잘라내는 데 사용되는 이어맞추기 인식부위 옆에 엑손들이 존재한다는 사실에 기초한다(이어맞추기에 대한 자세한 내용은 12장 참조). 인트론은 시험관 시스템을 사용하여 잘려나간다; 따라서 이어맞추기 인식부위를 가지고 있는 일정 길이의 DNA를 동정할 수 있을 것이다. 결과적으로 엑손 트래핑은 DNA 서열을 모르는 경우에도 사용될 수 있다. 그렇지만 이 경우 엑손간의 순서는 알 수가 없다.

엑손들은 실험적으로 분리할 수 있으며 엑손측면의 이어맞추기 서열을 사용하여 동정할 수 있다.

엑손 트래핑 동안 분석될 DNA들은 *E. coli* 뿐 아니라 동물세포에서도 복제될 수 있는 특수한 벡터에 클로닝되어야 한다. 이 벡터는 하나의 인트론에 의해 분리되어 있는 2개의 엑손을 프로모터와 poly(A)꼬리 인식부위를 함께 가지고 있는 인위적인 미니-유전자(mini-gene)를 가지고 있다(그림 9.08). 인트론은 미지의 DNA를 클로닝하기 위해서 다중 클로닝 부위를 가지고 있다. pSPL 벡터들은, 이름 그대로, 유인원 바이러스 40(SV40) 복제기점 뿐 아니라 SV40 프로모터와 꼬리부위도 미니-유전자에 사용한다. 이들 벡터들은 결함이 있는 SV40 유전체가 숙주 염색체에 삽입된 변형된 원숭이 세포(COS 세포)에서 복제될 수 있다.

잡아낼 엑손을 가지고 있는 DNA들을 적절한 제한효소를 이용하여 조각을 낸다. 이 조각들을 pSPL 벡터의 인트론 내에 있는 다중클로닝부위에 삽입시킨다(그림 9.09). 다음에 이 플라스미드를 COS 세포에 형질전환 시킨다. 여기서 미니-유전자가 발현되고 RNA 일차 전사체에서 이어맞추기가 일어난다. 만약 또 하나의 엑손이 미니-유전자 내에 클로닝이 되었다면, 이것은 mRNA에 존재할 것이고 그 길이가 증가될 것이다. 잡혀진 엑손을 분리해 내기위해서는, mRNA를 cDNA로 전환시키고 잡혀진 엑손 부위를 증폭시키기 위하여 PCR을 수행한다. 인간 유전체 내에 존재하는 모든 다른 엑손들을 동정하기 위해서는 이 기술을 서열분석과 연계해서 사용해야 한다.

엑손 트래핑(exon trapping) 엑손에 연결된 이어맞추기 인식부위를 사용하여 엑손을 분리해 내는 실험과정

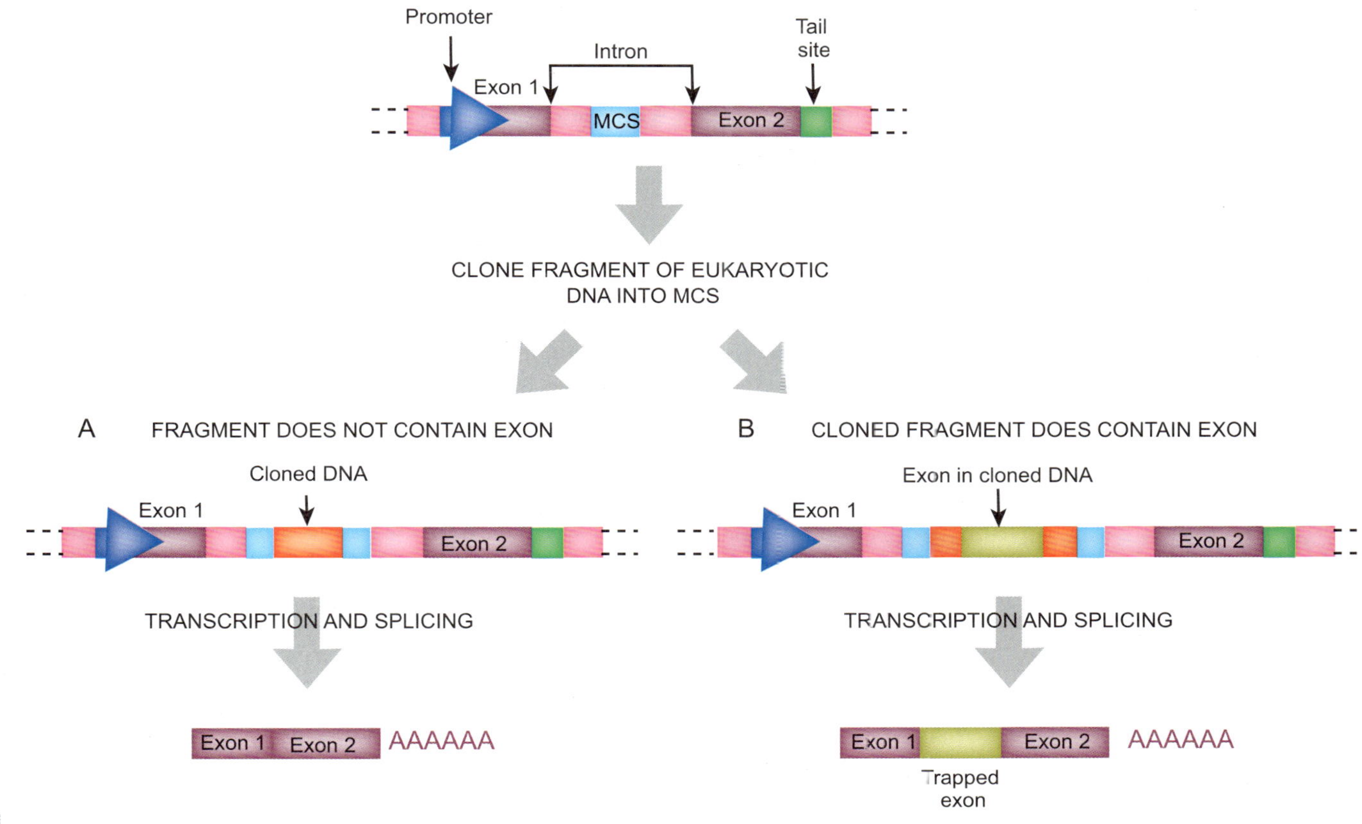

그림 9.09
엑손 트래핑 과정

일정한 길이의 DNA가 엑손을 가지고 있는지 여부를 결정하기 위해서는 미지의 DNA를 pSPL 벡터에 클로닝하여야 한다. 다중클로닝부위가 동물세포에서 전사되고 이어맞추기가 일어나는 미니-유전자 내에 있다. 만약 미지의 DNA가 엑손을 가지고 있다면, mRNA 전사체는 길어질 것이다. 이 방법으로 발견된 모든 엑손은 클로닝과 서열결정을 위하여 PCR 방법으로 증폭될 수 있다.

4.3. 정크 DNA의 생성

인간 유전체에 대한 여러 번의 서열결정의 결과 정크 DNA가 발견되었다. 유전체의 이 부분은 단백질을 암호화하는 서열이 없고 주로 반복서열로 이루어져 있기 때문에 "정크"로 정의되었다. 유전체의 이 지역들은 또한 혼성화가 잘 안 되고 따라서 서열결정이 어려웠다. 따라서 처음에 "정크"라는 용어를 썼다. 2세대 서열결정법의 출현, DNA 미세배열 분석, 그리고 여러 명의 인간 유전체 서열결정으로 소위 "정크"의 몇몇은 "쓸도없는" 서열로부터 유전체와 유전체 사이의 변이에 핵심적인 요소로 바뀌게 되었다. 사람의 각 유전체에는 표준 인간 유전체로부터 약 $3.0–3.5 \times 10^6$개의 단일염기 변이가 존재한다. 아울러 각 유전체는 약 100개의 반복수의 차이 즉 **사본 수 변이**가 존재하며 이들은 주르 나란히 반복된 서열들이다. LINE-1이나 *Alu* 인자 같은 고반복 서열이 많이 존재한다(4장 참조). LINE-1 및 *Alu* 인자와 같은 범주에 속한, 대부분의 기능이 임의로 사라진 레트로엘리멘트(retroelement)들로 이루어진, 삽입 서열들 사이에 변이가 존재한다. 비록 이런 서열들이 표현형과 관련이 없더라도 최근의 몇몇 연구들은 이 인자들이 원래 예상했던 것 보다 훨씬 자주 유전체 사이를 이동한다는 것을 발견하였다. 아울러 이런 레트로엘리멘트들이 인트론에서 자주 발견되고 mRNA의 이어맞추기와 발현에도 영향을 줄 것으로 여겨진다. 따라서

유전체는 SNP와 CNV를 프함하여 많은 구조적 변이를 가진다. 아울러 유전체는 많은 수의 분산된 반복인자를 가지고 있으며 이들은 기능이 사라진 레트로엘리먼트와 트란스포존을 가진다.

사본 수 변이(copy number variation, CNV) 한 유전체가 다른 사람의 유전체와 비교했을 때, 삽입이나 결손 등이 일어난 구조적인 변이의 형태

Mobile interspersed repeats are major structural variants in the human genome

Huang CRL, Schneider AM, Lu U, Niranjan T, Shen P, Robinson MA, Steranka JP, Valle D, Civin CI, Wang T, Wheelan SJ, Ji H, Boeke JD, and Burns KH. (2010). Cell 141: 1171–1182.

현재는 많은 사람의 유전체 서열이 결정되었으며 사람 유전체의 구성에 대한 관점이 "단백질 암호화 DNA"와 "정크 DNA"로 구분하였던 것으로부터 "정크 DNA"가 유전적 다양성을 제공함으로써 중요한 역할을 한다는 것을 이해하는 것으로 바뀌고 있다. 인간 유전체의 이런 부분은 사본 수 변이와 같은 많은 구조적 변이를 가진다. 인간 유전체에서 연구가 덜 된 변이는 LINE-1과 *Alu* 인자의 수와 분포를 포함한 고반복 산재서열(high copy interspersed repeat)들이다. 이와 관련된 이 논문에서 저자들은 반복 LINE-1인자를 조사하여 이들이 사람 집단에서 다양성을 제공하는지 여부를 알아내기 위해, 이들의 위치를 여러 명의 유전체에서 결정하였다. 저자들은 이 반복서열이 정체되어 있지 않고 아마도 우리의 유전적 다양성과 경우에 따라 심지어는 유전병도 일으킬 것으로 가정하였다.

저자들은 "하위세트 α"에 속하는 LINE-1의 전사체인 L1(Ta)의 위치를 알아냈다. L1(Ta)의 정확한 위치를 알아내기 위하여 저자들은 ***트란스포존 삽입프로파일링칩(transposon insertion profiling(TIP)-chip)***이라는 새로운 기술을 사용하였다. 이 방법은 PCR 증폭과 유전자 배열을 이용한 서열동정법을 결합한 것이다(그림 9.10). 이 방법은 유전체 DNA를 L1(Ta)에 하나의 인식부위를 가진 제한효소로 절단하

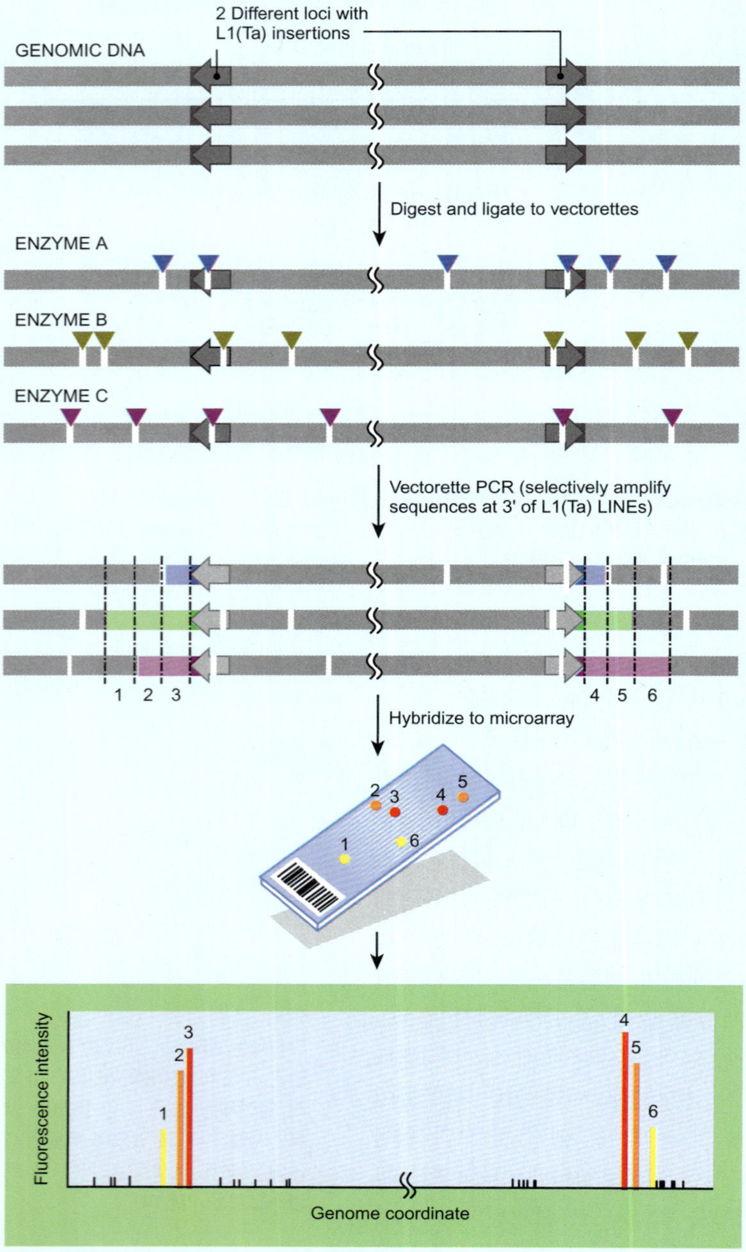

그림 9.10

미세배열을 이용한 트란스포존 삽입프로파일링

트란스포존 삽입프로파일링(TIP-chip)은 사람의 유전체 DNA를 추출하여 이를 여러 제한효소로 나란히 자르는 것으로 시작한다. 각 제한효소(A, B, 혹은 C)들은 L1(Ta) 내에 인식부위를 하나씩 가지고 있다. (화살표는 L1(Ta)의 5′에서 3′ 방향으로의 삽입을 나타낸다. 다음으로 조각들은 vectorette에 연결하고 L1(Ta) 인자와 이것의 3′ 쪽에 있는 vectorette을 인식하는 프라이머를 사용하여 PCR로 증폭한다. 이 증폭된 DNA는 형광 표지자로 표지되고 L1(Ta)의 3′ 쪽이 삽입된 서열을 알아내기 위하여 유전체 미세배열과 혼성화시킨다. 혼성화 후에 형광을 띠는 점들은 컴퓨터 분석을 통하여 L1(Ta)에 대한 정확한 3′ 서열을 알아낸다.

트란스포존 삽입프로파일링(transposon insertion profiling(Tip)-chip) LINE이나 SINE과 같은 분산된 반복서열의 유전체 상의 위치를 결정하는 방법

는 것으로 시작한다. 우연히 동일한 제한효소의 인식부위가 L1(Ta)의 위쪽이나 아래쪽에 위치할 수 있다. L1(Ta) 내부에 있는 제한효소는 서열을 아는 측면서열(flanking sequence)을 가지지만 다음 제한효소 부위의 서열은 알지 못한다. 따라서 "vectorette"라는 특수한 연결자를 제한효소 끝부분에 붙인다. 다음에 그 조각을 증폭하기 위하여 PCR 프라이머가 사용된다. 정방향 프라이머는 L1(Ta)을 인식하여 이것의 유전체 조각만을 증폭하도록 한다. 역방향 프라이머는 "vectorette" 연결자에 상보적이다. 이들 프라이머의 조합은 L1(Ta)로부터 3′ 혹은 아래쪽에 있는 유전체 DNA의 증폭을 가능하게 한다. L1(Ta)의 3′ 쪽의 서열과 유전체 상의 위치를 유전체 배열로 결정한다(8장 참조).

이 논문에서 L1(Ta)가 X 염색체에 위치한다는 것을 밝혔으며 여러 명의 다른 사람들의 전체 유전체 상에서 이것의 위치를 결정하였다. 연구자들은 LINE-1이 이전의 225명에 1명꼴이 아닌 108명의 신생아 중에서 1명꼴로 이동한다고 추정하였다. 이 인자의 분포가 표준 인간 유전체에서 제시된 것보다 훨씬 더 넓게 분포되었다. 연구자들은 34개의 인자가 X 염색체에 위치한다는 것을 밝혔으며 이 중 13개가 다형성을 나타낸다는 알았다. 이 인자들은 X–연관된 양식으로 유전된다. 그들은 또한 사람과 사람 사이에서 L1(Ta)의 수와 위치에 다양성이 아주 높다는 것을 발견하였다. 최근의 몇몇 다른 연구들에서 이 결과와 일치하는 결과를 얻었다.

관련 연구에 대한 초점

또한 LINE-1은 유전병을 일으킬 수 있을 것이다. X–연관 지적 장애를 가진 남성 몇몇에서 LINE-1이 *DACH2* 유전자의 인트론에 삽입되었다. 이 유전자는 신경분화를 조절하는 초파리의 유전자인 *dachsund*의 동족체이다. 이 LINE-1의 삽입이 X–연관 지적 장애를 일으키게 하는지에 대하여 명확히 증명하기 위해서는 좀 더 많은 증거가 필요하지만 이 발견은 그 가능성을 제시한다.

LINE-1 및 *Alu* 인자와 같은 범주에 속한, 대부분의 기능이 임의로 사라진 레트로엘리멘트(retroelement)들로 이루어진, 삽입 서열들 사이에 변이가 존재한다. 비록 이런 서열들이 표현형과 관련이 없더라도 최근의 몇몇 연구들은 이 인자들이 원래 예상했던 것 보다 훨씬 자주 유전체 사이를 이동한다는 것을 발견하였다. 아울러 이런 레트로엘리멘트들이 인트론에서 자주 발견되고 mRNA의 이어맞추기와 발현에도 영향을 줄 것으로 여겨진다. 따라서 "정크" DNA는 실제로 사람사이의 개인적 변이를 가져오는 데 큰 기여를 하며 특히 레트로엘리멘트가 세포분열 중에 중요한 유전자로 이동한다면 유전병과 아마도 암의 발병에도 역할을 할 것으로 여겨진다.

5. 약물유전체학-유전적으로 맞춤화된 투약법

개인 간의 유전적 차이는 어떤 약이나 임상적 치료과정에 대한 반응에 있어서 중대한 차이를 초래할 수 있다. 개인의 유전자형을 약물 처방과 관련지어 연구하는 새롭고 급속히 발전하는 학문 분야를 **약물유전체학**이라고 한다. 이 용어와 관련된 용어로 **약물유전학**이 있는데, 이것은 특정 유전자가 약물 반응에 영향을 주는지를 연구하는 것을 말한다. 이 연구의 주요 목표는 특정 SNP 양상이나 유전자와 특정 약물과의 상관관계를 밝히는 것이다. 예를 들어, 시토크롬(cytochrome) P450은 다양한 의약품을 포함하여 많은 외부 분자들의 산화적 분해를 하는 데 주된 역할을 한다. 시토크롬 P450은 실제 서너 개의 연관된 효소족(enzyme family)으로 이루어지며 이들의 기질은 다양하여 광범위한 외부 분자들로부터 보호하도록 한다. 이것의 한 멤버인 CYP2D6 동질효소(isozyme)는 3환계항우울약 계열의 약품들을 산화시키는 데 의사들이 흔히 사용하는 약 25%의 약물을 분해하는 역할을 한다. 어떤 주어진 사이토크롬 P450은 활성이 변화된 다중성 대립형질 변이체(multiple allelic variant)를 가질 수 있다. 이렇게 되어 어떤 대립형질은 감소된 활성을 그리고 다른 대립형질(복제된 것)은 증가된 활성을 가질 것이다(표 9.03). 그런 대립형질들은 서로 다른 사람 집단에서 다른 빈도로 나타날 수 있다. 감소된 활성의 대립형질을 가진 환자들은 그에 해당되는 약을 좀 더 느리게 분해할 것이며 결과적으로 약효에 대하여 좀 더 민감해질 뿐

약물유전체학은 개인의 인자형과 어떤 약물과의 상관관계를 연구하는 것이다.

약물유전체학(pharmacogenomics) 개인의 유전자형과 어떤 약물에 대한 사람의 반응과의 관계를 연구하는 분야
약물유전학(pharmacogenetics) 특정 유전자가 사람의 약물에 대한 반응에 어떻게 영향을 주는지에 대하여 연구하는 학문

Copy number variants in pharmacogenetics genes

He Y, Hoskins JM, McLeod HL (2011) Trends Mol. Med. 17(5): 244–251.

관련 연구에 대한 초점

이 관련된 논문은 사본 수 변이에 대한 약물유전체학 연구의 현재 상황을 종합한 것이다. 사본 수 변이(CNVs)를 사용하는 것은 SNP를 사용하는 것과 똑 같은 방식으로 유용하다. 연구자들은 약물대사와 연관된 특정 유전자의 반복수와 약물 대사의 표현형과의 관련성을 조사하고자 노력한다. 이 논문에서 사람의 유전체 상의 *CYP2D6*의 사본 수가 개인들 간의 초고속 대사자(UMs), 광범위 대사자(EMs), 그리고 빈약 대사자(PMs)를 구별하는 데 사용될 수 있다고 보고한다. 이 유전자의 2개 이상의 복제본을 가진 환자는 UMs으로 간주된다. 코데인(codeine)은 흔히 사용되는 진통제인데 이 약은 CYP2D6에 의해 대사된다. 따라서 UMs은 코데인을 매우 빨리 대사시켜서 그 대사체인 모르핀을 빠른 속도로 축적시킨다. 소아환자들에서는 높은 양의 모르핀은 호흡장애와 사망을 가져올 수도 있다. *CYP2D6* 외에 이 논총(review)은 CNV가 발암제, 치료약 그리고 환경 독소를 해독하는 글루타치온-S-전달효소와 연관되어 있다고 논의한다. 이 유전자가 결손 된 사람은 환경에의 노출에 의하여 각종 암에 걸릴 확률이 증가한다. 이 논문은 환자들에게 좀 더 정확한 치료와 나은 정보를 제공하기 위해서 이런 종류의 유전적 차이를 조사할 것을 주장한다.

표 9.03 사이토크롬 P450 CYP2D6에 대한 대립형질 빈도(퍼센트)

		유럽인	동아시아인	사하라사막 이남 사람
*CYP2D6*UM*	복제(2-13 대립유전자들)	1	12	28
*CYP2D6*5*	결손	3	6	6
*CYP2D6*10*	불안정한 효소	3	4	4
*CYP2D6*17*	약에 대한 낮은 친화성	0	0	12

아니라 약의 해로운 부작용이 더 자주 나타나게 될 것이다. 그런 경우에 환자 개인에 대한 SNP 분석을 통해 투약하기 전에 그 환자가 어떤 대립형질을 가지고 있는지를 알아낼 수 있을 것이다. 따라서 투약량은 환자 개인의 유전적 조성에 맞출 수 있을 것이다. 개인의 인자형과 약물적 처방을 관련짓는 새롭고 신속하게 확장되는 이런 분야를 약물유전체학이라고 한다.

6. 맞춤유전체학과 비교유전체학

약물유전체학의 이점을 충분히 취하기 위해서는 개인의 DNA 서열의 차이에 대한, 적어도 적용될 임상적 치료의 유형과 직접적으로 관련된 유전자들에 대한 지식이 요구된다. 현재는 필요에 따라 특정 유전자의 서열을 마음대로 조사할 수 있다. 그러나 모든 사람에 대하여 전체 유전체 서열을 따로따로 결정하여야 한다고 제안되고 있다.

이와 관련된 세 가지 요소가 시간, 기술 그리고 비용이다. 인간 유전체 프로젝트는 약 10년간 3백만 달러의 비용이 들었다. 그리고 10명의 서로 다른 사람으로부터의 공통된 서열을 얻었다. 오늘날에는 2세대 서열결정법이 인간 유전체의 서열결정 비용을 5만 달러로 낮췄으며 3세대 서열결정 기술이 출현하게 됨에 따라 가격이 평판 TV보다 더 싸질 전망이다.

그러면 여러분의 개인의 DNA 서열로 무엇을 알 수 있을까? 우리는(낭포성 섬유증이나 낫형 적혈구 빈혈증과 같이) 하나의 유전자에 의해 유전적 결함이 일어난다는 것을 잘 알고 있다. 그러나 심장병, 비만, 암, 기대수명 그리고 정신질환 등과 같은 조건에 관여되는 유전적 요인들은 좀 더 복잡하며, 여러 유전자의 상호작용에 의해 발생되기 때문에 이와 관련된 많은 것들이 아직 더 규명되어야 한다. 비록 해석의 문제가 있기는 하지만, 기능을 아는 유전자들 개개에 대한 수많은 시험을 하는 데 드는 비용보다도 전체 유전체 서열을 결정하는 것이 의심할 여지없이 더 경제적일 것이다.

표 9.04 생물정보학 웹사이트들

GenBank 및 이와 연결된 데이터베이스들	
National Center for Biotechnology Information (모든 데이터베이스)	http://www.ncbi.nlm.nih.gov/Entrez/
Human Genome Resources	http://www.ncbi.nlm.nih.gov/genome/guide/human/
Institute for Genomics Research (TIGR)	http://www.tigr.org/tdb
Genome Database (GDB) (인간 유전체)	http://gdbwww.gdb.org
European Bioinformatics Institute (EMBL과 Swissprot을 포함하여)	http://www.ebi.ac.uk/
Flybase (*Drosophila* 유전체)	http://flybase.bio.indiana.edu:82
Wormbase (*C. elegans* 유전체)	http://wormbase.org
RCSB 단백질 데이터 뱅크	http://www.rcsb.org/pdb/
PIR 단백질 정보 리소스 (PIR)	http://www-nbrf.georgetown.edu/pir/searchdb.html

폐증과 같은 질병에서 유전체의 비암호화 지역에 변화의 증거들이 발견되고 있다. 마지막으로 암세포 조직의 전체 유전체 서열결정을 하면 얼마나 많은 그리고 어떤 유전자에 체세포 돌연변이가 암세포에서 일어났는지를 알게 해 줄 것이다. 암세포 유전체들을 비교하는 것은 암세포이기 때문에 자주 일어나는 돌연변이가 아니라 암발생의 원인 유전자를 구별해 낼 수 있게 할 것이다. 이 두 가지 돌연변이는 모호하지만 매우 중요한 차이다.

개인의 전체 유전체 서열결정은 맞춤 의학 외에 다른 이점도 있다. 다중 개인 유전체의 연구는 각 세대에서의 유전체의 변화율을 측정할 수 있게 한다. 비슷한 비교 연구들이 서로 다른 종간에 진화적 연관성을 결정하는 데 사용되었다.

7. 생물정보학과 컴퓨터 분석

현재는 전체 유전체의 서열을 결정하는 비용이 급격히 떨어졌기 때문에 맞춤 의학에 대한 생각이 가능하게 되었다.

생물정보학 분야는 다량의 서열 데이터를 컴퓨터를 이용하여 분석하는 것이다. 현재 수많은 웹사이트가 온라인 탐색과 서열의 조작을 위해서 통용되고 있다(표 9.04).

분자생물학과 다른 분야에서 광대한 양의 정보가 컴퓨터의 데이터뱅크에 축적되고 있다. **데이터마이닝**은 원래의 데이터를 여과, 감별하고 이로부터 유용한 정보를 찾아내기 위하여 컴퓨터 프로그램을 사용하는 것이다. 따라서 데이터마이닝을 위하여 고안된 지능적인 소프트웨어를 가끔 "siftware"라고도 한다. **유전체마이닝**은 이런 접근 방법을 유전체 데이터뱅크에 적용하는 것을 말한다. 유전체마이닝에는 서너 개의 단계가 있다:

방대한 양의 유전적 데이터들이 이제 사용 가능해졌다. 이 데이터들에 대한 컴퓨터 분석은 근본적으로 새로운 조사 분야를 창조해냈다.

1. 흥미 있는 데이터의 선택
2. 선 가공 혹은 "데이터 정화(data cleansing)". 불필요한 정보는 분석이 느려지거나 엉기는 것을 피하기 위하여 제거된다.
3. 데이터를 분석이 용이한 형태로 변환
4. 데이터로부터 패턴 및 상관관계의 추출
5. 해석과 평가

DNA 서열에 대하여 다양한 분석이 이루어 질 수 있다. 간단한 몇몇 예들은 다음과 같다:

생물정보학(bioinformatics) 대량의 생물학적 서열 데이터를 컴퓨터를 이용하여 분석하는 것
데이터마이닝(data mining) 유용한 정보를 찾기 위하여 다량의 정보를 여과하고 감별하는 과정을 통하여 컴퓨터 분석을 하는 것
유전체마이닝(genome mining) 유용한 정보를 찾기 위하여 다량의 생물학적 서열 데이터를 여과하고 감별하는 과정을 통하여 컴퓨터 분석을 하는 것

표 9.05 NCBI의 Genomes와 Maps에서 얻을 수 있는 정보와 데이터베이스

Database of Genomic Structural Variation (dbVar)	긴 삽입, 결손, 전이, 역위 그리고 이들과 관련된 표현형에 관한 정보를 저장
Genome	생명체의 세 가지 도메인으로부터 1,000개 이상 개체의 전체 유전체 서열과 지도를 포함
Genome Project	어떤 개체에서 서열결정이나 조립 그리고 지도작성이 진행 중이거나 완성된 것의 모음
Nucleotide Database	GenBank와 RefSeq같은 다른 데이터베이스로부터 유래된 뉴클레오티드 서열의 모음
Sequence Read Archive(SRA)	2세대 서열결정 방법으로부터 얻어진 서열 데이터의 저장
UniSTS	서열 꼬리표 부위(STS)의 데이터베이스

A. 연관된 서열을 탐색하기. 어떤 DNA 서열을 데이터뱅크에서 얻을 수 있는 다른 서열과 비교할 수 있다. 탐색은 또한 암호화 DNA를 번역시킨 후에 단백질 서열로도 이루어질 수 있다. 만약 어떤 단백질이 연관된 서열로 발견되었다면, 이것은 조사하고 있는 단백질의 기능에 대한 아이디어를 줄 수도 있다. 물론, 이것은 이 다른 단백질의 기능이 이미 알려진 것을 전제로 한다. 서열 비교의 또 다른 중요한 사용처는 개개의 유전자 뿐 아니라 이것을 가지고 있는 생물체의 진화과정을 추적하는 것이다(26장 참조).

B. 코돈 편향(codon bias) 분석은 암호화 지역들의 위치를 예측할 수 있게 할 것이다. 세 번째 염기의 축퇴성 때문에 그리고(무작위 지역이나 유전자간 지역이 아닌 암호화 지역에서의) 어떤 코돈의 편향적 사용 때문에, 암호화 지역과 비암호화 DNA 사이에는 코돈의 빈도에 있어서 차이가 나타난다. 코돈 편향 지수는 어떤 DNA 지역이 암호화 지역인지 아니면 비암호화 지역인지를 합리적으로 예측하기 위한 첫 단계로 사용되어 질 수 있다.

C. 알려진 공통(consensus) 서열을 탐색하기. 현재 다양한 짧은 공통서열이나 서열 모티프들이 알려져 있다. DNA 서열 분석은 프로모터, 리보솜 결합부위(원핵세포에서만), 종결인자(terminator), 그리고 다른 조절부위들을 알려 줄 것이다. DNA에서의 역반복서열들은 가능한 머리핀 구조가 존재함을 암시하며 이에 종종 조절 단백질들이 결합한다. 단백질 서열들의 분석은 아마도 금속이온 보조인자(cofactor), 뉴클레오티드, 그리고 DNA 등과 같은 것들의 결합부위를 알려주기도 한다.

DNA 서열분석을 통하여 많은 양의 정보를 얻었음에도 불구하고, 우리는 아직 유전자들이 유전체 수준에서 어떻게 조절되고 암호화된 단백질들이 어떻게 기능하는지를 연구하는 것이 필요하다. 유전정보의 총체를 유전체라고 하듯이 전사된 서열의 총체를 전사체(transcriptome)라 하고 전체 단백질들의 집합을 단백질체(proteome)라고 한다. 이들에 대하여는 19장과 15장에서 각각 논의될 것이다.

방대한 양의 생물정보학 정보를 다음의 웹사이트에서 무료로 얻을 수 있다; the National Center for Biotechnology Information(NCBI), http://www.ncbi.nlm.nih.gov/. 유전체 지도를 참조하기 위해서는 표 9.05에 있는 목록 참조. 여기에 나열한 것보다 더 많은 데이터베이스가 있지만 이것들이 유전체 연구에 가장 유용하다.

8. 시스템 생물학

시스템 생물학이란 최근에 매우 많이 사용되는 용어로 한 생명체에 대한 전체적인 개념

시스템 생물학(systems biology) 어떤 환경 하에 있는 개체의 생물학적 상태를 규명하기 위하여 그 개체에 대하여 다양한 종류의 연구를 수행하여 이것을 하나로 묶는 학문

을 얻기 위하여 연구하는 다양한 학문 분야의 모음을 말한다. 유전체학의 탄생까지는 유전학을 연구하는 유일한 방법은 하나의 유전자나 유전자 군에 초점을 맞추는 것이었다. 이런 접근방법은 생명체에 대한 많은 정보를 얻게 하였지만 여전히 전체적인 그림이 완성되지 못하였다. 그런 연구는 생명체에 대한 하나의 스냅사진을 제공하는 것과 같다. 시스템 생물학은 개체 전체에 대하여 연구하고자 시도한다. 유전체학이나 개별 유전자에 대한 연구를 생물정보학과 조합을 이루어 사용함으로써 시스템 생물학자들은 특정 환경이나 조건이 특정 개체에 있는 모든 유전자들의 발현에 어떤 영향을 주는지에 대하여 이해하고자 한다. 정보들이 다른 형태의 연구 즉 단백질체학이나 대사체학 연구에서 얻어진 것과 결합된다(15장 참조). 최종 목적은 단순한 스냅사진이 아니라 완전한 그림을 얻는 것이다. 많은 양의 정보를 컴퓨터를 사용하여 저장하고 분석하는 것이 시스템 생물학에 필수적이며 인간 유전체에 대한 경주와 마찬가지로 전체 시스템의 이해는 컴퓨터의 성능과 저장 능력과 맞물려있다.

시스템 생물학을 간단히 정의할 수는 없다. 그러나 이것의 전체적인 목표는 어떤 개체가 특정 환경이나 조건에 어떻게 반응하는지를 이해하는 것이다.

시스템 생물학에 관한 최초의 보고는 2001년 Thorsson 등에 의해 이루어 졌다. 그들은 이 방법을 효모에서 갈락토오스 이용에 대하여 연구하는 데 적용하였다. 전체 시스템은 갈락토오스에 반응하는 997개의 mRNA를 포함한다. 이와 더불어 이 연구로 전사 후 조절되거나 다른 단백질과 상호작용하는 15개의 단백질을 새로 발견하였다. 이 결과는 갈락토오스 이용이 어떻게 다른 대사과정 그리고 효모 전체의 대사과정에 연결되어 있는지에 대한 좀 더 넓은 관점을 제공하였다.

관련 연구에 대한 초점

Integrative genomic profiling of human prostate cancer

Taylor BS, Schultz N, Hieronymus H, Gopalan A, Xiao Y, Carver BS, Arora VK, Kaushik P, Cerami E, Reva B, Antipin Y, Mitsiades N, Landers T, Dolgalev I, Major JE, Wilson M, Socci ND, Lash AE, Heguy A, Eastham JA, Scher HI, Reuter VE, Scardino PT, Sander C, Sawyers CL, Gerald WL. (2010) Cancer Cell 18: 11–22.

시스템 생물학은 특정 생물체가 어떻게 특정 환경에 반응하는지에 대한 여러 가지 정보를 통합시킨다. 시스템 생물학을 암에 적용시키는 것이 연구자들에게 많은 주목을 받았는 데 이것은 암세포가 다른 환경과 조건 아래에 있기 때문이다. 1971년에 미국의 닉슨 대통령이 암과의 전쟁을 선포한 이후에 무엇이 암을 퍼지게 하고 어떻게 암세포의 성장을 저해하거나 멈추게 할지에 대한 대답을 얻기 위해 연구자들은 노력을 하였다. 유전자 하나하나에 대한 연구는 각 개별 유전자에 대한 많은 정보를 주었지만 암을 시스템적인 측면에서 연구하는 것은 새로운 관점을 제공하였다.

이전의 연구는 유방암, 폐암, 대장암, 갑상선암 그리고 난소암을 포함하여 다양한 암에서 유전체에 공통적으로 나타나는 돌연변이를 찾는 것이었다. 이 연구들로 인하여 여러 암에서 공통적으로 나타나는 특정 유전적 변화들이 발견되었다. 시스템적 혹은 유전체적 접근의 목표 중에 하나가 어떤 돌연변이가 암의 "동인(driver)"인지를 규명하는 것이다. 즉 어떤 돌연변이가 암을 발생시키고 어떤 것이 동인 돌연변이에 의해 일어나는 2차적 돌연변이인 "부수적(passenger)" 돌연변이인지를 밝히는 것이다. 이러한 구분은 여러 암에서 암으로 진행되면서 발생하는 변화가 어떤 것인지를 먼저 찾고 여기서 얻어진 정보를 여러 다른 암과 비교함으로써 가능하다. 이 관련된 논문은 전립선암에 자주 나타나는 돌연변이를 찾기 위해 적출된 암조직과 세포주 그리고 전이성 암을 조합한 218개의 전립선암 샘플을 조사하였다. 그 후 연구자들은 이들 돌연변이가 암이 급성으로 진행되는지 아니면 느리게 자라는지를 예측하는 데 사용될 수 있는지 알고자 했다.

이 암들은 다양한 방법으로 연구되었다. 사람의 엑손 미세배열을 사용한 배열 비교 유전체 혼성화(array comparative genome hybridization; aCGH)법으로 각 암 유전체를 연구하였다. aCGH는 유전체 상의 결손이나 복제 즉 사본 수 변이를 동정할 수 있게 한다. 이 결과들은 전립선 암에서 공통적으로 8번 염색체 이상이 나타난다는 이전의 연구 결과를 확인하게 하였다. 저자들은 그 후 특정 단백질에서 과오돌연변이를 일으키는 체세포 돌연변이를 찾기 위해 80개의 암조직에 대하여 8번 염색체의 엑손 염기서열을 결정하였다. 저자들은 또한 이 암에서 공통적인 SNP를 찾기 위해 iPLEX Sequenom 검사를 실시하였다. iPLEX 검사는 표준 SNP 분석방법인 단일뉴클레오티드 신장법을 사용한다. 그러나 어느 뉴클레오티드가 첨가되었는지를 동정하기 위해서는 서로 다른 신장 산물들을 MALDI TOF 질량분석기를 사용하여 전하와 질량에 의해 분리되어야 한다(15장 참조). 이 방법은 여러 SNP를 동시에 분석할 수 있다.

통합된 결과들은 약 40%의 조사에 사용된 전립선암이 포스포이노시톨-3-인산화효소(PI3K)에 변이가 일어났으며 일차 암의 약 56%와 전이성 암의 100%가 안드로겐 수용체에 결함이 있다는 것을 보여줬다. 가장 중요한 사실은 많은 사본 수 변이를 가진 암들은 급성으로 진행되는 경향이 있으며, 사본 수 변이가 적은 암들은 덜 급진적이며 더 좋은 생존율을 보여주었다는 것이다. 이 발견은 의사들로 하여금 각 환자들이 적절한 치료방법을 결정하는 것을 도울 것이다. 아울러 이 연구는 희망하기로는 PI3K나 안드로겐 수용체 결함을 고치는 약을 개발할 수 있도록 할 것이다.

9. 메타유전체학과 군집 샘플링

메타유전체학은 특정 서식지에 있는 모든 생물학적 군집의 유전체를 연구하는 것이다. 보통 이것은 미생물들에 적용된다. 메타유전체학적 데이터들은 특정 생물체의 유전자나 DNA 서열을 동정함으로써 자연환경에 존재하는 미생물이나 바이러스 혹은 자유 DNA를 동정할 수 있다.

메타유전체학은 모든 생명체는 핵산을 가지고 있으며 따라서 생물체를 배양할 필요가 없지만 특정 유전자 서열이나 이것에 의해 만들어지는 단백질 혹은 대사물에 의해 동정될 수 있다는 지식에 기반을 둔다. "메타"라는 용어는 서로 다른 분석을 통계적으로 조합하는 방법인 메타-분석법으로부터 유래되었다. 메타유전체학은 유전체학과 같은 접근 방법을 사용한다. 이것은 사용하는 샘플의 성질에서 차이가 난다. 유전체학은 하나의 개별 생물체에 초점을 맞추나 메타유전체학은 다중 생명체, "유전물질"(즉 바이러스, 바이로이드, 플라스미드 등) 그리고/혹은 자유 DNA를 다룬다. 비록 드물게 언급되기는 하지만, 많은 서식지들은 많은 양의 생명체 내부에 있는 것이 아닌 자유 DNA를 가지고 있다. 메타유전체 연구자들은 토양이나 해수와 같은 서식지 샘플로부터 개별 생물체를 분리하거나 동정하지 않고 바로 DNA나 RNA를 추출한다. 그 후에 DNA나 RNA는 산탄식 DNA 서열결정, PCR, RT-PCR 등과 같은 각종 유전체학적 방법에 의해 분석된다.

메타유전체학은 환경으로부터 얻은 샘플을 배양하지 않고 심지어는 어떤 생물체인지 동정하지 않고 서열 분석을 하는 것이다.

대부분의 미생물들은 전혀 배양되지 않았으며 이전에 동정되지 않았다. 메타유전체학을 이용하여 연구자들은 미생물의 다양성을 분석할 수 있으며 새로운 단백질, 효소 그리고 생화학적 경로를 동정할 수 있다. 메타유전체학은 환경으로부터 새로운 유용한 유전자와 새로운 항생제, 공해물질을 분해하는 효소 그리고 새로운 산물을 생산하는 효소 등을 발견하는 데 사용되어 왔다. 오일과 석유의 오염에 의한 독성 효과를 줄이는 효소가 이 공해물질을 에너지원으로 사용하는 박테리아로부터 발견되었다. 방사성 물질에 오염된 환경에서 살아남는 박테리아도 발견되었다. 메타유전체학으로부터 얻은 지식은 우리가 환경을 우리에게 이롭거나 해롭게 이용할 수 있게 하는 방법을 제공한다.

10. 후성유전학과 후성유전체학

후성유전학은 DNA 서열상의 변화가 없이도 형질의 변화가 유전되는 것을 말한다. 유전자 발현의 변화가 실제로 관여되고 이런 것이 하나의 세포로부터 다음 세대로 전달되어 후성유전의 성질을 띠게 한다. 유전학 연구의 초기에는 이런 현상을 멘델 유전의 예외적인 것으로 간주되었으며 다루기 곤란한 문제로 무시되었다. 오늘날에는 후성유전의 분자적인 원리를 이해하였기 때문에 이것을 DNA의 서열에 부과된 "추가적"인 유전 단계로 여기게 되었다.

변형된 유전자 발현이 때로는 DNA의 염기서열이 바뀌지 않더라도 유전될 수 있다.

후성유전학의 가장 직접적인 예는 DNA의 메틸화의 여부에 의해 일어나는 것이다. 비록 이것이 실제로 DNA에 화학적인 변화가 일어난 것이라도, 이것이 염기서열의 변화가 일어난 것은 아니다. DNA 메틸화가 세포의 일생동안 유전자 발현에 영향을 준다는 데 주목하라(19장 참조).

후성유전학의 다른 메카니즘은 히스톤 암호의 변형에 기인한다. 진핵생물의 DNA에 의해 둘러싸인 히스톤 단백질은 아세틸화와 메틸화와 같은 다양한 화학적 변형이 일어난다(자세한 것은 17장 참조). 이런 변형에 있어서의 변화는 유전자 발현에 강하게 영향을 준다.

이런 변화는 변화된 발현 상태가 다른 세대의 세포에 의해 유전될 때까지는 참된 의미의 후성유전학적 영향을 주지 않는다. 단세포 생물에서는 이것은 명백하지만 다세포 생물

후성유전학(epigenetics) 뉴클레오티드 DNA 서열상의 변화 없이 일어나는 표현형의 차이의 유전. 흔히 DNA의 메틸화 패턴이나 히스톤의 번역후 수정 패턴을 일컫는다.
메타유전체학(metagenomics) 생물학적 군집 전체에 대한 유전체 수준의 연구

에서는 후성유전이 두 단계로 일어날 수 있다: 동일한 개체에 있는 세포들 사이 혹은 생식세포와 유성생식을 통한 세대 사이.

DNA 메틸화에 의한 후성유전의 두 가지 예에 관하여 17장에서 좀 더 자세히 논의할 것이다. 유전적 각인에서 유전은 세대 간에 일어난다. 반면에 X-염색체 불활성화는 하나의 다세포 생물 내에서 일어난다.

X-염색체 불활성화와 비슷한 예는 인우성(nucleolar dominance)이다. 진핵생물은 종에 따라 수백 혹은 수천 개의 rRNA 유전자를 가지고 있다. 이들은 인형성 부위에 무리를 이루고 있다. 예를 들어, 사람의 경우는 5개의 염색체에 인형성 부위가 존재한다. 그러나 rRNA 유전자의 반 정도만 발현된다. 어떤 세포에서도 부모로부터 물려받은 인형성 부위 중 하나만 발현된다. 이것을 인우성이라 하며 리보솜 RNA 유전자 클러스터에만 적용된다는 것을 제외하곤 X-염색체 불활성화와 유사하다. 발생초기에 DNA의 하나의 복사본에 있는 프로모터 지역에서 메틸화가 일어난다. 이 메틸화 양상은 다음의 세포분열 동안 전달된다. 아울러 히스톤의 메틸화와 아세틸화의 변화가 같이 일어날 수 있다. 특히 히스톤 H3와 H4의 다중 아세틸화가 rRNA 유전자의 활성이 있는 복사본들에서 발견된다.

DNA 메틸화와 히스톤 메틸화-아세틸화에 의해 일어나는 또 다른 복합적인 예는 발생동안 모계 영양이 자손의 미래 건강에 미치는 영향이다. 어미에게 먹이를 잘 안줌으로 인하여 시궁쥐의 태아의 영양 공급이 잘 안되었을 때, 이들은 후성유전학적으로 미래의 나쁜 영양에 적응할 수 있게 된다. 이런 쥐들은 스트레스를 받지 않은 쥐보다 크기가 작아진다. 이들은 당뇨, 비만 그리고 심혈관 질환과 같은 각종 질병에 잘 걸리는 경향이 있다. 이런 영향들은 주로 인슐린유사생장인자-1(IGF-1)의 후성유전학적 변형에 의해 주로 일어난다.

후성유전이 일란성 쌍생아 사이에 어떤 차이를 나타내게 하는가를 조사하는 것은 매우 흥미 있을 것이다. 일란성 쌍생아를 비교하였을 때, 이들에서 DNA 메틸화의 정도가 상당히 다르다는 것을 알았다. 어떻게 이런 차이가 발생하는지는 아직 알려지지 않았다. 그러나 그런 차이가 건강에 심각한 결과를 가져온다. 일란성 쌍생아 중 한명 즉 자가면역질환을 앓고 있는 사람에게서 DNA 메틸화가 관찰되었다. 전신 홍반성낭창의 경우 쌍생아 중 병을 앓고 있는 사람에는 800개의 조사된 유전자 중 50개에서 DNA 메틸화가 낮게 일어났다. 이것은 DNA 메틸화가 일반적으로 유전자 발현을 억제하기 때문에 낭창이 생긴 사람에서 특정 유전자들이 과발현된다는 것을 의미한다. 반면에 자가면역성 질환인 다발경화증이나 류마티스성 관절염에서는 의미있는 메틸화가 발견되지 않았다.

동물에 있어서 DNA 메틸화는 G 바로 앞에 있는 시토신(C)에서 일어난다; 즉 CpG 서열에서 일어난다. 유전자 조절을 정확하게 하기 위해서는 메틸화가 서열 특이적이어야 한다. DNA 메틸전달효소(DNA methyltransferase, DNMT)에는 두 가지 종류가 있다. 보존 메틸전달효소(포유동물의 DNMT1)는 새로 합성된 DNA에서 전에 메틸화가 되었던 CpG 부위에 메틸화를 시킨다. 이와 대조적으로 신규 메틸전달효소는 새로운 부위에 메틸기를 붙인다. DNMT 효소는 서열 특이적인 DNA 결합 단백질에 의해서 DNA의 부위에 모집될 것으로 추정된다. 그러나 메틸화의 명확한 표적 서열은 아직 대부분 알지 못한다.

핵심 개념

- 서열 꼬리표 부위(STS)와 발현 서열 꼬리표(EST)들은 인간 유전체와 다른 긴 유전체의 지도작성에 사용되는 DNA 서열 상의 유일 지역이다.
- 효모 인공 염색체(YAC)클론 혹은 방사선 혼성화 세포에서 연관분석을 하여 STS와 EST들의 상대적인 위치에 대한 지도가 작성된다.

- 산탄식 서열결정법은 무작위로 유전체 DNA 조각들을 벡터에 연결시킴으로써 유전체 라이브러리를 만들고 이 때 만들어진 클론들에 대한 서열결정을 무작위적으로 하는 것을 말한다. 서열 데이터들은 컴퓨터를 사용하여 중복되는 지역을 결정함으로써 콘틱으로 조립된다.
- 콘틱 사이의 간격을 메우는 것은 미리 동정된 콘틱의 끝에 해당되는 탐침을 사용하여 라이브러리를 탐색하거나 2개의 알려진 콘틱의 끝에 해당되는 프라이머들을 사용하여 PCR을 수행함으로써 이루어질 수 있다.
- 공식적인 인간 유전체 프로젝트는 사람의 DNA를 YAC이나 BAC에 클로닝하고 이들에 대한 염색체 상의 위치를 결정한다. 그 다음에 YAC이나 BAC들에 대한 서열결정을 실시한다.
- 셀레라지노믹스사는 방향성 산탄식 서열결정법을 사용하여 7천만 개의 서열을 생성하였으며 이들의 순서를 정하여 소위 표준 인간 유전체 서열을 만들었다. 비록 순수한 산탄식 서열결정에 의해 대량의 정보 덩어리가 얻어졌지만, STS나 EST 지도의 도움을 받아 배열이 이루어졌다.
- 인간 유전체는 페이지 당 3,000자로 된 백만 페이지의 책을 채우기에 충분한 서열을 가지고 있다. 이들의 반 정도는 직렬반복, SINE, LINE 그리고 기능이 소멸된 바이러스와 트란스포존과 같은 비암호화 반복서열이다.
- 실제로 사람의 유전자 수는 20,000에서 25,000개로 예측된다. 이들의 몇몇은 rRNA, tRNA, snRNA 그리고 snoRNA와 같은 비암호화 RNA를 만든다.
- 개인의 유전체들 간에는 다른 종류의 염기의 존재, 삽입 그리고/혹은 결손과 같은 변이 혹은 다형성이 존재한다. 단일염기 다형성(SNP)은 단일염기의 변화이다. 단순서열길이 다형성(SSLP)은 2개인 간에 삽입 그리고/혹은 결손이 서로 다르게 나타나는 것이다. 사본수 변이(CNV)는 반복서열의 반복수의 변이이다.
- SNP 분석은 유전적 결함을 탐색하거나 개인들에 대하여 특정 약에 대한 반응을 조사하기 위하여 사용된다. 많은 SNP들이 우편번호 프라이머(zipcoded primer)로부터 뉴클레오티드 신장을 실시함으로써 동정된다.
- 액손트 래핑은 시험관에서 인간 유전체 조각을 진핵생물 발현 벡터의 다중클로닝부위에 무작위적으로 클로닝함으로써 단백질을 암호화하는 엑손을 동정하는 방법이다. 만약 무작위 유전체 조각이 엑손을 가지고 있다면 이것은 벡터로부터 발현된 mRNA에 포함될 것이고 그 길이는 따라서 길어질 것이다. 이 엑손은 다음에 유전체의 서열결정을 통하여 동정될 수 있다.
- 인간 유전체의 비암호화 부분들은 처음에는 “정크”라고 불렸으나 자세한 분석을 통하여 이들이 아마도 질병을 일으킬 수도 있는 인간 유전체 변이의 주된 부분이라는 것을 알았다.
- SNP 분석은 여러 약물들을 분해하는 데 사용되는 시토크롬 P450 유전자와 같은 특정 유전자에 대한 서로 다른 대립인자를 동정하는 데 유용하다.
- 생물정보학은 많은 양의 유전 서열 데이터를 분석하기 위하여 컴퓨터를 사용한다. 데이터 마이닝은 데이터를 여과하고 거르는 반면에 유전체마이닝은 특별히 관심 있는 유전체 서열 데이터를 찾아내고 불필요한 정보를 제거하고 데이터를 분석이 용이한 형태로 재구성한 후 유전체 데이터로부터 서로 다른 양상이나 관계를 해석하는 것이다.
- 시스템 생물학은 특정 생물체가 어떻게 서로 다른 상황에 반응하여 전체의 유전적 발현 양상을 바꾸는지에 대하여 연구한다.
- 메타유전체학은 특정 환경에 서식하는 여러 생물체의 유전체를 연구하는 학문이다.
- 후성유전학은 서열 상의 변화를 포함하지 않는 DNA 상의 변형을 말한다. 이런 형태의 변화는 메틸화 양상, 히스톤 변형 양상과 염색체의 특정 지역에서 이형염색질로의 변환을 통한 특정 유전자 및 염색체의 불활성화를 포함한다.

- 생물정보학은 많은 양의 유전 서열 데이터를 분석하기 위하여 컴퓨터를 사용한다. 데이터마이닝은 데이터를 여과하고 거르는 반면에 유전체마이닝은 특별히 관심 있는 유전체 서열 데이터를 찾아내고 불필요한 정보를 제거하고 데이터를 분석이 용이한 형태로 재구성한 후 유전체 데이터로부터 서로 다른 양상이나 관계를 해석하는 것이다.
- 시스템 생물학은 특정 생물체가 어떻게 서로 다른 상황에 반응하여 전체의 유전적 발현 양상을 바꾸는지에 대하여 연구한다.
- 메타유전체학은 특정 환경에 서식하는 여러 생물체의 유전체를 연구하는 학문이다.
- 후성유전학은 서열 상의 변화를 포함하지 않는 DNA 상의 변형을 말한다. 이런 형태의 변화는 메틸화 양상, 히스톤 변형 양상과 염색체의 특정 지역에서 이형염색질로의 변환을 통한 특정 유전자 및 염색체의 불활성화를 포함한다.

복습 문제

1. 유전체학이란 무엇인가?
2. 인간 유전체 연구에 의해 밝혀진 것 중 가장 중요한 것은 무엇인가?
3. 서열 꼬리표 부위란 무엇인가? 이들이 어떻게 사용되는가?
4. STS의 지도가 어떻게 작성되는가?
5. 방사선 혼성화란 무엇인가?
6. 방사선 혼성화가 어떻게 지도작성에 사용되는가?
7. 가장 최초로 유전체 서열결정이 이루어진 원핵생물과 진핵생물은 무엇인가?
8. 산탄식 서열결정법이란 무엇인가?
9. 콘틱이란 무엇인가?
10. 인간 유전체의 서열을 결정하는 과정은 어떻게 되는가? 유전체 서열을 결정하기 위하여 무슨 기술적 변화가 일어났는가?
11. 인간 유전체의 반을 이루는 반복서열은 어떤 것이 있는가?
12. 다형성이란 무엇인가? SNP란 무엇인가? SSLP란 무엇인가?
13. SNP분석으로 무엇을 할 수 있는가?
14. 엑손 트래핑을 이용하여 어떻게 유전자를 발굴하는가?
15. "정크 DNA"의 원래의 의미는 무엇인가? 어떻게 이들이 생성되었는가?
16. 인간 유전체의 서열이 결정된 이후 "정크 DNA"에 대한 관점이 어떻게 바뀌었는가?
17. 사본 수 변이란 무엇인가?
18. 약물유전체학이란 무엇인가?
19. 개인 유전체가 어떻게 미래의 의학적 처방을 도울 수 있는가?
20. 생물정보학이란 무엇인가? NCBI 웹사이트로부터 무슨 정보를 얻을 수 있는가?
21. 시스템 생물학이란 무엇인가?
22. 메타유전학이란 무엇인가? 이것의 실질적인 용도는 무엇인가?
23. 후성유전체학이란 무엇인가?
24. 후성유전체학이 작동하는 두 가지 원리는 무엇인가?

개념 문제

1. 아래의 세 가지의 콘틱 세트가 아마존강에 서식하는 새로 발견된 생물체의 서열정보르부터 얻어졌다. 당신이 PCR을 이용하여 콘틱 사이의 서열정보를 얻도록 요구받았다. 당신이 어떻게 실험을 할지에 대하여 디자인해 보라. 먼저 합성할 프라이머의 위치를 방향을 나타내는 화살표를 이용하여 결정해 보라. 그 다음에 PCR에 사용될 프라이머 조합에 대하여 기술하라.

Contig#1

Contig#3

Contig#2

3. 왜 반복서열이 산탄식 서열을 컴퓨터를 사용하여 조립하는 데 문제를 일으키는지를 기술하라. 반복서열에 대한 해석의 오류를 극복하는 한 가지 방법은 무엇인가?
4. PubMed의 Entrez 웹사이트는 당신이 흥미를 가지고 있는 단백질이나 뉴클레오티드 서열과 유사한 서열을 검색하는 데 사용될 수 있다. NCBI 웹사이트(http://www.ncbi.nlm.gov)로 가서 "HomoloGene"을 선택하라. 검색창에 전사인자인 myoD에 대한 정보를 얻기 위하여 myoD를 입력하라. 번호 18404를 클릭하여 페이지를 내려 Protein Alignment로 가라. *Homo sapiens*와 *Pan troglodytes*(침팬지)의 서열을 정렬시켜보라. 같은 방법으로 *H. sapiens*와 *Mus musculus* (생쥐) 사이 그리고 *H. sapiens*와 *Danio rerio*(얼룩말 물고기) 사이의 서열 동질성을 비교해 보라.
   a. 각 세트의 두 서열 사이의 동질성 퍼센트는 얼마인가? 길이는 얼마인가?
   b. 이 세 가지 종들 중에서 사람과 가장 가까운 것은 무엇인가?
5. 아래의 염색체 조각의 클론 지도를 사용하여 다음 질문에 답하라:

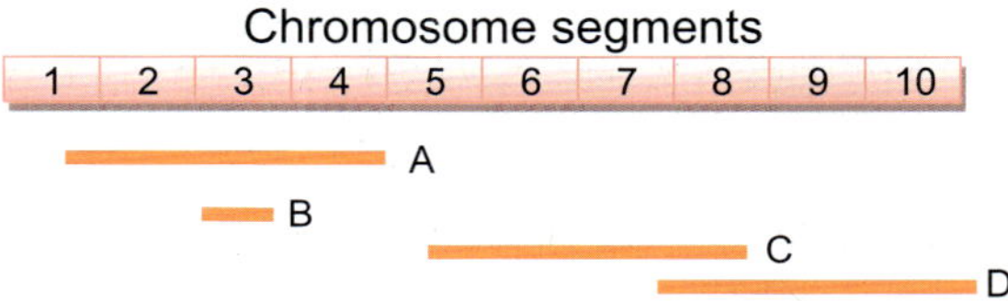

   a. 만약 *ssc1* 유전자가 클론 C와 D에 혼성화 한다면, 어느 유전자(염색체) 절편이 이 유전자를 포함하는가?
   b. 만약 어떤 STS가 클론 B와 A에 혼성화 한다면, 염색체의 어느 절편이 이 유전적 표지를 포함하는가?
   c. 동일한 STS가 클론 A와 C 모두와 혼성화 하겠는가?

분자생물학의 중심원리

Unit 3

Chapter

10

세포분열과 DNA 복제

살아있는 세포가 분열할 때, 각각의 딸 세포는 게놈의 카피를 하나 받아야 한다. 이 일이 일어나기 위해 DNA는 세포분열 전이나 분열 도중에 복제되어야만 한다. 그러므로 DNA 합성과 세포분열은 신중하게 조정되어야 한다. DNA가 복제되는 방법은 유전의 메커니즘에 달려있다. DNA 이중나선의 두 가닥은 먼저 분리되어야 한다. 그때 상보적인 가닥이 2개의 원래 가닥의 각각을 주형으로 이용하여 만들어진다. 이것은 원래 DNA의 동일한 2개의 카피를 생기게 한다. 마지막으로 두 카피는 두 자식세포로 물리적으로 분배되어야 한다.

다양한 기술적 문제가 DNA 복제 기간에 해결되어야 한다. 예를 들어, DNA 분자는 세포에 빽빽이 채워졌다. 결과적으로, DNA 분자는 복제가 진행되도록 펴져야 한다. 다른 문제들은 DNA 새로운 가닥의 개시(프라이밍)가 어떻게 반대 방향으로 달리는 2개의 새로운 DNA 가닥(불연속 합성과 지체가닥)의 합성을 중재하는가를 포함한다. 고등생물에서 히스톤으로 둘러싸이고 핵막에 의해 둘러싸인 다수 염색체의 존재는 DNA 복제와 세포분열을 복잡하게 한다. 그러나 기본 원리는 박테리아와 상당히 비슷하다.

1. 세포분열과 생식은 항상 동일하지 않다

각각의 세포는 완전한 세트의 유전자를 필요로 하기 때문에, 부모 세포는 세포분열 전에 게놈을 배가해야 한다. 2개의 새로운 세포 각각은 그때 한 카피의 게놈을 받는다. 유전자는 DNA로 되어있고 염색체 상에 위치하기 때문에 각각의 염색체는 정확하게 카피 되어야 한다. 하나의 염색체를 지닌 박테리아 세포가 분열할 때 각각의 딸 세포는 부모 염색체의 한 카피를 받는다. 진핵세포의 분열은 보다 복잡한데 그 이유는 각 세포는 여러 개의 염색체를 갖고 있기 때문이다. 모든 염색체가 배가되어야 할 뿐만 아니라, 2개의 딸 세포는 세포분열 또는 유사분열 시 염색체의 동일한 세트를 받는 메커니즘을 필요로 한다(2장 참조).

세포가 분열할 때, 게놈은 복지되어 각각의 새로운 세포는 완전한 유전자 세트를 받는다.

단세포 생물이 분열하면, 그 결과 단세포로 구성된 2개의 새로운 생물이 된다. 그러나 다세포 생물에서는 세포분열이 자동적으로 새로운 생물체를 만드는 것이 아니다. 다세포 생물체를 구성하는 세포가 분열하면 크기를 증가시키거나 생물체의 복잡성을 증가시킨다. 감수분열이라 불리는 별개의 과정이 수정 후 새로운 생명체로 발달하는 배우자를 만들기 위해 필요하다(자세한 내용은 2장 참조). 생식이라는 용어는 새로운 개체의 생성을 강조하기 위하여 이용된다. 이렇게 해서, 단세포 생물체에서는 세포분열과 생식이 동시에 일어나나, 다세포 생물체에서는 세포분열과 생식이 별개의 과정이다.

생식은 새로운 생물체를 창조한다. 세포분열은 새로운 세포를 만든다. 이 두 과정이 단세포 생물에서는 같은 과정이다.

많은 식물과 균류에서, 세포 덩어리가 나눠거나, 단세포 포자가 모체로부터 방출되어 새로운 개개의 다세포 생물체가 된다. 이러한 과정을 **무성생식** 또는 **영양생식**이라 하며, 새로운 개체는 그들의 양친과 유전적으로 동일하다. 이 과정은 유성생식과 대조된다. 유성생식에서 각각의 새로운 개체는 두 부모로부터 거의 동량의 유전정보를 받으므로 새로운 유전적 조합이다. 유성생식은 동물의 특징적인 생식 방법이며, 더욱 복잡한 식물과 많은 균류의 생식 방법이기도 하다. 일부 생물체, 특히 식물과 균류는 무성적으로뿐만 아니라 유성생식도 할 수 있는 능력을 지니고 있다. 비록 인간과 많은 동물에게서는 쉽게 풀 수 없는 과정이지만, 성과 생식을 생물학적 관점에서 두 별개의 과정으로 인식하는 것은 중요하다.

엄격히 말해, 박테리아는 유성적으로 생식하지 않는다. 왜냐하면, 새로운 박테리아는 항상 하나의 부모 세포의 분열로부터 유래하기 때문이다. 그러나 희망이 전혀 없는 것은 아니다; 두 개체 사이의 유전자 혼합이 박테리아에서 일어난다. 그러나 이러한 과정은 세포분열 없이 일어나며, 한 세포(공여자)로부터 다른 세포(수여자)로 비교적 작은 DNA 절편의 이동을 포함한다(자세한 내용은 25장 참조). 그와 같이 생식 없이 DNA의 옆으로 전달을 종종 **수평유전자 전달**이라고 한다. 대조적으로 **수직유전자 전달**은 유전자가 전 세대로부터 다음 세대로 전달될 때를 말한다. 이렇게 수직유전자전달은 유성적이든 아니든 간에 새로운 게놈의 카피를 창출해 낼 수 있는 모든 형태의 세포분열과 생식을 포함한다.

2. DNA 복제는 복제분지에서 일어난다

복제는 세포분열 전에 조상 세포의 DNA가 배가 되는 과정이다. 세포분열 과정에서 자손의 각각은 그의 조상 것과 동일한 완전한 한 카피의 DNA를 받는다. 복제의 첫 단계는 부모 DNA 분자가 2개의 DNA 가닥으로 분리되는 것이다. 두 번째 단계는 2개의 새로운 가닥을 만드는 것이다. 분리된 부모 DNA 가닥의 각각은 새로운 상보적 사슬을 합성하기 위

DNA는 반보전적으로 복제된다; 즉, 각각의 부모 DNA 가닥은 분리되고 복사된다. 2개의 딸 가닥은 부모로부터 한 가닥과 새롭게 합성된 한 가닥을 갖는다.

무성생식 또는 영양생식(asexual or vegetative reproduction) 두 개체 사이에 유전자 재혼합이 없는 생식형태
수평유전자 전달(horizontal gene transfer) 다른 생물의 양친이 되지 않고 한 생물체로부터 다른 생물체로 옆으로의 유전자 이동
복제(replication) 세포분열 전의 DNA의 배가
수직유전자 전달(vertical gene transmission) 한 생물체로부터 그의 후손에게 유전정보의 전달

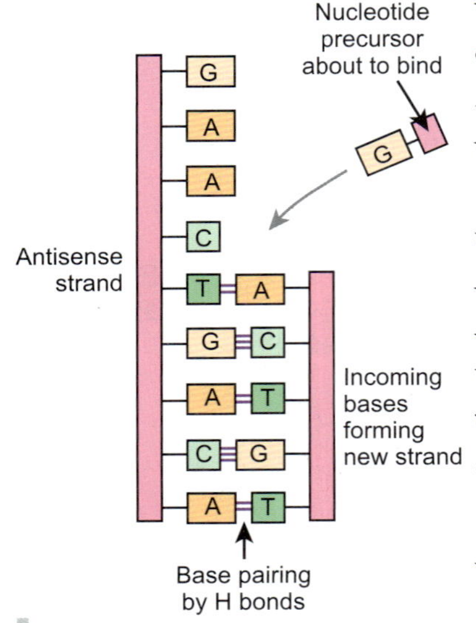

그림 10.01
DNA 복제 시 주형가닥과 염기쌍

새로 들어오는 뉴클레오티드는 안티센스 또는 주형가닥에 정렬하고 그때 서로 연결되어 새로운 DNA 가닥을 만든다. 도착한 뉴클레오티드 A는 T와, G는 C와 쌍을 이루는 염기쌍 형성에 의해 위치가 정해진다. 이들 염기쌍은 수소결합에 의해 서로 유지된다.

이중나선의 두 가닥은 리플리솜이라 불리는 효소복합체에 의해 분리된다. 리플리솜의 위치는 복제분지를 표시한다.

부모 DNA 분자의 가닥은 초나선과 나선비틀림이 제거될 때까지 분리될 수 없다.

한 **주형가닥**이 된다. 새로운 가닥을 형성하기 위해 들어오는 뉴클레오티드는 염기쌍 형성에 의해 그 짝을 인식하여 주형가닥에 정렬하게 된다(그림 10.01). A는 오직 T와, G는 오직 C와 쌍을 이루기 때문에, 원래 가닥의 서열은 새로운 상보적인 가닥의 서열을 지시한다.

2개의 새로운 DNA 가닥의 합성은 **복제분지**에서 일어나며 복제분지는 부모 분자를 따라 이동한다. 복제분지는 가닥이 분리되는 DNA 지역 플러스 때때로 **리플리솜**이라 칭하는 합성을 담당하는 단백질의 집합체로 구성되어 있다. 복제 결과는 2개의 이중가닥 DNA 분자로 원래가닥과 염기서열이 동일하다. 딸 DNA 분자의 하나는 원형 DNA의 왼쪽 가닥을 지니고 있고, 다른 딸 분자는 원형의 오른쪽 가닥을 가지고 있다. 이러한 복제 양상을 **반보존적**이라 한다. 왜냐하면, 자손의 각각은 원형 DNA 분자의 반을 보존하고 있기 때문이다(그림 10.02).

복제는 원핵생물과 진핵생물에서 똑 같지는 않으나 유사하다. 박테리아에서의 DNA 복제를 먼저 다룰 것인데, 이 과정은 진핵생물에서의 과정보다는 덜 복잡하다.

2.1. 초나선꼬임은 복제에 문제를 야기한다

박테리아의 DNA 복제를 수행하기 위해서 몇가지 중요한 문제를 해결해야만 한다. 먼저, DNA가 이중나선구조일 뿐만 아니라 초나선꼬임 상태이므로 위상적인 문제가 있다. DNA 분자를 형성하는 두 가닥은 수소결합에 의해 서로 유지가 되고, 서로 꼬인 이중나선이기 때문에 단순히 분리할 수 없다. 고도의 초나선꼬임은 두 사슬을 분리하는 것을 더욱 어렵게 한다(초나선꼬임의 설명은 4장 참조). 결과적으로, 새로운 DNA가 합성되기 전에 먼저 초나선꼬임이 풀려야 하고, 그때 이중나선은 꼬임이 풀려야 한다(아래 참조). 게다가, 대부분 박테리아 염색체는 환형이기 때문에, DNA의 두 새로운 환형의 엉킴을 푸는 것도 중요하다.

초나선꼬임인 박테리아 염색체는 환형이고 두 복제분지는 원의 반대 방향으로 진행된다(그림 10.03). 이 과정을 **양방향복제**라 한다. 분열이 반쯤 진행된 원은 희랍어 세타(θ)와 같아 보이므로 이러한 복제의 방식을 **θ-복제**라 한다.

대장균에서 **DNA 자이라제(DNA gyrase)**와 **DNA 회전효소 IV**와 같은 2개의 타입II 회전효소는 초나선꼬임 문제를 해결한다. DNA를 따라서 복제분지가 진행됨에 따라, 그것은 DNA를 너무 감아서 리플리솜 바로 직전에 양성초나선을 만든다. 박테리아 염색체는 음성초나선꼬임으로 되어 있기 때문에 복제에 의해 도입된 초나선은 처음에는 상쇄된다. 그러나, 염색체의 약 5%가 복제된 후에는 이미 존재한 음성초나선은 모두 풀리고, 나선의 연속된 풀림은 양성초나선을 만들기 시작한다. DNA 복제가 진행되기 위해서 초나선은 제거되어야만 한다. DNA 자이라제는 복제분지의 전방에서 DNA와 결합하여 양성초나선꼬임을 상쇄하는 음성초나선을 도입한다. 순수한 결과는 DNA 자이라제가 복제분지 전방에서 초나선꼬임을 "제거"한다는 것이다(그림 10.04). DNA 회전효소 IV는 이 과정을 어느 정도 돕지만, 주 기능은 아래에 기술하는 바와 같이 복제가 종료된 후 딸 분자를 풀리게 하는 것이다.

양방향복제(bi-directional replication) 공통의 원점으로부터 두 방향으로 진행되는 복제
DNA 자이라제(DNA gyrase) DNA에 음성초나선을 도입하는 효소로, 타입II DNA 회전효소 집단의 하나임
DNA 회전효소 IV(topoisomerase IV) 박테리아의 DNA 복제에 관련된 특정 회전효소
복제분지(replication fork) DNA 분자를 복제하는 효소가 풀린 외가닥 DNA에 결합하는 부위
리플리솜(replisome) DNA를 복제하는 단백질(프리마아제, DNA 중합효소, DNA풀기효소, 외가닥 DNA결합단백질을 포함)의 복합체
반보존적 복제(semi-conservative replication) 각각의 딸분자가 2개의 원래가닥 중 하나와 하나의 새로운 상보가닥을 갖는 DNA 복제의 방식
θ-복제(theta-replication) 두 복제분지가 환형 DNA 분자의 반대 방향으로 이동하는 복제 방식
주형가닥 또는 주형사슬(template strand) 상보적 염기쌍 형성에 의해 새로운 가닥을 합성하기 위하여 가이드로 이용되는 DNA 가닥

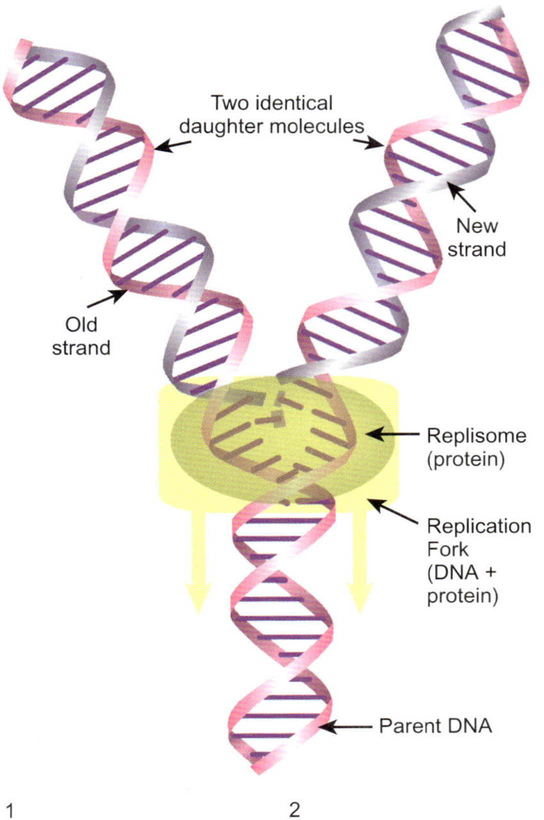

그림 10.02

반보존적 복제와 리플리솜

복제분지는 DNA 복제 장소이며, 정의한 대로 DNA와 연관된 단백질을 포함하고 있다. 리플리솜으로 알려진 집합체 단백질은 나선의 풀림과 새로운 뉴클레오티드의 첨가를 촉진한다. 화살표는 복제분지의 이동방향을 가르킨다. 2개의 DNA 나선의 합성은 분리된 구가닥의 각각에 새로운 상보적 가닥의 형성 결과이다.

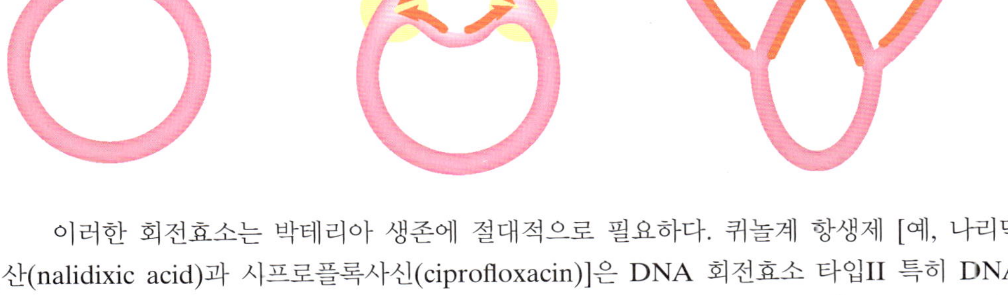

그림 10.03

θ-복제

DNA 복제의 연속적인 단계는 환형의 박테리아 염색체에서 나타난다. 염색체(1)는 2개의 복제분지를 이용하여 복제를 시작한다(2). 연속적인 복제는 염색체의 분열(3)과 희랍어 θ와 유사한 구조를 초래한다(4).

이러한 회전효소는 박테리아 생존에 절대적으로 필요하다. 퀴놀계 항생제 [예, 나리딕산(nalidixic acid)과 시프로플록사신(ciprofloxacin)]은 DNA 회전효소 타입II 특히 DNA 자이라제를 억제한다. 억제된 DNA 자이라제는 DNA의 한곳에 결합된 채로 남아 복제분지의 이동을 억제한다. 그 결과 박테리아에 감염된 사람의 치료에는 좋으나 박테리아 측면에서는 좋지 않은 세포 사멸이 일어난다.

2.2. 가닥 분리는 DNA 합성보다 먼저 일어난다

두 번째 문제인 수소결합이 이중나선을 서로 잡고 있는 것은 또 다른 효소인 **DNA 풀기효소**에 의해 해결된다(그림 10.05). 대장균의 주 풀기효소는 DnaB 단백질로, 이 단백질은 6합체를 형성한다. 풀기효소는 DNA 가닥을 절단하지 않는다; 이 효소는 단순히 서로 염기쌍을 유지하고 있는 수소결합을 파괴한다. 이 과정에 에너지가 필요하며, 풀기효소는 ATP를 분해하여 에너지를 공급받는다.

2개의 분리된 부모 DNA 분자는 상보적이어서 서로 염기쌍을 형성할 수 있다. 새로운

퀴놀계 항생제는 DNA 자이라제를 억제하여 박테리아를 죽인다. 이 항생제는 DNA 복제를 방해한다.

DNA풀기효소는 DNA 나선을 풀고 SSB 단백질은 가닥이 분리된 상태를 유지한다.

DNA 풀기효소(DNA helicase) 이중나선 DNA를 풀어주는 효소

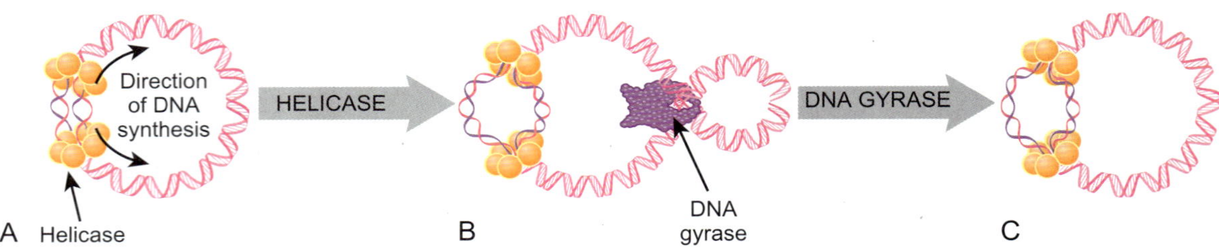

그림 10.04
이중나선과 초나선의 풀림

복제분지가 계속해서 진행되기 위해서, 이중나선과 초나선 모두가 반드시 풀려야 한다. 풀기효소가 이중나선을 풀고, DNA 자이라제가 초나선꼬임을 제거한다.

그림 10.05
DNA풀기효소는 이중나선을 푼다

DNA를 풀기 위해서 먼저 풀기효소가 DNA에 결합하고, 염기쌍을 유지하는 수소결합을 절단하여 이중나선의 가닥을 분리해야 한다. 그때 외가닥결합단백질이 외가닥 DNA에 붙는다.

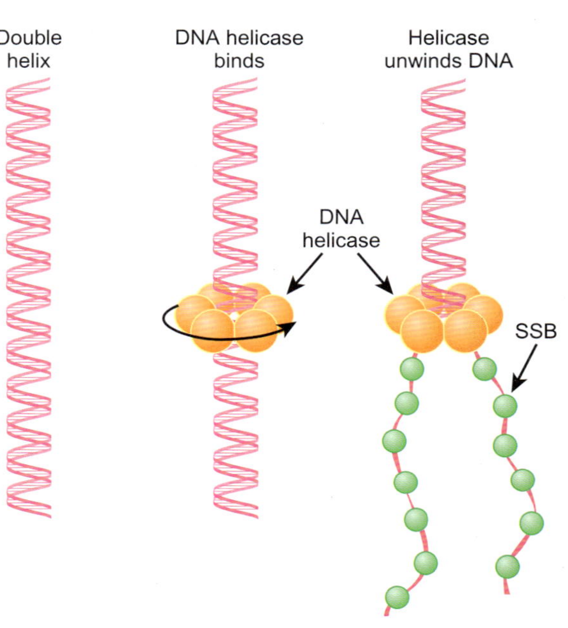

하나의 새로운 DNA 가닥은 연속적으로 만들어진다. 또다른 가닥은 Okazaki 단편이라 불리는 일련의 단편들로 만들어져 합성이 일어난 후 서로 연결되어야 한다.

가닥을 만들기 위해서, 원래의 두 가닥은 서로 떨어진 상태를 유지해야 한다. 이것은 **외가닥결합단백질** 또는 **SSB단백질**에 의해 이루어지는 데 이 단백질은 염기쌍이 형성되지 않은 외가닥 DNA에 결합하여 두 부모 가닥이 재복원되는 것을 방지한다. 사실상, 복제분지의 3차원적 배열에 기인하여 풀기효소와 지체가닥 사이의 외가닥 지역이 풀기효소와 선도가닥 사이의 그것보다 길다.

3. DNA 중합효소의 성질

DNA 중합효소는 오직 한 방향으로 새로운 DNA를 만들 수 있다. 더 이상하게 그 효소는 새로운 DNA의 합성을 시작할 수 없다.

이제 두 가닥이 열려 복제효소가 그 곳으로 들어갈 수 있다. 핵심 요소는 뉴클레오티드를 서로 결합시키는 효소의 통상적 이름인 **중합효소**이다. 박테리아 세포는 DNA 복제와 DNA 수선 과정에서 여러 역할을 담당하는 몇 가지 DNA 중합효소를 가지고 있다(23장 참조). 대장균에서는 **DNA 중합효소** III가 대부분 DNA를 복제한다. 그러나 이 효소는 DNA 복제에 있어서 문제가 되는 몇 가지 특징을 가지고 있다. 첫째로, DNA 중합효소는 DNA를 오직 5′에서 3′ 방향으로만 합성한다. 이중나선의 가닥은 역평행이고 하나의 복제

DNA 중합효소(DNA polymerase) DNA를 합성하는 효소
외가닥결합단백질, SSB단백질(single strand binding protein, SSB protein) 분리된 DNA 가닥을 떨어진 채로 유지하는 단백질
중합효소(polymerase) 핵산을 합성하는 효소

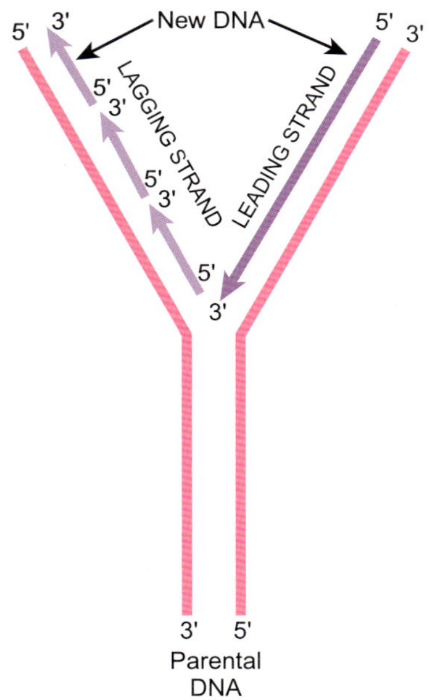

■ 그림 10.06

복제분지에서 DNA의 연속적 합성과 불연속적 합성

DNA 합성에 필수적인 복제분지에서 단백질인 DNA 중합효소는 항상 DNA를 5′에서 3′ 방향으로 합성한다. 그러므로 하나의 새로운 가닥(선도가닥)은 연속적으로 만들어지고, 다른 가닥(지체가닥)은 불연속적으로(즉, 짧은 단편) 만들어진다.

분지가 이중나선의 복제를 책임지기 때문에, 1개의 새로운 가닥은 연속해서 만들어지는 반면에 다른 가닥은 연속해서 만들어질 수 없음을 의미한다(그림 10.06). 하나의 단편으로 만들어지는 가닥을 **선도가닥**라 부르고, 불연속적으로 만들어지는 가닥을 **지체가닥**이라 한다.

DNA의 새로운 가닥은 프라이머로 알려진 짧은 RNA 단편으로 시작해야만 한다.

둘째로, 모든 DNA 중합효소는 핵산의 새로운 가닥을 개시하는 능력이 없고 이미 존재한 가닥의 신장만 할 수 있다; 즉, 새로운 뉴클레오티드를 붙이기 위해 당 위에 이미 존재하는 3′-OH가 필요하다. 결과적으로, 가닥 개시를 위한 특별한 메커니즘이 필요하다. 이는 새로운 DNA 가닥개시 때마다 짧은 **RNA 프라이머**의 합성을 내포한다. DNA 중합효소와 달리, **RNA 중합효소**는 기존의 3′-OH없이 새로운 가닥을 개시할 수 있다. **프리마아제**(DnaG 단백질)로 알려진 특수한 RNA 중합효소는 박테리아의 DNA 합성시 가닥개시를 위한 RNA 프라이머를 만든다. 선도가닥은 오직 한번의 시작이 필요하지만, 지체가닥은 짧은 단편을 만들기 때문에 새로운 단편을 만들때마다 새로운 RNA 프라이머가 만들어져야 한다. 그때 DNA 중합효소는 각 RNA 프라이머로부터 시작한 새로운 DNA 가닥을 만들 수 있다(그림 10.07).

4. 뉴클레오티드는 DNA 합성의 전구체이다

모든 DNA 중합효소와 RNA중합효소는 핵산을 5′으로부터 3′ 방향으로 합성한다. 들어오는 뉴클레오티드는 성장하는 사슬의 3′ 말단에 있는 히드록시기에 붙여진다. DNA 합성의 전구체는 **디옥시리보뉴클레오시드 5′-3인산**으로 dATP, dGTP, dCTA 그리고 dTTP이다. 디옥시리보오스로부터 밖으로 향한 순서로 세 개의 인산기를 알파(α), 베타(β) 그리고 감

디옥시리보뉴클레오시드 5′-3인산; 디옥시-NTP(deoxyribonucleoside 5′-triphosphate; deoxyNTP) 염기, 디옥시리보오스와 3인산기로 구성된 DNA 합성의 전구체
지체가닥(lagging strand) 복제 동안에 짧은 단편으로 합성되고, 후에 연결되는 DNA 새로운 가닥
선도가닥(leading strand) 복제 동안에 연속적으로 합성되는 DNA의 새로운 가닥
RNA 프라이머(RNA primer) 복제 동안에 새로운 DNA 가닥의 합성을 개시하는 데 이용되는 RNA의 짧은 단편
RNA 중합효소(RNA polymerase) RNA를 합성하는 효소
프리마아제(primase) RNA 프라이머를 합성하여 DNA의 새로운 가닥을 시작하도록 하는 효소

그림 10.07

가닥개시는 RNA 프라이머를 필요로 한다

DNA 중합효소는 새로운 가닥을 시작할 수 없고 다만 신장할 수 있다. 그러므로 DNA 복제는 가닥 신장을 개시하기 위하여 RNA 프라이머를 필요로 한다. 하나의 RNA 프라이머가 5′-3′ 방향의 선도가닥을 시작하기 위하여 필요하다. 대조적으로, 다수의 RNA 프라이머가 3′-5′ 지체가닥을 시작하기 위해서 필요하다. 왜냐하면, 5′에서 3′을 달리는 짧은 신장이 만들어지기 때문이다. 그때 DNA 중합효소는 각 RNA 프라이머 말단에 뉴클레오티드를 첨가한다. 후에, 짧은 RNA 프라이머는 제거되고 DNA에 의해 대체된다.

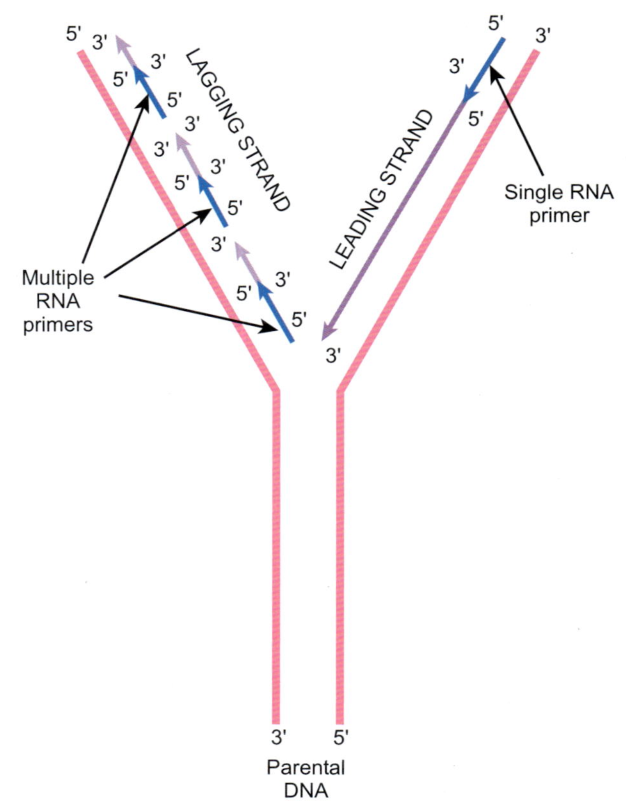

마(γ)인산이라 한다. 중합과정에서 알파와 베타 인산기 사이의 고에너지 결합이 끊어지며 중합을 위한 에너지를 방출한다. 가장 바깥의 두 인산(베타와 감마 인산)은 피로인산 분자로 방출된다. 새로운 결합은 들어오는 뉴클레오티드의 가장 안쪽 인산 (알파 인산)과 성장하는 사슬 말단에 있는 기존의 뉴클레오티드의 3′-OH 사이에 형성된다(그림 10.08).

DNA의 전구체는 리보오스를 디옥시리보오스로 산화함으로써 리보뉴클레오티드로부터 만들어진다.

디옥시리보오스를 함유한 DNA 전구체는 상응하는 리보오스를 함유한 뉴클레오티드로부터 만들어진다(그림 10.09). 리보오스의 디옥시리보오스로의 환원은 **리보뉴클레오티드환원효소**에 의해 촉매된다. 이 효소는 2인산 유도체(ADP, GDP, CDP 그리고 UDP)에 작용하여 리보오스로부터 2′-OH기를 제거한다. 다음에 **인산화효소(kinase)**가 세 번째 인산을 dADP, dGDP 그리고 dCDP에 붙어, 4개의 전구체 뉴클레오티드 중 3개인 dATP, dGTP 그리고 dCTP를 만든다.

DNA는 우라실을 가지고 있지 않고 우라실의 메틸 유도체인 티민을 가지고 있기 때문에 dUDP는 다른 경로를 거친다. 메틸화 이전에 dUDP는 인산기 제거에 의해 dUMP로 전환된다. 그때, **인산티미딘합성효소**는 메틸기를 붙여 dUMP를 dTMP로 전환시킨다. 결국 2개의 인산이 붙여져 dTTP가 된다. 티민의 메틸기는 **4수소엽산** 조효소에 의해 운반

디히드로폴레이트(dihydrofolate) DNA와 RNA 합성 전구체의 합성을 포함한 여러 가지 역할을 하는 조효소
리보뉴클레오티드환원효소(ribonucleotide reductase) 리보뉴클레오티드를 디옥시리보뉴클레오티드로 환원하는 효소
인산화효소(kinase) 인산기를 다른 분자에 붙여주는 효소
인산티미딘합성효소(thymidylate synthetase) 메틸기를 붙여 dUMP의 우라실을 티민으로 전환하는 효소
4수소엽산(teterahydrofolate, THF) DNA와 RNA 합성을 위한 전구체의 합성에 필요한 디히드로폴레이트 조효소의 환원된 형태

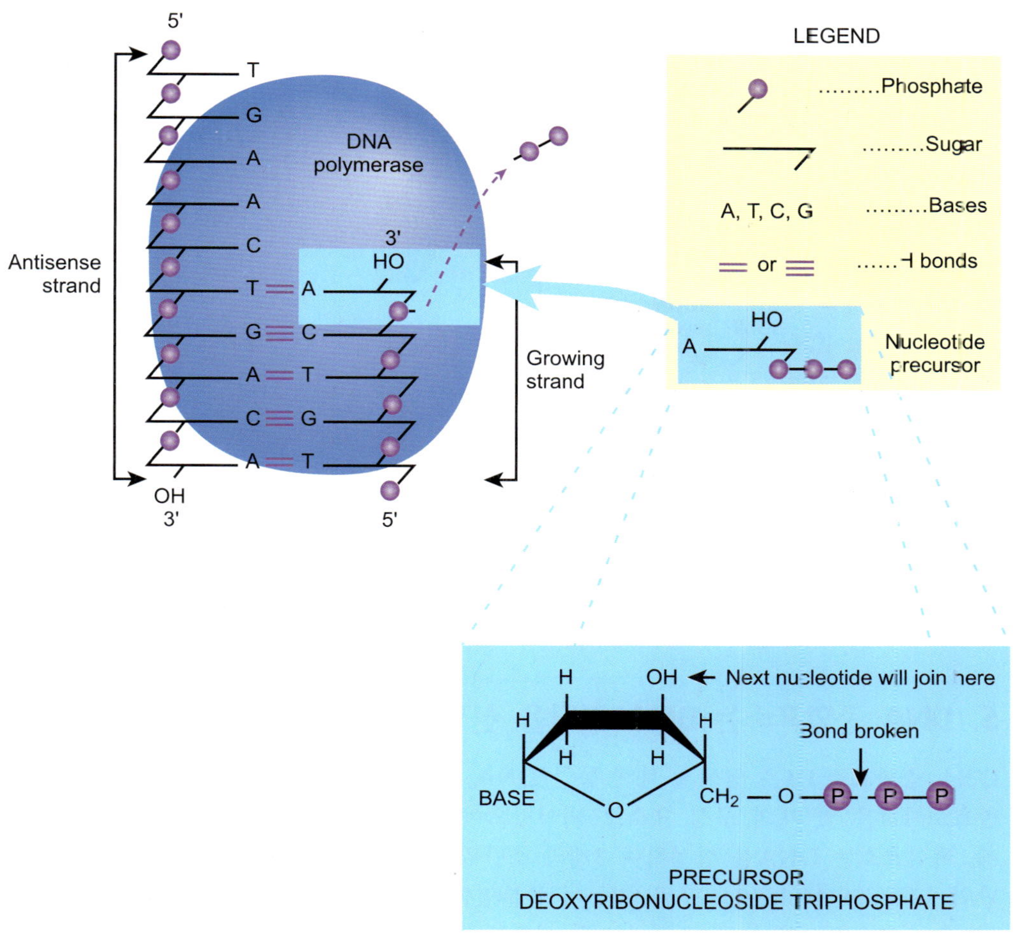

그림 10.08

뉴클레오티드의 중합

새로운 DNA 가닥의 성장에 대한 자세한 것을 보여준다. 각 단계에서 하나의 뉴클레오시드 3인산이 붙여진다. 사슬신장 동안에 전구체의 가장 바깥쪽 2인산은 분해되어 피로인산으로 방출된다. 이 분해가 반응을 위한 에너지를 제공한다. 전구체 3인산의 3′-히드록시기는 성장하는 가닥의 다음 단계 첨가를 위해 이용될 수 있도록 남아있는다.

되어, 반응 동안에 **디히드로폴레이트**로 산화된다. DHF는 DNA 합성이 계속되는 동안에 **디히드로폴레이트 환원효소**에 의해 THF로 환원된다.

일부 잘 알려진 제약은 뉴클레오티그 합성을 억제함에 의해 작용한다. **메토트레사트**(**아메토프테린**)은 진핵생물의 디히드로폴레이트 환원효소를 억제한다. 증양의 성장은 암세포에 의한 빠른 세포분열과 DNA 복제를 수반하기 때문에 메토트레사트는 항암제로 이용된다. **트리메소프림**이라 불리는 항생제는 DHF를 THF 환원하는 디히드로폴레이트 환원효소 또한 방해한다. 그러므로 dUMP가 dTMP로 메틸화되는 것을 방해한다. THF 없이 박테리아는 그들의 전구체로부터 아데닌과 구아닌을 합성할 수 없어, 필연적으로 트리메소프림은 두 회로에서 박테리아 복제를 막는다. **술폰아미드** 계통의 항생제는 **폴레이트** 조효소 자체의 합성을 억제한다. 동물은 폴레이트를 만들 수 없으나 음식 속에 포함되어 있어야 하므로 적당한 용량의 폴레이트는 환자에게 해가 없다. 그러나 생존을 위해 폴레이트를 합성할 필요가 있는 박테리아에게는 치명적이다.

핵산의 모든 새로운 가닥이 RNA 단편으로부터 시작한다는 사실 플러스 리보뉴클레오티드가 만들어진다는 사실은 RNA가 진화에서 먼저 왔을 것이라는 생각을 지지한다. 이 RNA 세계 이론은 26장에서 보다 더 논의할 것이다.

디히드로폴레이트 환원효소(dihydrofolate reductase) 디히드로폴레이트를 4수소엽산으로 전환하는 효소
폴레이트(folate) DNA합성에서 하나의 탄소기를 운반하는데 관련된 조효소
메토트레사트 또는 아메토프테린(methotrexate or amethopterin) 동물의 디히드로폴레이트 환원효소를 억제하는 항암제
술폰아미드(sulfonamide) 폴레이트 조효소의 합성을 억제하는 항생제
트리메소프림(trimethoprim) 박테리아의 디히드로폴레이트 환원효소를 억제하는 항생제

그림 10.09
전구체 합성

첫째, 리보뉴클레오티드환원효소가 리보뉴클레시드 2인산을 디옥시 형태로 전환한다. 둘째, 인산화효소가 인산을 붙여 디옥시리보뉴클레오시드 3인산을 만든다. 티미딘뉴클로티드의 전구체는 운반체인 4수소엽산(THF)에 의해 운반된 메틸기를 붙임으로 알파 우리딘 유도체로부터 만들어진다.

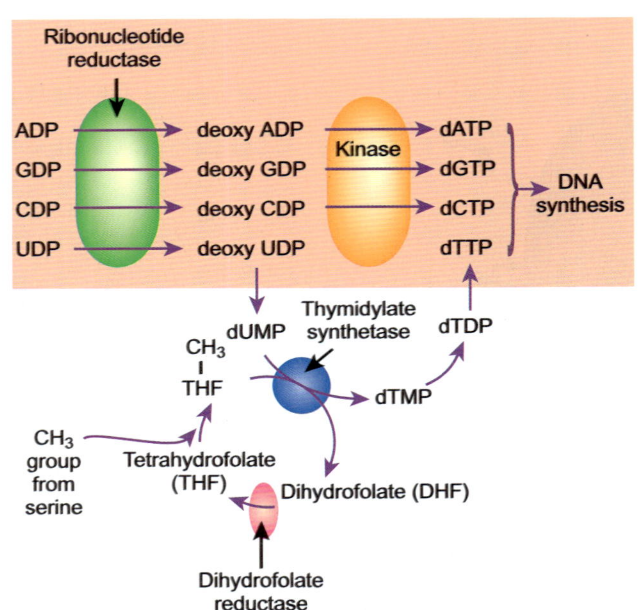

5. DNA 중합효소는 DNA 가닥을 신장한다

DNA 중합효소는 클램프적하복합체와 활주클램프단백질조립체에 의해 DNA에 붙어있다.

DNA 중합효소 III은 염색체 복제 동안 DNA 신장에 관여하는 주 효소이다. DNA 중합효소 III은 몇 개의 구성 요소로 되어있으며 이들이 결합하여 **완전효소**가 된다. 첫째, **핵심효소**는 DNA를 합성하며 3개의 소단위인 DnaE(α-소단위; 중합), DnaQ(ϵ-소단위; 교정) 및 HolE(θ-소단위; 기능이 불분명함, 그러나 아마도 ϵ-소단위를 안정화시키는 데 도움을 줄 것임)로 구성되었다. 다음에, "**활주클램프**"는 도넛과 같은 모양을 하고, 2개의 DnaN 단백질의 반원 형태의 소단위로 구성된다. 이것은 또한 β-소단위라 불린다. 이 클램프는 각각의 DNA 주형가닥 위를 커튼고리와 같이 위, 아래로 활주한다(그림 10.10). **클램프적하복합체**라 불리는 몇 가지 보조 단백질(δ, χ, ψ과 τ 플러스 γ-소단위)이 DNA 상에 클램프를 자리 잡도록 하기 위해 필요하다-클램프적하에는 에너지가 필요하다(관련 연구에 대한 초점 참고). 이것은 또한 줄여서 γ/τ복합체라 부른다. 그러므로 완전효소는 2개의 DNA 핵심 중합효소, 하나의 활주클램프적하복합체의 타우 소단위의 쌍, 다른 클램프적하복합체의 소단위 및 2개의 활주클램프를 포함한다(그림 10.10).

DNA 중합효소는 새로운 DNA를 합성할 뿐만 아니라, 짝짝이 염기쌍을 점검하여 잘못을 교정한다.

수소결합만으로 염기쌍을 정확히 만들 수 있다고 하더라도, 그것만으로는 대부분의 경우 게놈의 복제가 완전히 정확하게 이루어지지 않는다. 결과적으로, 많은 DNA 중합효소는 **활동적 교정** 능력을 가지고 있다(그림 10.11). 이것을 그때 그때마다 교정할 수 있는 능력이라 한다. **짝짝이**는 짝짝이가 이중나선의 형태에 아주 작은 비틀어짐을 야기하기 때문에 감지된다. 중합효소는 짝짝이를 감지하면 정지하고 붙여진 마지막 뉴클레오티드를 제거

클램프적하복합체(clamp-loading coplex) DNA 중합효소의 활주클램프를 DNA에 적하하는 단백질의 그룹
핵심효소(core enzyme) 새로운 DNA 혹은 RNA를 합성하는 DNA 또는 RNA중합효소의 일부(즉, 인식 또는 결합 소부위가 결여됨)
DNA 중합효소 III(DNA polymerase III: Pol III) 박테리아 염색체가 복제될 때 DNA의 대부분을 만드는 효소
완전효소(holoenzyme) 다수의 기능적 소단위로 구성된 활성적인 효소복합체로 다수의 단백질로 구성된다
활동적 교정(kientic proofreading) DNA 합성과정에서 일어나는 DNA의 교정
짝짝이(mismatch) DNA의 이중나선에서 두 염기쌍의 잘못된 짝지움
활주클램프(sliding clamp) DNA를 둘러싼 DNA 중합효소의 소단위, DNA를 둘러싸 핵심효소를 DNA상에 잡아둠

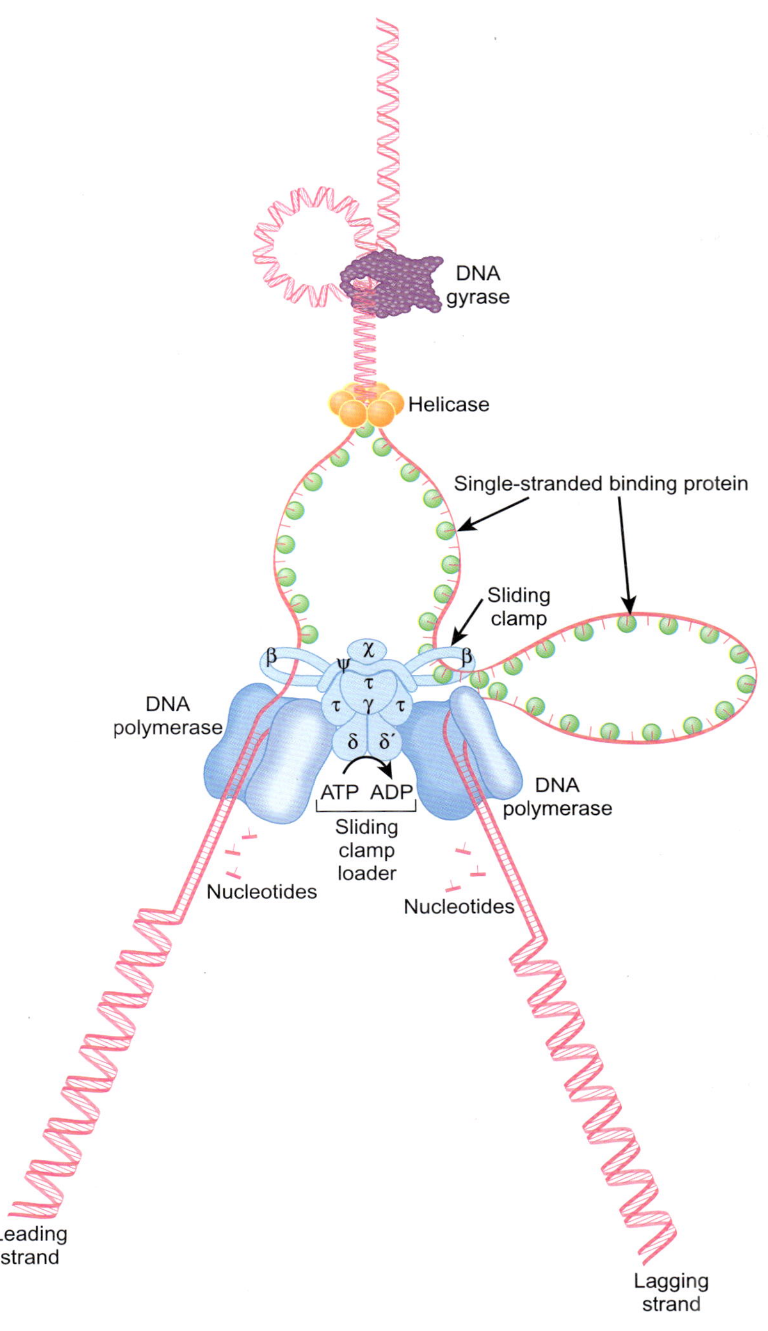

■ **그림 10.10**

DNA 중합효소 III 복제조립

복제 동안에 활주클램프적하기는 외가닥결합단백질과 활주클램프와 접촉하여, DNA 중합효소 III이 주형 DNA를 통과하면서 새로운 DNA를 중합할 때 주형 DNA를 안정시킨다.

한다. 이것은 성장하는 DNA 사슬의 3′-말단에 붙여지기 때문에, 잘못된 뉴클레오티드를 제거하는 효소 활성은 **3′-핵산말단가수분해효소**가 된다. DNA 중합효소 III의 경우, 교정은 독립된 소단위인 DnaQ 단백질(ε-소단위)에 기인된다. (일부 다른 DNA 중합효소의 경우, 교정 능력은 중합효소활성과 같은 단백질에 있다.) 게다가, 복제 후 즉시, 새로운 DNA는 점검되고, 만약 필요하다면 **짝짝이수선** 시스템에 의해 수선된다(23장 참조).

3′-핵산말단가수분해효소(3′-exonuclease) 3′ 말단으로부터 DNA를 분해하는 효소
짝짝이수선(mismatch repair) 잘못 짝지어진 염기쌍을 인식하고 교정하는 DNA 교정시스템

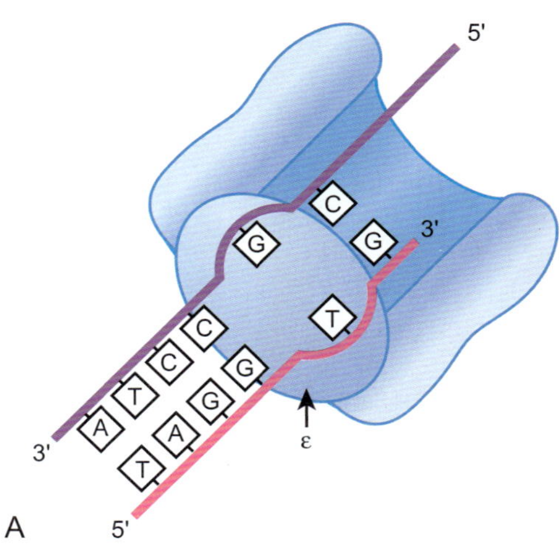

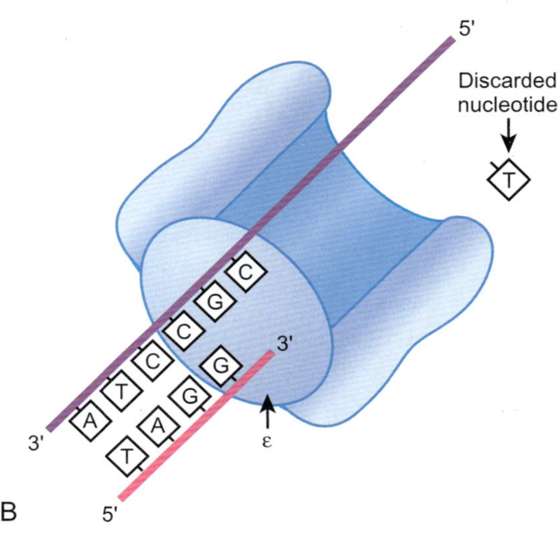

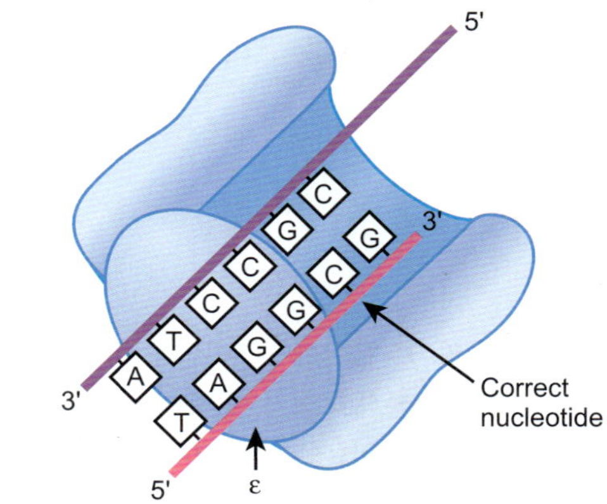

그림 10.11

DNA 중합효소 III – 교정

새로운 뉴클레오티드의 정확성을 점검하는 역할을 하는 DNA 중합효소의 부분은 DnaQ 단백질(ε-소단위)이다. 짝짝이는 새 사슬의 부풀어 오름에 의해 탐지된다. 이 부정확한 뉴클레오티드는 버려지고 올바른 뉴클레오티드가 첨가된다.

관련 연구에 대한 초점

Park AH, Jergic S, Politis A, Ruotolo BT, Hirshberg D, Jessop LL, Beck JL, Barsky D, O'Donnell M, Dixon NE, Robinson CV (2010) A single subunit directs the assembly of the *Escherichia coli* DNA sliding clamp loader. Structure 18: 285–292.

활주클램프적하기의 조립이 복제에 필수적이므로, 어떻게 이 클램프적하기가 합쳐지는가를 이해하는 것은 복제를 이해하는 기본이 된다. 게다가, 많은 항생제가 다양한 복제요소를 표적으로 하고 있기 때문에, 어느 복합체 부분이 필수적인가를 이해하는 것은 새로운 항생제의 잠재적 표적을 동정하는 연구자에게 도움이 될 수 있다. 클램프적하복합체 단백질은 각 핵심효소의 위치를 안정화하고, 풀린 두 가닥 DNA를 떨어져 있게 유지하는 활주클램프의 적하와 하적을 담당한다. 활주클램프적하기는 연합하여 기능을 하는 복합체를 형성하는 7개의 다른 소단위단백질로 되어 있다. 완전히 기능적인 활주클램프적하기는 2개의 τ–소단위, 1개의 γ–소단위, 1개의 δ–소단위, 1개의 δ'–소단위, 1개의 ψ–소단위 및 1개의 χ–소단위를 갖는다. 그 적하기는 또한 2개의 τ–소단위와 1개의 γ–소단위 대신에 3개의 τ–소단위로 형성될 수 있다. τ–, γ– 와 δ–소단위는 활주클램프를 적하기 위하여 ATP를 이용하는 5합체 환을 형성한다. ψ– 과 χ–소단위는 ψ–소단위와 τ–소단위 또는 γ–소단위 사이의 연결 고리에 부착하는 2합체를 형성한다. 그때 γ–소단위는 이 복합체를 외가닥결합단백질과 연결한다.

이 논문에서 저자들은 클램프적하복합체조립의 7개 소단위 순서를 결정하기 위하여 전기이온분사(electrospray ioninzation, ESI) 질량분석기(설명은 15장 참조)를 이용하였다. ESI는 다중단백질복합체에서 볼 수 있는 비공유 단백질 상호작용을 동정한다. 그 기술은 화학량 또는 소단위의 특수 비율을 결정한다. 소단위의 비와 어떤 소단위가 다른 것과 결합했는가를 조사하여 저자들은 클램프적하복합체 조립의 가능한 순서를 밝혔다. 이 실험은 클램프적하복합체가 τ–소단위 자체조립에 의해 시작된다는 것을 증명하였다. 왜냐하면, 전체 복합체는 이 복합체가 먼저 함께하지 않고는 조립되지 않았기 때문이다. 자체 조립 후, δ'–소단위가 복합체에 붙어 δ–소단위가 고리에 가까이 가고 χ/ψ가 외가닥결합단백질과 연결되도록 형태변화를 유도하였다. 조립된 활주클램프적하기는 활주클램프와 부착할 수 있고 복제분지에 있는 DNA 중합효소 핵심효소와 연합할 수 있다.

6. 완전한 복제분지는 복잡하다

복제분지는 DNA 분자가 복제되는 부분에 있는 모든 구조적 구성요소로 정의된다. 복제분지는 DNA가 자이라제와 DNA풀기효소에 의해 꼬인 것이 풀리고, 외가닥DNA결합단백질(SSB)에 의해 외가닥 DNA가 분리된 상태를 유지하는 부분을 포함하고 있다. 이 부분은 또한 2개의 새로운 DNA 가닥을 만드는 DNA 중합효소 III 완전효소도 포함한다(그림 10.10). 표 10.01은 이 효소들 이름과 기능을 요약한 것이다. 선드가닥이 연속적으로 만들어진다 하더라도 지체가닥은 발명자의 이름을 따서 **Okazaki 단편**이라 알려진 길이가 1,000 내지 2,000 염기 정도의 작은 단편으로 만들어진다.

DNA 새로운 가닥의 하나인 "지체가닥"은 짧은 단편으로 만들어져 후에 연결된다.

위에서 주석을 단것과 마찬가지로, DNA 복제 시 2개의 새로운 가닥은 서로 반대 방향으로 합성되어야만 한다. 이것의 직선적 표현은 두 중합효소조립체가 서로 떨어져 이동할 것이라는 것을 암시한다. 사실, 2개의 새로운 가닥을 합성하는 중합효소 III의 두 분자는 클램프적하복합체의 타우 소단위에 의해 서로 결합되어 있다. 그들이 새로운 DNA를 동시에 만들기 위해서는 그림 10.10에서 보는 바와같이 DNA 가닥은 고리를 형성해야만 한다.

상자 10.01 분자생물학 희귀성

DNA 중합효소 III 클램프적하복합체의 타우(τ)와 감마(γ) 소단위 모두는 같은 유전자인 *dnaX*에 의해 암호화된다. 타우 소단위는 해독이 정상적으로 이루어져 만들어진 완전한 길이의 단백질이다. 그러나, 감마 소단위는 틀이동(23장 참조)이 일어나고, 이어서 일어나는 같은 mRNA의 해독과정 중에 조기 종료로 만들어진다. 1개의 유전자로부터 다른 2개의 단백질이 합성되는 과정은 생물세포에서는 극도로 희귀한 것이나, 대장균을 포함한 박테리아에서는 널리 알려져 있다. 그러나 2개의 다른 단백질을 만들 수 있는 틀이동은 작은 게놈을 지닌 RNA 바이러스에서는 희귀한 것이 아니다. 예를 들어, 레트로바이러스(예, HIV)와 필로바이러스(예, 에볼라바이러스)는 이 방법을 이용한다(21장 참조).

Okazaki 단편(Okazaki fragment) 지체가닥을 만드는 짧은 DNA 단편

표 10.01 대장균의 DNA 복제에 관련된 단백질

단백질	유전자	기능
DnaA	*dnaA*	염색체 분열의 개시; 복제분지에 결합
DNA풀기효소	*dnaB*	이중나선의 풀기
DnaC	*dnaC*	DNA풀기효소의 적하
SSB	*ssb*	외가닥결합 단백질
프리마아제	*dnaG*	RNA 프라이머의 합성
RNA가수분해효소 H	*rnhA*	RNA 프라이머의 부분적 제거
중합효소 I	*polA*	중합효소 I; Okazaki 절편 사이의 틈을 채움
중합효소 III		DNA 중합효소 III 완전효소
α	*dnaE*	가닥 신장
ε	*dnaQ*	활동적 교정
θ	*holE*	알려지지 않음; 핵심효소의 일부분
β	*dnaN*	활주클램프
τ	*dnaX*	활주클램프의 적하: 핵심효소의 2합체 형성
γ	*dnaX*	활주클램프의 적하
δ	*holA*	활주클램프의 적하
δ'	*holB*	활주클램프의 적재; 오직 3개 τ 또는 2개 τ와 1개의 γ
χ	*holC*	활주클램프의 적하; SSB단백질에 연결
ψ	*holD*	활주클램프의 적하
DNA 연결효소	*lig*	특히 지체가닥에 있는 인산 골격 틈을 봉합
DNA 자이라제		음성초나선의 도입
α	*gyrA*	DNA의 이중가닥 틈을 만들고 봉합함
β	*gyrB*	ATP를 이용하는 소단위
회전효소 IV		탈연쇄
A	*parC*	DNA의 이중가닥 틈을 만들고 봉합함
B	*parE*	ATP를 이용하는 소단위

7. 지체가닥의 불연속적 합성

선도가닥이 연속적으로 합성된다고 하더라도, 지체가닥은 Okazaki 단편이란 여러 개의 조각으로 구성되어 있다. 새로운 Okazaki 단편의 합성이 시작될 때, 새로운 RNA 프라이머가 필요하다. 프라이밍은 3단계로 일어난다. 첫째, **PriA** 단백질이 짧은 DNA 가닥으로부터 SSB 단백질을 대체한다. 그때 프리마아제(DnaG)가 PriA에 결합한다. 마지막으로 프리마아제는 11-12 염기의 짧은 RNA 프라이머를 합성한다. 이 프라이밍복합체는 종종 **프리모솜**이라 알려졌다(그림 10.12).

새로운 Okazaki 단편이 시작될 때마다, 지체가닥을 만드는 중합효소 III 조립체는 DNA를 꽉조이고 있는 것을 풀고 자리를 옮겨, RNA 프라이머의 3′ 말단으로부터 새로운 DNA 합성을 시작한다. 이것은 활주클램프의 재조립과 재배치를 포함하는데, 클램프적하복합체에 의해 이 과정이 이루어진다. 리플리솜은 각각이 자신의 활주클램프를 지닌 2개의 중합효소 III 핵심효소를 포함하나, 오직 1개의 활주클램프만이 새로운 장소에서 방출되고 재결합함을 주목하라. 그것은 오직 지체가닥만이 일정한 클램프 제거와 재적하를 필요로 하

PriA 프리마아제 결합을 돕는 프리모솜의 단백질
프리모솜(primosome) DNA 복제 시 새로운 RNA 프라이머를 합성하는 단백질의 집단(PriA와 프리마아제를 포함함)

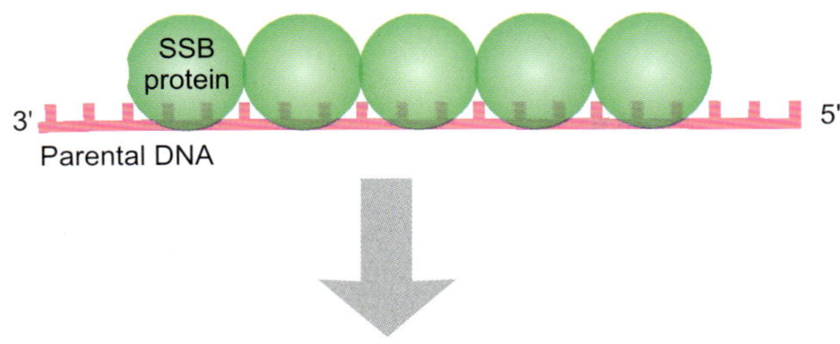

A PriA DISPLACES SSB PROTEIN

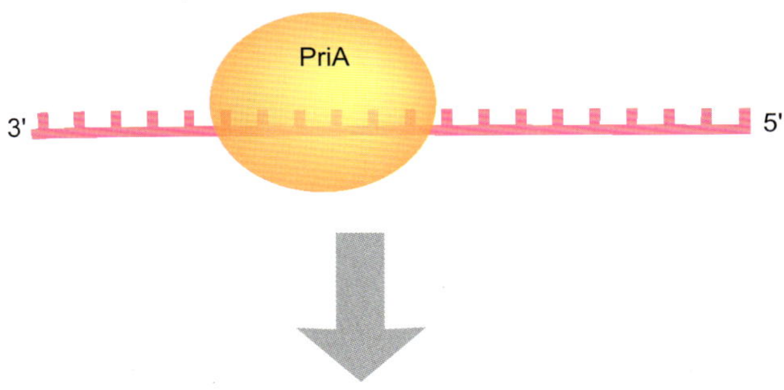

B PRIMASE BINDS

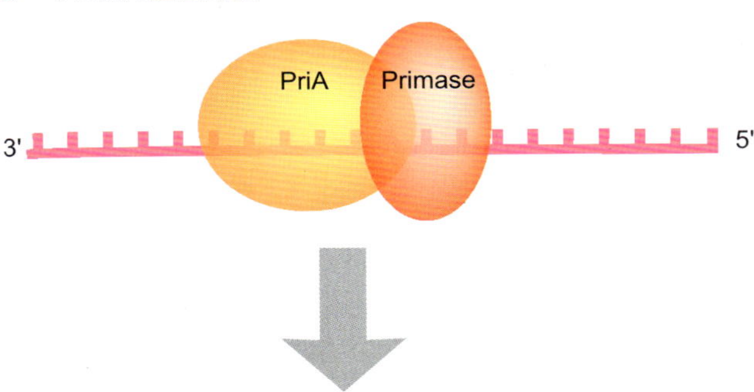

C PRIMASE MAKES SHORT RNA PRIMER

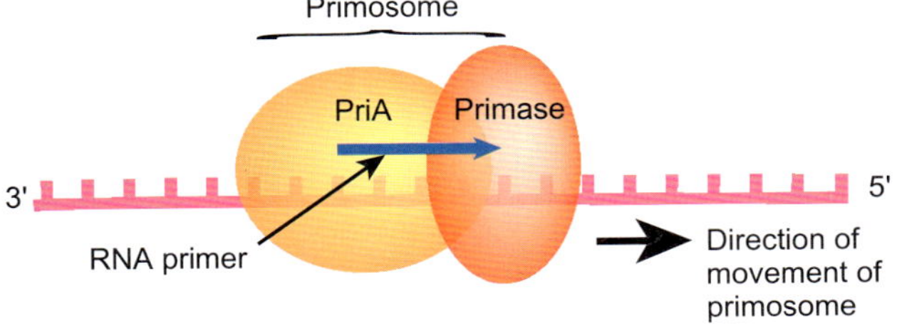

그림 10.12

새로운 Okazaki 단편을 위한 프라이머 시작의 3단계

프라이머 형성 전에는 부모 DNA 가닥의 염기가 SSB 단백질에 의해 덮여있다. A) 첫째, PriA 단백질이 SSB 단백질을 대체한다. B) 둘째, 프리마아제가 PriA 단백질과 결합한다. C) 마지막으로, 프리마아제는 Okazaki 단편 시작에 필요한 짧은 RNA 프라이머를 만든다.

기 때문이다. 대장균에서 이러한 모든 과정은 1초당 약 1,000번 정도로 반복된다.

7.1. 지체가닥을 완성하다

복제분지가 지나간 후 지체가닥은 그들 사이에 **간격**(즉, 하나 혹은 하나 이상의 뉴클레오티드가 빠진 공간)을 지닌 일련의 Okazaki 단편으로 남는다. 게다가, 거기에는 새롭게 합성된 DNA와 교대로 짧은 RNA 프라이머 조각이 존재한다. 완전한 DNA 가닥을 만들기

불연속적인 지체가닥의 단편들은 RNA 프라이머의 제거(RNA 가수분해효소 H 또는 중합효소 I), DNA로 틈의 채움(중합효소 I) 그리고 마지막으로 말단의 결합(DNA 연결효소)에 의해 완결되어야만 한다.

간격(gap) DNA 또는 RNA 가닥에서 염기쌍이 빠진 갈라진 틈

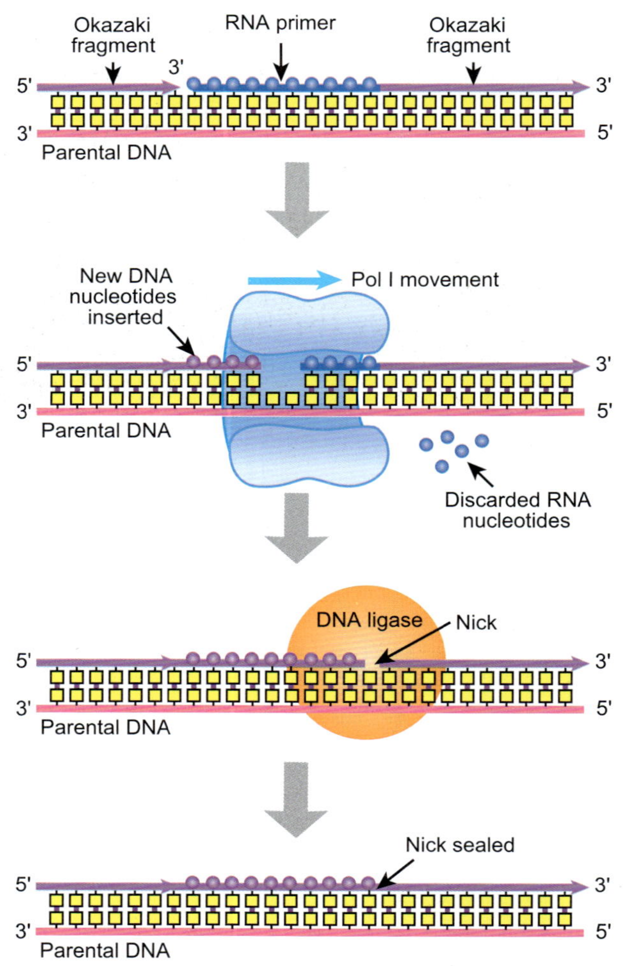

그림 10.13
***Okazaki* 단편을 연결하는 3단계**

처음 만들어 졌을 때, 지체가닥은 Okazaki 단편과 RNA 프라이머로 번갈아 배치되어 있다. RNA 프라이머가 DNA로 교체되는 첫 번째 단계는 프라이머 부분에 DNA 중합효소 I이 결합하는 것이다. 중합효소 I이 앞으로 이동하면서 RNA를 분해하고 DNA로 대체한다. 마지막으로 DNA 연결효소가 남아있는 틈을 채운다.

위한 Okazaki 단편의 연결은 연속적인 2 또는 3개 효소의 작용으로 성취된다: **RNA가수분해효소 H**, **DNA 중합효소 I** 및 **DNA 연결효소**. 오직 마지막 두 효소가 종전의 모델에 포함되어 있다. DNA 중합효소 I은 RNA 프라이머를 분해하고 또 분해된 RNA에 의해 생긴 틈을 채우는 역할을 한다. 마지막으로 DNA 연결효소는 당인산 골격을 연결해 준다(그림 10.13). 대안 모델에서는, DNA:RNA 이중나선의 RNA 가닥을 분해하는 RNA가수분해효소 H가 대부분의 RNA 프라이머를 제거하고 DNA 중합효소 I은 RNA 프라이머의 남아있는 마지막 몇 염기만을 제거한다.

단일 폴리펩티드 사슬임에도 불구하고, DNA 중합효소 I은 중합효소 III과 같은 활동적 교정 능력을 가지고 있다. 중합효소 I은 DNA 상의 틈에서 복제를 시작할 수 있는 독특한 능력도 또한 가지고 있다. **틈**이란 용어는 빠진 뉴클레오티드 없이 핵산 골격에 갈라진 틈을 일컫는다. 중합효소 I이 틈을 발견하면, 그 효소는 약 10염기쌍 정도의 DNA 또는 RNA 부분을 잘라낸다. 그때 효소는 새로운 DNA로 간격을 채운다. 중합효소 I은 지체가닥을 완결하고 또한 DNA 수선 과정에서도 기능을 한다(23장 참조). 이러한 중합효

DNA 연결효소(DNA ligase) DNA의 말단과 말단을 결합하는 효소
DNA 중합효소 I(DNA polymerase I: Pol I) Okazaki 단편 사이나 손상된 DNA 수선과정에서 간격을 채우기 위해 작은 길이의 DNA을 만드는 박테리아 효소
틈(nick) DNA나 RNA 분자의 골격에 생긴 틈(그러나 염기쌍이 빠진 것은 아님)
RNA가수분해효소 H(ribonuclease H: RNase H) DNA:RNA 하이브리드 이중나선의 RNA 가닥을 분해하는 효소. 박테리아에서는 DNA 합성을 개시하기 위해 이용된 RNA 프라이머의 대부분을 제거함

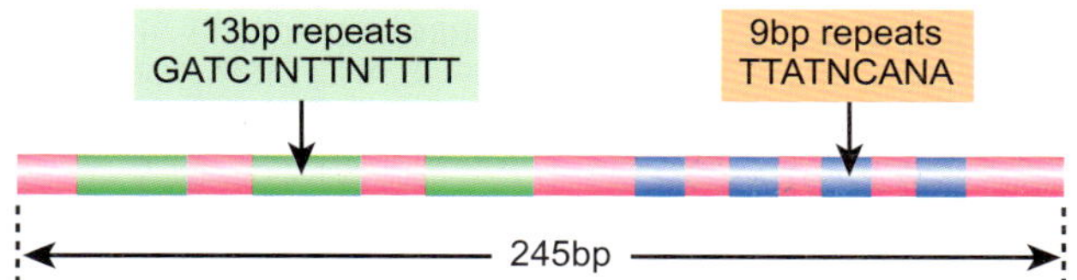

■ 그림 10.14 ***DNA 복제기점의 서열***

복제기점에서 서열반복은 두 종류이며 둘다 AT서열이 풍부하다.

소 I의 성질은 "**틈번역**"이라 알려진 과정에 의해 방사성 뉴클레오티드를 가지고 작은 단편의 DNA를 표지하기 위해 실험실에서 흔히 이용된다. 틈은 DNase I(데옥시리보뉴클리아제 I)에 의해 DNA의 한 가닥에 만들어진다. 그때 DNA 중합효소 I은 틈에서 시작하여 DNA를 따라 이동하며 전방에 있는 뉴클레오티드를 제거하고 방사성 누클레오티드로 대체한다.

DNA 중합효소 I과 II는 DNA 중합효소 III보다 먼저 발견되었기 때문에 번호가 I과 II로 붙여졌다. 되돌아보면, DNA 수선에 관여하는 비교적 간단한 효소인 중합효소 I과 중합효소 II에 비해서 복잡한 요구 조건과 다수의 소단위를 지닌 중합효소 III이 발견되는 데 시간이 오래 걸린 것을 이해하는 것은 쉬운 일이다.

8. 염색체 복제는 *oriC*에서 시작한다

지금까지 우리는 DNA 이중나선의 복제에 관련된 과정에 대해 논의해왔다. 게다가, DNA 복제는 세포분열과 동시에 일어나야만 한다. 복제는 염색체의 특정 위치에서 시작하여 염색체가 성공적으로 복사되었을 때 멈추어야 한다. 원핵세포의 DNA 복제는 **복제기점**이라 부르는 염색체의 독특한 장소에서 시작하여 원을 따라 양방향으로 진행된다. **개시복합체**는 5개의 단백질을 포함하고 있다: DnaA, DnaB, DnaC, DNA 자이라제 및 SSB. 이들 중 오직 DnaA가 염색체 개시에 유일한 것이고; 다른 단백질들은 새로운 Okazaki 단편을 시작하는 데 관여한다. *oriC* 기점은 13염기 GATCTNTTNTTTT가 3번 반복되고 이어서 9염기 TTATNCANA가 4번 반복된 서열을 포함한다. 두 서열 모두 가닥분리를 도울 수 있는 AT-풍부한 서열임을 주목하라. 왜냐하면 GC쌍에 있는 3개 수소결합보다 AT쌍에 있는 2개의 수소결합을 깨는 것이 적은 에너지가 필요하기 때문이다. 이러한 반복은 염색체 개시에 필요한 245염기쌍 지역에 산재해 있다(그림 10.14).

박테리아의 염색체 복제는 복제기점이란 특별한 지점에서 시작된다. 복제기점은 3개의 13염기쌍 반복과 4개의 9염기쌍 반복을 포함하는 245염기쌍의 DNA를 이루른다.

개시의 처음 일어나는 일은 **DnaA단백질**이 4개의 9염기서열에 결합하는 것이다. 20-30개의 DnaA 단백질이 덩어리로 결합하고 전체 *oriC* 지역이 그들을 감싼다. 다음, DnaA 단백질이 3번 반복된 13염기반복 모두를 연다. 다음에 참여하는 것이 DNA 풀기효소인 DnaB이다. 다음에 6개의 DnaB 풀기효소 소단위가 정확한 풀기효소의 적하를 돕는 6개의 DnaC 단백질의 도움으로 부분적으로 열린 DNA지역에 결합한다. 풀기효소는 외가닥 13-염기반복으로부터 DnaA를 제거하고 DNA를 풀기 시작하여 복제분지를 만든다(그림 10.15). 두 번째 DnaB 6합체는 반대 방향으로 이동하여 두 번째 복제분지를 만든다. 풀기효소는 또한 프리마아제를 활성화하여 선도가닥과 지체가닥이 시작되는 드 곳의 각각에 RNA 프라이머를 만든다. DNA 자이라제는 그때 좀더 풀기를 촉진하고 SSB 단백질은 DNA 외가닥 상태를 유지하기 위해 붙는다.

플라스미드는 대장균의 염색체 복제기점 서열을 갖도록 제작되었다. 정제한 플라스미드와 정확한 개시단백질을 이용하여 무세포계(cell-free system)에서 개시의 분석이 가능하

DnaA단백질(DnaA protein) 박테리아 염색체의 복제기점에 결합하여 복제의 개시를 돕는 단백질
개시복합체(initiation complex [for replication]) 복제기점에 결합하여 DNA 복제를 시작하는 집합체
틈번역(nick translation) 틈으로부터 시작하여 DNA나 RNA의 짧은 부분을 제거하고 새로 만든 DNA로 교체하는 것
복제기점(origin of replication) 복제가 시작되는 DNA 분자의 부위

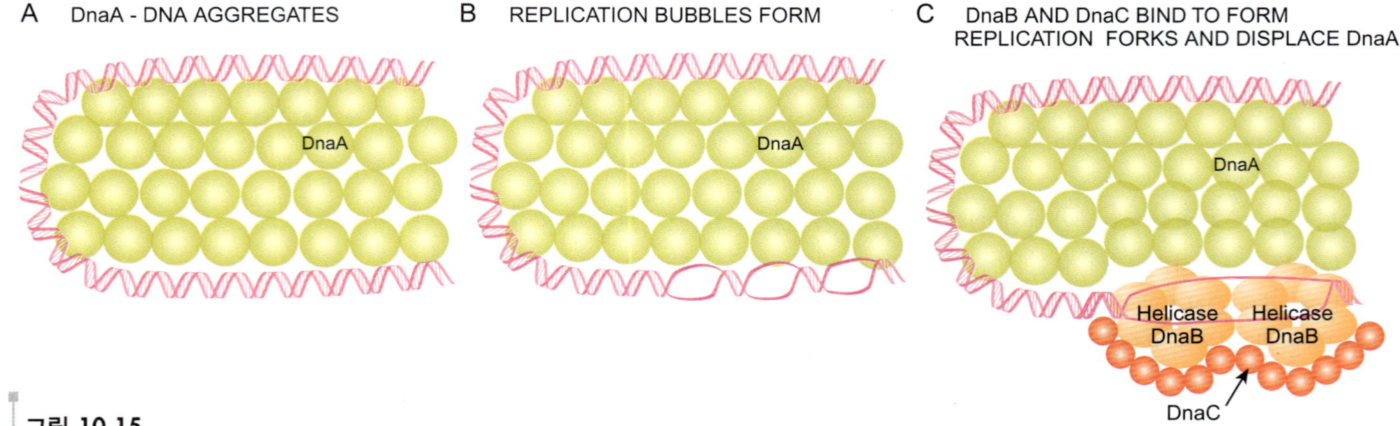

그림 10.15
DnaA에 의한 복제 개시의 3단계

A) DnaA 단백질이 먼저 4개의 9-염기반복서열에 결합하고, 그때 3개의 13-염기반복서열과 결합한다. B) 많은 DnaA 단백질이 결합함에 따라 DNA가 접히고 3개의 13-염기반복서열이 풀린다. C) 2개의 DnaB와 DnaC 복합체가 3개의 13-염기반복서열에 결합한다. 이 결합은 DnaA를 밀쳐내고 AT가 많은 지역을 따라 DNA 가닥을 연다. 2개의 DnaB 복합체는 2개의 복제분지를 만들기 시작하는데, 각각은 환형의 DNA를 따라 서로 반대 방향으로 향하게 된다.

그림 10.16
oriC에 결합한 개시복합체

pCM959 플라스미드의 초나선 DNA를 DnaA, DnaB, DnaC 및 HU 단백질과 혼합하였다. 복합체를 떨어지지 않도록 결합시킨 후 플라스미드 DNA는 *BanI*으로 절단하여 6개의 단편이 되었다. 개시점 *oriC*는 여기서 보여주는 703 염기쌍의 단편에 비대칭으로 위치해 있다. [*출처: Funnell, Baker and Kornberg, In vitro assembly of a pre-priming complex at the origin of the Escherichia coli chromosome. Journal of Biological Chemistry, 262(1987) 10327-10334*].

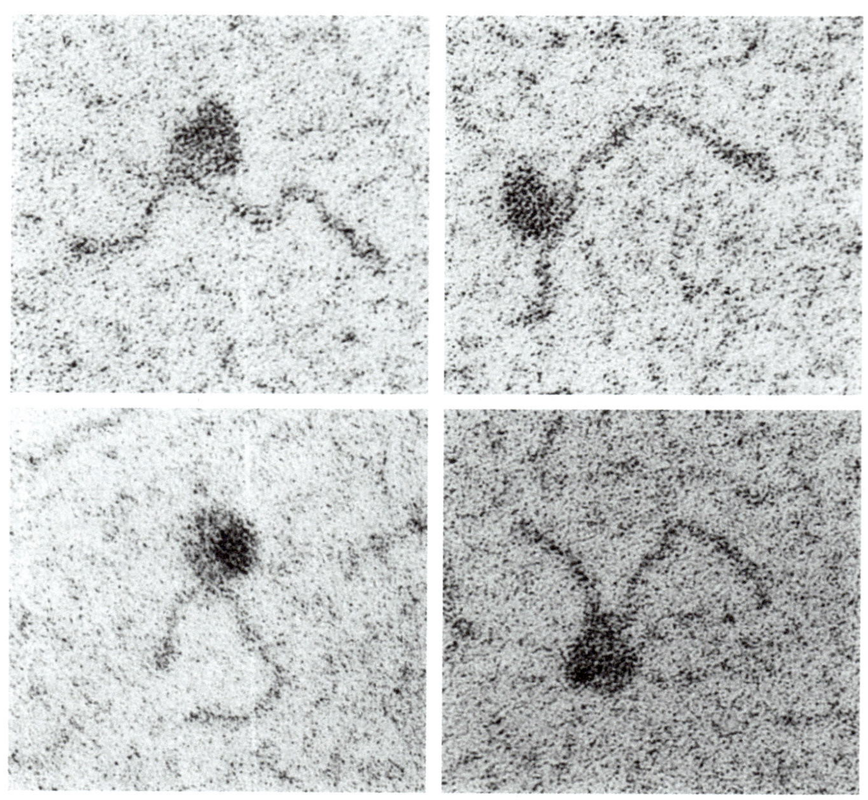

다. 사실상, DnaA/DnaB/DnaC 복합체가 oriC에 결합하는 것이 전자현미경 하에서 관찰된다(그림 10.16).

8.1. DNA 메틸화와 막에의 부착은 복제 개시를 조절한다

복제의 개시 조절, 특히 복제의 새로운 단계를 시작하는 정확한 시간은 고도로 조절된 과정이다. 원핵생물에서 두 가지 요인이 관계하는 것 같다: 복제기점에 있는 DNA의 메틸화

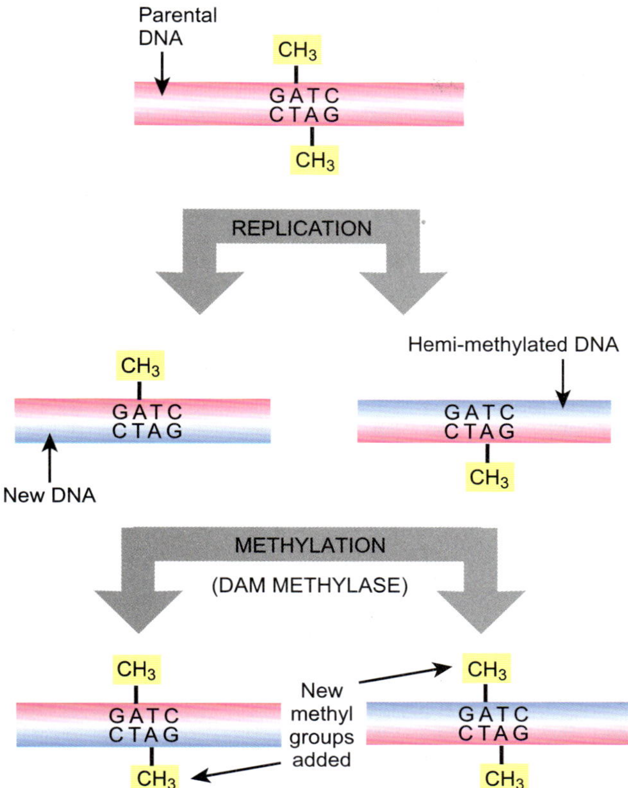

그림 10.17
DNA 복제 후 메틸화

Dam 메틸화효소는 GATC 회문성 지역을 인식하여 DNA 가닥이 분리하기 전에 메틸화시킨다. 상보적 서열은 DNA 복제 동안 합성되나, 즉시 메틸화되지는 않는다. 후에, Dam 메틸화효소가 새롭게 합성된 서열에 메틸기를 붙인다.

와 세포막에의 부착. *oriC* 지역은 전체 11개의 GATC 서열을 함유하고 있으며, Dam 메틸화효소에 의해 인지된다(17장 참조). Dam 메틸화효소는 GATC 회문성 구조를 인식하여 양쪽 모든 가닥의 아데닌 염기에 메틸기를 전달한다. 복제 전에 복제기점에 있는 것을 포함한 대장균 염색체의 각각의 GATC는 완전히 메틸화된다. 복제 후 즉시 원래의 가닥은 메틸화되나, 새로운 가닥은 아직 메틸화되지 않은 상태이다. 이렇게 해서, DNA의 반이 메틸화되어 있다.

DNA의 메틸화 상태는 DNA 합성의 새로운 단계를 조절하는 데 관여한다. 그러나 그것만이 전체 이야기는 아니다.

대부분 염색체에서, 완전한 메틸화는 복제 후 1 내지 2분 내에 복구된다(그림 10.17). 이렇게 짧은 기간은 짝짝이 수선계를 위한 가이드로서 반메틸화의 이용을 허용한다(23장 참조). 그러나, 복제기점이 완전메틸화가 다시 되는 데는 시간이 걸린다; 10분 내지 15분이 소요된다. *dnaA* 유전자의 프로모터 부분의 재메틸화에는 상응하는 지체 기간이 있다. 이 유전자의 전사는 반메틸화되었을 때 억제된다; 결과적으로 개시에 필요한 DnaA 단백질의 양도 감소한다. 반메틸화된 장소는 염색체 복제 개시에 이용될 수 없다. 반메틸화된 DNA는 **SeqA(보족단백질)**의 도움으로 세포막에 결합하나, 완전히 메틸화된 DNA는 결합하지 못한다.

앞에서 기술한 것은 메틸화와 막에의 결합이 복제 개시를 위한 조절요인으로 필요하다는 것을 암시한다. 하지만 이것은 전체 이야기를 의미하지는 않는다. 왜냐하면, 메틸기를 붙이는 능력이 결여된 대장균의 *dam* 돌연변체가 생존이 가능하고, 성장이 잘 이루어진다. 이렇게 메틸화가 되지 않은 기점도 결국은 기능을 한다는 것이다. SeqA 단백질이 없는 돌연변이체는 정상적인 것보다 보다 자주 복제를 개시할 뿐 아니라 생존할 수 있다. 막에의 결합을 조절하는 요인(들)은 아직 불분명하다. 얼마나 오랫동안 복제기점이 막에 결합되어 있고 Dam 메틸화효소로부터 숨어있을 수 있는가를 찾아낼 수 있는 시간적 메커니즘도 불분명하다.

보족단백질(sequestration protein: SeqA) 복제기점에 결합하여 메틸화를 지연시키는 단백질

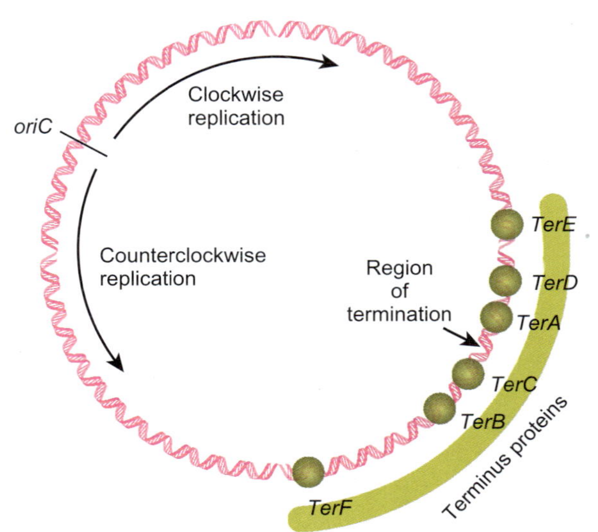

그림 10.18
Tus와 Ter 부위에 의한 복제의 종료

환형의 박테리아 염색체는 복제분지가 시계방향으로의 이동(*TerF, TerB* 및 *TerC*)과 시계반대 방향(*TerE, TerD* 및 *TerA*)으로 이동을 중지시키는 몇 개의 부위를 지닌 종료영역 또는 말단을 갖는다.

상자 10.02 분지와 충돌할 때

복제와 전사는 DNA를 따라 이동하는 단백질 복합체에 의존한다. 유전자는 둘 중 한 방향으로 전사되기 때문에 전사분지는 두 복제분지의 하나와 충돌할 경우가 있다. 그들이 충돌할 때, 복제분지는 멈추어 있으나 분해되지는 않는다. RNA 중합효소는 Mfd 단백질 또는 TRCF(전사수선짝지움인자, transcription repair coupling factor)의 도움으로 DNA로부터 떨어진다. 그때 복제분지는 염색체를 따라 그 진행을 재개한다. Mfd 단백질은 DNA 손상이나 다른 이유로 멈추어 있는 RNA 중합효소를 또한 풀어준다.

9. 염색체 복제는 *terC*에서 종료한다

DNA 복제는 염색체의 말단 부분에 있는 특정 장소에서 종료한다. *TerC, TerB* 및 *TerF*는 시계방향 복제를 중지하고 *Tera, TerD* 및 *TerE*는 시계반대 방향으로 복제를 중지한다.

복제는 두 복제분지가 염색체의 **말단**에서 만날 때 종료된다. 이 지역은 복제분지의 더 이상의 이동을 방해하는 몇 개의 ***Ter* 부위**로 둘러싸여 있다(그림 10.18). 원핵생물에서 복제는 두 방향으로 진행되기 때문에, Ter 부위는 비대칭적으로 작용한다. *TerC*, *TerB* 및 *TerF*는 분지의 시계방향으로의 이동을 방해하고, *TerA*, *TerD* 및 *TerE*는 시계반대 방향으로의 이동을 방해한다. 2개의 가장 안쪽에 있는 부위(*TerA*와 *TerC*)가 대부분 자주 이용되고, 바깥 부위는 아마도 분지가 *TerA* 또는 *TerC*를 지나간 경우 도움줄 수 있는 예비부위인 것 같다.

Ter 부위는 **Tus 단백질**이 결합하는 23염기쌍의 공통서열을 가지고 있다. 이는 DnaB 풀림효소의 이동을 방해하고, 복제분지의 이동이 멈추도록 한다. Tus는 비대칭적으로 결합하고 오직 한 방향으로부터의 이동을 중지시킨다. 이것은 다른 방향으로부터 오는 복제분지에 의해 DNA로부터 떨어져 나간다. 두 복제분지의 만남은 이렇게 종료지역 내에 있는 다수의 *Ter* 부위와 결합한 Tus단백질에 의해 조절된다. 그러나 대장균의 전체 말단지역(*TerB* 옆에 위치한 Tus 단백질을 위한 유전자를 포함)은 삭제되어도 나쁜 효과가 없다. 이것은 복제분지가 *Ter* 부위에서 만나지 않아도, 그들이 충돌하는 곳이면 성공적으로 종료할 수 있다는 것을 의미한다.

***Ter* 부위(Ter site)** 복제분지의 이동을 막는 말단부분의 부위
말단(terminus) 복제가 종료되는 염색체의 부분
Tus 단백질(Tus protein) *Ter* 부위에 결합하여 복제분지의 이동을 막는 박테리아 단백질

9.1. 딸염색체 풀기

환형의 염색체가 복제를 종료할 때 2개의 새로운 원이 물리적으로 맞물려있거나 연쇄된다(4장 참조). 그러한 연쇄체는 분리되어, 각각의 딸 세포는 세포분열에 의하여 하나의 염색체를 받아야 한다(그림 10.19). 맞물린 원의 탈연쇄는 DNA 회전효소 IV에 의해 이루어진다. 용어가 혼동될지라도, Topo IV는 사실상 작용 방식이 DNA 자이라제와 비슷한 타입II DNA 회전효소이다. Topo IV는 복제분지 바로 뒤에서 발견되며, 그곳에서 복제가 진행됨에 따라 새로이 형성된 DNA를 풀어준다. 이 효소는 또한 염색체와 플라스미드 모두의 완료된 DNA 원을 탈연쇄시킨다.

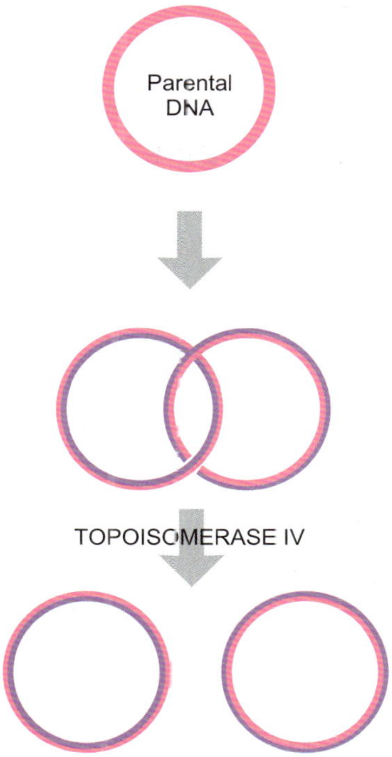

진핵생물에서는 2개의 딸 염색세 사이에서 일어날 수 있는 관련된 문제가 때때로 재조합 결과 초래된다. 2개의 성장하는 환형염색체는 복제의 과정 중에 재조합될 수 있다. 교차의 각 쌍 또는 유전물질의 교환은 성장하는 원형을 맞물리게 한다. 만약 교차된 횟수가 짝수라면, Topo IV는 그 원을 탈연쇄시킬 수 있고 아무런 해가 없다. 그러나 홀수의 교차수는 DNA의 두 원을 공유결합적으로 연결한다(그림 10.20). 이것은 매 6번의 복제주기 중 1번 꼴로 나타날 수 있다. 공유 이합체는 **교차위치특이성 재조합촉진효소**인 XerCD에 의해 분리되어야만 한다. 그 효소는 마지막 교차를 도입하기 위하여 2개의 염색체 상에 있는 ***dif* 부위**를 이용한다. 이것은 사실상 짝수의 교차를 만든다. *dif* 부위는 *TerA*와 *TerC*사이의 복제기점과 대략 반대이다.

Parental DNA

TOPOISOMERASE IV

그림 10.19
DNA 회전효소 IV에 의한 탈연쇄

DNA 회전효소 IV는 2개의 새롭게 복제된 DNA 원을 푸는 것을 돕는다. 환형의 박테리아 염색체의 복제는 2개의 연쇄된 DNA 원을 초래한다. Topo IV은 이들을 풀어 탈연쇄된 원이 되도록 한다.

만약 DNA의 환형 분자가 서로 맞물려 있다면 그들을 풀기위해 특정 효소가 필요하다. DNA 회전효소 IV가 맞물린 환을 탈연쇄한다; 교차위치특이성 재조합촉진효소는 공유결합으로 연결된 이합체를 분리한다.

10. 박테리아의 세포분열은 염색체 복제 후에 일어난다

박테리아는 **이분법** 또는 분할에 의해 나뉘어진다. 박테리아는 세포질에 있는 오직 하나의 염색체를 가지고 있다. 박테리아 세포분열은 이렇게 비교적 단순하고 일부 과정이 중복된다 하더라도 편의상 4단계로 나뉜다.

1. 염색체의 복제
2. 딸 염색체의 분할
3. 세포신장
4. 격벽의 형성에 의해 두 딸 세포의 분리

복제는 한번에 환형의 박테리아 염색체를 따라 양방향으로 진행된다. 결국, 두 복제분지는 만나고 합병되어 2개의 새로운 환형염색체를 만든다. 이들은 복제기점에서 세포막에 붙어있다. 세포가 신장함에 따라 염색체는 서로 떨어진다(그림 10.21). 세포분열의 마지막 단계는 격벽 또는 **격막**의 형성이다.

박테리아 세포는 길게 성장하고 동시에 그들의 DNA가 복제된다. 그 후 그 세포들은 나뉘어진다.

교차위치특이성 재조합촉진효소(crossover resolvase) 공유결합으로 융합된 염색체를 분리하는 박테리아 효소
dif 부위(*dif* site) 공유결합으로 융합된 염색체를 분리하기 위해 교차위치특이성 재조합촉진효소에 의해 이용되는 박테리아 염색체의 부위
이분법(binary fission) 박테리아에서 발견되는 세포분열의 간단한 형태로 중앙이 나뉘어짐에 의해 분열함
격막(septum) 분열 후 2개의 새로운 박테리아 세포를 분리하는 격벽

그림 10.20

재조합은 문제를 초래한다

재조합부위의 수는 어떻게 염색체가 풀릴 것인가를 결정한다. Topo IV는 교차 횟수가 짝수인 원을 쉽게 푸는 반면, 위치특이성 재조합촉진효소인 XerCD는 교차 횟수가 홀수인 원을 분리하는 데 부가적으로 필요로 하다.

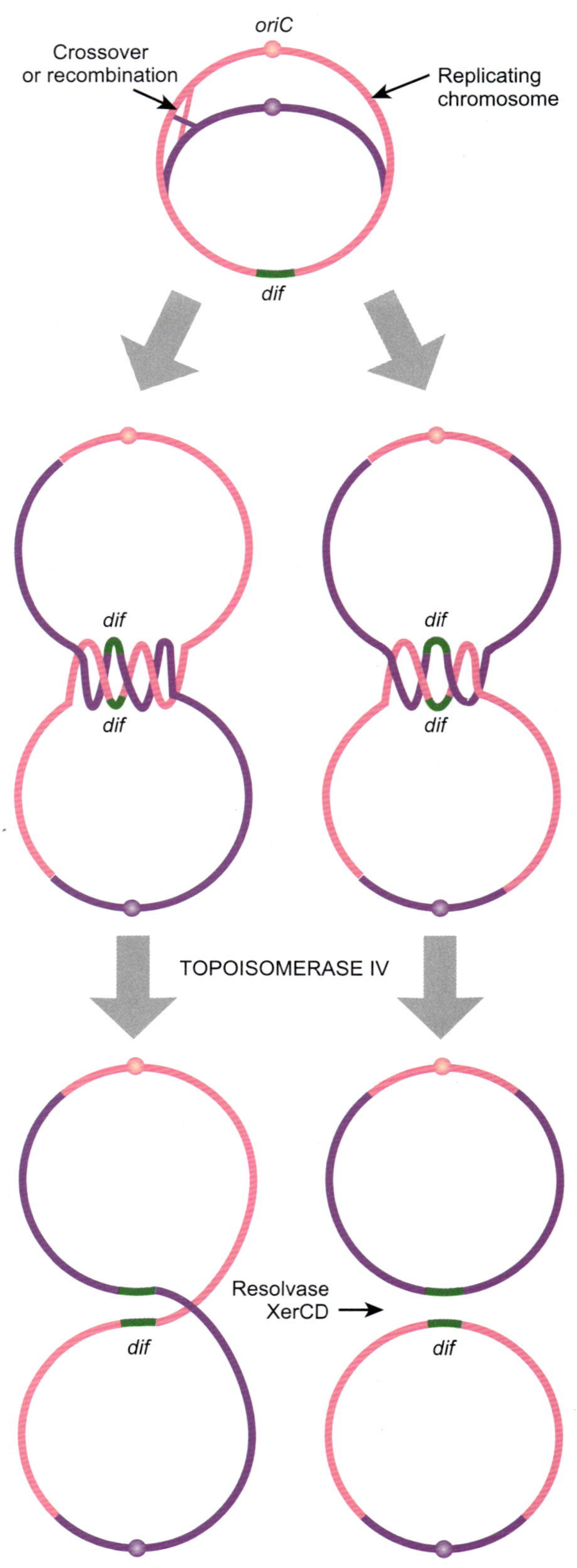

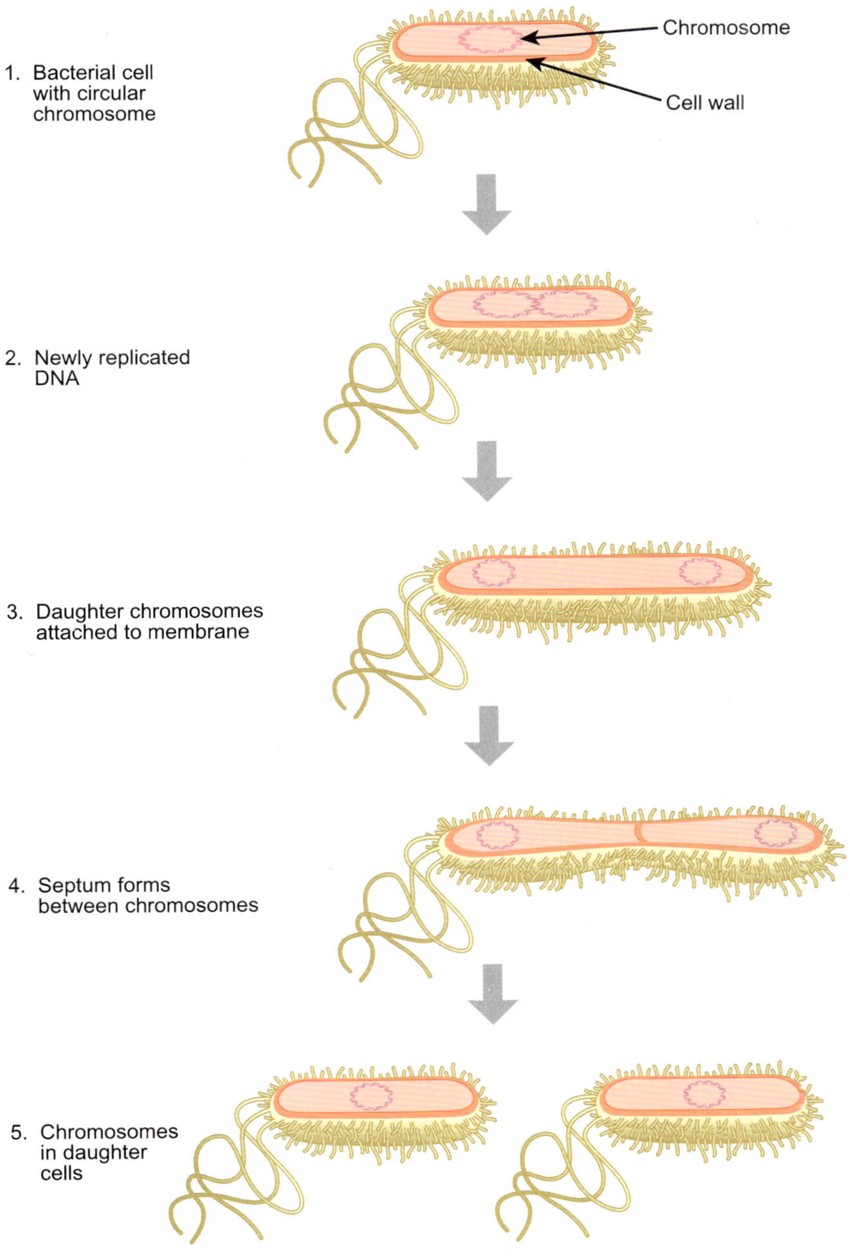

그림 10.21
세포의 신장은 염색체를 분리한다

염색체의 분리는 세포의 신장으로 야기된다. 이어서 칸막이 또는 격막이 세포분열을 완료하도록 형성된다.

10.1. 박테리아 복제에 시간이 얼마나 필요한가?

대장균 세포가 분열하는 데 요구되는 시간인 **세대기간**은 조건에 따라 20분에서 몇 시간 범위이다. 이럼에도 불구하고, 염색체의 복제는 항상 40분 정도가 소요되고, 복제의 종료로부터 세포분열의 완료까지의 시간은 20분이 소요된다. 만약 세대기간이 60분 이내이면, 염색체 복제의 하나 또는 그 이상의 단계가 중복되어야만 한다. 이것은 복제의 새로운 주기는 이전의 복제가 완료되기 전에 시작함을 의미한다. 그러므로 빠르게 분열하는 박테리아 배양 내의 세포는 여러 개이나 불완전한 염색체의 카피를 가지고 있다. 단약 세대기간이 60분보다 길면, 세포분열과 염색체 복제의 다음 단계의 개시사이에는 간격이 존재한다(그림 10.22).

> **세대기간(generation time)** 한 세포분열의 시작부터 다음 세포분열의 시작까지의 시간

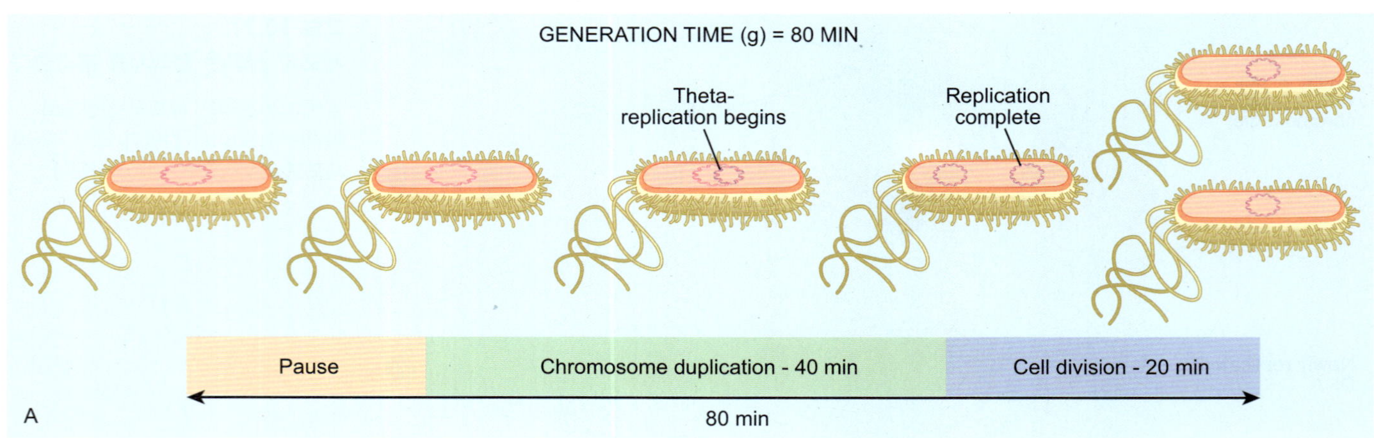

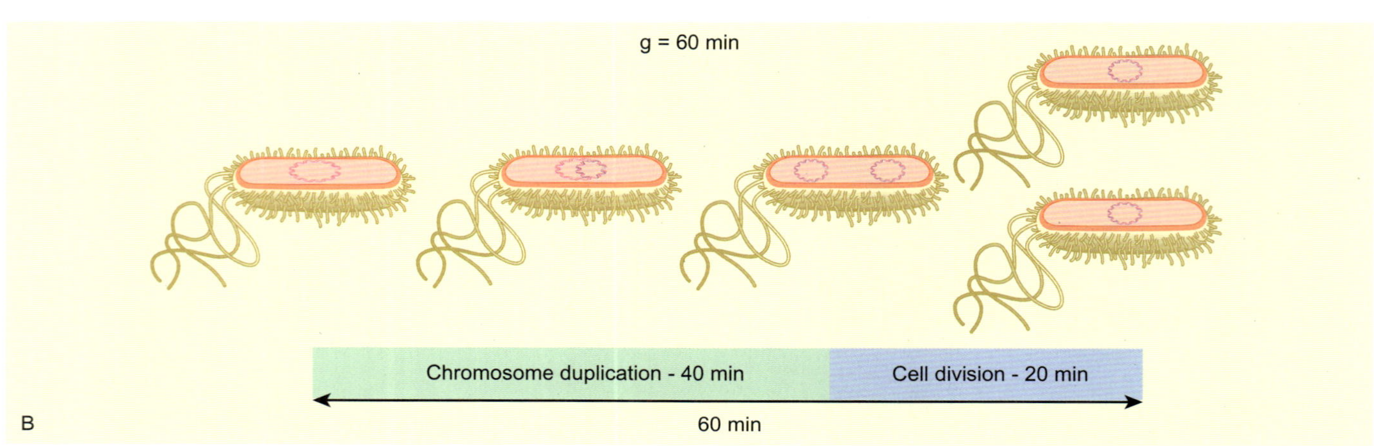

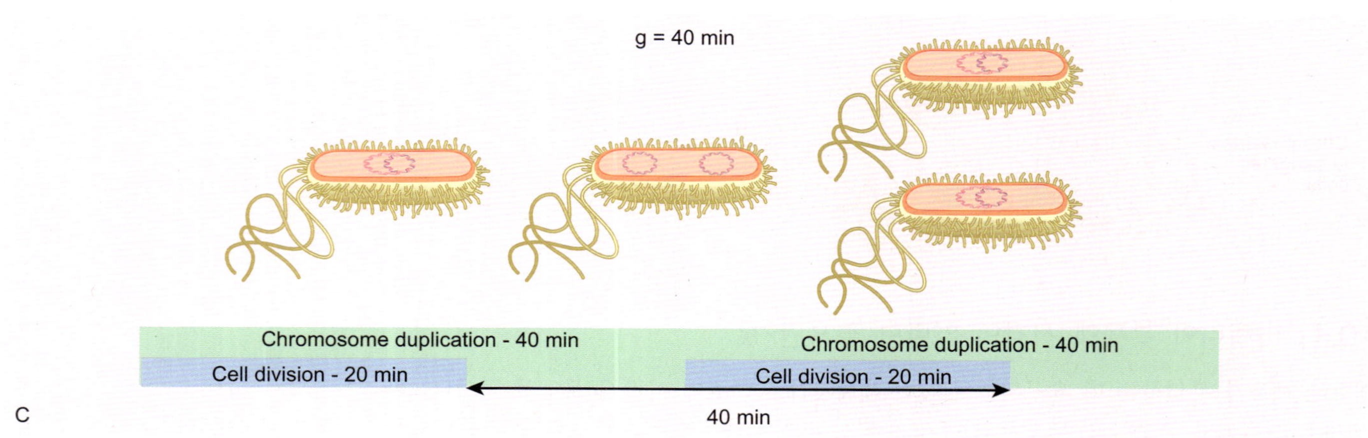

그림 10.22
세포분열과 염색체 복제

A) 60분 이상이 소요되는 세포분열은 세포분열과 다음 DNA 복제 개시를 위한 간격을 허용한다. B) 60분의 세포분열은 복제를 위한 40분과 쉼없이 세포분열의 완료를 위해 20분을 필요로 한다. C) 60분 이내의 세포분열은 이전의 복제가 완료되기 전에 새로운 복제의 주기가 시작되어야 한다.

Jonas K, Chen YE, Laub MT (2011) Modularity of the bacterial cell cycle enables independent spatial and temporal control of DNA replication. Curr Biol 21: 1092-1101.

박테리아 복제를 연구하는 연구자의 필수적인 질문의 하나는 어떻게 박테리아가 DNA 복제를 조절하는가이다. 분명히, 만약 복제가 세포분열에 비해 너무 자주 시작한다면 어떻게 4개 또는 그 이상의 딸 DNA가 오직 2개의 세포로 분리되는가? 만약 세포가 DNA 복제전에 분열한다면, 하나는 유전정보를 갖지 못할 것이다. 이러한 질문에 답을 얻기 위해 이용되는 가장 흥미 있는 시스템의 하나는 모든 세포분열이 비대칭적인 *Caulobacter* 박테리아이다; 즉, 딸 세포의 하나는 마치 부모와 같이 자루모양이고, 다른 딸 세포는 유주자 같다. 자루와 같은 세포는 부동이고 즉시 또다른 복제 단계와 세포분열로 들어간다. 유주자세포는 운동성이고 자루세포로 분화되기 전에 새로운 장소로 이동하고 복제와 세포분열로 들어간다. 이렇게, 복제 개시는 유주자세포에서 지연된다. 대장균과 달리, *Caulobacter*는 세포분열이 완료될 때까지 또 다른 복제의 라운드를 시작하지 않는다.

흥미롭게 복제 개시의 조절에 대해서는 많이 알려졌지만, 세포분열이 완료될 때까지 어떻게 딸 세포에서 억제가 되는지, 특히 유주자세포가 새로운 장소로 먼저 이동하고 그때 자루세포로 분화가 되는지는 완전히 이해되고 있지 않다. 대장균과 마찬가지로, *Caulobacter* DNA 복제는 복제기점에 DnaA 결합에 의해 조절된다(그림 10.15 참조). 또 다른 DNA 복제의 라운드를 막기 위해서 유주자 세포는 전사인자인 CtrA를 만들어 복제기점에 DnaA가 결합하는 것을 물리적으로 막는다. CtrA 또한 복제 개시 전에 유주자 세포가 새로운 장소에 부착하는 것을 돕는 약 100개의 유전자의 전사를 유도한다. 이 논문에서 복제 개시에서 CtrA와 DnaA 사이의 균형을 논의할 것이다.

관련 연구에 대한 초점

이 논문은 DnaA가 오직 복제 개시의 진정한 조절자라는 증거를 마련하였다. CtrA의 존재는 오직 개시를 억제하고 DnaA의 순환에는 영향을 주지 않았다. 다시 말해, DnaA의 양은 CtrA 존재와 관계없이 매 65분마다 증가하였다. 이 결과는 두 분자가 전사적으로 연관되어 있어 CtrA는 생산된 DnaA 양을 조절한다는 한다는 이전 연구와는 대조적이다. 게다가, 이 두 시스템이 서로 독립적으로 조절된다는 발견은 DnaA에 의한 복제 개시의 조절은 원핵생물에서 먼저 진화되었다는 것을 암시한다. 그때 *Caulobacter*가 분화된 유주자 세포를 만들기 위해 진화되어, 다른 조절시스템(CtrA)이 복제 개시를 조절하기 위해서 진화되었다. 어떻게 이 두 시스템이 *Caulobacter*에서 기능을 하는가는 세포 내 조절 회로에 대한 큰 이해를 제공한다.

11. 복제단위의 개념

복제단위는 세포 내에서 스스로 생존하고 복제가 가능한 어떤 종류의 DNA(또는 RNA) 분자이다. 복제단위는 복제기점을 반드시 포함하고 있어야 한다. 복제단위는 또한 환형이거나 세포 방어계에 의한 공격으로부터 DNA를 보호할 말단을 지닌 완전한 DNA(또는 RNA)분자이다. 염색체가 명백한 복제단위이나 그들만이 복제단위란 의미는 아니다. 바이러스 게놈은 숙주 세포 내에서 복제된다. 결과적으로 바이러스 핵산은 복제단위로 적합한 것이다. 일부 바이러스 게놈은 RNA로 구성되어 있기 때문에 복제단위의 정의에는 반드시 DNA와 RNA 모두를 포함해야만 한다.

살아있고 분열하는 핵산 분자는 반드시 복제기점을 가지고 있어야 하고 환형(또는 보호된 말단을 가짐)이어야 한다.

원핵생물에서 복제단위는 일반적으로 말단이 없는 폐쇄된 환형의 DNA이다. 대부분 박테리아에서 선형의 DNA 분자는 **핵산말단가수분해효소**에 의해 분해된다. 이것은 한 말단 또는 다른 말단으로부터 시작하여 한 번에 한 뉴클레오티드씩 핵산을 분해하는 효소이다. 결과적으로, 접합과 형질전환과정(25장 참조)에서 박테리아 세포로 들어간 선형의 DNA 단편은 결국 분해된다. 만약 그러한 DNA 상에 있는 유전정보의 일부가 살아남아 있으려면, 그것은 환형이 되든지 혹은 기존의 환형 DNA로 통합되어야만 한다.

이럼에도 불구하고, 일부 박테리아는 선형의 염색체를 가지고 있다. 이들은 핵산내부가수분해효소로부터 말단을 보호하기 위한 다양한 개개의 적응 형태를 가지고 있다. **라임병**을 야기하는 *Borrelia burgdorferii*는 선형의 염색체 말단에 머리핀 서열을 가지고 있다. 토양생물인 *Streptomyces lividans*는 그들 DNA의 말단에 공유결합으로 부착된 단백질을 가지고 있다.

플라스미드라 알려진 여분의 DNA 분자는 많은 박테리아에서 발견된다. 그들은 일반적으로 환형이고 염색체보다 훨씬 작다.

플라스미드는 또 다른 그룹의 복제단위이다. 그들은 숙주 세포의 생존에는 필요하지

핵산말단가수분해효소(exonuclease) 말단에서 핵산 분자를 분해하는 효소로 일반적으로 오직 하나의 뉴클레오티드를 제거함.
라임병(Lyme disease) *Borrelia burgdorferii*에 의해 야기되는 전염병으로 진드기에 의해 옮겨짐.
플라스미드(plasmid) 스스로 복제가 가능한 부속의 핵산 분자. 숙주 세포의 존재에 필요한 유전자를 운반하고 있지 않음. 일반적으로 이중가닥으로 된 환형의 DNA이나 종종 선형이거나 RNA된 플라스미드가 존재
복제단위(replicon) 복제기점을 가지고 스스로 복제할 수 있는 DNA나 RNA 분자

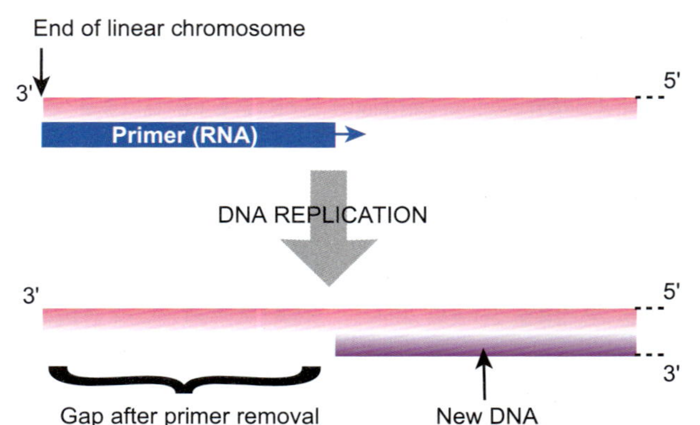

그림 10.23
5′-말단은 선형 DNA 복제에서 잠재적으로 소실된다

RNA 프라이머가 선형 DNA 가닥의 개시 후 제거될 때, 그 틈은 뉴클레오티드를 수용할 3′-수산기가 없기 때문에 DNA에 의해 채워질 수 없다. 이렇게 해서, 선형 DNA는 각 복제주기 동안에 짧아진다.

않는 스스로 복제하는 여분의 DNA 분자이다(20장 참조). 선형의 플라스미드가 선형 염색체를 함유한 박테리아인 *Borrelia*와 *Streptomyces*에 있다 하더라도, 플라스미드는 일반적으로 환형이다. 환형의 복제단위는 종종 진핵세포에서도 발견되는데 효모의 2μ원과 같은 플라스미드가 포함된다. 미토콘드리아와 엽록체도 스스로 복제가 가능한 환형의 DNA인 그들 자신의 게놈 또는 복제단위를 가지고 있다.

12. 진핵생물의 선형 DNA 복제

선형 DNA 분자의 복제는 특별한 종류의 적응을 필요로 한다. DNA 중합효소는 개시는 않고 오직 신장만 할 수 있기 때문에, 새로운 DNA 가닥은 RNA 프라이머를 가지고 개시되어야만 한다. 합성은 항상 5′으로부터 3′으로 진행되기 때문에 RNA 프라이머의 하나는 선형 DNA를 복제할 때 반드시 각각 새로운 가닥의 5′ 말단에 정확히 위치해야만 한다(그림 10.23). 이러한 말단 RNA 프라이머가 제거될 때, DNA 중합효소가 신장하기 위한 기존의 3′-OH가 없기 때문에 DNA로 대체될 수 없다. 만약 이 문제를 해결할 수 없다면, DNA 분자는 복제의 매 라운드마다 평균 RNA 프라이머 길이만큼 짧게 성장할 것이다. 사실상, 말단소체의 연속된 짧아짐은 죽기 전에 얼마나 오랫동안 세포가 분열할 수 있는가를 조절하는 시계로 작용한다. 환형의 원핵생물 DNA 분자는 이러한 말단을 가지고 있지 않아 이러한 문제가 발생하지 않는다.

진핵생물의 DNA는 선형이어서 그 말단을 보호하기 위해 특수한 구조인 말단소체가 필요하다.

진핵생물은 염색체의 말단에 위치한 **말단소체**로 알려진 구조를 이용하여 선형 DNA 복제의 문제점을 해결해왔다. 말단소체는 일반적으로 6개의 염기쌍(인간을 포함한 포유류에서는 TTAGGG)인 짧은 서열이 직렬반복(20번 내지 수백번)되어 구성된다. 각각의 복제주기 동안, 염색체는 사실상 짧아지고 몇 개의 말단소체가 소실된다. 그러나 암호화 정보는 소실되지 않는다. 더욱이, **말단소체복원효소**가 존재하는 세포에서는 손실된 DNA가 각 복제주기 후에 3′ 말단에 몇 개의 6-염기쌍 단위를 첨가함에 의해서 대체가 된다(그림 10.24). 말단소체복원효소는 6-염기쌍인 말단소체 반복에 상보적인 RNA의 작은 단편을 운반한다. 이 단편은 말단소체복원효소가 말단소체를 인식하게 하고, 말단소체를 신장하기 위한 주형을 제공한다.

말단소체복원효소가 3′ 말단을 신장시킨 후, 상보적 가닥은 정상적인 RNA 프라이머의 결합에 의해 채워지고 뒤이어 DNA 중합효소에 의해 신장이 되고 연결효소에 의해 이어진다. 말단소체 반복은 또한 핵산말단가수분해효소에 의한 분해로부터 염색체 말단을 보호한다.

말단소체 반복서열은 일부 변이가 관찰된다 하더라도 진화를 통하여 잘 보존되어 왔

말단소체(telomere) 선형의 진핵세포 염색체 말단에서 발견되는 특수한 DNA의 반복서열
말단소체복원효소(telomerase) 진핵세포 염색체의 말단소체에 DNA를 첨가하는 효소

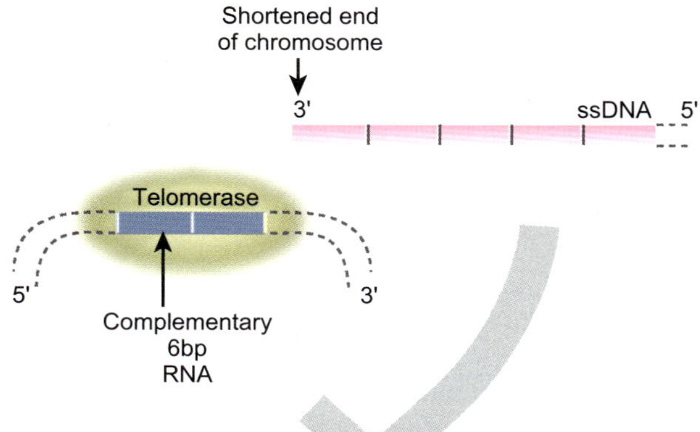

TELOMERASE RNA RECOGNIZES 6bp REPEAT

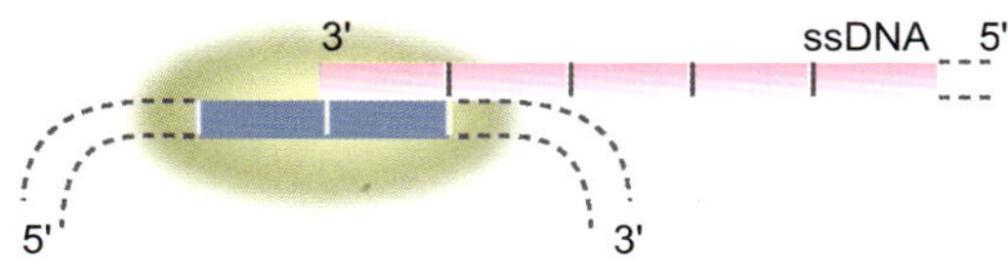

TELOMERASE MAKES A NEW DNA 6bp REPEAT

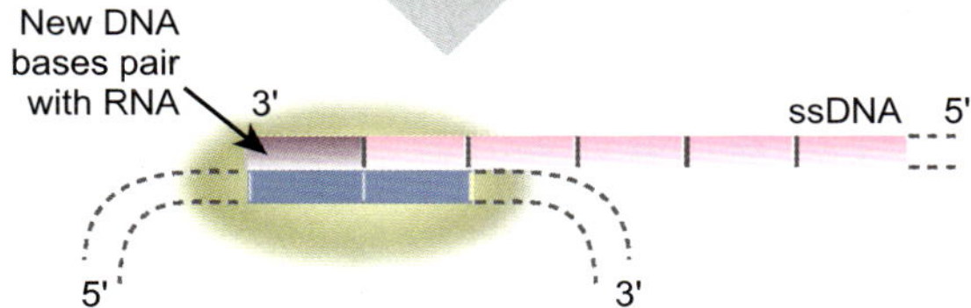

■ **그림 10.24**

말단소체복원효소는 염색체의 말단에 있는 반복을 복원한다

말단소체복원효소 RNA는 선형 DNA의 말단에 있는 직렬반복을 인식한다. 말단소체복원효소의 RNA는 염색체 말단으로부터 밖으로 붙게되고, 마지막 DNA 복제 과정에서 손실된 단편을 수선하는 새로운 DNA 반복의 첨가를 위한 주형으로 사용된다.

다. 척추동물의 특징적인 TTAGGG 반복은 또한 원생동물인 *Trypanosoma*에서도 발견되고, *Paramecium*과 *Tetrahymena*와 같은 원생동물의 서열은 TTGGGG로 오직 1염기가 다르다. 많은 곤충은 TTAGG와 같이 5염기 반복을 가지고 있는 반면에, 현화식물인 애기장대는 TTTAGGG와 같이 7염기 반복을 가지고 있다. 그러나, 최근의 데이터는 이것이 모든 식물의 전형적인 서열이 아니고, 몇 개의 단자엽 식물은 척추동물과 같은 TTAGGG 반복을 가지고 있음을 보여준다. 곰팡이 중에서 *Aspergillus nidulans*는 TTAGGG서열을 갖는 반면에 그 근연종인 *Aspergillus oryzae*는 2배 길이의 반복인 TTAGGGTCAACA 서열을 갖는다. 이러한 일반적인 양상으로부터 이상한 예외는 초파리인 *Drosophila*에서 발견되는데, 초파리는 말단소체복원효소에 의해 합성되는 대신에 2개의 RNA유래 전이인

상자 10.03 복제하는 DNA 말단을 위한 단백질 프라이머

선형 DNA의 복제 개시의 문제를 해결하는 한 해답은 말단에 있는 **단백질 프라이머**를 이용하는 것이다. 우리는 정상적으로 DNA 중합효소가 핵산 사슬을 신장할 수 있다고 생각한다. 그러나 엄격해 말해서 DNA 중합효소는 오직 유리된(자유로운) OH기에 뉴클레오티드를 붙일 수 있다. 이 유리 OH-기는 정상적으로 DNA 자체 또는 RNA 프라이머에 의해 제공된다 하더라도, 일부 DNA 중합효소는 특정 단백질 상에 있는 유리 -OH기에 뉴클레오티드를 붙일 수 있다. 이러한 해법은 여러 바이러스와 선형의 플라스미드 및 *Streptomyces*의 염색체에도 이용된다(그림 10.25)

(계속)

단백질 프라이머(protein primer) 일부 박테리아나 바이러스에서 DNA 합성을 위한 프라이머로서 RNA 대신에 이용되는 단백질

상자 10.03 계속

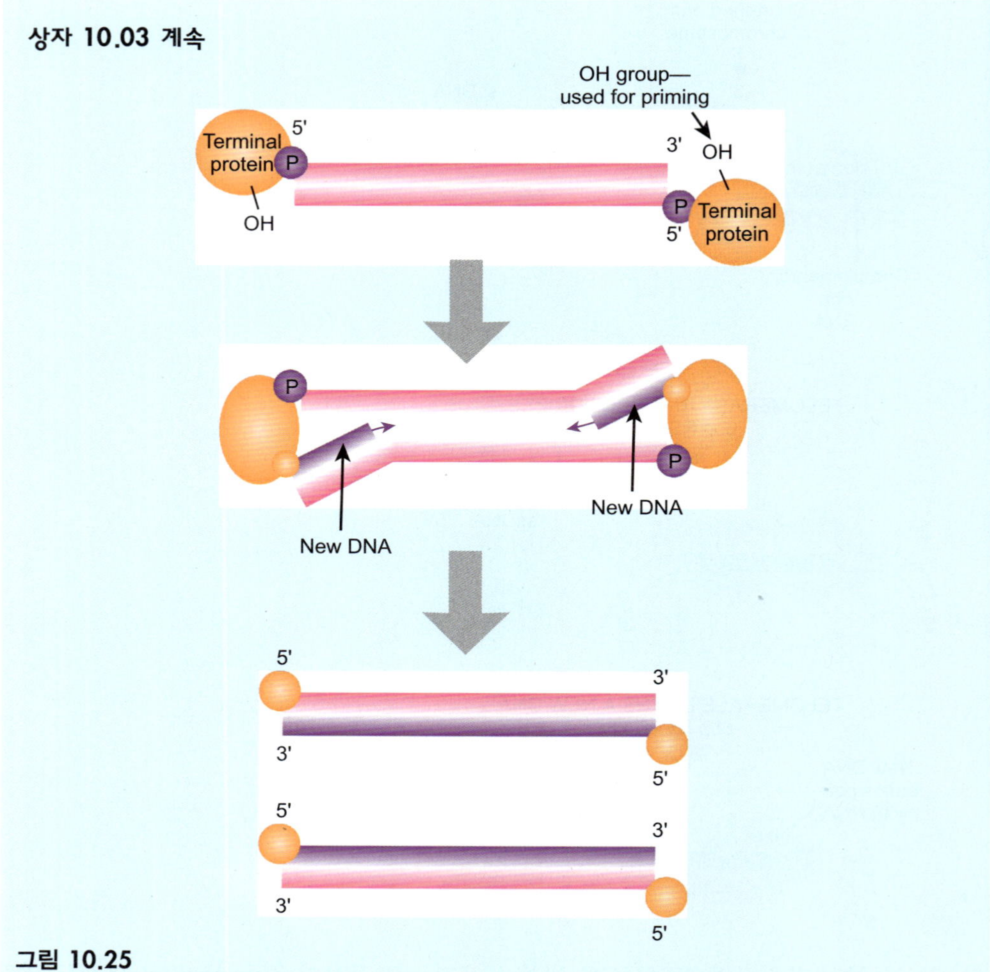

그림 10.25

선형 DNA의 말단을 위한 단백질 프라이머

일부 바이러스와 플라스미드의 말단 단백질이 선형 DNA의 5′ 말단에 결합한다. 이 단백질은 특수한 수산기(-OH)를 가지고 있어 DNA 합성의 시발이 가능하게 한다. 그 결과 '말단축소' 없이 선형 DNA의 복제를 완료한다.

자(HeT-A와 TART)의 연속적인 전위에 의해 형성된 직렬반복으로 구성된 말단소체를 가지고 있다.

12.1. 진핵생물의 염색체는 다수의 복제기점을 가지고 있다

진핵생물의 염색체는 박테리아 염색체보다 상당히 길고 다수의 복제기점을 가지고 있다.

진핵생물 염색체는 종종 매우 길고 각 염색체를 따라 흩어져 있는 수많은 복제기점을 가지고 있다. 복제는 박테리아에서와 같이 양방향으로 일어난다. 한 쌍의 복제분지는 각각의 복제기점에서 시작하여 서로 반대 방향으로 이동한다(그림 10.26). DNA가 복제되고 있는 곳의 부푼 곳을 **복제기포**라 부른다.

방대한 수의 복제기점이 진핵생물의 DNA 복제 시 동시에 작용한다. 예를 들어, 분열하고 있는 인간 체세포는 10,000-100,000개의 복제기점을 가지고 있다고 추정된다. 이것은 동시성이라는 중요한 문제를 야기한다. 각 기점에서 합성은 각 염색체가 완전히 복제되

복제기포 또는 복제눈(replication bubble: replication eye) 복제 과정 중에 있는 DNA의 부푼 곳

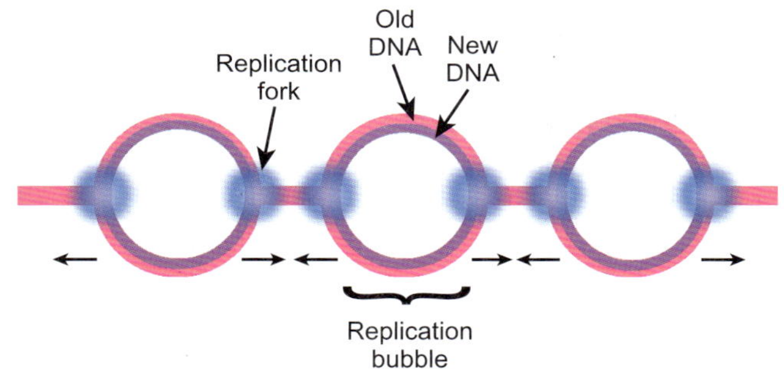

그림 10.26
진핵생물 염색체의 복제기포

DNA에 수 많은 열림 또는 복제기포는 진핵세포 염색체의 복제부위에 나타난다. 긴 복제가 계속 될수록 큰 기포가 만들어진다. 기포는 궁극적으로 서로 융합하여 복제된 DNA 분자를 분리시킨다(보여주지 않음).

Kumagai A, Shevchenko A, Shevchenko A, Dunphy WG (2010) Treslin collaborates with TopBP1 in triggering the initiation of DNA replication. Cell 140: 349–359.

마치 원핵생물같이 진핵생물은 복제 개시를 조절하기 위하여 복제기점 위에 적하하는 단백질의 특정 순서가 있다. 진핵생물은 합성을 통하여 세포를 만들기 위해 동등하게 조절되는 많은 수의 단백질을 가지고 있어 체세포분열에 의한 세포분열을 완료한다. 진핵생물의 세포주기는 체세포분열과 교대하는 간기라 불리는 휴식기로 구성된다. 체세포분열은 염색체가 응축하고 방추사가 붙는 전기, 염색체가 세포의 중앙에 배열하는 중기와 끝으로 염색체가 부모 세포의 양쪽으로 이동하여 2개의 핵을 형성하는 후기와 말기로 구성된다(아래 참조). DNA 합성은 실제적으로 휴식기인 G1, 뒤이어 DNA 합성기, 휴식기 G2를 갖는 간기동안에 일어난다. 합성은 진핵생물 세포주기 다른 시기에는 일어나지 않는다.

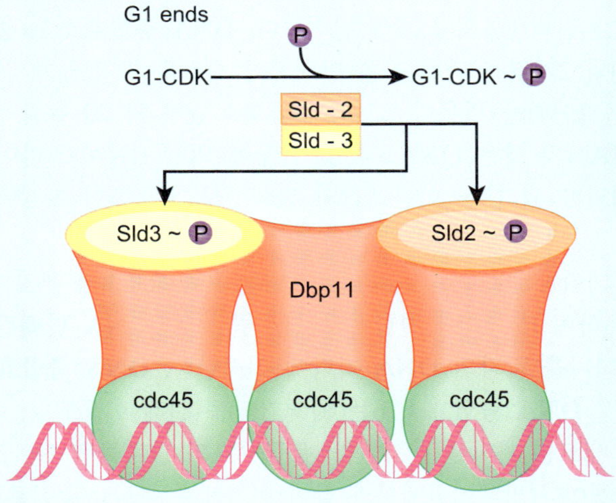

DNA 합성의 조절은 **사이클린**이란 단백질의 축적과 분해에 기인한다. 간단히, 합성으로 진입은 G1기 후에 나타나고 G1-CDK(사이클린 의존 인산화효소) 활성화에 기인한다. 그때 활성화된 G1-CDK는 S기 특이 CDK(S-CDK)를 활성화하여 복제기점에서 단백질의 조립을 시작한다. (주목하라: 단백질의 활성화는 한 단백질에서 다음 단백질로 인산기의 전달로 일어난다. 인산화된 단백질은 그 모양을 바꾸어 기질을 위한 새로운 결합부위를 열거나 다른 경우에는 결합된 억제자를 방출한다.) 효모에서 S-CDK는 인산을 Sld2와 Sld3로 전달한다. 이 두 인산화된 단백질은 Dbp11과 결합하여 복제기점 단백질을 유지하는 스캐폴드 단백질로 작용한다. DNA 합성개시의 핵심단계는 다음에 일어나는데, cdc45가 복제기점과 연관하여 전적하복합체(pre-LC)를 형성하고 다수의 다른 단백질을 따라서 DNA 나선의 풀기를 시작한다(그림 10.27).

그림 10.27
효모 세포 복제 개시

효모 세포의 복제기점에서 Dbp11은 인산화된 Sld2와 Sld3의 결합에 의해 활성화되는 스캐폴드 단백질로 작용한다. 이 복합체는 cdc45의 결합에 의해 시작되는 복제효소의 조립을 시작할 수 있다.

관련 연구에 대한 초점

이러한 모든 단백질이 동정되고 기능이 효모에서 알려졌지만, 척추동물에서는 그 과정이 아직 분명히 이해되지 않고 있다. 스캐폴드 단백질인 Dbp11의 척추동물 상동체를 TopBP1이라 부르며 같은 기능을 수행한다; 즉, cdc45를 복제기점으로 끌어당긴다. 어떤 단백질이 TopBP1을 활성화하는지는 아직 알려져 있지 않다. 이 논문에서 저자들은 제노푸스 난 추출물로부터 Treslin이라 불리는 TopBP1의 잠재적인 활성자를 분리하였다. 이 단백질은 개구리 난핵에서 TopBP1에 결합되었으며, 난에 Treslin이 결여되었을 때 DNA 복제가 대조구 양의 오직 20%만 억제되었다. 게다가, Treslin이 결핍된 난핵은 더 이상 pre-LC로 cdc45를 적하하지 못하였다. 이 논문에서 추가 실험은 Treslin이 TopBP1과 결합하기 전에 인산화되었으며, 인산기 없이는 Treslin이 TopBP1과 결합하지 못한다는 것을 보여줬다. 종합하여, 이 연구는 Treslin이 인산화되고, TopBP1에 붙고 그때 cdc45가 복제기점으로 합류하여 복제를 위한 진핵생물 DNA의 풀기를 시작한다는 것을 제안했다.

도록 서로 협조해야만 한다. 역으로 각 기점은 각 복제주기 동안 오직 한번만 개시를 해서, 이미 복제된 DNA 단편의 중복을 피해야 한다.

이 과정은 기점인식복합체(ORC)가 각 복제기점에 결합하여 일련의 단백질 상호작용을 개시하는 효모에서 잘 알려졌다. 먼저, Cdc6, Cdt1(또한 복제허가요소로 알려짐) 및

사이클린(cyclins) 다수의 다른 단백질에 인산 첨가를 조절하여 진핵생물의 세포주기의 단계를 조절하는 단백질

ORC가 MCM 복합체를 보충하여 G1 초기에만 형성되는 **복제전복합체**를 형성한다. 이것은 복제가 오직 각 세포주기에서 한번만 일어나도록 한다. 전-RC는 그때 S기 사이클린의존인산화효소(S-CDK)에 의해 활성화되고 차례로 Sld2와 Sld3를 활성화한다. 이 둘은 Dpb11과 연관되어 차례로 cdc45와 DNA 중합효소 ϵ를 데려온다. 이것을 **전적하복합체**(pre-LC)라 부른다. MCM은 복제기점에서 나선의 풀림을 시작하는 DNA 풀기효소로 DNA 신장의 개시를 시발한다.

12.2. 진핵생물 DNA의 합성

비록 박테리아의 책략과 상세한 부분에서는 상이점이 있어도, 박테리아 복제와 비슷한 일반적인 원리가 진핵생물의 복제에도 적용된다. 진핵생물에서, 반보존적 복제가 일어나고, 박테리아에서 본 바와 같이 하나의 새로운 가닥은 연속적으로 만들어지고 다른 가닥은 단편으로 만들어진다. 두 가닥 모두 DNA풀기효소와 DNA 중합효소 완전효소로 구성된 DNA 복제효소복합체에 의해 동시에 만들어진다. 완전효소 내에서, 활주클램프적하기가 각각의 핵심효소와 2개의 활주클램프를 붙들어둔다. 게다가, RNA 프라이머가 각각의 새로운 DNA 가닥을 개시하기 위해 필요하다.

동물세포에서는 이중나선이 먼저 복제기점에서 2개의 외가닥으로 분리되어야 한다. 전적하복합체(그림 10.27 참조)는 풀기효소인 **꼬마염색체보전자**를 끌어들여, 그때 나선을 따라 3′-5′ 방향으로 이동하여 DNA의 두가닥을 분리한다(그림 10.28). MCM은 박테리아 풀기효소인 DnaB와 비슷하다. 왜냐하면, 두 분자 모두 다수의 소단위로 구성되었다. 세 개의 DNA 중합효소(α, δ 및 ϵ)가 진핵생물의 복제에 관여한다. **DNA 중합효소 α(중합효소 α-프리마아제, Polα-primase)**와 2개의 연관된 작은 단백질이 새로운 가닥의 개시를 책임진다. 먼저, 복합체가 RNA 프라이머를 만든다. 그때, 중합효소 α가 약 20 뉴클레오티드 길이(**개시 DNA** 또는 "iDNA")의 짧은 DNA조각을 만듦에 의해 RNA 프라이머를 신장한다. 복제분지의 외가닥 지역은 외가닥결합단백질의 진핵생물 동등물인 복제단백질 A(RPA)에 의해 싸인다.

활주클램프적하기에 대한 박테리아의 기능적 동등물은 **복제요소C(RFC)**라 부르며, 복합체에 있는 다른 단백질을 경유하여 iDNA에 결합하고 활주클램프(**PCNA 단백질**) 플러스 2개의 DNA 중합효소 중 하나를 각각의 DNA 가닥에 적하한다. **DNA 중합효소 ϵ**는 선도가닥의 DNA에 적하하고, **DNA 중합효소 δ**는 지체가닥을 위해 이용된다. 이 두 DNA 중합효소 조립체가 2개의 새로운 가닥을 신장한다. 동물세포의 활주클램프는 DNA를 둘러싸는 환을 구성하는 삼합체이다(박테리아에서와 같이 이합체가 아님). 증식하는 세포의 핵항원(proliferating cell nuclear antigen)을 의미하는 PCNA는 그 기능이 완전히 알려지기 전에 이름이 붙여졌다. 적어도 효모에서 2개의 다른 중합효소가 통상적으로 리플리솜에서 발견된다하더라도 복제는 중합효소 ϵ없이 일어날 수 있다. 만약 필요시 중합효소 δ는 분명히 대체할 수 있다. 진핵생물의 리플리솜은 또한 Cdc45와 4개의 단백질을 위한 이름인 GINS(Go, Ichi, Nii and San)라 불리는 4개 단백질의 복합체와 같은 다른 조절 단

DNA 중합효소 α(DNA polymerase α) 동물염색체의 복제 시 개시DNA의 짧은 단편을 만드는 효소
DNA 중합효소 ϵ(DNA polymerase ϵ) 동물염색체의 복제 시 대부분의 DNA 선도가닥을 만드는 효소
DNA 중합효소 δ(DNA polymerase δ) 동물염색체가 복제될 때 대분분의 지체가닥을 만드는 효소
개시DNA(initiator DNA: iDNA) 동물의 염색체 복제 시 RNA 프라이머 바로 다음에 만들어지는 짧은 DNA 단편
꼬마염색체 보전자(minichromosome maintenance, MCM) 진핵생물 DNA 복제 시 DNA의 두 가닥을 분리하는 풀기효소
복제요소C(replication factor C, RFC) 개시DNA에 결합하여 DNA 중합효소 및 활주클램프(PCNA 단백질)가 DNA에 적하하도록 하는 진핵세포의 단백질
PCNA 단백질(PCNA protein) 진핵세포의 DNA 중합효소를 위한 활주클램프(PCNA = 증식하는 세포의 핵 항원; proliferating cell nuclear antigen)
전적하복합체(pre-loading complex, pre-LC) 복제기점에 결합하기 전에 형성되는 단백질 복합체이나 전복제복합체의 정확한 연합을 돕기 위해 필수적임
전복제복합체(pre-replicative complex, pre-RC) 진핵생물의 DNA 복제 시 복제기점에 조립되는 효소(PRC, Cdc6, Cdt1 및 MCM)의 복합체

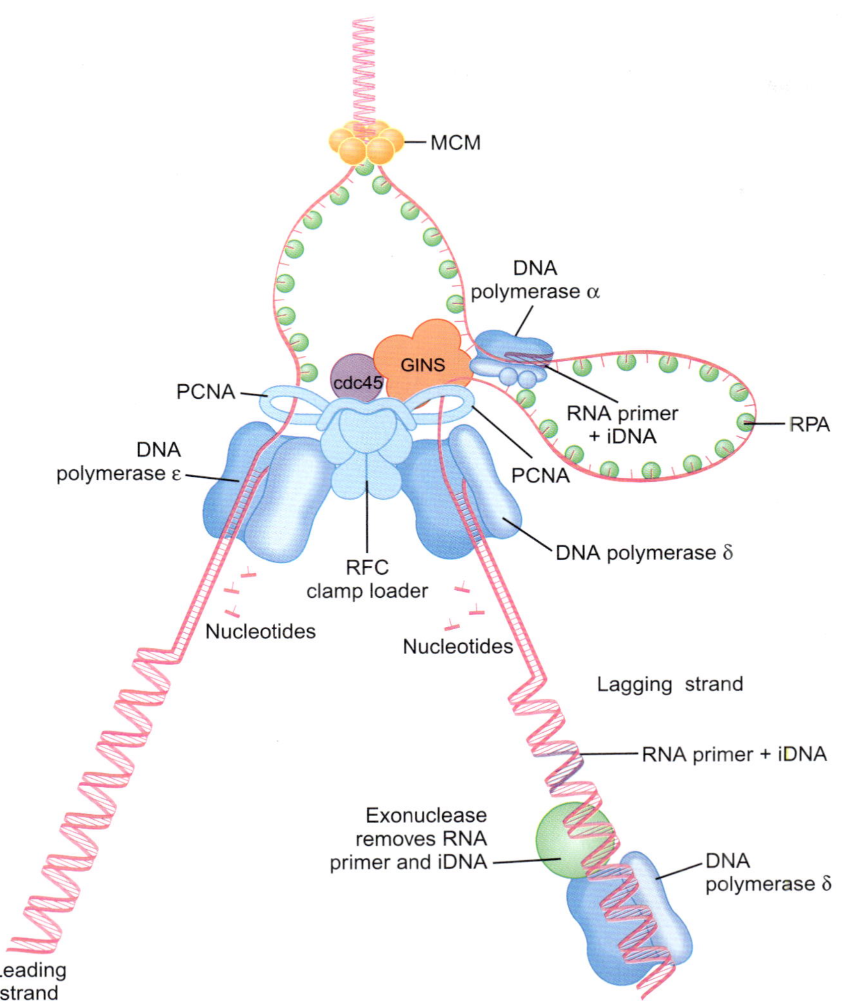

그림 10.28
진핵생물의 리플리솜

진핵생물의 복제분지는 DNA의 두 가닥을 풀어주는 MCM에 의해 만들어지고, RPA가 원형 복원을 방지하기 위해 풀린 DNA를 피복한다. 다음에 2개의 소단위를 포함한 프리마아제라 불리는 DNA 중합효소 α가 RNA 프라이머를 만들고 iDNA가 뒤를 이어 만들어진다. 다음에, RFC 클램프적하복합체가 외가닥 DNA 주위에 활주클램프(PCNA)를 조립하고 DNA 중합효소를 끌어들인다. DNA 중합효소 ϵ는 선도사슬에 적하하고, DNA 중합효소 δ는 iDNA의 3′ 말단으로부터 새로운 DNA를 합성하기 위하여 지체가닥에 적하한다. 지체가닥에서 iDNA가 뒤를 잇는 RNA 프라이머 조각은 핵산말단가수분해효소에 의해 제거되고 그때 DNA 중합효소 δ에 의해 DNA로 다시 채워진다.

백질을 포함한다. 리플리솜내에서의 이들의 기능은 아직 연구중에 있다.

Okazaki 단편의 연결방법은 동물과 박테리아 사이에 상당한 차이가 있다. 동물에는 박테리아의 이중기능 중합효소 I에 해당하는 효소가 없다. RNA 프라이머는 핵산말단가수분해효소인 Fen1과 또는 Dna2에 의해 제거되고, 그 간격은 지체가닥에 작용하는 DNA 중합효소 δ에 의해 채워진다. 박테리아에서와 같이, 틈은 DNA 연결효소에 의해 봉합된다.

진핵생물의 리플리솜은 박테리아 리플리솜보다 복잡하다. 예를 들어, 진핵생물의 리플리솜은 노다 많은 조절단백질(cdc45 및 GINS)을 가지고 있고, 그 리플리솜은 새로운 DNA를 합성하기 위하여 다른 형태의 DNA 중합효소(α, δ 및 ϵ)를 가진다.

12.3. 히스톤은 복제 시 리모델되고 대체된다

복제 시 히스톤 리모델링은 진핵생물의 복제에서 열정적인 연구 분야의 하나이다. 진핵생물 DNA는 게놈을 응축하고 염색체의 온전성을 유지하기 위하여 히스톤 주위를 단단히 감고 있다. 게다가, 히스톤은 유전자 발현에 매우 중요하므로 이 단백질의 많은 변형은 세포기능을 올바로 수행하는 데 필수적이다. 단단히 응축된 히스톤과 DNA 복합체는 이질염색질을 형성하고 어떤 번역 후 변형은 발현되는 유전자의 프로모터 부분을 나타낸다(17장 참조). 복제의 전형적인 동영상은 DNA를 자유롭게 유동하는 이중나선으로 묘사하나, 실제로 가닥들은 다른 단백질의 결합을 억제하는 히스톤 주위를 단단히 감싼 모양이다. 그러므로, 복제기구가 나선을 열고 새로운 가닥을 만들기 위해 히스톤은 이동하거나 제거되어야 한다. 그 부위가 복제된 후 그때 히스톤은 반드시 대체되어야 한다. 그러나 DNA 양이 배가되었기 때문에 새로운 히스톤이 또한 만들어지고 두 게놈으로 합류해야 한다. 그 과정은 역동적이나, 히스톤의 올바른 대체는 유전자 발현과 핵 구조에 필수적이다.

히스톤은 복제 시 제거되고 대체된다. 게다가, 오래된 히스톤을 보완하기 위해 새로운 히스톤이 만들어지지만, 정확한 메틸화와 아세틸화 양상이 각 복제 시 유지된다.

상자 10.04 DNA 중합효소 계통

DNA 중합효소는 모두가 상류 뉴클레오티드의 리보오스 또는 디옥시리보오스에 있는 3′-OH기에 들어오는 뉴클레티드의 5′-인산기를 연결하는 것을 촉매하는 기능을 한다. 그러나 아주 많은 구조적 변이와 다른 기능이 있어 DNA 중합효소는 실제적으로 7개의 다른 계통으로 구분한다.

표 10.02 DNA 중합효소는 다른 계통으로 분류된다

계통	주목할 만한 계통 구성원	기능
A	박테리아 DNA 중합효소 I	지체가닥으로부터 RNA 프라이머 제거
B	진핵생물 DNA 중합효소 α, δ 및 ϵ	복제 시 이용되는 주요 중합효소
C	박테리아 DNA 중합효소 III	복제 시 이용되는 주요 중합효소
D	PolD 중합효소	Archaea에서 복제
X	진핵생물 DNA 중합효소 ß	바뀌거나 결함있는 뉴클레티드의 제거와 수선
Y	박테이라 DNA 중합효소 V	SOS 수선시스템에서 손상된 DNA 복제 (23장 참조)
RT	역전사효소와 말단소체복원효소	RNA주형으로부터 DNA 만듦

관련 연구에 대한 초점

Falbo K, Shen X. (2010) The tango of histone marks and chaperones at replication fork. Molecular Cell 37: 595–596.

진핵생물의 복제 과정 중 가장 중요한 일 중 하나는 히스톤의 제거와 대체이다. 이 단백질은 게놈을 응축하는 데 필수적이고 또한 유전자에 전사인자의 접근을 방해하거나 허용하도록 다양한 번역후 변형을 한다(자세한 논의는 17장 참조). 히스톤 PTMs(번역후 변경유전자)과 히스톤 보호자단백질은 복제 후 히스톤의 제거와 대체를 조절한다. 히스톤 PTMs은 히스톤 꼬리의 핵심 아미노산에 아세틸기를 첨가함으로 부모 세포에서 딸 세포로 염색질 구조를 정확히 복제한다. 히스톤 보호자단백질은 복제분지에서 MCM DNA풀기효소와 물리적으로 상호작용하고 염색질 재조립을 위하여 새로이 합성되거나 대체된 부모 히스톤 단백질을 이용한다. 진핵생물의 DNA 복제 시 무엇이 일어나는가에 대한 그림은 더디게 분명해지고 있고, 특정 PTMs과 보호자단백질에 대한 앞으로 연구는 이 시스템의 복잡성에 대한 보다 나은 아이디어를 제공할 것이다. 이 짧은 종설은 복제 시 히스톤의 제거와 대체에 대한 논쟁을 다룬 2개의 다른 최초의 연구논문을 급히 요약한 것이다. Jasencaova 등(2010)은 복제 시 히스톤 H3와 H4의 번역 후 변형을 분석하였고 그때 복제가 정지되었을 때 무슨 일이 일어나는가를 밝혔다. 그들의 결과는 복제 스트레스는 후성유전적 변화를 초래한다는 것을 제시하였다. 다른 논문에서 Burgess 등(2010)은 2개의 특수 리신 아세틸전이효소(Gcn5와 Rtt109)가 없는 세포는 DNA 손상물질에 보다 민감하고 복제 후 달라진 뉴클레오소옴 조립을 가졌다. 흥미롭게, Gcn5 또한 전사에 중요하다. 분자생물학 분야의 계속적인 연구는 복제 과정과 염색질 조립을 조절하는 잘 짜여지고 엄격하게 조절되는 일련의 분자적 상호작용을 알아낼 수 있도록 할 것이다.

13. 고등생물의 세포분열

고등생물의 진핵세포는 세포분열시 또 다른 문제에 직면한다. 그들은 다수의 염색체를 가지고 있을 뿐만 아니라, 염색체는 핵막에 의해 세포의 다른 부분과 격리된 핵 속에 있다. 결과적으로 잘 짜여진 과정이 핵을 분해하고, 염색체를 복제하고 딸 세포로 분배하고 핵막을 재조립하는데 필요하다. 이 과정을 체세포분열이라 하고 몇 개의 작업이 요구된다:

1. 모세포의 핵막 분리
2. 중심축에 염색체의 배열
3. 염색체 분배
4. 각각의 염색체 두 세트를 둘러싸는 핵막의 재조립

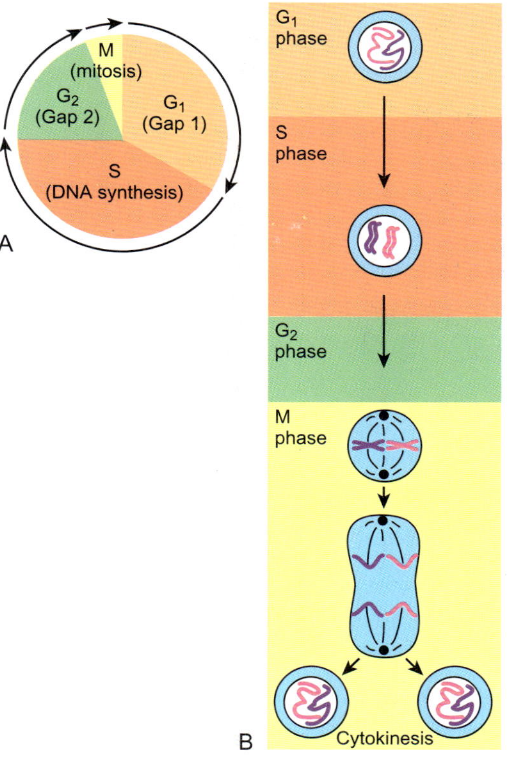

그림 10.29
진핵생물의 세포주기

DNA 복제는 세포주기의 S-기에 일어나나, 염색체는 실제적으로 체세포분열 또는 M-기 동안 후에 분리된다. S-기와 M-기는 G1과 G2에 의해 분리되어 있다.

5. 모 세포의 마지막 분열 또는 **세포질분열**

체세포분열 자체는 진핵세포 **세포주기**의 여러 단계중 하나이다(그림 10.29). 위에서 설명한 DNA 복제 과정은 세포주기의 합성 즉 **S-기**에 일어난다. S-기는 실제적으로 아무런 일이 일어나지 않는 것 같은(정상적인 세포질 활동과 물질대사 과정을 제외하고) 2개의 틈기 즉 G-기에 의해 세포분열(**체세포분열** 또는 M-기)의 실제 물리적인 과정으로부터 분리된다. **G1**, S 및 **G2**가 함께 **간기**를 구성한다.

핵의 존재는 진핵생물에서의 세포분열을 복잡하게 한다. 그 결과 염색체의 배가와 함께 핵의 하체와 재조립을 포함하는 복잡한 세포주기를 나타낸다.

핵심 개념

- 다세포 생물에서 DNA 복제와 세포분열은 단순히 더 많은 세포를 만드는 것인 반면에 단세포 생물의 동일한 과정은 새로운 생물체를 만든다. DNA 복제와 세포분열이 체세프분열 동안에 일어날 때, 두 딸 세포는 그 부모와 유전적으로 동일하다. 그러나 감수분열에서는 염색체의 유전적 재조합과 독립적 분리가 DNA 복제 후에 일어나서 배우자에는 새로운 유전적 조합을 만든다. 그때 2개의 다른 개체로부터 온 두 배우자가 만나서 새로운 생물체를 만든다.
- DNA 복제에서, DNA의 두 가닥은 리플리솜이라 불리는 효소복합체에 의해 서로 떨어져 복제분지 또는 두 번째 가닥의 합성에 이용되는 외가닥 주형 DNA 브분이 된다. 복제분지는 이중가닥 주형을 따라서 어느 한 방향으로 이동할 수 있다.

세포주기(cell cycle) 세포가 하나의 세포분열로부터 다음 세포분열을 겪는 일련의 단계
세포질분열(cytokinesis) 세포분열
G1기(G1 phase) 세포분열 다음에 오는 진핵세포 세포주기의 단계: 세포 성장이 일어남
G2기(G2 phase) DNA 합성과 체세포분열 사이의 진핵세포 세포주기의 단계: 눈열의 준비
간기(interphase) 2개의 세포분열과 G1-, S- 및 G2-기 사이의 진핵세포주기의 부분
유사분열 또는 체세포분열(mitosis) 진핵세포가 동일한 염색체 세트를 지닌 딸 세포로의 분열
S-기(S-phase) 진핵세포 세포주기의 하나로 염색체가 배가되는 단계

- 복제분지를 만들기 위해 DNA의 초나선꼬임은 DNA 자이라제와 DNA 회전효소에 의해 이완되고 그때 두 가닥은 DNA풀기효소에 의해 분리된다. 그 가닥들은 외가닥결합단백질(SSB)에 의해 재접촉이 방해된다.
- DNA 중합효소는 새로운 DNA를 합성하나 두 가지 한계가 있다: 그 중합효소는 기존하는 3′-OH없이는 합성을 시작할 수 없으며, 5′–3′ 방향으로만 DNA를 합성할 수 있어 지체가닥을 하나로 합성할 수 없다.
- 프리마아제는 선도가닥에 있는 복제기점에는 짧은 RNA 프라이머를 합성하고 지체가닥을 따라서는 다수의 프라이머를 DNA 중합효소를 위해 합성함으로써 가닥개시의 문제점을 해결한다. 다행히 프리마아제는 RNA 프라이머를 합성하기 위해서 기존의 3′-OH기를 필요로하지 않는다.
- DNA 중합효소는 기존가닥의 3′-OH기에 5′-인산기를 연결함에 의해 들어오는 뉴클레오티드를 첨가함으로 5′–3′ 방향이라 부른다.
- 뉴클레오티드 전구체는 5′-탄소에 3개의 인산기를 가지고 있다. 2개의 바깥 인산이 DNA 중합효소에 의해 피로인산으로 방출되고, 가장 안쪽의 인산이 이전에 뉴클레오티드와 결합한다.
- DNA 중합효소 III는 완전효소로 각각이 3개의 소단위(α, ϵ 및 θ)로 구성된 2개의 핵심효소(PolIII), 2개의 베타-소단위로된 활주클램프 및 다수의 소단위(δ, τ, γ, ψ 및 χ)로 된 클램프적하복합체로 되었다. 핵심효소의 ϵ-소단위(DnaQ)는 복제가 세대로부터 세대로 정확히 이루지게 하기 위하여 교정능력과 3′-말단핵산가수분해효소 활성을 가지고 있다.
- 지체가닥의 합성은 불연속적이다. Okazaki 단편은 프리모솜에 의한 새로운 RNA 프라이머의 창조에 의해 개시된다. DNA 합성을 재개시하기 위하여, DNA 클램프적하기가 활주클램프로부터 지체가닥을 방출하고 그때 새로운 RNA 프라이머에 클램프가 다시 붙는다. 그때 DNA 중합효소 III은 DNA단편을 합성할 수 있다.
- DNA 중합효소 I은 인산골격의 "틈" 또는 갈라진 틈을 인식하여 각각의 RNA 프라이머를 제거하고 DNA로 그 간격을 채운다. 그때 DNA 연결효소가 인산골격을 공유결합적으로 연결한다.
- 박테리아에서는 3개의 13-염기쌍 반복과 4개의 9-염기쌍 반복으로 된 하나의 복제기점이 있다. 30개의 DnaA 단백질 결합체가 9-염기쌍 반복에 먼저 결합하여 DNA를 구부림으로써 13-염기쌍 반복에서 나선을 연다. 그때 DnaC 단백질이 DNA풀기효소(DnaB)가 복제기점에 정확히 적하하도록 돕는다.
- 대장균은 Dam 메틸화효소에 의해 GATC에 메틸기를 첨가함으로 양친 DNA 가닥을 표시한다. 새로이 합성된 DNA 가닥은 즉시 메틸화되지 않아서 짝짝이 수선효소는 짝짝이를 이중 체크를 할 수 있다. 이 효소복합체는 새로운 부정확한 뉴클레티드를 제거하고 정확한 뉴클레오티드로 교체한다.
- 복제기점의 반메틸화는 얼마나 종종 박테리아 염색체가 복제될 것인지를 조절하는 것을 돕는다.
- 복제는 몇 가지 종료부위와 Tus단백질을 갖는 말단에서 종료된다. 이 부위는 DNA풀기효소의 이동을 막는다.
- 박테리아의 환형 염색체는 복제 시 꼬인상태이거나 심지어 홀수의 교차에 기인한 공유결합적으로 연결된 상태가 될 수 있다. DNA 회전효소 IV가 얽힌 환을 풀고 위치특이성 재조합촉진효소가 홀수의 교차수를 지닌 환을 분리한다.
- 박테리아 세포분열은 DNA 복제와 분리되어 일어나고 부모 세포의 양극으로 두 딸 세포의 이동, 격막의 형성 그리고 마지막으로 두 세포의 분리를 포함한다. 대장균에서 만약 성장조건이 좋다면 DNA 복제의 새로운 주기는 세포가 분열하기 전에 시작될 수 있다.
- 복제단위는 DNA 복제에 필요한 요소(복제기점)를 가지고 있고 환형이거나 핵산말단가수분해효소의 분해로부터 보호되는 말단을 지닌 DNA 절편이다.

- 진핵생물의 염색체는 말단소채, 중심립 및 DNA 중합효소의 비정상적인 문제를 야기하는 히스톤을 가지고 있다. 게다가, 매우 긴 조각은 다수의 복제기점을 필요로 한다.
- 말단소체는 DNA 중합효소를 시작하게하는 3′-OH가 없기 때문에 매 복제주기마다 짧아진다. 이 문제를 극복하기 위하여 말단소체복원효소라 불리는 효소가 말단소체를 늘리기 위해 RNA주형을 이용한다.
- 박테리아와 진핵생물 DNA 복제 사이의 유사성 일부는: 둘 모두가 반보전적이고; 둘 모두 선도가닥과 지체가닥을 합성하고; 둘 모두 합성을 개시하기 위하여 RNA 프라이머를 이용하고; 둘 모두 활주클램프와 활주클램프적하복합체를 이용한다는 것이다.
- 진핵생물의 DNA 복제는 다음 방법에서 박테리아 복제와 다르다: DNA 중합효소 α로 구성된 프리마아제와 2개의 작은 단백질이 RNA 프라이머와 개시 DNA를 창조한다; 2개의 다른 DNA 중합효소가 선도가닥과 지체가닥을 합성하는데 DNA 중합효소 ϵ와 DNA 중합효소 θ가 각각을 합성한다; 그리고 RNA 프라이머가 핵산말단가수분해효소에 의해 제거되고 그때 DNA 중합효소 I과 같이 이중기능을 하는 것이 아니라 DNA 중합효소 δ에 의해 채워진다.
- 히스톤은 진핵생물 DNA 복제를 위해서 제거되어야 하고, 2개의 새로운 가닥이 완성되었을 때 DNA는 다시 꼬여야만 하고 재활용되고 새로 합성된 히스톤의 조합을 둘러싸야 한다. 히스톤의 번역 후 변형이 메틸전이효소, 아세틸전이효소 및 다른 히스톤변형 효소들에 의해 또한 잘 재구성되어야 한다.
- 진핵생물은 세포주기를 가지고 복제와 세포분열의 시기를 조절한다. DNA 복제는 S-기에 일어나고, G1기 그리고 뒤이어 세포분열 또는 체세포분열(M)기, 그리고 마지막으로 또다른 틈기인 G2기가 DNA 복제가 다시 일어나기 전에 나타난다. 간기는 G1, S 및 G로 구성된다.

복습 문제

1. 무성생식 또는 영양생식은 무엇인가?
2. 수평적 유전자전이와 수직적 유전자전이의 차이점은 무엇인가?
3. 복제분지란 무엇인가?
4. 복제는 반보전적으로 일어난다. 설명하라.
5. 세타-복제란 무엇인가?
6. DNA 복제에 관여하는 2개의 유형II 회전효소의 이름을 들고 그들의 기능을 설명하라.
7. 어떻게 퀴놀린 항생제가 작용하는가?
8. 복제 시 DNA풀기효소와 SSB단백질의 기능은 무엇인가?
9. 무엇이 원핵생물 DNA를 복제하는 주요한 효소이고 어떻게 작용하는가?
10. DNA 복제 시 프리마아제의 기능은 무엇인가?
11. DNA 복제 시 뉴클레오티드의 중합은 어떻게 일어나는가?
12. DNA 합성을 위한 전구체는 어떻게 만들어지는가?
13. DNA 복제 시 THF 조효소의 두 가지 기능은 무엇인가?
14. 어떻게 항생제 트리메소프림은 DNA 복제를 억제하는가?
15. 어떻게 메토트레사트가 항암제로 작용하는가?
16. 왜 술폰아미드 계통의 항생제가 동물에 해가 없는가?
17. DNA 중합효소 III의 핵심효소를 만드는 구성요소는 무엇인가? 그들의 기능은 무엇인가?
18. 왜 지체가닥은 짧은 절편으로 만들어지는가?
19. 어떻게 Okazaki 단편이 연속적인 가닥을 형성하기 위하여 결합되는가?
20. DNA 중합효소 I의 기능은 무엇인가?
21. 복제기점이란 무엇인가? 복제 개시를 위한 3개의 중요한 단계는 무엇인가?
22. Dam 메틸화효소의 기능은 무엇인가?
23. 반메틸화된 DNA란 무엇인가?

24. 박테리아 염색체에서 복제는 어떻게 종료되는가?
25. 연관이 되지 않은 염색체가 어떻게 연쇄되는가?
26. 박테리아 세포분열의 네 가지 주요단계는 무엇인가?
27. 복제단위란 무엇인가? 세 가지 예를 들라.
28. 대부분 박테리아에서 선형 염색체의 운명은 무엇인가? 어떻게 그들은 일부 박테리아에서 보호되는가?
29. 말단소체란 무엇인가? 왜 그들이 중요한가?
30. 진핵생물에서 각 복제주기 후 선형 DNA가 짧아짐은 무엇이 억제하는가?
31. 말단소체복원효소란 무엇인가? 어떻게 작용하는가?
32. 진핵생물 DNA 복제에서 전복제복합체(pre-RC)의 역할은 무엇인가?
33. 박테리아와 진핵생물 DNA 복제 사이의 주요한 유사점은 무엇인가?
34. 박테리아와 진핵생물 DNA 복제 사이에 주요한 다른 점을 열거하라.
35. 진핵생물 세포주기의 4단계는 무엇인가?

개념 문제

1. DNA 복제 메커니즘을 밝히기 위한 핵심 연구 중 하나는 1958년 마티우 메셀손과 플랭크 스탈(Mathew Meselson and Franklin Stahl)에 의한 것이었다. 그들은 복제가 반보전적으로 일어난다는 것을 증명하기 위하여 대장균을 이용하였다. 그들은 대장균을 여러 세대(세포분열) 동안 질소의 중동위원소인 ^{15}N을 함유한 영양배지에서 길렀고, 그때 한 세대 동안 정상적인 질소(^{14}N)을 함유한 배지로 옮겼다. 그들은 그때 이 박테리아로부터 DNA를 분리하고 ^{15}N이 DNA로 들어갔음을 알았다(염기의 각각은 그들 구조에 질소를 가짐을 기억하라). 그들은 DNA를 DNA의 다른 밀도를 분리할 수 있는 CsCl 평형밀도구배원심분리법을 이용하여 정제하였다. 그 결과는 아래와 같다:

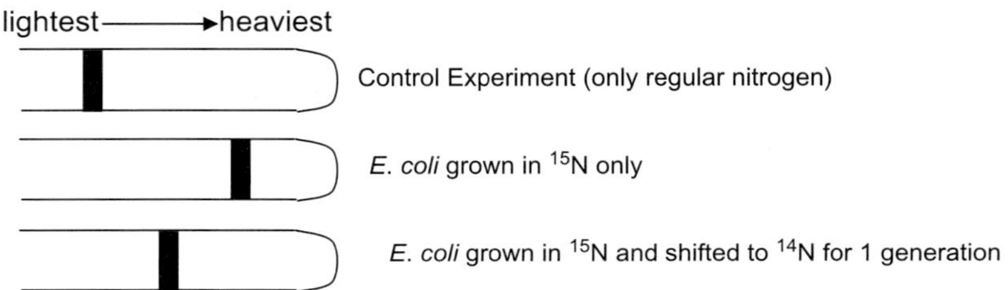

a. 복제에 대한 지식을 이용하여 이 결과를 설명하라. 어떤 밴드가 대장균을 두 세대 동안 ^{14}N에 두었을때 나타나는 것인가? 어떤 밴드가 ^{14}N에서 3세대에 나타나는 것인가?

2. 일반적인 초파리 *Drosophila melanogaster*는 4개의 염색체를 가지고 있다. 전체 게놈의 염기서열분석이 완료되었으며 4번 염색체는 1,351,857 뉴클레오티드를 가지고 있었다. 만약 각각의 복제분지가 분당 2,000 뉴클레오티드를 이동할 수 있다면 4번 염색체를 20분에 완전히 카피하기 위하여 얼마나 많은 복제분지가 필요한가?

3. 5′이나 3′을 오른쪽의 도해에 표시하라. 그리고 복제분지에 대해 어느 것이 선도가닥이고 어느 것이 지체가닥인가를 지적하라.

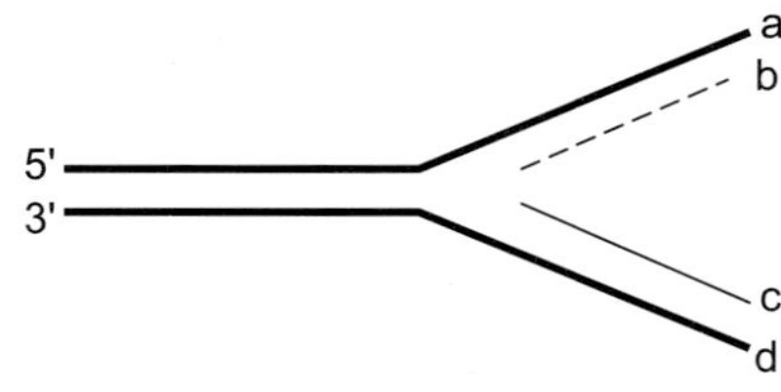

4. 연구자는 2개의 다른 대장균 배양을 동기화하여 모든 세포가 동시에 세포분열을 하도록 해야 한다. 한 배양은 야생형 대장균이고 다른 배양은 Dam 메틸화효소 유전자를 지니지 않은 돌연변이 대장균이다. 그는 복제 종료 후 20분마다 야생형과 돌연변이 대장균으로부터 DNA를 분리하였다. 대장균 각 계통의 메틸화 상태는 어떠한가? 만약 복제가 완료된 후 즉시 DNA를 분리하였다면 각 박테리아의 메틸화 상태는 어떠할 것인가?

유전자의 전사

Chapter 11

DNA에 암호화된 유전정보가 사용되려면 유전자가 발현되어야 한다. 그 첫 단계는 DNA 서열에 대한 RNA 사본을 만드는 것이다. **전사**라는 용어는 DNA에 암호화된 정보에 대한 RNA 사본을 합성하는 것을 지칭한다. 리보솜 RNA(rRNA)와 운반 RNA(tRNA)와 같은 경우에는 그 RNA가 유전자 발현의 최종 산물이다. RNA는 유전 정보의 중간 운반자, 즉 전령 RNA(mRNA)로 사용되는 것이 더 보편적이다. 이 경우 RNA는 13장에 설명된 바와 같은 번역 과정에 의해서 최종 유전자 산물인 단백질을 만드는 데 사용된다.

각 유전자 또는 작은 유전자 군들은 개별적으로 전사되므로 DNA의 짧은 영역만이 일시에 전사된다. 그래서 다른 유전자들은 다른 조건에서 발현되기 때문에 생물들이 환경에 적응할 수 있게 한다. 결국 세포는 DNA 상의 어디에서 전사를 시작하고, 어디에서 전사를 마치는지, 그리고 언제 유전자를 작동시키고 멈추는지를 알아야 한다. 특히 고등한 생물에서 유전자의 발현 조절은 매우 복잡하며 이어지는 몇몇 장에서(16-19장) 유전자 조절을 자세히 살펴보기로 한다. 이 장에서는 조절단백질들이 유전자를 켜고 끄는 기본적인 역할에 한정해서 논의하기로 한다.

전사(transcription) DNA로부터 그에 상응하는 RNA로 정보를 변환하는 과정

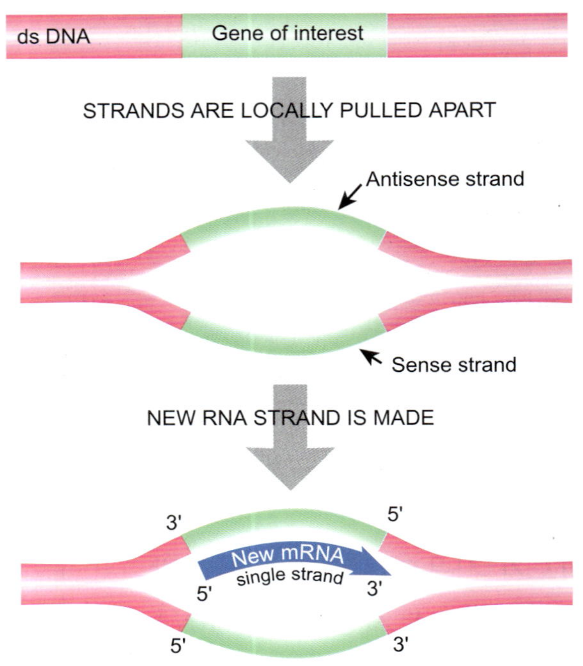

그림 11.01
가장 간단한 형태의 전사

전사될 DNA의 두 사슬이 국부적으로 분리된다. 안티센스 사슬(위)은 새로운 RNA 분자를 만드는 데 있어 주형으로 사용된다.

1. 유전자는 RNA 생산으로 발현된다

DNA는 단지 유전정보를 저장한다. 이 정보를 사용하려면 RNA와 (보편적으로) 단백질이 필요하다.

세포가 작동을 하려면 그 유전자들을 발현해야 한다. "발현"이란 유전자 산물로 단백질 또는 RNA 분자를 만드는 것을 의미한다. 유전정보의 원본을 가지고 있는 DNA 분자는 유전정보를 저장하는 데 사용되는 것이지 세포를 운용하는 직접적인 지시의 재료로 사용하는 것은 아니다. 그 대신 RNA로 만들어진, 유전자의 실용적 사본을 사용한다. 정보를 DNA에서부터 RNA로 옮기는 과정을 전사라고 하며, 그래서 RNA 분자는 전사물이라고도 한다. 유전자는 최종 산물이 RNA 분자인 것(예, tRNA, rRNA, 잡다한 조절 RNA; 아래 참조)과 단백질인 것 두 가지 주요 군으로 나눌 수 있다. 단백질인 경우 RNA 전사물은 하나의 중간산물로서, RNA에 의해서 운반되는 정보를 단백질로 전환하는 데 추가적인 단계가 필요하다. 이 과정은 13장에서 설명하기로 한다. 유전자로부터 세포의 나머지 부분으로 단백질을 암호하는 유전정보를 운반하는 유형의 RNA 분자를 **전령 RNA** 또는 mRNA라고 한다. 대부분의 유전자들이 단백질을 암호하므로 이 유전자들부터 알아보기로 한다.

전령 RNA(mRNA)는 유전자로부터 세포질로 단백질을 합성하는 정보를 운반한다.

RNA 중합효소가 주형을 읽어서 RNA를 합성하려면 DNA 이중나선이 열려야 한다.

하나의 유전자가 전사되려면 이중 가닥인 DNA가 그림 11.01에 나타낸 바와 같이 일시적으로 열려야 **RNA 중합효소**에 의해서 RNA가 만들어진다. 이 효소는 DNA 상에 한 유전자의 개시 위치에 결합하여 이중나선을 연 다음 궁극적으로 RNA 분자를 생산한다.

RNA 메시지의 서열은 그것이 합성되는 DNA의 **안티센스 사슬**에 대하여 상보적이다. DNA에서 티민을 RNA에서 우라실로 대체하는 것을 제외하면 새로 합성된 RNA 분자의 서열은 DNA의 **센스 사슬**의 서열과 동일하다. 이를테면 실제로 전사 과정에서 센스 사슬은 주형으로 사용되지 않는다. DNA와 마찬가지로 RNA는 5′-방향에서 3′-방향으로 합성됨을 명심하자(그림 11.02). 안티센스 사슬에 대한 다른 이름은 비암호 사슬 또는 **주**

안티센스 사슬(antisense strand) 상보적인 염기 짝짓기로 새로운 사슬을 합성하는 가이드로 사용된 DNA의 사슬
전령 RNA(messenger RNA; mRNA) 유전자로부터 세포의 나머지 부분으로 유전정보를 운반하는 분자
RNA 중합효소(RNA polymerase) 큰 DNA를 주형으로 사용하여 DNA를 합성하는 효소
센스 사슬(sense strand) 서열에 있어서 mRNA에 상응하는(플러스 사슬과 동일) DNA의 사슬

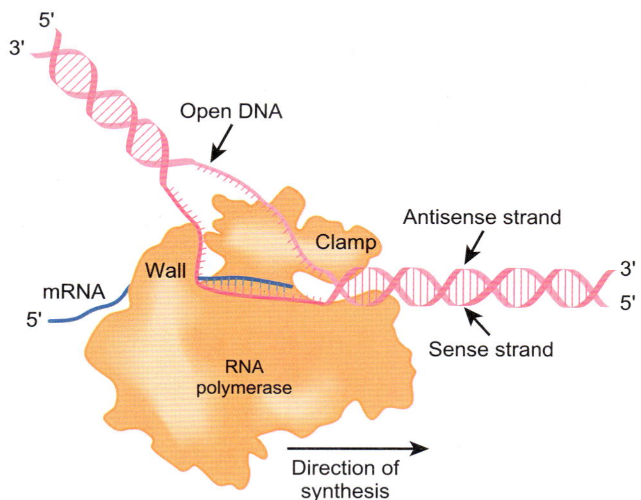

그림 11.02

전사에 관여하는 기본 요소들의 명칭

DNA는 이중나선형으로 나타내었다. 사슬이 국부적으로 분리된 다음 DNA의 사슬 중 하나인 안티센스 또는 주형 사슬과 염기가 짝을 이루면서 새로운 RNA가 합성된다. 다른 한 DNA 사슬은 불활성이며 센스 사슬 또는 암호 사슬이라 한다. RNA 중합효소라는 효소가 5′-에서 3′-방향으로 외사슬의 RNA를 합성한다. RNA의 염기 서열은 DNA의 티민을 우라실로 대체한 것 이외에는 DNA의 센스 사슬과 동일하며 안티센스 사슬에 상보적이다.

형 사슬이다. 센스 사슬을 달리 이름하여 비주형 사슬 또는 **암호 사슬**이라고도 한다. 주어진 전사 영역에서 DNA의 두 사슬 가운데 한쪽만이 복사된다. 그러나 염색체의 다른 영역에서는 DNA의 서로 다른 두 사슬이 각각 주형으로 사용될 수도 있음을 유념해두자.

1.1. 염색체의 짧은 단편들이 메시지로 변환된다

염색체는 수백 수천 개의 유전자를 운반하더라도 주어진 시간에 사용되는 것은 단지 그 일부에 불과하다. 대표적인 세균에서 약 1,000 유전자, 또는 약 25%의 유전자간이 특정한 생장 조건에서 발현된다. 인간은 약 22,000 단백질을 암호하는 유전자를 갖고 있으며, 이 유전자들의 발현은 서로 다른 조건과 조직에 따라서 차이난다. 일부 유전자들은 세포의 기본적인 운영을 하는 데 필요하며 모든 조건에서 발현되는 데 이를 **구성** 또는 **항존유전자**라 한다. 다른 유전자들은 환경 변화에 따라서 발현이 달라진다. 세포 생장이나 대사 작용이 이루어지는 동안 각 유전자 또는 관련된 소그룹의 유전자들은 필요할 경우 각각 별개의 RNA 사본을 만든다. 결과적으로 각 세포는 DNA의 짧은 단편으로부터 정보를 운반하는 많은 다양한 RNA 분자들을 가지고 있다.

각 mRNA는 DNA의 짧은 단편으로부터 정보를 운반한다.

세균보다 더 많은 유전자를 가지고 있는 더 복잡한 생물들의 세포에는 특정 시점, 특정한 세포에서 사용 중인 유전자의 비율이 훨씬 더 적다. 다세포 생물에서 서로 다른 세포들은 분화된 역할에 따라서 다른 정선된 유전자들을 발현한다. 또한 유전자 발현은 발생의 단계에 따라서 변한다. 기능을 가진 성체를 형성하기 위하여 배아의 유전자들은 특정한 시기에 한해서 고도로 조직화된 순서에 따라서 발현된다. 그러므로 더 복잡한 생물에서 유전자 발현의 조절은 기본적인 원리는 동일하지만 훨씬 더 복잡하다.

1.2. 용어: 시스트론, 암호 서열과 해독틀

초기의 세균 유전학에서 **시스트론**은 하나의 **구조유전자**, 달리 말해서 하나의 폴리펩티드를 암호하는 하나의 암호 서열이나 DNA의 단편으로 정의되었다. 이는 원래 *cis/trans* 검사

시스트론(cistron) 하나의 폴리펩티드를 암호하는 DNA의 단편(또는 RNA)
암호 사슬(coding strand) 서열에 있어서 전령 RNA와 동등한 DNA의 사슬(플러스 사슬과 동일)
구성유전자(constitutive gene) 항상 발현되는 유전자
항존유전자(housekeeping gene) 근본적인 생명 기능을 위해 필요하기 때문에 항상 작동되는 유전자
구조유전자(structural gene) 단백질을 암호하거나 비번역 RNA 분자를 암호하는 DNA (또는 RNA) 서열
주형 사슬(template strand) 상보적인 염기 짝짓기에 의해서 새로운 사슬을 합성하는 가이드로 사용되는 DNA 사슬

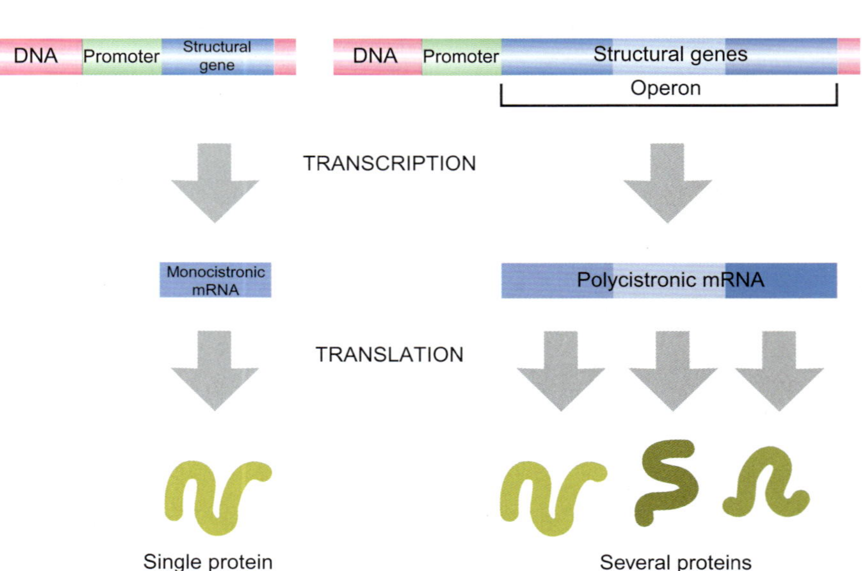

그림 11.03

단일시스트론과 폴리시스트론성 mRNA의 비교

진핵생물에서 전형적인 상태는 단일시스트론 RNA를 생성하는 하나의 구조유전자를 가지고 있는 것이며, 이에 따라서 단 하나의 단백질이 번역된다. 세균에서는 단일 촉진유전자의 조절하에 전사되는 여러 개의 구조유전자들이 있는 것이 보통이다. 생산된 RNA는 폴리시스트론성으로 서너 가지의 다른 단백질을 생성한다.

를 이용한 상보성에 의해서 하나의 유전 단위로 정의된 것이다. 지금은 시스트론과 구조유전자라는 용어는 최종 산물로 단백질을 암호하지 않는 RNA(예, rRNA, tRNA, snRNA, 등)를 암호하는 DNA 서열들도 포함한다. 하나의 **열린 해독틀(ORF)**은 이론적으로 하나의 단백질을 암호할 수 있는 어떤 염기(DNA 또는 RNA) 서열이다. 열린 해독틀이란 폴리펩티드 사슬로 번역되는 과정을 교란하는 종결코돈을 가지고 있지 않다는 의미에서 "열려 있다"는 것이다(물론, 각각의 ORF는 종결코돈에서 끝난다). (단백질을 암호하는 모든 시스트론은 ORF인데 비하여, 비번역 RNA를 암호하는 시스트론은 ORF가 아니다.)

진핵생물에서 각 mRNA는 단 하나의 유전자를 운반한다. 원핵세포에서는 동일한 mRNA에 서너 개의 유전자들이 운반된다.

진핵생물에서 각각의 유전자는 서로 다른 mRNA로 전사되며, 그렇기 때문에 각각의 mRNA 분자는 단일 단백질을 암호하며, **단일시스트론성 mRNA**로 알려져 있다(그림 11.03). 세균에서는 **오페론**이라고 알려진 연관된 유전자들의 무리가 염색체 상에 서로 인접해 있으며 단일 mRNA로 전사되므로 **폴리시스트론성 mRNA**라고 한다. 그래서 단 하나의 세균성 mRNA 분자는 대사 회로에서 연속된 단계를 관장하는 효소들처럼 상관된 기능을 하는 서너 개의 단백질들을 암호하는 것이 보통이다.

2. 한 유전자의 시작 부위는 어떻게 인식될까?

진핵생물보다 더 단순하기 때문에 세균에서 전사를 먼저 설명하기로 한다. 전사의 원리는 고등생물에서도 유사하지만 다음에서 보는 바와 같이 세부적으로는 더 복잡하다. 원핵생물과 진핵생물 간의 주요 차이점은 RNA의 합성 자체 보다는 전사의 개시와 조절에 있다. 각 유전자의 앞쪽에는 전사되지는 않는 조절 DNA 영역이 있다. 여기에 RNA 중합효소가 결합하는 서열로 **촉진유전자**와 유전자 발현의 조절에 관여하는 다른 서열들이 함께 포함되어 있다(그림 11.04). 한 유전자의 앞쪽(5′ 말단에)에 위치하는 이 DNA 부분을 때로는

열린 해독틀(open reading frame; ORF) 하나의 단백질로 번역될(최소한 이론적으로) 수 있는 (DNA 또는 RNA) 염기 서열들
단일시스트론성 mRNA(monocistronic mRNA) 단일시스트론, 즉 단일 단백질을 암호하는 서열 정보를 가진 mRNA
오페론(operon) 단일 mRNA에 함께 전사된 일군의 원핵세포 유전자들(예, 폴리시스트론성 mRNA)
폴리시스트론성 mRNA(polycistronic mRNA) 복수의 시스트론, 즉 서너 개의 단백질에 대한 암호 서열 정보를 운반하는 mRNA
촉진유전자(promoter) RNA 중합효소가 결합하여 유전자 발현을 촉진하는 한 유전자의 앞쪽에 있는 DNA 영역

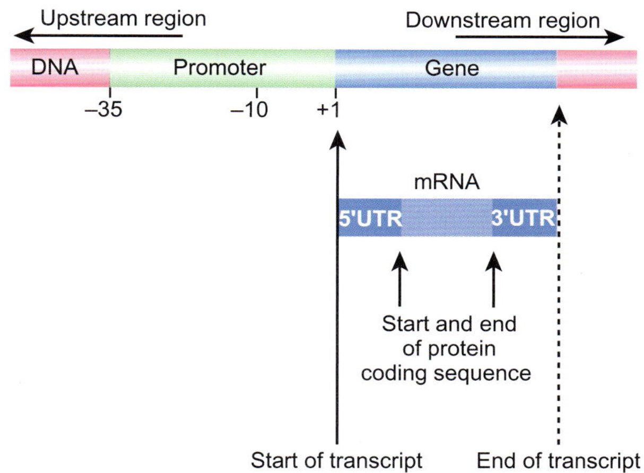

그림 11.04

상류 영역과 하류 영역

상류 영역과 하류 영역은 분자생물학자들이 사용하는 일반적 용어이다. 상류 영역은 선상 DNA에서 기준점의 앞에 있으며 하류 영역은 뒤에 있다. mRNA 전사의 개시점은 하나의 공통적인 기준점이다. 전사는 +1로 표시된 촉진유전자의 끝에서 시작되며 유전자의 끝까지 계속된다. 그 결과로 mRNA는 한 단백질을 만드는 데 필요한 것보다 더 많은 정보를 갖고 있다. 5′-UTR과 3′-UTR은 최종 단백질을 만드는 데 사용되지는 않지만 때로는 중요한 조절 요소를 포함하고 있다.

상류 영역이라고도 한다. 단백질을 암호하는 mRNA의 첫 번째 염기가 단백질을 암호하는 서열의 첫 번째 염기가 아님을 염두에 두자. 이들 두 지점 사이에는 단백질로 번역되지는 않는다는 의미의 **5′-비번역 부위** 또는 5′-UTR이라는 짧은 토막이 있다. mRNA의 먼 끝에는 단백질 암호 서열의 끝을 지나서, 번역되지 않는 또 다른 짧은 영역이 있는데 이는 **3′-비번역 부위** 또는 3′-UTR이라 한다.

세균의 RNA 중합효소는 두 가지 주요 구성 요소인 **핵심 효소**(α, α′, β, β′, ω, 5개의 소단위들로 되어 있음)와 **시그마 소단위**로 되어 있다. 핵심 효소는 RNA 합성을 담당하는 데 비하여 시그마 소단위는 주로 촉진유전자의 인지를 담당한다. 시그마 소단위는 DNA 암호 (비-주형) 사슬의 촉진유전자 영역에 있는 두 가지 특정한 염기 서열들을 인지한다(그림 11.05). 이들 서열은 mRNA로 전사된 첫 번째 염기에서부터 위로 가면서 세었을 때 10 염기와 35 염기 떨어져 있기 때문에 **−10 서열**과 **−35 서열**로 알려져 있다. (예전에는 −10 서열은 발견자의 이름을 따서 **프리브노우 상자**로 불려졌다. 지금은 이 명칭을 잘 사용하지 않는다.)

전사를 시작하기 전에 RNA 중합효소는 그 유전자의 앞쪽에 있는 인지 서열인 촉진유전자에 결합한다.

세균의 RNA 중합효소의 시그마 소단위는 촉진유전자를 인지한다. 핵심 효소는 RNA를 합성한다.

−10 서열의 공통 서열은 TATAAT이며 −35의 공통 서열은 TTGACA이다. (공통 서열은 많은 서열들을 비교하여서 평균을 취하여서 결정한다. 4장 참조) 몇몇 고도로 발현되는 유전자들은 촉진유전자에 정확한 공통 서열을 가지고 있지만 −10과 −35 서열들이 완전히 일치하는 것은 드물다. 그러나 3, 4개의 염기가 맞지 않더라도 시그마 소단위는 이들을 인지한다. *촉진유전자의 강도는 부분적으로 그 서열이 이상적인 공통 서열과 얼마나 일치하는가에 달려 있다.* 강한 촉진유전자는 고도로 발현되며 공통 서열과 매우 유사하다. 공통 서열과 일치도가 멀어질수록 약하게 발현된다(다른 요소가 없을 경우, 그렇지만 아래 참조).

강한 촉진유전자는 대개 공통 서열에 가깝다.

촉진유전자와 같이 DNA 상의 조절 위치에 대한 공통 서열들은 실제에 있어서 생물종에 따라서 차이가 있다. 그러므로 앞에 제시한 −10과 −35 공통 서열은 대장균과 상관된 세균들의 것이다. 공통 서열과 이를 인지하는 단백질들은 유연관계가 먼 생물들에서는 다

촉진유전자 서열은 생물에 따라서 다르다.

3′−비번역 부위(3′-untranslated region, 3′-UTR) 최종 종결 코돈의 하류, 단백질로 번역되지 않는 mRNA의 3′ 말단의 서열
5′−비번역 부위(5′-untranslated region; 5′-UTR) mRNA 상에 5′ 말단과 번역 개시 위치 사이의 영역
−10 서열(−10 sequence) 세균의 촉진유전자 영역으로 전사 개시로부터 10 염기 뒤에 있으며, RNA 중합효소가 인지한다.
−35 서열(−35 sequence) RNA 중합효소에 의해서 인지되는 전사 개시점으로부터 35 염기 앞에 있는 세균 촉진유전자의 영역
핵심 효소(core enzyme) 시그마(인지) 소단위를 제외한 세균의 RNA 중합효소
프리브노우 상자(Pribnow box) 세균의 촉진유전자의 −10 서열에 대한 다른 이름
시그마 소단위(sigma subunit) 촉진유전자 서열을 인지하고 결합하는 세균의 RNA 중합효소의 소단위
상류 영역(upstream region) 한 구조유전자의 앞쪽(5′ 말단을 지나)에 위치하는 DNA 영역; 그 염기는 전사 개시점으로부터 뒤로 가면서 음의 숫자로 번호를 매긴다.

그림 11.05

시그마는 −10과 −35 서열들을 인지한다

A) 시그마 단백질은 촉진유전자의 −10과 −35 서열 양쪽에 결합하여서 전사의 개시점에 대하여 확고한 자리를 확보한다. B) 핵심 효소 소단위, 시그마 인자 및 DNA를 보여 주는 RNA 중합효소의 실제 구조

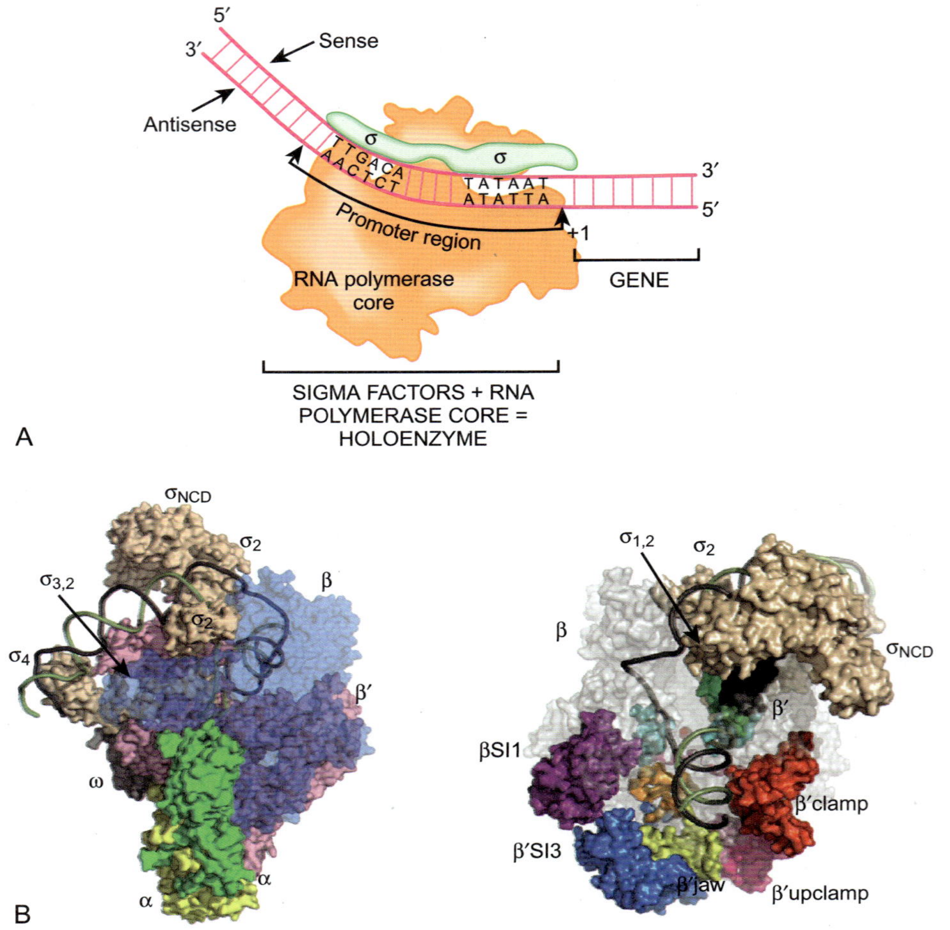

르다. 이는 생물공학적 조작으로 한 생물의 유전자를 다른 생물에서 발현하려고 할 때 그 요체가 된다. 결국 클로닝된 외래 유전자를 잘 발현시키려면 숙주 생물에서 잘 작용하는 공통 촉진유전자(또는 다른 조절 서열들)를 제공하는 것이 도움이 된다. 클로닝에서 유전자 발현을 최적화하기 위한 "발현 벡터"의 사용은 7장에 상세히 설명하였다.

3. 메시지의 가공

일단 시그마 소단위가 촉진유전자에 결합하면 RNA 중합효소의 핵심 효소는 **전사 방울**을 형성하도록 국부적으로 DNA 이중나선을 연다. −10 서열은 TATAAT, 즉 AT 염기쌍들로 구성되어 있음을 유의하자. 이들은 GC 염기쌍 보다 약하기 때문에 DNA가 녹아서 외가닥으로 되는 것을 돕는다. DNA 나선이 열린 다음, DNA 가닥 중 하나를 주형으로 염기에 맞추어 외가닥의 RNA가 생성된다. 일단 RNA 중합효소가 DNA에 결합하고 새로운 가닥의 RNA가 시작되면 시그마 소단위는 더 이상 필요가 없으며 경우에 따라서는 (항상 그렇지는 않다) 핵심 효소만 남겨 두고 DNA에서 떨어져 나온다. 실제로 RNA 중합효소는 새로운 가닥이 8 또는 9개 염기로 길어질 때까지 촉진유전자에 남아 있다. 이 시점에서 시그마가 빠져나가고 핵심 효소는 DNA를 따라 이동하면서 mRNA를 신장시킨다(그림 11.06).

RNA 중합효소는 전사 방울을 만들 수 있게 DNA를 연다.

mRNA의 첫 번째 전사된 염기는 일반적으로 A이다. 이 특정한 A는 대개 2개의 피

전사 방울(transcription bubble) 전사가 일어나도록 DNA 이중나선이 일시적으로 열린 영역

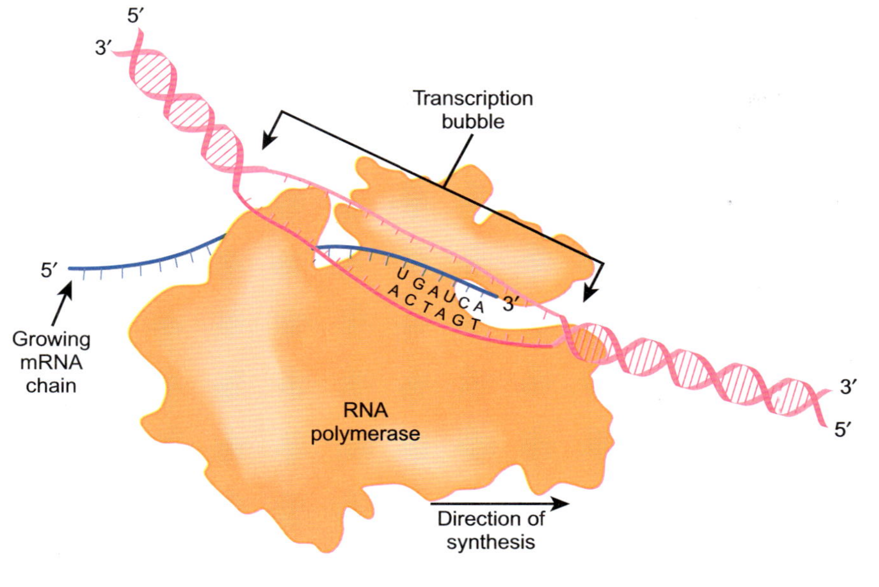

그림 11.06
mRNA의 신장

RNA 합성의 시작을 나타낸 것이다. 전사 방울에서 DNA 사슬들이 분리되어 있다. RNA 중합효소가 촉진유전자 위치에 머무는 동안 DNA 주형 사슬에 대하여 상보적인 RNA의 6개 염기들의 합성이 일어난다.

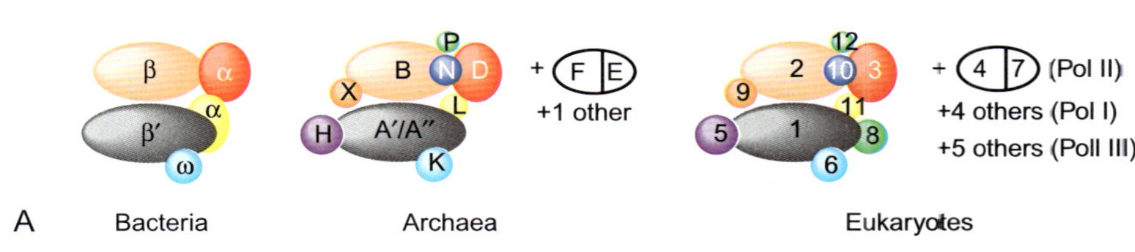

β′F helix
Secondary channel
Flap
Bridge helix
Pore 1
Wall

B *T. aquaticus* RNA polymerase *S. cerevisiae* RNA polymerase II

그림 11.07
RNA 중합효소의 구조

A) 세균의 RNA 중합효소는 다섯 가지 소단위와 네 가지 기능적 특이성을 가지고 있다. 여기에 세균, 고세균 및 진핵생물의 소단위들을 도식적으로 비교하였다. 색깔은 생물 종들 사이에서 기능적으로 유사한 소단위들을 나타낸다. B) *T. aquaticus* RNA 중합효소와 *S. cerevisiae*의 RNA 중합효소 II의 3차 구조를 위에서와 마찬가지로 동일한 방향으로 색상도 동일하게 나타내었다. 활성 부위는 금속 이온(핑크 공으로 나타냄)을 갖고 있다. 아연 이온은 청색 공으로 나타내었다. *(출처: Cramer, P. 2002 Curr Op Struct Biol 12: 89–97.)*

리미딘과 인접하며 많은 경우 CAT 서열이 된다. 때로는 첫 번째 염기가 G이지만 피리미딘인 경우는 없다. RNA 합성은 초당 약 40 뉴클레오티드 속도로 5′에서 3′으로 진행된다. 이는 DNA 복제(약 1,000 염기쌍/초)에 비해 매우 느리지만 폴리펩티드 합성률(초당 15개 아미노산)에 버금간다.

핵심 효소는 RNA를 생산하면서 앞으로 나아가며 시그마는 촉진유전자에 남겨 둔다.

RNA 중합효소의 핵심 효소는 5개의 소단위, 2개의 α 소단위와 β, β′ 및 ω 소단위들로 구성되어 있다(그림 11.07). β와 β′ 소단위들은 효소의 촉매 부위를 구성한다. α 소단위는 조립 및 촉진유전자의 인지에 부분적 역할을 하기 위해서 필요하다. ω(오메가) 소단위는 β′ 소단위에 결합하여 그것을 안정화시키며, 핵심 효소 복합체로 조립되는 것을 도와준다. RNA 중합효소는 세균의 경우 DNA의 16개 염기쌍이, RNA 중합효소가 더 큰 효모와 같은 진핵 생물의 경우 25개 염기쌍이 들어갈 수 있도록 가운데 깊은 홈을 가지고 있다. 첫 번 홈에 대하여 직각 방향에 있는 얕은 홈은 새로이 조립된 RNA 가닥을 잡아 준다.

염색체의 음성 초나선꼬임은 전사가 진행되는 동안 DNA가 벌어지는 것을 촉진한다. RNA 중합효소는 DNA를 따라 움직일 때, RNA 중합효소는 그 앞부분의 DNA를 더 단단하게 감아서 양성 초나선꼬임을 형성한다. 그리고 또한 뒤 쪽에는 부분적으로 풀린 DNA를 남기면서 음성 초나선꼬임이 생기게 한다. 정상적인 수준의 초나선꼬임을 복구하기 위해서 DNA 자이레이즈는 RNA 중합효소의 앞쪽에는 음성 초나선꼬임을 삽입하고, DNA 회전효소는 RNA 중합효소 뒤 쪽에서 음성 초나선꼬임을 제거한다(4장 참조).

4. RNA 중합효소는 종점을 안다

각 유전자의 앞부분에 인식 부위가 있는 것처럼, 끝부분에도 특별한 **종결자** 서열이 있다. 종결자는 DNA 주형 가닥에 있으며 6개 정도의 염기에 의해서 분리된 2개의 역반복 서열로 구성되어 있고 일련의 A 염기들로 이어져 있다. mRNA의 서열은 T 대신에 U로 대체된 것만 제외하면 DNA의 비주형 가닥과 같아질 것이다. 그래서 DNA의 주형 가닥에서 연속된 A염기들은 mRNA의 3′ 말단에 U염기들이 나열되게 해준다(그림 11.08). DNA에서 2개의 역반복 서열은 서로 반대되는 가닥에 있음을 유의하자. 연구자들이 종종 mRNA

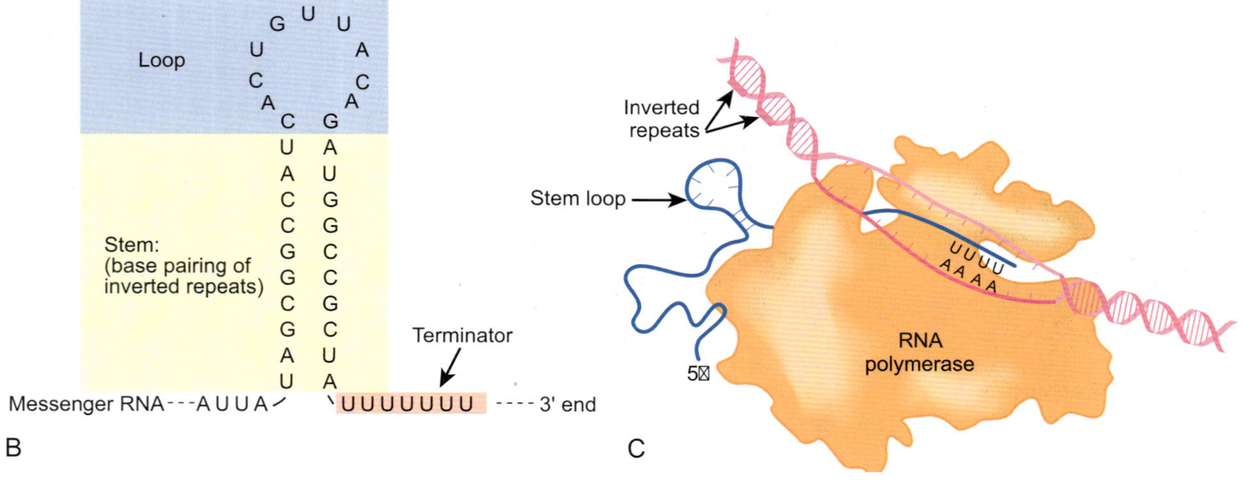

그림 11.08
종결자 서열은 RNA로 전사된다.

A) RNA 중합효소에 대한 정지 신호는 DNA와 그로부터 전사된 RNA 양쪽 모두에 나타나 있다. 종결자는 연속된 U 염기들로부터 약 10개 염기 떨어져 있는 역반복 배열로 구성되어 있다. B) 상보적인 염기들은 머리핀 구조의 줄기를 형성하며 그 사이의 염기들은 고리를 형성한다. C) 전사동안 mRNA의 줄기 고리는 mRNA와 RNA 중합효소의 상호작용을 방해한다. 또한 RNA 중합효소 내의 mRNA:DNA의 이형 이중 가닥은 A:U 염기쌍은 단지 2개의 수소결합을 갖기 때문에 단단하게 연결되어 있지 않다. 이 두 가지의 조합으로 복합체의 불안정성을 형성하여, 궁극적으로 mRNA와 DNA가 분리된다.

종결자(terminator) 유전자의 말단에 있는 DNA 서열로 RNA 중합효소의 전사 종결을 명한다.

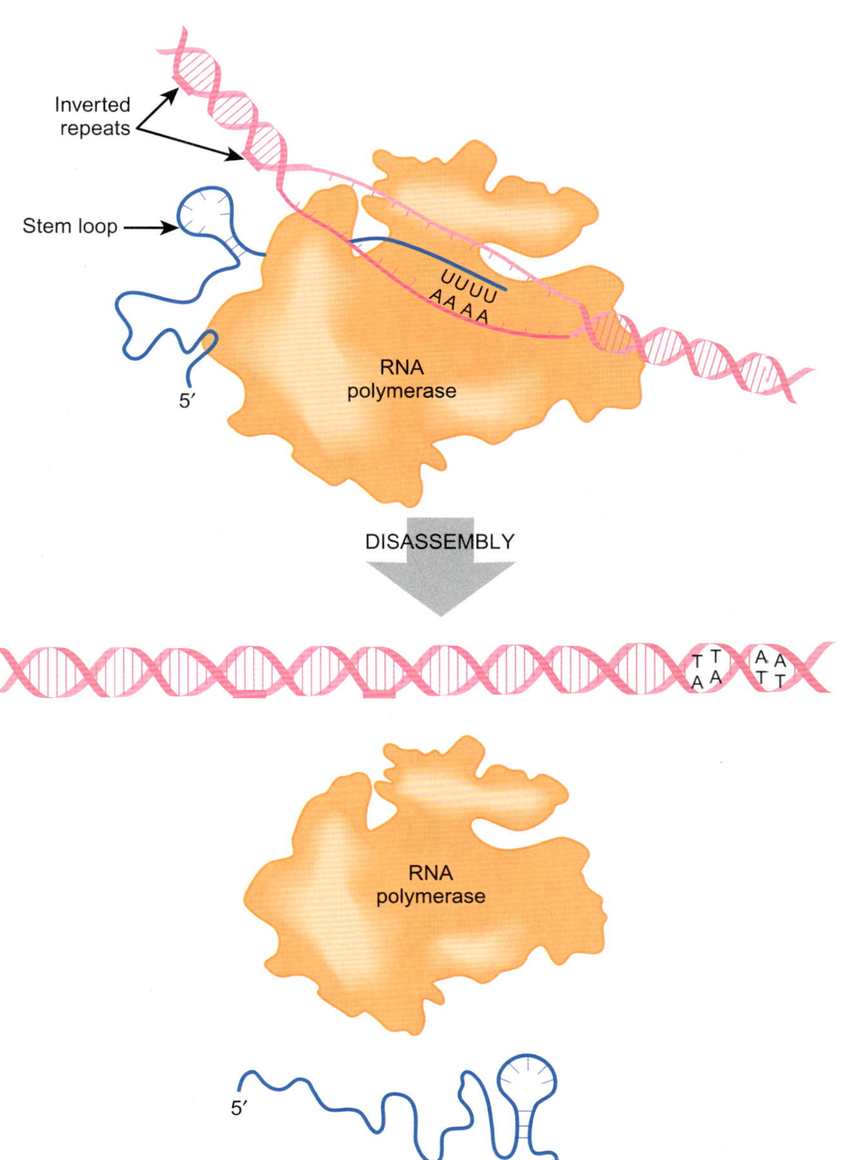

그림 11.09
전령 RNA의 종결

mRNA가 종결자의 머리핀 구조에 도달하면 멈춘다; AAAAA 서열에 도달하면 복합체의 불안정성으로 인해서 새로이 합성된 RNA와 함께 주형 가닥에서 떨어져 나온다.

가 '역반복 서열들'을 갖고 있는 것처럼 말하지만, 두 번째 반복 서열은 사실상 첫 번째 반복 서열에 대하여 상보적인 것이다. 이런 이유로, 하나의 RNA 분자의 동일한 가닥에 있는 이와 같은 역반복 서열들은 짝을 이루어 줄기와 고리 또는 "머리핀" 구조를 만들 수 있다.

유전자의 말단은 RNA에서 머리핀 구조를 형성하는 종결자 서열로 표시되어 있다.

RNA 중합효소는 머리핀 구조에 도달하면 일단 정지한다. 긴 RNA 분자들은 더리핀의 크기에 따라서 RNA 중합효소를 지연시키거나 잠시 멈추게 하는 많은 수의 머리핀 구조들을 가지고 있다. 이는 종결 기회를 제공하기는 하지만 U 염기의 나열이 없으면 RNA 중합효소는 다시 출발할 것이다. 그러나 DNA 주형 가닥의 A 염기 열과 짝을 이룬 U 염기 열은 매우 약한 구조이며, RNA 중합효소가 정지하고 있는 동안에 RNA와 DNA가 분리된다(그림 11.09). 정지 시간은 다양하지만 전형적인 종결자에 대하여 약 60초 정도이다.

종결은 실제로 U 염기 열의 끝이나 중간에 몇 개의 가능한 위치에서 일어날 수 있다. 달리 말하자면 RNA 중합효소가 "더듬거려서" 동일한 mRNA의 서로 다른 분자들 사이에도 종결의 정확한 위치는 약간씩 달라질 수 있다. 종결자 구조에서 DNA와 RNA가 일단 분리 되면 RNA 중합효소는 떨어져 나가서 다른 유전자를 찾기 위해서 이동한다(그림 11.09).

종결자의 한 아류들이 기능을 하려면 로(Rho)라고 알려진 인지 단백질이 필요하다.

종결자에는 2종류가 있다. **로(Rho) 의존성 종결자**는 DNA로부터 RNA 중합효소를 분리하려면 **로(ρ) 단백질**을 필요로 한다. **로(Rho) 독립성 종결자**나 "내재성" 종결자는 로(Rho) 단백질이나 종결을 일으키는 데 있어서 다른 인자를 필요로 하지 않는다. 대장균에서 대부분의 종결자들은 로(Rho) 단백질을 필요로 하지 않는다. 이와는 대조적으로, 로 의존성 종결자들은 박테리오파지에 비교적 많이 존재한다.

로(Rho) 단백질은 DNA/RNA 혼성 이중나선을 풀기 위해 ATP로부터 얻은 에너지를 사용하는 특수화된 DNA 풀기 효소이다. 이는 6개의 동일한 소단위들로 구성된 6합체이며 mRNA에서 종결자의 상위에 위치한 50 내지 90개의 염기 서열을 인식하여 결합한다. 로 6합체는 닫힌 고리를 형성하지는 않고, 그 대신에 틈이 열려 있으며 구조적으로 나선형을 닮았다. 로 단백질이 결합하기 위한 RNA 서열은 명확하게 정의되어 있지는 않지만, C가 많고 G가 적다. 로 단백질은 RNA 중합효소가 C가 많고 G가 적은 인지 영역을 일단 합성한 다음 이동하면 그 길이가 늘어나고 있는 mRNA 사슬에만 결합할 수 있다. 당초에 로 단백질은 RNA 전사체를 따라 이동하고, RNA 중합효소가 정지해 있는 종결자의 머리핀 구조에서 RNA 중합효소를 따라잡는다고 생각되었다(그림 11.10). 그러나 최근 자료에 의하면 로(Rho)는 전사 주기를 통해서 RNA 중합효소를 동반하는 것으로 제시되고 있다. 로(Rho)가 인지 위치에 결합하면 RNA 중합효소의 촉매 소단위에 구조적 변화를 야기하여서 종결시키게 된다. 그러면 로 단백질은 전사 방울에서 DNA/RNA 나선을 풀고 그 두 가닥을 분리시켜서 해체된다.

5. 세포는 어느 유전자를 작동할 것인지를 어떻게 알까?

항존유전자 또는 구성유전자로 알려진 일부 유전자들은 항상 작동하고 있다. 즉 이 유전자들은 계속적으로 발현된다. 세균에서 이 유전자들은 종종 −10과 −35 영역이 공통 서열과 매우 비슷하거나 동일한 촉진유전자 서열을 가지고 있다. 그래서 이 유전자들은 RNA 중합효소의 시그마 소단위에 의해서 항상 인식되며 모든 조건에서 발현된다. 다른 항존 촉진유전자들은 공통 서열에 비하여 차이가 더 많으며 덜 강하게 발현된다. 그렇기는 하지만 비교적 적은 양의 유전자 산물을 필요로 한다면 이것으로도 충족된다.

항존유전자들은 항상 켜져 있다. 일부 유전자들이 켜지려면 활성인자 단백질을 필요로 한다.

특정한 조건에서만 요구되는 유전자들은 흔히 촉진유전자의 −10과 −35 영역에 빈약한 인지 서열을 가지고 있다. 이런 경우에 이 촉진유전자는 다른 보조 단백질이 돕지 않는 한 시그마 소단위에 의해 인식되지 않는다(그림 11.11). 이 보조 단백질들은 유전자 **활성인자 단백질**로 알려져 있으며, 이들은 유전자에 따라서 다르다. 각각의 활성인자 단백질은 1개 또는 그 이상 유전자들의 전사를 촉진한다. 동일한 활성인자 단백질에 의해서 인지되는 일군의 유전자들은 DNA에서 그 유전자들이 서로 다른 위치에 있을지라도 비슷한 조건에서 모두 함께 발현된다. 고등생물은 다른 조직에서 서로 다르게 발현되는 많은 유전자들을 가지고 있다. 그 결과로 진핵생물의 유전자들은 더 구체적으로 **전사인자**라고 알려진 복합적인 활성인자 단백질들에 의해서 조절된다(아래 참조).

활성인자 단백질은 작은 분자에 반응하여 흔히 구조가 변하기도 한다. 그러나 단 한 가지의 구조에서만 DNA에 결합한다.

활성인자 단백질(activator protein) 한 유전자를 켜는 단백질
로 의존성 종결자(Rho-dependent terminator) 로(Rho) 단백질에 의존하는 전사 종결자
로 독립성 종결자(Rho-independent terminator) 로(Rho) 단백질이 필요 없는 전사 종결자
로 단백질(Rho protein) 특이적 전사 종결자에서 성공적인 종결이 되는데 요구되는 단백질 요소
전사인자(transcription factor) 유전자의 조절 영역에 있는 DNA에 결합하여 유전자 발현을 조절하는 단백질

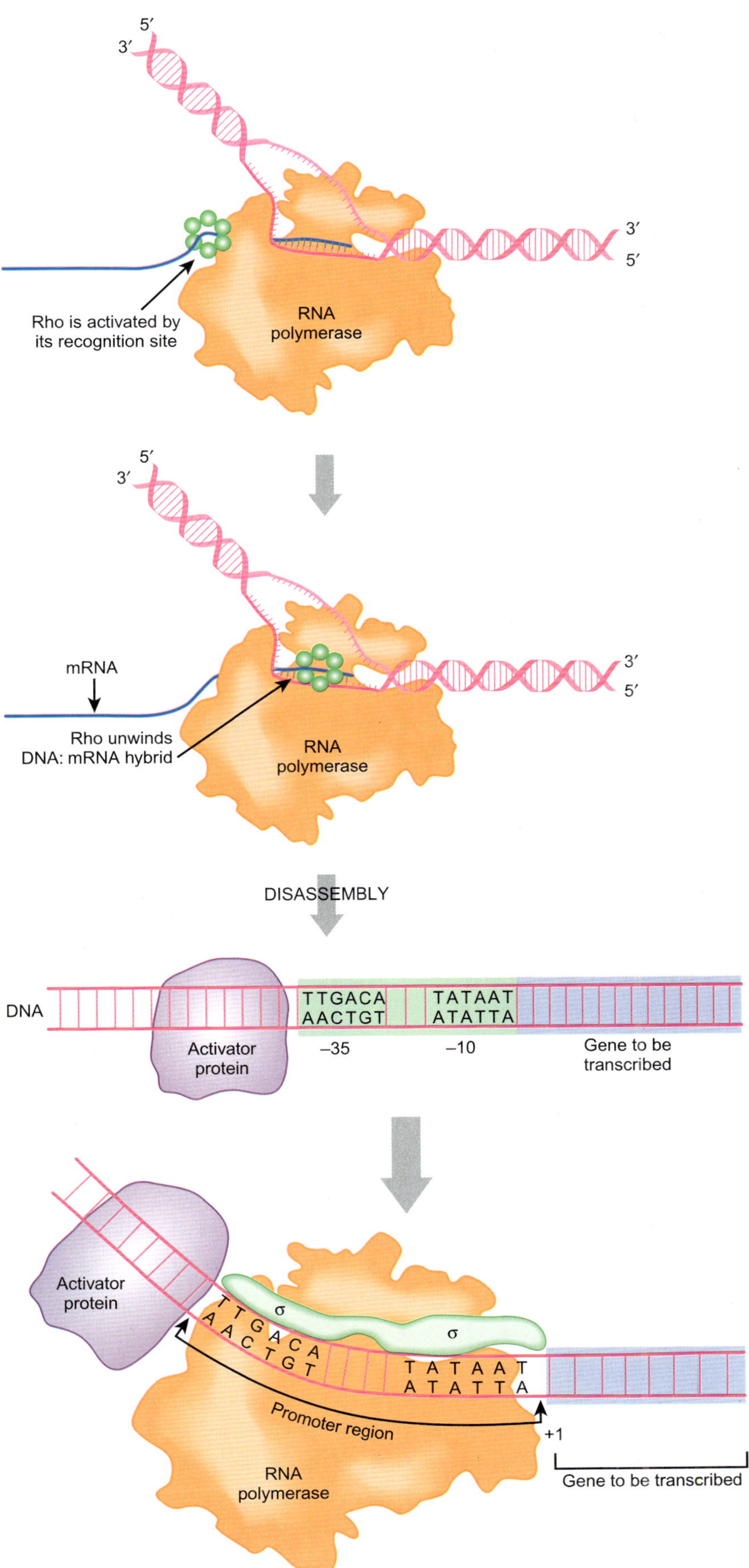

그림 11.10

로(Rho)에 의한 종결

로(Rho)는 신장되고 있는 mRNA를 합성하는 RNA 중합효소를 동반한다. 일단 RNA 중합효소가 로 인지 부위를 만들고 나면 로는 거기에 결합하여 RNA 중합효소의 구조 변화를 야기함으로써 종결 위치에 멈추게 된다. 그런 다음 로는 DNA 사슬로부터 새로이 형성된 mRNA를 풀어낸다. 이어서 mRNA와 RNA 중합효소가 DNA에서 떨어지며 로가 mRNA에서 분리된다.

그림 11.11

유전자 활성인자 단백질

활성인자 단백질은 먼저 유전자의 촉진유전자 영역에 결합한다. 일단 결합하면 활성인자 단백질은 RNA 중합효소의 시그마 소단위의 결합을 촉진한다. 그 다음 유전자 전사가 시작된다.

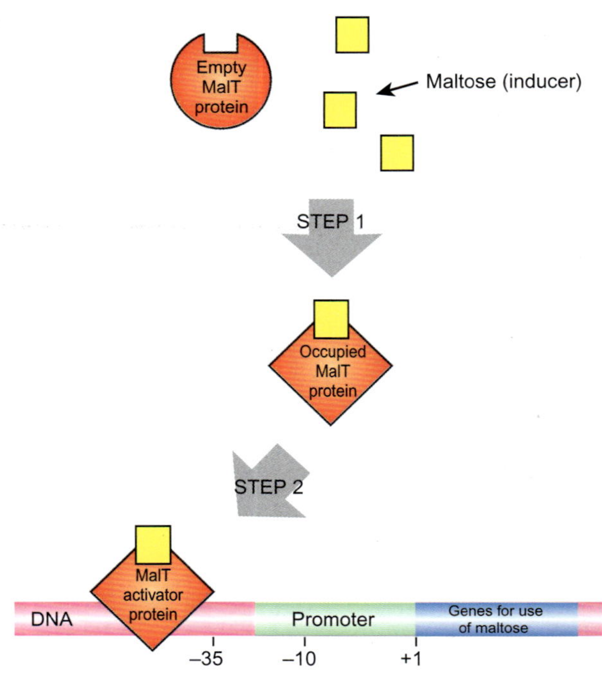

그림 11.12
MalT의 구조가 맥아당의 결합으로 변한다.

MalT 단백질은 맥아당에 상보적인 모양을 한 결합 부위를 가지고 있다. 1단계에서 MalT는 맥아당에 결합한다. 이에 따라서 MalT의 구조가 변한다. 2단계에서 MalT 단백질은 새로운 구조로 인해서 특정한 촉진유전자에서 발견되는 특이한 서열을 가진 DNA에 결합할 수 있게 된다. 이처럼 활성화된 유전자는 맥아당의 대사에 관여하게 된다.

5.1. 활성인자는 무엇이 활성화 시킬까?

옛날 그리스의 철학자 플라톤은 "수호자는 누가 지켜줄까?"라는 질문의 정치적 견해를 심사숙고하였다. 특히나 더 복잡한 고등생물의 살아 있는 세포에는 각각 그 다음 것을 조절하는 일련의 조절자들이 실로 존재한다. 그렇다면 최초의 사건은 무엇인가? 세포는 어떤 외부적인 영향에 대해 반응을 해야 하며 또는 다른 내부적인 과정들에 의해서 영향을 받아야만 한다. 유전자 발현의 조절은 16장과 17장에서 더 자세히 다룰 것이다. 이 단원에서는 촉진유전자가 기능을 하기 위해 필요로 하는 기본적 메커니즘만을 다룰 것이다.

활성인자에 대한 간단한 예로써, *E. coli*에 의한 맥아당 사용을 생각해보자. 맥아당은 원래 엿기름과 많은 다른 재료의 전분으로부터 만들어진 당이다. 맥아당은 *E. coli*에 의해서 에너지와 유기물질에 대한 모든 요구를 충족시키는 데 사용된다. MalT라고 하는 활성인자 단백질은 맥아당을 감지하여서 결합한다(그림 11.12). 이 결합은 MalT 단백질의 모양 변화를 야기하여서 DNA 결합 부위를 노출시킨다. 원래의 "빈" 형태의 MalT는 DNA에 결합할 수가 없다. 활성 형태(MalT + 맥아당)는 맥아당을 먹고 성장하는 데 필요한 유전자들의 촉진유전자 영역에서만 발견되는 DNA의 특수한 서열에 결합한다. 이 MalT의 존재는 RNA 중합효소가 촉진유전자에 결합하고 유전자들을 전사하는 것을 돕는다. 이 맥아당과 같이 유전자 발현을 야기하는 작은 분자를 **유도원**이라 한다. 이는 결국 맥아당을 사용하고자 하는 유전자들만이 이 특정한 당을 이용할 수 있는 경우에 유도된다는 것이다. 이와 같은 일반적 원리가 대부분의 영양소들에 대해 적용되며, 조절의 세부적인 내용은 매 경우 마다 다를 수 있다.

5.2. 음성 조절은 억제인자의 활동에서 온다

유전자들은 양성 또는 음성 조절에 의해 조절된다. **양성 조절**에서 활성인자 단백질은 유전

유도원(inducer) 작은 신호분자로서 조절단백질에 결합하여 유전자를 작동시킨다.
양성 조절(positive regulation) 결합하였을 때 유전자 발현을 촉진하는 활성인자에 의한 조절

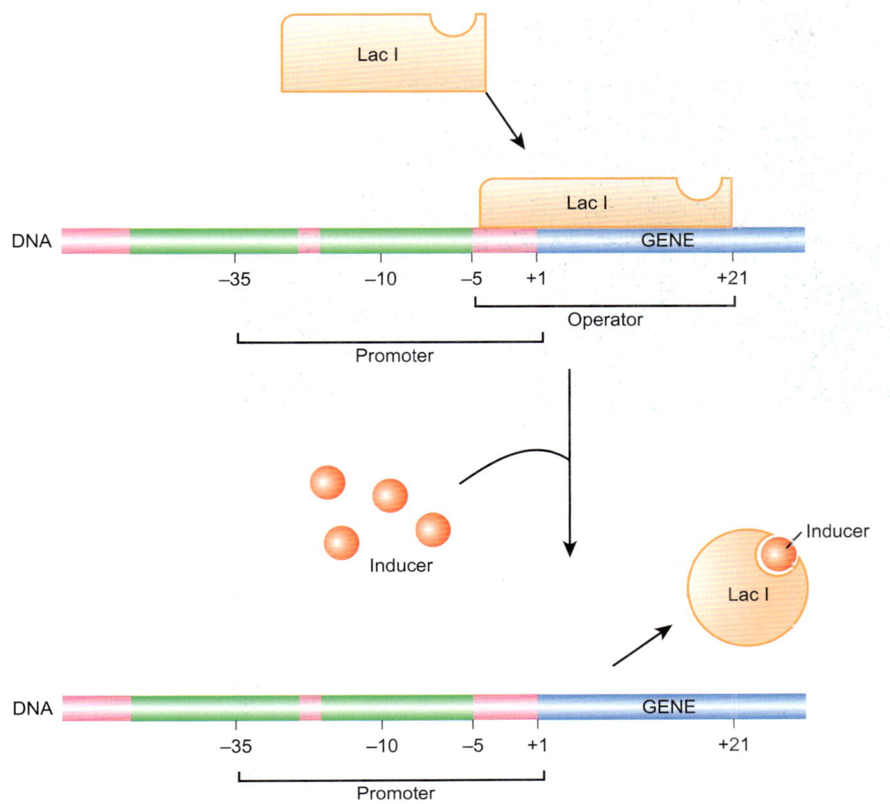

그림 11.13

억제인자에 의한 음성 조절의 원리

LacI 단백질이 젖당 대사에 영향을 미치는 유전자의 촉진유전자 영역 내에 있는 작동유전자 위치에 결합해 있다. 유도원은 LacI에 결합하여 그 구조를 변화시켜 DNA에서 방출되게 한다. 그러면 RNA 중합효소가 그 유전자를 전사하는 것이 자유롭게 된다.

자를 작동시켜야 할 때만 DNA에 결합한다. **음성 조절**에서 **억제인자** 단백질은 DNA에 결합해서 유전자가 작동 않음을 확실히 한다. DNA로부터 이 억제인자가 제거되었을 경우에만 그 유전자가 전사될 수 있다. 억제인자가 결합하는 위치를 **작동유전자** 서열이라 한다. 활성인자 단백질과 마찬가지로 억제인자 단백질은 DNA 결합형과 비결합형 사이에 교체가 가능하다. 이 경우에는 유도원의 억제인자 결합이 억제인자가 DNA 결합형에서 비결합형으로 형태 변화를 야기한다.

억제인자는 유전자의 스위치를 끄는 단백질이다.

역사적으로, 음성 조절인자들이 활성인자들 보다 먼저 발견되었다. 가장 잘 알려진 예는 **LacI 단백질**인, 젖당 억제인자이다(그림 11.13). 젖당은 우유에서 발견되는 또 다른 당으로써 *E. coli*와 같은 세균이 이를 먹고 성장할 수 있다. 젖당을 이용할 수 없을 때는 LacI 단백질은 자신의 작동유전자 서열에 결합하며, 이 서열은 젖당을 사용할 유전자에 대한 촉진유전자의 일부와 암호화 영역의 앞부분과 겹쳐져 있다. 젖당이 있을 경우에는 LacI 단백질은 형태가 변하여 DNA로부터 방출됨으로써 젖당 유전자들이 유도된다. 종합하면 결과는 맥아당과 마찬가지다. 젖당을 이용할 수 있을 때, 젖당을 사용하기 위한 유전자들이 작동되고 젖당이 없을 때는 그 유전자들의 작동이 멈추게 된다.

억제인자가 전사를 막는 자세한 기작은 상당히 다양하고 잘 알려져 있지 않다. 억제인자가 때로는 잘 연구된 람다 박테리오파지의 CI 억제인자의 경우처럼 단순히 그 위치에 끼어들어 있음으로 RNA 중합효소의 촉진유전자 결합을 방해한다(입체적 방해). 발현을 억제하는 또 다른 방법으로 억제인자는 구조유전자 내부인 하위 부근에 결합할 수도 있다. 이 경우에 RNA 중합효소는 촉진유전자에 결합할 수는 있으나 앞으로 이동하면서 유전

LacI 단백질(LacI protein) *lac* 오페론을 조절하는 억제인자
음성 조절(negative regulation) 억제인자가 그것이 제거될 때까지 유전자의 작동을 못하게 하는 조절 모드
작동유전자(operator) 억제인자 단백질이 결합하는 DNA 상의 자리
억제인자(repressor) 유전자의 전사를 방지하는 조절단백질

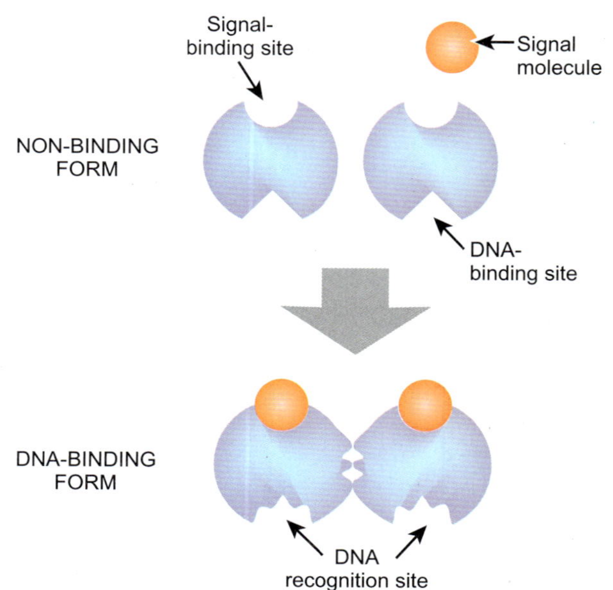

그림 11.14
다른자리입체성 단백질이 신호분자와 결합하여 구조가 변한다.

2개의 소단위가 하나의 신호 결합 부위와 하나의 DNA 결합 부위를 가지고 있다. 소단위에 신호분자가 결합하면 이들은 쌍을 이루며 구조가 변한다. 그렇게 되면 이들은 DNA와 결합할 수 있다.

자를 전사하는 것은 방지되어 있다. 때로는 DNA 서열상에 이들의 결합 부위가 겹쳐져 있어 RNA 중합효소와 억제인자가 둘 다 DNA에 동시에 결합한다. [DNA 이중나선은 3차원 구조라는 것을 기억하라. 두 단백질들이 DNA의 표면 둘레에서 서로 분리된 위치를 점유한다면 동일한 선상에 결합이 가능하다.] 실제로 이에 해당하는 예가 LacI 억제인자이다(관련 연구에 대한 초점 참조). 이 경우에 RNA 중합효소는 실제로 억제인자가 있을 때 더 강하게 결합하지만, 그 위치에 고정되어 있어서 전사를 개시하도록 DNA를 열 수는 없다.

관련 연구에 대한 초점

La Penna G, Perico A (2010) Wrapped-around models for the *lac* operon complex. Biophys J. 98:2964-2973.

lac 오페론은 세균 유전학에서 유전자의 조절을 연구하는 데 사용된 전형적 시스템이다. *lac* 억제인자 단백질(LacI)은 DNA에 결합할 때는 4합체를 형성한다. LacI 4합체의 크기와 전하가 이 단백질의 주변으로 DNA를 굽히는 데 있어 중요하다. LacI 4합체 둘레로 DNA를 포장하는 것에 대하여 몇 가지의 약간씩 다른 구조 모델들이 제시되었다. 많은 DNA-결합 조절단백질들이 몇 개의 염기 간격을 두고 있는 2개의 분리된 서열들에 결합한다. LacI는 그 4합체가 2합체의 2합체로 배열되어 V-모양을 형성하기 때문에 이것은 사실이다. 이는 V의 끝 각각에서 DNA와 2번에 걸쳐 접촉한다.

저자들은 LacI-DNA 복합체에 대한 구조적 변이를 조사하기 위하여 다양한 계산과 구조적 시뮬레이션을 수행하였다. 그 결과들은 DNA가 복합체의 바깥으로 고리를 내밀기 보다는 LacI 단백질의 둘레를 둘러싸고 있는 모델을 지지한다. DNA는 복합체의 대부분에서 전형적인 이중나선 구조를 유지하고 있다. 일부 DNA의 뒤틀림이 4합체 결합의 하류에서 발생하였다.

5.3. 많은 조절인자 단백질들은 작은 분자들과 결합해서 모양을 변화시킨다

작은 분자들은 조절단백질에 결합하는 것에 의해서 유전자 발현을 조절할 수 있다.

조절인자 단백질이 활성인자이든 억제인자이든 모종의 신호를 필요로 한다. 그렇게 하는 가장 보편적인 방법 중 하나는 조절단백질의 결합 부위와 맞는 작은 분자를 사용하는 것이다(그림 11.14). 이를 **신호분자**라고 한다. 성장에 필요한 영양분을 사용하는 경우, 명확하고도 보편적인 선택은 영양분 물질 자체이다. [원핵생물에서 DNA 결합 단백질은 흔히 신호분자에 직접적으로 결합한다. DNA가 핵 안에 있는 진핵생물에서는 그것이 흔히 더 복

신호분자(signal molecule) 조절단백질에 결합하는 것에 의해 조절 효과를 야기하는 작은 분자

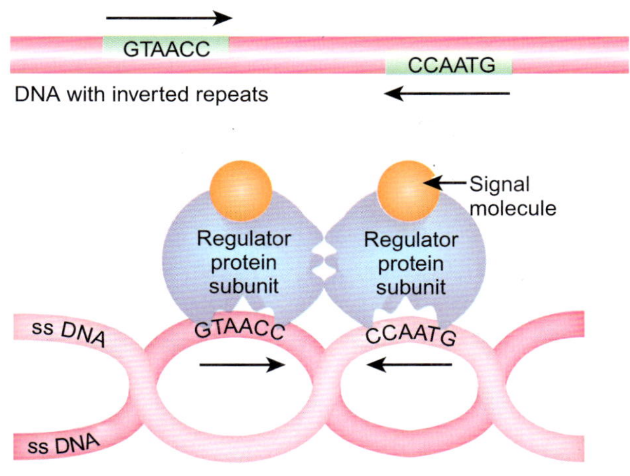

그림 11.15
조절인자가 역반복에 결합하는 원리

조절인자 단백질들이 결합하는 위치에는 참여하는 DNA 두 가닥에 흔히 역반복이 있다. 조절인자 단백질의 소단위들이 똑같을 경우에 이들은 각각 역반복 하나씩을 인지해서 짝을 이룸으로 각 소단위의 동일한 영역이 마주보게 된다.

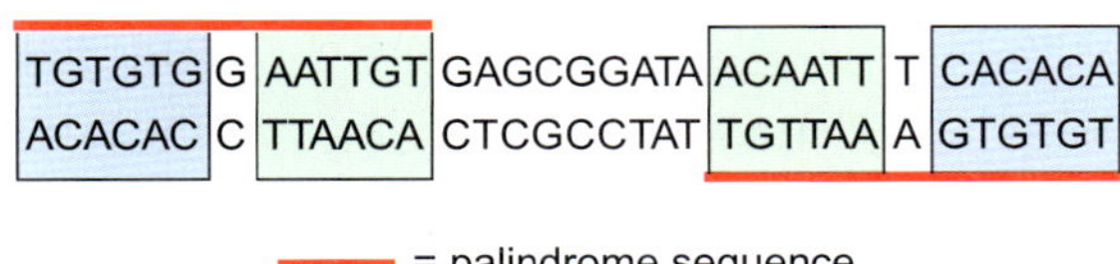

그림 11.16
Lac 작동유전자

lac 작동유전자 자리는 반대쪽 사슬에 존재하는 2개의 불완전한 역상보성 서열을 갖는다. 이들 또한 서로에 대하여 역반복이다. 따라서 이들도 역반복이라고 한다.

잡하며 복수의 단백질들이 관여한다. 신호분자는 종종 세포막이나 세포질 안의 단백질들과 결합하고 그 다음에 신호가 핵 안으로 전달된다. DNA 결합 단백질 자체는 보통 핵 안에 있으며 신호를 받으면 인산화에 의해서 DNA 결합형으로 바뀐다.]

조절인자 단백질은 신호분자와 결합하였을 때 형태가 변한다(그림 11.14). 조절인자 단백질은 DNA 결합형과 비결합형이라는 두 가지 교체 형태를 가지고 있다. 신호분자의 결합 또는 이탈은 더 큰 단백질이 두 가지 교체 형태 사이에서 급변을 야기한다. 이와 같은 방식으로 형태의 변화에 의해 활성이 달라지는 단백질을 **다른자리입체성 단백질**이라 한다. 일부 효소들, 수송 단백질들, 그리고 조절인자들이 그 예이다. 다른자리입체성 단백질들은 일제히 형태 변화를 하는 복수의 소단위들을 가지고 있다. 보통은 짝수의 소단위들로 흔히 2개나 4개이다. 모든 소단위들은 신호분자와 결합하고 모두 함께 형태를 변화시킨다(그림 11.14).

DNA 상에 인지 부위는 역반복인 경우가 흔하다. 조절인자 단백질의 분리된 소단위들은 각각 하나의 반복 서열에 결합한다.

조절인자 단백질에 대한 단백질 소단위가 짝수이기 때문에 DNA 상의 인식 부위는 흔히 중복되어 있다. 이 경우 인식 부위는 보통 역반복 서열로 되어 있는데, 이를 떠로는 회문구조라고 한다. 이는 조절인자 단백질의 소단위들이 서로 간에 머리와 꼬리를 마주대기보다는 머리와 머리를 마주하는 형태로 결합하기 때문이다(그림 11.15). 결과적으로 두 단백질 분자들은 서로 반대 방향을 가리키게 된다. 이 단백질들은 DNA에 대하여 동일한 결합 부위를 가지고 있기 때문에 DNA의 두 가닥 상에서 반대 방향으로 정렬된 동일한 염기 서열을 인지한다. 이 2개의 반쪽 부위들은 보통 몇몇 염기들로 된 간격에 의해서 분리되어 있다. 이와 같은 인식 부위의 2개의 반쪽 서열들은 항상 정확하게 일치하는 것은 아니다.

조절인자 단백질 1개 소단위가 DNA 이중나선의 주형 가닥의 인식 서열에 결합하면, 그 파트너는 DNA의 비주형 가닥에 반대 방향으로 위치한 동일한 서열을 인지하여 결합한다. 실제에 있어서 이는 듣기보다 더 간단한데 그 이유는 DNA가 나선 구조이기 때문이다. 2개의 인식 서열이 DNA의 서로 다른 가닥에 있더라도, 나선 꼬임 때문에 이들은

다른자리입체성 단백질(allosteric protein) 작은 분자와 결합하였을 때 구조가 변하는 단백질

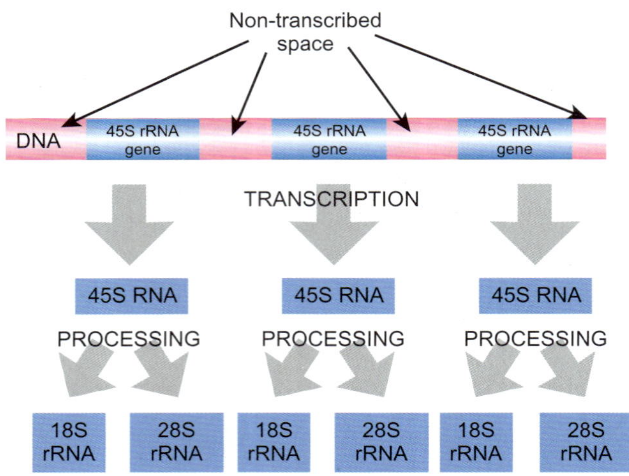

그림 11.17
리보솜 RNA 유전자들의 무리

rRNA 유전자들은 DNA 상에 여러 위치에 자리하고 있다. DNA로부터 만들어진 하나의 전사 단위는 45S의 초기 RNA 분자를 형성한다. 이 45S RNA는 공정을 거쳐 최종적으로 18S와 28S rRNA의 소단위들이 된다.

DNA 분자의 같은 표면으로 오게 되어 있다(그림 11.15).

회문구조 인식 부위의 예로, LacI 억제인자(4합체)가 결합하는 lac 작동유전자 서열이 있다(그림 11.16). 이 서열은 전사 시작 부위에 대하여 −6부터 +28 사이에 존재한다. 이 서열은 정확하게 대칭적이지는 않다. 2개의 반쪽 서열은 TGTGTGgAATTGTgA와 다른 가닥에 반대 방향으로 달리는 서열, TGTGTGaAATTGTtA이다(대문자는 서로 맞는 염기를 가리킨다). 이들 두 반쪽 서열들은 5개 염기쌍에 의해 나뉘어져 있다. 이 부위의 왼쪽 절반은 오른쪽 보다 LacI 단백질에 더 강하게 결합한다. 왼쪽 부위와 정확하게 일치하도록 오른쪽 것을 인위적으로 변화시킴으로써 더 강한 작동유전자 서열을 만들 수 있다.

6. 진핵생물의 전사는 더 복잡하다

전형적인 진핵생물은 세균보다 10배 이상 많은 유전자를 가지고 있기 때문에 전사의 전체 과정과 그 조절은 더욱 복잡하다. 먼저, 세균이 1개의 RNA 중합효소를 갖는 것과 달리 진핵생물은 3개의 서로 다른 RNA 중합효소를 가지고 있다. 3개의 RNA 중합효소는 핵 유전자의 서로 다른 부분을 전사한다. 게다가 미토콘드리아와 엽록체는 그들 자신의 RNA 중합효소를 가지고 있으며 이들은 세균의 효소와 비슷하다.

진핵생물들은 전사되는 유전자들의 유형에 따라서 특수화된 세 가지의 RNA 중합효소를 가지고 있다.

RNA 중합효소 I은 2개의 큰 리보솜 RNA의 유전자를 전사하고, **RNA 중합효소 III**는 tRNA, 5S rRNA와 몇몇의 다른 작은 RNA 분자들을 전사한다. **RNA 중합효소 II**는 단백질을 암호하는 대부분의 진핵생물 유전자들을 전사하며, 결국 가장 복잡한 조절을 받게되어 있다. rRNA와 tRNA는 모든 종류의 세포에서 항상 필요하기 때문에, RNA 중합효소 I과 III은 대부분 종류의 세포에서 항상 작동한다.

진핵생물에서는 많은 전사인자들이 유전자 발현 조절에 관여한다.

전사인자로 알려진 다양한 단백질들 또한 RNA 중합효소의 정확한 기능을 위해서 필요하다. 전사인자들은 일반적 전사인자와 특정 전사인자로 나뉜다. 일반적 전사인자들은 특정 RNA 중합효소에 의해 전사되는 모든 유전자의 전사에 필요하며, 일반적으로 각각의 문자에 이어 TFI, TFII, TFIII로 나타낸다. I, II 및 III는 해당되는 RNA 중합효소의 종류를 나타낸다(아래 참조). 특이적 전사인자들은 특정한 환경에서 독특한 특정 유전자들을 전사하는 데 필요하다. [세균 RNA 중합효소의 시그마 소단위와 같은 단백질들은 전사인자라고 할 수 있지만, 전사인자란 용어는 보통 진핵생물에 대해서만 사용된다.]

6.1. 진핵생물에서 rRNA와 tRNA의 전사

진핵생물들은 여러 벌의 리보솜 RNA 유전자들을 가지고 있다. 이들은 무리로 발견되며 RNA 중합효소 I에 의해서 전사된다.

2개의 큰 리보솜 RNA에 대한 유전자는 여러 벌 존재하며, *E. coli*의 7개에서 부터 더 고등한 진핵생물에서는 수백 개나 된다(그림 11.17). 세균에는 사본들이 분산되어 있으나, 진핵생물에서는 직렬반복군을 이루고 있다. 인간에는 5개의 서로 다른 염색체 상에 rRNA 유전자군이 있다. 18S와 28S rRNA는 RNA 중합효소 I에 의해서 하나의 큰 RNA(45S RNA)로 함께 전사된다. 그 다음에 긴 전사체가 잘려져서 2개의 독립된 리보솜 RNA 분자로 방출된다. 이 전사 단위들 사이에는 전사되지 않는 간격 구역이 있다.

RNA 중합효소 I(RNA polymerase I) 2개의 큰 rRNA에 대한 유전자를 전사하는 진핵생물의 RNA 중합효소
RNA 중합효소 II(RNA polymerase II) 단백질을 암호하는 유전자들을 전사하는 진핵생물의 RNA 중합효소
RNA 중합효소 III(RNA polymerase III) 5S rRNA와 운반 RNA 유전자들을 전사하는 진핵생물의 RNA 중합효소
전사인자(transcription factor) DNA 또는 RNA 중합효소에 결합하여 유전자 발현을 조절하는 단백질

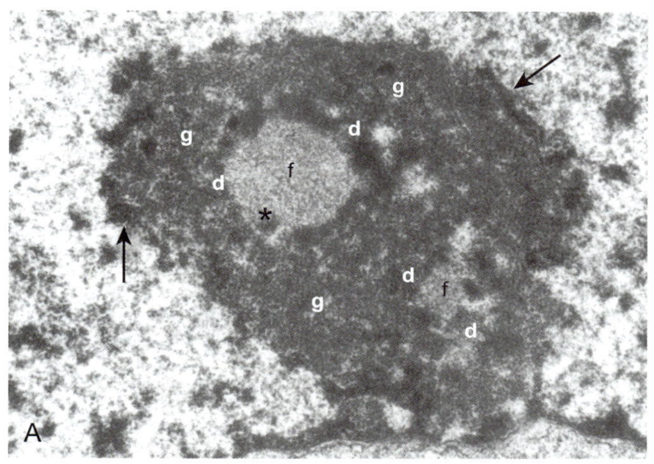

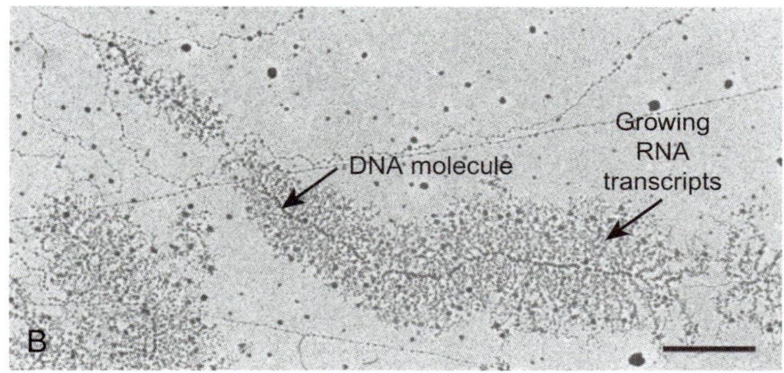

그림 11.18

리보솜 RNA는 인에서 만들어진다

A) 제자리법으로 고정된 생쥐 세포의 인의 박편에 대한 전자현미경 사진. 검은 화살표는 인 주위의 응축된 염색사를 가리키며 별표는 섬유질 중심부(f)의 주변에 뭉쳐진 밀도가 높은 섬유질 요소(d)를 나타낸다. 새로 만들어진 리보핵 단백질로 된 과립 영역(g)도 표시되어 있다. *(출처: Ulrich Scheer, University of Würzburg.)* B) 생쥐 세포로부터 온 펼친 크리스마스트리 구조(길이 4 미크론)를 (A)와 같은 배율로 나타내었다. 막대는 0.5 미크론을 나타낸다. *(출처: Raska I., Oldies but goldies: searching for Christmas trees within the nucleolar architecture. Trends in Cell Biology 13 (2003) 517–525.)*

RNA 중합효소 I에 의한 rRNA의 합성은 인이라고 하는 핵의 특정한 영역에 위치하고 있다. 여기에서 rRNA 전구체는 전사를 거쳐서 18S rRNA와 28S rRNA로 가공된다. 그 다음에 이들 rRNA 분자들은 단백질과 결합하여 리보핵 단백질 입자가 된다. 이를 현미경으로 관찰하면 조밀한 과립 영역으로 보인다(그림 11.18). 과거에 인과 관련된 염색체의 분절을 "**인형성체**"라고 하였다. 이제는 인형성체가 rRNA 유전자들의 무리에 해당한다고 알려져 있다.

대부분의 촉진유전자에 AT가 많으며, 이는 약한 염기쌍들이 DNA를 여는데 도움을 주는 것으로 생각되고 있음에도 불구하고, RNA 중합효소 I에 대한 촉진유전자는 많은 GC 염기쌍들을 갖고 있다. 염기 서열에 있어서 80% 내지 90% 정도가 동일한 중심 촉진유전자와 상류 조절 요소라는 2개의 GC-밀집 영역이 있다(그림 11.19). 이 두 영역은 하나의 단일 폴리펩티드로 구성된 UBF1(상류 결합 인자1) 단백질에 의해 인식된다. UBF는 암호 영역의 특정 영역에 결합한다. UBF1이 결합한 다음에 다른 단백질인 선택성 인자 SL1이 그 옆에 결합한다. SL1은 4개의 폴리펩티드로 구성되어 있으며, 그 중 하나인 TBP(TATA 결합 단백질)는 RNA 중합효소 II와 III에도 필요하다(아래 참조). 일단 UBF1과 SL1이 적소에 있을 때, T1F1A(Rrn3라고도 함)의 도움으로 RNA 중합효소 I이 결합할 수 있다. RNA 중합효소 I에는 몇 가지의 전사인자들이 필요하며 이들은 중합효소 II에도 관련이 있다(관련 연구에 대한 초점 참조). RNA 중합효소 I의 경우에, 상류 조절 영역에 UBF1과 SL1의 결합이 어떻게 하여 전사의 개시를 돕는지는 확실하지 않다. 그러나 비슷한 경우에, DNA가 구부러져서 상류 인자가 촉진유전자 영역에 직접 접촉할 수 있게 만드는 것으로 알려져 있다.

RNA 중합효소 III는 작은 비암호화 RNA, 특히 그 중에서도 tRNA와 5S rRNA에 대한 유전자를 전사한다.

RNA 중합효소 III는 5S rRNA와 tRNA에 대한 유전자를 전사한다. 이는 또한 일부 **소형 핵 RNA(snRNAs)**도 만든다. 그러나 다른 snRNA는 RNA 중합효소 II에 의해 전

인형성체(nucleolar organizer) 인과 관련된 염색체의 영역; 실제로는 rRNA 유전자들의 무리
소형 핵 RNA(small nuclear RNA, snRNA) 진핵세포의 핵에서만 발견되는 작은 RNA 분자로 mRNA의 이어맞추기를 감독한다.

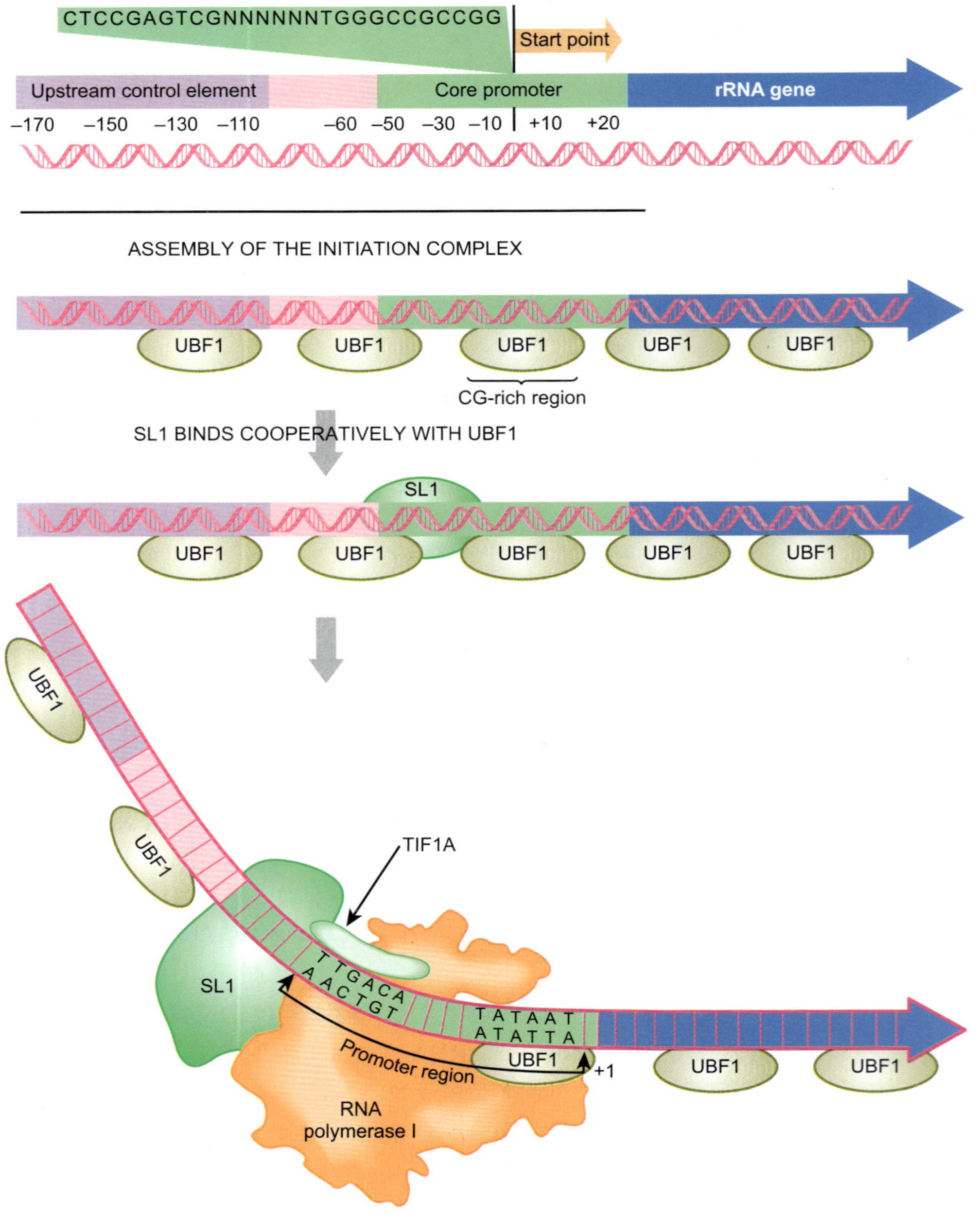

그림 11.19
RNA 중합효소 I은 rRNA 유전자들을 전사한다.

RNA 중합효소 I에 대한 촉진유전자는 상류 조절인자와 GC 서열이 풍부한 핵심 촉진유전자를 가지고 있다. UBF1 단백질은 이들 두 상류 조절인자와 핵심 촉진유전자를 인지하여 결합한다. 이어서 SL1 UBF1이 결합한 DNA에 결합한다. 최종적으로 RNA 중합효소 I이 결합하며 전사가 시작된다.

사된다(아래 참조). 5S rRNA와 tRNA에 대한 촉진유전자는 이 유전자들의 안쪽에 있는 것이 독특하고 다소 색다르다. 이 유전자들의 전사에는 전사 시작 부위서부터 50 bp 이상 하류 영역에 TFIIIA와 TFIIIC로 알려진 두 단백질들 중 한 단백질의 결합이 요구된다(그

관련 연구에 대한 초점

Geiger SR et al., (2010) RNA polymerase I contains a TFIIF-related DNA-binding subcomplex. Mol. Cell 39: 583–594.

진핵생물 RNA 중합효소 I, II 및 III 사이에서 촉진유전자의 사용에서 차이는 서로 다른 개시 인자에 달려 있다. RNA Pol II에 대하여 TFIIF, TFIIE와 같은 것들이 포함된다. 저자들은 이 논문에서 A49와 A34.5 소단위들로 알려진 Pol I–특이적인 개시 인자들은 실제에 있어서 TFIIF와 TFIIE에 관련되어 있음을 실증하였다. 저자들은 X–선 회절법으로 A49와 A34.5의 구조를 결정하였으며, 또한 DNA 결합 연구를 수행하였다. 이들은 이들 인자들이 복합체를 형성하여 직렬 날개 나선 영역을 통하여 DNA에 결합한다고 결론하였다. RNA Pol II에 의해서 사용되는 상응하는 복합체에서도 유사한 영역들이 관찰되었다.

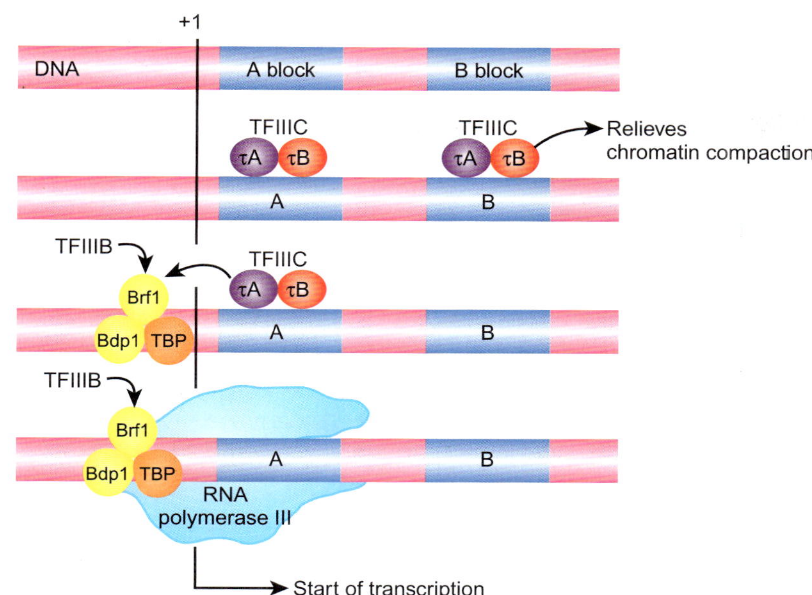

그림 11.20

RNA 중합효소 III에 대한 내부 촉진유전자

5S rRNA 유전자는 이 유전자 내부에 위치한 촉진유전자를 사용하여 전사된다. 인지 부위는 개시점 하류에 위치한다. τA와 τB 2개의 소단위로 구성된 TFIIIC가 A 및 B 구역에 결합한다. 이에 따라서 3개 소단위(Brf1, Bdpl, TBP)로 구성된 TFIIIB가 개시점 근처의 촉진유전자에 결합한다. TFIIIB가 결합한 다음에 RNA 중합효소 III이 결합할 수 있다.

림 11.20). 이 단백질들이 결합하면 TFIIIB가 전사 시작 부위 주변 영역에 결합할 수 있게 된다. TFIIIB는 TBP를 포함한 3개의 폴리펩티드로 구성되어 있으며, RNA 중합효소 III이 시작 부위에 정확하게 들어가게 해준다.

RNA 중합효소 I과 III을 예로 들어 설명하자면, 인식 인자 부위는 전사의 시작점으로부터 상류나 하류에 위치할 수 있다. 그러나 두 경우 모두 중합효소가 정확한 장소에서 전사를 개시하는 것을 확실하게 해주기 위해서는 위치 인자(SL1 또는 TFIIIB, 각각)를 필요로 한다. 그러므로 이러한 위치 인자들은 세균의 시그마 인자와 비슷한 역할을 한다.

6.2. 진핵생물에서 단백질 암호 유전자의 전사

RNA 중합효소 II는 단백질을 암호화하고 있는 대부분의 진핵생물 유전자를 전사한다. RNA 중합효소 II에 의한 촉진유전자의 인지와 전사의 개시는 다수의 **일반적 전사인자**들을 요구한다. 게다가 많은 단백질을 암호화하고 있는 유전자들은 발현 정도가 현저하게 다양하기 때문에, 독특한 상황에서 특정한 유전자의 발현에 다양한 **특이적 전사인자**들이 요구된다. 예를 들어 다세포 생물에서 다른 종류의 세포들은 다른 종류의 단백질을 생산한다. 즉 적혈구는 헤모글로빈을 생산하는 반면에, 백혈구는 항체를 만들어 낸다. 게다가 발생 과정 동안에도 흔히 단백질 생산이 다르게 된다. 두 발생 단계에서 서로 다른 두 유전자들이 발현되기 때문에 태아의 헤모글로빈은 성인의 헤모글로빈과 다르다.

RNA 중합효소 II는 단백질을 암호하는 진핵생물 유전자들을 전사한다.

다채로운 전사인자들이 DNA의 특정한 서열을 인지하고 결합한다. 이러한 DNA 서열들은 두 가지의 주요 분류군으로, 촉진유전자 자체를 구성하는 서열과 다양한 **증폭자** 서열들로 나눌 수 있다(그림 11.21). RNA 중합효소 II의 일반적 전사인자(TFII 인자)들은 촉진유전자 영역에 결합한다. 그러나 일부 특이적 전사인자들은 촉진유전자 영역에 결합할 수도 있지만, 다른 인자들은 증폭자에 결합한다. 일반적 전사인자들을 표 11.01에 요약하여 놓았다.

일부 전사인자들은 촉진유전자 영역에 결합하며, 다른 일부는 원거리의 증폭자 서열에 결합한다.

진핵생물에서, 단백질을 암호화하고 있는 많은 유전자들은 인트론에 의해서 중단되어 있다. 이 인트론들은 RNA 단계에서 제거된다. 따라서 RNA를 만들기 위한 DNA 전사

증폭자(enhancer) 촉진유전자의 바깥, 때로는 먼 거리에 위치한 조절 서열로 전사인자들과 결합한다.
일반적 전사인자(general transcription factor) 대부분 진핵생물 유전자의 발현에 요구되는 전사인자
특이적 전사인자(specific transcription factor) 특정한 조건에서 특정한 유전자의 발현에 필요한 전사인자

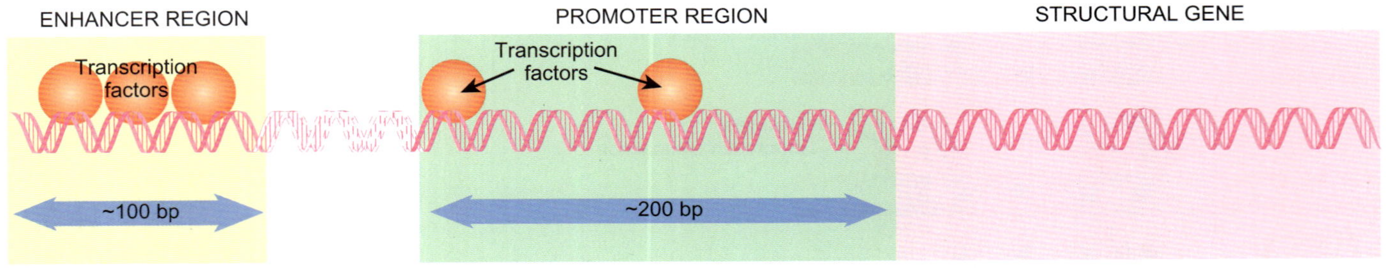

그림 11.21
촉진유전자와 증폭자

한 가지 RNA 중합효소가 단백질을 암호하는 대부분 유전자들을 전사하는 데 사용되지만, 특이성은 전사인자들과 그 인지 서열들에 의해서 조절된다. 촉진유전자 영역은 개시점에 가까우며 일반적으로 몇 가지의 전사인자들과 결합한다. 또한 추가적인 전사인자들이 증폭자라고 알려진 영역에 결합한다. 이들 영역은 그림에 나타낸 것처럼 촉진유전자의 먼 상류, 또는 하류에 위치할 수도 있다. 전사인자와 이들 인지 서열의 결합은 중합효소의 활성과 유전자 발현에 영향을 미친다.

표 11.01	RNA 중합효소 II와 관련된 일반적 전사인자들
TBP	TATA상자와 결합하는 TFIID의 일부
TFIID	TBP를 포함하며, Pol II 특이한 촉진유전자를 인지한다.
TFIIA	TATA상자 상류에 결합하며, Pol II의 촉진유전자 결합에 필요하다.
TFIIB	TATA상자 하류에 결합하며, Pol II의 촉진유전자 결합에 필요하다.
TFIIF	RNA Pol II가 촉진유전자에 결합할 때 수행한다.
TFIIE	촉진유전자 청소와 신장에 필요하다.
TFIIH	RNA Pol II의 꼬리를 인산화시키며, 신장하는 동안 중합효소에 존속한다.
TFIIJ	촉진유전자 청소와 신장에 필요하다.

TATA상자는 RNA 중합효소 II가 촉진유전자를 인지하게 해주는 결정적인 서열이다.

로 직접적으로 mRNA가 만들어지는 것이 아니다. 전사의 결과로 얻어진 RNA는 **1차 전사물**이라고 하며, 12장에 설명된 과정을 거쳐서 mRNA로 된다. 그러므로 현재의 설명은 RNA 중합효소 II에 의해서 1차 전사물을 만드는 유전자의 전사에 대한 것으로 제한할 것이다.

RNA 중합효소 II에 대한 촉진유전자는 3개의 영역, **개시상자**, **TATA상자**, 그리고 다양한 **상류 인자**들로 구성되어 있다(그림 11.22). 개시상자는 전사가 시작되는 위치에서 발견되는 서열이다. 첫 번째 전사된 mRNA의 염기는 세균에서처럼 보통 A이며 피리미딘 계열의 염기가 양 옆에 있다. 서열의 공통성은 약하며, YYCAYYYYY (여기서 Y는 피리미딘 계열). 여기로부터 약 25염기쌍 상류에는 AT가 많은 서열인 TATA상자이며, 이는 RNA 중합효소 I과 III의 결합에 필요한 것과 동일한 인자인 **TBP(TATA 결합 단백질** 또는 **TATA상자 인자)**에 의해 인식되는 서열이다. TBP는 예외적으로 DNA 부홈에 결합한다. (거의 모든 DNA 결합 단백질들은 주홈에 결합한다). TATA상자의 양쪽은 GC가 많은 영역이다(그림 11.22).

TBP는 세 가지의 서로 다른 단백질 복합체로 발견되며, 관여하는 RNA 중합효소 I, II, 또는 III에 따라 다르다. 현재의 경우에는 TBP는 RNA 중합효소 II가 특정 촉진유전

개시상자(initiator box) 진핵생물 유전자의 전사 개시 위치의 서열
1차 전사물(primary transcript) 전사에 의해서 생산된 RNA 분자로 공정을 전혀 거치지 않은 것
TATA상자(TATA box) 진핵생물에서 RNA 중합효소 II를 촉진유전자로 안내하는 전사인자의 결합 부위
TATA 결합 단백질(TATA binding protein; TBP) TATA상자를 인지하는 전사인자
TATA상자 인자(TATA box factor) TATA 결합 단백질의 별칭
상류 인자(upstream element) 진핵생물 촉진유전자에 있어서 특정 단백질들이 인지하는 TATA상자의 상류 DNA 서열

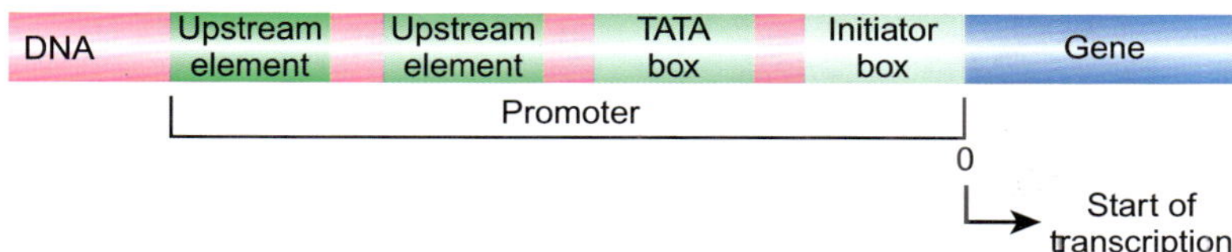

그림 11.22
진핵생물의 촉진유전자 구성 요소–개시 인자와 TATA상자들

RNA 중합효소 II에 대한 촉진유전자는 개시 위치에 개시 인자 상자와 이보다 약간 상류에 TATA상자를 가지고 있다. 더 상류에는 정상적으로 몇 개의 상류 인자들(여기에 2개가 보임)이 있다.

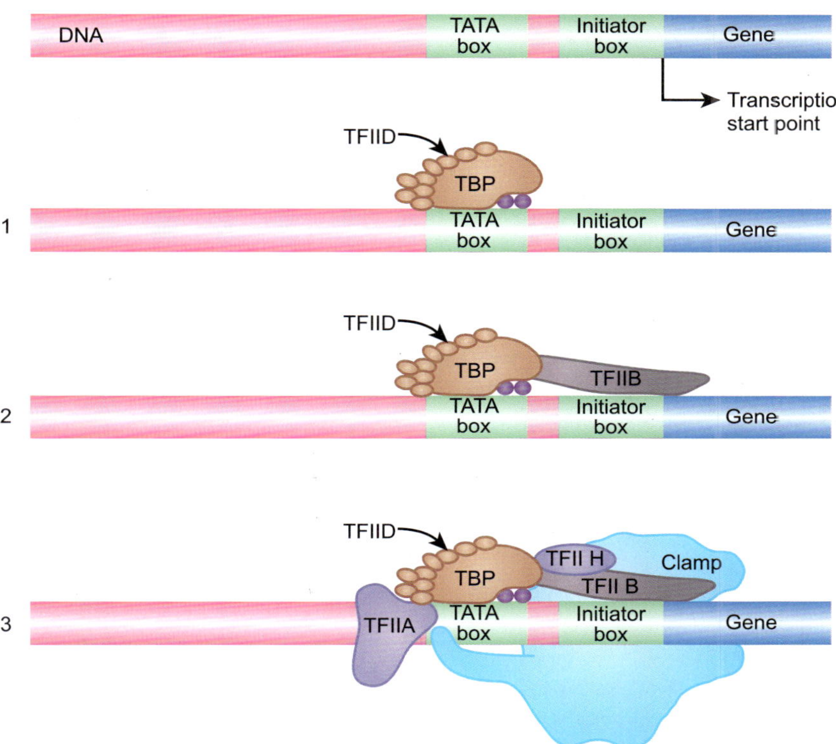

그림 11.23
촉진유전자에 RNA 중합효소 II의 결합

TATA 결합 단백질을 가진 TFIID로부터 시작하여 TFII 복합체의 구성 요소들이 차례대로 결합한다. 최종적으로 TFIIF는 RNA 중합효소 II가 DNA에 결합하는 것을 돕는다.

자를 인식하는 데 필요한 TFIID라는 전사인자 복합체의 일부를 형성한다. TBP를 통해서 TATA상자에 TFIID가 결합하는 것이 전사 개시의 첫 단계이다. RNA 중합효소 II가 기능을 하기 위해서는 몇 개의 다른 TFII 복합체들 또한 필요하다. 그 다음에 TFIIA와 TFIIB가 결합한다. 그리고 마지막으로 RNA 중합효소가 결합하는 데 도움을 주는 TFIIF를 동반하면서 RNA 중합효소 II 자체가 도착한다(그림 11.23). 이때 RNA 중합효소 II는 RNA 합성을 시작한다. 그러나 아직은 촉진유전자로부터 자유롭게 이동해 나가지는 못한다. 이 상황을 RNA 휴지라고 하는데, 최근 증거들은 많은 유전자들이 단백질 생산을 위하여 금방 필요하지 않다고 하더라도 이 상태에 머물고 있는 것으로 제시되고 있다.

촉진유전자로부터 RNA 중합효소 II가 방출되어서 RNA를 신장하는 데는 3개의 TFII 복합체들로 TFIIE, TFIIH, TFIIJ를 필요로 한다. 특히 TFIIH는 이동하기 전에 RNA 중합효소의 꼬리를 인산화해야만 한다(그림 11.24). 꼬리, 또는 **CTD(카르복시 말단 구역)**은 약 50번 정도 반복된 7개의 아미노산 서열(Tyr Ser Pro Thr Ser Pro Ser)로 구성되어 있다. 이 중 세린이나 트레오닌 잔기가 인산화될 수 있다. RNA 중합효소가 앞으로 이동하면서 TFIIH를 제외한 모든 TFII 복합체는 뒤에 남겨둔다(관련 연구에 대한 초점 참조).

카르복시 말단 구역(carboxy-terminal domain, CTD) RNA 중합효소의 C 말단에 있는 인산화 가능한 반복 영역

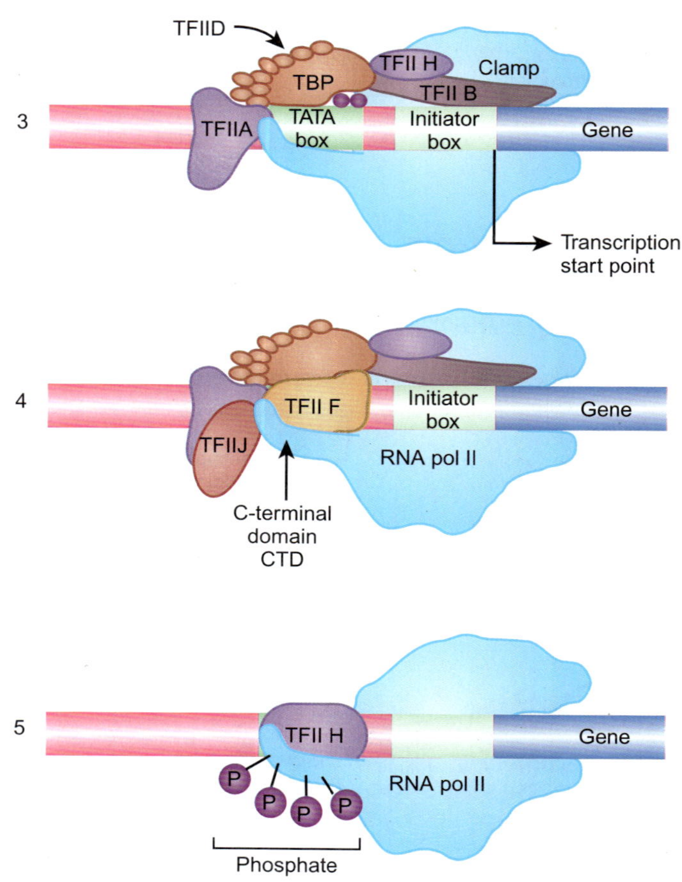

그림 11.24

RNA 중합효소 II는 촉진유전자로부터 앞쪽으로 이동한다.

RNA 중합효소 II가 앞쪽으로 이동할 수 있게 되기 전에 다른 인자들의 결합이 이루어져야 한다. 그 중 하나인 TFIIH는 RNA 중합효소 II의 꼬리를 인산화시킨다. 이 꼬리는 RNA 중합효소 II 본체에 대하여 위치를 바꾼다. 그 밖의 인자들은 남겨두고 RNA 중합효소 II는 DNA를 따라서 이동하며 전사 과정을 시작한다.

관련 연구에 대한 초점

Buratowski S (2009) Progression through the RNA polymerase II CTD cycle. Mol. Cell 36: 541–546.

본 논문은 RNA 중합효소 II(Pol II)의 카르복시 말단 영역(CTD)의 복합적인 역할에 대한 종설이다. 증거들은 CTD가 전사, mRNA 가공(복습은 12장 참조) 및 히스톤 수식까지 조절하고 있음은 보여 준다. CTD 내에는 동일 서열에 대한 복수의 반복이 존재하며, 반복 서열 내에는 2와 5의 자리에(Ser2와 Ser5) 있는 2개의 세린이 이들의 많은 기능을 조절한다. 또한 Ser7이 Pol II의 기능과 관련 있음이 제시되었다.

Pol II의 CTD는 전사 개시 동안에는 인산화되지 않는다. 이 형태에서 Pol II는 중개자(17장 참조)라는 다단백질 복합체에 결합한다. 이 복합체는 상류 활성인자 단백질으로부터 신호를 받아서 Pol II가 촉진유전자에 결합하도록 신호를 한다. 결합 후에 TFIIH는 CTD 꼬리에 반복 영역의 Ser5에 인산기를 전달한다. 이것이 Pol II로부터 중개자 복합체를 내보내면서 Pol II는 mRNA를 만들 준비를 한다.

신장 과정에서 CTD는 새로운 mRNA가 나가는 지점에 가까이 위치하여서 mRNA의 수식을 조절한다. 그 위치 때문에 Ser5 인산화는 mRNA의 5′ 말단에 7meG-고깔을 첨가하는 고깔 형성 효소를 활성화시킨다. 이 고깔은 mRNA를 안정화시키며 핵산분해효소에 의해서 분해되는 것을 방지한다.

CTD는 또한 RNA 중합효소 뒤에서 뉴클레오솜의 히스톤 구조를 조절한다. Ser5-P는 히스톤 메틸기전달효소를 유인하며, 이것이 히스톤에 메틸기를 첨가한다. 전사 동안 DNA는 Pol II의 전방에서 히스톤 중심으로부터 풀어지며 Pol II가 그 영역을 전사하고 나면 히스톤 둘레를 다시 감는다. 대체된 히스톤은 유전자 영역을 표시하는 특이적인 메틸화 및 아세틸화 패턴을 가지고 있다(논의는 17장 참조). 히스톤 메틸화 양상을 확립하는 메틸기 전이효소와 탈메틸화 효소는 CTD의 Ser5-P에 유인된다. 이는 이 영역의 RNA 중합효소가 유전체의 보전에 필수적임을 의미한다.

신장이 계속되면서 인산화된 Ser5의 수는 감소하며 Ser2 인산화는 수가 증가한다. Ser2 인산화의 증가와 관련하여 재결합된 히스톤들은 리신4 메틸화에 더하여 히스톤 H3의 리신 36에 새로운 메틸기를 받는다. 이렇게 되면 유전자의 시작점에 있는 히스톤은 중심부나 유전자의 끝 부분에 있는 히스톤과 물리적으로 뚜렷한 차이가 있다. Ser2-P는 Pol II가 촉진유전자 영역으로부터 멀어질수록 증가하며, 이 수식으로 신장 인자와 Pol II의 상호작용을 촉진함으로써 개시 동안 보다 더 빠르게 DNA를 따라 내려가게 한다.

유전자의 끝에서 전사가 종결된 다음 Ser2 인산화는 또한 mRNA의 아데닐산 중합반응에 관여한다. 이들 두 과정에 대한 정확한 메커니즘은 아직 잘 이해되지 못하고 있다. 그러나 CTD 인산화는 진핵생물에서 전사의 모든 단계에서 필수적이며, 또한 올바른 히스톤 수식으로 유전체를 표시하는 것을 돕는다.

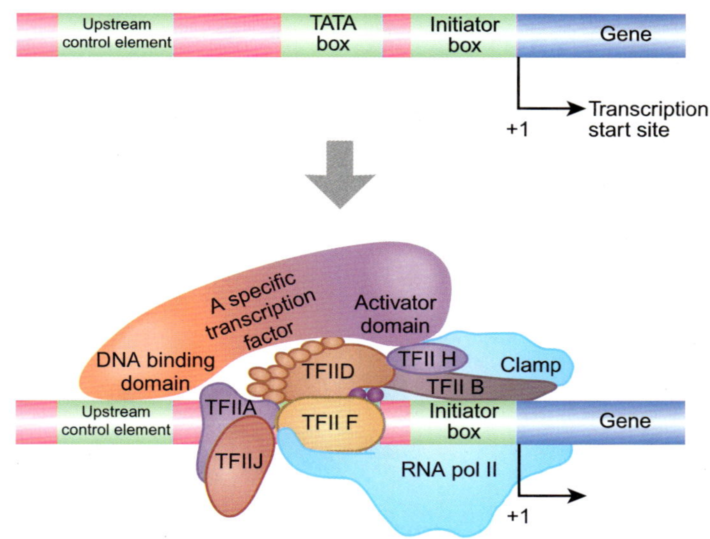

그림 11.25
상류 인자들은 전사를 촉진한다.

상류 인자들은 활성인자 단백질의 한 부위와 접촉한다. 활성인자 단백질은 개시 부위 근처에 있는 전사 기구에도 결합해 있다.

세균의 RNA 중합효소와 마찬가지로 진핵생물의 RNA 중합효소들은 모두 복수의 소단위들을 가지고 있다. RNA 중합효소 II는 10개 이상의 소단위를 가지고 있으며 이들 중 3개는 RNA 중합효소 I, III과 공유한다. RNA 중합효소 II의 가장 큰 소단위는 세균의 RNA 중합효소의 β′ 소단위와 연관되어 있으며 CDT 꼬리를 가지고 있다. 게다가 다채로운 TFII 복합체 각각의 소단위들은 몇 개의 폴리펩티드 사슬로 구성되어 있다. 그래서 RNA 중합효소 II의 개시 복합체는 20여 개의 폴리펩티드들을 포함하고 있다.

6.3. 상류 인자들은 RNA 중합효소 II의 결합 효율을 높인다

RNA 중합효소 II는 개시 인자와 TATA상자로만 구성된 최소한의 촉진유전자에 결합하여 전사를 개시할 수 있다. 그러나 이것은 상류 인자들이 존재하지 않으면 대단히 비효율적이다. 많은 종류의 상류 인자들이 존재한다. 상류 인자들은 전형적으로 5개에서 10개 길이의 염기쌍으로 되어 있고 시작점으로부터 50에서 200 염기 상류에 위치한다. 하나의 촉진유전자에 1개 이상의 상류 인자가 존재하고, 동일한 상류 인자가 다른 촉진유전자의 다른 위치에서 발견될 수 있다.

촉진유전자에 인접한 상류 인자들은 일련의 특이적 전사인자들과 결합한다.

TFII 단백질들은 항상 필요로 하기 때문에 *일반적* 전사인자들이다. 이와는 대조적으로 *특이적* 전사인자들은 한정된 유전자들에만 영향을 미치고 다양한 신호에 반응하는 유전자 발현을 조절하는 데 관여한다(그림 11.25). 상류 인자들은 특이적 전사인자들이 인식하는 장소이다. 이들은 보통 RNA 중합효소 II 자체와 직접적인 접촉에 의한 것이 아니라 TFIID, TFIIB, 또는 TFIIA를 통해서 전사 기구와 접촉한다. 가장 흔하게는 TFIID에 결합한다. 특이적 전사인자들의 결합은 전사 기구의 조립을 도와서 개시의 효율을 증가시킨다.

공통적인 상류 인자들은 GC 상자, CAAT 상자, AP1 인자 및 8량체 인자를 포함한다. GC 상자(GGGCGG)는 종종 복수의 사본으로 존재한다. 비대칭적인 것임에도 불구하고 GC 상자는 어느 방향에서나 작용하고 SP1 전사인자에 의해서 인식된다. 일부 상류 인자들은 1개 이상의 단백질에 의해 인식된다. 이런 경우에, 다른 종류의 전사인자들은 흔히 서로 다른 조직에 존재한다. 예를 들어, Oct-1과 Oct-2 단백질 모두는 8량체를 인식한다. Oct-1은 모든 조직에서 발견되지만 Oct-2는 오직 면역 세포에서만 나타나며 항체를 암호하는 유전자를 활성화시킨다. mRNA 신장기 동안 RNA 중합효소는 음성 조절을 당하

진핵생물에서 유전자들은 양성 조절과 음성 조절에 의해서 조절된다.

그림 11.26

RNA 중합효소 II의 음성 조절

일부 유전자들은 전사를 개시하지만 NELF와 DSIF의 결합으로 인해서 RNA 중합효소가 멈춘다. 조건이 특정한 유전자를 발현하기에 합당하면 p-TEFb가 RNA 중합효소의 C 말단 영역(CTD), NELF 및 DSIF를 인산화시켜서 NELF가 방출되게 하며 나머지 복합체가 전사를 재개하게 한다.

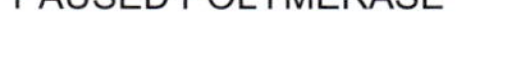

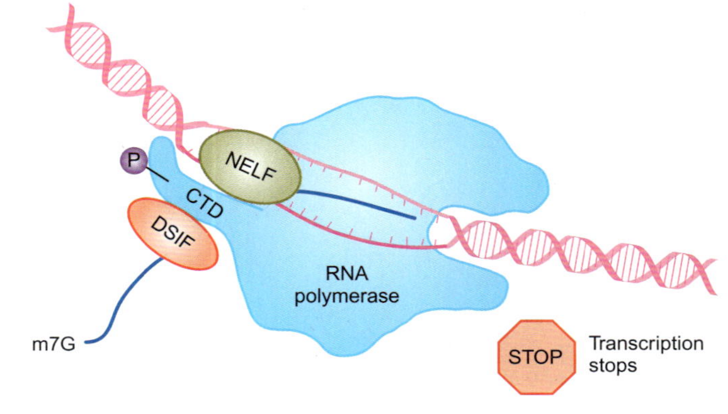

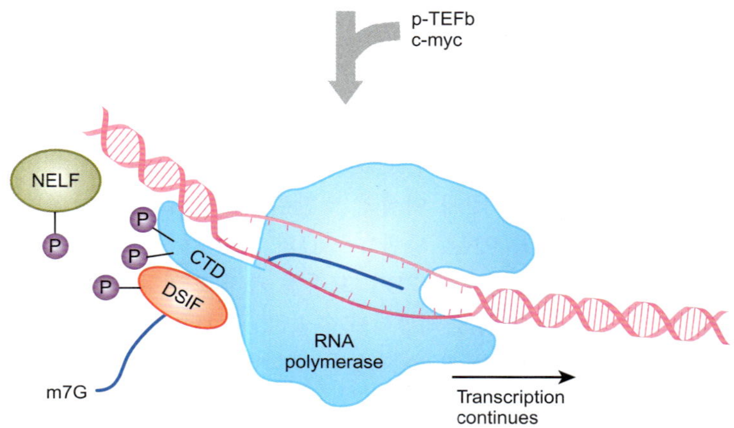

기도 한다. 2 종류의 단백질로 DSIF(DRB-감응도 유도 인자)와 **음성신장인자(NELF)**는 Pol II에 결합하며 전사가 개시된 다음에 유전자의 전사가 멈추게 한다. Pol II의 카르복시 말단 영역과 더불어 이들 두 단백질이 인산화되면 전사가 다시 계속된다(그림 11.26). 최근 증거들은 이 조절 메커니즘이 과거에 생각했던 것보다 더 보편적임을 제시하고 있다. 실제로 대부분 유전자들은 인산화되지 않은 DSIF와 NELF로 인해서 멈추어 있는 Pol II를 갖고 있다. 이것이 또 다른 수준의 유전자 조절을 제공할 수 있다. 개시는 더욱 빈번하게 일어나지만 전사체의 생산적인 신장은 유전자의 산물을 꼭 필요로 하는 경우에만 일어난다.

6.4. 증폭자들은 원거리에서 전사를 조절한다

증폭자 서열들은 그들이 조절하는 유전자로부터 멀리 떨어져 위치한다.

증폭자는 특히 발생 동안에 또는 서로 다른 세포 유형에서 유전자 조절에 관여하는 서열 요소이다. 증폭자는 그 명칭이 지적하고 있는 그대로 특이적 전사인자들의 결합의 결과로 전사 개시를 촉진한다. 증폭자는 흔히 일군의 인식 부위들을 구성하므로 몇 개의 단백질들과 결합한다. 일부 인식 부위(예, 8량체와 AP1)는 증폭자와 촉진유전자의 상류 인자 양쪽 모두에서 발견된다.

증폭자는 흔히 그들이 조절하는 유전자들과 근접해 있기도 하지만, 더욱 더 흔히 상당히 멀리 떨어진 위치에서 발견되며, 약 수천 염기쌍 떨어진 곳에서 발견된다. 증폭자는 촉진유전자로부터 상류 또는 하류에 위치할 수 있으며, 그 위치는 경우에 따라 다르다. 게다

증폭자(enhancer) 전사인자와 결합하는 촉진유전자 영역으로부터 흔히 멀리 떨어져 있거나 그 바깥에 있는 조절 서열
음성신장인자(negative elongation factor) 진핵생물에서 RNA 중합효소의 신장을 억제하는 단백질 복합체

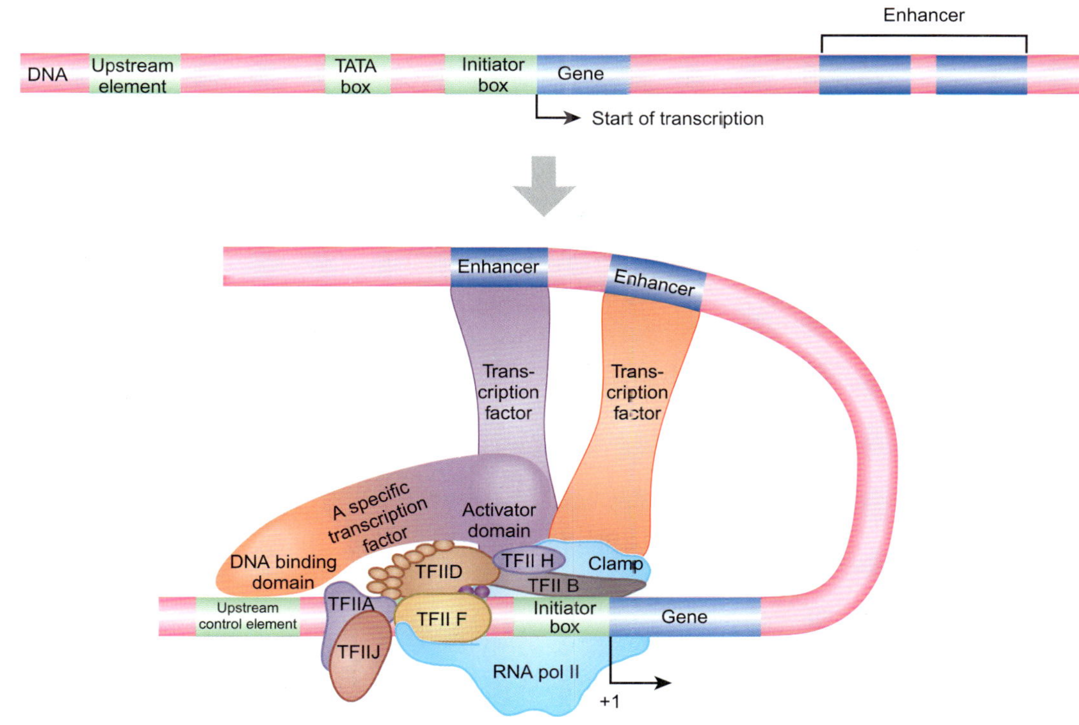

그림 11.27
증폭자에 대한 고리 형성 모델

이 그림에서 증폭자는 개시 위치 하류에 자리하고 있다. 전사를 증폭하려면 증폭자가 먼저 몇 가지 전사인자들과 결합한다. 이어서 DNA는 고리를 형성하여 증폭자가 결합한 전사인자들을 통하여 전사 기구와 접촉할 수 있게 해준다.

가 증폭자들은 어느 방향에서나 동일하게 잘 작용한다. 증폭자를 이동시킨 실험에서 증폭자는 인접해 있는 어떤 촉진유전자와도 전사를 증가시킨다는 것이 입증되었다. 이런 특성들은 증폭자가 전사 기구와 접촉해야만 한다는 것을 암시한다. 증폭자가 유전자를 작동 시킬 때, 증폭자와 촉진유전자의 사이에 있는 DNA는 그림 11.27에서 보여주는 것처럼 돌출되어 고리를 형성한다. 이 모델에서 나올 수 있는 한 가지 의문은 전사인자가 고리의 형성을 야기하는지, 또는 간기에 염색사의 구조로 인해서 고리가 형성되었는지 하는 것이다. 즉, 간기 동안 응축된 구조를 유도하는 단백질들이 유전자의 발현 양상을 확립하는 것일까 (염색사의 구조에 대한 세부적인 것은 4장 참조)?

핵심 개념

- 전사는 DNA에 의해서 운반된 유전정보가 RNA 사본으로 전환되는 과정이다.
- 각각의 메시지는 하나 또는 몇 개의 유전자를 포함하는 유전체의 짧은 구간을 전사함으로써 만들어진다.
- 특정한 단백질에 의해서 인지되는 DNA의 서열들이 전사 기구가 정확한 개시점을 찾을 수 있게 해준다.
- RNA의 합성은 RNA 중합효소라는 단백질 복합체에 의해서 이루어진다.
- RNA 중합효소는 전사 단위의 하류에 위치한 종결 서열들로 인해서 전사를 정지해야할

위치를 안다.

- 조절단백질들은 DNA의 특정한 서열에 결합하여서 특정한 조건에서 작동해야할 유전자를 조절한다.
- 조절단백질들 자신도 작은 신호분자들의 결합에 의해서 정보를 받기도 하며, 그로 인해서 모양이 변화되어, 그들이 DNA에 결합하는 능력이 바뀐다.
- 세 가지 다른 RNA 중합효소가 진핵생물의 핵의 유전자 전사를 담당하며, 엽록체와 미토콘드리아에는 별개의 효소들이 발견된다.
- RNA 중합효소 I은 큰 rRNA 유전자를 전사하며, RNA 중합효소 III은 tRNA와 많은 작은 RNA 분자들에 대한 유전자를 전사한다.
- RNA 중합효소 II는 단백질을 암호하는 유전자들을 전사하며, 그래서 매우 복잡한 조절을 받는다.
- 상류 인자와 증폭자들은 촉진유전자로부터 상당히 먼 위치에 있는 특정한 DNA 서열일지라도 진핵생물에서 단백질을 암호하는 유전자의 발현을 조절한다.

복습 문제

1. 전사란 무엇인가? 전사물을 만드는 효소는 무엇인가?
2. 전사되는 RNA의 두 가지 주요 그룹은 무엇인가?
3. mRNA의 기능은 무엇인가?
4. DNA의 안티센스 사슬과 센스 사슬은 무엇이 다른가? 이들에 대한 또 다른 이름들은 무엇인가?
5. 항존유전자는 무엇이며 구성유전자는 무엇인가?
6. 시스토론과 ORF는 무엇이 다른가?
7. 단일시스트론성 mRNA와 폴리시스트론성 mRNA는 무엇인가?
8. 5′ 및 3′ UTR은 무엇인가?
9. 촉진유전자는 무엇인가? 강력 촉진유전자는 무엇인가?
10. 세균 촉진유전자의 두 가지 특정 서열을 말하라.
11. 세균의 RNA 중합효소의 두 가지 주요 구성 요소는 무엇인가?
12. 세균의 RNA 중합효소는 어떻게 RNA를 합성하는가?
13. 세균의 RNA 중합효소의 핵심 효소의 4 소단위는 무엇인가?
14. 전사의 종결자는 무엇인가? 세균에서 2종류의 종결자는 무엇인가?
15. Rho-단백질은 전사의 종결을 어떻게 도와주는가?
16. 특정한 활성인자와 억제인자 한 가지씩을 설명하라. 이들은 각각 유전자의 발현에 어떻게 영향을 미치는가?
17. 신호분자와 다른자리입체성 단백질은 무엇인가?
18. 진핵생물에서 세 가지 다른 RNA 중합효소는 무엇인가? 그들의 기능은 무엇인가?
19. 전사인자란 무엇인가?
20. 진핵 리보솜의 구조적 요소는 무엇이며 그들은 어디에서 어떻게 전사되는가?
21. tRNA의 전사는 rRNA의 전사와 어떻게 다른가?
22. 진핵생물 mRNA 전사에서 특이성은 어떻게 조절되는가?
23. 진핵생물에서 전사인자가 인지하는 주요 DNA 서열 두 가지를 말하라.
24. RNA Pol II의 촉진유전자의 세 가지 주요 영역을 나열하라.
25. TATA상자의 중요성은 무엇인가?
26. RNA Pol II가 촉진유전자에 결합하는 데 도움이 되는 사건은 무엇인가?
27. RNA Pol II는 RNA를 어떻게 합성하는가?

28. 일반적 전사인자와 특이적 전사인자의 차이는 무엇인가?
29. 상류 인자는 무엇인가? 진핵생물에서 발견된 공통적인 상류 인자는 무엇인가?
30. 세균과 진핵생물 억제인자의 차이는 무엇인가?
31. 증폭자는 무엇인가? 그들은 어떻게 작용하는가?

개념 문제

1. 대장균은 박테리오파지라는 바이러스에 감염될 수 있다. 박테리오파지가 그 DNA를 대장균에 주입할 때 바이러스는 자신의 유전체를 새로운 바이러스 입자로 전사하기 위하여 세균의 단백질을 사용한다. 일부 박테리오파지는 세균 유전체가 단백질로 발현되는 것을 방지하지만, 다른 것들은 세균과 공존하면서 바이러스와 세균 모두의 mRNA 전사체가 동시에 만들어진다. 연구자들이 γ8788로 명명된 새로운 박테리오파지를 동정하고 이것이 세균의 전사를 허용하는지 않는지를 결정하고자 한다. 여러분이 RNA로 들어가는 방사성 표지된 ^{3}H-우리딘을 사용한 세균 배양법, 세균으로부터 ^{3}H-우리딘 RNA 분리법, γ8788로부터 DNA 분리법, 대장균에서 DNA 분리법, RNA 또는 DNA를 나일론 막에 부쳐서 표지된 RNA/DNA 혼성화법 기술을 배웠다. γ8788로 감염된 다음에 대장균 세포가 RNA를 합성할 수 있는지 여부를 결정할 혼성화 실험을 설계하라. 두 가지 가능한 조건에 대한 결과가 들어간 차트를 포함하라.
2. RNA 중합효소 I, II, III은 *Amanita phalloides* 버섯에서 추출한 α-아마니틴이라는 독소에 대하여 다양한 수준의 감수성을 갖고 있다. RNA 중합효소 II는 이 독소에 완전히 민감하며, RNA 중합효소 III는 중간 정도 감수성이 있으며, 그리고 RNA 중합효소 I은 민감성이 없다. 진핵생물이 α-아마니틴에 중독되었다면 rRNA 유전자, tRNA 유전자 포도당 수송체 유전자의 전사에 무슨 일이 발생하겠는가?
3. 촉진유전자의 다음 각각의 특성들을 설명하라. 그 특성이 진핵생물 촉진유전자인지 원핵생물 촉진유전자의 특성인지를 확실히 하라.
   TATA상자
   −10 영역
   −35 영역
   개시상자
   상류 인자
4. 한 연구자가 새로운 유전자를 분리하여서 이 서열들을 체외(시험관 내)에서 RNA로 전사하려고 한다. 그녀는 세균의 RNA 중합효소와 기타 핵 단백질, 세균의 유전자 및 유리된 리보뉴클레오티드들을 섞었다. 이들 요소들을 반응시킨 다음에 그녀는 아무 RNA도 분리할 수가 없었다. 세균을 공부한 다음 그녀는 세균이 배양액에 젖당이 있을 때만 이 유전자가 발현되는 것을 알았다. 그녀의 실험에 젖당을 첨가한 다음 그녀는 RNA를 순수 분리할 수 있었다. 젖당이 전사를 촉진하는 방법에 대한 메커니즘을 제안하라.
5. 아라비노오스 수송체의 유전자에 대한 −10 및 −35 영역의 상류에 다음 서열이 발견되었다. 촉진유전자로부터 이 영역들을 제거하였을 때 아라비노오스 수송체 유전자가 항존적으로 전사되었다. 이 영역이 있을 때 아라비노오스 수송체 유전자는 아라비노오스가 있을 때만 발현되었다. 왜 이 영역은 이 유전자의 전사를 조절하는가? 이 조절에 대한 메커니즘을 제안하라.

5' GATTCGTTC 3'
3' CTTGCTTAG 5'

Chapter 12

RNA의 후처리

대부분의 유전자는 단백질인 최종 유전자 산물을 갖는다. 유전자는 먼저 전령 RNA(mRNA)로 전사되고, mRNA는 단백질을 만들기 위해 해독된다. 많진 않지만 상당수의 경우에, RNA 자체가 최종 유전자 산물이다. 어느 경우에나, 전사의 초기 결과물인 RNA 분자(즉, 일차 전사체)는 역할을 수행하기 전에 화학적으로 변형될 수 있다. 이것이 RNA 후처리로 불리며, 때로 지극히 복잡할 수 있다. 변형의 화학적 성질은 상당히 다양할 수 있다.

거의 모든 RNA 분자는 몇 가지 방식으로 후처리 된다. 주요 예외는 박테리아의 mRNA인데, 이 경우에도 몇몇 mRNA 분자는 후처리 된다. 당연히, RNA 후처리는 진핵세포에서 훨씬 더 복잡한데, 진핵세포에서의 RNA 후처리는 RNA 분자가 세포질로 방출되기 전에 대부분 핵 내에서 일어난다. mRNA와 같은 몇 가지 경우에서, RNA의 변형은 사실상 주요 조절 기작이다. 특히 리보솜 RNA(rRNA)와 운반 RNA(tRNA)와 같은 다른 경우에, 변형은 최종적인 기능에 있어서 RNA의 기능을 향상시킨다.

1. RNA는 몇 가지 경로로 후처리 된다

RNA는 DNA를 주형으로 하여 RNA 중합효소에 의해 합성되며 이 과정을 전사라고 한다(11장 참조). 때때로 RNA 분자는 전사된 직후 바로 기능을 수행할 수 있다(예를 들면, 대부분 박테리아의 mRNA). 그러나 많은 경우에 RNA는 몇 단계의 후처리 과정을 거친 후에야 기능을 수행할 수

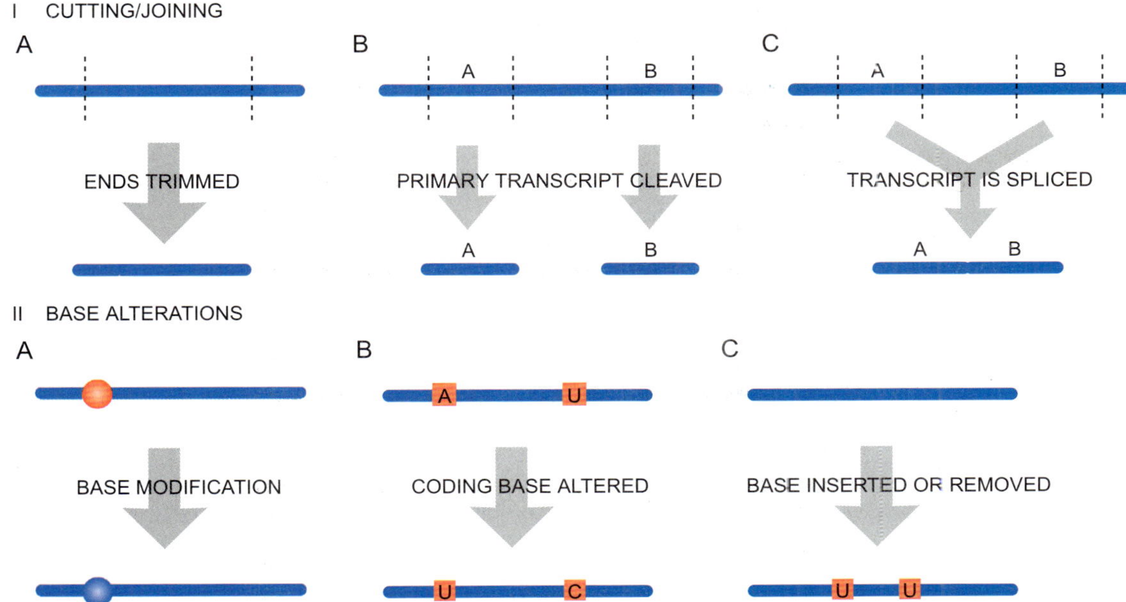

그림 12.01
RNA 후처리의 유형

RNA 후처리는 절단/RNA 절편의 연결과 리보뉴클레오티드의 염기 변형으로 나눌 수 있다.

있다. 이런 경우에 아무런 후처리 과정을 거치지 않은 원래의 RNA 분자를 **일차전사체**라 부른다. 특정 그룹의 RNA에 대해, 전구체(즉, 일차전사체)는 pre-mRNA, pre-rRNA 등으로 불리기도 한다. 전구체 RNA와 최종적으로 후처리된 RNA 산물간의 관계가 이해되기 전에는 hnRNA(heterogeneous nuclear RNA)라는 용어도 사용되었다.

모든 그룹의 RNA는 염기 변형과 절단에 의한 후처리 과정을 거친다. 이 외에도, 진핵세포의 mRNA는 **이어맞추기** 뿐만 아니라 캡씌우기(capping)와 꼬리붙이기(tailing)를 거친다(그림 12.01). 염기 변형은 주로 tRNA와 rRNA에서 일어나며, RNA가 전사된 후에 일어난다. 이러한 변형은 단백질 해독에서 이들이 적절한 기능을 수행하기 위한 필수적인 과정이다(13장 참조). 원핵생물과 진핵생물 rRNA와 같은 어떤 RNA 분자들은 절단에 의해 변형된다; 즉, rRNA는 정확한 길이로 다듬어지는 긴 전구체로 만들어진다. 또 다른 경우에는 여러 개의 RNA 분자가 하나의 같은 일차전사체에 포함되는데, 이 일차전사체는 여러 개의 부분으로 절단된다. 진핵생물에서 mRNA에 대한 일차전사처는 인트론 혹은 개재서열이라 부르는 절편들을 가지고 있는데, 인트론은 최종 단백질 산물을 암호화하기 위해 사용되지 않는다(4장 참조). 이어맞추기는 인트론의 제거와 하나의 단백질로 해독되는 중단되지 않은 암호화 서열을 가진 간결한 mRNA를 만들기 위하여 끝부분을 다시 연결하는 과정을 수반한다.

많은 RNA 분자들은 합성된 후, 다양한 방식에 의해 변형된다.

대부분의 mRNA 후처리 과정은 후처리 반응을 촉매하기 위하여 단백질로 구성된 전형적인 효소에 의해 일어난다. 그러나 아래에 설명된 바와 같이, 보다 복잡한 mRNA 후처리 과정에는 다른 RNA 분자들이 관여한다. 이 RNA 분자들은 서열인식과 자르고 이어맞추는 실질적인 화학반응에 관여한다. 실제로, 어떤 인트론은 자가-이어맞추기이다; 즉, 인트론이 단백질 구성요소를 요구하지 않는 반응으로 자신을 잘라낸다(아래에 설명). 이러한 RNA 효소를 **리보자임**이라 부른다. 13장에서 다루어지는 바와 같이, 단백질 합성 과정에서 펩티드 결합의 형성은 실질적으로 단백질이 아닌 리보솜 RNA에 의해 촉매된다. 단백질 합성과 RNA 후처리와 같은 생명 현상의 기본적인 과정에 RNA가 관여한다는 사실에

일차전사체(primary transcript) 후처리 과정이나 변형이 일어나기 전, DNA 주형으로부터 합성된 원래 상태의 RNA 분자
리보자임(ribozyme) 효소 활성을 가진 RNA 분자
이어맞추기(splicing) 개재서열 제거 및 어떤 분자의 끝을 다시 연결시키기; 주로 RNA에서 인트론을 제거하는 과정을 의미함

RNA의 후처리 과정은 때로 안내자나 실질적인 효소로 작용하는 리보자임과 같은 다른 RNA 분자들을 요구한다.

의해 리보자임이 초기 생물체에서 더 보편적으로 존재했을 것이라는 가설이 제기되었다. 사실상 "**RNA 세계**" 가설은 원래의 효소는 모두 RNA였으며 단백질은 진화과정에서 나중에 효소의 역할을 떠맡게 되었다고 제시한다. RNA 세상 시나리오는 26장의 "분자 진화(Molecular Evolution)"에서 좀 더 상세히 다루어진다.

2. 암호화 RNA와 비암호화 RNA

암호화 RNA(즉, mRNA)는 단백질 합성 정보를 전달하는 기능만을 수행하는 반면, 비암호화 RNA들은 해독되는 것이 아니라 RNA 자체로 다양한 기능을 수행한다.

박테리아 세포에서 RNA는 전체 유기물질의 약 20%를 차지한다. 진핵세포의 경우 RNA는 전체 유기물의 3-4%에 불과하다. 비록 대부분의 유전자는 단백질을 암호화하는 mRNA를 만들기 위해 전사되지만, 이러한 mRNA는 전체 RNA의 극히 적은 부분을 차지한다. RNA는 암호화 RNA(즉, mRNA)와 **비암호화 RNA**로 나눌 수 있는데, 비암호화 RNA는 tRNA, rRNA 및 RNA로 직접 기능하며 단백질로 해독되지 않는 다양한 기타 RNA 분자들을 포함한다.

많은 서로 다른 mRNA 분자가 있지만, 각각은 비교적 적은 수의 사본으로만 존재한다. 대장균의 경우, 약 400 종류의 mRNA가 있으며, 각 mRNA에 대해서 평균 3-4개 사본만 존재한다. 이와 반대로, rRNA와 tRNA에 대해서는 많은 사본이 존재한다. 예를 들면 대장균에는 1-2만 개의 리보솜이 존재하며, 각 리보솜은 각각의 rRNA에 대해 하나의 사본을 갖는다. 따라서 리보솜 RNA는 전체 RNA의 약 80%를 차지하며, tRNA는 14-15%를 차지한다. mRNA는 전체 RNA 질량의 단지 4-5%만을 차지한다.

많은 비암호화 RNA 분자는 진핵세포의 핵 내에서 발견된다.

리보솜 RNA와 tRNA는 모든 생명체에서 발견된다. 다른 종류의 비암호화 RNA들은 생물체에 따라 다양하다. 박테리아는 손상된 mRNA에 의해 갇혀버린 리보솜을 구출하는 tmRNA(tRNA와 mRNA의 하이브리드) 뿐만 아니라(13장 참조), 몇 종류의 작은 조절 RNA(18장 참조)를 갖고 있다. 진핵세포에는 **미세핵 RNA**, **미세인 RNA**, 그리고 **미세세포질 RNA** 분자가 있다. snRNA와 snoRNA(이들 RNA에는 U가 많이 존재하므로 때로 U-RNA라고도 불림)는 진핵세포의 핵에서 다른 RNA 분자의 후처리에 관여한다(아래 참조). scRNA는 다양한 기능을 가진 분자들로 이루어지는 잡다한 그룹이다. 많은 수의 작은 조절 RNA 분자들이 진핵세포에서 발견되고 있으며, 이보다는 적지만 원핵세포에서도 발견되고 있다. RNA 간섭에 관여하는 siRNA(short interfering RNA)와 유전자 발현 조절에 관여하는 짧은 RNA 분자인 miRNA(microRNA)가 진핵세포에 존재하는 두 가지 주요 조절 RNA 분자 그룹이다(18장 참조). 대부분의 조절 RNA가 200 뉴클레오티드 미만으로 짧더라도, 상당한 수의 "긴 비암호화 RNA(long non-coding RNA, lncRNA)"가 속속 분리되고 있다. lncRNA는 진핵세포 유전자의 조절에 있어서 다양한 역할을 수행한다.

3. 리보솜 RNA와 운반 RNA의 후처리

박테리아에 존재하는 3 종류의 rRNA 분자는 하나의 전구체(pre-rRNA)를 만들기 위하여 함께 전사된다. pre-rRNA는 연결자 부위에 의해 연결된 16S rRNA, 23S rRNA, 5S rRNA를 포함한다(그림 12.02). 박테리아에서 pre-rRNA 전사체는 일부 tRNA를 포함하기도 한다. 대부분의 박테리아는 rRNA 유전자에 대해 여러 개의 사본을 갖는다(예를 들

비암호화 RNA(non-coding RNA) 단백질로 해독되지 않고 기능을 수행하는 RNA 분자; tRNA, rRNA, snRNA, snoRNA, scRNA, tmRNA와 일부 조절 RNA 분자를 포함
RNA 세계(RNA world) 초기 생명이 효소 활성과 유전정보 운반을 위해 주로 또는 전적으로 RNA에 의존했으며, DNA와 단백질은 진화 과정에서 나중에 출현했다는 이론
미세세포질 RNA(small cytoplasmic RNA, scRNA) 진핵세포의 세포질에 존재하는 미세 RNA 분자들로 다양한 기능을 수행함
미세핵 RNA(small nuclear RNA, snRNA) 진핵세포의 핵에서 RNA 이어맞추기에 관여하는 미세 RNA 분자
미세인 RNA(small nucleolar RNA, snoRNA) 진핵세포의 인에서 rRNA 염기 변형에 관여하는 미세 RNA 분자

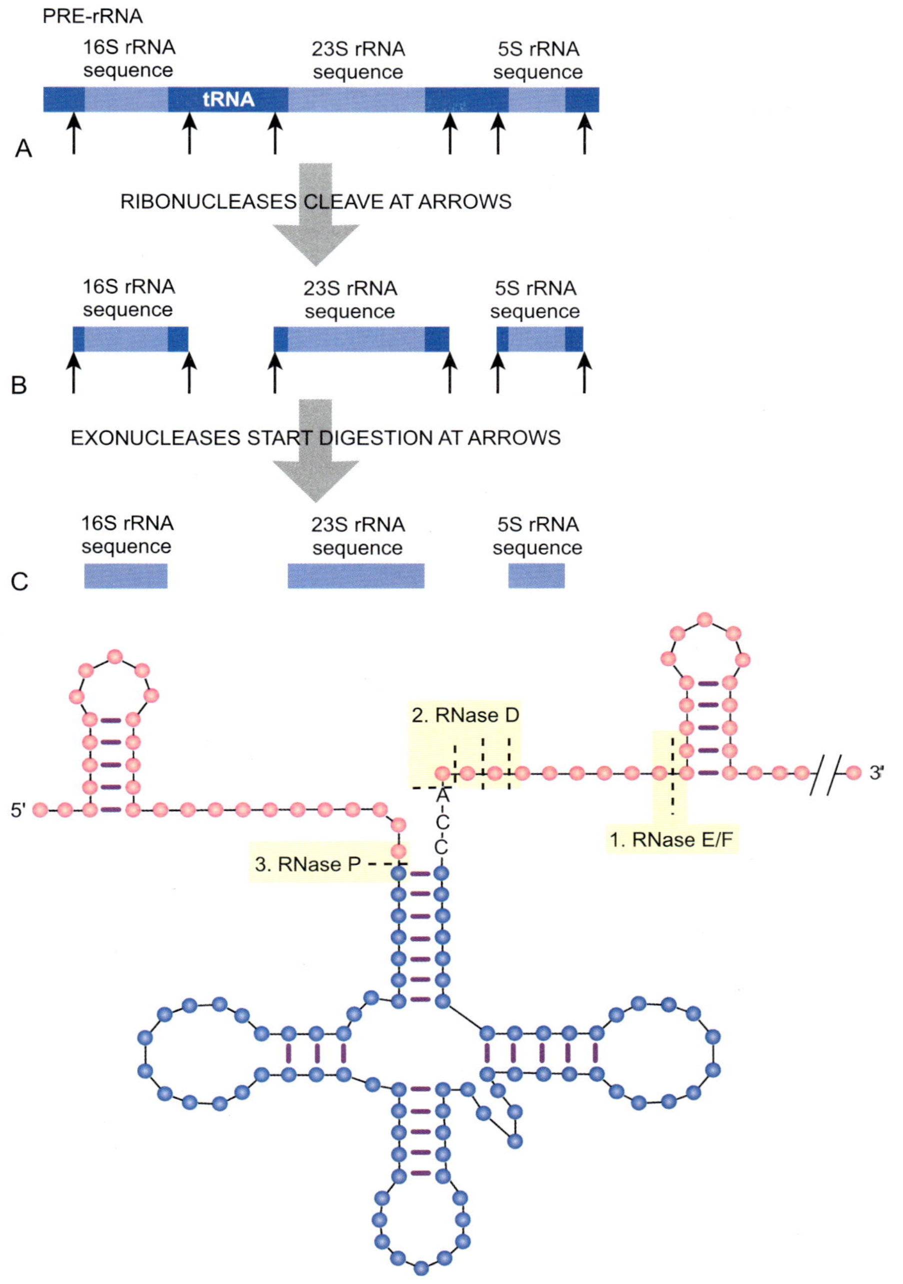

그림 12.02

원핵생물에서 전구체로부터 rRNA의 절단

pre-rRNA는 3 종류의 rRNA 분자와 하나 또는 2개의 tRNA를 포함하고 있다. 후처리 과정의 첫 단계는 화살표로 표시된 위치에서 일차전사체를 절단하는 리보핵산가수분해효소를 수반한다. 그 다음에 말단 부분은 추가로 다듬어진다. (이 그림에서는 rRNA의 후처리 과정만 보여준다; tRNA 역시 방출 후 다듬어진다.)

그림 12.03

tRNA의 후처리

붉은 색으로 표시된 염기가 제거된다. 첫 번째로(1), 리보핵산가수분해효소 E나 F가 3′ 말단 근처에서 전구체 RNA를 절단한다. 두 번째로(2), 리보핵산가수분해효소 D가 수용부(acceptor) 줄기의 말단에 있는 CCA에 도달할 때까지 새로 만들어진 3′ 말단에서 유래한 염기들을 제거한다. 세 번째로(3), 리보핵산가수분해효소 P가 tRNA의 5′ 말단 부위를 정확히 절단한다.

면 대장균은 7개의 rRNA 유전자를 가짐).

성숙한 rRNA는 리보핵산가수분해효소에 의한 전구체의 절단에 의해 만들어진다. 이 과정은 두 단계로 일어난다(그림 12.02). 먼저 내부 절단이 이루어져 3개의 rRNA로 분리된다. 리보핵산가수분해효소 III, P, F는 pre-rRNA가 염기쌍 형성에 의해 이중가닥 구역으로 접혀있는 부위를 인식한다. 절단이 일어난 후, 끝부분은 여러 개의 핵산말단가수분해효소에 의해 다듬어진다.

rRNA들은 절단되고 끝이 다듬어져야하는 하나의 긴 전사체로 전사된다.

진핵세포에는 4종류의 rRNA가 있다. 5S rRNA는 별도로 만들어지며, 후처리 과정은 필요없다. 다른 3종류의 rRNA(18S, 28S, 5.8S)는 하나의 pre-rRNA로 합성되며 박테리아에서와 비슷한 후처리 과정을 거친다. tRNA들도 후처리 과정을 필요로 하는 긴 전구체 형태로 전사된다(그림 12.03). 일부 tRNA는 단독으로 전사된다; 어떤 tRNA는 함께 전사된다; 박테리아에서 일부 tRNA는 pre-rRNA 전사체에 포함된다. 박테리아 tRNA의

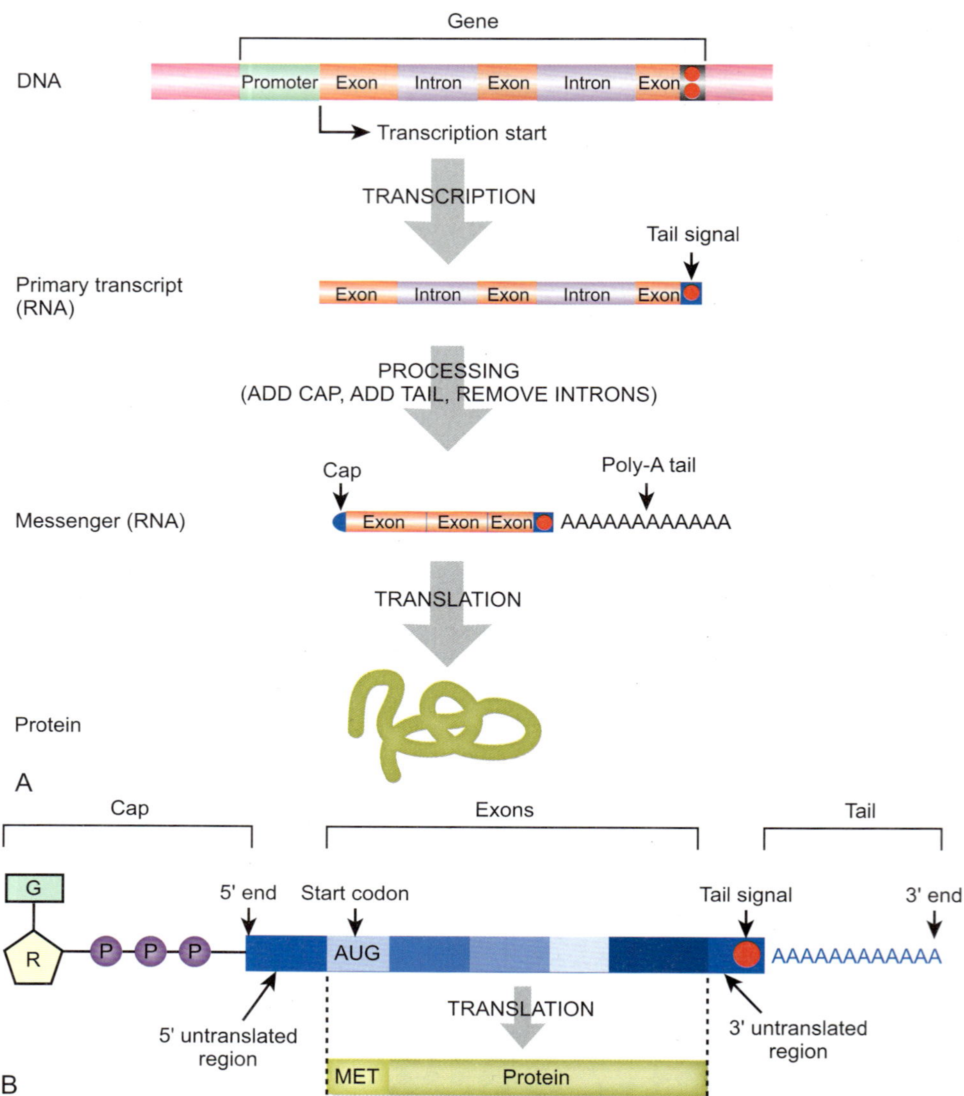

그림 12.04
진핵생물 mRNA에서의 인트론의 제거 및 성숙과정–개요

인트론과 엑손을 포함하는 DNA가 RNA 일차전사체로 전사되는데, 이 RNA는 인트론과 엑손, 그리고 3′ 말단 형성에 필요한 정보를 포함하고 있다. A) RNA 후처리는 인트론의 제거, 캡과 poly(A) 꼬리 첨가를 수반한다. 연결된 엑손의 해독은 단백질을 만들어낸다. B) 캡은 짧은 5′ 비번역 구역 앞에 위치하는 구아노신 3인산(역방향으로 부착)으로 이루어진다; 꼬리는 poly-A 부위로 이루어지며, 짧은 3′ 비번역 절편이 앞에 위치한다. 해독될 때, 엑손에서 유래한 정보만이 단백질을 합성하기 위해 사용된다.

tRNA 전구체는 최종 tRNA 분자를 만들기 위하여 후처리되어야만 한다.

5′ 말단은 리보핵산가수분해효소 P에 의해 다듬어진다. 이 효소는 흥미로운데, 그 이유는 이 효소가 리보자임이기 때문이다. **리보핵산가수분해효소 P**는 하나의 RNA 분자와 하나의 단백질로 구성되어 있으나, 촉매활성은 RNA에 기인한다. 단백질 부위는 단지 이 RNA의 활성을 조절하는 기능을 한다.

4. 진핵생물의 전령 RNA는 캡과 꼬리를 갖고 있다

진핵세포에서, 일차전사체는 3 단계를 거쳐 mRNA로 전환된다.
1) 앞쪽에 캡 첨가하기;
2) 끝에 꼬리 첨가하기;
3) 인트론 제거하기.

진핵세포에서, mRNA를 만들기 위한 유전자의 전사는 원핵생물에 비해 훨씬 더 복잡하다. 첫째, 진핵세포 유전자는 세포질에 존재하지 않고 핵 안에 존재한다. 둘째, 대부분의 진핵세포 유전자는 중간 중간에 인트론이라 불리는 비암호화 DNA에 의해 나뉘어져 있다.

진핵세포 유전자의 전사에 의해 만들어지는 RNA 분자는 일차전사체로 부른다. 이 전사체는 mRNA가 아닌데, 그 이유는 이 전사체는 후처리를 필요로 하기 때문이다. 만약 일차전사체가 그대로 해독되면, 인트론에 존재하는 염기 서열이 번역되어 커다란, 기능을 수행할 수 없는 단백질이 만들어지게 된다. 일차전사체는 완전히 후처리될 때까지 핵 내에

리보핵산가수분해효소 P(RNase P) RNA 리보자임과 하나의 부수적인 단백질로 구성되며 박테리아에서 tRNA 후처리에 관여하는 리보핵산가수분해효소

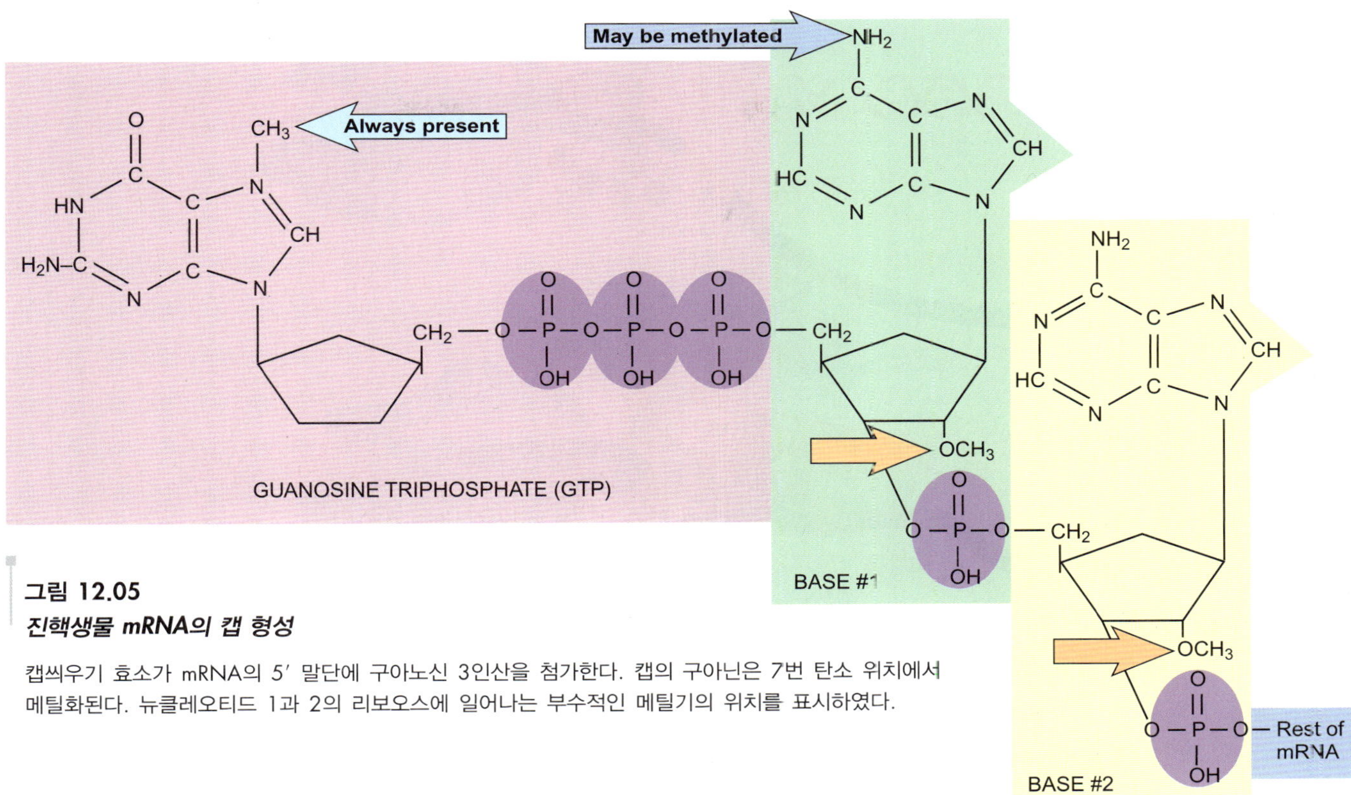

그림 12.05

진핵생물 mRNA의 캡 형성

캡씌우기 효소가 mRNA의 5′ 말단에 구아노신 3인산을 첨가한다. 캡의 구아닌은 7번 탄소 위치에서 메틸화된다. 뉴클레오티드 1과 2의 리보오스에 일어나는 부수적인 메틸기의 위치를 표시하였다.

갇혀 있게 된다. 첫째, 일차전사체 RNA의 앞머리에 캡 구조의 첨가와 뒷부분에 여러 개의 아데닌으로 이루어진 꼬리의 첨가가 일어난다. 다음으로 인트론이 제거되는데, 이 과정을 **이어맞추기**라 한다. 이 과정은 인트론을 잘라내고 엑손만을 갖는 RNA 분자를 만들어내기 위하여 엑손의 끝을 다시 연결시킨다; 즉, RNA는 인트론에 의해 중간이 차단되지 않은 암호화 서열을 갖게 된다(그림 12.04). 후처리가 완료된 후, mRNA는 핵에서 빠져나가서 리보솜에 의해 해독되게 된다.

4.1. 캡핑은 진핵세포 mRNA의 성숙과정에서 첫 번째 단계이다

핵을 떠나기 전에 mRNA가 될 운명인 RNA 분자는 5′ 말단에 첨가된 **캡**과 3′ 말단에 첨가된 꼬리를 갖는다. 이 일은 핵 내에서, 이어맞추기 전에 일어난다. 전사가 개시된 직후, 신장하는 RNA 분자의 5′ 말단은 구아노신 3인산(GTP) 잔기의 첨가에 의해 캐핑된다(그림 12.05). GTP는 RNA에 있는 나머지 뉴클레오티드에 대해 반대 방향으로 첨가된다. GTP 첨가 후, 구아닌 염기는 7번 위치에 부착된 메틸기를 갖는다. 이 구조를 "cap0" 구조라 부른다. 하등 진핵생물과 식물은 여기까지만 진행된다.

진핵세포 mRNA의 cap은 RNA의 5′ 말단에 GTP가 역방향으로 결합하여 이루어진다.

일부 고등 진핵생물에서, 부가적인 메틸기가 원래 mRNA의 첫 번째 하나 또는 2개의 뉴클레오시드의 리보오스 당에 첨가될 수 있다(그림 12.05). 이것을 각각 "cap1" 및 "cap2" 구조라 한다. 특히 cap2 구조는 포유동물 mRNA에 전형적으로 나타나며 해독 효율을 증가시키는 것으로 추정된다. 원래 mRNA의 첫 번째 염기가 아데닌이라면, 때때로 아데닌은 N^6 위치에서 메틸화된다. 특정 mRNA가 정확하게 같은 캡 구조를 갖는지의 여부는 불분명하다.

캡(cap) 역방향으로 결합된 메틸화된 구아노신으로 이루어지며, 진핵세포 mRNA의 5′ 말단에 존재하는 구조
이어맞추기(splicing) 개재서열 제거 및 어떤 분자의 끝을 다시 연결시키기; 주로 RNA에서 인트론을 제거하는 과정을 의미함

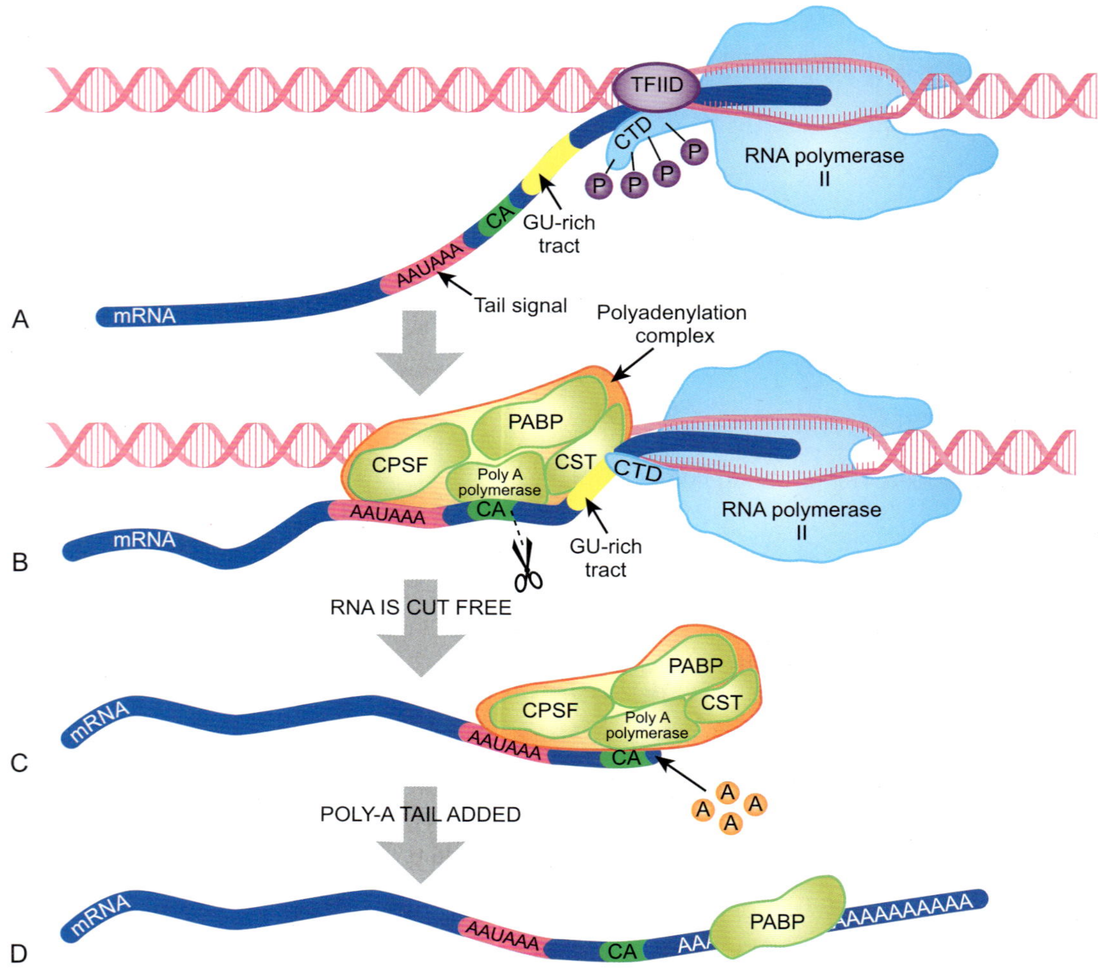

그림 12.06
진핵생물 mRNA에 poly(A) 꼬리의 첨가

A) 전사 과정 동안 RNA 중합효소는 암호화 서열의 끝을 지나 지속적으로 RNA를 합성한다. 단백질을 암호화하는 염기 서열의 끝 이후에 존재하는 3개의 중요 염기 서열이 절단과 꼬리 첨가에 관여한다: 꼬리신호(AAUAAA), 이 염기 서열에서 몇 뉴클레오티드 하류에 존재하는 CA 디뉴클레오티드, GU-풍부 부위. B) Poly(A) 형성 복합체는 이들 염기 서열에 결합하는 몇 개의 단백질-즉, poly(A) 중합효소, 절단 인자, poly(A)-결합 단백질(PABP)-로 구성되어 있다. C) 합성되는 RNA는 절단인자에 의해 CA 서열 바로 다음에서 절단된다. D) Poly(A) 중합효소는 절단된 RNA의 3′ 말단에 poly(A) 꼬리를 첨가한다. 완전한 poly(A) 꼬리는 poly(A) 중합효소에 의해 결합되어 있다.

4.2. Poly(A) 꼬리가 진핵생물 mRNA에 첨가된다

진핵세포 mRNA 꼬리는 3′ 말단에 연속된 아데닌을 갖는다.

캡핑된 후, 신장하는 RNA에는 **poly(A) 꼬리**가 첨가된다(그림 12.06). mRNA로 될 운명인 전사체는 3′ 말단 가까이에 꼬리 인식 서열인 AAUAAA를 갖는다. RNA 분자를 합성하는 RNA 중합효소는 이 지점을 지나서 계속 진행한다. 그러나, 특이적인 핵산내부가수분해효소가 이 서열을 인식해서 신장하는 RNA 분자의 하류 쪽 10-30 염기(5′-CA-3′ 디뉴클레오티드 바로 다음)를 자른다. 절단 부위를 지난 부분에 역시 인식에 관여하는 GU가 풍부한 구역이 있는데, 이 구역은 절단 후 소실된다.

AAUAAA와 GU가 풍부한 부위는 둘다 단백질과 결합한다. 절단과 폴리아데닐화 특이 인자(cleavage and polyadenylation specificity factor, CPSF)가 AAUAAA 서열에 결합하며 절단 촉진인자(cleavage stimulation factor, CST)는 GU가 풍부한 구역에 결합

Poly(A) 꼬리[poly(A) tail] mRNA의 3′ 말단에서 발견되는 다수의 아데닌 잔기로 이루어진 구역

한다. 이들 두 단백질은 **poly(A)-결합 단백질** 뿐만 아니라 절단인자와 **poly(A) 중합효소**의 조립을 위한 플랫폼을 제공한다. 일단 **폴리아데닐화 복합체**가 조립된 후, RNA는 절단인자(핵산내부가수분해효소)에 의해 절단되며, poly(A) 꼬리가 poly(A) 중합효소에 의해 첨가된다. 꼬리는 100-200개의 아데닌 잔기로 이루어진다(그림 12.06).

PABP는 mRNA와 결합된 채로 남아있으며 poly(A) 꼬리에 결합한다. PABP는 mRNA의 양쪽 말단에 결합하며, 캡이 잘려나가는 것을 보호하는 것으로도 측정된다(아래 참조). Poly(A) 꼬리와 PABP의 존재가 mRNA를 더 안정화시키는지의 여부는 의심의 여지가 있다; 일부 안정적인 mRNA는 매우 짧은 꼬리를 가진다. 그럼에도, poly(A) 꼬리는 해독을 위해 필요하다. 초기 배아에 있는 특정 mRNA는 poly(A) 꼬리가 없는 상태로 저장되며 해독되지 않는다. 해독될 필요가 있을 때, poly(A) 꼬리가 첨가된다. 예외가 일어난다; 예를 들면, 히스톤을 암호화하는 유전자와 mRNA는 "특별한" 것으로 간주되며, poly(A) 꼬리를 갖지 않으나 다르게 후처리된다(관련 연구에 대한 초점 참조).

5. 인트론은 이어맞추기 과정에 의해 RNA로부터 제거된다

pre-mRNA 후처리에 있어서 세 번째 단계는 인트론을 제거하는 것이다. 이어맞추기는 단 한 개 염기 이내까지도 정확해야만 한다. 왜냐하면 실수는 전체 암호화 서열을 망가뜨리게 되고 단백질 서열을 완전히 엉망으로 만들게 된다. 잘라서 다시 연결시키는 과정의 전반적 결과가 그림 12.01에 묘사되어 있다. 몇 가지 종류의 인트론이 있다(표 12.01). 진핵세포

Box 12.1 꼬리에 의한 mRNA 포획

진핵생물의 mRNA는 mRNA의 poly(A) 꼬리를 활용하여 분리될 수 있다(그림 12.07). **올리고(U)** 또는 **올리고(dT)**의 인공가닥은 poly(A) 부분과 염기쌍을 형성한다. 일반적으로, 올리고(U) 또는 올리고(dT)는 컬럼에 고정되고, mRNA를 포함하는 혼합물을 컬럼에 부어 통과시킨다. mRNA는 poly(A) 꼬리의 결합에 의해 포획된다(그림 12.07). 특히 비암호화 RNA를 포함한 다른 분자들은 컬럼을 통과한다.

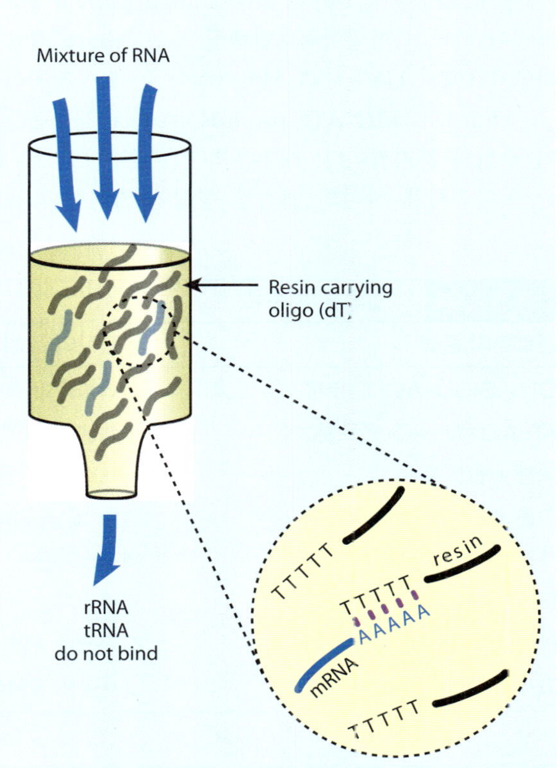

그림 12.07
Poly(A) 꼬리의 결합은 진핵생물 mRNA 분리를 가능하게 한다

수지에 부착된 oligo(dT)는 poly(A) 꼬리와 염기쌍을 이룸으로써 mRNA 분자와 결합한다. rRNA와 tRNA 분자는 결합하지 않고 컬럼에서 빠져나간다. 그런 다음 mRNA는 정제된 형태로 분리되어 나온다.

올리고(dT)[oligo(dT)] 티미딘으로만 이루어진 DNA 가닥
올리고(U)[oligo(U)] 우리딘으로만 이루어진 RNA 가닥
Poly(A) 중합효소[poly(A) polymerase] poly(A) 꼬리를 mRNA에 붙이는 효소
Poly(A)-결합 단백질[poly(A)-binding protein, PABP] mRNA의 poly(A) 꼬리에 결합하는 단백질
Poly(A) 형성 복합체(polyadenylation complex) poly(A) 꼬리를 진핵세포의 mRNA에 붙이는 단백질 복합체

관련 연구에 대한 초점

Yang XC, Burch BD, Yan Y, Marzluff WF, and Dominski Z. FLASH, a proapoptotic protein involved in activation of caspase-8, is essential for 3′ end processing of histone pre-mRNAs. Mol Cell. (2009) 23:267–78.

히스톤은 진화과정을 통해서 가장 잘 보존된 단백질 중의 하나이다. 이러한 높은 보존성은 진핵생물에서 DNA 결합에서 이들의 핵심적인 기능 때문이다. 놀랄 것도 없이, 히스톤 mRNA의 후처리는 다른 유전자의 후처리와 다르다. 특히 히스톤 mRNA는 대부분의 진핵생물 mRNA의 특징인 poly(A) 꼬리가 없다. 대신에, pre-mRNA 말단은 히스톤 mRNA가 해독되기 전에 제거되는 고도로 보존된 줄기-고리 구조로 끝이 난다. 핵산내부가수분해효소인 CPSF73은 줄기-고리 구조에서 몇 개 염기 하류 쪽에서 pre-mRNA를 절단한다. 미세핵 RNP(snRNP) U7과 몇 개의 단백질 인자들이 절단 부위의 인지와 핵산가수분해효소의 결합을 위해서 요구된다.

이 논문에서, 저자들은 포유동물과 곤충에서 필요한 단백질 인자가 FLASH 임을 제시하고 있다. 저자들은 이미 히스톤 pre-mRNA 후처리에 관여하는 것으로 알려진 단백질에 결합하는 새로운 단백질을 찾기 위하여 2잡종 검사 시스템(two hybrid screening system)을 사용하였다(자세한 내용은 15장 참조). FLASH가 결합하였고, 후속 연구는 이 단백질이 후처리에 필요함을 보여주었다. 만약 불충분한 FLASH가 존재한다면, 히스톤 mRNA는 다른 진핵생물 mRNA처럼 결국에는 poly(A)가 붙게된다.

FLASH 단백질은 세포사멸을 촉진하는 역할을 하는 것으로 알려져 있는데, 이는 세포 사멸과 히스톤 합성 사이에 아직은 확실하지 않은 연결고리가 있음을 암시한다.

이어맞추기복합체에 의해 인트론은 제거되고, 암호화 서열을 구성하는 엑손들은 서로 연결된다.

snRNA 분자는 분지점 뿐만 아니라 인트론의 말단을 인지한다.

의 핵에 존재하는 유전자에 가장 많이 존재하는 인트론은 GT-AG(RNA 서열에서는 GU-AG) 그룹의 인트론이다. 따라서 다른 변이체를 살펴보기 전에, GT-AG 인트론을 먼저 다룰 것이다.

이어맞추기를 수행하는 기구를 **이어맞추기복합체**라 하며, 이 복합체는 여러 종류의 단백질과 핵에만 존재하는 몇 종의 특화된 미세 RNA 분자로 이루어져 있다(그림 12.08). 각 미세 핵 RNA(small nuclear RNA, snRNA)와 이 RNA에 결합하는 단백질이 하나의 **미세핵리보단백질** 또는 **"snurp"**를 이룬다. 5개의 snRNP가 있다-U3는 제외하고 U1에서 U6까지!(U3는 사실상 인에 존재하는 snoRNA이다-아래 참조).

snurp의 snRNA는 pre-mRNA에 존재하는 세 부위를 인식하는데, **5′와 3′ 이어맞추기 부위**와 **분지점**이다. 대부분의 인트론은 GU로 시작하여 AG로 끝난다. 인식은 snRNA와 일차전사체 사이의 염기쌍 형성에 기인한다. snurp의 단백질 부분은 절단하고 연결시

표 12.01 인트론의 종류

인트론의 종류	유전자의 위치
GT–AG(GU–AG) 인트론	진핵생물의 핵(일반적임)
AT–AC(AU–AC) 인트론	진핵생물의 핵(드묾)
그룹 I 인트론	세포소기관, 원핵생물(드묾), 하등 진핵생물에 있는 rRNA
그룹 II 인트론	식물 및 곰팡이의 세포소기관, 일부 원핵생물
그룹 III 인트론	세포소기관
트윈트론(twintron)	세포소기관
Pre–tRNA 인트론	진핵생물 핵의 tRNA
고세균 인트론	고세균의 tRNA와 rRNA

3′ 이어맞추기 부위(3′ splice site) 인트론의 하류 또는 3′ 말단에 있는 이어맞추기를 위한 인식부위
5′ 이어맞추기 부위(5′ splice site) 인트론의 상류 또는 5′ 말단에 있는 이어맞추기를 위한 인식부위
분지점(branch site) 이어맞추기 과정에서 가지치기가 일어나는 인트론 내부에 존재하는 부위
미세핵리보단백질(small nuclear ribonucleoprotein, snRNP) snRNA와 단백질의 복합체
snurp snRNP 또는 미세핵리보단백질
이어맞추기복합체(spliceosome) 단백질과 미세핵 RNA 분자의 복합체로써 mRNA의 후처리 과정에서 인트론을 제거

키는 반응을 관리 감독한다. 5′ 이어맞추기 부위를 인식하는 **U1** snurp에 대해 그림 12.09에 자세히 나타내었다. 인트론의 중간부위에는 이어맞추기 과정에서 분지점으로 작용하는 특정한 아데닌 염기가 존재한다. 5′ 이어맞추기 부위, 3′ 이어맞추기 부위, 그리고 분지점의 공통 인식서열은 다음과 같다(굵은 글씨로 나타낸 잔기는 이어맞추기 기작에 관여하는 가장 많이 보존된 염기 서열임):

5′ 이어맞추기 부위: 5′-AG ↓ **GU**AAGU-3′
3′ 이어맞추기 부위: 5′-YYYYYYNC**AG** ↓ -3′(Y=피리미딘, N=모든 뉴클레오티드)
분지점: 5′-U**A**CUA**A**C-3′

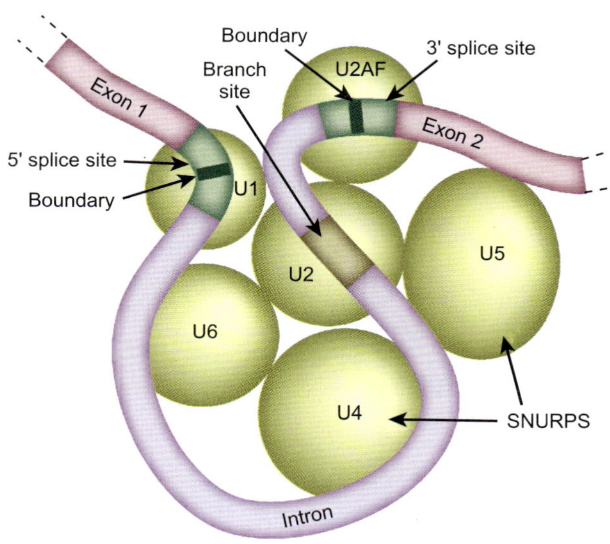

그림 12.08

이어맞추기복합체는 인트론/엑손의 경계부위를 인식한다

이어맞추기복합체는 이어맞추기 과정에 관여하는 "snurps"로 불리는 몇 종의 리보핵단백질(U1~U6)로 이루어져 있다. 이 미세핵리보단백질들은 인트론/엑손 경계부위에 있는 이어맞추기 위치에 모여서 이어맞추기복합체를 이룬다.

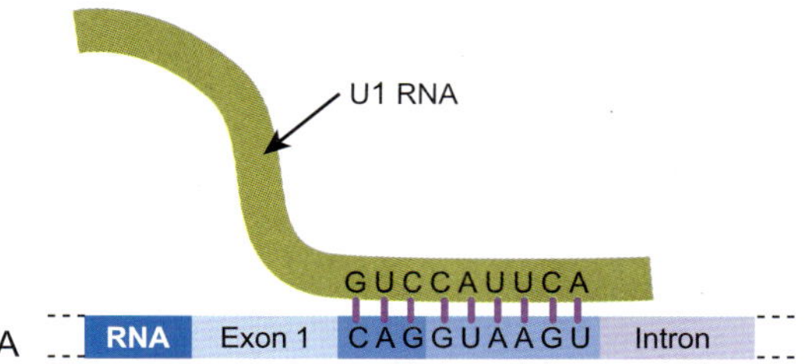

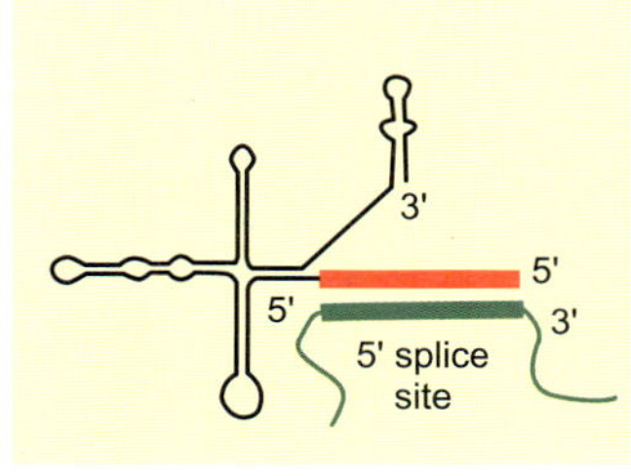

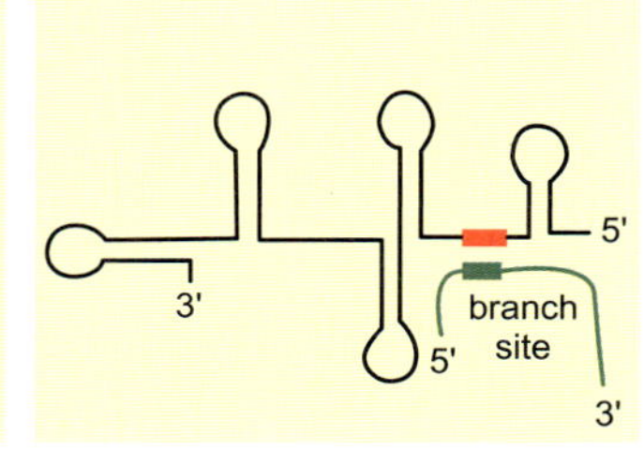

그림 12.09

U1 snurp에 의한 5′ 이어맞추기 부위의 인식

A) 인트론의 시작부위에 있는 5′ 이어맞추기 부위는 U1 snurp의 RNA와의 염기쌍 형성에 의해 감지된다. B) 5′ 이어맞추기 부위에서 U1의 결합과 분지점에서 U2의 결합을 전반적으로 보여준다.

U1 상류 쪽 이어맞추기 부위를 인식하는 snurp(snRNP)

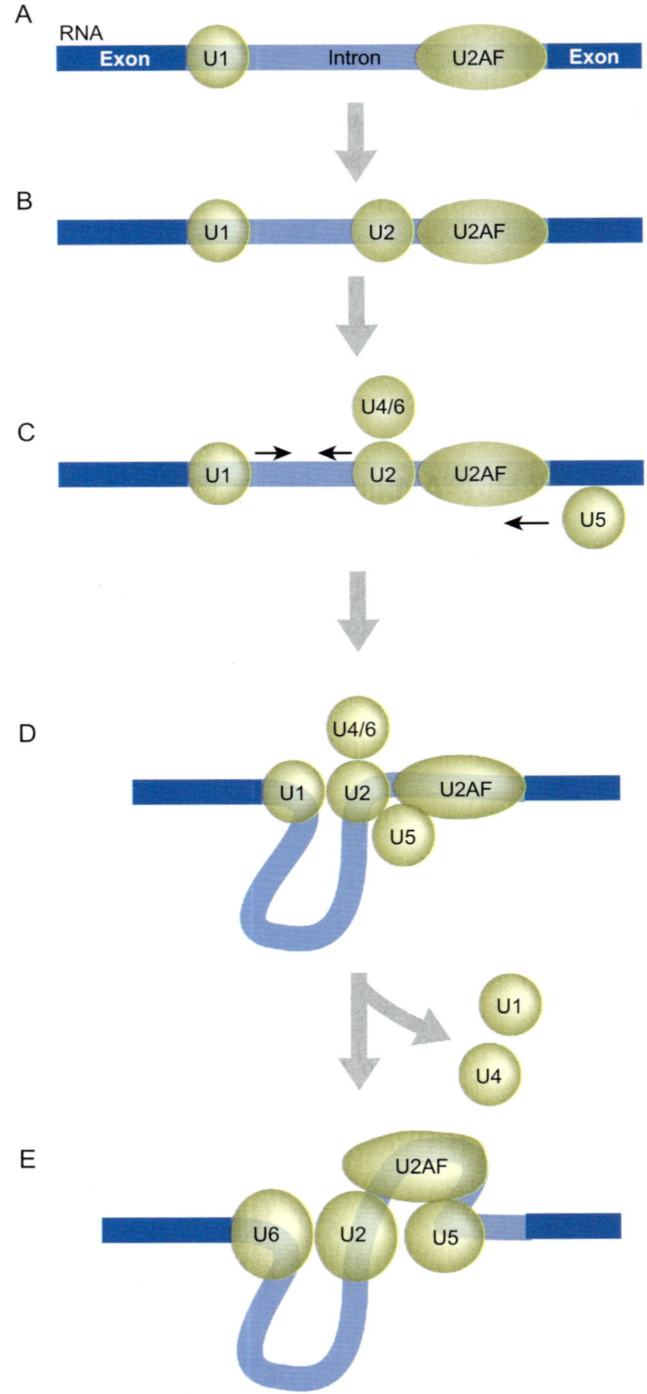

그림 12.10
이어맞추기복합체 형성단계

A) U1이 5′ 이어맞추기 부위에 결합하고, U2AF가 3′ 이어맞추기 부위에 결합한다. B) U2가 분지점에 결합한다. C) U4와 U6가 U2에 결합하고, U5는 하류 쪽 엑손에 결합한다. D) U1과 U2의 결합에 의해 고리구조가 형성된다. E) U6는 이어맞추기복합체에서 U1을 떼어내고 U4도 떨어져 나온다.

이어맞추기복합체는 몇 종의 snRNA 분자와 이들 RNA에 결합하는 단백질로 이루어진다.

snurp는 pre-mRNA 상에 조합을 이루어 이어맞추기복합체를 형성한다(그림 12.10). U1은 5′-이어맞추기 부위를 인식하고, **U2**는 분지점에 결합하며(그림 12.09B), **U2AF**라 불리는 단백질은 3′-이어맞추기 부위에 결합한다. U4/U6가 U2에 결합하고, 그 다음 U5가 도달해서 먼저 하류 쪽 엑손에 결합한 후, 인트론/엑손 경계지역으로 이동한다. 이로 인해 그림 12.10에 설명한 것과 같은 인트론 RNA 고리가 형성된다. 다음 단계로 복합체는 자체 재배치를 시작한다. 특히, U6는 5′ 이어맞추기 부위로부터 U1을 떼어내고, U1과 U4는

U2 분지점을 인식하는 snurp(snRNP)
U2AF(U2 accessory factor) 인트론 이어맞추기에 관여하는 단백질로써 하류 쪽 이어맞추기 부위를 인식

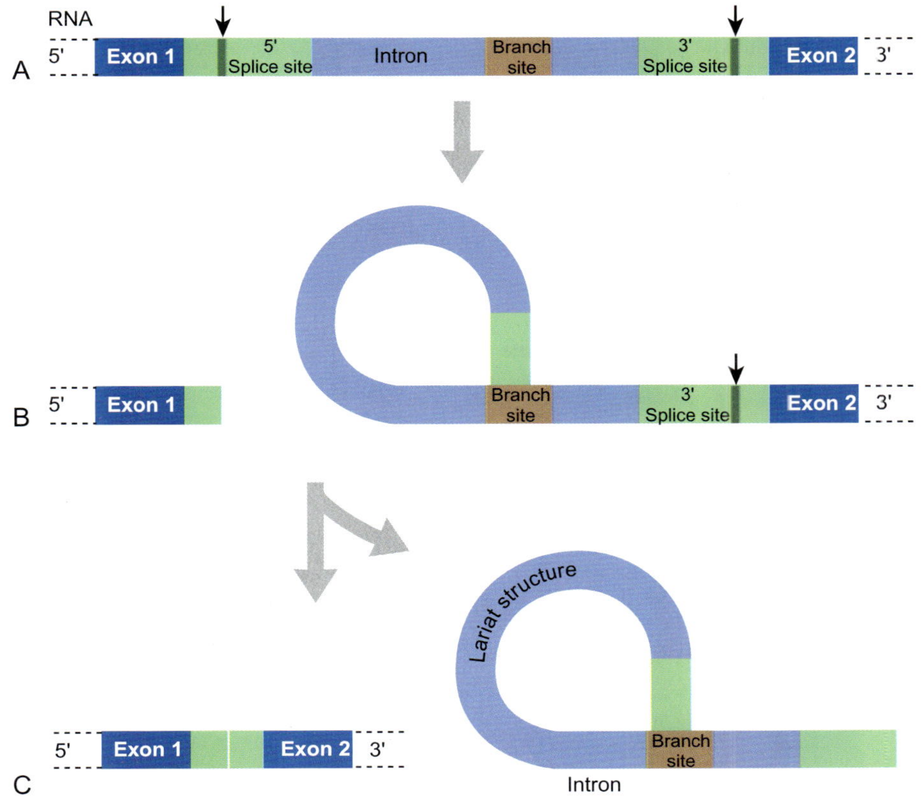

그림 12.11

이어맞추기 반응

A) 이어맞추기 과정 전의 2개의 엑손과 그 사이에 존재하는 인트론을 보여준다. 인트론은 5′ 이어맞추기 부위와 3′ 이어맞추기 부위를 가지고 있다. B) 5′ 이어맞추기 부위가 먼저 절단되고 이 절단된 인트론의 5′ 말단은 분지점과 결합하기 위하여 고리를 형성한다. C) 다음으로 인트론의 3′ 이어맞추기 부위가 절단되고 두 엑손의 말단이 결합한다. 제거된 인트론은 올가미 구조 상태로 방출된다.

이 이어맞추기복합체에서 떨어져 나온다.

마지막으로 이어맞추기는 두 단계로 일어난다(그림 12.11). 첫째, 인트론과 엑손이 5′ 이어맞추기 부위에서 절단되고, 자유로운 상태가 된 인트론의 5′ 말단은 고리를 형성하고 분지점에 있는 아데닌과 연결된다. 둘째, 자유로운 상태가 된 상류부위 엑손의 3′ 말단이 3′ 이어맞추기 부위로부터 인트론을 떼어내고, 2개의 엑손이 서로 연결된다. 인트론은 분지된 **올가미 구조** 형태로 방출되며, 나중에 파괴된다.

인트론은 절단되어 가지를 가진 올가미 구조를 형성한다. 엑손은 서로 연결된다.

5.1. 다른 종류의 인트론들은 다른 이어맞추기 기작을 보여준다

여러 종류의 인트론이 있다(표 12.01). 위에 서술한 GT-AG(또는 GU-AG) 인트론이 진핵세포 핵 유전자에 가장 많이 존재한다. AT-AC(또는 AU-AC) 인트론은 인트론 경계 서열에서의 차이점을 제외하고 GT-AG 인트론과 매우 비슷하다. AT-AC 인트론은 GT-AG 인트론과 거의 동일한 방식에 의해 이어맞추기 과정이 이루어지는데, 이어맞추기에 관여하는 인자가 서로 다르지만 매우 밀접하게 연관되어 있다.

어떤 인트론은 리보자임으로 작용하여 자가이어맞추기를 수행한다.

그룹 I 인트론은 **자가이어맞추기**를 한다. RNA 자체가 촉매활성을 나타내어 RNA 효소 또는 리보자임으로 작용한다. 다른 단백질이 이어맞추기 과정에 요구되지 않는다. 리보자임 활성을 위해서는 일련의 염기쌍 형성에 의한 줄기-고리 구조로 RNA가 접혀야 한다. 2개의 이어맞추기 부위를 근접하게 해서 결합이 절단되도록 압박하기 위해서 3차 구조가 접힌다. 반응 경로는 구아노신(GMP, GDP, 또는 GTP)이 5′ 이어맞추기 부위를 공격하여(그림 12.12), 엑손과 인트론을 절단하는 것으로 시작한다. 구아노신 뉴클레오티드는 반응 용액에 자유롭게 존재하는 상태이고 RNA의 일부가 아닌 점을 주목하라. 자유로운 상태의

올가미 구조(lariat structure) 인트론 이어맞추기 과정에서 만들어지며 가지가 있는 올가미형 RNA 조각
자가이어맞추기(self-splicing) 별도의 단백질을 요구하지 않고, RNA 분자 자체의 리보자임 활성에 의한 인트론 이어맞추기

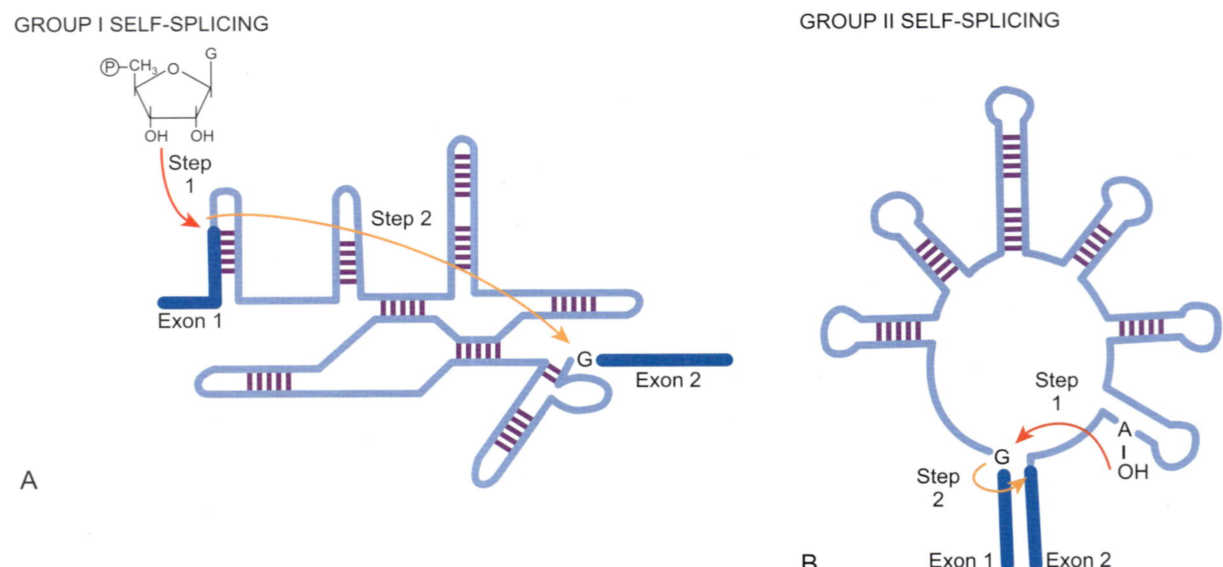

그림 12.12

그룹 I과 그룹 II 인트론의 자가이어맞추기 반응

자가이어맞추기를 하는 그룹 I과 II 인트론에서, 인트론은 접혀서 두 엑손의 말단이 가까이 위치하도록 한다(위 그림에는 보여주지 않았음). 이해하기 쉽게 하기 위해서, 염기쌍 형성에 의해 만들어지는 2차 구조만을 보여준다. A) 그룹 I 인트론에서, 반응용액에 존재하는 구아노신이 5′ 이어맞추기 부위를 공격하여, 엑손과 인트론을 분리한다. 다음으로 절단된 엑손의 3′ OH기는 3′ 이어맞추기 부위와 반응하여 두 엑손의 연결을 촉진한다(사실상 이들은 공간적으로 가까운 위치에 존재함). B) 그룹 II 인트론에서의 자가이어맞추기 반응은 그룹 I 인트론과 비슷하지만, 인트론에 존재하는 아데노신이 이어맞추기 반응을 개시하게 한다.

인트론은 고세균에서도 발견되지만, 이 인트론은 이어맞추기복합체가 아닌 단순한 리보핵산가수분해효소에 의해 제거된다.

엑손-3′-OH는 하류 쪽 이어맞추기 부위와 반응한다. 그룹 I 인트론은 단세포이며 섬모를 가진 민물 원생생물인 *Tetrahymena*와 같은 하등 진핵생물의 rRNA에 있는 인트론들을 포함한다. 그러나 대부분은 미토콘드리아나 엽록체의 유전자에서 발견된다. 드물게 박테리아와 박테리오파지에서도 발견된다.

그룹 II 인트론은 곰팡이와 식물의 세포소기관에서 발견되며 때때로 원핵생물에서도 발견된다. 그룹 III 인트론은 세포소기관에서 발견된다. 이들 두 그룹의 인트론도 자가이어맞추기를 수행한다. 그러나 자가이어맞추기 반응은 내부 아데노신(그룹 I 인트론에서처럼 자유로운 상태의 뉴클레오티드가 아니라)의 공격에 의해 시작된다(그림 12.12). 이 반응의 결과 앞에서 설명한 전형적인 핵 유전자의 pre-mRNA와 마찬가지로 올가미 구조가 만들어진다. 따라서 이들 세 가지 유형의 인트론은 공통된 진화적 기원을 가졌을 수 있다. 그룹 III 인트론은 그룹 II 인트론과 비슷하지만 그 길이가 훨씬 짧고, 어느 정도 서로 다른 3차 구조를 갖는다.

트윈트론(Twintron)은 하나의 인트론이 다른 인트론 내에 파묻혀 있는 복잡한 배열이다. 이들은 2개 이상의 그룹 I, 그룹 II, 또는 그룹 III 인트론으로 구성되어 있다. 인트론이 다른 인트론 내에 파묻혀 있기 때문에, 대수학에서 괄호를 처리하는 것처럼 가장 안쪽 것이 가장 먼저와 같이 정확한 순서대로 인트론이 제거되어야만 한다.

고세균의 인트론은 tRNA와 rRNA에서 발견되며, 어떤 측면에서는 진핵세포의 pre-tRNA 인트론과 유사하다. 복잡한 이어맞추기는 일어나지 않는다; snurp가 필요하지도 않으며 리보자임도 관여하지 않는다. tRNA와 rRNA 전구체는 고리를 형성하는 인트론과 함께 정상적인 3차 구조로 접힌다. 이 인트론 고리는 리보핵산가수분해효소에 의해 절단되고, 말단 부분은 RNA 연결효소에 의해 연결된다. 이들의 안정적인 3차 구조는 tRNA와 rRNA 분자의 두 절반을 절단과 연결 과정 동안 서로 붙어있게 하며, 인식이나 가공처리를 위해 snRNP와 같은 부가적인 인자를 필요로 하지 않는다.

5.2. R-고리 분석은 인트론과 엑손 경계를 결정한다

전자현미경이 진핵세포 인트론을 직접적으로 관찰하기 위하여 사용되었다. DNA와 RNA는 둘다 암호화 서열을 구성하는 엑손을 포함하지만, 최종 mRNA에는 인트론(비암호화 구역)이 없다. 만약 mRNA를 상응하는 유전자에서 유래한 외가닥 DNA와 혼성화시키면, DNA에 있는 여분의 인트론 서열로 인한 고리에 의해 차단된 염기쌍 형성 구역(엑손)이

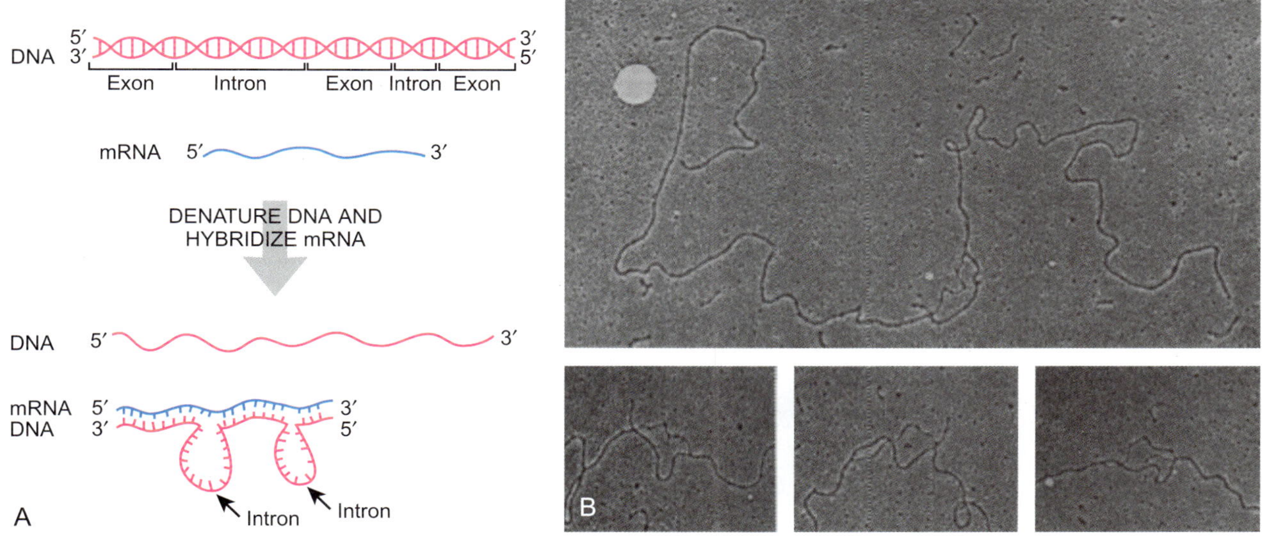

생긴다. 이것을 **R-고리 분석**이라 한다(그림 12.13).

그림 12.13
R-고리 분석은 인트론을 볼 수 있게 해준다

A) R-고리 분석은 진핵생물 유전자의 인트론을 볼 수 있도록 하기위하여 사용될 수 있다. 첫째, 이중가닥 DNA 분자를 2개의 외가닥으로 변성화한다. 한쪽 가닥을 해당하는 mRNA와 재결합시킨다. RNA는 인트론이 없기 때문에, DNA와 RNA는 암호화 구역에서만 재결합한다. DNA에서만 발견되는 인트론은 외가닥인 상태로 남아있으며 이형 이중가닥에서부터 뻗어 나오는 고리를 형성한다. B) 전체 복합체는 금속 이온으로 음영처리를 한 후에 전자현미경에 의해 가시적으로 관찰될 수 있다. (*출처: Thomas, M et al., (1976) Hybridization of RNA to double-stranded DNA: Formation of R-loops. Proc. Natl. Acad. Sci. USA 73: 2294–2298.*)

6. 선택적 이어맞추기는 다양한 형태의 RNA를 만들어낸다

이어맞추기 연결점은 매우 정확하게 만들어져야함에도 불구하고, 진핵세포는 때로 같은 유전자 내에서 다른 이어맞추기 위치를 사용하기 위하여 선택할 수 있다. 일반적으로, **선택적 이어맞추기**는 같은 동물 내에서 서로 다른 세포 유형에 의해 사용된다. 이로 인해 상이하지만 중복되는 기능을 가지는 몇 개의 서로 다른 단백질을 만들기 위해서 하나의 고유한 DNA 서열을 사용하는 것이 가능하게 된다. 언뜻 보기에 선택적 이어맞추기는, 적어도 이론적으로는, 각 유전자가 여러 단백질을 암호화할 수 있는 방법을 제공하고 따라서 한 생명체가 활용할 수 있는 단백질의 전체 수를 증가시키는 것처럼 보인다. 그러나 특정 세포나 조직에서 어떤 선택적 이어맞추기 위치를 선택하는가는 반드시 조절되어야 하며, 여기에는 몇 개의 부수적인 단백질이 요구된다.

6.1. 대체 프로모터 선택

대체 프로모터 선택은 2개의 대체 프로모터를 활용하는 것이 가능할 때 일어난다. 어떤 프로모터를 이용할 것인지의 여부는 세포 유형 특이적인 전사인자에 달려있다. 그림 12.14에서 보듯이, 2개의 대체 전사체가 2개의 서로 다른 mRNA를 만들어낸다.

6.2. 대체 꼬리 부위 선택

대체 꼬리 부위 선택은 poly(A)를 첨가하기 위하여 대체 부위를 사용하는 것이 가능할 때 일어난다. 어떤 poly(A) 부위를 이용할 것인지의 여부는 위와 마찬가지로 세포 종류에 달려있다. 이 방법이 이용되는 경우, 앞에 있는 poly(A) 결합부위에서 절단이 일어나면, 이 뒤에 존재하는 엑손은 소실된다(그림 12.15). 뒤에 있는 poly(A) 결합부위가 선택되면, 앞에 있는 poly(A) 결합부위와 이 바로 앞에 있는 엑손은 인트론으로 인식되어 잘려나간다.

mRNA를 만드는 과정에서 선택적 이어맞추기를 이용하면 동일한 유전자에서 다양한 다른 단백질들이 만들어질 수 있다.

R-고리 분석(R-loop analysis) 특정 유전자의 DNA 사본과 상보적인 mRNA의 혼성화. 그 결과, DNA에 있는 개재서열이나 인트론을 나타내는 고리의 모습을 보여줌

선택적 이어맞추기(alternative splicing) 동일한 유전자에서 유래한 서로 다른 절편을 사용함으로써 2개 또는 그 이상의 서로 다른 최종 mRNA 분자를 만드는 선택적 방법

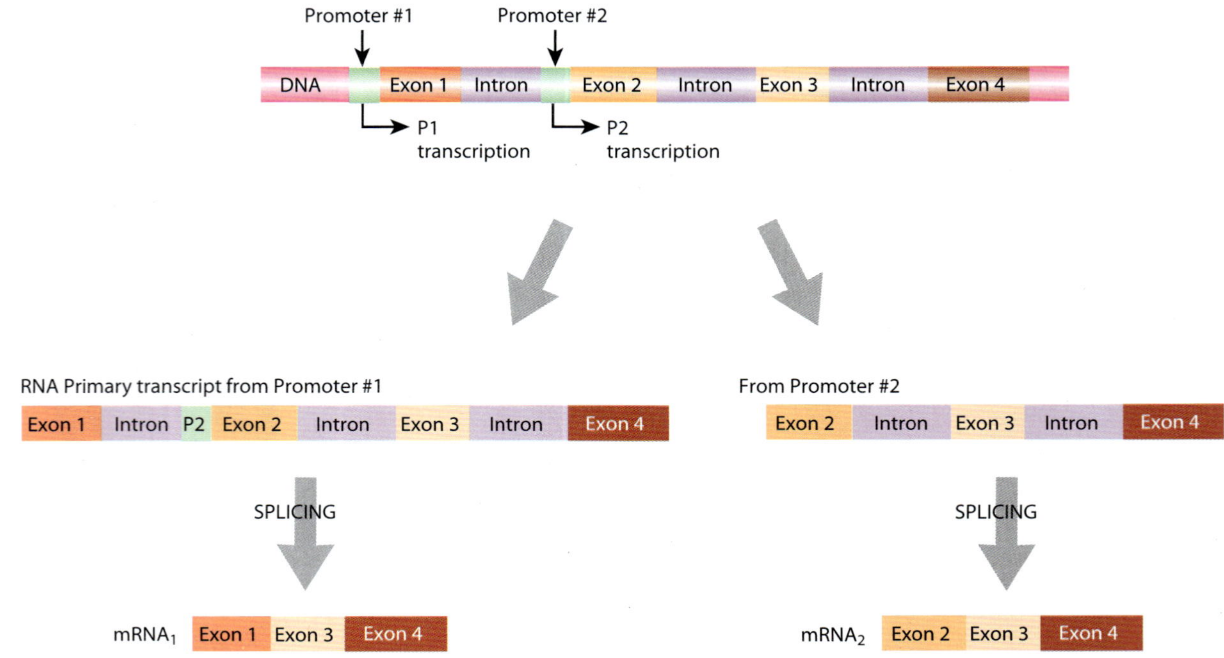

그림 12.14
대체 프로모터의 선택

DNA는 2개의 일차전사체를 만들 수 있는 2개의 프로모터를 갖는다. 프로모터 #1이 사용되면, 프로모터 #2를 포함하는 절편과 엑손 #2는 인트론으로 인식되어 제거된다. 프로모터 #2가 사용되면, 엑손 #1은 일차전사체의 일부가 되지도 않으며 mRNA에도 존재하지 않는다.

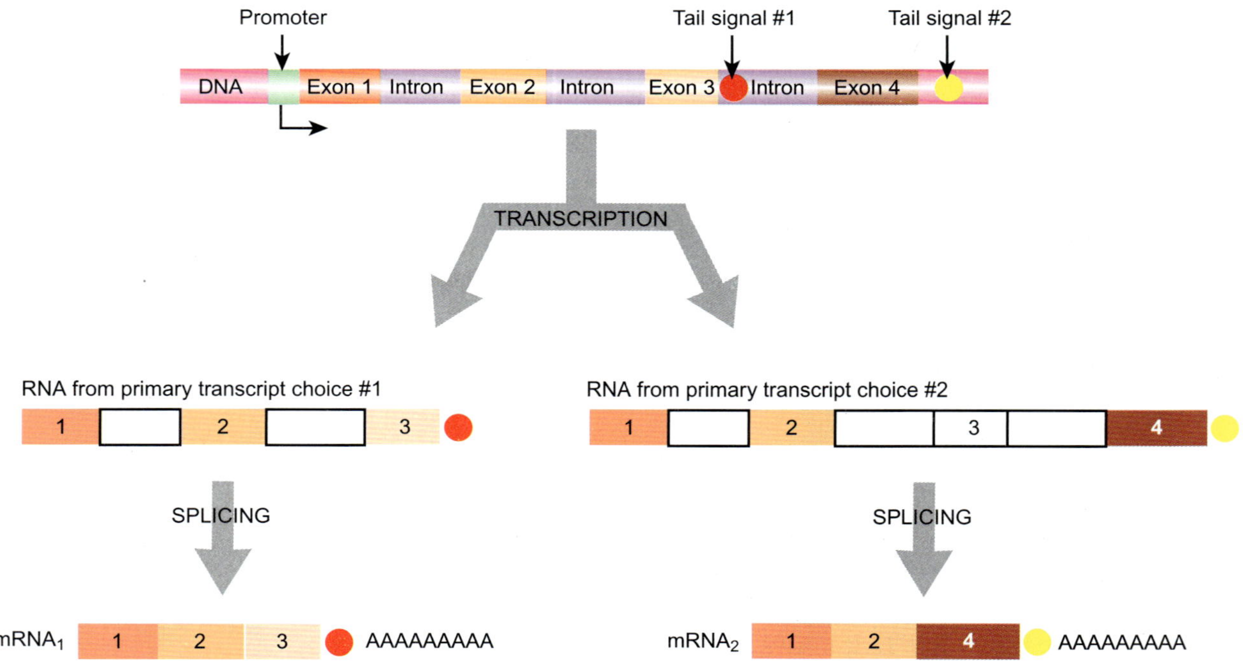

그림 12.15
대체 꼬리 부위 선택

그림에 있는 DNA에는 2개의 꼬리 신호가 있다. 첫 번째 꼬리 신호를 사용하면 엑손 #1, #2, #3을 포함하는 하나의 mRNA가 만들어진다. 하류 쪽 꼬리 신호를 사용하면 엑손 #1, #2, #4를 포함하는 하나의 mRNA가 만들어진다.

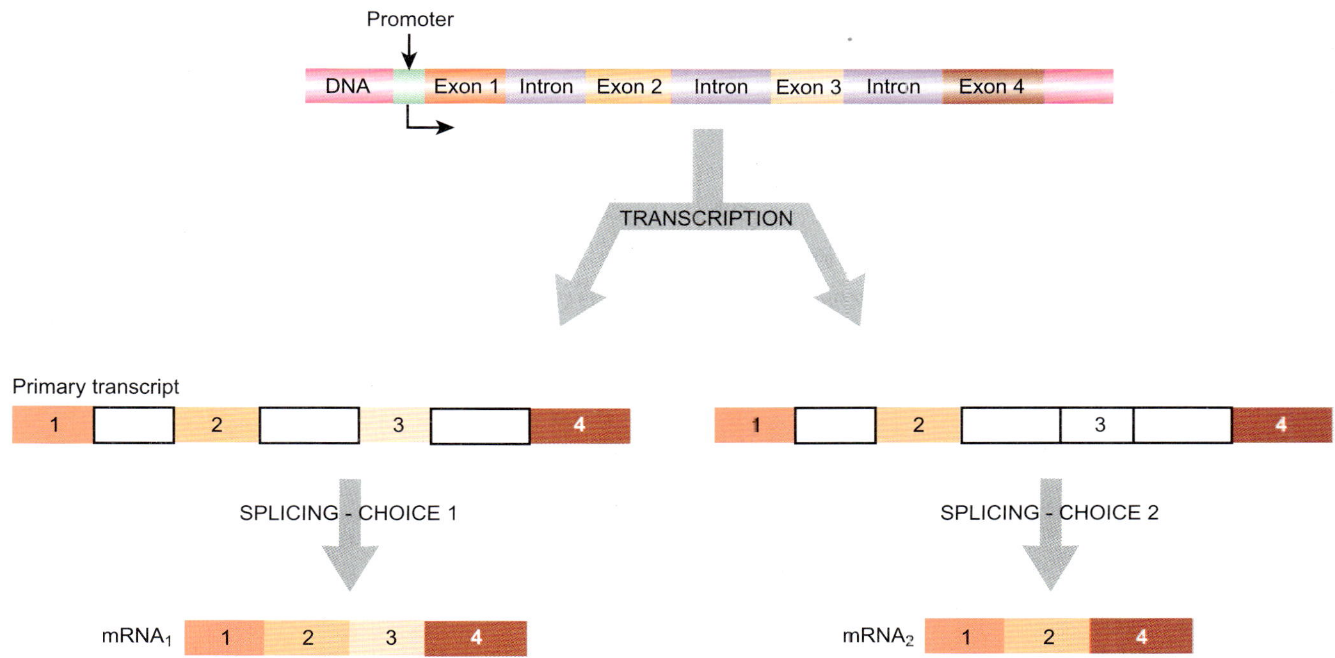

그림 12.16
엑손 카세트 선택에 의한 선택적 이어맞추기

그림에 나와 있는 예에서, DNA는 4개의 엑손과 그 사이에 존재하는 인트론으로 구성되어 있다. 전사에 의해 하나의 일차전사체가 합성되며, 이 일차전사체는 두 가지 다른 방법으로 이어맞추어진다. 두 가지 이어맞추기 과정을 설명하기 우해 동일한 일차전사체를 서로 다르게 그렸다. 왼쪽의 경우, 4개의 엑손이 최종 mRNA에서 발견된다. 반면, 오른쪽의 경우에는 엑손 #3와 그 양쪽에 존재하는 인트론이 하나의 인트론으로 인식되어 제거된다.

이 기작은 동일한 침입 외래 분자(항원)을 인식하지만 서로 다른 C-말단을 가지는 항체를 만들어내는 데 사용된다. 이렇게 생산된 항체의 한 종류는 혈액으로 분비되고, 다른 종류는 항체를 생산하는 세포의 표면에 결합하여 존재한다.

6.3. 엑손 카세트 선택에 의한 선택적 이어맞추기

엑손 카세트 선택에 의한 선택적 이어맞추기는 실질적인 이어맞추기 위치 사이에서의 진정한 선택을 수반한다. 그림 12.16에서 보여주는 바와 같이, 선택에 따라 특정 엑손이 최종 산물에 존재하거나 존재하지 않을 수 있다. 여기에서, 일차전사체는 사실상 동일한 것이다. 그림 12.16에서는 이어맞추기가 어떻게 일어나는지를 설명하기 위하여 다르게 그렸다. 여기에서는 서로 다른 가능한 이어맞추기 위치를 인식하는 몇몇 세포 유형 특이적 인자가 작용해야하지만, 자세한 부분은 아직도 불분명하다.

엑손 카세트 선택은 골격근 단백질인 troponin T에 대한 유전자에서 일어난다. 쥐의 troponin T 유전자는 18개의 엑손을 갖고 있다. 이 엑손 중에서 11개는 항상 mRNA에 존재한다. 5개(엑손 4에서 8)는 전혀 사용되지 않거나 또는 다양한 조합으로 사용될 수 있다. 마지막 2개의 엑손(엑손 17과 18)은 상호 배타적이어서, 둘 중에 하나가 선택되어야만 한다. 이러한 선택적 이어맞추기에 의해 이론적으로 상상이 안 되는 64개의 최종 mRNA가 만들어지는 것이 가능하게 된다. 그 결과 근육조직은 다양한 형태의 troponin T 단백질

엑손 카세트 선택(exon cassette selection) 일차전사체로부터 엑손을 다르게 선택함으로써 다른 mRNA 분자들을 만드는 선택적 이어맞추기의 유형

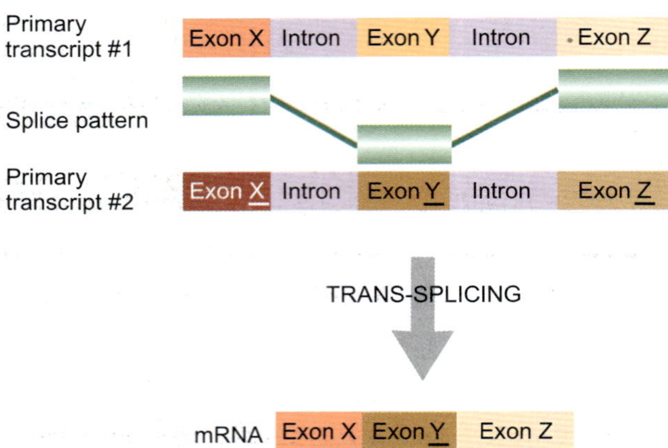

그림 12.17

트리파노솜 mRNA의 엇갈린 이어맞추기

2개의 일차전사체 RNA 분자가 그려져 있다. 그림에서 보여주는 이어맞추기는 최종 mRNA를 만들기 위하여 첫 번째 mRNA에서 유래한 2개의 엑손을 두 번째 RNA에서 유래한 하나의 엑손과 결합시킨다.

을 갖게 된다. Troponin RNA의 이어맞추기의 상세한 부분은 척추동물의 종에 따라 많이 다르다. 다른 근육 단백질들도 종종 비슷하게 다양한 형태를 보여준다.

6.4. 엇갈린 이어맞추기

매우 드물지만, **엇갈린 이어맞추기**는 2개의 서로 다른 일차전사체에서 유래한 절편을 서로 이어맞춘다. **트리파노솜**은 수면병과 기타의 열대성 질병을 야기하는 기생성 단세포 진핵생물이다. 이 원생생물은 유전자들을 뒤섞는 유전적 속임수를 사용하여 자신의 세포 표면 단백질을 지속적으로 변화시킴으로써 숙주의 면역 감시 체계를 따돌린다. 이 외에도 이들은 많은 유전자들에 대해 엇갈린 이어맞추기를 자유자재로 일으킨다(그림 12.17). 다른 한편으로는 트리파노솜에는 인트론은 존재하지 않는 것으로 보이며, 따라서 통상적인 이어맞추기 기작을 가지고 있지 않은 것처럼 보인다. 비록 척추동물에서는 엇갈린 이어맞추기가 극히 드물게만 보고되고 있더라도, 하나의 RNA 분자에서 유래한 절편과 다른 RNA 분자에서 유래한 절편의 엇갈린 이어맞추기는 선충과 식물 세포의 엽록체에서는 종종 일어난다.

7. 인테인과 단백질 이어맞추기

자신을 잘라내는 개재서열은 때로 단백질에서도 발견된다.

단백질 수준에서 이어맞추기에 의해 잘려나가는 개재서열이 때때로 발견된다. 이런 단백질 이어맞추기는 매우 드문 현상이기 때문에 비교적 최근에서야 알려졌다. **인테인**과 **엑스테인**은 DNA와 RNA에서 발견되는 인트론과 엑손의 단백질 유사체이다. 다르게 설명하면, 인테인은 단백질에 있는 개재서열로 단백질이 처음 합성되었을 때에는 존재하지만, 나중에 이어맞추기 과정에 의해 제거된다. 최종 단백질은 서로 연결된 엑스테인으로 이루어진다(그림 12.18). 인테인은 효모, 조류, 박테리아 및 고세균에서 발견되었다.

인테인 이어맞추기에는 어떠한 보조 효소도 관여하지 않는다. 인테인은 스스로 절단되어 폴리펩티드로 방출된다. 이런 이어맞추기가 일어나기 위해서는 특정 아미노산이 엑스테인/인테인 경계부위에 존재해야만 한다. 단백질 이어맞추기는 두 단계로 일어나며, 이 과정에는 가지가 달린 중간 산물이 형성된다. 세린(또는 시스테인)이 하류 쪽 엑스테인의 첫 번째 아미노산이 되어야 하는데, 그 이유는 세린의 히드록실기(시스테인이 사용되면 황화수소기)가 가지형성 단계 동안 상류 쪽 엑스테인을 가져오는 데 필요하기 때문이다(그림 12.19).

대개 단백질당 하나의 인테인만 존재하지만, 여러 개의 인테인이 동일한 단백질에 삽입되어 있는 예도 있다. *Synechocystis*(남세균, blue-green bacterium)의 *dnaE* 유전자가 더 기이한 경우이다. 이 유전자는 두 부분으로 나눠지며, 각 절반은 부착된 인테인에 대한 DNA 서열의 일부를 갖는다. 2개의 절반으로 나누어진 유전자는 별도로 전사되고 해독되어 2개의 단백질을 만든다(그림 12.20). 이 2개의 단백질은 함께 접혀지고, 인테인이 2개의 절편으로 분리되어 있지만 여전히 자신을 잘라내고 이어맞추는 것을 관리한다. 2개의 절반으로 나누어진 DnaE 단백질은 인테인이 자신을 잘라내서 이어맞추기 때문에 서로 연결된다. 인테인은 2개의 절편으로 방출된다.

만일 이 인테인을 암호화하는 DNA를 제거하면, 이 단백질은 인테인 없이 또 단백질

엇갈린 이어맞추기(trans-splicing) 하나의 RNA 분자에서 유래한 절편과 또 다른 별개의 RNA 분자를 이어맞추기
트리파노솜(Trypanosome) 고등동물에 기생하여 사는 단세포 진핵 미생물로 수면병과 같은 질병을 일으킴
엑스테인(extein) 이어맞추기에 의해 인테인들이 제거된 후 남아있는 단백질 조각
인테인(intein) 단백질에 존재하는 개재서열-스스로 이어맞추기할 수 있는 단백질 조각

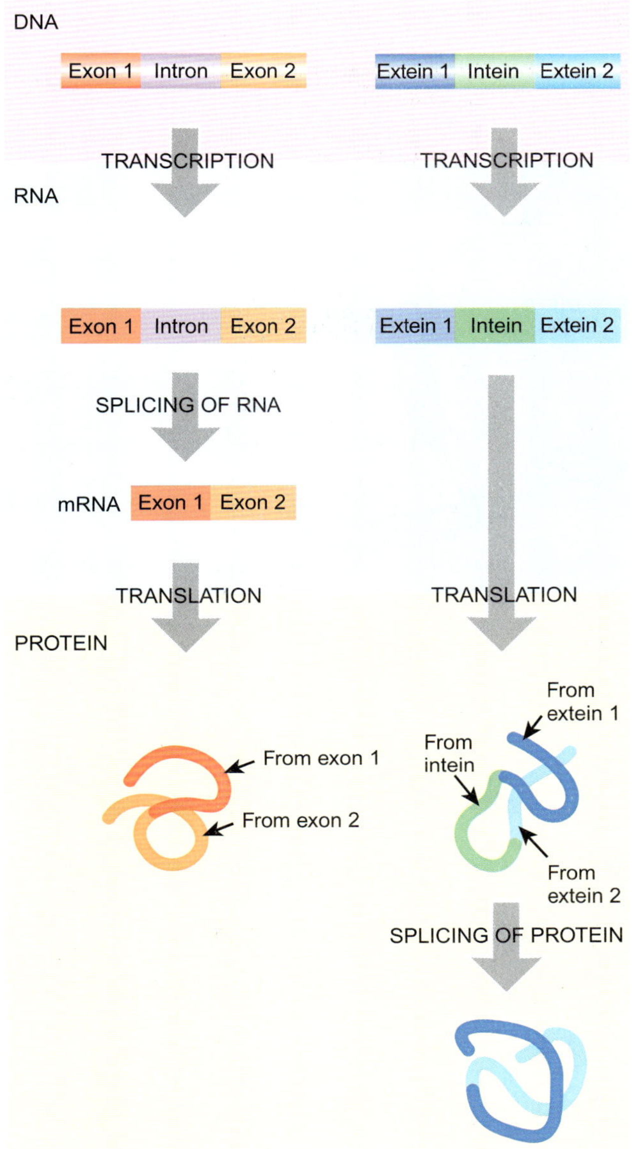

그림 12.18

단백질에 있는 인테인과 엑스테인

왼쪽은 RNA 이어맞추기 과정에서 인트론이 제거되는 표준 도식이다. 인트론은 RNA 상태에서 제거되며, 절대 단백질로 번역되지 않는다. 오른쪽은 단백질 수준에서의 개재서열의 제거에 대한 도식이다. 최종 단백질에 남게되는 부분을 엑스테인이라 하며 이 과정에서 제거되는 부분을 인테인이라 한다. RNA 이어맞추기와의 가장 큰 차이점은 단백질 이어맞추기에서 인테인은 단백질이 만들어진 후 제거된다는 것이다.

의 이어맞추기 과정이 필요 없이 한 단계로 합성되며, 인테인 자체는 소멸될 것이다. 그러나 일부 제거된 인테인 폴리펩티드는 단순한 폐기물은 아니다; 이 인테인은 특정 염기 서열을 절단하는 DNA 가수분해효소(DNases)이다. 이 인테인 폴리펩티드의 역할은 인테인의 존재를 보호하는 것이다. 만약 숙주 유전자의 가운데 부분에서 인테인 DNA 서열을 삭제하는 돌연변이가 일어나면, 이전에 만들어진 인테인 DNase가 이 지점에서 세포의 DNA를 자른다-잠재적으로 치명적인 활동. 따라서, 쓸모없는 인테인 DNA를 삭제하는 단일 사본의 DNA를 가지는 세포는 인테인 단백질에 의해 죽임을 당할 것이다. 인테인을 유지하는 세포만이 살아남는다. 인테인은 세포 생존을 위해 불필요한 것으로 보인다. 그러므로 인테인 암호화 DNA는 이기적 DNA의 한가지 형태로 여겨질 수 있다. 인테인의 기원은 불분명하다.

인테인 DNA를 상실한 세포는 인테인 단백질에 의해 죽게 된다.

진핵세포에는 각 유전자에 대해 2개의 사본이 있다. 만약 하나의 사본이 인테인 DNA를 잃어버리면, 이 유전자는 인테인 DNase에 의해 두 조각으로 잘리게 된다. 효모와 많은 다른 진핵세포는 특별한 형태의 재조합에 의해 이중가닥이 모두 잘린 DNA를 수선할 수 있다. 절단이 일어난 유전자의 두 번째 사본(손상되지 않은 것)은 손상을 수선하기 위하여

그림 12.19
인테인 이어맞추기 과정 중의 분지형 중간체

개재하는 인테인 서열은 두 단계에 걸쳐 스스로 제거된다. 인테인은 엑스테인 1과의 경계에는 Cys나 Ser, 엑스테인 2와의 경계에는 하나의 염기성 아미노산을 갖는다. 하류 쪽 엑스테인(#2)은 이어맞추기 연결 부위에 Cys 잔기를 갖는다. 엑스테인 1은 잘라져 이어맞추기 연결 부위에 있는 Cys의 -SH 그룹에 결합한다. 이로 인해 일시적인 분지형 중간체가 만들어진다. 다음으로, 인테인이 잘라져 나와서 버려지고, 2개의 엑스테인이 최종 단백질을 형성하기 위하여 연결된다.

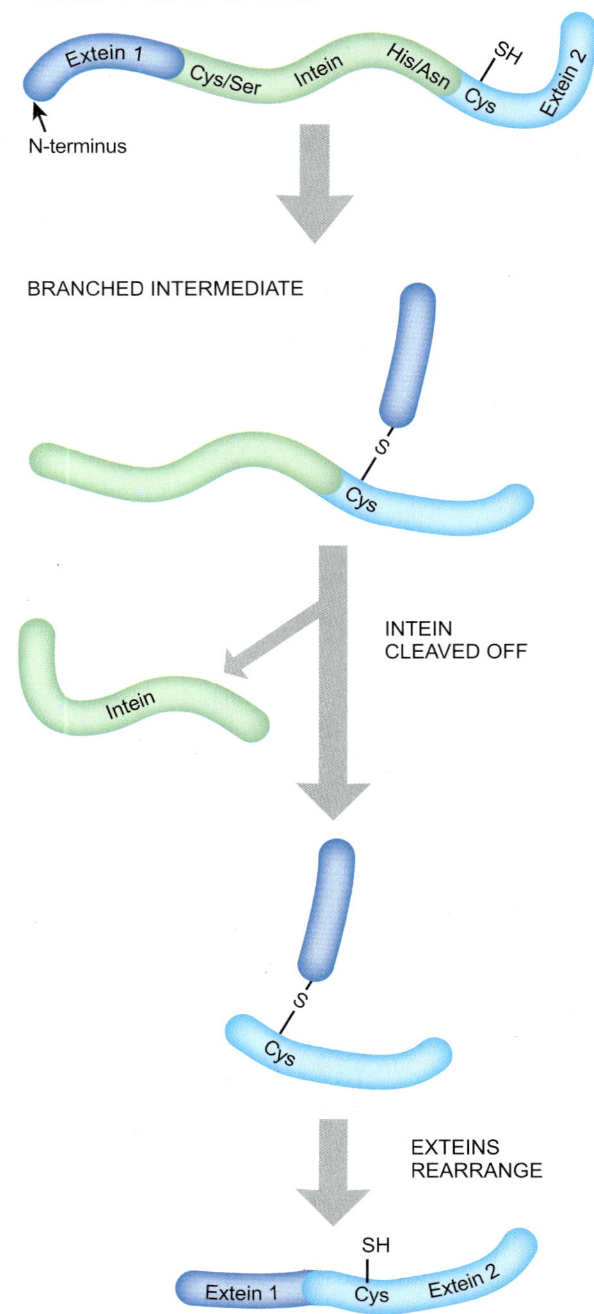

그 DNA의 한 쪽 가닥을 빌린다. 외가닥 구역이 채워지고, 그 결과 손상되지 않은 사본과 동일한 복구된 사본이 만들어진다. 이제 2개의 사본은 삽입된 인테인 DNA 서열을 다시 갖는다. 이러한 유형의 DNA 수리 과정을 **유전자 전환**이라 한다(그림 12.21).

대부분의 인테인이 DNase 활성을 가지고 있으나, DNase 활성이 없는 짧은 인테인도 존재한다. 아마도 이들은 결함이 있으며 핵산가수분해효소를 암호화하는 원래의 서열을 잃어버렸을 것이다. 인테인이 인테인을 암호화하는 DNA를 잃어버린 세포를 죽이는 유일

유전자 전환(gene conversion) 감수분열 과정에서 일어나는 DNA의 재조합과 수선으로써 하나의 대립유전자가 다른 대립유전자에 의해 치환됨. 이런 과정에 의해 유전적 교배에서 생긴 자손들이 멘델의 유전법칙에서 벗어난 비율로 나타날 수 있다.

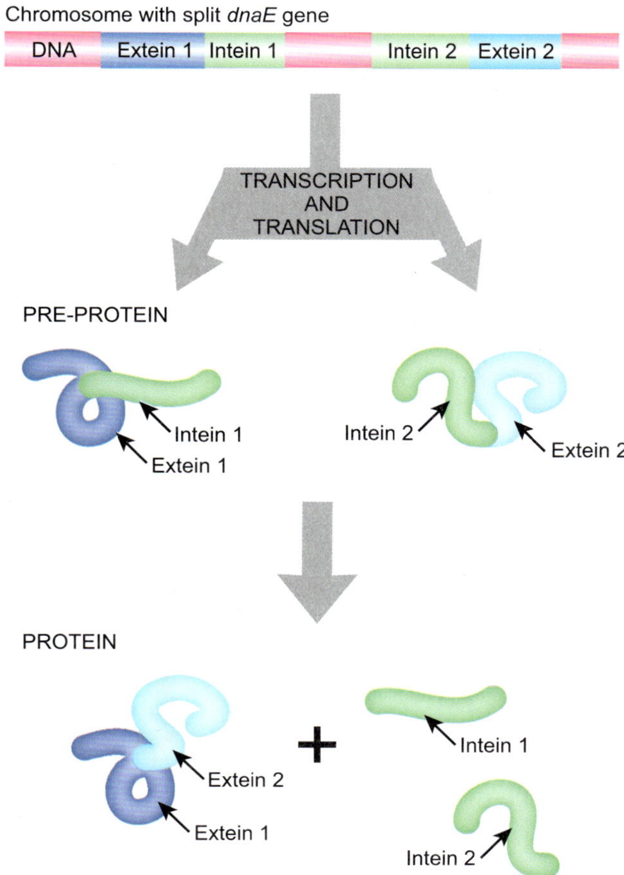

그림 12.20

인테인 이어맞추기는 DnaE 단백질을 재구성한다

*Synechocystis*의 DnaE 단백질에 대한 유전자는 2개의 별개의 단백질로 전사되어 해독되는데, 각각 인테인과 엑스테인을 하나씩 갖는다. 이 2개의 단백질에 있는 엑스테인은 인테인에 의해 함께 제거된다. 이어맞추기 과정에서 양쪽 모두의 인테인이 소실된다.

한 것은 아니다. 일부 인트론도 동일한 전략을 이용한다. 이 경우, 인트론 DNA는 단지 무의미한 것이 아니라, DNase를 암호화하고 있으며, 이 DNase는 인트론을 잃어버린 숙주 유전자의 어느 쪽 사본이든 두 조각으로 절단한다. 일부 플라스미드 역시 이 플라스미드를 잃어버린 세포를 죽이는 기작을 갖고 있다. 플라스미드는 인테인과는 다르면서도 복잡한 방법을 사용한다. 왜냐하면 플라스미드는 숙주 DNA로 삽입되지 않으며, 따라서 인식을 위한 삽입 부위가 없다. 하지만 이 모든 경우, 이들 이기적 DNA를 가진 숙주 세포만이 살아남게 될 것이다.

8. rRNA의 염기 변형은 안내 RNA를 필요로 한다

RNA 분자는 종종 변형된 염기를 가진다. 변형된 염기는 기존에 존재하는 염기의 화학적 변형에 의해 만들어진다. 이런 현상은 특히 tRNA에서 두드러지게 관찰되는데, tRNA에는 다수의 다양하게 변형된 염기가 높은 빈도로 존재한다(13장). 그러나 rRNA에도 몇 개의 변형된 염기가 존재하며, mRNA에도 하나 혹은 2개의 변형된 염기가 존재하는 경우도 있다.

변형된 염기들이 tRNA와 rRNA에 많이 존재한다.

tRNA의 경우, 개개의 효소들이 다양한 염기 변형을 위해 충분하다. 이 효소들은 다양한 tRNA 분자의 특정 위치에 존재하는 특정 염기를 인식하고, 이 염기를 변형시킨다. 몇 곳에만 변형이 일어나는 박테리아의 rRNA 변형도 이와 비슷한 방법으로 일어난다. 진핵세포 rRNA의 경우에, 변형은 여러 부위에서 일어나며, 이 과정에는 변형 효소 외에도 **안내 RNA**라 부르는 작은 RNA 안내 분자가 필요하다. gRNA 분자는 rRNA와 짧은 구역에 걸쳐 염기쌍을 형성함으로써 변형을 위한 정확한 위치를 잡아준다. 진핵세포에

안내 RNA(guide RNA, gRNA) mRNA의 편집 과정에서 긴 mRNA 상에서 서열의 위치를 정해주기 위해 사용되는 짧은 RNA

그림 12.21

진핵생물에서 유전자 전환은 절단된 염색체를 수선한다

진핵생물에서 한 쌍의 염색체 중 하나의 염색체 DNA에서의 이중가닥 절단은 수선될 수 있다. 이 DNA 수선은 손상되지 않은 염색체 DNA를 사용하며 손상되지 않은 DNA와 잘라진 DNA 사이의 염기쌍 형성을 수반한다. 인식 후, 틈에 있는 염기쌍은 채워지며, 완료되었을 때, 염색체가 분리된다.

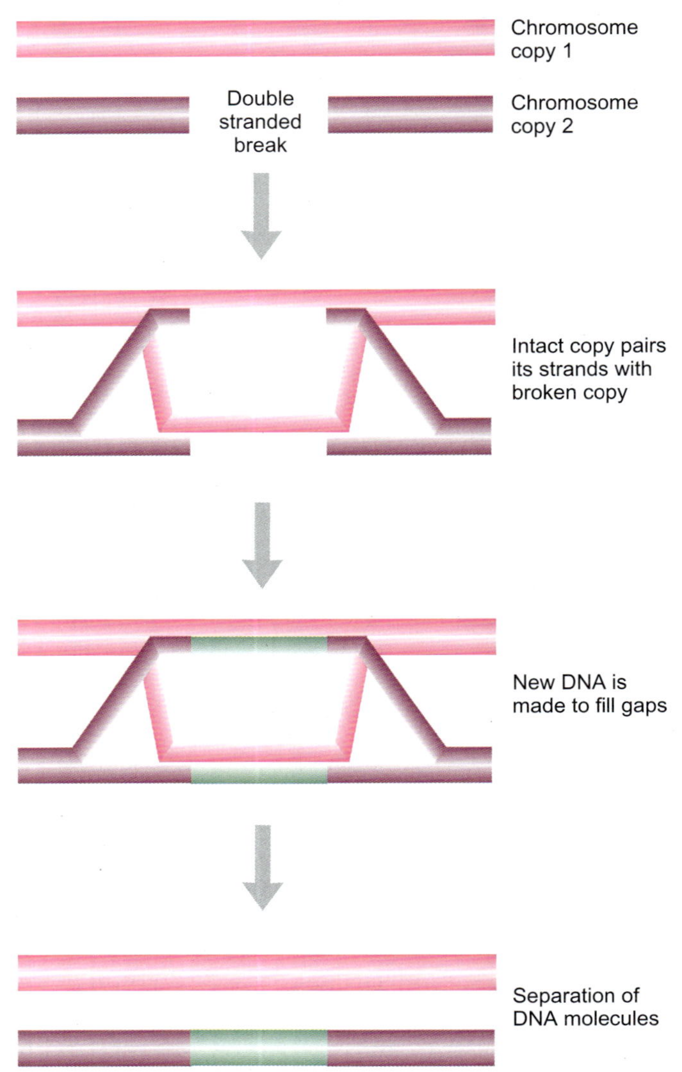

짧은 안내 RNA 분자가 진핵세포 rRNA의 염기 변형 위치를 지정하는데 이용된다.

메틸화된 염기와 유사우리딘은 진핵세포 rRNA에서 가장 보편적으로 나타나는 염기 변형이다.

서 rRNA의 합성과 후처리는 **인**에서 일어나므로, gRNA는 미세인 RNA(small nucleolar RNA, snoRNA)로 알려져 있다.

진핵세포 rRNA에 있는 뉴클레오티드는 리보오스의 2′-OH기의 메틸화 또는 우리딘이 **유사우리딘**으로 전환에 의해 변형된다. 이렇게 염기 변형의 종류는 제한되어 있으나, 이런 변형이 일어나는 위치는 매우 많다. 사람의 pre-rRNA는 106곳에서 메틸화되며, 95곳에서 유사우리딘으로 전환된다. 이런 염기 변형이 일어나는 염기 주변의 염기 서열은 서로 거의 연관성이 없으며, 따라서 변형 효소가 사용하는 보존된 서열도 없다. 대신에, 각 변형 부위를 위한 서로 다른 snoRNA가 있다. 각 snoRNA는 70-100 뉴클레오티드 길이이며, rRNA 상에 있는 변형 부위를 인식하는 독특한 서열을 가지고 있다. 더구나, 잠재적 메틸화 부위를 인식하는 모든 snoRNA는 염기를 변형시키는 메틸화효소에 의해 인지되는 특정 염기 서열을 공유한다(그림 12.22). 이와 유사하게 유사우리딘화 부위를 인지하는 일군의 snoRNA는 유사우리딘화 효소에 결합하는 염기 서열을 갖는다.

rRNA와 snoRNA 간의 상호작용은 종종 G-U 염기쌍 형성을 수반한다. 이 비정상적인 염기쌍은 이중가닥 RNA에서 안정하며, 또한 RNA 편집에서 gRNA와 mRNA 사이의

인(nucleolus) rRNA의 합성과 후처리가 일어나는 핵의 부위
유사우리딘(pseudouridine) 전사후 변형에 의해 일부 RNA 분자로 도입되는 우리딘 이성질체

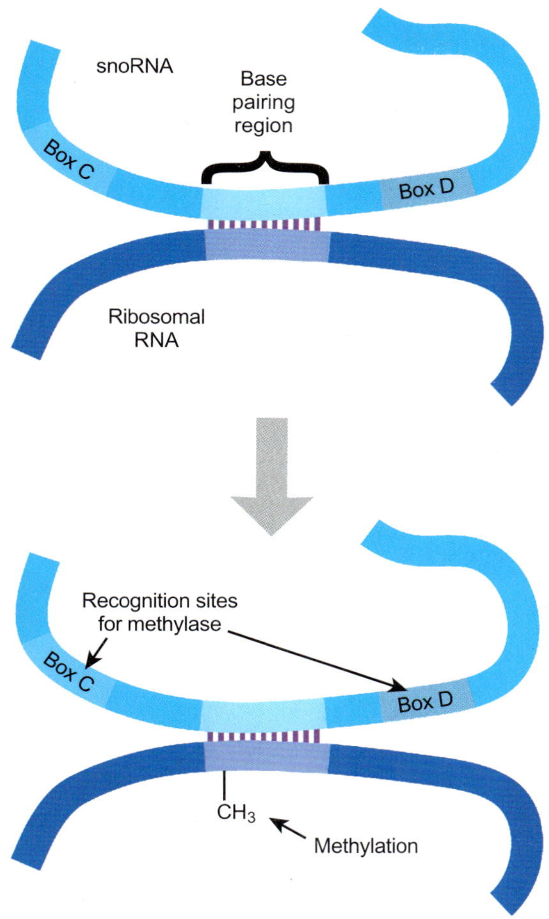

그림 12.22

snoRNA에 의한 rRNA 상에서의 변형 위치 인식

rRNA 상의 변형될 염기의 위치는 snoRNA 상에 있는 특정 염기 서열과의 상보적인 염기쌍 결합에 의해 인지된다. snoRNA/rRNA 염기쌍 결합이 형성된 후, 메틸화 효소가 *BoxC*와 *BoxD* 서열게 결합하고, rRNA에 있는 염기 중의 하나를 메틸화시킨다.

염기쌍 결합에서도 일어난다(다음 참조).

많은 수의 염기 변형이 있기 때문에, 진핵세포에는 세포 당 수백 개의 서로 다른 snoRNA가 존재한다. 극히 일부의 snoRNA만이 일반적인 유전자로부터 전사된다. 대부분의 snoRNA는 다른 유전자의 인트론에 암호화되어 있다. 이러한 snoRNA들은 mRNA의 이어맞추기 과정에서 잘라져 나온 인트론이 절단되어 만들어진다(그림 12.23). 자신의 인트론에 snoRNA를 포함하는 많은 유전자들은 리보솜 단백질을 암호화하고 있다; 예를 들면 U16 snoRNA는 L1 리보솜 단백질에 대한 유전자에서 유래한 인트론 3의 일부에 의해 암호화되어 있다.

많은 안내 RNA 분자(snoRNA)는 인트론 안에 암호화되어 있다.

9. RNA 편집은 염기 서열을 변화시킨다

mRNA가 겪게 되는 가장 기이한 변형은 **RNA 편집**이라 알려진 mRNA 염기 서열의 변화이다. mRNA의 암호화 서열 내에 있는 염기를 변형시키는 것은 대개 만들어지게 될 최종 단백질 산물을 변화시킨다. 당연히, 대부분의 생물체에서 RNA 편집은 아주 드문 현상이다. 포유동물에서 RNA 편집은 염기 치환으로 제한되어 있으며[C→U 또는 A→I(inosine)], 극히 소수의 mRNA 편집이 알려져 있다. 식물에서는 C→U와 U→C 편집이 상당히 많이 일어난다. 보다 극단적인 mRNA 편집이 원생동물에서 일어나는데, 여기에서는 염기의 삽입과 결실이 일어난다.

RNA 편집은 mRNA 염기 서열의 변화를 일으킨다.

C→U 편집의 한 가지 예가 사람의 apolipoprotein B 유전자에서 일어나는데, 이 유

RNA 편집(RNA editing) 염기를 변화시키거나, 첨가하거나, 제거함으로서 전사 후에 특정 RNA 분자의 암호화 서열을 변화시키는 과정

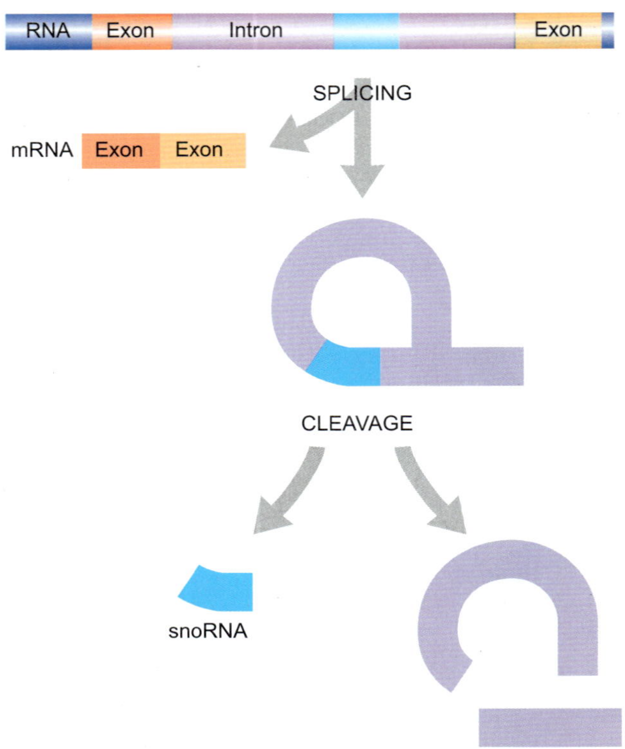

그림 12.23
인트론으로부터 snoRNA의 생성

mRNA의 이어맞추기가 완료된 후, 인트론은 올가미 구조를 하고 있다. snoRNA는 올가미 구조의 인트론으로부터 제거되고, 작은 RNA 조각이 만들어진다.

전자는 4,563개의 아미노산으로 이루어진 단백질을 암호화하며, 가장 긴 폴리펩티드 사슬 중의 하나이다. 완전한 길이의 단백질인 apolipoprotein B는 간세포에서 합성되어 혈액으로 분비된다. ApoB100은 체내에서 콜레스테롤을 비롯한 지질을 운반하는 극저밀도 지질단백질(very low density lipoprotein, VLDL)과 저밀도 지질단백질(low density lipoprotein, LDL)의 조립에 필요하다. 2,153개의 아미노산으로 구성된 짧은 apolipoprotein B48은 장세포에 의해 만들어진다. 이 단백질은 장으로 분비되고, 음식물로 섭취된 지방을 장에서 흡수하는 역할을 한다. 짧은 apoB48은 LDL 수용체에 의해 결합된 apoB100 영역부위(3,129-3,532 잔기 사이)를 가지고 있지 않다. 따라서 apoB48에 의해 운반된 지방은 주로 간에 의해 흡수되는 반면, apoB100를 포함하는 VLDL이나 LDL은 LDL 수용체를 가진 말단 조직으로 콜레스테롤을 전달할 수 있다.

짧은 단백질인 apoB48은 apoB100과 동일한 유전자에 의해 암호화되어 있으며 mRNA를 편집함으로써 만들어진다. 2,154번째 위치에 있는 CAA 코돈(글루타민 코돈)은 CAA의 시토신을 탈아미노화시켜 시토신을 우라실로 전환시키는 효소에 의해 UAA 종결코돈으로 바뀐다. **탈아미노효소**가 정확한 위치에만 결합하기 위해서는 몇 종의 부수적인 단백질이 요구된다(그림 12.24).

두 가지 형태의 apolipoprotein B를 암호화하기 위해서는 하나의 유전자만이 필요하더라도, 편집에는 편집부위를 인식해서 C를 U로 전환시키기 위한 여러 개의 별도의 단백질이 필요하다. 서로 다른 길이를 가진 2개의 apolipoprotein B 유전자를 가지는 것이 훨씬 더 경제일 것이다. 왜 이처럼 더 복잡한 mRNA 편집 과정을 사용하는지에 대한 이유는 밝혀지지 않았다.

포유동물 신경계의 단백질을 암호화하는 몇몇 mRNA에서는 A → I 편집이 일어난다.

A → I로의 RNA 편집 역시 포유동물에서 일어난다. 이 경우, 이중가닥 RNA 아데노신 탈아미노효소에 의해 아데노신이 이노신으로 전환된다. 인지는 변형 부위와 인접한 인트론에서 유래한 서열 사이의 염기쌍 형성에 의한 이중가닥 구역의 형성에 기인한다. 따

탈아미노효소(deaminase) 아미노기를 제거하는 효소

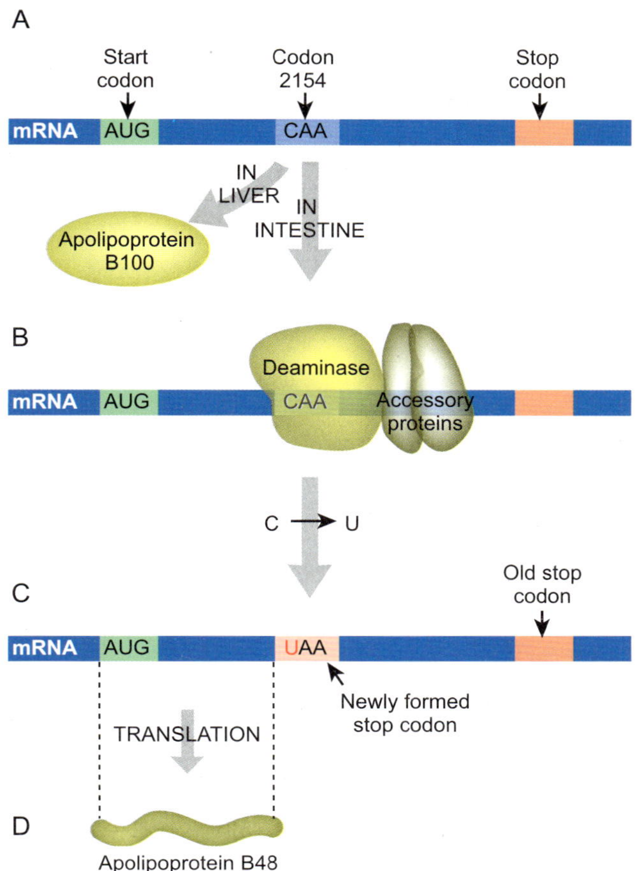

그림 12.24
Apolipoprotein B mRNA의 편집

A) apolipoprotein B 유전자는 대개 간에서 apolipoprotein B100을 만든다. B) 장에서 이 mRNA는 염기 편집에 의해 변경되어 apolipoprotein B48을 만든다. 탈아미노효소가 보조 단백질들과 공동으로 CAA 코돈에 결합한다. C) CAA 코돈에 있는 시토신이 우라실로 전환되어 UAA가 된다. D) UAA는 암호화 구역 중간에서 해독을 멈추게 하는 새로운 종결 코돈으로 작용한다. 그 결과, 짧은 apolipoprote n B48이 만들어진다.

라서, 인트론 서열이 성숙한 mRNA의 최종 암호화 서열에 영향을 미친다. 결과적으로, 이 편집 과정은 이 인트론이 제거되기 전에 일어나야 한다. 이노신은 번역 과정에서 구아노신으로 작용하므로, A → I 편집은 이 편집이 암호화 구역 내에서 일어나면 최종적으로 만들어지는 단백질 서열을 변화시킬 수 있다. 이러한 편집은 포유류의 신경계에 있는 글루탐산 수용체와 세로토닌 수용체 단백질에 대한 mRNA에서 일어난다. 이 mRNA의 편집 과정에 결함이 있는 경우, 심각한 신경 질환에 이르게 된다. A → I 편집은 상당히 많은 유전자의 비암호화 부위에서도 일어난다. 대부분의 경우에 이런 RNA 편집의 영향은 아직도 알려져 있지 않다(관련 연구에 대한 초점 참조).

관련 연구에 대한 초점

Farajollahi S and Maas S (2010). Molecular diversity through RNA editing: a balancing act. Trends in Genetics 26: 221–231.

아데노신에서 이노신으로의 탈아미노화에 의한 RNA 편집은 다양한 과정에 영향을 미친다. 해독 기구는 이노신을 구아노신과 동일한 것으로 간주하기 때문에, 일부 편집된 단백질 암호화 서열은 유전자의 DNA 서열로부터 기대되는 아미노산과는 다른 아미노산을 삽입시킨다. 만약 편집이 이어맞추기 인식 부위를 변화시킨다면, 선택적 이어맞추기도 영향을 받을 수 있다. 때때로 마이크로 RNA 서열은 RNA 편집에 의해 변경될 수 있는데, RNA 편집에 의해 miRNA에 의해 조절되는 유전자의 발현 수준에 변화가 일어날 수 있다(18장 참조). 더구나, 종종 원래 레트로트랜스포존에서 유래한 반복 서열의 편집은 광범위하게 일어난다(22장 참조).

많은 경우에, 아데노신에서 이노신으로 편집의 정확한 효과는 아직도 불분명하다. 그럼에도 불구하고, 사람에서 편집에서의 결함이 질병을 야기한다는 사례가 알려져 있다. 특히 뇌에 있는 신경세포에서는 A → I 편집이 높은 빈도로 일어난다. 그 결과, 포유동물의 행동은 기초 생리학에 비해 A → I 편집에 의해 더 많은 영향을 받는다. 한 가지 예가 5HT2C 세로토닌 수용체인데, 이 수용체는 우울증과 정신분열증에 영향을 미친다. 우울증을 가진 사람은 이 수용체에 대한 편집 양상에 있어서 변화를 보여준다.

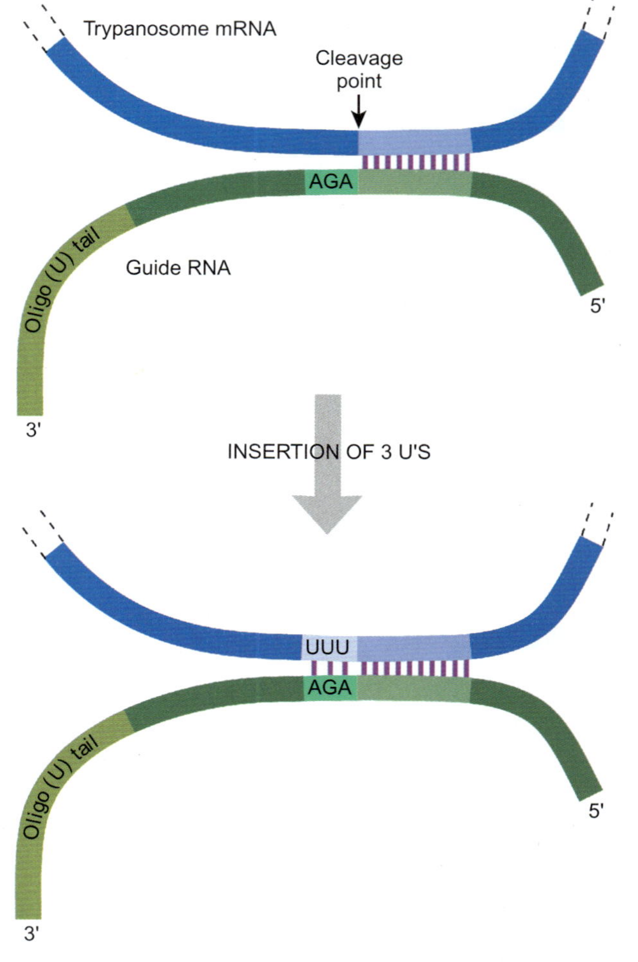

그림 12.25

트리파노솜 mRNA의 편집

트리파노솜의 mRNA의 특정 부위에 안내 RNA가 상보적인 염기쌍 결합을 한다. 안내 RNA의 AGA 서열에 있는 부수적인 아데닌(A)이 mRNA에 우라실(U)을 첨가하기 위한 주형으로 사용된다. (주의: 약간 뒤틀린 이중가닥 RNA 구조는 구아닌(위의 경우 AGA 의 G)이 우라실과 염기쌍 결합을 할 수 있도록 한다).

트리파노솜의 mRNA에는 염기의 삽입이나 삭제에 의한 RNA 편집이 많이 일어난다.

C → U와 U → C로의 mRNA 편집은 대부분 식물의 미토콘드리아와 엽록체에서 발견된다. 전형적으로, 이런 식물의 세포소기관에서 편집되는 전사체에는 일반적으로 3-4개에서 20개의 염기의 편집이 일어난다. 대부분의 경우, 이러한 편집의 결과는 완전한 활성을 위해 필요한 암호화된 단백질의 아미노산 서열을 변화시킨다. 그러나 아미노산의 서열을 변화시키지 않는 편집 과정도 역시 존재한다. 이렇게 아미노산의 서열을 변화시키지 않는(특별한 생물학적 의미가 없는) 편집의 예는 담배 엽록체 *atpA* 유전자를 들 수 있다. 이 mRNA에서는 CUC 코돈이 CUU로 편집된다. 이 두 코돈은 모두 세린을 암호화한다. 이런 아미노산 서열에 변화를 주지 않는 RNA 편집이 일어나는 것에 대한 가능한 이유 중의 하나는 서로 다른 역코돈을 가진 tRNA의 차등적 활용도에 대한 조정일 수도 있으나, 이에 대한 증거는 없다.

트리파노솜의 RNA 편집을 비교적 많이 이용한다. 더군다나, 이들은 단지 염기를 화학적으로 변형시키는 것이 아니라, 사실상 염기를 첨가하거나 제거한다. 트리파노솜의 일부 일차전사체, 특히 미토콘드리아 유전자에서 유래한 일차전사체는 다수의 우리딘 뉴클레오티드가 한 번에 하나씩 삽입되거나 삭제되어 성숙한 mRNA가 만들어진다(그림 12.25). 이런 경우에, DNA에서 발견되는 암호화 서열은 부정확한 해독틀을 갖는다. 만약, 트리파노솜이 자신의 mRNA를 편집하지 않으면, 그 결과는 이상이 있는 암호화 서열에서 만들어진 결합이 있고, 틀이 변경된 단백질이 될 것이다.

트리파노솜의 mRNA에서 U의 다중 삽입은 짧은 안내 RNA에 의해 명기된 위치에서 일어난다. 안내 RNA는 mRNA의 짧은 구역과 상보적이지만, 하나의 부수적인 A를 갖는다. U 잔기는 안내 RNA 상에 있는 부가적인 A의 맞은편에 있는 mRNA에 삽입된다.

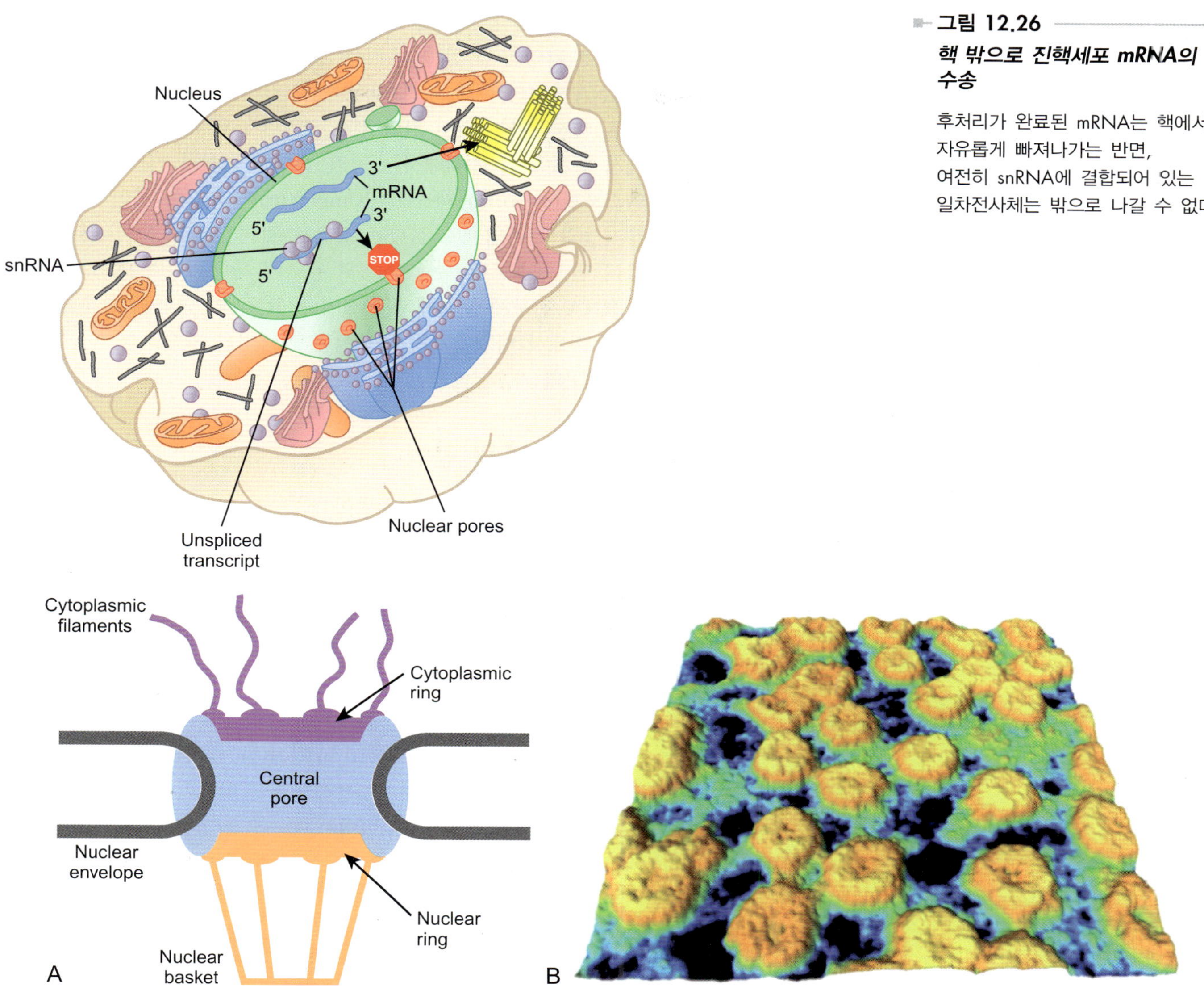

그림 12.26
핵 밖으로 진핵세포 mRNA의 수송

후처리가 완료된 mRNA는 핵에서 자유롭게 빠져나가는 반면, 여전히 snRNA에 결합되어 있는 일차전사체는 밖으로 나갈 수 없다.

그림 12.27
핵막공복합체

A) 8중 대칭구조를 보여주는 핵막공복합체의 구조. B) *Xenopus laevis* 난모세포의 핵막공. "생물학적 나노어레이"는 원자현미경으로 이미지화되었다. 면적은 대략 600 x 600nm. 이미지 높이(z-축)는 15nm. 노란색 구조물이 핵막공복합체이다. 검푸른색은 핵막공 사이에 보여지는 지질이중층막이다. (출처: *Shahin, Schillers and Oberleithner, Institute of Physiology II, University of Muenster, Germany.*)

10. 핵 밖으로 RNA의 수송

핵은 이중막에 의해 둘러싸여 있다. 각각의 핵은 세심하게 조절되는 방식으로 거대분자의 유출입을 허용하는 다수의 구멍을 가지고 있다(그림 12.26). 각 **핵막공**은 유입과 출입을 조절하는 핵막공복합체로 알려진 일군의 단백질에 의해 둘러싸인다. 핵막공복합체는 세포에 있는 가장 큰 단백질 복합체인데, 효모에서는 분자량이 약 65 MDa이며 고등진핵생물에서는 거의 2배에 달한다. 핵막공복합체는 약 30종류의 단백질(nucleoporins 또는 nups로 알려져 있음)로 이루어진다. 핵막공복합체는 8중 대칭구조를 갖는다(그림 12.27).

어떤 분자들이 유출입되는지에 대한 자세한 사항은 아직 알려져 있지 않다. 일단

핵막공(nuclear pore) 핵막에 있는 구멍으로써, 이를 통해 단백질과 RNA가 핵에서 세포질로 나가거나 또는 세포질에서 핵으로 들어온다.

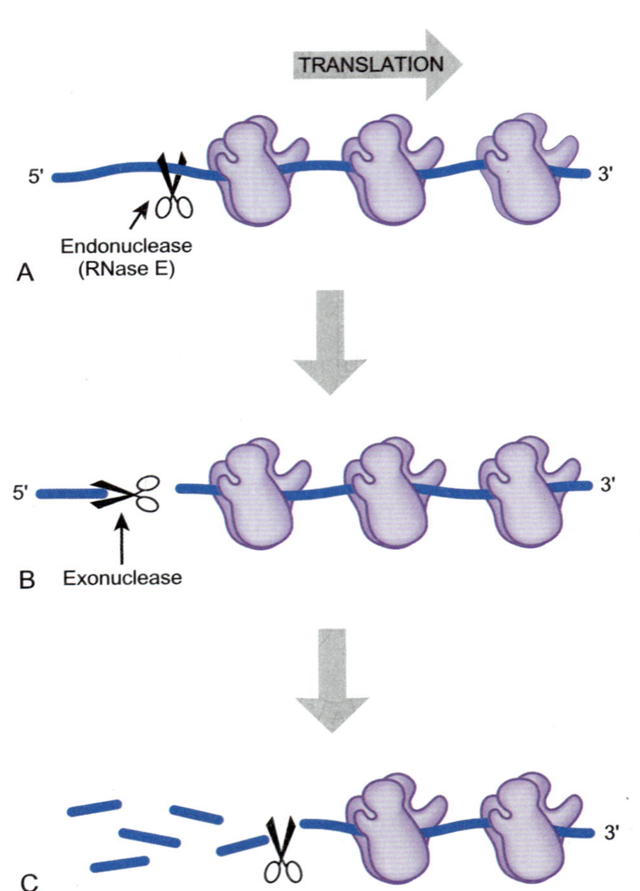

그림 12.28
원핵세포 mRNA의 파괴

A) 해독되고 있는 mRNA는 리보솜에 의해 보호받지 못하는 5′ 말단을 갖는다. 핵산내부가수분해효소(RNase E)가 5′ 말단 근처를 절단한다. B) 잘려나온 RNA 조각은 3′ 말단부터 핵산외부가수분해효소에 의해 절단된다. C) mRNA는 짧아지고 잘라진 조각들은 분해된다.

mRNA는 합성된 후, 비교적 짧은 시간 내에 파괴된다.

진핵세포의 mRNA는 파괴되기 전에 꼬리와 캡이 제거되어야만 한다.

mRNA가 캡과 꼬리를 받고 인트론이 제거된 다음, 핵을 빠져나가게 된다는 사실을 우리는 알고 있다. 이어맞추기복합체가 mRNA에 결합하게 되면 이어맞추기가 완료될 때까지 mRNA가 핵을 빠져나가는 것이 차단된다. 그러나 mRNA가 최종적으로 핵에서 빠져 나가기 위해서는 여러 종류의 단백질 인자가 필요하다. 엑스포틴(exportin)과 임포틴(importin)이 핵공을 통한 특정 그룹 분자들의 유출입을 조절하는 것으로 알려진 단백질 인자이다. 예를 들면, 엑스포틴-t는 tRNA의 유출에 특이적이며 엑스포틴 5는 miRNA 전구체에 대해 특이적이다. RNA와 단백질 같은 거대분자가 핵에서 빠져나가기 위해서는 에너지가 필요하다. 이 에너지는 GTP의 가수분해를 통해 얻는다.

11. mRNA의 분해

mRNA 분자는 비교적 수명이 짧으며, 박테리아에서는 반감기가 대개 몇 분에 불과하다. 리보솜과 결합하지 않은 mRNA 분자는 특히 분해에 취약하다. 박테리아는 다양한 **리보핵산가수분해효소**를 가지고 있으며, 이 효소들은 tRNA와 rRNA 전구체의 후처리와 mRNA의 파괴에 관여한다. 이 리보핵산가수분해효소들은 적어도 어느 정도는 서로를 대체할 수 있어서 하나의 리보핵산가수분해효소만 기능을 하지 못하는 돌연변이체는 대개 생존에는 지장이 없다. 박테리아의 mRNA는 두 단계로 파괴된다(그림 12.28). 먼저 **핵산내부가수분해효소**인 리보핵산가수분해효소 E는 리보솜에 의해 보호되지 않은 지역을 절단한다. 이어서 3′→5′ 방향으로 움직이는 **핵산외부가수분해효소**가 위에서 만들어진 RNA 조각들을 파괴한다. 리보솜을 뒤따르는 초기의 핵산내부가수분해효소로 인해 전반적인 분해 방향은 5′→3′으로 진행한다는 사실을 명심하라.

효모와 같은 진핵세포에서 mRNA의 파괴는 다른 경로로 일어난다. 실질적인 핵산가수분해효소에 의한 절단에 앞서, 먼저 poly(A) 꼬리와 캡이 제거된다. 먼저 poly(A) 꼬리가 10–20 염기로 짧아지면 poly(A) 결합 단백질[poly(A)-binding protein, PABP]이 그 꼬리에서 떨어져 나온다. PABP가 분리되어야만 캡이 제거될 수 있다. 캡 구조가 제거되면, 핵산외부가수분해효소인 Xrn1이 5′→3′ 방향으로 mRNA를 분해한다(그림 12.29).

진핵세포 mRNA의 안정성은 불안정화 염기 서열의 존재여부에 따라 결정된다. 수명이 짧은 mRNA는 종종 3′-UTR에 ARE로 알려져 있으며 약 50개 염기로 이루어진 AU-풍부 서열을 갖고 있다. ARE의 공통 염기 서열은 AUUUA의 5개 염기 서열이 여러 번 반복되는 것이다(따라서, ARE = AUUUA repeat element). ARE-결합 단백질이 ARE를 인식하여 poly(A)의 제거와 분해를 촉진한다(그림 12.30).

11.1. mRNA의 넌센스-매개 분해

진핵세포는 조기 종결 코돈을 갖는 mRNA 분자를 파괴하는 특별한 RNA 감시 기작을 가지고 있다. 이러한 결함이 있는 mRNA 분자는 넌센스 돌연변이를 가진 유전자의 발현에

리보핵산가수분해효소(ribonuclease) RNA를 자르는 핵산가수분해효소
핵산내부가수분해효소(endonuclease) 핵산을 내부에서 절단하는 핵산가수분해효소
핵산말단가수분해효소(exonuclease) 핵산을 말단에서부터 절단하는 핵산가수분해효소

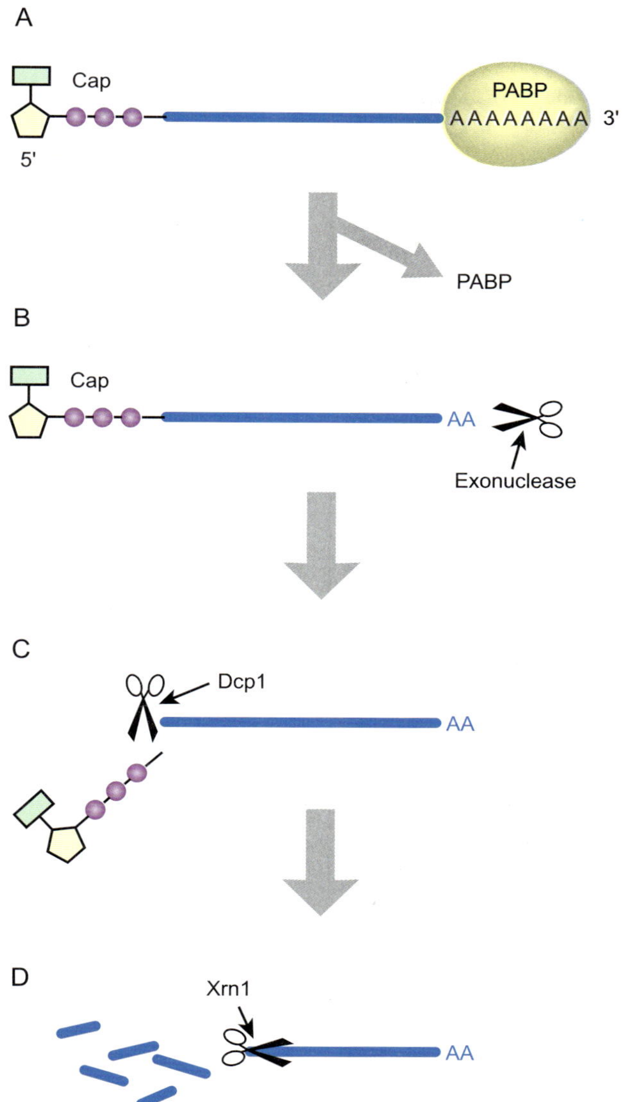

그림 12.29

진핵세포 mRNA의 파괴

A) Poly(A)-결합 단백질(PABP)과 결합한 poly(A) 꼬리를 가진 mRNA를 보여준다. B) 핵산외부가수분해효소가 poly(A) 꼬리를 순차적으로 제거한다. C) 캡 제거 단백질(decapping protein, Dcp1)이 캡을 제거한다. D) 핵산외부가수분해효소의 하나인 Xrn1이 cap이 제거된 mRNA를 5′→3′ 방향으로 분해한다.

의해 만들어진다. 넌센스 돌연변이에서는 특정 아미노산을 암호화하는 코돈이 넌센스 코돈이라 불리는 종결 코돈으로 돌연변이된다. 따라서, 이러한 결함을 가진 mRNA를 파괴하는 기작을 **넌센스-매개 분해** 또는 **NMD**라 한다.

기능이 결여된 mRNA 분자를 감지하고 파괴하는 특별한 기작이 존재한다.

NMD는 이형접합체(기능을 가진 정상 대립유전자와 넌센스 돌연변이를 가진 대립 유전자를 가짐)인 진핵생물에서 보호 기능을 한다. 넌센스 대립유전자가 완전히 발현되면 비정상적으로 짧은 단백질이 만들어진다. 때때로 비정상적인 짧은 단백질은 단지 자원의 낭비이다. 그러나 다수의 폴리펩티드는 동일한 폴리펩티드들끼리 또는 다른 폴리펩티드와 더불어 다중 소단위 복합체를 이룬다. 이 경우, 비정상적 형태의 단백질이 이 복합체에 결합해서 정상적인 기능을 방해할 수 있다. 따라서 비정상적으로 짧아진 단백질은 매우 위험하다. 넌센스 대립유전자를 가지는 mRNA의 파괴는 비정상적인 짧은 단백질의 합성을 방지하여, 이형접합체인 세포에서 생길 수 있는 해로운 영향으로부터 세포를 보호한다.

NMD라는 이름에도 불구하고, 넌센스-매개에 의한 파괴는 물려받은 돌연변이에서 유래한 결함이 있는 mRNA를 파괴하기 위한 것이 아니라 정상 유전자의 발현 과정에서 잘

넌센스-매개 분해(nonsense-mediated decay, NMD) 진핵생물에서 발견되며 조기 종결 코돈을 갖는 mRNA를 파괴하기 위해 사용하는 기작

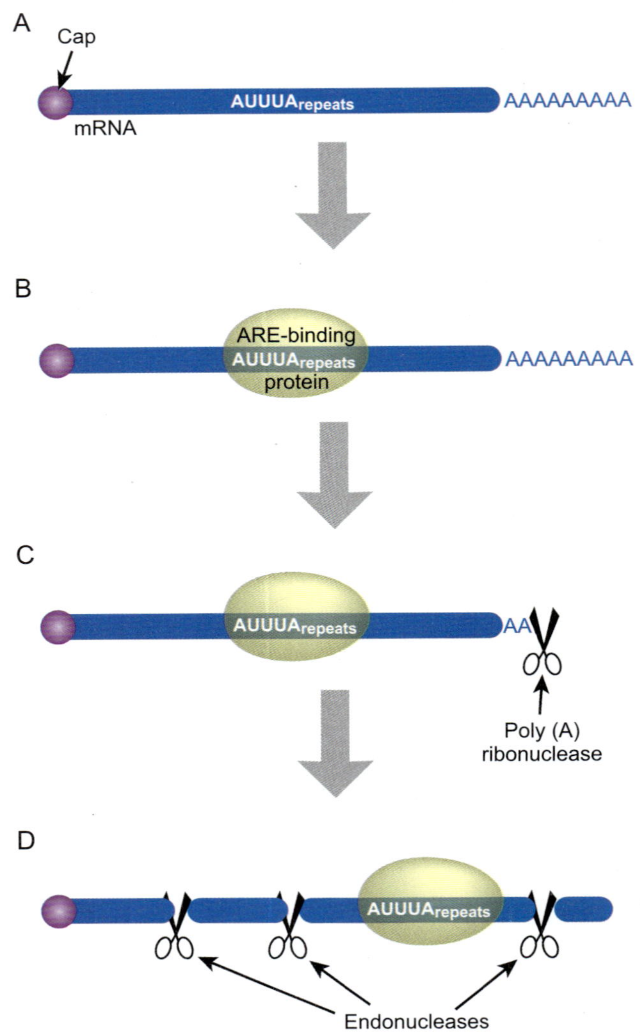

그림 12.30
ARE 염기 서열은 진핵세포 mRNA의 파괴를 촉진한다

A) 분해되기 전의 진핵세포 mRNA 구조는 AUUUA 반복서열, 캡, poly(A) 꼬리를 보여준다. B) ARE-결합 단백질이 AUUUA 반복서열을 인지한다. C) Poly(A) 리보핵산가수분해효소가 poly(A) 꼬리를 분해한다. D) 핵산내부가수분해효소가 mRNA를 여러 곳에서 절단한다.

못으로 생기는 결함이 있는 mRNA를 처리하기 위하여 진화한 것으로 생각된다. 특히, 인트론을 제거하는 복잡한 RNA 이어맞추기 과정에서의 실수로 인해 결함이 있는 mRNA가 만들어지게 된다. 이런 점에서 NMD가 진핵세포에서만 발견되고, 대부분 이어맞추기가 일어나지 않는 원핵생물에서는 존재하지 않는다는 점은 주목할 만하다.

조기 종결 코돈을 가진 비정상 mRNA는 몇 가지 경우에 의해 만들어질 수 있다.

1. 내부에 넌센스 돌연변이를 가진 돌연변이 유전자의 발현.
2. 정상 유전자의 발현 과정에서의 실수로 인한 넌센스 돌연변이 생성.
3. 전사 과정에서의 실수로 인해 부정확한 염기를 삽입하여 조기 종결 코돈 생성.
4. 이어맞추기 과정에서의 실수로 인해 해독틀을 변경시키고 그로 인한 종결 코돈의 생성.
5. 이어맞추기 과정에서 실수로 인해 종결 코돈을 가지는 인트론의 전부 또는 일부가 제거되지 않음.
6. RNA 편집 과정의 실수(가능은 하지만 아직 직접 관찰되지는 않았음).

NMD는 이어맞추기 과정에 형성된 최종 엑손-엑손 결합부위에서 50-55 뉴클레오티드 이상 상류 지역에 종결 코돈이 존재할 때마다 유발된다. 이것이 가능하기 위해서는 엑손-엑손의 연결 부위의 위치가 어떻게 해서든 성숙한 mRNA 상에 표시되어 있어야 한다. 동물세포의 경우, 일차전사체가 이어맞추기 과정 동안 성숙한 mRNA로 전환될 때 엑손-엑

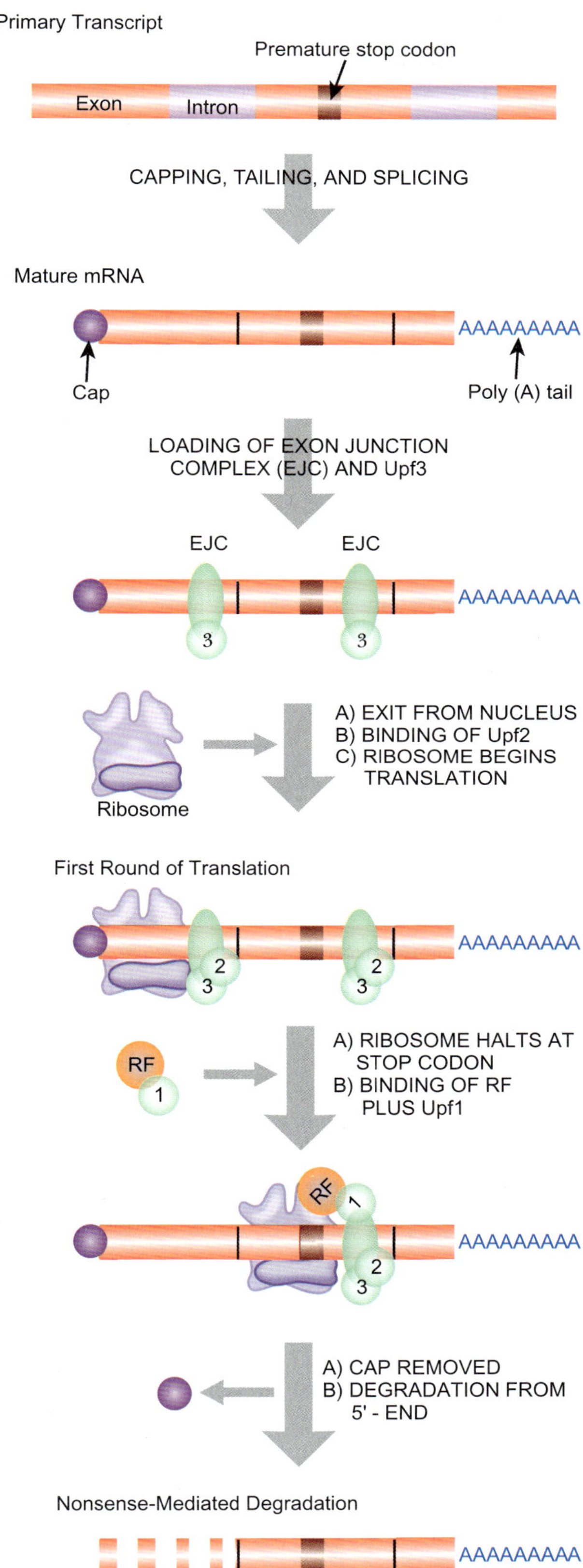

그림 12.31

진핵세포 mRNA의 NMD

일차전사체는 캡과 poly(A) 꼬리가 형성되고, 인트론이 제거되어 성숙한 mRNA가 된다. 이 그림에 있는 mRNA는 하나의 조기 종결 코돈을 가지고 있다. 이어맞추기 과정에서 각 엑손-엑손 결합 부위의 상류지역에서 엑손 연결 부위 복합체(EJC)가 결합한다. Upf3 단백질이 EJC에 결합한다. 이 mRNA는 세포질로 이동하고, Upf2 단백질이 EJC에 결합한다. 리보솜이 이 mRNA에 결합하여 최초의 해독 과정이 일어난다. 만약 이 최초 해독 과정에 의해 모든 EJC가 제거되지 않으면, 방출인자(RF)와 Upf1이 남아있는 EJC에 결합하여 NMD가 일어난다. 번호로 표시된 원은 Upf1, Upf2 및 Upf3를 나타낸다.

손의 연결 부위는 표지가 된다. 엑손 연결 복합체(exon junction complex, EJC)라 불리는 단백질 복합체가 각 엑손-엑손 연결부에서 약 20-24 뉴클레오티드 상류에서 mRNA에 결합한다(그림 12.31).

mRNA의 NMD는 조기 종결 코돈의 존재에 의해 유발된다.

UP-틀변경(UP-frameshift, Upf) 단백질이 NMD에 관여한다. 3개의 Upf 단백질 중 2개가 EJC에 결합하면서 EJC의 원래 구성 요소들 중의 일부가 떨어져 나간다. Upf3가 먼저 결합하는데, 이때 mRNA는 여전히 핵 안에 있다. mRNA가 핵에서 빠져나온 후 Upf2가 결합한다. 세포질에서 이 mRNA가 최초로 번역되는 과정에서 리보솜이 mRNA를 따라 이동함에 따라 EJC는 리보솜에 의해 mRNA에서 떨어져 나간다. 조기 종결 코돈이 존재하면, 리보솜은 모든 EJC 복합체가 mRNA에서 제거되기 전에 해독을 멈추게 된다. 이 경우, 방출인자와 Upf1을 포함하는 종결 복합체가 남아있는 EJC와 결합한다(그림 12.31). 이 결합은 다른 2개의 Upf 단백질에 의한 Upf1의 결합을 수반한다. 이 결합은 mRNA 분자의 분해를 유발한다.

NMD의 첫 단계는 mRNA로부터 캡을 제거하는 것이며(이는 poly(A) 꼬리가 먼저 제거되는 정상적인 mRNA의 분해와는 대조되는 현상이다), 이어서 캡이 없는 5′ 말단부터 mRNA의 분해가 일어난다.

효모에서는 5% 미만의 유전자가 인트론을 가지고 있다. 그러므로 대부분의 효모 유전자는 mRNA를 만들기 위해 일차전사체의 이어맞추기를 필요하지 않는다. 따라서 NMD를 위한 표지로써 작용하는 엑손-엑손 연결 부위가 존재하지 않는다. 대신에 대부분의 효모 mRNA는 하류서열인자(donstream sequence element, DSE)를 가지고 있다. DSE 서열은 명확히 정의되지는 않으나, AU를 많이 포함하고 있다. DSE 서열은 NMD 과정의 표지로 작용하는 단백질들에 대한 결합 부위로 기능을 한다.

효모에서의 NMD는 또 다른 측면에서 동물의 NMD와는 차이점이 있다. 포유동물과 선충(*Caenorhabditis elegans*) 모두에서, NMD는 Upf1의 인산화에 의해 조절된다. 이런 인산화는 효모에서는 일어나지 않는다. 인산화는 해독 종결 과정에서 일어나는 것으로 보이며, NMD가 계속 진행되기 위해 필요하다. Upf1에 인산기를 붙이고 또 제거하기 위해서는 몇 종의 다른 단백질이 필요하다. 이런 단백질들은 효모에는 존재하지 않는다.

Upf 유전자의 기능이 상실된 효모 돌연변이체는 여러 배지에서 거의 정상적으로 자라지만, 미토콘드리아 기능의 손상을 보여준다. NMD 시스템이 손상된 *C. elegans*는 생존은 가능하다. 그러나 생식기관이 비정상적으로 발달하며 생식능이 크게 감소한다. 포유동물에서, *Upf* 유전자의 손상은 치명적인 것 같다.

핵심 개념

- 전사 결과 만들어진 원래의 RNA 분자를 일차전사체라 부른다. 생물학적 역할을 수행하기 전에, 일차전사체는 종종 후처리된다.
- RNA 후처리 기작은 절단, 이어맞추기, 염기 변형, 추가 뉴클레오티드의 첨가를 포함한다.
- rRNA와 tRNA는 일차전사체를 자르고 다듬고 염기 변형을 시킴으로써 만들어진다.
- 진핵생물의 mRNA는 3 단계로 후처리된다. 첫째, 캡이 5′ 말단에 첨가된다. 둘째, poly(A) 꼬리가 3′ 말단에 첨가된다. 마지막으로, 인트론이 제거된다.
- 이어맞추기에 의한 인트론 제거는 몇 단계에 걸쳐 일어나며, 이어맞추기복합체로 알려진 리보핵단백질복합체를 필요로 한다.
- 서로 다른 이어맞추기 기작을 따르는 몇 가지 다른 종류의 인트론이 존재한다.
- 일부 일차전사체는 여러 가지 유형의 mRNA를 만드는 선택적 이어맞추기 양상을 겪을 수 있다.
- 이어맞추기가 RNA가 아니라 폴리펩티드 수준에서 일어나는 몇 가지 사례가 있다. 단백

질에 있는 개재서열을 인테인이라 한다.

- 많은 비암호화 RNA 분자는 염기 변형에 의해 후처리된다. 때때로 이 과정에는 안내 RNA(gRNA)의 도움을 필요로 한다.
- 염기 서열을 바꾸는 것을 RNA 편집이라 하며, mRNA 상에 편집이 일어났을 때 암호화된 단백질 서열을 변화시킬 수도 있다.
- 핵에서 진핵생물 세포질로 RNA의 수송은 핵막공에 있는 단백질 복합체에 의해 조절된다.
- 일단 특정 mRNA가 더 이상 필요하지 않거나 처음부터 결함이 있는 상태로 mRNA가 만들어졌을 때, RNA 분자를 분해시키기 위한 몇 가지 체계가 존재한다.

복습 문제

1. 암호화와 비암호화 RNA란 무엇인가?
2. snRNA, snoRNA, scRNA란 무엇인가?
3. 리보자임이란 무엇인가?
4. 원핵생물과 진핵생물에서 발견되는 rRNA를 열거하라.
5. rRNA는 연결자 영역과 함께 전사되기 때문에, 성숙한 rRNA를 만들기 위하여 pre-rRNA는 절단되어야만 한다; 이 과정을 대략적으로 서술하라.
6. Pre-rRNA를 자르는 효소와 tRNA를 후처리하는 효소 사이의 주요 차이점은 무엇인가?
7. 진핵생물에서 mRNA를 만들기 위하여 필요한 3단계는 무엇인가?
8. 캡을 만들기 위하여 필요한 것은 무엇인가?
9. Cap0, cap1, cap2가 의미하는 바는 무엇인가?
10. Poly(A) 꼬리를 첨가하기 위하여 필요한 효소와 단백질은 무엇인가?
11. Poly(A) 꼬리는 어떻게 첨가되는가?
12. 진핵생물에 있는 poly(A) 꼬리의 역할과 원핵생물에 있는 poly(A) 꼬리의 역할 간의 차이점은 무엇인가?
13. 이어맞추기복합체란 무엇인가? snurp란 무엇인가? 다섯 가지 snurp의 이름을 열거하라.
14. Snurp의 snRNA에 의해 인지되는 pre-mRNA 상의 부위는 무엇인가?
15. 이어맞추기복합체는 어떻게 조립되는가?
16. 인트론의 최종 이어맞추기에서 두 가지 주요 단계는 무엇인가?
17. 그룹 I 인트론은 GT-AG 인트론과 어떻게 다른가?
18. 자가이어맞추기가 뜻하는 바는 무엇인가? 자가이어맞추기는 어떻게 일어나는가?
19. 그룹 II, 그룹 III 인트론과 그룹 I 인트론은 어떻게 다른가?
20. 선택적 이어맞추기의 이로운 점은 무엇인가?
21. 선택적 이어맞추기의 서로 다른 유형은 무엇인가? 유형간의 차이점은 무엇인가?
22. 엇갈린 이어맞추기는 무엇이며 유용한 점은 무엇인가?
23. 인테인과 엑스테인은 무엇인가?
24. 인테인과 그룹 I 인트론은 어떻게 유사한가?
25. 인테인 이어맞추기의 단계는 무엇인가?
26. 인테인을 암호화하는 DNA를 왜 이기적인 DNA라 부르는가?
27. 유전자 전환은 무엇인가?
28. 염기 변형은 rRNA에 어떻게 만들어지는가?
29. SnoRNA 분자는 어떻게 만들어지는가?
30. RNA 편집이란? RNA 편집의 예를 들어라.
31. 진핵생물에서의 RNA 분해는 원핵생물에서의 RNA 분해와 어떻게 다른가?

32. 결함이 있는 mRNA는 왜 제거되어야만 하는가?
33. 넌센스-매개 분해(NMD)의 목적은 무엇인가?
34. 넌센스-매개 분해(NMD)를 유발하는 것은 무엇인가?

개념 문제

1. 진핵생물 DNA 절편은 그에 대한 mRNA와 혼성화되며 혼성화 산물의 구조는 전자현미경으로 관찰된다. 그 구조는 다음 그림과 같이 다수의 외가닥 고리를 갖는다. 이들 고리는 RNA로 만들어진 것인가 아니면 DNA로 만들어진 것인가? 진핵생물에서 mRNA 서열과 DNA 서열은 왜 다른가? 만약 혼성화가 일차 RNA 전사체와 그것의 DNA 사이에서 일어났다면 혼성화 구조는 다르게 보일것인가?

2. 특정 뉴클레오티드 서열과 일차전사체 인트론의 정확한 이어맞추기를 위해 필요한 단백질은 무엇인가?
3. 진핵생물에서 발견되는 서로 다른 유형의 RNA 분자와 그들의 기능을 열거하라.
4. 왜 원핵생물 mRNA의 분해는 전반적으로 5′→3′ 방향으로 일어나지만, 분해를 개시하는 핵산 내부가수분해효소는 3′→5′ 방향으로 작용하는지를 토의하라.
5. 최근의 실험에서, 한 연구자가 콩에서 유래한 RHG3 유전자에 대한 mRNA의 크기를 결정하기 위하여 노던 블랏(Northern blot) 분석을 사용하고 있었다. 이 연구자는 콩 종자로부터 전체 세포 RNA(핵과 세포질에서 발견되는)를 분리하였고, 세포질 RNA를 분리하였다. 이 연구자는 크기에 따라 절편을 분리하기 위하여 분리한 RNA를 아가로즈 겔 상에서 전기영동한 후, RNA 절편들을 막으로 이동시키기 위하여 모세관 방법을 사용하였다. 막은 겔의 거울상 이미지라 하더라도, RNA 절편들은 모세관 방법에 의한 전이 과정에서 동일한 위치와 장소에 머물러 있게 된다. 이 연구자는 유전자의 일부를 취했고 그 DNA를 방사성 동위원소로 표지하였다. 이를 탐침(probe)이라 하며, 이 이중가닥 탐침 DNA를 변성시켜 막과 반응시키면, 특정 상보적 RNA와 혼성체(hybrid)를 이룰 수 있다. 이 과정을 노던 블랏이라 한다. 이 연구자는 아래와 같은 결과를 얻었다. 양쪽 레인에 있는 밴드의 의미를 해석하라. 레인 A = 전체 세포 RNA; 레인 B = mRNA.

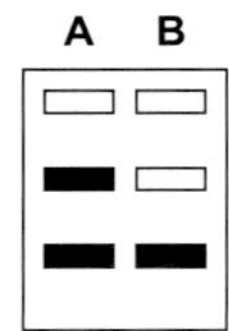

단백질의 합성

Chapter 13

전형적인 세포의 유기물의 약 3분의 2는 단백질로 구성되어 있다. 대부분 경우에서 단백질은 유전자 발현의 최종 산물이며, **단백질체**라는 용어는 유전체에 의해서 암호화된 완전한 단백질 세트 또는 시간적으로 한 시점에 생물체에서 발견되는 총 단백질의 수를 말한다. 이들은 리보솜이라는 분자적 번역 기계를 사용하여서 **전령 RNA(mRNA)**를 번역함으로써 만들어진다. **번역**은 핵산 "언어"로 되어 있는 유전 정보가 단백질 "언어"로 전환됨을 의미한다. 단백질은 아미노산으로 만들어진 중합체이며, DNA 또는 RNA에 있는 3개의 염기 각각은 단백질 사슬에서 하나의 아미노산에 해당한다. mRNA에 의해서 리보솜으로 운반된 유전 정보뿐만 아니라 번역 과정 자체에는 다른 RNA 분자들도 참여한다. **리보솜 RNA(rRNA)**는 각 아미노산들 사이에 펩티드결합의 형성을 촉매하며 **운반 RNA(tRNA)**는 핵산과 단백질 "언어" 사이에서 연결자로 작용한다. 따라서 RNA는 단백질을 생산하는 유전자 발현의 한가운데 놓여 있다.

전령 RNA(messenger RNA, mRNA) 유전자들로부터 세포의 다른 부위로 유전 정보를 운반하는 RNA 분자의 한 유형
단백질체(proteome) 한 유전체에 의해서 암호화된 총 단백질 세트 또는 한 생물체가 만드는 모든 단백질의 집합
리보솜 RNA(ribosomal RNA, rRNA) 리보솜의 일부 구조를 형성하는 RNA 분자의 한 유형
번역(translation) mRNA에 의해서 제공된 정보를 사용하여 단백질을 만드는 과정
운반 RNA(transfer RNA; tRNA) 리보솜으로 아미노산을 운반하는 RNA 분자

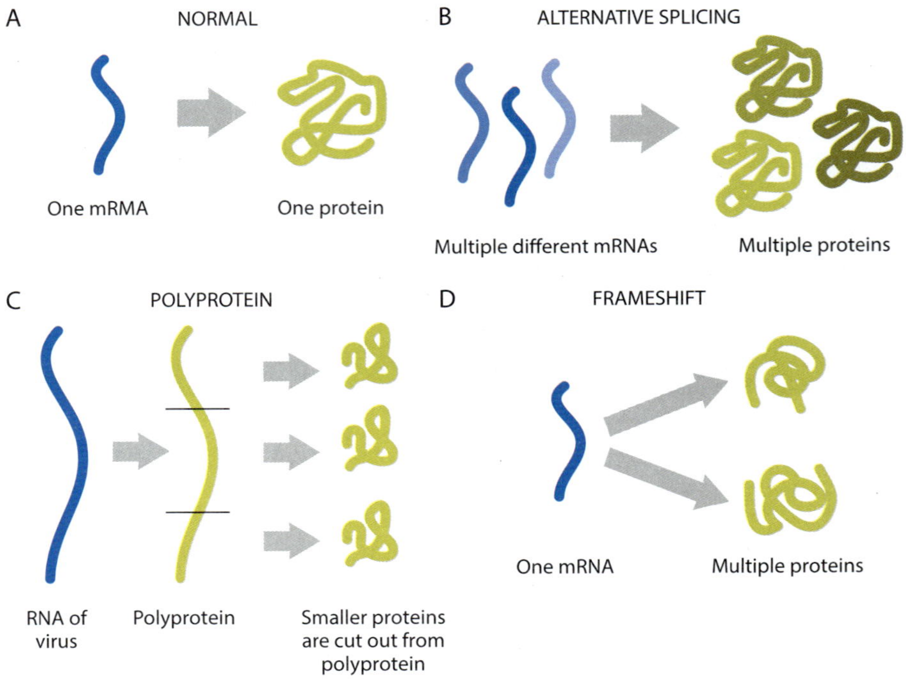

그림 13.01

한 유전자에서 얼마나 많은 단백질들이 만들어지나?

A) 정상적으로 각 유전자는 전사되어서 하나의 mRNA를 생성하며, 이것이 하나의 폴리펩티드로 번역된다. 이 정상적인 주제에서 벗어나는 것들이 B) 선택적 이어맞추기, C) 다단백질, D) 해독 구조를 달리 사용하여서 생성되는 다발성 단백질이다.

A NORMAL
One mRMA
One protein

B ALTERNATIVE SPLICING
Multiple different mRNAs
Multiple proteins

C POLYPROTEIN
RNA of virus
Polyprotein
Smaller proteins are cut out from polyprotein

D FRAMESHIFT
One mRNA
Multiple proteins

1. 단백질 합성의 개관

모든 생물에서 각 단백질은 유전체에 저장된 유전 정보를 사용하여서 만들어진다. 유전 정보는 2단계를 거쳐서 전달된다. 먼저 DNA에 있는 유전 정보가 전령 RNA(mRNA)로 전사된다. 그 다음 단계는 폴리펩티드 사슬을 만드는 아미노산 서열을 지정하는 데 mRNA에 의해서 운반된 정보를 이용한다. 생물 세포에서 DNA로부터 RNA로 RNA에서 단백질로의 정보의 전체적 흐름은 분자생물학의 중심원리라고 알려져 있으며(3장의 그림 3.20 참조), 프란시스 크릭 경(Sir Francis Crick)에 의해 공식화되었다.

리보솜은 단백질을 만드는 데 전령 RNA가 운반한 정보를 사용한다.

mRNA의 번역은 **리보솜**에 의해 수행되는데, 리보솜은 mRNA에 결합하여서 tRNA를 이용하여 번역한다. 리보솜은 mRNA를 따라 이동하면서 그 정보를 읽고 각 단계에서 합당한 tRNA를 모집하여 새로운 폴리펩티드 사슬을 합성한다.

유전자와 mRNA 사이의 대응성은 단백질이 만들어지는 방식을 지시한다. 분자생물학의 한 가지 옛 법칙은 "1 유전자-1 효소"라는 비들(Beadle)과 테이텀(Tatum)의 금언이었다(2장 참조). 이 법칙은 후에 효소뿐 아니라 다른 단백질을 포함하는 이론으로 확대되었다. 그래서 단백질은 흔히 "**유전자 산물**"이라고 한다. 그러나 일부 RNA 분자들(tRNA, rRNA, snRNA와 같은)은 단백질로 번역되지 않지만, 이들도 유전자 산물이라는 것은 유념해야 한다.

유전자 산물은 단백질과 비암호 RNA도 마찬가지로 포함한다.

그뿐만 아니라 1개의 유전자가 여러 단백질을 암호할 수도 있다는 예도 알려져 있다(그림 13.01). 이러한 예로써 비교적 잘 알려진 두 가지 사례가 선택적 이어맞추기와 다단백질이다. 진핵세포에서, 유전자의 암호 서열은 흔히 비암호 영역인 인트론들에 의해서 단절되어있다. 이러한 인트론은 mRNA 단계에서 이어맞추기에 의해 제거된다. 선택적 이어맞추기 책략은 복수의 mRNA 분자를 생성할 수 있게 함으로 같은 유전자로부터 여러 가지의 단백질들이 만들어질 수 있다. 이는 고등 진핵생물, 특히 척추동물에서 빈번하다(12장 참조). 이러한 방법으로 생성된 일련의 단백질들은 그 서열과 구조의 상당 부분을 공유

유전자 산물(gene product) 유전자 발현의 최종 산물; 일반적으로 단백질이지만 rRNA, tRNA 및 snRNA와 같은 다양한 비번역 RNA들도 포함한다.
리보솜(ribosome) 단백질을 만드는 세포의 기계

한다.

진핵세포에서 대부분 mRNA는 단일 유전자로부터 정보를 운반하며, 그렇기 때문에 단일 단백질로 번역될 수 있다. 이것은 RNA 유전체를 가지고 진핵세포에 감염하는 특정한 바이러스(21장 참조)들에게 문제점을 야기한다. 이 문제를 피하기 위해, 이러한 바이러스들은 그 RNA에 있는 극도로 긴 암호화 서열로부터 거대한 "다단백질"을 만든다. 이 다단백질은 그 다음 여러 개의 작은 단백질들로 잘려진다.

마지막으로, 해독 구조 이동에 의해 같은 유전자로부터 2개의 단백질이 생성되는 기이한 경우가 있다(하단 참조). 이러한 예외가 있기는 하지만, 대부분의 유전자가 단일 단백질로 발현된다는 것은 아직까지 보편적인 진실이다.

예외가 있기는 하지만 대부분 유전자들은 단일 단백질을 생성한다.

번역이란 매우 복잡한 과정을 이해하는 데 도움이 되기 위하여 이 장은 몇 개의 절로 나눈다. 첫째로 핵심 요소들(유전 암호, 아미노산, tRNA 및 리보솜)을 상세히 설명하였다. 이어서 번역의 과정을 개시, 신장, 종결, 리보솜 재순환의 4단계로 나누었다. 더 간단한 세균의 번역 과정을 먼저 설명하고 이어서 더 복잡한 진핵생물의 번역을 다룬다. 끝으로 미토콘드리아와 엽록체의 단백질 합성을 논의하였다. 이 장의 마지막 부분은 세포에서 단백질을 바른 위치에 도달시키는 것과 일부 번역후 수식 및 단백질의 최종 기능에 영향을 미치는 아미노산 대체를 다룬다.

2. 단백질은 아미노산의 사슬이다

단백질은 아미노산이라고 알려진 단량체의 선상 사슬로 구성되어있고, 다양한 3차 구조로 접힌다. 아미노산 사슬을 폴리펩티드 사슬이라고 한다. 폴리펩티드 사슬과 단백질의 차이점은 무엇인가? 첫째로 몇 개의 단백질은 1개 이상의 폴리펩티드 사슬로 구성되고, 둘째로 많은 단백질은 폴리펩티드 부분에 추가하여 보조인자로 알려진 금속 이온 혹은 작은 유기 분자와 같은 부가적인 성분을 함유하고 있다(14장 참조).

단백질은 아미노산으로 만들어진 선상의 중합체이다. 대부분의 단백질들은 복잡한 3차원적 구조로 접힌다.

20개의 다른 **아미노산**들이 단백질을 만드는 데 사용된다. (엄밀히 말해서 22지만 나머지 2는 특정한 조건에서 삽입된다. 아래 참조) 이 아미노산들은 모두 그림 13.02A에 나타낸 바와 같이 하나의 아미노기, 하나의 카르복실기, 하나의 수소 원자와 하나의 곁사슬 혹은 **R-기**로 둘러싸인 하나의 중앙 탄소 원자인 **알파 탄소**를 가지고 있다. (프롤린은 예외이다. 아래 참조) 가장 단순한 아미노산인 아미노산은 단지 R-기가 단 하나의 수소 원자로 구성된 **글리신**이다(그림 13.02B). 생리적 조건의 수용액에서는 아미노산의 아미노기와 카르복실기는 둘 다 이온화되며, 하나의 양이온과 하나의 음이온을 가진 **양성이온** 혹은 **양극성 이온**이 된다(그림 13.02C).

아미노산은 **펩티드결합**(그림 13.03)에 의해서 연결되어 **폴리펩티드 사슬**이 된다. 사슬의 첫 번째 아미노산은 자유 아미노기($—NH_2$)를 가지고 있으며 그래서 이 끝은 폴리펩티드 사슬의 **아미노- 또는 N-말단**이라고 한다. 마지막에 첨가된 아미노산은 자유 카르복실기가 남아 있어서 이 끝은 **카르복시- 또는 C-말단**이다. 합성될 때 폴리펩티드는 아미노 말단에서 카르복시 말단으로 가면서 신장된다.

알파(α-) 탄소[alpha-(α-) carbon] 아미노기와 카르복실기 두 가지를 운반하는 아미노산의 중앙 탄소 원자
아미노산(amino acid) 단량체로서 이로부터 폴리펩티드 사슬을 만든다.
아미노- 또는 N-말단(amino- or N-terminus) 처음 만들어지며 자유 아미노기를 가진 폴리펩티드의 말단
카르복시- 또는 C-말단(carboxy- or C-terminus) 마지막에 만들어지며 자유 카르복실기를 가진 폴리펩티드의 말단
양극성 이온(dipolar ion) 양성이온과 동일 양전하와 음전하 모두를 가진 분자
글리신(glycine) 가장 간단한 아미노산
펩티드결합(peptide bond) 폴리펩티드 사슬에서 아미노산을 함께 잡아주는 화학결합의 유형
폴리펩티드 사슬(polypeptide chain) 아미노산들로 구성된 중합체
R-기(R-group) 명기하지 않은 화학적 작용군; 특히 아미노산의 측쇄
양성이온(zwitterion) 양극성 이온과 동일; 양전하와 음전하 모두를 가진 분자

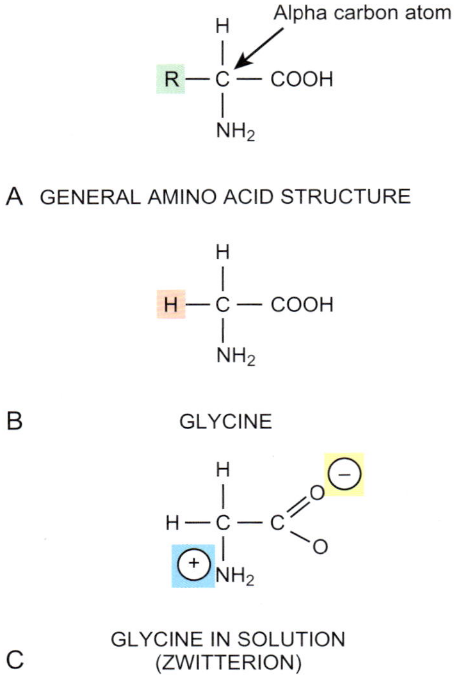

그림 13.02
아미노산의 일반적 구조

A) 일반적인 아미노산은 하나의 알파 탄소 원자, 하나의 R-기, 하나의 NH_2기, 하나의 COOH기를 가지고 있다. B) 글리신은 가장 간단한 아미노산으로 H를 R-기로 가지고 있다. C) 글리신을 중성인 pH 용액에 넣으면 이온화하여 양성이온이 된다.

Alpha carbon atom

H | R — C — COOH | NH_2

A GENERAL AMINO ACID STRUCTURE

H | H — C — COOH | NH_2

B GLYCINE

H | H — C — C(=O)O⁻ | ⁺NH_2

C GLYCINE IN SOLUTION (ZWITTERION)

아미노산들은 광학 이성질체의 짝들이 있다. 자연산 단백질들은 L-이성질체들로 구성되어 있다.

아미노산의 D-이성질체는 세균의 세포벽과 몇몇 항생제에서 발견된다.

글리신을 제외하고 아미노산은 4개의 서로 다른 화학 원자단을 중앙의 알파 탄소 주위에 갖고 있다. 이것을 **경상대칭** 혹은 **비대칭 중심**이라고 한다(그림 13.04). 이러한 아미노산들은 다른 경상대칭 혹은 방향성을 갖고 있는 2개의 대체 거울상 이성질체로 존재한다. 거울상 이성질체의 1쌍은 **거울상체** 혹은 **광학 이성질체**로 알려져 있으며, 그 각각을 **L-형**, **D-형**이라고 한다. L-형과 D-형이란 경상대칭 분자들의 수용액이 실제로 빛의 편광 평면을 좌회전(L=좌선성) 혹은 우회전(D=우선성)시킴을 의미한다. 단백질에서 발견되는 아미노산은 모두 L-형이다. 흔히 L-아미노산이 '자연적'인 이성질체로 지칭되기는 하지만, D-아미노산도 자연에 존재한다. 박테리아의 세포벽에서 발견되는 **펩티도글리칸**은 몇 개의 다른 D-아미노산을 가지고 있으며, 마찬가지로 원핵세포에서 만들어진 몇 가지의 펩티드 항생제들도 D-아미노산을 가지고 있다(예, 바시트라신, 폴리믹신 B, 액티노마이신 D).

2.1. 20종의 아미노산이 생물학적 폴리펩티드를 형성한다

단백질에서 발견되는 20종의 아미노산은 다양하게 차이나는 화학적 원자단을 가지고 있다(그림 13.05). 이 가능한 단량체의 광범위한 선택이 단백질을 매우 다양하게 만들어서 매우 다양한 삼차원 구조의 가능성을 비롯한 광범위한 특성과 기능을 가지게 한다. 이 아미노산은 물리적 화학적 특성에 따라 그룹으로 나뉜다. 주요 구분 점은 R-기들 간에 **친수성**(물과 친한)을 가진 것과 **소수성**(물과 친하지 않은)을 갖는 것이다. 글리신은 곁사슬에 하

비대칭 중심(asymmetric center) 4개의 서로 다른 기를 달고 있는 탄소 원자. 이로 인해서 광학 이성질체가 된다.
경상대칭 중심(chiral center) 비대칭 중심과 동일
거울상체(enantiomers) 한 쌍의 경상 광학 이성질체 (예, D−와 L−이성질체)
L−형, D−형(L- and D-forms) 광학적 활성 물질의 두 가지 이성질체의 형태; L−이성질체와 D−이성질체라고도 한다.
친수성(hydrophilic) 물을 좋아하는 성질; 물에 잘 녹는다.
소수성(hydrophobic) 물을 싫어하는 성질; 물로부터 배척되며 아주 어렵게 물에 녹을 수 있다.
광학 이성질체(optical isomers) 분자들이 3차원적인 배열에서만 차이나는 이성질체로 편광의 회전에 영향을 미친다.
펩티도글리칸(peptidoglycan) 진정세균의 세포벽을 만드는 중합체; 당질 유도체의 긴 사슬로 구성되며, 일정 간격으로 짧은 아미노산 사슬과 연쇄되어 있다.

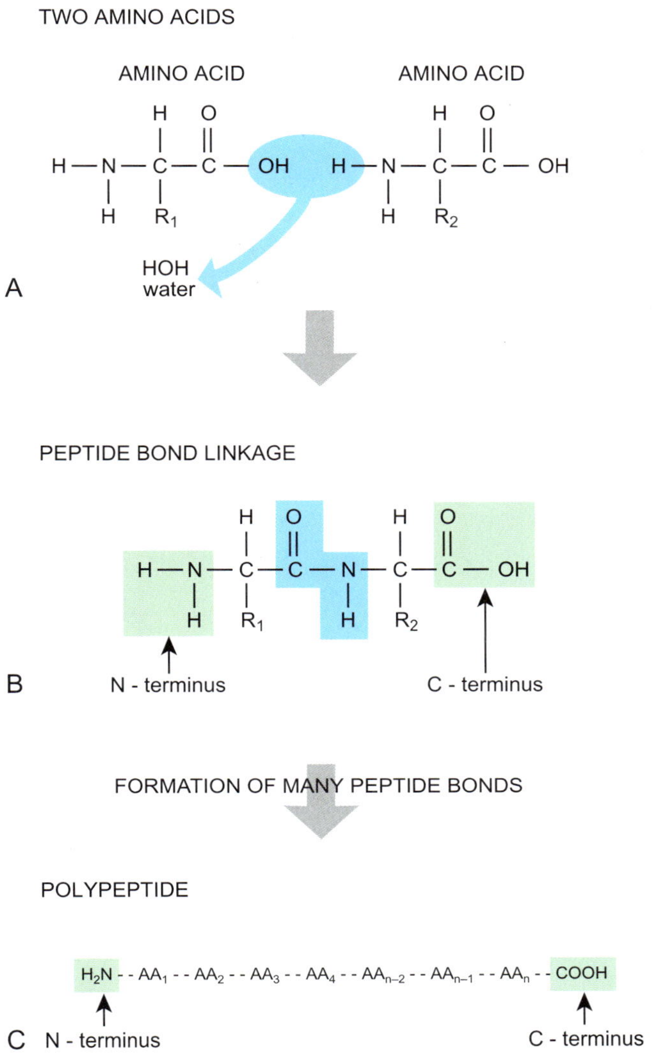

TWO AMINO ACIDS
AMINO ACID
AMINO ACID
HOH
water
A
PEPTIDE BOND LINKAGE
B
N - terminus
C - terminus
FORMATION OF MANY PEPTIDE BONDS
POLYPEPTIDE
H2N - - AA1 - - AA2 - - AA3 - - AA4 - - AAn–2 - - AAn–1 - - AAn - - COOH
C
N - terminus
C - terminus

그림 13.03

폴리펩티드 사슬은 아미노산들로 만들어져 있다

A) 일반적인 2개의 아미노산을 나타내었다. R-기, R_1과 R_2는 단백질을 만드는 20가지 서로 다른 아미노산들의 측쇄를 나타낸다. 각각의 아미노산은 하나의 아미노 (NH_2)기와 하나의 카르복실(COOH)기를 가지고 있다. B) 하나의 펩티드결합이 하나의 NH_2기와 하나의 COOH기 사이에 만들어지며 이 과정에서 물이 빠져 나간다. C) 펩티드결합과 같은 방법으로 계속적으로 아미노산들이 결합하여 폴리펩티드로 형성한다. 폴리펩티드 사슬은 하나의 아미노 (또는 N-) 말단과 하나의 카르복실(또는 C-) 말단을 갖는다.

L - ISOMER
NH2
H
Ca
COOH
R
D - ISOMER
NH2
HOOC
Ca
H
R

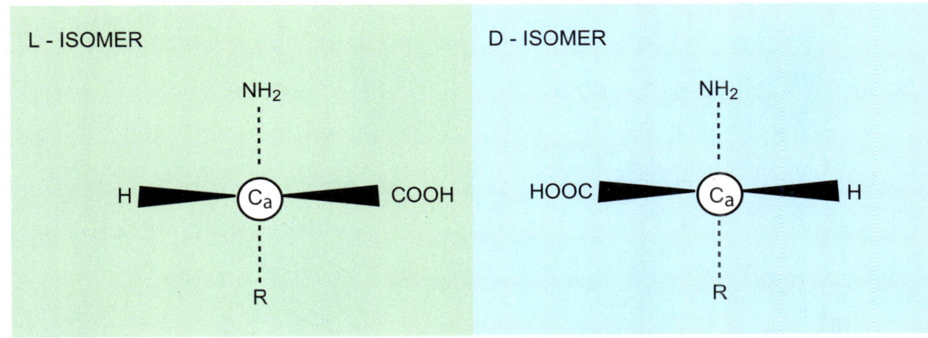

그림 13.04

아미노산의 L-형과 D-형

아미노산의 L-형과 D-형에 따라서 알파 탄소 주변에 4기가 다르게 분포하고 있다. 이들은 동일한 화학식으로 표시되지만 하나는 다른 것의 거울상이다.

나의 수소 원자를 갖고 있어서 두 그룹 어느 것과도 맞지 않는다.

친수성 아미노산은 염기성, 산성, 중성인 것으로 다시 세분된다. 염기성 아미노산은 단백질이 양 전하를 띄게 하는 반면에 산성 잔기들은 음 전하를 제공한다. 엄격히 말해 이것은 생리학적 pH 범위의 수용액에 있을 경우이다. 중성 극성 아미노산은 수소결합을 할 수 있는 곁사슬을 갖고 있다. 친수성 아미노산의 곁사슬은 반응에 참여할 수 있는 화학적 원자단을 갖고 있다. 효소의 활성 부위는(다음 참조) 흔히 세린, 히스티딘과 염기성 혹은 산

단백질을 구성하는 20가지 아미노산들은 그들의 화학 및 물리적 특성이 크게 다르다.

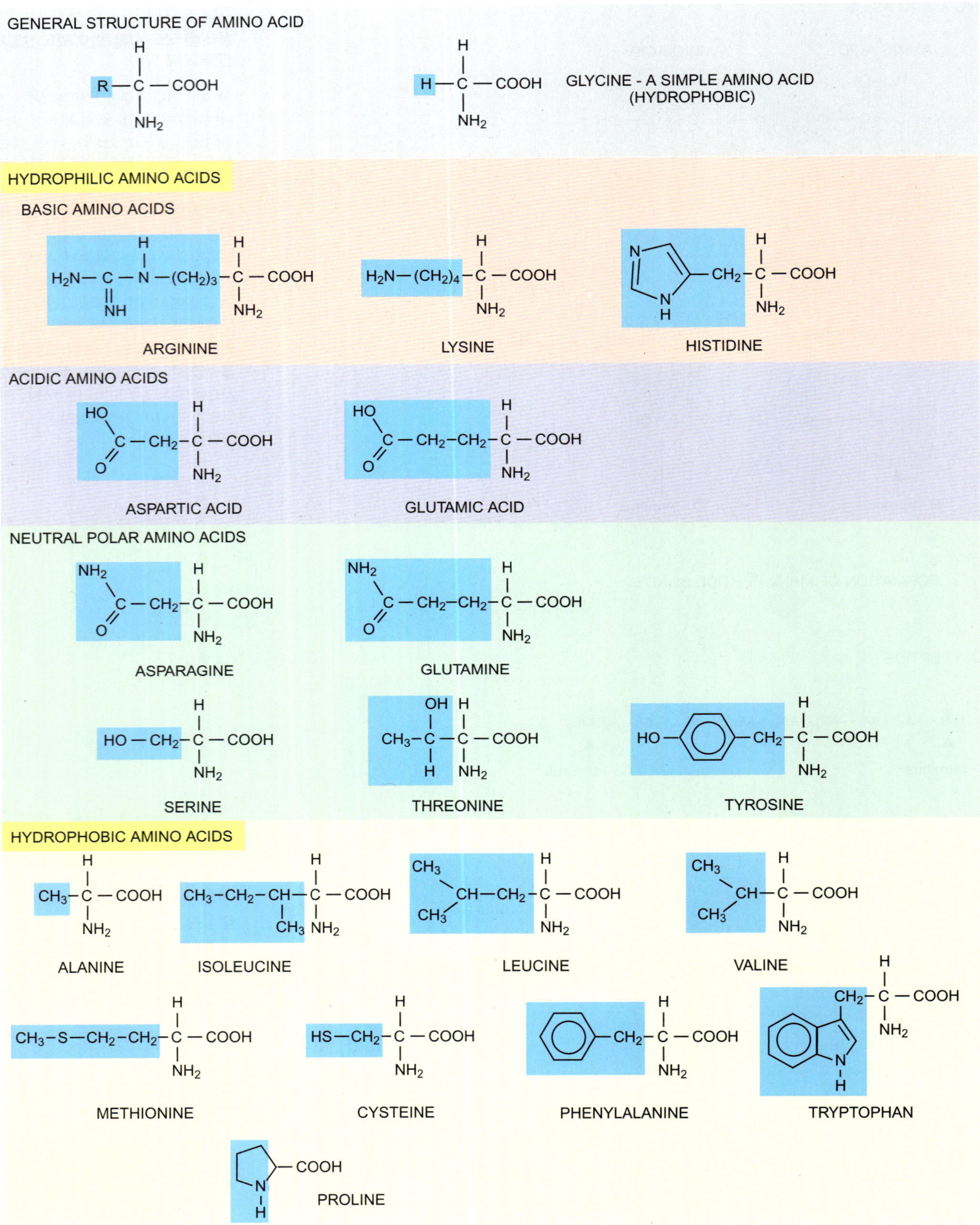

GENERAL STRUCTURE OF AMINO ACID

$R-CH(NH_2)-COOH$

$H-CH(NH_2)-COOH$ GLYCINE - A SIMPLE AMINO ACID (HYDROPHOBIC)

HYDROPHILIC AMINO ACIDS

BASIC AMINO ACIDS

$H_2N-C(=NH)-NH-(CH_2)_3-CH(NH_2)-COOH$ ARGININE

$H_2N-(CH_2)_4-CH(NH_2)-COOH$ LYSINE

HISTIDINE

ACIDIC AMINO ACIDS

$HO-C(=O)-CH_2-CH(NH_2)-COOH$ ASPARTIC ACID

$HO-C(=O)-CH_2-CH_2-CH(NH_2)-COOH$ GLUTAMIC ACID

NEUTRAL POLAR AMINO ACIDS

$NH_2-C(=O)-CH_2-CH(NH_2)-COOH$ ASPARAGINE

$NH_2-C(=O)-CH_2-CH_2-CH(NH_2)-COOH$ GLUTAMINE

$HO-CH_2-CH(NH_2)-COOH$ SERINE

$CH_3-CH(OH)-CH(NH_2)-COOH$ THREONINE

TYROSINE

HYDROPHOBIC AMINO ACIDS

$CH_3-CH(NH_2)-COOH$ ALANINE

$CH_3-CH_2-CH(CH_3)-CH(NH_2)-COOH$ ISOLEUCINE

$(CH_3)_2CH-CH_2-CH(NH_2)-COOH$ LEUCINE

$(CH_3)_2CH-CH(NH_2)-COOH$ VALINE

$CH_3-S-CH_2-CH_2-CH(NH_2)-COOH$ METHIONINE

$HS-CH_2-CH(NH_2)-COOH$ CYSTEINE

PHENYLALANINE

TRYPTOPHAN

PROLINE

그림 13.05
단백질에서 발견되는 20종의 아미노산

아미노산은 물리 화학적 성질에 따라서 무리로 나눌 수 있다. 각 아미노산의 R-기를 색깔로 표시하였다.

표 13.01 아미노산과 그 특성

아미노산	3-문자 부호	1-문자 부호	물리적 성질
알라닌	Ala	A	소수성
아르기닌	Arg	R	염기성
아스파라긴	Asn	N	중성 극성
아스파르트산	Asp	D	산성
시스테인	Cys	C	소수성
글루탐산	Glu	E	산성
글루타민	Gln	Q	중성 극성
글리신	Gly	G	–
히스티딘	His	H	염기성
이소류신	Ile	I	소수성
류신	Leu	L	소수성
리신	Lys	K	염기성
메티오닌	Met	M	소수성
페닐알라닌	Phe	F	소수성
프롤린	Pro	P	소수성
세린	Ser	S	중성 극성
트레오닌	Thr	T	중성 극성
트립토판	Trp	W	소수성
티로신	Tyr	Y	중성 극성/소수성
발린	Val	V	소수성
아스파르트산 또는 아르기닌	Asx	B	
글루탐산 또는 글루타민	Glx	Z	
미정 아미노산		X	

성 아미노산을 갖고 있다.

소수성 아미노산은 지방족 아미노산(Ala, Leu, Ile, Val, Met)과 방향족 고리를 갖고 있는 아미노산(Phe, Trp, Tyr)으로 세분된다. 이 아미노산 잔기들의 기능은 주로 구조적인 것이지만, 티로신은 예외로 방향족 고리에 수산기가 붙어 있어 다양한 반응에 참여할 수 있다. 티로신은 수산기가 자연 상태에서 극성이기 때문에 분류가 애매하다. 프롤린은 방향족 고리를 갖고 있지 않으며, 기타 이미노산처럼 1차 아미노기(NH_2)보다 2차적 아미노기(-NH-)를 갖는다. 이와 같은 구조는 (아미노산이라기 보다는) 이미노산이라고 한다.

소수성 아미노산 중에 메티오닌과 시스테인은 황을 가지고 있다. 후에 잘려 나가 제거되기도 하지만 폴리펩티드 사슬이 처음 합성될 때 메티오닌은 항상 첫 번째로 합성되는 아미노산이다. 시스테인은 이황화 결합을 이루기 때문에 3차 구조에 중요한 역할을 한다(아래 참조). 시스테인의 자유 **황화수소기**는 반응성이 뛰어나 효소의 활성 부위 혹은 단백질의 다양한 화학 원자단이 결합하는 장소로 흔히 사용된다(14장 참조).

단백질에서 정상적으로 발견되는 20종의 서로 다른 아미노산은 3문자 혹은 1문자의 약어로 나타낸다(표 13.01). 약어는 대부분 명칭의 첫 글자에 해당하지만, 때로는 몇 개의 아미노산들이 같은 알파벳으로 시작하기 때문에, 약간의 상상이 필요하다. 이 약어들은 특

황화수소기(sulfhydryl group) –SH; 황화수소의 화학적 작용기

그림 13.06
유전 암호

전령 RNA에서 발견되는 64개 코돈을 해당 아미노산과 함께 나타내었다. 관례대로 염기들은 5′에서 3′으로 읽으며 첫 번째 염기가 코돈의 5′ 말단이다. 3개의 코돈(UAA, UAG, UGA)은 인지하는 아미노산이 없으며 정지를 암호한다. AUG(메티오닌 암호)와 드물게 GUG(발린 암호)가 개시 코돈으로 작용한다. 코돈을 찾는 방법은 첫 번째 염기를 좌측 칸에서, 두 번째 염기를 위 첫줄에서, 세 번째 염기를 우측 칸에서 찾으면 된다.

	2nd (middle) base				
1st base	U	C	A	G	3rd base
U	UUU Phe UUC Phe UUA Leu UUG Leu	UCU Ser UCC Ser UCA Ser UCG Ser	UAU Tyr UAC Tyr UAA stop UAG stop	UGU Cys UGC Cys UGA stop UGG Trp	U C A G
C	CUU Leu CUC Leu CUA Leu CUG Leu	CCU Pro CCC Pro CCA Pro CCG Pro	CAU His CAC His CAA Gln CAG Gln	CGU Arg CGC Arg CGA Arg CGG Arg	U C A G
A	AUU Ile AUC Ile AUA Ile AUG Met	ACU Thr ACC Thr ACA Thr ACG Thr	AAU Asn AAC Asn AAA Lys AAG Lys	AGU Ser AGC Ser AGA Arg AGG Arg	U C A G
G	GUU Val GUC Val GUA Val GUG Val	GCU Ala GCC Ala GCA Ala GCG Ala	GAU Asp GAC Asp GAA Glu GAG Glu	GGU Gly GGC Gly GGA Gly GGG Gly	U C A G

히 단백질의 서열을 기록할 때 사용한다. 아미드인 아스파라긴과 글루타민은 상대적으로 불안정하고 대응하는 산으로 쉽게 분해되어 아스파르트산과 글루탐산이 된다. 그 결과 일부 분석에서 아미드와 산은 구분하지 못한다. 이런 애매한 대응관계로 인해 Asx와 Glx라는 약어가 생겼다.

3. 유전 정보의 번역

단백질에는 20개의 아미노산이 있지만 mRNA에는 단지 4개의 다른 염기가 있다. 따라서 단백질을 만들 때, 하나의 단일 아미노산을 암호하기 위하여 단순하게 하나의 핵산 염기를 사용할 수는 없다. 번역 과정에서, mRNA의 염기들은 3개가 한 그룹으로 읽혀지며, 이 그룹을 **코돈**이라 한다. 각각의 코돈은 특정 아미노산을 나타낸다. 4개의 다른 염기는 64개의 3염기 그룹을 형성할 수 있다. 즉, **유전 암호**에는 64개의 다른 코돈이 있다. 단지 20개의 서로 다른 아미노산이 존재하므로, 일부 아미노산은 1개 이상의 코돈에 의해서 암호화될 수 있다. 또한 코돈들 중 3개는 구두점으로 사용된다. 이러한 코돈들은 폴리펩티드 사슬의 종결을 신호하는 것으로 **종결 코돈**이라고 한다. 그림 13.06은 유전 암호의 특성을 보여주고 있다.

단백질의 각 아미노산은 DNA 또는 RNA에 3개의 염기들로 암호화되어 있다.

코돈을 읽기 위해서 tRNA는 mRNA의 코돈을 인지한다. 각 tRNA의 한쪽 끝에는 mRNA 상에 있는 코돈의 세 염기에 대하여 상보적인 세 염기로 구성되어있는 **역코돈**을 가지고 있다. 코돈과 역코돈은 염기 짝짓기에 의해 서로를 인지하고, 수소결합에 의해서 결합한다(그림 13.07). 다른 한 끝에, 각각의 tRNA는 인지한 코돈에 상응하는 아미노산을 운반한다. 이 아미노산은 때로는 tRNA의 "동족" 아미노산이라고도 알려져 있다.

tRNA의 역코돈은 염기 짝짓기에 의해서 mRNA의 코돈을 인지한다.

각각의 tRNA는 하나의 특정한 아미노산을 운반한다.

유전 암호가 완전히 보편적인 것은 아니다. 그런데도 불구하고 **"보편적 유전 암호"**라는 용어가 사용되는 것은 위에 보인 암호 표를 지칭하는 것이며(그림 13.06), 이것이 거의 모든 생물에 적용되기 때문이다. 이 암호 표에 예외적인 것이 아주 드물게 일부 원생동물과 마이코플라스마 및 동물과 균류의 미토콘드리아 유전체에서 발견된다(표 13.02). 마이코플라스마는 예외적으로 작은 유전체를 갖는 기생 세균이다. *Paramecium*과 *Euplotes*는 섬모충류이며 *Candida*는 효모의 일종이다. 일반적인 미토콘드리아의 유전 암호가 없다

역코돈(anticodon) mRNA의 코돈을 인지하고 결합하는 tRNA 상의 3개의 상보적인 염기 집단
코돈(codon) 단일 아미노산을 암호하는 3개의 DNA 또는 RNA의 염기 집단
유전 암호(genetic code) DNA 또는 RNA의 3염기(코돈)의 그룹들로 아미노산을 암호하는 체계
종결 코돈(stop codon) 단백질의 끝을 암호하는 코돈
보편적 유전 암호(universal genetic code) 대부분 모든 생물들에 의해서 사용되는 유전 암호 판

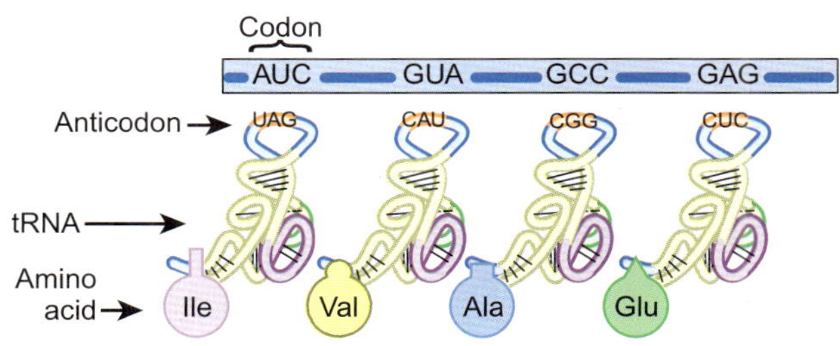

그림 13.07
운반 RNA는 코돈을 인식한다.

역코돈에 의해서 mRNA의 코돈에 결합한 몇 개의 tRNA를 나타낸 것이다. 각각의 tRNA는 수용체 축의 끝에 서로 다른 아미노산을 운반한다. 이 모식도는 mRNA 번역의 원리를 나타내기 위한 것이며 단백질 합성 메커니즘을 실제로 나타낸 것이 아니다. 실제에 있어서 코돈들은 연속되어 있으며 코돈들 사이에 간격이 없다. 그리고 단지 2개의 tRNA만 동시에 결합해 있다.

표 13.02 보편적 유전 암호에 대한 예외

염색체 유전체에서 예외					
코돈	**보편적**	**마이코플라스마**	**짚신벌레**	**유프로테스**	**캔디다**
UGA	Stop	**Trp**	Stop	**Cys**	Stop
UAA/UAG	Stop	Stop	**Gln**	Stop	Stop
CUG	Leu	Leu	Leu	Leu	Ser
미토콘드리아 유전체에서 예외					
코돈	**보편적**	**균류**	**원생동물**	**포유류**	**편형동물**
UGA	Stop	**Trp**	**Trp**	**Trp**	**Trp**
UAA	Stop	Stop	Stop	Stop	Tyr
AUA	Ile	**Met**	**Met**	**Met**	Ile
AGA/AGG	Arg	Arg	Arg	**Stop**	**Ser**
AAA	Lys	Lys	Lys	Lys	Asn
CUA	Leu	**Thr**	Leu	Leu	Leu

는 데 주목하자. 균류와 동물의 미토콘드리아가 유사하기는 하지만(예, UGA = Trp) 차이나는 것도 있다(예, CUA = 균류에서는 Thr, 동물에서는 Leu). 포유류 미토콘드리아도 tRNA 세트의 수가 감소되어 있어서 복수의 코돈을 읽는 tRNA의 수가 증가한다(관련 연구에 대한 초점 참조). 그러나 식물 미토콘드리아와 엽록체는 보편적 유전 암호를 사용한다.

유전 암호의 미세한 변이가 미토콘드리아와 특정한 미생물에서 발견된다.

3.1. 운반 RNA는 변형된 염기를 가지며 접힌 "L" 모양을 형성한다

운반 RNA 분자들은 약 80개의 뉴클레오티드로 이루어져있다. 이 염기의 반 정도는 짝을 이루어 이중나선 토막을 형성한다. 전형적인 tRNA는 짧게 염기쌍을 이룬 4개의 염기 축과 3개의 고리를 가지고 있다(그림 13.08). 이것은 염기 짝짓기를 세부적으로 나타내기 위하여 tRNA를 2차원으로 평평하게 펼친 **클로버잎 구조**에 가장 잘 나타나 있다. (이러한 도식을 때로는 2차 구조 지도라고 한다.) tRNA 클로버는 더 접혀져서 L 모양의 3차원 구조를 이루며, 3차 구조에서는 TψC-고리(또는 T-고리)와 D-고리는 함께 밀려나와 있다. 역코돈과 부착된 아미노산은 L 구조의 양 끝에 위치한다. 서로 다른 tRNA 분자

클로버잎 구조(coverleaf structure) tRNA 분자에서 염기 짝짓기를 나타낸 2차 구조

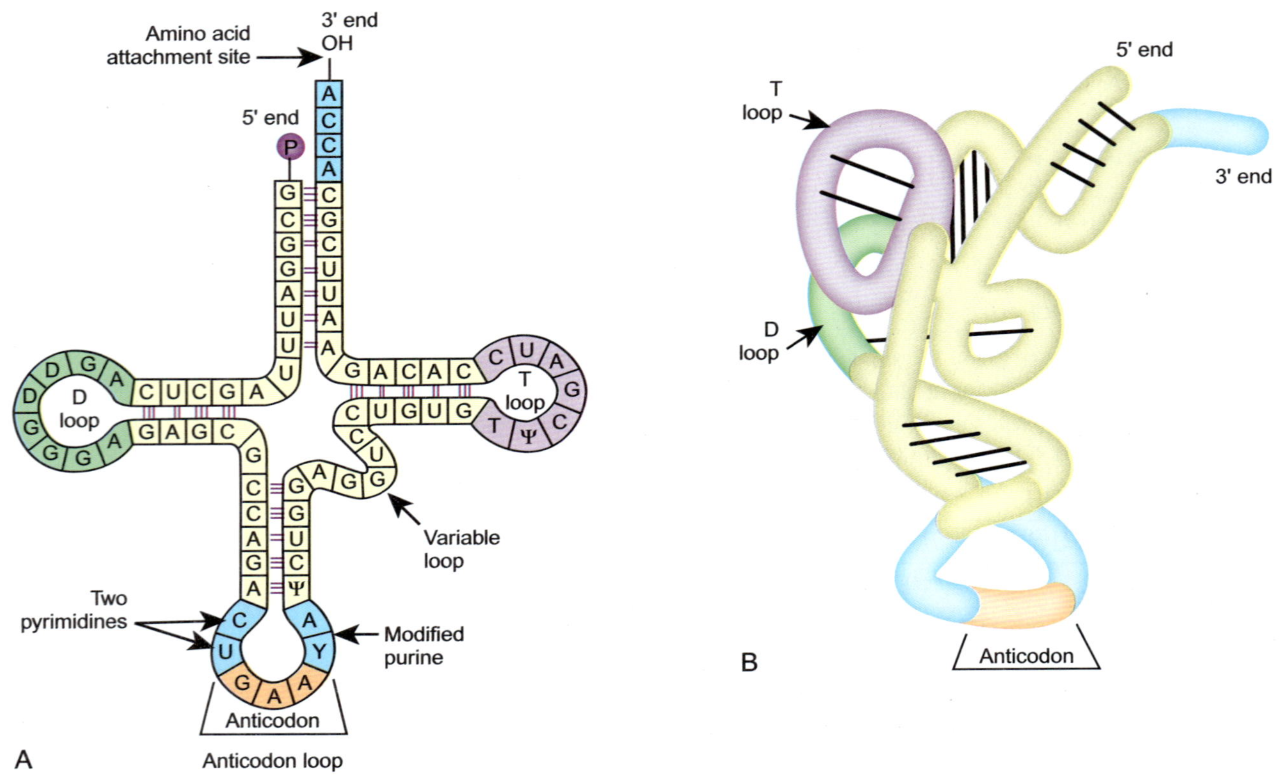

그림 13.08
tRNA의 구조

tRNA의 평면상(2차 구조)은 3′과 5′의 수용체 축, T-(또는 TψC) 및 D-고리, 역코돈 고리로 구성된 클로버잎 구조를 보이고 있다. tRNA의 종류에 따라서 그 길이가 다양한 하나의 변이성 고리도 나타나 있다. B) 접힌 구조(3차 구조)는 "L"자를 닮았다.

들은 서열은 상당히 다르지만, 전반적인 구조는 이와 동일하다. 길이의 차이(73–93염기)는 대부분 다양한 고리로 인해서 나타난다.

수용체 축은 5′ 말단의 염기 짝짓기에 의해 형성되며, 거의 항상 G로 끝나고 인산화 되어있다. 그리고 3′ 말단은 CCA-OH로 끝난다. 아미노산은 수용체 축의 자유 3′ 말단에 있는 아데닌의 3′-수산화기에 부착되어있다. 역코돈은 이 서열에서 약 반 바퀴쯤 돌아가서 **역코돈 고리**에 위치한다. 이는 중간에 역코돈 염기 3개를 포함하는 7개의 염기로 구성되어 있다. 역코돈은 항상 2개의 피리미딘이 5′ 쪽에 선행하고, 뒤쪽은 수식된 푸린으로 이어진다(그림 13.08).

tRNA의 다른 두 고리는 **변형 염기**의 이름에 따라서 명명된다. TψC-고리는 "ψ"(psi라고 쓰며 sigh로 발음한다)를 포함하고 있는데, 이는 유사우라실을 의미하며, D-고리 또는 DHU-고리는 디히드로우라실을 상징하는 D를 가지고 있다(그림 13.09). 유사우리딘에서 우라실 자체는 변형되지 않았지만 정상적인 우리딘처럼 질소-1 대신에 탄소-5에 의해서 리보오스에 부착되어 있다. 티민(= 5-메틸 우라실)은 정상적으로 DNA에서만 발견되지만 tRNA의 TψC-고리에서도 발견되며, 이는 리보오스에 부착되어 있으며, 전사후에 우라실의 메틸화에 의해서 만들어진다. 우라실에 더하여 구아닌, 아데닌, 시토신도 메틸화에 의해

수용체 축(acceptor stem) tRNA의 염기가 짝을 이루고 있으며, 아미노산이 부착하는 축
역코돈 고리(anticodon loop) 역코돈을 가지고 있는 tRNA 분자의 고리
변형 염기(modified base) 핵산이 합성된 다음 화학적으로 변형된 핵산의 염기

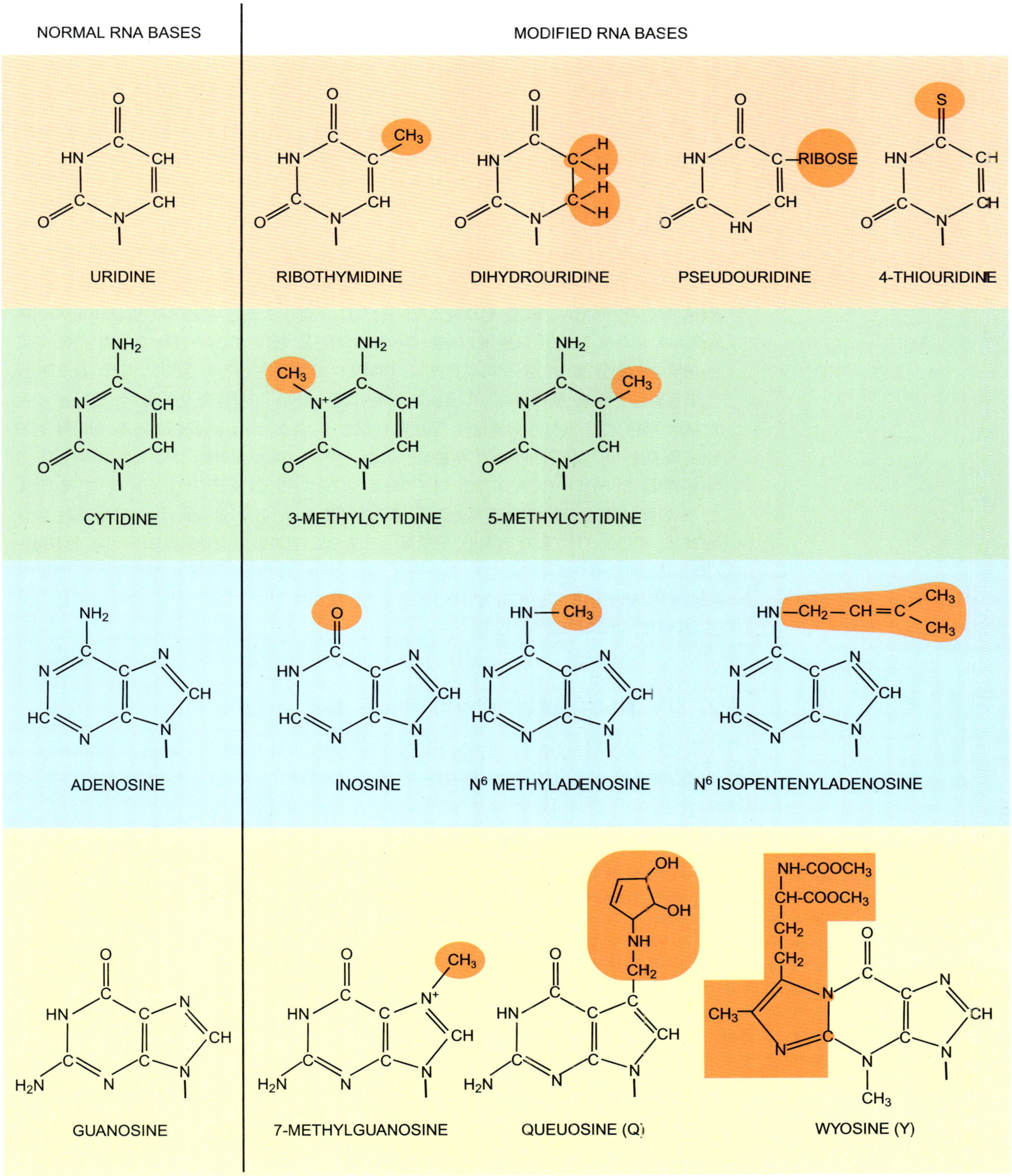

NORMAL RNA BASES

MODIFIED RNA BASES

URIDINE

RIBOTHYMIDINE

DIHYDROURIDINE

PSEUDOURIDINE

4-THIOURIDINE

CYTIDINE

3-METHYLCYTIDINE

5-METHYLCYTIDINE

ADENOSINE

INOSINE

N^6 METHYLADENOSINE

N^6 ISOPENTENYLADENOSINE

GUANOSINE

7-METHYLGUANOSINE

QUEUOSINE (Q)

WYOSINE (Y)

그림 13.09
tRNA의 변형 염기들

일반적으로 RNA에서 발견되는 모든 4염기들은 변형된 유도체를 가지며 이들은 tRNA에서 발견된다. 주어진 명칭은 뉴클레오시드(예, 염기 + 리보오스)에 해당한다.

RNA가 전사된 다음에 일부 염기들은 화학적으로 수식된다. 변형 염기들은 특히 tRNA에 보편적으로 존재한다.

서 변형된다. 그 밖의 변형에는 **이노신**이 포함되며, 하이포크산틴이라는 염기를 갖는 뉴클레오티드이다. 그러나 서열상에는 I로 쓰고, 혼동을 막기 위해 흔히 I-염기라고 부른다. 유사하게 퀘오신과 와이오신의 염기들은 각각 Q-염기와 Y-염기라고 한다. 염기의 메틸화는 특정한 염기들의 짝짓기를 방지하며 또한 리보솜 단백질의 결합을 돕는다. 변형된 염기들은 tRNA의 적절한 접힘과 작용을 위해서 필요하다. 예를 들어 TψC-고리와 D-고리는 리보솜과 번역에 관여하는 다른 단백질 요소들의 결합에 필요하다.

상자 13.1 tRNA의 CCA-OH 꼬리

모든 tRNA 유전자가 CCA 꼬리를 암호하고 있는 것은 아니다. 일부 고등 생물에서 CCA-첨가 효소라는 특수한 효소가 전사가 완결된 다음에 5′-CCA 3′를 첨가한다. 모든 세균의 tRNA 유전자는 CCA 꼬리를 암호하고 있지만 CCA-첨가 효소는 세균에서 발견되며, 핵산분해효소에 의해서 분해된 모든 tRNA를 수리하는 기능을 한다. CCA-첨가 효소의 결정 구조는 매우 놀랄만한 효소임을 보여주고 있다. 대부분의 효소들은 완전히 동일한 메커니즘으로 완전히 동일한 반응을 촉매한다. 이 효소가 모든 다른 tRNA 분자들을 인지할 수 있다는 것은 tRNA에 대한 결합 포켓이 유연함을 의미한다. 또한 이 효소는 각 뉴클레오티드를 하나씩 첨가하는 데 이는 이 효소가 tRNA가 부분적인 또는 완전한 CCA 꼬리를 갖고 있는지 여부를 인식해야함을 의미한다. CCA 꼬리가 부분적으로 첨가된다면 CCA-첨가 효소는 두 번째 C 또는 세 번째 A를 첨가할 필요가 있는지를 구분해야만 한다. 더욱 놀라운 것은 이 효소는 뉴클레오티드 주형을 갖고 있지 않지만, 단백질 구조만으로 첨가할 뉴클레오티드와 언제 완성하는지를 결정한다. 끝으로 CCA-첨가 효소는 tRNA 꼬리에 첨가하기 위해서 ATP 또는 CTP를 사용할 수 있지만 UTP 또는 GTP는 제외시킬 수 있다. 이와 같이 미세한 것들 사이의 구별 능력은 풀어야할 미스터리로 남아있다.

3.2. 일부 tRNA는 하나 이상의 코돈을 읽을 수 있다

역코돈과 코돈사이의 동요는 일부 tRNA로 하여금 하나 이상의 코돈을 읽을 수 있게 허용한다.

각각의 운반 RNA는 하나의 아미노산만을 운반한다. 따라서 20개의 다른 아미노산들을 위해 최소 20개의 다른 tRNA가 필요하다. 다른 한편으로 (종결 코돈을 제외하고) 인지되어야 할 코돈은 61개이므로 일부 아미노산들은 1개 이상의 코돈을 갖는다. 실제로, 일부 tRNA들은 1개 이상의 코돈을 읽을 수도 있다. 그렇기는 하지만 그 코돈들은 모두 동일한 아미노산에 대한 것이어야만 한다. 61개의 코돈 모두를 읽는 데 필요한 서로 다른 tRNA 분자들 한 벌의 최소수는 31개이다. 실제로 발견되는 수는 보통 약간 더 많으며, 종에 따라서 조금씩 차이가 있다.

오직 상보적인 염기들만이 짝을 이룰 수 있다면, 1개의 역코돈을 가지고 있는 tRNA가 어떻게 1개 이상의 코돈을 읽을 수 있을까? 표준 염기쌍 법칙은 DNA의 이중나선의 일부를 형성하는 염기들 사이에서만 적용된다는 것을 기억하라. 코돈과 역코돈은 표준적인 이중나선을 형성하지 않으므로, 약간 다른 염기 짝짓기 법칙이 적용된다. mRNA 코돈의 첫 두 염기와 짝을 이루는 tRNA 역코돈의 마지막 두 염기는 일반 법칙에 따라서 엄격하게 짝을 짓는다. 하지만, tRNA 역코돈의 첫 번째 염기(mRNA 코돈의 세 번째 염기와 짝을 짓는)는 나선 구조에 들어있는 다른 염기들처럼 사이에 끼어 있지 않기 때문에 약간씩 동요할 수 있다. 그래서 코돈/역코돈 염기 짝짓기 법칙은 **동요 법칙**이라고 알려져 있다 (표 13.03 참조).

만일 첫 번째 역코돈 염기가 G라면, 이는 일반적으로 C와 짝을 이룰 수 있고, 혹은

이노신(inosine) 구아노신에서 유도된 특이한 변형 뉴클레오시드
동요 법칙(wobble rules) 코돈/역코돈 짝짓기에 한하여 덜 엄격한 염기 짝짓기를 허용하는 규칙

표 13.03 코돈/역코돈 짝짓기에 대한 동요 법칙

	코돈 제3염기와 짝짓기	
역코돈 제1염기	**정상**	**동요**
G	C	U
U	A	G
I	—	C 또는 U 또는 A
C	G	동요 없음
A	U	동요 없음

동요 상태에서는 U와 짝을 이룰 수 있다. 예를 들어 GUG 역코돈을 갖는 히스티딘에 대한 tRNA는 CAC와 CAU 코돈을 인지할 수 있다. 유사하게 역코돈의 첫 번째 염기가 U라면, 이는 A 혹은 G와 짝을 이룰 수 있다. 아미노산이 한 쌍의 코돈으로 암호화되어 있을 때는 언제나 코돈의 세 번째 염기는 U와 C(예, 히스티딘, 티로신), 혹은 A와 G(예, 리신과 글루탐산)이며, 다른 조합은 존재하지 않는다. 유사하게 4개 혹은 6개의 코돈을 가진 특별한 아미노산들은 2개 혹은 3개의 이러한 짝을 가지는 것으로 생각하면 된다. 동요 염기 짝짓기로 인해서, 이와 같이 짝을 이루는 코돈들은 읽는 데에는 하나의 tRNA만이 필요하다. 단 하나의 tRNA가 이노신을 사용함으로써 3개의 코돈을 읽는 것도 가능하다. I-염기는 U, C 혹은 A와 짝을 이룰 수 있으므로, 종종 역코돈 첫 번째 염기로 사용된다.

3.3. 아미노산으로 tRNA 충전하기

각각의 tRNA에 대해, tRNA와 상응하는 아미노산을 동시에 인지하는 특이적 효소가 존재한다. 이 효소들은 **아미노아실 tRNA 합성효소**로 알려져 있는데, 이들은 아미노산을 tRNA에 부착시킨다. 이를 tRNA의 충전이라고 한다. 비어 있는 tRNA는 **미충전 tRNA**라고 하고, 아미노산을 가진 tRNA는 **충전 tRNA**라고 한다.

충전은 2단계로 이루어진다(그림 13.10). 먼저, 아미노산은 ATP와 반응하여 아미노아실 AMP(아미노아실 아데닐산이라고도 함)를 형성한다. 그 다음, 아미노아실 그룹은 tRNA의 3′ 말단으로 이동된다.

a. 아미노산 + ATP → 아미노아실-AMP + PPi

b. 아미노아실-AMP + tRNA → 아미노아실-tRNA + AMP

아미노아실 tRNA 합성효소들은 아미노산과 tRNA 모두에 대해 매우 특이적이다. 이들은 일부 경우에는 역코돈으로, 다른 경우에는 수용체 줄기의 서열에 의해서 올바른 tRNA를 인지한다. 일부 아미노아실 tRNA 합성효소는 tRNA의 두 지역 모두를 인지하기도 한다. 그림 13.11은 동종의 tRNA에 부착된 아미노아실 tRNA 합성효소를 보여주고 있다.

특정한 효소가 바른 tRNA에 바른 아미노산을 결합시킨다.

4. 리보솜: 세포의 해독 기계

해독 과정은 mRNA와 충전 tRNA 분자들과 결합하는 리보솜이라고 불리는 초현미경적 기계에 의해 수행된다. mRNA의 번역은 5′ 말단에서 시작된다. 리보솜은 mRNA에 결합

아미노아실 tRNA 합성효소(amino-acyl tRNA synthetase) tRNA에 아미노산을 결합시키는 효소
충전 tRNA(charged tRNA) 아마노산이 결합한 tRNA
미충전 tRNA(uncharged tRNA) 아미노산이 결합하지 않은 tRNA

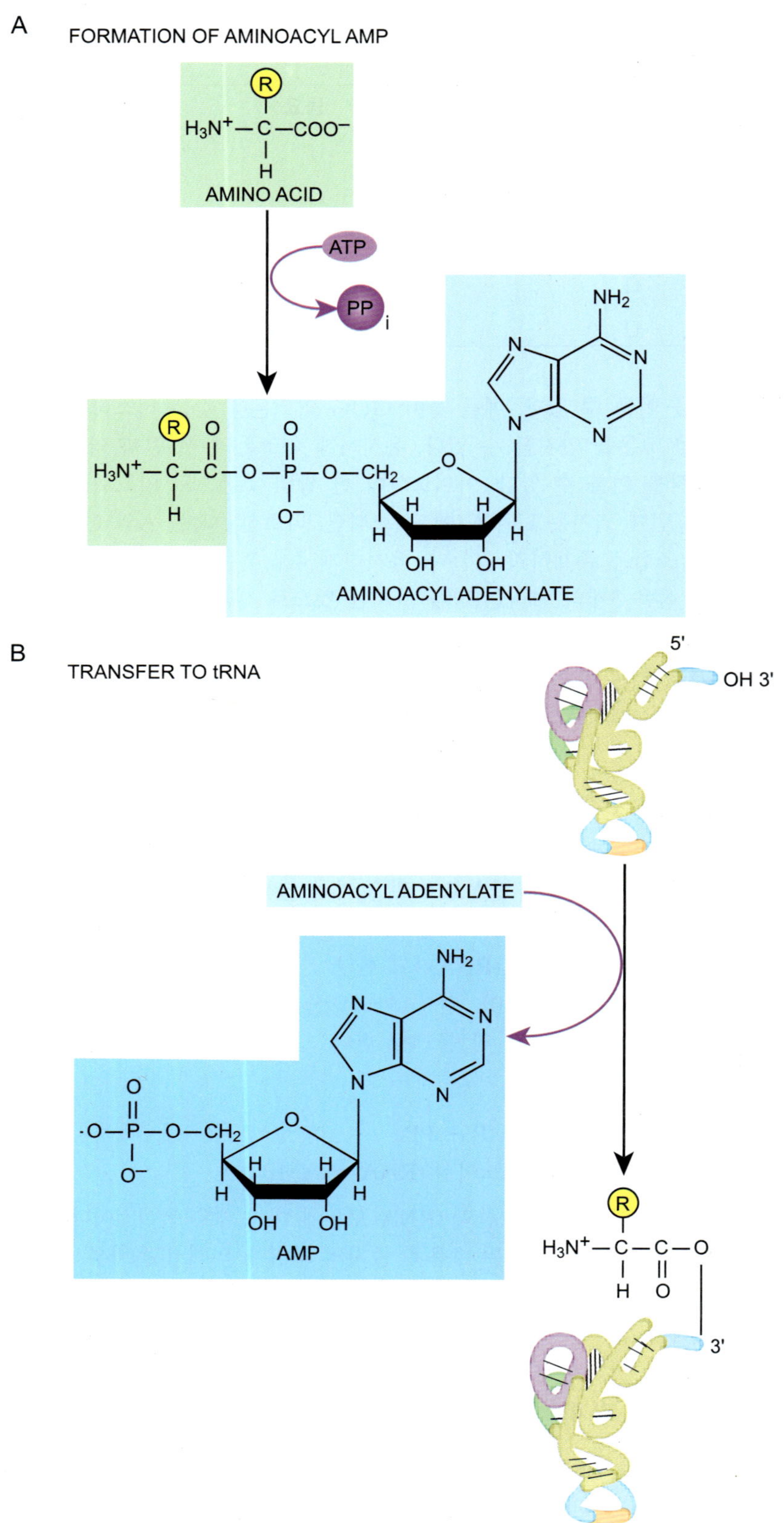

그림 13.10

tRNA를 아미노산으로 충전하기

이 2단계 반응은 (A) 아미노아실-AMP 또는 아미노아실 아데닐산이 만들어 지도록 아미노산을 아데노신 1인산(AMP)에 결합시키는 것으로 시작된다. 이 과정에서 ATP를 가수 분해하며 무기 피로인산을 방출한다. 그 다음 단계에서 (B) 아미노산은 tRNA의 3′ 말단에 있는 리보오스의 수산기에 옮겨지며 부산물로 AMP가 생긴다.

리보솜은 단백질과 RNA로 구성되어 있으며 새로운 단백질을 합성하는 역할을 담당한다.

한 후 코돈을 읽을 때 마다 늘어나는 폴리펩티드 사슬에 새로운 아미노산을 추가하면서 mRNA를 따라 이동한다. 실제로 mRNA 상의 각각의 코돈은 상응하는 tRNA 상의 역코돈에 의해 읽혀지므로, mRNA의 정보는 tRNA들에 의해 운반된 아미노산들로부터 폴리

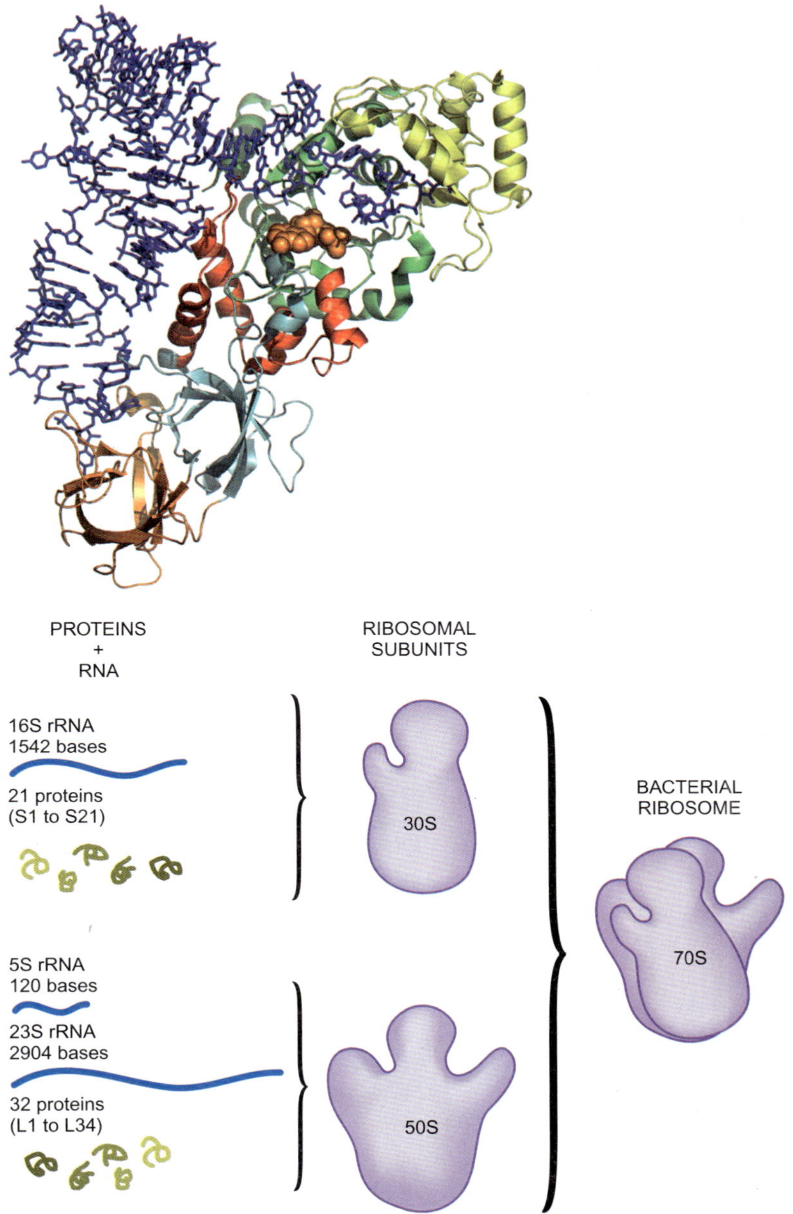

그림 13.11

글루타민 tRNA와 그 아미노아실 tRNA 합성효소 간의 결합

tRNA(Gln)과 글루타민 아데닐산 유사체에 결합한 글루타민-tRNA 합성효소의 구조. 유사체는 오렌지색의 공간 채움 모형으로 나타내었으며, tRNA는 짙은 청색으로 묘사하였다. 효소의 각 구역은 다음과 같이 색깔로 표시하였다: 활성 부위는 로스만 접힘 구조로 초록색, 수용체의 끝과 결합하는 구역은 황색, 연결성 나선 소구역은 적색, 근위 베타 원통은 옅은 청색, 원위 베타 원통은 오렌지색이다. *(출처; John Perona, Department of Chemistry and Biochemistry, University of California at Santa Barbara.)*

그림 13.12

세균 리보솜의 구성 요소

리보솜은 30S와 50S 소단위들로 구성되어 있다. 30S 소단위는 16S rRNA와 21개 단백질로 만들어져 있으며, 50S 소단위는 5S와 23S rRNA와 34개 단백질을 함유하고 있다.

펩티드 사슬을 합성하는 데 사용된다.

리보솜과 그 구성 요소들은 당초에 초원심분리에 의해서 분석되었다. 그래서 크기를 침강 속도를 측정하는 스베드베리 단위(S-값)로 나타낸다. 높은 S-값이 보다 큰 입자를 나타내기는 하지만, S-값이 분자의 무게에 직접적으로 비례하지는 않는다. **세균 (70S) 리보솜**은 **50S** 또는 **큰 소단위**와 **30S** 또는 **작은 소단위**의 두 소단위들로 구성되어있다(그림 13.12). **진핵 (80S) 리보솜**은 좀더 크며, **60S**와 **40S 소단위**들로 구성된다(아래 참조).

세균 (70S) 리보솜[bacterial (70S) ribosome] 세균에서 발견되는 리보솜의 종류
진핵 (80S) 리보솜[eukaryotic (80S) ribosome] 진핵세포의 세포질에서 발견되며 핵에 있는 유전자에 의해서 암호되는 리보솜의 종류
큰 소단위(large subunit) 2개의 리보솜 소단위들 중 더 큰 것으로 세균의 50S, 진핵세포의 60S
30S 소단위(30S subunit) 70S 리보솜의 작은 소단위
40S 소단위(40S subunit) 80S 리보솜의 작은 소단위
50S 소단위(50S subunit) 70S 리보솜의 큰 소단위
60S 소단위(60S subunit) 80S 리보솜의 큰 소단위
작은 소단위(small subunit) 2개의 리보솜 소단위들 중 더 적은 것으로 세균의 30S, 진핵세포의 40S

세균의 리보솜은 무게의 약 2/3를 차지하는 rRNA 분자들과 나머지 1/3을 차지하는 약 50개의 작은 단백질들로 구성되어 있다. 30S 소단위는 16S rRNA를 함유하고, 50S 소단위는 5S와 23S rRNA를 함유하고 있다(그림 13.12). 70S 리보솜의 3차원 구조는 그림 13.13과 그림 13.14에서 나타나 있다.

합성 중인 단백질에서 아미노산들을 연결하는 펩티드결합은 리보자임의 역할을 하는 가장 큰 rRNA에 의해서 형성된다.

이 rRNA 분자들은 많은 줄기와 고리들을 가진 명백한 2차 구조를 가지고 있다(그림 13.16). 당초에는 대체적으로 구조적 역할을 가진다고 생각되었지만, 최근의 연구에서는 rRNA가 대부분의 핵심적인 단백질 합성 반응에 관여하고 있음이 드러나고 있다. 특히, 큰 소단위의 23S rRNA는 아미노산들 사이의 펩티드결합의 합성을 촉매하는 **리보자임**이며, 이것이 바로 **펩티드기 전달효소**이다. 실로, 50S 소단위의 X-선 결정학 분석 결과는 어떠한 리보솜 단백질도 반응에 참여하는 촉매 중심과 충분히 가깝지 않다는 것을 보여주었다. 전형적인 리보자임의 촉매 잔기의 돌연변이에 의한 치환은 활성을 완전히 파괴하던지, 활성을 몇 배로 낮추었다. 그러나 23S rRNA의 펩티드기 전달효소 중심은 비전형적인 방법으로 행동한다. A2451 또는 G2447의 치환은(대장균의 번호임), 이 잔기들이 촉매 중심에 존재하지만, 촉매 활성을 크게 낮추지 못하였다. 이러한 결과는 리보솜이 직접적인 화학적 촉매 작용을 통해 역할을 하는 것이 아니라는 것을 보여준다. 오히려, 리보솜은 두 기질들을 바른 장소에 위치시킴으로써 작용을 한다. 그리고 나면 활성화된 아미노아실-tRNA는 늘어나는 폴리펩티드 사슬의 말단과 저절로 반응을 한다.

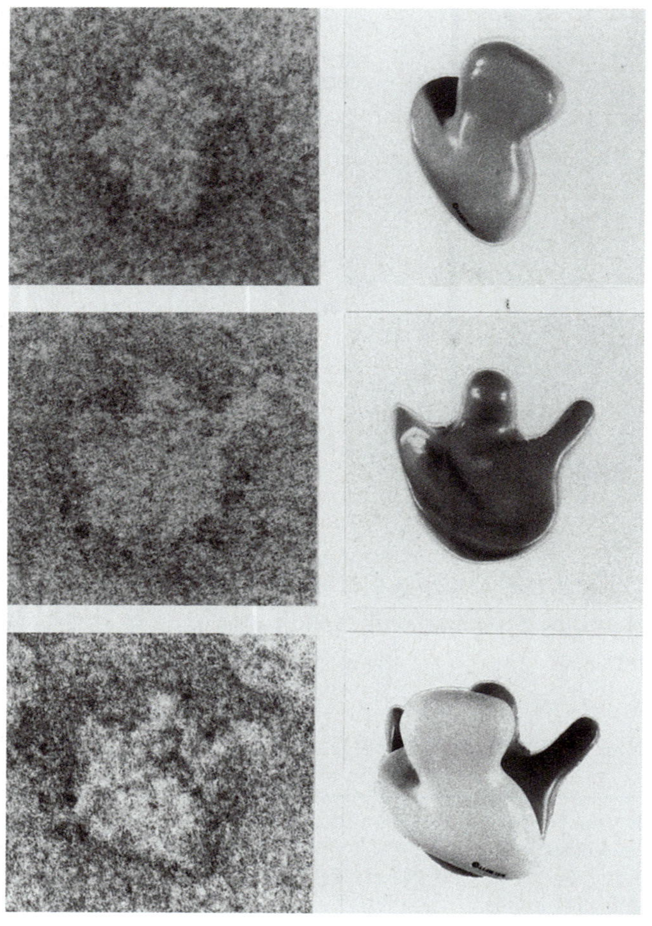

그림 13.13
전자현미경 관찰에 의한 리보솜의 3차원 구조

이 구조는 음성 염색한 세균의 70S 리보솜에 대한 전자현미경 상으로부터 추정한 것이다.

리보자임(ribozyme) 효소로 작용하는 RNA 분자
펩티드기 전달효소(peptidyl transferase) 펩티드결합을 만드는 리보솜의 효소 활성; 실제로는 23S rRNA(세균) 또는 28S rRNA(진핵세포)

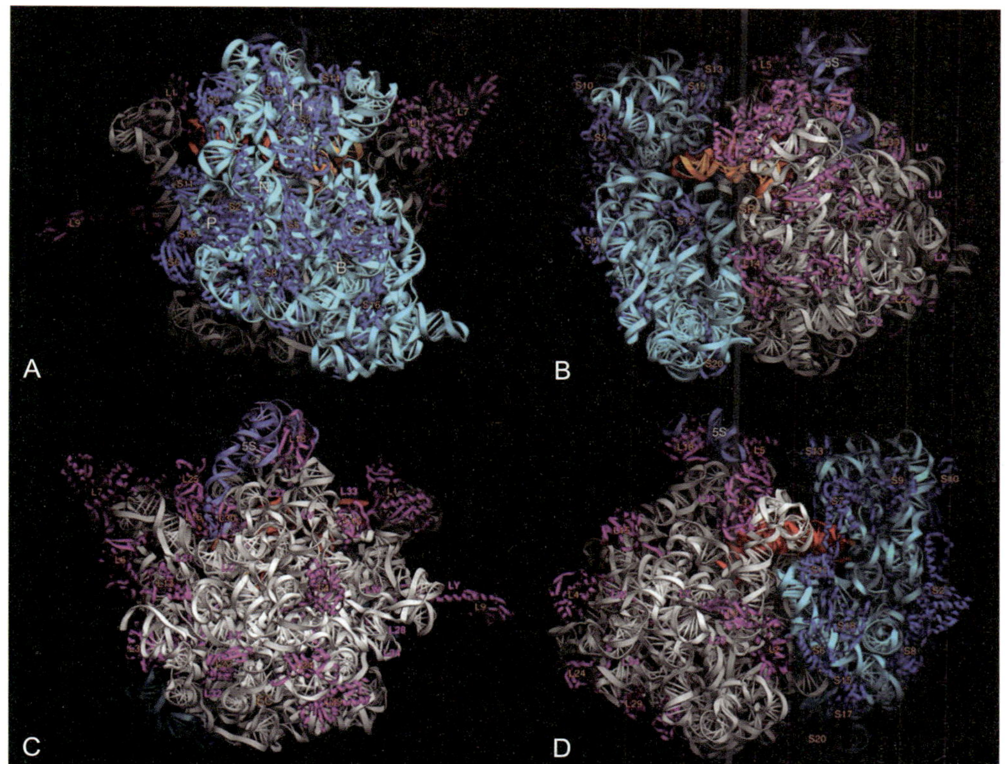

그림 13.14

X-선에 의한 리보솜의 3차원 구조

Thermus thermophilus 70S 리보솜의 구조 도면. A, B, C, D는 수직 축에 대한 연속적 90° 회전 도면이다. A) 30S 소단위의 뒤쪽에서 본 모양, B)는 우측면의 모양으로 소단위의 간격을 보여주고 있으며, 30S 소단위가 왼쪽, 50S 소단위가 오른쪽이다. 간격에서 A-tRNA(황금색)의 역코돈 팔을 볼 수 있다. C) 50S 소단위의 뒷 모습. EC는 폴리펩티드 출구 채널의 끝임. D) 왼쪽 모습으로 50S 소단위가 왼쪽 30S 소단위가 오른쪽. E-tRNA(적색)의 역코돈 팔이 부분적으로 보인다. 서로 다른 분자적 구성 요소들을 동정할 수 있게 색깔로 나타내었다: 남색은 16S rRNA, 회색은 23S rRNA, 옅은 청색은 5S rRNA, 짙은 청색은 30S 단백질, 자홍색은 50S 단백질이다. *(출처; Yusupov et al., Science 292(2001) 883-96.)*

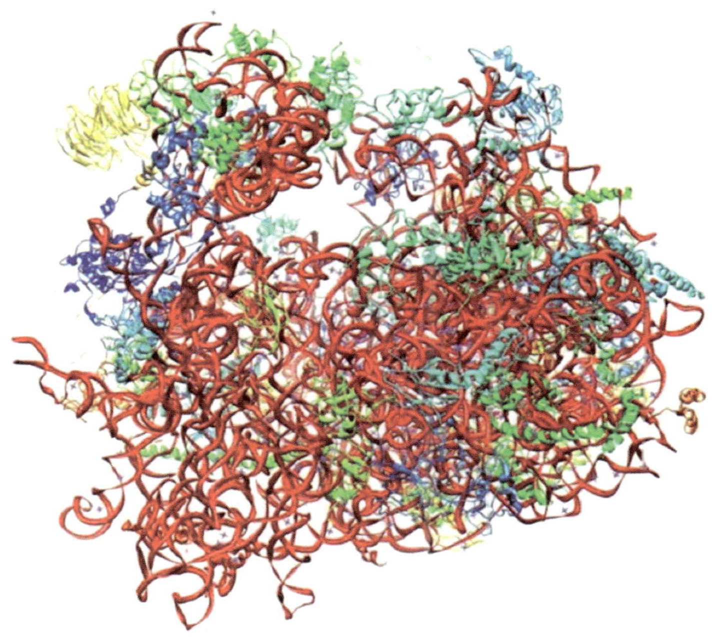

그림 13.15

진핵생물 리보솜의 3차 구조

진핵생물 리보솜의 결정체 구조. PDB ID 3O30(www.pdb.org)에서 얻은 영상 *[Ben-Shem, A, et al. (2010) Science 330: 1203-1209]*.

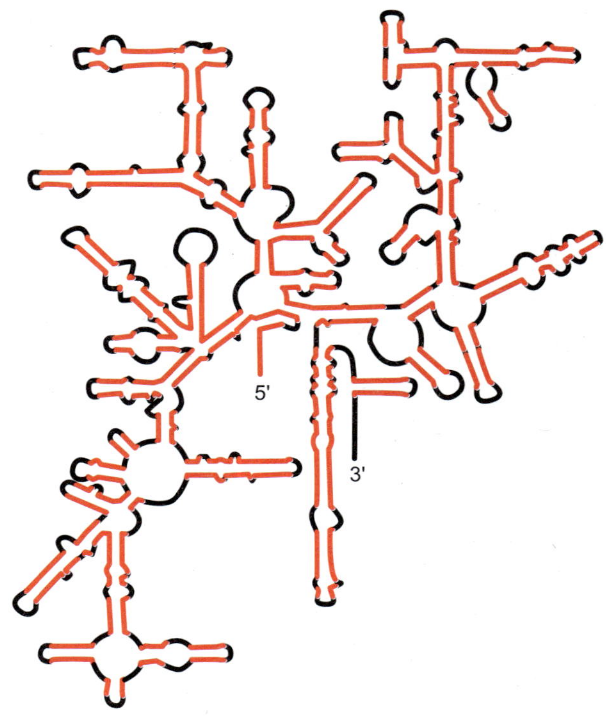

그림 13.16
리보솜 RNA의 2차 구조

*E. coli*의 리보솜 소단위에서 나온 16S rRNA는 고리와 줄기를 형성한 많은 2차원적 구조들로 복잡하다. 적색은 염기쌍을 이루는 부분을 나타낸다.

5. 세 가지 가능한 해독틀이 존재한다

mRNA가 단백질로 번역되기 전에, **해독틀**이라는 주제를 다루어야한다. mRNA의 염기들은 3개씩 그룹으로 읽혀지고, 각각의 코돈은 하나의 아미노산에 상응한다. 염기 서열들은 어떻게 코돈으로 나누어질까? 주어진 어떤 뉴클레오티드 서열에 대해, 어떤 것을 시작점으로 생각하느냐에 따라 세 가지의 선택이 있을 수 있다. 다음 서열을 생각해보자.

GAAAUGUAUGCAUGCCAAAGGAGGCAUCUAAGG

1번 염기에서 시작한다면, 다음과 같은 코돈을 얻는다.

GAA|AUG|UAU|GCA|UGC|CAA|AGG|AGG|CAU|CUA|AGG

이를 번역하면 다음과 같은 아미노산 서열이 된다.

Glu|Met|Tyr|Ala|Cys|Gln|Arg|Arg|His|Leu|Arg

2번 염기에서 시작한다면, 다음과 같은 코돈을 얻는다.

G|AAA|UGU|AUG|CAU|GCC|AAA|GGA|GGC|AUC|UAA|GG

이를 번역하면 다음과 같은 아미노산 서열이 된다.

—|Lys|Cys|Met|His|Ala|Lys|Gly|Gly|Ile|Stop|—

그리고 3번 염기에서 시작하면 다음과 같은 코돈을 얻는다.

GA|AAU|GUA|UGC|AUG|CCA|AAG|GAG|GCA|UCU|AAG|G

이를 번역하면 다음과 같은 아미노산 서열이 된다.

해독틀(reading frame) DNA 또는 RNA에 있는 염기 서열을 코돈으로 나누는 세 가지 선택 중의 하나

—|Asn|Val|Cys|Met|Pro|Lys|Glu|Ala|Ser|Lys|—

각각의 코돈 세트가 서로 간에 전혀 다른 번역 산물을 나타내었다. 이러한 세 가지 가능성을 해독틀이라 한다. 1개의 코돈에는 3개의 염기가 있으므로, 가능한 해독틀은 단지 3개이다. 해독틀을 3씩(혹은 3의 배수로) 바꾸어보면 위의 첫 번째 예시와 동일한 서열이 나온다.

유전 암호는 3개의 염기들을 하나의 집단으로 읽으므로, 어떤 핵산 서열이건 세 가지의 가능한 해독 구조를 가지고 있다.

DNA 혹은 RNA의 어떤 서열이든지, 개시 코돈으로 시작하면, 최소한 이론적으로는, 단백질로 번역되어 질 수 있으며, 이는 **열린 해독틀**이라고 알려져 있으며, **ORF**로 축약되며 발음된다. ORF들은 핵산 서열을 검토하여서 나온 것이며, 하나의 ORF가 진정한 단백질을 암호화하는 서열인지의 여부를 결정하는 데는 부가적인 정보가 있어야만 한다. 어떠한 전령 RNA든지 몇 가지 가능한 ORF를 가질 수 있다. 중요한 것은 옳은 것이냐는 것이다. mRNA 분자 상의 정보는 정확히 5′ 말단에서 시작하는 것은 아니라는 것을 유념하자. 5′ 말단과 암호 서열 사이에는 번역되지 않는 짧은 영역, 즉 **5′-비번역 부위** 혹은 **5′-UTR**이 있다. 따라서 해독 구조는 mRNA의 앞쪽 말단에서 시작하는 것으로 단순히 정의할 수는 없다.

mRNA의 제일 앞부분과 암호 서열 사이에는 5′-UTR이라는 짧은 비번역 부위가 있다.

해독 구조를 규정하는 한 방법은 **개시 코돈**을 선택하는 것이다. 첫 번째 코돈은 항상 메티오닌을 암호화하는 AUG이다. 이것이 번역의 시작과 해독 구조를 모두 규정한다. 위에서 생각해 본 예에서, 세 가지의 가능한 개시 코돈이 존재하는데(밑줄), 각각 조금씩 다른 지점에서 시작하고, 다른 해독틀을 나타낸다.

개시 코돈은 암호 서열의 시작이며 메티오닌을 운반하는 특정한 tRNA가 이를 읽는다.

GAAAUGUAUGCAUGCCAAAGGAGGCAUCUAAGGA

5.1. 개시 코돈이 선택된다

개시 tRNA라는 하나의 특수한 tRNA는 메티오닌으로 충전되어 있으며, AUG 개시 코돈에 결합한다(그림 13.17). 원핵생물에서, 화학적으로 표지된 메티오닌인 **N-포르밀-메티오닌(fMet)**이 개시 tRNA에 부착되지만, 진핵생물에서는 변형되지 않은 메티오닌이 사용된다. 따라서 모든 폴리펩티드 사슬은, 최소한 처음 합성될 때는, 메티오닌으로부터 시작한다. 때때로 최초의 메티오닌(진핵생물에서), 혹은 N-포르밀-메티오닌(원핵생물에서)은 후에 잘려나가므로, 성숙된 단백들이 항상 메티오닌으로부터 시작하는 것은 아니다. 세균에서, fMET이 전부 제거되지는 않더라도, N 말단의 포르밀 기는 제거되어서, 종종 폴리펩티드 사슬의 N 말단에 변형되지 않은 메티오닌을 남긴다.

바른 개시 코돈을 선택하기 위하여 전령 RNA는 16S 리보솜 RNA의 특정한 서열에 결합한다.

AUG 코돈은 또한 정보의 중간에도 있으며, 단백질 중간에 메티오닌들의 결합을 야기한다. 그러면 리보솜은 어떤 AUG 코돈이 개시 코돈인지를 알 수 있을까? 원핵생물 mRNA의 전방 (5′ 말단) 근처에는 **리보솜 결합 부위(RBS)**, 두 발견자들의 이름을 딴 **사인-달가르노** 혹은 **S-D 서열**이라고 불리는 특수한 서열이 존재한다(그림 13.18). 이 서열에 상보적인 **역-사인-달가르노 서열**이 16S 리보솜 RNA의 3′ 말단 근처에서 발견된다. 결국, mRNA와 16S rRNA는 이러한 두 서열들 사이에 염기 짝짓기에 의해서 서로 결합한다.

5′-비번역 부위(5′-untranslated region; 5′-UTR) mRNA의 5′ 말단에 단백질로 번역되지 않는 짧은 서열
역-사인-달가르노 서열(anti-Shine-Dalgarno sequence) mRNA의 사인-달가르노 서열에 상보적인 16S rRNA 상의 서열
개시 tRNA(initiator tRNA) 새로운 폴리펩티드 사슬을 시작할 때 리보솜으로 첫 번째 아미노산을 운반하는 tRNA
N-포르밀-메티오닌 또는 fMet(N-formyl-methionine or fMet) 세균에서 단백질이 합성될 때 첫 번째 아미노산으로 사용되는 수식된 메티오닌
열린 해독틀(open reading frame; ORF) 번역되어서 단백질을 생성하는 mRNA 또는 DNA의 해당 영역의 서열
리보솜 결합 부위(ribosome binding site; RBS) 사인-달가르노 서열과 동일; mRNA의 전방 가까운 곳에 있으며 리보솜이 인지하는 서열; 원핵세포에만 발견된다.
사인-달가르노(S-D) 서열[Shine-Dalgarno(S-D) sequence] RBS와 동일; mRNA의 전방 가까운 곳에 있으며 리보솜이 인지하는 서열; 원핵세포에만 발견된다.
개시 코돈(start codon) 단백질의 시작을 신호하는 특정한 AUG 코돈

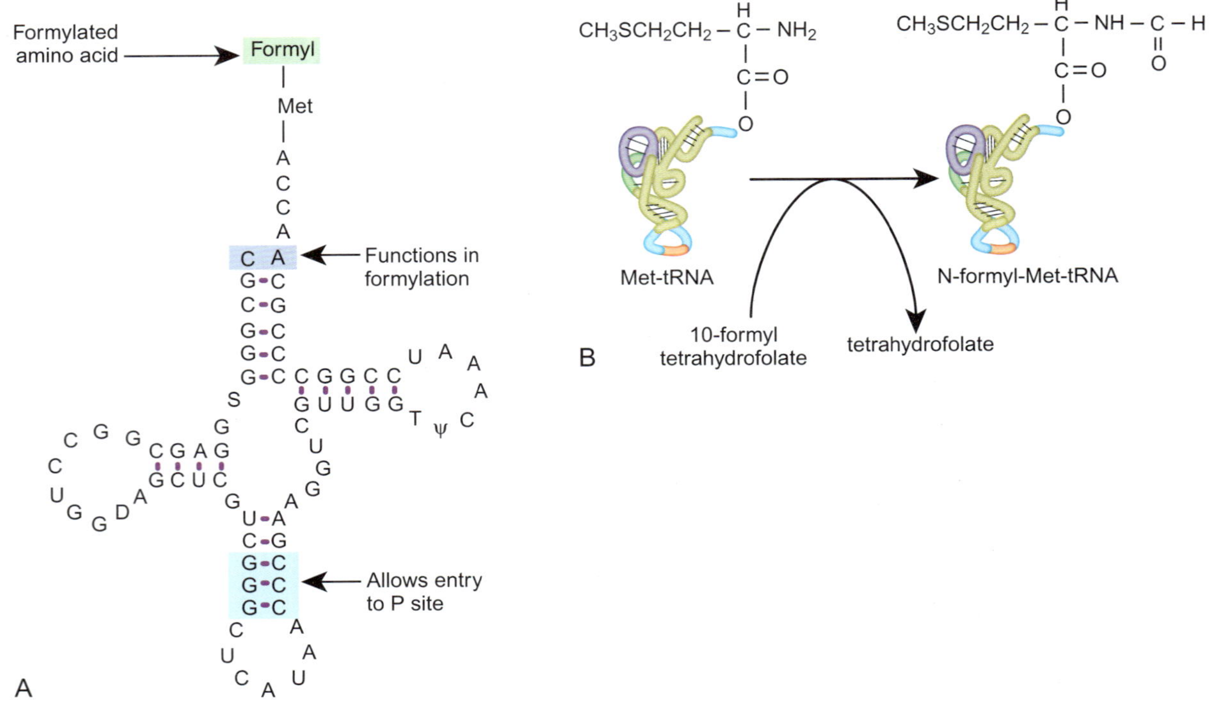

그림 13.17
개시 tRNA는 N-포르밀-메티오닌을 운반한다

A) 개시 tRNA인 fMet-tRNA의 구조는 특이하다. 포르밀화 반응이 이루어지려면 수용체 축의 꼭대기에 있는 하나의 CA 염기쌍(보라색)이 필요하다. 개시 tRNA는 P-자리에 직접 들어가야 함으로(아래 참조) 역코돈 축(청색)에 3개의 GC 염기쌍이 있어야 한다. B) 개시 tRNA는 처음에는 수식되지 않은 메티오닌으로 충전되어 있다. 그 다음에 테트라히드로엽산 보조인자에 의해서 운반된 포르밀기가 메티오닌에 첨가된다.

그림 13.18
mRNA의 샤인-달가르노 서열은 16S rRNA에 결합한다.

mRNA의 샤인-달가르노 서열은 16S rRNA의 역-샤인-달가르노 서열과 염기쌍을 이룸으로써 인지된다. S-D/역S-D 자리 하단의 첫 번째 AUG가 개시 코돈으로 사용된다.

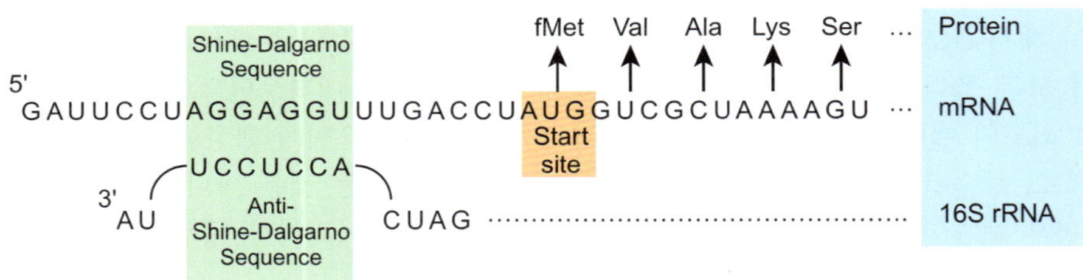

개시 코돈은 리보솜 결합 부위 다음에 나오는 AUG 코돈이다. 전형적으로, S-D 서열과 개시 코돈 사이에는 약 7개의 염기가 존재한다. 어떤 경우, S-D 서열은 역 S-D 서열과 정확하게 일치하고, mRNA는 효율적으로 번역된다. 다른 경우에는 일치 정도가 더 못해서, 번역이 보다 비효율적일 경우가 있다. (진핵생물은 번역의 시작 위치를 나타내는데 S-D 서열을 사용하지 않고, 그 대신에 그들은 mRNA의 5′-캡 구조에서부터 시작하여 mRNA를 훑어 내려간다. 아래 참조.)

때때로, 암호 서열은 AUG대신 GUG(일반적으로 발린을 암호)부터 시작하기도 한다. 이것은 비효율적인 시작을 유도하고, *lac* 오페론의 저해자인 LacI와 조절 단백질과 같이 매우 소량만을 필요로 하는 단백질에서 대부분 발견된다(16장 참조). GUG가 개시 코돈으로 작용할 때, AUG를 개시 코돈으로 할 때와 동일한 개시자 fMet-tRNA가 사용됨을 유념하자. 따라서, GUG 코돈으로 시작하는 단백질에 대해서도, 포르밀-메티오닌이 첫 번째 아미노산이 된다. 이것은 특히 IF3와 같은 개시인자들의 개입에 의한 것이다(아래 참조).

5.2. 개시복합체가 조립되어야 한다

단백질 합성이 시작되기 전에는, 리보솜의 두 소단위는 분리된 채로 떠다니고 있다. 역-사인-달가르노 서열을 가지는 16S rRNA는 리보솜의 작은 소단위 안에 있으므로, 전령 RNA는 유리된 작은 소단위에 결합한다. 그 다음에 fMet을 운반하는 개시 tRNA가 AUG 개시 코돈을 인지한다. 이 **30S 개시복합체**의 조립에는 모든 구성 요소들을 올바르게 배열하는데 도움을 주는 **개시인자**로 알려진 세 가지 단백질(IF1, IF2 및 IF3)이 필요하다. IF2는 fMet-tRNA의 아미노산 수용 고리에 물리적으로 접촉하며, 이 상호작용이 개시복합체를 안정화시키는 데 필수적이다.

IF3 또한 개시 코돈과 개시 tRNA에 상응하는 역코돈 끝을 인지하는 데 관여한다. IF3는 올바른 개시 tRNA가 들어가기 이전, 미성숙 상태에서 50S 소단위가 작은 소단위에 결합하는 것을 방지한다. 일단 30S 개시복합체가 조립되고 나면, IF3는 빠져나가고, 50S 소단위가 결합한다. 이제 IF1과 IF2가 방출되면, **70S 개시복합체**가 된다. 이 과정은 GTP 형태의 에너지를 소모하며, GTP는 IF2에 의해서 가수분해된다(그림 13.19).

개시인자로 알려진 단백질들은 리보솜 소단위, mRNA, tRNA가 바르게 조립되는 것을 돕는다.

6. tRNA는 폴리펩티드 신장에서 세 자리를 차지한다

리보솜의 큰 소단위가 도착한 다음에, 폴리펩티드가 만들어질 수 있다. 아미노산들은 펩티드기 전달효소의 반응에 의해서 서로 연결되는데, 이는 큰 소단위의 23S rRNA에 의해 촉매된다. 아미노산들은 운반 RNA에 결합되어 리보솜으로 운반된다. 리보솜은 tRNA에 대하여 세 자리, **A(수용체) 부위**, **P(펩티드)결합 부위** 및 **E(출구) 부위**를 가지고 있다. 그러나 어떤 순간에도 2개의 충전된 tRNA 분자들만이 리보솜 안에 수용될 수 있다(그림 13. 20).

어떤 경우에도 단지 2개의 tRNA 분자들만이 리보솜에 들어가 있을 수 있다.

fMet 개시 tRNA는 P-부위에서 시작한다. 다음 아미노산을 운반하는 다른 tRNA가 도착하여 A-부위로 들어간다. fMet은 tRNA로부터 잘려 나와서, 2번 아미노산과 결합한다. 그래서 2번 tRNA는 2개의 연결된 아미노산을 운반하면서, 폴리펩티드 사슬의 신장이 시작된다. 신장하는 펩티드 사슬은 매 단계에서 이를 운반하는 tRNA로부터 전달됨으로, 두 아미노산을 한 데 연결하는 효소 활성을 펩티드기 전달효소 활성이라고 한다. 리보솜은 이 효소 활성을 위해서 필요한 데 그 이유는 리보솜이 활성 부위를 물로부터 보호하는 환경을 제공하고 들어오는 기질의 방향을 맞추는 데 필요한 전하를 띤 잔기를 제공하기 때문이다.

펩티드결합을 형성한 다음 신장 중인 폴리펩티드 사슬을 달고 있는 tRNA는 리보솜 내의 옆자리로 이동한다.

펩티드결합이 형성된 후, 두 tRNA는 제동하기라는 과정으로 A-와 P-부위에 대하여 상대적으로 기울어진다(그림 13.21). 신장하는 폴리펩티드 사슬을 운반하는 tRNA는 이제 30S 소단위에서는 A-부위의 일부를 차지하지만 50S 소단위 상에서는 P-부위의 일부를 차지한다. 이 움직임은 **신장인자** EF-G에 의해서 촉진되는데, 이는 GTP 가수분해에서 나온 에너지를 사용하여 제동하기 상태를 유지하고 리보솜이 원래의 구조로 되돌아가는 것을 방지한다.

그 다음 단계는 **전좌**인데, 여기에서는 mRNA가 리보솜에 대하여 상대적으로 옆으로 한 코돈만큼 옮겨간다(그림 13.21). 전좌는 A-부위를 비우면서, 두 tRNA를 P-부위와 E-

A(수용체) 부위[A (acceptor) site] 리보솜에 다음 아미노산을 운반하는 tRNA가 결합하는 부위
E(출구) 부위[E (exit) site] tRNA가 리보솜에서 빠져나가기 직전에 자리하는 부위
신장인자(elongation factors) 자라는 폴리펩티드 사슬이 신장되는 데 요구되는 단백질들
개시인자(initiation factors) 새로운 폴리펩티드의 개시를 위하여 요구되는 단백질들
30S 개시복합체(30S initiation complex) 세균의 리보솜의 작은 소단위만을 포함하는 번역 개시복합체
70S 개시복합체(70S initiation complex) 세균의 리보솜의 두 가지 소단위들을 모두 포함하는 번역 개시복합체
P(펩티드)결합 부위[P (peptide) site] 리보솜 내에 자라는 폴리펩티드 사슬을 잡고 있는 tRNA가 결합하는 부위
전좌(translocation) a) 새로 합성된 단백질을 전좌효소에 의해서 막을 가로지르는 수송; b) 번역 과정에서 mRNA 상의 리보솜의 측면 이동; c) 염색체로부터 한 토막의 DNA를 떼어내어 다른 자리에 삽입하는 것

그림 13.19
30S와 70S 개시복합체의 형성

A) 작은 소단위와 mRNA가 사인-달가르노 서열에 서로 결합한다. 이 부위 바로 하류에 개시 코돈 AUG가 있다. B) 개시 tRNA가 fMet 꼬리를 달고 mRNA의 AUG에 결합한다. C) 큰 리보솜 소단위가 작은 소단위와 결합하며 tRNA를 P-부위에 위치하게 한다.

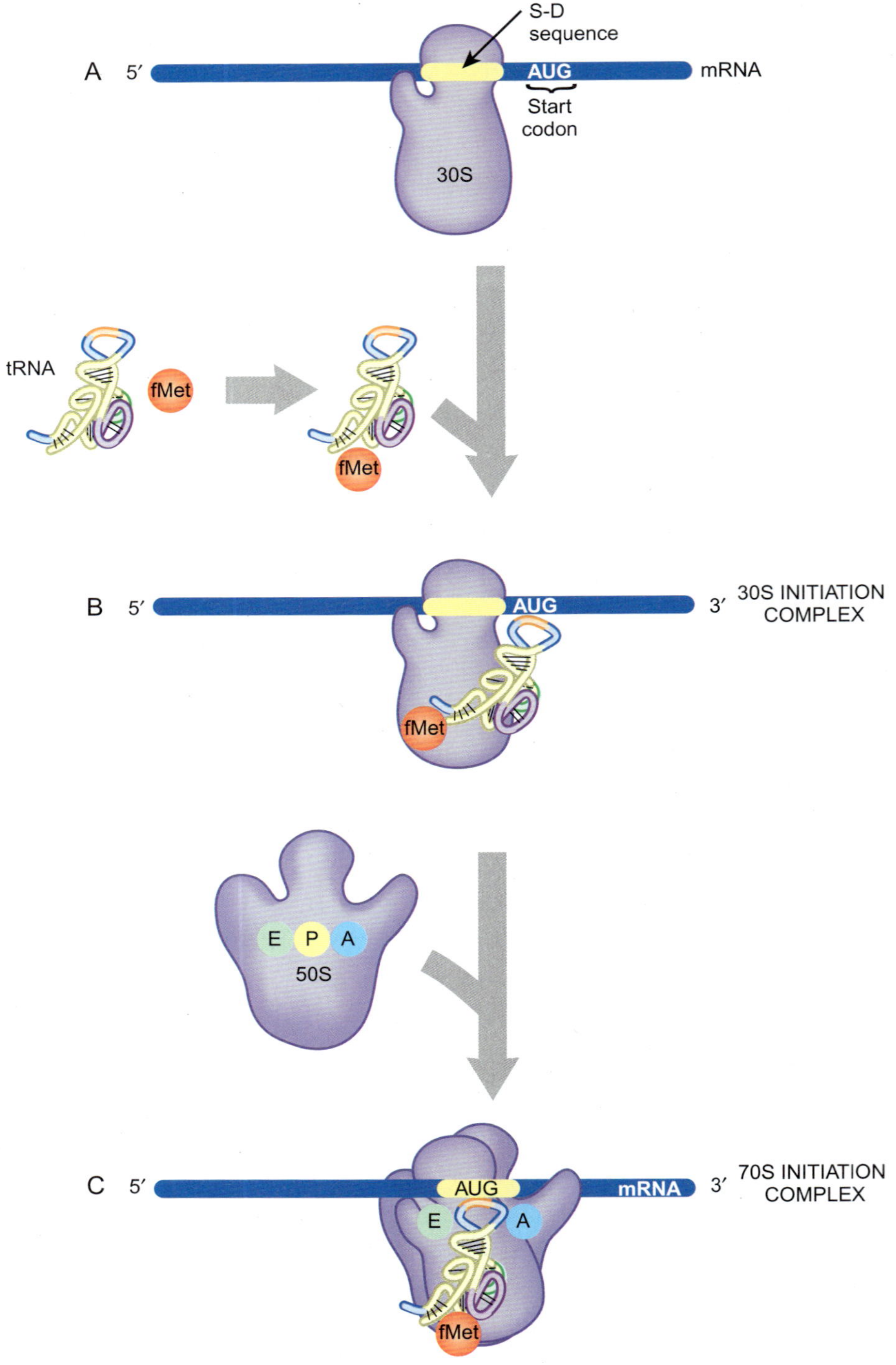

부위로 이동시키는 것이다. 일단 두 tRNA가 E-와 P-부위에 있으면 EF-G는 복합체를 나간다. 이로서 E-부위에 있던 tRNA를 제거하고 2번 tRNA를 P-부위에 가진 리보솜을 다시 잠근다. A-부위와 E-부위는 동시에 차지되어 있을 수가 없다. 일단 앞의 tRNA가 나가면 다른 충전된 tRNA가 A-부위에 들어갈 수 있다. 펩티드 사슬이 계속 신장되어감에 따라 이를 잡고 있는 tRNA로부터 지속적으로 잘려지고, A-부위로 들어온 tRNA가 운반하는 가장 새로운 아미노산과 결합하기 때문에 A-부위를 "수용체" 부위라고 한다. 이 과정은 종결 코돈에 이르기까지 각 코돈에 대하여 반복된다.

빈 tRNA는 리보솜에서 빠져나가고 새로운 충전된 tRNA가 들어간다.

세균의 신장에는 또 다른 신장인자 EF-T가 필요하며, 이는 GTP 형태의 에너지를 사용한다. EF-T는 사실, 한 쌍의 단백질인 EF-Tu와 EF-Ts로 구성되어 있다. 들어오는 충전

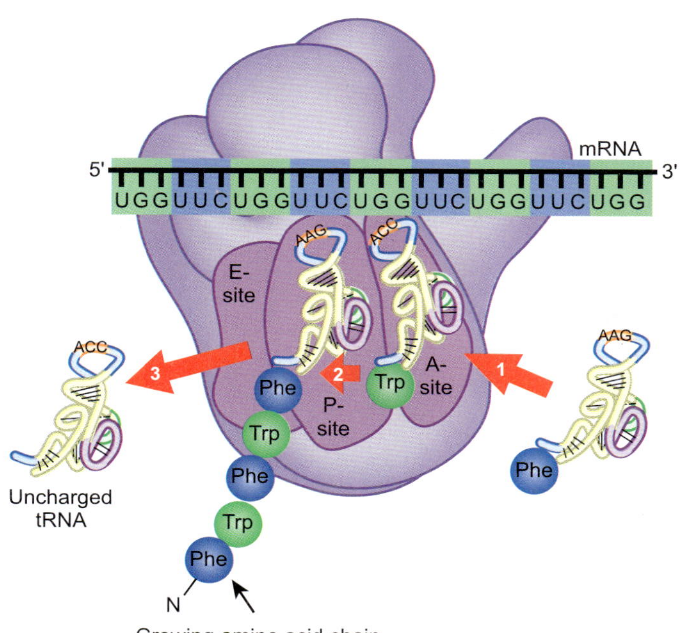

그림 13.20

리보솜 상에서 신장 주기의 개관

1) 들어오는 충전된 tRNA는 먼저 A-부위에 자리한다. 2) A-부위의 아미노산과 P-부위에 있는 신장되고 있는 폴리펩티드 사슬 간에 펩티드결합이 형성된다. 3) 비충전 tRNA가 리보솜에서 빠져 나온다.

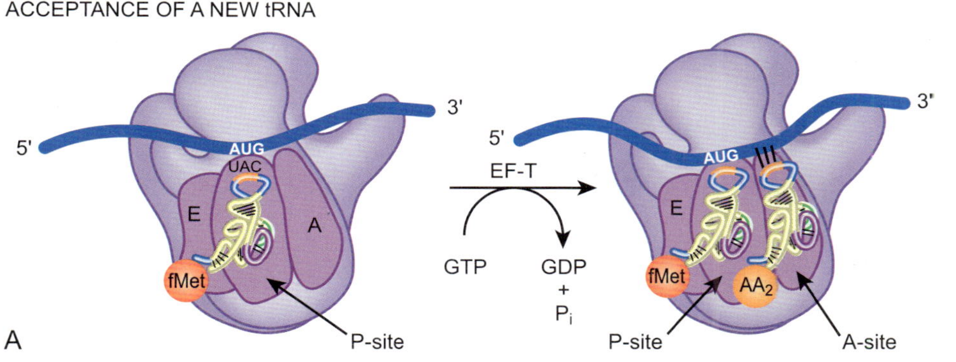

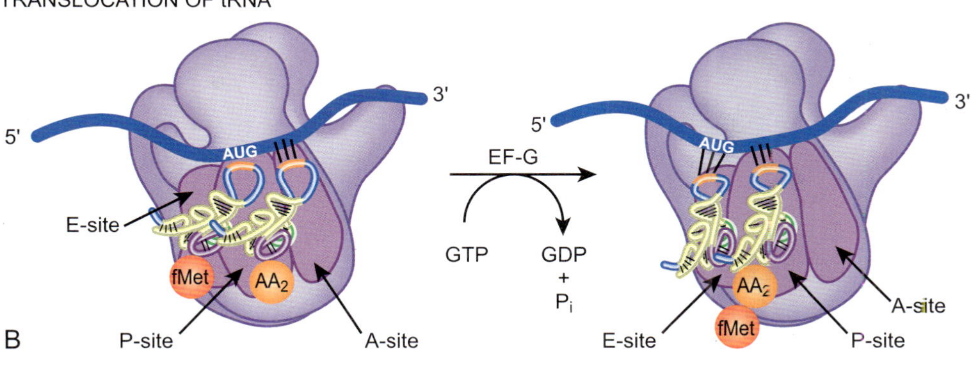

그림 13.21

신장인자와 부위 차지

A) EF-T 인자는 충전 tRNA가 A 부위를 차지하는 것을 돕는다. B) EF-G 인자는 tRNA가 A-부우와 P-부위에서, P-부위와 E-부위로 각각 전좌하는 것을 돕는다. 전좌하는 동안 tRNA는 일시적으로 대각선으로 두 부위를 가로지르고 있음을 유념한다.

된 tRNA는 신장인자 EF-Tu에 의해 리보솜으로 전달되어 A-부위에 설치된다. 이 과정은 GTP의 가수분해에서 나온 에너지를 필요로 한다. EF-Ts는 EF-Tu에 결합된 채 남아있는 GDP를 새로운 GTP로 교체하는 역할을 담당한다(그림 13.21).

6.1. 번역의 종결과 리보솜 재순환

결국 리보솜은 정보의 끝에 이르게 된다. 정보의 끝은 세 가지의 가능한 종결 코돈, UGA, UAG 및 UAA에 의해 표시되어 있다. 이 세 가지 코돈을 읽을 수 있는 어떤 tRNA도 존

그림 13.22
종결과 완성된 폴리펩티드의 방출

원핵생물에서 리보솜이 마지막 아미노산을 첨가하고 나면 방출인자들(RF1과 RF2)이 종결 코돈을 인지하여 리보솜 복합체를 해체한다.

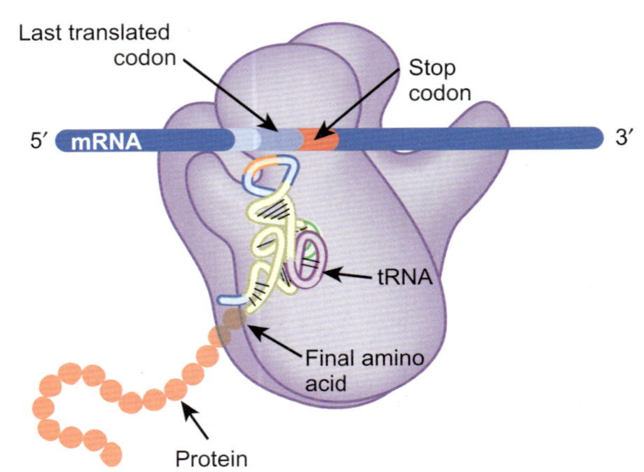

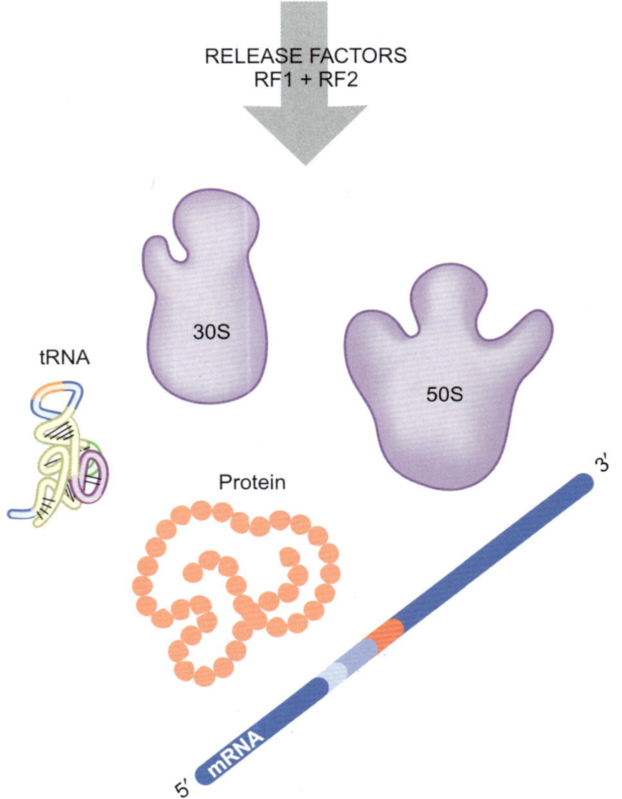

종결 코돈은 tRNA가 아니라 방출인자인 단백질에 의해서 읽힌다.

재하지 않기 때문에, 폴리펩티드 사슬은 더 이상 신장할 수가 없다. 그 대신, **방출인자(RF)**라고 하는 단백질이 정지 신호를 읽는다(그림 13.22). RF1은 UAA 혹은 UAG를 인지하고, RF2는 UAA 혹은 UGA를 인지한다. 완결된 폴리펩티드 사슬은 이제 마지막 tRNA로부터 방출된다. 이 방출은 사실 펩티드기 전달효소에 의해 수행된다. 방출인자의 결합은 완결된 폴리펩티드 사슬과 P-부위에 있는 tRNA 사이의 결합을 가수분해하는 펩티드기 전달효소를 활성화시킨다. 이어서 RF3는 GTP를 에너지원으로 사용하여 RF1과 RF2를 리보솜으로부터 방출시킨다.

폴리펩티드가 방출된 다음 리보솜 복합체는 해체되어 새로운 mRNA를 번역하기 위

방출인자(release factor) 종결 코돈을 인지하여 끝난 폴리펩티드 사슬을 리보솜으로부터 방출시키는 단백질

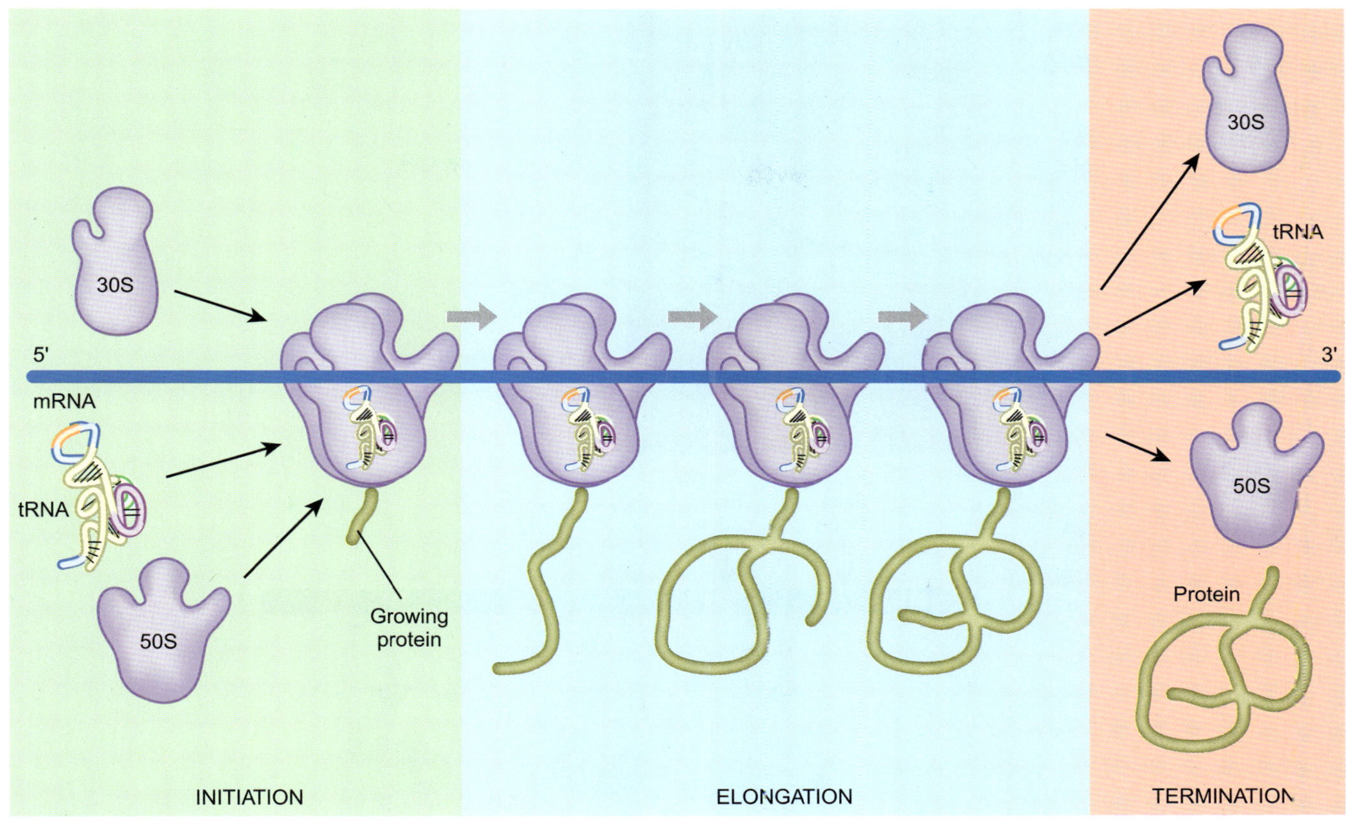

그림 13.23
폴리솜

하나의 mRNA에 여러 개의 리보솜이 결합해 있다. 개시에는 두 소단위들이 조립되고 있으며; 사슬 신장 과정에는 몇 개의 리보솜들이 동일한 mRNA를 서로 다른 위치에서 번역하고 있다; 종결에는 리보솜 복합체가 해체된다.

해 재순환된다. 해체에는 두 가지 인자가 도움을 준다. **리보솜 재순환 인자(RRF)**와 EF-G가 큰 50S 소단위를 제거한다. 그 다음 IF3이 작은 소단위로부터 마지막 tRNA와 mRNA를 분해한다. 이제 모든 구성 요소들이 자유롭게 다시 사용될 수 있다.

6.2. 몇몇 리보솜이 동일한 메시지를 동시에 읽는다

전령 RNA는 몇 개의 리보솜이 동시에 전좌할 만큼 충분히 길다.

일단 첫 번째 리보솜이 움직이기 시작하면, 다른 리보솜은 같은 mRNA와 결합하여 그 뒤를 따라 이동할 수 있다. 실제로 몇 개의 리보솜들이 약 100개의 염기 간격으로 같은 mRNA 상에서 이동할 수 있다(그림 13.23). 몇 개의 부착된 리보솜들을 가진 mRNA를 **폴리솜**(폴리리보솜의 준말)이라고 부른다.

전자현미경의 관찰로부터 진핵세포의 폴리솜은 원형이라는 것이 제안되었다(그림 13.24). 명백하게 mRNA의 3′ 말단은 폴리 A 결합 단백질[3′-폴리(A) 꼬리에 결합된]과 진핵 개시인자인 eIF4(5′ 말단의 캡 구조에 결합된) 사이에 단백질-단백질 결합으로 5′ 말단에 부착되어 있다. 원핵세포에서는 리보솜이 5′ 말단으로부터 번역을 시작하였음에도 mRNA의 3′ 말단이 RNA 중합효소에 의해 신장되고 있기 때문에 이러한 원형화가 일어날 수 없다.

리보솜 재순환 인자[ribosome recycling factor(RRF)] 폴리펩티드 사슬이 완성되어 방출된 다음 리보솜 소단위들을 해체하는 단백질
폴리솜(polysome) 동일한 mRNA에 결합하여 번역하는 리보솜의 집단

그림 13.24
폴리솜의 가색상 투과전자현미경 사진

가색상 투과전자현미경 사진(TEM)이 인간 뇌세포의 폴리솜을 보여주고 있다. 폴리솜은 mRNA의 가느다란 가닥에 의해서 연결된 몇 개의 개별 리보솜들로 구성되어 있다. 240,000배. *(출처: CNRI/Science Photo Library.)*

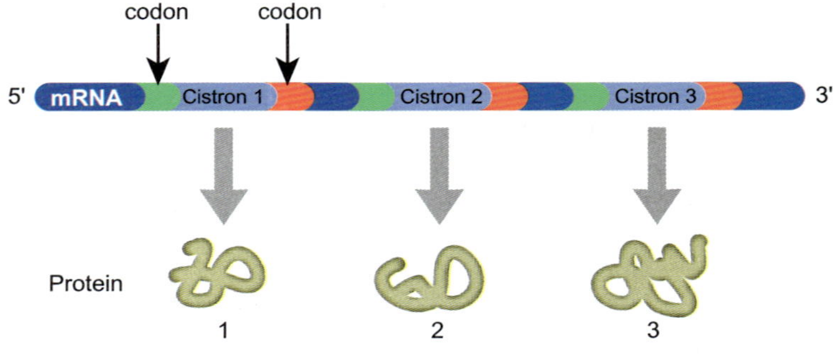

그림 13.25
세균의 폴리시스토론성 mRNA

이 mRNA는 몇 개의 시스트론 또는 ORF를 가지고 있으며, 이들은 각각 하나의 단백질을 암호한다.

7. 세균의 mRNA는 몇몇 단백질들을 암호할 수 있다

세균에서 전령 RNA는 흔히 몇 개의 암호 서열들을 운반한다.

세균에서는 몇몇 유전자들이 하나의 mRNA로 전사될 수 있다. **오페론**이란 함께 전사되는 유전자들의 모음을 지칭한다. 그 결과는 여러 개의 단백질이 같은 mRNA에 의해 암호화된다는 것이다. 각각의 ORF가 그 앞에 사인-달가르노 서열을 갖는 한, 리보솜이 결합하며 번역을 시작할 것이다. 단백질로 번역되는 ORF들을 때로는 시스트론으로 알려져 있다. 따라서 이러한 여러 개의 시스트론을 운반하는 mRNA를 **폴리시스트론성 mRNA**라고 한다(그림 13.25).

진핵 mRNA 분자들은 각각 단일 단백질을 암호한다.

고등생물에는 오페론이 없으며 이웃한 유전자들은 함께 전사되지 않는다. 각각의 유전자는 각각의 RNA 분자를 생성토록 분리되어 전사된다. 몇몇 예외적인 경우를 제외하고, 진핵 mRNA 각각의 분자는 한 가지 단백질을 암호하는 서열만을 운반한다. 또한 진핵 mRNA는 사인-달가르노 서열을 사용하지 않는다. 대신 전령 RNA 분자의 앞(5′ 말단)이 캡 구조에 의해 인지된다. 결과적으로, 진핵생물에서는, 비록 여러 개의 ORF가 존재한다고 하더라도, 일반적으로 처음 오는 ORF만이 번역된다(부가적 논의는 아래 참조).

7.1. 세균에서는 전사와 번역이 연계되어 있다

mRNA가 원래의 DNA 주형으로부터 전사될 때, 이의 합성은 5′ 말단에서 시작한다. mRNA는 또한 리보솜에 의해서 5′ 말단에서부터 읽혀진다. 원핵세포에서, 염색체와 리보솜은 모두 같은 단일 세포 구획 내에 있다. 그러므로, 리보솜은 mRNA 분자의 합성이 실

오페론(operon) 함께 전사되어서 단일 mRNA(폴리시스트론성 mRNA)를 이루는 원핵 유전자들의 무리
폴리시스트론성 mRNA(polycistronic mRNA) 번역되어서 몇 가지 다른 단백질들 분자를 낳는 복수의 암호 서열들을 운반하는 mRNA; 원핵(세균) 세포에서만 발견된다.

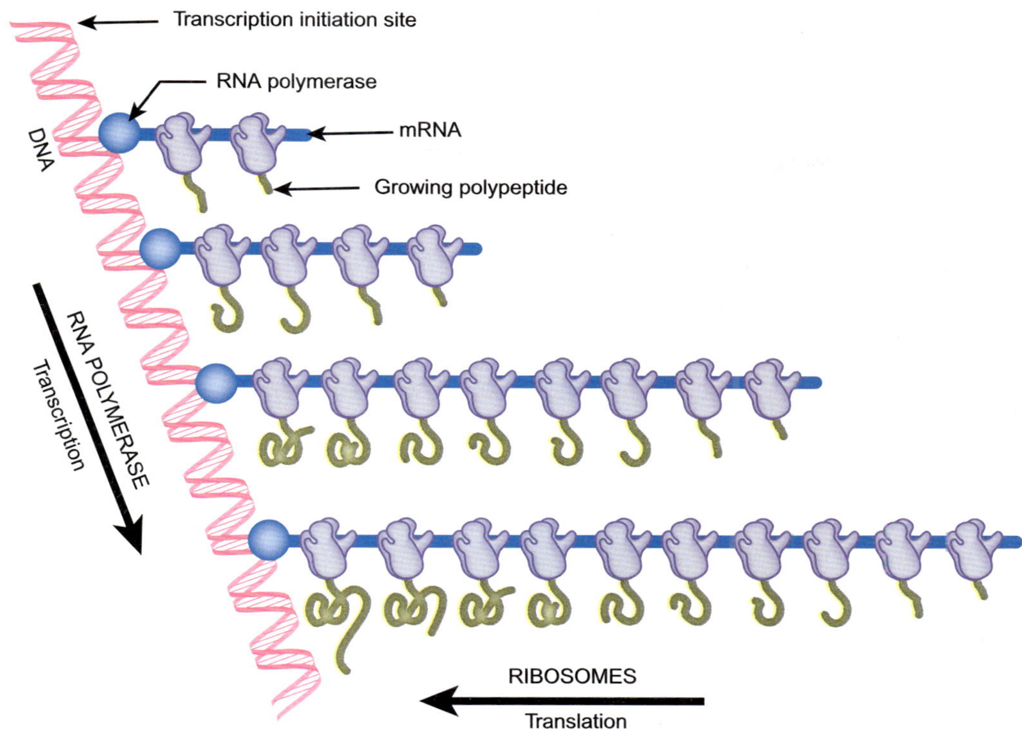

■ 그림 13.26
세균에서 전사-번역의 연계

DNA가 mRNA로 전사되고 있는 동안에도 리보솜들이 신장되고 있는 mRNA에 계속적으로 결합하여 단백질 합성을 개시한다.

질적으로 끝나기 전에 정보의 번역을 시작할 수 있다. 결과는, 부분적으로 완성된 mRNA가, RNA 중합효소를 통해 세균의 염색체에 아직 붙어있는 상태에서, 폴리펩티드 사슬을 만들면서 mRNA를 따라 이동하고 있는 몇 개의 리보솜들을 이미 가지고 있다는 것이다. 이것을 **전사-번역 연계**라고 한다(그림 13.26). 이것은 고등한 진핵세포에서는 불가능한 데 그 이유는 DNA는 핵 안에 있고, 리보솜은 그 밖인 세포질에 있기 때문이다.

원핵생물에서 리보솜은 RNA 중합효소가 전사를 끝마치기 전부터 전령을 번역하기 시작한다.

어떻게 하여 리보솜과 RNA 중합효소가 동시 진행을 할까? NusE와 NusG라는 두 단백질의 복합체가 리보솜 소단위를 직접 RNA 중합효소에 결합시키는 것으로 밝혀지고 있다(그림 13.27). 리보솜이 mRNA에 결합하여 폴리펩티드 사슬을 만들기 시작할 때, 이것이 RNA 중합효소가 거기에 맞추어 RNA 합성 속도를 증가시키도록 자극한다. 역으로 세균을 단백질 합성을 정지시키는 항생제로 처치하면 RNA 중합효소가 느려지게 된다.

8. 일부 리보솜은 오도 가도 못하게 되며 구조된다

세포의 대사과정은 불완전하며 세포도 실수를 허용할 수밖에 없다. 리보솜이 때때로 마주치는 한 가지 문제점은 종결 코돈이 결여된 결함이 있는 mRNA이다. mRNA의 합성이 완전히 끝나지 못하던지, 실수로 리보핵산분해효소에 의해 짧게 잘려져 있던지 하면 문제가 계속된다. 정상적인 과정에서, 정보를 단백질로 번역하고 있는 리보솜들은 조만간에 종결 코돈을 만나게 된다. mRNA 분자가 돌연 끝난다 하더라도, 리보솜은 방출인자들에 의해서만 방출되며, 그에 따라서 종결 코돈을 필요로 한다. 만일 mRNA에 결함이 있고, 종결 코돈이 없다면, 끝에 도달한 리보솜은 영원히 그곳에 주저앉을 수밖에 없고, 그 뒤를 따르는 리보솜들 역시 모두 오도 가도 못하게 될 것이다.

세균 세포들은 오도 가도 못하게 된 리보솜들을 구조하는 작은 RNA 분자들을 가지고 있다. 이것을 **tmRNA**라고 하는데, 그 이유는 이것이 부분적으로 tRNA, 부분적으로

결함이 있는 mRNA로 인해서 정지된 리보솜들은 특수한 RNA인 tmRNA에 의해서 구제된다.

전사-번역 연계(coupled transcription-translation) mRNA 분자가 DNA로부터 전사중인 상태에서 세균의 리보솜이 번역을 시작할 경우
tmRNA 리보솜이 손상된 mRNA에 의해서 정지 되었을 때 단백질 합성을 종결하는 데 사용되는 특수한 RNA

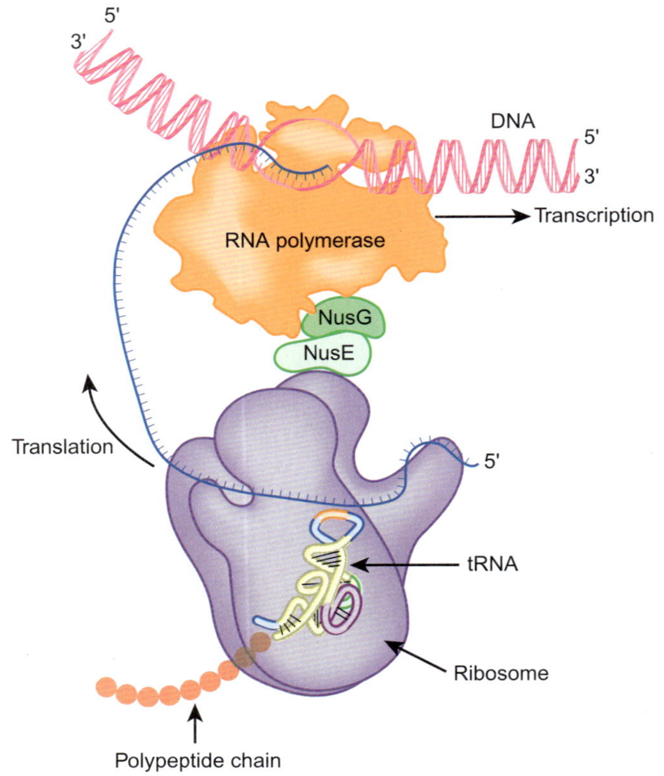

그림 13.27
NusEG가 전사와 번역을 연계한다.

리보솜은 NusEG 복합체를 통해서 RNA 중합효소에 직접 결합한다.

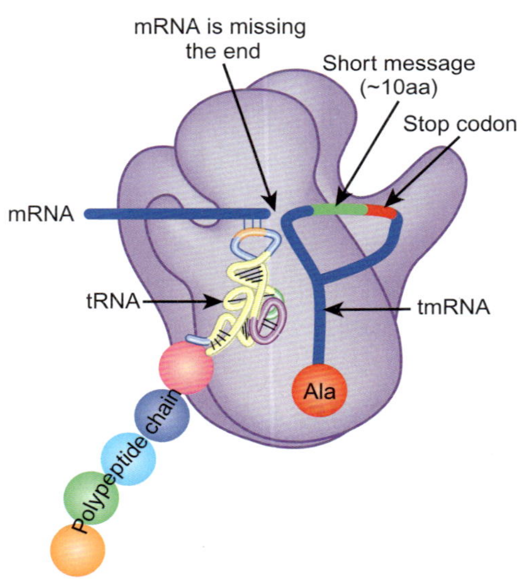

그림 13.28
정지된 리보솜은 tmRNA가 방면한다

알라닌을 운반하는 tmRNA가 결합하면 손상된 전령에서도 전좌가 계속될 수 있게 해준다. 먼저 알라닌이 첨가되고, 이어서 tmRNA에 암호된 약 10개의 짧은 아미노산들이 첨가된다. 최종적으로 tmRNA에 종결 코돈이 있어 폴리펩티드 사슬이 정상적으로 종결되게 한다.

는 mRNA와 같이 행동하기 때문이다. tRNA와 같이, tmRNA는 아미노산인 알라닌을 운반한다. tmRNA가 오도 가도 못하게 된 리보솜을 발견하면, 결함이 있는 mRNA의 옆에 결합한다(그림 13.28). 먼저 tmRNA에 의해 운반된 알라닌을 사용하여 단백질의 합성은 이제 다시 계속되고, 그 다음에 tmRNA의 일부인 짧은 정보를 번역한다. 최종적으로, tmRNA가 적절한 종결 코돈을 제공함으로써, 방출인자가 리보솜을 해체하면, 유리 리보솜은 계속되는 단백질의 합성에 사용할 수 있게 된다. tmRNA의 tRNA 영역은 역코돈 고리와 D-고리가 없다. SmpB(그림 13.28에서는 간명하게 하기 위하여 생략하였음)라고 알려진 단백질이 tRNA 영역에 결합하여 결여되어있는 D-고리에 의해 일반적으로 형성되는 리보솜과의 접촉을 하게 한다.

표 13.04 단백질 합성의 비교

원핵생물	진핵생물(세포질)
폴리시스트론성 mRNA	단일시스트론성 mRNA
전사와 번역의 연계	핵의 유전자들에 더하여 연계 전사와 번역 없음
선상 폴리리보솜	환상 폴리리보솜
mRNA에 캡 구조 없음	mRNA의 5′ 말단이 캡 구조에 의해서 인식
개시 코돈이 리보솜 결합 부위 다음의 AUG	리보솜 결합 부위가 없으며 mRNA의 첫 번째 AUG가 사용된다.
첫 번째 아미노산이 포르밀-Met	첫 번째 Met에 수식이 없음
30S와 50S 소단위로 만들어진 70S 리보솜	40S와 60S로 만들어진 80S 리보솜
작은 30S 소단위: 16S rRNA, 21 단백질	작은 40S 소단위: 18S rRNA, 33 단백질
큰 50S 소단위: 23S와 5S rRNA, 31 단백질	큰 60S 소단위: 28S, 5.8S, 5S rRNA, 49 단백질
신장인자: EF-T (2 소단위)와 EF-G	신장인자: eEF1 (3 소단위)와 eEF2
세 가지 개시인자: IF1, IF2, IF3	복수의 개시인자: eIF2 (3 소단위), eIF3, eIF4 (4 소단위), eIF5
생장하지 않는 세포에서 리보솜 이합체 형성으로 중지	eIF 제거에 의한 조절

이처럼 만들어진 단백질은 결함이 있으므로 명백히 분해되어야 한다. 예상할 수 있는 것처럼, tmRNA는 만들어진 단백질이 결함이 있다는 신호를 보낸다. tmRNA의 정보 부분에 의해 특이적으로 합성되어 결함이 있는 단백질의 말단에 부가된 11개 아미노산의 짧은 도막은 ssrA 표지로 알려진 신호로 작용한다. (ssrA는 작은 안정된 RNA A를 상징하며, 이 명칭은 tmRNA의 기능이 밝혀지기 전에 사용되었다.) ssrA 표지는 이러한 신호를 운반하는 모든 단백질을 분해하는 몇 가지 단백질 가수분해효소들(원래는 **꼬리 특이적 단백질 가수분해효소**라고 명명됨)에 의해 인식된다. 여기에는 열 충격에 반응하는(16장 참조) Clp 단백질 가수분해효소와 HflB 단백질 가수분해효소가 포함된다. 진핵세포는 tmRNA를 가지고 있지 않지만 결함이 있는 mRNA를 분해하는 정지-매개 붕괴라는 과정을 가지고 있다(12장 참조).

9. 진핵생물과 원핵생물 간에 단백질 합성의 차이

단백질 합성의 전체적인 개요는 모든 살아있는 세포에서 유사하다. 그러나 세균과 진핵생물 사이에는 명확한 차이점이 존재한다. 이들은 표 13.04에 요약되어 있고, 이어지는 절에 설명되어 있다. 진핵세포는 미토콘드리아와 엽록체를 가지고 있는데, 이들은 그들 자신의 DNA와 리보솜을 가지고 있다는 것을 유의하자. 이러한 세포소기관의 리보솜들은 세균의 리보솜과 비슷하게 작동하며, 아래에서 구분하여 논의할 것이다. 진핵세포의 단백질 합성에서, 핵의 유전자를 번역하는 것은 세포질의 리보솜이다. 진핵세포의 단백질 합성의 몇 가지 관점에서 좀 더 복잡하다. 진핵세포의 리보솜은 원핵세포의 리보솜보다 더 크고, 더 많은 rRNA와 단백질들을 포함하고 있다. 또한 진핵생물은 많은 개시인자들과 더욱 복잡한 개시 과정을 가지고 있다.

진핵생물 리보솜은 원핵생물 리보솜보다 더 크고 더 복잡하다.

단백질 합성의 몇 관점들은 사실 진핵세포에서 덜 복잡하다. 원핵생물에서 mRNA는 폴리시스트론성이고 여러 개의 단백질을 번역하는 몇 개의 유전자를 운반한다. 진핵생물에서는 각각의 mRNA가 단일시스트론성이고, 1개의 유전자만을 운반하며, 이는 한 개의 단백질로 번역된다. 원핵생물에서 유전체와 리보솜은 모두 세포질에 존재하지만, 진핵생물에

꼬리 특이 단백질 가수분해효소(tail specific protease) 잘못 만들어진 단백질들을 꼬리, 즉, 카르복시 말단부터 분해하여 파괴하는 효소

표 13.05 번역 인자들: 원핵생물과 진핵생물의 비교

	원핵생물	진핵생물
개시	IF1	eIF1A
	IF2	eIF5B (GTPase)
	IF3	eIF1
		eIF2 (α, β, γ) (GTPase)
		eIF2B (α, β, γ, δ, ϵ)
		eIF3 (13 subunits)
		eIF4A (RNA helicase)
		eIF4B (activates eIF4A)
		eIF4E (cap binding protein)
		eIF4G (eIF4 complex scaffold)
		eIF4H
		eIF5
		eIF6
		PABP (Poly(A)-binding protein)
신장	EF-Tu	eEF1A
	EF-Ts	eEF1B (2-3 subunits)
		SBP2
	EF-G	eEF2
종결	RF1	eRF1
	RF2	
	RF3	eRF3
재순환	RRF	
	EF-G	
		eIF3
		eIF3j
		eIF1A
		eIF1

기능적으로 상동성인 인자들을 같은 줄에 나타내었다. *출처*: Table 1 of Rodnina MV and Wintermeyer W. (2009) Recent mechanistic insights into eukaryotic ribosomes. Curr. Op. Cell Biol. 21: 435-443.

서는 유전체가 핵 내에 존재한다. 결과적으로 전사와 번역의 연계가 진핵세포에서는 불가능하다(그들의 세포소기관은 제외; 아래 참조).

원핵생물과 진핵생물 모두 종결 코돈을 인지하고 첫 번째 아미노산으로써 메티오닌을 삽입하는 특정한 개시 tRNA를 가지고 있다. 원핵생물에서 이 첫 번째 메티오닌은 아미노기에 포르밀기를 가지고 있으나(예, N-포르밀-메티오닌) 진핵생물에서는 수식되지 않는 메티오닌이 사용된다.

9.1. 진핵생물에서 단백질 합성의 개시, 신장 및 종결

단백질 합성의 개시는 원핵생물과 진핵생물 사이에서 상당히 다르다. 진핵생물의 mRNA는 리보솜 결합 부위(RBS)를 갖지 않는다. 대신, 인지와 리보솜의 결합은 원핵생물에는 없는 요소에 의존한다. 5′ 말단의 캡 구조는 mRNA가 핵을 떠나기 전에 mRNA에 추가된다(12장 참조). 캡-결합 단백질(eIF4의 소단위 중 하나)은 mRNA의 캡 구조에 결합한다.

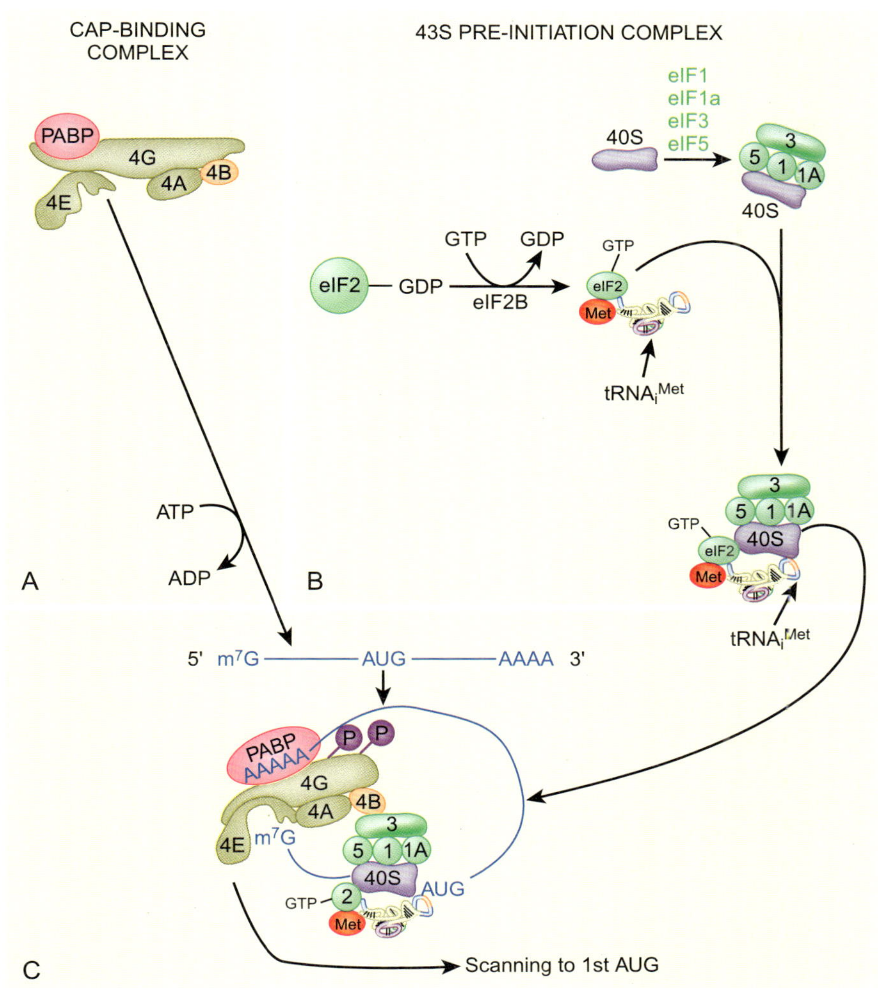

그림 13.29

진핵생물의 개시복합체의 조립

A) 캡-결합 복합체는 폴리(A)-결합 단백질(PABP), eIF4A, eIF4B, eIF4E, 및 eIF4G를 포함하며, mRNA에 결합하지 않았을 때는 인산화되어 있지 않다. ATP가 복합체에 인산을 옮겨주어서 mRNA에 결합할 수 있게 하여준다. B) 작은 리보솜 소단위와 $tRNA_i^{met}$를 가져오면서 43S 개시복합체가 형성된다. 이 복합체는 GTP를 사용하여 eIF2를 통해서 tRNA를 40S 소단위에 결합시킨다. 또한 개시인자 eIF1, eIF1A, eIF3, eIF5 및 eIF2B가 복합체로 하여금 mRNA의 5′-UTR에 결합할 수 있게 하여준다. C) mRNA는 mRNA의 5′ 및 3′ 말단에 각각 결합하는 eIF4E와 PABP의 연결을 통해서 캡-결합 복합체에 의해 인지된다. 이 두 연결은 mRNA의 나머지 부분이 고리를 만들게 한다. 이것이 확립되면 43S 개시전 복합체가 부착할 수 있으며 첫 AUG를 찾기 위한 스캔이 시작된다. 첫 번 AUG에서 멈춘 다음에 리보솜 50S 소단위가 결합할 수 있으며 번역이 시작된다.

진핵생물은 또한 원핵생물보다 더 많은 개시인자들은 가지며, 개시복합체의 조립의 순서 또한 다르다(표 13.05 참조). mRNA에 결합하기에 앞서 2개의 서로 다른 복합체가 조립된다. 이는 몇몇 진핵 개시인자(eIFs)에 부착된 40S 리보솜 소단위의 조립이다. 여기에는 eIF1, eIF1A, eIF3 및 eIF5가 포함된다. 이것이 충전된 개시 tRNA, Met-$tRNA_i^{Met}$ 및 eIF2를 결합한다. 두 번째 복합체는 캡-결합 복합체로 캡-결합 단백질(eIF4E), eIF4G, eIF4A, eIF4B 및 폴리(A)-결합 단백질(PABP)를 함유한다.

진핵생물의 mRNA는 캡 구조에 의해서 인지된다(rRNA와 염기 짝짓기에 의한 것이 아님).

진핵 개시 동안 캡-결합 복합체는 먼저 캡을 통해서 mRNA에 결합한다. 이어서 폴리(A) 꼬리가 PABP에 의해 결합되어서 mRNA가 환을 형성한다. 이제 이 구조가 43S 조립체에 결합한다. Met-$tRNA_i^{Met}$을 옳은 AUG 코돈과 맞추기 위하여 두 구조가 함께 작용하여서 5′ 말단에서부터 각각의 코돈을 스캐닝한다. 이 스캐닝 과정에는 ATP로부터 에너지가 공급된다(그림 13.29). AUG 주변의 서열이 중요하기는 하지만, 일반적으로 첫 번째 발견되는 AUG가 개시 코돈으로 사용된다. 공통서열은 GCCRCC<u>AUG</u>G(R=A 또는 G)이다. 주변 서열이 공통서열과 크게 차이가 있으면, AUG를 지나칠 수도 있다. 일단 적합한 AUG가 찾아지게 되면, eIF5가 복합체에 참여하고, 이는 이어서 60S 소단위를 결합하게 하고 캡-결합 단백질, eIF2와 eIF1, eIF3 및 아마도 eIF가 떨어져나가게 한다. eIF5는 이 리보솜 리모델링에 GTP로부터 에너지를 사용한다.

다음 단계는 신장이다(그림 13.30). 번역의 모든 단계 중에서 세균과 진핵생물의 신장은 가장 비슷하다. 세균에서처럼 신장인자들은 mRNA를 판독하고 tRNA를 리보솜의 A-부위에 결합시키는 작용을 한다. 진핵생물은 GTP 가수분해 에너지를 이용한 tRNA의 운

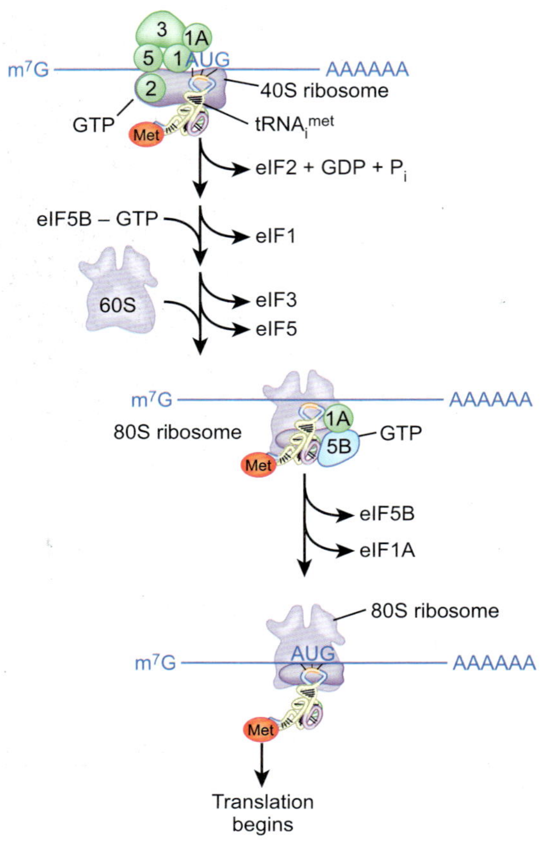

그림 13.30
진핵생물 번역의 신장 시작

진핵생물 40S 소단위 복합체가 일단 첫 번째 AUG를 찾고 나면 나머지 60S 소단위와 관련 인자들이 결합하여서 최종 80S 리보솜을 형성한다.

반에 EF-Tu 및 EF-Ts 대신 eEF1A를 사용하며, 고갈된 GDP를 새로운 GTP로 대체하는데 eEF1B를 사용한다. 유일한 차이는 진핵 신장인자는 더 많은 소단위들을 포함하고 있는 것이다. 나머지 단계는 동일하다. 큰 소단위의 28S rRNA의 펩티드기 전달효소 활성은 들어오는 아미노산을 폴리펩티드 사슬에 연결한다. 그러면 신장인자 eEF2(세균의 EF-G에 직접 해당)가 리보솜의 구조 변화를 진행하기 위하여 GTP를 사용하며, P- 및 A-부위로부터 E- 및 P-부위로 tRNA를 제동한다. 신장은 종결 코돈이 A-부위에 들어올 때까지 계속된다.

진핵생물의 종결은 두 가지에 있어서 원핵생물 종결과 차이난다. 다른 종결 코돈들을 인지하기 위해 두 가지 다른 방출인자(RF1과 RF2)를 사용하는 대신 진핵생물은 세 가지 모든 종결 코돈을 인지하는 단일 방출인자(eRF1)를 가지고 있다. eRF1은 종결 코돈에 결합하지만 펩티드결합 형성에는 영향을 미치지 않는다. 그 대신에 GTP 분자를 운반하는 eRF3이 eRF1에 결합한다. 그러면 GTP 가수분해가 인자들을 재배치하고 마지막 아미노산이 폴리펩티드에 부착한다. 그래서 진핵생물은 폴리펩티드 완결에 GTP를 요구하는데 비해, 세균에서는 RF1 또는 RF2로 충분하다.

끝으로 세균에서처럼 진핵 리보솜도 재순환된다. eIF3는 60S 소단위의 방출을 촉발하며, 이어서 eIF1은 마지막 tRNA를 방출시킨다. 추가적인 인자 eIF3j가 다음으로 mRNA를 제거한다. 그러면 구성 요소들이 재순환된다.

상자 13.2 내부의 리보솜 진입 부위

첫 번째 AUG를 찾기 위해 40S 소단위가 대부분의 진핵 mRNA를 훑는다고 하더라도, 예외가 발생한다. 내부리보솜진입부위(IRES)라고 알려진 서열이 몇몇 mRNA 분자에서 발견되었다. 이름이 나타내듯이, 이들은 리보솜이 mRNA의 5′ 말단에서부터가 아니라, 내부에서 번역을 시작

(계속)

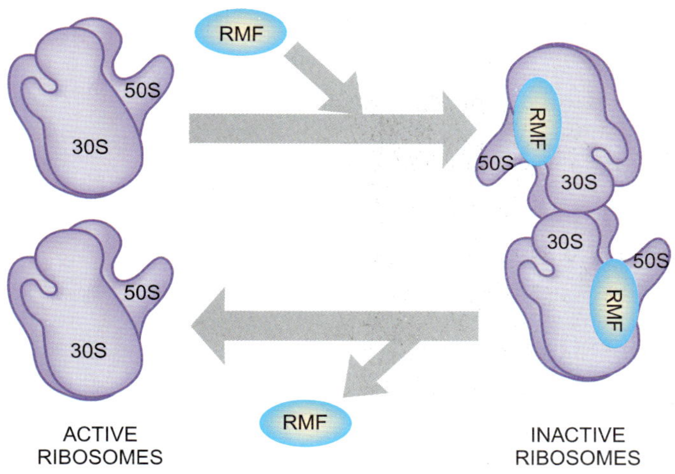

그림 13.31

세균의 리보솜은 악조건에서는 대기한다

세균의 활성 리보솜은 RMF 단백질이 결합하면 불활성으로 된다. 리보솜은 30S 소단위들이 서로 결합하여 2합체를 형성한다. 조건이 좋아지면 2합체가 해체된다.

상자 13.2 계속

하도록 한다. IRES 서열은 진핵세포에 감염함에도 불구하고 폴리시스트론성 mRNA를 가지고 있는 특정한 바이러스들에서 처음 발견되었다. 이 경우에는 각 암호 서열의 앞부분에 존재하는 IRES가 단일 mRNA로부터 여러 개의 단백질이 번역되도록 하여 준다. 가장 잘 알려진 예는 피코르나바이러스 군에 속하는 것으로써, 폴리오바이러스(소아마비 병원체)와 리노바이러스(일반 감기 병원체의 일종)를 포함한다.

최근에, 진핵세포 스스로에 의해 암호화된 몇몇 특수한 mRNA 분자들 또한 IRES 서열을 갖는다는 것이 발견되었다. 열 충격이나 에너지 고갈과 같은 주요 스트레스 상황에서 대부분 단백질의 합성이 크게 감소한다. 이러한 조절의 대부분은 번역의 개시 단계에서 일어난다(아래 참조). 그러나 몇몇 단백질들은 스트레스 조건 하에서도 필요하기 때문에 이러한 하향-조절을 벗어난다. 이러한 단백질들을 암호하는 mRNA들은 흔히 IRES 서열을 가지고 있다. 이러한 경우에, mRNA는 단 하나의 암호 서열을 운반하며, IRES는 mRNA의 5′ 말단과 암호 서열 사이의 영역인 5′-UTR에 위치하고 있다. 이로 인해서 정상적인 개시/훑음 과정이 없더라도 IRES에서 번역이 시작되게 한다.

10. 재료가 부족하면 단백질 합성이 중단된다

단백질은 세포 내의 유기물의 약 2/3를 차지하며, 단백질의 합성에는 세포의 많은 에너지와 원료 물질이 소비된다. 분명히, 세포의 영양이나 에너지 상태가 저조할 때 세포는 정상적인 속도로 단백질의 합성을 지속하지 못한다. 세균에서, 리보솜은 생장 정체기나 생장 속도가 낮은 시기에는 일을 하지 못한다. 작은 염기성 단백질인 **리보솜수식인자(RMF)**는 리보솜에 붙어서 이들을 불활성화 시킨다(그림 13.31). 불활성 리보솜은 이량체로 존재한다. 조건이 호전되면 불활성의 이량체들은 분해되고, 리보솜들은 다시 활성화 된다. *E. coli*에서 굶김은 **충실 반응**을 유도하며, 이 상태에서 세포는 생존과 독성에 필수적인 유전자들만 전사한다. 대부분 다른 유전자들은 전사 수준에서 멈춘다. 이 반응은 부분적으로 비활성 tRNA가 리보솜의 A-부위에 들어갔을 때 촉발된다. 이는 에너지 또는 아미노산의 부족으로 인해서 활성 tRNA의 공급이 부족한 경우에만 발생한다. 그렇게 되면 번역 과정에 리보솜과 상호작용하는 단백질인 RelA가 pppGpp를 만들기 시작하며, 이는 전사되고 있는 유전자를 조절하기 위하여 RNA 중합효소에 결합한다. 이 반응은 결핵을 일으키는 *Mycobacterium tuberculosis*와 같은 세균에게도 중요하다. 이 세균들은 항생제와 인간 면

리보솜수식인자[ribosome modulation factor(RMF)] 세균에서 생장이 지연되거나 정지기에 여분의 리보솜들을 불활성화시키는 단백질
충실 반응(stringent response) 영양분 공급이 제한될 때 필수적이지 않은 유전자들의 전사를 감소시키는 것

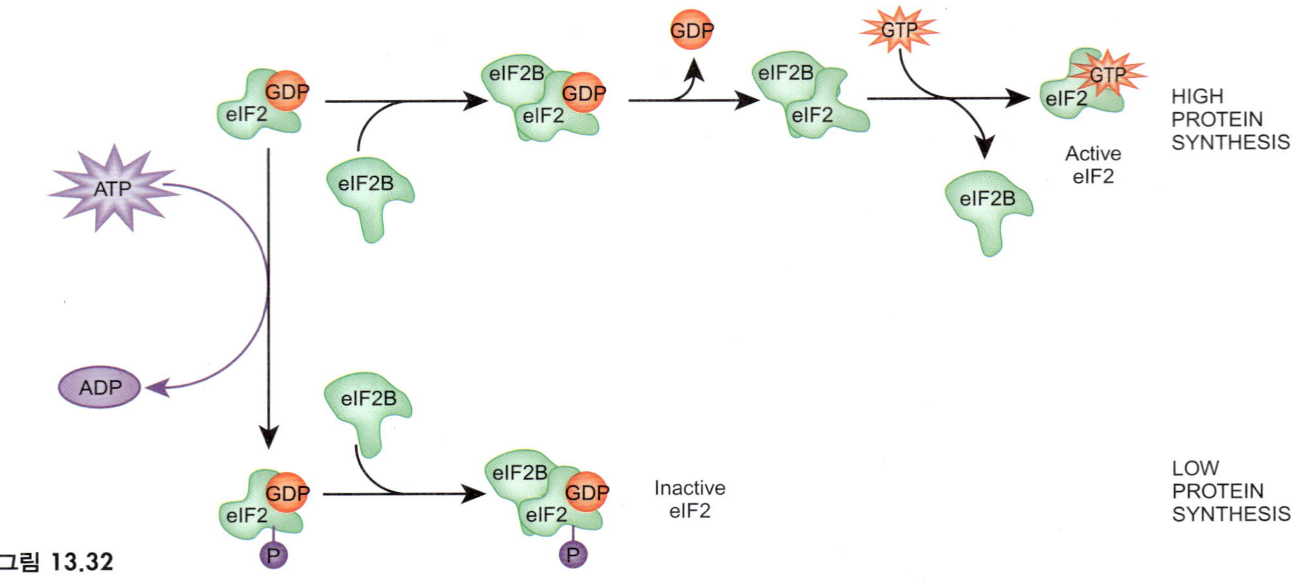

그림 13.32
개시인자 eIF2의 재활용은 조절된다

진핵생물이 단백질 합성을 하향 조절할 때는 단백질 인산화효소가 eIF2/GDP를 인산화시킨다. 이는 eIF2B가 GDP를 제거하는 것을 억제하여 eIF2/GDP를 eIF2B와 더불어 불활성 복합체로 묶어둔다. 활성 eIF2가 없으면 개시율이 감소한다.

역계에 대한 내성이 높으며, 면역 세포 내에서 수년 동안 생존할 수 있다. 이들은 자신들의 충실 반응 때문에 존속할 수 있다.

고등생물 또한 영양이나 에너지 상태가 좋지 않을 때는 단백질의 합성을 중단한다. 그러나 이들은 리보솜의 불활성화보다는 개시인자들을 불활성화 시킴으로 합성을 중단한다. 개시인자인 eIF2는 GTP를 GDP로 가수분해 함으로써 얻어지는 에너지를 이용한다. 개시가 끝난 후, 이들은 GDP가 결합된 상태로 리보솜으로부터 떨어져 나온다. 그 후 eIF2B에 결합하는데, 이것은 GDP를 GTP로 교환하고, 따라서 eIF2를 재활용한다. 스트레스 시기에는 인산화효소가 eIF2를 인산화시키고, GDP의 제거를 막는다. GDP가 결합된 eIF2 형태는 번역을 시작할 수가 없어서 단백질 합성이 중단된다. 일부 바이러스들은 이 메커니즘을 활용하여서 숙주의 단백질 합성을 차단하는 수단으로 eIF2를 인산화시키는 데 사용한다(관련 연구에 대한 초점 참조).

관련 연구에 대한 초점

Estaban M. (2009) Hepatitis C and evasion of the interferon system: a PKR paradigm. Cell Host Microbe 6:495–497.

C형 간염 바이러스(HCV)는 간염, 간경변 및 암을 유발하며, 세계적으로 1억 7천만 명이 감염되어 있기 때문에 주요 건강 관심사이다. 이 바이러스는 우리의 면역계에 내성이 있으며, 만성 감염이 될 수 있다. HCV 감염에 대한 처방은 두 가지 다른 약물로 항바이러스 처치가 요구된다. 1형 인터페론(IFN)은 면역계를 자극하며, 리바비린은 뉴클레오시드 유사물질이다. 리바비린은 복제 과정에서 DNA에 들어가서 사슬을 종결시킨다. 따라서 리바비린은 바이러스의 증식을 차단한다. 어느 한 약물로는 충분히 작용할 수 없기 때문에 HCV에 대한 적절한 처방에는 두 가지 약물이 필수적이다. IFN 한가지만으로 원천적으로 HCV 감염을 차단할 것이지만 노출이 길어진 다음에는 바이러스는 내성을 갖게 된다. 뉴클레오시드 유사물질은 DNA 복제를 차단하지만 면역계의 도움이 없으면 효과가 없다.

최근 연구로 HCV가 면역계와 IFN에 저항하는 방법이 밝혀졌다. HCV는 mRNA의 수준이 변하지 않는다는 관찰로 보여준 것처럼 면역 유전자의 전사를 차단하지는 않는다. 그 대신 바이러스는 번역을 차단한다. 감염되지 않은 세포에서 IFN은 세포 표면 수용체에 결합하며, 그에 따라서 많은 세포 단백질을 활성화시킨다. 이는 세포막으로부터 핵으로 신호를 전달하여 전사인자가 바이러스를 차단하고 파괴하는 면역계를 활성화시키는 다양한 유전자를 작동시킨다. 이 경로는 환자가 IFN을 섭취하면 촉진된다. 그러나 HCV가 존재하면 그 결과로 mRNA가 번역되지 않는다. 이 논문은 바이러스가 dsRNA- 의존성 단백질 인산화효소 R(PKR)을 인산화시킴으로써 번역을 조절할 수 있음을 보여준다. 인산화된 PKR은 eIF2α를 인산화시킨다. 이 형태의 eIF2α는 43S 전-개시복합체를 활성화시키지 못하여 번역이 차단된다. 바이러스는 또 다른 속임수도 갖고 있다. 바이러스는 정상의 캡된 mRNA 구조 대신에 그 mRNA에 IRES 요소를 갖고 있다. 그래서 바이러스는 성공적으로 세포의 바이러스 방어를 차단하고 동시에 세포를 우회시켜 바이러스 mRNA를 번역하게 하는 방법을 진화시켰다.

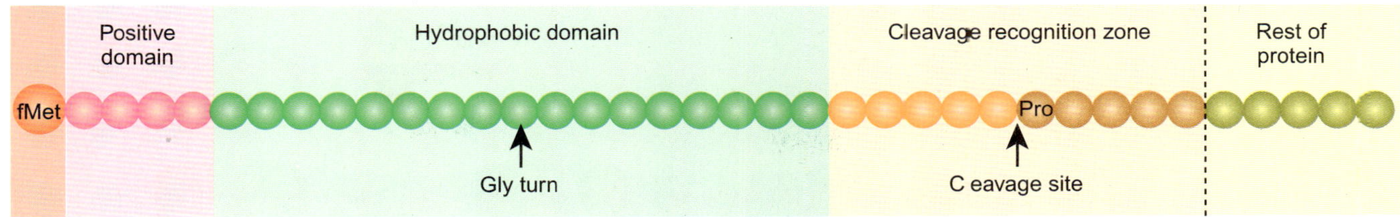

그림 13.33
외분비 단백질의 표준 신호서열

신호서열은 하나의 양전하성 구역(리신 또는 아르기닌 함유), 하나의 α 나선 소수성 구역(알라닌, 류신, 발린이 풍부)과 하나의 글리신 또는 세린 다음의 절단 부위에 이어 프롤린을 가지고 있다. 글리신으로 인한 역방향 접힘은 소수성 구역의 중간쯤에서 발견된다.

일반적으로 진핵생물은 복수의 조절 경로를 갖고 있다. 세포가 단백질 합성을 조절하는 또 다른 방법은 캡-결합 복합체를 조절하는 것이다. 세포가 스트레스를 받거나 굶김을 당하면 mTOR(항생제 라파마이신의 표적)이 eIFs 4E, 4G 및 4B에 대한 인산화 반응이 차단된다. 이들 인산이 없으면 eIF 복합체가 mRNA에 결합을 못하여서 번역이 중단된다.

11. 신호서열이 세포로부터 수출될 단백질을 표시한다

일단 단백질이 만들어지면, 단백질은 세포 내에서 자신의 바른 위치를 찾아야한다. 비록 세포질 단백질은 그들이 속해있는 세포 구획 내에서 만들어지지만, 세포질 내에 위치하지 않는 다른 단백질들은 운반되어야 한다. 세포 외부로 수송되도록 정해진 단백질들은 세포막을 통해 수출되어야 한다. 비슷한 기작이 세균과 진핵세포에 존재한다. 외부로 분비되도록 정해진 단백질은 N 말단에 **신호서열**로 표시되어 있다. 이것은 외부로 수송된 후 막 외부에 부착되어 있는 단백질 가수분해효소에 의해 잘려지기 때문에 성숙 단백질에는 존재하지 않는다. 신호서열은 α-나선 구조를 이루는 약 20여 개의 아미노산으로 구성된다. 서로 다른 수출된 단백질들의 신호서열들 사이에는 특정한 서열상의 상동성이 없다. 2개 내지 8개의 아미노산이 양전하를 띤 염기성 N 말단에 이어서 소수성 아미노산들이 길게 연장되어 있다. 절단 부위 바로 앞의 아미노산은 짧은 곁사슬을 가지고 있다(그림 13.33).

외분비 단백질들은 앞부분에 신호서열을 가지고 있다.

수출되도록 정해진 폴리펩티드는 신호서열에 의해서 인지된다. 세균에서, 신호서열 인지 단백질(SecA)은 신호서열에 결합하고, 이를 세포막에 있는 **전좌효소** 복합체로 인도한다. 수출될 단백질의 나머지 부분이 합성되고 신호서열을 따라서 전좌효소를 통해 막으로 들어간 다음 통과한다. 이는 단백질이 만들어지면서 외분비 되기 때문에 **번역 동시 외분비**라고 알려져 있다. 신호서열은 전좌된 후, **선도서열 펩티드 가수분해효소**에 의해 잘려진다(그림 13.34).

전좌효소에 의해서 단백질을 세포막을 통해 내보낸 다음에는 신호서열이 절단된다.

E. coli 세포에는 약 500여 개의 전좌효소가 있다. 각각의 세포는 분열하기에 앞서 약 1×10^6개의 단백질들을 세포질로부터 분비한다. 20분마다 분열하는 세포에서, 전좌효소 당 매분 100개의 단백질을 외분비한다. 단백질 외분비는 단백질 합성보다 10배 빠르게 일어난다. 그래서 전좌효소는 리보솜이 만들어내는 것만큼 빠르게 신장하는 단백질 사슬의 수요를 충족할 수 있다. *E. coli*와 같은 그람-음성 세균에서, 이러한 외분비 단백질의 대부분은 소화를 목적으로 하는 세포 외부 분비 효소들이라기보다는 지속적으로 만들어져야할 외막의 구조적 성분이다.

번역 동시 외분비(cotranslational export) 리보솜에 의해서 단백질이 합성되고 있는 동안에 막을 통한 단백질의 외분비
선도서열 펩티드 가수분해효소(leader peptidase) 단백질을 외분비한 다음 선도서열을 제거하는 효소
신호서열(signal sequence) 단백질의 전반부에 외분비를 표시하는 짧으며 대체적으로 소수성인 아미노산 서열
전좌효소(translocase) 막을 통하여 단백질을 운반하는 효소 복합체

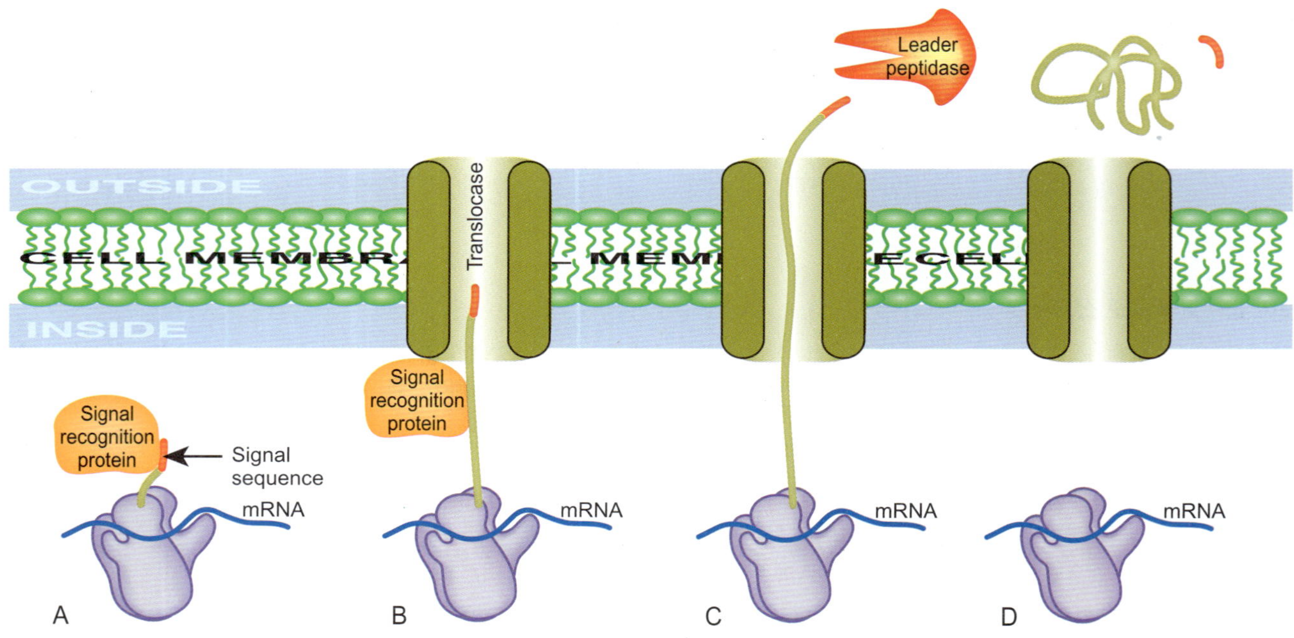

그림 13.34
단백질의 번역 동시 외분비

A) 폴리펩티드 사슬을 합성하는 리보솜이 세포막에 접근한다. 신호서열을 가지고 있는 폴리펩티드가 신호 인지 단백질과 결합한다. B) 신호인지 단백질이 전좌효소를 인지하고 거기에 결합함으로써 폴리펩티드 사슬이 막을 통한 여행을 시작하게 한다. C) 신호서열이 전좌효소를 빠져나가면 선도서열 펩티드 가수분해효소가 폴리펩티드 사슬을 절단하여 신호 펩티드를 제거한다. D) 세포 밖에서 단백질의 최종적인 접힘이 이루어진다.

진핵세포에서 번역 동시 외분비는 소포체의 막을 가로질러 일어난다. 다세포 진핵생물에서 아밀라아제와 단백질 가수분해효소와 같이 소화에 관계된 단백질들은 외분비되어야 한다. 항체, 알부민, 순환하는 펩티드 호르몬과 같이 혈액이나 다른 체액에 위치해야할 단백질들도 외분비되어야 한다. 전구체 인슐린이나 난황알부민에 대한 동물 유전자는 *E. coli*에 넣으면, 세포막을 가로지르는 올바른 외분비가 일어나고, *E. coli*의 선도서열 펩티드 가수분해효소에 의한 신호서열의 절단이 올바른 위치에서 일어난다. 역으로, 효모 세포는 세균의 베타-락타마아제를 바르게 수식하여 외분비한다. 따라서 외분비 기구는 다양한 생물들 사이에서 매우 잘 보존되어 있다.

11.1 분자 샤프롱이 단백질의 접힘을 감독한다

분자 **샤프롱**, 또는 **샤페로닌**은 다른 단백질들의 올바른 접힘을 감독하는 단백질이다. 많은 샤페로닌들을 **열충격 단백질(HSPs)**이라고 하는데, 이는 고온에서 이 단백질들의 발현이 증가하기 때문이다(16장 참조). 샤페로닌은 2종류, 미성숙 접힘을 방지하는 것과 잘못된 접힘을 수정하는 것으로 크게 나뉜다. 분명히, 샤페로닌은 여러 다른 단백질의 올바른 3차원 구조를 "알지 못한다." 이들은 올바른 구조를 능동적으로 창조한다기보다는, 기계적으로 잘못된 접힘을 방지하는 역할을 한다.

샤페로닌은 다른 단백질들의 바른 접힘을 촉진하는 단백질이다.

세균의 단백질 외분비에서 분비 샤페로닌 SecB는 폴리펩티드 사슬이 미성숙 상태에서 접힘을 방지한다. 분비될 단백질들은 좁은 전좌효소 채널을 통해 이동해야 하고, 막 외부에

샤프롱(chaperone) 때로는 "분자 샤프롱"; 샤페로닌과 동일
샤페로닌(chaperonin) 다른 단백질들의 바른 접힘을 감독하는 단백질
열충격 단백질[heat shock protein(HSP)] 고온에 반응하여 유도되는 단백질. 많은 열충격 단백질들이 샤페로닌이다.

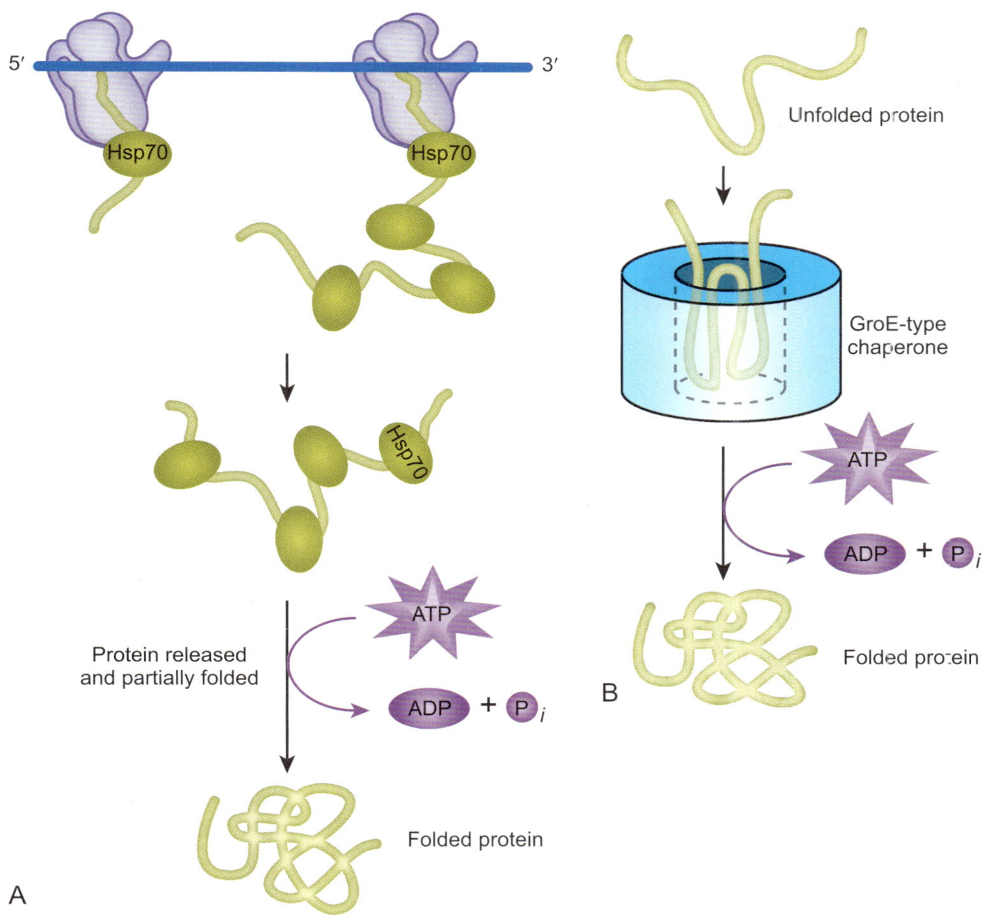

그림 13.35

샤페로닌은 두 가지 일반적 기작으로 작용한다

A) Hsp70 유형의 샤페로닌은 단백질 형성 과정 중에 단백질의 소수성 패치에 결합하여 작용한다. 일단 샤페로닌이 방출하면 단백질은 자동적으로 접힌다. B) GroE와 같은 큰 샤페로닌은 잘못 접힌 단백질들을 번역후에 그 중심 공간으로 분리하여 작용한다. 세포질의 다른 분자들의 영향을 벗어나면 단백질은 바르게 접힌다.

다다르기 전까지는 접혀지지 않은 상태를 유지하여야 한다. Hsp70 샤페로닌은 새로 만들어진, 혹은 고도로 풀린 단백질에 결합하는 경향이 있다(그림 13.35).

보다 복잡한 GroE(=Hsp60/Hsp10) 샤페로닌 기계는 손상되거나 잘못 접힌 단백질을 다시 접도록 하는 데 관여한다. 폴리펩티드 사슬이 풀어지면, 정상적으로 접힌 단백질에서의 중심부에 모여서 존재하는 소수성 영역이 외부로 노출된다. 그냥 내버려두면 많은 단백질들은 다시 접힘을 할 수 있다. 그러나 세포 내부에는 단백질의 농도가 높다. 따라서 여러 단백질로부터 노출된 소수성 영역들은 서로 간에 결합을 하여 단백질들이 서로 달라붙게 된다. GroE 샤페로닌 기계는 단 하나의 폴리펩티드가 다른 폴리펩티드 사슬과의 상호작용이 차단된 상태에서 스스로 다시 접힐 수 있는 공간을 형성한다.

새로이 만들어진 단백질들은 접힘 문제에 봉착하게 된다. 신장되고 있는 폴리펩티드의 N 말단은 이미 리보솜을 빠져나가는 데 비해 C 말단은 계속 만들어지고 있다. 결국 N 말단 영역은 아직까지 단백질의 나중 영역에 존재하는 접힘 정보에 접근할 수가 없다. 이 단계에서 잘못 접힘을 방지하기 위해 빠져나온 단백질은 시발인자라고 하는 샤페로닌에 의해서 보호된다(그림 13.36). 이 인자는 폴리펩티드 출구 터널에 근접한 리보솜의 큰 소단위에 결합한다.

12. 단백질 합성은 미토콘드리아와 엽록체에서도 일어난다

미토콘드리아와 엽록체는 원핵생물로부터 유래한 것으로 생각된다. 세포소기관의 기원에 대한 공생설은 공생 원핵생물이 에너지 생산에 있어서의 특성화와 점진적으로 그들의 유전적 독립성을 상실함으로써 세포소기관으로 진화하였다고 주장한다(세부 사항은 4장 참조).

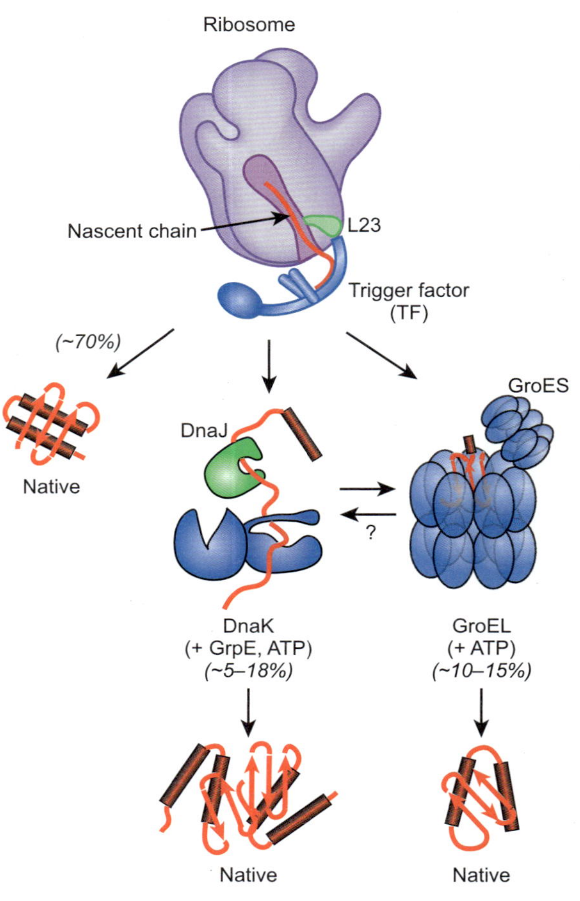

그림 13.36
시발인자와 리보솜

시발인자는 리보솜에서 빠져나오는 새로 합성된 폴리펩티드를 보호한다. 시발인자는 새로이 합성된 단백질 약 70%를 보호한다. 나머지 30%는 DnaK 또는 GroEL 샤페로닌을 필요로 한다. *(출처: Hoffmann A, Bukau B, Kramer G. (2010) Structure and function of the molecular chaperone Trigger Factor. Biochim Biophys Acta 1803:650–61.)*

미토콘드리아와 엽록체의 단백질 합성은 많은 점에서 세균의 단백질 합성과 유사하다.

미토콘드리아와 엽록체 모두 그들 자신의 일부 유전자를 암호화하는 원형의 DNA를 가지고 있으며, 이분법으로 분열한다. 이들은 그 자신의 리보솜을 가지고 있으며, 그 자신의 단백질의 일부를 만들어낸다. 세포소기관 리보솜은 진핵세포 세포질의 리보솜 보다는 세균의 리보솜과 비슷하다. 세포소기관들의 개시 및 신장인자들 또한 성질에 있어서 세균과 유사하다. 그럼에도 불구하고, 표 13.06에서 볼 수 있듯이, 세포소기관과 세균의 리보솜에는 성

표 13.06 세포질, 세포소기관 및 세균의 리보솜의 비교

위치	소단위	리보솜 RNA	단백질
동물 세포질	40S	18S	33
	60S	28S, 5.8S, 5S	49
동물 미토콘드리아	28S	12S	31
	39S	16S	48
식물 세포질	40S	18S	~35
	60S	28S, 5.8S, 5S	~50
식물 엽록체	30S	16S	22-31
	50S	23S, 5S, 4.5S	32-36
식물 미토콘드리아	30S	18S	>25
	50S	26S, 5S	>30
세균	30S	16S	21
	50S	23S, 5S	31
고세균	30S	16S	26-27
	50S	23S, 5S	30-31

상자 13.3 잡종 리보솜

진핵생물의 핵이 암호화하고 있는 세포질 리보솜들은 비록 더 크다고 할지라도, 작동하는 방식에 있어서는 고세균의 리보솜과 닮아있다. 관련된 개시인자와 신장인자들에 대하여서도 이와 비슷한 상관관계가 성립된다. 실제로 효모로부터 하나의 리보솜 소단위와 *Sulfolobus*(고세균)로부터 다른 소단위를 취하여 잡종 리보솜을 만드는 것이 가능하다. 이 잡종 리보솜은 자연 상태의 리보솜만큼 효율적이지는 않지만 단백질을 만든다. 이와는 대조적으로 효모와 *E. coli*로부터 온 소단위들을 섞어서 만든 잡종 리보솜은 전혀 기능을 하지 못한다.

분에 있어서 차이점이 존재한다.

12.1. 단백질들은 전좌효소에 의해 미토콘드리아와 엽록체로 수입된다

세포소기관의 유전체의 크기는 생물 종류에 따라서 상당히 다르다. 일반적으로, 진보된 진핵생물일수록 보다 작은 세포소기관 유전체를 갖는다. 포유동물의 미토콘드리아는 10개 단백질 정도만을 만들며, 고등식물에서 엽록체는 대략 50개의 단백질을 단든다. 설명한 바와 같이, 다른 세포소기관의 단백질들은 핵의 유전자에 의해 암호화되어 있고, 세포질의 리보솜에서 만들어진다. 그리고 그 다음에 이들 단백질은 세포소기관으로 이동된다.

미토콘드리아 내로 수입되어야 할 단백질들은 N 말단에 선도서열을 가지고 있다. 이 선도서열들은 3 또는 4개의 잔기마다 양전하를 띤 리신이나 아르기닌을 포함한 20개 혹은 그 이상의 아미노산으로 구성되어 있으며 음전하를 띤 잔기는 가지고 있지 않다. 선드서열은 양으로 하전된 면과 소수성 면을 갖는 α-나선을 형성한다. 이 선도서열은 미토콘드리아 표면에 있는 수용체에 의해 인지된다. 단백질은 미토콘드리아의 외막과 내막에 각각 존재하는, TOM(전좌효소, 미토콘드리아 외막에 존재)과 TIM(전좌효소, 미토콘드리아 내막에 존재)이라고 하는 2개의 전좌효소를 통해 연이어 수입된다. 단백질은 내부로 수송된 다음에, 그 선도서열이 잘려져 나간다.

미토콘드리아와 엽록체의 많은 단백질들이 진핵세포의 세포질에서 합성된 다음 세포소기관으로 들어간다.

식물 세포는 미토콘드리아뿐 아니라 엽록체도 가지고 있으므로, 동물 세포보다 더욱 복잡하다. 그러나 단백질의 수입 원리는 비슷하다. 엽록체는 TIM과 TOM에 상응하는 TIC와 TOC로 알려진 2개의 전좌효소를 가지고 있다(C는 엽록체를 의미). 엽록체 단백질을 위한 선도서열은 미토콘드리아의 선도서열과 닮았으며, 사실 식물 세포만이 이들을 구분할 수 있다. 따라서 엽록체 단백질을 암호하는 유전자를 인위적으로 곰팡이 세포로 넣어주면, 곰팡이의 미토콘드리아는 엽록체 단백질을 내부로 수송할 것이다. 식물체가 어떻게 엽록체와 미토콘드리아의 선도서열을 구분하는지는 아직 명확하지 않다. 그러나 2종류의 세포소기관에 대한 선도서열은 서로 다른 2차 구조를 형성하는 것으로 보인다.

또한 세포소기관에 의한 단백질의 수입에는 막의 양 면에 샤페로닌이 있어야 한다. 내부로 수송되는 단백질은 풀려진 상태로 좁은 전좌효소 채널을 통과해야만 한다. 미성숙 접힘을 방지하기 위해, 새로 합성된 세포소기관 단백질은 샤페로닌에 의해서 느슨한 접힘 형태로 유지된다. 이어서 내부로 수송된 단백질이 전좌효소로부터 세포소기관의 내부로 들어오면, 다른 종류의 샤페로닌이 이에 결합한다. 특히, Hsp70 종류의 샤페로닌은 수입될 단백질을 운반하는 역할을 한다. Hsp70은 톱니바퀴 역할을 하여, 접히지 않은 폴리펩티드 사슬의 각 구간에 연속적으로 결합한다. Hsp70의 결합 및 해체 각각에는 ATP 형태의 에너지가 소비된다.

13. 번역 실수는 대개 단백질 합성의 실수로 귀착된다

리보솜은 완벽하지 않으며, 때때로 실수를 한다. 아마도 10,000 코돈 중 하나의 비율로 번역 착오를 일으켜, 잘못된 아미노산을 결합시킨다. 두 아미노산에 대한 코돈이 염기 단 하나로 차이가 날 때 가장 혼동되기 쉽다. 그 밖에 가능한 실수는 해독 구조의 이동(**틀이동**), 또는 종결 코돈을 지나쳐 버리는 번역이다. 이러한 다양한 실수들은 한데 뭉뚱그려 **번역오류**라고 한다.

이러한 오류가 드물다 하더라도, 실질적으로, 몇몇 기이한 유전자들은 적절한 발현을 위해 이러한 오류를 필요로 한다. 예를 들어 레트로바이러스(21장 참조)의 *pol* 유전자는 리보솜이 선행하는 *gag* 유전자를 번역하는 도중에 틀이동을 하거나 종결 코돈을 지나쳐버렸을 경우에만 번역된다. 10장에서, *E. coli*의 *dnaX* 유전자는 DNA 중합효소의 두 소단위인, tau와 gamma, 두 단백질을 만들어 내는 것에 주목하였었다. gamma 단백질은 틀이동에 의해서만 만들어진다. *E. coli*의 방출인자 2(RF2)도 합성이 되려면 틀이동을 필요로 한다.

14. 많은 항생제들은 단백질 합성을 저해하는 작용을 한다

> 스트렙토마이신과 관련 항생제는 세균 리보솜의 작은 소단위에 있는 rRNA에 결합한다.

잘 알려진 많은 항생제들은 단백질 합성을 저해함으로써 작용한다. 항생제의 대부분은 원핵세포의 리보솜에 대하여 특이적이다. 그러나 고농도의 이들 항생제는 원핵생물을 조상으로 한 미토콘드리아와 엽록체의 리보솜을 저해하기도 한다.

아미노글리코시드 항생제는 30S 소단위에 결합한다. **스트렙토마이신**은 2개의 리보솜 소단위들이 접촉하고 있는 근처의 16S rRNA에 결합한다. 스트렙토마이신이 있으면 A 부위가 뒤틀리게 되어 들어오는 충전된 tRNA의 결합이 방해된다. 특히, 개시 tRNA-Met의 결합이 금지되고, 따라서 번역의 개시가 방해된다. 스트렙토마이신 저항성 돌연변이들은 16s rRNA의 523번째 뉴틀레오티드나 항생제의 결합을 돕는 리보솜 단백질인 S12 (RpsL)에 변이가 초래되어 있다. 겐타마이신이나 카나마이신과 같은 다른 많은 아미노글리코시드들은 30S 소단위 상의 여러 부위에 결합하며, 주로 단백질 합성의 전좌 단계를 저해한다. 스트렙토마이신과 다른 아미노글리코시드들 또한 mRNA의 번역이 잘못되게 한다.

> 테트라사이클린은 원핵생물과 진핵생물 리보솜 모두의 작은 소단위에 있는 rRNA에 결합한다.

테트라사이클린은 세균과 진핵세포 리보솜 모두를 저해한다. 이는 작은 소단위의 16S (혹은 18S) rRNA에 결합하여 충전된 tRNA의 부착을 막는다. 두 종류의 리보솜을 모두 저해한다 하더라도, 세균은 이를 활발하게 흡수하는 반면, 진핵세포들은 이를 능동적으로 내보내기 때문에 주로 세균을 저해한다.

클로람페니콜은 50S 소단위, tRNA의 수용체 줄기와 반응하는 23S rRNA의 고리에 결합하며, 펩티드전달효소를 저해한다. **사이클로헥시미드**는 진핵세포 리보솜의 60S 소단위에 결합하여 펩티드전달효소를 저해한다. **에리트로마이신**과 이와 관련된 마크로라이드 항생제들은 세균 리보솜의 23S rRNA와 결합하여 전달 단계를 저해한다.

> 클로람페니콜은 23S rRNA에 결합하여 펩티드결합의 형성을 방지한다.

푸시딕산은 스테로이드 부산물로써, 원핵세포의 신장인자인 EF-G와 결합한다. 푸시딕산의 존재 하에서, EF-G는 GDP와 결합한 상태에서 리보솜에 위치한 채 얼어붙는다. 푸

아미노글리코시드(aminoglycosides) 단백질 합성을 저해하는 항생제의 한 부류, 스트렙토마이신, 네오마이신, 카나마이신, 아미카신, 겐타마이신을 포함한다.
클로람페니콜(chloramphenicol) 세균의 단백질 합성을 저해하는 항생제의 일종
사이클로헥시미드(cycloheximide) 진핵생물의 단백질 합성을 저해하는 항생제의 일종
푸시딕산(Fusidic acid) 단백질 합성을 저해하는 항생제의 일종
에리트로마이신(erythromycin) 세균의 단백질 합성을 저해하는 항생제의 일종
틀이동(frameshift) 폴리펩티드 합성에서 해독 구조의 변경
번역오류(mistranslation) 번역에서 생성된 착오
스트렙토마이신(streptomycin) 단백질 합성을 저해하는 아미노글리코시드 계열 항생제의 일종
테트라사이클린(tetracyclines) 단백질 합성을 저해하는 항생제의 한 계열

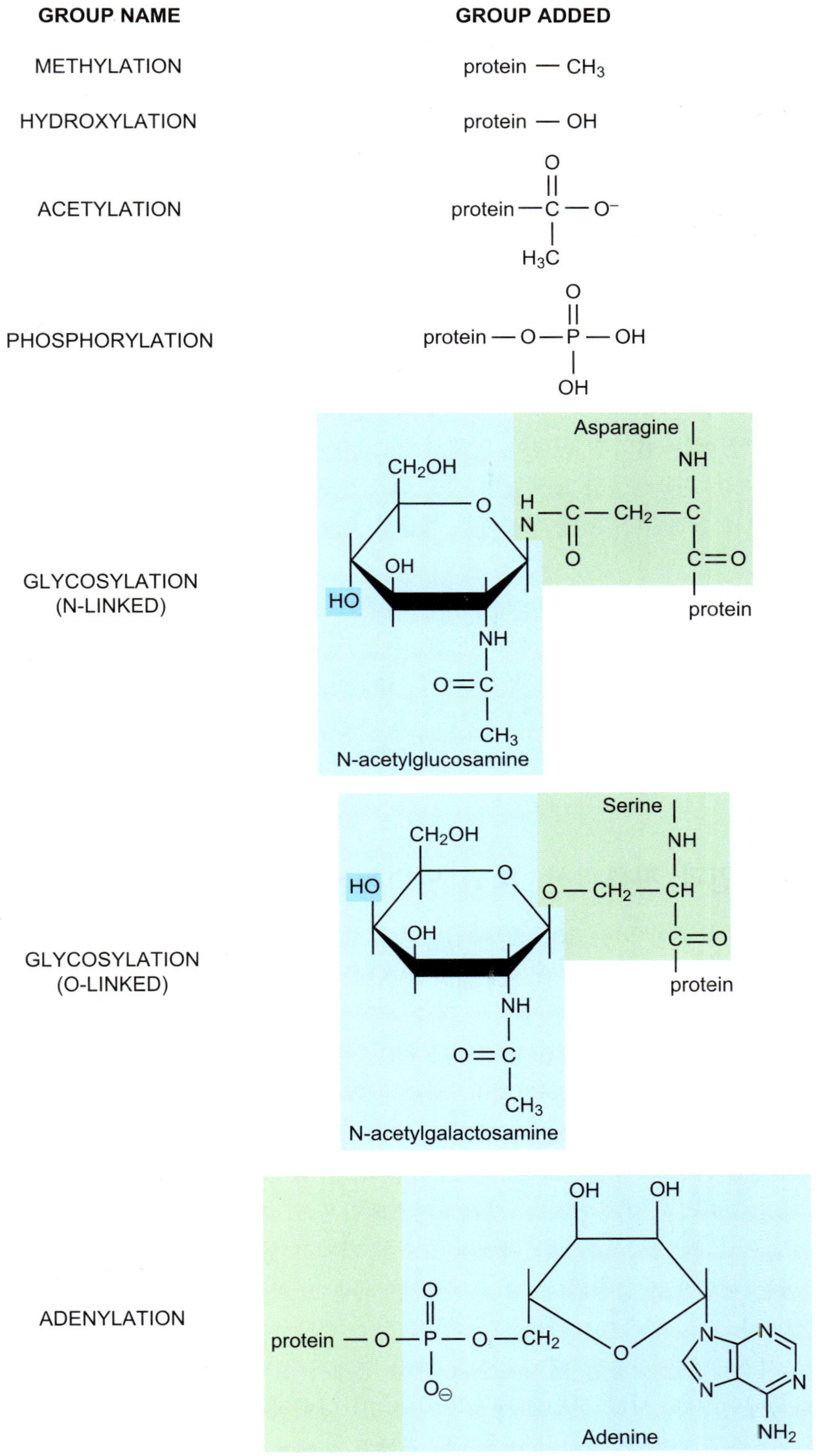

GROUP NAME	GROUP ADDED
METHYLATION	protein — CH_3
HYDROXYLATION	protein — OH
ACETYLATION	protein — C(=O)(— H_3C) — O^-
PHOSPHORYLATION	protein — O — P(=O)(— OH) — OH
GLYCOSYLATION (N-LINKED)	Asparagine, NH, H N — C(=O) — CH_2 — C, C=O, protein; CH_2OH, O, OH, HO, NH, O=C, CH_3, N-acetylglucosamine
GLYCOSYLATION (O-LINKED)	Serine, NH, O — CH_2 — CH, C=O, protein; CH_2OH, O, HO, OH, NH, O=C, CH_3, N-acetylgalactosamine
ADENYLATION	protein — O — P(=O)(— $O^{\ominus}$) — O — CH_2; OH, OH, O, N, N, N, N, NH_2, Adenine

■ **그림 13.37**

일반적인 번역후 변형

일부 더욱 보편적인 단백질 변형 기들의 구조를 나타내었다.

시딕산은 또한 이에 상응하는 진핵세포의 신장인자인 EF-2를 방해하지만, 실제에 있어서 동물 세포들은 이 항생제를 흡수하지 않기 때문에 영향을 받지 않는다.

15. 번역후 단백질의 수식

유전 암호에는 단 20가지의 아미노산에 대한 코돈이 있지만, 단백질에는 많은 다른 아미노산들도 때때로 발견된다. 셀레노시스테인이나 피롤리신(아래 참조)과는 달리, 이들 여분의

그림 13.38 *히스티딘과 디프타미드*

리보솜에서 eEF2 폴리펩티드 사슬이 합성된 다음 하나의 특정한 히스티딘 잔기가 디프타민으로 전환된다. 디프테리아 독은 디프타민의 측쇄에 ADP-리보오스기를 첨가하여 단백질 합성을 중단시킨다. 이것이 eEF2의 작용을 억제한다.

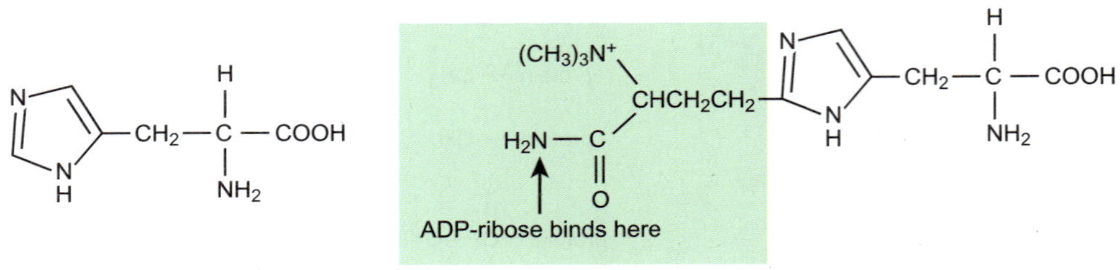

HISTIDINE

DIPHTHAMIDE

ADP-ribose binds here

아미노산들은 폴리펩티드 사슬이 조립된 후 유전적으로 암호화된 아미노산들을 변형함으로써 만들어진다. 이를 **번역후 변형**이라고 한다. 일부 보편적인 번역후 변형의 요약에 대하여 그림 13.37을 참조하라.

의학적으로 중요한 예는 번역후 변형에 의해서 히스티딘으로부터 유래하는 **디프타미드**이다(그림 13.38). 이는 진핵생물과 고세균의 신장 요소인 eEF2에서, 매우 잘 보존된 아미노산 서열의 영역에서 발견된다. 이에 상응하는 세균의 요소인 EF-G는 디프타미드를 함유하지 않는다.

디프타미드는 세균 *Corynebacterium diphtheriae*에 의해서 야기되는 감염성 질환인 디프테리아를 따라서 명명되었다. 디프테리아 독소는 디프타미드를 통하여 신장인자 eEF2에 ADP-리보오스를 부착시키며, 이것이 단백질 합성을 억제하여 표적세포를 죽인다. eEF2는 일반적으로 GTP를 분해하여 방출된 에너지를 A-부위의 펩티딜-tRNA를 P-부위로 이동하는데 사용한다. ADP-리보오스화된 eEF2는 GTP와 결합하지만 가수분해를 하지 못하며 펩티딜-tRNA를 전좌시킬 수도 없다.

16. 셀레노시스테인과 피롤리신: 희귀 아미노산

셀레노시스테인(Sec)은 표준이 되는 20종의 아미노산에 속하지는 않지만, 리보솜에 의한 mRNA의 번역 도중 몇몇 희소 단백질에 끼어들어간다. 이는 세균과 인간을 포함한 진핵생물 모두에서 발견된다. 관련된 유전자 및 단백질의 서열 분석을 통하여 셀레노시스테인이 UGA에 의해 암호되어 있음이 밝혀졌다. 그러나 UGA는 종결 코돈 중의 하나이다. 명백히 UGA는 일반적으로 "정지"로 읽혀지지만, 때로는 번역되어 셀레노시스테인으로 나타나며, 따라서 유전적으로 암호화된 21번째 아미노산의 지위를 갖게 되었다. "정지"와 셀레노시스테인 사이에서의 선택은 **셀레노시스테인 삽입 서열(SECIS 요소)**이라는 유전자의 특정한 인지 서열에 따라서 이루어진다. 셀레노시스테인은 그 자신의 tRNA와 충전된 tRNA-Sec을 리보솜으로 인도하는 특별한 단백질 요소를 가지고 있다. 사실, 셀레노시스테인-tRNA는 처음에는 세린으로 충전된다. 그 후 부착된 세린이 효소적으로 변형되어 셀레노시스테인을 형성한다.

아주 드물게 종결 코돈인 UGA는 색다른 아미노산인 셀레노시스테인으로 읽혀진다.

세균이 셀레노시스테인을 사용할 때, mRNA 분자 상에서 셀레노시스테인 삽입 서열은 UGA 바로 다음에 줄기와 고리 구조를 형성한다. SelB 단백질은 충전된 tRNA-Sec과 이 줄기 및 고리 구조를 인지한다. 따라서 tRNA에 결합된 셀레노시스테인은 올바른 위치로 수송된다(그림 13.39A). 세균에서는 암호화 서열의 일부로부터 줄기와 고리가 일시적으로 형성되며, 따라서 mRNA의 이 구간 영역은 셀레노시스테인이 삽입된 다음에 번역된다.

디프타미드(diphthamide) 드프테리아 독의 표적인 진핵생물 신장인자, eEF2에서만 발견되는 변형된 아미노산
번역후 변형(post-translational modification) 번역이 끝난 후에 단백질 또는 그 구성 아미노산의 변형
셀레노시스테인(Sec)[selenocysteine (Sec)] 시스테인과 비슷하지만 황 대신 셀레늄을 함유한 아미노산
셀레노시스테인 삽입 서열(SECIS 요소)[selenocysteine insertion sequence (SECIS) element] UGA 종결 코돈에 셀레노시스테인의 삽입을 신호하는 인지 서열

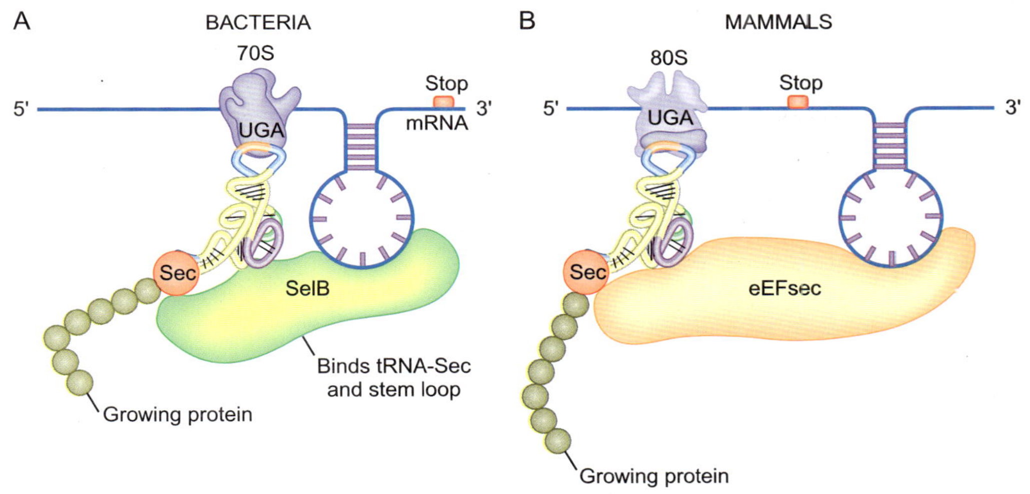

그림 13.39

내부의 UGA 종결 코돈에 셀레노시스테인 tRNA의 운반

A) 세균에서 셀레노시스테인(Sec)을 운반하는 tRNA는 먼저 SelB에 결합하여 복합체를 형성한 다음에 mRNA의 머리핀 구조에 결합한다. 이에 따라서 tRNASec는 mRNA 상의 암호 서열에 있는 UGA 코돈과 배열한다. 그 다음 셀레노시스테인은 신장되고 있는 폴리펩티드의 일부분으로 삽입된다. 완전히 결합한 복합체만 그림으로 나타내었다.
B) 포유류에서는 머리핀 구조와 tRNASec에 결합하는 단백질을 eEFsec라고 한다. 또한 머리핀 구조가 더 멀리 떨어져 있으며 종결 코돈 뒤에서 발견된다.

포유동물에서, 줄기와 고리 구조는 핵심인 UGA 코돈의 바로 다음이 아니라, 암호화 서열의 끝을 지난 위치인 3′-비번역 영역에서 발견된다. SEIS 결합 단백질 2와 셀레노시스테인 특이적 신장인자, eEFsec이 tRNA-Sec의 결합과 SEIS 줄기와 고리의 인지에 필요하다. 이 구조의 줄기는 비-표준 염기 짝짓기를 통한 K-회전을 형성하는 보존적 서열을 갖고 있다. 이것이 특이적인 인지를 가능하게 해준다. 그러면 tRNA-Sec이 삽입을 위하여 바른 위치로 운반된다(그림 13.39B). 인간은 25개의 셀레노단백질을 암호하는 유전자를 가지고 있다. 이들을 조절에 있어서 2군으로 나누어진다. 일부는 모든 조건에서 발현되며, 나머지는 산화적 스트레스와 싸울 필요가 있을 때만 발현된다(관련 연구에 대한 초점 참조).

셀레노시스테인은 시스테인의 유사체이지만, 황 대신에 셀레늄을 가지고 있다(그림 13.40). 셀레늄은 황보다 산화에 민감하며, 따라서 이를 포함한 단백질들은 산소로부터 보호되어 있어야 한다. 그 예는 많은 세균에서 발견되는 포름산 탈수소효소이다. 이 단백질들은 활성 부위에 셀레노시스테인을 가지고 있으며, 무기호흡성 대사에서 기능을 한다. 이 단백질들은 산소에 의해서 불활성화되며, 일반적으로 공기가 없는 상태에서 만들어진다. 서로 다른 생물군에서 셀레노단백질의 출현은 그들의 산소 감수성과 연관이 있는 것으로 제

관련 연구에 대한 초점

Morley SJ and Willett M. (2009) Kinky binding and *SEC*sy insertions. Mol. Cell 35: 396–398.

셀레노시스테인은 희귀 아미노산이지만 많은 다른 단백질들에 삽입되어 있다. 셀레노시스테인을 만드려면 셀레늄이 필요하며, 이는 우리의 식단에 극소량으로 공급되어야만 한다. 많은 셀레노시스테인 함유 단백질들은 산화-환원 반응과 세포의 항산화제와 관련이 있기 때문에 포유류에게 필수적이다. 셀레노시스테인 함유 단백질은 두 종류로 항상 생산되는 필수적인 항존 효소와 스트레스 유도 셀레노단백질로 나누어진다. 셀레늄 결핍으로 고생하는 사람에서는 몸이 이 두 가지를 구분하여 필수적인 항존 효소만 번역한다. 항존 유전자와 스트레스 관련 셀레노단백질 모두 SEIS 서열을 가지고 있고 동일한 SEC 삽입 시스템을 사용하기 때문에 이들에 대한 별개의 조절은 수수께끼였다.

이 논문은 항존 셀레노단백질과 스트레스 관련 셀레노단백질의 발현 사이의 차이점을 규명한 최근 연구들을 요약한다. 필수적인 항존 효소인 인지질 히드로페르옥시드 글루타치온 과산화효소(PHGPx)의 발현을 셀레늄이 결핍되면 만들어지지 않는 스트레스 관련 효소인 글루타치온 과산화효소 1(GPx1)의 발현을 비교하였다. 핵심은 진핵생물의 개시인자 eIF4a3이며, 이는 번역에서 역할이 알려지지 않았던 것이다. 그러나 최근에 eIF4a3이 SECIS와 상호작용함이 발견되었다. 이 전사인자에 대한 유전자가 셀레늄 수준에 의해서 조절되며, 셀레늄이 적으면 eIF4a3이 더 많이 만들어진다. 그러면 eIF4a3 단백질은 특정한 SECIS 요소에 결합하여 이들 요소에 Sec 삽입 기구(SBP2, eEFSec 및 tRNA^{Sec})가 결합하는 것을 차단한다. 그러나 eIF4a3은 항존 유전자의 SECIS에는 결합하지 않는 데 그 이유는 그들의 SECIS 요소들이 스트레스 관련 유전자들에 비해 약간 다른 구조를 가지고 있기 때문이다. 2차 구조의 주된 요소로 AAR은 SECIS의 기능에 필수적이다. 항존 mRNA에서 AAR 주요소는 줄기 고리의 꼭대기에 위치하는 데 비해 스트레스 관련 mRNA에서 AAR은 줄기의 K-회전 가까이에 있다. 줄기의 AAR은 우선적으로 eIF4a3에 결합하며, 이것이 UGA에 셀레노시스테인이 삽입되는 것을 차단한다. 이것이 번역을 멈추게 하고 mRNA는 분해 대상이 되게 한다. 그러므로 줄기 고리 내의 약간 다른 구조가 셀레늄이 낮은 조건 하에서 mRNA가 필수적인 것인지 또는 없어도 좋은 것인지를 결정하는 데 충분하다.

그림 13.40
셀레노시스테인과 시스테인

셀레노시스테인은 황을 셀레늄으로 대체한 것을 제외하면 시스테인과 똑 같다.

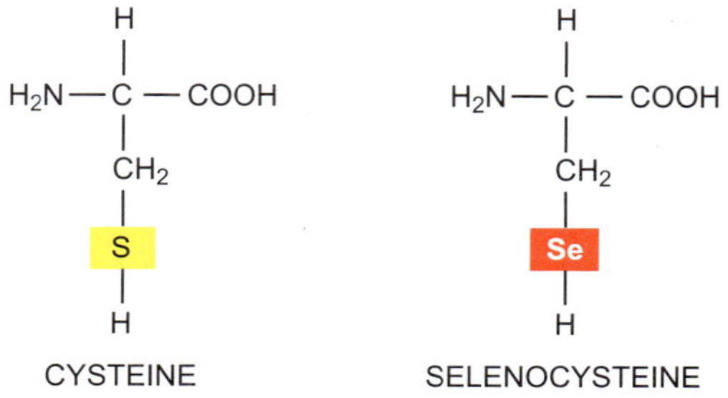

그림 13.41
피롤리신과 리신

피롤리신은 (5R,5R)-4-메틸-피롤린 카르복실산이다.

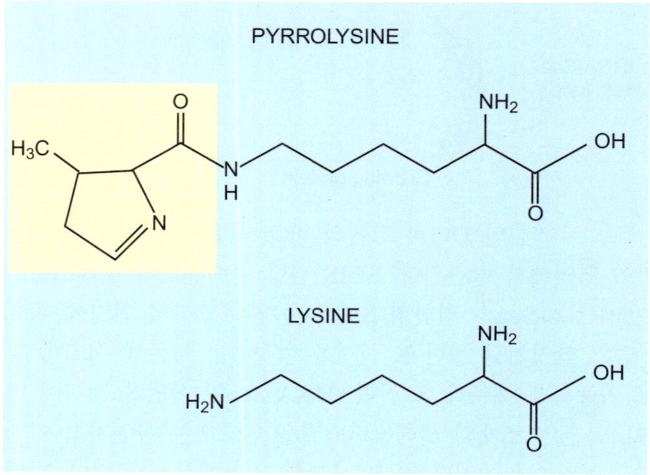

시되었다. 산소를 만드는 고등식물은 셀레노시스테인을 함유한 단백질이 전혀 없다. 균류 유전체에도 셀레노단백질이 완전히 결여되어 있다. 이와는 달리 육상보다 낮은 수준의 산소가 있는 바다에 사는 어류는 전형적인 포유류보다 더 많은 셀레노단백질을 가지고 있다. 실제로 제브라피쉬 셀레노단백질 P는 17개의 Sec 잔기를 포함하며 이는 알려진 단백질 중 가장 많은 수이다.

2002년, 유전적으로 암호화된 22번째 아미노산인 **피롤리신**이 발견되었다. 피롤리신은 리신 유도체로서 부착된 피롤린 고리를 갖는다(그림 13.41). 이것은 몇몇 고세균에서 발견되는데, 가끔씩 생겨나는 단백질에서 종결 코돈인 UAG에 의해 암호화되어 있다. 피롤리신은 메탄을 생산하는 *Methanosarcina* 속의 고세균의 메틸아민 메틸기전달효소의 활성 부위에서 처음 발견되었다. 피롤리신을 가진 생물들에서 생소한 아미노아실-tRNA 합성효소, 특별한 tRNA 그리고 세 가지의 부수 단백질들에 대한 유전자들 또한 발견되었다.

종결 코돈인 UAG는 드물게 나타나는 아미노산인 피롤리신으로 번역된다.

셀레노시스테인과 유사하게, 피롤리신-tRNA는 먼저 리신으로 충전되며, 이것이 변형되어 피롤리신을 형성하는 것으로 생각된다. 그러나 피롤리신의 합성과 삽입에 관한 기작은 세부적으로 규명되어야 할 과제이다. 특히, 피롤리신에 대한 UGA 코돈이 어떻게 정지를 의미하는 코돈과 구분되는지 알려져 있지 않다. 유전체 서열 분석으로 이따금씩 진정세균에서 피롤리신 시스템과 유사한 유전자들이 발견되었는데, 이는 피롤리신이 존재한다는 것을 의미한다. 그러나 아직까지 피롤리신 자체가 이들 생물체에서 직접적으로 확인되지는 못하였다. 동일한 순서로 동일한 5 유전자가 고세균과 진정세균에서 발견되었음은 수평적 유전자 전달이 이루어졌음을 의미한다.

17. 단백질의 분해

살아있는 세포들은 단백질을 합성할 뿐만 아니라 분해하기도 한다. 단백질의 분해는 어떤

피롤리신(pyrrolysine, Pyl) 22번째로 유전적으로 암호화된 리신에서 유도된 아미노산

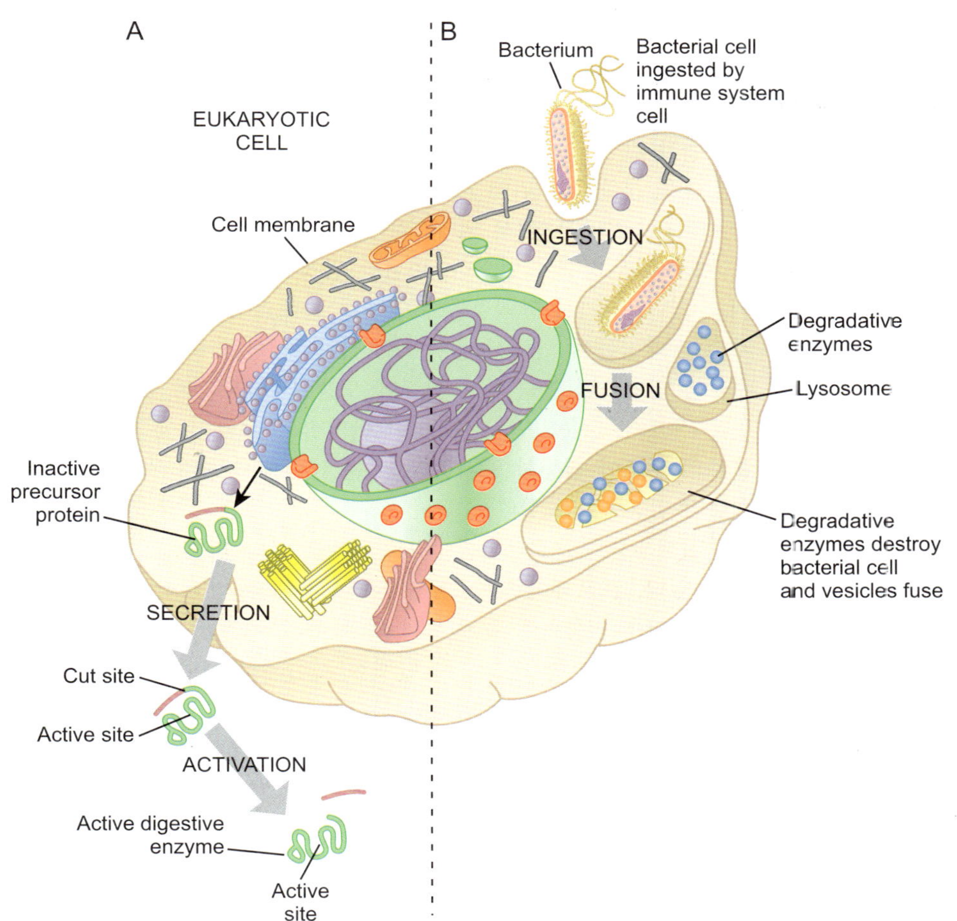

■ **그림 13.42**

소화 효소는 위치에 도달하여 활성화된다

A) 분비될 단백질 가수분해효소는 전구물질로 만들어지며 일단 안전하게 세포 밖에서 잘려서 활성 단백질 분해효소를 형성한다. B) 막으로 싸인 리소좀의 단백질 가수분해효소는 섭취한 물질을 분해한다.

경우에도 합성만큼 복잡하지는 않지만, 그럼에도 불구하고 단백질 분해는 주의 깊게 조절되고 때로는 매우 특이적으로 분해된다. **단백질 가수분해효소**는 단백질을 분해하는 효소이다. 따라서 이 효소들은 이를 만드는 생물체에 있어서 위험 가능성이 있으므로 주의 깊게 조절되어야 한다. 단백질 가수분해효소들은 흔히 생물체의 다른 구성 요소에 위협이 되지 않게 활동할 수 있도록 분리된 구조물에 담겨져 있다. 또한, 단백질 가수분해효소들은 특이적으로 표지된 단백질들만을 받아들여서 분해하도록 설계되어 있을 수도 있다.

단백질 분해효소는 세 가지의 주요 위치에서 발견된다: 세포 외부, 내부의 특별한 구획 그리고 세포질에 유리된 것. 동물들은 그들의 소화관으로 단백질 분해효소를 분비한다. 이 효소들은 항상 불활성의 전구물질로 합성되고, 그 효소를 만든 동물의 세포 바깥으로 안전하게 이동되었을 때만 활성을 갖게 된다(그림 13.42A). 그 예로는 트립신(전구체는 트립시노겐)과 펩신(전구체는 펩시노겐)이 있다. 곤충을 잡는 식물들과, 선충을 잡는 곰팡이, 그리고 썩은 동식물 조직에서 사는 세균들 또한 단백질 분해효소를 분비한다. 동물과 마찬가지로, 이러한 단백질 분해효소들은 일반적으로 불활성인 전구체로써 분비되고, 생산하는 생물의 세포 외부에 나갔을 때 활성화된다.

단백질을 분해하는 효소들은 위험하다. 이들 효소는 일반적으로 분리된 기관에 담겨져 있으며 흔히 불활성 전구물질로 합성된다.

리소좀은 막으로 싸인 세포소기관으로써 진핵세포에서 발견된다. 리소좀은 단백질 분해효소를 포함한 여러 가지 소화 효소를 가지고 있으며, 자기 방어에서 기능을 한다. 면역계의 세포들이 세균이나 바이러스 입자를 삼키면, 침입자를 포함한 소낭은 리소좀과 융합하고 감염 병원체들은 소화된다(그림 13.42B). 그렇다고 세균들이 언제나 고분고분한 것은

리소좀(lysosome) 분해 효소들을 담고 있는 진핵세포의 막성 소기관
단백질 가수분해효소(protease) proteinase와 동일; 단백질을 분해하는 효소

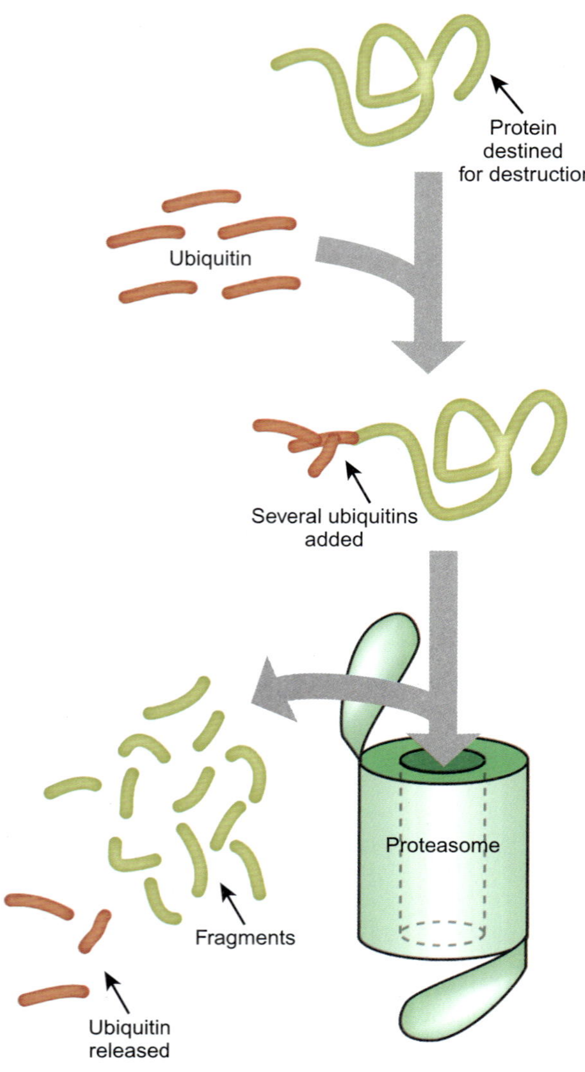

그림 13.43
프로테아좀의 작동

유비퀴틴은 손상된 단백질에 꼬리를 달며, 원통형의 프로테아좀에 의해서 인지된다. 분해된 다음 폴리펩티드 토막들과 유비퀴틴은 방출된다.

아니다. 예를 들어 많은 병원성 *Salmonella* 종들은 리소좀 내의 독성 물질과 소화 효소 작용을 극복하고 생존할 수 있다.

세포질 자체에 위치한 단백질 분해효소들은 매우 조심스럽게 조절되어야 한다. 그럼에도 불구하고, 세포는 손상되거나 잘못 접힌 단백질들을 분해하기 위해 세포 내부의 단백질 분해효소를 필요로 한다. 세균의 세포 내에서 발견되는 단백질 분해효소는 속이 빈 원통을 형성하는 경향이 있으며, 위험한 활성 부위를 원통의 내부에 가지고 있다. 파괴될 단백질들은 단백질 분해효소 원통으로 이동되고, 부수 단백질들에 의해서 중앙부로 밀려들어간다. 특히 세포들은 그 구조를 망가트릴 만큼 높은 온도에 노출된 것과 같이 불편할 정도로 높은 온도에 노출되면 잘못 접힌 단백질의 수와 그에 따른 단백질 분해의 수준이 월등히 증가한다. 이는 16장에서 보다 자세히 설명된 열충격 반응을 유도한다.

진핵생물은 프로테아좀이라고 알려진 보다 더 정교한 구조를 가지고 있다. **프로테아좀**은 그 내부에 단백질 분해효소 활성 부위를 가지고 있는 원통형이다. 원통의 위와 아래는 손상되거나 원치 않는 단백질을 인지하여 결합하는 단백질 복합체로 덮여있다. 분해되도록 결정된 단백질들은 **유비퀴틴** 꼬리가 달려 있기 때문에 인지된다. 유비퀴틴은 손상되거나 잘못 접힌 단백질, 또한 짧은 기간 동안에만 필요한 일부 단백질들에게 결합하는 작은 단백질이다(그림 13.43). 유비퀴틴 꼬리표가 달린 단백질은 접힘이 풀리고 프로테아좀의 원통 안으로 유도된 후 거기서 짧은 폴리펩티드로 분해된다. 유비퀴틴 꼬리표 자체는 잘려져 나가서 재활용된다.

핵심 개념

- 폴리펩티드 사슬은 아미노산의 선상 중합체이다. 20가지의 유전적으로 암호화된 공통 아미노산에 더하여 두 가지 희귀 아미노산이 있다.
- 각 아미노산은 3개 염기로 구성된 코돈에 의해서 암호화 되어있다. 각 코돈은 아미노산이 부착된 운반 RNA(tRNA)에 있는 상응하는 역코돈에 의해서 인지된다.
- 번역은 RNA의 정보를 사용한 단백질의 합성이며 리보솜에 의해서 수행된다.
- 코돈은 3개의 가능한 해독 구조로 읽힐 수 있으므로 인지 서열을 이용하여 바른 개시 코돈을 찾는 것이 중요하다.
- 폴리펩티드 사슬이 신장되는 동안 tRNA는 리보솜 내의 분리된 3부위에서 이동한다.
- 번역은 종결 코돈이 방출인자라는 단백질에 의해서 읽혀지면 종결된다. 이어서 리보솜 소단위들을 재순환된다.
- 일반적으로 몇 개의 리보솜이 동일한 mRNA를 동시에 읽는다.

프로테아좀(proteasome) 진핵세포에서 발견되는 단백질을 분해하는 단백질 조합체
유비퀴틴(ubiquitin) 분해 대상 단백질에 대한 신호로서 다른 단백질에 결합하는 작은 단백질; 진핵세포에서만 사용되며 세균에는 사용되지 않는다.

- 세균에서는 단일 mRNA가 몇 개의 단백질을 암호할 수 있다. 또한 핵이 없기 때문에 전사와 번역이 연계되어 있다.
- 진핵세포와 원핵세포의 단백질 합성에는 차이가 있다.
- 세포로부터 외분비할 단백질은 외분비 기구로 운반할 신호서열을 가지고 있다.
- 분자 샤프롱은 다른 단백질의 올바른 접힘을 감독하는 특수한 단백질이다.
- 일부 단백질들은 미토콘드리아와 엽록체 내부에서 만들어지지만 대부분의 세포소기관 단백질들은 세포질 리보솜에 의해서 만들어져 세포소기관으로 운반된다.
- 많은 항생제들은 단백질 합성을 저해한다. 이에는 테트라사이클린, 아미노글리코시드(스트렙토마이신 같은) 및 클로람페니콜이 포함된다.
- 희귀 아미노산인 셀레노시스테인과 피롤리신은 특정한 종결 코돈에서 삽입된다.
- 단백질은 단백질 가수분해효소에 의해서 분해된다. 진핵생물에서 유비퀴틴으로 표시된 단백질들은 프로테아좀이라는 원통형 구조물 내에서 분해된다.

복습 문제

1. 무엇이 유전자 산물인가? 모든 유전자 산물은 번역되는가?
2. 번역되지 않는 세 가지 유전자 산물들을 설명하라.
3. "1 유전자 1 단백질"의 일반화는 얼마나 보편적인 진실인가? 간략하게 1 유전자가 복수의 단백질을 낳을 수 있는지 세 가지 예를 들어라.
4. 단백질체에 있는 단백질의 수처럼 유전체에서 같은 수의 유전자가 찾아질 것을 기대할 수 있는가? 왜 그런가 또는 그렇지 않은가?
5. 다음 mRNA 서열을 단백질로 번역하라.

   5′ UGC-CUU-AAU-CAC-CGU-CUA-AUG-GGC-CGC-AUU-AUC-CGG 3′

6. tRNA 분자의 TψC-고리와 D 고리에서 공통적으로 발견되는 두 가지 변형된 염기의 명칭을 말하고 그들이 필요한 이유를 설명하라.
7. 61 코돈이 있다면서(종결 코돈은 제외) 왜 번역을 수행하는데 31가지 다른 tRNA 분자만 필요한가?
8. tRNA 분자는 어떻게 아미노산으로 충전되는가?
9. 원핵생물과 진핵생물에서 리보솜과 그들의 소단위들을 비교하고 대비시켜 보라
10. 리보솜에 의한 단백질 합성에서 23S rRNA는 무슨 역할을 하는가?
11. mRNA를 단백질로 번역하는 데 있어서 바른 해독 구조가 왜 중요한가?
12. 한 ORF에서 뉴클레오티드 1개 삽입 또는 3개의 삽입 중 어떤 돌연변이가 더 치명적인가? 왜?
13. 원핵생물에서 번역 개시를 요약하라. 다음 용어들을 포함시켜라: 개시 tRNA, N-포르밀-메티오닌, 사인-달가르노 서열, 16S rRNA, AUG 개시 코돈 및 개시인자.
14. 어떤 다른 코돈이 AUG 대신에 개시 코돈으로 사용되는가? 무슨 종류의 단백질이 이 코돈을 사용하는가?
15. 원핵생물에서 신장 단계를 요약하라. 다음 용어들을 포함시켜라: E-부위, P-부위, A-부위, 펩티드기 전달효소, 전좌, 신장인자 및 GTP.
16. 3 종결 코돈은 무엇인가? 무슨 단백질이 이들을 인식하는가?
17. 폴리솜은 무엇인가?
18. 폴리시스트론성 mRNA는 무엇인가? 이것은 원핵생물, 진핵생물 또는 모두에서 발견되는가?
19. 원핵생물은 번역될 필요가 있는 mRNA를 어떻게 인지하는가? 진핵생물은 어떠한가?

20. 전사와 번역의 연계란 무엇을 의미하는가? 이것은 원핵생물, 진핵생물, 또는 모두에서 일어나는가? 설명하라.
21. tmRNA란 무엇인가? 번역에서 이것이 하는 역할이 무엇인가?
22. tmRNA는 분해될 단백질을 어떻게 표시하는가?
23. 진핵생물의 번역은 원핵생물의 번역에 비하여 어떤 점이 더 간단한가?
24. 진핵생물에서 번역개시를 요약하라. 이것은 어떤 점에서 원핵생물과 차이 나는가?
25. 원핵생물과 진핵생물 사이에서 영양분 결핍에 따른 단백질 합성의 중단이 어떻게 차이 나는가?
26. 신호서열은 무엇이며 그것이 하는 역할은 무엇인가?
27. 번역과 동시 분비의 과정을 요약하라.
28. 샤프롱 단백질이 하는 역할은 무엇인가?
29. 세균의 단백질 분비와 미토콘드리아 및 엽록체의 단백질 수입을 비교하고 대비시켜라.
30. 일부 생물들이 어떻게 번역 오류를 기능적 단백질의 생산에 활용하는지를 예시하라.
31. 왜 유전 암호가 완전히 보편적이지 못한가?
32. 번역후 변형이란 무엇인가?
33. 셀레노시스테인과 피롤리신은 21번 및 22번 아미노산으로 간주되는 반면에 디프타미드는 23번 아미노산이라고 고려하지 않는 것은 왜인가?
34. 리보솜은 UGA 종결 코돈을 만났을 때 셀레노시스테인을 삽입할 것을 어떻게 아는가?
35. 어느 종결 코돈이 때로는 피롤리신을 암호하는가?
36. 아미노글리코시드 항생제의 작용 메커니즘을 설명하라.
37. 스트렙토마이신 내성이 세균에서 저절로 생길 것으로 생각하는가? 왜 또는 왜 아닌가?
38. 세포는 정상적으로 합성한 다음 분비하는 단백질 가수분해효소로부터 자신을 어떻게 보호하는가?
39. 리소좀은 무엇인가?
40. 진핵생물은 원하지 않는 단백질들을 어떻게 처리하는가?

개념 문제

1. 유전 암호는 축중성이 있으므로 번역 동안 하나 이상의 3염기 코돈이 동일한 아미노산을 첨가한다. 다음 아미노산을 암호할 수 있는 모든 가능성 있는 mRNA 서열을 나열하라: (a) Met-Ser-Asn; (b) Val-His-Phe; (c) Trp-Glu-Tyr.
2. mRNA로부터 적절한 단백질을 번역하려면 해독 구조가 중요하다. tRNA가 앞의 3염기 코돈으로부터 하나 또는 두 염기를 이동하면 이어지는 아미노산은 완전히 다르게 된다. 모든 세 가지 해독틀을 사용하여서 다음 mRNA를 번역하라:

   5′-UGC-CUU-AAU-CAC-CGU-CUA-AUG-GGC-CGC-AUU-AUC-CGG 3′

3. 한 연구자가 돌연변이 *E. coli*가 젖당을 섭취하여서 생장을 위한 대사작용을 할 수 없음을 확인하였다. 연구자는 젖당의 흡수 및 대사에 관련된 유전자를 가지고 있는 폴리시스트론성 mRNA를 분리하였다. 그는 젖당을 당원으로 사용하는 야생형 균주에서도 동일한 mRNA를 분리하였다. 그는 돌연변이의 mRNA가 야생형 균주의 해당 서열과 차이나는 것을 발견하였다. 돌연변이 mRNA에 빠진 것은 무엇인가?

돌연변이 mRNA	5′ GAAUCTTAAGUUCUACAAU....	3′
야생형 mRNA	5′ GAAUCTTAUGAGUUCUACAAU....	3′

4. 많은 항생제들은 리보솜에 결합하여 번역을 저해한다. 왜 항생제는 세균성 병원체는 저해하면서 우리의 세포 리보솜은 해치지 않는가?

단백질의 구조와 기능

Chapter 14

단백질은 아미노산의 선상 중합체이다. 유전적으로 암호화된 20가지 일반적인 아미노산이 있으며 각 아미노산은 뚜렷한 측쇄를 가지고 있다. 단량체의 광범위한 선택이 단백질로 하여금 용도가 극히 넓으며 광범위한 특성과 능력을 가질 수 있게 해준다. 단백질은 촉매 활성(효소로)이 있거나 또는 막을 가로지르거나 용액에서 운반 수송체로 작용할 수 있다. 또한 촉매 활성 또는 결합 작용이 없는 구조단백질들과 유전자 발현과 기타 세포 작용을 조절하는 조절단백질들이 있다. 다양한 역할을 감당하기 위하여 단백질은 다양한 3D 모양과 구조로 접힌다. 단백질의 최종 구조를 만들려면 몇 단계의 접힘이 필요하며 이는 이들을 함께 잡고 있는 다양한 화학적 힘에 달려있다. 단백질 자체가 접힌 다음에 단백질이 정상적으로 기능을 하려면 다른 화학기들이 결합할 필요가 있다. 그 범주는 금속 이온에서부터 복잡한 유기 보조인자까지이다.

1. 단백질의 구조는 4단계의 구성을 나타낸다

번역 과정에서 아미노산은 선상의 폴리펩티드 사슬로 서로 연결된다. 각각의 아미노산은 그 사슬이 적절한 기능을 하기 위한 상호작용 방식과 3D로 접힘을 지시하는 특정한 화학적 특성을 가지고 있다. 뿐만 아니라 값은 단백질은 하나 이상의 폴리펩티드 사슬로부터 조립되고, 또한 아미노산으로 선상의 폴리펩티드 사슬은 접혀서 최종적으로 3D 구조를 형성한다.

만들어지지 않으면서 관련된 분자로 **보조인자** 또는 **보결 분자단**을 가질 수도 있다. 단백질의 최종적인 모양은 아미노산 서열에 의해서 결정되므로 비슷한 서열을 갖고 있는 단백질들은 비슷한 3D 구조를 갖게 된다. 더욱 더 많은 단백질 3D 구조가 해명되면서 아미노산 서열이 상당히 다르면서도 유사한 3D 구조를 갖는 단백질들이 출현하고 있다.

전형적인 폴리펩티드는 300-400개의 아미노산을 갖고 있다. 이보다 훨씬 더 작거나 큰 폴리펩티드는 흔하지 않다. 그러나 인슐린과 같은 많은 호르몬과 성장 인자는 비교적 짧은 폴리펩티드 사슬로 구성되어 있다. 1,000개 이상의 아미노산을 갖고 있는 1개의 폴리펩티드는 매우 드물고, 매우 큰 단백질들은 1개의 긴 사슬보다는 몇 개의 다른 폴리펩티드 사슬들로 구성되어 있는 경우가 많다.

생물학적 중합체의 구조로 단백질과 핵산은 모두 흔히 4단계로 구분한다.

1. **1차 구조**는 단량체의 순서로 단백질의 아미노산 서열 혹은 DNA와 RNA의 경우는 뉴클레오티드 서열이다.
2. **2차 구조**는 수소결합에 의해서 당초의 중합체 사슬이 접히거나 꼬인 것이다. 단백질의 경우 수소결합은 폴리펩티드 골격의 원자들 사이에서 형성된다.
3. **3차 구조**는 1개의 중합체 사슬이 더 접혀서 최종적인 3D 구조를 이룬 것이다. 단백질의 경우, 여기에는 아미노산들의 R-기들 사이의 상호작용이 관여한다.
4. **4차 구조**는 몇 개의 서로 다른 중합체 사슬들의 결합으로 이루어진다.

1.1. 단백질의 2차 구조는 수소결합에 의존한다

정의에 따르면 2차 구조는 오직 수소결합에 의한 접힘이다. DNA에서는 수소결합이 염기쌍 사이에서 일어나며 이중나선의 기본이 된다. 단백질에서는 수소결합이 펩티드기 사이에서 생성되며 폴리펩티드의 골격을 형성한다(그림 14.01). 폴리펩티드 사슬은 2개의 펩티드기가 서로 나란해지도록 접혀야 한다. 하나의 펩티드기의 질소에 결합한 수소가 다른 펩티드기의 산소와 결합한다. (수소결합은 3차 구조에도 기여하지만 3차 구조에는 수소결합만 있는 것이 아니며, 수소결합은 주된 힘을 부여하는 결합도 아니다.)

단백질에서 알파 나선과 베타 병풍 구조의 형성은 수소결합 때문이다.

단백질에서 발견되는 대부분의 2차 구조는 **α-(알파) 나선**과 **β-(베타) 병풍**이라고 하는 두 구조 중의 하나이다. 두 구조 모두 가능한 수소결합을 최대로 형성하는 것이 허용되기 때문에 매우 안정된 구조이다.

α-나선에서는(그림 14.02), 1개의 폴리펩티드 사슬이 우선성 나선으로 꼬여 있으며, 수소결합은 수직으로 위와 아래로 형성되어 나선 축과 평행하다. 실제로, α-나선의 수소결합이 축에 완전히 평행한 것은 아니다. 나선 한 바퀴당 아미노산의 수가 정수가 아니라 3.6개이기 때문에 수소결합은 나선 축에 대하여 약간 기울어져 있다. 피치(반복 길이 단위)는 0.54 nm이고 잔기당 높이는 약 0.15 nm이다.

수소결합은 나선의 연속적인 뒤틀림을 함께 잡아주며, 하나의 아미노산의 C=O기에서 사슬의 아래쪽으로 4번째 아미노산의 NH기로 연결된다. α-나선은 모든 펩티드기(—CO—NH—)들이 2개의 수소결합에, 하나는 나선 축의 위로 하나는 나선 축의 아래로, 참여하고 있기 때문에 매우 안정되어 있다. L-아미노산들은 우선성 나선이 가장 안정한 구조이다.

α-(알파) 나선[alpha-(α) helix] 단백질에서 발견되는 나선형의 2차 구조
β-(베타) 병풍[beta-(β-) sheet] 단백질에서 발견되는 편평한 병풍 같은 2차 구조
보조인자(co-factor) 폴리펩티드 사슬의 일부는 아니지만 단백질에 (때로는 일시적으로) 결합한 추가적인 화학적 작용기
보결 분자단(prosthetic group) 폴리펩티드 사슬의 일부는 아니지만 단백질에 (때로는 공유결합으로) 결합한 추가적인 화학적 작용기
1차 구조(primary structure) 중합체의 소단위들을 배열한 직선 상의 순서
4차 구조(quaternary structure) 최종적인 구조를 이루기 위한 하나 이상 중합체 사슬들의 집합
2차 구조(secondary structure) 중합체의 수소결합으로 인한 규칙적이며 반복적인 구조로의 초기 접힘
3차 구조(tertiary structure) 중합체 사슬의 삼차원적인 최종 접힘

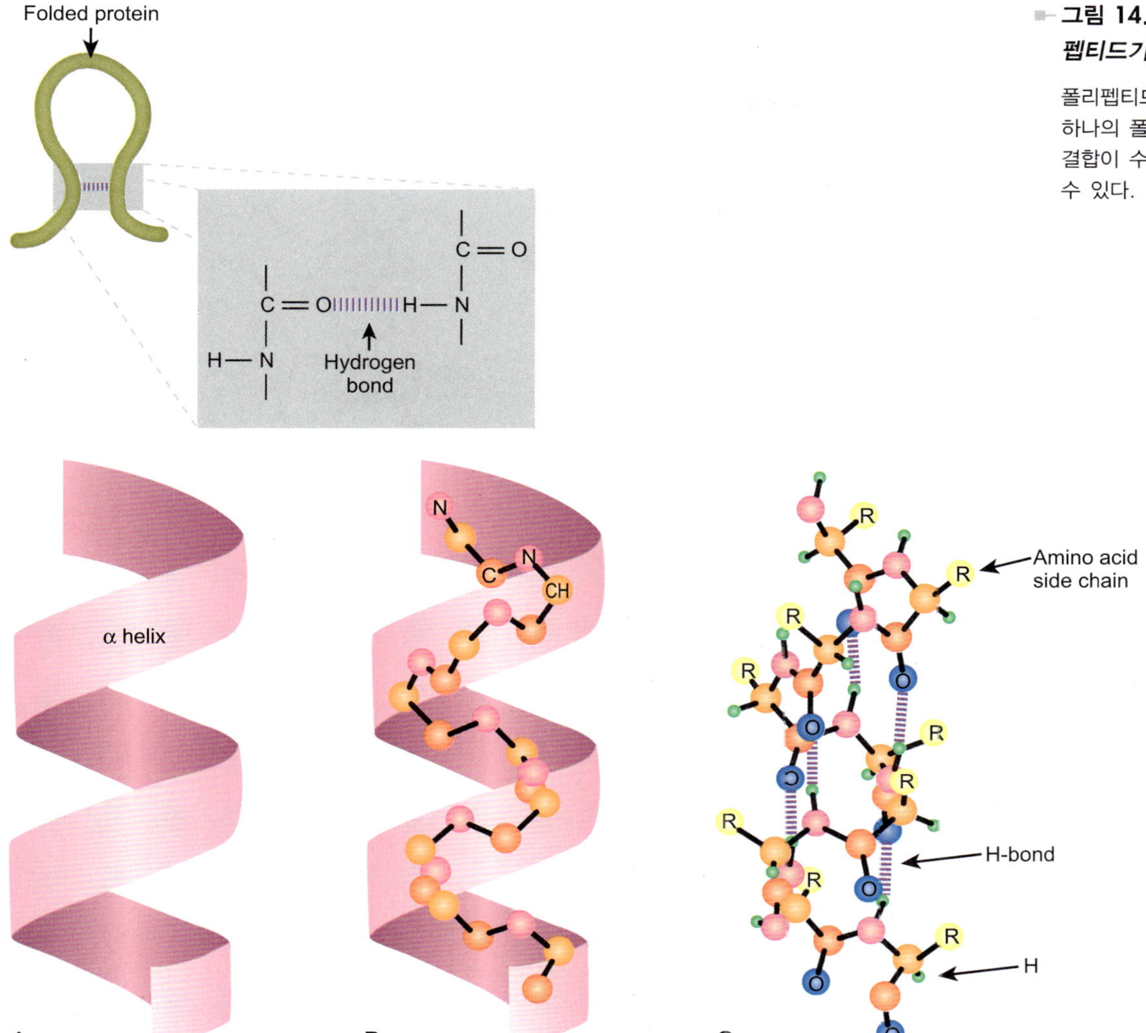

그림 14.01

펩티드기들 사이의 수소결합

폴리펩티드 사슬이 고리를 만들면 하나의 폴리펩티드에서 2가의 펩티드 결합이 수소결합을 이루도록 배치될 수 있다.

그림 14.02

알파 나선

A) α-나선의 일반적 구조.
B) 폴리펩티드 사슬의 탄소 골격.
C) 펩티드기들 사이의 수소결합

(이론적으로는 D-아미노산으로부터 안정적인 좌선성 나선이 형성될 수 있지만, D-아미노산과 L-아미노산의 혼합물로는 안정적인 나선이 형성될 수 없다.)

R-기는 견고하게 압축된 나선 폴리펩티드의 골격으로부터 밖으로 돌출되어 있다. 20가지의 아미노산들 중에 Ala, Glu, Leu, Met는 α-나선을 잘 이루는 것들이지만, Tyr, Gly, Pro는 그렇지 않다. 프롤린은 견고한 고리 구조 때문에 α-나선에 전혀 맞지 않는다. 또한 프롤린 잔기가 들어가면 펩티드 결합에 참여하는 질소 원자에 수소 원자가 남아있지 않다. 결과적으로 프롤린 잔기는 수소결합 양상을 교란시킨다. 게다가 폴리펩티드 사슬에서 바로 인접하여 위치한 2개의 커다란 아미노산 잔기 또는 2개의 동일한 전하를 갖는 잔기들은 α-나선에 제대로 맞지 않는다. 전체적으로 α-나선은 견고한 원기둥 막대모양을 형성한다.

β-병풍 또한 펩티드기들 사이에 수소결합으로 유지되지만 이 경우에는 폴리펩티드 사슬이 납작한 지그재그 모양으로 저절로 접혀있다(그림 14.03). α-나선과 마찬가지로 β-병풍은 모든 펩티드기들이(평면의 모서리의 것들은 제외) 2개의 수소결합을 이루고 있기 때문에 매우 안정하다. β-병풍에서는 수소결합이 각 펩티드기로부터 각 면으로 하나씩 측면으로 연결된다. 인접한 폴리펩티드 사슬의 구간들은 반드시 그렇지는 않지만 일반적으로 역평행하며, R-기들은 지그재그 β-병풍의 위아래로 교대로 놓여있다.

다양한 β-병풍 구조들이 알려져 있다(그림 14.04). 몇몇 β-병풍들은 납작하지만, 대부분의 알려진 β-병풍은 뒤틀려(우선성으로) 있어서 전체적으로 평면 구조는 결국 납작하지

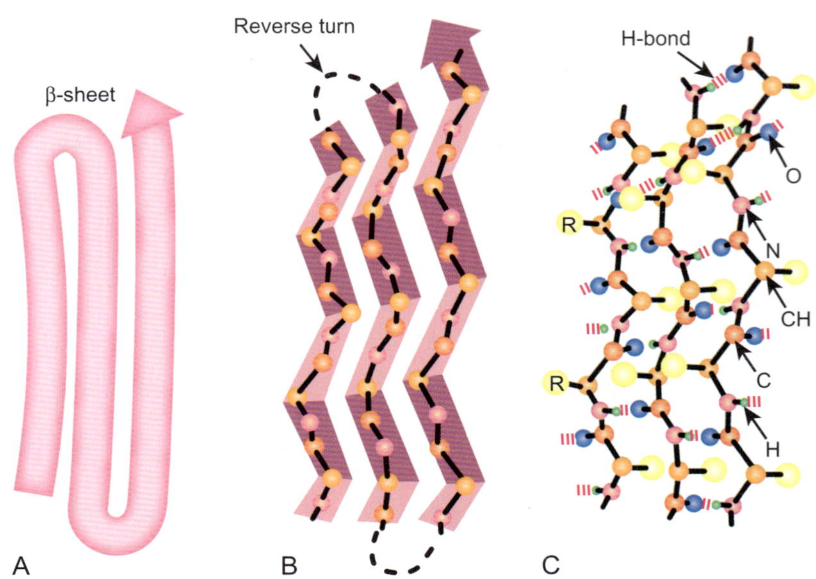

그림 14.03
베타 병풍–수소결합

A) 하나의 폴리펩티드 사슬이 편평한 병풍 구조를 이루도록 3회에 걸쳐 앞뒤로 접혔다. B) β-병풍이 3차원적으로 지그재그를 이루는 원리가 드러나도록 병풍 구조의 폴리펩티드 골격을 나타낸 것이다. C) 공과 막대 모델로 β-병풍의 가닥들 사이의 수소결합이 드러나게 하였다.

않고 휘어져 있다. 어떤 경우에는 β-병풍들이 둥그렇게 휘어져 있어서 마지막 가닥이 첫 번째 가닥과 결합하여 통 구조를 형성한다.

역회전(β-회전 혹은 β-휨)은 폴리펩티드 사슬이 그 자체로 되돌아가도록 접힌 부위이다. β-병풍은 각 분절의 끝에 역회전을 갖고 있으나, 다른 부위에서도 종종 발견된다. Pro과 Gly이 종종 역회전에서 발견된다. 2차 구조를 형성하지 않는 단백질의 부위를 **마구잡이 나선**이라고 하는데, 그렇다고 진정한 마구잡이라기보다는 단지 불규칙할 뿐이다.

1.2. 단백질의 3차 구조

중합체 사슬이 더 접히게 되면 3차 구조를 형성한다. 핵산에서는 초나선이 될 것이다. 단백질에서는 폴리펩티드 사슬이 이미 형성된 α-나선과 β-병풍이 접혀서 최종적인 3차 구조를 형성한다. 일반적으로 비슷한 아미노산의 서열을 갖고 있는 폴리펩티드 사슬은 접혀서 비슷한 3D 구조를 형성한다. 3D의 접힘은 각 아미노산의 곁사슬 간의 결합에 따라서 이루어진다. 20가지의 서로 다른 아미노산이 있으므로, 대부분의 폴리펩티드들은 대략 구형이기는 하지만, 다양한 형태의 3차 구조 형성이 가능하다.

α-나선과 β-병풍 모형은 단백질의 기본적인 구조적 단위를 형성한다(그림 14.05). 이들은 다양한 길이의 마구잡이 나선의 고리로 연결되어 있다. 이들 고리의 대부분은 단백질의 표면에, 용매에 노출되어 있으며 주로 전하를 띠거나 극성 아미노산 잔기들로 구성되어 있다. 프롤린의 견고한 고리 구조는 폴리펩티드 골격의 방향이 약 90° 바뀌게 한다. 따라서, 프롤린은 2차 구조를 방해하고 휨을 형성하여 전체적인 접힘에 기여한다. 3D 구조들을 조사해 본 결과 알려진 수천 가지의 단백질들이 사실상 비교적 몇 개에 불과한 구조적 모티프들로 만들어진 것이 드러났다. 이 모티프들은 일반적으로 몇 개의 α-나선들과 혹은 β-병풍들이 결합하여 유용한 그리고 인지 가능한 구조들로 구성되어 있다(그림 14.06).

소수성 아미노산들은 단백질 내부에 함께 뭉치는 경향이 있어서 3D 접힘을 촉진한다.

이 3D의 접힘은 크게 2개의 인자들이 함께 작용하여서 형성된다. 많은 아미노산들은 물에 잘 녹는(친수성) R-기를 가지고 있다. 이 곁사슬들은 단백질의 표면에 있기를 선호하며, 단백질을 둘러싼 물에 녹을 수 있고 물 분자들과 수소결합을 형성한다. 반대로 물

마구잡이 나선(random coil) 폴리펩티드 사슬에서 2차 구조가 결여된 영역
역회전(reverse turn) 회전한 다음 같은 방향으로 되돌아가는 폴리펩티드 사슬의 영역

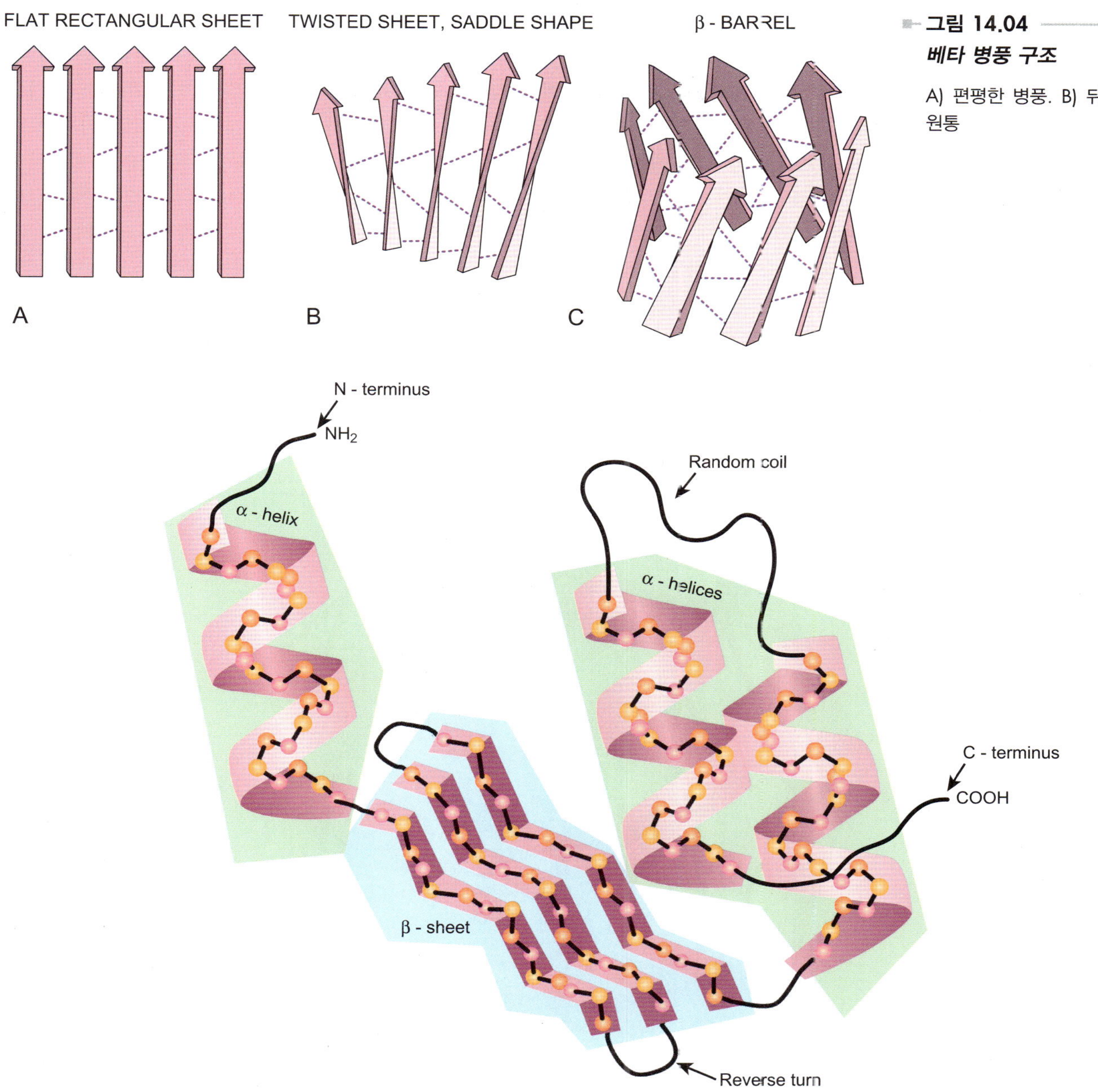

그림 14.04
베타 병풍 구조

A) 편평한 병풍. B) 뒤틀린 병풍, C) 원통

그림 14.05
α–나선과 β–병풍의 분자적 배치

양식화한 폴리펩티드 사슬. 접힌 폴리펩티드 사슬에 α-나선 영역과 β-병풍 단편을 함께 나타내었다. 이 모든 단편들은 역회전과 마구잡이 나선 영역들로 연결되어 있다.

을 싫어하는(소수성) R-기는 물로부터 도망가 단백질 내부에서 함께 무리를 이룬다(그림 14.07). 소수성 물질은 기름지고 물에 잘 녹지 않기 때문에 이 같은 배치는 단백질 구조의 **기름방울 모델**로 알려져 있다. 소수성 상호작용, 소수성 결합 혹은 무극성 결합이란 용어는 모두 무극성기들이 함께 뭉쳐서 물과의 접촉을 피하는 경향성을 말한다.

친수성 아미노산들은 흔히 접힌 단백질의 표면에 오게 되며 물 분자와 접촉한다.

소수성 결합의 형성은 대부분 물 구조에 미치는 영향에 의한 것이며 소수성 기들 상호간의 내재된 인력에 의해서 생기는 것이 아니다. 엄격히 말해서 소수성이라는 용어(물

기름방울 모델(oil drop model) 소수성 기들은 내부에 함께 무리를 이루어 물 분자로부터 멀어지게 한 단백질 구조 모델

을 두려워하거나 싫어한다는 의미)는 오해의 소지가 있는데 그 이유는 물이 용해된 무극성 기들을 싫어하기 때문이다. 노출된 탄화수소 잔기들은 주변의 물 분자들의 구조 형성에 영향을 미친다. 그래서 물의 엔트로피가 감소하고 열역학적으로 불리해진다. 탄화수소 잔기들을 제거하면 물은 덜 조직화된 수소결합 구조로 되돌아가며, 이에 따라서 엔트로피가 크게 증가한다(제거된 메틸렌기 당 약 0.7 Kcal). 그래서 물과 접촉한 류신의 곁사슬을 제거하면 3.5 Kcal/mole가 방출된다. 높은 온도에서 안정성이 감소하는 대부분 다른 결합과는 달리 소수성 상호작용은 엔트로피에 의존하기 때문에 소수성 결합의 힘은 고온에서 증가한다.

막에 깊숙이 삽입된 단백질들은 표준 기름방울과는 반대가 되는 구조를 나타낸다. 이들은 막 지질과 접하는 표면이 소수성이다. 이들의 친수성 잔기들은 대부분 내부에 뭉쳐있으나 일부는 단백질이 막에서 빠져 나와 있는 영역의 표면에서 발견된다(그림 14.08).

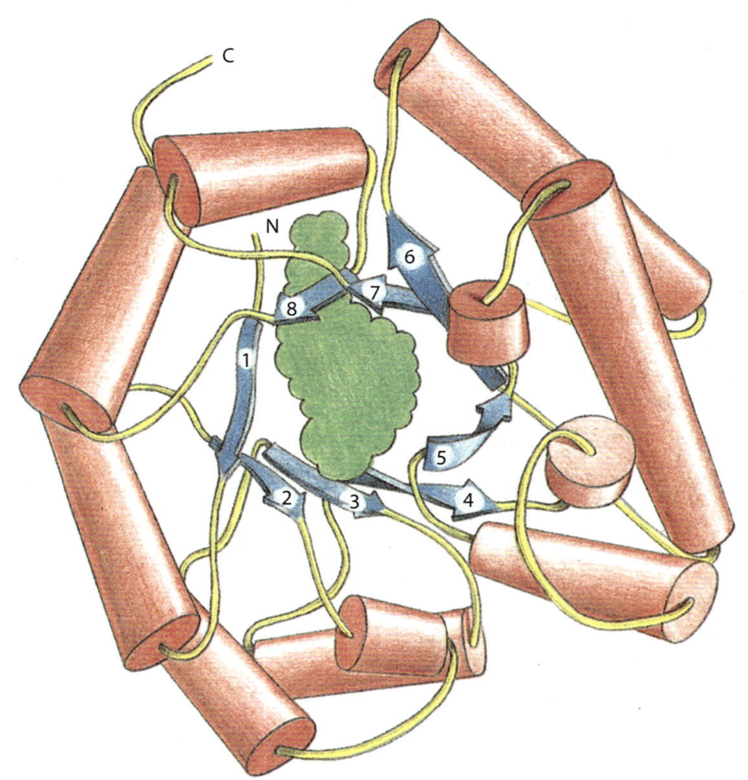

그림 14.06
α/β–원통 구역의 배치

메틸말로닐 CoA 뮤타아제의 α/β-원통 구역의 구조 모식도. 알파 나선은 적색, 베타 가닥은 청색이다. 원통의 내부는 기질 조효소 A(녹색)가 원통의 축을 따라서 결합하는 공간을 제공할 수 있도록 작은 친수성 곁사슬(Ser, Thr)이 늘어서있다. *(출처; Brandon & Tooze, Introduction to Protein Structure, 2nd ed., 1999. Garland Pub. Inc.)*

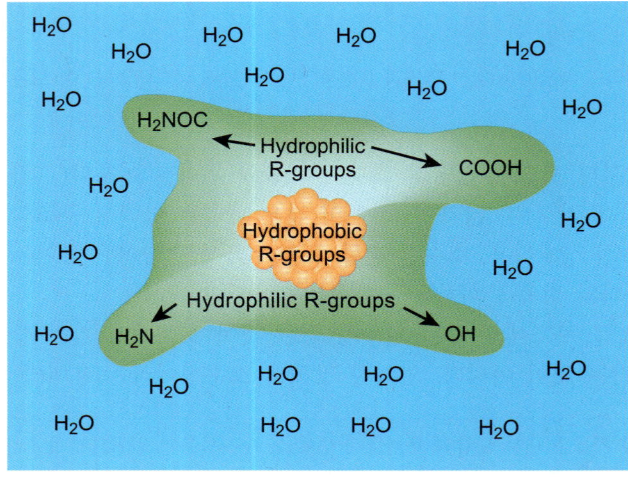

그림 14.07
단백질 구조의 기름방울 모델

친수성기는 물에 노출되고 소수성기는 중심에 위치하는 것을 나타내도록 단순화한 모델. 실제로 생명체에 있어서 많은 친수성기들은 주변의 물 분자들과 수소결합을 하고 있음에 주목하자. 또한 일부 친수성기들은 이온화하여 전하를 띤 이온이 된다.

1.3. 다양한 결합력이 단백질의 3D 구조를 유지한다

단백질 내부의 소수성 결합과 물에 대한 친수성 곁사슬들의 수소결합이 미치는 주된 영향 이외에도 다른 영향들 역시 중요하다(그림 14.09). 여기에는 수소결합과, 이온결합, 반데르발스 힘과 2황화 결합 등이 포함된다.

수소결합은 2개의 인접한 아미노산의 R-기들 사이에서 만들어질 수 있다. 곁사슬에 수산기, 아미노기 혹은 아마이드기를 가진 아미노산들은 이와 같은 수소결합에 참여할 수 있다. 이온결합 (—NH_3^+ $^-$OOC—)은 염기성의 R-기와 산성의 R-기를 가진 아미노산 잔기들 사이에서 형성된다(그림 14.09). 가능한 이온결합의 수에 비하여 소수만이 실제로 이온결합을 이룬다. 이는 대부분의 극성기들이 단백질 표면에 있으며, 물과 수소결합을 형성하기 때문이다.

분자들이, 또는 분자의 일부분이 매우 근접할 수 있도록 잘 맞는 경우에는 반데르발스 힘이 이들을 잡아준다. 반데르발스 힘은 약하며 거리가 멀어지면 급격히 감소한다. 따라서 반데르발스 힘은 모양에 있어서 비교적 넓은 영역이 상보적일 경우에단 의미가 있다. 또한 시스테인들 사이의 2황화 결합도 3차 구조를 유지하는 데 중요하다(다음 참조).

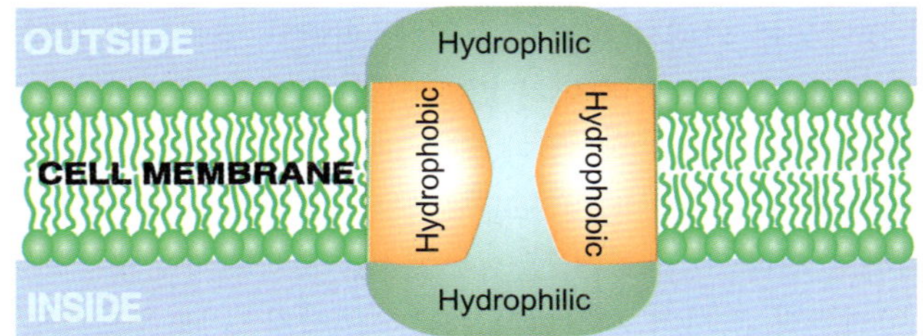

그림 14.08
막 단백질의 역구조

막 단백질의 친수성 영역은 수성인 세포의 안팎과 상호작용을 한다. 소수성인 영역은 막의 소수성인 인지질과 마주하고 있다.

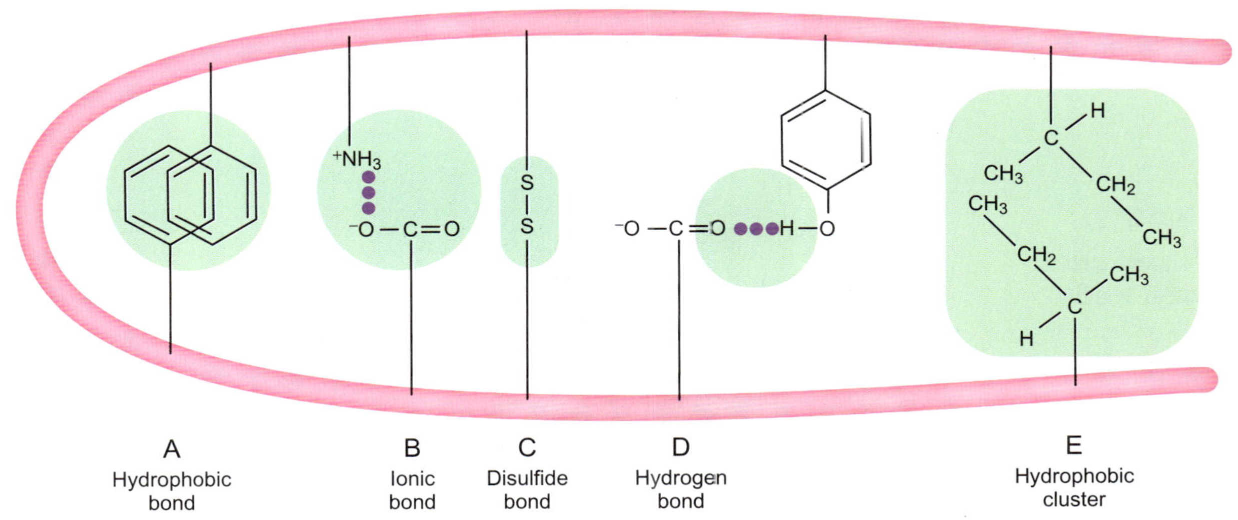

그림 14.09
단백질의 3D 구조를 유지하는 결합력

3D 구조를 유지하는 그 밖의 결합력에는 A) 소수성 고리 중첩, B) 이온결합, C) 2황화 결합, D) 수소결합, E) 소수성 상호작용이 포함된다.

1.4. 시스테인은 2황화 결합을 이룬다

산화성 환경에서 2개의 시스테인의 황화수소기들은 **2황화 결합**을 형성할 수 있다. 2황화 결합으로 연결된 2개의 시스테인이 이루는 2량체를 시스틴이라고 한다(그림 14.10). 시스테인 잔기 간의 2황화 결합은 특정한 경우에 있어서 3차 구조를 유지하는 데 중요하다(위 그림 14.09 참조). 2황화 결합은 동일한 폴리펩티드 사슬의 두 영역들 사이에서 형성되거나(3차 구조 형성을 위한 사슬 내의 2황화 결합) 2개의 서로 다른 폴리펩티드들 사이에서 형성된다(4차 구조를 위한 사슬 간의 2황화 결합).

세포 내에서 2황화 결합은 쉽게 황화수소기로 환원되기 때문에 세포 내의 단백질을 안정화 시키는 데에는 쓸모가 없다. 2황화 결합은 더 산화성인 환경에 노출된 세포 밖의 단백질을 안정화시키는 데 주로 사용된다. 전형적인 예는 척추동물의 혈액에서 순환하는 항체들이다. **리소자임**과 같은 분비된 효소 혹은 인슐린과 같은 호르몬 또한 2황화 결합에 의존한다. 단세포 생물은 고등한 다세포 생물들보다 세포 밖 단백질을 상대적으로 적게 만들기 때문에 2황화 결합을 덜 사용한다.

2개의 시스테인 잔기들 간의 2황화 결합은 단백질 구조를 안정화 시킬 수 있다.

1.5. 큰 단백질에서 복수의 접힘 영역들

긴 단백질 분자에서는 폴리펩티드 사슬의 영역에 따라서 접힘이 별도로 일어날 수 있다.

긴 폴리펩티드 사슬들은 다소 독립적으로 접힌 몇 개의 영역들을 가질 수도 있으며, 이 영역들은 3차 구조가 거의 없는 연결 영역들에 의해서 연결되어 있다. 이러한 영역들을 **구역**이라고 하며, 이는 50–350개 정도의 아미노산들로 이루어져 있다(그림 14.11). 짧은 단백질들은 단일 구역을 갖고 있는데 비하여 매우 긴 단백질은 때로는 12개에 달하는 구역들을 갖고 있다. 전산화된 단백질 구조 데이터베이스는 수 천 또는 그 이상 패밀리로 나누어지는 20,000여 다른 구역 구조를 나열하고 있다.

단백질들은 완전히 합성되기 이전부터 접히기 시작한다는데 유의하자. 리보솜으로부터 3D 구조를 형성하기에 충분한 길이의 폴리펩티드 사슬이 빠져나오자마자 접힌다. 그래서 구역들은 서로 독립적으로 차례대로 접힌다. (접힘의 순서가 다르기 때문에, 이는 변성된 폴리펩티드의 되접힘은 흔히 원래의 접힘과 매우 다를 수 있음을 의미한다.)

많은 전사인자들은 2개의 구역으로 구성되어 있으며 그 중 하나는 DNA에 결합하고 다른 하나는 신호 분자에 결합한다. 신호 분자가 결합하면 그 구역 자체의 구조가 변한다(그림 14.12). 이 구조의 변화는 DNA-결합 구역으로 전달되어서 이 또한 모양을 바꾸게 된다. 그러므로 따로 분리되어 접혔더라도 구역들은 서로 간에 물리적으로 상호작용을 한다.

그림 14.10
시스테인과 시스틴

두 시스테인이 2황화 결합으로 연결되어 시스틴을 형성한다.

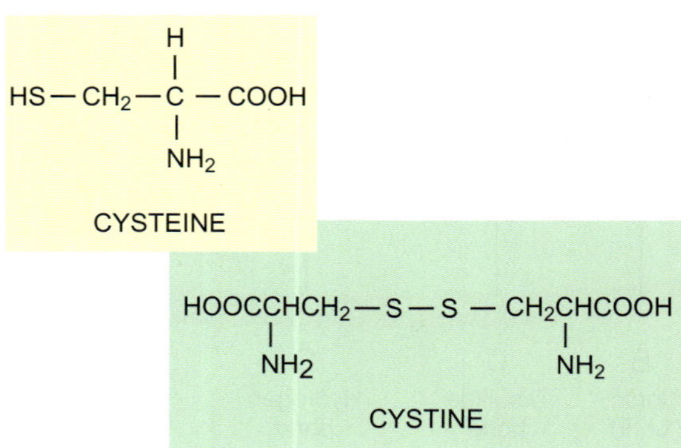

2황화 결합(disulfide bond) 2개의 황화수소기, 특히 시스테인의 황화수소기들 사이에 형성되는 황과 황의 결합은 두 단백질 사슬을 함께 결합시킨다.
구역(domain) (단백질의) 다소 독립적으로 접혀서 국부적인 3D 구조를 이루는 폴리펩티드의 한 영역
리소자임(lysozyme) 세균의 세포벽 중합체인 펩티도글리칸을 분해하는 효소

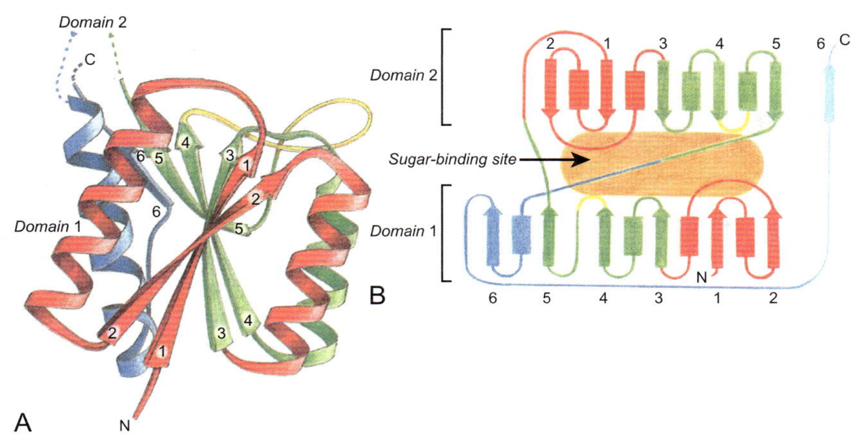

그림 14.11

아라비노오스 결합단백질의 두 구역

대장균의 아라비노오스 결합단백질은 2개의 비슷한 구조로 된 열린 뒤틀림 구조의 α/β 구역들을 가지고 있다. A) 한 구역의 구조 모식도. B) 두 구역 향배와 그 사이에 아라비노오스 분자가 결합하는 틈새를 나타낸 위상학적 구조. *(출처; Brandon & Tooze, Introduction to Protein Structure, 2nd ed., 1999. Garland Pub. Inc. New York London)*

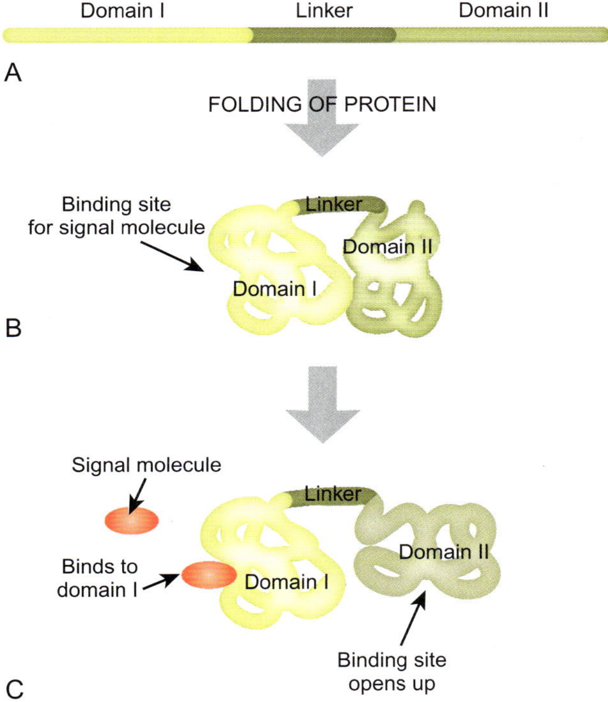

그림 14.12

DNA 결합 부위를 활성화시키기 위한 단백질 구역들 간의 상호작용

A) 풀어진 단백질에 두 구역(I, II)과 연결 영역을 나타내었다. B) 접힘이 이루어지면 구역 I과 II 구역 모두가 결합 부위를 형성한다. C) 신호 분자가 I 구역에 결합하여 그 구조를 변화시킨다. 두 구역 간의 상호작용이 구역 II의 모양을 변화시키면서 결합 부위를 노출시킨다.

1.6. 단백질의 4차 구조

많은 단백질들은 몇 개의 개별적인 폴리펩티드 사슬들로 구성되어 있다. 이는 특히 전체 분자량이 50,000 달톤(약 400개의 아미노산) 이상인 단백질에서 그렇다. (간혹 1,000개 혹은 이 시상의 아미노산을 갖고 있는 폴리펩티드 사슬이 발견되기도 하지만, 매우 드물다.) 이들 복수의 소단위들의 조립으로 4차 구조가 만들어진다(그림 14.13). (1개의 폴리펩티드 사슬을 갖고 있는 단백질은 4차 구조가 없다.) 소단위 혹은 **기본단위체**는 보통 짝수이며 흔히 2개 혹은 4개로 구성된다. 2량체, 3량체, 4량체, 소중합체 및 다합체는 각각 2개, 3개, 4개, 몇몇 개, 다량의 소구조로 이루어진 구조를 말한다. **다합체성** 단백질의 10% 미만은 홀수 개의 소단위들을 갖고 있다. 이 소단위들은 모두 같은 것이거나 모두 다르거나 혹은 2개

다합체성(multimeric) 다수의 소단위들로 구성됨
기본단위체(protomer) 고단위의 조립에 그 자체가 소단위인 단일 중합체 사슬

많은 단백질들은 일반적으로 짝수의 소단위들로 구성되어 있다.

(또는 그 이상)의 서로 다른 유형이 각각 몇몇 개씩일 수도 있다. 예를 들면 젖당 저해제는 4개의 동일한 소단위들로 구성되어 있는 데 비하여 헤모글로빈은 2개의 α-소단위와 2개의 β-소단위로 이루어져 있다. 접두어인 동형(같은)과 이형(다른)은 흔히 소단위들이 같은 것이지 다른 것인지를 나타내기 위하여 사용한다. 그래서 젖당 저해제는 동형-4량체, 반면에 헤모글로빈은 이형-4량체이다.

3차 구조에서 크게 작용하는 소수성 결합과 동일한 결합력이 다합체 소단위들의 조립에도 관여한다. 단지 하나의 폴리펩티드 사슬로 구성된 용해성 단백질은 대부분의 소수성 잔기들이 안쪽에 숨어 들어가도록 접힌다. 소단위 단백질들의 경우에는 폴리펩티드 사슬이 일군의 소수성 잔기를 단백질의 표면에서 물에 노출 시킨 체 접힌다(그림 14.14). 이는 바람직하지 않은 배열이며, 노출된 소수성 패치를 가진 2개의 폴리펩티드 사슬들이 서로 접촉하게 되면 갈고리-고리 자물통과 같이 서로 달라붙는 경향이 있다. 위에서 살펴보았듯이 소수성 결합은 더 낮은 온도에서 더 약하다. 그래서 많은 소단위 단백질들은 낮은 온도에서는 서로 떨어져 나가려고 한다.

1개 이상의 결합 영역을 가지도록 설계된 소단위들은 고리 혹은 사슬을 만드는 데 사용될 수 있다. 동일한 단백질 소단위들의 긴 사슬들은 박테리아의 편모 혹은 인간의 콜라겐과 같이 흔히 나선형으로 꼬여져 있다. 단백질 소단위들의 나선구조가 서로 함께 밀착된 넓은 코일을 갖게 되면 속이 빈 원통을 형성할 것이다(그림 14.15). 특정한 바이러스(담배 모자이크 바이러스)의 외피와 진핵세포에서 볼 수 있는 미세소관들은 모두 이와 같은 방법으로 만들어졌다. 어떤 경우에는 단지 소단위들을 섞는 것만으로도 최종 구조가 형성된다. 이것은 **자가조립**으로 알려졌으며 이를테면 담배 모자이크 바이러스의 외피가 그렇다. 다른 경우 이러한 고차원 구조는 조립하는 데 도움을 주는 다른 단백질과 보조인자를 필요로 한다.

1.7. 때로는 보조인자와 금속 이온이 단백질과 결합한다

제대로 된 기능을 하려면 많은 단백질들은 보조인자 혹은 보결 분자단이라는 그 자체가 아미노산으로 만들어지지 않은 추가적인 요소를 필요로 한다. 많은 단백질들은 보조인자로

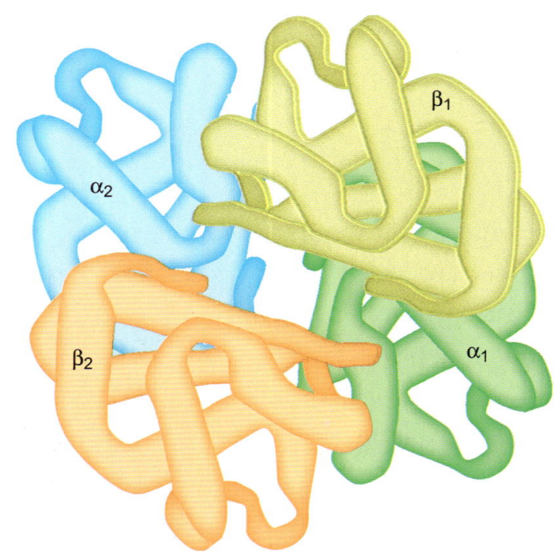

그림 14.13
헤모글로빈, 이형4량체의 예

2개의 α-소단위와 2개의 β-소단위들이 헤모글로빈 4량체를 이룬다. 2개의 α-소단위는 2개의 β-소단위들과 마찬가지로 동일한 것이다. 그러나 두 가지 사슬은 아미노산 서열에 유연관계가 있고 전체적으로 비슷한 모양을 하고 있지만 α-소단위는 β-소단위와 다르다.

자가조립(self-assembly) 외부의 도움이 필요 없는 단백질 소단위들의 자동적인 조립

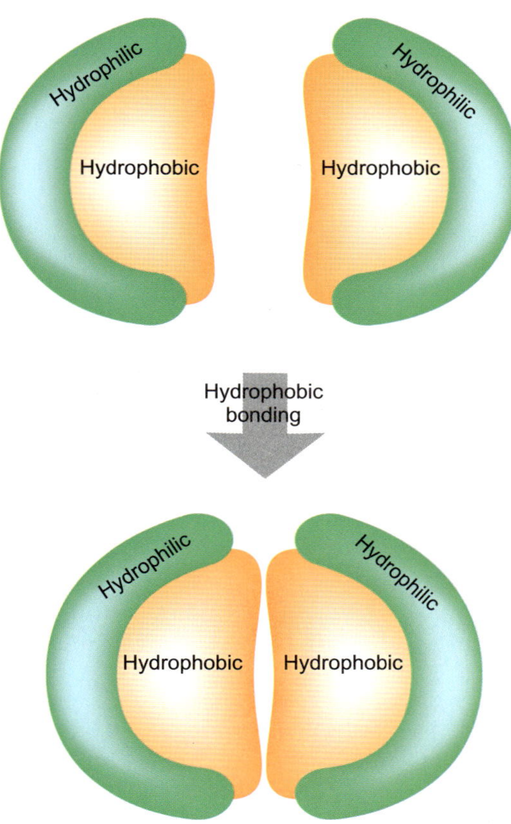

그림 14.14

소수성 결합력이 소단위들의 조립을 야기한다

소수성 영역을 가진 두 단백질은 흔히 서로 결합하여 2량체를 이루면 소수성 영역이 안으로 들어가 주변의 물로부터 멀어진다.

써 단일 금속 원자를 사용한다. 다른 단백질은 더욱 복잡한 유기 분자를 필요로 한다. 엄격히 말해, 보결 분자단은 단백질에 고정되어 있는 반면에 보조인자들은 단백질에서 단백질로 자유롭게 돌아다닌다. 그러나 동일한 유기 보조인자가 한 효소에는 공유결합으로 부착되어 있는데 다른 효소에는 비공유적으로 결합되어있기 때문에 이와 같은 분류는 무의미하다. 따라서 이 정의는 종종 유연하게 사용된다. 보결 분자단을 가진 단백질을 **완전단백질**이라 하며 보결 분자단이 없는 단백질을 **아포단백질**이라고 한다.

예를 들면 산소 운반단백질인 헤모글로빈은 하나의 중심 철 원자를 가지고 있는 헴이라고 하는 십자 모양의 유기 보조인자를 갖고 있다. 이 헴이 아포단백질인 글로빈의 활성부위에 결합되어 있어 헤모글로빈이 된다. 산소는 헴의 중심에 있는 철 원자에 결합하며, 헤모글로빈은 이 산소를 온 몸으로 운반한다. 보결 분자단을 흔히 1개 이상의 단백질이 공유한다. 예를 들면 헤모글로빈과 미오글로빈은 헴을 공유하며, 미오글로빈은 산소를 받아서 근육세포 내로 전달한다.

대부분의 박테리아와 식물은 그들 자신의 보조인자를 합성할 수 있다. 그러나 많은 효소의 유기 보조인자들이 동물에서는 만들어 낼 수 없기 때문에 음식으로 그 자체 또는 전구체를 공급받아야 한다. 이 같은 보조인자 혹은 그 전구체들을 흔히 비타민이라고 한다 (표 14.01). 헴과 같은 몇 개의 보조인자들은 동물에 의해 합성될 수 있기 때문에 이들은 비타민이 아니다. 역으로 모든 비타민이 보조인자이거나 전구체인 것은 아니다. 예를 들면 비타민 D는 호르몬이 된다. 비타민 A는 부분적으로는 단백질 보조인자인 레티알데히드와 호르몬인 레티노산으로 전환되기 때문에 분류가 모호하다. 비타민 C는 직접적으로 보조인

아포단백질(apoprotein) 여타의 보조인자나 보결 분자단이 없이 폴리펩티들 사슬들로만 구성된 단백질 부분
완전단백질(holoprotein) 폴리펩티드 사슬과 그 밖에 금속 이온, 보조인자 또는 보결 분자단으로 구성된 완전한 단백질

그림 14.15

단백질의 조립: 고리, 사슬 및 원통

A) 단백질 소단위들이 환상으로 연결되면 고리를 형성한다. B) 나선형 사슬은 액틴처럼 구상 소단위들로부터 길고 가는 구조의 조립이 가능하게 한다. C) 단백질 소단위들을 나선형으로 감으면 미세소관에서 발견되는 것과 같은 원통을 형성한다.

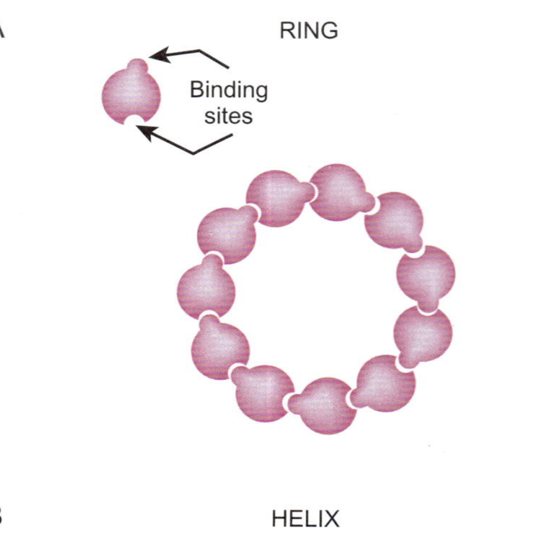

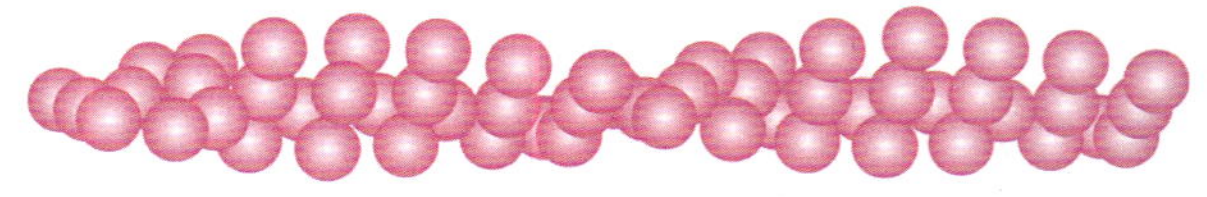

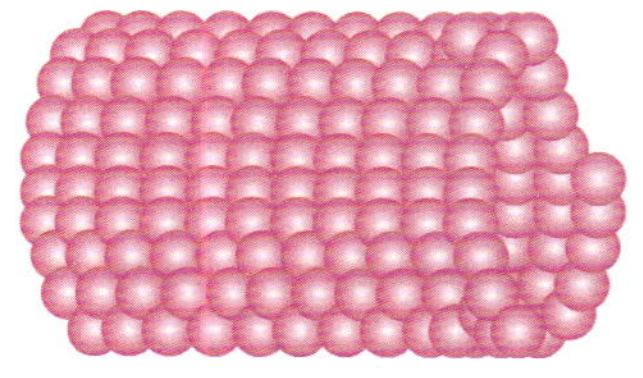

자로 작용하지는 않지만 보조인자로 작용하는 금속 이온(구리와 철과 같은)을 환원된 상태로 유지하는 데 필요하다. 더 복잡한 것은 일부 보조인자들을 일부 동물들은 만들 수 있는데 비하여 다른 동물들은 만들지 못한다. 그래서 비타민 C는 인간에게는 비타민이지만 대부분 다른 포유류에게는 음식물로 요구되는 것이 아니다.

2. 단백질 구조의 결정

X-선 회절분석이라고도 알려진 X-선 결정학은 특히 단백질과 핵산 분자의 3차 구조를 해명하는 데 사용된다. DNA 구조가 이중나선이 꼬인 형태인 것을 최초로 밝힌 것이 바로 X-선 회절이다. 3차 구조를 알면 생체 분자들이 어떻게 서로가 잘 맞아서 상호작용을 하는지 이해할 수 있다.

X-선의 빔을 물질에 투과시키면 X-선은 마주치는 원자에 의해 산란된다. 표적 물질이 규칙적인 구조를 이루는 결정이라면 산란된 X-선은 복잡하지만 규칙적인 양상을 보일 것이다(그림 14.16). 실제로는 컴퓨터 조절대 위에서 결정을 다양한 위치로 회전시킨다. 이 회절 양상들을 기록한 다음 컴퓨터 분석을 거쳐서 단백질 분자의 3D 원자 지도를 만드는데 사용된다.

X-선 결정학에는 고도로 정제된 단백질에 대한 크고 잘 형성된 결정이 필요하다. 요즘에는 분자 클로닝과 단백질을 암호하는 유전자를 과발현하여 조사할 단백질을 충분히 획득하는 것이 가능하게 되었다. 그러나 단백질처럼, 특히 3D 구조가 불규칙한 크고 복잡한 분자들에 대한 좋은 결정을 만들기가 어렵다. 회절 양상은 단백질 구조의 중심 부분뿐만 아

표 14.01 유기물 보조인자와 비타민

비타민/모 화합물	활성 형태/보조인자	기능
효소의 보조인자 또는 전구물질인 비타민		
비타민 A = 레티놀	레티노알데히드	시각
비타민 B1 = 티아민	티아민 피로인산	탈카르복시화 반응
비타민 B2 = 리보플라빈	플라빈 아데닌 디뉴클레오티드	많은 산화환원 반응
	플라빈 모노뉴클레오티드	
비타민 B3 = 니아신(니코틴 아마이드와/또는 니코틴산임)	니코틴아마이드 아데닌 디뉴클레오티드	산화환원 반응 (분하)
	니코틴아마이드 아데닌 디뉴클레오티드 인산	산화환원 반응 (생합성)
비타민 B5 = 펜토텐산	조효소 A	아실화 반응
	4′–포스포펜테테인	지방산 합성
비타민 B6 = 피리독신, 피리독살 또는 피리독스아민	피리독살 인산	아미노산 대사
비타민 B12 = 코발아민	메틸 코발아민	메틸기 운반체
	데옥시아데노실코 발아민	재배치
바이오틴 (B 비타민 일종)	바이오틴	카르복시화 반응
엽산(B 비타민 일종)	테트라히드로폴레이트	산화환원 반응과 1탄소 운반체
비타민 K1 = 필로퀴논	필로퀴논	번역후
비타민 K2 = 메타퀴논	메타퀴논	글루탐산
비타민 K3 = 메나디온	메나디온	카르복시화 반응
효소의 보조인자 또는 전구물질이 아닌 비타민		
비타민 A = 레티놀	레티노익산	호르몬/조절인자
비타민 C = 아스코르브산	아스코르브산	항산화제
비타민 D = 에르고칼시페롤 (D2) 또는 콜레칼시페롤 (D3)	칼시트리올	칼슘과 인 대사를 조절하는 호르몬
비타민 E = 토코페롤	토코페롤	항산화제
비타민이 아닌 (동물에서 합성됨) 보조인자		
헴	헴	산소 운반체
리포산	리포아마이드	산화환원 반응, 2–탄소 운반체
바이오프테린	테트라히드로바이오프테른	페닐알라닌 대사

니라 모든 관련 리간드, 억제자, 이온 또는 기타 작은 부분을 결정하는 데 필수적이다. 일부 X-선 결정은 효소의 전이 상태까지 포착한다.

단백질의 3D 구조를 동정하는 데 사용된 또 다른 기술이 **NMR 분광학**이다. 이 방법에는 순수 단백질 용액에 강력한 자장을 간직한 라디오파 충격을 준다. 이 라디오파는 각 분자의 원자 핵이 회전하여 마침내 배열하게 한다. 이 운동은 컴퓨터에 의해서 감지되는 에너지를 방출하며, 푸리에 변환으로 분석되어 시료에 있는 각 분자의 실체를 결정할 수 있게 하여준다. NMR 분광학의 장점은 단백질을 용액 상태로 유지하는 데 있지만, 이 기

NMR 분광학(NMR spectroscopy) 시료의 전자 스핀을 변화시키기 위하여 교호의 자기장을 사용하여 단백질 구조를 결정하는 기술

그림 14.16
X–선 결정학

A) 빛이 사물을 통과하면 광 파동이 원래의 진행 방향으로부터 비틀어지게 된다. 렌즈를 사용하면 비틀어진 광 파동을 사물의 상으로 다시 수렴시키는 것이 가능하다. B) X-선도 사물을 통과하면 비틀어진다. 한 결정체 내에서 단백질들의 구조는 X-선이 비틀어지는 양상을 결정한다. 결정체를 회전시키면 X-선이 회절된 양상이 변하며, 모든 다른 양상을 하나로 조합하면 단백질의 실제적인 구조의 모델을 만들 수 있다.

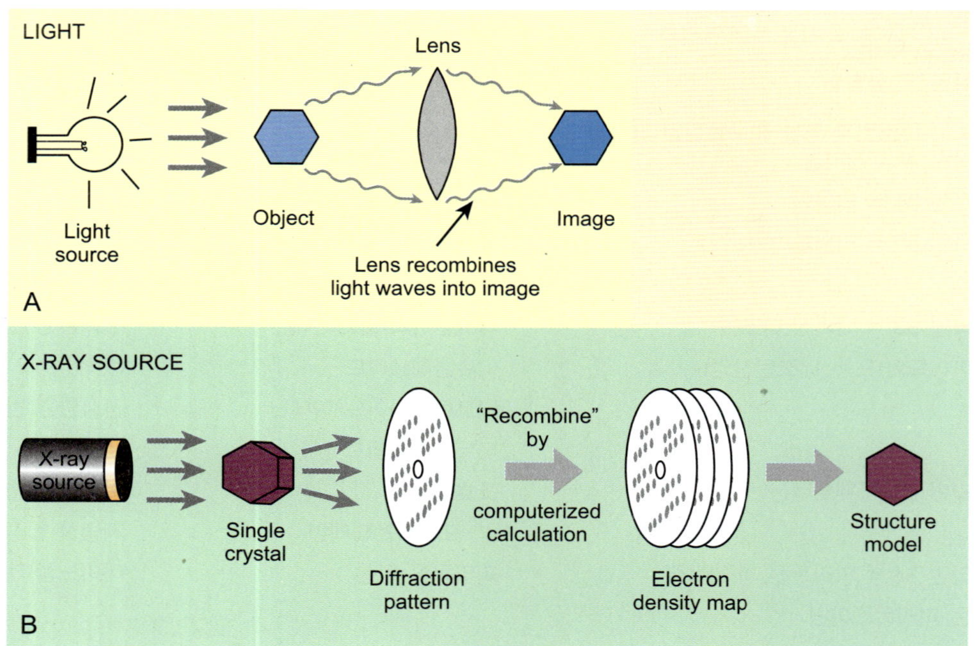

술은 작거나 중간 크기의 분자에 한정되어 있다(그림 14.17).

단백질의 구조를 연구하는 3번째 기술은 단백질의 3D 구조 윤곽을 결정하는 데 전자현미경을 사용하는 것이다(이 기술의 상세 내용은 5장 6절 그림 5.28 및 5.29 참조). 이 방법은 작은 결정체에서 또는 막에서 규칙적인 양상을 형성하는 단백질에 잘 사용된다. 전자현미경법의 주된 문제는 시료의 준비에 있다. 금속 이온을 사용한 매질 염색은 광범위하게 사용되지만(DNA에 대해서는 그림 5.29) 시료가 뒤틀리게 한다. 이 제한점은 주로 액체 질소-냉각 에탄에서 시료를 얼림으로써 극복되고 있다. 시료는 그래서 본래의 구조를 보존하는 얼음 층에 포매된다. 이와 같은 동결-전자현미경법의 장점이 복잡한 생물학적 구조의 상 결정에 높은 해상력을 부여하였다(그림 14.18).

단백질 구조 결정은 정교하고 시간이 많이 걸리며 각각의 단백질들을 순수 분리하고 개별적으로 조사하여야 한다. 그럼에도 불구하고 많은 단백질들에 대한 구조가 활용 가능하게 되었다. 2011년 9월까지 단백질 정보은행(www.rcsb.org/pdb/)에 약 75,000개의 구조가 등재되었다. 많은 단백질들이 연관군의 구성원들이기 때문에 한 구성원에 대한 3D 구조 분석이 이루어지면 일련의 연관된 분자들의 전체적인 구조에 대한 통찰이 가능하다.

3. 핵단백질, 지방단백질, 당단백질은 접합단백질이다

접합단백질은 다른 형태의 분자가 연결된 단백질이다. 예를 들면 **핵단백질**은 단백질과 핵산의 복합체이고 **지방단백질**은 지방이 결합한 단백질이고 **당단백질**은 탄수화물 요소를 갖고 있다.

많은 당단백질들은 세포 표면에서 발견된다. 이들은 몇 개의 당 분자로 구성된 짧은 탄수화물 사슬을 갖고 있으며, 이는 보통 세포 밖으로 돌출되어 있다(그림 14.19). 당 사슬은 보통 세린 혹은 트레오닌의 수산화기 또는 아스파라긴의 아마이드기를 통해서 연결되어

접합단백질(conjugated protein) 단백질과 다른 분자의 복합체
당단백질(glycoprotein) 단백질과 탄수화물 복합체
지방단백질(lipoprotein) 단백질과 지방 복합체
핵단백질(nucleoprotein) 단백질과 핵산 복합체

ELECTRON SPIN IN A MAGNETIC FIELD

^1H

Since this has 1 unpaired electron it has a spin of 1/2

Creates a tiny magnetic field

N
S
Magnetic moment

Add an external magnet

N
S

High energy state

Low energy state

A

ENERGY STATES IN A CHANGING MAGNETIC FIELD ARE MEASURED BY A COMPUTER

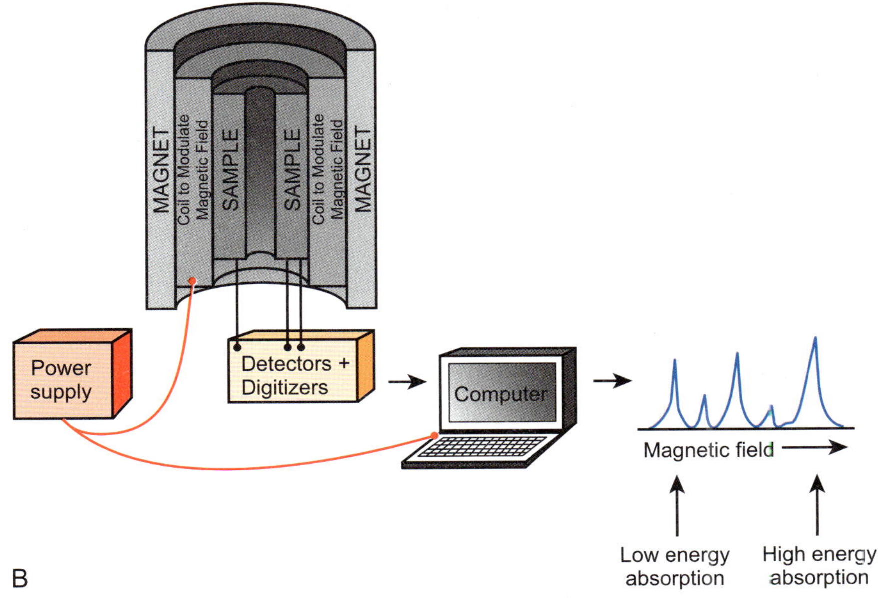

B

그림 14.17

NMR 분광학

A) NMR 분광학은 전자는 외부의 라디오파에 의해서 스핀을 유도할 수 있다는 아이디어에 근거를 두고 있다. 그러면 스핀은 외부의 자장의 존재에 의해서 조정될 수 있다. 수소 원자가 스핀을 할 때 짝짓지 않은 전자는 미소한 자장을 생성한다(우). 외부 자장이 추가되면 원자는 고에너지 또는 저에너지 상태를 취하게 된다. B) NMR 분광계는 자장을 조정하는 코일로 된 매우 큰 자석(따로는 방만큼 큰)을 가지고 있다. 자석의 가운데에 시험관에 시료를 놓고 다양한 감지기를 연결하면 컴퓨터가 자장이 변할 때 원자의 다른 에너지 상태를 측정한다. 컴퓨터가 각 자장 변화에 대하여 에너지 흡수도를 그래프로 나타낸다.

있다. 당단백질은 종종 세포 간 접합에 작용하는 데 특히 단단한 세포벽이 없는 생물(동물)에서 그렇다. 또한 당단백질의 탄수화물 부분은 종종 세포의 인식에 있어서 핵심 요소이다. 면역체계에 의한 인식은 종종 당단백질의 탄수화물 사슬 구조의 정교한 구조에 의존한다. 예로서 정자는 표면 당단백질의 탄수화물에 결합함으로써 난세포를 인지한다. 면역계에 의한 인식도 흔히 당단백질의 탄수화물 사슬의 정밀한 구조에 의존한다. 예를 들면, 잘 알려진 ABO 혈액형의 A-항원과 B-항원은 실제로 단백질이 운반하는 탄수화물 사슬에 당 단 1개의 유무로 인한 차이다.

특정한 단백질들은 지방, 탄수화물, 핵산과 같은 다른 큰 분자들과 연결되어 있다.

많은 지방단백질은 지질 꼬리로 막에 붙어있다(그림 14.20). *Bacillus*와 같은 긁은 그람양성 세균에서 발견되는 **β-락타마아제**가 그 예이다. β-락타마아제는 페니실린을 포함하

β-락타마아제(β-lactamase) 페니실린과 세팔로스포린을 포함하는 β-락탐 계열의 항생제를 분해하는 효소

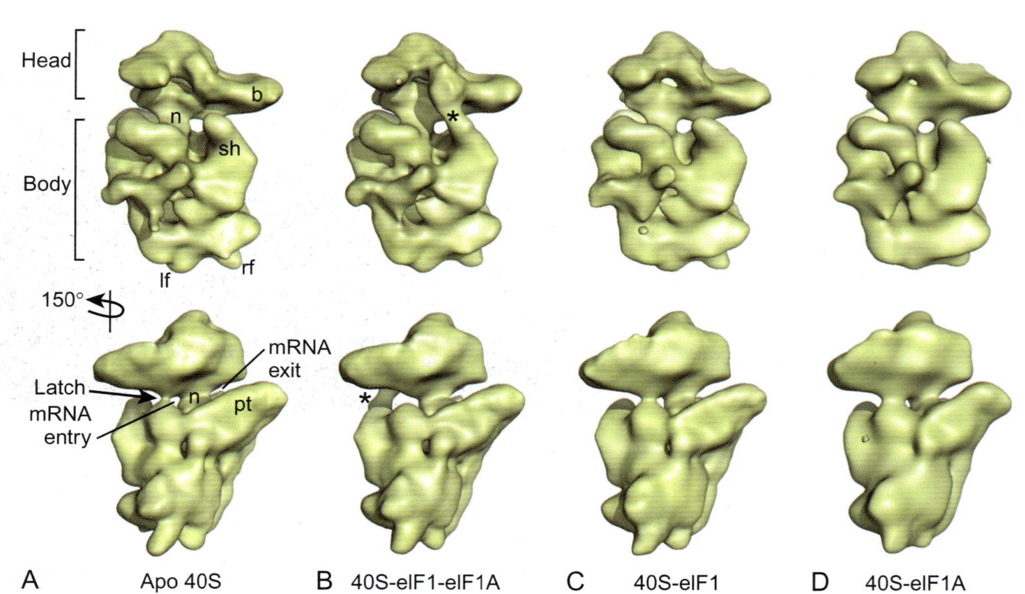

그림 14.18

40S 리보솜의 동결-전자현미경 사진

동결-전자현미경을 사용한 효모의 40S 개시전 복합체의 구조가 40S 소단위가 그 자신만(A), eIF1 및 eIF1A와 함께(B), eIF1과(C), eIF1A와(D) 있을 때를 보여준다. 분자의 꼭대기는 용매가 접하는 면을 표시하는 데 비하여 바닥면은 60S 리보솜과 상호작용 한다. 약자: b, 주둥이; n, 목; sh, 어깨; pt, 플랫폼; lf, 왼발; rf, 오른발. (B)에서 eIF1과 eIF1A가 결합한 다음에 어깨와 머리사이의 연결이 어떻게 만들어지는지 유의하자. *(출처: Passmore. et al.(2007) Mol. Cell 26:41-50.)*

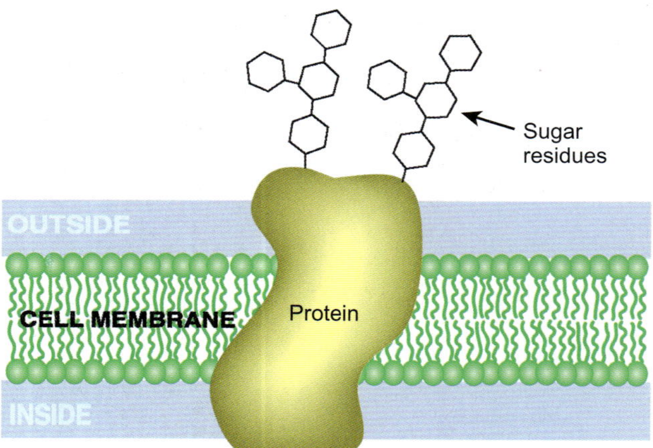

그림 14.19

막의 당단백질

동물 세포의 세포막 당단백질이 막의 양면에 돌출된 모습을 보이고 있다. 외 표면에는 단백질로부터 몇 개의 당 잔기들이 세포 바깥 공간으로 튀어나와 있다.

는 β-락탐계의 항생제를 파괴함으로써 세포를 보호한다. 페니실린 작용의 표적이 세포벽이기 때문에 보호 역할을 하는 효소는 세포의 밖에서 필요하다. 지질 꼬리는 주변의 배지로 흘러가지 않게 하여 주는 기능을 한다.

단백지질은 당단백질의 특수한 하위 부류에 속하는 것으로 극히 소수성이고 물에 녹지 않는다. 이들은 유기 용매에 녹고 소수성인 막의 내부에서 발견된다. 이들 특성은 부착된 지질군 때문만은 아니다. 부분적으로 이들의 소수성은 소수성 아미노산 잔기의 비율이 높기 때문이다. 단백질 안에 숨는 대신에 이들 중 대부분은 표면에 노출되어 있다.

4. 단백질은 다양한 세포 기능에 사용된다

단백질의 기능적 역할은 엄청나게 다양하다. 그럼에도 불구하고 3장에서 언급한 바와 같이 단백질은 몇 개의 주요 범주로 구분할 수 있다. **효소**는 화학반응을 촉매하는 단백질이다. 이는 아래에서 자세히 다루도록 하겠다. 효소의 많은 특성들, 예를 들면 작은 분자들에 대한 결합 포켓의 존재와 형태 변형 능력은 다른 단백질과 공통적이다.

효소(enzyme) 화학반응을 촉매하는 단백질
단백지질(proteolipid) 극히 소수성인 지방단백질의 일종으로 막 내부에서 발견된다.

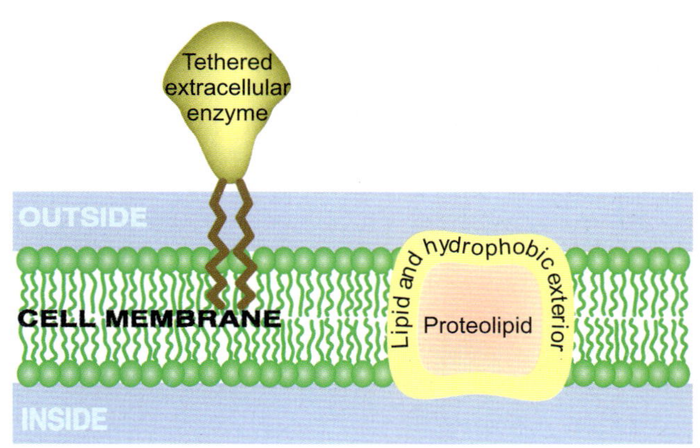

그림 14.20

지질 꼬리에 의해서 세포 외 표면에 결속된 효소

지방단백질은 막의 지질 두 겹 안으로 침투하는 하나 또는 그 이상의 지질 꼬리들에 의해서 막 표면에 결속되어 있다. 지질 꼬리는 막을 구성하는 인지질들과 연관되어 있다.

일부 단백질은 빛을 발사하거나 흡수한다. **발광효소**는 빛을 발사하여 한 개체에서 다른 개체로 신호를 보내는 효소이다. 발광 세균들은 심해 어류에게 먹히도록 유인하기 위하여 빛을 낸다. 삼켜진 다음 이들은 어류의 장에 서식처를 마련한다. 개똥벌레는 교배 전략으로 빛을 낸다. 세균과 곤충의 발광효소는 유전 분석에서 **보고단백질**로 활용되고 있다(19장 참조). 광범위하게 사용되는 또 다른 보고단백질로 **녹색형광단백질(GFP)**이 있으며, 이는 형광 해파리에 의해서 만들어진다. 그러나 GFP는 효소는 아니며, 고에너지의 빛을 흡수한 다음 형광을 방출한다. 그래서 녹색 형광이 유전자 발현이나 특정 유전자의 발현 장소를 탐지하는 데 사용될 수 있다(19장 참조). 로돕신은 빛을 흡수하는 단백질이다. 이 단백질들은 무척추동물과 척추동물 모두에서 빛을 흡수하는 데 사용되며 특정한 세균에서 빛에너지를 얻는 데 사용된다.

단백질들은 세포에서 광범위한 기능적 역할을 담당한다.

많은 준-세포 구조들은 대부분 또는 부분적으로 **구조단백질**로 구성되어 있다. 물의 구조를 조절하는 특수한 단백질이 알려져 있다. 극지방에 살고 있는 어류는 혈액이 어는 것을 방지하는 **부동단백질**을 가지고 있다. 이 단백질은 얼음 표면에 붙어 얼음 결정의 성장을 막는다. 역으로 특정한 세균의 표면 단백질은 **얼음핵형성인자**로 알려져 있으며, 얼음 결정의 형성을 촉진시켜 식물에게 냉해를 주는 원인이 된다. 냉해를 입은 식물은 세균이 자라도록 영양분을 분비해서 식물 조직이 세균에 의해서 군집화가 되게 한다.

대부분의 대사 반응들은 효소라고 하는 단백질들에 의해서 촉매된다.

기계단백질은 때에 따라서 특수한 구조단백질 또는 효소로 분류된다. 이 단백질들은 생물학적 에너지를 소모하며(일반적으로 ATP 또는 GTP 가수분해에 의한) 기계적 일을 한다. 이 단백질들의 에너지 소모는 구조의 가역적 변화를 야기한다. 에너지에 의해서 수축하는 미오신계의 단백질들은 근육세포와 진핵 편모의 필라멘트에서 발견된다. 액틴은 미오신과 함께 근육에서 발견되며, 이 두 단백질들은 근 수축에 관여한다(그림 14.21). 그러나 이 단백질들은 또한 세포 내 섭취작용, 아메바 운동과 같은 세포 운동에 관여한다.

근육과 진핵생물 편모의 운동은 모두 수축 단백질로 인한 것이다. 여기에 ATP의 에너지가 사용된다.

세균의 편모는 필라멘트 단백질의 수축으로 작동하지 않는다. 그 대신에 편모의 기저부가 단백질 고리로 구성되어 있으며, 이것이 에너지를 소모하면서 회전한다. 이 필라멘트는 회전 고리에 부착되어 있으며, 나선형 채찍 운동이 세균의 운동할 수 있게 한다.

샤프롱 단백질 혹은 **샤페로닌**은 다른 단백질들이 바르게 접히는 것을 도와준다. 일부

부동단백질(antifreeze protein) 영하 온도에 서식하는 생물들의 혈액, 세포 또는 조직액의 결빙을 막아주는 단백질
녹색형광단백질(green fluorescent protein, GFP) 녹색 형광을 내는 해파리 단백질로서 유전 분석에 광범위하게 사용되고 있다.
얼음핵형성인자(ice nucleation factor) 얼음 결정의 형성을 촉진하는 특정한 세균의 표면에서 발견되는 단백질
발광효소(luciferase) 에너지를 소모하며 빛을 내는 효소
기계단백질(mechanical protein) 물리적 일을 수행하면서 화학 에너지를 사용하는 단백질
보고단백질(reporter protein) 탐지하기가 쉬우며 그 위치 또는 유전자 발현 수준을 나타낼 수 있는 신호 단백질
구조단백질(structural protein) 세포 구조의 일부를 형성하는 단백질
샤페로닌(chaperonin) 다른 단백질들의 바른 접힘을 도와 주는 단백질

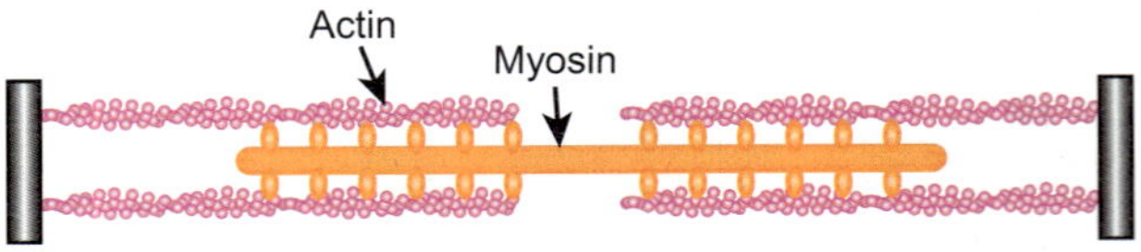

그림 14.21
기계단백질들

미오신과 액틴은 상호작용하여 수축을 야기한다. 참여 단백질들은 상대적으로 이동하는 것이지 각자가 짧아지는 것은 아니다. 이동은 액틴 필라멘트가 부착하고 있는 말단을 잡아당겨 서로 가까워지게 한다. 이 그림에 나타난 다양한 단위들은 끝에서 끝으로 부착되어 있으며, 골격근이 짧아지게 한다.

일부 단백질들은 영양분 또는 다른 분자들을 막을 통하여 운반하거나 또는 생물체 주변으로 운반한다.

샤페로닌들은 단백질의 외분비에 관여하며 막을 통하여 분비되는 단백질들이 미성숙된 체로 접히는 것을 방지한다(13장 참조). 다른 샤페로닌은 고온이나 단백질에게 해를 주는 다른 환경적 스트레스로 인해 변성된 단백질을 다시 접는 작용을 한다(16장, 열충격 반응 참조).

결합단백질은 작은 분자들과 결합하지만 효소와는 달리 화학반응을 일으키지 않는다. 그럼에도 불구하고 작은 분자들을 수용하기 위해서 **활성부위**가 필요하다. 이 단백질들은 다음과 같이 세분된다.

a) **투과효소**는 막에 위치하고 있으며 표적 분자들을 막을 통해 수송한다. 당과 같은 영양분은 모든 생물체의 세포 안으로 수송되는 반면에 노폐물은 밖으로 내보낸다. 많은 투과효소는 막을 관통하는 α-나선 분절들의 다발(흔히 7 또는 11개 또는 이의 배수)로 구성되어 있으며, 분절들은 무작위 코일 영역들에 의해서 연결되어있다(그림 14.22). 대부분 투과효소의 작동에는 에너지가 필요하다.

b) **운반단백질**은 용해성이 있고 막에 결합되어 있지 않으며, 기질을 운반하지만 막을 가로지르지는 않는다. 대부분이 다세포 생물의 몸에서 영양분을 운반하며, 이들 운반단백질은 대부분 세포 외부에 있으며 혈액 혹은 기타 체액에서 발견된다. 다른 경우, 운반단백질은 적혈구와 같이 온 몸을 순환하는 특수한 세포들 속에서 발견된다. 운반단백질의 전통적인 예는 헤모글로빈과 미오글로빈이며 이들은 각각 적혈구와 근육 조직에 분포하며 동물에서 산소를 운반하는 데 관여한다.

c) 저장 단백질은 영양분 혹은 다른 분자들을 격리시키지만 물질을 운반하는 대신에 저장한다. 예를 들면 동물에서 **페리틴**과 세균에서 박테리오페리틴은 철을 저장한다. **메탈로티오네인**은 잡다한 중금속에 결합하며, 이 단백질은 보호하는 기능을 한다(그림 14.23). 메탈로티오네인 유전자는 극미량의 중금속에 의해 유도되며, 유전공학에서 널리 사용되는 강력한 프로모터를 가지고 있다. 보호성 중금속 결합단백질은 특정한 세균에서도 발견된다. 이 단백질들은 종종 광석 혹은 산업 폐수에서 금 혹은 우라늄 중금속 추출을 위한 생물공학적 과정에 응용된다.

결합과 인지/조절은 중첩되는 기능이다. 그래서 고등동물의 면역 체계는 침입하는 박

활성부위(active site) 다른 분자들이 결합하여 화학반응을 일으키는 단백질의 특정한 부위 또는 포켓
결합단백질(binding protein) 다른 분자에 결합하는 것이 기능인 단백질
운반단백질(carrier protein) 몸 주변 또는 세포 내로 다른 분자들을 운반하는 단백질
페리틴(ferritin) 철 저장 단백질
메탈로티오네인(metallothionein) 독성 금속에 결합하여서 동물 세포를 보호하는 단백질
투과효소(permease) 막을 통하여 영양분 또는 다른 분자들을 운반하는 단백질

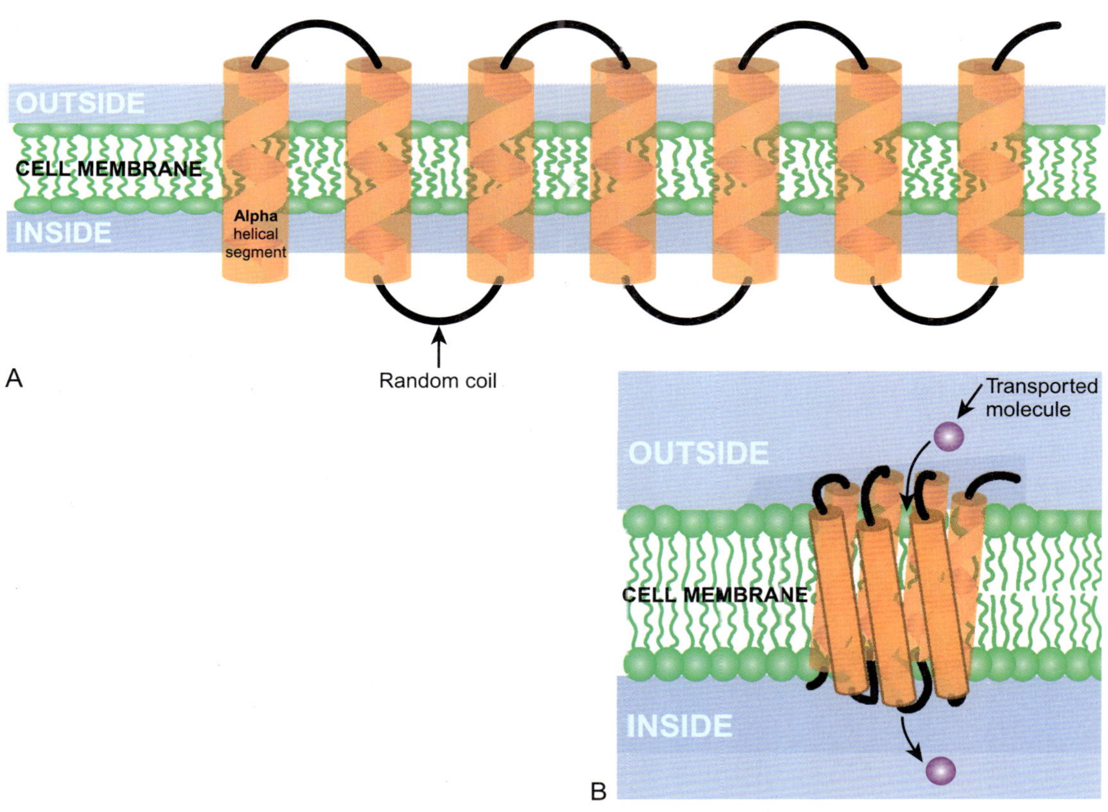

그림 14.22
나선 분절들로 구성된 막 투과효소

A) 7개의 α-나선 분절들이 막을 가로지르며 마구잡이 나선 영역들에 의해서 연결되어 있다. B) 이 7개의 나선 분절들은 수송된 분자들이 다발의 가운데를 통과하는 수송 채널을 형성하도록 실제로는 함께 다발을 이루고 있다.

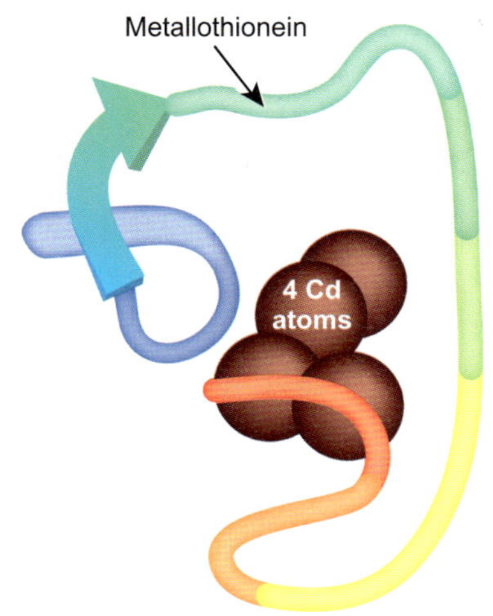

그림 14.23
메탈로티오네인은 금속 결합단백질이다

이 짤막한 단백질은 4개의 카드뮴 원자들을 갈무리할 수 있다.

테리아와 바이러스의 감염에 대항하여 보호 기능을 하는 고도로 특화된 많은 결합단백질을 가지고 있다. 이에는 항체와 T 세포 수용체가 포함된다. 조절단백질에는 세포 표면 수용체, 신호전달 단백질과 다양한 차원에서 유전자 발현을 조절하는 단백질이 포함된다. 이들 단백질의 기능은 해당 장에서 자세히 다룰 것이다(특히 16장에서 18장까지). 이 장에서는 단백질이 DNA에 결합하는 데 관여하는 3D 구조의 요소들에 관한 것을 다음에서 좀 더 자세히 다룰 것이다.

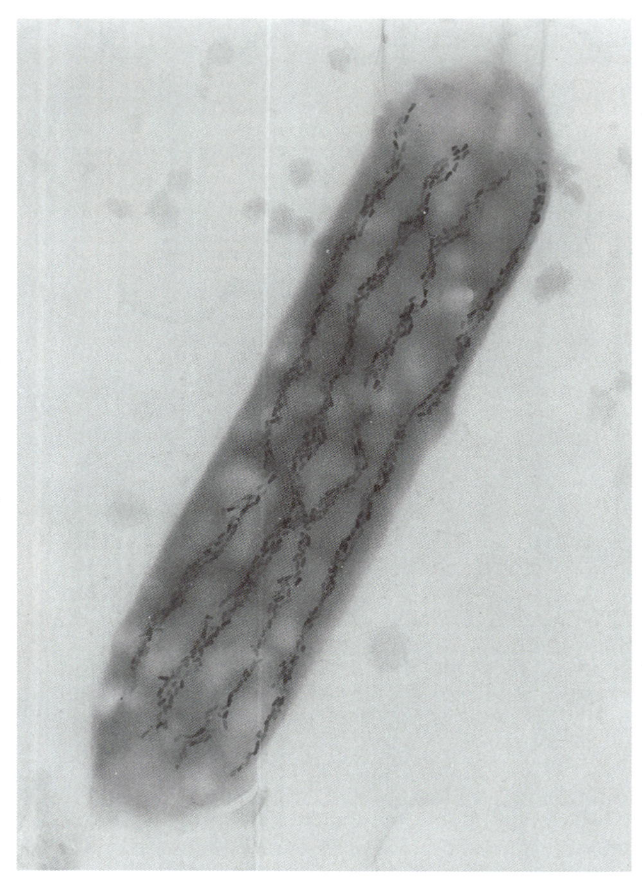

그림 14.24

자기주성 세균은 철에 결합하는 자기소체를 가지고 있다

네 다발의 자기소체(magnetosome) 사슬을 가진 Chiemsee 호수 (Barbaria의 위쪽)의 막대 모양 자기주성 세균 *Magnetobacterium bavaricum*의 투과 전자현미경 사진. 1,000개의 고리 모양 자기소체를 가진 각 세포들은 (10 – 60) x 10^{12} Gauss ccm의 자성 모멘트를 낸다. 이는 다른 자기주성 세균들의 특징적인 수치의 10배 내지는 100배에 해당한다. 세포 내에 커다란 전자-불투명 소체들은 황으로 구성되어 있다. 자기소체는 마그네타이트로 되어 있으며, 크기는 평균적으로 100 nm이다. *(출처: Prof. Michael Winklhofer, Institut für Geophysik, Theresienstrasse 41, D-80333 München, Germany.)*

5. 단백질(나노)-기계

준세포 기계들은 단백질과 때로는 RNA의 조립체이며 세포에서 복잡한 임무를 수행한다.

DNA 합성, RNA 이어 맞추기 혹은 단백질 분해와 같은 많은 세포 과정은 10여 종 또는 그 이상의 단백질들이 서로 협동하여 이루어진다. 이와 같이 단백질 집단이 함께 결합하고, 에너지를 소모하면서 정교하게 조절된 운동과 더불어 화학반응을 촉매하기 때문에 이들을 종종 단백질 나노-기계라고 한다(관련 연구에 대한 초점 참조).

이러한 단백질 집합들에 대하여 리보솜과 같이 운을 달아서 이름을 짓는 경향이 있다. 그래서 리플리솜(복제효소 복합체)은 새로운 DNA를 합성하는 동안 염색체를 따라서 이동하며(10장 참조), 스플라이솜(이어 맞추기 복합체)은 RNA 이어 맞추기를 담당하며(12장 참조), 프로테아솜(단백질 분해 효소 복합체)은 단백질 분해를 수행한다(아래 참조). 그러나 13장에서 보겠지만 리보솜 RNA는 리보솜 단백질보다 단백질 합성에서 더 중요한 기능을 담당한다. RNA는 또한 스플라이솜 기능에 관여한다. 그래서 이 '단백질 기계'라는 용어는 너무나 좁은 의미이다. 그러면 자기소체는 어떻게 분류해야 할까? 이 조립체는 산화철에 결합하여서 세균을 자장에 배열시킨다(그림 14.24).

생물학적 요소를 기계라고 표현하는 것은 나노테크놀로지 분야의 영향 때문일 것이다. 이 기술은 원자와 분자를 정확히 위치시킴으로 해서 물질을 조작하는 능력을 말한다. 나노테크놀로지는 분자 크기의 나노기계에 의존한다. 이 기계들은 수백만 개로 자가 증식하도록 설계되어 있으며, 다른 분자들의 조립을 위해 원자들을 정밀하게 끼워 넣는다. 이렇게 조립된 분자들은 필요로 하는 어떤 구성 요소와도 함께 조합될 수 있다. 아마도 최근의 경향과 단백질과 마찬가지로 RNA의 역할을 고려한다면 생물나노기계라는 용어가 도입되어야 할 것이다.

관련 연구에 대한 초점

Maillard RA, et al. (2011) ClpX(P) Generates Mechanical Force to Unfold and Translocate Its Protein Substrates. Cell 145:459–469.

*E. coli*의 ClpX 복합체는 ClpX 펴기효소와 ClpP 펩티다아제로 구성되어 있으며 단순 단백질 나노기계의 예이다. 이 복합체는 각각 7개의 ClpP 단량체로 된 2개의 고리에 연결된 고리로 배열된 6개의 ClpX 소단위로 구성되어 있다. 이름이 나타내는 것처럼 ClpX는 분해될 단백질을 펴준다. 여기에는 에너지가 요구되며 ClpX는 ATP를 가수분해하여 필요한 기계적인 힘을 생성한다. ClpX는 펴진 폴리펩티드 기질을 자신의 중심 구멍과 ClpP에 의해서 형성된 강으로 밀어 넣는다. ClpP 단백질은 실제적인 단백질 가수분해 효소이며 들어오는 펴진 폴리펩티드 사슬을 분해한다.

ClpX에 의해서 발휘되는 기계적 힘을 측정하기 위해서 이 논문의 저자들은 단일 분자 분석 시스템과 더불어 광학 집게를 사용하였다. ClpX 효소와 기질(녹색 형광단백질, GFP) 모두 연결자를 통해서 폴리스티렌 구슬에 결합하였다. ClpX는 폴리펩티드 기질을 펼 때 일정 스텝으로 진행한다(역타). 때로는 펴기에 실패하여 미끄러지기도 한다. ClpP 모듈의 존재가 펴기를 더 잘되게 하였으며 미끄러짐을 감소시켰다. ClpX는 전형적으로 몇 개의 베타 병풍 사슬로 구성된 구역을 펼 때에는 몇 번씩이나 GFP를 잡아당겼다. 나머지 GFP는 저절로 풀어졌다. 펴진 GFP는 ClpP에 의해서 형성된 강으로 이동하여 분해되었다.

6. 효소는 대사 반응을 촉매한다

효소는 화학반응을 촉매하는 단백질이지만 그 과정에서 소모되지 않는다. 사실상 모든 대사 반응은 효소에 의존한다. 효소는 **기질**이라고 하는 반응 분자에 먼저 결합한 다음 그 분자에 대하여 화학반응을 수행한다. 일부 효소들은 1개의 기질 분자에만 결합하는 데 비하여 다른 효소들은 2개 혹은 그 이상에 결합하여 이들을 반응시켜서 최종 산물을 만든다. 많은 효소-촉매 반응은 가역적이다. 그래서 효소는 둘 중 어느 한 방향으로 반응을 가속시킨다.

베타갈락토시다아제는 다른 요소에 결합된 갈락토오스로 구성된 다양한 분자들을 분해한다.

분자생물학에서 가장 유명한 효소는 **β-갈락토시다아제**이며, 이는 대장균의 *lacZ* 유전자에 의해서 암호화되어있다. 이 효소는 분석하기가 매우 용이하기 때문에 유전 분석에 널리 쓰이고 있다(자세한 것은 19장 참조). β-갈락토시다아제의 자연 기질 중에 하나는 젖당이며, 이는 2개의 단당인 글루코오스와 갈락토오스를 연결하여 만들어진 것이다. β-갈락토시다아제는 젖당을 2개의 단당으로 가수분해 한다(그림 14.25).

기질과 보조인자(필요한 경우)는 두 가지 모두 효소의 활성부위에 결합한다.

기질은 단백질의 포켓 혹은 갈라진 틈새인 활성부위에 결합하며, 여기가 반응이 일어나는 장소이다. 이 활성부위는 폴리펩티드 사슬의 정확한 접힘의 결과로서, 선형 서열에서는 멀리 떨어져 있던 아미노산 잔기들이 효소 반응에서 협동이 가능하도록 인접하게 된 것이다(그림 14.26과 그림 14.27).

많은 효소들은 촉매를 돕는 보조인자 혹은 보결 분자단에 의존한다. 이들은 NAD(니코틴아마이드 아데닌 다이뉴클레오티드)와 같은 유기 분자이며, 효소에 의해서 기질에 첨가할(또는 제거할) 수소 원자를 운반한다. 금속 이온도 흔히 사용된다. 아연 이온은 핵산을 합성하거나 분해하는 대부분의 효소 활성부위에서 발견된다. Zn^{2+}는 음전하를 띤 보결 분자단에 결합하여서 핵심적인 결합을 약화시킨다.

효소의 명칭을 일관되게 하기 위해서 새로이 발견되는 모든 효소는 '아제'로 끝난다. 트립신 혹은 라이소자임과 같은 효소는 이러한 관례가 소개되기 전에 명명되어서 불규칙적인 이름을 갖고 있다. 분자생물학의 관심이 되고 있는 일부 주요 효소의 분류군을 표 14.02에 수록하였다.

기질(substrate) 효소에 결합하며 효소 활성의 표적이 되는 분자
β-갈락토시다아제(β-galactosidase) 젖당 그리고 관련된 화합물질을 분해하는 효소

그림 14.25

β-갈락토시다아제는 젖당을 분해한다

젖당은 β-갈락토시다아제의 효소 작용에 의해서 포도당과 갈락토오스로 분해된다.

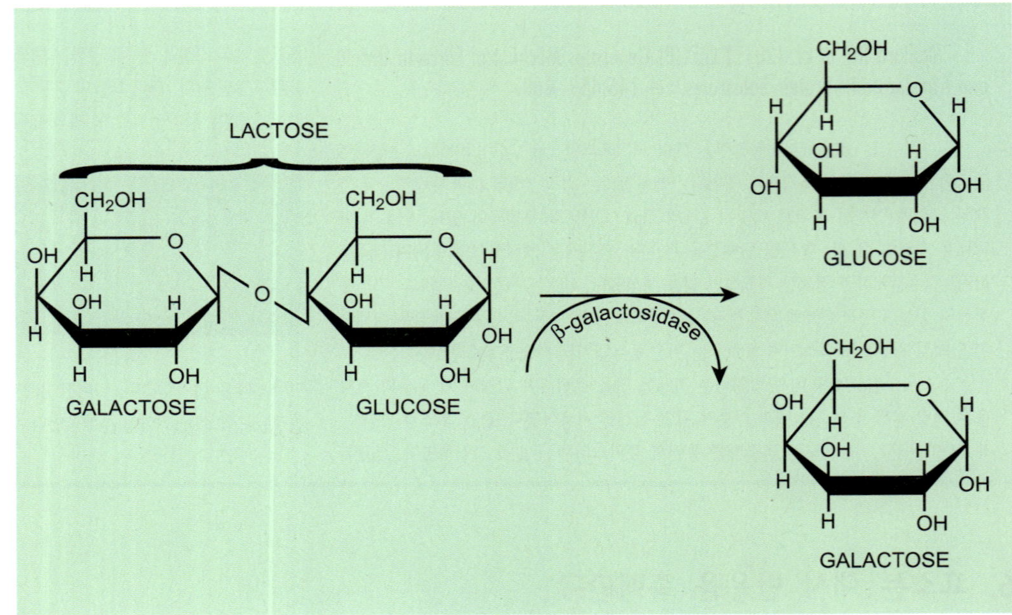

그림 14.26

활성부위는 서열상에서 멀리 떨어진 잔기들로 구성되어 있다

하나의 폴리펩티드 사슬이 접히기 전에는 효소 반응을 수행하는 데 협력하는 아미노산 잔기들이 때로는 서열상에서 멀리 떨어져 있다. 바르게 접힘이 이루어지면 핵심이 되는 아미노산들이 모여서 활성부위를 형성한다.

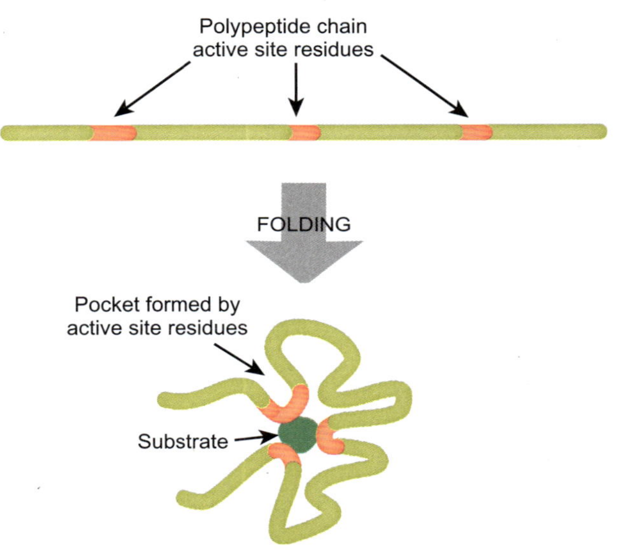

6.1. 효소는 다양한 특이성을 갖고 있다

> 분해 효소들은 흔히 광범위한 특이성을 보이는데 비하여 생합성 효소들은 흔히 고도의 특이성을 가지고 있다.

일부 효소들은 극히 특이적이어서 한 종류의 기질만을 사용한다. 아스파르타아제는 아스파르트산과 푸마르산의 상호 전환을 촉매한다(그림 14.28). 아스파르타아제는 아스파르트산(글루탐산과 같은 비슷한 아미노산은 아님)만을 사용하고, 아스파르트산 중에도 **L-이성질체**만을 이용한다. 아스파르타아제는 또한 역반응을 촉매하지만 푸마르산에만 NH_3기를 첨가하며 푸마르산의 *cis*-이성질체인 말산은 사용하지 않는다.

다른 효소들은 훨씬 더 광범위한 기질 특이성을 갖고 있다. 넓은 특이성은 많은 분해 효소에 의해서 나타난다. 예를 들면 알칼리성 인산 가수분해 효소는 다양한 분자들로부터 인산을 제거하며, 또한 카르복시펩티다아제는 많은 폴리펩티드 사슬의 C-말단 아미노산을 잘라낸다. 대부분 효소들은 중간 정도의 특이성을 가지고 있다. 예를 들면, 대장균의 알코

L-이성질체(L-isomer) 광학 이성질체 한 쌍 중 반시계방향으로 빛을 회전시키는 이성질체

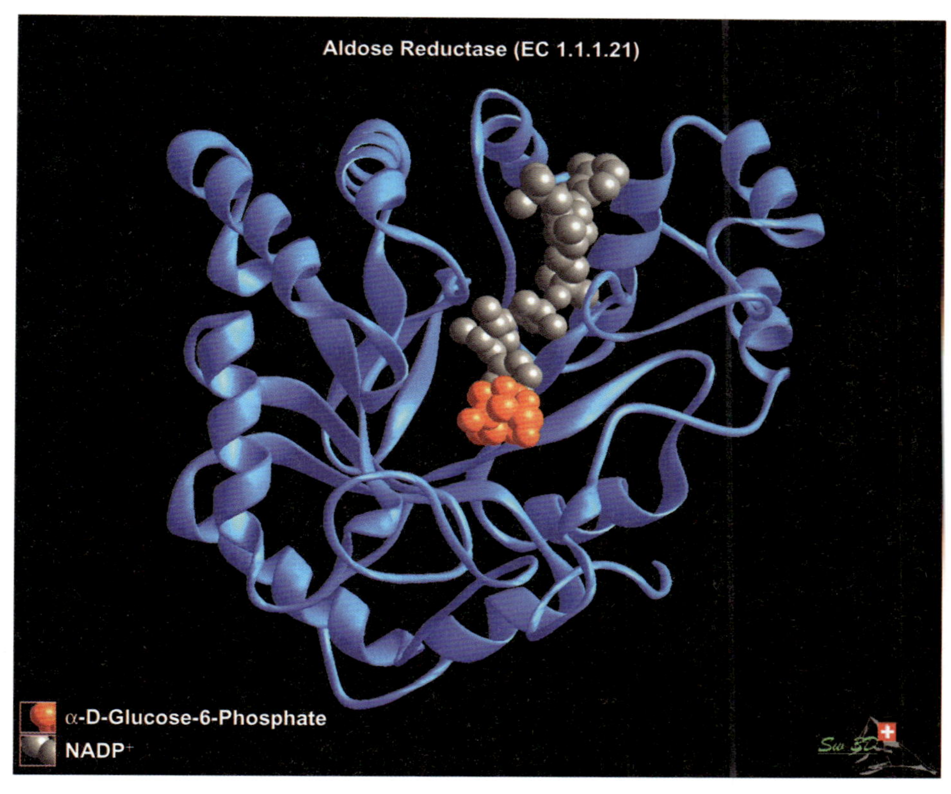

■ 그림 14.27

알도오스 환원효소의 효소 기질 복합체

알도오스 환원효소(EC 1.1.1.21)에 대한 3차원적 컴퓨터 모델로 그 기질인 포도당-6-인산(오렌지색)과 NADP(회색)가 결합한 모양. *(출처; Dr. Manuel C. Peitsch at the Glaxo Institute for Molecular Biology in Geneva, Switzerland, using coordinates from the Brookhaven Protein Data Bank.)*

표 14.02 효소의 종류와 기능

효소의 종류	촉매 반응의 종류
가수분해 효소	가수분해에 의해서 기질을 분해한다. 핵산 가수분해 효소, 단백질 가수분해 효소, 글리코시드 가수분해 효소, 인산 가수분해 효소 등 많은 아류들을 포함한다.
핵산 가수분해 효소	뉴클레오티드들 사이의 인산디에스테르 결합을 가수분해하여 핵산을 자른다. DNA를 특정한 서열에서 자르는 제한 효소를 포함한다.
단백질 가수분해 효소	아미노산들 사이의 펩티드 결합을 가수분해하여 플리펩티드 사슬을 자른다.
글리코시드-가수분해 효소	당 사이의 글리코시드 결합을 가수분해하여 다당류를 자른다. β-갈락토시다아제, 리소자임, 섬유소분해 효소를 포함한다.
인산 가수분해 효소	가수분해로 인산기를 떼어낸다.
β-락타마아제	락탐 고리를 여는 것에 의해 β-락탐기를 가진 항생제(페니실린과 세팔로스포린)를 불활성화시키는 가수분해 효소
ATP 가수분해 효소	반응이 진행되도록 ATP를 가수분해하여 에너지를 방출하는 효소에 대한 일반 명칭
합성효소	생합성 효소에 대한 일반 명칭. 연결효소, 중합효소, 전달효소 등을 포함한다.
연결효소	조각들을 연결하여 새로운 결합을 형성한다. "연결효소" 단독으로 사용될 경우에는 일반적으로 DNA 연결효소를 의미한다.
중합효소	소단위들을 연결하여 중합체를 합성하는 일종의 연결효소. DNA 중합효소와 RNA 중합효소를 포함한다.
전달효소	한 분자에서 다른 분자로 화학 작용기를 전달한다. 메틸라아제, 아세틸라아제, 키나아제 등을 포함한다
메틸라아제	분자에 메틸기를 첨가하는 전달효소. DNA를 메틸화하는 수식 효소를 포함한다.
아세틸라아제	분자에 아세틸기를 첨가하는 전달효소. 히스톤을 아세틸화하는 히스톤 아세틸 전달효소(HAT)를 포함한다.
키나아제	분자에 인산기를 첨가하는 전달효소. 단백질에 인산기를 결합시키는 단백질 인산화효소를 포함한다.
이성질화효소	한 분자의 이성질체들을 상호 전환한다.
라세마아제	아미노산과 같은 광학적 활성 분자의 D-와 L-이성질체를 상호 전환시키는 특정한 이성질화효소
산화환원효소	산화와 환원 반응을 촉매한다. 분자로부터 수소를 제거하는 탈수소효소를 포함한다.

그림 14.28
아스파르타아제와 같은 일부 효소들은 이성질체를 구분할 수 있다

L-아스파르트산은 아스파르타아제에 의해서 푸마르산과 NH_3로 변환된다. 이 효소는 글루탐산이나 구조적 이성질체인 말산과 같은 '유사' 기질은 변환시키지 않는다. 그뿐만 아니라 아스파르타아제는 광학 이성체들을 구분할 수 있으며 L-형의 아스파르트산만을 사용한다.

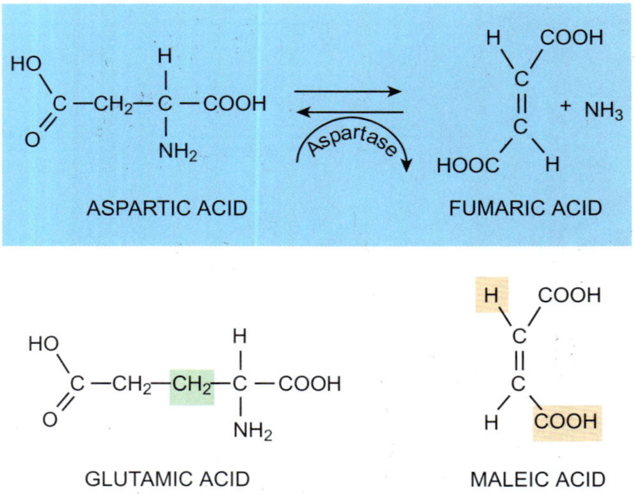

올 탈수소효소는 이 효소의 자연 기질인 에탄올뿐만 아니라 C3와 C4 알코올에도 작용한다. 또한 β-갈락토시다아제는 젖당, ONPG 및 X-갈과 같이 갈락토오스가 또 다른 화학기에 연결된 화합물을 기질로 사용한다(아래 참조).

비슷한 효소들 사이에서 특이성의 차이는 활성부위의 특성에 의해서 결정된다. 활성부위의 포켓은 크기와 모양이 다양하고, 활성부위를 구성하는 아미노산들의 화학적 성질도 다양하다. 예를 들면 3개의 소화 효소인 트립신, 키모트립신과 엘라스타아제는 모두 동일한 촉매 메커니즘에 의해서 폴리펩티드 사슬을 절단한다(그림 14.29). 그러나 트립신의 활성부위는 바닥에 음전하를 갖고 있다. 그래서 트립신은 양전하성 잔기(예, Lys 혹은 Arg)의 다음을 절단한다. 키모트립신에서 활성부위 포켓은 소수성 곁사슬이 표면을 구성하고 있어서, 이 효소는 소수성 잔기(예, Phe 또는 Val)의 다음을 자른다. 엘라스타아제는 활성부위 포켓이 매우 작아서 작은 곁사슬을 가지고 있는 잔기(예, Ala)의 다음을 자른다.

효소의 활성부위에 기질의 결합을 설명하기 위하여 2개의 다른 모델들이 제안되었다. **자물통과 열쇠 모델**에서 효소의 활성부위는 기질에 정확히 맞는다. 반면에 **유도적합** 모델은 기질의 결합이 효소 형태의 변화를 유도하여 2개의 모양이 더욱 잘 맞게 된다(그림 14.30).

두 가지의 메커니즘에 의해서 작동되는 효소가 발견될 수도 있다. 예를 들면 키모트립신이 기질에 결합하였을 때 감지할 만한 구조적인 변화가 거의 일어나지 않는다. 이에 비하여 카르복시펩티다아제는 기질에 결합하면, 이 결합은 티로신이(248 위치에) 12 옹스트롬 정도 위치를 이동하게 하여 이 위치에서 기질과 물리적 접촉을 하여 직접적인 촉매의 기능을 하게 된다.

6.2. 효소는 활성화에너지를 낮추는 작용을 한다

모든 화학적 반응에서 반응물은 반응 중간체 혹은 **전이 상태**를 거쳐서 생산물로 전환된다. 효소가 촉매하는 반응에는, 기질은 효소에 의해서 결합되고 반응은 활성부위에서 일어난다. 반응이 일어나게 하려면 흔히 에너지가 필요하다. 이 **전이 상태 에너지**, $\Delta G^{\ddagger}$는 반응 시작 물질과 전이 상태 간의 자유에너지 차이 값이다(그림 14.31). 그림에서 보는 바와 같

유도적합(induced fit) 기질의 결합이 효소의 구조 변화를 유도하여서 효소와 기질이 더 잘 맞게 된다.
자물통과 열쇠 모델(lock and key model) 효소의 활성부위가 기질과 정확하게 맞아야 한다는 효소 작용에 대한 모델
전이 상태(transition state) 화학반응에서 활성화된 중간체에 대한 별칭
전이 상태 에너지(transition state energy) 반응물질과 활성화된 반응 중간체 또는 전이 상태 간의 에너지 차이

GENERAL MECHANISM

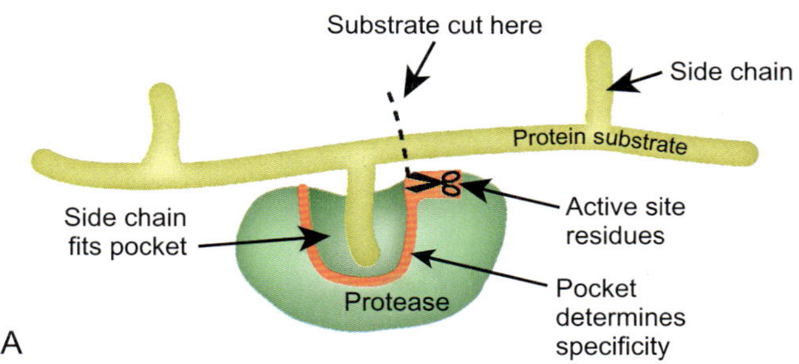

SPECIFIC ACTIVE SITES

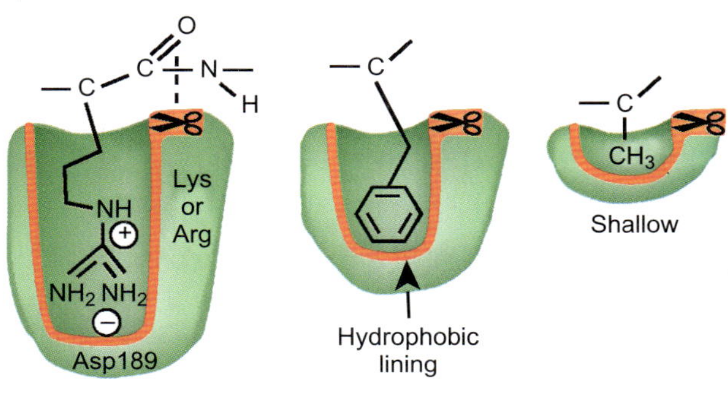

B TRYPSIN CHYMOTRYPSIN ELASTASE

그림 14.29

단백질 가수분해 효소들의 활성부위 특이성

A) 일반적으로 한 아미노산의 측쇄가 단백질 가수분해 효소의 포켓에 맞아 들어가면 인접한 가위질 기작이 아미노산 사슬을 자른다.
B) 포켓들은 다른 단백질 가수분해 효소에서 다른 특성들을 가지고 있다. 트립신에서와 같이 음전하를 띤 포켓에는 아르기닌과 같이 양전하를 띤 잔기들이 결합한다. 키모트립신의 소수성 포켓은 소수성 잔기를 잡아당기며, 엘라스타아제의 얕은 포켓은 글리신이나 알라닌과 같은 작은 잔기에만 맞는다.

그림 14.30

자물통과 열쇠 가설과 유도적합 가설의 비교

A) 자물통과 열쇠 모델은 활성부위와 기질은 완전히 맞아야 함을 의미한다.
B) 유도적합 모델은 기질의 결합에 따라서 활성부위의 구조가 변함을 제시한다.

그림 14.31

전이 상태에 도달하려면 에너지가 필요하다

화학반응이 시작되는 데는 전이 상태에 도달하기 위하여 에너지의 투여가 필요하다. 이 필요 에너지를 활성화에너지 또는 전이 상태 에너지, $\Delta G^{\ddagger}$라고 하며, 발열 반응(그림처럼)인 경우에도 필요하며 궁극적으로는 당초에 투여한 것보다 더 많은 에너지의 방출이 이루어진다. 방출된 순 에너지가 ΔG이다.

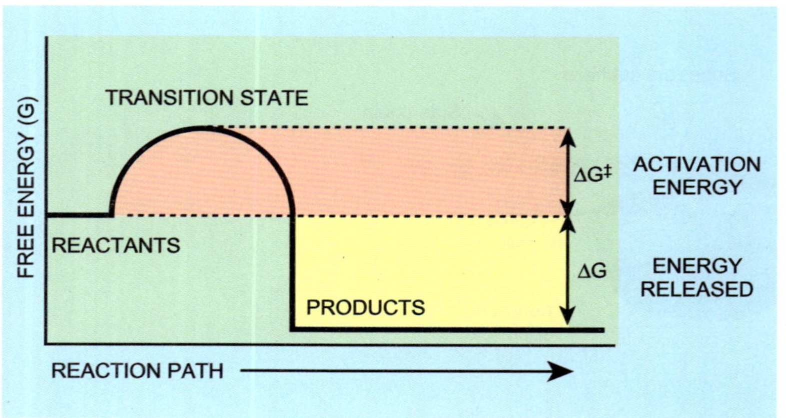

이 $\Delta G^{\ddagger}$가 양일 때는 전이 상태에 도달할 때까지 에너지를 공급하여야 한다. 일단 전체적인 반응이 끝나면 이 에너지가 방출되기는 하지만 전이 상태 에너지가 높을수록 반응은 느리다. 효소는 전체 반응의 자유에너지, 즉 반응물과 생성물 간의 에너지 차이를 바꿀 수 없다. 효소의 기능은 활성부위에서 중간 물질을 안정화시키거나 *더 낮은 에너지 경로*로 진행하는 대체 에너지 반응 메커니즘을 제공함으로써 전이 상태 에너지를 낮추어준다.

효소는 유기 반응에서 에너지가 적게 드는 선택적 반응 경로를 제공한다.

효소가 없으면 반응률이 느려진다. 효소가 있을 때의 반응률은 효소가 없는 자발적 반응에 비해 10^8에서 10^{20} 정도 증가한다(예, 알코올 탈수소효소는 10^9, 알칼리성 인산 가수분해 효소는 10^{16}). 효소가 기질을 활성부위의 촉매 작용기에 정확하게 위치시킬 수 있을 때 효소의 작용률이 높게 된다. 몇 가지 요인이 효소의 작용률의 증가에 관여한다.

1. *근접성*-(약 10^6배 증가). 효소는 반응에 민감한 결합이 활성부위의 촉매 작용기에 매우 근접하도록 기질에 결합한다. 활성부위의 국부적 기질의 농도는 50 Molar나 되는 반면에 세포질 내의 농도는 1 mM 이하일 수 있다. 화학반응률은 반응 물질의 농도에 비례한다.
2. *방향성*-(약 10^2배). 기질이 결합하였을 때 반응기들이 바른 방향을 가져야 한다. 궤도 조종 가설은 효소에 기질의 결합은 반응기들을 나란하게 하여 결합 형성에 관련된 분자 궤도가 겹치게 한다고 제안한다. 이것이 전이 상태 형성의 가능성을 증가시킨다.
3. *공유결합 중간체*-(10^{10}배). 이 전략은 대체 반응 경로를 택함으로써 전이 상태 에너지 "언덕"을 낮추는 것이다. A 분자로부터 B 분자로 화학적 작용기 "X"의 전이를 고려해 보자. 여기에 "X"는 인산기, 아실기 혹은 글리코실기와 같은 분자 단편이다.

$$AX + B \rightarrow A + BX$$

효소는 A 분자로부터 "X"기를 떼어내어서 두 번째 반응에서 이를 B로 전달하는 두 단계로 반응한다.

$$AX + Enz \rightarrow Enz\text{-}X + A$$
$$Enz\text{-}X + B \rightarrow Enz + BX$$

4. *산-염기 촉매*-(약 10^{10}배). 산-염기 촉매작용은 양성자를 주거나 또는 반응 중간 산물로부터 양성자를 제거하는 양성자 공여체(산) 혹은 양성자 수용체(염기)에 의한

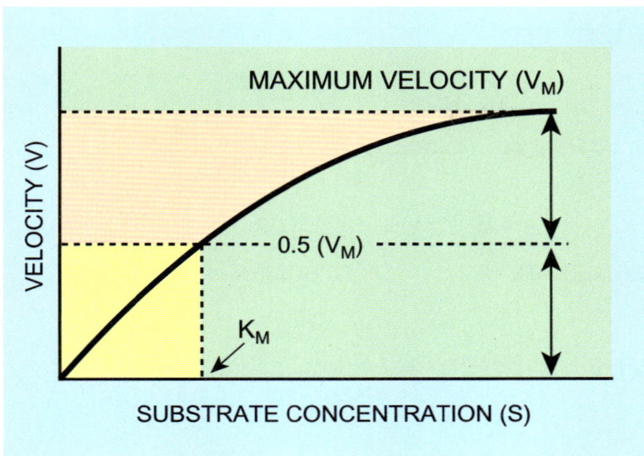

그림 14.32
포화 반응속도론

기질의 농도가 증가함에 따라서 반응 속도는 최대 속도(V_m)에 도달한다. K_m은 최대 속도의 반에 이르는 기질의 농도이다.

것이다. 효소는 산성 혹은 염기성 아미노산의 곁사슬을 기질을 공격하는 데 사용한다. 활성부위의 한쪽에 있는 산성기는 양성자를 내어주고 활성부위의 다른 위치에 있는 염기성 기는 반응 중간 산물로부터 또 다른 양성자를 제거한다. 이를 협력 산-염기 촉매라고 부른다. 대부분의 가수분해 효소는 산/염기 촉매를 사용한다.

5. *금속 이온 촉매*-(약 10^{10}배). 많은 효소들은 활성부위에 금속 이온을 갖고 있다. 때때로 이 금속 이온들은 시토크롬에서와 같이 산화환원 중심으로 사용된다. 그러나 흔히, 금속 이온은 환원이나 산화가 되지 않고 반응 중간치의 음전하를 안정화시키는 작용을 한다. 그래서 카르복시펩티다아제의 활성부위의 Zn^{2+}은 반응에서 절단할 펩티드 결합의 C=O를 극성화시킨다.

6. *기질 비틀기*-(약 10^8배). 효소의 결합은 기질이 비틀리게 한다. 효소의 활성부위는 기질보다 전이 상태 중간 산물에 더욱 잘 맞을 수가 있다. 일단 기질이 결합하면, 기질이 반응 중간체의 모양이 되도록 힘이 가해진다. 기질을 효소에 결합한 이후에 힘이 주어지기 때문에 비틀림은 증명이 어렵다.

6.3. 효소 반응률

화학반응속도론의 원리는 조금 변형되어 효소 반응에 적용된다. 전형적으로 반응률은 반응물질의 농도에 비례한다. 효소에 있어서는, 기질의 농도가 낮을 경우에만 반응률이 기질의 농도인 [S]에 비례한다. 기질의 농도가 높으면 효소의 모든 활성부위가 기질로 채워지고 효소는 더 이상 빨리 작용을 할 수가 없다. 이럴 때 효소는 **포화**되었다고 하고, **최대 속도**, $\mathbf{V_{max}}$ 혹은 $\mathbf{V_m}$에 도달하였다고 한다. 그래서 [S]와 반응률 사이의 관계는 쌍곡선을 이룬다(그림 14.32).

최대 속도(V_m)와 미카엘리스 상수(K_m)는 효소의 반응속도론 특성을 요약하고 있다.

V_{max}는 화학반응의 성질에 의존하기 때문에 기질과 효소 활성부위의 화학적 특성에 따라 달라진다. V_{max}는 pH와 온도에 따라서 달라진다. 더 많은 효소가 더 많은 기질을 다룰 수 있으므로 V_{max}는 또한 효소의 양에 비례한다. $\mathbf{K_m}$ 혹은 **미카엘리스 상수**는 최대 속도의 절반이 될 때의 기질 농도를 말한다. 이는 활성부위에 대한 기질의 친화도에 의존하며 효소의 농도와는 무관하다. K_m이 낮을수록 효소에 대한 기질의 친화도가 더 높으며 반응이 더욱 빨라진다(낮은 기질 농도에서; 기질 농도가 높은 데서는 $\mathbf{K_m}$은 덜 중요하다.).

K_m 미카엘리스 상수 참조
포화된(saturated) (효소에 대하여) 모든 활성부위가 기질로 차있으며 효소가 더 이상 빨리 작용할 수 없을 때
최대 속도[maximum velocity(V_m or V_{max})] 효소의 모든 활성부위가 기질로 채워졌을 때 도달하는 반응 속도
미카엘리스 상수[Michaelis constant(K_m)] 효소 반응에서 최대 속도의 반에 도달하는 기질의 농도. 이는 활성부위에 대한 기질의 친화도에 대한 역치이다.

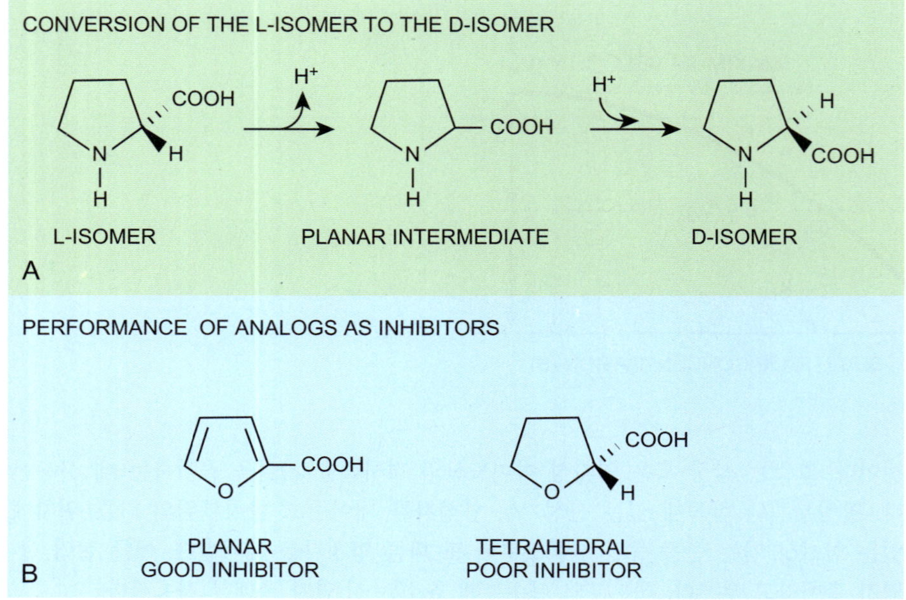

그림 14.33

프롤린 라세마아제는 평면 중간체를 생산한다

A) 프롤린의 L-이성질체를 D-이성질체로 전환하는 과정에서 중간체는 평면 구조이며 이 반응은 가역적이다. B) 이 반응을 억제하는 가장 좋은 유사체는 평면형이다. 그 이유는 평면인 것이 평면 전이 상태 중간체를 가장 닮았기 때문이다.

이 요인들은 **미카엘리스-멘텐 방정식**으로 요약된다.

$$\text{반응률}(V) = V_{max} \times (S)/(K_m + [S])$$

6.4. 기질 유사체와 효소 억제제는 활성부위에 작용한다

> 기질 유사체는 기질 대신 효소 활성부위에 결합한다. 일부는 효소를 억제하고 다른 것들은 자연 기질과 비슷한 방법으로 반응한다.

유사체는 효소의 활성부위에 충분히 잘 결합할 만큼 자연 기질과 유사한 분자들이다. 일부 유사체들은 효소의 대체 기질로써 작용한다. 다른 유사체들은 활성부위에 결합하지만 반응을 하는 대신 활성부위를 막아 효소를 저해한다. 이러한 유사체들은 효소에 결합하기 위하여 원래 기질과 경쟁하기 때문에 **경쟁적 억제인자**라고 한다. 저해의 정도는 기질과 저해제의 상대적인 농도와 상대적인 친화도에 따라 결정된다.

대부분 효소의 활성부위는 기질 자체 보다는 반응 중간체 혹은 전이 상태에 더욱 잘 맞도록 디자인되어 있다. 이에 따라서 기질을 필요한 방향으로 비틀어서 반응의 진행을 돕는다. 따라서 최고의 경쟁적 억제인자들 중 몇 개는 반응 중간체를 닮은 것들이다. 이들은 때로는 **"전이 상태 유사체"**라고 알려져 있다. 프롤린 라세마아제는 수소-원자를 제거한 다음 다른 위치에 이를 옮겨 붙이는 것에 의해서 프롤린의 L-과 D 이성질체를 상호 전환한다. 기질과 생성물은 모두 α-탄소의 둘레에 4면체이지만 전이 상태는 평면 구조이다. 이 반응 최고의 경쟁적 억제인자는 기질과 가장 유사한 것보다는 납작한 고리 복합물이다(그림 14.33).

> 베타 갈락토시다아제는 ONPG를 분해하여 황색을 내며, X-갈을 분해하여 청색 염료를 방출한다.

β-갈락토시다아제 효소는 갈락토오스가 연결된 다른 분자들을 자른다(위의 그림 14.25 참조). 이의 장점을 이용하여 연구자들은 **ONPG(오르토-니트로페닐 갈락토시드)**라 불리는 기질을 사용하는데, 이것은 갈락토오스에 연결된 오르토-니트로페놀로 구성되어 있다. ONPG가 떨어져 나가면 갈락토오스가 되며 이는 무색이고, 오르토-니트로페놀은 밝은 노란색이다(그림 14.34). 이 ONPG를 사용하면 연구자들은 노란색의 출현량을 측정함으로써

유사체(analog) 생체 고분자로 특정 효소, 수용체 단백질 또는 조절단백질들이 착오를 일으킬 만큼 비슷한 화학적 기질
경쟁적 억제인자(competitive inhibitor) 진정 기질과 착각할 만큼 유사하여 효소를 억제하는 화학적 기질
미카엘리스-멘텐 방정식(Michaelis-Menten equation) 기질 농도와 효소의 반응률 사이의 상관관계를 나타내는 방정식
전이 상태 유사체(transition state analog) 기질보다는 반응의 중간체 또는 전이 상태와 유사한 효소 억제제
오르토-니트로페닐 갈락토시드[ortho-nitrophenyl galactoside(ONPG)] 분해에 의해서 황색을 내는 β-갈락토시다아제의 인공적 기질

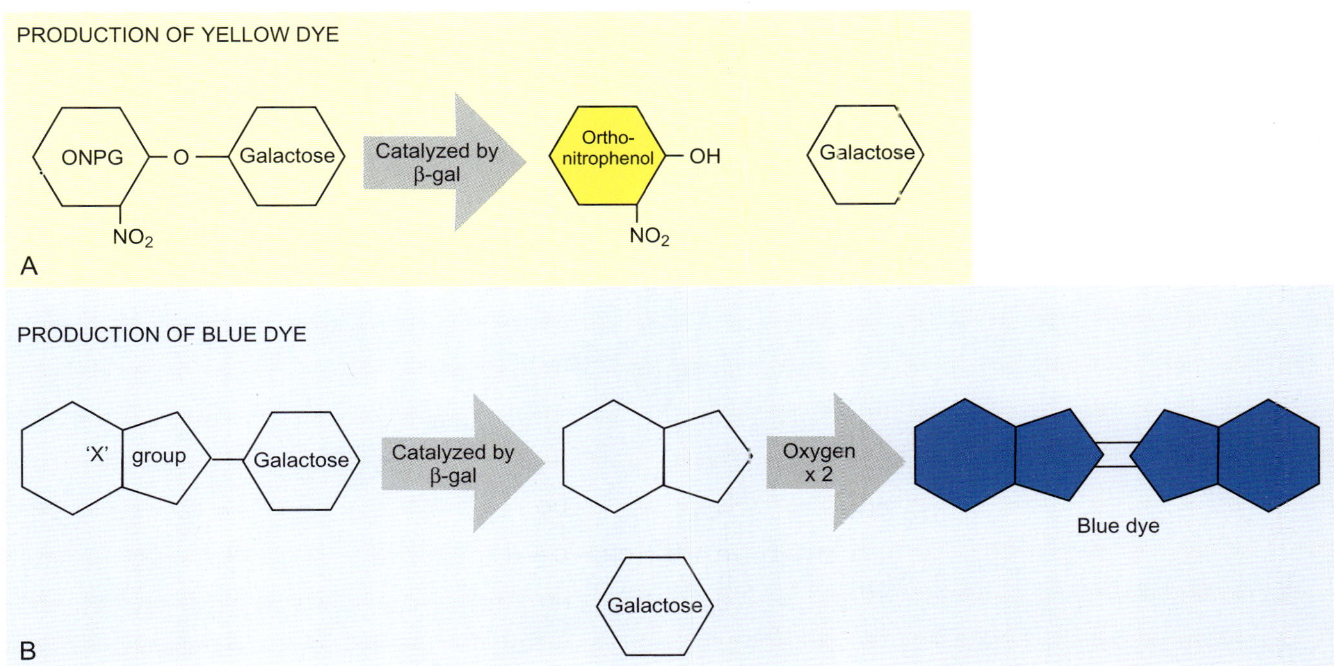

그림 14.34
β-갈락토시다아제는 ONPG와 X-갈을 분해한다.

β-갈락토시다아제는 갈락토오스가 결합한 다른 분자들로부터 갈락토오스를 분리하는 효소이다. A) β-갈락토시다아제의 활성 정도를 측정하려는 분자생물학에서 기질로 ONPG를 사용하면 그 반응 산물인 오르토니트로페놀이 노란색이므로 쉽게 측정할 수 있다. B) X-갈은 β-갈락토시다아제에 대한 또 다른 하나의 색소생성 기질이며 분해되면 갈락토오스가 방출되며 한 단편이 공기 중에서 산소와 반응하여 청색을 내는 산물을 생성한다.

β-갈락토시다아제의 양을 측정할 수 있다. 이와 비슷하게, **X-갈**은 β-갈락토시다아제에 의해 파란색 염료와 갈락토오스로 분리된다(응용은 19장 참조). 화합물 자체는 무색(혹은 옅은 색)이지만 반응하여서 강한 색깔을 띠는 산물을 내는 화합물을 **색소생성 기질**이라고 한다.

일부 억제제는 효소와 반응하여 효소를 영구적으로 불활성화 시킨다.

비가역적 억제는 억제제가 효소를 공유결합에 의해서 변형시켰을 때, 일반적으로 활성부위를 변형시켰을 때 일어난다. 공유적 억제제가 반드시 기질의 유사체인 것은 아니다. 일부 비가역적 억제제는 활성부위의 구성 요소와 반응하는데 비하여, 다른 억지제는 단백질의 다른 부위와 반응하여 용해성 혹은 다른 특성에 영향을 미친다. 예를 들면 화학 무기로 사용되는 신경성 약물인 사린은 활성부위가 세린인 효소를 공유적으로 억지한다(그림 14.35). 이 신경성 약물은 세린과 반응하여서 활성부위를 영구히 봉쇄하며 효소를 불활성화시킨다. 단백질 분해 효소를 포함하는 많은 가수분해 효소는 세린 잔기의 활성에 의존한다. 신경전달물질 아세틸콜린을 분해하는 효소인 아세틸콜린 에스테라아제도 마찬가지이다. 이 효소가 저해되면 신경근 접합부에 마비가 야기되어 마침내 호흡 장애로 죽게 된다.

6.5. 효소는 직접 조절되기도 한다

대부분의 효소 작용에 있어서 반응률은 단순히 이용 가능한 기질의 수준과 효소 단백질의 양에 의존한다. 물론 단백질의 양은 효소를 암호하는 유전자의 발현 수준에 의존한다. 효소 혹은 다른 단백질의 활성은 단백질의 합성 여부를 결정하는 것에 의해 유전적 수준에서 조절되기도 한다. 이 같은 유전적 조절은 뒷장에서 다룰 것이다.

색소생성 기질(chromogenic substrate) 효소에 의해서 강한 색깔을 내는 산물로 전환되는 무색 또는 옅은 색의 기질
비가역적 억제(irreversible inhibition) 효소가 화학적 변화에 의해서 영구적으로 불활성화 되는 억지 유형
X-갈(X-gal) 분해에 의해서 청색을 내는 β-갈락토시다아제의 인공적 기질

그림 14.35
사린에 의한 세린 효소의 공유결합 억제

신경 가스인 사린은 단백질의 활성부위에 있는 세린 잔기와 상호작용한다. 그래서 활성부위를 봉쇄하면 진정 기질이 활성부위에 들어가지 못한다.

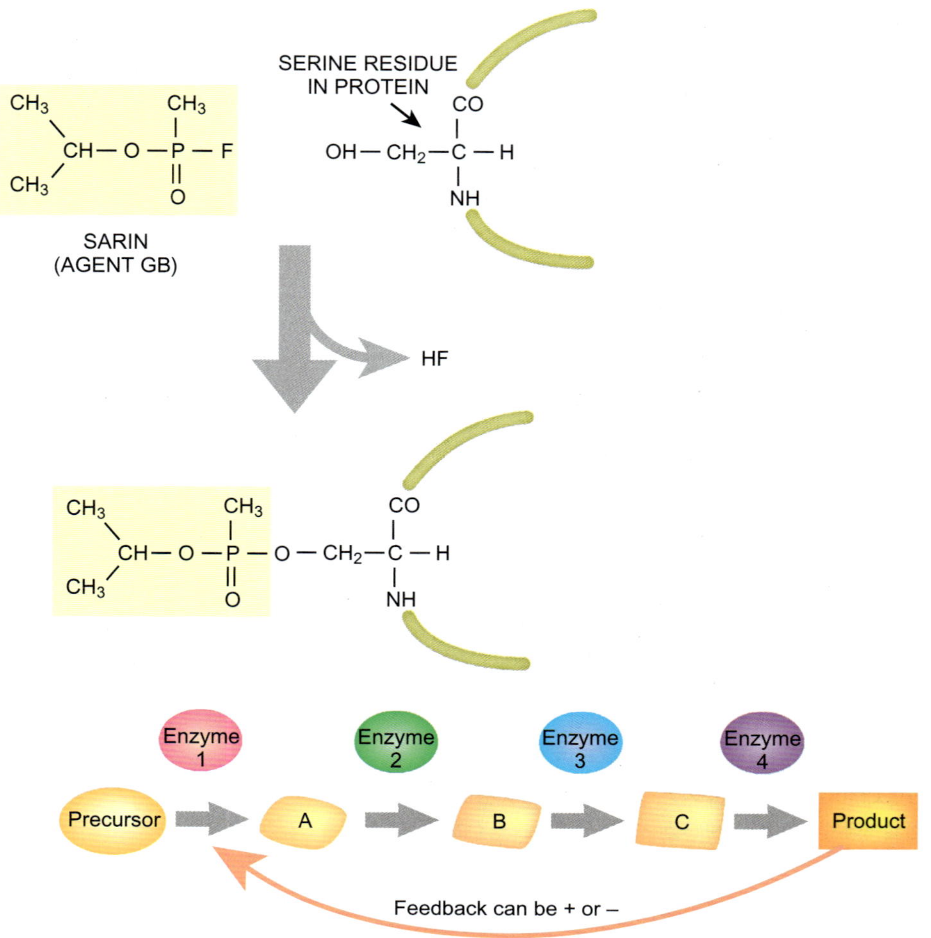

그림 14.36
대사 회로의 되먹임 억제

되먹임은 효소가 촉매한 회로의 생성물이 회로의 한 효소와 상호작용할 때 일어나며, 일반적으로 첫 번째 효소를 억제하거나(음성 되먹임) 효소의 활성을 촉진한다(양성 되먹임). 회로의 다른 효소들의 활성은 일반적으로 영향을 받지 않는다.

대사 회로의 핵심적인 단계에 위치한 효소들이 흔히 단백질의 활성 변화에 의해서 조절된다.

만일 기존의 단백질의 활성이 조절된다면 더욱 빠른 세포 반응이 가능하다. 결과적으로 효소의 상당량은 또한 다양한 방법으로 직접 조절되기도 한다. 이 직접 조절은 다소 즉각적이라는 장점을 갖고 있다. 이러한 조절은 보통 가역적이고, 그래서 순간적으로 불활성인 효소는 파괴된 것이 아니며, 필요하면 다시 사용하는 것이 가능하다. 다음 예의 대부분이 효소에 적용되지만 조절단백질, **수송단백질**과 기계단백질을 포함한 모든 종류의 단백질이 유사하게 변형되고 활성이 조절됨을 알아둘 필요가 있다.

조절되는 효소는 보통 대사 과정의 시작, 마지막, 혹은 분기점에서 발견된다. 조절은 이와 같이 결정적인 지점에서 시행되며, 그 사이의 효소들은 단지 자동적으로 작동한다. 많은 생합성 회로는 **음성 되먹임**으로 조절된다(그림 14.36). 회로의 최종 생산물은 회로의 최초 효소를 억제한다. 이와 같은 방법으로 충분한 양의 생산물이 축적되면, 세포는 더 이상 생산하는 데 물질을 소모하지 않는다.

음성 되먹임(negative feedback) 회로의 최종 산물이 회로의 첫 번째 효소를 억제하는 음성 조절의 형태
수송단백질(transport protein) 세포막을 통하여 또는 한 세포에서 다른 세포로 다른 분자들을 수송하는 단백질

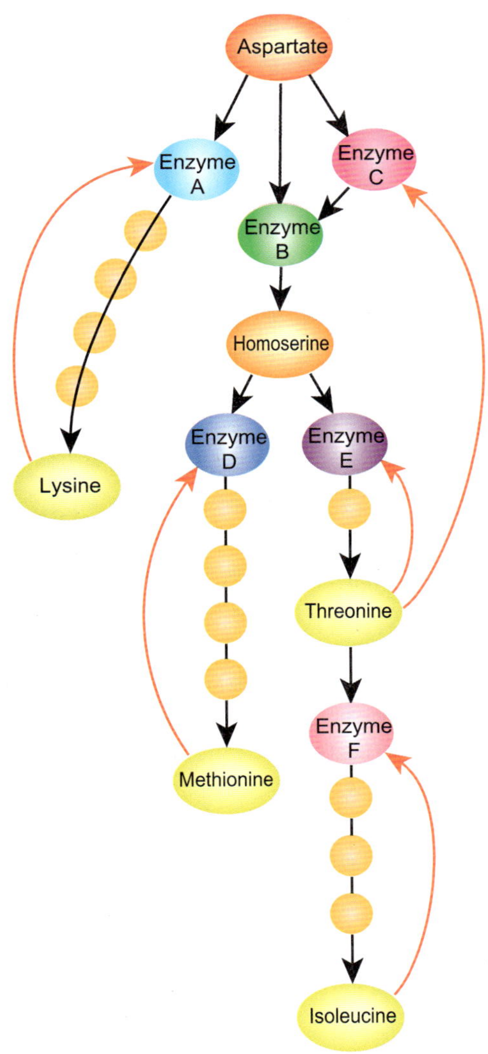

그림 14.37
아스파르트산 군 회로의 되먹임 억제

아스파르트산은 다른 네 가지 아미노산으로 전환된다. 황색으로 나타낸 네 가지 아미노산의 생산에 화살표로 표시한 음성 되먹임이 이루어진다.

많은 생합성 회로는 분지되고 몇 개의 최종 생산물을 만들어 낸다. 이런 경우에, 각 분지 점의 효소는 각기 다른 분지의 생성물에 의해 조절된다. 아미노산들 중에 아스파르트산 계의 합성을 예로 들어 보자. 아스파르트산은 4개의 다른 아미노산(Lys, Met, Thr, Ile)의 전구체이며, 이 아미노산들은 모두 되먹임으로 그들 각각의 분지와 전체 회로를 억제한다 (그림 14.37).

대사 회로의 최종 산물이 흔히 회로의 첫단계를 수행하는 효소를 억제한다.

6.6. 다른자리입체성 효소는 신호 분자의 영향을 받는다

우리는 11장에서 작은 신호 분자의 결합으로 모양이 변하는 조절단백질(**다른자리입체성 단백질**)에 대하여 논의하였다. 일부 효소들이 그와 동일한 메커니즘에 의해 조절되는 것은 놀랍지가 않다. 이와 같은 **다른자리입체성 효소**는 활성부위와는 다른 위치(다른자리입체성 부위)에 작은 분자들이 결합하며, 두 가지 다른 3D 구조를 번갈아 사용한다. 활성형과 불활성형 간의 상호 전환에는 모양의 변화와 효소를 구성하는 단백질 소단위들의 결합과 이탈이 관여한다. 활성형에서는 기질이 활성부위에 결합할 수 있는 데 비하여 불활성형에서는

다른자리입체성 효소(allosteric enzyme) 작은 분자와 결합하였을 때 모양과 활성이 변하는 효소
다른자리입체성 단백질(allosteric protein) 작은 분자의 결합으로 형태가 변하는 단백질

그림 14.38

다른자리입체성 효소는 구조가 변한다

하나의 활성부위와 하나의 다른자리입체성 부위를 가진 효소는 신호 분자가 결합하면 구조가 변한다. 변형된 구조는 활성부위의 구조에도 영향을 미친다.

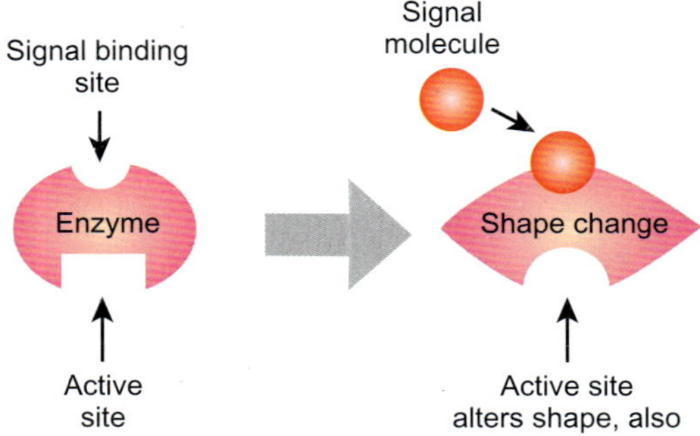

그림 14.39

다른자리입체성 효소는 복수의 소단위들을 가지고 있다

A) 한 다른자리입체성 효소의 4개의 소단위들이 신호 분자가 다른자리입체성 부위에 결합하였을 때 서로 결합을 유도하여 활성 효소를 형성한다. B) 이미 결합되어 있던 4개의 소단위들로 구성된 하나의 다른자리입체성 효소가 신호 분자가 결합함에 따라서 동시에 구조 변화를 한다.

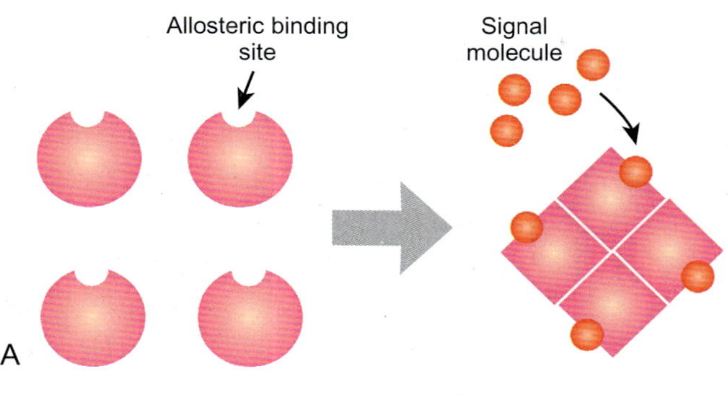

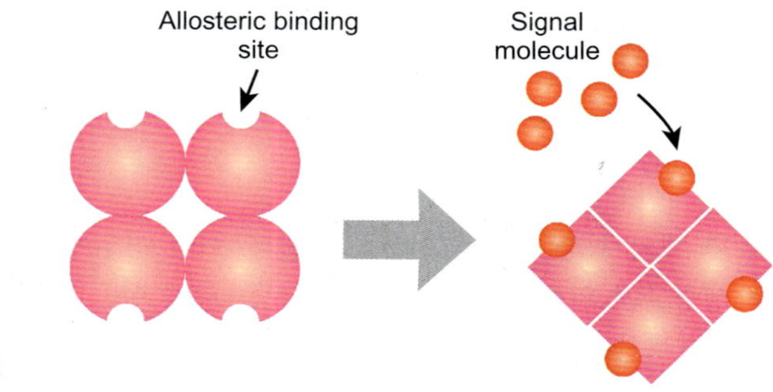

활성부위가 종종 막혀있거나 모양이 변하여서 기질이 결합할 수가 없다(그림 14.38).

다른자리입체성 효소는 작은 신호 분자의 결합에 따라서 억제 또는 활성화될 수 있다.

다른자리입체성 효소는 일반적으로 표준 미카엘리스-멘텐 효소 반응속도론을 따르지 않는다. 기질 농도에 따른 반응률 도표가 S자 모양이지 쌍곡선이 아니다. 다른자리입체성 변화는 K_m, V_m, 또는 둘 다를 변화시킨다. 다른자리입체성 효과자는 보통 그들이 조절하는 효소의 기질과 화학적으로 연관되어있지 않다. 위에 언급되었듯이 이 효과자는 흔히 그 효소가 관여하는 대사 회로의 최종 산물이다.

다른자리입체성 효소는 음성 혹은 양성, 또는 둘 다로 조절되기도 한다. 예를 들면 효소 포스포프룩토키나아제(PFK)는 해당과정의 주요 조절점이다. ATP의 양이 많을 때, 이는 PFK를 저해하는 반면에 AMP와/혹은 ADP가 축적되면 세포에 에너지가 고갈 상태임을 신호하여 PFK를 활성화시킨다. 그래서 일부 다른자리입체성 효소들은 하나는 활성제가 결합하고 다른 하나는 억제제가 결합하는 2개의 다른 다른자리입체성 부위를 가지고 있다. PFK의 경우에, ATP는 음성 다른자리입체성 효과자이고 AMP는 양성 다른자리입체성 효과자이다.

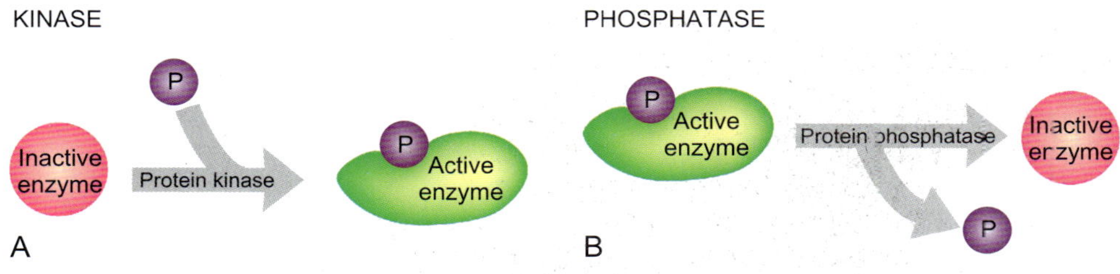

그림 14.40
단백질에 인산의 첨가와 제거

불활성인 한 효소가 단백질 인산화효소에 의해서 인산기가 첨가되면 활성화될 수 있다. 구조 변화가 일어남에 따라 인산화된 효소가 활성 상태로 된다. B) 인산가수분해 효소에 의해서 인산기가 제거되면 활성 효소는 불활성 구조로 되돌아간다.

모든 다른자리입체성 효소들은 복수의 소단위들로 구성되어 있다. 다른자리입체성 효과자가 결합하면, 효과자는 자신이 결합한 소단위의 구조를 변화시킨다. 경우에 따라서 이는 또한 소단위체들의 조립에도 영향을 준다(그림 14.39). 다른자리입체성 단백질의 한 형태는 단량체로 존재할 때와 다량체로 존재할 때가 있다. 다른 형태에서 소단위들은 결합된 상태로 존재한다. 이런 경우에 모양의 변화는 1개의 소단위에서 다른 소단위로 전달된다(전달 받은 소단위는 다른자리입체성 효과자와 더욱 쉽게 결합한다). 이때 소단위들은 협동적 모양 변화를 거친다고 말한다.

6.7 효소는 화학적 변형에 의해서 조절되기도 한다

다른자리입체성 단백질들은 비공유결합으로 작은 분자와 결합하면 구조가 변한다. 다른 경우에 모양 변화는 단백질을 화학적으로 변형하였을 때 일어난다. 일반적으로 이 같은 변화는 화학적 작용기가 첨가되었을 때 일어나며, 작용기는 나중에 다시 제거될 수 있다. 가장 보편적인 예는 인산기이며, 아세틸, 메틸, 아데닐(AMP)을 포함하는 기타 작용기들도 사용된다. 인산기는 **단백질 인산화효소**라고 하는 효소에 의해서 단백질에 첨가되고 **인산가수분해 효소**에 의해 제거된다(그림 14.40). 공유결합 변형에 의한 효소 활성의 조절은 세균에서는 비교적 드물지만 동물 세포에서는 극히 보편적이다. 동물 세포에서 총 10,000여 가지의 서로 다른 단백질들 중 약 삼분의 일은 매 순간 인산화되어있다. 동물 세포가 외부로부터 신호를 받으면, 세포들은 흔히 효소와 전사인자 모두를 포함하는 특정한 일군의 단백질들을 인산화시키는 것에 의해서 반응한다.

많은 단백질들의 활성이 인산기의 첨가 또는 제거에 의해서 변한다.

인산화에 의한 조절의 전통적인 예는 동물 세포에 의한 **글리코겐**의 합성과 분해이다. 저장 탄수화물인 글리코겐은 세포에서 에너지가 필요할 때 분해되어 글루코오스를 생성한다. 글리코겐은 글리코겐 합성효소에 의해서 만들어지며, 글리코겐 가인산분해 효소에 의해서 분해된다(그림 14.41). 이 두 효소들은 모두 인산화에 의해서 조절된다. 글리코겐 가인산분해 효소는 인산화되었을 때 활성을 띄는 반면에 글리코겐 합성효소는 불활성이 된다. 흔히 그렇듯이 두 가지의 단백질 인산화효소가 관여하는 효소 반응의 증폭 과정이 있다. 세포에 에너지가 필요할 때는 단백질 인산화효소 A는 글리코겐 합성효소와 가인산분해 효소 키나아제 모두를 인산화시키며, 이는 이어서 글리코겐 가인산분해 효소를 인산화

글리코겐(glycogen) 세균과 동물의 간에서 발견되는 저장형 탄수화물
인산가수분해 효소(phosphatase) 인산기를 제거하는 효소
단백질 인산화효소(protein kinase) 다른 단백질에 인산기를 첨가하는 효소

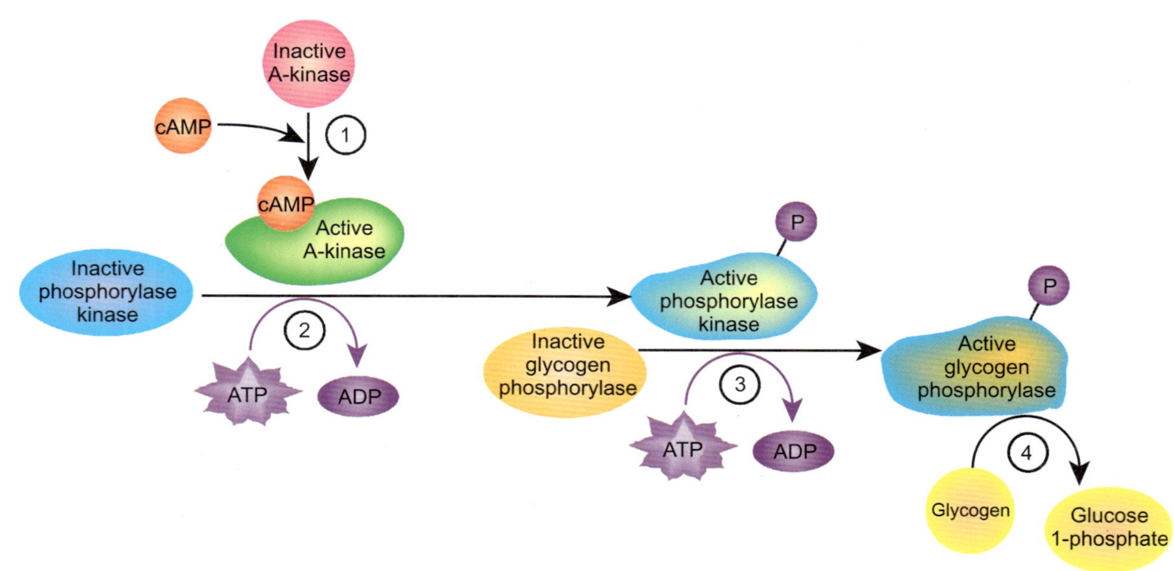

그림 14.41
글리코겐의 합성과 분해의 조절

글리코겐을 분해하여 포도당 1-인산 형태로 포도당을 방출하는 데는 4단계의 과정이 필요하다. 1) 불활성 단백질 인산화효소 A는 고리형 AMP(cAMP)의 결합에 의해서 활성화된다. 활성화된 단백질 인산화효소 A는 불활성 가인산분해 효소 키나아제를 활성 인산 결합형으로 바꾸는데 ATP를 사용한다. 3) 활성 가인산분해 효소 키나아제는 불활성 글리코겐 가인산분해 효소를 활성 인산화형으로 전환시킨다. 4) 최종적으로 활성 글리코겐 가인산분해 효소가 글리코겐을 해당과정의 첫 번째 기질인 포도당 1-인산으로 전환시킨다.

시킨다.

잠정적으로 위험성이 있는 효소들은 흔히 불활성인 전구물질을 절단함으로써 활성화 된다.

일부 효소들은 활성 효소를 얻기 위해서 전구체 단백질을 절단함으로써 활성화 된다. 소화 효소인 트립신, 키모트립신, 펩신은 트립시노겐, 키모트립시노겐, 펩시노겐이라는 더 긴 전구체로 합성된다. 이들은 장에서, 이들을 만든 세포의 밖에서만 안전하게 폴리펩티드 사슬이 절단되어서 활성화된다. 작은 분자의 결합 혹은 인산화에 의한 조절과는 달리 이러한 유형의 활성화는 비가역적이다.

7. 단백질과 DNA의 결합은 몇 가지 다른 방법으로 일어난다

많은 DNA 결합단백질들은 특정 염기 서열을 인식한다. 그러한 인식 서열은 종종(그러나 반드시 그렇지는 않음) 역반복 서열이다.

광범위한 단백질들이 DNA에 결합한다. 이 단백질들은 DNA 복제, 유전자 발현과 그 조절, DNA의 보호와 회복 및 다양한 기타 과정에 관여한다. DNA-결합단백질의 성질을 이해하는 것은 생물공학에 있어서 매우 중요하며, 여기에서 이 단백질들은 클론된 유전자의 발현을 조절하는 데 사용된다. DNA-결합단백질은 또한 특히 암과 노화와 같은 분자 의학과 연관된다. DNA-결합단백질의 다양성에도 불구하고 이 단백질들과 DNA의 상호작용 방식에는 몇 가지 공통적인 주제가 있다.

일부 DNA-결합단백질들은 비교적 비특이적이기는 하지만, 많은 단백질들은 DNA의 특정한 염기 서열들을 인지하여서 결합한다. 거의 모든 DNA-결합단백질들은 DNA의 주홈에 잘 맞으며, 이에 따라서 염기들을 인식하고 결합한다. 특정한 DNA-결합단백질에 의해 인식되는 몇 개의 부위를 비교해 보면 염기 서열의 순서가 동일한 경우는 드물지만 매우 유사함을 알 수 있다. DNA를 자르거나 수식하는 조절단백질과 효소 둘 다를 포함하는 많은 DNA-결합단백질들은 DNA의 회문 혹은 역반복 서열을 인식한다. 이 경우에 단일 소단위들로 구성된 단백질은 흔히 4-8 bp 길이의 역반복 서열에 결합한다. 짝을 이루는 소단위들로 구성된 단백질은 보통 2개의 5- 또는 6-염기 반복이 비교적 중요하지 않은 6개 정도의 염기들에 의해서 분리되어 있는 역반복 서열에 결합한다(그림 14.42). 이들 비교적

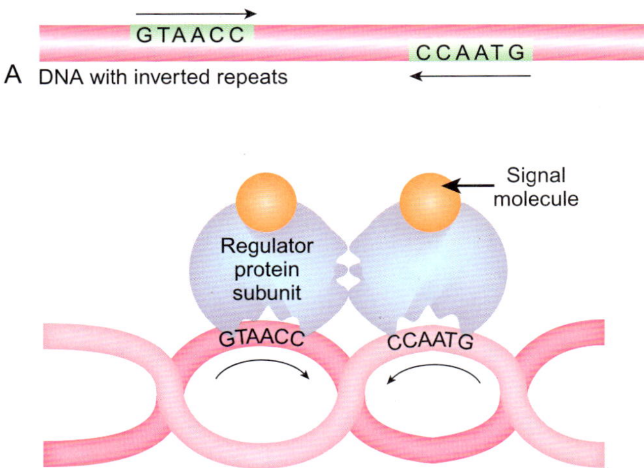

그림 14.42

DNA의 역반복 서열에 단백질들의 결합

A) 5염기 역반복 서열을 가진 이중사슬 DNA. B) 서로 다른 두 사슬의 DNA 상에 있는 역반복 서열에 결합한 단백질 2합체. DNA의 나선 꼬임이 어떻게 두 인지 서열들을 모아서 두 단백질 소단위들이 인접하여 나란히 결합할 수 있게 하는지에 주목하자.

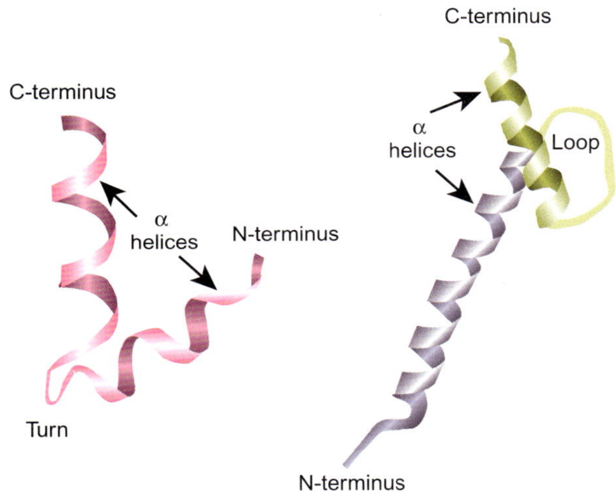

그림 14.43

나선-회전-나선(HTH)와 나선-고리-나선(HLH) 구조 요소들

단백질에 있어서 간단한 구부러짐과 고리가 이들 DNA 결합단백질들을 구분하는 구조적 특징이다.

짧은 회문들은 머리핀 혹은 줄기와 고리 구조를 형성하지 않는다.

많은 수의 서로 다른 전사인자와 그 밖의 조절단백질들은 비교적 적은 수의 DNA-결합 구역을 통하여 DNA에 결합한다. 가장 잘 알려진 모티프는 나선-회전-나선, 나선-고리-나선, 류신지퍼 구조와 아연손가락 구조이다.

많은 서로 다른 DNA 결합단백질들에서 단지 몇 가지의 주된 구조 요소들만이 DNA 결합에 작용한다.

나선-회전-나선(HTH)과 **나선-고리-나선(HLH)** 모티프들은 둘 다 2개의 α-나선으로 구성되어 비슷하지만 연결된 고리가 차이난다(그림 14.43). HTH 모티프는 회전 혹은 고리가 더 짧고, HLH 구역은 더 길다. 각각의 경우에 α-나선 중에 하나가 DNA 이중나선의 주홈에 잘 맞고 염기들과 접촉한다. HTH 모티프의 경우에, 2개의 나선 중 두 번째(N-말단에서 세어) 나선이 DNA 결합에 관여한다. HLH 모티프에서는 2개의 α-나선이 DNA 결합 자체가 아니라 단백질 2량체를 형성하게 한다. 때로는 동일한 소단위들이 2량체를 형성하며, 다른 경우 HLH 모티프는 DNA 수선에 관여하는 Mre11/Rad50 복합체와 같은 DNA-결합 복합체의 다른 단백질과 결합하는 데 사용된다(관련 연구에 대한 초점 참조). DNA 결합은 첫 번째 α-나선의 바로 앞에 있는 염기성 영역 때문이다. HTH 및

나선-고리-나선[helix-loop-helix(HLH)] 단백질들에 공통적인 DNA 결합 구조 요소의 한 가지 유형
나선-회전-나선[helix-turn-helix(HTH)] 단백질들에 공통적인 DNA 결합 구조 요소의 한 가지 유형

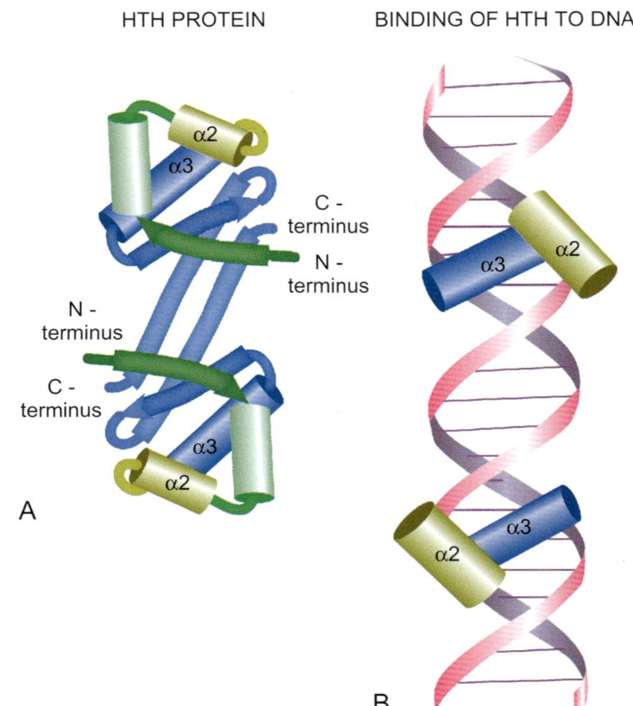

그림 14.44
나선-회전-나선 (HTH) 구조 요소의 DNA 결합

전형적인 HTH 단백질은 α2와 α3로 표시한 2세트의 α-나선 2합체이며 이것이 실제로 DNA에 결합한다. B) α-나선들의 쌍이 DNA의 인접한 2개의 주홈에 맞는다. B에는 이들이 어떻게 DNA와 상호작용하는 지를 보이기 위하여 α2 나선과 α3 나선만 나타내었다. 그림에 나타낸 HTH는 람다 파아지의 CI 억제인자이다.

HLH 모티프를 모두 갖는 단백질은 일반적으로 DNA에 있는 역반복에 2량체로 결합한다 (그림 14.44).

HTH는 원핵생물과 진핵생물에서 널리 사용되는 반면에 HLH는 주로 진생생물에서 발견된다. 예를 들면 HTH 모티프는 대장균의 Crp 글로벌 활성제와 박테리오파지 람다의 CI와 Cro 조절단백질 모두에서 발견된다. 호메오박스 서열들을 인지하여서 다세포 동물의 발생을 조절하는 진핵 전사인자들은 HTH 모티프를 사용한다. (호메오박스 서열은 동물에서 공간 및 시간적 발달에 관여하는 유전자의 조절 영역에서 발견된다; 19장 참조.) 비록 나머지 DNA-결합 구역이 달라도 DNA에 실제로 결합하는 HTH 모티프는 람다 CI 억제인자에서 발견되는 것과 거의 동일하다.

류신지퍼는 Fos, Jun, Myc 단백질과 같은 많은 진핵 전사인자에서 발견되고 세포 분열과 암 발생의 조절과 연관되어있다. 류신지퍼 모티프는 매 일곱 번째 아미노산에 류신

관련 연구에 대한 초점

Lammens K, et al. (2011) The Mre11:Rad50 Structure Shows an ATP-Dependent Molecular Clamp in DNA Double-Strand Break Repair. Cell 145:54–66.

Mre11 핵산 가수분해 효소와 Rad50 ATPase 간의 복합체는 진화를 통해서 고도로 보존되어 있다. 이는 DNA에 이중사슬 절단에 대한 감지기로 작용한다. 이 복합체는 화학적으로 봉쇄되거나 잘못 접힘이 있음에도 불구하고 이처럼 DNA의 절단 말단을 인지하여 가공할 수 있다.

저자들은 미생물인 *Thermotoga maritima*에서 이 복합체의 결정체 구조를 결정하였다. 이들은 Mre11의 C-말단 나선-고리-나선 구역이 Rad50에 결합하며 유연하게 Mre11 핵산 가수분해 효소 구역에 부착함을 발견하였다. 이로 인해서 복합체는 큰 구조 변화를 하게 된다. ATP가 2개의 Rad50 소단위에 결합하면 Mre11 나선-고리-나선 구역이 회전한다. 그 결과로 만들어진 구조는 DNA 결합 능력이 향상됨을 보였다.

류신지퍼(leucine zipper) 단백질들에 공통적인 DNA 결합 구조 요소의 한 가지 유형

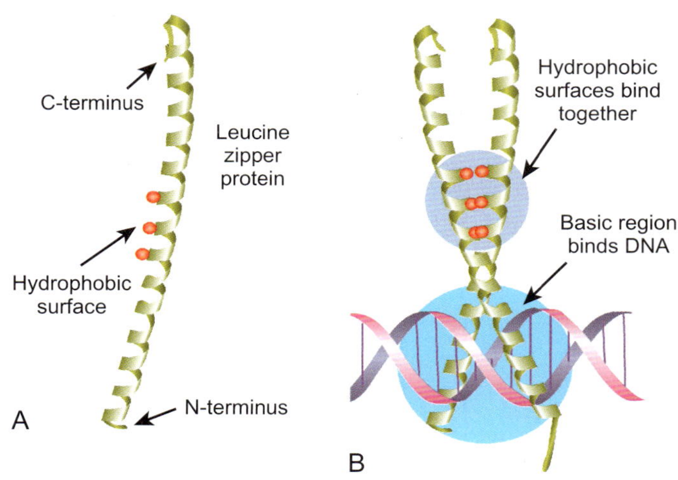

그림 14.45
류신지퍼 단백질의 DNA 결합

A) 류신지퍼는 소수성 구역과 염기성 말단을 가진 2개의 α-나선들로 구성되어 있다. B) 류신지퍼의 나선들이 소수성 영역에 의해서 상호 결합하고 있으며 염기성 영역을 통하여 DNA와 결합하고 있다. 염기성 말단 영역이 DNA의 주홈에 맞는다. 염기성 영역들은 대체로 나란히 DNA를 풀고 있는 양상이며, 두 나선 토막은 지퍼를 닮았다.

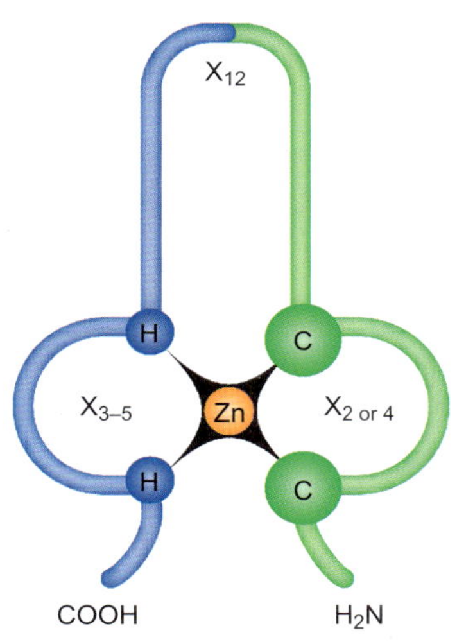

그림 14.46
아연손가락 DNA 결합단백질

중앙의 아연 원자가 시스틴(C)의 황과 히스티딘(H)의 질소에 결합하고 있다. 다양한 길이의 아미노산 사슬들(x = 사슬 길이)이 이들 결합 영역으로부터 뻗어 있다. 아연손가락은 훨씬 더 큰 단백질의 한 구성 요소를 이르며 그 단백질을 DNA에 결합시킨다.

잔기를 갖는 α-나선으로 구성되어 있다. 게다가 류신들 사이의 중간에 있는 아미노산은 소수성이다. 회전당 3.6개의 아미노산이 있기 때문에 이 소수성 잔기는 α-나선의 측면을 내려가면서 하나의 조각을 형성한다(그림 14.45). 이와 같은 2개의 α-나선은 지퍼 구조를 형성하는 소수성 조각들에 의해서 서로 결합할 수 있다. 그래서 류신지퍼는 HLH 모티프처럼 2량체 형성 구역이다. 실제 DNA의 결합은 지퍼 영역의 전방에 있는 염기성 잔기들 때문이다.

아연손가락은 DNA 결합단백질들에 광범위하게 분포하고 있다. 각각의 아연손가락은 DNA의 3개 염기들을 인지한다.

아연손가락은 중앙 아연 원자와 그것을 둘러싸는 25-30개 아미노산 잔기의 절편으로 구성되어 있다(그림 14.46). 아연손가락의 전형적인 구조는 2개의 시스테인에 결합하고 있으며, 이들은 매우 근거리에서 아연이 β-병풍-β-헤어핀- 그리고 2개의 히스티딘의 짧은 조각에 놓여있고 α-나선의 끝이 멀리 DNA의 주홈으로 뻗어 있다. 1,000개가 넘는 아연손가락 단백질이 알려져 있으며, 이들 중 대부분은 복수의 손가락 구조를 가지고 있다. 첫 번째로 발견된 아연손가락 단백질은 9개의 아연손가락을 갖고 있는 일반 진핵 전사인자 TFIIIA로 아프리카 발톱두꺼비로부터 발견되었다.

각 아연손가락 단위는 보통 DNA 염기 3개를 인식한다. 또한 드물게 4개 혹은 5개 염기가 하나의 아연손가락에 의해 인식된다. 이 각 아연손가락의 서열 특이성은 아연에 결합

아연손가락(zinc finger) 단백질들에 공통적인 DNA 결합 구조 요소의 한 가지 유형

하는 His과 Cys 잔기 사이의 폴리펩티드의 아미노산 서열에 의존한다. 이 부위의 아미노산은 DNA의 염기 사이에 수소결합을 만든다.

몇 개의 변형된 아연손가락 모티프 구조가 발견되었다. 예를 들면, 전사인자인 **스테로이드 수용체**는 각각 4개의 시스테인으로 둘러싸인 2개의 Zn 원자를 포함하는 DNA-결합 구역을 가진다. 짧은 α-나선은 DNA에 결합한 2개의 아연 사이에 놓여있다. 효모의 GAL4를 포함하여 몇 개의 전사인자들은 6개의 시스테인에 결합한 2개의 Zn 원자의 덩어리로 둘러싸여 만들어진 손가락들을 가지고 있다.

8. 단백질의 변성

단백질의 바른 3차원 구조는 열, 세탁제, 산, 염기, 특정 화학물질에 의해서 파괴될 수 있다.

세탁제와 혼란 물질은 소수성 기들이 물에 녹는 것을 돕는다.

도데실 황산 나트륨은 겔에서 영동에 앞서 단백질을 녹이는 데 광범위하게 사용된다.

혼란 물질은 물의 구조를 변화시켜서 소수성 기들이 더 쉽게 녹을 수 있게 하여준다.

변성은 올바른 3차 구조를 잃어버리는 것으로 이것은 3차와 4차 구조 모두를 잃어버리는 것이다. 변성은 비공유결합만 깨어지는 것이다. 생물학적 활성의 손실에는 일반적으로 이와 같은 구조적 변성이 수반된다. 특히 효소는 변성에 매우 민감하다. 계란 단백질을 끓였을 때와 같이, 단백질은 변성되면 흔히 용액에서 침전된다. 열, 극단적인 pH 및 다양한 화학적 요소들이 비공유 구조를 파괴하고 단백질을 변성시킨다. 계란 흰자를 휘저어 머랭을 만들 때처럼 젓는 것조차도 일부 단백질을 변성시킨다.

단백질은 안정성이 크게 차이난다. 어떤 단백질은 매우 민감하여서 pH 또는 온도가 약간만 변하여도 불활성화 된다. 이 안정성이 단백질의 순수분리와 생물공학적 응용에 문제점으로 작용한다. 그래서 연구자들은 흔히 몹시 저항성이 큰 자연산 단백질을 찾거나 안정성을 높이기 위하여 단백질을 변형시킨다. 극한 환경에 서식하는 세균들이 이와 같은 저항성 단백질을 많이 가지고 있다. 예를 들면 PCR(6장 참조)에 사용되는 Taq 중합효소는 모든 생물을 죽일만큼 높은 온도에 자연 서식하는 세균에 의해서 만들어진 고온 저항 효소이다.

단백질의 3차 구조를 유지하는데 상당부분 관여하는 소수성 결합은 **세탁제**와 **혼란 물질**에 의해서 파괴된다. 세탁제는 고 수용성 기에 소수성 꼬리가 결합하여 형성된 것이다. 이들은 다른 분자의 소수성 부위에 직접 결합하여 용해시키는 작용을 한다. 단백질의 경우 세탁제는 안으로 깊이 숨어있는 소수성 기에 결합하며 또한 비교적 소수성인 폴리펩티드 골격에도 결합한다. 이렇게 되면 폴리펩티드 사슬의 3차 접힘이 불안정하게 된다.

세탁제인 **도데실 황산 나트륨(SDS)**은 분자량에 의해서 단백질을 분리할 폴리아크릴아마이드 겔을 흘리기에 앞서 단백질을 용해시키고 변형시키는 데 널리 사용된다(15장 참조). SDS는 폴리펩티드에 결합하는 하나의 긴 탄화수소 꼬리와 물이 있는 쪽으로 돌출된 하나의 음전하를 띤 황산기를 가지고 있으며 단백질/SDS 복합체를 용해한다(그림 14.47). SDS는 폴리펩티드의 긴 축을 따라서 결합하여서 폴리펩티드를 펼친 막대-모양의 구조로 변형시킨다. SDS-폴리펩티드 결합의 정밀한 특성은 논란의 여지가 있다. 한 학설은 소수성 아미노산의 비극성 R-기에 붙는다는 것이다. 그러나 대부분 단백질에서 SDS는 2개의 아미노산 잔기마다 1개의 SDS 비율로 결합하고 있는데, 이는 SDS가 폴리펩티드의 골격에 결합함을 의미한다. 실제적인 입장에서 보면, 결합된 SDS에 의해서 형성된 음전하의 수는 폴리펩티드의 길이, 즉 분자량에 비례한다는 것이 중요하다.

혼란 물질(예, 티오시안산, 과염소산) 또한 소수성 기의 노출을 촉진함으로써 단백질을 불활성화시키지만, 이는 간접적인 메커니즘에 의한 것이다. 물에 노출될 때 소수성 기들은

혼란 물질(chaotropic agent) 물의 구조를 교란시켜서 소수성 기들이 녹을 수 있게 하는 화학물질
변성(denaturation) 단백질 또는 핵산의 바른 3차 구조의 상실
세탁제(detergent) 소수성 영역과 친수성 영역들을 모두 가지고 있으며 지방, 기름기, 지질을 포함하는 소수성 분자들을 용해시키는 분자
스테로이드 수용체(steroid receptor) 스테로이드 호르몬에 결합하는 단백질

HYDROPHOBIC HYDROPHILIC

$CH_3CH_2CH_2CH_2CH_2CH_2CH_2CH_2CH_2CH_2CH_2CH_2-O-S(=O)_2-O^-\ Na^+$

A SODIUM DODECYL SULFATE (SDS)

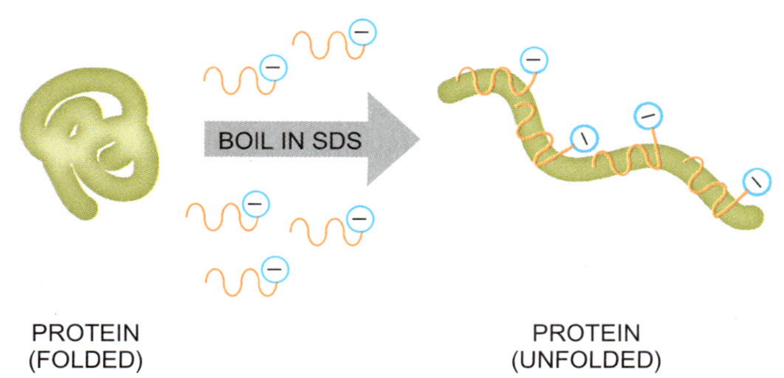

B PROTEIN (FOLDED) PROTEIN (UNFOLDED)

그림 14.47

도데실 황산 나트륨(SDS)의 구조와 기능

A) SDS는 하나의 강력한 소수성 탄소 사슬과 하나의 강력한 친수성 황산 나트륨 영역을 가지고 있다. B) 접힌 단백질을 SDS 용액에서 끓이면 소수성 영역이 폴리펩티드 골격을 둘러싸며, 음전하를 띤 황산이 밖으로 돌출된다. 음전하는 서로 밀어서 단백질이 펴지는 것을 돕는다.

그 주위에 물 분자의 규칙적인 울타리의 형성을 유도한다. 이는 물의 블규칙성을 감소시킨다. 이를테면, 이는 엔트로피를 증가시킴으로 열역학적으로 불리하게 된다. 소수성 기들은 어떤 양의 친화력 때문이라기보다는 물과의 접촉을 피하기 위해서 서로 밀집한다. 혼란 물질은 물의 구조를 붕괴시킴으로써 소수성 기들이 더 빨리 녹게 한다.

단백질 **변성제**는 2차 구조를 유지하는 수소결합을 파괴하는 분자들이다. 그 예로는 **요소**, **구아니딘**과 **염화 구아니디움**이 있다(그림 14.48). 이들은 자신의 CO 혹은 NH_2기와 단백질의 수소결합에 참여하는 모든 기들 사이에 수소결합을 형성함으로써 작용한다. 고온과 극단적인 pH 또한 수소결합을 파괴한다.

요소와 구아니딘은 수소결합을 파괴한다.

변성은 또한 단백질의 구조를 안정화시키는 데 있어서 2황화 결합에 의존하고 있는 단백질들의 2황화 결합을 파괴함으로써 더욱 잘 일어난다. 실험실에서, **β-메르캅토에탄올** 혹은 **BME**($HOCH_2CH_2SH$)는 2황화 결합을 2개의 -SH기로 환원시킴으로써 연결을 절단하는데 흔히 사용된다.

UREA	GUANIDINE	GUANIDINIUM
$H_2N-C(=O)-NH_2$	$H_2N-C(=NH)-NH_2$	$H_2N-C(=NH_2^+)-NH_2$

그림 14.48

단백질 변성제는 수소결합을 파괴한다.

요소, 구아니딘, 구아니디움은 단백질의 펩티드기와 수소결합을 형성한다. 이로 인해서 단백질의 2차 구조를 유지하는 데 도움이 되는 수소결합들이 파괴된다. 그 결과로 폴리펩티드 사슬의 풀림(변성)이 이루어진다.

β-메르캅토에탄올[β-mercaptoethanol(BME)] 자유 황화수소기를 가진 작은 분자로서 흔히 단백질의 2황화 결합을 파괴하는 데 사용된다.
변성제(denaturant) 특히 수소결합의 파괴에 의해서 단백질의 3차 구조를 파괴하는 화학물질
도데실 황산 나트륨[sodium dodecyl sulfate(SDS)] 전기영동에 의한 분리에 앞서 단백질을 변성시키고 용해시키는 데 광범위하게 사용되는 세탁제의 일종
구아니딘(guanidine) 구아니드움이 이온화하지 않은 형태
염화 구아니디움(guanidium chloride) 광범위하게 사용되는 단백질 변성제의 일종
요소(urea) 동물의 질소 폐기물이며, 단백질 변성제로 널리 사용된다.

핵심 개념

- 단백질의 1차 구조는 폴리펩티드 사슬의 아미노산 서열이다.
- 단백질의 2차 구조는 수소결합으로 만들어진다.
- 단백질의 3차 구조는 아미노산 측쇄들 간의 상호작용 때문이다. 큰 단백질은 복수의 접힘 구역을 가지고 있을 수 있다.
- 단백질의 4차 구조는 소단위로 된 단백질을 형성하기 위한 복수의 폴리펩티드 사슬들의 조합을 말한다.
- 단백질의 구조는 X-선 결정학, NMR 분광학 및 전자현미경을 사용하여 조사한다.
- 단백질은 흔히 폴리펩티드 사슬에 추가적인 다른 화학적 구성 요소를 포함하고 있다. 여기에는 금속 이온, 유기 보조인자, 결합된 당 및 지질 잔기가 포함된다.
- 단백질은 전형적인 세포의 유기물 중 약 60%를 차지하며 많은 기능을 수행한다. 복잡한 단백질 집합체는 나노-기계라고 생각할 수 있다.
- 효소는 화학반응을 촉매하는 단백질이다. 효소는 활성화에너지를 낮추는 작용을 한다.
- 다른 효소들은 다른 특이성을 가지고 그들의 기질에 결합한다.
- 효소 반응의 속도는 기질의 농도, 기질에 대한 효소의 친화도 및 활성부위의 고유한 특성(Vmax에 반영된)에 의존한다.
- 일부 효소들은 작은 신호 분자 결합에 의해서 직접 조절되며, 다른 것들은 화학적 변형에 의해서 조절된다.
- 일부 단백질은 DNA의 특정한 서열에 결합한다. 일반적으로 DNA-결합단백질들에는 몇 가지의 다른 구조적 모티프들이 있다.
- 단백질은 열, 세탁제 및 여러 화학물질에 의해 변성될 수 있다.

복습 문제

1. 단백질은 무엇으로부터 만들어지는가?
2. 단백질의 N- 및 C-말단은 무엇인가?
3. 양성이온은 무엇인가? 예를 들라.
4. 아미노산의 일반적 구조는 무엇인가? 가장 간단한 아미노산은 어느 것인가?
5. 물리 및 화학적 특성에 근거하여 서로 다른 아미노산 군을 말하라.
6. 황을 함유하는 2 아미노산을 말하라.
7. 아미노산의 경상대칭 또는 비대칭 중심은 무엇인가?
8. 거울상체 또는 광학 이성질체는 무엇인가? 아미노산의 두 가지 광학 이성질체는 무엇인가?
9. 단백질의 2차 구조는 어떻게 만들어지는가? 일반적인 두 가지 2차 구조는 무엇인가?
10. 알파 나선과 베타 병풍 간의 차이를 설명하라.
11. 역회전과 마구잡이 나선을 설명하라.
12. 단백질의 3차 구조는 어떻게 만들어지는가?
13. 단백질 구조의 기름방울 모델은 무엇인가? 이 모델에 영향을 미치는 두 가지 주요 요인은 무엇인가?
14. 단백질의 3차 구조에 영향을 미치는 다른 결합에는 무엇이 있는가?
15. 2황화 결합은 어떻게 만들어지는가? 이들은 단백질 구조에 왜 중요한가?
16. 시스테인과 시스틴의 차이는 무엇인가?

17. 구역은 어떻게 만들어지는가? 이들은 어떻게 기능을 하는가?
18. 단백질의 4차 구조를 정의하라. 기본 단위체는 무엇인가?
19. 동형-4량체와 이형-4량체 사이에 차이는 무엇인가? 각각의 예를 들라.
20. 소수성 결합력은 3차 및 4차 구조에 어떻게 영향을 미치는가?
21. 자가 조립은 무엇인가? 세 가지 주요 자가 조립을 나열하라.
22. 아포단백질은 무엇인가?
23. 비타민은 무엇인가? 비타민의 생물학적 역할은 무엇인가?
24. X-선 결정학은 무엇인가? 이것은 어떻게 사용되는가?
25. 접합단백질은 무엇인가? 세 가지 접합단백질의 예를 들라.
26. 단백질에 의해서 수행되는 세포의 기능에 대하여 다섯 가지 주요 범주를 제시하라.
27. 부동단백질과 얼음 핵형성 인자의 차이는 무엇인가?
28. 결합단백질은 무엇인가? 결합단백질의 주요 세 가지 종류를 나열하고 각각의 예를 들라.
29. 구조단백질은 무엇인가? 두 가지 예를 들라.
30. 기계단백질은 어떻게 작용하는가? 무엇이 에너지를 공급하는가?
31. 샤페로닌의 기능은 무엇인가?
32. 발광효소, GFP 및 로돕신은 무엇인가?
33. 효소는 무엇인가? 효소는 어떻게 작용하는가? 한 가지 예를 들라.
34. 단백질이 활성화 되려면 왜 폴리펩티드 사슬이 접혀야 하는가?
35. 보조인자와 보결 분자단은 무엇인가?
36. 효소의 특이성은 어떻게 결정되는가?
37. 기질 결합에 대한 두 가지 대안 메커니즘을 설명하라. 예를 들라.
38. 반응의 자유에너지, 전이 상태 및 전이 상태 에너지를 정의하라.
39. 효소 반응 속도를 증가시키는 데 관여하는 인자들은 무엇인가?
40. 미카엘리스-멘텐 방정식은 무엇인가? 방정식을 설명하라.
41. 기질 유사체란 무엇인가? 이들은 경쟁 억제인자로 어떻게 행동하는가?
42. 색소생성 기질은 무엇인가? 두 가지 예를 들라.
43. 비가역적 억제란 무엇인가?
44. 효소는 어떻게 직접적으로 조절되는가?
45. 음성 되먹임은 무엇인가? 이것은 효소에 어떻게 적용되는가?
46. 다른자리입체성 효소의 반응속도론은 표준적인 미카엘리스-멘텐 효소 반응속도론과 어떻게 다른가?
47. 인산을 첨가하거나 제거하는 효소를 말하라.
48. 효소의 조절이 인산화 때문인 것의 예를 들라.
49. 트립신, 키모트립신, 펩신과 같은 효소는 어떻게 활성화되는가?
50. DNA-결합단백질들에 대한 가장 일반적인 모티프들은 무엇인가?
51. HTH와 HLH 모티프의 차이는 무엇인가?
52. 류신지퍼 모티프는 무엇인가? 이 모티프를 갖는 두 가지 단백질의 예를 들라.
53. 아연손가락 모티프는 어떻게 만들어지는가? 하나의 예를 들라.
54. 단백질의 변성은 무엇인가? 변성 과정에 무엇이 일어나는가? 단백질을 변성시키는 몇가지 다른 방법은 무엇인가?
55. 세탁제는 단백질의 3D 구조를 어떻게 파괴하는가? 한 가지 예를 들라.
56. 혼란 물질이 단백질을 변성시키는 메커니즘은 무엇인가?
57. 단백질의 2차 구조를 파괴하는 무슨 다른 방법이 있는가?
58. 요소와 베타-메르캅토에탄올의 변성 메커니즘의 차이는 무엇인가?

개념 문제

1. 인산 가수분해 효소, Fcp1의 활성부위는 몇 개의 필수 아미노산을 가지고 있다. 가장 중요한 것은 170 위치에 있는 아스파르트산인데, 이는 기질로부터 인산을 제거하는 아실인산 중간산물을 형성하기 때문이다. 3D 구조에서 인접한 아미노산들이 중요하지만 일부 특정 아미노산이 대체되더라도 감당이 된다. 특히 asp170에서 4개 아미노산 건너 발견되는 발린은 이소류신, 류신 및 알라닌으로 대체할 수 있지만 다른 모든 대체는 Fcp1 인산 가수분해 효소 활성을 파괴한다. 왜 이 효소는 이 위치에서 이들 3 아미노산의 대체를 참으면서 다른 아미노산은 발린을 대체하지 못하는가?
2. 항체는 2개의 작은 가벼운 사슬과 2개의 큰 무거운 사슬 또는 단백질 소단위를 가진 다합체성 단백질이다. 4개의 소단위들이 2황화 결합으로 연결되어 있다. 2황화 결합을 그리고 항체 구조를 교란시켜서 가벼운 사슬과 무거운 사슬이 더 이상 결합하지 못하게 할 방법을 제시하라.
3. 한 연구자에게 대장균의 세포질로부터 분리한 JJ99 효소의 순수 시료가 주어졌다. 이 효소는 기질 B를 Ba 및 Bb 소단위로 전환시키는 것을 조절한다. 순수 효소를 기질 B와 혼합하였을 때 극히 소량의 생성물질이 만들어졌다. 이 분석에서 순수 효소와 순수 기질이 작용하지 못하는 이유를 제시하라.
4. 효소 JJ99에 대한 유전자의 1차 구조에서 다음 돌연변이가 대장균의 JJ99의 활성을 억제하는 것으로 발견되었다. 단백질의 구조에 대한 지식을 바탕으로 이들 돌연변이가 효소 활성에 미치는 영향에 대한 가설을 제시하라.

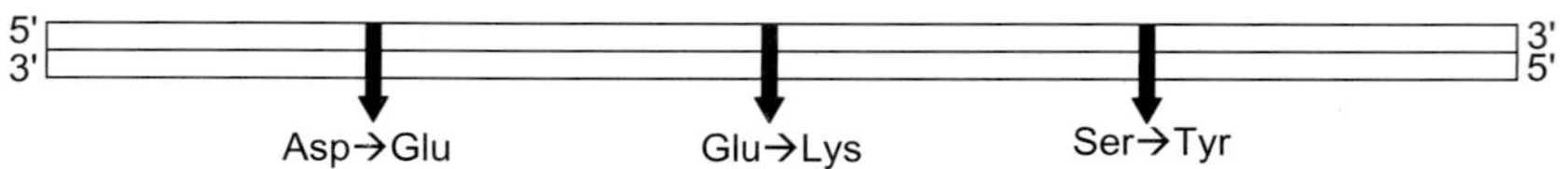

5. 다음의 생화학적 경로는 *E. coli*에서 발견된 것이며 최종 산물인 C는 효소 X의 활성을 억제한다. 이런 유형의 억제를 무엇이라고 하는가? 왜 이와 같은 방법의 조절이 일부 경로에서 전사단계의 조절보다 더 좋은가?

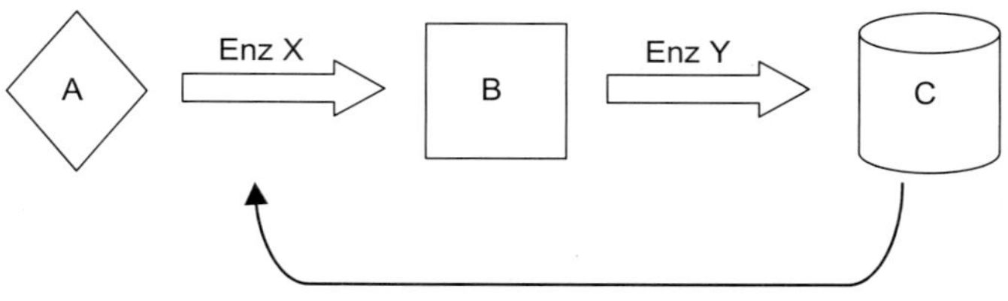

단백질체학: 단백질의 총체적 분석

Chapter 15

오늘날 우리는 많은 미생물과 우리 자신을 포함한 몇몇 진핵생물의 완전한 유전체 서열을 안다. 그러나 우리는 아직 대부분 유전자나 그들이 암호화하는 단백질의 기능이 무엇인지 전혀 알지 못한다. 이러한 새로운 미지의 세계로의 탐험은 과학자들로 하여금 21세기를 후기 유전체의 시대 혹은 단백질체학의 시대라고 부르게 하였다. 유전체가 유전자의 총체적 분석을 의미하는 것과 마찬가지로 단백질체는 단백질에 대한 동일한 접근법을 의미한다. 그들은 단순히 유전자 산물이기는 하지만 단백질은 많은 면에서 그들을 암호화하고 있는 핵산보다 더 복잡하다. 단백질은 22가지의 다른 유전적으로 암호화된 아미노산들로 만들어지며 그들의 3차 구조는 매우 다양하다. 14장에서 설명하였듯이, 이들은 또한 기능과 안정성에서도 다양하다. 결과적으로 단백질의 역할 규명은, 특히 대량으로 할 때, 여러 가지 면에서 핵산에서 보다 훨씬 어렵다. 그럼에도 불구하고 많은 다른 단백질들을 동시에 분석할 만큼 방법이 발전하고 수정되었으며 우리는 단백질 배열까지도 가지고 있다. 더욱이 복잡한 것은 많은 단백질들이 복수의 다른 단백질을 함유하는 복합체로써 작용하는 데 있다. 그래서 단백질의 상호작용, 이제부터는 한 생물체에서 모든 단백질의 상호작용을 나타내는 인터액톰(interactome)을 조사할 필요가 있다.

1. 단백질체

단백질체학은 어떤 세포나 생물체의 전체적인 단백질의 조성을 조사하는 것을 포함한다.

단백질체라는 용어는 원래 유전체에 의해 암호화된 모든 단백질 세트로 정의되었다. 이와는 다르게, 이것은 어떤 생물체에 존재하는 모든 단백질 총체를 의미하기도 한다. 어떤 세포에서 특정 조건에서 존재하는 모든 단백질 즉 실제로 번역되는 단백질을 정의하기 위해서 **번역체**이라는 용어가 가끔 사용된다. 이것은 잠재적으로 얻을 수 있는 모든 단백질을 의미하는 단백질체와는 구별된다. 유전체와 단백질체/번역체의 관계는 단순하게 일차적인 것이 아니다. 많은 단백질들이 다른 단백질들에 의해 가공되고 수정된다. 따라서 최종 단백질 총체는 성장 조건에 따라 변하는 단백질 간의 복잡한 상호작용에 의존한다.

비록 유전자 발현을 종종 mRNA를 추적하여 조사하지만, mRNA의 양이 반드시 최종 유전자 산물, 즉 그것이 암호화하는 단백질의 양과 일치하는 것은 아니다. 전사체와 단백질체 사이의 상이점은 다음과 같이 요약된다.

- **a.** 몇몇 RNA 분자들은 단백질을 암호하지 않으며 어떤 단백질도 만들어내지 못한다.
- **b.** 몇몇 일차 RNA 전사체들은 선택적 이어맞추기를 한다; 따라서, 한 유전자가 여러 가지의 단백질을 생산한다.
- **c.** mRNA의 번역과 분해 속도가 다르기 때문에 mRNA의 양은 단백질의 양과 일치하지 않는다.
- **d.** 많은 단백질의 활성은 번역 후에 아세틸기, 인산기, AMP, ADP-리보오스 그리고 다른 기들을 첨가하거나 제거함으로써 조절된다.
- **e.** 많은 단백질들의 활성은 번역 후에 아미노산 잔기에 화학적 수정을 가하여 변하게 된다.
- **f.** 많은 단백질들은 번역 후, 가공된다. 예를 들어 단백질가수분해나 당이나 지질의 첨가를 통하여 당단백질이나 지방단백질을 생산한다.
- **g.** 단백질은 그 자체가 분해될 수 있고, 안정성에 있어서도 차이가 다양하다.

구조와 기능에 있어서 서로 다른 단백질들 간의 차이는 핵산 분자들 사이의 차이보다 매우 크다.

위에 열거한 다양한 일시적 변이는 성장 조건이나 다른 유전자와/혹은 단백질의 활성에 따라 매우 다양하게 될 수 있다. 그러므로 실제로 단백질의 양뿐 아니라 이들의 활성도 추적할 필요가 있다.

단백질체학의 근본적인 문제는 다른 단백질들의 개별성이다. 단백질들은 구조, 안정성, 용해성, 전하 그리고 활성에 있어서 차이가 있기 때문에, 전통적으로 개개의 단백질은 각각 서로 다른 방법으로 분리되고 분석되어야 했다. 단백질체학은 여러 단백질을 동시에 분석하는 것을 요구하며 많은 다른 단백질에 적용될 수 있는 방법에 의존하며 3차 구조나 효소 활성의 차이에 의해서 영향을 받지 않는다. 실제로, 단백질체학을 위한 단백질들의 분리는 통상 변성시킨 다음 2차원적 전기영동법에 의존한다. 동정은 흔히 최근에 개선된 질량분석법, 특히 MALDI/TOF 기법에 기초한다. 단백질 분리를 위한 일반적인 방법은 동일한 표지분자(예를 들어, His-tag, FLAG 혹은 GST)를 많은 다른 단백질 분자에 결합시킨 다음 표지 단백질을 이용하여 분리하는 것이다.

1.1. 단백질의 분리와 정량 분석

단백질을 분리하기에 가장 좋은 방법은 재원에 달려 있지만 첫 단계는 세포를 깨어서 여는 것이다. 1장에서 설명한 바와 같이 생물체의 특성이 세포를 분해하는 방법을 제시하고 있는데 그 이유는 세균이나 식물 세포는 세포막이 매우 단단하지만 포유동물 세포는 단순한

단백질체(proteome) 유전체에 의해 암호화된 단백질들의 전체 세트 혹은 어떤 생물체에 존재하는 단백질 총체
번역체(translatome) 특정한 조건 하에서 세포에 실제 번역되어 존재하는 단백질의 전체 세트

지질이 두 겹이기 때문이다. 세포는 세제를 사용하여 막을 용해하는 것으로 파괴시킬 수도 있으며, 또는 강한 벽을 유리 구슬이나 배합기와 같은 기계적 방법을 사용하여 깰 수도 있다. 다른 방법으로 세포 부유물이나 조직을 매우 좁은 틈새를 힘으로 통과시키거나 고주파수의 음파를 사용하는 음파 처리로 세포를 깨는 방법도 있다. 가장 쉬운 방법은 세포를 얼렸다가 녹이는 것이다. 얼음 결정이 형성되면서 세포가 깨어지며 세포를 녹이면 내용물이 밖으로 흘러 나온다. 그런 다음 핵산을 분해하기 위해서 비특이적인 DNA 가수분해효소와 RNA 가수분해효소를 첨가하여 시료로부터 DNA와 RNA를 제거한다.

진핵세포로부터 특정한 세포의 구획을 분리하는 것도 가능하다. 전통적으로 미토콘드리아, 엽록체, 소포체 또는 핵과 같은 요소들은 밀도 기울기를 통한 원심분리를 사용하여 세포의 다른 부분들로부터 분리하였다. 지금은 분리를 화학적으로 수행할 수 있는 세포 용해를 위해 충분히 특이적인 세제와 화학물질들이 있다. 그런 다음 이들 세포소기관과 준세포 구획들은 세포의 나머지가 제거된 상태에서 분석될 수 있다.

전세포 추출물 또는 준세포 추출물이건 시료에 총 단백질량을 결정하는 것은 다양한 비색 분석에 의해서 수행된다. 두 가지 광범위하게 사용되는 비색 분석법은 구리 화학과 단백질 결합 염료에 각각 의존하고 있다. 전자의 경우 **뷰렛 반응용액**으로 단백질이 알칼리성 환경에서 구리 이온(Cu^{+2})과 타르타르산 나트륨 칼륨염과 반응한다. 반응으로 청색에서 보라색에 이르는 복합체가 생성되며 이것을 540 nm에서 흡광도로 측정하여 정량한다. 흔히 사용되는 BCA 분석은 뷰렛 반응과 제2의 반응을 결합시킨다. 바이신코니닉산(bicinchoninic acid, BCA)은 구리 이온을 제1구리 이온(Cu^{+1})으로 환원시키기 위하여 첨가되며, 더욱 강력한 진홍색을 만들어서 분석의 감도를 증가시킨다. 로리(Lowry) 분석은 그 대신에 색깔과 감도를 높이기 위하여 폴린-페놀 용액을 첨가하며, 더 높은 흡광도(650과 750 nm 사이)에서 측정한다. 단백질 분석의 두 번째 방법은 **쿠마시 블루**라는 비특이적인 단백질 염료를 사용하며, 때로는 브래드포드 분석법이라고도 한다. 단백질 시료를 반응용액과 섞으면 쿠마시 블루가 최소한 3 kD 이상 단백질에 있는 양전하를 띤 아미노산과 반응하여 발색이 된다. 이 모든 분석법에서 발색된 양은 시료에 있는 단백질의 양에 비례한다. 단백질의 실제 양은 분석값을 알려진 단백질 농도 세트의 값에 비교하여서 결정한다.

1.2. 단백질의 겔 전기영동

핵산은 모두 음전하를 띠고 있기 때문에 전기영동 중에 이들은 모두 양전하를 띤 전극으로 이동한다(4장). 그러나 단백질들은 그렇게 쉽지 않다. 단백질을 이루는 몇몇 아미노산들은 양전하를 띠고, 몇몇은 음전하를 그리고 다른 것들은 중성이다. 따라서 단백질의 전체적인 아미노산 조성에 따라, 단백질은 음전하, 양전하 혹은 중성을 띠게 된다.

천연(즉, 변성되지 않은) 단백질의 혼합체를 겔에 걸면, 어떤 것은 양극으로 다른 것은 음극으로 이동하나 중성 단백질은 거의 움직이지 않는다. 따라서 시료들은 겔의 끝 부분에서 보다는 중간에서 이동을 시작하도록 한다. 이것을 천연단백질 전기영동이라고 하며 종종 단백질들을 불활성화시키지 않고 분리할 때 사용한다. 겔을 건 다음, 이를 관심 있는 단백질들에 특이적인 약품으로 염색한다. 예를 들어, 색을 띠는 산물을 만들어내는 효소의 위치를 이와 같은 방법으로 알아낼 수 있을 것이다.

단백질들을 겔 전기영동을 이용하여 크기로 분리할 때, 이들을 먼저 변성시키고 음전하를 띤 세제 분자들로 둘러싼다.

단백질들은 분자량에 기초하여 분리하고자 할 때는, 이들을 먼저 **SDS(도데실 황산 나트륨)**라는 세제 용액에서 끓인다. 세제 속에서 끓이면 단백질의 3D 구조가 파괴된다. 즉,

뷰렛 반응용액(biuret reagent) 시료의 단백질 총량을 분석하는 데 사용되는 수산화칼륨, 황산공(II) 수화물, 타르타르산 나트륨칼륨염을 함유한 용액
쿠마시 블루(Coomassie Blue) 단백질들을 염색하는 데 사용되는 색소
도데실 황산 나트륨(sodium dodecyl sulfate; SDS) 전기영동을 위하여 단백질의 접힘을 풀고 이들을 음전하로 둘러싸이게 하는 세제

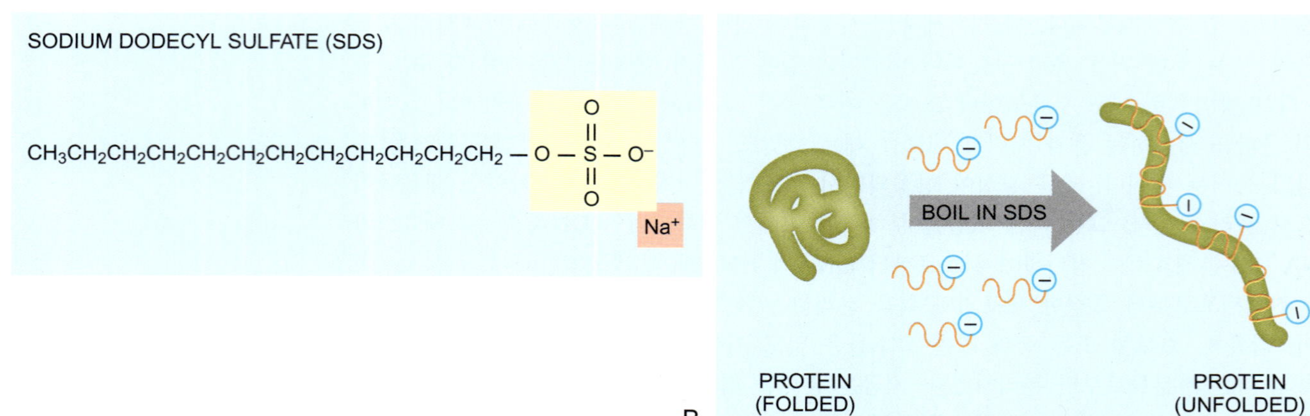

그림 15.01
SDS에 의한 단백질의 변성

A) SDS의 구조는 양친매성, 즉 탄화수소 꼬리는 소수성이고 황산기는 친수성이다. B) 단백질 혼합액으로부터 크기로 분리하는 첫 번째 단계는 샘플을 끓이는 것이다. 단백질을 SDS 용액에서 끓이면 단백질의 3차 구조가 파괴된다. SDS의 소수성 부분이 폴리펩티드 골격을 둘러싸서 단백질이 다시 접힘이 일어나는 것을 방지한다. SDS의 친수성기들은 단백질이 물에 용해되도록 해주며 음전하들은 서로 반발하도록 해주어서 다시 접힘을 방지한다. 결과적으로 그 단백질의 분자량에 비례하여 순 음전하를 가진 접힘이 풀린 단백질이 만들어진다.

단백질이 변성된다. SDS 분자는 끝에 음전하를 띤 소수성 꼬리를 가지고 있다. 이 꼬리는 단백질의 골격을 감싸고 음전하는 물 쪽으로 향하게 된다. 단백질은 접힌 것이 풀리게 되고 머리부터 꼬리까지 SDS 분자들에 의해 둘러싸이게 되며 단백질은 따라서 음전하를 띠게 된다(그림 15.01). 더욱이 결합된 음전하의 수는 단백질의 길이에 비례한다. 또한 단백질의 3차 구조를 유지하거나 단백질 소단위들을 결합시켜주는 이황화 결합들은 제대로 변성되기 위해서 파괴되어야 한다. 이것은 작은 황화수소 시약으로 주로 β-메르캅토에탄올(HS—CH_2CH_2OH)을 첨가함으로써 수행된다.

$$\text{단백질-S} - \text{S-단백질} + 2\ \text{SH} - CH_2CH_2OH \rightarrow$$
$$2\ \text{단백질-SH} + HO - CH_2CH_2 - S - S - CH_2CH_2OH$$

변성을 시킨 다음 단백질들은 겔에서 전기영동에 의해서 크기에 따라 분리될 수 있다(그림 15.02). 단백질은 DNA나 RNA보다 분자량이 훨씬 적기 때문에, 겔은 인공적인 폴리아크릴아미드 중합체를 이용하여 만들며 이것은 그물망에 아가로오스 보다는 훨씬 더 작은 구멍을 만든다. 이 기술은 따라서 **PAGE** 혹은 **폴리아크릴아미드 겔 전기영동**이라고 한다. 전기영동 후 단백질 밴드들을 보기 위하여 겔을 염색한다. 두 가지의 흔히 쓰이는 색소는 단백질에 강하게 결합하는 푸른 색소인 쿠마시 블루 또는 은 화합물이다. 은 원자는 단백질에 아주 강하게 결합하여 검은색이나 보라색의 복합체를 형성한다. 은 염색이 좀 더 민감하기는 하나 값이 더 비싸다.

1.3. 단백질의 2D PAGE

많은 종류의 단백질을 분리하기 위해서는 보통 2D 폴리아크릴아미이드 겔 전기영동법(2D PAGE)을 사용한다. 단백질들은 1차 전개에서는 전하에 의해 분리되고 2차 전개에서는 크기에 의해 분리된다. **등전점 전기영동**이 1차 전개에서 사용되어서 천연 단백질들을 이들의

등전점 전기영동(isoelectric focusing) 단백질들을 전기영동의 방법에 의해 pH 기울기로 이들의 전하에 의해 분리하는 기술
폴리아크릴아미드 겔 전기영동(polyacrylamide gel electrophoresis; PGAE) 폴리아크릴아미드로 만들어진 겔을 이용한 전기영동으로 단백질을 분리하는 기술

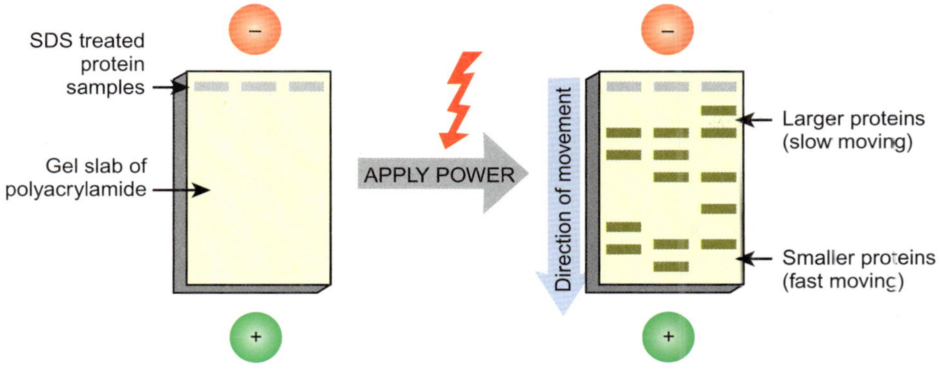

원래 전하에 따라 분리한다. pH 기울기가 실린더 형 겔을 따라 형성되며 단백질들이 각각의 순 전하가 중화될 때-즉, 등전점까지 이를 따라 이동한다. 위에서 설명된 표준의 SDS-PAGE가 2차 전개에 사용되어 단백질들을 그들의 분자량에 따라 분리한다(그림 15.03).

초기의 2D 겔들은 1,000개 정도의 단백질 점들을 분리할 수 있었으며 *E. coli*와 같은 세균의 총 단백질을 분석하는 데 사용되었다. 대장균은 4,000개의 유전자 중에서 1,000여 개가 어떤 주어진 시간에 발현된다(16장의 그림 16.01 참조). 좀 더 최근에, 높은 해상도를 가진 큰 2D 겔이 개발되어서 10,000개 이상의 점들을 분리할 수 있게 되었으며 좀 더 고등한 생물체의 단백질체의 분석을 가능하게 하였다(그림 15.04). 분리 후에, 단백질 점들을 겔로부터 잘라내어 단백질가수분해효소를 처리하여 분해하고 이렇게 하여 생산된 펩티드

그림 15.02

SDS 폴리아크릴아미드 겔 전기영동

SDS로 처리한 단백질들은 겔 전기영동을 이용하여 크기에 의해 분리될 수 있다. 모든 단백질들은 순 음전하를 띠기 때문에, 단백질들은 음전하를 띤 음극에 의해 반발되고 양전하를 띤 양극 쪽으로 당겨진다. 단백질들이 양극 쪽으로 이동할 때, 폴리아크릴아미드 망은 큰 단백질들은 이동을 저해하여 느리게 가도록 하고 작은 단백질들은 빠르게 이동하도록 한다. 그 결과, 주어진 시간에서의 이동 거리는 분자량의 log 값에 비례하게 된다. 분리한 후에, 단백질들은 쿠마시 블루나 은 화합물 같은 색소를 이용하여 염색한다.

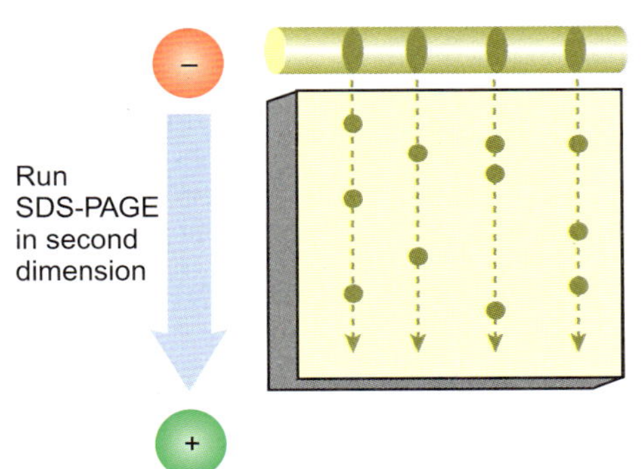

그림 15.03

2D 폴리아크릴아미드 겔 전기영동

많은 수의 단백질을 2차원으로 분리하기 위한 첫 단계는 이들을 고유한 전하에 따라 분리하는 것이다. 단백질 혼합체를 pH가 증가하는 기울기를 가진 겔에 넣는다. 전장을 걸어주면 단백질들은 pH 기울기를 따라 이들의 전하가 중성이 될 때까지 이동한다. 이 점에서 겔에 있는 각 밴드들은 동일한(혹은 아주 비슷한) 등전점을 가진 몇 개의 단백질들을 가진다. 튜브겔을 튜브로부터 꺼내어 단백질들을 변성시키기 위해서 SDS를 가해준다. 다음에 이것을 단백질들을 크기에 의해 분리하기 위해 평판 폴리아크릴아미드 겔에 올려놓아서 2차로 전통적인 SDS-PAGE를 걸어준다. 염색 후에, 2D-PAGE의 결과로 사각형의 틀 안에 개개의 단백질을 나타내는 작고 흩어진 수많은 점들을 얻게 된다.

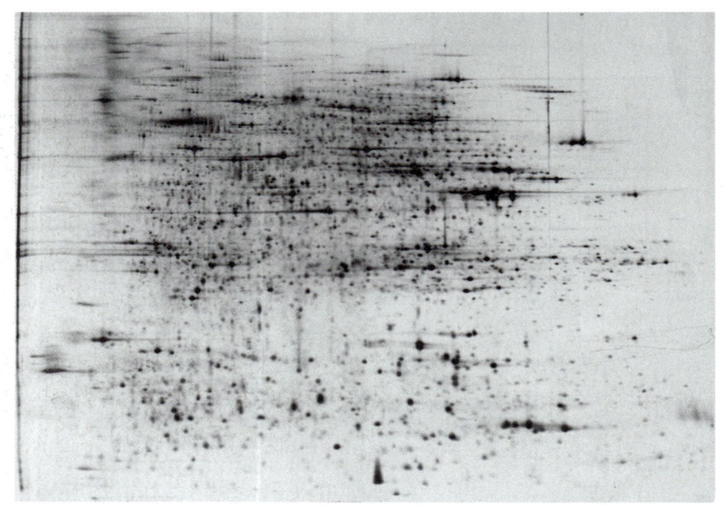

그림 15.04
생쥐의 뇌 조직의 2D 단백질 겔

수용성의 단백질들을 생쥐의 뇌로부터 추출한 후, 2D-PAGE에 의해 분리하였다. 1차 전개는 등전점 전기영동을 사용하며 2차 전개는 표준적인 SDS-PAGE를 사용하였다. 단백질들은 은 염색으로 보이게 하였다. 겔 상의 각 점들은 분리된 단백질들이다. 그러나 단백질들은 합성된 후에 흔히 수정되기 때문에, 동일한 원래의 단백질들의 변이체로 만들어진 중복된 점들이 종종 나타난다. *(출처: Prof. Dr. Joachim Klose, Institut für Humangenetik, Humboldt-Universität, Berlin.)*

두 방향 겔 전기영동에 의해서 많은 수의 단백질들이 분리될 수 있다.

들을 질량분석기를 이용하여 분석한다(아래 참조). 이렇게 함으로써 각 단백질 점들을 명확히 동정할 수 있다.

특정 단백질의 존재 유무를 탐지하기 위해서는 민감한 은 염색법이 사용된다. 단백질 점들을 정량분석하기 위해서는 쿠마시 블루나 형광색소가 겔을 염색하기 위하여 사용된다. 겔은 그 후에 레이저로 스캔한다. 다양한 종류의 형광색소가, 특히 대량의 단백질체학적 연구에 사용된다. SYPRO 오렌지색이나 적색 색소들은 단백질에 비공유결합으로 결합한다. 이들은 수용액에서는 형광을 띠지 않으나 단백질-SDS 복합체를 포함한 비극성의 환경에서는 형광을 띤다. 또한 2개의 단백질들을 서로 다른 색의 색소, 예를 들어, 메틸-Cy5(적색)와 프로필-Cy3(초록)로 공유결합으로 표지할 수 있으며 동일한 겔에 전기영동할 수 있다. 그러면 시료들 간의 차이를 시각적으로 직접 볼 수 있다(진한 적색과 녹색 점들은 어떤 단백질이 어느 한쪽 시료에서만 발견된다는 것을 의미하며 노란색 점은 양쪽에 다 존재한다는 것을 의미한다).

단백질들은 다양한 색소를 사용하여 염색할 수 있다.

2. 항체는 필수적인 단백질체학 도구다

단백질의 연구에 한 가지 필수적인 도구가 항체이며, 항체는 면역계에 의해서 자연적으로 생산된다. 항체는 4개의 폴리펩티드 사슬들이 이황화 결합에 의해서 연결되어서 만들어진 Y-모양 단백질이다(그림 15.05). 각 항체는 흔히 바이러스 또는 세균의 단백질과 같은 외래 단백질을 특이적으로 인식하는 고도의 가변 영역을 가지고 있다. 외래 물질이 몸으로 들어오면 일부 순환하는 항체들이 침입자를 인지하여 결합한다. 이것이 신호가 되어 B 세포는 동일한 항체를 더 많이 만들게 촉진된다. 각각의 B 세포는 단 하나의 **항원결정부** 또는 한 단백질의 특정한 3D 부분에 대하여 항체를 생산한다. 단백질체학 연구에서 항체는 관심 있는 특정 단백질을 인식하는 데 사용된다.

관심 있는 단백질에 대한 **다클론성 항체**를 생산하려면 토끼, 염소, 생쥐, 말 또는 면양 같은 동물을 면역화시키는데 소량의 단백질이 사용된다. 동물은 외래 단백질에 대하여 항체를 생산하며, 항체는 혈청을 수집함으로써 수확할 수 있다. 이를 다클론성이라고 하는데 그 이유는 표적 단백질의 다른 항원결정부에 대한 다른 항체들을 혼합물로 함유하고 있기 때문이다. 혈청은 또한 단백질 시료의 모든 불순물에 대한 항체를 포함할 수도 있다. 따라서 다클론성 항체는 많은 단백질체 실험에 적절하지 못하다.

항원결정부(epitope) 항체에 의해서 인지되는 한 단백질의 특정한 3D 부분
다클론성 항체(polyclonal antibodies) 외래 단백질의 다수의 항원결정부를 인지하는 한 동물의 항체들

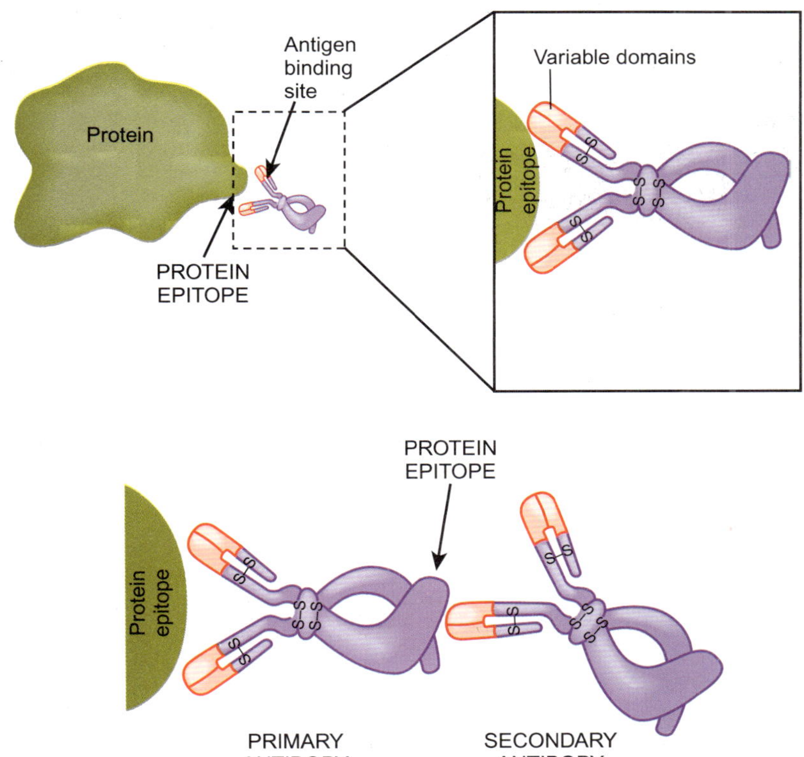

그림 15.05
항체는 특정한 항원결정부를 인지한다.

항체는 한 단백질의 특정한 부분에 결합할 수 있는 가변 영역을 가지고 있다. 2차 항체는 다른 항체를 인지하는 항체이다. 항체가 그 표적을 인지하는 특정한 점을 항원결정부라고 하며, 인지 부위는 다른 항체일 수도 있다.

이와 대조적으로 **단일클론 항체**는 한 특정 단백질의 단 하나의 특정한 항원결정부만 인식한다. 실제로 생쥐와 같은 동물에게 항체가 필요한 단백질을 주사한다. 항체 생산이 정점에 이르면 그 동물로부터 항체를 분비하는 B 세포들 시료를 분리한다. 이 B 세포들을 불멸성의 골수종 세포와 융합하여서 체외에서 무한정 살 수 있는 많은 다른 하이브리도마 세포들의 혼합물을 만든다. 힘든 부분은 그 다음이다. 표적 단백질을 인지하는 하이브리도마 세포를 찾기 위하여 많은 개별 하이브리도마 세포주를 선별하여야 한다. 일단 찾으면, 하이브리도마는 많은 양의 단일클론 항체를 생산하기 위하여 배양액에서 배양한다.

관심 단백질에 직접 결합하는 항체를 **1차 항체**라고 한다. 일부 응용에서 1차 항체를 인식하기 위하여 **2차 항체**가 사용된다(그림 15.05). 2차 항체는 단일클론성 또는 다클론성 항체일 수 있으며, 한 동물을 다른 종에서 생산된 항체로 면역화시켜 생산한다. 2차 항체를 생산하는 데 사용된 동물은 1차 항체를 생산하는 데 사용된 종과 분명히 다른 것이어야 한다. 2차 항체는 2종을 따라서 명명하는데 예를 들어 염소 항-토끼는 토끼의 항체로 염소를 면역화시켜서 만들어진 것이다. 그래서 만일 생쥐에서 1차 항체를 만들었으면, 2차 항체는 염소 항-생쥐 또는 토끼 항-생쥐여야 한다. 흔히 2차 항체는 탐지가 용이하게 표지를 단다. 일반적인 표지에는 발색 생성물을 만드는 효소 또는 형광 염료 분자가 있다.

3. 단백질흡입법

서던이나 노던 흡입법으로 하나의 특정 DNA나 RNA를 동정하는 것과 아주 유사하게(5장 참조), **단백질흡입법**은 수많은 단백질 샘플 속에 있는 특정 단백질을 탐지하게 해 준다.

단일클론 항체(monoclonal antibody) 생쥐의 단일 클론 B 세포에 의해서 생산되는 항체로 관심 단백질의 특정한 하나의 항원결정부만을 인지한다.
1차 항체(primary antibody) 관심 단백질에 직접적으로 결합하는 항체
2차 항체(secondary antibody) 1차 항체에 결합하는 항체로 흔히 탐지 시스템을 가지고 있다.
단백질흡입법(Western blot) 특정 단백질을 동정하기 위해서 항체를 사용하는 탐지 방법

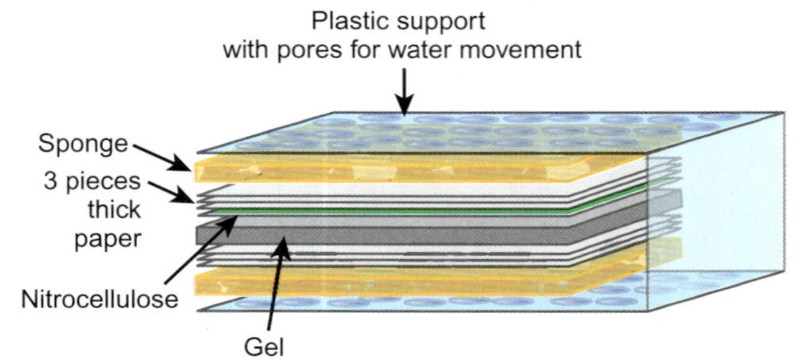

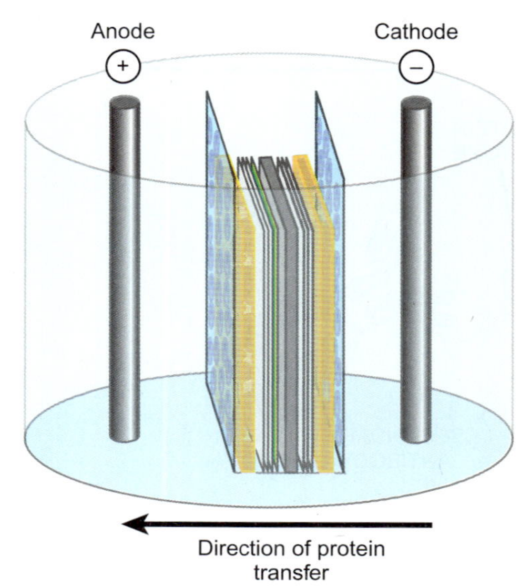

그림 15.06

겔로부터 니트로셀룰로오스로 전기영동법을 이용한 단백질의 이동

완충용액에서 겔이 니트로셀룰로오스 막과 밀접하게 접촉하도록 일종의 "샌드위치"를 조립한다. 샌드위치는 겔(회색)과 니트로셀룰로오스(녹색)를 두꺼운 종이와 스폰지(노란색) 사이에 놓는다. 전체 더미는 단단한 지지대 사이에서 압착시켜서 안쪽에 있는 것들이 움직이지 않도록 한다. "샌드위치"를 큰 탱크에 넣어서 전류가 흐르도록 완충용액을 넣어준다. SDS-PAGE에서와 마찬가지로, 단백질들은 음전하로 부하된 음극과는 반발하고 양전하로 부하된 양극과는 서로 당긴다. 단백질이 겔로부터 이동해 나와 니트로셀룰로오스로 가서 달라붙는다.

우선, 단백질 시료를 열, SDS 및 환원제로 변성시키고, SDS-PAGE나 2D-SDS-PAGE를 사용하여 크기로 분리한다. 단백질들은 그 후에 니트로셀룰로오스와 같은 단단한 막에 전기영동법을 이용하여 옮긴다. 전기영동은 단백질을 겔로부터 니트로셀룰로오스로 옮기며 거기에 흡착시킨다(그림 15.06).

단백질들을 특정 항체에 결합시킴으로써 탐지할 수 있다.

특정 단백질을 탐지하기 위해서는 그 단백질에 대한 항체가 있어야 한다. 항체는 관심 있는 단백질에 대하여 직접 제조하거나 상업적으로 구입할 수가 있다. 니트로셀룰로오스 막 자체는 항체를 포함한 단백질들을 비특이적으로 결합할 수 있는 많은 부위를 가지고 있다. 이런 부위들은 물에 다시 푼 분유와 같은 비특이적인 단백질이나 소의 혈청 알부민(BSA)으로 막아야만 한다. 그런 다음 막에 1차 항체를 첨가하여서 항체가 관심 있는 단백질에만 결합하게 한다. 최종적으로 항체 단백질 복합체는 부착된 감지 시스템을 가지고 있는 2차 항체를 사용하여서 감지한다(그림 15.07).

4. 크로마토그래피로 단백질 분리

크로마토그래피는 정지상(stationary phase; 고체 또는 액체) 위로 혼합물을 운반하는 이동상(mobile phase; 액체 또는 기체)을 사용한 것에 의해서 구성 요소들의 혼합물을 분리하는 기술에 대한 일반적 용어이다. 단백질의 **액체 크로마토그래피**에서는 용해 단백질의 혼합물(이동상)을 다양한 고체 물질(수지)을 채운 관을 사용하여 분획으로 분리한다.

이온 교환 크로마토그래피에서는 수지는 양으로 하전되거나(음이온 교환) 음으로 하전되어(양이온 교환) 있다. 수지의 이온들은 시료 혼합물에서 반대로 하전된 단백질과 결합

이온 교환 크로마토그래피(ion exchange chromatography) 단백질의 고유 전하에 근거하여 단백질 혼합물을 분리하는 기술
액체 크로마토그래피(liquid chromatography) 다른 고체 물질을 함유한 컬럼을 통해서 단백질 혼합물을 분리하는 기술

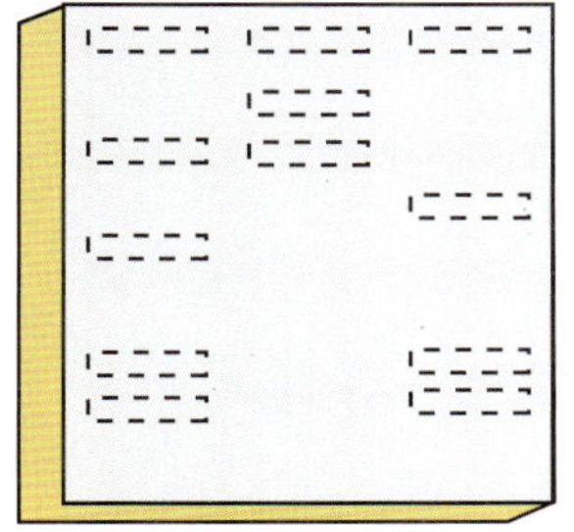

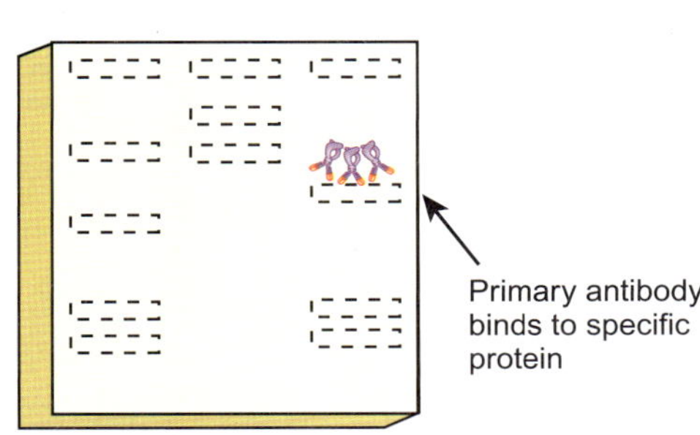

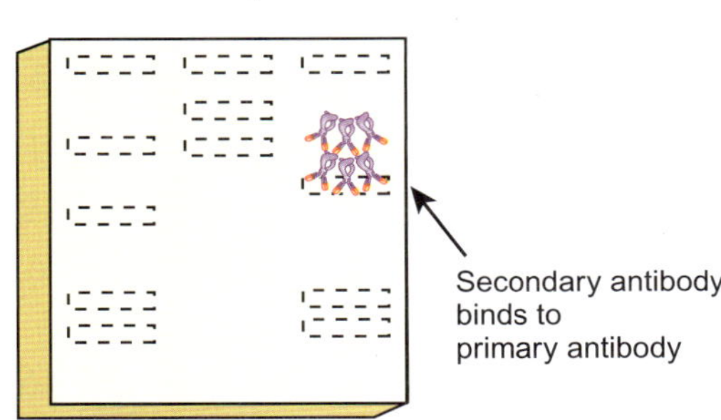

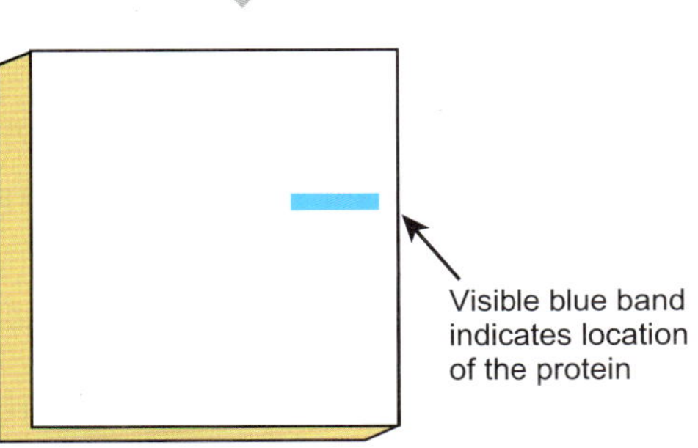

그림 15.07

단백질흡입법

단백질 혼합물을 니트로셀룰로오스 막에 붙인 다음, 특정 단백질을 항체를 사용하여 탐지할 수 있다. 항체를 우유 단백질이나 BSA 용액에 첨가하고, 이 용액에 니트로셀룰로오스 막을 담근다. 우유 단백질이나 BSA는 니트로셀룰로오스 막에 단백질이 붙어있지 않은 부위에 붙어서 그 부위들을 블로킹해준다. 1차 항체가 관심 있는 단백질에만 결합한다. 알칼리성 인산가수분해효소가 부착된 2차 항체는 1차 항체에 특이적으로 결합하여 1개의 단백질 띠가 드러나 볼 수 있게 한다.

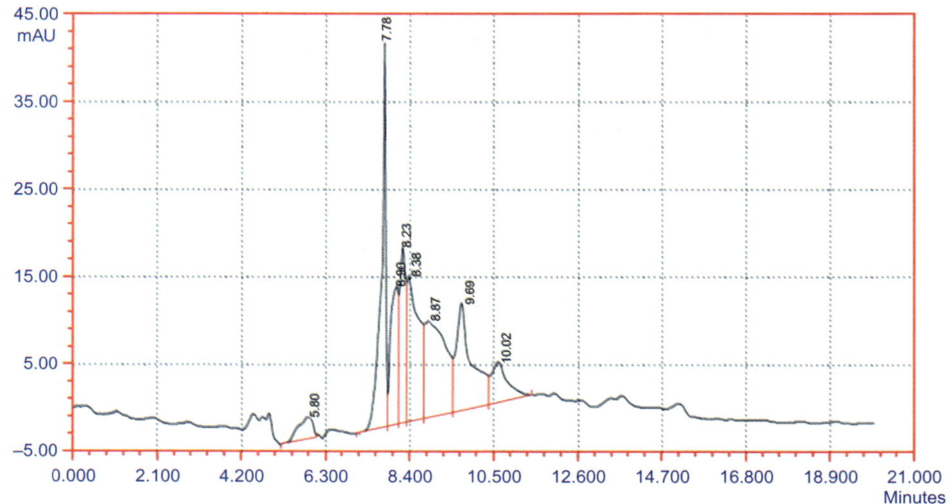

그림 15.08
HPLC 크로마토그램

참깨 씨앗 추출물로 역상 HPLC를 수행하였다. 6개 펩티드(수직 적색선)가 동정되었다. 다른 시점에서 각 펩티드를 컬럼으로부터 유출하여서 220 nm에서 흡광도로 펩티드의 함량을 결정하였다. *(출처: Das, R., Dutta, A., & Bhattacharjee, C. (2012). Preparation of sesame peptide and evaluation of antibacterial activity on typical pathogens.* Food Chemistry, 131*(4),* *1504–1509.)*

하여서 그들을 관에 잡아둔다. 같은 전하 또는 중성 전하를 가진 모든 단백질들은 결합하지 않고 관을 통과한다. 결합한 단백질들은 나중에 pH 변화에 의해서 떼어낼 수 있다. **소수성 상호작용관**(HIC)은 소수성 단백질들에 결합하는 수지를 가지고 있다. 이들은 염분 농도를 조절하는 것에 의해서 떼어낼 수 있다. 역상(reverse phase) 크로마토그래피는 연관된 방법으로 수지는 소수성 단백질에 결합하지만 수지와 소수성 단백질 사이의 상호작용이 훨씬 더 강하다. 단백질은 염분의 사용이 아니라 유기 용매를 사용하여서 뽑아낸다. 끝으로 친화성 크로마토그래피는 관심 단백질에 대한 특정한 리간드를 가진 수지를 사용한다. 결국 관심 단백질만이 수지에 결합하며, 나머지 단백질들은 통과한다. 관심 단백질을 분리하기 위하여 항체가 친화성 리간드로 사용된다. 관심 단백질은 pH 변화나 염분 같은 것을 사용하여 리간드와 단백질 간의 결합을 교란시키는 처치로 분리한다. 친화성 크로마토그래피의 또 다른 예는 His-표지 단백질의 순순 분리다(아래 참조).

액체 크로마토그래피의 변형으로 널리 사용되는 한 가지는 관을 통하여 시료를 추진하는데 고압을 사용하는 것이다. 이 기술은 **고압 액체 크로마토그래피(HPLC)**라고 알려져 있으며, 시료는 이동 시에 중력에 의존하지 않기 때문에 HPLC 관은 훨씬 더 길고 더욱 조밀하게 채워져 있다. 이는 단백질의 분리가 훨씬 더 잘되게 한다.

모든 크로마토그래피에서 결합된 단백질들은 다수의 분획으로 뽑아낸다. 단백질은 280 nm의 광선을 흡수하기 때문에 각 시료의 단백질의 함량은 UV 광선을 사용하여 측정할 수 있다. 분획이 나오면 연결된 컴퓨터가 크로마토그램을 만드는 UV 흡광도를 그래프로 나타낸다(그림 15.08). 최고점들은 순수 단백질을 가진 분획을 나타낸다.

5. 단백질 동정을 위한 질량분석법

자동화된 질량분석법은 수많은 시료에서 단백질을 동정하는 데 사용될 수 있다.

질량분석법에 의한 단백질이나 펩티드의 분석은 최근에 개발된 아주 정확하고 자동화된 기술에 의존한다. 가장 중요한 두 가지 기술들은 **MALDI(matrix-assisted laser desorption-ionization)**와 **전자분사 이온화법(ESI)**이다. 질량분석법(MS)은 이온의 질량 대 전하의 비

전자분사 이온화법(electrospray ionization, ESI) 용액상의 이온들로부터 기체상의 이온들을 발생시키는 질량분석법의 종류
고압 액체 크로마토그래피(high pressure liquid chromatography, HPLC) 다른 고체 물질을 함유한 컬럼을 통해서 단백질 혼합물을 분리하는 기술. 단백질 혼합물은 중력보다 펌프에 의한 힘으로 컬럼을 통과한다.
소수성 상호작용관(hydrophobic interaction column, HIC) 소수성 단백질이 결합하는 레진을 함유한 크로마토그래피 컬럼의 일종
MALDI(Matrix-assisted laser desorption-ionization) 고체상의 시료들로부터 레이저 펄스에 의해 기체상의 이온들을 발생시켜서 행하는 질량분석법의 종류
질량분석법(mass spectrometry) 기화된 분자로부터 발생된 분자 이온들의 질량을 측정하는 기술

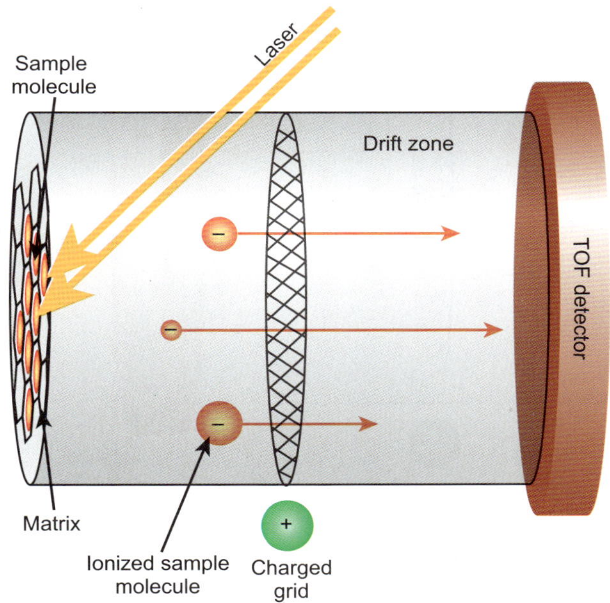

그림 15.09
MALDI/TOF 질량분석기

질량분석법은 단백질의 분자량을 측정하는 데 사용될 수 있다. 단백질들을 고체 기질에서 결정화시켜 레이저에 노출한다. 레이저는 단백질들로부터 이온을 방출시킨다. 이온들은 튜브를 따라 이동하여 전하가 걸린 막을 통과하게 되는 데 이때, 이온들을 크기와 전하에 따라 분리할 수 있다. 이온들이 탐지기에 도달하는데 걸리는 시간은 이들의 전하량과 질량의 제곱근의 비율(m/z)에 비례한다. 단백질의 분자량은 이 자료로부터 얻을 수 있다.

(m/z)를 측정하여 분자량을 유도하는 방법이다. MALDI와 ESI법이 개발되기 이전에는 단백질과 같은 큰 열-불안정성 분자들을 질량분석법으로 분석하는 것이 불가능했다.

MALDI에서는 기체상의 이온들이 레이저 펄스에 의해 고체 시료로부터 만들어진다. 우선, 시료 단백질이나 펩티드를 레이저 파장에서 흡수하는 기질과 함께 결정화시킨다. 기질로는 대게 4-메트옥시 신남산과 같은 방향족산이 사용된다. 레이저는 기질 물질을 여기시켜서 에너지를 결정화된 단백질에 전달시킨다. 그러면 에너지는 이온들을 내어보내며 이때 이온의 크기와 전하는 각 단백질마다 특이한 값을 가지고 있다. 이온들은 고전압의 전기장에 의해 가속화되며 진공 상태에서 관을 통해 탐지기로 이동한다. **비행 시간(TOF)** 탐지기는 하나의 이온이 이온 출처로부터 탐지기까지 날아가는 시간을 측정한다(그림 15.09). TOF는 m/z의 제곱근에 비례한다. 전형적으로 100,000 달톤까지의 분자 이온이 MALDI/TOF로 측정될 수 있다. 그러나 이러한 한계점은 가까운 미래에 기계의 발달르 엄청나게 증가될 수 있을 것이다.

MALDI/TOF에 필요한 시료의 양은 피코몰(10^{-12} mole)보다 적다. 질량 해상도는 1/10,000이나 이보다 더 낮다. 따라서 2D-PAGE로 분리된 단백질들은 특정 세트의 펩티드를 만들기 위하여 통상적으로 미리 절단한 후에 MALDI/TOF를 사용하여 동정한다. 단백질의 번역 후 수정도 분자량의 변화를 탐지함으로써 알아낼 수 있다. 인산이나 당 잔기들은 특징적인 이온 조각을 만들어내며 이를 단백질가수분해효소로 절단한 후에 분석을 하면 단백질 내에 그런 잔기들의 위치를 알아낼 수 있다.

전자분사 이온화법(ESI)은 용액에 있는 이온으로부터 기체상의 이온을 발생시키는 것을 말한다. 좁은 모세관들은 용액 방울들을 강한 정전기장으로 보낼 수 있게 한다(그림 15.10). 용매가 증발하면 방울은 부서진다. 반복된 증발과 방울의 쪼갬은 분리된 이온들을 방출시켜(1개이든지 혹은 여러 개이든지) 전장에 의해 질량분석기로 나가게 한다. 4중극 탐지기나 이온-트랩 탐지기와 같은 질량 분석기들이 ESI 질량 분석법에 보통 사용된다. 하나로 부하된 이온들의 전형적인 범위는 5,000달톤까지이나 여러 개의 전하들은 좀 더 무거운 이온들의 분석을 가능하게 한다.

ESI의 장점은 이것을 전기영동이나 HPLC(고압 액체 크로마토그래피)와 같이 용액상

비행 시간(time-of-flight, TOF) 하나의 이온이 이온 출처로부터 탐지기까지 이동하는 시간을 측정하는 질량분석 탐지기의 종류

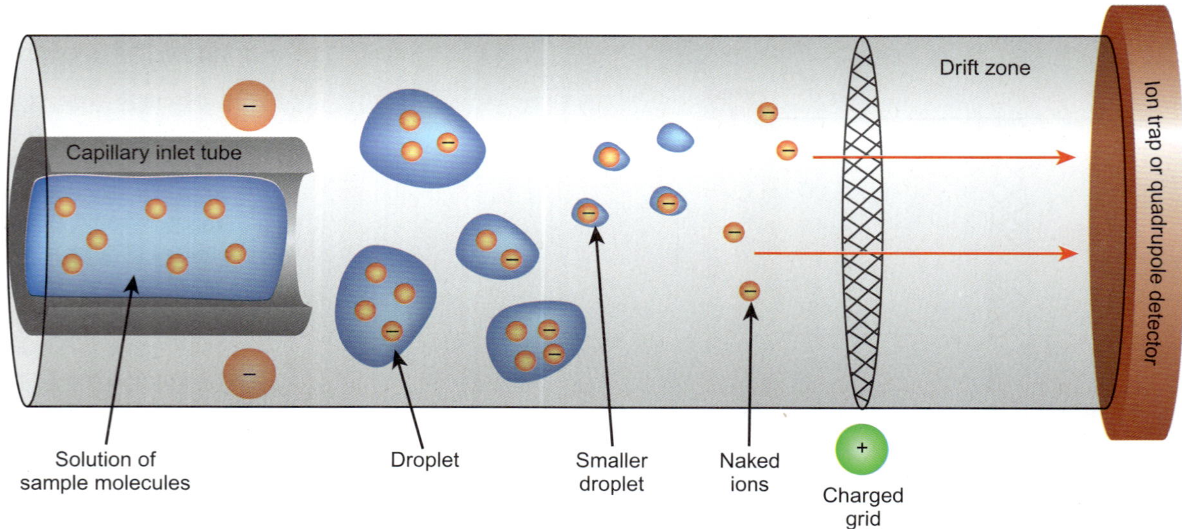

그림 15.10
전자분사 이온화 질량분석법

전자분사 이온화 질량분석법은 액상의 단백질 시료를 사용한다. 강한 전장에 노출시킨 후에, 작은 방울들이 모세관 튜브의 끝으로부터 방출된다. 이동 지역(drift zone) 내에 있는 가열된 가스의 흐름이 용매를 기화시키는 것을 도와주고 작은 전하를 띤 이온들을 방출한다. 전하를 띤 이온들은 크기나 전하량에 있어서 차이가 있으며 생산된 이온들의 양상은 각 단백질에 고유하다. 이온들은 다음에 전하를 띤 막을 사용하여 이온들이 탐지기로 이동하는 것을 저해하거나 도와줌으로써 크기에 따라 분리된다.

의 분리 기술과 바로 접목시킬 수 있다는 점이다. 또한, 어버이 이온을 분리한 후 이를 딸 이온으로 조각을 낼 수 있게 함으로써 분자들을 좀 더 정밀하게 분석할 수가 있다. 이를 **병렬 질량분석법(MS/MS)**이라 한다. 이것은 같은 질량을 가진 2개의 어버이 이온들(예를 들어, 같은 아미노산 조성을 가지지만 서열이 다른 2개의 펩티드)을 구별할 수 있게 한다.

6. 단백질 표지 체계

단백질을 동정하고 분리하기에 편리한 방법은 유전적 방법을 이용한 표지법이다.

단백질들을 다른 식별하기 쉬운 분자로 표지하면 연구자들이 관심 있는 단백질을 특이한 항체를 생산하지 않고도 순수분리하고 동정할 수 있게 해준다. 단백질 표지는 보통 유전학적 방법 즉, 어떤 단백질을 암호하는 DNA에 표지를 암호하는 여분의 토막을 첨가하도록 조작한다. 유전자는 따라서 우선 클로닝이 되어야 하고 적절한 벡터에 삽입시켜야 한다. 잡종 유전자는 다음에 *E. coli*나 배양된 포유동물 세포와 같은 적절한 숙주 세포에서 발현시킨 후, 표지 서열을 인식하고 분리하는 방법으로 단백질을 분리한다. 관심 있는 단백질이 표지 단백질에 붙어 합성되기 때문에 이것은 표지 분자와 함께 분리될 수 있다. 많은 경우에, 표지된 부분은 제거될 수 있다. 다른 방법으로 표지 단백질을 표지를 이용하여 칩에 부착시킴으로써 단백질 배열을 제조할 수 있다(아래 참조).

광범위하게 사용되는 첫 번째 단백질 표지는 **폴리히스티딘 표지(His 표지)**로서 6개의 직렬 히스티딘 잔기로 이루어져 있다. 이 표지는 표적 단백질의 아미노 말단 또는 카르복시 말단에 추가될 수 있다. 이 **His 표지**는 니켈 이온에 매우 단단하게 결합한다. 따라서

히스티딘 표지(His tag) 6개의 병렬로 된 아미노산 잔기로서 단백질에 부착되었을 때 니켈 이온에 결합하는 성질을 가지며 이를 이용하여 니켈을 지지대에 부착 시킴으로써 단백질을 분리하게 함. 폴리히스티딘 표지로도 알려짐
병렬 질량분석법(tandem mass spectrometry; MS/MS) 두 번의 연속적인 질량분석을 수행하는 것으로 먼저 어버이 이온을 분리하고 이를 조각내어서 딸 이온으로 만들어서 좀 더 자세히 분석하는 방법
폴리히스티딘 표지(polyhistidine tag) 6개의 병렬로 된 아미노산 잔기로서 단백질에 부착되었을 때 니켈 이온에 결합하는 성질을 가지며 이를 이용하여 니켈을 지지대에 부착 시킴으로써 단백질을 분리하게 함.

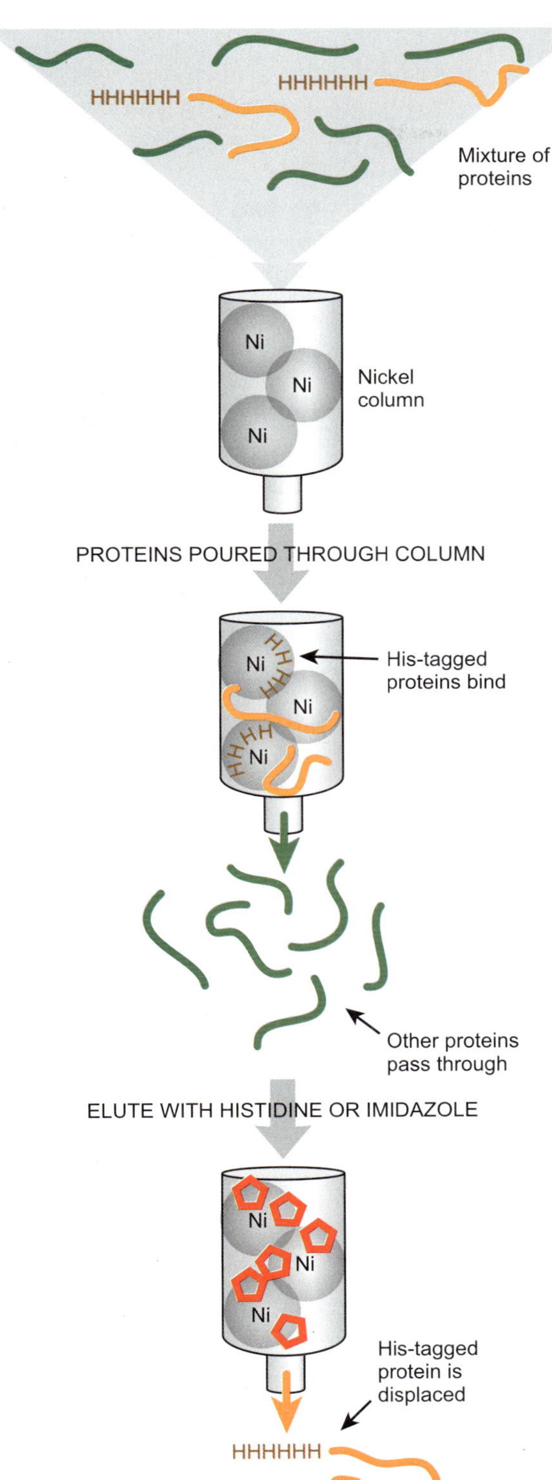

그림 15.11

니켈을 이용한 His6 표지된 단백질의 분리

하나의 특정 단백질을 순수 분리하기 위해서, 그 단백질 유전자를 표지 단백질 유전자에 연결시킨다. 이 예에서는 표지 유전자가 여섯 개의 히스티딘을 나란히 가지고 있다. 이 조작된 유전자를 세균이나 포유동물 세포에서 발현시킨다. 세포들을 수확하여 용해시켜서 모든 단백질들이 세포 밖으로 나오게 한다. 표지된 단백질을 분리하기 위해서 단백질 혼합물을 니켈 칼럼에 넣는다. 니켈로 입혀진 구슬들은 히스티딘 표지를 인식하고 다른 단백질들은 칼럼을 통과하게 한다. 다음으로 히스티딘이나 이미다졸을 함유한 용액을 칼럼에 넣어준다. 히스티딘이나 이미다졸은 니켈로 입혀진 구슬에 결합하면서 히스티딘으로 표지된 단백질들을 방출시킨다.

His 표지가 달린 단백질들은 Ni^{2+} 이온이 금속 킬레이트에 의해 부착된 관에서 분리될 수 있다(금속-킬레이트 관 크로마토그래피)(그림 15.11).

His 표지는 단백질을 니켈 이온을 가진 레진에 결합시킴으로써 분리할 수 있다.

다른 널리 사용되는 짧은 표지 단백질은 **FLAG**®과 "Strep" 표지이다. FLAG 표지는

FLAG 표지(FLAG tag) 단백질의 칼럼 순수분리에 사용되는 레진에 부착하는 특이한 anti-FLAG 항체에 의해서 결합되는 짧은 펩티드 표지(AspTyrLysAspAspAspAspLys).

관련 연구에 대한 초점

Pardo M, et al., (2010) An expanded Oct4 interaction network: implications for stem cell biology, development, and disease. Cell Stem Cell 6: 382–395.

Oct4 단백질(Pou5f1이라고도 함)은 배아 줄기세포를 간세포, 신장세포, 적혈구 등 분화된 성체 세포로 발달시키고 프로그램을 재작성시키는 핵심 전사인자이다. 기타 다양한 단백질들이 Oct4와 관련하여 줄기세포의 프로그램 재작성에 참여한다. 이들 관련 단백질들의 반 정도는 Oct4 자체 또는 다른 줄기세포 전사인자에 의해서 전사 단계에서 조절된다. 이들 관련 단백질들 중 삼분의 일은 줄기세포들의 분화 과정 동안 발현에 큰 변화를 보인다.

이 저자들은 Oct4와 관련된 단백질 세트를 좀더 정확히 정의하고자 하였다. 그래서 그들은 친화성 순수분리법과 질량분석법을 종합하여 사용하였다. 개선된 단백질 표지(FTAP)로 3개의 FLAG 요소에 칼모듈린 결합 단백질을 추가 하였다. 이를 Oct4 암호 서열의 C-말단에 삽입하였다. 표지된 Oct4는 본래의 프로모터의 조절하에서 발현시켰다. 그 결과 Oct4 상호작용체가 선행 연구보다 훨씬 더 깨끗하게 더 잘 정의되었다. 대부분 Oct4 관련 단백질들을 돌연변이가 되었을 때 치명적인 것으로 보아 초기 발생에 필수적인 것들이다. 또한 인간에서 상응하는 일부 돌연변이들은 암 또는 발생 장애와 관련이 있다.

특정 항체에 결합하는 짧은 펩티드(AspTyrLysAspAspAspAspLys)이다. Anti-FLAG®항체는 상업적으로 구입할 수 있으며 이는 칼럼 분리법에 사용되는 적당한 수지에 결합시킬 수 있다. "Strep" 표지는 비오틴과 3D 구조가 비슷한 10개의 아미노산으로 이루어져 있다. 이것은 비오틴과 결합하는 단백질인 **아비딘**이나 **스트렙트아비딘**과 결합하며 이는 원래 무작위 올리고펩티드 라이브러리로부터 스트렙트아비딘과 결합하는 능력으로 선별된 것이다. 최근에는 FLAG에 기반을 둔 개선되고 변형된 표지가 단백질 상호작용을 분석하는데 사용되고 있다(관련 연구의 초점 참조).

6.1. 융합 표지 단백질로서 사용되는 전장 단백질

단백질들은 편리한 성질을 가지고 있는 다른 단백질과 융합시킬 수 있다.

전장 단백질로 이루어진 더 긴 표지들이 가끔 특정한 표적 단백질을 표지하기 위해서 사용된다. 표지 단백질을 암호하는 서열은 정상적으로 관심 있는 유전자의 5′쪽으로 오게 하여서 전사 개시가 잘 일어나도록 한다. 가장 인기 있는 3가지는 *Staphylococcus*로부터 유래된 **단백질 A**, *Schistoma japonicum*으로부터 유래된 **글루타티온 S-전달효소(GST)**, 그리고 *E. coli*로부터 분리된 **말토오스 결합 단백질(MBP)**이다. 이 3 단백질들은 일반적으로 융합단백질 산물을 제공하며, 이는 일반적으로 안정하고 수용성이며 분리가 잘된다.

융합 단백질들은 표지 단백질과 특이적으로 결합하는 물질을 가지고 있는 칼럼을 사용하여 분리한다. 상업적으로 구입 가능한 특이적인 항체는 단백질 A와 결합한다. 항체 칼럼에서 분리한 후에, 융합 단백질은 pH 3에서 용출시킨다. 글루타티온 S-전달효소는 트리펩티드인 글루타티온에 결합한다. GST 융합 단백질들은 글루타티온-아가로오스 칼럼에 결합하며 유리 글루타티온에 의해 용출된다. 말토오스 결합 단백질은 말토오스 및 말토오스 중합체인 아밀로오스와 결합한다. 아밀로오스 칼럼은 MBP 표지를 가진 단백질을 순수 분리하는 데 사용된다. 결합된 융합 단백질은 아밀로오스와 친화성이 더 높은 말토오스를 넣어주면 용출되어 표지된 단백질이 분리된다(그림 15.12).

아비딘(avidin) 계란 흰자위로부터 분리된 것으로 비오틴과 매우 단단히 결합한다.
히스티딘 표지(His tag) 6개의 병렬로 된 아미노산 잔기로서 단백질에 부착되었을 때 니켈 이온에 결합하는 성질을 가지며 이를 이용하여 니켈을 지지대에 부착 시킴으로써 단백질을 분리하게 함. 폴리히스티딘 표지로도 알려짐
글루타티온 S-전달효소(glutathione-S-transferase; GST) 트리펩티드인 글루타티온에 결합하는 효소. GST는 종종 융합 단백질을 만드는 데 사용된다.
말토오스 결합 단백질(maltose-binding protein; MBP) 이동되는 동안에 말토오스에 결합하는 대장균의 단백질. MBP는 자주 융합 단백질을 만드는 데 사용된다.
스트렙트아비딘(streptavidin) *Streptococcus*로부터 분리된 단백질로서 비오틴과 단단히 결합한다.
단백질 A(protein A) *Staphylococcus*로부터 분리된 항체-결합 단백질로서 융합 단백질을 만드는 데 흔히 사용된다.

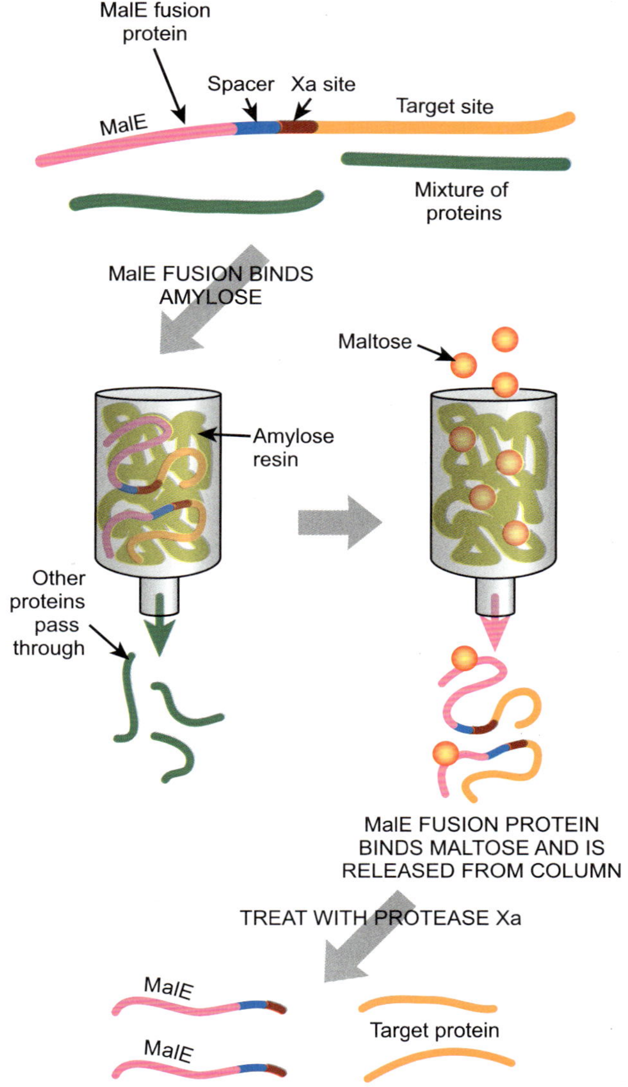

그림 15.12

말토오스-결합 단백질에 융합된 단백질의 분리

하나의 특정 단백질을 혼합물로부터 분리하기 위하여, 말토오스 결합 단백질 유전자를 관심 있는 유전자에 융합되도록 유전적으로 조작할 수 있다. 융합 단백질은 다음에 대장균과 같은 생체에서 발현시킬 수 있다. 세균을 용해하여 단백질 혼합물(그림의 윗부분)을 분리한다. 관심 있는 단백질은 완전한 말토오스 결합 단백질, Xa 인자에 의해 절단되는 부위, 작은 공간 지역의 3개의 새로운 부위를 가지고 있다. 단백질 혼합물을 아밀로오스 칼럼에 넣으면 융합 단백질만 말토오스 결합 도메인을 통하여 칼럼에 결합한다. 유리 말토오스를 넣어주어 융합 단백질을 유출시킨다. 유출된 단백질에 Xa 인자를 처리하면, 말토오스 결합 단백질 부분이 관심 있는 단백질로부터 잘리게 된다.

pMAL 벡터(New England Biolabs Inc., MA)는 MBP 융합 단백질을 만드는데 사용된다(그림 15.13). 이 벡터들은 *E. coli*의 MBP를 암호하는 *malE* 유전자를 가지고 있다. 10개의 Asn 잔기를 암호하는 공간 서열은 *malE* 유전자와 **다중 연결자** 사이에 있으며, 다중 연결자는 관심 있는 단백질을 암호하는 유전자를 추가하는 데 사용된다. 공간 서열은 관심 있는 단백질로부터 말토오스-결합 단백질을 격리시켜준다. 공간 서열에 인접하여 매우 특이적인 단백질가수분해효소인 혈액응고 체계에 있는 인자 Xa에 의해 인식되는 [Ile Glu (또는 Asp) Gly Arg]가 있다. 순수분리한 후에, 융합 단백질은 인자 Xa로 처리해 주어 두 단백질들을 분리한다. 인자 Xa 자체는 벤즈아미딘-아가로오스에 결합시킴으로써 제거시켜야 한다. pMAL 벡터는 융합 단백질을 전사하기 위하여 강력한 *tac* 촉진유전자를 가지고 있다. 신호 서열을 가지거나 가지지 않은 변이체들을 이용하여 세포 밖으로 분비하거나 세포질에서 발현하도록 할 수 있다.

때때로 융합 단백질들(혹은 그런 목적으로 변형되지 않은 단백질들)은 숙주 세포의 단백질가수분해효소들에 의해 분리 중에 분해된다. 단백질가수분해효소 저해제들을 넣어주거나 대장균과 같은 세균 숙주 세포를 사용하는 경우에는, 단백질가수분해효소 결핍 돌연변

다중 연결자(polylinker) 6 또는 8개의 광범위하게 사용되는 제한효소에 대한 절단 부위를 가지고 있는 인공적으로 합성된 DNA 단편

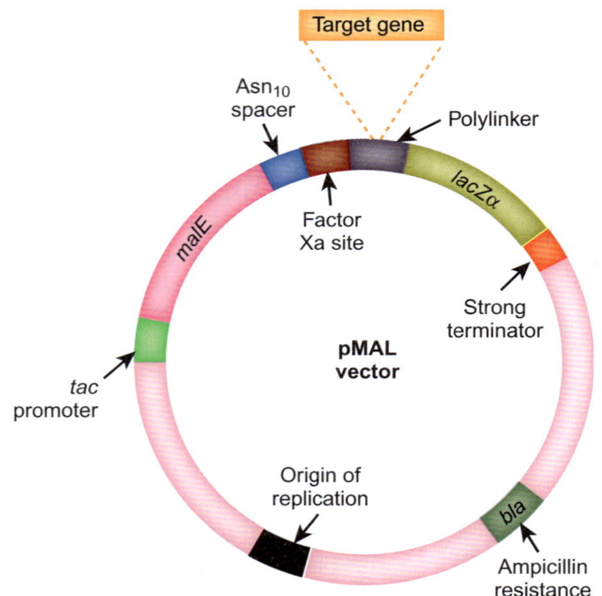

그림 15.13
말토오스-결합 단백질 융합 벡터

MBP-표지 단백질을 제조하기 위해서는, 표적 유전자를 pMAL 벡터에 클로닝하여야 한다. 이 벡터는 관심 있는 유전자를 삽입시키기 위해 *malE* 유전자의 하부에 다중 연결자를 가지고 있다. 정확하게 번역되기 위해서 표적 유전자는 *malE* 유전자와 동일한 해독틀로 클로닝되어야 한다. 강력한 *tac* 촉진유전자와 강력한 종결 서열 사이의 전 지역은 MBP (MalE 단백질)와 표적 단백질이 단백질가수분해효소의 인식 부위에 의해 연결된 융합 단백질을 생산한다. *lacZα* 서열은 DNA 삽입여부를 탐지하기 위하여 청색/흰색 검사를 할 수 있게 한다(7장 참조).

이주를 사용할 수 있다. 비록 일부 단백질가수분해효소는 생존에 필수적이기 때문에 모든 단백질가수분해효소 유전자를 불활성화시킬 수는 없지만 서너 개의 단백질가수분해효소 유전자가 결핍된 세균을 사용하면 매우 유용하다.

6.2. 자가 절단할 수 있는 인테인 표지

최근의 표지 체계에서의 개선은 단백질가수분해효소의 절단과 순수분리 단계를 생략한 것이다. 단백질가수분해효소와 인식 부위를 사용하는 대신에 융합 단백질이 표적 단백질을 순수분리한 후에 스스로 절단한다. 이 방법은 **인테인** 즉, 단백질에서 발견되는 자가 절단되는 개재 서열의 성질에 기초한다(12장 참조). 이것의 장점은 분리하는 데 요구되는 단계의 수를 감소시킬 수 있다는 점과 관심 있는 단백질의 다른 부위도 종종 자르는 값비싼 단백질가수분해효소를 사용하지 않아도 된다는 점이다.

New England Biolabs에서 만든 Affinity Chitin-binding Tag(IMPACT™)을 이용한 인테인 매개 분리체계는 *Saccharomyces cerevisiae*의 VMA1 유전자로부터 유래된 인테인의 자가 절단에 의존한다. 이 인테인은 N-말단에서만 자가 절단하도록 설계되었다. 이 반응은 디티오트레이톨(DTT)과 같은 티올 시약에 의해 낮은 온도에서 일어난다. 인테인의 C-말단에 *Bacillus circulans*의 키틴분해효소 A1 유전자의 C 말단에서 유래된 키틴-결합 구역(CBD)을 가지고 있다. (키틴은 N-아세틸 글루코사민의 중합체이다. 이것은 대부분의 곰팡이에서 발견되며 곤충의 외골격의 주된 구조적 요소이다.)

표적 단백질을 암호화하는 유전자는 인테인과 키틴-결합 구역(CBD)을 암호하는 유전자의 상류에 있는 다중 연결자에 삽입된다. 융합 단백질은 키틴 컬럼에 결합하는 것으로 순수분리 된다. 융합 단백질이 칼럼에 결합되어 있는 동안에, 인테인의 자가 절단이 DTT와 함께 4°C에서 유도된다. 표적 단백질은 인테인과 키틴-결합 구역이 칼럼에 결합되어 남아있는 동안에 떨어져 나온다(그림 15.14).

7. 파지 표출에 의한 선별

분자생물학에서의 대부분 과정들은 유전정보(즉, DNA나 RNA)나 유전자 산물(일반적으로 단백질)을 다룬다. 표출법은 유전자뿐 아니라 이것이 암호화하는 단백질을 동시에 제공하도록 고안되었다. 이 방법 중 가장 흔한 방법은 **파지 표출**기술이다. 이 방법에서는 전장의 단백질이나 짧은 펩티드가 박테리오파지의 외피 단백질에 융합되어서 바이러스 입자의 바깥에 표출된다. 반면에 융합 단백질을 암호화하는 DNA는 박테리오파지 내부에 존재한다(그림 15.15).

섬유성 파지 M13이 파지 표출법에 가장 인기 있는 선택이지만, 람다, T7 그리고 T4 등도 사용된다. M13은 용원성이 아니어서 파지를 생산하는 동안에 숙주 세균을 죽이지 않기 때문에 선호된다. 대신에 파지 입자가 세포벽을 통하여 밖으로 분비된다. 세포 잔해물이 없기 때문에 파지의 분리가 간단하다. 유전자 III과 유전자 VIII과 같은 M13의 구조 단백질들이 관심 있는 단백질을 위한 발현대로 사용되고 있으며 유전자 III이 가장 인기가 있다. 주 외피 단백질(유전자 VIII 단백질)은 2,500 사본이 있지만 부 외피 단백질(유전자

인테인에 기초한 표지는 표지가 더 이상 필요 없을 때, 스스로 절단해 낼 수 있게 고안되었기 때문에 편리하다.

파지 표출법은 이것이 암호화하는 단백질을 동정함으로써 유전자를 발굴할 수 있도록 한다.

인테인(intein) 단백질에서 발견되는 자가 절단하는 개재 서열
파지 표출법(phage display) 박테리오파지의 외피 단백질에 단백질이나 펩티드를 융합시킨 것으로 그 유전체는 이 단백질을 암호화하는 유전자를 갖고 있다. 이 단백질은 바이러스 입자의 바깥 쪽에 표출되며 이에 해당되는 유전자는 내부에 존재한다.

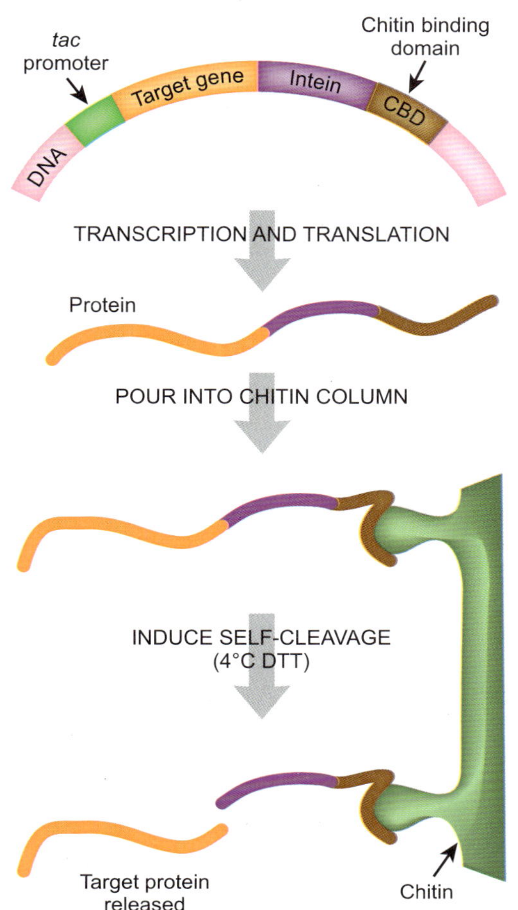

그림 15.14
인테인을 매개로한 분리 체계

아미노 말단에서 자가 절단을 할 수 있는 인테인은 특정 단백질을 분리하고 융합 단백질로부터 한 단계로 절단해 낼 수 있게 해 준다. 먼저, 표적 유전자를 인테인과 키틴 결합 부위의 상부에 클로닝한다. 융합 유전자는 세균에서 전사되어 번역된다. 세균을 용해하여 단백질 혼합물이 세포 밖으로 나오게 한 다음 키틴 칼럼에 흘려보낸다. DTT를 가해주고 4°C에서 놓아두면 인테인이 활성화되어 자신을 표적 단백질로부터 떼어내고 칼럼으로부터 떨어져 나오게 된다.

III 단백질)은 단지 5개의 사본만 있다. 매우 적은 사본 수로 파지의 표견에 표출되는 것은 여러 단백질이 동시에 결합함으로써 발생되는 인공물을 피할 수 있다. M13의 외피 단백질의 N-말단이 밖으로 나오고 C-말단이 파지 입자의 안쪽에 위치하기 때문에 표출될 단백질은 반드시 유전자 III의 N-말단에 붙여야 한다.

검사하려는 단백질들을 바이러스 단백질에 융합시키면 단백질들이 바이러스 입자 표면의 바깥쪽에 나타난다.

단백질이나 펩티드를 암호화하는 DNA는 PCR에 기반을 둔 기술로 파지의 외피 단백질에 융합된다. 직선의 PCR 산물은 증폭되고 바이러스의 유전체를 만들기 위하여 원형으로 만든 다음 이를 대장균 세포에 형질전환시킨다. 생산된 파아지들은 원래의 M13보다 약간 더 길다. 그럼에도 불구하고 그들은 섬유성 단백질 외피를 확장시킴으로써 조립될 수 있다. 융합 단백질들은 발현되고 삽입된 펩티드들은 M13 입자들의 표면에 표출된다.

많은 단백질들은 다른 단백질들과 결합하는 영역이 있다. 이런 영역들은 클 수도 있고 작을 수도 있으나, 몇 개의 아미노산만이 두 단백질이 적절히 결합하는 데 필수적인 역할을 한다. 이런 결합 부위가 인식하는 펩티드의 아미노산 서열을 동정하기 위해서 **파지 표출 라이브러리**가 구축되었다. 이것은 많은 수의 서로 다른 펩티드 서열의 라이브러리를 표출하는 수정된 파지로 이루어져 있다. 최초의 이와 같은 라이브러리는 많은 양의 짧은 무작위적 펩티드로 이루어졌다. 특정 항체, 효소 혹은 표면 수용체 등과 같은 특정 분자("표적")에 결합하는 펩티드를 발견하기 위해서 라이브러리를 선별하였다. 흥미 있는 펩티드들은 **바이오패닝**이라는 방법으로 발굴된다. 파지 표출 라이브러리를 단단한 지지대

바이오패닝(biopanning) 단단한 지지대에 부착된 미끼 분자에 결합시킴으로써 원하는 펩티드를 찾기 위하여 파지 표출 라이브러리를 검사하는 방법
파지 표출 라이브러리(phage display library) 서로 다른 펩티드나 단백질 서열을 표출하는 많은 수의 수정된 파아지의 집합체

그림 15.15
파지 표출법의 원리

박테리오파지의 표면에 펩티드를 표출하기 위해서 펩티드를 암호화하는 DNA 서열이 박테리오파지 외피 단백질 유전자에 융합되어야 한다. 이 예에서 선별된 외피 단백질은 파지 M13의 유전자 III에 의해 암호화 된다. 여기서 N 말단은 파지 입자의 바깥에 C 말단은 안쪽에 있게 될 것이다. 따라서 파지 바깥에 표출되기 위해서는 펩티드는 N 말단에서 해독틀이 맞게 융합되어야 한다.

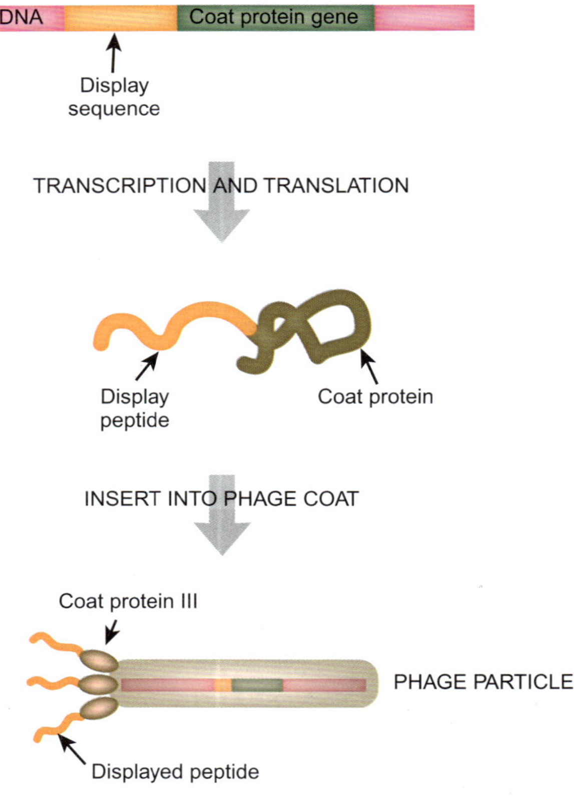

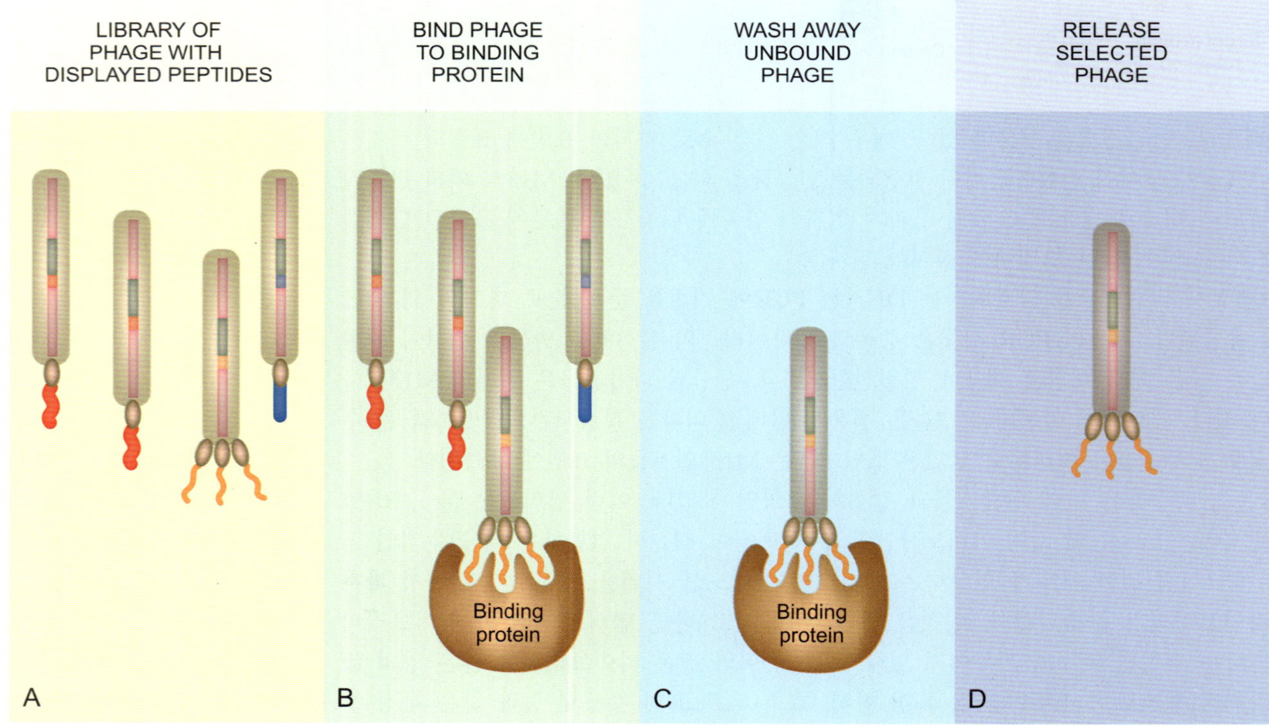

그림 15.16
파지 표출 라이브러리를 검사하기 위한 바이오패닝

바이오패닝은 일반적으로 막이나 칼럼과 같은 단단한 지지대에 부착된 특정 표적 분자와 결합하는 펩티드를 분리하기 위하여 사용된다. 파지 표출 라이브러리(A)를 결합 단백질(B)에 첨가해 준다. 표적 단백질에 결합하는 펩티드를 표출하는 파지는 남게 되지만(C) 다른 것들은 씻겨나간다. 결합 단백질을 인식하는 파지는 방출되어 순수분리 된다.

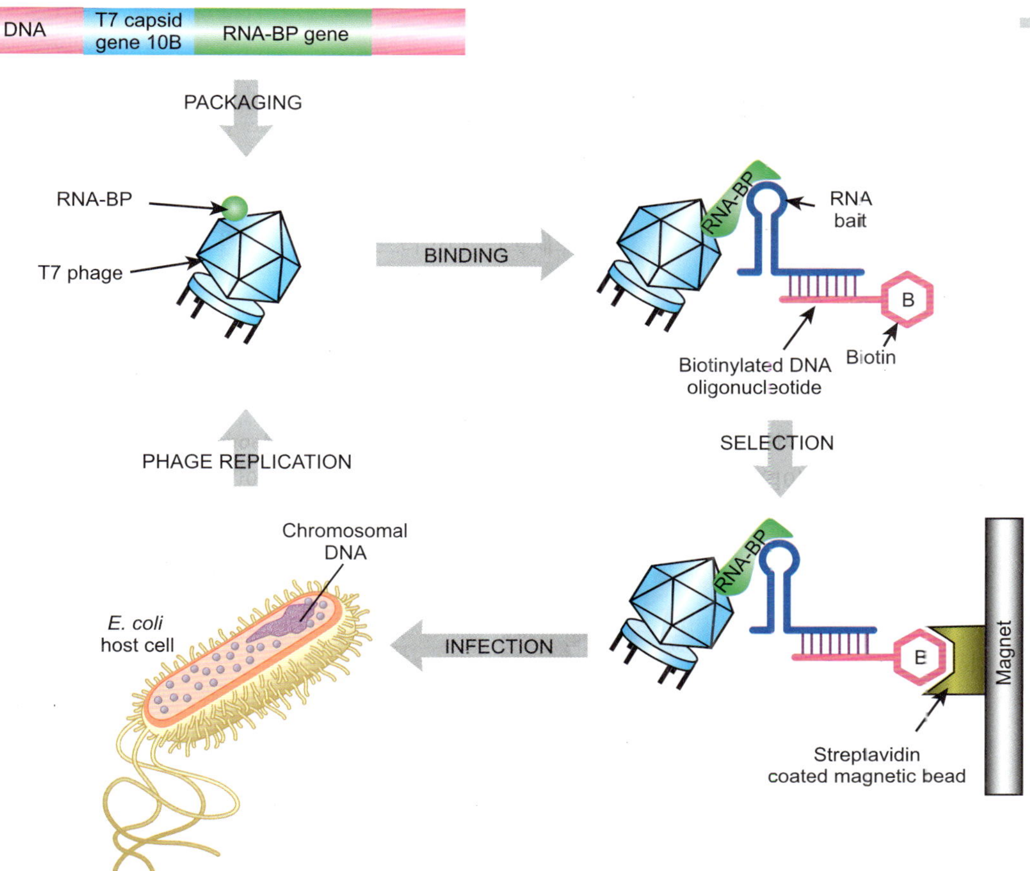

그림 15.17

RNA-결합 단백질을 위한 바이오패닝

RNA-결합 단백질(RNA-BP)을 동정하기 위하여, 미끼 RNA(청색)를 비오틴을 붙인 올리고뉴클레오티드에 연결시켜 사용한다. 미끼 RNA는 완전한 길이의 파지 표출 라이브러리와 함께 배양된다. 이 예에서는 T7 유전자의 10B DNA를 RNA-결합 단백질 유전자(여기서는 녹색으로 표시됨)를 포함하는 유전자와 융합시킨다. 바깥에 있는 전장의 RNA 결합 단백질을 발현하는 파지들은 RNA 미끼에 결합한다. 이것은 다음에 비오틴이 부착된 올리고뉴클레오티드를 통하여 스트렙트아비딘이 입혀진 자석 구슬에 결합한다. 포획된 파지는 유리된 비오틴을 이용하여 자석 구슬로부터 유출되어 대장균에 감염하는 데 사용된다. T7 DNA를 분리하고 삽입체의 서열을 결정하여 RNA-결합 단백질 유전자를 동정하게 된다.

(구슬이나 막 등과 같은)에 부착된 표적 분자와 함께 배양한다. 결합되지 않은 파지는 씻어낸다. 결합된 파지는 추출하여 대장균에 재감염시켜서 증폭시킨다. 결합과 증폭을 서너 번 반복하면 표적에 가장 단단히 결합하는 펩티드를 가진 파지를 농축시킬 수 있게 된다. 최종적으로 각각의 클론들은 DNA 서열 분석을 함으로써 특성 분석을 한다(그림 15.16).

바이오패닝은 표출된 다른 단백질들을 가진 박테리오파지 혼합체에서 항체 또는 특정한 결합 단백질에 결합하는 것으로 검사한다.

몇 가지의 상업적으로 구입 가능한 펩티드 라이브러리가 New England Biolabs사에 의해 Ph.D.(파지 표출을 의미함!)라는 상표로 시장에 나왔다. Ph.D.-7 라이브러리는 2.0×10^9 무작위 7펩티드 클론으로 구성되어있다. 이것은 이론적으로 가능한 거의 모든 아미노산 7량체(20^7=약 1.3×10^9개)가 있다. 반면에 Ph.D-12 라이브러리는 마찬가지로 2.0×10^9개의 독립적인 클론들을 가지고 있지만 $20^{12} = 4.1 \times 10^{15}$ 12-량체의 일부분만 해당된다.

전장의 단백질들 또한 파지의 외피 단백질에 융합시켜서 전장 파지 표출 라이브러리를 만들 수 있다. 원론적으로 어떤 생물체로부터 만들어진 유전자 라이브러리도 적당한 파지의 외피 단백질에 융합시킴으로써 파지 표출 라이브러리를 만들 수 있다. M13은 이런 종류의 라이브러리를 제조하기 위해서는 실용적이지 못하다. 왜냐 하면 삽입체가 분비와 파지의 조립에 필요한 신호 서열과 외피 단백질의 N-말단 사이에 위치하여야 하기 때문이다. 따라서 삽입체의 양쪽 끝은 해독틀과 같은 틀에 있어야 하며, 아울러 삽입체에 종결코돈이 없어야 한다. 반면에 T7에는 외피 단백질의 C-말단이 외부로 노출되어 있다. C-말단 외피 단백질 융합체를 사용하면 위의 문제점들을 피할 수 있으며 전체 단백질 서열을 삽입할 수도 있다. Novagen사의 T7Select™ 시스템을 사용하여, 몇몇의 cDNA 라이브러리들이 몇 가지의 표적 분자에 결합하는 단백질을 찾기 위하여 바이오패닝 되었다. 예를 들어, RNA 결합 단백질을 표출하는 파지가 분리되었는데, 이때 단단한 지지대에 붙인 RNA를 미끼로 사용하였다(그림 15.17).

다른 표출 시스템들은 관심 있는 단백질을 운반하기 위하여 전체 세균 세포를 사용한다. 선별될 폴리펩티드를 암호하는 DNA 서열은 대장균의 플라젤린이나 필린 유전자에 융합할 수 있다. 그러면 폴리펩티드 라이브러리는 편모나 선모에 부착되어 세포 표면에 노출된다. 파지 표출 라이브러리들이 일반적으로 좀 더 편리하나 세균을 사용하는 한 가지 장점은 세포를 분류하는 데 있어서 형광 이용 세포 분류기(FACS)를 사용할 만큼 충분히 크다는 점이다.

8. 단백질 상호작용: 효모 단백질 잡종 체계

많은 단백질들은 다른 단백질들을 인식하고 결합한다. 모든 단백질-단백질 상호작용의 총체를 때로는 "체(omics)"라는 용어를 좋아하는 사람들에 의해 **단백질 상호작용체**라고 불리기도 한다. 그러한 상호작용의 대량 선별이 **단백질 잡종 체계**를 사용하면서 가능해지게 되었다. 상호작용체 분석은 연합 유죄 개념에 기초한다. 새로운 단백질이 기능이 잘 알려진 단백질과 결합한다면 이것은 그 단백질의 기능에 관하여 힌트를 제공할 것이라는 가정에서 출발한다.

단백질 잡종 분석법을 사용하면 단백질들이 결합하는 상대에 따라서 검사할 수 있다.

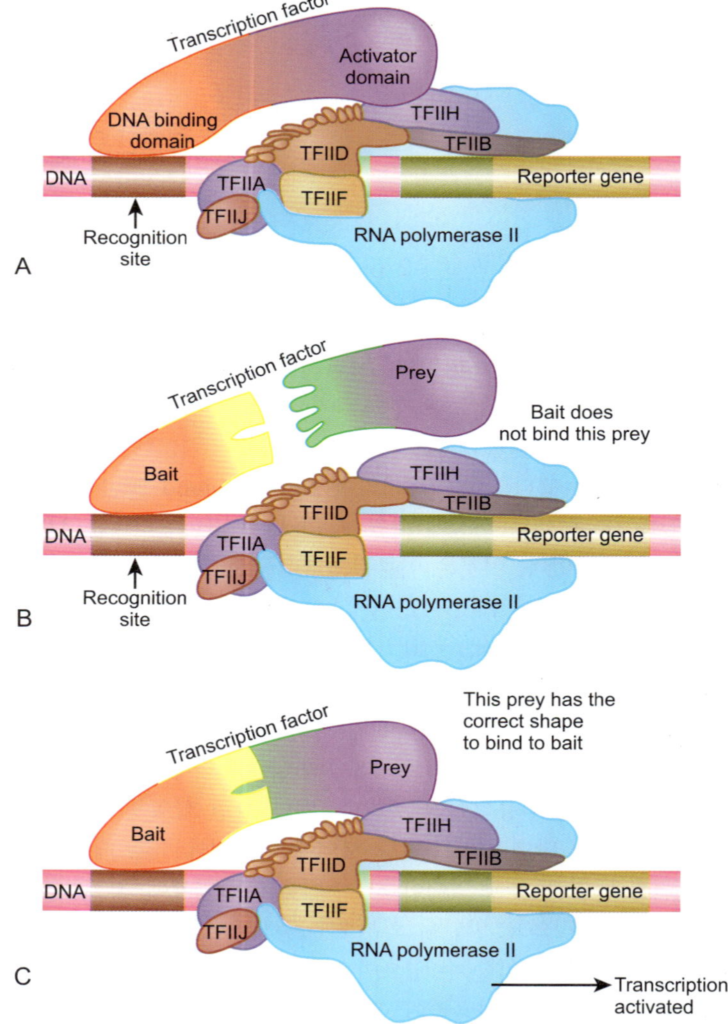

그림 15.18
단백질 잡종 분석의 원리

A) 효모 유전자의 전사에는 2개의 다른 도메인을 가지고 있는 전사인자에 의한 RNA 중합효소의 활성화가 관여한다. DBD(보라색)는 상류 조절 부위를 인식하며 AD(적색)는 RNA 중합효소가 리포터 유전자의 전사를 개시시키도록 한다. 단백질 잡종 분석을 위하여 두 단백질(미끼와 먹이)들을 각각 따로 전사인자의 DBD와 AD에 융합시킨다. 미끼 단백질은 DBD에 연결하고 먹이 단백질은 AD에 붙인다. B) 여기서는 미끼 단백질과 먹이 단백질이 서로 상호작용하지 않는다. 따라서 유전자도 발현되지 않는다. C) 여기서는 미끼가 먹이와 결합한다. 따라서 전사인자의 반을 가져오게 된다. 이 복합체는 RNA 중합효소를 활성화시키고 리포터 유전자가 발현된다.

단백질 상호작용체(protein interactome) 특정 세포나 생물체에서 단백질-단백질 상호작용의 총체
단백질 잡종 체계(two-hybrid system) 조사하고자 하는 단백질들을 전사 활성 인자 단백질의 별개의 두 도메인에 각각 융합시킨 단백질-단백질 상호작용에 대한 검사 방법

단백질 잡종 분석은 전사 활성화 단백질의 단위 구조에 의존한다. 많은 이런 단백질들은 2구역, DNA-결합 구역과 활성 구역으로 이루어져 있다. DNA-결합 구역(DBD)은 촉진유전자(프로모터) 상부에 있는 특정 서열의 DNA를 인식하며, 활성 구역(AD)은 RNA 중합효소에 결합함으로써 전사를 활성화시킨다(그림 15.18). 2구역이 상호작용을 한다면 이들은 전사를 활성화시킨다. 2구역이 공유결합을 하여 하나의 단백질로 될 필요는 없다.

단백질 잡종 체계에서는 DBD 구역이나 AD 구역 모두 2개의 다른 단백질에 융합된다(X와 Y). 이들 2개의 잡종 단백질들은 각각 **미끼**(DBD-X)와 **먹이**(AD-Y)라고 한다. 만약 미끼가 먹이를 잡는다면 즉, 만약 단백질 X와 Y가 상호작용한다면, 복합체가 형성되고 유전자가 활성화될 것이다. 편리한 리포터 유전자가 성공적인 상호작용을 모니터하기 위하여 사용된다(그림 15.18).

실험 단백질(미끼와 먹이)들은 전사인자의 2개의 반쪽에 따로따로 융합된다. 만약 미끼와 먹이가 서로 결합을 한다면, 이들은 전사인자를 다시 조립하게 되어 이것이 조절하는 유전자들을 활성화시킨다.

단백질 잡종 분석법은 효모에서 개발되었으며 6,000여 개의 효모 단백질들의 상호작용에 대한 전체 목록을 만드는 데 사용되고 있다. 따라서 이를 위하여는 6,000×6,000개의 조합이 필요하다. 이 잠재적인 상호작용을 조사하기 위해서는 효모의 유전체에 존재하는 모든 열린 해독틀을 PCR을 이용하여 증폭시키고 2개의 분리된 벡터로, 하나는 DBD 구역을 가지고 있고 다른 하나는 AD 구역을 가지고 있는 벡터에 클로닝한다. 이리하여 각 효모 단백질을 미끼나 먹이로 조사한다. 벡터들을 각 ORF와 DBD 구역의 유전자 융합이 해독틀에 맞게, 그리고 AD 구역은 GAL4와 같은 적당한 전사인자의 해독틀에 맞도록 설계한다(그림 15.19). 하나의 벡터는 GAL4-DBD 하부에 다중클로닝 부위를 가지고 있으며 따라서 단백질 X가 GAL4-DBD의 3′융합체가 되도록 한다(GAL4-DBD-X). 다른 벡터는 MCS를 GAL4-AD의 상부에 가지고 있어서 단백질 Y를 GAL4-AD의 5′융합체가 되도록 한다(Y-GAL4-AD).

미끼와 먹이 융합 단백질은 다른 교배형의 효모 세포에 각각 형질전환 시킨다. 이렇게 하면 두 세트의 약 6,000개의 형질전환체가 만들어 진다. 실험실 로봇을 이용하여 콜로니를 조작함으로써 모든 가능한 교배가 두 세트 사이에서 일어나게 한다. 2개의 효모가 교배를 할 때, 2배체 세포는 미끼 플라스미드와 먹이 플라스미드를 가진다. 만약 2개의 융합 단백질 X와 Y가 상호작용한다면, 리포터 유전자가 발현될 것이다. 효모에서는 보통 *HIS3* 혹은 *URA3* 유전자들이 사용된다. 만약 리포터 유전자가 활성화 되지 않으면, 효모 균주는 히스티딘이나 우라실을 각각 넣어주지 않으면 자라지 못한다. 만약 리포터 유전자가 발현되면 세포들은 히스티딘이나 우라실이 없는 배지에서 자란다. 이리하여 6,000×6,000번의 교배로 생겨난 2배체 세포들을 선택된 영양소가 없는 배지에서 선별한다(그림 15.20). 오직 단백질 X와 단백질 Y가 상호작용하는 조합에서만 콜로니를 형성할 수 있다.

원래의 단백질 잡종 시스템은 서너 가지의 문제점을 가지고 있었다. 예를 들어, 핵 내에서 상호작용하는 단백질에만 적용될 수 있었다. 막 단백질들은 핵에 위치했을 때 자주 접힘 오류가 발생된다. 역으로 다른 단백질들은 오직 세포질에 있을 때만 수식이 제대로 된다. 큰 단백질에 의한 독성 효과와 입체적 문제들이 실제 상호작용을 놓칠 수 있다. 더욱이 많은 단백질들은 RNA와 결합하거나 작은 분자들과 결합함으로써 단백질-단백질 상호작용을 향상시키도록 구조적 변화를 가져온다.

이런 문제를 해결하기 위해서 다양한 수정된 단백질 잡종 분석 체계가 개발되었다. 가장 관심 있는 것 중의 하나는 RNA 삼중잡종 체계(RNA three-hybrid system)이다(그림 15.21). 이 경우, 미끼와 먹이 단백질(DBD-X와 Y-AD)이 X와 Y 모두에 결합하는 개재 RNA 분자에 의하여 만나게 된다. 이것은 RNA 결합 단백질 유전자를 암호화하는 유전자를 발굴하는 데 사용된다.

미끼(bait) 전사 활성화 단백질의 DNA-결합 도메인과 다른 단백질과의 융합체로서 단백질 잡종 분석에 사용된다.
먹이(prey) 전사 활성화 단백질의 활성 도메인과 다른 단백질과의 융합체로서 단백질 잡종 분석에 사용된다.

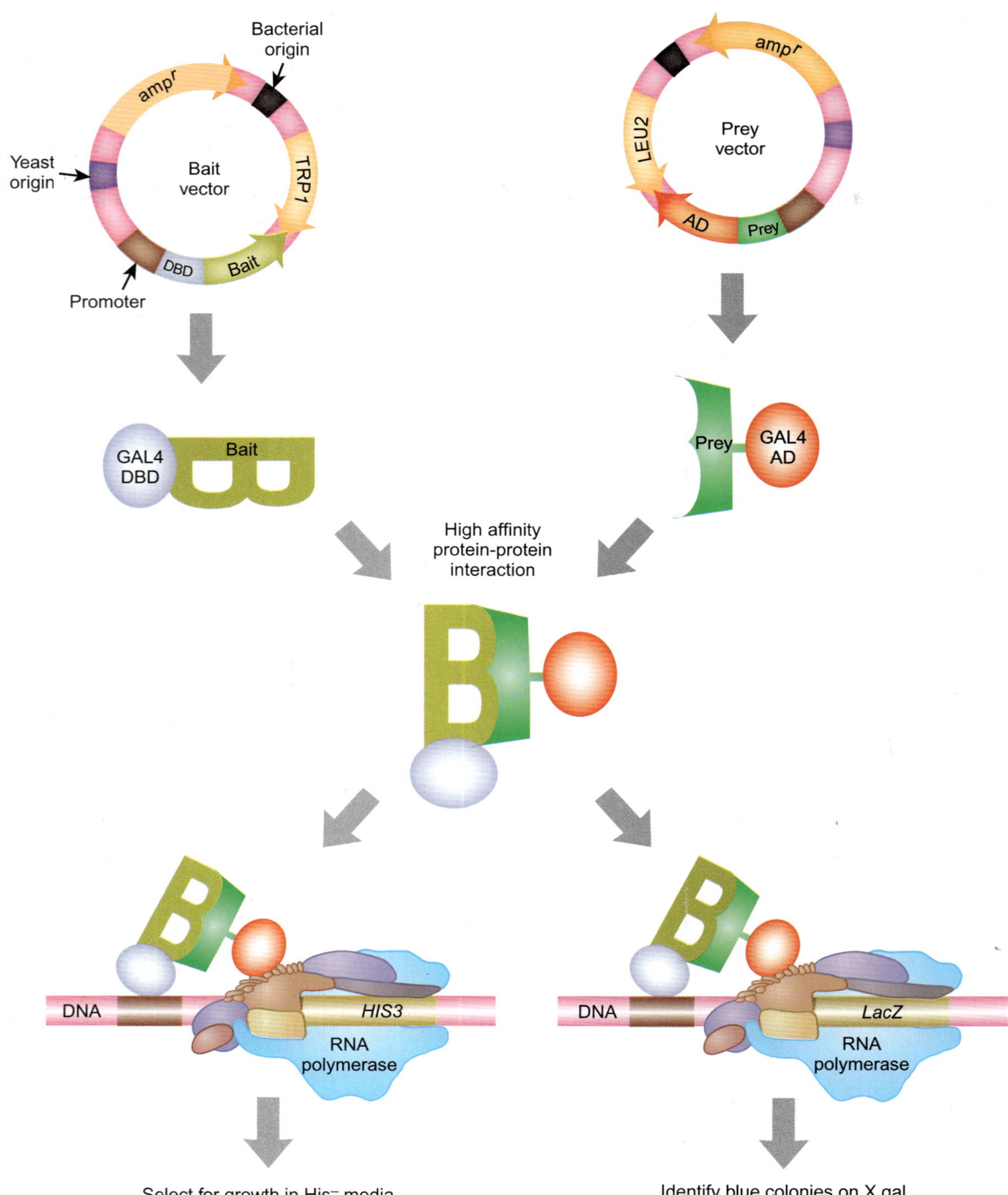

그림 15.19
단백질 잡종 분석을 위한 벡터들

2개의 다른 벡터들이 필요하다. 미끼 벡터는 DBD와 미끼 단백질에 대한 암호화 지역을 가지고 있다. 먹이 벡터는 AD와 먹이 단백질에 대한 암호화 영역을 가지고 있다. 서로 다른 이 두 벡터는 동일한 효모 세포에서 발현된다. 만약 미끼와 먹이가 상호작용한다면 리포터 유전자가 발현된다. 여기서는 2개의 가능한 리포터 체계를 보여준다. 만약 효모의 *His3* 유전자가 사용된다면, 리포터 유전자를 발현시키는 효모는 히스티딘을 만들 것이고 따라서 히스티딘이 들어있지 않은 배지에서 자랄 것이다. 만약 대장균의 *lacZ* 유전자가 사용된다면, 효모 세포는 X-갈을 가지고 있는 배지에서 푸른색으로 변할 것이다.

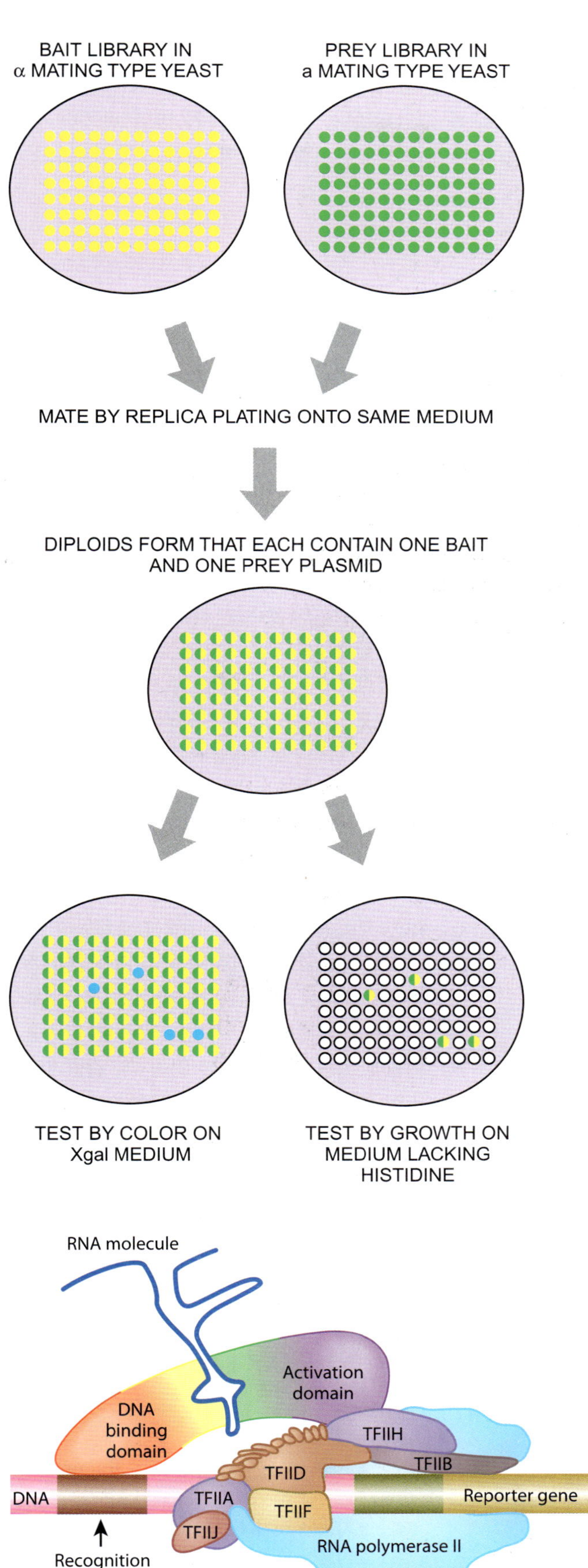

그림 15.20

단백질 잡종 분석: 교배에 의한 대량 검사

단백질 잡종 체계를 사용하여 모든 가능한 단백질 상호작용을 찾아내기 위해서는, 반수체의 α 효모를 미끼 라이브러리로 형질전환시키고, 반수체 a 효모를 먹이 라이브러리로 형질전환시킨다. 이 두 교배형의 효모를 서로 교배시키면 2배체 세포는 하나의 미끼 융합 단백질과 먹이 융합 단백질을 가지게 된다. 만약 두 단백질이 상호작용한다면, 이들은 리포터 유전자를 활성화시키게 되고 따라서 효모는 히스티딘(효모 *His3* 유전자)이 없는 배지에서 자라게 되거나 X-갈 배지(대장균의 lacZ 유전자)에서 키울 때 청색으로 변한다. 이 과정이 6,000개의 모든 효모 단백질들에 대하여 자동화된 기술을 이용하여 행해질 수 있다.

그림 15.21

RNA 삼중잡종 체계

RNA 삼중잡종 체계로 RNA를 매개로하여 상호작용하는 단백질을 동정할 수 있다. 2개의 융합 단백질들이 사용되는 데, 하나는 (노란색/보라색) DBD를 포함하고 다른 하나(녹색/적색)는 전사인자의 AD를 포함한다. 이 두 융합 단백질이 RNA 분자를 매개로 상호작용할 때, 이들은 리포터 유전자를 활성화 시킬 수 있다.

다른 생물체의 유전자 라이브러리도 효모에서 발현된다면 단백질 잡종 분석 검사가 사용될 수 있다. 아울러 단백질 잡종 발굴 체계(Stratagene사의 BacterioMatch^{TM})는 최근에 대장균과 같은 세균에서 사용할 수 있도록 고안되었다. 이것은 2개의 병렬 리포터 유전자, *bla*와 *lacZ*를 사용하며 이들은 각각 β-락타마아제(앰피실린 저항성)와 β-갈락토오스가 수분해효소를 암호화한다.

상자 15.1 결합 기술은 작은 분자들의 검사를 가능케 해 준다

단백질체학에서 또 다른 문제는 한 주어진 단백질에 결합하는 작은 분자들을 분리하는 것이다. 특별히 어떤 단백질이 잠재적인 약이나 항생제의 표적으로 선택될 수가 있다. 이때 이 단백질과 결합하여 이를 불활성화 시켜주는 작은 분자를 필요로 하게 된다. 작은 화학물질들로 이루어진 라이브러리를 합성하고 이 단백질과 결합하는 것을 검사할 수 있다. 이 작업은 매우 다양하고 지루한 과정에 의해 이루어진다. 그러나 Sunesis사에 의해 개발된 결합 기술(tethering technology)이라고 불리는 새로운 기술은 검사를 훨씬 개선시켰다. 이 방법은 결합체(tether)로 작용할 화학물질을 첨가해 줌으로써 작은 분자 라이브러리를 수정하는 것을 포함한다. 표적 단백질을 고정시키고 결합 화학기로 수정시킨다. 두 가지의 결합기들이 사용되는 데, 이들은 서로 가까이에 오면 상호 결합체를 형성한다. 아래에 보인 모식도(그림 15.22)에서 2개의 결합기들은 이황화 결합을 만든다. 작은 분자들은 가려진 황화수소기로 끝나는 짧은 측쇄를 가지고 있으며, 단백질은 황화수소기가 결합 주머니에 가까운 표면에 노출되도록 조작된 시스테인 잔기를 가지고 있다. 작은 분자가 단백질에 있는 결합 부위에 맞을 때, 결합기와 갇힌 작은 분자 사이에 상호결합이 형성될 수 있다. 작은 분자는 나중에 동정을 위하여 방출된다.

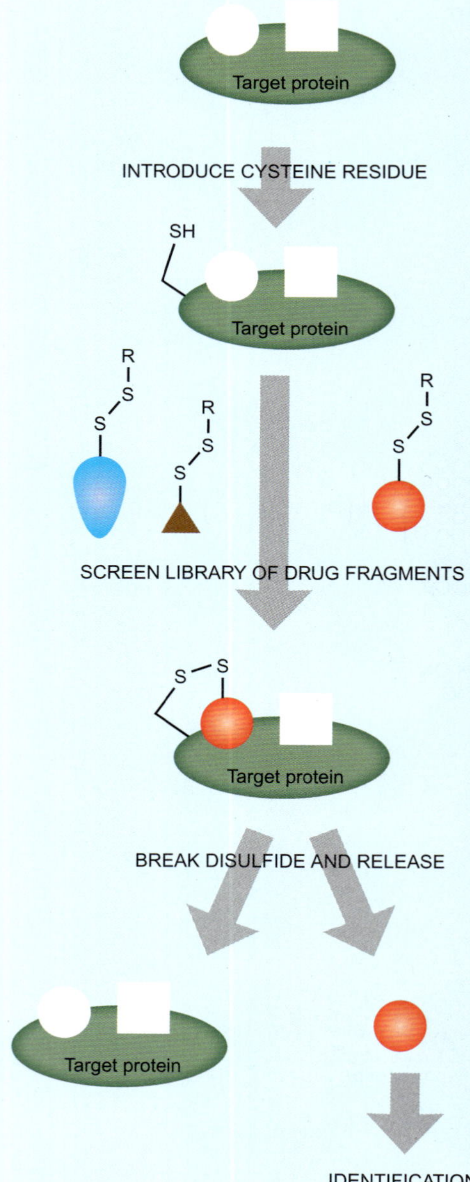

그림 15.22
결합 기술

작은 분자 라이브러리는 가려진 황화수소기를 첨가함으로써 수정된다. 표적 단백질은 결합 부위 가까이에 다른 황화수소기를 제공하도록 위치한 시스테인을 가지고 있다. 단백질을 고정시키고 작은 분자 라이브러리를 처리한다. 작은 분자가 단백질에 결합한 후에 결합기들은 이황화 결합을 형성하기 위하여 반응한다. 다른 작은 분자들은 씻겨나간다. 그런 다음 갇혀진 작은 분자들을 방출하여 동정한다.

9. 공동면역침강법에 의한 단백질 상호작용

포유동물 세포에서 단백질 상호작용을 **공동면역침강법**으로 규명할 수 있다(그림 15.23). 흥미 있는 단백질을 포유동물 세포에서 발현시킨 다음에 합성된 단백질들을 항체를 사용하여 세포질로부터 분리해 낸다. 만약 관심 있는 단백질에 대한 항체가 없다면, 이것을 FLAG 펩티드(혹은 다른 편리한 표지 단백질)로 표지할 수 있다. 이 방법에서는 FLAG 표지 단백질에 대한 항체를 나머지 세포 내용물로부터 그 단백질을 분리하는 데 사용한다. 단백질은 그 단백질이 세포 내의 결합 상대와 결합된 상대에서 분리된다. *Staphylococcus*

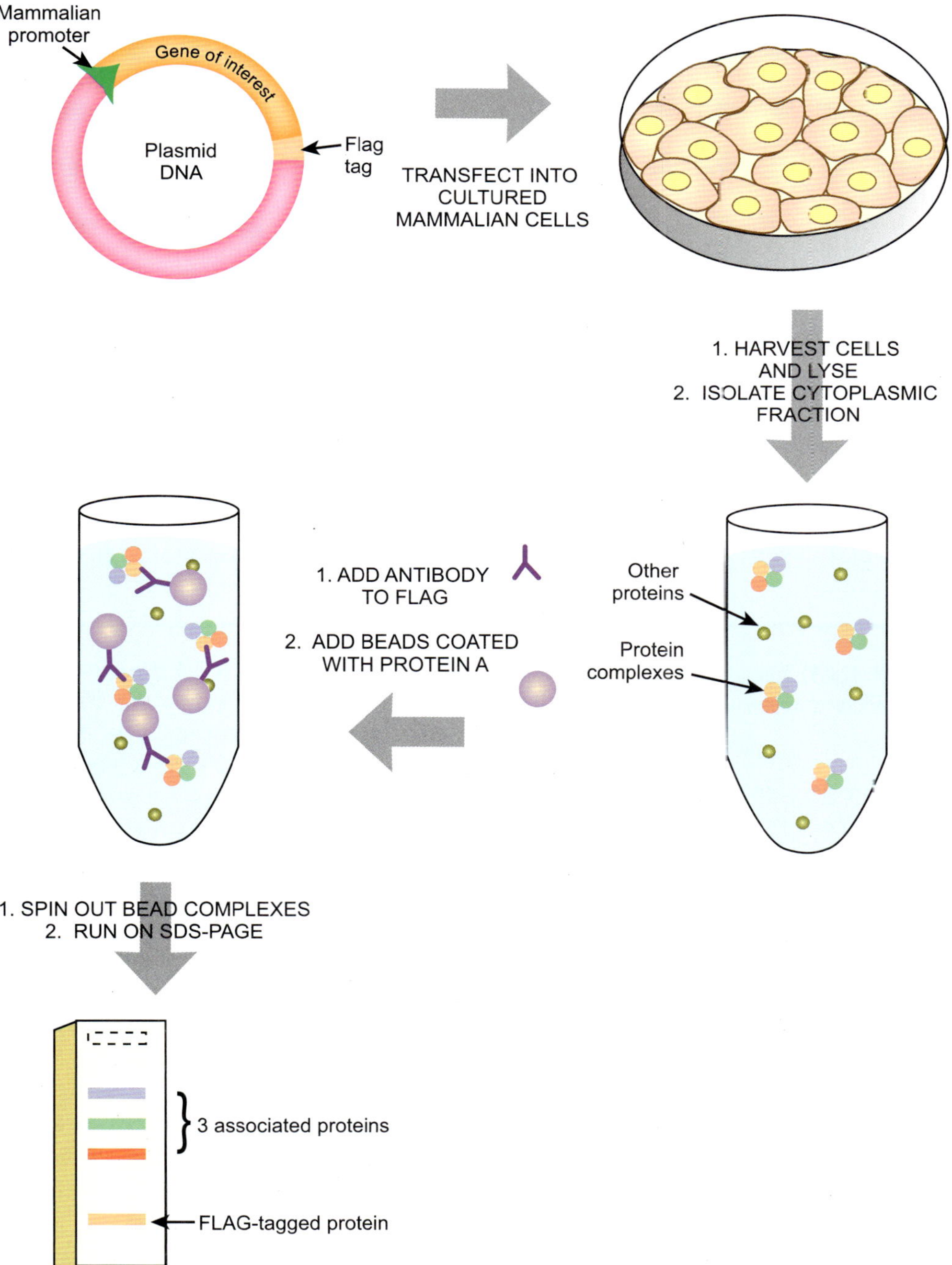

그림 15.23

공동면역침강법의 원리

얼마나 많은 단백질이 표적 단백질에 결합하는지를 규명하기 위해서, 이들을 항체를 이용하여 함께 침강시킴으로써 분리한다. 표적 단백질에 특이적으로 결합하는 항체가 필요하다. 만약 특이적인 항체가 없다면, 널리 사용되는 표지(FLAG와 같은)단백질을 단백질 서열에 첨가한다. 표적 단백질(오렌지색)을 포유동물의 촉진유전자 뒤에 클로닝하여 포유동물 세포에서 발현시키면 이것은 다른 단백질들(적색, 녹색, 보라색)과 결합할 것이다. 세포질 분획이 분리된다. 표적 단백질에 대한 항체를 첨가해 주어서 항체를 단백질 A로 입혀진 구슬에 결합시킴으로써 복합체를 분리한다. 구슬들을 원심분리한다. 그 후 조성물들을 SDS-PAGE로 분리하여 흥미 있는 단백질과 결합하는 다른 단백질들의 수와 크기를 규명한다.

공동면역침강법(co-immunoprecipitation) 하나의 단백질에 대한 항체를 사용하여 단백질-단백질 상호작용을 알아내는 방법

두 단백질들이 세포에서 결합되어 있다면 그리고 이중 하나가 항체로 침강될 수 있다면, 다른 것도 결합한 상태로 분리될 수 있다.

로부터 분리된 단백질 A는 항체와 단단히 결합하며 고정화된 단백질 A는 따라서 항체와 이에 결합된 단백질을 분리하는 데 사용된다. 그 다음에 단백질 복합체를 SDS-PAGE 겔 상에서 전기영동을 하여 단백질들을 따로따로 분리하여서 몇 가지의 단백질이 결합되었는지를 조사한다. 결합된 단백질들의 동정은 질량분석법이나 단백질 서열결정법으로 결정될 수 있다.

단백질 잡종 분석법을 사용하여 알아낸 단백질의 상호작용을 공동면역침강법으로 확증할 수 있다(그림 15.24). 먼저, 흥미 있는 두 단백질들을 유전학적으로 FLAG나 His6 표지 같은 2개의 다른 표지 단백질에 연결시킨다. 동일한 배양된 포유동물 세포에서 2 재조합 단백질 모두를 발현시킨다. 파트너와 결합한 단백질 중 하나를 포획하기 위해서 이 표지 단백질 중 하나에 대한 항체를 세포 추출물에 첨가한다. 항체 복합체를 단백질 A로 입힌 구슬을 사용하여 분리하고 각 분획들을 SDS-PAGE에 건다. 겔은 니트로셀룰로오스로 이동시키고 막은 FALG나 His6에 대한 항체를 사용하여 따로 반응시킨다. 만약 두 흥미 있는 단백질들이 포유동물 세포에서 상호작용한다면, 두 단백질들은 단백질 흡입(법)에서 나타날 것이다.

10. 단백질 배열

이 전의 단백질 연구에서는 보통 한 번에 하나에 단백질에 대한 조사가 이루어졌다. 최근에는 전체 유전체의 서열 결정과 함께, 단백질체 분석은 여러 단백질을 한꺼번에 추적하는 쪽으로 돌아서고 있다. 미세배열이 한동안 DNA를 위하여 사용되어 왔으나 단백질은 다양한 구조와 특성으로 인해서 배열을 이용한 접근이 더 어렵다. 그럼에도 불구하고 새로운 기술이 개발되어서 단백질의 고속처리 분석을 가능하게 하였다. 그 결과, **단백질 미세배열**이 최근에 단백질체 분석에 사용되게 되었다. 진정한 단백질 배열은 DNA-결합 단백질(관련 연구의 초점 참조)을 조사하기 위한 DNA 미세배열과 혼동하지 말아야 한다.

관련 연구에 대한 초점

Kerschgens J, Egener-Kuhn T, and Mermod N. (2009) Protein-binding microarrays: probing disease markers at the interface of proteomics and genomics. Trends in Mol. Med. 15: 352–358.

이 책에 설명된 단백질 배열과는 대조적으로 이 연합 종설은 단백질 결합 배열에 대한 최근의 기술을 설명하고자 한다. 이는 순서대로 표면에 결합된 DNA를 가지고 있는 복합 배열로 이를 다양한 단백질로 탐지할 수 있다. 이 연구 도구는 전사인자와 같은 DNA 결합 단백질을 동정하며, 이 논문이 이를 유전체-단백질체 인터페이스로 정의한다. 이 배열은 비교적 단순하지만 최근의 발전으로 이들 배열을 사용하는 데 있어 새로운 접근법이 창조되었다. 첫째로 MITOMI라는 방법은 분자적 상호작용을 기계적으로 유도한 트랩으로 반응 부피를 줄이기 위해서 미소유체 반응 약실을 사용한다. 약실을 통한 액체의 흐름은 펌프로 조절한다. 작은 부피로 확산이 거의 없으며, 반응 물질이 희석되지 않고, 단백질과 배열 상의 그 결합 부위 사이의 약한 상호작용을 안정화시킬 수 있다. DNA-단백질 결합 분석의 또 다른 방법은 그리드 상의 올리고 뉴클레오티드나 이중나선 DNA 대신에 앱타머를 사용하는 것이다. 앱타머는 3D 모양을 형성하기에 충분한 상보적 뉴클레오티드를 가진 합성 RNA이다. 이 배열을 일련의 단백질로 탐색하였을 때 상보적인 3D 모양을 가진 단백질들만 특이적으로 결합한다. 이는 감염을 진단하는 데 매우 유용한 방법을 제공한다. 예를 들면 HIV나 독감 바이러스에 특이적인 앱타머는 환자들을 검색하기 위한 임상에 사용될 수 있다.

다른 가능한 용도로 단백질-결합 미세배열은 잠재적 약물 검색이 있다. 이 예에서 배열은 특정한 단백질/막에 결합한 RNA 결합 쌍으로 구성되어 있다. 그런 다음 각 점들은 다른 약물과 반응시키며, 약물이 RNA/단백질 결합을 교란하는지 여부를 분석한다. 예로서 C형 간염 바이러스는 복제하기 위해서 감염된 세포의 소포체(ER)에 부착하는 RNA 유전체를 가지고 있다. 이 RNA-단백질 상호작용은 체외에서 ER 단백질들을 배열의 고정 지지대에 부착시킨 다음 C형 간염 RNA 유전체를 첨가함으로써 가능하다. 다른 가능성 있는 약물을 이들 각 약실에 첨가하여 RNA 유전체가 단백질과 결합하는 것을 분석하였다. 상호작용을 교란시키는 몇 가지 새로운 약물의 실마리가 발견되었다. 이들 가운데 한 개가 체내에서 C형 간염 바이러스의 복제를 억제하는 것으로 나타났다.

단백질 미세배열(protein microarray) 단백질체 분석에 사용되는 단백질이 고정된 미세배열로 형광이나 방사성동위원소로 표지하여 검사한다.

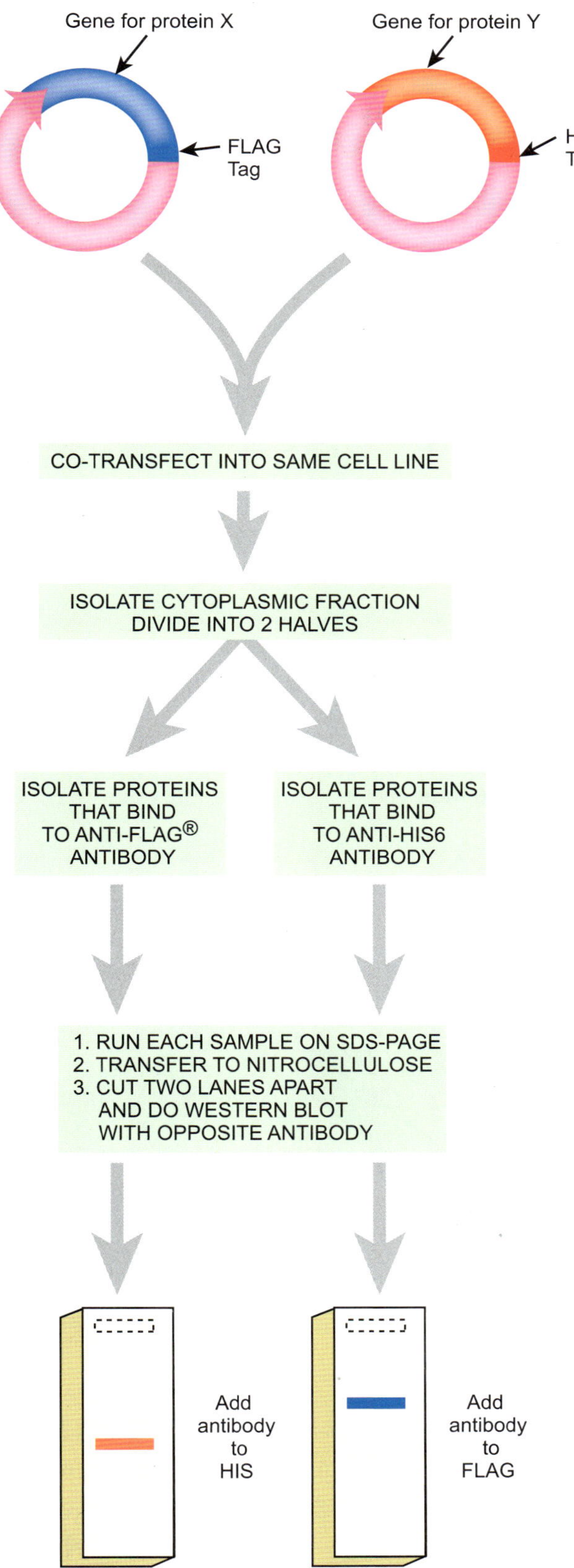

그림 15.24

공동면역침강법을 이용한 단백질 상호작용의 확인

배양된 포유동물 세포에서 단백질 X와 단백질 Y가 상호작용하는 지를 알아보기 위해서는, 이들을 두 가지의 다른 표지 서열(이 예에서는 His6 표지와 FLAG 표지)과 융합시켜야 한다. 두 가지의 발현 플라스미드를 같은 세포에 형질도입시킨다. 세포질 내 단백질 분획을 분리하고 2개의 시료로 나눈다. FLAG에 대한 항체를 한쪽 시료에 첨가해 주고 His6에 대한 항체를 다른 시료에 넣어준다. 항체/단백질 복합체들을 단백질 A를 이용하여 분리한다. 각 시료들에 다른 단백질이 있는지를 표지 단백질에 대한 항체를 사용하여 조사한다. 즉, X-FLAG 단백질을 침강시킨 단백질들에서 Y 단백질이 있는지 그리고 Y-His6 단백질과 함께 침강된 단백질에서는 X 단백질이 있는지를 조사한다.

그림 15.25

단백질 미세배열의 원리

단백질 미세배열을 조립하기 위해서, His-표지된 단백질들을 니켈로 도포된 유리 슬라이드와 반응시킨다. 단백질들은 니켈이 부착된 슬라이드에 결합한다.

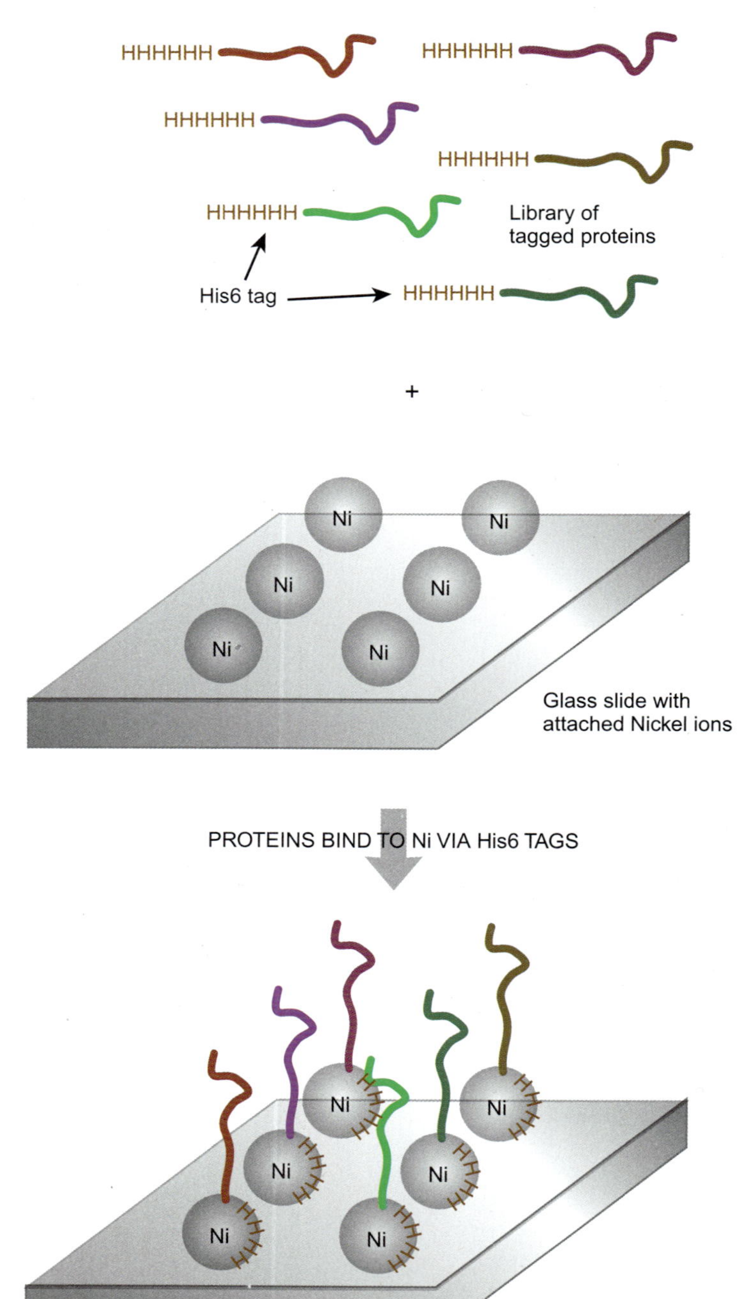

배열 지지대에 잘 붙는 표지자를 모든 단백질이 가지고 있다면 단백질 배열을 만들 수 있다.

단백질 미세배열은 단백질들의 생화학 및 효소학적 분석뿐 아니라 단백질-단백질 상호작용을 조사하는데 사용되어 왔다. 일부 단백질체 배열은 효모, *Saccharomyces cerevisiae*를 모델 생물로 사용하여 왔다. 단백질체를 완전 분석할 경우 약 6,000개의 단백질로 된 배열이 필요하게 된다. 그런 배열은 96-웰 미세적정판이나 유리 현미경 슬라이드에 잘 붙는 화학 작용기로 표지된 단백질을 사용하여 만든다.

약 90%의 효모 단백질에 해당하는 라이브러리가 글루타티온 S-전달효소(GST) 표지에 융합되었으며 이것은 글루타티온을 통하여 지지대에 결합하게 하거나 His 표지를 통하여 니켈을 이용하여 지지대에 결합하게 한다(그림 15.25). 배열을 구축하려면 각 단백질은 표지를 암호화 하는 서열에 유전적으로 유합시켜야 한다. 이 재조합체는 GAL1(갈락토오스 유도성)이나 CUP1(구리 유도성) 촉진유전자에 의해 조절되어 발현된다. 이 단백질 라이브러리는 합치거나 개개의 미세적정판의 홈에 나누어 넣을 수 있다. 더 간단하고 비용이 적게 드는 검사는 개별로 하는 것이다. 반면에 복잡하고 값비싼 분석은 먼저 합쳐진 단백질 시료로 조사하고 긍정적인 결과가 나오면 다음에 이를 더 나누어 조사하는 것이다. 기능을 분석하기 위해서는 배열들을 좀 더 편리하게 보통 형광을 사용하거나 좀 더 낮은 빈도로 방사성동위원소를 사용하여 검사한다. 예를 들어, 효모의 단백질체로부터 **칼모듈린**(작은 칼슘 결합 단백질)이나 인지질과 결합하는 단백질이 예일대학교의 Michael Snyder에 의해 발굴되었다. His-표지 단백질들을 니켈로 입혀진 유리 슬라이드에 붙였다. 칼모듈린과 인지질을 비오틴으로 표지했다. 칼모듈린이나 인지질을 단백질체 배열에 결합시킨 다음, 비오틴을 Cy3으로 형광표지된 스트렙트아비딘으로 탐지하였다(그림 15.26). 이것으로 39개의 칼모듈린-결합 단백질들이 발굴되었으며 이중 6가지는 이미 알려진 것들이었다. 약 150가지의 인지질 결합 단백질들이 또한 발견되었다.

11. 대사체

유전체 및 단백질체와 비슷하게, **대사체**는 작은 분자와 대사 중간물들의 총체를 말한다. ^{13}C-글루코오스로 표지된 세포의 추출물의 NMR 분석은 여러 대사 중간체들을 한꺼번에 측정할 수 있게 하였다. 또 다른 방법은 ^{14}C-글루코오스로 표지된 세포의 대사물들을 박판 크로마토그래피로 분리하는 것이다. 그러나 이 방법들은 민감도와 쉽게 분리될 복합체의 수와 화학적 형태에 있어서 한계를 가지고 있다.

작은 분자량의 대사물들에 대한 광범위한 분석은 NMR이나 고해상도 질량분석법을 이용하여 수행될 수 있다.

질량분석법을 이용하여 거의 완전한 대사체 분석이 가능하게 되었다. 이 방법은 특정 종류의 분자에 국한되지 않으며 매우 민감하다. 탄소-12는 정확하게 12 달톤의 질량을 가지는 것으로 정의된다. 그러나 ^{14}N이나 ^{16}O와 같은 다른 원자들의 질량들은 정확하지 정수가 아니다. 따라서 초고해상 질량분석기(extremely high mass resolution; EHMR; 즉 1ppm이나 그 이하)를 이용한 질량분석은 어떤 대사물의 분자식이라도 정확하게 결정할 수 있다. 이성질체들은 동일한 분자식을 가지지만, 이들 분자 이온의 파쇄 양상의 차이에 의해 구별해 낼 수 있다.

대사체 분석은 식물의 분석에 특히 유용한 데, 그 이유는 식물은 색소, 향기, 냄새, 알칼로이드 그리고 다른 상업적으로 중요한 산물들을 포함하여 많은 2차 대사물을 생산하기 때문이다. 예를 들어, 딸기의 수용액 추출물뿐 아니라 유기 추출물은 거의 7,000가지의 다른 대사물을 가지는 것으로 관찰되었다. 만약, 그런 혼합물에 대한 완전한 EHMR 질량분석의 결과를 인쇄한다면, 몇 마일은 족히 될 것이다. 흰 돌연변이체를 야생형의 붉은 딸기와 비교하면 바로 색소 합성 과정에 있는 중간 대사물 뿐 아니라 적색 색소 자체의 양에 있어서의 차이도 밝힐 수 있었다(그림 15.27).

대사체의 분석은 액체 크로마토그래피에 이은 질량 분석법(LC-MS)의 조합에 의해서 수행할 수도 있다. 이 방법은 돌연변이와 야생형 세균의 대사체 비교에 사용되었으며, 특정한 유전자 또는 돌연변이의 대사 과정에 대한 영향을 분석할 수 있게 하였다(관련 연구의 초점 참조).

칼모듈린(calmodulin) 동물 세포에 있는 작은 칼슘 결합 단백질
대사체(metabolome) 세포나 생물체에 존재하는 작은 분자와 대사 중간물들의 총체

그림 15.26
비오틴/스트렙트아비딘을 이용한 단백질 미세배열의 검사

예를 들어, 인지질에 결합하는 단백질을 발굴하기 위하여 단백질 미세배열을 검사할 수 있다. 단백질 미세배열을 비오틴에 결합한 인지질과 반응시킨다. 그 다음에 형광 색소가 연결된 아비딘을 참가함으로써 결합된 인지질을 보이게 한다. 형광을 띠는 점들은 인지질에 특이적으로 결합하는 단백질을 의미한다.

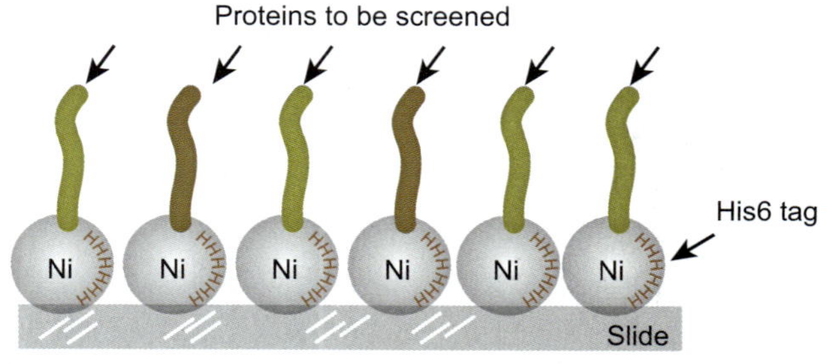

PHOSPHOLIPID TAGGED WITH BIOTIN

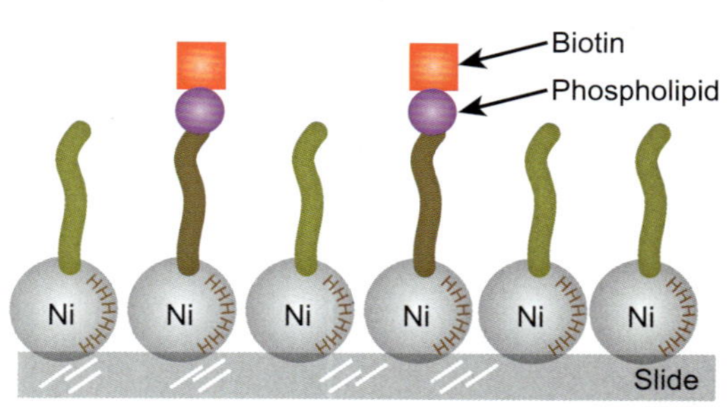

AVIDIN WITH Cy3 FLUORESCENT LABEL

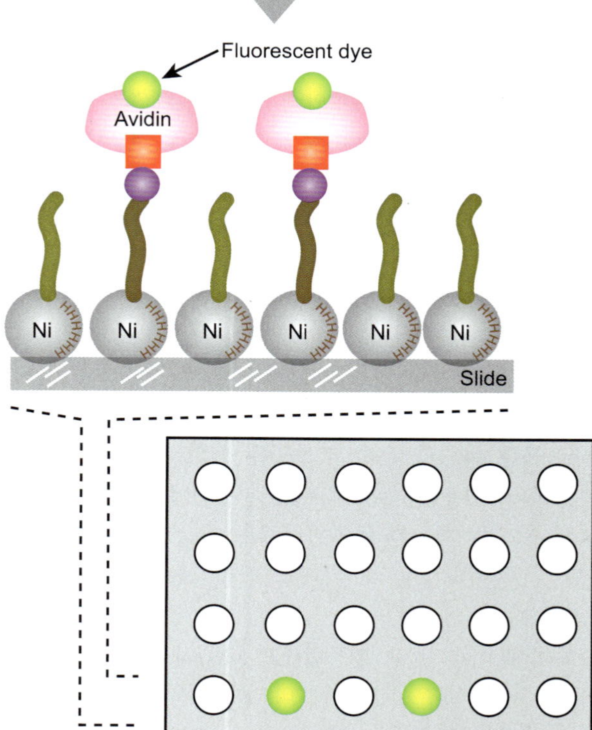

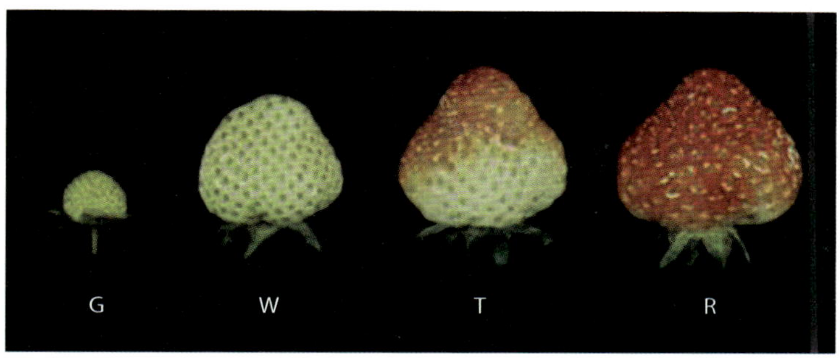

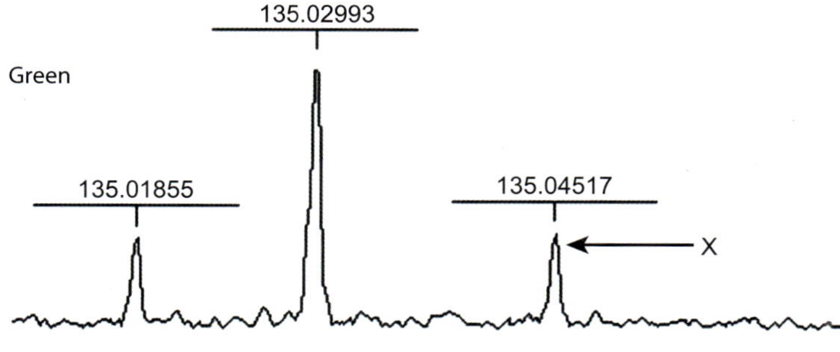

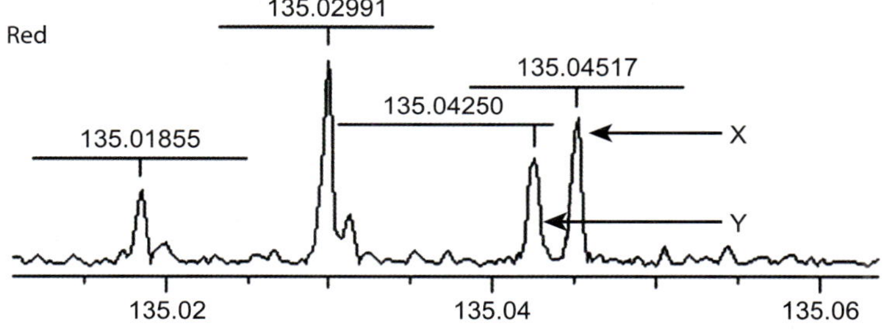

그림 15.27

딸기의 대사체 분석

딸기에서의 비-표적 대사 분석. (A) 딸기의 네 가지의 연속적인 숙성 단계(G; 녹색; W; 흰색, T: 터닝; R; 적색)에 대해 FTMS를 이용하여 대사 분석을 실시하였다. 비슷한 과일 시료들에 대해 이 보다 먼저 cDNA 미세배열을 사용하여 유전자 발현 분석을 실시하였다. (B) 과일 숙성의 녹색과 적색의 단계의 분석으로부터 얻은 자료에서 매우 가까운 피크들에 대한 고해상도(>100,000) 분리의 예. X로 표시된 피크들은 같은 질량을 가지고 있는 반면에 피크 Y는 단지 3 ppm만 차이가 난다. *(출처: Phenomenome Discoveries Inc., Saskatoon, Canada.)*

관련 연구에 대한 초점

Duckworth BP, and Aldrich CC. (2010) Assigning enzyme function from the metabolic milieu. Chem. & Biol. 17: 313–314.

이 종설은 최근 대사체에 대한 연구를 요약한다. 이 연구는 *Mycobacterium tuberculosis* 유전체의 한 유전자에 결정적인 기능을 부여하기 위하여 액체 크로마토그래피/질량분석법을 사용하였다. 앞서 이 유전자는 서열의 상동성 및 체외 효소 분석에 근거하여 α-케토글루타르산 탈2산화탄소효소를 암호하고 있음이 밝혀졌다. 유추되는 기질로 효소를 나타내기보다 본 연구의 연구자들은 생리학적으로 관련이 있는 기질 풀을 사용하였다. 모든 작은 분자 산물들을 측정하기 위하여 LC-MS와 컴퓨터 분석을 사용하여 결과를 분석하였다. 그 결과 탈2산화탄소효소 활성은 실제에 있어서 부수 반응이었다. 그 대신 이 효소는 2가지 조효소로 Mg^{2+}와 티아민 2인산과 제2의 기질로 글리옥실산을 요구하였다. 생리학적 반응은 5-히드록시레불리닉산(헴 전구체)을 형성하였다. 이와 같은 분석으로 대사 측면 연구가 한 생물체에서 많은 유전자들의 실제적인 생리적 기능을 결정하는 데 있어 유용함을 입증하였다. 이 결과들은 특히 최소한 시험관에서 다른 효소와 반응을 공유하는 효소의 연구에 유용하다.

핵심 개념

- 단백질체학은 단백질에 대한 총체적 연구이다. 단백질체는 한 생물체가 가지고 있는 총 단백질 세트이다.
- 단백질은 흔히 겔 전기영동법에 의해서 순수 분리한다. 더욱 정밀하게 분리하려면 2D 전기영동법을 사용한다.

- 단백질은 특정한 항체에 결합시키는 것에 의해서 동정하거나 순수 분리할 수 있다.
- 몇 가지 종류의 크로마토그래피, 특히 고압 액체 크로마토그래피가 단백질 분리에 사용된다.
- 이제는 질량분석법이 순수 분리한 단백질의 동정을 위한 단백질체학에 보편적으로 사용된다.
- 쉽게 인식 가능한 다른 분자를 표지로 사용하면 단백질을 훨씬 더 쉽게 순수 분리할 수 있다. 짧은 펩티드, 완전 단백질 및 인테인이 표지로 사용된다.
- 파지 표출은 유전자가 암호하는 단백질을 탐지하는 것에 의해서 유전자를 분리할 수 있게 한다. 단백질은 파지 입자의 표면에 표출된다.
- 세포에서 어떤 단백질이 서로 결합하는지를 알아보기 위해서 단백질들은 단백질 잡종 체계 분석에 의해서 검사한다.
- 단백질 상호작용을 검사하는 다른 방법으로 공동면역침강법이 있다.
- 단백질 배열법은 표지 단백질을 사용하여 구축하며 다양한 방법으로 검사한다.
- 대사체학은 대사 중간산물에 대한 총체적 연구이다. 고해상 질량분석법이 주요 방법이다.

복습 문제

1. 단백질체와 번역체(translatosome)는 무엇이 다른가?
2. 겔에서 단백질을 흘릴 때 단백질을 변성시키는 것이 왜 중요한가?
3. 단백질을 변성시키는데 무슨 세제가 사용되는가? 그 세제가 분자량에 근거하여 단백질을 분리하는데 어떻게 도움이 되는가?
4. 등전점 전기영동은 무엇인가?
5. 2D PAGE는 표준 SDS-PAGE와 어떻게 다른가?
6. 2D PAGE에서 2차원은 무엇인가?
7. 단백질흡입법은 무엇인가? 그것은 어떻게 수행하는가?
8. 질량분석법은 무엇인가?
9. 단백질의 질량분석법에서 사용되는 가장 중요한 두 가지 기술은 무엇인가? 설명하라.
10. TOF(time-of-flight)는 무엇인가?
11. MALDI/TOF 질량분석법과 전자분사 이온화 질량분석법은 무엇이 다른가?
12. 병렬 질량분석법은 무엇인가?
13. 단백질은 어떻게 표지하는가? 무엇이 가장 광범위하게 사용되는 짧은 표지인가?
14. 무엇이 세 가지의 가장 보편적인 완전한 길이의 표지 단백질인가? 그리고 이들은 컬럼에서 어떻게 유출하는가?
15. His 표지 또는 말토오스-결합 단백질을 사용하면 단백질이 어떻게 분리될 수 있는가?
16. 인테인 표지가 편리한 것은 무엇 때문인가?
17. 파지 표출은 무엇인가? 파지 표출의 메커니즘은 무엇인가?
18. 파지 표출을 위하여 왜 M13 파지가 선호되는가?
19. 파지 라이브러리는 무엇인가?
20. 바이오패닝은 무엇인가? 바이오패닝에서 펩티드들은 어떻게 검사하는가?
21. 단백질 상호작용체는 무엇인가? 단백질 상호작용체는 어떻게 검사하는가?
22. 상호작용체는 무슨 원리에 근거하여 분석되는가?
23. 단백질 잡종 체계 분석에서 "먹이"와 "미끼"는 무엇인가?
24. 단백질 잡종 체계는 무엇에 사용되는가?
25. 결합 기술은 무엇이며 이는 단백질 분석에 어떻게 사용되는가?

26. 원래의 단백질 잡종 체계의 단점은 무엇인가 그리고 그 과정을 편리하게 하기 위하여 무엇을 하였는가?
27. 공동면역침전법은 무엇인가? 그것은 어떻게 수행하는가?
28. 많은 단백질을 일시에 추적하는 한 가지 방법은 무엇인가?
29. 단백질 미세배열은 어떻게 하는가? 원하는 단백질을 탐지하는 가장 좋은 방법은 무엇인가?
30. 대사체는 무엇인가?
31. 대사체를 분석하는 세 가지 방법은 무엇인가? 어느 방법이 가장 좋으며 왜 그런가?
32. 대사체 분석은 무엇에 사용되는가?

개념 문제

1. 단백질 배열이 전형적인 효모 단백질 잡종 체계 검사보다 단백질체학을 위하여 더 많은 정보를 제공하는 이유를 논의하라.
2. 유전자 발현은 전사 단계에서 추적할 수 있지만 흔히 mRNA의 수준과 유전자 산물의 수준 사이에는 차이가 있다. 이 차이가 생기게 하는 요인은 무엇인가?
3. 다음과 같은 실험이 한 연구팀에 의해서 시행되었지만, 이들은 그 결과를 해석하는 데 있어서 도움이 필요하다. 연구자들은 인간 유전체에서 기본적인 나선-고리-나선 결합 구조를 가진 유전자들을 검색하여서 25개의 잠정적인 전사인자들을 동정하였다. 이들은 이 잠정적인 전사인자의 유전자들을 다중 히스티딘 표지를 가진 발현 벡터에 각각 클로닝하였으며 25가지 단백질 각각을 니켈 컬럼에서 순수 분리하였다. 그 다음, 순수 분리 및 표지가 된 단백질들은 작은 점들로 막에 부착하여 격자를 만들었다. 각 단백질들은 3가지 다른 농도로 점을 찍었다. 그 다음 막을 초록색을 나타내는 Cy3 형광 표지를 가진 공통적인 나선-고리-나선 서열을 함유한 bHLHwt-Cy3라는 올리고뉴클레오티드 탐침과 반응을 시켰다. 또한 비특이적 상호작용 가능성을 확인하기 위하여 단백질 배열을 bHLH 전사인자가 DNA에 결합하는 것을 매개하는 주요 염기들이 대체된 bHLHmut-Cy5라는 올리고뉴클레오티드 탐침과 반응시켰다. 이 탐침은 적색 형광을 내는 Cy5로 표지 되었다.

   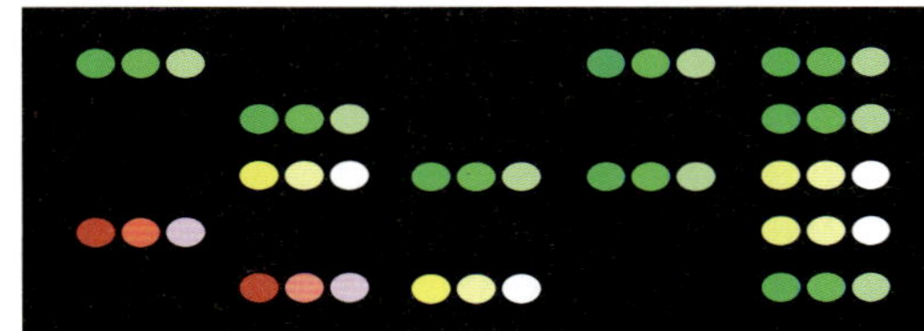

   얼마나 많은 다른 잠정적인 bHLH 전사인자들이 bHLHwt-Cy3 올리고뉴클레오티드 탐침에 결합하는가? 비특이적으로 두 탐침 모두에 결합하는 것은 몇 개인가? 돌연변이 탐침에만 결합하는 것은 몇 개인가? bHLHmut-Cy5에 결합하는 잠정적인 전사인자가 있을 수 있는 이유를 논의하라.
4. 유전자 X의 N-말단에 다중 히스티딘 표지를 첨가하는 벡터에 클로닝된 X 유전자의 5′ 말단에 대하여 다음과 같은 서열 데이터를 얻었다. 유전자 X는 74 아미노산 길이로 알려진 X라는 단백질을 암호한다. 이 벡터가 His-표지된 단백질 X를 생산할 것으로 생각하는가? 왜 그렇고 또는 그렇지 못한가?

   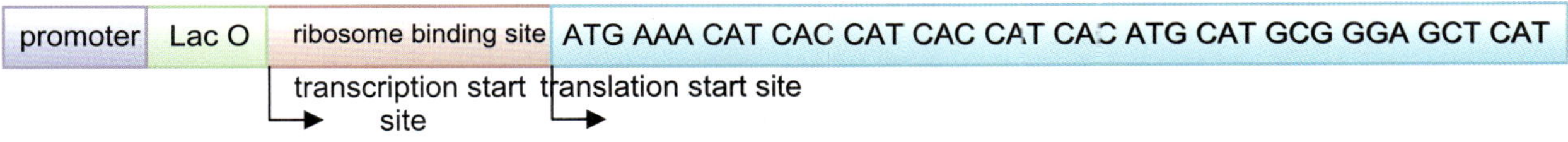

5. 질문 4에서 보는 바와 같은 다중 히스티딘 표지 벡터에 단백질 X가 최종적으로 바르게 클로닝이 되었다. 재조합 벡터로 *E. coli*를 형질전환시켰다. 니켈 컬럼 크로마토그래피에 의해서 세포질에서 단백질 X와 상호작용하는 모든 단백질들을 분리할 실험을 설계하라.

Unit 4 유전자 발현 조절

원핵생물에서의 전사 조절

Chapter 16

생명체의 기능은 유전 정보의 발현에 의존한다. 일부 유전자는 항시 발현되더라도, 대부분 유전자는 필요한 조건에서만 발현된다. 따라서 유전자 발현은 엄격하게 조절된다. 대부분 유전자는 단백질을 암호화하지만, 소수의 유전자는 단백질로 해독되지 않고도 기능을 하는 비해독 RNA 분자를 암호화한다. 이 장에서, 우리는 단백질을 암호화하는 유전자 발현에 초점을 맞출 것이다. 전사는 유전자 발현의 첫 단계이고, 당연히, 상당한 조절이 이루어지는 위치인데, 조절은 본 장의 주제이다. 이후 단계의 유전자 발현 조절은 18장에서 다루어진다. 세포 생장과 대사의 상당한 부분이 단백질의 기능에 의존한다. 그러나 단백질의 단순한 존재는 정확한 생리적 반응을 보장하기에 충분하지 않으며, 14장에서 토의된 바와 같이, 많은 단백질의 활성은 만들어진 후에 조절된다.

1. 세포의 생리적인 반응은 유전자 발현을 조절하여 이루어진다

대장균(*Escherichia coli*)과 같은 박테리아는 약 4,000개의 유전자를 갖고 있으며, 이 중 약 1,000개 정도가 항시 발현된다. 만약 생활 환경이 바뀌면, 일부 유전자의 발현은 억제되고 다른 새로운 유전자의 발현은 유도된다(그림 16.01). 온도의 변화와 같은 중대한 생장 조건의 변화는 50–100개 유전자의 발현을 변경시킬 수 있다.

단세포 생물은 온도, 삼투압, 영양분의 존재 여부와 같은 외부 환경의 변화와 세포분열 주기의 진행 정도와 같은 세포의 내부 상태에 반응하여 자신의 유전자 발현을 조절한다. 다세포 생물체의 경우에는 위와 같은 변

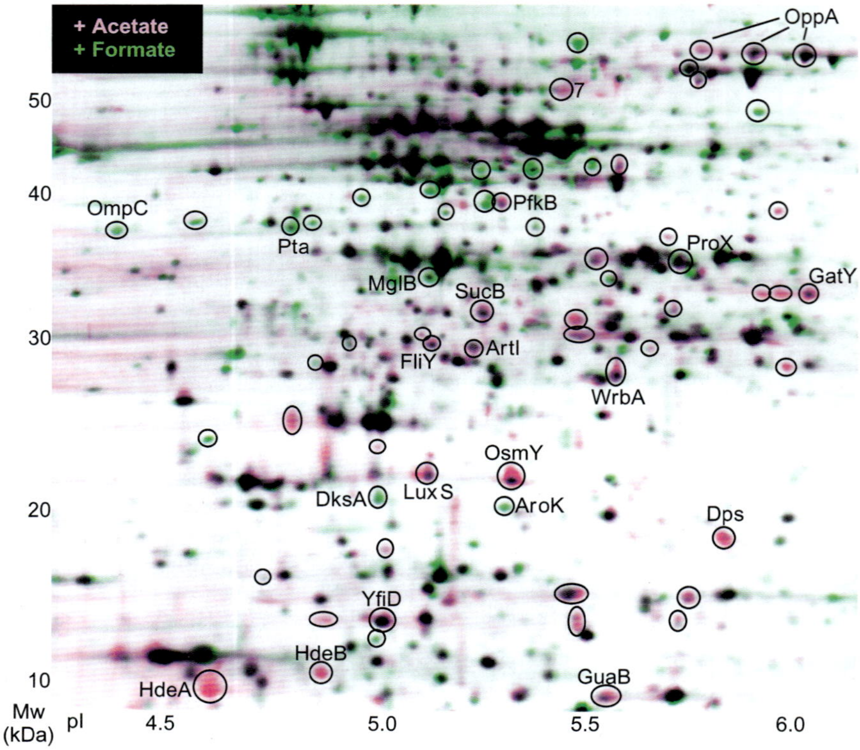

그림 16.01

서로 다른 조건 하에 자란 대장균의 2차원 단백질 겔

대장균을 50 mM acetate 또는 20 mM formate에서 배양하였다. 각 조건에 대해 3개의 겔에서 전기영동하였다. 그림은 두 가지 조건에 대해 3회씩 전기영동한 합성사진의 겹쳐진 이미지를 보여준다. 분홍색과 초록색 점들은 각각 acetate와 formate에서 유도된 단백질들이다. 동그라미한 점들은 모든 개개의 단백질 젤들에 대한 쌍별 비교를 토대로 통계적으로 검증된 점들이다. *(출처: Joan L. Slonczewski and Christopher Kirkpatrick, Kenyon College, Gambier, Ohio.)*

세포는 유전자 발현을 유도하거나 억제하여 자기 주변 환경에 활발히 반응한다.

화 이 외에도, 생물체를 이루는 세포 간의 정보 전달 및 개체의 발생 과정에 따라서도 유전자 발현이 조절된다.

기능을 할 수 있는 단백질을 생산하기 위한 유전자 발현은 다양한 단계에서 조절될 수 있다.

- 일차전사체를 만들기 위한 *유전자의 전사*
- mRNA를 만들기 위한 *일차전사체의 가공*
- 분해에 대한 *mRNA의 안정성*
- 폴리펩티드 사슬을 만들기 위한 *mRNA의 해독*
- *폴리펩티드 사슬의 가공과 조립* 및 기능을 하는 단백질을 만드는 데 필요한 보조인자
- 효소나 다른 단백질의 *활성 조절*
- *단백질의 파괴*

유전자 발현 조절은 위에 열거한 각 단계에서 일어날 수 있으나, 이들 다양한 단계가 동일한 빈도로 조절되지는 않는다. 예를 들면 전사는 해독에 비해 더 높은 빈도로 조절된다. 위에 열거한 각각의 주요 조절 단계는 더욱 세분화될 수 있다. 예를 들면 전사과정은 다음과 같이 세분화할 수 있다: 전사 기구의 DNA로의 접근, 프로모터 서열의 인식, RNA 합성의 개시, RNA의 신장 및 전사 종결. 이들 각각의 단계가 조절될 수 있으나, 실제 특정 조절 단계가 다른 조절 단계에 비해 훨씬 더 보편적이다. 예를 들면 전사의 개시는 신장 단계와 비교하면 훨씬 빈번하게 조절된다.

효과적인 조절: mRNA 합성 조절.
신속한 조절: 단백질 활성 조절

자연은 유전자 발현 조절을 최적화하도록 진화해왔다. 명백하게도, mRNA가 만들어지고 그 mRNA를 단백질로 해독할 것인지의 여부를 결정할 때까지 기다리는 것 보다 mRNA의 초기 생합성을 조절하는 것이 훨씬 낭비가 적다. 그러나 효율성 이외의 요인들이 끼어들 수 있다. 만일 빠른 반응이 생존과 번식에 매우 중요하다면, 비활성 효소를 만들고 그것을 대기 상태로 유지하는 것이 좋은 전략이다. 박테리아는 "자연적인" 환경에 반응

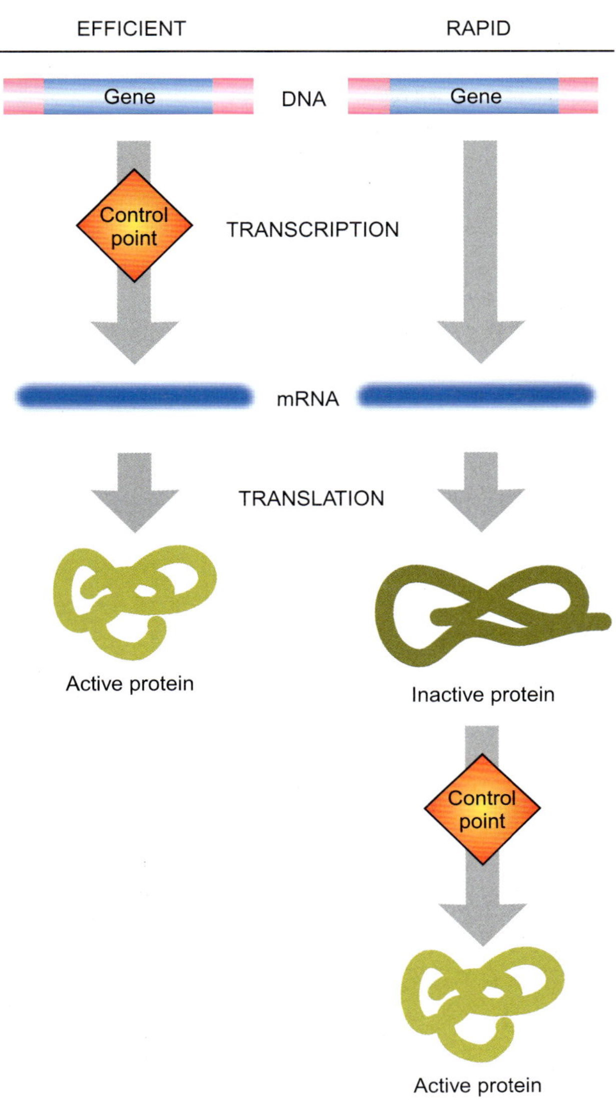

그림 16.02

효율성 대 빠른 반응

두 가지 일반적인 조절 기작은 2개의 서로 다른 요구 사항을 제공한다. 효율적인 반응-즉, 보다 적은 에너지를 필요로 하는 것-을 위해서, 유전자는 종종 전사 단계에서 조절된다. 신속한 반응이 필요한 경우, 전구체 단백질이 사전에 만들어지고 주변 조건이 요구할 때 신속하게 활성단백질로 전환된다.

해야 할 뿐만 아니라, 동물이나 식물의 생장을 저해하는 박테리아는 그들의 숙주가 자신들을 제거하려는 시도를 되받아칠 준비가 되어있어야만 한다(관련 연구에 대한 초점 참고). 일반적으로, 전사 조절은 생명체를 위해 가장 효율적이지만, 효소 활성의 조절은 빠른 반응을 허용한다(그림 16.02). 놀랄 것도 없이, 전사 조절과 효소 활성 조절은 유전자 발현 조절의 가장 보편적인 표적이다. 그럼에도 불구하고, 조절의 예들은 DNA와 최종적인 활성을 갖춘 유전자 산물 사이의 사실상 모든 단계에서 발견될 수 있다.

유전자 발현 조절에는 양성 조절과 음성 조절이 있다. **양성 조절**에서, 유전자는 특정한 양성적 신호를 받지 않은 상태에서는 발현되지 않는다. **음성 조절**에서, 유전자는 본질적으로 활성화 상태이나, 특정 저해인자가 제거되지 않는다면 발현되지 않는다. 일부 유전자는 양성 조절에 의해, 다른 일부 유전자는 음성 조절에 의해, 또 다른 유전자들은 두 가지 조절 기작을 포함한 다수의 조절인자들에 의해 조절된다.

유전자는 양성적으로 또는 음성적으로 조절될 수 있다.

음성 조절(negative regulation) 억제자에 의한 조절로써 억제자가 제거되지 않는 한 유전자 발현이 차단됨
양성 조절(positive regulation) 활성자에 의한 조절로써 활성자가 결합할 때 유전자 발현이 촉진됨

관련 연구에 대한 초점

Wade WF and O'Toole GA. (2010) Antibodies and immune effectors: shaping Gram-negative bacterial phenotypes. Trends Microbiol. 18: 234–239.

박테리아가 어떻게 유전자 발현을 조절하는 지를 이해하는 것은 단순한 학술적 노력처럼 여겨질 수 있지만, 의학적으로 말하자면, 박테리아는 매우 중요하다. 박테리아에 의해 야기되는 여러 가지 서로 다른 질병들이 있으며, 항생제가 부분의 감염이 치료되는 방식을 변화시켜 왔다고 하더라도, 많은 박테리아가 항생제에 저항성이 있다. 따라서, 일부 비교적 양성인 박테리아 감염이 심각한 질병을 야기할 수 있다. 일부 박테리아가 질병을 일으킬 수 있을지라도, 사실상 많은 박테리아는 사람에게 유익하다. 창자는 서로 다른 음식의 소화를 돕는 많은 다양한 박테리아로 채워져 있다. 이들 박테리아는 영양분 흡수에 필수적이다. 사람과 박테리아 사이의 오랫동안 지속된 관계로 인해, 사람은 해로운 박테리아와 맞서 싸우고 유익한 박테리아는 영양분을 공급하면서 키우기 위해 정교한 면역체계를 발달시켜 왔다. 이들 둘의 균형을 유지하기 위해 사람 세포들은 적절한 유전자들을 발현시키기 위해 상호작용하는 막대한 단백질, 대사물질 및 작은 펩티드를 가지고 있다.

사람이 어떻게 박테리아에 대처하고 반응하는 지를 연구하는 데 많은 관심을 기울이고 있고, 이제 당연한 결과가 있다. 박테리아 역시 다양한 환경에 반응하고 스스로를 방어해야만 한다. 박테리아는 그들이 사람의 면역체계를 극복하는 것을 도와주는 유전자들을 가져야만 한다. 박테리아 세포들은 사람의 면역 실행기(immune effectors, IE)와 항체에 반응하여 그들의 유전자 발현을 매개하는 조절 단백질을 가지고 있어야 한다. 이 리뷰가 언급하는 바와 같이, 만일 박테리아가 다섯 가지 서로 다른 기준에 적합하다면, 앞의 내용은 적절하다. 첫째, 박테리아는 IE나 항체에 결합하는 수용체를 가져야만 한다. 둘째, 그 수용체는 유전자 발현을 활성화시키거나 억제하는 전사인자와 소통을 해야만 한다. 셋째, 유전자 발현은 항체나 IE에 반응해야만 한다. 넷째, 유전자 발현에서의 변화는 박테리아로 하여금 면역 반응에 더 저항성을 갖도록 만들어야 한다. 마지막으로, 박테리아의 반응을 차단하기 위해 사용될 수 있는 몇 종류의 표적이 그 경로 상에 있어야만 한다. 달리 말하면, 박테리아의 생장을 조절하기 위한 방법을 개발하기 위한 몇 가지 방식이 있어야만 한다. 만일 박테리아의 유전자 발현 조절 경로가 이들 모든 기준에 부합한다면, 박테리아가 반응하는 방식을 이해하는 것은 병원성 박테리아를 죽이거나, 심지어 이로운 박테리아를 증가시키기 위한 미래 전략을 제공할 수도 있다.

2. 전사 수준에서의 유전자 발현 조절은 여러 단계에서 일어난다

제11장에서, RNA 중합효소가 프로모터에 결합하는 것을 도와주는 활성인자 단백질의 필요성과 RNA 중합효소의 접근을 차단하는 억제 단백질의 존재 가능성을 비롯하여 유전자를 전사시키기 위한 기본적인 필요 사항을 기술하였다. 여기에서는 전사의 조절적 측면을 보다 자세히 조사할 것이다. 조절을 아래와 같이 *접근, 인식, 개시, 신장, 종결*과 같은 세부과정들로 세분화하는 것이 편리하다.

- ***암호화 DNA로의 접근***: 암호화 DNA는 특정 상황 하에서는 접근이 불가능할 수 있다. 이것은 전사되지 않는 동안 DNA가 종종 **이질염색질**로 응축되는 진핵생물(다음 장을 볼 것)에서 일어난다. 원핵생물에서, 접근은 큰 문제가 되는 것으로 발견된 바가 없다.
- ***인식***: 명백히 많은 조절 단백질은 DNA 상의 결합 부위를 인식한다. 여기에서 우리는 RNA 중합효소 자체에 의한 프로모터의 인식을 언급하고 있다. 진핵생물은 서로 다른 범주의 유전자를 인식하고 전사하는 세 가지 서로 다른 RNA 중합효소를 갖는다. 박테리아에는 하나의 RNA 중합효소가 존재하나, 다수의 서로 다른 시그마 인자가 존재한다.
- ***개시***: 인식이 성공적이라 하더라도, RNA 중합효소가 RNA 합성을 개시하지 못할 수도 있다. 몇몇 경우에, RNA 중합효소의 상류 지역에 결합하는 활성인자 단백질이 요구될 수도 있다. 다른 경우에, RNA 중합효소의 이동을 차단하는 억제자가 전사를 방해한다.
- ***신장***: 전사가 일단 개시되면, 전사는 대개의 경우 방해받지 않고 계속된다. 신장 단계에서의 조절 효과는 보편적이지 않다. 이 단계에서의 조절은 *신장 속도의 감소*와

이질염색질(heterochromatin) RNA 중합효소가 접근할 수 없기 때문에 전사될 수 없는 고도로 응축된 염색질의 형태

*조기 종결*로 세분화될 수 있다.

- **종결**: 일반적으로, RNA 중합효소는 전사 종결 부위에서 정지한다. 그러나 아주 드물게 **항-전사종결 단백질**에 의해 종결이 무력화될 수 있다. 이런 경우, 전사 종결 부위의 하류에 위치한 유전자들의 발현과 조절이 일어난다.

3. 원핵생물에 존재하는 대체 시그마 인자는 각기 다른 세트의 유전자들을 인식한다

박테리아에서는 RNA 중합효소의 시그마 소단위체가 프로모터를 인식한다. 그러나, 몇몇 주요 유전자 그룹은 일반적인 시그마 인자가 결합하는 −10과 −35 인식서열이 존재하지 않는 프로모터를 갖는다(11장의 그림 11.05 참조). 이들 유전자들은 **대체 시그마 인자**에 의해 인식되는 별도의 프로모터 인식 서열을 갖는다.

서로 다른 시그마 인자가 서로 다른 그룹의 유전자를 인식한다.

여러 다양한 시그마 인자들은 그리스 문자 σ 뒤에 분자량(kd, kilo dalton)을 붙이거나, RpoX로 명명한다. 이때 Rpo는 RNA 중합효소를 나타내고, X는 이 시그마 인자가 관여하는 기능을 나타낸다. 대장균의 기본 또는 "항시 발현" 시그마 인자는 σ70 또는 RpoD 단백질이다. 각각의 대체 시그마 인자는 생장 정지기, 질소 결핍 등과 같은 특정 조건하에서 요구되는 커다란 유전자 세트(일반적으로 50개 이상)의 발현을 위해 필요하다. 표 16.01은 대장균에서 발견된 대체 시그마 인자의 몇 가지 예를 보여준다.

3.1. 열충격 시그마 인자는 온도에 의해 조절된다

현재까지 연구된 거의 모든 생물체는 **열충격**에 반응한다. 따라서, 열충격 반응은 환경 자극에 대한 좋은 예를 제공한다. 고온에서 발현되는 많은 유전자들은 진화 과정을 통해 고도로 보존되어 있다. 그러나, 열충격 유전자를 통제하는 조절 회로는 생물 그룹 간에 대우 다양하다. 대장균과 같은 박테리아에서, 2개의 대체 시그마 인자인 RpoH와 RpoE가 열충격 반응을 조절한다.

온도가 점차 높아짐에 따라, 단백질의 3차 구조는 해체되기 시작한다. 접히지 않거나 잘못 접힌 단백질은 자신의 활성을 잃어버릴 뿐만 아니라, 기능을 수행하는 다른 단백질에 결합하여 비수용성 덩어리를 형성할 수 있다. 따라서, **열충격 반응**은 일차적으로 손상되거나 잘못 접힌 단백질로부터 세포를 보호하는 것으로 여겨진다.

과열은 거의 모든 생명체에서 방어 반응을 촉발시킨다.

대장균은 체온(37°C)에서 생장을 위해 최적화되어 있다. 대장균은 약 43°C까지 잘 자랄 수 있으나, 46°C에서는 거의 생장을 멈춘다. 46°C에서는 대장균에 의해 만들어진 모든 단백질의 약 30%가 **열충격 단백질**이다. 대부분의 열충격 단백질은 2개의 그룹으로 나누어진다: 한 종류는 다른 단백질이 정확히 접히도록 도와주며 응집을 막아주는 **샤페로닌**이고, 다른 한 종류는 열에 의해 손상된 단백질을 분해하는 **단백질 분해효소**이다(그림 16.03).

열충격 단백질의 양을 환경과 일치시키기 위하여, RpoH 단백질이 조절된다. 30°C에서는 RpoH가 불필요하기 때문에, 막결합 단백질 분해효소인 FtsH에 의해 급속히 분해된다. 온도가 유도 상태라 부르는 42°C로 증가할 때, RpoH는 안정화되고, 더 이상 급속히 분해되지 않는다. 그 결과, 전사를 위해 RpoH에 의존하는 열충격 유전자들의 발현이 증

대체 시그마 인자(alternative sigma factor) 특화된 유전자 집단을 인식하기 위해 요구되는 비표준적인 시그마 인자
항-전사종결 단백질(anti-terminator protein) 전사 종결부위를 통과해서 전사가 지속적으로 일어날 수 있도록 하는 단백질
샤페로닌(chaperonin) 다른 단백질들이 정확하게 접히도록 도와주는 단백질
열충격 단백질(heat shock proteins) 고온에 의해 야기된 손상에 대해 세포를 보호해주는 단백질 그룹
열충격 반응(heat shock response) 열충격 단백질을 암호화하는 유전자 집단을 발현시킴으로써 고온에 대해 반응
단백질 분해효소(protease) 단백질을 분해하는 효소

표 16.01 대장균의 대체 시그마 인자들

	시그마 인자	이름	공통 염기서열		
			−35	**간격**	**−10**
항시 발현	σ70	RpoD	TTGACA	16 – 18	TATAAT
생장 정지기	σ38	RpoS	CCGGCG	16 – 18	CTATACT
질소 조절	σ54	RpoN	TTGGNA	6	TTGCA
편모 운동	σ28	FliA	CTAAA	15	GCCGATAA
열충격	σ32	RpoH	CTTGAA	13 – 15	CCCCATNT
새포질 밖 열충격	σ24	RpoE	GAACTT	16	TCTGAT

(N = 어떤 염기든 가능)

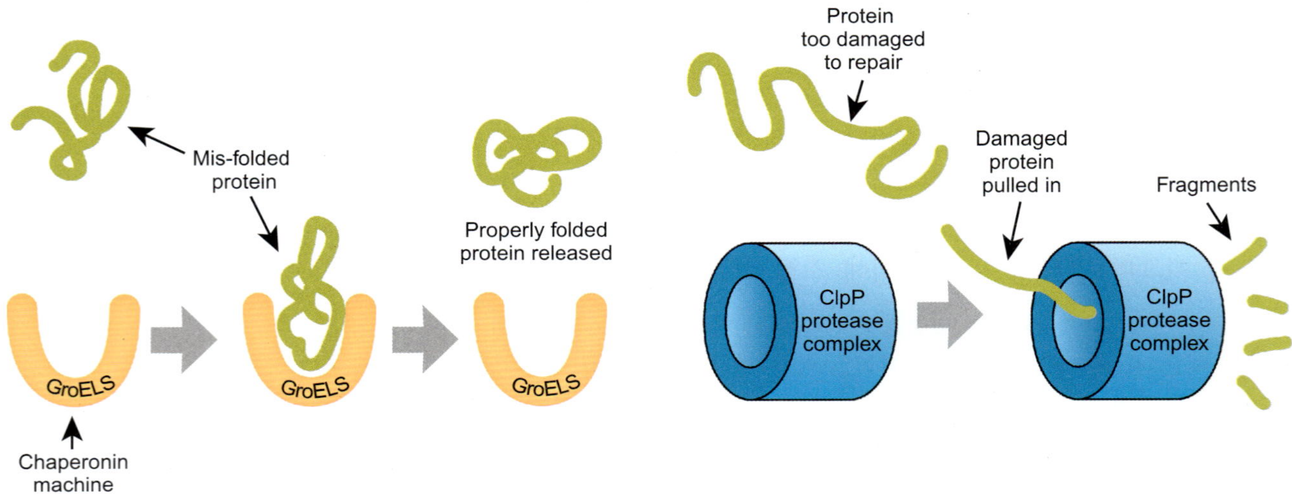

그림 16.03
대장균에서 열충격 반응

대장균 세포는 잘못 접힌 단백질을 수선하거나 파괴함으로써 열충격에 반응한다.

가한다. 최종적으로, 열충격 유전자 발현이 유도된 후, RpoH는 급속히 불활성화되기 시작하고 열충격 단백질 유전자 발현 수준은 안정 단계에 도달한다. RpoH 자체의 양적인 조절은 매우 복잡하며 다양한 부속 인자들에 의해 조정된다: 그러나, 주된 신호는 세포 내에 존재하는 잘못 접힌 단백질의 양적 수준이다. 이것은 2개의 열충격 단백질인 DnaK (샤페로닌)와 DnaJ(보조-샤페로닌)에 의해 점검된다. 잘못 접힌 단백질의 수준이 낮을 때, DnaK/DnaJ는 RpoH에 결합하고, RpoH를 분해하기 위해 자유롭게 된 FtsH로 전달한다. 더구나, DnaK/DnaJ는 리보솜에 의해 합성이 완료되기 전에도 부분적으로 합성된 RpoH 단백질에 결합해서 더 이상 해독되지 않도록 한다. 잘못 접힌 단백질의 수준이 증가할 때, DnaK와 FtsH는 잘못 접힌 단백질에 결합해서 더 이상 RpoH 수준에 영향을 미칠 수 없게 된다(그림 16.04).

주요 프로모터로부터 *rpoH* 유전자의 전사는 일반 시그마 인자인 σ70 또는 RpoD를 필요로 한다. 50°C 이상의 온도에서, σ70은 불활성화되며, RpoH의 합성이 중단되고 열충격 반응이 제대로 일어날 수 없게 된다. 이것은 RpoE 시그마 인자에 의해 인식되는 *rpoH* 유전자에 대한 두 번째 프로모터의 존재에 의해 차단된다. 전사는 RNA 중합효소의 핵심 효소가 불활성화되는 온도인 57°C에 도달할 때까지 계속해서 일어날 수 있다.

RpoH의 경우에서처럼, RpoE(E는 extra-cytoplasmic을 나타냄)의 수준은 원형질이 아니라 외막과 원형질막 주위 공간에 있는 잘못 접힌 단백질의 수준에 반응해서 조절된다.

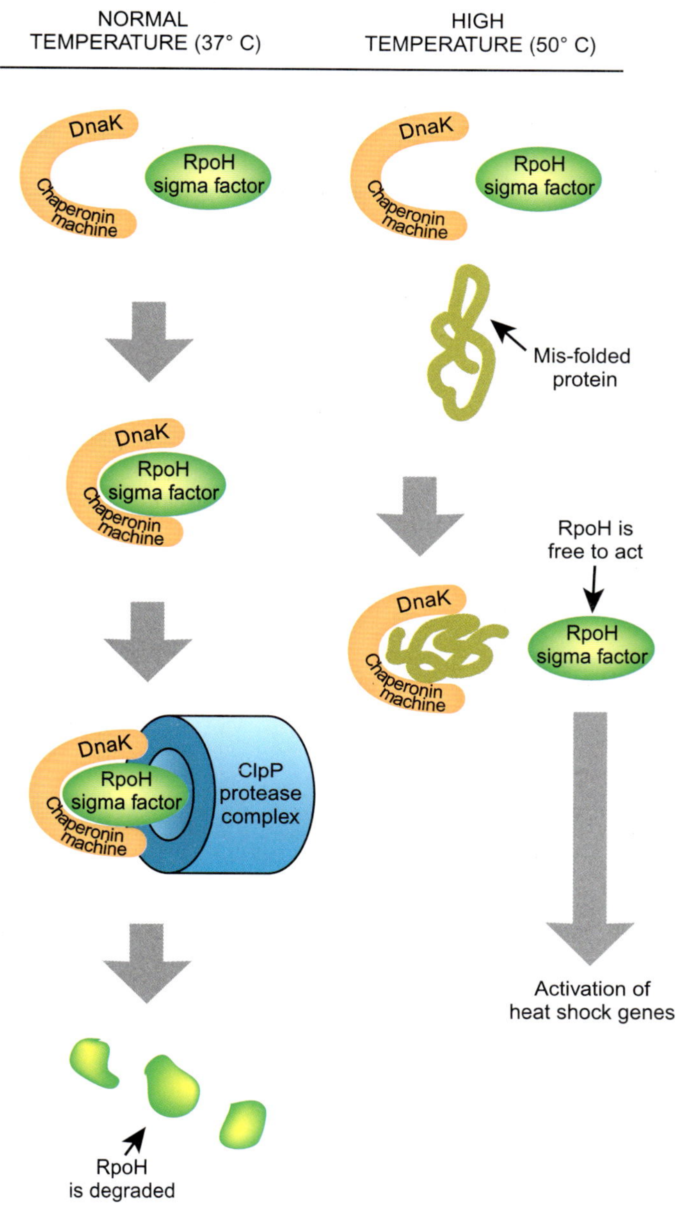

그림 16.04

열충격 반응의 조절

정상 온도에서 RpoH 시그마 인자는 샤페로닌과 결합하고, 단백질 분해효소로 전달되어 분해된다. 높은 온도에서 샤페로닌은 잘못 접힌 단백질과 결합하는 대신에, RpoH는 자유로운 상태가 되어 열충격 유전자들을 활성화시킨다.

rpoH 이외에, 다른 그룹에 속하는 십여 종의 열충격 유전자가 발현되기 위해서는 RpoE가 필요하다.

3.2. *Bacillus* 균의 포자 형성에는 연쇄적인 대체 시그마 인자가 필요하다

rpoH 유전자의 전사에 RpoE가 요구되는 현상은 하나의 시그마 인자의 발현이 다른 시그마 인자의 발현에 의존적일 수 있음을 간단하게 설명해준다. 실제 일부 복잡한 과정에서, 일련의 대체 시그마 인자들이 서로 의존적일 수 있다. 대체 시그마 인자의 연쇄적 발현의 고전적인 예는 그람 양성균인 *Bacillus*에서 **포자** 형성의 조절이다. 영양분이 결핍되었을 때, *Bacillus*는 악조건에서 살아남기 위하여 포자를 형성한다. 포자는 완전한 크기의 모 세포와 훨씬 작은 포자를 만들어내는 비대칭적 분열에 의해 형성된다. 포자는 완전히 성숙될 때까지 모 세포에 의해 둘러싸여 있다. 그 후 모 세포가 터지면서 포자가 방출된

포자(spore) 열악한 환경에서의 생존을 위해 특수화되거나 또는 다른 곳으로 퍼져나가기 위해 고안된 세포

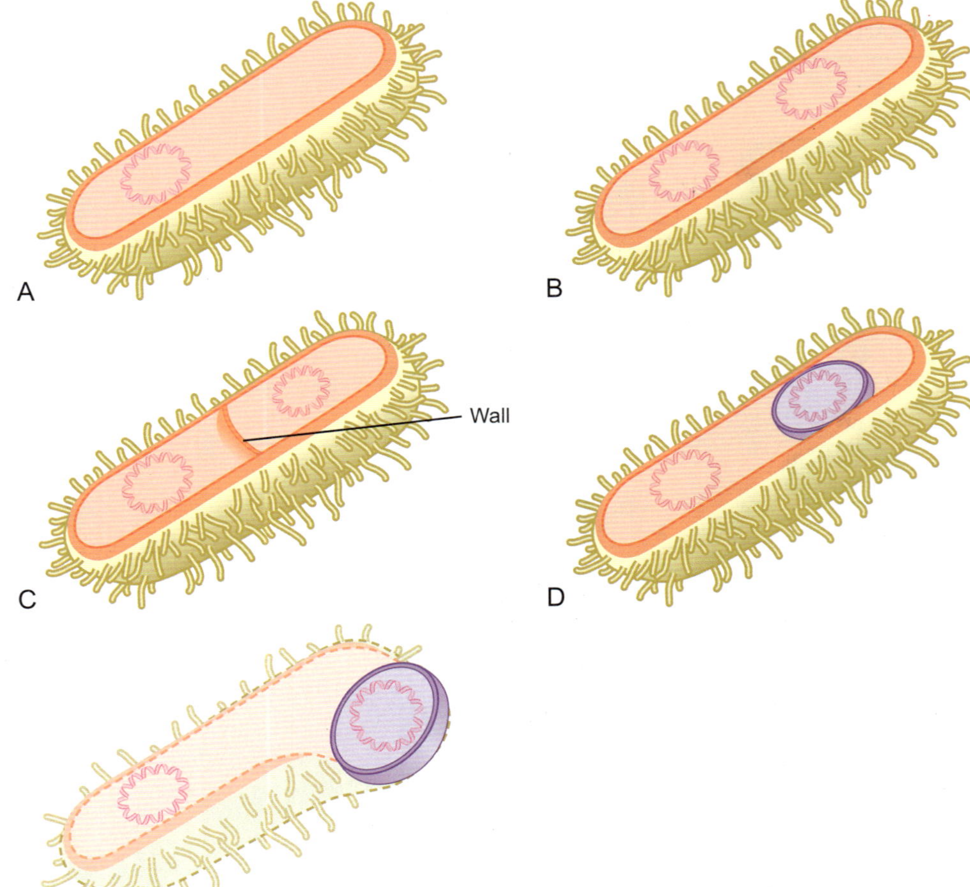

그림 16.05
***Bacillus*에서의 포자 형성**

Bacillus(A)는 먼저 자기의 DNA를 복제하고(B), 새로 만들어진 DNA를 세포 내에 존재하게 되는 포자 안으로 벽을 세워 분리시킨다(C와 D). 원래의 모 세포가 터져서 죽을 때 그 원래의 모 세포로부터 방출된다(E).

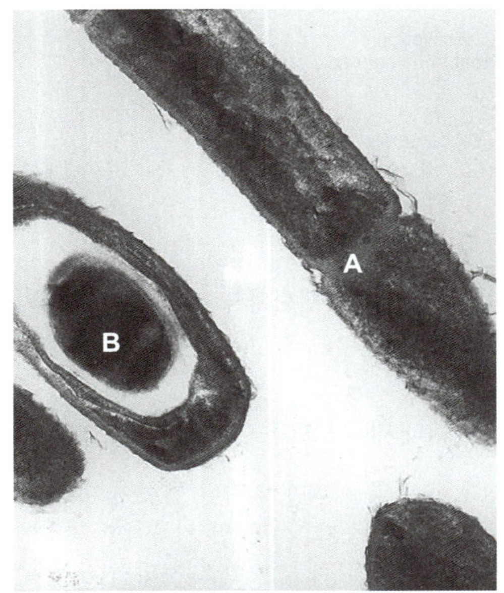

그림 16.06
***Bacillus anthracis*(탄저균)에서 포자 형성**

배양한 탄저균에서 얻은 *Bacillus anthracis*의 세포분열(A)과 포자(B)를 보여주는 투과전자현미경 이미지. *(출처: Public Health Image Library (CDC) by Dr. Sherif Zaki and Elizabeth White.)*

다. *Bacillus*의 포자 형성이 가장 원시적인 수준에서의 세포 분화를 나타낸다(그림 16.05와 16.06).

일부 박테리아는 포자를 만들어서 열악한 시기에서 살아남는다.

포자 형성은 4개의 대체 시그마 인자(σE, σK, σF 및 σG)에 의해 조절되는데, σE와 σK는 모 세포에 존재하고, σF와 σG는 포자 형성과정이 시작된 후, 발달 중인 포자에 존재한다. 이들 4개의 인자들 중에서, σE와 σK는 먼저 포자 형성 과정의 정확한 시점에서 특

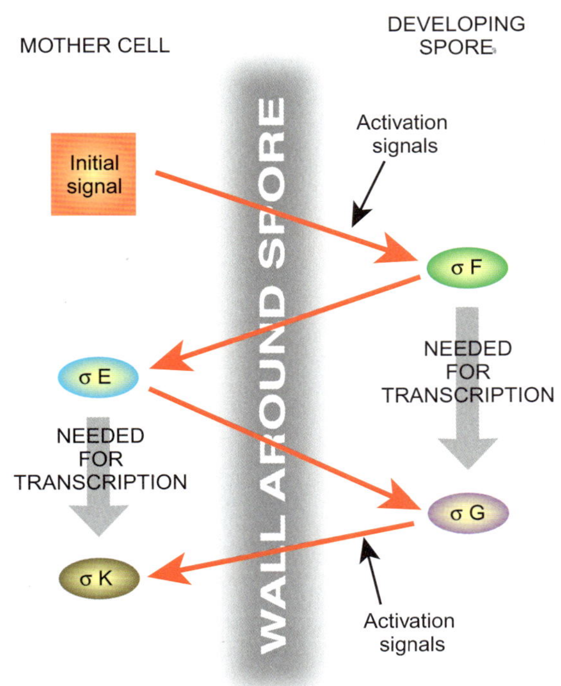

그림 16.07

포자 형성 조절 연쇄의 개요

연쇄적인 4개의 시그마 인자가 *Bacillus*에서 포자의 단계적 발달에 관여한다. 외부 신호가 포자에서 σF의 생성을 활성화시킨다. σF는 σG(포자 내부에서)에 대한 유전자의 전사와 모 세포쪽으로 넘어가서(적색 화살표) pre-σE를 활성형 σE로 전환시키는 (모 세포에서) 인자들을 위해 필요하다. 활성형 σE는 전구체인 pre-σK의 합성을 위해 필요하다. 최종적으로, σG는 모 세포쪽으로 넘어가서(적색 화살표) pre-σK를 σK로 전환하는(모 세포에서) 인자들을 합성할 수 있도록 해준다.

정 단백질 분해효소에 의해 활성화되어야만 하는 비활성 전구체 단백질(pre-σE와 pre-σK)로 합성된다. 먼저, 환경 신호가 모 세포에서 pre-σE와 발달 중인 포자에서 σF의 합성을 활성화시킨다. σF의 존재는 발달 중인 포자에서 초기 포자 형성 유전자들의 전사를 허용한다. 전사되는 유전자에는 모 세포로 이동하여 pre-σE 단백질을 절단하여 활성형의 σE를 만드는 데 관여하는 단백질 형태의 포자 형성 인자들뿐만 아니라 시그마 인자인 σG가 포함된다. 발달 중인 포자에 σG의 존재는 모 세포로 이동하여 pre-σK를 활성형의 σK로 활성화시키는 인자들을 포함하여 후기 포자 형성 유전자들의 전사를 허용한다(그림 16.07). 이들 각각의 시그마 인자가 포자의 발달과 방출에서 연속적인 단계들에 필요한 유전자 그룹의 전사와 관련이 있다.

포자 형성에서 관찰된 연쇄적인 조절인자들은 복잡한 포자 형성의 각 단계가 정확한 순서로 일어나는 것을 보장한다. 각 조절인자는 포자 형성 과정에서 특정 단계를 조절하며, 또한 다음 단계를 위한 조절인자를 조절한다. 게다가, 하나의 세포 이상 사이에 조절 신호가 교환된다. 따라서 발달 중인 포자와 모 세포는 서로를 교차 조절한다. 고등생물의 발달과 분화도 포자 형성과 거의 같은 원리를 사용하나, 조절 체계는 훨씬 더 복잡하다.

3.3. 항-시그마 인자는 시그마 인자를 불활성화시킨다; 항-항-시그마 인자는 시그마 인자를 재활성화시킨다.

시그마 인자는 **항-시그마 인자**라고 불리는 단백질에 의해 저해될 수 있다. 항-시그마 인자는 특정한 대체 시그마 인자에 결합하여 이들 시그마 인자가 RNA 중합효소에 결합하지 못하게 한다(그림 16.08). 처음에 발달 중인 포자 내에서 합성된 σF는 활성을 나타내지 못한다. 비활성 전구체 단백질로 합성되어 절단에 의해 활성화되는 σE와 σK와 달리, σF는

항-시그마 인자(anti-sigma factor) 시그마 인자에 결합해서 전사 개시 과정에서 시그마 인자의 역할을 차단하는 단백질

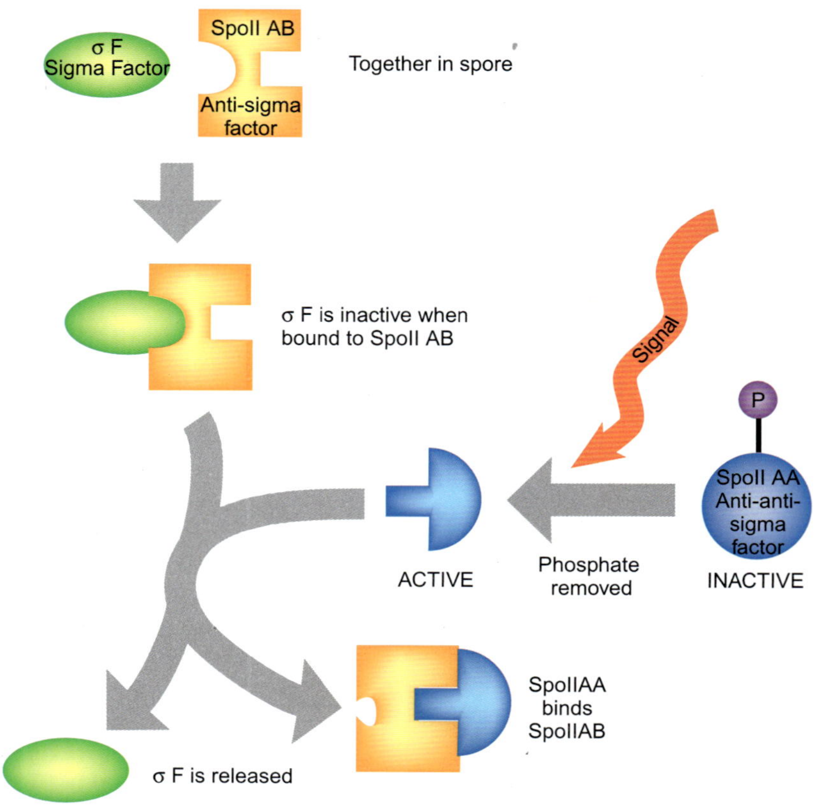

그림 16.08

항-시그마 인자

항-시그마 인자인 SpoIIAB는 σF에 결합하여 이 시그마 인자를 불활성화시킨다. 세포가 외부 신호를 받으면 항-항-시그마 인자인 SpoIIAA의 인산화된 형태는 자신의 인산을 잃어버리고 SpoIIAB와 결합하게 된다. 이 결과 σF는 SpoIIAB에서 유리되는데, 자유 상태의 σF는 그림 16.07에 보여준 포자 형성 연쇄를 활성화시킨다.

양성 조절인자는 종종 음성 조절인자와 대결한다.

항-시그마 인자(SpoIIAB)에 의해 비활성화 상태로 존재한다. 결합되어 있는 항-시그마 인자는 **항-항-시그마 인자**(SpoIIAA)의해 σF로부터 유리된다. 이 과정은 위에서 언급한 연쇄적인 유전자 활성화를 촉발시킨다.

항-시그마 인자와의 결합과 항-항-시그마 인자와의 결합에 의한 대체 시그마 인자의 조절이 특별히 흔하지는 않으나, 몇몇 경우가 알려져 있다. 대장균과 살모넬라의 편모 조립은 시그마 인자 FliA와 항-시그마 인자 FlgM의 조절 하에 있다. 임상적으로 중요한 예가 *Pseudomonas aeruginosa*에 의한 점액 생산이다. 이 박테리아는 종종 낭포성 섬유증 환자의 폐를 감염시키는데, 이곳에서 점액 생산을 위한 유전자 발현을 개시한다. 이 과정은 대체 시그마 인자 AlgU와 항-시그마 인자 MucA의 조절 하에 있다. *P. aeruginosa*의 점액은 환자의 기도를 막게 되고, 이것이 낭포성 섬유증의 증상을 일으키는 주 원인이다. 엄격히 말하자면, *P. aeruginosa*에 의해 만들어진 물질은 mannuronic acid와 glucuronic acid의 반복 중합체인 산성의 다당류인 알긴산이다. 알긴산은 동물세포에서 생산되는 진짜 점액과는 화학적으로 다른 물질인데, 동물의 점액은 갈락토오스, N-아세틸갈락토사민, N-아세틸뉴라믹산의 다수의 짧은 곁사슬을 가진 당단백질로 이루어져 있다.

4. 활성인자와 억제인자는 양성 조절과 음성 조절에 관여한다

활성인자 단백질은 유전자를 발현시킨다. 억제자 단백질은 유전자 발현을 차단한다.

하등생물이나 고등생물에 있는 일부 프로모터들은 유전자 활성인자 단백질 또는 전사인자로 알려진 추가 단백질이 존재하지 않는 조건에서는 거의 또는 전혀 기능을 수행하지 못한다. 더구나, 유전자 발현을 중지시키기 위해 작용하는 *억제자*로 알려진 유전자 발현 조절인자단백질 그룹도 있다.

항-항-시그마 인자(anti-anti-sigma-factor) 항-시그마인자가 시그마 인자에 결합하여 억제하는 것을 저해하도록 항-시그마 인자에 결합하는 단백질

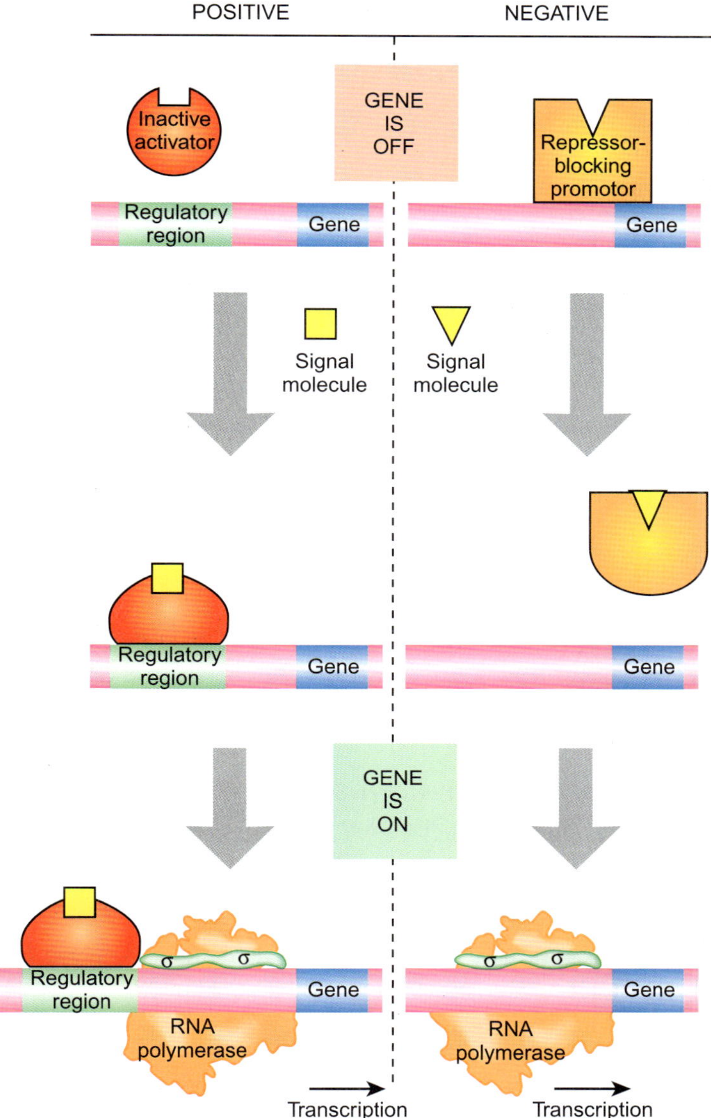

그림 16.09

양성 조절과 음성 조절의 기본원리

양성 조절에서, 신호는 비활성 조절자의 형태를 변화시키는데, 이로 인해 조절자는 활성형이 되고 특정 유전자의 조절 부위에 결합한다. 조절자의 존재는 RNA 중합효소의 결합을 촉진하여 유전자가 발현되도록 도와준다. 음성 조절에서, 억제자 분자는 유전자의 프로모터를 차단한다. 신호가 억제자의 형태를 변화시켜 유전자에서 떨어져 나오게 하여 RNA 중합효소가 결합하도록 한다.

양성 조절에서, 활성인자는 특정 신호에 대한 반응으로 유전자 발현을 개시시키기 위하여 요구된다. **음성 조절**에서, 유전자 발현은 억제인자에 의해 중단되고, 유전자로부터 억제자를 제거하는 신호가 존재할 때만 발현된다. 이런 양성(또는 음성) 조절은 전사 수준에서 작용할 수 있고 또는 그 이후 단계에서 작용할 수 있다. 더구나, 대부분의 활성인자와 억제인자가 단백질이지만, 조절 RNA나 심지어 작은 분자에 의해 조절이 일어나는 것으로 알려진 경우가 있다.

양성과 음성 조절 모두에서, **유도원**이라 부르는 작은 **신호분자**가 전형적으로 조절단백질에 결합하여 유전자 발현을 유도한다. 양성 조절의 기본 모델에서, 비활성 상태의 활성인자 단백질이 신호분자에 결합해서 DNA-결합 형태로 전환되어 유전자를 발현시킨다(그림 16.09). 마찬가지로, 전형적인 음성 조절에서, 억제인자 단백질의 DNA-결합 형태가 신호분자와의 결합에 의해 불활성 형태로 전환된다.

유도원(inducer) 전사 조절 단백질에 결합하여 유전자를 발현시키는 신호분자
음성 조절(negative control or regulation) 억제자가 제거되기 전까지는 그 억제자가 유전자 발현을 차단한 상태로 유지하는 조절 방식
양성 조절(positive control or regulation) 활성자가 결합할 때 그 활성자가 유전자 발현을 촉진하는 조절 방식
신호분자(signal molecule) 조절 단백질에 결합함으로써 조절 반응을 유발하는 작은 분자

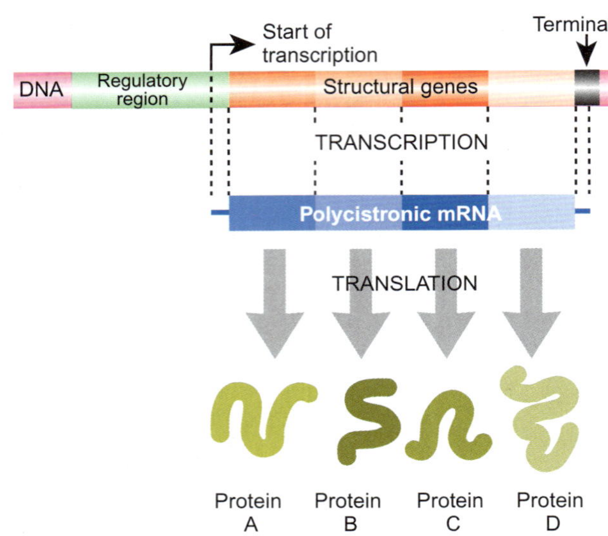

그림 16.10
폴리시스트로닉 mRNA를 만들기 위한 오페론의 전사

몇 개의 구조유전자는 나란히 위치하고 하나의 mRNA로 전사된다. 해독 과정에서 대개 기능적으로 연관된 몇 개의 단백질들이 그 하나의 mRNA를 사용하여 만들어진다.

오페론은 하나의 단위로 조절되는 유전자 집단이다.

lac 오페론은 젖당의 흡수와 대사에 필요한 유전자를 포함한다.

4.1. 유전자 발현 조절의 오페론 모델

오페론은 하나의 전령 RNA(mRNA) 분자를 만들기 위해 함께 전사되는 유전자 집단인데, 이 mRNA는 여러 종류의 단백질을 암호화하고 있다(그림 16.10). 이와 같은 **폴리시스트론성 mRNA**는 전형적으로 원핵생물에서 발견된다. 하나의 오페론에 있는 유전자들은 종종 기능적으로 연관되어 있으므로, 이들 유전자를 하나의 그룹으로 조절하는 것은 매우 효과적이다. 예를 들면 하나의 오페론은 같은 생화학 대사경로에 관여하는 여러 효소를 암호화할 수 있다. 일부 오페론은 하나의 유전자만을 가지나, 대부분은 2개에서 6개의 유전자를 가지며, 몇몇은 그 이상을 갖는다.

박테리아 유전자를 조절하는 것에 대한 오페론 모델은 하나의 예로써 음성적으로 조절되는 대장균의 락토오스(젖당) 유전자를 사용하여 Francois Jacob과 Jaques Monod에 처음으로 제안되었다. 이후, 억제자뿐만 아니라 촉진인자를 필요로 하는 유전자들을 비롯한 많은 수의 박테리아 유전자들이 오페론 모델이나 그것의 변형된 모델에 잘 들어맞았다. 많은 박테리아 오페론들처럼, 젖당 오페론은 두 수준에서 조절된다. **특이적인 조절**은 하나의 특정 오페론에 대해 특이적인 인자들에 반응하는 조절을 나타낸다. 뒤에 설명하는 바와 같이, **전반적인 조절**은 세포에 대한 전체적인 탄소원과 에너지의 공급과 같은 좀 더 일반적인 조건들에 반응하는 조절이다.

젖당 또는 *lac* 오페론은 상위의 조절부위와 더불어 3개의 구조유전자인 *lacZ, lacY, lacA*로 구성되어 있다(그림 16.11). *lacZ* 구조유전자는 락토오스를 분해하는 효소인 **β-갈락토시다아제**를 암호화하며, 이 효소는 젖당을 분해한다. *lacY* 유전자는 수송 단백질인 **젖당 투과효소**를 암호화하며, lacA는 역할이 알려지지 않은 젖당 아세틸화효소를 암호화한다(이 효소는 대장균이 젖당을 이용하여 살아가는 데 필요하지 않다). *lac* 오페론은 *lacI* 유전자에 의해 암호화되어 있는 **LacI** 억제인자 단백질에 의하여 조절된다. *lacI* 유전자는 *lacZYA*의 상류에 존재하며 반대방향으로 전사된다.

lac 오페론의 상류 부위에는 **작동유전자**(그림 16.11에 있는 *lacO*)로 알려진 억제인자 단백질에 대한 인식 서열이 존재한다. 유도원이 존재하지 않는다면, LacI 단백질은 작동자에 결합한다. LacI의 결합은 프로모터에서 RNA 중합효소의 이동을 차단한다. 젖당이 존재할 때, 젖당은 *lac* 오페론을 유도한다. 실질적인 유도원은 젖당 그 자체가 아니라 β-갈락토시다아제에 의해 젖당으로부터 만들어지는 젖당 이성질체인 **알로-락토오스**이다. 알로-락토오스는 LacI 억제자에 결합하고, 이로 인해 형태가 변형되어 DNA에 결합할 수 없다. 이제 RNA 중합효소는 프로모터로부터 앞을 향해 움직일 수 있게 되고 *lac* 오페론을 전사시킨다(그림 16.12). LacI 단백질은 사실 프로모터 부위에 있는 3개의 서로 다른 DNA 인식 부위에 결합할 수 있는 사량체로 존재한다. 이로 인해 DNA의 고리화가 일어나게 된

알로-락토오스(*allo*-lactose) *lac* 오페론의 진정한 유도원인 락토오스의 이성질체
β-갈락토시다아제[beta-galactosidase 또는 β-galactosidase(LacZ)] 젖당 및 이와 유사한 분자를 분해하여 갈락토오스를 유리시키는 효소
전반적 조절(global regulation) 동일한 자극에 대한 반응으로 대규모 유전자들의 발현 조절
락토오스 억제단백질(LacI) 락토오스 오페론의 전사 억제인자
젖당 투과효소(lactose permease, LacY) 락토오스의 운반 단백질
작동유전자(operator) 억제자가 결합하는 DNA 상의 구역
오페론(operon) 하나의 mRNA(즉, 폴리시스트론성 mRNA)를 만들기 위해 함께 전사되는 원핵생물 유전자 집단
폴리시스트론성 mRNA(polycistronic mRNA) 몇 개의 구조유전자 또는 몇 개의 시스트론을 가지고 있는 mRNA
특이적 조절(specific regulation) 하나의 유전자나 하나의 오페론 또는 적은 수의 연관된 유전자들에 적용되는 유전자 발현 조절

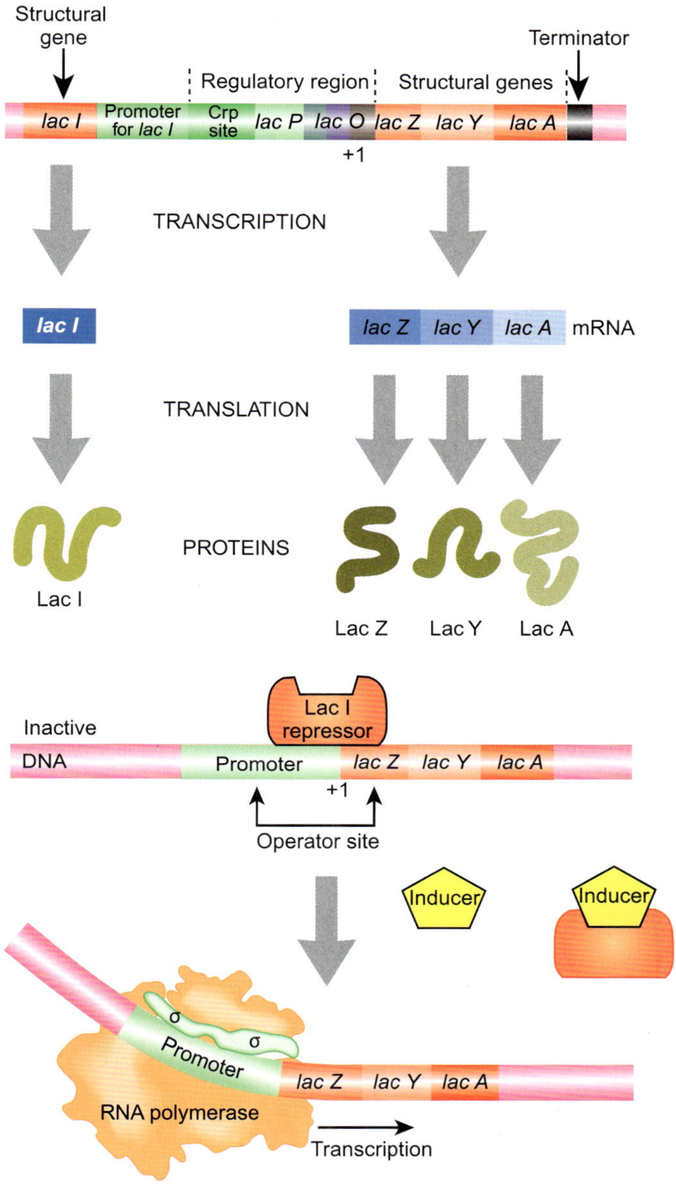

그림 16.11

***lac* 오페론의 구성요소**

lac 오페론은 *lacP*로 명명된 하나의 프로모터로부터 전사되는 3개의 구조유전자인 *lacZYA*로 구성되어 있다. 프로모터는 작동유전자인 *lacO*에 대한 억제자의 결합과 Crp 결합 부위에 Crp 단백질의 결합에 의해 조절된다. 실제로 작동자는 프로모터 및 구조유전자와 부분적으로 겹쳐진다는 것을 주목하라. 하나의 *lac* mRNA는 LacZ, LacY, LacA 단백질을 만들기 위하여 해독된다. LacI 억제자를 암호화하는 *lacI* 유전자는 자기 자신의 프로모터를 가지고 있으며, *lacZYA* 오페론과는 반대방향으로 전사된다.

그림 16.12

***lac* 오페론의 특이적 조절**

LacI가 작동유전자에 결합하면, 전사는 일어나지 않는다. 유도원의 존재는 작동유전자로부터 LacI를 제거해서, RNA 중합효소가 앞으로 움직여서 오페론을 전사하도록 한다. 젖당에서 만들어진 알로-락토오스나 IPTG와 같은 화학적으로 합성된 물질이 유도원으로 작용한다.

다-아래 참조. (많은 알로스테릭 단백질과 달리, LacI 단백질은 단량체와 사량체 형태가 번갈아 가면서 나타나는 것이 아니라, 모든 생리적 조건하에서 비정상적 안정화 상태의 사량체로 존재한다).

실험실에서 *lac* 오페론은 종종 화합물인 **IPTG**에 의해 유도된다(그림 16.13). 이 인공 화합물은 이것이 유도하는 유전자 산물에 의해 대사되지 않기 때문에 **무상 유도원**으로 알려져 있다. 이와 같은 특별한 경우에, IPTG가 *lacZYA* 유전자를 발현시키더라도, 젖당을 분해하는 효소인 β-갈락토시다아제에 의해 분해되지 않는다. 결과적으로, IPTG는 *lac* 오페론을 지속적으로 장시간 유도한다. 반면, 천연 유도원들은 분해되기 전 짧은 시간 동안만 유도할 수 있다.

IPTG는 *lac* 오페론의 인공적인 유도원이다.

IPTG(iso-propyl-thiogalctoside) *lac* 오페론의 무상 유도원

무상 유도원(gratuitous inducer) 특정 유전자 발현을 유도하나 천연 기질처럼 대사되지 않는 분자(대개의 경우 인공적인); 가장 잘 알려진 예가 IPTG에 의한 *lac* 오페론의 유도이다.

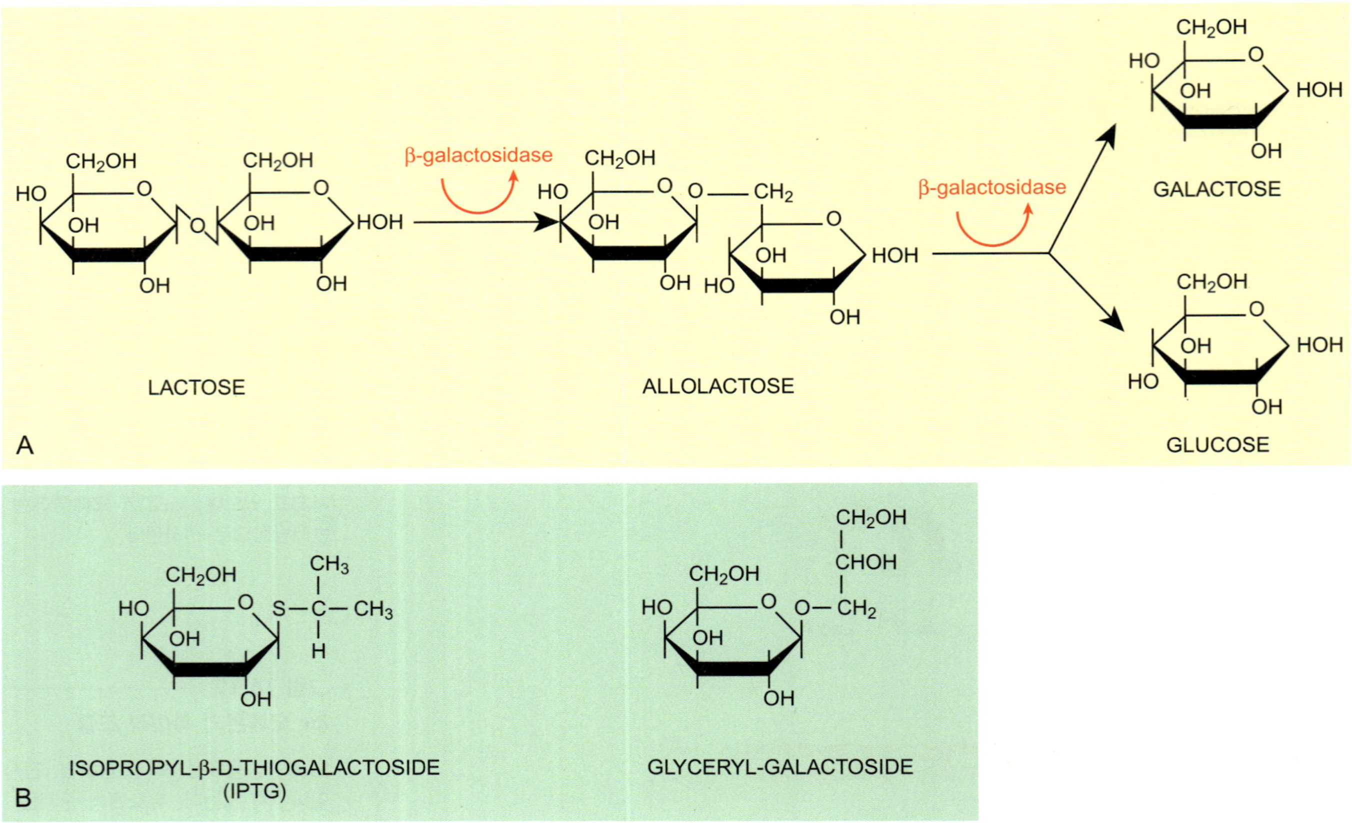

그림 16.13
락토오스와 갈락토시드 유도체

A) 효소인 β-갈락토시다아제는 락토오스를 갈락토오스와 글루코오스로 분해한다. 또한 β-갈락토시다아제는 락토오스를 락토오스 이성질체인 알로-락토오스로 상호 전환할 수 있는데, 알로-락토오스가 *lac* 오페론의 진정한 유도원이다. B) 무상 유도원인 IPTG와 β-갈락토시다아제의 천연 기질인 글라이세릴-갈락토시드의 구조를 보여준다.

상자 16.01 락토오스 오페론은 실제로 전형적이지는 않다

비록 락토오스 오페론 유전자들이 최초로 발현 조절이 자세히 규명되었고, 하나의 전형적인 예로 자주 언급된다고 할지라도, 그 유전자들은 몇 가지 방식에서 정도를 벗어난 것이다. 신기하게도, 락토오스 자체가 유도원이 아니다. 갈락토오스에 연결된 포도당으로 구성되는 락토오스(젖당)는 상기 2개의 당이 서로 다르게 연결된 이성질체인 *알로*-락토오스로 전환된다. 이 전환 반응은 통상적으로 락토오스를 쪼개는 β-갈락토시다아제에 의해 수행되지만, 부수적인 반응으로써 소량의 *알로*-락토오스를 만들어낸다. 사실상 LacI 단백질에 결합해서 유도원으로 작용하는 것은 *알로*-락토오스이다.

락토오스는 젖먹이 아기와 어린이들이 마시는 우유에 존재하지만, 성인들이 먹는 음식에는 아주 적은 양으로 들어있다. 더구나, 락토오스는 소장에서 거의 대부분 흡수되므로, 대장에서 살아가는 자연 상태의 대장균은 젖당을 영양분으로 섭취할 기회가 전혀 없다. 실제로, 락토오스 오페론 유전자들은 동물세포의 지방 분해 과정에서 유래한 화합물인 글라이세릴-갈락토시드를 소화시키기 위해 존재할 것이다. 글라이세릴-갈락토시드는 대장벽의 세포가 떨어져 나와 분해될 때 대장으로 분비된다. 이 물질은 LacI 단백질에 결합는 진짜 유도원이며, 그것을 글리세롤과 갈락토오스로 분해하는 β-갈락토시다아제의 기질이기도 하다.

(계속)

상자 16.01 계속

더구나, 락토오스 오페론을 포함하는 DNA 절편은 *Salmonella*나 대장균의 가까운 친척인 몇몇 다른 장내 박테리아 집단에는 존재하지 않는다. 락토오스 오페론을 포함하는 DNA 조각은 비교적 최근에 대장균 게놈에 유입되었고, 원래 장내 박테리아가 아닌 다른 생물에서 유래한 것으로 생각된다.

돌이켜 생각해보면, Jacob과 Monod가 전형적인 유전자보다 다소 이례적인 유전자를 선택한 것은 우연임과 동시에 행운이었다. *lac* 오페론의 조절은 대장균의 가장 중요한 대사에 완전히 통합된 많은 유전자들의 조절보다 간단하다.

4.2. 일부 단백질은 억제자와 촉진자 두 가지 기능을 수행할 수 있다

일반적으로 촉진자는 프로모터의 상류 쪽에 결합하여 RNA 중합효소가 결합하는 것을 돕는다. 반대로 억제자는 프로모터의 하류 쪽에 결합하여 RNA 중합효소의 결합을 차단하거나 RNA 중합효소가 유전자를 향해 이동해서 유전자가 전사되는 것을 방해한다. 놀랄것도 없이, 동일한 DNA-결합 단백질이 두 유전자에서 서로 다른 부위에 결합한다면, 그 단백질은 하나의 유전자에 대해서는 활성자로 작용할 수 있고, 다른 유전자에 대해서는 억제자로 작용할 수 있다(그림 16.14).

DNA 상에서 결합하는 위치에 따라 동일한 조절 단백질이 때로는 유전자 발현을 유도하거나 차단할 수 있다.

조절 단백질 중에는 DNA에 결합할 수 있는 2개의 상호교환적인 형태를 가지는 것들이 있다. 이들 단백질은 앞에서 이미 설명한 결합 단백질들-즉, DNA에 결합하는 활성형과 DNA에 결합하지 못하는 비활성형의 두 가지 구조를 번갈아 취하는 것-과는 다소 다르다. 즉, 이 단백질들의 두 가지 형태는 활성자와 억제자로써 작용하며 둘 다 DNA에 결합할 수 있으나, 인식부위는 서로 다르다. AraC 조절 단백질은 5 탄당인 **아라비노오스**의 수송과 대사를 조절한다. 아라비노오스가 AraC에 결합하면, AraC는 억제자에서 활성자로 전환된다. 아라비노오스 대사를 위한 ***araBAD* 오페론**과 아라비노스의 흡수를 위한 *araFG* 오페론은 아라비노오스가 없을 때에는 AraC에 의해 억제되고, 존재할 경우에는 AraC에 의해 활성화된다(그림 16.15).

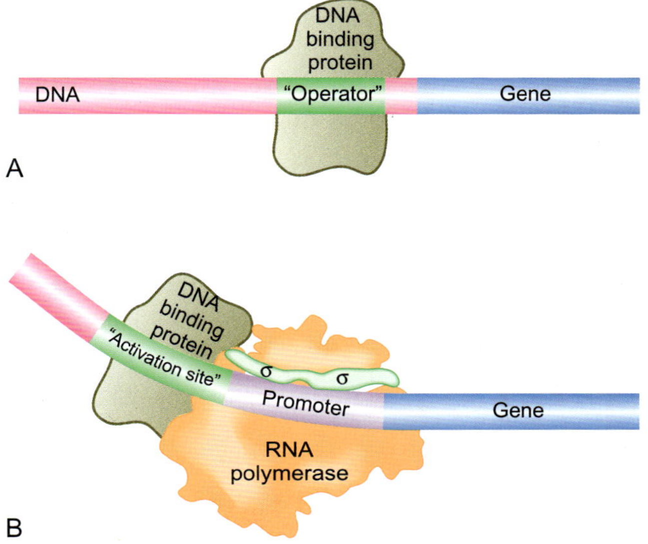

그림 16.14

결합 부위가 작용을 결정한다: 억제자 또는 활성자

A) 오렌지색으로 표시된 DNA-결합 단백질은 프로모터의 작동유전자 구역에 결합하여 RNA 중합효소의 결합을 방해할 때 억제자로 작용한다. B) 같은 DNA-결합 단백질이 다른 오페론의 프로모터 상에 있는 활성화 부위에 결합할 수 있는데, 이는 RNA 중합효소의 결합을 가능하게 하여 유전자의 전사를 촉진한다. DNA-결합 단백질에 대한 인식 서열은 동일하다; RNA 중합효소에 대한 그들의 상대적인 위치만이 바뀌었다.

***araBAD* 오페론(*araBAD* operon)** 5-탄당인 아라비노오스의 대사에 관여하는 단백질을 암호화하는 오페론
아라비노오스(arabinose) 종종 식물 세포벽 물질에서 발견되는 5-탄당이며, 여러 박테리아에 의해 탄소원으로 사용될 수 있음.

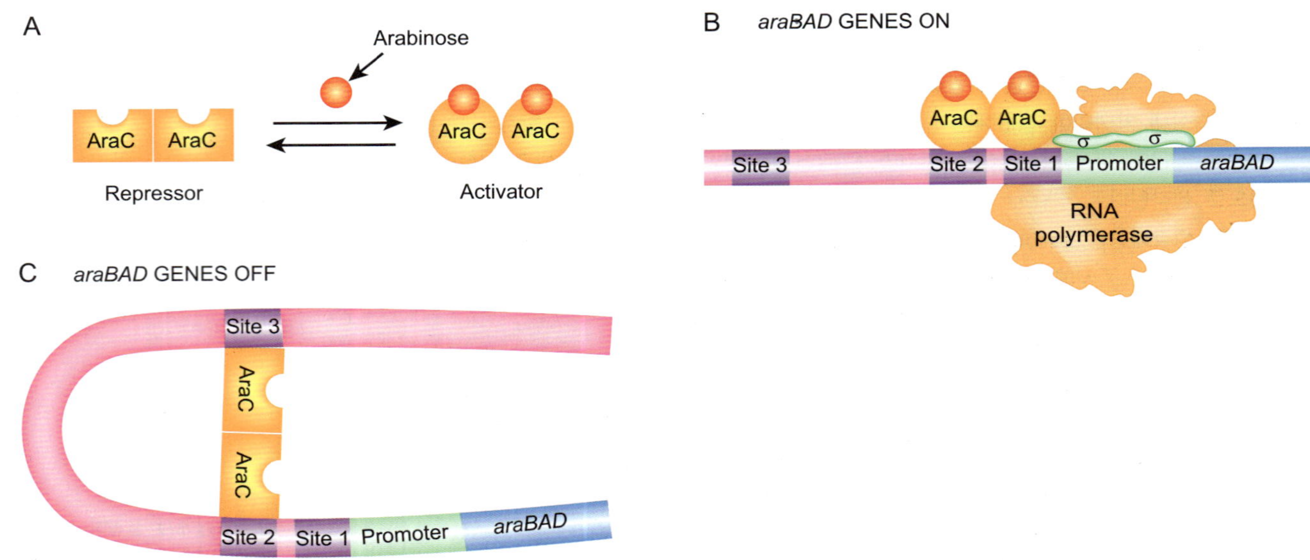

그림 16.15
AraC 억제자와 활성자

A) AraC 이량체는 아라비노오스의 결합 여부에 따라 활성자가 되거나 억제자가 된다. B) AraC가 아라비노오스와 결합하면, AraC 이량체는 형태를 변화시켜 결합 부위 1과 2 부위에서 DNA에 결합한다. 이 경우, AraC는 활성자로 작용하여 RNA 중합효소가 결합할 수 있도록 한다. C) AraC의 억제자 형이 DNA에 결합할 경우, AraC는 결합 부위 2와 3 구역을 차지하게 되고, DNA에 고리를 형성하여 유전자 발현 불활성화를 야기한다.

상자 16.02 FadR–억제자이면서 활성자의 한 가지 예

대장균의 FadR 단백질은 하나의 DNA–결합 단백질에 의한 차별적인 결합의 한 가지 좋은 예를 제공한다. FadR은 지방산 분해에 관여하는 유전자의 발현을 억제하지만, 또한 지방산 생성에 관여하는 특정 유전자들의 발현을 활성화시키기도 한다. FadR은 생장 배지 내에 있는 긴–사슬 지방산의 활용 가능성에 반응한다. 대장균은 이미 만들어진 지방산을 자신의 지질 합성에 사용할 수 있으며, 또한 에너지를 얻기 위해 그 지방산을 분해할 수도 있다. 지방산은 자유 지방산이 아닌 조효소–A의 유도체로 흡수된다; 따라서 FadR에 의해 인식되는 신호분자는 긴–사슬 아실–CoA이다. 아실–CoA가 없으면, FadR은 지방산 분해를 위한 오페론을 억제하고, 또한 지방산 생합성에 관여하는 유전자인 *fabA*의 발현을 활성화시킨다(그림 16.16). FadR 단백질이 아실–CoA에 결합하면, FadR은 더 이상 DNA에 결합할 수 없게 된다. 지방산 분해가 유도되고, 더불어 *fabA* 유전자 발현 수준이 내려감으로 인해 더 적은 양의 지방산이 만들어지게 된다.

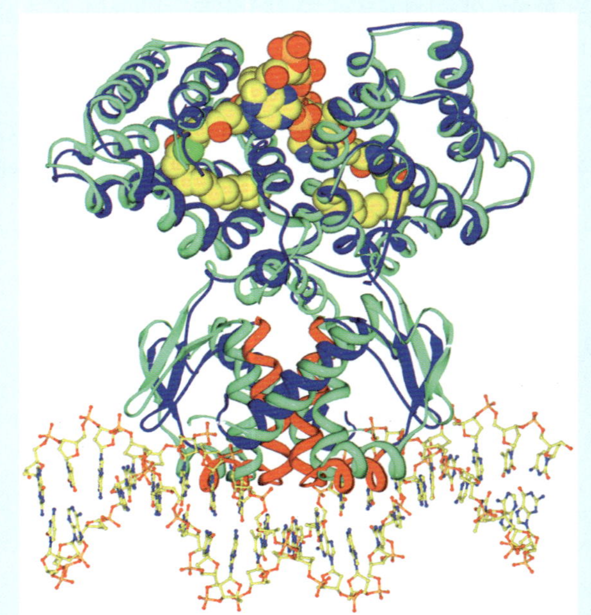

그림 16.16
FadR 구조와 결합

DNA에 결합한 FadR과 myristoyl-CoA와 결합한 FadR(위쪽에 노란색으로 표시)의 겹친 그림. Myristoyl-CoA의 원자들은 구로 표시되었다. HTH(helix-turn-helix) 부위는 DNA-결합 구조에서 적색으로 표시되었다. *(출처: Huffman & Brennan, Current Opinion in Structural Biology 12(2002) 98-106.)*

빈번하게, 조절 단백질은 자신의 합성을 조절한다. 이런 조절 기작을 **자가 조절**이라 한다. 예를 들면, AraC 단백질은 *araC* 유전자의 발현을 억제하고, Mlc 단백질(아래 참조)은 *mlc* 유전자의 전사를 억제한다.

4.3. 신호분자의 특성

한 오페론의 기질 특이성과 유도원 특이성이 동일할 필요는 없다. 기질 특이성은 분자가 대사경로 효소(들)의 활성부위(들)와 맞는 지에 의해 결정되고, 유도원 특이성은 분자가 조절 단백질 상의 결합 부위에 맞는 지에 의해 결정된다. 락토오스 오페론의 경우에서, 알로-락토오스, 글라이세릴-갈락토시드, IPTG는 모두 진정한 유도원이다(즉, 이들 분자는 모두 LacI 단백질에 결합할 수 있다). 락토오스 그 자체는 단지 외견상의 유도원인데, 락토오스는 LacI에 직접 결합하지 못하며, 먼저 알로-락토오스로 전환되어야 하기 때문이다. 그러나, 락토오스, 알로-락토오스, 글라이세릴-갈락토시드는 모두 β-갈락토시다아제의 기질이지만, IPTG는 이 효소의 기질이 아니다(그림 16.13 위).

생물학적 신호는 종종 작은 분자에 의해 운반된다. 이들 신호는 그 분자들과 결합하는 단백질에 의해 감지된다.

락토오스에 의한 *lac* 오페론의 유도를 위해, 낮은 수준의 LacY(수송 단백질)와 LacZ(β-갈락토시다아제) 단백질이 필요하다. 소량의 락토오스가 세포 내로 운반되어서, β-갈락토시다아제에 의해 알로-락토오스로 전환되어야만 하는데, 알로-락토오스는 LacI와 결합하여 유도원으로 기능할 수 있다. 실제로는 어떤 유전자가 "발현되지 않고 있다(switched off)"는 말이 이 유전자가 완전히 비활성임을 의미하는 것은 아니다. *lac* 오페론이 유도되지 않은 경우에도, 가끔씩 mRNA 분자들이 만들어지고 약간의 LacY와 LacZ 단백질이 존재한다.

말토오스 시스템은 말토오스 외에도 포도당 소단위체로 구성된 보다 긴 다당류의 수송과 대사를 허용한다. 이 경우에도, 말토오스 그 자체는 진정한 유도원이 아니다. 말토오스 시스템은 양성 조절을 받으며, MalT 활성인자 단백질은 실제로 3개의 포도당 잔기로 구성된 3당류인 말토트리오스와 결합한다.

일부 억제자는 **보조 억제자**로 불리는 작은 분자와 결합한 경우에만 활성을 나타낸다. 이런 상황은 생합성 경로를 조절할 때 종종 발견된다. 만약 아르기닌과 같은 아미노산이 배지에 존재할 때, 세포는 그 아미노산을 만들 필요가 없다. 반대로, 아르기닌이 충분한 양으로 존재하지 않는다면, 생합성 경로 유전자가 발현될 필요가 있다. 일반적으로, 최종 산물이 배지에 존재하거나 충분한 양으로 합성되었을 때, 세포는 생합성 경로 유전자 발현을 중단해야만 한다. 따라서, 생합성 경로는 해당하는 영양분에 반응한다. 한 가지 예가 대장균의 ArgR 억제자인데, ArgR은 보조 억제자로 역할을 하는 아르기닌과 결합한다(그림 16.17).

신호분자 자체가 항상 분자량이 작은 것은 아니다. 때때로, 억제자나 활성자가 작은 대사물질 보다는 다른 단백질과 결합한다. 예를 들면 Mlc는 억제자인데, 포도당 수송 및 단당류들의 흡수와 대사에 관여하는 많은 다른 유전자들을 조절한다. Mlc 단백질은 포도당과 결합하지는 않으나, 포도당의 존재에 간접적으로 반응한다. 포도당이 없을 때, 인산기는 포도당 운반체 또는 PtsG 단백질에 축적된다. 포도당이 세포 내로 들어올 때, 인산은 PtsG에서 포도당으로 전달되고 포도당은 포도당-6-인산으로 전환된다. 따라서, 대부분의 PtsG 단백질은 많은 양의 포도당이 존재할 경우에는 인산화되지 않는다. 인산화되지 않은 PtsG는 Mlc에 결합하게 되는데, 이로 인해 Mlc는 세포막에 격리된다(그림 16.18). PtsG와

자가 조절(autogenous regulation) 자신에 의한 조절; 즉, 어떤 DNA-결합 단백질이 자기 자신의 유전자 발현을 조절하는 경우
보조 억제자(co-repressor) 원생생물에서는, 몇몇 억제인자 단백질이 DNA에 결합하기 위해서 필요한 작은 신호분자; 진핵생물에서는, 유전자 발현에 관여하는 보조 단백질(예, 히스톤 탈아세틸화효소)

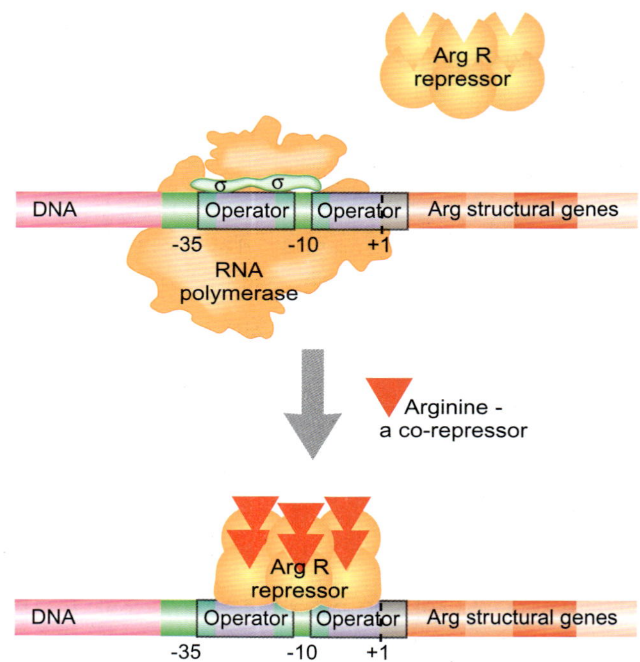

그림 16.17

ArgR 억제자는 보조-억제자로 아르기닌을 사용한다

고 농도의 아르기닌이 존재하지 않을 경우에, ArgR 억제자는 DNA에 결합할 수 없다. 따라서 RNA 중합효소는 아르기닌 생합성에 필요한 유전자들을 전사시킨다. 충분한 양의 아르기닌이 존재할 때, 아르기닌은 ArgR에 결합함으로써 보조-억제자로 작용한다. ArgR-아르기닌 복합체는 2개의 작동유전자 부위에 결합하여 아르기닌 오페론을 억제한다.

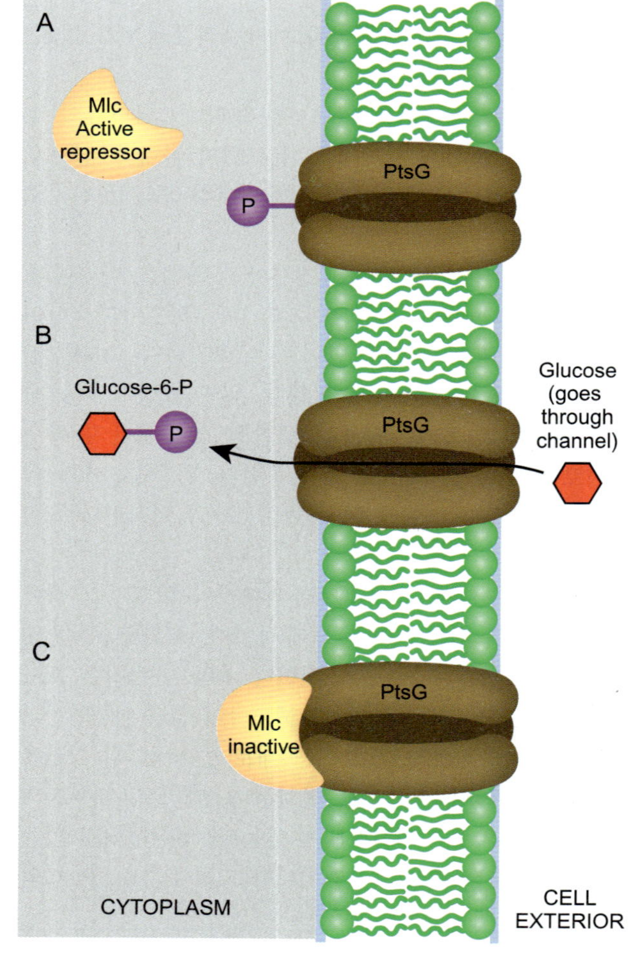

그림 16.18

PtsG 단백질에 의한 Mlc의 격리

A) 세포막에 존재하는 운반 단백질인 PtsG는 인산화되었을 때, 포도당에 대해 열린 채널이 된다. B) 포도당이 PtsG를 통해 세포 내로 들어오면서 PtsG에 있던 인산기는 포도당으로 전이되어 포도당-6-인산으로 전환된다. C) 탈인산화된 PtsG 단백질은 Mlc 억제자와 결합한다. 이 결합은 Mlc 억제자를 불활성화시키는데, 그 이유는 Mlc가 PtsG에 의해 붙잡혀서 Mlc가 더 이상 DNA에 결합할 수 없기 때문이다. 포도당의 공급이 중단되면, PtsG는 인산기를 보유하게 되고 Mlc는 풀려나게 된다.

결합된 Mlc는 유전자 발현을 억제할 수 없다; 따라서, 포도당의 존재는 포도당 흡수와 대사에 관련된 유전자들의 발현을 간접적으로 유도한다.

4.4. 활성자와 억제자들은 공유결합에 의해 변형될 수 있다

어떤 조절 단백질들은 별도의 독립적인 신호분자와 결합하지 않는다. 대신에, 일부 활성자와 억제자들은 화학적으로 변형된다. 대부분의 경우, 이런 조절은 대개 인산기와 같은 화학기의 결합에 의해 이루어진다(아래 참조). 이보다 드물게, 조절 단백질은 산화 또는 환원과 같은 몇 가지 방식에 의해 화학적으로 변형된다.

산화 또는 환원에 의해 변형되는 박테리아 조절 단백질의 예는 활성자인 OxyR과 Fnr이다. OxyR은 과산화수소 또는 황화수소기를 이황화결합으로 산화시키는 다른 산화제에 의해 활성형으로 전환된다(그림 16.19A). 활성화된 OxyR은 산화적 손상으로부터 박테리아 세포를 보호하는데 관여하는 유전자 그룹의 발현을 활성화한다.

반대로, Fnr은 산화된 상태에서는 비활성이고, 환원되면 활성자가 된다. 이 경우, Fnr의 N-말단 부위에 있는 Fe_4S_4 **철 황 군집**이 혐기성 조건에서 환원된다. 환원된 Fnr 단백질은 2합체를 형성하게 되며, C-말단에 있는 DNA-결합 부위의 형태가 변한다(그림 16.19B). 활성화된 Fnr은 질산염 환원효소, 푸마르산염 환원효소, 포름산염 탈수소효소와 같은 **혐기성 호흡**에 관여하는 유전자 발현을 활성화시킨다.

일부 신호는 단백질 분자들에 대해 화학적 변화를 구성한다.

5. 2개의 구성요소로 이루어진 조절 체계

화학기의 공유결합적 첨가(전체 신호분자와 결합하는 것과는 반대로)는 효소와 DNA-결합 단백질의 활성을 조절하기 위해 광범위하게 사용된다. 인산기가 가장 보편적으로 사용되는 기능기이지만, 메틸기, 아세틸기, AMP, ADP-ribose 부분 등도 사용될 수 있다.

신호감지 단백질과 조절인자 단백질은 종종 두 가지 구성요소 조절 체계로써 함께 작용한다.

인산기를 이용하는 많은 종류의 조절 체계는 **2개의 구성요소 조절 체계**이다. 이런 조

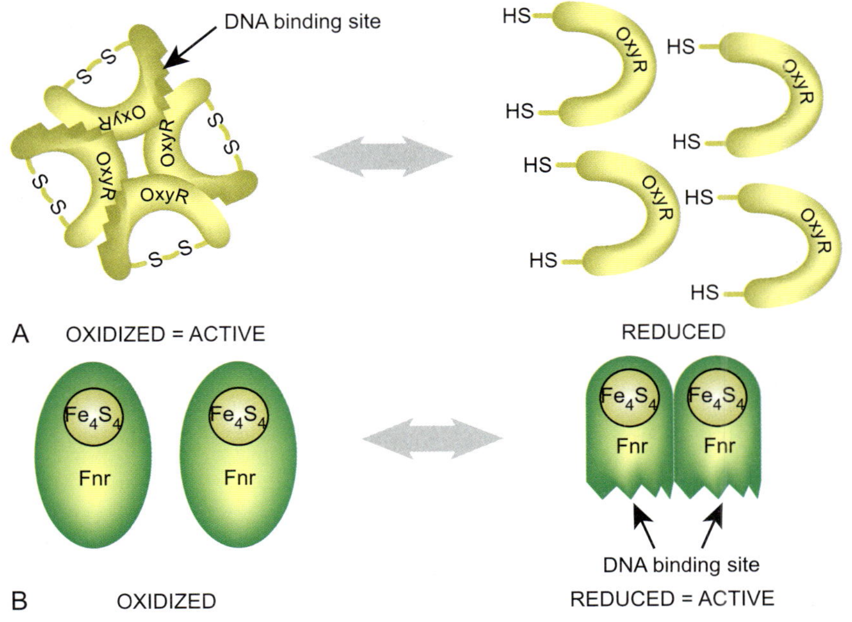

그림 16.19
산화 또는 환원에 반응하는 조절 단백질

A) OxyR은 DNA-결합 이황화-결합 형에서 비활성인 황화수소 형으로 변화한다. B) 환원된 상태의 Fnr은 활발히 DNA에 결합할 수 있으나, 산화된 상태에서는 DNA에 결합하지 못한다. 단량체로 해체된 형태의 Fnr은 두 경우 모두에서 DNA에 결합할 수 없다는 점을 주목하라.

혐기성 호흡(anaerobic respiration) 산소 대신 다른 산화제(예, 질산염)를 이용하는 호흡
철 황 군집(iron sulfur cluster) 단백질에서 발견되며 산화/환원 반응에 관여하는 철과 황 원자 그룹
2개의 구성요소 조절 체계(two-component regulatory system) 2개의 단백질 즉, 신호감지 인산화효소와 DNA-결합 조절자로 이루어지는 조절 체계

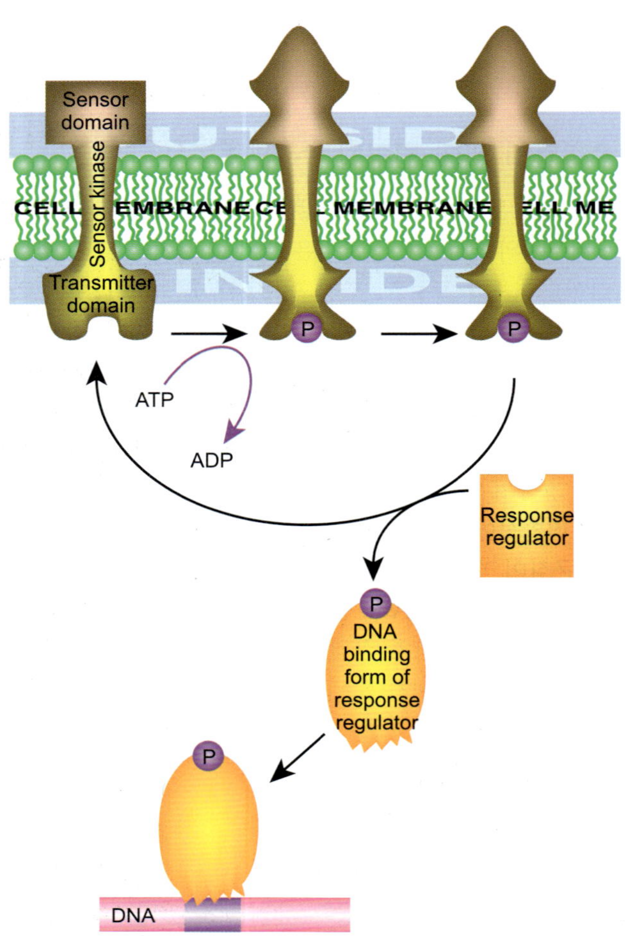

그림 16.20

2개의 구성요소 조절 체계의 모델

2개의 구성요소 조절 체계는 세포막 구성요소와 세포질 구성요소를 포함한다. 세포 밖에 노출된 인산화효소의 신호감지 도메인은 환경변화를 감지하고, 감지된 신호는 신호전달자 도메인의 인산화를 일으킨다. 반응 조절인자 단백질이 인산기를 받아들이고, 그 결과로써 형태 변화가 일어나서 DNA에 결합하게 된다.

표 16.02 대장균에 있는 2개의 구성요소 조절 체계

자극/기능	신호 감지기	조절자
산소 결핍	ArcB	ArcA
삼투 농도, 외피 단백질	EnvZ	OmpR
삼투 농도, 칼륨 수송	KdpD	KdpE
인산 결핍	PhoR	PhoB
질소 대사	NtrB	NtrC
질산염 호흡	NarX	NarL
질산염 및 아질산 호흡	NarQ	NarP

절 체계는 흔히 박테리아에 특징적인 것으로 간주되지만, 효모와 점균류를 포함하는 하등 진핵생물에서도 발견되었다. 명칭이 의미하는 바와 같이, 이 조절 체계는 유전자 발현을 조절하기 위해 협력하는 2개의 단백질로 이루어진다. 첫 번째 구성요소는 인산화된 경우에만 DNA와 결합하는 DNA-결합 조절인자 단백질이다. 두 번째 구성요소는 환경 변화를 감지해서 형태를 변화시키는 **신호감지 인산화효소**이다. 형태적 변화는 신호감지 인산화효소로 하여금 ATP를 사용해서 자기 자신을 인산화하도록 하고, 인산기를 DNA-결합 조절자로 전달한다(그림 16.20).

대장균에는 많은 수의 2개의 구성요소 조절 체계가 존재한다(예시를 위해 표 16.02 참

신호감지 인산화효소(sensor kinase) 특정 신호(흔히 환경적 자극, 그러나 때로는 내적인 신호)를 감지했을 때 자기 자신을 인산화시키는 단백질

Gora KG, Tsokos CG, Chen YE, Srinavasan BS, Perchuk BS, Laub MT (2010) A cell-type-specific protein-protein interaction modulates transcriptional activity of a master regulator in *Caulobacter crescentus*. Mol. Cell 39:455–467

*C. crescentus*는 분화를 연구하기 위한 좋은 모델이 되는 원핵생물이다. 왜냐하면 초승달형 박테리아가 두 가지 서로 다른 세포 형태로 분열하기 때문이다. 모 세포는 담수나 바닷물에서 토양이나 고체 표면에 부착하는 자루(stalk)를 가지고 있다. 세포분열 후, 유주세포(swarmer cell)라 불리는 딸 세포는 편모를 형성해서 새로운 장소로 멀리 헤엄치는데, 그곳에서 딸 세포는 표면에 다시 부착해서 자루세포(stalked cell)로 전환한다. 유주세포에서 자루세포에 이르는 단계는 세포주기 단계에서 고도로 조절된다. G1기에서, 유주세포는 자루세포로 분화한다. 부착 후, 자루세포는 세포주기를 진행시킬 능력이 있다. 먼저, 세포는 S기 동안 DNA를 복제해서 나눈다. 다음으로, 자루세포는 M기 동안 둘로 나누어지고, 표면에 부착할 때까지 G1기에 머물러 있는 또 다른 유주 딸 세포를 만든다.

이상의 일들은 2개의 구성요소 조절 체계에 의해 조절된다. *C. crescentus*에서, 반응조절자인 CtrA는 세포주기 진행의 만능 조절자이다. 인산화된 CtrA(CtrA~P)는 G1기 유주세포에 풍부하며, 아마도 DnaA 단백질의 결합을 불가능하게 함으로써 복제기점을 무력화시킨다. 세포가 부착하고 G1기 동안 자루세포로 분화함에 따라, CtrA는 탈인산화되어 파괴되고, DNA 생합성을 개시시키기 위하여 복제 원점을 노출시킨다. S기 동안, CtrA 유전자(*ctrA*)는 전사되고 인산화된 더 많은 단백질로 해독된다. 세포주기의 이 시점에서, CtrA~P는 G2기와 M기에 사용되는 유전자들의 전사를 유도하는 활성인자 단백질로 작용한다. 흥미롭게도, CtrA~P는 G1기 동안에는 이들 유전자들을 활성화하지 않는다; 그러므로, 몇 가지 다른 인자가 CtrA~P가 전사활성자로 작용할 것인지의 여부를 조절한다.

이 논문에서, 저자들은 CtrA~P가 전사를 촉진할 수 있는지의 여부를 결정하는 가능성있는 하나의 후보 유전자를 찾아내었다. sciP(small CtrA inhibitory protein)라 불리는 유전자는 helix-turn-helix 부위를 갖는 하나의 단백질을 암호화하는데, 이는 그 단백질이 DNA에 결합한다는 것을 제시한다. 이 논문은 이 단백질이 G1기 동안 CtrA가 유전자 전사를 활성화시키지 못하게 하는 증거를 제시한다. SciP는 G1기 동안에만 발견되었고, 만길 SciP가 G1기 동안 고갈되면, 정상적으로는 G1기 동안 억제되는 CtrA 활성화 유전자들이 활성화되었다. 저자들은 SciP가 물리적으로 CtrA~P와 상호작용하며, 이 두 단백질의 복합체는 RNA 중합효소가 CtrA 활성화 유전자들의 프로모터에 결합하지 못하게 한다는 것을 확인하였다.

관련 연구에 대한 초점

이 결과는 세포주기 의존성 유전자 발현의 모델을 제시한다. SciP는 G1기에 풍부하며, CtrA 조절 유전자들의 프로모터에서 CtrA~P에 결합한다. 두 단백질의 복합체는 RNA 중합효소가 프로모터에 결합하지 못하게 하고, 어떠한 CtrA 조절 유전자도 발현되지 않는다. 이 상태에서, 새로 합성된 CtrA~P는 자유로운 상태에서 복제기점에 결합함으로써, 복제를 차단한다. 세포가 S기에 들어감에 따라, CtrA는 탈인산화되어 파괴됨으로써 SciP와 CtrA~P 억제자 복합체는 프로모터에서 제거된다. 게다가, DnaA는 복제기점에 결합할 수 있으며 DNA 복제는 CtrA~P 없이도 시작할 수 있다. 이 시간 이후, 더 많은 CtrA 단백질이 만들어지고 인산화되지만, 세포주기의 이들 단계 동안 SciP가 존재하지 않는다. SciP가 없을 때, CtrA~P는 CtrA에 의해 조절되는 유전자들에 결합해서 RNA 중합효소를 끌어오고, RNA 중합효소 결합 부위로부터 상류에 CtrA~P 결합 부위를 갖는 유전자들에 대해 전사가 활성화된다. 다른 유전자들에서, CtrA~P는 RNA 중합효소 결합 부위에 결합해서 전사를 억제한다. 이르인해 세포는 S기에서 G2기로 움직이고 새로 만들어진 딸 세포는 유주세포로 전환된다(그림 16.21).

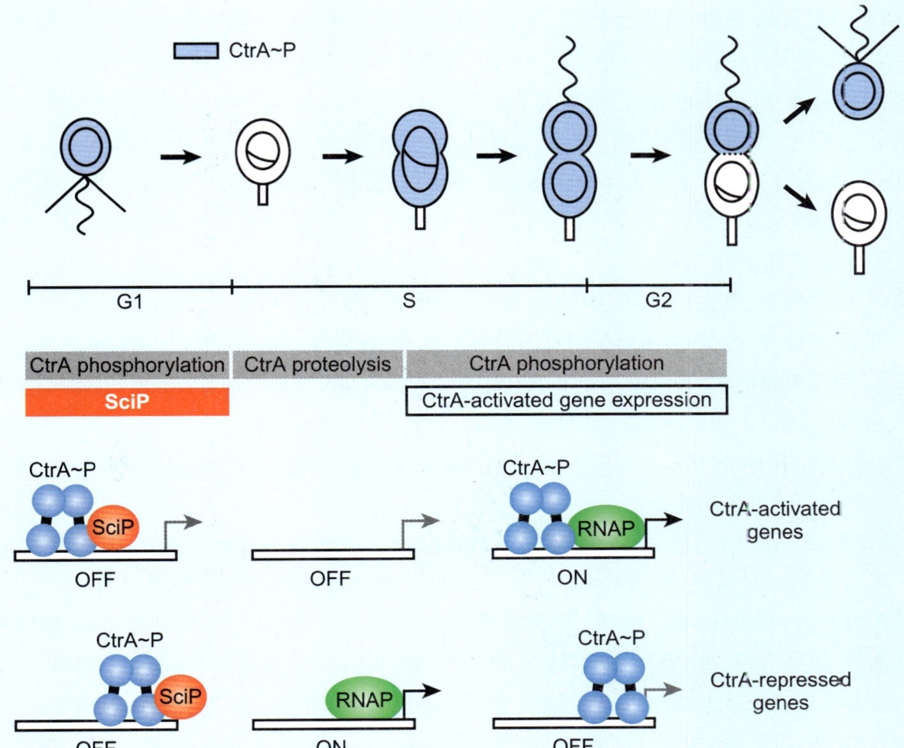

그림 16.21
***Caulobacter* 세포분열의 조절**

Caulobacter 세포분열 주기 요약을 맨 위에 그림으로 나타내었다. G1기에 있는 세포에서, CtrA 단백질은 인산화되고 SciP가 발현된다. 이들 2개의 조절 요소가 협력하여 CtrA에 의해 활성화되거나 억제되는 유전자들의 전사를 방해한다. S기(DNA 합성기)가 시작되면, CtrA 단백질은 단백질분해효소에 의해 분해된다. CtrA의 부재는 RNA 중합효소가 CtrA에 의해 억제되는 유전자들을 전사시키도록 해준다. S기 중반기에, CtrA가 다시 만들어지고 처음처럼 인산화된다. 그러나, SciP의 부재는 CtrA가 활성인자 단백질로 작용할 수 있도록 해주고, CtrA에 의해 활성화되는 유전자들이 발현된다.

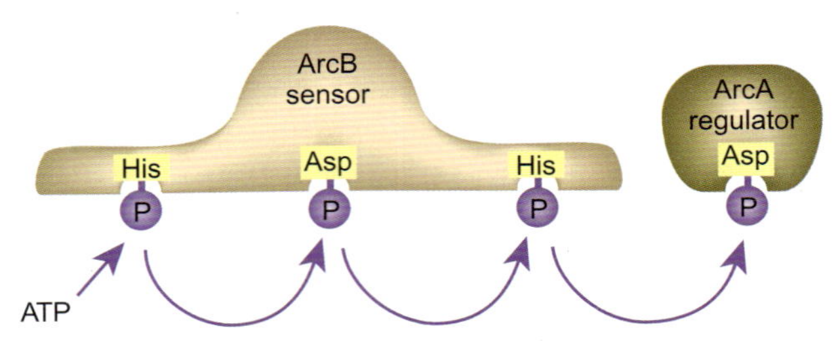

그림 16.22
네 개의 도메인에 의한 인산기 중계

ArcAB 2개의 구성요소 조절 체계는 세포막 신호감지 분자인 ArcB와 DNA-결합 조절인자 단백질인 ArcA로 이루어진다. ArcB 신호감지 단백질을 따라 인산기의 이동 방향이 그림에 설명되어 있다. 인산기는 최종적으로 ArcB 감지 단백질에서 ArcA 조절 단백질로 전달된다. *(출처: Gora, K. G., Tsokos, C. G., Chen, Y. E., Srinavasan, B. S., Perchuk, B. S., Laub, M. T. (2010) A cell-type-specific protein-protein interaction modulates transcriptional activity of a master regulator in Caulobacter crescentus. Molecular Cell, 39(3) 455-467. Copyright 2010 Elsevier Inc. All rights reserved.)*

조). 대부분의 경우, 신호감지 인산화효소는 어떤 종류의 물리적 조건(예, 환기, 삼투압)이나 영양분(예, 인산염, 질산염)을 인지하는 막관통 단백질이다. DNA-결합 조절자는 활성자나 억제자로 작용할 수 있다. ArcAB 체계는 혐기성과 호기성 조건을 감지한다. 혐기성 조건하에서, ArcB는 자신을 인산화시킨 후, ArcA를 인산화시킨다. ArcA~P 조절자는 혐기성 대사를 위해서만 필요한 약 20개의 유전자를 억제하며, 산소가 없거나 매우 낮을 때 요구되는 6종의 유전자 발현을 활성화시킨다.

2개의 구성요소 조절 체계는 여러 다른 박테리아에도 존재한다. 결핵의 원인균인 *Mycobacterium tuberculosis*에서 몇 가지 병원성 인자들이 2개의 구성요소 조절자에 의해 조절된다. PhoP는 그와 파트너를 이루는 신호감지 인산화효소인 PhoR에 반응하여 특정 병원성 인자 유전자의 전사를 유도하는 DNA-결합 조절자이다. PhoR은 숙주 생물체 내부에 있는 것을 감지했을 때 스스로를 인산화시킨다. PhoP에서의 돌연변이는 병원성을 감소시키고 결핵 치료에 도움을 준다. 2개의 구성요소 체계는 박테리아가 서로 다른 세포 형태 사이의 분화를 보여주는 드문 경우에도 관여한다(앞 페이지에 있는 관련 연구에 대한 초점 참고).

5.1. 인산기 중계 체계

2개의 구성요소 조절 체계에서 인산기 전달경로는 사실상 4개의 단백질 부위가 관여한다. 이들 부위는 서로 다른 조절 단백질 사이에서 고도로 보존되어 있으며, 두 가지 유형으로 나누어진다; 인산기가 히스티딘 잔기에 결합하는 유형과 인산기가 아스파르트산에 의해 운반되는 유형. 전형적인 인산기 중계의 경우, 인산기는 His → Asp → His → Asp로 전달된다. ArcAB 체계의 경우, 처음 3개의 인산결합 부위는 ArcB 단백질에 존재하고 네 번째 부위는 ArcA에 있다(그림 16.22).

신호는 종종 인산기를 붙이거나 제거함으로써 전달된다.

2개의 구성요소 조절 체계 외에도, 다른 조절 체계가 인산기 중계를 사용한다. 단백질의 수, 인산기-결합 부위의 전체 수 및 이들의 배열은 각 조절 체계에서 서로 다르다. 예를 들면, 광범위하게 퍼져있는 Rcs 체계는 5개의 주요 단백질을 갖는다(다음 페이지에 있는 관련 연구에 대한 초점 참고). 이 조절 체계의 끝에 있는 조절 단백질은 인산화되는 과정에서 DNA에 결합할 수 있거나, 하나 이상의 효소를 활성화/불활성화시킬 수 있다. 진핵세포, 특히 다세포 생물체에는 하나 이상의 인산기 중계 체계를 포함하는 다수의 고도로 복잡한 신호전달 경로들이 있다.

2개의 구성요소 조절 체계와 인산기 중계는 에너지를 만들어내기 위해서 광합성을 사용하는 조류 그룹에 속하는 시아노박테리아에서도 발견된다. 시아노박테리아는 지구상에 있는 모든 서식처에서 발견되며, 대략 100억년 동안 존재해왔다. 사실, 식물 엽록체는 진핵 숙주 세포 내에서 공생관계를 유지한 퇴화된 시아노박테리아로 믿어지고 있다. 진화과정 동안, 광합성 유전자들이 유지되었고, 독립적인 생장을 위해 남아있던 유전자들은 소실되었다.

일부 시아노박테리아는 보색 적응(complementary chromatic adaptation, CCA)이라는 과정을 통해 붉은 벽돌색에서부터 녹색에 이르기까지 색을 변환시킬 수 있다. 이 박테리아는 녹색광에서는 적색, 적색광에서는 녹색으로 된다. 이 박테리아는 환경으로부터 오는 이용 가능한 빛을 흡수하기 위하여 피코빌리솜(phycobilisomes)이라는 안테나를 사용한다. 피코빌리솜은 피코빌리단백질(phycobiliproteins)이라는 단백질로 이루어지며, 이용 가능한 빛에 따라 적색 단백질(phycoerythrin, PE)에서 녹색 단백질(phycocyanin, PC)로 변환한다. 적색광은 이 빛을 흡수하는 PC의 발현을 활성화시킨다

관련 연구에 대한 초점

Schmöe K, Rogov VV, Rogova NY, Löhr F, Güntert P, Bernhard F and Dötsch V (2011) Structural insights into Rcs phosphotransfer: the newly identified RcsD-ABL domain enhances interaction with the response regulator RcsB. Structure 19:577–587.

Rcs 체계는 원래 캡슐 형성 조절자로서 발견되었다. 그러나, Rcs는 세포분열, 바이오필름 형성 및 병원성을 비롯한 다양한 현상에 관여한다. Rcs 체계는 대장균, *Salmonella*와 같은 장내 박테리아를 비롯한 그람음성 박테리아 사이에 널리 분포한다.

Rcs 인산기 중계 체계는 5개의 구성요소를 갖는다: RcsF, RcsC, RcsD, RcsB 그리고 RcsA. 신호감지자인 RcsF는 자가인산화에 의한 연쇄를 촉발시키는 외막 지질단백질이다. 인산기는 RcsC와 RcsD를 거쳐 DNA 결합 단백질인 RcsB로 이동한다. RcsB 단백질은 인산화 수준에 따라 단독으로 또는 RcsA 단백질과 협력하여 DNA에 결합한다.

논문의 저자들은 RcsB와 상호작용하는 RcsD 단백질 상에 존재하는 새로운 도메인을 찾아내었다. 저자들은 그 도메인의 구조를 결정하였고, 그 도메인과 RcsB의 상호작용을 상세히 조사하였다. 저자들은 컴퓨터 모델링과 더불어 민감한 NMR 분광학 방법을 사용하였다. 최종적으로, 저자들은 RcsB/RcsD 복합체의 구조 모델을 만들어냈다.

(그리고 녹색광이 반사되기 때문에 녹색으로 보인다). 반대로, 녹색광에서, PE에 대한 유전자의 발현이 활성화된다. 두 유전자는 신호감지 히스티딘 인산화효소인 RcaE에 의해 조절되는데, RcaE는 단백질의 세포 외부 표면에 빛 감지 색소를 갖는다. RcaE의 빛에 의한 활성화는 자가인산화를 촉발시키고 인산기는 RcaF로 전달된다. 적색광에서, 인산기는 RcaC로 전달되는데, RcaC는 PC 유전자 프로모터에 결합함으로써 PC의 전사를 활성화시킨다. 시아노박테리아에서 2개의 구성요소 체계의 발견은 이러한 형태의 유전자 발현 조절이 진화과정을 통해 사용되어 왔음을 제시한다.

6. 특이적인 조절과 전반적인 조절

많은 박테리아는 포도당뿐만 아니라 과당(과일에 있는 당), 젖당(우유에 있는 당), 엿당(전분 분해에서 유래한)과 같은 다양한 범위의 당에서 생장할 수 있다. 포도당과 같은 선호하는 당이 존재할 때, 과당, 젖당 또는 엿당과 같은 덜 선호하는 당은 사용되지 않는다. 포도당이 고갈되었을 때만 다른 당이 사용될 것이다. 분자적인 용어로, 이것은 포도당이 이용가능할 때, 다른 당을 사용하기 위한 유전자들은 발현되지 않는다는 것을 의미한다.

동류오페론은 동일한 조절 단백질에 의해 동일한 신호에 반응하여 발현되거나 발현되지 않는 몇몇 유전자 또는 오페론 집단이다. 특정 동류오페론의 구성원들은 별도의 프로모터를 가지며 염색체 상에 넓게 퍼져있다. 대장균에 있는 동류오페론의 두 가지 예가 말토오스를 이용하기 위한 유전자들인데, 몇 개의 오페론과 아르기닌의 생합성을 위한 유전자로 나누어진다. 아르기닌 동류오페론은 생합성과 수송을 위한 12개의 유전자로 구성되는데, 이들은 염색체 상의 9개 구역에 산재되어있다. 유전자들은 억제자인 ArgR에 의해 조절받는데, 아르기닌이 보조-억제자로 결합하고 ArgR이 조절하는 어떤 유전자와도 연관되어 있지 않다.

위에서 언급한 바와 같이, 특이적 조절은 소규모 유전자 그룹에 대해 특이적인 신호에 의한 조절을 의미한다. 따라서, 알로-락토오스는 *lac* 오페론을 유도하고, 말토트리오스는 *mal* 동류오페론을 유도하는 등이다. 대조적으로, **전반적 조절자**는 보다 일반적인 신호나 자극에 반응하여 많은 수의 유전자를 조절한다. 대부분의 유전자는 특이적인 신호와 전반적 신호 모두에 반응한다. 따라서, *lac* 억제자에 의한 특이적 조절 외에도, *lac* 오페론은 전반적 활성인자 단백질인 **Crp**에 의해서도 조절받는다. 이와 유사하게, 말토오스 유전자는

전반적 조절자(global regulator) 대개 몇 가지 자극이나 발달 단계에 반응하여 대규모 유전자들을 조절하는 조절자
CRP(cyclic AMP receptor protein) cyclic AMP와 결합한 후 DNA에 결합하는 박테리아의 단백질
동류오페론(regulon) 염색체 상의 서로 다른 곳에 존재하더라도 동일한 조절 단벅질에 의해 조절되는 한 무리의 유전자나 오페론

전반적 조절자는 커다란 유전자 집단을 조절한다.

특이적 활성인자 단백질인 MalT에 의해서 조절 받으며, Crp에 의해서도 조절받는다. 따라서, Crp는 전체적인 탄소원 활용도에 반응하며, 서로 다른 당 사이의 선택을 매개한다.

6.1. Crp 단백질은 전반적 조절 단백질의 한가지 예이다

전반적 조절인자인 Crp는 신호분자인 cyclic AMP와 결합한다.

Crp는 말토오스, 락토오스 및 포도당에 비해 덜 선호하는 다른 영양분을 사용하는 유전자를 발현시키기 위해 필요한 전반적 활성인자 단백질이다. Crp 단백질은 다른자리입체성이다. DNA에 결합하여 유전자 발현을 촉진하기 위해서, Crp는 먼저 신호분자인 cyclic AMP와 결합해야만 한다. Crp가 cyclic AMP와 결합하면, 이 단백질은 2합체를 형성하며, 이 2합체가 프로모터의 상류쪽 DNA에 있는 인식부위에 결합한다. Crp의 존재는 RNA 중합효소가 프로모터에 결합하는 것을 도와준다(그림 16.23).

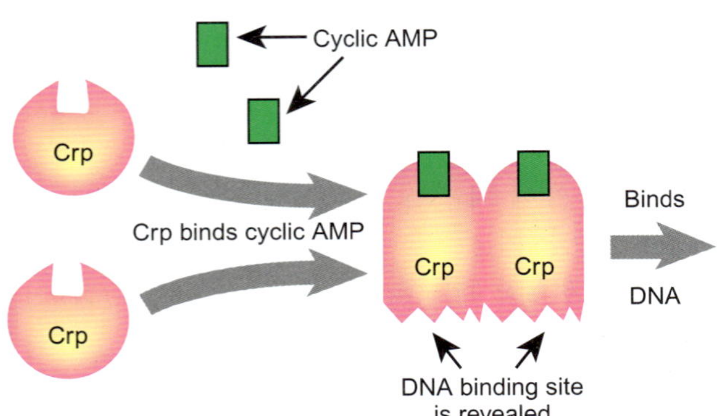

그림 16.23
Cyclic AMP와 전반적 조절자인 Crp

개개의 Crp 단위 단백질이 cyclic AMP와 결합하여 DNA 결합 능력을 가진 이량체를 형성한다.

Cyclic AMP는 박테리아 세포에게 선호하는 에너지원인 포도당이 고갈되었음을 알리는 전반적 신호이다. 이러한 일이 일어났을 경우에만 덜 선호하는 영양분을 사용하기 위한 유전자가 발현될 수 있다. 결과적으로, 어떤 고유의 당(즉, 락토오스)을 사용하기 위한 유전자를 발현시키기 위해서, 고유의 신호(락토오스의 활용 가능성)와 영양분에 대한 요구를 나타내는 전반적 신호(cyclic AMP) 모두가 요구된다. 이러한 역할 때문에, Crp는 이화물 활성인자 단백질(catabolite activator protein)을 뜻하는 CAP으로 불려왔다.

따라서 *lac* 오페론이 발현될 것인지 아닌지의 여부는 2개의 조절인자 단백질 LacI와 Crp에 달려있다. 다양한 가능성이 그림 16.24에 설명되어 있다. 억제자인 LacI가 존재하지 않고 Crp 단백질이 존재할 때에만, Crp 단백질이 RNA 중합효소가 프로모터에 결합하는 것을 도와줄 수 있고 mRNA를 만들 수 있다.

6.2. 조절 뉴클레오티드

Cyclic AMP는 박테리아와 고등생물 모두에 있는 많은 조절 체계에서 핵심 신호분자이다. Cyclic AMP는 핵산 전구물질에서 유래되었기 때문에, **조절 뉴클레오티드**로 알려져 있다. 다른 조절 뉴클레오티드로는 cyclic 구아노신 1인산(cyclic GMP; 주로 동물에서 중요), cyclic 다이구아노신 1인산(c-di-GMP; 박테리아에서 바이오필름 생성에서 중요), 구아노신 4인산(ppGpp; 박테리아에서 가혹 조건/영양분 결핍 반응을 조절)을 들 수 있다.

Cyclic AMP는 아데닐산 고리화 효소에 의해 ATP로부터 합성된다. 박테리아에서, 포도당은 cyclic AMP의 생합성을 저해하며, 또한 세포 밖으로 cyclic AMP의 수송을 촉진한다. 포도당이 세포 내로 유입되었을 때, cyclic AMP 수준은 떨어지고, Crp 단백질은 DNA에 결합할 수 없으며, RNA 중합효소는 이화산물 억제를 받아서 오페론의 프로모터에 결합하지 못한다. 따라서, 이화산물 억제는 보다 나은 에너지원(포도당)의 존재에 의한 간접적인 결과이다. 이화산물 억제의 직접적인 매개인자는 cyclic AMP의 낮은 수준이다(그림 16.25).

Cyclic di-GMP는 많은 박테리아에서 자유 유영과 바이오필름 생활 방식 사이의 전이를 조절한다. 이들 조절 네트워크는 대개 복잡하며 몇 가지 근원에서 오는 입력 정보를 통합한다. 바이오필름은 박테리아로 하여금 해로운 상황에서 확고한 발판을 유지하도록 해준다. 예를 들면 표면에 단단히 결합하는 필름을 형성하는 것은 박테리아로 하여금 빠르게 흐르는

조절 뉴클레오티드(regulatory nucleotide) 변형되어 신호분자로 사용되는 핵산 염기

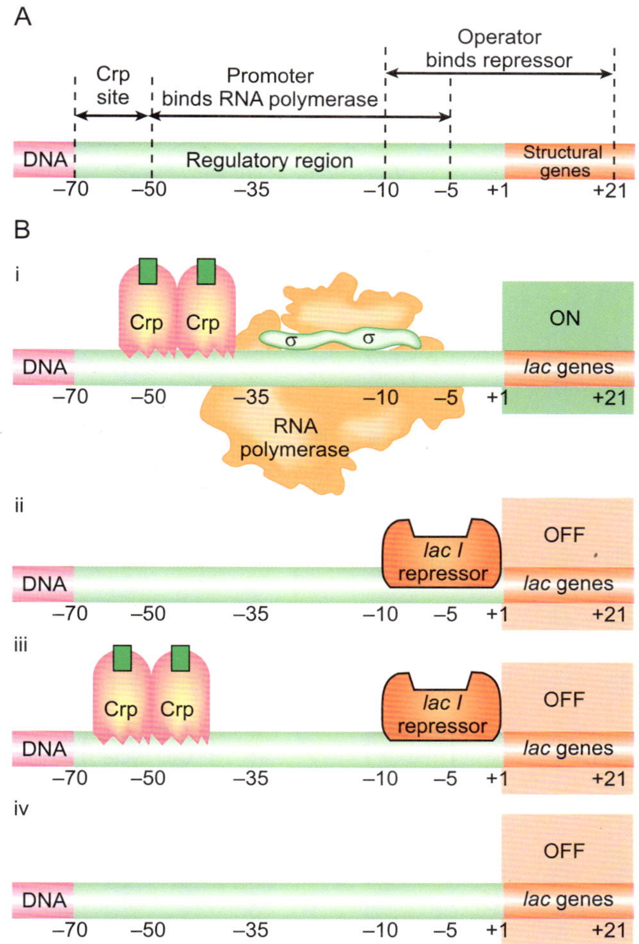

그림 16.24
***lac* 오페론의 총체적인 조절**

A) 주요 조절 요소들을 *lac* 오페론에 있는 구조유전자와 관련지어 그림으로 나타내었다. B) 네 가지 시나리오 중에서 첫 번째만이 *lac* 오페론의 발현을 유도한다. 시나리오 (i)에서, 포도당이 존재하지 않음으로 해서, CRP (+ cyclic AMP)가 결합한다. 그리고 락토오스가 존재함으로 해서 LacI 억제자가 유도원과 결합함으로 인해 DNA로부터 제거된다. 시나리오 (ii)에서, 포도당이 존재함으로 해서, CRP가 존재하지 않게 된다. 그리고 락토오스 역시 존재하지 않음으로 해서, LacI는 여전히 DNA에 결합되어 있다. 시나리오 (iii)에서, 포도당과 락토오스 모두 존재하지 않는다. 그리고 CRP가 존재하더라도, LacI 억제자는 여전히 전사를 차단한다. 시나리오 (iv)에서, 락토오스가 존재함으로 해서 LacI 억제자가 DNA로부터 제거된다. 그러나, 포도당이 존재함으로 인해 CRP는 존재하지 않게 되고 RNA 중합효소는 여전히 유전자를 전사할 수 없다.

시냇물에서 바위에 부착해서 살 수 있도록 해준다. 또한 박테리아는 바이오필름 형태로써 항공기 연료관을 막고 배뇨용 도관, 환풍기, 스텐트와 같은 임상기구에 서식할 수 있다.

건강 기구를 오염시키는 것과는 달리, 바이오필름은 직접적으로 박테리아의 병원성에 있어서도 중요하다. 가장 흥미로운 사례들 중의 하나가 림프절 페스트의 경우이다. 림프절 페스트를 일으키는 박테리아인 *Yersinia pestis*는 벼룩에 의해서 운반되며, 벼룩이 새로운 동물 숙주를 물 때 전달된다. 이 경우는 오염된 음식과 물에 의해 전파되며 장 질환을 야기하는 덜 치명적인 *Yersinia*의 다른 종과는 상당히 다르다. *Yersinia pestis*는 바이오필름을 형성함으로써 벼룩의 소화관을 막는다. 이로 인해 벼룩은 반복적으로 물게 되고 새로운 숙주를 감염시킨다. 많은 박테리아 바이오필름에서처럼, 바이오필름은 N-아세틸-D-글루코사민의 중합체에 의해 서로 연결된다. Cyclic-di-GMP는 많은 다른 박테리아에서처럼 *Yersinia pestis*에서 바이오필름 형성을 조절한다; 그러나 *Y. pestis*만이 벼룩 내부에서 바이오필름을 형성할 수 있다.

7. 보조인자와 핵양체-결합 단백질

대장균과 같은 박테리아에는 때때로 보조인자 또는 **히스톤-유사단백질**이라 불리는 몇 개의 다소 비특이적인 DNA-결합 단백질이 존재한다. 이 단백질들은 부분적으로 염색체의 구조

히스톤-유사단백질(histone-like protein) DNA에 비특이적으로 결합해서 핵양체의 구조를 유지하는 데 참여하는 박테리아의 단백질; 실제로는 진짜 히스톤과 많은 공통점을 가지고 있지 않다.

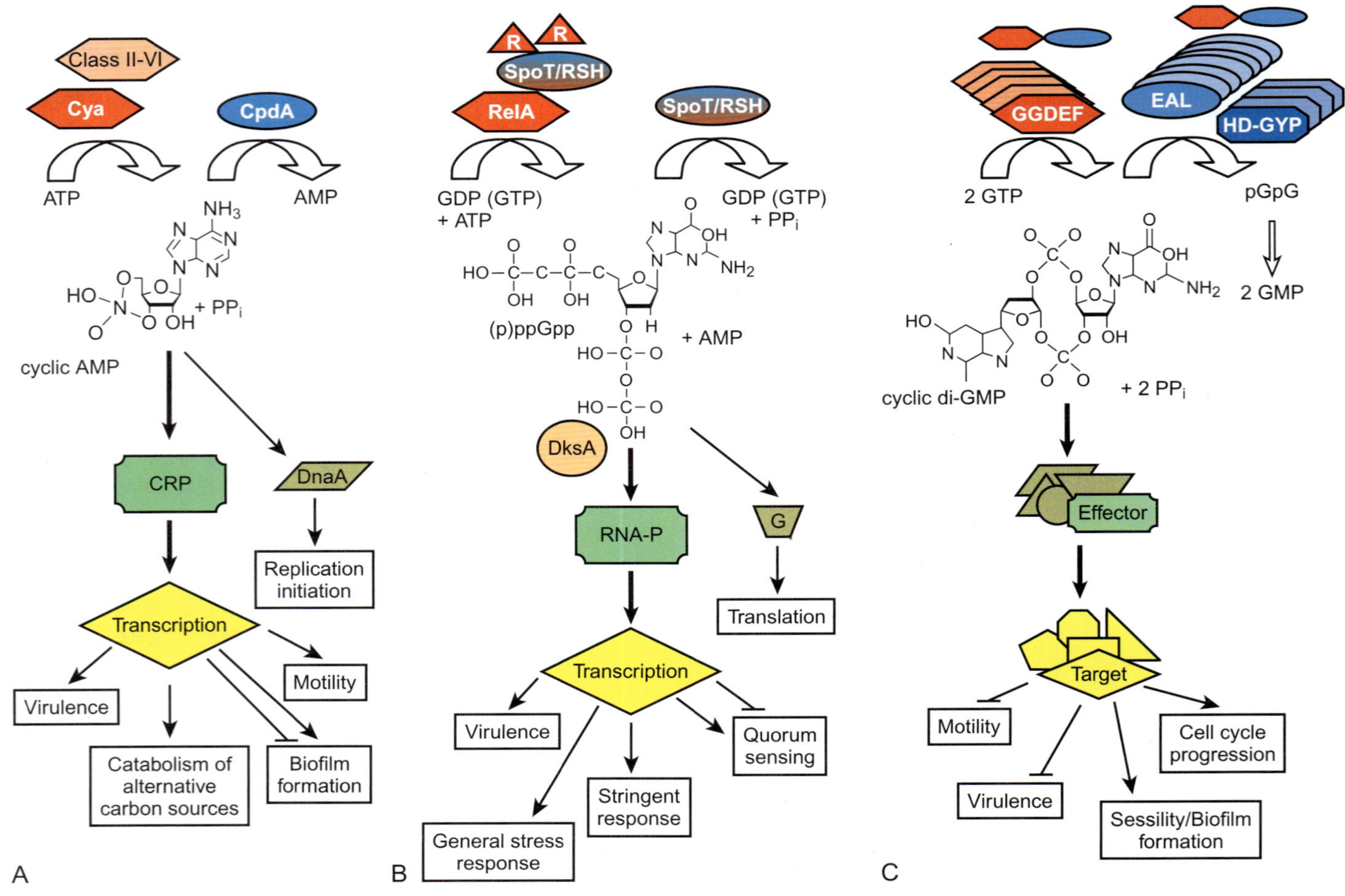

그림 16.25
박테리아는 유전자 발현을 조절하기 위하여 2차 전령을 사용한다

그림은 세 가지 기본적인 2차 전령 조절 체계를 보여준다. A) 인산기 전달효소 체계가 포도당이 존재하지 않는다는 신호를 보내게 되면, cyclic AMP (cAMP)가 아데닐산 고리화 효소(Cya)에 의해 합성된다. 포도당이 다시 존재하게 되면, 인산이에스테르화효소 (phosphodiesterase, CpdA)에 의해 cAMP는 분해된다. Cyclic AMP는 cyclic AMP 수용체 단백질(CRP)과의 상호작용을 통해 여러 종류 유전자들의 전사를 활성화시키며, 당 활용도에 있어서의 변화에 적응하기 위해서 DnaA 단백질을 통해 전사를 개시하게 한다. B) (p)ppGpp는 아미노산 결핍에 반응하여 GDP와 ATP의 RelA에 의한 변환에 의해 만들어지고, 아미노산이 풍부할 때 RelA/SpoT 상동단백질에 의해 분해된다. (p)ppGpp와 DskA는 RNA 중합효소에 직접 결합하여 생장 속도를 늦춤으로써 아미노산 결핍에 적응하기 위하여 여러 종류의 유전자들의 전사를 변화시킨다. C) Cyclic-di-GMP(c-di-GMP)는 "GGDEF"라 불리는 단백질 도메인을 가지는 효소들에 의해 2개의 GTP 분자로부터 만들어지고, "EAL"과 "HD-GYP"라 불리는 도메인을 가지는 단백질들에 의해 분해된다. 이러한 특이적인 도메인을 가지는 여러 사본의 효소가 존재한다. 이들 효소들이 발현될 때, cyclic-di-GMP는 아직도 연구되고 있는 다양한 표적 단백질을 통해 유전자 발현을 변화시킨다. 2차 전령인 cyclic-di-GMP는 바이오필름 형성 및 세포주기 조절과 관련된 유전자들을 활성화시킨다.
(출처: Pesavento C and Hengge R (2009) Bacterial nucleotide-based second messengers Curr Op Microbiol 12:170-176).

와 유전자 발현 조절에 관여한다. 이들 중의 일부(예, H-NS, StpA)는 유전자 발현을 억제하는 데 관여하지만, 다른 단백질들(예, HU, IHF)은 대개의 경우, 유전자 발현을 증가시킨다. 그러나 이런 조절 효과는 간접적이며 또 다소 비특이적인 경향이 있다.

대장균 및 유사한 박테리아에서 **H-NS(histone-like nucleoid structuring) 단백질**의 주된 역할은 핵양체 내에 있는 박테리아 DNA 구조를 유지하는 것이다. 핵양체라는 용어는 박테리아 염색체와 보조 단백질들에 의해 형성된 응축된 구조를 나타낸다. 그림 16.26에 설명한 바와 같이, H-NS 단백질은 구부러진 DNA 부위를 선호하기는 하지만 비교적

H-NS 단백질(histone-like nucleoid structuring protein) DNA에 비특이적으로 결합하여 핵양체가 보다 높은 단계의 구조를 유지하는 것을 돕는 박테리아 단백질

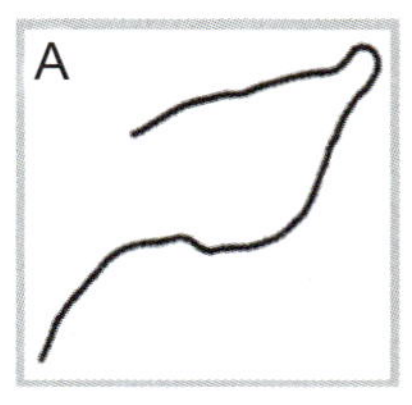

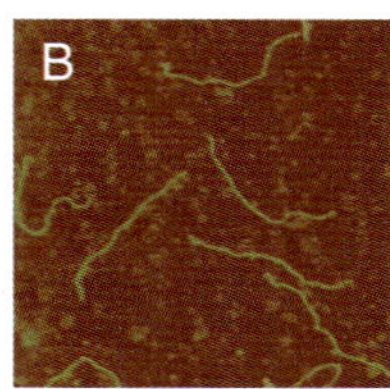

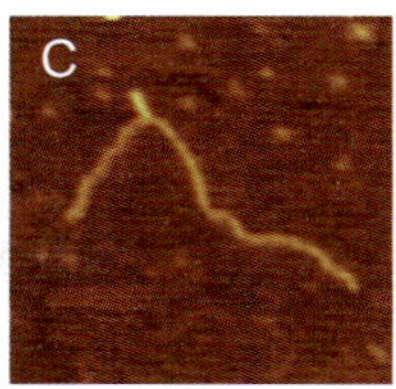

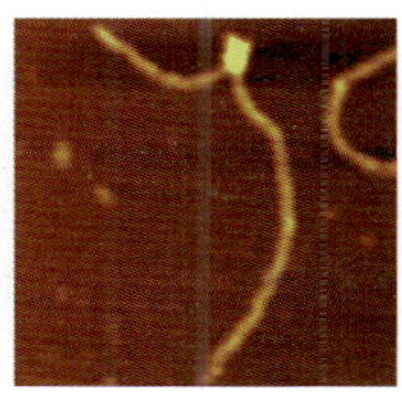
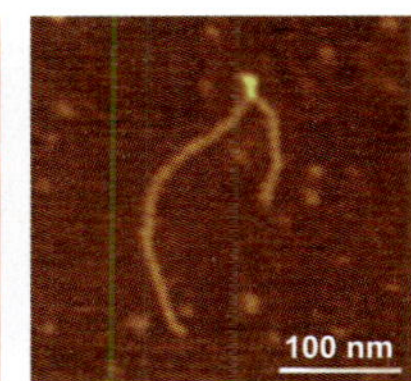

그림 16.26
H-NS는 굽은 DNA에 우선적으로 결합한다

A) 실험에 사용된 선형 DNA 절편의 구조로써 CURVATURE 프로그램에 의해 예측됨. 원래 구부러진 형태의 평면으로 절편을 보여준다. B) 원래 길이의 1/3 지점에서 구부러진 부분을 가진 나출된 선형 DNA 분자의 원자현미경 이미지. C) H-NS와 DNA를 반응시킨 후(하나의 H-NS 단량체/20 bp DNA), AFM으로 관찰한 사진. H-NS-DNA 복합체는 구부러진 DNA 구역들에서만 특이적으로 형성된다. 이미지는 300 X 300 nm 표면적을 보여준다. *(출처: Structural basis for preferential binding of H-NS to curved DNA. Dame RT, Wyman C, Goosen N, Biochimie 83 (2001) 231-234.)*

비특이적 방식으로 DNA와 결합한다. H-NS는 2개의 도메인 즉, DNA 결합을 위한 도메인과 단백질-단백질 상호작용을 위한 도메인으로 구성되어 있다. 이 2개의 도메인은 연결부위에 의해 연결되어 있다. H-NS는 DNA에 결합하고, DNA에 결합된 H-NS 단백질들은 서로 결합하여 4개 이상의 H-NS 단위로 구성된 집합체를 형성한다. 집합체를 형성함에 따라, DNA는 H-NS 단백질들의 중심부에서 바깥쪽으로 뻗어 나온 고리를 형성한다.

박테리아 DNA는 비특이적으로 결합하는 단백질로 덮여 있다.

더구나, H-NS는 박테리아 염색체에 흩어져 존재하는 다양한 유전자들의 조절 부위에 더 강한 친화력을 갖고 결합한다. H-NS는 대장균 염색체에 있는 약 350개의 A/T가 풍부한 부위에 결합하는 것은 선호하는 데(대장균 게놈의 약 10-15%), 그곳에서 유전자 발현을 억제한다. 이들 유전자의 대부분은 몇 종류의 환경 조건에 반응한다는 점 외에는 서로 연관성이 없다. 진정한 전반적 조절자들과는 달리, H-NS는 특정한 반응의 조절에 관여하지도 않고 또, 특정 신호에 대하여 반응하지도 않는다; 그러므로, 이러한 효과를 **유전자침묵**이라 부른다. 이들 유전자의 발현 유도를 위해서는 침묵을 극복하고 H-NS 결합을 재구성하기 위한 특이적인 전사 활성자가 필요하다.

StpA 단백질은 H-NS와 매우 유사하지만 세포 내에 소량으로 존재하며 특정 스트레스 조건 하(예, 고온이나 높은 삼투압)에서 많이 존재한다. StpA와 H-NS의 단백질 결합-도메인은 서로 결합할 수 있으므로 이들 2개의 단백질은 혼성 집합체를 이룰 수 있다. StpA는 H-NS에 비해 더 적은 수의 유전자 발현을 침묵시킨다. 특히, StpA는 스트레스에 의해 유도되는 유전자의 발현을 허용한다. 예를 들면 높은 삼투압 하에서 발현되는 *proU* 유전자는 H-NS에 의해서는 발현이 억제되지만 StpA에 의해서는 억제되지 않는다.

7.1. 원거리 작동과 DNA 고리화

HU와 **IHF** 단백질은 종종 유전자 발현에 있어서 촉진인자로 요구된다. 두 단백질들은 2개의 서로 다른 소단위로 구성된 **이형이합체**이다. 4개의 소단위체(각 단백질에서 2개씩 유래)는 서열과 3차 구조가 유사하며, 또 HU와 IHF는 어느 정도까지는 서로의 기능을 대신할 수 있다. HU는 비교적 비특이적인 반면, IHF는 HU 보다는 특이적이다. HU와 IHF는 둘 다 DNA를 굽히는데 참여하는 단백질들의 본보기이다(이 점에서 이들 단백질은

HU 단백질(heat-unstable nucleoid protein) 낮은 특이성으로 DNA에 결합하여 DNA의 구부러짐에 관여하는 박테리아의 단백질
이형이합체(heterodimer) 2개의 서로 다른 소단위체로 이루어진 이량체
IHF(integration host factor) DNA를 구부려서 특정 유전자의 전사 개시를 도와주는 박테리아의 단백질; 박테리오파아지 람다가 대장균의 염색체로 통합되는 것을 도와주는 역할을 하기 때문에 이와 같이 명명됨
유전자침묵(silencing) 유전학적 용어로, 비교적 비특이적인 방식으로 유전자 발현을 억제하는 것을 나타냄

H-NS와 다른데, H-NS는 DNA 염기서열의 특징에 의해 이미 구부러진 DNA에 결합한다). 두 단백질은 DNA를 적절한 형태로 굽게 만듦으로써 DNA의 통합, 역위, 및 재조합이 일어나도록 도와준다(24장 참조). 또한 두 단백질은 전사가 일어나기 위해서 그 유전자의 상류 부분에 있는 DNA가 굽어져야 하는 유전자들의 발현에 영향을 미친다. 또한 다양한 다른 보조 단백질, 활성인자 단백질, 억제인자 단백질이 DNA의 고리화에 관여한다.

DNA는 일부 조절 단백질에 의해 고리 모양으로 구부러질 수 있다.

질소 대사에 관여하는 많은 유전자들의 전사를 위해서는 대체 시그마 인자인 RpoN(=NtrA=σ54)이 필요하다. 더구나, 질소 대사 유전자들은 훨씬 상류에 결합하는 활성인자 단백질들에 의해 조절된다. 적어도 박테리아에 있는 대부분의 활성인자 단백질은 단지 프로모터의 상류에 결합해서 RNA 중합효소와 직접 접촉해서 RNA 중합효소가 프로모터에 결합하는 것을 도와준다. 그러나 RpoN-의존 프로모터의 활성자들이 RNA 중합효소와 접촉하기 위해서는, DNA가 굽혀져서 고리를 형성해야만 한다. DNA의 굽혀짐은 IHF가 프로모터와 활성자 결합 부위 사이에 결합하기 때문이다(그림 16.27).

A BINDING SITES

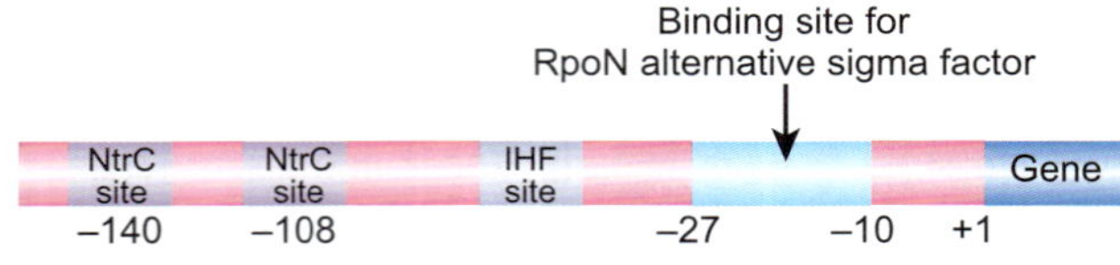

B ACTIVE STATE

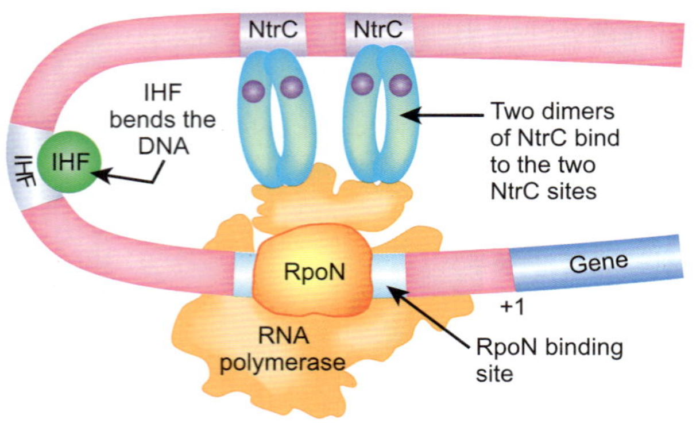

그림 16.27
RpoN–의존성 프로모터에서 DNA의 고리화

그림 A)는 전사인자와 대체 시그마 인자인 RpoN의 결합 부위를 보여준다. IHF 단백질은 DNA에 구부러짐을 유도하고, 이로 인해 NtrC 결합 부위를 대체 시그마 인자 RpoN에 대한 결합 부위와 가까운 쪽으로 가져간다. DNA가 고리 모양으로 구부러지기 때문에, RNA 중합효소는 RpoN 단백질뿐만 아니라 2세트의 NtrC 이량체에 의해 결합될 수 있다.

많은 대체 질소원을 이용하기 위한 유전자들은 NtrBC 2개의 구성요소 조절 체계에 의해 조절된다; 비록 전형적인 경우에서처럼 NtrB가 막단백질이 아니더라도(앞쪽 참조). 암모니아가 없는 경우, NtrB 단백질이 NtrC를 인산화한다. 인산화된 NtrC(NtrC~P)는 질소원 유전자들의 상류 구역에 결합하여 전사를 촉진시킨다. 이와 비슷하게, *Klebsiella*와 이와 비슷한 박테리아에 있는 질소고정 유전자들은 RpoN 시그마 인자와 활성자인 NifA를 필요로 한다. 두 경우에, 유전자 발현 활성화가 일어나기 위해서는 IHF가 DNA를 고리 형태로 굽혀야만 한다.

진핵세포의 프로모터를 활성화시키는 증폭자(enhancer) 역시 먼 거리에서 작용하며, DNA의 고리화에 의존한다(17장 참조). 이런 유사성 때문에, RpoN-의존성 프로모터의 활성자 결합 부위는 때때로 "박테리아의 증폭자"라고도 불린다. 그러나, 박테리아의 활성자 결합 부위가 불과 약 100 bp 상류에 위치하며 고정된 위치를 차지한다. 이와는 달리, 진핵세포의 증폭자는 조절 대상 유전자의 상류 또는 하류 쪽으로 수천 염기쌍 떨어져서 존재할 수 있으며, 또 어느 방향으로도 기능을 할 수 있다.

8. 조절 기작으로써 항-전사종결

항-전사종결인자는 특정 부위에서 전사종결을 방지하는 단백질이다. 따라서 RNA 중합효소는 계속 진행하고 종결부위를 넘어선 DNA 구역을 전사한다(그림 16.28). 유전자 발현을 조절하기 위한 이러한 기작은 박테리아 감염 바이러스에 보편적이며, 몇몇 박테리아 유전자들에 대해서도 발견된다. 항-전사종결인자들은 RNA 중합효소가 종결부위에 도달하기 전에 스스로 중합효소에 결합한다. 항-전사종결인자를 위한 인식 서열이 종결부위의 상류 부위에 있는 DNA에서 발견된다. RNA 중합효소가 지나갈 때, 항-전사종결인자가 결합하게 된다. 항-전사종결인자는 결합된 상태로 유지되고, RNA 중합효소는 멈추지 않고 종결부위의 줄기와 고리 구역을 지나갈 수 있도록 한다. 결과적으로, 전사종결이 억제된다.

유전학에는 항-전사종결을 포함하여 항-이러저런 것의 예들이 있다.

항-전사종결인자(anti-termination factor) 전사종결 부위를 통과하여 계속해서 전사가 일어날 수 있도록 하는 단백질

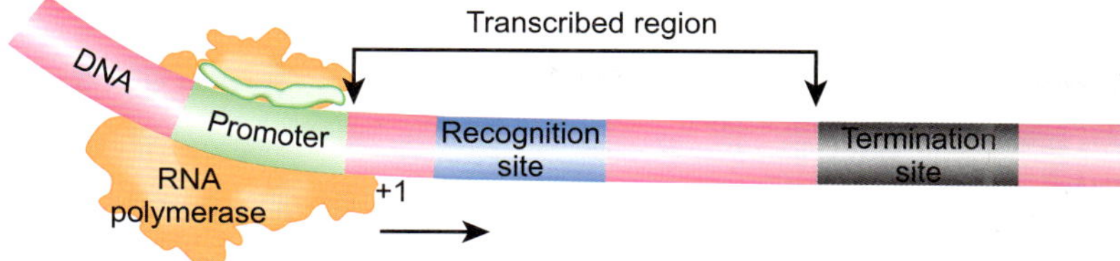

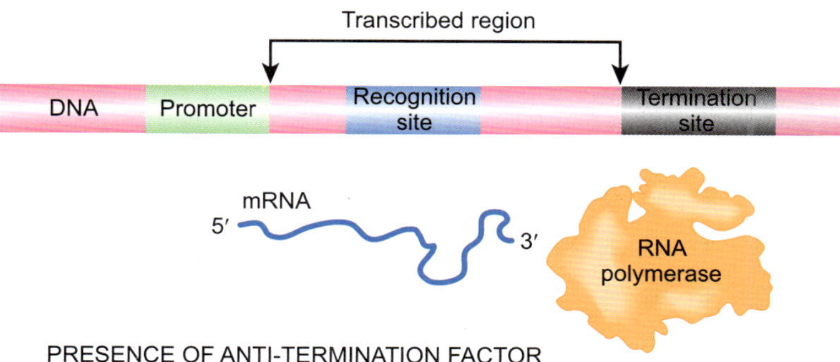

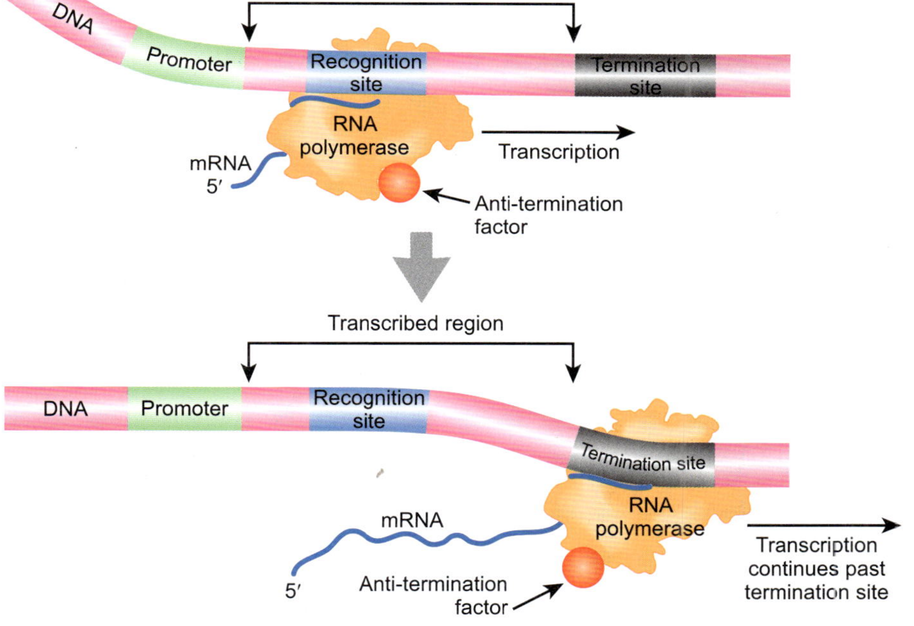

그림 16.28

항-전사종결인자의 작동

A) DNA의 전사는 RNA 중합효소가 프로모터에 결합하여 시작된다. B) 항-전사종결인자가 없는 경우, RNA 중합효소가 전사종결부위에 드달하여 DNA로부터 떨어져 나가고, 그 결과 짧은 RNA가 전사된다. C) 항-전사종결인자가 존재하는 경우, RNA 중합효소가 항-전사종결인자 결합 부위를 지나면서 항-전사종결인자와 결합하게 된다. 항-전사종결인자는 RNA 중합효소가 전사종결부위를 지나서 전사할 수 있도록 해준다.

대장균에서의 항-전사종결에는 몇 종의 **Nus 단백질**이 관여한다. **NusA 단백질**은 아마도 전사 개시 후 시그마 인자가 떨어져 나간 직후 핵심 RNA중합효소에 결합한다고 생각된다. NusA 그 자체는 사실상 머리핀 구조에서 RNA 중합효소가 일시적으로 정지하는 기간을 증가시켜 전사종결을 촉진한다. NusA와 시그마 인자는 동시에 핵심 RNA 중합효소에 결합할 수 없다. RNA 중합효소가 DNA에 결합해 있는한, NusA는 RNA 중합효소로부터 떨어져나갈 수 없다. 그러나, 시그마 인자의 첨가는 자유 상태의 RNA 중합효소로부터 NusA가 떨어져 나오게 한다(그림 16.29). 따라서, RNA 중합효소는 전사 개시형(결합된 시그마 인자와 함께)과 전사종결형(결합된 NusA와 함께) 사이를 순환하게 된다.

Nus 단백질(Nus protein) 전사의 종결 그리고/또는 항-전사종결에 관여하는 일군의 박테리아 단백질
NusA 단백질(NusA protein) 전사종결에 관여하는 박테리아의 단백질

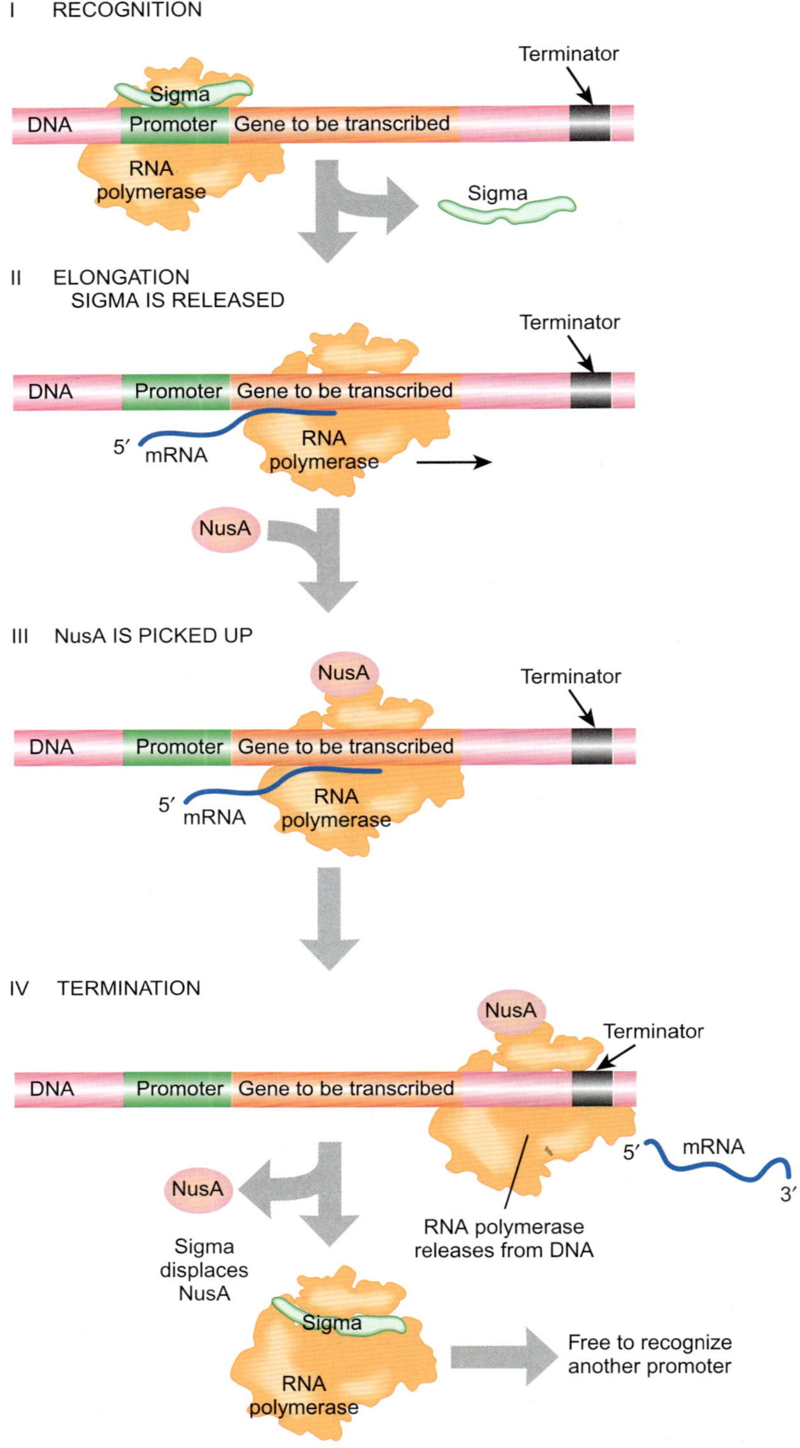

그림 16.29
RNA 중합효소의 시그마 인자 NusA 주기

RNA 중합효소가 프로모터를 인식해서 결합하기 위해서는 시그마 소단위체를 필요로 한다. 일단 RNA 중합효소가 앞으로 이동해서 전사를 개시하면, 시그마 인자는 떨어져 나가고 NusA 단백질이 결합한다. 전사 종결 후에, NusA 단백질은 시그마 인자에 의해 대체된다.

항-전사종결 과정에는 다른 Nus 단백질들도 관여한다. 이들 단백질들 중의 두 가지인 NusB와 RpsJ(=NusE)는 RNA 중합효소가 항-종결 서열인 “상자A”를 통과할 때 이 RNA 중합효소에 결합한다(그림 16.30). RpsJ(S10)는 대장균 리보솜의 소단위체에서도 발견된다. 이 단백질이 수행하는 두 가지 기능 사이의 연관성은 아직도 불분명하다. NusG 단백질은 NusB와 RpsJ가 RNA 중합효소에 결합하는 데 관여할 것으로 추측된다. NusB와 RpsJ가 RNA 중합효소에 결합하기 위해서는 NusA가 필요하다. 대장균에서 항-전사종결을 보여주는 가장 잘 알려진 유전자는 리보솜 RNA를 합성하는 *rrn* 유전자들이다.

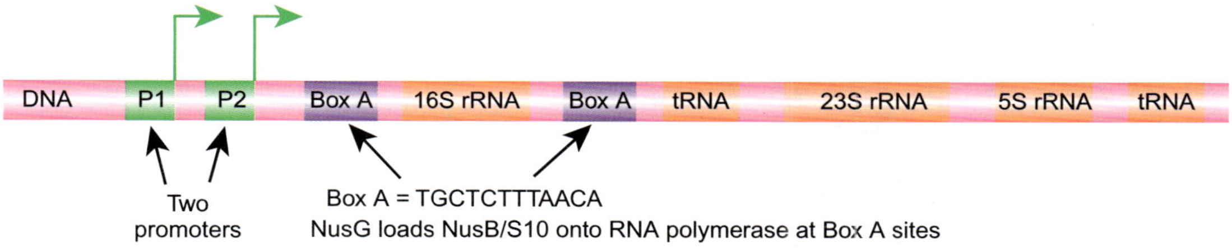

그림 16.30

대장균 rrn 유전자에서의 항-전사종결의 작동

RNA 중합효소가 *boxA* 서열을 지날 때, NusG 단백질이 NusB와 NusE(=S10 =RpsJ)를 중합효소에 결합시킨다. 이들 Nus 단백질들이 조기 전사종결을 차단한다.

핵심 개념

- 유전자는 적절한 생리적 반응을 보장하기 위해 조절된다.
- 전사 조절은 보편적이다. 전사의 몇 가지 단계가 조절 받을 수 있다.
- 원핵생물에서, 대체 시그마 인자가 서로 다른 환경 조건을 위한 서로 다른 세트의 유전자를 인식한다.
- 원핵생물에서, 열충격에 대한 반응은 온도에 의해 조절되는 시그마 인자에 의존한다.
- *Bacillus*에서의 포자 형성은 연쇄적인 대체 시그마 인자에 의해 조절된다.
- 항-시그마 인자는 시그마 인자를 불활성화시키는 단백질이며, 항-항 시그마 인자는 시그마 인자를 다시 활성화시킨다.
- 원핵생물에서, 많은 유전자들이 오페론으로 무리지어 있으며, 하나의 그룹으로 전사되고 조절된다.
- 활성자와 억제자 단백질은 양성 및 음성 전사 조절에 참여한다.
- 일부 조절 단백질은 상황에 따라 억제자 또는 활성자로 기능할 수 있다.
- 조절 단백질은 종종 작은 신호분자가 결합함으로써 차례대로 조절된다.
- 조절 단백질은 공유결합에 의한 변형에 의해 조절될 수도 있는데, 대부분은 주로 인산기의 첨가에 의한 것이다.
- 2개의 구성요소 조절 체계는 환경을 감시하는 신호감지자 단백질과 DNA에 결합하여 유전자 전사를 조절하는 조절인자 단백질로 이루어진다.
- 몇 가지 보다 복잡한 조절 체계는 인산기 중계에 의해 작동하는데, 인산기는 다수의 조절 단백질 사이에서 전달된다.
- 전반적 조절은 동일한 신호에 반응하여 많은 수의 유전자들을 조절하는 것이다.
- Cyclic AMP와 같은 조절 뉴클레오티드는 종종 신호분자로 작용한다.
- 다양한 핵양체-결합 단백질이 박테리아 세포에 있는 DNA를 덮어 싸고 있다.
- 조절단백질이 특정 유전자의 훨씬 상류에 있는 DNA에 결합할 경우, 조절 기작은 종종 DNA 고리화를 수반한다.
- 항-전사종결은 드문 형태의 유전자 조절이다.

복습 문제

1. 유전자 발현 조절이 일어날 수 있는 단계들을 열거하라.
2. 양성 조절이란 무엇인가? 음성 조절이란 무엇인가?
3. 어떤 단계들이 전사 수준에서의 조절에 관여하는가?
4. 정상적인 −10과 −35 인식 서열은 없으나 별도의 프로모터 인식 서열을 갖는 박테리아의 프로모터를 인식하는 것은 무엇인가?

5. 포자 형성 동안, 포자와 모 세포는 서로를 교차 조절한다. 이것은 어떻게 이루어지고, 어떤 시그마 인자들이 관여하며, 그 인자들은 어디에서 기원하는가(모 세포 또는 포자인가)?
6. 항-시그마 인자란 무엇인가?
7. 유도원이란 무엇인가?
8. 오페론이란 무엇인가?
9. 폴리시스트론성 mRNA는 무엇인가?
10. 오페론으로 조직화된 유전자들이 갖는 이점은 무엇인가?
11. 구조유전자인 *lacZ, lacY, lacA*는 무엇을 암호화하는가?
12. 작동유전자란 무엇인가?
13. 무상 유도원이란 무엇인가? 예를 들라.
14. 락토오스 오페론에 대한 억제자는 무엇인가? 억제자는 어떻게 제거되는가?
15. 하나의 DNA-결합 단백질은 어떻게 활성자로도 억제자로도 작용할 수 있는가?
16. 자가조절이란 무엇인가?
17. 보조 억제자란 무엇인가?
18. 활성자와 억제자가 화학적으로 변형될 수 있는 방식을 명명하여라(당연히, 살아있는 세포에서). 예들을 들어라.
19. 2개의 구성요소 조절 체계란 무엇인가?
20. 신호감지 인산화효소란 무엇인가?
21. 2개의 구성요소 조절 체계에서 어떤 2개의 아미노산이 인산화되는가?
22. 특이적 조절이란 무엇인가? 전반적 조절이란 무엇인가?
23. *lac* 오페론을 위한 전반적 활성인자 단백질은 무엇인가?
24. 동류오페론이란 무엇인가?
25. Crp 단백질이 DNA에 결합하기 전에 어떤 신호분자가 Crp에 결합해야 하는가?
26. RNA 중합효소가 *lac* 오페론에 결합하기 위해 충족되어야 하는 두 가지 조건은 무엇인가?
27. 히스톤-유사 단백질은 무엇인가?
28. H-NS 단백질은 무엇이며, 그것의 기능은 무엇인가?
29. H-NS 단백질의 2개의 도메인은 무엇이며, H-NS 단백질은 DNA의 응축에 어떻게 도움을 주는가?
30. 침묵을 유전자들에 적용할 때, 침묵을 규정하라.
31. HU와 IHF는 활성화에 어떻게 도움을 주는가?
32. 항-전사종결인자란 무엇인가? 그것들은 어떻게 기능을 하는가?

개념 문제

1. 락토오스 오페론은 최초로 연구된 오페론이었고, 락토오스 오페론이 어떻게 기능하는지 이해하기 위하여 많은 돌연변이가 만들어졌다. 유전학적 명명법에서, 소문자 어깨글 "+"는 유전자가 정상임을 나타내고, 어깨글 "−"는 유전자가 결함이 있거나 돌연변이 되었다는 것을 나타낸다. 유전자가 결실되었을 때, "Δ" 표시는 유전자명 앞에 온다. 다음 도표에서, *lac* 오페론 조절에 대한 여러분의 지식을 사용해서 각각의 유전적 돌연변이체에 대해 기대되는 표현형을 채워 넣으시오. ++++는 효소 활성을 나타낸다.

Genotype	LacZ (β−갈락토시다아제) 활성		LacY (락토오스 투과효소) 활성	
	락토오스 존재	락토오스 부재	락토오스 존재	락토오스 부재
$I^+P^+O^+Z^+Y^+$ (야생형)	++++	없음	++++	없음
$I^-P^+O^+Z^+Y^+$				
$I^+P^-O^+Z^+Y^+$				
$I^+P^+O^+\Delta ZY^+$				
$I^+P^+O^+Z^+\Delta Y$				

2. 대장균에서, 부분2배체는 복제기점과 종결점을 가져서 각 세포분열을 통해서 복제되고 유지되는 플라스미드라 불리는 비염색체성 고리형 DNA를 첨가함으로써 만들어질 수 있다. 플라스미드는 *lac* 오페론에 있는 모든 유전자와 같은 다른 유전자들을 포함하기 위하여 실험실에서 변형될 수 있다. 플라스미드가 박테리아에 도입되었을 때, *lac* 오페론에 있는 각각의 유전자에 대해 2개의 사본이 있으며, 이것은 $I^+P^+O^+Z^+Y^+/I^+P^+O^+Z^+Y^+$로 나타낸다. 여기에서 "/" 표시 앞에 있는 유전자들은 염색체 상에 있으며, "/" 표시 뒤에 있는 유전자들은 플라스미드 상에 있다. 다음의 부분2배체, $I^-P^+O^+Z^+Y^-/I^-P^+O^+Z^+Y^+$는 유도원이 있거나 없거나 β-갈락토시다아제 활성과 락토오스 투과효소 활성을 갖는다. 왜 그런가?
3. 2개의 서로 다른 유형의 박테리아가 영양분이 풍부한 배지에서 배양되었다. 첫 번째 유형의 대장균은 H-NS에 대해 야생형이고 두 번째 유형은 H-NS 유전자를 제거하는 결실을 갖는다. 각 배양체로부터 mRNA가 분리되었고, 정량 PCR을 사용하여 아래 유전자들 각각에 대한 mRNA의 전체 양을 분석하였고, 발현 유도 정도가 제시되었다. 이 자료를 토대로 하면, 어떤 유전자가 H-NS에 의해 조절되는가? 어떤 유형의 DNA 구조가 이 유전자들에 대한 프로모터에 존재할 것 같은가?

유전자	야생형 대장균	H-NS 결실
LacY	2.0	2.0
YgeH	18.5	3.1
TetR	28.8	25.7
GadA	16.0	1.0
AppY	33.9	1.8
YdeO	80.0	9.0

4. *trp* 오페론은 트립토판 생합성의 생합성 유전자로부터 상류에 있는 작동유전자 부위에 결합하는 TrpR이라 불리는 하나의 주억제자(aporepressor)의 조절하에 있다. *trp* 오페론의 전사에 영향을 미치기 위한 트립토판의 존재 또는 부재를 어떻게 기대하는가? 유도성 LacI 억제자와는 달리, 주억제자는 보조-억제자에 의해 결합되지 않으면 작동유전자 부위에 결합하지 않는다. 만일 트립토판이 보조-억제자라면, 트립토판이 있느냐 없느냐에 따라 작동유전자에 TrpR의 결합을 서술하라.
5. 다음의 프로모터 서열을 보아라. 표 16.01에 있는 정보를 토대로 σ^{54} 인자 결합을 위해 필요한 서열에 밑줄을 하라.

−40 GATCGCAGCCGGATTGGCAATATCCTTGCAATACTTAAAT**C +1**

Chapter 17

진핵생물에서의 전사 조절

동일한 전사 조절 원리가 원핵생물과 진핵생물에 적용된다. 따라서 진핵생물 전사 조절을 계속 공부하기 전에 이전 장의 기본 개념들을 이해한 것으로 간주한다. 특히 다세포 생물체인 진핵생물에서의 전사 조절은 원핵생물에 비해 훨씬 더 복잡하다. 고등 생물체에 있는 단백질-암호화 유전자들은 다양한 전사인자들에 의해 조절된다. 다양한 전사인자들로부터 오는 신호는 "매개자"로 알려진 단백질 복합체에 의해 RNA 중합효소로 전달된다. 진핵생물에서 발견되는 막대한 양의 DNA와 긴 유전자 간 영역은 유전자 조절에 대한 추가적인 문제를 일으킨다. 게다가, 히스톤에 의한 DNA 포장은 진핵생물 유전자를 발현시킬 때 고려되어야만 한다.

1. 진핵생물에서의 전사 조절은 원핵생물에 비해 훨씬 더 복잡하다

고등 진핵생물은 박테리아에 비해 훨씬 더 많은 유전자를 가지며, 몸체의 서로 다른 조직과 서로 다른 발달 단계에서 자신의 유전자를 차등적으로 조절한다. 일반적으로, 특정 진핵생물 유전자의 발현은 여러 가지 활성인자들의 존재를 요구한다. 활성인자들은 프로모터의 상류 부위나 증폭자 서열에 결합하는데, 증폭자는 11장에 간단히 서술한 바와 같이, 프로모터에서 수 킬로베이스 떨어져서 존재할 수 있다. 더구나, 진핵생물의 증폭자는 표적 유전자의 하류 쪽에 위치할 수 있으며 방향에 상관없이 작용할 수 있다.

진핵생물의 유전자들은 핵 내에 격리되어 있다. 전사인자들은 단백질

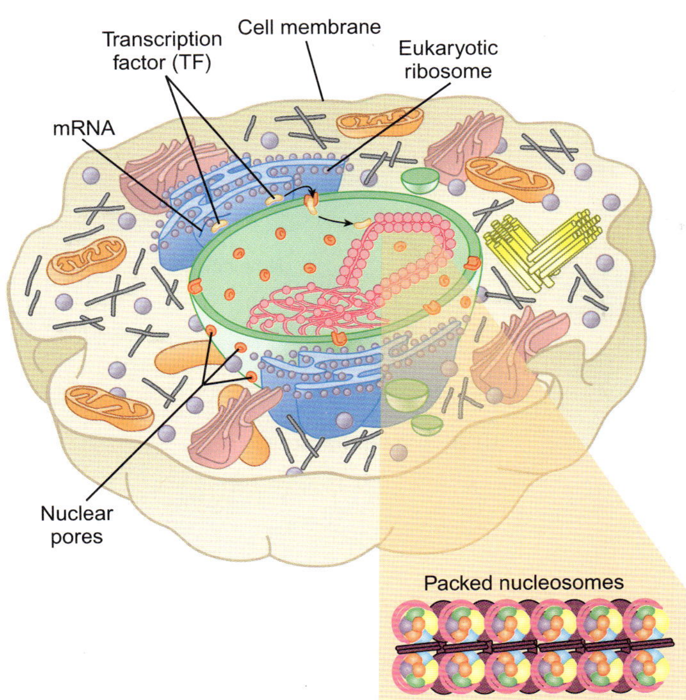

그림 17.01

진핵생물 유전자는 접근이 어렵다

핵과 세포질로 진핵세포의 구획화는 전사인자가 세포질에서 만들어지고, 그 다음 핵으로 수송되어야만 한다는 것을 의미한다. 핵에 있는 DNA는 종종 고도로 응축되며 접근이 어렵다.

이기 때문에, 세포질에 있는 리보솜에 의해 만들어지지만, 기능하기 위해서는 핵 안으로 들어가야만 한다. 박테리아와 진핵생물 DNA는 응축되어 있으며 단백질들로 덮여있다고 하더라도, 이러한 현상은 진핵세포에서 훨씬 더 현저하다. 진핵세포에서, DNA는 뉴클레오솜으로 고도로 응축되고 히스톤에 의해 보호받는다. 뉴클레오솜은 30 nm 섬유로 응축하고, 그 섬유는 다시 고리형 도메인들로 접히는데, 이로 인해 선형의 DNA에서 수천 염기쌍 떨어진 DNA 서열이 밀접하게 접촉하게 된다. 11장에서 토의한 바와 같이, 전사인자들은 유전자 프로모터에 아주 인접한 쪽으로 멀리 떨어진 증폭자들의 고리화를 조절한다. 유전체의 부분들에서, 긴 구획의 DNA가 종종 이질염색질로 단단하게 응축됨으로 인해, RNA 중합효소의 접근이 불가능하게 된다(그림 17.01). 이는 RNA 중합효소와 전사인자의 DNA에 대한 접근을 어렵게 만든다. 전사가 일어나기 위해서, 먼저 DNA가 노출되어야만 한다. 핵막공 또한 효모에서 유전자 발현에 영향을 미치며, 활발하게 발현되는 유전자들과 연관된다는 것이 발견되었다.

진핵생물에서 유전자 발현 조절은 많은 수의 유전자와 핵 내에 염색체의 격리에 의해 복잡하게 된다.

2. 특정 전사인자가 단백질-암호화 유전자를 조절한다

이 절에서는 단백질을 암호화하며 진핵세포 RNA 중합효소II에 의해 전사되는 유전자들의 조절을 다룬다. 이미 11장에서 토의한 바와 같이, 이들 유전자의 발현을 위해서는 몇 가지 일반적인 전사인자가 필요하다. 또한 유전자 발현은 특정 자극이나 신호에 반응하여 특정 유전자들에만 영향을 미치는 특이적 전사인자를 필요로 한다. 전사인자는 프로모터 부위에 있는 상류 서열이나 프로모터에서 멀리 떨어진 곳에 위치하는 증폭자 서열에 결합할 수 있다.

전형적인 특이적 전사인자는 4가지 일반적인 특징을 공유한다.

1. 이들은 하나 또는 그 이상의 유전자가 발현되어야 신호를 보내는 특정 자극에 반응한다.
2. 대부분의 단백질과 달리, 전사인자는 유전자들이 위치하고 있는 핵 내로 들어갈 수 있다.

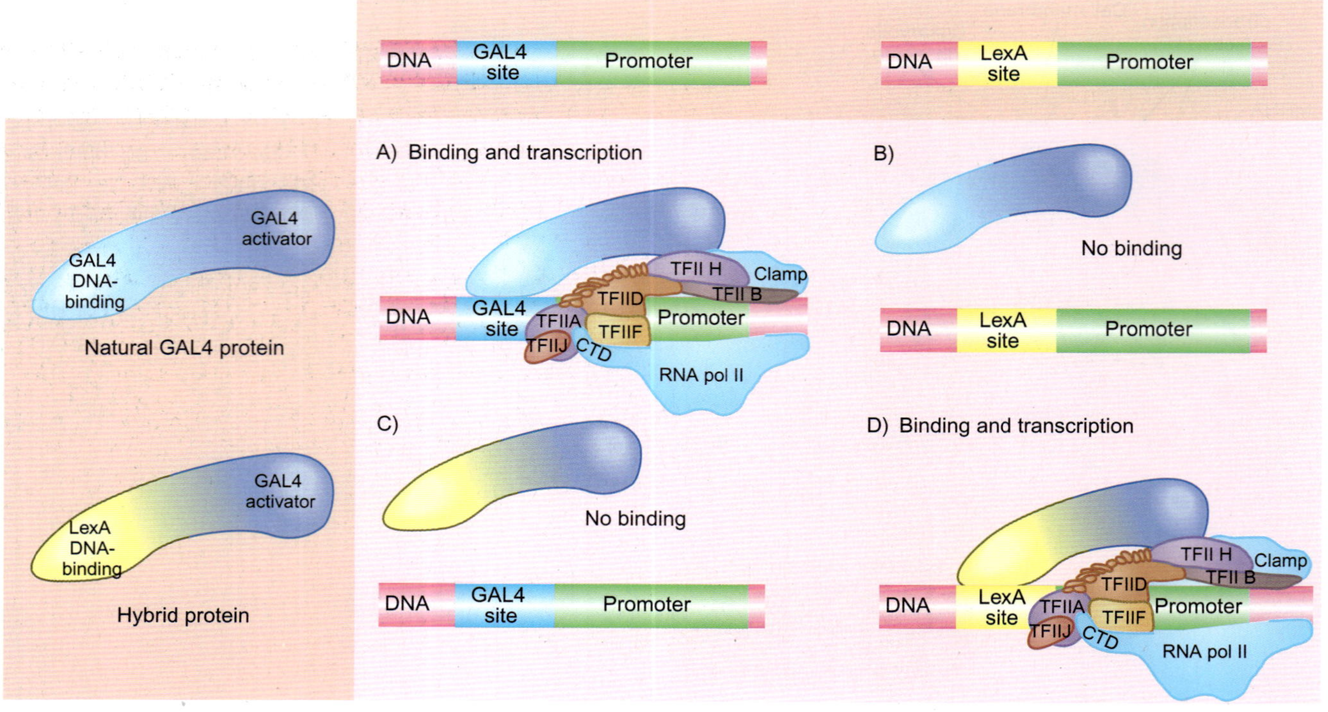

그림 17.02

전사인자는 2개의 독립적인 도메인을 갖고 있다

A) GAL4 전사인자의 한 도메인은 대개 GAL4 DNA 인식 서열에 결합하며, 다른 도메인은 전사 기구에 결합한다. B) LexA 인식 서열이 GAL4 서열로 대체되면, GAL4는 DNA를 인식하지 못하며 어떠한 결합도 일어나지 않는다. C) LexA-결합 도메인을 GAL4 활성자 도메인과 결합시켜 만든 인위적인 단백질은 GAL4-결합 부위를 인식하지 못하지만, D) LexA 인식 부위에 결합해서 전사를 활성화시킨다. 따라서, GAL4 활성자 도메인은 어떠한 특정 인식 서열과는 독립적으로 작용한다.

3. 이들은 DNA 상에 있는 특정 서열을 인식해서 결합한다.

4. 이들은 또한 전사 기구와 직접 혹은 간접적으로 접촉한다.

진핵생물의 단백질-암호화 유전자는 특정 신호에 반응하는 전사인자에 의해 조절된다.

어떤 DNA-결합 단백질은 자극에 직접 반응할 수 있는데, 이러한 상황은 원핵생물에 보편적이다. 반대로, 고등생물의 전사인자는 보통 몇 개의 중간 단계에 의해 원래의 신호와는 분리된다. 여기에서는, DNA-결합 단백질과 전사에 미치는 영향이 우선 논의될 것이다.

전사인자는 대개 적어도 2개의 도메인을 갖는데, 하나는 DNA에 결합하는 것(**DNA 결합 도메인**)이고, 다른 하나는 전사 기구와 결합하는 것(**활성 또는 활성자 도메인**)이다. 이것은 하나의 단백질에서 유래한 DNA-결합 도메인과 다른 단백질에서 유래한 활성 도메인으로 이루어지는 인공적인 하이브리드 단백질을 사용하여 설명될 수 있다(그림 17.02). 박테리아 단백질에서 유래한 DNA-결합 도메인과 효모 GAL4 활성자의 활성 도메인의 하이브리드는 더 이상 원래의 효모 프로모터로부터 전사를 활성화시키지 않을 것이다. 그러나, 그 하이브리드는 박테리아 단백질에 대한 인식 서열이 삽입된 인공적인 프로모터로부터 전사를 활성화시킬 것이다. 이 실험에서 사용된 박테리아 DNA-결합 단백질은 사실상의 억제자인 LexA였다. 이러한 하이브리드 단백질은 유전공학, 박테리아로의 형질전환, 또는 배양된 진핵세포의 형질주입에 의해 특정 생물체로 도입된 유전자의 발현 조절을 위해서 특히 유용하다.

활성 또는 활성자 도메인(activation or activator domain) 전사 기구와 상호작용하는 전사인자의 일부분
DNA 결합 도메인(DNA binding domain) DNA에 결합하는 전사인자의 일부분

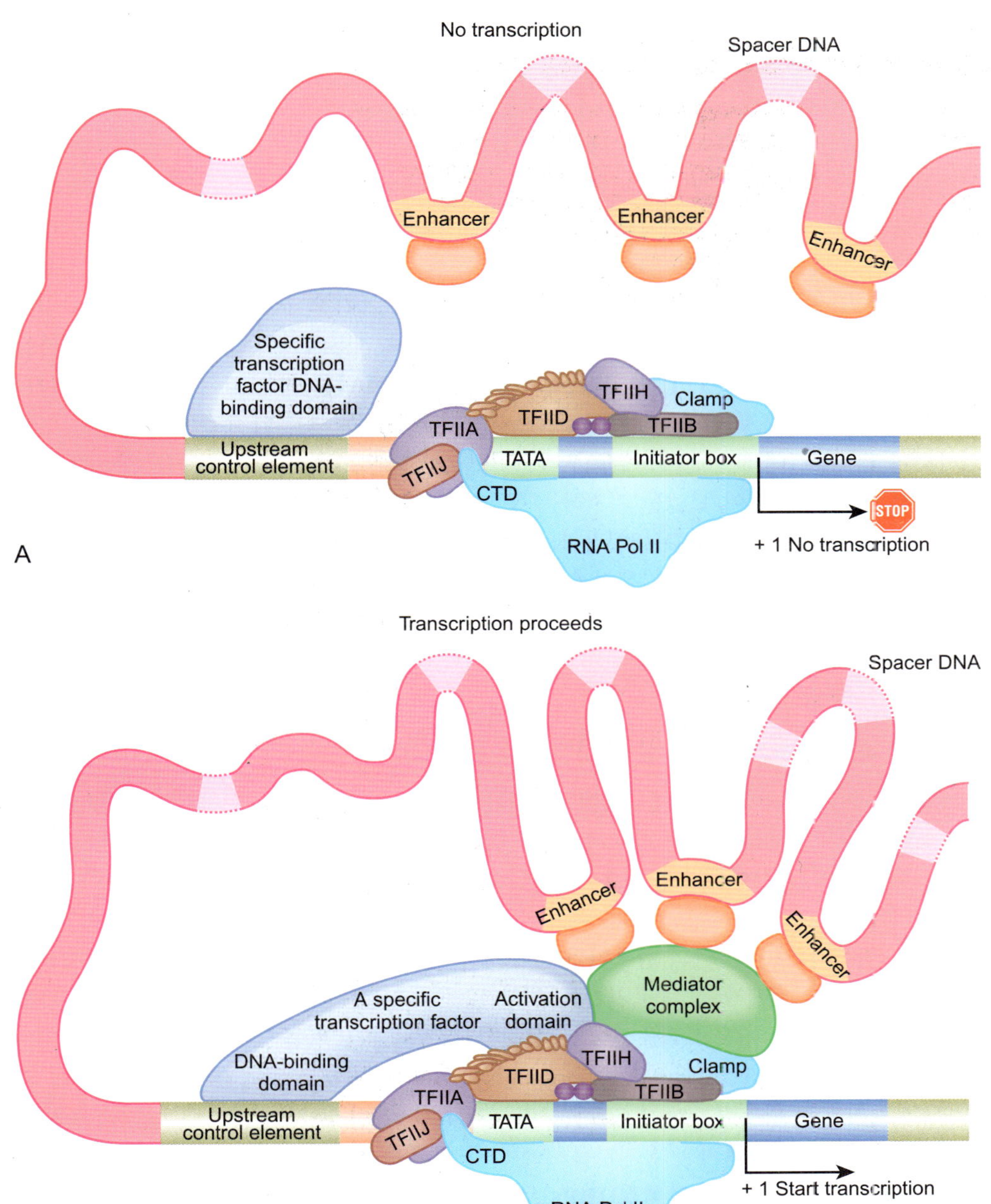

그림 17.03

활성인자 단백질과 매개자

A) DNA의 접힘은 증폭자 서열에 결합한 수많은 활성자가 전사 기구에 접근하도록 한다. B) 매개자 복합체는 활성자 그리고/또는 억제자가 RNA 중합효소와 접촉하도록 한다.

2.1. 매개자 복합체는 정보를 RNA 중합효소로 전달한다

원핵생물에서, 시그마 인자는 프로모터를 인식하고 활성인자 단백질은 RNA 중합효소가 프로모터에 결합하는 것을 돕는다. 진핵생물에서, 인식과 프로모터에의 결합은 일반 전사인자의 두 가지 기능이다. 진핵생물에 있는 활성자는 RNA 중합효소가 프로모터로부터 앞으로 진행하는 것을 승인하는 것으로 생각될 수 있다. 일부 진핵생물의 활성자는 일반적인 전사인자인 TFIIB, TFIID 및 TFIIH와 접촉한다. 그러나, 이것이 전사를 개시시키기에는 충분하지 않다.

매개자 복합체는 RNA 중합효소II에 의한 유전자 전사를 조절하기 위해 여러 신호를 하나로 합친다.

매개자는 RNA 중합효소II(Pol II) 상에 위치하는 하나의 단백질 복합체이며, 특히 증폭자 서열에 결합한 활성자에 대한 접촉점을 제공한다(그림 17.03). 사람에서, 매개자는 26개 소단위체로 이루어지며 1.2 Mda의 분자량을 갖는다. 분명하게, 매개자는 여러 개의 활

매개자(mediator) 진핵세포에서 전사인자에서 오는 신호를 RNA 중합효소르 전달하는 하나의 단백질 복합체

성자 그리고/또는 억제자에서 오는 신호를 통합하고 최종 결과를 RNA 중합효소II로 보낸다. 매개자의 몇몇 소단위체는 전사를 촉진하는 방식으로 작용하고 일부는 전사를 억제하는 방식으로 작용한다.

매개자는 효모와 고등 진핵생물에서 유사한 보존된 핵심부위로 이루어진다. 생명체 사이에서 다양하며 동일한 생명체 내에서도 조직 사이에서 다양한 소단위체들이 핵심부위에 결합한다. 많은 각각의 매개자 단백질은 그들이 하나의 복합체를 형성한다는 것이 알려지기 전까지 "보조-활성자" 단백질로 여겨졌다.

매개자의 한 가지 역할은 프로모터에 RNA 중합효소II를 모아서 안정화시키는 것이다. 이렇게 만들어진 커다란 복합체는 비계(scaffold)로 작용하는데, 일반적인 전사인자들(TFIIB, TFIID, TFIIE, TFIIH)을 프로모터에 있는 RNA 중합효소II 가까이에 붙잡아둔다. 많은 유전자가 프로모터에 대기하고 있는 이 매개자 복합체를 가지지만, 유전자는 아직 전사되지 않는다. 매개자가 세포질로부터 신호를 받은 후, RNA 중합효소II는 mRNA를 계속해서 신장시킨다. 이 모델을 지지하는 두 가지 서로 다른 형태의 매개자가 분리되었다. 첫 번째 형태의 매개자는 CDK8이라 불리는 단백질 복합체에 결합되며, 이들은 멈춰있는 RNA 중합효소II와 함께 있는 유전자에서 발견된다. 두 번째 형태의 매개자는 CDK8이 없으며, 활발히 전사되는 유전자에서 발견된다. 아마도 CDK8의 제거와 대체가 매개자를 전사 비계 복합체와 전사 활성자 사이를 오가게 하는 것 같다.

2.2. 증폭자와 격리자 서열은 DNA를 기능에 따라 분리한다

증폭자 서열은 전사 기구와 접촉하기 위하여 고리를 형성한다.

증폭자들은 프로모터에서 수 킬로베이스까지 떨어져서 발견될 수 있는데, 그들이 조절하는 프로모터 상류 또는 하류에 존재할 수 있다. 증폭자는 DNA를 고리화시키는데, 이로 인해 증폭자에 결합한 활성인자 단백질은 앞에서 토의한 매개자 복합체를 통해 전사 기구와 접촉할 수 있게 된다(그림 17.03).

이 고리화 기작은 하나의 증폭자가 그것의 근처에 있는 몇 개의 유전자를 조절하도록 해준다. 그러나 어떻게 특정 증폭자가 염색체를 따라 훨씬 더 멀리 떨어진 유전자-더 가까이에 있는 다른 증폭자의 조절을 받을 것으로 생각되는 유전자-를 증폭시키지 못하게 되는가? 염색체는 "경계 요소(boundary elements)" 또는 **격리자**로 알려진 특별한 서열에 의해 조절 지역들로 나누어지는 것 같다(그림 17.04). 격리자 서열이 염색체 상에서 증폭자 사이에 놓이게 되면 증폭자는 유전자를 조절하지 못하게 된다.

격리자 서열은 증폭자가 잘못된 유전자에 간섭하지 못하게 한다.

격리자는 **격리자-결합 단백질(IBPs)**로 알려진 다수의 특별한 아연-손가락 단백질이 결합하는 서열 집단으로 이루어진 DNA 구역이다. 척추동물에서, 가장 잘 알려진 IBP는 CTCF(CCCTC-결합 인자)이다. IBP는 증폭자 작용을 차단하기 위하여 격리자 서열에 결합해야만 한다. (초파리인 *Drosophila*와 같은 일부 생물체에는 고정된 격리자 서열이 있을 뿐만 아니라, 이동성인 서열도 있다. 한 가지 예가 소위 gypsy 요소인데, 이 요소는 레트로-트랜스포존이며, 게놈 내에서 한 장소에서 다른 장소로 이동할 수 있다(트랜스포존에 대한 정보는 22장 참조)

CTCF는 물리적인 경계를 만들어내는 것 외에도 유전자 발현을 촉진하고 억제하기, 각인을 조절하기, X-염색체 불활성화를 포함하여 세포 내에서 여러 가지 다른 잠재적인 역할을 한다. 그러나 CTCF가 이들 다른 역할들에서 수행하는 역할을 완전히 이해하기 위해서는 더 많은 연구가 필요하다. CTCF 유전자가 게놈 내에서 결실되었는지 돌연변이 되

격리자(insulator) 증폭자의 작용으로부터 프로모터를 보호하고 이질염색질의 확산을 차단하는 DNA 서열
격리자-결합 단백질(insulator-binding protein, IBP) 격리자 서열에 결합하며 격리자가 기능을 하는데 필요한 단백질

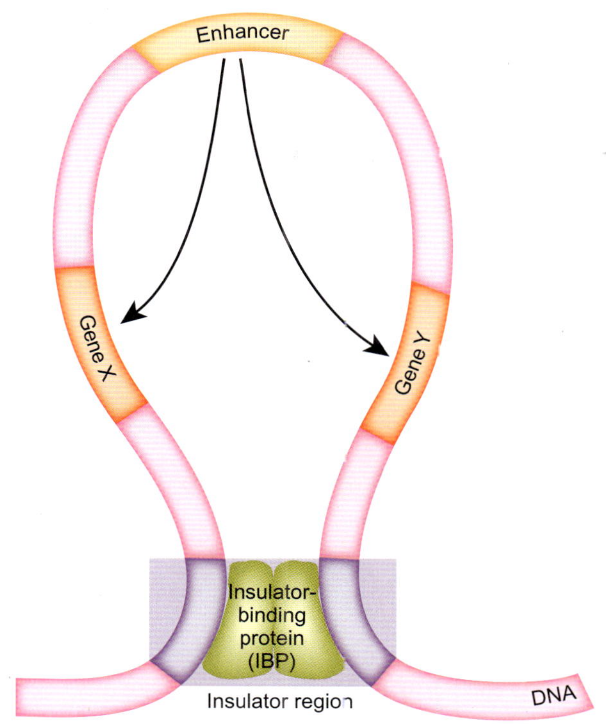

그림 17.04

격리자 서열은 증폭자의 작용 범위를 제한한다

DNA의 커다란 고리가 유전자 X 또는 유전자 Y와 상호작용할 수 있는 증폭자와 함께 그려져 있다. 고리의 바닥에 있는 격리자 서열은 증폭자가 고리의 바깥에서 작용하지 못하도록 하는 격리자-결합 단백질(IBP)에 의해 인식된다.

었는지에 대한 연구는 엄청난 결과를 갖는다. 사실, CTCF에 대한 유전자를 갖고 있지 않은 생쥐는 수정 직후, 심지어 접합자가 착상하기도 전에 곧바로 죽는다. 배양된 세포에서 CTCF에 대한 모든 mRNA 전사체를 결핍시키는 연구는 세포 생장, 분화, 세포 사멸(예정된 세포사)을 변화시킨다. 생물정보학 연구는 사람 유전체에 약 15,000개의 CTCF-결합 부위가 있다는 것을 찾아내었다. 모든 것을 고려할 때, 세포에서 CTCF의 역할은 분명히 중요하다.

격리자는 자신의 CG 서열을 메틸화시킴으로써 불활성화될 수 있다.

CTCF가 생쥐 *H19/Igf2* 유전자 좌위에서 수행하는 역할이 자세히 연구되었다. 이 유전자 좌위에서 격리자 서열은 작동형과 비작동형 사이를 전환했다. 격리자는 GC가 풍부하며, 아래에 서술하는 바와 같이, CG 서열은 메틸화될 수 있다. 격리자 요소가 메틸화되었을 때, 그것은 더 이상 CTCF 단백질에 결합하지 않으며 더 이상 기능하지 않는다(그림 17.05). *Igf2* 유전자(인슐린-유사 생장인자-II를 암호화하는)와 *H19* 유전자는 서로 나란히 존재한다. *Igf2* 유전자의 모계 사본은 통상 침묵 상태이지만, 부계 사본은 활성 상태이다. 반대로, 모계 *H19* 유전자는 통상 활성 상태인 반면, 부계 사본은 침묵 상태이다. 이러한 현상은 모계와 부계 염색체 상에서 메틸화 양상이 다른 것에 기인한다(즉, 각인 기작-아래 참조).

격리자가 "경계 요소"로도 불리는 이유는 격리자가 이질염색질의 구역들에 경계를 형성하기 때문이다. 증폭자의 활성을 차단하는 것 외에도, 격리자는 또한 이질염색질의 확산과 그 결과로 나타나는 유전자의 침묵을 방지한다(아래 참조).

2.3. 기질 결합 부위는 DNA 고리화를 가능하게 한다

박테리아와 진핵생물 모두에서, DNA는 염색체 비계에 일정 간격으로 결합된 거대한 고리로 배열되어 있다(14 장 참조). 박테리아에서 고리는 40 kbp의 DNA로 구성되어 있는 반면, 진핵생물의 고리는 다소 긴 약 60–100 kbp이다.

DNA는 특별한 AT-풍부 서열에 의해 비계 단백질에 결합된 거대 고리를 형성한다.

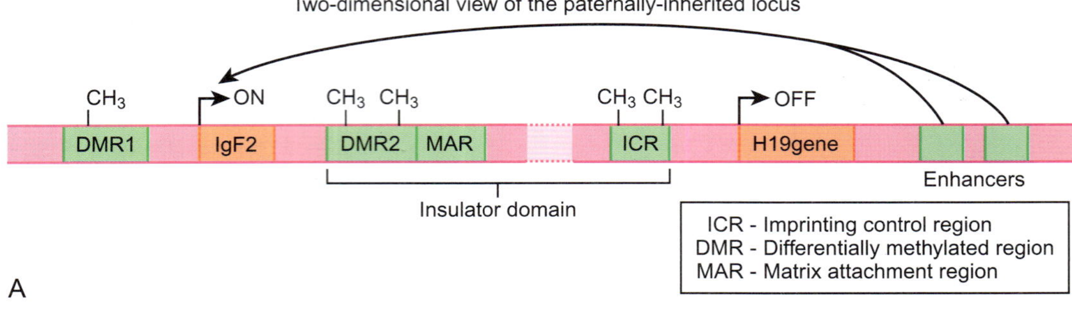

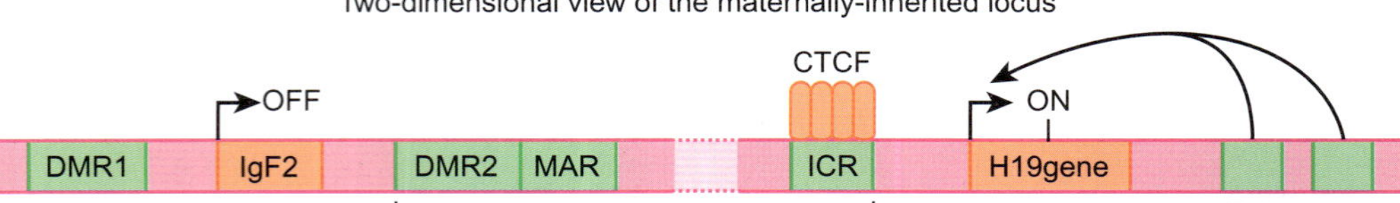

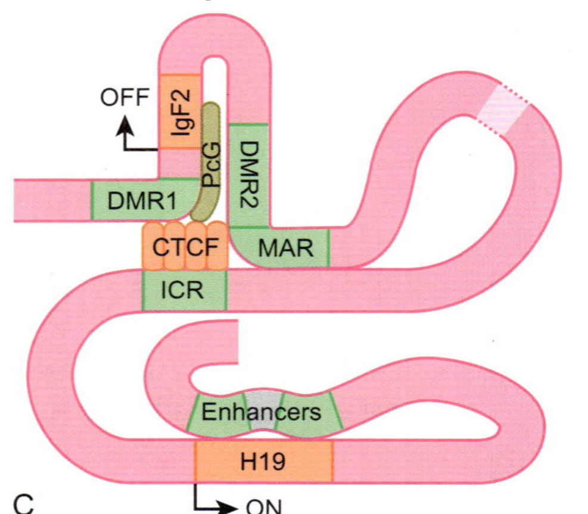

그림 17.05

격리자 서열의 메틸화와 결합

A) 부계-유전되는 유전자 좌에서, DMR1, DMR2, ICR 인자들의 메틸화는 CTCF가 격리자 도메인에 결합하지 못하도록 한다. CTCF가 없는 경우, 상류의 증폭자 요소가 *Igf-2* 프로모터에 접근해서 유전자를 발현시킬 수 있다. B) 모계-유전되는 유전자 좌에서, DMR1, DMR2, ICR은 메틸화되지 않는다; 그러므로 4개의 CTCF 단백질이 ICR에 결합할 수 있다. 이것은 증폭자 요소가 *Igf-2* 유전자에 접근하는 것을 차단하고, 증폭자 요소는 *H19* 유전자와 상호작용하기 위하여 고리화된다. C) CTCF 단백질은 메틸화되지 않은 DMR1, MAR, ICR 구역에 동시에 결합한다. 이로 인해 *Igf-2* 유전자가 염색질의 3차원적 매듭에 파묻히게 된다. 그 구조는 사실상 그림에 보여지는 것보다 훨씬 복잡한데, 그 이유는 MAR 도메인이 핵 기질 단백질과 상호작용하고, polycomb 억제자 복합체(PcG)의 구성원도 존재하기 때문이다. 핵 기질 단백질과 PcG 단백질은 히스톤 메틸화와 이로 인한 염색질 침묵에 관여한다.

간기 동안, 망상의 단백질인 **핵기질**이 핵막의 바로 아래에 나타난다. DNA는 **기질결합부위(MARs)**로 알려진 부위에 의해 핵기질의 단백질에 부착된다. 같은 DNA 부위가 간기 동안 핵기질에 부착을 위해 사용되는 것처럼 복제 과정 동안 염색체 비계에의 부착을 위해 사용되기 때문에, 이 DNA 부위는 때로 **비계결합부위(SARs)**로도 불린다.

이들 MAR/SAR 부위는 길이가 약 200-1000 bp이며 AT가 풍부하나(70%의 AT), 분명한 보존서열을 공유하지는 않는다. 연속적인 아데닌을 가진 DNA는 본질적으로 구부러지며(4장 참조) MAR 부위에 결합하는 핵 단백질은 특정 서열보다는 구부러진 DNA를 인식한다. 토포이소머라제 II 인식 부위는 종종 MAR 부위 근처에서 발견되는데, 이러한 사실은 각 거대 고리의 초나선이 독립적으로 조절된다는 것을 암시한다. 증폭자와 다른 조절요소는 종종 MAR 부위와 연관되며, 적어도 몇몇 경우에, 염색질 리모델링(다음 참조)이 MAR 부위에서 시작한 다음 전체 염색질 고리에 영향을 미친다(그림 17.06).

예를 들면, MAR 부위는 *Igf2*와 *H19* 사이에 위치한다. 이 MAR 부위는 CTCF에 결

기질결합부위(matrix attachment region, MAR) 핵기질 또는 염색체 비계의 단백질에 결합하는 진핵생물 DNA 상의 부위—SAR 부위와 동일
비계결합부위(scaffold attachment region, SAR) 염색체 비계 또는 핵기질의 단백질에 결합하는 진핵생물 DNA 상의 부위—MAR 부위와 동일
핵기질(nuclear matrix) 핵막의 내부에서 발견되며 DNA를 고정시키는 데 사용되는 망상 단백질의 그물망

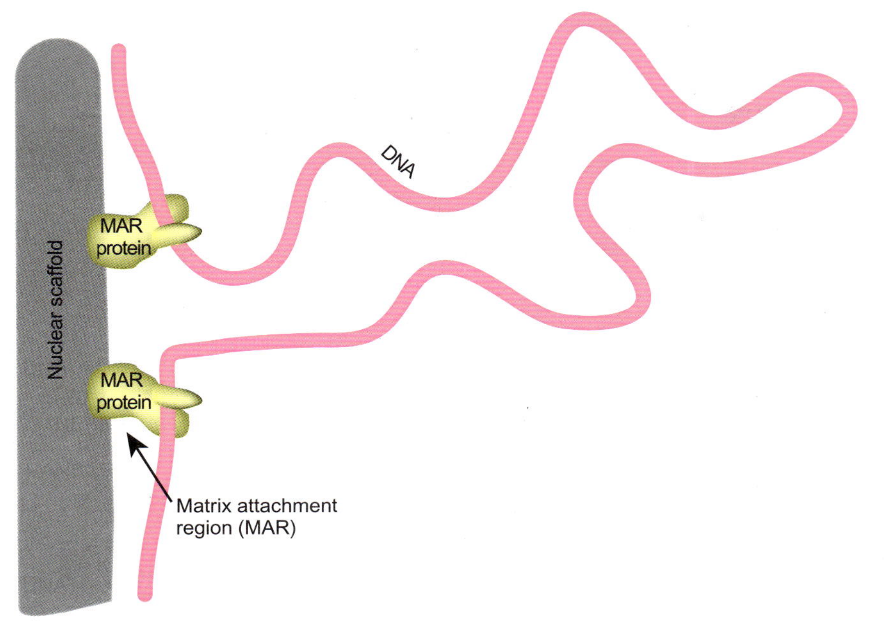

그림 17.06

MAR 부위 사이에서 고리화된 도메인

다수의 고리가 존재함에도, 히스톤이 붙어있지 않은 DNA의 하나의 고리만이 핵 비계 구역에서 뻗어 나오는 상태의 모습으로 그려져 있다. 기질 결합 구역은 DNA를 비계에 고정시키는 기질 결합 단백질(MAR 단백질)을 포함한다.

합할 수 있으며, 따라서 핵기질 비계를 이 유전자 좌위에 연결시킨다. DNA를 특정 DNA에 교차결합시키는 기술인 3C(염색질 구조)를 이용한 연구는 격리자 서열이 MAR 근처에 있다는 생각을 지지한다. MAR, 격리자 서열, 핵비계 사이의 상호작용은 매우 먼 거리에 있는 증폭자 요소가 어떻게 특정 프로모터와만 연관된 상태로 있을 수 있는지를 설명할 수 있다. 이 유전자 체계를 기억하기 위한 흥미로운 단서는 응축된 고리화와 이 DNA 부위의 결합은 모계에서 유래한 대립유전자에서만 나타나므로 핵에서 발견되는 상동 염색체 중의 하나에서만 나타난다. 다른 대립유전자는 메틸화되며 느슨하게 덜 응축된 염색체 상태에서 발견된다(그림 17.05).

3. 전사의 음성 조절이 진핵생물에서 일어난다

단순한 억제자는 원핵생물에 보편적이지만, 진핵생물에서는 매우 드물게 발견된다. 진핵생물에서 나타나는 억제자의 예는 대개 효모와 같은 보다 단순하며 단세포인 진핵생물에서 발견된다. 억제자가 진핵생물에서 드물더라도, 이것이 **음성 조절(negative control)** 그 자체가 보편적이지 않다는 것을 의미하지는 않는다. 반대로, 일부 형태의 **음성 조절(negative regulation)**은 고등생물에서 발견되는 대부분의 복잡한 조절 회로에서 매우 중요하다. 일반적으로, 음성적 신호는 몇 가지 방식으로 활성인자 단백질이나 RNA 중합효소 자체를 방해함으로써 작용한다.

진핵생물에 있는 음성 조절자는 흔히 활성자를 방해함으로써 작용한다(RNA 중합효소의 움직임을 방해함으로써 보다는).

활성자를 방해하기 위한 한 가지 분명한 방법은 DNA 상에 있는 활성자의 인식 부위를 차지해서 활성자가 결합하지 못하게 하는 것이다. 한 가지 예가 종종 진핵생물 프로모터에서 발견되는 **CAAT 박스**에 관한 것이다. 성게 *H2B* 유전자의 활성화는 정소에서만 일어나며, 무엇보다도 CAAT 서열에 활성인자 단백질 CTF의 결합을 필요로 한다. 그러나, CAAT-치환 단백질(CAAT-displacement protein, CDP)이 CAAT box를 차지해서 활성자의 결합을 방해할 수도 있다. 이 일은 배아 조직에서 일어나며 정소-특이유전자의 조기 발현을 방해한다. CDP의 존재는 전사 기구의 조립을 막는다. 그러나, 전형적인 박테리아

음성 조절(negative control) 음성 조절(negative regulation) 참조
음성 조절(negative regulation) 어떤 식으로든 제거되지 않는 이상 유전자의 발현을 차단하는 억제자에 의한 조절
CAAT 박스(CAAT box) 전사인자와 결합하는 진핵생물 프로모터의 상류 부위에서 종종 발견되는 서열

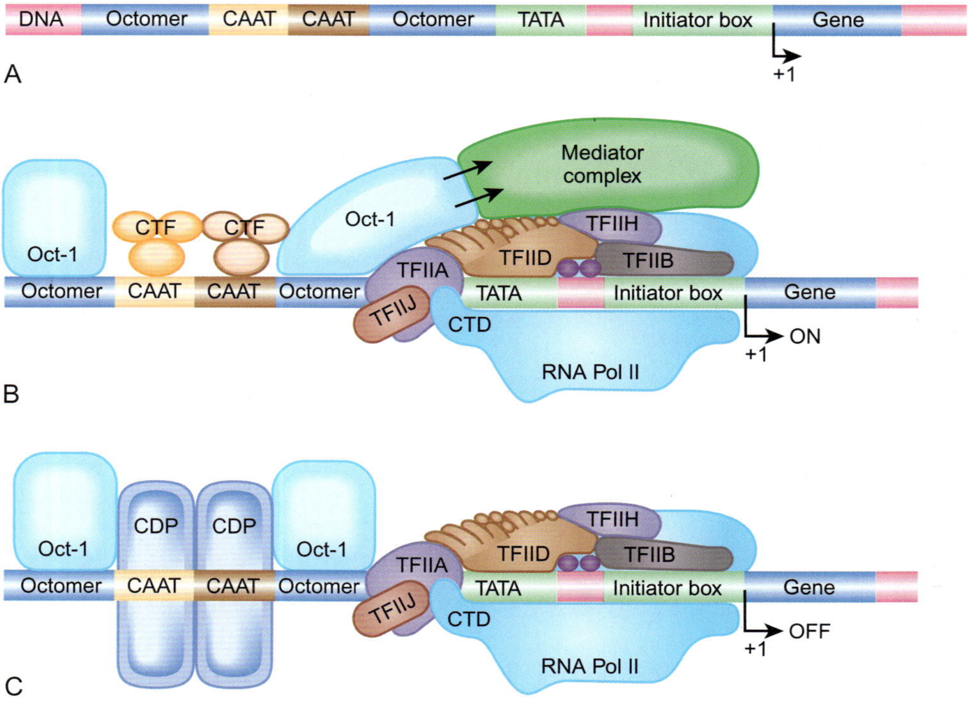

그림 17.07
성게에서 CAAT 박스 차단

전사가 일어나기 전에 몇 개의 인식 서열이 적절한 전사인자와 결합해야만 한다. CAAT 치환 단백질(CDP)이 CAAT-결합 인자(CTF)가 채워지는 부위에 결합하면 전사가 억제된다. 이것은 매개자 복합체가 전사 기구를 활성화시키지 못하게 하고, 그러므로 유전자는 발현되지 않는다.

의 억제자와는 달리, CDP가 RNA 중합효소에 대한 결합부위를 차단하지 않는다는 것을 주목하라(그림 17.07).

음성 조절의 또 다른 예가 **MyoD** 전사인자를 수반하는데, 이 전사인자는 근육세포의 형성을 위해 특이적으로 필요한 일련의 유전자 발현을 유도한다. MyoD는 근육 조직으로 분화하도록 운명 지어진 세포에서만 만들어진다. MyoD 인자는 커다란 그룹의 염기성 나선-고리-나선(basic helix-loop-helix, bHLH) 단백질의 하나이다. 14장에서 토의한 바와 같이, 나선-고리-나선은 DNA-결합 단백질에서 발견되는 보편적인 부위이다. 염기성 HLH는 첫 번째 나선 바로 옆에 위치하는 일련의 염기성 아미노산들을 공유하는데, 이 아미노산들은 DNA 결합을 도와준다.

일부 전사인자의 활성은 다른 단백질 파트너와의 혼합된 이합체를 형성함으로써 조절된다.

HLH 단백질은 이합체로써 DNA에 결합한다. 이량체를 이루는 두 파트너가 염기성 구역을 갖는다면, 이합체는 DNA에 결합할 수 있다. 염기성 HLH 단백질은 대개 **이형이합체**로 기능하는데, 그 이량체는 조직-특이적인 bHLH 단백질과 E-단백질로 알려진 보편적으로 발현되는 bHLH 단백질 중의 하나로 이루어진다. 그것만으로, MyoD는 이형이합체를 제대로 형성하지 않는다. DNA에 결합하기 위하여, MyoD는 E12 또는 E47과 혼합된 이합체를 형성해야만 한다. E12와 E47 역시 동일한 유전자인 E2A에서 유래한 선택적 이어맞추기 산물인 염기성 HLH 단백질이다. 두 단백질은 형태와 구조에서 MyoD와 유사하지만, MyoD와는 다르게 두 유전자는 모든 조직에서 발현된다. MyoD/E12 또는 MyoD/E47 이형이합체는 DNA 서열 CAAATG에 결합해서 근육-특이적인 유전자를 활성화시킨다.

다른 HLH 단백질은 염기성 구역을 가지지 않으며, DNA에 결합할 수 없다. 한 가지 예가 Id 단백질이다. 이 단백질은 MyoD와 E12 또는 E47에 결합한다. Id에 의해 형성되는 이형이합체들은 DNA에 결합할 수 없다(그림 17.08). 따라서, Id(*i*nhibits *d*ifferentiation) 단백질의 존재는 분화를 억제한다. 그러므로 Id는 음성적 역할을 수행하지만, 진정한 억제자처럼 DNA에 결합하지는 않는다. Id 단백질이 전구체 근원세포에 다량

이형이합체(heterodimer) 2개의 서로 다른 소단위체로 구성되는 이합체
MyoD 근세포 분화에 참여하는 진핵생물 전사인자

으로 존재하는데, Id 단백질은 이 세포에서 MyoD 활성을 억제하는 역할을 수행한다. 근원세포 분화 동안, Id 수준은 떨어지고 이로 인해 MyoD가 활성화된다.

4. 진핵생물에서 이질염색질이 DNA에의 접근을 차단한다

박테리아에서, DNA는 자유롭게 RNA 중합효소와 조절 단백질에 접근 가능하다. 그러나 4장에서 토의한 것처럼, 진핵생물에서 DNA는 히스톤에 감겨서 뉴클레오솜을 형성한다. 뉴클레오솜은 나선으로 감겨서 히스톤 단백질로 인한 상호작용에 의해 커다랗게 단단히 뭉친다. 밀집하여 포장된 DNA를 **이질염색질**이라 부르며, RNA 중합효소가 프로모터에 접근할 수 없기 때문에 전사될 수 없다. 일반적으로, 전자현미경으로 볼 수 있는 DNA가 이질염색질이다. 밀집한 상태가 아닌 DNA를 진정염색질이라 한다(그림 17.10). 최근의 연구는 이들 두 유형의 염색질 각각은 더 세분화될 수 있다는 것을 보여주었다(관련 연구에 대한 초점 참조).

연결 히스톤인 H1은 중앙의 나선 구역에서 뻗어 나온 2개의 팔을 가진다. H1의 중앙 부분은 자신의 뉴클레오솜에 결합하며 두 팔은 양편에 있는 뉴클레오솜에 결합하는 것으로 생각된다; 그러나, 정확한 배열 방식은 확실하지 않다. 뉴클레오솜 핵심의 히스톤(H2A, H2B, H3, H4)은 약 80개 아미노산의 몸

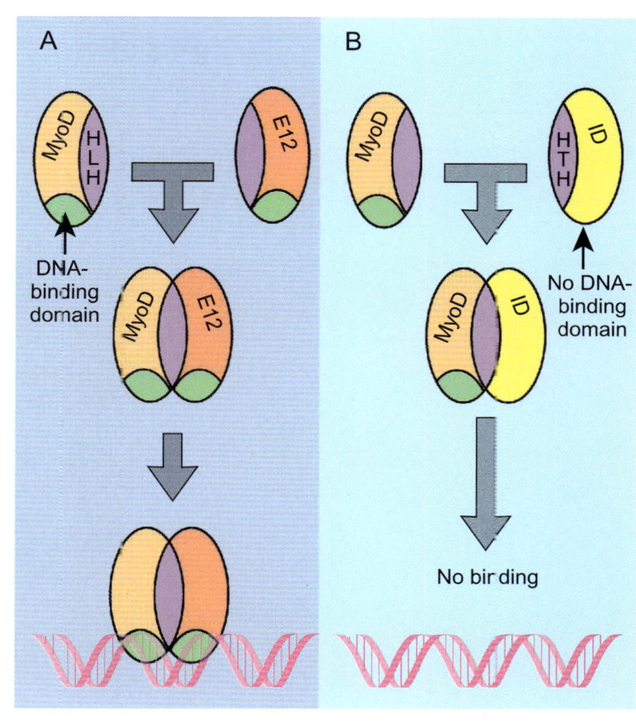

그림 17.08
MyoD와 MyoD의 대체 파트너

A) MyoD와 E12 모두 염기성 DNA-결합 도메인을 갖는다. MyoD와 E12가 이합체를 형성할 때, 이합체는 DNA에 결합한다. B) 이와는 반대로, ID 단백질은 염기성 구역을 갖고 있지 않다. MyoD가 ID와 이합체를 형성할 때, 이합체는 DNA에 결합할 수 없다.

상자 17.01 DNA 꼬임은 진핵생물의 유전자 발현에 영향을 미칠 수 있다

GATA2 유전자는 많은 서로 다른 종에서 보존되어 있으며, GATA2 단백질은 생쥐와 사람에서 적혈구 세포 발달의 핵심 조절자이다. 상동성의 전사인자가 *Xenopus*에서 발견되었으며 접합자 발달의 핵심 매개자이다. *GATA2* 유전자는 난모세포에서 전사되며, 만들어진 mRNA는 수정 후까지 저장되는데, 이 시기에 GATA2 인자는 복부 중배엽의 형성을 매개한다. 복부 중배엽은 궁극적으로 혈구세포로 발달한다.

GATA2 단백질은 발달 과정에서 결정적인 순간에 발현될 수 있으므로 인해 조절을 받는다. *Xenopus*에서 *GATA2* 발현 조절은 2개의 핵심 프로모터 요소인 CCAAT 박스와 A/T가 풍부한 DNA 구역에 의존한다. CBTF라 부르는 다중 소단위 전사인자가 *GATA2*의 전사를 활성화시키기 위하여 CCAAT 박스에 결합한다. CBTF가 그 프로모터에 결합하지 않으면, *GATA2*는 발현되지 않는다. CBTF 소단위체 중의 하나가 Xilf3 단백질인데, 이 단백질은 2개의 이중가닥 RNA-결합 도메인(double-stranded RNA-binding domains, dsRBDs)을 갖는다. *GATA2*가 발현되기 전에, Xilf3가 세포질 RNA에 결합되어 있다. *GATA2*의 발현이 필요하기 바로 전에, Xilf3는 세포질을 떠나 핵으로 들어가서 CBTF의 소단위체로써 *GATA2* 프로모터에 결합한다. Xilf3의 dsRBD는 DNA 결합에 필수적이며, AT-풍부 구역에 있는 DNA 구조의 분석 결과, 이 나선형 구역이 A-형 나선으로 꼬인다는 사실이 밝혀졌다. A-형 나선은 이중가닥 RNA 나선과 구조에 있어서 매우 유사하다(4장 참조). 돌연변이를 이용한 연구는 프로모터의 A-형 나선 구역과 CCAAT 요소 모두가 *GATA2* 발현에 필수적임이 확실히 밝혀졌으며, 그러한 DNA 형태가 유전자 발현에 영향을 미칠 수 있다는 증거를 제공한다(그림 17.09).

(*계속*)

이질염색질(heterochromatin) RNA 중합효소에 의한 접근이 불가능하기 때문에 전사될 수 없는 고도로 응축된 형태의 염색질

상자 5.01 계속

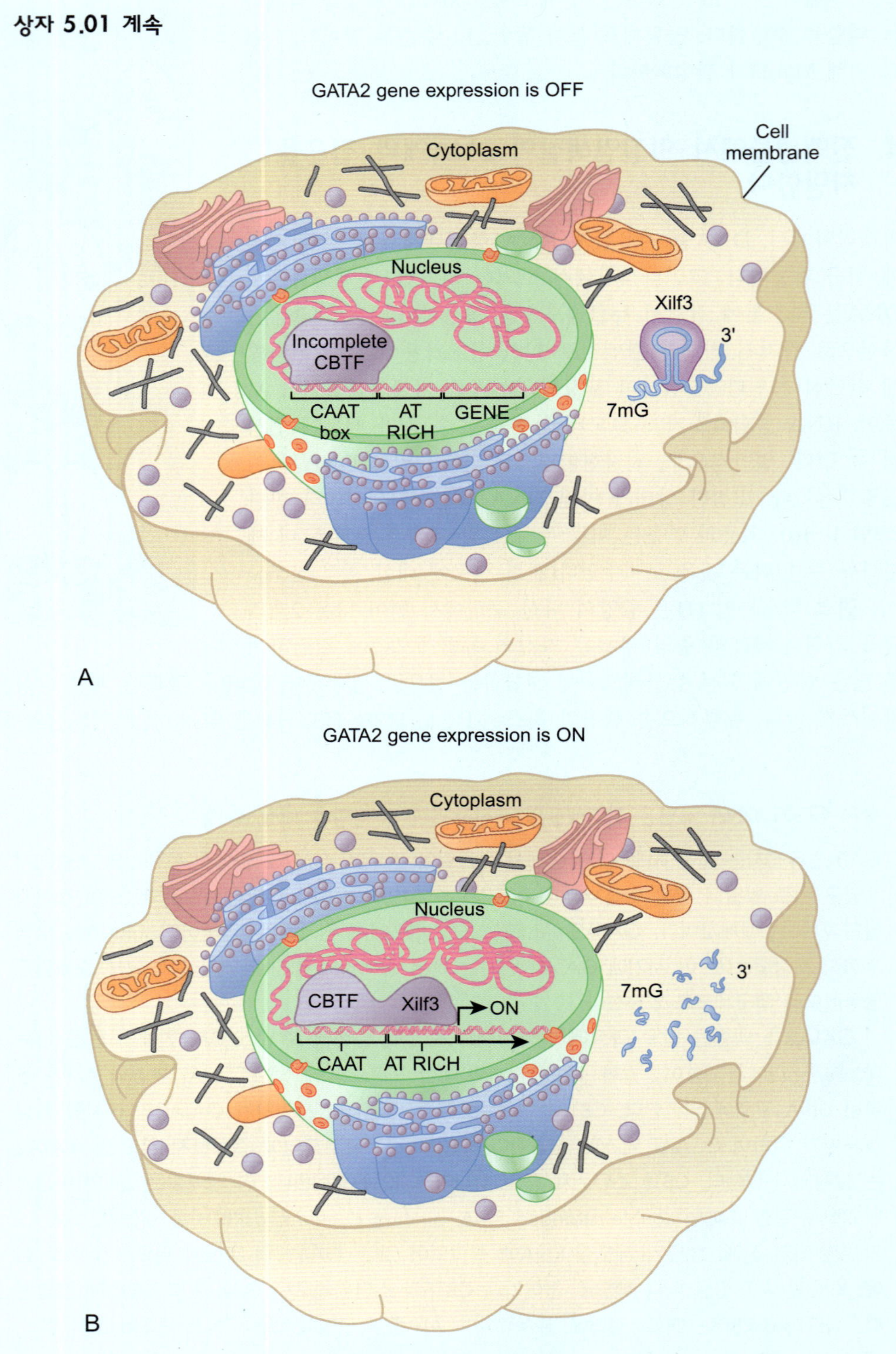

그림 17.09
***GATA2* 발현은 DNA 구조에 의해 조절된다**

A) *GATA2* 유전자는 CBTF 단백질 부분만이 자신의 프로모터에 결합할 때는 발현되지 않는다. CBTF(Xilf3)의 다른 부분은 세포질에 격리되어 있다. B) 발달 과정에서의 적절한 시기에, Xilf3를 놓아주는 mRNA가 분해된다. Xilf3는 핵으로 이동해서 CBTF에 결합하고, DNA를 A-형으로 유도함으로써 프로모터의 A/T-풍부 구역에 결합한다. 이러한 일련의 일들은 RNA 중합효소에 의한 전사를 활성화시킨다.

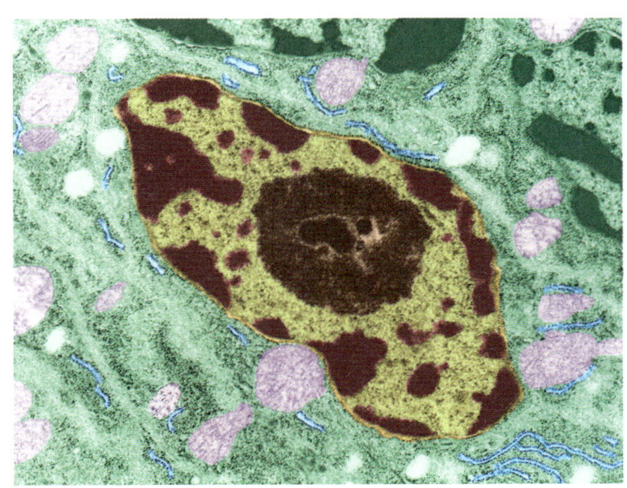

그림 17.10

이질염색질과 진정염색질

그림에 보여지는 핵은 조밀하게 응축된 이질염색질의 부분과 덜 조밀하게 응축된 진정염색질의 부분을 포함한다. 이 전자현미경 사진은 곤충 신경계에서 유래한 신경아교세포 핵이다(3980배 확대). 핵에 있는 인(갈색)과 응축된 DNA(암적색)를 주목하라. 미토콘드리아(분홍색)가 핵 주변 세포질에서 관찰된다. (*사진 출처: Dennis Kunkel.*)

관련 연구에 대한 초점

Filion GJ, van Bemmel JG, Braunschweig U, Talhout W, Kind J, Lucas D. Ward LD, Wim Brugman, de Castro IJ, Kerkhoven RM, Bussemaker HJ, and van Steensel B(2011). Systematic protein location mapping reveals five principal chromatin types in *Drosophila* cells. Cell 143: 212–224.

뉴클레오솜을 둘러싸는 DNA는 전사인자를 포함한 여러 단백질에 대한 접근성이 훨씬 떨어진다. 결과적으로, DNA를 따라서 존재하는 뉴클레오솜의 위치는 유전자 접근성에 크게 영향을 미침으로써 전사에 영향을 미친다. DNA를 유전자 발현을 효과적으로 침묵시키는 단단하게 포장된 뉴클레오솜을 가진 이질염색질과 단백질에 대한 접근성이 좋은 진정염색질로 나누는 원래의 분류는 지나치게 단순화된 것 같다.

이 논문에서, 저자들은 염색질을 5가지 주요 유형으로 나눈다. 5가지 유형은 염색질의 단백질 구성으로 규정되며 상당한 거리(100 kb 이상)에 걸쳐 뻗어 있을 수 있다. 이 결과를 얻기 위해, 저자들은 염색질의 대략 50개 구성요소의 분포를 조사했다. 진정염색질은 두 부류로 나누어졌다. 둘 다 전사 활성이 높았으나, 각각의 히스톤 메틸화 양상과 두 부류의 염색질을 구성하는 유전자의 유형에 있어서 차이를 보였다.

체 부위와 N-말단 끝에 있는 20개 아미노산의 꼬리를 갖는데, N-말단은 핵심부위에서 바깥쪽을 향해 있다. 이 꼬리로 인한 상호작용이 뉴클레오솜 응집과 보다 고차원의 염색질 접힘에 있어서 중요한 것으로 여겨진다.

히스톤 꼬리는 아세틸기가 붙거나 떨어질 수 있는 몇 개의 리신 잔기를 갖는다. H3와 H4가 가장 빈번하게 아세틸화된다 할지라도, 4개의 핵심 히스톤 모두가 아세틸화될 수 있다. **아세틸화**의 정도가 뉴클레오솜 응축 상태에 영향을 미치고 이로 인해 유전자 발현에 영향을 미친다. 아세틸화되지 않은 히스톤은 고도로 응축된 이질염색질을 형성하는 반면, 아세틸화된 히스톤은 덜 응축된 염색질을 형성한다. 뉴클레오솜 그 자체가 아세틸화에 의해 해체되지 않으나, 뉴클레오솜들의 응집이 느슨해진다는 것을 주목하라(그림 17.11).

히스톤의 아세틸화는 조절 단백질의 DNA로 접근을 조절한다.

히스톤 아세틸기 전달효소(HATs)로 알려진 효소가 아세틸기를 붙이고 **히스톤 탈아세틸효소(HDACs)**가 아세틸기를 제거한다. 이전에 보조 활성자로 알려진 몇몇 단백질은 실제로는 HAT이다. 세포주기 조절과 분화에 관여하는 사람의 CBP와 P300 단백질을 예로 들 수 있다. 유사하게, 몇 개의 소위 **보조 억제자** 단백질이 히스톤 탈아세틸효소이다. 보조

아세틸화(acetylation) 아세틸기(CH_3CO)의 첨가
보조 억제자(co-repressor) 원핵생물에서, 일부 억제자 단백질이 DNA에 결합하는데 필요한 작은 신호분자–히스톤 탈아세틸효소와 같이 유전자 발현 억제에 관여하는 보조 단백질
히스톤 아세틸기 전달효소(histone acetyl transferase, HAT) 히스톤에 아세틸기를 첨가하는 효소
히스톤 탈아세틸효소(histone deacetylase, HDAC) 히스톤으로부터 아세틸기를 제거하는 효소

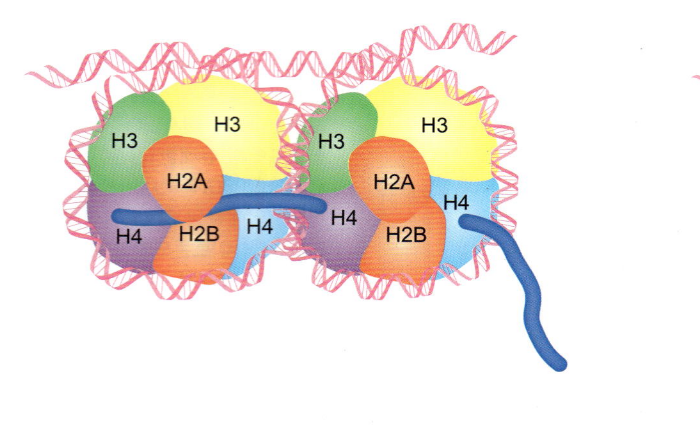

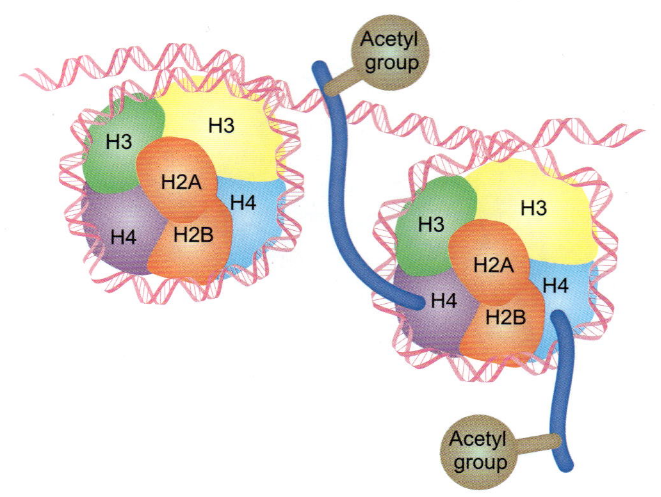

그림 17.11

히스톤 꼬리의 아세틸화는 뉴클레오솜을 해체한다

A) 응축된 뉴클레오솜은 다음 뉴클레오솜에 히스톤 꼬리의 결합에 의해 안정화된다. B) H4의 꼬리가 아세틸화되면, H4는 인접한 뉴클레오솜에 있는 히스톤에 더 이상 결합하지 않는다. 이것은 인접하는 뉴클레오솜의 해체를 촉진한다.(히스톤 H1은 뉴클레오솜 사이에 있는 연결 DNA에 결합하지만 여기에서는 보여주지 않는다.)

활성자와 보조 억제자는 그 자체가 DNA에 결합하지 않으나, 이미 DNA에 결합한 전사인자에 결합한다(그림 17.12).

진핵생물 DNA로의 접근은 뉴클레오솜의 움직임이나 재구성을 수반한다.

아세틸화에 의해 뉴클레오솜을 해체하는 것 외에도, DNA 그 자체에 대한 접근성을 제공하기 위한 추가적인 단계들이 필요하다. 이 일은 **염색질 리모델링 복합체**에 의해 수행된다. 이 복합체는 두 가지 주요 유형의 리모델링을 수행한다. 첫째, 복합체는 DNA 분자를 따라 뉴클레오솜을 활주할 수 있으며, 이로 인해 전사를 위해 DNA 서열을 노출시킨다. 둘째, 복합체는 히스톤을 재배열할 수 있으며, 뉴클레오솜을 DNA로의 접근을 허용하는 보다 느슨한 구조로 리모델링한다. ATP가 이러한 리모델링을 위한 에너지를 제공하기 위해 사용된다.

두 가지 그룹의 염색질 리모델링 복합체가 있다. 보다 큰 **Swi/Snf**("switch sniff") 복합체는 8-12개 단백질로 구성되며 DNA에 강하게 결합한다(그림 17.13). Swi/Snf는 뉴클레오솜을 활주할 수도 리모델링할 수도 있다. Swi/Snf는 2개의 뉴클레오솜을 하나의 새로운 보다 느슨한 구조로 통합하는 것 같다. 보다 작은 **ISWI**("imitation switch") 복합체는 2-6개의 폴리펩티드를 포함하며 뉴클레오솜을 활주할 수 있으나 재배열할 수는 없다. 이 복합체는 DNA 보다는 히스톤에 결합한다. (Swi 인자는 교배형의 전환을 따서 명명되었다; Snf는 설탕을 발효하지 못하는 돌연변이체와 관련이 있다. 둘 모두 효모에서 최초로 발견되었다.)

전사인자에 의한 염색질-리모델링 복합체의 결합은 이 복합체들이 열릴 필요가 있는 DNA 구역을 표적으로 삼도록 한다. 전사인자, 히스톤 아세틸기 전달효소, 염색질-리모델

염색질 리모델링 복합체(chromatin remodeling complex) 전사가 일어날 수 있도록 하기 위해 염색질의 히스톤을 재배열하는 단백질 조합체
모방 스위치 복합체[ISWI("imitation switch") complex] 보다 작은 유형의 염색질 리모델링 복합체
Swi/Snf("switch sniff") 복합체 보다 큰 유형의 염색질 리모델링 복합체

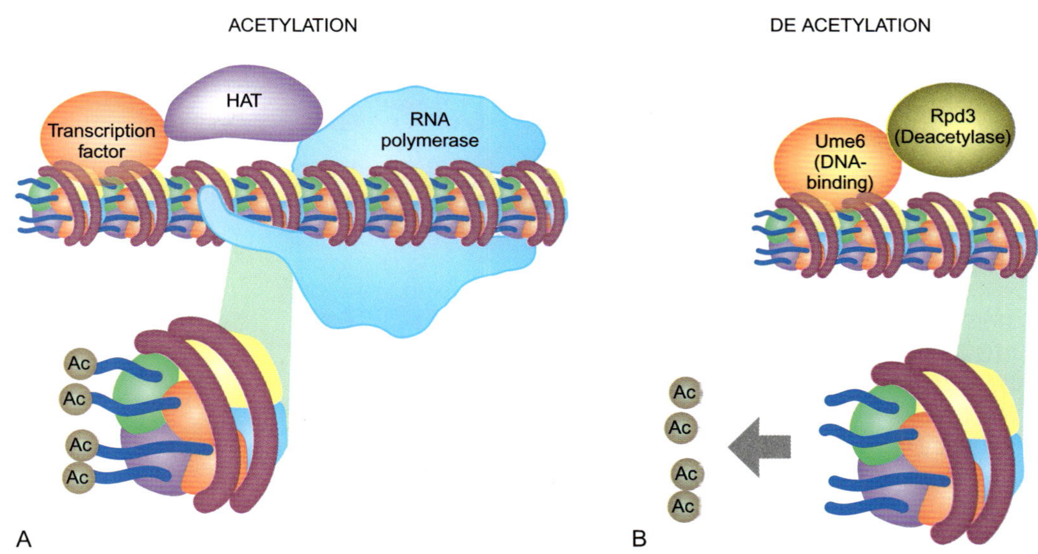

그림 17.12
히스톤의 아세틸화와 탈아세틸화

A) 히스톤 꼬리는 히스톤 아세틸기 전달효소(HATs)로 알려진 보조 활성자에 의해 아세틸화된다. B) 히스톤 꼬리의 탈아세틸화는 DNA-결합 소단위체와 탈아세틸효소를 둘 다 포함하는 억제자 복합체에 기인한다.

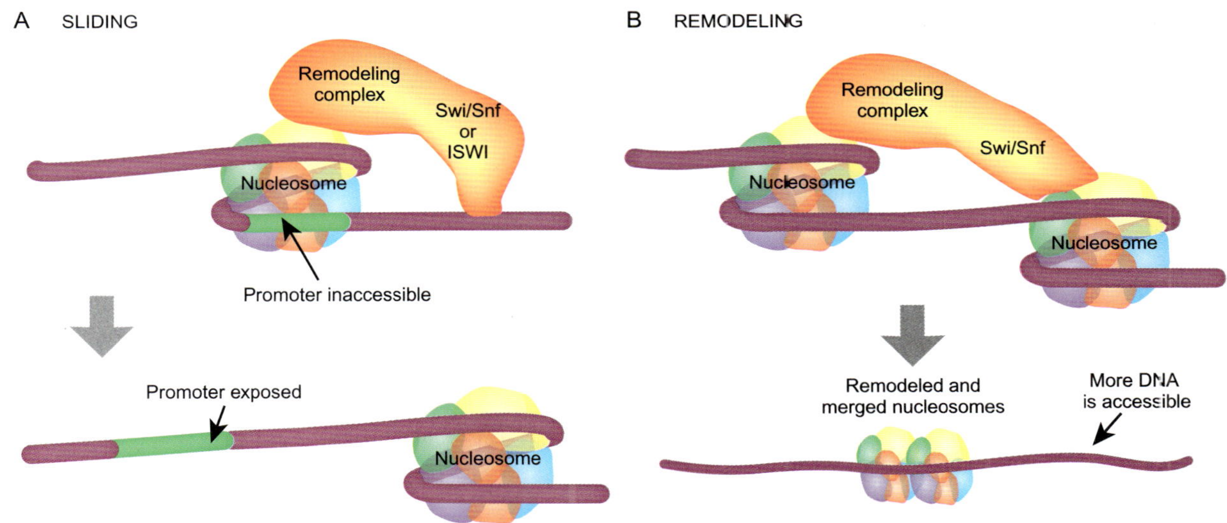

그림 17.13
뉴클레오솜의 활주와 리모델링

A) DNA에 대한 뉴클레오솜의 활주는 이전에 접근 불가능했던 프로모터를 노출시킨다. B) Swi/Snf와 같은 리모델링 복합체는 2개의 뉴클레오솜을 합치고 DNA의 구부러짐을 완화시켜 더 많은 DNA가 접근 가능해지도록 만든다.

링 복합체가 결합하는 정확한 순서는 프로모터 사이에 다양한 것 같다. 전형적인 진핵생물 유전자를 활성화시키기 위한 일반화된 일련의 순서는 다음과 같다:

1. 전사인자가 DNA에 결합한다.
2. 히스톤 아세틸기 전달효소(HAT)가 전사인자에 결합한다.
3. HAT는 근처에 있는 히스톤을 아세틸화시키고 뉴클레오솜들의 결합이 느슨해진다.
4. 염색질-리모델링 복합체는 뉴클레오솜을 활주하거나 재배열하는데, 이는 DNA로

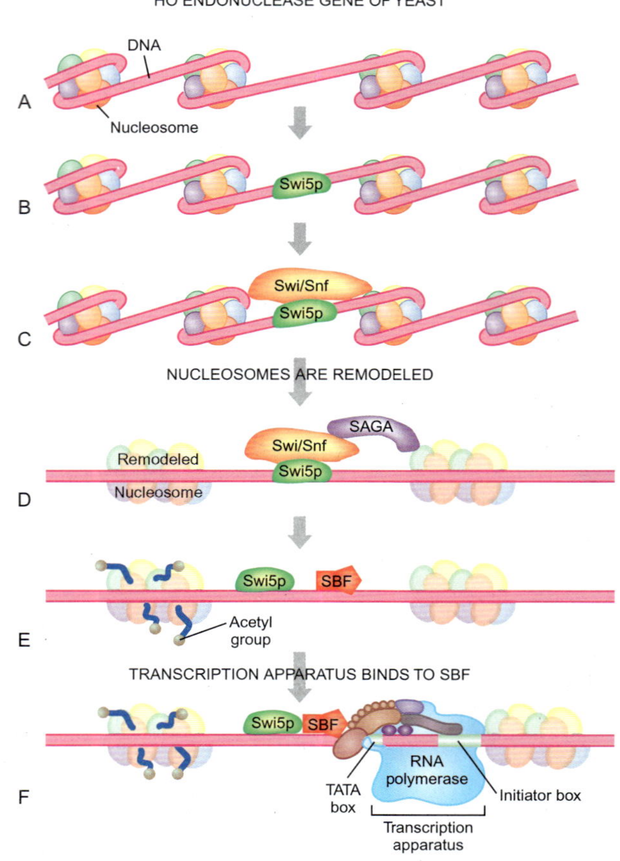

그림 17.14

***HO* 프로모터에서 일어나는 사건의 순서**

A) 효모의 HO 핵산내부가수분해효소 유전자는 뉴클레오솜에 의해 덮여있다. B) 전사인자 Swi5p 가 DNA에 결합한다. C) 다음으로 Swi5P에 Swi/Snf 복합체가 결합한다. D) 개조된 뉴클레오솜은 Swi/Snf 복합체와 뉴클레오솜에 아세틸기 전달효소의 결합을 허용한다. E) 아세틸화된 히스톤이 덜 치밀해짐에 따라, SBF 전사인자가 결합한다. F) 전사 기구가 결합한다.

의 접근을 허용한다.

5. 추가적인 전사인자가 결합한다.
6. RNA 중합효소가 DNA에 결합한다.
7. 전사 개시는 하나 또는 여러 개의 특이적 전사인자로부터 매개자 복합체를 통해 전달되는 양성적 신호를 필요로 한다.

예를 들어, 효모에서 교배형의 전환을 위해 필요한 핵산내부가수분해효소를 암호화하는 효모의 *HO* 유전자를 생각해보자. 먼저, Swi5p 전사인자가 결합한다. 그 다음 Swi/Snf 복합체가 Swi5p에 결합한다. Swi/Snf 복합체는 다른 뉴클레오솜을 밀어내기 위해 하나의 뉴클레오솜을 사용하면서 DNA를 따라 이동한다(관련 연구에 대한 초점 참조). 다음으로 도달하는 것이 HAT의 일종인 SAGA인데, 이 단백질의 결합은 Swi/Snf의 존재에 의존한다. 그 다음 프로모터 구역에 있는 히스톤이 아세틸화된다. 이것이 또다른 전사인자인 SBF가 결합하는 것을 허용한다. 이것은 다시 일반적인 전사인자가 결합하는 것을 허용하며, 뒤이어 RNA 중합효소가 뒤따른다(그림 17.14).

4.1. 히스톤 암호

위에서 언급한 바와 같이, 히스톤을 변형시키는 일부 효소는 원래 전사의 "보조 활성자" 또는 "보조 억제자"로 발견되었다. 이제 히스톤 단백질의 여러 가지 화학적 변형이 알려지고 있다. 화학적 변형은 염색질 구조를 변형시키고 다양한 전사인자와 여러 단백질의 DNA에 대한 결합에 영향을 미친다. 히스톤이 비교적 응축된 구조를 형성하기 위해 접힌

관련 연구에 대한 초점

Liu N and Hayes JJ.(2010) When push comes to shove: SWI/SNF uses a nucleosome to get rid of a nucleosome. Mol. Cell 38: 484–486.

이 리뷰 논문은 SWI/SNF 복합체가 DNA로부터 히스톤을 실제 어떻게 제거하는 지에 대한 지식의 현재 상태를 요약하고 있다. 리뷰 논문은 2개의 히스톤 즉, 2개의 뉴클레오솜(dinucleosome) 구조를 감는 DNA의 뉴클레오솜 리모델링 기작을 연구한 현재의 연구를 요약하고 있다. 논문에서는 단일 분자의 SWI/SNF에 대한 움직임을 결정하기 위한 새로운 기술을 사용하고 있다. 결과가 제시하는 바에 의하면, SWI/SNF는 하나의 뉴클레오솜 둘레를 감싸고 히스톤 핵심으로부터 DNA를 느슨하게 하기 위하여 ATP를 사용한다. DNA가 느슨해짐에 따라, SWI/SNF는 느슨해진 복합체를 들어올려서 인접한 뉴클레오솜을 때린다. 두 뉴클레오솜이 충돌할 때, H2A와 H2B 이합체가 두 번째 뉴클레오솜에서 튕겨져 나간다. SWI/SNF의 추가적인 활주는 남아있는 핵심 히스톤인 H3와 H4가 DNA에서 나가떨어지게 한다. 원래의 뉴클레오솜은 SWI/SNF와 함께 남는다(그림 17.15).

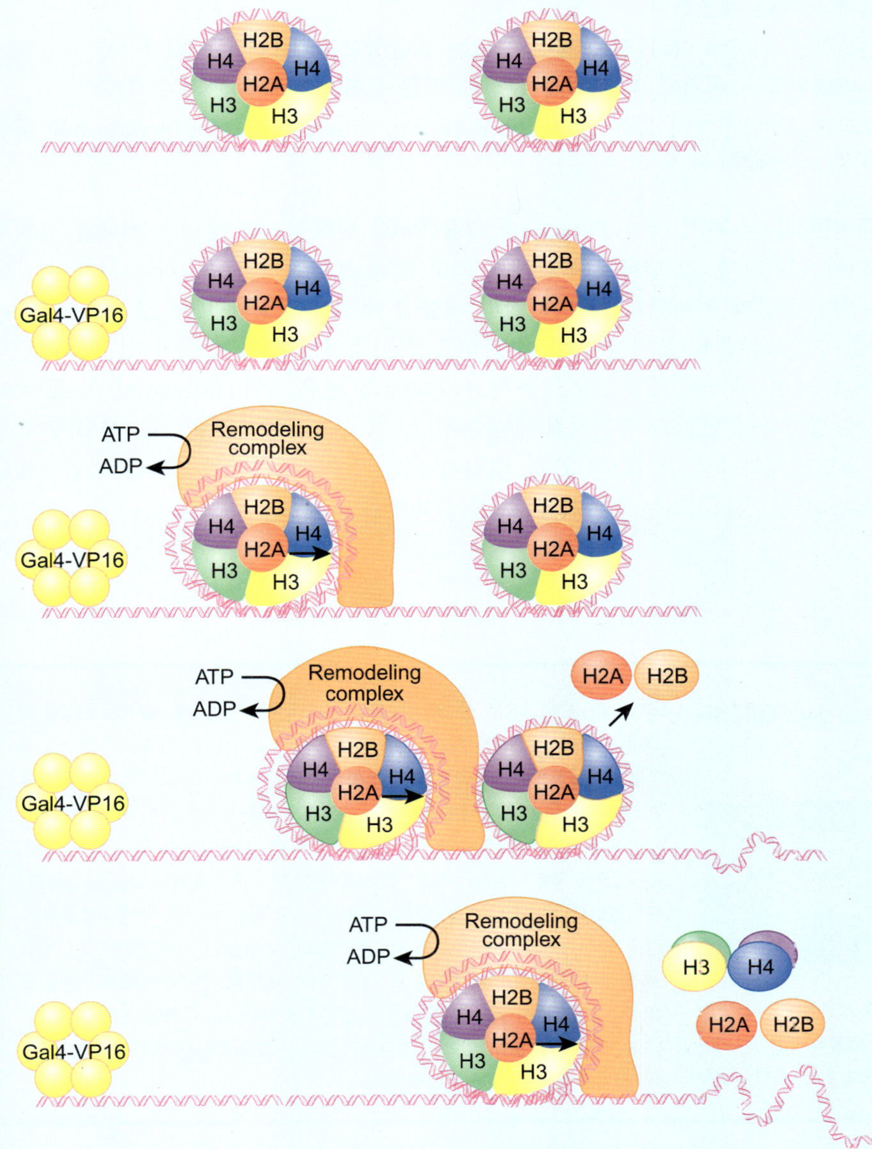

그림 17.15
SWI/SNF 뉴클레오솜 축출에 대해 제안된 기작

Swi/Snf 복합체는 뉴클레오솜을 축출해낼 수 있다. 한 가지 제안된 기작에 의하면, Swi/Snf는 하나의 뉴클레오솜 주변을 감싸서 DNA를 느슨하게 한다. 이 구조가 DNA를 따라 아래쪽으로 이동하고 또 다른 뉴클레오솜과 충돌하는데, 이로 인해 히스톤 H2A와 H2B가 방출된다. 두 번째 충돌이 남아있는 히스톤들을 쫓아내고 DNA를 풀어준다.

다 하더라도, 히스톤의 N-말단 구역은 밖으로 뻗어 나오는 꼬리를 형성하며 뉴클레오솜 표면에 노출된다. 특히 리신 잔기로 이루어진 꼬리는 히스톤 변형이 일어나는 부위이다(그림 17.16). 예를 들면, 전사 활성이 없는 염색질 구역은 이질염색질로 응축될 수 있다. 이러한 구역은 매우 낮은 아세틸화 정도를 보여주지만, 히스톤 3에서 9번째 위치에 있는 리신 잔기("H3-K9")의 메틸화가 높은 빈도로 일어난다. 넓은 범위의 히스톤 변형이 때로 히스톤 코드(Histone Code)로 불린다. 변형은 다음과 같다:

a) 앞에서 이미 토의한 바와 같이, 아세틸화는 염색질을 열지만, 탈아세틸화는 염색질의 응집을 촉진한다. 아세틸기는 아세틸 CoA에서 유래하며 이것의 이용 가능성이 히스톤 변형과 물질대사의 상태를 연결시킨다(관련 연구에 대한 초점 참조).

b) 히스톤 H3에서 4번과 36번 위치에 있는 리신 잔기의 메틸화는 전사 활성화를 촉진하는 반면, 동일한 히스톤에서 9번과 27번 위치에 있는 리신 잔기의 메틸화는 전사 억제를 촉진한다.

c) 인산화는 위치에 따라 전사 활성화 또는 불활성화를 촉진할 수 있다.

d) 유비퀴틴화는 위치에 따라 전사 활성화 또는 불활성화를 촉진할 수 있다.

e) 효과가 잘 알려지지 않은 ADP-ribosylation, sumoylation, biotinylation을 포함한 드문 형태의 변형.

히스톤 변형의 한 가지 예가 **Polycomb 그룹(PcG) 단백질**이라 불리는 거대한 단백질 복합체에 의해 일어난다. 이 단백질 복합체는 핵심 발달 프로그램을 조절하는 보존된 단백질이며, 유전자 발현과 억제에서 이 단백질의 역할이 적절한 생장에 매우 중요하다. PcG 단백질은 줄기세포의 중요 조절자이며, 이 단백질의 탈조절은 암과 관련이 있다. PcG 복합체는 DNA 조절 구역에 있는 PRE 또는 Polycomb 반응 요소(Polycomb response elements)에 결합하며 연관된 유전자를 침묵시킨다. 이 복합체가 결합할 때, 복합체에 있는 하나의 소단위체가 히스톤 H3의 27번 리신에 메틸기를 첨가한다. 또 다른 소단위체는 RNA 중합효소II를 정지시키는 히스톤 H2A를 유비퀴틴화시킨다.

Ladurner AG(2009). Chromatin places metabolism center stage. Cell 138: 18–20.

관련 연구에 대한 초점

히스톤을 변형시키기 위하여 사용되는 아세틸기는 적절한 유전자 발현에 중요하다. 대부분의 유전학적 분석에서, 아세틸기의 원천은 조사되지 않았다. 이 리뷰 논문은 아세틸기의 원천을 기술하는 최근의 연구를 서술하고 있다. 아세틸기는 조효소 A(CoA)에 부착된 상태로 핵 내에서 발견된다. 아세틸-CoA 분자는 사실상 시트르산 대사의 산물이며, 연구 결과에 의하면, 세포의 대사 상태가 히스톤 변형을 위해 활용 가능한 아세틸기의 양에 대한 핵심 조절자이다. 휴지기 동안, 활용 가능한 영양분이 하나의 세포를 위해 충분하며, 충분한 아세틸-CoA가 있다. 그러나 빠른 생장 단계 동안, 대사 과정은 세포와 핵을 위한 에너지 요구 균형을 맞추어야만 한다. 균형 맞추기 활동의 일부가 지질 생합성을 위한 핵심 효소인 ATP-citrate lyase(ACL)이다. 일반적으로 세포질에만 존재하는 것으로 생각되었으나, 최근의 연구에 의하면, ACL은 핵 내에 매우 풍부한데, 이 곳에서 시트르산을 acetyl-CoA로 전환시킨다. 활용 가능한 acetyl-CoA의 양은 변동을 보여주며, 이에 따라 히스톤 아세틸화도 변동을 보여준다. 그 다음, 히스톤 변형은 유전자 발현을 변화시키는데, 해당과정에 관여하는 유전자가 일차 표적의 하나이다. 따라서, 결과는 포도당 활용성 정도와 히스톤 아세틸화 사이에 밀접한 관련성을 보여준다.

Polycomb 그룹(PcG) 단백질 히스톤을 메틸화시킴으로써 생장에 중요한 유전자의 발달에 따른 발현을 조절하는 거대한 단백질 복합체

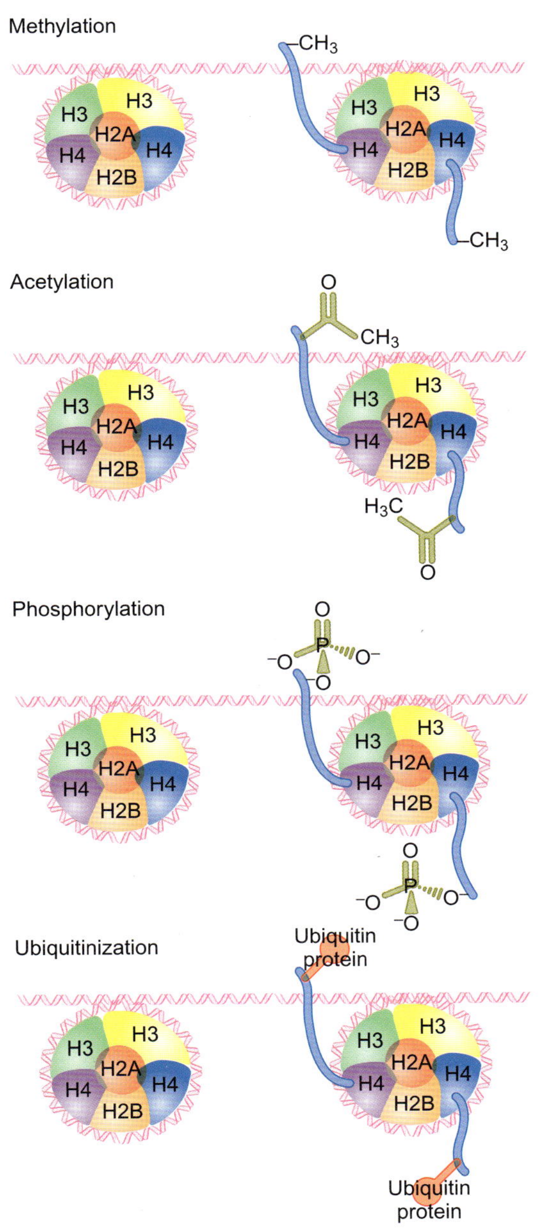

그림 17.16
히스톤 변형

히스톤 꼬리는 메틸기, 아세틸기, 인산 및 유비퀴틴 그룹의 첨가에 의해 변형될 수 있다.

5. 진핵생물 DNA의 메틸화가 유전자 발현을 조절한다

DNA에 있는 염기의 메틸화가 원핵생물과 진핵생물 모두에서 일어나는데, 메틸화의 목적은 대개 꽤 다르다. 10장에서 토의한 바와 같이, 원핵생물은 새로 합성된 DNA를 구별하기 위해서 메틸화를 사용한다. 진핵생물에서, 새로 합성된 DNA는 아직 분명하지 않은 다른 방법에 의해 인식된다. 그럼에도 불구하고, 많은 진핵생물은 유전자 발현을 조절하기 위한 표지로써 그들의 DNA를 메틸화시킨다.

DNA의 메틸화는 종종 고등생물의 발달 과정 동안 유전자 발현을 조절하기 위해 사용된다.

DNA의 메틸화는 하등 진핵생물에서는 드물게 일어난다. 고등동물은 그들의 시토신의 10%까지 메틸화시키며 고등식물은 30%까지 메틸화시킨다. 이들 다세포 생물에서 DNA 메틸화는 종종 그들의 발현이 조직 분화와 관련이 있는 유전자들에 대한 표지로 사용된다. 인식서열은 극단적으로 짧다; 전형적으로 동물에 대해서는 CG이며 식물에 대해서는 CNG

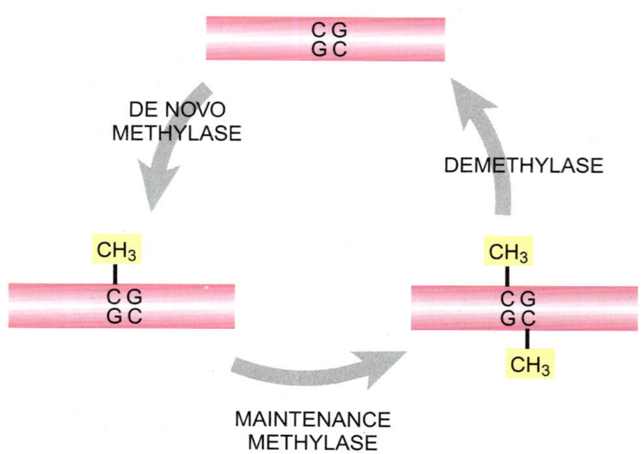

그림 17.17
진핵생물에서 DNA 메틸화의 조절

세 가지 효소가 DNA의 메틸화를 조절한다. 메틸화생성 메틸화효소가 메틸화되지 않은 CG-섬에 메틸기를 첨가한다. 메틸화유지 메틸화효소는 한쪽 가닥만 메틸화된 부위의 반대쪽 가닥에 두 번째 메틸기를 첨가한다. 탈메틸화효소는 메틸기를 제거한다.

로 두 가지 유형의 메틸화효소가 있다. **메틸화유지 메틸화효소**는 낡은 부모 DNA 가닥 상의 메틸기와 맞은편 위치에 있는 새로 만들어진 DNA에 메틸기를 첨가한다. 이는 메틸화의 양상이 세포분열 동안 유전되는 것을 보장한다. 메틸화의 양상을 변화시키는 것은 새로운 메틸기를 첨가하는 **메틸화생성 메틸화효소**와 메틸기를 제거하는 **탈메틸화효소**를 수반한다(그림 17.17).

아래에 토의하는 바와 같이, 진핵생물에서의 메틸화는 유전자 발현을 침묵시킨다. 동물에서, 약 절반의 유전자가 **CG-섬**(즉, CG 서열의 집단) 근처에 위치한다. 모든 조직에서 발현되는 **항시발현 유전자**는 메틸화되지 않는 CG-섬을 갖는다. 반대로, 조직 특이 유전자의 CG-섬은 유전자가 발현되는 특정 조직에서만 메틸화되지 않는다. 따라서 메틸화 양상의 유지는 유전자 발현 양상이 특정 조직의 세포들 사이에서 일정하게 유지되는 것을 확실하게 한다. 식물에서, 특정 전이인자는 메틸화에 의해 불활성화 될 수도 있다.

5.1. 유전자의 침묵은 DNA 메틸화에 의해 야기된다

유전자 침묵은 비교적 비특이적인 방식으로 많은 유전자의 억제를 나타내는 다소 모호한 용어이다. 제한된 유전자 침묵이 박테리아에서 알려져 있다(16장 참조). 그러나, 유전자 침묵은 진핵생물에서는 보편적인데, DNA와 히스톤 모두의 공유결합성 변형을 포함한다. 유전자 침묵은 단일 유전자, 유전자 집단, 염색체의 상당한 부분, 심지어는 염색체 전체에 영향을 미칠 수 있다. 가장 극단적인 예가 포유동물 암컷 세포에 있는 X-염색체 전체의 거의 완전한 침묵이다(아래 참조).

유전자는 히스톤으로부터 아세틸기의 제거 후에 DNA의 메틸화에 의해 침묵된다.

유전자 침묵은 진핵생물 DNA의 5′-CG-3′ 서열에 있는 시토신 메틸화의 결과이다. 때로, 5′-CNG-3′ 서열도 메틸화된다. 메틸기가 DNA의 주홈으로 돌출되어 나와서 대부분 전사인자의 결합을 방해한다. 더구나, 메틸화된 CG 서열은 **메틸시토신-결합 단백질(MeCPs)**에 의해 인식된다. 그 다음, 결합된 MeCP는 히스톤(특히 H4)으로부터 아세틸기를 제거하는 다른 단백질에 의해 인식된다. 이로 인해, DNA가 응축해서 전사를 위해 더 이상 접근할 수 없는 이질염색질을 형성하게 된다(그림 17.18). 이런 구역에 있는 유전자를

CG−섬(CG-islands) 진핵생물에서 시토신 메틸화에 대한 표적으로 사용되는 다수의 집적된 CG 서열을 포함하는 DNA 구역
메틸화생성 메틸화효소(de novo methylase) 전반적으로 메틸화되어 있지 않는 부위로 메틸기를 첨가하는 효소
탈메틸화효소(demethylase) 메틸기를 제거하는 효소
항시발현 유전자(housekeeping genes) 생명의 핵심적인 기능을 위해 요구됨으로 인해 항시 발현되는 유전자
메틸화유지 메틸화효소(maintenance methylase) 절반만 메틸화된 부위의 반대편 DNA 가닥에 두 번째 메틸기를 첨가하는 효소
메틸시토신−결합 단백질(methylcytosine-binding protein, MeCP) 진핵생물에서 메틸화된 CG 섬을 인식하는 단백질

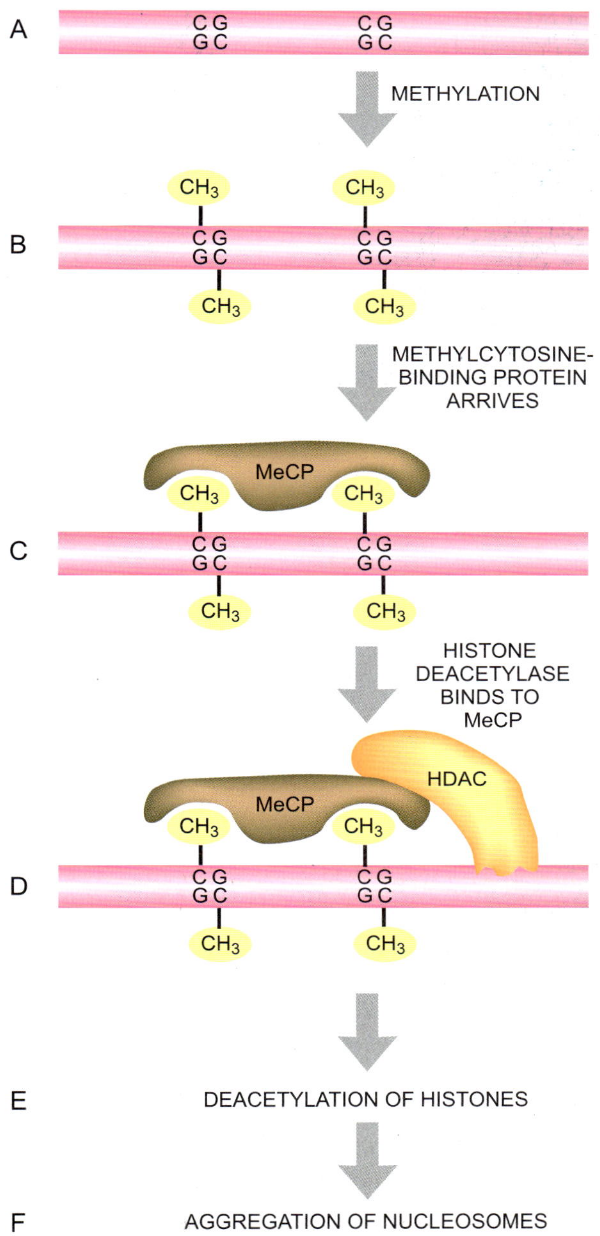

그림 17.18

침묵은 메틸화에서 시작한다

A) DNA 상의 CG 구역은 B) 메틸화된다. C) 메틸시토신-결합 단백질(MeCP)이 메틸화된 부위로 끌어들여지고 D) 히스톤 탈아세틸효소(HDAC)가 MeCP와 DNA 모두에 결합한다. E)와 F) 그 결과 히스톤 꼬리는 탈아세틸화되고 뉴클레오솜이 응집해서 이질염색질을 형성한다.

"침묵되었다"라고 한다.

다 자란 성인의 분화된 세포에서 메틸화의 양상은 매 세포분열 시 같은 양상으로 복제된다. 이 과정은 메틸화유지 메틸화효소에 의해 이루어지는데, 이 효소는 낡은 부모가닥 상에 있는 메틸기와 맞은편 위치에 있는 새로 만들어진 DNA에 메틸기를 첨가한다. 메틸화생성 메틸화효소와 탈메틸화효소는 특히 발생 동안처럼 필요할 때 메틸화 양상을 변화시킨다. 난자가 수정되어 접합자를 형성한 직후에, 대부분 DNA의 메틸화 양상은 지워진다. 새로운 메틸화 양상은 아직 잘 이해되지 않는 과정에 의해 조직 특이적인 방식으로 이루어진다. 프로모터 구역이 메틸화된 유전자는 침묵된다.

DNA 메틸화 양상은 새로운 접합자가 만들어질 때 재프로그래밍 된다.

침묵(silencing) 유전학적 용어로써, 비교적 비특이적인 방식으로 유전자 발현을 차단하는 것을 나타냄

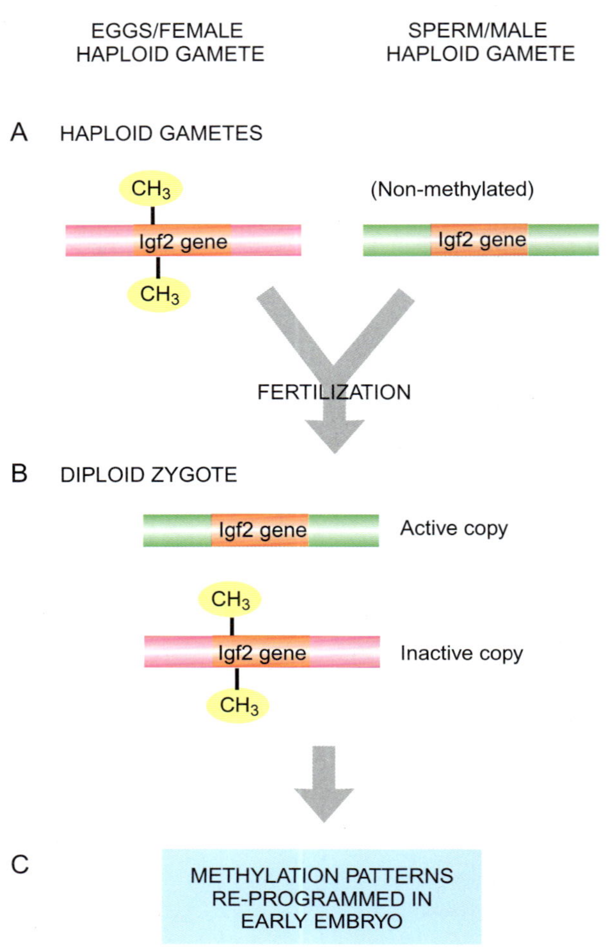

그림 17.19
각인과 발달

각 부모로부터 물려받은 동일한 유전자의 2개 사본이 동일한 방식으로 항상 메틸화되지는 않는다. A) 어머니로부터 유래한 *Igf2* 유전자는 메틸기를 가지며 불활성화 되어있는 반면, 아버지로부터 유래한 메틸화되지 않은 유전자는 활성화되어 있다. B) 수정 후, 배아는 활성형과 비활성형 *Igf2* 유전자를 하나씩 갖는다. C) 대부분의 메틸화 양상은 초기 배아에서 재설계되지만, 일부는 살아남아서 각인에 이르게 된다.

5.2. 진핵생물에서의 유전적 각인은 DNA 메틸화 양상에 기인한다

소수의 특정 유전자는 수정된 후에도 자신의 메틸화 양상을 유지한다.

각인은 배우체에 존재하는 메틸화 양상이 접합자 형성 과정에 살아남아서 새로운 생명체에서의 유전자 발현에 영향을 미칠 때 일어난다. 이러한 현상은 여러 가지 예들이 포유동물, 곰팡이, 식물에서 알려져 있지만, 매우 적은 수의 유전자에만 적용된다. 각인은 이배체 세포에 있는 한 쌍의 유전자 중 하나만 발현되는 것을 보장하기 위한 기작이다. 두 번째 사본은 메틸화에 의해 침묵된다. 한 유전자의 어떤 대립유전자가 발현되는가의 선택은 그 대립유전자가 부계와 모계 중 어디에서 기원하는가에 달려있다.

메틸화 양상은 배우체의 형성 동안 확립된다. 난자와 정자 세포에 있는 대부분의 유전자는 불활성 상태에 있고 따라서 메틸화에 의해 침묵되어 있다. 그러나, 일부 유전자는 활성상태를 유지하며 웅성과 자성 배우체 사이에서 메틸화 양상에 있어서 사소한 차이가 있다. 이로 인해 아버지와 어머니로부터 물려받은 대립유전자의 발현에 있어서 초기의 차이를 야기한다(그림 17.19). 이러한 이배체 접합자가 여성으로 발달한다고 상상해 보자. 이 여성은 그녀가 새로운 배우체나 난자를 만들어낼 때를 제외하고, 모든 그녀의 세포에서 *Igf-2*에 대해 아버지에게서 물려받은 사본을 사용할 것이다. 감수분열 동안, 각 배우체는 50%의 확률로 활성화된 부계 대립유전자 또는 메틸화된 사본을 가지게 될 것이다. 그 여성이 어머니가 될 때, 메틸화되지 않은 대립유전자를 받는 접합자는 다시 메틸화된다. 몇

각인(imprinting) 특정 대립유전자의 발현이 이 대립유전자의 기원(부계 또는 모계)에 의해 결정되는 현상(각인은 유전의 우열 법칙에서 벗어난 예외적이며 드문 현상)

가지 이유로 인해, 실수가 있게 되어 이 여성의 *Igf2* 유전자가 메틸화되지 않는다면, 아기는 2개의 활성화된 대립유전자를 가지게 될 것이다. 2개의 활성화된 *Igf2* 유전자를 가지는 사람은 생장 결함과 암 발생의 특징을 갖는 Beckwith-Wiedemann 증후군을 가지게 된다. 생쥐에는 약 70개의 각인 유전자가 있다. 예를 들면, 부계로부터 유래한 IGF-II(인슐린-유사 생장 인자 II)는 발현이 되는 반면, 모계 대립유전자는 발현되지 않는다. 대개, 항시는 아니라 하더라도 접합자에서 발현되는 것은 부계 대립유전자이다. 모계 대립유전자의 발현에 대한 한 가지 예가 IGF-II에 대한 수용체인 IGF-IIR이다.

각인된 유전자의 목록이 www.otago.ac.nz/IGC에 온라인상에 나와 있다.

6. X-염색체 불활성화가 XX 염색체를 2개 가지는 암컷 동물에서 일어난다

X-염색체 불활성화는 동물에서 발견되는 각인의 특별한 형태이다. 여성은 2개의 X-염색체를 갖는 반면, 남성은 하나의 X-염색체와 훨씬 더 짧은 Y-염색체를 갖는다. 결과적으로, 여성은 X-염색체 상에 운반되는 유전자에 대해 2개의 사본을 갖는 반면, 남성은 대부분의 유전자에 대해 하나의 사본만을 갖는다. 여성에서 두 대립유전자의 발현은 남성에 비해 만들어지는 단백질이나 RNA의 양이 2배가 될 것이다. 앞에서 *Igf2*의 과발현에서 보여진 바와 같이, 특정 단백질이 너무 많이 존재하는 것은 끔직한 결과를 초래한다.

암컷 포유동물 세포에 있는 2개의 X-염색체 중에 하나만이 활성형이며 가지고 있는 유전자를 발현한다.

진화는 남성과 여성에서 서로 다른 수준의 유전자 발현을 회피하기 위하여 유전자의 양적 보상(dosage compensation)을 위한 다양한 기작을 발달시켰다. *C. elegans*와 같은 선충류에서, 2개의 X-염색체 상에 있는 유전자들의 발현 수준은 반으로 줄어든다. 이와는 반대로, *Drosophila*와 같은 곤충에서, 수컷에 있는 하나의 X-염색체 상에 있는 유전자의 발현이 2배가 된다. 포유동물에서, 각 여성 세포에 있는 X-염색체 쌍 중의 하나가 침묵된다(침묵에서 면제를 받으며 "위-상염색체성(pseudo-autosomal)" 구역으로 불리는 몇몇 유전좌위는 예외). 선충류와 곤충류에서, X-염색체에 특이적으로 결합하는 단백질 복합체가 X-염색체 상에 위치하는 유전자로부터 전사를 감소시키거나(선충류) 증가시키는데(곤충류) 관여한다. 포유동물 암컷에서, 비번역 RNA를 수반하는 기작이 X-염색체 중의 하나를 불활성화시킨다(아래 참조).

*C. elegans*에는 Y-염색체가 존재하지 않으며 수컷은 하나의 쌍을 이루지 않은 X-염색체를 갖는다(이러한 경우는 XO로 표기된다). 더구나, XX 동물은 사실상 자웅동체이며 남성과 여성 생식기관을 둘 다 갖는다. 양적보상은 XX 동물에서만 발현되는 단백질인 Sdc2를 필요로 한다. Sdc2 단백질은 X-염색체 상에 있는 특이 부위에 결합하며 6개의 단백질로 이루어지는 양적보상 복합체가 Sdc2 상에서 조립되며 유전자 발현을 감소시킨다. *Drosophila*에 의해 사용되는 기작은 본질적으로 *C. elegans*와 거의 같다. 초파리에서는 XY 동물에서만 발현되는 단백질인 Msl2가 X-염색체 상의 특이 부위에 결합한다. 양적보상 복합체가 Msl2 주위에서 조립되고 유전자 발현을 증가시킨다. *Drosophila*의 양적보상 복합체는 몇 개의 단백질뿐만 아니라 2개의 비번역 RNA를 포함한다.

포유동물에서, X-염색체 불활성화는 ***Xist* 유전자**의 메틸화에 의해 조절되는데, 이 유전자는 X-염색체 상에 위치한다. 활성형 X-염색체의 *Xist* 유전자는 메틸화에 의해 불활성화되고, 비활성형 X-염색체의 *Xist* 유전자는 전사된다. 배우체 발달 동안 일단 확립된 다음, 이와 같은 메틸화 양상은 세포주기마다 유전된다; 따라서, 동일한 X-염색체 상동체가 딸 세포에서 활성형 상태로 남아있게 된다. 활성형 X-염색체 상이 있는 *Xist* 유전자의 발현은 안티센스 RNA인 Tsix에 의해 조절되는데, 이 RNA는 *Xist* 좌위에서 역방향으로 발

***Xist* 유전자(*Xist* gene)** 이 유전자를 가지는 X-염색체를 불활성화시키는 유전자
X-염색체 불활성화(X-inactivation) 암컷 포유동물 세포에 있는 2개의 X-염색체 중의 하나가 응축되어 유전자 발현이 완전히 일어나지 않는 현상

A PRODUCTION OF *Xist* RNA

Xist gene

X-chromosome #1

X-chromosome #2

Xist RNA

B COATING OF ONE X-CHROMOSOME BY *Xist* RNA

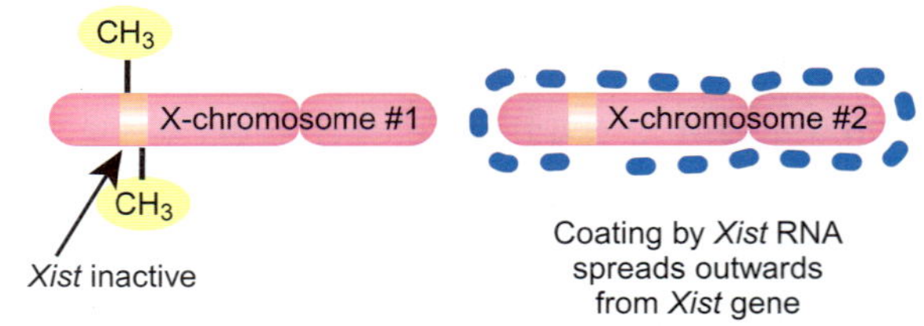

C INACTIVATION OF ONE X-CHROMOSOME BY METHYLATION

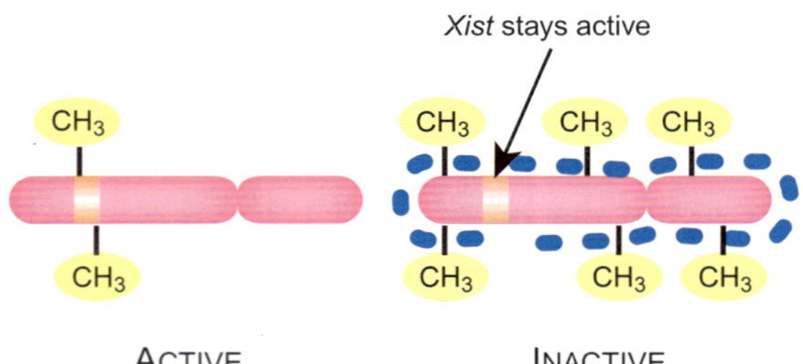

ACTIVE INACTIVE

그림 17.20
X-염색체 불활성화는 Xist 유전자와 Xist RNA를 수반한다

A) 원래, 2개의 X-염색체 모두 *Xist* 유전자로부터 *Xist* RNA를 전사시킨다. B) 활성형 상태로 남아있는 X-염색체는 *Xist* 유전자 구역에서 메틸화되는데, 이로 인해 *Xist* 유전자는 불활성화된다. *Xist* RNA는 다른 X-염색체를 덮어씌워서 그 염색체를 불활성화시킨다. C) 불활성형 X-염색체는 *Xist* 유전자를 제외하고(X-염색체 불활성화가 일어나지 않으며 여기에서 제시되지 않는 일부 비정상적인 유전자 좌위와 더불어) 거의 완전히 메틸화된다. 이러한 메틸화는 X-염색체가 이질염색질로 전환되도록 한다. *Xist* 유전자 자체만이 활성을 유지한다.

선충과 초파리는 X-염색체 발현을 조절하기 위하여 포유동물과는 다른 기작을 사용한다.

현된다. 그 결과, Tsix는 어떤 X-염색체를 불활성화시킬 것인지를 선택하는데 관여한다. 그러나, Tsix RNA의 발현 시기는 서로 다른 포유동물 사이에서 다양하며 Tsix 자체의 조절은 아직 불분명하다.

Xist 유전자의 발현은 이 유전자를 운반하는 X-염색체의 불활성화를 야기한다. 하나의 긴 비번역 RNA가 *Xist* 유전자로부터 전사된다. 이 *Xist* RNA가 비활성형 X-염색체를 뒤덮는다. *Xist* 유전자에서 시작해서 양쪽 방향으로 X-염색체를 따라 진행됨에 따라, DNA는 전사될 수 없는 응축된 형태의 DNA인 이질염색질로 전환된다(그림 17.20). 고도로 응축된 X-염색체는 암컷 포유동물의 세포에서 볼 수 있으며, 1948년에 이를 발견한 Murray Barr의 이름을 따라 **바소체**라 부른다. 바소체의 존재 또는 부재는 때때로 올림픽 참가 여성 선수가 유전적으로 진짜 여성인지를 점검하기 위해 사용된다.

불활성화된 X-염색체의 DNA는 고도로 응축되어 있다.

활성형 *Xist* 유전자가 다른 염색체에 삽입된다면, 이 유전자는 부분적으로만 불활성화된다. 따라서 다른 인자가 X-염색체 불활성화를 설명하기 위해 요구된다. X-염색체는 다른 염색체에 비해 단위 길이당 2배 많은 LINE-1 인자(4장 참조)를 가지며, 이러한 현상은 어떤 식으로든 *Xist* RNA의 결합을 촉진할 수 있다는 점이 제시되었다. 정반대의 이론은 X-염색체가 자주 불활성화되기 때문에 더 많은 LINE-1 인자가 X-염색체 상에 축적된다고 주장한다.

Xist RNA는 X-염색체 침묵에 관여한다.

Xist-유도 침묵의 기작은 부분적으로만 이해되었다. *Xist* RNA가 결합한 후, 이 RNA가 실질적인 전사침묵과 이질염색질 형성에 관여하는 단백질을 끌어 모은다. 변화는 비활성 X-염색체의 히스톤에서 일어난다. 먼저, 히스톤 3가 활성형 염색체에서처럼 Lys4 대신

바소체(Barr body) 광학현미경으로 관찰되는 비활성의 고도로 응축된 X-염색체

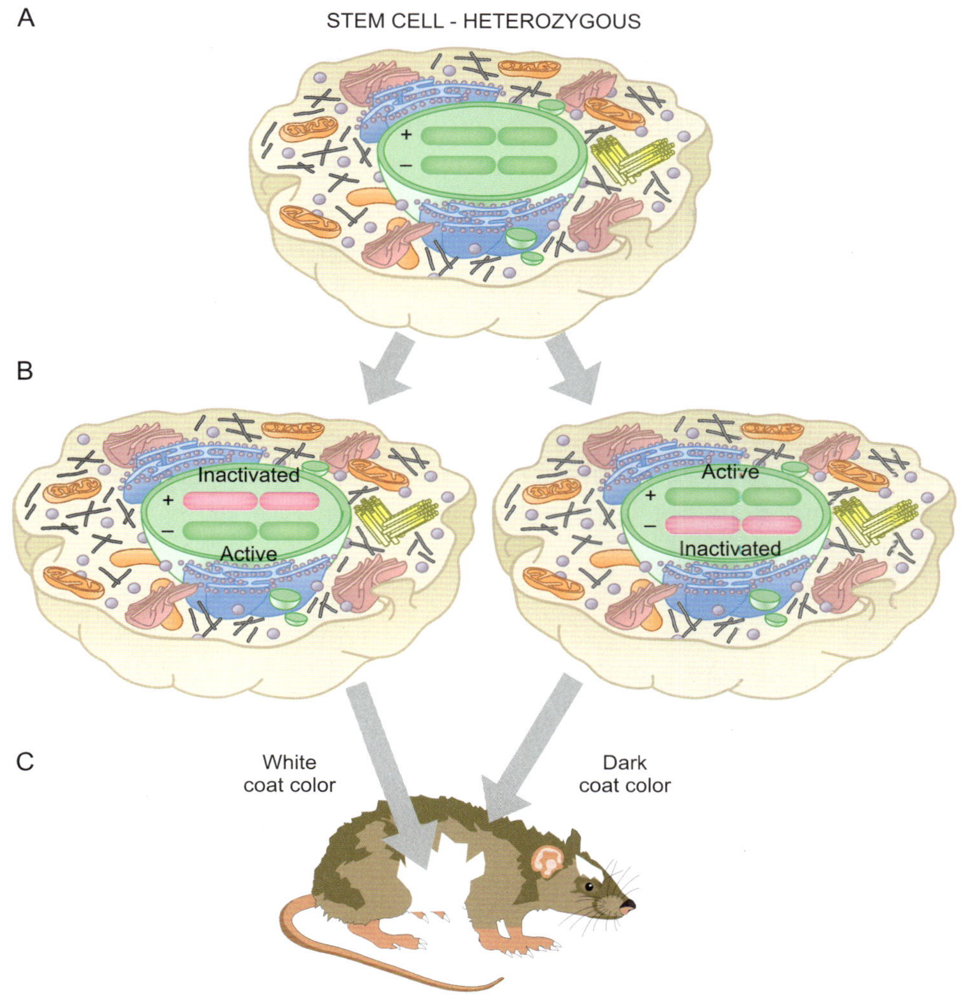

그림 17.21

X-염색체 불활성화는 생쥐에서 외피 무늬를 유발한다.

그림은 털 색소형성에 관여하는 X-연관 유전자에 대해 이형접합성인 암컷 생쥐를 보여준다. A) 모든 세포가 2개의 X-염색체를 가지고 있는데, 하나는 털 색소 유전자이 대해 기능을 하는 사본(+)을 가지고 있으며 다른 하나는 결함이 있는 사본(-)을 가지고 있다. B) 발달 과정 동안, 서로 다른 X-염색체가 서로 다른 조상 세포들에서 무작위적으로 불활성화된다. 각 조상 세포가 분열해서 몸체 표면에 한 구역의 세포를 만들어낸다. C) 그 결과, 서로 다른 피부 색깔을 가진 구역의 혼합이 만들어진다. 흰색(돌연변이체) 구역은 활성형 X-염색체가 결함이 있는 털 색깔 유전자를 가질 때 나타난다. 어두운 구역은 활성형 X-염색체가 야생형 털 색깔 유전자를 가지고 있을 때 나타난다.

그림 17.22

삼색얼룩고양이

캘리코 착색은 암컷 고양이에서만 관찰된다. 이 현상은 털 색깔에 대한 유전자가 X-염색체 상에서 운반되기 때문에 일어난다. 암컷 고양이가 돌연변이체와 야생형 대립유전자에 대해 이형접합성이면, 서로 다른 구역에서 2개의 X-염색체의 무작위적인 불활성화는 털 색깔 패턴을 만들어낸다. 흰색 부분은 활성화된 X-염색체가 돌연변이체 대립유전자를 포함하는 세포들로 인한 것이다.

에 Lys7에서 메틸화된다. 다음으로 히스톤 H4가 대부분의 아세틸기를 잃어버린다. 조금 지난 후에, 비전형 히스톤인 macroH2A(별도의 C-말단 도메인을 갖는 H2A 변이체)가 비활성 X-염색체에서만 발견된다. 마지막으로, CpG 섬의 메틸화가 X-염색체를 따라서 일어난다. 일단 침묵이 확립된 후, *Xist* RNA는 침묵의 유지를 위해서는 더 이상 필요하지 않게 된다.

3개 이상의 X-염색체가 암컷 포유동물에 존재하는 드문 경우에, 하나의 X-염색체만이 활성화 상태로 존재한다. 더구나, 하나의 X-염색체(Y-염색체는 갖지 않음)를 갖는 생쥐는 건강하며, 생식 능력이 있는데, 이는 두 번째 X-염색체는 불필요하기조차 하다는 것을 의미한다. 유대류에서, 부계의 X-염색체는 항상 불활성화되어 있다.

다른 포유동물에서, 선택은 무작위적이다. 더구나, 어떤 X-염색체가 활성화 상태로 되는지의 여부는 서로 다른 세포주에서 다양하다. 결과적으로, 암컷 포유동물은 유전적 모자이크로 이루어지는데, X-염색체 상에 위치한 서로 다른 대립유전자는 조직의 서로 다른 부위에서 발현된다. 이러한 현상은 X-연관 유전자에서 털 색깔 돌연변이에 대해 이형접합인 암컷 쥐에서 관찰되는 얼룩무늬 털 색깔에 의해 설명되어진다(그림 17.21). 어떤 주어진 세포에서, 하나의 X-염색체만이 활성형이며, 2개의 대립유전자 중에서 하나만이 발현된다. 특정 조상 세포의 후손들은 함께 붙어 존재하며 동일한 색을 가진 피부 구역을 이룬다. 따라서, 외피의 일부 구역은 야생형이며 다른 구역은 돌연변이 색을 보여준다. 유사한 효과가 삼색얼룩고양이(calico cats)에서 관찰된다(그림 17.22).

상자 17.02 후성유전학

후성유전학(epigenetics)이라는 용어는 유전체적 변화 이외에 한 종 내에서 일어나는 유전되는 표현형적 변화를 기술하기 위하여 후성설(epigenesis; 하나의 생물체를 만들어내는 복잡한 발달 단계)과 유전학을 통합한데서 유래하였다. 이 용어는 매우 제한된 방식으로만 유전자 발현에 미치는 환경적 효과를 의미한다. 오늘날, 후성유전학이라는 용어는 DNA의 염기서열에 있어서의 변화에 기인하는 것이 아닌 유전적 변화를 나타낸다. 아직 알려지지 않은 다른 기작이 존재한다고 하더라도, 후성유전학적 유전은 종종 메틸화에 의하거나 히스톤에의 변화에 의한 DNA의 변화에 기인한다. 이질염색질의 형성, X-염색체 불활성화 및 각인이 그 예이다. 이들 각각의 경우에, 환경은 원래 염색질 구조에 있어서의 변화를 촉발시킨다. 그러한 변화는 일시적이어서 짧은 시간 동안만 세포에 영향을 미치거나, 안정적으로 남은 일생동안 세포에 영향을 미치기도 한다. 엄밀히 말하면, 이들 두 상황은 후성유전학이 아니다. 진정한 후성유전학적 유전은 그 변화가 세포 분열후 딸 세포로 전달되었을 때이다. 이러한 종류의 변화에 대한 기작과 역할은 아직도 연구 중에 있으며, 앞으로의 실험은 아마도 환경의 효과를 보다 더 정확하게 기술하는 것이 될 것이다.

핵심 개념

- 진핵생물에서 전사 조절은 박테리아에서보다 훨씬 더 복잡하다.
- 특이적 전사인자들이 다양한 신호에 반응하여 단백질 암호화 유전자를 조절한다.
- 매개자 복합체는 다양한 근원에서 오는 정보를 편집하여 그 결과를 RNA 중합효소로 전달한다.
- 증폭자 서열은 그것이 조절하는 유전자로부터 훨씬 떨어진 곳에서 발견된다. DNA는 고리를 형성하여 증폭자를 매개자 복합체 근처로 가져온다.
- 격리자 서열은 일반적으로 근처에 있는 다른 유전자를 위해 만들어진 조절 서열의 효과로부터 유전자를 보호한다.
- 기질결합구역은 DNA가 핵기질 단백질과 결합하는 부위이다.
- 진핵생물에서 음성 조절은 다양한 기작에 의해 일어나지만, DNA에 억제자 단백질의 직접적 결합에 의해서는 거의 일어나지 않는다.
- 이질염색질은 진핵생물에서 전사인자의 접근을 차단하는 고도로 응축된 형태의 DNA이다.
- DNA에 결합하는 히스톤은 다양한 방식으로 공유결합적으로 변형될 수 있다. 일부 변형은 유전자 발현을 활성화시킬 수 있는 반면, 일부는 발현을 억제한다.
- 다양한 효소가 DNA로부터 메틸기를 첨가하거나 제거하는 것으로 알려져 있다.
- DNA 메틸화는 진핵생물에서 유전자 침묵을 야기한다.
- 진핵생물에서, 양쪽 부모 사이에서 DNA 메틸화 양상에 있어서의 차이는 유전적 각인을 야기한다.
- 암컷 포유동물은 X-염색체쌍 중의 하나를 불활성화시킨다.

복습 문제

1. 유전자 발현 조절이 원핵생물에 비해 진핵생물에서 더 복잡하게 되도록 만드는 요인은 무엇인가?
2. 전사인자의 네 가지 일반적 특성은 무엇인가?

3. 매개자 복합체란 무엇이며, 구성 요소는 무엇인가?
4. 매개자 복합체는 RNA 중합효소II와 어떻게 의사소통을 하는가?
5. 증폭자란 무엇이며, 어떻게 전사에 도움을 주는가?
6. 격리자란 무엇인가?
7. 격리자는 증폭자의 기능을 어떻게 차단하는가?
8. 음성 조절은 원핵생물과 진핵생물에서 어떻게 다른가?
9. CAAT 상자란 무엇인가?
10. 이형이합체란 무엇인가? 일부 전사인자에서 이형이합체는 왜 필요한가?
11. 핵기질, MAR, SAR은 무엇인가?
12. MAR 부위는 무엇과 결합하는가?
13. 이질염색질은 무엇이며 어떻게 전사를 방해하는가?
14. 진핵생물에서 히스톤의 아세틸화는 유전자 발현에 어떻게 영향을 미치는가?
15. HAT와 HDAC란 무엇이며, 유전자 발현에서 어떤 역할을 하는가?
16. 염색질 리모델링 복합체는 유전자 발현에서 어떤 역할을 하는가?
17. 염색질 리모델링 복합체의 두 가지 주요 그룹은 무엇이며, 그들은 어떻게 다른가?
18. 진핵생물 유전자를 활성화시키기 위한 사건의 연쇄를 서술하라.
19. 세 가지 유형의 DNA 메틸화효소는 무엇이며, 그들의 역할은 무엇인가?
20. 원핵생물과 진핵생물은 DNA 메틸화를 활용하는 데 있어서 어떻게 다른가?
21. 항시 발현유전자와 조직 특이 유전자 사이에 메틸화는 어떻게 다른가?
22. 유전자 침묵이란 무엇인가?
23. 메틸화는 유전자 침묵에서 어떤 역할을 하는가?
24. 각인이란 무엇인가?
25. 각인은 어떻게 일어나는가? 각인의 이점은 무엇인가?
26. X-염색체 불활성화란 무엇인가?
27. *Xist* 유전자란 무엇이며, 무엇을 암호화하는가?
28. X-염색체쌍 중에 동일한 염색체가 세포분열 후에 어떻게 활성형인 상태로 존재하게 되는가?
29. 바소체란 무엇이며 어떻게 만들어지는가?
30. 이질염색질의 형성에 이르는 일련의 사건은 무엇인가?

개념 문제

1. 많은 진핵생물 유전자는 특정 조직에서만 발현된다. 애기장대의 꽃에서 꽃 분열조직으로 하여금 꽃받침과 꽃잎을 만들도록 하는 *APETALA1(AP1)*이 그 예이다. 많은 과학자들이 조직 특이 발현에 필요한 중요 요소를 파악하고자 프로모터를 연구한다. *AP1* 유전자의 경우에, 연구자가 전사 개시 상류 또는 전에 있는 DNA 중에서 500 뉴클레오티드를 취해서 β-glucuronidase를 암호화하는 GUS라 불리는 보고자 유전자에 결합시켰다. GUS 유전자는 X-gluc를 파란색 염료로 전환시키는 효소를 암호화한다. 따라서 *AP1* 유전자 프로모터가 GUS의 발현을 개시시킬 때, 식물 조직은 파랗게 된다. 전사 개시에 중요한 요소를 결정하기 위하여 서로 다른 구역의 프로모터가 보고자 유전자에 결합될 수 있다. *AP1* 프로모터의 어떤 구역이 전사 개시를 위해 중요한지 파악함으로써 아래 표를 해석하라:

프로모터 구성	꽃 분열조직에서 Gus 발현
−500 to +1 AP1::GUS	+
−407 to +1 AP1::GUS	+
−336 to +1 AP1::GUS	+
−288 to +1 AP1::GUS	+
−198 to +1 AP1::GUS	+
−100 to +1 AP1::GUS	+
−39 to +1 AP1::GUS	−

2. DNA-결합 도메인(류신 지퍼)을 갖는 새로운 유전자가 발견되었고, UPT7으로 명명되었다. 이 유전자는 팬지꽃에서 꽃 발달을 조절하는 다양한 유전자의 전사를 조절하는 것으로 생각된다. 만약에 UPT7 유전자가 ORF 구역에 틀변경 돌연변이를 갖는다면 팬지꽃에 어떤 일이 일어나는가?
3. 연구자들은 서로 다른 유전자의 전사와 해독을 일으키기 위하여 Gal4 프로모터를 사용한다. 실험실에서, 관심의 대상이 되는 유전자로부터 원래의 프로모터를 제거하고 Gal4-결합 부위와 프로모터에 결합시켰다. 아래 구조가 *Saccharomyces cerevisiae* 염색체 중의 하나에 삽입되고 갈락토오스를 포함하는 배지와 갈락토오스를 포함하지 않는 배지에 키웠을 때 어떤 일이 일어나는지 서술하라. GUS 유전자가 발현되는지를 어떻게 결정할 수 있는가?

Gal4-결합 부위	RNA 중합효소 -결합 부위	GUS 유전자

4. 새로운 애기장대 유전자에 관한 연구를 하는 동안에, 연구자들은 전사 개시 부위로부터 1,000 염기쌍 하류 부위가 전사를 5배 증가시킬 수 있는 하나의 새로운 유전자인 것으로 보이는 것을 포함한다는 것을 알게 된다. 그러나 그 효과는 메틸화생성 메틸화효소(*de novo* methylase)에 대한 유전자를 가지고 있지 않은 애기장대 돌연변이체에서만 관찰된다. 그 새로운 유전자로부터 상류 부위는 다양한 CG 섬을 가지는 하나의 격리자 서열이다. 사람에서 *H19* 발현에 관한 여러분의 지식을 토대로, 그 새로운 애기장대 유전자의 전사 조절에 대한 기작을 제안하라.
5. 전사인자들은 대개 그들의 기능에 영향을 미치는 하나 이상의 부위를 가지고 있다. 나선-고리-나선, 아연손가락, 류신지퍼의 기능은 무엇인가?

RNA 수준에서의 조절

Chapter 18

전사 수준에서 유전자 발현을 조절하는 것이 원료 물질과 에너지를 아끼는데 가장 효율적인 반면에, 효소 활성의 조절은 가장 빠른 반응을 제공한다. 번역 수준에서의 조절은 가장 효율적이지도 가장 빠르지도 않기 때문에, 다른 형태의 조절에 비해 빈도가 낮다. 다른 조절만큼 일반적이지 않을지라도, 번역 수준에서의 조절이 한때 생각했던 만큼 드물지는 않다. 전령 RNA(mRNA)의 발현 조절에 관한 초기 연구는 발현 조절이 주로 조절단백질에 의해 이루어진다고 제시했다. 그러나 비교적 최근에 RNA 분자들에 의한 조절을 수반하는 많은 조절 메커니즘들이 발견되었다. 안티센스 RNA가 기능적인 RNA에 결합하여 그것의 활성을 차단한다. 이러한 메커니즘이 특정 안티센스 RNA 분자에 의한 몇 가지 개별적인 번역 조절의 근간을 이룬다. 마이크로 RNA에 의한 RNA 방해 반응과 조절이 훨씬 더 중요하다. 두 가지 경우에, 이중가닥 RNA는 안티센스 메커니즘에 의해 작동하는 작은 유도체를 만들어낸다.

1. mRNA 수준에서의 조절

일반적으로, 일단 mRNA가 만들어진 다음에, mRNA는 번역이 되는 장소인 리보솜으로 재빨리 이동한다. 이것은 전사 기구와 리보솜 사이에서 접근을 제한하는 핵막이 없는 원핵생물에서 특히 잘 들어맞는다. 한때 번역조절은 매우 드물게 일어난다고 생각되었다. 이것은 부분적으로 번역과 번역 수준에 있어서의 조절은 박테리아에서 사람에 이르기까지 모든 종을 통틀어 보존되어 있다.

mRNA 안정성을 측정하는 것이 전사나 단백질 수준을 분석하는 것보다 더 어렵기 때문으로 인한 것이었다. 그러나 보다 최근의 연구는 특히 진핵생물에서 번역 수준에서 조절이 일어나는 많은 사례를 보여주었다. 거의 모든 다세포 진핵생물에서, 작은 조절 RNA 분자의 이용을 통한 번역 조절이 세포 방어와 발달 조절을 위한 공통된 기작이다. 최근의 실험은 또한 작은 조절 RNA가 박테리아 게놈의 유전자 간 구역에서 전사됨을 확인하였다.

mRNA가 만들어진 후에 그 mRNA의 번역을 조절하는 것 외에도, 전사가 개시되고 불과 짧은 길이의 RNA가 만들어진 후에 mRNA의 합성을 중지시킬 수 있는 가능성도 있다. 이러한 다소 모호한 기작을 전사감쇠(transcriptional attenuation)라고 부르며, 때로 전사 조절의 한 가지 형태로 분류된다. 그러나 mRNA의 선택적 구조가 두 가지 경우에 관여한다는 의미에서 진정한 번역조절과 밀접하게 연관되어 있기 때문에 이 장에 포함되었다.

지금까지 알려진 번역 조절의 여러 경우가 전사 수준 및 단백질 활성 수준에서의 조절을 포함하는 고도로 복잡한 조절 연쇄에서 별도의 단계로써 일어난다. 박테리아와 동물에서의 열충격 반응 및 고등동물에서 세포 생장과 분화의 조절이 그 예이다. 이 장에서, 우리는 다른 조절 기작들이 문제를 지나치게 복잡하게 만들지 않은 예들을 사용하여 RNA 수준에서의 조절을 서술하고자 한다.

하나의 이미 만들어진 mRNA를 고려해 볼 때, 그 mRNA의 번역이 조절될 수 있는 여러 가지 방식이 있다.

1. mRNA의 분해속도에 관한 조절
2. 번역될 수 없는 mRNA를 번역될 수 있는 형태로의 변형
3. 조절단백질에 의한 mRNA 번역의 조절
4. 번역을 차단하기 위하여 mRNA에 안티센스 RNA의 결합
5. 작은 방해 RNA를 만들어냄으로써 특정 바이러스 또는 세포질 mRNA를 분해시키기 위한 RNase의 활성화
6. 리보스위치에 의한 mRNA 번역의 조절
7. 리보솜의 변형에 의한 특정 부류의 mRNA의 우선적 번역

1.1. 단백질의 결합은 mRNA 분해 속도를 조절한다

세포의 게놈을 구성하는 DNA와는 달리, mRNA는 비교적 수명이 짧다. 모든 세포는 일련의 **리보핵산가수분해효소**를 포함하는데, 일단 기능을 수행할 때, 그 효소의 역할은 mRNA를 제거하기 위한 것이다. 대장균과 같은 박테리아에서 전형적인 mRNA의 반감기는 2-3분이다. 분해에 대한 mRNA의 민감성은 그 mRNA의 2차 구조에 의존한다. 따라서 일부 mRNA 분자는 선천적으로 다른 분자에 비해 훨씬 더 안정적이다. 이 장에서는 분해에 대한 mRNA의 민감성이 조절신호에 반응해서 바뀌는 경우만이 다루어질 것이다. 예를 들면, mRNA의 분해는 RNA-특이 조절단백질의 결합에 의해 방해를 받거나 급격히 촉진될 수 있다. 정확한 기작에 대한 이해는 종종 어려운데, 그 이유는 리보솜에의 결합은 분해로부터 mRNA를 보호한다. 따라서, 번역되고 있지 않은 mRNA는 더 빠르게 분해될 것이다. 단백질의 결합이 mRNA 안정성에 영향을 미칠 수 있는 두 가지 주요 방법이 있다. 첫째, 단백질의 결합은 리보핵산가수분해효소 공격에 대해 직접적으로 민감성을 변화시킬 수 있다. 둘째, 단백질은 리보솜에의 결합에 도움을 주거나 방해할 수 있는데, 이

리보핵산가수분해효소(ribonuclease) RNA를 분해하는 효소

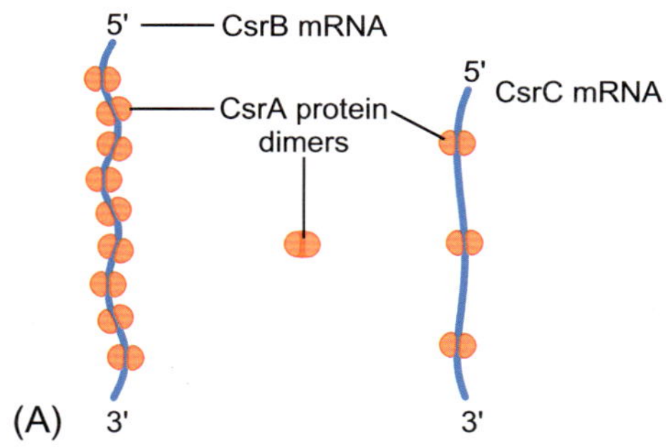

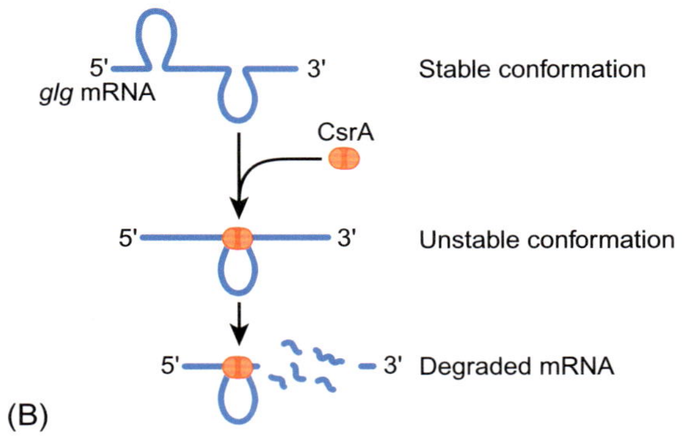

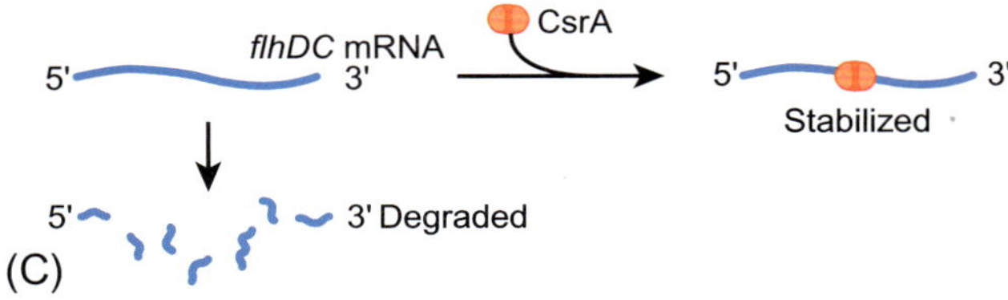

그림 18.01
CsrA에 의한 mRNA 분해의 조절

A) 대장균의 Csr 번역 조절 체계는 CsrB와 CsrC로 불리는 2개의 작은 비암호화 RNA(ncRNA)와 CsrA로 불리는 하나의 RNA-결합단백질 이량체로 이루어진다. B) 자유로운 상태의 CsrA가 *glg* mRNA에 결합하면, *glg*의 형태는 불안정화되서 분해를 위한 표적이 된다. C) *flhDC* mRNA에 CsrA의 결합은 반대 효과를 가진다. 결합은 mRNA를 안정화시키고, 그 결과 번역을 증가시켜 더 많은 편모 단백질 합성이 일어나게 된다.

는 번역의 속도를 변화시키며 간접적으로 mRNA 안정성에 영향을 미친다.

대장균의 CsrABC 조절체계는 RNA-결합단백질인 CsrA와 CsrB와 CsrC로 불리며 **작은 RNA(sRNA)**로 알려져 있는 2개의 **비암호화 조절 RNA(ncRNA)**로 이루어진다(그림 18.01A). CsrB 서열은 여러 종류의 진정세균에서 발견되며 탄소대사 조절에서 기능을 수행하는 것으로 생각되는데, 세포외 구성성분, 세포 이동 및 바이오필름 생성을 만들어내며 박테리아 집단을 감지한다. 이 집단의 유전자가 세포 이동과 바이오필름 생성에 영향을 미치기 때문에, 박테리아 병원성에서도 기능을 수행한다. 각각의 CsrB sRNA는 약 9개의 CsrA 이량체가 다른 mRNA의 발현에 영향을 미치지 못하도록 격리시키는 약 22개의 CsrA 단백질-결합 부위를 가진다. CsrC sRNA도 같은 방식으로 작용하나 훨씬 더 적은 결합 부위를 가진다.

> mRNA 파괴 속도의 조절은 때로 유전자 발현을 조절하기 위해서 사용된다.

> RNA-결합단백질은 mRNA의 형태와 안정성을 변화시킬 수 있다.

CsrAB 조절 체계는 박테리아에서 축적되는 글리코겐과 같은 당 저장과 해당과정에 의한 당의 분해 사이의 균형을 조절한다[Csr=탄수화물 저장 조절자(carbohydrate storage regulator)]. 전반적으로, CsrA는 해당과정을 활성화시키고 포도당 생합성과 글리코겐 생합성을 억제한다. CsrA 단백질은 글리코겐 생합성에 관여하는 유전자를 갖고 있는 mRNA에 결합한다(그림 18.01B). CsrA의 결합은 *glgC* mRNA의 파괴를 촉진시켜서 그

비암호화 조절 RNA(non-coding regulatory RNA) 조절단백질이 번역 억제자로 기능하지 못하도록 격리시키는 RNA 분자(예, CsrB와 CsrC)
작은 RNA(small RNA, sRNA) 조절단백질이 번역 억제자로 기능하지 못하도록 격리시키는 RNA 분자(예, CsrB와 CsrC)

것의 번역을 억제한다. *GlgC*는 글리코겐 생합성에 관여한다. *glgC* 상에 있는 CsrA-결합 부위는 샤인-달가르노(Shine-Dalgarno) 서열과 겹쳐짐으로써 리보솜이 결합할 수 없다. 이에 대응하여, 세포는 *glgC* 전사체를 빠르게 분해시켜 글리코겐 생합성을 억제한다.

이와는 반대로, CsrAB 체계는 mRNA를 안정화시킴으로써 편모 생합성에 관여하는 *flhDC* 오페론을 활성화시킨다(그림 18.01C). 이러한 안정화 기작은 알려져 있지 않다. mRNA에 CsrA의 결합은 직접적으로 번역을 활성화시킬 수 있다. 또 다른 대안으로 리보핵산가수분해효소에 의한 분해로부터 mRNA의 보호가 간접적으로 번역을 증가시킨다.

다른 박테리아는 유전자 발현을 조절하기 위하여 ncRNA 파트너와 유사한 단백질을 갖는다. *Pseudomonas fluorescens*에는 유사한 기작으로 기능하는 2개의 CsrA 상동체(RsmA와 RsmE)와 3개의 ncRNA(RsmX, RsmY, RsmZ)가 있다. *P. seruginosa, Salmonella enterica, Vibrio cholerae*와 같은 다른 박테리아도 상응하는 체계를 가지고 있다.

1.2. 일부 RNA 분자는 번역되기 전에 잘려야만 한다

드물게, 박테리아의 mRNA는 리보솜-결합 부위를 노출시키기 위하여 절단되어야만 한다.

진핵생물의 mRNA는 인트론을 제거하고 **일차전사체**에 모자(cap)와 꼬리를 첨가하는 가공과정을 필요로 한다(자세한 내용을 위해서는 12장 참조). 일반적으로, 원핵생물의 mRNA는 이러한 방식으로 가공되지 않는다. 원핵생물에서는 RNA 중합효소에 의해 만들어진 일차전사체가 일반적으로 mRNA이다. 그러나 몇몇 드문 경우에, 원핵생물 mRNA의 추가적인 가공처리가 번역되기 전에 요구된다.

대장균에서, **리보핵산가수분해효소 III**가 전구체를 tRNA와 rRNA로 가공처리하는데 관여하는 몇몇 리보핵산가수분해효소들 중의 하나이다. 더구나 일부 mRNA 분자는 번역되기 전에 RNase III에 의해 가공처리되어야만 한다. 오르니틴 탈탄산효소를 암호화하는 *speF* 유전자에서 발현되는 mRNA는 RNase III에 의해 잘리면 약 4배 더 많이 번역된다. 그러나 알콜 탈수소효소를 암호화하는 *adhE* 유전자에서 발현되는 mRNA는 RNase III에 의해 반드시 가공처리를 거쳐야만 하다. 그러한 경우에, 원래의 mRNA 분자는 접혀져서 리보솜-결합 부위와 개시코돈은 접근 불가능하게 된다. RNase III에 의한 리보솜-결합 부위 상류에서 mRNA의 절단은 이 부위를 노출시켜 리보솜에 의해 인식될 수 있도록 한다(그림 18.02). RNaseIII를 만들지 못하는 *rnc* 돌연변이체에서 adhE mRNA는 번역될 수 없으며 세포는 발효에 의해 혐기성으로 자랄 수 없다.

1.3. 일부 조절단백질은 번역 억제를 야기한다

조절단백질이 DNA에 결합해서 전사를 촉진하거나 저해하는 바와 같이, 단백질은 mRNA 상의 특정 서열에 결합해서 번역을 조절할 수 있다. 번역의 양성 조절과 음성 조절의 예가 알려져 있다. 앞에서 서술한 바와 같이, CsrA가 리보솜-결합을 차단하기 위하여 샤인-달가르노 서열에 결합한다는 것이 제시되었다. 철에 대한 mRNA의 반응이 번역 억제의 또 다른 예이다.

철은 필수 영양소이며 시토크롬 및 헤모글로빈과 같은 여러 단백질에 대한 보조인자이다. 그러나 자유상태의 철은 독성의 유리기(free radical)를 발생시키므로 위험하다. 따라

일차전사체(primary transcript) 어떠한 가공처리나 변형이 일어나기 전, DNA 주형으로부터 전사에 의해 얻어진 원래의 RNA 분자
리보핵산가수분해효소 III(ribonuclease III) 주된 기능이 rRNA와 tRNA 전구체를 가공처리하는 박테리아의 리보핵산가수분해효소

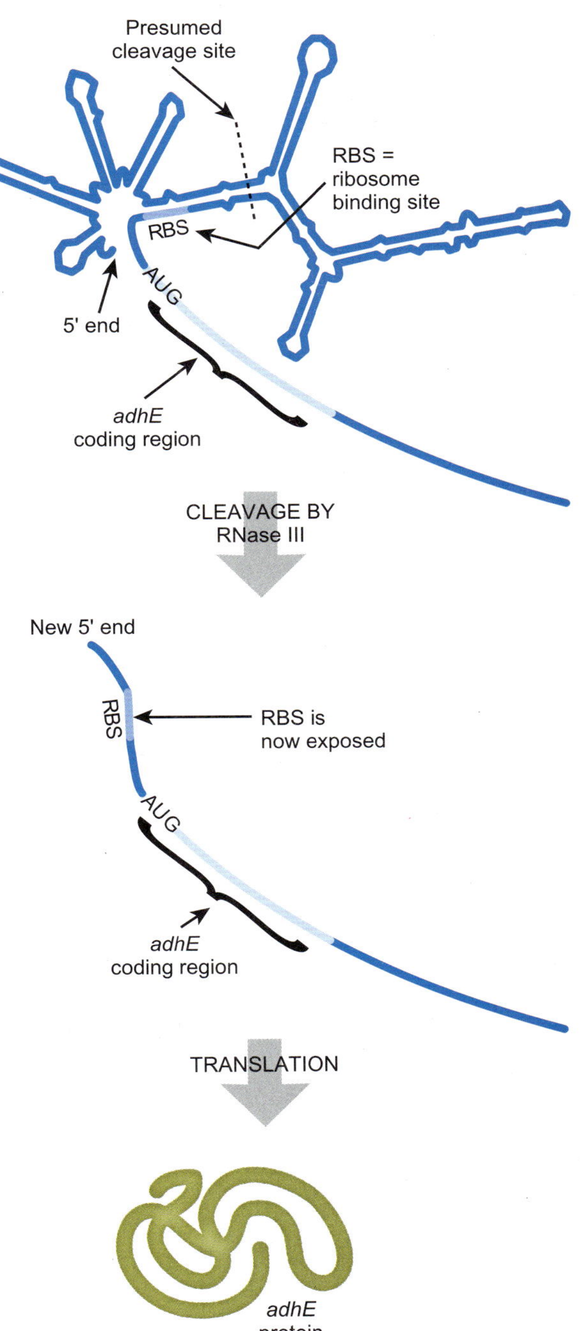

그림 18.02
RNase III에 의한 adhE mRNA의 절단

adhE mRNA의 리보솜 결합 부위는 pre-mRNA의 접힘에 의해 리보솜과 결합할 수 없다. RNase III가 *adhE* pre-mRNA를 절단하여 리보솜 결합부위를 노출시킨다.

서 여분의 철 원자는 **페리틴**과 원핵생물의 대응물인 **박테리오페리틴**에 의해 저장된다. 페리틴은 24개 소단위로 이루어진 속이 빈 구형 단백질이다. 이 구형 내부에 수산화인산염(hydroxyphosphate) 복합체로써 5,000개의 철 원자까지 저장될 수 있다.

페리틴의 수준은 철 공급에 반응하여 조절된다. 식물에서, 페리틴 수준은 전사 수준에서 조절된다. 그러나 동물과 박테리아에서, 페리틴 수준은 번역 조절에 의존한다. 철이 결핍되었을 때, 페리틴 mRNA의 번역은 감소된다. 철이 풍부할 때, 철이 독성 유리기를 만들지 못하도록 격리시키기 위하여 더 많은 페리틴을 만든다. 동물에서는 RNA-결합단백질

박테리오페리틴(bacterioferritin) 철-저장 단백질인 페리틴의 박테리아 유사체
페리틴(ferritin) 철-저장 단백질

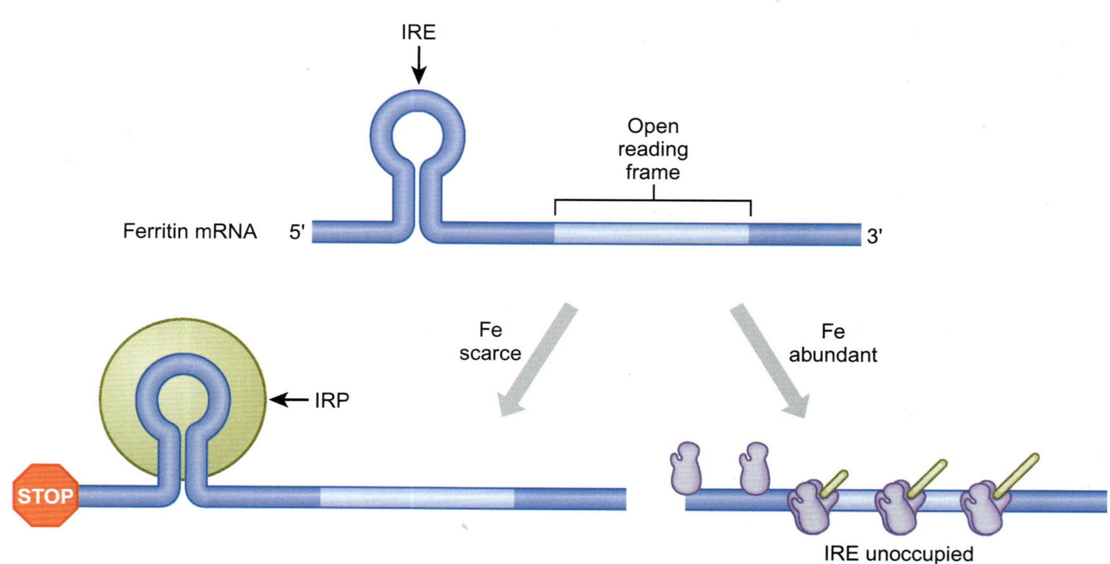

그림 18.03
IRP에 의한 페리틴 mRNA 번역의 조절

페리틴 mRNA는 5′ 비번역 부위에 줄기-고리 구조(철-반응 요소, iron-responsive element 또는 IRE)를 가지고 있다. 철이 부족하면, 철-조절단백질(IRP)이 IRE에 결합하여, 리보솜의 소단위가 번역을 개시하기 위하여 페리틴 mRNA의 캡 구조에 결합하지 못하도록 한다. 철이 풍부해지면, IRP는 IRE에 결합하지 않고 따라서 번역이 일어난다.

드물게, 박테리아의 mRNA는 리보솜-결합 부위를 노출시키기 위하여 절단되어야만 한다.

이 페리틴 mRNA 조절에 관여하며, 박테리아에서는 조절이 안티센스 RNA에 의해 이루어진다(아래 참조).

동물의 페리틴 mRNA의 **5′-비번역 부위(5′-UTR)**는 줄기-고리 구조를 형성하며 **철-반응 요소(IRE)**로 알려진 특별한 인식 서열을 가지고 있다. 철이 부족할 때, **철-조절단백질(IRP)**이 IRE의 줄기와 고리에 결합해서 번역을 저해한다. 과잉의 철이 존재할 경우, IRP가 페리틴 mRNA로부터 떨어져 나오게 되고, 페리틴 mRNA는 번역될 수 있다(그림 18.03).

동물에서, δ-아미노레뷸린산 생합성 효소(δ-aminolevulinic acid synthase)는 철-함유 보조인자인 헴을 생합성하는 경로에서 속도 조절 단계를 촉매한다. 놀랄 것도 없이 이 효소에 대한 mRNA는 철-반응 요소를 가지며 또한 IRP 번역 조절을 받는다. 혈액에서 발견되며 철 수송 단백질인 트랜스페린에 대한 수용체 역시 이 수용체 mRNA 상에 있는 IRE에 IRP의 결합에 의해 조절받는다. 그러나 이 경우에 mRNA 안정성이 영향을 받는다.

세포질 내에 있는 자유로운 상태의 철 농도는 IRP에 의해 직접적으로 감시를 받는다. 몇 가지 IRP가 존재하더라도, 주요 형태인 IRP1이 세포질 효소인 **아코니타제**와 동일하다. 이 효소는 효소 활성을 위해 요구되는 **Fe4S4 집단**을 갖는다. 철이 부족할 때, 4개의 철 원자 중의 하나가 Fe4S4 집단으로부터 소실된다. 아코니타제/IRP1은 효소 활성을 잃어버리고 형태를 변화시켜 자신의 RNA-결합 부위를 노출시킨다. 따라서 철이 풍부할 때, 아코니타제/IRP1은 아코니타제(시트르산을 이소시트르산으로 전환하는 크렙스 회로에 있는 효소)로 작용하며 철이 부족할 때, 아코니타제/IRP1은 RNA-결합 **번역 억제자**로 작용한다(그림 18.04).

번역 억제에 의한 조절은 대장균과 같은 리보솜 단백질의 생합성을 조절하기 위해서도 사용된다. 리보솜 단백질은 몇 개의 오페론에 무리지어 있다. 각 오페론에 대해, 암호화된 리보솜 단백질들 중의 하나가 그 mRNA에 결합해서 오페론에 있는 모든 단백질의

아코니타제(aconitase) 동물에서 철-조절단백질로도 작용하는 크렙스 회로의 효소
Fe4S4 집단(Fe4S4 cluster) 일부 단백질에서 보조인자로 발견되는 무기 철과 황원자의 집단
철-조절단백질(iron-regulatory protein, IRP) 철 수준에 반응하여 동물에서 mRNA의 발현을 조절하는 번역 조절자
번역 억제자(translational repressor) mRNA에 결합하여 그것의 번역을 차단하는 단백질
번역 억제(translational repression) 전령 RNA의 번역이 차단되는 조절의 유형
철-반응 요소(iron-responsive element, IRE) IRP가 결합하는 mRNA 상의 부위
5′-비번역 부위(5′-untranslated region, 5′-UTR) mRNA의 5′ 말단과 개시코돈 사이에 있는 비번역 서열

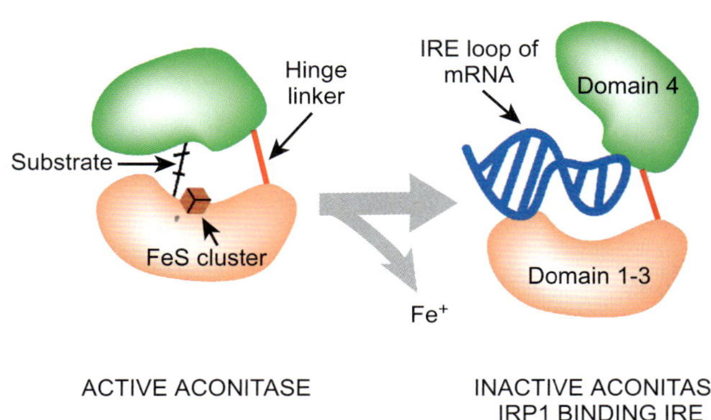

그림 18.04
IRP1의 aconitase 활성 대 RNA-결합

IRP1은 철이 풍부하면 효소(aconitase)로 작용한다. 철이 부족한 조건에서 중앙의 Fe4S4 집단에서 하나의 철 원자가 소실되면, 이 단백질의 2개의 주요 도메인이 열려서 RNA-결합 부위를 노출시킨다. Aconitase/IRP1이 mRNA에 결합하면, transferrin 합성이 차단된다.

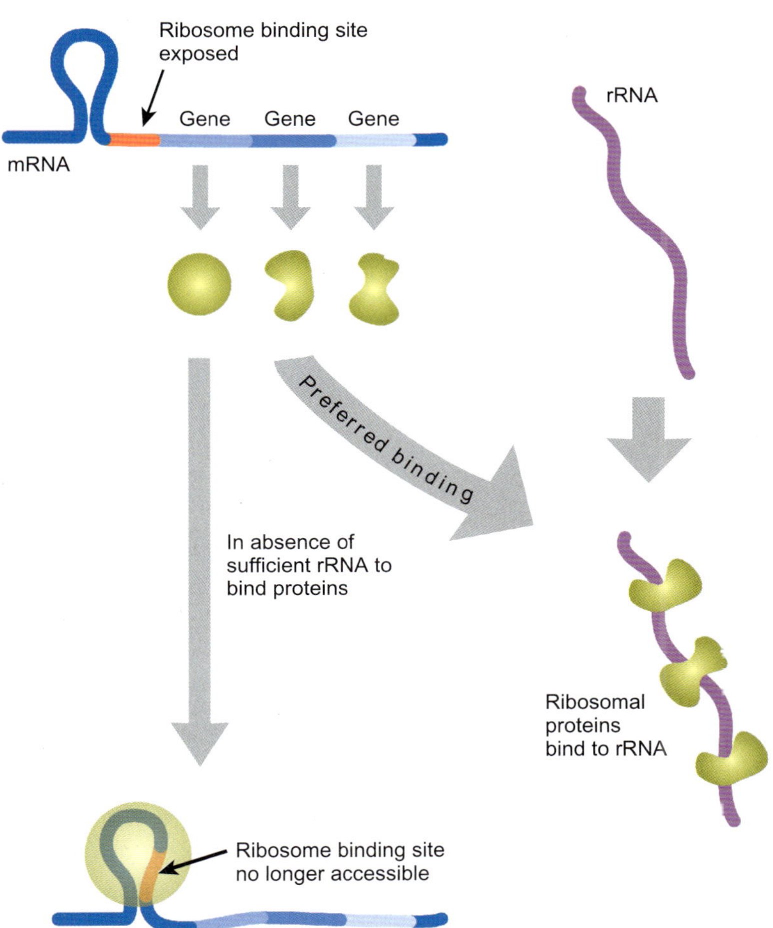

그림 18.05
박테리아에서 리보솜 단백질 합성의 조절

그림의 맨 위에 있는 mRNA는 하나의 고리, 리보솜 결합부위(ribosome-binding site, RBS)와 몇 개의 리보솜 단백질을 암호화하는 구조유전자를 포함한다. 이들 단백질은 rRNA에 결합하는 것을 선호한다. 만약 이들 단백질이 결합할 rRNA가 부족하면, 이들 단백질 중의 하나가 자신을 암호화하고 있는 mRNA에 결합하여 이 mRNA의 구조를 변형시킴으로써 리보솜 결합부위를 차단한다. 이로 인해 여분의 리보솜 단백질 합성이 차단된다.

합성을 자가 조절한다. 이들 리보솜 단백질은 우선적으로 rRNA에 결합하며 활용 가능한 rRNA가 없을 때는 자기 자신의 mRNA에만 결합한다. 이러한 기작은 rRNA와 리보솜 단백질의 양이 균형을 맞추는 것을 보장해준다. rRNA에 비해 리보솜 단백질의 양이 과도하게 많으면, 번역은 감소될 것이다(그림 18.05).

박테리아의 리보솜 단백질은 자신의 mRNA에 결합함으로써 자신의 합성을 조절한다.

1.4. 일부 조절단백질은 번역을 활성화시킨다

번역의 양성 조절은 빛 자극 후 엽록체에서 단백질 합성을 조절하기 위해 사용된다. 많은 엽록체 단백질의 합성은 빛에 의해 100배 정도 유도된다. 이들 단백질 중 일부의 수준은 전사에 의해 조절되며, 일부는 번역에 의해, 일부는 단백질 분해에 의해 조절된다.

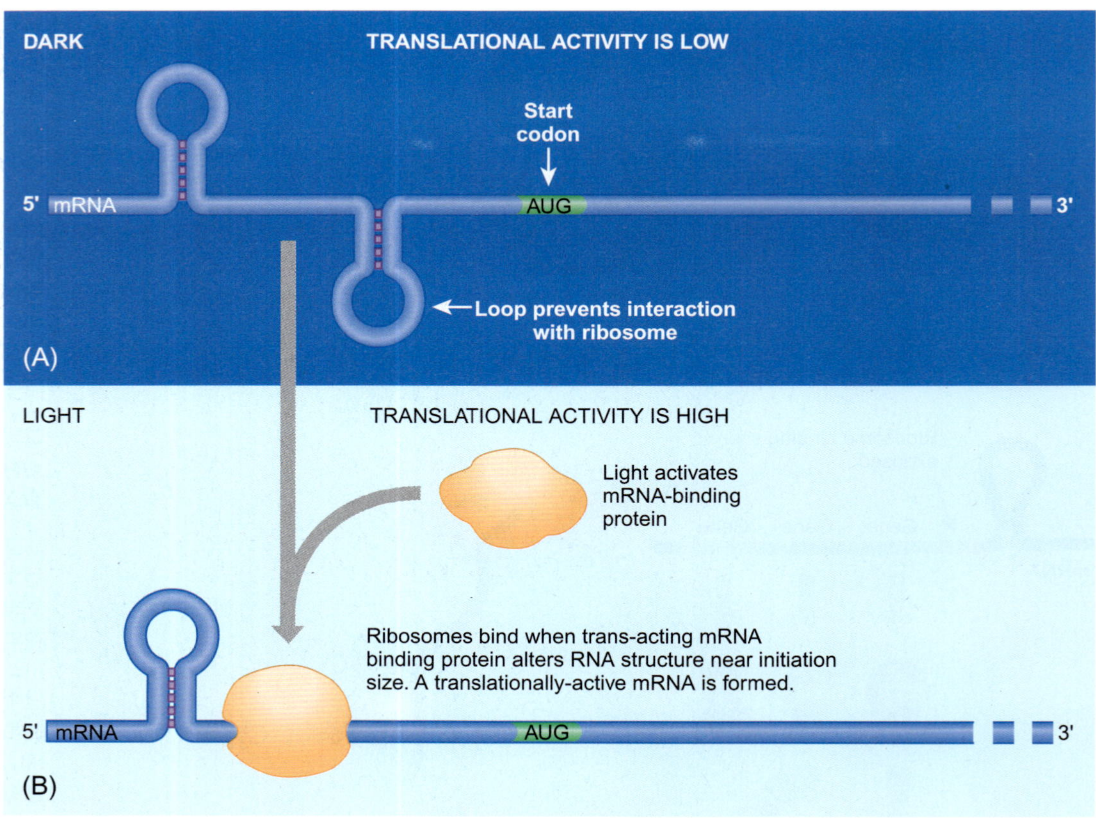

그림 18.06
엽록체 mRNA의 번역 활성화

빛이 없는 조건에서, 이 mRNA에 존재하는 중앙의 고리는 mRNA가 리보솜에 결합하지 못하게 한다. 충분한 빛이 존재하면, mRNA에 결합하는 단백질에 의해 중앙의 고리구조가 펴지고, 리보솜과 결합할 수 있게 된다.

예를 들면, **Rubisco**의 큰 소단위체에 대한 mRNA는 암상태에서도 발달 중인 엽록체에 축적된다. (Rubisco는 광합성 과정에서 이산화탄소 고정에 관여하는 핵심 효소인 ribulose bisphosphate carboxylase이다. 이 효소는 지구상에서 가장 풍부한 단백질이다.) 또 다른 예는 광계 II의 구성 요소인 PsbA(= D1 단백질)이다. 이 단백질에 대한 mRNA의 번역은 **번역 활성자**로 작용하며 핵에 의해 암호화되는 단백질에 의해 조절된다. 번역활성인자 단백질은 표적 mRNA의 5′-UTR에 있는 아데닌이 풍부한 구역에 결합한다. 활성인자 단백질은 빛 조건에서 mRNA에 결합하여 번역이 일어나도록 한다. 빛이 없는 조건에서, 활성자는 mRNA에 결합하지 않는다. 활성자와 결합하지 않은 mRNA는 불리한 2차 구조로 인해 번역되지 않는다(그림 18.06).

번역 활성자인 **cPABP**는 두 가지 형태로 존재하는데, 한 가지 형태만이 RNA에 결합할 수 있다. 두 가지 형태 cPABP의 상호변환은 빛에 의해 조절된다. 광계 I에서 발생한 고에너지 전자는 짧은 전자 전달 사슬을 통해 cPABP로 전달된다. 전자는 cPABP의 이황화결합을 황화수소기로 환원시킨다. 환원된 황화수소기를 갖는 cPABP는 RNA에 결합해

cPABP(chloroplast polyadenylate-binding protein) 엽록체 mRNA의 발현을 조절하는 번역 활성인자 단백질
Rubisco(ribulose bisphosphate carboxylase) 광합성 과정에서 이산화탄소 고정에 관여하는 핵심 효소
번역 활성자(translational activator) mRNA에 결합해서 번역을 촉진하는 단백질

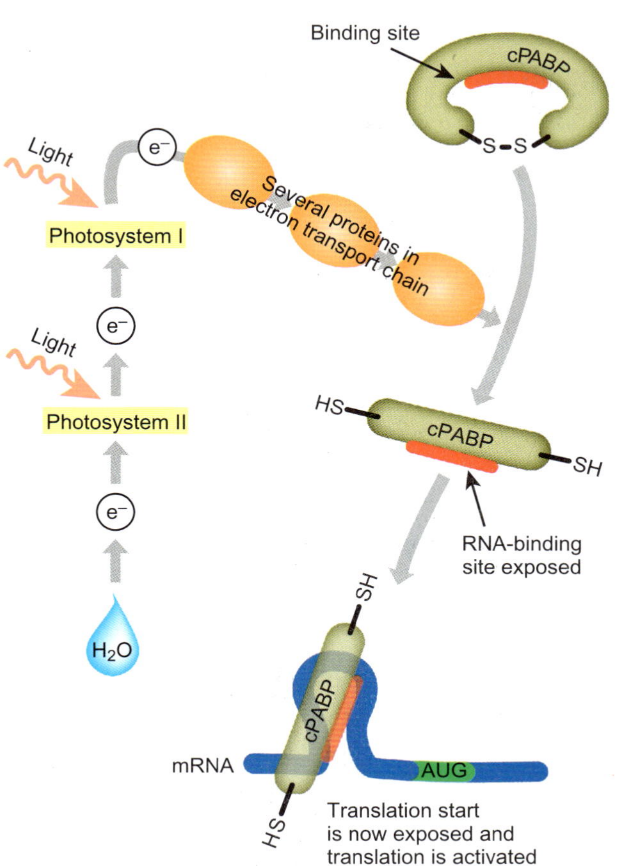

그림 18.07

번역 활성화 단백질인 cPABP의 구조는 빛의 강도에 반응한다

빛은 전자 전달이 전자 전달 사슬을 통해 일어나는 식물 엽록체의 광계 II(PS II)와 광계 I(PS I)에서 연쇄반응을 개시하게 한다. 전자는 cPABP의 이황화 결합을 환원시켜 그 단백질의 구조를 변화시켜 mRNA에 결합할 수 있도록 함으로써 번역을 활성화시킨다.

서 번역을 활성화시킬 수 있다. 반면에 이황화결합을 가지는 형태는 RNA에 결합할 수 없다(그림 18.07). 번역이 단백질 복합체와 리보솜의 결합에 의해 조절되는 한 가지 예가 자라나는 신경세포에 있는 단백질의 합성이다(관련 연구에 대한 초점 참조).

관련 연구에 대한 초점

Tcherkezian J, Brittis PA, Thomas F, Roux PP, Flanagan JG(2010) Transmembrane receptor DCC associates with protein synthesis machinery and regulates translation. Cell 141:632–644.

이 논문은 막관통 단백질인 DCC와 리보솜 소단위체 및 개시인자와의 특이적 결합을 다루고 있다. DCC는 외부에서 오는 신호를 받아들이는 신경세포의 세포막에서 발견된다. 핵을 포함한 신경세포체는 축색돌기에 의해 축색돌기 말단과 분리된다. 많은 뉴런은 길이가 수 미터에 달하는 길고 얇은 축색돌기를 가지고 있다. 핵이 그러한 거리에서 어떻게 통제를 유지하는 지는 단백질 화물과 함께 위아래로 이동하는 축색돌기 수송단백질에 의해 설명된다. 그러나 이것이 발달 과정에서 급격한 축색돌기 생장을 완전히 설명하지는 못하는데, 급격한 생장에는 상당한 양의 단백질 합성을 필요로 한다. 이제까지 이들 모든 구성성분의 이동은 빠르고 정확한 조립을 위해서는 너무 어려운 것으로 여겨졌다.

이 논문은 번역 기구와 DCC의 위치를 최초로 탐색하고 있다. 리보솜 소단위체인 S6, 번역 개시인자, eIF4E 및 DCC는 이들 단백질에 대한 항체를 형광현미경으로 보았을 때 중첩됨이 관찰되었다. 이러한 결과는 리보솜이 세포막에서 DCC와 결합된 상태로 발견된다는 것을 제시한다. 전자현미경과 면역침전실험은 이러한 아이디어를 지지한다. 저자들은 리보솜 구성요소들의 밀도구배 원심분리 후 다양한 소단위 분획에 대한 동정을 거쳐 이들이 결합한다는 것을 재차 확인하였다. 흥미롭게도, DCC는 개개의 리보솜과 같이 발견되었으나 폴리솜과 같이 발견되지는 않았다. 더구나, 세포외 리간드인 netrin이 DCC와 결합했을 때, 리보솜이 DCC에서 방출되었다. Netrin은 단백질 합성을 촉진하는 것으로 알려져 있으며, DCC로부터 리보솜의 방출은 단백질 합성 촉진에 대한 한 가지 기작이 될 수 있다.

마지막으로, 이 논문은 리보솜과 DCC 결합의 기능적 중요성을 설명하고 있다. 논문의 결과는 이러한 상호작용이 신경세포체로부터 축색돌기가 뻗어 나오는데 있어서 필수적이라는 점을 제시한다. 더구나 수상돌기에서 DCC의 위치는 활발한 단백질 번역과 일치하는데, 이는 표지된 아미노산 유사체의 세포 내 편입에 의해 결정되었다.

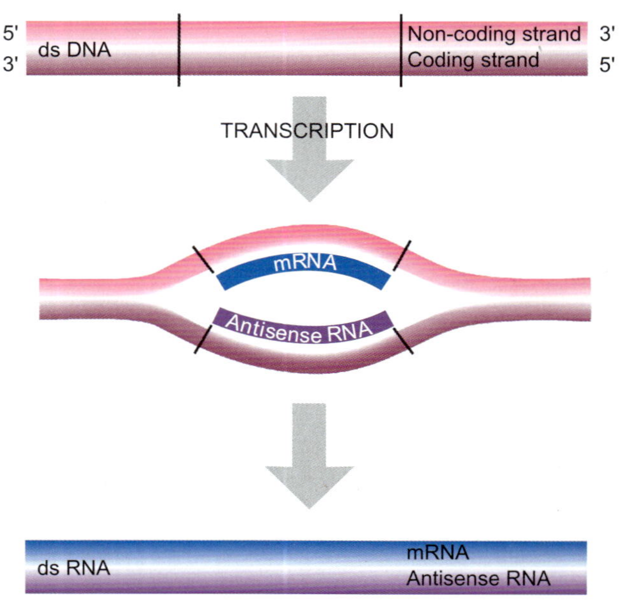

그림 18.08
안티센스 RNA는 mRNA와 염기쌍을 형성할 수 있다

mRNA는 대개 DNA의 비암호화 가닥을 주형으로 하여 합성된다. 이런 mRNA는 센스 RNA라고도 부른다. 만약 RNA가 암호화 가닥을 주형으로 이용하여 합성되면, 이 RNA는 mRNA와 상보적인 염기 서열을 갖게 되며, 이를 안티센스 RNA라 한다. 센스 RNA와 안티센스 RNA는 염기쌍을 형성할 수 있다.

1.5. 번역은 안티센스 RNA에 의해 조절될 수 있다

안티센스 RNA는 mRNA에 결합하여 번역을 차단한다.

mRNA는 주형으로써 하나의 DNA 가닥만을 사용하여 전사된다. 주형으로 이용되는 가닥을 주형가닥, 비암호화 가닥 또는 안티센스 가닥으로 다양하게 불린다. 따라서 만들어진 mRNA는 **센스 RNA**이다. 통상적으로 DNA의 다른 가닥(암호화 가닥 또는 센스 가닥)은 전사를 위한 주형으로 사용되지 않는다. 만약에 RNA가 암호화 가닥을 주형으로 사용하여 전사된다면, 원래 mRNA와 서열에서 상보적인 RNA 분자가 만들어질 것이다. 이를 **안티센스 RNA**라 부르며, 원래 유전자에 있는 DNA의 두 가닥이 서로 염기쌍을 형성하는 것처럼 안티센스 RNA도 상보적 mRNA와 염기쌍을 이룰 수 있다(그림 18.08). (우라실은 이중가닥 RNA에서 아데닌과 염기쌍을 이룬다는 사실을 주목하라.)

안티센스 RNA는 박테리아와 진핵생물 모두에서 때때로 유전자 발현 조절에 사용된다. 안티센스 RNA가 만들어진다면, 이 RNA는 mRNA와 염기쌍을 이룰 것이며 mRNA가 번역되는 것을 방해할 것이다. 사실상, 안티센스 RNA는 유전자의 잘못된 가닥을 전사하거나 안티센스 RNA가 조절하는 것과 상보적인 서열을 가진 완전히 다른 유전자를 전사시켜 만들어질 수 있다. 유전자의 잘못된 가닥이 전사되었을 때, 안티센스 RNA는 완벽하게 염기쌍을 이룬다. 반면, 별도의 "안티센스 유전자"가 전사되었을 때에는 센스/안티센스 쌍은 부분적으로만 상보적일 수 있다.

안티센스 RNA는 유전자 발현을 조절하기 위하여 다양한 기작에 의해 작용한다. 일부 안티센스 전사체는 표적 RNA의 형태적 변화를 유도한다. 한 가지 예가 포도상구균 플라스미드의 복제 조절이다. 그 경우에, 안티센스 RNA(RNAIII)는 *repR* RNA에 결합해서 RNA 중합효소가 떨어져나가도록 하는 종결자 줄기 고리를 만들어낸다. 이는 안티센스 조절의 비정상적인 경우인데, 그 이유는 안티센스 RNA가 번역보다는 전사를 차단하기 때문이다. 안티센스 조절의 보다 보편적인 기작은 번역을 차단하는 것이다. 예를 들면, *tisB* RNA(대장균에서 독성 펩티드를 암호화함)는 그것의 안티센스 파트너인 IstR-1이 리보솜 결합 부위에서 훨씬 상류에 있는 5′-UTR에 결합할 때까지 전사된다. 결합으로 인해 리보핵산가수분해효소 III에 의해 절단되는 이중가닥 구역이 RNA에 만들어지고, RNA는 파

안티센스 RNA(antisense RNA) mRNA에 상보적인 RNA 분자
센스 RNA(sense RNA) DNA의 비암호화 가닥으로부터 만들어진 보통의 RNA

괴된다. 단연코 가장 보편적인 안티센스 기작은 물리적으로 리보솜-결합 부위를 차단함으로써 리보솜이 번역 개시를 하지 못하도록 하는 것이다. 다소 덜 보편적인 안티센스 RNA 활성은 폴리시스트론성 mRNA를 2개의 서로 다른 전사체로 자르는 것을 유도함으로써 번역을 활성화시키는 것이다. 이러한 절단은 하류 쪽 유전자에 있는 두 번째 리보솜-결합 부위를 노출시켜 그 유전자의 번역을 향상시킨다.

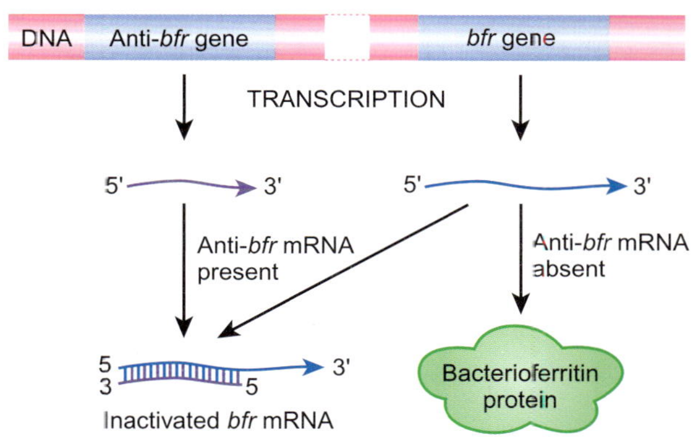

그림 18.09
안티센스 RNA는 bacterioferritin의 합성을 조절한다

박테리아의 염색체는 *bfr* mRNA에 대한 유전자와 anti-*bfr* RNA에 대한 유전자를 모두 포함한다. 만약 두 RNA 분자가 모두 전사되면, anti-*bfr* RNA는 *bfr* mRNA와 상보적인 결합을 하여, *bfr* mRNA의 번역을 억제한다. 철이 풍부한 조건에서, anti-*bfr* 유전자는 발현되지 않고, *bfr* mRNA만이 합성된다. 이 조건에서는 *bfr* mRNA의 번역이 일어나 박테리오페리틴이 합성될 수 있다.

박테리오페리틴은 과량의 철 원자를 저장하기 위하여 박테리아에 의해 사용되는 단백질이다. *bfr* 유전자는 박테리오페리틴 자체를 암호화하며 anti-*bfr* 유전자는 안티센스 RNA를 암호화한다(그림 18.09). 비교적 짧은 단편의 안티센스 RNA만이 mRNA를 차단하기 위하여 요구되기 때문에, anti-*bfr* 유전자는 원래의 *bfr* 유전자와 서열에 있어서 유사하나 더 짧다. 배지에 있는 철 농도가 낮을 때, 박테리오페리틴은 필요하지 않으나, 철 농도가 증가하면 박테리오페리틴이 만들어진다. *bfr* 유전자 자체는 철의 유무에 상관없이 전사되어 mRNA를 만든다.

anti-*bfr* 유전자는 철 농도를 감지하며 **Fur(철 흡수 조절자)**로 알려진 조절단백질에 의해 조절된다. 많은 양의 철이 존재할 때, Fur은 억제자로 작용하며 세포를 철 부족에 적응시키는데 필요한 십여 개의 오페론의 전사를 차단한다. 여기에는 필수 영양소인 철의 미세한 농도를 감지하도록 고안된 몇 개의 철 흡수 체계에 대한 유전자들이 포함된다. 더구나, Fur과 철은 anti-*bfr* 유전자의 발현을 차단하여 박테리오페리틴의 생산을 유도한다. 낮은 철 농도에서, anti-*bfr* 유전자가 전사되어 안티센스 RNA를 만든다. 이로 인해 철이 부족할 때 박테리오페리틴 단백질의 합성이 차단된다. 이제 anti-*bfr* 유전자는 여러 개의 유전자를 조절한다는 것이 알려졌으며 *ryhB*로 새로이 명명되었다. 따라서, 안티센스 RNA를 사용함으로써, 같은 신호에 반응하는 여러 유전자들 중의 일부를 나머지 유전자들과는 반대로 조절할 수 있다.

인공적으로 합성된 안티센스 RNA는 유전자 발현 또는 RNA를 수반하는 세포 내의 여러 과정을 방해할 수 있다. 예를 들면, 안티센스 RNA를 이용하여 염색체 분열을 중지시킴으로써 암 생장을 차단하기 위한 실험이 진행되고 있다. 거대세포 바이러스(cytomegalovirus, CMV)로 인한 망막염을 치료하기 위하여 안티센스 치료가 사용되고 있다. 거의 모든 사람이 CMV를 가지고 있다. 그러나 사람의 면역 체계가 장기 이식이나 AIDS로 인해 위태롭게 될 때, CMV는 활성화된다. CMV는 망막을 공격하게 되고 치료되지 않은 채로 두면 실명에 이르게 된다. 안티센스 치료는 CMV가 복제해서 망막에 손상을 입히지 못하도록 방해한다.

1.6 리보솜의 변화에 의한 번역의 조절

동일한 리보솜이 여러 서로 다른 조건에서 발현되는 여러 개의 서로 다른 mRNA를 번역해야만 한다. 놀랄 것도 없이 리보솜 자체는 거의 변형되지 않는다. 13장에서 토의한 바와 같이, 생장하지 않는 세포에서 단백질 합성의 전반적 속도를 감소시키기 위하여 전체 리보솜을 대기상태로 만드는 일반적인 경우는 예외이다.

한 가지 드문 현상이 포유동물 세포에서 작은 리보솜 소단위체의 S6 단백질의 인산화이다. S6 단백질은 C-말단에 가까운 세린 잔기 집단에 다섯 번까지 인산화될 수 있다. (효모와 같은 하등 진핵생물에는 이러한 인산화 잔기가 없다.) 인산화는 생장 중인 조직에

Fur(ferric uptake regulator) 박테리아에서 철 농도를 감지하는 전반적 조절단백질

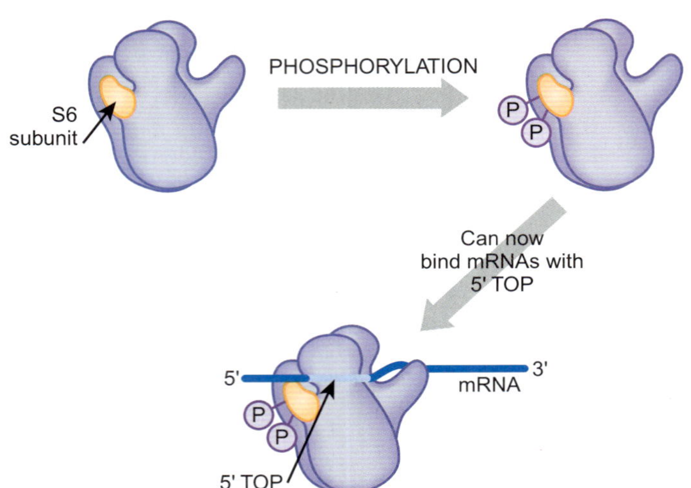

있는 세포가 증식을 위한 신호를 받은 후에 일어난다. 변형된 리보솜은 **5′-말단 올리고피리미딘(5′-TOP)** 구역을 갖는 mRNA 분자를 우선적으로 번역한다(그림 18.10). 이 구역은 개시 코돈 바로 상류에 위치하며, mRNA의 5′ 말단에 위치하는 길고 피리미딘이 풍부한 서열이다. 선호하는 mRNA의 대부분이 리보솜 단백질과 신장인자를 암호화한다는 사실이 밝혀졌다. 즉, S6 단백질의 인산화는 리보솜으로 하여금 더 많은 새로운 리보솜을 위한 단백질을 만들도록 촉진하는 것이다-세포 생장과 분열의 증가된 속도에 대한 진화된 반응.

그림 18.10
S6 단백질의 인산화는 5′-TOP를 가진 mRNA를 선호한다

작은 리보솜의 소단위 구성성분 중의 하나인 S6 단백질은 활성화된 단백질 인산화효소에 의해 인산화될 수 있다. 5′-TOP 부위를 가진 mRNA 분자들은 인산화된 리보솜에 더 잘 결합해서 번역을 시작한다.

이중가닥 RNA는 외래 침입자로 인식되며 통상 모든 생물체의 살아있는 세포에 의해 파괴된다.

RNA 방해는 세포에서 감지된 이중가닥 RNA와 같은 서열을 가지는 mRNA를 파괴한다.

2. RNA 방해(RNAi)의 기본원리

RNA 방해(RNAi)은 이중가닥 RNA(double-stranded RNA, dsRNA)에 의해 유도되는 유전자 침묵을 위한 기작이다. RNA 방해는 서열 특이적이며, dsRNA와 방해 반응을 촉발시킨 dsRNA와 서열 상동성이 있는 외가닥 RNA(single-stranded RNA, ssRNA)의 분해를 수반한다. ssRNA는 대부분 mRNA이다.

RNA 방해는 완전히 염기쌍을 이루며 적어도 길이에 있어서 21-23 염기쌍(bp)인 dsRNA에 의해 촉발된다. 보다 긴 분자의 dsRNA는 **"다이서"**로 알려진 핵산가수분해효소에 의해 21-23 bp의 절편으로 잘린다(그림 18.11). 이 RNA 절편을 **짧은 방해 RNA(siRNA)**라 부르며 **RNA-유도 침묵 복합체(RISC)** 단백질에 의해 인지된다. RISC 복합체는 siRNA의 두 가닥을 분리시켜 상보적인 RNA 서열을 찾아 세포질을 돌아다닌다. RISC 복합체의 핵산가수분해효소 활성이 상보적인 RNA를 분해한다. RISC 복합체는 때때로 **"슬라이서"**로 불리지만 보다 보편적으로는 **아고넛 그룹**의 일원으로 알려져 있다.

RNA 방해는 원생동물, 무척추동물, 포유동물, 식물을 포함한 다양한 진핵생물에서 일어난다. RNA 방해는 원핵생물에서는 발견되지 않았다. 그러나 박테리아는 리보핵산가수분해효소 III를 가지고 있는데, 이 효소는 12 bp 정도로 짧게 dsRNA 분자를 빠르게 분해하는 Dicer와 상동성이 있다. 더구나 박테리아는 침입하는 바이러스의 RNA와 DNA를 파괴하기 위하여 CRISPR 체계를 사용한다(아래 참조). 최근의 연구 결과는 RNAi가 단지 RNA 분해를 통해 작동한다는 단순한 생각을 복잡하게 만들었다. RNAi-연관 기작은 염색질 구조를 변화시키고 DNA 메틸화를 촉진시킴으로써 표적 유전자의 전사를 침묵시킬 수도 있다.

아고넛 그룹[Argonaut(AGO) family] siRNA의 인도 가닥에 상보적인 세포 내 RNA를 파괴하는 RISC 복합체 내에서 발견되는 효소
5′-말단 올리고피리미딘 구역(5′-terminal oligopyrimidine tract, 5′-TOP) mRNA의 5′ 말단과 개시 코돈 사이에 위치하며 길고 피리미딘이 풍부한 구역
다이서(Dicer) 이중가닥 RNA를 21-23 bp 절편으로 절단하는 리보핵산가수분해효소
RNA 방해(RNA interference, RNAi) 이중가닥 RNA의 존재에 의해 촉발되는 반응이며 유도하는 dsRNA와 서열 상동성이 있는 mRNA 또는 다른 RNA 전사체를 분해한다.
RNA-유도 침묵 복합체(RNA-induced silencing complex, RISC) siRNA와 서열에서 일치하는 외가닥 RNA를 파괴하는 siRNA에 의해 유도된 단백질 복합체
짧은 방해 RNA(short intefering RNA, siRNA) 진핵생물에서 RNA 방해를 촉발하는 데 관여하는 21-23 뉴클레오티드의 이중가닥 RNA
슬라이서(Slicer) RISC 복합체의 리보핵산가수분해효소 활성

2.1. RNAi를 촉발하는 이중가닥 RNA의 원천

RNAi는 바이러스, 트랜스포존, 도입유전자에 대한 방어기작으로 발달했다는 이론이 우세하다. 대부분의 RNA 바이러스에 의한 감염 과정에서, 바이러스 게놈은 dsRNA 중간산물(복제 중간산물) 과정을 거친다. 이 점은 게놈을 ssRNA 형태로 운반하는 바이러스와 dsRNA를 사용하는 바이러스에 대해서도 맞는 말이다(21장 참조). 결론적으로, dsRNA는 감염의 신호로 여겨지며 항-바이러스 반응을 촉발한다. 바이러스에 의한 손상으로부터 세포를 보호하기 위하여 바이러스 게놈은 Dicer 효소에 의해 siRNA로 절단되며, 바이러스 게놈과 상동성이 있는 모든 mRNA는 Argonaut 효소를 포함하는 RISC 복합체에 의해 효과적으로 제거되고, 세포는 바이러스가 없는 상태로 유지가 된다.

유사한 방식으로, RNAi는 트랜스포존 이동과 도입유전자로부터 게놈을 방어한다(22장 참조). 사실, 유전자 침묵에 대한 최초의 보고 중의 하나는 연구자들이 진보랏빛 페튜니아를 만들기 위하여 시도하였을 때 나왔다. 연구자들은 보라색 색소에 대한 유전자의 더 많은 사본을 도입함으로써, 페튜니아 꽃이 더 짙은 보라색이 될 것이라고 추론하였다. 그러나 보라색 유전자의 여벌 사본을 첨가했을 때 흰색 꽃이 만들어졌다! 도입유전자는 발현되지 않았고, 페튜니아가 원래 가지고 있는 보라색 유전자도 발현되지 않았다. RNAi는 보라색에 대한 모든 mRNA를 효과적으로 파괴했는데, 그 이유는 도입유전자가 dsRNA를 만들어내는 머리핀 구조로 전사되기 때문이다.

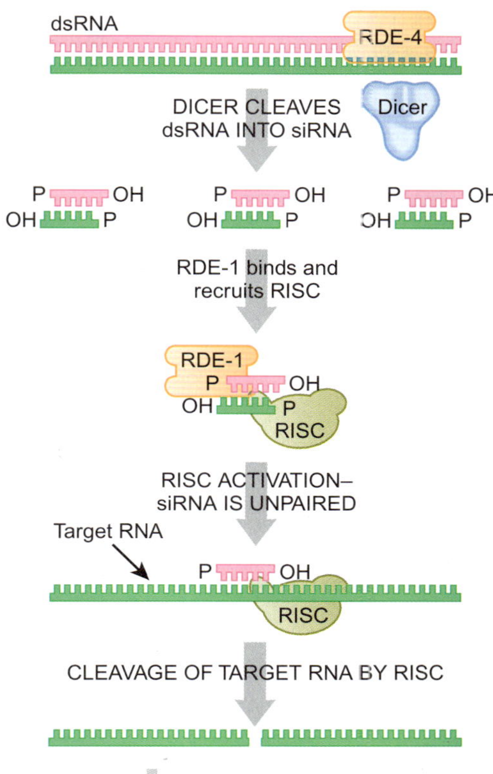

그림 18.11
RNA 방해의 기작

침입하는 이중가닥 RNA(dsRNA)가 RDE-4와 다른 단백질들에 의해 비자기(foreign)로 인식된다. Dicer가 dsRNA를 1-2 염기가 쌍을 이루지 못한 21 또는 22 뉴클레오티드 절편으로 자르며, 이 절편을 짧은 방해 RNA(siRNA)로 부른다. siRNA는 RNA 유도 침묵 복합체(RNA-induced silencing complex, RISC)를 끌어들이는 RDE-1에 의해 인식된다. siRNA의 가닥들은 RISC 활성화 과정에서 분리된다. 다지막으로, RISC가 siRNA에 상보적인 표적 RNA를 절단한다.

2.2. 마이크로 RNA는 짧은 조절 RNA이다

작은 RNA의 또 다른 원천은 게놈 자체에서 유래한다. **마이크로 RNA(miRNA)** 분자는 일부 특징을 siRNA와 공통적으로 공유하는 짧은 RNA 분자이다. 마이크로 RNA는 침입자에 대한 방어 기작으로써 작용하기보다는 진핵세포 자체의 유전자 발현을 조절한다. miRNA는 주로 mRNA의 번역을 차단함으로써 작용한다. 번역은 mRNA에 miRNA의 결합에 의해 차단되는데, 결합은 대개 3′ 비번역 부위(3′-UTR)에서 일어나며, 번역 부위에서는 드물게 일어난다.

마이크로 RNA 분자는 염색체 유전자에서 전사되는 대략 70 뉴클레오티드의 보다 긴 RNA 전구체로부터 만들어진다. 이 전구체 RNA 분자(“일차 miRNA” 또는 pri-miRNA)는 줄기-고리 구조로 접힌다(그림 18.12). 이중가닥 줄기 부분은 pre-miRNA를 만들기 위하여 Dicer와 관련된 효소인 Drosha에 의해 잘린다. Pre-miRNA는 핵어 존재하고 miRNA를 만들기 위하여 Dicer(siRNA를 만드는 핵산가수분해효소와 동일)에 의해 최종적으로 다듬어진다. 일반적으로, miRNA 분자는 중앙에 1–3개의 쌍을 이루지 않은 염기를 가져서 완벽하게 쌍을 이루는 siRNA와는 구별된다. miRNA는 RISC와 유사하며 단백질 복합체인 miRISC에 의해 결합된다. RNA 이중가닥은 RISC에 의해 siRNA에서 일어나는 것과 같은 방식으로 나누어진다. miRNA의 한쪽 가닥은 표적 mRNA에 결합한다. 그러나 염기쌍 형성은 대개 완벽하지 않다. 그 결과, 표적 mRNA의 번역은 차단되나 mRNA는 분해되지 않는다. 하나의 miRNA가 수천 개 표적의 번역을 억제할 수 있으나, 대개 효과는 약하다. 따라서 miRNA는 유전자 발현을 완전히 차단하기 보다는 단백질 합성 수준을 조절하는 경향이 있다. 이것이 miRNA의 일반적인 기작이라고 하더라도, 표적

마이크로 RNA(micro RNA, miRNA) 진핵세포의 작은 조절 RNA 분자

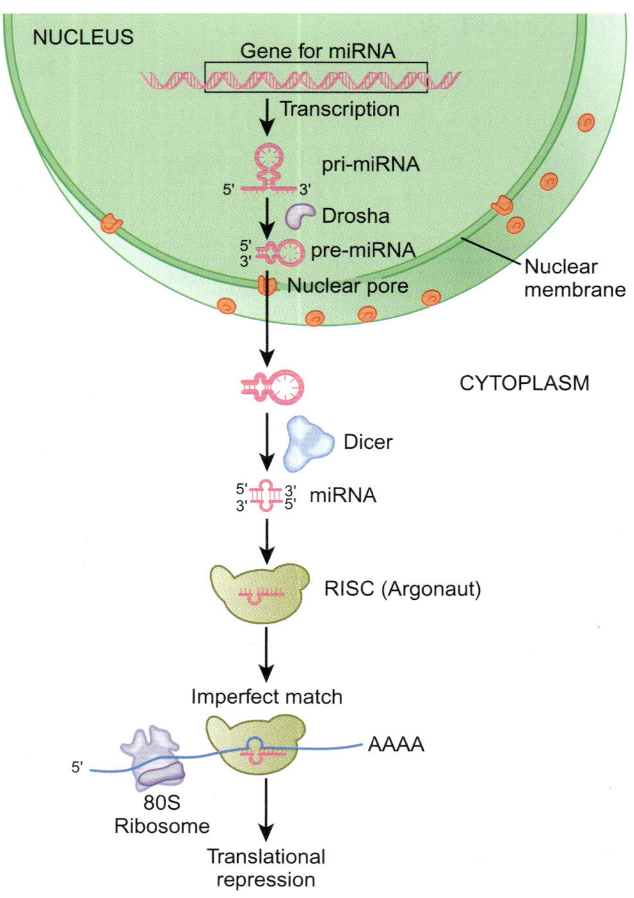

그림 18.12
마이크로 RNA

마이크로 RNA(miRNA)는 줄기 고리로 접히는 긴 전구체를 가공 처리함으로써 만들어진다. 가공처리는 핵산가수분해효소인 Dorsha와 Dicer를 이용한 두 단계로 일어난다. miRISC에의 결합과 가닥 분리 후, miRNA의 한 가닥이 표적 mRNA에 결합해서 번역을 방해한다.

마이크로 RNA는 발달 과정에서 조절받는 mRNA의 번역을 차단하는 일종의 짧은 조절 RNA이다.

mRNA와 완전히 쌍을 형성하여 siRNA와 매우 유사하게 작용하는 miRNA의 예도 있다.

마이크로 RNA는 벌레, 곤충, 포유류 및 식물에서 발견되는데, 이는 RNA 방해 현상을 가지는 생물체와 동일하다. 최초의 miRNA는 *C. elegans*에서 발견되었는데, 애벌레에서 성체로의 전환 과정에서 miRNA가 선충 발달의 시기를 조절하기 때문에 작은 일시적 RNA(small temporal RNA, stRNA)로 불렸다. 많은 miRNA가 발달 조절에 관여하는 것으로 추정되며 miRNA에 대한 많은 표적은 다른 유전자의 발현을 조절하는 전사인자를 암호화하는 mRNA이다.

조절에 관여하는 여러 가지의 다른 작은 RNA 분자가 최근에 발견되었다. 반복서열은 많은 수의 작은 RNA를 만들어낸다는 것이 제시되었다. 반복서열(대부분은 망가진 트랜스포존임)은 동원체와 말단소립 부근에 직렬 반복으로 무리를 이루고 있다. 더구나 트랜스포존을 포함한 흩어져있는 반복서열이 진핵생물 게놈 전체에 걸쳐 발견된다. 이들 반복서열의 일부는 전사되는 유전자를 포함한다(4장 참조). 작은 RNA가 *Drosophila*에서 분리되었을 때, 이들 중 많은 서열이 트랜스포존과 반복 요소와 유사했으며, 이전에 특성이 규명된 siRNA와 miRNA(길이가 약 23-26 뉴클레오티드)에 비해 다소 길었다. 이 서열은 이제 **Piwi-상호작용 RNA(piRNA)**로 불리며, Argonaut-유사 단백질이 유전자 발현을 억제하기 위해 이들을 사용한다(아래 참조). 이 RNA는 포유동물 게놈에 의해 암호화되며, dsRNA의 Dicer/Drosha-유형 절단에 의해 만들어지지 않는다. *Drosophila*에서, piRNA는 동원체 부근에 있는 직렬반복 집단에서 유래하는데, 반복서열 집단은 이질

Piwi-상호작용 RNA(Piwi-interacting RNA, piRNA) siRNA에 비해 다소 긴 작은 RNA 분자로써 동원체에 밀집해서 존재하는 직렬반복 서열에서 기원하며 Argonaut-유사 단백질을 통한 트랜스포존의 확산을 차단한다.

염색질로 단단하게 감겨있다. 이 반복서열은 트랜스포존 서열로 채워져 있으며, 따라서 많은 *Drosophila* piRNA는 트랜스포존 발현을 억제해서 게놈 주위에서 트런스포존의 이동을 억제한다. 진핵생물에서, piRNA는 반복된 DNA 서열의 확산을 막으며 특히 포유동물의 생식세포에서 활발히 발현된다. piRNA의 생물학적 기능과 작용기작은 아직도 연구 중에 있다.

상자 18.01 *Drosophila*에서의 교잡증후군

P-인자 트랜스포존를 가진 수컷 초파리가 P-인자를 가지고 있지 않은 암컷과 교미했을 때, 그 결과 태어난 자손은 염색체 절단과 재배열로 인해 불임이 된다. 이러한 재배열은 발달 과정에서 P-인자 트랜스포존의 이동으로 인한 것이다. 흥미롭게도, 이러한 효과는 암컷이 P-인자를 가지고 있을 때는 관찰되지 않는다. 이들의 새끼는 문제가 없다. 이러한 현상을 교잡증후군(hybrid dysgenesis)이라 부른다. P-인자 이동의 원인이 알려져 있더라도, 암컷이 P-인자를 가지고 있을 때 P-인자 이동이 억제되는 기작은 이해되지 않고 있다.

최근의 증거가 제시하는 바에 의하면, RNAi가 이러한 트랜스포존 이동을 억제할 수 있다. *Drosophila* 난모세포는 수정 전에 존재하는 수 천개의 mRNA 메시지(모계 mRNA)를 갖는다. 이들 mRNA는 수정까지는 불활성 상태이다. piRNA가 이러한 mRNA 집단에 포함된다. 암컷이 P-인자를 가지고 있을 때, P-인자 전사와 이동을 억제하기 위하여 난자 형성 동안 piRNA가 만들어지고 난자에 저장된다. 난자가 발달할 때, P-인자는 유전자 전이효소를 만들 수 없는데, piRNA가 전이효소의 발현을 억제하기 때문이다. 암컷이 P-인자를 가지고 있지 않을 때, 난자는 이 전이효소에 상보적인 piRNA를 전혀 가지고 있지 않다. 암컷이 P-인자를 가진 수컷과 교미를 했을 때, 전이효소가 억제되지 않아서 트랜스포존은 자손의 게놈 주위를 자유롭게 이동하면서 염색체 절단과 재배열을 야기하게 되고, 궁극적으로 불임인 자손을 만들어낸다.

2.3. Dicer는 이중가닥 RNA를 작은 RNA로 자른다

Dicer는 길이에 있어서 약 21-23 뉴클레오티드인 짧은 조각의 RNA를 만드는 효소 그룹에 대한 일반적인 이름이다. 이 단백질 그룹은 포유동물과 *C. elegans*에서 발견된 단일 Dicer와 식물 종들과 *Drosophila*에서 발견된 복수의 Dicer를 포함한다. 이 효소는 이중가닥 RNA를 찾아서, 결합하고, 썰어내기 위해서 작용하는 서로 다른 단백질 도메인으로 세분화된다. 특이적 절단을 만들어내기 위해서 이중나선의 각 골격에 작용하는 2개의 RNase III 도메인이 있다. PAZ 도메인은 RNA 말단에 결합하는데, RNA의 3′ 말단에 매달려있는 2-뉴클레오티드를 선호한다. PAZ 도메인과 RNase III 도메인 내에 있는 효소-절단 부위 사이의 거리가 siRNA의 최종 길이를 지시한다. 이중가닥 RNA-결합 도메인은 PAZ 도메인의 반대 쪽에 위치하는데, 이 도메인은 RNase III가 절단을 마칠 때까지 나머지 RNA 가닥을 제 위치에 붙잡아둔다(그림 18.13). 변형되었을 때, Dicer는 예정세포사과정에서 RNA 보다는 DNA를 분해하는 데 참여할 수도 있다(관련 연구에 대한 초점 참조).

2.4. Argonaut 단백질 그룹은 표적 mRNA를 파괴한다

세 가지 서로 다른 그룹의 Argonaut-유사 단백질이 있다. 가장 널리 분포되어 있는 두 가지가 piRNA에 결합하는 Piwi 그룹과 miRNA와 siRNA에 결합하는 Ago 그룹이다. 세 번째 그룹은 선충에서 발견되며 존재가 확인만 되었고 연구되지는 않았다. Ago 단백질은 RISC 복합체에 있는 중심 분자이며, Dicer에 의해 만들어진 작은 RNA를 풀어서 인도 가닥(guide strand)이라 부르는 외가닥 주형을 만든다. siRNA, miRNA, piRNA의 다른 가

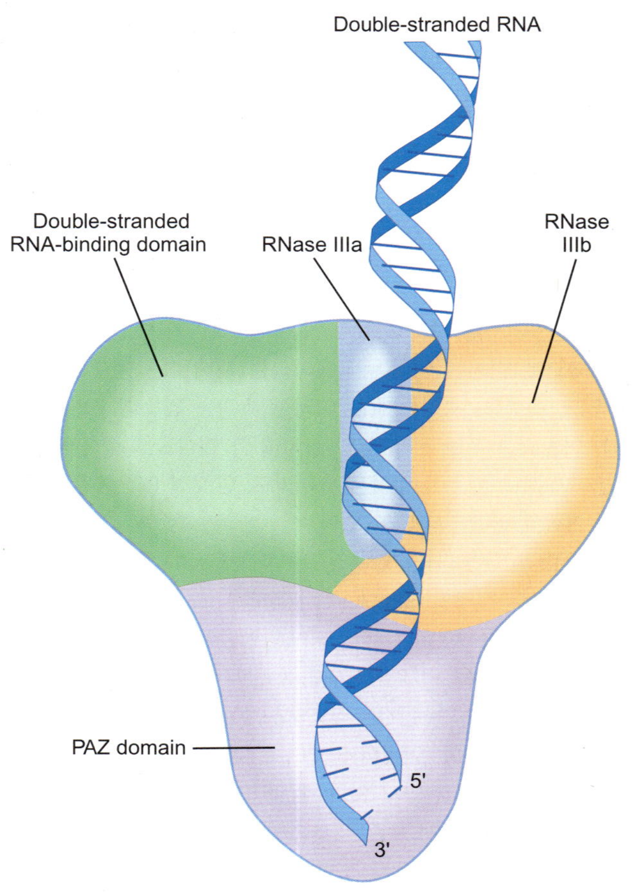

그림 18.13
Dicer의 구조

Dicer는 표적 RNA를 붙잡기 위한 dsRNA-결합 도메인, 표적에 있는 염기쌍을 형성하지 않는 3′ 말단 뉴클레오티드에 결합하는 PAZ 도메인, 21-23 뉴클레오티드 siRNA를 자르는 2개의 RNase III 도메인을 포함하여 여러 개의 도메인으로 이루어져 있다.

Okamura K, Lai EC(2010) A deathly DNase activity for Dicer. Cell 18: 692–694.

관련 연구에 대한 초점

Dicer는 RNA 방해를 위한 siRNA를 만들어낸다. 그러나 최근의 증거가 제시하는 바에 의하면, Dicer는 예정세포사 또는 세포 사멸의 매개자로써 기능할 수도 있다. 세포사멸의 특징은 DNA가 대략 200 bp 길이의 조각들로 절단되는 것이다. 일단 활성화되면, DNase는 200 bp 절편을 만들기 위하여 히스톤 사이를 자른다. 포유동물에서, DFF45 또는 ICAD로 불리는 DNase가 caspase-3에 의해 작은 단백질 조각이 제거됨으로써 활성화된다. 일단 활성화 상태가 되면, DNase는 게놈 DNA를 절단한다. *C. elegans*에는 유사한 단백질이 없으며, DNA를 자르는 것과 관련된 DNase가 최근까지도 알려지지 않았다. 세포사멸 과정에서 DNA를 절편화시키지 못하는 *C. elegans*의 유전적 돌연변이를 선별함으로써, Dicer의 소실이 DNA 절편화도 차단한다는 사실이 밝혀졌다. 연구 결과는 Dicer가 Ced-3(caspase-3에 대한 *C. elegans*의 상동유전자)에 의해 활성화되며, 활성화되기 위해서는 완전한 길이의 Dicer 단백질에서 작은 절편이 잘려나가야 한다는 점을 재확인하였다. PAZ 도메인과 첫 번째 RNase III 도메인의 일부가 이 과정에서 제거된다. 짧은 형태의 Dicer는 더 이상 siRNA를 만들기 위해 RNA를 자르지 못했으나, 대신에 DNA를 조각들로 자른다. 따라서 단백질 구조에 대한 단순한 변화가 특정 효소에 대해서 완전히 새로운 기능을 갖도록 만들어낼 수 있다.

닥은 폐기된다. 인도 가닥은 Ago 단백질에 실리고, 이 효소는 세포질에서 상보서열을 탐색한다. Ago 단백질은 RNA의 3′ 말단에 결합하는 PAZ 도메인, RNA의 5′ 말단에 결합하는 Mid 도메인, 인도 RNA의 음으로 하전된 인산기를 끌어당기는 양으로 하전된 아미노산 구역을 갖는다. 이 복합체가 세포질에 있는 상보적 mRNA 서열을 찾았을 때, 복합체는 RNase III-유사 도메인으로 표적 mRNA의 중앙을 자른다. 일단 표적 mRNA가 RISC에 의해 잘리면, mRNA는 RNase에 의해 더 분해된다. 인도 가닥이 표적 mRNA에 부분적으로만 결합할 때, Ago 단백질은 mRNA를 자르지 못하고 대신에 mRNA 번역을 차단한다. 이러한 활성은 사실상 mRNA 분해효소로 채워진 장소인 P 소체라 부르는 세포질 내의 작은 부분에서 일어난다. RISC에 있는 다른 단백질이 siRNA, miRNA, piRNA를 풀고 표적 mRNA와의 상호작용을 유지한다. 대부분의 종은 다양한 유형의 Argonaut 단백질과 보조 RISC 단백질에 있어서의 변이를 가지고 있는데, 이러한 결과는 이들 서로 다른 유형이 작은 RNA에 대해 서로 다른 기능을 수행함을 나타낸다.

2.5. RNAi의 증폭과 확산

RNAi는 매우 강력하다. 50개 미만의 siRNA 분자가 세포당 수천 개의 사본으로 존재하는 표적 RNA를 침묵시킬 수 있다. 이는 **RNA-의존성 RNA 중합효소(RdRP)**를 통해서 더 많은 사본의 siRNA가 만들어지기 때문이다(그림 18.14). Ago에 의한 표적 mRNA의 절단은 2개의 잘못되고 불안정한 RNA 분자를 만드는데, 하나는 5′ 캡을 가지고 있으나 poly(A) 꼬리가 없으며, 다른 하나는 poly(A) 꼬리를 가지고 있으나 5′ 캡을 가지고 있지 않다. 이들 잘못된 RNA 분자 중 하나 또는 둘 모두 dsRNA를 생성하기 위하여 RdRP에 의한 주형으로 사용되는 것 같다. dsRNA는 Dicer를 위한 기질로 작용하는데, Dicer는 이차 siRNA로 불리는 더 많은 siRNA를 만들어냄으로써 RNA 방해 효과를 증폭시킨다.

식물과 하등동물에서, RNA 방해는 증폭될 수 있으며, 국부적인 구역에서 촉발된 후 생물체 전체로 퍼져나갈 수 있다.

증폭 외에도, RNAi 효과는 세포에서 세포로 퍼져나갈 수 있으며 생믈체를 통틀어 상당한 거리를 이동할 수 있다. 이러한 효과는 특히 식물에서 두드러진다. 몸체 전체적으로 siRNA의 확산은 특정 동물에서도 관찰된다. 무엇보다도, 선충인 *C. elegans*에서 RNAi 효과는 여러 세대에 걸쳐 전달된다(표적 유전자의 게놈 DNA 서열에 있어서의 변화는 일어나지 않음). 포유동물은 RNAi 증폭과 관련이 있는 RdRP를 가지고 있지 않다. 따라서 RNAi는 비교적 국부적으로 존재한다. 특정 면역 체계의 발달이 포유동물에서 RNAi를 덜 중요하게 만드는 것으로 생각되고 있다.

2.6. RNAi 단백질에 의한 이질염색질의 형성

RNAi는 이질염색질을 만듦으로써 유전자 발현을 침묵시키는 데도 관여한다. 이 단계는 mRNA 표적의 분해와 함께 일어난다. 안내 RNA 서열을 함유하는 RISC-유사 복합체는 핵으로 들어가서 안내 RNA와 상보적인 DNA 서열을 찾아낸다. 찾아냈을 때, 복합체는 DNA를 이질염색질로 응축하는 염색질 리모델링과 히스톤-변형 효소들을 끌어들인다. 보라색 페튜니아의 예에서, RNAi는 보라색 색소에 대한 mRNA를 파괴할 뿐만 아니라, 도입 유전자와 내재하고 있는 유전자를 완전히 침묵시키기도 한다. RNAi의 이러한 대체 기능은 분열 효모인 *Schizosaccharomuces pombe*에서 가장 잘 연구되었다. RITS(RNA-induced transcriptional silencing complex, RNA-유도 전사침묵 복합체)라 불리는 RISC-유사 복합체가 그것의 Dicer 상동체에 의해 만들어진 siRNA를 붙잡는다. 안내 RNA를 포함하는 복합체는 핵으로 들어가서 안내 RNA에 상보적인 DNA 서열을 찾는다. RITS가 DNA에 결합했을 때, RITS는 히스톤 H3의 메틸화와 Swi6의 결합을 촉진하는데, Swi6는 결합 부위를 이질염색질로 리모델링하여 유전자의 전사를 무력화시킨다. 또한 이 복합체는 하나의 세포가 분열한 후에 분열 효모의 동원체 부근에서 이질염색질을 확립하며, RITS 복합체 없이는 이질염색질이 리모델링되지 않는다. 동원체의 반복서열은 많은 트랜스포존 서열을 포함하고 있기 때문에, 트랜스포존은 RITS 돌연변이체에서 활성화되어 있다.

분열 효모에서, 동원체 이질염색질은 RISC와 관련 있는 RITS 복합체에 의해 만들어지며 Ago 그룹에 속하는 많은 리보핵산가수분해효소를 포함한다.

RNA-의존성 RNA 중합효소(RNA-dependent RNA polymerase, RdRP) 주형으로 RNA를 사용하며 RNAi 반응의 증폭에 관여하는 RNA 중합효소

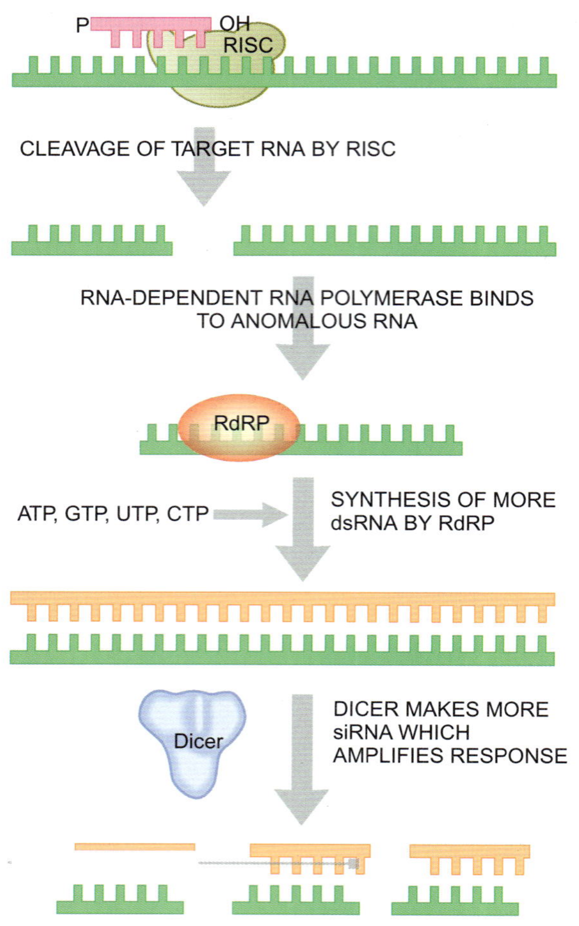

그림 18.14
RdRP에 의한 RNA 방해의 증폭

RISC-매개 절단에 의해 형성된 변칙적인 RNA는 RNA-의존성 RNA 중합효소(RNA-dependent RNA polymerase, RdRP)에 의한 주형으로써 사용된다. RdRP에 의해 더 많은 dsRNA가 합성되고, 이들 dsRNA는 다시 Dicer에 의해 절단되어 더 많은 siRNA를 형성한다.

RNA 방해는 현재 동물과 식물에서 유전자 기능을 조사하기 위하여 광범위하게 사용되고 있다.

2.7. siRNA의 실험적 이용

RNAi는 세포 내 유전자의 발현을 차단하기 위하여 실험실 연구에서 광범위하게 사용되고 있다. 동물에서의 RNAi는 선충인 *C. elegans*에서 최초로 보고되었는데, dsRNA가 선충으로 주입되었을 때, 상보서열을 갖는 mRNA가 파괴되었다. RNAi는 유전자 기능을 분석하기 위한 유용한 도구이다. 특정 유전자의 서열을 자세히 검토해서 작은 방해 RNA를 인공적으로 만들어낼 수 있다. dsRNA를 주입했을 때, 관심의 대상이 되는 유전자는 더 이상 발현되지 않으며, 그 결과 나타나는 표현형이 분석될 수 있다.

RNAi의 이용으로 인해 특정 유전자에 대해 변형되거나 불활성화된 형태를 가진 돌연변이체를 만들지 않고도 유전자 기능을 조사하는 것이 가능하게 되었다. 이는 특히 진핵생물에서 유용한데, 대부분의 진핵생물은 2배체이므로 고전적인 유전분석을 위해서는 2개의 사본으로 돌연변이를 도입하는 것을 필요로 한다. 그러나 RNAi는 태생적으로 표적 유전자에 대한 모든 사본의 발현을 차단한다. 사실 RNAi는 여러 개의 유전자 사본이 존재하는 생물체에서 사용될 수 있다. 예를 들면, *Paramecium*과 같은 원생동물은 두 가지 유형의 핵을 가지는데, 하나는 생식세포 소핵이며(germline micronucleus), 나머지 하나는 고도 다배수성 체세포 핵(highly-polyploid somatic nucleus)이다. 이러한 상황은 일반적인 유전 분석을 사용하는 것을 어렵게 만든다. RNAi는 mRNA가 만들어지는 장소에 의존적이지 않고, 단지 mRNA를 파괴한다.

실험적으로, RNAi는 Dicer 효소에 의해 siRNA로 절단되는 긴 분자의 dsRNA를 제공함으로써 유도될 수 있다(그림 18.11). 세포 내 유전자에 대한 외가닥 안티센스 RNA는 상응하는 + RNA 가닥과 염기쌍을 형성함으로써 RNAi를 촉발시킬 수도 있다. 이로 인해 세포 내에 dsRNA가 만들어진다. 그렇지 않으면, 길이가 21-23 뉴클레오티드인 짧은 dsRNA 분자가 직접적으로 실행될 수 있으며 siRNA로 작용할 것이다.

dsRNA가 직접적으로 사용될 수 있더라도, 종종 *in vivo* 상태에서 dsRNA를 만드는 DNA 구조물을 제공하는 것이 더 편리하다. DNA 구조물에서 만들어지는 dsRNA는 siRNA를 만들기 위하여 Dicer에 의존할 정도로 길거나 siRNA를 직접적으로 제공할 만큼 짧을 수 있다. 이것은 세 가지 주요한 변형에 의해 이루어질 수 있다(그림 18.15):

i. 줄기와 고리 구조를 만들어내는 하나의 프로모터에서 전사되는 하나의 DNA 절편. 이 경우, +와 – 가닥은 나란히 앞뒤로 존재하나 쌍을 이루지 않은 채로 남아서 고리를 형성하는 짧은 구역의 DNA에 의해 나누어진다.

ii. 2개의 마주보는 프로모터가 양 옆에 있는 DNA 절편. 그 결과, 하나의 프로모터는 주형을 전사하고 다른 하나는 동일한 dsDNA 절편에서 센스 가닥을 전사한다.

iii. 2개의 DNA 절편, 하나는 다른 것에 대해 반대 방향이며 둘 다 별개의 프로모터를 가진다. 그 결과, 하나의 프로모터는 센스형의 DNA에서 + 가닥을 전사하고 다른 하나는 뒤집혀있으며 안티센스인 DNA 절편에서 – 가닥을 전사한다.

*C. elegans*의 경우에, dsRNA는 선충으로 주입될 수 있다. 그렇지 않을 경우, 위에 언

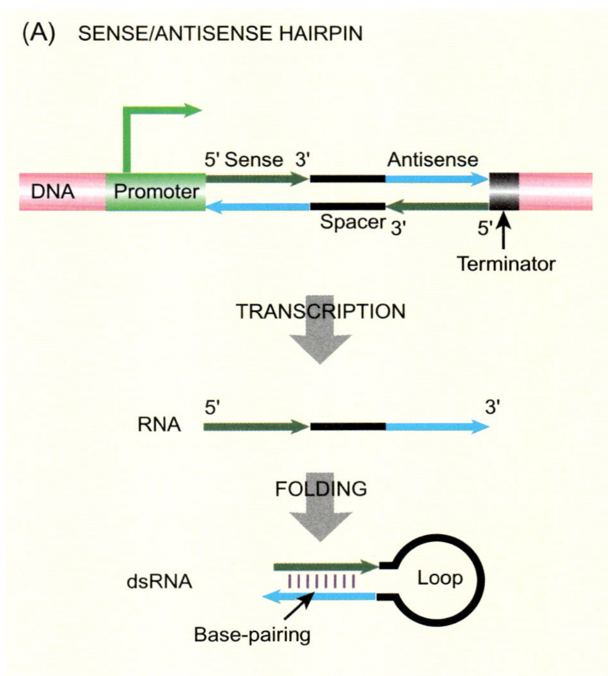

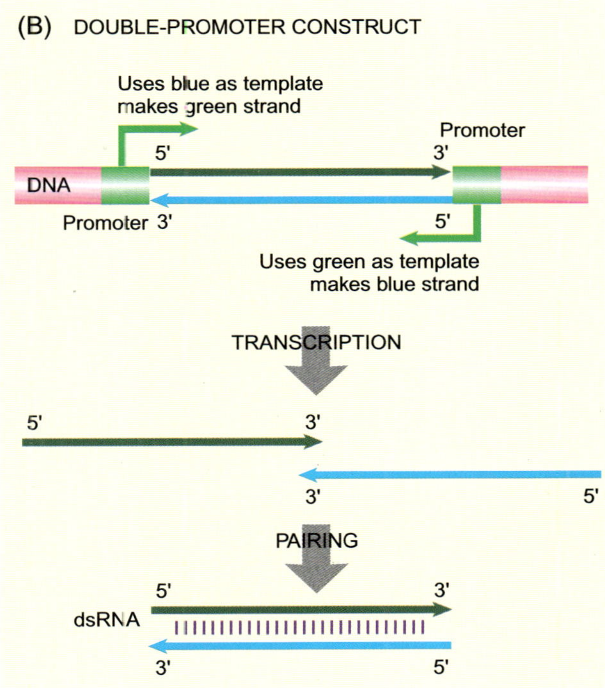

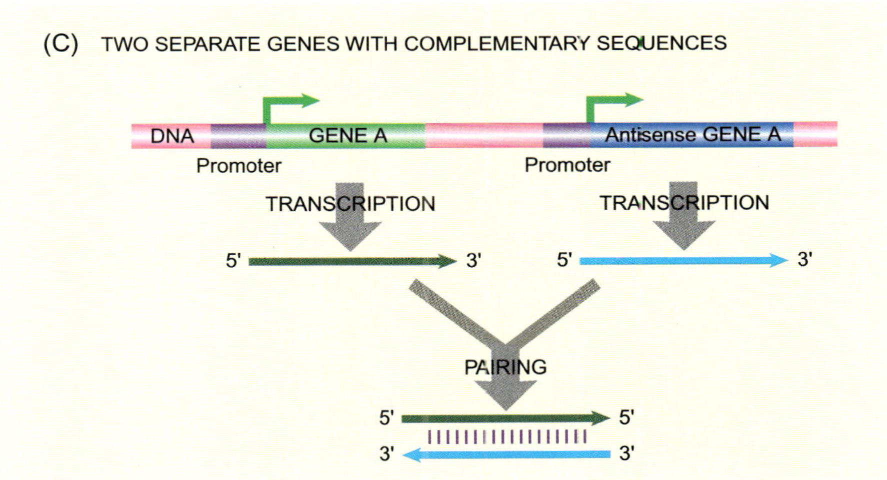

그림 18.15

RNA 방해의 실험적인 도입

RNA 방해는 한 유전자에 대한 센스와 안티센스 RNA가 같이 존재하여 dsRNA를 형성하면 일어난다. dsRNA의 합성을 유도할 수 있는 세 가지 구조를 보여주고 있다. 첫 번째 구조(A)는 서로 상보적인 결합을 할 수 있는 센스 구역과 안티센스 구역을 갖는다. 스페이서가 센스와 안티센스 구역을 나누어서 머리핀의 끝에 고리를 형성한다. 이중 프로모터 구조(B)는 센스 가닥의 전사를 유도하는 프로모터와 안티센스 가닥의 전사를 유도하는 또 다른 프로모터를 갖는다. 그 결과 만들어지는 2개의 RNA 분자는 상보적이어서 dsRNA 분자를 형성한다. (C)에서, dsRNA는 2개의 별도의 유전자와 2개의 별도의 프로모터에서 만들어진다.

급한 바와 같이 *in vivo* 상태에서 dsRNA를 만들어내는 DNA 구조물을 가진 플라스미드를 운반하는 대장균과 같은 박테리아를 먹이로 선충에 공급할 수 있다(편리하게도, 박테리아는 *C. elegans*의 자연 상태의 먹이이다).

3. 긴 비암호화 조절 RNA

이제까지 논의된 대부분의 비암호화 조절 RNA는 200 뉴클레오티드 미만으로 비교적 짧다. 그러나 최근의 연구는 많은 수의 **긴 비암호화 RNA(lncRNA)** 분자가 진핵세포에 의해 만들어진다는 것을 보여주었다. 대량의 **비암호화 DNA**를 가진 진핵생물에서, 암호화 mRNA로 전사되는 만큼 비암호화 DNA 서열의 최대 20배까지 비암호화 RNA로 전사되는 것으로 추정된다! 이 중의 일부는 아마도 "잡음", 즉, RNA 중합효소가 완벽하게 조절되지 않기 때문에 잘못에 의해 때때로 만들어지는 RNA 전사체이다. 그러나 상당한 수의 lncRNA 분자가 진정한 생리적 역할을 수행한다는 점은 명백하다.

대부분의 lncRNA의 정확한 작용 기작은 아직도 불가사의하며, 이미 알려져 있는 생물학적 효과를 가지는 많은 lncRNA에 대해서도 마찬가지이다. 그러나 하나의 가능한 공통 요인은 그들의 길이로 인해 대부분의 lncRNA 분자가 다수의 DNA 부위 그리고/또는 조절단백질을 하나의 기능적 복합체로 끌어모음으로써 작용하는 것 같다는 점이다(관련 연구에 대한 초점 참조). 한 가지 예가 증폭자의 작용을 촉진하는 lncRNA 분자 그룹이다(증폭자에 대한 정보를 다루는 17장 2.2절 참조). lncRNA는 증폭자 및 그것과 결합하는 단백질이 프로모터에 전사인자 또는 매개자 복합체가 결합하는 것을 도와줌으로써 작용하는 것 같다.

긴 비암호화 RNA는 아직도 정확한 기능이 불확실한 다양한 더 긴 조절 RNA 분자를 포함한다.

4. CRISPR: 박테리아에서의 항-바이러스 방어

박테리아가 RNAi를 가지고 있지 않다고 하더라도, 박테리아는 침입하는 바이러스 게놈을 파괴하기 위한 또 다른 방어프로그램을 가지고 있다. CRISPR은 Clustered Regularly Interspaced Short Palindromic Repeats(집단을 이루어 일정 간격으로 흩어져 있는 짧은 회문 반복서열)를 의미한다. CRISPR 체계는 적대적인 바이러스 서열에 대한 기억장치와 침입하는 바이러스 DNA나 RNA를 인식하고 파괴하기 위한 기작으로 구성된다. 진핵생물의 RNAi 체계와 달리, CRISPR 체계는 RNA 바이러스 뿐만 아니라 DNA 바이러스에 대항해서 보호한다. CRISPR 체계는 박테리아와 고세균에 광범위하게 분포하나 진핵생물에는 존재하지 않는다. 대략 고세균의 90%와 박테리아의 70%가 CRISPR 체계를 가지며 일부는 염색체 상에 여러 개의 CRISPR 구역을 갖는다. 그러나 많은 경우에, CRISPR 체계는 불완전하며 결함이 있는 것 같다. 이것은 중요한 임상적 결과를 갖는다. 일부 병원성 박테리아(예를 들면, *Streptococcus pyrogenes*)는 그들의 염색체로 통합시킨 사실상 박테리아 감염 바이러스에 의해 운반되는 독성인자를 갖는다. 완전한 CRISPR 체계

관련 연구에 대한 초점

Nagano T and Fraser P(2011) No-Nonsense Functions for Long Non-coding RNAs. Cell 145: 178–181.

이 리뷰는 진핵세포에서 긴 비암호화 RNA(lncRNA)가 유전자 발현을 조절하는 데 있어서 가능한 역할을 조망하고 있다. LncRNA는 하나 이상의 염색질–변형 단백질에 결합할 수 있으며 이 단백질이 염색체 상의 특정 위치에 위치하는 것을 돕는다. LncRNA는 하나 이상의 염색체 상의 여러 부위에 동시에 결합할 수 있어서 서로 다른 염색체 상에 있는 유전자자리 사이의 조절적 상호작용을 용이하게 한다. 위에서 언급한 바와 같이, lncRNA는 DNA 고리화에 의해 증폭자의 작동을 돕는 것으로 추정된다. 이 외에도, 커다란 염색체 고리화의 형성은 lncRNA를 수반한다. 이와 유사하게, 커다란 핵 구조물과 복합체의 형성은 비계로 작용하는 lncRNA에 의존할 수 있다.

긴 비암호화 RNA(long non-coding RNA, lncRNA) 진핵세포의 보다 긴 조절 RNA분자(〉200 염기)
비암호화 RNA(non-coding RNA) 단백질을 만들기 위해 번역되지 않는 RNA 분자

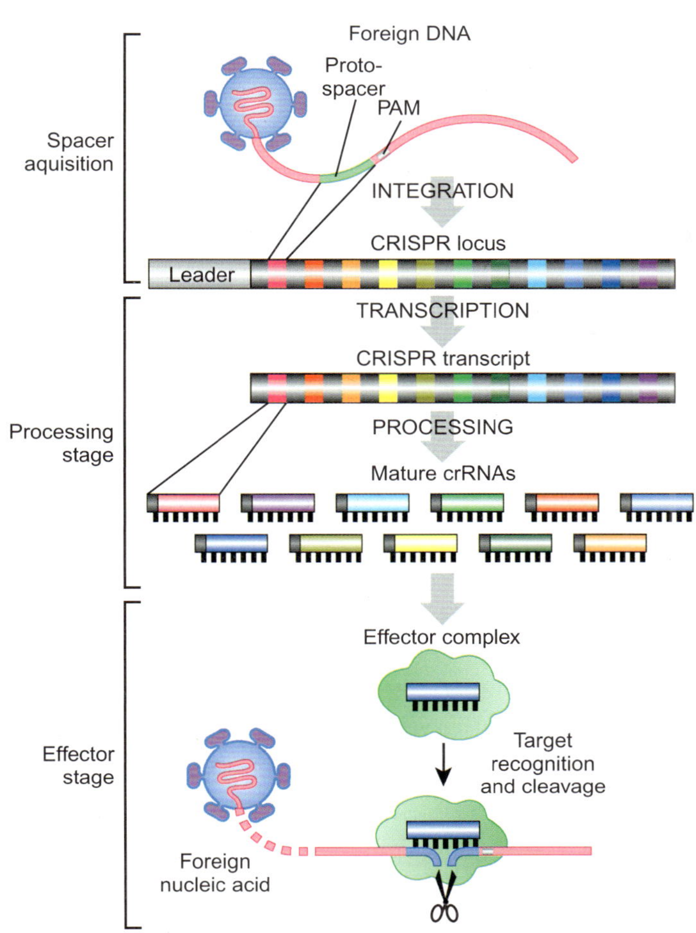

그림 18.16
CRISPR 체계

CRISP/Cas 활성의 전반적 모델. 스페이서 획득 과정 동안, 침입하는 핵산에서 오는 서열 요소들은 CRISPR 좌위의 선도자와 가까운 쪽 말단에 통합된다. 선택된 침입자 서열은 프로토스페이서 인접 영역(protospacer adjacent motifs, PAMs) 가까이에서 발견된다. 가공처리 단계에서, CRISPR 좌위는 전사되고, 8 nt 반복 태그(회색)와 하나의 단일 스페이서 유닛(다양한 색깔)을 포함하는 성숙한 crRNA로 가공처리된다. 효과기 단계에서, 성숙한 crRNA는 상보적인 핵산(2개의 별도의 효과기 복합체가 DNA와 RNA 표적에 대해 사용된다)의 분해를 촉진하기 위하여 Cas 단백질과 결합한다(*제출: Terns MP and Terns RM(2011) CRISPR-based adative immune systems. Curr Op Microbiol 14: 321-327*)

를 가진 균주는 거의 바이러스로 감염되지 않은 반면, 결함이 있는 CRISPR 체계를 가진 *Streptococcus* 균주는 독성인자를 운반하는 바이러스를 훨씬 더 잘 받아들이는 것 같다.

CRISPR 기억장치는 박테리아의 염색체에서 발견되며 동일한 반복된 서열이 번갈아 나타나는 여러 가지 서로 다른 절편의 바이러스 서열로 이루어진다(그림 18.16). 이 기억장치는 동일하거나 매우 밀접하게 연관된 서열을 가지는 모든 바이러스에 대한 저항성을 제공한다. **CRISPR 체계**의 단백질(CRISPR-관련 단백질 또는 Cas 단백질)은 CRISPR 서열 상류에 위치하는 유전자에 의해 암호화된다. Cas 단백질은 두 가지 역할을 수행한다. 일부는 바이러스 서열의 절편을 받아들여서 저장한다. 이것은 스페이서 획득이라 부르는 과정인데, 그 기작은 아직도 불분명하다. 다른 Cas 단백질은 침입하는 바이러스 게놈을 인식하고 그것을 파괴하기 위해서 저장된 서열 정보를 사용한다. 서로 다른 종의 박테리아 사이에서 Cas 단백질의 특성과 배열에 있어서 상당한 변이가 있다.

CRISPR 좌위는 대체로 Cas 단백질의 조합체에 의해 각 반복 서열의 중간 부분에서 잘리는 하나의 긴 RNA 분자(pre-crRNA)로 전사된다. 이로 인해 pre-crRNA는 crRNA로 알려진 개개의 바이러스-특이적 절편으로 전환된다. crRNA 절편이 침입하는 바이러스의 핵산과 염기쌍을 형성할 때, 다른 Cas 단백질들이 침입하는 바이러스 게놈을 파괴한다. 2개의 서로 다른 Cas 복합체가 바이러스 핵산을 파괴하는데, 하나는 RNA에 특이적이며 다른 하나는 DNA에 특이적이다. 예를 들면, 대장균에 있는 Cascade 복합체는 이중가닥

CRISPR 체계(CRISPR system) 상보적 서열을 가진 RNA를 찾아서 파괴하기 위하여 CRISPR 좌위에서 유래한 짧은 외가닥 RNA와 결합된 효소 복합체를 사용하는 박테리아의 방어 체계
CRISPR 좌위(CRISPR locus) 침입하는 바이러스의 핵산으로부터 획득한 일련의 작은 서열 요소를 가지는 박테리아 게놈의 구역

DNA 표적을 인식해서 파괴한다. Cascade는 5개의 Cas 단백질(CasA, CasD, CasE는 각 하나씩, CasB는 2개, CasC는 6개)과 61 뉴클레오티드로된 crRNA로 이루어진다. 고세균인 *Pyrococcus*에서 유래한 RNA-분해 단백질인 Cas6는 최근 그 구조가 조사되었으며, 표적 RNA 둘레를 감싸는 것으로 여겨진다(관련 연구에 대한 초점 참조).

관련 연구에 대한 초점

Wang R, Preamplume G, Terns MP, Terns RM and Li H(2011) Interaction of the Cas6 riboendonuclease with CRISPR RNAs: recognition and cleavage. Structure 139:19:257–264.

CRISPR 체계는 바이러스 핵산을 파괴함으로서 바이러스로부터 원핵생물을 보호한다. 이 논문은 고세균에 속하는 *Pyrococcus furiosis*에서 유래한 Cas6 단백질의 구조와 RNA–결합 기작을 다루고 있다. 결정 구조를 만들어내기 위해 3.2 Å 해상도에서의 X–선 결정학을 사용하였다.

위에서 언급한 바와 같이, 서로 다른 박테리아와 고세균에 있는 Cas 단백질에는 상당한 변이가 있다. 다른 계열의 Cas 핵산내부가수분해효소와는 달리, Cas6 단백질은 2개의 페레독신–유사 도메인을 사용하여 RNA 표적의 2–9개 뉴클레오티드와 결합한다. 이 결합으로 인해 표적 RNA의 절단 부위가 Cas 리보핵산가수분해효소의 활성부위 가까이에 위치하게 된다.

5. 조기 종결은 RNA 전사감쇠를 야기한다

전사감쇠에 의한 조절은 mRNA에 있는 전환가능한 줄기-고리 구조를 수반한다.

전사감쇠는 mRNA 합성의 조기 종결을 수반하는 조절 기작이다. 전사감쇠의 기본원리는 합성되는 mRNA의 처음부분—**선도영역**—이 두 가지의 2차 구조로 접힐 수 있다는 데 있다. 둘 중에 하나의 2차 구조는 전사가 계속 일어나도록 하고, 나머지 하나의 2차 구조는 전사의 조기 종결을 초래한다. 감쇠의 위상은 다소 모호하다. 전사감쇠는 때로 전사수준의 조절로 간주된다. 그러나 전사감쇠는 부분적으로 이미 전사된 mRNA를 수반한다. 따라서 전사감쇠는 때때로 "전사 후" 조절로 여겨진다. 전사감쇠는 RNA 줄기-고리 구조를 기반으로 하는 다른 조절 기작과 밀접히 연관되어 있기 때문에, 이 책에서는 전사감쇠를 RNA-기반 조절의 다른 유형들과 함께 다루기로 한다.

일반적으로, 선도영역 RNA는 4개의 하위 영역(염기서열 1~4)을 포함하고 있으며, 이 4개의 하위 영역은 두 가지 다른 방식으로 염기쌍을 형성할 수 있다. 다른 외부인자가 관여하지 않으면, 염기서열 1은 염기서열 2와 상보적인 결합을 하고, 염기서열 3은 4와 상보적인 결합을 하여 2개의 줄기-고리 구조를 형성한다(그림 18.17). 이렇게 형성되는 2개의 줄기-고리 구조 중, 염기쌍을 이룬 서열 3과 4를 포함하는 두 번째 구조가 전사 개시 직후 RNA 중합효소가 전사를 중단하도록 하는 종결자로 작용한다. 그러나 대신에 서열 2가 서열 3과 염기쌍을 형성할 수 있다. 이 일이 일어나기 위해서는 하나의 단백질이 서열 1에 결합해서 서열 1에 상보적인 서열 2로부터 서열 1을 격리시켜야만 한다. 그 결과, 정상적으로는 서열 3과 4로 이루어지는 종결자 고리가 더 이상 만들어지지 않고 mRNA의 전사가 계속된다.

전사감쇠는 대장균과 같은 그람-음성 박테리아와 *Bacillus*와 같은 그람-양성 박테리아에서 아미노산 생합성에 관여하는 유전자의 조절에 이용된다. 만약 아미노산의 공급이 충분하면, 아미노산 합성에 관여하는 유전자의 발현은 억제되어야 한다. 반대로 아미노산의 공급이 부족하면, 생합성 유전자는 전사되어야만 한다.

대장균의 경우, 전사감쇠는 복잡하며, 대개 mRNA의 선도영역에 리보솜이 결합하는 과정이 포함되는데, 선도영역에서 리보솜이 **선도펩티드**를 번역한다. 이들 리보솜은 구역 1

전사감쇠(attenuation) 조기 전사 종결에 의해 작용하며 mRNA의 선도구역에 있는 전환가능한 줄기–고리 구조에 의존하는 전사조절의 유형
선도영역(leader region) 특히 전사감쇠 기작에 의한 조절에 관여하는 경우, 구조유전자의 앞에 있는 mRNA 분자의 구역
선도펩티드(leader peptide) 특정 오페론이 생산하는 아미노산에 반응하는 코돈을 갖는 전사감쇠된 유전자에서 만들어진 짧은 단백질

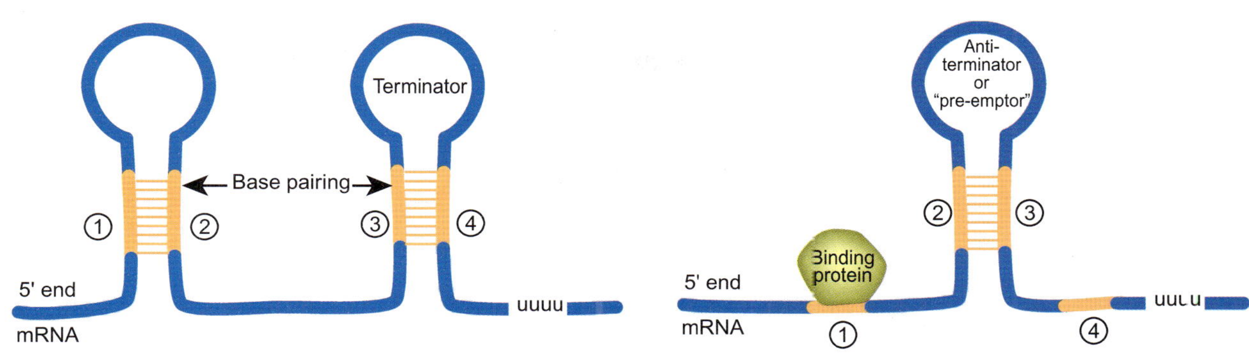

그림 18.17
mRNA 선도영역의 선택적인 2차 구조

전사감쇠 조절을 받는 mRNA의 선도영역에는 1, 2, 3, 4로 표시된 염기서열이 존재하며, 이 염기서열들은 두 가지 선택적 방법으로 상보적인 결합을 할 수 있다. A) mRNA의 조기 종결을 위한 구조는 그 mRNA에서 2개의 줄기-고리 구조를 형성하는 염기쌍에 기인한다. 두 번째 고리 3과 4가 종결을 야기한다. B) 어떤 단백질이 1번 부위에서 mRNA에 결합하여 2번과 3번 부위가 염기쌍을 이르게 되면, 종결이 차단될 수 있다. 이로 인해 항-종결자가 만들어져서 종결자가 형성되지 못하도록 차단한다.

이 구역 2와 염기쌍을 형성하지 못하도록 차단하는 단백질로써 작용한다. 선도펩티드는 짧은 열린 해독틀에 의해 암호화되며, 14 또는 15개의 아미노산으로만 이루어진다. 선도펩티드를 암호화하는 해독틀은 mRNA의 5′-말단 가까이, 아미노산 생합성 경로의 효소들에 대한 구조유전자의 상류에 위치한다(그림 18.18A).

선도펩티드는 특정 아미노산을 지정하는 코돈이 여러 번 반복되어 존재한다. 예를 들면, 대장균의 *his* 오페론(histidine 생합성 오페론)의 선도펩티드 ORF에는 히스티딘을 암호화하는 코돈이 연속적으로 7개가 존재한다. *thr* 오페론(threonine 생합성 오페론)의 선도펩티드 ORF에는 트레오닌과 이소루이신을 암호화하는 11개 코돈이 집단을 이루어 존재한다. 트레오닌은 이소루이신 합성의 전구물질이므로 이들 두 아미노산을 암호화하는 코돈은 전사감쇠 조절에 포함된다. 어떤 특정 아미노산의 공급이 부족한 경우, 리보솜은 특정 아미노산을 운반하는 하전된 tRNA를 발견하기가 어려워져서 리보솜 속도가 느려진다. 부족한 아미노산에 대한 몇 개의 코돈이 연속해서 존재할 때, 리보솜은 서서히 멈춘다. 정지된 리보솜은 서열 1을 가리게 되며, 고리 2/3을 만들어서 항-종결자(anti-terminator 또는 pre-emptor)가 만들어진다(그림 18.18B). 구역 3/4 줄기-고리가 없을 경우, RNA 중합효소는 오페론의 나머지를 전사하면서 계속 앞으로 나아간다.

*Bacillus*의 경우, 리보솜이 전사감쇠에 관여하지 않으며 선도펩티드도 없다. 그럼에도 불구하고, mRNA의 선도구역은 2개의 대체 구조를 만들기 위해 염기쌍을 형성할 수 있는 4개의 염기서열을 갖는다. **전사감쇠 단백질**이 특정 아미노산에 결합한다. 이 아미노산이 존재하는 경우, 전사감쇠 단백질은 mRNA의 선도구역에 결합하며 전사 종결을 촉진한다. *Bacillus*의 경우, *trp* mRNA의 선도 영역의 5′ 구역에는 연속되는 11개의 UAG 또는 GAG 삼중코돈이 존재하는데, 각 삼중코돈은 2-3개의 다른 염기에 의해 서로 분리되어 있다. 트립토판 감쇠단백질(tryptophan attenuation protein, TRAP)의 11개 소단위가 이들 삼중코돈에 결합하고, 그 11개 소단위로 이루어진 고리를 형성해서(그림 18.19), 전사를 종결시킨다.

전사감쇠 단백질(attenuation protein) 전사감쇠에 관여하며 mRNA의 선도영역에 결합하는 조절단백질

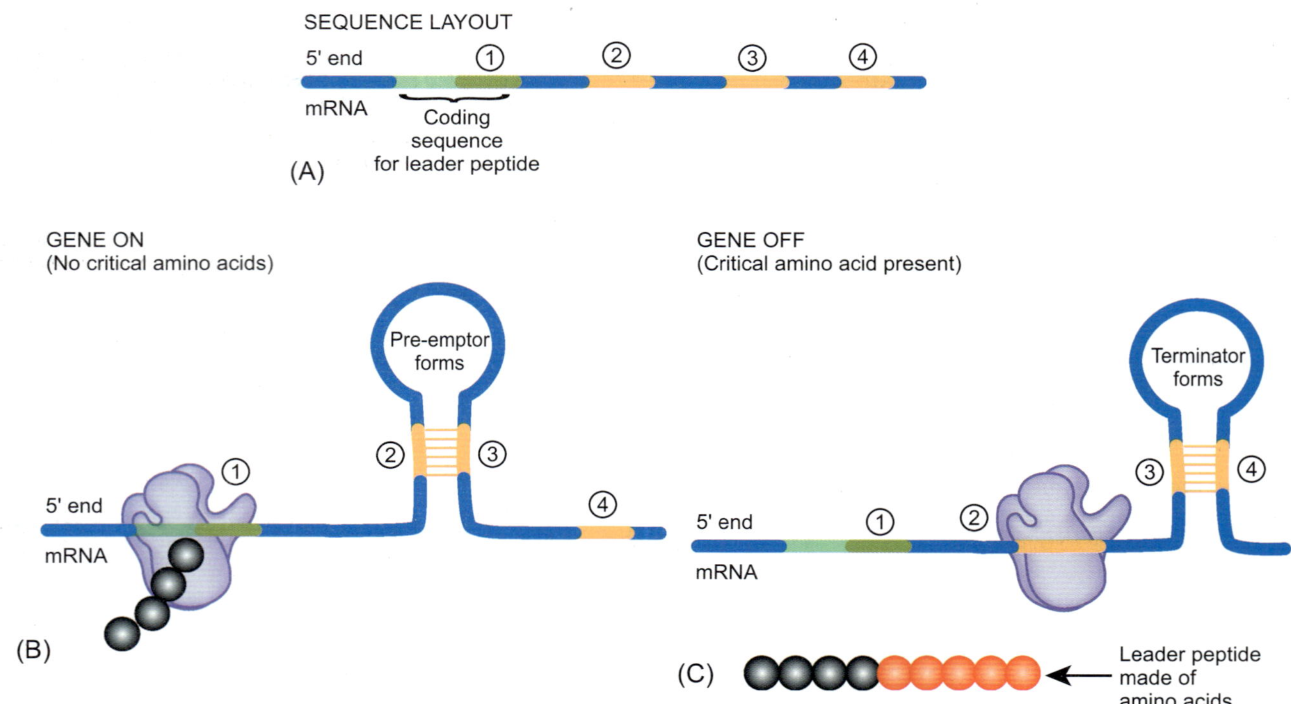

그림 18.18

정지된 리보솜이 종결자 고리의 형성을 방해한다

전사감쇠는 mRNA의 합성이 완료될 것인지 조기 중단될 것인지의 여부를 조절한다(이 그림은 전사감쇠의 기작만을 나타내며, RNA 중합효소는 표시하지 않았음.) A) 이 mRNA의 선도영역에는 선도펩티드에 대한 암호화 서열과 4개의 특정 염기서열(1, 2, 3 그리고 4)이 존재한다. 이 4개의 염기서열은 서로 상보적인 결합을 하여 줄기-고리 구조를 형성할 수 있다. B) 상응하는 아미노산이 부족한 경우, 리보솜은 구역 1에서 느려져서 항-종결자(pre-emptor)가 형성되도록 하여 RNA 중합효소에 의한 mRNA의 전사가 계속되도록 한다. 이때 선도펩티드의 합성은 완료되지 않은 상태임을 주목하라. C) 상응하는 아미노산이 풍부한 경우, 선도펩티드의 합성이 완료되고, 리보솜은 빠르게 구역 2로 이동하여 구역 3과 4가 종결자 고리를 형성하도록 한다. 이로 인해 더 이상 mRNA의 추가적인 신장이 일어나지 않는다.

6. 리보스위치-조절 기작으로 직접 작용하는 RNA

분자생물학에서 가장 흥미로운 최근의 이야기 중의 하나는 이전에 단백질을 필요로 한다고 믿어졌던 기능 중의 많은 것을 RNA가 수행한다는 것이다. 리보자임 즉, 촉매 활성 RNA는 RNA 이어맞추기, 단백질 합성 및 바이로이드의 복제에 관여한다. 안티센스 RNA와 siRNA와 같은 다양한 작은 조절 RNA 분자들은 유전자 발현 조절에 관여한다. 가장 최근에는 특정 mRNA의 앞 쪽에 있는 RNA 도메인-**리보스위치**라 부름-이 작은 분자와 상호작용하여 유전자 발현을 조절할 수 있음이 밝혀졌다. 많은 수의 리보스위치가 박테리아에서 발견되었으며, 현재까지 박테리아에서만 리보스위치 작동에 의한 번역 조절이 존재한다. 그러나 염기서열 분석 결과, 일부 곰팡이와 식물의 게놈이 티아민 리보스위치를 갖는다는 사실이 밝혀졌다. 그러나 이들 리보스위치는 mRNA의 선택적 이어맞추기를 조절함으로써 작동한다.

일부 mRNA 분자는 작은 분자와 결합하며 자신의 5′ 말단에 존재하는 리보스위치 도메인을 통해 자신의 번역을 조절할 수 있다.

아미노산이나 비타민과 같은 대사산물을 만드는 생합성 경로는 일반적으로 대사산물이 부족하면 활성화되지만 대사산물이 충분히 공급되면 차단된다. 이런 생합성 경로의 유전자들은 종종 억제자에 의해 또는 전사감쇠에 의해 조절되며, 이 경로의 최종 대사산물

리보스위치(riboswitch) 직접 신호를 감지해서 2개의 줄기-고리 구조를 상호전환시킴으로써 번역을 조절하는 mRNA의 도메인

이 높은 농도로 존재하는 조건에 반응하여 억제된다. 이런 경우에, 최종 대사산물은 이미 언급한 특정 조절단백질 — 예를 들면, 아르기닌과 결합하는 대장균의 ArgR 억제자나 트립토판과 결합하는 *Bacillus*의 트립토판 감쇠 단백질 — 과 결합한다.

리보스위치의 경우, 대사산물이 mRNA의 5′-말단 부위에 존재하는 RNA 서열과 직접 결합한다. 예를 들면, 대장균의 thiamine 리보스위치는 비타민/보조인자인 thiamine pyrophosphate와 매우 특이적으로 결합하며 THI 상자(THI box)로 알려진 서열을 가지고 있다. 비슷하게, *Bacillus subtilis*에 있는 riboflavin 리보스위치의 RFN 상자(RFN box)는 flavin mononucleotide와 결합한다. 이들 비타민이 부족한 경우, 이들의 생합성 경로 유전자들은 어떠한 조절단백질의 방해도 받지 않는 상태에서 발현된다. 반대로, 비타민이 고농도로 존재하면, 이들 유전자는 발현이 중지된다. 리보스위치는 현재 여러 종류의 비타민, 아미노산, 글루코사민, 마그네슘 그리고 푸린 염기인 아데닌과 구아닌 생합성경로에서 알려져 있다.

이들 대사산물이 각각의 RNA 상자에 결합하면, 전체 리보스위치 도메인의 구조가 변한다. 리보스위치는 서로 다른 줄기-고리 구조를 갖는 두 가지 상호 전환 형태로 존재한다. 이러한 리보스위치의 구조변화는 두 가지 연관된 기작 중의 하나, 즉, 전사의 조기 종결(즉, 전사감쇠) 또는 번역 억제에 의해 유전자 발현을 조절한다.

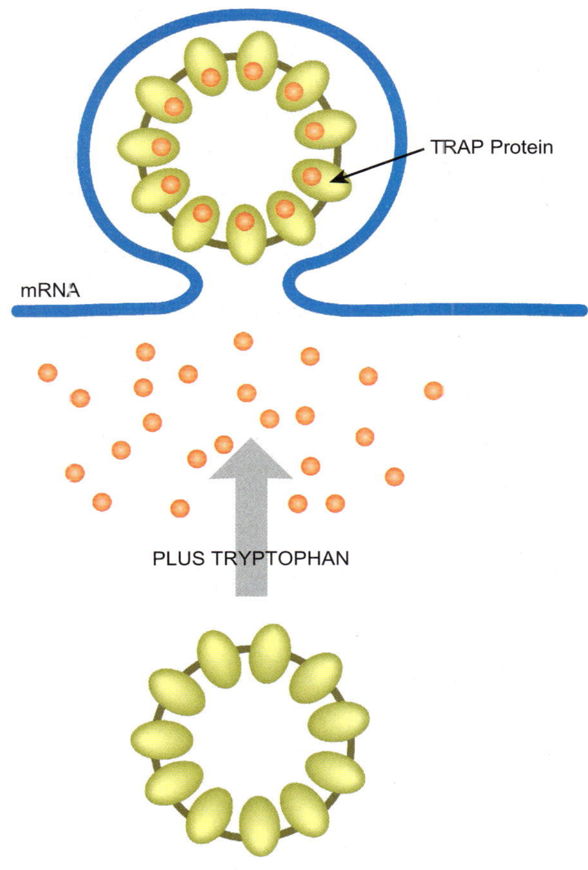

그림 18.19
RNA-결합단백질에 의한 전사감쇠

트립토판(Trp)이 존재하면, 이 아미노산은 트립토판 감쇠 단백질(TRAP)에 활발하게 결합한다. Trp-TRAP 복합체는 RNA에 결합하여 구조를 변화시킨다. 대체 RNA 구조가 조기 종결을 야기하는 줄기-고리 구조를 취한다.

전사감쇠 기작의 경우(그림 18.20A), 리보스위치는 생합성 효소에 대한 mRNA를 조기 종결시킬 것인지의 여부를 조절한다. 이 경우, 신호가 되는 대사산물이 존재하지 않으면, 리보스위치는 종결자 서열을 격리시켜 전사가 계속 일어나게 한다. 대사물질이 리보스위치에 결합하면, 리보스위치는 종결자가 줄기-고리를 형성하도록 허용하는 형태로 전환한다. 이로 인해 mRNA의 조기 종결이 일어난다. 그 결과, 유전자는 발현되지 않는다.

번역억제 기작의 경우(그림 18.20B), 리보스위치는 mRNA가 번역될 것인지의 여부를 조절한다. 신호가 되는 대사산물이 존재하지 않는 경우, 이 mRNA의 Shine-Dalgarno 서열은 자유롭게 리보솜에 결합하게 되고 번역이 진행된다. 신호가 되는 대사산물이 리보스위치에 결합하면, 리보스위치는 Shine-Dalgarno 서열을 격리시켜 번역을 차단한다.

대사산물 외에도, 리보스위치는 cyclic-di-GMP와 같은 조절 뉴클레오티드에 반응하는 것으로 알려져 있다. 이 뉴클레오티드는 많은 박테리아에서 자유 유영과 바이오필름 형성 간의 전환과 같은 생활주기 변화를 조절한다. 유전자 발현에 미치는 cyclic-di-GMP의 효과는 일부는 DNA에 결합하는 조절단백질에 의해, 일부는 리보스위치에 의해 이루어진다.

리보스위치는 작은 분자뿐만 아니라, 물리적 조건에 반응할 수도 있다. **RNA 열감지기**는 온도에 반응하는 특별한 종류의 리보스위치이며 Shine-Dalgarno 서열의 격리에 의해 mRNA 번역을 조절한다. 이 원리는 위에 설명한 것과 같으나, 상호 전환하는 줄기-고리 구조의 형성은 온도에 직접적으로 의존한다. 고온에서는 줄기 중의 하나가 불안정해서 리보스위치가 고온형으로 급격히 바뀐다. 16장에서 언급한 바와 같이, 대장균의 *rpoH* 유전자가 열충격 반응에 관여한다. 16장에서 언급한 조절 외에도, *rpoH* mRNA의 번역은 저온에서는 RNA 열감지기에 의해 차단되지만 온도가 증가함에 따라 번역이 일어난다. RNA 열감지기에 의해 번역이 조절되는 또 다른 유전자에는 *Yersinia*나 *Listeria*와 같은 병원성

리보스위치는 대사물질 농도뿐만 아니라 온도에 반응할 수 있다.

RNA 열감지기(RNA thermosensor) mRNA 번역을 조절하기 위하여 온도에 반응하는 특화된 리보스위치

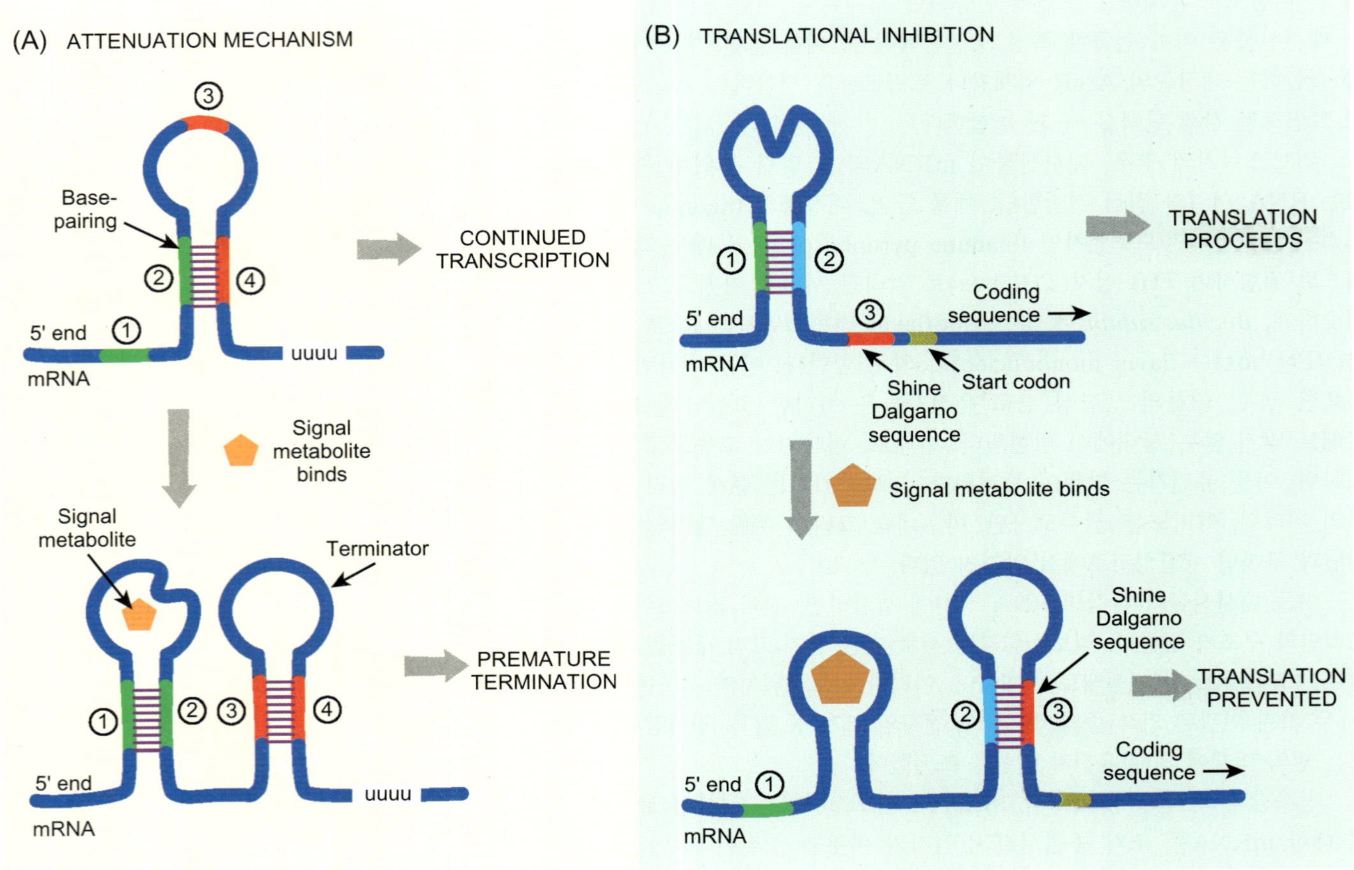

그림 18.20
리보스위치 기작

리보스위치는 신호 대사물의 존재 여부에 따라 2개의 대체 가능한 줄기-고리 구조를 번갈아 취한다. A) 전사감쇠 기작의 경우, 신호 대사물이 존재하면 전사 종결자 구조가 형성되어 전사가 중도에서 끝난다. B) 번역억제 기작의 경우, 신호 대사물이 존재하면 Shine-Dalgarno 서열이 격리되어 이 mRNA에 리보솜이 결합할 수 없게 되며, 따라서 mRNA의 번역이 차단된다.

박테리아의 독성에 관여하는 활성자 유전자가 있다. 숙주 밖에서, 이들 유전자는 번역 억제에 의해 발현되지 않는다. 항온 포유동물 내부에서, 온도가 증가하면 활성인자 단백질이 발현된다. 활성인자 단백질은 박테리아 독성에 관여하는 여러 유전자의 발현을 활성화시킨다 (그림 18.21).

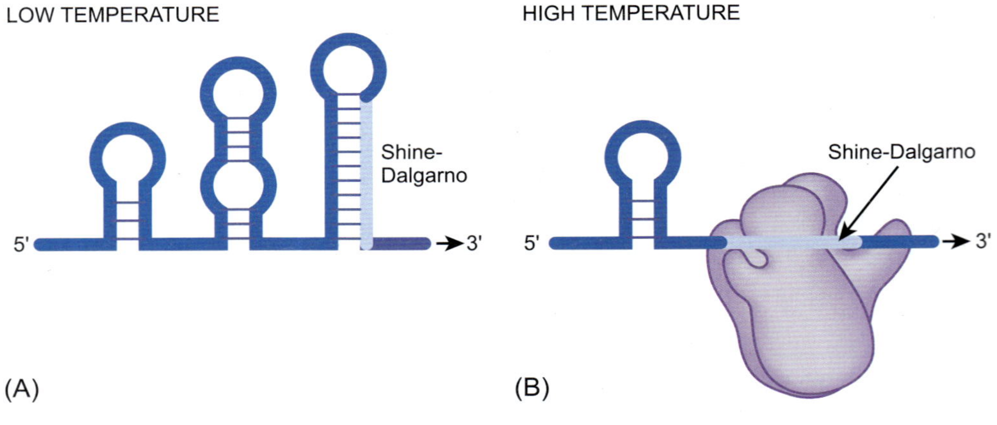

LOW TEMPERATURE
Shine-Dalgarno
5'
3'
(A)

HIGH TEMPERATURE
Shine-Dalgarno
5'
3'
(B)

그림 18.21
RNA 열감지기

불안정한 줄기-고리 구조는 낮은 온도에서 리보솜에 대한 접근으로부터 Shine-Dalgarno 서열을 격리시킨다. 고온에서, 줄기-고리 염기쌍이 풀려서 리보솜은 Shine-Dalgarno 서열에 접근할 수 있게 된다.

핵심 개념

- 유전자는 DNA뿐만 아니라 RNA 수준에서 조절될 수 있다.
- mRNA 분해 속도는 특정 단백질의 결합에 의해 조절될 수 있다.
- 일부 mRNA 분자는 먼저 절단되지 않으면 단백질로 번역될 수 없다.
- mRNA 번역은 때로 RNA-결합단백질에 의해 활성화되거나 억제된다.
- mRNA 번역은 안티센스 RNA에 의해 조절될 수도 있다.
- 때때로, mRNA 번역은 리보솜 단백질에의 변화에 의해 조절된다.
- 이중가닥 RNA는 모든 살아있는 세포에 의해 외래의 것으로 간주되어 파괴된다.
- RNA 방해(RNAi)는 이전에 감지된 이중가닥 RNA의 서열과 일치하는 mRNA를 파괴한다.
- 핵산가수분해효소인 Dicer는 이중가닥 RNA를 RNAi 반응을 촉발하는 짧은 절편(siRNA)으로 절단한다.
- 표적 mRNA는 Argonaut 계열의 단백질에 의해 파괴된다.
- 일부 생물체에서, RNAi 반응은 RNA-의존성 RNA 중합효소에 의해 증폭되며 생물체 전반적으로 퍼져나갈 수 있다.
- 어떤 경우에, RNAi는 이질염색질의 형성에 의해 유전자를 침묵시킬 수도 있다.
- RNAi는 이제 진핵생물에서 유전자의 기능을 연구하기 위하여 널리 사용되고 있다. 이로 인해 노동집약적인 유전자 기능상실 돌연변이체를 만들 필요가 없다.
- 박테리아의 CRISPR 체계는 침입하는 바이러스에서 오는 적대적인 RNA나 DNA를 파괴한다.
- 전사감쇠는 mRNA 합성의 조기 종결에 의존하는 조절 기작이다.
- 리보스위치는 작은 조절분자에 결합해서 번역을 조절하는 mRNA 자체에 있는 서열이다.

복습 문제

1. 일반적으로 전사 수준에서의 조절이 번역 수준에서의 조절에 비해 더 이토운 이유는 무엇인가?
2. 번역이 조절될 수 있는 방식을 나열하라.
3. 리보핵산가수분해효소란 무엇인가?
4. 분해에 대한 mRNA의 감수성을 결정하는 인자는 무엇인가?
5. 단백질 결합은 mRNA 안정성에 어떻게 영향을 미치는가?
6. 일차전사체란 무엇인가?
7. 번역을 조절하는데 있어서 리보핵산가수분해효소 III의 역할은 무엇인가?
8. CsrA는 어떻게 mRNA 분해를 조절하는가?
9. 페리틴 단백질의 생산이 어떻게 조절되는 지를 서술하라.
10. 5′ 비번역, IRP, IRE는 무엇인가?
11. 번역 억제자란 무엇인가? aconitase/IRP1은 어떻게 번역 억제자로 작용하는가?
12. 센스와 안티세스 RNA는 무엇인가?
13. 박테리오페리틴 생합성은 안티센스 RNA에 의해 어떻게 조절되는가?
14. 리보솜 변형은 어떻게, 언제 번역에 영향을 미치는가?
15. RNA 방해(RNAi)란 무엇인가?
16. Dicer, RISC, siRNA, Argonaut란 무엇인가?
17. RNAi의 중요성은 무엇인가?
18. RNA 방해의 기작은 무엇인가?

19. 몇 개의 siRNA 분자가 수천 개 사본의 표적 RNA를 침묵시킬 수 있다; 어떻게 이러한 일이 이루어지는가?
20. 유전자 발현을 차단하기 위하여 RNAi가 어떻게 실험적으로 사용되는가?
21. *in vivo* 상태에서 DNA 구조물로부터 dsRNA를 만들기 위한 세 가지 방법은 무엇인가?
22. DNA 구조물을 사용하지 않고 어떻게 dsRNA를 세포 내로 도입할 수 있는가?
23. 마이크로 RNA란 무엇인가?
24. 마이크로 RNA와 siRNA의 차이점과 유사점은 무엇인가?
25. 긴 비암호화 RNA란 무엇인가? 어떻게 이들이 증폭자의 작용을 촉진할 수 있는가?
26. CRISPR 체계는 어떻게 바이러스로부터 박테리아를 보호하는가?
27. 전사감쇠란 무엇인가? 전사감쇠 조절단백질이란 무엇인가?
28. 특정 mRNA의 선도영역은 두 가지 방식으로 염기쌍을 이룰 수 있다; 이들 2개의 2차 구조가 전사에 미치는 영향은 무엇인가?
29. 리보스위치란 무엇인가?
30. 리보스위치가 작동하는 2개의 주요 기작은 무엇인가?
31. 리보스위치는 대사물질 농도에 어떻게 반응하는가?
32. 리보스위치는 온도와 같은 물리적 조건에 어떻게 반응하는가?

개념 문제

1. 리보솜이 대장균에 있는 특정 전사감쇠 오페론의 선도펩티드를 번역하는 것이 차단된 돌연변이가 있다면 어떤 일이 일어나는가?
2. 유전자 발현의 잠재적 억제자로써 이중가닥 RNA를 확인한 핵심적인 실험이 Andrew Fire, Craig Mello 및 그의 동료들에 의해 1998년에 수행되었다. 연구자들은 *C. elegans*의 *mex-3* 유전자를 연구하고 있었고, 만약 발달 중인 *C. elegans* 배아로 안티센스 *mex-3* mRNA가 주입된다면 어떤 일이 일어나는 지를 알아보고자 시도하고 있었다. 먼저, 연구자들은 플라스미드 벡터에 두 가지 유형의 *mex-3*를 만들었는데, 첫 번째 유형은 프로모터와 유전자가 정상적으로 배열되어 있어서, 이 벡터에서 만들어지는 RNA 전사체는 정상적인 센스 RNA를 만든다. 두 번째 유형에서, *mex-3* 유전자가 뒤집어져서 프로모터는 상보가닥의 전사를 개시시켜 안티센스 RNA를 만든다. 뉴클레오티드와 RNA 중합효소를 첨가함으로써 시험관에서 RNA를 만들기 위하여 이들 두 유형이 사용되었다. 다음으로, 초미세 주사바늘을 사용하여 *C. elegans* 알로 만들어진 RNA가 직접 주입되었다. 연구자들은 일부 알에는 어떤 RNA도 주입하지 않았고(대조구 실험), 일부 알에는 안티센스 *mex-3*, 세 번째 그룹에는 센스와 안티센스 *mex-3*의 조합을 주입하였다. 알들은 남아있는 *mex-3* 전사체의 위치를 찾아내기 위하여 방사능으로 표지된 *mex-3* mRNA와 함께 배양되었다. 그 결과, 대조구에 비해 안티센스로 처리된 알들에서 *mex-3* mRNA의 감소가 관찰되었다. 안티센스/센스 조합으로 주사된 알들은 *mex-3* mRNA가 전혀 검출되지 않았다. 이 데이터는 이중가닥 RNA가 *mex-3* 유전자 침묵과 관련이 있다는 것을 어떻게 제시하는가?
3. 어떤 유형의 분자가 RNAi를 촉발시키는가?
4. 특정 리보솜 단백질 소단위체와 연관된 하나의 새로운 유전자가 박테리아인 *Streptococcus pyrogenes*에서 확인되었다. 이 새로운 유전자는 리보솜 단백질 U를 따서 rProU로 명명되었고 2300 뉴클레오티드의 일차전사체를 만들어낸다는 사실이 밝혀졌다. 이 유전자에 대한 실험과정에서, 연구자들은 2300 뉴클레오티드 크기 RNA의 말단과 동일한 1800 뉴클레오티드의 또 다른 RNA를 확인하였다. 이 유전자를 리보핵산가수분해효소 III가 결핍된 *S. pyrogenes* 돌연변이체에서 조사했을 때 더 흥미로운 결과가 관찰되었다. 대장균에서 *adhE* 조절에 관한 우리의 지식을 토대로, 야생형 *S. pyrogenes*에는 왜 두 가지 서로 다른 전사체가 있으며 돌연변이체 *S. pyrogenes* 균주에 대해서는 왜 하나의 전사체만 있는가에 대한 이유를 제시하라. 여러분은 자신의 이론을 어떻게 점검할 것인가?
5. 대장균 *his* 오페론과 *Bacillus trp* 오페론에서의 전사감쇠를 비교하고 대조하라.

유전자 발현 분석

Chapter 19

유전자 발현은 개별 유전자의 수준에서 뿐만 아니라 최근에 점점 증가하는 추세인 유전체 수준에서 다양하게 조사될 수 있다. 유전체와 유사하게 어떤 생물체의 RNA 전사물의 총량을 종종 **전사체**라 한다. 여기서 우리는 개별 유전자에 대해 먼저 생각하고 많은 수의 유전자의 발현을 동시에 조사하는 접근법에 대하여 생각하고자 한다. 이것은 전사체 분석이라고 하며, 단백질체학과 대사체학(15장 참조)과 함께 **기능 유전체학** 분야를 이룬다. -ome으로 끝나는 새로 만들어진 용어들의 홍수 속에 가장 압권인 것은 예일대학의 건스틴(Mark Gernstein) 교수에 의해 제안된 "미확인체(unknome)"이다. 이것은 현재 기능이 알려지지 않은 많은 유전자 집합을 말한다!

1. 유전자 발현의 추적

대부분 유전자들의 발현은 우선 RNA로 전사된 다음 이들이 번역되어 최종 산물인 단백질로 되는 과정을 거친다. 덧붙여 비번역 RNA(운반 RNA(tRNA)나 리보솜 RNA(rRNA), 미소 RNA(miRNA 같은)를 만드는 따라서 RNA가 최종 산물인 소수의 유전자가 있다. 비록 항존 유전자들은 항상 필요하지만, 대부분의 유전자들은 16장과 17장에서 논의된 것처럼 어떤 환경적 조건하에서만 혹은 특정 조직이나 발생 주기의 특정 단계

기능 유전체학(functional genomics) 전체 유전체와 그 발현에 대한 연구
전사체(transcriptome) 어떤 특정 조건하에서 특정 세포에서 발견되는 RNA 전사물의 총 집합

에서만 발현된다. 유전자 발현의 측정은 합성된 유전자 산물의 수준을 측정하는 것이다. 대부분의 유전자들은 다른 조건에서는 발현 수준이 달라지기 때문에 다양한 조건에서의 유전자 발현 수준을 측정하는 것이 필요하다.

유전자 발현은 만들어진 RNA나 단백질 산물을 추적함으로써 측정될 수 있다.

단백질이나 RNA의 수준을 측정함으로써 유전자 발현을 직접적으로 추적하는 것이 가능하다. 단백질들은 세포 추출물을 폴리아크릴 겔에서 이동시키거나 항체에 기반한 분석에 의해서 탐지할 수 있다. 만약 그 단백질이 효소라면 효소활성을 측정할 수 있을 것이다. 유전자 산물로 단백질의 직접적인 탐지나 분석은 유전자 특이적이다.

여기서는 우리는 유전자 발현을 전사 수준에서 추적하는 것에 대하여 생각하고자 한다. 유전자의 전사 수준에서의 발현은 전령 RNA(mRNA)의 수준을 직접적으로 측정함으로써 추정할 수 있다. 이것은 조사하고자 하는 유전자의 서열에 특이적인 DNA 탐침을 사용하여(노던 흡입법과 같은) 혼성화 방법으로 수행할 수 있다. 노던 흡입법의 혼성화는 5장에서 이미 논의 되었다. 형광 탐침의 사용은 노던 혼성화의 민감도를 엄청나게 증가시켰다; 그럼에도 불구하고 여러 다른 조건에서 개별 유전자의 발현의 정확한 측정을 위해서는 보고 유전자와의 유전자 융합을 사용하는 것이 선호된다.

2. 유전자 발현을 추적하기 위한 보고 유전자

유전자 산물을 분석하기 용이한 유전자들은 "보고 유전자"로 사용된다.

유전자 산물을 탐지하기 쉬워서 유전적 분석을 하는 데 이용되는 유전자들을 **보고 유전자**라고 한다. 이들은 비록 단백질의 위치나 DNA의 특정 조각의 존재 결정 같은 다른 목적에도 사용되어 지기도 하지만, 유전자 발현을 보고하기 위해 흔히 사용된다.

클로닝용 플라스미드와 같은 어떤 DNA 분자가 새로운 세균 숙주에 들어갔거나 어떤 전이유전자가 새로운 동물 숙주 세포의 염색체에 삽입되었다고 가정해 보라. 항생제 저항성 유전자가 그 DNA가 실제 의도했던 장소에 있는지를 추적하기 위해 자주 사용된다. 따라서 항생제 저항성 유전자도 보고 유전자라고 할 수 있다(그림 19.01). 7장에서 이미 논의했듯이, 플라스미드를 표적 세포에 형질전환 시킨 후에, 세포들에 항생제를 처리한다. 이 플라스미드를 획득한 세균들은 항생제에 대해 저항성을 띠게 된다; 항생제 저항성 유전자를 획득하지 못한 것은 죽게 된다. 항생제 저항성 유전자는 또한 효모, 포유동물 세포 혹은 바이러스와 같은 다른 생물에서 전이유전자를 추적하기 위해서 사용될 수 있다.

2.1. 쉽게 분석할 수 있는 효소들로 된 리포터

유전자 발현을 추적하기 위한 첫 번째 보고 유전자 중 하나는 **β-갈락토오스가수분해효소**를 암호화하는 ***lacZ* 유전자**이다. 이 효소는 우유에서 발견되는 당 성분인 락토오스(젖당)를 정상적으로 분해해서 더 간단한 당인 갈락토오스와 포도당을 만든다. 그러나 β-갈락토오스가수분해효소는 또한 여러 종류의 천연적이거나 인공적인 갈락토오스 복합체(즉 **갈락토시드**)를 분해하기도 한다(그림 19.02). 가장 많이 사용되는 인공 갈락토시드들은 ONPG와 X-갈이다. **ONPG**는 *o*-니트로페놀과 갈락토오스로 나누어진다. *o*-니트로페놀은 노란색이며 수용성이다. 따라서 정량분석을 하기가 용이하다. **X-갈**(은 갈락토오스와 인디고 유형의 색소의 전구체로 나누어진다. 공기 중의 산소는 이 전구체를 불용성의 청색 색소로 전환시켜 주어서 *lacZ* 유전자가 발현되는 장소를 알려준다.

β-갈락토오스가수분해효소와 알칼리성 인산가수분해효소는 색이나 형광을 내는 기질을 사용하여 검사할 수 있다.

β-갈락토오스가수분해효소(β-galactosidase) 락토오스 및 다른 갈락토오스 복합체를 분해하는 효소
갈락토시드(galactoside) ONPG 혹은 X-갈과 같은 갈락토오스 복합체
***lacZ* 유전자(*lacZ* gene)** β-갈락토오스가수분해효소를 암호화하는 효소, 보고 유전자로 자주 사용된다.
ONPG(*o*-nitrophenyl galactoside) β-갈락토오스가수분해효소에 의해 분해되어 노란색의 *o*-니트로페놀을 내어 놓는 인공적인 기질
보고 유전자(reporter gene) 유전자 산물이 탐지되거나 분석하기 쉽기 때문에 유전적 분석에 이용되는 유전자
X-갈(5-bromo-4-chloro-3-indoyl β-D-galactoside) β-갈락토오스가수분해효소에 의해 분해되어 청색의 염료를 내어놓는 인공적인 기질

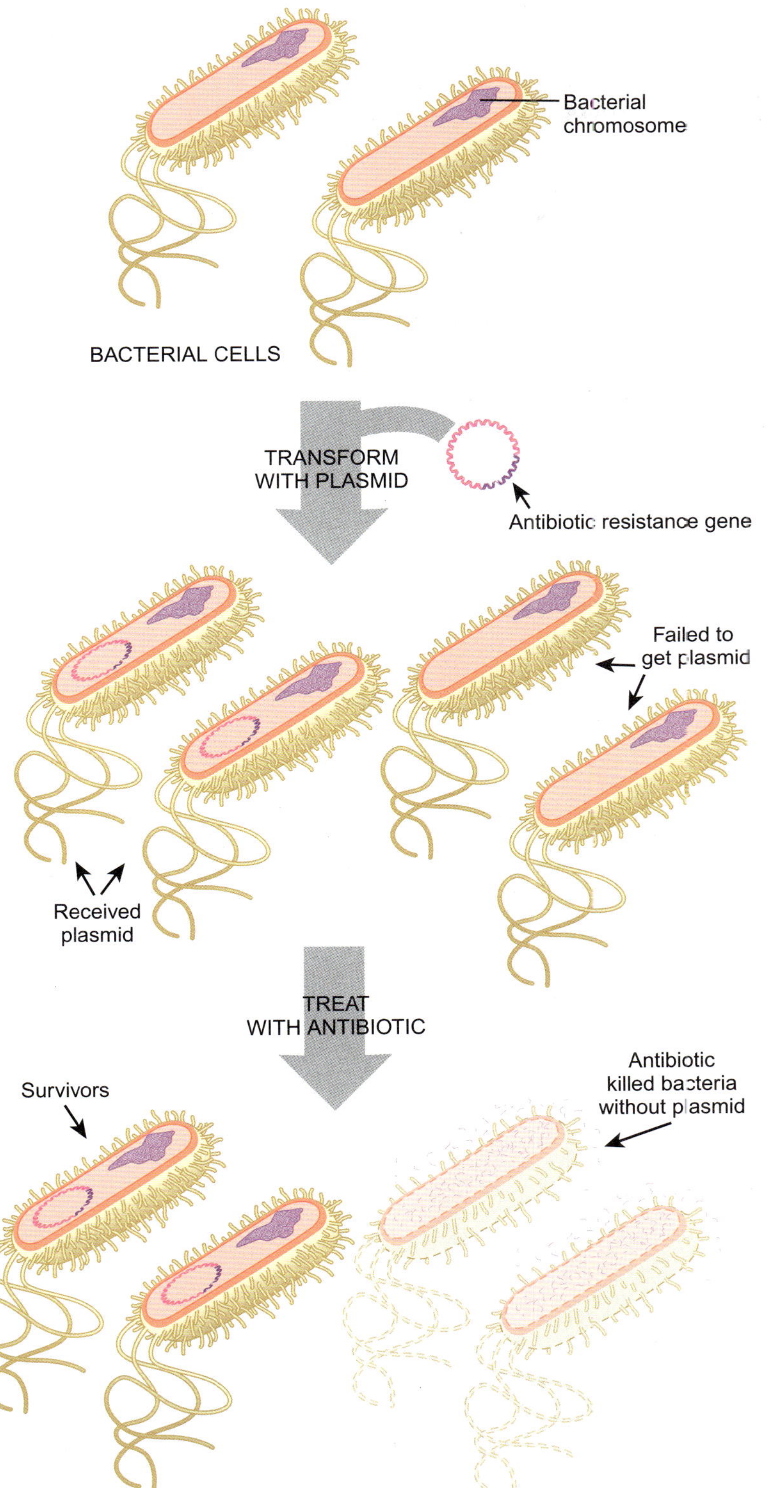

그림 19.01

보고 유전자로서의 항생제 저항성 유전자

항생제 저항성 유전자들은 플라스미드가 세포 내에 존재하는지를 탐지하기 위하여 플라스미드에 넣어준다. 세균이 플라스미드 DNA로 형질전환 되었을 때, 항생제 저항성 유전자가 있는 플라스미드를 가진 세균들은 항생제를 처리했을 때 살아남으나 그 플라스미드를 가지지 못한 세균은 죽게 된다.

다른 광범위하게 사용되는 보고 유전자는 ***phoA* 유전자**로서 이것은 **알칼리성 인산가수분해효소**를 암호화한다. 이 효소는 광범위한 기질로부터 인산기를 절단한다(그림 19.03). β-갈락토오스가수분해효소와 같이 알칼리성 인산가수분해효소도 광범위한 인위적 기질에

알칼리성 인산가수분해효소(alkaline phosphatase) 광범위한 기질로부터 인산기를 절단하는 효소
***phoA* 유전자(*phoA* gene)** 알칼리성 인산가수분해효소를 암호화하는 유전자; 보고 유전자로 널리 사용된다.

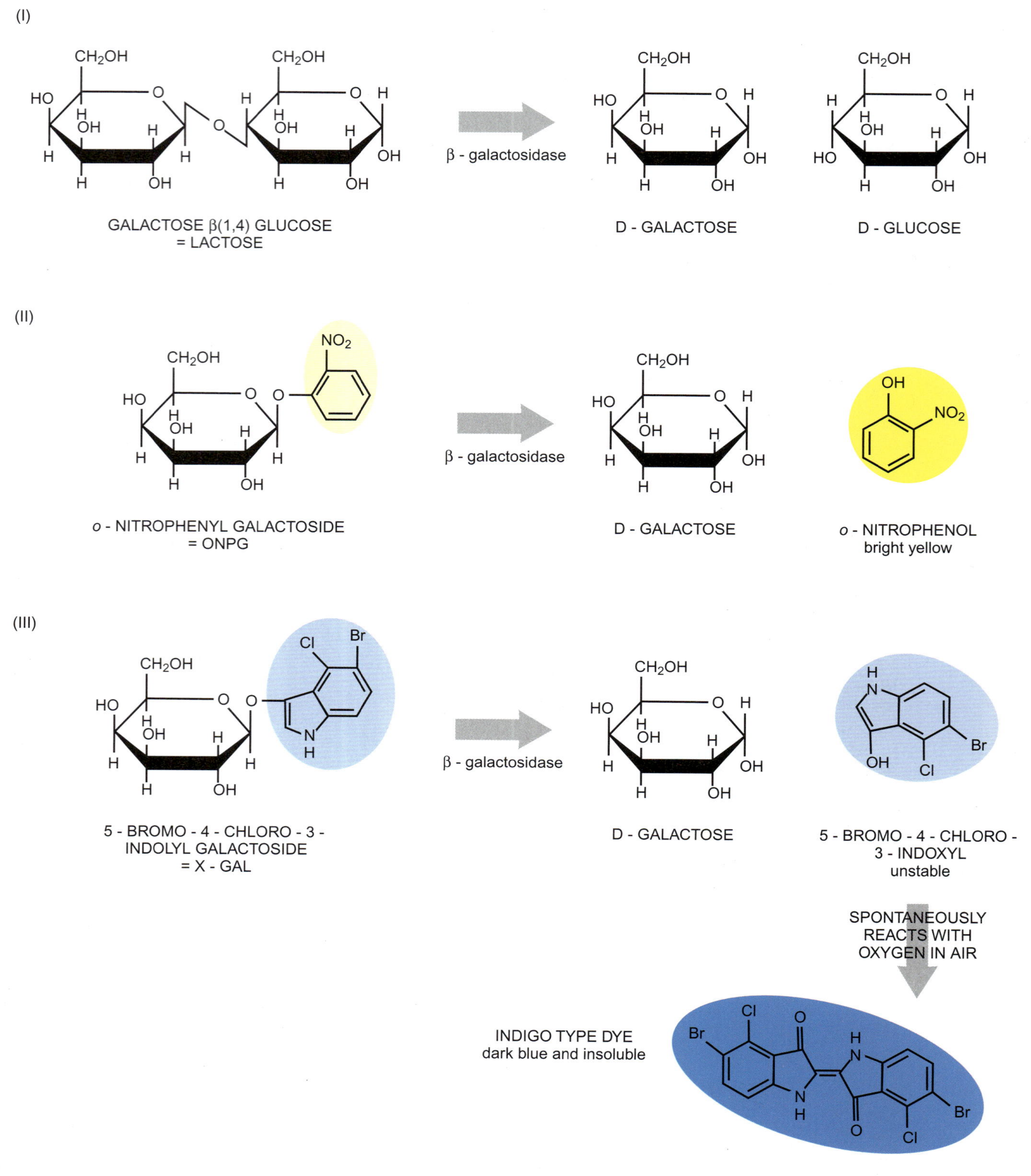

(I)

CH$_2$OH HO H OH H H H OH O O CH$_2$OH H H OH H H OH O H OH

GALACTOSE β(1,4) GLUCOSE = LACTOSE

β - galactosidase

D - GALACTOSE

D - GLUCOSE

(II)

NO_2

o - NITROPHENYL GALACTOSIDE = ONPG

β - galactosidase

D - GALACTOSE

o - NITROPHENOL bright yellow

(III)

5 - BROMO - 4 - CHLORO - 3 - INDOLYL GALACTOSIDE = X - GAL

β - galactosidase

D - GALACTOSE

5 - BROMO - 4 - CHLORO - 3 - INDOXYL unstable

SPONTANEOUSLY REACTS WITH OXYGEN IN AIR

INDIGO TYPE DYE dark blue and insoluble

그림 19.02

β-갈락토오스가수분해효소에 의해 사용되는 기질들

β-갈락토오스가수분해효소는 정상적으로 락토오스를 분해하여 2개의 단당류, 즉 포도당과 갈락토오스를 만든다. β-갈락토오스가수분해효소는 또한 ONPG와 X-갈과 같은 두 종류의 인공적인 기질을 분해하여 눈으로 볼 수 있는 색을 내는 그룹을 방출한다. ONPG는 *o*-니트로페놀이라는 밝은 노란색 색소를 내어 놓으며, 반면에 X-갈은 산소와 반응하여 청색의 인디고 색소를 형성하는 불안정한 그룹을 내어 놓는다.

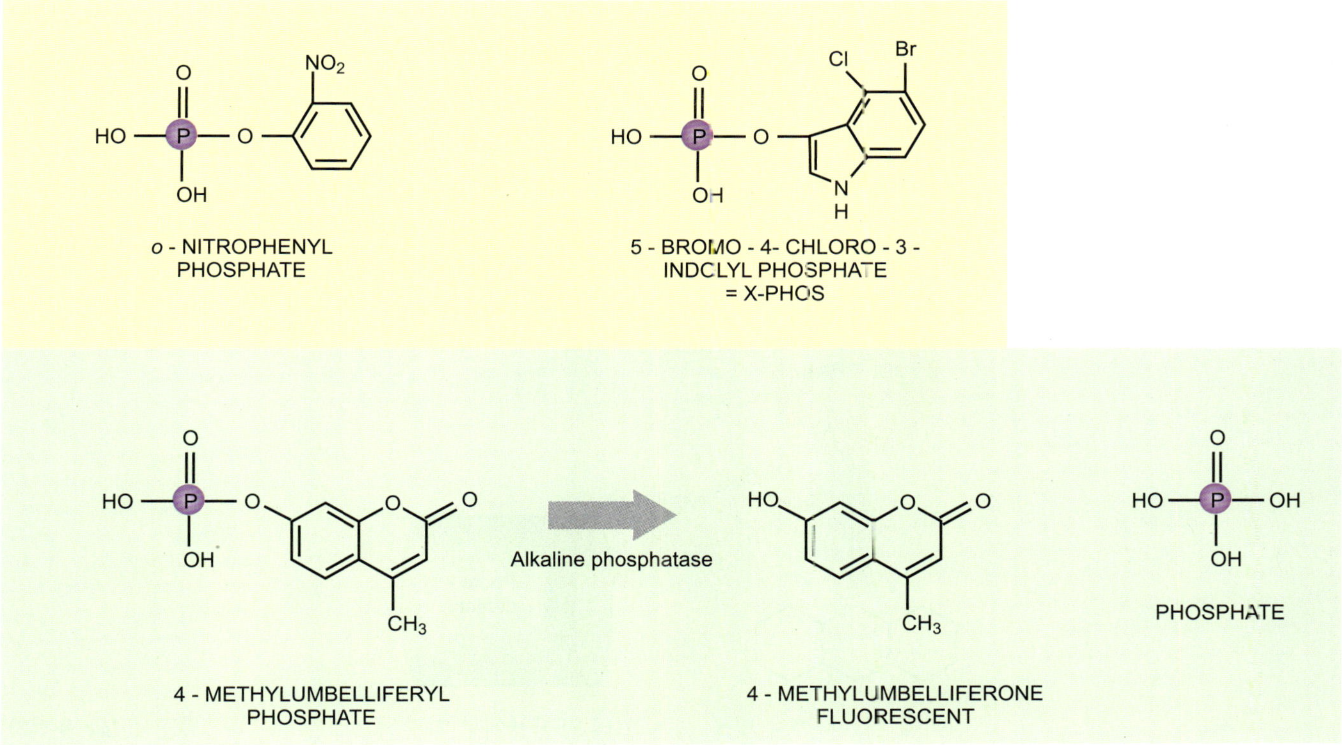

그림 19.03

알칼리성 인산가수분해효소에 의해 사용되는 기질들

알칼리성 인산가수분해효소는 다양한 기질로부터 인산기를 제거한다. 인산기가 *o*-nitrophenyl phosphate로부터 제거되면, 노란색의 색소가 나온다. 인산기가 X-포스로부터 제거되면, X-갈에서와 같이 산소와 함께 반응하여 불용성의 푸른 색소가 만들어진다. 이 외에도 알칼리성 인산가수분해효소는 인산기가 4-methylumbelliferyl phosphate로부터 떨어져 나오면 형광 분자를 방출한다.

사용될 수 있다:

1. ***o*-Nitrophenyl phosphate**는 분리되어서 노란색의 *o*-니트로페놀을 내어 놓는다.
2. **X-포스**(5-bromo-4-chloro-indoyl phosphate)는 인디고 색소 전구체에 인산기가 붙여진 것이다. 효소가 이것을 쪼갠 후에 공기에 노출시키면, X-갈의 경우와 마찬가지로, 색소 전구체를 청색 염료로 전환시킨다.
3. **4-Methylumbelliferyl phosphate**는 인산기가 제거되었을 때 형광물질을 내어 놓는다.

2.2. 루시페라아제에 의한 빛의 방출을 이용한 보고 체계

좀 더 복잡한 보고 유전자는 **루시페라아제**를 암호화 한다(그림 19.04). 이 효소는 **루시페린**이라고 알려진 기질을 주었을 때 빛을 방출한다. 루시페라아제는 서균으로부터 심해 오

o-nitrophenyl phosphate 알칼리성 인산가수분해효소에 의해 분해되어 노란색의 *o*−니트로페놀을 내어놓는 인공적인 기질
4-methybelliferyl phosphate 알칼리성 탈인산 효소에 의해 분해되어 형광 분자를 방출하는 인공적인 기질
루시페라아제(luciferase) 루시페린이라고 알려진 기질과 반응하여 빛을 방출하는 효소
루시페린(luciferin) 루시페라아제에 의해 빛을 방출하기 위해 사용되는 화학적 기질
X-포스(X-phos) 5-bromo-4-chloro-3-indoyl phosphate의 약칭으로 알칼리성 인산가수분해효소에 의해 분해되어 청색 염료를 내어놓는 인공적인 기질이다.

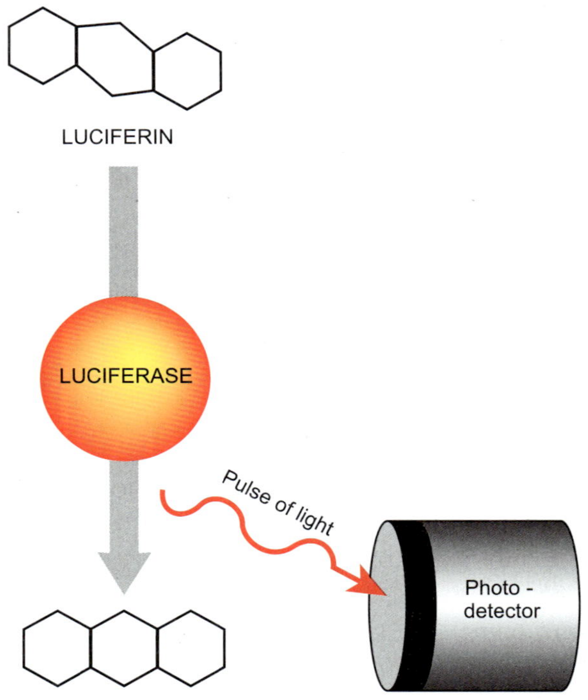

그림 19.04
루시페라아제는 루시페린을 분해하여 빛을 방출한다.

루시페라아제는 루시페린의 구조를 변경하는 효소이다. 구조가 변경되었을 때, 빛의 파동이 방출되고 이것은 광탐지기에 의해 탐지된다. 이 그림에서 보여준 루시페린은 세균 루시페라아제에 의해 사용되는 루시페린인 FMN(flavin mononucleotide)이다.

징어에 이르기까지 빛을 내는 여러 생물체에서 자연적으로 발견된다. 세균의 ***lux* 유전자**와 반딧불의 ***luc* 유전자**는 서로 다른 이름의 루시페라아제를 만들지만 둘 다 리포터로서 잘 이용된다. 다른 종류의 루시페라아제에 사용되는 루시페린은 화학적으로 서로 다르다. 세균 루시페라아제는 조효소인 FMN(flavin mononucleotide)의 환원된 형태를 루시페린으로 사용한다. 산소와 긴 사슬의 알데히드(R-CHO)가 또한 필요하다. 환원된 FMN과 알데히드 모두가 산화된다.

$$\text{R-CHO} + \text{FMNH}_2 + \text{O}_2 \rightarrow \text{R-COOH} + \text{FMN} + \text{H}_2\text{O} + h\upsilon$$

루시페라아제는 기질인 루시페린과 반응하여서 빛을 방출한다.

다른 그룹의 진핵생물은 빛 방출을 위해서만 사용되는 화학적으로 다른 몇 가지 루시페린들을 만든다. 반딧불 루시페라아제는 ATP뿐 아니라 산소 그리고 반딧불 루시페린을 요구한다.

$$\text{루시페린} + \text{O}_2 + \text{ATP} \rightarrow \text{산화된 루시페린} + \text{CO}_2 + \text{H}_2\text{O} + \text{AMP} + 2\text{인산} + h\upsilon$$

만약 루시페라아제 유전자를 가지고 있는 DNA가 표적 세포로 들어갔다면, 적절한 루시페린을 첨가해 줬을 때에만 빛을 방출할 것이다. 루시페라아제는 발현 수준이 높을 때는 맨눈으로 관찰할 수 있지만, 보통은 빛의 양이 적기 때문에 광도계나 섬광계수기 같은 민감한 전자장치로 탐지해야 한다.

2.3. 리포터로서의 녹색 형광 단백질

대부분 보고 유전자의 산물들은 어떤 형태로던 검사를 해야 하는 단백질들이다. 대부분의 보고 유전자들의 산물과는 달리, **녹색 형광 단백질(GFP)**은 효소가 아니며 형광을 내기 위해 비단백질성 보조인자를 요구하지 않는다. GFP는 해파리로부터 유래된 안정하며 비독성

녹색 형광 단백질(green fluorescent protein, GFP) 해파리에서 유래된 단백질로 녹색 형광 때문에 보고 분자로 유용하다.
***luc* 유전자(*luc* gene)** 진핵생물로부터 루시페라아제를 암호화하는 유전자
***lux* 유전자(*lux* gene)** 세균에서 루시페라아제를 암호화하는 유전자

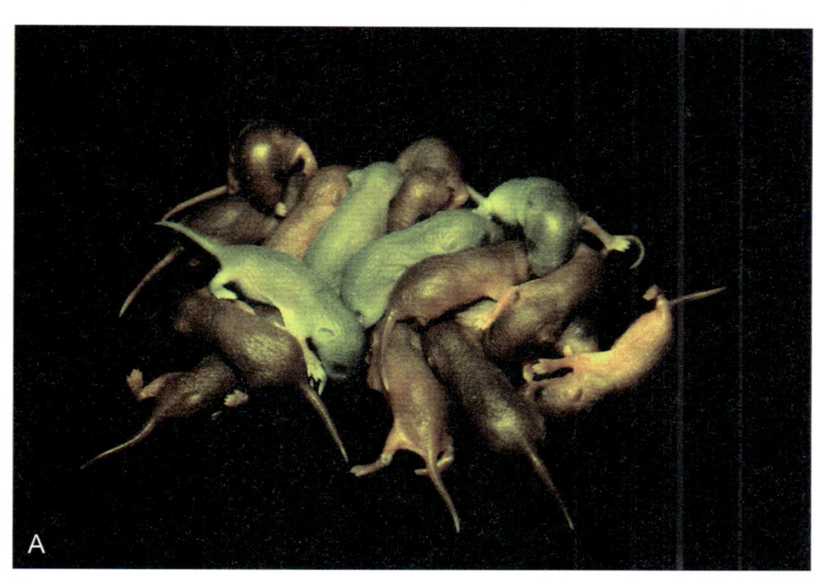

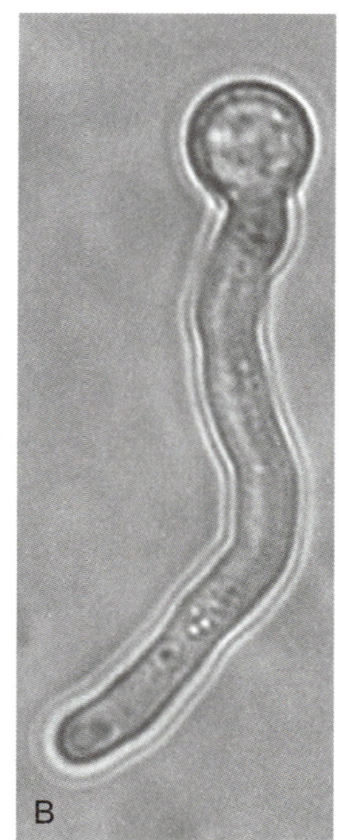

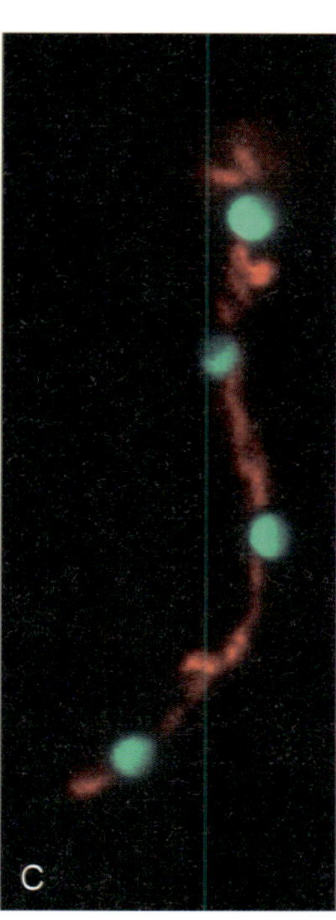

그림 19.05
녹색 형광 단백질을 가진 형질전환 생물체들

GFP 유전자가 동물이나 식물 그리고 곰팡이의 염색체에 삽입되었다. 긴 파장의 자외선을 쬐어주면 생물체는 녹색 빛을 방출한다.
A) 같은 배에서 난 정상 쥐와 GFP를 가진 형질전환 쥐. *gfp* 유전자를 수정란 세포에 미세주입시켜서 이들 생쥐를 생산하였다. GFP가 털을 제외한 모든 세포와 조직에서 만들어 졌다(*출처: Eye of Science, Photo Researchers, Inc.*). B) *Aspergillus nidulans*라는 곰팡이의 발아체(germling)의 위상차와 C) 형광현미경 사진. 원래의 GFP는 핵을 표지하기 위하여 그리고 적색 GFP 변이체(DsRed)는 미토콘드리아를 표지하기 위해서 사용되었다. *(출처: Toews et al., Current Genetics 45(2004): 383-389.)*

단백질로서 내재하는 녹색 형광에 의해 가시화될 수 있다. 따라서 GFP는 살아있는 조직에 시약을 첨가하지 않고 바로 관찰될 수 있다. 거의 2,000년 전에 로마의 작가 플리니(Pliny)는 해파리로부터 추출한 끈끈액을 지팡이에 문지르면 어둠에서 그의 발길을 안내하기에 충분한 빛을 내었다고 기술했다.

원래의 GFP 유전자는 *Aequorea victoria*라는 해파리로부터 얻었다. 이 GFP는 긴 파장의 자외선에 의해 여기되며 (최대 여기 파장은 395 nm) 510 nm에서 녹색 형광을 방출한다. 또한 유전학적으로 가공된 다양한 GFP의 변이체들이 현재 사용되고 있다. 이들 중 대부분이 클론텍(Clonetech)이라는 회사로부터 Living Colors™ 시리즈로 판매되고 있다. 이들 중 어떤 것들은 다른 파장에서 방출되거나 좀 더 높은 형광을 내게 하기 위해 사용되기도 한다. 이렇게 하여 증폭된 GFP(EGFP), 증폭된 황색 형광 단백질(EYFP), 그리고 증폭된 시안 형광 단백질(ECFP)들은 아르곤 이온 레이저와 적절한 필터를 가지고 있는 탐지기를 사용하여 동시에 탐지될 수 있다. 최근에 더 만들어진 것으로 "적색 GFP"(DsRed2-진한 오렌지색)와 청색 FP(BFP)가 있다. 다른 변형체들로는 GFP의 코돈을 바꿈으로써(즉, 코돈에서 중복성의 세 번째 염기를 바꿈으로써) 다른 숙주 세포에서 더 잘 발현 되도록 한 변형이 포함된다. 사람 세포에서 더 잘 발현되도록 한 인간화된 GFP도 있다. 조절 지역과 프로모터를 *gfp* 유전자에 융합한 것이 여러 유전자의 발현 특히 살아있는 동물에서의 발현을 추적하기 위해 사용되었다. 선충류인 예쁜꼬마선충과 제브라피시는 모두 투명하기 때문에 GFP는 살아있는 동물의 여러 내부 조직에서의 차등적인 발현을 탐지하기 위해서 사용될 수 있다. 형질전환 쥐, 토끼, 원숭이 그리고 몇몇의 식물체들이 *gfp* 유전자를 숙주 염색체 속으로 삽입되도록 가공되었다(그림 19.05).

녹색 형광 단백질은 기질이나 보조인자가 필요 없다. 긴 파장의 자외선을 쬐어주면 녹색을 방출한다.

GFP는 유전자의 발현을 추적하거나 세포 내에서의 단백질의 위치를 결정하는 데 사용된다.

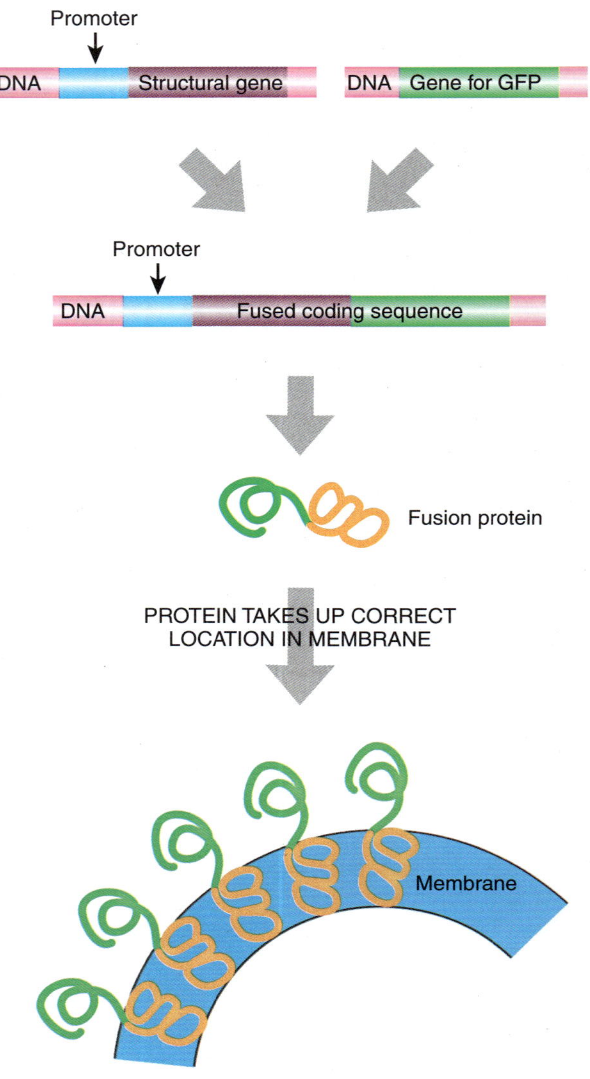

그림 19.06

단백질의 위치 결정을 위한 GFP

GFP는 단백질이 세포의 어디에 위치하는지를 밝히기 위해 사용되어질 수 있다. 첫 번째 단계는 GFP 유전자를 관심 있는 단백질을 암호화하는 유전자의 전체 혹은 일부분에 해독틀이 맞게 융합시킨다. 융합체는 다음에 숙주 세포에서 발현된다. 세포들을 긴 파장의 자외선을 쬐어주어 현미경으로 관찰한다. 만약 여기에서와 같이 그 단백질이 세포막에 존재한다면, 세포막은 현미경 하에서 녹색 형광을 띠게 될 것이다.

유전자 발현을 추적하는 것 이외에도, GFP는 어떤 단백질의 세포 속에서의 위치를 결정하는 데 널리 사용된다(그림 19.06). 유전자 융합체들이 융합단백질을 제조하기 위하여 만들어 진다. 이들은 대게 GFP 단백질이 조사하고자 하는 단백질의 C-말단 혹은 N-말단에 붙여지도록 고안된다. GFP에 의한 형광은 표적 단백질의 세포 내 위치를 알려준다. 예를 들어, 적색 GFP(DsRed)를 시토크롬 C 산화효소의 VIII번 소단위의 표적 서열에 융합시킨 단백질은 미토콘드리아의 내막에 위치한다. 액틴이나 튜불린을 GFP에 융합시킨 단백질을 세포의 골격을 연구하기 위하여 사용된다. 이러한 종류의 실험에서 기억해야할 중요한 점은 GFP 자체의 내재적 성질이다. 어떤 GFP 변이체는 2합체와 4합체로 작용하며, 이 단백질이 자연상태에서는 그렇게 하지 않는다고 해도, 그래서 융합단백질을 합쳐지게 한다. GFP의 첨가는 단백질의 중요한 조절과 표적 서열을 가릴 수 있다.

2.4. 유전자 융합체

보고 유전자들은 DNA 조각의 물리적 위치나 유전자 발현을 추적하기 위하여 사용될 수 있다. 특히 보고 유전자들은 종종 표적 유전자의 발현 수준을 추적하기 위하여 다른 단백질 유전자와 융합시키기도 한다. 많은 유전자들의 산물은 복잡하거나 직접 측정으로 분석하기가 복잡하거나 어렵고 심지어는 알려지지 않았다. 이것을 피하기 위하여, 유전자 조절

Dube A, Gupta R, Singh N(2009) Reporter genes facilitate discovery of drugs targeting protozoan parasites. Trends in Parasitology 25(9):432–439.

분자생물학 연구의 한 분야는 질병을 근절시키기 위하여 새로운 방법을 고안하고 있다. 지구의 열대지역에서, 기생병이 만연하고 많은 사람을 죽인다. 보다 일반적인 원생생물 기생충은 *Plasmodium, Leishmania, Trypanosoma* 및 *Toxoplasma*이다. 이들 기생충은 매개체 생물에 의해 운반되며, 일반적으로 곤충, 이들이 사람을 물면 질병이 따라서 전달된다. 학질은 모기에서 사는 단세포 진핵생물인 *Plasmodium*에 의해 일어난다. 모기가 사람을 물면 기생충은 혈류로 들어가고 적혈구를 감염시킨다. 수면병은 파리 같은 곤충에서 사는 작은 단세포 진핵생물인 *Trypanosoma*에 의해 일어난다. 기생충은 곤충의 침샘으로 분비되고 곤충이 사람을 물면 이들은 혈류로 들어가고 면역계의 수지상 세포를 침입한다. 트리파노솜의 다른 종이 남아프리카에서 샤가스병을 일으킨다. 트리파노솜은 표면단백질을 변화시켜 면역계를 피할 수 있어서 면역계는 항상 침입자를 죽이기 위해 항상 새로운 항체를 만들어야 한다.

기생병 연구에서 중요한 장애물은 감염된 사람을 해치지 않고 기생충을 죽이는 방법을 찾는 것이다. 현재의 처리는 제한적이며, 잘 작용하지 않고 간혹 사람에게 유해하므로, 이 기생충을 죽이는 새로운 약품이 절실히 필요하다. 새 약품이 기생충을 죽이는지 결정하기 위하여, 연구자는 실험실 환경에서 기생충을 관찰하는 방법이 필요하다. 대부분 기생생물은 혼자서는 배양될 수 없고 생존하기 위해 숙주 세포를 요구한다. 기생생물의 수효를 분석하는 것은 숙주 세포의 존재 때문에 어렵다. 이 검토 논문은 DNA에 보고 유전자를 가진 형질전환 기생생물의 이용을 요약하였다. 전에는, 기생생물은 현미경 아래서 수를 세서, 여러 염료로 염색하여, 방사성 뉴클레오티드 흡수로 혹은 ELISA 분석에 의해 탐지했다. 보고 유전자는 숙주 세포 대 기생생물을 확인 하는 쉬운 방법을 제공한다.

관련 연구에 대한 초점

형질전환 기생생물을 만드는 데 이용된 각각의 보고 유전자가 논의되었다. 이들은 β-갈락토오스가수분해효소, β-락타마아제, 루시페라아제 및 GFP이다. 리포터 분석은 현미경, ELISA 혹은 유동 세포분석법으로 용이하게 수행된다. 이 형질전환 기생생물의 진정한 가치는 숙주 생물 안에서 쉽게 보인다는 것이다. 따라서 숙주 생물에서 기생생물의 수를 결정할 수 있다. 숙주를 감염시키는 기생생물을 가시화할 수 있는 능력은 이들에 대한 이해를 증진시키고 숙주를 해치지 않고 기생생물을 죽이는 새로운 약품의 효능을 검사하는 개선된 방법을 제공한다.

부위를 리포터의 구조유전자에 융합시킴으로 원래 유전자 산물을 대체시킨다. 이 융합체를 만들기 위해, 표적 유전자는 조절 부위와 암호화 부위 사이를 자른다. 보고 유전자도 같은 방법으로 자른다. 그 후에 조사하고자 하는 유전자의 조절 부위와 보고 유전자의 암호화 부위를 결합시킨다(그림 19.07). 이런 혼성 구조를 **유전자 융합체**라고 한다.

> 유전자 융합체들은 유전자 산물들이 분석하기 어려울 때 그 산물을 추적하기 위하여 사용된다. 보고 유전자들이 표적 유전자의 조절 부위에 융합된다.

조절 서열은 원래 유전자가 조절되는 것과 같은 방식으로 보고 유전자의 발현을 조절한다. 일단 융합 유전자가 생물체 안에 있으면, 연구자는 환경을 바꾸거나, 여러 물질을 처리하거나 혹은 단순히 여러 발생 단계에서 보고 유전자의 발현을 결정할 수 있다. 이런 방법, 특히 *lacZ*와 β-갈락토오스가수분해효소가 유전자의 조절에서 중요한 조절 DNA 서열을 결정하기 위해 광범위하게 사용되었다(그림 19.08). 대장균과 같은 많은 세균들은 이미 *lacZ*나 *phoA*와 같은 보고 유전자의 야생형을 가지고 있다. 이런 경우에는 융합체를 사용하기 전에 야생형의 유전자들을 염색체로부터 제거하여야 한다. 야생형의 *lacZ*이나 *phoA* 오페론을 제거시킨 대장균의 균주들이 사용되고 있다. 진핵생물에서, 유전자 융합체는 다른 보고 유전자를 사용한다. 예를 들어, 효모 보고 유전자는 구리를 포함하는 배지에서 효모를 자라게 하는 유전자인 *CUP1*, 5′ 플루오르우라실에서 자라는 효모를 죽이는 유전자인 *URA3*, 아데닌을 합성하는 두 유전자 *ADE1*과 *ADE2*를 포함한다. *ADE1*과 *ADE2* 돌연변이체는 정상 배지에서 키우면 붉은 색소를 만들어 쉽게 눈에 보인다.

유전자 융합체를 사용하여 유전자 조절에 대한 많은 정보를 알 수 있다. 유전자 융합체는 유전자 발현에 대한 조절 유전자의 잠정적 영향을 조사하기 위하여 사용될 수 있다. 조절 유전자를 불활성화 시킨 돌연변이를 유전자 융합체를 가지고 있는 세포에 도입할 수 있다. 그 후 발현은 적절한 조건 아래서 측정된다. 표적 유전자를 조절하는 것으로 의심되는 일련의 조절 유전자들을 이와 같은 접근 방법으로 빠르게 조사할 수 있다.

유전자 융합체(gene fusion) 두 유전자의 부분이 함께 결합된, 특히 한 유전자의 조절 부위가 보고 유전자의 암호화 부위에 결합되었을 때의 구조

그림 19.07

유전자 융합체의 제조

유전자 융합체를 만들면 유전자들이 어떻게 조절되는지 조사하는 데 도움이 된다. 표적 유전자의 조절 부위를 보고 유전자의 암호화 부위에 결합시킨다. 보고 효소가 표적 유전자가 정상적으로 발현되는 조건에서 만들어 질 것이다.

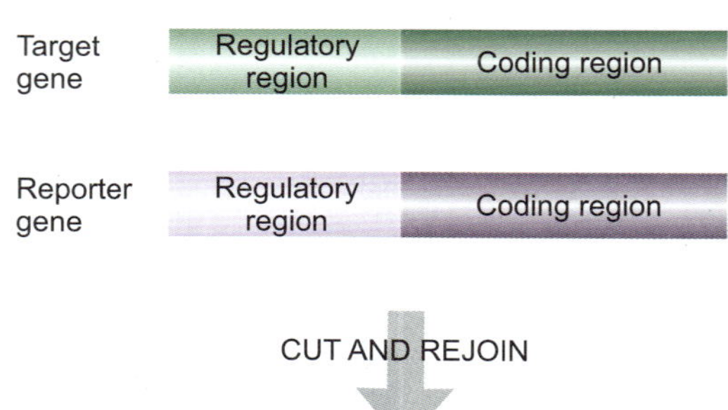

그림 19.08

조절을 조사하기 위한 유전자 융합체의 사용

표적 유전자(녹색)의 조절 부위는 보고 유전자의 구조유전자(보라색)의 발현을 조절한다. 따라서 보고 효소의 양을 조사하면 표적 유전자가 어떤 선택된 조건하에서 어떻게 발현되는지를 밝힐 수 있다. 이 예에서는, 보고 유전자는 *lacZ*이며 발현량은 ONPG가 분해되어 노란 니트로페놀을 방출하는 양으로 추적된다.

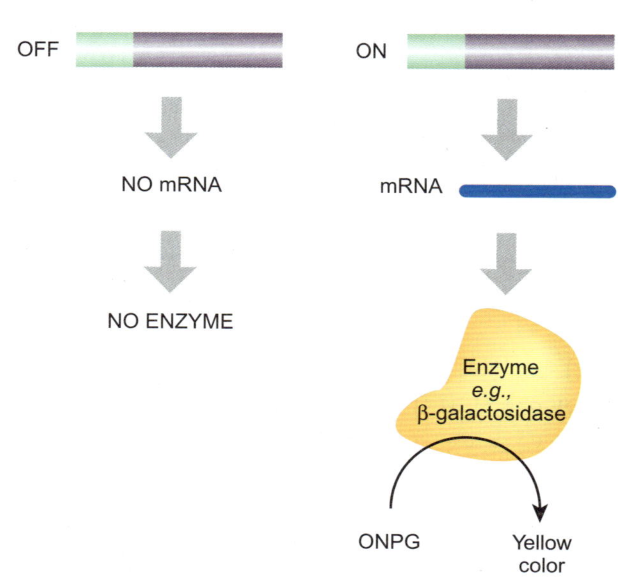

3. 상류 지역에 대한 결손 분석

조절 지역은 DNA의 절편들을 결손시킨 뒤 유전자 발현에 대한 효과를 조사함으로써 분석될 수 있다.

유전자의 상류 조절 지역은 RNA 중합효소가 결합하는 부위인 프로모터 부위뿐만 아니라 흔히 전사요소 같은 조절 단백질이 결합하는 여러 부위를 포함한다. 이들 조절 부위들은 다양한 조건하에서 그 유전자의 발현을 증가시키거나 억제시킨다. 조절 인자들의 기능을 결정하기 위하여, 예상되는 결합 부위들이 제거된 일련의 변형된 상류 지역을 제조하는 것이 종종 도움이 된다. 가장 간단한 방법은 이 유전자의 5′ 말단으로부터 연속적으로 제거된 조각을 만드는 것이다. 초기에는 제한효소들이 사용되었다. 그러나 적절한 제한효소 절단 부위를 찾는 것이 항상 문제였다. PCR은 그 특이성 때문에 보다 좋은 대체 방법을 제공한다. 다양한 PCR 프라이머가 관심 있는 유전자의 상류 지역 내에서 여러 부위를 증폭시키기 위하여 고안될 수 있다.

이런 가공된 상류 지역들은 다음으로 유전자의 발현이나 조절에 변화를 일으키는지를 보고 유전자와 유전자 융합체를 만들어서 조사한다. 그 후 융합체들은 보고 유전자의 발현을 분석함으로써 조사된다. 예를 들면, 대장균 cAMP 수용체 단백질인 Crp에 대한 결합 모티프가 있는 상류 지역을 가지고 있다고 가정해보자(그림 19.09). 만약 이 지역이 결손 분석에서 제거되면 이 조절 모티프를 잃은 영향은 *lacZ*의 발현을 추적함으로써 분석된다. 이 예에서, Crp-결합 위치가 없으면 보고 유전자의 발현은 정상의 반인데 이는 Crp가 유전자 발현을 증진시킴을 보여주는 것이다.

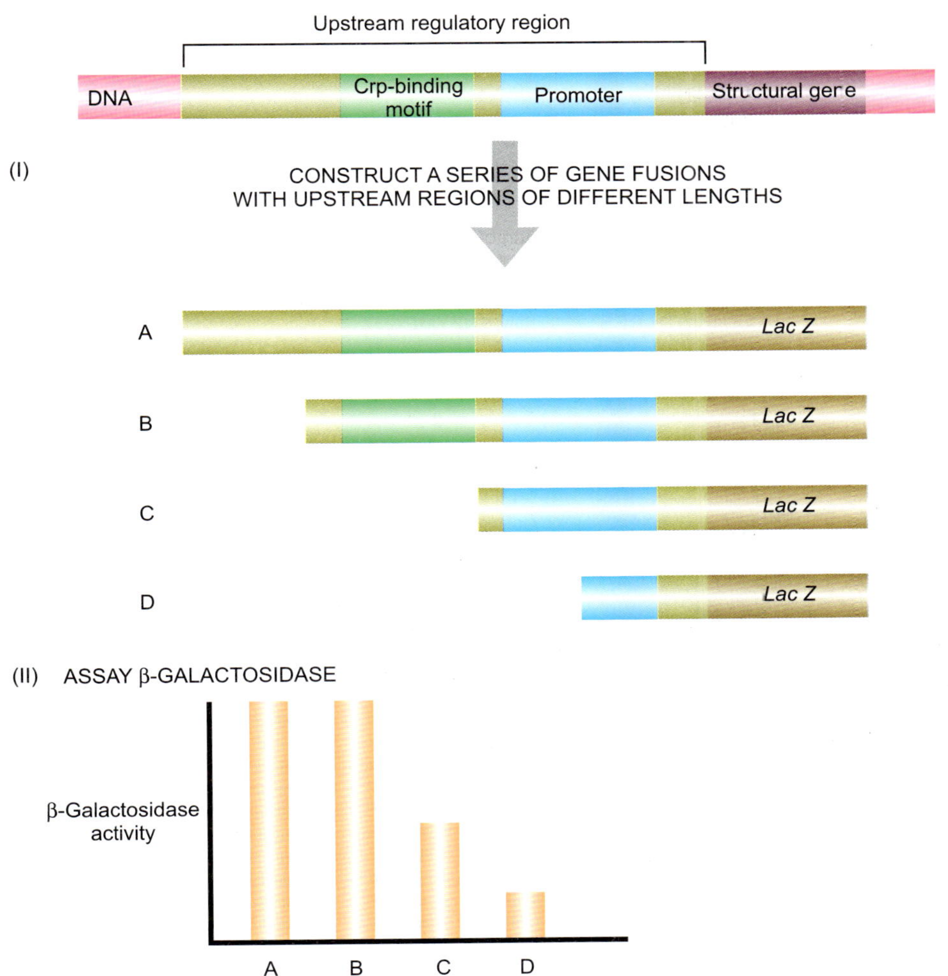

그림 19.09

상류 지역의 결손 분석

상류 지역의 어느 부분이 유전자의 발현에 영향을 주는지를 조사하기 위하여 상류 지역에 대하여 일련의 결손체들을 만든다. 일반적으로 상류 지역은 또한 잠재적인 결합 부위 혹은 조절 모티프가 존재하는지에 대하여 조사한다. 이 예는 2개의 조절 부위, 즉 Crp 결합 부위와 잠정적인 프로모터를 보여준다. 점점 더 작은 상류 지역이 남도록 일련의 결손체들이 만들어진다. 이들을 lacZ 보고 유전자와 융합시킨다. 다음에 각 돌연변이 융합체들을 세포에서 발현시키고 β-갈락토오스가수분해효소의 활성을 분석한다. 이 예에서는, 전체 상류 지역(융합체 A)이 높은 활성을 보여주었다. 상류 지역의 끝부분이 결손된 것(B)은 별 영향을 주지 못하였으며 이것은 이 지역에 중요한 서열이 없다는 것을 암시한다. Crp 결합 부위가 결손되었을 대, 활성이 반으로 감소하였으며 이것은 Crp가 유전자 발현을 조절한다는 것을 시사한다(C). 잠정적인 프로모터의 반이 결손되었을 때(D)는 β-락토오스가수분해효소의 활성이 거의 0에 가까웠다. 이 결과들은 두 추정된 부위가 보고 유전자의 활성을 조절하였으므로 원래 구조 유전자도 조절함을 의미한다.

3.1. 상류 지역에 있는 단백질 결합 부위들의 위치 결정

유전자의 상류 지역은 대개 유전자의 발현을 조절하는 DNA 서열들을 가지고 있다. 대부분의 이들 조절 서열들은 단백질들이 결합하는 부위들이지만, 다른 것들은 DNA 꺾임에 관여하거나 DNA 자신이거나 RNA에서 머리핀 구조를 이룬다. 유전자나 그 조절 지역의 서열을 결정한 후에, 컴퓨터 분석은 전에 동정된 부위와의 상동성에 근거하여 잠재적인 결합 부위를 동정한다. 그러나 컴퓨터로 예측된 부위들은 자주 생체 내에서 기능이 없다. 이런 상류 지역에 대한 결손 분석은 이들이 유전자 발현에 어떤 영향을 주는지를 결정하게 해 주지만, 여기에 단백질이 실제 결합하는지는 알려주지 못한다. 결과적으로 예측된 결합 부위가 발견된 후에라도 조절 단백질의 결합이 실험적으로 확인되어야 한다.

전기영동 **이동성 변화 분석법**, **밴드이동 분석법**, 혹은 **겔지체 분석법**은 의문의 단백질이 상류 지역의 DNA에 결합하는지를 조사한다(그림 19.10). 먼저, 유전자와 그 상류 지역을 포함하는 DNA는 방사성 동위원소나 디그옥시게닌으로 표지된다(5장 참조). 그 후 일

만약 조절 단백질이 DNA 조각에 결합한다면, 이것은 DNA의 겔 상에서 이동을 느리게 할 것이다.

밴드이동 분석법(bandshift assay) 전기영동 중에 DNA의 이동거리의 변화를 측정함으로써 어떤 단백질이 DNA에 결합하는지를 조사하는 방법. 겔지체 분석법이나 이동성 변화 분석법과 같은 용어임.

겔지체 분석법(gel retardation) 전기영동 중에 DNA의 이동거리의 변화를 측정함으로써 어떤 단백질이 DNA에 결합하는지를 조사하는 방법. 밴드이동분석법이나 이동성 변화 분석법과 같은 용어임.

이동성 변화 분석법(mobility shift assay) 전기영동 중에 DNA의 이동거리의 변화를 측정함으로써 어떤 단백질이 DNA에 결합하는지를 조사하는 방법. 겔지체 분석법이나 밴드이동 분석법과 같은 용어임.

그림 19.10

단백질이 DNA에 결합하는지를 알아보기 위한 겔지체법

겔지체 분석법은 특정 조절 단백질이 실제로 어떤 유전자의 조절 부위에 있는 DNA에 결합하는지를 결정하는 방법이다. A) 유전자의 조절 지역과 암호화 지역을 제한효소를 이용하여 여러 가지 조각으로 절단한다. 조각들은 2개의 시료로 나뉜다. 하나에는(I) 조절 단백질을 넣지 않고, 반면에 다른 시료에는(II) 분리된 전사요소를 DNA와 섞어준다. B) DNA 조각들은 비변성 아가로오스 겔 전기영동을 이용하여 길이 별로 분리한다. 만약 조절 단백질이 DNA 조각에 결합한다면, 그 조각은 더 무거워져서 더 느리게 이동할 것이다. 따라서 그것은 단백질이 없을 때의 위치에 비해 지체될 것이다. 이 예에서는, 조각 c가 조절 단백질에 대한 결합 부위를 가지고 있고 따라서 그 밴드가 지체된다.

(A) DNA TO BE ANALYZED

Regulatory region
Coding region
a
b
c
d
e
DNA
Cut site
Cut site
Cut site
Cut site
CUT WITH RESTRICTION ENZYME
I
NO REGULATORY PROTEIN ADDED
II
REGULATORY PROTEIN ADDED
a
b
c
d
e
a
b
c
d
e

(B) AGAROSE GEL

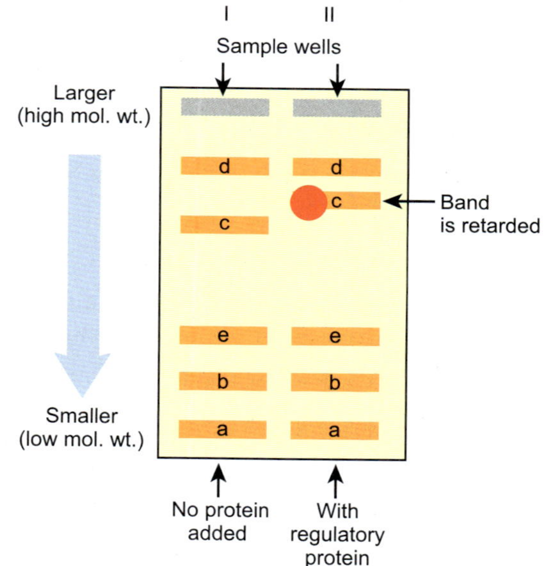

련의 절편을 얻기 위해 알맞은 제한효소로 자른다. DNA를 절단한 후에, 2개의 시험관으로 나눈다. 실험 시험관에는 의심되는 DNA-결합 단백질을 넣어준다. 다른 시험관 혹은 대조구 시료는 어떤 단백질도 섞지 않는다. 양쪽 시료들은 이제 비변성 아가로오스 겔에 나란히 건다. 만약 단백질이 DNA 조각 중 하나에 결합한다면, 복합체가 형성되고 이것은 원래의 DNA 조각보다 더 크게 되므로 원래의 DNA보다 더 느리게 이동할 것이다(즉, 그 조각은 지체될 것이다).

단백질의 평균 분자량은 약 40,000이다. 1,000 염기쌍의 DNA 조각의 분자량은 약 700,000이다. 만약 전형적인 단백질이 이보다 훨씬 더 큰 DNA에 결합한다면, 상대적인 크기와 이에 따른 이동속도에서의 변화는 5% 이하가 될 것이다. 그런 작은 변화는 전기영

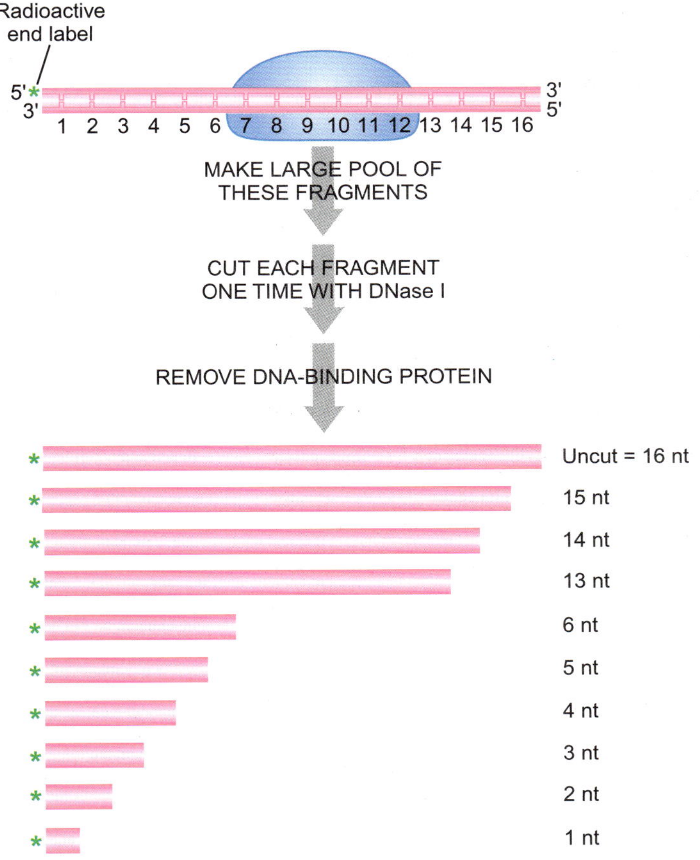

그림 19.11
족문 분석법-과정

단백질의 결합 부위를 정확히 결정하기 위하여 결합 부위를 포함하는 조각을 우선 분리해 낸다. 이 예에서, 16 뉴클레오티드 크기의 작은 DNA 조각이 7-12 뉴클레오티드를 보호하는 단백질 결합 부위를 가진다. DNase를 처리한 후, DNA 풀은 DNA 결합 단백질에 의해 보호된 부위를 제외한 모든 길이의 표지된 DNA를 가진다. 보이는 절편만이 5′ 말단이 표지되었고, 비록 다른 절편들이 있지만 방사선자동사진법 후에 그들은 보이지 않는다.

동으로 탐지하기가 불가능하다. 결과적으로 전기영동 겔지체 분석법을 위해서는, 250에서 1,000 염기쌍 이내의 DNA 조각을 만들 수 있는 제한효소를 선택한다. 제한효소를 사용하는 방법의 대체수단으로는 유전자의 상류 지역으로부터 조각을 만들기 위해 PCR을 사용하는 방법이다. 프라이머를 선택하면 결합 부위를 가지고 있는 것으로 추정되는 어떤 조각이라도 만들 수 있다. PCR 조각들은 한꺼번에 그 단백질과 결합하는지를 조사할 수 있다.

단백질이 DNA에 결합할 때에는 DNA 상의 결합 부위를 보호하게 되어 화학약품의 공격을 저해한다.

겔지체 분석법은 DNA의 어떤 부위가 단백질과 결합하는지를 알려준다. 결합 부위를 좀 더 정확히 결정하기 위해서는 **족문** 분석법이 수행된다. 족문 분석에서는 단백질과 결합하는 DNA 조각의 한쪽 끝을 방사성 동위원소나 형광 물질로 표지한다. 전과 마찬가지로 DNA 시료를 둘로 나눈 다음 단백질을 이중 하나에 섞어준다. 양쪽 DNA 모두에 적은 양의 DNA 가닥을 절단하는 효소를 넣어준다. **디옥시리보핵산분해효소 I(DNase I)**은 비교적 비특이적이며 어떤 두 뉴클레오티드 사이를 절단할 수 있기 때문에 자주 사용된다. DNA를 절단하는 다른 화학약품들이 사용되기도 한다. 이 두 경우 모두, 단백질에 의해 둘러싸이고 따라서 보호되는 부위를 제외한 부위에서 DNA가 공격을 받아 절단된다(그림 19.11). DNase I 처리 후 다른 많은 DNA 조각들이 있지만 표지된 조각들만이 겔에서 보인다.

평균적으로 각 DNA 분자를 무작위적 위치에서 한번 절단할 정도로 매우 적은 양의 DNase를 넣어준다. 결과적으로 보호된 DNA 시료는 일부 조각들이 없을 것이다. 반면에 보호되지 않은 DNA 시료를 자르면 거의 모든 가능한 길이의 한 염기쌍이 차이나는 일련의 조각을 만들 것이다. 2개의 시료를 겔에 나란히 걸면 조각이 없는 지역이 "족문"으로

디옥시리보핵산분해효소 I(deoxyribonuclease I) DNA의 어떤 두 염기사이를 비특이적으로 잘라주는 핵산분해효소. 족문 분석에 자주 사용된다.
족문(footprint) 단백질이 화학적 분해로부터 DNA를 보호함으로써 DNA에 결합하는 것을 조사하는 방법

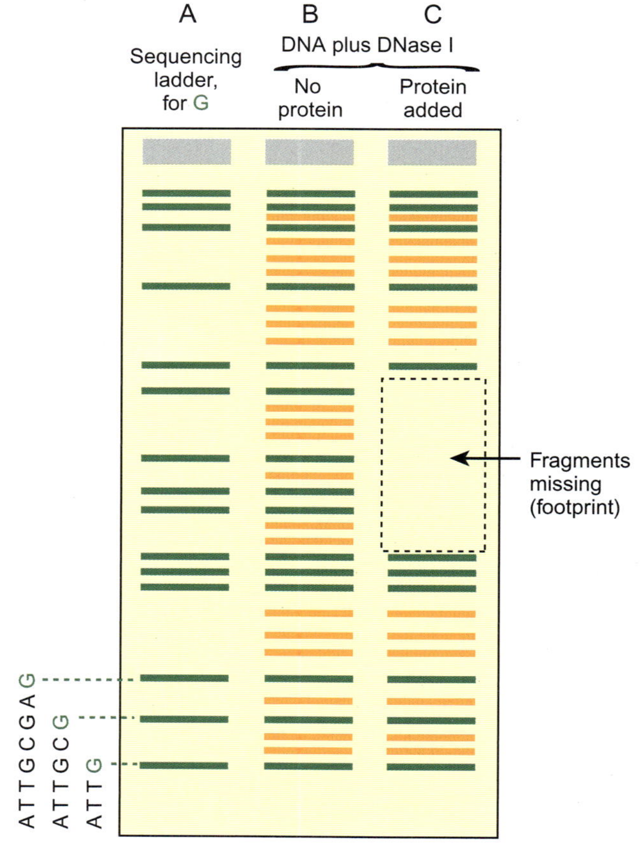

그림 19.12

족문 분석-결과

DNase I으로 처리된 시료들은 절편들을 분리하기 위해 염기 하나의 길이 차이도 분리해 낼 수 있는 서열결정 겔에 건다. 통로 B(단백질 무첨가)와 통로 C(단백질 첨가)를 비교했을 때, 통로 C에서는 상자로 표시된 부분에 밴드들이 없는 것을 관찰할 수 있다. 서열사다리(통로 A)와 나란히 맞춤으로써 결합 부위를 정확히 유추할 수 있다.

나타난다(그림 19.12). 실제로 족문은 서열결정 반응과 나란히 걸어서(8장 참조) 족문의 위치를 DNA 서열과 연결시킬 수 있게 한다.

4. DNA-단백질 복합체는 염색질 면역침강법으로 분리될 수 있다

염색질 면역침강법(ChIP)는 특정 단백질이 결합한 DNA 서열을 확인하기 위해 사용된다(그림 19.13). 이 분석을 수행하기 위해, 세포는 먼저 다른 아미노산 곁사슬 사이에 공유결합을 만들어서 단백질을 원래 위치에 고정시키는 단백질 교차결합 시약으로 처리된다. 이 시약은 또한 단백질을 DNA에 결합시켜서 단백질(전사 인자, 히스톤 등을 포함하는)은 그 DNA-결합 부위에 결합한 데로 남게 된다. 다음으로, 긴 DNA 사슬이 작은 조각으로 잘린다. 한 방법은 세포를 작은 조각으로 분쇄하기 위해 음파처리를 사용한다. 음파의 주파수와 노출 시간이 염색질 조각의 크기를 결정한다. 세포가 더 오랫동안 음파처리될수록 DNA 조각은 더 작아진다. 보통 사용되는 다른 방법은 핵산분해효소 분해이다. 핵산분해효소는 효소의 특이성과 농도에 따라 노출된 DNA를 더 작은 조각으로 자른다.

염색질 면역침강법(Chip)은 살아있는 핵 안에서 단백질이 결합하는 DNA 서열을 분리한다.

ChIP의 다음 단계에서, 관심 있는 단백질이 나머지 다른 세포 성분으로부터 분리되어야 한다. 이 과정은 항체에 의존한다(15장 참조). 관심 있는 단백질에 대한 항체가 세포 내용물 절편과 섞이면, 항체는 특이적으로 그 단백질에 결합한다. 항체:단백질 복합체를 분리하기 위하여, 2차항체(1차항체와 결합한다)로 덮힌 아가로오스 혹은 자석 구슬을 첨가한다. 구슬은 나머지 단백질과 세포 내용물보다 무거워서 전체 복합체(2차항체-1차항체-관심 단백질-DNA 조각)는 원심분리기를 사용하여 분리될 수 있다.

염색질 면역침강법(chromatin immunoprecipitation, ChiP) DNA를 전사 인자에 교차결합시키고 나서 전사 인자를 면역침강시킴으로써 특정 전사 인자에 대한 DNA 결합 위치를 확인하는 기술

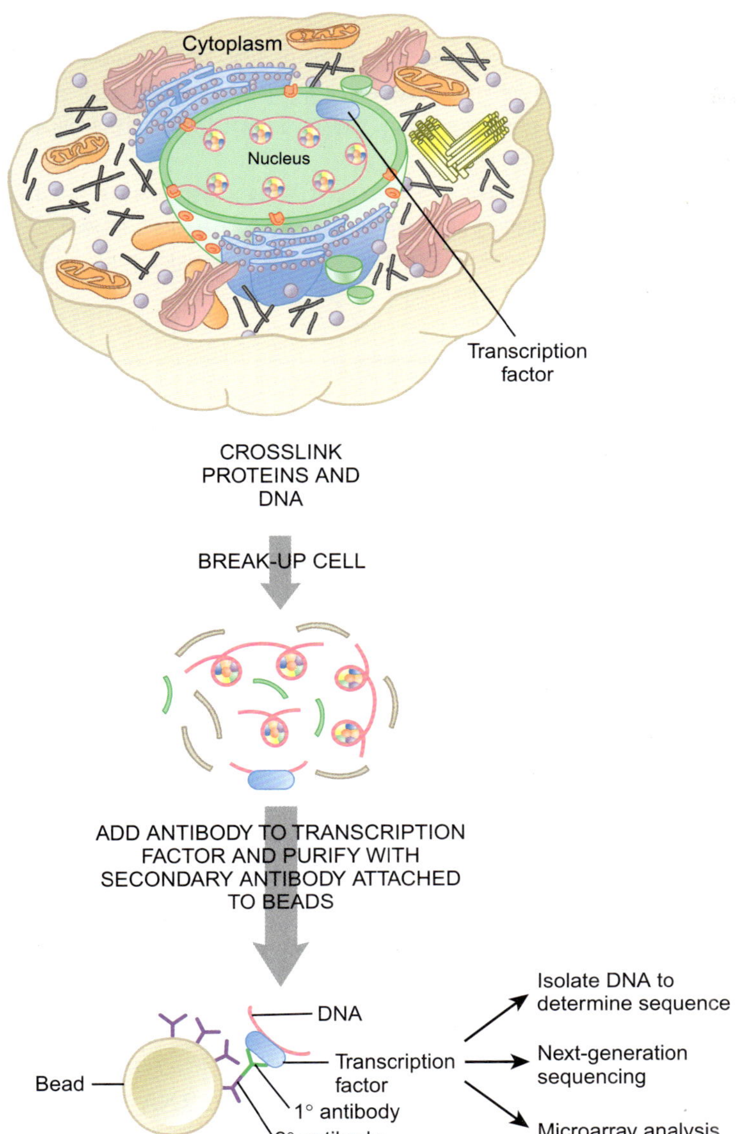

그림 19.13
염색질 면역침강법(ChiP)–원리

공유교차결합은 서로 붙은 단백질 혹은 DNA에 결합된 단백질 모두를 결합시킨다. 교차결합된 부분은 더 작은 조각으로 부러지거나 절단된 후, 관심 있는 전사 인자가 면역침강법에 의해 나머지 세포 구성성분으로부터 분리된다. 이 그림의 마지막 패널은 면역침강복합체의 세부 내용을 보여주기 위해 확대되었고, 크기대로 그려지지 않았다.

분리된 복합체는 다양한 방법으로 연구된다. 먼저, DNA 서열이 전통적인 서열결정법으로 결정될 수 있다. 이 정보는 관심 단백질이 결합하는 정확한 유전체 위치를 확인할 수 있다. 전통적인 방법으로 DNA 서열을 결정하기 위해 DNA는 먼저 상보적인 서열결정 프라이머가 삽입 부위의 서열결정에 사용될 수 있도록 백터에 클로닝 되어야 한다. 클로닝 단계를 피하기 위하여, DNA는 ChIP-Seq로 처리할 수 있는데, 여기서는 Illumina 혹은 *454*(8장 참조) 같은 2세대 DNA 서열결정 방법의 하나가 사용된다. 이 방법은 특히 유전체의 여러 DNA 위치에 결합하는 일반 전사 인자를 분석하는 데 유용하다. 이들 서열결정 방법은 유전체에서 관심 단백질이 결합한 각각의 부위를 확인한다. 덧붙여, DNA 절편은 DNA 미세배열을 위한 표적으로 사용될 수 있다. ChIP-CHIP 혹은 ChIP-on-chip이라고 부르는 이 과정은 관심 단백질에 대한 DNA-결합 영역이 유전체의 다른 부위에서도 발견되는지를 밝힌다.

ChIP-CHIP은 특정 DNA-결합 서열의 유전체 분포를 결정하기 위하여 미세배열을 사용한다.

ChIP로 시작되는 관련된 기술이 많다. ChIP-PET(염색질 상호작용 분석-짝지움 말단 꼬리표 서열결정)에서는, 관심 단백질이 DNA에 교차결합 되고 면역침강법으로 나머지 세포 구성 성분으로부터 분리된다(그림 19.14). 이 과정은 프로모터로부터 수천 염기쌍 떨어

Lenstra TL, et al.(2011) The Specificity and Topology of Chromatin Interaction Pathways in Yeast. Mol. Cell 42:536–549.

관련 연구에 대한 초점

효모에서 염색질 변형이 전사에 미치는 영향을 이해하기 위하여, 저자들은 염색질 구성성분에 영향을 미치는 100개 돌연변이를 분석하였다. 그들은 효모 유전체에서 DNA의 특정 위치에 결합하는 단백질을 조사하기 위하여 염색질 침강법과 ChIP–on–chip법을 이용하였다.

거의 모든 DNA–결합 성분은 일련의 중첩되는 복합체에서 다른 성분과 연관되어 있었다. 개별적인 DNA–결합 단백질의 삭제는 유전자 발현의 영향에서 그들이 결합된 위치의 수효로부터 예측된 것보다 훨씬 더 특이적이었다. 분명히, 이 효과를 결정하는 추가적인 유전자 특이적 기전들이 있다.

져서 발견되는 증폭자에서 보여지는 것과 같은 DNA 고리를 만드는 단백질 복합체를 분석하는데 특별히 유용하다. 이 형태의 복합체에는 DNA 조각이 하나가 아니라 다수가 결합한다. 음파처리와 면역침강법 다음에, 분리된 복합체는 두 다른 올리고뉴클레오티드 절반 연결체(A와 B)와 섞인다. 이들은 DNA 조각의 말단에 결합하고 상대방과 서로 결합하기 위한 상보적인 서열을 가지고 있다. 연결체는 매우 묽은 연결효소에 의해 서로 연결되는데, 복합체 내의 DNA 조각이 관련 없는 DNA 조각 보다 먼저 결합되도록 한다. 두 다른 복합체의 두 DNA가 결합하면 이 연결은 키메라이며 쉽게 확인된다. 연결체는 또한 MmeI에 대한 제한효소 자리를 가지고 있는데 이 효소는 연결체 내의 서열을 인식하고 DNA 조각 안의 20 뉴클레오티드를 자른다. 이 작은 꼬리표는 차세대 서열결정 방법인 짝지움 말단-꼬리표 서열결정법에 의해 분석된다. 서열결정 결과는 유전체의 어떤 부위가 단백질복합체와 연관되었는지 알려주어 전에는 확인되지 않았던 잠재적인 증폭자 요소를 밝히게 된다.

ChIA-PET는 단백질 복합체에 결합된 DNA 서열을, 서열들이 유전체에서 멀리 떨어져있더라도, 동정한다.

5. 프라이머 신장법에 의한 전사 개시점의 위치 결정

전사 개시점은 mRNA를 분리하고 상보적 DNA를 만드는 역전사효소를 사용하여 결정할 수 있다.

전사 개시점의 확인은 유전자 발현에 대한 핵심적인 정보이다. **프라이머 신장법**은 전사 개시의 위치를 뉴클레오티드까지 정확히 알게 한다. 이 접근법은 올리고뉴클레오티드 프라이머를 mRNA에 결합시키는 과정을 포함한다. 프라이머는 그 다음에 mRNA에 상보적인 DNA를 합성하기 위해 역전사효소에 의해 신장된다(그림 19.15).

먼저, 세포들은 관심 있는 유전자가 발현되는 조건에서 배양한 후 세포로부터 mRNA를 분리한다. 인위적인 DNA 프라이머를 전사 개시점으로 추정되는 부위와 가까이 있는 서열에 상보적으로 되도록 합성한다. 프라이머는 관심 있는 유전자에 특이적이며 따라서 이 유전자의 mRNA와만 혼성화 된다. 그러면 역전사효소는 프라이머로부터 mRNA 가닥의 시작까지 DNA 가닥을 합성하는데, 이때 가닥을 보일 수 있도록 하기 위해 방사성 뉴클레오티드나 형광 꼬리표를 삽입시킨다. 그렇지 않으면, 전체 가닥을 표지하기 보다는 프라이머가 형광 혹은 방사성 꼬리표로 말단-표지될 수 있다.

DNA/RNA 혼성체는 변성되고 DNA 서열결정에서 사용했던 것과 동일한 유형의 변성 겔에 건다(8장 참조). mRNA가 시작한 정확한 뉴클레오티드를 결정하기 위하여, 신장시 사용했던 것과 동일한 프라이머를 사용한 DNA 시료가 또한 서열결정 된다. 이 서열결정 사닥다리를 프라이머 신장된 절편과 나란히 건다. 프라이머 신장에 의한 산물은 정확한 전사 개시점을 나타내는 서열결정 절편과 똑같은 위치로 이동할 것이다.

프라이머 신장법(primer extension) 5′ 말단의 전사 개시점을 역전사효소를 사용하여 mRNA에 결합한 프라이머를 5′ 말단까지 신장시켜서 결정하는 방법

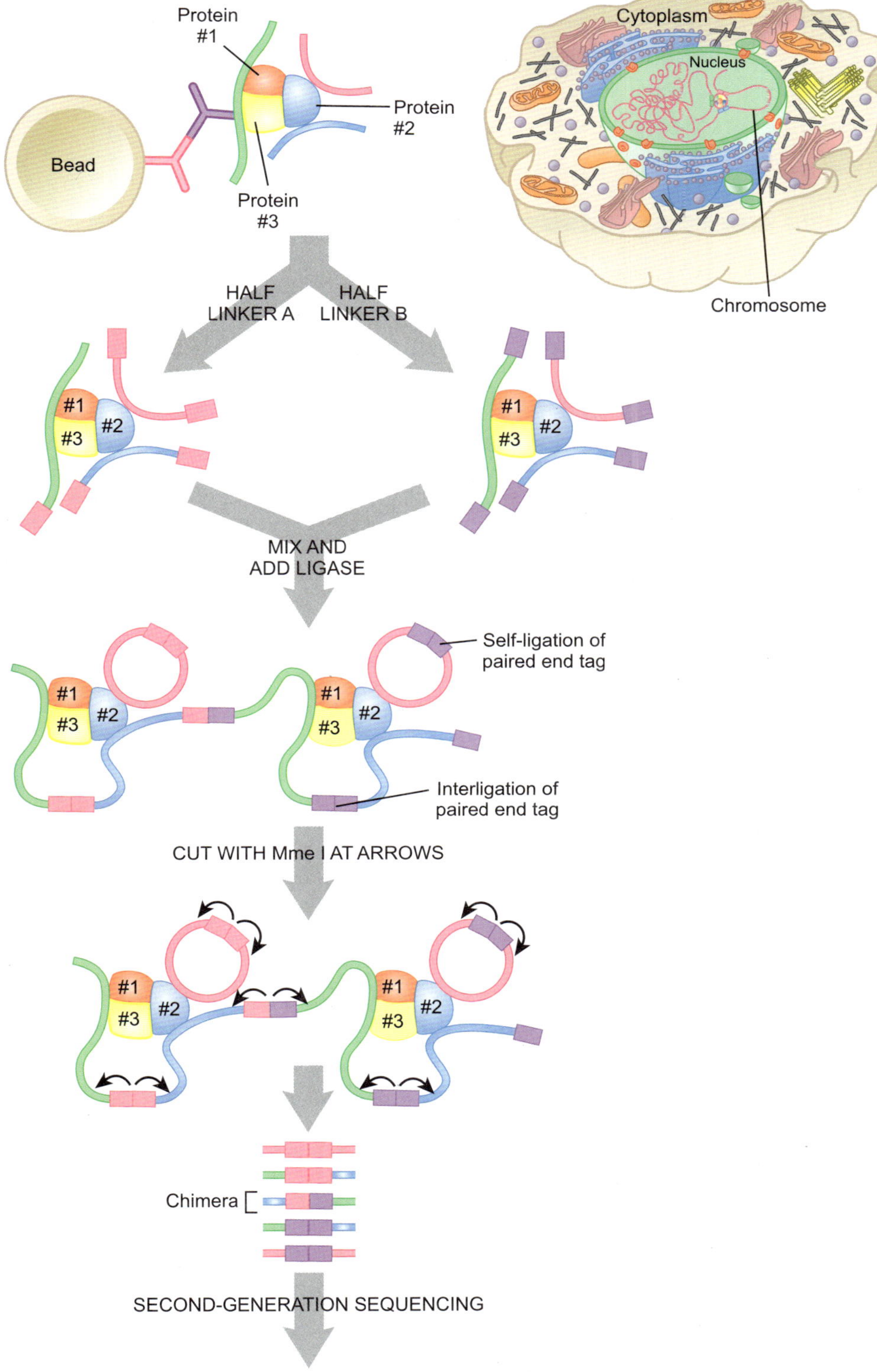

그림 19.14
ChIA–PET 과정

핵 안에서 DNA와 단백질의 상호작용은 입체적이며 DNA 고리를 포함한다. 교차결합 후, 염색체의 여러 부분들이 흔히 한 단백질 복합체에 관련된다. ChIP 이후에, 이들 DNA 서열이 짝지움 말단 꼬리표 서열결정으로 결정될 수 있다. 먼저, 면역침강법으로 분리된 DNA:단백질 복합체는 두 시료로 나누어지고 각 DNA 말단은 다른 연결체 DNA에 연결된다. 그리고 두 시료는 재조합되고 매우 묽은 연결효소와 섞인다 연결체는 같은 복합체 안에서 우선적으로 결합하지만 간혹 짝을 이룬 꼬리표 사이의 결합이 있다. 결합된 꼬리표는 MmeI에 대한 제한효소 자리를 가지고 있는데 이 효소는 연결체 내의 서열을 인식하고 DNA 서열 안의 20 뉴클레오티드를 자른다. 이 작은 DNA 조각은 짝지움 말단-꼬리표 서열결정법에 의해 분석된다.

5.1. S1핵산가수분해효소에 의한 전사 개시점의 위치 결정

전사 개시점을 결정하는 다른 방법은 **S1핵산가수분해효소**를 사용한다. 이 효소는 *Aspergillus oryzae*로부터 추출된 핵산내부가수분해효소의 일종으로 외가닥의 RNA나

S1핵산가수분해효소(S1 nuclease) *Aspergillus oryzae*로부터 추출한 핵산내부가수분해효소로 외가닥의 RNA나 DNA는 절단하나 이중가닥의 핵산은 자르지 못한다.

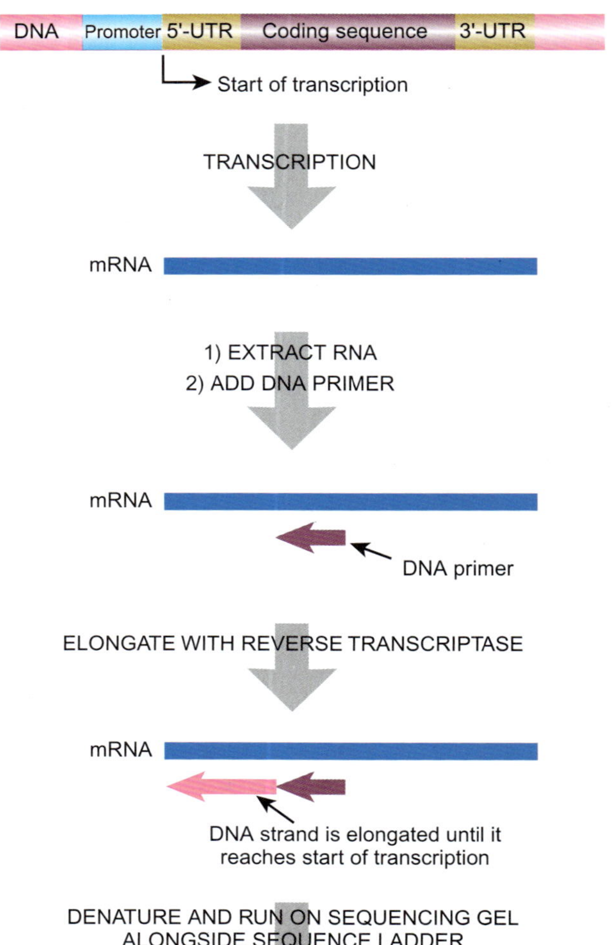

그림 19.15
프라이머 신장법은 전사 개시점을 알려준다

먼저, 관심 있는 유전자를 발현시키는 세포로부터 mRNA를 추출한다. 관심 있는 유전자에 특이적인 프라이머를 넣어주고 mRNA와 결합시킨다. 역전사효소는 상보적인 DNA를 프라이머로부터 mRNA의 5′ 말단(즉, 전사 개시점)까지 만든다. 정확한 전사 개시점은 프라이머 신장에 의해 만들어진 DNA 가닥의 크기와 DNA의 같은 지역에 대한 서열사다리를 비교하여 결정할 수 있다.

DNA는 절단하나 이중가닥의 핵산들은 자르지 못한다. 추정되는 전사 개시점을 가지고 있는 DNA는 먼저 적절한 플라스미드 벡터에 클로닝한다. DNA를 추정되는 전사 개시점을 가지는 조각을 만드는 제한효소로 절단한다. 최근의 방법은 PCR(6장 참조)을 이용하여 조각을 만드는 것으로 클로닝의 필요성을 없게 하였다. 두 경우 모두 DNA는 S1분석을 하기 전에 외가닥으로 만들기 위해 변성시킨다. 대체수단은 외가닥 DNA를 직접 만드는 M13 벡터에 DNA 조각을 클로닝 하는 것이다(서열결정을 위하여 외가닥 DNA를 만들기 위한 M13의 사용은 8장 참조).

전사 개시점을 알아낼 수 있는 다른 방법은 mRNA를 대응하는 DNA와 혼성화 시키고 외가닥의 돌출부분을 S1핵산가수분해효소로 잘라내는 것이다.

외가닥의 DNA 조각은 5′ 말단에 표지된 후, 변성시키고 이에 대응되는 mRNA에 혼성화 시킨다(그림 19.16). mRNA의 5′ 말단은 전사 개시점에 해당된다. 이 지점 이후에 DNA는 외가닥으로 남게 된다. 시료는 다음에 둘로 나누어진다. S1핵산가수분해효소를 이 중 하나에 섞어 주면 외가닥으로 돌출부분(한쪽 끝은 DNA로, 다른 한쪽 끝은 RNA로 된)은 분해된다. 핵산가수분해효소를 넣거나 넣지 않은 DNA의 두 시료를 변성 겔에 나란히 걸음으로써 비교한다. 이렇게 하면 길이의 차이를 구분할 수 있으며, 따라서 개시점의 위치를 추정할 수 있다.

이 기술을 수정한 **S1핵산가수분해효소 지도작성**으로 전사체의 3′ 말단을 결정할 수 있다. 이 경우는 DNA 탐침이 추정되는 전사 종결점을 가지고 있어야 한다. S1핵산가수분해

S1핵산가수분해효소 지도작성(S1 nuclease mapping) S1핵산가수분해효소를 이용하여 전사체의 5′ 말단이나 3′ 말단의 위치를 결정하는 방법

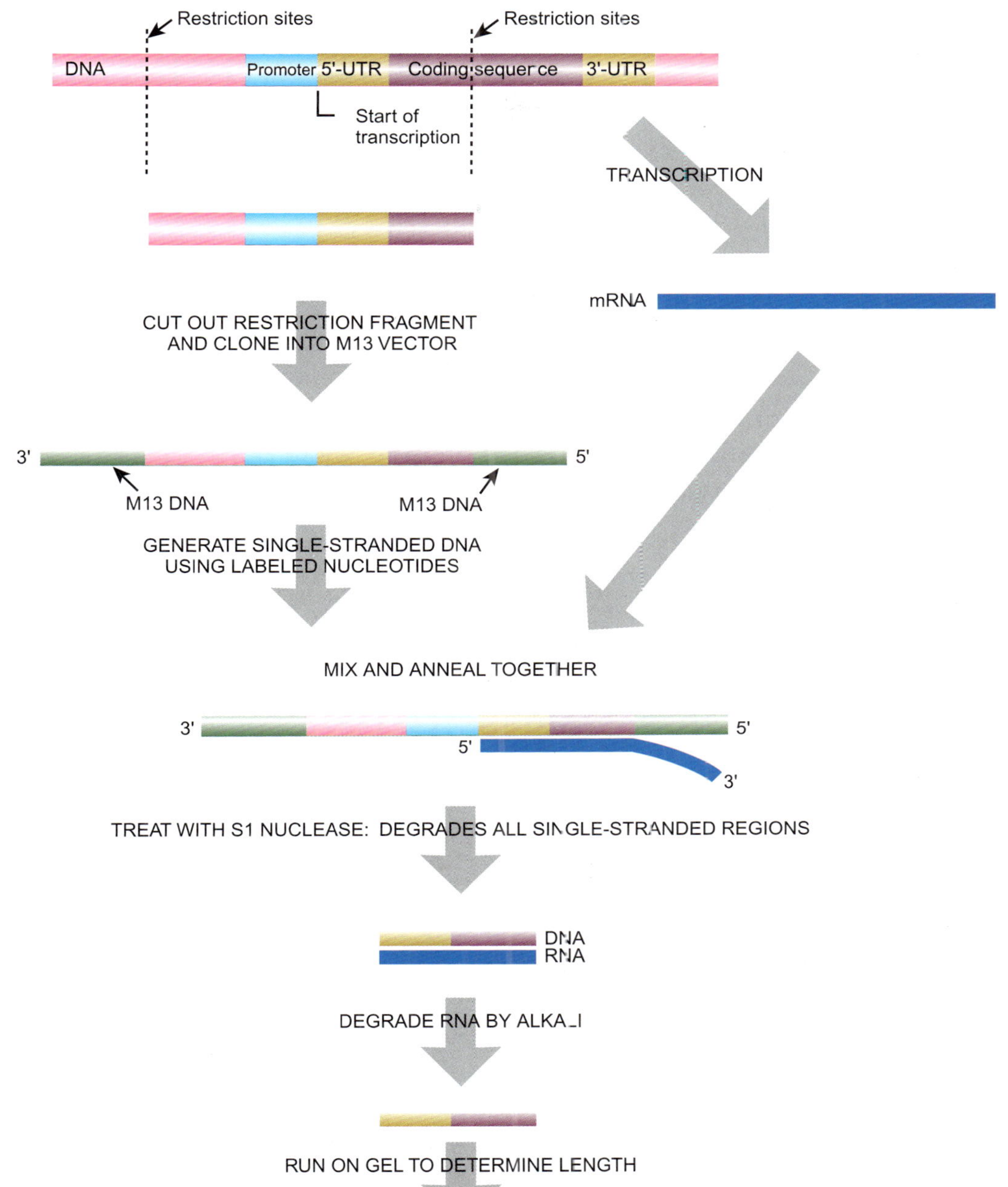

그림 19.16
S1핵산가수분해효소에 의한 전사 개시점 결정

S1핵산가수분해효소에 의하여 전사 개시점을 결정하는 첫 번째 단계는 유전자의 상류 지역을 M13 벡터에 클로닝하는 것이다. 다음으로 표지된 뉴클레오티드 전구체를 사용하여 외가닥의 M13 DNA를 탐침으로 준비한다. 표지된 외가닥의 DNA를 세포의 전체 mRNA와 섞어준다. DNA에 상보적인 서열을 가진 mRNA가 DNA와 혼성화 된다. S1핵산가수분해효소를 반응액에 첨가하여 모든 외가닥의 DNA나 RNA를 분해한다. 남아있는 것은 모두 DNA:RNA의 혼성체이며 이것은 침전법에 의해 분해된 뉴클레오티드로부터 분리해 낼 수 있다. 혼성체의 DNA 부분을 알칼리 처리로 분리하고 길이는 전체 유전자의 크기와 비교하여 결정한다.

효소는 때로는 RNA/DNA 혼성체의 끝 부분을 약간 더 자르거나 외가닥의 돌출 부분을 덜 자르기도 한다. 결과적으로 S1핵산가수분해효소법은 프라이머 신장법보다는 덜 정확하다. 그러나 프라이머 신장법은 전사체의 3′ 말단의 위치를 결정할 수 없고, 이 문제를 해결하기 위해서는 S1핵산가수분해효소법이 최선의 방법이다.

6. 전사체 분석

전사체는 유전체의 전사 결과로 얻은 RNA 혼합체를 말한다.

전사체란 특정 세포에서 전사 결과로 만들어진 RNA의 총체를 말한다. 일반적으로 관심이 mRNA에 모아지지만 전사체는 또한 비번역 RNA를 포함한다. 유전체와는 달리 전사체는 서로 다른 조건에서는 서로 다른 유전자가 발현되므로 다양한 전사체가 만들어진다. 전사체 분석은 모든 전사된 RNA의 수준을 동시에 측정하고자 한다. mRNA의 수와 종류는 한 순간에 포착되고 세포에서 전사되고 있는 것에 대한 정보를 제공한다. 여러 가지의 RNA 분자를 추적하기 위해 서너 가지의 방법이 사용된다.

차등표출 PCR(differential display PCR)은 이미 6장에서 언급했다. 이 방법은 2개의 다른 조건에서 mRNA를 분리하고 나서 시료를 cDNA로 바꾼다. 만약 정확한 프라이머 조합이 사용된다면, 차등표출 PCR은 이론적으로 존재하는 모든 전사체들을 동정할 수 있을 것이다. 비록 이 방법이 널리 사용되기는 하지만, 결과들이 종종 정량적이지 못하며 2개 이상의 유전자로부터 만들어진 PCR 조각의 크기가 같을 경우가 있기 때문에 이 방법은 모호한 결과를 가져올 수 있다.

더 새로운 서열결정 기술(SOLiD, 454, Illumina 같은)의 발전은 전체 cDNA라이브러리를 빠르고 싸게 서열결정할 수 있기 때문에 전사체 분야를 변화시키고 있다. **RNA-Seq**, 혹은 전체 전사체산 탄식 서열결정(WTSS)은 절편화된 mRNA로부터 cDNA 라이브러리를 만들고 모든 cDNA를 서열결정한다(그림 19.17). 그리고 이 서열들을 그 생물의 유전체와 정렬한다. 각 cDNA의 상대적인 사본 수는 유전자 발현 수준을 나타낸다. 시료 안의 총 mRNA 양을 단순히 평가하는 외에 RNA-Seq는 치료적 응용을 한다. 암 연구에서 유전자 융합은 염색체 재배열 때문에 일어난다. RNA-Seq는 융합 유전자가 mRNA로 전사되었는지를 밝히고 융합 산물의 상대적 양을 추정한다. 덧붙여, 이 기술은 발현된 단일염기 다형성(SNP)를 확인할 수 있다. 이러한 종류의 정보는 환자와 건강한 가족 구성원의 단일염기 다형성을 비교함으로써 특정 질병에 대한 유전자를 동정할 수 있다. 많은 SNP가 유전체의 발현된 영역에 있지 않기 때문에 발현된 서열을 사용하는 것은 DNA에서 발견되는 관계없는 SNP를 제거한다. RNA-Seq은 또한 DNA 서열만 보아서는 분명하지 않은 mRNA의 번역후 편집을 확인할 수 있다. 이는 유전자의 새로운 기능을 제시할 수 있다.

6.1. RNA의 순도 분석하기

RNA의 순도는 모든 전사체 분석 과정에서 필수적이다. 대부분 RNA 시료는 관심 있는 세포로부터 전체 RNA 혹은 폴리(A) 꼬리를 갖는 mRNA를 분리함으로써 얻어진다. 어떤 경우든 rRNA가 세포 RNA의 대부분을 차지한다. 그 풍부함은 다른 유형의 RNA를 가릴 수 있고, 따라서 rRNA는 제거되어야 한다. 리보솜 RNA를 제거하는 효과적인 방법의 하나는 **비오틴** 꼬리표로 표지된 탐침을 전체 RNA 시료에 혼성화 시키는 것이다. 그 후 혼성체는 **스트렙트아비딘**을 입힌 자석 구슬과 결합함으로써 나머지 RNA로부터 제거된다. 남은 RNA는 mRNA가 농축되고 전사체 분석을 위한 더 좋은 시료를 제공한다(그림 19.18).

RNA 시료가 분해되지 않고 오염이 없음을 확인하기 위해, 소량의 시료를 랩온어칩 방법으로 분석할 수 있다(8장 참조). 예를 들어, Agilent Technologies 회사의 RNA 6000

비오틴(biotin) 아비딘(avidin)이나 스트렙트아비딘에 의해 단단히 결합할 수 있기 때문에 분자생물학 연구 시 핵산을 표지하거나 꼬리표를 붙이는 데 널리 사용되는 비타민
RNA-seq RNA의 특성 연구를 위한 고속 대량 cDNA 서열결정의 사용
스트렙트아비딘(streptavidin) *Streptomyces*로부터 추출된 단백질로 바이오틴에 강하게 그리고 특이적으로 결합한다. 바이오틴으로 표지된 분자들을 탐지하는 데 사용된다.

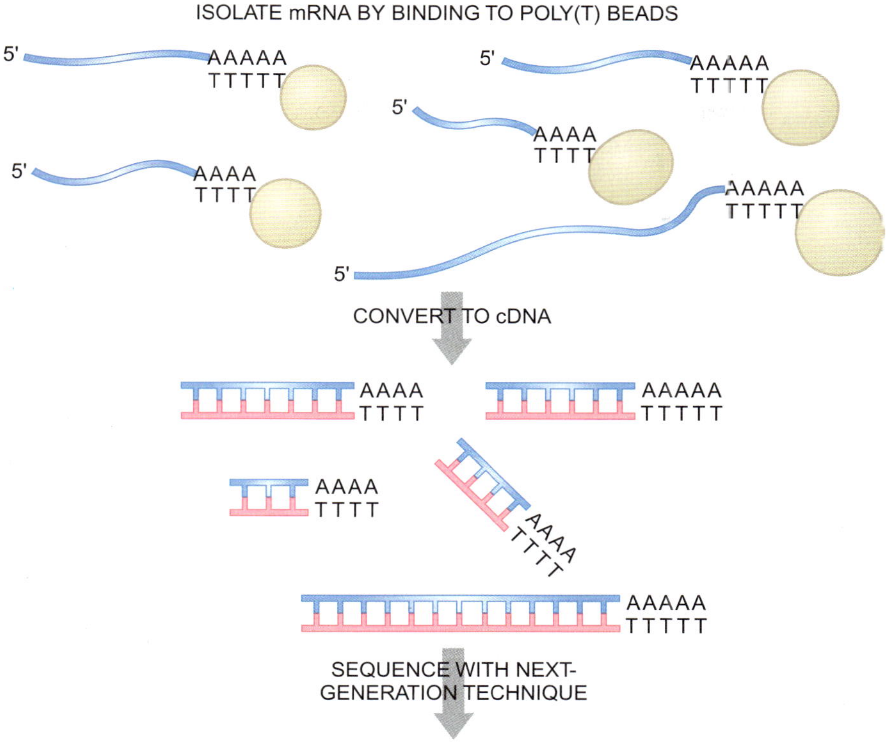

그림 19.17
RNA-Seq

전체 전사체는 cDNA 라이브러리 전체를 서열결정함으로써 확인될 수 있다. 차세대 서열결정은 이 과정을 가능하게 하며 발현된 모든 mRNA를 확인하게 한다.

PicoChip은 작은 칩에서 겔/염료 망을 통한 전기영동으로 나노그람의 RNA를 분석할 수 있다(그림 19.19). 전형적인 전기영동처럼 RNA 조각은 크기에 따라 이동한다. 밴드는 형광 검출기에 의해 가시화되고 부착된 컴퓨터에 의해 도표화 된다. 도표는 시료가 rRNA로 오염되었는지 결정하고 정점의 크기에 근거하여 시료가 분해되었는지를 결정한다.

7. 유전자 발현분석을 위한 DNA 미세배열

우리는 **DNA 미세배열**의 원리에 대하여 8장에서 DNA 서열결정을 설명하는 과정과 특정 DNA 서열에 대한 진단용 탐지에서의 그 사용을 설명하면서 대략적으로 알아보았다. 이런 경우들에서는, 칩에 부착된 DNA를 분석하고자 하는 시료에 있는 DNA와 혼성화시킨다. DNA 미세배열이 혼성화에 의해 작용하기 때문에, 이들은 또한 RNA를 감시하기 위해서도 사용될 수 있다. 미세배열 분석은 매우 비쌀뿐 아니라 컴퓨터를 사용함에도 불구하고 매우 지루하게 이루어진다. 만일 하나 혹은 몇 개의 유전자가 관심의 대상이라면, mRNA를 탐지하기 위해서 노던혼성화법을 사용하거나 전사량을 측정하기 위해서 보고 유전자를 사용하는 것이 좀 더 적절하다.

DNA 미세배열은 배열을 mRNA에 혼성화 시킴으로써 유전자 발현을 탐지할 수 있다.

전체 전사체를 분석하기 위해서는, 고형 지지체(즉, "칩")가 특정 세포에서 발현될 수 있는 모든 mRNA에 대한 상보적인 서열을 가진 DNA를 가지고 있어야 한다. DNA를 로봇을 사용하여 나일론막이나 유리슬라이드에 찍는다. 현재 기술은 나일론막 보다 더 높은 밀도로 찍을 수 있는 유리슬라이드를 사용할 경우, 평방 센티미터 당 약 100,000개의 DNA 점을 찍을 수 있다. 조사할 mRNA는 추출된 후 방사성 동의원소나, 좀 더 흔히 형광 색소로 표지되어야 한다. 다음으로, 표지된 mRNA는 상보적인 서열의 결합을 선호하는

DNA 미세배열(DNA microarray) 혹은 DNA 배열(DNA array) 많은 RNA나 DNA 조각을 혼성화로 동시에 탐지하고 동정하기 위하여 사용되는 칩에 있는 DNA 조각의 집합체. DNA 칩 혹은 올리고뉴클레오티드 배열이라고도 부른다.

그림 19.18

RNA 시료로부터 원하지 않는 rRNA 제거하기

대부분 rRNA는 폴리아데닌이 없지만 일부 전사체는 폴리(A)꼬리를 가진다. 이는 전사체 분석을 위한 RNA를 오염시킬 수 있고 따라서 제거되어야 한다. 한 방법은 rRNA에 대한 상보적 서열을 갖고 비오틴을 붙인 외가닥 탐침을 사용한다. 탐침을 시료의 rRNA와 혼성화시키고, 이를 아비딘을 입힌 구슬에 결합시키고 원심분리하여 제거한다.

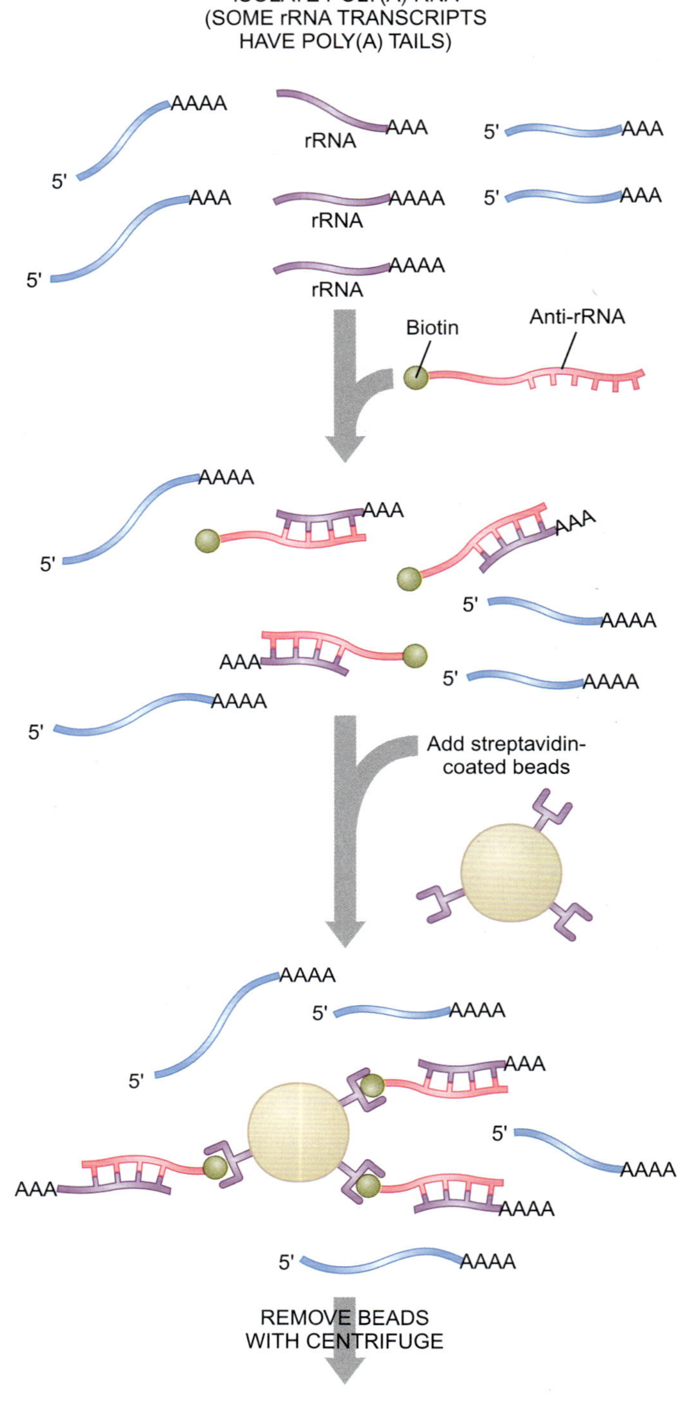

조건에서 DNA 배열에 넣는다. 칩에 결합한 후, 각 점들에서 표지의 강도는 특정 mRNA의 양과 상관관계가 있다. 대부분 유전자 발현 연구는 "대조구" 혹은 미처리 세포와 세포가 다른 환경에 노출된 "실험구"의 두 다른 조건을 비교한다. 만약 두 시료의 mRNA가 서로 다른 색소로 표지된다면(예를 들어, 녹색을 내는 Cy3와 적색을 내는 Cy5), 두 mRNA 시료를 동일한 DNA 칩에 혼성화 시킬 수 있을 것이다. 적색 점들은 대조구 조건에서 발현되는 유전자들을 나타내고 녹색 점들은 실험구에서 발현되는 유전자들을 나타낼 것이다. 만일 같은 mRNA가 두 조건에서 모두 발현되면 점은 노란 형광을 나타낼 것이다(그림 19.20, 19.21). 각 점의 녹색, 적색 및 노란색의 강도 결정은 컴퓨터에 의해 수행되는

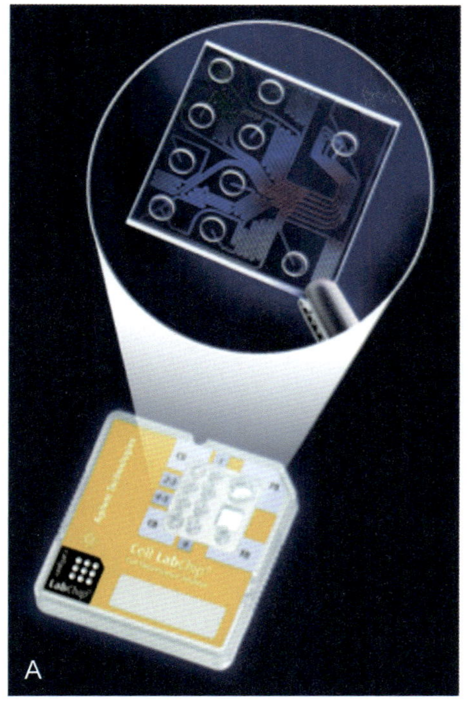

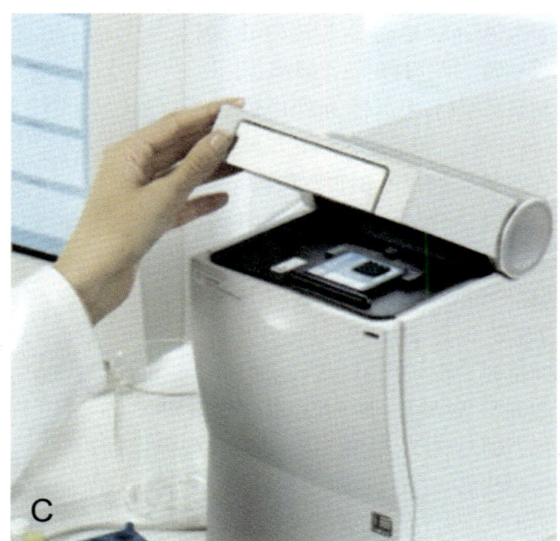

A B C

그림 19.19
Pico LabChip은 나노그람의 DNA나 RNA를 분리한다

A) 랩온어칩은 DNA나 RNA 시료, 크기비교 사닥다리 및 겔 물질을 갖고 있는 유리조각에 있는 작은 구멍을 가진다. 구멍들은 미세유체 채널로 연결되어 있다. B) 과학자가 특정 구멍에 DNA나 RNA 실험 시료를 첨가한다. C) 분석기는 분석을 수행하고 부착된 컴퓨터(보이지 않음)에 자료를 기록한다. *(출처: Permission of Agilent Technologies)*

데, 픽셀의 평균 혹은 중간 값을 정하고 이들을 일련의 내부 대조구에 대해 정규화한다. 단순히 숫자의 표를 제공하기보다는 컴퓨터 분석은 종종 "열 지도(heat map)" 격자로 제공된다. 대조구 자료에 대한 유전자 서열은 x-축에 실험 유전자에 대한 서열은 y-축에 기술된다. 격자의 각 네모상자는 채색되는데, 대조구에 비해 적색은 발현의 증가를 나타내고 청색은 감소를 나타낸다. 적색이나 청색의 밝음과 어둠의 색조는 유전자의 상대적인 증가 혹은 감소를 나타낸다(그림 19.22).

실제로, 두 유형의 DNA 미세배열이 mRNA의 결합을 위하여 사용된다: 하나는 cDNA 배열이고 다른 하나는 올리고뉴클레오티드 배열이다. cDNA 배열에서는 각 유전자의 PCR 증폭으로 cDNA가 만들어진다. 하나의 문제점은 구성 유전자 사이의 동질성이 매우 높으며 따라서 교차-혼성화가 일어날 수 있는 유전자족(예를 들어, 글로빈 유전자족)의 존재이다. 이것을 피하기 위하여, mRNA 전사체의 3′-비번역 지역을 포함하는 cDNA의 3′ 말단의 서열을 보통 사용한다. 비암호화 서열들은 암호화 서열들에 비해 좀더 많이 분기하므로 교차-혼성화의 가능성을 줄여준다. 증폭된 cDNA 각각은 나일론막이나 유리슬라이드에 붙인다.

cDNA 배열들은 전체 유전자들의 cDNA 버전을 사용한다.

올리고뉴클레오티드 배열에서 고정된 DNA는 20-25 뉴클레오티드의 길이의 합성된 외가닥의 DNA 조각이다. 유전체의 모든 유전자에 대해 올리고뉴클레오티드를 합성한다(5장 참조). 올리고뉴클레오티드 각각의 서열을 결정하는 것은 약간의 연구를 필요로 한다.

올리고뉴클레오티드 배열(oligonucleotide array) 혼성화에 의해 짧은 RNA나 DNA를 동시에 탐지하고 동정하기 위하여 사용되는 DNA 배열. DNA 배열나 DNA칩으로도 알려짐

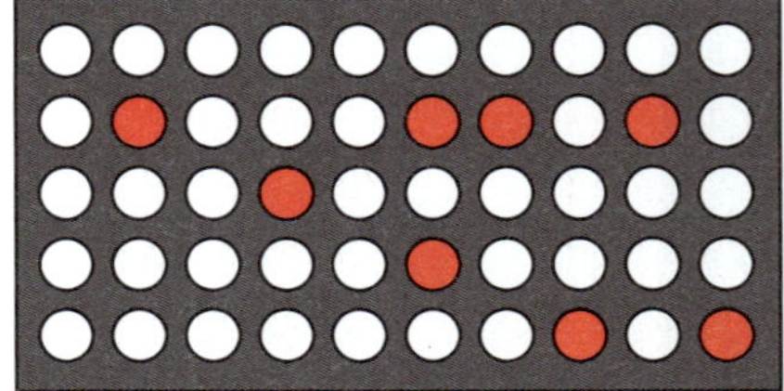

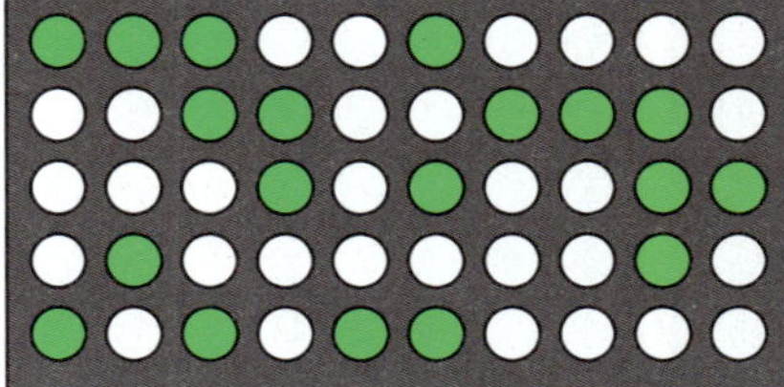

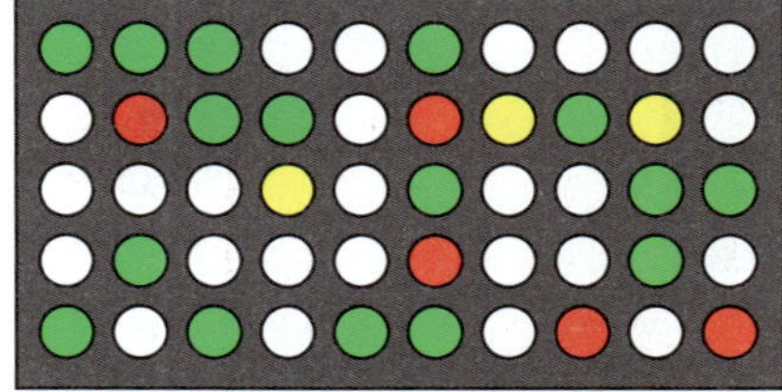

그림 19.20

형광 염료로 mRNA의 탐지를 보여주는 DNA 칩

DNA 칩은 많은 mRNA들을 동시에 추적할 수 있다. 격자에 있는 각 점들에는 다른 DNA 서열들이 부착되어 있다. 어떤 유전자들이 어떤 조건하에서 발현되는지를 결정하기 위하여 mRNA들을 분리한다. 이 경우에, 두 다른 조건에서 키운 세포로부터 분리한 mRNA들을 두 다른 형광 염료로 표지한다. 하나의 조건에서(적색), 8개의 다른 mRNA 들이 칩상의 DNA 점들에 혼성화 되었다. 두 번째 조건에서는, 19개의 다른 mRNA들이 나타났다(녹색). 2개의 다른 염료가 사용되었기 때문에, 두 시료가 모두 같은 칩에서 분석될 수 있다. 이 경우, 두 조건에서 모두 발현되는 mRNA들은 노란색을 띠게 된다.

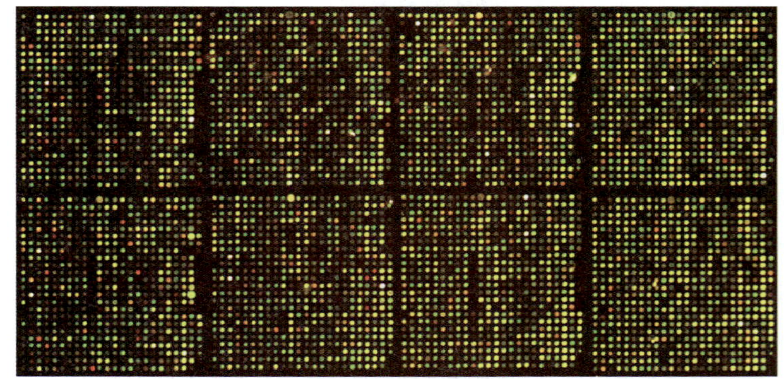

그림 19.21

19,200개 요소 배열에 대한 mRNA의 혼성화

사람의 대장암 세포주와 이에 대한 대조 세포주로부터 추출한 RNA들을 역전사 시키고 cDNA를 Cy-5(적색)와 Cy-3(녹색)로 각각 표지하였다. cDNA를 19,200개의 사람 cDNA 클론을 가지고 있는 칩에 혼성화 시켰다. 암세포에서 발현되는 유전자들은 적색으로 나타나고 정상 세포에서 발현되는 것들은 녹색으로 나타난다. 노란색 점들은 양쪽 세포주에서 발현되는 것을 나타낸다. *(출처: Hedge etb al. (2000) A concise guide to cDNA microarray analysis. Biotechniques 29: 548-562. The Institute for Genome Research, Rockville, MD.)*

n개의 염기로 된 특정 서열은 4^n개의 염기마다 우연히 나타날 것이다. 3×10^9개의 염기를 가진 포유동물의 유전체는 서열이 고유하기 위해서는 n이 적어도 16은 되어야 한다. 올리고뉴클레오티드를 이 최소한의 길이보다 더 길게 합성하는 것이 안전하며, 실제로 예를 들어 Affymetrix사에서 제조한 GeneChip® 배열은 25-mer를 사용한다. 각 유전자 마다 사용할 25 뉴클레오티드의 서열 결정은 또한 고려 대상이다. 올리고뉴클레오티드의 서열은 머리핀 혹은 클로버 잎 구조를 만들지 않아야 된다. 덧붙여, 올리고뉴클레오티드는 안정한 mRNA 2차 구조와 혼성화하지 않아야 한다. 이 장애를 극복하기 위하여, 한 유전자에 대한 다수의 다른 올리고뉴클레오티드가 칩의 여러 위치에 포함된다. 이들은 또한 대조구로 작용한다.

GeneChip 배열의 올리고뉴클레오티드들은 칩 상에서 직접 합성된다(그림 19.23). 이것은 컴퓨터 칩을 제조하기 위해 개발되었던 사진제판(photolithography) 기술을 이용하여 수행된다. 유리슬라이드를 먼저 반응기들로 덮는다. 이어서 이것을 빛으로 제거할 수 있는 광민감성 블로킹 기로 덮는다. 각 합성 사이클에서, 뉴클레오티드가 붙여지지 않을 곳에

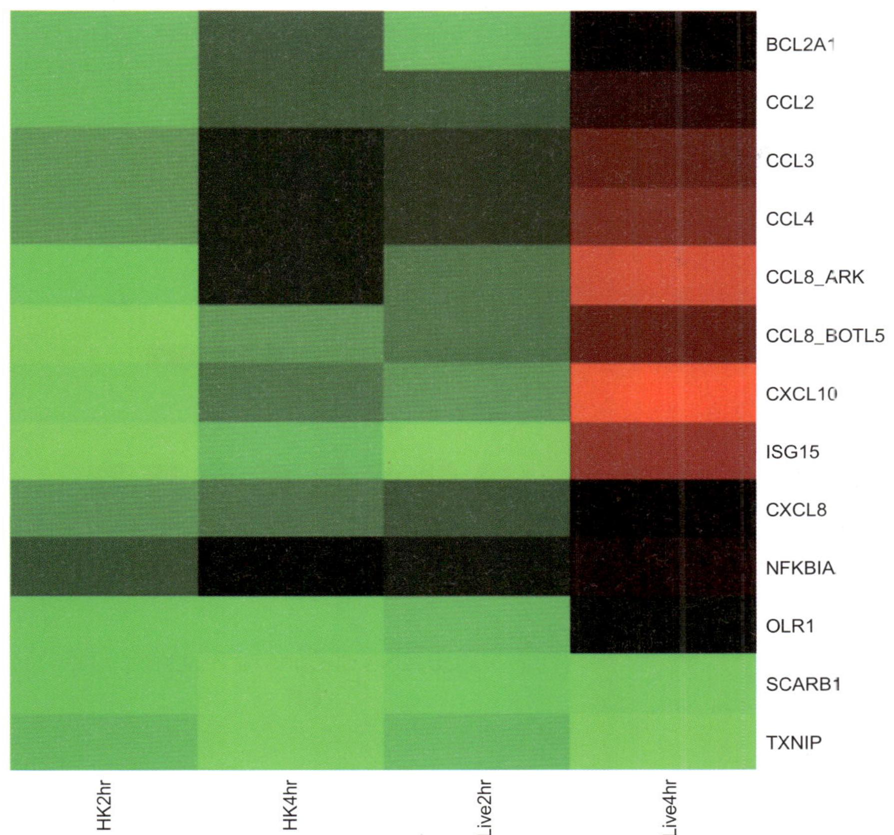

그림 19.22
미세배열 자료의 열 지도 표현

소 폐포의 대식세포에서 여러 mRNA(오른쪽에 실림) 전사체의 양이 미세배열 분석을 사용해 측정되었다. 각 전사체의 양은 네 가지 다른 조건에서 결정되었다: HK2hr은 비감염 대식세포와 열처리로 죽인 소의 폐염 병원균 *Mycobacterium bovis*로 2시간 동안 감염시킨 대식세포를 비교한 것이며; HK4hr은 4시간 감염 후의 같은 비교; Live2hr는 산 *M. bovis*로 2시간, Live4hr는 4시간 처리한 것이다. 녹색은 하향 조절을 적색은 상향 조절을 나타낸다. 각 값은 정규화 하였다. *(출처: Widdison, S., Watson, M., & Coffey, T.(2011). Early response of bovain alveolar acrophages to infection with live and heat-killed Mycobacterium. bovis. Developmental & Comparative Immunology, 35(5), 580-591.)*

는 마스크로 씌운다. 특정 뉴클레오티드(아데닌, A라 하자)가 붙여질 자리에는 블로킹 기를 제거하기 위하여 빛을 쬐어준다. 뉴클레오티드는 첨가되고 노출된 자리에서 화학적인 결합이 일어난다. 한 번에 오직 한 종류의 뉴클레오티드만이 첨가되는데, 노출된 모든 부위에 그 뉴클레오티드가 결합되기 때문이다. 다음으로, 첨가된 뉴클레오티드의 다른 끝은 첨가와 결합 전에 블로킹되어야 한다. 이 순환은 다른 뉴클레오티드(예를 들어, 티민, T)를 가지고 반복된다. 이 순환적 과정을 다른 마스크 양상과 다른 뉴클레오티드를 가지고 원하는 올리고뉴클레오티드가 합성될 때까지 반복적으로 수행한다.

올리고뉴클레오티드 배열들은 짧은 외가닥 DNA 조각을 합성하여 사용한다.

상자 19.01 타일링배열은 비번역 부위를 포함한 전체 유전체를 조사한다

표준 미세배열은 암호화 지역에 있거나 있을 것으로 추정되는 서열 혹은 다른 기능적 서열에 대한 탐침을 포함한다. 그러나 기술의 발전은 배열에서 중첩되는 탐침이 전체 유전체의 두 가닥(원핵생물) 혹은 전체 염색체(더 큰 진핵생물 유전체)를 완전히 담당할 수 있는 높은 밀도의 탐침을 가능하게 하였다.

그러한 **타일링배열**은 따라서 유전체의 어떤 부분에 대한 결합도 나타낸다. 이 방법은 표준 배열을 구축하는데서 빠진 미확인 유전자를 밝힐 수 있다. 그러나 이것은 유전체에 전반에 걸친 비암호화 RNA를 분석하는 데 더 자주 사용되며, 또한 CHIP-CHIP 연구에도 사용된다.

타일링배열(tilling array) 암호화 서열만이 아닌 전체 유전체를 다루는 탐침으로 구성된 미세배열

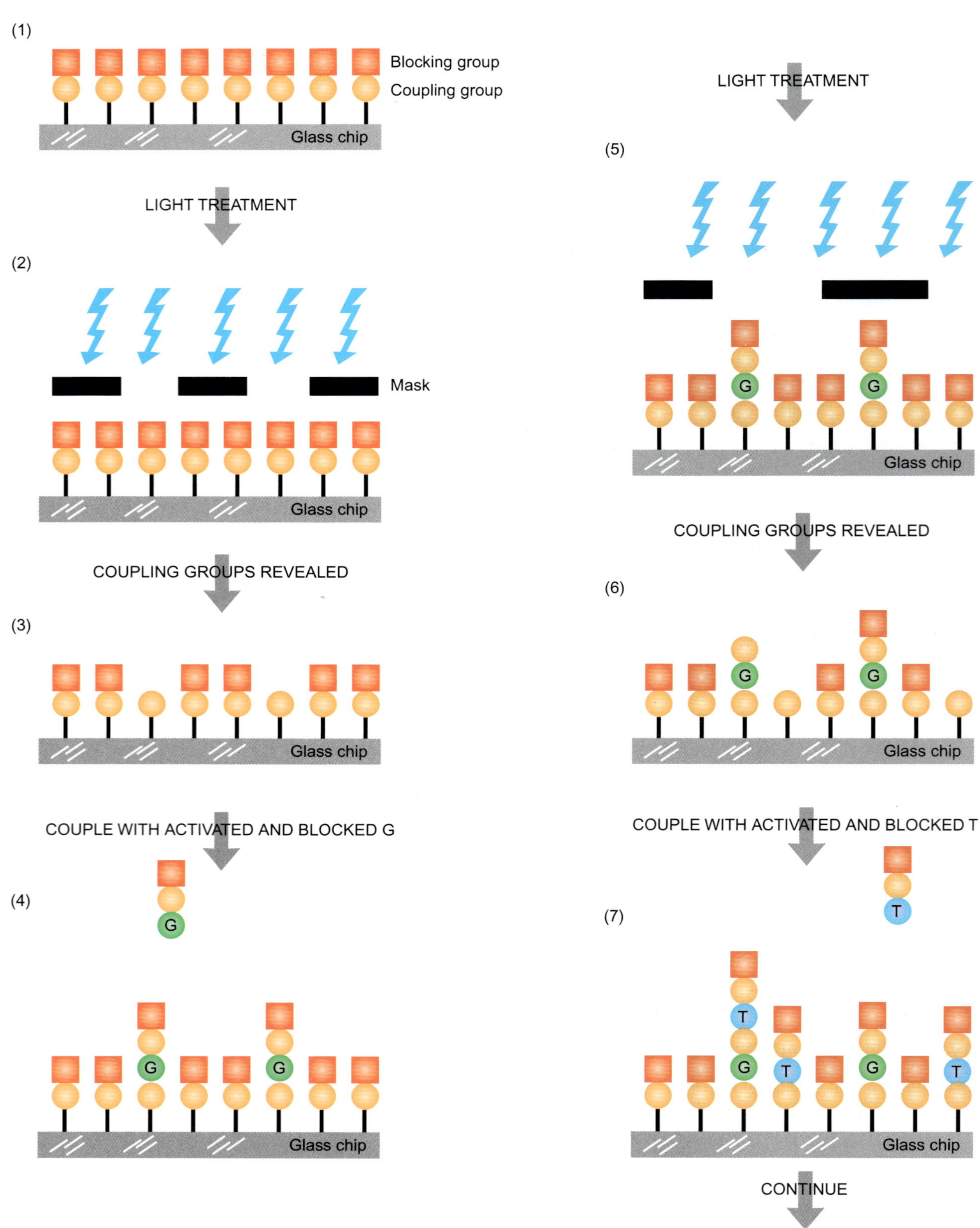

그림 19.23

칩 상에서 올리고뉴클레오티드들의 합성

배열들은 칩 상에서 직접 올리고뉴클레오티드들을 화학적으로 합성함으로써 제조되기도 한다. 우선 반응기들을 유리칩에 결합시킨 다음 블로킹시킨다. 그 다음에 4개의 뉴클레오티드의 각각을 차례로 첨가한다(여기서는 G를 먼저 넣고 T를 다음에 넣어줬다). 특정 반응 동안에 활성화되지 않아야 하는 지역에는 마스크로 가려준다. 빛이 마스크로 가려지지 않은 모든 반응기들을 활성화시키고, 한 가지의 뉴클레오티드가 첨가된다. 이 순환을 다음 뉴클레오티드로 반복한다.

상자 19.02 가상 마스크를 이용한 칩 상에서의 올리고뉴클레오티드의 개량 합성

초기에는 칩에서의 미세배열 제조를 위하여 물리적 크롬과 유리 마스크를 이용하였다. N개 길이의 올리고뉴클레오티드를 합성하기 위한 칩은 4^n개의 마스크가 필요하였다. 이 방법은 높은 비용이 들 뿐 아니라 배열을 제조하는 데 긴 시간이 걸렸다. 물리적인 마스크를 피하게 되면 제조 원가가 엄청나게 절감되며 주문 배열의 고안에 있어서 유연성을 매우 증가시킬 것이다. NimbleGen사는 최근에 마스크 없이 미세배열을 합성하는 적절한 기술을 소개했다. 물리적 마스크는 컴퓨터를 이용해 만들어진 디지털 초소형 거울 배열을 조절하는 "가상 마스크(virtual mask)"로 대체되었다. 이것은 매우 작은 개별적으로 주소를 정할 수 있는 거울들로써 배열 상의 특정 위치에 자외선을 쬐어주거나 혹은 빛을 배열로부터 멀리하도록 위치할 수 있다. 보호된 포스포아미디트 전구체들의 첨가와 빛 조사의 순서를 잘 맞추면 200,000개 이상의 독립적인 올리고뉴클레오티드 탐침을 가진 배열을 주문 제작하는 것이 가능하다(그림 19.24).

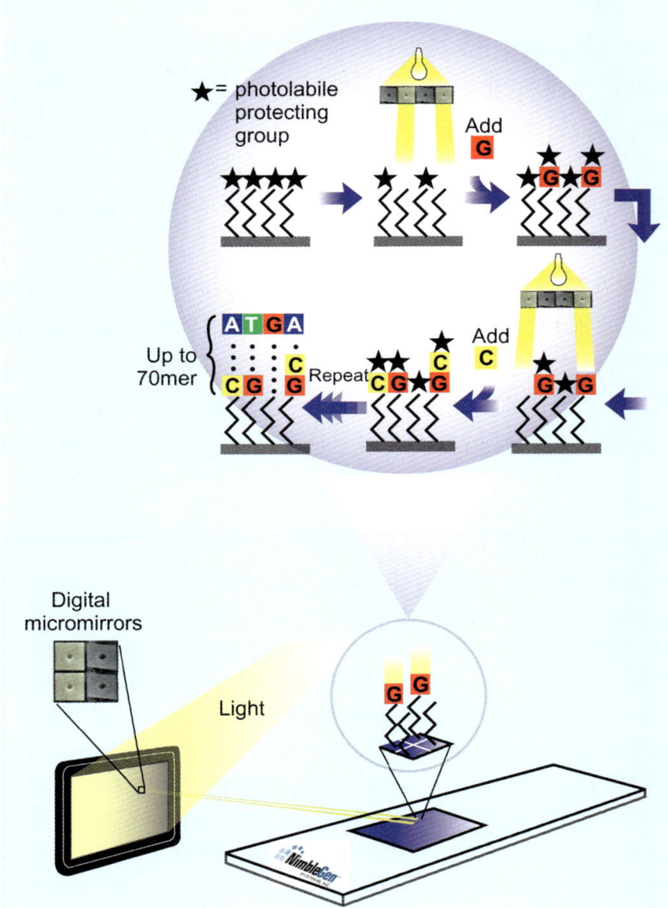

그림 19.24

칩 상에서 올리고뉴클레오티드 합성을 위한 가상 마스크법의 과정

NimbleGen은 무마스크 배열 합성기(Maskless Array Synthesizer; MAS) 시스템을 이용하여 광 보호제거 화학법으로 배열을 합성한다. 이 시스템의 중심부에는 디지털 초소형 거울 장치(Digital Micromirror Device; DMD, Texas Instrument사)가 있는데, 이것은 786,000개까지의 개별적인 빛의 픽셀 무늬를 만들 수 있는 고형상의 소형 알루미늄 거울의 배열을 채택하고 있다. DMD가 전통적인 방식의 배열 제조에 사용되었던 비유연성 물리적 크로뮴 마스크를 대체하는 "가상 마스크"를 만든다.

8. 유전자 발현 분석을 위한 TaqMan 정양적 PCR

유전자 발현을 가장 정확하게 측정하는 방법은 정양적 PCR이다. 6장에서 나타났듯이 TaqMan PCR은 연구자가 PCR 산물의 양을 실시간으로 추적하도록 한다. 이 두 실험 기술은 mRNA의 풍부도를 정확하고 빠르게 추적하기 위해 결합될 수 있다. 조사하기 위하여, TaqMan PCR은 정상적인 두 프라이머 외에 추가적인 탐침을 갖는다. 이 탐침은 5′ 말단에 형광 분자를 갖고 3′ 말단에 소광제를 가진다. 이들이 서로 가까이 있으면 소광지는 형광 분자가 빛을 방출하지 못하게 한다. 이 탐침은 증폭절의 내부 서열을 인식하고 순방향 및 역방향 PCR 프라이머들과 동시에 표적 DNA에 결합한다. 중합단계 동안, Taq 중합효소는 NA로부터 탐침을 대체하고, 탐침은 분해된다. 5′ 말단이 소광제로부터 분리되면 형광을 내고, 형광의 양은 PCR 산물의 양과 직접적인 상관관계가 있다. 결과적으로, TaqMan 정양적 PCR 반응은 시료의 특정 mRNA의 양을 분석하는 데 사용될 수 있다.

mRNA의 풍부도를 측정하는 데 TaqMan PCR을 이용하기 위하여, PCR 반응에서의 단 하나의 변형은 DNA 시료를 준비하는 데 있다. 먼저, 관심 유전자가 발현되는 조건의 세포 시료로부터 mRNA를 분리한다. 대조구로 유도되지 않은 세포로부터 mRNA도 분리한다. 이 mRNA 시료들을 무작위 서열의 짧은 올리고뉴클레오티드 프라이머와 역전사효소와 함께 반응시킨다. 프라이머는 무작위 서열이 모든 mRNA, 특히 표적 mRNA에서 발견될 정도로 충분히 짧다. 역전사효소는 mRNA에 상보적인 DNA 가닥를 합성한다. 다음으로, cDNA는 TaqMan 탐침과 특수한 PCR 프라이머에 결합되고 Taq 중합효소로 증폭된다. 만일 표적 mRNA가 시료에 풍부하면, 형광은 초기에 높고 시약이 소모될 때까지 기하급수적으로 증가할 것이다. 만일 표적 mRNA가 드물거나 발현되지 않았으면, 형광 TaqMan 신호는 초기에 낮고 PCR 기계로 탐지되는 데 오래 걸릴 것이다. 형광이 나타나고 강화되는 속도는 세포 추출액에 있던 당초 mRNA의 양을 직접 결정한다(그림 19.25) 이 실험은 기술적인 오류가 없도록 하기 위해 항상 내부 대조구인 항존 유전자와 함께 수행한다. 보고 유전자 ChiP 분석 같은 다른 기술과 양적 PCR의 조합은 특히 효과적이다(관련 연구에 대한 초점 참조).

TaqMan은 또한 다수 유전자의 발현을 동시에 결정할 수 있다. 전체 탐침 세트와 프라이머 세트가 각 우물이 한 유전자에 대한 탐침과 프라이머를 가진 미세우물(microwell) 양식으로 이용이 가능하다. 연구자는 각 우물에 Taq 중합효소, 완충액과 함께 cDNA를 넣은 후 미세우물 평판을 각 우물에서 생산되는 형광을 읽을 수 있는 특수한 PCR 기계에 넣는다. 이 평판은 우물을 385개까지 가질 수 있고 따라서 385개의 유전자가 한 번에 분석될 수 있다.

Fillingham J, Kainth P, Lambert J-P, van Bakel H, Tsui K, Pe a-Castillo L, Nislow C, Figeys D, Hughes TR, Greenblatt J, Andrews BJ(2009) Two-color cell array screen reveals interdependent roles for histone chaperones and a chromatin boundary regulator in histone gene repression. Mol. Cell 35: 340–351.

관련 연구에 대한 초점

유전자 발현은 적절한 성장과 발생을 위해 고도로 조절되어야 한다. 효모는 단세포 진핵생물로 2배체 무성생식 단계와 두 반수체 포자가 2배체 효모로 결합하는 유성생식기가 교대된다. 두 유형의 생장기 동안 모두, 다양한 기전이 세포주기의 진전을 조절한다. 히스톤 단백질 발현은 S기에서 DNA 복제 동안과 바로 전에서만 발현되도록 조절된다. 따라서 히스톤은 새로 만들어진 DNA에 이용 가능하다. 세포주기의 다른 부분에서 히스톤의 발현은 유독하다.

효모에서, 각 2합체 대상(H3/H4, H2A/H2B) 유전자는 서로 이웃하지만 반대 방향으로 전사된다. 프로모터는 두 유전자 사이에 끼어 있고 2합체 대상의 발현을 양방향으로 조절한다. 각 2합체마다 두 사본이 있어서 HHT1–HHF1과 HHT2–HHF2는 H3/H4 2합체를, HTA1–HTB1과 HTA2–HTB2는 H2A/H2B를 암호화한다. 다양한 전사 인자와 조절요소들이 이들 유전자를 정확한 시간에 켜고 꺼야만 한다.

이 논문은 새로운 효모용 리포터–합성 유전자 배열(R–SGA)을 이용했다. 이 분석에서, 한 효모 균주는 두 보고 유전자를 가지도록 조작되었다. 녹색 형광 단백질(GFP)은 관심 유전자의 프로모터로부터 조절된다. 적색 형광 단백질(RFP)에 대한 다른 보고 유전자(tdTomato)는 항시적으로 조절되고 내부 대조구로 작용한다. HAT1의 프로모터가 GFP에 융합되었다. 다음으로, 저자들은 각각 다른 결손을 가진 5,000 효모 균주의 결손 라이브러리를 얻었다. 각각의 결손 돌연변이체는 *HTA1*이 융합된 이중 색깔의 효모와 교배시켰다. 만일 결손이 *HTA1*을 활성화시키는 유전자를 파괴했다면 GFP 발현은 감소하고, *HTA1*을 억제하는 유전자가 파괴되었다면 GFP 발현은 증가한다. Rtt106이라 부르는 새로운 *HTA1* 억제자, Rtt109라 부르는 활성인자 및 Yta7이라는 경계 요소들이 이 방법으로 발견되었다.

단백질이 전사 인자임을 증명하기 위해서, 저자들은 양적 PCR과 ChIP 분석을 수행하였다. 결과는 Rtt106이 *HTA1*, *HHT1*, *HHT2* 프로모터에 결합함을 확인하였다. Yta7이 결손되면 Rtt106이 정상적으로 *HTA1* 프로모터에 결합하지만 또한 전사된 부위 안의 DNA에 결합하였다. 따라서 Yta7은 Rtt106이 유전자 안에 결합하는 것을 방해하고 따라서 경계 요소로 작용한다. 보고 유전자, 양적 PCR 및 ChIP 분석의 조합은 히스톤 유전자 발현에 영향을 미치는 새로운 3 조절자들을 확인하였다.

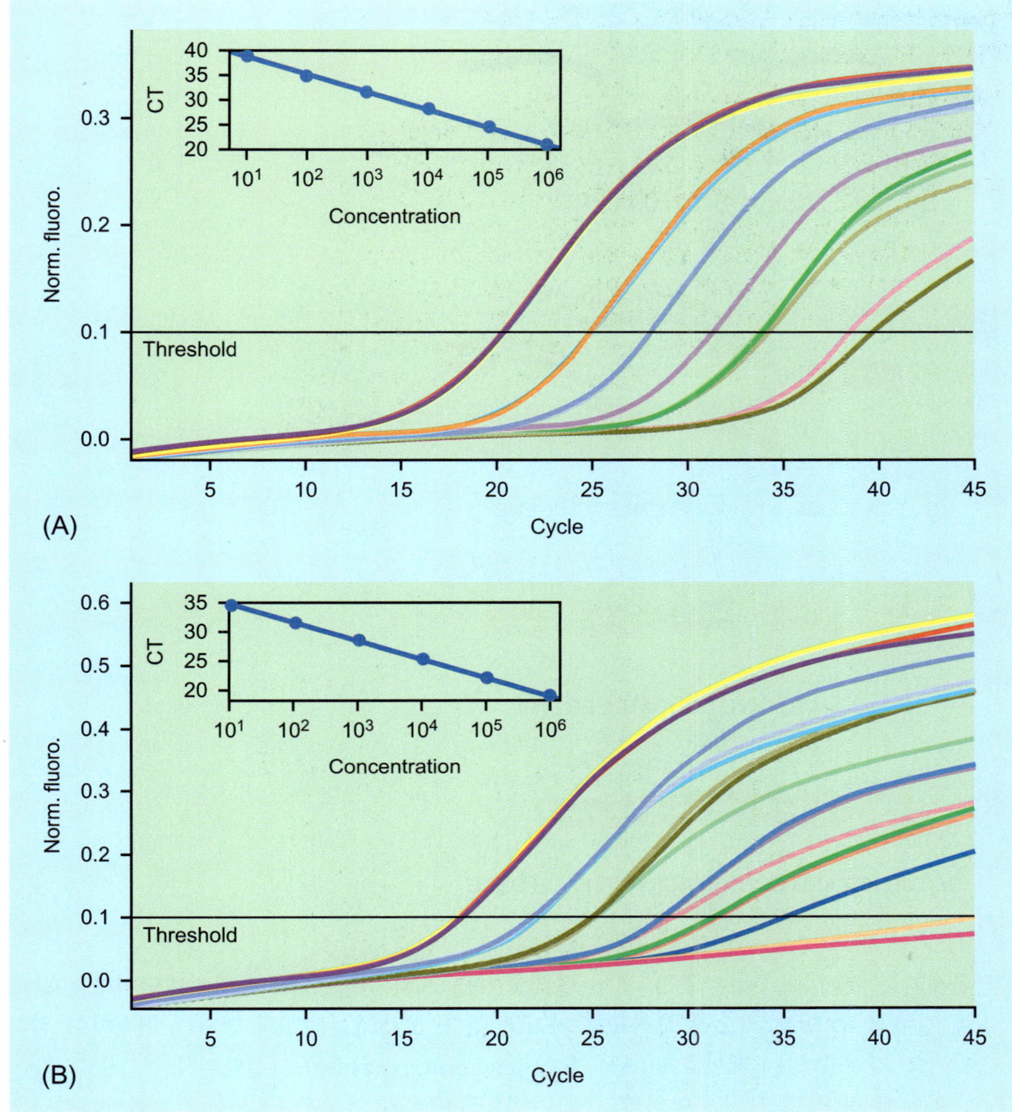

그림 19.25
TaqMan 양적 PCR 결과

TaqMan 탐침으로부터의 형광 양이 PCR의 매 순환마다 기록되었다. 위의 예에서, 다른 수의 옥수수 알코올탈수소효소(ADH) 유전자 사본을 가진 플라스미드들이 식물에서 발현되었고 adh mRNA 수준이 분석되었다. 아래에서, 같은 분석이 옥수수의 LY038 표지의 5′ 주변 부위에 대해 수행되었다. 이 표지는 시료에 유전적으로 변형된 옥수수의 존재를 분석하는 데 사용된다. *(출처: Zhang, N., Xu, W., Bai, W., et al.(2011). Event-specific qualitative and quantitative PCR detection of LY038 maize in mixed samples. Food Controll, 22(8), 1287-1295.)*

9. 유전자 발현의 순차적 분석(SAGE)

DNA 서열결정법으로 여러 mRNA의 발현 수준을 동시에 측정할 수 있다. 기본적인 아이디어는 세포 내에 있는 모든 mRNA의 서열을 결정하여서 축적된 서열을 조사함으로써 발현된 각 mRNA의 사본이 얼마나 있는지를 조사하는 것이다. 이것을 실제로 수행하기 위해서는 mRNA 분자들을 끝과 끝으로 결합하여서 하나의 거대한 연쇄체 분자로 만들고, DNA로 전환시킨 후 서열을 결정한다. **세이지(SAGE, serial analysis of gene expression)** 라는 용어는 이 거대한 연쇄체를 의미하는 것으로 모든 발현된 유전자를 포함한다. 연쇄체에 있는 각 반복서열의 사본수는 유전자 발현수준을 나타낸다. 이 접근법을 가능하게 하기 위해서는 각 mRNA의 짧은 부분의 서열만을 결정해야한다. DNA 연쇄체는 따라서 각각 10개 정도의 염기로 된 많은 연결된 서열 꼬리표를 가지고 있다(그림 19.26).

만약 세포 안의 모든 mRNA 분자들이 끝과 끝으로 이어진다면, 이것은 각 mRNA의 복제수가 몇 개가 되는지를 알게 해 줄 것이며 따라서 유전자의 발현 수준을 알게 해 줄 것이다.

세이지의 첫 번째 단계는 진핵생물의 세포로부터 전체 mRNA를 추출하고 이를 mRNA의 poly(A) 꼬리에 혼성화 될 수 있는 올리고(dT) 프라이머를 이용하여 cDNA로

유전자 발현의 순차적 분석; 세이지(serial analysis of gene expression; SAGE) mRNA로부터 유래된 서열 꼬리표들이 연속적으로 연결된 DNA 연쇄체의 서열을 결정함으로써 여러 종류의 mRNA의 수준을 추적하는 방법

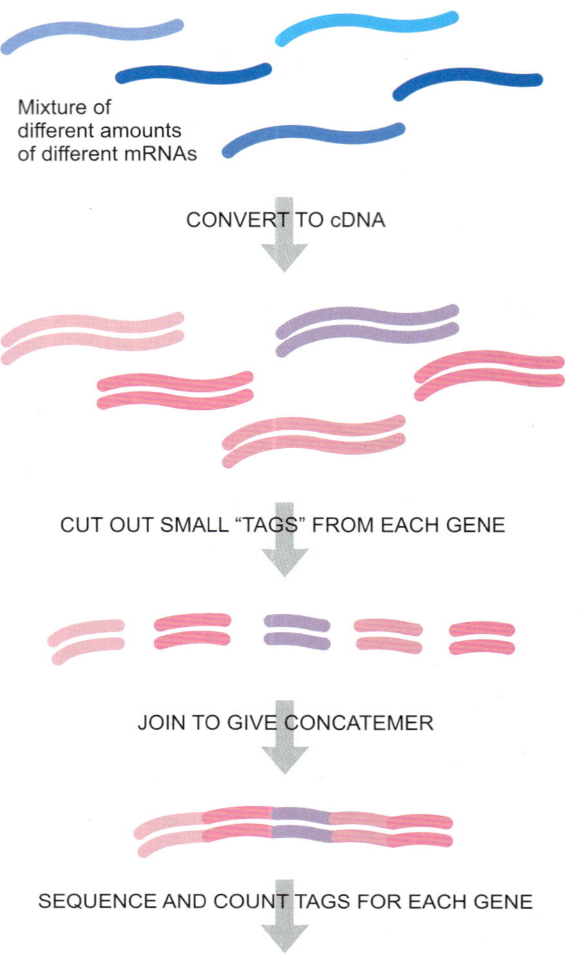

그림 19.26
세이지–원리

하나의 세포에서 발현되는 모든 mRNA를 분석하기 위하여, 각 mRNA로부터 작은 서열들을 상보적인 DNA로 전환시키고 서로 연결하여 하나의 긴 연쇄체를 만든 다음 이의 서열을 결정한다. 각 조각은 하나의 mRNA를 나타낸다; 따라서 각 조각의 반복수는 해당되는 유전자의 세포에서의 발현 수준과 상관관계를 가진다.

전환시키는 것이다(그림 19.27). 또한 올리고(dT) 프라이머는 스트렙트아비딘이라는 단백질에 결합될 수 있는 비오틴 꼬리표를 가지고 있다. cDNA는 4개의 염기를 인식하며 점착성말단을 가지고 있는 제한효소(고정 효소; anchoring enzyme)로 절단된다.

이 방법을 실제 사용할 때는, RNA들은 서열결정을 위하여 DNA로 전환되고 각 RNA로부터 오직 짧은 조각만이 서열결정에 사용된다.

이렇게 하면 평균 256 염기쌍의 조각이 만들어지며 이들은 다음에 스트렙트아비딘으로 입혀진 자석 구슬에 결합된다. 이 방법은 대부분이 3′-UTR만을 가진 3′ 말단 라이브러리를 만든다. 3′-UTR은 더 다양하기 때문에 매우 동질성이 높은 유전자족의 mRNA들도 이 방법을 이용하면 구분해낼 수 있다.

모아진 조각들은 2개의 시료로 나누어진다. 두 세트의 조각들은 type II 제한효소("꼬리표 효소") 인식부위를 가진 두 다른 인공 연결자에 각각 결합시킨다. Type II 제한효소들은 인식부위로부터 고정된 수만큼 떨어진 염기들을 절단한다. 가장 흔히 사용되는 것이 FokI이다. 이것은 13 염기 하류를 절단하고, 따라서 원래 mRNA로부터 유래된 9 염기(꼬리표)와 연결자에 붙여진 고정 효소 인식부위인 4개의 염기를 남긴다. 이 조각들은 다음에 머리 대 꼬리로 두 가닥 말단 연결을 하여 연결자A와 연결자B가 각각 한쪽 끝에 붙여진 두 mRNA로부터 유래된 꼬리표를 가진 구조가 만들어 진다. 이 구조는 두 프라이머, 연결자A에 결합하는 순방향 프라이머와 연결자B에 결합하는 역방향 프라이머를 사용한 PCR의 표적 분자로 사용된다(연결 시 다른 종류의 분자들도 만들어지나, 오직 원하는 구조를 가진 분자들만이 PCR 프라이머에 의해 증폭된다). PCR 산물들은 고정 효소에 의해 절단되어 **점착성 말단**을 가진 꼬리표-2량체가 만들어지고 이들은 DNA 연쇄체를 만들

점착성 말단(sticky ends) 짝을 이루지 않은 외가닥 돌출을 갖는 이중가닥 DNA의 말단

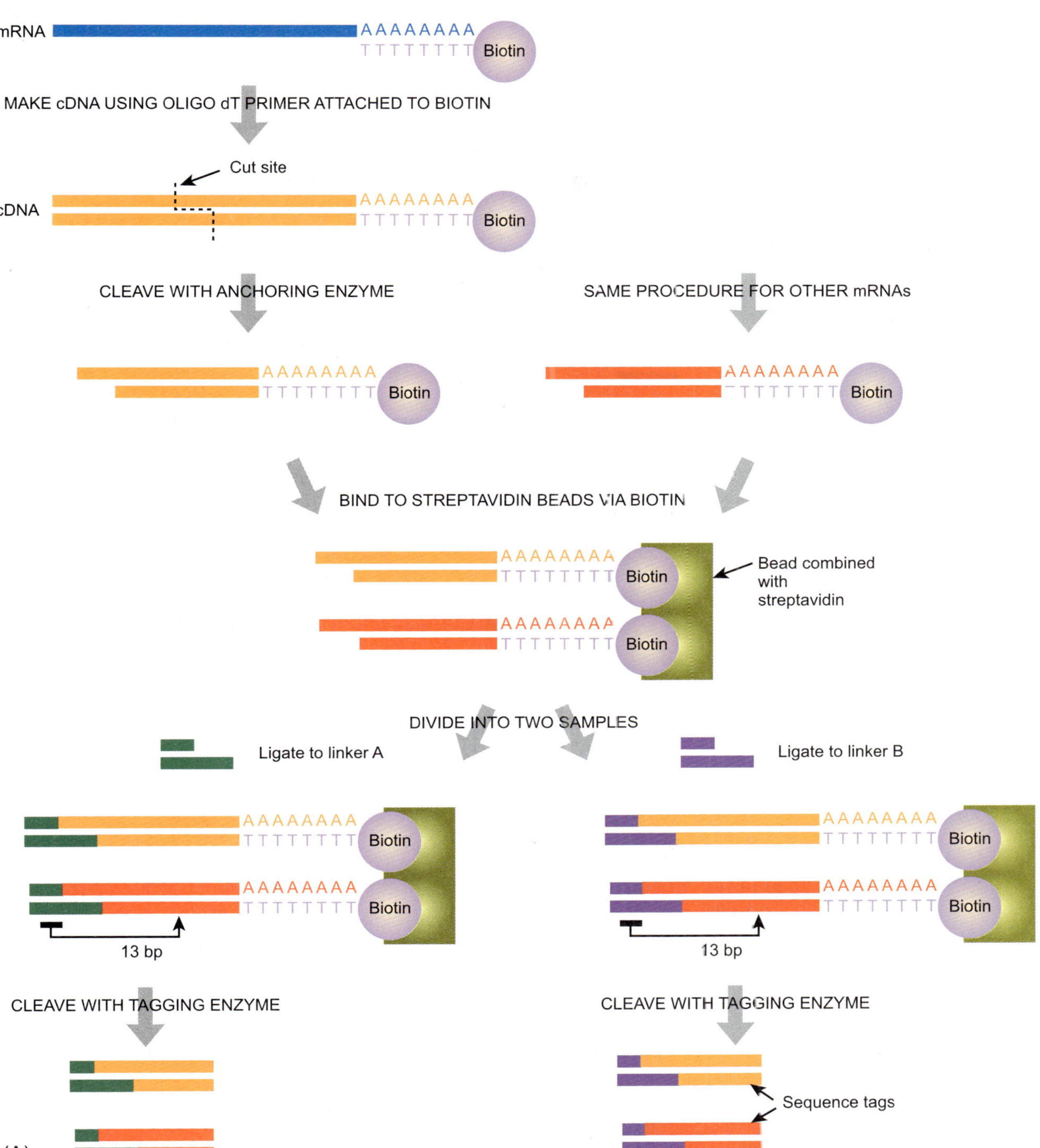

그림 19.27

세이지-과정

발현된 서열들에 대한 긴 연쇄체를 만드는 첫 번째 단계는 세포의 모든 mRNA를 분리하고 이들에 대한 cDNA를 합성하는 것이다. 전체 mRNA는 그 poly(A) 꼬리를 통해 바이오틴으로 표지된 올리고(dT) 프라이머에 붙는다. 그 다음에 역전사효소를 이용하여 cDNA로 전환시킨다. cDNA들은 다음에 짧고 꼬리표가 부착된 서열들로 축소시킨다. 먼저, cDNA들을 고정 효소로 알려진 제한효소로 절단한다. 이렇게 하여 평균 256 염기쌍을, 어떤 것은 이보다 길고 어떤 것은 이보다 짧다, 가진 짧은 cDNA 집합이 만들어 진다. 이것들을 cDNA의 poly(A)꼬리에 표지된 바이오틴과 결합하는 스트렙트아비딘을 사용하여 분리한다. 이 혼합체를 둘로 나뉘고 각각에 서로 다른 연결자를 붙인다. 이 연결자는 두 가지 성질을 가지고 있다: (a) 돌출된 부분은 고정 효소에 의해 생긴 점착성 말단과 상보적이다. 그리고 (b) II형 제한효소(꼬리표 효소로 알려짐)의 인식부위를 가지고 있다. 각 시료는 꼬리표 효소에 의해 잘려진다, 이 효소는 연결자의 서열을 인식하지만 그러나 실제로는 cDNA 서열의 하류에 두 가닥 말단 절단을 만든다. 이렇게 하면, 다른 연결자를 가진 작은 cDNA 서열 꼬리표 집합이 만들어 진다. 최종적으로 서열 꼬리표들이 하나의 긴 서열로 연결된다. 우선, 조각들은 두 가닥 말단 연결에 의해 결합된다. 다음에 각 연결자들에 상보적인 PCR 프라이머들을 이용하여 2개의 서로 다른 서열 꼬리표에 붙여져 있는 연결자A와 연결자B를 가진 분자들만을 증폭시킨다. PCR 산물들을 고정 효소로 절단하여 연결자들을 제거하고 점착성 말단을 제조한다. 이들을 연결시킨 후, 만들어진 조각을 클로닝하고 서열을 결정한다.

그림 19.27
(계속)

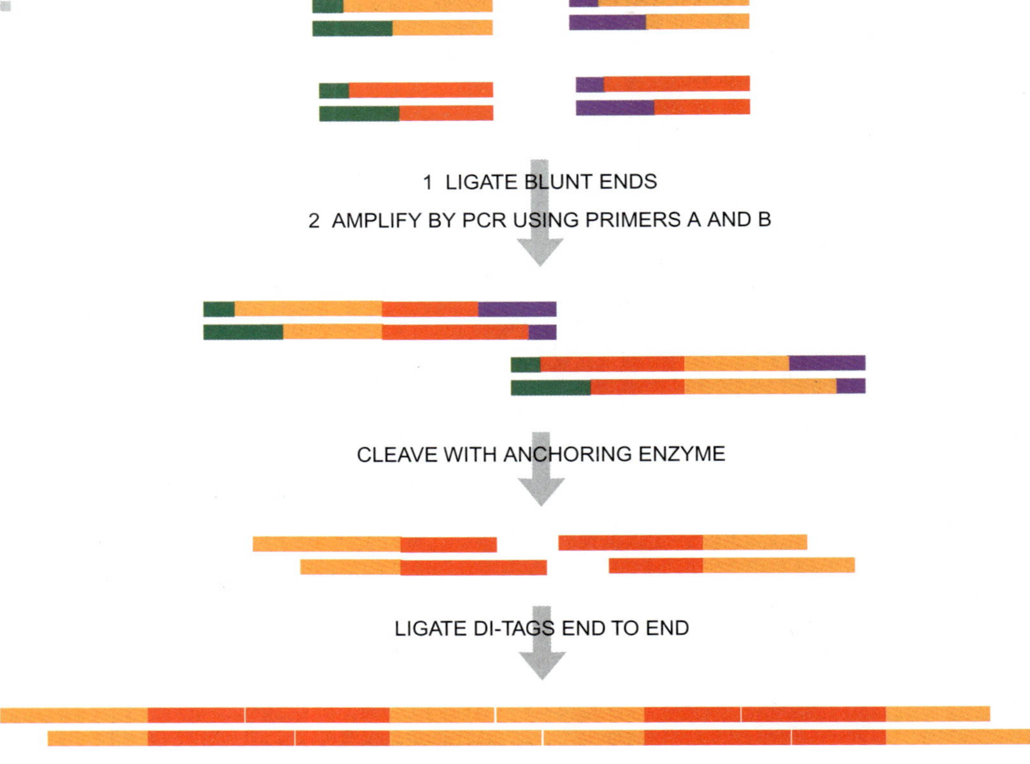

기 위하여 연결된다. 최종적으로 DNA 연쇄체는 클로닝되고 서열이 결정된다. 꼬리표들이 동정되고 그 수가 계산되어 원래의 mRNA의 상대적인 수준을 알 수 있게 된다.

SAGE 서열결정의 변형은 mRNA 전사체의 5′ 말단의 확인에 중점을 둔 케이지(CAGE, cap analysis gene expression)이다. 모든 전사체 분석에서와 마찬가지로 먼저 전체 mRNA가 세포로부터 분리되는데, 이 과정에서는 mRNA는 5′ 말단의 캡에 의해 포획된다. 이 말단은 연결자에 붙어 있고 연결자를 인식하고 연결자로부터 특정한 수의 염기를 절단하는 제한효소로 절단된다. 모든 꼬리표의 서열을 분석한 다음, 유전자의 5′ 말단은 쉽게 확인된다.

SAGE 서열결정의 또 다른 변형은 엠피에스에스(MPSS, massively-parallel signature sequencing)라고 부른다. 이 변형에서는, mRNA의 3′ 말단으로부터 만들어진 작은 조각들은 큰 DNA 연쇄체를 만들지 않는다. 대신, 이 작은 조각들은 SOLiD, *454* 및 Illumina 같은 2세대 서열결정 기술에 직접 이용된다.

핵심 개념

- 전사체는 세포나 생물체에 의해 발현된 RNA 전사물의 전체이다.
- 전사체학은 유전자 발현의 전반적인 추적을 나타낸다.
- 보고 유전자는 그 산물의 분석이 쉬워서 널리 이용된다.
- β-갈락토시다아제는 가장 널리 이용되는 보고 유전자이다.
- 다른 편리한 보고 체계는 루시페라아제에 의한 빛의 방출이다.

- 녹색 형광 단백질은 장파장 자외선 빛을 비춘 다음에 녹색 빛을 방출하며 보조인자나 기질이 필요 없다.
- 유전자 융합체는 보고 유전자를 조사하려는 조절 서열에 결합함으로써 만들 수 있다.
- 조절 부위의 단백질-결합 위치는 DNA의 결손 분석으로 위치를 알 수 있다.
- 겔지체 분석과 DNA 족문법은 DNA에서 단백질-결합 위치를 보다 정확히 알기 위해 사용된다.
- 단백질과 DNA의 복합체는 항체를 이용한 염색질 침강법으로 분리될 수 있다.
- 전사 개시점은 프라이머 신장법과 S1핵산가수분해효소 사용으로 정해질 수 있다.
- DNA 미세배열은 유전자 발현의 전반적인 추적을 위해 사용된다.
- 다양한 형광 탐침을 사용하는 양적 PCR은 유전자 발현을 분석하는 다른 접근이다.
- 유전자 발현의 순차적 분석(SAGE)은 전체 mRNA(DNA 사본을 만든 후)의 다량 서열결정에 의해 전반적인 유전자 발현을 추적한다.

복습 문제

1. 보고 유전자는 무엇인가? 보고 유전자는 보통 무엇을 암호화 하나?
2. 유전자 발현을 추적하기 위해 보고 유전자는 어떻게 이용되나?
3. 보고 유전자로 널리 사용되는 3 효소를 들어라. 그들은 어떻게 작용하나?
4. *pho* A 유전자는 다양한 범위의 기질을 절단한다. 그들과 그 산물은 각각 무엇인가?
5. β-갈락토시다아제가 어떻게 보고 효소로 사용되는가?
6. 빛의 사용에 관계된 보고 효소는 무엇인가?
7. 보고 체계에서 빛을 사용하는 이점은 무엇인가?
8. 녹색 형광 단백질을 보고로 사용하는 이점은 무엇인가? 그것은 다른 보고 방법과 어떻게 다른가?
9. 유전자 융합체는 무엇인가? 그것의 두 기능은 무엇인가?
10. 보고 유전자를 사용할 때 왜 보고 유전자를 야생형 보고 유전자가 상실된 생물에 넣어야 하나?
11. 결손 분석에서 제한효소 대신 PCR을 사용하는 잇점은 무엇인가?
12. 조절 단백질이 DNA에 결합하는지를 결정하는데 어떤 방법이 사용될 수 있나?
13. 겔지체법은 어떻게 작용하나?
14. 단백질이 DNA의 어떤 절편에 결합함을 결정하고 나서 어떻게 결합위치를 더 정확하게 알 수 있을까?
15. DNA 족문법은 어떻게 수행되나? 그것의 기본 원리는 무엇인가?
16. 프라이머 신장법은 무엇인가? 프라이머 신장법을 완성하기 위하여 무엇이 필요한가?
17. S1핵산가수분해효소는 무엇인가? S1핵산가수분해효소 지도작성은 무엇인가?
18. 전사 개시점을 결정하는 데 S1핵산가수분해효소가 어떻게 이용되나?
19. 전사체는 무엇인가?
20. 전사체를 분석하기 위해 어떤 방법이 사용되나?
21. RNA-seq는 무엇이며, 무엇을 위해 사용되나?
22. DNA 미세배열의 기본 원리는 무엇인가?
23. 만일 몇 가지 유전자에만 관심이 있다면, 당신은 왜 DNA 미세배열 사용을 원하지 않겠는가? 대신 어떤 방법이 사용될 수 있을까?
24. mRNA를 결합시키기 위해 어떤 유형의 배열이 사용되나?
25. 일부 올리고뉴클레오티드 배열에서 올리고뉴클레오티드는 칩에서 직접 합성된다. 이것이 어

떻게 수행되나?

26. 타일링 배열은 무엇인가?
27. SAGE는 무엇인가?
28. SAGE에서 왜 mRNA의 작은 조각만 사용되나?
29. SAGE를 위해 mRNA는 어떻게 추출되나?
30. SAGE를 위한 "꼬리표 효소"는 무엇인가?

개념 문제

1. 칩 상에서 합성하는 방법을 사용하여 올리고뉴클레오티드의 격자를 만들고 있다. 만들어져야 할 6 뉴클레오티드 각각에 처음 3 뉴클레오티드가 첨가되었다. 다음 2 뉴클레오티드를 첨가해야 하는데, 그러나 먼저 마스크를 만들어야 한다. 서열 정보와 현 상태의 격자 도해를 사용하여 굵은 활자체로 표시된 다음 2 뉴클레오티드 합성에 필요한 각각의 마스크를 고안하라. 몇 개의 마스크가 필요한가?

Oligonucleotide number	Sequence
1	ATT**CG**AGG
2	GAT**GT**ATC
3	TAG**GA**TCC
4	AAT**CG**ACA
5	GTC**CC**TCC
6	TCC**CT**ATT

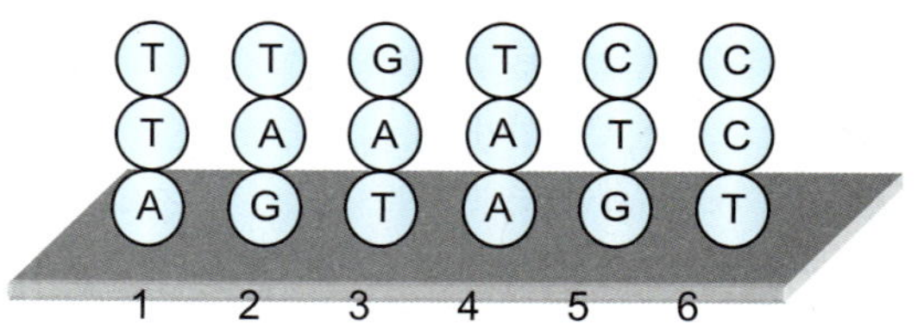

2. *AAA* 유전자의 다음 프로모터에서 어떤 부위가 Crp 단백질에 대한 결합 위치를 갖는지를 결정하는 실험을 고안하라. 결합 위치의 서열을 결정하라. 당신은 이 실험에 사용할 순수한 Crp 시료, 서열결정 프라이머 및 프로모터와 유전자 부위의 순수한 DNA를 가지고 있다.

Region 1 | Region 2 | Region 3 | Region 4 | *AAA* gene

sequencing primer

3. 내장 표피세포에서 발현되는 모든 알려진 유전자가 유리 슬라이드에 격자 양상으로 부착된 분명한 중첩되는 올리고뉴클레오티드로 전환되었다. 내장 표피세포주가 실험실 용기에서 배양되었고 병원성 대장균 균주에 노출되었다. 대조구로 다른 용기는 비병원성 대장균 균주에 노출되었다. 당신의 미세배열 분석에 대한 지식에 근거하여 병원성 대장균 균주에 노출 동안 일어나는 유전자 발현의 변화를 분석하는 방법, 모든 관련된 대조구를 포함하는 방법을 설명하라.
4. 전사 개시점을 결정하기 위한 프라이머 신장법과 S1핵산가수분해효소법을 비교하라. 각 방법의 장점과 단점을 기술하라.

준세포적 생명형태

Unit 5

Chapter

20 플라스미드

많은 세포들은 염색체 외의 유전물질을 가지고 있다. 특히, 박테리아는 여분의 유전 요소를 가지고 있다. 이 DNA 분자는 염색체 보다 작으며 염색체가 가지고 있지 않은 "선택적으로 추가될 수 있는" 정보를 가지고 있다. 예를 들어, 처음으로 발견된 플라스미드는 항생제에 저항할 수 있는 유전자를 가지고 있어서 이를 소유한 박테리아에게는 항생제 배지에서 살아갈 수 있는 능력을 부여한다. 그러나 박테리아가 항생제가 없는 조건에서 항생제 저항 단백질을 합성하는 것은 낭비가 된다. 플라스미드를 세포에 부가적인 유전정보가 아니라(다른 염색체에 부속된 여러 유전적 존재와 더불어) 진화적 능력을 가진 독립적인 "유전자 생물"로 보는 견해도 있다. 그러한 견지에서 보면 세포는 플라스미드가 살아가고, 증식하고, 진화하는 환경으로 생각할 수 있다.

1. 복제단위로서의 플라스미드

플라스미드는 독립적으로 자가 복제하는 DNA 분자(또는 드물게 RNA)이다(그림 20.01). 이들은 살아있는 세포 내에 존재하면서 유전적 정보를 가지고 있지만 염색체는 아니다. 이들이 세포의 유전체 일부로 간주되지 않는 이유는 다음 두 가지이다. 첫째, 특정 플라스미드가 다른 종의 세포에

플라스미드(plasmid) 진핵생물과 원핵생물에서 흔히 발견되는 자가 복제성 유전인자. 이들은 염색체가 아니며 숙주 세포에 영구적으로 존재하는 유전체의 일부도 아니다. 대부분 플라스미드는 이중가닥의 고리형 DNA 분자이나 드물게 선형이나 RNA 플라스미드가 발견되기도 한다.

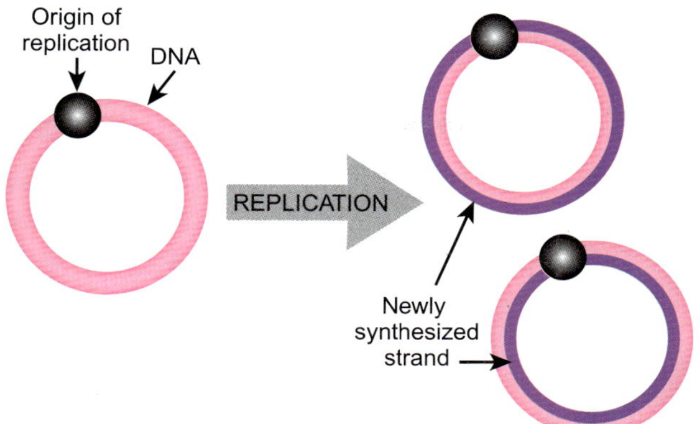

그림 20.01

플라스미드는 자가 복제적 DNA 분자이다.

플라스미드는 대부분 고리형의 이중가닥 DNA로서 세포내에서 발견되며 염색체와는 분리되어 있다. 플라스미드는 자가 복제기점을 가지는 진정 복제단위이다.

존재할 수 있으며 하나의 숙주 종에서 다른 종으로 이동할 수 있다. 둘째, 플라스미드는 특정 숙주 종의 세포에 존재할 수도 있고 없을 수도 있다. 즉, 플라스미드가 발현 가능한 유전정보를 가지고 있지만, 항시 존재하는 세포의 유전적 구성원도 아니며 정상적 조건에서 세포의 성장이나 분열에 필요치도 않다.

플라스미드는 많은 세포에서 발견되는 "추가적" 자가 복제적 DNA 이다.

앞서 설명한 것과 같이, **복제단위**는 자가 복제하는 핵산 분자다. 염색체, 플라스미드, 바이러스 유전체(RNA 또는 DNA), 그리고 바이로이드는 모두 복제단위다. 엄격히 말하자면, 복제단위는 DNA(또는 RNA) 합성이 개시되는 자체적 복제기점을 가진 것으로 정의된다. 즉, 복제단위는 자신의 복제에 필요한 효소에 대한 유전정보를 가지고 있을 필요는 없다. 또한 자신만의 뉴클레오티드 전구체나 에너지를 생산할 필요도 없다. 이것이 플라스미드나 바이러스가 숙주 세포의 에너지와 원자재와 기타 효소활성에 의존하는데도 불구하고 복제단위로 불리는 이유이다.

플라스미드는 그들의 입장에서 하나의 살아있는 생물로 간주될 수 있다. 토양에서 꼬물거리는 벌레나 바다에 수영하는 물고기처럼, 플라스미드도 숙주 세포 내에서 증식한다. 플라스미드 입장에선 세포는 자신들의 환경이다. 즉, 플라스미드가 세포처럼 살아있지는 않지만, 단순한 세포의 일부도 아니다. 어떤 의미에선 플라스미드는 세포에서 세포로 이동하며 세포를 죽이는 바이러스가 이동 능력을 상실하고 순화된 것과 같다. 플라스미드는 숙주 세포의 복제효소를 필요로 하는 점에서 일부 바이러스의 특징을 여전히 가지고 있다. 그러나 바이러스와 달리 플라스미드는 단백질 껍질을 가지거나 세포를 떠나지 않으므로, 세포를 손상하기를 꺼린다. 바이러스는 일반적으로 자신들이 복제하는 세포를 파괴하고, 새로운 희생물을 찾아 떠날 바이러스 입자를 방출한다.

플라스미드는 숙주 세포와 보조를 맞추어 복제한다(그림 20.02). 세포가 분열하면 플라스미드도 분열하여 모든 딸세포도 플라스미드 사본을 가지게 된다. 엑틴과 유사한 섬유성 단백질이 DNA-결합 단백질과 더불어 플라스미드의 분리지점(partition site, *parS*)에 결합한다. 섬유성 단백질은 중합하여 길어지는 방식으로 복제된 2개의 플라스미드를 분리시키고 양극으로 밀어주면 두 딸세포가 각기 하나의 사본을 가지게 된다.

플라스미드와 바이러스는 둘 다 에너지와 기본물질을 숙주 세포에 의존한다. 그러나 플라스미드는 숙주 세포를 손상시키지 않는다.

바이러스가 단백질 껍질을 만드는 유전자와 숙주 세포를 죽이는 유전자를 버리는 과정을 거쳐 플라스미드로 진화했을 수도 있다. 그 결과 P1과 같은(아래 참조) 일부 유전인자들은 두 생활사를 전환할 수 있어서 플라스미드로서 또는 바이러스로서 살 수 있다. 또한 플라스미드가 외피 단백질 유전자나 숙주 세포를 죽이는 유전자를 얻는 과정을 거쳐 자

복제단위(replicon) 복제기점을 가지고 있으며 자가 복제 가능한 DNA와 RNA 분자

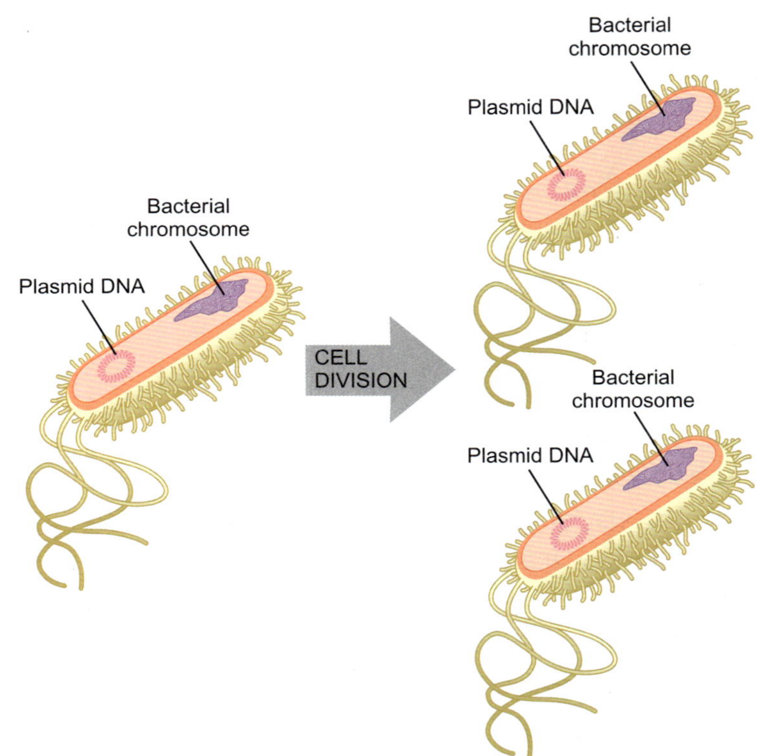

그림 20.02
플라스미드는 숙주 세포와 보조를 맞추어 복제한다.

박테리아 세포가 분열할 때, 복제기구는 또한 플라스미드 DNA도 복제한다. 두 사본의 염색체와 두 사본의 플라스미드가 공평하게 양 세포로 나누어지고, 플라스미드의 복제는 세포에 피해를 주지 않는다.

신의 DNA 복제를 조절하지 않으면서 바이러스로 진화했다고 상상할 수 있다. 실제로, 많은 플라스미드들이 숙주 세포가 자신을 버리지 않도록 숙주 세포를 죽이는 기능을 가지고 있다(3.2절 참조). 어떤 것이 먼저일까? 바이러스? 플라스미드? 이것은 진정한 의미의 닭과 알의 상황이다. 현존하는 플라스미드의 많은 수가 바이러스에서 유래했고 현존하는 많은 바이러스가 플라스미드에서 유래한다. 그러나 대부분의 경우 이 둘 중 어떤 것이 최초의 원본인지는 여전히 확실치 않다.

상자 20.1 유전자 생명체 개념의 발상

처음에는 플라스미드, 바이러스, 트렌스포존들이 서로 분명하게 구분되는 존재로 보였다. 이들을 구별하고 분리하는 것은 그리 어렵지 않다. 그러나 점점 더 많은 수의 유전인자가 "다중인격"을 가지는 것이 발견되었다. 박테리아성 바이러스인 P1은 숙주 세포에서 플라스미드 처럼 행동하며, 바이러스 Mu는 트렌스포존처럼 행동한다. 더구나 많은 바이러스들이 플라스미드와 유사한 서열을 가지고 있다. **유전자 생명체**라는 개념은 세포 단위 이하의 수준에서 존재하는 유전적 존재를 포괄하는 개념이다. 이러한 유전적 인자들은 모두 복제하고 이동하지만 영역이 세포 내로 한정되어있다. 즉 세포는 유전자 생명체가 살고 증식하는 환경으로 간주될 수 있다. 이 준세포 존재가 세포의 기생생물로 간주될 수 있으나, 이들을 더 잘 이해하려면 유전자 생물 자체의 눈높이에서 이들을 바라볼 필요가 있다.

유전자 생명체(gene creature) 유전적 존재로서 유전적 정보로만 이루어져있으나 때로 방어성 포장을 가지기도 한다. 그러나 에너지를 생성하거나 거대 분자를 복제하는데 필요한 자신의 도구는 가지고 있지 않다.

2. 플라스미드의 일반적 특징

플라스미드는 때로 선형이나 RNA로 존재하는 것도 있지만 일반적으로 고리형 DNA 분자이다. 이들은 하나 또는 다수의 사본을 가질 수도 있고, 몇 개의 유전자에서 수백 개의 유전자를 가질 수도 있다. 플라스미드는 항상 숙주 세포 내에서 복제한다. 대부분의 플라스미드는 박테리아에서 서식한다. 자연에서 약 50%의 박테리아가 하나 또는 그 이상의 플라스미드를 가지고 있다. 효모나 곰팡이와 같은 고등생물도 플라스미드를 가지고 있다. 클로닝 벡터로 사용되고 있는 효모의 2μ 서클(아래 참조)은 잘 알려진 예이다.

대부분의 플라스미드는 고리형 DNA로서 염색체보다 매우 작다.

사본 수는 하나의 세균 세포당 플라스미드 분자의 수를 말한다. 대부분의 플라스미드는 염색체당 1개 또는 2개의 사본을 가지지만, ColE 플라스미드의 경우처럼 50개 이상을 가질 수도 있다. 사본 수는 항생제 저항성과 같은 플라스미드에서 유래하는 효과의 정도에 영향을 미친다. 세포당 사본 수가 많을수록 항생제 저항 유전자가 많아지고 저항성은 높아진다.

플라스미드의 크기는 매우 다양하다. *E. coli*의 F-플라스미드는 이 점에서 매우 평균적 크기로서 *E. coli* 염색체의 1% 크기에 해당한다. 대부분의 사본이 많은 플라스미드는 훨씬 더 작다(ColE 플라스미드는 F-플라스미드의 10% 크기이다). 염색체의 10% 정도 해당하는 매우 큰 플라스미드가 때때로 발견되지만 연구하기가 쉽지 않은 탓에 잘 알려져 있지 않다.

일부 플라스미드는 한 세포에 하나 또는 두 사본을 가지며, 일부는 다수의 사본이 존재한다.

플라스미드는 자신의 생활사를 조절하는 유전자를 가지고 있고 일부 플라스미드는 숙주 세포의 특성에 영향을 주는 유전자를 가지고 있다. 이들의 특성은 플라스미드에 따라 매우 다르다. 가장 잘 알려진 것이 다양한 항생제에 대한 저항성이다. 숙주 세포에 특별한 표현형을 부여하지 않는 **잠복성 플라스미드**도 있다. 아마 아직 특성이 알려져 있지 않은 유전자를 가지고 있는 때문에 그렇게 보일 수도 있다. 다양한 플라스미드는 다양한 목적을 위해 변형되어 분자생물학적 연구에 사용되며 유전공학 작업과정에서 유전자를 수용하는 데 사용된다.

플라스미드의 숙주 범위는 매우 다양하다. 일부 플라스미드는 일부 가깝게 연관된 박테리아에 제한된다. 예를 들어 F-플라스미드는 *E. coli*와 이와 가까운 장내 세균인 *Shigella*와 *Salmonella*에만 서식한다. 다른 플라스미드는 넓은 숙주 범위를 가지고 있다. 예를 들어 P-그룹의 플라스미드는 수백 종의 박테리아에 살수 있다. 현재 "P"는 특이하게 넓은 숙주 범위로 인한 "무차별의(promiscuous)"를 의미하는 것으로 알려져 있으나, 원래는 이것이 처음 발견되었던 박테리아인 *Pseudomonas*에서 유래하였다. 이들은 종종 페니실린을 비롯 많은 항생제 저항성을 가지고 있다.

일부 플라스미드는 하나의 박테리아에서 다른 곳으로 이동할 수 있으며 **전달성**으로 불린다. 이 특성을 가진 플라스미드로는 F-타입과 P-타입 등 많은 중간 크기의 플라스미드가 있으며, Tra^+(transfer positive, 전달성-양성)라 한다. 플라스미드의 이동에는 30개 이상의 유전자가 필요하므로, 중간 크기 이상의 플라스미드만이 이 능력을 가진다. ColE와 같은 작은 플라스미드는 필요한 유전자를 가질만한 DNA를 가지고 있지 못하나 자가 이동성(self-transferable) 플라스미드에 의해 **이동성**을 가진다. [이들은 Mob^+(mobilization positive, 이동성-양성)라고 부른다.] 모든 Tra^-(전달성-음성) 플라스미드가 이동이 가능하지

사본 수(copy number) 단일 숙주 세포 내 발견되는 플라스미드의 수
잠재성 플라스미드(cryptic plasmid) 특성이나 표현형을 제공하지 않는 플라스미드
이동성(mobilizability) 이동능력이 있는 플라스미드가 하나의 숙주 세포에서 다른 세포로 이동할 때 이동능력이 없는 플라스미드를 이동시키는 것
전달성(transferability) 플라스미드가 하나의 숙주에서 다른 숙주 세포로 이동하는 능력

일부 플라스미드는 박테리아 세포 간 자신을 이동시킬 수 있고 일부는 염색체 유전자의 이동도 가능하다.

는 않다. F-플라스미드와 같은 일부 이동성 플라스미드는 염색체 유전자를 이동시킬 수 있다. 이것은 *E. coli*를 사용한 박테리아 유전연구에 이용되었다. 플라스미드 이동 기작과 염색체 이동에 필요한 조건은 25장의 박테리아 유전학에서 자세히 설명하고자 한다.

상자 20.2 플라스미드냐 염색체냐?

콜레라를 일으키는 그람음성 박테리아인 *Vibrio cholera* 유전체 서열을 조사하였더니, 이 박테리아는 각기 2,961,146개와 1,072,314 염기쌍을 가진 2개의 고리형 염색체를 가지고 있는 것이 밝혀졌다. 총 4백만 염기쌍에 이르는 이 유전체는 3,900개의 단백질을 암호화하고 있으며 이는 *E. coli*의 유전정보의 양과 유사하다. 염기서열의 조성을 분석한 결과 작은 염색체에서 많은 유전자들이 장내 세균이 아닌 데에서 유래한 것으로 보이며, 대부분은 특징적 유전자의 서열과 기능과 많이 변해있었다. 작은 염색체는 또한 인테그론 유전자 포획체계를 가지고 있었을 뿐 아니라(22장 참조), 플라스미드가 일반적으로 가지고 있는 "중독" 유전자를 가지고 있었다(아래 참조). 더구나 작은 염색체는 큰 염색체와 다른 기작으로 복제하고 있었다. 실제로 작은 염색체는 플라스미드에서 널리 분포하는 복제체계를 공유하고 있었다. 작은 염색체는 마치 플라스미드가 외부의 유전자를 누적하여 현재의 크기로 자라난 것으로 보인다. 어쩌면 작은 염색체를 "메가플라스미드"로 취급하는 것이 나을 것으로 보인다(최근 연구 동향 참고). 유전체-서열 결과를 보면 10%의 박테리아가 이러한 다양한 크기의 메가플라스미드를 가지고 있는 것으로 보인다. 대부분의 경우 큰 염색체는 단백질, RNA, DNA 합성과 같은 중요한 세포기능에 필수적인 유전자를 모두 가지고 있다.

관련 연구에 대한 초점

Harrison PW, Lower RPJ, Kim NKD, Young JPW(2010) Introducing the bacterial "chromid": not a chromosome, not a plasmid. Trends Microbiol. 18: 141–148.

이 논문은 박테리아의 "2차 염색체"를 기술하기 위한 용어를 주장하고 있다. 2차 염색체는 사실 더 큰 1차 염색체와는 다르다고 주장한다. 이들은 진정한 복제단위로 %GC가 1차 염색체와 유사한 것으로 보아 숙주 내에서 오랜 세월 존재한 것으로 보인다. 그러나 이들은 플라스미드와 같은 복제와 분리체계를 사용한다. 그러나 이들이 다른 종의 박테리아 유전자를 가지고 있는 것으로 보아, 이들이나 이들의 작은 선조 플라스미드가 원래 다른 종의 숙주에서 살았던 것으로 추정된다. 2차 염색체는 또한 특정 문(phylum)에만 존재하는 독특한 유전자를 가지고 있다. 이러한 특징은 염색체와 플라스미드를 모두 닮은 것으로 저자들은 이 두 용어를 조합하여 "**크로미드**"라는 용어를 제안하고 있다.

이 특수한 용어를 사용하려는 이유는 NCBI 데이터베이스에 유전체 서열을 제출하는 표준을 정립하기 위해서이다. 이 논문은 2009년 중반 현재 82개의 다른 박테리아 종이 크로미드를 가지고 있음을 밝혀내었고, 이들은 주로 프로테오박테리아에서 발견되었다. 이들은 특정 종에서는 염색체이며 다른 종에서는 플라스미드로 존재한다. 크로미드라는 독특한 분류를 사용하면 데이터베이스의 표지를 용이하게 해줄 것이다. 또한, 특성을 구별함으로써 이들이 진화하는 방법과 이들이 숙주에 부여하는 장점의 이해에 도움을 줄 것이다.

저자 노트: 염색체도 플라스미드도 아닌 인자에 대해 새로운 용어를 부여하는 것이 필요하기도 하지만 "크로미드"라는 용어는 불행히도 혼란을 초래할 수도 있다. "**크롬ID**"라는 용어가 이미 사용되고 있고 바이오메리유(bioMerieux)가 판매하는 염색성 배지의 상표이름이기도 하다.

크로미드(chromid) 염색체와 플라스미드의 특징을 모두 가진 박테리아 유전물질을 기술하기 위해 만들어진 용어
크롬ID(chromID) 바이오메리유가 판매하는 염색성 배지의 상표명

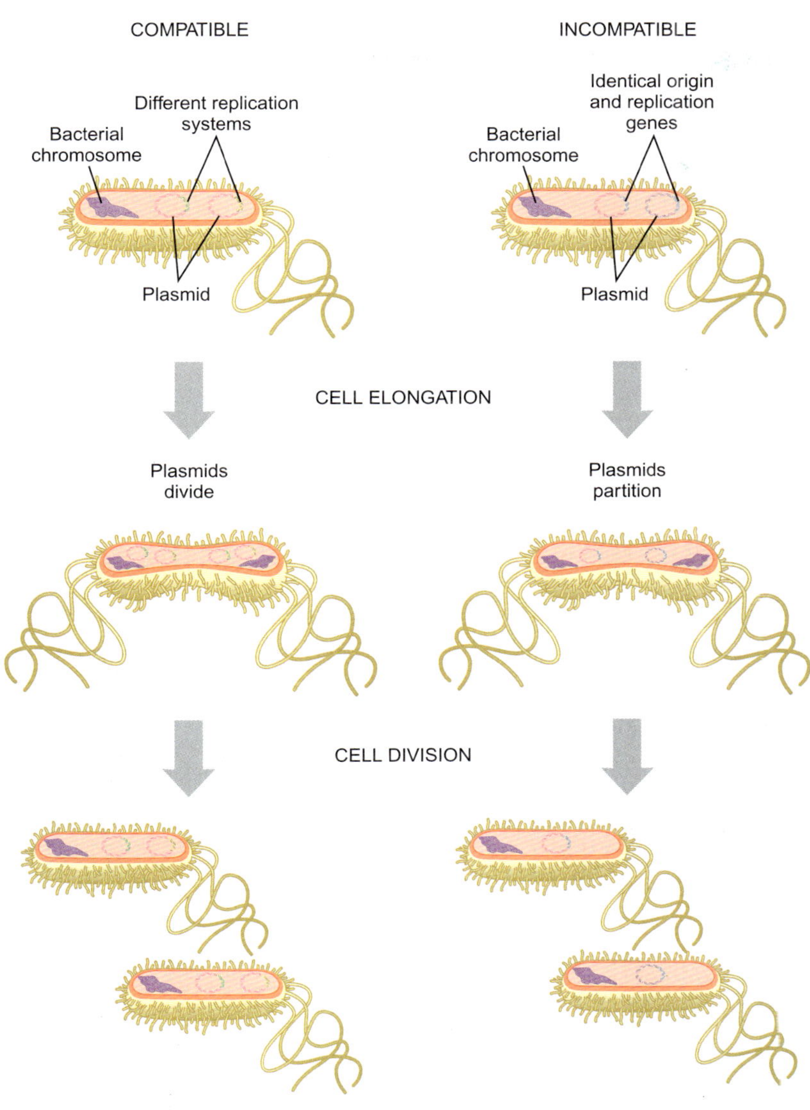

그림 20.03
플라스미드 부적합성

다른 복제기점을 가지고 다른 복제효소를 가지는 플라스미드는 동일 세포에 존재할 수 있다(왼쪽). 이것을 '적합성'이라고 한다. 세포 분열 시 두 유형의 플라스미드가 복제되고 각 딸 세포 역시 두 플라스미드를 갖게 된다. 반면 동일한 복제기점과 효소를 가지는 두 플라스미드는 부적합성을 가지며 (오른쪽), 세포 분열 중 복제되지 않는다. 두 플라스미드는 각각 다른 딸세포로 이동한다.

2.1 플라스미드 그룹과 부적합성

동일 그룹에 속하는 두 가지 플라스미드는 동일 세포에 같이 존재할 수 없다. 이것은 **부적합성**이라고 부른다. 플라스미드는 원래 부적합성으로 분류되었으므로, 플라스미드 그룹은 종종 부적합성 그룹을 의미하여 알파벳의 문자(F, P, I, X 등)로 표시된다. 동일 부적합성 그룹에 속하는 플라스미드는 매우 다른 유전자를 가지고 있더라도 복제 유전자의 서열은 매우 유사하다. 다른 그룹에 속하는 플라스미드라면 둘 이상이더라도 하나의 세포에 존재할 수 있다. 예를 들면 P-타입 플라스미드는 F-그룹의 플라스미드와 동일 세포에 공존하는데 문제가 없다(그림 20.03).

플라스미드는 복제 유전자의 유사성에 따라 그룹으로 분류한다.

2.2. 흔치는 않지만 또는 RNA로 이루어진 플라스미드도 있다

대부분의 플라스미드가 고리형 DNA지만, 예외는 있다. 이중가닥의 선형 DNA를 가진 플라스미드가 다양한 박테리아와 곰팡이 그리고 고등식물에서 발견되었다. 가장 잘 알려진 선형 플라스미드는 선형 염색체를 가진 *Borrelia*와 *Streptomyces*와 같은 일부 박테리아에

부적합성(incompatibility) 동일 그룹의 두 플라스미드가 동일 숙주 세포에 같이 존재하지 못하는 특성

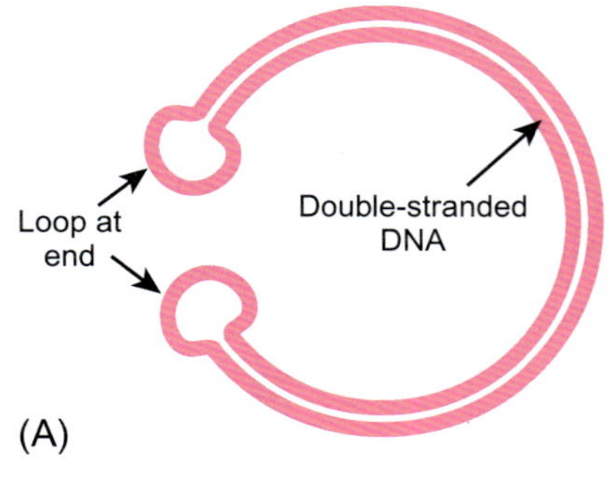

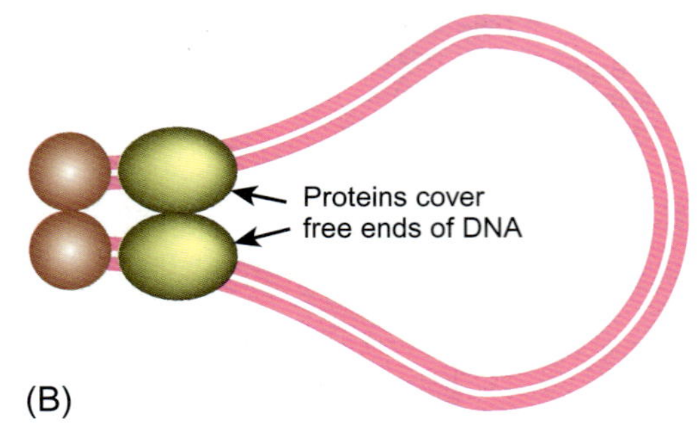

그림 20.04
선형 플라스미드의 말단구조

A) *Borrelia*의 선형 플라스미드의 말단은 머리핀 고리와 같은 말단을 이룬다. B) *Streptomyces*의 선형 플라스미드 말단은 단백질로 보호된다. 만약 선형 플라스미드의 이중가닥 말단이 노출되면, 재조합, 수선, 또는 분해가 일어난다.

선형 플라스미드는 DNA 말단을 보호하는 특별한 구조를 가지고 있다.

서 발견되었다. 박테리아에 있는 선형 DNA 복제단위의 말단은 진핵생물 염색체의 텔로미어(telomere)와는 다른 다양한 독특한 방법으로 핵산내부가수분해효소로부터 말단을 보호한다.

*Borrelia*는 사실 자유 DNA 말단을 가지고 있지 않다. 외가닥 DNA의 머리핀 서열이 각 선형 플라스미드와 염색체 말단에 고리를 형성한다(그림 20.04A). 아프리카 돼지열병을 일으키는 이리도바이러스(iridovirus)와 같은 일부 동물 바이러스도 유사한 구조를 가지고 있다. 다양한 *Borrelia* 종은 재발성 고열과 라임병을 일으킨다. 이들 선형 플라스미드는 혈구 세포를 파괴하는 용혈소(hemolysin) 유전자와 숙주의 면역체계로부터 박테리아를 보호하는 표면 단백질을 가지고 있다. 즉, 많은 여러 감염성 박테리아에서의 경우처럼 *Borrelia*의 독성 인자는 대부분 경우 플라스미드에 위치한다.

*Streptomyces*의 플라스미드는 자유 말단을 가진 진정한 선형 DNA다. 이들은 DNA 말단에 단백질들과 결합한 역반복 서열을 가지고 있다. 더해서 특수한 방어성 단백질이 DNA의 5′ 말단에 공유결합으로 부착되어있다. 전체적으로 이것은 테니스 라켓과 같은 구조를 가지고 있다(그림 20.04B). 아데노바이러스 DNA, 대부분의 선형 진핵성 플라스미드, 일부 박테리아 바이러스도 유사한 구조를 가지고 있다.

선형 플라스미드는 진핵생물에서도 발견된다. 보통 팽이버섯으로 알려진 *Flammulina velutipes* 곰팡이의 미토콘드리아는 2개의 매우 작은 선형 플라스미드를 가지고 있다. 유산성 효모인 *Kluyveromyces lactis*는 정상적으로 세포질에서 복제하는 선형 DNA를 가지고 있다. 그러나 때로 플라스미드는 핵으로 이동하여 고리형으로 복제한다. 고리형화는 선형 플라스미드의 말단에 있는 역반복서열이 관계하는 위치 특이성 재조합으로 일어난다. 이 플라스미드의 생리적 기능은 확실치 않다.

RNA 플라스미드는 드물고 그의 특징이 거의 잘 알려져 있지 않다. 식물, 곰팡이, 동물에도 이들은 발견된다. 일부 *Saccharomyces cerevisiae*는 선형 RNA 플라스미드를 가지고 있다. 유사한 RNA 플라스미드가 일부 옥수수 품종의 미토콘드리아에서 발견되었다. RNA 플라스미드는 외가닥과 이중가닥의 형태가 모두 발견되며 RNA 바이러스와 유사하게 복제된다. RNA 플라스미드는 자신의 합성을 유도하는 RNA-의존 RNA 중합효소 유전자를 가지고 있다. RNA 바이러스와는 달리, RNA 플라스미드는 외피단백질 유전자를 가지지 않는다. 서열분석에 의하면 RNA 플라스미드는 세포에서 세포로 이동하는 능력을 잃고 세포 내 영원히 머물게 된 RNA 바이러스에서 유래된 것으로 추정된다.

3. 플라스미드 DNA는 둘 중 한 가지 방법으로 복제한다

대부분의 플라스미드는 박테리아 염색체와 같이 양방향 복제를 한다.

일반적 고리형 dsDNA 플라스미드는 복제에 둘 중 한 가지 방법을 사용한다. 대부분의 플라스미드는 박테리아 미니 염색체처럼 복제한다(10장 염색체 복제 참조). 이들은 DNA가

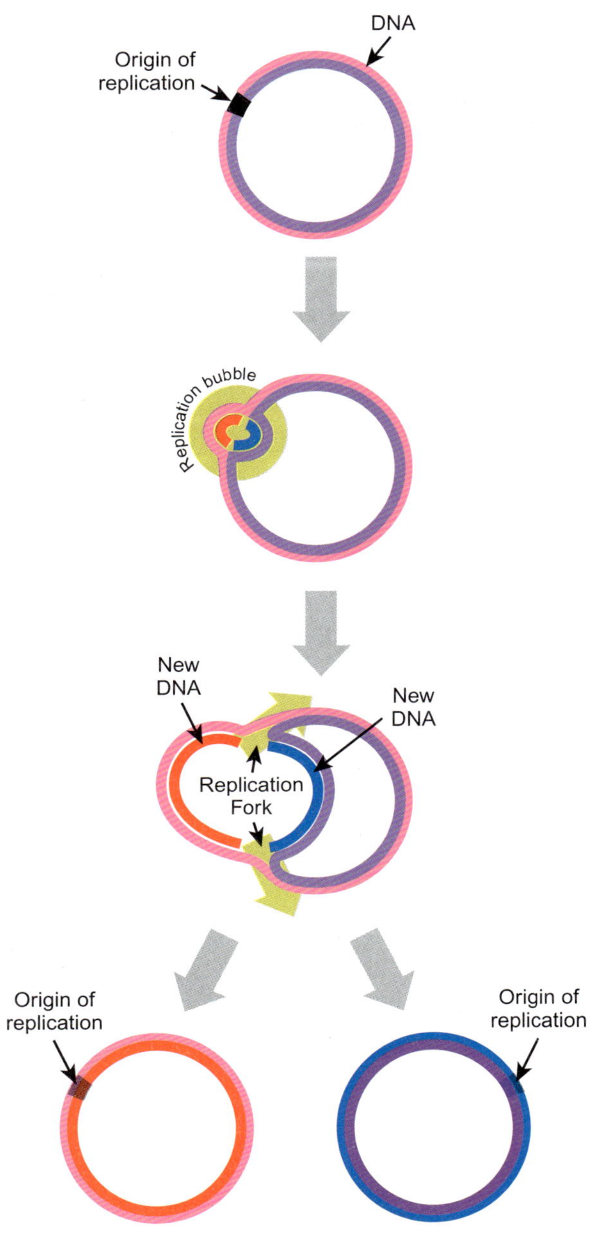

그림 20.05
플라스미드의 양방향 복제

일부 고리형 플라스미드에서 복제효소는 복제기점을 인식하고 DNA를 풀어준다. 그리고 양방향으로 새로운 DNA 복제를 시작한다. 그 결과 복제방울이 생기게 된다. 새로운 가닥이 합성되면서, 두 각각의 복제 분기점은 반대편에서 서로 만날 때까지 이동한다. 두 DNA 고리가 완성되면 2개의 독립적 플라스미드가 만들어진다.

열리고 복제가 시작되는 복제기점을 갖는다. 그리고 두 복제분기점이 고리형 플라스미드를 반대방향으로 돌아 다시 만난다(그림 20.05). 일부 소수의 플라스미드만이 복제분기점이 한쪽 방향으로 한 바퀴 돌아 다시 복제기점으로 돌아온다.

일부 플라스미드와 많은 바이러스는 회전고리형 복제를 한다.

다른 복제기작은 **회전고리형 복제**이다. 이것은 일부 플라스미드와 매우 적은 수의 바이러스만이 사용한다. 복제기점에서, 이중 가닥 DNA의 한 가닥이 틈이 생긴다(그림 20.06). 여전히 고리형인 한 가닥이 굴러가듯 움직이면서 잘라진 가닥이 풀려나오기 시작한다. 그 결과 하나는 잘려진 가닥에 속하고 다른 하나는 고리형 가닥인 외가닥이 생성된다. DNA 합성은 고리형 가닥을 주형으로 사용하여 잘려진 가닥의 한쪽 끝에서 풀려진 외가닥 간극을 메꾸듯이 합성이 시작된다. 풀고 메우는 작업이 계속되면서 잘려진 원 가닥은 완전히 풀려지고 고리형 가닥은 완전히 새로운 가닥으로 염기쌍을 이루게 된다. 마침내 원

회전고리형 복제(rolling circle replication) 고리형 DNA의 복제기작으로서 한 가닥에 틈을 내고 틈이 생긴 가닥을 풀어주면서 복제가 시작되고, 여전히 고리형으로 남은 다른 가닥을 주형으로 DNA를 합성한다. 일부 플라스미드와 바이러스에서 쓰여진다.

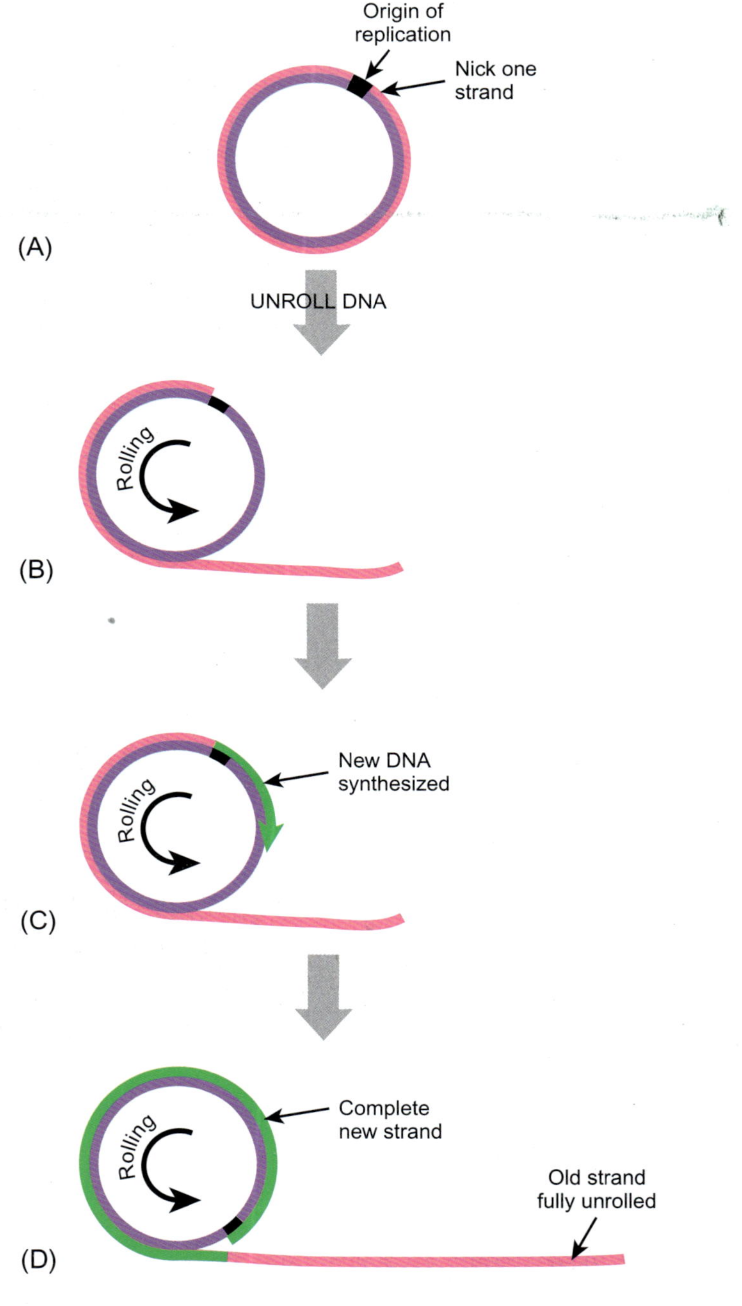

그림 20.06
회전고리형 복제

회전고리형 복제 시, 하나의 플라스미드 DNA 가닥에 틈이 생기고, 잘려진 가닥은(분홍색) 다른 고리형 가닥에서(보라색) 분리된다. 분리로 생긴 간극은 복제기점에서 시작된 새로운 DNA 합성으로 메꾸어진다(초록색). 고리형 가닥이 완전히 복제될 때까지 새로 합성된 DNA가 선형 가닥을 계속 대체한다. 선형 외가닥은 이 과정에서 완전히 "펼쳐"진다.

DNA 고리와 같은 길이의 외가닥 DNA가 풀려 달려있는 모양이 된다.

다음 단계는 상황에 따라 다르다. 단순히 플라스미드 복제를 할 경우에는 풀려진 원 가닥은 상보적 합성의 주형으로 사용되어 이중 가닥이 만들어 진다. 이중 가닥은 잘려져 나와 고리형을 이루면서 플라스미드의 두 번째 사본이 된다.

이동성 플라스미드는 이동에는 회전고리형 기작을 숙주 세포의 분열과 더불어 복제에는 양방향성 복제 기작을 사용한다.

*E. coli*의 F-플라스미드와 같은 일부 플라스미드는 하나의 박테리아에서 다른 박테리아로 자신을 이동시킬 수 있다. 이러한 플라스미드는 2개의 독립된 복제기점을 가지고 있다. 이들은 숙주 세포가 분열할 때는 양방향성 복제로 분열하며(생장 복제로도 알려져 있다), 접합 중 다른 세포로 이동할 때는 회전고리형 복제를 사용한다(25장 참조). 양방향성 복제는 생장 복제기점인 *oriV*에서 시작하며, 이동시에는 *oriT*를 사용한다. 모든 플라스미드가 생존하기 위해서는 반드시 생장 복제기점을 가져야 한다. 이동하는 플라스미드만이 특수한 이동 복제기점을 가진다.

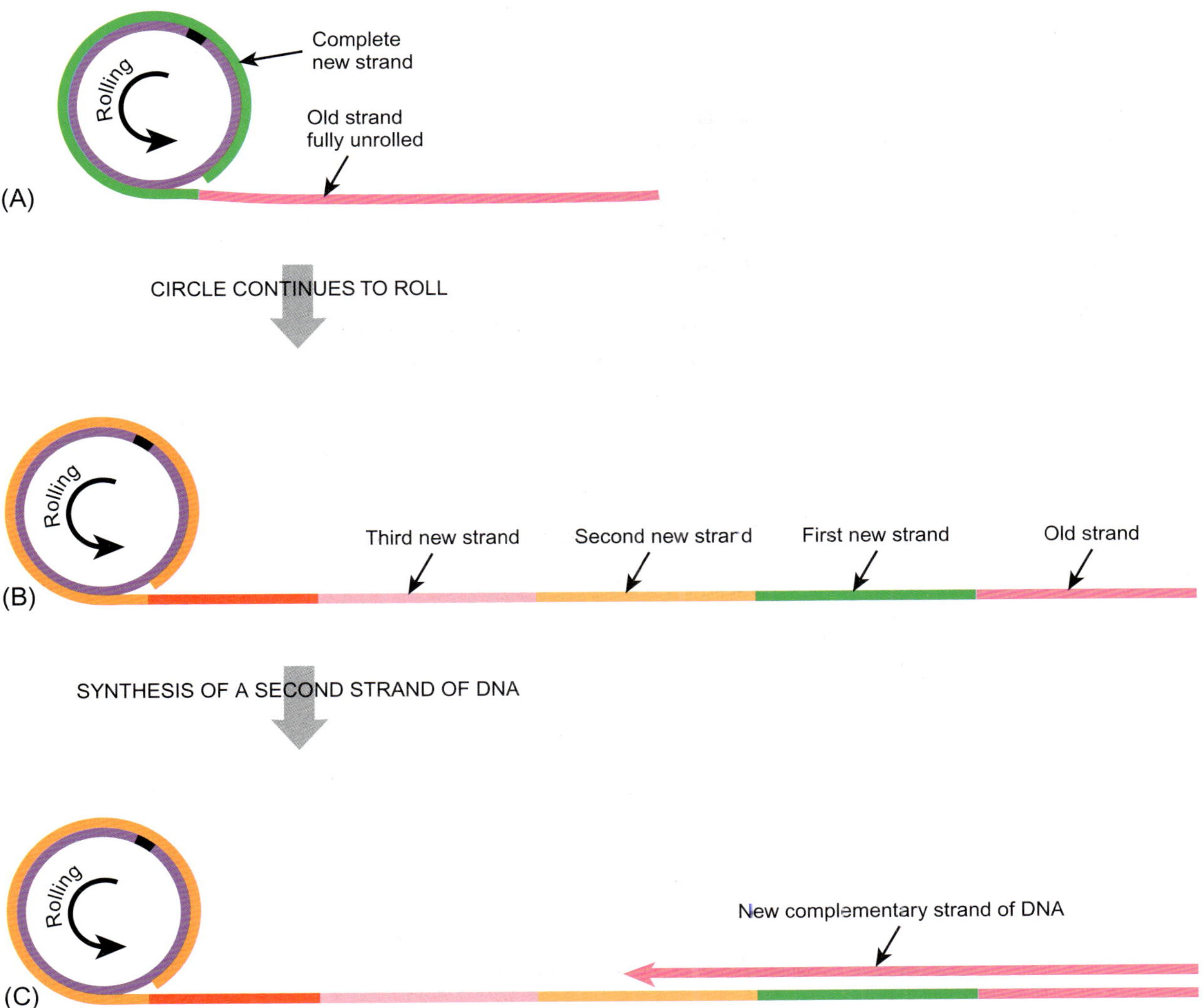

그림 20.07

바이러스가 회전고리형 복제를 사용할 수 있다.

회전고리형 복제는 앞 그림처럼 일어날 수 있지만(A) 고리 DNA (보라색)를 돌면서 일어나는 복제는 여러번 계속된다(B). 일부 바이러스는 긴 외가닥 DNA를 자르고 잘려진 외가닥을 바이러스 입자에 포장한다. 일부 바이러스는 상보적 가닥을 합성하여 이중 가닥 DNA를 만든다 (C). 이중 가닥은 단위 유전체 길이로 잘려 포장된다.

일부 플라스미드와 바이러스의 연관성은 DNA 복제기작에서 볼 수 있다. 회전고리형 복제는 이동성 플라스미드뿐 아니라 많은 바이러스 또한 사용한다(그림 20.07). 일부 바이러스는 다수의 DNA 이중가닥을 만든다. 이들 바이러스는 풀려나온 외가닥을 주형으로 새로운 가닥을 만든다. 이들이 풀림과 합성을 계속하면서 원 고리형 DNA 길이의 여러 배에 해당하는 긴 선형 이중가닥 DNA를 만든다. 이것은 단위 유전체 길이로 잘려져 바이러스 입자에 포장한다(일부 바이러스는 DNA를 포장 전 고리형으로 변환시키는 반면, 다른 바이러스는 선형 DNA를 포장하고 새로운 세포의 감염 후 복제시 비로소 고리형으로 전환한다).

일부 바이러스는 외가닥 DNA를 가진다. 이들은 염기쌍을 이루지 않은 외가닥을 그대로 지니고 있어서 긴 외가닥 DNA를 만든다(그림 20.07B). 포장 시 단일 유전체 길이로 잘려져 포장된다. 이러한 바이러스가 새로운 세포를 감염하면 상보적 가닥이 합성되어 이중가닥 DNA로 변환된다.

어떤 복제기작을 따르든, 각 딸세포가 하나의 플라스미드 사본을 가져야 한다. 플라스미드나 염색체의 분배는 세포골격의 일부인 단백질 섬유의 분배체계에 의한다(4장 참조). 박테리아 염색체 분배체계인 ParABC 체계외에도 플라스미드를 분배하는 다른 체계가 알려져 있다(관련 연구에 대한 초점 참조).

관련 연구에 대한 초점

Gerdes K, Howard M, Szardenings F(2010) Pushing and pulling in prokaryotic DNA segregation. Cell 141: 927–942.

이 논문은 복제 후 염색체와 플라스미드 DNA를 두 딸세포에 분배하는 다른 체계를 설명하고 있다. 가장 일반적인 Par 체계는 ParABC 체계로써 대부분 박테리아 염색체와 다수의 플라스미드의 분배에 관여한다. 이 체계에서 ParA(P loop ATPase)는 긴 중합성 섬유를 형성하여 분열하는 각 세포에 밀어주듯 플라스미드를 분배시킨다.

ParM 체계는 진핵생물의 액틴과 유사한 섬유성 단백질을 가지고 있다. 이것은 진핵생물의 체세포분열과 유사한 방법으로 플라스미드를 밀어준다. 세 번째 체계는 진핵생물의 튜블린과 유사한 섬유성 단백질 TubZ를 사용하는 체계이다.

3.1. 안티센스 RNA에 의한 사본 수 조절

하나의 사본을 가지거나 여러 개의 사본을 가지거나 모든 플라스미드는 자신의 사본 수(copy number)를 세밀하게 조절한다. 그러나 이 두 그룹에서 조절 기작은 상당히 다르다. 사본 수가 많은 플라스미드는 세포 내 사본 수가 특정 수위에 달하면 복제 개시를 제한하는데, 이러한 플라스미드는 "느슨한" 사본 수 조절을 한다고 말한다. 반면 단일 사본 플라스미드는 분배를 엄격하게 조절하고 세포주기 중 한 번만 복제를 하는 "엄격한" 사본 수 조절을 한다. 단일 사본 플라스미드에 비해 다수의 사본을 가진 플라스미드의 복제조절이 훨씬 더 잘 알려졌다.

많은 플라스미드의 사본 수 조절에 안티센스 RNA가 관여한다.

가장 흥미로운 사본 수 조절은 플라스미드 복제 개시에 **안티센스 RNA**가 관여하는 경우다. 다수의 사본을 가진 ColE1 플라스미드가 가장 잘 연구된 바 있으나, 동일한 원리가 안티센스 RNA를 사용하는 단일 사본 플라스미드에도 적용된다. ColE1의 복제개시는 DNA 합성 프라이머로 사용될 수도 있는 555개의 염기를 가진 RNA 분자의 전사로 시작한다. 이 전구-프라이머 RNA(때로 RNAII로 불림)는 **리보핵산가수분해효소 H**로 잘려져 DNA 중합효소 I이 사용할 수 있는 자유 3′-OH 그룹을 가진 프라이머로 만들어진다(그림 20.08).

만약 리보핵산가수분해효소 H가 전구-프라이머 RNAII를 자르지 못하면, 자유 3′ 말단이 만들어지지 않고 복제는 시작되지 못한다. 리보핵산가수분해효소 H는 RNA-DNA 혼성체에만 특이성을 가진다. 결과적으로 RNAI으로 알려진 안티센스 RNA가 전구-프라이머 RNAII에 결합하면 절단이 방해된다(그림 20.09). RNAII와 RNAI은 둘다 DNA의 동일 부위에서 서로 반대 방향으로 전사된 것이다. RNAI은 108 염기로써 RNAII의 반대쪽 가닥에서 암호화 된다. RNAI은 RNAII의 5′ 말단과 상보적이다.

사본 수는 RNAII의 복제기점 DNA 결합과 RNAI의 RNAII 결합의 상대적 비율로 결정된다. 이 둘의 상관관계에 영향을 주는 돌연변이는 사본 수의 변화를 가져올 것이다. ColE1이 가지고 있는 유전자에서 만들어지는 Rom 단백질은 RNAI과 RNAII의 결합을 증가시킨다. 만약 Rom 단백질이 비활성화되면, 사본 수가 증가 한다. 그러나 여전히 사본 수 조절이 이루어지고 있는 것으로 보아, 사본 수 조절에 Rom 외 다른 기작이 관여하는 것으로 보인다.

3.2. 플라스미드 중독과 숙주 사멸 기능

다수의 거대 플라스미드는 숙주 세포가 플라스미드를 손실하지 않도록 해주는 유전자를 가지고 있다. 이러한 "플라스미드 중독(plasmid addiction)" 체계는 만약 플라스미드가 손실되면 박테리아 세포를 죽인다. 즉 플라스미드를 유지하는 세포만 살아남는다. 이에 관련된

안티센스 RNA(antisense RNA) mRNA나 다른 기능성 RNA 분자와 상보적 RNA 분자
리보핵산가수분해효소 H(ribonuclease H) RNA–DNA 이형접합체에만 작용하는 리보핵산가수분해효소

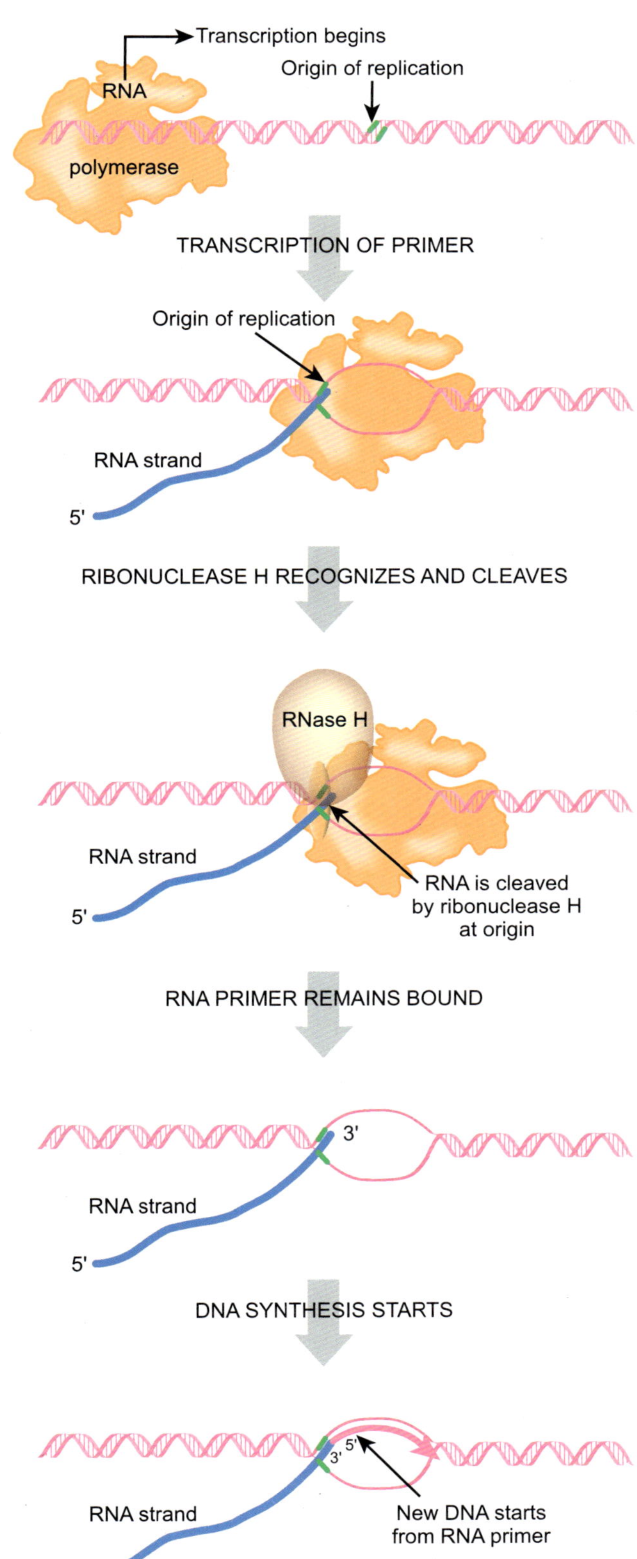

그림 20.08

ColE1 플라스미드의 복제 개시

RNA 중합효소가 복제 개시점 가까이에서 RNA(RNA II) 가닥을 합성한다. RNA II(파란색)는 리보핵산가수분해효소 H에 의해 인식되고 절단된다. 절단에 의해 노출된 3′-OH에서 DNA 합성이 시작한다.

방법은 구체적으로 보면 다양하지만, 크게는 플라스미드에 의해 만들어지는 2개의 구성성분이 관여한다. 하나는 숙주 세포에 치명적인 것이고 다른 것은 해독제다. 독소는 장기적으로 존재하고 해독제는 단기적으로 존재한다. 플라스미드가 존재하는 한 해독제는 계속 만들어진다. 플라스미드가 손실되면 해독제는 분해되고 안정된 독소만 남게되어 세포를 죽이

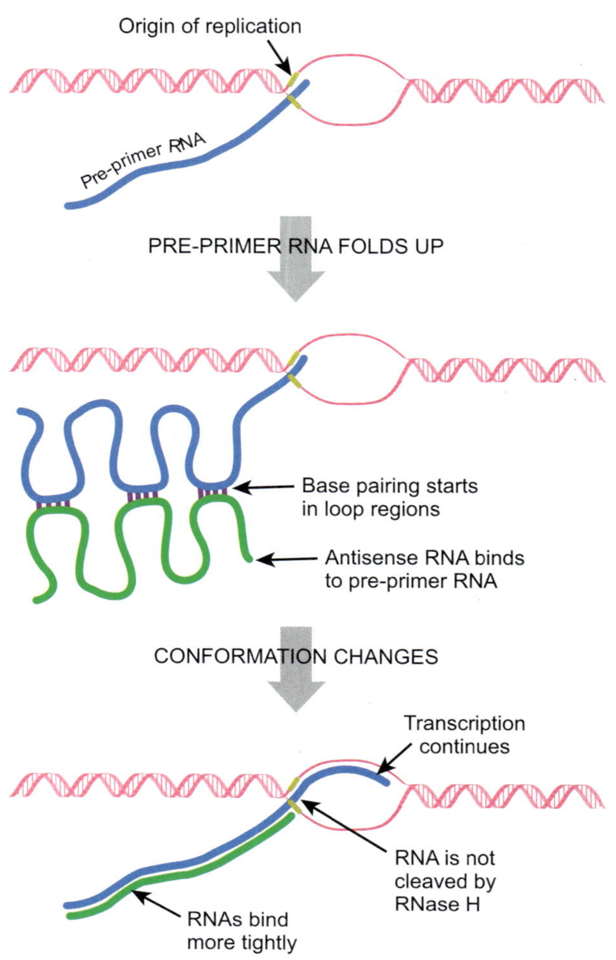

그림 20.09

안티센스 RNA는 프라이머의 형성을 방해한다.

두 번째 전사물인 RNA I 또한 RNA II와 마찬가지로 ColE1의 동일 지점에서 만들어진다. 그러나 RNA I(초록색)은 반대방향으로 전사되어, RNA II에 상보적이다. RNA II와 RNA I의 상보적 서열이 염기쌍을 이루기 시작하여 전체가 이중가닥으로 배열된다. 리보핵산가수분해효소 H는 DNA-RNA 혼성체만을 인식하므로, RNA II는 잘려지지 않고 계속 전사된다. DNA 합성 역시 일어나지 못한다.

게 된다. 많은 플라스미드는 실제로 2개 이상의 다른 체계를 가지고 있어서 플라스미드를 잃은 숙주 세포가 살아남을 확률을 줄인다.

거대 플라스미드는 때로 숙주 세포가 이를 잃을 경우 죽도록 독소를 만든다.

F-플라스미드의 단백질성 숙주 사멸 오페론은 CcdA와 CcdB의 두 단백질을 만드는 *ccdAB* 오페론이다. CcdA는 해독제로서 숙주 단백질가수분해효소에 의해 쉽게 분해된다. CcdB는 독소이다. 플라스미드가 계속 존재하는 한 새로운 CcdA는 계속 공급될 것이고, CcdB와 결합하여 이의 작용을 봉쇄할 것이다. 결과적으로 세포는 생존한다. 플라스미드가 없어지면 CcdA가 만들어지지 않고, CcdB가 DNA 자이라제를 방해하고 박테리아 염색체에 이중가닥 절단을 생성하여 세포를 죽인다. 다른 플라스미드도 유사한 체계를 가지고 있다.

F-플라스미드와 일부 R-플라스미드는 숙주를 죽이는 단백질의 번역을 방해하는 안티센스 RNA 해독제 체계를 가지고 있다. 이것은 플라스미드 R1에서 처음 발견되었다. 여기서 Hok(Host Killing) 단백질은 Sok 안티센스 RNA가 존재하는 한 번역되지 않는다. Sok RNA는 *hok* mRNA와 결합하여 리보솜이 결합하는 것을 방해하고, 리보핵산가수분해효소 II에 의한 mRNA의 분해는 촉진한다. Sok RNA는 비교적 빠르게 분해된다. 플라스미드가 손실되면 Sok RNA가 분해되고 *hok* mRNA는 자유롭게 번역된다. Hok 단백질은 세포막을 손상시키고 세포를 죽인다.

4. 다수의 플라스미드는 숙주 세포를 이롭게 한다

만약 플라스미드가 세포 유전체의 필수적 부분이 아니라면, 세포는 왜 이들이 존재하게 내버려두는가? 일부 플라스미드는 위에서 다룬 바와 같이 실제로 쓸모가 없다. 일부 플라스

표 20.01 자연적으로 발생하는 플라스미드가 가지는 특성

저항성과 방어

항생제 저항성: 아미노글리코시드, 베타-락탐, 클로람페니콜, 술폰아미드, 트리메토프림, 푸시딕산, 테트라사이클린, 마크로리드계(macrolide), 포스포마이신(fosfomycin) 등

금속에 대한 저항성: Ni, Co, Pb, Cd, Cr, Bi, Sb, Zn, Cu, Ag 등

수은이나 유기수은에 대한 저항성

독성 음이온에 대한 저항성: 비산염, 아비산염, 붕산염, 크롬산염, 셀렌산염, 텔루산염 등

아크리딘이나 에티디움브로마이드와 같은 끼어들기 약물에 대한 저항성

UV나 X-선과 같은 방사선 조사 손상에 대한 저항성

박테리오파지 DNA를 분해하는 저항체계

특정 박테리오파지에 대한 저항성

공격성과 독성

박테리오신의 합성

항생제의 합성

아그로박테리움에 의한 식물의 근두암종과 수염뿌리병

콩과식물 뿌리에서 *Rhizibium*에 의한 뿌리혹 형성

*Paramecium*에서 공생체인 *Caedibacter*의 플라스미드에 의한 R-바디 합성

독성 세균에 의한 독소합성, 면역계로부터 방어, 부착 단백질의 합성과 같은 병원성 인자

대사경로

유당(살모넬라), 라피노즈, 설탕과 같은 당의 분해

옥탄, 벤조산, 톨루엔, 장뇌(camphor)와 같은 지방족 탄화수소와 방향족 탄화수소 또는 그 우사체의 분해

폴리염화 바이페닐(polychlorinated biphenyl)과 같은 할로겐화된 탄화수소의 분해

단백질 분해

황화수소의 합성

*Alcaligene*의 탈질(소)화

*Erwinia*의 색소 합성

기타

*E. coli*의 시트르산염의 이동

이온의 이동

*Halobacterium*의 가스 소낭의 생성

미드는 숙주 세포를 이용하여 자신의 생존을 보호할 특수 기작을 가지고 있다. 그러나, 대부분의 플라스미드는 사실 숙주 세포에게 유용한 특성을 제공한다. 플라스미드는 어떤 유전자도 가질 수 있어서 개체들 사이 유전자를 이동시키는 유전공학에 널리 이용된다. 실제로 일부 특성들은 자연에서 발견되는 플라스미드에 널리 펴져있다. 이들은 표 20.01에서 나열하였다.

많은 플라스미드는 특수한 환경조건에서만 숙주에 유용한 유전자를 가지고 있다.

플라스미드는 종종 항생제 저항 유전자를 가지고 있다. 이것은 사람의 의학으로부터 또는 토양에 자연적으로 생산되는 항생제로부터 박테리아를 보호한다. 플라스미드는 수은, 납 또는 카드뮴 등의 산업 오염물이나 자연 퇴적 독성 금속으로부터 박테리아를 보호하는 독성 중금속에 대한 저항 유전자도 가지고 있다. 일부 플라스미드는 박테리아가 제초제나

그림 20.10
플라스미드의 항생제 저항성

플라스미드는 자신의 DNA를 복제하고, 하나의 숙주 세포에서 다른 숙주 세포로 이동하며 다양한 표현형을 보이는 유전자를 가지고 있다. 많은 플라스미드는 숙주 세포에서 발현되면 항생제 저항성을 부여하는 유전자를 가지고 있다.

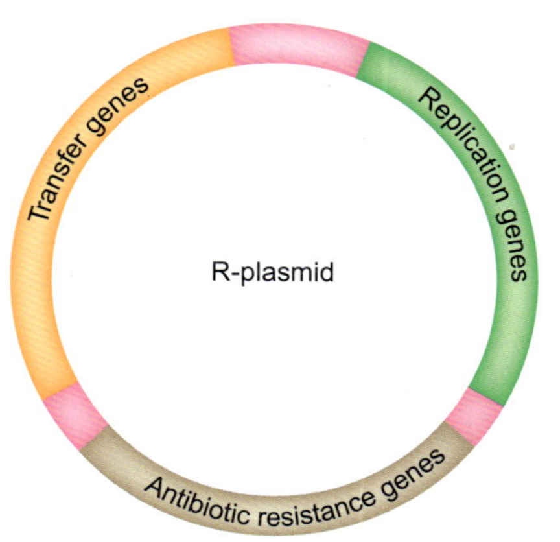

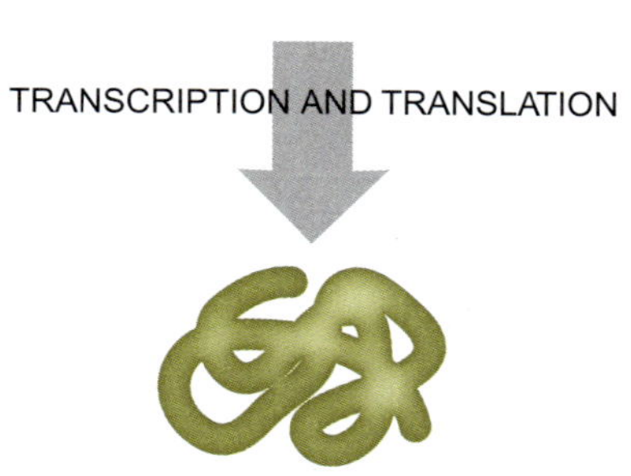

석유화합물 등 다양한 공업적 화합물에서 성장할 수 있는 유전자도 제공한다. 인간의 입장에서 이러한 박테리아는 귀찮을 수도 있지만 석유나 기타 오염물 누출을 제거하는 데 유용할 수도 있다. 마지막으로, 일부 플라스미드는 감염성 박테리아가 숙주를 침투하고 숙주의 면역체계에 대항하여 생존하는 데 필요한 독성 또는 집락 형성인자를 제공한다.

4.1. 항생제 저항 플라스미드

R-플라스미드는 세균에 항생제 저항성을 부여한다.

세계2차대전 이후 일본에서 처음으로 설사를 일으키는 *Shigella*에 서식하는 플라스미드를 발견하였다. 박테리아에 의한 설사는 원래 초기 항생제인 술폰아미드(sulfonamide) 제제로 치료하는데 갑자기 이 술폰아미드 치료에 저항하는 *Shigella*가 나타나기 시작했다. 술폰아미드에 대한 저항성은 박테리아가 아닌 플라스미드 위에 존재하는 것이 밝혀졌다. 이러한 항생제에 저항성을 부여하는 플라스미드를 **R-플라스미드** 또는 R-인자라 부른다(그림 20.10).

문제를 가중시킨 것은 *Shigella* 균주가 항생제 저항 유전자를 가지고 있을 뿐 아니라, 술폰아미드 저항성 유전자를 가진 플라스미드가 박테리아에서 다른 박테리아로 이동한다는 것이었다. 즉, 술폰아미드 저항성을 가진 *Shigella*가 급속히 전파되기 시작했다. *Shigella*가 생존하도록 저항성을 부여하는 플라스미드의 이동성은 사람의 입장에서는 매우 위험한 일이었다. 왓슨과 크릭이 이중나선 구조를 발견했던 1953년, 일본의 설사성 *Shigella*의 80%가 술폰아미드 항생제에 저항성을 가지고 있었다. 1960년에 이르자, 일본 *Shigella*의 10%가 4종의 항생제에 저항성을 가지고 있었다: 술폰아미드, 클로람페니콜, 테트라사이클린 그리고 스트렙토마이신. 1970년도 그 수는 거의 30%에 육박하였다. 이러한 균주 중에는 때때로 단일 플라스미드에 여러 개의 항생제 저항 유전자를 가지고 있기도 하다. 현재, 다수의 항생제 저항 유전자를 가진 플라스미드가 박테리아 사이를 이동하여 큰

R-플라스미드 항생제 저항성 유전자를 가진 플라스미드

의료 문제가 되고 있다. 수술 후나 심한 화상 또는 면역저하 환자들의 항생제 저항성 박테리아의 감염 위험이 가장 높다.

*Streptomyces*와 같은 토양 박테리아나 *Penicillium*과 같은 곰팡이는 자신들의 자연적 생리 활동으로 항생제를 생성하고, 이에 저항하는 즉, R-플라스미드는 사람이 항생제를 사용하기 전에도 존재했었다. 그러나 항생제 사용이 증가하면서 이들의 전파가 가속화되었다. R-플라스미드 전파의 주된 원인은(돼지나 닭과 같은) 가축의 생산성을 감소시키는 질병을 막기 위해 사료에 항생제를 넣은 것이다. 최근 일부 나라들은 동물 사료에 항생제 사용을 금지했는데, 그 후 가축들에서 R^+ 박테리아의 빈도가 크게 줄어들었다.

R-플라스미드는 적합성은 여러 다양한 그룹에 속하지만 유사한 특성을 가지고 있다. 대부분의 R-플라스미드의 크기는 중간 또는 대형이며 숙주 내 1-2 사본만을 가지고 있다. 높은 이동 빈도를 가지는 억제가 풀린 돌연변이가 일부 발견되기는 하지만, 대부분은 자체-이동성 빈도가 낮다. 원래 F-플라스미드는 박테리아에서 박테리아로 이동성이 증가된 "자연적 돌연변이"다. 많은 플라스미드들이 항생제나 독성 중금속 저항성 유전자를 하나 이상 가지고 있고 콜리신(colicin)이나 독성 인자를 가지고 있을 수도 있다.

항생제 저항 돌연변이 박테리아는 실험실에서 쉽게 분리할 수 있다. 그러나 염색체 돌연변이로 인한 저항 기작은 일반적으로 플라스미드 저항성과 매우 다르다. 염색체 돌연변이는 일반적으로 항생제의 표적이 되는 세포 구성물질을 변형시켜 종종 부작용을 동반한다. 반면 플라스미드성 저항성은 필수적 세포 구성요소의 변형을 동반하지 않는다. 대신 항생제를 비활성화시키거나 세포에서 배출시킨다. 플라스미드에서 유용한 표지 유전자를 꺼내 사용하기도 한다. 유전공학에는 플라스미드에서 유래한 많은 저항 유전자들을 이용한다. 항생제 저항성을 이용하여 과학자들은 플라스미드를 받지 못한 세프를 죽여서, 플라스미스를 받아들인 세포를 골라내었다(7장 참조). 클로람페니콜, 가나마이신/네오마이신, 테트라사이클린, 엠피실린 저항성 유전자들이 가장 실험실에서 널리 사용된 것 들이다.

플라스미드는 일반적으로 세포의 중요한 조성물을 변형시키기보다 항생제를 불활성화하거나 배출하는 기작으로 저항성을 부여한다.

4.2. 베타-락탐 항생제에 대한 저항성

ß-락탐(β-lactam) 그룹은 **페니실린**과 **세팔로스포린** 등과 같이 가장 널리 알려지고 사용된 항생제 계통이다. 이들은 모두 박테리아 세포벽 형성에 관여하는 효소의 활성부위와 반응하는 아미드 그룹을 포함하는 4개의 고리 구조인 β-락탐 구조를 가지고 있다. 펩티도글리칸 교차형성이 봉쇄되면 박테리아는 세포벽이 와해되어 죽게된다. 펩티도글리칸은 박테리아에만 독특하게 존재하므로 페니실린과 세팔로스포린은 소수 알러지 반응을 제외하고 사람에게는 거의 해가 없다.

페니실린이나 이와 유사한 항생제는 가장 널리 사용되는 항생저이다.

페니실린과 유사한 항생제는 β-락타마아제에 의해 파괴된다.

저항성 플라스미드가 가지고 유전자는 β-락탐 고리를 열고 항생제를 파괴하는 **β-락타마아제**를 만든다(그림 20.11). 일부 β-락타마아제는 페니실린이나 세팔로스포린을 모두 공격하기도 하지만, 대부분은 둘 중 하나를 선호한다. 널리 사용되는 페니실린계 항생제 **엠피실린**은 분자생물학 클로닝에서 플라스미드의 선별에 많이 사용된다(7장 참조). 이 유전자는 *amp*(ampicillin) 또는 ***bla***(β-lactamase)로 불린다. 특정 *Pseudomase* 균주가 가지고 있는 R-플라스미드인 RP1은 고활성의 광범위 β-락타마아제를 가지고 있어서, 엠피실린을 유일한 탄소 에너지원으로 자랄 수 있을 정도다!

엠피실린(ampicillin) 페니실린계 항생제 중 널리 사용되는 항생제
베타-락탐(beta-lactam 또는 β-락탐) 박테리아 세포벽인 펩티도글리칸의 교차결합을 방해하는 항생제 그룹으로 페니실린과 세팔로스포린이 속한다.
β-락타마아제(β-lactamase) 엠피실린과 같은 β-락탐 항생제를 불활성화시키는 효소로 베타-락탐 고리를 잘라준다.
***bla* 유전자(*bla* gene)** 엠피실린에 저항성을 제공하는 β-락타마아제(β-lactamase)를 암호화하는 유전자
세팔로스포린(cephalosporin) 박테리아 세포벽인 펩티도글리칸의 교차결합을 방해하는 β-락탐 타입의 항생제 중 하나
페니실린(penicillin) 박테리아 세포벽인 펩티도글리칸의 교차결합을 방해하는 β-락탐 타입의 항생제 중 하나

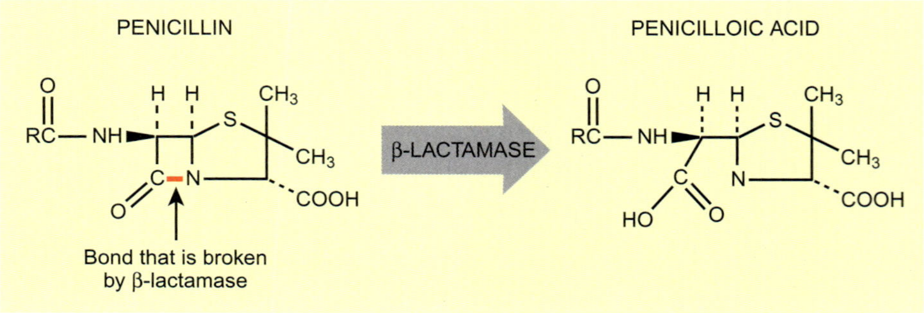

그림 20.11

β-락타마아제에 의한 페니실린의 불활성화

페니실린은 박테리아 세포벽을 공격하여 세포의 성장이나 분열을 억제하는 항생제이다. 항생제는 4개의 원자로 이루어진 β-락탐 고리를 가지는데, 이것은 세포벽을 합성하는 효소의 활성부위에 결합한다. β-락타마아제는 β-락탐 고리를 자르고 (붉은 선) 페니실린을 불활성화 시킨다.

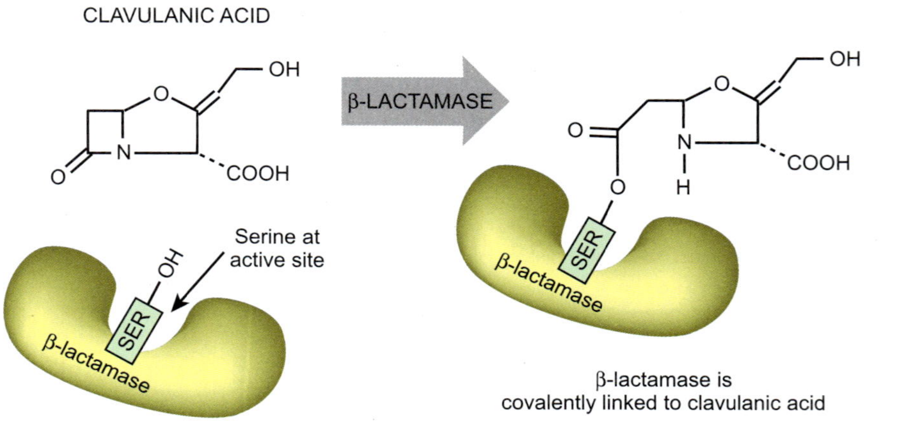

그림 20.12

클라불란산에 의한 β-락타마아제의 불활성화

β-락타마아제를 불활성화시키기 위해 항생제와 더불어 클라불란산과 같은 페니실린 유사체를 첨가한다. 클라불란산은 페니실린과 유사한 4개의 원자로 이루어진 고리를 가진다. 즉, β-락타마아제는 이것을 결합하고 자르게 되는데, 이때 클라불란산은 β-락타마아제에 공유적으로 결합 불활성화시킨다. 이때 페니실린을 투약하면, 저항성을 가지고 있는 박테리아도 페니실린에 의해 죽게 된다.

여러 가지 페니실린과 세팔로스포린 유도체가 생산되고 있다. 일부는 β-락타마아제에 의해 분해가 잘 안되지만, 시간이 흐르면서, 변형되고 향상된 β-락타마아제를 가지는 R-플라스미드 보유 박테리아가 생겨났다. 다른 접근방법은 β-락탐 항생제와 β-락타마아제를 저해하는 β-락탐 유사체를 혼합 투여하는 방법이다. **클라불란산**와 이의 유사체는 효소의 활성부위 아미노산과 공유결합하여 β-락타마아제를 불활성화 시킨다(그림 20.12).

4.3. 클로람페니콜에 대한 저항성

클로람페니콜은 아세틸 그룹의 첨가로 불활성화된다.

클로람페니콜, 스트렙토마이신 그리고 가나마이신은 모두 박테리아의 리보솜에 결합 단백질 합성을 방해하는 항생제이다. 플라스미드 유전자와 염색체 돌연변이에 기인한 항생제 저항성 기전의 차이는 이러한 항생제에서 특히 잘 볼 수 있다. 염색체 돌연변이는 일반적으로 항생제가 결합하지 못하는 변형된 리보솜을 만든다. 이러한 돌연변이는 단백질 합성의 속도나 정확성에도 영향을 주어 세포 생장이 느려지게 되는 원인이 되기도 한다. 반면, 플라스미드 성 저항성은 플라스미드에 기인한 특수 효소를 사용하여 항생제를 화학적으로 공격한다.

클로람페니콜은 박테리아 리보솜의 큰 소단위인 23S rRNA에 결합하여 펩티딜 이동효소 반응을 방해한다(13장 참조). R 플라스미드는 **CAT(클로람페니콜 아세틸기전달효소)**를 생산하여 클로람페니콜의 곁사슬에 아세틸 CoA의 아세틸 그룹을 부착시킨다. 그 결과

CAT Chloramphenicol acteyl trnasferase, 클로람페니콜 아세틸기전달효소
클로람페니콜(chroramphenicol) 23S rRNA에 결합하는 항생제로 단백질 합성을 방해한다.
클로람페니콜 아세틸기전달효소(Chloramphenicol acteyl trnasferase, CAT) 클로람페니콜에 아세틸 그룹을 부착시켜 불활성화 시키는 효소
클라불란산(clavulanic acid) β-락타마아제에 공유결합으로 결합하여 활성을 죽임

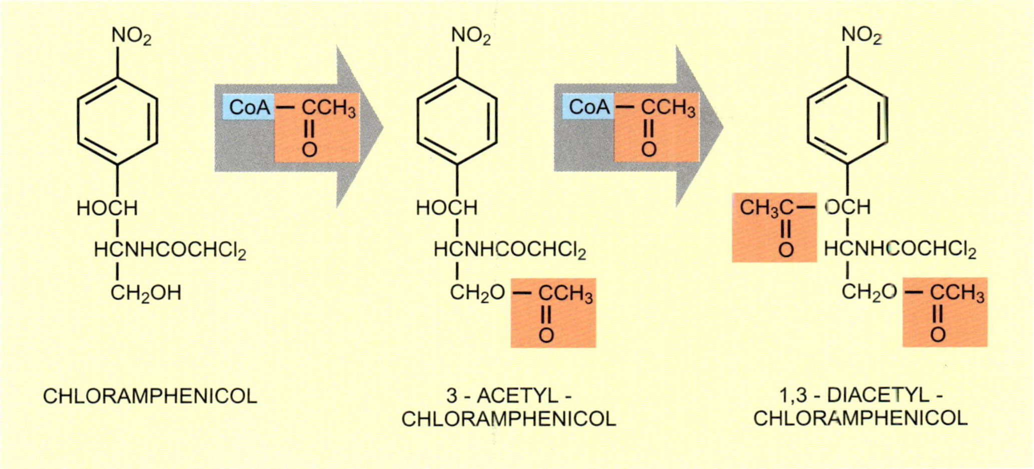

CHLORAMPHENICOL　　3 - ACETYL - CHLORAMPHENICOL　　1,3 - DIACETYL - CHLORAMPHENICOL

23S rRNA에 항생제 결합을 방해한다(그림 20.13). 클로람페니콜의 -OH 말단을 불소(F)로 대체하면 변형이 되지 않으면서도 항박테리아성이 있는 유사체를 만들 수 있다. 두 종류의 주된 CAT가 있는 데 하나는 그람양성 박테리아로부터 유래했고, 다른 하나는 그람음성 박테리아에서 유래했다. 이 두 그룹은 클로람페니콜 결합 부위를 제외하고는 그 특성이 매우 다르다.

그림 20.13
클로람페니콜의 불활성화

클로람페니콜의 곁사슬은 2개의 -OH 그룹을 가지고 있다. 이것은 박테리아의 리보솜에 결합에 중요하다. R-플라스미드가 생성하는 클로람페니콜 아세틸기전달효소는 클로람페니콜에 2개의 아세틸 그룹을 첨가한다. 이때 효소는 아세틸-CoA의 아세틸 그룹을 사용한다. 그 결과 1,3-diacetyl-chloramphenicol은 더 이상 리보솜에 결합하지 못하게 된다.

4.4. 아미노글리코사이드 저항성

아미노글리코시드 그룹에는 **스트렙토마이신**, **가나마이신**, **네오마이신**, 토브라마이신(tobramycin), 겐타마이신(gentamycin) 외 여러 것들이 포함된다. 아미노글리코사이드는 3개의(또는 그 이상의) 당 고리를 가지고 있는데, 적어도 하나에는(보통 2–3개의) 아미노 그룹이 부착되어 있다. 이들은 리보솜의 작은 소단위에 결합하여 단백질 합성을 방해한다(13장 참조). 플라스미드 저항인자는 이들 항생제를 변형시켜 불활성 시킨다. -OH의 인산화, -OH의 아데닐화(AMP 첨가), 또는 -NH_2 그룹의 아세틸화 등으로 변형시킨 여러 변이형이 존재한다. 인산과 AMP 그룹은 ATP에서, 아세틸 그룹은 아세틸-CoA에서 유래한다(그림 20.14).

변형된 아미노글리코사이드는 더 이상 리보솜을 방해하지 못한다. 다양한 아미노글리코사이드가 있으며, 또한 이에 대항하는 여러 가지 변형 효소도 존재한다. ***npt* 유전자**는 가장 널리 사용되며 가나마이신과 이와 유사한 네오마이신에 저항성을 투여한다. 아미노글리코사이드는 토양에 흔히 존재하는 *Streptomyces* 그룹의 박테리아에서 생성된다. 이들은 그들이 생산하는 항생제에 저항하기 위해 변형 효소를 만들어낸다. 즉 아미노글리코사이드 변형 효소는 원래 이 항생제를 만드는 동일 *Streptomyces*에서 유래한 것이다.

아미카신(amikacin)은 가나마이신 A의 최근 유도체로서 아세틸화의 표적인 중간 고리의 아미노 그룹을 히드록시부틸산염(hydroxybutyrate)으로 봉쇄한 것이다. 이것은 잘 알려지지 않은 N-아세틸기전달효소를 제외하고는 모든 변형 효소에 저항성을 가진다. 그러나 진화는 계속되고 아미카신을 인산화시키는 효소를 가진 박테리아 균주가 드디어 나타나기 시작했다!

아미노글리코시드 항생제는 인산, AMP, 또는 아세틸 그룹의 첨가로 불활성화된다.

아미노글리코시드(aminoglycoside) 단백질 합성을 방해하는 항생제 군으로 리보솜에 결합한다. 스트렙토마이신, 가나마이신, 니오마이신, 토크라마이신, 겐타마이신 등 여러 가지가 있다.
가나마이신(kanamycin) 단백질 합성을 방해하는 아미노글리코시드 항생제 그룹 중 하나
네오마이신(neomycin) 단백질 합성을 방해하는 아미노글리코시드 항생제 그룹 중 하나
npt 유전자 니오마이신 인산전달효소의 유전자. 가나마이신과 니오마이신에 저항성 부여
네오마이신 인산전달효소(neomycin phosphotransferase) 인산그룹을 첨가하여 가나마이신과 니오마이신을 불활성화하는 효소
스트렙토마이신(streptomycin) 단백질 합성을 방해하는 아미노글리코시드 항생제 그룹 중 하나

그림 20.14
아미노글리코시드 항생제의 불활성화

클로람페니콜과 마찬가지로, 아미노글리코시드 그룹도 변형으로 불활성화된다. 가나마이신 B는 인산화, 아세틸화 또는 아데닐화와 같은 다양한 공유적 변형으로 변형될 수 있다. 다양한 박테리아 효소들이 가나마이신 B를 변형하여 작은 리보솜 소단위에 붙는 것을 방해한다.

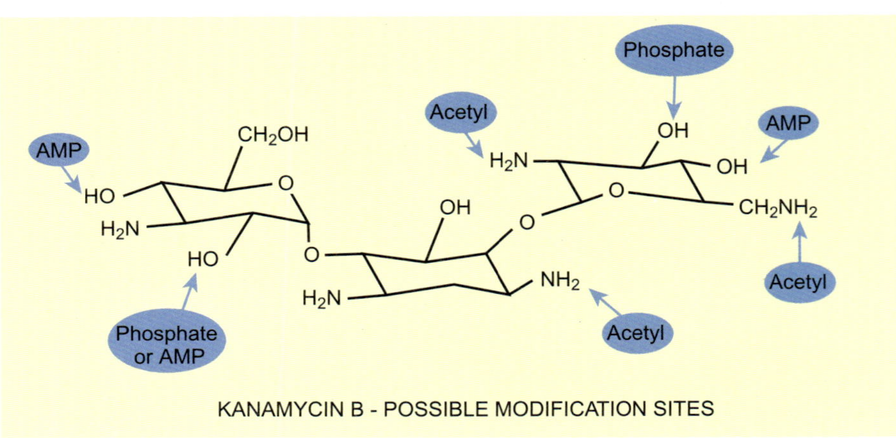

4.5. 테트라사이클린에 대한 저항성

테트라사이클린은 리보솜 작은 소단위의 16S rRNA에 결합해서 단백질 합성을 방해한다. 그러나 이에 대한 저항성 기작은 클로람페니콜과 아미노글리코사이드와는 매우 다르다. 테트라사이클린을 변형하여 비활성화 시키는 것이 아니라 항생제를 세포에서 배출시킨다. 테트라사이클린은 원핵생물과 진핵생물에 모두 결합하지만, 박테리아가 동물 세포보다 더 민감하다. 테트라사이클린은 박테리아 세포에 적극적으로 흡수되지만 진핵생물은 그렇지 못하다. 실제로, 진핵세포는 테트라사이클린을 적극적으로 배출시킨다. 테트라사이클린 저항성 박테리아 역시 항생제를 흡수하지만 또한 적극적으로 다시 방출한다. 테트라사이클린은 알려진 운반성 영양물질과 유사성이 없기 때문에, 테트라사이클린을 흡수하는 박테리아 수송 체계의 목적이 여전히 의문이다. 그러나 Tet 저항성 단백질은 거대한 당-수송 단백질 그룹 중 일부에 속하는 것으로 보아, 당을 인식하던 것이 테트라사이클린을 인식하는 것으로 진화된 것이 아닌가 추정된다.

테트라사이클린 저항성은 에너지를 사용한 항생제 배출 때문이다.

플라스미드가 가지는 테트라사이클린의 저항성은 주로 두 단계를 거친다. 하나는 기본 항시성 저항 단계로, 민감한 박테리아에 비해 5-10배 정도의 저항성을 가진다. 그리고 테트라사이클린에 노출되면 두 번째 높은 단계가 촉발된다. 두 단계 모두 원형질막에 존재하는 단백질의 생성에 의한 것으로 테트라사이클린을 세포로부터 방출한다. 테트라사이클린은 음전기를 띄는 형태로 능동수송으로 유입된다. 세포 내에서 이것은 Mg^{2+}를 결합하고 Tet 저항성 단백질은 Tet-Mg^{2+} 복합체를 양성자 역수송으로 에너지를 사용하여 방출한다 (그림 20.15).

4.6. 술폰아미드와 트리메토프림의 저항성

술폰아미드와 트리메토프림은 모두 비타민 폴산(folic acid)의 길항제(antagonist)이다. 폴산염의 환원형태인 테트라히드로폴산염은 메티오닌, 아데닌, 티민 그리고 탄소 하나가 첨가되어 합성되는 기타 대사물질을 합성하는 효소의 보조인자로 사용된다. **술폰아미드**는 온전이-합성 항생제로서 폴산의 전구체인 *p*-아미노벤조익산(aminobenzoic acid)의 유사체이다(그림 20.16). 술폰아미드는 폴산염 합성경로에 있는 디히드롭테로산염 합성효소를 억제

술폰아미드(sulfonamide) 폴산(folic acid)의 전구체인 *p*-아미노벤조산의 유사체인 합성 항생제. 술폰아미드는 디히드롭테로산염 합성효소(dihydropteroate synthetase)를 저해한다.
테트라사이클린(tetracycline) 16S 리보솜 RNA와 결합 단백질 합성을 방해하는 항생제

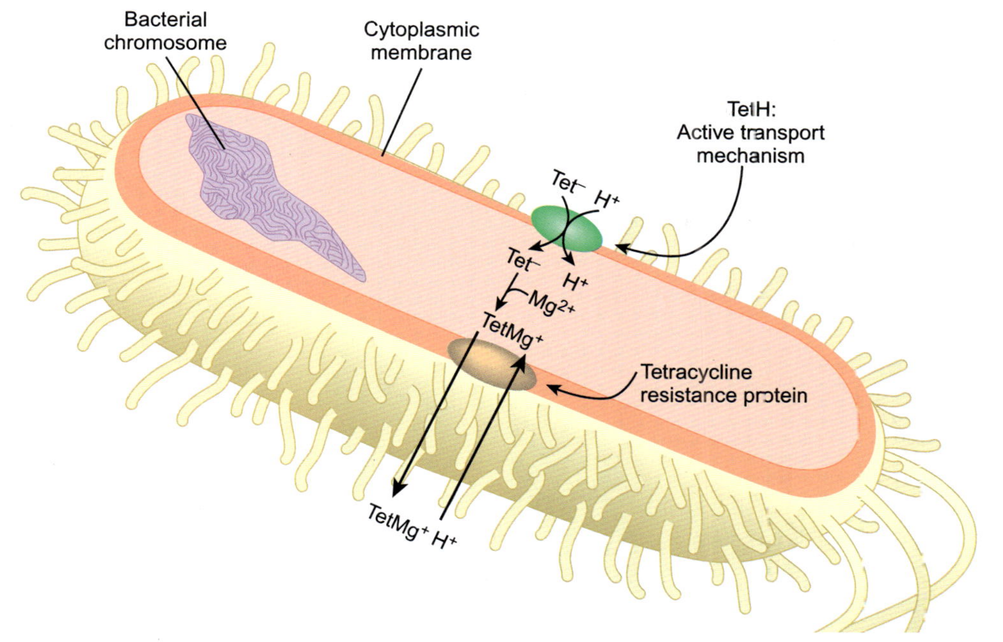

그림 20.15

테트라사이이클린의 배출로 저항성이 부여된다.

박테리아 염색체는 TetH라는 유전자를 가지고 있는데, 이 단백질은 테트라사이클린을 양성자와 함께 세포 내로 활발하게 끌어들인다. 일단 세포 내 들어온 테트라사이클린은 Mg^{2+}와 복합체를 이루어 리보솜과 결합하는 것으로 보인다. R-플라스미드를 가진 박테리아는 또 다른 수송 단백질을 생성하는데, 이 단백질은 양성자를 세포 내로 끌어들이면서 그 에너지로 Tet-Mg^{+} 복합체를 배출하여 세포에 테트라사이클린 저항성을 부여한다.

한다. **트리메토프림**은 테트라히드로폴산염의 프테린(pterin) 고리의 유사체이다. 이것은 디히드로폴산염을 테트라히드로폴산염으로 전환하는 효소인 디히드로폴산염 환원효소를 억제한다. 이 항생제는 동물 세포는 폴산을 흡수해서 사용하므로 동물이나 사람에게는 영향이 없고, 정상적으로 자신들의 테트라히드로폴산염을 합성하는 박테리아에만 효과를 미친다.

술폰아미드와 트리메토프림에 저항성을 주는 플라스미드는 항생제에 결합하지 않는 효소를 만든다. R-플라스미드가 암호화하는 디히드롭테로산염 합성효소의 p-아미노벤조익산에 대한 친화성은 염색체에서 만들어지는 효소와 동일하지만, 솔폰산염에 저항성을 가진다. R-플라스미드의 트리메토프림 저항 디히드로폴산염 환원효소 역시 유사한 저항성을 가진다. 폴산염 경로를 이중으로 봉쇄하기 위해 종종 술폰아미드와 트리메토프림 동시에 사용하기도 하는데 그 결과, 술폰아미드와 트리메토프림 저항성을 동시에 갖는 R-플라스미드가 종종 발견되고 있다.

트리메토프림과 술폰아미드 저항성은 표적효소의 대체에 의한다.

5. 플라스미드는 공격적 성향을 제공한다

처음의 플라스미드는 숙주 박테리아에게 항생제 저항성을 부여하는 것으로 주목을 끌었다. 다른 플라스미드는 중금속 독성으로부터 박테리아를 방어한다. 그러나 방어적 특성이 아닌 공격성을 부여하는 많은 플라스미드가 발견되었다. 이들은 광범위한 두 그룹으로 분류된다. 박테리오신(bacteriocin) 플라스미드는 특정 박테리아 균주가 유사 균주를 죽이는 데 사용하는 독소 단백질 유전자를 제공한다. **독성 플라스미드**는 사람을 포함한 동물과 식물 같은 고등생물을 감염하는 박테리아에 의해 발동되는 여러 특성과 관련된 유전자를 가지고 있다.

일반적으로, 박테리아는 자기와 가장 유사한 균주를 공격할 가능성이 많다. 더 유사할수록 동일 자원을 두고 경쟁할 것이기 때문이다. 자신과 유사한 박테리아를 죽이기 위해

트라메토프림(trimethoprim) 폴산염 보조인자의 프세린 고리의 유사체인 항생제. 디히드폴산염 환원효소(dihydrofolate reductase)를 저해한다.
독성 플라스미드(virluence plasmid) 박테리아 감염에 작용을 하는 독성 인자에 관한 유전자를 가지는 플라스미드

그림 20.16

트리메토프림, 술폰아미드와 폴산 조인자

박테리아 세포는 폴산을 만든다. 반면 동물 세포는 그렇지 못하다. 술폰아미드 항생제는 폴산의 일부인 *p*-아미노벤조산의 유사체이다. 트리메토프림은 폴산의 디히드롭테리딘의 유사체이다. 트리메토프림과 술폰아미드는 생합성 효소와 결합 폴산의 합성을 방해한다.

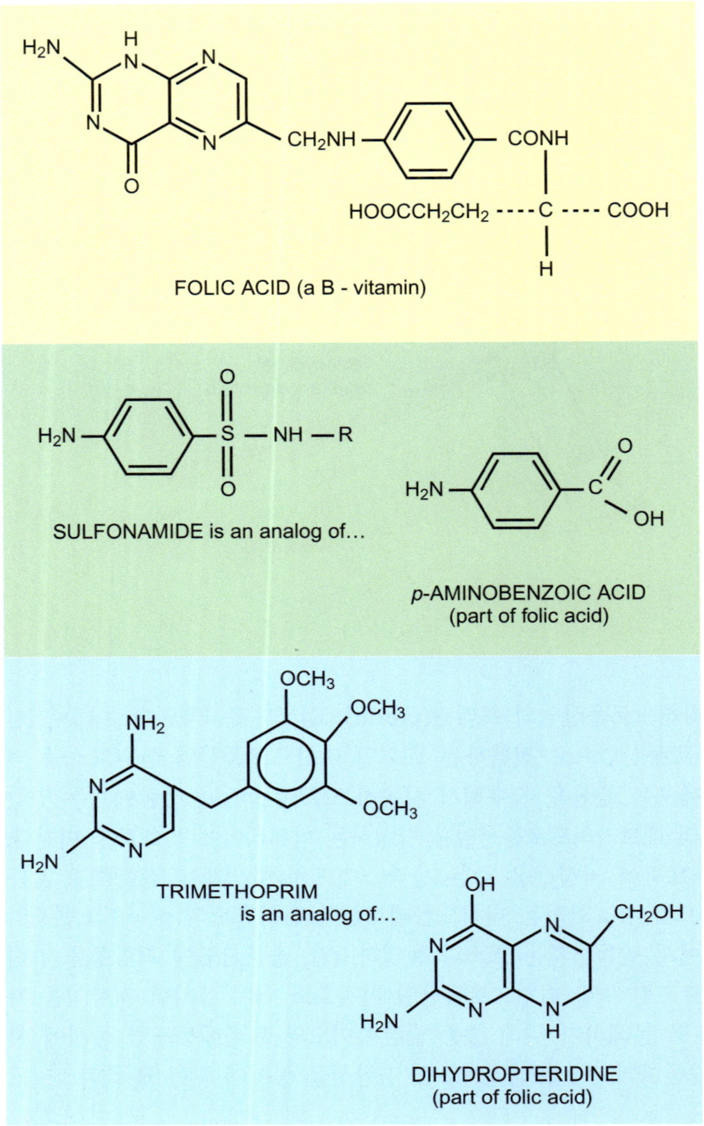

만드는 단백질은 일반적으로 **박테리오신**으로 알려져있다. 이들은 이들이 생성되는 균주의 이름을 따 명명되었다. 예를 들어, 많은 *E. coli* 균주는 동일 종의 다른 균주를 죽이는 다양한 **콜리신**을 방출한다. (대부분의 연구가 *E. coli*에서 수행된 결과, 다른 박테리아에서 유래한 박테리오신도 콜리신이라 불리는 데 엄격히 말하면 정확한 명명이 아니다.) 조사에 의하면 장내 세균의 10–15%가 박테리오신을 만든다고 한다.

많은 박테리아는 동일 자원과 경쟁하는 매우 가까운 박테리아를 죽이기 위해 박테리오신이라는 독소 단백질을 만든다.

흑사병(bubonic plague, Black Death)를 일으키는 *Yersinia pestis*는 몇 차례에 걸쳐 유럽, 아시아, 아프리카를 쓸어 갔다. 이 질병과 관련되 독성인자들은 일련의 플라스미드에 들어 있다(아래 참조). 이 박테리아에서는 경쟁이 되는 자신과 같은 종을 죽일 수 있는 페스티신이라 불리는 박테리오신도 만들어낸다.

박테리오신을 만드는 능력은 일반적으로 세포가 가지고 있는 플라스미드에 의한 것이다. 가장 잘 알려진 예는 *E. coli*의 연관된 세 가지 **ColE 플라스미드**인 ColE1(그림 16.17), ColE2, ColE3에서 볼 수 있다. 이들은 세포당 50 내외의 사본을 가지는 작은 플

박테리오신(bacteriocin) 연관된 박테리아를 죽이기 위해 박테리아가 생성하는 독성 단백질
콜리신(colincin) *E. coli*가 매우 가깝게 연관된 박테리아를 죽이기 위해 만드는 독성 단백질
ColE 플라스미드 많은 사본을 만드는 작은 플라스미드로 E 그룹의 콜리신 유전자를 가진다. 플라스미드를 변형시켜 다양한 클로닝 벡터로 이용된다.

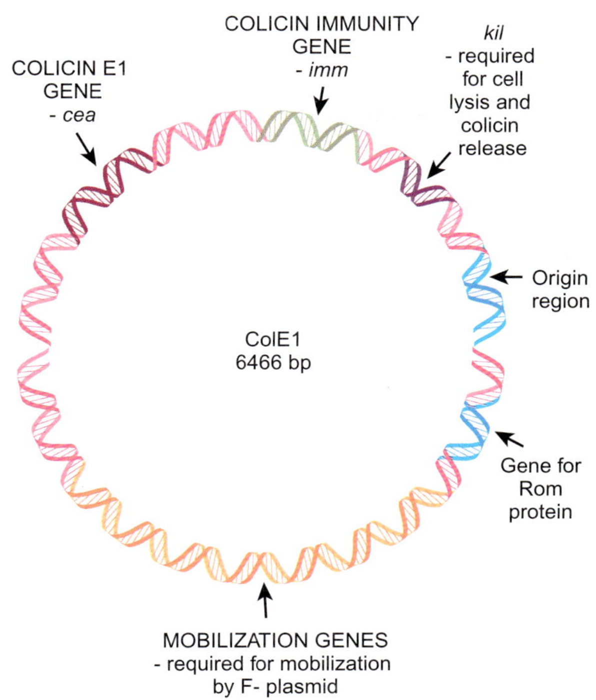

그림 20.17
ColE1은 Colicin 플라스미드의 한 예이다.

*E. coli*의 ColE1 플라스미드는 colicin E1(*cea*), 콜리신 E1의 저항성(*imm*) 유전자, 그리고 콜리신을 생산하는 세포에서 방출시키는 데 필요한 *kil* 유전자를 가지고 있다. Rom 유전자는 앞에서 설명한 사본 수 조절에 관여한다. ColE1은 유전공학에 사용되는 많은 플라스미드의 기초가 되었다. 접합 시 ColE1이 한 세포에서 다른 세포로 이동하는 데 필요한 유전자는 F 플라스미드에서 나왔다.

라스미드로서 유전공학의 클로닝 벡터로서 많이 사용되어왔다(7장 참조). 클로닝 벡터에서는 콜리신 유전자를 제거하였다. 그 외에도 ColI과 ColV 플라스미드를 비롯 다양한 다른 콜리신 플라스미드가 존재하며, 이들은 단일 사본의 거대한 플라스미드로서 일반적으로 *E. coli*의 한 균주에서 다른 균주로 이동이 가능하다. 많은 ColI과 ColV 플라스미드가 항생제 저항성 유전자도 가지고 있다.

박테리오신은 주로 플라스미드가 암호화한다. 이것으로 유전공학 벡터 제작이 시작되었다.

5.1. 대부분의 콜리신은 둘 중 한 가지 기작으로 작용한다

대장균 균주가 유사한 균주를 죽이는 Col 플라스미드는 두 가지 접근방법을 사용한다. 첫째는 세포막을 손상시키는 방법이다. ColE1 플라스미드는 표적 세포의 막에 삽입하여 구멍을 만들어 이온과 같은 필수 세포 구성원이 빠져나오거나 양성자가 유입되게 하는 콜리신 E1 단백질의 유전자를 가지고 있다(그림 20.18). 양성자의 유입은 양성자구동력(proton motive force)을 붕괴시키고, 양성자구동력으로 만들어지는 ATP 합성과 많은 영양물질의 흡수가 붕괴되어 세포는 빠르게 죽게된다. 세포막에 콜리신 E1 한 분자만 삽입되어도 표적 세포를 죽이기에 충분하다. 콜리신I과 콜리신V도 유사한 방법으로 작동한다.

박테리오신의 가장 흔한 두 작용기작은 1) 세포막 손상과 2) 핵산 분해이다.

콜리신 M과 페스티신 A1122는 원형질막에 구멍을 내지않고 세포벽의 펩티도글리칸을 파괴한다. 이러한 콜리신은 펩티도글리칸 조립이 일어나는 세포막 바깥 표면까지만 침투하면된다. 펩티도글리칸 없이는 박테리아 세포는 모양을 잃고 터져 죽게된다. 페스티신 A1122는 *Yersinia pestis*에 의해 만들어지고 *Y. psedotuberculosis*, *Y. enterocolitica*, 플라스미드가 없는 *Y. pestis*와 많은 대장균 균주를 죽인다(흥미롭게도 *E. coli* K12는 죽이지 못한다).

두 번째 접근방법은 핵산을 분해하는 것이다. ColE2와 ColE3 플라스미드는 둘다 핵산가수분해효소 유전자를 가지고 있다. 콜리신 E2와 E3 단백질은 N-말단이 매우 유사하여 동일한 민감성 박테리아 표면의 수용체를 사용한다. C-말단은 서로 달라 서로 다른 핵산을 표적으로 한다. 콜리신 E2는 디옥시리보핵산가수분해효소로 표적 세포의 염색체를 자른다. 콜리신 E3는 리보핵산가수분해효소로 작은 리보솜 소단위의 16S rRNA를 잘라서 3′ 말단의 49 뉴클레오티드를 떨어져 나가게 한다. 이것으로 단백질 합성이 붕괴되고 세포는 죽게 된다. 마찬가지로, 하나의 콜리신 분자가 하나의 표적 세포를 죽이는데 충분하다.

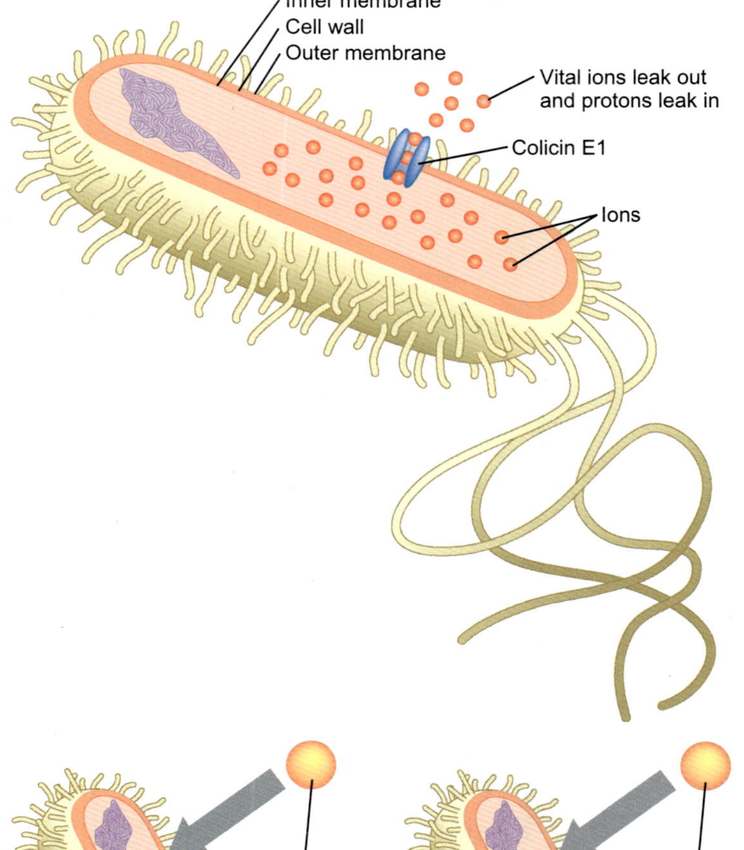

그림 20.18

일부 콜리신은 세포막을 손상시킨다

콜리신 E1 단백질이 박테리아 세포를 공격할 때 외막, 세포벽 내막을 관통하는 구멍을 낸다. 구멍으로 단백질이 빠져나오고 중요한 이온이 빠져나오므로, 하나의 구멍으로 에너지 생성을 완전히 저해할 수 있다.

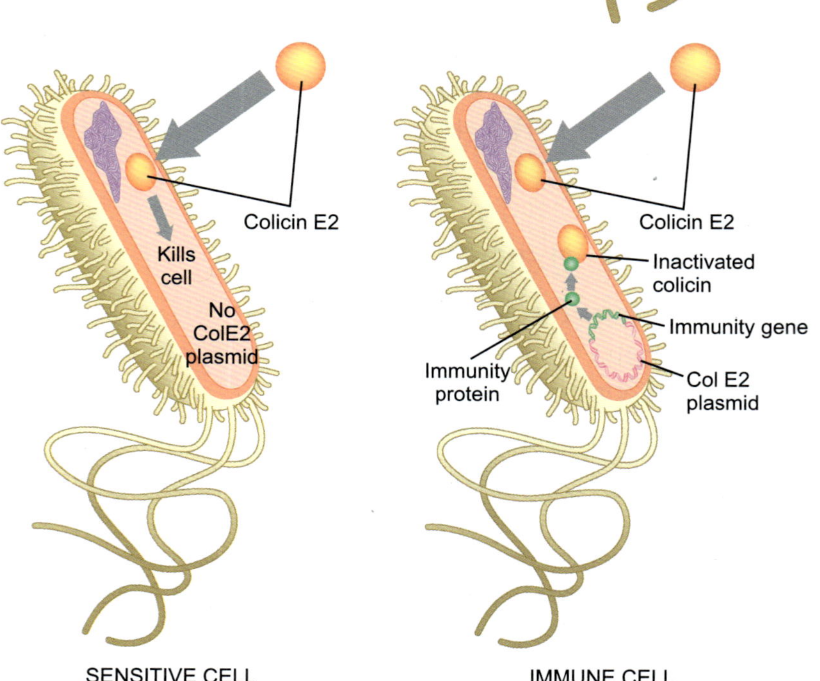

그림 20.19

콜리신 면역체계

콜리신을 만드는 세포가 자신을 보호하기 위해 면역 단백질(오른쪽)을 생성한다. 이 단백질 역시 콜리신 플라스미드가 암호화하는 것으로, 콜리신의 활성부위를 막아서 저해한다. 면역 단백질은 특수하게 한 유형의 콜리신만을 저해한다. 면역 단백질이 없다면, 콜리신에 의해 세포는 죽게 된다.

5.2. 박테리아는 자신의 콜리신에는 면역성을 가진다

특정 콜리신을 생산하는 박테리아 세포는 자신이 생산하는 것에 면역성을 가진다. 그러나 다른 콜리신에는 면역성이 없다. 면역성은 자신의 콜리신 단백질에 결합하여 활성부위를 봉쇄하는 특정 **면역 단백질**에 인한 것이다(그림 20.19). 예를 들어, ColE2 플라스미드는 콜리신 E2와 E2에 결합하는 수용성 면역 단백질 유전자를 모두 가지고 있다. 이 면역 단

면역 단백질(immunity protein) 면역성을 제공하는 단백질. 특히 박테리오신 면역 단백질은 대응하는 박테리오신에 결합해서 자신을 보호한다.

백질은 꽤 유사한 E3를 포함하여 다른 콜리신을 방어하지 못한다. 막에 활성이 있는 콜리신에 대한 면역성은 플라스미드-유전자 내막 단백질이 콜리신이 막에 구멍을 내는 것을 방해하여 얻어진다. 예를 들어, Ia 면역 단백질은 콜리신 Ia에 대항해 막을 보호하지만, 매우 유사하여 동일 수용체를 사용하고 동일 활성을 가지고 서열의 유사성이 매우 높은 콜리신 Ib에 대해서 조차 저항하지 못한다. 동물의 면역계는 훨씬 더 복잡하지만, 외부의 또는 공격적 분자를 인식하고 중화한다는 면역계 단백질의 관점에서 면역의 개념은 동일하다.

박테리오신을 만드는 세균은 자신을 보호하기 위한 면역 단백질을 만든다.

5.3. 콜리신 합성과 방출

ColE 플라스미드를 가지는 박테리아 개체군 내에서 대부분 박테리아는 콜리신을 생성하지 않는다. 그러나 때때로 세포가 다량의 콜리신을 만들고 세포가 터지면서 이것을 방출한다. 박테리아를 죽이는 것은 일부 콜리신에 의한 것이 아니라 방출기작으로 인한 것이다. 그리하여 주변의 모든 민감성 박테리아가 사멸되고 면역 단백질을 만드는 ColE 플라스미드를 가지는 세포만 생존하게 된다.

박테리오신 생성은 때로 자기 희생적이다.

한 세대마다 10,000마리의 세포 중 하나가 콜리신을 생산한다. 즉 콜리신 E의 방출은 동일 ColE 플라스미드를 가진 집단이 서식지를 점령할 수 있도록 생산자가 자신을 희생한다는 점에서 공동체적 사건에 속한다. 콜리신 E 생산은 *cea*(colicin 단백질)과 *kil*(용균단백질)의 두 플라스미드 유전자의 발현이 필요하다. 일반적으로 이 유전자들은 SOS DNA 수선 체계(23장 참조)의 억제자인 LexA에 의해 억제된다. 즉 콜리신 생산은 DNA 손상으로 촉발되고 자신을 희생하는 세포들은 아마도 이미 상처를 입은 상태일 것이다. (많은 용균성 박테리오파지 역시 SOS 체계가 감지하는 DNA 손상으로 촉발된다(21장 참조)).

모든 콜리신이 자살적 기작으로 생성되는 것은 아니다. 클리신 V나 콜리신 I와 같은 거대한 단일-사본 플라스미드에 의해 만들어지는 많은 콜리신은 작은 양이 계속 만들어지는 것으로 보인다. 이들 콜리신은 콜리신 E와 같이 방출되는 것이 아니라 생산자 세포막에 부착되어 있다가, 민감성 박테리아와 우연히 마주치게 되었을 때 이동하여 죽이는 것으로 보인다.

5.4. 독성 플라스미드

독성 플라스미드는 다양한 기작으로 박테리아가 사람, 동물, 식물 등을 감염하는 데 드움을 준다. 일부 **독성인자**는 동물 세포를 손상하거나 죽이는 독소이고, 다른 것은 박테리아가 동물 세포에 부착 침투하는 것을 돕는다(그림 20.20). 반면 일부는 박테리아가 면역체계로부터 공격받는 것을 막아준다.

많은 독성 박테리아는 플라스미드나 기타 이동성 유전인자에 독성 유전자를 가진다.

대부분의 *E. coli*가 무해하지만, 때로 공격적인 균주가 질병을 일으킨다. 이 *E. coli* 병균성은 종종 독성인자를 가진 플라스미드에 의해 만들어진다. 여러 *E. coli* 독성 균주에서 발견되는 독성인자는 광범위하다: 열-불안정성 **장내독소**(**콜레라독소**와 유사), 열-안정성 장내 독소, **용혈소**(적혈구를 용혈), 쉬가-유사 독소(shiga-like toxin, 설사를 일으키는

콜레라독소(choleratoxin) *Vibrio cholerae*에 의해 만들어지는 독소
장내독소(enterotoxin) 독성 *E. coli* 균주를 포함 장내 박테리아가 만드는 독소
용혈소(hemolysin) 적혈구를 용혈시키는 독소
독성인자(virulence factor) 감염성 박테리아의 독성을 증가시키는 단백질. 독소, 부착소 또한 박테리아를 면역세포로 부터 방어하는 단백질 등이 이에 속한다.

그림 20.20
독소와 부착소

박테리아가 동물 세포를 공격하려면 세포막에 부착하여 독소를 방출하여야 한다. 박테리아는 동물 세포의 세포막 수용체를 인식하고 부착하는 부착소라는 필라멘트 단백질을 암호화하는 플라스미드를 가지고 있다. 일단 박테리아가 동물 세포막에 부착하면 독소를 방출하고 이 독소를 동물 세포 막을 통과해 들어가 세포를 죽이게 된다.

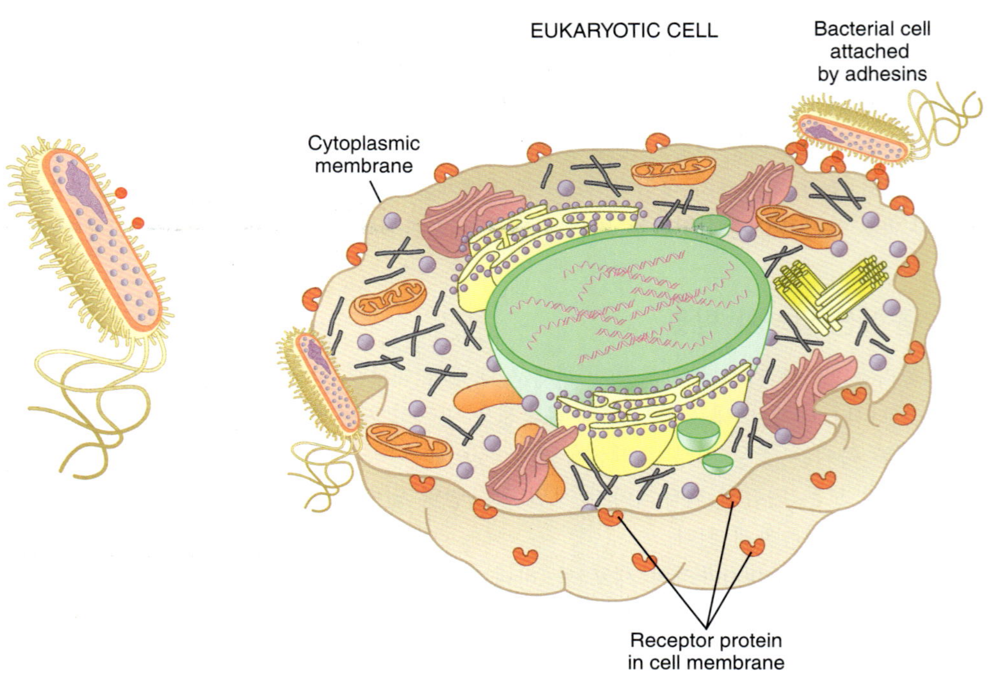

Shigella 독소와 유사). 박테리아가 동물 세포 표면에 부착하게하는 **부착소** 또는 "**집락형성 인자**"와 같은 종류도 있다. 부착소는 길이와 두께가 다양한 가는 섬유 모양을 형성하는 데 일반적으로 섬모와 유사하다. 결과적으로 대장균에 의한 증세와 감염의 정도는 매우 다양하다.

Salmonella typhi(장티푸스)와 *Yersinia pestis*(페스트)와 같은 장내 세균은 심한 감염을 일으킨다. 이들 역시 독성 플라스미드를 가지고 있다. *Salmonella*는 대부분 독성 유전자가 염색체에 있으나, 일부는 플라스미드에 있다. 반면, *Yersinia*는 플라스미드에 대부분의 독성 유전자를 가지고 있다. 또한 이들 "전문적" 병원균은 독소 외에도 많은 정교한 독성 인자를 가지고 숙주의 방어에 대비한다. 플라스미드가 대부분 장내 세균에서 연구되었지만, 다른 박테리아의 독성 역시 적어도 일부는 플라스미드 유전자에 의한 것일 것이다.

6. Ti 플라스미드는 박테리아에서 식물로 이동한다

대장균의 F-플라스미드의 숙주 범위는 일부 장내 세균에 한정되지만, 실제로 대장균과 효모 사이의 DNA 이동도 촉진할 수 있다! 또한 광범위한 숙주 범위를 가진 IncP, IncQ, IncW 부적합성 그룹 플라스미드는 그람음성 박테리아의 DNA를 그람양성과 효모에 이동시킬 수 있다. 이 두 경우 플라스미드가 생존하고 복제할 수 있는 종의 범위는 DNA가 이동될 수 있는 종의 범위보다 훨씬 좁다. 즉, 많은 플라스미드는 부적합성 세포에 이동하는 순간 파괴되고 분해된다. 이동한 DNA 일부는 숙주 염색체나 기존 플라스미드와 재조합하여 생존할 수도 있다.

Ti 플라스미드는 박테리아에서 식물 세포로 DNA를 이동시킬 수 있다.

플라스미드 이동에서 가장 많은 다양성을 보여주는 것은, 특정 박테리아에서 식물 세포의 핵으로 DNA를 이동시키는, 고도로 특수화된 **Ti 플라스미드**다. Ti 플라스미드는 토양 박테리아인 *Agrobacterium* 그룹 특히 *A. tumefaciens*에 있으며, 식물에 감염하여 종

부착소(adhesin) 박테리아가 동물 세포에 부착하도록 도와주는 단백질. 군집형성 인자와 동일
집락형성 인자(colonization factor) 박테리아가 동물 세포에 부착하도록 도와주는 단백질. 부착소와 동일
Ti 플라스미드(Tumor-inducing plasmid) *Agrobacterium* 그룹의 토양 박테리아가 가지는 플라스미드로 식물을 감염하여 종양을 형성하는 능력이 있다.

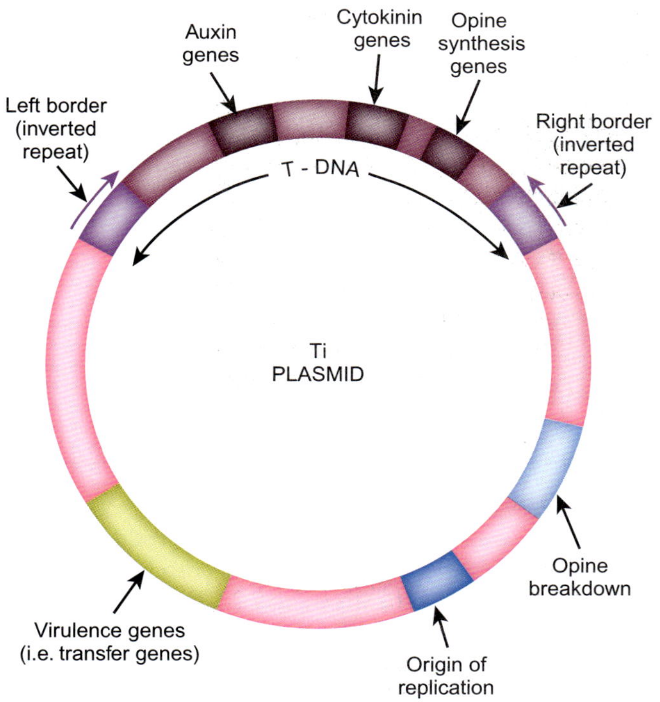

그림 20.21
Ti 플라스미드의 구조

*Agrobacterium*의 Ti 플라스미드는 여러 부위를 가진다. 2개의 역반복서열로 둘러싸인 T-DNA는 식물 세포가 자라게 만드는 옥신과 시토키닌 유전자와 *Agrobacterium*의 탄소원이 되는 오파인을 합성하는 유전자를 가지고 있다. 이 부위가 식물 세포로 이동하는데 필요한 유전자는 Ti 플라스미드의 다른 부위에 존재하며, 또한 복제기점과 오파인 분해 유전자도 가지고 있다.

양을 형성한 후 박테리아가 종양 속에서 무난하게 생장하고 분열하도록 해준다. 그 결과 식물은 "**근두암종병**"로 알려진 종양 형태의 부풀린 줄기를 가지게 된다. *Agrobacterium rhizogenes*이 가지고있는 Ri-플라스미드는 뿌리를 감염하여 수염뿌리병(hairy root disease)를 만든다.

*Agrobacterium*은 상처난 식물이 방출하는 아세토시린곤(acetosyringone)과 같은 화합물에 끌린다. 상처에 들어간 후 박테리아 접합과 유사한 기작으로 식물에 Ti 플라스미드를 삽입한다. 식물에게는 별 것 아닌 약간의 마모도 미생물이 침투하는데는 충분하다. 결과적으로 *Agrobacterium*의 집인 근두암종이 식물의 비용으로 만들어진다.

Ti 플라스미드는 여러 부위로 나눌 수 있다(그림 20.21). 그러나 **T-DNA**라고 하는 한 부위만이 실제로 식물 세포로 이동하여 핵으로 들어간다. T-DNA는 25 염기쌍의 역반복서열로 둘러싸여 있으며, 그 사이에 있는 모든 DNA는 역반복서열과 함께 식물 세포로 이동한다. 이런 현상 때문에 Ti 플라스미드는 식물의 유전공학에 널리 이용되었다. 세포-세포 접촉과 T-DNA를 이동시키는 데 필요한 독성 유전자들은 식물 세포로 이동하지 않는다.

Ti 플라스미드를 가지는 세균은 식물을 감염하여 종양을 만든다.

상처난 식물로 박테리아를 끌어들이는 아세토시린곤 역시 독성 유전자 발현을 유도하여 T-DNA 부분의 이동을 촉진한다(그림 20.22). 아세토시린곤은 *Agrobacterim* 막의 VirA 단백질에 결합한다. 이것은 다시 VirG를 활성화시키고, 다시 *virD*와 *virE2*를 포함하는 *vir* 유전자를 발현시킨다. VirD가 Ti 플라스미드의 T-DNA의 왼쪽 경계에 외가닥 틈을 만들면 절단 지점에서 T-DNA가 풀린다. 외가닥 T-DNA가 VirE2 단백질과 결합하면 오른쪽 경계에서 풀림이 멈춘다. Ti 플라스미드는 외가닥 T-DNA가 식물 세포로 들어가면서 회전환 기작으로 복제된다. 마침내 박테리아에서 식물 세포로 DNA가 이동하게 된다. 이 기작은 박테리아의 접합과 유사하며 "독성" 유전자는 다른 플라스미드의 *tra* 유전자에 상당한다. T-DNA는 아그로박테리아가 만드는 VirE2 단백질에 덮혀있으나, 식물 세포에서는 식물 단백질 VIP1에 의해 덮히게 된다. VirF 단백질은 T-DNA와 함께 식물 핵으로 들

근두암종(crown gall) Ti 플라스미드를 가지는 *Agrobacterium*의 감염으로 식물에서 형성되는 종양
T−DNA(tumor-DNA) Ti 플라스미드의 일부로 식물 세포 핵으로 이동하는 지역

그림 20.22
***Agrobacterium*에 의한 종양의 형성**

*Agrobacterium*은 식물의 상처부위에서 발생하는 아세티오시리곤(acetyosyrigone) 분자를 감지하며 이동한다. 박테리아는 상처부위를 통하여 식물체로 들어가 그 주변에 군집을 이룬다. 식물 세포가 분열하도록 촉진하여 박테리아 주변에 종양을 형성한다.

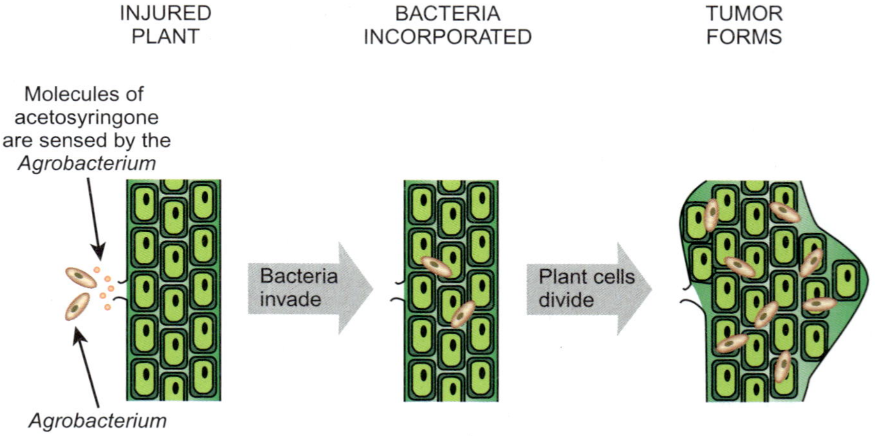

관련 연구에 대한 초점

Zaltsman A, Krichevsky A, Loyter A, and Citovsky V(2010) *Agrobacterium* induces expression of a host F-box protein required for tumorigenicity. Cell Host Microbe 7: 197–209.

Agrobacterium Ti 플라스미드의 T-DNA가 식물 세포에 들어갈 때, 이것은 박테리아 단백질 VirE2와 식물 단백질 VIP1에 의해 보호된다. 핵으로 들어간 후 T-DNA가 염색체에 삽입되려면 이러한 단백질들이 제거되어야 하는데, 이것을 수행하는 것이 F-box 단백질인 VirF이다. VirF는 숙주 단백질과 복합체를 이루어 VirE2와 VIP1을 분해한다.

이 논문은 VirF가 모든 식물에 필요하지 않다는 것을 밝힌 것이다. 일부 *Agrobacterium*은 VirF을 대체할 식물의 F-Box 단백질(VBF)을 발현하게 한다. *VirF*를 제거하고 *vbf* 유전자를 *Agrobacterium*에 넣어주었더니, VBF가 기능적으로 VirF을 대신하는 것을 보여주었다. VBF는 정상적으로 식물에 박테리아가 감염될 때 발현되는 유전자이다. 이 저자들은 *Agrobacterium* 식물의-방어 반응을 역이용한 것으로 보고 있다.

Ti 플라스미드의 일부만이 식물 세포로 이동하며 식물 염색체에 삽입된다.

어간 후 DNA에서 이 두 단백질을 제거한다(관련 연구에 대한 초점 참조). T-DNA는 식물 세포의 염색체에 무작위적으로 삽입한다. 그 결과 식물 세포에 박테리아 DNA의 이동이 완성된다.

삽입된 후, T-DNA가 가진 유전자가 발현하여 **옥신**과 **시토키닌** 두 식물 호르몬을 합성한다. 옥신은 식물 세포의 크기가 성장하고, 시토키닌은 분열하게 만든다. 정상적 세포분화가 없는 상태에서 이것은 종양으로 발전한다(그림 20.23, 20.24).

T-DNA는 또한 식물 세포가 오파인(opine)을 만들게 만드는 유전자를 가지고 있다. 이들은 식물 세포가 만드는 특이한 영양소이나 오파인을 분해하는 유전자를 가진 박테리아만이 사용할 수 있다. 오파인 분해에 관여하는 유전자는 식물 세포에 이동하지 않는 Ti 플라스미드의 일부에 존재한다. 즉, *Agrobacterium*은 식물이 사용할 수 없는 오파인을 사용하며 성장한다. 다른 박테리아가 식물에 감염하더라도 오파인 분해 유전자가 없으므로 자랄 수 없다.

변형된 Ti 플라스미드는 식물 유전공학에 많이 이용된다.

식물의 유전자 조작에 변형된 Ti 플라스미드가 널리 사용된다. 식물 호르몬과 오파인 합성에 관여하는 유전자를 제거하고 대신 식물로 이동시키고자 하는 유전자로 대체한다. 조작된 Ti 플라스미드를 가지는 *Agrobacterium*은 조직배양된 식물 세포에 유용한 유전자를 이동시키는 데 이용된다.

외부 유전자를 삽입하는 외에도 Ti 플라스미드는 식물 유전자 기능 분석에 이용될 수 있다. T-DNA가 식물 염색체의 암호 서열(또는 필수적 조절 서열)에 삽입되면 유전자를 파괴하기 때문이다. T-DNA의 무작위적 DNA 삽입으로 모델 식물인 *Arabidopsis thaliana*에 다양한 유전자 결손 돌연변이를 생성하였다. 수십만 개에 달하는 삽입 위치를

옥신(auxin) 식물을 크게 자라도록 유도하는 식물 호르몬
시토키닌(cytokinin) 식물 세포를 분열하도록 유도하는 식물 호르몬

그림 20.23

***Agrobacterium*에 의한 근두암종**

그림은 *Agrobacterium*에 의해 나무 줄기에 형성된 근두암종이다. *(출처: E. R. Degginger, Photo Researchers Inc.)*

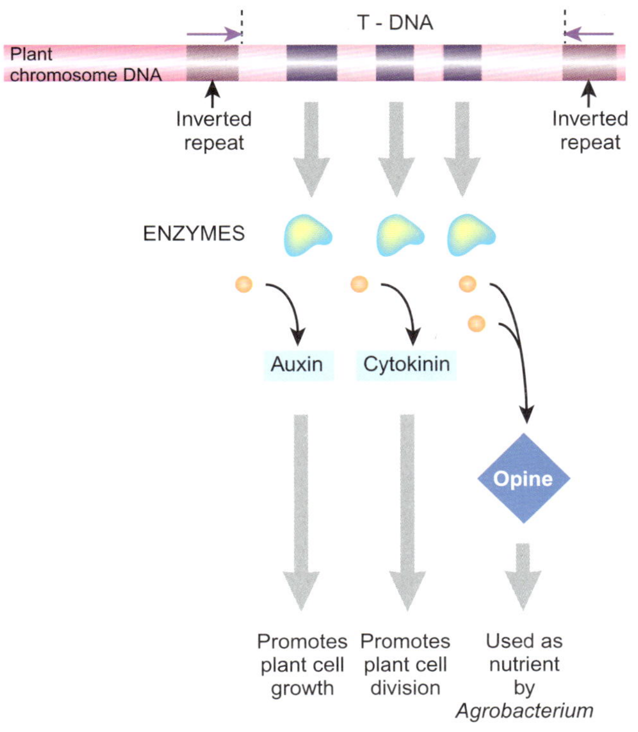

그림 20.24

***T-DNA*에 존재하는 유전자의 발현**

*Agrobacterium*의 식물체 내 생존은 이들이 자랄 수 있는 공간과 탄소 에너지원의 공급을 요구한다. T-DNA에는 식물 세포가 이러한 인자들을 제공하게끔 만드는 유전자가 있다. 옥신과 시토키닌 유전자는 식물 세포가 분열하고 성장하도록 유도하여 공간을 제공한다. 오파인은 박테리아가 사용하는 탄소원이 된다.

분석하였더니 *Arabidopsis*의 27,000 유전자에 거의 모두 삽입이 된 것을 알아내었다. 이러한 삽입 돌연변이는 원래의 정상 식물과 비교하여 비활성화된 유전자의 기능을 분석하는데 사용될 수 있다.

상자 20.3 Ti 플라스미드는 동물 세포와 효소 세포로 들어갈 수 있다.

정상적으로 Ti 플라스미드는 박테리아에서 식물 세포로 들어가지만, 적어도 시험관에서 다른 진핵세포에도 들어갈 수 있다. 효모, 일부 균사성 곰팡이 그리고 배양된 버섯 *Agaricus* 등은 Agrobacterium와 접합하여 Ti 플라스미드를 이동시키는 데 성공하였다. 식물에서와 마찬가지로 Ti 플라스미드는 무작위적으로 염색체에 삽입되는 것으로 보인다. 실제 동물실험은 아직 수행되지 않았지만, Ti 플라스미드는 배양된 사람 HeLa 세포주에 들어가 염색체에 삽입된다.

자연환경에서 Ti 플라스미드가 Agrobacterium에서 식물이 아닌 진핵생물로 이동할 수 있는지 여부를 알 수는 없지만, 실험실 결과를 볼 때 "자연" 식물 숙주보다는 매우 낮겠지만 이동은 일어날 것으로 추정하고 있다.

7. 효모의 2μ 플라스미드

박테리아만큼 흔하지 않지만 고등생물에서도 플라스미드는 발견된다. 효모 *Saccharomyces cerevisiae*는 진핵 분자생물학의 모델 생물로서, 대부분의 효모균주는 **2μ 서클** 또는 **2μ 플라스미드**라고 부르는 플라스미드를 가지고 있다. 이것은 6318 염기쌍의 이중가닥 DNA로서, 반수체 유전체 당 50–100 사본을 가지고 있다. 이것은 효모의 핵에 존재하고 히스톤으로 둘러싸여 염색체 DNA와 같이 뉴클레오솜 구조를 형성한다. 2μ 플라스미드는 진핵세포에서 클로닝 벡터로 유전공학에 널리 사용된다. 유사한 플라스미드가 여러 효모 균주에서 발견되었다.

2μ 플라스미드는 2개의 완벽한 599 염기쌍의 역반복서열을 가지고 있으며, 이것이 플라스미드를 2,774 염기쌍과 2,746 염기쌍 크기의 두 구역으로 나누는 경계가 된다(그림 20.25). 플라스미드가 암호하고 있는 Flp 단백질은 **Flp 재조합효소** 또는 "**뒤집기효소**

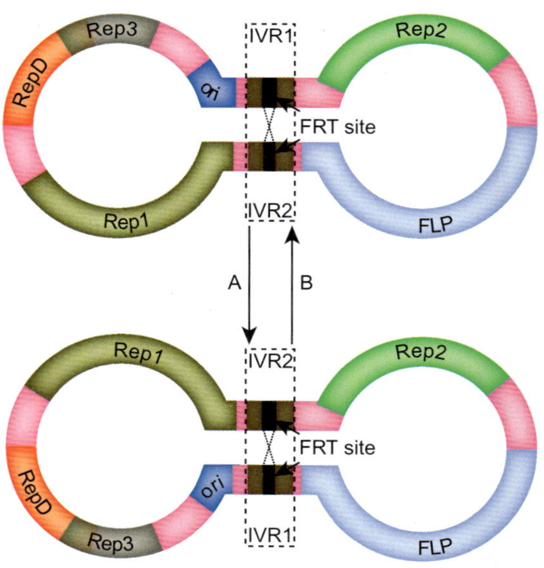

그림 20.25
효모의 2μ 플라스미드

2μ 플라스미드의 두 형태는 재조합효소에 의해 상호전환된다. 이 플라스미드는 나란히 배열되는 2개의 역반복서열(IVR1과 IVR2)을 가지고 있다. Flp 재조합효소가 FRT(뒤집기 인식 표적)을 인식하면 플라스미드의 반이 다른 반에 대해 방향이 바뀌는 교차를 수행한다. 위쪽 플라스미드에서는 기점(*ori*)이 Rep2 서열에 가까이 있지만, 아래쪽 플라스미드에서는 다른 쪽에 존재한다(*FLP* 유전자에 근접해 있다). Rep1과 Rep2 단백질은 *FLP* 유전자와 플라스미드의 복제를 조절한다.

2μ 서클(2μ circle) 2μ 플라스미드와 동일
2μ 플라스미드(2μ Plasmid 또는 2μ circle) *Saccharomyces cerevisiae* 효모에서 발견되는 다수의 사본을 가지는 플라스미드. 이 플라스미드의 변이형은 벡터로 널리 사용된다.
Flp 재조합효소(Flp recombinase 또는 flippase) 역반복서열인 FRT 지점 사이의 재조합을 촉진하는 2μ 플라스미드가 가지고 있는 효소

(**flippase**)”로 불리는데 역반복서열간 재조합을 촉매한다. Flp는 역반복서열내 48 염기쌍의 표적 지점(**Flp 재조합 표적**, **FRT 지점**)을 인식한다. 그 결과 2μ 플라스미드의 반쪽이 상대적으로 역위를 하게 된다. 플라스미드의 두 형태는 거의 비슷한 비율로 발견된다. Rep1과 Rep2 단백질은 *FLP* 유전자의 발현을 조절하고 복제기점(*ori*)과 *REP3* DNA 서열에 결합한다.

많은 효모균주는 많은 사본 수를 가진 “2μ 서클”이라는 작은 플라스미드를 가진다.

Flp 재조합효소는 DNA 조각을 역위시키면서 다양한 유전자 발현 조절을 위한 유전공학에 이용된다. Flp는 정상적 인식 서열이 존재하는 한 식물과 동물, 박테리아에서도 작동한다. Flp 재조합효소는 FRT 지점으로 둘러싸인 조각의 위치-특이성 삽입과 결실 반응을 촉진한다. Flp/FRT 체계는 박테리아 바이러스 P1의 Cre/*loxP* 재조합 체계와 유사하다.

Flp 재조합효소는 인식 서열을 인식하고 DNA를 뒤집어 준다.

8. 특정 DNA 분자는 바이러스나 플라스미드처럼 행동한다

플라스미드와 바이러스의 행동은 많은 유사성이 있다. 일부 고리형 DNA는 플라스미드로 또는 바이러스 생활을 선택할 수 있다. 박테리아 바이러스 P1이 좋은 예다. 바이러스처럼 행동하여 박테리아 세포를 파괴할 수도 있다. 회전환 기작으로 복제하며 많은 수의 바이러스 입자를 생산하여 더 많은 박테리아를 감염한다. 이들은 숙주 세포를 “용해(lyse)”시키므로 **용균생장**으로 알려져 있다(lysed는 그리스어로 부셔졌다는 뜻).

P1은 플라스미드와 바이러스의 특징을 모두 가지며, 상황에 따라 생활사를 선택할 수 있다.

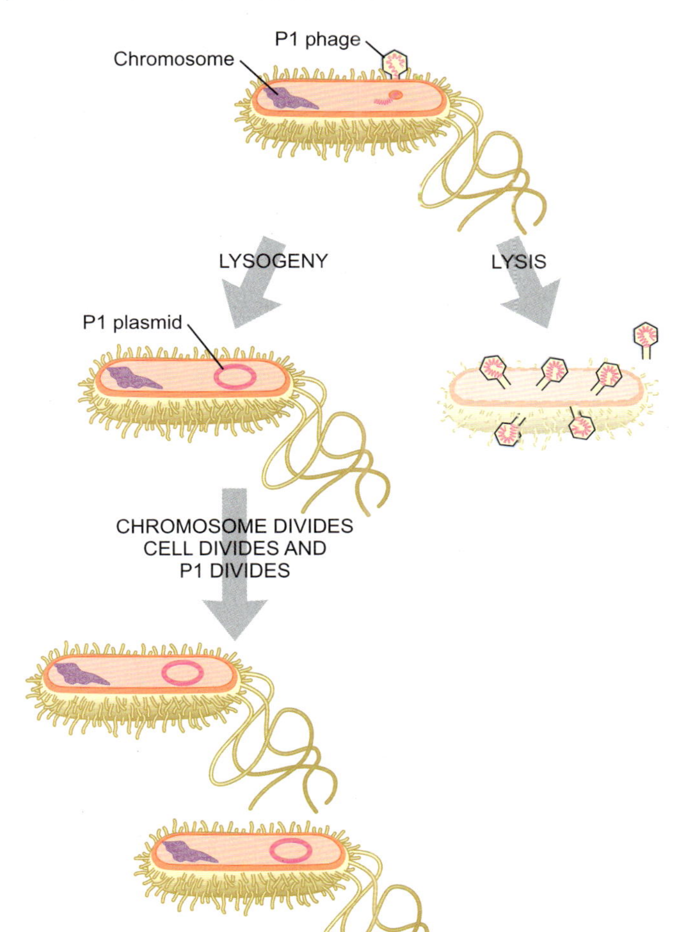

그림 20.26
용균과 용원성

박테리아의 P1 플라스미드와 같은 일부 플라스미드는 이중성을 갖는다. P1은 숙주 세포와 더불어 양방향성으로 복제하면서 용원성 플라스미드 상태로 존재할 수도 있다. P1은 또한 바이러스처럼 복제하여 세포를 파괴할 수도 있다. 용균성 생장 동안, P1은 회전환 기작으로 분열하고, 다수의 사본을 만든다. 이것은 유전체 크기의 단위로 잘려져 새로운 바이러스 입자에 포장되고 세포를 용균시킨다.

Flp 재조합 표적(Flp recombination target 또는 FRT 지점) Flp 재조합효소의 인식 지점
FRT 지점(FRT site) Flp 재조합효소의 인식지점으로 Flp 재조합 표적
용균생장(lytic growth) 세포의 죽음을 초래하는 바이러스의 성장으로 수많은 바이러스 입자를 방출한다.

P1은 또한 플라스미드 생활사를 선택하여 숙주와 더불어 분열할 수 있다. 이 경우 P1 DNA는 양방향성 복제를 하며(그림 20.26), 각 딸 세포는 하나씩의 사본을 물려받게 된다. 세포는 해를 입지 않으며 바이러스 입자도 만들어지지 않는다. 이것을 **용원성**라고 하며 이 플라스미드 형태의 바이러스를 가지는 숙주 세포를 **용원**이라 부른다.

조건이 바뀌면 용원성 바이러스를 촉발하여 파괴적 바이러스 생활사로 돌아가게 한다. 이것은 숙주 세포가 손상되었거나, 특히 세포 DNA에 심각한 손상이 있을 때 일어나는 경향이 있다. 바이러스는 많은 바이러스 입자를 생산하여 세포를 죽일 수 있다. 반면, 숙주 세포가 건강하게 성장하고 분열하면, 바이러스는 잠복하여 숙주와 더불어 분열한다. 바이러스의 이러한 행동은 다음 21장에서 다룰 것이다.

핵심 개념

- 플라스미드는 세포 내에서 발견되는 '추가적인' 자가 복제하는 유전 요소이다. 이들은 세포에 필수적이 아니며 염색체와 구별된다.
- 복제단위는 자체적 복제기점을 가진 DNA 또는 RNA 분자이다.
- 플라스미드는 부적합성에 따라 패밀리로 구분된다.
- 대부분의 플라스미드가 고리형 DNA지만, 선형이거나 RNA로 구성된 예도 있다.
- 많은 플라스미드 DNA는 미니 박테리아 염색체인 것처럼 양방향으로 복제된다.
- 일부 플라스미드들은 많은 경우의 바이러스처럼 회전환 기작으로 복제된다.
- 플라스미드 사본 수는 플라스미드마다 다르며 안티센스 RNA에 의해 조절되기도 한다.
- 많은 거대 플라스미드는 만약 플라스미드가 손실되면 박테리아 세포를 죽일 수 있는 독소를 만들며 이런 현상을 "플라스미드 중독"이라 한다.
- 플라스미드는 종종 숙주 세포에게 유용한 기능을 제공한다.
- R-플라스미드는 숙주 세포에게 항생제 저항성을 부여한다.
- 항생제에 대한 저항성을 주는 기전으로는 플라스미드 유전자로부터 암호화한 효소에 의해 항생제가 비활성화는 경우가 흔하다.
- 콜리신(colicin) 플라스미드는 특정 박테리아를 죽일 수 있는 독소 단백질을 만드는 유전자를 가지고 있다.
- 대부분 콜리신은 세포막을 망가트리거나 핵산을 분해해서 박테리아를 죽인다.
- 특정 콜리신을 생산하는 박테리아는 특정 면역 단백질을 만들어 자신이 생산하는 콜리신에 면역성을 가진다.
- 독성 플라스미드는 박테리아가 숙주 동물이나 식물 세포에 손상을 줄수 있는 유전자들을 가지고 있다.
- Ti 플라스미드는 가장 잘 알려진 효모의 플라스미드로써 유전 공학에 광범위하게 이용된다.
- 일부의 DNA 분자는 특정 조건에서는 바이러스로 다른 조건에서는 플라스미드처럼 행동한다.

복습 문제

1. 왜 플라스미드는 숙주의 유전체 일부로 간주되지 않는가?
2. 플라스미드의 가장 중요한 특성은 무엇인가?

용원성(lysogeny) 바이러스가 입자를 만들거나 숙주 세포를 파괴하지도 않으면서 숙주 세포와 더불어 복제하는 상태. 잠복성과 동일하나, 이 용어는 일반적으로 박테리아성 바이러스에만 사용된다.
용원(lysogen) 용원성 바이러스를 가지는 숙주 세포

3. 플라스미드의 사본 수가 플라스미드의 다른 특징에 어떻게 영향을 미치는가?
4. 특정 플라스미드가 한 세포에서 다른 세포로 이동하는 능력을 설명하는 용어는?
5. 두 플라스미드가 한 세포에서 부적합하다는 것은 무엇을 의미하는가? 그 이유는?
6. 선형 플라스미드 말단에서 보이는 두 가지 구조는 무엇인가? 이 구조가 필요한 이유는?
7. 박테리아의 선형 플라스미드와 선형 염색체의 차이점은 무엇인가?
8. 플라스미드 복제에서의 두 가지 방법은 무엇인가? 각 경우를 단계적으로 설명하라.
9. 플라스미드 사본 수를 조절하는 방법의 예를 여러 가지 들라.
10. 리보핵산가수분해효소 H는 어떤 타입의 분자에 대해 고유하게 작용하는가? 만약 리보핵산가수분해효소 H가 전구-프라이머 RNAII를 자르지 못하면 무슨 일이 벌어지는가? 어떤 경우에 리보핵산가수분해효소 H가 자기 기질을 절단하지 못하게 하는가?
11. 플라스미드 중독이란? 이러한 경우의 플라스미드의 예를 들라.
12. 플라스미드 유전자가 숙주 세포에 유용한 예를 여러 가지 들라.
13. 항생제 저항성을 부여하는 플라스미드는 어떠한 그룹에 속하는가? 이러한 플라스미드는 F-플라스미드와 부적합한가? 그 이유는(또는 그렇지 않은 이유는)?
14. 염색체 돌연변이 기원 항생제 저항성과 플라스미드 기원 항생제 저항성의 일반적인 차이점은 무엇인가?
15. 페니실린과 세팔로스포린은 어떤 항생제 그룹에 속하는가? 이들 항생제의 작용 방식은? 박테리아와 다르게 사람 세포에는 왜 영향이 없는가?
16. 어떠한 효소가 페니실린이나 세팔로스포린에 저항성을 주게되는가? 이들의 작용 방식은? 어떤 화합물이 이 효소를 저해할 수 있는가?
17. 클로람페니콜의 작용 방식은? 어떤 효소가 이 작용을 저해할 수 있는가? 그 저해 기전은?
18. 아미노글리코시드의 작용 방식은? 어떻게 이 계열의 항생제가 불활성화되는가?
19. 테트라사이클린의 작용 방식은? 테트라사이클린에 대한 저항성 기전은 클로람페니콜과 아미노글리코시드와는 저항성 기작과 어떻게 다른가? 테트라사이클린은 사람 세포의 리보솜에도 저해를 주는데도 사람 세포에는 왜 영향이 없는가?
20. 술폰아미드와 트리메토프림의 작용 방식은? 무엇이 이 항생제에 대해 길항적으로 작용하는가? 이 항생제에 대한 저항성 기작은? 왜 이 항생제는 사람 세포에는 왜 영향이 없는가?
21. 왜 박테리아는 자신의 유사 종을 죽이는게 이익이 되는가? 다른 유사 박테리아를 죽일 수 있는 독소 단백질의 이름은 무엇인가?
22. 박테리아를 죽이는 데 쓰여지는 콜리신의 두 가지 기작은 무엇인가? Col 플라스미드의 일반적 특징을 설명하라.
23. 콜리신에 대한 면역 단백질은 어떻게 작용하는가? 면역 단백질을 암호화하는 유전자들은 어떤 분자에 존재하는가? 만약 면역 단백질이 존재하지 않는다면 그 박테리아 세포에는 어떠한 일이 일어나는가?
24. 왜 박테리오신 생산이 종종 자살적인 과정인가? 콜리신 방출의 의미는 무엇인가?
25. 콜리신 E 생산의 조절에 대해 설명하라. 어떠한 경우에 콜리신 생산과 방출이 일어나는가?
26. 자살적 과정이 아닌 콜리신 방출이 일어나는 또 다른 과정은 무엇인가? 그 과정에 대해 설명하라.
27. 독성 플라스미드란 무엇인가?
28. 독성 플라스미드가 박테리아 세포에게 주는 이점은 무엇인가? 감염성에 관련이 있는 독소는 무엇인가?
29. Ti 플라스미드란 무엇인가? 이 플라스미드가 *Agrobacterium tumefaciens*에게 주는 이익은 무엇인가?
30. 어떠한 화합물에 의해 *Agrobacterium tumefaciens*가 상처난 식물에 끌리게 되고 독성 유전자 발현을 유도하는가?
31. T-DNA란 무엇이며 어떻게 이동되는가? T-DNA상에서 암호화되는 유전자 산물은 무엇인가?
32. 왜 *Agrobacterium tumefaciens*와 감염된 식물은 공생 관계라고 하지 않는가? 어떤 쪽(박테리아 또는 식물) 이 관계에서 더 이익을 보며 그 과정은?

33. 어떻게 Ti 플라스미드가 유전공학에 사용되는가?
34. 2μ 플라스미드란 무엇인가? 어떠한 생물이 이 플라스미드를 가지고 있는가?
35. 2μ 플라스미드의 특징은 무엇인가? Flp 재조합효소 또는 “뒤집기효소”이 하는 일은? 이 효소의 표적 지점을 무엇이라 부르는가?
36. Flp 재조합효소은 유전공학에 어떻게 이용되는가?
37. 박테리오파지 P1이 바이러스처럼 또는 플라스미드처럼 사는 현상에 대해 설명하라.
38. 용균생장과 용원생장의 차이점은 무엇인가?
39. 어떠한 조건에 의해 용원성과 용균생장 사이의 전환이 자극되어지는가?

개념 문제

1. 표의 빈칸을 채워라.

항생제	박테리아 죽이는 기작	박테리아 저항성 단백질	박테리아 저항성 단백질 작용기작
테트라사이클린			
가나마이신			
술폰아미드			
클로람페니콜			
니오마이신			

2. 위 표의 각 항생제가 사람 세포에는 해가 되지 않는 이유를 설명하라.
3. 여러 가지 자연산 항생제 저항성 유전자들이 실험실 실험에서 유전적 표지자로 사용된다. 프로모터 요소들을 연구하기 위해서 프로모터를 다른 효소를 암호화하는 유전자에 연결시키면, 프로모터가 활성이 있을 때 연결한 유전자에 해당하는 효소가 만들어진다. 프로모터의 기능을 조사할 때에 이용되는 표지자로써 CAT(클로람페니콜 아세틸기전달효소)가 있다. 이 유전자가 박테리아에서 저항성 기능을 준다는 지식을 활용하여 어떻게 *cat* 유전자를 프로모터 연결체를 만드는데 활용할 지를 토의하라.
4. 어떤 연구자가 박테리아에서 벌현하고자 하는 두 가지 유전자(ZIP와 ZAP)를 가지고 있다. 그는 각 유전자를 플라스미드에 넣어 박테리아에서 발현시키기로 결정하였다. ZIP 유전자는 *bla* 유전자를 가진 ColE1 플라스미드에, ZAP 유전자는 CAT를 가진 ColE3 플라스미드에 연결시켰다. 이를 박테리아에 형질전환하고 페니실린과 클로람페니콜 배지에 모두 도말하였으나 아무 콜로니도 얻지 못하였다. 그 이유는?
5. 아래 두 플라스미드는 당신 실험실 근처의 다른 실험실에서 만들어진 것이다. 그 실험실에서 아래의 지도는 제공을 했지만 이 플라스미드를 대장균에 형질전환하고 어떻게 키워야 하는지에 대해서는 정보를 주지 않았다. 제공된 지도를 근거로 하면 이 플라스미드가 들어간 대장균을 선별하기 위해 무엇이 필요한가? 각 경우의 관심 유전자를 발현시키기 위해서는 무엇이 필요한가?

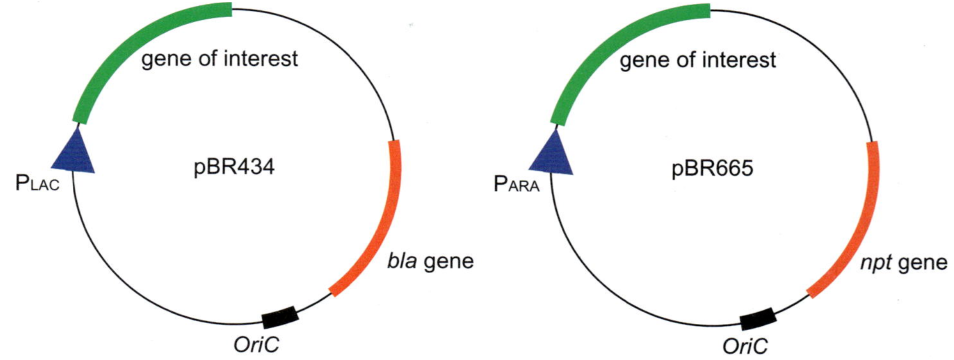

바이러스

Chapter 21

바이러스는 살았는가 아니면 죽었는가? 이 질문은 오랫동안 상당한 주목을 받아 왔으나 만족할 만한 답이 없었다. 그럼에도 이 질문은 생명의 본질과 유전 정보의 역할에 대한 몇 가지 중요한 요점을 설명해준다. 바이러스는 자신의 고유한 유전 정보를 지니고 있지만 복제를 위해서는 여전히 숙주 세포가 필요하다. 그러므로 바이러스는 유전적 실체이지만 살아있는 세포는 아니다. 일부 과학자들은 바이러스 감염 세포가 살아있는 생물체로 간주될 수 있다고 주장한다. 이러한 관점은 바이러스 감염이 숙주에게 주는 손상보다는 바이러스가 세포를 제어하고 보다 많은 바이러스 입자를 조립하기 위하여 세포의 재료를 이용한다는 점을 강조하고 있다. 반면, 숙주 세포 간을 이동하는 바이러스 입자는 분명히 불활성이다. 바이러스는 유전체 구조와 크기 면에서 놀라운 다양성을 보여준다. 세포와는 달리, 일부 바이러스는 RNA가 주요 유전물질로 사용될 수 있음을 보여주는 RNA 유전체를 지니고 있다. 바이러스보다 더욱 작은 것은 유전자가 없으며 아무런 단백질도 암호화하지 않는 작은 RNA 유전체들인 비로이드이다.

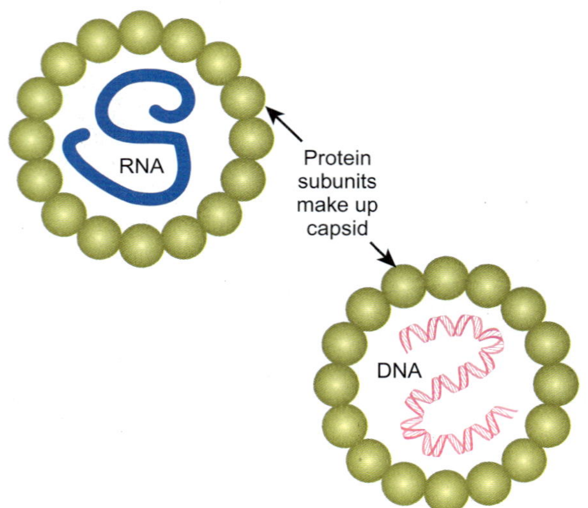

그림 21.01
단백질과 DNA 또는 RNA로 구성된 바이러스
단순한 바이러스는 단백질로 만들어진 캡시드에 둘러싸인 RNA (청색) 또는 DNA(핑크색) 유전체를 지니고 있다.

1. 바이러스는 유전 정보의 감염성 꾸러미이다

바이러스는 세포에 의존하여 에너지와 원료를 공급받는 준세포 기생체이다.

바이러스는 단백질 보호막 내의 유전자 꾸러미이다. 바이러스는 스스로 자라고 분열할 수 없다. 복제하기 위하여 바이러스는 먼저 숙주 세포를 침입해야 한다. 그 후에야 바이러스 유전자가 발현되고 숙주 세포의 기구를 이용하여 자신의 성분을 제조한다. 바이러스는 플라스미드나 전이인자처럼 단순한 핵산 단편이 아니며 에너지를 생산하고 단백질을 합성할 수 있는 진정한 세포는 더구나 아니다. 이들은 중간 영역에 놓여있다. 바이러스는 스스로 자신의 단백질을 만들거나 자신의 에너지를 생산할 수 없다. 이들은 적당한 숙주 세포에 들어가 세포의 기구를 빼앗을 때에만 증식이 가능하다. 그럼에도 불구하고 바이러스는 불활성이 아니고 숙주 세포를 파괴하며 복제를 되풀이한다.

바이러스 입자는 단백질 껍질로 보호된 RNA 또는 DNA를 가지고 있다.

바이러스 입자는 DNA나 RNA 형태의 유전 정보 외에 단백질을 함유한다(그림 21.01). 바이러스 입자 또는 **비리온**은 **바이러스 유전체**라고 일컫는 바이러스 유전자와 이를 지닌 일정 길이의 핵산(RNA나 DNA)을 둘러싸는 **캡시드**라는 단백질 외곽으로 구성되어 있다.

살아있는 세포의 주요 특징은 자신의 리보솜을 가지고 단백질을 만드는데 있다. 바이러스는 자신의 리보솜이 없으므로 숙주 세포의 리보솜을 이용하여 단백질을 만든다.

살아 있는 것과 그렇지 않은 것을 엄밀하게 구분하려는 노력은 매우 혼란스러울 수 있다. 여기에서 살아있음과 **살아있는 세포**는 반드시 같은 것은 아니라는 사실에 유의하면서 생명 정의 주제를 잠시 비켜가도록 하자. 진정 살아있는 세포가 되려면 자체의 단백질을 만들기 위하여 유전자(DNA)로부터 자체의 리보솜까지 유전 정보(RNA)를 보내야만 한다. 살아있는 세포는 이들 단백질을 만들고 세포적 총화를 유지할 수 있는 에너지를 생산한다(그림 21.02).

자급자족하는 살아있는 세포와는 달리, 바이러스는 많은 기능을 숙주에 의존한다. 살아있는 세포는 DNA에 정보를 저장하고 RNA로 메시지를 만들지만, 바이러스는 RNA 또는 DNA에 유전 정보를 저장하고 전령 RNA(mRNA)를 만들 때는 숙주 세포에 의존한다. 진정한 세포들은 단백질을 만들 수 있는 리보솜을 지니고 있다. 바이러스는 기생성이며 숙주 세포에 의존하여 리보솜이 바이러스 전령 RNA를 번역하여 단백질을 만들도록 한다. 세포는 영양을 수송하고 대사 작용을 통하여 에너지를 생산하고 다양한 대사 중간산물들을

살아있는 세포(living cell) DNA 유전체를 가지고 있으며 유전자(DNA)의 유전메시지(RNA)를 자신의 리보솜으로 보내어 스스로 생산한 에너지로 자신의 단백질을 만드는 단위 생명체
캡시드(capsid) 바이러스 입자의 DNA 또는 RNA를 둘러싼 단백질 껍질 또는 보호층
바이러스(virus) 단백질의 보호껍질 내에 있으며 복제를 위하여 숙주 세포를 침입하는 DNA 또는 RNA로 구성된 감염인자
바이러스 유전체(viral genome) 바이러스의 유전자를 지닌 DNA 또는 RNA 분자
비리온(virion) 바이러스 입자

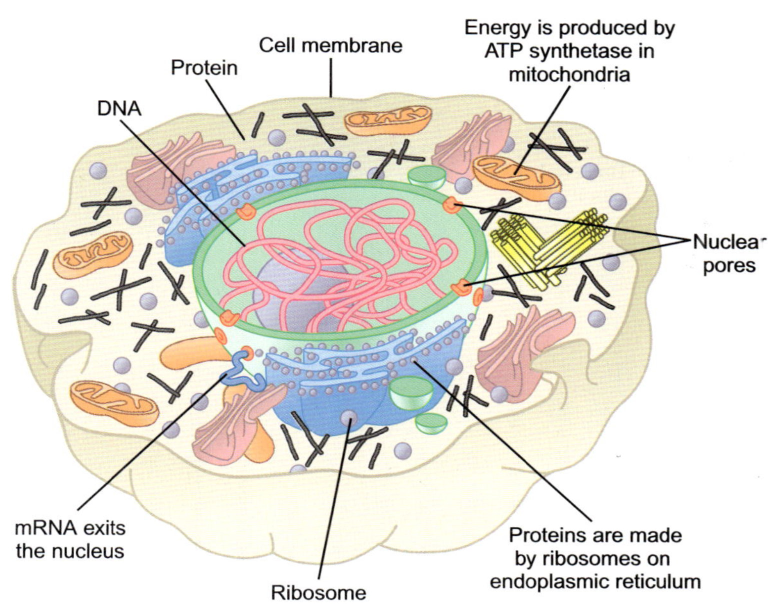

그림 21.02
살아있는 세포의 특징

오른편의 단순한 그림은 ATP를 만드는 (ATP 합성효소) 에너지원, 유전 정보(염색체 DNA와 전령 RNA), 유전 정보를 단백질로 전환하는 리보솜, 그리고 세포 모습을 유지하는 생체막과 같은 살아있는 세포의 모든 필수적인 특징을 보여주고 있다.

만든다. 바이러스는 에너지와 전구체를 위하여 숙주 세포 대사에 의존한다.

살아있는 세포는 대사적으로 활발한 세포막에 의하여 둘러싸여 있다. 대부분의 단순 바이러스는 단백질 껍질만을 가지고 있으며 진정한 세포막은 없지만 일부 복합 바이러스 입자는 이전 숙주 세포로부터 훔쳐온 세포막을 지니고 있다. 그러나 바이러스 입자 주변의 세포막은 에너지 생산 또는 영양분 수송에서 대사적으로 활발하지 않다. 그렇지만 바이러스 입자들은 외투를 지니고 있으며 숙주 세포 바깥에서도(명백히 증식 없이) 스스로 생존할 수 있다.

살아있는 세포는 대부분의 바이러스에는 없는 막을 가지고 있다.

바이러스는 모두 숙주 세포 없이는 증식할 수 없는 **기생체**이다. 더구나, 바이러스는 **세포 내 기생체**이다; 즉 바이러스는 증식을 위하여 숙주 생물의 세포 내로 직접 들어가야만 한다. 모든 세포 내 기생체가 바이러스만이 아니라는 사실에 주목하라. 특정 질병원인 세균과 원생생물도 고등생물의 세포 내로 들어가며 내부에서 기생체로 생활한다. 그러나 이들 기생체는 살아있는 세포로서 자신의 리보솜을 가지고 스스로 단백질을 만든다. 본 장에서는 바이러스학 영역을 체계적으로 다룰 계획은 없다. 그 대신 바이러스에서 발견된 분자생물학의 새로운 양상을 설명하고자 한다.

1.1. 바이러스의 생활사

바이러스는 숙주 세포 밖에서 불활성 바이러스 입자로 생존하는 비리온과 세포 내 활성 단계의 두 형태 사이를 오간다. 전형적인 바이러스의 생활사는 다음의 단계들을 거친다(그림 21.03):

a. 비리온의 숙주 세포 부착
b. 바이러스 유전체의 진입
c. 바이러스 유전체의 복제
d. 바이러스 단백질의 제조
e. 새로운 바이러스 입자(비리온)의 조립
f. 숙주 세포의 새 비리온 방출

바이러스 유전자는 숙주 세포를 파괴하고 더욱 많은 바이러스 입자를 만든다.

세포 내 기생체(intracellular parasite) 숙주 생물의 세포 내에 서식하는 기생체
기생자(parasite) 다른 생물의 자원을 이용하여 생장하고 증식하는 감염인자 생물

그림 21.03

바이러스 생활사

바이러스의 생활사는 바이러스의 DNA 또는 RNA가 숙주 세포로 들어가면서 시작된다. 일단 들어가면 바이러스는 숙주 세포를 이용하여 더욱 많은 바이러스 유전체의 사본을 만들고 바이러스 입자의 조립을 위하여 단백질 외피를 만든다. 일단 다수의 바이러스가 조립되면 숙주 세포는 파열되고 후손 바이러스는 방출되어 다시 새 숙주 세포를 찾아 나선다.

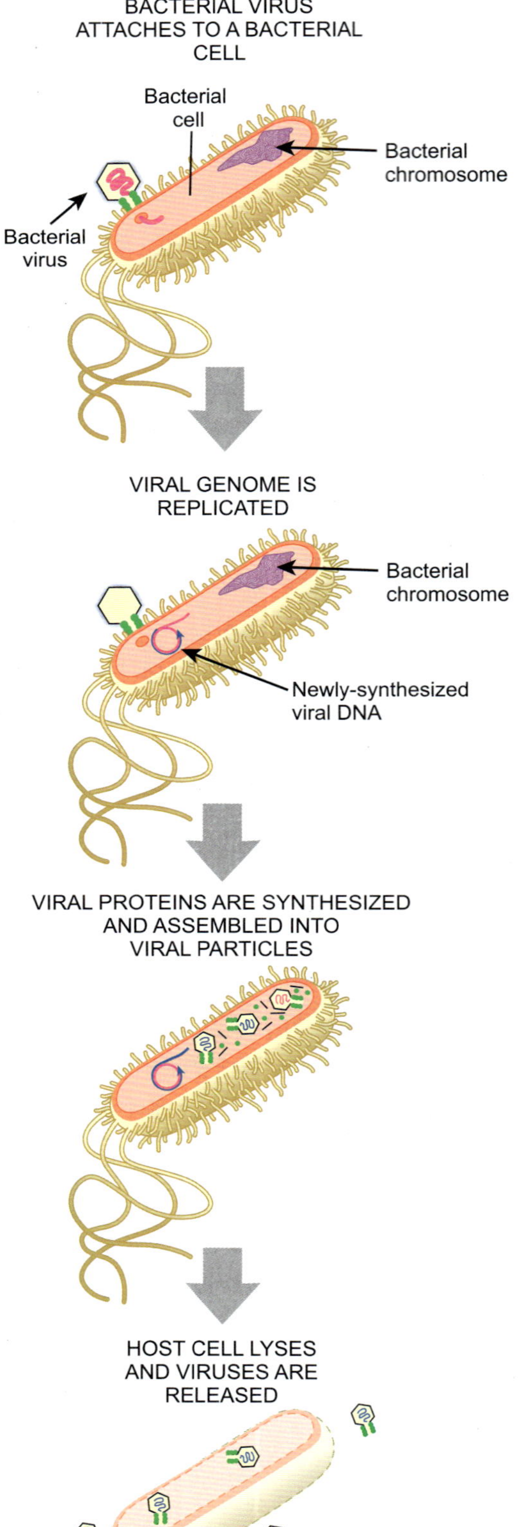

바이러스의 부착은 표적세포 상의 표면 분자를 인식할 수 있는 바이러스 입자 상의 단백질을 필요로 한다. 이 수용기는 서로 다른 단백질이거나 탄수화물인 경우도 있다. 가끔은 탄수화물 그룹이 단백질에 부착된 당단백질이다. 일부 바이러스 입자 상의 인식단백질은 표면에서 튀어나온 가시나 가지를 형성한다. 대부분의 세균바이러스와 식물바이러스는

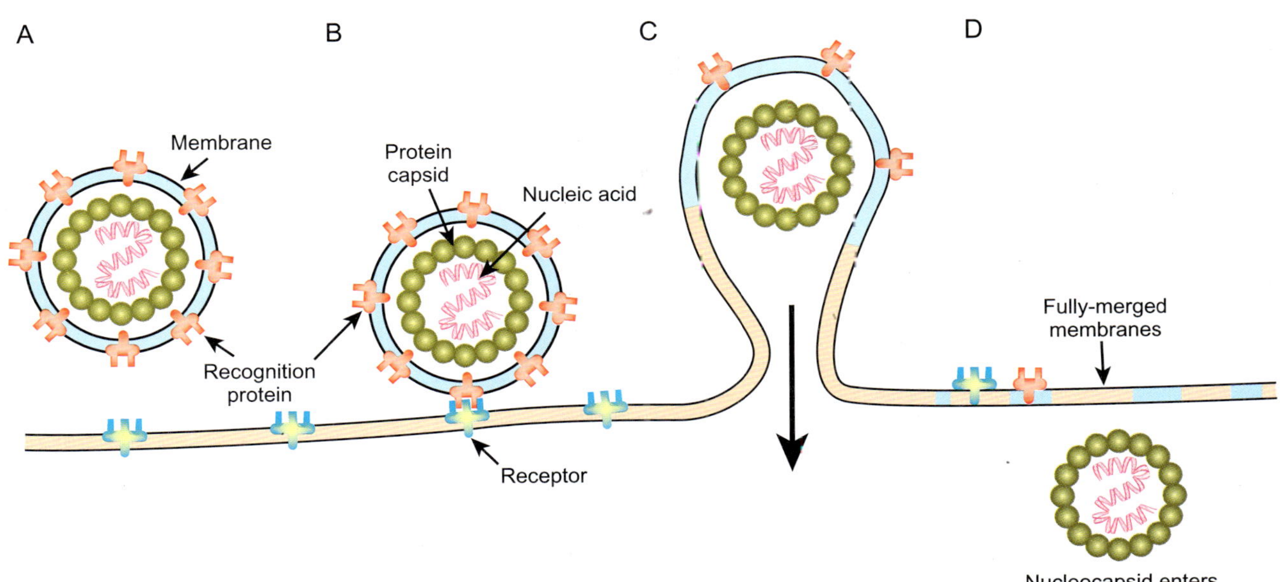

그림 21.04
피막바이러스와 동물세포막의 융합

바이러스 입자가 이전 숙주 세포를 떠나면서 숙주 세포막 층으로 자신을 둘러싼다. 이 외층은 바이러스의 침입 과정에서 이전 숙주 세포막에 삽입되었던 바이러스 인식단백질을 가지고 있다. 이 인식단백질은 다른 동물세포의 세포막 수용기에 결합한다. 이 결합된 단백질 복합체는 두 세포막의 융합으로 동물세포가 입자를 받아들이도록 유발한다. 뉴클레오캡시드 구조가 동물세포로 들어온다.

새 숙주 세포를 침입할 때 단백질 외피를 벗어버린다. 단지 유전물질(DNA 또는 RNA)만이 세포 내로 들어간다. 동물바이러스의 경우는 단백질 외피를 해체하는 시점에 따라 각기 다르다.

숙주 세포로 들어가기 전에 바이러스는 세포 표면의 수용기와 결합해야 한다.

많은 동물바이러스는 단백질 껍질 외부에 추가 피막을 가지고 있다. 이 피막은 바이러스 단백질이 삽입된 이전 숙주 세포로부터 훔친 것이다. 이 바이러스 암호화 단백질은 다음 표적세포 상의 수용기를 탐지하여 결합한다. 피막바이러스가 새로운 동물세포에 들어오면 피막층은 세포막과 융합하고 핵산을 지닌 내부 단백질 껍질(**뉴클레오캡시드**)만이 들어온다(그림 21.04). 일단 들어오면 단백질 껍질은 해체되고 유전체가 노출된다.

일단 숙주 세포로 들어오면 바이러스 유전체는 두 가지의 기능을 나타낸다. 첫째로 복제를 거듭하여 더욱 많은 바이러스 유전체를 만든다. 둘째로 세포를 희생하며 수많은 바이러스 단백질을 만들고 새로운 바이러스 입자를 조립한다. 바이러스는 세균처럼 분열하지 않는다는 사실에 주목하라. 숙주 세포가 바이러스 유전체의 유전 정보를 이용하여 만든 성분들이 바이러스로 조립된다(그림 21.05).

바이러스는 분열하지 않는다. 대신 바이러스의 유전자는 새로운 바이러스 입자로 조립되는 성분들을 암호화한다.

바이러스의 유전자는 흔히 **초기발현유전자**와 **후기발현유전자**로 나누어진다. 초기발현유전자는 숙주 세포와 유사한 촉진유전자를 가지고 있으며 바이러스 유전체의 복제에 관여하는 단백질을 암호화한다. 따라서 이들 유전자는 숙주 세포의 RNA 중합효소에 의하여 전사되며 감염 직후 발현된다. 매우 작은 바이러스에서는 주로 숙주 효소가 바이러스 유전체를 복제하므로 복제에 관여된 초기발현유전자는 거의 없다. 이와는 반대로 세균바이러스 T4나 동물의 마마바이러스처럼 다수의 유전자를 가지고 있는 바이러스에서는 이러한 과정이 훨씬 복잡하고 "급성초기발현", "지연초기발현" 등과 같은 여러 개의 하우 유전자들이 있다.

초기발현유전자(early gene) 주로 바이러스 DNA(또는 RNA)의 복제에 관여하는 효소를 암호화하며 바이러스의 감염 초기에 발현되는 유전자
후기발현유전자(late gene) 주로 바이러스 입자의 조립에 관여하며 바이러스의 감염 후기에 발현되는 유전자
뉴클레오캡시드(nucleocapsid) 바이러스 입자의 핵산을 지닌 내부 단백질 껍질

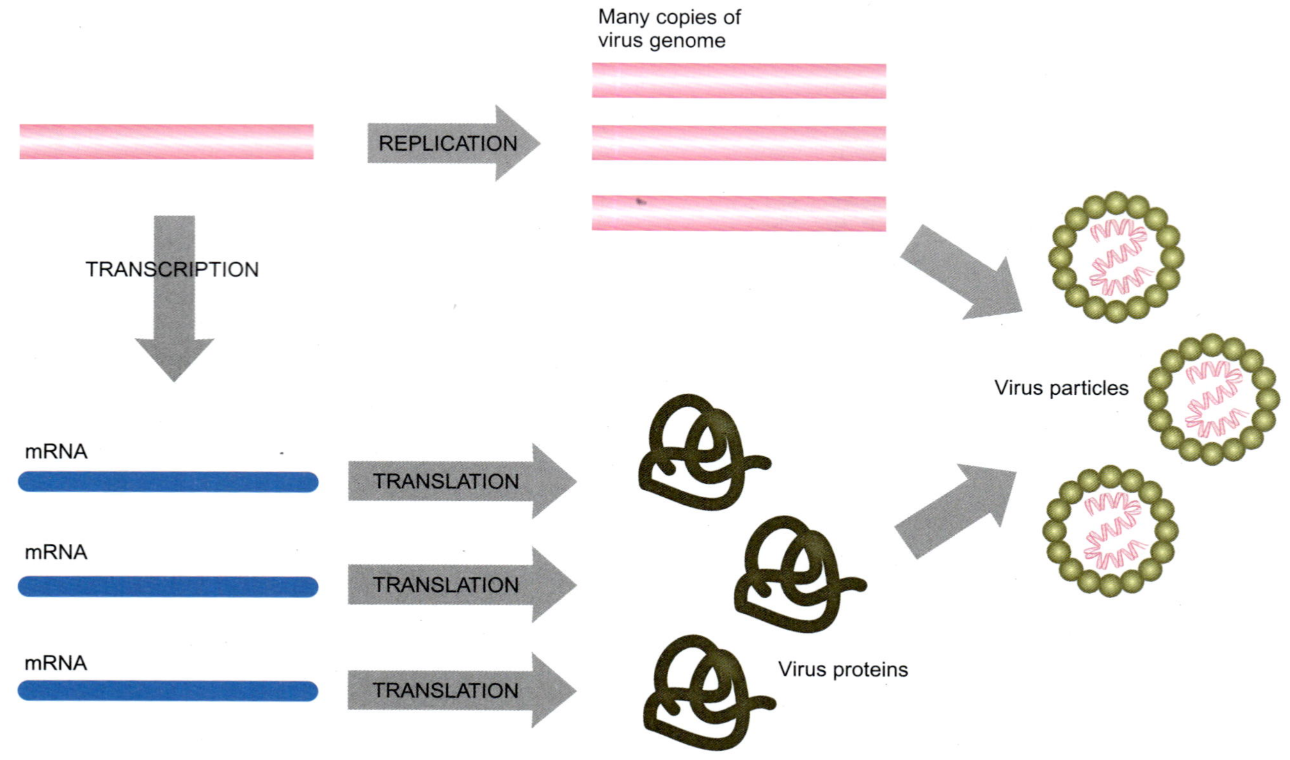

그림 21.05
바이러스 성분의 합성과 조립

바이러스 유전체(핑크색)는 숙주 세포에게 명령하여 수많은 바이러스 유전체의 사본을 복제한다. 이어 바이러스 유전체는 전사되고 mRNA는 번역되어 바이러스 단백질이 만들어진다. 바이러스 유전체는 단백질 외피를 만드는 데 필요한 모든 유전자를 지니고 있다. 결국 외피단백질과 바이러스 유전체가 조립되고 새로운 바이러스 입자가 만들어진다.

후기발현유전자는 숙주 중합효소만으로는 인식되지 않는 촉진유전자를 가지고 있다. 이들 유전자는 감염 후기에 발현되며 조립과 포장 과정 및 숙주 세포 분해에 관여하는 단백질과 함께 바이러스 입자의 구조단백질을 암호화한다. 세균바이러스 T7과 같은 일부 바이러스는 후기발현유전자를 발현시키기 위하여 자체 내 중합효소를 암호화하며, 세균바이러스 T4와 같은 경우에는 숙주 RNA 중합효소를 변경시킨다. 예를 들어 T4 유전자 55는 T4 후기발현유전자의 촉진유전자를 인식하는 또 다른 시그마인자를 암호화한다.

1.2 박테리오파지로 알려진 세균바이러스

세균을 침입하는 바이러스를 **박테리오파지** 또는 간단하게 **파지**라고 부른다. 파지라는 말은 "먹다"라는 그리스어에서 유래되었으며 세균바이러스가 한천 표면에서 자라는 세균 깔개에 구멍 또는 **용균반**을 만드는 특징을 일컫는다(그림 21.06). 세균바이러스는 유전자의 본질을 조사하기 위한 분자생물학의 초기 연구에 집중적으로 이용되었다. 바이러스는 단지 단백질 외피로 둘러싸인 DNA 또는 RNA만을 가지고 있으며 박테리오파지는 가장 단순한 세포 형태인 세균을 침입하기 때문이다.

세균은 자신의 세포막을 보호하는 세포벽을 가지고 있으므로 세균바이러스는 동물바

박테리오파지(파지)[bacteriophage(phage)] 세균을 침입하는 바이러스
용균반(plaque) (바이러스를 지칭할 때) 바이러스의 세포 파괴와 분해로 인해 한천배지 표면에 잔디처럼 자라나는 투명대
파지(phage) 세균을 침입하는 바이러스, 박테리오파지의 줄임말

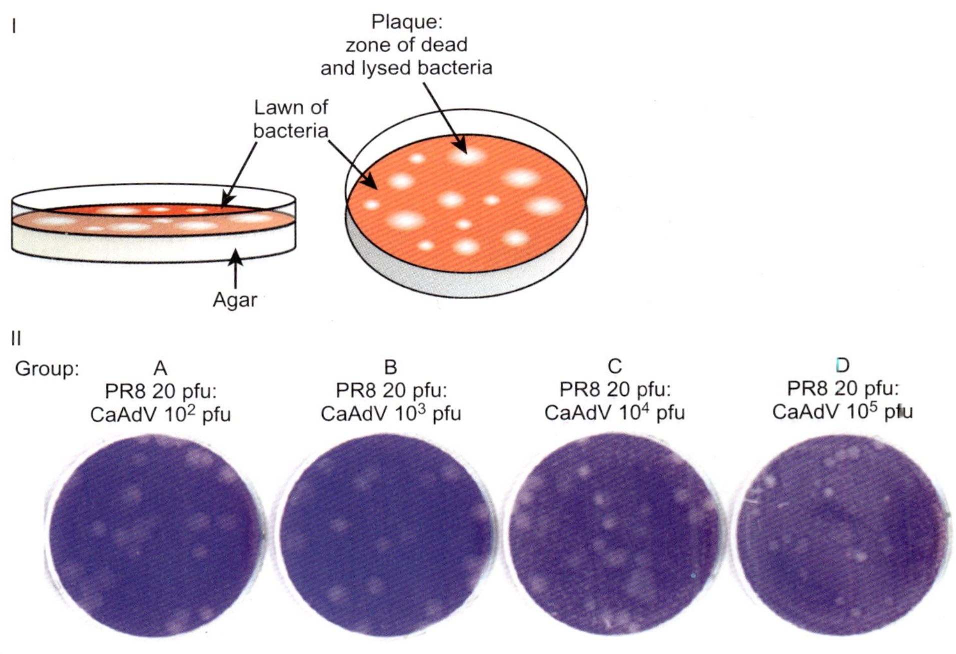

그림 21.06

세균 깔개에 형성된 용균반

I) 박테리오파지는 세균을 침입하는 바이러스이다. 각 유형의 박테리오파지가 자리를 잡으며 용균반이 형성된다. 박테리오파지 혼합물을 세균 배양액에 첨가하고 이를 영양한천 배지 위에 붓는다. 세균은 빨리 자라고 세균 깔개(적색)라고 불리는 탁한 세균층을 형성하며 한천을 덮는다. 박테리오파지가 세균세포를 침입하는 곳마다 세포를 파괴하며 더욱 많은 박테리오파지를 형성한다. 이들은 주변 세균을 침입하며 세균 깔개에 용균반이라고 불리는 투명대를 형성한다. 각 용균반에는 세균 깔개의 한 곳에 처음으로 자리 잡은 단일 박테리오파지의 후손들이 들어있다. 필요하면 각 용균반으로부터 박테리오파지의 순수 계통을 분리할 수도 있다. II) 배양된 인간세포가 인플루엔자 바이러스와 혼합되었을 때 형성된 용균반의 실제 사진. A-D에서 보이는 더 크고 투명한 용균반은 인플루엔자 PR8을 통해 형성되었고(C가 가장 명확함) 작은 용균반은 인플루엔자 CaAdV에 의한 것이다. C는 큰 용균반과 작은 용균반을 다 포함하고 있음을 주목하라.

(출처: Murata, et al., (2011) Plaque purification as a method to mitigate the risk of adventitious-agent contamination in influenza vaccine virus seeds. Vaccine 29(17): 3155-3161.)

이러스의 경우처럼 쉽사리 세포막과 융합할 수 없다. 따라서 세균바이러스에는 외피막층이 아예 없다. 단지 DNA 또는 RNA를 둘러싼 단백질 껍질만을 가지고 있다. 세균세포 표면에 결합한 후 세포 안으로 핵산을 주입하고 바이러스 입자의 단백질 외피는 바깥에 남는다(그림 21.07). 잘 알려진 여러 세균바이러스는 소형 달착륙선 모양의 복합형 캡시드를 가지고 있다. 캡시드는 정이십면체의 머리, 꼬리, 및 말단에 부착단백질을 가진 6개의 착륙지를 가지고 있다. 꼬리는 수축하고 세균의 벽을 관통하여 DNA가 주입된다.

세균바이러스는 단백질 껍질을 남겨두고 그 유전체만이 숙주 세포로 들어간다.

1952년 Hershey와 Chase는 T4박테리오파지를 이용하여 DNA만이 숙주 세포 대장균(*Escherichia coli*) 내로 들어간다는 대표적인 실험을 수행하였다(그림 21.08). 바이러스의 단백질과 DNA를 2개의 다른 동위원소로 방사성 표지를 하였다. 표지된 바이러스를 세균세포에 첨가한 후 두 방사성 표지의 변화를 조사하였다. ^{35}S로 표지된 단백질은 바깥에 남고 ^{32}P로 표지된 DNA만이 세포 내로 들어갔다. 더구나 ^{32}P 표지 DNA의 일부는 감염된 세포가 파열되면서 방출된 새로운 세대의 바이러스 입자 속에서도 발견되었다. 바이러스 DNA만이 숙주 세포에 들어가며 다른 성분은 바깥에 버려지므로 이 결과는 단백질이 아닌 핵산만이 유전 정보를 운반한다는 추가 정보를 제공하였다. 역사적으로 Hershey와 Chase의 실험은 DNA만이 유전 정보의 운반체이며 단백질의 관여는 필요하지 않다는 첫 번째 증명이 되었다. 이 발견은 많은 연구자들을 촉발하여 DNA의 구조와 유전물질로서의 기능을 밝히는데 기여하였다.

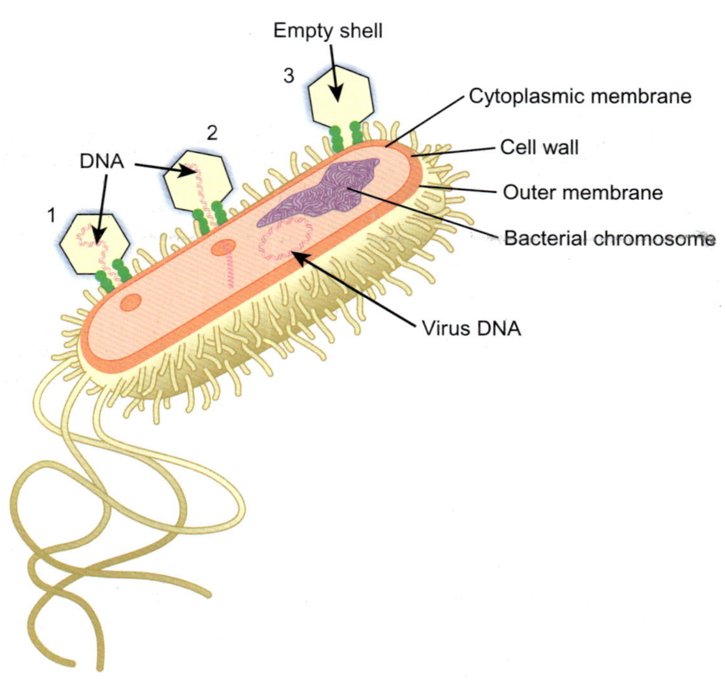

그림 21.07
세균바이러스의 핵산 주입

세균세포에 들어가기 위하여 세균바이러스는 세균의 외막, 세포벽, 및 내막의 3개 층을 관통하여 유전체를 주입하여야 한다. 세균의 세포벽 구조는 동물세포와는 달라서 바이러스가 쉽사리 막과 융합할 수 없다. 이 방어벽을 극복하기 위하여 바이러스는 3개 층을 관통하는 구멍(1)을 내고 세포질 내로 DNA(또는 RNA)(2)를 주입한다. 빈 껍질(3)은 세균세포에 들어가지 않는다.

상자 21.1 가장 많은 생활형인 파지

박테리오파지는 이 지구 상의 그 어떤 생활형보다 더욱 많은 것으로 보인다. 이 지구 상에는 10^{30}으로 추정되는 세균이 있고 살아있는 세균세포마다 약 10개의 파지가 있는 것으로 계산되며 파지의 수는 도합 10^{31}개에 이른다. 박테리오파지를 비롯하여 바이러스 입자는 지상 어디에나 있다. 바닷물을 전자현미경으로 관찰하면 ml당 보통 50×10^6개의 바이러스 입자가 검출된다. 또한 40%에 달하는 해양 세균이 매일같이 파지에 의하여 파괴되는 것으로 추정된다. 이들 파괴된 세균 잔해는 해수에 막대한 양의 유기물을 공급하여 지구의 탄소순환에 영향을 준다. 어마어마한 양의 신규 유전물질이 자연에 서식하는 막대한 수의 파지 내에 존재한다. 예비조사 결과 파지가 지닌 유전자의 약 75%가 DNA 자료은행에 저장된 그 어느 것과도 유연성이 없는 것으로 나타났다.

자연환경 속의 수많은 바이러스 입자가 서식처에서는 더 이상 감수성 숙주 세포를 찾을 수 없다는 의미에서 사실상 버려져 있다. 어떤 때는 숙주 세포가 사라졌거나 바이러스 내성의 돌연변이체만이 생존해 있는 경우도 있다. 반대로 많은 바이러스 입자가 처음부터 결손되어 숙주 세포가 있다 하더라도 성공적으로 이를 침입할 수 없다. 이러한 현상은 돌연변이율이 매우 높은 RNA 바이러스에서 특히 그렇다. 높은 돌연변이율의 이점은 바이러스가 끊임없이 변화하여 숙주의 방어체계를 피해나갈 수 있다는 점이다. 단점은 대부분 돌연변이가 유해하며 높은 비율의 결손 바이러스 유전체가 만들어진다는 점이다. 실제로 일부 RNA 바이러스의 경우 방출된 바이러스 입자의 대부분은 결손 돌연변이체이며 단지 소수만이 감염성 입자들이다.

1.3 용원성 또는 통합 잠복기

침입한 바이러스가 수많은 바이러스 입자를 만들고 세포를 파괴할 때 세포가 파열되거나 분해되므로 이를 **용균생장**이라고 한다. 반면 바이러스가 숙주 염색체와 보조를 맞추어 분

용균생장(lytic growth) 수많은 바이러스 입자를 만들고 방출을 위해 숙주 세포를 파괴하는 유형의 바이러스 감염

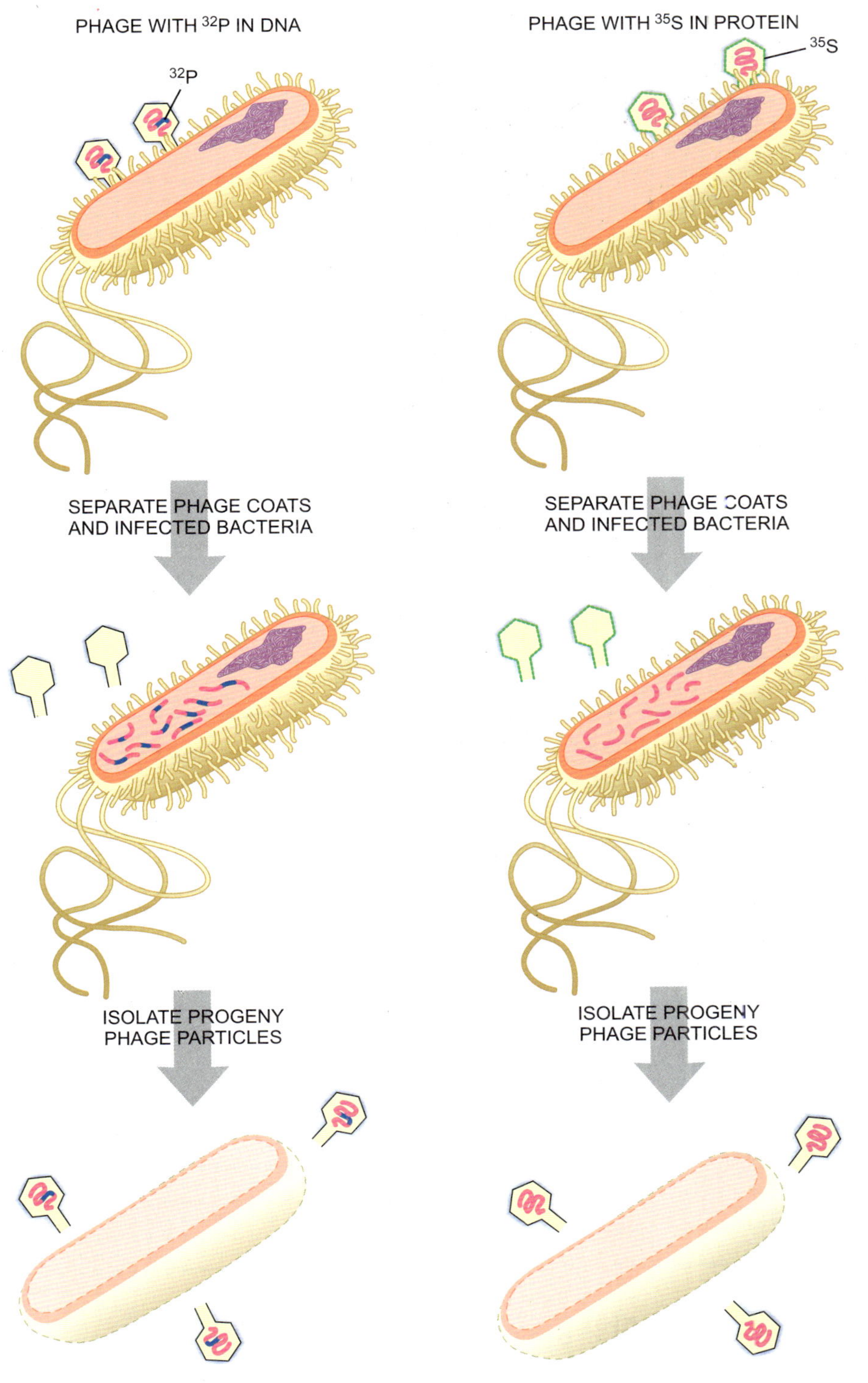

그림 21.08

T4박테리오파지의 DNA만 세포에 진입한다

Hershey와 Chase의 대표적인 실험에서 바이러스 DNA는 세균세포에 들어가지만 단백질 외피는 그렇지 않음이 밝혀졌다. DNA와 단백질을 추적하기 위하여 T4박테리오파지를 먼저 방사성 전구체(각각 ^{32}P-dATP와 ^{35}S-메티오닌)에서 배양하였다 방사성 표지의 T4가 분리되고 정제되었다. ^{32}P (청색 DNA)로 표지된 파지가 새로운 숙주 대장균에 첨가되고 남은 바이러스 입자로부터 대장균은 격리되었다(왼쪽 패널). 바이러스 복제 후 자손 바이러스가 분리되었다. ^{32}P 표지의 DNA가 이들 바이러스 입자로부터 발견되어 처음의 바이러스 DNA가 숙주 대장균으로 들어가고 결국 새로운 입자 내에 포장되었음을 보여주었다. ^{35}S-메치오닌으로 표지된 T4(녹색 외피)를 이용하여 동일한 실험이 수행되었으나 최종 바이러스 입자는 ^{35}S-메치오닌을 포함하지 않았다 (오른쪽 패널). 이 사실은 처음의 단백질 외피가 숙주 대장균 내에 전혀 들어가지 않았음을 시사하였다.

열할 때 이를 **용원성**이라고 하며 이러한 바이러스를 가진 세포를 **용원**이라고 한다. **잠복기**라는 말은 용원성과 같은 의미이지만 주로 동물세포를 언급할 때 사용된다. 우리는 이미 20장에서 플라스미드와 바이러스 간의 가까운 관계를 설명하였다. 일부 유전자 생물은 플

잠복기(latency) 대부분 비활성으로 남아서 새로운 바이러스 입자를 만들지 않고 숙주 세포와 보조를 맞추어 유전체를 복제하는 유형의 바이러스 감염. 용원성과 같은 의미이지만 동물바이러스에 사용됨

용원(lysogen) 용원성 바이러스를 가지고 있는 세포

용원성(lysogeny) 대부분 비활성으로 남아서 새로운 바이러스 입자를 만들지 않고 숙주 세포와 보조를 맞추어 유전체를 복제하는 유형의 바이러스 감염. 잠복기와 같은 의미이지만 세균바이러스에 사용됨

바이러스는 숙주 세포를 희생하며 공격적으로 복제한다. 한편으로는 세포분열과 보조를 맞추어 제한적으로 유전체를 복제하기도 한다.

라스미드로서 또는 바이러스로서 선택적으로 살 수 있다. 일부 플라스미드는 용균생장 능력을 상실한 바이러스에서 유래한 것으로 보인다. 반대로 일부 바이러스는 다른 바이러스로부터 또는 오랜 기간을 걸쳐 숙주 세포로부터 용균생장 유전자를 획득한 플라스미드에서 진화했을 지도 모른다.

용원성 또는 잠복기는 바이러스가 숙주 세포를 죽이는 대신 함께 보조를 맞추어 분열하기로 결정했음을 의미한다. 이는 바이러스가 반드시 플라스미드로서 지내기로 했음을 의미하는 것은 아니다. 용원성 또는 잠복기의 많은 경우는 바이러스 DNA가 숙주 세포 염색체 내에 통합된 결과이다. 이러한 통합 바이러스를 **프로바이러스**(또는 세균바이러스의 경우 **프로파지**)라고 한다. 바이러스 DNA는 물리적으로 염색체의 일부가 되며 염색체가 분열할 때 복제된다. 통합 바이러스는 심지어 특정 곤충과 선충류가 생존을 위해 필요로 하는 공생세균에서도 발견된다(관련 연구에 대한 초점을 참조).

대장균을 침입하는 세균바이러스 **람다(λ)**는 숙주 세포 염색체상의 특정 DNA 서열인 ***att*λ(람다 부착부위)**를 인식하며 이 부위에 통합된다. 통합은 24장에 기술된 바와 같이 위치특이성 재조합으로 일어난다. 이 과정에서 세균 유전학을 다룬 25장에 기술된 것처럼 람다가 간혹 세균 유전자를 잘라 운반하는 경우도 있다. 일부 동물바이러스도 숙주 세포의 염색체 내로 끼어들어간다. 일부는 특수 인식부위를 가지고 있으며 일부는 마구잡이로 끼어들어간다. 바이러스 입자 내에 RNA를 유전자로 가진 레트로바이러스는 먼저 자신의 DNA 사본을 만들어 숙주염색체 내에 삽입한다(아래 참조).

관련 연구에 대한 초점

Kent BN and Bordenstein SR(2010) Phage WO of *Wolbachia*: lambda of the endosymbiont world. Trends Microbiol 18: 173–182.

많은 곤충과 선충류는 동물의 세포 내에 거주하는 공생세균인 세포 내 공생체를 지니고 있다. 이런 세균들은 곤충이 직접 합성할 수 없는 필수 아미노산을 비롯하여 간혹 비타민 또는 보조인자를 제공한다. 때때로 이런 세포 내 공생체가 생식에 필수인 경우도 있다. 역으로 이 세균들은 대부분 자생 능력이 없고, 숙주가 공급하는 영양소에 의존한다. 세포 내 공생체 세균은 인간 기생생물과 공존한다는 점에서 중요하다. 과학자들이 이들의 관계를 이해할 수 있다면 기생생물의 세포 내 공생체를 죽여서 기생생물을 박멸할 수 있다. 추가 영양소의 공급이 없는 기생생물은 죽고 말 것이다. 또한 세포 내 공생체 세균들은 전이인자 및 세균 염색체에 합성된 바이러스(즉, 용원성 박테리오파지)를 포함하는 비정상적으로 높은 양의 전이인자들의 숙주이다.

저자들은 널리 분포하는 공생세균 *Wolbachia*를 감염시키는 WO 박테리오파지에 주목하였다. 이 바이러스에 대한 연구는 *Wolbachia*에 비정상적으로 높은 양의 유전체 변화가 있었음을 드러냈다. 공생세균이 곤충 종간에 수평전파되고 WO 파지는 균주 간에 수평전파된다. WO 파지는 결국 세균 염색체 재배열에 관련되는 삽입 순서를 광범위하게 가지게 된다.

또한 WO 파지는 세균과 동물세포 간의 공생 관계에도 영향을 준다. 독성인자나 독소를 암호화하는 것으로 알려진 다양한 유전자는 WO 파지의 다른 균주에 존재한다. 이러한 사실이 *Wolbachia*와 동물숙주 세포와의 상호작용에 어떠한 영향을 주는가는 계속 연구되어지고 있다. *Wolbachia*의 숙주인 기생곤충의 경우, 세균이나 기생곤충 자체를 죽이는 것 대신에 WO 박테리오파지를 죽임으로써 기생곤충을 박멸할 수 있다.

2. 바이러스의 놀라운 다양성

바이러스는 동물세포, 식물세포, 및 세균세포를 공격하는 것으로 알려져 있다. 바이러스의 구조와 공격 세포를 점령하는 방법에는 놀라운 변이와 다양성이 있다. 가장 작은 바이러스는 단지 3개의 유전자를 가지고 있는 반면에 가장 큰 바이러스는 이삼백 개의 유전자를 가지고 있으며 숙주 세포를 능가하는 복잡한 유전적 전략을 수행할 수 있다. 미미바이

람다부착부위(*att*λ; λ attachment site) 박테리오파지 람다가 통합되는 대장균 염색체상의 인식서열
람다[lambda(λ)] 대장균을 침입하여 세균 염색체상의 특수 DNA 서열에 통합되는 바이러스
프로파지(prophage) 세균 숙주 세포의 DNA에 통합되는 박테리오파지 유전체
프로바이러스(provirus) 숙주 세포의 DNA에 통합되는 바이러스 유전체

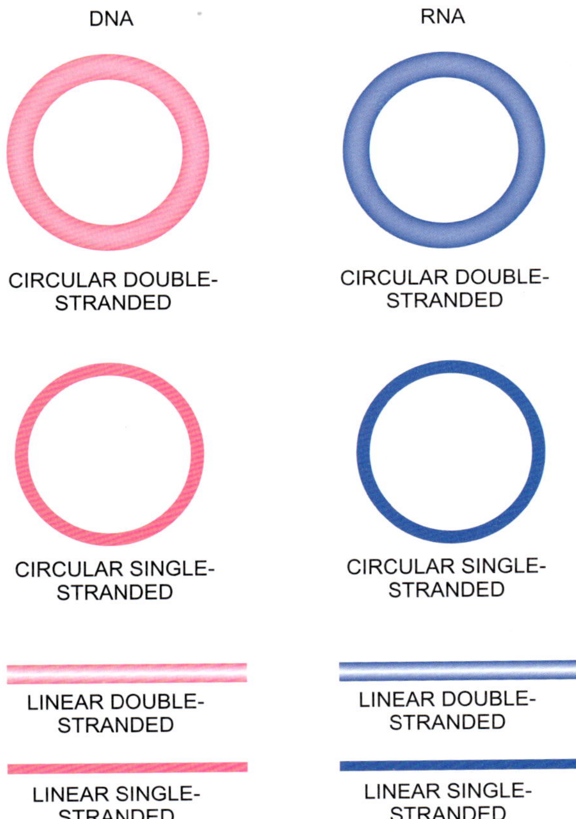

그림 21.09
다양한 바이러스 유전체

바이러스 유전체는 각종 구조와 크기로 되어 있다. 이들은 DNA 또는 RNA로 구성되어 있다. 이들은 환형이거나 선형이며 이중가닥이거나 외가닥으로 되어 있다.

러스는 현재 알려진 가장 큰 바이러스다. 이 바이러스는 대략 정이십면체 형태이며 지름은 0.75 미크론이다. 900개의 유전자에서 1.2 Mbp의 유전체가 암호화된다. 현재 알려진 가장 큰 세균바이러스 유전체는 *Bacillus megaterium*을 침입하는 G박테리오파지의 것이다. 이 바이러스는 일부 세균보다도 많은 700개의 유전자를 가지고 있다. DNA 유전체를 가지고 있는 바이러스가 있는가 하면 RNA 유전체를 가지고 있는 바이러스도 있다. 더구나 외가닥이거나 이중가닥이며 선형이거나 환형이다. 일부는 다른 종류보다 더욱 흔하지만 모든 가능성이 존재한다(그림 21.09; 표 21.01). 일부 바이러스는 DNA나 RNA의 절편 여러 개로 구성된 분절유전체를 가지고 있다. 본 장에서는 일련의 바이러스를 관찰하여 바이러스의 유전적 다양성을 설명할 예정이다. 또한 분자생물학에 널리 이용되거나 특히 질병 유발로 유명한 일부 바이러스도 함께 다룰 예정이다.

다양한 바이러스들이 3개에서 1,000개가 넘는 유전자를 가지고 있다.

많은 바이러스들이 일종의 회전환 기작으로 유전체를 복제한다.

바이러스 복제 기작의 세부 사항도 상당히 다양하다. 그렇지만 많은 바이러스가 20장에서 설명한 회전환 복제 기작을 이용하고 있다. 선형 DNA나 RNA를 가지고 있는 바이러스 입자의 경우도 침입 후 회전환 복제를 수행하기 위하여 환형이 되기도 한다. 외가닥 DNA 또는 RNA를 가지고 있는 바이러스는 침입 후 이차가닥을 합성하여 **복제형(RF)**으로 알려진 이중가닥 환형 유전체를 만든다. DNA 바이러스는 복제 목적으로 숙주 효소를 이용하기도 하고 그렇지 않기도 하지만 RNA 바이러스는 RNA 유전체 복제를 위하여 특수 RNA 중합효소인 **RNA 복제효소**를 마련해야만 한다.

바이러스 입자는 다양한 크기와 모양으로 되어 있다.

바이러스는 바이러스 입자, 즉 비리온의 구조에 따라 분류될 수 있다. 주된 세 가지의 형태는 구형, 섬유형 및 복합형이다. 구형 바이러스는 정확한 구형이 아니고 20개의 삼각면으로 구성된 정이십면체이다(그림 21.10). 정이십면체의 단면은 자르는 위치에 따라 오

RNA 복제효소(RNA replicase) RNA 바이러스가 RNA 유전체를 복제하기 위하여 사용하는 특수 RNA 중합효소
복제형(replicative form, RF) 회전환 복제를 하는 바이러스의 환형 이중가닥 유전체

표 21.01 바이러스의 과들

바이러스 과	대표적인 예
이중가닥 DNA 바이러스	
미오바이러스과	T4형 박테리오파지
사이포바이러스과	람다형 박테리오파지
푸셀로바이러스과	*Sulfolobus*의 박테리오파지
마마바이러스과	우두, vaccinia, 천연두(= *Variola*), ectromelia
바큐로바이러스과	곤충의 바큐로바이러스
헤르페스바이러스과	헤르페스, 수두(= *Varicella*)
아데노바이러스과	아데노바이러스
외가닥 DNA 바이러스	
이노바이러스과	소형 섬유형 박테리오파지, 예: fd
마이크로바이러스과	소형 구형 박테리오파지, 예: ΦX174
제미니바이러스과	각종 식물 바이러스, 예: beet curly top virus
파보바이러스과	파보바이러스, 아데노연관바이러스
역전사 바이러스	
헤파드나바이러스과	B형 간염바이러스, 꽃양배추모자이크바이러스
레트로바이러스과	인간면역결핍바이러스(HIV)
이중가닥 RNA 바이러스	
레오바이러스과	레오바이러스, 면양청설바이러스, 로타바이러스
버나바이러스과	초파리(*Drosophila*) X 바이러스
토티바이러스과	효모(*Saccharomyces cerevisiae*) 바이러스 L-A
음성 외가닥 RNA 바이러스	
파라믹소바이러스과	유사인플루엔자, 홍역, 볼거리
랍도바이러스과	수포성구내염, 광견병
필로바이러스과	마르부르크바이러스, 에볼라바이러스
오르토믹소바이러스과	인플루엔자
부니아바이러스과	한타바이러스, 토마토반점시듦바이러스
양성 외가닥 RNA 바이러스	
레비바이러스과	MS2 및 Qβ박테리오파지
피코르나바이러스과	소아마비, 감기(*Rhinovirus*), A형 간염, 구제역
톰부스바이러스과	담배괴사바이러스(TNV)
플래비바이러스과	황열병, C형 간염
토가바이러스과	풍진, 담배모자이크바이러스(TMV)

각면이나 육각면이 된다. 대부분의 섬유형 생물이 다 그렇듯이 섬유형 바이러스는 원통형 껍질을 형성하는 나선형으로 배열된 단백질 소단위로 구성되어 있다. 이들 껍질은 말단에서 열려 있거나 닫혀 있다. 복합형 바이러스는 구형이나 섬유형 분류에는 잘 들어맞지 않으며 다중 구조의 성분을 가진 대형 바이러스이다. 게다가 이전 숙주 세포의 세포질막으로부터 유래한 외피막이 일부 바이러스 입자를 둘러싸고 있다(그림 21.11).

RNA
Protein
HELICAL
(part of tobacco
mosaic virus)
ICOSAHEDRAL
(adenovirus)

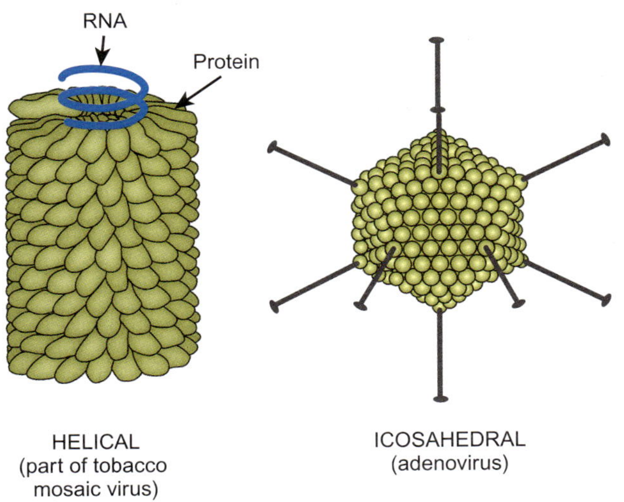

그림 21.10
섬유형 및 구형 바이러스 구조

섬유형 바이러스는 사실 나선형 배열의 단백질로 되어 있다. 담배모자이크바이러스의 단백질은 나선형 RNA 분자를 둘러싸며 원통형을 이룬다. 아데노바이러스와 같은 구형 바이러스는 실제는 정이십면체이다. 이들은 정점의 단백질 외피로부터 단백질 가시가 튀어나오기도 하는 20면의 형태를 가지고 있다. 이들 튀어나온 마디는 숙주 세포 표면의 바이러스 수용기를 인식하는 단백질을 가지고 있다.

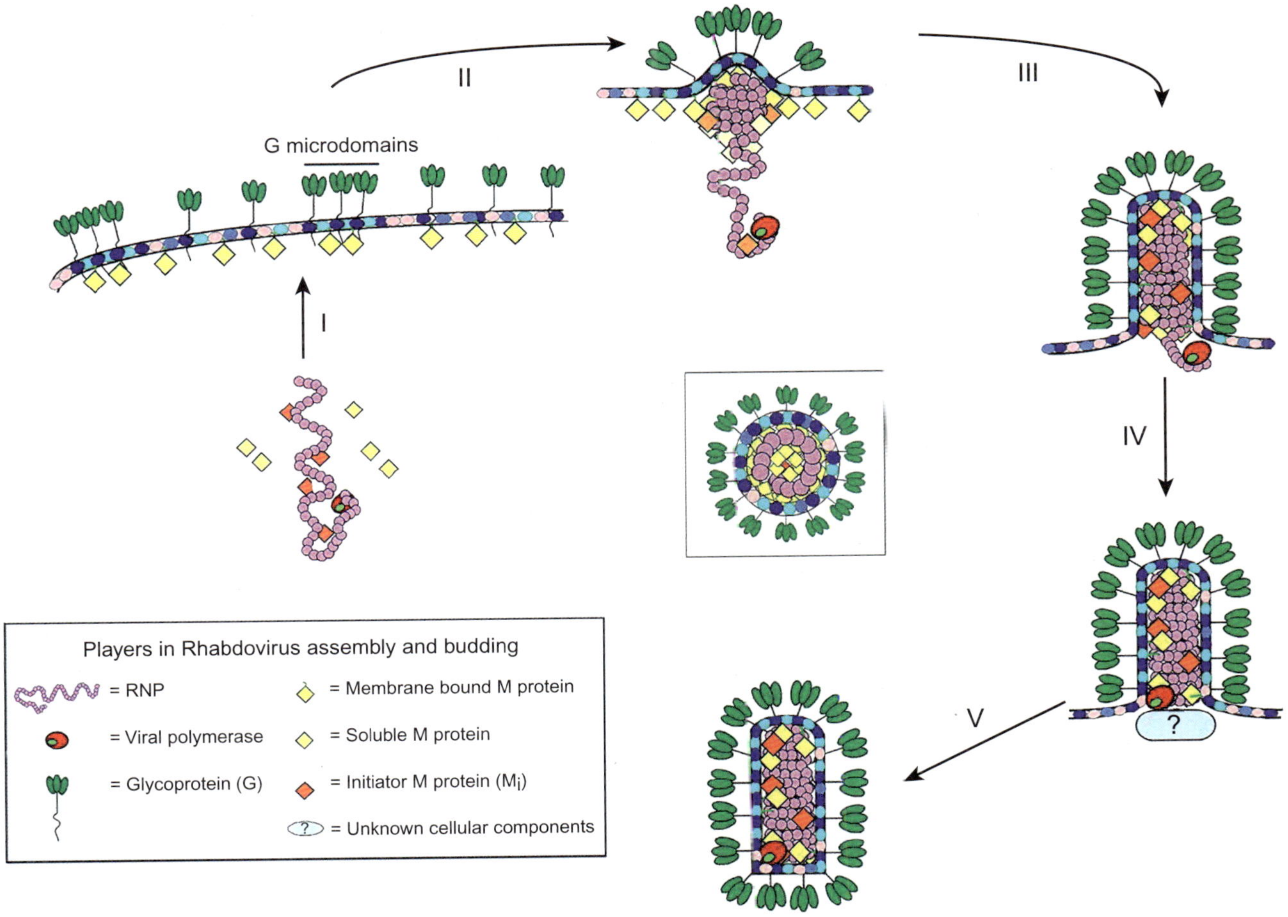

G microdomains
I
II
III
IV
V
?
Players in Rhabdovirus assembly and budding
= RNP
= Viral polymerase
= Glycoprotein (G)
= Membrane bound M protein
= Soluble M protein
= Initiator M protein (Mi)
= Unknown cellular components

그림 21.11
피막바이러스인 랍도바이러스

랍도바이러스는 피막 RNA 바이러스의 좋은 예이다. 랍도바이러스 그룹에는 수포성구내염, 광견병 및 관련 바이러스가 있다. 피막은 위의 그림처럼 바이러스가 감염 숙주 세포의 세포질막으로부터 분리될 때 만들어진다. (I) 바이러스 리보핵단백질(RNP)은 M 단백질을 매개로 막 내부와 연합한다. (II) RNP가 응축되고 출아 부위가 형성된다. 출아는 주로 바이러스 당단백질(G)이 모여 있는 곳에서 생긴다. (III) 비리온의 조립과 세포밖 밀어내기. (IV) 미확인 세포성 단백질이 출아를 완성하고 (V) 막 분열을 통한 비리온의 방출을 돕는다. 삽입 그림은 중앙 M 단백질 골격과 바이러스피막으로부터 튀어나온 당단백질을 보여주는 비리온의 단면이다. *(출처: Jayakar et al, (2004) Rhabdovirus assembly and budding. Virus Research 106:117–132.)*

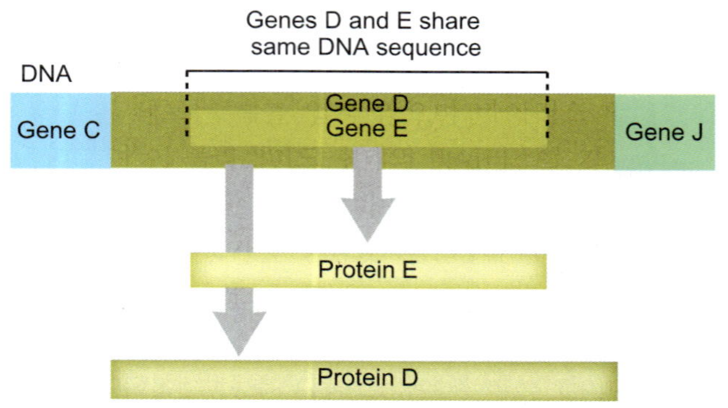

그림 21.12
ΦX174박테리오파지의 중복유전자

많은 종류의 바이러스 유전체는 매우 작기 때문에 간혹 유전체의 같은 영역이 서로 다른 유전자를 암호화하기도 한다. ΦX174 유전체에서는 E 단백질의 유전자가 D 단백질의 유전자 내에 완전히 묻혀 있다. 두 유전자의 서열은 중복되어 있지만 D와 E 단백질은 서로 다른 해독틀을 사용하고 있으므로 동일하지 않다.

2.1 소형 외가닥 DNA의 세균바이러스

ΦX174박테리오파지는 5,386개 염기의 환형 외가닥 DNA를 가진 작고 단순한 구형 바이러스이다. 비리온의 12개 정점마다 숙주 세포를 인식하는 두 종류의 단백질로 된 가시가 나있다. 전체적으로 ΦX174는 이차대전의 해군 수뢰처럼 보인다. ΦX174의 가장 흥미로운 특징은 DNA가 매우 적어서 11개의 유전자 중에서 5개는 중복되어 있다. 예를 들어 유전자 E는 완전히 유전자 D의 DNA 내에 들어있다. 유전자 D와 E는 서로 다른 해독틀을 가지고 있으므로 이들은 2개의 전혀 다른 단백질을 만든다(그림 21.12). D-단백질은 최종 구조는 아니지만 바이러스 캡시드를 조립하며 E-단백질은 숙주세균의 세포벽을 파괴하여 새로 만든 바이러스 입자를 방출하는 역할을 한다. 유전자 E의 DNA 돌연변이는 유전자 D 또한 변화시킨다. 중복되어 있으므로 DNA는 절약되지만 두 유전자는 더 이상 홀로 진화하지 못한다. 중복유전자는 소형 바이러스에서 자주 발견되지만 세포에서는 예외적인 상황에서만 발견된다.

소형 바이러스는 빈번하게 중복유전자를 가지고 있다.

기타 작은 세균 DNA 바이러스는 구형보다는 섬유형이다. 예를 들어 **M13박테리오파지**는 ΦX174처럼 외가닥 환형 DNA를 가지고 있지만 바이러스 입자는 길고 가느다란 섬유형이다. M13은 F-플라스미드를 가진 세균 즉 "웅성" 세균만을 침입하므로 **"웅성특이"**이다(25장 참조). M13은 자손을 방출할 때 숙주 세포를 죽이지 않으므로 과학자들은 이 박테리오파지를 염기순서결정을 위한 외가닥 DNA를 만드는 데 사용해 왔다(8장 참조). 숙주가 살아 있으므로 필요하면 더욱 많은 DNA를 분리할 수 있다.

2.2 이중가닥 DNA의 복합형 세균바이러스

머리, 꼬리 및 꼬리섬유로 구성된 복합형의 세균바이러스는 큰 과를 이루고 있다(그림 21.13). 바이러스 입자의 머리는 분자량이 큰 선형 이중가닥 DNA를 가지고 있다. 이들 중에는 모두 세균 유전학(25장 참조)과 분자생물학에 이용되는 T4박테리오파지, 람다, P1 및 Mu가 있다. 유전자의 수는 Mu의 40개 정도에서부터 T4의 200개 가까이에 이르며 이들의 가까운 친척은 알려진 바이러스 중에서 가장 복잡한 유형에 속한다.

복합형 세균바이러스는 유전체를 지닌 머리 구조와 유전체를 숙주 내로 주입하기 위하여 수축하는 꼬리를 가지고 있다.

Mu 바이러스 입자의 머리는 다소 구형(즉 대칭형 정이십면체)이다. 그러나 T4의 머리는 훨씬 큰 용량의 DNA를 수용하고 있으며 상대적으로 길다. 머리에는 착륙지로 작용하는 꼬리섬유를 가진 꼬리가 붙어있다. 이들 바이러스는 꼬리섬유의 말단에 있는 인식단백질을 이용하여 세균세포에 결합한다. 달착륙선처럼 내려앉은 후에는 꼬리가 수축되고 소형 피하 주사기처럼 DNA를 주입한다.

ΦX174박테리오파지(bacteriophage ΦX174) 환형 외가닥 DNA를 가지고 대장균을 침입하는 작은 구형 바이러스
M13박테리오파지(bacteriophage M13) 환형 외가닥 DNA를 가지고 있으며 대장균을 침입하는 소형 웅성특이 섬유형 바이러스
웅성특이 파지(male-specific phage) "웅성" 세균만을 침입하는 바이러스(즉 F-플라스미드를 가진 세균)

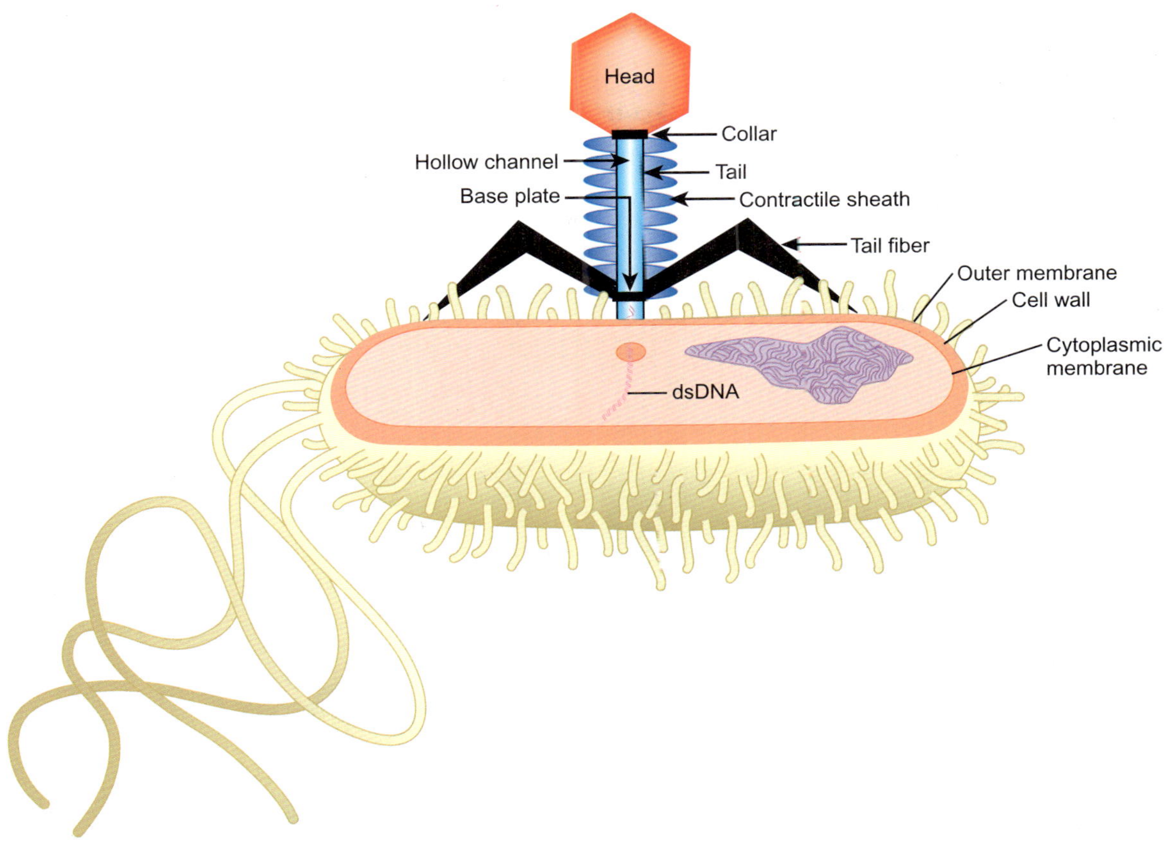

그림 21.13
머리와 꼬리를 가진 박테리오파지

Mu와 T4와 같은 복합형 세균바이러스는 이중가닥 DNA를 지닌 머리 부분과 세균 내로 DNA를 주입하는 꼬리 부분, 그리고 세균 외막에 있는 특수 단백질을 인식하며 부착하는 꼬리섬유를 가지고 있다. 꼬리의 수축성 껍질도 DNA를 바이러스 머리에서 세균 속으로 주입하는 데 도움이 된다.

2.3 고등생물의 DNA 바이러스

동물의 대부분 DNA 바이러스는 이중가닥 DNA를 가지고 있다. 예를 들어 **유인원바이러스40(SV40)**은 숙주 염색체에 DNA를 삽입하여 원숭이의 암을 일으키는 조금 작은 구형 바이러스이다. 또 다른 이중가닥 DNA 바이러스인 **헤르페스바이러스**는 숙주 세포의 핵막으로부터 훔쳐온 외피막 물질을 추가로 가지고 있는 구형 바이러스이다(그림 21.14). 단백질 껍질을 가지고 있는 내부 핵산을 뉴클레오캡시드라고 한다. 헤르페스바이러스 과에는 수두와 전염성 단핵증 및 입가 발진과 음부 포진을 일으키는 바이러스들이 있다. 헤르페스바이러스는 잠복 상태로 남아서 숙주 세포에 피해를 주지 않고 숙주 세포와 보조를 맞추어 증식할 수 있으므로 완치하기가 어렵다. 잠복 중인 헤르페스바이러스는 핵 내에서 환형 염색체 외 플라스미드 상태로 증식한다. 능동적인 감염은 스트레스나 다른 요인이 작용할 때 오랜 기간의 침묵을 깨트리고 다시 발생한다.

헤르페스바이러스는 오랜 기간 동안 잠복 상태로 남아 있을 수 있다.

마마바이러스는 가장 복잡한 동물바이러스이며 매우 커서 광학현미경으로도 관찰할 수 있다(그림 21.14). 이들은 1.0×0.5 미크론 크기의 대장균과 같은 세균에 비하여 약 0.4×0.2 미크론의 크기를 지니고 있다. 세포의 핵 내에서 증식하는 다른 동물 DNA 바이

헤르페스바이러스(herpesvirus) 숙주 세포의 핵막으로부터 훔쳐온 외피막 물질을 가지고 있는 구형 동물바이러스의 과
마마바이러스(poxvirus) 150개에서 200개의 유전자를 가지고 있는 크고 복잡한 이중가닥 DNA 동물바이러스의 과
유인원바이러스40(simian virus 40, SV40) 숙주 염색체에 DNA를 삽입하여 원숭이의 암을 일으키는 작은 구형 이중가닥 DNA 바이러스

그림 21.14
헤르페스바이러스와 마마바이러스

많은 동물바이러스가 이중가닥 DNA를 유전체로 가지고 있다. 헤르페스바이러스는 이중가닥 DNA 유전체를 둘러싸고 있는 단백질 외피와 외피막을 가지고 있는 단순한 바이러스이다. 마마바이러스는 2개의 피막층을 가지고 있다. 울타리 배열을 하고 있는 단백질층이 핵심피막을 따라 묻혀 있다. 게다가 침입 후 즉시 복제할 수 있도록 기존의 바이러스 효소가 유전체와 함께 포장되어 있다. 이들 바이러스는 동물을 침입하며 어느 경우이든 가장 바깥쪽의 바이러스 막은 이전 숙주 세포의 막으로부터 가져온 것이다.

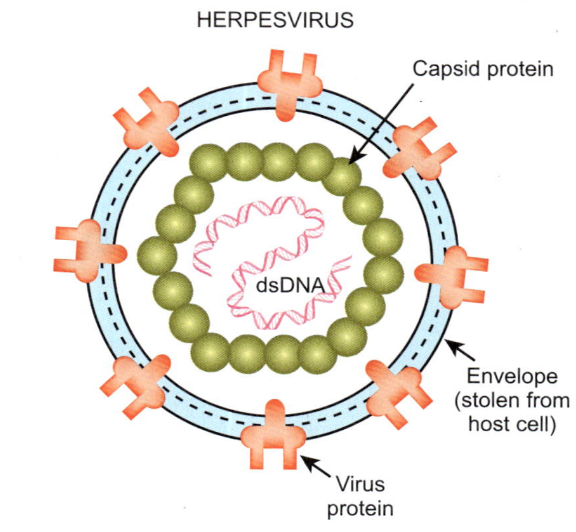

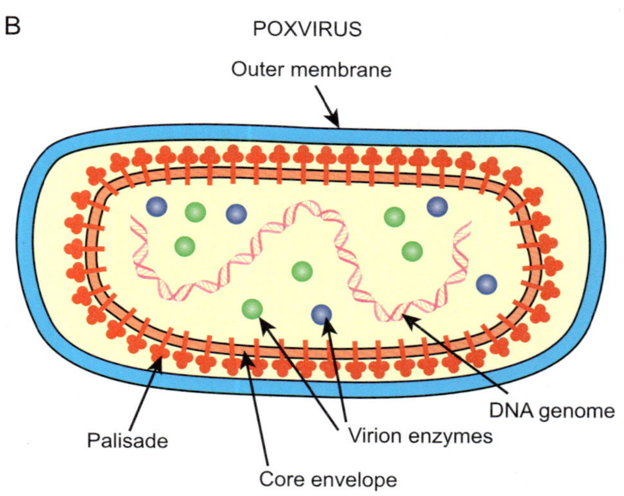

마마바이러스는 가장 큰 동물바이러스이다.

러스와는 달리 마마바이러스는 숙주 세포의 세포질 내에서 증식한다. 바이러스 입자는 봉입체로 알려진 준세포 공장에서 만들어진다. 마마바이러스는 복합형 세균바이러스 T4의 유전자 수와 거의 같은 150개에서 200개의 유전자를 가지고 있다.

꽃양배추모자이크바이러스의 강한 촉진유전자는 식물 유전공학의 유전자 발현에 이용된다.

DNA를 가진 식물바이러스는 비교적 드물다. 한 예로서 작은 구형 껍질 속에 환형 DNA를 가지고 있으며 꽃양배추 및 그 친척인 양배추와 싹눈양배추를 죽이는 **꽃양배추모자이크바이러스**가 있다. 이 바이러스의 일부 유전자는 촉진유전자가 매우 강하여 살충독소 유전자나 기타 전이유전자 발현을 위한 식물 유전공학에 사용되어 왔다. 아래에 논의될 것처럼 대부분 식물바이러스는 RNA 유전체를 지니고 있다.

2.4. 미미바이러스와 기타 거대 바이러스

현재 알려진 바이러스 중 물리적 크기와 유전체 크기가 가장 큰 바이러스는 미미바이러스다. 미미바이러스는 가장 큰 바이러스라는 사실에 걸맞게 미국 캘리포니아 주 스탠퍼드대 선형가속기 연구소(SLAC)에서 사용하는 세계에서 가장 강력한 X선 레이저, LCLS(Linac Coherent Light Source)로 분석되었다. LCLS는 이전 X선 공급원과 비교했을 때 10억배

꽃양배추모자이크바이러스(cauliflower mosaic virus, CMV) 환형 DNA를 가지고 있는 작은 구형 식물바이러스. 일부 촉진유전자가 식물 유전공학에 사용된다.

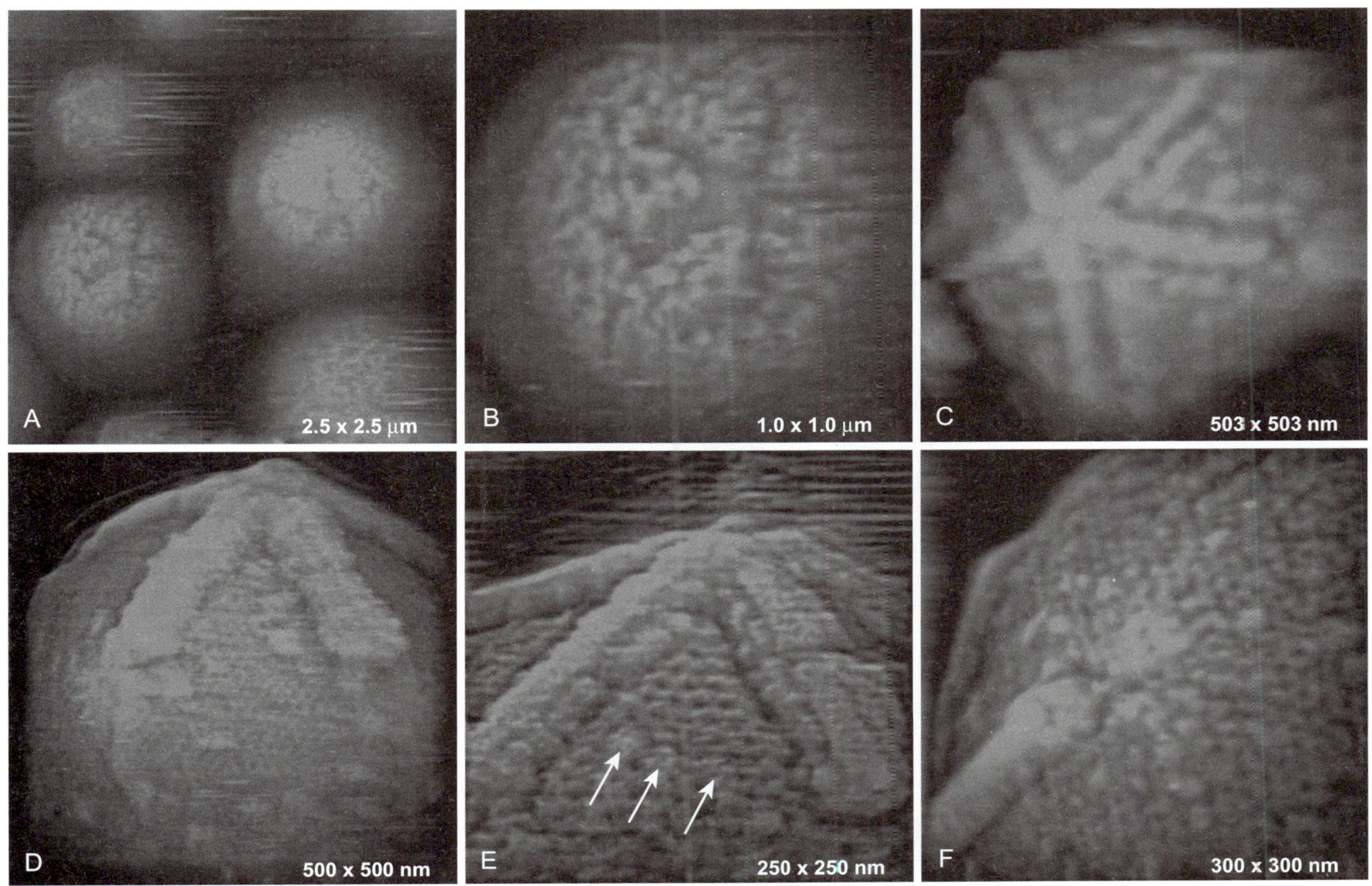

그림 21.15
원자력현미경에 비친 미미바이러스 입자

미미바이러스 입자는 별모양으로 움푹하게 들어간 단일 정점을 제외하고는 표면 섬유로 덮혀있다(A와 B). 효소 처리로 표면 물질들을 제거하면, 바이러스 입자가 숙주 세포의 막에 달라붙게 하는 별모양의 구조가 드러난다(C에서 F). *(출처: Kuznetsov, et al., (2010) Atomic force microscopy investigation of the giant Mimivirus. Virology 104: 127-137.)*

더 밝기 때문에 표본을 결정화할 필요가 없다. 그 대신, 처리되지 않은 단일 바이러스 입자들이 광선 속에 살포된다. 이들은 100,000° 이상의 온도에 플라스마로 증발되기 전, X선 회절 이미지로 기록된다. 미미바이러스는 단백질의 캡시드를 따라 늘어선 인지질막과 이를 둘러싸는 단백질 외피로 구성되어 있다. 이 바이러스 입자의 총지름은 0.75 μm이며, 0.5 μm 지름의 정이십면체 캡시드와 이를 둘러싸는 125 nm의 섬유를 포함한다(그림 21.15). 이중가닥 DNA를 1.2 Mbp 보유한다. 애초에는 900개에 달하는 유전자를 지닌 것으로 예상되었으나, 최근 연구에 따라 유전자의 개수가 1,018개로 늘어났으며, 그 중 979개는 단백질을 암호화하고, 6개는 tRNA를 암호화하며, 33개는 비암호화 RNA이다. 따라서 미미바이러스 유전체는 마이코플라스마와 같은 몇몇 세균들의 것보다 더 크다. 미미바이러스 단백질 중에 고작 300개만 상동에 의해 예측할 수 있는 기능을 지니고 있다. 그럼에도 특이 단백질을 암호화하는 수많은 유전자들이 표현되고 단순한 "유전적 폐물"이 아니라는 증거가 있다.

미미바이러스는 많은 유전체를 지닌 대형 바이러스 그룹인 **핵세포질 거대 DNA 바이**

핵세포질 거대 DNA 바이러스(nucleocytoplasmic large DNA viruses, NCLDV) 크기가 크며 많은 유전체를 지녔고 흔히 진핵생물을 감염시키는 미미바이러스와 마마바이러스를 포함한 바이러스의 다양한 과들을 가리킨다.

러스(NCLDV)에 속해있다. 여기에는 동물을 감염시키는 마마바이러스와 조류를 감염시키는 phycodnavirus도 속한다. 미미바이러스는 아메바 *Acanthamoeba polyphaga*를 감염시킨다. 마마바이러스와 마찬가지로 미미바이러스 입자는 숙주 세포질 내의 준세포 공장에서 생성된다. NCLDV에 속한 바이러스 과는 대부분 DNA 복제에 관련된 일련의 상동유전자를 공유한다. 환경 시료에서 발견되는 DNA 서열은 미미바이러스 그룹이 자연 내에 흔히 존재하고 있음을 나타낸다.

대형 바이러스가 상대적으로 많은 양의 독특한 유전적 정보를 보유하고 있다는 사실은 바이러스의 유래에 대하여 재고하게 하였다. 바이러스의 기원에 대한 전통적인 견해는 세포를 어떻게든 탈출한 DNA 또는 RNA의 불량 요소에서 유래된 것으로 보았다. 하지만 최근 기하급수적으로 증가한 서열 정보에 따르면 대부분 바이러스 단백질은 현존하는 세포 단백질과 알려진 상동이 없다. 이는 많은 바이러스 유전적 정보가 바이러스 자체의 복제 가운데 혹은 현재 멸종한 세포 계통에서 유래한 것임을 뜻한다. 캡시드 단백질과 같은 몇몇 특정 바이러스 단백질은 생물의 세 도메인의 숙주 세포를 각각 감염시키는 바이러스 모두가 공유한다. 이와 같은 사실에 따르면 일부 바이러스는 굉장히 오래되었으며 이들 조상은 세포성 생활형의 마지막 공통조상마저도 앞설지도 모른다(26장의 세포성 기원에 대한 설명을 참조). 바이러스의 기원, 특히 숙주 세포 사이를 이동하기 위한 바이러스 입자의 출현은 아직도 궁금증에 쌓여있다.

상자 21.2 미미바이러스를 감염시키는 바이로파지, 스푸트니크

미미바이러스는 바이로파지라 불리는 기생체에 감염될 수 있는데, 최초로 발견된 것은 '스푸트니크'로 명명되었다. 엄밀히 말하자면 바이로파지는 손실된 기능을 충당하기 위해 도움바이러스를 필요로 하는 결손 바이러스, 즉 위성바이러스이다(5.1절을 참조). 일반적으로 위성바이러스는 도움바이러스와 마찬가지로 동일 숙주 세포를 감염시켜 손상시킨다. 하지만 바이로파지는 다른 바이러스와는 두드러지는 차이가 있다. 바이로파지는 숙주 세포 내에서 별도로 복제하는 대신에 미미바이러스의 복제가 일어나는 조립 구획을 침투하고 감염시킨다. 결과적으로 바이로파지는 미미바이러스의 복제를 저해한다. 이 같은 현상은 역설적으로 숙주 세포에게 유익한데, 이는 바이로파지가 거대한 미미바이러스에 비교하면 매우 작기 때문이다(50 nm 대 750 nm; 유전자 20개 대 1000개). 바이로파지는 조류를 감염시키는 phycodnavirus를 또한 감염시킨다. 바이로파지는 phycodnavirus에 의한 조류의 죽음을 감소시키며 해양 환경 내 조류의 성장에 전반적인 도움을 준다.

3. RNA 유전체를 지닌 바이러스는 극소수의 유전자들을 지니고 있다

RNA 바이러스는 작은 유전체와 매우 높은 돌연변이율을 가지고 있다.

가장 작은 유전체는 RNA를 가지고 있는 바이러스의 것이다. 23장 "돌연변이와 수선"에서 설명한 것처럼 이 사실은 그들의 높은 돌연변이율과 관련이 있다. RNA의 유전체는 DNA의 경우보다 천배나 높은 돌연변이율을 가지고 있다. 돌연변이 유전자의 산물은 바이러스의 다른 성분과 계속 상호작용을 해야 하며 이러한 이유로 유전자의 수는 12개 정도에 머물러 있다. 높은 돌연변이율은 신속한 단백질 변화를 가능하게 함으로써 이들 바이러스가 숙주의 방어체계를 피해 나갈 수 있는 이점을 제공한다. 이러한 전략의 종합적인 성공은 독감처럼 가장 잘 알려진 대부분의 바이러스 질병이 RNA 바이러스에 의한 것이라는 사실로 알 수 있다.

RNA 유전체에는 세 가지의 다른 유형 즉 이중가닥 RNA, 양성 외가닥 RNA, 및 음성 외가닥 RNA가 있다. 양성과 음성이라는 표현은 각각 암호가닥과 비암호가닥을 의미한다. mRNA가 만들어질 때 2개의 DNA 가닥 중에서 하나만이 주형으로 사용된다는 사실에 주목하라(그림 21.16 참조). mRNA는 서열 상 주형가닥에 상보성이며(RNA에서는

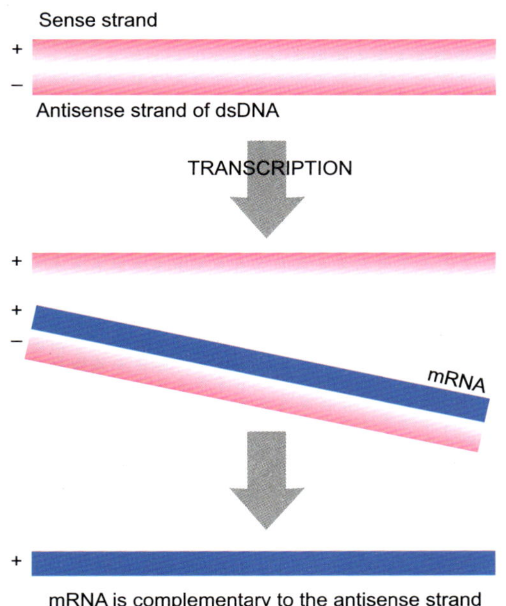

그림 21.16
음성가닥과 양성가닥

이중가닥 DNA는 주형가닥과 암호가닥 두 가지를 가지고 있다. 암호가닥은 양성가닥 그리고 주형가닥은 음성가닥으로도 불린다. 전령 RNA의 서열은 암호서열로 정의되며 양성가닥과 동일하고 음성가닥에는 상보성이다.

T 대신 U를 사용하는 것을 제외하고는) DNA의 비전사가닥과 동일하다. DNA의 비전사가닥과 mRNA는 모두 암호가닥이므로 **양성** 또는 **"양성" 가닥**이며 주형가닥은 **음성** 또는 **"음성" 가닥**이다.

바이러스가 양성가닥을 가지고 있으면 숙주 세포에 들어오자 곧 RNA를 전령 RNA로 사용하여 단백질을 만들 수 있다. 이러한 바이러스를 양성가닥 RNA 바이러스라고 부

상자 21.3 Vaccinia 바이러스의 영문 모를 기원

제너가 전염병에 대한 **예방접종** 방법을 개발한 이야기는 잘 알려져 있다. 그는 소와 접촉하여 우유를 짜는 여자가 간혹 가벼운 증세의 우두에 걸리는 것을 보았다. 회복된 후에 이들은 더욱 심한 병인 천연두에 면역이 되어 있었다. 이에 제너는 1796년 이러한 연관성을 실험해 보았다. 환자에게 우두를 신중하게 접종하였을 때 그는 환자가 실제로 천연두에 면역이 되는 사실을 발견하였다. 제너는 이 물질을 소라는 이름의 어원(라틴어로 소를 vacca라고 함)을 따서 "백신(vaccine)"이라고 불렀으며 이 참신한 기술은 예방접종이라고 불리게 되었다.

오랫동안 우두바이러스와 백신바이러스는 같은 것으로 믿어왔다. 그러나 1939년 소에서 재분리한 우두바이러스는 예방접종에 사용하기 위하여 배양한 바이러스와는 서로 별개의 것임이 발견되었다. 이에 배양한 백신은 우두와 구분하기 위하여 vaccinia로 불렸다. 제너 자신은 분명히 환자에게 우두를 접종한 것으로 보인다. 하지만 바이러스는 제너 훨씬 이후까지 실험실에서 배양하거나 정제할 수 없었으므로 제너의 방법을 사용한 사람들은 소나 말로부터 우두바이러스라고 믿으면서 다른 새 균주를 계속 재분리한 것이다. 그 이후로 불시에 원래의 우두는 다른 바이러스인 현재의 vaccinia 바이러스로 대체되었을 것이다. 현재 야생에 분포하는 어떤 바이러스도 vaccinia 바이러스와 일치하지 않으므로 그 기원을 알 수 없다. 더구나 우두가 vaccinia로 진화한다는 돌연변이를 가정하기에는 vaccinia와 우두 간의 차이가 너무 크다. 아마도 19세기에는 다른 종류의 마마바이러스가 소와 말 사이에 퍼졌으며 우두보다 증세가 가벼웠으므로 오랫동안 유지되어 왔을지도 모른다.

음성 또는 "음성" 가닥(negative or "minus" strand) RNA 또는 DNA의 비암호가닥
양성 또는 "양성" 가닥(positive or "plus" strand) RNA 또는 DNA의 암호가닥
예방접종(vaccination) 가벼운 또는 불활성의 질병유발 인자를 환자에게 도입하는 면역법

양성가닥 RNA 바이러스는 직접 번역될 수 있는 RNA를 가지고 있다.

른다. 반대로 바이러스 입자가 음성가닥을 가지고 있으면 단백질을 만들기 전에 먼저 상보성 양성가닥을 만들어야 한다. 이러한 불이익에도 불구하고 음성가닥 RNA 바이러스는 가장 성공적으로 널리 분포하고 있는 것으로 보인다.

3.1 세균 RNA 바이러스

일부 가장 작은 종류의 바이러스 유전체는 RNA를 가진 박테리오파지 중에서 발견된다. 최소한의 바이러스는 단지 3개의 유전자로 살아갈 수 있다(그림 21.17). 이들 유전자는 단백질 외피, 바이러스 유전체를 복제하는 RNA 복제효소, 그리고 새로 만들어진 바이러스 입자가 방출될 수 있도록 숙주 세포의 벽을 파괴하는 분해단백질을 암호화하고 있다. 그 예로서 약 3,500개 염기의 외가닥 RNA를 가지고 있으며 대장균을 침입하는 Qβ박테리오파지를 들 수 있다. Qβ와 그 친척 MS2 등은 외가닥 RNA에 3개 내지 4개의 유전자만을 가지고 있는 작은 구형 바이러스이다. 이들은 F^+ 세포의 표면에만 있는 성선모에 부착하므로 F-플라스미드를 지닌 세균(즉 "웅성" 세균)만을 침입하며 "웅성특이"이다(25장 참조). 극소수의 세균바이러스가 이중가닥 RNA를 가지고 있다.

3.2 동물의 이중가닥 RNA 바이러스

이중가닥 RNA 바이러스는 상대적으로 드물다. 동물바이러스 중에는 레오바이러스가 가장 잘 알려진 이중가닥 RNA 바이러스이다. 이들은 피막이 없고 2개의 동심원 단백질 껍질과 각각 하나의 바이러스 단백질을 암호화하고 있는 12개 정도의 분산된 이중가닥 RNA 분자를 가진 구형 바이러스이다. 이들 중에서 가장 유명한 종류는 수많은 젖먹이와 어린이를 감염시켜 유아설사를 일으키는 로타바이러스(그림 21.18)이다.

3.3 양성가닥 RNA 바이러스와 다단백질

피코르나바이러스는 작은 구형 외가닥 RNA 바이러스이다. 여기에는 소아마비, 보통 감기, A형 간염, 및 구제역 바이러스가 있다. 이들의 유전체는 약 12개의 유전자에 해당하는 길이를 가지고 있다. 이들은 양성가닥 RNA 바이러스이므로 이들의 RNA는 직접 전령 RNA로 이용될 수 있다. 바이러스의 RNA는 3′ 말단에 부착된 폴리A 꼬리를 가지고 있으나 캡은 없다. 대신 Vpg 단백질이 바이러스RNA의 5′ 말단에 공유결합되어 있다. 이는 바이러스가 내부의 리보솜 진입 부위를 이용 가능케 한다(13장의 상자 13.2를 참조). 바이러스는 캡에 의존하는 번역 자체를 피할 뿐만 아니라 막아버려서 숙주 단백질 합성을 방지한다(관련 연구에 대한 초점을 참조).

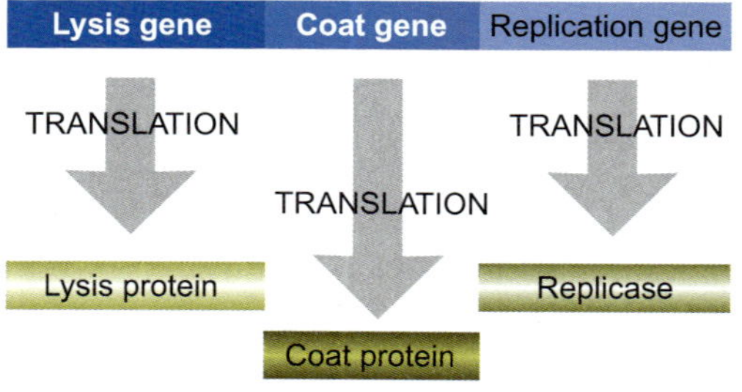

그림 21.17
Qβ박테리오파지의 유전체

Qβ는 짧은 외가닥 RNA 유전체를 가지고 있는 작은 구형 바이러스이다. 바이러스는 3개의 단백질 즉 RNA를 복제하기 위한 복제효소, 외피단백질, 그리고 감염된 세균세포를 분해하기 위한 분해단백질만을 만든다. 유전체는 매우 작지만 3개의 단백질은 바이러스가 성공적으로 세균을 침입하고 자신을 복제하는 데 필요한 전부이다.

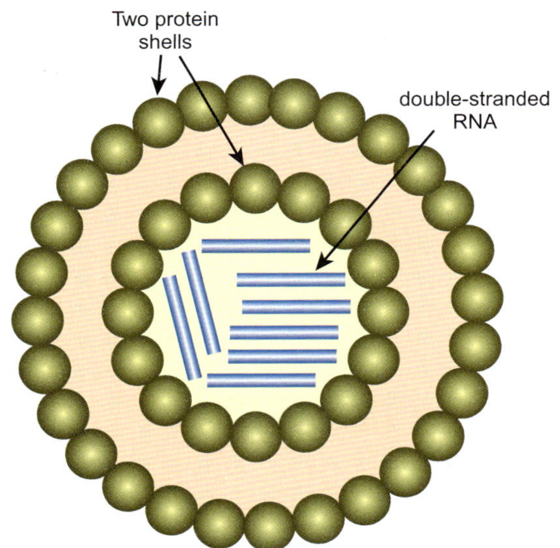

그림 21.18

로타바이러스의 다중 이중가닥 RNA 분자

로타바이러스 입자는 약 12개의 이중가닥 RNA 분자를 둘러싸고 있는 2개의 단백질 외피를 가지고 있다. 각 이중가닥 RNA 분자는 바이러스의 생존과 증식에 필요한 단백질을 하나씩 암호화하고 있다.

관련 연구에 대한 초점

Ho BC, Yu SL, Chen JJ, Chang SY, Yan BS, Hong QS, Singh S, Kao CL, Chen HY, Su KY, Li KC, Cheng HW, Lee JY, Lee CN, and Yang P(2010) Enterovirus-induced miR-141 contributes to shutoff of host protein translation by targeting the translation initiation factor eIF4E. Cell Host Microbe 9: 58–69.

피코르나바이러스는 바이러스 단백질 합성에 내부의 리보솜 진입 부위를 이용하기 때문에 캡에 의존하는 번역을 억제하여 숙주 세포 단백질 합성을 정지시킬 수 있다. 이는 2중기작에 의해 발생된다. 예전부터 밝혀진 기작에 따르면 바이러스의 단백질가수분해효소가 숙주의 번역 개시인자인 eIF4GI과 eIF4GII를 절단한다.

논문을 통해 새로 밝혀진 두 번째 기작은 미세RNA를 이용한다(18장의 2.2를 참조). 미세RNA miR-141은 바이러스 감염과 동시에 유발되어 숙주의 다른 번역 개시인자인 eIF4E를 목표로 삼는다. 저자들은 miR-141과는 상보성의 안티센스 RNA가 이를 저지하였으며 eIF4E의 생산을 다시 가능케 했음을 보여주었다. 바이러스 감염과 동시에 유발된 miR-141은 숙주가 암호화한 미세RNA라는 사실에 주목하라. 이는 자신의 미세RNA를 직접 암호화하는 헤르페스바이러스와 대조되는 점이다.

그러나 여기에는 기술적인 문제가 있다. 하나의 mRNA 분자가 여러 개의 단백질을 암호화하는(오페론; 11장 참조) 세균의 경우와는 달리 고등생물에서는 각 mRNA 분자가 하나의 단백질을 암호화한다. 진핵생물 리보솜은 비록 여러 개의 정보를 가지고 있다 하더라도 RNA 정보의 첫 번째 해독틀만을 번역한다. 피코르나바이러스는 자신의 양성 외가닥 RNA 분자를 직접 전령 RNA로 이용한다. 모든 유전 정보를 담은 RNA가 단일 거대 폴리펩티드를 암호화함으로써 고등생물의 문제를 피하고 있다(그림 21.19). 이러한 "**다단백질**"은 10개 내지 20개의 작은 단백질로 다시 잘라진다.

다단백질은 단일 거대 유전자로부터 만들어지며 여러 개의 최종 단백질로 잘라진다.

3.4 음성가닥 RNA 바이러스의 전략

음성가닥 RNA 바이러스는 여러 개의 과로 나누어지며 에볼라바이러스처럼 새로 출현한 외래 병원체를 포함하여 광견병, 볼거리, 홍역 및 인플루엔자와 같이 잘 알려진 질병인자이다. 이들 모든 바이러스 입자의 외가닥 RNA는 전령 RNA에 상보성이므로 음성가닥이다. 이들 바이러스는 모양과 구조가 다양하지만 그들을 만든 숙주 세포의 막으로 형성된 외피막을 가지고 있다는 점에서 유사하다.

음성가닥 RNA 바이러스의 RNA는 안티센스가닥이다.

세포를 침투한 후 음성가닥 RNA 바이러스의 첫 임무는 대응하는 양성 RNA 가닥을

다단백질(polyprotein) 여러 개의 작은 단백질들을 만들며 잘라지는 긴 폴리펩티드

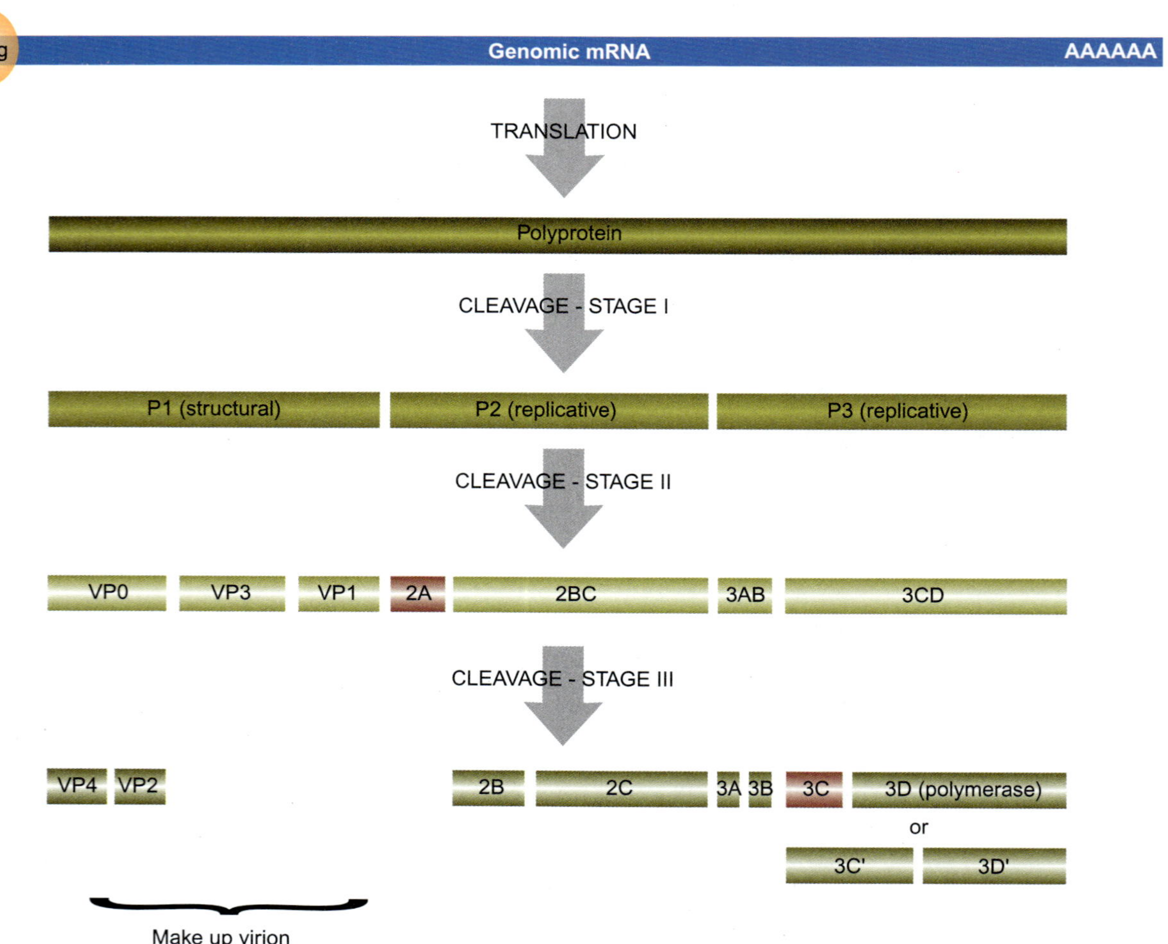

그림 21.19
양성가닥 RNA 바이러스의 다단백질 전략

피코르나바이러스는 수많은 양성 외가닥 RNA 분자를 가지기 보다는 하나의 대형 양성 외가닥 RNA 분자(상단)를 가지고 있다. 외가닥 RNA의 번역 결과 잇따라 작은 조각으로 절단되는 대형 다단백질이 만들어진다. I 단계에서 구조단백질은 복제단백질로부터 절단된다. II 단계에서 분절들은 각각의 단백질로 절단된다. 예를 들어 P1 구조영역은 VP0, VP3 및 VP1로 절단되고 이어 VP0은 VP4와 VP2로 다시 절단된다. VP1, VP2, VP3 및 VP4 4개의 단백질은 함께 결합하여 비리온의 외피를 형성한다. 적색으로 표시된 단백질은 단백질가수분해효소이다. Vpg 단백질은 바이러스RNA의 5′ 말단에 부착되어 있다.

합성하여 RNA를 이중가닥으로 만드는 일이다. 두 가닥이 되면 바이러스는 이를 모두 주형으로 사용한다. 양성가닥은 다음 세대의 바이러스 입자를 위하여 더욱 많은 음성가닥을 만드는 주형으로 사용된다. 음성가닥은 mRNA 분자로 작용하는 다중 양성가닥을 만들기 위한 주형으로 사용된다(그림 21.20). 이러한 전략은 효율적인 분업일 뿐만 아니라 유입되는 바이러스 RNA 분자 상의 다중 해독틀을 번역하는 문제를 피하는 방법이기도 하다.

3.5 식물 RNA 바이러스

대부분 식물바이러스는 소수의 유전자를 가지고 있는 소형이며 외가닥 RNA를 가지고 있다. 오이모자이크바이러스처럼 일부는 구형이지만 가장 널리 분포하는 식물바이러스인 **담배모자이크바이러스(TMV)**와 같은 다른 종류는 간상이다. TMV는 담배뿐만 아니라 토

담배모자이크바이러스(tobacco mosaic virus) 광범위하게 식물을 침입하는 섬유형 외가닥 RNA 바이러스

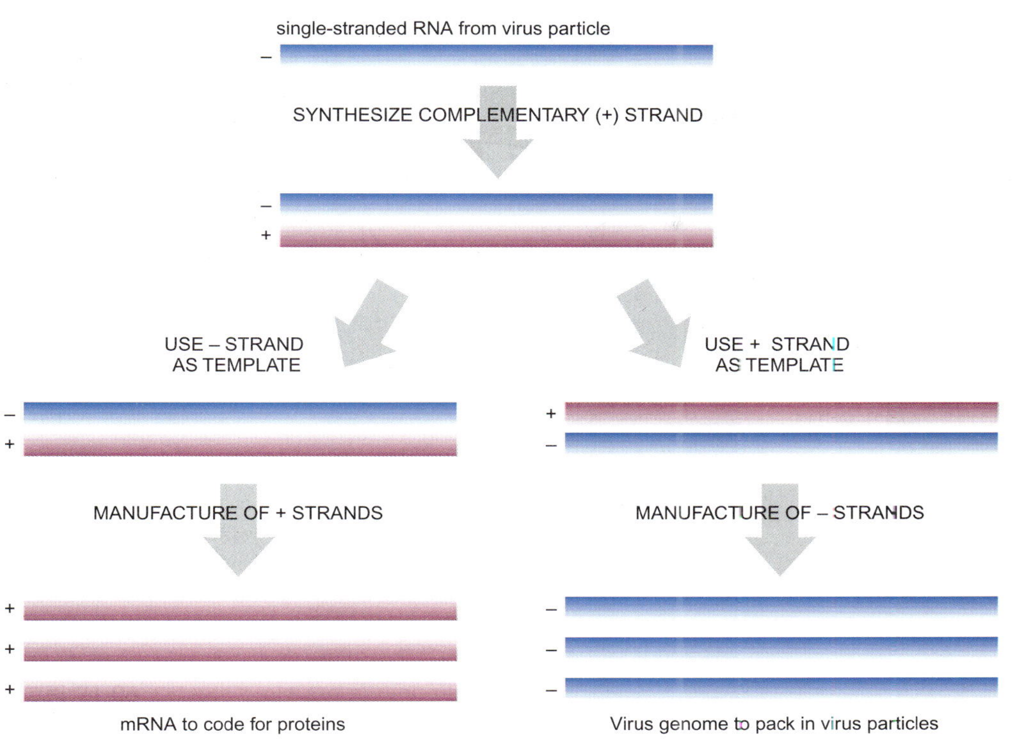

그림 21.20

음성가닥 RNA 바이러스의 전략

RNA의 음성가닥은 암호가닥의 상보적인 서열을 가지고 있다. 그러므로 이런 유형의 유전체를 사용하는 바이러스는 숙주 세포로 들어오면서 곧 상보성 양성가닥을 합성해야 한다. 양성 RNA 가닥은 더욱 많은 바이러스 유전체를 만들기 위한 주형으로 사용된다(오른쪽). 음성 RNA 가닥은 자유롭게 더욱 많은 양성가닥의 사본을 만든다(왼쪽). 이들 양성가닥은 mRNA로 작용하고 바이러스 단백질 합성을 지시한다.

그림 21.21

담배모자이크바이러스에 감염된 식물

담배모자이크바이러스에 감염된 담배. 플로리다 주 라파예트. *(출처: Norm Thomas, Photo Researchers, Inc.)*

마토, 후추, 사탕무 그리고 순무와 같은 채소를 비롯한 수많은 식물을 공격한다. “모자이크”라는 이름은 감염된 식물 잎에 생기는 황색 반점을 의미한다(그림 21.21). 바이러스외피는 중앙의 RNA를 따라 나선형으로 배열된 2,130개의 동일한 단백질 분자들로 구성되어 있다(그림 21.22). TMV와 그 친척은 10개의 유전자에 해당하는 약 1만개 염기의 RNA를 가지고 있다.

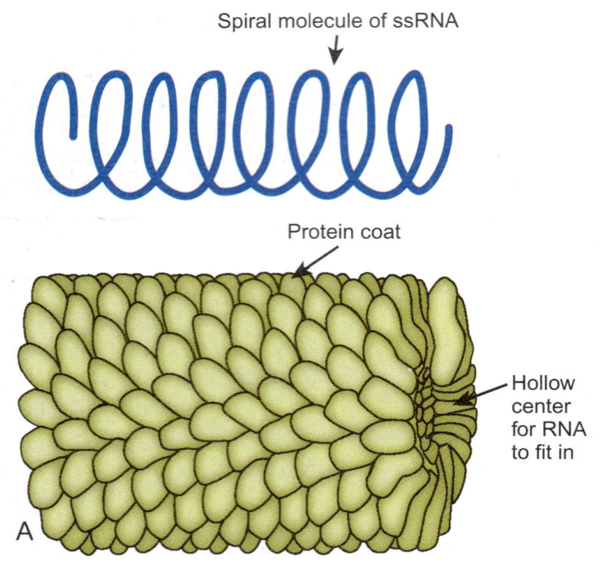

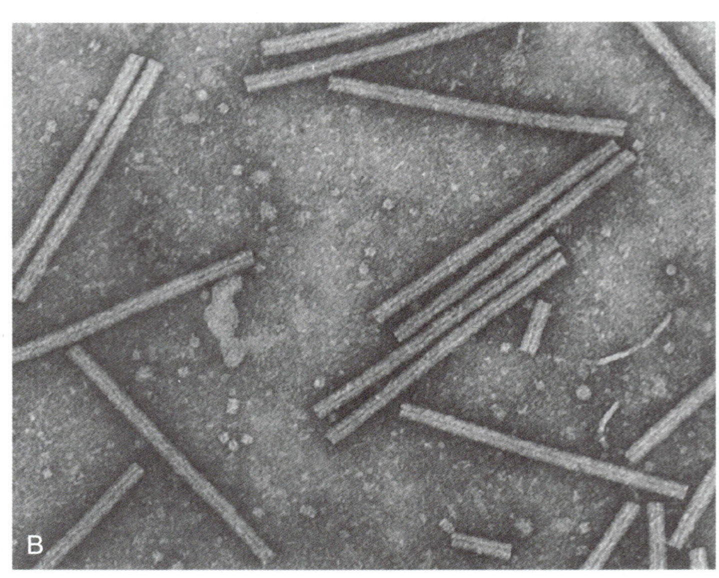

그림 21.22
담배모자이크바이러스의 구조

담배모자이크바이러스는 단순한 원통형 구조를 가지고 있다. A) 외가닥 RNA 유전체가 나선형으로 배열된 단백질 껍질 내부에 포장되어 있다. B) 담배모자이크바이러스 간상 입자의 전자현미경 사진. *(출처: Rothamsted Experimental Station.)*

TMV는 초기의 구조 연구에 사용된 것으로 유명하다. X선결정학과 여러가지 물리학적 방법으로 원통형 바이러스가 실제로는 나선형으로 배열된 단백질 소단위로 구성된 사실이 밝혀졌다. 게다가 TMV의 캡시드는 **자가조립**을 한다. 정제된 캡시드 단백질과 바이러스 RNA를 혼합하면 자동으로 바이러스 입자가 형성된다. 바이러스는 냉각되면 분해되고 따스하게 데워주면 재조립된다. 이 사실은 캡시드 단백질이(다른 형태의 화학결합과는 달리) 온도가 낮을수록 약해지는 소수성 힘에 의하여 결합되어 있음을 의미한다(14장 참조).

4. 레트로바이러스는 RNA와 DNA 모두를 이용한다

레트로바이러스는 입자 내에 RNA를 가지고 있지만 숙주 세포에 들어오면 DNA 사본을 만든다.

레트로바이러스는 동물을 침입하며 악명 높은 **후천성 면역결핍증후군(AIDS)**를 유발하는 **인간면역결핍바이러스(HIV)**가 속해 있다. 이들은 독특하게도 RNA와 DNA 모두를 유전체로 가지고 있다. 바이러스 입자는 외피막층에 둘러싸인 2개의 단백질 껍질 내에 외가닥 RNA를 가지고 있다(그림 21.23). 레트로바이러스의 피막은 이전에 희생된 세포의 세포막으로 되어 있다. 이 피막층에 레트로바이러스 단백질이 삽입되어 있으며 동시에 표면을 덮고 있다(그림 21.24).

레트로바이러스를 "거꾸로"라는 뜻의 "레트로"로 부르는 이유는 숙주 세포에 들어오면서 RNA 유전체의 DNA 사본을 만들어 유전 정보의 정상적인 흐름을 역행시키기 때문이다. 동물세포를 침입하면서 레트로바이러스는 **역전사효소**를 이용하여 외가닥 RNA를 이중가닥 DNA 사본으로 전환시킨다(그림 21.25). 이어 레트로바이러스 DNA는 숙주 세포의 DNA에 삽입된다. 일단 통합되면 레트로바이러스 DNA는 분리되지 않고 영구적으로

후천성 면역결핍증후군(acquired immunodeficiency syndrome, AIDS) 면역 체계를 파괴하는 인간면역결핍바이러스(HIV)에 의한 질병
인간면역결핍바이러스(human immunodeficiency virus, HIV) AIDS를 유발하는 레트로바이러스
레트로바이러스(retrovirus) 외피막으로 둘러싸인 2개의 단백질 껍질 내에 외가닥 RNA를 가지고 있는 동물바이러스의 과. 이들은 외가닥 RNA 유전체를 이중가닥 DNA 사본으로 전환하는 역전사효소를 가지고 있다.
역전사효소(reverse transcriptase) 외가닥 RNA를 주형으로 사용하여 이중가닥 DNA를 만드는 효소
자가조립(self-assembly) 소단위로 구성된 생물학적 구조의 자동적 조립

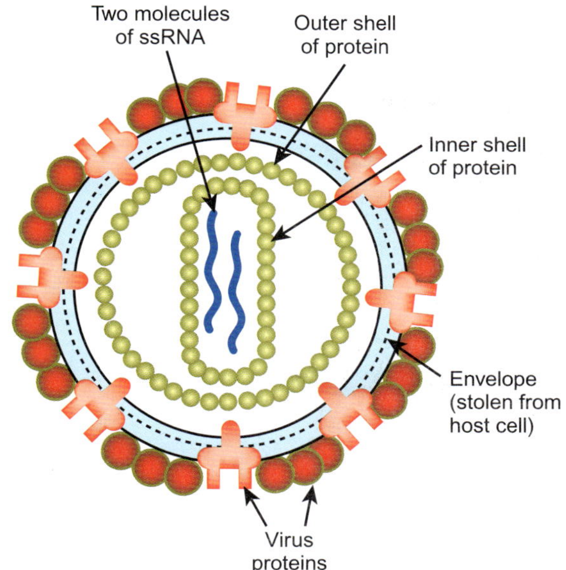

그림 21.23

레트로바이러스 입자

HIV와 같은 레트로바이러스 입자는 이중 단백질 껍질로 둘러싸인 2개의 외가닥 RNA(ssRNA)분자를 가지고 있다. 여러 다른 동물바이러스처럼 레트로바이러스는 숙주 세포로부터 얻어온 외피막을 가지고 있다. 이 피막은 바이러스 입자의 전체 표면을 덮고 있는 바이러스 단백질을 가지고 있다. 단백질의 일부는 외피막에 묻혀 있고 다른 일부는 표면에 앉아 있다.

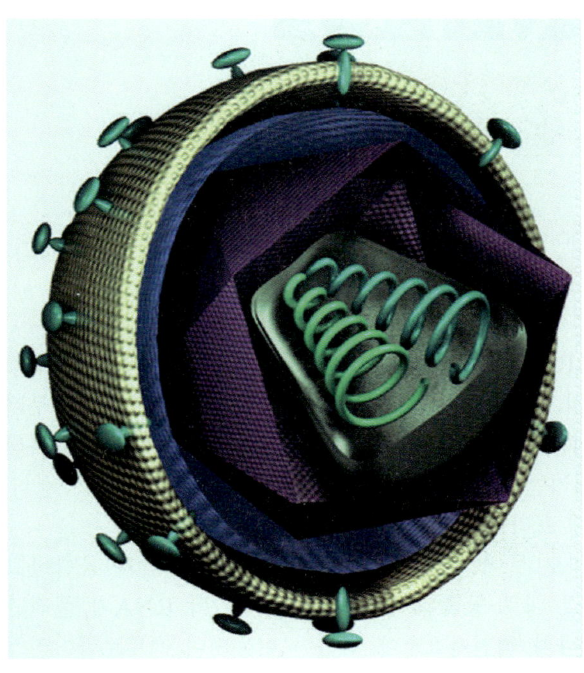

그림 21.24

레트로바이러스 입자의 구조

레트로바이러스 입자의 삼차원 단면도. 중앙의 2개 코일(녹색과 청색)은 바이러스 유전체 RNA이다. RNA를 둘러싸고 있는 자주색과 암청색 층은 단백질 껍질이다. 가장 바깥의 암황색 층은 튀어나온 단백질을 가지고 있는 바이러스 피막이다. *(출처: The Universal Virus Database of the International Committee on Taxonomy of Viruses.)*

숙주 유전체의 일부로 남는다. 따라서 레트로바이러스가 침입하여 통합된 이후에는 적어도 현대의 약물 치료와 조치로 완전히 제거하기란 불가능하다.

역전사효소는 RNA 주형으로부터 DNA를 합성한다.

레트로바이러스 입자는 양성 구조의 외가닥 RNA를 가지고 있다. 이 RNA는 mRNA와 동일한 서열을 가지고 있지만 mRNA로 사용되지는 않는다. 대신 이 RNA는 레트로바이러스 유전체의 DNA 사본을 만드는 역전사효소의 주형으로 사용된다(그림 21.25). 역전사효소는 먼저 외가닥 RNA를 이용하여 상보성 DNA 가닥을 만든다. 이 효소는 RNA를 분해하고 첫 번째 DNA 가닥을 주형으로 사용하여 두 번째 DNA 가닥을 만든다. RNA 서열로부터 이중가닥 DNA 사본을 만드는 과정을 **역전사**라고 하며 이 과정의 발견은 분자생물학의 중심원리를 처음으로 대폭 수정하는 계기가 되었다. 이전에는 정보가 DNA에

역전사(reverse transcription) 외가닥 RNA가 주형으로 사용되어 이중가닥 DNA를 만드는 과정

그림 21.25
역전사효소

정상 전사 과정에서는 DNA의 주형가닥을 사용하여 mRNA가 만들어진다(왼쪽). 레트로바이러스는 역전사효소라는 효소를 이용하여 외가닥 RNA(ssRNA)를 이중가닥 DNA(dsDNA)분자로 전환한다. 외가닥 RNA로부터 이중가닥 DNA가 만들어지는 과정은 두 단계 과정이다. 먼저 DNA의 상보성가닥이 만들어지고 RNA-DNA 혼성분자가 형성된다. 다음으로 원래의 RNA는 분해되고 두 번째 DNA 가닥이 만들어진다.

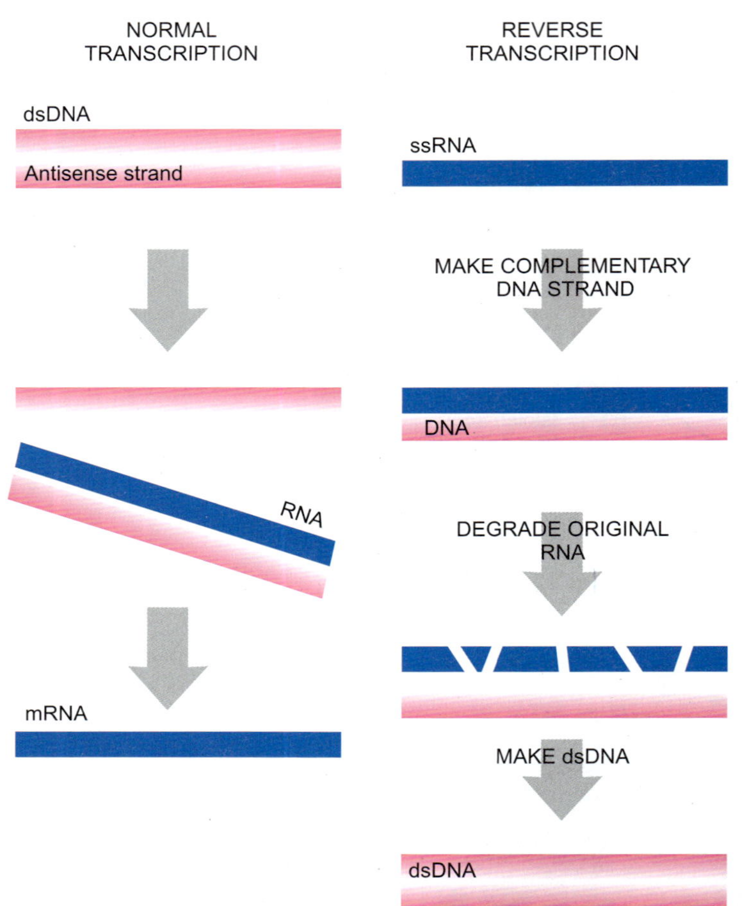

서 RNA를 거쳐 단백질로만 전달되며 역으로 전달되는 일은 없는 것으로 믿었다.

레트로바이러스 유전체가 외가닥 RNA로 구성되어 있지만 바이러스 입자는 실제로 2개의 동일한 외가닥 RNA 분자를 가지고 있다(그림 21.26). 이들은 이전 숙주 세포로부터 훔쳐온 두 분자의 운반RNA(tRNA)와 염기쌍을 이루며 결합되어 있다. 운반RNA는 비리온 내에서 2개의 RNA 분자를 결합시키는 것 외에도 다른 기능이 있다. 역전사효소에 의하여 새로운 DNA 가닥이 만들어질 때 프라이머로 작용한다.

레트로바이러스가 새로운 세포 내로 들어올 때 외피막은 숙주의 세포막과 융합하고 핵심 입자 즉 뉴클레오캡시드는 세포질 내로 방출된 후 분해되어 외가닥 RNA가 풀려난다. 2개의 외가닥 RNA 분자 중의 하나가 역전사효소에 의하여 이용되며 레트로바이러스의 이중가닥 DNA를 만든다. 이어 이중가닥 DNA가 숙주 세포의 핵으로 들어간다. 레트로바이러스 이중가닥 DNA는 각 말단에 반복서열 즉 **긴말단반복순서(LTR)**을 가지고 있다. 이들은 역반복이 아닌 직접반복순서이며 레트로바이러스 DNA가 숙주 세포 DNA와 통합되는데 필요하다(그림 21.27A). 통합 부위는 다소 마구잡이로 정해지며 일단 통합되면 레트로바이러스 DNA는 그 곳에 머문다. 영구적으로 숙주 세포 염색체의 일부가 된 것이다.

레트로바이러스의 DNA는 숙주 세포의 염색체 내에 통합된다.

통합된 레트로바이러스 DNA는 전사되어 전형적인 진핵세포의 mRNA와 같이 캡과 꼬리를 가진 전령 RNA 분자를 만든다(그림 21.27B; mRNA의 가공은 12장 1절 참조). 레트로바이러스 RNA 분자는 핵을 빠져나와 세포질로 간다. 일부는 번역되어 바이러스 단백질을 생산하고 다른 일부는 바이러스 입자 내에 포장된다. 따라서 바이러스 입자는 사실

긴말단반복순서(long terminal repeat, LTR) 레트로바이러스 DNA가 숙주 세포 DNA에 통합되는데 필요하며 레트로바이러스 유전체의 말단에서 발견되는 직접 반복서열

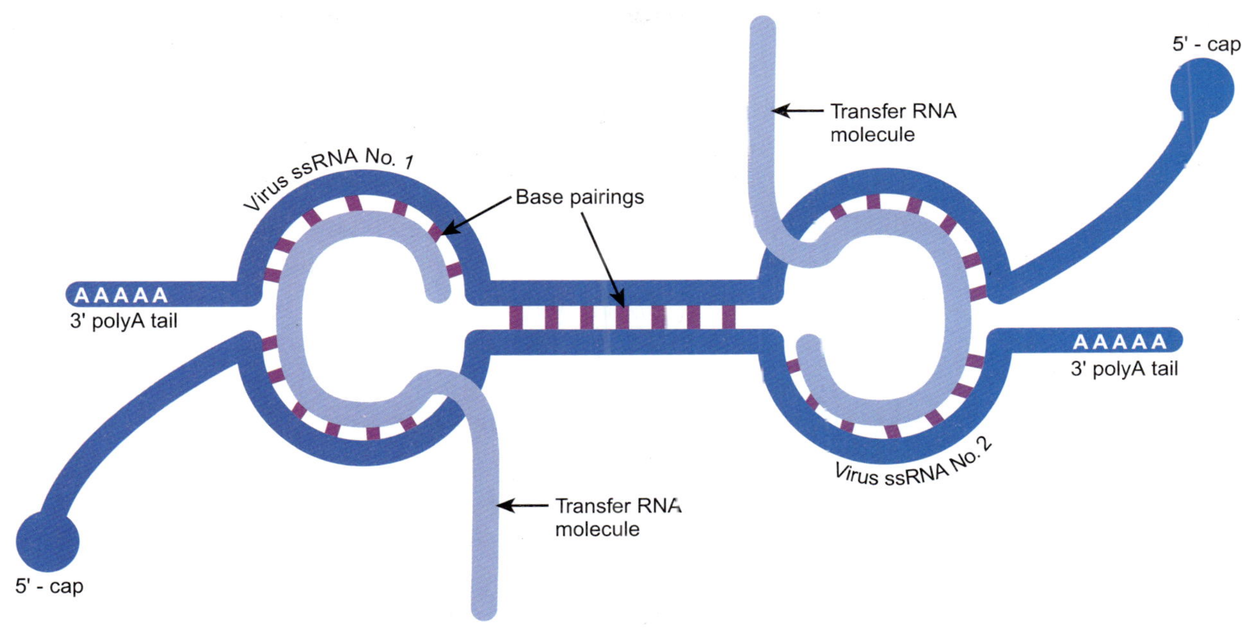

그림 21.26

레트로바이러스 입자의 두 외가닥 RNA 분자

레트로바이러스의 유전체는 독특한 구조를 가지고 있다. 2개의 외가닥 RNA(ssRNA) 분자는 염기쌍형성으로 결합되어 있다. 게다가 이전 숙주 세포에서 얻은 2개의 tRNA 분자도 2개의 외가닥 RNA 분자와 염기쌍 형성을 하고 있다. tRNA는 역전사효소의 프라이머로 작용한다.

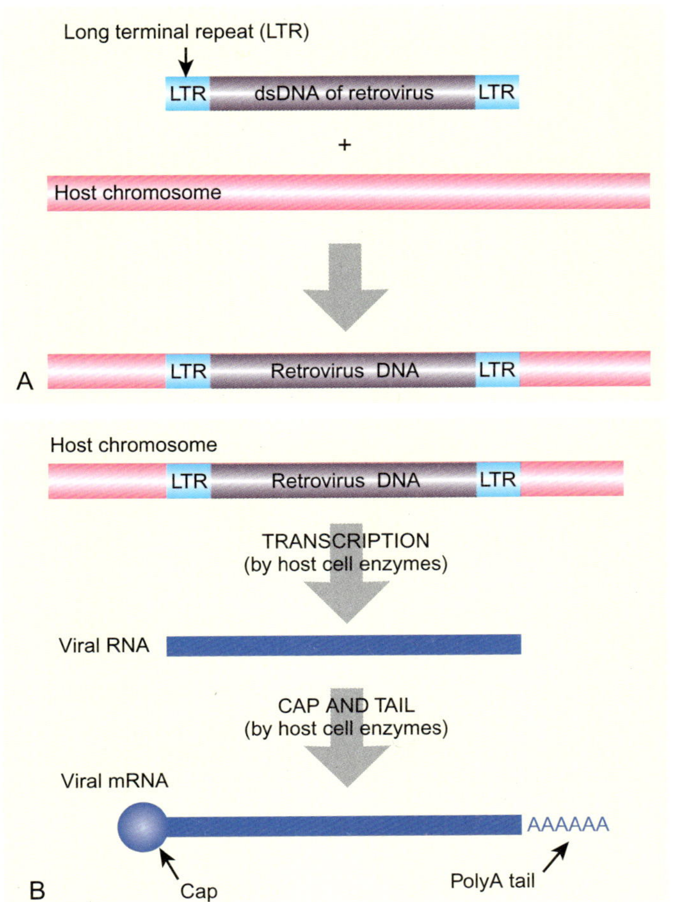

그림 21.27

레트로바이러스 DNA의 통합과 전사

(A) 역전사효소에 의하여 이중가닥의 레트로바이러스가 만들어진 후 이중가닥 DNA(dsDNA)는 숙주 염색체 내에 통합된다. DNA의 말단에는 삽입을 도와주는 2개의 긴말단반복순서(LTR)가 있다. (B) 일단 숙주 염색체 내에 통합되면 레트로바이러스 DNA는 전사되고 숙주 세포 내의 다른 유전자와 마찬가지로 발현된다. 레트로바이러스 RNA는 가공되어 7-메틸-G-캡과 폴리 A 꼬리가 추가된다.

상 mRNA 분자를 가지고 있다. 그러나 새로운 세포를 침입할 때 이 mRNA는 정보로 사용되기 보다는 DNA를 만드는 주형으로 사용된다. 유입되는 바이러스 RNA는 번역되지 않으므로 역전사효소 분자는 RNA와 함께 레트로바이러스 입자 내에 포장되어야 한다.

통합된 세균바이러스와 마찬가지로 레트로바이러스는 숙주 세포 유전자를 형질도입할 수 있다. 레트로바이러스 통합 부위에 가까운 염색체 DNA는 개재 DNA를 제거하면서 바이러스 서열과 융합된다. 이어 융합된 DNA는 하나의 단위로 전사된다. RNA는 가공되어(원래의 숙주 유전자에 있던 인트론을 제거하여) 바이러스 입자 내에 포장된다. 람다박테리오파지의 경우처럼 처음에는 바이러스 유전자가 숙주 유전자로 교체된 결손바이러스가 만들어진다. 그러나 야생형 레트로바이러스와의 재조합은 숙주 유전자와 함께 완전한 레트로바이러스 유전체를 지닌 기능성 바이러스가 만들어진다. 간혹 레트로바이러스는 암유전자를 지니고 있어 암을 유발한다. 암유전자는 동물에서 세포분열을 조절하는 데 관여하는 유전자로서 돌연변이가 일어나면 암을 유발한다. 바이러스가 지닌 암유전자는 원래 동물에서 유래된 것으로서 바이러스가 이전의 일부 숙주동물로부터 얻은 것이다. 이들 암유발 바이러스는 상당한 관심을 끌어왔지만 원칙적으로 통합 부위에 가까운 숙주 유전자는 레트로바이러스 형질도입으로 제거될 수도 있다.

레트로바이러스는 간혹 숙주 유전자를 훔쳐 이를 다른 동물로 전달한다.

상자 21.4 역전사효소를 이용한 cDNA 제조

역전사효소는 오늘날 RNA의 DNA 사본을 만드는 유전공학에 널리 이용되고 있다(자세한 내용은 7장 참조). 이 기술은 비번역 개재서열이 결여된 진핵생물 유전자의 사본을 얻는데 특히 유용하다. 고등동물의 많은 유전자는 번역순서보다는 비번역 DNA를 더 많이 가지고 있으며 여러 가지 용도에서 번역서열이 더욱 다루기 쉽다. 진핵생물 유전자의 그러한 **상보성 DNA(cDNA)** 사본은(가공하여 인트론이 결여된) 전령 RNA를 주형으로 사용하여 만들어진다. cDNA는 원래의 천연 DNA 유전자에 있는 인트론이 결여되어 있지만 여전히 동일한 단백질을 암호화한다.

4.1 레트로바이러스의 유전체

전형적인 레트로바이러스는 3개의 주유전자 *gag*, *pol* 그리고 *env*를 가지고 있다. AIDS를 유발하는 인간면역결핍바이러스(HIV)와 친척들은 몇 개의 작은 유전자를 추가로 가지고 있다(그림 21.28). 이들 중 *tat*와 *rev* 2개 유전자는 기능상 조절성이며 다른 유전자들은

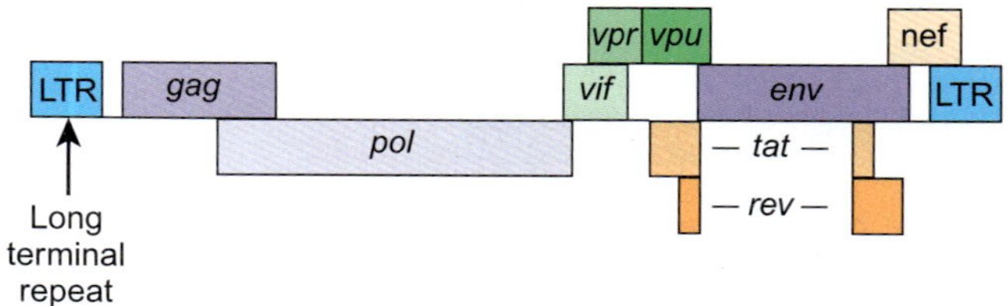

그림 21.28
AIDS 레트로바이러스의 유전체

레트로바이러스의 유전체는 매우 간결하며 단지 9개의 유전자를 암호화한다. 양쪽 말단에 바이러스 유전체의 DNA를 숙주 세포에 주입하는 데 필요한 긴말단반복서열이 있다. 유전자의 많은 수가 서열상 서로 중복되며 그림에서는 나란히 함께 표시되어 있다. 조절유전자 tat와 rev는 각각 유전자 발현 도중 RNA 수준에서 이어맞추기를 해야 하는 2개의 분절 유전자로 되어 있다. 유전자 *gag*, *pol* 및 *env*의 단백질 산물은 절단 후에 2개 내지 3개의 단백질이 만들어지는 다단백질이다.

상보성 DNA(complementary DNA, cDNA) 역전사효소에 의하여 전령 RNA를 주형으로 만들어져 인트론이 결여된 진핵생물 유전자의 사본

바이러스의 성숙 과정과 또는 숙주 세포의 물질대사를 조절하는 데 관여한다. 3개의 주 유전자 *gag*, *pol* 그리고 *env*의 산물은 여러 개의 짧은 단백질로 절단되는 다단반질이다(표 21.02).

표 21.02 레트로바이러스의 유전자 산물과 단백질

유전자 산물	기능	
주단백질	**절단산물**	
Gag	MA	기질 단백질(뉴클레오캡시드와 피막 사이)
	CA	캡시드 단백질(비리온의 주구조단백질)
	NC	뉴클레오캡시드 단백질(RNA 보호)
Pol	PR	단백질가수분해효소(전구단백질 절단)
	RT	역전사효소(바이러스 유전체의 DNA 사본 제조)
	IN	통합효소(바이러스 DNA를 숙주 유전체에 통합)
Env	SU	표면단백질(숙주 세포 수용기 특히 **CD4 단백질**을 인식하는 바이러스 표면 상의 가시 형성)
	TM	막관통단백질(바이러스피막과 숙주 세포막 융합)
조절단백질		
Tat	바이러스 mRNA 전사 증가 및 TAR(전사활성체 반응요소) 결합	
Rev	바이러스 RNA의 대체 이어맞추기와 핵에서 세포질로의 RNA 이동 조절 및 RRE(Rev 반응요소) 결합	
보조단백질		
Nef	CD4 단백질의 표면 발현 저하 및 숙주 세포 면역 체계에 대한 영향	
Vif	a) Gag 및 Pol 다단백질의 조기 절단 방지	
	b) 유비퀴틴을 APOBEC3G에 결합한 후 단백질분해효소 복합체로 분해(APOBEC3G는 레트로바이러스 DNA의 C를 U로 탈아미노하는 숙주의 항바이러스 단백질)	
Vpr	a) 숙주 세포의 체세포분열 방지	
	b) 바이러스 유전체의 핵 내 진입 촉진	
Vpu	a) 비리온의 성숙과 방출에 필요한 이온 통로 형성	
	b) 세포 표면에 도착하지 않은 갓 합성된 숙주 CD4 단백질은 Env 단백질에 결합하여 바이러스 방출을 방지한다. Vpu는 다시 CD4에 결합하여 CD4 분해를 촉진한다.	

상자 21.5 인간 유전체의 7%를 차지하는 죽은 레트로바이러스

내생 레트로바이러스는 더 이상 바이러스 입자로서 증식하지 못하는 죽은 통합 레트로바이러스의 흔적이다. 인간 DNA의 약 7%가 이러한 죽은 서열에서 유래되었다. 이러한 서열의 대다수는 결손되었거나 많은 수는 상당한 내부 결실을 지니고 있다. 약 20개 그룹의 내생 레트로

CD4 단백질(CD4 protein) 감염 도중 HIV에 의해 인지되는 수용기 중 하나인 T-세포 표면 상의 단백질

바이러스 유전체의 DNA가 우리의 염색체 내에서 발견된다. 이들 레트로바이러스의 각 유형마다 천 개에서 수천 개의 유전체 사본이 있다. 단일 LTR 원소의 열배 정도가 내생 레트로바이러스로 밝혀져 있다. 이들 원소는 2개 LTR 서열 간의 상동재조합으로 단일 LTR만을 남겨두고 내부 레트로바이러스 유전자가 제거될 때 생긴다.

서열 비교에 의하면 대부분의 내생 레트로바이러스는 인간과 다른 영장류가 분기되기 전에 이미 현재의 부위에 있었다. 소수의 유전자는 인간/침팬지가 분리되면서 (약 500만 년 전) 인간 유전체로 들어갔다. 이들은 여러 인간 그룹의 같은 위치에 자리잡고 있는데 이는 새로운 추가가 매우 드물게 일어나고 일단 통합된 내생 레트로바이러스는 좀처럼 주어진 위치에서 다른 위치로 움직이지 않음을 의미한다.

이들 내생 레트로바이러스가 건강에 위협이 되는 지는 논란 중이다. 예를 들어 다발경화증 환자로부터 내생 레트로바이러스 서열과 유연 관계가 있는 바이러스 입자가 분리되었을 때 이들 입자가 질병에 기여하는지 또는 이것이 조직 손상으로 인한 부작용인지는 알려진 바 없다. 일부 인간 촉진유전자, 증폭자, 그리로 대체 이어맞추기 부위들이 내생 레트로바이러스의 흔적에서 보충된 것이라는 증거도 있다. 예를 들어 지방 물질대사를 조절하는 렙틴 호르몬의 대체 이어맞추기는 죽은 레트로바이러스 LTR 내의 서열에 의존하고 있다.

5. 준바이러스 감염인자

대부분 RNA 유전체를 가지고 있는 다양한 **준바이러스인자**가 발견된다. 이들은 자가복제를 하지만 단백질 외피가 없거나(바이로이드) 결손이지만 복제유전자와 또는 단백질 외피를 마련해주는 도움바이러스에 의존한다. 이들 종류는 표 21.03에 나열되어 있다. 본 장에서는 **위성바이러스**와 **바이로이드**만을 자세하게 다룰 예정이다.

5.1 위성바이러스

일부 바이러스는 다른 바이러스에 기생한다. 그러한 위성바이러스는 필요한 유전자 산물을 마련해주는 다른 바이러스 즉 **도움바이러스**가 있을 때에만 복제하고 또는 포장할 수 있다. 위성바이러스는 단순히 도움바이러스의 결실된 변이체가 아니다. 바이러스의 결실 돌연변이체는 별도로 존재하며 간혹 야생형 바이러스를 도움바이러스로 이용하여 복제할 수도 있다. 위성바이러스는 다양한 기능을 위하여 도움바이러스에 의존하는 독특한 존재이다. 예를 들어 담배괴사위성바이러스(STNV)는 1,221개 뉴클레오티드의 외가닥 RNA를 가지고 단일 단백질인 바이러스외피 단백질을 암호화한다. 복제를 하려면 3,759개 뉴클레오티드의 외가닥 RNA를 가지고 6개의 단백질을 암호화하는 담배괴사바이러스(TNV)에 의존해야 한다. 두 바이러스 RNA들은 상동성이 없으며 전혀 다른 외피단백질을 가지고 있다. STNV의 복제는 단지 TNV의 RNA 중합효소만을 필요로 하며 나머지 다른 유전자 산물은 위성바이러스가 이용하지 않는다.

위성바이러스는 불완전하며 도움바이러스의 필수 유전자에 의존한다.

다른 두 위성바이러스는 델타간염바이러스(HDV)와 아데노연관바이러스(AAV)이다. HDV는 B형 간염바이러스의 작은 외가닥 RNA 위성바이러스이다. 인간세포에서 복제됨

도움바이러스(helper virus) 결손바이러스, 위성바이러스 및 위성 RNA에게 필요한 기능을 마련해주는 바이러스
위성바이러스(satellite virus) 필수 기능을 위하여 동일한 숙주 세포를 침입하는 비유연성 도움바이러스가 필요한 결손바이러스
준바이러스인자(subviral agent) 바이러스보다 더욱 원시적이며 자신의 기능에 필요한 극소수의 유전자를 암호화하는 감염인자
바이로이드(viroid) 안정된 염기쌍을 형성하고 있는 간상 구조이며 감염 식물세포 내에서 복제되는 나출 외가닥 환형 RNA. 바이로이드는 단백질을 암호화하지 않지만 자가절단되는 RNA 효소 활성을 가지고 있다.

표 21.03 준바이러스 감염인자

위성바이러스(satellite virus). 동일한 숙주 세포를 침입하기 위하여 비유연성 도움바이러스를 필요로 하는 결손 DNA 또는 RNA 바이러스. 도움바이러스는 복제효소, 캡시드 단백질, 또는 위성바이러스가 숙주 세포 내에서 생존하기 위한 기능과 같은 필수 기능을 공급한다.

바이루소이드(virusoid). 단백질을 암호화하지 않고 복제와 캡시드 형성을 도움바이러스에 의존하는 RNA 분자. 바이루소이드 유전체는 바이로이드와 유사하며 자가절단 RNA 효소 활성을 가진 환형 ssRNA로 되어 있다.

부수 RNA(satellite RNA). 복제와 캡시드 형성을 위하여 도움바이러스를 필요로 하는 소형 RNA 분자. 위성 RNA는 200개에서 1,700개의 뉴클레오티드로 구성되어 있으며 큰 것은 단백질을 암호화할 수도 있다. 바이루소이드는 간혹 부수 RNA의 아형으로 간주된다.

결손간섭 RNA(defective interfering RNA(DI-RNA)). 결손으로 필수 기능이 제거된 바이러스 RNA에서 유래한 보다 짧은 RNA 분자. DI-RNA는 원래의 부모 바이러스에 의존하여 복제한다. DI-RNA의 출현은 통상 부모 바이러스의 증식률을 떨어뜨린다.

바이로이드(viroid). 단순히 나출 외가닥 환형 RNA로 구성된 식물의 자가복제 병원체. 바이로이드 RNA는 매우 안정된 염기쌍을 형성하고 있는 간상 구조이다. 바이로이드는 단백질을 암호화하지 않는다. 대부분의 바이로이드 RNA는 자가절단 RNA 효소 활성을 가지고 있다.

에도 불구하고 HDV는 보다 작은 식물 **부수 RNA** 바이러스와 비슷하다. 아데노연관바이러스(AAV)는 유전자치료에서 진핵생물 클론벡터로 사용되는 아데노바이러스의 위성바이러스이다.

퇴화 정도는 위성바이러스마다 다르다. 예를 들어 대장균의 P4박테리오파지는 여러 개의 유전자를 암호화하는 11.6 kb 크기의 이중가닥 DNA를 가지고 있다. P4 단독으로는 플라스미드로 증식하거나 숙주 염색체 내에 통합될 수 있으나 바이러스 입자를 만들 수는 없다. P4는 구조 성분과 파지 입자의 조립을 위하여 도움바이러스인 P2 파지를 필요로 한다. 유전자를 켜기 위해서는 P2 유전자가 필요하다. P4는 항억제인자 단백질(E-단백질)을 전개한다. 이 단백질은 P2의 억제단백질이 P2 바이러스 유전체의 유전자를 끄는 것을 막는다. 그러므로 P2의 구조유전자가 발현되고 번역된 단백질이 P4에 의하여 사용된다. P4의 유전체는 도움바이러스인 P2의 것보다 훨씬 작다. 따라서 P4는 비록 P2 성분을 이용하지만 보다 작은 캡시드를 만든다. P4의 *sid* 유전자 산물은 캡시드의 크기 결정을 조절한다. P4의 *sid*가 발현되면 P2 유전체에 비하여 캡시드가 너무 작아져서 P2는 더 이상 포장될 수 없다.

5.2 감염성 나출 RNA 분자 바이로이드

바이로이드는 단백질 외피와 같은 보호층이 없는 나출 RNA로만 구성된 감염인자이다. 바이로이드는 식물을 침입하여 숙주 세포를 희생하며 복제한다. 바이로이드 유전체는 단지 250개에서 400개 염기 길이의 작은 외가닥 환형 RNA이다. 예를 들어 코크넛카당-카당 바이로이드는 단지 246개 염기의 RNA를 가지고 있다(그림 21.29).

바이로이드는 보호외피 없이 단순히 외가닥 RNA를 가지고 있다.

바이로이드 RNA는 외가닥이지만 간상 구조를 형성하기 위하여 고리의 마주보는 염기들 간에 염기쌍형성이 이루어진다(그림 21.30). 바이로이드는 단백질 외피가 없으므로 부착단백질이 결여되어 있고 진정한 바이러스처럼 건강한 세포를 인식하거나 침입할 수 없다. 바이로이드는 표면 막이 이미 손상되었을 때에만 식물세포를 침투할 수 있다. 따라서 곤충에 의해 식물 조직이 파괴되는 경우를 흔히 이용한다. 일단 식물세포 내로 들어오면 바이로이드는 세포접합을 경유하여 한 세포에서 다른 세포로 이동할 수 있다.

부수 RNA(satellite RNA) 복제와 캡시드 형성을 위하여 도움바이러스를 필요로 하는 기생성 RNA 분자

CUGGGGAAAU	CUACAGGGCA	CCCCAAAAAC	CACUGCAGGA	GAGGCCGCUU
GAGGGAUCCC	CGGGGAAACG	UCAAGCGAAU	CUGGGAAGGG	AGCGUACCUG
GGUCGAUCGU	GCGCGUUGGA	GGAGACUCCU	UCGUAGCUUC	GACGCCCGGC
CGCCCCUCCU	CGACCGCUUG	GGAGACUACC	CGGUGGAUAC	AACUCACGCG
GCUCUUACCU	GUUGUUAGUA	AAAAAAGGUG	UCCCUUUGUA	GCCCCU

그림 21.29

코코넛카당–카당 바이로이드 변이체 CCCVd.1

코코넛카당-카당 바이로이드의 전체 서열(246개 염기)

그림 21.30

간상 구조의 바이로이드 RNA

바이로이드는 이미 손상된 식물세포만을 침투할 수 있는 나출 RNA 조각이다. 바이로이드는 상보성 염기쌍형성으로 특이한 구조를 가진 외가닥 환형 RNA 조각이다. 일부는 단순한 간상 구조를 형성하는 반면에 다른 바이로이드는 복잡한 분지 구조를 가지고 있다.

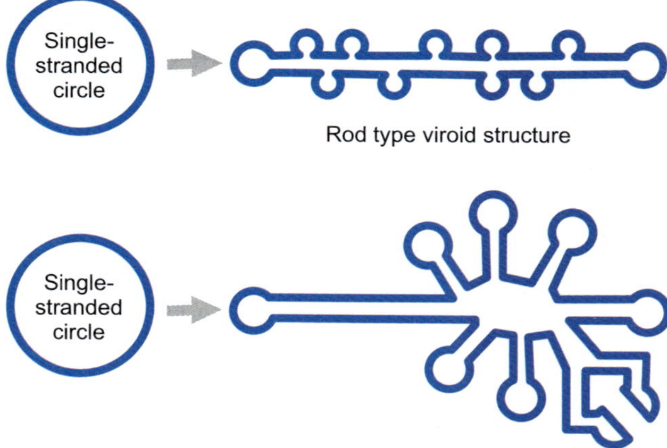

바이로이드는 단백질을 암호화하는 유전자가 없으나 RNA 자체가 RNA 효소로 작용한다.

모든 바이러스는 적어도 바이러스 유전체의 복제에 필요한 단백질 하나를 암호화한다. 그러나 바이로이드 RNA는 단백질을 암호화하는 어떠한 유전자도 가지고 있지 않으며 단순히 숙주 기구를 이용하여 자신을 복제하는 데 필요한 신호를 가지고 있다. 바이로이드가 단백질 효소를 암호화하지는 않지만 바이로이드 자체가 **RNA 효소** 즉 RNA가 효소 반응을 일으키는 역할을 한다. 바이로이드가 유전자를 가지고 있느냐 하는 문제는 RNA 효소 활성을 가진 RNA 서열을 유전자로 간주하느냐 하는 여부에 달려있다.

바이로이드는 회전환 기작으로 복제한다(그림 21.31). 바이로이드 자체의 RNA 효소 활성은 복제 도중 만들어진 다량체 RNA의 자가절단에 사용된다. 숙주 효소는 다른 모든 기능을 제공한다. 먼저 환형 양성가닥이 숙주 RNA 중합효소에 의하여 다량체 음성가닥으로 복제된다. 이 가닥의 특이부위는 RNA 효소에 의하여 절단되고 숙주 RNA연결효소에 의하여 환형의 단위체가 된다. 이 음성가닥 환은 RNA 중합효소에 의해 다시 회전환복제가 일어날 때 주형이 된다. 그 결과 만들어진 다량체 양성가닥은 RNA 효소 절단에 의하여 단위체가 된다. 이들은 자손 바이로이드(환형 양성 외가닥 RNA)를 만들기 위하여 환형으로 된다.

대부분의 바이로이드는 식물세포 핵에서 복제되며 RNA 중합효소 II에 의존하여 RNA를 합성한다. 바이로이드의 보다 작은 그룹(예: 국화황백반점바이로이드)은 팽창 부위를 가진 간상 보다는 많이 분지된 구조를 하고 있으며 엽록체 내에서 복제된다.

몇몇 바이로이드는 숙주 식물에 탐지 가능한 증상을 일으키지 않는 경우도 있지만, 반대로 큰 손상을 입힐 수도 있다. 바이로이드가 어떻게 식물에게 큰 손상을 가하는 지는 아직 밝혀진 바가 많지 않다. 최근 들어서 바이로이드와/또는 그 복제 중간체가 RNA 간섭을 촉발하거나 이와 관련된 미소 RNA를 간섭하는 것으로 보고 있다(18장 참조).

RNA 효소(ribozyme) RNA 효소 즉 촉매 활성을 가진 RNA 분자

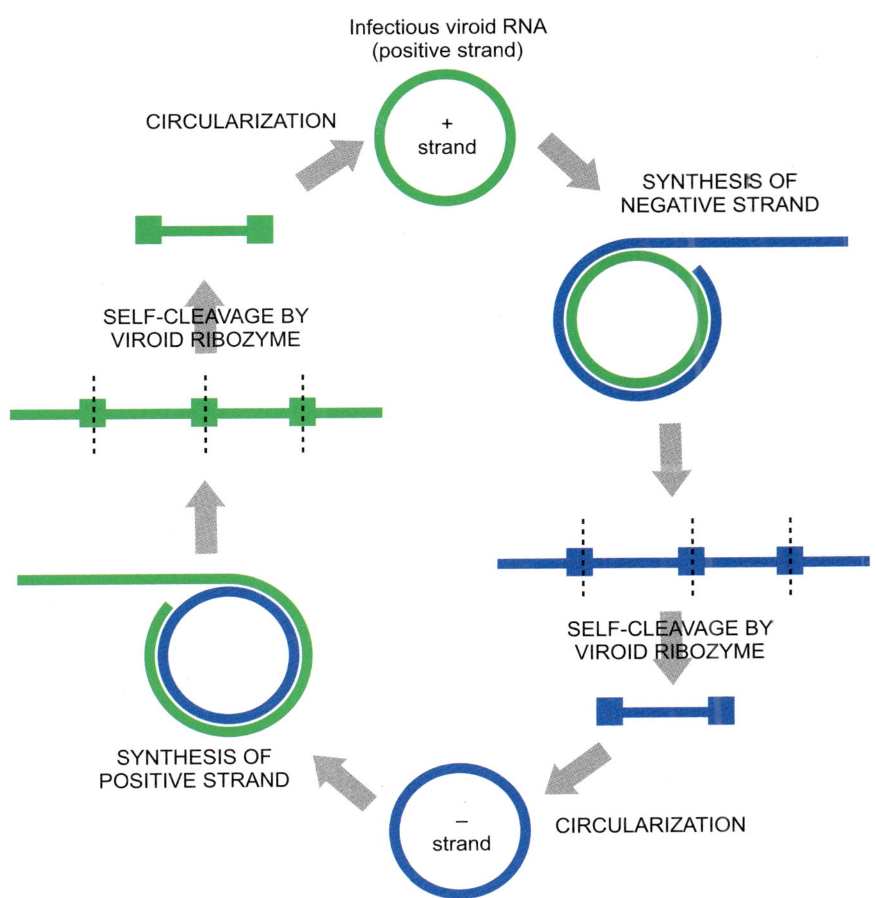

그림 21.31

회전환 기작에 의한 바이로이드의 복제

바이로이드는 자신의 복제를 위하여 두 단계의 회전환 기작을 이용한다. 식물세포에 들어오면서 환형 양성 외가닥 RNA는 식물의 RNA 중합효소를 이용하여 음성가닥을 만든다. 중합효소는 회전환 기작으로 계속 다중 사본을 만든다. 선형 음성 외가닥 RNA는 촉매 활성으로 자신을 유전체 크기의 단위로 자르며 환형이 된다. 환형 음성 외가닥 RNA는 이어 다음 단계의 회전환 복제와 자가절단을 거쳐 선형 양성가닥의 다중 사본을 만든다. 결국 이들은 환형으로 되어 감염성 환형 양성 외가닥 RNA 형태가 만들어진다.

5.3 감염성 단백질 프라이온

최근까지 모든 감염성 질병은 적어도 자신의 유전자를 가진 미생물에 의하여 유발되는 것으로 믿어왔다. 일부 질병은 세균처럼 살아있는 세포에 기인하며 다른 질병은 바이러스나 바이로이드에 기인하지만 모두 자신의 유전 정보를 DNA나 RNA 형태로 가지고 있다. 그러나 신경계의 몇몇 희한한 질병은 핵산이 전혀 없는 감염인자에 의하여 유발된다. 이들 질병은 **프라이온**으로 알려진 불량 단백질에 기인하고 있다. 첫 번째 설명 대상은 **면양퇴행성 신경증후군**으로 알려진 양의 질병이다. 이 질병의 영문명은 스크래피로 이 병에 걸린 양들이 나무나 울타리 등에 몸을 긁는 데에서 연유하며 몸에 털 없이 맨살이 드러난 부분을 만든다. 면양퇴행성 신경증후군에 대한 기록은 1700년대 초 유럽으로 거슬러 올라간다.

신경계의 소수 질병은 프라이온으로 알려진 감염성 단백질에 의하여 유발된다.

프라이온단백질(PrP)은 사실 환자의 유전자(*Prnp*)에 의하여 암호화되어 있다. 이 유전자는 정상적으로 전사되고 번역되며 특히 뇌의 신경세포 표면에 부착된 단백질을 생산한다. 프라이온단백질은 하나 또는 2개의 탄수화물 그룹이 부착된 당단백질로서 인지질 분자(포스파티딜이노시톨)와 공유결합된 세포막에 부착되어 있다. 이 당단백질은 구리 이온과 결합하며 산화스트레스로부터 보호하는 역할을 하는 것으로 여겨지지만 뇌에서의 정확한 기능은 알려져 있지 않다. 최근 들어 정상 프라이온단백질은 NMDA 수용체 반응을 약화시켜 뇌세포를 보호한다는 증거가 발견되었다.

프라이온(prion) 병리학적 형태로 잘못 접혀서 자가촉매로 자기 형성을 촉진하는 단백질. 잘못 접힌 프라이온단백질은 면양퇴행성 신경증후군, 쿠루병 및 우해면양뇌증을 포함한 해면뇌병증으로 알려진 신경퇴행성 질병을 일으킨다.
프라이온단백질(prion protein, PrP) 포유동물의 신경조직에서 발견되며 잘못 접힌 형태가 프라이온 질병을 일으키는 단백질
면양퇴행성 신경증후군(scrapie) 잘못 접힌 프라이온단백질에 의하여 뇌의 퇴화를 가져오는 양의 감염성 질병

그림 21.32

불량 프라이온에 의하여 야기되는 정상 프라이온의 다시 접힘

정상 프라이온은 잘못 접힌 프라이온과의 접촉으로 구조 변화가 일어난다. 병리학적으로 잘못 접힌 형태인 PrP^Sc^가 정상 프라이온 PrP^c^와 접촉하면 정상 단백질은 비정상적인 형태로 전환된다. 새로운 구조는 응집하는 경향이 있으며 신경세포에 손상을 주는 덩어리를 형성한다.

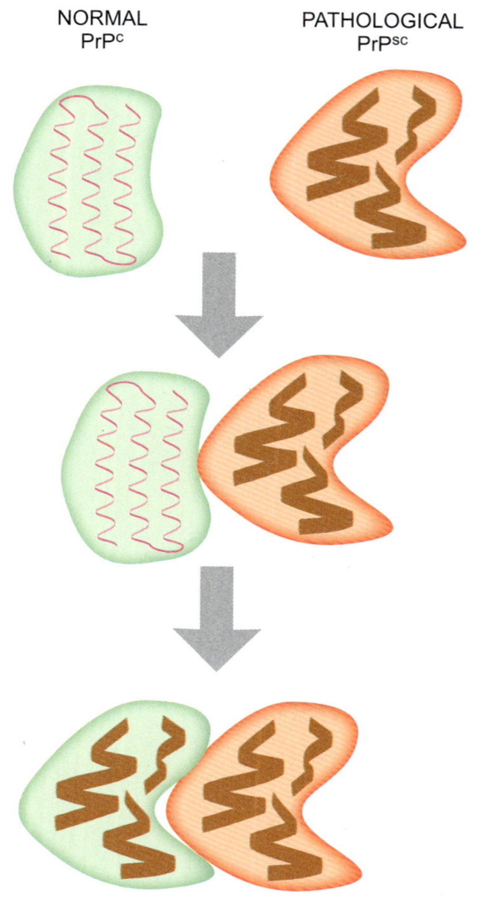

프라이온단백질의 중요한 특징은 두 종류의 다른 구조로 접힐 수 있다는 점이다. 정상으로 정확하게 접힌 형태(**세포성 PrP** 또는 **PrP^{c}**)가 재배열하여 간혹 병리학적 형태(**면양퇴행성 신경증후군 PrP** 또는 **PrP^{Sc}**)의 단백질로 바뀌어 섬유상 응집체로 중합된다. 프라이온단백질은 화학적으로 변경되지 않으며 단지 모양만 바뀔 뿐이다. 정상 프라이온은 주로 α-나선분절로 구성되어 있지만 불량 프라이온은 적은 α-나선과 많은 β-병풍 영역을 가지고 있다. PrP^{c}는 42%의 α-나선과 3%의 β-병풍을 가지고 있는 반면에 PrP^{Sc}는 30%의 α-나선과 43%의 β-병풍을 가지고 있다(단백질 구조는 14장 참조). 잘못 접힌 PrP^{Sc} 형태의 존재는 정상 PrP^{c} 단백질의 구조도 바뀌도록 유도한다(그림 21.32). 따라서 소수의 PrP^{Sc} 분자가 나타나면 PrP^{c}를 계속 PrP^{Sc} 동형으로 전환하는 촉매를 하여 스스로를 증식시킨다. 단백질 구조의 변화와 응집이 어떻게 신경세포에 손해를 주는지는 아직 정확하게 알려져 있지 않다. 그렇지만 일단 면양퇴행성 신경증후군 인자로의 변화가 시작되면 신경퇴행이 서서히 진행되고 결국 죽음을 피할 수 없게 된다.

프라이온단백질은 두 가지의 다른 형태로 존재한다. 병원성 형태는 정상 형태를 자극하여 그 구조를 바꾸며 더욱 많은 병원성 형태를 만든다.

프라이온 질병은 모두 유사한 최종 결과로 끝나는 세 가지 기작에 의하여 일어난다. 돌발형 프라이온 질병에서는 자연적인 우연한 접힘 오류가 정상적인 비감염 개체의 뇌세포 PrP 분자 중에서 일어난다. 이 변화는 위에서 언급한 대로 전파되며 여러 해가 지나면서 병리학적 형태의 프라이온단백질은 대체로 증세가 나타나는 노년이 될 때까지 점차 축적된다. 이러한 현상은 백만 명에 한 명 꼴로 나타난다.

유전형의 프라이온 질병에서는 프라이온 유전자의 돌연변이가 일어나고 질병유발 형

PrP^{c}(세포성 PrP; cellular PrP) 프라이온 단백질의 건강한 정상적인 형태
PrP^{Sc}(면양퇴행성 신경증후군 PrP; scrapie PrP) 면양퇴행성 신경증후군 인자로 알려진 프라이온단백질의 병리학적 형태

프라이온 질병은 감염성, 유전성, 또는 자생적이다.

태로 보다 자주 바뀌는 돌연변이 프라이온단백질이 만들어진다. 이러한 경우는 전형적인 질병의 유전과 거의 다를 바가 없다. *Prnp* 유전자에서 여러 개의 다른 돌연변이가 알려졌으며 이로 인한 질병의 증상은 조금씩 다르다. 3개의 주요 범주가 알려져 있으며, 이는 크로이츠펠트-야코프병(CJD), 게르스트만-슈트라우슬러-샤인커 증후근, 그리고 치명적 가족성 불면증이다. 이들은 인간 프라이온 질병의 약 15%를 차지한다.

감염성 해면뇌병증(TSE)으로도 알려진 감염성 프라이온 질병에서는 프라이온단백질의 병리학적 형태가 한 개체에서 다른 개체로 전달될 수 있다. 이러한 감염은 동일 생물체 내 한 세포에서 다른 세포로 또는 한 동물에서 다른 동물로 전파될 수 있다. 이 경우, 두 개체는 같은 종이거나 다른 종일수도 있다. 프라이온에 의해 새로운 감염자를 만드는 것은 상대적으로 어렵다. 이는 감염된 신경조직, 특히 뇌의 불량 프라이온단백질 섭취를 필수로 한다. 하지만 감염의 구체적인 과정은 아직 불분명하다. 유행성 질병인 **광우병**의 공식명칭은 **우해면양뇌증(BSE)**으로 영국에서 1986년 처음 발생했다. 애초에는 면양퇴행성 신경증후군이 원인으로 지목되었지만, 병에 걸린 소에서 병원성 프라이온이 전달되면서 발생하는 것으로 알려졌다.

만일 들어온 PrP^{Sc} 단백질이 변형시킬만한 정상 프라이온을 발견하지 못한다면 어떻게 될까? 정답은 '아무 병도 발생하지 않는다'이다. 이러한 사실은 놀라울 수 있지만 프라이온의 행동 기작을 따져볼 때에 타당한 결과이다. 두 *Prnp* 유전자가 조작되어서 PrP^{c}를 생산하지 못하는 쥐의 경우 병원성 프라이온 감염에 저항성을 지녔다. 흥미롭게도 이러한 쥐는 정상적으로 살아가며 분명한 행동 이상을 보이지 않았다.

이전에는 프라이온이 포유류에게만 있는 것으로 여겨졌다. 현재 다른 그룹의 동물에서는 발견되지 않았으나 효모에서 발견되었다. 병을 유발하는 대신 프라이온은 효모가 다른 환경적 조건에 적응하도록 한다. (관련 연구에 대한 초점 참조)

관련 연구에 대한 초점

Halfmann R, Alberti S, and Lindquist S(2010) Prions, protein homeostasis, and phenotypic diversity. Trends in Cell Biology Vol. 20: 125–134.

포유류에 뇌병을 발생시키는 프라이온이 가장 잘 알려져 있지만 이와 관련 없는 타 생물에서 프라이온이 전혀 다른 영향을 미친다는 사실이 밝혀졌다. 몇몇 균류는 프라이온을 지니며 가장 활발히 연구되어 온 것은 효모 *Saccharomyces cerevisiae*이다.

저자들은 프라이온의 핵심적인 특징은 후생적으로 유전 가능한 단백질 응집체를 형성하는 것이라 주장한다. 이는 핵산이 아닌 단백질로 구성된 분자기억을 제공한다는 뜻이다. 효모의 다른 두 프라이온 상태는 포유류의 경우처럼 '건강한 프라이온'과 '병원성 프라이온'으로 분류되지 않는다. 대신에 효모의 프라이온은 대체 유전자 세트의 유전적 조절에 영향을 주어 효모가 다른 환경적 조건에 적응하게 한다. 이러한 예에는 대체 질소와 탄소 사용이 포함된다. 이런 프라이온의 분할 전략은 변화하는 환경에 효모가 빨리 적응하도록 돕는다.

핵심 개념

- 바이러스 입자는 단백질 껍질(캡시드)로 둘러싸인 유전적 정보(바이러스 유전체)로 구성되어 있다.
- 바이러스는 복제하기 위해서 숙주 세포에 진입하여 점거해야만 한다.
- 세균을 감염시키는 바이러스는 박테리오파지로 알려져 있다.
- 바이러스는 유전적 물질로 DNA나 RNA를 사용한다.

우해면양뇌증(bovine spongiform encephalopahty, BSE) 광우병과 동일
광우병(mad cow disease) 소에서 인간으로 전염되는 감염성 프라이온
감염성 해면뇌병증(transmissable spongiform encephalopathy, TSE) 감염성 프라이온 질병을 가리키는 용어

- 일부 바이러스는 숙주 세포의 염색체에 통합되어 잠복 상태를 유지할 수 있다.
- 바이러스는 입자와 유전체의 구조, 더 나아가 복제 형식에 있어서 굉장히 다양하다.
- 바이러스의 유전자는 3개인 경우에서 1,000개를 넘는 경우까지 있다.
- 복합형 세균바이러스는 머리와 꼬리 구조를 가지고 있으며 이중가닥 DNA를 함유한다.
- 마마바이러스는 가장 복잡한 동물바이러스이다. 핵 내에서 증식하는 다수의 바이러스와는 다르게 마마바이러스는 세포질 내 준세포 공장에서 만들어진다.
- 미미바이러스와 그 친척들은 알려진 바이러스 중 가장 크며 몇몇은 1,000개 이상의 유전자를 지닌다. 이들은 원시 진핵생물을 감염시킨다.
- RNA 유전체를 지닌 바이러스는 급속하게 돌연변이가 발생하며 상대적으로 적은 유전자를 소유한다.
- 양성가닥 RNA 바이러스는 거대한 다단백질을 만들며 단일 단백질로 잘라진다.
- 음성가닥 RNA 바이러스는 숙주 세포에 진입하면서 상보(센스)가닥을 만든다.
- 레트로바이러스는 생활주기의 각 단계에서 RNA와 DNA를 모두 유전체로 사용한다.
- 준바이러스 감염인자는 다양한 결손바이러스를 비롯하여 바이로이드와 프라이온 등을 포함한다.
- 위성바이러스는 손실된 기능을 다른 온전한 바이러스에 의존하는 결손바이러스이다.
- 바이로이드는 단백질 외피가 없고 단백질 암호화 서열을 지니지 않는 감염성 RNA의 짧은 분자이다.
- 프라이온은 두 가지의 대체 구조로 존재하며 감염형 상태에서 핵산을 지니지 않는 감염성 단백질이다.

복습 문제

1. 바이러스란 무엇인가? 바이러스가 증식하기 위해서 무엇이 필요한가?
2. 살아있는 세포와 바이러스를 구분 짓는 가장 큰 특징은 무엇인가?
3. 일반적인 바이러스의 생활주기를 여섯 단계로 설명하라.
4. 바이러스는 숙주 세포 표면의 어떤 분자를 인식하는가?
5. 숙주 세포에 진입한 바이러스 유전체의 두 가지 주요 기능은 무엇인가?
6. 초기발현유전자와 후기발현유전자의 차이는 무엇인가?
7. 왜 박테리오파지는 세균세포와 단순히 결합할 수는 없는가?
8. 어떤 중요한 실험이 DNA가 유전 정보를 지니고 있음을 밝혔나? 그 실험가는 누구인가? 이 실험에 대하여 자세히 설명해보라.
9. 통합된 세균바이러스를 일컫는 말이 무엇인가? 이러한 상황에서 바이러스 유전체는 어떻게 복제되는가?
10. 람다DNA의 통합은 어떻게 발생하는가? 어떤 부위에 이런 통합이 발생하는가?
11. 레트로바이러스는 무엇인가? 레트로바이러스 유전체가 숙주 유전체에 통합되기 전에 꼭 발생해야하는 것은 무엇인가?
12. 숙주에 진입하면서 외가닥 DNA 또는 RNA 바이러스가 먼저 해야하는 것은 무엇인가? 바이러스가 처음 만드는 분자를 무엇이라 하는가?
13. RNA 바이러스가 필요로하는 효소의 이름은 무엇인가?
14. ΦX174(파이엑스174)와 같이 더 많은 유전자가 소량의 유전물질에 의해 암호화되게 하는 미세한 바이러스의 속성은 어떠한가?
15. M13박테리오파지가 웅성특이라는 말은 무슨 뜻인가? M13이 분자생물학에 어떻게 이용될 수 있는가?

16. 복합형 세균바이러스의 성분에는 무엇이 있는가? 복합형 세균바이러스의 몇몇 예를 들어보아라.
17. 마마바이러스는 어디에서 유전 물질을 복제하는가?
18. 바이러스 RNA 유전체와 바이러스 DNA 유전체를 크기와 돌연변이율을 놓고 비교해보아라.
19. 바이러스 RNA 유전체의 세 종류는 무엇인가?
20. 외가닥 양성 RNA와 외가닥 음성 RNA란 어떤 상태를 말하는 것인가? 양성가닥 RNA 유전체의 이점을 하나 들어보아라.
21. 가장 작은 세균 RNA 바이러스에 필요한 최소의 유전자 개수는 얼마인가? 이들 유전자는 무엇을 암호화하는가? 이러한 예의 바이러스를 2개 들어 놓고 어떤 세균을 감염시키는지 열거해 보아라.
22. 동물을 감염시키는 이중가닥 RNA 바이러스의 예를 들어 보아라.
23. 외가닥 양성 RNA 바이러스에는 무엇이 있는가? 이들 RNA의 구조상 특징은 무엇인가?
24. 다단백질은 무엇인가? 왜 외가닥 RNA 바이러스 유전체는 세균의 오페론처럼 단일 단백질로 번역될 수 없는가?
25. 음성가닥 RNA 바이러스의 예를 들어라. 숙주 세포에 진입하면서 이들 바이러스가 가장 먼저 하는 절차는 무엇인가?
26. 음성가닥 RNA 바이러스가 양성가닥 RNA 바이러스에 비해 유리한 점이 있다면 무엇인가?
27. 바이러스에게 있어 자가조립이란 무엇인가? 이 과정에서 어떤 상호작용이 수반되는가? 어떤 작용이 이 과정을 방해하거나 도울 수 있는가?
28. 레트로바이러스는 어떠한 점에서 특이한가?
29. HIV는 어떤 종류의 유전체를 지니는가?
30. 역전사효소가 하는 일은 무엇인가? 주형인 외가닥 RNA에게 어떤 일이 발생하는가?
31. 역전사효소의 발견은 분자생물학의 중심원리에 어떤 영향을 끼쳤는가?
32. 레트로바이러스 유전체는 숙주 유전체의 어느 곳과 통합되는가? 숙주 유전체에 통합된 이후에는 절제될 수 있는가?
33. 레트로바이러스의 생활주기에 tRNA의 역할은 무엇인가?
34. 새로운 레트로바이러스 입자에 포장되어야만 하는 효소는 무엇인가? 그 이유는?
35. 암유전자는 무엇인가? 왜 레트로바이러스는 암유전자를 전달할 수 있나?
36. HIV의 세 주요 유전자는 무엇인가? 이들 유전자는 어떤 단백질을 암호화하는가?
37. 위성바이러스는 무엇인가? 도움바이러스는 어떤 점을 제공하는가?
38. 바이로이드는 무엇인가? 이들은 어떻게 복제하는가? RNA 효소는 무엇인가? 바이로이드 복제에서 RNA 효소는 어떤 역할을 하는가?
39. 프라이온은 무엇인가? 프라이온의 두 가지 다른 형태나 구조에는 무엇이 있나?
40. 프라이온이 질병을 일으키는 세 가지 기작은 무엇인가?

개념 문제

1. 람다 박테리오파지는 용균 회로와 용원환 과정 모두 생장할 수 있다. 한 학자가 람다의 돌연변이 때문에 용원환에 진입할 수 없는 λLytonly 바이러스주를 발견하였다. 학자는 이 돌연변이 유전체의 짧은 부위 하나가 손실된 것 외에는 다른 결함이 없는 것을 발견했다. 어떤 λ유전체 서열이 손실되었는지 그리고 이것이 왜 바이러스가 용원환에 진입하는 것을 막는지 설명하여라.
2. 플라스미드와 바이러스는 왜 살아있는 생물이 아니라 유전자 산물로 간주되는가? 소수의 과학자는 바이러스가 살아 있는 것으로 간주하기도 한다. 이것에 대하여 자신의 의견을 서술하여라.
3. ΦX174 박테리오파지의 E단백질에 틀이동 돌연변이가 발생했을 때의 결과에 대하여 논의해보아라. 이 유전자의 보존적 치환의 결과는 무엇인가?
4. 레트로바이러스가 자신의 유전체를 복제하는 과정에서 실수를 자주 일으키는 이유는 무엇일까? DNA 중합효소는 오류를 방지하는 기능이 있다는 점을 상기하여라.
5. 아데노관련바이러스(AAV)는 인간을 위한 유전자 치료에서 클론 벡터로 이용된다. 학자들은 왜 이 바이러스를 인간에게 유전자를 주입하는 데 사용하기로 정한 것일까?

Chapter 22 이동성 DNA

유전학자가 사용하는 "**이동성 DNA**"의 의미는 세포간 이동하는 염색체 또는 플라스미드 DNA를 의미하지 않는다. 이동성 DNA는 염색체, 플라스미드 그리고 바이러스 유전체 내에서 서로 다른 위치로 이동하는 특수한 부류의 DNA를 말한다. 다시 말하면, 숙주 DNA 분자는 그곳에서 거주하는 또는 기생하는 또 다른 작은 DNA 조각의 환경이 된다는 의미다. 대부분의 이동성 DNA는 다양한 종류의 전이인자이며, 흔치 않지만 인테그론이나 귀소 인트론도 여기에 포함된다. 이동성 DNA의 이동은 이동성 DNA의 특수 서열에 결합하는 단백질과 이동을 촉매하는 효소가 필요하다. 단순한 형태의 전이인자가 가지는 전이효소와 같이 하나의 단백질이 이 두 기능을 모두 수행할 수 있다. 반대로 매우 복잡하고 여러 단백질이 관여할 수도 있다.

1. 준세포적 유전자 생명체

자연에는 살아있는 세포의 염색체뿐 아니라 무한정 다양한 **유전인자**가 발견된다. 이 유전인자 유전체가 단백질 껍질에 보호되는 바이러스를 비롯하여 핵산으로만 구성된 플라스미드나 바이로이드와 같은 유전인자까지(20장과 21장 참조) 다양하다. 이들 준세포적(sub-cellular) 인자들은 에너지와 원 재료를 모두 숙주 세포에게 의존한다는 점에서 모두 기생이다. 바이러

이동성 DNA(mobile DNA) 동일 DNA 분자나 다른 DNA 분자의 한 위치에서 다른 위치로 이동하는 DNA 조각
유전인자(genetic element) 유전 정보를 가지고 있어서 유전적 단위로 작동할 수 있는 DNA 또는 RNA 조각

스와 같은 일부 경우는 숙주 세포가 파괴되기도 한다. 대부분의 플라스미드와 같은 경우에는 숙주에 해를 입지 않을 뿐 아니라 플라스미드가 가지고 있는 유전자의 덕을 브게 한다.

살아있는 세포는 바이러스와 기타 유전인자들의 서식처이다.

모든 이러한 인자들은 자신들 특유의 유전정보를 가지고 있어서 어떤 의미에선 생명 형태로 취급받기도 한다. 이들을 여기서는 **유전자 생명체**로 부르기로 할 것이다. 이들이 자체적 세포는 가지고 있지 않으나 자신들만의 유전정보를 가지고 있기 때문이다. 유전자생명체라는 견지에서, 세포는 이들의 환경이 된다. 이러한 관점이 이상하게 보일지 모르나, 세포나 개체의 입장이 아닌 유전인자의 견지에서 보면 유전적 기작을 이해하는데 도움이 된다.

일부 유전인자들은 독립된 유전체 모양을 가지고 있지도 않고 단지 다른 DNA 분자에 삽입된 DNA 조각으로만 발견된다. 일부는 바이러스와 플라스미드와 같은 일종의 자아(ego)를 가지고 있고, 어떤 것들은 단지 삽입된 DNA 조각에 불과하다. 이러한 삽입된 DNA 조각들은 숙주 DNA 분자 내 이곳에서 저곳으로 이동할 수 있다. 이들을 **전이인자**라고 부른다. 어떤 기생성 DNA 조각은 삽입된 자리에 영원히 남아있는데 한때 이동성 존재의 잔재일 것이다. 이들은 쓰레기 DNA로 퇴화되었다. 거대한 인간 유전체의 상당부분이 더 이상 활동하지 않는 이러한 쓰레기 DNA로 채워져 있다.

2. 대부분의 이동성 DNA는 전이인자이다

일부 바이러스 DNA 분자는 숙주 세포 염색체에 삽입되어 있어 비슷하게 보이지만 대부분의 이동성 DNA는 전이인자로 불리는 유전인자이다. 이들은 염색체 내에서 이리저리 이동하는 관계로 때로 "**전이 유전자**"로 불렸다. 하나의 위치에서 다른 곳으로 뛰어다니는 과정을 **전이**라 한다. 전이인자는 플라스미드와 바이러스처럼 단순히 숙주 세포에 의존하는 것이 아니라 숙주 DNA에 의존한다! 전이인자는 항상 다른 DNA 분자에 삽입되어있어, 결코 자유 독립적 분자로 존재하지 않는다(그림 22.01).

이동성 DNA의 일부 조각은 동일한 또는 다른 DNA 분자로 이동할 수 있는 능력을 가지고 있다.

10장에서 다룬 바와 같이, 자신의 복제기점을 가지고 있는 DNA 분자를 **복제단위**라

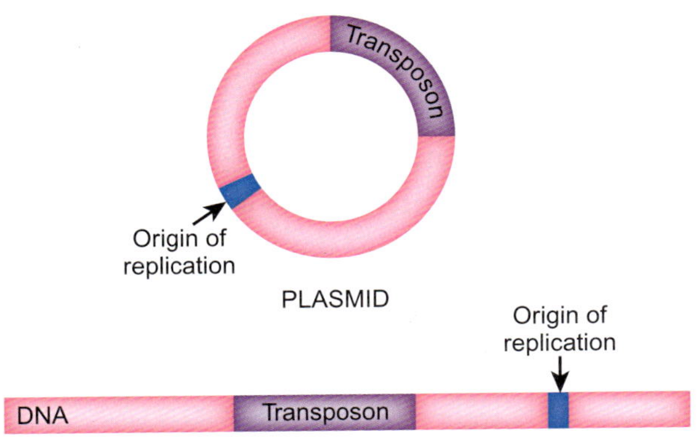

그림 22.01
전이인자는 자유롭지 않다.

전이인자는 일련의 DNA 조각으로 한 곳에서 다른 곳으로 이동힌다. 그러나 항상 플라스미드(위)나 박테리아 염색체(아래)와 같은 다른 DNA 속에 존재한다. 자신의 복제기점을 가지고 있지 않으며 숙주 DNA에 의존한다.

유전자 생명체(gene creature) 주로 유전적 정보로만 구성된 유전적 존재. 때로 방어성 포장을 가지기도 하지만, 스스로 에너지를 생성하거나 거대 분자를 복제할 도구는 없다.
전이 유전자(jumping gene) 전이인자의 대중적 이름
전이(transposition) 전이인자가 숙주 DNA 분자의 한 위치에서 다른 위치로 이동하는 과정
전이인자(transposable element) 숙주 분자 내 다른 곳으로 삽입하는 이동성 DNA 조각. 자신을 복제할 복제기점을 가지고 있지 않으며 복제에 숙주 DNA 분자가 필요하다. 모든 DNA 기반 전이인자와 레트로트렌스포존을 포함한다.
전이인자(transposon) 레트로트렌스포존을 포함하지 않는 주로 DNA 인자에 한정되어 사용되는 용어

염색체, 플라스미드, 바이러스 유전체는 자체 복제가 가능하지만, 전이인자는 그렇지 못하다.

부른다. 염색체, 플라스미드, 바이러스 유전체는 각기 복제단위이고 자가-복제적인 것으로 간주할 수 있다. 반면, 전이인자는 자가 복제기점을 가지고 있지 않으므로 복제단위가 아니다. 이들은 자신을 염색체, 플라스미드, 바이러스 등의 다른 DNA 분자에 삽입하여 복제할 뿐이다. 전이인자가 일부인 DNA 분자가 복제되면서 전이인자도 복제된다. 만약 전이인자가 복제 기점이 없는 DNA에 삽입되면, 전이인자도 이와 함께 "사멸"한다.

전이인자는 이동 기작에 따라 분류된다. 주된 분류 방법은 역전사효소에 의한 RNA 중간산물을 거치며 이동하는 기작과 DNA 기반 기작으로 나누는 방법이다. DNA 기반 전이인자는 이동시 새로운 사본이 만들어지는지(복합적 또는 복제적 전이), 아니면 원 사본이 이동하면서 이전 자리에 DNA에 간극을 남기는지에 따라(보존적 또는 "잘라-붙이기" 전이) 두 그룹으로 분류된다. 표 22.01에서 다음에 다룰 전이인자의 주된 그룹을 요약하였다.

2.1. DNA 전이인자의 필수 요소

전이에 필요한 효소는 전이인자의 양 끝에 있는 반복서열을 인식해야만 한다.

모든 DNA 기반 전이인자는 두 가지의 중요한 특징을 가진다. 첫째, 이들은 양 말단에 **역반복 서열**을 가진다. 둘째, 전이인자는 적어도 이동에 필요한 **전이효소**를 암호화하는 유전자를 가져야한다(그림 22.02). 전이효소는 역반복 서열을 인식하고 역반복 서열에 의해 둘러싸인 DNA 조각을 한 곳에서 다른 곳으로 이동시킨다. 전이 빈도는 전이인자마다 다르다. 일반적으로 세포 한 세대 동안 하나의 전이인자가 이동할 빈도는 1/1,000-1/10,000이다.

전이인자가 표적 서열에 삽입될 때, 위치 특이성이 낮기 때문에 전이는 거의 무작위적으로 보인다.

실제로, 전이효소는 2개의 다른 DNA 서열을 인식한다. 첫째 역반복 서열을 인식해서 어떤 DNA 조각이 이동할 것인지 결정한다. 그리고 전이효소는 이동할 장소의 DNA 서열을 인식하여야 한다. 이것은 **표적 서열**이라고 부르며, 일반적으로 3-9개의 염기서열 길이다. 주로 홀수 길이를 가지며 9 염기서열이 가장 일반적이다. 종종 전이효소는 선호하는 표적 서열과 유사한 서열이면 표적 지점으로 받아들인다. 어떤 경우는 표적 서열 선택이 까다롭지 않아서 공통 서열을 찾아내기가 어려울 정도다. 길이가 짧고 특이성이 낮아서 길이가 어느 정도되는 DNA에서 다수의 표적 서열을 찾을 수 있고 삽입은 거의 무작위적이다. 전이인자가 이동할 때마다, 전이기작의 특성으로 인하여 표적 서열은 중복된다(아래 참조). 결과적으로 전이인자의 양 끝에 동일한 사본의 표적 서열이 발견된다.

많은 거대 전이인자는 전이과정 자체와 무관한 다양한 유전자를 가진다. 항생제 저항 유전자, 병원성 유전자, 대사 유전자 그리고 여러 유전자들이 전이인자 위에 위치하고 유전체 내에서 이동하게 된다. 초기에 발견된 전이인자들은 박테리아를 항생제로부터 보호하는 항생제 저항 유전자를 가지고 있었다. 유전물질 덩어리를 특정 DNA 분자에서 다른 분자로 이동시키는 능력은 플라스미드, 바이러스 그리고 박테리아와 고등생물의 염색체 진화에 대단히 중요한 기여를 하였다.

역반복 서열(inverted repeat) 동일한 서열이지만 반대 방향을 가진 DNA 서열
복제단위(replicon) 자체적 복제기점을 가지고 있는 자체적으로 복제하는 DNA와 RNA 분자
전이효소(transposase) 전이인자를 이동시키는 효소
표적 서열(target sequence) 전이인자가 삽입하는 숙주 DNA 분자 서열

표 22.01 전이인자와 유사한 인자들

인자 유형	(개략적)길이	말단반복	이동 기작	세포를 나가는 기작
DNA 기반 인자				
삽입인자	750–1,500	역반복	자르고–붙이는 전이	없음
단순 전이인자	1,300–5,000	역반복	자르고–붙이는 전이	없음
복합 전이인자	2,500–10,000	IS 서열	복제적 전이	없음
복합적 전이인자	5,000	역반복	복제적 전이	없음
박테리오파지 Mu	37kb	역반복	복제적 전이	바이러스 입자
접합 전이인자	30kb–150kb	없음	이동과 삽입	접합
인테그론 & 카세트	1,500	없음	전이인자 속에 유전자를 삽입	없음
헬리트론	5,000 - 10,000	없음	레플리케이즈와 헬리케이즈	없음
레트로–인자 (역전사효소를 가짐)				
레트로바이러스	7,000–10,000	직렬반복(LTR)	RNA 중간산물을 통해	바이러스 입자
내재적 레트로바이러스	7,000–10,000	직렬반복(LTR)	RNA 중간산물을 통해	결함이 있는 바이러스 입자
레트로바이러스–유사인자	7,000–10,000	직렬반복(LTR)	RNA 중간산물을 통해	없음
레트로트랜스포존	6,000	직렬반복(LTR)	RNA 중간산물을 통해	없음
LINE	6,500	없음	RNA 중간산물을 통해	없음
레트론	1,300–2,000	없음	알려지지 않음	없음
레트로인트론	2,000–3,000	없음	RNA 중간산물을 통해	없음
레트로–유래 인자 (또는 "역전사체")				
다듬어진 위유전자	1,000–3,000	없음	이동안함	없음
SINE	300	없음	전사와 재삽입	없음

주석: 이동성 복제 원점(생장성 복제기점이 아님)을 가진 접합 전이인자를 제외하고는 모든 인자들에 자체적인 복제기점을 가지고 있지 않다. 길이는 전형적인 인자의 경우이다. 많은 전이인자들은 다양한 기작으로 추가적인 세포의 DNA를 획득하게 되므로 여러 가지 추가적인 유전자들을 가진 덩치가 커진 전이인자들이 발견된다. 따라서 여기서의 길이는 온전한 기능적 요소들을 향한 크기를 말한다.

바이러스 입자에 들어 있는 Mu DNA의 크기는 39 kb로써 37kb의 Mu가 숙주 세프에 처음 들어갈 때의 삽입 과정에는 복제 전이가 아닌 자르고 붙이는 전이 방법이 쓰여진다는 것을 유의하라. 특별이 추가적인 염기서열이 없는 LTR 인자뿐만 아니라 온전한 레트로 바이러스나 망가진 레트로 바이러스에서 유래한 것으로 추정되는 인자들의 모든 중간 산물이 진핵세포 유전체에서 발견된다. 이 때문에 레트로 인자에 대한 분류는 저자에 따라 약간 다르다. 레트로 바이러스의 LTR에 해당하는 말단 반복서열을 가지고 있는 '참' 레트로트랜스포존과 구분하기 위해 LINE과 유사인자를 비–LTR–레트로트랜스포존이라고 부른다.

레트로인트론은 역전사 효소를 만들어 낼 수 있는 이동성 그룹 I 또는 II 인트론이다.

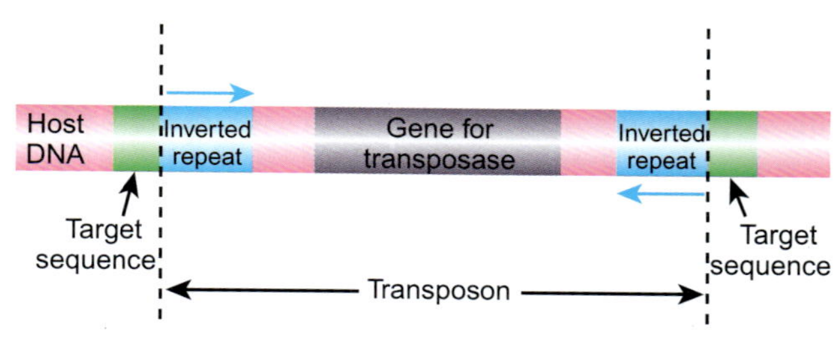

그림 22.02
전이인자의 필수적 특징

전이인자의 필수적 특징은 말단의 2개의 역반복과 전이효소이다. 역반복 사이 다른 비-필수적 유전자들이 발견되기도 한다. 전이 중, 전이인자는 숙주 DNA 표적 서열을 복제하여 전이인자의 양 말단에 한 개씩의 사본이 둘러싸게 된다.

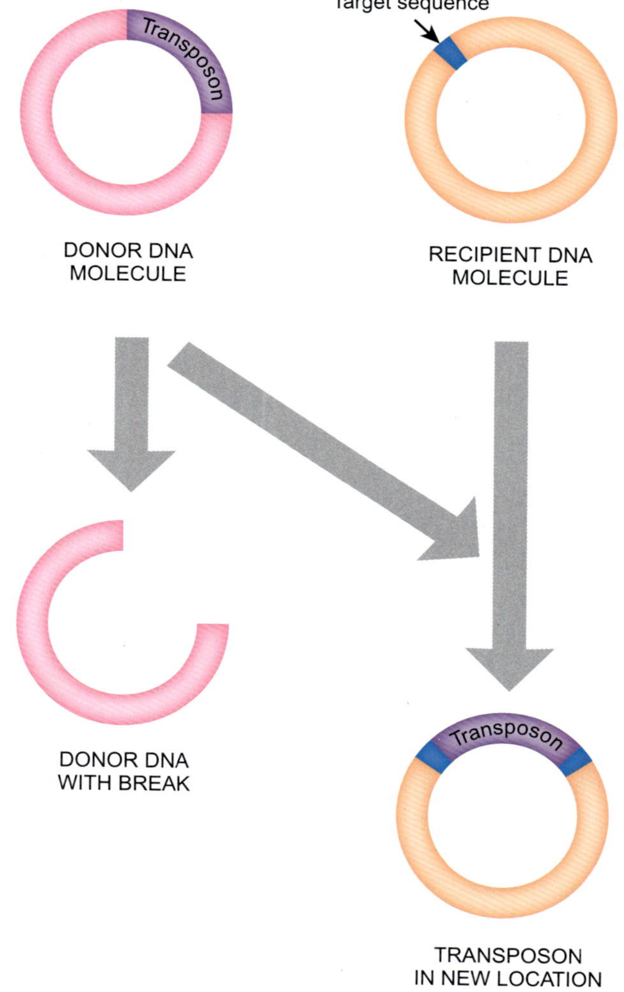

그림 22.03
보존적 전이의 개요

전이인자는 하나의 DNA에서 다른 곳으로 이동할 때, 표적 DNA에 자신을 삽입하면서, 원 위치에는 이중가닥 절단을 남긴다.

2.2. 보전적 전이에 의한 이동

삽입 서열을 포함하여 가장 단순한 전이인자는 **보존적** 또는 **"자르고-붙이는" 전이**로 이동한다(그림 22.03). 이것을 위해 3개의 인자를 필요하다: 전이효소, 전이인자 말단의 역반복 서열, 세포 내 다른 DNA 위에 있는 적절한 표적 서열. 전이인자는 동일 DNA 분자 내 다른 부위나, 또는 다른 DNA 분자로 이동할 수 있다. 적절한 표적 서열을 가지고 있기만

보존적 전이(conservative transposition) "자르고 붙이는" 전이와 동일
자르고-붙이는 전이(cut-and-paste transposition) 전이인자가 원 위치에서 완전히 빠져나와 전 단위가 다른 위치로 이동하는 타입의 전이

한다면 전이인자가 들어가는 DNA 분자는 플라스미드, 바이러스, 염색체 등 어떤 DNA 분자도 가능하다.

전이효소는 전이인자 말단의 역반복 서열에 결합하면서 시작한다. 이것은 전이인자를 원위치에서 잘라내고(그림 22.04A), 전이인자의 새로운 집이 될 DNA 분자 위 적절한 표적 서열을 찾는다. 전이효소는 표적 서열이 돌출되는 말단을 가지도록 엇갈리게 자르면서 열어준다(그림 22.04B). 마지막으로, 전이인자를 사이에 넣어준다.

보존적 전이를 하면 DNA에 이중가닥 절단이 남게 된다.

그 결과 양쪽에 짧은 외가닥을 가진 DNA 구조가 생긴다. 외가닥 부위는 박테리아 숙주가 인식하고 반대쪽 가닥을 합성해준다. 마침내 전이인자는 이동하였고, 표적 서결은 이 과정 중 복제 중복되었다. 이러한 전이인자가 이동 중 변하지 않는 유형의 전이과정을 보존적 전이라고 한다.

전이인자가 자르고 나오면서 원래 DNA 위치에는 이중가닥 절단이 생긴다. 이때 손상된 DNA 분자는 수선이 되지 않고 사멸될 가능성이 높다. 높은 빈도의 전이는 숙주 염색체를 심하게 손상시킬 수 있다. 절단이 연결된다고 하여도, 중복된 표적 서열로 인하여 암호서열의 틀이 영구히 바뀔 수 있다. 이 때문에 위에서 말한 바와 같이, 전이는 철저하게 조절되어야 한다.

2.3. 복제적 전이로 이동하는 복합적 전이인자

전이가 항상 이중가닥 절단된 DNA를 남겨두는 것은 아니다. 일부 전이인자는 두 번째 사본을 만드는 **복제적 전이**를 한다(그림 22.05). 결과적으로 원 위치에 더해 새로이 선택된 표적 위치에 전이인자 사본이 생긴다. 원 DNA 분자가 버려지거나 순상을 입지도 않는다. 이러한 전이인자는 단순히 자르고-붙이는 기작이 아닌 좀 더 복잡한 과정을 거치므로 **복합 전이인자**라고 불린다.

복제적 전이는 원 숙주 DNA에 손상을 남기지 않는다.

다른 전이인자와 마찬가지로 복합적 전이인자의 전이효소 역시 자신의 역반복 서결과 숙주 표적 서열을 인식한다. 복제적 전이인자는 추가로 **위치특이성 재조합촉진효소**와 위치특이성 재조합촉진효소가 인식하는 **내부분리지점** DNA 서열을 가지고 있다(그림 22.06). 복합적 전이인자가 이동 중 복제하지만, 이들은 복제기점을 가지고 있지 않아 복제단위로 보기는 어렵다. 전이인자는 새로운 집을 찾을 자유 중간산물로 방출된 사본을 만드는 것이 아니라, 전이과정 중 숙주 세포가 전이인자의 DNA를 중복 복제하도록 유도한다.

복제적 전이과정은 다음과 같다. 전이효소는 전이인자 양 말단과 표적 서열에 외가닥 틈을 만든다. 그리고 두 자유 말단을 연결하여 두 DNA 분자가 전이인자 DNA의 외가닥을 통해 연결된 **공동삽입체**를 만든다(그림 22.07). 외가닥 DNA가 생기면 숙주의 수선 체계가 발동이 되고, 이들이 상보적 가닥을 합성함으로써 전이인자가 복제된다. 그 결과 두 이중가닥 DNA 분자가 2개의 전이인자로 연결된 공동삽입체가 만들어진다. 여기서 각 전이인자는 하나의 기존 가닥과 또 하나의 새 가닥의 DNA로 구성된 것에 주목할 필요가 있다.

위치특이성 재조합촉진효소의 기능은 이 공동삽입체를 분리하여 2개의 DNA 분자로 만들어주는 것이다. 위치특이성 재조합촉진효소는 두 전이인자 중간에 위치한 IRS 서열을 인식하고 둘 사이에 재조합을 수행하면 각기 하나의 전이인자를 가지는 2개의 독립적인

복합 전이인자(complex transposon) 복제성 전이로 이동하는 전이인자
공동삽입체(cointegrate) 전이, 재조합이나 유사한 과정 중 두 DNA 분자를 연결하는 연결하여 형성된 일시적 구조
내부분리지점(internal resolution site, IRS) 복제성 전이 중 공동삽입체에서 두 DNA 분자를 분리할 때 위치특이성 재조합촉진효소가 부착하는 복합적 전이인자내 지점
복제적 전이(replicative transposition) 두 사본의 전이인자가 생성되는 전이로 하나는 원 위치에 다른 하나는 다른 위치에 삽입된다.
위치특이성 재조합촉진효소(resolvase) 공동삽입체를 분리해 2개의 다른 DNA 분자로 방출하는 효소

그림 22.04

보존적 전이에 의한 이동

A) 전이인자가 생성하는 전이효소는 역반복 서열을 인식하고 잘라 전이인자를 염색체로부터 분리한다. 염색체에는 이중가닥 절단이 남아 수선이 필요하다. B) 전이인자에 결합한 전이효소는 표적 서열을 인식하고 엇자르기를 한다. 이렇게 생긴 표적 서열의 외가닥 말단은 전이인자의 역반복 서열에 결합한다. 마지막으로 외가닥 부위를 숙주 세포가 채우면 양 말단에 표적 서열 중복이 만들어진다.

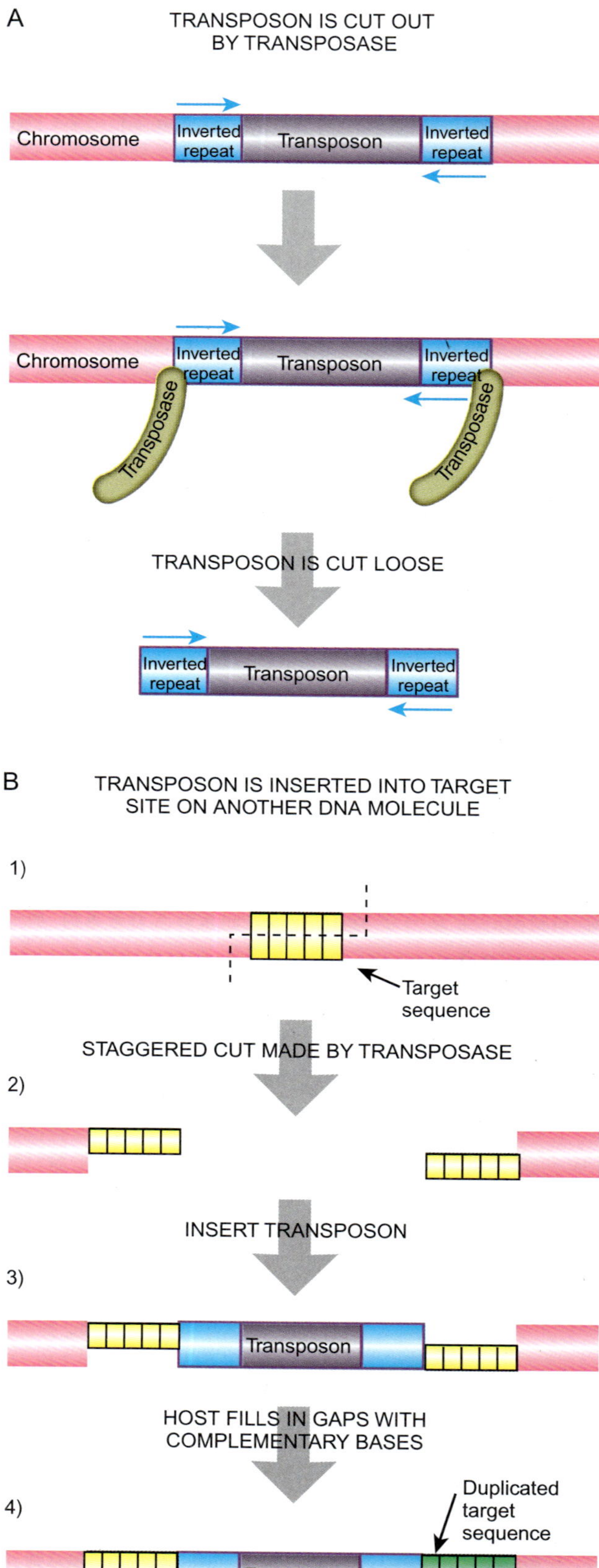

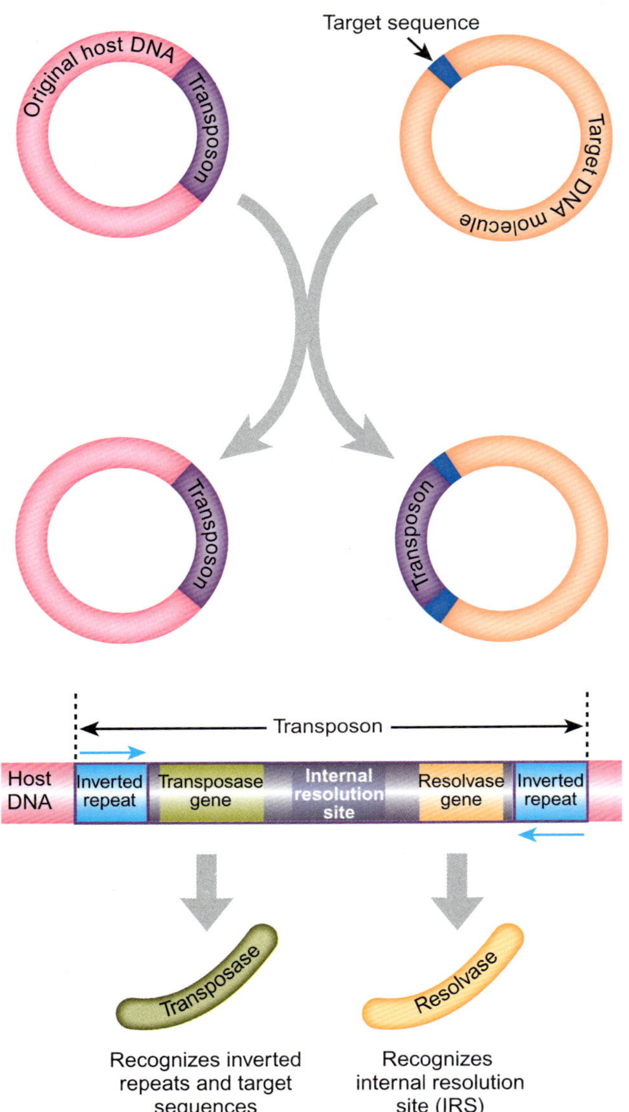

그림 22.05
복제적 전이의 개요

전이인자가 이동시 중복되어 하나의 사본은 원 위치에 남아있고, 다른 표적 서열에 하나의 사본을 삽입한다.

그림 22.06
복합적 전이인자의 구성인자

복합적(복제적) 전이인자는 전이효소와 2개의 측면 역반복 외 위치특이성 재조합촉진효소 유전자와 내부 분리자리를 가진다.

DNA 분자가 만들어진다(그림 22.07). 여기서 분리의 결과 전이인자의 두 사본을 한번 더 섞어주는 것에 주목하라.

대부분의 알려진 복합적 전이인자는 전이와 분리에 관여하는 유전자 외 다른 유전자도 가지고 있다. 예를 들어, Tn1과 Tn3는 페니실린계 항생제에 저항하는 유전자를 가지고 있고 박테리아의 플라스미드와 염색체에서 모두 발견된다. 복합적 전이인자의 이동은 항생제 저항성을 추적하여 찾을 수 있다.

복제적 전이는 위치특이성 재조합촉진효소와 이것이 작용할 자리를 추가적으로 필요로 한다.

2.4. 복제적 전이와 보존적 전이는 연관이 있다

복제적 전이와 보존적 전이가 매우 달라 보이지만, 전이 단계를 자세히 살펴보면 상당히 유사하다. 두 경우 모두 표적 서열이 엇갈리게 잘린다(그림 22.08). 두 경우 모두 전이효소는 전이인자 말단과 숙주 DNA 사이를 자른다. 다만 보존적 전이에서는 두 가닥이 모두 잘리는 반면, 복제적 전이에서는 한 가닥만 잘린다. 어떤 경우건 전이인자의 3′ 자유 말단은 잘려진 표적 서열의 5′ 말단에 연결된다. 이러한 일련의 단계를 통해 보존적 전이인자

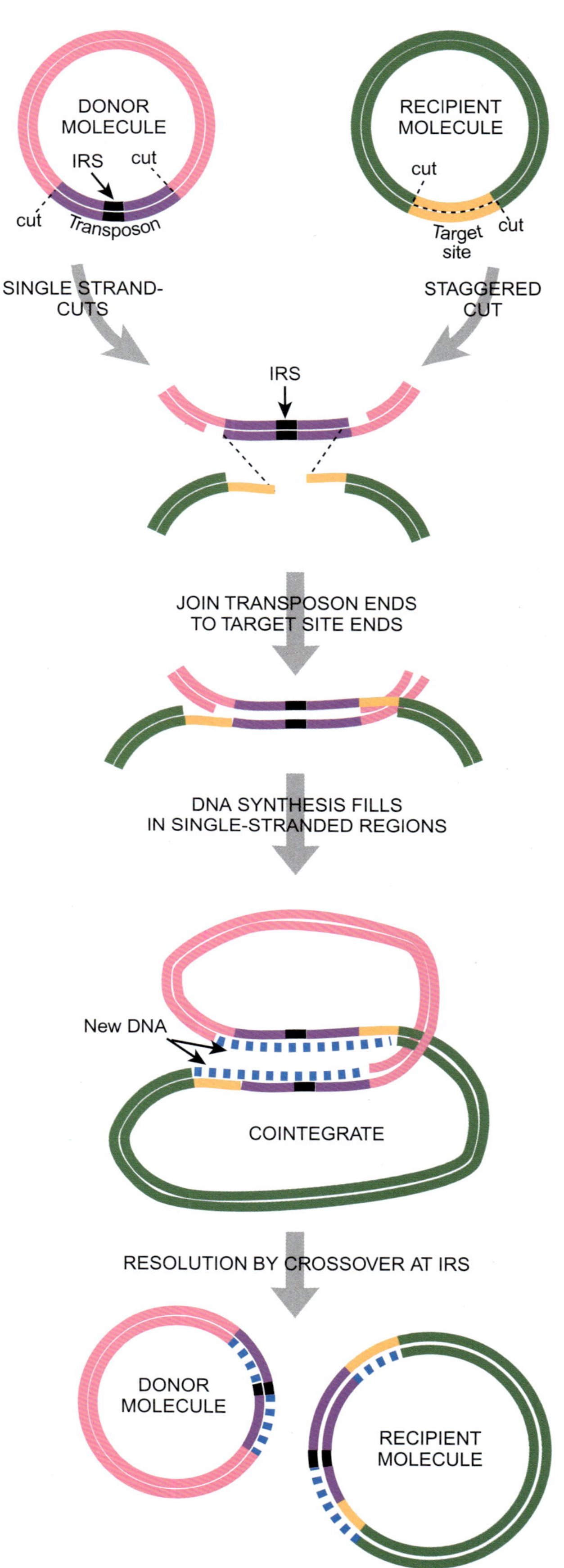

그림 22.07

복제적 전이는 공동삽입체를 형성한다

공여자에 존재하는 전이인자의 말단에 외가닥 절단이 일어나고, 표적 서열은 엇갈리게 잘려진다. 말단이 그림처럼 연결되면 전이인자는 분리되어 두 외가닥 사본이 생긴다. 외가닥 DNA는 숙주 세포에 수선을 촉발하며 양 전이인자가 보수되어 이중가닥이 된다. 수여자 DNA 역시 복제된 전이인자의 DNA에 연결되어 공동삽입체가 생긴다. 이때 전이인자가 만드는 위치특이성 재조합촉진효소가 공동삽입체가 가진 두 IRS 서열을 사용하여 공여체와 수여체를 분리한다. 그 결과 전이인자가 두 군데 존재하게 된다.

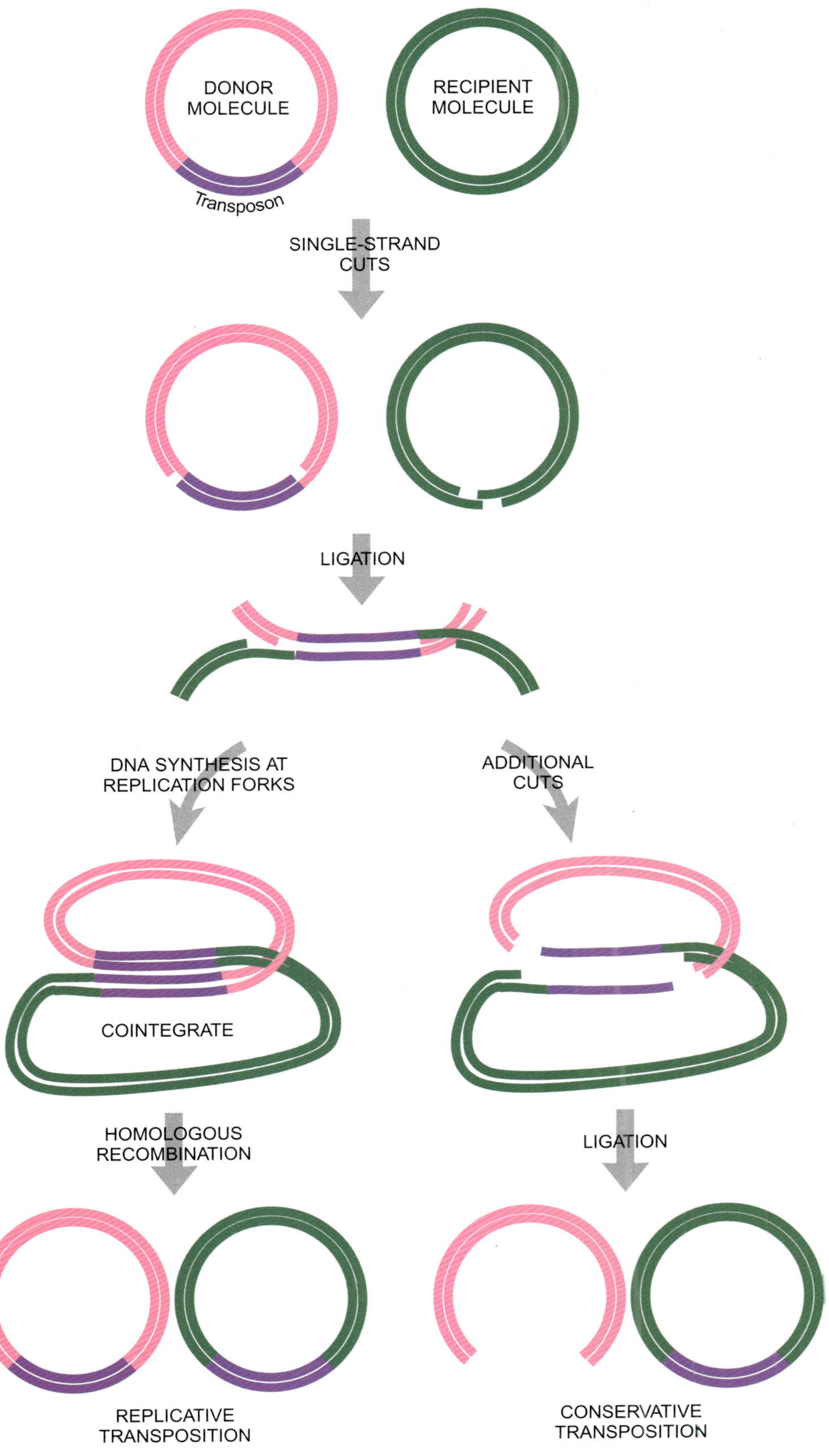

그림 22.08

복제적 전이와 보존적 전이는 유사하다

보존적 전이와 복제적 전이는 외가닥 절단과 연결로 시작한다. 그러나 보존적 전이에서는(오른쪽), 두 번째 절단이 일어나면서 전이인자는 공여자에서 분리되어 수여자 분자에 연결된다. 반면, 복제적 전이는(왼쪽) 이 단계에서 두 외가닥 사본으로 쪼개진다. 그리고 숙주 세포가 외가닥 간극을 채우면 보존적 전이에서는 양 말단 표적 서열 중복이 생기지만, 복제적 전이에서는 전체 전이인자가 복제된다.

보존적인 또는 복제적 전이의 여러 단계는 기작면에서는 매우 비슷하다.

는 새로운 위치로, 복합적 전이인자는 공동삽입체를 형성한다.

다음 단계 역시 매우 유사하다. 숙주 효소는 표적 서열의 자유 3′ 말단을 프라이머로 사용하여 외가닥 부위를 메꾼다. 보존적 전이에서 새로운 DNA는 단지 적은 수의 뉴클레오티드 밖엔 되지 않아서 표적 서열만 복제될 뿐이다. 복제적 전이에서는, 외가닥 부위는 훨씬 길고 이 부분을 메꾸는 과정에서 전이인자가 복제된다.

이러한 유사점은 Tn7 전이인자를 통해 볼 수 있다. Tn7은 정상적으로 보존적 기작을 사용한다. Tn7은 두 단백질로 구성된 특이한 전이효소를 가지고 있다. TnsA는 Tn7의 5′ 말단에 외가닥 틈을 만들고, TnsB는 Tn7의 3′ 말단에 틈을 만들고 연결을 한다. 즉, TnsA와 TnsB가 모두 발현되면 양 가닥이 모두 잘려진다. TnsA에 결함이 있는 Tn7의 돌연변이체는 더 이상 5′ 말단을 자르지 않는다. 그러나 TnsB가 3′ 말단을 자르고 붙이면 복제적 전이처럼 공동삽입체를 형성한다. 즉 TnsB는 복합적 전이인자의 전이효소와 유사하다. Tn7을 원 위치에서 잘라서 분리하는 TnsA 단백질은 type II 제한효소와 구조가 유사하다(5장 참조).

2.5. 삽입 서열 – 가장 단순한 전이인자

가장 단순한 전이인자는 양 말단 역반복 서열 사이에 전이효소와 조절 단백질이 유전자가 중복유전자로 존재한다.

박테리아에서 가장 먼저 발견된 것이 가장 짧고 단순한 전이인자인 **삽입 서열**이다. 이들은 IS1, IS2 등으로 명명되었다. 일반적인 삽입 서열은 750–1,500 염기쌍 길이며 10–40 염기쌍의 말단 역반복 서열을 가지고 있다(표 22.02). 종종 삽입인자 말단 역반복 서열은 정확한 반복은 아니다. 예를 들어, IS1의 역반복 서열은 23 자리 중 20개만 일치한다.

삽입 서열은 이동에 필요한 효소인 전이효소 하나만을 암호화한다. 역반복 서열 사이는 실제로 *orfA*와 *orfB* 2개의 열린 해독틀을 가지고 있다. 전이효소 자체는 해독 중 두 열린 해독틀에서 일어나는 틀이동으로 만들어진다(그림 22.09). 이러한 틀이동이 일어날 빈도는 낮아서 전이효소는 매우 적은 양만 만들어지고 전이도 자주 일어나지 않는다. 조절되지 않은 전이는 숙주 염색체에 큰 손상을 입힌다. 틀이동이 일어나지 않으면, *orfA* 첫 해독틀만 발현한다. 이 유전자 산물은 전이효소와 자신의 생산을 조절하는 전사 조절자이다.

삽입 서열은 박테리아 염색체에서 발견되며 플라스미드와 바이러스에서도 발견된다. 예를 들어, 여러 사본의 IS1, IS2, IS3 삽입 서열이 *E. coli* 염색체에서 발견된다. F 플라스미드는 IS1은 없고, 1개의 IS2, 2개의 IS3를 가진다. 만약 F 플라스미드가 염색체와 동일

표 22.02 일부 삽입 서열

삽입 서열	전체 길이	역반복	표적 서열 길이
IS1	768	23	9
IS2	1327	41	5
IS3	1258	40	3
IS4	1426	18	11 – 13
IS5	1195	16	4
IS10	1329	22	9
IS50	1531	9	9
IS903	1057	18	9

삽입 서열(insertion sequence) 전이효소 유전자를 둘러싼 역반복 서열만 가지고 있는 단순 전이인자

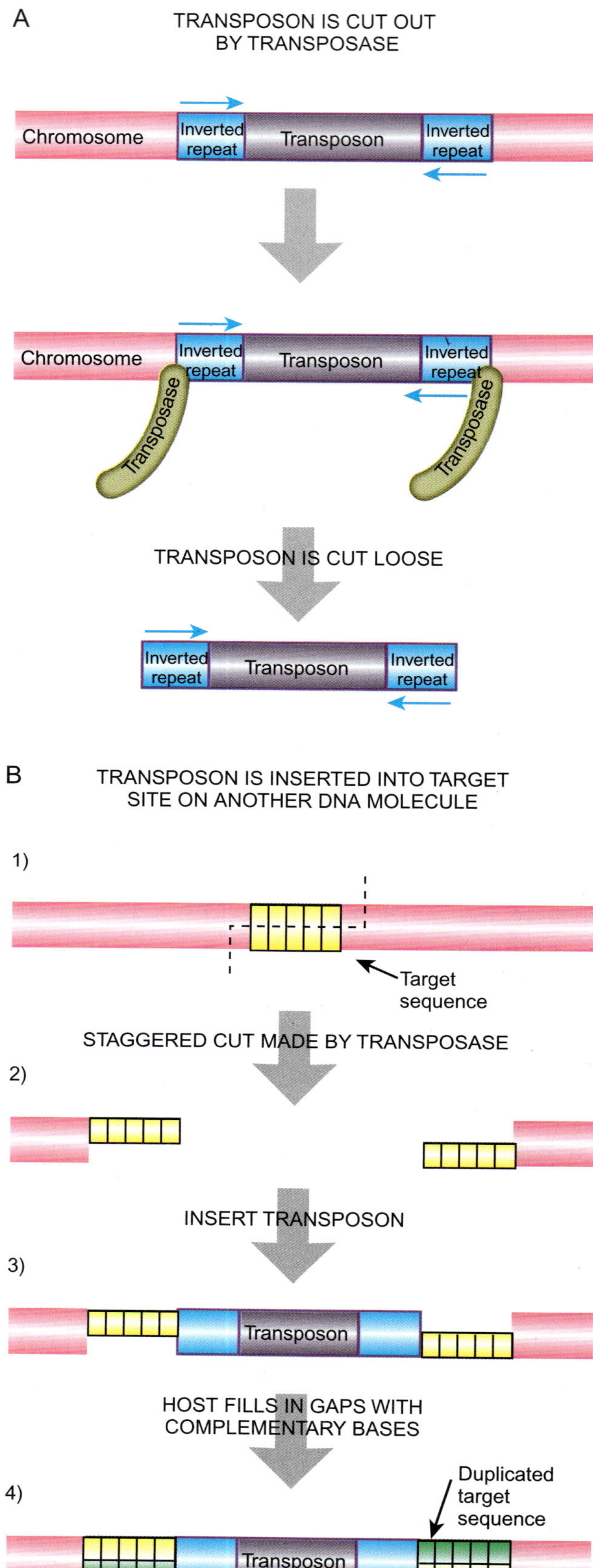

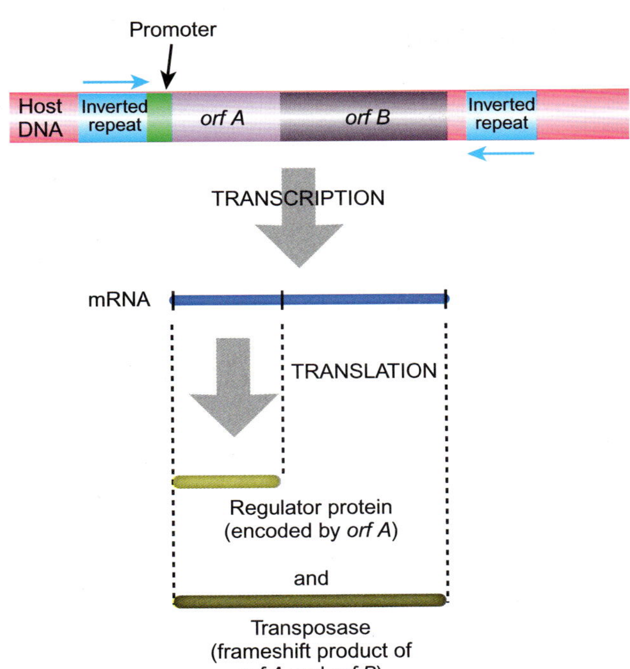

그림 22.09
삽입 서열의 구조

모든 전이인자와 마찬가지로 삽입 서열이 역반복 서열이 양 말단에 있다. 삽입 서열 내 2개의 열린 해독틀이 전이효소 유전자를 암호하고 있다. 해독 중 해독틀 이동이 일어나야, 전이효소가 발현되며 삽입 서열이 새로운 위치로 "이동"하게 된다. 만약 해독틀 이동이 일어나지 않으면, *orfA* 유전자 산물만이 발현되며, 이 단백질은 *orfA*와 *orfB*의 프로모터를 억제하여 전이를 조절한다.

한 IS 서열을 가지면, 플라스미드는 자신을 숙주 염색체에 삽입시킬 수 있다. 이것은 다시 F 플라스미드에 의해 염색체 유전자를 이동시키게 하여준다(25장 참조).

삽입 서열은 용이하게 추적할 수 있는 표현형 유전자를 가지고 있지 않다. 이들의 존재는 원래 삽입 서열의 이동으로 눈에 띄는 표현형을 가진 유전자가 비활성화 되면서 발견되었다. 이러한 삽입 돌연변이는 일반적으로 유전자 기능을 완전히 파괴하며 오페론의 아래쪽 유전자 쪽으로 영향을 미치는 방향성을 가진다. 또한, 이들의 수선 빈도는 매우 낮은 편이다.

2.6. 복합 전이인자

복합 전이인자는 하나의 단위로서 이동하는 2개의 역반복 서열을 가진 2개의 독립적 전이인자로 이루어져있다(그림 22.10). 예를 들어, 2개의 동일한 삽입 서열을 양쪽에 두고 있는 DNA를 가정해보자. 전이효소가 역반복성 서열을 인식하고 조각을 이동시킬 때, 여러 가능성이 있다. 우선, 각 삽입 서열이 독립적으로 이동할 수 있다. 둘째, 양쪽 말단의 역반복 서열 사이의 전체가 하나의 단위로 움직일 수 있다. 이것이 복합 전이인자이다.

전이인자는 삽입인자와 그 사이 갇혀진 DNA의 단위로부터 만들어졌을 것이다.

항생제 저항 유전자를 가지고 있거나 다른 유용한 유전자를 가지고 있는 여러 다수의 잘 알려진 박테리아 전이인자가 복합 전이인자다. 가장 잘 알려진 것으로 Tn5(카나마이신 저항성), Tn9(클로람페니콜 저항성), Tn10(테트라사이클린 저항성)이 있다. 일반적으로 Tn5와 Tn10에서 보듯이 전이인자 양 끝의 삽입 서열은 각각이 서로 역방향이다. Tn5와 Tn10의 IS인자는 IS50, IS10으로 명명되었다. IS10은 독립된 여러 사본이 박테리아 염색체에서 발견된 반면, IS50은 발견되지 않았다. 양 말단의 IS1이 직접반복(direct repeat)으로 배열된 Tn9처럼, 2개의 IS 인자가 동일 방향인 경우는 흔치 않다.

유용한 복합 전이인자가 우연히 형성되면, 자연선택으로 이것이 유지된다. 두 역반복 서열의 안쪽 서열을 비활성화시키는 돌연변이가 누적되면서, 삽입 서열이 독립적으로 이동

복합 전이인자(composite transposon) 중앙 유전자 지역을 양 말단에 삽입 서열이 싸고 있는 형태의 전이인자

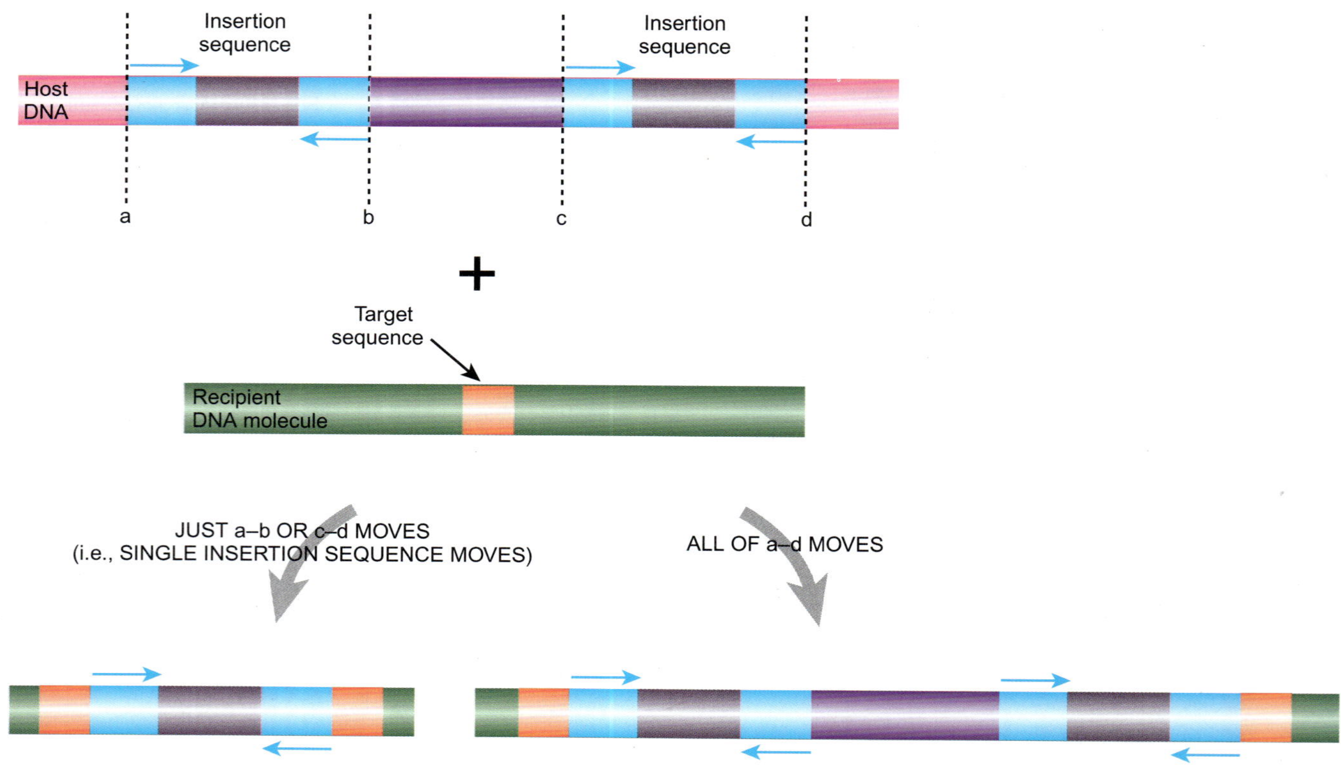

그림 22.10
복합 전이인자의 원리

두 동일한 삽입 서열은 두 독립 전이인자로 또는 하나의 복합 전이인자로 이동이 가능하다. 복합 전이(a–d)로 두 삽입 서열과 중간산물이 새로운 위치로 이동할 수 있다.

하는 것이 차단되고, 종종 두 전이효소 중 하나가 결실된다. 그 결과 양 말단과 중간 부분이 영원히 연합되어 하나의 단위로만 이동하게 된다(그림 22.11). 실제로 박테리아에서 복합 전이인자가 형성되는 각 단계에 있는 전이인자가 모두 발견된다. 실험실에서 유전자 조작으로 새로운 복합 전이인자를 만드는 것도 가능하다.

2.7. 전이는 숙주 DNA를 재배열할 수도 있다

전이인자나 이들의 부분적 이동은 숙주 DNA의 재배열을 일으킬 수 있다.

복합 전이인자가 비정상적으로 이동하거나 또는 이동에 실패했을 때 숙주 DNA의 삽입, 결손, 역위가 생길 수 있다. 위에서 말한 것처럼, 전이효소는 정상적 역반복 서열로 둘러싸인 어떤 DNA 조각도 이동시킬 수 있다. 복합 전이인자는 이러한 말단이 4개가 존재한다. 이들 중 2개는 전이인자의 입장에서 "안쪽 말단"이며, 다른 둘은 "바깥쪽 말단"이다(그림 22.10 참조). 반대 방향의 어떤 쌍을 사용하여도 무방하다. 하나의 삽입 서열의 전이는 하나의 "안쪽 말단"과 하나의 "바깥쪽 말단"을 사용한다. 전체 복합 전이인자의 이동은 2개의 "바깥쪽 말단"을 사용하게 된다.

그러나 두 "안쪽 말단"이 전이에 사용된다고 가정해보자. 전이인자를 제외한 전 바깥쪽 DNA가 이동할 것이다. 복합 전이인자를 가진 작은 고리형 DNA인 플라스미드를 상상하면 쉽게 그려볼 수 있다(그림 22.12). "바깥쪽 말단"으로 전이인자를 움직인다면, "안쪽 말단"으로는 나머지 DNA를 움직이게 된다. ("안쪽 말단"과 "바깥쪽 말단"이 다른 방향을 면하고 있는 것에 주의하라.) 결과적으로 그림에서 보듯이 플라스미드가 염색체에 삽입하

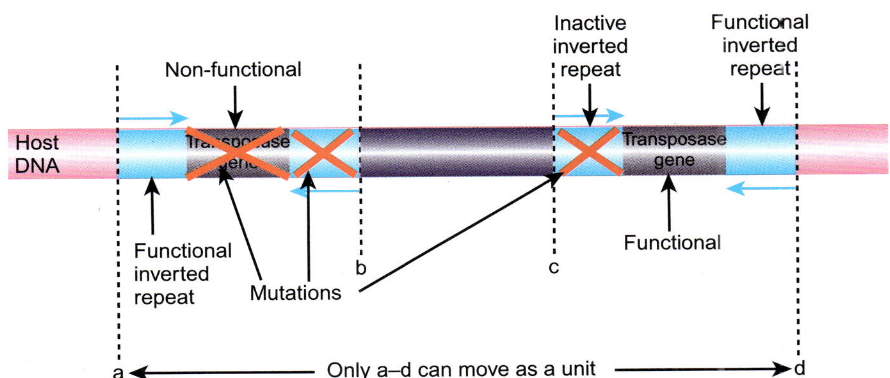

그림 22.11
복합 전이인자의 진화

복합 전이인자는 두 독립 전이효소 유전자나 4개의 역반복 서열을 모두 필요로 하지 않는다. 그 결과 돌연변이가 누적이 되고 전이인자는 하나의 복합 단위로 이동하게 된다. 전이인자 내부에 숙주 세포의 생존에 필요한 유전자는 박테리아 진화에 특히 중요한 역할을 한다.

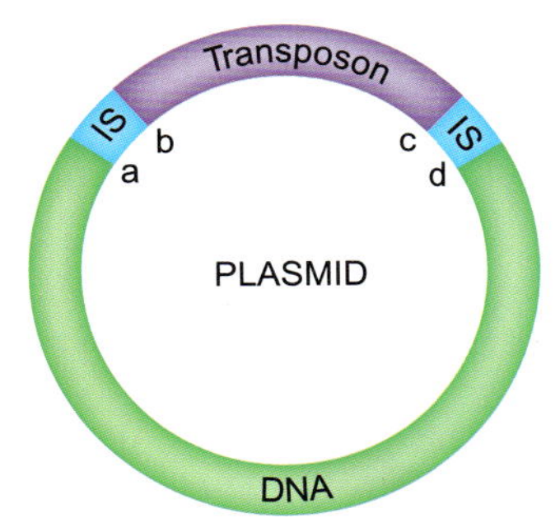

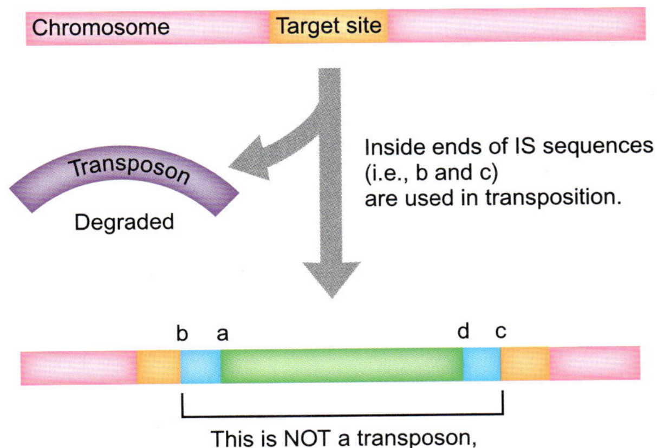

그림 22.12
전이 시 내부 말단 이용으로 생긴 삽입

복합 전이인자가 전이효소에 의해 "내부 말단(b와 c)"을 이용해 이동할 때 플라스미드 DNA가 염색체에 삽입될 수 있다. 역 반복 b와 c는 전이인자의 바깥을 향하고 있다. 그러나 전이효소가 이들을 이용하여 이들 사이 존재하는 대부분의 플라스미드 DNA를 이동시킬 수 있다. 전이효소가 전이인자 내 존재하므로(보라색), 이동한 DNA는 다시는 이동할 수 없다. (즉 진정한 전이인자는 아니다.)

게 된다. 이 과정 중 전이효소가 뒤에 남게 된다면, 이렇게 이동한 조각은 다시는 이동하지 못할 수 있다.

만약 양 "안쪽 말단"이 동일 숙주 DNA의 다른 지점으로 이동하는 데 사용되면 숙주 DNA가 자신에게 삽입하는 결과가 생긴다(그림 22.13). 절단 후 어떤 쪽 말단이 다시 연결되는지에 따라, 숙주 DNA는 결실이나 역위를 겪게된다. 복합 전이인자의 안쪽 조각은 이 과정 중 결실된다. 이 과정은 때로 부전전이(abortive transposition)로 알려져 있다.

2.8. 고등생물에서의 전이

전이인자는 모든 생물에서 발견된다. 여기서 주로 박테리아의 예를 들었지만, 매클린톡

그림 22.13

결손과 역위는 부전전이로 생긴다

전이효소가 "내부 말단(b와 c)"을 잘못 이용 전이인자가 아닌 숙주 DNA를 이동시킨다. 만약 표적 서열(p-q)가 동일 DNA 분자에서 발견되면, 전이효소는 이 자리를 자르고, 이중가닥 절단을 만든다. 말단을 연결하는 방법은 두 가지 방법이 있다. 분자가 분리되고 숙주 DNA에 결손이 일어날 수 있다. 반면 작은 조각이 (p-b) 큰 조각에 연결되면, P가 IS 서열 c-d와 q가 IS 서열의 a-b와 같이, 역위가 일어난다.

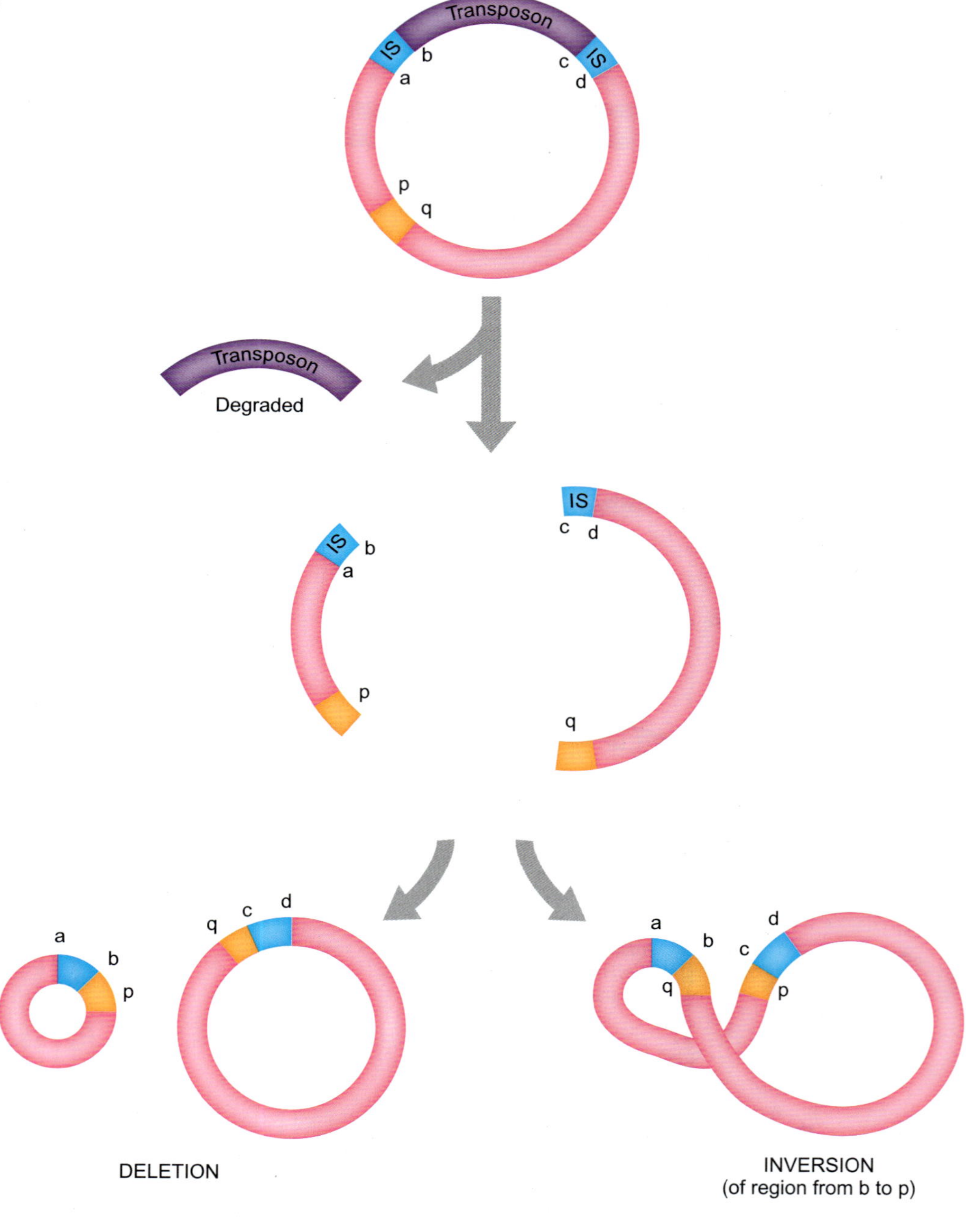

식물은 종종 옥수수의 As/Ds 인자와 같은 단순 전이인자를 가지고 있다.

(Barbara McClintock)은 옥수수 교배 중 처음으로 전이 유전자를 발견하였다. 멕클린톡은 이들을 활성(Activator, Ac) 인자와 분리(Dissociation, Ds) 인자로 명명하였다. 그는 DNA 이중나선이 발견되기 전인 1940년도에 연구를 통하여 식물의 유전물질의 조각이 이동하는 것이 분명하다고 확신했다. 그가 1951년 이를 발표했을 때, 아무도 그를 믿지 않았다. 박테리아의 연구를 통하여 전이의 분자적 기작이 밝혀지면서 1940년대에 멕클린톡의 발견이 옳았음을 확인하게 되었고, 이것으로 그는 1983년 노벨상을 받았다.

옥수수의 Ac/Ds 그룹은 단순하고 보존적이다. 이들은 이동할 때마다 DNA에 이중가닥 간극을 남긴다. 이들은 11 염기쌍의 말단 역반복 서열을 가지고 있고 8 염기쌍의 표적

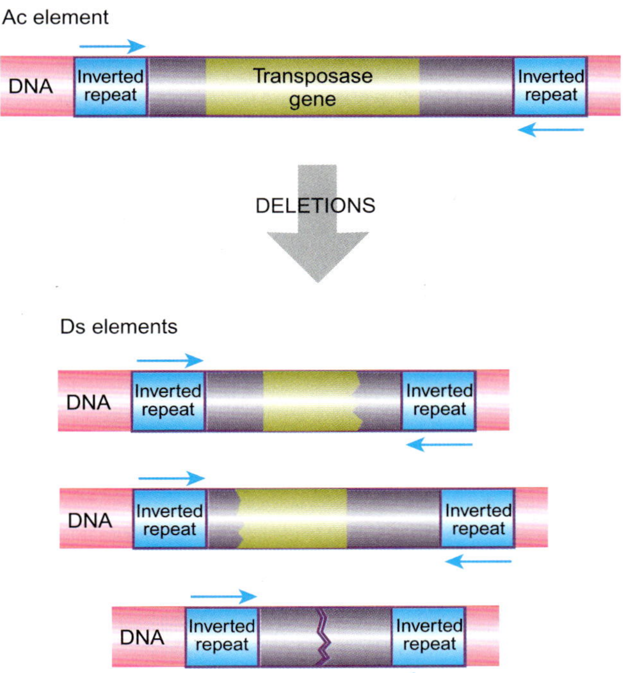

그림 22.14
옥수수의 전이인자 Ac/Ds 그룹

옥수수의 단순한 Ac 인자는 2개의 역반복 서열과 하나의 기능이 있는 전이효소를 가진다. Ds 인자는 Ac에서 유래하였지만, 전이효소 유전자가 완전히 또는 부분적으로 결손되었다.

서열에 삽입한다. **Ac 인자**는 4,500 염기쌍을 가지고 있으며 스스로 움직일 수 있는 완전한 기능을 가진 전이인자이다. **Ds 인자**는 크기가 다양하며 불완전하다. 이들은 Ac 인자의 전이효소 유전자 전체 또는 일부가 결실되면서 생겨난 것으로 스스로 이동이 불가능하다. 세포가 Ac 인자를 가지고 있으면, Ac가 만들어내는 전이효소로 인하여 Ds 인자가 움직일 수 있다. 이동성을 가지기 위해서는 Ds 인자는 반드시 역반복 서열을 가지고 있어야 한다. 그렇지 않으면 Ac 전이효소가 인식하지 못하기 때문이다(그림 22.14). 전이가 일어나기 위해 Ac와 Ds 인자가 동일 염색체에 있을 필요는 없다.

멕클린톡은 옥수수 알갱이 색의 발현을 추적하면서 유전인자의 이동을 확인했다. 옥수수 알갱이 색 패턴을 염색체 구조와 비교하였다. 만약 Ds 인자가 옥수수 알갱이의 자주색 유전자에 삽입하면, 유전자가 파괴되고 알갱이는 흰색이 된다. 만일 Ac 인자가 없다면, 옥수수 알갱이는 항상 흰색으로 지속적으로 유전될 것이다. 만약 Ac 인자가 일부 옥수수 세포에 존재하면 이들이 Ds 인자를 이동시키고, 원래의 자주색으로 돌아갈 것이다. 그리고 이들의 딸 세포 역시 자주색일 것이다. 그리하여 옥수수가 성장하면서 자주색 반점이 생긴다. 만약 옥수수가 생기는 초기에 전이가 일어나면 반점은 커지고, 거의 성숙한 때 전이가 일어나면 자주색 반점은 매우 작을 것이다. 점박이 옥수수는 이렇게 만들어진다(그림 22.15).

동물과 식물은 종종 활성이 있는 전이인자와 없는 전이인자를 모두 가진 전이인자 그룹을 가지고 있다. 이들은 길이가 매우 다양하다. 전이효소가 없어서 이동에 도움이 필요한 결함이 있는 인자도 있지만, 완전히 비활성인 전이인자도 있다. 이들은 말단 반복서열에 돌연변이로 전이효소가 전혀 인식하지 못하여 이동이 불가능하다. 식물은 특히 다수의 작은 역반복 전이인자(MITE, miniature inverted repeat transposable element)를 가진

Ac 인자(AC element) 옥수수에서 발견되는 전이인자의 온전하고 활성이 있는 야형 사본
Ds 인자(Ds element) 옥수수에서 발견된 결함이 있는 전이인자 사본; 이동에 전이효소를 제공하는 Ac 인자가 필요

그림 22.15

***Ds* 인자의 이동으로 얼룩덜룩한 옥수수가 만들어진다**

A) 보라색 유전자는 보라색 옥수수 알갱이를 만든다. B) 보라색 유전자가 Ds 인자로 파괴되면, 옥수수 알갱이가 흰색이 된다. C) 동일 세포에 Ds 와 Ac 인자가 동시에 존재하면, Ac 인자의 전이효소가 Ds 인자를 보라색 유전자에서 이동시키므로 세포는 원래의 보라색을 되찾는다. 세포가 분열함에 따라, 보라색 유전자는 딸세포로 유전되고, 흰색 옥수수 속에 보라색 알갱이 집단이 생긴다. 여러 세포에 이러한 무작위적 전이가 일어나면, 얼룩덜룩한 옥수수가 생긴다. D) Ac/Ds 전이가 생긴 붉은 자주색의 얼룩덜룩한 옥수수. 전이로 생긴 양상은 덩어리로, 점으로, 불규칙적 선으로 나타날 수 있다.

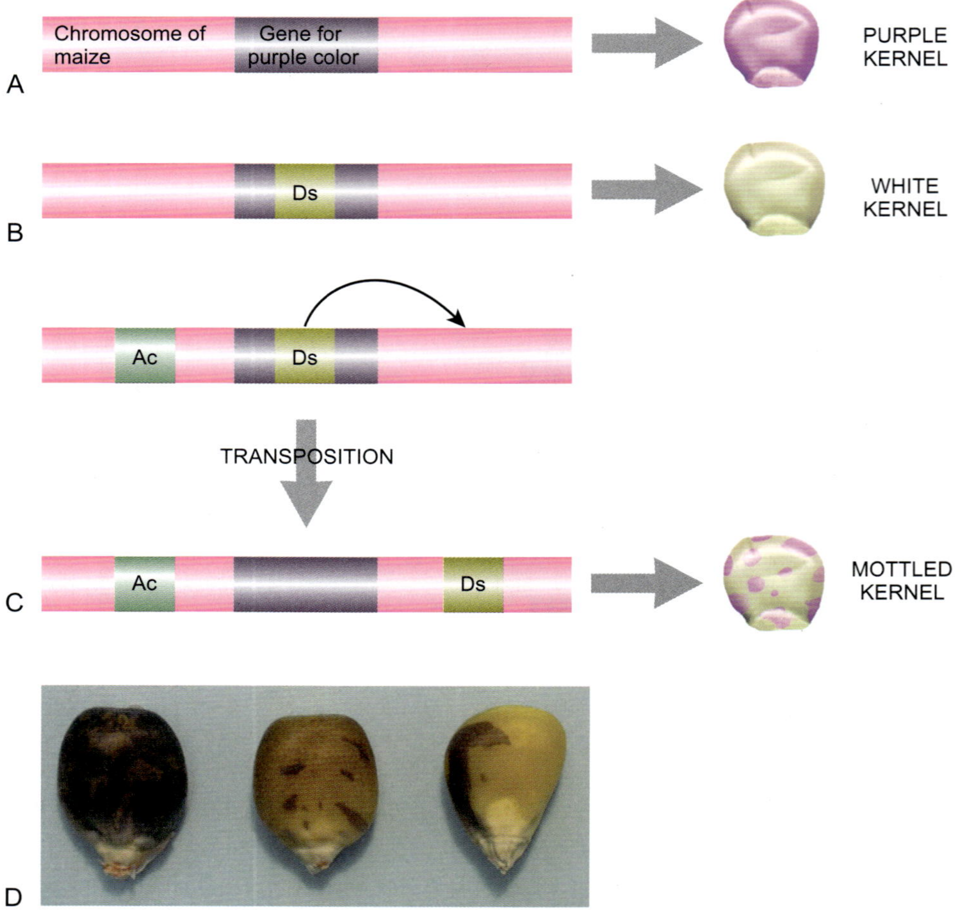

고등생물에서 종종 손상된 전이인자의 사본이 다수 발견된다. 이들의 이동에는 온전한 사본의 도움이 필요하다.

다. 일부의 경우 상응하는 활성 전이인자가 밝혀졌지만, 일부의 경우 활성 전이인자가 발견되지 않았으며 더 이상 존재하지 않을 수도 있다. 전체적으로 전이인자는 고등식물 유전체 DNA의 대부분을 차지하고 있으며 식물의 진화에 주된 영향을 준 것으로 보인다(관련 연구에 대한 초점 참조).

전이인자는 이들이 가진 전이효소의 진화적 연관성으로 여러 그룹으로 분류된다. 옥수수의 Ac/Ds 인자는 *hAT* 그룹으로 분류된다. (이 명칭은 이들의 초기 인자들인 초파리의 hobo, 식물의 Ac와 Tam3의 첫 자에서 유래하였다.) *hAT* 전이인자 그룹에 속한 구성원은 식물, 곰팡이, 동물 그리고 사람과 같은 대부분의 진핵생물에서 발견된다.

관련 연구에 대한 초점

Tenaillon MI, Hollister JD, and Gaut BS (2010) A triptych of the evolution of plant transposable elements. Trends Plant Sci 15: 471–478.

고등 식물 유전체의 대부분은 전이인자에서 유래하였다. 많은 다양한 DNA 전이인자와 레트로인자가 발견되었다. 일부는 자세히 연구가 되었지만, 상당수는 여전히 잘 알려지지 않았다. 이 논문은 이러한 전이인자가 식물의 진화에 어떤 영향을 주었는지를 다루고 있다. 전이로 많은 수의 전이인자 사본이 생긴다. 그러나 숙주 세포는 다양한 방법으로 전이인자의 증식을 막으려고 한다. 더구나 상당한 길이의 유전체 DNA가 재조합 등으로 결실될 수 있고 상당수의 전이인자가 제거될 수 있다. 마지막으로 집단유전학으로 숙주와 전이인자의 존속에 영향을 미치게 된다.

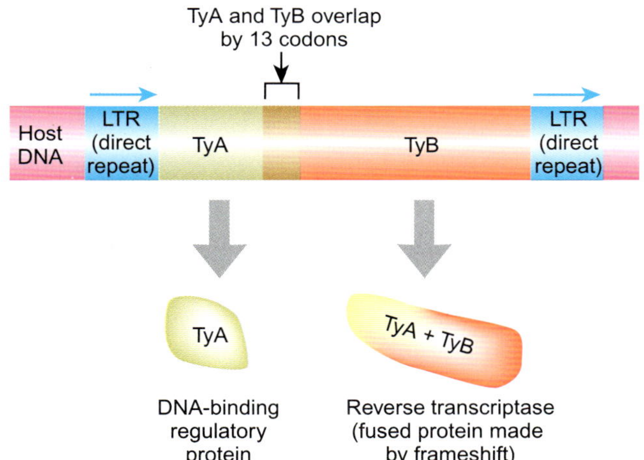

그림 22.16
Ty-1 레트로전이인자의 구조

Ty-1은 2개의 직렬 반복(LTR)으로 둘러싸여있고 역전사효소와 DNA에 결합하는 조절 단백질 유전자를 가진다. 만약 해독 중 해독틀 이동이 일어나야 역전사효소가 만들어진다. 만약 해독 중 해독틀 이동이 일어나지 않으면, 짧은 유전자 산물이 만들어지고, 이는 DNA에 결합하는 조절 단백질로 작용한다.

고등생물에서 가장 널리 분포된 전이인자는 Tc1/마리너(Tc1/mariner) 그룹이다. **Tc1**은 선형동물이 *Caenorhabditis*에서 발견되었고, **마리너**는 *Drosophila*에서 발견되었다. 이 그룹의 구성원은 곰팡이, 식물, (사람을 포함한) 동물, 그리고 원생생물에서 발견되었다. 이들은 길이가 약 1,300–2,500 염기쌍으로 하나의 전이효소 유전자 양 끝에 역반복 말단을 가지고 있다. 이들은 보존적 자르고-붙이는 기작으로 이동하며, 이들이 남긴 절단은 진핵생물의 이중가닥 절단 수선 체계에 의해 수선된다(23장 참조).

마리너 그룹은 진핵생물에 널리 발견되는 보존적 전이인자이다

3. 레트로인자는 RNA 사본을 만든다

이제까지는 DNA 형태로 이동하는 전이인자를 다루었다. 그러나 RNA 중간산물 상태에서 이동하는 다양한 전이인자들이 존재한다. 이들은 숙주 세포에 자신의 DNA를 삽입하는 레트로바이러스(21장 참조)에서부터 유사 전이인자까지 다양하다. 이들은 모두 RNA 전사물을 DNA로 변환시키는 **역전사효소**를 사용하므로 **레트로인자**로 분류된다. DNA 기반 전이인자와 마찬가지로 레트로인자가 숙주 DNA에 삽입될 때도 표적 서열이 중복된다. DNA 기반 전이인자는 박테리아에서 주로 많고, 레트로인자는 고등생물에서 더 흔하다.

일부 전이인자는 RNA 중간산물을 가지므로 역전사효소가 필요하다.

레트로트랜스포존 또는 간단히 **레트로포존**은 이동에 역전사효소가 필요한 전이인자다. 이들은 진핵생물에서 더 많이 발견되며 특히 동물과 고등식물에서 많이 발견된다. 효모의 **Ty1**(transposon of yeast 1) 레트로전이인자는 약 6,000 염기쌍으로 역전사효소 유전자를 가지고 있고, 레트로바이러스의 **긴 말단 반복(LTR)**에 해당하는 334 염기쌍의 직접 반복을 양 말단에 가지고 있다(그림 22.16).

이동시 첫 단계는 외가닥 RNA 사본을 만드는 것이다(그림 22.17). 숙주의 RNA 중합효소 II가 Ty1의 왼쪽 LTR에서부터 전사를 시작한다. 그리고 역전사효소가 이중가닥 DNA 사본을 만든다. 첫째, 외가닥 DNA를 만들면 RNA/DNA 잡종이 생긴다. 둘째, RNA를 DNA로 치환하면서 이중가닥 DNA가 만들어진다. 마지막으르, DNA는 숙주 세

긴 말단 반복(LTR, long terminal repeat) 레트로바이러스나 일부 레트로인자의 말단에 존재하는 수백 염기쌍의 긴 직열반복
마리너인자(Mariner element) 초파리에서 처음 발견된 널리 알려진 그룹으로 보존적 DNA 전이인자
레트로인자(retro-element) RNA 유전체를 DNA 사본으로 만드는 역전사효소를 사용하는 유전인자
역전사효소(reverse transcriptase) RNA 주형에서 DNA 사본을 합성하는 효소
레트로트랜스포존(retrotransposon) RNA 유전체를 DNA 사본으로 만드는 역전사효소를 사용하는 전이인자
레트로포존(retroposon) 레트로트렌스포존의 줄임말
Tc1 인자(Transposon *Caenorhabditis* 1) 선충류인 *Caenorhabditis*에서 발견되는 마리너 그룹의 한 전이인자
Ty1 인자(Transposon yeast 1) RNA 중간산물을 통해 이동하는 레트로트렌스포존

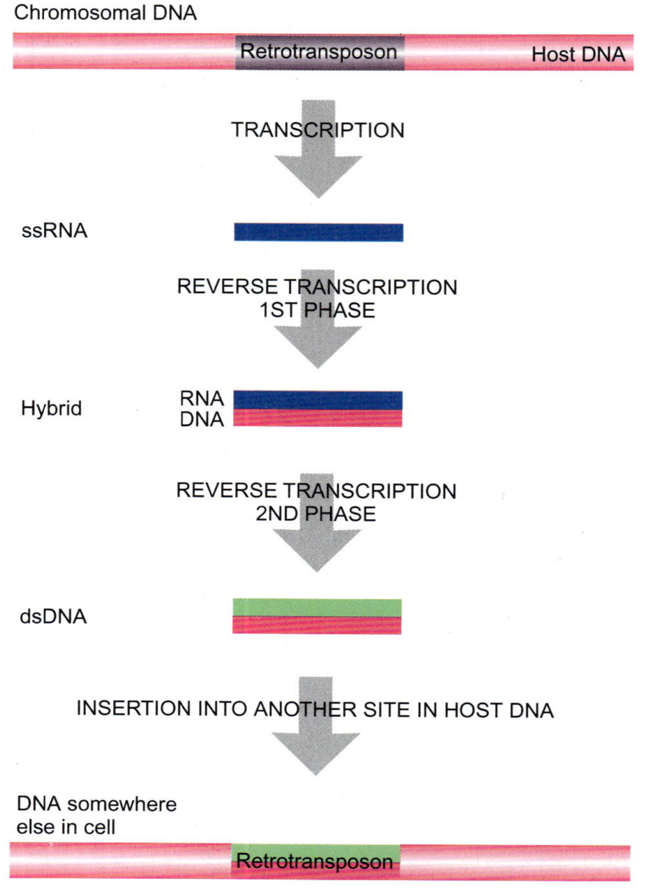

그림 22.17
***Ty-1* 전이인자의 이동**

Ty-1 인자는 숙주 세포의 전사를 사용 외가닥 RNA를 만든다. 역전사효소는 RNA를 주형으로 DNA를 만들고, RNA/DNA 잡종은 다시 이중 가닥 DNA로 변환된다. dsDNA 형태의 레트로트랜스포존은 숙주 세포 내 새로운 표적에 삽입된다.

포 DNA 내에 새로운 위치로 삽입된다. 하나의 효모 세포에 30-40개의 Ty1이 존재한다.

레트로포존은 하나 또는 2개의 유전자만을 가지며 바이러스 입자를 만들거나 다른 세포를 감염할 수 없다. 그러나, 레트로포존과 레트로바이러스의 중간 형태인 레트로인자가 존재한다. 일부 레트로인자는 자신의 RNA를 결함이 있는 바이러스와 유사한 입자에 포장한다. 그러나, 이러한 입자는 만들어진 세포로부터 방출되지 않으므로, 다른 세포에 감염할 수도 없다. 이러한 인자들은 때로 내재적 레트로바이러스라고 불린다. 결함이 있는 형태의

상자 22.1 레트로포존 삽입에 의한 인간 유전자 결함

고등생물의 유전체는 암호화하지 않는 지역이 훨씬 더 많으므로, 대부분의 삽입이 비암호화 부위에 일어나는 것은 놀라운 것이 아니다. 그러나 때로 레트로포존이 유전자를 손상시켜 유전적 결함을 만들어낸다. 사람에서 처음 발견된 것은 후쿠야마형 선천적 퇴행성 근육위축증(FCMD)로 알려진 퇴행성 근육위축증이다. 이것은 다른 지역에서는 드물고 특히 일본에서 많이 발견된다. FCMD는 일본의 가장 흔한 열성 상염색체 질병으로 10,000명 당 약 0.7-1.2명의 빈도로 발견된다. 보인자 빈도는 최고 80명 중 한 명으로 추정된다.

이 병은 레트로포존이 *FCMD* 유전자의 3′ 비번역 부위에 삽입하여 일어난다. 결과적으로 레트로포존을 가진 세포에서는 mRNA가 거의 발견되지 않는다. 레트로포존이 3′ UTR만 건드렸으므로 단백질 번역을 직접적으로 방해하기 보다 mRNA의 안정성을 파괴하는 것으로 보인다. *FCMD* 유전자는 461 아미노산 단백질로 정상적으로 뇌, 근육, 심장에서 발현되며 근육

(계속)

상자 22.1 계속

기능과 관계한다.

유전적 분석에 의하면 *FCMD*에 삽입된 레트로포존은 2,000–2,500년전에 살았던 한 선조에서 유래한 것으로 보인다. 이때는 야요이족이 한국과 중국을 통해 일본으로 이주한 때로 확실치 않으나 이때의 이주민이 결함이 있는 *FCMD* 대립유전자를 일본으로 유입한 것으로 추정된다. (동양인은 두 차례에 걸쳐서 일본으로 이주했다. 첫 파동은 10,000년 이전에 걸쳐 조몬(Jomon)문화의 유목민이며, 두 번째 파동은 약 2,300년전 한반도를 통해 들어온 야요이(Yayoi) 사람들이다. 약 300 AD 무렵, 야요이는 대부분의 일본에 정착했다.)

이들은 레트로바이러스-유사 인자와 마찬가지로 동물세포에서 흔히 발견되며 종종 많은 사본이 존재한다.

일부 레트로인자는 레트로바이러스와 매우 유사하다.

3.1. 포유동물의 반복 DNA

동물과 식물 DNA의 상당한 부분이 반복서열로 이루어져있다(4장 참조). 이들 중 많은 수는 아마도 레트로전이에 의해 만들어졌을 것이다. 포유동물에서 이들은 중간 또는 높은 반복성의 두 종류로 크게 분류된다. 하나는 매우 반복성이 높은 **짧은 산재성 인자(SINE)**이고 다른 하나는 **긴 산재성 인자(LINE)**이다. 이들은 원래 길이로 분류되었으나, SINE은 숙주 DNA에서(아래 참조), 반면 LINE은 레트로트랜스포존에서 유래하였다.

고도로 반복적 서열인 LINE은 레트로와 연관이 있다.

포유동물의 **LINE-1**(또는 L1) **인자**는 효모의 Ty1 인자처럼 이동하는 레트로프존이다. 그러나 이것은 LTR 서열이 없으며 이것의 3′ 말단은 진핵생물의 mRNA에서 보이는 폴리-A 꼬리에서 유래한 AT 염기쌍이 길게 존재한다(그림 22.18). 사람에서 LINE-1은 100,000 사본 이상이 존재하며, 전 DNA의 5% 이상을 차지한다! 대부분의 LINE-1 반복서열은 결함이 있다. 완전한 LINE-1은 6,500 염기쌍으로 역전사효소 유전자를 가진다. 그러나 약 3,000개의 LINE-1만이 완전한 길이를 가지고 있으며 이들 대부분도 점 돌연변이로 인해 활성이 없다.

대부분의 인간 LINE-1 서열은 결손으로 인한 결함이 있다.

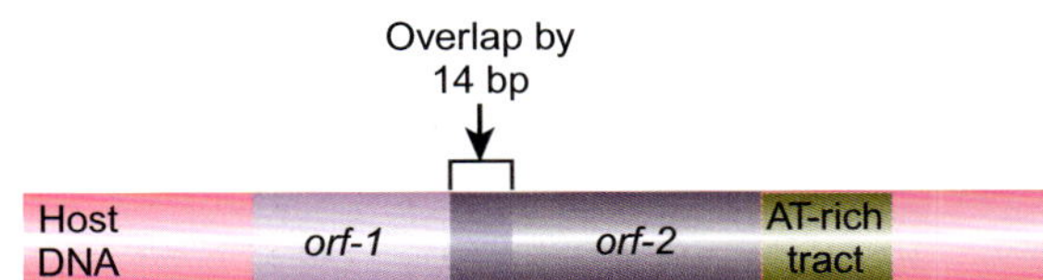

그림 22.18
LINE–1의 구조

LINE-1은 역전사효소 유전자의 열린 해독틀과 AT-고빈도 부위를 가진다. 다른 레트로트랜스포존과는 달리, LINE-1 인자는 양 말단에 역반복 서열이 없다.

LINE-1(L1) 인자 인간과 포유류의 유전체에 다수 존재하는 LINE 중 하나
긴 산재성 인자(LINE, long interspersed element) 중간의 또는 고 반복성 DNA로서 포유류의 상당한 부분을 차지하는 산재하는 긴 반복서열
짧은 산재성 인자(SINE, short interspersed element) 중간의 또는 고 반복성 DNA로서 포유류의 상당한 부분을 차지하는 산재하는 짧은 반복서열

매우 드물지만 LINE-1은 자신의 새로운 사본을 만들어 다른 곳으로 삽입할 수 있다. 혈액 응고인자의 결함으로 생기는 유전병인 혈우병은 LINE-1이 X-염색체 상의 혈액응고인자 VIII 유전자에 삽입하여 생긴 것이다. 이것은 염색체 22번에 있는 완전한 LINE-1에서 유래하였다. 고릴라에서 동일 위치에 여전히 활성이 있는 LINE-1이 있는 것으로 보아, 이것은 수백만 년의 영장류 진화 동안 같은 장소에서 있었던 것으로 보인다.

3.2. 숙주 유래 DNA의 레트로-삽입

위유전자(pseudogene)는 기능이 없는 특정 유전자의 사본이다(4장 참조). 위유전자는 DNA 중복에 의해 만들어졌을 것으로 보이며, 종종 원 유전자의 주변에 위치한다. 이렇게 만들어진 위유전자는 원 유전자의 인트론과 엑손을 모두 가지고 있다.

때로 레트로-인자의 역전사효소가 우연히 숙주의 mRNA에 작용할 수 있다. mRNA는 이어맞추기로 인트론이 제거되었고 역전사효소는 인트론이 없는 **cDNA**를 만든다. 때로

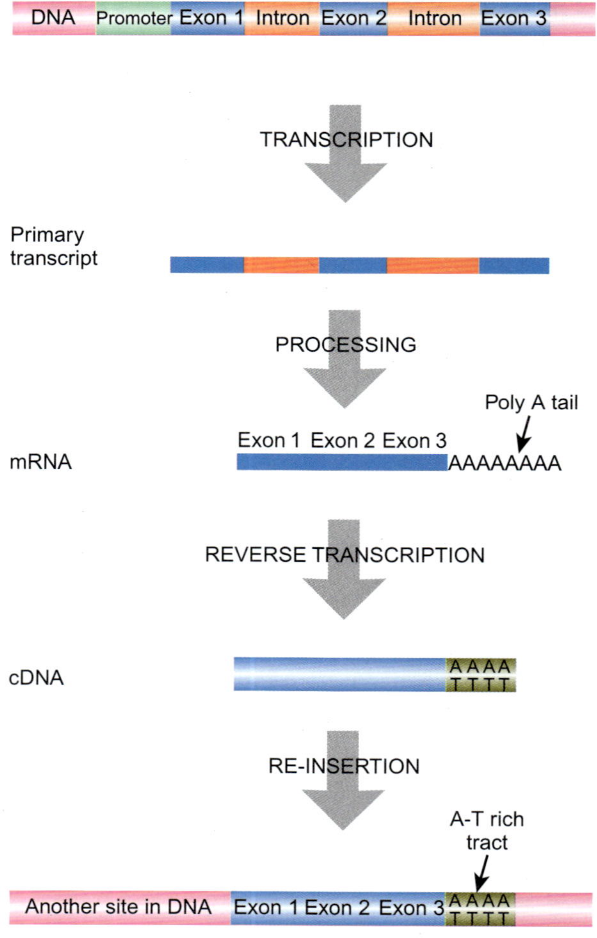

그림 22.19
다듬어진 위유전자

숙주 유전자가 발현되면, 1차 전사체에서 인트론이 제거되고 폴리-A 꼬리가 첨가된다. 때로 역전사효소가 숙주 mRNA를 cDNA 사본으로 변환시키고, 이 cDNA가 숙주 DNA의 다른 부위로 삽입될 수 있다. 이러한 위유전자는 새로운 삽입부위에 프로모터가 없으므로 발현되지 못한다.

cDNA(complementary DNA, 상보적 DNA) mRNA를 역전사효소로 만들어 인트론이 없는 DNA 사본

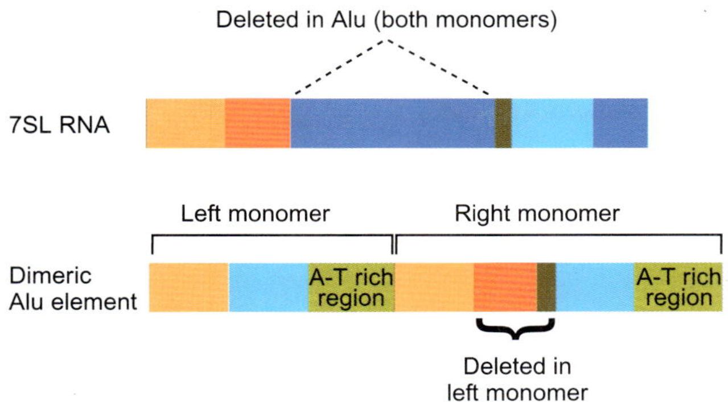

그림 22.20
***Alu* 인자의 기원은 7SL RNA이다.**

7SL RNA는 역전사효소와 재-삽입을 통한 복잡한 과정을 거쳐 Alu 인자가 된다. 7SL RNA의 서열은 위에 있고, Alu 서열은 사실 2개의 융합된 7SL RNA가 여러 결손을 거치면서 생성되었다.

이 cDNA가 숙주 유전체에 재 삽입된다(그림 22.19). 이렇게 만들어진 위유전자는 인트론이 없고 완전히 코딩 서열만 가지므로 **다듬어진 위유전자** 또는 **레트로-위유전자**로 알려져 있다.

일부 위유전자들은 mRNA에 역전사효소가 작용하여 만들어졌다.

SINE은 다듬어진 위유전자의 특수한 종류로 원래 숙주 DNA 서열에서 유래한 것이다. 가장 흔한 SINE은 **7SL RNA** 유전자에서 유래한 **Alu 인자**이다(그림 22.20). 이 비번역 RNA는 막을 가로질러 단백질을 방출하는 기구의 일부이다. 정상적으로 RNA 중합효소 II에 의해(11장 참조) 내부 프로모터로부터 전사된다. 일반적인 위유전자는 프로모터가 없다(우연히 프로모터 옆에 삽입했을 경우 제외). 즉, 이들은 전사될 수 없고 추가 사본도 만들어지지 않는다. 반면, Alu 인자의 각 사본은 내부 프로모터를 가진다. 이 프로모터가 온전한 이상, 각 Alu 인자는 또 다른 전사, 역전사, 재-삽입의 원천이 될 수 있다. 결과적으로 Alu 인자의 수는 버섯처럼 증식하여 인간 유전체에서 현재 수백만 사본이 존재한다. 대부분의 삽입은 무해하지만, 동물은 전이인자의 이동을 조절하는 방법을 개발하였다. 특히 생식 계열 세포에서 실제 유전자에 삽입은 자손에 치명적일 수 있다(관련 연구에 대한 초점).

고도로 반복적 서열인 Alu 인자는 내부 프로모터를 가진 위유전자이다.

관련 연구에 대한 초점

Saito K and Siomi MC (2010) Small RNA-mediated quiescence of transposable elements in animals. Developmental Cell 19: 687–697.

전이인자는 고등 생물 유전체의 주된 DNA다. 대부분의 전이인자는 유전자사이 서열에 위치하지만, 무제한으로 증식되면 심각한 문제를 일으킬 수 있다. 즉 많은 생물들은 전이인자의 복제와 이동을 점검하고 억제하는 특수한 유전적 체계를 가지고 있다. RNA 방해(18장 2.4절 참조)에 관여하는 아그노트(Argonaute, AGO) 그룹 단백질은 이러한 방어기작에 중심적 역할을 담당한다. 생식세포의 piRNA와 체세포의 siRNA 두 종류의 작은 RNA 역시 중요한 구성원이다(18장 2.2절 참조).

대부분의 동물은 다수의 AGO 단백질을 가진다. 일부는 RNA 방해에 특수화되어있고, 일부는 전이인자에 대한 방어에 특수화되어있다. 이들 중 일부는 생식세포에서 특수하게 발현되어 piRNA와 결합하고 전이인자에서 유래한 전사물을 절단하여 전이를 억제한다. piRNA는 대부분 전이인자나 그와 유사한 서열에서 유래하였으며, (siRNA를 만드는) 다이서(Dicer)의 도움없이 생성된다. 체세포 역시 전이인자를 억제하지만, 생식세포보다 심하지는 않다. 이들은 역시 전이인자나 유사 서열에서 유래한 내재적 siRNA를 사용하여 RNA 방해 체계의 AGO 단백질에 결합한다.

Alu 인자(Alu element) 가장 흔히 발견되는 SINE의 한 종류이며 포유류에서의 고반복 DNA이다.
다듬어진 위유전자(processed pseudogene) 역전사효소에 의해 역 전사된 mRNA에 유래되어 인트론이 없는 위유전자
레트로-위유전자(retro-pseudogene) 다듬어진 위유전자의 다른 이름
7SL RNA 진핵생물의 세포 내 단백질 이동에 관여하는 기구의 일부를 구성하는 비번역 RNA

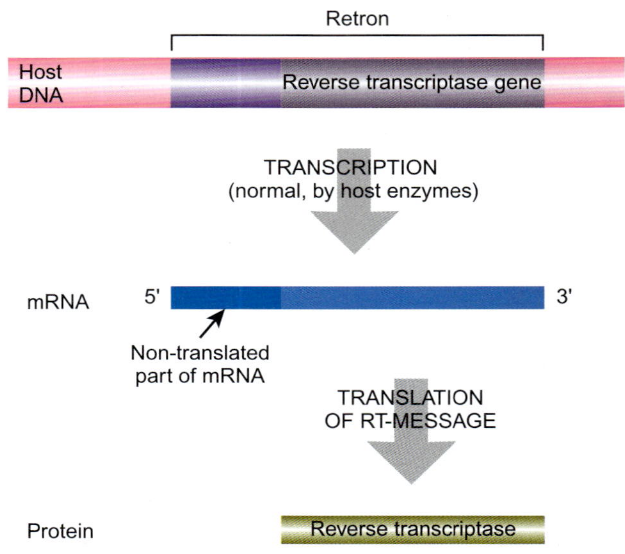

그림 22.21
레트론의 구조와 유전자 산물

레트론은 해독이 되지 않는 긴 비번역 부위와 역전사효소 유전자 하나를 가진다.

3.3. 레트론은 박테리아 역전사효소를 암호화한다

레트론은 박테리아에서 발견되는 레트로인자로 특이한 DNA/RNA 잡종 구조를 만든다.

박테리아에서 발견되는 **레트론**은 고등 세포 레트로포존을 닮았으며 짧고 특이하다. 이들은 상당한 크기의 비번역 부위와 역전사효소 암호부위를 가진 RNA로 전사되는 하나의 유전자만을 가진다(그림 22.21).

역전사효소는 RNA의 비암호화 부분을 주형으로 그리고 프라이머로 사용하여, 일부는 RNA이고 일부 DNA인 특이한 가지를 가진 다수의 분자를 만든다(그림 22.22). 전형적인 레트론의 RNA 부위는 약 100 염기이고 DNA는 50-75 염기이다. DNA는 특수한 G 염기의 2′-OH를 통해 RNA에 연결되어 있다. 일부 레트론에서 외가닥 DNA는 RNA로부터 잘려나오고, 다른 레트론에선 붙어있다. 레트론 DNA는 염색체에 다시 삽입되지 않는 것으로 보인다. 그러나 점균류(myxobacteria) 일부 균주의 염색체는 레트론 DNA와 유사한 반복서열을 가지고 있다.

레트론이 이동할 것으로 추정되지만, 어떻게 이동하는지 알려져있지 않다. 아마도 현재까지 발견된 사본은 결함이 있거나 주된 사본이 발견되지 않은 것으로 보인다. 레트론은 비교적 적은 수의 박테리아에서 발견되었고 박테리아 염색체에서 일반적으로 단 하나의 사본만이 발견된다. 레트론은 종종 박테리아 염색체에 삽입하는 박테리아성 바이러스 DNA에 삽입한다. 바이러스가 어디서 이들을 가져왔는지는 여전히 확실치 않다.

4. 전이인자의 다양성

이동 기작이 다양한 또는 RNA 단계가 있느냐 없느냐에 따라 여러 범주의 전이인자를 살펴보았다. 이들과 자세한 기작에서 차이가 나는 다른 전이인자도 존재한다. 일부 좀 더 크고 좀 더 복잡한 인자는 다양한 조건에서 다수의 기작을 사용하는 능력을 가지고 있다. 일부는 다양한 추가적 유전자를 가지고 전이와 삽입의 특이성을 관장한다. 예를 들어, Tn7은 정상적으로 *E. coli* 염색체의 한 지점에만 삽입한다. 그러나, 특이성 단백질이 비활성인 돌연변이체는 다른 일반적인 전이인자처럼 다소 무작위적인 삽입을 한다.

레트론(retron) 박테리아에서 발견되는 유전인자로 역전사효소를 암호화하고 있고 이를 이용 특이한 RNA/DNA 잡종 분자를 만든다.

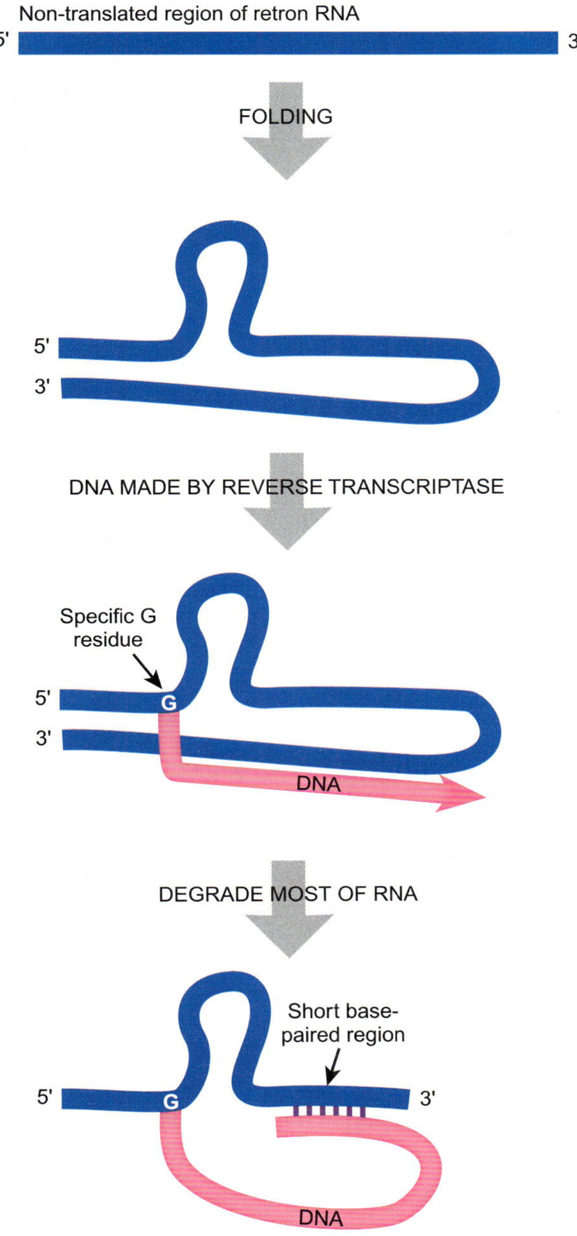

그림 22.22
레트론 RNA와 RNA/DNA 잡종
레트론 RNA는 단지 역전사효소 유전자와 긴 5′ 비해독 부위 만을 가진다. 이것은 머리핀 구조로 접혀져, 5′ 말단이 3′ 말단과 만나게 되며, 역전사효소가 이 머리핀 구조의 전반에 존재하는 특정 구아닌을 인식하면서 DNA 합성이 시작하게 된다. RNA는 부분적으로 분해되어, 특이한 RNA/DNA 잡종 구조를 만든다.

최근 발견되었으며 이동 기작이 완전히 밝혀지지 않은 전이인자로는 **헬리트론**과 **폴린톤**이 있다(둘 다 DNA 전이인자이다). 헬리트론은 때로 "회전환" 전이인자로 알려져 있는데, 말단 역반복 서열이 없고 삽입에 표적 서열 중복도 만들지 않는다. 이들은 전이효소가 없으며 이동에는 회전환 복제 개시자(Rep)와 헬리케이즈(Hel)를 이용한다. 이 두 가지 활성은 하나의 거대한 단백질에 존재한다. Rep 도메인은 플라스미드와 바이러스의 회전환개시 단백질과 상동성이 있다. 헬리트론은 새로운 위치로 이동하면서 유전체의 변형을 촉진한다. 이러한 현상은 헬리트론이 특히 많은 식물에서 특히 눈에 띈다. 헬리트론은 옥수수 유전체의 2%를 차지하며 옥수수의 여러 종들 사이 심한 다양성은 이들의 이동에 의한 것

헬리트론(helitron) 회전환 복제로 이동하는 진핵생물에서 발견되는 전이인자
폴린톤(polinton) 원 사본을 절제한 후 폴린톤이 암호화하고 있는 DNA 중합효소로 복제한 후 폴린톤이 암호화하는 인테그레이즈를 이용, 재 삽입하는 방법으로 하나의 위치에서 다른 위치로 이동하는 자가-합성적 전이인자

으로 보인다.

폴린톤 역시 자가-합성 전이인자로 알려져 있으며, 진핵생물에서 널리 발견되고 있다. 폴린톤은 말단 역반복 서열이 수백 염기에 달하며 표적 자리에 6 염기쌍이 중복된다. 이들은 단백질 프라이머를 사용하는 DNA 중합효소와 레트로바이러스형의 인테그레이즈를 가진다. 폴린톤 전이는 유전체에서 플린톤 DNA가 잘려나오고, 이어 폴린톤이 암호화하는 DNA 중합효소에 의해 이중가닥 DNA 사본이 합성되는 것으로 보인다. 사본은 인테그레이즈에 의해 다시 숙주 유전체로 삽입된다. 폴린톤은 단백질-프라이머를 사용하는 DNA 중합효소와 인테그레이즈를 가지는 것으로 보아 미미바이러스(mimiviruse)를 감염하는 바이로파지(virophage)에서 진화된 것으로 보인다(21장 상자 21.2).

바이러스와 전이인자의 특징이 결합한 잡종인자가 알려져 있다.

전이인자의 특성과 플라스미드나 바이러스와 같은 생명체의 특성을 다 가지고 있는 유전인자도 있다. 예를 들어, **접합 전이인자**는 전이도 하면서 F 플라스미드와 같이 접합을 촉진하기도 하다. 박테리오파지 Mu는 바이러스이면서 전이인자이다. 플라스미드와 바이러스는 20장과 21장에서 다루었으나, 전이인자와 유사한 면은 여기서 다룰 것이다.

4.1. 박테리오파지 Mu는 전이인자이다

전이인자로서 그리고 다른 유전인자로서 특징을 모두 갖는 잡종 유전자 생명체가 있다. 예를 들어, **박테리오파지 Mu**는 바이러스면서 전이인자이다. (이것은 바이러스 자체 DNA에 전이인자를 가진 것을 의미하는 것이 아니라, 유전인자가 바이러스면서 동시에 전이인자로 작동하는 것을 말한다.) Mu DNA가 숙주 박테리아 *E. coli*를 침투한 후, 이것은 숙주 염색체에 전이를 통하여 무작위적으로 삽입한다(그림 22.23). 즉, 전 Mu 유전체가 전이인자이다. 만약 Mu가 숙주 유전자 중간에 삽입하면 유전자는 파괴된다. 초기 연구자들은 이 바이러스가 높은 빈도의 돌연변이를 일으키므로 이것을 "돌연변이자(mutator)" 파지라는 의미에서 Mu라고 명명하였다.

많은 박테리아 바이러스와 같이 Mu는 프로파지로서 잠복하거나 용균 생활사로 갈 수 있다(21장 참조). Mu가 복제하기 시작하면, 조절되지 않은 복제적 전이로 복제하며 바이러스처럼 복제하지 않는다. 결과적으로 다수의 Mu 사본이 숙주 DNA에 삽입되어 다수의 숙주 유전자를 파괴하고 세포를 죽인다. 그러나 자신의 DNA에는 삽입되지 않는다. 이러한 전이 면역(transposition immunity)은 MuB 단백질이 DNA에 차별적으로 결합하는 방식으로 인하여 생긴다(관련 연구에 대한 초점 참조). 다른 바이러스와는 달리, Mu DNA는 절대 염색체에서 분리되어 독립된 분자로 복제하지 않는다. 바이러스 입자로 들어온 DNA 조각은 전체 Mu 유전체와 더불어 양 말단에 작은 숙주 DNA 조각을 지니고 있다. 즉 바이러스 입자 속에서도 Mu는 여전히 숙주 DNA에 삽입되어 있는 것이다! 바이러스 DNA가 새로운 세포를 감염하면, Mu 유전체는 자신과 더불어 가져온 작은 숙주 DNA 조각에서 빠져나와 전이를 하게 된다. 즉 Mu는 진정한 전이인자로서 결코 자유 DNA로 존재하지 않는다.

숙주 염색체에 삽입하는 많은 바이러스들이 있다. 람다와 같은 박테리아 바이러스와 레트로바이러스와 같은 동물 바이러스들이 여기에 속한다(21장 참조). 그러나 이러한 바이러스들이 전이로 복제하지는 않으며 둘러싼 숙주 DNA를 바이러스 입자에 가져오지도 않는다. 즉, 람다와 레트로바이러스는 전이인자가 아니다.

박테리오파지 Mu(bacteriophage Mu) 전이로 복제하고 숙주 유전자에 끼어들어 돌연변이를 일으키는 세균 바이러스
접합 전이인자(conjugative transposon) 하나의 세균에서 다른 세균으로 접합에 의해 자신을 이동시킬 수 있는 전이인자

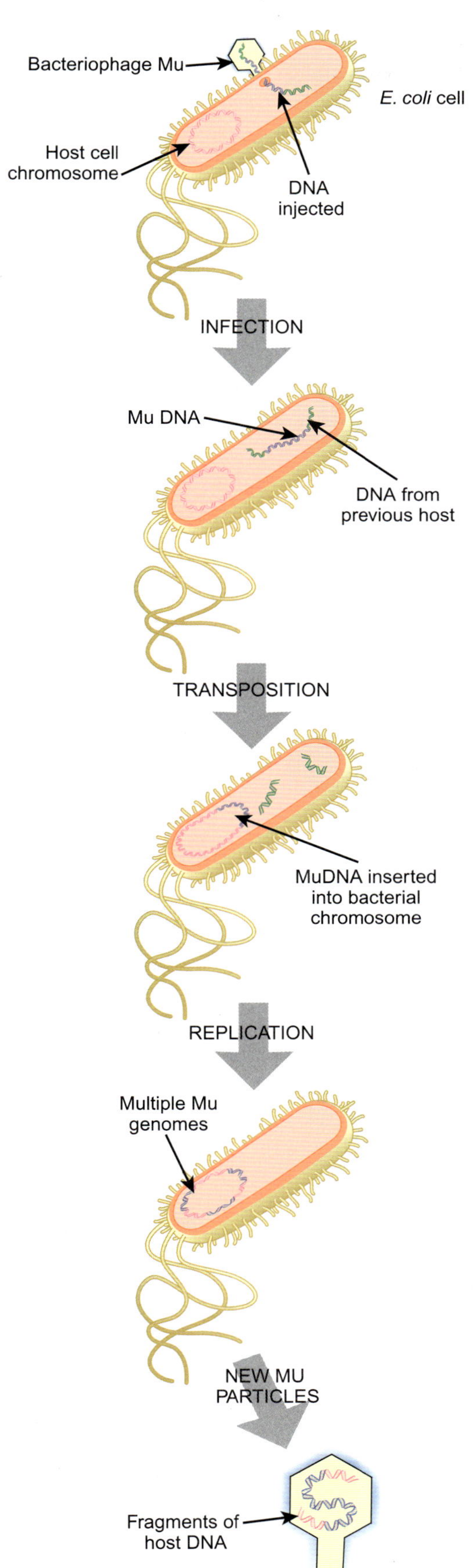

그림 22.23

박테리오파지 Mu는 전이인자이다

박테리오파지 Mu는 *E. coli*에 붙어 DNA를 세포질에 주입한다. 일단 세포 내에 들어가면, Mu DNA는 전이를 통해 숙주 염색체에 삽입한다. 이전 숙주에서 유래한 양 쪽 DNA는 삽입되지 않음을 기억하라. 일단 삽입된 Mu DNA는 수많은 전이를 통해 세포의 기능을 파괴한다. Mu DNA가 바이러스 입자에 포장될 때, Mu 말단에 접하고 있는 약간의 숙주 DNA가 같이 포장되어, 항상 숙주 DNA에 삽입된 상태를 유지한다.

Han YW and Mizuuchi K (2010) Phage Mu transposition immunity: protein pattern formation along DNA by a diffusion-ratchet mechanism. Mol. Cell 39: 48–58.

관련 연구에 대한 초점

많은 전이인자가 전이 면역을 가지고 있는 것이 알려졌다(때로 표적 DNA 면역으로도 알려졌다). 이것은 2개의 연관된 기능을 가지고 있다. 첫째, 이미 존재하는 동일한 전이인자의 사본에든 새로운 사본을 삽입하지 않도록 하는 기능이다. 두 번째는 동일 숙주 DNA에 새로운 동일한 사본을 삽입하지 못하도록 하거나 감소시키는 기능이다. 이러한 기능으로 전이인자 자신을 보호하고, 숙주 세포 손상을 감소시킨다. 둘 다 동일한 기작으로 작동하며 숙주의 방어는 거리 의존적이다. 첫 번째 사본에 가까울수록 두 번째 사본을 삽입할 가능성이 줄어든다. 거대한 유전체는 여러 개의 사본을 가질 수 있으나 각 사본이 멀리 떨어져 있게 된다.

이 논문은 Mu 파지의 전이 면역에 초점을 두고 있다. 이것은 MuA와 MuB 단백질의 상호작용으로 인하여 생긴다. MuB가 결합한 DNA는 삽입 표적이 되며, MuA는 Mu 파지의 말단에 결합하며 더불어 MuB 단백질을 제거하는 기능을 가지고 있다. 즉 Mu DNA 말단에 가까이 있는 DNA에는 MuB가 안정적으로 결합하지 못한다.

4.2. 접합 전이인자

접합 전이인자는 전이능력과 특정 세균에서 다른 세균으로 이동하는 능력을 모두 가지고 있다.

박테리아에서 발견되는 접합 전이인자는 잡종 인자로서 전이할 수도 있고 이동하는 플라스미드와 같이 세포에서 세로로 이동할 수도 한다. Tn916는 최초로 발견된 것으로 테트라사이클린 저항성을 주며 박테리아 *Enterococcus faecalis*에서 발견되었다. Tn916는 접합 전이에 필요한 다수의 유전자를 가지고 있어서 대부분의 전이인자보다 훨씬 더 크다.

Tn916는 자르고-붙이는 방식으로 이동한다. 그러나 이것은 두 가지 점에서 전형적 보존적 전이인자와 다르다. 첫째, Tn916 삽입 시 표적 서열이 중복되지 않는다. 둘째, 이것은 자신을 정확하게 잘라내면서 숙주 DNA를 온전하게 남긴다. 하나의 세포에서 다른 세포로 이동시, Tn916는 자신의 DNA를 일시적으로 빼내고, 다른 세포로 이동한 후, 새로운 숙주에서 DNA로 전이하는 것으로 보인다(그림 22.24). Tn916와 유사한 인자들은 그람-양성과 그람-음성의 다른 다양한 그룹의 박테리아에 감염할 수 있다. 접합 전이인자의 숙주 범위는 매우 넓어서 이들이 어느 정도는 항생제 저항성 유전자를 다양한 그룹의 박테리아에 전파하는 원인으로 추정하고 있다.

4.3. 인테그론은 전이인자에서 유전자를 수집한다

항생제가 광범위하게 사용되면서 다수의 항생제 저항성을 가진 박테리아가 나타나기 시작했다. 항생제 저항성 유전자는 일반적으로 플라스미드에 있으나, 이들은 박테리아 사이 전파될 수 있다. 많은 경우 항생제 저항 유전자는 실제로 플라스미드에 삽입된 전이인자 내에 존재한다.

새로운 항생제 저항 유전자는 종종 그람-음성 박테리아에서 발견되는 Tn21 계통에서 처음 발견된다. 이 그룹은 유전자 획득과 발현 체계로 작동하는 **인테그론**으로 불리는 내부 인자를 가지고 있다. 인테그론은 다양한 유전자 카세트가 삽입될 수 있는 인식 부위, ***attI*** 와 삽입에 필요한 **인테그레이즈**를 가지고 있다. ***attI*** 지점은 인테그레이즈가 인식하는 7 염기쌍 서열로 둘러싸여있다(그림 22.25). 두 프로모터는 인테그레이즈와 ***attI*** 사이 위치하며 각기 반대 방향을 향하고 있다. 하나는 인테그레이즈를 위한 것이고, 다른 것은 유전자 수집 지역을 향하고 있어 삽입된 유전자를 전사한다.

인테그론은 인식 서열로 둘러싸고 있는 DNA 부분을 받아들여 유전자를 수집한다.

삽입에 적절하게 되어있는 유전자 카세트는 자체적으로 프로모터가 없는 구조 유전자

인테크론(integron) 인테그레이즈를 암호화하는 유전자와 삽입 지점을 가지는 유전인자
인테그레이즈(integrase) 하나의 DNA 조각을 다른 DNA 분자의 특수 위치에 삽입시키는 효소

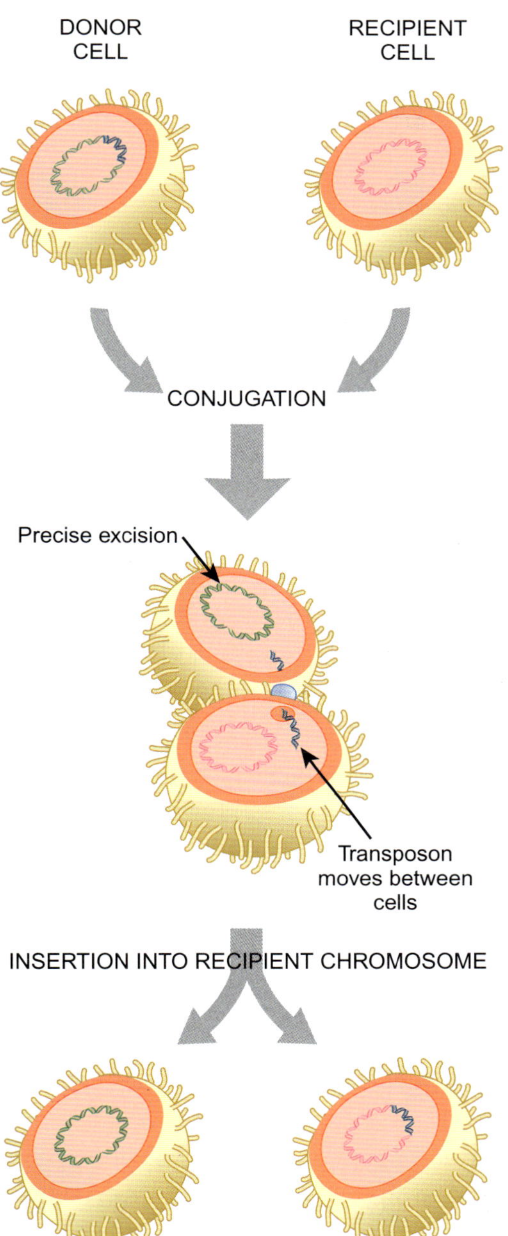

그림 22.24
접합 전이

접합 전이는 공여세포에서 수여 세포로 접합을 통해 이동한다. 전이인자는 공여 DNA를 온전하게 빠져나와 표적 서열의 중복없이 수여 DNA에 삽입된다.

와 인테그레이즈 인식 서열 *attC*로 구성되어 있다. *attC* 지점은 비교적 다양하며 다만 양 끝에 7 염기쌍 서열만 고정되어있다. (*attC* 지점은 초기에 "59 염기인자"로 명명되었는데, 이것이 첫 발견된 예가 59 염기 길이였기 때문이다. 그러나 후에 다양한 길이와 내부 서열을 가진 예들이 발견되었다.) 카세트의 삽입은 카세트의 외가닥이 삽입되는 독특한 위치 특이적 재조합으로 일어난다. 들어오는 카세트의 한 가닥은 접혀서 *attC* 지역은 상보적 염기쌍형성으로 이중가닥이 된다. 삽입 후, 카세트의 두 번째 가닥이 합성된다.

유전자 카세트는 일시적으로 복제나 발현이 불가능한 고리형 자유 분자로 존재할 수도 있고 또는 인테그론의 *attI* 지점에 삽입된 상태로 읽을 수 있다. 유전자 카세트에 있는 유전자의 최초 공급원은 현재 잘 알려져있지 않다. 대부분의 인테그론 카세트가 항생제 저항성 유전자를 가지고 있는 것은 관찰자의 편견일 것이다; 항생제 저항성은 임상병리적으로 매우 중요하여 더 자주 눈에 띌 것이다.

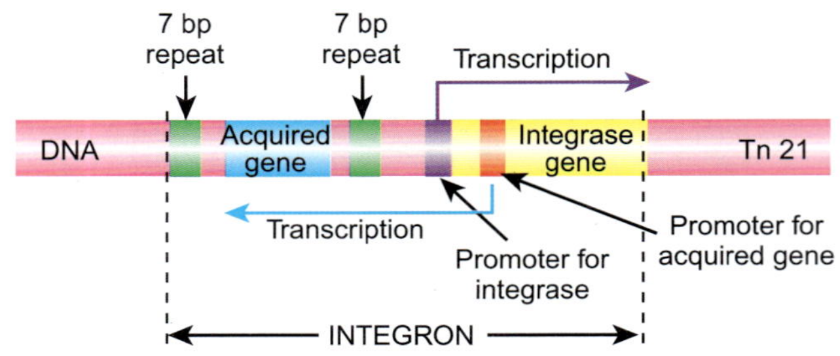

그림 22.25

인테그론은 항생제 저항 유전자를 모은다

인테그론의 구조는 두 지역으로 되어있다. 상위 지역은 인테그레이즈가 인식하는 2개의 7 염기쌍 반복서열을 가지고 있다. 아래쪽은 인테그레이즈 유전자를 가지고 있다. 인테그레이즈의 발현으로 다른 여러 유전자를 포획하게 되는데, 대부분은 눈에 띄게 항생제 저항 유전자이다. 일단 삽입되면, 포획된 유전자가 인테그레이즈의 프로모터를 통해 발현된다.

Tn21 종류 전이인자는 널리 퍼져있고 종종 항생제 저항 유전자를 교환한다. Tn2501은 항생제 저항 유전자가 없으며 '빈' 인테그론을 가지고 있는 것으로 보인다. Tn21 종류는 하나의 인테그론에 각각의 유전자가 7 염기 박스로 둘러싸인 여러 유전자를 가지고 있다. 유사한 인테그론이 다양한 플라스미드와 여러 종류의 전이인자에서 발견되었다.

대부분의 인테그론이 전이인자나 또는 플라스미드에 위치하지만, 일부는 그람음성 박테리아의 염색체에서 발견되었다. 이러한 염색체 인테그론은 수백 개의 유전자를 수집할 수 있어서 수퍼-인테그론으로 불린다. 가장 잘 알려진 경우는 콜레라를 일으키는 *Vibrio cholerae*의 두 번째 염색체에 위치하는 것으로 약 200개의 유전자가 수집되어 있다. 그 대부분은 기능과 기원이 알려져 있지 않다.

4.4. 귀소 인트론

이동성 DNA가 전이인자만으로 구성되어 있는 것은 아니다. **귀소 인트론**은 특이하고 상대적으로 드문 유형의 이동성 DNA이다. 이름이 암시하듯이, 귀소 인트론은 유전자의 엑손 사이에 삽입된 인트론 서열이다. 귀소 인트론은 세포 내 자신이 서식하는 특정 유전자 특별한 장소에 위치한다. 표적 유전자는 귀소 인트론이 있는 것과 없는 것의 두 종류가 있을 수 있다.

귀소 인트론은 숙주 세포 유전자내 특정 지점에만 위치할 수 있는 이동성 DNA 조각이다.

이들의 이동은 매우 제한적이다. 귀소 인트론은 단 하나의 특별한 위치에만 존재하기 때문이다. 이동은 세포가 귀소 인트론이 있는 것과 없는 것의 두 가지 사본이 있을 때 만 일어날 수 있다. 귀소 인트론은 인트론이 없는 사본에 삽입한다. 진핵생물에서, 이 현상은 두 다른 세포가 접합체를 이루는 수정(mating)을 한 후에 일어날 수 있다. 박테리아에서는 다양한 방법으로 DNA가 세포 내 유입될 때 일어날 수 있다(25장 참조).

귀소 인트론은 이들의 이동에 필요한 핵산내부가수분해효소(endonuclease)를 가지고 있다. 핵산내부가수분해효소는 표적 유전자의 인식 서열을 자르고 짧은 엇갈린 말단을 생성한다. 이러한 이중가닥 절단은 유전자 전환 체계를 자극해서(23장 참조), 온전한 사본의 유전자를 복제하여 절단을 수선하는 데 사용한다(그림 22.26). 즉 귀소 인트론은 DNA

귀소 인트론(homing intron) 표적 유전자의 인식 서열 속으로 자신을 삽입시킬 수 있는 단백질을 암호화하는 이동성 인트론

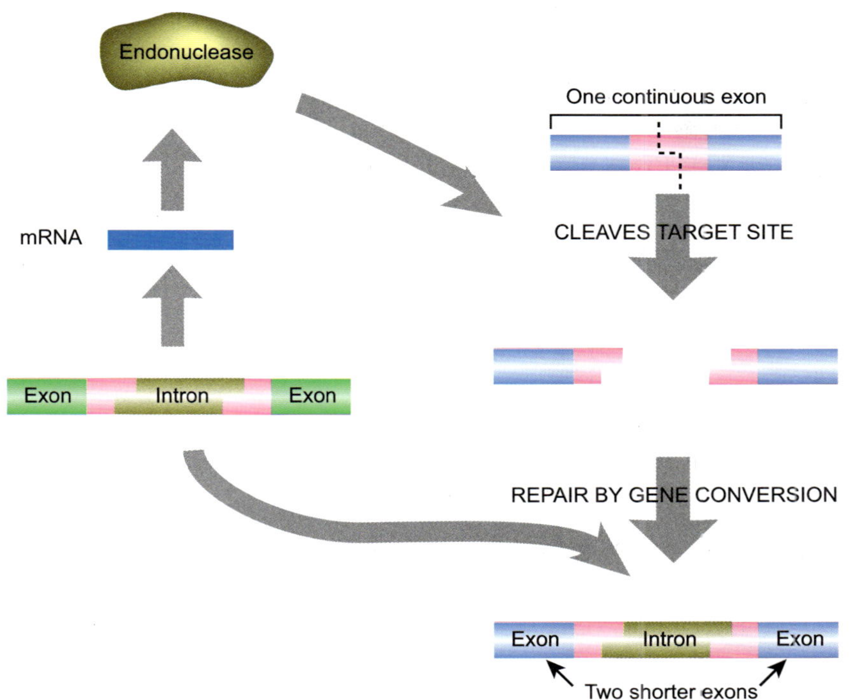

그림 22.26

귀소 인트론은 특정한 위치에 삽입된다

귀소 인트론은 핵산내부가수분해효소 유전자 하나만을 가진다. 이 효소는 귀소 인트론을 가지지 않은 표적 서열의 사본에서만 발견되는 매우 특정한 표적 서열을 자른다. 이러한 경우는 하나의 세포에 2개의 표적 유전자가 존재하며, 둘 중 하나에는 귀소 인트론이 있고 다른 하나에는 없는 경우에만 해당된다. 이중가닥 절단은 숙주 세포가 유전자 전환을 통해 수선을 하도록 유도한다. 그 결과 귀소 인트론이 복제된다.

를 자르는 효소만 암호하고 나머지는 숙주 세포가 수선하도록 남겨두는 것이다. 귀소 인트론의 삽입으로 인식 서열이 갈라진다. 즉 핵산내부가수분해효소는 인트론이 없는 표적 유전자만 자를 수 있다. 귀소 인트론의 인식 서열은 18-20 염기쌍의 길이로써 알려진 핵산가수분해효소의 인식 서열 중 가장 길다. 이것은 인트론이 각 세포 내 유전체의 확실하게 단 한 지점에만 삽입하도록 해준다.

그룹 I 귀소 인트론은 위에서 설명한 것과 같은 단순한 핵산내부가수분해효소를 사용한다. 이들은 다양한 박테리아와 하등 진핵생물에서 발견된다. 그룹 II 귀소 인트론은 좀더 복잡하다. 이들은 박테리아와 하등 진핵생물의 세포소기관에서 발견된다. 그룹 II 귀소 인트론은 RNA 중간산물을 사용하는 레트로인자다. 이들이 암호화하는 단백질은 핵산내부가수분해효소와 역전사효소 활성을 모두 가진다. 앞의 경우와 마찬가지로, 핵산내부가수분해효소는 인식 서열의 중간에 이중가닥 절단을 만든다. 그 후, 역전사효소가 절단된 지점에 들어갈 인트론의 DNA 사본을 만든다. 이 때의 주형은 인트론을 가지고 있는 유전자의 1차 전사물이다(그림 22.27). 핵산내부가수분해효소의 절단으로 만들어진 자유 3′-OH는 DNA 합성을 위한 프라이머로 사용된다. 즉 DNA 사본은 이미 이중가닥 절단 지점에 부착이 된 상태로 만들어지는 것이다.

상자 22.2 쓰레기 철학 – 저자들의 외침:

진핵생물 유전체의 상황은 현대 사회를 생각하게 한다. 인간 유전체 DNA는 대부분이 반복적이고 또는 비암호화 DNA로 이루어진 쓰레기며 암호화 DNA 부분은 수적으로 훨씬 열세이다. 나의 일반우편은 쓰레기 우편으로, 이메일은 스팸메일로, 가득 차 있다. 이기적 DNA와 같이 나의 메일은 선전 도구가 되고 있다. 미디어로 뒤틀려진 도시의 이야기에 정치인의 선전과 새로운 광신적 믿음과 대체 의학을 더해보라. 세포 유전체든 사람의 사회든 모든 복잡한 체계에서 대부분의 정보가 가치 없고 거짓이며 기생적인 상황을 피하기는 어려운 모양이다.

그림 22.27

귀소 인트론은 RNA 중간산물을 통해 삽입된다

그룹 II 귀소 인트론은 유전자 전환이 아닌 역전사효소를 통해 삽입한다. 이 귀소 인트론은 역전사효소와 핵산내부가수분해효소 활성을 모두 가진다. 핵산내부가수분해효소가 특수한 표적 서열을 자르면, 역전사효소가 절단된 이중가닥의 3′-OH 부분을 프라이머로 사용하고 mRNA의 인트론을 주형으로 사용하여 인트론의 DNA 사본을 만든다. 그림에서 이 두 기능이 분명히 분리되어 있어 보이지만, 실제로 인트론의 dsDNA 사본은 만들어지는 동안 이중가닥 절단 지점에 부착되어있다.

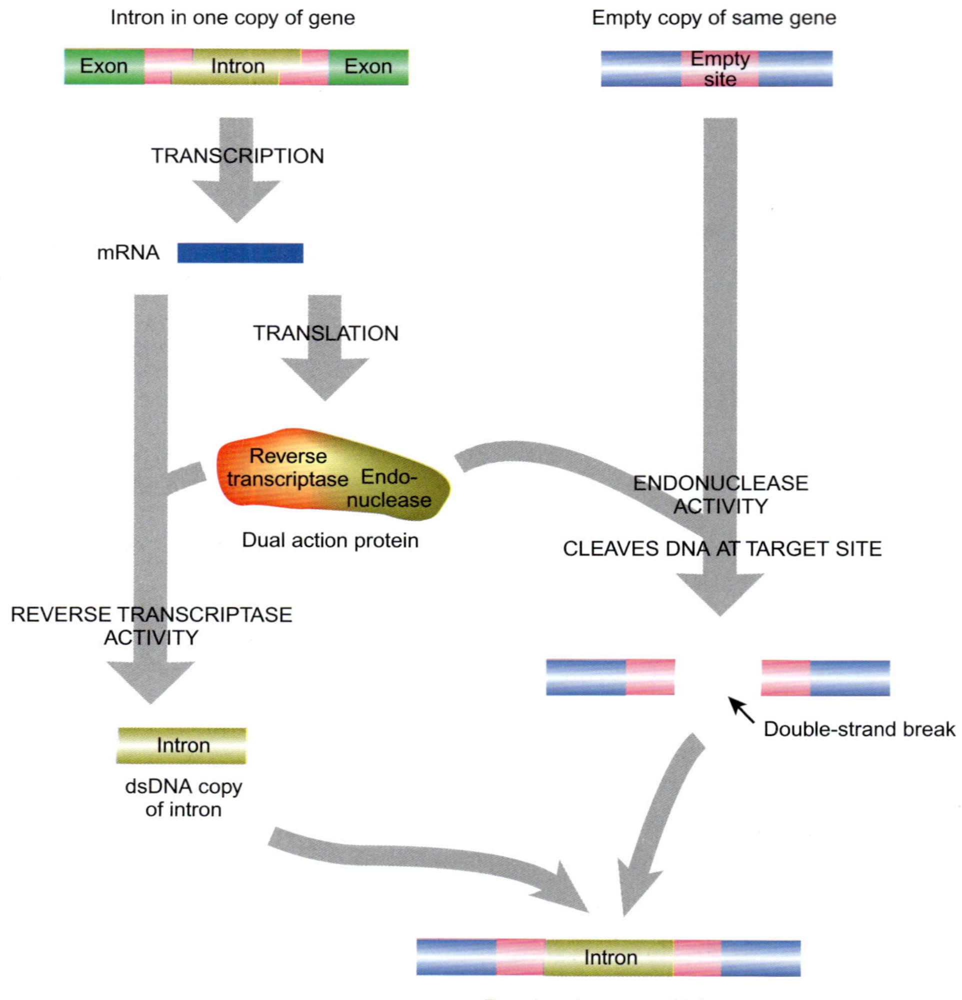

5. 쓰레기 DNA와 이기적 DNA

다른 생물체의 염색체에 단순히 "거주"하면서 아무런 유용한 기능도 수행하지 않는 DNA 서열은 퇴화된 형태의 유전적 기생체로 생각할 수 있다. 이들이 다른 DNA 분자의 구성원으로 항상 발견되는 것으로 보아, 준세포적 기생체일 뿐 아니라 준분자적 기생체이다. 여기에는 위에서 다룬 DNA 인자와 레트로 인자 같은 다양한 전이인자가 포함된다.

이러한 일반적 유형의 DNA를 "**이기적 DNA**"로 명명한 것은 이들이 숙주의 DNA가 아니라 자신의 이익을 위해 행동하기 때문이다. 만약 숙주 DNA가 분해된다면, 기생체도 함께 죽는다. 즉 이기적 DNA의 전파는 숙주 DNA를 파괴하거나 숙주 유전자를 지나치게 비활성화 시키지 않는 범위 내에서 일어난다. 이 점만 제외한다면, 이기적 DNA는 숙주 DNA 분자 속에서 바이러스가 세포에서 복제하듯 박테리아가 환자 속에서 증식하듯이 증식한다. 숙주 세포는 이러한 기생생물을 왜 제거하지 않을까? 박테리아나 효모 같은 작고 효율적이며 빠르게 성장하는 세포에서는 이기적 DNA가 매우 적다. 기타 DNA가 많아지면 세포분열이 느려지고 경쟁에서 제거되는지 모른다. 거대하고 천천히 성장하는 세포에서 기생생물은 숙주에 비해 빠르게 증식하고 그 수를 늘리는 것 같다.

쓰레기 DNA는 대부분 퇴화된 이동성 이기적 유전자에서 유래되었다.

대부분의 이기적 DNA는 아마도 오래 전 염색체에 삽입되었던 바이러스나 전이인자

이기적 DNA(selfish DNA) 서식하고 있는 숙주 세포에 전혀 도움이 되지 않는 복제하는 DNA 조각

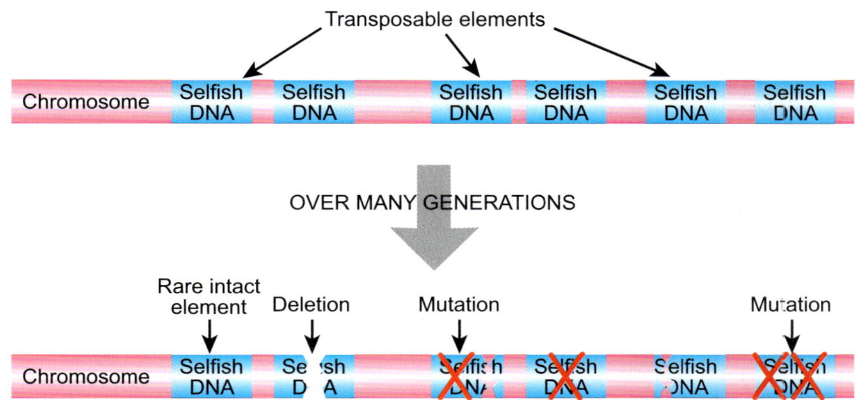

그림 22.28
쓰레기 DNA는 결함을 가진 이기적 DNA다.

전이인자는 종종 이기적 DNA로 불린다. 이들은 숙주 유전체에 기생적 DNA 서열이다. 시간이 지나면서, 대다수의 이기적 DNA는 돌연변이와 결손 등으로 불활성화 되고 쓰레기 DNA로 잔재만 남게 된다.

의 잔재일 것이다. 오랜 시간을 통해 이러한 사본들은 점 돌연변이나 결실로 변화되고, 마침내 대부분의 사본은 바이러스 입자를 형성하거나 이동하는 능력을 상실한다. 이들은 단순한 "**쓰레기 DNA**"로 퇴화한다(그림 22.28). 진핵세포의 유전체는 일반적으로 많은 양의 쓰레기 DNA를 가지고 있다. 실제로 대부분의 포유동물 DNA는 이런 저런 비암호화 서열로 이루어져 있다.

핵심 개념

- 준세포적 유전 인자는 환경으로써 세포에 사는 유전자 생물로서의 간주할 수 있다.
- 이동성 DNA는 하나의 뚜렷한 단위의 이중가닥 DNA 조각으로 다른 DNA 분자 내 이곳 저곳으로 이동하는 DNA 조각을 의미한다.
- 전이인자(transposable element 또는 transposon)는 가장 일반적인 이동성 DNA이다. 항상 다른 DNA 분자에 삽입되어 발견된다.
- DNA 전이인자는 양 말단에 역반복 서열을 가지며 이동에 필요한 전이효소 유전자를 가진다.
- 보존적 전이인자는 숙주 DNA에 손상을 입히게 되는 자르고 붙이는 전이 기작으로 이동한다.
- 복합 전이인자는 복제적 전이 방법으로 이동하며 추가적으로 위치특이성 재조합촉진효소가 필요하다.
- 전이인자의 전이로 인해 흔히 숙주 DNA에 결손, 역위와 같은 재배열이 일어난다.
- 전이인자는 모든 생물에서 발견된다. 고등생물에서는 흔히 많은 수가 존재하며, 그 중 상당 수가 망가져 온전치 못하다.
- 레트로포존을 포함한 레트로전이인자는 역전사효소가 사용되어 그 유전체에서 RNA 복사본을 만들어 이동된다.
- 동물과 식물의 상당한 부분의 반복서열 DNA은 레트로전이인자에서 기인하며 숙주 겸기 서열의 레트로전이에 의해 만들어졌다 .
- 레트론은 박테리아에서 발견되는 레트로인자로써 특이한 DNA/RNA 잡종구조를 만든다.
- 박테리오파지 Mu와 같은 유전인자는 바이러스와 전이인자의 특징이 결합한 잡종인자이다.

쓰레기 DNA(junk DNA) 숙주에 유익하지 않으며 이동하거나 유전자를 발현하지도 않는 결함이 있는 이기적 DNA

- 접합 전이인자(conjugative transposon)는 전이인자와 전이성 플라스미드의 특징이 모두 보인다.
- 인테크론(integron)은 삽입에 필요한 인식 서열과 인테그레이즈를 가지며 이동성 유전자 카세트를 누적한다.
- 귀소 인트론은 특정 유전자의 두 엑손 사이에 삽입되는 이동성 DNA 조각이다.
- 쓰레기 DNA는 이동성 DNA의 퇴화로 인해 축적된 기능이 없는 DNA이다.

복습 문제

1. "이동성 DNA"는 어디에 삽입될 수 있나?
2. 자체 복제 유전체의 예는? 전이인자는 왜 복제단위로 치지 않는가?
3. 전이인자가 살아남기 위해서는 어디에 삽입되어야하는가?
4. 전이인자의 주요 두 가지 분류군는? 이 두 분류군의 주된 차이점은?
5. DNA 기반하는 전이의 두 가지 주요 기작은 무엇인가?
6. 전이인자의 두 가지의 필수적 특징은 무엇인가?
7. 전이효소 유전자 외에 전이인자에 있는 다른 주요 유전자는 무엇인가?
8. 삽입 서열을 간단히 그려라. *orfA*는 무엇을 암호화 하는가?
9. 삽입 서열에서 발현되는 전이효소의 합성이 조절되는 데 있어 틀이동의 중요성은 무엇인가?
10. 보존적 또는 "자르고-붙이는" 전이에서 필요한 3개의 인자는?
11. 보존적 전이과정에서 원래 DNA 분자에서 생기는 해로운 영향은 무엇인가?
12. 복제적 전이와 보존적 전이를 비교하고 그 차이점을 설명하라.
13. 복제적 전이인자에서 (보존적 전이와 반해서) 필요한 추가적 효소는? 이 효소가 인식하는 DNA 서열은 무엇이라 부르는가?
14. 복제단위와 복합적 전이인자의 차이는?
15. 어떤 전이과정에서 공동삽입체가 형성되는가?
16. 복합 전이인자가 가지고 있는 유전자의 예는 무엇인가? 잘 알려진 예를 세 가지 들라.
17. 복합 전이인자에는 몇 개의 말단 반복서열을 가지고 있나?
18. "안쪽 말단"을 사용하여 복합 전이인자가 이동하는 과정을 보통 무엇이라 부르는가? 이 과정 중에 숙주 DNA에 무슨 일이 일어나는가?
19. 식물의 Ac 인자와 Ds 인자를 비교하라. 왜 Ds 인자는 스스로 이동하지 못하는가? 이들의 이동에 필요한 것은 무엇인가?
20. 고등생물에서 가장 널리 분포된 전이인자는 무엇인가?
21. RNA 전사체를 DNA로 변환시키는 효소는?
22. 레트로전이인자의 반복서열과 DNA 의존적 전이인자의 반복서열의 차이점은 무엇인가?
23. SINE과 LINE의 차이점은?
24. 전이인자 때문에 질병의 원인이 되는 유전적 결함의 예를 두 가지 들라.
25. Alu 인자는 무엇인가? 이는 위유전자와 어떻게 다른가? 왜 사람의 세포에는 수백만 개의 Alu 인자가 있는가?
26. Alu 인자의 기원은?
27. 레트론(retron)이 암호화하는 효소는? 레트론에 의해 어떠한 핵산이 만들어지는가?
28. 바이러스와 전이인자의 특징을 모두 가지고 있는 유전적 인자의 이름은? 이의 숙주 생물은 무엇인가?
29. 박테리오파지 Mu의 복제가 숙주 DNA에 어떻게 영향을 미치는가?
30. 접합 전이는 무엇인가?

31. 박테리아의 항생제 저항성에 전이인자의 역할은?
32. 인테그론이란?
33. (인테그론의) 인테그레이즈의 기능은? 이 효소 유전자자는 어디에서 발견되나? 인테그레이즈가 인식하는 자리는 무엇인가?
34. 수퍼-인테그론의 가장 잘 알려진 예는? 수퍼-인테그론은 어떻게 형성되는가?
35. 왜 유전체에서 "이기적 DNA"를 제거하기 어려운가?
36. 귀소 인트론은 어디에 삽입되는가? 귀소 인트론의 삽입 자리는 고유성이 있는가?
37. 귀소 인트론은 무엇을 암호화 하는가? 이 효소가 귀소 인트론이 이미 존재하는 DNA는 자르지 말아야 한다는 것을 어떻게 아는가?
38. 그룹 I 귀소 인트론과 그룹 II 귀소 인트론의 차이점은 무엇인가?

개념 문제

1. 재조합 사건에는 전이인자를 싸고 있는 역 반복 또는 직 반복 서열이 종종 관련이 된다. 만약 아래와 같은 전이인자에서 역 반복 사이에서 재조합 사건이 일어난다면 무슨 문제가 생기는가? 이것이 전이인자의 기능에 영향을 미치겠는가?

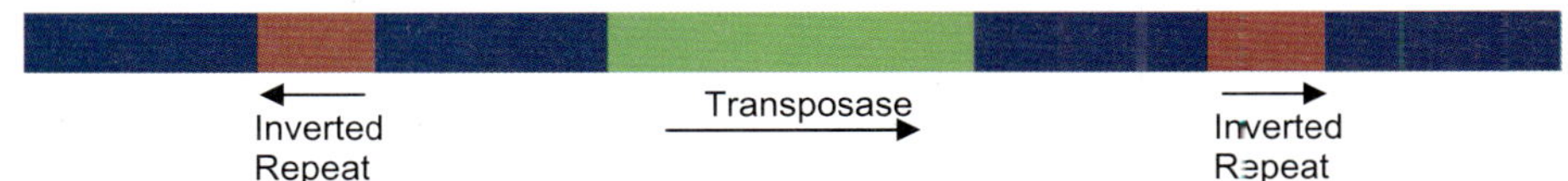

2. 젖당 수송 단백질을 연구하는 어떤 연구자가 매우 흥미있는 현상을 발견하였다. 젖당 수송 단백질 유전자를 가지고 있는 특정 대장균 균주를 젖당이 포함된 맥콩키 한천배지에 도말하였더니, 어떤 집단은 붉은색, 다른 집단은 흰색을 띄었다. 맥콩키 한천배지는 지시약이 포함되어 있는 영양 한천배지이며, 박테리아가 젖당 수송 단백질로 젖당을 받아드린다면 집단은 빨간색을 띄게 되고, 젖당을 받아드리지 못하면 집단은 흰색을 띄게 된다. 연구원이 빨간색 집단과 흰색 집단에서 각 젖당 수송 단백질 유전자를 분리를 하였더니 흰색 쪽의 것이 유전자가 500 bp 정도 더 컸다. 또 단일 집단에서 기원한 흰색 집단 세포를 새로운 젖당 맥콩키 한천배지에 도말하는 실험을 반복적으로 수행하였는데 매번 단일 집단에서 기원한 경우인데도 흰색과 빨간색의 두 가지 집단이 생성되었다. 매번 흰색 집단에서 젖당 수송 단백질 유전자를 분리를 하였더니, 빨간색 집단에서는 보이지 않는 500 bp 정도의 추가적 삽입이 존재하였다. 각 집단이 단일 박테리아 세포에서 기원하였다고 가정하고, 어떻게 흰색 집단에서 빨간색을 가진 자손 집단이 생길 수 있는지 설명하라. (이는 실존했던 얘기이다!)
3. 레트로 인자와 복합적 전이인자의 전이 기작을 두 가지 사이의 차이점을 중심으로 설명하라.
4. 전이인자는 실험실 연구자들이 새로운 유전자를 찾는데 흔하게 사용된다. 전이인자 표지라는 기술이 새로운 유전자의 표현형을 확인하고 해당 유전자를 분리하고 클론하는데 쓰인다. 초파리의 *copia* 인자가 새로운 유전자를 연구하고 클론하는데 종종 쓰여지고 있다. 최근의 어느 실험에 활성있는 *copia* 인자를 가지고 있는 초파리를 실험실에서 키웠다. 생겨난 초파리 각각을 표현형상 어떠한 변화가 있었는지를 현미경하에서 조사하였다. 1000 마리를 조사한 결과 한 마리의 수컷과 암컷 초파리 경우에 정상적인 빨간색 눈이 아닌 흰색 눈을 가진 것을 확인하였다. 만약에 이 두 초파리를 교배시켜 자손을 본다면 모든 초파리가 흰색 눈을 가지리라 생각 하는가?
5. 어떤 연구자가 두 가지 다른 대장균에 대해 연구하고 있었다. K8380이라고 불리는 균주는 암피실린 항생제에 대해 저항성이 있고 M765라 불리는 균주는 테트라사이클린 항생제에 대해 저항성이 있다. 이 둘을 한 액체 배지에 배양하면 어떻게 될까 궁금하여 이 두 균주를 암파실린과 테트라사이클린이 들어있는 한천배지에 도말하였다. 무슨 일이 일어났겠는가? 어떤 박테리아가 생장했을까?

Unit 6

DNA 청사진의 변화

돌연변이와 수선

Chapter 23

앞서 DNA 복제, 전사 그리고 번역의 자세한 기작이 잘 정리되고 매우 정교해 보이지만, 자연은 그리 완벽하지 않고 종종 실수가 일어난다. 세포의 유전물질의 실수를 **돌연변이**라 한다. 예상했겠지만, 많은 돌연변이가 나쁜 영향을 가져온다. 그러나 나쁜 돌연변이는 눈에 더 잘 띄기 때문에 실제보다 더 많은 것처럼 보일 수도 있다. 나쁜 영향을 가져오는 돌연변이는 사실 그리 많지 않으며, 사실 돌연변이의 대다수는 개체의 생존에 거의 아무런 영향을 주지 않는다. 즉 중립이라 할 수 있다. 때로 돌연변이는 개체의 생존과 번식에 이롭게 작용할 수 있다. 이로운 돌연변이가 축적되면서 개체는 변화하는 환경에 반응하여 진화할 수 있게 된다.

1. 돌연변이로 DNA 서열이 바뀐다

분자 수준에서 돌연변이는 유전자를 만드는 DNA 분자의 변형이다. 결국 DNA 분자가 복제되면, 돌연변이에 의한 DNA 염기서열의 변화도 복제되어 다음 세대로 유전된다. 단세포 생물에서, 돌연변이는 생물이 분열할 때마다 다음 세대로 유전된다. 다세포 생물에서 상황은 좀 더 복잡하다. 생식세포에서 일어나는 돌연변이 만 유성생식 중 다음 세대로 유전된다. 사람의 생식세포에서 돌연변이가 일어나면 자녀에게 **유전질병**이라 불리는 상태를 야기할 수 있다. 체세포의 돌연변이는 그 세포에서 유래하는 딸세포에

유전질병(inherited disease) 한 세대에서 다음 세대로 유전되는 유전적 결함으로 일어나는 질병
돌연변이(mutation) 유전정보를 가지는 DNA(또는 RNA)의 변이

돌연변이는 생물이나 유전인자의 유전물질에 변이를 말한다.

대부분의 돌연변이는 눈에 띄는 문제를 일으키지 않는다. 적은 수의 특이한 심각한 돌연변이만이 유전 질병을 일으킨다.

만 전해진다. 이러한 돌연변이는 그 돌연변이가 발생했던 다세포 생물체에 한정될 뿐이다.

DNA는 RNA 사본을 만드는 전사의 주형으로 사용되므로, 세포 내 DNA 서열 속 돌연변이는 mRNA로 전달되고, 또 번역된 단백질로 전달된다. 손상된 단백질은 세포의 기능에 영향을 미친다. 무절제한 세포 성장을 가져오는 체세포 돌연변이는 암의 발생의 원인이 된다. 어떤 체세포 돌연변이는 단순히 신체의 다른 부위와 유전적으로 다른 세포주나 기관이 될 뿐이다. (전사나 해독 중에도 오류는 일어날 수 있으나 DNA에 영향을 주지는 않는다. 손상된 RNA나 단백질을 만들 수 있으나 이것은 다음 세대의 세포로 전달되지 않으므로 돌연변이로 간주되지 않는다.)

다양한 유형의 돌연변이가 있고 대부분은 아주 미미한 효과만을 보인다. 실제로, 대부분은 전혀 눈에 띄는 손상을 일으키지 않는다. 대다수의 돌연변이가 영향이 없는 것은 고등생물은 각 유전자에 대해 두 사본을 가지고 있기 때문이다. 즉 한 사본이 돌연변이로 손상되더라도 다른 쪽 사본은 정상적인 단백질을 만들어 낼 수 있다. 이로 인해 돌연변이가 우성이 아닌 한, 잠재적 손상이 가려진다.

일반적으로 사람은 유전체 당 8개 정도의 치명적인 돌연변이를 가지고 있다고 추정하고 있다. 다시 말하여, 사람이 각 유전자 사본이 하나 밖에 없는 반수체라면 평균적으로 한 사람이 여덟 번이나 죽을 수 있다. 수 세기 동안 누적된 잠재적 돌연변이가 진화의 힘이 된다. 최근 1000 유전체 사업(1000 genome project)에 의하면 한 사람이 평균적으로 75-100개의 손상이 있는 잠재적 대립유전자를 가지고 있다고 한다. 다만 대부분의 경우 두 사본 중 하나에만 손상이 있는 대립유전자를 가지고 있다. 그리고 개인 당 약 20,000개의 거의 또는 전혀 해가 없는 변화를 가지고 있다.

2. 돌연변이 유형

하나의 돌연변이는 하나의 사건이고 다중 돌연변이는 다수 사건의 결과이다. 그 영향이 크고 복잡하더라도 여전히 하나의 돌연변이 사건은 하나의 돌연변이로 간주된다. **삭제 돌연변이**는 유전자를 완전히 불활성화 시킨다.; “삭제 돌연변이”는 유전적 용어이다. 유전자 산물이 전혀 만들어지지 않더라도 표현형으로 나타날 수도 있고 아닐 수도 있다. **완전 돌연변이**는 표현형이 분명한 것이다. 특정 효소의 완전한 손실로 특정 생화학적 과정에서 생성물이 생기지 않을 수 있다. 특정 영양이 없는 상태에서 특정 박테리아가 전혀 살아가지 못하는 것은 완전 돌연변이의 예이다. **불완전 돌연변이**는 부분적 활성이 있는 것이다. 예를 들어 효소 활성이 10% 남아있어 비록 매우 느리더라도 박테리아가 생존하게 해주는 것이다.

침묵 돌연변이는 세포의 기능에 영향을 주지 않는 DNA 서열의 변화를 말한다. 즉 객관적으로 관찰이 되지 않는 것이지 조용하다는 뜻은 아니다. 정의상 표현형에 변화를 보이지 않는다는 것이다. 침묵 돌연변이는 유전자 사이 번역이 되지 않는 지역 즉 인트론(스플라이스 인식 서열 제외)이나 코돈의 세 번째 염기에서 일어나는 변화이다. 코돈의 세 번째 염기는 종종 중복성이 있어서 이것의 변화가 워블 규칙(13장 참조)에 따라 아미노산의 변화를 가져오지 않는다. **세 번째 염기 중복성** 또는 **코돈 중복성**으로 알려져 있는 자리에 돌

코돈 중복성(codon degeneracy) 여러 개의 코돈이 모두 동일 아미노산을 암호화하는 현상으로 코돈의 세 번째 염기의 변화는 번역에 차이를 주지 않는다.
불완전 돌연변이(leaky mutation) 일부의 활성이 남아있는 돌연변이
삭제 돌연변이(null mutation) 유전자를 완전히 불활성화 시키는 돌연변이
침묵 돌연변이(silent mutation) 표현형에 변화가 없는 DNA 서열의 변화
완전 돌연변이(tight mutation) 특정 유전자 산물의 기능이 완전히 손실되어 표현형이 분명한 돌연변이
세 번째 염기 중복성(third base redundancy) 여러 개의 코돈이 모두 동일 아미노산을 암호화하는 현상으로 코돈의 세 번째 염기의 변화는 번역에 차이를 주지 않는다.

연변이는 단백질 서열의 변화를 가져오지 않는다. 침묵 돌연변이에서 염두에 두어야 할 것은 때로 동일 아미노산 코돈이라도 코돈을 읽어주는 tRNA의 양이 다를 수 있다는 것이다. 잘 사용되는 코돈에서 tRNA가 많지 않은 코돈으로 바뀐다면 정상 단백질이라 하여도 단백질 생성이 느릴 것이다.

다양한 형태의 돌연변이가 많다. 하나의 염기만 변한 것부터 큰 DNA 조각이 변한 것까지 영향을 준다.

DNA 분자 서열은 다양한 방법으로 변한다. 이러한 돌연변이는 변화의 성격이나 변형된 DNA 서열의 역할에 따라 다양한 결과를 가져온다. 서열의 주된 변화는 다음과 같고, 자세한 내용은 각각 따로 설명하고자 한다.

염기 치환: 하나의 염기가 다른 염기로 치환되는 것이다.
삽입: 하나 또는 그 이상의 염기가 삽입되는 것이다.
결실: 하나 또는 그 이상의 염기가 결실되는 것이다.
역위: DNA 일부분이 역방향으로 뒤집어졌으나 전체적으로 동일 위치에 존재한다.
중복: DNA 일부분이 중복되는 것이다. 두 번째 사본은 일반적으로 원본 주변에 존재한다.
전위: DNA 일부분이 같은 DNA 분자의 다른 위치나 다른 DNA 분자로 이동하는 것이다.

다음 대부분의 설명은 돌연변이가 단백질을 암호화하는 유전자 내에서 일어나는 경우를 고려할 것이다. 그러나 돌연변이가 tRNA, rRNA 또는 해독되지 않는 RNA 분자를 만드는 유전자 내에 일어 날수도 있다는 사실을 인식할 필요가 있다. 이러한 분자들에서의 변이는 리보솜 기능이나, 이어맞추기 또는 다른 중요한 과정에 상당한 영향을 끼칠 수 있다. 또한 돌연변이는 유전자 생성물을 만들지 않는 프로모터나 기타 조절 지역에 생길 수 있다. 조절 지역은 유전자 발현에 중요하므로, 이들의 변이는 상당한 영향을 미칠 수 있다.

단백질을 암호화하는 유전자, 단백질을 암호화하지 않고 RNA를 만드는 유전자, 조절 서열 및 인식 서열 등에 돌연변이가 일어날 수 있다.

2.1. 염기 치환 돌연변이

하나의 염기가 돌연변이된 것을 **점돌연변이**라 한다. 하나의 염기가 다른 것으로 치환되는 것이 염기 치환 돌연변이이다. 이것은 **염기전이**와 **교차형 염기전이**로 나눌 수 있다. 염기전이는 피리미딘이 다른 피리미딘으로(T가 C로 치환 또는 그 역으로) 또는 푸린이 다른 푸린으로(A가 G로 치환되거나 그 역으로) 치환되는 것이다. 교차형 염기전이는 하나의 염기가 다른 유형의 염기로 치환되는 것이다. 예를 들어, 피리미딘이 푸린으로 또는 그 반대로 치환되는 것이다.

DNA 분자는 이중가닥이다. 만약 한 가닥의 DNA 돌연변이로 인해 하나의 염기가 다른 것으로 치환된 경우, DNA 분자는 일시적으로 잘못된 염기쌍을 가지게 된다(그림 23.01). DNA 분자가 복제될 때, 상보적 염기가 새로운 가닥에 삽입되면서 하나의 정상 딸분자와 하나의 돌연변이 DNA 분자가 만들어진다.

실험적으로 돌연변이를 유발한 경우, 처리 후 선별을 하기 전 세포가 분열할 수 있는

염기 치환(base substitution) 하나의 염기가 다른 것으로 치환되는 돌연변이
결실(deletion) DNA 서열에서 하나 이상의 염기가 결실되는 돌연변이
중복(duplication) DNA의 일정 조각이 중복되는 돌연변이
삽입(insertion) DNA 서열에서 하나 이상의 염기가 추가되는 돌연변이
역위(inversion) 특정 DNA 조각이 동일 위치에서 방향만 역방향으로 되는 것
점돌연변이(point mutation) 단일 염기쌍에 영향을 미치는 돌연변이
염기전이(transition) 피리미딘이 다른 피리미딘으로 푸린이 다른 푸린으로 바뀌는 돌연변이
교차형 염기전이(transversion) 피리미딘이 푸린으로 또는 푸린이 피리미딘으로 대체되는 돌연변이
전위(translocation) 특정 DNA 조각이 원 위치에서 동일한 DNA 또는 다른 DNA 분자로 이동하는 돌연변이

그림 23.01
DNA 염기 변이의 분리

A) C가 T로 변이가 일어남 B) 복제가 일어나면서, 하나의 DNA 분자는 (노란색) 원 염기와 동일하고, 다른 가닥은 돌연변이 염기를 가진다. C) 하나의 원형과 하나의 돌연변이 가닥은 자손에게 분리되어 전달된다.

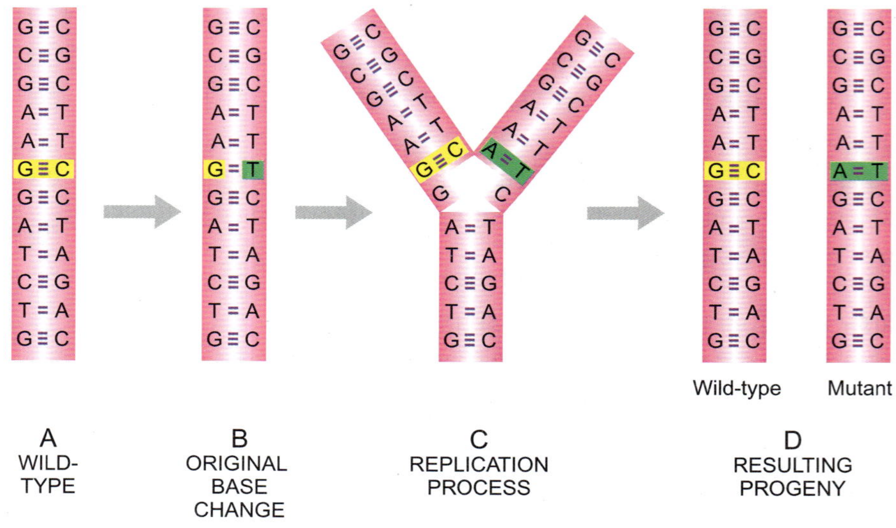

시간이 필요하다. 원 DNA 가닥이 분리되고 세포가 새로운 완전한 정상형과 완전한 돌연변이형 DNA를 만들 수 있는 시간이 필요하기 때문이다. 돌연변이 세포가 세포분열과 더불어 돌연변이와 야생형을 별도의 딸세포에게 분리하므로, 이 과정은 때로 **분리**라고 불린다.

2.2. 과오 돌연변이의 영향은 심각할 수도 있고 아닐 수도 있다

단일 뉴클레오티드 변화의 위치가 그 효과를 결정한다. 염기서열의 변이로 하나의 아미노산 코돈이 다른 아미노산 코돈으로 변경된 것을 **과오 돌연변이**라 한다. 과오 돌연변이의 심각성은 치환되는 아미노산의 위치와 특성에 달려있다.

유사 종에서 고정된 아미노산의 돌연변이는 활성부위나 단백질의 중요한 3차 구조에 영향을 줄 수 있다.

유전자의 돌연변이형의 표시는 발견되는 순서로 번호를 붙인다. 즉 *genX123*는 *genX*라는 유전자의 123번째 돌연변이를 의미한다. 하나의 아미노산이 다른 것으로 치환되는 경우 *genX123*(Arg185Leu) 또는 단일-문자 코드로(R185L)로 쓸 수 있다. 이것은 185번 위치의 아르기닌이 루신으로 치완되었음을 의미한다.

단백질이 정상적 기능을 하기 위해서는 적절한 3차 구조를 가져야 한다. 더구나, 대부분의 단백질(특히 효소)은 기능에 매우 중요한 활성부위를 가지고 있다. 이 부위는 단백질을 이루는 아미노산 중 일부이며 1차 서열에서는 멀리 떨어진 위치에 있을 수도 있다. 여러 생물에서 동일 단백질 서열을 비교하면 일부 위치의 몇 아미노산은 변이가 전혀 없거나 거의 없다. 이처럼 높은 보존성을 보이는 아미노산은 활성부위나 단백질의 정상적 접힘에 중요한 부위에 속한다. 활성부위의 아미노산을 변화시키는 돌연변이는 큰 영향을 끼칠 것이다. 구조에 영향을 미치는 돌연변이도 큰 영향을 줄 수 있다(활성부위 변화보다는 영향이 적을 수 있다). 그러나 단백질의 기능에 크게 영향을 미치지 않는 돌연변이는 종종 영향도 미미하고 활성도 거의 모두 유지한다.

원래의 아미노산과 돌연변이로 치환되는 아미노산의 화학적 특성 또한 매우 중요하다. 예를 들어 세린의 UCU 코돈이 트레오닌의 ACU로 바뀐다고 가정해보자. 세린이나 트레오닌은 모두 작고 수산기를 가진 친수성 아미노산이다. 대체되는 아미노산이 원래의 것과

과오 돌연변이(misssense mutation) 단일 코돈이 변이된 돌연변이로서 하나의 아미노산이 다른 아미노산으로 대체된 것
분리(segregation) (서열이 다른 두 가닥의) 혼성 DNA 분자를 복제하여 서열이 다른 두 독립된 DNA 분자로 만드는 것

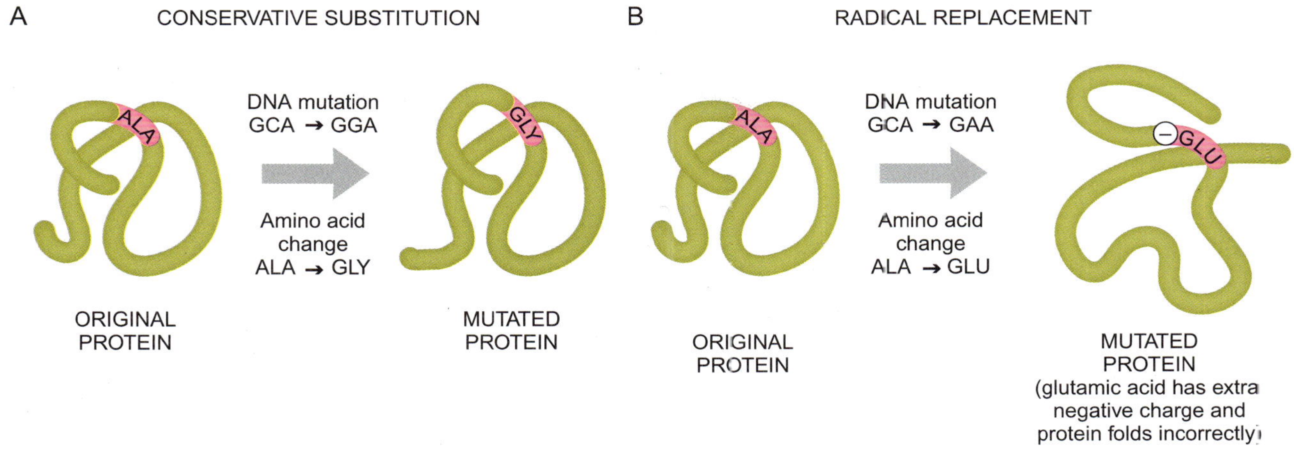

그림 23.02
보존적 치환과 급진적 대체

A) DNA가 GCA에서 GGA로 바뀌면 글리신이 알라닌이 되는 보존적 치환이 일어난다. 두 아미노산은 유사한 특성을 가지고 있어서, 돌연변이 단백질은 야생형과 유사하게 접힌다. B) 알라닌이 글루탐산이 되는 치환이 일어나는 돌연변이는 급진적 대체로써 글루탐산의 추가적 음전하가 단백질의 접힘을 매우 다르게 변화시킬 것이다.

화학적 물리적 특성이 비슷한 경우 **보존적 치환** 또는 **중립 변이**이라 한다(그림 23.02A). 단백질의 그리 중요하지 않은 부위에서 세린과 트레오닌을 바꾸어도 단백질의 구조를 심하게 바꾸지는 않을 것이므로 적어도 부분적으로는 여전히 작동할 가능성이 높다. 드물게 단백질은 실제로 더 잘 작동할 수도 있다. 반면, 대체되는 지역이 활성부위와 같은 단백질 기능에 중요한 곳인 경우, 보존적 치환조차도 활성을 완전히 파괴할 수 있다.

화학적으로 유사한 아미노산으로 치환되면 일반적으로 단백질에 영향이 거의 없다.

아미노산을 화학적 물리적 특성이 다른 아미노산으로 대체하는 경우 **급진적 치환**이라 한다(그림 23.02B). 발린의 GUA 코돈이 GAA로 변하여 글루탐산으로 바뀌었다고 하자. 즉, 큰 소수성기가 작은 강한 전하를 띠는 친수성기로 치환된 것이다. 발린을 글루탐산으로 대체하는 경우 대부분의 단백질은 심하게 활성이 손상된다. 만약 의문의 아미노산이 단백질 표면에 위치하면, 중요한 결합부위나 단백질의 용해성을 지나치게 변형시키지 않는 한 급격한 치환일지라도 문제가 되지 않을 수 있다.

매우 다른 특성을 가진 아미노산으로 치환되면 대개 단백질을 심하게 손상시킨다.

환경에 따라 표현형이 달라질 수 있는 돌연변이를 **조건부 돌연변이**라 한다. 과오 돌연변이 중 흥미롭고 때로 유용한 돌연변이는 **온도 민감성 돌연변이(ts mutation)**다. 이름이 암시하듯, 돌연변이 단백질은 낮은 온도에서는 ("허용" 온도) 적절히 접히지만 그 보다 높은 온도에서는 불안정하고 접히지 않는다. 결과적으로, 단백질은 고온 또는 "제한적인" 온도에서는 활성이 없다. 만약 단백질이 필요 불가결한 것이면, 과오 돌연변이는 세포에 치명적이다. 그러나 온도 민감성 돌연변이는 낮은 허용 온도에서는 성장하그로 유전 실험에 사용될 수 있다. 돌연변이에 의한 손상을 분석하려면, 단백질이 불활성화되는 제한적 온도로 올려주면 되고 그 개체는 죽을 수도 있다. *Drosophila,* 초파리의 *para*(*ts*) 돌연변이 예를 들어보자. 이것은 신경신호를 전달하는 나트륨 통로를 형성하는 단백질이다. 고온에서 돌

보존적 치환(conservative substitution) 하나의 아미노산이 유사한 화학적 물리적 특성을 가진 다른 아미노산으로 치환되는 것
조건부 돌연변이(conditional mutation) 온도나 pH와 같은 환경적 조건에 따라 표현형이 달라지는 돌연변이
중립 변이(neutral mutation) 유사한 화학적 물리적 특성을 가진 아미노산으로 대체되는 것
급진적 치환(radical replacement) 하나의 아미노산이 다른 화학적 물리적 특성을 가진 다른 아미노산으로 치환되는 것
온도 민감성 돌연변이(temperature-sensitive mutation) 표현형이 온도에 따라 다른 돌연변이

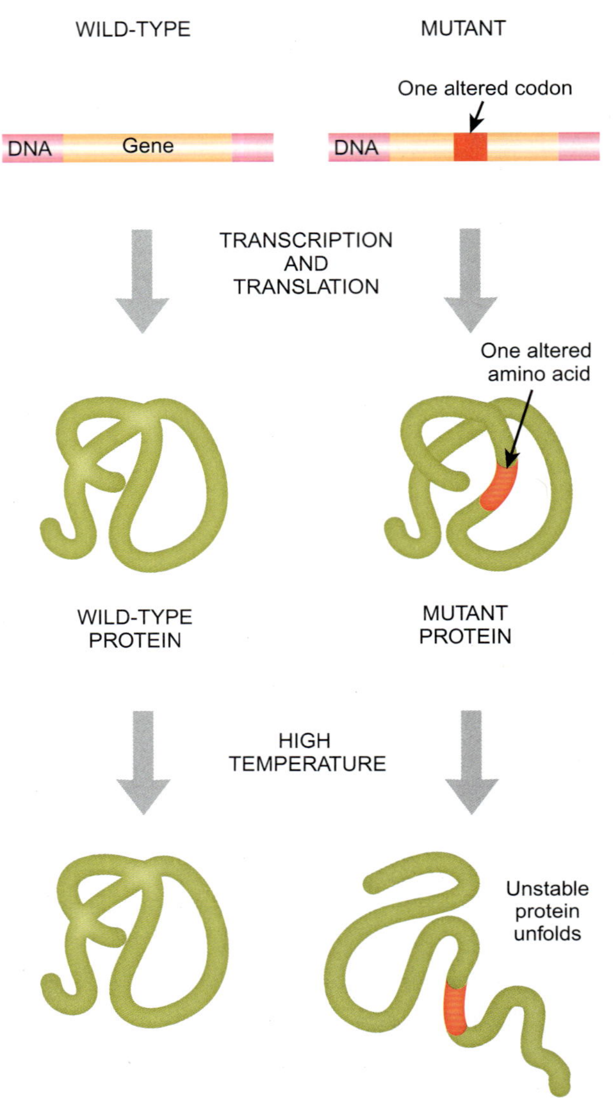

그림 23.03
온도 민감성 돌연변이

야생형 유전자는 고온이나 저온에서 유사하게 접히는 단백질을 가지고 있다. 돌연변이 단백질은 저온에서는 정상적으로 접히나, 고온에서는 접히지 않으므로 정상적으로 작동하지 못한다.

연변이 단백질은 활성이 없으므로, 초파리는 마비되어 버린다. 낮은 온도에서는 정상적으로 날아 다닐 수 있다.

때로 돌연변이 단백질은 고온과 같은 특정 조건하에서만 기능이 손상된다.

자연적으로 발생하는 온도 민감성 돌연변이로는 동물의 털색 양상에 관여하는 돌연변이다. 많은 옅은 색의 동물들이 발톱이나, 꼬리, 귀, 코끝은 까맣다. 이것은 멜라닌을 합성하는 효소에 온도 민감성 돌연변이가 생긴 것이다. 돌연변이 효소는 정상 포유동물 체온에서는 비활성이나 신체 말단의 낮은 온도에서는 활성을 가진다. 즉, 멜라닌은 신체의 체온이 낮은 말단에서만 만들어진다(그림 23.04).

환경조건에 따라 발현이 다른 돌연변이들이 많이 알려져 있다.

저온-민감성 돌연변이는 고온이나 정상적 온도 민감성 돌연변이보다 훨씬 드물다. 여러 개의 소단위로 이루어진 단백질은 종종 소단위 표면의 소수성 부위를 통해 서로 붙들려 있다(14장 참조). 소수성 상호반응은 낮은 온도에서 약하다. 즉, 고온에서는 정상적으로 조합을 할 수 있으나 저온에서는 조합을 하지 못하는 약한 소수성 결합을 가진 변이 단백질을 찾을 수 있다. 예를 들어, 미세소관 단백질은 온도 의존적이다. 미세소관은 튜불린 단위체가 나선형으로 조합되어 만들어지는 관이다. *Saccharomyces cerevisiae*에서 α-튜불린 소단위가 서로 접하는 면에 저온 민감성 돌연변이를 일으키는 지점이 집중되어 있다. 삼투압이나 배지의 이온 농도에 반응하는 돌연변이도 또한 알려져 있다.

그림 23.04
온도 민감성 털색

일부 동물은 계절에 따라 체온이 바뀌고 말단의 털색이 바뀐다. 이것은 돌연변이 멜라닌 유전자가 낮은 온도에서 활성을 띠기 때문이다.

2.3. 정지 돌연변이는 폴리펩티드 사슬의 미성숙 종결을 일으킨다

모든 코돈이 아미노산을 암호화하는 것은 아니다. 세 코돈(UAA, UAG, UGA)은 폴리펩티드 사슬의 종결신호 코돈이다. **정지 돌연변이**는 아미노산을 암호화하는 코돈이 종결코돈으로 변이한 것이다. 세린 UCG 코돈의 C가 A로 치환되면 UAG 종결코돈이 된다. 이 돌연변이 mRNA를 번역 중 리보솜은 세린이 들어갈 자리에서 종결을 하게 되고, 더 이상의 단백질이 만들어지지 못한다. 방출인자가 종결 코돈을 인식하고 일부만 만들어진 폴리펩티드를 방출하기 때문이다. 그리하여 때로 정지 돌연변이는 때로 **사슬 종결 돌연변이**라 불린다. 일반적으로 짧은 폴리펩티드는 적절하게 접히지 못한다(그림 23.05). 잘못 접힌 단백질을 발견하면 세포는 이를 분해 폐기한다. 결국 이 특정 단백질이 전혀 존재하지 않게 되어, 만약 중요한 단백질이라면 정지 돌연변이는 치명적이다. 진핵생물에서 짧은 mRNA 전사물을 만드는 정지 돌연변이는 번역되지 않고, 정지 돌연변이 매개 분해작용에 의해 분해된다(12장, 11.1절 참조).

2.4. 결실 돌연변이는 단백질이 짧거나 없다

하나 이상의 염기를 제거하는 돌연변이는 결실(deletion)이라 하고 염기가 추가되는 것을 삽입(insertion)이라 한다. 대체적으로 결실(또는 삽입)의 효과는 몇 개의 염기가 제거(또는 삽입)되었냐에 따라 크게 다르다. 특히 하나 또는 적은 수의 염기가 관계된 점 돌연변이와 많은 자리가 결실되거나 삽입된 경우를 구분할 필요가 있다. 점 결실이나 삽입은 해독틀의 손상으로 큰 영향을 줄 수 있다(2.6절 참조).

결실은 Δ 또는 DE라는 기호로 표시한다. 즉 Δ(*argF-lacZ*) 또는 DE(*argF-lacZ*)는 (*E. coli* 염색체의) *argF*에서 *lacZ* 유전자 사이가 결실된 것을 의미한다(반수체 생물의 경우). 전체 유전자를 포함하는 DNA 서열의 결실은 mRNA도 단백질도 만들어지지 않을 것을 의미한다(그림 23.06). 만약 단백질이 필수불가결한 것이라면, 결실은 치명적이다. 큰 결실으로 유전자 일부만 제거될 수도 있고 전 유전자 또는 여러 유전자가 제거될 수도 있다. 결실으로 특정 유전자의 조절 부위의 일부 또는 전체가 제거될 수도 있다. 예를 들어, 결실으로 억제자가 결합하는 부위가 제거되었다면 그 특정 유전자의 활성이 급격히 증가할

사슬 종결 돌연변이(chain termination mutation) 정지 돌연변이와 동일
정지 돌연변이(nonsense mutation) 아미노산을 암호화하는 코돈이 종결 코돈으로 바뀌는 돌연변이

그림 23.05

정지 돌연변이

DNA 돌연변이로 새로운 종결코돈이 만들어지면 단백질이 미성숙하게 종결된다. 짧은 단백질은 접히지 못하고 일반적으로 세포가 이를 발견하면 분해한다.

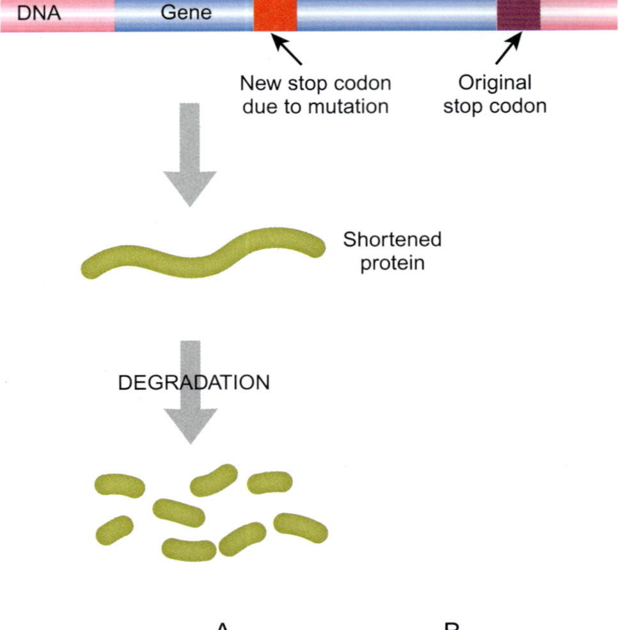

그림 23.06

결실 돌연변이의 효과

A) 야생형 유전자는 정상적 mRNA를 생성하고 정상 단백질을 만든다. B) 거대한 삽입으로 mRNA가 짧아지고 짧은 불안정한 단백질이 만들어진다. C) 전체 유전자의 결실이 일어나면 mRNA도 단백질도 만들어지지 않는다.

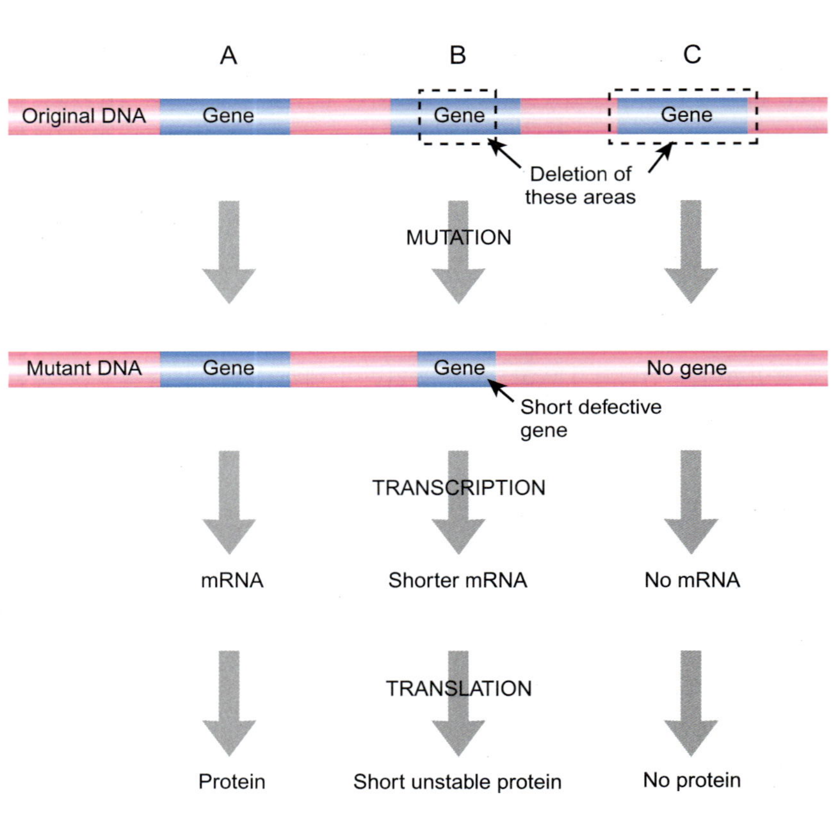

중요한 DNA 조각이 결실될 수도 있고, 거의 기능이 없는 부분이 결실 될 수도 있다.

것이다. 마찬가지로, 아무 기능도 가지지 않는, 유전자간 암호화하지 않는 부위나 유전자 내 인트론과 같은, DNA 부위가 결실될 수도 있다. 이 경우 그 영향은 작거나 미미할 것이다.

결실 돌연변이는 생각보다 종종 발견된다. *E. coli*와 같은 박테리아에서 일어나는 자연 돌연변이의 약 5%가 결실이다. 박테리아는 인트론이 없고 유전자 사이 지역도 길지 않지만 상당한 크기의 결실이라도 치명적이지 않을 수 있다. 주된 이유는 많은 유전자가 어떤 제한된 환경조건에서만 필요하기 때문이다. 즉 전 *lac* 오페론이 제거되어 *E. coli*가 젖당을 탄소원으로 사용하지 못하더라도 아무런 해를 입지 않을 수 있다.

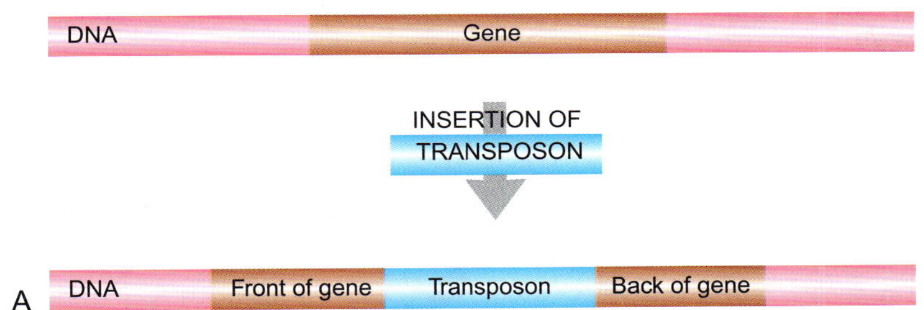

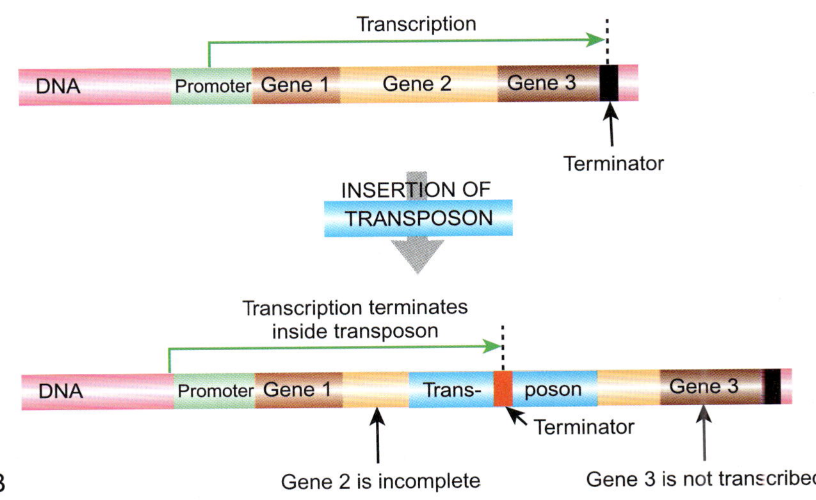

그림 23.07

삽입 돌연변이의 효과

A) 유전자 중간에 전이인자가 삽입되면 암호서열을 파괴한다. B) 3개의 유전자를 가진 박테리아 오페론의 두 번째 유전자에 전이인자가 삽입되면 유전자 1은 정상적으로 전사되나, 유전자 2는 전이인자가 끼어있어 미성숙 종결이 일어난다. 유전자 3은 온전한 암호서열을 가지고 있지만 전사되지 않는다.

2.5 삽입 돌연변이는 일반적으로 기존의 유전자를 파괴한다

DNA에 삽입이 일어나면 유전자가 불활성화 될 수 있다. 외부 DNA 조각이 암호부위에 삽입되면, 유전자가 손상되었다고 말한다. 일반적으로 유전자가 완전히 불활성화 될 수도 있지만, 삽입된 DNA 길이나 서열 또는 위치에 따라 결과가 다를 수 있다(그림 23.07). 즉, 삽입이 유전자의 3′ 말단에 일어나면, 대부분 암호 서열이 온전하여 다소 기능이 있는 단백질이 만들어질 수 있다. 삽입 돌연변이의 생성 이유는 두 가지가 있다. 일부는 **이동성 유전인자**에 의한 것이다. 이들은 길이가 수천 염기쌍밖에 되지 않으며 다른 유전자 속에 자신을 삽입한다(22장 참고). **전이인자**, **레트로전이인자**(22장 참고) 그리고 바이러스(21장 참조)가 여기에 속한다. 또 다른 삽입 돌연변이는 돌연변이 물질이나 DNA 중합효소의 실수로 하나 또는 수개의 염기가 삽입되는 경우이다.

대부분 자연적 삽입변이는 전이인자, 레트로포존 또는 일부 바이러스와 같은 이동성 유전인자에 의한 것이다.

삽입은 표적 유전자와 삽입인자 사이에 :: 기호로 표시한다. 즉 *lacZ*::Tn10은 Tn10이

이동성 유전인자(mobile genetic element) 전이, 삽입 및 절제를 통해 거대한 DNA 분자 내에서 위치를 바꿀 수 있는 특정 DNA 조각
레트로트렌스포존 또는 레트로포존(retrotransposon or retroposon) RNA 형태의 유전체를 역전사로 변환시켜 이동하는 전이인자
전이인자(transposon) 이동성 유전자와 동일. 그러나 보통 이 용어는 역전사효소를 사용하지 않는 DNA 기반 인자에 한정한다.

오페론 내 거대한 삽입이 일어나면 종종 삽입 위치 아래쪽 전사를 방해한다.

lacZ 유전자에 삽입된 것이다. 이러한 거대 유전인자가 삽입되는 표적 유전자의 기능은 완전히 손상된다. 전이인자의 존재는 결실이나 역위와 같은 다른 종류의 DNA의 재조합을 급격히 증가시킨다. 정확한 기작은 밝혀지지 않았으나 전이 시도가 무산되면서 생기는 것으로 추정된다(22장 참조).

전이인자와 바이러스는 일반적으로 여러 개의 전사 종결점을 가진다. 결과적으로, RNA 중합효소가 종결점을 지나 전사할 수가 없게 되어 동일 프로모터에서 전사되는 아래쪽 유전자들은 이들의 삽입으로 전사가 불가능해진다. 이러한 효과를 **방향성**이라고 부른다. 박테리아 유전자들은 종종 오페론으로 모여있고 하나의 mRNA로 전사된다(11장 참조). 즉 이들은 진핵 유전자보다 삽입에 의한 방향성 효과를 보이기 쉽다.

종종 삽입이 유전자를 활성화시킬 수 있다. 만약 억제자의 인식 지점에서 삽입이 일어나면, 억제자가 결합할 수 없게 되어 유전자가 발현된다. 또한 일부 트랜스포존은 양 끝에 바깥쪽으로 향하는 프로모터를 가지고 있다(그림 23.08). 이들의 삽입은 이전 발현되지 않던 유전자를 발현시킬 수 있다. 기능이 있는 단백질을 만들 수 있는 잠재력은 있으나 프로모터가 손상되어 발현되지 않는 "동결된(cryptic)" 유전자들이 이에 속한다. *E. coli*의 *bgl* 오페론은 야생형에서는 발현이 되지 않으나, 양끝에 외부로 향하는 프로모터를 지닌 전이인자가 이 오페론의 위쪽에 삽입될 때 발현된다.

2.6. 틀이동 돌연변이는 때로 비정상적 단백질을 생성한다

단백질 합성 중 염기는 아미노산으로 해독되는 3개의 염기 그룹인 코돈으로 읽혀진다(13장 참조). 하나 또는 2개의 염기가 삽입되거나 결실되면 유전자의 해독틀을 변경하여 심각한 결과가 생긴다. 만약 하나의 염기가 삽입되거나 결실되면 삽입 또는 결실 지점 이하 모

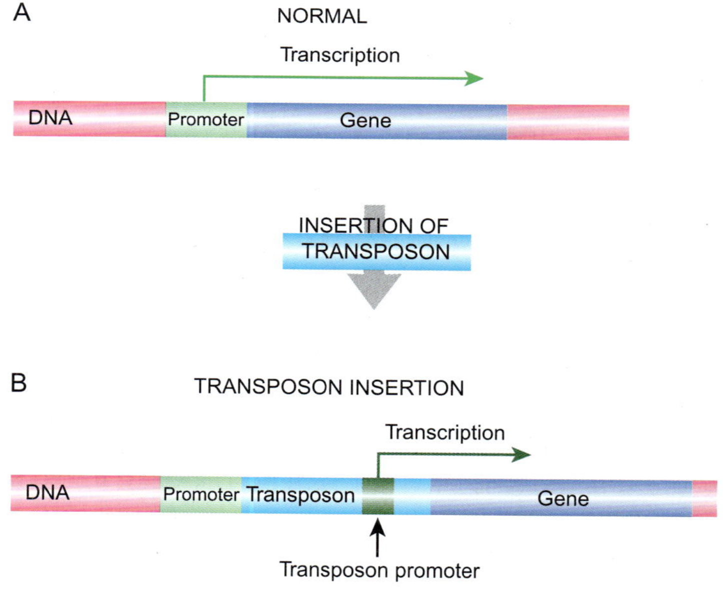

그림 23.08
삽입 돌연변이의 특이한 활성효과

A) 유전자는 자신의 프로모터의 조절하에 있다. B) 전이인자가 정상적 프로모터와 구조 유전자 사이에 삽입된다. 이 유전자의 발현은 전이인자의 프로모터로 조절된다.

방향성(polarity) DNA 조각의 삽입이 일반적으로 전사를 방해하면서 하위에 존재하는 유전자의 발현에 영향을 미치는 것

든 코돈의 해독틀이 변하게 되어(그림 23.09), 단백질 서열이 완전히 뒤죽박죽이 된다. 이러한 **틀이동 돌연변이**는 단백질의 거의 끝 지점이 아니면 일반적으로 단백질의 기능을 완전히 파괴한다. 2개의 염기가 삽입되거나 결실되어도 결과는 마찬가지다.

그러나 세 염기의 삽입이나 결실은 하나의 코돈을 더하거나 제하므로 해독틀이 변하지 않아, 하나의 아미노산이 더해지거나 결실되는 것 외 단백질의 다른 부분은 변하지 않는다. 만약 결실된 (또는 삽입된) 아미노산이 별반 중요하지 않은 부위에 있다면, 기능성 있는 단백질이 만들어질 수 있다. 삽입되거나 결실된 염기의 수가 3의 배수인 경우도 이와 유사한 결과가 나올 것이다. 다시 말하여, 삽입되거나 결실되는 염기의 수가 코돈의 배수이면 해독틀의 변화를 피할 수 있다.

해독틀을 변형시키는 돌연변이는 일반적으로 단백질의 기능을 완전히 파괴한다.

2.7. DNA 재배열로 역위, 전위, 중복이 있다

역위(inversion)는 이름이 암시하듯이 DNA 조각이 뒤집어진 것이다(그림 23.10A). 뒤집어진 DNA 조각이 전사되면 암호서열이 완전히 변한다. 유전자 내 역위는 일반적으로 심

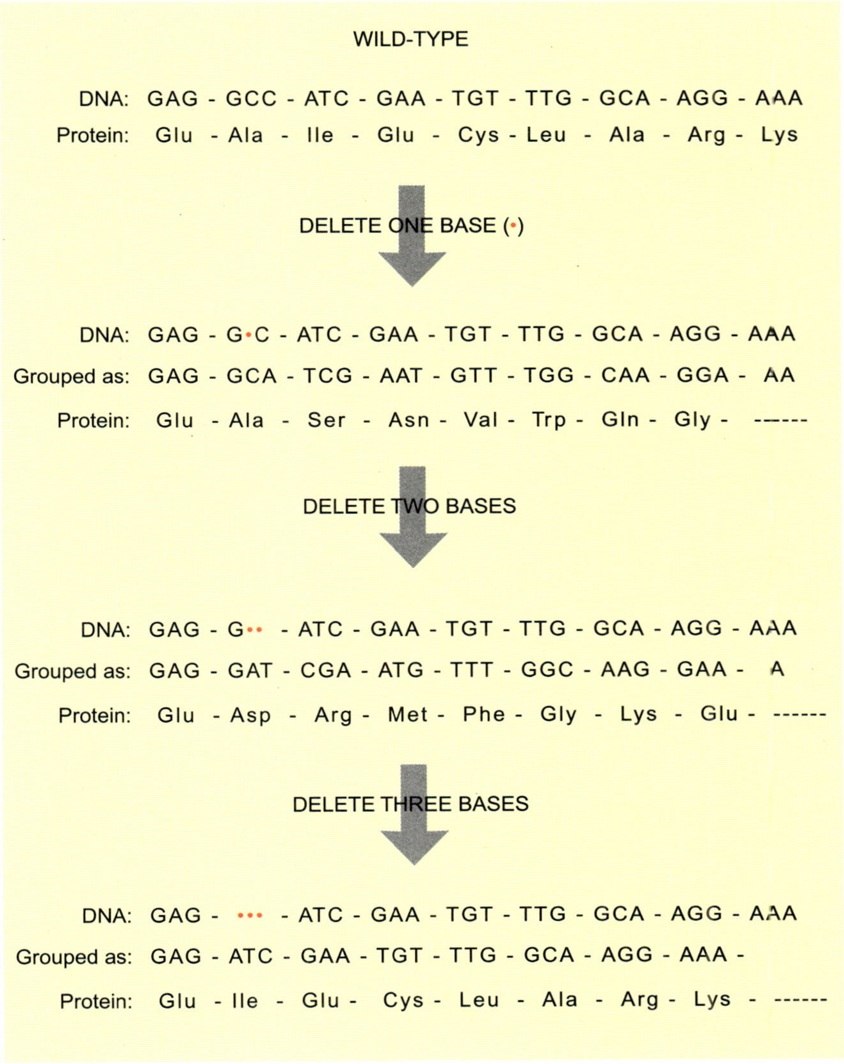

WILD-TYPE

DNA: GAG - GCC - ATC - GAA - TGT - TTG - GCA - AGG - AAA
Protein: Glu - Ala - Ile - Glu - Cys - Leu - Ala - Arg - Lys

DNA: GAG - G•C - ATC - GAA - TGT - TTG - GCA - AGG - AAA
Grouped as: GAG - GCA - TCG - AAT - GTT - TGG - CAA - GGA - AA
Protein: Glu - Ala - Ser - Asn - Val - Trp - Gln - Gly - ------

DELETE TWO BASES

DNA: GAG - G•• - ATC - GAA - TGT - TTG - GCA - AGG - AAA
Grouped as: GAG - GAT - CGA - ATG - TTT - GGC - AAG - GAA - A
Protein: Glu - Asp - Arg - Met - Phe - Gly - Lys - Glu - ------

DELETE THREE BASES

DNA: GAG - ••• - ATC - GAA - TGT - TTG - GCA - AGG - AAA
Grouped as: GAG - ATC - GAA - TGT - TTG - GCA - AGG - AAA -
Protein: Glu - Ile - Glu - Cys - Leu - Ala - Arg - Lys - ------

그림 23.09
틀이동 돌연변이

하나, 둘, 또는 3개의 염기 결실의 효과를 보여주고 있다. 3개의 염기가 연속적으로 결실되면, 하나의 아미노산만 결실될 뿐 다른 코돈 아미노산 서열은 동일하다.

틀이동(frameshift) 하나 이상의 염기 삽입이나 결실로 구조 유전자의 해독틀이 변형된 돌연변이

한 손상을 일으킨다. 그러나 역위가 항상 유전자를 파괴하는 것은 아니다. 만약 역위가 일어난 끝 지점이 유전자 사이 서열로 역위되는 DNA 조각 속에 프로모터와 유전자가 온전하게 들어있다면 효과는 미미할 수 있다. 다만 유전자의 방향성이 나머지 염색체에 비해 역 방향으로 전사가 반대 방향으로 일어날 뿐이다.

전위(translocation)는 일부의 DNA가 원 위치에서 이동하여 동일 염색체의 다른 위치나 다른 염색체에 삽입되는 것이다(그림 23.10B). 온전한 유전자가 한 장소에서 다른 장소로 이동한다면 유전자 작동에는 문제가 없고 피해는 미미하다. 그러나 어떤 유전자의 일부가 이동하여 다른 유전자의 중간에 삽입되면 그 결과는 이중의 문제를 일으킬 것이다.

중복(duplication)은 DNA의 일부 조각이 복제되어 양쪽 사본이 모두 남아있는 것이다. 대부분의 경우, 중복된 사본은 원본의 바로 옆에 위치한다(그림 23.10C). 즉 이들은 **직렬 중복**이 된다. 중복이 유전자의 중간에 일어나면 심각하게 유전자 산물을 손상시키지만, 중복이 넓은 범위에서 일어나면 유전자의 추가 사본이 생성된다. 중복 후 서열의 변이가 진화과정 중 새로운 유전자 생성의 주된 경로로 생각된다(26장 참조).

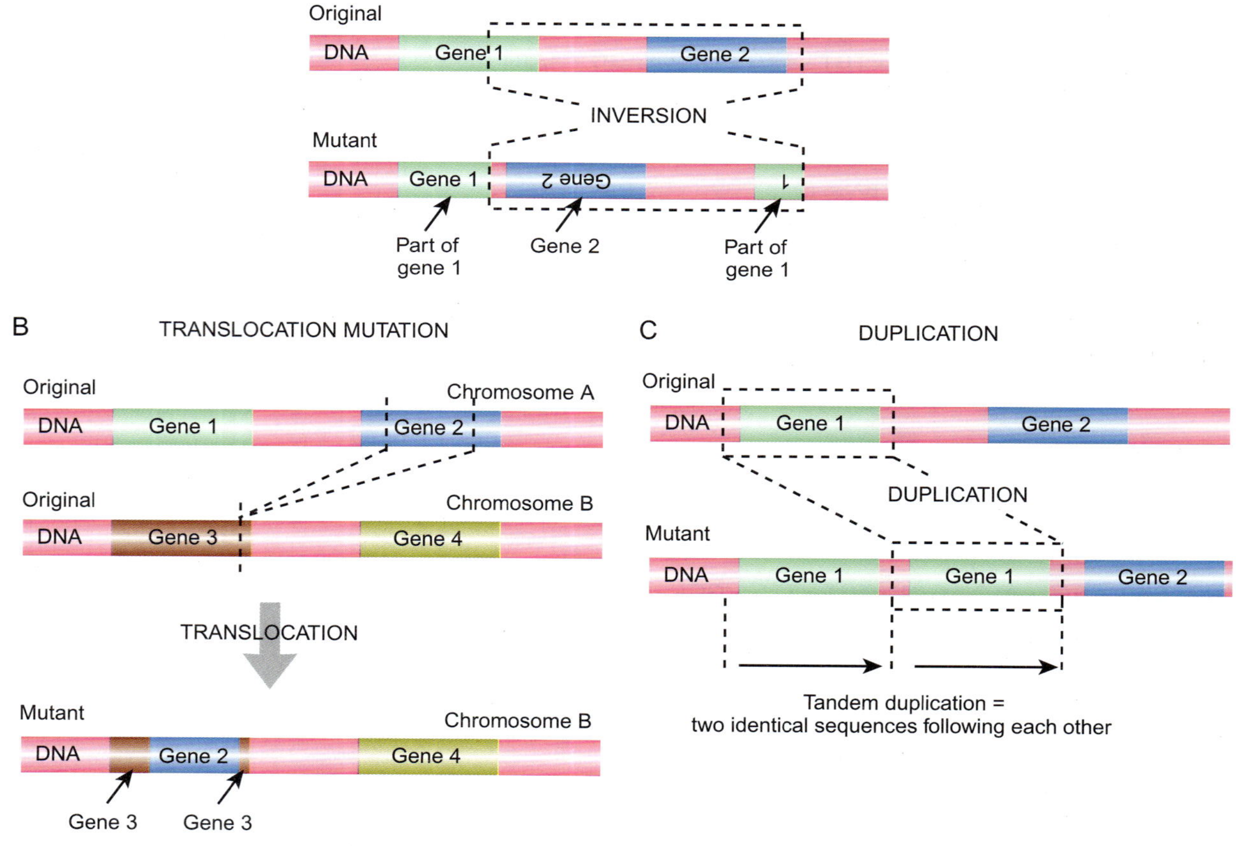

그림 23.10
역위, 전위, 중복

A) 삽입이 유전자 2와 유전자 1의 일부에서 일어난다. 역위된 지역은 철자가 거꾸로 쓰여져 있다. B) 두 염색체는 4개의 유전자를 가지고 있다. 유전자 2의 일부가 염색체 A에서 염색체 B로 이동하면서, 유전자 3을 잘라진다. C) 유전자 1은 일부 비암호화 DNA와 더불어 직렬로 중복된다.

직렬 중복(tandem duplication) DNA 조각이 중복되어 바로 옆에 사본이 생기는 돌연변이

3. 화학적 돌연변이원은 DNA를 손상시킨다

DNA를 손상시키는 물질에 의한 돌연변이를 **유도 돌연변이**라 한다. DNA 돌연변이를 가져오는 물질은 **돌연변이원**이라 부르며 돌연변이성 화학물질, 방사선, 열의 세 유형이 있다. 화학물질이나 방사선이 없더라도, 빈도가 낮기는 하지만, 돌연변이는 일어난다. 이것을 **자연 돌연변이**라 한다. 일부는 DNA 복제중 오류에 의한 것이다. DNA 복제효소는 완벽하지 않고 때로 실수를 한다. 또한 DNA는 낮기는 하지만 측정 가능한 속도로 순간적인 화학반응을 한다. 온도가 높을수록 반응속도는 빨라진다.

DNA는 화학물질이나 방사선 조사로 손상을 입을 수 있다.

가장 흔한 돌연변이원은 DNA와 반응하는 독성 화합물로서 염기의 화학구조를 변형시킨다. 예를 들어, EMS(ethyl methane sulfonate)는 분자생물학자들이 흔히 세포에 돌연변이를 일으키기 위해 사용하는 것이다. 이것은 DNA 염기에 에틸그룹을 첨가하여 염기 모양과 염기쌍 형성을 변화시킨다(그림 23.11A). 아질산염(nitrite)은 시토신을 우라실로 변화시킨다(그림 23.11B). 실험실에서 플라스미드에 클론된 유전자와 같은 실험관 내 순수 정제된 DNA를 돌연변이시키기 위해 사용된다. 돌연변이된 DNA는 다시 세포에 넣은 후 돌연변이를 분석한다. DNA 복제중 DNA 중합효소는 변형된 염기를 잘못 인식하여 다른 염기를 상보적 가닥에 삽입하게 된다.

세포는 염기 유사체를 자연적 핵산 염기로 착각한다.

염기 유사체는 자연적 DNA의 염기와 비슷한 화학적 돌연변이원이다. 예를 들어, 브로모우라실(bromouracil)은 모양이 티민과 비슷하다. 이것은 세포에서 브로모유리딘 3인산(bromouridine triphosphate)의 DNA 전구체로 변형되고 DNA 중합효소는 티민 대신 이것을 삽입한다. 문제는 브로모우라실이 두 형태로 뒤바뀌는데 있다(그림 23.12). 브로모우라실은 한 형태는 시토신과 비슷하여 구아닌과 쌍을 이룬다. 만약 브로모우라실이 이 형태로 있을 때 복제가 일어난다면, A 대신 G가 삽입된다.

끼어들기 인자는 DNA 복제에서 하나의 염기쌍 삽입을 초래한다.

일부 돌연변이원은 하나의 염기보다 염기쌍의 구조와 유사하다. 예를 들어, 3개의 고리형 구조인 **아크리딘오렌지**는 크기나 모양이 한 쌍의 염기쌍과 유사하다. 아크리딘오렌지는 DNA에 화학적으로 삽입되는 것이 아니라, **끼어들기**라는 과정을 거쳐 DNA 염기쌍 사이에 끼어들어간다(그림 23.13). DNA 복제중 중합효소가 이 삽입된 물질을 염기쌍으로 오해하고 새 가닥에 추가로 염기를 넣어 준다. 위에서 설명한 바와 같이, 추가 염기의 삽입은 유전자의 해독틀을 변화시킨다. 이것으로 단백질의 기능이 완전히 손상될 수 있으므로, 끼어들기 인자는 매우 위험한 돌연변이원이다.

기형유발원은 심한 구조적 결함을 가진 비정상적인 배 발생을 일으킨다. 기형유발원은 돌연변이를 일으킬 수도 있고 아닐 수도 있다. 가장 유명한 예는 팔이 없이 태어나는 탈리도마이드(thalidomide)이다. 탈리도마이드는 돌연변이가 아닌 배의 발생을 방해한다. 기형을 일으키는 이유는 아직 확실치 않으나, 이 물질에 의한 혈관 형성 방해가 기형출생의 한 이유로 생각된다. 흥미롭게도 탈리도마이드가 최근 다발성 골수종(multiple myeloma) 치료제로 사용되고 있다.

아크리딘오렌지(acridine orange) 삽입하여 돌연변이를 일으키는 물질
염기 유사체(base analog) DNA 염기와 유사한 모양의 화학적 돌연변이 물질
유도 돌연변이(induced mutation) 돌연변이 화합물이나 방사선 조사와 같은 외부 요인으로 발생된 돌연변이
끼어들기(intercalation) 납작한 화합물로서 DNA 염기 사이에 삽입되는 것. 종종 돌연변이를 유도한다.
돌연변이원(mutagen) 돌연변이를 일으킬 수 있는 물질. 화합물 또는 방사선 조사 등
자연 돌연변이(spontaneous mutation) 돌연변이 화합물이나 방사선 조사 없이도 "자연적으로" 일어나는 돌연변이
기형유발원(teratogen) 심한 구조적 변이를 가져오는 비 정상적 배아발생을 유도하는 물질

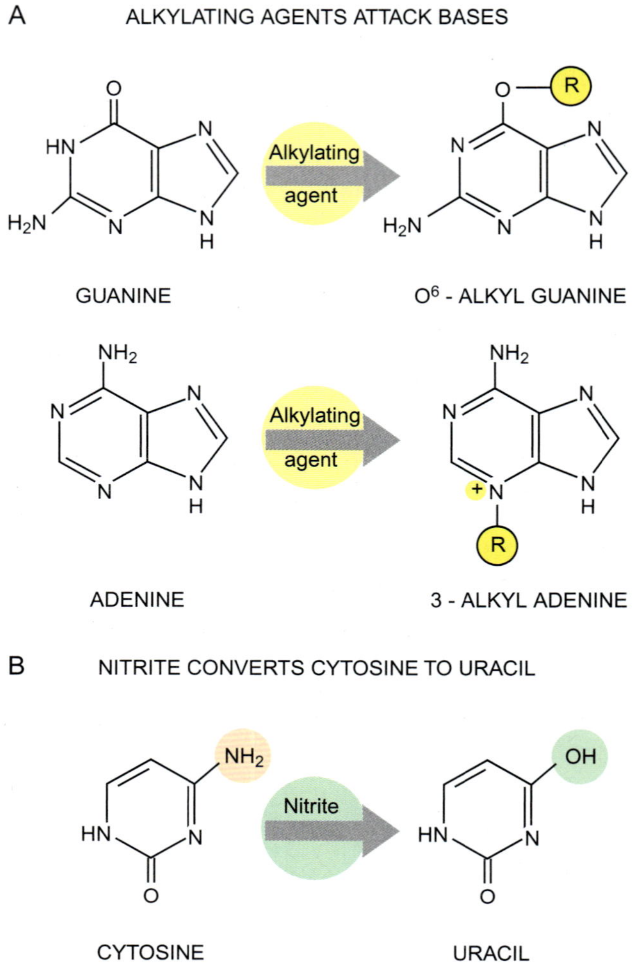
A
ALKYLATING AGENTS ATTACK BASES
Alkylating agent
GUANINE
O6 - ALKYL GUANINE
Alkylating agent
ADENINE
3 - ALKYL ADENINE
B
NITRITE CONVERTS CYTOSINE TO URACIL
Nitrite
CYTOSINE
URACIL

그림 23.11

화학적 돌연변이원에 의한 염기 변이

A) 에틸메탄술폰산과 같은 알킬화 물질이 알킬 그룹을 첨가하면서 염기의 구조가 바뀐다. B) 아질산염은 시토신을 우라실로 전환시킬 수 있다 (아데닌과 염기쌍을 만든다).

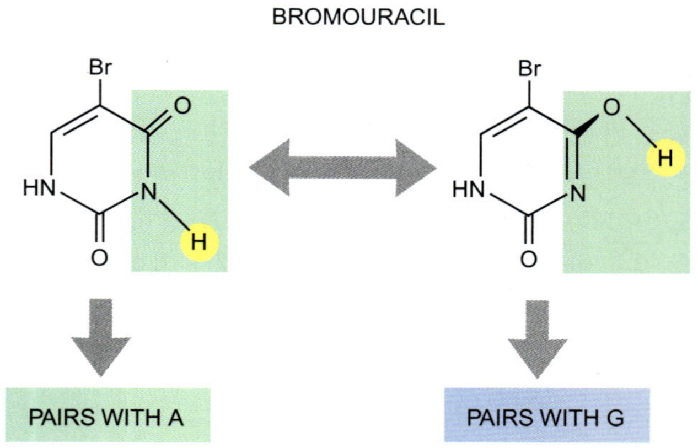
BROMOURACIL
PAIRS WITH A
PAIRS WITH G

그림 23.12

브로모우라실은 염기 유사체로 작용한다

브로모우라실은 두 변이형이 있다. 하나는 티민과 닮아서 (왼쪽) 아데닌과 쌍을 이루고, 다른 하나는 (오른쪽) 시토신과 유사하여 구아닌과 쌍을 이룬다.

3.1. 방사선이 돌연변이를 일으킨다

일부 유형의 방사선은 돌연변이를 일으킨다. 자외선, X-선, 감마선을 포함한 고주파 전자석 방사선은 DNA를 직접적으로 파괴한다. X-선과 γ-선은 **이온화 방사선**이다; 즉, 이들은 물과 기타 분자와 반응하여 이온과 수산 라디컬(hydroxyl radical)과 같은 자유 라디컬을 생

이온화 방사선(ionizing radiation) 분자에 닿으면 이온화를 일으키는 방사선

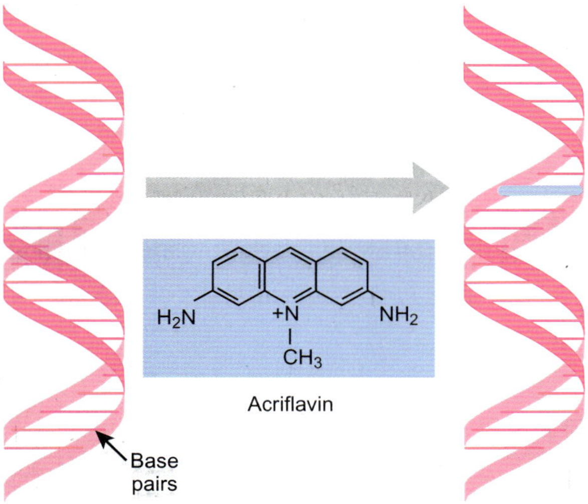

그림 23.13

끼어들기 인자

아크리플라빈과 같은 끼어들기 인자는 염기쌍 사이에 삽입하여 하나의 염기쌍이 더 있는 것처럼 보인다. 복제 시 끼어들기 인자가 존재하면 새로운 DNA에 새로운 염기쌍이 더 첨가되게 된다. 상업적 아크리플라빈은 실제로 그림에서 보는 N-메틸 그룹이 있는 것과 없는 것이 섞여있는 혼합물이다.

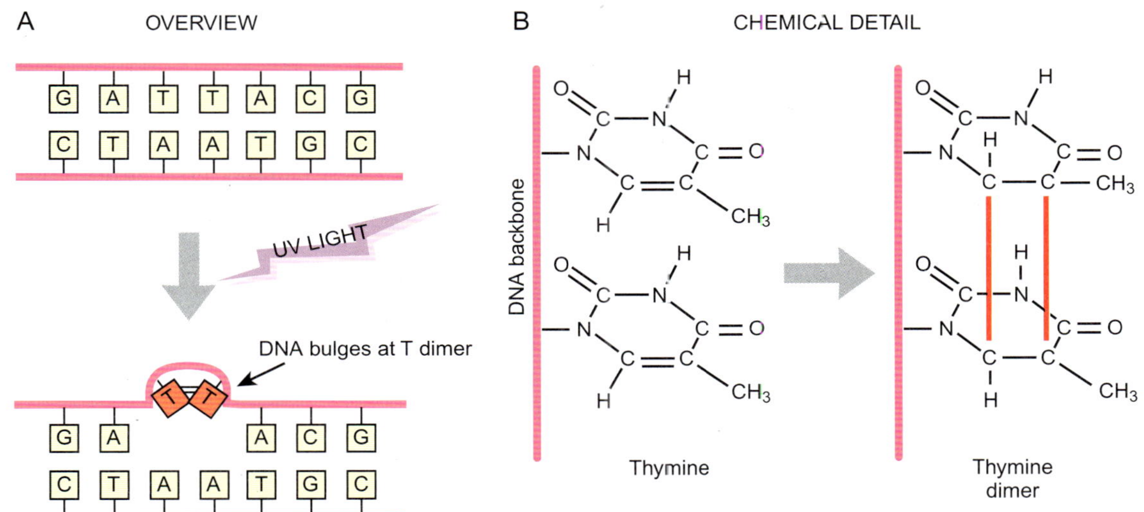

그림 23.14

티민 이량체

A) 자외선(UV)은 때로 티민 이량체를 만든다(붉은색). B) 티민 이량체의 자세한 화학적 구조.

성한다. 이온화 방사선은 방사선에 의한 DNA 손상의 70% 정도를 차지한다. 다른 30%는 X-선과 γ-선과 같은 직접적 DNA 손상에 의한다. 분자생물학의 초기에는, 실험실에서 돌연변이를 일으키는 방법으로 X-선을 사용했다. X-선은 다수의 돌연변이와 결실, 역위, 전위와 같은 DNA 변형을 초래한다.

고 에너지 방사선 조사는 DNA를 손상시킨다.

자외선은 티민 이량체 형성을 촉발한다.

자외선은 100-400nm 사이의 파장을 전자기적 방사선이다. 이것은 비이온성이며 DNA를 직접 손상시킨다. DNA의 염기는 흡수 파장이 약 254nm 정도로, 여기에 가까운 자외선은 DNA에 의해 효율적으로 흡수된다. 특히 두 피리미딘 염기가 연속해 있는 경우 자외선은 이들이 상호반응하여 이량체를 만들게 한다. 티민 이량체는 특히 자주 만들어진다(그림 23.14). DNA 중합효소가 티민 이량체를 건너뛰게 되면, 외가닥 부위가 생기고 수선을 해야 한다. 수선 시 새로운 가닥에 잘못된 염기를 삽입하면 (후반부의 오류-다발성수선 참조) 돌연변이가 생긴다.

자외선은 태양광에서 유래한다. 대부분은 대기의 상층 오존층에서 흡수되어 지표면에 도달하지 못한다. 그러나 스프레이나 냉매액으로 사용되는 염화 탄화수소에 의한 오존층의 손상으로 더 많은 자외선이 지표면에 도달하고 있다. 일부 지역에서의 손상은 특히 심하며, 최근의 피부암의 증가에 연관이 있는 것으로 보인다.

전자기적 방사선뿐만 아니라, 방사능물질에서 발생하는 γ-선, α-입자, β-입자와 같은 다른 종류의 방사선도 있다. 대부분의 α-입자는 약하여 피부를 침투하지 못한다. 그러나 β-입자는 DNA나 다른 분자에 심한 손상을 일으킬 수 있다. 그러나 α-방출자가 호흡이나 흡수로 체내에 흡수되면 돌연변이를 일으킬 수 있다.

3.2. 자연 돌연변이는 DNA 중합효소의 실수로 일어난다

DNA 중합효소는 순간적 실수로 돌연변이를 가져온다.

DNA 중합효소가 짧은 반복서열 복제 시 미끄러지기도 한다.

세포분열중 DNA를 복제하는 효소는 완벽하지 못하다. 이들의 오류 비율은 낮기는 하나 장기적으로 보면 문제가 된다. 10장에서 살펴본 바와 같이, DNA 중합효소는 **교정** 기능이 있어서 이동하기 전 삽입된 뉴클레오티드의 실수를 검사한다. 교정 기능은 때로 중합효소 자체에 존재하나, 어떤 경우는 부가 단백질이 가지고 있다. *E. coli* DNA 중합효소 III와 연합하는 DnaQ 같은 것이 이에 속한다. 교정 기능이 손상된 돌연변이를 가지는 세포는 자연 돌연변이 비율이 훨씬 높다. 돌연변이 속도를 바꾸는 유전자를 **돌연변이유발 유전자**라고 부른다. 즉, *E. coli*의 *dnaQ*는 초기에 *mutD*(mutator D)로 명명되었다.

*E. coli*의 DNA 복제 오류 비율은 약 1000만 개 염기 중 하나이다. 선도가닥보다 지연가닥에서 오류가 20배나 높다. 이것은 DNA 중합효소 I이 중합효소 III 보다 교정 기능이 덜 효율적이기 때문으로 보인다. 지연가닥은 비 연속적으로 만들어지고(10장 참조) 갭이 DNA 중합효소 I에 의해 메꾸어진다. 반면 선도가닥은 모두 Pol II에 의해 만들어진다.

때로 잘못된 염기를 삽입하는 외에도, DNA 중합효소는 드물기는 하지만 추가 염기를 삽입하거나 결실한다. 이것은 가닥 미끄러짐(strand slippage) 때문이다. 동일한 염기가 연속으로 있을 때에는 주형가닥과 새롭게 합성된 가닥이 잘못 정렬되기도 한다(그림 23.15). 복제 중 어느 쪽 가닥이 미끄러지는가에 따라 염기가 삽입될 수도 결실 될 수도 있다.

미끄러짐은 두 또는 세 염기의 짧은 서열이 반복적으로 반복되는 DNA에서 일어날 수도 있다(그림 23.16). 이 경우, 반복단위 길이가 더해지거나 결실될 수 있다. 사람의 유약 X 증후군(fragile X syndrome)과 헌팅턴병과 같은 3염기 반복 확장(trinucleotide repeat expansion) 질병이 그 경우이다. 미끄러짐에 의해 3염기 반복이 더해지거나 결실된다.

3.3. 돌연변이는 잘못된 정렬과 재조합으로 일어날 수 있다

재조합은 동일 유전자의 대립인자와 같은 매우 유사한 DNA 서열사이에서 일어날 수 있다. 결실, 역위, 전위, 중복과 같은 많은 DNA 재배열은 유사 서열이 잘못 정렬되고 재조합이 일어난 결과이다. 재조합 기작은 24장에서 다룰 것이며, 여기서는 잘못된 정렬의 결과만 다루고자 한다. 만약 유사 서열이 동일 방향일 경우, 잘못된 정열이 있은 후 교차가 일어나면 한쪽 DNA 분자는 중복이 다른쪽 DNA는 결실이 발생한다(그림 23.17).

돌연변이유발 유전자(mutator gene) 일반적으로 DNA 합성이나 수선에 관여하는 단백질 유전자로, 이들 유전자에 돌연변이가 일어나면 개체의 돌연변이 빈도를 변하게 하는 유전자

교정(proofreading) 새로운 DNA에 정확한 뉴클레오티드가 삽입되었는지를 검사하는 과정. 일반적으로 DNA 중합효소가 자신이 정확한 염기를 삽입하였는지를 검사한다.

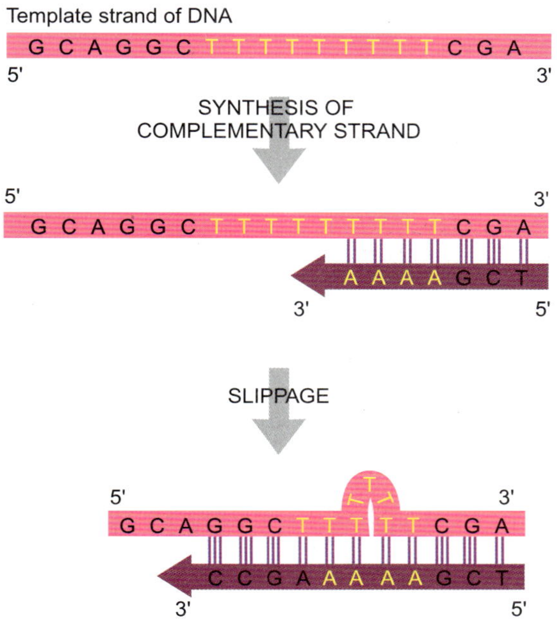

Template strand of DNA
G C A G G C T T T T T T T T T T C G A
5' 3'
SYNTHESIS OF COMPLEMENTARY STRAND
5' 3'
G C A G G C T T T T T T T T T T C G A
A A A A G C T
3' 5'
SLIPPAGE
5' 3'
G C A G G C T T T T T T T C G A
C C G A A A A A A G C T
3' 5'

그림 23.15

가닥 미끄러짐으로 작은 삽입이나 결실이 만들어진다

그림에서 보여주는 주형 가닥은 많은 티민이 연속적으로 존재하고 있다(노란색). 복제가 일어날 때 티민은 아데닌과 쌍을 이루는데, 동일 염기가 길게 늘어서서 혼동을 일으키고 일부 티민들이 미끄러져 다르게 쌍을 이룬다. 추가된 T 염기는 주형가닥에서 쌍을 이루지 못하므로 튀어나오고, 2개의 염기 결실이 일어난다.

Template strand of DNA

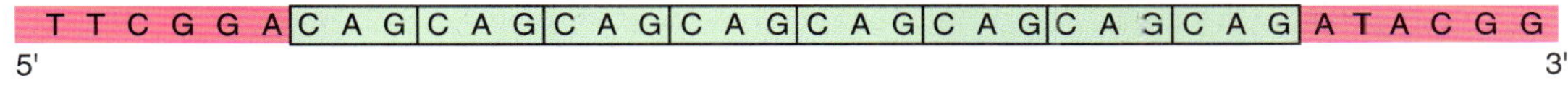

SLIPPAGE DURING SYNTHESIS

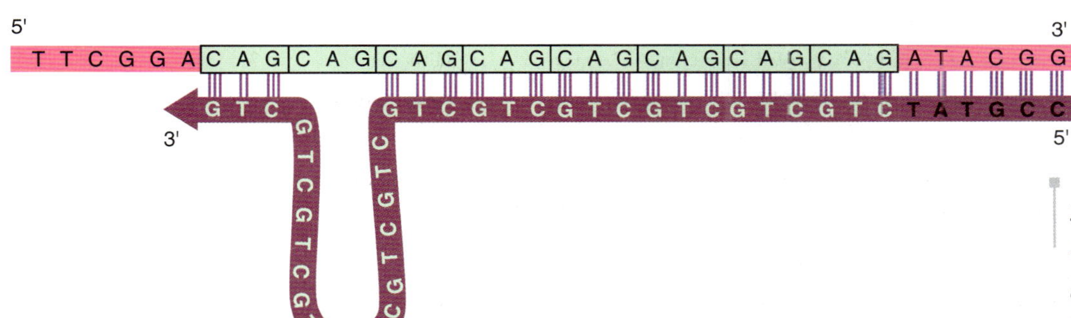

그림 23.16

3염기 반복의 가닥 미끄러짐

CAG와 같은 다수의 3염기 반복은 DNA 복제 과정 중 미끄러짐이 일어날 수 있다. 그림에서 보여주는 경우는 새롭게 합성되는 가닥이 고리처럼 빠져나오고 있다. 결과적으로 6개의 3염기 반복이 삽입된다.

만약 서열의 두 사본이 동일 DNA 분자에 위치하고 서로 마주보고 있다면(즉 반대방향으로), 잘못된 정렬과 더불어 교차가 일어나면 역위를 만든다(그림 23.18). 예를 들어, *E. coli*는 리보솜 RNA 유전자가 7개나 되는데, 어떤 *E. coli* 균주는 두 rRNA 오페론을 사이의 전 염색체가 역위되어 있다. 이러한 균주는 비록 성장이 느리기는 하지만 여전히 생존할 수 있다.

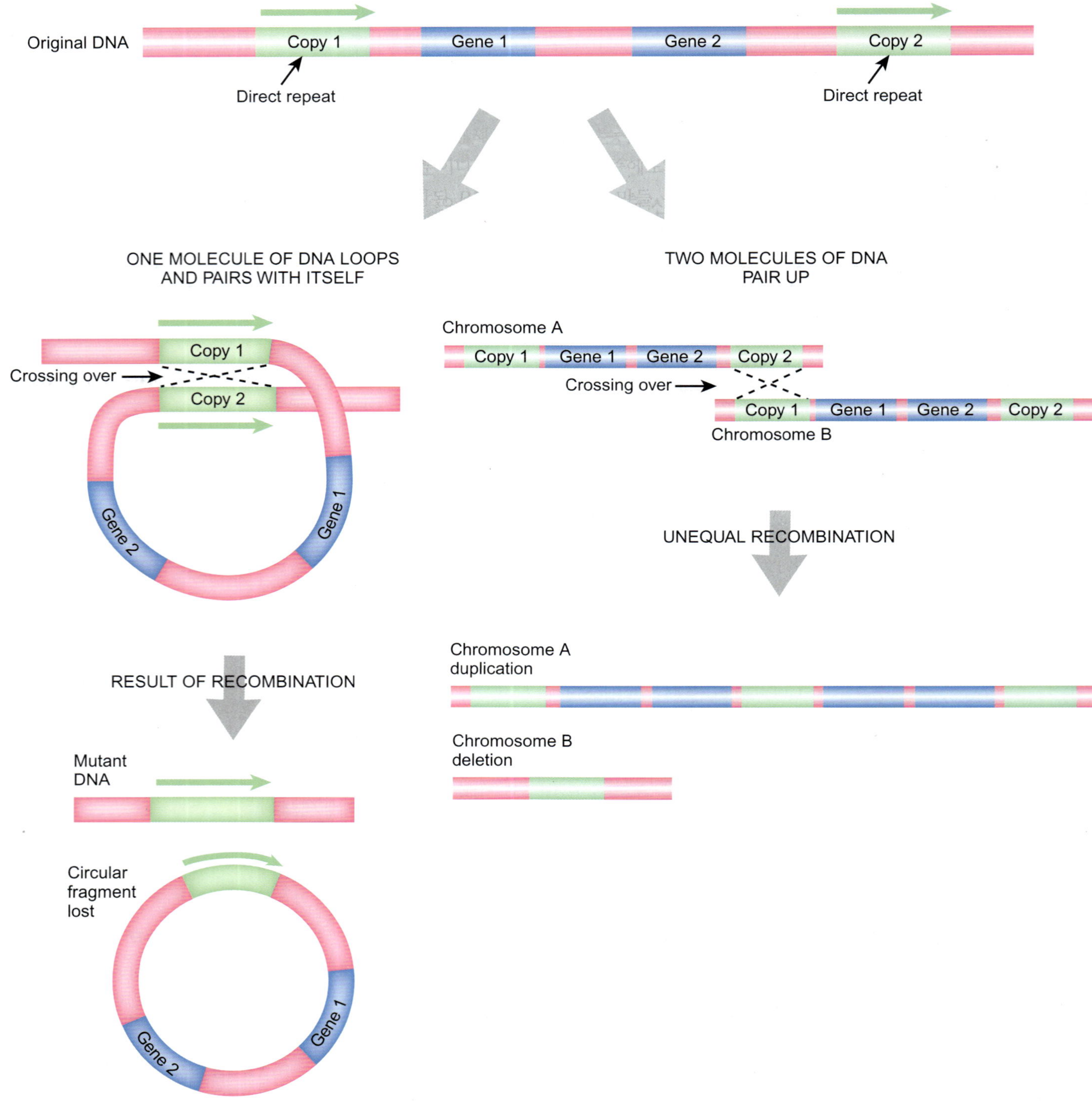

그림 23.17

직렬반복은 결실이나 중복을 만든다.

직렬반복은 두 가지 결과를 가진다. 단일 분자에서 왼쪽에서 보듯이, 단일 DNA 분자의 반복이 쌍을 이루고 재조합을 하게되면, 두 반복 사이에 결실이 일어나고 한편 고리형 분자 하나가 만들어진다. 오른편의 경우 염색체 A와 염색체 B 간 교차가 일어난다. 그 결과 염색체 A의 반복은 중복이 일어나고, 염색체 B의 반복은 결실이 일어난다.

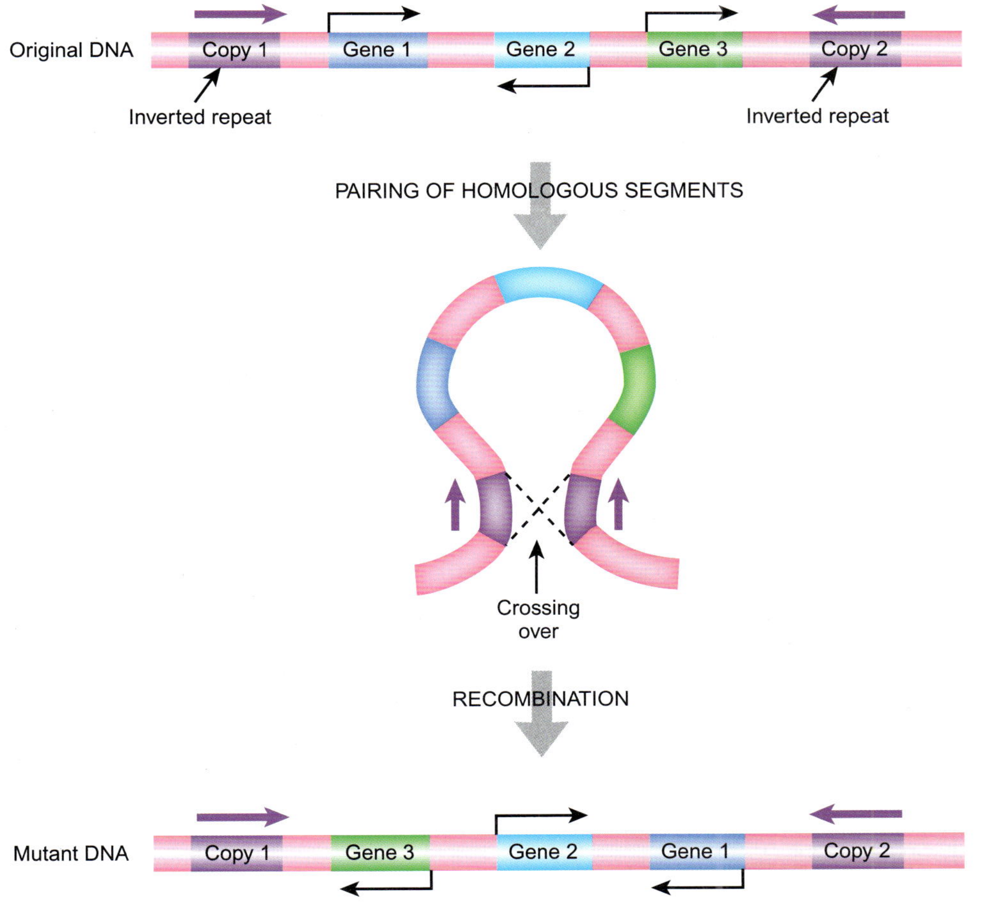

그림 23.18
역반복 서열에 의한 DNA 역위

두 서열이 역으로 놓여있고 중간에 3개의 유전자(1, 2, 3)가 있다. 세 유전자의 전사방향은 화살표로 표시되어있다. 중복된 서열이 고리모양을 형성하고 쌍을 이루고 재조합을 하면 이 지역에 역위가 일어나고, 세 유전자의 전사방향이 거꾸로 되었다.

3.4. 자연 돌연변이는 토토머화의 결과이다

비록 DNA 중합효소가 매우 정교하긴 하지만, DNA 복제시 정확도를 기하는 데 화학적 한계가 있다. DNA 중합효소가 정확한 염기를 삽입하더라도, 오류는 일어난다. DNA 염기의 **토토머화** 때문이다. 모든 염기는 상호전환되는 두 가지 구조로 존재할 수 있다. 역동적 평형을 이루는 이러한 이성체를 토토머(tautomer)라고 부른다. 이 경우, 한 이성체가 훨씬 더 안정되며 결과적으로 대부분 염기가 이 형태로 존재한다. 그러나 덜 안정된 다른 토토머도 드물게 나타난다. 만약 이것이 복제 중 일어나면 잘못된 염기쌍이 이루어진다.

티민은 케토(keto)와 에놀(enol) 토토머를 가진다(그림 23.19). 흔한 케토-형은 아데닌과 쌍을 이루지만 드문 에놀-토토머는 구아닌과 쌍을 이룬다. 구아닌 역시 케토와 에놀 토토머가 있다. 이경우 드문 에놀-구아닌은 시토신이 아닌 티민과 쌍을 이룬다. 유사하게 아데닌은 흔한 아미노(amino)와 드문 이미노(imino) 토토머가 있다. 드문 이미노-아데닌은 티민이 아닌 시토신과 염기쌍을 이룬다. 시토신은 잘못된 염기쌍을 가져오는 토토머가 없다. 비록 아미노와 이미노 토토머가 존재하지만, 둘다 구아닌과 염기쌍을 이룬다. 온도가 증가하면 염기가 잘못된 토토머를 이룰 가능성이 증가하고, 돌연변이 빈도도 증가한다.

토토머화(tautomerization) 분자의 변이로서, 염기가 두 이성질체 구조를 번갈아 가지는 것

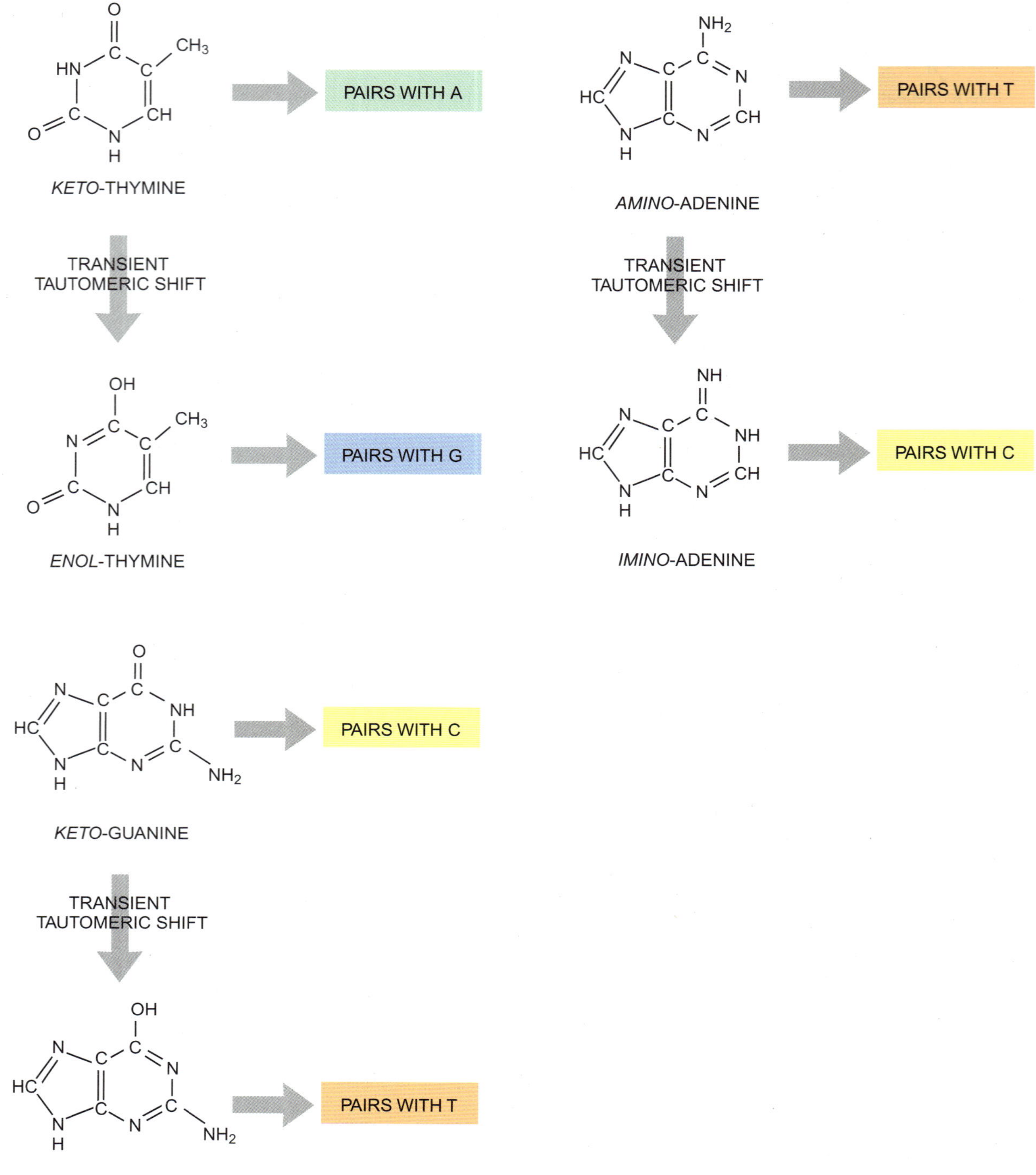

그림 23.19

염기의 토토머화는 잘못된 염기쌍을 만든다.

티민, 아데닌, 구아닌의 토토머이다. 각 경우, 일시적으로 존재하는 토토머들은 잘못된 염기와 쌍을 이룬다.

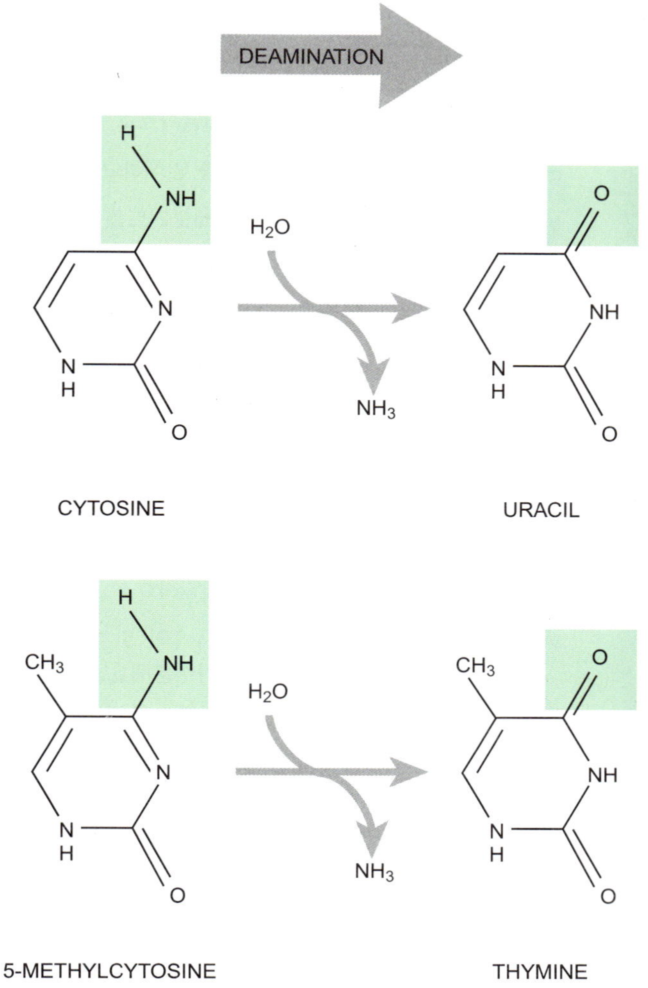

그림 23.20
시토신과 5-메틸시토신의 탈아미노화

시토신의 탈아미노화가 일어나면 우라실이 되고, 메틸시토신이 탈아미노화가 일어나면 티민이 된다. 두 경우 모두 적절하지 않은 염기쌍을 이룬다.

3.5. 자연 돌연변이는 내재적 화학물질의 불안정성에 의해 일어날 수 있다.

DNA는 비교적 안정하지만, 일부는 낮은 수준이지만 자연적 화학반응을 일으킨다. 여러 염기는 천천히 그러나 검출 가능한 속도로 아미노기를 잃는다(**탈아미노화**). 아데닌, 구아닌, 시토신은 모두 자연적으로 탈아미노화가 일어난다. 그 중 가장 빈번하게 일어나는 것은 시토신이 우라실로 바뀌는 탈아미노화다(그림 23.20). 또한 변형된 염기인 5-메틸시토신은 특히 탈아미노화가 잘 일어난다. 이것은 "메틸-우라실" 즉 티민이 된다. 결과적으로 어떤 경우든 C가 T로 변한다. A의 탈아미노화는 하이포크산틴(hypoxanthine)으로 G는 크산틴(xanthine)으로 바뀌는데, 시토신에 비해 약 2-3%밖에 되지 않는다. 하이포크산틴과 크산틴은 일반적으로(항상 그런 것은 아니다) C와 염기쌍을 이루므로, 어떤 경우는 돌연변이가 생길 수 있다.

DNA에 산화적 손상 역시 심각하다. 산소 분자에서 유래한 수산 그리고 과산화물(superoxide) 래디컬은 여러 염기를 공격할 수 있다. 가장 일반적 표적은 구아닌으르 8-수산-구아닌으로 산화된다. 이것은 A와 염기쌍을 선호한다. 즉 G/C 염기쌍이 T/A 염기쌍으로 변화할 수 있다.

염기의 비효소적 메틸화는 낮은 빈도로 일어난다. 메틸 공여체는 메틸기를 부착하는

탈아미노화(deamination) 아미노기의 유실

표 23.01 *E. coli*의 DNA 수선 체계

수선 체계	유전자	기작과 기능
짝짝이 수선	*dam*	DNA 아데닌 메틸화효소
	mutSHL	염기의 짝짝이를 인식하고 절제
뉴클레오티드 절제 또는 "자르고 붙이는" 수선	*uvrABCD*	부정확한 뉴클레오티드를 발견하고 절제
구아닌 산화 수선	*mutMYT*	산화된 구아닌 유도체를 제거
알킬화된 염기 수선	*ada*	알킬그룹을 제거하고 전사를 활성
	alkA	알킬화된 푸린을 제거(당화효소)
우라실 제거	*ung*	우라실-N-당화효소는 DNA의 우라실을 제거
염기 절제	*xthA, nfoAP*	AP 핵산내부가수분해효소
국소 DNA 수선	*dcm*	DNA 시토신 메틸화효소
	vsr	T/G 짝짝이에서 T의 5′ 쪽을 잘라내는 핵산내부가수분해효소
광회복	*phr*	광회복효소(photolyase)
재조합 수선	*recA*	외가닥 결합
	recBCD	이중가닥 절단 수선
	recFOR	재조합 기능
SOS 수선 체계	*recA, lexA*	SOS 체계의 조절
"오류-유발 수선"	*umuDC*	DNA 중합효소 V
	dinB	DNA 중합효소 IV

효소가 사용하는 정상적 기질인 S-아데노실메티오닌(S-adenosylmethionine)이다. 그러나 이것은 상당히 반응성이 커서 낮은 빈도지만 순간적으로 여러 염기를 공격할 수 있다. 가장 큰 문제는 3-메틸아데닌의 형성으로, DNA 신장을 방해하는 경향이 있다.

때로, DNA의 염기가 디옥시리보오스와 연결하는 결합이 순간적으로 가수분해 될 수 있다. 이것은 피리미딘보다 푸린에서 더 자주 일어나며 빈 푸린결실(apurine) 자리를 생성한다. 염기 자리가 비게 되면 DNA 복제가 중단되며 DNA 중합효소가 부정확한 염기를 삽입하게 된다.

4. DNA 수선 개관

DNA가 손상된다 하더라도 이것이 끝은 아니다. 대부분의 세포는 다양한 손상 조절 체계를 가지고 있어서 손상된 DNA를 수선할 수 있다. 이들은 여러 다른 문제를 다루는 DNA 수선 체계를 가진다. 일부 수선 체계는 전체적인 DNA 구조의 변형을 검색하고 일부 다른 것들은 특별한 화학적 손상에 초점을 둔다. 일부의 경우, DNA 수선 과정 자체가 돌연변이를 일으킨다.

모든 생물은 다양한 DNA 손상을 수선하는 체계를 가진다.

자세한 DNA 수선 기작에 대한 이해는 *E. coli* 박테리아 연구에서 얻어졌다. 그러나 대부분 생물이 자신들의 DNA를 수선하고 다양한 수선 체계를 가지고 있고 *E. coli*의 그

것과 유사할 것으로 생각된다. 사람의 특정 DNA 수선 체계의 손상은 체세포나 생식세포에 모두 높은 돌연변이 빈도를 가져온다. 이것은 유전병과 암의 확률을 증가시킨다. 표 23.01에서 알려진 *E. coli*의 수선 체계와 관련된 유전자를 나열하였다. (정상 DNA 복제에 관계하는 DNA 손상을 대체하는 합성효소는 표에 포함하지 않았다.) 아래에서는 몇가지 선별된 수선 체계에 대해서 더 자세히 알아볼 것이다.

4.1. DNA 짝짝이수선 체계

일부 수선 체계는 특정 화학적 실수가 아닌 DNA 이중나선의 구조적 결함을 검사한다. *E. coli*에서는 **짝짝이수선 체계**와 **절제수선 체계**의 두 체계가 있다(아래 참조). 두 체계 모두 DNA 이중나선의 구조적 결함을 검색하지만 짝짝이수선 체계가 절제수선 체계보다 좀 더 민감하다. 다양한 변이로 염기쌍이 적절하게 이루어지지 않는 짝짝이 염기쌍이 생긴다. 만약 두 염기가 짝을 이루지 못하여(예, G/A) 수소결합이 적절하지 않으면, DNA 나선에 튀어나온 모양이 생긴다. 잘못된 DNA 염기쌍 짝짝이, 염기 유사체, 화학적으로 변형된 염기 그리고 틀이동에 의한 돌연변이는 모두 뒤틀림을 가져오고 짝짝이수선 체계를 촉발시킨다.

짝짝이수선 체계는 잘못된 염기가 있는 DNA 가닥 일부를 자른다. 이렇게 만들어진 간극은 DNA 중합효소 III("Pol III")에 의해 적절한 염기를 삽입하여 메꾸어진다(그림 23. 21). DNA 중합효소 I이 짧은 손상 지역을 메꾸는 대부분의 수선 체계를 감안하면 이 경우에 Pol III가 관여하는 것은 특별한 일이다.

짝짝이수선은 잘못된 염기쌍을 수선한다.

그러나 세포가 두 짝짝이 염기 중 잘못된 염기를 어떻게 알아내는 것일까? 대부분의 짝짝이 쌍은 DNA 복제 중 일어난다. 이때 수선 체계는 어느 가닥이 모세포어 유래한 것이며 어떤 가닥이 새로 합성된 (즉 실수가 일어난) 딸가닥인지 알아야 한다. *E. coli*에서 염색체는 두 방식으로 모가닥과 새가닥을 구별한다. *dam* 유전자 산물인 **DNA 아데닌 메틸화효소**은 GATC의 아데닌을 6-메틸아데닌으로 바꾼다. *dcm* 유전자 산물인 **DNA 시토신 메틸화효소**은 CCAGG와 CCTGG의 시토신을 5-메틸시토신으로 바꾼다. 이 두 인식서열은 역상보성(palindromic)으로 양쪽 가닥 DNA 모두 메틸화가 될 수 있다. 이 메틸화된 염기는 염기쌍 형성을 방해하지 않는다. 즉 6-메틸아데닌과 5-메틸시토신은 각각 T, G와 염기쌍을 이룬다(그림 23.22). 5-메틸우라실인 티민과 우라실이 모두 아데닌와 동일한 염기쌍을 이루는 것을 기억하라.

DNA 복제 직후 기존의 가닥은 메틸화 되어있지만, 새로운 DNA는 그렇지 않을 것이다. Dam과 Dcm 효소가 새로운 가닥을 메틸화하는데는 몇 분이 소요된다. 즉 짧은 시간동안 DNA는 **반-메틸화** 상태이다(그림 23.23). 이 동안 다양한 수선 체계가 잘못된 염기 삽입으로 짝짝이 염기쌍을 찾아다닌다. 기존의 가닥과 새로 만들어진 가닥의 구별은 메틸화의 차이로 알아낸다. 메틸화 지체는 완전히 밝혀지지는 않았지만 박테리아에서 새로운 DNA 복제 개시를 조절하는데에도 관련이 있다(10장 참조). 박테리아의 그룹에 따라 다른 인식서열을 사용한다. 그러나 메틸화로 기존의 또는 새로운 가닥을 구별하는 원리는 동일하다.

세균에서 부모가닥은 메틸화 여부로 알아낸다.

새로 만들어진 DNA는 메틸화가 되어있지 않으므로, 메틸화가 일어나기 전 오류를 검사해야한다.

*E. coli*의 주된 짝짝이수선 체계인 MutSHL 체계는 DNA 아데닌 메틸화효소에 의한 GATC 메틸화를 이용하여 새로 합성된 가닥을 검색한다(그림 23.24). *E. coli* DNA 수선에 관여하는 유전자들이 변이를 하면 돌연변이 빈도가 증가하므로 "돌연변이 유발유전자

DNA 아데닌 메틸화효소(Dam, DNA adenine methylase) GATC의 아데닌을 6-메틸아데닌으로 바꾸는 효소
DNA 시토신 메틸화효소(Dcm, DNA cytosine methylase) CCAGG와 CCTGG의 시토신을 5-메틸시토신으로 바꾸는 효소
절제수선 체계(excision repair system) "자르고 붙이는" 수선으로 알려져 있고, DNA 이중나선의 불룩한 구조를 인식하여 손상된 가닥을 수선하는 것
반-메틸화(hemi-methylation) 한 가닥만 메틸화 된 것
짝짝이수선 체계(mismatch repair system) 잘못 짝지어진 염기쌍을 인식하고 잘못된 염기를 가진 DNA 가닥의 일부를 잘라내고 수선하는 체계

그림 23.21

짝짝이수선 체계의 원리

잘못된 염기쌍이 형성되면 그 부분에 뒤틀림이 일어난다. 짝짝이수선 체계는 이러한 뒤틀림을 발견하고 수선한다.

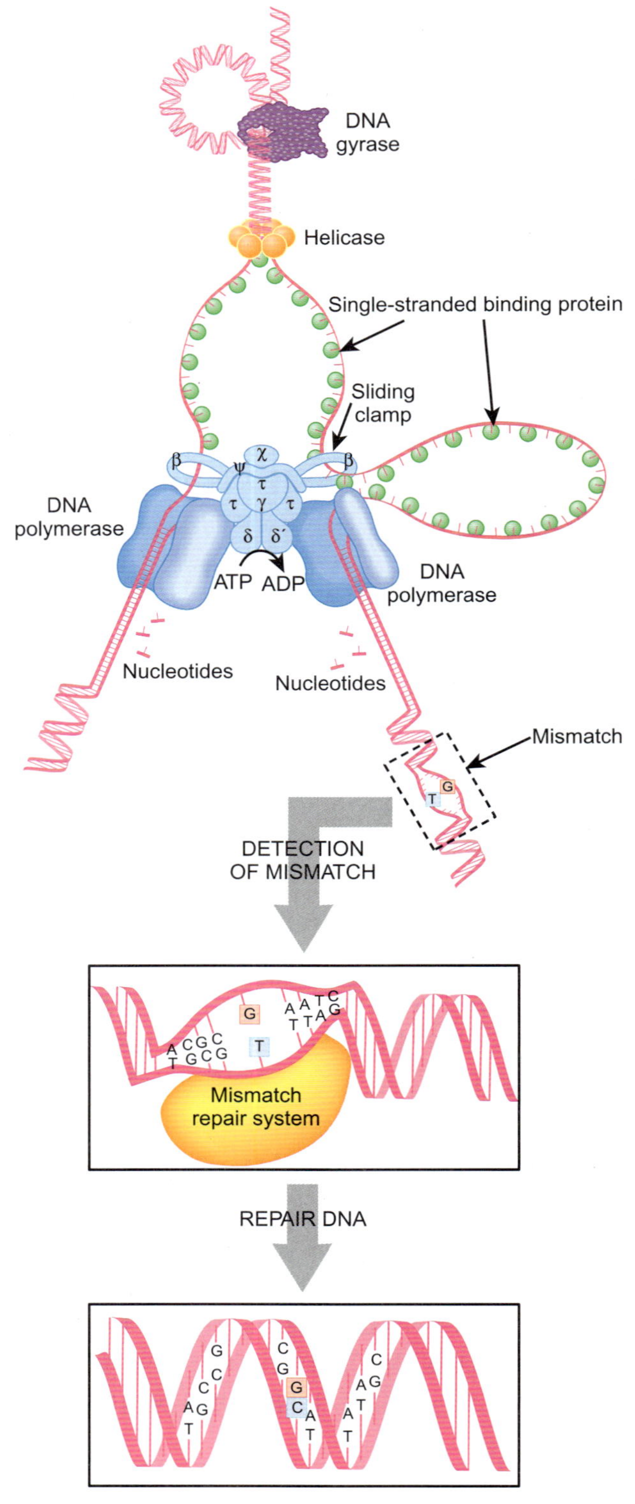

(mutator)"에서 유래한 *mut*로 명명되었다. 짝짝이수선 체계는 *mutS*, *mutH*, *mutL*의 세 유전자로 이루어져 있다. MutS 단백질은 짝짝이 염기쌍으로 생긴 굴곡을 인식한다. MutH 단백질은 가장 가까운 GATC를 찾아서 메틸화가 되지 않은 가닥을 자른다. MutL 단백질은 복합체를 묶어주는 것으로 보인다. 가장 가까운 GATC가 멀리 있을 경우, MutSHL 복합체는 GATC 지점에 이를 때까지 DNA를 잡아당겨 고리 모양이 만들어 질 것으로 생각된다(그림 23.24). 그 후 Pol III가 부착하여 MutSHL 체계에 의해 만들어진 간극을 수선

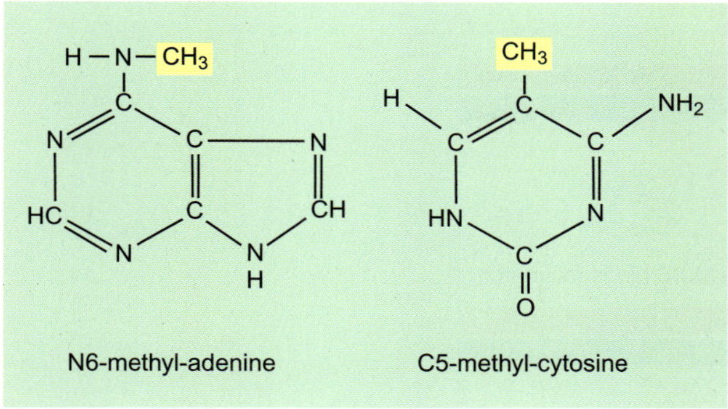

N6-methyl-adenine
C5-methyl-cytosine

그림 23.22

메틸화 염기-화학적 구조

아데닌과 시토신의 메틸그룹은 노란색으로 표시되었다.

REPLICATION OF DNA
Old strand
New strand
TWO MOLECULES OF HEMI-METHYLATED DNA
DAM METHYLASE
DCM METHYLASE

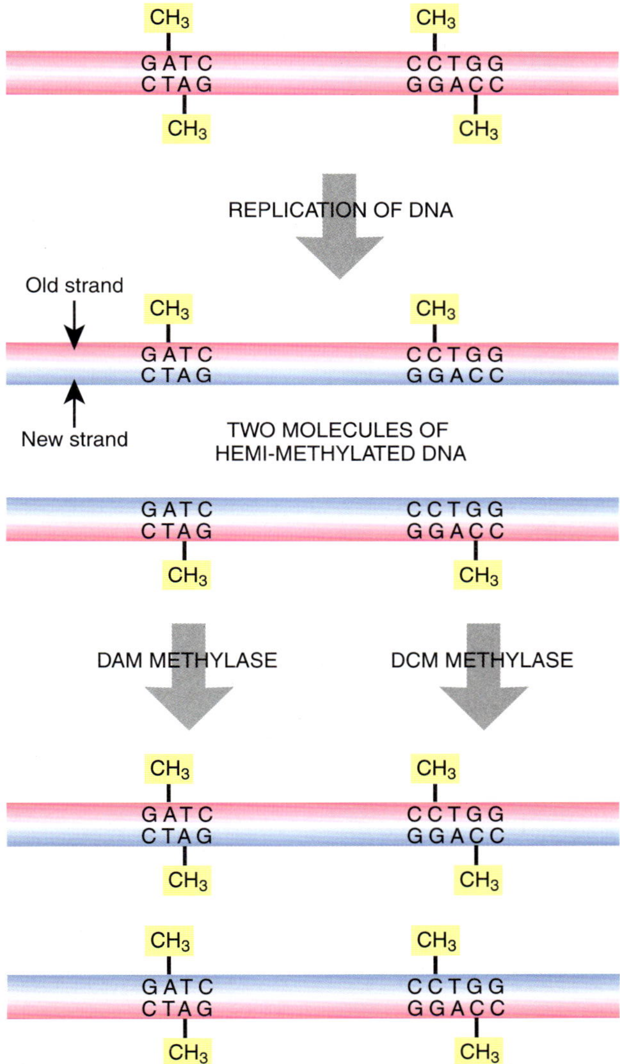

그림 23.23

반-메틸화된 DNA: 기존 가닥과 새 가닥

DNA가 복제될 때, 기존 가닥은 메틸화되어 있지만 새 가닥은 메틸화되어 있지 않다. 즉, 전체적으로 DNA 이중나선은 "반-메틸화" 상태이다. Dam 메틸화효소와 Dcm 메틸화효소는 짝짝이수선 체계가 새로운 DNA 오류를 검사한 후 새로운 가닥의 특수한 인식서열을 메틸화한다.

하는 것으로 보인다.

4.2. 일반 절제수선 체계

가장 일반적으로 DNA 손상을 수선하는 체계는 "자르고 붙이는" 수선으로 알려진 절제수선(excision repair)이다. 이 체계는 DNA 이중나선의 불룩한 구조를 인식하나 짝짝이 체계처럼 민감하지는 않다. 절제수선 체계는 염기쌍 짝짝이, 염기 유사체 또는 메틸화된 염기

자르고 붙이는 수선은 DNA 이중나선 구조의 뒤틀림을 인식한다.

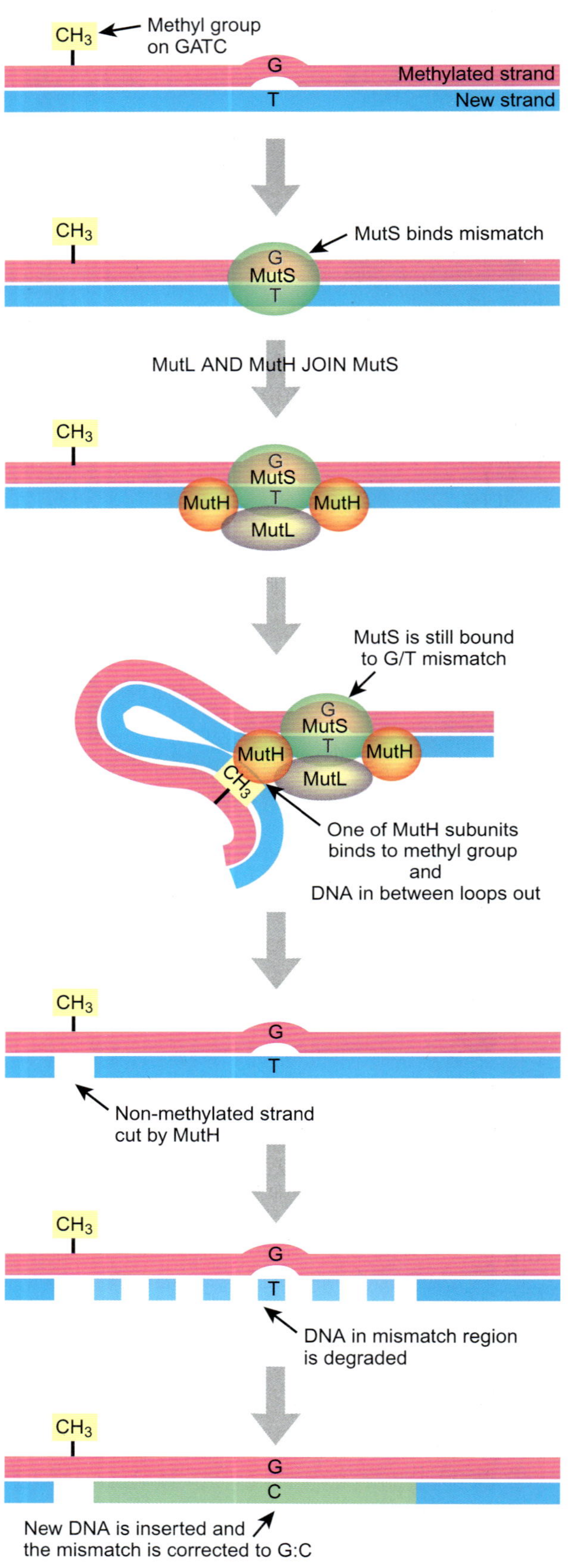

그림 23.24

MutSHL 짝짝이수선 체계

MutS는 DNA 복제 후 잘못된 염기쌍을 인식한다. MutS가 MutL과 2개의 MutH 단백질을 잘못된 염기쌍 지점으로 불러온다. MutH가 메틸그룹을 기준으로 "모" 가닥을 찾아 가장 가까운 GATC 주변에 위치한다. MutH는 메틸화되지 않은 가닥을 잘라주고 잘못된 염기쌍을 잘라낸다. 이 지점이 복제되면 수선이 끝난다.

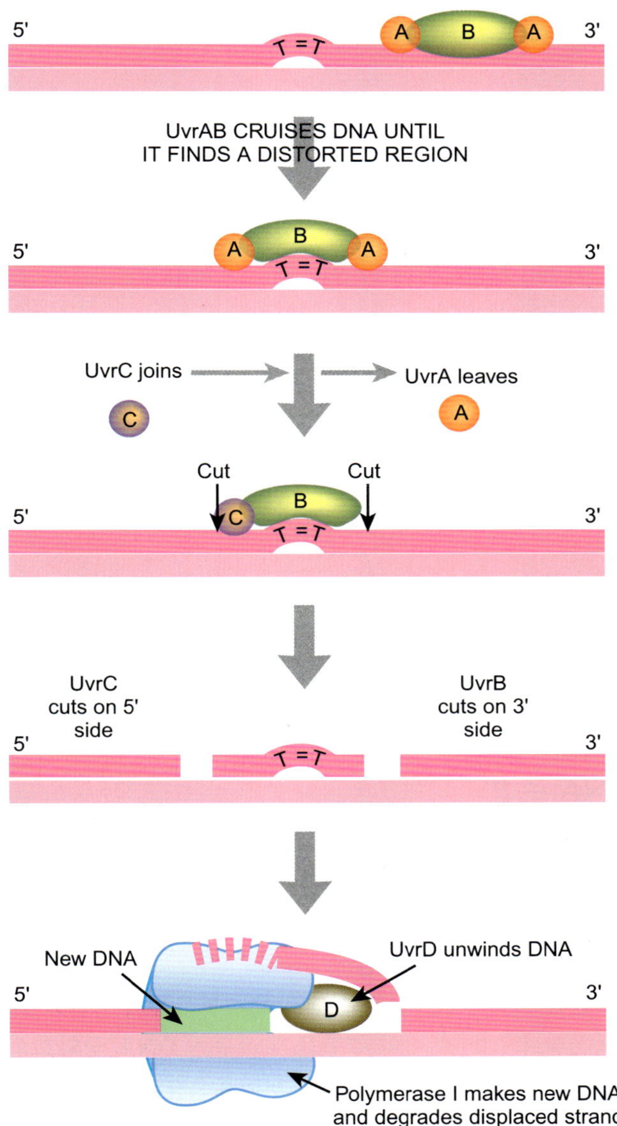

그림 23.25
UvrABC 절제수선 체계

연결된 티민(진한 분홍색) 가닥을 UvrAB 복합체가 인식한다. UvrA 단백질이 UvrC 단백질로 대체되면서, UvrC는 티민 이량체 바로 전 가닥을 자른다 (5′ 쪽). UvrB는 티민 이량체의 아래쪽 가닥을 자른다 (3′ 쪽). UvrD가 손상된 가닥을 풀어주면, DNA 중합효소 I이 손상된 가닥을 분해하고 메꾸어준다.

로 생기는 약간의 뒤틀림은 검색하지 못한다. 이것은 티민 이량체와 같은 대부분의 UV 조사로 생기는 손상이나 다른 교차결합에서 오는 손상을 수선한다. 절제수선 유전자 돌연변이는 UV 광에 대한 저항성이 낮으므로 *uvr*(UV 저항성)로 명명된다.

UvrAB 절제수선 체계는 짝짝이수선 체계와 유사하다. UvrAB 복합체는 DNA의 튀어나온 구조를 찾아 돌아다닌다. 결합을 발견하면, UvrA는 떨어져 나가고 UvrC로 대체된다. UvrB는 손상된 DNA의 3′ 쪽을 자르고, UvrC는 5′ 쪽을 자른다(그림 23.25). UvrD는 DNA 풀기효소로 UvrBC로 잘린 조각을 외가닥으로 풀어낸다. 이어 DNA 중합효소 I(Pol I)이 간극을 새로운 DNA로 메꾼다. Pol I은 중합효소 활성과 기존 DNA 가닥을 제거하는 5′-핵산말단가수분해효소 활성을 가지고 있다. 즉, 이것은 새로운 가닥을 합성하면서 기존 가닥을 분해 제거한다. 최종적으로 틈(nick)을 DNA 연결효소(ligase)로 연결한다.

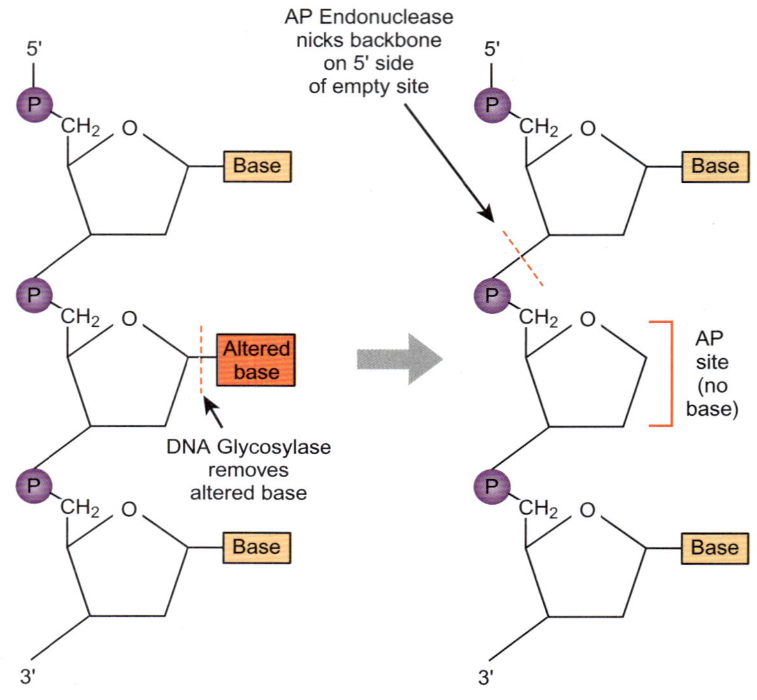

그림 23.26
비정상적 염기의 제거

하이포크산틴과 같은 변이형 염기는 DNA 당화효소가 제거하고 염기가 비어있는 AP 지점을 만든다. AP 지점은 AP 핵산내부가수분해효소가 인식하고 당의 5′ 쪽을 자른다. 이것으로 자유 3′-OH 말단이 생기고 Pol I이 3′-OH를 인식하고 AP 지점이 포함된 외가닥 DNA를 메꾸어준다.

4.3. 특수 염기를 절제하는 DNA 수선

정상적이지 않은 염기는 다양한 수선 체계를 통해 제거된다.

DNA 이중나선의 뒤틀림을 인식하는 일반적 수선 체계와는 달리, DNA의 특정 화학적 변화를 인식하는 다양한 수선 체계가 있다. 이것을 **염기절제 수선** 체계라 한다. 특히, DNA는 메틸화와 탈아미노화로 비정상적 염기가 생긴다. 이 경우 짝짝이를 만드는 잘못된 염기쌍이 분명하므로, 다양한 효소들이 비정상적 염기를 제거한다.

탈아미노화는 아데닌을 하이포크산틴으로, 구아닌을 크산틴으로 시토신을 우라실로 만든다. 이 세 염기는 모두 염기와 디옥시리보오스 당 사이 결합을 잘라주는 **DNA 당화효소**에 의해 제거된다. 각기 다른 비정상적 염기에 각기 다른 DNA 당화효소가 존재한다. 즉, **Ung 단백질** 즉 **우라실-N-당화효소**는 DNA에서 우라실을 제거한다. 3-메틸 아데닌과 3-메틸 구아닌과 같은 일부 메틸화된 유도체들도 동일 방식으로 제거된다.

염기의 제거로 DNA에는 **AP-자리**라고 하는 빈 공간이 생긴다. AP는 AP-자리를 만든 염기의 종류에 따라 탈푸린(apurinic), 또는 탈피리미딘(apyrimidinic)을 의미한다(그림 23.26). 이어서 **AP 핵산내부가수분해효소**가 염기가 사라진 DNA 골격을 자르고 자유 3′-OH를 노출한다. DNA 중합효소 I은 이 자유 3′-OH 그룹에서 시작하여 짧은 DNA 조각을 만든다. Pol I은 이동하면서 자신의 5′-핵산말단가수분해효소 활성을 사용하여 진행방향 앞쪽의 외가닥을 분해한다. 틈은 최종적으로 DNA 연결효소가 연결한다. 흥미로운 것은 지나친 DNA 당화효소의 활성은 돌연변이 빈도를 증가시킬 수 있고 이로 인하여 일부 사람의 암이 발생하는 것으로 보인다(관련 연구에 대한 초점 참조).

AP 핵산내부가수분해효소(AP endonulcease) AP–자리 바로 옆 DNA를 자르는 핵산내부가수분해효소
AP–자리(AP site) 염기가 없는 DNA 자리(AP–자리= 없는 염기의 종류에 따라 탈푸린화 또는 탈피리미딘화 지점으로 부른다)
염기절제 수선(base excision repair) 나선의 뒤틀림을 일으키지 않는 DNA의 돌연변이를 인식하고 수선하는 체계
DNA 당화효소(DNA glycosylase) 염기와 DNA 골격의 디옥시리보오스 사이 결합을 끊어주는 효소
우라실–N–당화효소(Uracil-N-glycolylase) DNA에서 우라실을 제거하는 효소
Ung 단백질 uracil–N–glycolylase(우라실–N–당화효소)와 동일

Klapacz J, Lingaraju GM, Guo HH, Shah D, Moar-Shoshani A, Loeb LA, and Samson LD (2010) Frameshift mutagenesis and microsatellite instability induced by human alkyladenine DNA glycosylase. Mol. Cell 37: 843–853.

사람의 알킬아데닌 DNA 당화효소(hAAG; *hAAG* 유전자 산물)는 다양한 돌연변이 염기를 인식한다. N3- 또는 N7-알킬화된 푸린, 하이포크산틴, 크산틴, 그리고 아데닌과 구아닌의 고리화 에텐 부착 산물 등이 여기에 속한다 (그림 23.27). 알킬아데닌 DNA 당화효소는 이들 이상한 염기를 제거하고 AP 자리를 만들어 AP 핵산 내부가수분해효소, AP 분해효소(lyase), DNA 중합효소가 이들을 수선한다.

hAAG 유전자가 과발현되면 자연 틀이동 돌연변이가 증가하고 반복 수가이 변하여 정상적 유전자 발현이 방해된다. 세포주기 유전자에 영향을 주면 세포는 암으로 바뀔 수 있다. *hAAG* 유전자가 유전적 소양을 가진 궤양성 장염을 가진 환자에서 과발현된 것이 발견되었다. 이러한 환자들은 또한 미소부수체가 불안정하여 대장암을 발병할 확률도 높다.

이 논문의 저자들은 *E. coli*에서 위치-특이적 돌연변이로 *hAAG*의 활성자리가 변화된 단백질을 발현시킨 후, 항생제 저항성 돌연변이 빈도를 조사하였다. 그 결과 Y127I/H136L 이중 돌연변이를 가진 *hAAG*는 돌연변이 빈도를 증가시키는 것

관련 연구에 대한 초점

을 발견하였다. 효모에서도 이 *hAAG* 이중 돌연변이가 틀이동 돌연변이를 크게 증가시켰다. 조직배양된 사람세포에서 *hAAG* 돌연변이는 미소부수체의 반복 수를 증가시켰다. 이중 돌연변이는 정상형과 달리 변이된 염기에는 결합할 수 있었으나 잘못된 염기를 제거하지 못하였다. 이 결합이 오히려 다른 수선 체계를 방해하여 틀이동과 미소부수체 변이를 가져온 것이다.

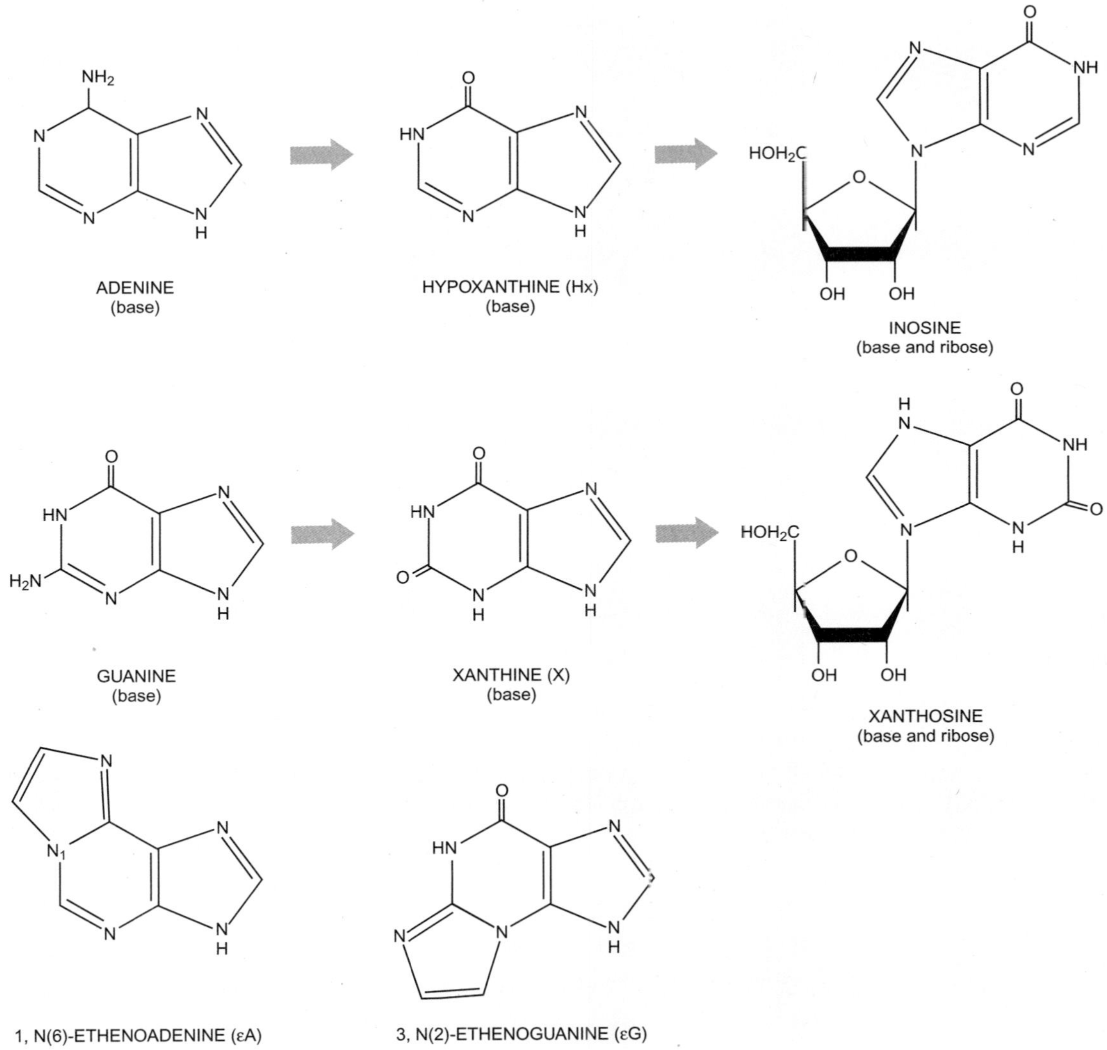

ADENINE (base) → HYPOXANTHINE (Hx) (base) → INOSINE (base and ribose)

GUANINE (base) → XANTHINE (X) (base) → XANTHOSINE (base and ribose)

1, N(6)-ETHENOADENINE (εA)

3, N(2)-ETHENOGUANINE (εG)

그림 23.27

잘못된 염기의 구조

구아닌과 아데닌은 정상적으로 왼편의 구조를 가진다. 때로 화학적 변형이 일어나 염기 구조를 바꾸면 아데닌에서 이노신으로, 구아닌에서 크산토신으로 서열이 바뀐다. 다른 화학적 변형으로 아데닌과 구아닌은 고리형 부착물인 에테노아데닌과 에테노구아닌을 만든다.

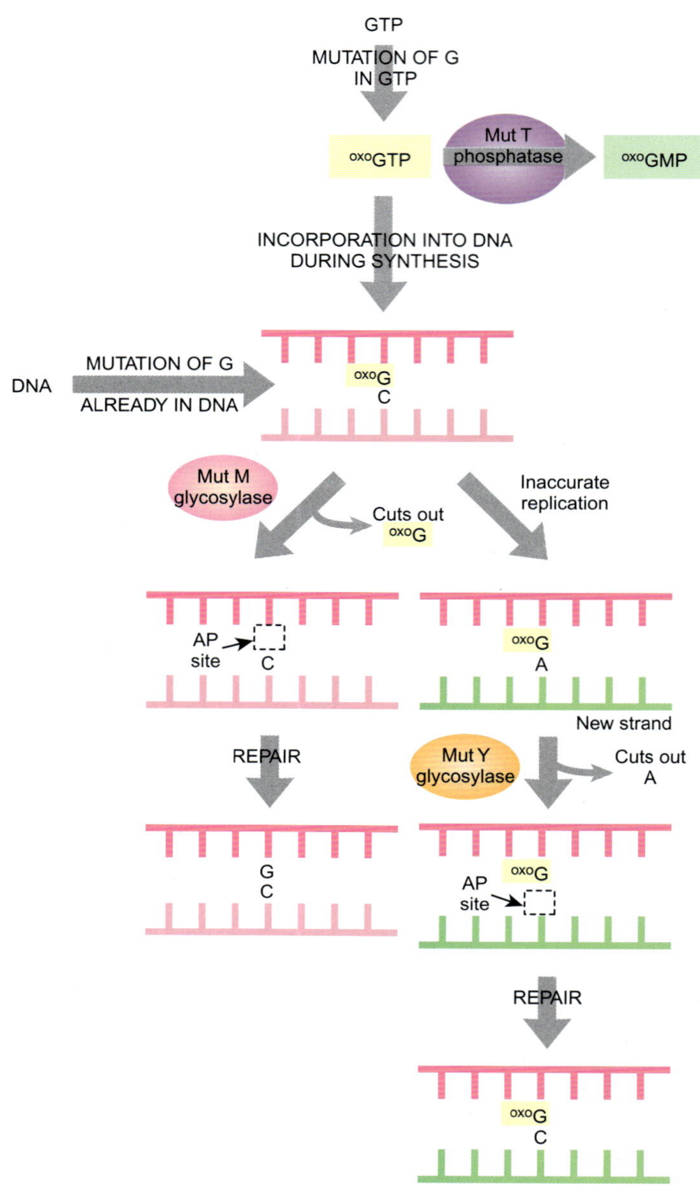

그림 23.28

산화된 구아닌의 수선

8-옥소구아닌(oxoG)는 세 가지 다른 방법으로 수선이 가능하다. 만약 DNA 합성 중 뉴클레오티드 전구체에서 8-옥소구아닌(즉, oxoGTP)을 검출하면, MutT 인산분해효소가 전구체를 탈인산화시킨다. 1인산(oxoGMP)는 DNA에 삽입이 되지 못한다. 만약 8-옥소구아닌이 삽입된 후 C와 염기쌍을 이루었다면, MutM 당화효소가 작용하여 AP 자리를 만든다. AP 핵산내부가수분해효소와 Pol I이 AP 자리를 수선한다. 만약 8-옥소구아닌이 DNA에 삽입되어 A와 비정상적인 염기쌍을 이루었다면, MutY 당화효소가 A를 제거하고 만들어진 AP 자리는 위에서와 같이 수선된다. 결과적으로 만들어진 8-oxoG/C 염기쌍은 MutM 당화효소에 의해 수선된다.

일부 비정상적 염기는 산화의 결과이다. 8-옥소구아닌(oxoguanine)은 특히 많으며, 때로 아데닌과 8oxoG/A와 같이 잘못된 염기쌍을 이루며, MutA DNA 당화효소가 8-옥소구아닌을 제거한다(관련 연구에 대한 초점 참조). 또한 MutY 단백질은 8-옥소구아닌과 쌍을 이룬 아데닌을 제거한다(그림 23.28). 이 두 경우 모두 AP-자리가 생기고 위에서와 같은 과정으로 수선된다. 최종적으로, 8-옥소구아닌이 DNA 합성에 사용되는 뉴클레오티드 전구체에서 발생할 수도 있다. 잘못된 뉴클레오티드를 수선하기 위해, MutT 단백질이 GTP 유도체인 8-옥소구아닌을 발견하고 인산을 제거하여 8-옥소구아닌이 DNA에 삽입되는 것을 막는다.

Jiricny J (2010) DNA repair: how MutM finds the needle in a haystack. Curr. Biol 20:R145–147.

MutM은 8-옥소구아닌과 다른 산화된 염기를 제거한다. 이 DNA 당화효소는 DNA 이중나선 구조에서 염기를 밖으로 돌려세워 자신의 인식 공간에 맞추어 봄으로써 잘못된 염기를 찾는다고 알려져 있다. 이 과정에 염기와 당과의 결합이 약해지고 잘못된 염기는 잘려진다.

하지만 MutM 같은 수선 효소가 수백만의 염기 중 드물게 잘못된 염기를 어떻게 1차적으로 검색해 낼까? 아마도 이 효소가 DNA 이중나선을 약간 구부리면서 이동하는 것으로 보인다. 이렇게 구부리면 산화된 염기가 DNA의 당 인산 골격을 밀게 되어 당이 뒤틀리게 된다. 이로 인해 MutM은 잘못된 염기의 존재를 감지하게 된다.

관련 연구에 대한 초점

4.4 특수 DNA 수선 기작

특수한 경우를 다루는 좀 더 특이한 체계가 있다. (G와 염기쌍을 이루는) 5-메틸시토신의 탈아미노화로 티민이 되면 T·G 짝짝이 염기쌍이 생긴다. 티민은 자연적으로 존재하는 염기이므로, 짝짝이수선 체계는 복제 중 새롭게 만들어지는 DNA의 T/G 짝짝이 염기쌍만을 인식한다. 그러나 탈아미노화는 자연적으로 어느 순간에도 일어날 수 있다. 결과적으로 5-메틸시토신의 탈아미노화는 종종 수선되지 못하고 남게되며, 5-메틸시토신은 돌연변이 다발점을 만든다. 박테리아와 달리 동물은 티민 DNA 당화효소를 가지고 있어서 복제 중 만들어지는 이러한 T·G 짝짝이를 수선한다.

시토신이 메틸화되어 만들어진 티민은 "국소 DNA 수선" 체계로 제거된다.

그러나 *E. coli*에서 대부분의 5-메틸시토신은 Dcm 메틸화효소로 만들어지며, CCAGG와 CCTGG 서열에서 발견된다. 이러한 서열에서 T가 C를 대체하여 G와 염기쌍을 이루면 T가 제거된다. 특수한 핵산내부가수분해효소가 T/G 쌍의 T옆을 자른다. 이 체계는 때로 "**국소 DNA**"으로 불리며, 이때의 틈을 만드는 효소는 **Vsr 핵산내부가수분해효소**이다. DNA 중합효소 I은 잘못된 T를 가지는 짧은 길이의 가닥을 제거하고 새로운 DNA로 대체한다. CCAGG/CCTGG 서열에서 시토신의 메틸화는 *E. coli*에서 독특한 것이지만, 다른 생물들도 5-메틸시토신을 만들므로 다른 서열 특이성을 가진 유사한 수선 체계를 가질 것으로 추정된다.

일부 메틸화된 염기는 DNA 당화효소로 제거되지만, 산소와 결합한 메틸기는 특수한 처리가 필요하다. O^6-메틸구아닌 또는 O^4-메틸티민의 메틸기는 메틸기를 자신에게 이동시키는 자살적 단백질에 의해 제거된다(그림 23.29). 이 반응으로 염기는 정상적 염기로 돌아가므로 새로운 DNA 합성은 필요없고, 불활성화된 수선 단백질은 분해된다. 이러한 일회-사용 단백질은 반응을 여러 번 촉매하지 않으므로 진정한 의미의 효소는 아니다.

Ada 단백질은 DNA의 염기와 인산 골격 모두의 메틸기를 제거할 뿐 아니라 전사 촉진자로도 작용한다.

*E. coli*의 Ada 단백질은 ("adaptation to alkylation") 특히 흥미롭다. 이것은 C-말단과 N-말단에 활성부위를 가지고 DNA의 메틸기를 제거하는 데 사용한다. 메틸화된 염기의 메틸기가 Ada의 C-말단에 부착되면, Ada는 비활성화된다. 그러나 세포내에서, 알킬화제제는 염기뿐 아니라 DNA 골격의 인산을 공격한다. Ada 단백질은 인산 골격에서 메틸기를 제거한다. 이 경우, 메틸기는 Ada 단백질의 N-말단 근처로 이동하며, 이것은 Ada를 전사 활성자로 전환시켜 알킬화에 의한 DNA 손상을 치료하는 여러 유전자의 발현을 증가시킨다(그림 23.30).

"국소 DNA"("very short patch repair") Dcm 메틸화효소가 인식하는 CCAGG와 CCTGG 서열 내 T/G 짝짝이 쌍의 짧은 외가닥을 제거하는 체계

Vsr 핵산내부가수분해효소(Vsr endonuclease) 국소 DNA 수선 체계에서 T/G 짝짝이 쌍 바로 옆을 절단하는 효소

그림 23.29

***O*–메틸 염기의 자살적 탈메틸화**

탈메틸화 단백질은 구아닌이나 티민의 산소(O)에 부착된 CH_3를 인식한다. 이 탈메틸화효소는 CH_3을 자신이 받아들인 후 자신은 분해된다. DNA에선 바로 메틸기가 제거되면서 다른 변화 없이도 정확한 염기 구조가 회복된다.

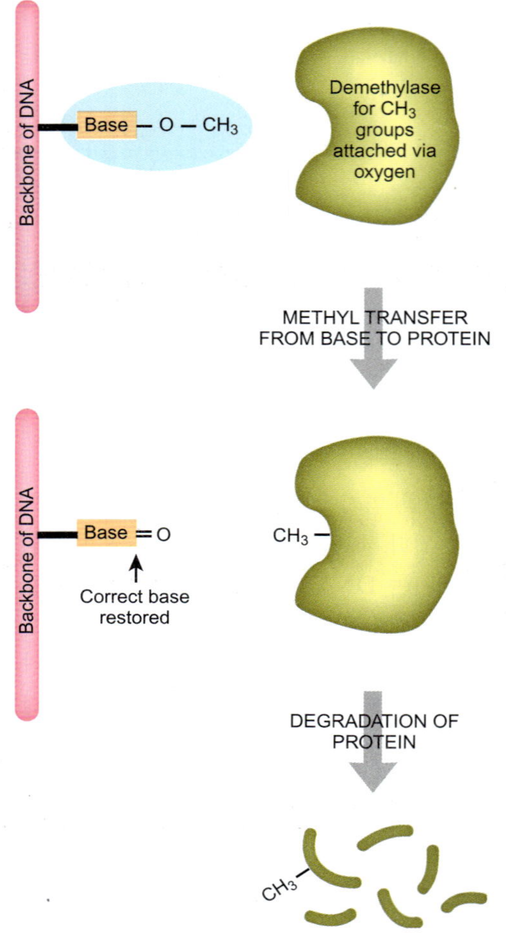

그림 23.30

***Ada*는 알킬그룹 제거에 이중적 역할을 한다.**

Ada 단백질은 DNA 수선에 있어서 두 가지 역할을 담당한다. Ada는 고전적 탈메틸화효소로서 변이가 일어난 염기에서 CH_3를 받아들이고 자신은 분해된다. 또한 Ada는 DNA의 인산 골격에서 CH_3를 받아들인다. 이때 CH_3는 N-말단에 부착되어 Ada를 전사 활성자로 변환시킨다. 이러한 형태의 Ada는 DNA 알킬화를 제거하는데 필요한 유전자를 발현시킨다.

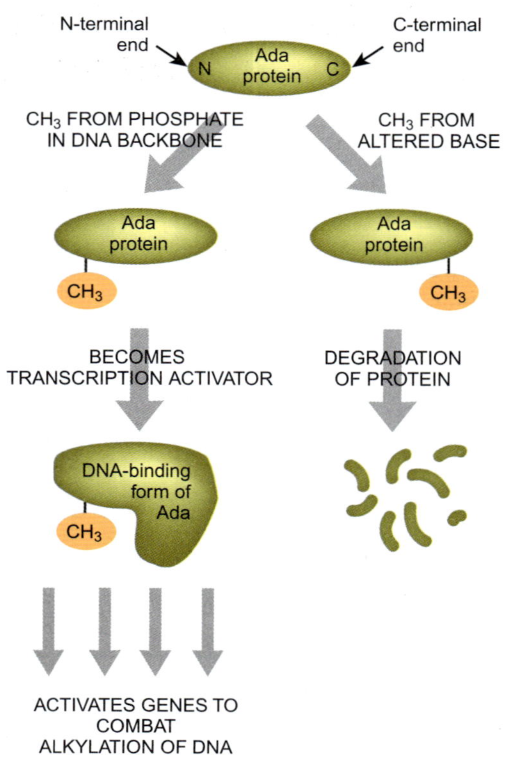

4.5. 광회복으로 티민 이량체를 자른다

광에너지로 티민 이량체를 분리한다.

이제까지는 하나의 변이된 염기에 특수화된 수선 체계를 다루었다. UV는 티민 이량체와 같은 피리미딘 이량체뿐 아니라 다른 타입의 손상도 초래한다. Uvr 절제수선 체계가 DNA 이중나선 구조 변형을 감지하여 피리미딘 이량체를 제거하지만, 이 경우에 특수한 수선 체계도 존재한다. 광회복(photoreactivation) 수선 체계는 피리미딘 이량체를 발견하고 직접 이량체를 분리하여 원 염기상태로 되돌린다(그림 23.31). DNA 합성은 일어나지 않는다. 광회복은 가시광선이 있을때만 일어난다. 광분해효소(photolyase)로 알려진 단백질이 푸른 광(350-500nm)을 흡수하고 이 광에너지를 사용하여 분리 반응을 수행한다.

흥미롭게도, 광분해효소는 어둠 속에서도 피리미딘 이량체 제거를 돕는다. 이 경우 이량체에 결합하지만 결합을 제거할 에너지는 부족하다. 그러나 광분해효소의 결합은 절제수선 체계를 유도하여 손상된 DNA를 수선하게 한다. 광회복 수선 체계는 사람을 포함해서 태반을 가지는 포유류를 제외한 모든 생물에게 발견된 첫 DNA 수선 체계다.

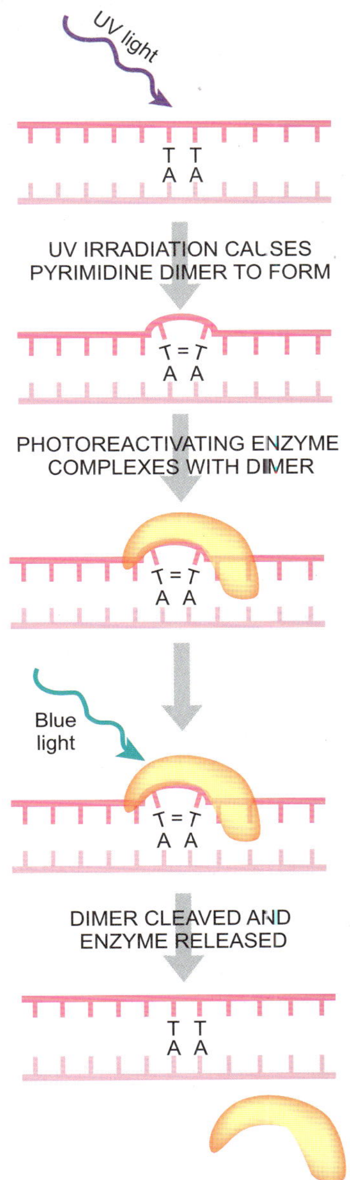

그림 23.31

광-재활성화는 피리미딘 이량체를 분리시킨다.

UV 광은 인접하는 2개의 티민을 결합시키지만, 이렇게 굽어진 DNA는 광분해효소가 인식한다. 광이 광분해효소를 활성화 시키면 결합을 끊어주고 티민이 원래의 형태로 되돌아간다.

4.6. 재조합에 의한 수선

모든 손상의 수선이 이상적이지는 않으므로, 세포는 적절한 수준에서 만족해야 한다. DNA 손상이 복제를 방해하는 경우 만약 그대로 두면 세포가 죽게 된다. 이 경우 돌연변이를 피하는 것은 둘째 문제가 된다. 예를 들어, 티민 이량체가 복제기구를 멈추게되면 이 부분을 건너뛰고 복제가 다시 일어난다. 결과적으로 일부분은 복제되지 않아 단가닥 상태로 남는다. 만약 이 간극을 메꾸지 않으면 다음 복제 시 그 지점에서 염색체가 절단된다. 복제하는 과정에서 티민 이량체가 있던 가닥에서는 문제가 생겼지만 다른 가닥에서는 정상적으로 복제가 일어 난다. 즉, 해당 지점에는 완벽한 사본과 문제가 있는 부분에서 사본이 존재한다.

이 간극을 메꾸기 위해, 박테리아 RecA 단백질은 외가닥 부위와 완벽한 이중가닥 사본 사이에 재조합을 수행한다. RecA 단백질은 외가닥에 결합하고 상응되는 이중가닥과 더불어 3중 구조를 형성한다. 재조합으로 손상된 가닥의 간극을 손상이 없는 사본으로 채우면, 손상이 없던 사본에 간극이 만들어진다. 그러나 이 간극은 반대쪽에 정상적인 DNA 가닥이 있으므로 DNA 중합효소에 의해 메꾸어질 수 있다(그림 23.32).

이런 회피 단계를 지난 결과는 복제가 일어난다는 것이다. 기존의 손상된 DNA 가닥이 수선되지 못했지만, 새로 만들어진 DNA는 정상이다. 여러 번의 연속 복제 과정이 일어나는 과정에서 이러한 장애회피 과정으로 인해 수천 개의 딸세포 중 하나만 손상된 가닥의 DNA를 가지게 될 것이다. 고등생물도 유사한 체계를 가지고 있고 이중가닥 절단 손상을 수선하기 위해 재조합을 사용하기도 한다. 손상이 수선하기 힘들 거나 불가능한 경우에는, 이렇게 피해를 한정시키는 방법은 매우 유익하다.

4.7. 박테리아의 SOS 오류-유발 수선

DNA가 손상되면 그 문제를 최소화하는 데 도움이 될 만한 다양한 유전자의 발현을 가져온다. 일부는 수선효소이고 일부는 손상이 수선될 때까지 세포분열을 연기하는 것들이다. 그러나 마지막 수단은 돌연변이를 가져오더라도 심하게 손상된 지역의 복제를 진행시키는 것으로 **오류-유발 수선**을 하는 것이다.

*E. coli*에서 **SOS 체계**는 이것이 심각하고 거의 치명적인 DNA 손상에 반응하는 것

오류-유발 수선(error-prone repair) 돌연변이를 가져오는 유형의 DNA 수선 과정
SOS 체계(SOS system) 심각한 DNA 손상에 반응하는 오류-유발 수선 체계

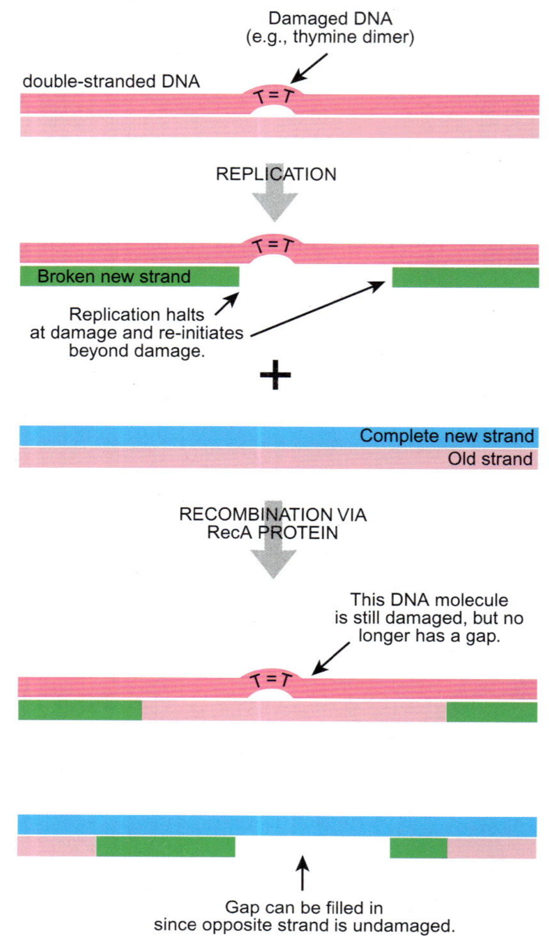

그림 23.32
RecA와 재조합 수선

DNA 손상으로 인해 복제 진행이 어려운 티민 이량체쪽 가닥은 큰 간극을 두고 복제가 일어나고(초록색), 반대쪽 가닥은 정상적인 복제가 가능하다(연분홍색). 간극을 수선하기 위해, RecA가 양쪽의 외가닥의 교차를 유도하는데, 다른 DNA 분자가 간극으로 이동하여 정상적 상보가닥을 만들어준다. 간극은 DNA 중합효소로 메꾸어진다. 그러나 티민 이량체는 이 과정 중 수선되지 않는다.

이라 명명되었다. 일부는 절제수선으로 또 일부는 손상 부위를 지나 중단된 복제의 재개시로 손상으로 다수의 외가닥 부위가 생성되면, 외가닥 DNA는 RecA를 활성화시킨다. 활성화된 RecA는 SOS 유전자를 억제하는 전사억제자인 LexA를 활성화시키면서 SOS 체계를 촉발한다. 활성화된 LexA는 자가 절단이 일어나고 절단이 되고 나면 LexA는 더 이상 SOS 유전자 전사를 억제하지 않는다. SOS 단백질은 DNA 손상에 대처한다(그림 23.33).

SOS 반응으로 유도되는 유전자 중 *umuC*와 *umuD*(umu=ultraviolet mutagenesis)는 **DNA 중합효소** V를 암호화한다. 이 중합효소는 교정 기능 소단위가 없어서 피리미딘 이량체나 무염기 지점(AP-자리)을 지나 복제할 수 있다. Pol V는 손상된 DNA를 지날 때 실수를 한다. 예를 들어, 티민 이량체의 상대 가닥에 정확한 AA가 아닌 GA를 넣는 경향이 있다. 정상적 DNA 중합효소인 Pol III는 이러한 손상 부위를 지날 수 없다. 교정 기능 소단위는 정확한 염기쌍이 삽입될 때까지 진행을 중단시키기 때문이다. 만약 교정이 불가능하면, Pol III 작용은 중단되고 Pol V로 대체된다. Pol V 소단위는 하나의 UmuC 소단위와 2개의 UmuD 소단위로 복합체를 형성한다. 그러나 처음 만들어진 $UmuD_2C$는 중합효소로 작용하지 않고 정상적 DNA 복제를 지연시켜 수선에 필요한 시간을 벌어준다. 활성화된 RecA는 UmuD의 자가-절단을 유도하여 UmuD′로 변화시킨다. UmuD′ 이량체가 하나의 UmuC와 결합하면서 오류-유발 PolV($UmuD'_2C$)가 만들어진다(그림 23.34).

SOS 체계는 심각하게 손상된 DNA를 수선한다. 특히 DNA가 외가닥인 곳을 수선한다.

효모, 초파리 그리고 사람 모두 DNA 손상에 반응하여 손상된 부위를 복제할 수 있는 *E. coli*와 유사한 오류-유발 DNA 중합효소를 가지고 있다. 고등생물에서 수선효소는

DNA 중합효소 V(DNA polymerase V) 피리미딘 이량체와 AP-자리를 통과하여 복제하는 수선 중합효소

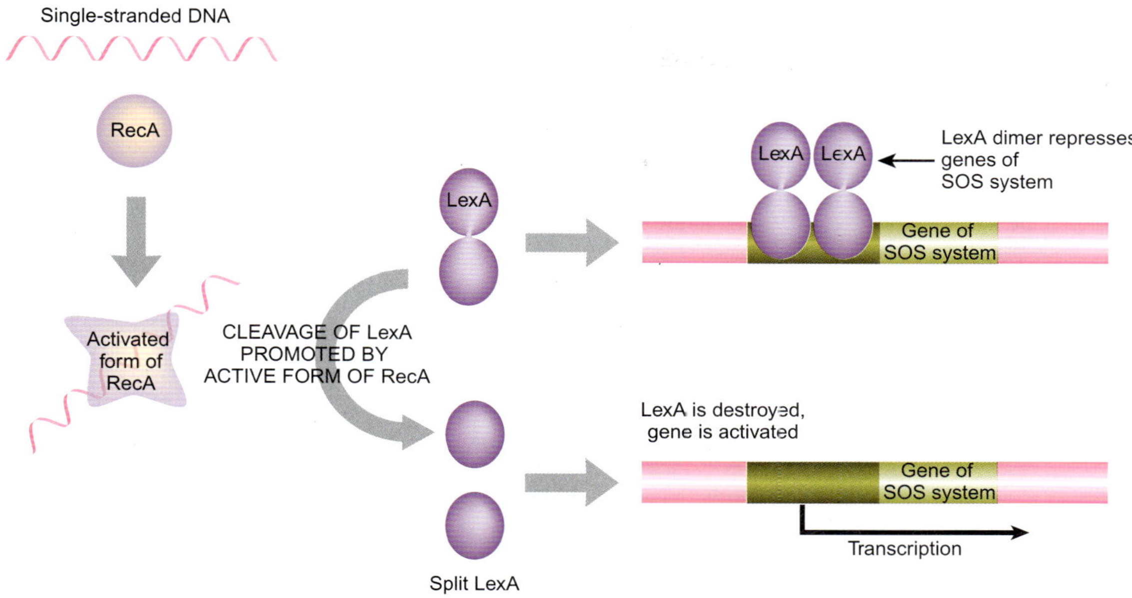

그림 23.33
RecA와 LexA는 SOS 체계를 조절한다.

RecA가 외가닥 DNA에 결합하면 활성화되면 LexA 단백질의 절단을 유도한다. 잘라진 LexA는 더 0 상 DNA에 결합하지 못하고, DNA에서 분리된다. SOS 체계의 유전자는 더 이상 전사가 억제되지 못하고, 발현된 SOS 유전자는 DNA 손상을 수선한다.

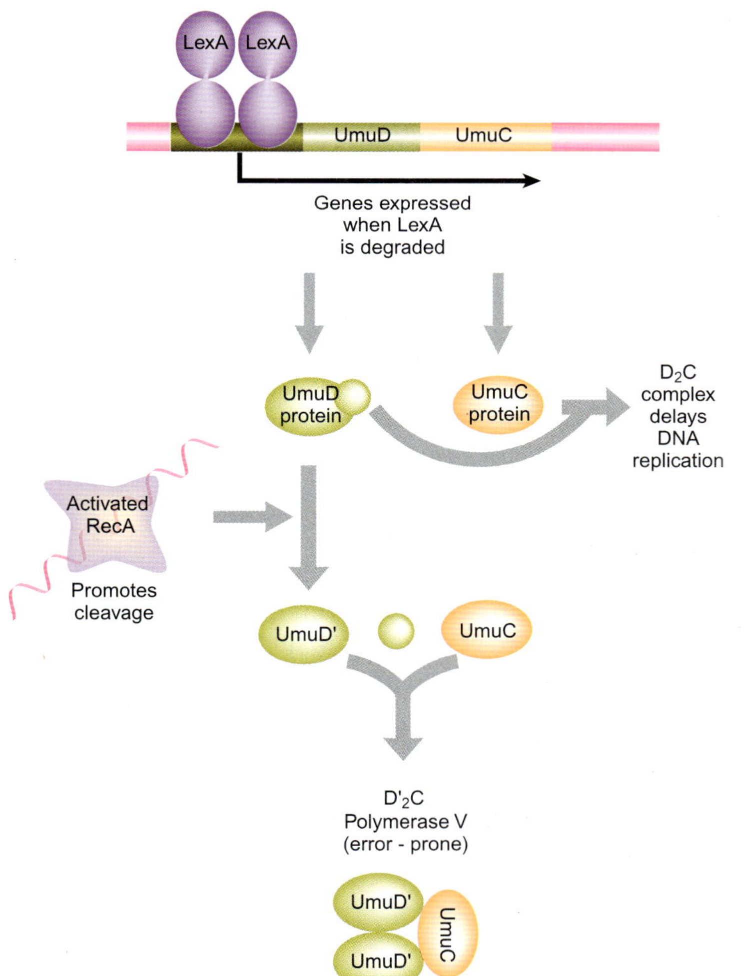

그림 23.34
DNA 중합효소V는 SOS 체계의 일부이다.

RecA가 활성화되면 LexA 이량체의 절단을 유도하게 되어 UmuC와 UmuD를 발현이 일어난다. 2개의 UmuD는 하나의 UmuC 단백질과 결합하고, 이 복합체는 복제를 둔화시킨다. DNA 수선 기작은 일부 손상을 수선할 시간을 벌게된다. 만약 손상이 심하다면, 활성화된 RecA가 (외가닥에 결합된) UmuD를 자르고 UmuD'으로 된다. 2개의 UmuD'과 하나의 UmuC 단백질이 결합하면, Pol V 복합체가 형성되고 어떠한 손상도 지나가며 복제한다.

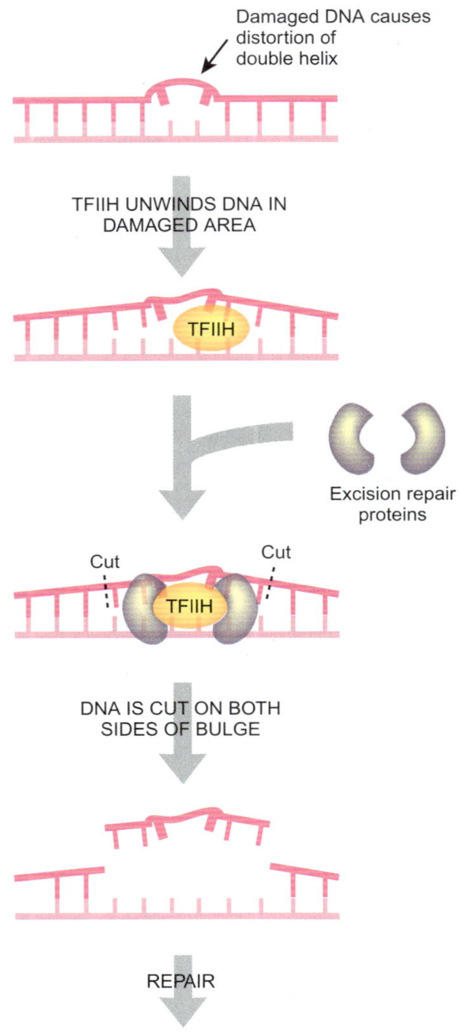

그림 23.35

진핵생물의 전사-동시 절제 수선

진핵 DNA의 뒤틀림은 TFIIH가 전사 중 DNA를 풀어주면서 인식된다. 절제 수선 체계는 TFIIH를 인식하고 DNA의 풀려지지 않은 지역을 잘라주면 손상된 가닥이 방출된다. DNA 중합효소가 간극을 메꾸나면 전사가 다시 시작된다.

오류-유발 수선으로 점돌연변이와 같은 염기의 변이를 감수하더라도 심각한 간극을 메꾼다.

좀 더 특수화되어 있고 오류-유발이 적은 것으로 보인다. 예를 들어, 사람의 **중합효소-에타(Eta)**는 대칭적 티민 이량체에 일반적으로 AA를 삽입한다. 이것이 더 정확하기는 하지만, *E. coli*의 Pol V와 같이 다른 유형의 피리미딘 이량체를 지나가지는 못한다. 그것으로 돌연변이가 생기기는 하지만, 복제를 못하는 것보다는 낫다.

4.8. 전사 동시 수선

만약 전사 중인 DNA의 주형가닥이 손상되면 RNA 중합효소는 멈출 수 밖에 없다. 이러한 손상은 **전사-동시 수선**으로 우선적으로 수선된다. 만약 돌연변이가 비-주형 가닥이면, 돌연변이가 수선될 확률은 줄어든다. 즉, 주형가닥의 수선이 우선 순위임을 암시한다. 박테리아에서 전사-수선 짝물림 단백질인 TRCF는 RNA 중합효소가 멈춘 것을 감지하고 중단된 지점으로 UvrAB 단백질을 끌어들인다. TRCF는 RNA 중합효소가 UvrAB의 수선을 방해하지 않도록 분리하는 것으로 보인다. 그 후 절제수선 체계가 위와 같은 방법으로 손상을 치료한다.

전사-동시 수선은 암호부위가 상대적으로 적고 거리가 떨어져 있는 진핵생물에서 특히

중합효소 에타(polymerase Eta) 동물에서 티민 이량체를 지나쳐 복제할 수 있는 수선 DNA 중합효소
전사-동시 수선(transcription coupled repair) 전사되는 DNA 주형가닥을 선호하는 수선

중요하다. 진핵생물의 전사인자인 TFIIH(11장 참조)는 DNA 풀기효소 활성을 가지며 전사 시작 시 DNA 풀림에 도움을 준다. 만약 DNA가 화학적 손상으로 변형되면, TFIIH는 진핵성 절제수선 체계를 불러들이는 것으로 생각되고 있다. 이는 박테리아와 유사하게 작동하지만, 진핵생물에서는 DNA가 풀려 불룩해진 후에 손상된 외가닥이 잘려진다는 점이 다르다(그림 23.35). 이중가닥과 외가닥 DNA 사이 두 지점에 틈이 간들어진 후, 손상된 DNA는 제거되고 외가닥 부위가 수선된다.

4.9 진핵생물의 수선

동물에도 박테리아 수선 체계에 상응되는 수선 체계가 많이 존재한다. 그러나 이들은 잘 알려져있지 않고 대부분의 정보는 박테리아 DNA 손상 효소와 유사한 진핵 단백질을 발견하는 것에서 얻어졌다. 사람의 DNA 수선 체계의 결함은 다양한 건강문제를 일으킨다. 특히, DNA 수선이 없으면 높은 돌연변이로 인해 여러 가지 암의 빈도가 높아진다.

예를 들어, 사람의 *hMSH2*(사람의 MutS 유사체 2)는 *E. coli*의 MutS와 매우 유사한 단백질을 암호한다. 이 유전자의 결함이 생기면 여러 유형의 암 발생이 급격히 증가한다. 이러한 환자에서는 대부분의 경우 비암호화 미소부수체 부분이긴 하지만 짧은 결실과 삽입이 상대적으로 높은 빈도로 나타난다. 이런 돌연변이는 정상적인 상태에서는 복제 중 발생하는 실수를 수선하는 짝짝이수선 체계(*E. coli*의 MutSLH와 유사한)에 의해 수선된다. 그러나 흥미로운 것은 정상적 사람의 *hMSH2*을 클론하여 *E. coli*에 발현하면 박테리아의 돌연변이를 증가시킨다는 것이다! 이것은 아마도 사람의 hMSH2이 박테리아의 MutS를 방해하기 때문으로 보인다.

BRCA1(breast cancer A1)에 결함이 있는 환자는 유방과 난소암이 더 많이 걸린다. BRCA1 단백질은 이중가닥 절단수선과 전사-동시 절제수선에 관여한다. *BRCA1*에 결함은 이러한 수선 과정에 문제를 일으킨다. 암에서 DNA 수선과 돌연변이의 역할은 매우 복잡하여 자세한 내용은 여전히 잘 알려져있지 않다.

열성 유전적 결함인 색소건피증(xeroderma pigmentosum)은 티민 이량체와 다른 불룩한 염기 첨가물을 제거하는 절제수선 체계의 결함 때문에 생긴다. 절제수선에 관여하는 10여 개의 유전자 중 어느 유전자의 결함이 생겨도 피부는 태양광과 자외선에 매우 민감해지며 색소건피증을 가져온다(관련 연구에 대한 초점 참조).

관련 연구에 대한 초점

Hendriks G, Calleja F, Besaratinia A, Vreiling H, Pfeifer GP, Mullenders LHF, Jansen JG, and de Wind N (2010) Transcription-dependent cytosine deamination is a novel mechanism in ultraviolet light-induced mutagenesis. Curr. Biol. 20: 170–175.

자외선에 노출은 피부암의 한 이유가 된다. 본문에서 다루었듯이, 자외선은 피리미딘 이량체를 형성하여 광손상을 가져오지만, 다양한 수선 체계가 이러한 돌연변이를 수선한다. 이전까지 연구에 의하면 피부에서 자외선-유발 돌연변이는 활발하게 전사되는 유전자에 더 빈번하다는 것이 밝혀졌다. 피부세포는 피부층을 채우기 위해 계속 분열하며 이러한 성장을 위해 세포주기와 연관된 많은 유전자들이 발현된다. 세포주기 유전자에 돌연변이가 일어나면 세포는 무절제하게 자라고 종양을 만들게 된다.

이 논문은 자외선에 노출로 피부 줄기세포에서는 시토신의 탈아미노화가 일어나며 광손상 지역 내 우라실을 만든다는 증거를 제시하고 있다. DNA의 양 가닥에서 모두 손상이 생기지만, 전사-연관 돌연변이가 더 빈번하여 활발하게 전사하는 유전자에 더 많은 손상이 생긴다. 그리고 이 논문은 손상된 DNA 가닥의 전사로 유전자 내 결실이 생긴다는 증거를 제시하고 있다. 마지막으로 이 논문은 전사-동시 뉴클레오티드 절제수선 체계가 두 유형의 돌연변이를 수선한다는 역할을 새롭게 밝혀내었다. 이 결과들은 피부암을 일으키는 돌연변이에 대한 새로운 시각을 열어주고 있다.

그림 23.36
포유류의 비-상동성 말단 접합부

이중 가닥 절단이 Ku 단백질에 의해 발견되면, 말단에 결합한다. 2개의 Ku 단백질은 DNA-PK를 복합체에 끌어들이고, DNA-PK는 XRCC4 단백질을 인산화한다. 이것은 다시 DNA 연결효소 IV를 끌어들여 2개의 절단된 말단을 연결시킨다.

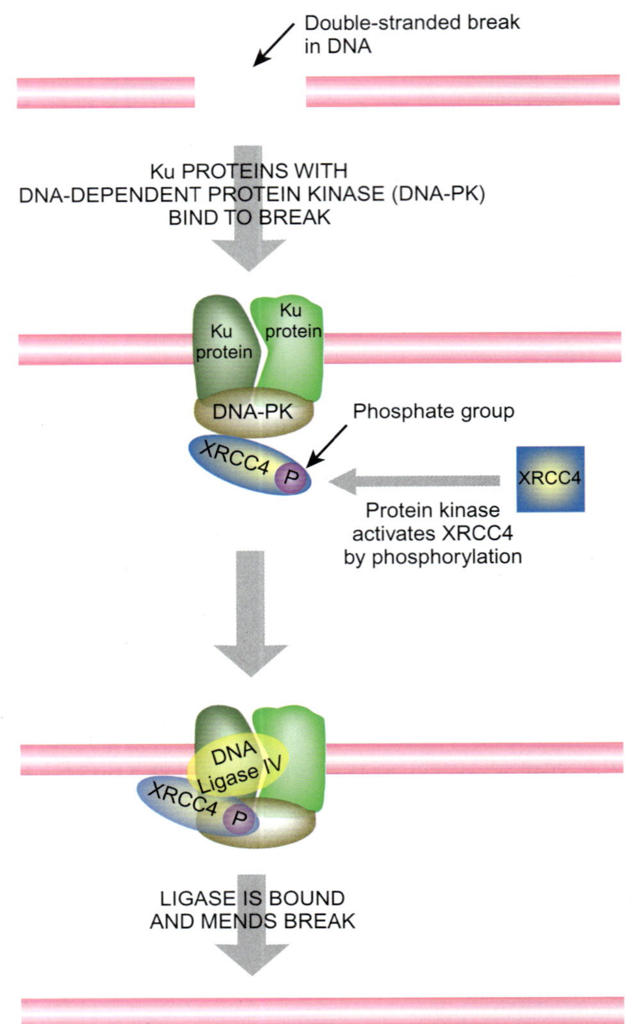

4.10. 진핵생물의 이중가닥 수선

이중가닥 절단은 이온성 방사선 조사와 일부 화학적 돌연변이원에 의해 생긴다. 또한 전이인자가 전이하고 이동하면서 남겨놓을 수도 있다(22장 참조). 효모와 포유류 세포는 이중가닥 절단을 수선하는 **비-상동성 말단 연결**이라는 유사한 과정을 가지고 있다(그림 23.36). 우선 절단된 양 말단에 2개의 Ku 단백질이 결합한다. Ku 복합체에 부착되어있는 DNA-의존성 단백질 인산화효소(DNA-PK, DNA protein kinase)가 KRCC4 단백질을 활성화시키고 이것은 다시 DNA 연결효소 IV가 절단 지점을 수선하도록 유도한다.

진핵세포는 DNA의 이중가닥 절단을 연결할 수 있다.

때로 비상동성 말단 연결 체계는 이전에 연결되어있지 않았던 DNA도 연결시킨다. 이것은 비상동성 재조합으로 관찰되며 염색체 재배열과 같은 드문 유전물질의 새로운 조합을 생성한다.

이중가닥 절단은 상동성 재조합으로 수선될 수 있다. 이것은 진핵세포에서 염색체 쌍이 존재할 때 일어난다. 이 경우 자매염색체의 대응되는 서열이 손상된 상대편 서열을 수선하는데 사용된다. 이 과정에는 Rad51과 다른 Rad 단백질을 포함하는 복합체가 관여한다.

비-상동성 말단 연결(non-homologous end joining) 이중가닥 절단을 수선하는 진핵생물에서 발견되는 DNA 수선 체계

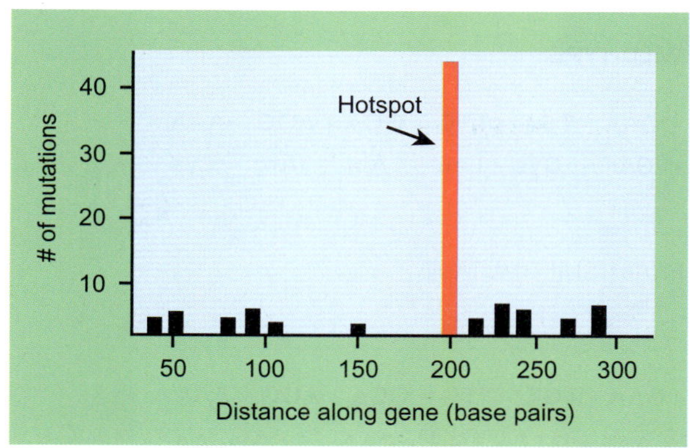

그림 23.37

돌연변이의 분포를 보면 돌연변이 다발점이 있다

특정 유전자 내 돌연변이 빈도를 조사해보면, 200번 위치 주변 돌연변이가 다른 지역보다 훨씬 높은 것을 볼 수 있다. 이곳을 돌연변이 다발점으로 볼 수 있다.

5. 돌연변이는 돌연변이 다발점에서 더 자주 일어난다

만약 특정 유전자에서 수 천번 돌연변이를 일으킨다면, 모든 돌연변이가 다르고 해당유전자의 전 DNA 서열에 무작위적으로 분포할 것인가? 많은 경우는 그렇지만 평균 이상으로 더 많은 돌연변이가 일어나는 지역이 있다(그림 23.37). 이러한 특정 지역에서 일어나는 모든 돌연변이는 일반적으로 동일하다. 이러한 지점을 **돌연변이 다발점**이라 부른다.

대부분의 돌연변이 다발점은 때때로 DNA의 메틸-시토신 때문에 생긴다(4장의 DNA 메틸화 참조). 메틸-시토신은 DNA 합성 후 시토신에 붙여지는데 시토신과 마찬가지로 구아닌과 염기쌍을 이룬다. 그러나, 때때로 메틸-시토신에 탈아미노 현상이 생기면서 티민(=메틸우라실)이 된다. 이것은 구아닌이 아닌 아데닌과 쌍을 이루고 DNA가 복제되면서 오류가 생긴다.

돌연변이 다발점에서 결실, 삽입 또는 다른 주된 DNA 재배열 역시 생기기도 한다. 돌연변이의 기작에 따라 특정 서열 모티프가 특정 유전적 문제를 더 많이 일으킨다. 위에서 설명한 것처럼, 많은 재배열은 유사 서열을 가진 주변 DNA 사이 변칙적 재조합으로 일어난다.

6. 역돌연변이로 유전적 변이가 정상형으로 회복된다

하나의 돌연변이를 가진 DNA도 다시 돌연변이가 될 수 있다. 작은 확률이긴 하지만 두 번째 돌연변이가 첫 번째의 영향을 반전시킬 수 있다. 이 과정을 **역돌연변이**라 부르며 한 개체에서의 관찰 가능한 특성에 관한 말이다. 따라서 반전은 표현형이 기준이 된다.

원래 DNA 서열로 정확히 복귀하는 역돌연변이는 거의 일어나지 않는다.

하나의 선별된 염기가 야생형으로 회복될 확률은 얼마일까? 백만 염기 중 하나로 변경된 그 염기가 다시 변이할 확률은 매우 낮다. 변이된 원 염기가 정확하게 다시 회복된 것을 **진정 역돌연변이체**라 한다. 일반적으로 대부분의 역돌연변이체는 두 번째 돌연변이가 처음의 돌연변이 효과를 상쇄하는 경우다. 이것은 **2차-위치 역돌연변이체**라 부르며, 두 번째 돌연변이를 **억제 돌연변이**라 한다.

대부분의 역돌연변이체는 전 돌연변이의 효과를 상쇄하는 DNA 변이를 가진다.

하나 이상의 염기 변화를 가지는 돌연변이가 복귀할 확률은 훨씬 더 낮다. 원 DNA 서열이 완전히 결실된 경우 적어도 원 DNA 서열로 복귀는 불가능하다. 삽입, 역위, 전위의 정확한 복귀 또한 이론적으로는 불가능하지 않지만 극히 드물다. 이러한 경우, 복귀는 거의 항상 다른 유전자의 상보적 변이 때문이다.

돌연변이 다발점(hotspot) DNA나 RNA에서 비정상적으로 돌연변이 빈도가 높은 지역
역돌연변이(reversion) 원 돌연변이의 효과를 되돌리는 DNA 변이
2차-위치 역돌연변이(second-site revertant) 원 돌연변이와 다른 지점에서 돌연변이의 효과를 감쇄하는 DNA 변이를 가지는 역돌연변이체
억제 돌연변이(suppressor mutation) 전 돌연변이의 효과를 억제하여 결함이 있는 유전자의 기능을 회복하는 돌연변이
진정 역돌연변이체(true revertant) 원 염기서열이 정확하게 회복된 돌연변이체

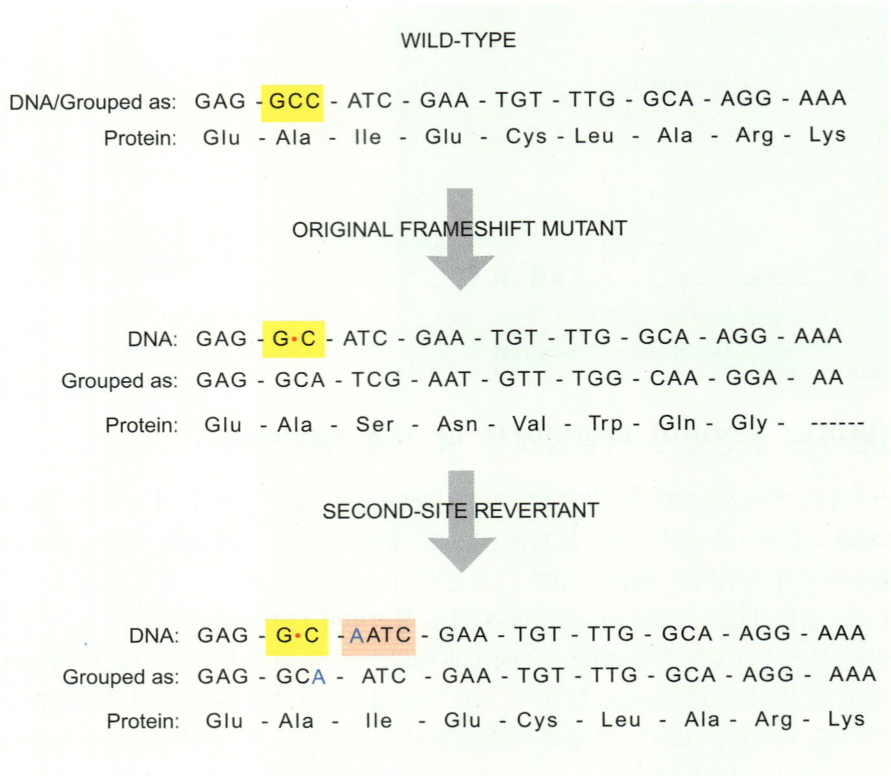

그림 23.38

틀이동 돌연변이의 2차 위치 역돌연변이

원 돌연변이는 단일 염기의 결실으로 틀이동이 일어났다. 2차 돌연변이로 하나의 염기가 삽입되면서, 원 해독틀이 복귀되었다. DNA 서열은 동일하지 않지만, 아미노산 서열은 회복되었다.

원 돌연변이가 단일 염기의 결실이나 삽입으로 틀이동에 의한 경우 2차-위치 복귀가 일어날 수 있다. 그림 23.38에서 보듯이 틀이동 돌연변이는 해독틀을 변화시키고 단백질 서열을 완전히 변화시킨다. 그러나 하나의 염기가 2차-위치에 삽입되면 원 해독틀이 회복될 수 있다. DNA 서열이 정확히 원 서열과 동일하지 않지만, 코돈의 세 번째 염기의 중복성으로 단백질은 완전히 회복될 수도 있다. 삽입 돌연변이도 유사하게 2차-위치 결실로 수정될 수 있다.

더욱 빈도가 많은 역돌연변이는 원 돌연변이가 염기 변이인 경우다. 역돌연변이는 단백질의 활성이 성공적으로 회복되어야 한다. 원 DNA 서열 회복은 중요하지 않다. 양전하를 띠는 25번 아미노산과 음전하를 띠는 50번 아미노산 사이 인력으로 3차 구조가 유지되고 있는 어떤 단백질을 상상해보자. 원 돌연변이가 음전하를 띠는 50번 GAA 글루탐산 코돈이 양전하를 띠는 리신의 AAA로 바뀌었다고 하자. 단백질의 접힘이 정전기의 반발로 파괴되었다. 진정 역돌연변이는 AAA를 GAA로 바뀌는 것이다. 그러나 25번과 50번 사이 인력은 코돈 25번이 음성을 띠는 아미노산으로 바뀌어도 가능하다. 25번 양전하, 50번 음전하의 인력의 회복으로 단백질의 접힘이 정상으로 회복될 수 있다(그림 23.39). 이 단백질이 작동할까? 접힘이 완전히 회복되었는지 변이가 활성위치를 손상하였는지 등의 다양한 요인에 따라 때로 그러하고 때로는 그렇지 못하다.

6.1. 역돌연변이는 다른 유전자의 보정 변이로 일어날 수 있다

특정 유전자의 역돌연변이는 표현형으로 선별하므로 다양한 새로운 돌연변이가 발견될 수 있다. 실험적으로 박테리아나 효모에서는 쉽게 얻을 수 있고, 고등 생물에서도 동일한 원리를 적용할 수 있다. 때로 원 DNA 서열을 회복하는 진정 역돌연변이가 발견된다. 단백질의 활성을 일부 회복하는 다양한 2차 위치 역돌연변이도 발견될 수 있다. 2차 위치 역돌연변이는 돌연변이가 일어난 원 유전자에 있을 수도 있고, 다른 유전자에 있을 수도 있다. 동

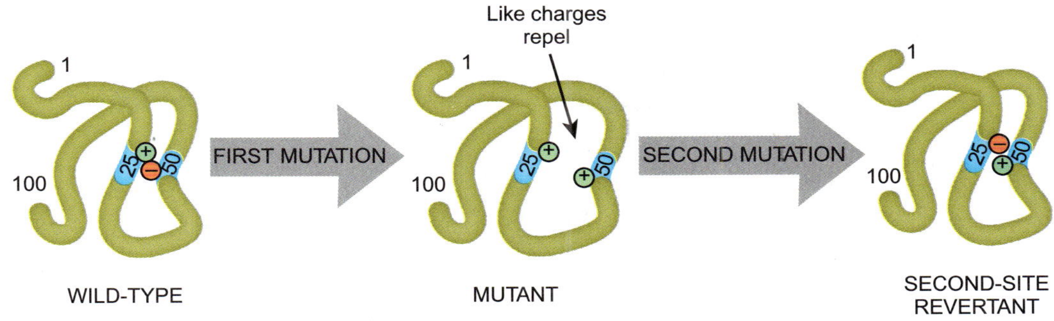

그림 23.39

염기 변이 돌연변이의 2차 위치 역돌연변이

A) 50번 위치의 아미노산이 음전하를 띠는 아미노산에서 전하를 띠는 아미노산으로 바뀌었다. 이로 인하여 생긴 정전기적 반발로 단백질의 형태가 바뀌었다. B) 아미노산 25번이 양전하에서 음전하로 바뀌는 2차 돌연변이로, 25번과 50번 위치의 정전기적 끌어당김이 회복되고, 단백질의 형태가 정상으로 복구되었다.

일 유전자 내 다른 지점에 있는 2차 돌연변이로 활성을 회복하는 경우 **유전자내 억제**라 한다. 반면 다른 지역에 있는 유전자의 보상적 돌연변이로 원 돌연변이가 억제되는 것을 **유전자외 억제**라 한다.

때로 역돌연변이는 전혀 다른 유전자의 상보적 변이 때문이다.

상호작용하는 두 유전자가 관계할 때 유전자외 억제는 유전자간 억제(intergenic suppression)라 한다. 다양한 기작으로 이런 일은 벌어질 수 있다. 어떤 유전자의 변이가 다른 유전자의 결함을 보정해주는 것인 유전자간 억제로 완전한 기능이 회복되는 경우는 드물다.

유전자외 발현의 두 가지 예를 살펴보자. 하나는 대사 보완이고, 다른 하나는 변형된 tRNA에 의한 경우다(아래 참조). 많은 생물들은 유사한 단백질을 암호하는 유전자를 여러 개 가지고 있다. 예를 들어 *E. coli*와 같은 박테리아의 푸말산 환원효소(fumarate reductase, FRD)와 숙신산 탈수소효소(succinate dehydrogenase, SDH)는 모두 동일한 반응을 촉매한다. FRD는 무기호흡 중 푸말산으로부터 숙신산을 만든다. 반면 SDH는 유기호흡 중 크렙스회로에서 숙신산을 푸말산으로 바꾼다. 이 둘의 DNA와 단백질 서열도 다소 다르지만, 주된 차이점은 조절 현상에 있다. *frd* 유전자는 정상적으로 무기호흡 중에 그리고 *sdh* 유전자는 산소가 존재할 때만 발현한다. 즉 무기호흡 중에 SDH를 발현하게 하는 조절 돌연변이에 의해 *frd*의 돌연변이가 억제될 수 있다. 역으로, 유기호흡 중 FRD 발현을 조절하는 돌연변이로 *sdh* 돌연변이가 억제될 수 있다.

6.2. tRNA 암호 해독의 변이에 의한 돌연변이 억제

정지 돌연변이는 tRNA의 변이로 억제될 수 있다. 앞에서 설명한 바와 같이 정지 돌연변이는 아미노산을 암호하는 코돈이 종결코돈으로 변한 것으로, 일반적으로 짧고 기능이 없는 단백질이 만들어진다. 이러한 손상은 tRNA 분자의 역코돈 변이로 종결코돈을 인식하게 되면 일부 억제될 수 있다. UGA 종결코돈의 경우, 글루타민의 CAG 코돈을 읽는 $tRNA^{Gln}$의 역코돈이 GUC에서 AUC로 바뀌면 UAG를 인식한다. 이 변형된 tRNA는 UAG 종결코돈을 발견할 때마다 글루타민을 삽입하게 된다(그림 23.40).

돌연변이 tRNA 분자는 종결코돈을 읽고 아미노산을 넣어준다. 이로써 정지 돌연변이가 억제된다.

유전자외 억제(extragenic suppression)	다른 유전자의 2차 변이로 돌연변이가 회복된 것
유전자내 억제(intragenic suppression)	동일 유전자 내 다른 지점의 2차 변이로 돌연변이가 회복된 것

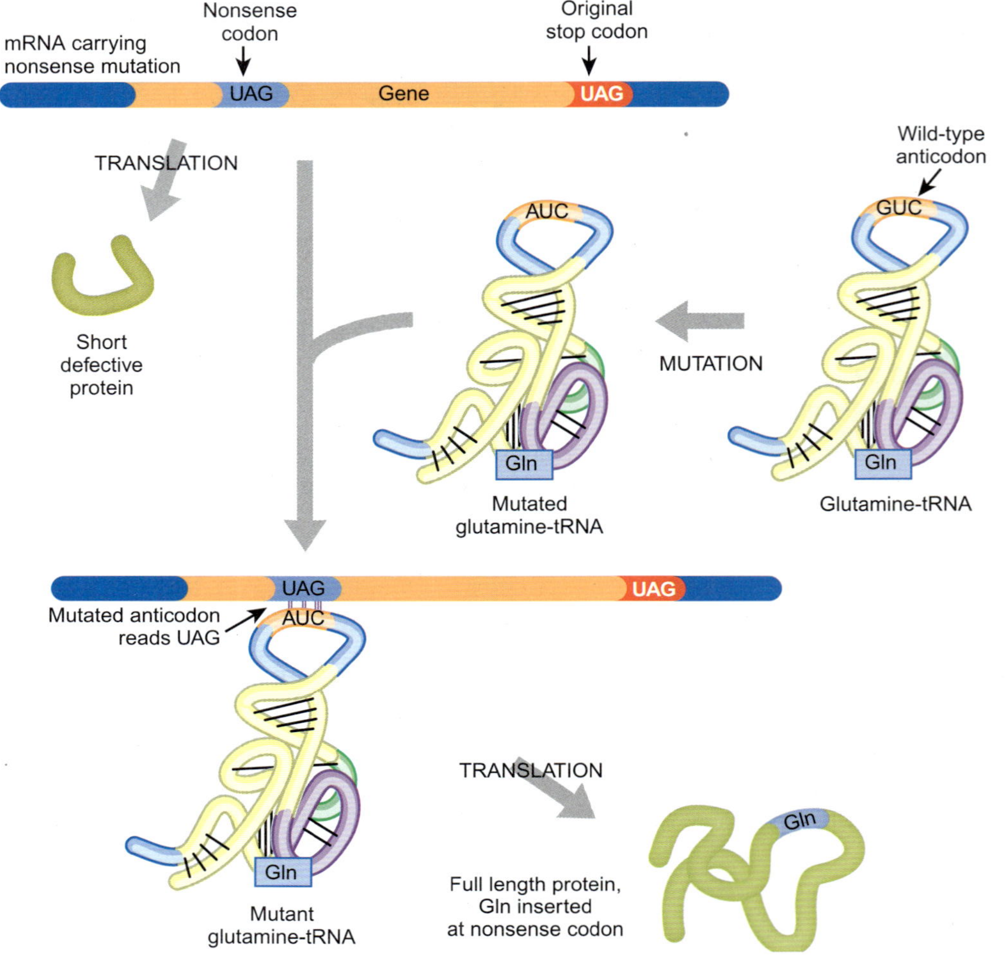

그림 23.40

정지 돌연변이의 억제

정지 돌연변이가 생기면 해독이 미성숙하게 종결되고 짧은 단백질이 만들어진다. 만약 tRNA의 역코돈이 GUC에서 AUC로 바뀌면 종결코돈을 인식하고 이 지점에 글루타민을 삽입하게 된다. 그 결과 하나의 아미노산만 바뀐 온전한 길이의 단백질이 생성된다.

이 변형된 tRNA 분자를 **억제 tRNA**라 부른다. UAG 종결코돈은 엠버(*amber*), UAA 종결코돈은 오초아(*ochre*)라 부른다. UGA 종결코돈은 통일된 이름이 없으나, 때로 오팔(*opal*)이라 부른다. 엠버 억제자는 원 코돈이 아닌 UAG를 읽는 돌연변이 tRNA다. 오초아 억제 tRNA는 동요(wobble)로 인해 UAA UAG를 읽는다. 오팔 억제자는 드물다.

억제 tRNA 돌연변이는 세포가 특정 코돈을 읽는 tRNA가 하나 이상 있는 경우에만 일어난다. 하나가 돌연변이가 되더라도 다른 하나가 원래의 기능을 수행할 수 있기 때문이다. 그렇지 않은 경우 하나의 tRNA 변화는 치명적일 수 있다. 사실 세포는 여러 tRNA 유전자를 가지고 있어서(적어도 미생물에서) 억제 돌연변이는 상당히 흔하다. 박테리아 억제자 돌연변이는 글루타민, 루신, 세린, 티로신, 트립토판 tRNA에서 발견된다. 억제자 tRNA에 의해 삽입되는 아미노산은 종결코돈으로 변하기 전 아미노산과 동일한 아미노산인 경우에는 단백질의 기능은 완전히 회복된다. 반면 다른 아미노산이 삽입되더라도 일부 활성있는 단백질이 생성될 수 있다.

앞에서 다룬 바와 같이 종결코돈은 tRNA가 아닌 방출인자(release factor)에 의해 인식된다. 억제 tRNA는 방출인자와 경쟁관계에 있으므로, 억제는 결코 완벽하지 않고, 일반적으로 10-40% 정도에 한정된다. 이 정도의 발현도 세포 생존에 충분할 수 있다. 그러나 억제 tRNA는 또한 동일 세포의 다른 유전자의 종결코돈을 인식하여 돌연변이가 일어나지 않은 다른 단백질을 길게 신장시킬 수 있다. 즉, 억제 돌연변이가 있는 세포가 천천히 자라

억제 **tRNA(suppressor tRNA)** 종결코돈을 인식하여 아미노산을 삽입해 주는 돌연변이 tRNA

는 것이 그리 놀랄만한 일은 아니다. 박테리아와 (효모나 선충과 같은) 하등 진핵생물만이 억제 돌연변이를 견딜 수 있다. 곤충과 포유동물에서 억제 돌연변이는 치명적이다.

틀이동 억제 tRNA 또한 박테리아에서 종종 발견된다. 이 돌연변이 tRNA는 역코돈 고리가 확장되어 4개의 염기를 가진다. 즉 mRNA의 4개의 염기를 읽고 하나의 아미노산을 삽입한다. 이들은 한 염기 삽입으로 발생하는 틀이동 돌연변이의 효과를 억제할 수 있다. 5개의 염기 역코돈을 가진 틀이동 억제자 tRNA를 인공적으로 만들 수 있으나 자연적으로 발견된 것은 없다.

상자 23.1 엠버, 오초아, 오팔

종결코돈은 박테리오파지 T4의 돌연변이로 발견되었다. UAG가 처음 발견되고 엠버코돈으로 명명되었는데, 그 이유가 매우 재미있다. Caltech 대학의 벤저(Seymour Benzer) 실험실은 특정한 박테리오파지 돌연변이를 찾고 있었다. 벤저는 누가 그 돌연변이를 찾으면, 그 사람의 이름을 붙이겠다고 약속하였다. 마침내 번스타인(Harris Bernstein)이라는 학생이 돌연변이를 찾았다. 번스타인은 독일이름으로 호박색라는 뜻이었기에, UAG는 "엠버(amber)"로 명명되었다. 두 번째 종결코돈(UAA)은 색깔 이름의 전통을 이어가기 위해 황금색의 "오초아(ochre)"로 명명되었다. 세번째 종결코돈(UAG)은 자주 발견되지 않는 편이며 "오팔(opal)" 또는 좀 더 드물지만 "엄버(umber)"로 불려서 이름이 확실히 정착되지는 않았다.

7. 위치-지정 돌연변이

DNA를 실험관에서 조작한 후 표적 생물에 다시 삽입할 수 있다. 이러한 *in vitro* 돌연변이의 가장 단순한 형태는 정제된 DNA를 돌연변이 화합물이나 방사선 조사로 처리하는 것이다. 그러나, 다양한 정교한 기술이 유전공학 기술로 개발되었다. 이것은 일반적으로 **지정 돌연변이**라 하며 돌연변이 지점이 확실히 지정된 경우 **위치-지정 돌연변이**라 부른다. 일부 기술은 하나 또는 몇 개의 염기를 변화시키고, 일부는 더 심한 변이를 일으키기도 한다. 일부 *in vitro* 기술은 반-무작위적 변이를, 일부는 정확한 변이를 생성한다. 특히 PCR(6장 참조)을 이용한 방법은 최근 거의 모든 돌연변이를 만드는 데 이용된다. 이러한 접근법은 표 23.02에서 요약하였다.

DNA 변이는 종종 다양한 유전공학 기술로 만들어진다.

표 23.02 *In Vitro* 돌연변이에 사용되는 기술

클론된 DNA의 화학적 돌연변이

돌연변이 시키려는 유전자를 클론하여, 이 DNA를 *in vitro*에서 화학적 돌연변이원으로 처리한다. 변형된 DNA를 다시 원래의 생물에 넣어주고, 돌연변이형을 가진 개체를 골라낸다.

제한효소와 연결효소를 이용한 유전자 파괴(5장 참조)

항생제 저항 유전자와 같은 선별 가능한 유전자를 가진 DNA 조각을 제한효소로 자르고 연결하여 표적 유전자에 삽입한다. 이 방법은 적절한 제한효소 인식 부위가 있을 때만 가능하며, 없으면 PCR기술로 삽입하는 것도 좋은 대안이다.

(계속)

지정 돌연변이(directed mutagenesis) 다양한 기술을 사용하여 유전자 DNA 서열의 변이를 의도적으로 바꾸는 것
위치-지정 돌연변이(site-directed mutagenesis) 인위적 기술을 사용하여 특정 지점의 DNA 서열을 인위적으로 바꾸는 것

표 23.02 계속

In vitro DNA 합성(5장 참조)

외가닥 DNA는 때로 M13 벡터를 이용해 만들어질 수 있다. 인위적으로 몇 염기를 치환한 프라이머를 사용하여 이러한 외가닥 DNA를 T7 중합효소로 복제시키면, 이러한 변화가 삽입된 DNA가 생성된다. 최근 이 방법은 거의 PCR 기술로 대체되었다.

PCR 기술(6장 참조)

a) 특정 염기로의 변이 도입
PCR 프라이머 서열을 변화시켜 이 변화가 삽입된 생성물을 얻는다.

b) 부분적 무차별 돌연변이
PCR 반응 중 Mg^{++} 이온 대신 Mn^{++} 이온을 첨가하면 PCR의 실수가 증가한다. 즉 무차별적으로 돌연변이가 일어난 DNA 조각을 얻을 수 있다.

c) PCR에 의한 삽입과 결실의 생성
PCR로 염색체와 동일한 서열을 만들고, 동일 서열을 가진 PCR DNA 조각은 동형재조합으로 염색체의 일정 부분을 대체할 수 있다.

형질전환 기술

형질전환 기술로 유전적으로 변형된 생물을 만든다. 이것은 일종의 돌연변이라 할 수 있다. 다양한 방법으로 형질전환이 이루어진다.

핵심 개념

- 돌연변이는 DNA 서열 상의 유전 가능한 변이를 말한다.
- 대부분의 돌연변이는 눈에 띄는 문제를 일으키지 않는다.
- 염기 치환 돌연변이는 하나의 염기가 다른 것으로 치환되는 돌연변이
- 과오 돌연변이는 하나의 아미노산이 다른 아미노산으로 대체된 돌연변이
- 정지 돌연변이는 새로운 종결 코돈이 생겨서 폴리펩티드 사슬이 미성숙하게 종결되는 돌연변이
- 결실 돌연변이는 유전자에서 전체 또는 일부가 결실되는 돌연변이이며 만약 필수적이 아닌 비암호화 DNA가 결실되었다면 대부분 해롭지 않다.
- 삽입 돌연변이로 인해 암호화 서열이나 조절 관련 부분이 쪼개지게 된다.
- 틀이동 돌연변이는 해독틀이 변형되어 왜곡된 단백질이 만들어진다.
- DNA 재배열로 중복 역위, 전위가 된다.
- 많은 경우에 돌연변이가 돌연변이성 화학물질에 의해 유도된다. 다른 경우로는 방사선을 예로 들 수 있는데 특히 자외선에 의한 피리미딘 이량체 생성과 같은 경우이다.
- 자연 돌연변이는 복제 과정에서 DNA 중합효소에 의한 실수나 DNA 염기 자체의 화학적 불안정성에 기인하여 발생한다.
- 모든 생물은 다양한 DNA 손상을 대응되는 여러 가지 수선 체계를 가진다.
- DNA 짝짝이수선 체계와 일반적인 절제수선 체계는 DNA 상의 구조적 결함을 탐지한다.
- 비정상적 특정 염기를 잘라버리는 DNA 수선 체계도 있다.
- 광회복은 자외선에 의해 생성된 티민 이량체를 분리시켜 원래의 단량체로 만든다.
- 오류유발은 심각하게 간극이 형성된 DNA 부분에도 복제가 되도록 하지만 돌연변이를

생성되는 결과도 초래한다.

- 진핵세포는 비상동성 말단 연결로 DNA의 이중가닥 절단을 수선하는 능력이 있다.
- 돌연변이 다발점(hotspot)은 비정상적으로 돌연변이 빈도가 높은 DNA 지역을 말한다.
- 역돌연변이는 돌연변이의 효과를 없어지게 되는 유전적 변형이다.
- 어떤 역돌연변이는 원 돌연변이와 다른 지점에서 돌연변이의 효과를 감쇠하는 DNA 변이에 의해서 일어나기도 한다.
- 억제 tRNA는 종결코돈 자리에 아미노산을 삽입해서 정지 돌연변이가 억제되는 효과를 준다.

복습 문제

1. 돌연변이란 무엇인가? 전사나 번역상의 실수는 왜 돌연변이라 부르지 않는가?
2. 완전 돌연변이(tight mutation)와 불완전 돌연변이(leaky mutation)의 차이는 무엇인가?
3. 교차형 염기전이(transversion)와 염기전이(transition) 차이는 무엇인가?
4. 급진적 대체(radical replacement)과 보존적 치환(conservative substitution) 비교하고 그 차이점을 설명하라. 만약에 이러한 돌연변이가 (a) 활성자리에서 먼 곳에서 (b) 활성자리에서 일어나는 경우에 그 영향을 추정하라.
5. 온도 민감성 돌연변이가 단백질 접힘과 기능에 미치는 영향을 설명하라
6. 정지 돌연변이로 인한 결과는 무엇인가? 이로 인해 만들어지는 단백질의 운명은?
7. *lacI*에서 만들어지는 억제단백질은 *lac* 오페론의 발현을 방지한다. 만약 *lacI*가 결실 된다면 그 결과는? 이 돌연변이는 치사 돌연변이인가? 그 이유는(또는 아닌 이유는)?
8. 방향성(polarity)란 무엇인가? 진핵세포보다 원핵세포 경우에 방향성 효과가 흔한 이유는?
9. 3개의 염기가 연속적으로 삽입 또는 결실되는 것이 하나 또는 2개의 염기의 경우보다 덜 문제가 되는 이유는?
10. DNA 역위, 전이, 중복이란?
11. 침묵 돌연변이란? 그 예는?
12. 세 가지 주된 돌연변이원은 무엇인가?
13. GAC/CTG의 염기서열을 가진 DNA에 브로모우라실이 처리되어 생성되는 돌연변이 염기서열은 무엇인가?
14. 아크리딘오렌지와 같은 끼어들기 화합물에 의해 유도되는 돌연변이 종류는?
15. 과다한 일광욕이나 탠닝은 왜 좋지 않은가?
16. DNA에 미치는 자외선에 의한 영향은? 왜 이로 인해 돌연변이 결과가 나오는가?
17. 어떻게 DNA 가닥 미끄러짐으로 돌연변이가 생기는가? 주형 가닥과 새 가닥 중 어느 가닥에서의 미끄러짐으로 인해 염기삽입이 일어나는가? 염기결실 경우는?
18. 어떻게 결실, 중복, 역위에 의해 DNA 분자가 잘못 짝을 이루고 재조합이 일어나는지 요약하여 설명하라.
19. 토토머란? 토토머화에 의해 어떻게 자연 돌연변이가 일어나는지 설명하라.
20. 시토신의 탈아미노화에 의해 생성되는 화합물은 무엇인가?
21. 구아닌의 산화에 의해 생성되는 화합물은 무엇인가? 만약 이로 인해 GC → TA 돌연변이가 생겼다면 이는 교차형 염기전이인가 염기전이인가? 그 이유는?
22. 돌연변이 다발점(hotspot)이란? 가장 흔한 돌연변이 다발점의 원인은 무엇인가?
23. 역돌연변이란? 진정 역돌연변이와 2차-위치 역돌연변이 중 어느 경우가 보다 흔한 경우인가? 그 이유는?
24. 유전자 내 억제와 유전자 외 억제의 차이는 무엇인가?
25. 억제 tRNA(suppressor tRNA)는 어느 부분의 돌연변이에 의해 억제효과가 생기는가? 억제

tRNA에 의한 억제 기작을 설명하라.

26. 위치-지정 돌연변이란?
27. DNA 손상을 수선하지 못하거나 손상 부분을 복제하지 못하게 되는 결과는 무엇인가?
28. 개별 실수보다는 DNA 이중나선 구조에의 손상을 탐지하는 수선 기작은 무엇인가?
29. 짝짝이수선 체계는 짝짝이 부분에서 어느 쪽 염기가 잘못된 것인지 어떻게 알 수 있나?
30. Dam 메틸화효소와 Dcm 메틸화효소는 어떠한 염기서열을 인식하는가? 무엇 때문에 이러한 염기서열이 특별한가?
31. 반-메틸화란 무엇이며 어느 상황에 만들어지는가?
32. 대장균에서의 주된 짝짝이수선 체계에서 세 가지 단백질이 중요하다. 이들은 무엇이며 그 역할은?
33. 절제수선 체계는 어떠한 손상을 해결하는가?
34. UvrABC 절제수선 체계에서는 어떤 단백질이 짝짝이를 탐지하는가? 어떤 단백질이 손상을 잘라내는가?
35. 정상적이지 않은 염기 제거에 대해 설명하라. DNA 당화효소란 무엇인가?
36. "국소 DNA 수선"이란? 이에 관계되는 효소들은 무엇인가?
37. 광회복이란? 이는 어떠한 종류의 손상을 수선하는가?
38. 전사-동시 수선은 어떻게 이루어지는가?
39. DNA 중합효소 V는 다른 DNA 중합효소와 어떻게 다른가?
40. SOS 반응에는 어떠한 단백질들이 관련되는가?
41. 대장균의 DNA 중합효소 V와 사람의 DNA 중합효소 에타(eta, η)의 차이점은?
42. 사람에 있어서 수선 체계가 망가지면 어떻게 되는가? 그 예는?
43. 비상동성 말단 연결이란?
44. 진핵세포는 DNA의 이중가닥 절단을 연결할 수 있는 (비상동성 말단 연결 외의) 수선 방법은 무엇인가?

개념 문제

1. 2배체인 사람의 유전체는 약 3.2×10^9 bp이다. 만약 자연적 탈푸린화 속도가 3×10^{-9}/푸린/분이라면 24시간 내에 얼마만큼의 탈푸린화가 발생하겠는가?
2. 아질산(nitrous acid)은 DNA 염기에 산화적 탈아미노화를 일으키는 화학적 돌연변이원이다. 아데닌의 탈 아미노화로 인해 하이포크산틴이 만들어지고, 이는 A/T 염기쌍을 G/C 염기쌍으로 전환시키게 한다. 아데닌의 탈 아미노화로 인해 히스티딘 3염기 암호에는 어떠한 효과를 미치겠는가? 만약 이러한 돌연변이 코드가 열린해독틀 내에 있었다면 이로 인해 단백질 암호화 서열에 영향을 미치겠는가? 만약 영향을 미친다면 이를 염기 치환으로 간주하겠는가 아미노산 치환으로 간주하겠는가?
3. 사람의 유전 질병 중 네이메헨 파손 증후군(Nijimegan breakage syndrome)은 8번 염색체에 있는 *NBS1* 유전자에의 손상에 의해 일어나며, 염색체의 불안정성, 소두증(microcephaly 또는 small cranium), 암 발생률 상승이 유발된다. 이 유전자의 기능은 무엇일지 추정하라. *NBS1*의 염기서열은 Ku 단백질의 경우와 유사하다는 사실을 바탕으로 사람에서의 *NBS1*의 분자적 기작을 추정하라.
4. 어떤 연구자가 젖당을 대사할 수 없는 유전적 돌연변이를 만들고자, 야생형의 대장균을 과량의 자외선에 노출시켰다. 이에서 얻은 박테리아를 탄소원으로 젖당만이 들어있는 한천배지에 도말하였으나, 아무 돌연변이 균락도 얻지 못하였다. 왜 이 실험이 실패하였는가? 돌연변이를 얻을 확률을 높이려면 어떻게 해야 하는가?
5. DNA에서 알킬 그룹을 제거하는 데 관련되는 유전자들의 전사가 되지 않는 Ada 단백질 관련 유전적 돌연변이 대장균을 분리하였다. Ada 단백질에서 어느 부분이 돌연변이가 되었겠는가?

재조합

Chapter 24

DNA 서열의 변화는 돌연변이로 생길 수 있지만, 재조합으로도 가능하다. 재조합의 경우 이미 존재하는 서열을 재조합하여 새로운 DNA 서열을 생성한다. 재조합은 2배체인 고등생물에서 유전적 다양성 향상에 매우 중요하다. 이러한 생물에서 세포는 조합할 수 있는 2개의 유전자 사본을 가진다. 재조합은 다양한 상황에서 박테리아나 바이러스에서도 일어날 수 있다.

1. 재조합의 개관

염색체 간 유전물질의 교환은 다양한 생물과 조건에서 일어난다. 분자 수준에서, DNA 분자의 조각 교환은 **재조합**으로 알려진 기작으로 일어난다. 진핵생물의 유성생식 중 감수분열과정에서 상동염색체 간 DNA 조각의 교차가 일어난다. 이것은 자손의 유전적 다양성을 훨씬 더 증가시키고 이로 인해 진화적 선택 기회가 증진된다. 원핵생물은 유성생식을 하지 않으나, 유전적 교환을 촉진하는 여러 기작을 가지고 있다. 박테리아는 DNA 조각이 형질전환(transformation), 형질도입(transduction) 또는 접합(conjugation)으로 들어온 DNA 조각을 염색체에 재조합할 수 있고(원핵생물의 DNA 이동 기작은 25장 참조), 박테리아의 진화에 큰 영향을 미친다(관련 연구에 대한 초점 참조). 특정 조건하에서 바이러스 유전체도 재조합을 할 수 있다.

재조합(recombination) 염색체와 다른 DNA 사이 유전적 정보의 교환

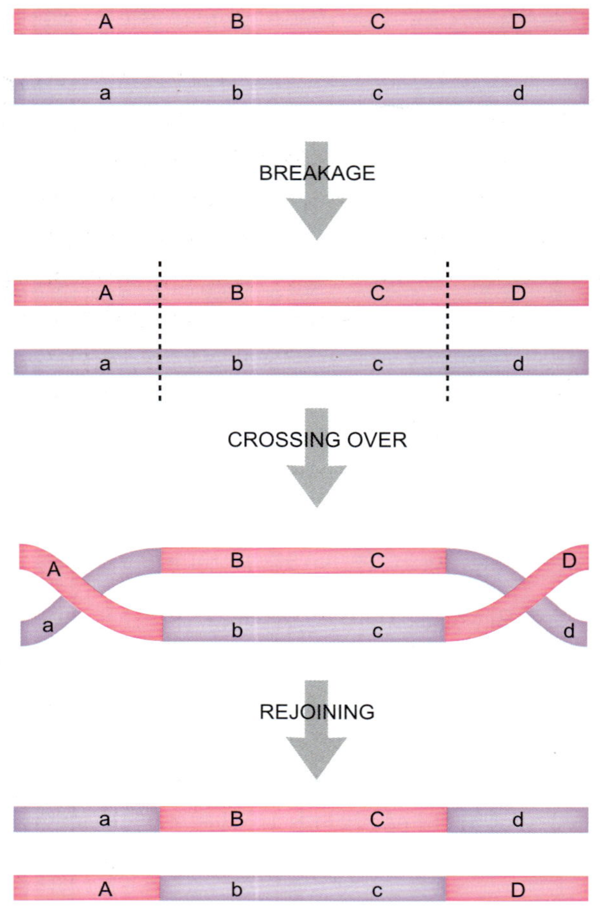

그림 24.01
2개의 교차로 재조합이 일어난다.

한 쌍의 이중가닥 DNA 두 분자가 배열된다(A는 a와 B는 b와 등등). 절단이 일어나고, 교차에 이어서 말단이 연결되면, DNA 일부가 교환된다.

유사한 서열을 가진 두 DNA 사이에는 조각 교환이 일어날 수 있다.

재조합이 일어나려면 2개의 교차가 필요하다.

연관되지 않은 DNA 서열 간 재조합은 특정 인식 단백질이 관여한다.

모든 재조합에서, 두 DNA 분자는 잘라지고 다시 서로 연결되어 **교차**를 형성한다(그림 24.01). 단일 교차는 일반적으로 짧은 기간 동안 혼성 DNA 분자를 이룬다. 만약 2개의 교차가 일어나면 한 쪽 DNA 조각이 다른 DNA 분자에 이동된다. 이것이 재조합이다. (사실, 하나의 단일교차는 선형 염색체 쌍의 양 끝을 교환하는 재조합을 촉진할 수 있다. 그러나 두 고리형 DNA 분자 사이의 재조합을 일으키지 못한다.)

재조합은 **상동** 또는 **비상동 재조합**으로 분류된다. 상동 재조합으로 교차가 일어나려면 DNA 서열은 어느 정도 염기서열이 비슷해야 한다. 일반적으로, 상동 재조합은 동일 염색체의 다른 사본 (감수분열의 경우) 사이에 또는 매우 연관된 DNA의 두 사본 사이에 일어난다. 염기의 유사성으로 일어나는 교차는 DNA 서열이 20-30 염기 정도면 일어날 수 있으나, 어느 정도의 교차 빈도를 가지려면 50-100 염기가 필요하다. 비상동 재조합은 훨씬 드물며, 특정 서열을 인식하고 두 가닥 사이 교차 형성을 관할하는 특정 단백질이 관여한다(그림 24.02). 두 경우 모두, 자세한 분자 기작은 대부분 *E. coli*와 같은 박테리아에서 밝혀졌고, 고등 생물에서 자세한 기작은 아직 잘 알려져 있지 못하다.

교차(crossover) 두 DNA 분자의 가닥이 잘려지고 다시 연결하였을 때 형성되는 구조
상동 재조합(homologous recombination) 두 동일한, 또는 거의 유사한, 서열의 DNA 부위 사이 일어나는 재조합
비상동 재조합(non-homologous recombination) 거의 연관되지 않는 두 DNA 부위 사이 일어나는 재조합. 이것은 특정 서열을 인식하는 단백질이 두 DNA 사이의 교차를 이끌어낸다. 위치-지정 재조합과 동일하다.

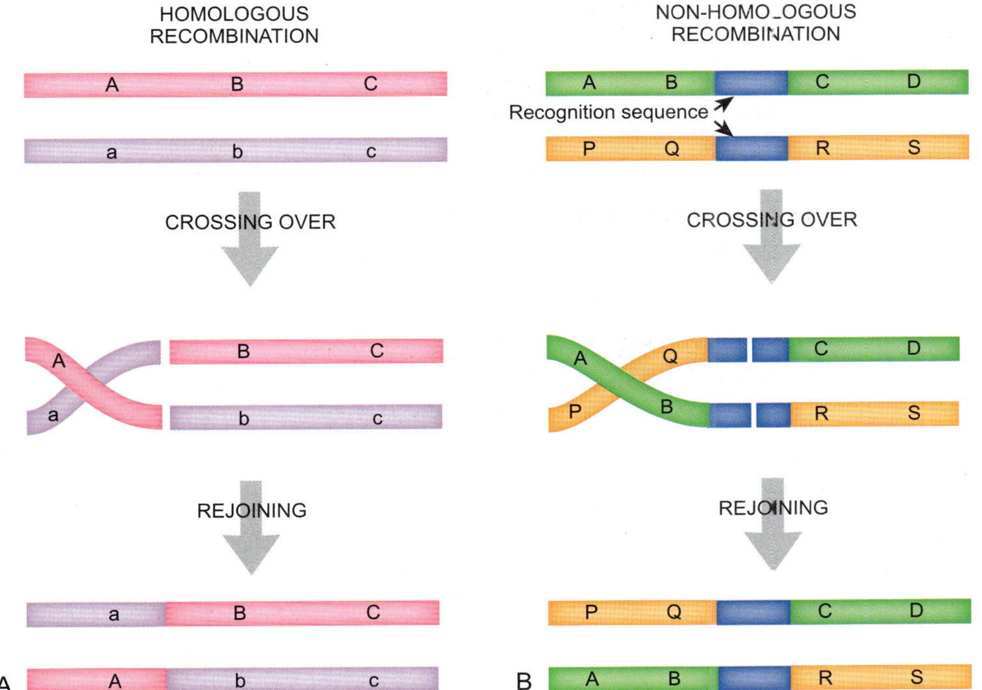

그림 24.02

상동 또는 비상동 재조합

A) 상동 재조합에서 두 DNA 분자는 유사한 서열을 가지고 있어서 분홍색(위) 가닥이 보라색(아래) 가닥과 쌍을 이룰 수 있다. 배열이 일어난 지역에서 이중가닥 절단이 일어나면 교차로 DNA가 교환된다. B) 비상동 재조합에서, 특정 단백질 인식서열이 서로 연관되지 않는 두 DNA에 존재한다. 단백질이 인식서열에 결합하고 재조합을 수행한다. 단백질은 이중가닥 절단과 고차를 수행하면, 연관되지 않는 DNA 사이에 유전적 교환이 일어난다. (이 사건은 이론적으로 또한 전위로 분류되기도 한다.)

관련 연구에 대한 초점

Didelot X and Maiden MCJ (2010) Impact of recombination on bacterial evolution. Trends Microbiology 18: 315–322.

박테리아가 이분법으로 분열하므로 이것은 무성생식이다. 그 결과 대부분의 박테리아에서는 유전적 교환이 거의 없는 것으로 생각되었다. 현재 이것은 사실이 아니며 재조합을 비롯 유전자 교환이 박테리아 진화에 주된 역할을 하는 것이 밝혀졌다. 박테리아의 유전자 교환은 접합(conjugation), 형질도입(transduction), 형질전환(transformation)의 세 가지 기작에 의해 일어난다(25장 참조). 그러나 외부에서 유입된 DNA가 박테리아 세포에 들어가면, 숙주 유전체에 재조합이 일어나야 장기적으로 존재할 수 있다.

재조합은 대부분의 박테리아에서 진화에 주된 역할을 담당한다. 이 논문은 박테리아 집단에서의 재조합의 증거와 이로 인한 영향에 대해 다루고 있다. 재조합 빈도와 정도는 박테리아마다 그리고 동일 종이라 하여도 계열에 따라 매우 다르다.

자연계에서 대부분의 재조합 사건은 수천 염기쌍을 넘지 않는다. 실험실에서는 더 긴 DNA 조각도 재조합이 가능하나 자연계에서는 지나치게 긴 변화는 적응도를 떨어뜨려 배제되는 것으로 보인다.

2. 상동 재조합의 분자적 기초

상동 재조합 중 두 이중가닥 DNA는 서로를 인식하고 교차를 한다. 이때 각 DNA 이중가닥의 한쪽 가닥은 잘려지고, 교환되고 다시 연결되어야 한다(그림 24.03). 그 결과 1964년 이 모델을 제시한 홀러데이의 이름을 딴 **홀러데이접합부**가 형성된다. 홀러데이접합부에는 두 독립된 DNA 분자에서 유래한 외가닥이 쌍을 이룬 두 **이형2중가닥**이 생긴다. (이형2중가닥은 두 다른 분자에서 유래한 핵산, DNA 또는 RNA의 두 가닥이 서로 이중가닥을 이룬 부분이다.)

이형2중가닥(heteroduplex) 두 다른 DNA 분자에서 유래한 외가닥으로 이루어진 DNA 이중나선
홀러데이접합부(Holliday junction) 재조합 중 형성되는 DNA 구조로 두 DNA 분자가 연결되는 교차점에서 발견된다.

그림 24.03
교차의 형성

2개의 상동 DNA 분자의 유사 서열이 배열된다. 외가닥 절단이 일어나고, 각 외가닥의 말단이 서로 교차된다.

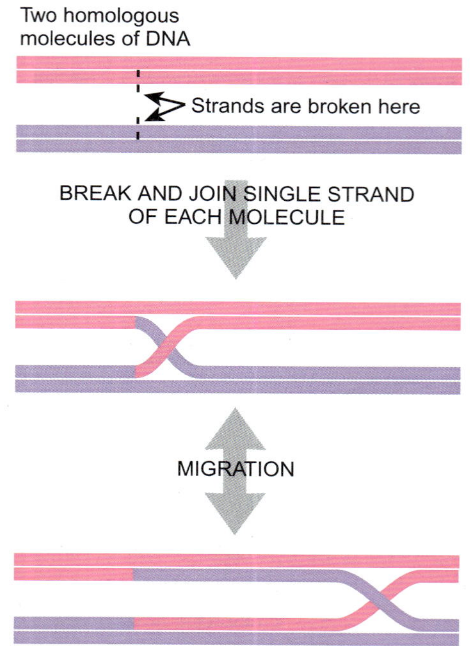

홀러데이접합부는 서로 감고 움직여서 재배열이 일어날 수 있다. 그림 24.04에서 보는 상호변환 가능한 두 형태는 결합이나 염기쌍에는 변화가 없는 단순히 배치상의 변화 뿐이다. 중요한 점은 홀러데이접합부의 분해 또는 **분리**로 2개의 서로 다른 생성물이 형성될 수 있다는 것이다. 어떤 생성물이 생기는가는 이것이 분리될 때 어떤 형태를 가지고 있었는가에 달려있다. 하나는 두 원 DNA가 재생되는 것이다. 사실 이들은 그 전과 완전히 같지는 않다. 여기에는 때로 "**패치 재조합체**"로 알려진 작은 이형2중가닥 조각이 각 분자에 남아있다. 다른 것은 교차에 의한 두 혼합 DNA 분자의 형성이다. 홀러데이접합부의 분리는 **리졸바아제**라고 부르는 효소가 필요하다. *E. coli*의 RuvC와 RecG 단백질은 둘다 리졸바아제로 작용하며 서로 대체될 수 있다. 리졸바아제는 접합부의 두 번째 가닥(잘려지지 않았던)을 자르고 재연결하여 완전히 교차된 이중가닥을 만든다.

홀러데이접합부의 또 다른 흥미로운 특징은 이것이 "가지이동(branch migration)"이라고 부르는 과정으로 DNA를 따라 이동할 수 있다는 것이다(그림 24.05). 이것은 수소결합의 풀림과 재형성으로 이루어진다. 분리된 것과 동일 수의 결합이 재형성되므로 이론적으로 전체적인 에너지 유입은 필요하지 않다. 그러나 실제적으로 자연적 이동은 너무 느려서 이 과정을 가속시키기 위해 에너지를 소비하는 효소가 필요하다. *E. coli*에서 RuvA 단백질은 접합부에 결합하고 RuvB가 이동을 주도한다.

2.1. 외가닥 침투와 카이 자리

교차가 일어나려면, 일시적으로 3차 나선이 형성되고 카이 부위라는 특정 인식서열이 필요하다.

DNA의 상동서열이 어떻게 서로를 발견하고 인식하는가는 큰 의문이었다. 한 DNA에서의 두 외가닥 사이가 아닌 염기가 안쪽으로 돌려져 있는 두 DNA 이중가닥의 접근을 말하고 있다. 여기서 박테리아와 고등생물 간에는 차이점이 있어 보인다.

박테리아에서 제시된 주된 기작은 외가닥 침투(single-stranded invasion)이다. 이것은

패치 재조합체(patch recombination) 일시적 교차로 만들어진 작은 조각의 이형2중가닥을 가진 DNA
분리(resolution) 두 DNA 분자가 붙어있는 접합부를 자르고 두 DNA를 독립된 분자로 방출하는 것. 재조합 중 형성된 교차나 전이 중 형성된 공동 삽입체(cointegrate)를 분리하는 것을 의미한다.
리졸바아제(resolvase) 위치 특이적으로 DNA의 재조합을 촉진하는 효소

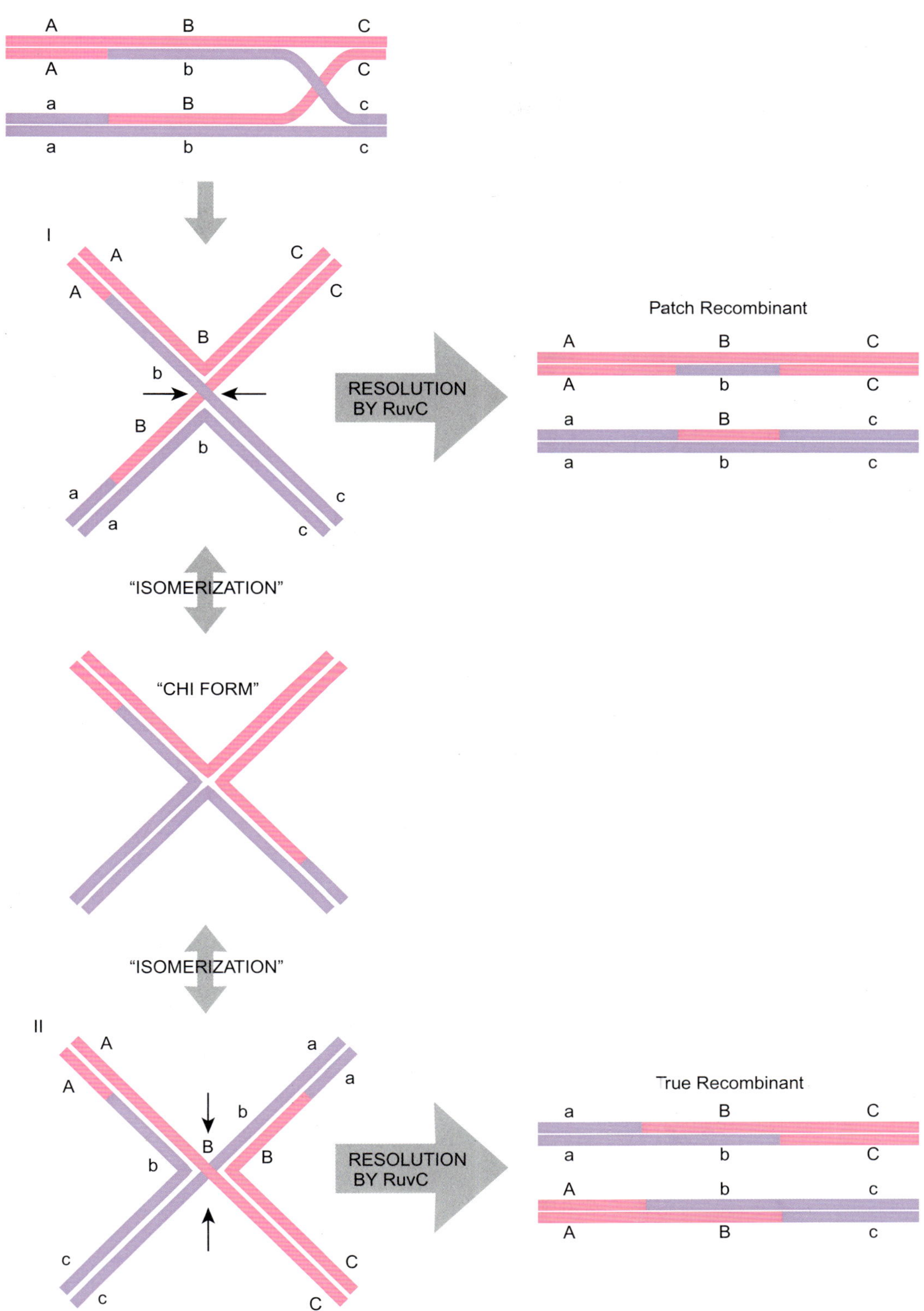

그림 24.04

재배열과 홀러데이접합부의 분리

홀러데이접합부는 이성체화하여 2개의 다른 대체형으로 바뀔 수 있다. 형태 I은 교차 부분의 아랫쪽 두 가지가 회전하여 카이 형태로 이성체화할 수 있다. 여기에 카이 형태의 오른쪽 두 가지가 회전하여 형태 II와 같은 이성체가 생긴다. 교차 부위의 분리는 어느 상황에서도 일어 날 수 있다. 형태 I에서 분리가 일어나면 분홍 분자의 유전자 "B"가 보라색의 유전자 "b"와 교환이 일어나는 패치 재조합이 만들어 진다. 두 DNA 분자의 가지들은 달라지지 않고 다만 일부분에서 작은 조각의 이형나선 DNA만 형성된 결과이다. 형태 II에서 RuvC에 의해 분리가 되면 양쪽 DNA 가닥 모두에서 혼성화가 일어나고 양쪽 가닥 모두에서 교환이 일어난다.

그림 24.05

홀러데이접합부의 이동

4개의 RuvA 단백질과 6개의 RuvB는 염기쌍 간 수소결합을 깨고 다시 형성하면서 교차가 DNA 이중나선을 따라 이동하게 해준다.

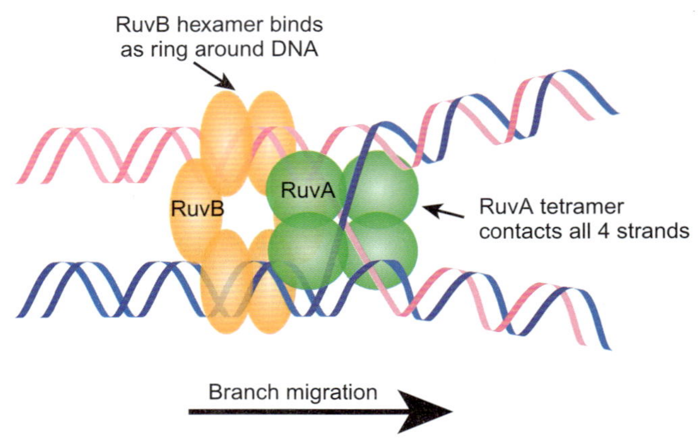

DNA 이형2중가닥 형성을 위한 외가닥이 필요하다. 이 외가닥은 두 번째 DNA 이형2중가닥에 침투하여 3중가닥 나선을 이룬다. 이 두 단계는 각각 RecBCD와 RecA 단백질이 필요하다. 원래 교차는 모든 상동가닥끼리 형성될 수 있다고 생각되었다. 그러나 **카이 부위**라 부르는 특수한 서열이 필요하다. 그러나 카이 서열(5′-GCTGGTGG-3′)은 매우 흔하게 존재하여, 어느 정도 길이의 박테리아 DNA에서 교차는 거의 무작위적으로 일어난다. 카이 부위는 교차가 그리스문자 카이, χ를 닮았기 때문에 명명되었다.

외가닥 침투 동안, RecBCD는 이중가닥 절단이 있는 DNA에 결합한다. 그리고 DNA를 따라 이동하면서 카이 부위에 도달할 때까지 이중가닥을 풀어낸다(그림 24.06). DNA 풀기효소 복합체인 RecBCD는 두 분자 모터인 RecB와 RecD에 의해 DNA를 따라 이동한다. RecBCD가 카이 부위에 도달하면 멈춘다. 복합체가 카이 부위에서 멈추면 빠르게 달리던 RecD가 천천히 달리는 RecB로 대체된다. 그 결과 카이 부위를 지난 복합체는 천천히 이동한다. 카이 부위에서 핵산내부가수분해효소인 RecD는 카이 서열의 3′ 말단에 있는 한 가닥을 자르고 DNA로부터 분리된다. 카이 부위를 지난 RecBCD DNA 풀기효소는 외가닥 결합단백질인 RecA를 모이게도할 수 있다.

RecBCD 복합체는 또 다른 기능을 가진다. 이것은 박테리아에서 제한효소로 잘려진 외래 DNA를 분해하는 기능을 가진다. 이 경우 이 복합체가 느려질 필요가 없으므로, RecD에 의해 빠르게 이동한다.

외가닥 침투 후 **RecA 단백질**은 외가닥의 자유 3′ 말단에 결합하여 다른 이중가닥 DNA에 침투시키면서 부분적 이중나선을 만든다(그림 24.07). RecA는 외가닥 DNA 부분을 안정화한다. 가닥의 침투는 다른 이중가닥의 한 가닥을 대치하는데, 이 대치된 가닥은 RecBCD에 의해 풀려진 DNA의 남아있는 외가닥과 궁극적으로 쌍을 이룰 것이다. 이렇게 만들어진 교차는 그림 24.04에서 설명한 것과 같이 분리된다.

처음 이중가닥의 절단이 어떻게 일어나는가는 여전히 의문이다. 박테리아는 염색체의 이중가닥 절단을 피한다. 더구나, 박테리아는 반수체로 유성생식 중 재조합할 상동염색체 쌍을 가지고 있지 않다. 실제적으로, 박테리아에서 재조합은 세포 내로 들어오는 작은 DNA 조각과 박테리아 염색체 간에 일어난다. 이러한 조각들은 박테리아 세포에 다양한 과정을 걸쳐 유입된다(25장 참조). 외부 배지에서 자유 DNA로 흡수될 수 있고(형질전환), 바이러스 입자를 통해 유입될 수 있고(형질도입), 또는 다른 세포와 접합 중 들어올 수 있

카이 부위(chi site) 진핵생물의 특이 서열로서 교차가 일어나는 지점
RecA 단백질(RecA protein) *E. coli*에서 외가닥 DNA와 결합 재조합과 수선에 관여하는 단백질

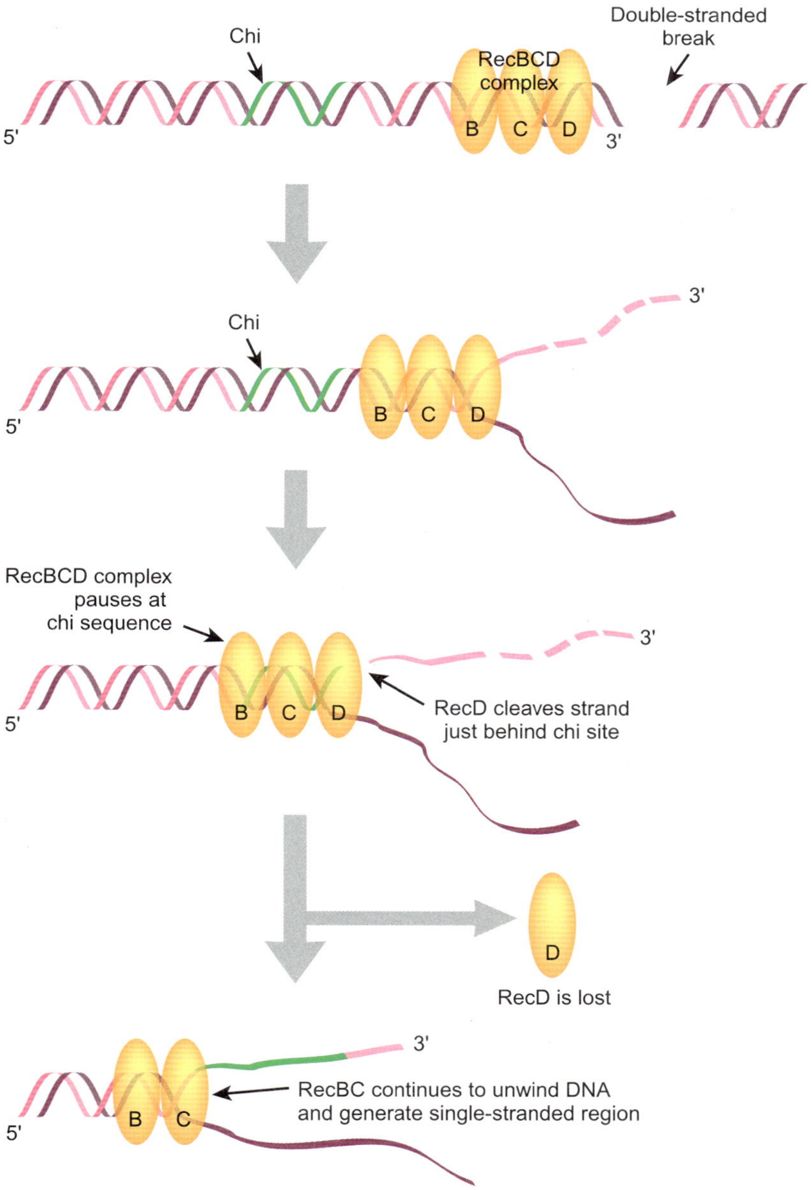

그림 24.06

RecBCD는 카이 부위를 인식한다.

RecB, RecC, RecD 단백질 복합체는 이중가닥 절단의 말단을 인식하고 DNA를 따라 이동하다가 카이 부위 가까이 도달하면 멈춘다. RecD는 한쪽 가닥을 잘라 내다. 복합체에서 떨어져나온다. RecBC는 카이 부위를 넘어 계속 DNA를 풀고 이동하면서 외가닥 DNA를 만든다.

다. 대부분의 경우, 유입되는 DNA는 상대적으로 짧은 선형 조각으로 RecBCD가 인식할 수 있는 말단을 제공한다. 이러한 기작은 반수체이며, 무성생식인 박테리아가 변화하는 환경에 적응하게 해줄 유전적 다양성을 제공해준다.

3. 위치 특이성 재조합

재조합은 거의 서열의 유사성이 없는 두 DNA 분자 사이에도 일어날 수 있다. 이것은 비상동성 또는 **위치 특이성 재조합**으로 알려져 있다. 서열의 유사성으르 DNA가 정열하는 것이 아니라, DNA는 특수 단백질이 인식하는 짧은 서열을 가지고 있어서, 이 단백질이 재조합을 시작한다.

위치 특이성 재조합(site-specific recombination) 거의 연관되지 않은 두 DNA 사이 재조합. 특정 서열을 인식하고 교차를 형성하는 특정 단백질이 여기에 관계된다. 비상동성 재조합과 동일

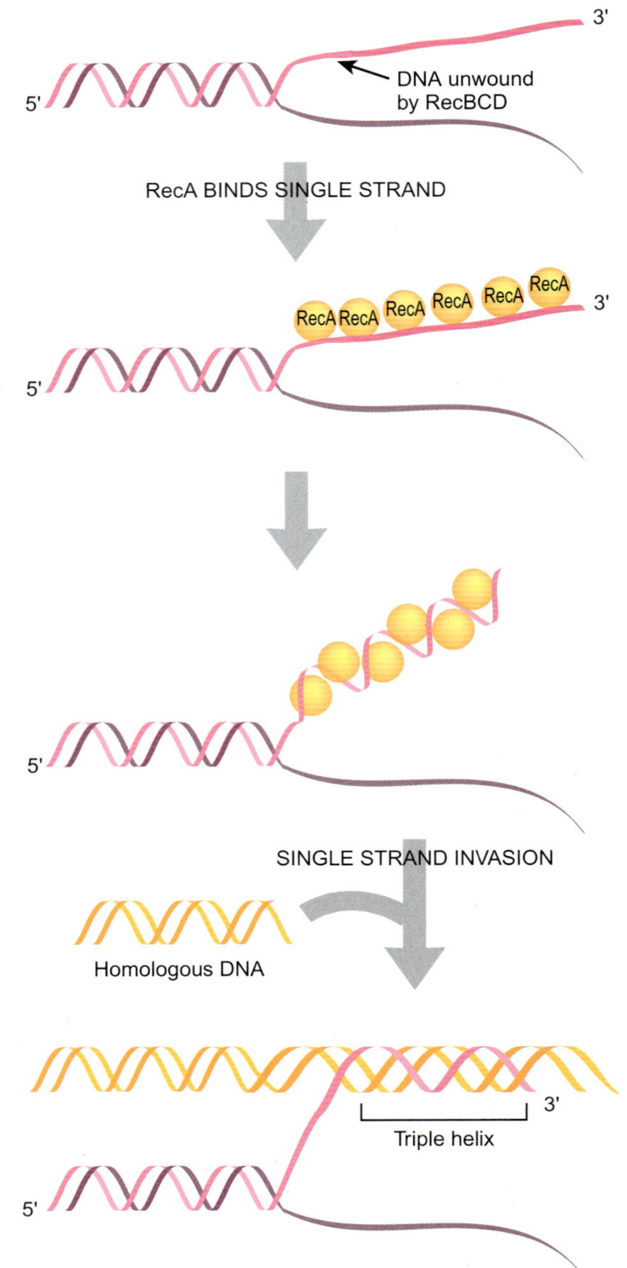

그림 24.07

RecA는 가닥 침투를 촉진한다.

RecA의 결합은 그림 24.06에서 풀려진 외가닥 DNA를 안정화시킨다. 안정화된 가닥은 동형 이중가닥 DNA를 침투하여 3중나선을 이룬다.

대표적 경우는 박테리오파지 람다(λ) DNA가 *E. coli*의 염색체에 삽입되는 것이다. 각각은 **λ 부착지점(*att*λ)**을 가지고 있다. 박테리아 염색체 상에는 *attBOB'*을 람다 유전체 상에 *attPOP'* 서열이 존재한다. 중앙에 위치하는 핵심 서열은 15개의 염기로(O로 표시) 동일하다. 그러나 숙주와 파지의 먼쪽 서열은(B와 P) 크기나 서열이 다르다. 부착 지점의 핵심 부위는 람다의 **인테그레이즈** 또는 **Int 단백질**이 인식한다. 인테그레이즈는 각 핵심 서열을 엇갈리게 자른다. 말단이 연결되면 고리형 람다 DNA가 박테리아 염색체에 삽입된다(그림 24.08).

람다의 *E. coli* 염색체로의 삽입은 특정 인테그레이즈 단백질이 인식 서열에 부착하여야 한다.

Int 단백질(Int protein) 인테그레이즈와 동일
인테그레이즈(integrase) 하나의 이중가닥 DNA를 특정 인식서열을 가진 다른 DNA 분자에 삽입하는 효소. 람다 인테그레이즈는 람다 DNA를 *E. coli* 염색체에 삽입한다.
람다부착지점(lambda attachment site, *att* λ) 람다 DNA가 *E. coli* 염색체에 삽입될 때 사용되는 인식 지점

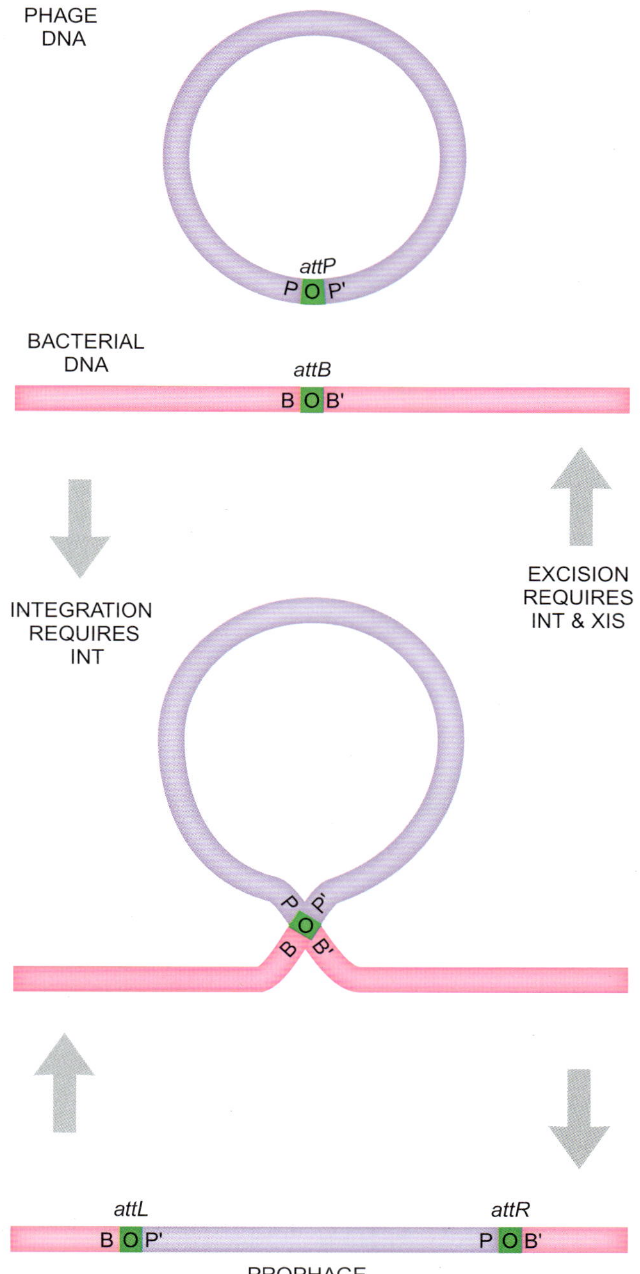

그림 24.08

람다 DNA의 삽입–개관

박테리아 DNA와 람다 파지 DNA가 부착지점 "O"에서 배열한다. Int 단백질은 이중가닥 절단을 만들고 교차를 한다. 교차 후 두 인식지점이 변형되므로, 람다는 Int만 가지고 빠져나올 수 없다. 절제효소 또는 Xis가 추가로 필요하게 된다.

사실, 가닥의 잘림과 연결은 한번에 하나씩 일어난다. 첫 단계의 잘림과 연결은 홀러데이접합부를 만들고 두 번째 단계에서 **삽입**이 일어난다. 교차의 배열은 그림 24.09와 같다. 고리형 DNA 분자가 다른 분자에 들어가는데 한번의 교차로 충분한 것을 주목하라. [람다 DNA는 바이러스 입자 속에서는 선형이지만, 박테리아 세포를 침투하는 즉시 삽입 전 고리형으로 된다(21장 람다 생활사 참조).] 삽입 후, 람다 DNA는 *attBOP'*과 *attPOB'*의 혼성 *att*λ를 양쪽에 가진다, Int 단백질은 이러한 혼성 지점사이 재조합을 수행할 수 없

삽입(integration) 하나의 이중가닥 DNA를 특정 인식서열을 가진 다른 DNA에 삽입하는 것

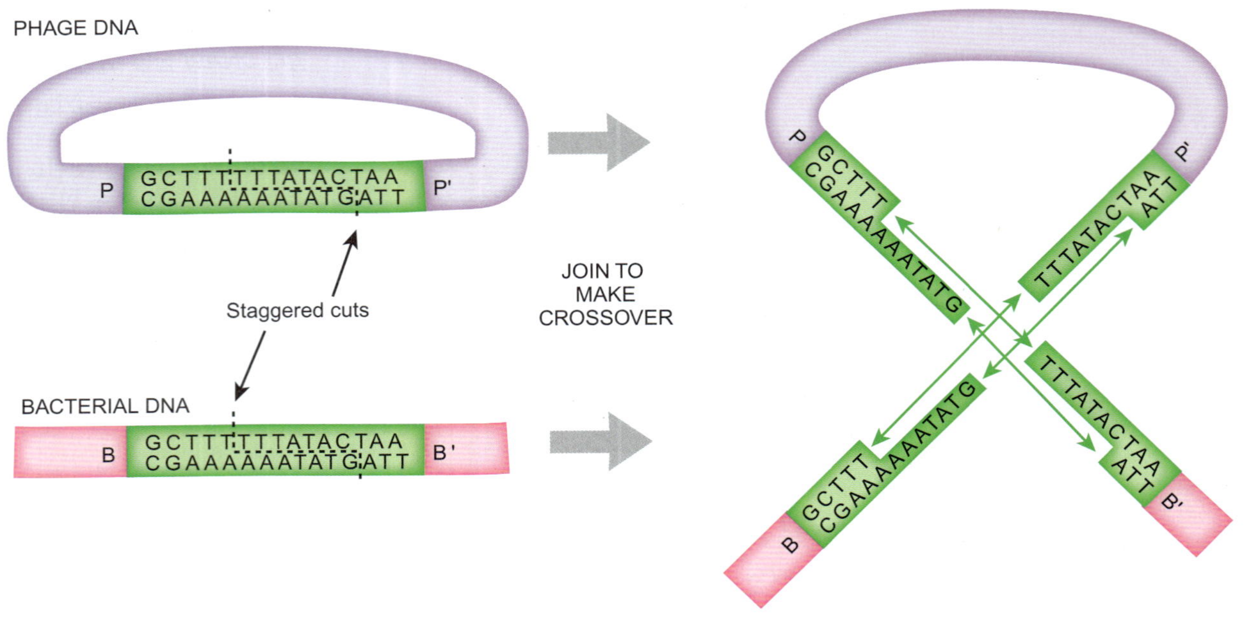

그림 24.09
람다 DNA의 삽입-교차

초록색의 "O" 지점은 점착성 말단을 가지도록 잘려진다. 잘려진 람다의 두 말단이 박테리아 염색체와 재 연결되면 람다의 삽입이 일어난다.

으므로 삽입의 역 반응을 수행하지 못한다. 람다의 적출(excision)은 **Xis 단백질** 또는 "**절제효소**"와 Int가 연합하여 수행한다. Xis와 Int 활성 조절로 람다가 박테리아 염색체 속에 잠복할지 나와서 복제할 지가 결정된다. 이 결정은 바이러스의 생활사를 조절하는데 매우 중요한 역할을 담당한다.

4. 고등생물에서의 재조합

진핵생물의 감수분열 중 상동염색체간 교차가 빈번하다.

진핵생물의 재조합은 감수분열의 초기단계에서 일어난다. 두 상동염색체 간 교차가 일어나기 위해서는 이중가닥 절단의 위험한 과정이 일어나야 한다. 진핵생물에서 이중 가닥 절단은 제1감수분열 전기의 세사기(leptotene) 단계 동안 일어나고, 쌍을 이룬 염색체들이 다음 단계인 접합기(zygotene) 단계 동안 재조합에 필요한 혼성연접구조를 이룬다(그림 24.10). 이는 박테리아의 홀러데이접합부과 유사한 것으로 추정되지만 자세한 것은 잘 알려져 있지 않다. 교차의 분리는 감수분열의 세 번째 단계인 태사기(pachytene)에서 일어난다. 최종적으로 재조합체가 분리되는 것은 감수분열의 최종 단계인 복사기(diplotene)단계에서 일어난다. 체세포분열에서, 재조합은 대부분 이중가닥 절단이나 외가닥 간극의 수선 동안 일어난다(관련 연구에 대한 초점 참조).

절제효소(excisionase) 삽입된 DNA 이중 가닥 조각을 빼 내고 남아 있는 DNA 간극을 다시 연결시켜주는 효소. 특히 람다 절제효소는 삽입된 람다 DNA를 절제해준다.
Xis 단백질(Xis protein) 삽입된 DNA 이중 가닥 조각을 빼 내고 남아 있는 DNA의 갭을 다시 연결시켜주는 효소. 절제효소와 동일. X 염색체의 억제에 관여하는 Xist RNA와 혼동하지 말 것

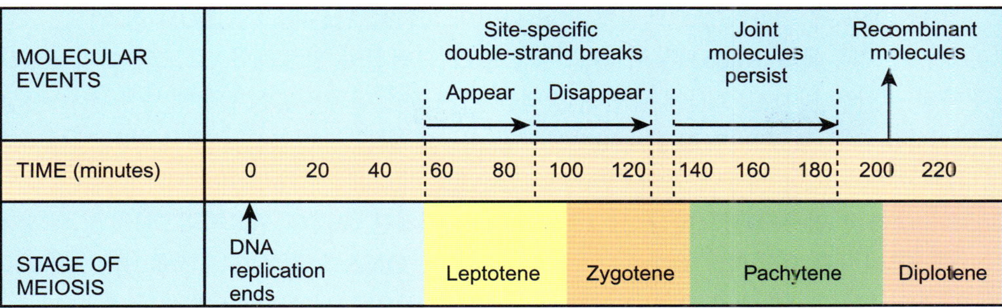

그림 24.10
진핵생물 효모의 재조합 시간표

위치특이적 이중가닥 절단은 DNA 복제가 시작한 후 60-90분 사이 일어난다. 절단은 감수분열의 접합기 동안 혼성분자가 만들어지면서 사라진다. 혼성물의 분리는 태사기 동안 일어난다. 저조합 분자는 이증가닥 절단이 일어나고 약 120분 후에 볼 수 있다. 즉, 진핵성 재조합은 거의 2시간에 걸쳐 일어나는 것이다.

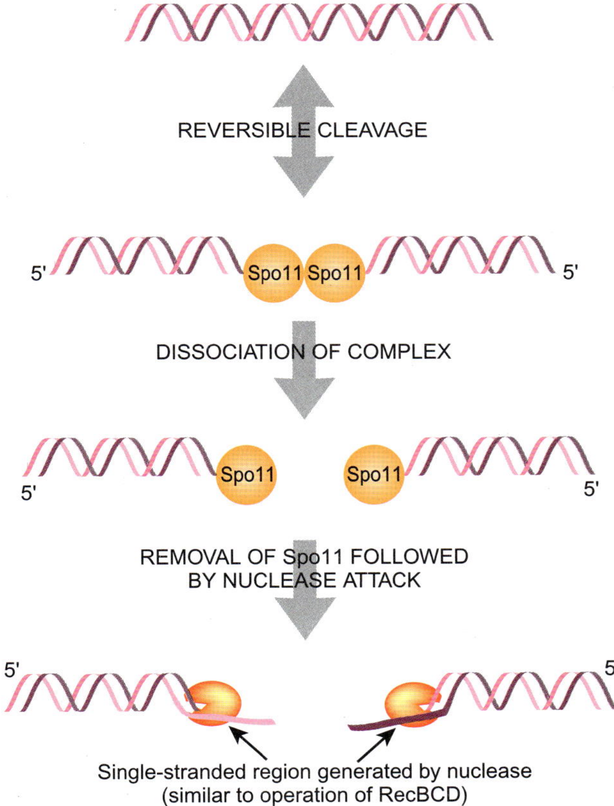

그림 24.11
Spo11은 이중가닥 절단을 촉진한다.

Spo11은 효모의 이중가닥을 결합하고 자른다. 잘려진 후 Spo11은 외가닥을 생성하는 핵산가수분해효소로 대체되고, 두 DNA 조각은 다른 단백질에 의해 붙들려있다(여기서는 보여주지 않았음).

잘 알려져 있지 않은 12개 이상의 단백질이 이중가닥 절단에 필요하다. 효모에서 Spo11 단백질이 이중가닥 절단에 관여하는 것으로 보인다(그림 24.11). 그 후 다른 단백질이 이것을 대체하여 DNA 말단을 붙든다. 자유 3′ 말단을 가진 외가닥이 만들어진다. 박테리아에서와 같이 외가닥은 DNA 이중가닥을 침투하는 데 사용된다. 효모에서 **Rad 단백질**이 이 과정을 관장한다. 특히 효모의 Rad51 단백질은 박테리아의 Rec A에 상응되는 것으

Rad 단백질(Rad proteins) Rad 효모와 동물세포에서 재조합과 DNA 손상을 수선에 관여하는 일군의 단백질. Rad51은 원핵생물의 RecA 단백질에 상응하는 단백질이다.

로 외가닥 DNA에 결합하여 단백질이 덮힌 나선의 가닥을 만든다(그림 24.07 참조).

외가닥 침투에는 Rad51뿐 아니라 여러 Rad 단백질이 필요하다. 효모의 여러 *RAD* 유전자의 결함은 방사선 조사에 대한 민감성을 가져오며 이들은 DNA의 방사선 조사 손상에 관여하는 것으로 보인다(23장 4.10절 참조). 이들의 이름은 여기서 유래하였다. 체세포분열 중 재조합은 Rad 체계에만 의존하지만, 감수분열 중 재조합은 100배나 더 빈번한 것으로 보아 추가적 인자가 필요하다. Rad52는 상동염색체간 교차에 필요하다. 이것은 외가닥 DNA를 고리처럼 둘러싸고 외가닥이 동형 이중가닥 DNA를 침투하는 것을 돕는 것으로 생각되었으나 최근 DNA가 Rad52 고리를 둘러싸는 것으로 생각되고 있다.

RecA와 Rad51의 또다른 상동 단백질이 Dmc1 재조합 효소이다. 이 단백질은 대부분의 진핵세포에서 발견되며 감수분열에서 고유하게 작용한다. Rad51은 체세포 분열과 감수분열 동안의 재조합에 필수적이다. 따라서 Dmc1은 감수분열 동안에 아직 잘 알려지지는 않았지만 특별한 기능을 하는 것으로 보인다. 사람의 불임의 상당 경우가 Dcm1이 망가져서 일어난다고 추정되고 있다.

관련 연구에 대한 초점

Ho CK, Mazon G, Lam AF, and Symington LS (2010) Mus81 and Yen1 Promote Reciprocal Exchange during Mitotic Recombination to Maintain Genome Integrity in Budding Yeast. Mol. Cell 40: 988–1000.

체세포분열 동안, 상동 재조합은 이중가닥 절단을 수선하는데 사용된다. 상동 재조합에 결함이 생기면 염색체 재배열을 포함 돌연변이 빈도는 증가한다.

교차가 형성되면 리졸바아제에 의해 홀러데이접합부이 분리된다. 이 논문은 효모에서 Mus81과 Yen1로 불리는 2개의 리졸바아제의 특성을 다루고 있다. Mus81은 원래 Rad 단백질과 연합체를 이루는 것으로 발견되었다. 효모의 종류에 따라 정도에 차이는 있지만, *mus81* 돌연변이체는 감수분열 중간산물을 축적한다. Yen1을 가지는 발아효모에서 *mus81* 돌연변이의 효과는 비교적 크지 않다. 그러나 분열효모에서 *mus81*의 돌연변이는 매우 심각하다. Mus81이 없고 DNA 길이가 짧은 경우 Yen1이 대신 작용한다. 만약 둘 모두에 결함이 생기면 염색체의 잘못된 분리의 빈도는 크게 증가한다.

5. 유전자 전환

일반적으로 교차는 대칭적이며, 다른 두 부모에서 유래한 다른 대립유전자는 멘델 법칙에 따라 유전된다(1장). 즉, 두 부모가 유성생식을 하면, 각 부모에서 유래한 두 대립유전자는 자손에서 동일 빈도로 나타나야만 한다. 때로 여기에 예외가 생긴다. **유전자 전환**으로 알려져 있는 이 기작은 하나의 대립유전자가 다른 대립유전자로 전환되는 사실로부터 명명되었다. 이 기작은 짝짝이수선 체계가 재조합으로 생성된 중간산물 구조에 작동하면서 일어난다.

종종 하나의 대립유전자가 짝짝이 수선을 거쳐 다른 대립유전자로 전환이 된다.

정상적 조건에서 한 DNA 분자 두 가닥은 서열이 상보적이고 동일 유전정보를 의미한다. 즉 특정 이중나선 DNA 분자는 하나의 대립유전자를 가지고 있다. 그러나 두 가닥이 완전히 염기쌍을 이루지 못하면 각 가닥은 다른 대립유전자를 가지고 있다고 할 수 있다. 이러한 이형2중가닥 DNA는 일시적으로만 존재하며 짝짝이수선 체계로 바로 교정된다. 이 과정에서 유전자 전환의 기회를 제공하게 된다.

앞에서 설명한 바와 같이 재조합 중 짧은 이형2중가닥이 교차지점 주변에 만들어진다. (이것은 교차가 그림 24.04 홀러데이접합부 후 혼성 DNA 분자를 생성하거나 원 DNA 분자를 재생하거나 상관없이 만들어진다.) 두 DNA 분자가 동일 유전자의 다른 대립유전자를 가지고 있다고 가정해보자. “r” 대립유전자는 5′ GGCC 3′ 서열을 가지고 “R” 대립유

유전자 전환(gene conversion) 감수분열 중 하나의 대립유전자를 다른 대립유전자로 대치하는 DNA 재조합과 수선. 유전적 교차로 멘델 법칙과 다른 비율을 보인다.

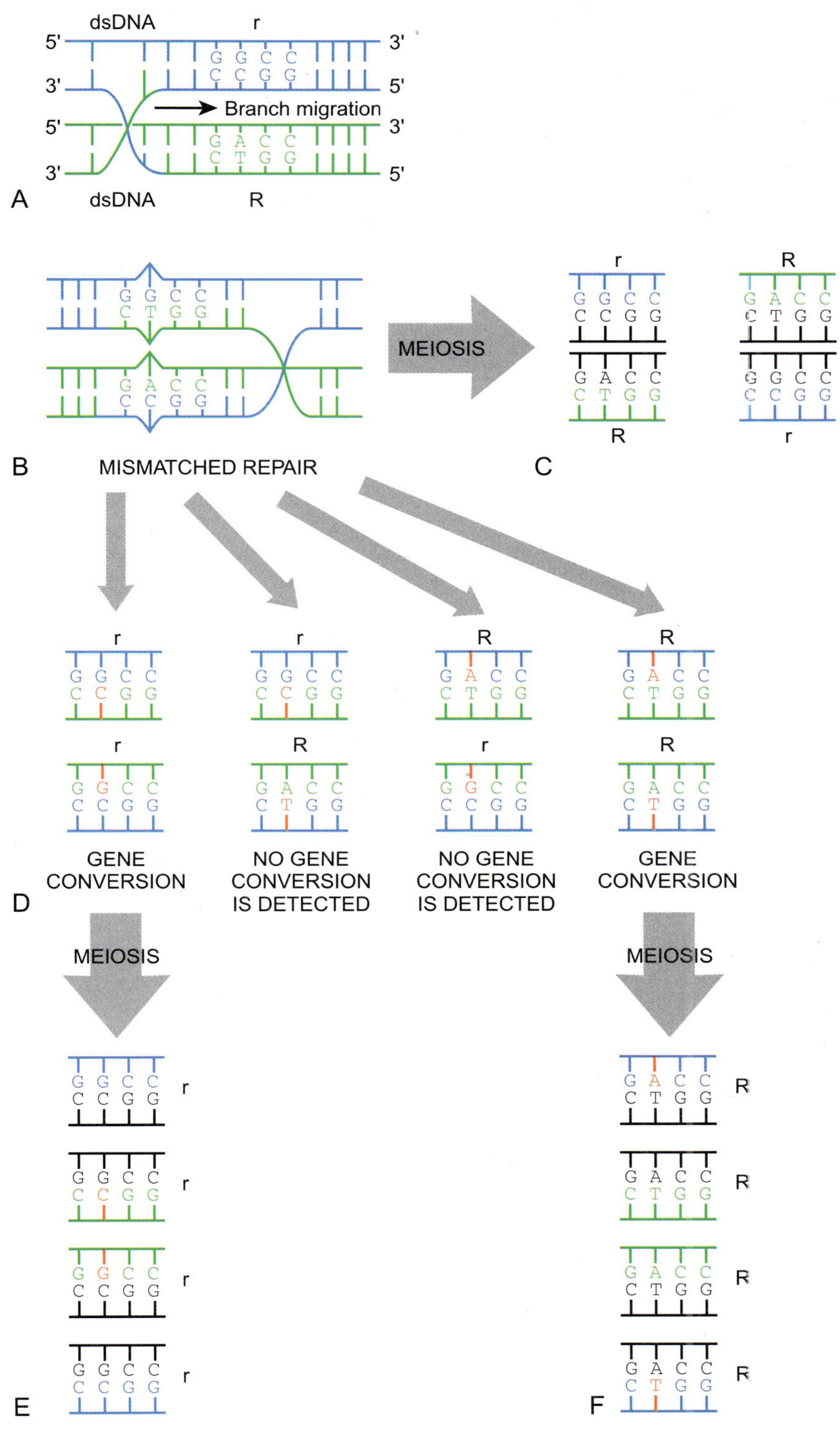

그림 24.12

교차 후 유전자 전환

A) 하나의 염기만 다른 두 대립유전자의 두 DNA 분자사이 교차가 일어날 수 있다. “r” 대립유전자 서열(파란색 가닥)을 GGCC라 하고 “R” 대립유전자 서열(녹색 가닥)은 GACC라 하자. B) 홀러데이접합부의 가지가 이동하면서 각 DNA 사슬에 짝짝이 염기가 생긴다. C) 짝짝이수선이 일어나기 전 감수분열이 일어나면 2개의 “r” 반수체와 2개의 “R” 반수체가 형성된다. D) 만약 짝짝이수선이 일어나면 정상적 상보성 염기로 수선이 된다(붉은 색으로 표시). 여기서는 네 가지 가능한 수선을 보여주고 있다. E) G/T와 A/C의 염기쌍을 수선하여 T를 C로 A를 G로 바꾸어준다면, 감수분열 후 네 개의 “r” 반수체만 생성된다. F) G/T와 A/C 염기쌍을 수선하여 G를 A로 C를 T로 바꾸어준다면, 감수분열 후 4개의 “R” 반수체만 생성된다.

전자는 5′ GACC 3′ 서열을 가진다고 가정하자(그림 24.12A). 두 유전자의 암호서열에서 교차가 일어나면 짝짝이 염기를 가진 이형2중가닥이 형성된다(그림 24.12B). 그리고 두 가지 가능성이 생긴다. 복제와 감수분열이 즉시 일어나면 2개의 R과 2개의 r 대립유전자를 가진 4개의 반수체 유전체가 생긴다(그림 24.12C). 반면, 복제가 일어나기 전 짝짝이수선 체계가 이형2중가닥의 짝짝이 염기쌍을 수선할 수 있다(그림 24.12D). 이 경우 짝짝이수선은 4개의 가능성이 생긴다. 그 중 2개는 잘못된 염기를 변환하여 두 DNA 가닥이 동일하게 되는 것이다. 예를 들면 G/T 짝짝이가 “r” 대립유전자의 G/C로 교정되는 것이다. 다른

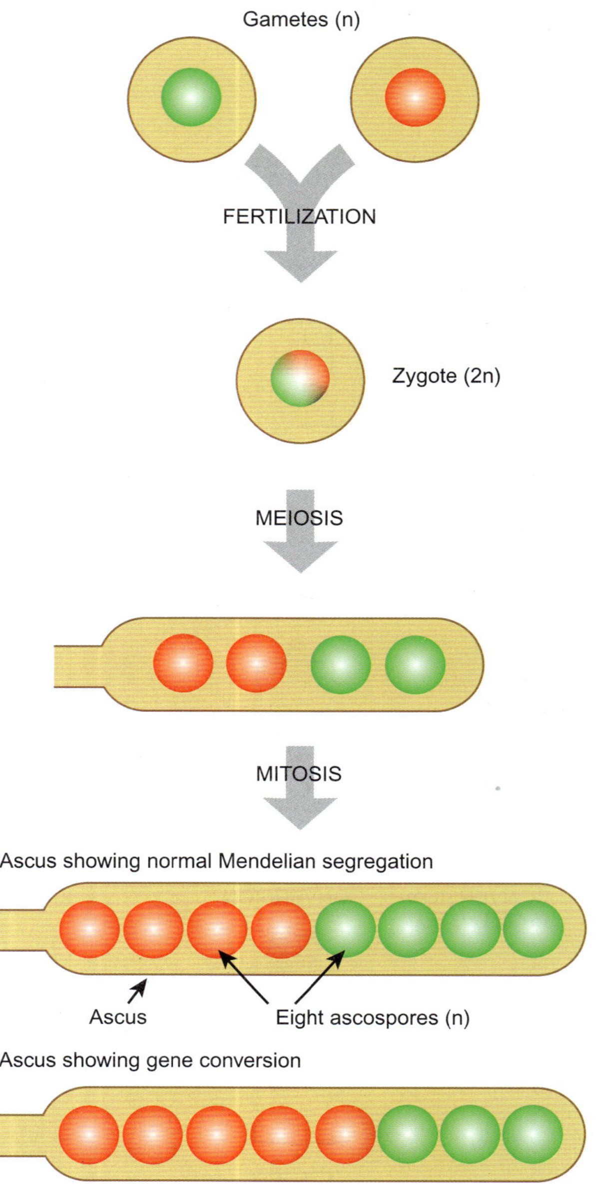

그림 24.13

자낭 형성에서 멘델 비율

자낭은 하나의 접합자에서 유래한 포자("자포자")를 가지고 있다. 이것으로 한 사건의 감수분열 후 멘델 비율을 바로 관찰할 수 있다.

가닥의 A/C 짝짝이도 G/C로 교정될 수 있다. 이것 역시 "r" 대립유전자이다. 여기서 감수분열이 일어난다면 4개의 반수체 포자는 모두 'r" 대립유전자를 가지게 될 것이다(그림 24.12E). 반대로, G/T 짝짝이가 A/T로, A/C 짝짝이가 A/T로 교정될 수도 있다. 이 경우 감수분열 후 모든 반수체 포자는 모두 "R" 대립유전자를 가질 것이다(그림 24.12F).

유전자 전환을 흔하게 일어난다. 다만 보통 상태에서 검출하기가 쉽지 않다.

유전자 전환은 어느 방향으로든 일어날 수 있기 때문에 때때로 일어나는 변화를 검출하기는 어렵다. 그림 24.12D에서 짝짝이수선 체계는 4개의 다른 방향으로 일어날 수 있고 이 4개의 가능성 중 2개의 결과는 부모형과 같아서 감수분열 후도 검출이 어렵다. 맨 왼쪽과 맨 오른쪽의 경우에만 멘델 법칙을 벗어날 것이다. 유전자 전환은 거의 모든 생물에서 일어나는 것으로 보인다. 그러나 실제로, 효모, *Neurospora* 등과 같은 **자낭균류**에서는 이들의 발생 양상으로 인하여 가장 쉽게 관찰된다. 유성생식은 난자와 정자의 융합으로 접합자를 생성한다. 곰팡이들의 접합체는 곧 감수분열을 하여 4개의 포자를 형성하는 데 이들

자낭균류(ascomycetes) 자낭이라는 구조 내 4개의 (또는 8개의) 포자를 생성하는 곰팡이류

은 모두 하나의 접합체에서 유래한 것이다(그림 14.13). 때로 감수분열 후 즉시 체세포 분열이 일어나 8개의 포자를 형성한다. 이 4개의 (또는 8개의) "자낭포자(ascos-pore)"는 봉지처럼 생긴 구조인 하나의 **자낭** 속에 들어있다. 즉 하나의 접합체에서 유래한 각 4개의 또는 8개의 자손 그룹 각각의 멘델 비율을 계산할 수 있다.

핵심 개념

- 유전자 재조합은 다른 두 DNA 사이에서의 DNA 분자의 조각 교환이다.
- 재조합은 두 DNA 분자사이에 교차가 형성되며 진행된다.
- 상동 재조합 경우에는 교차가 일어나는 DNA 서열은 염기서열이 충분히 비슷하야 한다.
- 박테리아에서는 카이 부위라 불리는 인식 서열에서 외가닥 침투로 인해 교차가 생기기 시작한다.
- 위치 특이성 재조합은 거의 염기 서열상 유사성이 없는 두 DNA 사이에서 일어난다. 인식 서열을 부착되는 특정 단백질에 의해 매개된다.
- 고등생물의 재조합은 감수분열의 초기 단계에서 박테리아의 과정과 유사하게 일어난다.
- 유전자 전환은 재조합 과정에서 한 대립유전자가 다른 대립유전자로 전환되는 것을 말한다.

복습 문제

1. 염색체 사이에서 DNA가 교환되는 과정은 무엇이라 하는가?
2. 교차란 무엇인가?
3. 상동 재조합과 비상동 재조합의 차이점은 무엇인가?
4. 홀러데이접합부란 무엇인가? 이형2중가닥이란 무엇인가?
5. 홀러데이접합부의 분리로 인해 생기는 결과는 무엇인가?
6. 리졸바아제란 무엇인가?
7. 외가닥 침투 동안에 일어나는 일은?
8. 외가닥 침투에는 무엇이 필요한가?
9. 염기 서열의 유사성이 없는 두 DNA 분자 사이에서 일어나는 재조합 종류는?
10. 박테리오파지 람다(λ)는 어떻게 *E. coli* 염색체에 삽입되는가?
11. 박테리아 염색체 상과 람다 유전체 상의 부착 지점의 기능은 무엇인가?
12. RecA 단백질은 어떻게 외가닥 침투를 촉진하는가?
13. 어떻게 람다가 박테리아의 염색체에서 적출되는가?
14. 진핵생물에서의 재조합은 세포분열 주기의 어느 때에 일어나는가? 왜 특정 기간에만 국한되는가?
15. 효모의 Rad51 단백질이 박테리아의 RecA와 어떻게 유사한지를 설명하라.

개념 문제

1. 대장균에서 홀러데이접합부이 만들어지는 단계를 나열하라. 단계별 기술에 카이 부위, RecA, RecBCD을 포함시켜 설명하라.
2. 박테리오파지 람다의 *E. coli* 염색체로의 삽입의 기작을 설명하라. 람다의 적출이 단순히 삽입

자낭(ascus) 자낭균류가 생성하는 특수한 포자구조

의 반대가 아닌 이유를 설명하라. 부착지점, 인테그레이즈, 절제효소의 기능에 대해서도 설명하라.

3. 두 가지 유전적으로 서로 다른 효모를 교배시켰다. 한쪽 효모는 2개의 동일한 우성 대립유전자 *Sss*를 가지고 있고, 다른 효모는 이형접합으로 하나의 우성 대립유전자 *Sss*와 하나의 열성 대립유전자 *sss*를 가지고 있다. 감수 분열 후에 만들어진 자낭들에는 3개는 *Sss* 반수체 포자와 1개는 *sss* 반수체 포자로써 총 4개의 반수체 포자를 가지고 있었지만, 하나의 자낭에서는 2개는 *Sss* 반수체 포자, 2개는 *sss* 반수체 포자가 발견되었다. 무슨 유전적 사건에 의해 이와 같은 돌연변이 포자가 만들어지게 되었는가?

세균 유전학

Chapter 25

여러 면으로 세균 유전학은 분자생물학의 기저를 이룬다. 세균의 유전자 전달 발견, 그리고 그 과정에서 플라스미드의 관여는 분자 클로닝의 기초를 마련하였다. 세균 유전학은 고등생물의 경우와 매우 다르다. 첫째, 세균은 더부분 각 유전자의 단일 사본이 단일 환형 염색체에 있는 반수체이다 (진핵생물은 다중 선형 염색체를 지닌 이배체이다). 둘째, 세균의 유전자 전달은 대체적으로 일방향적이다. 고등세포의 생식에서 관찰되는 것처럼 자손을 생산하기 위해 두 세포가 유전정보를 공유하는 대신에 공여체세포가 수용체세포에게 유전자를 전달한다. 세균의 유전자 전달은 이번 장에서 주제로 다룰 세 주요 기작 중 하나로 발생한다.

1. 생식과 유전자 전달

성과 생식은 모든 생물에서 항상 동일한 것은 아니다. 동물에서의 생식은 정상적으로 성이 관계되지만 세균과 수많은 하등 진핵생물에서 성과 생식은 별개의 과정이다. 세균은 **이분법**으로 분열한다. 먼저 세균은 단일 염색체를 복제한 뒤 세포는 늘어나고 가운데에서 갈라진다. 두 개체 사이에 유전자의 재분류가 없으므로(즉 성 구분이 없음) 이와 같은 현상을 **무성** 또는 **영양생식**이라고 한다.

무성 또는 영양생식(asexual or vegetative reproduction) 두 개체 간의 유전자 재조합이 없는 생식 형태
이분법(binary fission) DNA 복제가 일어난 후 세포가 늘어나고 가운데가 갈라지는 단순한 형태의 세포분열

세균에서의 세포분열과 유전정보 재조합은 전혀 별개의 과정이다.

생물학적 관점에서 볼 때 **유성생식**은 유전정보를 재조합하는 역할을 한다. 이 과정을 통하여 유전자 재조합 결과 종종 부모의 경우보다 우수한 자손을 생산하기도 한다 (물론 반대의 경우도 존재한다). 세균은 보통 무성적으로 자라고 분열하지만, 세균세포 사이에는 유전자 전달이 일어나기도 한다. 고등생물의 유성생식에서는 부모로부터의 두 생식세포가 융합하여 각 부모로부터 동일한 양의 유전정보를 받은 접합자를 형성한다. 이와는 대조적으로, 세균의 유전자 전달은 통상 일방적이며 세포융합은 일어나지 않는다. 한 세균세포에서의 유전자가 상대편으로 주어진다. DNA를 주는 세포는 **공여체세포**이며 DNA를 받는 세포는 **수용체세포**이다.

세균 사이의 유전자 전달은 나출된 DNA의 흡수, 바이러스 입자를 통한 DNA의 수송, 또는 세포에서 세포로의 DNA 전달에 의하여 일어난다.

세균 사이의 유전자 전달은 고등생물의 유성생식 과정에서 일어나는 유전자 혼합과 유사한 진화 의미를 지닌다. 그러나 그 기작은 매우 다르다. 따라서 일부 학자들은 세균 유전자 전달을 성의 원시적인 또는 비정상적인 형태로 간주하며 다른 학자들은 그 과정이 전혀 다르므로 동일한 용어를 쓰는 것은 잘못된 것으로 믿고 있다.

분자생물학자들은 양배추의 유전자이든 바퀴벌레의 유전자이든 클론 유전자를 운반하기 위하여 플라스미드 및 바이러스와 함께 세균을 이용한다. 그러므로 세균 유전자 전달에 대한 이해는 식물과 동물의 유전공학을 이해하는 데 필수적이다. 세균에서의 유전자 전달은 세 가지 기본 기작을 통하여 일어난다. **접합**에서만 세포 대 세포의 접촉으로 유전자가 전달된다. **형질도입**에서는 유전자가 바이러스 입자를 통하여 전달되며 **형질전환**에서는 유리된 DNA 분자가 세균세포에 의하여 흡수된다. 이들 세 가지 기작을 자세하게 다루기 전에 세 가지의 경우 모두에 적용되는 흡수 후의 DNA는 어떻게 되는 지를 먼저 논의하도록 하자.

2. 흡수 후 도입 DNA의 운명

DNA의 선형 절편은 복제단위가 아닌 이상 수용한 세포에 의하여 파괴된다.

도입되는 방법과는 상관없이 일단 세균세포 내로 도입된 DNA는 세 가지 운명 중의 하나를 거친다. 독립된 DNA 분자로 남아 있을 수도 있고, 완전히 분해되거나, 또는 일부가 숙주 세포 염색체에 통합되거나 재조합되고 그 나머지는 분해된다.

도입 DNA가 세균세포 내에서 자기복제 DNA 분자로 생존하려면 복제단위가 되어야만 한다. 다시 말해서 자신만의 복제기점을 지니며 나출된 말단이 없어야 한다. 대부분의 세균 내에서 살아남으려면 DNA는 환형이어야 한다. 선형 복제단위를 지닌 *Borrelia*나 *Streptomyces*와 같은 소수의 세균에서는(4장 참조) 말단이 철저하게 보호되어야 한다. 진핵생물에서는 선형 DNA 분자가 장기간 생존하려면 복제기점, 동원체 서열, 그리고 말단 보호를 위한 말단소체가 있어야 한다(4장 참조).

도입 유전자는 숙주 염색체 내에 재조합되어 파괴되지 않고 보존될 수도 있다.

세균세포 내에 도입된 이중가닥 DNA의 선형 절편은 대개 나출된 말단을 공격하는 핵산말단가수분해효소에 의하여 분해된다. 어떤 유전자든지 생존하려면 재조합 과정을 통하여 수용체세포의 염색체 내에 병합되어야만 한다(24장 참조). 재조합이 일어나려면 유사서열 즉 상동서열의 DNA 영역 간에 교차가 일어나야 한다. 두 교차점 사이의 DNA는 두 DNA 분자에 의하여 교환된다(그림 25.01). 따라서 도입 DNA의 유전자가 병합되면 수용체세포의 원래 대응 유전자는 소실된다.

이와 같은 상동재조합은 동일 종 세균의 2개 균주로부터 온 DNA와 같이 통상 유연성이 가까운 DNA 분자 사이에서만 일어난다. 비유연성 DNA 부위는 좌우에 유연성 서열

접합(conjugation) 세포 대 세포의 접촉으로 유전자가 전달되는 과정
공여체세포(donor cell) 다른 세포로 DNA를 주는 세포
수용체세포(recipient cell) 다른 세포로부터 DNA를 받는 세포
유성생식(sexual reproduction) 두 개체 간에 유전자 재조합이 일어나는 생식 형태
형질도입(transduction) 유전자가 한 세균에서 다른 세균으로 바이러스 입자를 통하여 전달되는 과정
형질전환(transformation) (세균 유전학에서) 유전자가 유리된 DNA 분자로 세포 내에 전달되는 과정

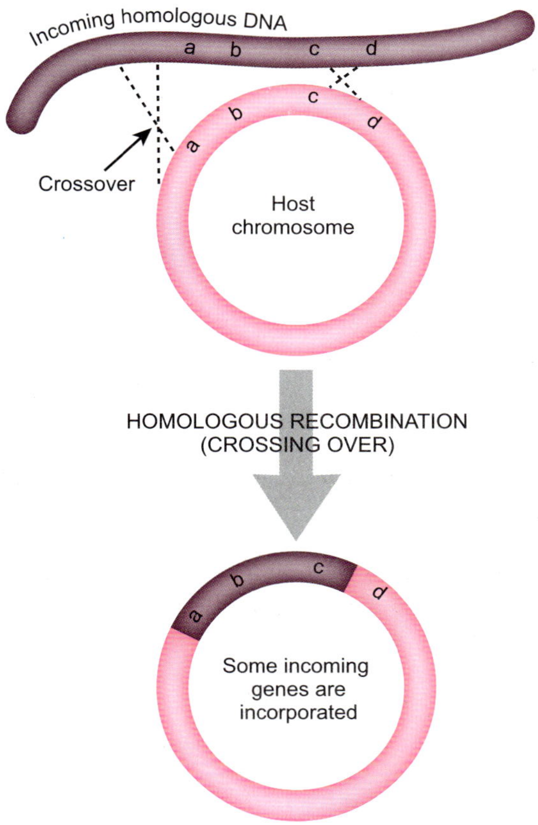

그림 25.01

재조합과 형질전환 DNA의 생존

대부분 경우 도입된 선형 DNA는 숙주 세포의 핵산말단가수분해효소에 의하여 분해된다. 도입 DNA와 숙주 염색체 간에 상동 영역이 있으면 교차 과정을 거쳐 숙주 염색체의 영역이 도입 DNA의 일부분으로 교체될 수도 있다.

이 있을 때에만 재조합을 통하여 병합된다(그림 25.02). 다른 가능성은 도입 DNA가 수용체세포에서 작용할 수 있는 전이인자를 가지고 있는 경우이다. 그 경우 전이인자는 도입된 DNA 분자를 버리고 새 숙주 세포의 염색체에 끼어들어 생존할 수 있다.

자기복제 능력이 있는 도입된 환형 DNA는 재조합 없이도 생존할 수 있다.

도입 DNA가 스스로 복제할 수 있는 플라스미드라면 염색체 내의 재조합은 생존에 꼭 필요한 것은 아니다. 유전공학 목적으로는 재조합을 피하는 편이 대개 편리하다. 다라서 분자생물학자들은 그들이 다루는 유전자를 종종 플라스미드에 붙여 넣는다(20장 참조).

핵산말단가수분해효소의 공격 이외에도 도입 DNA는 종종 제재를 받기 쉽다. 이러한 현상은 도입되는 외래 DNA를 제거하기 위하여 고안된 방어 기작이다. 대부분 세균은 외래 DNA가 무해한 친척보다는 바이러스와 같은 적으로부터 오는 것으로 간주하고 제한효소를 이용해 이를 작은 절편으로 잘라버린다. 이런 기작은 분해효소가 DNA 분자의 중간을 잘라버리는 핵산내부가수분해효소이므로 선형과 환형 DNA 모두에 적용된다(자세한 내용은 5장 참조). 메틸화로 적절한 인식서열이 변형된 DNA 만이 우호적으로 받아들여진다. 유전공학에서는 이러한 장애를 극복하기 위하여 제한효소가 없는 숙주 균주가 사용된다.

제한효소는 선형이든 환형이든 메틸화되지 않은 외래 DNA를 분해한다.

3. 형질전환은 나출 DNA에 의한 유전자 전달

유전정보 전달의 가장 간단한 방법은 한 세포가 배지에 DNA를 분비하고 다른 세포가 이를 흡수하는 것이다. 외부 배지에서 세균 내로의 “순수한” 또는 “나출된” DNA의 전달을 형질전환이라고 한다(그림 25.03). “나출된”이라는 말은 DNA를 감싸거나 보호하는 단백질과 같은 다른 생물학적 거대분자가 없다는 의미이다. 형질전환에서는 세포 대 세포의 직접 접촉도 없고 DNA가 바이러스 입자 내에 포장되는 일도 없다. 세균세포는 나출 DNA 분자를 흡수하여 그 유전정보를 통합할 수도 있다.

현재 형질전환은 일종의 실험실 기술이다. 실험자에 의하여 생물의 DNA가 추출되고

그림 25.02

비유연성 DNA의 병합

도입 DNA가 재조합되려면 숙주 서열과 전적으로 유연성일 필요는 없다. 경우에 따라 도입 DNA는 유연관계가 있는 영역(자색)과 전혀 없는 영역(녹색)을 지닌다. 상동영역은 재조합을 허용할 정도로 충분히 크므로 DNA의 비유연성 조각을 숙주 염색체 내로 통합시킬 수 있다. 새 유전정보의 수용은 환경 변화에 적합한 형질을 숙주 세포에 부여할 수도 있다. 생식으로 동일한 클론을 만드는 생물에서는 이러한 전략이 진화 생존에 매우 중요하다.

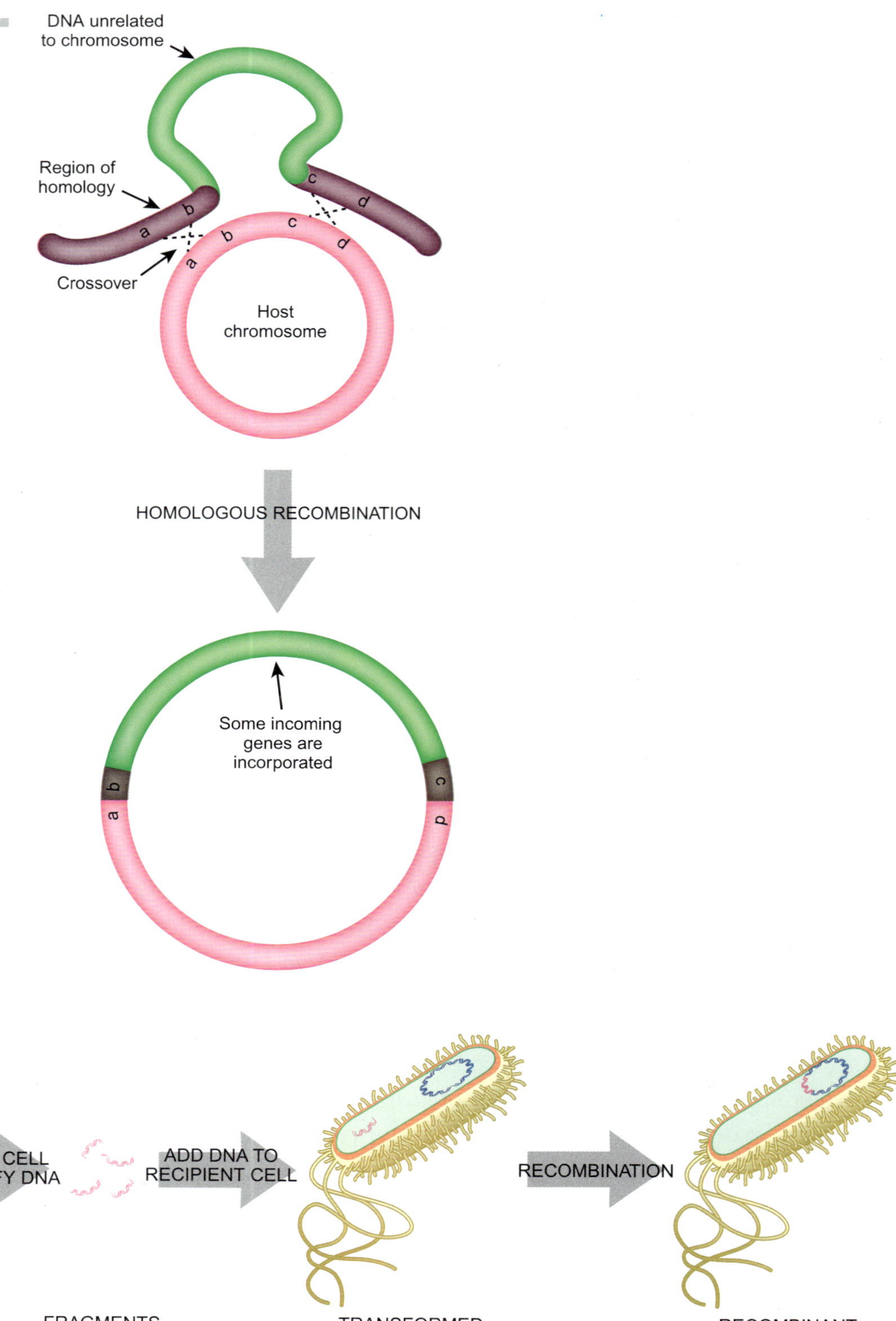

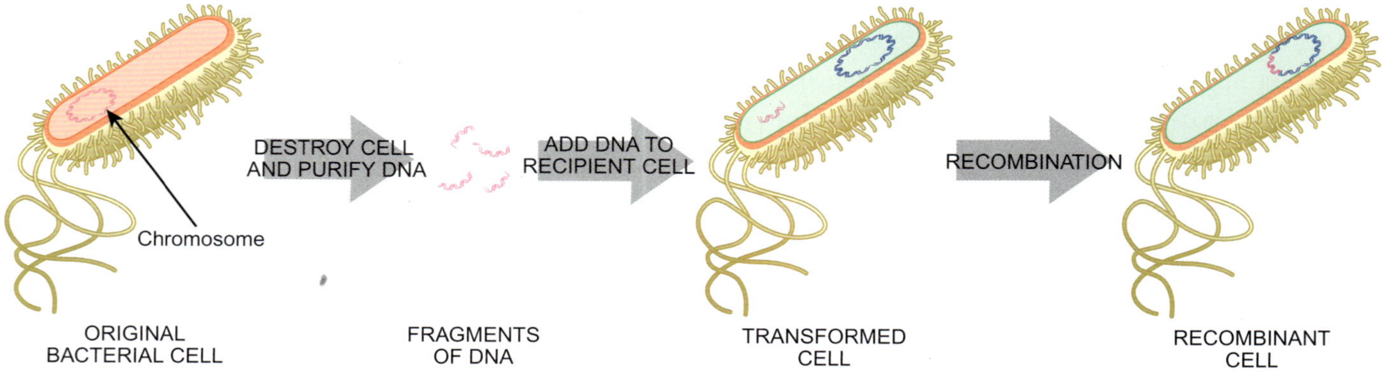

그림 25.03

형질전환에 의한 유전자 전달

적합한 조건에서 세균은 외부 환경으로부터의 나출 DNA 절편을 흡수할 수 있다. DNA 절편은 단백질이나 바이러스의 도움 없이 세포 외층을 통과할 수 있다. 일단 세균 안으로 들어오면 DNA 절편은 핵산말단가수분해효소나 제한효소에 의한 분해를 막기 위하여 염색체와 재조합해야 한다.

배양 중인 다른 세포로 제공된다. DNA 흡수 능력이 있는 세포를 **수용성**이라고 한다. 일부 세균은 아무런 사전 처리 없이 선뜻 외부 DNA를 흡수한다. 아마 어들 종은 자연 조건에서 이와 같은 능력을 이용하여 DNA를 흡수할 것이다. 자연 환경에서 세균은 때때로 죽어서 분해된다. 그 결과 이웃 세포가 이용할 수 있는 DNA가 분비된다.

세포벽을 가진 세포가 DNA를 흡수하려면 대개 일종의 처리가 필요하다.

그 외 다른 세균들은 수용성으로 만들려면 반드시 먼저 화학 처리를 해줘야 한다. 자연적인 형질전환은 거의 일어나지 않기 때문에 두 가지 실험기술을 통해 세균의 형질전환을 가능케 한다. 그중 한 방법으로는 세포벽에 손상을 주는 금속이온, 특히 고농도 Ca^{2+} 하에서 세균세포를 냉동시킨 후 짧게 열충격을 준다. 이런 방식은 세포벽 구조를 느슨하게 하여 DNA를 통과시킨다. 다른 방법으로는 전기충격을 가한다. 세균을 **전기천공기**에 넣고 고전압 방전 충격을 주면 세포벽이 열리고 DNA가 세포 내로 들어갈 수 있게 된다. 실험실 형질전환 기술은 유전공학에서 필수적인 도구이다. 시험관 내에서 DNA의 유전자나 다른 유용 분절을 클론한 후 분석이나 조작을 하려면 이를 일반적으로 세균세포에 삽입할 필요가 있다. 대장균(*E. coli*)은 보통 Ca^{2+}/저온충격 처리법의 변형을 사용하며 전기충격은 필요하지 않다. 효모 세포도 형질전환될 수 있다. 효모는 두터운 세포벽을 가지고 있으므로 전기충격이 사용된다. 반대로 세포벽이 없는 동물세포는 곧잘 DNA를 흡수하며 약간의 화학 처리만을 필요로 한다.

3.1 형질전환은 DNA의 유전물질 증거

형질전환은 1944년 Oswald Avery에 의하여 제일 먼저 발견되었는 데 정제된 DNA가 유전정보를 지니고 있으며 이에 유전자는 DNA로 구성되어 있다는 초기의 가장 유력한 증거로 제시되었다. *Pneumococcus pneumoniae*(지금은 *Streptococcus pneumoniae*로 재명명되어 있음)에는 두 종류의 변이체가 있으며 하나는 영양배지에 접종했을 때 평활 변이체를 형성하지만 다른 하나는 조면 형태를 이룬다. 평활 변이체는 세균 세포벽을 감싸는 협막을 형성하지만 조면 집락의 세균에는 협막이 없다. 협막 형성 능력은 협막이 동물 면역체계로부터 세균을 보호하므로 균체 모양과 독성 모두에 영향을 준다. 따라서 평활 분리균을 살아있는 생쥐에 주사하면 세균성 폐렴으로 죽는다. 반대로 조면 균주는 독성이 없다. Avery는 이와 같은 차이를 이용하여 한 균주의 DNA가 다른 균주의 "형질을 전환"시키거나 변화시킴을 증명하였다. Avery는 *S. pneumoniae*의 독성 균주로부터 추출한 DNA를 이용하였다. 그는 DNA를 정제하고 동일 세균 종의 무해 균주에 첨가하였다. 일부 무해 세균은 DNA를 흡수하여 독성 균주로 전환되었다. 그 이후로 Avery는 이 현상을 형질전환이라고 불렀다(그림 25.04). [엄격하게 말하면 Avery의 형질전환 DNA는 숙주 염색체와 반응하여 어떤 식으로든 유전적 변화를 야기했을지도 모른다. 그러므로 그의 실험은 DNA가 유전물질이라는 절대적인 증거는 되지 못했다. 그렇지만 이 실험은 가장 확실한 해석이었고 이 관찰은 많은 과학자들에게 유전자가 아마도 DNA로 이루어져 있으리라는 확신을 주었다.]

순수 DNA의 흡수로 인한 유전 형질의 전달은 DNA가 유전정보라는 고전적인 증거의 일부가 되었다.

세균 내로 DNA를 이동시키기 위해 바이러스를 이용한다는 점은 DNA가 한 세대에서 다음 세대로 전달된 유전물질이라는 확고한 증거를 제공했다. 과학자들이 나출 바이러스 DNA를 형질전환 과정에 사용할 때는 특수 용어를 쓴다. 바이러스 감염에서 바이러스는 세균의 세포벽에 구멍을 내고 바이러스 입자로부터 세포질 내로 DNA를 주입한다. 바이러스 DNA는 숙주로 하여금 새로운 바이러스 입자를 만들도록 유도한다. 자연 상태에서 바

수용성(competent) 주위 배지로부터 세포질 내로 세균이 나출 DNA를 흡수할 수 있는 상태
전기천공기(electroporator) 세포가 DNA 흡수에 적합하도록 고전압 방전을 가하는 기기

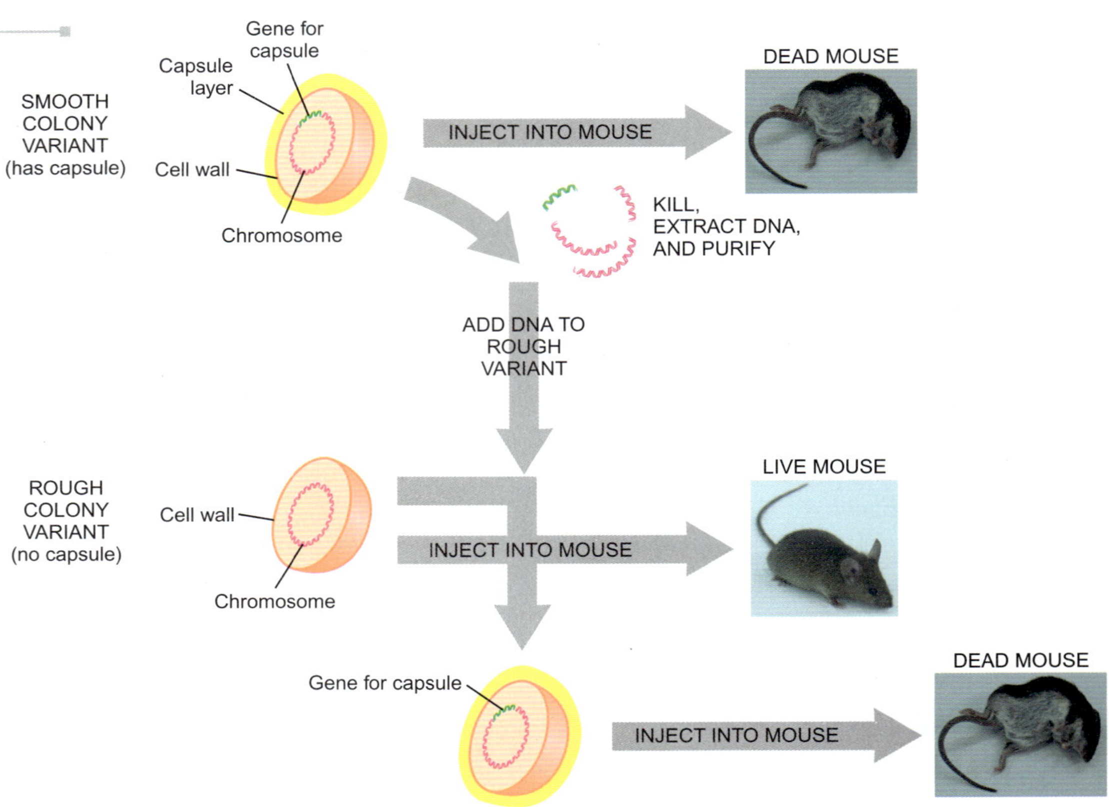

그림 25.04
Avery의 실험

Avery는 독성 변이체의 DNA를 분리하여 이를 *S. pneumoniae*의 조면 변이체에 첨가하였다. 그는 독성 DNA가 조면 변이체를 평활 변이체로 "형질전환"시키거나 변화시켰음을 확인하였다. 세균이 올바르게 형질전환 되었는지를 확인하기 위하여 생쥐를 새로 만든 평활 변이체에 노출시킨 결과 생쥐가 죽었다. 따라서 형질전환된 세균은 원래 독성 균주의 DNA를 흡수하여 평활 외형과 독성 모두를 획득하였음을 알 수 있다.

이러스가 세포를 침입할 때는 종종 단백질 외피를 벗어버리고 바이러스 유전체만을 주입한다(21장 참조). **형질주입**(형질전환과 감염의 혼합형)이라는 용어는 정제 바이러스 DNA를 형질전환에 사용할 때 쓰인다. 이 경우 실험자는 바이러스 입자로부터 바이러스 유전체를 정제하여 이를 **수용성세포**에게 제공한다(그림 25.05). 흡수되면 들어온 바이러스 DNA가 세포로 하여금 바이러스를 합성하도록 유도하는 데 이 사실은 바이러스 외피가 숙주 세포 바깥에서는 바이러스 DNA를 보호하는 데만 필요하고 바이러스 유전정보는 전혀 지니고 있지 않음을 보여준다.

형질전환과 형질주입은 2개의 다른 의미도 지니고 있다. 암 전문가들은 **"형질전환"**이라는 용어를 세포 내에 DNA가 추가되지 않더라도 정상세포가 암세포로 변환될 때 사용한다. [DNA의 변질이 돌연변이의 결과, 암세포 형성에 실제로 관여하고 있음을 상기하라.] 아마도 애매한 표현을 피하기 위하여 동물세포 연구자들은 "형질주입" 용어를 바이러스 기원과는 상관없이(형질전환에 의한) DNA 흡수를 지칭하는 데 사용하고 있다.

3.2 자연 상태의 형질전환

*Streptococcus pneumoniae*와 *Bacillus*를 포함한 그람양성균에 대한 정밀 연구 결과 밀집 배양에서는 자연 수용능이 나타남을 보여준다. 수용능은 수용능 **페로몬**에 의하여 유도된다. (페로몬은 동일 생물체 내에서 순환하기 보다는 생물체 간을 이동하는 호르몬이다). 수용능 페로몬은 분열 중인 세균에 의하여 배지 내로 분비되는 짧은 펩티드이다(그림 25.06).

수용성세포(competent cell) 주위 배지로부터 DNA를 흡수할 수 있는 세포
페로몬(pheromone) 동일 생물체 내에서 순환하기 보다는 생물체 간을 이동하는 호르몬 또는 전령분자
형질주입(transfection) 정제 바이러스 DNA가 세포로 들어가 형질전환을 일으키는 과정. 바이러스 기원이 아니더라도 간혹 DNA가 동물세포로 유입되는 경우에도 사용됨.
형질전환(transformation) (암 표현에 사용) 세포 내에 DNA가 추가되지 않더라도 정상세포가 암세포로 변환되는 경우

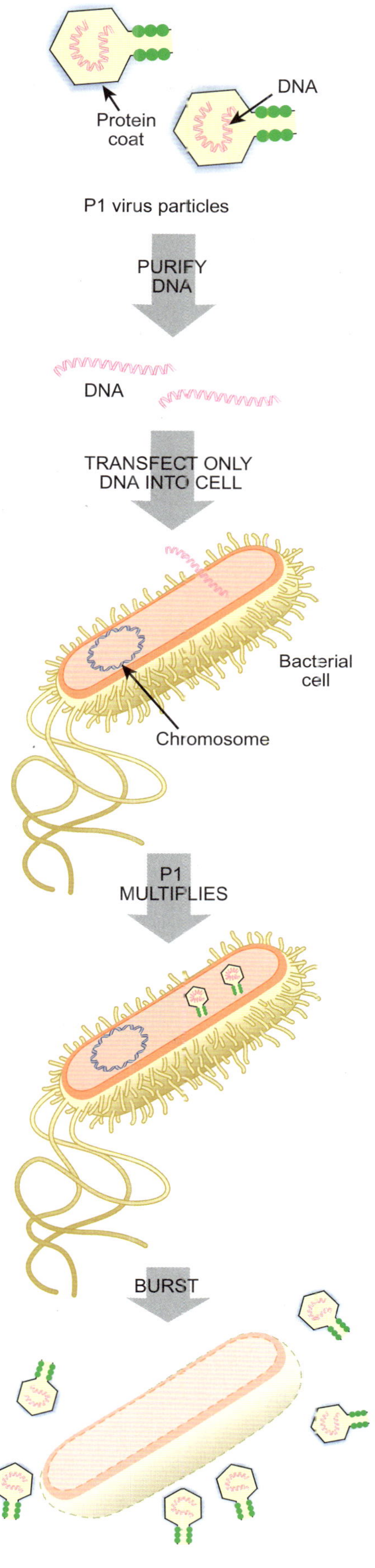

그림 25.05

형질주입

바이러스 형질주입을 위하여 실험자는 먼저 바이러스 입자로부터 순수 바이러스 DNA를 분리한다. 그림에서는 P1 바이러스로부터 DNA를 분리한다. 다음으로 세균 세포벽이 나출 DNA를 흡수할 수 있도록 (통상 칼슘이온으로 처리하거나 전기충격으로) 수용성으로 만든다. 분리된 DNA와 수용성세균을 혼합한다. 세균이 P1 DNA를 흡수하면 바이러스 입자를 생산하기 시작하고 이어 파열된 후 자손 바이러스가 방출된다. 따라서 바이러스 DNA 만으로도 전체 바이러스 입자에 의한 감염과 동일한 최종 결과를 낳는다.

그림 25.06

수용능 페로몬

*Streptococcus pneumoniae*의 밀집배양은 주변 세포의 DNA 흡수를 유도하는 수용능 페로몬을 생산하게 한다. 먼저 배양 중의 일부 세포가 작은 펩티드 또는 수용능 페로몬으로 분해되는 폴리펩티드 전구체를 생산한다. 작은 펩티드는 생산자 세포에서 분비되어 주변 세포의 수용기에 결합된다. 이어 수용기는 세포가 DNA 흡수에 필요한 단백질을 만들도록 신호를 보낸다.

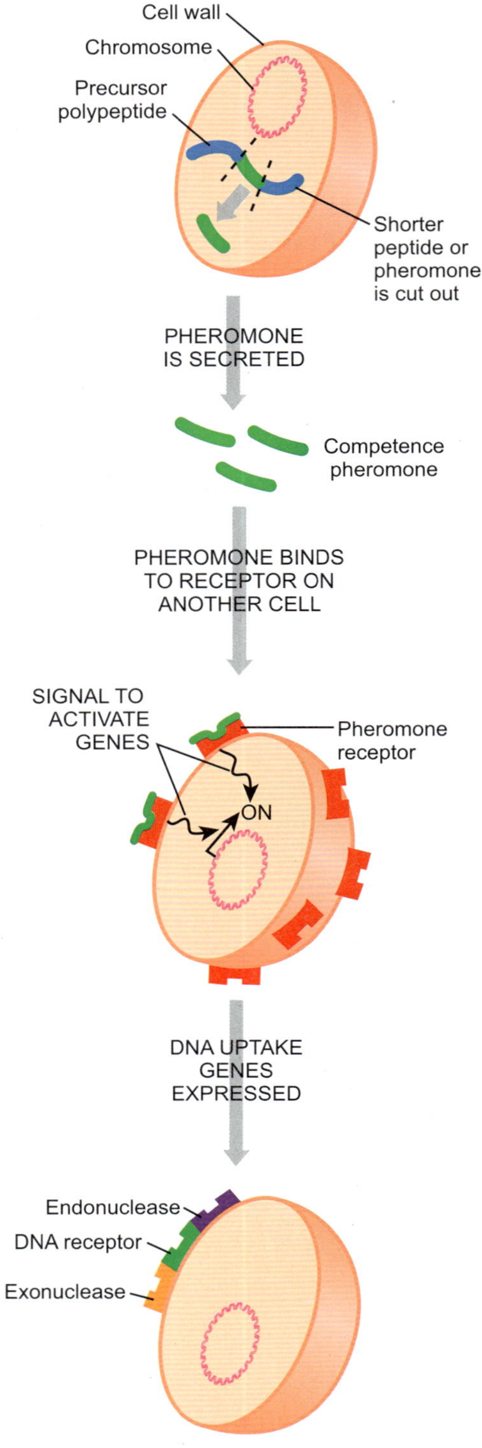

형질전환은 자연 환경의 일부 세균 간에 일어난다.

페로몬은 세균의 밀도가 높을 경우에만 수용능을 야기하는 충분한 수준에 도달한다. 주변에 같은 종의 여러 세포들이 있을 때에만 수용능이 유도되는 것을 보아 이 기작은 아마도 흡수 DNA가 반드시 유연성 세균에서 유래되도록 하기 위한 것이다.

자연 수용능은 DNA의 단순 유입에 의한 것이 아니라 다양한 유전자 산물들이 DNA를 흡수하도록 유도하는 과정이 관련되어 있다. 먼저 DNA가 세포 표면의 수용기에 결합된다(그림 25.07). 이어 결합된 DNA는 핵산내부가수분해효소에 의하여 보다 짧은 분절

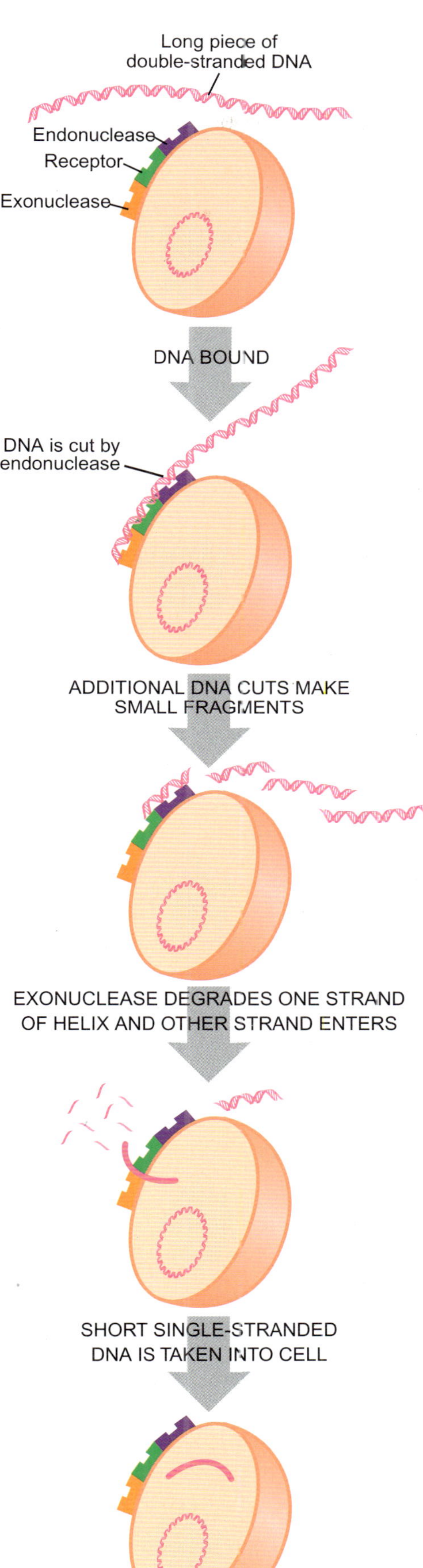

그림 25.07

자연 수용능의 기작

수용성세포는 단백질 매개 과정을 통하여 DNA를 세포질 안으로 흡수한다. 먼저 이중가닥 DNA의 긴 분자가 수용성세포 표면의 수용기에 의하여 인식된다. 세포 표면의 핵산내부가수분해효소가 DNA를 작은 절편으로 분해한다. 이어 핵산말단가수분해효소가 DNA의 한 가닥을 분해한다. 남아 있는 외가닥 분절이 세균의 세포질 내로 흡수된다.

로 잘리고 가닥 중의 하나가 핵산말단가수분해효소에 의하여 완전히 분해된다. 남아 있는 DNA의 외가닥 분절만이 세포 내로 들어간다. 도입 DNA의 일부는 재조합에 의하여 숙주 염색체의 대응 영역을 바꾸어 놓는다.

인위적으로 유도된 수용능에서는 기작이 전혀 달라진다는 점에 주의할 필요가 있다. 심하게 손상된 세포벽을 통하여 이중가닥 DNA가 세포 내로 들어온다. 실제로 인위적으로 만든 수용성세포의 많은 수 혹은 대부분은 처리 도중 죽는다. DNA를 흡수하는 생존 세포는 극소수이다.

4. 바이러스에 의한 유전자 전달 - 형질도입

바이러스가 숙주 DNA의 절편을 가지고 이를 다른 숙주 세포로 운반하는 것을 형질도입이라 한다.

바이러스가 세균세포에 침입하여 증식할 때는 각각 바이러스의 복제 유전체를 지닌 많은 바이러스 입자를 만들어낸다. 바이러스는 간혹 DNA를 포장하면서 세균 DNA의 절편을 바이러스 입자에 포장하는 오류를 범한다. 바이러스의 관점에서 보면 결손입자가 만들어진다. 그렇지만 세균 DNA를 지닌 그와 같은 바이러스 입자 또한 다른 세균세포를 침입할 수 있다. 그 경우 바이러스 유전자를 주입하는 대신 희생된 세균의 유전자를 주입하게 된다. 이와 같은 유전자 전달 형태를 형질도입이라고 한다.

세균 유전학자들은 세균바이러스 또는 박테리오파지(약식으로 파지)를 이용한 형질도입으로 다르지만 유연성 있는 세균 균주 간의 유전자 전달을 일상적으로 수행하고 있다. 세균 균주들 간에 상호 유연성이 매우 높으면 도입 DNA는 우호적으로 받아들여지며 제한효소에 의하여 붕괴되지 않는다. 실제로 형질도입은 세균 균주의 일부 유전자를 유연성 균주의 유전자와 교체하기 위한 가장 간단한 방법으로 쓰인다.

형질도입을 실험하기 위하여 박테리오파지를 공여체세균 균주의 배지 위에서 기른다. 이들 세균은 파지에 의하여 붕괴되지만 일부 유전자를 가지고 파지 입자 안에서 포장되는 DNA 절편은 남는다. 필요하면 이 파지 시료는 사용하기 전에 수주 또는 수개월간 냉장고에 보관할 수도 있다. 다음으로 이 파지를 수용체세균 균주와 혼합해 주면 DNA가 주입된다. 대부분의 수용체는 파지 DNA를 받으면 죽게 된다. 그러나 일부는 공여체세균 DNA를 받아들여 성공적인 형질도입이 이루어진다(그림 25.08).

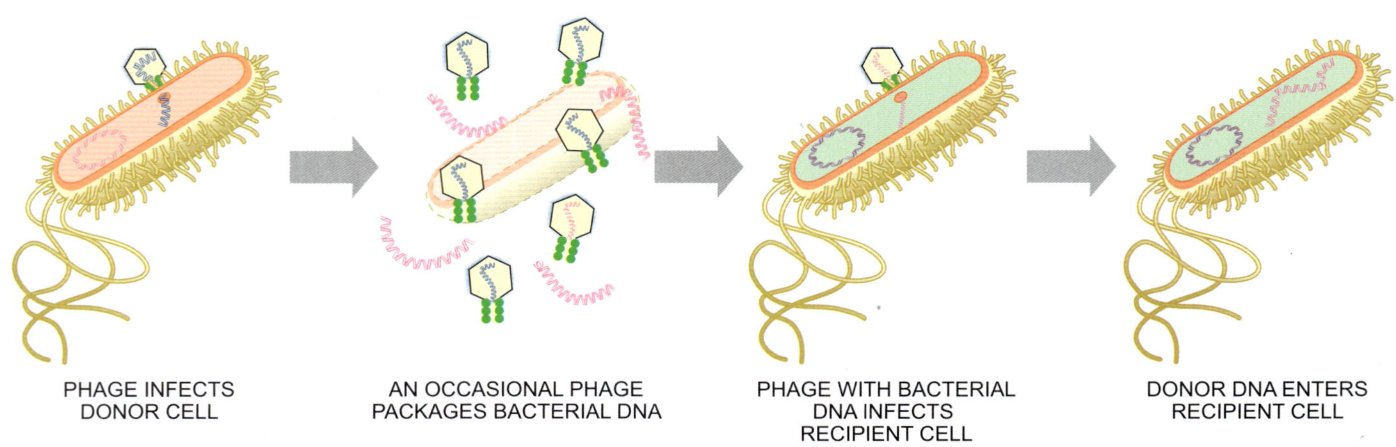

그림 25.08
형질도입의 원리

간혹 파지가 세균을 침입할 때 바이러스 외피 중의 하나는 숙주 세균의 DNA(분홍색)와 함께 포장될 때가 있다. 이러한 결손파지 입자도 여전히 주변의 세포를 침입하여 세균 DNA를 주입한다. 감염된 세포는 바이러스 DNA가 주입되지 않았으므로 생존하게 된다. 도입된 DNA는 숙주 염색체와 재조합되므로 감염된 세포는 새 유전정보를 얻는다.

4.1 보편형질도입

일부 바이러스는 숙주 DNA의 절편을 운반할 수 있다. 보편형질도입의 경우, 임의의 숙주 DNA 절편이 포장되어 다른 숙주로 주입된다.

형질도입에는 두 가지 유형이 있다. **보편형질도입**에서는 세균 DNA의 절편이 파지 입자 내에 다소 마구잡이로 포장된다. 이는 위에 언급한 P1 박테리오파지의 경우이다(그림 25.08). 따라서 모든 유전자는 거의 동일한 전달 확률을 가지고 있다. **특수형질도입**에서는 세균 DNA의 특정 부위가 선택적으로 운반된다 - 아래 참조.

세균바이러스가 형질도입을 하려면 몇 가지 조건을 갖추어야 한다. 특히 파지가 세균 DNA를 분해하지 말아야 한다. 예를 들어 T4 파지는 대장균에 침입하면 세균 DNA를 분해한다. 그러나 숙주 세포 DNA를 분해하는 능력이 상실된 T4의 돌연변이체는 형질도입 파지로 훌륭하게 이용된다. 포장 기작도 중요하다. 람다(아래 4.2 참조)와 같은 일부 파지는 바이러스 입자 내로 DNA를 포장할 때 특이인식서열을 이용하므로 마구잡이로 DNA 절편을 포장하지 않는다. 그 외 다른 경우의 포장은 바이러스 입자의 머리에 담을 수 있는 DNA의 양에 따라 결정된다. 보편형질도입에서 그러한 "**만두포장**"은 매우 중요하다.

보편형질도입 파지의 두 가지 예로서 대장균을 침입하는 **P1**과 *Salmonella*를 침입하는 **P22**가 있다. 양쪽 모두 형질도입 입자와 일반 바이러스의 비율은 약 1:100, 즉 바이러스 입자 100개 당 하나가 세균숙주 DNA와 함께 포장된다. 형질도입되는 DNA가 수용체 염색체와 재조합되는 가능성은 100분의 1 내지 2이다. P1은 대장균 염색체(약 90 kb의 DNA)의 약 2%를 포장할 수 있는 반면 P22는 이 보다 적어서 *Salmonella* 염색체의 1%만을 운반할 수 있다. 전체적으로 보면 50만 개의 P1 입자당 하나가 대장균 염색체 상의 주어진 유전자를 성공적으로 형질도입시킬 수 있다. 이것은 낮은 확률로 보이지만 일반적인 P1 배지나 시료에는 ml 당 약 10^9 세포가 들어 있으므로 형질도입은 실제로는 수용한 빈도로 일어난다. P1은 또한 대장균의 DNA를 *Klebsiella*와 같은 일부 그람음성균으로도 형질도입할 수 있다.

4.2 특수형질도입

특수형질도입에서는 세균 염색체의 일부 특이 영역이 주로 이용된다. 이것은 박테리오파지가 숙주 염색체 내로 통합되기 때문이다(21장 참조). 바이러스가 용균회로에 들어서 바이러스 입자를 만들면 통합 부위와 가장 가까운 세균유전자가 실수로 바이러스 외피 내로 포장되기 쉽다. 21장에서 논의한 바와 같이 박테리오파지 **람다(λ)**가 대장균을 침입할 때 가끔 자신의 DNA를 세균 염색체 내로 삽입한다(그림 25.09). 이 일은 *gal* 유전자와 *bio* 유전자 사이에 위치한 **람다부착지점(*attλ*)**으로 알려진 단일 특이위치에서 일어난다. 통합된 바이러스 DNA를 **프로파지**라고 부른다.

람다가 절제될 때 염색체로부터 DNA를 잘라서 용균 생활사로 들어간다. 원래의 공여체세포는 붕괴되고 람다 DNA를 지닌 수백 개의 바이러스 입자가 만들어진다. 보편형질도

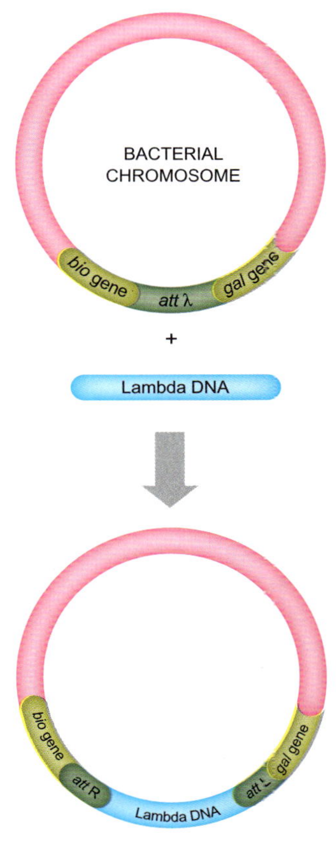

그림 25.09
람다의 대장균 염색체 내의 통합

박테리오파지 람다가 숙주 대장균세포를 침입할 때 파지 DNA가 염색체 내로 통합될 수 있다. 파지 DNA는 염색체의 *gal* 유전자와 *bio* 유전자 사이에 위치한 *attλ*라는 부위에서만 통합될 수 있다. 일단 통합되면 이를 프로파지라고 부른다.

보편형질도입(generalized transduction) 세균 DNA의 절편이 마구잡이로 포장되고 모든 유전자가 거의 동일한 전달 확률을 가지고 있는 형질도입의 유형
만두포장(headful packaging) 바이러스 입자의 머리에 담을 수 있는 DNA의 양에 따라 결정되는 바이러스 포장 기작의 유형(특이 인식서열에 대한 반대 의미)
람다(lambda; λ) 세균 염색체 내로 DNA를 삽입하는 대장균의 특수형질도입 파지
람다부착부위(lambda attachment site; *attλ*) 람다가 세균 염색체 내로 DNA를 삽입하는 부위
P1 대장균의 보편형질도입 파지
P22 *Salmonella*의 보편형질도입 파지
프로파지(prophage) 숙주 염색체 내에 통합된 바이러스 DNA
특수형질도입(specialized transduction) 세균 DNA의 특정 영역이 선택적으로 운반되는 형질도입의 유형

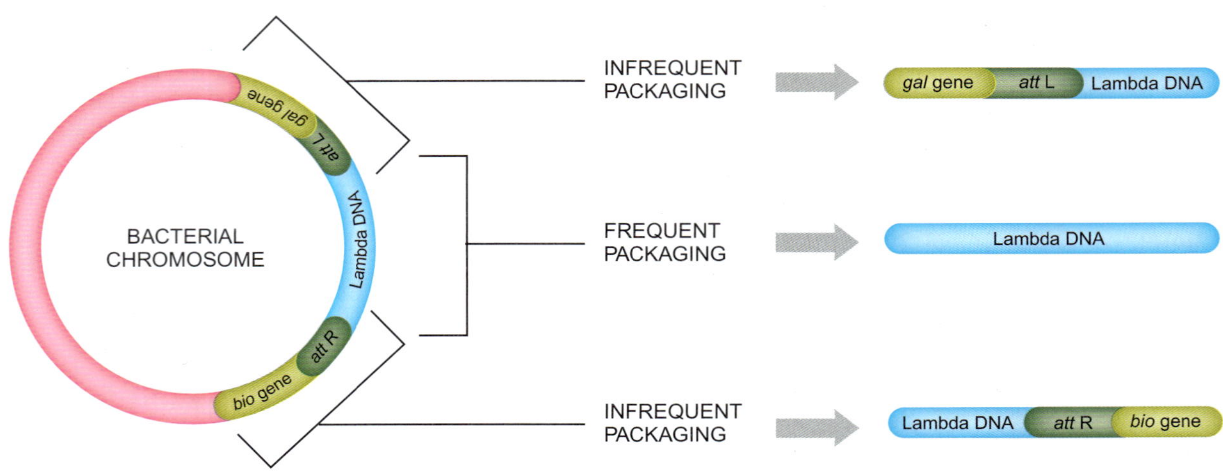

그림 25.10
람다 형질도입에서 숙주 DNA의 포장

람다 파지가 용균회로에 들어가 바이러스 입자를 만들 때 주로 *att*L과 *att*R 부위 사이의 람다 DNA를 포장한다. 간혹 오류가 생겨 세균 염색체 DNA의 일부가 포장된다. 람다 DNA는 보통 대장균 염색체의 *gal* 유전자와 *bio* 유전자 사이에 통합되므로 결손 람다 입자는 대부분 이들 유전자의 어느 하나를 함유한다.

특수형질도입은 숙주 DNA내 염색체의 특정 부위에 바이러스가 통합될 때 발생한다. 통합 부위에 인접한 유전자만 형질도입된다.

입 파지처럼 람다 바이러스 입자들의 소수만이 세균 DNA를 지니고 있다. 그러나 크게 두 가지의 차이가 있다. 첫째로 부착부위 옆의 염색체 유전자만이 람다에 의하여 도입된다. 둘째로 특수형질도입 입자는 람다와 염색체 DNA를 모두 포함한 혼성 DNA 분자를 지니고 있다(그림 25.10). 이 혼성 분자는 람다 프로파지가 염색체로부터 절제되면서 오류로 만들어진 것이다. 프로파지의 오른쪽이나 왼쪽 어느 한쪽에 있는 염색체 DNA가 형질도입 파지 내에 들어가게 된다. 실제로 *gal* 유전자와 *bio* 유전자 중의 어느 하나가 들어간다.

람다 절제에서의 오류는 정상적인 절제에 비하여 단지 백만분의 1 비율로 일어난다. 더구나 결손 절제는 파지의 머리에 담을 수 있도록 람다 유전체와 대략 같은 길이의 DNA 분절을 만들어 내야 한다. 그 결과 특수형질도입 입자는 매우 낮은 빈도로만 일어난다. 그러나 한번 람다 형질도입 파지가 만들어지면 자기의 DNA를 다른 숙주 세포의 염색체내에 재통합시킬 수도 있다. 이러한 일은 *att*λ 부위에서 또는 람다 형질도입 파지에 의하여 운반된 유전자(보통 *gal* 또는 *bio*)의 염색체에서 일어난다. 이와 같은 결손 프로파지 DNA의 유도는 다음 세대에 훨씬 높은 빈도의 형질도입 파지 입자를 만들어낼 것이다.

람다 형질도입 파지의 특징은 염색체 DNA와 람다의 어느 유전자가 교환되어 소실되었는 지에 달려 있다. λd*gal* 형질도입 파지는 머리와 꼬리를 구성하는데 필요한 람다 유전가가 결여되어 있으므로 "결손(defective)"(λd*gal*의 d는 defective에서 유래)이며 그 대신 바이러스는 대장균의 *gal* 유전자를 지니고 있다. **결손파지**는 손실 기능을 보충하기 위하여 **보조파지**인 야생형파지와 함께 배양할 수 있다. λd*gal*의 경우 보조파지가 머리와 꼬리 성분을 만든다. 다른 예로서 λp*bio* 형질도입 파지는 파지 DNA를 *att*λ 부위로 통합시키는 람다 *int* 유전자가 결여되어 있는 반면 대장균의 *bio* 유전자를 지니고 있다. 파지 자체는 통합될 수 없고 λd*bio*는 용균상으로 들어가므로 절대 용균반 형성자이다(plaque에서 λp*bio*의 p 유래). 야생형 보조파지가 첨가되면 *int* 기능이 복구되고 파지는 용원을 형성할 수 있다. 람다에서 만들어진 클론 벡터는 유전공학에서 널리 쓰이고 있다(7장 참조). 복제

결손파지(defective phage) 바이러스 입자를 만들기 위한 유전자가 결여된 돌연변이체 파지
보조파지(helper phage) 결손파지가 바이러스 입자를 만들 수 있도록 필요한 유전자를 공급하는 파지

된 DNA는 다수의 람다 유전자를 교체하므로 이러한 벡터는 보조파지와 함께 배양할 필요가 있다.

5. 세균 간의 플라스미드 전달

전달성은 하나의 세균에서 다른 세균으로 이동하는 특정 플라스미드의 능력이다. F형과 P형 플라스미드와 같은 중형 크기의 많은 플라스미드는 이러한 능력이 있으며 **Tra**$^{+}$(전달 양성)라고 부른다. 전달이 되려면 두 세균세포가 물리적 접촉을 하고 세균접합으로 알려진 과정을 통하여 DNA를 이동시켜야 한다. DNA는 플라스미드 운반 공여체에서 수용체로 일방적으로만 전달된다(그림 25.11). 공여체세포는 적합한 수용체와 결합하는 **성선모**를 만들어 두 세포를 함께 끌어당긴다. 다음으로 두 세포 사이를 잇는 **접합가교**를 만들어 DNA가 공여체에서 수용체로 이동하는 통로를 마련한다. 실제 상황에서는 다섯에서 10개의 접합 세균들이 하나의 덩어리로 뭉치는 경향이 있다(그림 25.12).

성선모와 접합가교를 형성하고 DNA 전달 과정을 감독하는 유전자는 ***tra* 유전자**로 알려져 있고 플라스미드 상에서 발견된다. 플라스미드 전달은 30개 이상의 유전자를 요하므로 중형 또는 대형 플라스미드만이 이런 능력이 있다. ColE 플라스미드와 같은 매우 작은 플라스미드는 이에 필요한 유전자를 수용할 만큼 충분한 DNA를 지니지 못한다. 세포가 DNA를 공여하도록 하는 플라스미드를 **수정플라스미드**라고 하며 가장 유명한 종류는 약 100 kbp 길이의 대장균 **F 플라스미드**이다. 공여체세포는 F^{+} 또는 "웅성" 그리고 수용체세포는 F^{-} 또는 "자성"이라고 부르며 접합은 세균교배라고도 불린다. 세균세포의 "성"은 플라스미드의 존재 여부로 결정되고 DNA 전달은 공여체에서 수용체로 일방적으로 이루어진다는 사실에 주목하라. 수용체세포가 F 플라스미드를 받으면 F^{+}가 된다. 인간의 관점에서 보면 "여성"에서 "남성"으로 변환된 것이다. 따라서 세균교배는 고등생물의 유성생식과 전혀 다르다.

전달성 플라스미드는 접합가교를 통하여 한 세포에서 다른 세포로 이동한다.

플라스미드 DNA 전달은 사실상 회전환 기작에 의한 복제 과정을 거친다(그림 25.13). F 플라스미드 이중가닥 DNA의 두 가닥 중 한 가닥이 전달기점에서 열린다. 이 선형 외가닥 DNA는 접합가교를 통하여 공여체에서 수용체세포로 이동한다. F 플라스미드 DNA의 온전한 외가닥 환은 공여체세포 내에 남아 있다. 이 가닥은 방금 세포를 떠난 가닥을 보충하기 위하여 두 번째 가닥을 새로 합성하는 데 주형으로 쓰인다. F 플라스미드 DNA의 선형 외가닥이 자성세포로 들어간 후 도입 가닥을 주형으로 새로운 상보성 가닥의 DNA가 만들어진다. 그러므로 F 플라스미드 DNA의 외가닥만이 공여체에서 수용체로 전달된다.

새로 만들어진 DNA의 외가닥이 공여체에서 수용체세포로 전달된다.

접합가교를 통한 DNA 전달의 물리적 기작의 세항은 비교적 최근에 들어 밝혀졌다. 가장 오래된 제안으로는 DNA가 성선모의 중앙 통로를 통하여 이동한다는 것이었다. 비록 이것은 잘못된 것이었지만 DNA가 선모가 만든 기저 구조의 중앙 통로를 통하여 이동하는 것은 사실이다. 성선모가 조립이 되면 이것의 단백질 소단위가 기저 구조의 통로(전달 장치로도 알려져 있음)를 통하여 이동된다. 공여체와 수용체가 접촉하게 되면 선모는 철회되고 선모의 소단위는 동일 통로를 통하여 돌아온다. 이를 통해 두 세포가 접촉하게 되고

접합가교(conjugation bridge) 접합 도중 두 세포 간에 형성되어 공여체에서 수용체로 DNA가 이동하는 통로를 만들어주는 접합점
F 플라스미드(F-plasmid) 대장균이 접합으로 DNA를 공여하도록 하는 수정플라스미드
수정플라스미드(fertility plasmid) 세포가 접합으로 DNA를 공여하도록 하는 플라스미드
성선모(sex pilus) 적합한 수용체와 결합하여 두 세포를 함께 끌어당기는 공여체 세균이 만드는 단백질 섬유
전달성(transferability) 하나의 세균에서 다른 세균으로 이동하는 특정 플라스미드의 능력
Tra^{+} 전달 양성(자기전달 능력이 있는 플라스미드를 가리키는 말)
***tra* 유전자(*tra* gene)** 플라스미드 전달에 필요한 유전자

그림 25.11
세균접합

Tra$^+$ 또는 전달 양성이라고 불리는 플라스미드는 세균접합 기작을 통하여 자신의 복제 DNA를 다른 세포로 이동시킬 수 있다. 먼저 Tra$^+$ 플라스미드를 지닌 세포가 외막 표면에 성선모로 불리는 간상 돌출 구조를 만든다. 성선모는 이웃 세포와 결합하고 수축하여 두 세포를 함께 끌어당긴다. 일단 세포들이 접촉하면 선모의 기저 구조가 접합가교라 불리는 구조로 두 세포 간을 연결한다. 이 구조는 두 세포의 세포질을 연결시켜주므로 플라스미드는 자신의 복제를 수용체세포로 전달할 수 있다.

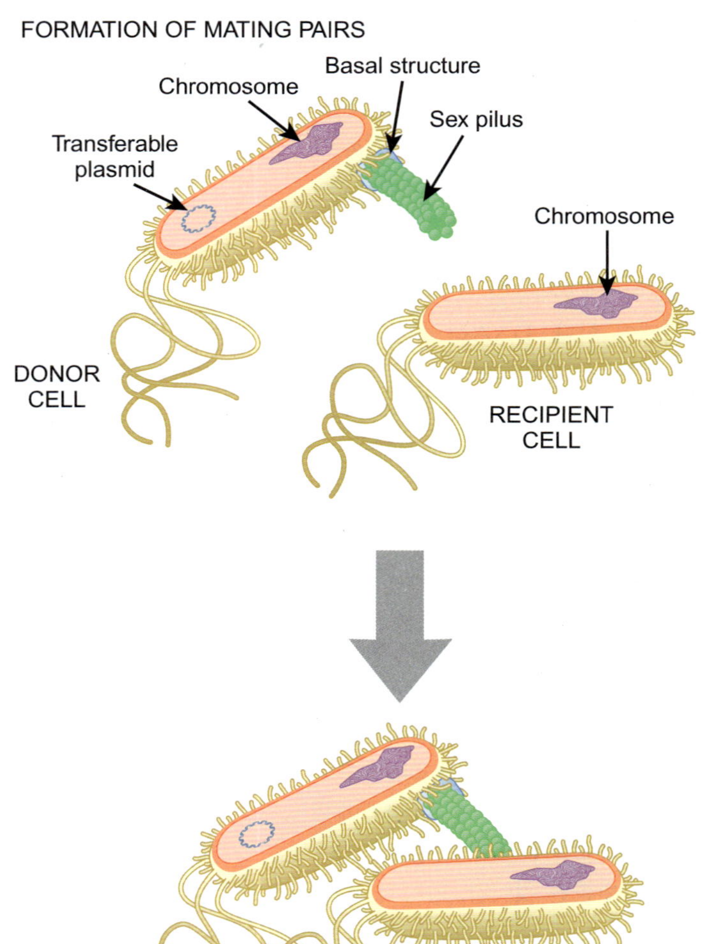

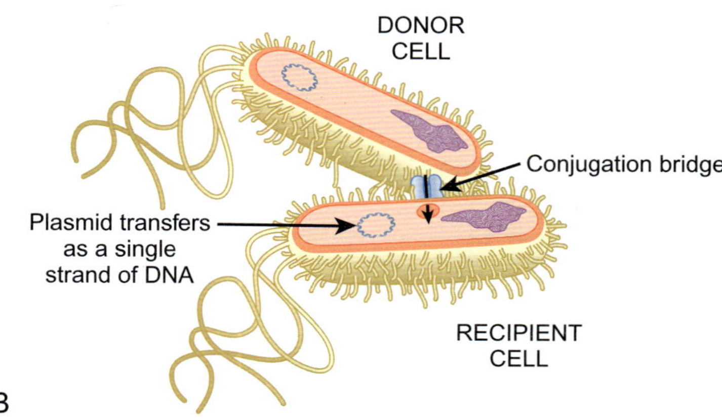

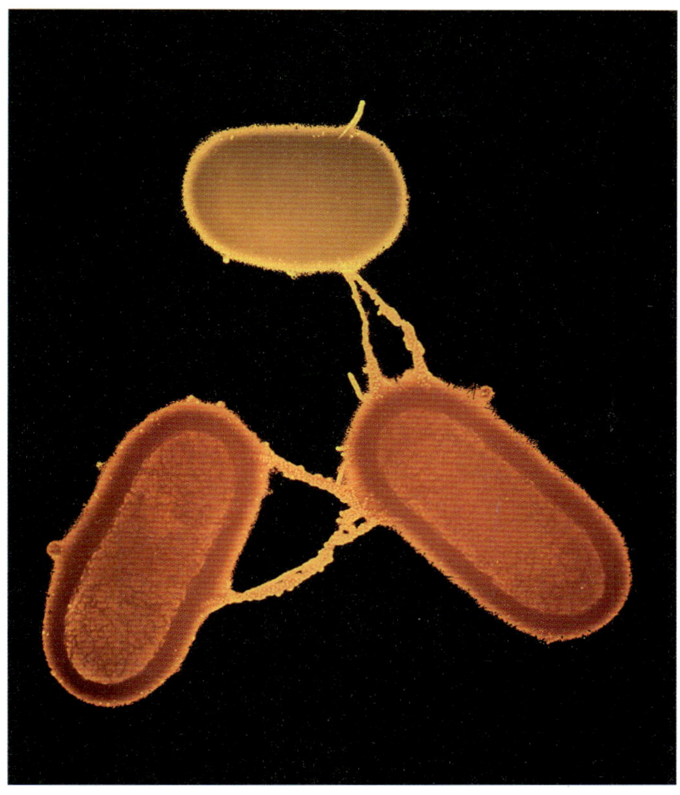

그림 25.12

접합 중인 대장균 세포들

2개의 자성세균들과 접합 중인 웅성 대장균(우측 아래)의 적외선 촬영 투과전자현미경 사진. 이 웅성은 2개의 F선모를 각 자성에게 부착시키고 있다. F선모를 덮고 있는 미세한 구조는 웅성세균만 공격하여 F선모에 선택적으로 결합하는 바이러스, MS2박테리오파지이다. 배율: 11,250. *(출처: Dr. L. Caro, Photo Researchers, Inc.)*

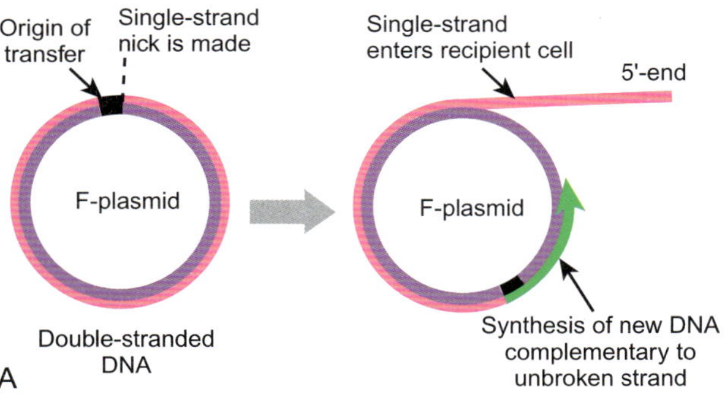

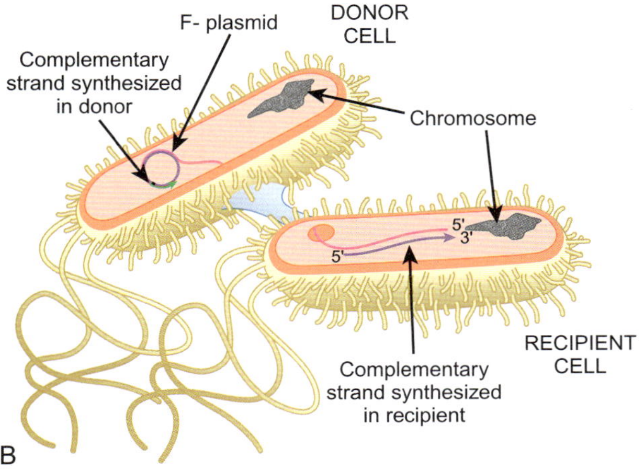

그림 25.13

회전환 복제에 의한 플라스미드 전달

A) 세균접합 도중 대장균의 F 플라스미드는 회전환 복제에 의하여 새 세포에게 전달된다. 먼저 전달기점에서 F 플라스미드의 한 가닥에 틈새가 만들어진다. 두 가닥이 분리되며 기점에서 새로운 한 가닥(녹색 가닥)이 만들어진다. B) 자리가 옮겨진 F 플라스미드 DNA의 외가닥(분홍 가닥)이 접합가교를 건너 수용체세포로 들어간다. F 플라스미드의 두 번째 가닥이 수용체세포 내에서 합성된다. 플라스미드가 완전히 전달되면 환을 만들기 위하여 다시 한 번 재연결된다.

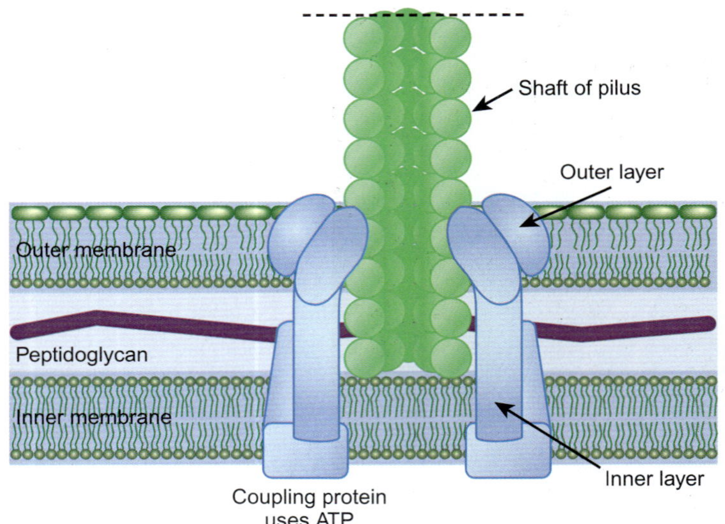

그림 25.14

성선모의 기저 구조

성선모의 기저 구조는 IV형 분비기관과 유사하다. 외부와 내부 막을 지나며, 중앙 통로는 단백질과 DNA의 이동이 가능할 정도로 크다. 생물 간 성선모의 개별적 구성에는 수행하는 역할에 따라 차이가 있다. 이 도표는 공통적인 핵심 구조를 간소화한 것이다.

접합가교가 공여체의 내막과 외막을 이어 수용체와 접촉 상태를 유지하게 한다. 그리하면 DNA가 기저 구조의 통로를 이동하여 수용체로 이동한다. 이 기저 구조는 IV형 분비기관과 같은 과에 속해있다. 이들은 여러 박테리아에 의해 단백질 분비뿐만 아니라 DNA 흡수와 DNA 전달에도 이용된다(그림 25.14).

비록 ColE와 소형 플라스미드는 자기전달 능력이 없어도 종종 이동성이다(Mob^+). F 플라스미드와 같은 전달성 플라스미드는 ColE 플라스미드를 이동시킬 수 도 있는데, 이것은 둘 다 동일한 세포에 존재할 경우이다. F 플라스미드는 접합을 유도하고 접합가교를 형성하며 ColE 플라스미드가 이 가교를 통하여 이동한다. ColE 플라스미드의 *mob*(이동성) 유전자는 ColE 전달기점에서 외가닥 틈새를 만들어 전달되는 가닥을 푸는 역할을 한다. 최근에는 생물막에 세균세포가 상호 연결된 것이 관찰되었다. 이를 통해 전달 능력이 없는 플라스미드는 세포 간에 이동할 수 있다(관련 연구에 대한 초점 참고).

자기전달 능력이 없는 플라스미드는 다른 플라스미드의 전달체계를 이용하여 이에 편승할 수도 있다.

Dubey GP and Sigal Ben-Yehuda S (2011) Intercellular nanotubes mediate bacterial communication. Cell 144:590–600.

관련 연구에 대한 초점

다세포 고등생물의 세포는 얇은 관에 의해 연결되어 있다는 사실이 알려진 것은 꽤 오래전의 일이다. 식물의 원형질연락은 세포 간에 영양분, 단백질 외 다른 고분자들을 이동시키는 세포질 관이다. 최근에는 세포막 나노관이 포유류 세포들을 연결하고 있음이 드러났다. 이 관들은 고분자뿐만 아니라 바이러스 또는 세포소기관의 이동을 가능케 한다.

이 연구에서 저자는 생물막에서 자라는 세균세포 간에 나노관이 발견되었음을 보고했다. 나노관은 전자현미경을 통해 관찰할 수 있었다. 단백질과 핵산이 세포 간에 전달될 수 있었다. 전달은 형광 표지를 사용하여 볼 수 있었다. 나노관은 일반적으로는 세포 간에 전달될 수 없는 플라스미드의 이동을 가능케 했다. 나노관은 같은 종의 개체 사이뿐만 아니라 그람양성균인 간균과 그람음성균인 대장균 개체들 사이에도 형성되었다.

5.1 염색체 유전자의 전달과 플라스미드 통합

많은 플라스미드는 이를 운반하는 세포로 하여금 접합하도록 하지만 대개는 플라스미드만이 접합가교를 통하여 전달된다. 드물기는 하지만 플라스미드가 한 세균에서 다른 세균으로 이동할 때 숙주 염색체의 전달을 돕기도 한다. 염색체 유전자를 전달하기 위해서는 플라스미드가 먼저 세균의 염색체에 물리적으로 통합되어야 한다. 이 과정은 동일한(또는 거의 동일한) DNA 서열의 쌍들을 필요로 하며 하나는 플라스미드 상에 그리고 다른 하나는

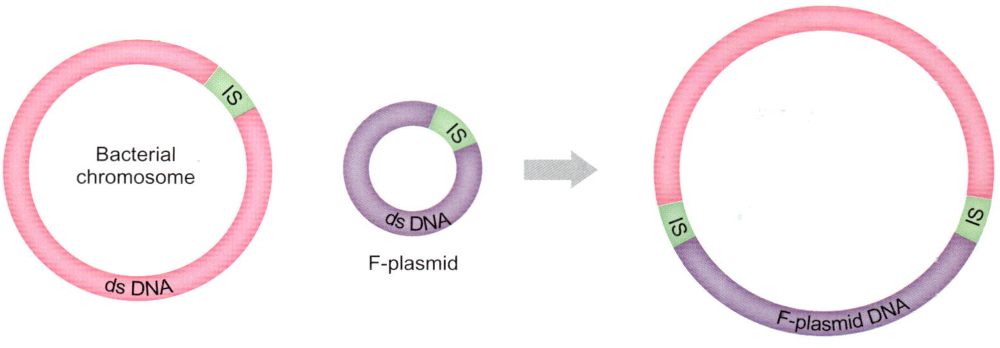

그림 25.15

F 플라스미드의 염색체 내 통합

F 플라스미드와 숙주 세균 염색체 상의 두 삽입 서열 간에 재조합이 일어나면 F 플라스미드 전체가 염색체 내에 통합된다.

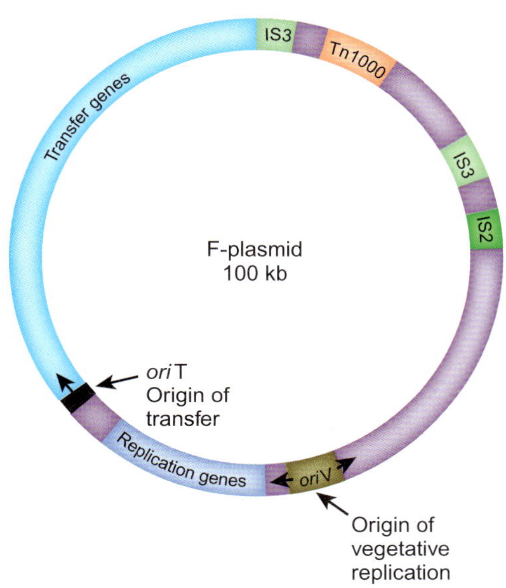

그림 25.16

F 플라스미드와 염색체 상의 삽입 서열

삽입 서열은 F 플라스미드와 대장균 염색체 전반에 흩어져 있다. F 플라스미드는 2개의 IS3 분자와 하나의 IS2 분자를 가지고 있다. 이보다 많은 수의 IS2와 IS3 분자가 염색체 상에서 발견되기도 한다(표시되지 않았음). 염색체 상의 IS2 또는 IS3 어느 한 분자와 F 플라스미드 상의 대응 분자 간 재조합으로 전체 F 플라스미드가 염색체 내에 통합된다. Tn1000($\gamma\delta$로도 알려져 있음)은 일반적으로 F 플라스미드의 대장균 내 통합에 관여하지는 않지만 또 다른 삽입 서열이다.

염색체 상에 존재한다. 실제로 **삽입 서열**(22장 참조)은 F 플라스미드가 대장균의 염색체 내에 통합되는 데 사용된다(그림 25.15).

서로 다른 다양한 삽입 서열이 대장균의 염색체 및 세포 내 플라스미드와 바이러스에서 발견된다. F 플라스미드는 2개의 IS3 서열과 1개의 IS2 서열 도합 3개의 삽입 서열을 가지고 있다(그림 25.16). 대장균의 염색체는 다소 마구잡이로 흩어져 있는 13개의 IS2 서열과 6개의 IS3 서열을 가지고 있다. F 플라스미드의 통합은 이들 19가 부위 중 어느 하나의 좌우 정해진 위치에서 일어난다.

전달성 플라스미드는 간혹 염색체 DNA를 한 세포에서 다른 세포로 이동시킨다.

염색체 내에 통합된 F 플라스미드가 접합을 통하여 전달될 때 부착되어 있는 염색체 유전자를 함께 끌고 간다(그림 25.17). 통합되지 않은 F 플라스미드처럼 외가닥 DNA만이 이동하며 수용체세포는 스스로 상보성 가닥을 만들어낸다. 염색체 내에 F 플라스미드가 통합된 세균 균주는 높은 빈도(<u>h</u>igh <u>fr</u>equency)로 염색체 유전자를 전달하므로 **Hfr 균주**로 알려져 있다. 대장균이 염색체 전체를 전달하는 데는 약 90분의 장기적 교배 시간이 필요하다. 원래는 이보다 짧은 시간 즉 15분에서 30분 만에 세균이 서로 떨어지는데 이때는 염색체의 부분만이 전달된다. 다른 Hfr 균주에는 염색체 상의 다른 부위에 F 플라스미드가 삽입되어 있으므로 염색체 유전자의 전달은 다른 지점에서 시작된다. 게다가 F 플라스미드

Hfr 균주(Hfr-strain) 통합된 수정플라스미드(F 플라스미드) 때문에 높은 빈도로 염색체 유전자를 전달하는 세균 균주
삽입 서열(insertion sequence) 전이효소를 암호화하는 유전자 좌우의 역반복서열로만 구성된 단순 전이인자

그림 25.17
F 플라스미드에 의한 염색체 유전자의 전달

통합된 F 플라스미드는 여전히 세균 접합과 회전환 기작을 유도하여 DNA를 다른 세균세포로 전달할 수 있다. 회전환 복제는 전체 환이 복제될 때까지 멈추지 않으므로 부착된 염색체도 수용체세포로 전달된다. 먼저 *ori*T 또는 통합된 플라스미드의 전달 기점에서 외가닥 틈새가 만들어진다. 유리된 5′ 말단(검정 삼각형)이 접합가교를 통하여 수용체세포로 들어간다. 일단 수용체로 들어가면 두 번째 가닥의 DNA가 합성된다. 외가닥 DNA의 전달은 F 플라스미드 DNA로 끝나지 않고 염색체 DNA로 계속됨을 주목하라. 플라스미드 통합 부위에서 가장 가까운 유전자들이 먼저(이 경우에는 a, b, c, d, e, f 순서대로) 전달된다. 전달된 염색체 DNA의 양은 두 세균들이 접합가교로 접촉되어 있는 시간의 길이에 좌우된다.

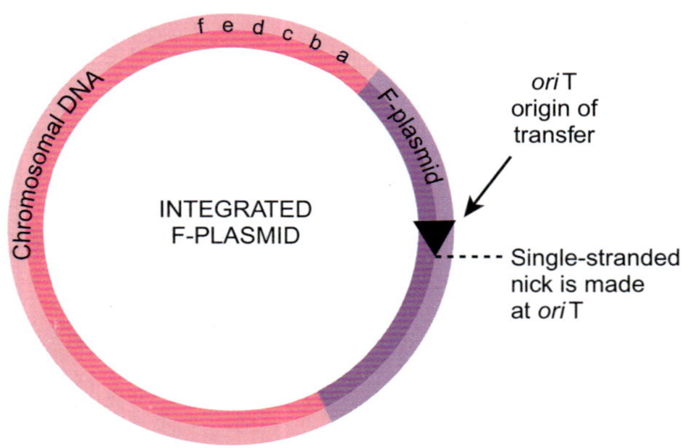

SINGLE STRAND IS UNROLLED AND ENTERS RECIPIENT

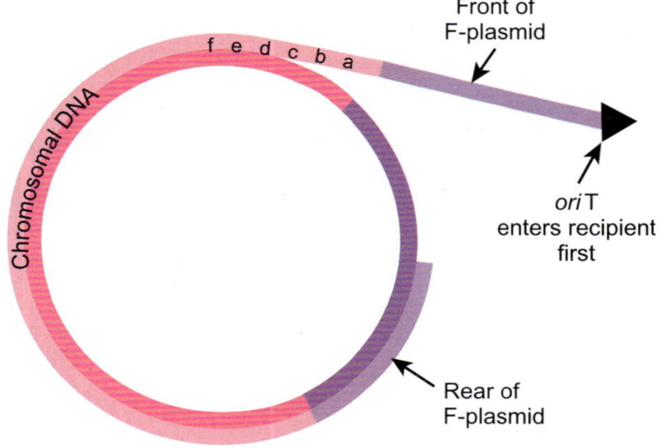

염색체 DNA가 동원되기 위해서는 플라스미드가 먼저 염색체 내에 통합되어야 한다.

는 좌우 양방향으로 삽입될 수 있다. 따라서 유전자 전달은 주어진 Hfr 균주에 대하여 시계 방향 또는 시계 반대 방향으로 일어난다.

Hfr 균주는 대장균 염색체 상의 유전자 순서를 확인하는 데 사용되어 왔다. 수용체세포가 유전자를 받았는지의 여부를 결정하려면 공여체와 수용체 균주가 표현형 특히 생장 특징으로 구분되는 서로 다른 대립유전자를 지니고 있어야 한다. 예를 들어 수용체에는 탄소원인 젖당만으로는 세포가 자랄 수 없는 돌연변이가 있을 수도 있다. 반면 공여체 Hfr 균주에는 젖당에서 자라는 능력을 회복시켜 주는 대립유전자가 있을 수도 있다. 이 원리를 이용하여 두 가지의 주요 방법으로 유전자 지도를 작성할 수 있다. 첫째로 두 유전자의 **동시전달빈도**를 측정한다. 예를 들어, 유전자 a와 b가 서로 가까이 있으면 공여체 Hfr 균주가 높은 빈도로 이들 두 유전자를 전달할 수 있다. 반대로 유전자 a와 b가 서로 염색체의 반대편에 놓여있으면 공여체 Hfr 균주는 주로 유전자 a만을 전달하며 동시전달 빈도는 낮아진다.

둘째로 세균 염색체의 유전자 순서를 알아내기 위하여 도입 시간을 측정한다. 유전자는 F 플라스미드가 통합된 부위에서 시작하여 환형 염색체를 따라 순차적으로 전달된다(그림 25.18). 한 유전자가 수용체세포 내에 들어오는 데 걸리는 시간 길이는 Hfr 균주의 전달기점으로부터의 상대 거리를 측정할 수 있게 한다. 접합 과정의 도입 시간을 측정하려면 F 플라스미드의 부위와 방향을 알아야 한다. 또한 조사 대상 유전자(a, b, c 및 d)의 돌

동시전달빈도(cotransfer frequency) 세포 간 DNA가 전달되는 동안 두 유전자가 함께 연합되어 있는 빈도

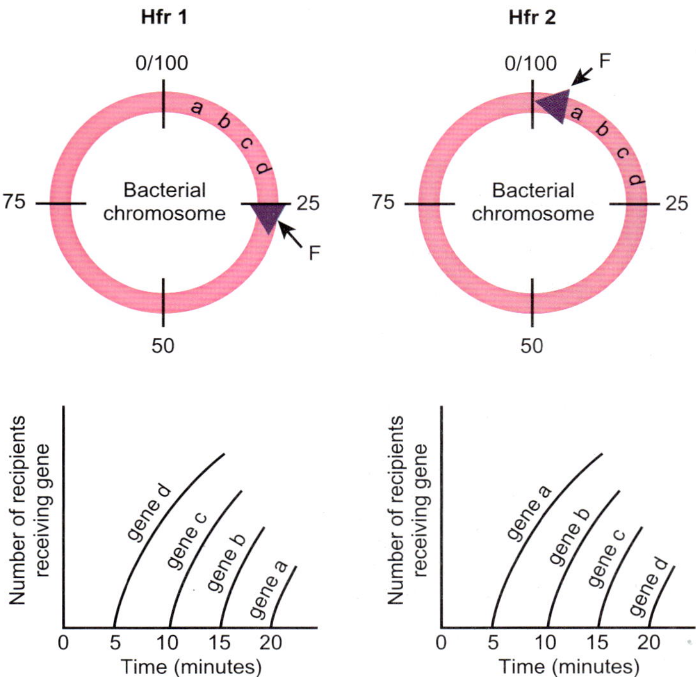

그림 25.18

접합 과정의 도입 시간

접합 과정의 도입 시간을 측정하기 위하여 Hfr 균주와 특정 유전자 "a"의 결손 DNA를 지닌 수용체 균주와 혼합한다. 특정 시간 동안 접합이 진행된 후 혼합물 시료를 수거한다. 이 시료는 Hfr의 생장을 저지하고 유전자 "a"의 야생형을 지닌 균주만을 생장하게 하는 배지에 접종된다. 생존자는 Hfr로부터 유전자 "a"의 야생형을 획득한 수용체이다. 이 과정은 일부 시점 동안 반복된다. 그리고 다른 유전자에서도 전 과정이 반복된다. Hfr 1 균주(왼쪽 그림)에서 통합된 F 플라스미드는 유전자 "d"와 가장 가깝고 약 20분 뒤에야 유전자 "a" 전달을 시작한다. Hfr 2 균주(오른쪽 그림)에서 F 플라스미드는 전달이 시작된 지 5분 만에 수용체에서 나타나기 시작하는 유전자 "a" 가까이에 통합되어 있다.

연변이도 확인 가능한 표현형을 지녀야 한다. 마지막으로 수용체는 Hfr 균주 생장을 억제하는 배지에서 선택될 수 있도록 일부 항생제(예를 들어 스트렙토마이신)에 내성을 지녀야 한다. 다른 Hfr 균주는 F 플라스미드의 통합 부위로부터의 상대적 위치에 따라 동일 유전자를 다른 순서와 다른 시간으로 전달하게 된다.

F 플라스미드는 통합 과정을 거꾸로 되돌려 자신을 염색체로부터 분리할 수 있다. 간혹 F 플라스미드는 염색체 DNA의 절편과 함께 분리되어 **F′(F프라임) 플라스미드**를 생성하기도 한다. 이는 흔히 통합 중에 사용되는 것과는 다른 IS서열 간의 재조합에 의해 발생한다. 이러한 F′ 플라스미드는 이전 숙주 세포의 염색체 절편과 함께 F자성(−)의 수용체에게 전달될 수 있다. 만일 염색체 절편이 상동성이면, F′은 상동재조합을 통해 재통합될 수 있다. 역사적으로, F′은 재조합 플라스미드를 선별하기 위한 **알파-상보법**에서 *lacZ* 유전자의 일부를 운반하는 데 사용되었다(7장 참조).

6. 그람양성균 간의 유전자 전달

전통적으로 세균은 2개의 주요 그룹인 **그람음성균**과 **그람양성균**으로 나누어진다. 이 분류법은 원래 그람 염색약에 대한 세균의 반응에 근거한 것이었다. 이와 같은 염색법 상의 차이는 실은 세포외피의 화학적 조성과 구조의 차이 때문이다. 그람음성균의 외피는 안쪽에서 바깥쪽으로 세포질막, 세포벽(펩티도글리칸) 그리고 **외막**으로 구성되어 있다(그림 25.19). 그람양성균의 외피는 보다 단순하고 외막이 결여되어 있다. 두 종류의 세균은 간혹 가장 바깥쪽에 추가 보호층인 협막을 가지고 있다.

대장균을 포함한 그람음성균은 추가 외막을 가지고 있다.

알파-상보법(alpha-complementation) N-말단 알파 절편과 여분의 단백질에서 기능적 베타갈락토시다제를 조립함
F′(F프라임) 플라스미드 숙주의 염색체 DNA에서 자신을 분리한 대장균의 수정플라스미드로 일반 플라스미드 DNA에 숙주 DNA의 절편을 추가로 포함할 수 있다.
그람양성균(gram-positive bacterium) 세포벽 바깥에 추가 외막이 결여된 진정세균의 주요 문
그람음성균(gram-negative bacterium) 세포벽 바깥에 추가 외막을 가진 진정세균의 주요 문
외막(outer membrane) 그람양성균이 아닌 그람음성균의 세포벽 바깥에 위치한 추가 막

그림 25.19

그람음성균과 그람양성균간의 외피 차이

그람양성균과 그람음성균의 외피 표면은 다른 구조를 가지고 있다. A) 대장균과 같은 그람음성균에는 3개의 표면 층이 있다. 외막으로 불리는 바깥 층은 지질 내에 함몰된 다양한 단백질을 함유하고 있는 지질이중층과 지질다당류의 외피로 되어 있다. 다음으로 주변세포질 공간에 세포벽이 펩티도글리칸 단일층을 함유하고 있다. 지질단백질은 이 세포벽을 외막과 연결한다. 세포질에 가장 가까운 내막으로 불리는 층은 다양한 단백질이 함몰되어 있는 지질이중층이다. B) 그람양성균의 외피 표면은 2개 층만 지니며 세포막을 둘러싼 펩티도글리칸과 테이코산의 두터운 층으로 되어 있다.

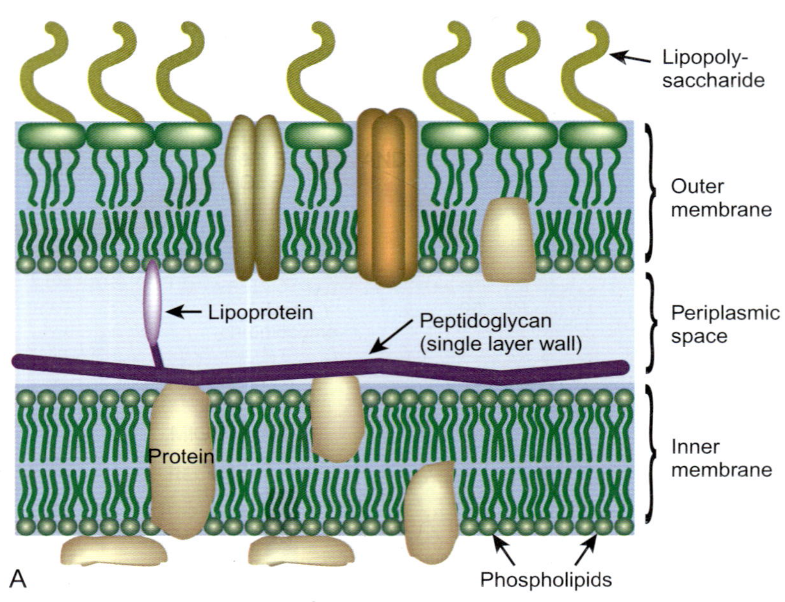

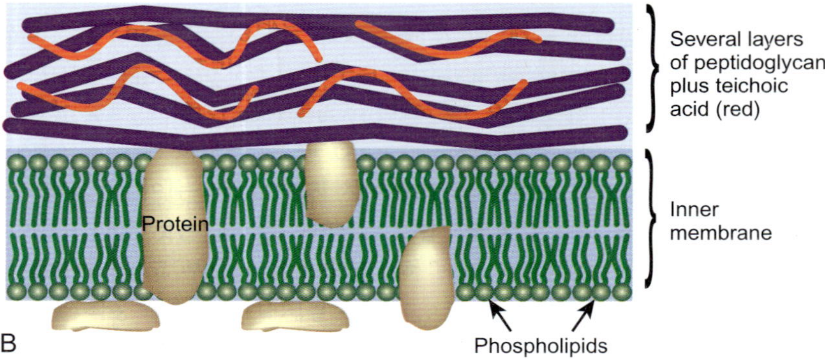

그람양성균 간의 플라스미드 전달은 종종 페로몬에 의하여 촉진된다.

그람음성균인 대장균은 서로 다른 다양한 생물의 클로닝 및 발현 유전자의 숙주로서 널리 쓰이고 있다. 흔히 다량의 정제된 재조합 단백질 합성이 필요할 때가 있다. 재조합단백질의 배양 배지 내 분비는 세균세포 내의 다른 단백질로부터 이를 정제 분리할 필요가 없으므로 매우 편리하다. 그러나 그람음성균의 복잡한 외피는 단백질의 배양 배지 내 분비를 막는 주요 장애물이다. 이와는 대조적으로 보다 단순한 그람양성 외피를 통과하는 분비는 보다 쉬운 일이다. 실제로 *Bacillus*와 같은 다수의 그람양성균은 단백질을 자연적으로 배양 배지 내에 분비한다. 그 결과 유전공학에서는 그람양성균을 숙주로 사용하는 일에 상당한 관심을 보이고 있다. 불행히도 그람양성균의 유전학은 그간 집중적으로 연구되어온 대장균과 친척 세균의 유전학에 비하면 훨씬 뒤떨어져 있다. 그럼에도 불구하고 유전자 전달 기작은 그람양성균에도 적용되고 있다.

자기전이 플라스미드는 그람양성세균 사이에 널리 퍼져 있으며 이들 플라스미드의 많은 종류가 꽤 불규칙적이다. 그람양성균의 세포 외피는 보다 단순하므로 플라스미드 전달도 단순하고 성선모를 필요로 하지 않는다. 알려진 바에 의하면 6개의 유전자만이 전달 기능을 암호화하는데 필요한 것으로 보인다. 장내구균(*Enterococcus*)과 같은 그람양성균은 교배 페로몬을 배지 내에 분비한다(관련 연구에 대한 초점 참조). 이들은 주변 세균의 플

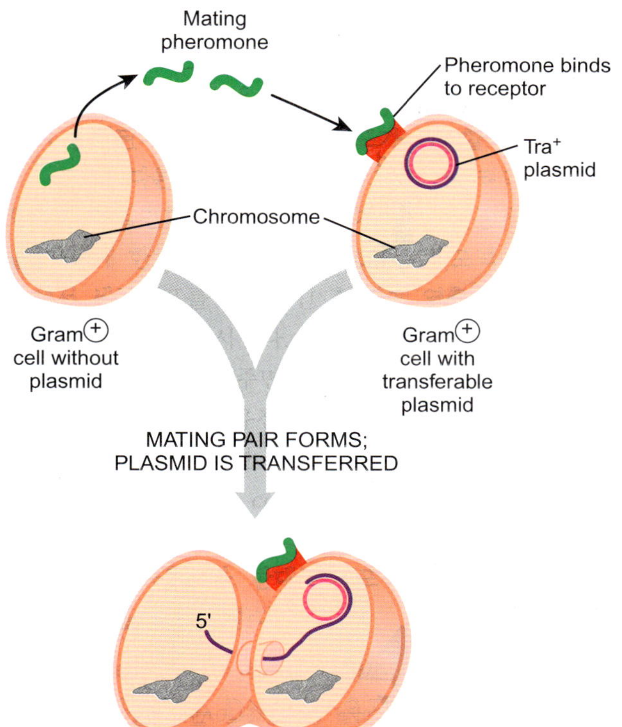

그림 25.20

그람양성균의 페로몬과 교배 유도

장내구균(*Enterococcus*)과 같은 그람양성균 중에서 플라스미드가 없는 세포는 전달성 (Tra^+) 플라스미드를 지닌 세균을 유인하기 위하여 페로몬을 분비한다. 고배 페로몬은 Tra^+플라스미드를 가진 세포 표면의 수용기에 결합한다. 수용기의 결합은 전달 유전자를 활성화시켜 접합가교를 형성하며 회전환 복제 기작으로 플라스미드를 전달한다. 각 페로몬은 특이적이며 특정 플라스미드를 가진 세균을 유인한다.

라스미드 상의 *tra* 유전자를 유도하는 짧은 펩티드이다. 그 결과 응집이 일어나고 플라스미드가 전달된다(그림 25.20). 다른 페로몬은 다른 플라스미드에 특이적이다. 특정 플라스미드가 결여된 세균만이 대응 페로몬을 분비한다. 또한 특정 플라스미드는 적당한 수용체가 가까이에 있을 때에만 전달 유전자를 발현시킨다.

관련 연구에 대한 초점

Dunny GM and Johnson CM (2011) Regulatory circuits controlling enterococcal conjugation: lessons for functional genomics. Current Opinion Microbiology 14: 174–180.

그람양성균인 장내구균의 플라스미드 전달은 상세히 연구되어 왔다. 전달 과정은 페로몬 수용단백질에 구애받는 펩티드 페로몬에 의해 조절된다. 페로몬과 억제 펩티드, 2개의 다른 펩티드 신호분자들은 동일한 수용단백질, PrgX의 동일 부위에 결합하기 위해 서로 경쟁한다. 억제 펩티드가 PrgX에 결합하면, 억제인자로 작용하며 prgQ의 촉진유전자의 전사를 막는다. 반대로 페로몬이 PrgX에 결합하면, 촉진유전자에서 분리되고 *prgQ* 유전자의 발현이 활성화된다. 결과적으로 이는 플라스미드 전달체계를 활성화시킨다.

그람양성균은 또한 **접합 전이인자**를 지니고 있다(예: 장내구균의 Tn916). 이들은 한 세포에서 다른 세포로 전이인자 자체를 전달할 수 있다. 이들 인자는 접합 전에 공여체세포의 염색체로부터 잠시 동안 스스로 분리된다. 일단 수용체로 들어오면 세균 염색체 내에 재삽입된다.

접합 전이인자(conjugative transposon) 접합을 통하여 한 세포에서 다른 세포로 전이인자 자체를 전달할 수 있는 유형의 전이인자

7. 고세균 유전학

고세균은 유전학적으로 독특하고 흔히 유별난 또는 극한 조건에서 자란다.

고세균에서의 유전자 전달은 광범위하게 일어나지만 이에 관해 알려져 있는 것은 적다.

원핵생물에는 유전학적으로 독특한 2개의 계통으로 일반적인 세균의 **진정세균**과 **고세균**(또는 **원시생물계**)로 나눠진다. 두 종류 모두 핵이 없는 원핵세포로 되어 있으나 진정세균과 고세균간은 진핵생물과의 상호 관계보다도 유연성이 없다(이들 관계에 대한 보다 자세한 토론은 26장 참조). 진정세균은 위에서 설명한 그람음성균과 그람양성균 모두를 포함하여 일반 환경에서 발견되는 대부분 세균을 포함하고 있다. 고세균은 메탄세균 등의 극한환경에서 발견되는 잘 알려지지 않은 다양한 세균을 포함하고 있다. 많은 종류가 특이한 생화학 경로를 가지고 있고 극단적인 온도, pH, 또는 염도에 적응되어 있다. 이러한 이유로 고세균은 놀라운 특성과 또는 극한 조건에 내성을 지닌 희귀 효소나 단백질의 매력적인 공급원으로 주목받고 있다. 예를 들어 극단 온도에 견딜 수 있는 효소는 산업적으로 많은 용도를 지니고 있다.

고세균 종류를 위한 몇 가지의 이용 가능한 완전한 유전체 서열이 알려져 있지만 유전자 전달 체계에 대한 연구 개발은 진정세균에 비하여 훨씬 뒤떨어져 있다. 여기에는 극한 조건에서 고세균을 길러야하는 문제를 비롯하여 여러 가지 실질적인 문제가 있다. 예를 들어 일부 극단호열세균은 배지를 충분히 녹여버릴 수 있는 온도에서 자란다. 고체배지에서 콜로니를 얻으려면 대체 재료를 개발해야 한다.

플라스미드가 몇몇 고세균에서 발견되었으며 일부는 클론 벡터용으로 개발되어 왔다(그림 25.21). 현재 몇몇 고세균 내에 DNA를 주입하는 형질전환 과정이 개발되어 있다. 고세균 배지에서 2가 양이온 특히 Mg^{2+}를 제거하면 많은 종류의 고세균 세포를 둘러싸고 있는 당단백질층을 해체하는 결과가 일어난다. (진정세균에서는 이와 정반대로 2가 양이온의 존재 하에 저온충격이 발생한다는 점에 주목하라!) 고세균의 촉진유전자 조절 하에 메탄세균에서 *lacZ* 보고유전자가 발현되었다. 그러나 X-갈로 β-갈락토오스가수분해효소를 염색하려면 공기에 노출해야 하는데 이렇게 되면 메탄세균이 죽게 된다. 따라서 항상 콜로니는 먼저 복제되어 한 세트는 분석용으로 희생되어야 한다.

주요 문제는 선택적 표지의 선정이다. 고세균은 유별난 생화학적 특성 때문에 대부분의 항생제는 듣지 않는다. 예를 들어 고세균은 펩티도글리칸으로 된 세포벽이 없으므로 페니실린에 죽지 않는다. 게다가 일반 생물의 많은 내성 단백질은 고세균이 자라는 극단적인 온도, 염도, 또는 pH에서 변성된다. 노보비오신(DNA 자이라제 억제제 - 10장 참조)과 메비놀린(이소프레노이드 경로 억제제)은 호염세균을 억제하는 데 사용되었고 퓨로마이신과 네오마이신(모두 단백질합성 억제제 - 13장 참조)은 메탄세균을 억제한다.

바이러스가 여러 고세균을 감염시키는 것으로 발견되었다. 현재까지는 단 하나 *Methanobacterium thermoautotrophicum*의 ΨM1 파지만이 숙주 세균의 유전자를 형질도입하는 것으로 밝혀져 있다. 그러나 침입 후 세포 당 약 6개의 파지가 방출되므로 낮은 방출량으로 실효성이 없다. *Sulfolobus solfataricus*의 SSV1 파지는 세균 염색체에 통합되므로 앞으로 활용 가능성이 있는 것으로 보인다.

고세균에서의 접합에는 두 가지 유형이 있으며 다른 종류의 표면 구조가 사용된다. *Sulfolobus*에서는 접합을 촉진하는 자기전달 플라스미드가 발견된다. 반대로 일부 호염세균은 수정플라스미드의 관여 없이 접합가교를 형성한다. 게다가 이 경우에는 DNA 전달이 양방향으로 이루어진다. 이들 현상의 그 어느 것도 일상적인 유전자 전달 체계로 개발된 것은 없다.

고세균(또는 원시생물계; Archaebacteria or Archaea) 극한 환경에서 자라는 많은 세균을 포함하며 유전학적으로 구별된 생물 도메인을 차지하는 세균 유형

진정세균(Eubacteria) 우리와 친숙한 세균으로 펩티도글리칸 세포벽을 지닌다. 고세균과 분리된 도메인이다.

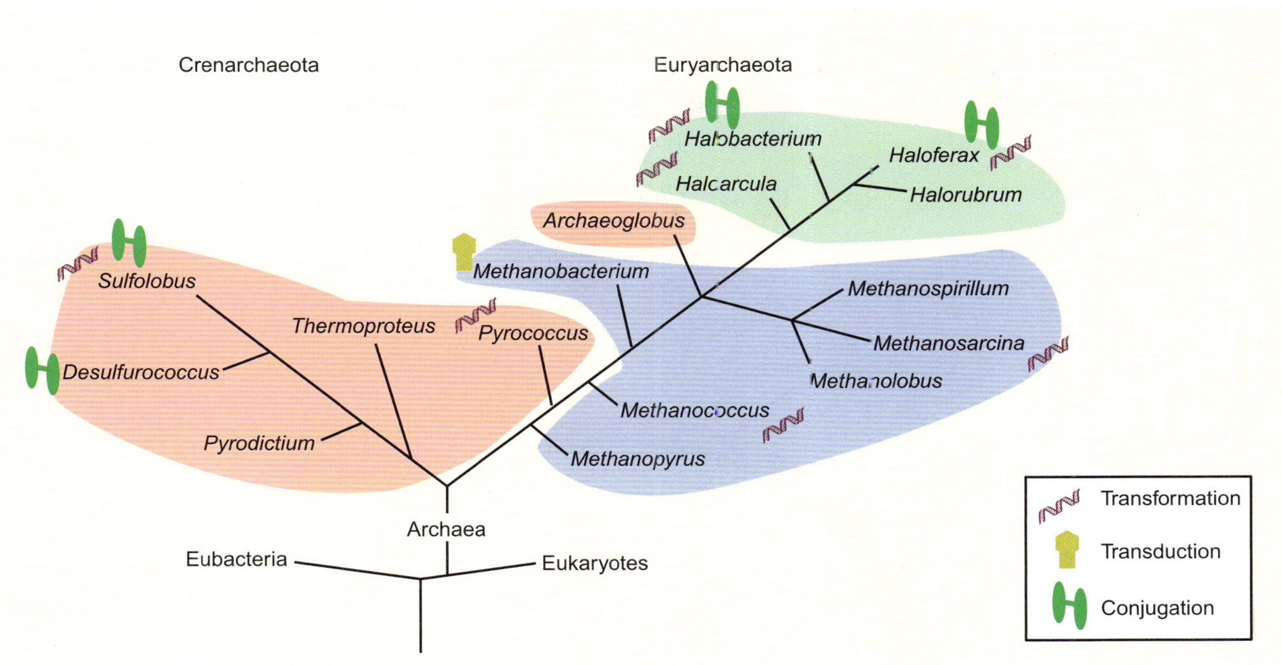

그림 25.21
고세균의 분류군과 유전자 전달 기작

서로 다른 유형의 유전자 전달이 일어나고 있음을 보여주는 고세균의 계통수. 녹색 부분은 염분내성 생물을 포함하고, 청색 부분은 메탄생성 세균을 의미하며, 적색 부분은 극한 고온에서 자라는 고세균을 포함하고 있다. 일부 고세균은 형질전환을 하는가 하면 다른 고세균은 접합을 한다. 드문 경우로서 바이러스 형질도입도 일어난다. 각 과 내의 유전자 전달 양식은 생활 방식이나 진화 관계와는 잘 연관이 되지 않는다. Crenarchaeota와 Euryarchaeota가 고세균의 2개의 기본 분지이다.

관련 연구에 대한 초점

Pohlschroder M, Ghosh A, Tripepi M and Albers S-V (2011) Archaeal type IV pilus-like structures—evolutionarily conserved prokaryotic surface organelles. Current Opinion Microbiology 14: 1–7.

다양한 종류의 선모가 세균세포 표면에서 발견된다. IV형 선모 등을 포함한 일부는 고세균에서도 관찰된다. IV형 구조는 세 나선형 단백질 가닥으로 구성된 섬유형이다. 이들 관련된 구조에서 모두 발견되는 핵심 성분 외에도 종간에 변이된 다른 성분도 존재한다. 따라서 상세한 구조와 생물학적 역할은 크게 다를 수 있다.

세균에서 IV형 선모는 대부분 부착에 사용된다. 이와 반대로, 한 고세균 세포에서는 각각 특정 기능을 지닌 다중 IV형 구조가 자주 관찰된다. 고세균의 IV형 관련 구조는 부착을 위한 선모로 뿐만 아니라 헤엄치기 위한 편모로도 사용된다. 더구나 *Sulfolobus*와 같은 일부 고세균은 IV형 관련 구조를 세포 간 DNA 전달에 사용한다. 하지만 호염세균과 같은 다른 고세균은 IV형 선모와 관련없는 다른 구조를 이용한다.

8. 전유전체 염기서열 분석

본 장에서 기술한 유전자 전달 기법은 대장균 및 연구가 잘 이루어진 몇 가지 세균의 유전자 지도 작성을 가능하게 하였다. 대다수의 미생물에게는 "전통" 유전학이 존재하지 않는다. 오늘날 이들은 주로 유전자 클로닝이나 DNA 서열결정과 같은 보다 현대화된 기법에 의하여 연구되고 있다.

Hemophilus influenzae 서균은 DNA 서열이 완전히 최초로 알려진 생물이다.

DNA 서열결정을 위한 신속한 자동기법(8장 참조)의 개발로 많은 유전체의 서열이 완전히 밝혀지고 있다. 첫 번째로 밝혀진 유전체 서열은 1995년 완성된 *Hemophilus*

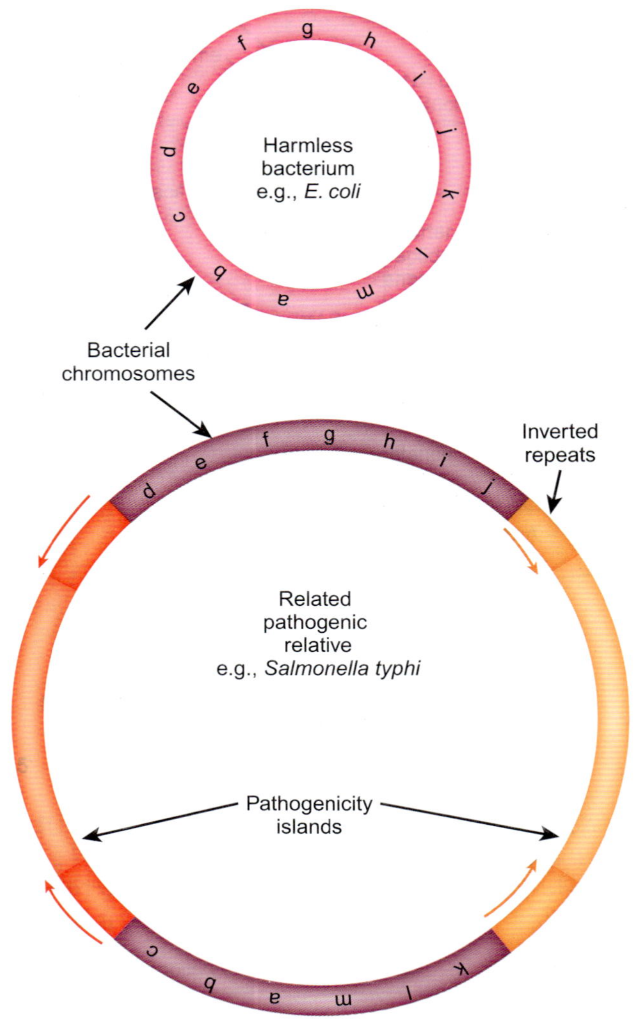

그림 25.22
***Salmonella*의 병원성 유전자 섬**

대장균 유전체와 가장 가까운 친척인 *Salmonella* 유전체와의 비교는 상동성이 없는 큰 DNA 영역(오렌지색)이 있음을 보여준다. 나머지 영역은 서열이 같은 유사한 유전자들이다. 예를 들어 *Salmonella*의 d에서 j까지의 유전자는 대장균의 d에서 j까지의 유전자와 정확하게 같은 서열로 함께 모여 있다. *Salmonella*는 독성이고 대장균은 아니므로 상동성이 없는 영역이 독성 유전자를 암호화하고 있음이 분명하다. 이런 이유로 이 영역을 병원성 유전자 섬이라고 부른다. 섬은 역반복배열 사이에 위치하며 이는 DNA가 전이로 전달되었음을 시사한다. *(주석: 본 그림은 비례대로 그린 것이 아니며 병원성 유전자 섬은 설명 목적으로 염색체의 나머지 부분에 비하여 크게 과장되어 있다.)*

독성 유전자는 종종 함께 모여 "섬"을 형성한다.

*influenzae*였다. 그 이후 수백 개의 세균 유전체 서열이 밝혀졌다. 잘 연구된 생물 유전자와의 서열 비교는 수많은 유전자의 일차 동정을 가능하게 하였다. 그럼에도 불구하고 대장균에서조차 유전자 약 1/3의 기능은 잘 모르는 상태에 있다.

병원성 세균과 비병원성 친척 세균의 전 유전체 서열결정을 통해 비교하면 질병 원인 유전자의 추가 구역을 발견하는 경우도 있다. 많은 독성 유전자는 20장에 기술된 바와 같이 플라스미드 상에서 전달된다. 다른 종류는 염색체의 **병원성 유전자 섬**으로 알려진 염색체 영역에 모여 있다. *Salmonella*의 대부분 유전자와 염색체 상의 서열은 예상되어왔던 것처럼 가장 가까운 친척인 대장균의 것과 거의 일치한다. 그러나 대장균에는 없는 DNA의 추가 분절들이 *Salmonella*에서 발견된다. 이들 중의 일부는 병원성 유전자 섬에 해당한다(그림 25.22). 그러한 추가 영역은 종종 역반복서열 사이에 위치하는데, 이는 문제의 영역이 과거 진화의 어느 단계에서 전이로 염색체 내에 삽입되었음을 의미한다. 이와 같은 생각을 뒷받침하듯이 이러한 섬은 특정 종의 일부 균주에서만 간혹 발견되고 다른 균주에서는 발견되지 않는다. 그리고 이들 섬은 염색체의 나머지 부분과는 다른 G/C 및 A/T 비율과 또는 다른 코돈 사용 빈도를 지니는 경향이 있는데 이는 다른 생물에서 유래되어 왔음을 의미한다. 거꾸로 대장균은 *Salmonella*에 없는 소수의 DNA 분절을 지니고 있다. 흥미

병원성 유전자 섬(pathogenicity island) 세균 염색체의 독성 유전자들이 모여 있는 영역

롭게도 이런 분절 중 하나는 *lac* 오페론과 몇 개의 주변 유전자를 포함한 영역이다. 다라서 "표준생물"의 가장 많이 연구된 "기준" 유전자인 *lac* 오페론은 비교적 최근에 대장균의 유전체 내로 도입된 유전자인 것으로 보인다.

G/C와 A/T 비율의 차이는 외부에서 유래된 염색체의 분절깁을 뜻한다.

병원성 유전자 섬은 "특수화 섬"의 가장 잘 알려진 예이다. 이들은 단순 생존을 위해서는 불필요한 일부 특수화 기능에 기여하는 "외부" 유래 가능성의 인접 유전자들이 모여 있는 구역이다. 당연하게도 의학적 연관성이 사람들의 관심을 가장 많이 끌고 있다. 다른 사례로는 방향족 탄화수소, 제초제, 그리고 산업 및 오염 산물의 생분하 경로를 암호화하는 유전자들이 있다.

유전자의 수평전달은 세균어 특히 큰 영향을 준다.

유전자가 조상으로부터 직계 자손으로 전해지는 "수직전달"과 구분하기 위하여 유전자가 "갓길로" 이동하는 것을 **측면** 또는 **수평유전자 전달**이라고 부른다. 수평유전자 전달은 접합, 자연 형질전환, 바이러스 형질도입, 또는 전이인자의 전이에 의하여 일어난다. 수평유전자 전달은 유연성이 가깝거나 또는 분류학적으로 거리가 먼 생물 간에도 일어날 수 있다. 계산에 의하면 일반 세균 유전자의 약 5%가 측면유전자 전달에 의한 것이고 드물게 25%까지 이르는 경우도 있다. *Thermotoga*는 매우 높은 온도에 적응된 진정세균으로서 일부 고세균과 서식처를 공유하고 있다. *Thermotoga*는 분명히 *Archaeoglobus*와 *Pyrococcus*와 같은 호열고세균으로부터 유전자의 약 25%를 전달받은 것으로 보인다. 대장균의 F 플라스미드가 효모로 DNA를 전달할 수 있음을 고려할 때(20장 참조) 이러한 결과는 크게 놀랄 일이 못된다.

8.1 세균 유전체 조립과 이식

미국의 Venter Institute는 인공 생명의 합성을 위한 기초를 닦기 위해 일련의 흥미로운 유전 조작을 시행했다. 이들은 먼저 전유전체를 적절한 수용체세포 내로 전환시킬 수 있음을 보여줬다. 이를 위해 연구가들은 가장 작은 세균 유전체를 지닌 (뉴클레오티드의 길이가 60만 개에 못 미침) *Mycoplasma*속의 세균을 사용하였다. *Mycoplasma*의 한 종에서 나온 유전체는 정제된 후 다른 *Mycoplasma*종의 세포 내로 전환되었다. 도입 염색체는 항생물질 내성으로 선택되었고, 원래의 염색체를 대체하였다. 실질적으로 이런 염색처 이식으로 *Mycoplasma*속의 한 종이 다른 종으로 변환된 것이다.

다음 단계는 *Mycoplasma*의 전유전체를 화학적으로 합성하여 세포 내로 삽입하는 것이었다(그림 25.23). 이는 여러 계층적 단계에 의해 시행되었다. 먼저 5천에서 7천 염기 길이의 DNA 절편 100개 정도가 화학적으로 합성되었다. 이들은 말단에 중복된 서열을 지니고 있어 대장균 내에서 재조합을 통해 하나로 이어질 수 있다. 조립은 세균의 인공염색체에 의해 이동된 모든 24 kb, 72 kb 및 144 kb(유전체의 1/4)의 구성 단위를 통해 진행되었다. 4등분 구성 단위들을 하나의 완전한 유전체로 조립하는 마지막 과정은 효모에서 진행되었다. 그리고 이 유전체를 *Mycoplasma* 숙주 세포 내로 이식하고 이전과 같은 방식으로 선택하였다. 인공적으로 조립된 유전체 내에는 그 존재를 입증해줄 인공적으로 수위표시된 서열이 포함되었다. 이 절차의 여러 변형 과정이 시도되었다. 가장 최근에는 비교적 큰 유전체(1.08 메가염기쌍)인 *Mycoplasma mycoides*가 화학적으로 합성되었으며 수위표시 서열이 포함하도록 변경하였다. 이 수위표시 서열에는 연구가들의 이름과 물리학자 리처드 파인만이 남긴 문구 "*내가 만들어 낼 수 없는 것을 나는 이해할 수 없다*"를 비롯하여 다양한 인용구가 포함되었다. 이 세포는 Synthia Venter라는 별명을 얻었다.

수평유전자 전달(horizontal gene transfer) 비유연성 생물 간에 일어나는 유전자의 갓길 이동. 측면유전자 전달과 같은 의미
측면유전자 전달(lateral gene transfer) 비유연성 생물 간에 일어나는 유전자의 갓길 이동. 수평유전자 전달과 같은 의미

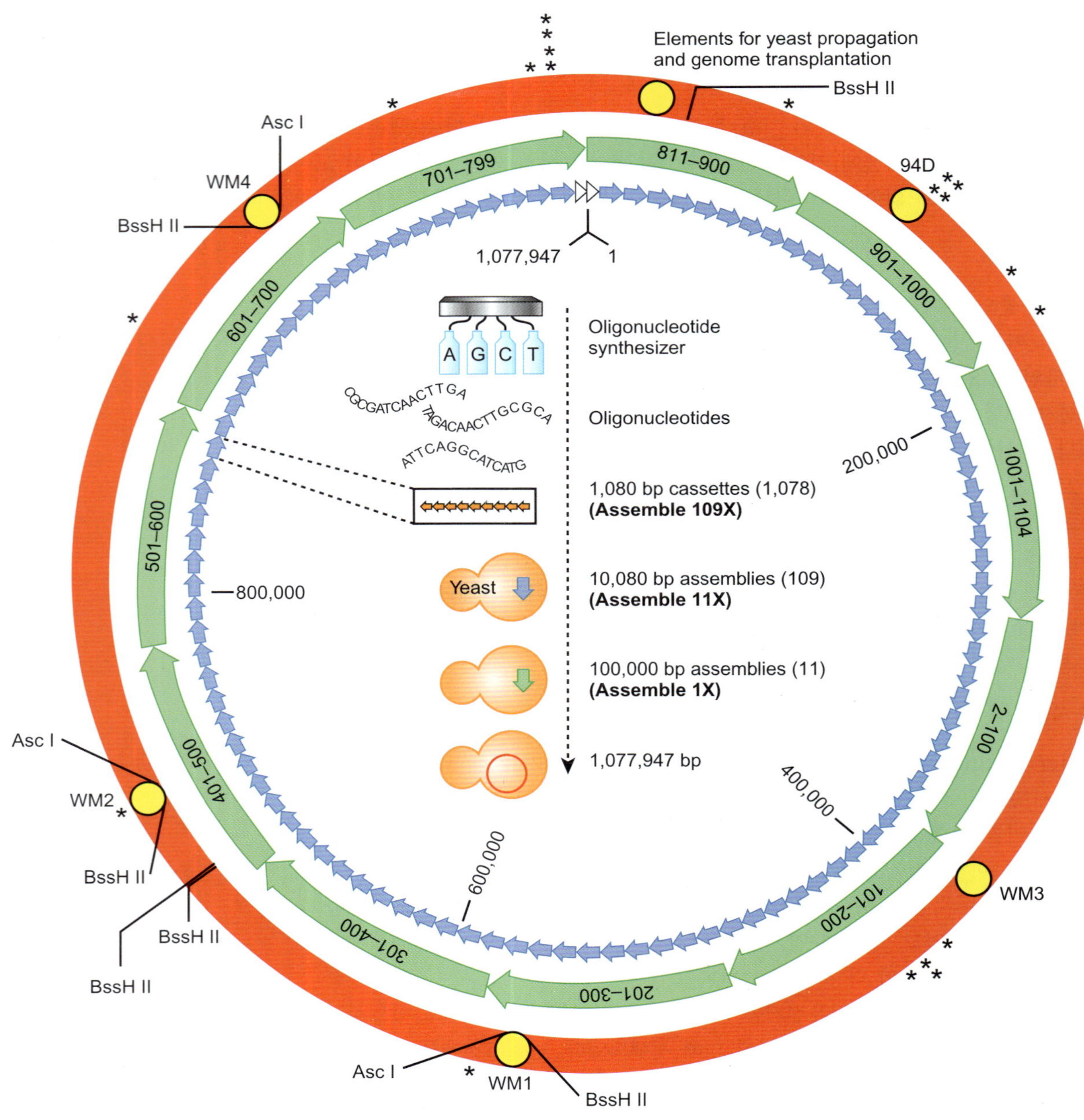

그림 25.23
Synthia Venter의 조립

*Mycoplasma mycoides*라 불리는 합성 생물을 위한 전유전체의 조립은 효모 내에서 이뤄졌다. 먼저 1,000개 정도의 염기쌍을 지닌 DNA 분절들이 올리고뉴클레오티드 합성기를 통해 화학적으로 합성되었다. 이들은 10 kB 분절(청색 화살표)들로 만들기 위해 10개의 그룹으로 결합되었다. 그리고 10 kB 분절들은 100 kB 분절(녹색 화살표)들로 만들기 위해 10개의 그룹으로 결합되었다. 마지막으로 11개의 분절들이 하나의 유전체(적색 원)로 결합되었다. 분절들은 효모 내 상동재조합으로 조립되었다. *(출처: Gibson, D. G. et al. (2010). Creation of a bacterial cell controlled by a chemically synthesized genome. Science, 329:52-56.)*

핵심 개념

- 세균에서 생식과 성은 별개의 과정이다.
- 세균 간의 유전자 전달은 나출된 DNA의 흡수나 바이러스 입자에 의한 DNA 이동, 또는 특수화된 세포 대 세포 전달로 이뤄진다.

- 세균세포를 진입하는 DNA는 완전한 복제 단위인 경우 홀로 생존할 수 있다. 그렇지 않은 경우, 숙주 세포 염색체 내에 재조합되지 않으면 분해될 것이다.
- 비보호 또는 나출된 DNA에 의한 유전자 전달을 형질전환이라 한다.
- 형질전환에 의한 유전형질의 전달은 단백질이 아닌 DNA가 유전물질이라는 최초 증거 중 하나이다.
- 자연조건 하의 몇몇 세균에서는 형질전환이 일어난다.
- 바이러스 입자 내 DNA에 의해 세균 간 유전자 전달이 발생하는 것을 형질도입이라 한다.
- 보편형질도입의 경우 세균 DNA의 임의 조각이 바이러스 입자에 의해 운반된다.
- 특수형질도입의 경우 세균 염색체의 특정 부위가 선택적으로 바이러스 입자에 포장된다.
- 접합이라는 과정을 통해 다수의 플라스미드가 세균세포 간에 전달될 수 있다.
- 플라스미드에 의한 염색체 유전자의 전달을 위해서 플라스미드가 세균 염색체에 통합되어야 한다.
- 그람양성균 간의 플라스미드 전달은 배지 내에 분비된 교배 페로몬에 의해 조절된다.
- 접합 전이인자는 접합을 통해 그람양성균 간의 전이인자 자체를 전이시키고 전달할 수 있다.
- 고세균의 유전자 전달은 아직 연구되어야 할 부분이 많다. 고세균 간에 유전자를 전달할 수 있는 플라스미드와 바이러스가 존재한다.
- 대부분 세균은 전유전체의 서열결정을 통해 유전정보가 수집된다.
- 유전체의 특수화 섬은 대부분 외래 유래로 독성 또는 생분해성 등의 특수화 기능을 수행하는 인접 유전자들이 모여 있는 구역이다.
- 세균의 전유전체가 화학적으로 합성되고 성공적으로 세균세포 내에 삽입되었다.

복습 문제

1. 세균의 세 가지 유전자 전달 기작은 무엇인가? 각 유전자 전달 방식을 간단히 설명하라.
2. 유전자 전달 중 도입된 DNA 조각이 맞이하는 세 가지 가능한 운명은 무엇인가?
3. 도입된 DNA 조각이 재조합되지 않은 채 살아남기 위해서는 무엇이 필요한가? 어떤 종류의 DNA 분자가 이런 것이 가능한가?
4. 어떤 종류의 DNA가 생존을 위해 염색체에 병합되어야만 하는가?
5. 수용성세포란 무엇인가?
6. 세포를 수용성으로 만들기 위한 두 방법을 설명하라.
7. 나출된 바이러스 DNA의 흡수를 가리키는 용어는 무엇인가? 바이러스 DNA가 홀로 할 수 있는 것은 무엇인가? 바이러스 외피(캡시드)의 목적은 무엇인가?
8. 암 전문의에게 형질전환이란 어떤 의미인가?
9. 수용능 페로몬의 역할은 무엇인가? 어떻게 작용하는가?
10. 자연적인 수용성과 인위적으로 유도된 수용성을 비교하고 대조하여 보아라.
11. 형질도입을 설명하여라. 실험실에서 형질도입은 어떻게 실행되는가?
12. 형질도입의 두 방법은 무엇인가? 각 방법을 설명하라. 박테리오파지가 각각의 방식으로 형질도입을 실행하는 예를 들어라.
13. 형질도입을 위해 필수적인 조건은 무엇인가?
14. "만두포장"이란 무엇인가? 어떤 종류의 형질도입이 만두포장을 필요로 하는가?
15. *att*λ(*att*-람다)란 무엇인가? 어떤 유전자 사이 그리고 어떤 생물에 이 부위가 존재하는가?
16. 박테리오파지에 의해 운반되는 세균 DNA와 관련지어 보편과 특수형질도입간의 대표적인 두

가지 차이는 무엇인가?

17. 왜 특수형질도입 입자가 발생하는 빈도는 굉장히 낮은가?
18. 결손 람다파지의 예를 들어보라. 이들은 왜 결손이 있으며 결손 기능이 복구되려면 무엇을 필요로 하는가?
19. 특정 플라스미드가 한 세포에서 다른 세포로 이동하는 현상을 가리켜 무엇이라 하는가? 플라스미드의 어떤 과가 이러한 능력을 가지고 있는가?
20. 접합 과정을 설명하라. 성선모와 접합가교는 무엇인가? 전달 도중 플라스미드는 어떻게 복제되는가?
21. *tra* 유전자는 무엇이며 어디에 위치하는가?
22. 왜 극소형의 플라스미드는 자신을 전달시키지 못하는가?
23. 어떤 상황에서 ColE 플라스미드는 접합가교를 통해 전달될 수 있는가? 이동성이란 무엇을 의미하는가?
24. 세균세포의 "성"은 어떻게 결정되는가?
25. 플라스미드는 접합에 의한 염색체 유전자의 전달을 어떻게 돕는가?
26. Hfr-균주는 무엇인가? 어떤 면에서 유용한가?
27. 접합을 통해 대장균 염색체 전체가 전달되는 데 소요되는 시간은?
28. 접합에 의한 유전자 전달은 왜 시계 방향이나 시계 반대 방향 어느 쪽으로도 일어날 수 있는가?
29. Hfr-균주를 이용하여 유전자 지도를 작성하는 데 사용할 수 있는 두 방식에는 무엇이 있는가? 도입 시간을 측정하기 위해 필요한 세 가지 사항은 무엇인가?
30. F′ 플라스미드는 무엇인가?
31. 그람음성균과 양성균의 세포외피의 주요 차이점은 무엇인가?
32. 그람양성균 간에 플라스미드의 전달을 촉진하는 것에는 무엇이 있는가?
33. 접합 전이인자는 무엇이며 어떻게 전달되는가?
34. 고세균이 흔히 잘 번식하는 환경은 어떤 곳인가?
35. 고세균과 진정세균의 유전물질 전달 과정을 대조해보라.
36. DNA의 서열이 완전히 밝혀진 최초의 생물은 무엇인가?
37. 병원성 유전자 섬이란 무엇인가? 이 부위는 흔히 어느 사이에 위치하는가? 이런 측면 부위는 무엇을 의미하는가?
38. "병원성 유전자 섬" 내에서 G/C와 A/T 비율의 차이는 무엇을 의미하는가? 이와 비슷한 의미를 갖는 다른 현상에는 무엇이 있나?
39. *Salmonella*에는 없지만 대장균은 지닌 DNA 추가 분절의 예를 들어보라.
40. 왜 "병원성 유전자 섬"은 특수화 섬으로 구분되는가? 특수화 섬의 세 특징을 들어보라.
41. 수평 또는 측면유전자 전달은 무엇인가? 어떤 기작들로 이 전달이 발생하는가?

개념 문제

1. 왜 λ파지의 머리는 대장균 유전자 *gal*과 *bio*를 선별적으로 포장하는가?
2. DNA가 유전물질이라고 밝힌 Oswald Avery의 실험을 설명하라. 그의 실험은 DNA가 유전물질이라는 것을 완벽하게 뒷받침하지는 못했다. 왜 인가?
3. 고세균 내 유전체계 구축의 일부 걸림돌은 무엇인가?
4. 다음 유전자들의 동시 전달 빈도를 바탕으로 이들 유전자들이 염색체 상에 위치하는 순서와 이들 간의 상대적 거리를 알아보아라.

upy and *dny*	30%
sdw and *dny*	10%
sdw and *nmt*	0%
upy and *sdw*	3%

upy and *nmt*	10%
dny and *nmt*	2%

5. 한 과학자가 형질전환 실험을 하면서 ColE 플라스미드를 바탕으로한 플라스미드를 만들기로 하였다. 이 과학자는 자신이 연구하는 유전자를 분리하여 ColE 플라스미드의 특이 Bam*HI* 제한효소절단위치에 삽입하였다(그림 참조). 그 후 클론을 분리하고 대장균을 수용성으로 만들어 항생물질이 더해지지 않은 배지에 세균을 배양하였다. 그 결과 독특한 콜로니의 세균 깔깨는 형성되지 않았다. 플라스미드에 대한 지식을 바탕으로 이 실험에서 잘못된 부분을 지적해 보라.

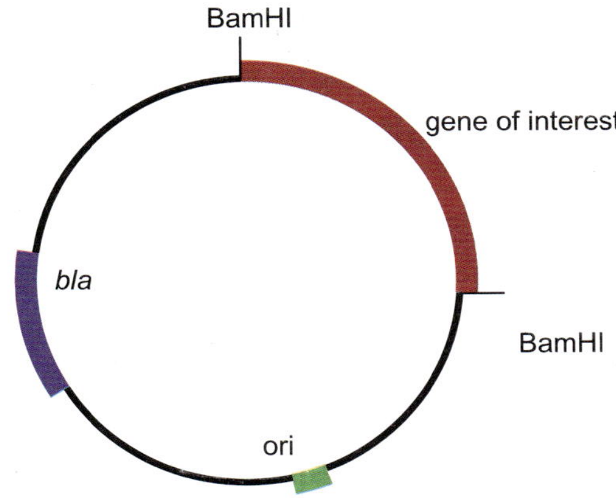

6. 다음의 두 Hfr 대장균 균주를 비교해보아라. 접합 개시 이후 어느 Hfr 균주가 *wgl* 유전자를 가장 먼저 전달하는가? 어느 균주가 *ggl*을 먼저 전달하는가?

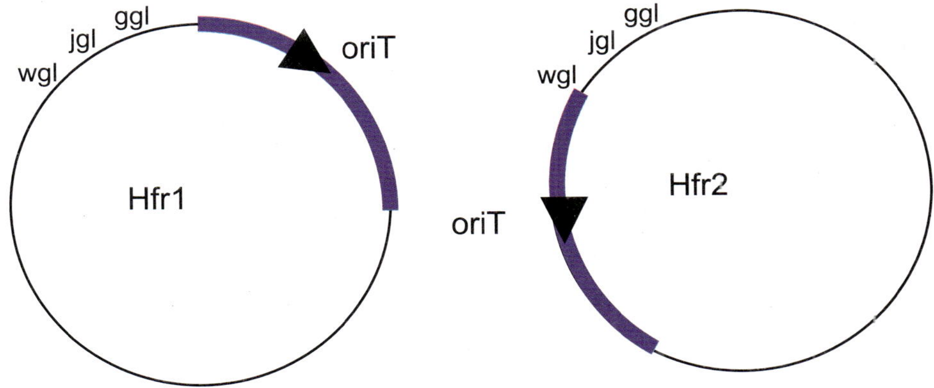

7. 그람양성균의 접합과 그람음성균의 접합을 비교 및 대조하라.

Chapter 26

분자진화

분자진화는 분자 수준에서 발생하는 진화의 근본이 되는 기작을 다룬다. 특히 생물의 선택 가능한 형질에 영향을 주는 DNA 서열의 변화에 주목한다. 최근 유전체학의 혁명을 통해 압도적인 양의 서열 정보를 얻었으며 이 정보는 계속적으로 처리중에 있다. 그 결과 우리는 화석 기록과 함께 오늘날의 생명체 구조를 비교하는 것 외에 이제 유전적 정보와 DNA 서열을 통해서도 생명의 역사를 풀어나갈 수 있다. 특히 세균뿐만 아니라 바이러스의 분류와 진화까지도 서열 정보에 크게 의존하고 있다. 본 장에서는 유전적 정보를 지닐 수 있는 유기 분자의 출현부터 다루고자 한다. 이는 RNA 세계 시나리오로 이끌고, 궁극적으로는 우리가 사는 DNA 서열이 바탕이 되는 세상으로 이어진다.

1. 시작 - 지구의 형성

빅뱅은 약 200억 년 전에 일어난 것으로 추정된다. 약 150억 년 후 성간 먼지와 가스의 구름은 중력에 의하여 유착되고 응축되어 행성으로 불리는 여러 종류의 작은 천체들이 궤도를 그리며 도는 태양이라는 큰 가스 덩어리로 변하였다. 우주는 대부분 가벼운 분자량의 수소와 헬륨 가스로 구성되어 있으며 이들은 별들의 주된 재료이다. 무거운 원소는 모두 합쳐도 전체의 약 0.1%에 해당하며 행성을 형성한다(표 26.01).

지구가 형성되면서 중력에 의한 붕괴와 초기 먼지 속 원소의 방사능으로 열이 방출되었다. 처음 수억 년 동안 지구는 너무 뜨거워 물은 액화될 수 없었고 H_2O는 단지 수증기로만 존재하였다. 그 후 지구가 냉각되면서 수증기는 응축되어 대양과 호수를 이루었다. 생명 기원의 "고전 이론"

표 26.01 원자 10만 당 원소의 구성

원소	우주	지구	지각	생명체
수소(H)	92,700	120	2,900	60,600
헬륨(He)	7,200	<0.1	<0.1	0
산소(O)	50	48,900	60,400	26,700
네온(Ne)	20	<0.1	<0.1	0
질소(N)	15	0.3	7	2,400
탄소(C)	8	99	55	10,700
실리콘(Si)	2.3	14,000	20,500	<1
마그네슘(Mg)	2.1	12,500	1,800	11
철(Fe)	1.4	18,900	1,900	<1

은 대기 속의 화학반응과 초기 대양 및 호수(수계)에서 계속된 반응으로 생명이 태어났음을 암시한다. 보다 최근의 제안들은 지표 밑 반응들, 특히 유황과 수소를 포함한 반응들을 강조하고 있다. 먼저 "고전 이론"을 논의해 보자.

1.1. 초기 대기

지구의 초기 대기 즉 **일차대기**는 대부분 수소와 헬륨으로 구성되어 있었으나 지구는 이러한 가벼운 가스들을 끌어두기에는 너무 작아 이들 가스는 우주 속으로 날아갔다. 이어 지구는 주로 화산 분출 가스에 의한 **이차대기**를 축적하였다. 화산 활동은 보다 뜨거운 원시 지구에서 더욱 활발하였다. 화산 가스는 주로 수증기(95%)와 다양한 양의 이산화탄소(CO_2), 질소(N_2), 이산화황(SO_2), 황화수소(H_2S), 염산(HCl), 삼산화이붕소(B_2O_3), 황 원소 그리고 적은 양의 수소(H_2), 메탄(CH_4), 삼산화황(SO_3), 암모니아(NH_3) 및 불화수소(HF)로 구성되어 있었으나 산소(O_2)는 없었다. 이들 중에서 이산화탄소의 농도는 두 번째로 많은 양(약 4%)을 차지하고 있었다. 그 외에 수증기는 질화물과 같은 초기 무기물과 반응하여 암모니아, 탄화물과 반응하여 메탄, 그리고 황화물과 반응하여 황화수소를 만들었다. 유리 산소는 없었다.

생명은 유리 산소가 전혀 없는 환원 대기에서 진화하였다.

오늘날의 대기 즉 **삼차대기**는 생물에서 기원하였다. 메탄, 암모니아 및 기타 환원 가스는 소비되고 불활성 성분(질소, 미량의 아르곤, 크세논 등)은 크게 변하지 않은 상태로 존재해 왔다. 광합성에 의하여 상당한 양의 산소가 생성되어 왔다. 산소는 약 25억 년 전 최초의 산소 방출 광합성 생물인 남세균이 진화하면서 생겨났다(표 26.02의 시간 척도 참조). 더욱 많은 광합성 생물이 진화함에 따라 대기의 산소량은 증가하였다. 약 8억 년 전 대기의 산소량은 1%에 달하였고 약 4억 년 전에는 10%에 달하였다. 오늘날은 약 20%에 달한다. 비록 전반적으로는 증가 추세에 있지만 산소의 증가는 순탄하지 않았으며 일시적으로 감소한 적도 있었다.

오늘날 대기 중의 산소는 광합성 산물이다.

대기의 산소 함량이 증가한 증거로는 암석의 산화 정도가 연대별로 다르다는 사실을 들 수 있다. 예를 들어 18억년에서 25억 년 된 암석은 이산화우라늄(UO_2), 황화철(FeS), 황화아연(ZnS), 황화납(PbS) 그리고 산화철(FeO)을 함유하고 있는 데 이들은 모두 소량

일차대기(primary atmosphere) 대부분 수소와 헬륨으로 구성된 지구의 초기 대기
이차대기(secondary atmosphere) 가벼운 가스가 소실된 후 주로 화산 분출 가스로 형성된 지구의 대기로서 환원 가스를 함유하고 있었으나 산소는 없었다.
삼차대기(tertiary atmosphere) 생물학적 활동으로 생긴 지구의 오늘날 대기

표 26.02 대략적인 진화 시간 척도

백만 년 전	주요 사건
20,000	빅뱅
5,000	행성과 태양의 탄생
3,500	생명의 탄생
3,000	태양에너지를 이용한 원시 세균 탄생
2,500	발달된 광합성의 산소 방출
1,500	최초의 진핵세포
1,000	다세포생물
600	최초의 온전한 골격 화석
1.8	최초의 인간 – *Homo erectus*
0.1	인류의 어머니와 현대인류의 탄생
0.01	농작물의 재배와 동물의 가축화
0.002	로마제국
0.0001	다윈의 진화론
0.00006	왓슨과 크릭의 이중나선 발견
0.000010	인간 유전체 서열결정

의 기체 산소(O_2) 존재 하에서도 불안정하다. 그 이후의 암석은 2가철이온(Fe^{2+}) 대신 대부분 3가철이온(Fe^{3+})을 지니며 보다 산화된 우라늄(U), 아연(Zn) 및 납(Pb) 광석을 함유하고 있다.

2. 오파린의 생명의 기원설

번개 방전과 더불어 태양의 자외선 복사로 초기 대기의 가스들이 반응하여 단순한 유기화합물들이 만들어졌다. 이들 화합물은 초기 대양 속에 용해되고 반응은 계속되어 소위 **원시수프**를 형성하였다. 원시수프는 마구잡이로 합성된 분자들 가운데 아미노산, 당 및 핵산염기를 함유하고 있었다(그림 26.01). 계속된 반응으로 중합체가 형성되고 결국 이들이 연합되어 작은 구체를 만들었다. 마침내 이들이 진화하여 원시 세포가 탄생하였다. 이러한 생명의 기원설은 1920년대 러시아 생화학자 알렉산더 오파린에 의하여 주장되었다. 실은 찰스 다윈도 생명은 암모니아와 기타 필요한 화학물질이 마련된 따스한 연못에서 시작되었을지도 모른다고 제의하였다. 그러나 필요한 모든 과정을 설정하고 생명은 공기 중에 산소가 나타나기 전에 진화하였다는 개요를 제시한 사람은 오파린이었다. 산소는 반응력이 매우 높아 대기 중에 형성된 유기물 전구체 분자들과 반응하여 이들을 물과 이산화탄소로 산화시켰을 것이다.

초기 대기 중의 반응은 대양과 호수에 유기물을 축적하여 원시수프를 만들었다.

2.1. 밀러 실험

1950년대 초 생화학자 스탠리 밀러는 초기 대기의 반응을 모방하는 실험을 하였다. 모방대기에는 메탄과 암모니아와 수증기가 들어 있었고 번개를 모방하여 고전압으로 방전하거나 자외선을 조사하였다(그림 26.02). 가스는 기구 내를 순환하고 인공 대기 내에서 만들

원시수프(primitive soup, primordial soup) 초기 지구 용액 속의 아미노산, 당 및 핵산염기를 함유한 마구잡이 분자들의 혼합물

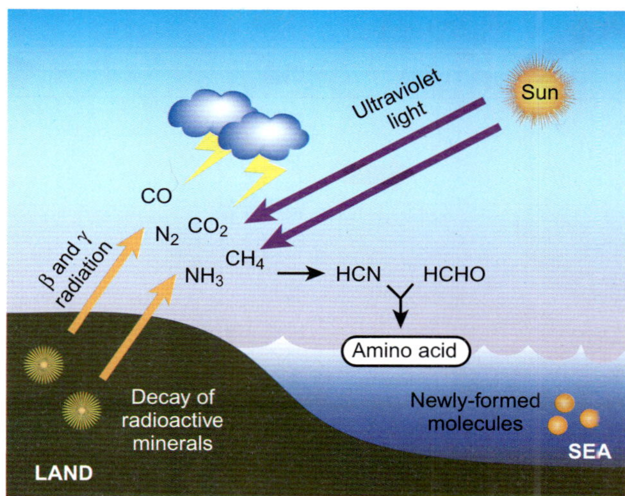

그림 26.01
원시수프의 형성

오파린의 생명의 기원설에 의하면 행성 초기 지구 상의 조건은 생물학적 분자들을 형성하기에 충분하였다. 이 시점의 대기는 일산화탄소, 이산화탄소, 메탄, 질소 그리고 암모니아를 함유하고 있었다. 번개의 전기 방전, 태양의 자외선 복사 및 또는 β선과 γ선 방사에 의하여 에너지가 공급되고 이들로부터 시안화수소 및 포름알데히드와 같은 초기 유기화합물이 형성되었다. 이들 화합물은 증기나 물속에서 결합하여 아미노산을 형성하였다. 물 속 용해는 전구체 분자가 이들을 만든 에너지원에 의하여 다시 분해되는 것을 방지하였다.

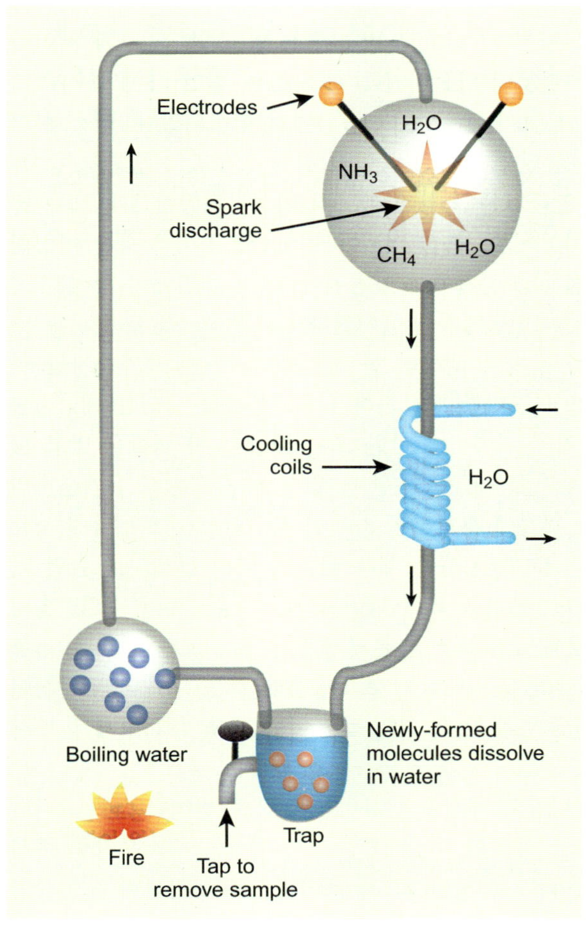

그림 26.02
밀러의 실험

밀러의 실험은 초기 행성 지구의 조건을 모방한 폐쇄 실험계를 사용하였다. 물을 끓여 증기를 만들고(왼편 아래), 증기는 다른 공간의 메탄과 암모니아와 혼합된다. 위편 공간은 지구의 초기 대기를 모방하며 전기로 방전하거나(그림 참조) 자외선을 조사하였다. 만들어진 산물은 냉각수 코일을 지나면서 냉각되고 응축된다. 응축 산물은 초기 대양을 모방하는 물 플라스크에 용해된다. 새로 만들어진 분자는 실험 도중 수시로 분석된다.

표 26.03 밀러 실험의 전형적인 산물

분자	이름	상대수율
H–COOH	포름산	1000
$H_2N–CH_2–COOH$	글리신	275
$HO–CH_2–COOH$	글리콜산	240
$H_2N–CH(CH_3)–COOH$	알라닌	150
$HO–CH(CH_3)–COOH$	젖산	135
$H_2N–CH_2CH_2–COOH$	베타–알라닌	65
$CH_3–COOH$	초산	65
$CH_3–CH_2–COOH$	프로피온산	55
$CH_3–NH–CH_2–COOH$	사르코신	20
$HOOC–CH_2CH_2–COOH$	숙신산	17
$H_2N–CO–NH_2$	요소	9
$HOOC–CH_2CH_2CH(NH_2)–COOH$	글루탐산	2.5
$HOOC–CH_2CH(NH_2)–COOH$	아스파르트산	1.7

초기 대기의 반응을 모방한 실험은 현대 생물 세포에서 발견되는 많은 대사산물과 단위체들을 생산해냈다.

어진 유기화합물은 곧 초기 대양으로 가정한 물 플라스크 내에 녹아내리도록 하였다. 이들 화합물은 물 속에서 계속하여 상호반응하였다.

이 실험을 본 딴(다른 가스 혼합물, 다른 에너지 종류 등) 변형 실험들이 많이 있다. 산소가 제외되는 한 결과는 유사하다. 가스 혼합물의 약 10에서 20%가 수용성 유기분자로 전환되었고 적지 않은 양이 분석 불가능한 유기 타르로 변하였다. 먼저 알데히드와 시안화물이 형성되고 기타 매우 다양한 유기화합물이 만들어진다(표 26.03). 천연 아미노산, 히드록시산, 푸린, 피리미딘 그리고 당의 대부분이 변형 밀러 실험에서 생성되었다. 이들 실험은 다수의 다양한 이성질체의 화합물들을 만들지만 그 중에서 단지 일부만이 생물학적으로 중요하다. 예를 들어 사르코신과 베타-알라닌은 모두 알라닌의 이성질체이며 3개 모두 밀러 실험에서 만들어진다. 많은 유기분자들 중에 특히 당과 아미노산은 2개의 광학 이성질체로 존재하지만 둘 중의 하나만이 생물의 고분자에서 발견된다. 밀러 실험에서 형성된 산물들의 경우 같은 양의 D-이성질체와 L-이성질체가 만들어진다.

많은 화학반응이 가역적이므로 유기분자를 생성한 동일한 에너지원이 유기분자를 파괴하는 데도 매우 효과적이다. 유기분자가 장기간 형성되려면 유기분자를 생성한 에너지원으로부터 보호를 받을 필요가 있다. 밀러 실험에서 모방한 초기 대양이 이 역할을 맡고 있다. 물은 자외선 복사와 전기 방전으로부터 분자를 보호한다. 원시 지구 상에서 유기분자의 생존 여부는 바다나 호수에 용해되거나 광물에 부착하여 자외선 복사와 번개로부터 피하는 데 달려있었다. 공중에서 합성된 대부분 유기분자들은 매우 빠르게 다시 분해되는 반면 바다에 도착하여 용해된 분자는 살아남았다. 유기산 특히 아미노산은 수용성이며 비휘발성임을 주목하라. 일단 물 속에 안전하게 용해되면 그러한 분자가 다시 대기로 돌아가는 경향은 거의 없다. 전구체인 알데히드와 시안화물은 매우 반응력이 높을 뿐만 아니라 휘발성이다. 따라서 이들 분자는 오랫동안 살아남지 못한다. 그러므로 이러한 초기 지구에도 분자 간에는 자연선택 현상이 있었다.

물은 자외선 복사나 번개에 의하여 유기분자가 파괴되는 것을 방지한다.

원래 원시 이차대기는 대부분 암모니아와 메탄을 함유하는 것으로 믿어왔었다. 그러나 대부분의 대기 탄소는 일부 일산화탄소를 포함한 이산화탄소이며 질소는 질소분자로 존재한 것으로 보인다. 이에 대한 두 가지 이유는 화산 가스가 메탄과 암모니아보다는 이산화

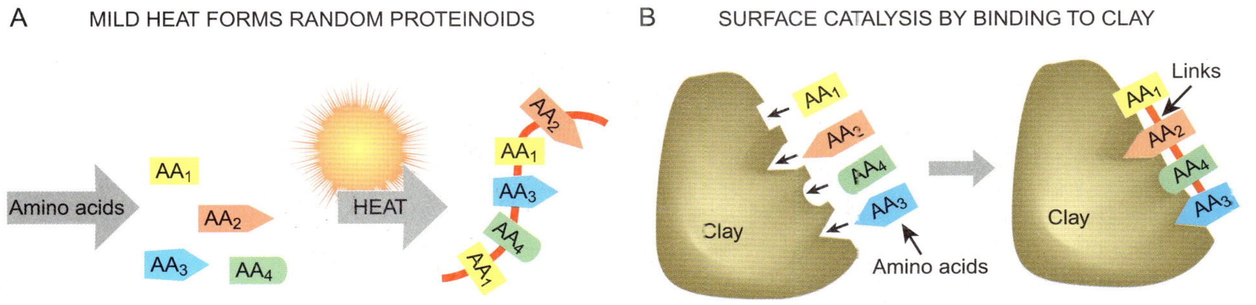
A MILD HEAT FORMS RANDOM PROTEINOIDS
Amino acids
AA1
AA2
AA3
AA4
HEAT
B SURFACE CATALYSIS BY BINDING TO CLAY
Clay
Amino acids
Links

그림 26.03
가열이나 점토 촉매에 의한 프로테이노이드 형성

A) 아미노산의 혼합물은 물이 없는 상태에서 수 시간 동안 가열하면 인공 폴리펩티드 사슬 또는 "프로테이노이드"를 형성한다. B) 아미노산은 특정 점토 표면에 결합하면 연결된다. 점토는 서로 근접해 있는 아미노산의 결합부위를 연결해 주며 아미노산은 프로테이노이드로 응축된다.

탄소, 일산화탄소 및 질소를 더 많이 가지고 있고, 또한 자외선 복사가 암모니아와 메탄을 파괴하므로 이들 분자는 단명했기 때문이다. 자외선의 메탄 파괴는 두 단계로 일어난다. 먼저 자외선이 물을 H•기와 •OH기로 광분해한다. 이들 기가 메탄을 공격하여 결국은 이산화탄소와 수소를 만들고 이들은 대기 밖으로 사라진다. 밀러의 실험에서 일산화탄소, 이산화탄소, 질소 등을 사용한 가스 혼합물도 산소가 없는 한 메탄과 암모니아를 함유한 혼합물과 거의 같은 생성물을 만든다. 일산화탄소, 이산화탄소 및 질소는 수소 원자를 공급하지 않으며, 수소 원자는 주로 수증기의 광분해로 만들어진다. 실제로 원시 지구 조건에서 방향족 아미노산을 만들려면 수소가 풍부한 가스 혼합물의 사용을 줄여야 한다. 천연 아미노산, 히드록시산, 푸린, 피리미딘 그리고 당의 대부분이 변형 밀러 실험에서 만들어졌다.

2.2 단위체의 중합과 고분자 형성

단위체가 중합하여 생물 고분자를 만드는 일은 대개 탈수 과정을 필요로 한다. 분명히 물은 대양에 넘쳐났고 용해된 분자에서의 탈수 과정은 쉬운 일이 아니다. 따라서 단백질이나 핵산과 같은 고분자의 형성은 결합 구조를 만들고 또는 물을 제거하는 데 에너지가 필요하다. 현대 세포에서 사용되는 고에너지 인산이 생기기 전에는 다른 형태의 에너지가 필요하였다.

생물 중합체의 형성은 탈수 과정을 필요로 한다.

아미노산이 마구잡이로 연결된 유사 단백질 고분자를 **프로테이노이드**라고 한다. 프로테이노이드는 건조한 아미노산 혼합물을 약 150℃에서 수 시간 동안 가열하면 만들어진다(그림 26.03A). 생물 단백질은 아미노산의 α-아미노기와 α-카르복실기만을 이용하여 결합되는 반면, 이들 "초기 폴리펩티드"는 측쇄 잔기를 포함한 상당수의 결합 구조를 가지고 있다. 프로테이노이드는 최고 250개의 아미노산을 함유하고 있으며 간혹 원시 효소의 활성을 지닌다. 반응에 필요한 건성 온도는 화산 주변 또는 증발 후에 남은 해안선의 연못 주변에 형성된다. 프로테이노이드에 대한 초기 연구의 많은 부분은 프로테이노이드의 고온 기원을 제의한 시드니 폭스에 의하여 이루어졌다. 그러나 아미노산을 마구잡이로 결합하여 중합하는 일은 특수 결합 성질을 지닌 점토광물로 할 수도 있다(그림 26.03B). 촉매성 광물 표면에 작은 분자들이 결합하면 많은 반응을 촉진할 수 있다. 예를 들어 몬모릴로나이트와 같은 진흙은 아미노산을 응축하여 최고 200개의 잔기가 결합된 폴리펩티드를 만들 수 있다.

물은 적당한 가열에 의하여 또는 점토광물이나 화학 응축제를 사용하여 제거될 수 있다.

프로테이노이드(proteinoid) 아미노산이 마구잡이로 연결된 인공적으로 합성된 폴리펩티드

그림 26.04

아실인산과 포스포라미드산의 형성

단일 종류의 아미노산들이 폴리펩티드 사슬로 응축되는 일은 응축제가 있는 한 용액 내에서도 일어난다. 유력한 응축제 중의 하나는 각 아미노산의 아미노기 및 카르복실기와 반응하는 폴리인산이다. 두 가지의 가능한 생성물인 포스포라미드산과 아실인산이 용액 속에서 가열되면 폴리펩티드 사슬이 만들어진다.

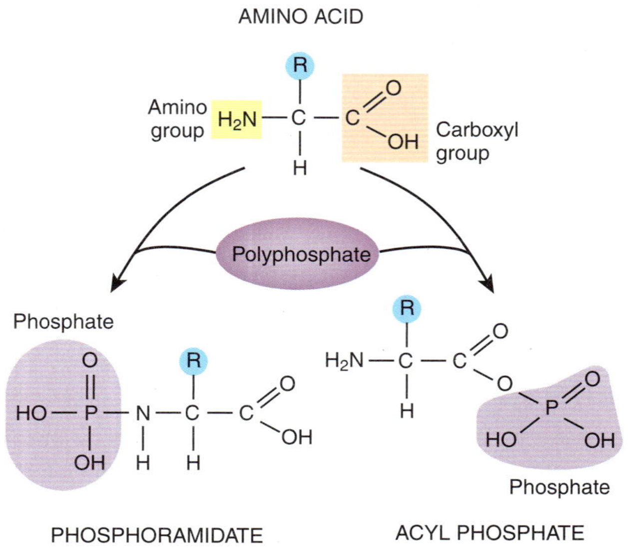

아미노산의 중합은 용액에서도 일어날 수 있으며 또 다른 요소인 응축제가 물을 제거하는데 필요하다. 반응성 시안화물 유도체와 생물 관련 **폴리인산**을 포함하여 몇 가지 유력한 초기 응축제가 제시되었다. 무기 폴리인산은 지구 초기에 예를 들어 화산 열에 의하여 인산에서 형성되었다. 폴리인산은 많은 유기분자와 반응하여 유기 인산을 만든다. 아미노산은 두 가지의 가능한 생성물을 만든다(그림 26.04). **아실인산**은 아미노산의 카르복실기에 결합된 인산기를 가지고($NH_2CHRCO\text{-}OPO_3H_2$) 있고 **포스포라미드산**은 아미노산의 아미노기에 결합된 인산을 가지고($H_2O_3P\text{-}NH\text{-}CHR\text{-}COOH$) 있다. 이러한 유도체들은 따뜻하게 가열하거나 조사하면 폴리펩티드를 형성한다. 화학적 관점에서 보면 어느 유도체도 가능하겠지만 현대 생명은 단백질합성 과정에서 아실인산 유도체를 이용한다. 실제로 DNA의 실험실 합성에서는 포스포라미드산을 이용한다. 유사 반응을 이용하여 아데닌 및 폴리인산으로부터 AMP를 만들고 이어 중합 과정을 거쳐 폴리뉴클레오티드를 만들어 낼 수 있다(아래 참조).

2.3 마구잡이 프로테이노이드의 효소 활성

인공 마구잡이 프로테이노이드는 비효율적이지만 측정 가능한 효소 활성을 나타낸다.

흥미롭게도 초기 지구 모방 조건의 오늘날 실험실에서 연구된 마구잡이 프로테이노이드는 몇몇 간단한 효소 반응을 일으킬 수 있다(표 26.04). 프로테이노이드는 진짜 세포가 만든 효소보다는 느리고 덜 정확하지만 인식 가능한 효소 반응을 수행할 수 있다. 예를 들어 마구잡이 프로테이노이드는 피루브산이나 옥살로아세트산과 같은 분자로부터 이산화탄소를 제거하며 유기 에스테르를 만들 수 있다. 오늘날 효소의 약 50%가 보조인자로서 금속이온을 가지고 있으며 금속이온의 첨가는 마구잡이 프로테이노이드의 효소 활성을 크게 증가시킨다. 극미량의 구리가 존재하면 아미노기 관련 반응을 촉진하며 철은 산화-환원 반응을 매개한다. 아연이 있을 경우 오늘날 세포가 이용하는 ATP는 핵산의 전구체 및 에너지 운반체로 분해된다. 핵산을 처리하는 대부분의 현대 효소들은 보조인자로서 아연을 가지고 있다.

폴리인산(polyphosphate) 고에너지 인산 결합으로 연결된 다중 인산기로 구성된 화합물
아실인산(acyl phosphate) 인산이 카르복실기에 부착된 인산 유도체
포스포라미드산(phosphoramidate) 인산기가 아미노기에 부착된 인산 유도체

표 26.04 마구잡이 프로테이노이드의 효소 활성

반응	첨가물	기질
에스테르가수분해효소	히스티딘	p-니트로페닐 인산
ATP가수분해효소	Zn^{2+}	ATP
아미노화와 탈아미노화	Cu^{2+}	α-케토글루타르산 ↔ 글루탐산
과산화효소와 카탈라아제	헴, 염기성 프로테이노이드	과산화수소와 수소공여체 예: 수소화퀴논, NADH
탈카르복실화	염기성 또는 산성 프로테이노이드	옥살로아세트산, 피루브산

3. 정보성 고분자의 기원

생물정보는 뉴클레오티드의 주형-특이 중합을 거쳐 전달된다. 폴리인산, 푸린 및 피리미딘의 혼합물은 리보오스나 디옥시리보오스가 첨가되면 마구잡이 핵산 사슬을 만든다. 아직도 풀리지 않는 문제로서 생명체는 3′–5′ 연결 핵산을 이용하는 반면 초기 합성은 결합 구조가 혼합된 2′–5′ 연결 RNA를 주로 만든다. 하지만 디옥시리보오스는 2′-OH기가 없으므로 2′–5′ 연결을 할 수 없다. 그러나 일반적으로는 RNA가 첫 정보성 분자로 등장하고 DNA는 보다 안전하고 정확한 형태로 정보를 저장하기 위하여 나중에 만들어진 것으로 보고 있다..

단백질이나 핵산의 초기 합성은 정상 및 비정상 결합 구조의 혼합물 중합체를 만들었다.

RNA 주형을 뉴클레오티드 혼합물 및 초기 응축제와 함께 배양하면 RNA의 상보적 조각이 생성된다. 이러한 비효소적 반응은 납이온에 의하여 염기 10개당 하나 정도의 오차율로 촉매 된다. 아연이온은 이 반응을 크게 개선하여 약 1/200 정도의 오차율로 최고 40개 염기의 길이를 만든다. 오늘날의 모든 RNA 중합효소와 DNA 중합효소는 아연을 가지고 있다. 3′–5′ 연결 RNA 주형이 사용되면 새로 만들어진 RNA의 약 75%가 3′–5′ 연결이다. 그러나 이 사실은 초기의 마구잡이 RNA 중합체 형성이 비생물적 2′–5′ 연결을 매우 선호했으리라는 의문을 풀어주지는 못한다.

아연이나 납 이온은 RNA의 비효소적 합성을 촉매한다.

초기 조건에서 아연을 촉매로 뉴클레오시드3인산(또는 뉴클레오티드 및 폴리인산) 혼합물을 배양하면 마구잡이 서열로 된 외가닥 RNA 분자가 만들어진다. 이러한 초기 중합 과정은 매우 서서히 일어난다. 그러나 한번 RNA 중합체가 만들어지면 상보성 가닥을 합성하는 데 주형으로 이용된다. 주형-유도 합성은 아무런 효소가 없는 상태에서도 훨씬 빨리 진행된다. 상보성 가닥은 다시금 더욱 많은 RNA 분자를 만들기 위한 주형으로 작용한다. 그 결과 첫 마구잡이 서열이 출현한 후 그 수는 급속도로 증가하여 배양 혼합물을 차지하고 만다(그림 26.05). 결과적으로 오류는 많지만 분명히 유연성이 있는 서열들의 세트인 분자 **유사종**이 만들어진다. 일련의 유사한 배양 실험을 수행하면 각각의 시료는 유연성 서열로 구성된 유사종을 만들어낸다. 그러나 각 배양 혼합물에 따라 만들어지는 서열은 다르다.

RNA의 첫 가닥은 나중 분자의 합성을 위한 주형으로 작용한다.

3.1 RNA 효소와 RNA 세계

닭이 먼저인가? 달걀이 먼저인가?—단백질이 먼저인가? 핵산이 먼저인가? 초기 조건에서 마구잡이 RNA 분자가 합성되고 스스로 복제될 수 있으므로 일반적으로 핵산이 먼저 출현했으리라고 생각된다. 게다가 오늘날 효소는 사실상 단백질이지만 효소로 작용하는 RNA들이 있는데, **RNA 효소**(즉, 효소로 작용하는 RNA)가 그 예다. 이러한 사실은 원시 핵산이 스스로 복제하였고 단백질은 나중에 출현하였음을 의미한다.

RNA가 효소로 작용하며 유전정보를 암호화할 수 있는 능력은 RNA가 먼저 출현하였음을 의미한다.

RNA 효소(ribozyme) 효소적으로 활성이 있는 RNA 분자
유사종(quasi-species) 빈번한 오류나 돌연변이로 개별적인 차이는 있지만 유연성이 높은 서열들의 세트

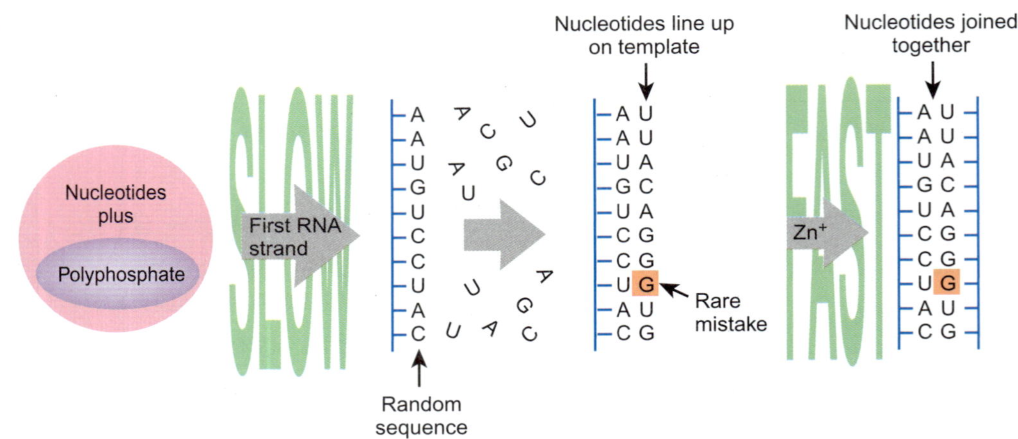

그림 26.05
마구잡이 RNA의 조립과 복제

뉴클레오시드와 폴리인산의 혼합물은 아연이온의 존재 하에 마구잡이 RNA 가닥을 형성할 수 있다. 그러나 일단 첫 가닥이 조립되면 이 가닥은 상보성 RNA 가닥을 조립하는 데 주형으로 사용된다. 그러한 뉴클레오티드의 주형-유도 조립은 초기의 마구잡이 RNA 가닥을 만드는 경우보다 훨씬 빨리 일어난다. 그러나 RNA의 비효소적 합성에서는 엉뚱하게 짝지어진 염기들이 다수 섞이기도 한다.

효소 활성을 지닌 RNA 분자에는 리보솜 RNA, 리보핵산가수분해효소P, 자가이어맞춤 인트론, 그리고 바이로이드가 있다.

새로 만들어진 핵산 분자는 RNA의 신장으로 시작한다.

다소 극단적인 생각으로서 초기의 생물들이 RNA로 구성된 유전자와 효소를 가지고 소위 **RNA 세계**를 이루었다는 견해도 있다. 이 견해는 1986년 월터 길버트에 의하여 제의되었으며 핵산이 단백질을 암호화하는 데 필요하지만 단백질로 구성된 효소가 핵산을 복제하는데 필요하다는 모순된 문제를 피하기 위하여 착안된 것이다. RNA 세계 단계에는 RNA가 아마도 두 가지의 기능을 모두 수행하였다. 나중에 단백질이 침투하여 효소의 기능을 차지했으며 DNA가 출현하여 RNA를 단순히 유전자와 효소 사이의 중간체로 남겨둔 채 유전정보를 저장한 것으로 보인다.

몇 가지 예들은 RNA가 효소작용을 수행하며 유전정보를 암호화할 수 있음을 보여준다. 다음의 예들은 RNA의 우월한 지위를 뒷받침한다.

1. RNA 효소는 효소적으로 활성이 있는 RNA 분자이다. RNA 효소로 알려지거나 예상되는 분자의 목록이 점점 늘어나고 있다. 가장 중요한 분자는 단백질 합성 반응에 직접 관여하는 대형 소단위의 리보솜 RNA이다(13장 참조). 가장 잘 알려진 RNA 효소 중의 하나가 **리보핵산가수분해효소P**이다. 이 효소는 RNA와 단백질 성분을 모두 가지고 있으며 특정 운반 RNA를 처리한다. 이 반응을 수행하는 곳은 리보핵산가수분해효소P의 RNA 부분이다. 단백질 부분은 반응 중인 RNA 효소와 운반 RNA를 함께 붙들어줄 뿐이다. 농축된 용액에서는 단백질 부분도 필요없고 RNA 부분이 단독으로 작용한다.
2. 자가이어맞춤 인트론은 촉매 RNA의 한 예이다. 진핵생물 세포의 유전자는 비번역영역(인트론)에 의하여 간혹 단절되어 있는데 이 부분은 단백질로 번역되기 전에 전령 RNA로부터 제거되어야 한다. 이 일은 통상 몇 개의 단백질과 소형 RNA 분자로 구성된 이어맞추기복합체에 의하여 수행된다. 간혹 인트론 RNA가 단백질의 도움도 없이 자가이어맞추기를 한다. 이러한 자가이어맞춤은 일부 원생생물의 몇몇 핵 유전자, 균류세포의 미토콘드리아, 그리고 식물세포의 엽록체에서 발견된다(자세한 내용은 12장 참조). 순수한 효소는 많은 수의 다른 분자들을 처리하며 반응 도중 특성이 바뀌지 않는다. 그러나 자가이어맞춤RNA는 한 번만 작용하므로 진정한 효소는 아니다.
3. 바이로이드는 식물을 침입하는 감염성 RNA 분자이다. 21장에서 언급한 바와 같이 바이로이드 RNA는 복제 도중 자가분리 반응을 일으키며 RNA 효소로 작용

리보핵산가수분해효소P(ribonuclease P) 다수의 세균에서 발견되는 특정 운반 RNA 분자를 처리하는 RNA 효소
RNA 세계(RNA world) RNA가 유전정보를 암호화하고 DNA나 단백질의 도움 없이 효소 반응을 수행하는 초기 생명체 형성의 가설적인 단계

한다.

4. DNA 중합효소는 새로운 가닥을 시작할 수 없으며 단지 기존의 가닥을 신장시킬 뿐이다(10장 참조). DNA의 새 가닥이 시작할 때마다 RNA로 구성된 프라이머를 사용해야만 한다. RNA 중합효소는 개시와 신장을 모두 할 수 있다. 이 사실은 RNA 중합효소와 RNA가 DNA 중합효소와 DNA보다 먼저 진화했음을 의미한다.
5. 디옥시리보오스를 내포한 디옥시리보뉴클레오티드는 DNA의 전구체로써, 독자적인 구성 성분들로 조립된 것이 아니다. 대신 리보뉴클레오티드가 리보뉴클레오티드 환원효소에 의하여 환원되어 만들어진다. 그러므로 디옥시리보오스는 리보오스와는 달리 독자적인 분자로 만들어지지 않는다. 마찬가지로 DNA에만 있는 티민은 RNA에 있는 우라실의 메틸화에 의하여 만들어진다.
6. 뉴클레오티드의 리보오스들은 변형 단백질(AMP군, ADP-리보오스)에서 에너지 화폐(ATP, GTP)로 사용되며 많은 보조인자들(NAD, FAD, 조효소 A 등)의 주요 부분들로 사용된다.
7. 소형 안내 RNA 분자는 다양한 과정에 관여한다. 여기에는 인트론 제거, 전령 RNA의 변형과 편집(자세한 내용은 12장 참조), 말단소체복원효소에 의한 진핵생물 염색체 말단의 신장과 같은 과정들이 있다.
8. 리보오스 위치는 전령 RNA의 결합 구조로서 작은 분자와 직접 결합하여 입체 구조를 바꾼다. 그 결과 조절단백질이 없는 상태에서 유전자 발현을 조절한다(자세한 내용은 18장 참조).

생각 나름이겠지만 중요한 질문은 DNA가 관여하지 않거나 단백질 효소의 도움도 없이 RNA가 스스로 복제할 수 있느냐이다. RNA 효소인 RNA 중합효소가 존재하지는 않지만, 인공적으로 이를 만들 수 있음이 증명되었다. 특성이 바뀐 RNA 분자는 다윈 진화의 방법으로 분자 수준에서 선택될 수 있다. 기존의 RNA 효소가 개시 물질로 사용될 수 있다. 일부 연구자들은 다른 방법을 이용하여 인공적으로 만든 RNA 서열들의 마구잡이 풀을 사용하였다. 한 실험에서는 원시 RNA 연결효소 활성을 띤 RNA 분자가 마구잡이 RNA 서열의 풀에서 선택되었다. 이러한 인공 RNA 효소는 오늘날 세포의 단백질 효소처럼 전형적인 연결효소 반응으로 2개의 RNA 사슬을 연결할 수 있었다. 이어 이들 인공 RNA 효소 중에서 가장 좋은 것을 골라 연속적으로 돌연변이와 선택 과정을 거치게 하였다. 그 결과 약 96-99%의 정확도로 상보성 가닥을 합성하는 RNA 주형을 사용한 189개 염기의 RNA 효소가 만들어졌다. 이 RNA 효소는 뉴클레오시드3인산을 기질로 이용하여 한 번에 하나씩 단일 뉴클레오티드를 RNA 프라이머에 첨가하였다(그림 26.06). 그러나 이 과정은 매우 느리고 "비전진적"이어서 약 14개의 뉴클레오티드를 연결한 사슬을 만들 뿐이었다. 다시 말해서 진정한 중합효소는 부착 상태로 남아 주형을 따라가며 계속 뉴클레오티드를 첨가하는 반면 RNA 효소는 매번 뉴클레오티드를 첨가한 후에는 주형으로부터 분리된다.

특정 효소 반응을 지닌 마구잡이 RNA 서열의 풀을 선별하여 인공 RNA 효소를 분리할 수 있다.

"RNA 세계" 개념의 다른 문제점은 RNA가 DNA보다 더욱 반응적이라는 점이다. 비록 초기 조건에서는 RNA가 DNA보다 손쉽게 형성되지만 덜 안정적이다. 따라서 처음에는 느리게 형성되었지만 나중에는 DNA가 초기 조건에서 축적되었을 것이다. 더구나 원시수프는 두 종류의 핵산 성분과 함께 단백질, 지질 및 탄수화물의 혼합물이었다. 그러므로 초기에는 RNA와 DNA 성분을 함께 갖춘 혼성 핵산 분자와 같은 불분명한 혼합물이 먼저 출현했을 가능성이 높다.

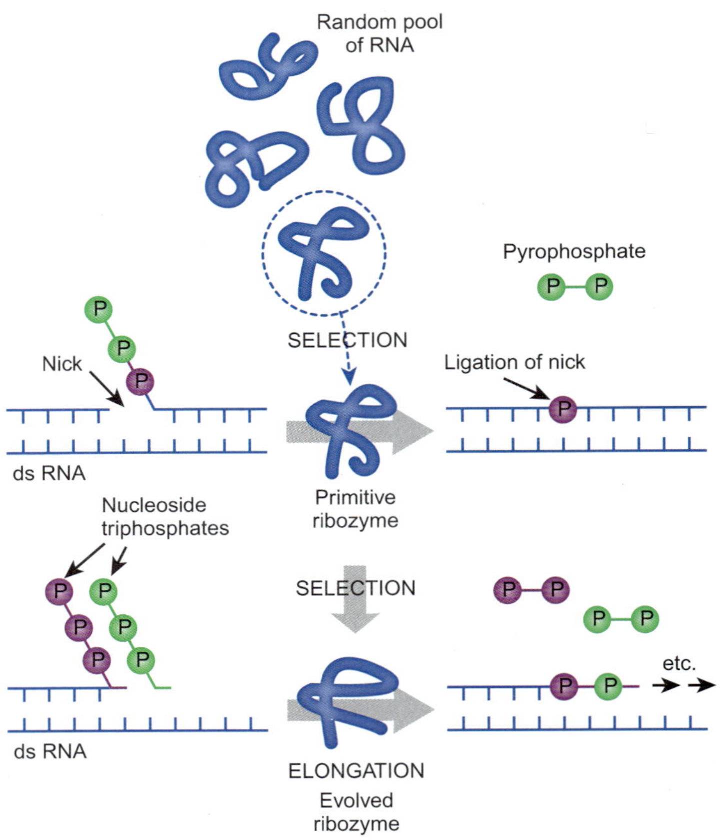

그림 26.06

RNA 효소 RNA 중합효소의 인공 진화

RNA의 마구잡이 풀을 만들고 이중가닥 RNA 절편의 외가닥 틈새를 봉합하는 능력을 선별하였다. 이러한 효소 활성을 가진 RNA의 특정 마구잡이 분자가 발견되고 분리되었다. 이 원시적인 RNA 효소는 연속적인 돌연변이와 선택 과정을 거쳐 실제로 외가닥 주형과 프라이머를 이용한 RNA의 신장을 촉매할 정도로 특성이 바뀌었다. 진정한 단백질 RNA 중합효소와는 달리 RNA 효소 RNA 중합효소는 한 번에 뉴클레오티드 하나만을 첨가한 후 매번 분리되었다.

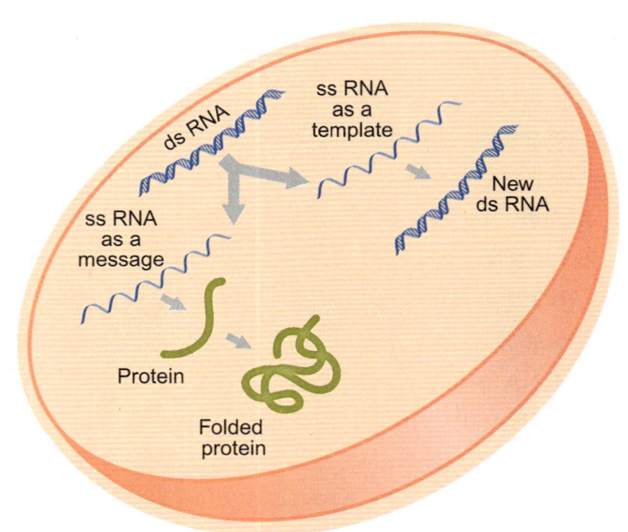

그림 26.07

원시 세포의 출현

초기 원시 세포는 정보 암호화 물질로서 RNA 분자를 가지고 있었다. RNA 분자는 RNA 유전물질을 복제하기 위하여 RNA 효소로 작용하였다. 시간이 경과하면서 RNA는 대부분의 효소 역할을 수행할 단백질의 합성 능력을 진화시켰다.

3.2 최초의 세포

원시 지구에서 생물 관련 분자의 형성은 최초의 원시 세포 형성 과정의 첫 단계였다. 아마도 마구잡이 단백질과 기름 지질 분자가 초기 RNA(또는 DNA) 주변에 모여 현미경적 막-포장 유기물 소구체를 형성하였다. 결국 이 원시 세포는 RNA를 이용하여 단백질 서열을 암호화하는 방법을 습득하였다. 지질은 여러 성분을 함께 보호하기 위하여 바깥 주변에 막을 형성하였다. 일찍부터 단백질과 RNA는 효소 기능을 공유하였다. 나중에는 보다 기능이 많은 단백질이 대부분의 효소 기능을 맡고 RNA는 이들 기능의 대부분을 상실하였다(그림 26.07). 일반적으로 RNA가 최초의 정보저장 분자이고 DNA는 나중에 고안된 것

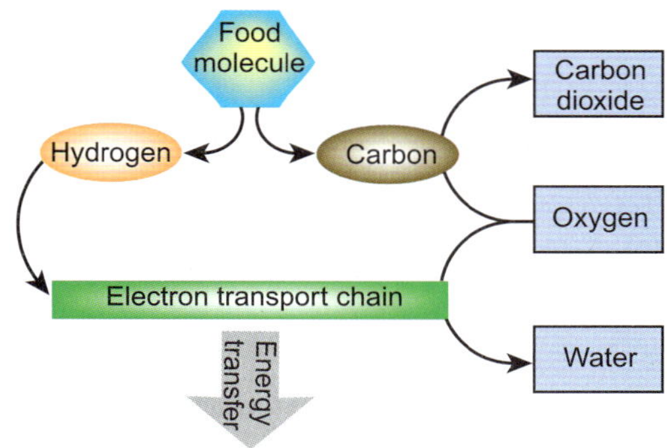

그림 26.08

광합성의 발달과 호흡 시대의 시작

A) 초기 원시 세포는 기존의 에너지 공급원인 유기분자가 고갈되자 태양 에너지를 사용하기 시작하였다. 광에너지는 물을 이용하여 환원력을 공급하며 산소 분자를 대기로 방출하는 반응중심에 의하여 수확되었다. 햇빛 에너지를 운반하는 전자는 전자전달연쇄를 통과한다. 이 과정을 거쳐 에너지는 서포가 이용하는 형태로 전환된다. B) 대기 중의 산소 축적은 일부 원시 세포의 생화학을 바꾸어 놓았다. 물과 햇빛을 이용하는 대신 이들 세포는 산소를 유기물 산화에 이용하기 시작하였다. 이 기작은 세포에게 에너지를 공급하였고 이산화탄소와 물을 주변 환경에 방출하였다.

으로 생각하고 있다. DNA는 RNA보다 안정적이므로 보다 적은 오차로 정보를 저장하고 전달할 수 있다.

최초의 세포는 아마 RNA를 다중 기능으로 사용하였으며 일부 기능은 나중에 단백질이나 DNA가 맡았다.

이러한 원시 세포는 막연히 원시 세균을 닮았고 원시수프에서 유기화합물을 먹고 살았다. 드디어 기존 유기분자의 공급은 모두 고갈되었다. 원시 세포는 새로운 에너지원을 찾아서 마침내 태양을 이용하게 되었다(그림 26.08A). 광합성의 초기 형태는 아마도 태양에너지로 황화합물을 이용하며 환원력을 공급하였다. 나중에 보다 발달된 광합성은 황화합물 대신에 물을 이용하였다. 물이 분해되면서 산소가 대기 중에 방출되었다.

이전에는 대기 중에 산소가 없었다. 산소의 출현은 원시 지구를 완전히 바꾸어 놓았다. 산소가 이용되면서 호흡 과정이 발달하였다. 세포는 광합성 기구에서 발생한 산소를 재활용하여 양분을 산화시키며 에너지를 방출하였다(그림 26.08B). 광합성은 산소를 방출하고 이산화탄소를 소비하는 반면 호흡은 그 반대이다. 그 결과 식물과 동물이 생화학적으로 서로 보완하는 생태계를 이루어냈다.

원시 광합성은 아마도 전자 공급원으로 황화합물을 사용하였으며 광합성이 점차 발달하면서 물에서 산소를 방출하게 되었다.

4. 물질대사 기원의 독립영양설

생명의 화학적 기원에 대한 또 다른 설이 있다. 이 견해에 의하면 최초의 원시 세포는 유기분자를 먹는 종속영양생물 청소부가 아니라 독립영양생물로서 이산화탄소를 고정하여 스스로 유기물을 만든다. 독립영양생물은 기존의 유기물을 이용하는 종속영양생물의 반대어로서 탄소 무기물을 이용하여 자신의 유기물을 만드는 생물을 의미한다. 가장 낯익은 독립영양생물은 식물로서 햇빛 에너지를 이용하여 이산화탄소를 당 유도체로 전환한다. 그러나 빛 없이도 이산화탄소를 고정하는 다양한 세균들이 있으며 이들은 다른 에너지원을 이용한다. 더구나 이산화탄소 고정 경로는 다양하다. 특히 일부 독립영양세균은 식물처럼 당 또 다른 설은 철과 황화합물의 반응에 의하며 얻은 에너지가 초기 생명체에 동력을 주었음을 시사한다.

유도체를 만드는 대신 이산화탄소를 고정하여 카르복실산을 만든다.

생명 기원의 독립영양설은 초기 에너지원으로서 즉석에서 이용 가능한 철 화합물의 화학적 산화를 가정하고 있다. 특히 황화철(FeS)이 황화수소(H_2S)에 의하여 이황화철(FeS_2)로 전환되면서 에너지를 방출하고 이산화탄소를 유기물로 환원하는 수소원자를 공급한다. (혐기성세균은 오늘날에도 2가철이온(Fe^{2+}) 화합물을 3가철이온(Fe^{3+})으로 산화하면서 에너지를 생산하며, 또한 다른 세균은 황화합물을 산화하여 에너지를 생산하다. 따라서 철과 황에 기초한 초기 물질대사는 설득력이 있다.)

금속 촉매를 이용하면 간단한 가스 분자들로부터 유기물이 생성될 수 있다.

최초의 이산화탄소 고정 반응에 대한 몇 가지 가능한 가설들이 제시되었다. 한 가설은 오늘날도 물질대사 중간산물(예: 초산, 피루브산, 숙신산 등)로 발견되는 카르복실산의 황유도체에 철의 촉매로 이산화탄소가 삽입되는 과정을 가정한다. 이러한 초기 반응은 원시수프에서 보다 지하에 파묻힌 황철광 표면에서 일어났을 것이다. 이 가정은 그러한 유기산이 처음부터 있었는지에 대한 의문의 여지를 남긴다. 하나의 가능성은 이들 유기산이 위에 설명한 밀러식 합성에서 생겨났으리라는 것이다.

보다 근본적인 제의는 최초의 유기분자가 일산화탄소와 황화수소에서 직접 만들어졌다는 것이다. 황화철/황화니켈 혼합 촉매는 일산화탄소와 메탄티올을 황화에스테르로 만들고 황화에스테르는 초산으로 가수분해 된다는 사실이 증명되었다. 셀렌 촉매를 적당량 넣어주면 일산화탄소와 황화수소만으로 메탄티올(이어 황화에스테르와 초산으로 진행됨)이 만들어진다. 최근 동일한 황화철/황화니켈 혼합 촉매로 활성화된 일산화탄소가 뜨거운 용액 상태에서 알파-아미노산간의 펩티드결합을 만드는 사실이 밝혀졌다. 당연하지만 이 반응체계는 폴리펩티드를 가수분해하기도 한다.

그러한 전이금속 촉매의 이용은 효소 활성 기원의 '닭이 먼저냐 달걀이 먼저냐'식의 역설을 피할 수 있는 방법을 제공한다 — 아미노산이나 뉴클레오티드와 같은 단위체들은 단백질이나 RNA 효소와 같은 효소들이 그들의 합성을 촉매하기 전에는 어떻게 이용 가능하였을까? 다양한 전이금속 원소들(예: 구리, 철, 니켈, 몰리브덴)과 복합체를 형성하는 소형 유기분자들이 지표 밑, 특히 대양의 열수구 등에 존재했을 것이다.

5. DNA, RNA 및 단백질 서열의 진화

고대 조상 생물의 유전자를 생각해 보자. 수백만 년 동안 유전자의 DNA 서열에 서서히 그러나 안정된 속도로 돌연변이가 일어났다(23장 참조). 대부분 돌연변이는 유해하므로 도태되지만 일부는 생존한다. 유전자에서 영구적으로 일어난 대부분의 돌연변이는 생물에게 해로운 효과나 이로운 효과도 없는 중성돌연변이이다. 간혹 비교적 드문 일이기는 하지만 유전자와 또는 번역된 단백질의 기능을 개선하는 돌연변이가 일어날 수도 있다. 때로는 원래 해로웠던 돌연변이가 새로운 환경 조건에서 이롭게 변하는 경우도 있다.

돌연변이에 의하여 DNA와 번역 단백질의 서열은 오랜 기간을 두고 점차 변한다.

단백질의 실제 기능에서는 유전자의 정확한 서열보다는 대부분의 서열이 중요하다. 단백질이 정상적으로 작용하기만 하면 유전자 내의 돌연변이는 문제되지 않는다. 단백질 사슬을 이루는 많은 아미노산은 단백질의 기능에 큰 지장을 주지 않는 적당한 범위 내에서 변화할 수 있다. 한 아미노산을 유사한 아미노산으로 교체하였을 때(예: 보존적 치환 — 23장 참조) 단백질의 기능이 없어지는 경우는 드물다. 여러 현대 생물에서 채취한 같은 단백질의 서열들을 비교하여 이들을 정렬하면 매우 유사한 사실을 알 수 있다. 예를 들어 헤모글로빈의 알파 사슬은 인간과 침팬지의 경우 동일하다. 그러나 돼지와 인간을 비교하면 헤모글로빈 아미노산의 13%가 다르고, 닭을 비교하면 25%, 물고기를 비교하면 50%가 다르다. 그럼에도 이들 모든 단백질은 기능성이다. 이러한 서열의 차이는 이들 간의 진화적 유연성의 여러 추정치들과 상관성이 있다. 그림 26.09에 이러한 서열 비교의 예가 소개되어 있다. 이 그림은 활성부위 기작에 철을 이용하는 같은 군의 효소들—미생물의 알코올탈수

ECO	NPVARERVHS	AATIAGIAFA	NAFL**GVCHSM**	**AHKLGSQFHI**	**PHG**LANALLI	CHNVIRYNAMD
SALM	NPVARERLHS	AAYIAPIAFA	NAFL**GVCHWM**	**AHKLGSQFHI**	**PHG**PFNARYR	HSVRR AQS
CLOE	NEKAREKMAH	ASTMAGMASA	NAFL**GLCHSM**	**AIKLSSEHNI**	**PSG**IANALLI	EEVIRKFNAVD
CLOB	E AREQMHY	AQCLAGMAFS	NALL**GICHSM**	**AHKTGAVFHI**	**PHG**CANAIYL	PYVIKFNSET
ZYMMO	DMPAREAMAY	AQFLAGMAFN	NASL**GYVHAM**	**AHQLGGYYNL**	**PHG**VCNAVLL	PHVLAYNASV
ENTH	DLEAREKMHN	AATIAGMAFA	SAFL**GMDHSM**	**AHKVGAAFHL**	**PHG**RCVAVLL	PYHVIRYNGQ
YEAST	DKKARTDMCY	AEYLAGMAFN	NASL**GYVHAL**	**AHQLGGFYHL**	**PHG**VCNAVLL	PHVQ EAMM
PRD	D AGEEMAL	GQYVAGMGFS	NVGL**GLVHGM**	**AHPLGAFYNT**	**PHG**VANAILL	PHVMRYNADF
GLD	EKCEQTFKY	GK	L**AYESVK**	**AKVVTPALE**	**A**VVEANTL	LSGLGFESGG

IRON-BINDING SITE

ECO = *E. coli* alcohol dehydrogenase
SALM = *Salmonella typhimurium* alcohol dehydrogenase
CLOB = *Clostridium acetobutylicum* butanol dehydrogenase
CLOE = *C. acetobutylicum* alcohol dehydrogenase
ZYMMO = *Zymomonas mobilis* alcohol dehydrogenase II
ENTH = *Entamoeba histolytica* alcohol dehydrogenase
YEAST = Yeast alcohol dehydrogenase IV
PRD = *E. coli* propanediol dehydrogenase
GLD = *Bacillus* glycerol dehydrogenase (a zinc enzyme)

그림 26.09

유연성 서열의 정렬

유연성 폴리펩티드의 아미노산 서열이 한 글자 기호들로 표시되어 있다. 보존된 철 결합부위는 진한 글자로 표시되어 있다. 특히 철 원자는 2개의 보존된 히스티딘 (H) 잔기에 의하여 결합되어 있다. *Bacillus*의 글리세롤탈수소효소는 같은 군의 다른 단백질과 유연관계에 있으나 표시된 바와 같이 철 결합부위가 변하고 2개의 히스티딘도 다른 아미노산에 의하여 교체되어 더 이상 철을 사용하지 않는다.

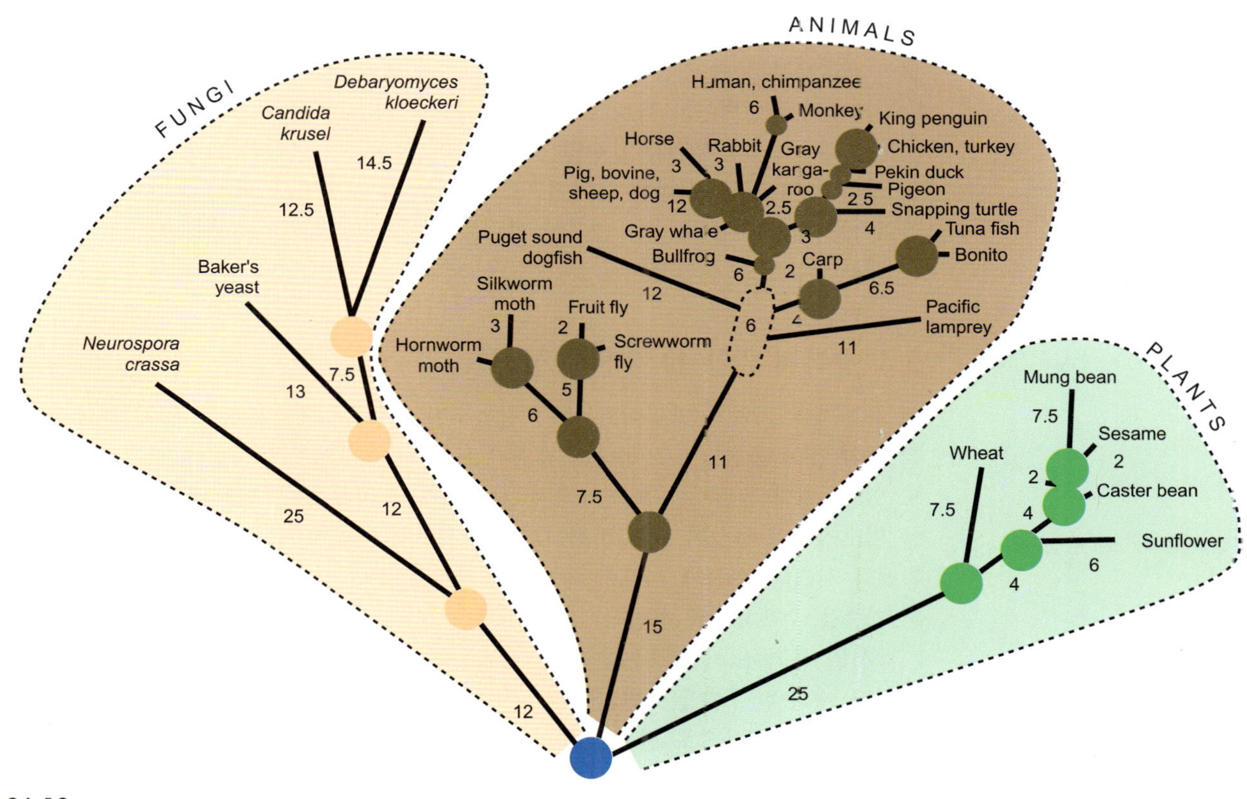

그림 26.10

시토크롬 c에 근거한 진화계통수

균류, 동물 및 식물 3개의 계는 에너지 생산에 관계된 시토크롬 c를 가지고 있다. 위의 계통수는 이들 생물의 시토크롬 c의 아미노산 서열을 비교하여 만들어졌다. 분지들이 서로 가까울수록 서열들은 서로 유사하다. 분지 옆의 숫자는 아미노산 차이의 숫자를 말한다.

소효소 그룹—에게 있는 고도로 보존된 철 결합부위를 보여주고 있다.

비교 대상의 생물들에게 있는 같은 단백질의 서열들을 정렬하여 진화계통수를 작성할 수 있다. 헤모글로빈의 α 사슬은 인간 친척에게만 있다. 반대로 시토크롬 c는 식물과 균류를 포함하여 모든 고등생물의 에너지 생산에 관계된 단백질이다. 많은 세균에게도 확인 가능한 시토크롬 c 친척이 있다. 그림 26.10에 시토크롬 c 계통수가 나타나 있다. 시트크롬 c

유연성 생물은 유연성 서열을 가진 유전자와 단백질을 가지고 있다. 이러한 특성이 진화계통수를 작성하는 데 이용된다.

그림 26.11
중복과 새 유전자 창조

진화 도중 조상 글로빈 유전자가 중복되었다. 이어 2개의 중복유전자는 각각 독립적으로 분기하였다. 첫 번째 유전자는 적혈구에만 있는 헤모글로빈으로 발달하였다. 두 번째 유전자는 근육 조직에서 발견되는 미오글로빈으로 발달하였다. 두 단백질은 여전히 산소를 운반하지만 조직 특이성을 가지고 있다.

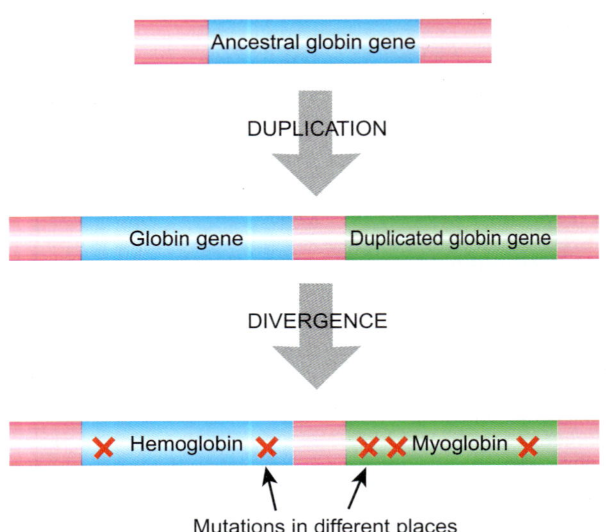

의 아미노산 서열에서 인간과 물고기는 18%만 다르다. 인간과 식물이나 균류 간에는 약 45%의 차이가 있다. 그러나 식물과 균류간에도 45%의 차이가 있는데 이는 측정 결과 동물이 식물로부터 먼 것만큼 식물은 균류로부터 멀다는 사실을 말해준다.

개개의 돌연변이가 특정 위치에서의 유전자나 단백질의 조상 서열로 돌아가며 복구될 수도 있다. 그러나 유전자가 수많은 돌연변이를 거치기 이전의 조상과 닮은 상태로 돌아가는 일은 거의 없다. 이것은 근본적으로 확률 상의 문제이다. 특정 돌연변이가 원래 서열로 돌아가는 것을 막는 요소는 없으나 이러한 변화가 단백질의 기능을 감소시킨다면 선택 압력 때문에 소멸될 것이다.

5.1 중복에 의한 새 유전자 창조

DNA 분절의 중복은 새 유전자의 공급원이다.

새 유전자는 어떻게 만들어지는가? 전형적인 방법은 유전자 중복에 의한다. 23장에 논의된 바와 같이 돌연변이로 하나의 유전자 또는 여러 유전자를 지닌 DNA 분절이 중복될 수도 있다. 원래 유전자는 초기의 기능을 그대로 유지하지만 여분의 중복유전자는 돌연변이를 일으키거나 특성이 크게 바뀌기도 한다. 많은 경우 축적된 돌연변이는 중복유전자를 불활성화 시킨다. 드물게 여분의 유전자가 활성을 띠며 유연성은 있으나 원래 유전자와는 다른 기능을 수행하도록 변경되기도 한다.

중복유전자의 돌연변이가 계속 축적되면 유연성 서열을 가진 유전자군이 형성된다.

서열 분기에 의한 중복은 유연성 기능을 지닌 유연성 유전자군을 형성한다. 가장 잘 알려진 예의 하나가 **글로빈** 유전자군이다. 헤모글로빈은 혈액으로 산소를 운반하는 반면 미오글로빈은 근육으로 산소를 운반한다. 이들 두 단백질은 거의 같은 기능을 가졌고 유사한 삼차원 구조와 유연성 서열을 가지고 있다. 조상 글로빈 유전자가 복제된 후 헤모글로빈과 미오글로빈의 두 유전자는 서로 다른 조직들에 적응하여 분화되면서 서서히 분기하였다(그림 26.11).

포유류 혈액의 실제 헤모글로빈은 단일 폴리펩티드 사슬의 단위체인 미오글로빈과는 달리 2개의 알파(α)-글로빈과 2개의 베타(β)-글로빈 사슬로 구성된 $\alpha2/\beta2$ 사합체를 이룬다. α-글로빈과 β-글로빈은 조상 헤모글로빈 유전자의 계속된 중복 과정에서 유도되었다. 또한 조상 α-글로빈 유전자가 다시 분리되어 현대 α-글로빈과 제타(ζ)-글로빈이 되었다. 조상 β-글로빈 유전자는 두 번 분리되어 현대 β-글로빈과 감마(γ)-, 델타(δ)-, 그리고 엡실

글로빈(globin) 동물의 혈액과 근육에서 산소를 운반하는 헤모글로빈과 미오글로빈을 포함한 유연성 단백질군

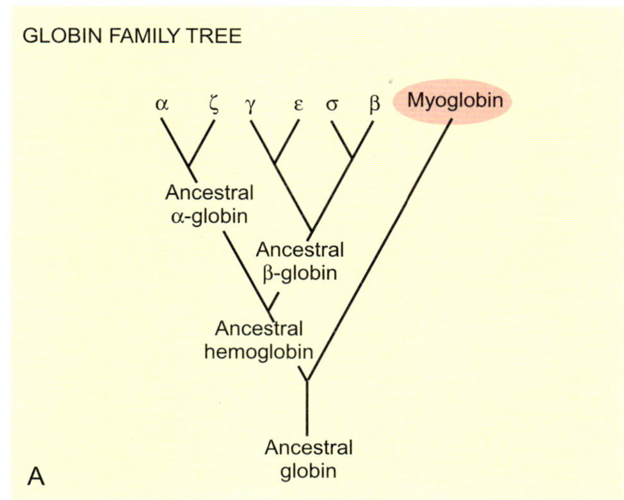

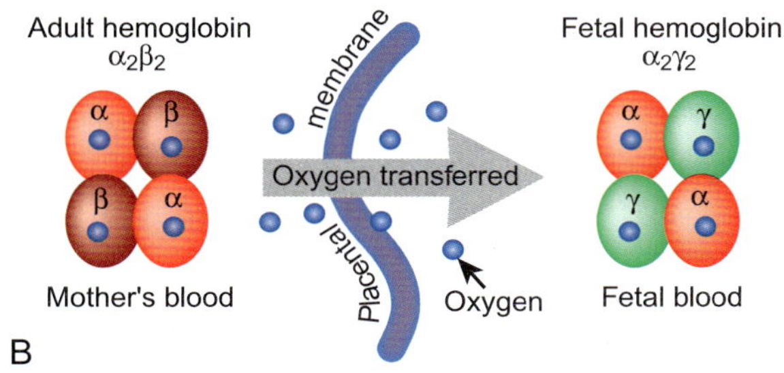

그림 26.12
글로빈 유전자군의 기원

A) 진화 과정에서 다양한 유전자 중복과 분기가 일어나 유연성 유전자군을 만든다. 첫 조상 글로빈 유전자는 중복되어 헤모글로빈과 미오글로빈을 만들었다. 다시 중복이 일어나 헤모글로빈은 조상 α-글로빈과 조상 β-글로빈 유전자로 분기되었다. 계속된 중복과 분기로 전체 글로빈 유전자군이 만들어졌다. B) 헤모글로빈군의 각 단백질은 발생 도중 특이 기능을 지닌다. 타아의 경우 2개의 α 사슬과 2개의 γ 사슬로 구성된 헤모글로빈 사합체를 형성한다. 이러한 구조는 성인의 헤모글로빈보다 산소 친화력이 높으므로 산모의 혈액으로부터 산소를 얻는 데 적합하다.

론(ε)-글로빈이 되었다(그림 26.12).

이들 글로빈 변이체는 발달 단계에 따라 이용된다. 각 단계마다 헤모글로빈 사합체는 2개의 α-형과 2개의 β-형 사슬로 구성된다. ζ-글로빈과 ε-글로빈 사슬은 초기 배 단계에 나타나며 ζ2/ε2 헤모글로빈을 이룬다. 태아에서는 ε-사슬이 γ-사슬로 바뀌어 있고 ζ-사슬이 α-사슬로 바뀌어 α2/γ2 헤모글로빈을 이룬다. 태아는 산모의 혈역으로부터 산소를 얻어야 하는데 α2/γ2 헤모글로빈은 성인의 α2/β2 헤모글로빈보다 산소와 더 잘 결합한다(그림 26.12).

글로빈 유전자들은 계속적인 중복으로 생긴 유연성 유전자 그룹인 **유전자군**의 한 예이다. 개개의 유전자들은 서열 상에 분명한 유연성이 있으며 유사한 기능을 수행한다. 진화 도중 계속된 유전자 중복은 계통을 따지기 어려울 정도로 유전자의 기능이 끊임없이 분기하며 새로운 다중 유전자들을 만들어 그 결과 **대가족유전자군**을 형성한다. 면역체계의 유전자들은 유전자군과 대가족유전자군의 좋은 예이다.

역전사 결과 원래 유전자와 멀리 떨어져 있으며 인트론과 촉진유전자가 없는 중복유전자들이 만들어진다.

진핵생물에는 역전사효소를 암호화하는 역전사단위들이 비교적 흔하다(22장 참조). 따라서 세포 전령 RNA 분자의 역전사가 간혹 일어난다. 이어 유전체에 통합되는 상보 DNA 사본을 만든다. 그 결과 원래 유전자의 인트론과 촉진유전자는 없지만 중복유전자 사본이 만들어진다. 이러한 불활성 유전자 사본을 위유전자라고 하며 암호서열을 불활성화하는 돌연변이가 자주 축적된다. 드물게 위유전자가 기능성 촉진유전자 바로 옆에 만들어져 발현되기도 한다. 이 경우에는 이미 논의한 바와 같이 돌연변이로 변경된 원래 유전자

유전자군(gene family) 연속적인 중복으로 생긴 유사한 기능을 가진 유연성 유전자 그룹
대가족유전자군(gene superfamily) 몇 단계의 연속적인 중복으로 생긴 유연성 유전자 그룹. 대가족유전자군의 유전자들은 간혹 계통상 확인하기 어려울 정도로 멀리 분기하기도 한다.

간혹 유전체 전부가 중복되기도 한다.

의 기능성 중복유전자를 만든다.

드물게 세포분열 도중 오류가 생기면 유전체 전부가 중복되기도 한다. 특히 감수분열 도중 잘못이 생기면 2배체 배우자가 만들어진다. 2개의 2배체 배우자가 융합하면 하나의 4배체 접합자와 그에 따른 4배체 생물체가 형성된다. 종종 하나의 돌연변이 2배체 배우자와 하나의 정상 반수체 배우자가 융합하면 삼배체 생물체가 형성된다. 삼배체는 대개 부정확한 염색체수의 배우자를 만들므로 불임이다. 그러나 가끔 삼배체가 4배체 자손을 만들기도 한다. 식물에서는 비정상적인 배수성을 만드는 경우가 꽤 흔하다. 1,000개의 배우자 중에 5개 정도가 2배체이다. 따라서 2개의 다른 부모 간에 교배가 일어나면 10^{-5} 배우자 중에 약 2.5개는 4배체이다. 시간이 지나면서 4배체 내의 중복유전자들은 점차로 분기한다. 마침내 중복유전자들이 충분히 분기하고 별개의 유전자들로 되어 새로운 기능을 갖게 되면 이 생물은 사실상 보다 큰 유전체를 지닌 새로운 "2배체"가 된다.

5.2 유사서열과 이종상동서열

서열들이 공통조상의 서열을 공유할 때 이를 **상동성**이라고 한다. 여러 생물들이 동일 공통조상으로부터 유래한 특정 유전자의 사본을 각각 가지고 있을 경우 서열을 비교한 정확한 계통도 작성이 가능하다. 그러나 유전자 복제로 하나의 생물 내에 같은 유전자의 사본을

그림 26.13

유사서열과 이종상동서열

상동유전자란 조상종에서 발견되는 한 조상 유전자에서 유래한 유전자이다. 만일 이 유전자가 조상종 내에서 복제되어 새로운 기능으로 진화하면 이 두 유전자 (A와 B)는 유사유전자라 한다. 복제 이후에 조상종이 인간과 침팬지로 분화했다면 침팬지의 A 유전자와 인간의 A 유전자는 이종상동유전자이며 침팬지의 B 유전자와 인간의 B 유전자 또한 이종상동유전자이다. 이 진화계통수에서 침팬지와 인간에게 B 유전자의 또 다른 복제가 발생했다. 침팬지와 인간의 B′와 B″ 유전자는 종 내에 존재하기 때문에 이 둘도 유사유전자이다.

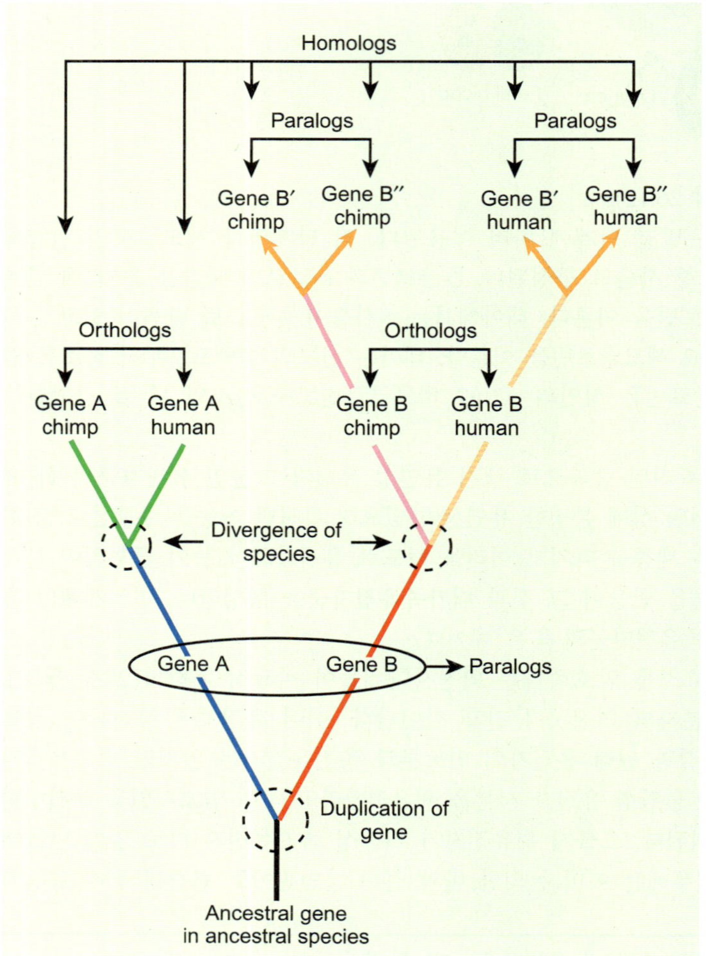

상동성(homologous) 공통 유전적 조상을 의미하는 범위 내에서 서열상 유연성이 있는 상태

여러 개 만들게 된다. 이에 대한 설명이 그림 26.13에 나와 있다. **이종상동성 유전자**는 이들을 지닌 생물들이 분기할 때 갈라진 각각의 종에서 발견된다. **유사유전자**는 우전자 복제로 하나의 생물 내에 만들어진 다중 유전자 사본들을 말한다. 이어 유사유전자를 지닌 생물의 분기는 그림 26.13에 예시되어 있는 것과 같은 여러 개의 다소 흔동되는 유사유전자 쌍을 형성할 것이다.

정확한 계통수 작성을 위하여 이종상동성 유전자들을 비교해야 한다. 예를 들어 한 동물의 α-글로빈의 서열은 다른 동물의 유사성 β-글로빈이 아닌 이종상동성 α-글로빈과 비교해야 한다. 유사유전자의 세트는 유사한 서열을 가지고 있으므로 이들의 정확한 조상이 밝혀지기 전에는 혼동이 초래될 수도 있기 때문이다. 특히 한 생물 내에 동일 조상으로부터 유래한 다중 서열들이 있는지 확인할 필요가 있다. 만약 제한된 정보로 돼지의 α-글로빈과 개의 β-글로빈만을 알고 있다고 가정해 보자. 우리가 이들 생물이 가진 글로빈군의 다른 단백질을 알지 못한다면 우리는 이들 서열을 이종상동성인 것처럼 취급하여 비교할 지도 모른다. 이 경우 부정확한 계통 관계를 얻을 수도 있다.

이종상동성 유전자는 서로 다른 두 종의 공통조상이 지닌 유전체 내 동일한 조상 유전자에서 유래된 두 종의 상동유전자이다.

유사유전자는 단일 종 내의 조상 유전자의 복제에서 유래된 사본이다.

5.3 재편성을 통한 새 유전자 형성

새 유전자를 형성하는 다른 기작으로서 기존 단위의 활용이 있다. 2개 이상의 유전자로부터 온 분절들이 DNA의 재배치를 통하여 하나로 융합되고 여러 유전자에서 유래한 부위들로 이루어진 새로운 유전자를 만들 수 있다(그림 26.14A). 여러 구성 성분으로부터 새 유전자를 만드는 이러한 예에는 LDL 수용기가 있다(그림 26.14B). LDL은 저밀도지방단백질로서 혈액 내에서 콜레스테롤을 운반한다. LDL 수용기는 LDL을 가진 세포 표면에서 발견된다. LDL 수용기의 유전자는 몇 개의 부위들로 되어 있고 그 중에서 2개는 다른 유전자에서 유래된 것이다. 첫 부분에는 면역체계 단백질인 C9 보체인자에도 있는 7개의 반

PRINCIPLE OF MODULAR EVOLUTION

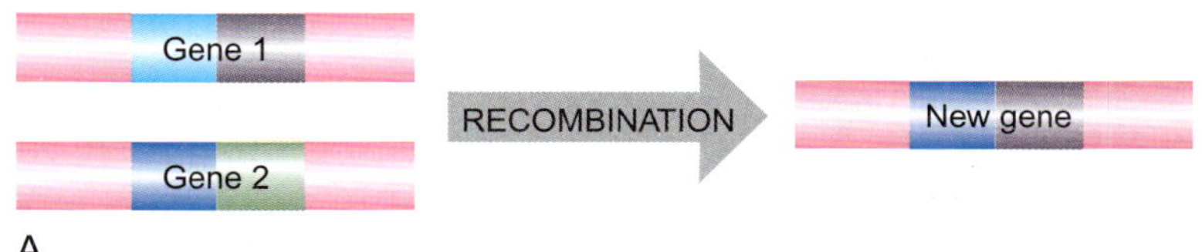

A

LDL RECEPTOR - AN EXAMPLE OF MODULAR EVOLUTION

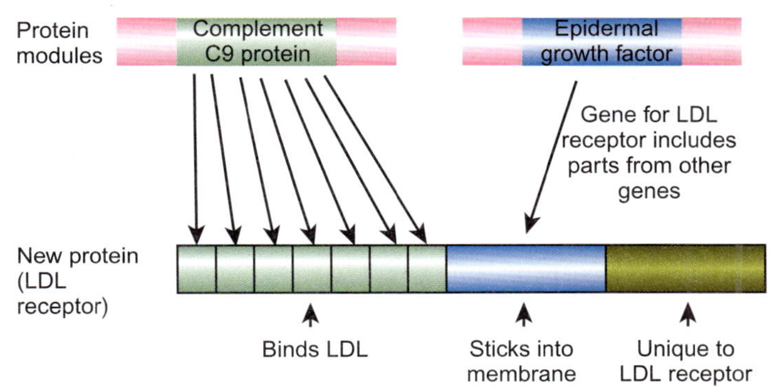

B

그림 26.14

기존 단위에서 유래한 새로운 유전자

A) 각각의 유전자 단위 또는 기능 단위의 융합으로 새 유전자의 단위 진화가 이루어 질 수도 있다. 예를 들어 유전자 1의 자색 단위는 유전자 2의 청색 단위를 보완하는 기능을 부여한다. 이들 2개의 영역이 융합하면 새로운 기능의 유전자를 만들 수 있다. B) LDL 수용기는 몇몇 다른 단백질에서도 발견되는 영역을 가지고 있다. LDL 수용기 유전자의 첫 부분은 면역체계의 C9 보체인자에서 발견되는 7개의 반복 단위 또는 기능 단위를 가지고 있다. 다음 단위는 단백질로 하여금 세포막에 부착하도록 한다. 이 단위는 표피생장인자 수용기의 일부와 매우 유사하다. LDL는 고유한 단위를 가지고 있다.

이종상동성 유전자(orthologous gene) 상동유전자를 지닌 생물들이 분기하여 갈라진 각 종에서 발견되는 상동유전자
유사유전자(paralogous gene) 유전자 복제로 같은 생물 내에 만들어진 상동유전자

Bornberg-Bauer E, Huylmans AK, and Sikosek T (2010) How do new proteins arise? Current Opinion Struct Biol 20:390–396.

관련 연구에 대한 초점

새로운 단백질의 출현은 복잡한 일이다. 최근에는 비교서열의 정보가 다량으로 증가하면서 이 주제가 새롭게 각광을 받고 있다. 유전자 복제와 재편성은 새로운 유전자를 만들어내어 새로운 단백질을 탄생시킬 수 있다. 하지만 단백질을 암호화하는 유전자에서 인근 DNA의 짧은 분절을 소집하고 수정하여 연장시키는 방식 등의 작고 지속적인 수정으로도 자주 새로운 단백질이 발생한다.

때때로 단백질 탄생은 급진적으로 일어나기도 해서 비암호화 DNA의 마구잡이 서열에서 유전자가 발생하기도 한다. 초파리의 새로운 유전자를 연구해본 결과, 50%는 복제, 30%는 재편성 그리고/또는 연장, 10%는 (특히 레트로트랜스포존에 의한) 전이현상, 그리고 10%는 비암호화 서열에 의한 것임이 드러났다. 전사 개시 위치를 위한 잠재 신호나 다른 조절 신호를 위한 공통서열에 가까운 서열들이 비암호화 부분에서 발견된다. 이들은 종종 활성화되어 새로운 전사가 일어난다. 전사를 통해 탄생한 RNA 유전자는 단백질 산물을 형성하지 못할 수 도 있으나 후에 일련의 부차적 수정을 통해 암호화 서열이 될 수도 있다.

복서열이 있다. 그 뒤로 표피생장인자(호르몬)와 부분적으로 유연성이 있는 분절이 있다. 이러한 유전자 모자이크가 전사되고 번역되면 생물에게 새로운 기능을 부여하는 여러 개의 다른 영역으로 구성된 짜깁기 단백질이 된다. 복제와 재편성 외에도 유전자의 소폭 변형과 간혹 완전히 새로운 서열의 출현으로 새로운 단백질이 형성될 수 있다(관련 연구에 대한 참조).

새 유전자는 DNA 단위 분절들의 재편성을 통하여 만들어지기도 한다.

6. 단백질의 차이와 진화율의 차이

계통수를 만들 때 하나의 단백질만 사용하는 것은 물론 아니다. 여러 개의 단백질로부터 계통수들을 만들면 꽤 비슷한 진화적 유연성을 발견한다. 그러나 다른 단백질은 다른 속도로 진화한다. 위에서 언급한 바와 같이 인간과 물고기는 헤모글로빈의 α 사슬에서 50%의 차이가 나는 반면 시토크롬 c에서는 20% 미만의 차이가 난다. 아미노산 차이 수와 진화 시간 척도를 그래프로 그리면(그림 26.15) 시토크롬 c는 느리게, 헤모글로빈의 α 사슬과 β 사슬은 중간 속도로, 그리고 피브리노펩티드 A와 B는 빠르게 진화함을 쉽게 알 수 있다.

서열이 다른 유전자와 단백질은 다른 속도로 진화한다. 덜 중요한 서열은 보다 빨리 진화한다.

표 26.05에 단백질 종류 별로 진화 속도가 나와 있다. 피브리노펩티드는 혈액응고 과정에 관여한다. 단백질 말단에 아르기닌을 필요로 하며 전체적으로 약한 산성이다. 이 점 외에는 이 단백질의 기능에 구속이 거의 없으므로 광범위하게 변할 수 있다. 이와는 반대로 히스톤은 DNA에 결합하며 정확한 단백질 접기에 관여한다. 히스톤에서 일어나는 거의 대부분의 변화는 세포에 치사적일 수 있으며 매우 느리게 진화한다.

시토크롬 c는 기능상 활성부위의 몇몇 아미노산기에 주로 의존하는 효소로서 이들 아미노산은 헴 보조인자에 결합한다. 따라서 활성부위의 이들 아미노산기는 주변의 아미노산들이 변할지라도 거의 변하지 않는다. 104개의 잔기들 중에서 오직 Cys-17, His-18 및 Met-80만이 전혀 변하지 않았다. 다른 부위에서의 변이는 낮은 편으로서 분자량이 크고 비극성인 아미노산 잔기들이 항상 35번과 36번 자리를 차지한다. 몇 개의 시토크롬 c 분자를 X선결정학으로 분석하면 모두 동일한 3차원 구조를 가지고 있다. 시토크롬 c 분자 잔기들의 88%까지 변한다 하더라도 같은 3차원 구조를 유지한다. 그러므로 시토크롬 c의 기능이나 구조에 결정적인 아미노산들은 거의 변화가 없다.

인슐린은 시토크롬 c와 거의 같은 속도로 진화하는 호르몬이다. 인슐린은 하나의 인슐린 유전자에 의하여 암호화된 2개의 단백질 사슬들(A와 B)로 구성되어 있다. 단백질 합성 중 긴 프로인슐린 분자가 만들어진다. 중앙 C-펩티드는 절단되어 폐기된다. 2황화결합이 A사슬과 B사슬을 함께 붙들어 놓는다. C사슬은 최종 호르몬 구조의 일부분이 아니므로 훨씬 빨리 진화하며 A와 B사슬들의 진화 속도보다 거의 10배나 빨리 변한다. 이들 단

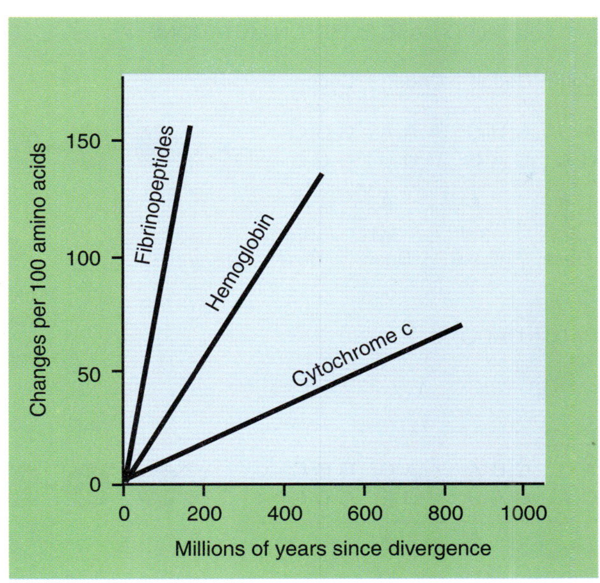

그림 26.15
단백질의 진화 속도

진화 과정에서 일부 단백질은 다른 종류보다 자주 돌연변이가 일어난다. 시토크롬 c 유전자는 매우 안정적이어서 8억 년 동안 100개 아미노산 당 50개의 변화만이 일어났다. 반면 피브리노펩티드 A와 B는 1억 년 미만의 기간 동안 100개 아미노산 당 50개의 변화가 일어났다.

표 26.05 단백질의 진화 속도

단백질	진화 속도
신경독소	110 – 125
면역글로불린	100 – 140
피브리노펩티드 B	91
피브리노펩티드 A	59
인슐린 C 펩티드	53
라이소자임	40
헤모글로빈 α 사슬	27
헤모글로빈 β 사슬	30
생장호르몬	25
인슐린	7.1
시토크롬 c	6.7
히스톤 H2	1.7
히스톤 H4	0.25

진화 속도는 억년 기준 100개 아미노산 잔기 당 돌연변이 숫자

백질들은 모두 진화 과정 내내 그들의 중요 잔기들을 유지하고 있음에 유의하라. 돌연변이가 마구잡이로 일어남에도 주목하라. 돌연변이는 인슐린 유전자의 A, B, C 사슬 어디에서나 일어날 가능성이 있다. A와 B 사슬에서 일어나는 돌연변이들은 십중팔구 생물에게 유해하므로 이러한 돌연변이들은 다음 세대로 거의 유전되지 않는다. 반면 C 사슬에서의 돌연변이는 인슐린 기능을 바꾸지 않으며 자손에게 유전될 가능성이 훨씬 크다.

빠르게 진화하는 서열은 유연관계가 가까운 생물 간의 관계를 드러낸다. 서서히 변하는 서열은 유연관계가 먼 생물을 비교하는 데 필요하다.

6.1 분자시계와 진화 추적

빠르게 진화하는 단백질의 서열은 분기 생물 간에 더 이상 유연관계 확인이 어려울 정도로 변경될 수도 있다. 반대로 매우 느리게 진화하는 단백질은 두 생물 간에 거의 또는 별 차

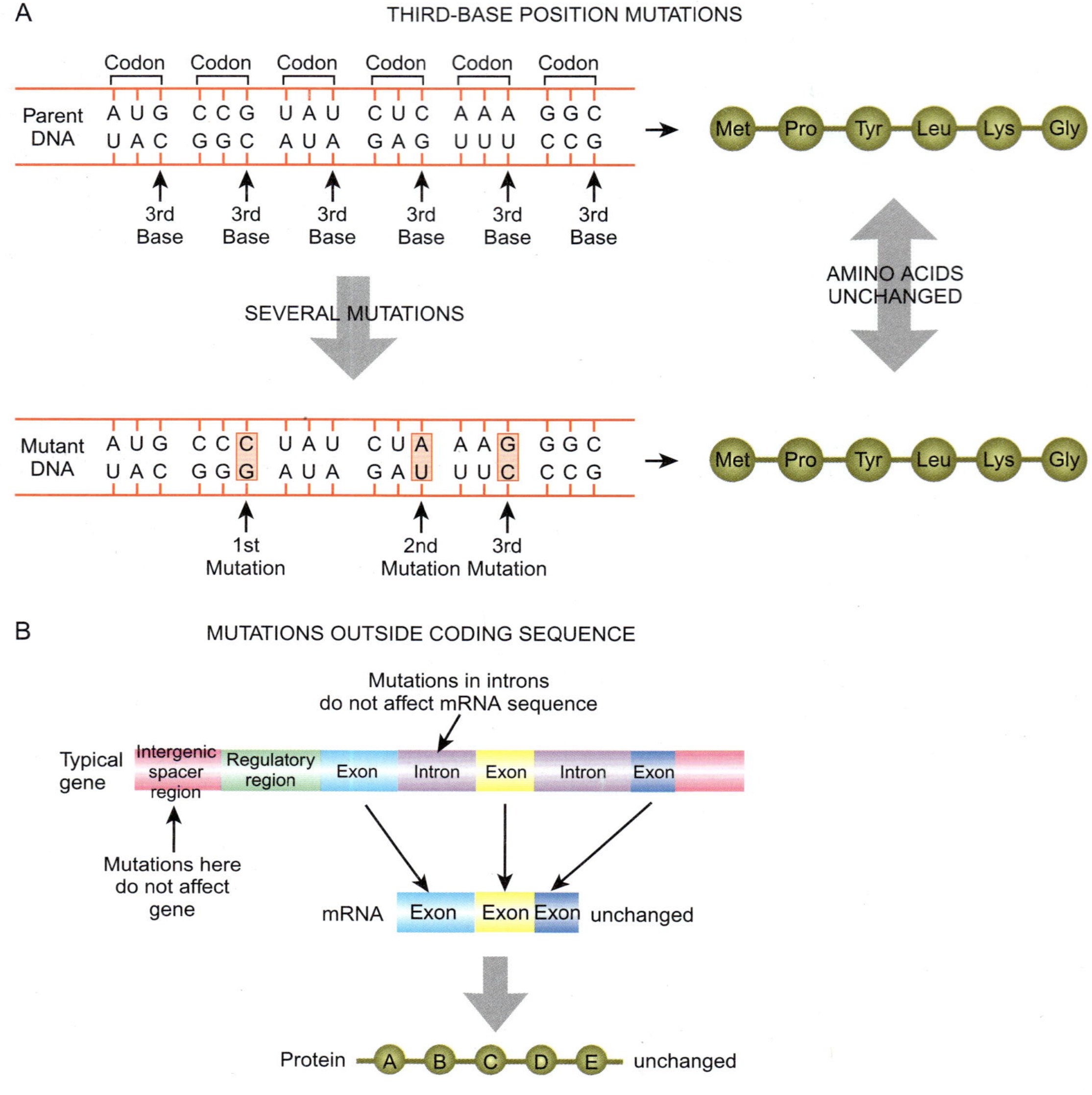

그림 26.16

비번역 DNA의 빠른 진화 속도

A) 진화 도중 3자 코돈의 세 번째 자리에서 일어나는 돌연변이는 단백질의 아미노산 순서를 거의 바꾸지 못하므로 해로운 경우는 거의 없다. B) 비번역 DNA 영역은 대부분 명확한 기능이 없으며 수많은 돌연변이가 이 영역에 축적된다. 유전자 내 사이 영역이나 인트론 내의 돌연변이는 단백질 순서나 기능에 아무런 영향을 주지 않는다.

이를 보이지 않는다. 따라서 서서히 변하는 서열은 진화 거리가 먼 생물 그리고 빠르게 진화하는 서열은 유연관계가 가까운 생물을 연구하는 데 이용된다.

인간 단백질의 대부분은 유연성이 매우 가까운 침팬지의 단백질과 서열이 같다. 빠르게 진화하는 피브리노펩티드를 비교하더라도 인간과 침팬지는 계통수의 같은 분지에서 만난다. 인간과 침팬지와의 거리를 어떻게 표현하는가? 단백질의 서열에 영향을 주지 않는 돌연변이는 거의 또는 전혀 해로운 효과가 없으므로 진화 과정에서 보다 빠르게 축적된다. 단백질 서열 대신 유연성이 매우 가까운 생물의 DNA 서열을 확인해 보면 더욱 많은 차이를 발견할 수 있다. 이러한 차이는 주로 비번역 서열에서 또는 코돈 세 번째 위치에서 발견된다. 13장에서 논의한 것처럼 대부분 코돈의 세 번째 염기는 변경되더라도 암호화된 단백질을 그대로 남겨둔다(그림 26.16).

인트론은 1차전사물의 이어맞추기 과정에서 제거되므로 전령 RNA에는 나타나지 않는 비번역 서열이다(12장 참조). 그러므로 인트론 서열은 마지막 단백질 산물에서 표현되지 않는다. 인트론 경계와 이어맞추기 인식부위를 제외하고는 인트론의 DNA 서열은 광범위하게 돌연변이를 일으켜도 된다. 유전자 간에 존재하는 다른 비번역 서열들도 조절 작용에 관여하지 않는 한 비교적 손쉽게 돌연변이를 일으킨다.

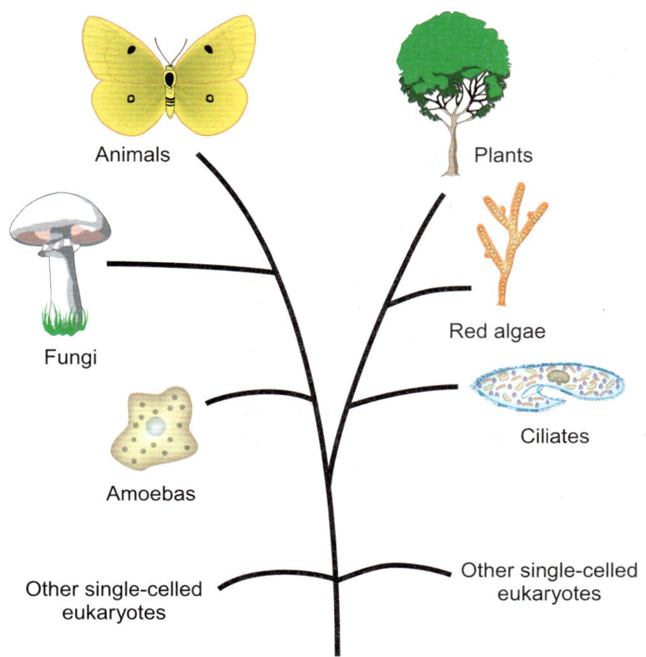

그림 26.17
리보솜 RNA 서열에 근거한 진핵생물계

리보솜 RNA 서열을 비교함으로써 과학자들은 진핵생물 주요 문들의 유연관계를 추론할 수 있게 되었다. 다양한 단세포 진핵생물이 조상 진핵생물의 계통에서 분지된 가장 초기의 그룹이었다. 이들 그룹 상당 수의 상대적인 위치는 아직 미정이다. 그림에 나와 있듯이 균류는 식물보다는 동물에 더욱 가까운 유연관계에 있다. 고등식물로 이어지는 분지에는 그림에서처럼 홍조류를 포함한 몇 개 그룹의 조류들이 포함되어 있다.

시토크롬 c와 헤모글로빈 등에 대한 초기 자료는 단백질의 직접 순서결정으로 얻은 결과이다. 그러나 DNA 염기서열 결정이 훨씬 쉽고 정확하므로 최근 단백질 순서의 대부분은 DNA 서열에서 추론된 것이다. 이제 우리에게는 유연성이 가까운 동물들에 대한 방대한 DNA 정보가 있다. 이러한 자료를 이용하면 인간과 침팬지와 같은 동물들 간의 진화관계를 정밀하게 밝히는 데 도움이 될 것이다.

6.2 리보솜 RNA–느린 똑딱시계

계통수 작성의 주요 문제는 모든 생물을 포함한 생물 주요 그룹 간의 관계를 어떻게 나타내는 가이다. 이를 위하여 먼저 모든 생물에 존재하는 분자가 필요하다. 그리고 선정된 분자는 생물의 주요 그룹 간에 확인이 가능하도록 서서히 진화해야만 한다.

> 리보솜 RNA 서열은 생물 전체의 진화 계통수를 작성하는 데 사용되어 왔다.

히스톤은 매우 서서히 진화하지만 진핵생물 세포만이 히스톤을 가지고 있으며 세균에는 없다. 이러한 이유로 리보솜 RNA를 사용한다. 실제로 소형 리보솜 소단위의 RNA(16S 또는 18S rRNA)를 암호화하는 유전자의 DNA 염기서열결정이 되고 순차적으로 rRNA 서열이 추론되었다. 모든 생물은 단백질을 만들어야 하며 모두 리보솜을 가지고 있다. 더구나 단백질 합성은 생명 유지에 필수적이므로 리보솜 구성원은 고도로 구속되어 있으며 서서히 진화한다. 유일한 예외 그룹은 리보솜이 없는 바이러스이다. (바이러스가 진정한 생물인지는 논란의 여지가 많으며 진화 상의 기원은 여전히 논쟁의 대상이 되고 있다; 21장 참조.)

> 서열 분석 결과는 균류가 비광합성 식물보다는 비운동성 동물에 가까움을 보여준다.

리보솜 RNA에 근거한 유연관계를 이용함으로써 생물의 주요 그룹들을 포함한 대규모 진화 계통수의 작성이 가능해졌다. 고등생물은 3개의 주요 그룹인 식물, 동물 및 균류로 구성되어 있다(그림 26.17). rRNA의 분석 결과 조상 균류는 광합성이 아니었으며 식물 조상이 엽록체를 획득하기 전에 분리되어 나왔다. 전통적으로 식물학자들이 연구해 왔으나 균류는 식물보다 오히려 동물에 가까운 유연관계를 가지고 있다. 진핵생물 계통수의 기부에 분포하는 다양한 단세포 생물들은 3개의 주요 생물계 중의 그 어디에도 속하지 않는다.

> 리보솜 RNA의 서열은 엽록체와 미토콘드리아가 세균과 유연관계가 있음을 보여준다.

대개의 진핵세포는 미토콘드리아를 가지고 있으며 게다가 식물 세포는 엽록체를 가지고 있다. 이들 세포소기관은 공생세균에서 유래하였으며 그들 자신의 리보솜을 가지고 있다(다음을 참조). 미토콘드리아와 엽록체 rRNA의 서열은 세균과의 유연관계를 나타낸다.

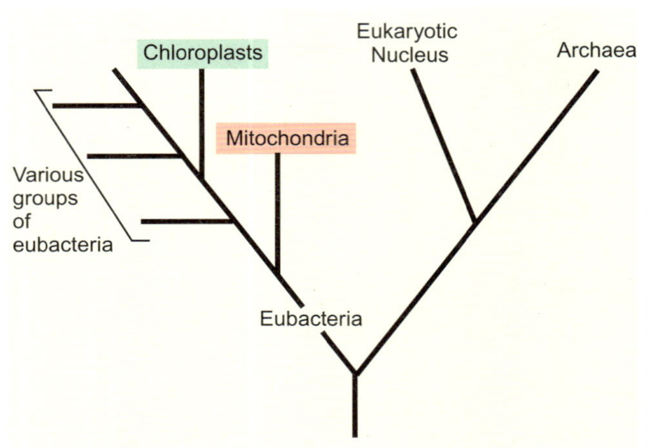

그림 26.18
생물의 3개 도메인

오늘날의 모든 생물은 리보솜 RNA의 유연관계에 근거한 3개 분류군인 진정세균, 고세균(또는 원시생물계), 그리고 진핵생물 중의 하나에 속한다. 미토콘드리아와 엽록체는 진정세균에 가장 가까운 rRNA를 가지고 있다.

그러므로 그림 26.17과 같은 진핵생물 간의 유연관계는 진핵세포의 세포질에 있는 리보솜의 rRNA를 이용하여 밝힌 것이다. 이들 리보솜은 세포 핵 내의 유전자에 의하여 암호화된 rRNA를 가지고 있다.

원핵생물과 진핵생물을 모두 포함하여 rRNA에 근거한 계통수를 만들면 지구의 생물은 3개의 계통으로 되어 있음을 알 수 있다(그림 26.18). 이들 세 개의 생물 도메인은 **진정세균**(미토콘드리아와 엽록체를 포함한 "진정한" 세균), **원시생물계** 또는 **고세균**("고대의" 세균), 그리고 진핵생물이다. 유전적으로 다른 두 원핵생물 그룹 간의 차이는 원핵생물과 진핵생물 간의 차이만큼이나 크다. 세포소기관 rRNA의 염기서열 결정은 미토콘드리아와 엽록체가 진정세균 계통에 속함을 보여준다.

생물은 3개의 도메인 즉 진정세균, 고세균, 그리고 진핵생물로 구성되어 있다.

rRNA에 의한 생물 분류의 색다른 특징은 생물체 자체를 필요로 하지 않는다는 점이다. 16S rRNA의 유전자를 함유한 DNA 시료만 있으면 충분하다. 바다나 토양에 있는 미생물의 많은 종류가 아직 성공적으로 배양되지 않았지만 DNA는 토양이나 바닷물로부터 직접 추출될 수 있다. PCR 기법(6장 참조)을 이용하면 DNA를 증폭하여 16S rRNA 유전자의 서열을 분석하기 위한 충분한 양을 얻을 수 있다. 진정세균과 고세균 계통의 몇몇 그룹들은 제대로 배양된 적이 없지만 이러한 방법으로 발견되었다.

6.3 고세균과 진정세균

고세균은 유전적으로 진정세균보다는 진핵생물에 더욱 가깝다.

진정세균과 고세균은 모두 핵이 없는 현미경적 구조의 세포들이다. 이들은 모두 하나의 환형 염색체를 가지고 있고 단순 이분법에 의하여 둘로 갈라진다. 한 마디로 이들은 원핵세포의 정의에 맞다. 리보솜 RNA의 서열 분석이 이루어지기까지 피상적인 구조만으로는 이들이 근본적으로 다르다고 의심할 만한 뚜렷한 이유는 없었다.

두 원핵생물 그룹 중에서 고세균은 유전적으로 보다 진핵생물에 (즉 그들의 핵 유전체에 더욱) 가깝다. 많은 고세균은 DNA가 고등생물의 진짜 히스톤 서열과 상동성을 보이는 히스톤 유사 단백질로 포장되어 있다. 게다가 고세균의 단백질 합성과 번역인자의 자세한 특징까지 진정세균 보다는 진핵생물에 가깝다. 이러한 유사성은 원시 진핵생물이 고세균 형의 조상으로부터 진화되어 나왔음을 시사하고 있다.

고세균의 생화학은 몇 가지의 중요한 관점에서 진정세균과 다르다. 고세균은 펩티도

원시생물계(archaea) 생물 3도메인의 하나인 고세균의 새로운 이름
고세균(archaebacteria) "고대의" 세균으로 구성된 생물 3도메인의 하나
진정세균(eubacteria) 세포소기관을 포함한 "진정한" 세균으로 구성된 생물 3도메인의 하나

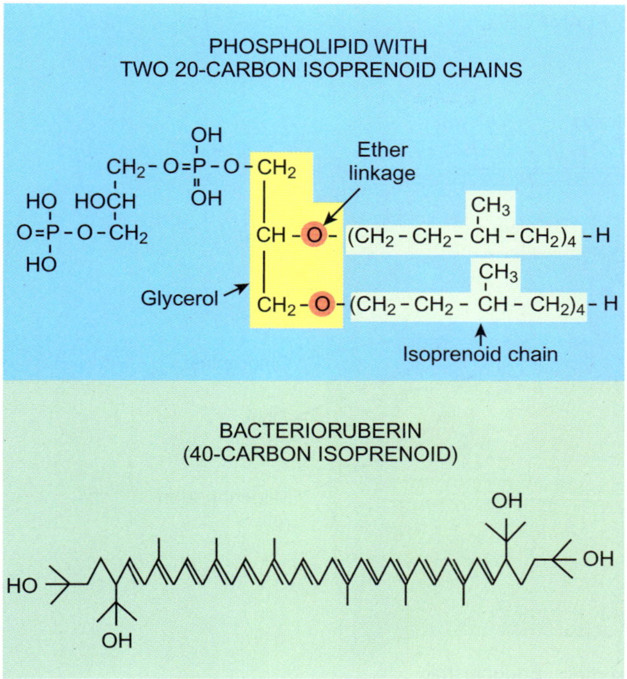

그림 26.19
고세균의 특수 지질

고세균은 진정세균에서 볼 수 있는 탄소 2개의 단위가 아닌 탄소 5개의 이소프레노이드 단위로 구성된 지질 사슬을 가지고 있다. 이소프레노이드 사슬은 에스테르결합이 아닌 에테르결합으로 글리세롤에 연결되어 있다. 일부 경우에는 이소프레노이드 지질 사슬이 탄소 40개(예를 들어 bacterioruberin)를 함유하기도 한다. 이러한 긴 지질은 고세균의 막 전체를 가로 지르기도 한다.

글리칸이 없고 세포막은 일반 지방산의 C2 단위 보다는 C5 이소프레노이드 단위로 구성된 특수 지질을 함유하고 있다(그림 26.19). 더구나 이소프레노이드 사슬은 에스테르결합이 아닌 에테르결합으로 글리세롤에 부착되어 있다. 두 배 길이의 일부 이소프레노이드 사슬은 막 전체를 가로 지르기도 한다.

고세균은 특이한 환경에서 발견되곤 하는 데 많은 종류가 극한 환경에 적응되어 있다. 대부분의 고세균은 보다 하등하고 진핵생물과 많은 특징을 공유하는 크렌아케오타 그리고 유리아케오타의 2개 문으로 나누어진다. 대부분의 크렌아케오타는 호열성 및/또는 황 기초 물질대사를 지닌다. 그 예인 *Sulfolobus*는 지열 온천에서 살며 pH 2-3과 온도 70-80°C에서 가장 잘 자라고 황을 산화하여 황산을 만든다. 유리아케오타는 더욱 다양하며 미탄생성세균과 염생세균의 두 독특한 호열성 계통을 포함한다. 염생세균은 초염성 사해와 대염호에서 발견된다. 이들은 매우 내염성이며 5 M의 소금 농도에서도 자라지만 2.5 M 농도(바닷물의 농도는 단지 0.6 M이다) 이하에서는 자라지 못한다. 이들은 정상적으로 호흡하지만 동물 눈의 광탐지기 역할을 하는 로돕신과 유사한 세균로돕신을 이용하여 햇빛으로부터 에너지를 얻기도 한다.

7. 진핵세포의 공생 기원

원핵생물 세포와는 달리 진핵생물 세포는 막에 의한 구획으로 나뉘어져 있다(그림 26.20). 가장 중요한 구획은 염색체가 있는 핵이다. 진핵생물은 전형적으로 몇몇 선형 염색체를 지닌 핵을 가진 것으로 정의된다. 고등한 진핵생물은 보통 2배체이고 상동염색체 쌍을 가지고 있으나 보다 하등한 진핵생물은 반드시 그런 건 아니다.

진핵세포는 핵을 포함하여 막으로 나누어진 구획으로 되어 있다.

핵 외에도 거의 모든 진핵생물(동물, 식물 및 균류)은 미토콘드리아를 가지고 있다. 식물 세포는 미토콘드리아와 함께 엽록체를 가지고 있다. 이들 두 세포소기관은 세포 작용을 위한 에너지의 대부분을 공급한다. 이들은 자신의 고유한 유전체를 지니고 있고 적어도 몇몇 자신만의 단백질을 암호화하고 있다. 세포소기관 유전체는 사실상 원핵생물과 같다. 히

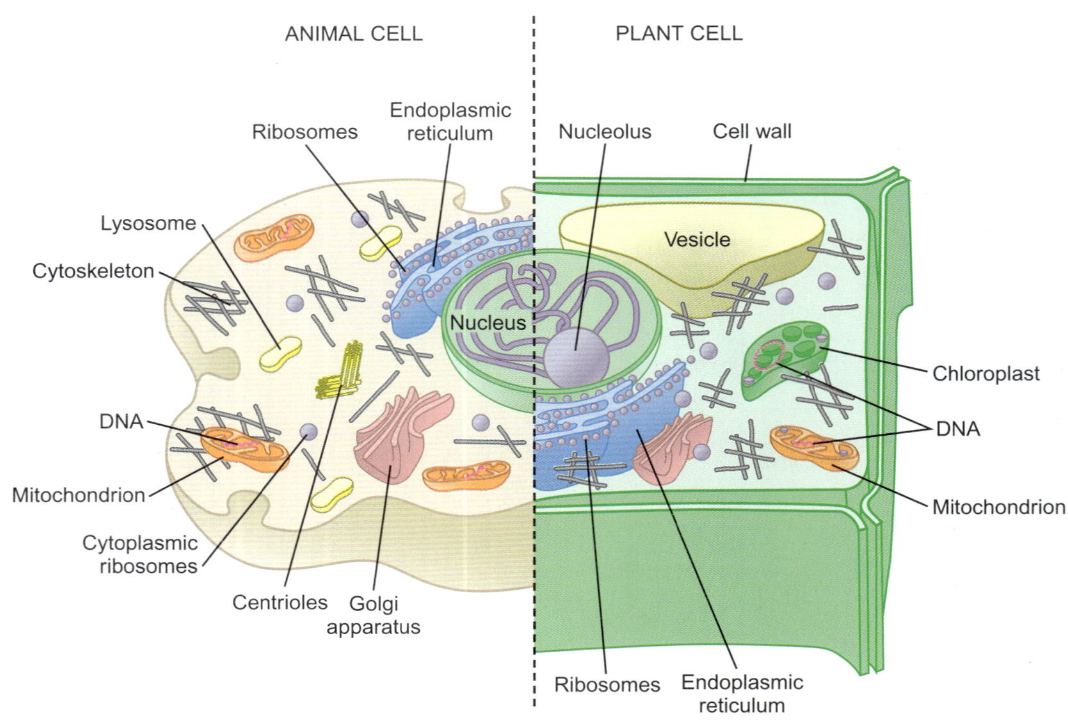

그림 26.20
진핵세포의 특징

진핵세포는 원핵생물에는 없는 막에 둘러싸인 구획으로 되어 있다. 전형적인 동물 세포의 구획 구조에는 핵, 미토콘드리아, 소포체, 골지장치 그리고 리소좀이 포함되어 있다. 여기에 전형적인 식물 세포에는 광 에너지를 수집하여 ATP로 전환하는 엽록체도 있다. 동물 세포는 미세소관과 미세섬유로 되어 있는 내부 세포골격으로 삼차원 모양을 유지한다. 반대로 식물 세포는 세포질을 싸고 있는 고정된 세포벽으로 모양을 유지한다.

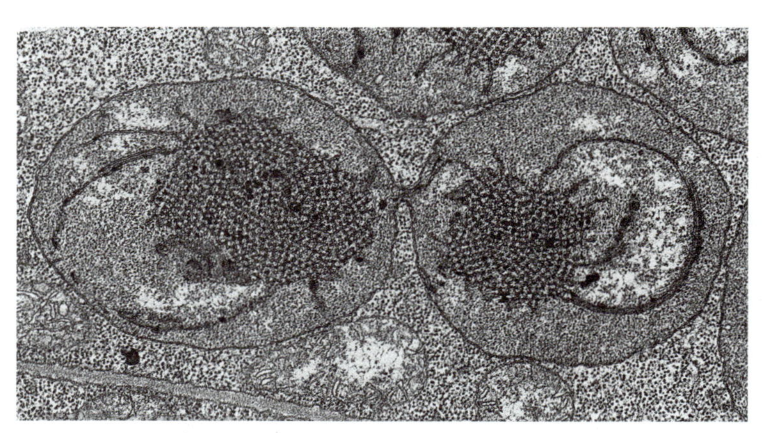

그림 26.21
분열에 의하여 생기는 엽록체

어린 강낭콩의 분열 중인 엽록체의 투과전자현미경 사진. 엽록체와 미토콘드리아는 그들이 들어 있는 진핵세포와는 독립적으로 분열한다. 이들 세포소기관은 원핵세포를 연상케 하는 이분법으로 분열한다. 그림의 색소체는 아직 녹색 색소를 만들지 못한 전구엽록체인 "황백화 색소체"이다. (출처: Biochemistry and Molecular Biology of Plants by Buchanan, Gruissem and Jones, 2000, American Society of Plant Physiologists.)

스톤에 결합되지 않은 환형 DNA 분자를 포함한다. 미토콘드리아와 엽록체는 자신만의 리보솜을 합성하는 데 이 리보솜은 진핵생물 세포질의 것보다 세균의 것과 밀접한 연관성을 가지고 있다. 미토콘드리아와 엽록체는 모두 세균 세포의 크기와 모양과 대략 같으며 이들 소기관은 세균과 같은 방법으로 자라고 분열한다(그림 26.21). 진핵세포가 분열하면 딸 세포가 부모의 미토콘드리아와 엽록체의 일부를 물려받는다. 이들 세포소기관 중 어느 하나가 소실되면 핵은 세포소기관 전체를 합성하는데 필요한 모든 유전정보를 가지고 있지 않으므로 복구되지 않는다.

진핵생물은 2개 이상의 조상 생물이 합쳐져 생긴 것이다.

공생이론은 계통이 다른 생물들이 일련의 공생 과정을 거쳐 복합체 진핵세포가 만들어졌다고 주장한다. 고등한 생물의 세포는 공생 연합체이다. "**공생**"은 함께라는 의미의 그리스어 sym과 생명이라는 의미의 그리스어 bios에서 유래된 말이다. 진핵세포의 핵 유전자는 간혹 "**원진핵세포**"에서 파생되었다고 말한다. 원진핵세포은 오늘날의 진핵생물 핵 내에 있는 유전정보를 마련한 가상적인 조상이다.

공생이론에 의하면 미토콘드리아는 오래 전에 현대 진핵세포의 조상 내에 정착한 세균의 자손이다. 이들 세균은 서식처와 양분을 얻는 대신 호흡으로 에너지를 생산하는 데 기여하였다. 이들 세균은 포착된 이래 에너지 생산만 전담한 결과 스스로 생존할 수 있는 능력을 상실하고 미토콘드리아로 진화하였다. **세포내공생**이라는 용어는 지금 설명한 경우처럼 간혹 한 상대방이 다른 상대방의 내부에 (endo는 그리스어로 내부라는 의미) 물리적으로 함께 있는 공생연합체를 의미한다. 마찬가지로 엽록체는 현대 식물의 조상 내에 정착한 광합성 세균의 자손이다. **색소체**라는 용어는 기능과는 상관없이 유전적으로 엽록체와 동등한 세포소기관에 사용하는 말이다. 균류는 식물의 녹색광 흡수 색소인 엽록소가 없으므로 진화 과정에서 엽록소를 상실한 퇴화한 식물이라고 생각된 적이 있었다. 그러나 균류에는 색소체 유전체의 흔적이 없고 rRNA 분석에 의거한 진화계통수는 조상 균류가 광합성을 한 적이 없음을 보여주고 있다(그림 26.17 참조).

미토콘드리아는 호흡으로 분화된 세균 조상에서 유래되었고, 엽록체는 광합성 세균 조상의 자손이다.

7.1 미토콘드리아와 엽록체의 유전체

미토콘드리아와 엽록체 모두 세균 조상의 염색체로부터 유래한 것으로 여겨지는 환형 DNA 분자의 유전체를 가지고 있다. 진화 기간을 거쳐 이들 세포소기관 유전체는 숙주 세포 내의 소기관으로서 생활에 불필요한 많은 유전자를 상실하여 왔다. 게다가 아직 필요한 유전자의 많은 부분이 핵 내의 염색체로 전달되었다. 그 결과 동물의 미토콘드리아에는 매우 소량의 DNA만 남아 있다. 예를 들어 인간 미토콘드리아 DNA는 몇 개의 리보솜 RNA 및 운반 RNA 유전자와 함께 단지 13개의 단백질 암호화 유전자만을 가지고 있다(그림 26.22). 그러나 미토콘드리아에는 약 400개의 단백질들이 있다. 이들 단백질 대부분의 유전자는 핵 내에 있으며 이들 폴리펩티드는 진핵 세포질의 리보솜에서 합성된 후 세포소기관 내로 들어온다.

엽록체와 미토콘드리아는 작은 환형 유전체를 가지고 있다.

고등식물의 엽록체는 미토콘드리아보다 더 많은 약 100개 유전자의 DNA양을 가지고 있으나 세균 조상에 비하면 여전히 훨씬 적은 양이다. 광합성 원핵생물 조상의 1000개 또는 그 이상의 유전자가 식물 세포핵으로 전달된 것으로 보고 있다.

미토콘드리아 유전자의 돌연변이에 의한 결손은 모계로 유전된다.

유성생식 과정에서 미토콘드리아와 엽록체는 모계로 유전된다. 정자가 난자와 수정하여 접합자를 만들 때 정자의 세포소기관은 소실된다. 새 생물체는 난자 세포로부터 받은 즉 모계의 세포소기관만을 받게 된다. 인간의 일부 유전 결손은 미토콘드리아 DNA의 돌연변이 때문이다. 그 결과 호흡에 의한 에너지 생산이 영향을 받고 특히 근육과 신경 세포의 기능이 영향을 받는다. 이러한 결손은 같은 모계의 자손이 같은 미트콘드리아를 물려받으므로 모계를 통하여 유전된다.

세포소기관의 모계유전 법칙에 대한 일부 예외는 소수의 단세포 진핵생물에서 발견된다. *Chlamydomonas*는 단일 엽록체를 가진 단세포 녹조류이다. 교배 도중 접합자의 약

세포내공생(endosymbiosis) 한 생물이 다른 생물의 내부에서 사는 공생의 형태
색소체(plastid) 광합성 기능과는 상관없이 유전적으로 엽록체와 동등한 세포소기각
공생(symbiosis) 상호작용하며 사는 두 생물의 연합
공생이론(symbiotic theory) 진핵세포의 소기관이 공생 원핵생물에서 유래되었다는 이론
원진핵세포(urkaryote) 진핵생물 핵의 유전정보를 마련한 가상적인 조상

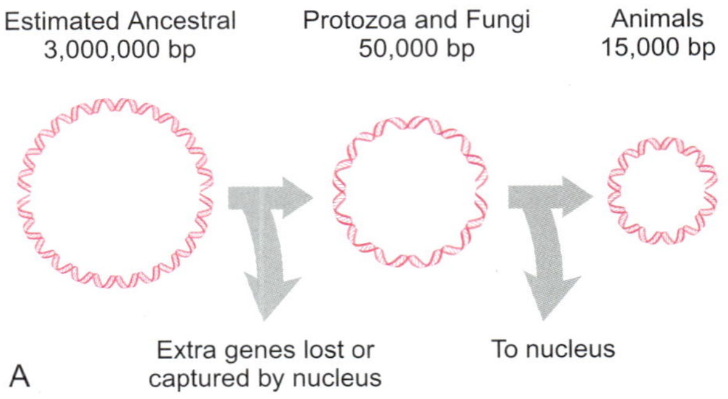

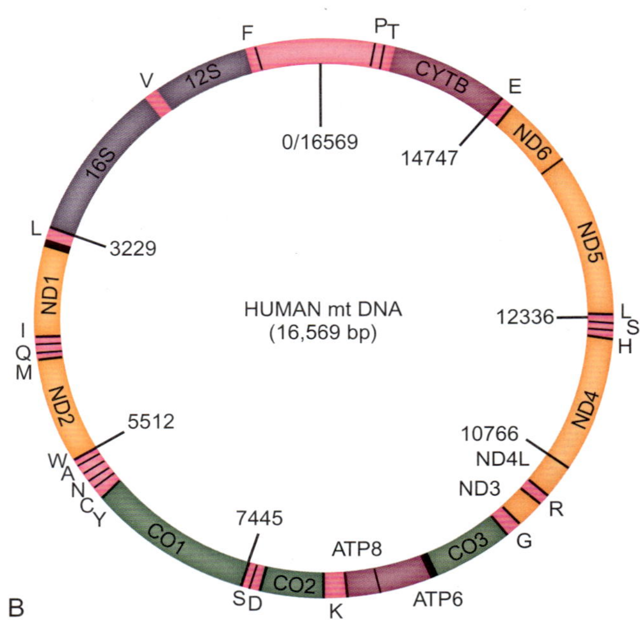

그림 26.22

인간 미토콘드리아 DNA의 유전자지도

A) 진화 과정에서 미토콘드리아 유전체는 간소화되었다. 미토콘드리아 기능에 필요한 유전자의 대부분이 핵으로 이동한 결과 미토콘드리아 유전체의 크기는 축소되었다. B) 인간 미토콘드리아 DNA는 리보솜 RNA, 운반 RNA 및 전자전달계의 일부 단백질을 가지고 있다.

5%는 하나가 아닌 각 부모로부터 받은 2개의 엽록체를 가지게 된다. 이들 세포에서는 서로 다른 2개의 엽록체 유전체 사이에 재조합이 일어날 수 있다. 접합자가 분열하면 하나의 엽록체만을 가진 세포들로 된다. 이어 유전적 교차 결과를 측정하여 조사해 볼 수 있다.

7.2 일차 및 이차 세포내공생

한 생물이 다른 생물의 내부에 사는 공생적 관계를 세포내공생이라고 부른다. **일차 세포내공생**은 원핵생물이 진핵세포 조상에 의하여 미토콘드리아와 엽록체로 변형되는 초기 내부화 과정을 말한다. 이 과정에서 대부분 진핵생물의 미토콘드리아와 엽록체가 생겨났다. 2개의 막이 미토콘드리아와 엽록체를 감싼다. 내부막은 세균 조상에서 유래된 것이고 "미토콘드리아" 또는 "엽록체" 외부막은 실제로는 숙주 세포막에서 유래된 것이다. 그러나 원생생물의 몇 가지 계통은 다른 단세포 진핵생물 특히 조류를 삼킨 결과인 것으로 보인다. 몇 가지의 조류들은 **이차 세포내공생**이라는 간접적인 방법으로 얻은 엽록체를 지니고 있다.

일차 세포내공생(primary endosymbiosis) 미토콘드리아와 엽록체를 만들어낸 진핵세포 조상에 의한 원핵생물의 초기 흡수
이차 세포내공생(secondary endosymbiosis) 진핵세포 조상에 의한 단세포 진핵생물의 흡수, 특히 조류를 흡수하여 간접적으로 엽록체를 마련함

PRIMARY ENDOSYMBIOSIS

Mitochondrion
Nucleus
Ancestral host cell
Cytoplasmic membrane
Cyanobacterium
Photosynthetic eukaryote (alga)
Chloroplast with double membrane

SECONDARY ENDOSYMBIOSIS

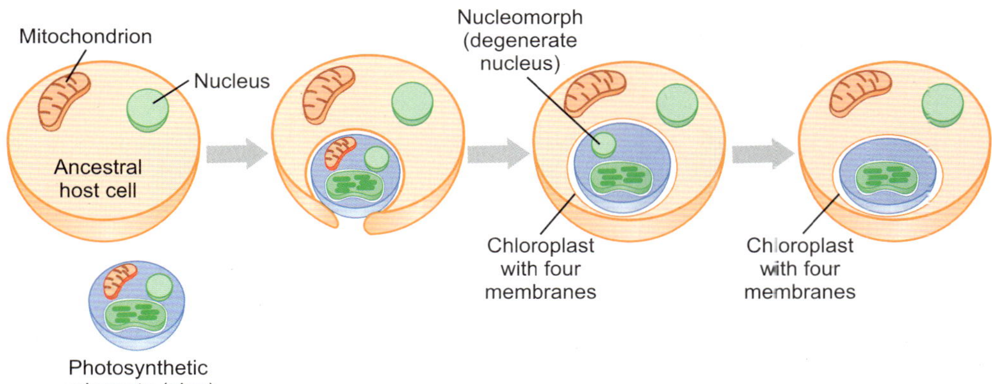

그림 26.23

일차 대 이차 세포내공생

일차 세포내공생은 2개 막을 가진 세포소기관을 생성한다. 이러한 예로서 초기의 독립 남세균은 그대로 존속하는 세포막과 공생 도중 소실되는 외막을 가지고 있다. 두 세포가 연합할 때 숙주 세포의 세포막이 남세균을 둘러싸고 있어 결과적으로 남세균은 2개의 막에 의하여 싸여 있다. 일차 세포내공생과는 달리 이차 세포내공생은 초기 숙주 세포가 광합성 진핵생물 조류를 삼킬 때 일어난다. 조류는 이미 2개의 막을 가진 엽록체와 핵과 기타 세포소기관을 가지고 있다. 숙주 세포는 엽록체로부터 단지 에너지가 필요하므로 포착된 다른 세포소기관은 퇴화되고 궁극적으로 사라진다. 그러나 막은 남아 있는 경우가 많아 엽록체는 2개가 아닌 4개의 막을 가지고 있다.

일차 세포소기관의 전형적인 2개 막과는 달리 이차 세포내공생으로 얻은 엽록체는 4개 막이 둘러싼다. 대부분의 경우 삼켜진 진핵 조류의 핵은 흔적도 없이 사라졌다. 하지만 간혹 핵의 잔해가 두 쌍의 막 사이에서 발견되기도 한다(그림 26.23). 이러한 구조를 **핵소체**라고 하며 아메바형 조상에 의하여 삼켜진 홍조류 핵의 잔해를 가진 은편모조류에서 발견된다. 핵소체는 도합 550 kb DNA에 이르는 3개의 흔적 선형 염색체를 가지고 있다. 이들 염색체는 두 쌍의 막 사이 공간에 위치한 소수의 진핵생물형 리보솜 내에 병합되어 있는 rRNA 유전자를 지니고 있다.

이차 세포내공생 결과 만들어진 세포는 네, 다섯 개 유전체의 복합체이다. 이 복합체에는 일차 조상 진핵생물의 핵과 미토콘드리아, 그리고 이차 세포내공생자의 핵과 미토콘드리아와 엽록체가 포함되어 있다. 종속 유전체의 많은 유전자가 진화 과정에서 소실되었고 이차 미토콘드리아의 흔적은 아직 발견된 바가 없다. 이차 세포내공생자 핵의 일부 유전자는 일차 진핵생물 핵으로 전달되었다. 이들 유전자 중 약 30개의 단백질 산물은 일차 진핵생물 세포질의 리보솜상에서 만들어지고 세포질로부터 핵소체 구획으로 수송된다. 반면 핵소체는 구획 내의 80S 리보솜상에서 만들어진 후 2개의 내막을 가로질러 엽록체로 수송되는 단백질의 유전자를 가지고 있다. 또한 일차 핵에 의하여 암호화되어 일차 세포질에서 2개의 이중막 세트를 가로질러 엽록체로 이동하는 단백질이 있다.

핵소체(nucleomorph) 이차 세포내공생에 의하여 다른 진핵세포내로 병합된 공생 진핵생물 핵의 퇴화된 잔해

상자 26.1 말라리아는 진정 식물인가?

말라리아는 전 세계적으로, 특히 아프리카에서 수백만 명의 사람들이 감염되며 매년 2~3백만 명이나 사망하는 원인이 되고 있다. 말라리아는 **말라리아열원충**으로 알려진 단세포 진핵생물에 의하여 발생한다. 말라리아 기생충과 기타 친척 단세포 진핵생물은 **정복합체포자동물**문의 생물이다. 비록 이들 기생충은 햇빛과는 멀리 인간과 모기 내부에 살고 있지만 색소체와 미토콘드리아를 가지고 있다. 이들 색소체는 환형 유전체를 지닌 퇴화된 비광합성 엽록체이다. 말라리아열원충의 색소체 DNA는 35 kb이고 리보솜 RNA, 운반 RNA 및 주로 번역에 관여하는 소수의 단백질을 암호화하고 있다(그림 26.24).

말라리아 색소체 또는 **정복합체**는 이차 세포내공생에서 유래된 것으로 생각된다. 정복합체포자동물의 조상은 엽록체를 가지고 있는 단세포 진핵생물 조류를 삼킨 것으로 보인다. 조류

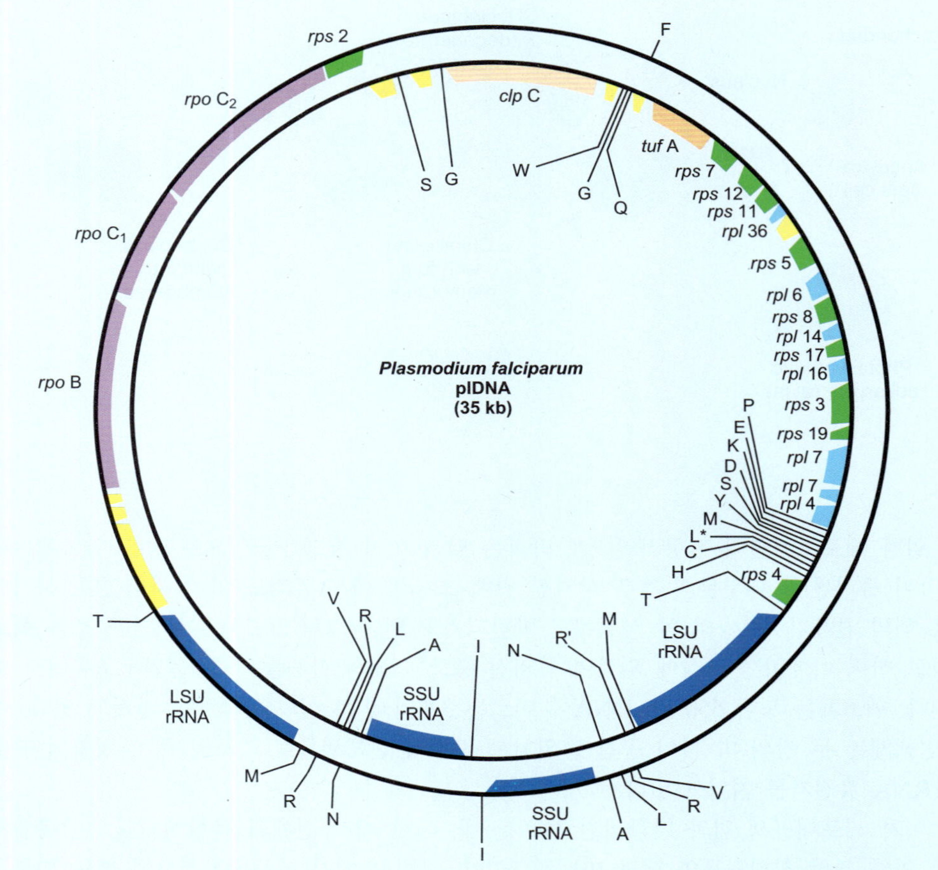

그림 26.24

말라리아열원충(Plasmodium)의 색소체 유전체

말라리아열원충 색소체의 환형 유전체는 리보솜 RNA, 운반 RNA 및 단백질 합성 유전자를 가지고 있다. 운반 RNA 유전자는 외글자 아미노산코드, 예를 들어 세린 운반 RNA 유전자는 S로 표시되어 있다.

(계속)

말라리아열원충(*Plasmodium*) 정복합체포자동물문에 속하는 원생생물인 말라리아 기생충
정복합체포자동물(Apicomplexa) 미토콘드리아와 퇴화된 비광합성 엽록체를 가지고 있는 기생 단세포 진핵생물문
정복합체(apicoplast) 정복합체포자동물에서 발견되는 퇴화된 비광합성 엽록체

상자 26.1 계속

핵은 완전히 소실되었으나 색소체는 유지되어 여전히 4개의 막으로 싸여 있다. 서열의 비교 결과 말라리아 정복합체가 홍조류의 엽록체에 가장 가까움을 시사하고 있다.

정복합체는 빛을 에너지로 전환하지는 않지만 말라리아열원충의 생존에 필수적이다. 정복합체는 지질대사에 필수적인 역할을 한다. 지방산 합성의 몇몇 효소는 핵 내에 암호화되어 있으며 지방산 합성이 일어나고 있는 정복합체 내로 이동한다. 그 결과 녹색식물 엽록치 내의 지방산 합성을 억제하는 일부 제초제는 말라리아열원충과 *Toxoplasma*나 *Cryptosporidium*과 같은 병원성 정복합체포자동물의 억제에 효과가 있다. 예를 들어 제초제 clodinafop은 엽록체의 아세틸조효소A 카르복실화효소를 공격하고 triclosan은 식물과 세균의 에노일 ACP 환원효소를 억제한다. 이들 제초제는 동물이나 균류의 지방산 합성에는 영향을 주지 않는다. 또한 제초제 fosmidomycin은 동물과는 다른 식물과 세균의 이소프레노이드 경로를 억제한다. Fosmidomycin은 말라리아열원충의 생장을 억제하고 말라리아에 걸린 생쥐를 치료한다. 말라리아열원충과 그 친척들은 항세균 항생제로 알려진 클로람페니콜, 리파마이신, macrolide 및 quinolone에 의하여 억제된다. 이들 항생제도 정복합체에 작용하는 것으로 생각된다.

8. DNA 염기서열결정과 생물학적 분류

DNA의 염기서열결정이 보편화되기 전에 동물과 식물은 합리적으로 잘 분류되었으나 균류와 다른 원시 진핵생물은 미비하게 분류되었으며 세균 분류는 관찰 가능한 특징의 부족으로 매우 혼란스러웠다. 이에 세균 분류를 위하여 유전자 서열 비교법이 개발되었고 이 방법은 다른 유형의 생물들에도 널리 적용되기 시작하였다. 오늘날은 계통을 따지기 위하여 외형적 특징보다는 기본적인 유전 관계를 보다 잘 나타내는 DNA, RNA 및 단백질의 서열을 비교한다. 더욱이 종, 속, 과 등의 분류가 인위적일 때 서열 자료는 유전적 유연성을 양적으로 측정하는 데 쓰인다. 종을 명백하게 정의할 수 없다고 치더라도 생물을 다른 종이나 과로 배정하는 데 얼마만한 서열의 차이가 필요한지는 항상 알 수 있다.

작성된 진화 계통수는 흔히 rRNA의 서열 차이 수를 보여준다

원래는 리보솜 RNA 서열이 분류에 사용되었다. 그러나 전체 유전체를 포함하여 서열 자료가 계속 쌓임에 따라 더욱 많은 종류의 유전자를 사용할 수 있게 되었다. 컴퓨터 프로그램은 서열의 상대적인 분기를 계산하며 그림 26.25와 같은 계통수를 작성하는데 쓰인다. 같은 장내세균과에 속하지만 속이 서로 다른 네 종류의 세균이 있다고 하자. 정확한 계통도의 작성을 위하여 "외군"으로 쓰일 생물의 서열도 필요하며 이 경우에는 장내 세균과 유연관계가 먼 *Pseudomonas*가 이용되었다. 그림 26.25의 마디는 추론된 공통조상을 의미한다. 분지 길이는 돌연변이의 수를 나타내기 위하여 일정 비율로 그려지며 숫자는 각 분지점에서 다음까지의 서열 변환에 기여한 염기 변화수를 나타낸다. (장내세균 16S rRNA의 전체 길이는 1,542개 염기이다.)

서열은 비교에 항상 쓰이는 구조적 특징이 결여된 특이한 생물을 분류하는 데 매우 유용하다.

기생체는 숙주를 희생시키며 사는데 고도로 적응되어 있어서 간혹 더 이상 필요하지 않는 여러 가지 조상 형질들을 상실해 왔다. 따라서 기생체 간의 계통관계를 수립하는 것은 외부 형질 분석으로는 매우 어렵다. 다행히 유전자 서열은 기생 또는 특이 생물의 조상을 추구하는데 자주 사용될 수 있다. 예를 들어, 두더지는 지하 생활에 적응하면서 눈은 크게 중요하지 않아 진화 과정에서 소실되었다. 때때로 동물이 사용하지 않더라도 흔적구조로 남아 있는 경우가 있다. 고래는 위축된 뒷다리 구조를 가지고 있는데 이 사실은 고래가 물고기가 아님을 의미하며 대양 생활에 적응하면서 전체 형태가 물고기처럼 변한 포유동물이다. 유전자서열 분석이 도입될 때까지 고래의 가장 가까운 친척은 어떤 포유동물인가 하

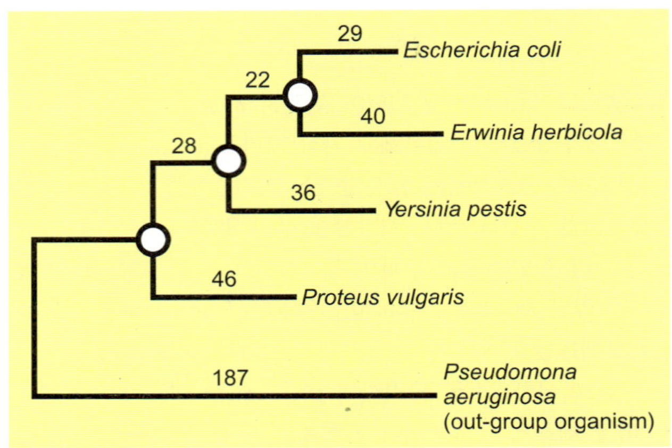

그림 26.25
장내세균의 계통수

세균 간의 계통적 유연관계는 리보솜 RNA 서열을 비교하여 추론할 수 있다. 본 계통도는 4개 장내세균, 대장균(*E. coli*), *Erwinia herbicola*, *Yersinia pestis* 및 *Proteus vulgaris*의 16S rRNA 유전자 서열을 비교한 결과이다. 계통수의 기부나 뿌리를 마련하기 위하여 유연성이 적은 세균인 *Pseudomonas aeruginosa*가 외군생물로 사용되었다. 비교 결과 *P. vulgaris*가 원시조상으로부터 먼저 분지되었고 대장균과 *Erwinia herbicola*가 제일 나중에 분지되었음을 알 수 있다.

주요 삽입 또는 결실을 공유하고 있으면 서열의 계통을 확인할 수 있다.

는 의문이 풀리지 않았다. 이제 고래는 하마, 기린, 돼지 및 낙타처럼 굽 달린 포유동물인 우제류에 가까운 것으로 알려져 있다.

서열 비교 상의 보다 중요한 문제는 염기 변화가 원상 복귀될 수 있다는 점이다. 대부분 변경 부위가 많은 다중 서열을 통계적으로 비교하는 것으로 계통을 수립하는 것은 충분하지만 때때로 애매한 점은 남아 있다. 이 문제를 해결하기 위한 유용한 방법은 서명서열 또는 "인델"로 알려진 보존된 삽입과 결실을 이용하는 것이다. 염기 하나의 삽입 또는 결손도 원상 복귀가 가능하지만 몇 개 염기의 삽입 또는 결손이 정확하게 원래의 길이와 서열로 복구될 수 있는 가능성은 무시해도 좋을 정도로 적다. 따라서 유연성 서열들의 아군이 모두 동일한 위치에서 정해진 길이와 서열의 인델을 함유하고 있으면 이들은 모두 동일한 조상 서열에서 유래되었음을 의미한다.

8.1 미토콘드리아 DNA— 빠른 똑딱시계

미토콘드리아 DNA는 훨씬 빠른 속도로 변하므로 종 내의 아군을 분류하는 데 이용된다.

미토콘드리아가 세균 염색체를 연상케 하는 환형 DNA 분자를 가지고 있지만 미토콘드리아 유전체는 그보다 훨씬 작다. 동물의 미토콘드리아 DNA는 핵 유전자보다 훨씬 빠른 속도로 돌연변이를 축적한다. 특히 구조유전자 코돈의 세 번째 위치에서 빠른 속도로 돌연변이가 축적되며 또한 유전자 간 조절영역에서는 더욱 빨리 축적된다. 이 사실은 미토콘드리아 DNA가 유연성이 가까운 종이나 종내 품종의 관계를 연구하는데 이용될 수 있음을 뜻한다. 인간 미토콘드리아 DNA의 대부분 변이는 조절영역의 D-고리 분절 내에서 일어난다. 이 분절의 서열을 분석하면 다른 인종 간의 차이를 알 수 있다.

미토콘드리아 DNA 이용의 결정적인 단점은 모든 미토콘드리아가 모계로부터 유전된다는 점이다. 정자도 미토콘드리아를 가지고 있지만 난자 세포와의 수정 과정에서 방출되지 않으므로 자손에게 전달되지 않는다. 반면 복잡한 재조합 과정이 생략되므로 미토콘드리아를 분석하면 확실한 모계 계통을 알 수 있다. 또한 진핵세포 핵은 하나뿐인 반면에 미토콘드리아는 다수로 수천 개의 미토콘드리아 DNA 사본이 들어있다. 이러한 이유로 미토

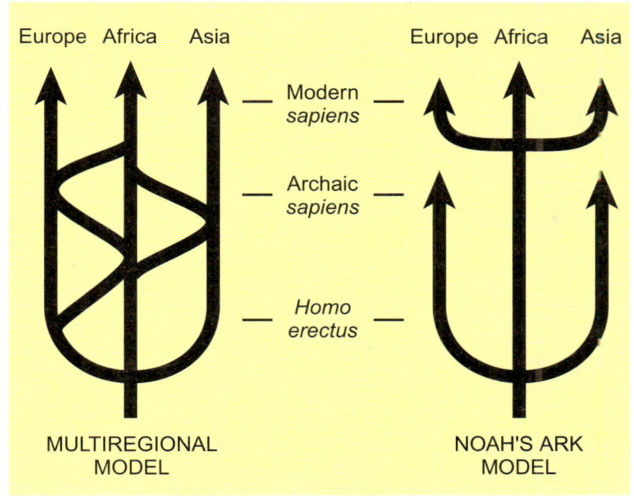

그림 26.26
인류 진화의 다지역 모델과 노아방주 모델

인류 진화의 다지역 모델(왼쪽)은 *Homo sapiens*가 몇몇 조상 계통간의 다중 상호작용에서 유래하였음을 시사한다. 초기 *Homo erectus* 조상은 분기하여 아프리카에서 아시아와 유럽으로 이주하였다. 초기 조상 그룹들은 수천 마일 거리를 두고 고립되어 있었지만, 각 분지에서 발달한 형질은 다른 분지로 전달되어 3개 분지 간에 유전적 교환이 있었음을 시사하고 있다. 노아방주 모델(오른쪽)은 유전적 분석 결과 보다 타당한 것으로 보인다. 이 모델은 현대 *H. sapiens*가 아프리카의 한 조상 그룹으로부터 발달하였음을 시사한다. 고대 sapiens의 여러 분지들이 생겨나고 멸종하기 전까지 한 동안 유럽과 아시아의 여러 지역에서 살았다. 이어 현대 sapiens 분지는 비교적 최근에 아프리카의 한 조상으로부터 진화하여 여러 개의 분지로 발달하였다.

콘드리아 DNA의 추출과 서열 분석은 기술적인 면에서 보다 용이하다.

미토콘드리아 DNA는 간혹 박물관 시료와 멸종 동물에서도 얻을 수 있다. 시베리아의 냉동 매머드로부터 추출한 미토콘드리아 DNA는 인도 코끼리와 아프리카 코끼리의 것과 비교하였을 때 350개의 염기 중 4-5개의 차이를 보였다. DNA 분석은 해부학적 관계를 근거로 제시된 3그룹 분류를 지지한다. 얼룩말에 가까운 콰가는 멸종 동물이다. 콰가는 불과 100여 년 전 남아프리카의 평원에서 풀을 뜯어먹고 살았다. 독일의 박물관에 보관된 모피의 근육 절편에서 DNA가 추출되어 그 서열이 분석되었다. 콰가의 미토콘드리아 DNA에서 얻은 2개의 유전자 분절이 이용되었다. 콰가의 DNA는 현대 얼룩말의 염기와 비교하여 약 5% 정도 달랐다. 이 결과로부터 콰가와 산악얼룩말은 약 3백만 년 전 공통조상에서 나누어진 것으로 추정된다.

8.2 인류의 어머니 가설

두개골과 뼈로부터 인간 진화를 따지는 시도가 이루어진 결과 두 가지의 양자 택일 모델이 제시되었다. 다지역 모델은 *H. erectus*가 아프리카, 아시아 및 유럽 전역에서 동시다발적으로 서서히 *H. sapiens*로 진화하였다고 주장한다. 노아방주 모델은 인과의 대부분 분지가 멸종되었다가 비교적 최근에 단 하나의 지역 아군 후손에 의하여 교체되었다고 주장한다(그림 26.26). 인류학자들은 두 가설 모두를 심각하게 받아들이지만 소수의 유전학자들만이 다지역 모델이 보다 타당한 것으로 보고 있다. 이 모델은 유사 이전의 오랜 기간에 걸쳐 분산된 종족과 상대적으로 고립된 종족 간에 계속적인 유전적 교환이 있어왔음을 시사한다. 그러나 최근의 분자 분석 결과는 노아방주 모델을 지지한다.

미토콘드리아의 서열 분석은 모든 현대인류가 약 10만 년 전 아프리카에 살았던 작은 그룹의 조상에서 유래하였음을 시사한다.

그림 26.27
인류의 어머니 가설 I–DNA

본 계통적 유연관계는 현존 인류의 미토콘드리아 DNA 서열을 비교하여 추론한 것이다. 표기된 숫자는 추정 연수(BP)이다. 인류의 어머니설에 의하면 초기 인류는 약 15만 년 전 아프리카에서 발달하여 대부분 아프리카에 남은 여러 다른 종족 그룹으로 분기하였다. 유럽과 아시아 인종은 중동을 거쳐 유라시아로 이주한 비교적 소수 그룹의 아프리카 조상들로부터 유래하였다.

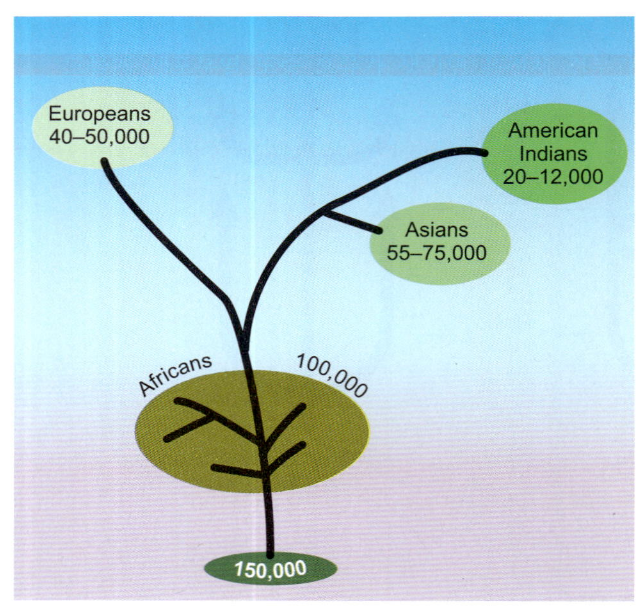

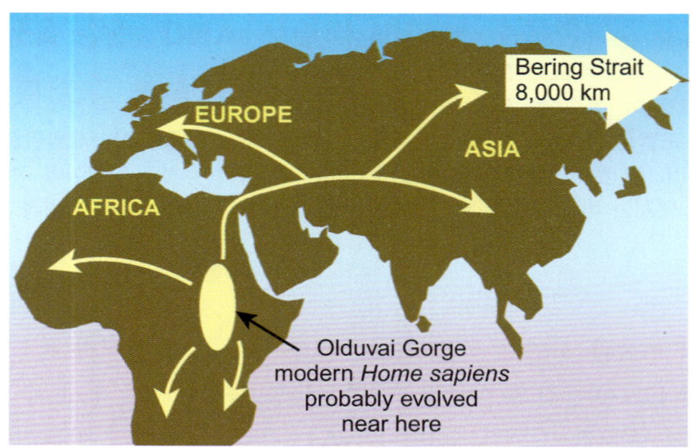

그림 26.28
인류의 어머니 가설 II–이주

아프리카 조상이 현대 아프리카, 유럽 및 아시아 인종으로 분기되는 데는 세계 여러 지역으로의 이주 과정이 있다. 과학자들은 현대 *Homo sapiens*가 올두바이 계곡 근처의 동아프리카에서 진화한 것으로 믿는다. 이들 초기 조상의 후손은 아프리카의 여러 지역을 비롯하여 유럽과 아시아로 이주하였다. 일부 아시아 그룹의 자손은 베링 해협을 건너가 미국 대륙에 거주하였다. 일단 서로 고립되자 이들 여러 그룹은 독립적으로 진화하였다.

미토콘드리아가 빠른 속도로 진화하지만 다른 인종 간의 전반적인 변이는 의외로 적다. 분기 관측과 속도 추정에 근거한 계산은 우리의 조상이 10만 년에서 20만 년 전 아프리카에 살았음을 시사하고 있다. 미토콘드리아는 모계로 유전되므로 이 조상을 "**인류의 어머니**"라고 부른다. 이러한 아프리카 기원은 오늘날 아프리카 집단의 "유전적 뿌리"설에 의하여 지지받고 있다. 다시 말해서 아프리카의 여러 소집단들은 전체 아프리카인으로부터 다른 인종들이 분기되어 나오기 전에 서로 분기되었다(그림 26.27). 오늘날 유럽인의 조상들은 유럽-아시아 조상들로부터 분리되어 나와 4만 년에서 5만 년 전 중동 지역을 거쳐 유럽으로 유랑하였다(그림 26.28). 아메리카 인디언은 베링 해협이 얼어붙은 1만3천 년에서 1

인류의 어머니(African Eve) 약 10만 년에서 20만 년 전 아프리카에 살았을 것으로 여겨지는 가상적인 모계 조상만6천 년 전에 이주한 아시아 본토 집단에서 유래한 것으로 보인다. 대양주 여러 부분의 정착은 보다 최근의 일이며 여전히 논쟁의 여지가 있다(관련 연구에 대한 초점 참조).

미토콘드리아 DNA 이외에도 염색체의 미소부수체 영역 서열이 다른 인종들 간의 비교에 이용된다. 계통학적 결과는 매우 유사하다. 그 결과도 초기 아프리카인-비아프리카인 분류를 지지하고 공통조상은 보다 최근 시기인 10만 년 전에 살았음을 시사한다.

그러면 아담 또는 분자생물학자들이 때때로 부르는 **"Y-남자"**는 어떤가? 길이가 짧은 인간 Y염색체는 길이가 긴 상대방 X염색체와 전체 길이에 걸쳐 재조합하지 못한다. 이러한 이유로 복잡한 재조합 과정이 생략된 부계 계통을 추적할 수 있다. 예를 들어 Y염색체 상의 *ZFY* 유전자는 아버지로부터 아들로 전달되고 정자 발달에 관여한다. *ZFY* 유전자 서열 자료는 인간과 챔팬지가 약 5백만 년 전에 분리되었고 현대인류의 부계 공통조상은 약 25만 년 전에 분리되었음을 시사한다. 그러나 Y염색체 상의 수많은 유전적 표지로부터 얻은 최근 자료는 Y-남자의 연대를 대략 10만 년 전 미만으로 추정하고 있다. Y염색체 상의 일련의 돌연변이에 대한 최근 분석 결과는 다지역 모델과 일치하지 않고 현대인류의 최근 아프리카 기원설을 확인해 준다.

Y 염색체 서열은 인류의 최근 아프리카 기원을 확인해 준다.

관련 연구에 대한 초점

Soares P, Rito T, Trejaut J, Mormina M, Hill C, Tinkler-Hundal E, Braid M, Clarke DJ, Loo JH, Thomson N, Denham T, Donohue M, Macaulay V, Lin M, Oppenheimer S, and Richards MB (2011) Ancient voyaging and Polynesian origins. Am J Hum Genet 88:239–247.

오세아니아에 사람들이 정착하는 과정은 크게 두 단계로 일어났다. 보르네오, 뉴기니 및 오스트레일리아 등을 포함하는 인근 오세아니아에는 약 2만 7천 년 전에 사람들의 정착이 시작되었다. 그 뒤를 이어 피지와 폴리네시아의 원근 오세아니아에도 사람들이 정착하기 시작했다.

두 번째 정착 과정에 대한 정확한 연대나 세부 사항은 아직도 논란에 싸여 있다. 한 이론은 약 4천여 년 전 대만으로부터 유래한 모계의 빠른 확산을 주장한다. 이 이론은 언어학적 문화적 자료뿐만 아니라 일부 DNA 증거에 의해 뒷받침된다. 다른 이론은 동인도네시아를 기원이라고 본다. 이 논문의 연구가들은 미토콘드리아 DNA를 더 자세히 분석해본 결과 이주가 상당히 더 오래전에 발생했으며 대만과 인도네시아가 아니라 인근 오세아니아의 집단에서 유래된 것으로 보인다고 주장하였다. 연구가들은 이후에 상대적으로 적은 수의 사람들이 이주해와서 언어와 문화를 전달한 것으로 보았다.

상자 26.2 우리의 친척 – 네안데르탈인, 데니소바인 그리고 호빗

네안데르탈인은 비교적 최근까지(약 3만 년 전) 유럽과 중동에서 *Homo sapiens*의 현대 인종과 함께 살며 생존하였다. 과거의 제한된 DNA 서열 분석은 네안데르탈인이 막다른 골목에 이르렀다는 결론을 내렸다. 하지만 최근에 네안데르탈인의 유전체 전체가 공개되고 나온 새 분석 결과는 네안데르탈인과 현대인 간에 아마도 얼마간의 종간 교배가 있었음을 내비쳤다. 특히 네안데르탈인은 아프리카보다는 유라시아의 현대인과 서열상 더 비슷했다. 이것은 공유된 조상에서의 유전이라기보다는 네안데르탈인과 현대인이 함께 존재했던 지역에서의 교배를 암시한다.

최근에 시베리아 알타이산의 데니소바동굴에서 발견된 뼈에서 추출한 DNA의 서열에서 인간의 새로운 친척이 발견되었다. 이 장소의 연대는 3만에서 5만 년을 거슬러 올라간다. 굉장히 흥미로운 사실은 당시에 네안데르탈인과 현대인 또한 그 지역에 존재했다는 점이다. 그 말은 인간의 세 종이 수천 년간 이 지역을 공유해왔다는 것이다. 데니소바인과 현대인의 차이는 네안데르탈인과의 차이보다 크다. 서열 정보에 따르면 데니소바인과 네안데르탈인의 공통조상은 현대인의 조상 계통에서 약 80만 년 전에 분리되었다. 그리고 데니소바인과 네안데르탈인

Y-남자(Y-guy) 약 10만 년에서 20만 년 전 아프리카에 살았을 것으로 여겨지는 가상적인 부계 조상

은 약 65만 년 전에 갈라졌다. 데니소바인은 현대 멜라네시아인(전형적인 폴리네시아인과는 유연관계가 먼 오세아니아의 토착민)의 조상과 얼마간 종간 교배를 했던 것으로 보인다.

논란의 소지가 크지만, 인도네시아 플로레스섬에서 발견되었던 "호빗"이라는 별명을 지닌 소인들 또한 별도의 인간종, *Homo floresiensis*로 구분해야 한다는 의견이 있다. "호빗"들은 1만2천 년 전까지 생존했었다. 불행히도 DNA 서열이 존재하지 않기 때문에 "호빗" 존재 여부에 대한 논쟁은 유골에 기초한다.

8.3 멸종 동물의 고대 DNA

간혹 발견되는 미라나 매머드가 아니더라도 살아있는 현존생물의 DNA 서열은 진화 계통수를 구축하는 데 항상 이용된다. 그러나 멸종 생물의 화석 잔해로부터 추출한 고대 DNA는 진화율 산정에 중요한 비교 정보를 제공할 수 있다. 지금까지 확인된 가장 오래된 동물 DNA는 약 5만 년 된 것으로서 시베리아 동토에 보존된 매머드의 것이다. 동토에서는 30만 년에서 40만 년 된 초본과 관목에서 확인 가능한 식물 DNA가 분리되기도 하였다.

상자 26.3 칭기즈칸의 Y 염색체

광범위한 조사 결과 아시아 남성 12명 중 약 한 명은 대략 천 년 전 몽골에서 유래한 Y 염색체의 변이형을 가지고 있음이 밝혀졌다. 수천 명의 남자로부터 약 30개의 유전적 표지가 조사되었다. 표지에는 결실과 삽입, 서열 다형성과 반복서열이 포함되어 있다. 대부분 남성은 그러한 DNA 표지가 다소 특이하게 조합된 Y 염색체를 가지고 있다. 그러나 아시아 남성의 약 8%는 유전적 표지가 동일하게(또는 거의 동일하게) 조합된 Y 염색체를 가지고 있다. 이러한 현상은 다른 대륙의 남성들에게서는 발견되지 않는다.

더구나 특별한 "몽골인 표지"를 지닌 아시아 남성들은 칭기즈칸 몽골 제국의 일부를 형성하였던 집단 내에서만 발견되었다. 예를 들어 "몽골인 표지"는 몽골 제국에 합병되지 않았던 한국, 일본과 남중국에는 없고 몽골 지배의 전 지역에 걸쳐 15개 집단 내에 분포한다(그림 26.29). 비록 소수의 파키스탄만이 "몽골인 표지"를 가지고 있지만 하자라(Hazara)로 알려진

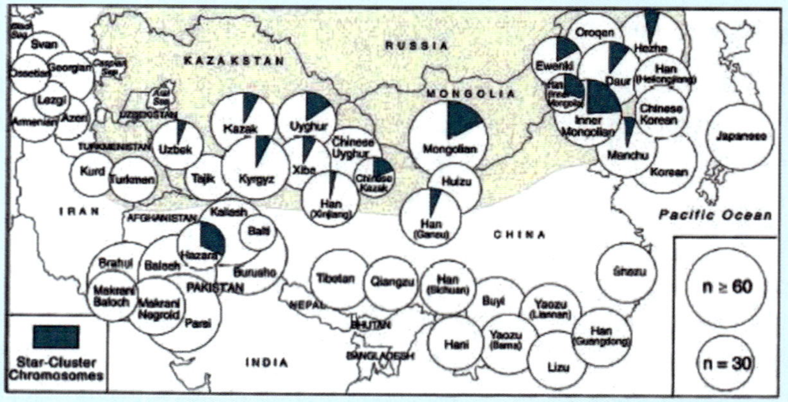

그림 26.29
칭기즈칸의 제국과 Y 염색체

다양한 지리적 위치에서의 몽골인 표지의 상대적 분포가 원 내의 녹색 부분으로 표시되어 있다. 원의 크기는 표본수의 크기를 의미한다. (*출처:* Zerjal and Tyler-Smith, The genetic legacy of the Mongols, *American Journal of Human Genetics* (2003) 72:717–721.))

(*계속*)

상자 26.3 계속

작은 부족의 경우 30%가 이 표지를 가지고 있다. 하자라족은 몽골계로 알려져 있고 칭기즈칸의 직계 자손이라고 주장한다. 현재의 파키스탄은 칭기즈칸 정복 지역에서 벗어나 있으므로 이들은 아마도 후에 현재의 위치로 이주한 것으로 보인다.

따라서 이 특별한 변이형은 위대한 몽골인 정복자 칭기즈칸의 Y 염색체로 불리게 되었다. 약 800년 전 테무진 장군이 몽골을 통일하고 1206년 칭기즈칸("왕 중 왕") 칭호를 얻었다. 몽골인은 그들이 정복한 지역에서 많은 남성을 학살했고 많은 여성을 임신시켰다. 현재의 Y 염색체 분포는 분명히 이러한 역사를 반영하고 있다. 이와 같은 Y 염색체의 특수 변이형이 칭기즈칸 자신에게 있었는지 아니면 단지 그의 몽골인 전사들 간에 흔히 있었는지는 확실치 않다. 그렇지만 몽골인 부족들의 모든 전사는 대부분 가까운 친척들이었으므로 칭기즈칸 자신만이 이러한 Y 염색체를 가졌을 리는 없다.

이집트 미라에서도 DNA가 성공적으로 추출되었다. 현대인의 건강한 조직에서 얻은 DNA의 양에 비교하면 5% 수준에 불과하지만 수천 년 된 미라로부터 DNA 서열이 얻어졌다. 알려진 인간 유전자들(아멜로게닌과 베타-액틴)의 분절들이 확인되었다. 게다가 미라 DNA는 인간 DNA의 특징인 알루반복순서를 함유하고 있었다.

멸종 생물로부터 적은 양의 DNA 서열이 구해졌다.

보다 오래된 고대 DNA에 대한 초기의 보고들은 이제 대부분 믿을 수 없는 것으로 보고 있다. 이러한 보고들에는 수백만 년 것으로 여겨지는 호박 속에 갇힌 시료로부터 공룡류 DNA와 곤충류 DNA를 얻을 수 있다는 주장을 포함한다. 호박이 방부제 역할을 하여 갇힌 곤충들의 세포 내부구조를 전자현미경으로 관찰하는 것은 가능하지만, DNA는 분해된 지 오래된다.

9. 갓길 진화: 수평유전자 전달

전형적인 다윈 진화에서는 한 세대에서 직계 자손으로 전달되는 유전정보의 변화를 포함한다. 그러나 유전정보가 한 생물에서 직계 자손 또는 가까운 친척이 아닌 다른 생물에게 "갓길로" 전달될 수도 있다. **수직유전자 전달**이라는 용어는 부모 세대에서 직계 자손으로의 유전자 전달을 의미한다. 따라서 수직전달은 유성이든 아니든 새로운 유전체의 사본을 만드는 모든 형태의 세포분열과 생식에 의한 유전자 전달이다. 이 과정은 유전정보가 공여체 생물에서 직계 자손이 아닌 다른 생물에게 갓길로 전달되며 간혹 **"측면유전자 전달"**로 불리는 **수평유전자 전달**과 대조를 이룬다.

유전정보는 한 생물에서 직계 자손에게 "수직으로" 전달될 수도 있고 자손이 아닌 다른 생물에게 "수평으로" 전달될 수도 있다.

예를 들어 항생제내성 유전자가 플라스미드에 있을 때는 비유연성 세균 간에도 전달될 수 있다(20장 참조). 플라스미드의 유전자는 간혹 염색체에 통합되므로 한 유전자가 한 생물의 유전체로부터 두세 단계를 거쳐 비유연성 생물로 전달될 수 있다. 수많은 세균의 유전체 서열이 완전히 결정되었다. 유전체 자료를 이용하여 계산한 결과 평균 세균 유전체의 약 5–6%의 유전자가 수평전달로 얻어졌다. 수평전달의 효과는 특히 임상 환경에서 뚜렷하다. 독성 인자와 항생제 내성은 모두 흔히 전달성 세균 플라스미드에 존재한다.

수평유전자 전달에는 주로 바이러스, 플라스미드 및 전이인자가 관여한다.

그러한 수평전달은 동일 종 간에도 일어날 수 있으며(예: 대장균의 두 유연성 균주 간의 플라스미드 전달) 상당한 분류학적 거리를 둔 사이에서도 일어날 수 있다(예: 세균에서 식물세포로의 Ti-플라스미드 전달). 먼 거리를 두고 일어나는 수평유전자 전달은 한 종에

수평유전자 전달(horizontal gene transfer) 한 생물에서 비유연성 생물로의 "갓길" 유전정보 전달
측면유전자 전달(lateral gene transfer) 비유연성 생물 간에 일어나는 유전자의 갓길 이동. 수평유전자 전달과 같은 의미
수직유전자 전달(vertical gene transfer) 한 생물에서 자손으로의 유전정보 전달

그림 26.30

포유류 C-형 바이러스 유전자의 수평전달

C-형 바이러스 유전자는 구세계 원숭이류가 공통조상으로부터 진화하는 과정에서 나타났다. 놀랍게도 이 유전자의 변형이며 개코원숭이의 것과 유연관계가 가까운 유전자가 북아프리카와 유럽산 고양이류에서 확인되었다. 개코원숭이와 고양이는 가깝지 않으므로 유전자는 한 그룹에서 다른 그룹으로 수평전달 되었음에 틀림없다. 수평전달 개념을 지지하는 증거로서 이 유전자는 북아프리카와 유럽산 고양이류가 분기하기 전에 출현한 사자나 치타와 같은 고양이류에서는 발견되지 않는다.

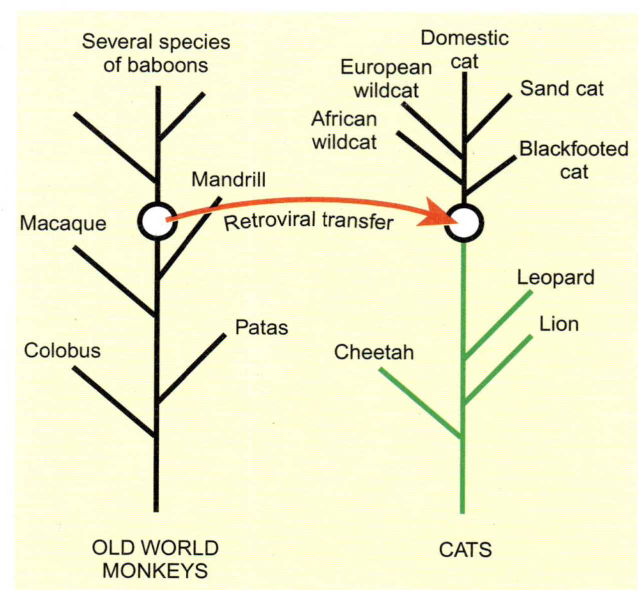

서 다른 종으로 경계를 넘나드는 운반체에 의존한다(관련 연구에 대한 초점 참조). 바이러스, 플라스미드 및 전이인자는 모두 유전자의 갓길 이동에 관여하며 이들을 다루었던 장들에 설명되어 있다(20-22장 참조).

세균에서의 극단적인 예는 호열성 고세균과 함께 극한 고온 환경을 공유하는 *Thermotoga*이다. *Thermotoga*는 약 10%의 고세균 유전자를 지니고 있다. 아마도 더욱 흥미로운 점은 이들 유전자의 약 40%가 호열성 클로스트리디아의 것과 밀접한 유연관계에 있다는 것이다. 이러한 사실은 클로스트리디아와 굉장히 먼 유연관계에 있는 Aquificales 세균문 속에 *Thermotoga*를 두는 16s rRNA 서열의 결과와 상충된다.

특히 레트로바이러스는 동물의 염색체에 끼어들어가고, 유전자를 분리해 내고, 이를 다른 종의 동물로 운반할 수 있다. 동물에서 볼 수 있는 수평전달의 좋은 예는 개코원숭이류와 구세계원숭이류가 공유하고 있는 C-형 바이러스 유전자이다. C-형 바이러스 유전자는 약 3천만 년 전 이들 원숭이의 공통조상에 나타났으며 그 이후부터 원숭이의 다른 정상 유전자와 마찬가지로 서열이 분기되어 왔다. 유연성 서열이 몇몇 종의 고양이류에서도 발견된다. 북아프리카와 유럽의 작은 고양이류만이 개코원숭이의 C-형 바이러스 유전자를 가

Dunning Hotopp JC (2011) Horizontal gene transfer between bacteria and animals. Trends in Genetics 27:157-163.

관련 연구에 대한 초점

세균에서 고등생물로의 유전자 전달의 예는 비교적 흔하다. 가장 흔한 경우는 곤충과 선충류 및 그들의 숙주에 영구적으로 서식하는 세균공생자들 간에 일어난다. 수많은 곤충들이 *Wolbachia*나 *Buchnera*와 같은 세균 공생자들을 그들의 세포 내에 지닌다. 이들은 곤충들에게 필수 아미노산과 비타민을 제공한다. 이들 공생세균들의 대부분은 더 이상 독립적인 생장을 할 수 없다. 곤충 숙주의 70% 정도가 염색체에 *Wolbachia*에서 유래한 DNA를 지니고 있다.

세균공생자가 없는 몇몇 다른 무척추동물들도 삽입된 세균 DNA를 지니고 있음이 발견되었다. 여기에는 히드라와 윤충류가 포함되어 있다. 다른 생물에서 유래한 DNA는 말단소체 가까이에 집중되는 경향이 있으며 대부분 기능이 없다. 그럼에도 일부 외부 유전자는 전사된다.

동물에서 세균으로의 수평유전자 전달 또한 존재하는 것으로 알려져 있지만 그 예는 훨씬 적다. 가장 놀라운 경우 중 하나는 재향군인병의 원인인 세균 *Legionella*에 20개 이상의 진핵생물 단백질이 발생하는 것이다. 이 세균은 야생에서 흔히 아메바에 서식한다. 동물에서 세균으로의 전달에는 또 다른 예들이 많이 존재하지만 충분히 연구된 것은 아직 드물다.

지고 있다. 미국, 아시아 및 남사하라 아프리카의 고양이류에는 이러한 서열이 없다. 그러므로 원래의 고양이류 조상은 이러한 유전자를 가지고 있지 않았다. 게다가 북아프리카 고양이류의 유전자 서열은 계통수 상 조상의 줄기에 가까운 원숭이류의 서열 보다 오히려 개코원숭이류의 것에 더욱 가깝다(그림 26.30). 이 사실은 5백만 년에서 천만 년 전 레트로바이러스가 현대 개코원숭이류의 조상으로부터 북아프리카 작은 고양이류의 조상에게 C-형 바이러스 유전자를 수평적으로 운반하였음을 의미한다. 그러므로 사육된 고양이는 C-형 바이러스 유전자를 지니고 있다. 그러나 천만여 년 전에 분기한 다른 고양이류에는 이러한 서열이 없다.

9.1 수평유전자 전달 추정의 문제점

인간 유전체의 서열이 결정되었을 때 먼저 수백 개의 인간 유전자가 세균으로부터 수평전달된 것으로 추정되었다. 그러나 최근의 분석 결과 이들 유전자의 극소수만이 진정한 수평전달의 결과인 것으로 나타났다(9장 참조). 다음과 같은 이유로 사람의 유전체와 기타의 경우 모두에 수평전달 기작이 과대평가되어 왔다.

a. 표본추출 편차. 진핵생물은 상대적으로 소수의 유전체 서열이 밝혀진 반면에 세균은 수백 개의 유전체 서열이 밝혀져 있다. 따라서 소수의 진핵생물에 인간 유전자와의 상동서열이 없다고 해서 외부(세균) 기원으로 결론 내리기에는 증거가 불충분하다. 진핵생물의 서열 자료가 더욱 밝혀짐에 따라 "세균" 기원으로 추정되었던 많은 유전자가 다른 진핵생물에서도 발견되고 있다.

b. 유연성 계통에서 상동성이 없는 서열은 이를 지닌 생물 그룹의 외부에서 유래된 유전자임을 시사한다. 위의 (a) 경우처럼 인위적 오류에 대한 해결책은 여러 유연성 계통에서 더욱 많은 서열 자료를 얻는 일이다.

c. 유전자 복제 이후 급속한 분기는 생물 그룹의 직계 조상에는 없는 새로운 신규 유전자를 만들어 낼 수 있다.

d. 특정 유전자에 대한 극심한 진화적 선택은 서열의 변경 속도를 크게 증가시킬 수 있다. 빠른 속도로 진화하는 유전자는 서열 비교를 통하여 진화계통수를 작성할 때 위치가 잘못되었을 가능성이 높다.

e. 실험실 조건에서 일어나는 플라스미드, 바이러스, 전이인자에 의한 유전정보의 손쉬운 수평전달은 실제와는 다를 수도 있다. 자연 조건에서는 그러한 이동에 대한 여러 가지 장애가 있다. 게다가 수평전달 결과는 단지 일시적인 경우가 많다. 특히 플라스미드나 전이인자 상에 새로 획득한 유전자는 쉽게 소실되기도 한다. 그러한 유전자는 항생제 내성의 경우처럼 선택에 호응하여 얻어지는 경향이 있고 반대로 원래의 선택 조건이 사라지면 소실된다.

f. DNA 오염과 같은 실험 상의 문제. 세균과 바이러스 기생체는 항상 고등생물과 연합되어 있으며 진핵생물 DNA를 완벽하게 정제하는 일은 그렇게 쉽지 않다.

위에 언급한 요인들을 고려하면 원래 제시되었던 수평유전자 전달의 수많은 사례가 상당 부분 크게 왜곡되어 왔음을 알 수 있다. 그러나 일부 예들은 분명히 유효해 보인다. 최근에 발견된 가장 흥미로운 예 중의 하나는 현화식물의 미토콘드리아 유전체간에 자주 일어나는 수평유전자 전달이다. 특정 미토콘드리아 리보솜 단백질의 유전자는 분명히 초기 단자엽 계통에서 여러 개의 쌍자엽 계통으로 전달된 것으로 보인다. 양다래(*Actinidia*)로의 *rps2* 유전자 전달 그리고 혈근초(*Sanguinaria*)로의 *rps11* 유전자 전달이 좋은 예들이다.

다른 흥미로운 예로 두 주요 진핵생물 계통을 들 수 있다. 카로테노이드 생성을 위한 유전자가 균류에서 완두수염진딧물으로 전달되는 것이 바로 그 예다. 카로테노이드는 일반적으로 동물에 의해 형성되지 않으며 전체 동물 유전체를 통틀어 이와 같은 경우는 유일무이하다. 카로테노이드 색소는 이 곤충의 전형적 색상인 적, 황, 녹색의 색소를 제공한다. 적색과 녹색의 완두수염진딧물은 서로 다른 포식자에게 발견되어 잡아먹히는 것으로 알려져 있다. 녹색 변이형은 카로테노이드 불포화효소가 결손되어 색소의 적색 형태가 결핍된 것이다.

핵심 개념

- 지구의 일차대기 수소와 헬륨은 소실되었다. 이러한 가벼운 가스를 끌어두기에 지구의 크기가 너무 작았기 때문이다.
- 지구의 이차대기는 대부분 화산 분출 가스에 의해 형성되었다. 유리산소는 포함하지 않았다.
- 생명의 기원에 대한 화학적 이론은 1920년대에 러시아의 생화학자 알렉산더 오파린에 의하여 주장되었다.
- 밀러는 초기대기의 유기분자 형성을 모방하는 실험을 하였다.
- 단위체의 중합으로 고분자가 형성되기 위해서는 탈수 과정을 필요로 한다. 이는 낮은 열, 점토광물, 화학 응축제를 통해 이뤄질 수 있다.
- 마구잡이의 프로테이노이드는 느리고 단순한 효소의 활성을 지닌다.
- 초기 합성은 50개 정도의 뉴클레오티드로 된 RNA를 형성할 수 있는데 2′-5′와 3′-5′ 연결이 모두 가능하다.
- RNA 효소는 단백질이 아닌 RNA로 만들어진 효소이다. 그 수는 적지만 현대 생물 세포에 존재한다.
- RNA 세계 시나리오는 최초의 세포가 RNA로 된 유전자와 효소를 가지고 있었다고 주장한다.
- 물질대사 기원의 독립영양설은 최초의 생활형이 철과 황의 화합물의 반응에 의해 방출된 에너지를 사용했다고 주장한다.
- 돌연변이의 축적으로 인해 DNA와 암호화된 단백질의 서열은 긴 시간 동안 점진적으로 변화된다.
- 단백질의 아미노산 서열은 서로 다른 속도로 진화한다.
- 복제는 새로운 유전자를 만드는 대표적인 기작이다. 이미 존재하는 유전자 절편의 재편성을 통해서도 새로운 유전자가 탄생한다.
- 고세균은 세균과 동일한 세포 구조를 지니고 있지만 유전적으로는 진핵세포와 더 유연관계가 가깝다.
- 진핵세포의 미토콘드리아와 엽록체는 독립성을 상실한 공생세균에서 유래되었다.
- 미토콘드리아와 엽록체는 아직까지도 작고 고유한 유전체를 지닌다.
- 원생생물의 몇 가지 계통은 다른 단세포 조류를 삼켜서 이차 세포내공생으로 엽록체를 획득하였다.
- 생물 그룹의 조상과 유연관계는 DNA 서열의 비교를 통해 추론될 수 있다.
- 리보솜 RNA와 같이 천천히 변화하는 서열은 유연관계가 먼 생물들과 비교되어야 한다.
- 미토콘드리아 DNA와 같이 빠르게 변화하는 서열은 유연관계가 가까운 생물들을 비교하는데 사용된다.

- 미토콘드리아 DNA 분석에서 현대인이 약 10만여 년 전 아프리카에서 유래되었음을 암시한다.
- 죽거나 멸종한 생물들에서 DNA를 추출하여 이들의 유연관계를 밝히는 데 사용할 수 있다.
- 수평(측면)유전자 전달은 직계자손이 아니라 상대적으로 유연관계가 없는 생물에게 유전정보가 전달될 때 발생한다.
- 수평유전자 전달의 정도는 정확하게 측정하기가 어려우며 흔히 과대평가되는 경향이 있다.

복습 문제

1. 빅뱅은 언제 일어난 것으로 추정되는가? 생명의 기원은 얼마나 오래전인가?
2. 우주 대부분을 구성하는 두 화학 원소는 무엇인가?
3. 지구의 일차대기, 이차대기, 삼차대기의 각 특징은 무엇인가? 삼차대기의 득특한 점은 무엇인가?
4. 산소의 결핍이 생명의 진화에 필수적인 이유는?
5. 밀러의 실험을 요약하라. 생물분자 형성에 물이 필수적인 이유는?
6. 대부분(전부는 아님)의 아미노산, 당, 타 기본 생물 단위체가 밀러의 실험을 통해 형성되었다. 이것에 문제는 없는가? 당신의 의견을 말하라.
7. 단위체들이 중합될 때 물의 과잉 공급은 어떤 문제를 초래하는가? 초기 지구에서 어떤 대체 방법이 아미노산의 중합을 가능케 했을까?
8. 아실인산과 포스포라미드산은 무엇인가?
9. 마구잡이 프로테이노이드는 어떤 형태의 촉매작용을 하는가?
10. 초기 RNA가 어떻게 복제했을 지 간단히 설명하라.
11. 유사종의 정의를 내리고 RNA 분자와의 관계를 설명하라.
12. 왜 RNA가 진화한 최초의 유전적 고분자로 여겨지는가?
13. RNA 세계 가설을 설명하라. 이 가설의 가장 큰 문제점은 무엇인가?
14. RNA의 우월한 지위를 뒷받침하는 여섯 가지 증거를 나열하라.
15. 유전정보의 저장소로 RNA보다 DNA가 선호되는 이유는 무엇인가?
16. 대기 중 산소가 생물의 진화에 어떤 영향을 끼쳤는가?
17. 독립영양생물이란 무엇인가? 물질대사 기원의 독립영양설을 요약하라.
18. 진화적 유연관계를 규명하기 위해 단백질 서열은 어떻게 사용될 수 있는가?
19. 유전자 복제가 어떻게 유전자군 형성을 유도하는지 설명하라.
20. 식물에서 대부분 발생하며 많은 새로운 유전자가 진화될 수 있는 과정을 설명하라.
21. '상동서열'이란 용어의 의미가 무엇인가? 이종상동서열과 유사서열의 차이는 무엇인가? 진화적 비교를 할 때 어떤 종류의 서열이 비교되어야만 하는가?
22. 재편성을 통해 새로운 유전자는 어떻게 만들어질 수 있나?
23. 왜 단백질은 다른 속도로 진화하는가? 굉장히 빠르게 진화하고 다양한 종 사이에서 순서의 변이가 높은 단백질에 대해서 추측할 수 있는 사실은 무엇인가?
24. 유연관계가 가까운 두 종에 대하여 진화적 유연관계를 추측하기 위하여 사용될 수 있는 가장 적당한 분자는 무엇인가? 그 이유는?
25. 생물 전체의 계통수를 작성하는데 사용되어 온 분자는 무엇인가? 그 이유는?
26. 생물의 3도메인은 무엇인가? 이를 결정하기 위하여 어떤 분자가 사용되었는가?
27. 생물을 실제로 분리하거나 배양하지 않으면서 유전자의 염기서열결정하는 것이 어떻게 가능한지 설명하라.
28. 고세균과 진정세균이 상당히 다르다는 것을 상세히 보여주는 예를 들어보아라. 어떤 환경에서 흔히 고세균이 관찰되는가?

29. DNA 염기서열결정은 생물학적 분류학에 어떤 영향을 끼쳤는가? DNA 서열을 사용하여 생물을 분류하는 것의 난제는 무엇인가?
30. 미토콘드리아 DNA는 어떤 종류의 생물 간 유연관계를 규명하는데 사용될 수 있는가?
31. 왜 미토콘드리아 DNA는 모계에 대한 정보만 알려주는가?
32. 인류 진화의 다지역 모델과 노아방주 모델을 비교 및 대조하라. 어떤 모델이 유전적 증거에 의해 뒷받침되는가?
33. "인류의 어머니"와 "Y-남자"는 누구인가?
34. 호박은 고대 DNA를 연구하는 데 어떤 도움을 줄 수 있는가? 이러한 사실은 마이클 크라이튼의 '쥬라기 공원'과 같은 공상 과학 소설의 시나리오의 타당성을 입증하는가?
35. 과학자들은 어떻게 고대 세균을 획득할 수 있었는가?
36. 왜 아시아인 남성의 1/12는 칭기즈칸의 후손으로 여겨지는가?
37. 수직과 수평유전자 전달은 어떻게 다른가? 각 예를 들어보아라.
38. 개코원숭이와 고양이가 모두 C-형 바이러스 유전자를 지니고 있다는 사실을 과학자들은 어떻게 받아들이는가?
39. 수평유전자 전달의 정도를 측정할 때 발생하는 6개의 전형적인 문제를 나열하고 설명하여라.
40. 과학자들은 수평유전자 전달의 발생이 과거에 추측했던 것과 비교했을 때 얼마나 (더 드물게/비슷하게/더 자주) 발생한다고 믿는가?

개념 문제

1. 돌연변이가 더 빠르게 축적되는 핵 유전체 지역 세 군데를 열거하라.
2. 생물 간 유연관계를 이해하기 위해서 계통수를 그릴 수 있다. 여러 방식 중 하나는 '뿌리 있는 계통수'인데, 하위 부분의 기본 서열을 바탕으로 생물들이 비교되는 방식이다. 다른 방식은 '뿌리 없는 계통수'로 서열 또는 생물 간의 유연관계만을 드러낸다. 계통수의 각 가지는 서열 또는 한 생물을 의미하며, 분기점은 두 가지 간 공통조상의 의미한다. 계통수를 만들기 위한 첫 번째 단계는 비교할 수 있도록 서열을 정렬하고, 서열들이 얼마나 비슷한지 쌍정렬(둘씩) 비교해본 후 유사성을 바탕으로 서열을 그룹 짓는 것이다. 다음 그림의 제일 상단은 원유전자를 위한 4개의 다른 서열들이다. 그 밑은 다른 생물에서 발견되는 상동서열들이다. [ ] 기호는 원유전자에서 삭제된 부분을 나타내며, G/C 혹은 A/T는 단일 뉴클레오티드의 변화, TE는 전이인자의 삽입을 의미한다. 서열 정보를 바탕으로 각 서열을 밑의 뿌리 있는 계통수에 배치하여라.

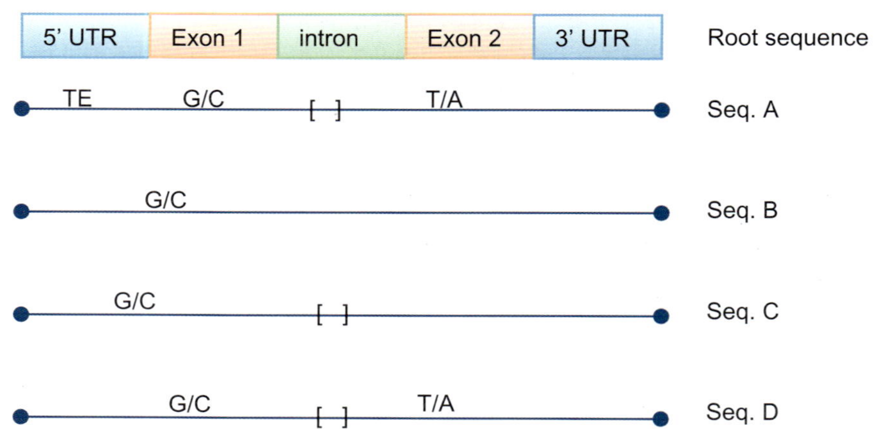

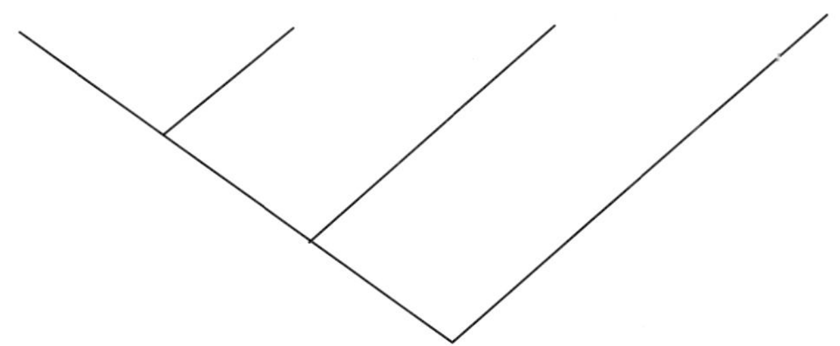

3. 분자진화를 이해하는 것은 굉장히 어려우며 많은 수의 서열 상동성을 분석하기 위해서는 컴퓨터 사용이 필수적이다. 미국 국립생물공학정보센터(NCBI)(http://www.ncbi.nlm.nih.gov)에는 모든 종과 생물의 염기서열결정된 DNA 전부가 기록되어 있다. 새로운 서열은 GenBank(http://www.ncbi.nlm.nih.gov/Genbank/)라 불리는 서열 자료은행에 저장되며 이곳에서 특정 유전자를 검색하는 것이 가능하다. GenBank 웹사이트에 접속하여 상단의 검색창에 옵션을 Nucldetide(뉴클레오티드)로 설정하여 수용번호 NM_019955를 검색하여 보자. 유전자 이름과 이 유전자에 대한 가장 최근의 논문을 적어라. 그리고 "Analyze this sequence(서열분석)" 밑의 "Run BLAST" 옵션을 사용하여 이 유전자에 가장 유사한 뉴클레오티드 서열을 지닌 다른 생물(쥐는 제외)을 나열하라. 이 두 유전자는 얼마나 유사한가?
4. 다음의 가상 유전자군을 이종상동성 유전자와 유사유전자로 나누어라.

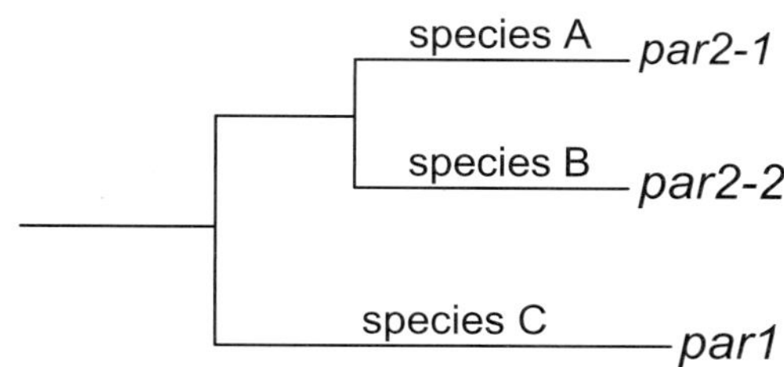

용어해설

2-미크론 플라스미드(2-micron plasmid) 2μ 플라스미드 참조

2μ 서클(2μ circle) 2μ 플라스미드와 동일

2μ 플라스미드(2μ plasmid or 2μ circle, 2μ 서클) *Saccharomyces cerevisiae* 효모에서 발견되는 다수의 사본을 가지는 플라스미드. 이 플라스미드의 유도체는 벡터로 널리 사용된다.

30 나노미터 섬유(30 nanometer fiber) 직경이 약 30 nm인 나선으로 배열된 뉴클레오솜의 사슬

30S 개시 복합체(30S initiation complex) 세균의 리보솜의 작은 소단위만을 포함하는 번역 개시 복합체

30S 소단위(30S subunit) 70S 리보솜의 작은 소단위

3′ 이어맞추기 부위(3′ splice site) 인트론의 하류 또는 3′ 말단에 이어맞추기를 위한 인식 지점

3′-핵산말단가수분해효소(3′-exonuclease) 3′ 말단으로부터 DNA를 분해하는 효소

3′-비번역 부위(3′-untranslated region, 3′-UTR) 최종 종결 코돈의 하류, 단백질로 번역되지 않는 mRNA의 3′ 말단의 서열

40S 소단위(40S subunit) 80S 리보솜의 작은 소단위

***454* 서열분석법(*454* sequencing)** 디옥시리보핵산 중합효소에 의하여 더해지는 뉴클레오티드를 결정하기 위해 파이로시퀀싱을 이용하는 차세대 염기 서열결정 방법

4-메틸벨리퍼릴 인산(4-methybelliferyl phosphate) 알칼리성 인산가수분해에 의해 분해되어 형광을 방출하는 인공적인 기질

50S 소단위(50S subunit) 70S 리보솜의 큰 소단위

5′ 이어맞추기 부위(5′ splice site) 인트론의 상류 또는 5′ 말단에 이어맞추기를 위한 인식 지점

5′ 말단 올리고피리미딘(5′-terminal oligopyrimidine, 5′-TOP) mRNA의 5′ 말단과 번역개시 사이에 피리미딘을 많이 포함하는 긴 염기 서열

5′-비번역 부위(5′-untranaslated region, 5′-UTR) mRNA의 5′ 말단과 번역개시 지점 사이의 부위

60S 소단위(60S subunit) 80S 리보솜의 큰 소단위

70S 개시 복합체(70S initiation complex) 세균의 리보솜의 두 가지 소단위들을 모두 포함하는 번역 개시 복합체

70S 리보솜(70S ribosome) 세균에서 발견되는 리보솜의 종류

7SL RNA 진핵생물의 세포 내 단백질 이동에 관여하는 기구의 일부를 구성하는 비번역 RNA

80S 리보솜(80S ribosome) 진핵세포의 세포질에서 발견되는 리보솜의 종류

−10 서열(−10 sequence) 세균의 프로모터 영역으로 전사 개시로부터 10 염기 앞에 있으며, RNA 중합효소가 인지한다.

−35 서열(−35 sequence) 세균의 프로모터 영역으로 전사 개시로부터 35 염기 앞에 있으며, RNA 중합효소가 인지한다.

α-나선[α-(alpha) helix] 단백질에서 발견되는 나선형의 2차 구조

β-병풍[β-(beta) sheet] 단백질에서 발견되는 편평한 병풍 같은 2차 구조

β-갈락토시다아제(β-galactosidase, β-갈락토오스가수분해효소) 젖당 그리고 갈락토오스의 다른 화합물질을 분해하는 효소

β-락타마아제(β-lactamase, β-락탐분해효소) 페니실린과 세팔로스포린을 포함한 β-락탐계 항생제를 분해하는 효소

β-메르캅토에탄올(β-mercaptoethanol, BME) 자유 황화수소기를 가진 작은 분자로서 흔히 단백질의 이황화결합을 절단하는데 사용된다.

람다부착지점(λ attachment site, lambda attachment site, *att*λ) 박테리오파지 람다가 통합되는 대장균 염색체상의 인식 서열

A(수용체) 부위[A (acceptor) site] 리보솜에 다음 아미노산을 운반하는 tRNA가 결합하는 부위

Ac 인자(Ac element) 옥수수에서 발견되는 전이인자의 온전하고 활성이 있는 이형 사본

수용체 축(acceptor stem) 아미노산이 부착되는 tRNA의 염기쌍 축

아세틸화(acetylation) 아세틸기(CH_3CO)를 부착하는 반응

아코니타제(aconitase) 크레브스회로를 구성하는 효소 중의 하나. 동물에서는 철조절단백질(IRP)의 기능도 수행함

아크리딘오렌지(acridine orange) 개재되어 돌연변이를 유발하는 물질

액틴(actin) 세포골격의 한 성분인 작은 소단위의 긴 섬유

활성 또는 활성자 도메인(activation domain) 전사기구와 상호작용하는 전사인자의 일부분

활성인자 단백질(activator protein) 한 유전자를 켜는 단백질

활성부위(active site) 다른 분자들이 결합하여 화학반응을 일으키는 단백질의 특정한 부위

아실인산(acyl phosphate) 인산이 카르복실기에 부착된 인산 유도체

아데닌(adenine, A) 티민과 결합하는 푸린 염기로 DNA 혹은 RNA에서 발견된다.

아데노신 1인산(adenosine monophosphate, AMP) 아데닌과 (디옥시) 리보오스 및 인산을 포함하는 뉴클레오티드

부착소(adhesin) 세균이 동물세포에 부착하도록 도와주는 단백질. 집락형성 인자와 동일

A-DNA 이중가닥 나선 DNA의 드문 대체 형

A형(A-form) 이중나선의 대체 형으로 회전당 11 염기쌍을 지님. 이중가닥 RNA의 경우는 흔하지만 DNA에서는 드물다.

인류의 어머니(African Eve) 약 10만 년에서 20만 년 전 아프리카에 살았을 것으로 여겨지는 가상적인 모계 조상

아가로오스(agarose) 해초로부터 유래한 다당류. 전기영동에 의해 핵산을 분리하기 위한 겔을 만드는데 이용됨

아가로오스 겔전기영동(agarose gel electrophoresis) 아가로오스로 만든 겔에 전류를 통과시켜 핵산 분자를 분리하는 기술

알칼리성 인산가수분해효소(alkaline phosphatase) 다양한 분자로부터 인산기를 분해하는 효소

대립유전자(allele) 유전자의 특정형, 보다 넓게는 DNA 분자에서 유전자자리의 특정형

알로-락토오스(*allo*-lactose) 락토오스 오페론의 세포 내 유도원. 락토오스의 이성질체임

다른자리입체성 효소(allosteric enzyme) 작은 분자와 결합하였을 때 모양이 변하는 효소

다른자리입체성 단백질(allosteric protein) 작은 분자와 결합하였을 때 구조가 변하는 단백질

알파 탄소[alpha-(α-) carbon] 아미노기와 카르복실기 두 가지를 운반하는 아미노산의 중앙 탄소 원자

알파 상보성(alpha complementation) N-말단 알파 단편과 나머지 단백질로부터 기능성 β-갈락토오스가수분해효소의 조립

알파 DNA(alpa DNA) 사람 DNA의 동원체 근처에서 발견되는 직렬반복 DNA

알파 단편(alpha fragment) β-갈락토오스가수분해효소의 N-말단 단편

대체 시그마 인자(alternative sigma factor) 특정 그룹의 유전자를 인식하는 데 필요한 비표준적인 시그마 인자

선택적 이어맞추기(alternative splicing) 동일한 유전자의 다른 부위를 이어맞춰 2개 또는 그 이상의 다른 mRNA들을 만드는 방법

알루서열(Alu element) 짧은고반복서열의 예로 사람과 다른 영장류의 염색체에서 다수 사본으로 발견되는 특정 짧은 DNA 서열

아미노산(amino acid) 단백질의 폴리펩티드 사슬을 만드는 단위체

아미노- 또는 N-말단(amino- or N-terminus) 처음 만들어지며 자유 아미노기를 가진 폴리펩티드의 말단

아미노아실 tRNA 합성효소(amino-acyl tRNA synthetase) tRNA에 아미노산을 결합시키는 효소

아미노글리코시드(aminoglycoside) 단백질 합성을 방해하는 항생제군. 스트렙토마이신, 네오마이신, 가나마이신, 아미카신, 겐타마이신을 포함

***amp* 유전자(*amp* gene)** β-락타마아제를 암호화하며 암피실린과 암피실린 관련 항생제에 저항성을 전하는 유전자. *bla* 유전자와 같음

암피실린(ampicillin) 널리 이용되는 페니실린계 항생제

혐기성호흡(anaerobic respiration, 무산소호흡) 산소 대신 질산염과 같은 산화제를 이용하는 호흡

유사체(analog) 특정 화학적 기질과 무척 비슷하여 생체 고분자, 특히 특정 효소, 수용체 단백질, 또는 조절 단백질들이 그러한 기질로 착오를 일으킬 만큼 비슷한 화학적 기질

닻 서열(anchor sequence) 프라이머나 탐침에 첨가된 서열. 지지물에 결합시키는데 사용하거나 편리한 제한효소절단부위를 삽입하거나 나중에 조작을 위한 프라이머 결합부위 혹은 다음의 PCR반응을 위한 프라이머 결합부위로 사용될 수 있다.

이수체(aneuploid) 불규칙적인 염색체 수를 갖는 세포

두 가닥 복원(annealing) DNA의 분리된 외가닥이 이중나선을 형성하기 위해 다시 쌍을 이룸

항-항-시그마 인자(anti-anti-sigma factor) 항-시그마인자가 시그마 인자에 결합하여 억제하는 것을 저해하도록 항-시그마 인자에 결합하는 단백질

항생제(antibiotics) 특수한 생화학 과정을 저해하여 환자는 죽이지 않고 선택적으로 세균 성장을 중지시키는 화학물질

항체(antibody) 면역계에 의해 만들어진 단백질로 외부 단백질 또는 다른 고분자를 인식하고 결합함

역코돈(anticodon, 안티코돈) mRNA의 코돈을 인지하고 결합하는 tRNA 상의 3개의 상보적인 염기 집단

역코돈 고리(anticodon loop) 역코돈을 가지고 있는 tRNA 분자의 고리

부동단백질(antifreeze protein) 영하 온도에 서식하는 생물들의 혈액, 세포 또는 조직액의 결빙을 막아주는 단백질

역평행(antiparallel) 반대 방향으로 달리는 평행

역전사RNA(antisense RNA, 안티센스 RNA) mRNA 또는 다른 기능의 RNA 분자와 상보적인 염기 서열로 이루어진 RNA

안티센스가닥(antisense strand) 상보적 염기쌍형성에 의해새 가닥이 합성될 때 주형으로 이용되는 DNA 가닥

역-샤인-달가르노 서열(anti-Shine-Dalgarno sequence) mRNA의 샤인-달가르노 서열에 상보적인 16S rRNA 상의 서열

항-시그마 인자(anti-sigma factor) 시그마 인자에 결합하여 시그마 인자의 전사 개시 기능을 억제하는 단백질

항-전사종결 인자(anti-termination factor) 전사종결 부위를 무시하고 전사가 계속 진행되도록 하는 단백질

항-전사종결 단백질(anti-terminator proteins) 전사종결 부위를 무시하고 전사가 계속 진행되도록 하는 단백질

AP 핵산내부가수분해효소(AP endonuclease) AP 지점 바로 옆 DNA를 자르는 핵산내부가수분해효소

AP 지점(AP site) 염기가 없는 DNA 지점(AP 지점=없는 염기의 종류에 따라 푸린 결여(apurinic) 또는 피라미딘 결여(apyrimidinic)

정복합체포자동물(Apicomplexa) 미토콘드리아와 퇴화된 비광합성엽록체를 가지고 있으며 말라리아를 포함하는 기생 단세포 진핵생물문

정복합체(apicoplast) 정복합체포자동물에서 발견되는 퇴화된 비광합성 엽록체

아포단백질(apoprotein) 여타의 보조인자나 보결분자단 없이 폴리펩티드 사슬들로만 구성된 단백질 부분

세포자살(apoptosis) 필요 없는 세포의 계획된 자살

후천성 면역결핍증후군(acquired immunodeficiency syndrome, AIDS) 면역 체계를 파괴하는 인간면역결핍바이러스(HIV)에 의한 질병

***araBAD* 오페론(*araBAD* operon)** 당 아라비노오스의 대사에 관

여하는 단백질을 암호화하는 오페론

아라비노오스(arabinose) 식물세포의 세포벽 물질에서 흔히 관찰되는 5탄당. 많은 세균이 탄소원으로 이용함

원시생물계(Archaea) 고세균의 새로운 이름

고세균(Archaebacteria or Archaea) 유전적으로 구분되는 생명의 도메인을 형성하는 세균 형. 극한 환경에서 자라는 많은 세균이 포함된다.

고세균(archaebacteria) "고대의" 세균으로 구성된 생물 3 도메인의 하나

아고넛 그룹[Argonaut (AGO) family] siRNA의 인도 가닥에 상보적인 세포 내 RNA는 모두 파괴하는 RISC 복합체 내에서 발견되는 효소

자낭균류(ascomycete) 자낭이라는 구조 내 4개의 (또는 8개의) 포자를 생성하는 균류

자낭(ascus) 자낭균류의 특수 포자형성 구조

무성 또는 영양 생식(asexual or vegetative reproduction) 2개체 간의 유전자 재조합이 없는 생식 형태

비대칭 중심(asymmetric center) 4개의 서로 다른 기를 달고 있는 탄소 원자. 이로 인해서 광학 이성질체가 된다.

전사감쇠(attenuation) 전사의 조기 종결에 의해 일어나는 전사조절의 한 종류. mRNA 선도영역의 대체 머리핀구조에 따라 발생한다.

전사감쇠단백질(attenuation protein) 전사감쇠에 관여하는 조절 단백질로 mRNA의 선도영역에 결합한다.

***att*λ(λ attachment site)** 람다부착지점-람다가 자신의 DNA를 세균 염색체에 삽입하는 부위

자가조절(autogenous regulation) 자신에 의한 조절. 예, 어떤 DNA 결합단백질은 자기 자신의 유전자발현을 조절함

방사선 자동사진법(autoradiography) 방사성 DNA의 정확한 위치를 알기위해서 겔 위에 사진용 필름을 놓는 것

옥신(auxin) 식물세포의 성장을 촉진하는 호르몬

아비딘(avidin) 비오틴과 매우 강하게 결합하는 달걀 흰자로부터 분리한 단백질

B1 서열(B1 element) 생쥐에서 발견되는 짧은고반복서열(SINE)의 예로 사람 알루서열 진화의 전구 서열

세균(bacteria) 원시적이고 다소 단순하며 핵이 없는 단세포 생물

세균 70S 리보솜(bacterial 70S ribosome) 세균에서 발견되는 리보솜의 종류

세균 인공 염색체(bacterial artificial chromosome, BAC) 매우 긴 DNA 삽입체를 운반할 수 있는 대장균의 F-플라스미드를 기본으로 한 한 사본 벡터. 인간유전체프로젝트에 널리 이용되었음

박테리오신(bacteriocin) 세균이 근연종의 다른 세균을 죽이기 위해 생성하는 독성 단백질

박테리오 페리틴(bacterioferritin) 세균에 존재하는 페리틴유사 단백질, 철을 저장하는 기능수행

박테리오파지(파지)[bacteriophage(phage)] 세균을 감염하는 바이러스

람다 박테리오파지(bacteriophage lambda) 생활사에서 용균과 용원을 교대하는 대장균 바이러스로 클론벡터로 널리 이용됨

M13 박테리오파지(bacteriophage M13) 환형 외가닥 DNA를 가지고 있으며 대장균을 침입하는 소형 웅성특이 사상형 바이러스

Mu 박테리오파지(bacteriophage Mu) 전이로 복제하고 숙주 세포 유전자내 끼어들어 돌연변이를 일으키는 세균 바이러스

T7 박테리오파지(bacteriophage T7) 프로모터가 오직 자신의 RNA 중합효소에 의해 인식되는 대장균을 감염하는 박테리오파지

Φ174 박테리오파지(bacteriophage Φ174) 환형 외가닥 DNA를 가지고 대장균을 침입하는 작은 구형 바이러스

미끼(bait) 전사활성화 단백질의 DNA결합도메인과 다른 단백질과의 융합체로서 단백질잡종분석에 사용된다.

밴드이동 분석법(bandshift assay) 전기영동 중에 DNA의 이동거리 변화를 측정함으로써 어떤 단백질이 DNA에 결합하는지를 조사하는 방법. 겔지체 분석법이나 이동성 변화 분석법과 같은 용어임

바코드 서열(barcode sequence) 특정 유전자에 차후의 분석을 위한 표지자를 붙이기 위하여 카세트에 첨가되는 20 염기쌍의 고유 서열

바소체(Barr body) 광학현미경으로 관찰되는 비활성이고 고도로 응축된 X-염색체

염기(base) 알칼리성 물질, 분자생물학에서는 특별히 DNA와 RNA에서 발견되는 고리형 질소 화합물

염기 유사체(base analog) DNA 염기와 유사한 모양의 화학적 돌연변이물질

염기절제 수선(base excision repair) 나선의 뒤틀림을 일으키지 않는 DNA의 돌연변이를 인식하고 수선하는 체계

염기쌍(base pair) 수소결합에 의해 쌍을 이루는 두 상보적 염기 (A와 T 혹은 G와 C)

염기치환(base substitution) 하나의 염기가 다른 것으로 바뀌는 돌연변이

굽은 DNA(bent DNA) 여러 A-궤적으로 인해 굽은 이중나선 DNA

베타-갈락토오스가수분해효소(beta-galactosidase, β-galactosidase, 베타갈락토시다아제) 락토스나 다른 베타 갈락토시드를 분해하여 갈락트오스를 방출하는 효소

베타-락탐(beta-lactam, β-lactam) 세균 세포벽인 펩티도글리칸의 교차결합을 방해하는 항생제 그룹으로 페니실린과 세팔로스포린이 속한다.

베타-락탐분해효소(beta-lactamase, β-lactamase, 베타-락타마아제) 페니실린과 세팔로스포린을 포함한 베타-락탐계 항생제를 분해하는 효소

B형(B-form, B-DNA) 원래 왓슨과 크릭에 의해 기술된 이중나선 DNA의 정상 형

양방향복제(bi-directional replication) 공통의 원점으로부터 두 방향으로 진행된 복제

이분법(binary fission) DNA 복제가 일어나 후 세포가 늘어나고 가운데가 갈라지는 단순한 형태의 세포 분열

결합단백질(binding protein) 다른 분자를 결합시키는 기능을 지닌 단백질

생물정보학(bioinformatics) 대량의 생물학적 서열 자료의 전산화 분석

바이오패닝(biopanning) 원하는 표출단백질을 찾기 위하여 고형 지지대에 부착된 미끼분자에 결합시킴으로써 파지 표출 라이브러리를 검사하는 방법

비오틴(biotin) DNA 분자의 화학적 표지에도 널리 사용되는 비타민 B 계열의 하나

***bla* 유전자(*bla* gene)** 베타-락타마아제를 암호화하며 암피실린과 암피실린 관련 항생제에 대한 저항성을 전하는 유전자. *amp* 유전자와 같음

청색/백색 선별(blue/white screening) 베타-갈락토오스가수분해효소 유전자의 삽입 불활성화를 기반으로한 선별과정

평활 말단(blunt ends) 완전히 염기쌍을 이루어 비염기쌍의 외가닥 돌출부가 없는 이중가닥 DNA 분자의 말단

우해면양뇌증(bovine spongiform encephalopathy, BSE) 광우병과 동일

bp 염기쌍의 약어

분지점(branch site) 이어맞추기 과정에서 분지가 일어나는 인트론 내 한 부위

출아(budding) 모세포에서 새 세포가 튀어나와 커져서 결국 분리되는 효모의 세포분열 방식

CAAT box 진핵세포 프로모터의 상부에 흔히 존재하는 염기 서열로 전사인자가 결합한다.

칼모듈린(calmodulin) 동물세포에 있는 작은 칼슘 결합단백질

캡(cap) 진핵세포의 mRNA의 5′ 말단에 존재하는 구조로서 메틸화된 구아노신이 역방향으로 결합되어 이루어짐

캡시드(capsid) 바이러스 입자의 DNA 또는 RNA를 둘러싼 단백질껍질 또는 보호층

카르복시(carboxy-) 혹은 C-말단(C-terminus) 마지막으로 만들어지고 자유 카르복실기를 갖는 폴리펩티드 사슬의 말단

CTD(carboxy-terminal domain) RNA 중합효소 II의 C-말단에 있는 인산화 가능한 반복 영역

운반단백질(carrier protein) 몸 주변 또는 세포 내로 다른 분자들을 운반하는 단백질

CAT(Chloramphenicol acetyl transferase) 클로람페니콜에 아세틸 그룹을 부착시켜 불활성화시키는 효소

연쇄체(catenane) 2개 이상의 원형 DNA가 서로 맞물려 있는 구조

꽃양배추모자이크바이러스(cauliflower mosaic virus, CMV) 환형 DNA를 가지고 있는 작은 구형 식물바이러스. 이 바이러스의 일부 프로모터는 식물 유전공학에 사용된다.

CD4 단백질(CD4 protein) 면역반응 도중 수용기로 작용하는 T-세포 표면상의 단백질

cDNA 라이브러리(cDNA library) 인트론이 결여된 cDNA 형태의 유전자 수집물

cDNA(complementary DNA) mRNA에서 역전사로 만들어져 인트론이 없는 DNA 사본

세포주기(cell cycle) 세포가 하나의 세포분열로부터 다음 세포분열까지 겪는 일련의 단계

세포(cell) 생명의 기본 단위. 각 세포는 막으로 둘러싸이며 세포작용에 필요한 유전정보를 제공하는 유전자 한 벌을 대게 가지고 있다.

세포PrPC(cellular PrPC) 프라이온 단백질의 건강한 정상적인 형태

Cen 서열(Cen sequence) centromere sequence(동원체 서열)을 참조

중심원리(central dogma) 생물 세포에서 유전자(DNA), 정보전달(RNA) 및 단백질을 관련시킨 유전정보의 흐름에 대한 기본 개요

원심분리(centrifugation) 시료를 고속으로 회전시켜 원심력에 의해 크고 무거운 성분이 바닥에 침전하게 하는 과정

동원체 서열[centromere (Cen) sequence] 세포분열 동안에 염색체의 정확한 분리를 위해 필요한 진핵세포 염색체의 동원체에 있는 서열

동원체(centromere) 진핵생물 염색체의 중간쯤 부위로 감수분열과 유사분열 동안 미세소관이 부착한다.

동원체 서열(centromere sequence, CEN) 동원체에서 발견되는 인식 서열로 방추사의 부착에 필요하다.

세팔로스포린(cephalosporin) 세균 세포벽의 펩티도글리칸 교차결합을 방해하는 β-락탐 타입의 항생제 중 하나

CG-섬(CG-island) 진핵세포 DNA에 있는 CG 염기 서열이 밀집한 지역. 시토신 메틸화의 표적이 되는 지역임

사슬 종결돌연변이(chain termination mutation) 정지 돌연변이와 동일

사슬 종결 서열결정법(chain termination sequencing) 다이디옥시뉴클레오티드를 사용하여 DNA 사슬의 합성을 종결함으로써 DNA 서열을 결정하는 방법. 다이디옥시서열결정법과 동일한 용어임

혼란물질(chaotropic agent) 물의 구조를 교란시켜서 소수성 기들이 녹을 수 있게 하는 화학물질

보호자단백질(chaperone) 때로 "분자 샤프론"으로 불림; 샤페로닌과 동일

샤페로닌(chaperonin) 다른 단백질들의 바른 접힘을 도와주는 단백질

샤가프 법칙(Chargaff's rule) 각각의 DNA 가닥에서에서 A와 T가, G와 C가 항상 짝을 형성하므로 푸린과 피리미딘의 비율은 1:1이다.

충전 tRNA(charged tRNA) 아마노산이 결합된 tRNA

화학발광(chemiluminescence) 화학반응에 의한 빛의 생성

카이 부위(chi site) 원핵생물의 특이 서열로서 교차가 일어나는

지점

키아스마[chiasma (복수형 chiasmata)] 두 상동염색체가 절단되고 상대 가닥과 재결합되는 지점

키메라(chimera) 하나 이상의 기원 또는 생물로부터 온 DNA를 포함하는 혼성 분자

경상대칭 중심(chiral center) 비대칭 중심과 동일

클로람페니콜(chroramphenicol) 세균의 단백질 합성을 저해하는 항생제

엽록소(chlorophyll) 광합성 동안 빛을 흡수하는 녹색 색소

콜레라독소(choleratoxin) 콜레라 세균 *Vibrio cholerae*에 의해 만들어지는 독소

염색분체(chromatid) 염색체 전체 혹은 절반을 이루는 이중나선 DNA 단일 분자이며, 히스톤과 다른 DNA 연관 단백질을 포함한다.

염색질(chromatin) 진핵생물 염색체를 구성하는 DNA와 단백질의 복합체

염색질 면역침강법(chromatin immunoprecipitation, ChiP) DNA를 전사인자에 교차결합시키고 나서 전사인자를 면역침강시킴으로써 특정 전사인자에 대한 DNA 결합 위치를 확인하는 기술

염색질개조복합체(chromatin remodeling complex) 전사가 일어날 수 있도록 염색질의 히스톤을 재배치하는 단백질조립체

크로미드(chromid) 염색체와 플라스미드의 특징으로 박테리아 유전물질을 설명하기 위해 염색체(chromosome)와 플라스미드(plasmid)를 합친 용어

크롬ID(chromID) 바이오메리유가 판매하는 염색성 배지의 상표명

색소생성 기질(chromogenic substrate) 효소에 의해서 강한 색깔을 내는 산물로 전환되는 무색 또는 옅은 색의 기질

염색체분염법(chromosome banding technique) 유전자가 없는 부위를 강조하는 특수 염색을 사용하여 염색체의 띠로 시각화하는 법

염색체(chromosome) 세포의 유전자를 지니고 있는 구조이며, 단일 DNA 분자로 구성된다.

더듬기식 염색체탐색법(chromosome walking) 중복되는 탐침을 이용하여 혼성화의 연속적인 주기에 의해 염색체의 인접부위를 클로닝하는 방법

***cI* 유전자(*cI* gene)** 람다 억제인자 또는 cI 단백질을 암호화하는 유전자

cI 단백질(cI protein) 박테리오파지 람다를 용원상태로 유지하도록하는 람다 억제단백질

시프로풀록사신(ciprofloxacin) DNA 자이라제를 억제하는 불소퀴놀론 항생제

시스트론(cistron) 하나의 폴리펩티드사슬을 암호하는 DNA (또는 RNA)의 단편

클램프적하복합체(clamp-loading complex) DNA 중합효소의 활주클램프를 DNA에 적하하는 단백질군

클라불란산(clavulanic acid) 유도체들이 β-락타마아제(락탐분해효소)에 결합하여 효소를 죽이는 단백질에 공유결합을 형성함

클론벡터(cloning vector) 세포 내에서 스스로 복제가 가능하고, 클로닝한 유전자 또는 DNA 분절을 운반하는데 이용되는 DNA 분자. 일반적으로 작고 다수의 사본을 가지는 플라스미드 또는 변형된 바이러스

클로버잎 구조(cloverleaf structure) tRNA 분자에서 염기쌍형성을 나타낸 2차원 구조

암호가닥(coding strand) 서열에 있어서 전령 RNA와 동등한 DNA의 가닥(양성 가닥과 동일)

공동우성(co-dominance) 2개의 다른 대립유전자가 관찰된 성질에 모두 공헌할 때

코돈중복성(codon degeneracy) 4개의 코돈으로 된 세트가 모두 동일 아미노산을 암호화하는 현상으로 코돈의 세 번째 염기의 변화는 번역에 차이를 주지않는다.

코돈(codon) 단일 아미노산을 암호하는 3개의 DNA 또는 RNA의 염기들

보조인자(cofactor) 폴리펩티드 사슬의 일부는 아니고 비공유결합에 의해 단백질에 부착된 화학기

공동면역침강법(co-immunoprecipitation) 하나의 단백질에 항체를 사용하여 단백질-단백질 상호작용을 알아내는 방법

공동삽입체(cointegrate) 전이, 재조합, 또는 유사한 과정 중 두 DNA 분자 가닥들을 연결하여 형성된 일시적 구조

콜드("cold") 비방사성에 대한 속어

ColE 플라스미드(ColE plasmid) E 그룹의 콜리신 유전자를 지니는 소형 다수 사본의 플라스미드. 널리 쓰이는 클론벡터 기본원리로 사용된다.

콜리신(colicin) 대장균이 매우 가깝게 연관된 세균을 죽이기 위해 만드는 독성 단백질 또는 박테리오신

집락형성 인자(colonization factor) 세균이 동물세포의 표면에 부착하도록 도와주는 단백질. 부착소와 동일

군집 프로파일링(community profiling) PCR을 이용하여 어떤 환경에 존재하는 박테리아의 양과 다양성을 조사하는 것

수용성세포(competent cell) 주위 배지로부터 DNA를 흡수 할 수 있는 세포

경쟁적 억제인자(competitive inhibitor) 진정 기질과 착각할 만큼 유사하여 효소를 억제하는 화학적 기질

상보적 DNA(complementary DNA, cDNA) 역전사효소에 의하여 전령 RNA를 주형으로 만들어진 인트론이 없는 진핵생물 유전자의 사본

상보성 서열(complementary sequences) 한 서열의 A, T, G, C가 다른 서열의 T, A, C, G에 상응하기 때문에 서로 쌍을 이루는 핵산의 두 서열

복합전이인자(complex transposon) 복제성 전이로 이동하는 전이인자

조건돌연변이(conditional mutation) 온도나 pH와 같은 환경적 조건에 따라 표현형이 달라지는 돌연변이

접합단백질(conjugated protein) 단백질과 다른 분자의 복합체

접합가교(conjugation bridge) 접합 도중 두 세포 간에 형성되어 공여체에서 수용체로 DNA가 이동하는 통로를 만들어주는 접합점

접합(conjugation) 세포 대 세포의 접촉으로 유전자가 전달되는 과정

접합전이인자(conjugative transposon) 접합을 통하여 한 세균에서 다른 세균으로 이동할 수 있는 전이인자

공통서열(consensus sequence) 각 위치에서 가장 자주 발견되는 염기로 구성된 이상화된 염기 서열

보존적 치환(conservative substitution) 하나의 아미노산이 유사한 화학적, 물리적 특성을 가진 다른 아미노산으로 치환되는 것

보존적 전이(conservative transposition) 자르고-붙이는 전이와 동일

구성유전자(constitutive gene) 항상 발현되는 유전자

콘틱(contig) 간격이 없이 연결되어 있는 알려진 DNA 서열 전체

제어된 공극유리(controlled pore glass; CPG) 균일한 크기의 막공을 지니며 인공적인 DNA 합성과 같은 화학반응을 위한 고체 지지대로 이용되는 유리

Coomassie Blue 단백질들을 염색하는 데 사용되는 청색소

사본 수(copy number) 한 유전자의 존재하는 사본 수

사본 수 변이(copy number variation, CNVs) 다른 개체의 유전체와 비교하여 한 유전체가 지니고 있는 삽입이나 결손 등의 구조적 변이형

핵심효소(core enzyme) sigma(인식) 소단위가 없는 세균 RNA 중합효소

보조억제인자(co-repressor) 원생생물에서는 억제단백질이 DNA에 결합하기 위해 요구되는 작은 신호 분자를 의미함. 진핵생물에서는 유전자발현 억제에 관여하는 부수적인 단백질로서 주로 히스톤 탈아세틸효소가 해당됨

***cos*서열(*cos* sequences; lambda cohesive ends)** 람다 유전체의 선형의 각 말단에서 볼 수 있는 상보적인 12 bp 길이의 돌출부

코스미드(cosmid) 람다의 *cos* 위치를 가지고 있고 약 45 kb의 클론 DNA를 운반할 수 있는 작은 다수 사본의 플라스미드

동시전달빈도(co-transfer frequency) 세포간 DNA가 전달되는 동안 두 유전자가 계속 연합되어 있는 빈도

번역동시 외분비(cotranslational export) 리보솜에 의해서 단백질이 아직 합성되고 있는 동안에 막을 통한 단백질의 외분비

전사-번역 연계(coupled transcription-translation) mRNA 분자가 DNA로부터 전사중인 상태에서 세균의 리보솜이 번역을 시작할 경우

공유결합폐환형 DNA(covalently closed circular DNA, cccDNA) 두 가닥 모두에 틈이 없는 원형 DNA

cPABP(chloroplast polyadenylate-binding protein) 엽록체 mRNA의 번역을 조절하는 번역활성화 단백질

크리스퍼 좌위(CRISPR locus) 침입하는 바이러스의 핵산으로부터 획득한 일련의 작은 서열 요소를 가지는 박테리아 유전체의 구역

크리스퍼 체계(CRISPR system) 상보적 서열을 가진 RNA를 찾아서 파괴하기 위하여 크리스퍼 좌위에서 유래한 짧은 외가닥 RNA와 결합된 효소복합체를 사용하는 박테리아의 방어 체계

크리스타(crista) 미토콘드리아 호흡막의 주름

교차(crossing over) 다른 DNA 두 가닥이 절단되고 서로 결합됨

교차 위치특이성재조합촉진효소(crossover resolvase) 공유결합으로 융합된 염색체들을 분리하는 세균 효소

교차(crossover) 두 DNA 분자의 가닥이 잘려지고 서로 연결하였을 때 형성되는 구조

근두암종(crown gall) Ti 플라스미드를 가지는 *Agrobacterium*의 감염으로 식물에서 형성되는 종양

CRP(cyclic AMP receptor protein) cAMP와 결합한 후 DNA에 결합하는 세균 단백질

십자형 구조(cruciform structure) 역반복으로부터 형성된 이중가닥 DNA(혹은 RNA)의 십자형 구조

잠재성 플라스미드(cryptic plasmid) 확인된 특징이나 표현형을 제공하지 않는 플라스미드

자르고-붙이는 전이(cut-and-paste transposition) 전이인자가 원위치에서 완전히 잘려 나와 단위 전체가 다른 위치로 이동하는 유형의 전이

사이클로헥시미드(cycloheximide) 진핵생물의 단백질 합성을 저해하는 항생제의 일종

세포질분열(cytokinesis) 세포분열

시토키닌(cytokinin) 식물세포의 분열을 촉진하는 호르몬

세포질(cytoplasm) 세포막의 안쪽이지만 핵 바깥인 세포의 부분

시토신(cytosine, C) 구아닌과 결합하는 피리미딘 염기로 DNA 혹은 RNA에서 발견된다.

세포골격(cytoskeleton) 진핵세포의 내부 구조 요소로 세포 모양을 유지하고 세포 내 물질과 세포소기관을 한 장소에서 다른 곳으로 이동시키기 위한 구조를 제공한다.

데이터마이닝(data mining) 다량의 자료를 여과하고 감별함으로써 유용한 정보를 찾기 위한 컴퓨터 분석

***de novo* 메틸화효소(*de novo* methylase)** 메틸화가 전혀 되지 않은 부위에 메틸기를 전달하는 효소

탈아미노효소(deaminase) 아미노기를 제거하는 효소

탈아미노화(deamination) 아미노기의 유실

결손파지(defective phage) 바이러스 입자를 만들기 위한 유전자가 결여된 돌연변이체 파지

축퇴성 프라이머(degenerate primer) 특정 위치에 서너개의 대체 염기를 가진 프라이머

결손(deletion) DNA 서열에서 하나 이상의 염기가 결실되는 돌연변이

탈메틸화효소(demethylase) 메틸기를 제거하는 효소

변성제(denaturant) 특히 수소결합의 파괴에 의하여 단백질의 3차 구조를 파괴하는 화학물질

변성(denaturation) DNA의 경우 DNA의 이중가닥이 2개의 외

가닥들로 분리되는 것; 단백질의 경우 정확한 3차원 구조를 상실하는 것

디옥시뉴클레오시드(deoxynucleoside) 당으로 디옥시리보오스를 포함하는 뉴클레오시드

디옥시뉴클레오티드(deoxynucleotide) 당으로 디옥시리보오스를 포함하는 뉴클레오티드

디옥시리보핵산가수분해효소(deoxyribonuclease; DNase) DNA를 절단하거나 분해하는 효소

디옥시리보핵산가수분해효소 I(deoxyribonuclease I; DNase I) DNA 상의 어떤 두 염기 사이를 비특이적으로 잘라주는 핵산가수분해효소. 족문 분석에 자주 사용된다.

디옥시리보핵산(deoxyribonucleic acid(DNA)) 유전자의 구성성분인 핵산 중합체

디옥시리보뉴클레오시드 5′-3인산 또는 디옥시-NTP (deoxyribonucleoside 5′-triphosphate, deoxyNTP) 염기, 디옥시리보오스와 3개의 인산기로 구성된 DNA 합성의 전구체

디옥시리보오스(deoxyribose) DNA에 있는 탄소 5개의 당

세제(detergent) 한쪽 끝은 소수성이나 다른 끝은 매우 친수성이며 지방이나 그리스를 용해시키는 분자

다이서(Dicer) 이중가닥 RNA를 21-23 염기쌍 정도의 크기로 절단하는 RNA가수분해효소

2디옥시순서분석법(dideoxy sequencing) 2디옥시뉴클레오티드를 사용하여 DNA 사슬의 합성을 종결함으로써 DNA서열을 결정하는 방법. 사슬 종결서열결정법과 동일한 용어임

2디옥시뉴클레오티드(dideoxynucleotide) 당이 리보오스나 디옥시리보오스 대신에 2디옥시리보오스인 뉴클레오티드

2디옥시리보오스(dideoxyribose) 2′과 3′ 수산기에서 산소가 결핍된 리보오스의 유도체

***dif* 부위(*dif* site)** 공유결합으로 융합된 염색체를 분리하기 위해 교차 위치특이성재조합촉진효소에 의해 이용되는 세균 염색체의 부위

차등표출 PCR(differential display PCR) RT-PCR의 변형된 형태로 진핵세포로부터 oligo(dt) 시발체를 사용하여 mRNA를 특이적으로 증폭한다.

분화(differentiation) 생물체의 세포 구조와 유전자 발현의 점진적인 변화로 다양한 세포 형을 만든다.

디곡시제닌(digoxigenin) DNA 분자의 화학적 표지를 위해 널리 이용되는 디기탈리스 식물로부터 분리한 스테로이드

디히드로폴레이트(dihydrofolate, DHF) DNA와 RNA 합성을 위한 전구체의 제조를 포함한 여러 가지 역할을 하는 보조인자

디히드로폴레이트환원효소(dihydrofolate reductase) 디히드로폴레이트를 4수소엽산으로 다시 전환하는 효소

디메소시트리틸(DMT)기(dimethoxytrityl group) 인공적인 DNA 합성과정에서 뉴클레오티드의 5′-수산기를 차단하기 위해 이용되는 기

디프타미드(diphthamide) 디프테리아 독의 표적인 진핵생물 신장인자. eEF2에서만 발견되는 변형된 아미노산

2배체(diploid) 각 유전자의 두 사본을 가지고 있음

양극성 이온(dipolar ion) 양성이온과 동일; 양전하와 음전하 모두를 가진 분자

유도 돌연변이(specific recombination) 다양한 인공적 기술을 사용하여 유전자의 DNA 서열을 인위적으로 바꾸는 것

이황화결합(disulfide bond) 2개의 황화수소기, 특히 시스테인의 황화수소기들 사이에 형성되는 황과 황의 결합은 두 단백질 사슬을 함께 결합시킴

***Dmd* 유전자(*Dmd* gene)** 듀켄씨근이영양증의 원인이 되는 유전자

DNA 디옥시리보핵산; 유전자를 만드는 핵산 중합체

DNA 아데닌 메틸화효소(DNA adenine methylase, Dam) GATC 서열의 아데닌을 메틸화하는 세균 효소

DNA 결합 도메인(DNA binding domain) DNA에 결합하는 전사인자의 일부분

DNA칩(DNA chip) DNA-DNA 혼성화에 의해 수많은 짧은 DNA 조각을 동시에 탐지하고 동정하기 위해 사용되는 칩. DNA 정렬 또는 올리고뉴클레오티드정렬 검출기로도 알려져 있음

DNA 시토신 메틸화효소(DNA cytosine methylase, Dcm) CCAGG와 CCTGG 서열의 시토신을 메틸화하는 세균 효소

DNA 지문(DNA fingerprint) 제한효소를 사용하고 전기영동으로 분리하고 서던흡입법으로 가시화된 다수 DNA 띠의 개체마다 고유한 양상

DNA 당화효소(DNA glycosylase) DNA 축의 염기와 디옥시리보오스 사이의 결합을 끊어주는 효소

DNA 자이라제(DNA gyrase) DNA에 음성 초나선을 도입하는 효소로 II형 DNA 회전효소의 일종

DNA 풀기효소(DNA helicase) 이중나선 DNA를 풀어주는 효소

DNA 라이브러리(DNA library) 특정 생물체의 모든 유전자 사본을 적어도 1개 이상 포함하기에 충분히 큰 클론 DNA 단편의 수집물. 유전자 라이브러리와 같음

DNA 연결효소(DNA ligase) DNA 단편의 말단과 말단을 공유결합으로 연결하는 효소

DNA 미세배열, DNA 배열(DNA microarray, DNA array, DNA 유전자미세배열) 많은 RNA나 DNA 분절을 혼성화로 동시에 탐지하고 동정하기 위하여 사용되는 DNA 절편칩의 정렬. DNA 칩 또는 올리고뉴클레오티드정렬로도 알려져 있음.

DNA 중합효소(DNA polymerase) DNA를 합성하는 효소

DNA 중합효소 I(DNA polymerase I, Pol I) Okazaki 단편 사이나 손상된 DNA 수선과정에서 간격을 채우기 위해 짧은 길이의 DNA를 만드는 세균 효소

DNA 중합효소 III(DNA polymerase III, Pol III) 세균 염색체가 복제될 때 DNA의 대부분을 만드는 효소

DNA 중합효소 V(DNA polymerase V) 피리미딘 이량체와 AP-지점을 통과하여 복제하는 수선 중합효소

DNA 중합효소 α(DNA polymerase α) 동물염색체의 복제시 개시 DNA의 짧은 단편을 만드는 효소

DNA 중합효소 δ(DNA polymerase δ) 동물염색체가 복제될 때 대부분의 지체가닥 DNA를 만드는 효소

DNA 중합효소 ϵ(DNA polymerase ϵ) 동물염색체가 복제될 때 대부분의 선도사슬 DNA를 만드는 효소

DNA 바이러스(DNA virus) DNA로 구성된 유전체를 갖는 바이러스

DnaA 단백질(DnaA protein) 박테리아 염색체의 기점에 결합하여 복제의 개시를 돕는 단백질

도메인(domain) (생물의) 생물의 가장 근본적인 유전적 성질에 근거한 가장 상위의 생물 분류군

도메인(domain) (단백질의) 다소 독립적으로 접혀서 국부적인 3차 구조를 이루는 폴리펩티드 사슬의 한 영역

우성 대립유전자(dominant allele) 한 사본으로 있든 두 사본이든 성질이 표현형에 나타나는 대립유전자

공여체세포(donor cell) 다른 세포로 DNA를 주는 세포

이중나선(double helix) 서로를 나선형으로 꼬는 DNA의 두 가닥에 의해 형성된 구조

Ds 인자(Ds element) 옥수수에서 발견된 결함이 있는 Ac 전이인자 사본; 이동에 전달효소를 제공하는 Ac 인자가 필요

듀켄씨근이영양증(Duchenne muscular dystrophy) 근육 기능에 영향을 주는 몇 가지 유전병 중의 하나

중복(duplication) DNA의 일정 조각이 중복되는 돌연변이

E(출구) 부위[E (exit) site] tRNA가 리보솜에서 빠져나가기 직전에 자리하는 부위

초기발현유전자(early gene) 주로 바이러스 DNA(또는 RNA)의 복제에 관여하는 효소를 암호화하며 바이러스의 감염 초기에 발현되는 유전자

환경-낚시(eco-trawling) PCR에 의해 환경으로부터 유용한 유전자를 분리하는 것

EDTA(ethylene diamine tetraacetate) 칼슘과 마그네슘과 같은 2가 양이온과 결합하여 킬레이트제로 널리 이용됨

전기영동(electrophoresis) 전기장에 의해 전하를 띤 분자의 이동. 핵산과 단백질을 분리하거나 정제하는 데 이용됨

전기천공법(electroporation) 전류로 세포막에 작은 구멍 또는 입구를 유도하는 것; 세균, 포유류 세포, 효모 및 다른 소형 생물에 사용됨

전기천공기(electroporator) 세포가 DNA를 받아들이는 수용성이 될 수 있도록 고전압방전을 가하는 기기

전자분무이온화법(electrospray ionization, ESI) 용액 상의 이온들로부터 기체 상의 이온들을 발생시키는 질량분석법의 종류

신장인자(elongation factors) 자라는 폴리펩티드 사슬이 신장되는 데 요구되는 단백질들

거울상체(enantiomers) 한 쌍의 거울상 광학 이성질체 (예, D-와 L- 이성질체)

핵산내부가수분해효소(endonuclease) 핵산을 내부에서 절단하는 핵산가수분해효소

소포체(endoplasmic reticulum) 진핵세포에서 발견되는 내부막계

세포 내공생(endosymbiosis) 한 생물이 다른 생물의 내부에서 사는 공생의 형태

증폭자(enhancer) 프로모터의 바깥, 때로는 먼 거리에 위치한 조절 서열로 전사인자들과 결합한다.

Entamoeba 미토콘드리아가 없는 매우 원시적인 단세포 진핵생물

내독소(enterotoxin) 독성 *E. coli* 균주를 포함한 장내 세균이 만드는 독소

효소(enzyme) 화학반응을 촉매하는 단백질 혹은 RNA 분자

후성유전학(epigenetics) 뉴클레오티드 DNA 서열 상의 변화 없이 일어나는 표현형의 차이의 유전; 흔히 DNA의 메틸화 양상 또는 히스톤에 대한 번역후변형 양상을 가리킨다.

상위(epistasis) 한 유전자의 돌연변이가 다른 유전자에서의 변형 효과를 감추는 것

오류유발수선(error-prone repair) 돌연변이를 유발하는 DNA 수선 과정

에리트로마이신(erythromycin) 세균의 단백질 합성을 저해하는 항생제의 일종

대장균(*Escherichia coli*) 분자생물학에서 자주 사용되는 세균의 종 이름

브롬화 에티듐(ethidium bromide) DNA나 RNA에 특이하게 결합하는 염료로서 자외선 하에서 보면 오렌지색을 나타낸다.

진정세균(Eubacteria) 유전적으로 구분되는 고세균과 대조되는 일반 종류의 세균

진정염색질(euchromatin) 이질염색질과 대조되는 일반 염색질

진핵생물(eukaryote) 핵이라는 구획 안에 1개 이상의 염색체를 갖는 진화된 세포로 구성된 고등생물

진핵 (80S) 리보솜[eukaryotic (80S) ribosome] 진핵세포의 세포질에서 발견되며 핵에 있는 유전자에 의하여 암호화되는 리보솜의 종류

절제수선 체계(excision repair system) "자르고 붙이는" 수선으로도 알려져 있음. DNA 이중나선의 튀어나온 부분을 인식하며 손상된 가닥을 제거하고 대체하는 DNA 수선 체계

절제효소(excisionase) 삽입된 DNA 이중가닥 조각을 제거하고 남아있는 DNA 간극을 다시 연결시켜주는 효소. 특히 람다 절제효소는 삽입된 람다 DNA를 절제해준다.

엑손카세트 선택(exon cassette selection) 일차전사물에서 엑손을 다르게 선택하여 다른 mRNA 분자들을 합성하는 대체의 이어맞추기

엑손(exon) 가공이 끝난 후에 전령 RNA에 남아있는 단백질을 암호화하는 유전자의 단편

엑손 트래핑(exon trapping) 엑손에 연결된 이어맞추기 인식부위를 사용하여 엑손을 분리해 내는 실험 과정

핵산말단가수분해효소(exonuclease) 핵산을 말단에서 자르는 핵산가수분해효소

발현 서열 꼬리표(expressed sequence tag, EST) mRNA로 전사되는 DNA 영역으로부터 유래된 STS의 특정 형태

발현벡터(expression vector) 클론유전자를 플라스미드 유래 프로모터의 조절 하에 두도록 특별히 고안된 벡터

엑스테인(extein) 이어맞추기에 의해 인테인들이 제거된 후 남아 있는 단백질 조각

유전자외 억제(extragenic suppression) 다른 유전자의 2차 변화에 의한 복귀 돌연변이

Fe_4S_4 무리(Fe_4S_4 cluster) 몇 종의 단백질에서 보조인자로 작용하는 무기철원자와 황원자의 그룹

페리틴(ferritin) 철 저장 단백질

수정플라스미드(fertility plasmid) 세포가 접합으로 DNA를 공여하도록 하는 플라스미드

잡종세대(filial generation) 한 유전 교배에서 나타난 자손들의 연속적인 세대로 순서를 기억하기 위하여 F1, F2, F3 등으로 표시한다.

FISH fluorescence in situ hybridization을 참조

FLAG tag 짧은 표지펩타이드(AspTyrLysAspAspAspAspLys)로서 anti-FLAG 항체와 결합하며 이는 단백질의 칼럼정제에 사용되는 레진에 부착될 수 있다.

Flp 재조합효소(Flp recombinase or flippase) 역반복 서열인 FRT 지점 사이의 재조합을 촉진하는 효모의 2μ 플라스미드가 암호화하는 효소

Flp 재조합 표적 또는 FRT 지점(Flp recombination target or FRT site) Flp 재조합효소의 인식부위

형광활성세포분류기(fluorescence activated cell sorter, FACS) 형광 표지를 근거로 세포(또는 염색체)를 분류하는 기계

형광제자리잡종화(fluorescence *in situ* hybridization, FISH) 자연의 상태에서 DNA 또는 RNA 분자를 시각화하기 위하여 형광 탐침을 이용하는 것

형광(fluorescence) 분자가 한 파장의 빛을 흡수하여 다른 파장, 즉 길고 낮은 에너지 파장의 빛을 방출하는 과정

형광 공명에너지 전달기(fluorescence resonance energy transfer, FRET) 에너지를 짧은 파장의 형광체로부터 긴 파장의 형광체로 전달하여 짧은 파장의 방출 세기를 줄임

형광단(fluorophore) 형광을 띤 그룹

엽산(folate) DNA 합성시 탄소기 하나를 운반하는 역할을 하는 보조인자

족문(footprint) 특정 단백질이 화학 분해로 부터 DNA를 보호하는 정도로 단백질의 DNA 결합을 시험해보는 방법

F-플라스미드(F-plasmid) 숙주인 대장균에게 교배할 능력을 부여하는 특정 플라스미드

틀이동(frameshift) 폴리펩티드 합성에서 해독틀의 변경

FRT 지점(FRT site) Flp 재조합효소의 인식지점으로 Flp 재조합 표적

기능유전체학(functional genomics) 전체 유전체와 이의 발현을 연구하는 것

철 흡수조절인자(Fur, ferric uptake regulator) 세균에 존재하는 철의 양을 감지하는 조절단백질

푸시딕산(fusidic acid) 단백질 합성을 저해하는 항생제의 일종

G1기(G1 phase) 세포분열 다음에 오는 진핵세포 세포주기의 단계; 세포 성장이 일어남

G2기(G2 phase) DNA 합성과 유사분열 사이의 진핵세포 세포주기의 단계; 분열의 준비

갈락토시드(galactoside) 젖당, ONPG, 혹은 X-갈과 같은 갈락토오스 복합체

배우자(gametes) 한 세트의 유전자를 갖는 반수체이며 유성생식을 위해 특수화된 세포

배우체(gametophyte) 이끼나 우산이끼 같은 하등식물의 반수체기. 구별되는 다세포 몸체를 형성한다.

간격(gap) DNA 또는 RNA 가닥에서 염기쌍이 없는 갈라진 틈

GC 비율(GC ratio) 시료 DNA의 모든 염기에 대한 G와 C의 양으로 보통 %로 표시된다.

겔전기영동(gel electrophoresis) 겔망을 통하여 전하를 띤 분자를 크기에 따라 분리하기 위한 전기영동

겔지체 분석법(gel retardation) 전기영동 중에 DNA 이동성의 변화를 측정함으로써 단백질의 DNA 결합을 시험하는 방법. 밴드 이동 분석법이나 전기영동상변화분석법과 같은 용어임

유전자(gene) 유전정보의 단위

유전자 카세트(gene cassette) 편리한 제한효소 절단위치가 측면에 존재하는 잘 고안된 DNA 마디로 일반적으로 항생제에 대한 저항성 유전자 혹은 다른 쉽게 관찰될 수 있는 형질의 유전자를 운반한다.

유전자전환(gene conversion) 감수분열 도중 한 대립유전자가 다른 대립유전자로 교체되는 DNA의 재조합 및 수리. 그 결과 유전적 교차가 일어난 자손 간에는 멘델 비율이 들어맞지 않을 수 있다.

유전자생물(gene creature) 주로 유전적 정보로만 구성된 유전적 존재. 때로 방어성 포장을 가지기도 하지만, 스스로 에너지를 생성하거나 거대 분자를 복제할 기구는 없다.

유전자군(gene family) 연속적인 중복으로 생긴 유사한 기능을 가진 유연성 유전자 그룹

유전자 융합체(gene fusion) 두 유전자의 일부분 특히 어떤 유전자의 조절부위를 보고 유전자의 암호화 부위와 연결시킨 구조

유전자 라이브러리(gene library, 유전자 도서관) 특정 생물체의 모든 유전자 사본을 적어도 1개 이상 포함하기에 충분히 큰 클론 DNA 단편의 수집물. DNA 라이브러리와 같음

유전자산물(gene product) 유전자 발현의 최종 산물; 일반적으로 단백질이지만 rRNA, tRNA 및 snRNA와 같은 다양한 미번역 RNA들도 포함한다.

대가족유전자군(gene superfamily) 몇 단계의 연속적인 중복으로 생긴 유연성 유전자 그룹. 대가족유전자군의 유전자들은 간혹 계통상 확인하기 어려울 정도로 멀리 분기하기도 한다.

유전자칩 배열(GeneChip array) 애피메트릭스사에 의해 만들어진 최초의 DNA칩 이름

일반적 전사인자(general transcription factor) 대부분 진핵생물

유전자의 발현에 요구되는 전사인자

보편형질도입(generalized transduction) 세균 DNA의 절편이 마구잡이로 포장되고 모든 유전자가 거의 동일한 전달 확률을 가지고 있는 형질도입의 유형

세대기간(generation time) 한 세포분열의 개시에서 다음 세포분열의 개시까지의 시간

유전암호(genetic code) DNA나 RNA의 염기를 3개씩(코돈) 읽어 아미노산을 암호화하는 체계

유전인자(genetic element) 유전 정보를 가지고 있고 유전적 단위로 작동하는 DNA 또는 RNA 분자 또는 조각

유전체마이닝(genome mining) 다량의 생물학적 서열 자료를 여과하고 감별함으로써 유용한 정보를 찾기 위한 컴퓨터 분석의 활용

유전체(genome) 개체의 전체 유전정보

유전체학(genomics) 개개의 유전자보다는 유전체 전체를 대상으로 연구하는 학문

유전자형(genotype) 생물의 유전적 조성

속(genus) 유연관계가 가까운 종의 무리

생식세포(germ cells) 다음 세대의 생물에 유전정보를 전달하도록 특화된 세포; 배우자 참조

생식계열 세포(germline cell) 다음 세대 형성에 필요한 난자나 정자를 만드는 생식세포

기가염기쌍(Gbp) 10^9 염기쌍

전반적인 조절(global regulation) 같은 자극에 대한 반응으로 많은 수의 유전자들이 조절됨

전반적인 조절인자(global regulator) 몇 종의 자극이나 또는 발생단계에 따라 많은 수의 유전자를 조절하는 단백질

글로빈(globin) 동물의 혈액과 조직에서 산소를 운반하는 헤모글로빈과 미오글로빈을 포함한 유연성 단백질군

글루타티온 S전달효소(Glutathione-S-transferase, GST) 트리펩타이드인 글루타치온에 결합하는 효소. GST는 흔히 융합단백질을 만드는 데 사용된다.

글리신(glycine) 가장 간단한 아미노산

글리코겐(glycogen) 세균과 동물의 간에서 발견되는 저장형 탄수화물

당단백질(glycoprotein) 단백질과 탄수화물 복합체

골지장치(Golgi apparatus) 진핵세포 밖으로 물질을 수송하는데 관여하는 막으로 싸인 세포소기관

그람음성세균(gram-negative bacterium) 세포막 바깥에 추가 외막을 가진 진정세균의 종류

그람양성세균(gram-positive bacterium) 세포막은 있지만 외막은 없는 진정세균의 종류

무상유도원(gratuitous inducer) 대부분의 경우 인공적으로 합성된 물질로 유전자 발현을 유도한다. 그러나 자연적인 기질과 달리 세포 내에서 대사되지는 않는다. 가장 잘 알려진 예는 IPTG에 의한 *lac* 오페론의 유도이다.

녹색 형광 단백질(green fluorescent protein; GFP) 녹색 형광을 내는 해파리 단백질로서 유전 분석에 광범위하게 사용되고 있다.

그레고르 멘델(Gregor Mendel) 완두콩의 교배실험으로 유전학의 기본 법칙들을 발견하였음

구아니딘(guanidine) 구아니디니움이 이온화되지 않은 형태

염화구아니디니움(guanidinium chloride) 광범위하게 사용되는 단백질 변성제의 일종

구아닌(guanine, G) 시토신과 결합하는 푸린 염기로 DNA 혹은 RNA에서 발견된다.

안내 RNA(guide RNA, gRNA) RNA 편집과정 중 긴 mRNA에서 서열의 위치를 찾아내기 위해 사용되는 짧은 RNA

머리핀(hairpin) 외가닥 DNA 혹은 RNA가 자체적으로 접혀 형성된 이중가닥 염기쌍 구조

반수체유전체(haploid genome) 모든 유전자를 한 사본 포함하는 완전한 조(일반적으로 유전자 조가 둘 이상인 생물을 설명할 때 사용)

반수체(haploid) 각 유전자를 한 사본만 가지고 있음

반수체형(단상형, haplotype) 감수분열동안 한 단위로 유전되는 대립유전자 혹은 유전적 표지의 조합

H-DNA 삼중나선으로 구성된 DNA 형. 산성 조건과 연속적인 푸린 염기에 의해 형성이 촉진된다.

만두포장(headful packaging) 바이러스 입자의 머리에 담을 수 있는 DNA의 양에 따라 결정되는 바이러스 포장기작의 유형(특이 인식 서열에 대한 반대 의미)

열충격 단백질(heat shock protein, HSP) 고온에 반응하여 유도되는 단백질. 많은 열충격 단백질들이 샤페로닌이다.

열충격 반응(heat shock response) 높은 온도에 대한 반응으로 일련의 열충격단백질 유전자들이 발현됨

헬리트론(helitron) 회전환 복제로 전이하는 진핵생물에서 발견되는 전이인자

나선-고리-나선[helix-loop-helix(HLH)] 단백질들에 공통적인 DNA 결합부위의 한 가지 유형

나선-회전-나선[helix-turn-helix(HTH)] 단백질들에 공통적인 DNA 결합부위의 한 가지 유형

보조파지(helper phage) 결손파지가 바이러스 입자를 만들 수 있도록 필요한 유전자를 공급하는 파지

도움바이러스(helper virus) 결손바이러스, 위성바이러스 및 위성 RNA에게 필수적인 기능을 마련해주는 바이러스

반메틸화(hemi-methylated) 한쪽 가닥만 메틸화 된 것

용혈소(hemolysin) 적혈구를 용혈시키는 독소

헤르페스바이러스(herpesvirus) 숙주 세포의 핵막으로부터 훔쳐온 외피 물질을 가지고 있는 구형 동물 DNA 바이러스의 과

이질염색질(heterochromatin) 고도로 응축된 염색질 형으로 RNA 중합효소가 접근할 수 없으므로 전사될 수 없다.

이형 이합체(heterodimer) 2개의 서로 다른 구성단위로 이루어진 이합체

이형 이중가닥(heteroduplex) 2개의 다른 DNA 분자에서 유래한 외가닥들로 이루어진 DNA 이중나선

이형접합성(heterozygous) 한 유전자의 2개 다른 대립유전자를 가짐

Hfr-균주(Hfr-strain) 통합된 수정플라스미드 때문에 높은 빈도로 염색체 유전자를 전달하는 세균 균주

고반복DNA(highly repetitive DNA) 수십만의 사본들로 존재하는 DNA 서열

His tag 6개의 직렬 히스티딘 잔기로서 단백질에 융합됨. 그리하여 고형지지대에 부탁된 니켈이온에 결합하여 단백질 정제를 가능케 함. 폴리히스티딘 표지단백질로도 알려짐.

히스톤(histone) DNA에 결합하고 진핵생물의 염색체 구조 유지를 돕는 양전하를 띠는 특수 단백질

히스톤 아세틸기 전달효소(histone acetyl transferase, HAT) 히스톤에 아세틸기를 붙이는 효소

히스톤 탈아세틸효소(histone deacetylase, HDAC) 히스톤에서 아세틸기를 제거하는 효소

히스톤-유사단백질(histone-like protein) 세균의 단백질로 DNA에 비특이적으로 결합하며 핵양체의 구조를 유지하는데 관여함. 실제로는 히스톤과 공통적인 특성은 별로 없음

H-NS 단백질(histone-like nucleoid structuring protein) 세균의 단백질로 DNA에 비특이적으로 결합하여 핵양체의 고등구조 유지를 돕는다.

홀러데이접합부(Holliday junction) 재조합 중 형성되는 DNA 구조로 두 DNA 분자가 연결되는 교차점에서 발견된다.

완전효소(holoenzyme) 다수의 기능적 소단위로 구성된 활성적인 효소복합체로 다수의 단백질로 구성된다.

완전단백질(holoprotein) 폴리펩티드 사슬과 그 밖에 금속 이온, 보조인자 또는 보결분자단으로 구성된 완전한 단백질

귀소 인트론(homing intron) 표적 유전자의 인식 서열 속으로 자신을 삽입시킬 수 있는 단백질을 암호화하는 이동성 인트론

상동성(homologous) 공통 유전 조상을 의미할 정도로 서열상 연관된

상동염색체(homologous chromosomes) 동일한 유전자 서열을 동일한 순서로 가지고 있는 두 염색체

상동 재조합(homologous recombination) 2개의 동일한 또는 거의 유사한 서열의 DNA 부위 사이에 일어나는 재조합

후그스틴 염기쌍(Hoogsteen base pairs) 피리미딘이 푸린에 옆으로 붙어 있는 삼중나선 DNA에서 발견되는 비정상적 유형의 염기쌍

수평유전자전달(horizontal gene transfer) 비유연성 생물 간에 일어나는 유전자의 갓길 이동. 측면유전자전달과 같은 의미

핫("hot") 방사성에 대한 속어

고온개시 PCR(hot start PCR) 항체나 다른 저해 단백질을 이용하여 DNA가 충분히 변성될 때까지 PCR의 다른 재료와 *Taq* 중합효소가 접촉하는 것을 방지하는 PCR 방법

돌연변이다발점(hotspot) DNA나 RNA에서 비정상적으로 돌연변이 빈도가 높은 지역

항존유전자(housekeeping gene) 생명현상 유지에 필수적이어서 항상 발현되는 유전자

HU 단백질(heat-unstable nucleoid protein) 세균 단백질로 DNA에 낮은 특이성으로 결합하며 DNA 굽힘에 관여한다.

인간 유전체 프로젝트(Human Genome Project) 인간 우전체의 모든 서열을 결정하는 프로그램

인간면역결핍바이러스(human immunodeficiency virus, HIV) AIDS를 유발하는 레트로바이러스

혼성DNA(hybrid DNA) 다른 두 출처의 외가닥들이 염기쌍을 형성하여 만든 인위적 이중나선 DNA

혼성화(hybridization) 다른 두 출처의 외가닥들의 복원에 의한 이중나선 DNA 분자의 형성

수소결합(hydrogen bond) 양성수소원자가 음전하를 갖는 다른 두 원자 모두에 끌리는 힘에 의해 나타나는 결합

친수성(hydrophilic) 물을 좋아함. 물에 잘 녹는다.

얼음 핵형성 인자(ice nucleation factor) 얼음 결정의 형성을 촉진하는 특정한 세균의 표면에서 발견되는 단백질

IHF(integration host factor) 세균 단백질로 DNA를 굽혀 특정 유전자의 전사개시를 도와주는 역할을 한다. 람다 박테리오파지가 대장균의 DNA로 삽입되는 과정을 돕기 때문에 그 역할을 따라 명명되었음

일루미나/솔렉사 서열분석법(Illumina/Solexa sequencing) DNA 중합효소에 의해 첨가되는 뉴클레오티드를 동정하기 위해 가역적 색소 종결자를 사용하는 방법 2세대 서열분석법이다

면역 단백질(immunity protein) 면역성을 제공하는 단백질. 특히 박테리오신 면역 단백질은 대응하는 박테리오신에 결합하여 무해하게 만든다.

면역(immunization) 약하거나 죽은 감염성 매체를 환자에게 처리하여 차후 감염에 대비한 면역계를 준비하는 과정

면역학적 선별(immunological screening) 표적 단백질이 항체의 특이적 결합에 의존하는 선별과정

유전자각인(imprinting) 특정 대립인자의 발현이 이 대립인자의 기원(부계 또는 모계)에 의해 결정되는 현상(유전자각인은 유전의 우열의 법칙에서 벗어난 드믄 예외적인 현상임)

시험관 내 포장(*in vitro* packaging) 감염 가능한 바이러스 입자를 조립하기 위하여 시험관 내에서 바이러스 단백질들과 DNA를 혼합하는 과정. 종종, 재조합 DNA를 박테리오파지 람다로 포장하는 데 이용됨

부적합성(incompatibility) 동일한 숙주 세포에서 같은 과의 두 플라스미드가 동시에 존재할 수 없음을 일컬음

유도적합(induced fit) 기질의 결합이 효소의 구조 변화를 유도하여 효소와 기질이 더 잘 맞게 됨

유도돌연변이(induced mutation) 돌연변이유발 화합물이나 방사선 조사와 같은 외부 요인으로 발생된 돌연변이

유도원(inducer) 전사조절단백질에 결합하여 유전자발현을 시작하게 하는 신호분자

유전질병(inherited disease) 한 세대에서 다음 세대로 유전되는 유전적 결함으로 일어나는 질병

개시복합체(initiation complex for replication) 기점에 결합하여 DNA 복제를 시작하는 단백질들의 집합체

개시인자(initiation factors) 새로운 폴리펩티드 사슬의 개시를 위하여 요구되는 단백질들

개시상자(initiator box) 진핵생물 유전자의 전사 개시위치의 서열

개시 DNA(initiator DNA, iDNA) 동물의 염색체 복제시 RNA 프라이머 바로 다음에 만들어지는 짧은 DNA 단편

개시 tRNA(initiator tRNA) 새로운 폴리펩티드 사슬을 시작할 때 리보솜으로 첫 번째 아미노산을 운반하는 tRNA

이노신(inosine) 특이 염기인 히포크산틴을 포함하는 운반RNA에서 가장 자주 발견되는 푸린 뉴클레오시드

삽입(insertion) DNA 서열에서 하나 이상의 추가염기가 삽입되는 돌연변이

삽입 서열(insertion sequence) 유전자를 암호화하는 전달효소를 둘러싸는 역반복 서열로만 구성된 단순전이인자

삽입 불활성화(insertional inactivation) 외부 DNA 단편을 암호화 서열의 중간으로 삽입하여 일어나는 유전자의 불활성

격리자(insulator) 증폭자의 작용으로부터 프로모터를 보호하는 DNA 염기 서열로 이질염색질 구조가 전파되는 것을 막는 기능도 한다.

격리자 결합단백질(insulator binding protein, IBP) 격리자가 기능을 수행하는 데 필요한 격리자서열에 결합하는 단백질

인테그레이즈(integrase) 한 이중가닥 DNA 분절을 다른 DNA 분자의 특정 인식 서열에 삽입하는 효소. 람다 인테그레이즈는 람다 DNA를 대장균 염색체에 삽입한다.

Int 단백질(Int protein) 인테그레이즈와 동일

삽입(integration) 한 이중가닥 DNA 분절을 다른 DNA 분자의 특정 인식 서열에 삽입하는 것

인테그론(integron) 인테그레이즈를 암호화하는 유전자와 삽입 지점을 가지는 유전인자

인테인(intein) 단백질에서 발견되는 자가이어맞추기를 하는 개재서열

끼어들기(intercalation) 납작한 화학분자가 DNA 염기 사이에 삽입되는 것. 종종 돌연변이를 유도한다.

유전자간 DNA(intergenic DNA) 유전자 사이에 있는 비암호화 DNA

유전자간 부위(intergenic region) 유전자 사이의 DNA서열

내부분리지점(internal resolution site, IRS) 복제성 전이 중 공동삽입체에서 두 DNA 분자를 분리할 때 위치특이성 재조합촉진 효소가 DNA를 절단하는 복합적 전이인자내 지점

간기(interphase) 차기 세포분열까지 G1-, S- 및 G2-기들로 구성된 진핵세포주기의 부분

개재서열(intervening sequence) 인트론의 또 다른 이름

세포 내 기생체(intracellular parasite) 숙주 생물의 세포 내에 서식하는 기생생물

유전자내 억제(intragenic suppression) 동일 유전자내 다른 지점의 2차 변화로 일어난 복귀 돌연변이

인트론(intron) 전사되고 일차전사체의 부분을 형성하지만 단백질을 암호화하지 않는 유전자의 단편

역PCR(inverse PCR) 주형 분자를 원형으로 만들어서 알지 못하는 서열을 증폭하기 위해 사용하는 PCR 방법

역위(inversion) 특정 DNA 조각이 동일 위치에서 방향만 역방향으로 되는 돌연변이

역반복(inverted repeat) 앞에서부터 읽은 DNA 서열이 상보가닥의 뒤에서부터 읽은 서열과 동일함. 회문구조의 한 유형

이온화 방사선조사(ionizing radiation) 충돌한 분자를 이온화시키는 방사선 조사

IPTG(*iso*-propyl-thiogalactoside) *lac* 오페론의 무상유도물질

철-황군집(iron sulfur cluster) 산화/환원반응에 관여하는 단백질에서 발견되는 일단의 철원자와 황원자

철조절단백질(iron-regulatory protein, IRP) 동물에서 철의 양에 반응하여 mRNA의 발현을 조절하는 번역 조절인자

철반응요소(iron-responsive element, IRE) mRNA에서 IRP가 결합하는 부위

비가역적 억제(irreversible inhibition) 효소가 화학적 변화에 의해서 영구적으로 불활성화 되는 억제 유형

등전점전기영동(isoelectric focusing) 단백질들을 전기영동의 방법에 의해 pH기울기로 이들의 전하에 따라 분리하는 기술

동일전달제한효소(isoschizomers) 같은 인식 서열을 공유하는 다른 종으로부터 온 제한효소

이미테이션 스위치 복합체(ISWI, "imitation switch" complex) 분자량이 작은 염색질개조복합체

뛰기 유전자(jumping gene) 전이인자의 대중적 이름

불용DNA(junk DNA) 숙주 세포에는 소용이 없고 더 이상 이동하거나 자신의 유전자를 발현할 수 없는 결손 이기적 DNA

가나마이신(kanamycin) 단백질 합성을 방해하는 아미노글리코시드 계통의 항생제

핵형(karyotype) 특정 개체의 세포에서 발견되는 염색체의 완전한 세트

천단위염기 사닥다리(kilobase ladder) 길이가 알려진 DNA 절편들의 표준 세트로 전기영동에서 길이를 모르는 DNA 절편들과 크기를 비교하는 데 이용됨

인산화효소(kinase) 인산기를 다른 분자에 붙여주는 효소

활동적교정(kinetic proofreading) DNA 합성과정에서 일어나는 DNA의 교정

방추사부착점(kinetochore) 세포분열 동안 동원체의 DNA에 부착하는 단백질 구조로 미세소관과도 결합한다.

계(kingdom) 진핵생물의 주요 분류군, 특히 식물계, 균류계 및 동물계

Klenow 중합효소(Klenow polymerase) $5'\rightarrow3'$ 말단핵산가수분해효소 도메인이 제거된 대장균의 DNA 중합효소 I

Km 미카엘리스상수 참조

L-형 및 D-형(L- and D-forms) 광학적 활성물질의 두 가지 이성질체의 형태; L-이성질체와 D-이성질체라고도 함

LacI 단백질(LacI protein) *lac* 오페론을 조절하는 억제인자

락토오스 투과효소(lactose permease, LacY) 락토오스의 수송 단백질

***lacZ* 유전자(*lacZ* gene)** β–갈락토오스가수분해효소를 암호화하는 유전자; 보고 유전자로 널리 사용된다.

지체가닥(lagging strand) 복제 동안에 짧은 단편들로 합성되고, 후에 연결되는 DNA의 새로운 가닥

람다 또는 λ(lambda or λ) 세균 염색체 내로 자신의 DNA를 삽입하는 대장균의 특수 형질도입파지

람다부착지점(lambda attachment site, *att* λ) 람다 DNA가 대장균 염색체에 통합될 때 사용되는 DNA 상의 인식 지점

람다 좌측 프로모터(lambda left promoter; P_L) 람다 억제인자 또는 cI 단백질의 결합에 의해 억제되는 프로모터의 하나

람다억제인자 또는 cI 단백질(lambda repressor; cI protein) 박테리오파지 람다를 용원상태로 유지하도록 하는 억제단백질

큰 소단위(large subunit) 2개의 리보솜 소단위들 중 더 큰 것으로 세균의 50S, 진핵생물의 60S

올가미 구조(lariat structure) 이어맞추기 과정에서 제거된 인트론이 형성하는 분지된 고리형 RNA 조각

후기발현유전자(late genes) 주로 바이러스 입자의 조립에 관여하는 효소들을 암호화하며 바이러스의 감염 후기에 발현되는 유전자

잠복기(latency) 대부분 비활성으로 남아서 새로운 바이러스 입자를 만들지 않고 숙주 세포와 보조를 맞추어 유전체를 복제하는 유형의 바이러스 감염. 용원성과 같은 의미이지만 동물바이러스에 사용됨

측면유전자전달(lateral gene transfer) 비유연성 생물들 간에 일어나는 유전자의 갓길 이동. 수평유전자전달과 같은 의미

선도서열 펩티드가수분해효소(leader peptidase) 단백질을 외분비한 다음 선도서열을 제거하는 효소

선도펩티드(leader peptide) 특정 오페론이 생산하는 아미노산에 반응하는 코돈을 갖는 전사감쇠된 유전자에서 만들어진 짧은 단백질

선도영역(leader region) 감쇠기작의 조절에 관여된 mRNA 분자에서 구조유전자의 상부지역

선도가닥(leading strand) 복제 동안에 연속적으로 합성되는 DNA의 새로운 가닥

불완전돌연변이(leaky mutation) 일부의 활성이 남아있는 돌연변이

루신지퍼(leucine zipper) 단백질들에 공통적인 DNA 결합 구조의 한 가지 유형

LINE(Long interspersed element) 긴고반복서열 참조

LINE-1(L1) 요소(LINE element) 인간과 포유류의 유전체에 다수 존재하는 LINE 중 하나

연관군(linkage group) 같은 DNA 분자(즉 같은 염색체상)에 수송되는 대립유전자군

연관(linkage) 우연에 의한 경우와 비교해 더 빈도높게 두 대립유전자가 함께 유전될 때 연관되어 있다고 한다. 이는 두 대립유전자가 동일한 DNA 분자(즉, 같은 염색체) 상에 있기 때문이다.

고리수(linking number, L) 초나선 비틀림(W)과 이중나선 회전(T)을 합한 수

지방단백질(lipoprotein) 단백질과 지방의 복합체

L-이성질체(L-isomer) 광학이성질체 한 쌍 중에 반시계 방향으로 빛을 회전시키는 이성질체

살아있는 세포(living cell) DNA 유전체를 가지고 있으며 유전자(DNA)의 유전메시지(RNA)를 자신의 리보솜으로 보내어 스스로 생산한 에너지로 자신의 단백질을 만드는 생명체 단위

자물쇠와 열쇠 모델(lock and key model) 효소의 활성부위가 기질과 정확하게 맞아야 한다는 효소 작용에 대한 모델

유전자자리(locus) 염색체 상의 장소 혹은 위치; 진정한 유전자이거나 RFLP나 VNTR처럼 검출될 수 있는 DNA서열에 변이가 있는 위치

LOD 값(logarithm of the odds)(Z) 두 유전자자리가 염색체 상 서로 가까이에서 발견되는지에 대한 통계적 추정

긴고반복서열(LINE 혹은 Long Interspersed Element) 포유류의 중간단위 혹은 고단위로 반복되는 DNA 서열의 상당 부분을 차지하는 긴반복서열

긴 비암호화 RNA(long non-coding RNA, lncRNA) 진핵세포의 보다 긴 조절 RNA 분자(>200 염기)

원거리 PCR(long PCR) 일반 PCR과 비교하여 더 긴 서열을 증폭하기위해 특별히 사용되는 PCR 반응

긴말단반복(long terminal repeat, LTRs) 레트로바이러스 DNA가 숙주 세포 DNA에 통합하는 데 필요한 레트로바이러스 유전체의 말단에 있는 직접반복 서열

***luc* 유전자(*luc* gene)** 진핵생물로부터 루시페라아제를 암호화하는 유전자

루시페라아제(luciferase) 에너지를 소비하여 빛을 방출하는 효소

루시페린(luciferin) 루시페라아제가 빛을 방출하기 위해 사용하는 화학적 기질

루미-포스(lumi-phos) 분열하여 빛을 방출하는 알칼리성 인산가수분해효소의 기질

***lux* 유전자(*lux* gene)** 박테리아에서 루시페라아제를 암호화하는 유전자

라임병(Lyme disease) *Borrelia burgdorferii*에 의해 야기되는 전염병으로 진드기에 의해 옮겨짐

용원(lysogen) 용원성 바이러스를 가지고 있는 세포

용원성(lysogeny) 새로운 바이러스 입자를 만들거나 숙주 세포를 파괴하지 않고 숙주 세포와 보조를 맞추어 유전체를 복제하는 유형의 바이러스 감염. 잠복기와 같은 의미이지만 주로 세균 바이러스에 표현을 설명할 때 사용됨

리소좀(lysosome) 분해효소를 포함하고 있는 막으로 싸인 진핵세포의 세포소기관

용균생장(lytic growth) 세포를 죽이고 수많은 바이러스 입자의 방출을 야기하는 바이러스 생장

M13 대장균에 감염하는 막대모양의 박테리오파지로서 환형 외가닥 DNA를 가지고 있으며 서열결정을 위하여 DNA를 생성할 때 사용된다.

고분자(macromolecule) 생물 세포의 큰 중합체 분자; 특히 DNA, RNA, 단백질 및 다당류

광우병(mad cow disease) 소에서 인간으로 전염되는 감염성 프라이온 질병

메틸화유지 메틸화효소(maintenance methylase) 반메틸화 부위의 상대편 DNA 가닥에 두 번째 메틸기를 붙이는 효소

질량분광계(MALDI) Matrix-assisted laser desorption-ionization 참조

웅성특이 파지(male-specific phage) "웅성" 세균 즉 F-플라스미드를 가진 세균만을 침입하는 바이러스

말토오스 결합단백질(maltose-binding protein; MBP) 이동되는 동안에 말토오스에 결합하는 대장균의 단백질. MBP는 자주 융합단백질을 만드는 데 사용된다.

마리너인자(Mariner elements) 초파리에서 처음 발견되었으며 많은 진핵생물에서 발견되는 보존적 DNA 전이인자

질량분석법(mass spectrometry) 기화된 분자로부터 비롯된 분자 이온들의 질량을 측정하는 기술

기질결합부위(matrix attachment region, MAR) 진핵세포의 DNA에 존재하며 핵기질에 있는 단백질 또는 염색체 구조의 단백질과 결합하는 부위. SAR 부위와 동일

matrix-assisted laser desorption-ionization(MALDI) 레이저 펄스에 의해 고체상의 시료들로부터 기체상의 이온들을 발생시켜서 행하는 질량분석법의 종류

최대 속도[maximum velocity(Vm or Vmax)] 효소의 모든 활성부위가 기질로 채워졌을 때 도달하는 반응속도

Mbp 백만염기쌍의 약어

기계단백질(mechanical protein) 화학에너지를 사용하여 물리적인 일을 수행하는 단백질

매개체(mediator) 진핵세포에서 전사인자로부터 RNA 중합효소로 신호를 전달하는 단백질 복합체

감수분열(meiosis) 2배체 부모 세포로부터 반수체 배우자의 형성

녹는 온도(melting temperature, Tm) DNA 분자의 두 가닥이 절반 분리되었을 때의 온도

녹음(melting) DNA의 상태를 기술하는 경우, 가열의 결과 두 가닥이 분리되는 것

막(membrane) 모든 생물 세포를 싸고 있는 단백질과 인지질로 구성된 얇은 유동성 구조층

막결합성 세포소기관(membrane-bound organelle) 막에 의해 나머지 세포질과 분리된 세포소기관

멘델형질(Mendelian character) 분명한 별개의 성질이며 한 범주 아니면 다른 범주로 분명하게 배정될 수 있다.

멘델 비율(Mendelian ratios) 유전 교배 결과 나타난 유전 형질의 정수 비율

전령 RNA(messenger RNA; mRNA) 유전자로부터 세포의 다른 부분으로 유전정보를 운반하는 RNA 분자의 한 유형

물질대사(metabolism) 영양 분자가 수송되고 세포 내에서 에너지를 방출하고 새로운 세포 물질을 공급하기 위해 변형되는 과정

대사체(metabolome) 세포나 생물체에 존재하는 작은 분자와 대사중간물들의 총체

메타게놈 라이브러리(metagenomic library) 특정 환경에서 발견되는 다수 생물로부터 유래한 클론 DNA 단편의 수집물

메타유전체학(metagenomics) 생물학적 군집 전체에 대한 유전체 수준의 연구

메탈로티오네인(metallothionein) 독성 금속과 결합하여 동물 세포를 보호하는 단백질

메토트레사트 또는 아메토프테린(methotrexate or amethopterin) 동물의 디히드로폴레이트 환원효소를 억제하는 항암제

메틸시토신 결합단백질(methylcytosine-binding protein, MeCP) 메틸화된 CG-섬을 인식하는 진핵세포의 단백질

미카엘리스 상수[Michaelis constant(Km)] 효소 반응에서 최대속도의 반에 도달하는 기질의 농도. 이는 활성부위 기질의 친화도에 대한 역치이다.

미카엘리스-멘텐 방정식(Michaelis-Menten equation) 기질 농도와 효소의 반응율 사이의 상관관계를 나타내는 방정식

미소 RNA(miRNA, micro RNA) 진핵세포에 존재하는 소형 조절 RNA 분자

미소부수체(microsatellite) 반복 단위가 약 13 염기쌍인 직렬반복 변수의 또 다른 이름

꼬마부수체(minisatellite) 반복 단위가 약 25 염기쌍인 직렬반복 변수의 또 다른 이름

거울상 회문구조(mirror-like palindrome) 한 가닥에서 앞에서부터 읽거나 뒤에서부터 읽거나 같이 읽히는 DNA 서열. 회문구조의 한 유형

짝짝이수선(mismatch repair) 잘못 짝지어진 염기쌍을 인식하고 교정하는 DNA 교정시스템

짝짝이수선 체계(mismatch repair system) 잘못 짝지어진 염기를 인식하고 잘못된 염기를 포함하는 DNA 가닥의 부분을 잘라내는 DNA 수선계

짝짝이(mismatch) DNA의 이중나선에서 두 염기쌍의 잘못된 짝지움

과오 돌연변이(missense mutation) 단일 코돈이 변이된 돌연변이로서 하나의 아미노산이 다른 아미노산으로 대체된 것

번역오류(mistranslation) 번역에서 생성된 착오

미토콘드리아(mitochondrion) 호흡에 의해 에너지를 생산하는 막으로 싸인 진핵세포의 세포소기관

유사분열 또는 체세포분열(mitosis) 진핵세포가 동일한 염색체 세트를 지닌 딸 세포로의 분열

이동성 DNA(mobile DNA) 동일 DNA 분자나 다른 DNA 분자의 한 위치에서 다른 위치로 이동하는 DNA 조각

이동성 유전인자(mobile genetic element) 전이, 삽입 및 절제를 통해 거대한 DNA 분자 내에서 위치를 바꿀 수 있는 특정 DNA 조각

이동성 변화 분석법(mobility shift assay) 전기영동 중에 DNA의 이동거리의 변화를 측정함으로써 어떤 단백질이 DNA에 결합하는 지를 조사하는 방법. 겔지체 분석법이나 밴드이동 분석법과 같은 용어임

이동성(mobilizability) 이동능력이 있는 플라스미드가 하나의 숙주 세포에서 다른 세포로 이동할 때 이동능력이 없는 플라스미드가 이동하는 것

중반복서열(moderately repeated sequence) 수천에서 수십만 이하의 사본으로 존재하는 DNA 서열

변형효소(modification enzyme) 상응하는 제한효소와 같은 인식부위의 DNA에 결합하여 DNA를 메틸화시키는 효소

변형염기(modified base) 핵산이 합성된 다음 화학적으로 변형된 핵산의 염기

변경유전자(modifier gene) 다른 유전자의 발현을 변경하는 유전자

분자횃불(molecular beacon) 형광단과 소광기를 모두 함유한 형광탐지분자로 특정 DNA 표적 서열과 결합할 때만 형광을 냄

분자 바느질(molecular sewing) PCR을 사용하여 여러 출처로부터 유래된 조각들을 이어줌으로써 잡종 유전자를 만드는 것

단일시스트론mRNA(monocistronic mRNA) 단일 시스트론, 즉 단일 단백질을 암호하는 서열 정보를 가진 mRNA

다합체성(multimeric) 다수의 소단위들로 구성됨

다중 클로닝 부위(multiple cloning site; MCS) 7-8개의 널리 이용되는 제한효소의 절단부위를 함유한 인위적으로 합성된 DNA 부위. 다중연결자와 같음

다중중합효소 연쇄반응(multiplex PCR) 하나 이상의 표적 서열을 증폭하기 위하여 양적 또는 실시간 PCR 반응에 다른 탐침에 다른 형광 염료를 이용하는 것

돌연변이원(mutagen) 돌연변이를 일으킬 수 있는 물질. 화합물 또는 방사선 조사 등

돌연변이(mutation) 유전정보를 가지는 DNA(또는 RNA)의 변이

돌연변이유발 유전자(mutator gene) 일반적으로 DNA 합성이나 수선에 관여하는 단백질 유전자로, 이들 유전자에 돌연변이가 일어나면 개체의 돌연변이 빈도를 변하게 하는 유전자

MyoD 진핵생물의 근육세포의 분화에 관여하는 진핵세포 전사활성화 인자

날리디식산(nalidixic acid) DNA자이라제를 억제하는 퀴놀론 항생제

나노공 DNA 탐지기(nanopore detector for DNA) 한번에 하나의 외가닥 DNA가 통과 할 수 있는 극히 좁은 구멍을 가지고 있으며 DNA 분자가 구멍을 통과할 때, 탐지기가 이것의 존재와 특성은 기록한다.

음성조절(negative control or regulation) 전사억제인자가 유전자에 결합하여 이 인자가 제거되기 전까지 유전자 발현을 억제하는 조절기작

음성신장요소(negative elongation factor, NELF) 진핵생물에서 RNA 중합효소의 신장을 억제한 단백질 복합체

음성 되먹임(negative feedback) 회로의 최종 산물이 회로의 첫번째 효소를 억제하는 음성 조절의 형태

음성 또는 "음성"가닥(negative or "minus" strand) RNA 또는 DNA의 비암호가닥

음성 조절(negative regulation) 억제인자가 그것이 제거될 때까지 유전자의 작동을 못하게 하는 억제자에 의한 조절

음성 초나선꼬임(negative supercoiling) 좌회전 혹은 시계 반대 방향의 초나선꼬임

니오마이신(neomycin) 단백질 합성을 방해하는 아미노글리코시드 항생제 그룹 중 하나

니오마이신 인산전달효소(neomycin phosphotransferase) 인산 그룹을 첨가하여 가나마이신과 니오마이신을 불활성화하는 효소

중성부력(neutal buoyancy) 물질의 밀도가 그 물체가 떠있는 용액과 같은 점

중성돌연변이(neutal mutation) 한 아미노산을 유사한 화학적 물리적 성질을 가진 또다른 아미노산으로의 교체

N-포르밀-메티오닌 또는 fMet(N-formyl-methionine or fMet) 박테리아에서 단백질이 합성될 때 첫 번째 아미노산으로 사용되는 수식된 메티오닌

틈(nick) DNA나 RNA 분자의 골격에 생긴 틈(그러나 염기쌍이 빠진 것은 아님)

틈번역(nick translation) 틈으로부터 시작하여 DNA나 RNA의 짧은 부분을 제거하고 새로운 DNA로 교체하는 것

핵자기공명분광학(NMR spectroscopy) 시료 내에 전자의 회전을 변화시키기 위해 교차의 자기장을 이용하여 단백질의 구조를 결정하는 기술

비암호화 DNA(non-coding DNA) 단백질이나 기능성 RNA를 암호화하지 않는 DNA

비번역조절 RNA(non-coding regulatory RNA) 번역억제자로 기능을 하는 조절단백질(즉 CsrB와 CsrC)을 킬레이트하는 RNA 분자

비암호화 RNA(non-coding RNA) 단백질을 암호화하지 않는 RNA

비상동성말단 연결(non-homologous end joining) 이중가닥 절단을 수선하는 진핵생물에서 발견되는 DNA 재조합 체계

비상동 재조합(non-homologous recombination) 거의 연관되지 않는 DNA 부위 사이 일어나는 재조합. 이것은 특정 서열을 인식하는 단백질이 두 DNA 사이의 교차를 끌어낸다. 위치-지정 재조합과 동일하다.

정지 돌연변이(nonsense mutation) 아미노산을 코드하는 코돈이 종결 코돈으로 바뀌는 돌연변이

정지중재분해(nonsense-mediated decay, NMD) 조기정지코돈을 가진 mRNA를 파괴하기 위하여 이용되는 진핵생물의 메카니즘

노르플록사신(norfloxacin) DNA자이라제를 억제하는 불소퀴놀론

항생제

노던흡입법(Northern blotting) DNA 탐침이 RNA표적분자와 결합하는 혼성화 기술

노보바이오신(novobiocin) B-소단위에 결합함으로 유형 II DNA 회전효소, 특히 DNA 자이라제를 억제하는 항생제

***npt* 유전자(*npt* gene)** 니오마이신 인산전달효소의 유전자. 가나마이신과 니오마이신에 저항성 부여

핵막(nuclear envelope) 진핵세포의 핵을 둘러싸는 2개의 동심원적 막으로 구성된 피막

핵기질(nuclear matrix) 핵막의 내부에 존재하는 섬유상 단백질로 이루어진 그물구조. DNA를 고착하는 데 이용됨

핵공(nuclear pore) 핵막에 있는 구멍으로 이를 통해 RNA와 단백질이 핵에서 세포질로 나가거나 또는 세포질에서 핵으로 들어온다.

핵산가수분해효소(nucleases) 핵산을 절단하거나 분해하는 효소

핵산(nucleic acid) 유전정보를 수송하는 뉴클레오티드로 구성된 중합체 분자

뉴클레오캡시드(nucleocapsid) 바이러스 입자의 핵산을 지닌 내부 단백질껍질

핵세포질거대DNA바이러스(nucleocytoplasmic large DNA viruses, NCLDV) 크기가 크고 큰 게놈을 가진 꼬마바이러스와 마마바이러스를 포함한 다른 바이러스의 패밀리 분류로 전형적으로 진핵생물에 감염한다.

핵양체(nucleoid) 염색체가 발견되는 박테리아의 영역: 막에 의해 둘러싸여있지 않다.

인형성체(nucleolar organizer) 인과 관련된 염색체의 영역; 실제로는 rRNA 유전자들의 무리

인(nucleolus) rRNA의 합성과 후처리가 일어나는 핵의 부위

핵소체(nucleomorph) 이차 세포 내공생에 의하여 다른 진핵세포 내로 병합된 공생 진핵생물 핵의 퇴화된 잔해

핵산단백질(nucleoprotein) 단백질과 핵산 복합체

뉴클레오시드(nucleoside) 푸린 혹은 피리미딘 염기와 5탄당의 결합

뉴클레오솜(nucleosome) 히스톤 단백질 주위로 감긴 DNA로 구성된 진핵생물 염색체의 소단위

뉴클레오티드(nucleotide) 5탄당과 염기와 인산기로 구성된 핵산의 단위체 혹은 소단위

핵(nucleus) 핵막으로 둘러싸이고 염색체를 갖고 있는 내부 구획. 고등생물의 세포만 핵을 갖는다.

비대립유전자(null allele) 모든 활성이 완전히 결여된 유전자의 돌연변이 형

삭제 돌연변이(null mutation) 유전자를 완전히 불활성화시키는 돌연변이

Nus 단백질(Nus 단백질) 전사의 종결 또는 항-전사종결에 관여하는 일군의 박테리아 단백질

NusA 단백질(NusA 단백질) 박테리아의 전사종결에 관여하는 단백질

기름방울 모델(oil drop model) 소수성기들은 내부에 함께 무리를 이루어 물 분자로부터 멀어지게 한 단백질 구조 모델

Okazaki 단편(Okazaki fragment) 지체가닥을 만드는 짧은 DNA 단편

올리고(dT)(oligo dT) 오직 티미딘으로 구성된 DNA 가닥

올리고(U)(oligo [U]) 오직 U 또는 우리딘 잔기로 구성된 외가닥 RNA의 확장

올리고뉴클레오티드 배열(oligonucleotide array) 짧은 RNA나 DNA를 동시에 탐지하고 동정하기 위하여 사용되는 DNA 배열. DNA 배열이나 DNA 칩으로도 알려짐

올리고뉴클레오티드 배열 탐지기(oligonucleotide array detector) 수많은 짧은 DNA 조각을 DNA-DNA 혼성화를 통해 동시에 탐지하고 동정하는 데 사용되는 칩

***o*-니트로페닐 갈락토시드(*o*-nitrophenyl galactoside, ONPG)** β갈락토오스가수분해효소에 의해 분해되어 노란색의 *o*-니트로페놀을 내어 놓는 인공적인 기질

***o*-니트로페닐인산(*o*-nitrophenyl phosphate)** 알칼리성 인산가수분해효소에 의해 분해되어 노란색의 *o*-니트로페놀을 내어놓는 인공적인 기질

ONPG(o-nitrophenyl galactoside) β-갈락토오스가수분해효소에 의해 분해되어 노란색의 *o*-니트로페놀을 내어 놓는 인공적인 기질

열린고리(open circle) 한 가닥에 틈이 생겨 초나선이 없는 원형 DNA

번역개시위치(open reading frame, ORF) 하나의 단백질로 번역될 (최소한 이론적으로) 수 있는 (DNA 또는 RNA) 염기 서열들

작동유전자(operator) DNA에 전사억제 인자가 결합하는 부위

오페론(operon) 함께 전사되어서 단일 mRNA(폴리시스트론 mRNA)를 이루는 원핵 유전자들의 무리

광학 이성질체(optical isomers) 분자들이 3차원적인 배열에서만 차이나는 이성질체로 편광의 회전에 영향을 미친다.

세포소기관(organelle) 특수한 기능을 수행하는 준세포성 구조. 막에 싸인 세포소기관은 막에 의해 나머지 세포질과 분리되지만 리보솜 같은 세포소기관은 둘러싸는 막이 없다.

복제기점(origin of replication(oriC) 염색체 복제의 기원

이종상동유전자(orthologous gene) 상동유전자를 지닌 생물들이 분기하여 갈라진 각 종에서 발견되는 상동유전자

오르토-니트로페닐 갈락토시드(*ortho*-nitrophenyl galactoside, ONPG) β-갈락토오스가수분해효소에 의해 분해되어 노란색의 *o*-니트로페놀을 내어 놓는 인공적인 기질

외막(outer membrane) 그람양성균이 아닌 그람음성균의 세포벽 바깥에 위치한 추가 막

중복 프라이머(overlap primer) 2개의 다른 유전자 조각의 작은 지역과 일치하는 PCR 프라이머이며 다른 출처로부터 유래된 DNA단편을 연결하는 데 이용된다.

P (펩티드)결합 부위[P (peptide) site] 리보솜 내에 자라는 폴리

펩티드 사슬을 잡고 있는 tRNA가 결합하는 부위

P1 인공 염색체(P1 artificial chromosome; PAC) 매우 긴 DNA 삽입체를 운반할 수 있는 대장균의 P1-파지/플라스미드를 기본으로 한 한 사본 벡터

P1 대장균의 보편형질도입 파지

P22 *Salmonella*의 보편형질도입 파지

회문구조(palindrome) 앞에서부터 읽거나 뒤에서부터 읽거나 같이 읽히는 서열

유사유전자(paralogous gene) 유전자 중복으로 같은 생물 내에 만들어진 상동유전자

기생자(parasite) 다른 생물을 희생하여 복제하는 생물이나 유전물질

부분우성(partial dominance) 기능성 대립유전자가 결함 대립유전자를 부분적으로 가릴 때

분할(partitioning) 세포분열시 각각의 복제된 염색체카피가 각각의 딸 세포로 이동하는 것

패치 재조합체(patch recombinant) 교차의 일시적 형성으로 작은 조각의 이형2중가닥을 가진 DNA 이중나선

병원성(pathogenic) 병을 일으키는

병원성섬(pathogenicity island) 박테리아 염색체의 독성 유전자들이 모여 있는 영역

PCNA 단백질(PCNA protein) 진핵세포의 DNA 중합효소를 위한 활주클램프(PCNA = 증식하는 세포의 핵 항원)

PCR 기계(PCR machine) Thermocycler를 참조

PCR 프라이머(PCR primer) 짧은 조각의 외가닥 DNA로 표적 DNA의 양 끝 서열 중 하나에 상보적이며 PCR과정에서 DNA 합성을 개시하는 데 필요하다.

침투도(penetrance) 대립유전자의 표현형적 발현에서의 변이

페니실린(penicillin) 빵에서 자라 푸른색 층을 형성하는 *Penicillium*이라 부르는 곰팡이가 만드는 항생제

페니실린(penicillins) 박테리아 세포벽인 펩티도글리칸의 교차결합을 방해하는 베타-락탐 타입의 항생제 군

5탄당(pentose) 리보오스나 디옥시리보오스 같은 탄소 5개인 당

펩티드결합(peptide bond) 폴리펩티드 사슬에서 아미노산을 함께 잡아주는 화학결합의 유형

펩티드 핵산(peptide nucleic acid; PNA) 폴리펩티드 골격을 지닌 인공적인 핵산의 유사체

펩티도글리칸(peptidoglycan) 진정박테리아의 세포벽을 만드는 중합체; 당질 유도체의 긴 사슬로 구성되며, 일정 간격으로 짧은 아미노산 사슬과 연쇄되어 있다.

펩티드기 전달효소(peptidyl transferase) 펩티드결합을 만드는 리보솜의 효소 활성; 실제로는 23S rRNA(박테리아) 또는 28S rRNA(진핵세포)

투과효소(permease) 막을 통하여 영양분 또는 다른 분자들을 운반하는 단백질

파지 표출법(phage display) 게놈에 단백질을 암호화하는 유전자를 운반하는 박테리오파지의 외투단백질에 단백질이나 펩티드를 융합하는 것. 이 단백질은 바이러스 입자의 바깥 쪽에서 표출되며 이에 해당되는 유전자는 안쪽에 있다.

파지 표출 라이브러리(phage display library) 서로 다른 펩티드나 단백질 서열을 표출하는 많은 수의 수정된 파아지의 집합체

파지(phage) 박테리아에 감염하는 바이러스인 박테리아파지의 줄임

약리유전학(pharmacogenetics) 개인의 약물 반응에 영향을 주는 특정유전자를 연구하는 것

약리유전체학(pharmacogenomics) 약리물질에 대한 개인의 반응에 대한 개개의 유전자형의 연관성을 연구하는 분야

페놀 추출법(phenol extraction) 페놀로 단백질을 녹임으로써 핵산으로부터 단백질을 제거하는 기술

표현형(phenotype) 유전자형의 눈에 보이는 혹은 측정할 수 있는 효과

페로몬(pheromone) 동일 생물체 내에서 순환하기 보다는 생물체간을 이동하는 호르몬 또는 전령분자

***phoA* 유전자(*phoA* gene)** 알칼리성 인산가수분해효소를 암호화하는 유전자; 자로 널리 사용된다.

인산가수분해효소(phosphatase) 인산기를 제거하는 효소

인산기(phosphate group) DNA와 RNA의 골격에서 발견되는 중앙의 인 원자와 이를 둘러싸는 4개의 산소 원자들

인산디에스테르(phosphodiester) 핵산에서 뉴클레오티드 사이의 결합으로 양쪽에서 당의 히드록시기에 에스테르화된 중앙의 인산기로 구성됨

인지질(phospholipid) 글리세롤 인산에 부착된 두 지방산과 수용성 머리기로 구성되고 세포막의 성분으로 발견되는 소수성 분자

포스포라미드산(phosphoramidate) 인산기가 아미노기에 부착된 인산 유도체

포스포라미디트 방법(phosphoramidite method) 뉴클레오티드 사이의 결합을 위하여 활성 포스포라미디트기를 이용하는 인공적 DNA 합성의 방법

포스포로티오에이트(phosphorothioate) 가운데 인산을 둘러싼 4개의 산소원자 중 1개가 황으로 대체된 인산기

문(phylum, 복수는 phyla) 동물의 주요 분류군, 대체로 식물과 박테리아의 문에 해당된다.

PiWi-상호작용RNA(Piwi-interacting RNA, piRNA) 중심립에 있는 게놈의 직열반복으로부터 유래한 siRNA보다는 약간 긴 작은 RNA 분자로 Argonaut-같은 단백질을 통하여 트랜스포손의 확산을 막는다.

용균반(plaque) (바이러스를 지칭할 때) 바이러스의 세포 파괴로 인한 배양 세포층 또는 박테리아깔개에 나타나는 투명대

플라스미드(plasmid) 진핵세포와 원핵세포 모두에서 간혹 발견되는 자기 복제하는 유전 요소로 염색체도 아니며 숙주 세포의 영구적인 유전체의 일부도 아니다. 대개의 플라스미드는 이중가닥 DNA의 원형 분자이지만 드물게 선형 혹은 RNA 플라스미

드도 있다.

말라리아열원충(*Plasmodium*) 정복합체포자동물문에 속하는 원생생물인 말라리아 기생충

색소체(plastid) 기능과는 상관없이 유전적으로 엽록체와 동등한 세포소기관

배수(ploidy) 생물이 가지고 있는 염색체 조의 수

PNA클램프(PNA clamp) 유연한 연결자에 의해 결합된 2개의 동일한 PNA 가닥으로 상보적인 DNA 또는 RNA 가닥과 3중나선 형성이 가능함

점돌연변이(point mutation) 단일 염기쌍에 영향을 미치는 돌연변이

방향성(polarity) DNA 조각의 삽입이 일반적으로 전사를 방해하면서 하위에 존재하는 유전자의 발현에 영향을 미칠 때

폴린톤(polinton) 원래사본의 절제를 거쳐 한 장소에서 다른 장소로 이동할 수 있는 스스로 복제하는 요소로, 폴린톤에 의해 암호화된 DNA 중합효소에 의해 또다른 DNA 사본을 합성하고 그때 폴린톤에 의해 암호화된 인테그레이즈를 이용하여 재통합됨

poly(A) 중합효소(poly (A) polymerase) mRNA의 3′ 말단에 다수의 A를 결합시키는 효소

폴리A 꼬리[poly (A) tail] mRNA의 3′ 말단에서 발견되는 A로 이루어진 염기 서열(100-200개의 A가 연결되어 있음)

폴리A-결합 단백질[poly (A)-binding protein, PABP] mRNA의 poly**(A)** 꼬리에 결합하는 단백질

폴리아크릴아미드(polyacrylamide) 겔 전기영동에 의해 단백질의 분리나 매우 작은 핵산 분자의 분리에 이용되는 중합체

폴리아크릴아마이드 겔 전기영동(polyacrylamide gel electrophoresis; PGAE) 폴리아크릴아마이드 겔을 이용한 전기영동으로 단백질을 분리하는 기술

폴리A 형성 복합체(polyadenylation complex) 진핵세포 mRNA에 poly(A)를 형성하는 단백질 복합체

폴리시스트론성 mRNA(polycistronic mRNA) 번역되어서 몇 가지 다른 단백질들 분자를 낳는 복수의 암호

폴리콤그룹 단백질(polycomb group[PcG] proteins) 메틸화된 히스톤에 의해 성장을 위해 중요한 유전자의 발달단계 발현을 조절하는 커다란 단백질 복합체

폴리히스티딘 표지단백질(polyhistidine tag; His tag) 6개의 병렬로 된 아미노산 잔기로서 단백질에 부착되었을 때 니켈이온에 결합하는 성질을 가지며 이를 이용하여 니켈을 지지대부착 시킴으로써 단백질을 분리하게 함. His tag으로도 알려짐

다중연결자(polylinker) 7 또는 8개의 널리 이용되는 제한효소 절단부위를 갖는 인위적으로 합성된 DNA 부위. 다중클로닝부위 **(MCS)**와 같음

중합효소 연쇄반응(polymerase chain reaction, PCR) DNA 가닥의 분리와 복제의 주기를 반복적으로 하여 DNA 서열을 증폭시키는 것

중합효소(polymerase) 핵산을 합성하는 효소

중합효소 에타(polymerase eta) 지난 티민 이합체를 복제할 수 있는 동물의 수선 DNA 중합효소

다형성(polymorphism) 연관된 2개체 사이에서의 DNA 서열의 차이

폴리펩티드 사슬(polypeptide chain) 아미노산으로 구성된 중합체

폴리인산(polyphosphate) 고에너지 인산 결합으로 연결되어 다중 인산기로 구성된 화합물

폴리펩티드(polypeptide) 아미노산의 중합체 사슬

배수성(polyploidy) 각각의 유전자의 2개 이상 사본을 갖는 것

다단백질(polyprotein) 여러 개의 작은 단백질을 만들며 잘라지는 긴 폴리펩티드

폴리솜(polysome) 동일한 mRNA에 결합하여 전좌하는 리보솜의 집단

양성조절(positive control or regulation) 결합했을 때 유전자의 발현을 증진하는 활성화인자에 의한 조절

양성 또는 "양성"가닥(positive or "plus" strand) RNA 또는 DNA의 암호가닥

양성 조절(positive regulation) 결합하였을 때 유전자 발현을 촉진하는 활성화인자에 의한 조절

번역후 변형(post-translational modification) 번역(해독)이 완료된 후 단백질 또는 단백질의 구성아미노산의 변형

잠재적 가닥간 삼중체(potential intrastrand triplex, PIT) 염기 서열로부터 H형 삼중체 DNA를 형성할 것으로 예상되는 DNA 부위

마마바이러스(poxvirus) 150개에서 200개의 유전자를 가지고 있는 크고 복잡한 dsDNA 동물바이러스의 과

전적하복합체(pre-loading complex; pre-LC) 복제기점에 결합하기 전에 형성되는 단백질 복합체이나, pre-RC의 정확한 연관을 촉진하는 데 필수적임

전복제복합체(pre-replicative complex; pre-RC) 진핵생물의 DNA 복제시 복제기점에 조립되는 효소복합체(ORC, Cdc6, Cdt1 및 MCM)

먹이(prey) 전사활성화 단백질의 활성도메인과 다른 단백질과의 융합체로서 단백질잡종분석에 사용된다.

PriA 프리마제 결합을 돕는 프리모솜의 단백질

프리브노우 상자(Pribnow box) 박테리아의 프로모터의 -10 영역에 대한 다른 이름

일차대기(primary atmosphere) 대부분 수소와 헬륨으로 구성된 지구의 초기 대기

일차 세포내공생(primary endosymbiosis) 미토콘드리아와 엽록체를 만들어낸 진핵세포 조상에 의한 원핵생물의 초기 흡수

일차 구조(primary structure) 중합체에서 단위체가 배열된 선형 순서

일차전사체(primary transcript) DNA 주형의 전사로부터 얻은 가공과 변형이 일어나기 전의 원래 RNA 분자

프리마아제(primase) RNA 프라이머를 합성하여 DNA의 새로운 가닥을 시작하도록 하는 효소

프라이머 신장법(primer extension) 5′ 말단의 전사 개시점을 역전사효소를 사용하여 mRNA에 결합한 프라이머를 5′ 말단까지

신장시켜서 결정하는 방법

프라이머 보행(primer walking) 긴 DNA 클론의 염기 서열을 결정할 때 접근하는 방법으로 긴 분자를 따라 단계적으로 위치하는 연속적인 프라이머를 사용하는 방법

원시수프(primitive soup) 초기 지구 용액 속의 아미노산, 당 및 핵산염기를 함유한 마구잡이 분자들의 혼합물

프리모솜(primosome) DNA 복제시 새로운 RNA 프라이머를 합성하는 단백질의 집단(PriA와 프리마아제를 포함함)

프라이온(prion) 병리학적 형태로 잘못 접혀서 자가촉매로 자기 형성을 촉진하는 단백질. 잘못 접힌 프라이온단백질은 면양퇴행성 신경증후군, 쿠루병 및 소해면뇌병증을 포함한 해면뇌병증으로 알려진 신경퇴행성 질병을 일으킨다.

프라이온단백질[prion protein(PrP)] 포유동물의 신경조직에서 발견되며 잘못 접힌 형태가 프라이온 질병을 일으키는 단백질

탐침 분자(probe molecule) 어떤 방법(일반적으로 방사성이나 형광)으로 표지된 분자로 또 다른 분자와 결합하여 탐지하기 위해서 이용됨

탐침(probe) 탐침 분자의 짧은 표현

처리된 위유전자(processed pseudogene) 역전사효소에 의해 역전사된 mRNA에 유래되어 인트론이 없는 위유전자

원핵생물(prokaryote) 박테리아처럼 염색체가 하나이고 핵이 없는 원시적 세포인 하등생물

프로모터(promoter) RNA 중합효소가 결합하여 유전자 발현을 촉진하는 한 유전자의 앞쪽에 있는 DNA 영역

교정(proofreading) 새로운 DNA에 정확한 뉴클레오티드가 삽입되었는지를 검사하는 과정. 일반적으로 DNA 중합효소가 자신이 정확한 염기를 삽입하였는지를 검사한다.

프로파지(prophage) 박테리아 숙주 세포의 DNA에 통합되는 박테리오파지 유전체

보결분자단(prosthetic group) 폴리펩티드 사슬의 일부는 아니고 공유결합에 의해 단백질에 부착된 화학기

단백질가수분해효소(protease) proteinase와 동일; 단백질을 분해하는 효소

프로테아좀(proteasome) 진핵세포에서 발견되는 단백질을 분해하는 단백질 조합체

단백질(protein) 아미노산으로 구성된 중합체로 세포의 구조 대부분을 형성하고 대부분의 일을 담당한다.

단백질 A(protein A) *Staphylococcus*로부터 분리된 항체결합단백질로서 융합단백질을 만드는 데 흔히 사용된다.

단백질 상호작용체(protein interactome) 특정 세포나 생체에서의 단백질-단백질 상호작용의 총체

단백질 인산화효소(protein kinase) 다른 단백질에 인산기를 첨가하는 효소

단백질 미세배열(protein microarray) 단백질이 고정된 미세배열로서 단백질체 분석에 사용되며 형광이나 방사성동위원소로 표지하여 검사한다.

단백질 프라이머(protein primer) 일부 박테리아나 바이러스에서 DNA 합성을 위한 프라이머로서 RNA 대신에 이용되는 단백질

프로테이노이드(proteinoid) 아미노산이 마구잡이로 연결된 인공적으로 합성된 폴리펩티드

단백질체(proteome) 유전체에 의해 암호화된 단백질들의 전체 세트 혹은 어떤 생물체에 존재하는 단백질 총체

기본단위체(protomer) 고단위의 조립에 그 자체가 소단위인 단일 중합체 사슬

프로바이러스(provirus) 숙주 세포의 DNA에 통합되는 바이러스 유전체

위유전자(pseudogene) 진정한 유전자의 결함이 있는 사본

유사우리딘(pseudouridine) 전사 후 변형과정에 의해 RNA에 존재하는 우리딘의 이성체

푸린(purine) DNA와 RNA에서 발견되는 고리가 둘인 질소함유 염기 종류

피리미딘(pyrimidine) DNA와 RNA에서 발견되는 고리가 하나인 질소함유 염기 종류

파이로시퀀싱(pyrosequencing) DNA 중합효소에 의해 성장하는 뉴클레오티드 사슬에 염기를 첨가하였을 때 빛펄스의 발생을 기초로 한 염기 서열 분석방법

유사종(quasi-species) 빈번한 오류나 돌연변이로 개별적인 차이는 있지만 유연성이 높은 서열들의 세트

4차 구조(quaternary structure) 최종적인 구조를 이루기 위한 하나 이상 중합체 사슬들의 집합

소광자기(quenching group) 형광단에 결합하여 이것의 활성화에너지를 흡수함으로써 형광을 억제하는 분자

퀴놀론 항생제(quinolone antibiotics) A 소단위에 결합하여 DNA 자이라제와 다른 II형 DNA 회전효소를 억제하는 날리디식산, 노르플록사신 및 시프로플로사신을 포함하는 항생제

RACE 고속 cDNA말단 증폭을 참조

Rad 단백질(Rad protein) Rad 효모와 동물세포에서 재조합과 DNA 손상을 수선에 관여하는 일군의 단백질. Rad51은 원핵생물의 RecA 단백질에 상응하는 단백질이다.

방사선 잡종(radiation hybrid) 어떤 세포주(보통 설치류의 세포)를 말하며 이와 다른 종의 염색체에 방사선을 쬐어서 만들어진 염색체 조각들을 가지고 있다.

급진적 치환(radical replacement) 하나의 아미노산이 다른 화학적 물리적 특성을 가진 다른 아미노산으로 치환되는 것

방사성 동위원소(radioisotope) 원소의 방사성 형태

마구잡이 나선(random coil) 폴리펩티드 사슬에서 2차 구조가 결여된 영역

무작위 증폭 다형성 DNA(randomly amplified polymorphic DNA; RAPD) PCR을 사용하여 선택된 서열을 임의적으로 증폭함으로써 유전적인 유연관계를 조사하는 방법

고속 cDNA말단 증폭(rapid amplication of cDNA ends, RACE) RT-PCR에 기반한 기술로서 부분적인 서열로부터 시작하여 cDNA의 완전한 5′ 혹은 3′ 말단을 만드는 기술을 말한다.

해독틀(reading frame) DNA 또는 RNA에 있는 염기 서열을 코

돈으로 나누는 세 가지 선택 중의 하나

RecA 단백질(RadA protein) *E. coli*에서 외가닥 DNA와 결합 재조합과 수선에 관여하는 단백질

열성 대립유전자(recessive allele) 우성 대립유전자에 의해 가려지므로 성질이 관찰되지 않는 대립유전자

수용체세포(recipient cell) 다른 세포로부터 DNA를 받는 세포

재조합체(recombinant) 유전적 재조합이 일어난 배우자

재조합(recombination) 염색체와 다른 DNA 사이 유전적 정보의 교환

리컴바이니어링(recombineering) DNA 절편을 벡터로 삽입하기 위하여 동형 재조합을 이용하는 기술

조절뉴클레오티드(regulatory nucleotide) 신호분자로 이용되는 변형된 핵산염기

조절단백질(regulatory protein) 유전자의 발현 혹은 다른 단백질의 활성을 조절하는 단백질

조절부위(regulatory region) 단백질을 암호화하기 보다는 조절을 위해 사용되는 유전자 앞의 DNA 서열

동류오페론(regulon) 하나의 신호에 반응하는 하나의 동일한 조절 단백질에 의해 발현이 촉진되거나 억제되는 한 무리의 유전자나 오페론들을 의미하며, 하나의 동류오페론에 속하는 유전자들은 염색체 상에서 서로 독립적으로 떨어져 존재한다.

방출인자(release factor) 정지 코돈을 인지하여 끝난 폴리펩티드 사슬을 리보솜으로부터 방출시키는 단백질

재생(renaturation) DNA 외가닥의 재결합 혹은 변성된 단백질이 자연적인 원래의 3차 구조를 만들기 위해 다시 접힘

반복서열(repeated sequence) 다수 복제로 존재하는 DNA 서열

반복서열(repetitive sequence) 반복서열과 같음

복제기포 또는 복제눈(replication bubble; replication eye) 복제 과정 중에 있는 DNA의 부푼 곳

복제(replication) 세포분열 전에 DNA의 복제

복제요소C(replication factor C; RFC) 개시DNA에 결합하여 DNA 중합효소 및 활주클램프(PCNA 단백질)가 DNA에 적하하도록 하는 진핵세포의 단백질

복제분지(replication fork) DNA복제효소가 풀린 외사슬 DNA에 결합하는 부위

복제형(replicative form; RF) 외가닥 DNA(혹은 RNA)바이러스의 두 가닥 형태. RF는 우선 자신을 복제하고 나중에 바이러스 입자에 넣기 위하여 ssDNA(혹은 ssRNA)를 생산하는 데 사용된다.

복제적 전이(replicative transposition) 두 사본의 전이인자가 생성되는 전이로 하나는 원 위치에 다른 하나는 다른 위치에 삽입된다.

복제단위(replicon) 복제기점을 가지고 스스로 복제할 수 있는 DNA나 RNA 분자

리플리솜(replisome) DNA를 복제하는 단백질 집합체(프리마아제, DNA 중합효소, 풀기효소, SSB 단백질을 포함)

보고 유전자(reporter gene) 그 산물을 분석하거나 탐지하기가 편리하여서 유전자 분석에 사용되는 유전자

보고단백질(reporter protein) 탐지하기가 쉬우며 그 위치 또는 유전자 발현 수준을 나타낼 수 있는 신호 단백질

억제인자(repressor) 유전자의 전사를 방지하는 조절 단백질

분리(resolution) 두 DNA 분자가 붙어있는 접합부를 자르고 두 DNA를 독립된 분자로 방출하는 것. 재조합 중 형성된 교차나 전이 중 형성된 공동 삽입체(cointegrate)를 분해하는 것을 의미한다.

리졸바아제(resolvase) 위치 특이적으로 DNA의 재조합을 촉진하는 효소

제한효소(restriction enzyme) 인식부위라는 특정 염기 서열에서 두 가닥 DNA를 절단하는 핵산내부가수분해효소

제한효소단편길이 다양성(restriction fragment length polymerphism; RFLP) 2개의 연관된 DNA 분자 사이에 제한 효소의 위치가 상이함으로 인해 다른 크기의 제한단편이 초래되는 현상

제한지도(restriction map) DNA 단편 위에 제한효소의 절단 위치를 보여주는 도형

레트로인자(retroelement) RNA 유전체를 DNA 사본으로 만드는 역전사효소를 사용하는 유전적 인자

레트론(retron) 박테리아에서 발견되는 유전인자로 역전사효소를 암호하고 있고 특이한 RNA/DNA 혼성 분자를 만든다.

레트로포존(retroposon) 레트로트렌스포존의 줄임말

레트로-위유전자(retro-pseudogene) 처리된 위유전자 다른 이름

레트로트렌스포존(retrotransposon) RNA 유전체를 DNA 사본으로 만드는 역전사효소를 사용하는 전이인자

레트로바이러스(retrovirus) 바이러스 입자 안에서는 RNA가 유전자인 바이러스의 형태이지만, 숙주 세포 내에서는 역전사효소를 이용하여 RNA를 DNA사본으로 전환함

역전사효소(reverse transcriptase) 외가닥 RNA를 주형으로 사용하여 이중가닥 DNA를 만드는 효소

역전사효소 PCR(reverse transcriptase PCR, RP-PCR) PCR에 의한 방법으로 mRNA로부터 시작하고 역전사효소를 사용하여 유전자를 증폭시키고 인트론이 없는 DNA로 클로닝하게 한다.

역전사(reverse transcription) 외가닥 RNA가 주형으로 사용되어 이중가닥 DNA를 만드는 과정

역회전(reverse turn) 회전한 다음 같은 방향으로 되돌아가는 폴리펩티드 사슬의 영역

역돌연변이(reversion) 원 돌연변이의 효과를 되돌리는 DNA 변이

R-기(R-group) 명기하지 않은 화학적 작용군; 특히 아미노산의 측쇄

로 단백질(Rho protein) 특정한 전사 종결자에서 성공적인 종결이 되는데 요구되는 단백질 요소

로 의존성 종결자(Rho-dependent terminator) 로 단백질에 의존하는 전사 종결자

로 독립성 종결자(Rho-independent terminator) 로 단백질이 필요 없는 전사 종결자

리보핵산가수분해효소(ribonucleases; RNases) RNA를 절단하거

나 분해하는 효소

RNA 분해효소(ribonuclease, RNase) RNA를 분해하는 효소

RNA 가수분해효소(ribonuclease) RNA를 분해하는 효소

RNA 가수분해효소 H(ribonuclease H; RNase H) DNA:RNA 하이브리드 이중나선의 RNA 가닥을 분해하는 효소. 박테리아에서는 DNA 합성을 개시하기 위해 이용된 RNA 프라이머의 대부분을 제거함

리보핵산분해효소 H(ribonuclease H) RNA-DNA 이형접합체에 특이성을 가지는 리보핵산분해효소

RNase III(ribinucleaseIII) 박테리아의 RNA 분해효소로 주로 rRNA와 tRNA 전구체의 후처리에 관여한다.

리보핵산가수분해효소 P(ribonuclease P) 하나의 RNA 리보자임과 하나의 부수적인 단백질로 구성된 박테리아의 tRNA 후처리 관련 리보핵산가수분해효소

리보핵산(ribonucleic acid, RNA) 디옥시리보오스 대신 리보오스를 갖고 티민 대신 우라실을 갖는 면에서 DNA와 다른 핵산

리보뉴클레오시드(ribonucleoside) 당으로 리보오스를 포함하는 뉴클레오시드

리보뉴클레오티드환원효소(ribonucleotide reductase) 뉴클레오티드를 디옥시리보뉴클레오티드로 환원하는 효소

리보오스(ribose) RNA에 있는 탄소 5개의 당

리보솜RNA(rRNA) 리보솜 구조의 일부를 형성하는 RNA 분자의 종류

리보솜 결합 부위(ribosome binding site; RBS) 사인-달가르노 서열과 동일; mRNA의 전방 가까운 곳에 있으며 리보솜이 인지하는 서열; 원핵세포에만 발견된다.

리보솜수식인자[ribosome modulation factor(RMF)] 박테리아에서 생장이 지연되거나 정지기에 여분의 리보솜들을 불활성화시키는 단백질

리보솜 재순환 인자[ribosome recycling factor(RRF)] 폴리펩티드 사슬이 완성되어 방출된 다음 리보솜 소단위들을 해체하는 단백질

리보솜(ribosome) 단백질을 만드는 세포의 기계

리보오스위치(riboswitch) mRNA에 존재하는 특정부위로 신호에 따라 자신의 이차 구조를 변경하여 이 mRNA의 번역을 조절함

리보자임(ribozyme) 효소활성을 가진 RNA

RNA 효소(ribozyme) RNA 효소 즉 촉매 활성을 가진 RNA 분자

리케차(rickettsias) 절대 기생자로 다른 고등생물을 감염하는 퇴화된 박테리아

우회전 이중나선(right-handed double helix) 우회전 이중나선에서는 (양 방향에서) 나선 축을 내려다보면 각 가닥이 관찰자로부터 멀어지면서 시계 방향으로 회전한다.

R-고리 분석(R-loop analysis) 한 유전자의 DNA 사본과 상응하는 mRNA의 혼성화. 그 결과 mRNA에는 그 파트너가 없는 DNA의 개재서열을 나타내는 고리가 출현함

RNA 편집(RNA editing) 전사된 RNA에 존재하는 염기를 변화시키거나, 새로운 염기를 더 해주거나 또는 제거하여(대부분의 경우, U) 이 RNA의 번역염기 서열을 변화시키는 과정

RNA 방해(RNA-interference) dsRNA의 존재에 의해 유발되는 반응으로 이 반응을 유도한 dsRNA와 유사한 염기 서열을 가진 mRNA나 다른 RNA를 파괴한다.

RNA 중합효소(RNA polymerase) DNA를 주형으로 사용하여 RNA를 합성하는 효소

RNA 중합효소 I(RNA polymerase I) 큰 리보솜 RNA 유전자들을 전사하는 진핵생물의 RNA 중합효소

RNA 중합효소 II(RNA polymerase II) 단백질을 암호하는 유전자들을 전사하는 진핵생물의 RNA 중합효소

RNA 중합효소 III(RNA polymerase III) 5S rRNA와 운반 RNA 유전자들을 전사하는 진핵생물의 RNA 중합효소

RNA 프라이머(RNA primer) 복제 동안에 새로운 DNA 가닥의 합성을 개시하는 데 이용되는 RNA의 짧은 단편

RNA 복제효소(RNA replicase) RNA 바이러스가 RNA 유전체를 복제하기 위하여 사용하는 특수 RNA 중합효소

RNA 온도감지기(RNA thermosensor) mRNA 번역을 조절하기 위해 온도에 반응하는 분화된 리보오스위치

RNA 바이러스(RNA virus) RNA로 구성된 유전체를 갖는 바이러스

RNA 세계(RNA world) RNA가 유전정보를 암호화하고 DNA나 단백질의 도움 없이 효소 반응을 수행하는 초기 생명체 형성의 가설적인 단계

RNA-의존 RNA 중합효소(RNA-dependent RNA polymerase, RdRP) RNA를 주형으로 RNA를 합성하는 효소. RNAi의 효과를 증폭시키는 데 관여함

RNA-유도침묵복합체(RNA-induced silencing complex; RISC) siRNA에 상보적인 염기 서열을 가진 ssRNA를 분해하는 단백질 복합체로 siRNA의 존재에 의해 형성된다.

RNA-서열분석(RNA-seq) RNA 시료의 특성을 파악하기 위하여 고효율 cDNA 서열분석을 이용하는 것

회전환 복제(rolling circle replication) 고리형 DNA의 복제기작으로서 한 가닥에 틈을 내고 틈이 생긴 가닥을 풀어주면서 복제가 시작되고, 여전히 고리형으로 남은 다른 가닥을 주형으로 DNA를 합성한다. 일부 플라스미드와 바이러스가 이를 사용한다.

R-플라스미드(R-plasmid) 항생제 저항성유전자를 운반하는 플라스미드

Rubisco(ribulose bisphosphate carboxylase) 광합성에서 이산화탄소 고정과정의 중요효소

S1핵산가수분해효소(S1 nuclease) *Aspergillus oryzae*로부터 추출한 핵산내부가수분해효소는 외가닥의 RNA나 DNA는 절단하나 이중가닥의 핵산은 자르지 못한다.

S1핵산가수분해효소 지도작성(S1 nuclease mapping) S1 핵산가수분해효소를 이용하여 전사체의 5′ 말단이나 3′ 말단의 위치를 결정하는 방법

부수체 DNA(satellite DNA) 직렬반복의 긴 집단으로 발견되고

영구적으로 이색염색질로 심하게 꼬인 진핵생물 세포의 고도로 반복

위성 RNA(satellite RNA) 복제와 캡시드 형성을 위하여 도움바이러스를 필요로 하는 기생성 RNA 분자

위성바이러스(satellite virus) 필수 기능을 위하여 동일한 숙주 세포를 침입하는 비유연성 도움바이러스가 필요한 결손바이러스

포화된(saturated) (효소에 대하여) 모든 활성부위가 기질로 차있으며 효소가 더 이상 빨리 작용할 수 없을 때

스캐폴드부착부위(scaffold attachment region; SAR) 염색체 스캐폴드 또는 핵기질의 단백질과 결합하는 진핵생물의 DNA 부위

섬광체(scintillant) 방사능입자에 의해 가격되었을 때 빛의 펄스를 방출하는 분자

섬광계수기(scintillation counter) 광 펄스를 탐지하고 계산하는 기계

섬광계수법(scintillation counting) 각각 빛의 현미경적 펄스의 탐지와 계산

Scorpion 프라이머(Scorpion primer) 분자부표에 불활성 연결자에 의해 결합된 DNA 프라이머. 탐침 서열이 표적 DNA에 결합했을 때, 소광제와 형광단이 분리되어 형광이 나타난다.

스크래피(scrapie) 면양퇴행성 신경증후군을 야기하는 감염 인자로 잘못접힌 프라이온 단백질에 의해 야기됨

스크래피 PrP(scrapie PrPSc) 면양퇴행성 신경증후군 인자로 알려진 프라이온단백질의 병리학적 형태

이차대기(secondary atmosphere) 가벼운 가스가 소실된 후 주로 화산 분출 가스로 형성된 지구의 대기로서 환원 가스를 함유하고 있었으나 산소는 없었다.

이차 세포 내공생(secondary endosymbiosis) 진핵세포 조상에 의한 단세포 진핵생물의 흡수. 특히 조류를 흡수하여 간접적으로 엽록체를 마련함

이차 구조(secondary structure) 수소결합에 의한 중합체의 일차적 접힘

이차위치 복귀돌연변이체(second-site revertant) 원래 돌연변이와 다른 위치에서의 DNA 변화가 돌연변이 효과를 억제하는 복귀돌연변이체

분리(segregation) (서열이 다른 두 가닥의) 혼성 DNA 분자를 복제하여 서열이 다른 두 독립된 DNA 분자로 만드는 것

셀레노시스테인(selenocysteine; Sec) 시스테인과 비슷하지만 황 대신 셀레늄을 함유한 아미노산

셀레노시스테인 삽입 서열(SECIS 요소) [selenocysteine insertion sequence(SECIS) element] UGA 정지 코돈에 셀레노시스테인의 삽입을 신호하는 인지 서열

자가조립(self-assembly) 소단위로부터 생물학적 구조의 자동적 조립

이기적DNA(selfish DNA) 복제하지만 거처하는 숙주 세포에는 소용이 없는 DNA 서열

자가이어맞추기(self-splicing) 별도의 단백질을 요구하지 않고, 인트론이 가진 리보자임활성에 의해 이어맞추기가 일어남

반보존적복제(semi-conservative replication) 딸분자가 2개의 본래 사슬 중 한 사슬과 새로운 상보적 사슬을 갖게되는 DNA 복제의 방식

센스RNA(sense RNA) 비-암호화 가닥의 DNA를 주형으로 사용하여 합성된 정상적인 RNA

센스가닥(sense strand) mRNA와 서열에서 동등한 DNA 가닥

신호감지 인산화효소(sensor kinase) 특정한 신호(주로 환경의 변화에 의한 자극이 신호로 작용하나 때로는 세포 내에서 나오는 자극이 작용할 수도 있음)를 감지하여 자신을 인산화하는 단백질

격막(septum) 분열 후 2개의 새로운 박테리아 세포를 분리하는 격벽

염기 서열 분석효소(Sequenase®) DNA 염기 서열 분석에 이용되는 박테리오파지 T7에서 유래된 유전적으로 변형된 DNA 중합효소

서열 꼬리표 부위(sequence tagged site; STS) 단순히 짧은 서열이며(대개 100-500 염기쌍) 이들은 유전체 내에서 단 하나 존재하며 PCR에 의해 쉽게 탐지될 수 있다.

보족단백질(sequestration protein; SeqA) 복제기점에 결합하여 메틸화를 지연시키는 단백질

세이지(serial analysis of gene expression; SAGE) mRNA로부터 유래된 서열 꼬리표들이 연속적으로 연결된 DNA 연쇄체의 서열을 결정함으로써 여러 종류의 mRNA의 양을 추적하는 방법

성선모(sex pilus) 적합한 수용체와 결합하여 두 세포를 함께 끌어당기는 공여체 박테리아가 만드는 단백질 섬유

반성(sex-linked) 성염색체에 유전자가 있을 때 반성 유전자이다.

유성생식(sexual reproduction) 2개체 간에 유전자 재조합이 일어나는 생식 형태

사인-달가르노(S-D) 서열[Shine-Dalgarno(S-D) sequence] RBS와 동일; mRNA의 전방 가까운 곳에 있으며 리보솜이 인지하는 서열; 원핵세포에만 발견된다.

소형방해 RNA(short interfering RNA; siRNA) 진핵세포의 RNA 방해 유발에 관여하는 길이 21-22 염시쌍 정도의 dsRNA 분자

짧은고반복서열(SINE 혹은 Short Interspersed Element) 포유류의 중반복 DNA 혹은 고반복 DNA의 대부분을 구성하는 다수 사본으로 발견되는 짧은 서열

산탄식 순서결정법(shotgun sequencing) 서열을 결정하기 위하여 유전체를 작은 조각으로 자르는 접근 방법. 전체 유전체 서열은 개개의 서열들을 컴퓨터를 이용하여 중복서열 부분을 탐색하여 연결함으로써 결정된다.

왕복수송 벡터(shuttle vector) 한 종류 이상의 숙주 세포에서 살아 남고 숙주사이를 이동할 수 있는 벡터

시그마 소단위(sigma subunit) 프로모터 서열을 인지하고 결합하는 박테리아의 RNA 중합효소의 소단위

신호분자(signal molecule) 조절 단백질에 결합하는 것에 의해 조절반응을 야기하는 작은 분자

신호서열(signal sequence) 단백질의 전반부에 외분비를 표시하는 짧으며 대체적으로 소수성인 아미노산 서열

유전자억제(silencing) 비교적 비특이적인 기작에 의한 유전자발현 억제를 의미하는 유전학 용어

침묵 돌연변이(silent mutation) DNA 조각의 변이가 표현형에 대한 영향이 없는 것

유인원바이러스 40[simian virus 40(SV40)] 숙주 염색체에 DNA를 삽입하여 원숭이의 암을 일으키는 작은 구형 dsDNA 바이러스

단순서열길이 다형성(simple sequence length polymorphism; SSLP) 개인 간에 반복수의 차이가 나타나는 직렬 반복서열을 가지고 있는 DNA의 지역을 말하며, VNTR, 미소부수체 그리고 다른 직렬 반복서열을 포함함

짧은고반복염기순서(SINE) 짧은 산재성 인자

단일 뉴클레오티드 다형성(single nucleotide polymorphism, SNP) 2개체 사이에 있어서 단일 염기 서열의 차이

외가닥 DNA결합 단백질(single strand binding protein [SSB protein)] 분리된 DNA 가닥을 분리된 채로 유지하는 단백질

위치지정 돌연변이(site-directed mutagenesis) 인공적 기술을 사용하여 특정 지점의 DNA 서열을 인위적으로 바꾸는 것

위치특이성 재조합(site-specific recombination) 거의 연관되지 않은 두 DNA 사이 재조합. 특정 서열을 인식하고 교차를 형성하는 특정 단백질이 여기에 관계한다. 비상동성 재조합과 동일

절편절단기(Slicer) RISC 복합체의 리보핵산가수분해효소 활성

활주클램프(sliding clamp) DNA를 둘러싼 DNA 중합효소의 소단위, DNA를 둘러싸 핵심효소를 DNA 상에 잡아둠

미세세포질 RNA(small cytoplasmic RNA; scRNA) 진핵세포의 세포질에 존재하는 미세 RNA들로 다양한 기능을 수행함

미세핵리보단백질(small nuclear ribonucleoprotein, snRNP) 미세핵 RNA와 단백질의 복합체

미세핵 RNA(small nuclear RNA; snRNA) 진핵세포의 핵에서 다른 RNA의 후처리에 관여하는 작은 RNA 분자

미세인 RNA(small nucleolar RNA; snoRNA) 진핵세포의 인에 존재하는 리보솜 RNA 염기 변형을 담당하는 작은 RNA 분자

미세 RNA(small RNA; sRNA) 번역억제자로 작용하는 조절단백질(예, CsrB와 CsrC)을 킬레이이트하는 RNA 분자

작은 소단위(small subunit) 2개의 리보솜 소단위들 중 더 적은 것으로 박테리아의 30S, 진핵세포의 40S

SMRT 서열분석법(SMRT sequencing) (단일분자실시간을 위해) 형광으로 표지된 피로인산을 이용하여 성장하는 DNA 가닥에 DNA 중합효소에 의해 첨가되는 뉴클레오티드를 동정하는 3세대 서열분석법

snurp snRNP 또는 작은 핵의 리보핵산단백질

도데실황산나트륨[sodium dodecyl sulfate(SDS)] 전기영동에 의한 분리에 앞서 단백질을 변성시키고 용해시키는 데 광범위하게 사용되는 세탁제의 일종

체세포(somatic cell) 생식계열에 반해 몸체를 만드는 세포

SOS 체계(SOS system) 심각한 DNA 손상에 반응하는 오류유발 수선 체계

서던흡입법(Southern blotting) DNA와 결합할 수 있는 탐침을 이용하여 나일론 막에 옮겨진 외가닥 DNA를 탐지하는 방법

특수형질도입(specialized transduction) 박테리아 DNA의 특정 영역이 선택적으로 운반되는 형질도입의 유형

종(species) 비교적 최근까지 공통 조상을 가지는 밀접하게 관련된 생물들의 무리. 동물에서 종은 자신끼리만 교배하고 다른 개체군의 개체들과는 교배하지 않는 개체군이다. 박테리아와 유성생식을 하지 않는 다른 생물에 대해서는 만족할 만한 정의가 없다.

특이 조절(specific regulation) 하나의 유전자나 하나의 오페론 또는 적은 수의 연관된 유전자들의 발현에만 영향을 미치는 조절

특이전사인자(specific transcription factor) 특정조건에서 특정유전자의 발현을 위해 필요한 전사인자

S-기(S-phase) 진핵세포 세포주기의 하나로 염색체가 배가되는 단계

이어맞추기 복합체(spliceosome) mRNA의 이어맞추기를 수행하는 미세핵 RNA와 단백질들의 복합체

이어맞추기(splicing) 중간에 끼어 있는 부분을 제거하고 양 끝을 결합하는 과정, 주로 RNA에서 인트론을 제거하는 과정을 의미함

자연 돌연변이(spontaneous mutation) 돌연변이 화합물이나 방사선 조사 없이도 "자연적으로" 일어나는 돌연변이

포자(spore) 열악한 환경에서 살아남기 위해 또는 다른 곳으로 퍼져 나가기 위해 특별히 만들어진 세포

스타 활성(star activity) 오직 특정 반응조건에서 일어나는 제한효소에 의한 DNA 부정확한 또는 임의의 절단

개시 코돈(start codon) 단백질의 시작을 신호하는 특정한 AUG 코돈

줄기-고리(stem and loop) 역반복 서열의 접힘에 의해 형성된 구조

스테로이드 수용체(steroid receptor) 스테로이드 호르몬에 결합하는 단백질

점착성말단(sticky ends) 엇자르기에 의해 야기된 염기쌍이 형성되지 않은 외가닥돌출을 갖는 두 가닥 DNA의 말단

종결 코돈(stop codon) 단백질의 끝을 암호하는 코돈

스트렙트아비딘(streptavidin) Streptococcus로부터 추출된 것으로 바이오틴에 강하게 그리고 특이적으로 결합한다. 바이오틴으로 표지된 분자들을 탐지하는데 사용된다.

스트렙토마이신(streptomycin) 단백질 합성을 저해하는 아미노글리코시드 계열 항생제의 일종

충실반응(strigent response) 영양분을 제한적으로 공급할 대 비필수유전자의 감소하는 전사

구조유전자(structural gene) 단백질을 암호하거나 비번역 RNA 분자를 암호하는 DNA (또는 RNA) 서열

구조단백질(structural protein) 세포 구조의 일부를 형성하는 단백질

기질(substrate) 효소에 결합하며 효소 활성의 표적이 되는 분자

삭감 혼성화(subtractive hybridization) 혼성화에 의해 원치않는 DNA나 RNA를 제거하기 위해 이용되는 기술로 관심의 DNA 또는 RNA 분자가 뒤에 남는다.

준바이러스인자(subviral agent) 바이러스보다 더욱 원시적이며 자신의 기능에 필요한 극소수의 유전자를 암호화하는 감염 인자

황화수소기(sulfhydryl group) -SH; 황화 수소의 화학적 작용기

술폰아미드(sulfonamide) 폴산(folic acid)의 합성을 억제하는 항생제

술폰아미드(sulfonamides) 비타민 폴산의 전구체인 *p*-아미노벤죠산의 전구체인 합성항생제. 술폰아미드는 디히드롭테로산염 합성효소를 억제한다.

초나선꼬임(supercoiling) 이미 이중나선인 DNA의 상위단계 꼬임

억제돌연변이(suppressor mutation) 전 돌연변이의 효과를 억제하여 결함이 있는 유전자의 기능을 회복하는 돌연변이

억제 tRNA(suppressor tRNA) 종결 코돈을 인식하여 아미노산을 삽입해 주는 돌연변이 tRNA

S값(S-value) 침강계수는 침강속도를 원심력으로 나눈 것이다. 질량에 의존하고 스베드버그 단위로 측정된다.

Swi/Snf("switch sniff") 복합체 다수의 구성단위 단백질로 이루어진 분자량이 큰 염색체 개조복합체

SYBR Green I 오직 두 가닥 DNA와 결합하는 DNA-결합 형광염료로 오직 결합했을 때만 형광을 낸다.

공생(symbiosis) 상호작용하며 사는 두 생물의 연합

공생이론(symbiotic theory) 진핵세포의 소기관이 공생 원핵생물에서 유래되었다는 이론

시냅시스(synapsis) 동형 부친과 모친 염색체가 배열하는 과정으로 각각의 유전자는 같은 장소에 존재한다.

시스템생물학(systems biology) 어떤 환경 내에서 생물체의 생물학적 상태를 정의하는 것을 목적으로 많은 다른 연구형태를 통합하는 것을 의미하는 용어

T4 연결효소(T4 ligase) 박테리오파아지 T4로부터 분리하고 두 가닥 말단을 연결할 수 있는 DNA연결효소의 형태

TA 클로닝(TA cloning) *Taq* 중합효소를 사용하여 DNA를 증폭시켰을 때 생기는 3′-A 돌출서열과 이와 대응되는 벡터의 3′-T 돌출서열을 이용하여 클로닝하는 방법

TA 클로닝 벡터(TA cloning vector) *Taq* 중합효소를 사용하여 DNA를 증폭시켰을 때 생기는 3′-A 돌출서열과 이와 대응되는 3′-T 돌출서열을 가지고 있는 벡터

꼬리 특이 단백질가수분해효소(tail specific protease) 잘못 만들어진 단백질들을 꼬리, 즉, 카르복시 말단부터 분해하여 파괴하는 효소

직렬복제(tandem duplication) 특정 DNA 조각이 중복된 후 원사본 뒤에 두 번째 사본이 남아 있는 돌연변이

직렬질량분석법(tandem mass spectrometry; MS/MS) 두 번의 연속적인 질량분석을 수행하는 것으로 먼저 부모 이온을 분리하고 이를 조각내어서 딸이온으로 만들어서 좀더 자세히 분석하는 방법

직렬반복(tandem repeat) 서로 인접하게 놓인 DNA 혹은 RNA의 반복서열

***Taq* 중합효소(*Taq* polymerase)** *Thermus aquaticus*로부터 유래된 열에 안정한 DNA 중합효소로 PCR에 사용된다.

TaqMan 탐침(TaqMan probe) 2개의 형광체가 하나의 DNA 탐침에 의해 연결되어 있는 형광 탐침. 형광은 오직 연결 DNA가 분해되어 형광체가 분리될 때에만 증가된다.

표적 DNA(target DNA) 혼성화 과정에서 탐침에 의한 결합의 표적이 되거나 또는 PCR에 의한 증폭을 위한 표적이 되는 DNA

표적 서열(target sequence) a) PCR 반응에서 증폭될 원래 DNA 주형내에 있는 서열; b) 전이인자가 삽입하는 숙주 DNA 분자 서열

TATA결합 단백질(TATA binding protein; TBP) TATA 상자를 인지하는 전사인자

TATA상자(TATA box) 진핵생물에서 RNA 중합효소 II를 프로모터로 안내하는 전사인자의 결합부위

TATA상자 인자(TATA box factor) TATA 결합 단백질의 별칭

토토머화(tautomerization) 분자의 변이로서, 염기가 두 이성질체 구조를 번갈아 가지는 것

Tc1 인자(Tc1 element) 프랜스포손 *Caenorhabditis* 1. 선충류인 *Caenorhabditis*에서 발견되는 마리너 그룹의 한 전이인자

T-DNA(Tumor-DNA) Ti-플라스미드에서 식물세포의 핵으로 이동하는 부분

말단소체복원효소(telomerase) 염색체의 DNA 말단 혹은 말단소체에 DNA를 추가하는 효소

말단소체(telomere) 진핵생물의 선형 염색체의 양 말단에서 발견되는 특정 DNA 서열

온도 민감성 돌연변이(temperature-sensitive mutation)(ts 돌연변이) 표현형이 온도에 따라 다른 돌연변이

주형가닥 또는 주형사슬(template strand) 상보적인 염기쌍 형성에 의해 새로운 사슬의 합성을 지시하는 외가닥 DNA

***Ter* 부위(*Ter* site)** 복제분지의 이동을 막는 말단 부분의 부위

기형유발원(teratogen) 심한 구조적 변이를 가져오는 비 정상적 발생을 유도하는 물질

종결자(terminator) 유전자의 말단에 있는 DNA 서열로 RNA 중합효소의 전사 종결을 명한다.

말단(terminus) 복제가 종료되는 염색체의 부분

삼차대기(tertiary atmosphere) 생물학적 활동으로 생긴 지구의 오늘날 대기

삼차 구조(tertiary structure) 중합체 사슬의 삼차원적인 최종 접힘

***tet* 오페론(*tet* operon)** 항생제 테트라사이클린에 저항성을 주는 단백질은 만드는 박테리아유전자

테트라사이클린(tetracycline) 16S 리보솜 RNA와 결합 단백질 합성을 방해하는 항생제

4분염색체(tetrad) 감수분열의 전기I에 발견되는 구조로, 2개의 배가된 염색질이 배열하여 4개의 동형염색체의 복합체를 만든다.

테트라하이드로폴레이트(teterahydrofolate; THF) DNA와 RNA 합성을 위한 전구체를 만드는 데 필요한 디히드로폴레이트 조효소의 환원된 형태

4배체(tetraploid) 각 유전자를 네 사본 가지고 있는 세포

유전자증폭기(thermocycler) PCR용으로 미리 설정된 순서로 시료를 여러 온도 사이를 빠르게 이동하는 데 사용되는 기계

온천박테리아(*Thermus aquaticus*) 온천에서 발견되는 호열성 박테리아로 열 안정성 DNA 중합효소의 재료로 사용된다.

θ 복제(theta replication) 두 복제분지가 환형 DNA 분자의 반대 방향으로 이동하는 복제 방식

셋째염기중복성(third base redundancy) 4개의 코돈 한 세트가 하나의 동일 아미노산을 암호하는 경우로 코돈의 세번째 염기는 번역 시 전혀 영향을 주지 못하는 것을 말한다.

티미딜레이트 합성효소(thymidylate synthetase) 메틸기를 첨가하는 효소로 dUPM의 우라실을 티민으로 전환한다.

티민(thymine, T) 아데닌과 결합하는 피리미딘 염기로 DNA에서 발견된다.

Ti-플라스미드(Ti plasmid) 종양을 유도하는 플라스미드. *Agrobacterium* 그룹의 토양 박테리아가 가지는 플라스미드로 식물을 감염하는 종양을 형성하는 능력이 있다.

완전 돌연변이(tight mutation) 특정 유전자 산물의 기능이 완전히 손실되어 표현형이 분명한 돌연변이

타일 배열(tiling array) 오직 암호화 서열만이 아니라 전체 게놈을 대변하는 탐침으로 된 미세배열의 형태

time-of-flight(TOF) 하나의 이온이 이온 출처로부터 탐지기까지 이동하는 시간을 측정하는 질량분석탐지기의 종류

tmRNA(tmRNA) 리보솜이 손상된 mRNA에 의해서 정지 되었을 때 단백질 합성을 종결하는 데 사용되는 특수한 RNA

담배모자이크바이러스(tobacco mosaic virus) 광범위하게 식물을 침입하는 섬유형 외가닥 RNA 바이러스

DNA 회전효소(topoisomerase) 초나선꼬임이나 연쇄화의 정도를 변화시키는 효소(위상학적 형태를 바꿈)

DNA 회전효소 IV(topoisomerase IV) 박테리아의 DNA 복제에 관련된 특정 회전효소

위상이성질체(topoisomer) 초나선꼬임이나 연쇄화의 정도 같은 위상이 다른 이성질체

개체형성능(totipotent) 완전한 다세포 생물을 만들 수 있는 능력

트라 유전자(*tra* gene) 플라스미드 전달에 필요한 유전자

전사(transcription) DNA의 정보가 상응하는 RNA로 전환되는 과정

전사방울(transcription bubble) 전사가 일어나도록 DNA 이중나선이 일시적으로 열린 영역

전사인자(transcription factor) 유전자의 조절 영역에 있는 DNA에 결합하여 유전자 발현을 조절하는 단백질

전사-동시 수선(trnacription-coupled repair) 전사되는 주형을 선호하여 수선

전사체(transcriptome) 어떤 특정 조건 하에서 특정 세포에서 발견되는 RNA 전사물의 총 집합

형질도입(transduction) 유전자가 바이러스 입자를 통하여 전달되는 과정

형질주입(transfection) 정제 바이러스 DNA가 세포로 들어가 형질 전환을 일으키는 과정. 바이러스 기원이 아니더라도 간혹 DNA가 동물세포로 유입되는 경우에도 인용됨

운반 RNA(transfer RNA; tRNA) 리보솜으로 아미노산을 수송하는 RNA 분자

전달성(transferability) 하나의 숙주로부터 다른 숙주로 이동하기 위한 플라스미드의 능력

형질전환(transformation) (암 표현에 사용) 세포 내에 DNA가 추가되지 않더라도 정상세포가 암세포로 변환되는 경우

전이(transition) 피리미딘이 다른 피리미딘으로 또는 푸린이 다른 푸린으로 대체된 돌연변이

전이상태 유사체(transition state analog) 기질보다는 반응의 중간체 또는 전이 상태와 유사한 효소 억제제

전이상태(transition state) 화학반응에서 활성화된 중간체에 대한 별칭

전이상태 에너지(transition state energy) 반응물질과 활성화된 반응 중간체 또는 전이 상태간의 에너지 차이

번역(translation) 전령 RNA에 의해서 제공된 정보를 사용하여 단백질을 만드는 과정

번역활성화 단백질(translational activator) 특정 mRNA에 결합하여 그 mRNA의 번역을 촉진하는 단백질

번역억제(translational repression) 유전자발현 조절기작의 하나로 mRNA의 번역과정을 억제함

번역억제자(translational repressor) mRNA에 결합하여 이 mRNA의 번역을 억제하는 단백질

번역체(translatome) 실제 번역되어 만들어진 그리고 어떤 세트의 조건에서 하나의 서포에 존재하는 단백질의 전체 세트

전좌효소(translocase) 막을 통하여 단백질을 운반하는 효소 복합체

전좌(translocation) a) 새로 합성된 단백질을 전좌효소에 의해서 막을 가로지르는 수송; b) 번역 과정에서 mRNA상의 리보솜의 측면 이동; c) 염색체로부터 한 토막의 DNA를 떼어내어 다른 자리에 삽입하는 것

전이스펀지형태뇌병증(tranmissable spongiform encephalopathy) 감염프리온질병에 대한 기술적 명칭

수송 단백질(transport protein) 막을 가로질러서 혹은 몸 전체로 다른 분자를 수송하는 단백질

전이인자(transposable element) 숙주 분자 내 다른 곳으로 삽입하는 이동성 DNA 조각. 자신을 복제할 복제 시점을 가지고 있지 않으며 복제에 숙주 DNA 분자가 필요하다. 모든 DNA 성 전이인자와 레트로트랜스포존을 포함한다.

전이인자(transposable element) 혹은 트랜스포존(transposon) 한

곳에서 다른 곳으로 이동할 수 있지만 언제나 다른 DNA 분자의 일부로 남아 있는 DNA의 절편

전달효소(transposase) 전이인자를 이동시키는 효소

전이(transposition) 전이인자가 숙주 DNA 분자의 한 위치에서 다른 위치로 이동하는 과정

전이인자삽입프로파일링칩(transposon insertion profiling(TIP)-chip) LINE 또는 SINE와 같이 게놈 내에 흩어져있는 반복요소의 위치를 탐색하는 방법

전이인자(transposon) 이동성 유전자와 동일. 그러나 보통 이 용어는 역전사효소를 사용하지 않는 DNA 인자에 한정한다.

엇갈린 이어맞추기(trans-splicing) 2개의 다른 일차전사 RNA의 엑손을 연결하는 이어맞추기

교차형 염기전이(transversion) 피리미딘이 푸린으로 또는 푸린이 피리미딘으로 대체되는 돌연변이

트라+(Tra+) 전달 양성(자기전달 능력이 있는 플라스미드를 가리키는 말)

트리메소프림(trimethoprim) 박테리아의 디히드로폴레이트 환원효소를 억제하는 항생제

3배체(triploid) 각 유전자를 세 사본 가지고 있는 세포

3염색성(trisomy) 특정 염색체를 세 사본 가지고 있는

진정 역돌연변이체(true revertant) 원 염기 서열이 정확하게 회복된 돌연변이체

트리파노솜(trypanosome) 수면병과 기타 열대병을 일으키는 기생체 단세포 진핵생물 그룹

Tus 단백질(Tus protein) *Ter* 부위에 결합하여 복제분지의 이동을 막는 박테리아 단백질

꼬임수(twist, T) DNA(혹은 이중가닥 RNA) 분자에서 이중나선의 회전수

2개의 구성단위 조절체계(two-component regulatory system) 2개의 단백질-신호감지 인산화효소와 DNA-결합조절단백질로 구성된 조절체계

단백질잡종 체계(two-hybrid system) 전사 활성 인자 단백질의 두 도메인을 분리하여 조사하고자 하는 단백질들을 각각 융합시키서 이를 단백질-단백질 상호작용 분석에 사용하는 방법

Ty1 인자(Ty1 element) 트랜스포손 효모 1. RNA 중간산물을 통해 이동하는 효모의 레트로트렌스포존

I형 제한효소(type I restriction enzyme) 인식부위로부터 1,000 염기쌍 또는 그 이상 떨어진 DNA를 절단하는 제한효소의 유형

I형 DNA 회전효소(type I topoisomerase) 외가닥을 절단하는 DNA회전효소로 고리수를 하나씩 변화시킨다.

II형 제한효소(type II restriction enzyme) 인식부위의 중간에서 DNA을 절단하는 제한효소의 유형

II형 DNA 회전효소(type II topoisomerase) 두 가닥을 절단하는 DNA회전효소로 고리수를 둘씩 변화시킨다.

U1 이어맞추기 상류부위를 인식하는 미세핵리보단백질(snRNP)

U2 분지점을 인식하는 미세핵리보단백질

U2AF(U2 보조요소)(U2 accessory factor) 인트론의 이어맞추기를 관장하는 단백질로 이어맞추기 하류부위를 인식한다.

유비퀴틴(ubiquitin) 분해 대상 단백질에 대한 신호로서 다른 단백질에 결합하는 작은 단백질; 진핵세포에서만 사용되며 박테리아에는 사용되지 않는다.

미충전 tRNA(uncharged tRNA) 아미노산이 결합하지 않은 tRNA

부등교차(unequal crossing over) 교차하는 두 단편의 길이가 다른 교차로 DNA 가닥들이 쌍형성 동안 잘못된 정열에 기인한다.

Ung 단백질(Ung protein) 우라실-N-당화효소와 동일

보편적 유전 암호(universal genetic code) 대부분 모든 생물에 의해서 사용되는 유전 암호

상류 인자(upstream element) 특정 단백질에 의해 인식되는 진핵생물 프로모터에 있는 TATA 상자의 상류 DNA 서열

상류 영역(upstream region) 한 구조유전자의 앞쪽(5′-말단에)에 위치하는 DNA 영역; 그 염기는 전사 개시 점으로부터 뒤로 가면서 음의 숫자로 번호를 매긴다.

우라실(uracil, U) 아데닌과 결합하는 피리미딘 염기로 RNA에서 발견된다.

우라실-N-당화효소(uracil-N-glycosylase) DNA에서 우라실을 제거하는 효소

요소(urea) 동물의 질소 폐기물이며, 단백질 변성제로 널리 사용된다.

핵생물(urkaryote) 진핵생물 핵의 유전정보를 마련한 가상적인 조상

예방접종(vaccination) 외부 단백질이나 다른 항원 주입에 의한 면역 반응의 인위적 유도

직렬반복변수(VNTR, variable number of tandem repeat) DNA에서 직렬로 반복된 서열의 집단으로 반복된 수는 개체마다 다르다.

벡터(vector) (a) 분자생물학에서 벡터는 복제할 수 있고 클론된 유전자나 DNA 절편을 수송하는 데 이용되는 DNA 분자이다. (b) 일반생물학에서 벡터는 황열병이나 말라리아와 같은 질병을 일으키는 미생물을 수송하고 퍼트리는 모기와 같은 생물이다.

수직유전자전달(vertical gene transfer) 한 생물에서 자손으로의 유전정보 전달

수직유전자전달(vertical gene transmission) 한 생물에서 자손으로의 유전정보 전달

국소DNA수선("very shor patch repair") Dcm 메틸화효소 인식 서열인 CCAGG 또는 CCTGG 내에 T/G 짝짝이염기쌍을 두른 짧은 외가닥 DNA를 제거하는 시스템

바이러스유전체(viral genome) 바이러스의 유전자를 지닌 DNA 또는 RNA 분자

비리온(virion) 바이러스 입자

바이로이드(viroid) 안정된 염기쌍을 형성하고 있는 간상 구조이며 감염 식물세포 내에서 복제되는 나출 외가닥 환형 RNA. 바이로이드는 단백질을 암호화 하지 않지만 자가절단되는 RNA효소

활성을 가지고 있다.

독성인자(virulence factor) 감염성 박테리아의 독성을 촉진하는 단백질. 독소, 부착소 또한 박테리아를 면역세포로 부터 방어하는 단백질 등이 이에 속한다.

독성 플라스미드(virluence plasmid) 박테리아 감염에 역할을 하는 독성인자 유전자를 가지는 플라스미드

바이러스(virus) 에너지와 단백질 합성을 의지하는 숙주 세포 안에서 복제하며 DNA 혹은 RNA로 구성된 유전자를 갖는 준세포성 기생자. 세포 밖에서는 바이러스 유전자가 보호 외투 안에 있는 형태이다.

VNTR 다양한 수의 직렬반복을 참조

Vsr 핵산내부가수분해효소(Vsr endonuclease) 국소 DNA 수선 시스템에서 T/G 짝짝이 염기쌍 다음의 DNA 인산골격을 절단하거나 틈을 만드는 효소

단백질흡입법(Western blot) 특정 단백질을 동정하기 위해서 항체가 사용되는 탐지방법

단백질흡입법(Western blotting) 일반적으로 항체인 탐침이 단백질 표적 분자와 결합하게 하는 탐지기술

야생형(wild-type) 유전자 혹은 생물의 원래 형 혹은 자연 형

워블규칙(wobble rules) 덜 견고한 염기쌍이나 오직 코돈/안티코돈 결합을 허용하는 규칙

초나선수(writhe) 초나선수인 W와 같음

초나선수(writhing number, W) DNA(혹은 이중가닥 RNA) 분자에서 초나선의 수

X-염색체(X-chromosome) 여성 성염색체; 포유류에서 X염색체 2개를 가지면 여성이 된다.

X-갈(gal)(5-bromo-4-chloro-3-indoyl β-D-galactoside) 베타-갈토시다아제에 의해 분해되어 푸른색의 색소를 내어놓는 인공적인 기질

X-염색체 비활성화(X-inactivation) 암컷 포유동물의 세포에 있는 2개의 X-염색체 중, 하나의 염색체가 응축되어 유전자발현이 완전히 일어나지 않는 현상

Xis 단백질(Xis protein) 삽입된 DNA 이중가닥 조각을 빼 내고 남아 있는 DNA의 갭을 다시 연결시켜주는 효소. 절지효소와 같음. X염색체의 억제에 관여하는 Xist RNA와 혼동하지 말것

***Xist* 유전자(*Xist* gene)** X-염색체에 존재하는 유전자로 X-염색체의 비활성화를 일으킴

X-포스(X-phos) 5-bromo-4-chloro-3-indolyl phosphate의 약칭으로 알칼리성 인산가수분해효소에 의해 분해되어 푸른색 색소를 내어놓는 인공적인 기질이다.

Y-염색체(Y-chromosome) 남성 성염색체; 포유류에서 X염색체 한 개에 더하서 Y염색체 하나를 가지면 남성이 된다.

효모 인공 염색체(yeast artiticial chromosome; YAC) 매우 긴 DNA 삽입체를 운반할 수 있는 효모 염색체를 기본으로 한 한사븐 벡터. 인간유전체 프로젝트에 널리 이용되었음

Y-사내(Y-guy) 약 10만 년에서 20만 년 전 아프리카에 살았던 가상적인 부계 조상

Z-DNA 이중가닥 나선 DNA의 대체 형으로 회전당 12 염기쌍을 갖고 좌회전한다.

Zero-mode waveguides 배경 빛을 감소시킨 작은 나노크기의 금속원통형공간으로 원통의 오직 작은 부분만 형광섬광만을 보이게 할 수 있다.

Z형(Z-form) 회전당 12 염기쌍을 갖고 좌회전하는 이중나선 DNA의 다른 형. DNA나 dsRNA 모두 Z형일 수 있다.

아연손가락(zinc finger) 단백질들에 공통적인 DNA 결합 구조 요소의 한 가지 유형

우편번호서열(zipcode sequence) 바코드서열 참조; 이어지는 분석을 위한 표지를 지닌 유전자를 마크하기 위해 카세트에 첨가되는 독특한 20 염기쌍 서열

보존DNA찾기(Zoo blotting) 탐침 DNA가 암호화 부위로부터 왔는지 여부를 시험하기 위하여 여러 동물로부터 기원한 DNA 표적분자를 이용하는 비교서던 흡입법

양성이온(zwitterion) 양극성 이온과 동일; 양전하와 음전하 모두를 가진 분자

접합자(zygote) 정자와 난자의 결합으로 형성된 세포로 새로운 개체로 발달된다.

찾아보기